现代煤化工技术手册

第三版

贺永德　主编

化学工业出版社

·北京·

《现代煤化工技术手册》为一部关于现代煤化工技术和发展的，具有科学性、前瞻性和实用性的大型手册，已延续三版。第三版共分 9 篇 53 章，全面介绍了自 2011 年以来我国现代煤化工在技术创新驱动下，大型工程化示范、重大装备制造、新技术、新产品开发、生产安全、环境保护与"三废"治理、煤炭清洁高效转化多联产技术、系统优化设计、节能减排、降低生产成本等诸多方面取得的一批突破性的成果。第三版在第二版的基础上新增内容 36 项，这些新技术、新产品开发成果，对我国煤炭清洁高效开发利用、拓展现代煤化工新领域、实施油气替代战略、改善生态环境将起到积极的推动作用。

　　本手册可供从事煤炭、煤化工领域的科研、设计、生产的工程技术人员使用，也可供高等院校相关专业的师生参考。

图书在版编目（CIP）数据

现代煤化工技术手册/贺永德主编. —3 版. —北京：化学工业出版社，2019. 9（2023.7重印）
ISBN 978-7-122-34720-6

Ⅰ.①现… Ⅱ.①贺… Ⅲ.①煤化工-技术手册
Ⅳ.①TQ53-62

中国版本图书馆 CIP 数据核字（2019）第 121944 号

责任编辑：张　艳　靳星瑞　　　　　　　　文字编辑：孙凤英
责任校对：王素芹　　　　　　　　　　　　装帧设计：王晓宇

出版发行：化学工业出版社（北京市东城区青年湖南街 13 号　邮政编码 100011）
印　　装：北京捷迅佳彩印刷有限公司
787mm×1092mm　1/16　印张 90½　字数 2256 千字　2023 年 7 月北京第 3 版第 3 次印刷

购书咨询：010-64518888　　　　　　　　售后服务：010-64518899
网　　址：http://www.cip.com.cn
凡购买本书，如有缺损质量问题，本社销售中心负责调换。

定　　价：498.00 元　　　　　　　　　　　　　　　版权所有　违者必究
京化广临字 2019——15

做好现代煤化工升级示范
为建设石油和化工强国作出贡献

——中国石油和化学工业联合会
会长　　李寿生
二〇一七年八月廿日

党的十九大报告提出："推进能源生产和消费革命，构建清洁低碳、安全高效的能源体系。"中国工程院《推动能源生产和消费革命战略研究》报告认为，能源体系四个特征中的"清洁"主要是指能源开发利用全过程最大限度地减少对生态的破坏和对环境的污染。考虑到中国以化石能源特别是以煤为主的能源特点（2017年原煤产量占全国一次能源生产总量的70%，煤炭消费量占能源消费总量的60.4%），"清洁"的主要要求是实现化石能源尤其是煤炭的清洁高效开发和利用。能源要革命，煤炭作为主体能源也一定要革命，但不是"革煤炭的命"。煤炭革命的目标是要在全产业链上实现煤炭的绿色开发和清洁高效利用，实现了清洁高效利用的煤炭就是清洁能源。如何对待煤炭，党和国家领导人早已明确指出，"我国正在压缩煤炭比例，但国情还是以煤为主。在相当长的一段时间内，甚至从长远来讲，还是以煤为主的格局，不过比例会下降，我们对煤的注意力不要分散"；能源生产"要优存量，把推动煤炭清洁高效开发利用作为能源转型发展的立足点和首要任务"。

几年之前，中国工程院《中国煤炭清洁高效可持续开发利用战略研究》明确指出，现代煤化工是清洁高效利用煤炭的重要途径之一，它可以很好地利用煤炭中的能量和物质。但由于认识上的分歧和现代煤化工本身的成熟度不足，在"十一五""十二五"期间，我国的现代煤化工在争议甚至非议声中艰难前行。近年来，业界应对各种挑战，克服了大量困难，取得了令世人瞩目的成就，不仅产品品种规模显著扩大，而且拥有了一些达到国际领先水平或先进的自主技术，以及与这些技术配套的设备。毫无疑问，这些来之不易的成果源于业界战略导向、决策指引、研究开发、设计生产、应用推广、运行管理等领域有识、有志人士的共同努力。作为从事煤化工科研教学、战略研究近40年的业界科技工作者，我由衷地感到，如今已是耄耋之年的贺永德先生和他主编的《现代煤化工技术手册》（简称《手册》）发挥了重要作用。

早在1958年，贺永德先生就投身于石油化工设计并参与苏联援建兰化302厂的设计建设，工作中不忘学习丰富知识，先后就读于兰州化工学院夜大和北京石油学院函授部，从事煤化工工作已 60 余年，设计、研发、引进、示范、制造、生产、管理……涉足之广，参与之多，经历之久，堪称业界"常青树"。他目睹过多年来我国煤化工、石油化工先进技术主要靠引进国外技术，体会过一些关键技术被垄断而受制于人的无奈，坚信"改变落后，匹夫有责"。"纸上得来终觉浅，绝知此事要躬行"，他虚心学习、践行创新，既做新工艺的设计者，又做新技术的开拓者，从设备制造到工程建设，一系列煤化工传统技术改造革新，一系列煤化工新技术诞生推广，无一没有他的身影和业绩。在促进新技术商业化的过程中，要解决从设计、设备制造到工程建设各个环节可能存在的风险和不可预见的复杂问题，作为技术协调负责人，他往往参与项目的全过程，经常吃住在现场，查设计、对数据、验设备、通工艺、想办法、出主意，"千淘万漉虽辛苦，吹尽狂沙始到金"，他几十年积累的设计与工程经验对项目取得成功发挥了至关重要的作用。

　　为了推动整个煤化工行业的技术进步和创新，早在 20 世纪末，在原化工部秦仲达部长、潘连生副部长的倡导和支持下，贺永德先生作为主编，牵头组织 70 多位长期从事业内科研、设计、教学和生产的专家、学者，编写了 11 篇 54 章约 282 万字的《现代煤化工技术手册》，并于 2004 年 3 月正式出版。《手册》汇集了当时国内外最新技术成果和工程实例，内容涵盖煤炭性质、储运、洗选、水煤浆制备和煤的燃烧、气化、焦化、液化，煤气净化、后加工产品、碳素材料以及煤化工生产对环境的影响与治理和生产过程中的仪表和自控等。鉴于当时这样系统、全面、实用的技术手册绝无仅有，而煤化工又处于"待势乘时、弃旧开新"时期，第一版出版发行后，洛阳纸贵、广受欢迎。此后数年，在现代煤化工技术的工业性试验和大型示范项目，如百万吨级煤直接液化、50万吨级焦油加氢、60 万吨甲醇制烯烃、20 万吨煤制乙二醇等都取得成功的同时，现代煤化工出现了规划不周、趋之若鹜、逢煤必化、盲目发展的势头，在这种形势下，已过古稀之年的贺永德先生老当益壮，宁移白首之心，他率领修订人员在对第一版中部分内容删改凝练的基础上，将当时现代煤化工技术最新进展和工业示范项目取得的重大成果收集、整理，编撰了《现代煤化工技术手册》第二版，并于 2011 年 3 月正式出版。与第一版相比，第二版增加了 9 章内容。《手册》第二版为促进现代煤化工新技术开发和工业示范项目建设，以及为遏制煤化工盲目发展势头和指导煤化工科学发展都发挥了应有的作用。

　　时至今日，"惟创新者进，惟创新者强，惟创新者胜"，在国家"大众创业、万众创新"的号召下，业内的国营和民营企业、科研院所、大专院校的广大科技工作者，创新热情空前高涨，新技术、新产品层出不穷，从研发试验到示范后转化的周期大大缩短。我国现代煤化工技术和产业快速发展，技术创新和产业规模处于世界领先地位。一是建成一批煤制油、煤制烯烃、煤制甲烷、煤制乙二醇、煤热解及焦油加氢等示范项目；二是涌现了一系列新技术、新产品。多喷嘴对置式超大型煤气化炉、水煤浆水冷壁废热锅炉气化炉、煤制芳烃、合成气制乙醇、煤制聚甲氧基二甲醚、高温费托合成油、合成气费托合成高纯蜡、新型电石法制乙烯、合成气无循环甲烷化、煤油共炼等取得一批工业化试验技术成果；三是合成气一步法制烯烃、甲烷无氧一步法制烯烃和芳烃、中高压法合成乙二醇、苯和甲醇以及甲苯和甲醇制对二甲苯联产烯烃和芳烃、甲醇蛋白开发等一批新技术和新型催化剂研究取得突破性进展；四是在生产过程中的"三废"治理、生态环境改善、安全技术生产、企业科学管理等方面取得很大进步。《现代煤化工技术手册》第三版不但收入了上述成果，而且介绍了具有代表性和潜力优势的新技术发展方向和研发进度。取舍有度，择优而用，与第二版相比，新增工业化示范项目 20 项、新技术新产品 12 项、"三废"治理新技术 4 项，以求较全面反映近年现代煤化工技术成果；删减了已淘汰的落后技术和产品，如间歇式固定床煤气化技术、型煤及制造技术等；删除了"煤的燃烧"篇和"煤化工仪表与自控"篇，缩编"煤炭储运、洗选与加工"篇 80% 的内容，以突出现代煤化工技术的介绍；简化了各项技术和产品发展沿革，简化物料平衡、热量平衡计算过程，删除了计算过程数学模型等；采用的有关数据更新为 2015~2016 年的数据。作为《手册》第三版的顾问和应邀为第三版作序的笔者，我深知在做上述删繁就简、突出创新的优化来之不易，这是因为示范项目运行情况及长周期运行的各项消耗数据收集十分困难，为取得主动地位，有的示范项目单位不愿提供详细数据资料。贺永德先生和合作者们不得已根据厂方提供的有限数据进行物料、热量的平衡核算，不但发现有的误差大于设计规定的 3%，而且还找出误差大的原因并与厂方协商加以调整，以尽可能做到物料、水、电、汽消耗数据的准确和可靠性，保证《手册》第三版提供给读者的数据可信并有参考价值。《手册》中对于工业化示范项目和工业试验项目提供的数据，都是经过 72 小时标定考核和考核验收的数据。需要指出的是，专利商和研发单位对现代煤化工关键技术之一——催化剂的有关数据都是严格保密的，尤其是催化剂的预期寿命和运行中的衰减无法判断，以至《手册》第三版仅能依据编者的经验和判断提供给读者参考。

序言到此，读者可能已认识到《现代煤化工技术手册》第三版具科学性、前瞻性和实用性，是业界一部难得的关于现代煤化工技术和发展的参考书和案头手册。但如果能知道这一9篇53章、200余万字的《手册》第三版的主编，是一位不炫耀、不抱怨、质朴、平易近人、随和、仁厚，无名有品、无位有尊，生年不满百、常怀千年忧的业界长者，那么这部《手册》第三版发挥作用就不止于业务参考了。

"博观而约取，厚积而薄发""德尊一代常坎坷，名垂万古知何用"，但愿笔者与读者，手捧《手册》第三版求所用时，记住"古之立大事者，不惟有超世之才，亦必有坚韧不拔之志"。是为序。

中国工程院院士
美国工程院外籍院士　谢克昌

戊戌正月惊蛰日于京

2004 年 3 月《现代煤化工技术手册》（第一版）出版发行，先后两次印刷 5500 册，广受读者欢迎。

为了及时反映现代煤化工技术和产业快速发展的成果，后又对"手册"进行修订，出版了第二版。

2011 年 3 月，《现代煤化工技术手册》第二版发行后，"十二五"期间，我国现代煤化工在技术创新驱动下，大型工程化示范、重大装备制造、新技术和新产品开发、生产安全、环境保护与"三废"治理、煤炭清洁高效转化多联产技术、系统优化设计、节能减排、降低生产成本等诸多方面又取得了一批突破性成果，使我国现代煤化工技术迈上了一个新的台阶，总体上处于世界领先水平。根据"十三五"现代煤化工的发展要坚持国家提出的"自主创新、升级示范"的总体原则。

《现代煤化工技术手册》第三版修订过程中，对第二版做了大量修改、删减和补充。一是删除了淘汰落后的技术，如间歇式固定床气化技术、型煤制造技术、煤炭洗选储运技术等；二是简化了技术发展沿革介绍；三是删减了与现代煤化工技术关联度不太密切的内容，如煤炭燃烧技术、仪表及自动控制技术等；四是删减了过程计算数学模型及物料平衡、热量平衡的部分内容；五是尽可能收集整理了重大示范项目建设及运行情况；六是新增新技术、新产品试验装置考核及技术鉴定的成果内容。新增内容共计 36 项，其中煤气化技术 10 项、煤热解技术 9 项、新技术新产品 12 项、废水处理零排放技术 3 项、煤油气碳氢互补多联产 1 项、固废煤灰中提取稀土元素 1 项。例如，清华（晋华）水煤浆水冷壁废热锅炉气化技术、合成气制 10 万吨/年乙醇技术、F-T 合成 6 万吨/年高纯蜡技术、中高压法合成乙二醇技术、甲烷无氧条件下一步法制乙烯和芳烃技术、合成气一步法制烯烃技术、苯和甲醇及甲苯和甲醇制对二甲苯技术等一批新技术取得了工业性示范试验成果。这些新技术新产品开发成果，对我国煤炭清洁高效开发利用、拓展现代煤化工新领域、实施油气替代战略、改善生态环境起到了积极的推动作用。

"十三五"期间，我国现代煤化工进入"创新升级、高端化发展"的新时期，应当认真总结以往经验，坚持升级示范创新发展，坚持总量控制适度发展，坚持走环境友好可持续发展之路。

　　在《手册》第三版修订过程中，相关企业和科研单位提供了大量资料和数据，收到许多专家和读者指导意见和建议，得到了中国石油和化学工业联合会的指导和帮助，在此表示衷心感谢。

　　由于编者水平所限，手册中疏漏和不足之处在所难免，诚请读者指正。

贺永德

2019 年 10 月

中国的煤炭资源十分丰富，一次能源生产中煤炭占70%以上，以煤炭为主的能源结构在今后相当长的时期内不会有大的改变。因此，如何有效利用丰富的煤炭资源，积极开发先进的洁净煤技术，在发展煤化工的同时，解决好煤炭加工利用过程中的环境污染问题，是国内外专家学者共同关注的问题。

21世纪，中国煤化工事业进入一个新的发展时期，特别是在煤炭产地，一批新的煤化工项目开始起步，老企业正以现代新技术改造传统落后的生产装置，以油为原料的大、中型合成氨厂开始进行煤代油的技术改造。在此形势下大家希望编写一本内容比较全面、以新技术为主的实用性强的现代煤化工技术手册，供从事煤化工事业的广大科技工作者参考，推动中国洁净煤技术和煤化工事业的发展。

本书共有11篇54章约282万字。书中汇集了国内外最新技术成果和工程实例，理论与实践相结合，图文并茂。内容包括煤炭的性质、储运、洗选、水煤浆制造，煤的燃烧、气化、焦化、液化，煤气净化、后加工产品、碳素材料，煤化工生产对环境的影响及治理，生产过程中仪表及自动控制等。本书可供从事煤化工的科研、设计、教学和生产的科技人员参考。

参加本书编写的70多位作者都是长期从事科研、设计、教学和生产的教授和专家，他们把自己多年来积累的知识和经验总结奉献给读者，其精神难能可贵。主要有：中国工程院院士时铭显，中国工程设计大师潘行高、李大尚，教授和高级工程师王洪金、王燕芳、王洋、王治普、亢万忠、叶道敏、吴春来、李少卿、田基本、周玉铭、周安宁、刘朗、许世森、郭人民、张荣曾、张秦岭、张爱民、杨清民、钟炳、孙玉罕、舒歌平、姚铁军、高聚忠、贺永德、窦廷焕、应美干、梁杰、冀应杰、钱仓国等。书稿完成后曾邀请有丰富经验的行业专家王文善、王洪金、张朗、冀应杰、田基本、相大光进行了校审，经过两次修改补充，最后由贺永德主编统稿编审完成送印稿。

本书在编写过程中得到原化学工业部秦仲达部长、潘连生副部长的关心和指导，中国石油和化学工业协会会长、原化学工业部副部长谭竹洲为本书题词，特此表示感谢！

本书的出版得到化学工业出版社、作者单位和刊登广告单位的大力支持和帮助，在此深表谢意。

由于本书内容庞杂、涉及面宽，加之编者水平所限，书中难免有不妥之处，诚望读者予以指正。

贺永德

2003 年 10 月

第二版前言

　　2004 年 3 月《现代煤化工技术手册》第一版出版发行以来，深受广大读者欢迎，2006 年 1 月第二次印刷本也已销售一空。为了满足广大读者的需要，编者把近六年来现代煤化工技术最新进展以及工业示范项目取得的重大成果，收集整理编入了本手册。另外，对第一版中部分内容作了删改，内容更加简练充实。修订后的二版主要增加了煤制油、煤制烯烃、煤制乙二醇、煤制醇醚燃料、煤制天然气、煤低温热解（干馏）、煤焦油加氢、煤气化新技术等内容，以及这些技术的工业性试验和大型示范项目所取得的重大成果。这些自主创新成果的取得使我国现代煤化工技术处于世界领先地位而备受世界瞩目。例如60 万吨 DMTO、20 万吨乙二醇、100 万吨直接法煤制油、50 万吨焦油加氢等示范项目均为世界首套最大的工业化装置，一批示范项目取得成功，为"十二五"现代煤化工健康发展奠定了基础。

　　"十一五"期间，中国大地曾经掀起了一股煤化工热潮，一些地区不顾自身条件、技术成熟程度和市场需求，盲目发展煤化工，加之 2008 年 9 月爆发世界金融危机，经济大幅下滑，煤化工受到很大冲击，产能严重过剩，装置开工率严重不足。为此，国家发改委及时出台一系列调控煤化工发展的政策，要求首先做好现代煤化工示范项目，严格控制新项目审批，以指导煤化工科学有序发展，遏制了煤化工盲目发展的势头。这一时期现代煤化工新技术开发和工业示范项目建设工作一刻也没有停顿，并进一步加大工作力度，克服重重困难，终于在 2009～2010 年取得了丰硕成果。

　　"十二五"是现代煤化工发展的关键时期，应认真总结经验教训，冷静思考，改变发展方式，科学有序地推进现代煤化工向前发展。

　　本手册在修订过程中得到有关企业和专家的帮助和指导，收到不少读者的建议，在此一并表示感谢。

贺永德

2010 年 9 月

目录

第二篇　煤炭性质及水煤浆制备

第三篇　煤炭的气化技术

第四篇　煤炭的热解与焦化

第五篇　煤炭直接液化

第六篇　煤炭间接液化

第七篇 煤转化后加工产品

第八篇　煤化工对环境的影响及治理

第九篇　煤气的净化

附 录

第一篇

绪 论

第一章
煤炭在能源中的地位

第一节　世界能源状况及发展趋势

一、世界能源储量及消费量

煤炭是世界储量最大、分布最广的化石能源。据《BP 世界能源统计年鉴 2017》数据显示,2016 年底世界煤炭探明储量为 1139331.0Mt($1Mt=10^6t$),占世界化石能源探明储量的 63.67%,石油占 19.96%,天然气占 16.37%。2016 年煤炭消费占一次能源消费总量的 28.11%,排第二位。表 1-1-1 列出 2016 年世界一次能源探明储量、储产比、消费量。

由于煤炭探明储量和储产比大大超过石油和天然气的储量及储产比,在未来 30 年内,煤炭将仍然是世界主要能源之一,是世界经济发展的重要动力支柱。

表 1-1-1　2016 年世界一次能源探明储量、储产比、消费量

一次能源		探明储量		储产比	消费量	
		Mt	%	年	Mt(油当量)	%
化石能源	煤炭	1139331.0	63.67	153.0	3732.0	28.11
	石油	240700	19.96	50.6	4418.2	33.28
	天然气/$10^{12}m^3$	186.6	16.37	52.5	3204.1	24.13
其他①					1922.0	14.48
合计(油当量)		1025812.7	100		13276.3	100

① 包括水电、核能、可再生能源。

注:资料来源于《BP 世界能源统计年鉴 2017》。

按目前化石能源的产量计算，石油可以开采约 51 年，天然气可以开采约 53 年，而煤炭则可以开采约 153 年。

二、世界能源发展趋势

世界能源委员会（WEC）研究结果认为，在 2050 年以前，世界一次能源供应仍将以化石能源为主。其中煤炭消费量仍将缓慢增长，主要用于发电和满足少数工业部门需求。但是大量使用煤炭对环境造成很大压力，对全球 CO_2 排放产生明显影响。今后实施煤炭清洁高效利用，发展低碳经济，将是煤炭开发利用的发展方向。

电力部门发电用煤炭消费量呈现缓慢增长。世界电力的 45%～50% 由燃煤电站提供，预测未来 20 年内煤炭的消费量将增加约 32 亿吨，煤炭将保持它在发电方面的核心地位。2016 年通过的应对世界气候变化的《巴黎协定》将抑制煤炭的需求，核电、水电、风电、太阳能等可再生能源将会快速发展。

石油和天然气消费今后仍将是增长趋势。天然气的用量将会有较快增长。在今后 30 年内，世界天然气需求估计会增长 50% 以上，工业化国家增长约 23%，发展中国家可能增长一倍以上，其中亚洲占很大部分。

据《BP 世界能源统计年鉴 2017》数据显示，2016 年世界能源消费总量为 13276.3Mt 油当量，同比增长 1%，已是连续三年增长等于或小于 1.0%，呈缓慢增长趋势，与过去 10 年快速增长形成鲜明的对照。2016 年化石能源消费占能源消费总量的 85.52%，2020 年占比将下降到 80%；预计 2015～2035 年全球能源需求约增长 30%，年均增长 1.3%。全球一次能源需求到 2030 年可能达到 230 亿吨标准煤（简称"标煤"）左右。煤炭和石油在能源消费中占的比重将会有所下降，天然气年均增长 1.8%，其他能源占的比重将达到 20% 以上。

随着油、气资源的减少，煤液化技术以及洁净煤技术的发展，在煤炭资源丰富而油、气资源较少的国家，煤炭的生产与消费量将会有一定增长，而石油产量和消费量可能出现下降趋势。美国页岩油、页岩气的快速发展，将对常规油气生产格局和价格产生较大影响。

三、CO_2 排放量

2006 年后，世界能源消费产生的 CO_2 排放量较快增加，对全球气候变暖影响较大。2014 年以来 CO_2 排放量已连续三年无明显增长，这是一个巨大的进步。表 1-1-2 列出了 2006 年、2010 年和 2014～2016 年世界主要国家 CO_2 排放量。

表 1-1-2　世界主要国家 CO_2 排放量　　　　　　　　　单位：10^8 t

国家	2006 年	2010 年	2014 年	2015 年	2016 年	2016 年主要排放国家占比/%
中国	66.6	81.2	92.2	91.6	91.2	27.3
美国	60.3	57.6	56.0	54.5	53.5	16.0
印度	12.6	16.7	19.3	21.6	22.7	6.8
俄罗斯	15.6	15.1	15.4	15.4	14.9	4.5
日本	12.5	11.8	12.4	12.1	11.9	3.6
德国	8.4	7.8	7.5	7.61	7.6	2.3
世界	294.3	315.3	333.4	333.0	334.3	100

注：资料来源于《BP 世界能源统计年鉴 2017》。

第二节　中国能源结构及需求预测

一、煤炭在中国能源和经济发展中的重要地位

中国是世界煤炭生产和消费大国，居世界第一位。2016 年中国原煤产量 34.6×10^8 t，占世界产量的 46.2%。消费量 36.57×10^8 t，占世界消费量的 50.6%。2016 年中国一次能源消费结构中煤炭占 61.8%，占比逐年下降。火力发电用煤占煤炭消费总量的 48%～51%。今后燃煤发电将会有所增长，煤气化、液化以及煤炭作为生产石油和化工产品的原料用量将逐年增长。预计 2020 年一次能源消费中煤炭占 58% 以下，发电用煤占煤炭消费量将上升到 55% 以上。以煤为主的能源格局在相当长的时间内不会有大的改变。由此可见，煤炭仍然是中国现在和未来能源的重要组成部分，是中国经济快速发展的重要支柱，占有不可取代的地位。

积极发展煤炭绿色开发和洁净高效燃烧技术、大幅减少污染物排放对降低环境的污染具有重大意义。科学、有序、适度发展现代煤化工及油气燃料，从而缓解中国油气短缺等能源安全问题，满足国民经济发展对能源的需求，对中国经济可持续发展具有十分重要的意义。

二、中国一次能源生产量及构成

我国 2014 年下半年以来，煤炭生产出现较快下降，呈现负增长，2016 年煤炭产量下降 7.9%；原油产量下降 7.2%，进口量增长 13.6%；天然气产量增长 1.4%。表 1-1-3 列出了中国近 30 年来一次能源的生产总量及构成。

我国能源发展"十三五"规划目标，到 2020 年煤炭产量 39×10^8 t，原油 2×10^8 t，天然气 2200×10^8 m³，能源消费总量 50×10^8 t 标准煤以内，其中煤炭 41×10^8 t，占能源总量的 58% 以下，天然气消费量力争达到 10%。

表 1-1-3　中国近 30 年来一次能源生产总量及构成

年份	原煤		原油		天然气		水电、核电、其他	
	产量 /10^4 t	比重 /%	产量 /10^4 t	比重 /%	产量 /10^8 m³	比重 /%	产量 /10^8 kW·h	比重 /%
1990	107952	74.2	13821	19.0	156.3	2.0	4058.8	4.8
2000	141422	72.9	16296	16.8	270.9	2.6	8681.8	7.7
2010	332968	76.2	20319	9.3	962.2	4.1	26412.5	10.4
2015	365395	72.2	21539	8.5	1333.7	4.8	42709.5	14.5
2016	346000	69.6	19972	8.2	1384.0	5.3	58000.0	16.9
2020	390000	69.6	20000	7.2	2200	7.3	63590	15.9

注：资料来源于《中国统计年鉴 2016》，2020 年为规划值。

三、中国化石能源储量

中国的煤炭资源十分丰富，而石油和天然气资源相对比较贫乏。煤炭探明储量逐年增加，而石油新增探明储量 2016 年出现下降，开采难度加大，原油开采成本上升。

我国非常规天然气可燃冰资源储量巨大，2017 年 5 月在南海北部试采成功，连续试采 60d，最高产量 3.5×10^8 m^3 天然气，CH_4 含量 99.5%，$1m^3$ 可燃冰分解后可产出 $164m^3$ 天然气。这一开发技术的突破，对促进我国能源安全保障，优化能源消费结构，未来石油、常规天然气替代战略都具有里程碑意义。

中国是人口大国，人均占有的化石能源可采储量比世界人均占有量低得多。表 1-1-4 列出了 2016 年中国化石能源剩余可采储量及储采比。

表 1-1-4　2016 年中国化石能源剩余可采储量及储采比

项目	煤炭/10^8t	石油/10^8t	天然气/10^{12} m^3
探明储量	2440.10	35.0	5.4
储采比	72	17.5	38.8
世界位次	2	13	9

注：资料来源于《BP 世界能源统计年鉴 2017》。

从表 1-1-4 中数据分析，中国的能源形势不容乐观。2016 年化石能源探明储量中，煤炭占 95.11%，石油占 2.05%，天然气占 2.84%。丰富的煤炭资源在开发利用过程中会对生态环境造成较大影响，目前煤炭产能严重过剩，煤炭开发利用将会严加控制。

2016 年我国签署了应对全球气候变化的《巴黎协定》，作为《巴黎协定》的积极推动者作出承诺，2020 年单位国内生产总值 CO_2 排放比 2015 年下降 18%。

四、中国一次能源消费量及需求量预测

2015 年中国一次能源消费总量为 43.0×10^8 t 标准煤，居世界首位。中国煤炭消费量为 27.52×10^8 t 标准煤，占一次能源消费总量的 64.0%，石油占 18.1%，天然气仅占 5.9%，可再生能源占 12.0%。表 1-1-5 列出了 2010 年、2015 年和 2016 年中国一次能源消费量及构成。

表 1-1-5　2010 年、2015 年和 2016 年中国一次能源消费量及构成

年份	一次能源	煤炭	石油	天然气	水电、核电、其他	总消费量
2010	中国消费量(标煤)/Mt	2495.7	627.5	144.3	339.0	3606.48
	消费构成/%	69.2	17.4	4.0	9.4	100.0
	世界消费构成/%	29.6	33.6	23.8	13.0	100.0
2015	中国消费量(标煤)/Mt	2752.0	778.3	253.7	516.0	4300.0
	消费构成/%	63.7	18.3	5.9	12.1	100.0
	世界消费构成/%	29.2	32.9	23.8	14.1	100.0
2016	中国消费量(油当量)/Mt	1887.6	578.7	189.3	397.4	3053.0
	消费构成/%	61.8	19.0	6.2	13.0	100
	世界消费构成/%	28.11	33.28	24.13	14.48	100.0

注：2016 年数据为《BP 世界能源统计年鉴》数据。

21 世纪前半期煤炭仍将占中国一次能源消费的主导地位，但煤炭在能源消费结构中占的比重会逐年下降。石油、天然气以及可再生能源消费量将有较大增长，主要依靠大量进口石油和天然气来满足消费需求。近年来原油进口量增长较快，2016 年进口原油 3.81×10^8 t，同比增长 13.6%，对外依存度高达 65.8%，已超过国际公认的安全红线，对国家石油安全构成威胁。2016 年原油产量下降到 2×10^8 t 以下，"十三五"期间年产量维持在 2×10^8 t，不

会有较大增长。中国经济发展进入"新常态"，GDP 增长速度调整为 6%～7%。未来 10 年的经济增长方式和能源结构处于转型期，能源生产和消费革命正在有序推进。表 1-1-6 列出了中国 2005 年、2010 年及 2015 年石油、煤炭、天然气产量、进口量、消费量及 2020 年需求预测。

表 1-1-6 中国 2005 年、2010 年及 2015 年石油、煤炭、天然气产量、进口量、消费量及 2020 年需求预测

年份	煤炭/Mt			石油/Mt			天然气/$10^8 m^3$		
	产量	进口量	消费量	产量	进口量	消费量	产量	进口量	消费量
2005	2365.15	26.22	2433.75	181.35	171.63	325.47	493.2		466.08
2010	3428.45	183.07	3490.08	203.01	294.37	441.01	957.9	164.7	1080.24
2015	3746.54	204.06	3970.14	214.56	397.49	551.60	1346.1	611.4	1931.75
2020	3900.0	100.00	4000.0	200.0	450.0	650.0	2200.0	1000.0	3200.0

注：2020 年数据为规划数据。

预测到 2020 年中国非化石能源占一次能源消费比重将达到 15% 以上，化石能源占 85% 以下，其中煤炭约占一次能源消费总量的比重有望下降到 58% 以下。立足中国丰富的煤炭资源，积极发展洁净煤技术、煤分质清洁高效利用多联产技术、现代煤化工技术替代石油和石化产品，这些新技术已取得大规模工业示范成果，"十三五"进行升级示范，将为下一步发展创造条件。清洁高效绿色发展是中国能源发展战略的现实选择。

我国正在积极发展水电、核电、风电、太阳能发电及生物能等新能源和可再生能源等清洁能源，以优化能源生产和消费结构、加快转变经济增长方式、探索发展低碳经济。在碳约束条件下将煤炭转化优化内容纳入国民经济和社会发展中长期规划。

中国社会科学院最新研究报告预测，我国天然气需求量今后将会较快增长，到 2030 年将达到 $5200×10^8 m^3$，2050 年将达到 $8000×10^8 m^3$，而 2017 年消费量为 $2394×10^8 m^3$。天然气消费快速增长，对优化能源结构、改善大气环境、推动能源革命必将起到积极作用。

第三节 煤炭利用现状及存在的问题

一、煤炭利用的现状

中国煤炭利用方式以燃烧为主。2015 年我国煤炭消费总量为 3970.14Mt，其中发电用煤 1793.18Mt，占 45.17%，工业占 22.88%，生活消费及其他占 16.68%，炼焦占 15.28%。表 1-1-7 列出了 2015 年中国煤炭消费量及构成。

2015 年煤炭产量和消费量开始下降，2016 年煤炭消费量为 $36.57×10^8 t$，同比下降 9%；今后化工原料用煤将有较大增长。随着天然气和城市煤气的推广、西气东输工程的实施，居民生活燃煤用量将会逐年减少，煤炭作为动力用煤所占比例仍保持 70% 左右的水平。

表 1-1-7 2015 年及预计 2020 年中国煤炭消费量及构成

项目	总消费量	发电	工业	炼焦	生活消费	其他
2015 年消费量/Mt	3970.14	1793.18	908.31	606.44	93.47	568.74
构成/%	100	45.17	22.88	15.28	2.35	14.38
预计 2020 年消费量/Mt	4100.0	2255.0	1025.0	580.0	80.0	159.0
构成/%	100	55.0	25.01	14.15	1.96	3.88

注：2015 年数据参考《BP 世界能源统计年鉴 2016》，2020 年数据为规划值。

二、煤炭利用存在的问题

1. 综合利用效率偏低

中国煤炭燃烧技术及效率与国际先进水平比较仍有一定差距。以燃煤发电为例，2014年中国燃煤发电效率平均为 40.6%，同期日本煤电效率为 43.3%；2016 年中国煤电效率提高到 41.4%，与国际先进水平仍有一定差距。2020 年我国要求新建 600MW 燃煤发电机组供电煤耗低于 $300g/(kW \cdot h)$，全国燃煤发电机组供电煤耗平均 $310g/(kW \cdot h)$。

2. 能耗高、节能潜力大

2015 年中国万元 GDP 能耗为 0.719 t 标准煤，比 2014 年下降 5.6%，但仍高于日本、美国的能耗水平，2014 年中国能源加工转换总效率为 73.49%。规划到 2020 年将中国能源转换总效率提高到 80% 以上，单位 GDP 能耗比 2015 年下降 15% 以上。

3. 煤炭产能过剩，生产效率较低、成本偏高

"十一五"以来，中国煤炭行业产能快速扩张，2015 年全国煤炭产能 42×10^8 t，在建矿 15×10^8 t，合计 57×10^8 t，产能严重过剩。2014 年煤价大幅下滑，多数煤矿处于亏损状态。2016 年下半年煤价回升，煤矿经营状况有所好转。"十三五"规划淘汰煤炭落后产能 $(5.6 \sim 6.0) \times 10^8$ t，关小上大，提高煤矿装备水平和生产效率，大力推进节能降耗，降低成本，总体达到国际先进水平。

4. 环境污染较严重

中国在煤炭开采和加工利用过程中给生态环境造成严重污染。燃煤排放的 SO_2 占全国总排放量的 85% 左右，NO_x 排放占 80% 左右，历年排量见表 1-1-8。2016 年全国 CO_2 排放总量达 91.2×10^8 t，占世界 CO_2 排放总量的 27.28%，居世界第一位。中国以煤为主的能源结构导致 CO_2 减排压力很大。实施能源革命，推进能源转型，优化能源结构，势在必行。采用高效清洁燃烧技术，提高煤炭利用效率，减少 SO_2、NO_x、CO_2 排放总量，保护生态环境，是中国煤炭加工利用中必须破解的重大课题。

表 1-1-8　中国历年 SO_2、NO_x 排放量　　　　　　　单位：10^4 t

排放物质	2007 年	2010 年	2014 年	2015 年	2020 年
SO_2	2320	2194	1967	1859	1315
NO_x	1798	2196	2053	1852	1065

注：中国环境状况公报数据。

第二章
现代煤化工及洁净煤技术

以煤炭为原料经化学方法加工，将煤炭转化为气体、液体和固体产品或半产品，而后再进一步加工成一系列化工产品或石油和气体燃料的工业，称为煤化工。

煤的焦化是应用最早的煤化工，至今仍然是重要的煤加工方法。在制取焦炭的同时副产煤气和焦油（其中含有各种芳烃化工原料）。电石乙炔化学在煤化工中占有重要地位，乙炔可以生产一系列有机化工产品和炭黑。煤气化在煤化工中占有特别重要的地位，主要用于生产城市煤气、各种工业用燃料和化工合成气。在中国，合成气主要用于制取合成天然气、合成氨、甲醇、乙醇、二甲醚、烯烃、芳烃、燃料油品、高纯蜡、乙二醇等重要化工产品；通过煤炭加氢直接液化可生产各种液体燃料；利用碳一化学技术可合成各种化工产品。随着世界石油和天然气资源的不断减少、煤化工技术的进步、新技术和新型催化剂的开发成功、新一代煤化工技术的涌现，石油化工产品原料日益多元化，21世纪现代煤化工在中国将会有广阔的发展前景。

第一节　洁净煤技术

一、可持续发展与环境

传统的煤炭开采和利用方法对中国和世界的经济发展和生态环境产生了严重影响，是关系到经济和社会可持续发展的大问题，引起了世界各国的高度重视。1992年在巴西里约热内卢召开了世界环境与发展大会，会议通过了《里约宣言》和《21世纪议程》等重要文件，确定了相关的环境责任原则，提出了可持续发展的理念，这次会议被称为"地球首脑峰会"。1997年12月世界149个国家和地区的代表，在日本东京召开《联合国气候变化框架公约》缔约方第三次会议，通过了旨在限制发达国家温室气体排放量以抑制全球变暖的《京都议定书》，《京都议定书》规定到2010年，所有发达国家排放的CO_2等6种温室气体的数量，要比 1990 年减少 5.2%，以延缓全球变暖。2002 年 8 月，在南非约翰内斯堡召开了第二次世界可持续发展大会，又称第二届"地球首脑峰会"，有 100 多位国家元首和政府首脑参加会议，研究如何实现可持续发展的重大问题。2009 年 9 月在丹麦哥本哈根召开的全球温室气体变化峰会上，中国政府承诺 2020 年单位 GDP CO_2 排放将比 2005 年降低 40%～45%；2015 年 11 月联合国第 21 届全球气候变化大会在法国巴黎召开，形成《巴黎协定》，2016 年 1 月 14 日正式生效。中国作出郑重承诺，《中国方案》受到重视和称赞。实现煤炭清洁高效转化应是我国能源发展的战略选择。

可持续发展就是在发展经济的同时，要考虑到环境，要千方百计保护人类赖以生存的地球生态环境，让子孙后代也能看到我们今天可以看到的蓝天白云和清澈的河水。发展洁净煤技术是实现可持续发展的重要措施，是改善生态环境，提高煤炭综合利用效率，减少温室气体排放的现实选择。

二、洁净煤技术的重要性

洁净煤技术（clean coal technology，CCT）一词来源于 20 世纪 80 年代的美国，是关于减少煤炭开采和利用过程中的污染，提高煤炭利用效率的洗选加工及燃烧转化、烟气净化等一系列新技术的总称。美国和加拿大从 1986 年开始实施洁净煤技术发展计划，主要优选的洁净煤技术有先进的选煤技术、先进的燃烧器、流化床燃烧技术、先进的煤气化技术、煤气联合循环发电、煤油共炼技术、烟道气净化技术及焦化厂、水泥厂污染控制技术等。洁净煤技术开发计划的实施，将会促进煤炭洁净开发和利用，减少对石油的依赖程度，有利于改善环境，因此引起世界各国的普遍重视。英国、日本、欧共体等都相继成立了专门的洁净煤技术研究机构，由政府拨专款给予资助。中国于 1994 年由国家计委和经贸委成立了国家洁净煤领导小组，编制了"中国洁净煤发展规划"，建立了"中国洁净煤工程技术研究中心"，大力推进中国洁净煤技术的开发与应用。"十五"期间，中国科学院把洁净煤技术列为重点研究与发展的项目，包括：大型加压煤气化技术，煤基合成液体燃料技术，大型流化床电站锅炉、煤气化联合循环发电技术（IGCC），煤、电、热与化工产品多联产技术，煤中硫、氮等污染物的脱除和控制技术，大型燃气轮机技术，燃料电池技术等。2009 年 7 月中国科技部、国家能源局和美国能源部共同成立"中美清洁能源联合研究中心"，旨在促进中美两国科学家和工程师在清洁能源技术领域开展联合研究，首批优先领域包括节能建筑、清洁煤、清洁能源汽车等项目。

2012～2013 年，中国工程院副院长谢克昌院士为组长，组织 30 多位院士和专家，完成了《中国煤炭清洁高效可持续开发利用战略研究》，部分研究成果和观点在政府相关规划、政策和决策中得到体现，对促进我国能源生产和消费革命起到了积极作用。

中国是煤炭生产和消费大国，积极发展洁净煤技术，对环境友好和实现可持续发展具有十分重要的战略意义和现实意义。

三、洁净煤技术包括的领域

根据洁净煤技术现状和发展方向，洁净煤技术应包括以下六个方向。

① 煤炭的初步加工：选煤、型煤、配煤、水煤浆、油煤浆、化学提纯。

② 煤炭的燃烧及后处理：煤的高效燃料器、循环流化床锅炉、流化床燃烧联合循环发电、水煤浆燃料、煤燃烧中固硫技术，以及烟道气除尘、脱硫、脱硝及脱汞技术。

③ 煤炭气化：煤高效加压气化、干馏焦（不完全气化）、清洁燃料气（包括合成天然气）、洁净合成气（$CO+H_2$）、煤气化联合循环发电技术、煤热电化多联产技术、煤的地下气化。

④ 煤炭液化：煤加氢直接液化、间接液化（合成燃料油、醇醚燃料）、煤的热解工艺生产液体燃料。

⑤ 燃料电池：氢燃料电池、甲醇燃料电池、磷酸盐燃料电池、碳酸盐型燃料电池、过氧化氢燃料电池、轻烃燃料电池。

⑥ 煤炭开发利用中的污染控制：废弃物的处理与利用、煤层气的开发利用、煤炭加工转化中污染治理及控制技术。

第二节　煤焦化技术

一、煤焦化主要产品

煤的焦化产品——焦炭、焦炉煤气和煤焦油都是重要的化工原料。焦炭是气化和电石生产的原料，主要用于钢铁与其他金属的冶炼和铸造。焦炉煤气中主要含有 H_2、CO、CH_4，不仅是重要的燃料气，而且可以作为合成气生产甲醇、合成氨等化工产品。

煤焦油是一种成分十分复杂的混合物，主要组分是芳香烃化合物和杂环化合物，有几千种之多。从中分离出来并经鉴定的有 370 多种，主要有苯、酚、萘、蒽、醌、香豆酮树脂、吡啶、喹啉及其同系物等。

二、焦炭产量

2015 年中国焦炭需求量约为 4.35 亿吨，中国焦炭出口量 985 万吨，是世界最大的焦炭出口国。焦化用原料煤约 4.85 亿吨洗精煤，占全国原煤产量的 14.8%。2016 年中国焦炭产量为 4.49 亿吨，占世界总产量的 68.6%，居世界第一位。中国历年焦炭产量及出口量见表 1-2-1。

表 1-2-1　中国历年焦炭产量及出口量　　　　　　单位：10^4 t

年份	2000	2005	2010	2015	2016
产量	12184.0	25412.0	38864.0	44823.0	44912.0
出口量		1276		985.0	1022.0

2014 年以前中国冶金焦产能和产量严重过剩，以大量出口来平衡生产，国家提出淘汰落后产能，以新技术改造原有大型焦炉，推行干法熄焦技术、自动密闭加煤和出焦技术、余热发电技术、焦炉气利用新技术、焦油深加工技术、焦炉大型化技术及污染物排放治理技术等。在国际上 6m 焦炉属中型焦炉，德国鲁尔煤业公司建成的现代化大容积焦炉，其炭化室高 7.63m，宽 0.61m，长 18m，孔数 60，两座焦炉焦炭产量为 204 万吨，干熄焦能力为 250t/h，是世界大型现代化焦炉。2006 年以来，兖矿、太钢、马钢等先后建成投产了 7.63m 超大型焦炉，使我国焦炭生产技术达到国际先进水平。国家规定新建焦炉单座炉能必须达到 100 万吨以上。焦炉大型化有利于降低吨焦的煤耗和能耗；有利于提高劳动生产率和提高焦炭质量；降低生产成本和减少环境污染。焦炉大型化是我国焦化企业实现可持续发展的必由之路。

我国大型捣固焦炉技术开发取得了成功，唐山佳华煤化工公司建成国内第一座 6.25m 大型捣固焦炉，其规格与目前世界最大的捣固焦炉相同，但炭化室宽度增加了 20mm。国家要求"十一五"期间淘汰 4.3m 以下小焦炉，淘汰落后产能 8000 万吨。加快了焦化产业调整结构、节能减排、产业升级的步伐。"十二五"我国焦化生产技术和装备水平有很大提高。

三、技术进展

国际上在发展现代化大容积室式焦炉的同时，20 世纪 80 年代初德国鲁尔煤业公司和矿山研究所开发了单室式巨型炼焦反应器，已完成试验工作，尚未进行大规模生产。美国开发了无回收焦炉，由于取消了煤气回收，不产生焦油和污水等污染物，改善了环境，具有焦炉结构简单、建设费用低等优点，缺点是焦炉顶部空间大，上部焦炭结构疏松，部分煤焦烧损、全焦率低。该技术在美国、加拿大、澳大利亚发展较好。

日本在型焦工艺技术方面做了大量工作。连续炼焦新工艺处于工业试验阶段，距大型工业化生产还有一定距离。

四、煤热解干馏技术

煤的热解也称煤干馏或热分解，是指煤在隔绝空气下进行加热分解的技术。主要是低阶煤中低温热分解技术。

1. 低变质煤热解产能建设

煤热解是以低变质煤（褐煤、长焰煤、不黏煤和弱黏煤）为原料，通过干馏热解，生产半焦（兰炭）、煤焦油和煤气三种初级产品，是对低变质煤进行综合利用的有效方法，其热能利用效率可达 85% 以上。中国半焦产业发展较快，2016 年全国总生产能力约 $(6800 \sim 7000) \times 10^4 t$，陕西省榆林地区占 71.4%，其次为内蒙古、山西、宁夏、新疆等省（区）也有相当规模的半焦生产。2016 年上述省（区）半焦产量约 $(3300 \sim 3500) \times 10^4 t$，其中榆林地区产量 $2888.7 \times 10^4 t$，占全国 82.5%。半焦在低变质煤资源丰富地区具有较好的发展前景。在我国缺油的情况下，把煤通过热解，先提取焦油，半焦再用作气化原料或燃料，既可提高煤利用的经济效益，又可对我国石油短缺起一定的补充作用，是低变质煤加工的较好途径之一。

2. 低变质煤热解技术及炉型

低变质煤干馏技术已实现工业化的炉型有 10 多种。

① 内热式固定床干馏炉（三江），以块煤为原料，单炉产半焦 $(7 \sim 10) \times 10^4 t/a$，焦油产率 7%～8%；

② 外热式固定床干馏炉，以块煤为原料，单炉产半焦 $(5 \sim 15) \times 10^4 t/a$；

③ 固体热载体移动床干馏炉，以碎粉煤为原料，单炉处理原煤量 $(10 \sim 15) \times 10^4 t/a$；

④ 气体、固体热载体流化床干馏炉，以碎粉煤为原料，单系统处理煤量 $60 \times 10^4 t/a$，焦油产率 10%～20%；

⑤ 神雾蓄热式旋转床煤热解炉（神雾），中试炉 $3 \times 10^4 t/a$，放大设计 $1 \times 10^6 t/a$；

⑥ 气流床双循环粉煤快速热解炉（胜邦），中试炉 $3 \times 10^4 t/a$，示范炉设计 $120 \times 10^4 t/a$；

⑦ 回转炉两段式热解炉，$30 \times 10^4 t/a$，示范炉设计 $120 \times 10^4 t/a$；

⑧ 煤干燥干馏多段式（国富）热解炉，单炉进煤量 $(50 \sim 60) \times 10^4 t/a$；

⑨ 煤热解气化一体化流化床热解炉，中试进煤 15t/d；

⑩ 真空微波煤热解炉，试验炉 $2 \times 10^4 t/a$，工业炉设计 $20 \times 10^4 t/a$；

⑪ 带式煤热解炉，内蒙古褐煤干燥提质工业示范炉 $60 \times 10^4 t/a$；

⑫ 固体热载体循环流化床复合式煤热解炉，工业试验炉 $10 \times 10^4 t/a$。

五、中低温煤焦油加工

1. 煤焦油性质及组分

煤热解生产的焦油因热解温度和热解工艺不同，其性质也不相同。焦油催化加氢可以生产石脑油和柴油馏分，两者的总收率可达 $80\% \sim 90\%$ 左右。煤焦油的性质及组分见表1-2-2。

表 1-2-2 煤焦油的性质及组分(神木 8 个样品混合分析数据)

成分	水分/%	灰分/%	酚/%	吡啶/%	蒽/%	沥青/%	硫/%	甲苯不溶物/%	密度/(t/m³)
数值	4.6	0.14	10.64	2.21	1.65	36.14	0.12	0.456	1.048

2. 中低温煤焦油加氢及产品

煤热解产出的中低温焦油，可以通过催化加氢生产轻油和燃料油；从热解副产的煤气中提取氢气作为氢源；提取氢以后的煤气含有甲烷和一氧化碳等可燃气体，可以作热解装置的供热热源。所产石脑油可作为汽油调和油，也可作为重整原料生产芳烃。焦油加氢过程及产品见图1-2-1。

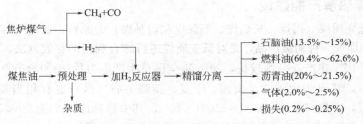

图 1-2-1 焦油加氢过程及产品示意图

3. 热解煤气组成

热解煤气组成见表 1-2-3。

表 1-2-3 内热式、外热式热解煤气组分(体积分数) 单位:%

炉型	H_2	CO	CH_4	C_nH_m	N_2	CO_2	O_2	合计	热值/(kcal/m³)[1]
内热式	28.3	16.2	7.2	0.5	38.1	9.6	0.1	100.0	1905.6
外热式	28~32	18~21	30~35	1.5~2.5	3~3.5	6~8	0.2~0.5	100.0	3500~5700

[1] 1kcal=4186J。

第三节 煤气化技术

一、煤气化的应用及重要性

煤气化是煤化工的龙头，是最重要的应用广泛的洁净煤技术，是发展现代煤化工最重要的单元技术。煤气化可以生产工业燃料气、民用燃料气、化工合成原料气、合成燃料油原料气、氢燃料电池、合成天然气、火箭燃料等，还可用于煤气联合循环发电。

　　煤气化技术广泛应用于化工、冶金、机械、建材等重要工业部门和城市煤气的生产。中国拥有各种类型的煤气炉约9000多台，其中化工行业煤气化炉约有4000余台，以常压固定床气化炉为主。多数中小化肥厂和少数大型化肥厂以无烟煤（焦炭）为原料，通过煤气化生产合成氨和甲醇，年耗原料煤8000多万吨，煤制合成氨产量占全国总产量的80％以上，为中国农业生产和粮食增产作出了重大贡献。常压固定床间歇式煤气化炉对环境污染较大，属淘汰的落后气化技术。现代煤化工全都采用大型高温加压煤气化技术。因此，加压连续煤气化技术在现代煤化工和洁净煤技术的发展中占有十分重要的地位，是实现中国煤化工可持续发展的主要技术手段之一。

二、煤气化技术现状及发展趋势

　　世界正在应用和开发的煤气化技术有数十种之多，气化炉型也是多种多样，最有发展前途的有10余种。所有煤气化技术都有一个共同的特征，即气化炉内煤炭在高温条件下与气化剂反应，使固体煤炭转化为气体燃料，剩下的含灰残渣排出炉外。气化剂为水蒸气、纯氧、空气、CO_2和H_2。粗煤气中成分主要是CO、H_2、CO_2、CH_4、N_2、H_2O，还有少量硫化物、烃类和其他微量成分。各种煤气的组成和热值，取决于煤的种类、气化工艺、气化压力、气化温度和气化剂组成。中国引进了世界上所有加压煤气化技术，建有多个先进煤气化技术工业化试验示范基地。同时也促进了我国煤气化新技术开发和进步，形成了国产化的煤气化新技术。

1. 煤气化方法分类

　　煤气化分类无统一标准，有多种分类方法：①按气化炉供热方式可分为外热式（间接供热）和内热式（直接供热）两类；②按煤气热值可分为低热值煤气（$<8340kJ/m^3$）、中热值煤气（$16000\sim33000kJ/m^3$）和高热值煤气（$>33000kJ/m^3$）三类；③按煤与气化剂在气化炉内运动状态可分为移动床（固定床）、流化床（沸腾床）、气流床和熔融床气化等四类，这是目前使用较多的分类方法；④还有按气化炉压力、气化炉排渣方式、气化剂种类、气化炉进煤粒度和气化过程是否连续等进行分类的。

　　煤气化的全过程热平衡说明总的气化反应是吸热反应，因此必须给气化炉供给足够的热量，才能保持煤气化过程的连续进行。一般需要消耗气化用煤发热量的15％～35％。

2. 典型的煤气化炉性能比较

　　按照固定床、流化床、气流床进行分类，不同气化炉型技术指标比较分别列于表1-2-4～表1-2-6。

表 1-2-4　固定床气化炉技术指标

项　　目	气化炉炉型		
	U.G.I炉（富氧）	BGL型炉	鲁奇炉
气化炉规格			
炉膛内径/m	$\phi2.4\sim3.6$	$\phi2.4\sim4.0$	$\phi2.4\sim5.0$
气化炉总高/m	$8.5\sim12.6$	$11\sim17$	$12\sim13.2$
原料煤种	无烟煤、焦炭	无烟煤、烟煤	褐煤、烟煤
入炉煤粒度/mm	$13\sim75$	$6\sim50$	$5\sim50$

续表

项 目	气化炉炉型		
	U.G.I 炉（富氧）	BGL 型炉	鲁奇炉
气化条件			
气化压力/MPa	0.018～0.02	4.0～7.0	2.5～4.0
气化温度/℃	900～1000	1400～1500	950～1100
炉顶温度/℃	350～400	350～400	350～450
气化强度/[kg/(m²·h)]	350～560	1500～1900	700～1050
排渣方式	固态	液态	固态
消耗额定（煤）			
氧气消耗率/(m³/kg)	0.1～0.12	0.37～0.39	0.15～0.20
空气消耗率/(m³/kg)	2.8～3.1		
蒸汽消耗率/(kg/kg)	1.4～1.6	0.4～0.43	1.1～1.4
粗煤气产率（标态）/(m³/t)	1600～1870	2100～2250	1400～1600
干煤气组成、热值			
粗煤气（半水煤气）组成（体积分数）/%			
H_2	39～41	28～30	38～39
CO	28～30	53～58	15～18
CO_2	7.5～8.5	2.3～5.0	31～32
CH_4	1.0～1.2	6～8	10～12
O_2	0.3～0.4	0.1～0.3	0.15～0.20
N_2	19～21	1.5～2.0	1.2～1.5
煤气低热值（标态）/(MJ/m³)	8.3～8.5	13.4～14.1	10.2～10.5

表 1-2-5 流化床气化炉技术指标

项 目	气化炉炉型			
	HTW	CFB	SGT	灰熔聚流化床
气化炉参数				
炉膛内径/m	φ2.2～3.7	φ2.8～3.5	φ1.2～2.6	φ2.4～3.0
气化炉体高度/m	16～23	11～18	15.3～18.5	15～18
原料煤种	褐煤、次烟煤	焦炭、次烟煤树皮、木屑	褐煤、低变质煤高灰煤	无烟煤、烟煤、焦粉
入炉煤粒度/mm	0～10	0～6	0～6	0～8
入炉煤含水量（质量分数）/%	<12	<11.0	<3	<5
气化炉进煤量/(t/d)	168～2840	500～2000	800～1200	200～500
气化条件				
气化压力/MPa	1.0～3.0	0.05～0.2	0.22～4.0	0.03～1.0
气化温度/℃	950～1050	850～1100	950～1050	950～1100
入炉蒸汽温度/℃	250～300	150～200	250～285	280～310
炉顶温度/℃	900～950	900～1000	900～980	950～1000

续表

项 目	气化炉炉型			
	HTW	CFB	SGT	灰熔聚流化床
消耗额定(以煤计)				
氧气消耗率/(m³/kg)	0.486	0.504	0.3~0.6	0.47~0.54
蒸汽消耗率/(kg/kg)	0.52	0.59	0.75~0.9	0.6~0.8
粗煤气产率/(m³/t)	1600~1850	1700~1850	1800~2000	2000~2100
干煤气组成、热值				
煤气组分(体积分数)/%				
H_2	32~34	36~38	25~40	38~39
CO	36~38	43.5~45.2	28~42	31~32
CO_2	9.0~10.0	13.5~15.6	8~9	21~22
CH_4	2.0~2.2	2.0~2.5	2~5	1.8~2.1
O_2	0.2~0.3	0.2~0.3	0.17~0.28	0.2~0.4
N_2	0.6~1.3	0.6~1.3	0.56~0.57	4.0~6.0
煤气低热值(标态)/(MJ/m³)	8.8~9.2	10.3~10.6	8~10	8.85~9.1

表 1-2-6 气流床气化炉技术指标

项 目	气化炉炉型			
	GE(Texaco)	Shell	四喷嘴对置式	Prenflo
气化炉参数				
炉膛内径/m	φ1.67~3.048	φ4.5	φ2.0~3.50	φ1.5~5.0
气化炉体高度/m	14.27~19.85			30~45
原料煤种	低灰熔点烟煤	烟煤	烟煤	烟煤、石焦油
入炉煤颗粒/mm	<0.076 占70%	<0.15 占90%	<0.076 占80%	<0.1 占75%
入炉煤含水量/%	35~40	<2.0	37~40	约2.0
气化炉进煤量/(t/d)	500~2000	400~2000	500~3000	150~2600
气化条件				
气化压力/MPa	3.8~8.5	2.0~4.0	3.0~8.7	2.6
气化温度/℃	1400~1500	1400~1700	1400~1500	1500~1600
入炉蒸汽温度/℃	不加蒸汽	250	不加蒸汽	250~300
加煤方式	水煤浆	干煤粉	水煤浆	干粉煤
消耗定额				
比氧耗($CO+H_2$)/(m³/km³)	400~410	330~360	310~320	320~350
比煤耗($CO+H_2$)/(kg/km³)	600~620	650~670	600~610	620~630
蒸汽消耗率(煤)/(kg/kg)	0	0.13~0.15	0	0.16~0.18
粗煤气产率(煤)/(m³/kg)	1.9~2.1	1.7~1.86	1.9~2.1	1.86~1.92

续表

项　目	气化炉炉型			
	GE(Texaco)	Shell	四喷嘴对置式	Prenflo
干煤气组成(体积分数)/%				
H_2	35～36	26～28	35～38	22.08
CO	45～46	61～63	45～48	60.51
CO_2	17～18	0.8～3.8	15～18	3.87
CH_4	0.02～0.03	0.01～0.02	约0.1	0.01
N_2+Ar	0.7～0.8	4.3～5.4	0.12	13.53
O_2	0.1～0.2	0.1	0.1	
$CO+H_2$	80～82	89～92	82～83	82～83
干煤气低热值(标态)/(MJ/m³)	9.6～9.72	10.5～11.0	9～9.5	9.7～9.8

3. 煤炭气化技术发展趋势

① 气化压力向高压发展。气化压力由常压、低压（<1.0MPa）向高压（3.0～8.7MPa）发展，从而提高气化效率、碳转化率和气化炉能力，实现气化装置大型化和能量高效回收利用，降低合成气的压缩能耗或实现等压合成（如甲醇低压合成），降低生产成本。不同气化压力可以适应不同用户的需要。

② 气化能力向大型化发展。大型化便于实现自动控制和优化操作，降低能耗和操作费用。

③ 气化温度向高温发展。GE（Texaco）气化温度为1400～1500℃，Shell气化温度高达1400～1700℃，美国R-GIT气化温度高达2600℃。气化温度高，煤中有机物质分解气化，可消除或减少环境污染，对煤种适应性广。

④ 不断开发新的气化技术和新型气化炉，提高碳转化率和煤气质量，降低建设投资。目前碳转化率高达98%～99%，煤气中含$CO+H_2$可达到80%～90%。

⑤ 现代煤气化技术与其他先进技术联合应用。如：与燃气轮机发电组合的IGCC发电技术；高压气化（8.7MPa）与低压合成甲醇、二甲醚技术联合实现等压合成，省去合成气压缩机，使生产过程简化，总能耗降低。

⑥ 煤气化技术与先进的余热回收、脱硫、除尘技术相结合，实现环境友好，减少污染。如：在气化炉内加入脱硫剂（石灰），脱硫效率可达80%～85%；采用高效除尘器使煤气中含尘降到1～2mg/m³以下。余热锅炉可回收2.0～10.0MPa的蒸汽。

总之，先进的流化床、气流床煤气化技术在我国已实现工业化和大型化，并不断改进和完善，应用范围不断扩大，是今后的发展方向。近10年来随着我国煤化工产业的快速发展，一大批煤气化装置建成投产或在建。

煤气化单位有效气体（$CO+H_2+CH_4$）的煤耗、氧耗、蒸汽耗、电耗等，由于气化技术不同、煤种不同，会有较大差别。一般应根据气化用煤和气化后加工产品要求，合理选择煤气化技术和气化压力。

三、中国煤气化技术开发应用状况

近10多年来，中国加快了先进煤气化技术开发步伐，先后开发成功并应用于工业化生产的气化炉主要有多元料浆气化炉、对置式四喷嘴水煤浆气化炉、两段式干煤粉气化炉、HT-L 干煤粉气化炉、晋华（清华）炉、非熔渣-熔渣水煤浆气化炉、SE-东方炉、CAGG 加压流化床碎煤气化炉、灰熔聚流化床气化炉、恩德流化床气化炉、中科循流化床双床气化炉、CKZ 碳分子气化燃烧炉等十多种气化炉。单炉投煤量从 500t/d 到 3000t/d，气化压力从 1.0MPa 到 6.5MPa。已投产和在建的气化炉多达 200 多台（套）。广泛应用于煤制甲醇、煤制合成氨、煤制氢、煤制油、煤制烯烃、煤制天然气、煤制乙醇、煤制乙二醇及其他化工产品、发电等方面，从而改变了我国煤气化技术依赖引进国外技术的局面，为我国煤化工产业发展国产化创造了有利条件。

第四节　煤炭液化技术

一、概述

1. 煤炭液化技术路线

以煤炭为原料制取液体（烃类）燃料为主要产品的技术，称为煤炭液化技术。目前有两种完全不同的技术路线。一是煤炭直接液化技术，通过溶剂抽提或在高温高压有催化剂的作用下，给煤浆加氢使煤直接转化为液体燃料。二是煤炭间接液化技术，先将煤炭气化制成合成气（$CO+H_2$），在一定的温度和压力下，合成气定向催化合成为液体燃料。间接液化技术早在南非 Sasol 实现了大型工业化生产。

2. 煤炭液化工业示范厂

2008～2009 年中国有三套年产（16～18）$\times 10^4$t 的煤间接液化装置投入生产；2017 年神华宁东公司建成 400×10^4t/a 煤间接液化装置并投入生产，装置规模为世界之最。直接液化技术只有中国神华集团在内蒙古建成世界第一套百万吨的工业装置投入试生产。另外，还有两种实现了合成气最终制取燃料油的间接液化技术：一是美国 Mobil 公司成功开发的用甲醇生产汽油的 MTG 技术，1985 年在新西兰建成了大型工业生产装置；二是 Shell 公司开发的 SMDS 技术，用合成气生产发动机燃料油，在马来西亚建成了大型工业生产装置。目前世界上有 8 个间接液化制合成油的大型工厂在运行。另外，日本三菱重工和 COSMO 石油合作开发了由合成气经二甲醚两段合成汽油技术（AMSTG），1986 年建成了 120kg/d 的中间试验装置，至今仍未实现工业化生产。

3. 煤炭液化技术开发及产业化过程

20 世纪 70 年代以后中国科学院山西煤化学研究所、煤炭科学研究总院北京煤炭化学研究所、大连化学物理研究所、山东兖矿集团公司等单位，在煤炭液化方面做了大量研究开发工作，取得了一定成果。利用中科煤制油技术、兖矿煤制油先进技术，2015～2016 年分别建成了百万吨级的大型工业化生产装置并投入生产运行。神华宁煤集团间接法 400×10^4t/a 煤制油项目建成投产，为中国实现煤液化工业化大规模生产前进了一大步。中国有丰富的煤炭资源，发展煤液化技术生产替代石油产品，是解决中国石油短缺，保障国防安全，解决中国社会经济发展对油品需求不断增长的重要途径之一，具有重大的战略意义。

二、煤炭直接液化技术

早在 1927 年，德国在莱那（Leuna）建成了世界上第一套煤炭直接液化装置，生产能

力为 $10 \times 10^4 t/a$。因战争的需要，1936～1943 年德国又建成投产了 11 套煤炭直接液化装置，总生产能力达到 $423 \times 10^4 t/a$。20 世纪 50 年代由于中东廉价石油的大规模开采，煤液化制燃料油因成本高而失去竞争能力被迫停产，研究开发工作也就此终止。1973 年中东战争引发西方世界石油危机，煤液化技术的研究开发又出现了机会，俄罗斯、美国、德国、日本等国家先后开发了不同工艺的煤炭直接液化新技术，有的已完成了中间试验工作，并进行了工业化装置的方案设计，为建立大型工业生产装置打下了基础。21 世纪初，中国神华集团进行了中试，此后建成了百万吨的大型工业生产装置。

煤炭直接液化技术主要有俄罗斯的低压加氢技术，美国的 SRC-Ⅰ、SRC-Ⅱ、EDS、H-Coal、HTI 技术，德国的 IGOR 技术，英国的 SCE 技术，日本的 NEOOL 技术，以及后来的 TSP（two-stage processing）两段液化技术和煤油共炼技术（coal/oil coprocessing）等。这些技术的共同特点是加氢反应的压力和温度等反应条件趋于缓和，煤的转化率和油的收率大幅度提高，能耗下降，生产成本降低，经济上趋于合理，为实现工业化创造了条件。

1. 俄罗斯低压加氢技术

苏联利用德国的煤直接液化技术和设备，于 1952 年在安加尔斯克石油化工厂建成投产了 11 套煤直接液化装置，运行了 7 年后于 1959 年停止生产油品而改产其他产品。单台反应器直径为 $\phi 1m$，高 18m，操作压力 70MPa，温度 450～500℃，使用铁系催化剂，单台生产能力为 $(4～5) \times 10^4 t/a$。20 世纪 70 年代，苏联科学院、国家可燃矿物研究院（专利发明单位）和图拉煤业公司共同开发了低压加氢煤直接液化技术，研究开发的目标是降低加氢反应的压力、提高油品收率。在实验室研究的基础上，1983 年在图拉市设计建成了 CT-5 中间试验装置（每天处理 5t 煤）。该装置由备煤、加氢液化、液化油改质加工、制氢和催化剂回收5 部分组成。到 1990 年停止试验共运行了 7 年，低压加氢的特点是操作压力低，为 6～10MPa，温度为 390～425℃。加氢反应器直径为 $\phi 400mm$，高 6000mm，安装两台，试验时只用一台，使用钼系催化剂，催化剂呈胶体态液体与煤浆充分混合，进行加氢反应，后系统钼的回收率达到 95% 以上，回收的钼再返回催化剂系统。煤的粉碎干燥系统采用振动研磨、超声波涡流仓干燥和特殊结构的混合机等先进技术，煤在涡流仓内以 1000℃/s 速度快速升温脱水，使煤粒内部发生微爆裂，扩大煤的比表面积和孔隙率，使氢和催化剂与煤粒接触面积扩大 8～10 倍，从而提高煤的转化率，缩短加氢反应时间，反应器生产能力也得到提高。目前涡流仓干燥技术已成功地应用于锅炉用煤的干燥。

20 世纪 80 年代在 CT-5 实验结果的基础上，设计了 CT-75 煤直接液化装置（每天处理煤 75t），计划在西伯利亚安加尔斯克进行建设，部分设备已运到现场，因石油降价和苏联解体，该项目暂停建设。与此同时，苏联利用 CT-5 实验数据设计了年产 300 万吨油品的煤直接液化厂，因资金问题未能实施。2000 年俄罗斯计划在远东地区的布拉格辛斯克建设年产 $50 \times 10^4 t/a$ 油品的煤液化厂，2005 年建成投产。

俄罗斯低压加氢煤液化技术具有操作压力低、氢气消耗少、油收率高（60%～66%）、催化剂消耗低、投资省、产品成本低等特点，因而比其他煤直接液化技术更具有优势。

2. 德国 IGOR 煤炭直接液化技术

20 世纪 70 年代，德国以鲁尔煤炭公司为首的几家公司，在德国 20 世纪 40 年代 IG 工艺的基础上，开发出了更为先进的新的煤直接液化技术（称为 IGOR 工艺），其主要特点是：反应条件比较苛刻，加氢反应温度 470℃，压力 30MPa；催化剂采用炼铝废渣（赤泥）；煤加氢液化和液化油加氢精制在同一个高压反应器内进行，把一、二段加氢紧密结合起来，可一次得到杂原子含量很低的精制油；供氢溶剂循环利用，供氢性能好；煤液化转化率高（60%）。1976 年以来该技术在 DMT 的 0.2t/d 试验装置上进行了长期运转试验，以此试验结果为依据，于 1981 年在德国北威州建成了处理煤量为 200t/d 的大型中试厂并进行 5 年多的试验运转，取得了工程放大的设计数据。IGOR 与 IG 相比，操作压力由 70MPa 降至 30MPa，液化油收率由 50% 提高到 60%，技术上取得较大的进步。

3. 美国煤炭直接液化工艺

① SRC 溶剂精炼工艺的特点是以煤中的黄铁矿为催化剂，以生产脱灰脱硫的电厂用洁净燃料，该技术适合用高硫煤作原料。加氢反应条件比较温和，反应压力为 14MPa。该技术又分为 SRC-Ⅰ 和 SRC-Ⅱ 两种工艺。SRC-Ⅰ 以生产超低灰、低硫的固体精制煤为主；SRC-Ⅱ 以液体燃料重油为原料，采用减压蒸馏进行固液分离，在 30t/d 的中试基础上，1981 年曾设计了 6000t/d 的大型示范厂，但未付诸实施。

② HTI 煤液化技术是在 H-coal 技术基础上发展起来的。HTI 技术为两段催化液化工艺，采用悬浮床加氢反应器和铁基催化剂（THI 专利），该技术的特点是：反应条件缓和，反应温度为 440~450℃，反应压力 17MPa；采用特殊的液体循环沸腾床（悬浮床）；催化剂为铁系胶状催化剂，活性高，用量少，可再生循环使用；用固定床反应器对液化油进行加氢精制；固液分离采用临界溶剂萃取，大幅度提高液化油收率。此前 H-coal 工艺已进行了处理煤量为 600t/d 的大型中试，之后完成了规模为 5×10^4 桶/d 油品生产装置的基础设计，因此 HTI 技术依据是可靠的，主要是经济问题而未能实现工业化生产。

③ EDS 技术于 1977 年由美国埃克森公司开发成功。其特点是供氢溶剂循环加氢，不加催化剂。加氢反应温度为 450℃，压力为 15MPa，用减压蒸馏进行固液分离。1986 年完成了处理煤量为 250t/d 的大型试验；获得的液化油收率为：烟煤 55%~60%，次烟煤 40%~55%，褐煤 47%；主要产品是轻质油和中质油。

4. 日本 NEDOL 煤炭直接液化技术

日本于 20 世纪 80 年代初专门成立了新能源产业技术综合开发机构（NEDO），负责阳光计划的实施，组织十几家公司合作开发了 NEDOL 烟煤直接液化技术。在 1t/d 试验装置试验成功的基础上，在日本鹿岛设计建设了处理煤量为 150t/d 的大型中试装置，至 1998 年完成了两个印尼煤样和一个日本煤样的运转试验工作，取得了放大 150 倍的工程放大设计数据，为大型工业化装置的设计打下了基础。NEDOL 技术的特点是：反应压力为 17~19MPa，反应温度为 455~465℃；催化剂采用合成硫化铁或天然硫铁矿；供氢溶剂单独加氢并循环使用；固液分离采用减压蒸馏技术；液化油含杂原子较多，必须加氢改质才能获得合格的产品。

5. 中国煤炭直接液化技术的研究工作

① 中国自 1980 年重新开展煤炭直接液化技术研究工作，在煤炭科学研究总院北京煤化学研究所建成了具有先进水平的煤炭液化、油品提质加工、催化剂开发和分析检验实验室，采用高压釜对全国几十个煤样进行了液化性能测试，并在处理能力为 0.1t/d 煤连续液化试验装置上进行液化性能评价和工艺条件选择，从中筛选出 15 种适合液化的煤样，0.1t/d 连续试验装置液化性能评价结果见表 1-2-7。对神木、天祝、先锋 3 个煤样进行工艺条件试验的结果表明，采用铁系催化剂，煤浆在反应器内停留时间不能小于 1h，氢浓度应控制在

90%左右，反应温度一般在 400~470℃范围内，油收率在 59%~69%。

表 1-2-7 15 种煤在 0.1t/d 连续试验装置液化性能评价结果（干燥无灰基） 单位：%

煤样	氢耗量	转化率	水产率	气产率	油收率[①]	氢利用率[②]
山东兖州	5.36	93.84	9.97	12.77	67.58	12.61
山东滕县	5.56	94.33	10.4	13.47	67.02	12.05
山东龙口	5.24	94.16	15.69	15.66	66.37	12.67
陕西神木	5.46	88.02	11.05	12.90	60.74	11.12
吉林梅河口	5.90	94.00	13.60	16.85	66.54	11.27
辽宁沈北	6.75	96.13	16.74	15.93	68.04	10.08
辽宁阜新	5.50	95.91	14.04	14.94	62.05	11.28
辽宁抚顺	5.05	93.64	11.51	18.72	62.84	12.44
内蒙古海拉尔	5.31	97.17	16.37	16.63	59.25	11.16
内蒙古元宝山	5.63	94.18	14.91	16.42	62.49	11.10
内蒙古胜利	5.72	97.02	20.00	17.87	62.34	10.90
黑龙江依兰	5.90	94.79	12.33	16.90	62.60	10.61
黑龙江双鸭山	5.12	93.27	9.24	16.05	60.53	11.82
甘肃天祝	6.61	96.17	11.43	14.50	69.62	10.84
云南先锋	6.22	97.62	19.37	16.83	60.44	9.72

① 油产率为萃取油收率，即己烷可溶物称作油。

② 氢利用率为油收率与氢耗的比值。

表 1-2-7 中列出的 15 种煤都是适宜液化的煤。试验表明，碳含量 80%~85%、H/C 原子比>0.8、挥发分高、活性组分高、灰分低的煤，都具有良好的液化性能。煤液化可以加工高硫煤。

在催化剂研究方面，对硫铁矿、钛铁矿、炼铝厂赤泥、钼矿飞灰等 27 种天然矿物进行了活性筛选，从中选出了 5 种活性较高的催化剂，达到或超过合成硫铁矿的催化活性指标。高分散铁系催化剂的研制已完成实验室工作。其催化活性已达到世界先进水平。

② 中国神华集团在完成中试的基础上，于 2009 年在内蒙古建成了一套设计能力 108 万吨油品的煤直接法液化装置。采用溶剂强制循环、悬浮床加氢反应器，反应压力 19.0MPa，反应温度 455℃，油收率 55%~57%，通过优化操作条件，保持稳定运行，取得了良好成果。

三、煤炭间接液化技术

煤间接液化是以合成气（CO+H₂）为原料，在一定压力和温度条件下，定向催化合成燃料油和化工产品的技术。目前已实现工业化生产的有南非 Sasol 公司的费托（F-T）合成技术、美国 Mobil 公司的 MTG 技术、荷兰 Shell 公司的 SMOS 技术、中国科学院山西煤化所技术和兖矿煤间接液化技术，这些技术均达到大型工业化生产水平。

1. 南非 Sasol 公司 F-T 合成技术

南非 Sasol 公司是世界上规模最大的以煤为原料生产液体燃料和化工产品的公司。1955年 Sasol-Ⅰ厂投产后，先后于 1980~1982 年建成投产了 Sasol-Ⅱ和 Sasol-Ⅲ两个大型煤液化工厂。目前三个煤液化厂年加工煤炭总量为 4590 万吨，生产汽油、柴油、煤油、蜡、氨、乙烯、丙烯、聚合物、醇、醚等 130 多种产品，总产量达 760 万吨，其中油品约占 67%，由于原料煤价格便宜（8~10 美元/t），加之采取煤-油-化联合生产，并进行深度加工，公司取得较好的经济效益。Sasol 是世界上煤液化工取得成功的典范，在 F-T 合成技术基础上，研究开发了自己的先进工艺和设备，主要有如下几种。

（1）浆态床反应器　1993 年第一台直径 ϕ3.5m、温度 250℃ 的浆态床反应器在 Sasol- I 厂投入运行，以生产柴油和石蜡为主。与固定床和循环流化床相比浆态床具有以下技术优势。

① 原料合成气中 H_2/CO 比值要求低，一般为 0.6~0.7。可直接用大型现代煤气化炉生产的煤气进行合成反应。

② 反应器热效率高，反应温度较低（250℃），温度容易控制。

③ 合成气单程转化率高，生产能力大，操作弹性大。

（2）SAS 反应器　Sasol 将循环流化床反应器（Synth 1）改为固定流化床反应器 SAS（Sasol Advanced Synth/Reactor），取消了催化剂循环系统。SAS 反应器与 Synth 1 反应器相比具有转化率高、生产能力大、气固分离效果好、操作简单、投资少等优点。是一项技术成熟、应用较多的先进技术。Sasol 公司于 1989 年建成了直径 ϕ5m、高 22m 的 8 台 SAS 反应器，1995 年又建成 4 台 ϕ8m，高 38m 的 SAS 反应器，单台生产能力 1500t/d，1999 年建成了 4 台直径 ϕ10.8m、高 38m 的反应器，单台生产能力 2500t/d，使用铁系催化剂，反应温度 350℃，主要产品为汽油、柴油和烯烃等。

（3）SSPD 工艺　Sasol 公司近年来开发了浆态床馏分油（SSPD）工艺，将天然气转化为优质液体燃料。计划建设的第一套大型工业装置的生产能力为 20000 桶/d 馏分油和石脑油，于 2006 年投入运行。

2. MTG 合成技术

20 世纪 70 年代，美国 ExxonMobil 公司开发成功 ZSM-5 沸石催化剂，并对 F-T 合成技术进行改进，实现了甲醇转化为汽油的 MTG 工艺技术工业化。选用 ZSM-5 沸石分子筛，提高了以生产 C_5~C_{11} 汽油馏分为主的选择性，制得高辛烷值（>90）的发动机燃料。1985 年 Methanen 公司在新西兰建成投产了合成汽油能力为 57×10^4t/a 的装置，经改造后能力可达 80×10^4t/a。其工艺过程是以天然气为原料制合成甲醇，再用 MTG 技术将甲醇转化为汽油。中国山西晋煤集团 10×10^4t/a MTG 装置于 2009 年 6 月建成试生产，生产出了合格的高标号汽油，这是国内第一套 MTG 工业化生产装置。

3. SMDS 合成技术

荷兰 Shell 公司开发的 SMDS（中间馏分油）工艺，是先将合成气（CO＋H_2）合成石蜡烃，再将石蜡加氢裂解或加氢异构化制取发动机燃料油，主要产品为柴油、煤油、石脑油和蜡。马来西亚应用 SMDS 技术，于 1993 年在 Bintulu 建成了一座 50×10^4t/a 合成油厂。该厂采用天然气为原料制合成气。

4. 其他合成燃料油技术

日本三菱重工与 COSMO 石油公司联合开发的 AMSTG 工艺、丹麦托普索公司开发的 TIGAS 工艺都已进入中试阶段，规模分别为 1 桶/d 和 1t/d。两种工艺都是以天然气为原料生产合成气，合成气首先转化为含氧化合物，再经汽油反应器生成汽油馏分。这两种工艺都是在 MTG 技术基础上研究开发的合成气转化为高辛烷值汽油的技术。

此外，利用 Exxon 公司开发的 21 世纪先进的气体转化技术（AGC-21），在美国巴吞鲁日建立了规模为 200 桶/d 的中试装置。合成油（Syntroleum）公司开发的自热式转化（ATR）工艺由美国 Texaco 公司与 Brown & Roor 公司共同进行工业化试验，规模为 2500 桶/d 的工业装置于 1999 年建成，其产品成本可与目前的石油产品竞争。由合成气制取高辛烷值汽油组分的最新专利报道，可生产含 $C_1 \sim C_{11}$ 的烃类化合物，生产的汽油辛烷值高，含芳烃低，异构烃产率高。

5. 中国合成油技术开发现状

① 中国科学院山西煤炭化学研究所从 20 世纪 80 年代初开始进行 F-T 合成技术研究，提出将传统的 F-T 合成与沸石分子筛相结合的固定床两段合成（MFT）工艺，1993 年在山西晋城建成 2000t/a 以水煤气制合成油工业试验装置，运行不到 1000h，取得了有参考价值的数据。另外还开展了浆态床-固定床两段合成工艺（SMFT）研究工作，1990 年完成模试。于 2001 年 10 月正式启动了"煤基液体燃料合成浆态床工业化技术开发"项目，2002 年进行了千吨级的小型试验，取得阶段性成果，在此基础上，应用山西煤化所浆态床 F-T 合成技术于 2009 年先后建成伊泰、潞安两套 16×10^4 t/a 和神华 18×10^4 t/a 煤制油装置，并生产出合格的汽油和柴油。此外该所还开展了用超临界技术将 $CO + H_2$ 合成长链烃与甲醇的试验研究工作，已取得初步结果。

② 2002 年中国兖州矿业集团公司投资同时开展煤间接液化和直接液化两种液化技术的开发工作。间接液化法完成实验室工作和万吨级中试装置的设计，于 2004 年建成并开始运行。间接液化采用低温低压浆态床合成技术（LTFT），产品以柴油、石蜡为主。万吨级试验装置由 F-T 合成、高温/低温冷凝产品回收、液体石蜡分离精制和催化剂还原 4 个单元组成。反应器内径 $\phi 1m$，使用自己开发的铁系催化剂。试验的目的是为工业放大设计提供数据。此后又开发了高温 F-T 合成技术并进行了中试。

在陕西榆林于 2011 年开工建设 110×10^4 t/a 低温间接法煤制油项目，2015 年底建成运行，产出合格油品。2017 年 6 月 1×10^5 t/a 高温法合成油（F-T）工业试验装置开工建设，计划 2018 年投产运行，规划一期总规模达到 500×10^4 t/a 产能。

③ 煤炭科学研究总院北京煤炭化学研究所在煤液化试验和液化煤种评价方面做了大量工作，并于 2002 年完成了宁夏煤炭间接液化项目的预可行性研究工作，对间接液化的技术选择、加工工艺、产品方案及市场进行了研究和论证。另外，近年来国内各大煤炭生产集团都在进行煤炭间接液化项目的前期工作。

④ 陕西金巢科技公司进行技术开发并建成了低温 F-T 合成油中试装置，采用固定床串联、并联灵活工艺，合成气不循环，生产出合格的高温高纯石蜡和柴油，产品收率为 160～180g/m³ 合成气（$CO + H_2$），中试装置运行一年后进行了国际评价和国内鉴定。

⑤ 中国煤制油建设项目见表 1-2-8。

表 1-2-8　中国煤制油建设项目一览表

序号	项目建设单位	规模/(10^4t/a)	技术来源	建成日期
1	神华煤制油化工公司	100.0	自有直接法	2009 年 1 月
2	伊泰煤制油公司	16.0	中科合成油间接法	2009 年 3 月
3	潞安集团公司	16.0	中科合成油间接法	2009 年 8 月
4	神华煤制油化工公司	18.0	中科合成油间接法	2009 年 12 月
5	晋煤集团公司	10.0	Exxon/Mobil MTG	2009 年 6 月

序号	项目建设单位	规模/(10^4 t/a)	技术来源	建成日期
6	神华宁煤集团	400.0	中科合成油	2016 年 12 月
7	兖矿榆林煤制油公司	100.0	低温技术	2015 年 8 月
8	陕西金巢科技公司	5～10.0	高纯蜡	完成 0.3 万吨中试
9	山西潞安集团	6.0	F-T 合成蜡	2015 年
10	兖矿榆林未来能源公司	10.0	高温合成油	2017 年 2 月

四、煤炭液化的综合评价

近年来，国内外对由合成气制取烃类液体燃料技术的研究十分活跃。研究开发的领域主要集中在高活性、高选择性的廉价催化剂，提高产品的选择性，低温低压合成反应及高效大型化反应器的开发，降低消耗、降低成本的技术措施等方面。煤炭液化由于采用原料不同、要求得到的产品不同，对工艺技术和催化剂就会有不同的选择，应根据目标产品和经济效益综合分析后择优选定。

1. 技术选择

煤液化技术如前所述，间接法已有 Sasol 的 F-T 合成技术、中科合成油公司技术、兖矿合成油技术、金巢科技公司技术及 Mobil 的 MTG 技术和 Shell 的 SMOS 技术成功地应用于工业生产或完成工业试验，已建成投产的装置经生产实践和不断改进，技术上已达到相当成熟的程度，其中南非 Sasol 以煤为原料的液化技术更为成熟，有丰富的生产经验，中国也已建成了 6 套不同规模的工业化生产装置。直接液化法虽然有美国、德国、俄罗斯、日本等国的多种技术选择，但至今仍处于小试或中试阶段，目前已有神华一套 100×10^4 t/a 工业装置试运行。间接法煤制油技术已有 5 套装置投产，最大的神华宁东 400×10^4 t/a，兖矿榆林 110×10^4 t/a，2015 年投产，10×10^4 t/a 高温法（F-T）合成油也已建成运行。煤制油技术完全可以采用国内技术。当前建厂采用间接法风险较小，国内技术已有工程化经验可以借鉴。

2. 产品方案

普遍认为产品多样化和可调性有利于提高合成油厂的经济效益和对市场变化的适应性。Sasol 煤液化厂油化并重进行深度加工，生产了 130 多种产品，可根据市场情况通过改变催化剂和操作条件，利用同一装置生产不同产品。但产品多，生产装置多，投资就大，这也是存在问题之一。新西兰 MTG 甲醇转化汽油装置对甲醇和汽油产量进行了调节，哪种产品效益好就多产哪种产品。

3. 生产规模

一般认为生产规模越大，吨产品投资越少，生产成本越低。因此要求合成油规模大型化。Sasol 认为间接法经济规模为（100～200）$\times 10^4$ t/a，再小则不经济。而以天然气为原料的 MTG 和 Shell 技术产品规模应大于 50×10^4 t/a。俄罗斯专家认为直接液化产品规模应大于 100×10^4 t/a，中国煤液化可行性研究的规模多数为（200～300）$\times 10^4$ t/a。由此可见 200×10^4 t/a 是最小经济规模。

4. 建厂条件

① 煤液化耗煤量大，吨产品耗煤 3～4t，因此工厂应尽可能靠近煤矿建厂，减少短途运

输，降低原煤成本；

② 煤液化耗水量大，吨产品耗水 6~8t，水源要充足；

③ 运输量大，交通运输要方便；

④ 应符合环境要求。

5. 环境问题

环境是关系到可持续发展的大问题，必须给予高度重视。新建项目应符合环保部 2015 年 12 月发布的《现代煤化工建设项目环境准入条件》（试行）的要求。

五、煤油共炼技术

煤油共炼技术是煤加氢液化与石油重油加氢裂化相结合的工艺，将煤和渣油一起加氢转化为轻质油和中质油，油收率高达 70%，用 H/C 原子比较高的渣油代替煤液化的供氢溶剂，扩大了生产能力，提高了渣油加氢的裂化深度，降低了氢耗量，建设投资一般是煤直接液化的 70% 左右。

延长石油集团在榆林炼油建成 $45 \times 10^4 t/a$ 煤油共炼示范项目，并试运行成功，产出合格油品。

煤油共炼和煤直接液化相比：①反应条件较温和；②油收率明显提高；③气体产率低；④水产率低；⑤氢耗低，氢利用率高。

表 1-2-9 列出了煤油共炼与煤直接液化试验结果。

表 1-2-9 煤油共炼和直接液化试验结果

项 目	煤炭直接液化		煤油共炼	
	天祝煤	先锋煤	天祝煤	先锋煤
煤浆浓度（质量分数）/%				
煤	39.66	40.47	33.12	34.126
$m_{溶剂}/m_{煤粉}$	47.24/11.81	40.13/11.38	32.87/0	32.345/0
石油渣油	—	—	大港 32.97	辽河 32.346
赤泥	1.08	0.81 飞灰	0.90	0.933
硫化钠	0.07	0.08	—	—
升华硫	0.13	0.13	0.11	0.161
钼酸铵	—	—	0.12	0.080
反应条件				
压力/MPa	28	25.6	28	25.4
温度/℃	470	450	468	465
煤浆流量/(kg/h)	10	10	10	10
试验结果（质量分数）				
油产率/%	55.25	57.34	55.79	71.93
煤转化率/%	90.59	94.79	79.81	95.93
水产率/%	13.48	23.46	8.14	13.62
气体产率/%	13.91	13.43	5.91	10.67
氢耗量/%	7.51	6.32	3.93	4.33
氢利用率/%	7.36	9.07	14.20	16.61

六、煤炭液化"十三五" 规划

① 国家能源局 2017 年 2 月发布的《煤炭深加工产业示范"十三五"规划》中把煤制油作为重点发展的产业之一。2020 年煤制油将达到 $1300\times10^4 t$。2016 年我国进口原油 3.81 亿吨，对外依存度已超过 65%，对我国石油和国防安全构成威胁。因此，发展煤制油具有重大战略意义。

② 表 1-2-10 列出了资源利用效率的主要指标（间接液化）。

表 1-2-10 资源利用效率主要指标

指标名称	基准值	先进值
单位产品综合能耗/(t/t)	2.2	1.8
单位产品原料煤耗/(t/t)	3.3	2.8
单位产品新鲜水耗/(t/t)	7.5	6.0
能源转化效率/%	≥42	≥44

第三章
现代煤化工重点产品

第一节　甲醇制烯烃

近 15 年来国内外在甲醇制烯烃(MTO、MTP)技术开发方面取得了重大进步。尤其是中国不仅在 2006 年 DMTO 工业试验取得成功,而且神华集团采用 DMTO 技术于 2010 年 8 月在包头建成了 180 万吨甲醇、60 万吨烯烃的世界第一套大型工业示范工厂,并进入商业化运行阶段。"DMTO-Ⅱ新一代煤制烯烃技术"2015 年在陕西蒲城清洁能源化工公司建成投产,烯烃产能 68×10^4 t/a。截至 2015 年底,我国已建成煤(甲醇)制烯烃产能 862×10^4 t,产量 648×10^4 t,取得了非凡的成绩,实现了烯烃原料多元化。

一、MTO(methanol to olefin)技术

1. 国外 MTO 技术 (表 1-3-1)

美国 UOP 公司首先在芝加哥建立 MTO 小试装置,采用流化反应器,反应温度 450~550℃,反应压力 0.1~0.5MPa;1992 年与挪威海德鲁(NorskHydro)公司合作建立了 MTO 工业演示装置,甲醇进料量 750kg/d,采用流化床反应及再生器、改进的 SAPO-35 催化剂,反应温度 400~450℃,反应压力 1.0~3.0MPa,累计运行 1×10^4 h,主要对催化剂活性、烯烃选择性、催化剂寿命进行试验,为工业装置设计获得数据。美国 Exxon Mobile 公司也进行了 MTO 中试,甲醇进料量为 55kg/h。

表 1-3-1　国外甲醇制烯烃技术现状

项目	MTO	MTO	MTO/OCP
开发单位	UOP/Hydro	Exxon Mobil	UOP/total

续表

项目	MTO	MTO	MTO/OCP
中试规模/(t/d)	0.75	13.2	10.0
反应器类型	流化床	提升管	流化床＋固定床
甲醇转化率(质量分数)/%	＞99.0	＞99.0	＞99.0
(乙烯＋丙烯)选择性(质量分数)/%	76～79	76.5	78.0
(乙烯＋丙烯＋丁烯)选择性(质量分数)/%	85～90		89.0
吨烯烃甲醇原料消耗/t	2.66	3.0	2.6
运行时间/h	＞10000		5000

　　道达尔公司（TOTAL）在比利时弗卢依（Feluy）工程中心建立了 UOP/OCP 工业示范装置，甲醇进料量 10t/d，累计运行约 5000h，乙烯和丙烯的选择性接近 80%，丙烯/乙烯生产摩尔比可调至 1.8。工艺示范装置包括与 UOP 合作的 MTO 过程，乙烯、丙烯分离，$C_4 \sim C_5$ 回炼，乙烯、丙烯聚合生产 PE、PP 的全过程。结合道达尔在烯烃方面的工程经验，并提出放大至 $100 \times 10^4 t/a$ 的商业化方案。

2. 中国 MTO 技术

　　中科院大连化物所 1993 年完成 MTO 固定床中试，1995 年在上海青浦化工厂完成了 SDTO 流化床中试，采用 SAPO-34 催化剂，烯烃选择性大于 80%；2001 年采用 DO123 催化剂，烯烃选择性提高到 89.68%；2006 年与陕西新兴能源科技公司、洛阳石化工程公司三方合作，在陕化集团建立了甲醇进料量 50t/d 的工业试验装置，2006 年进行了试验考核和鉴定，甲醇转化率大于 99.8%，乙烯和丙烯选择性达 78.7%，采用的技术称为 DMTO 一代技术（DMTO-I）。在此基础上增加了 C_4 回炼装置，于 2010 年 5 月完成了工业试验，乙烯和丙烯选择性达 86%，C_4 转化率为 53.5%，采用 DMTO 二代技术（DMTO-II）并实现了大型工业化生产。

　　中国石油化工集团公司于 2007～2008 年在北京燕山石化公司建成了甲醇进料量为 100t/d 的 SMTO 工业试验装置并取得较好成果。采用快速流化床反应器，乙烯和丙烯选择性达到 78.2%。2011 年利用该技术在河南濮阳建成 $60 \times 10^4 t$ 甲醇生产 $20 \times 10^4 t/a$ 烯烃的工业化生产装置。中国 MTO 技术现状见表 1-3-2。

表 1-3-2　中国 MTO 技术现状

项目	DMTO-I	DMTO-II	SMTO	神华集团
研发单位	大连化物所 陕西新兴公司 洛阳石化工程公司	大连化物所 陕西新兴公司 洛阳石化工程公司	中石化集团公司	采用 DMTO 技术
甲醇进料/(t/d)	50	50	100	6000
反应器类型	流化床	流化床	快速流化床	流化床
甲醇转化率(质量分数)/%	99.18	＞99.8	＞99.0	100.0
(乙烯＋丙烯)选择性(质量分数)/%	78.7		78.2	80.2
(乙烯＋丙烯＋C_4)选择性(质量分数)/%	89.15	86～89		

续表

项 目	DMTO-Ⅰ	DMTO-Ⅱ	SMTO	神华集团
吨烯烃耗甲醇/t	2.96	2.65～2.68	3.0①	2.95①
试验完成时间/年	2006	2010	2008	2010

①为估算值。

二、MTP（methanol to propylene）技术

1. 国外 MTP 技术

德国鲁奇（Lurgi）公司最早开发成功甲醇制丙烯（MTP）工艺技术，于 2002 年在挪威 statl 公司甲醇厂建成 MTP 工业示范装置，使用德国南方化学公司 ZSM-5 沸石催化剂，具有丙烯选择性高、结焦少等优点。示范装置甲醇进料量约 15kg/h，采用固定床反应器，甲醇转化率大于 99%，丙烯选择性为 71%～75%，累计运行 11000h，催化剂测试时间超过 7000h，为工业化设计取得了大量数据。2003 年，其与伊朗石油公司合作，采用固定床反应器，完成了甲醇进料 150kg/h 的 MTP 工业试验。

此后伊朗国家石油公司（NPC）的子公司 ZAGROS 石化公司，采用鲁奇公司特大型甲醇合成技术(mega methanol)，建设了两套 5000t/d 甲醇生产装置，其中一套拟配套建设 MTP 装置，可生产丙烯 53.4×10^4 t/a，同时副产一部分汽油和 LPG 产品，丙烯用作下游加工产品的原料。

鲁奇公司 MTP 工艺采用一台 DME 预反应器，三台 MTP 反应器，其中两台操作一台再生。MTP 工艺过程为：先将甲醇预热到 250～260℃，送入绝热式固定床二甲醚（DME）反应器，将约 75% 的甲醇转为 DME 和水，其反应物进一步加热到 460～470℃，送入第一 MTP 反应器，同时加入少量蒸汽，依次再通过第二、第三反应器，甲醇和 DME 的转化率达到 99% 以上。出反应器的反应混合物经冷凝，分离出气体、液体有机物和水。气体产物经压缩精制分离出产品丙烯、汽油组分和 LPG。其余含 C4 烯烃物流返回 MTP 反应器，以提高丙烯产量。

图 1-3-1 为 MTP 工艺流程简图。

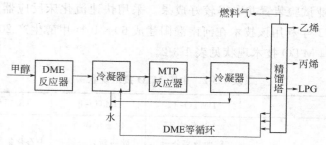

图 1-3-1　MTP 工艺流程简图

2. 中国 FMTP 技术

清华大学、中国化学工程集团公司和淮南化工集团公司三方合作，在清华大学小试的基础上，于 2009 年 5 月在淮化集团建成了甲醇进料量为 100t/d 的 FMTP 工业试验装置，同年 9 月进行化工投料，连续运行 504h，取得预期的试验成果。

FMTP 装置主要包括反应再生系统和反应产物分离系统两大部分。反应再生系统采用

流化床反应器，SAPO-18/34混晶分子筛催化剂。甲醇转化反应（MCR）生成二甲醚，二甲醚在催化剂活性中心上形成表面甲基，相连的表面甲基从催化剂表面上脱落生产低碳烯烃混合物，乙烯、丙烯、丁烯在催化剂上平衡反应主要生成丙烯（EBTP）。MCR与EBTP反应器均采用两层设计，减少丙烯返混，以降低丙烷的生成。反应部分采用EBTP与MCR反应器串联，FMTP工艺总体采用连续反应-再生流程。

根据甲醇制丙烯反应过程的特点，清华大学开发了多级逆流接触分压流化床反应器技术，有效控制了反应器内返混，减少了氢转移、烯烃聚合等副反应，提高了丙烯的选择性。该反应器已成功应用于3×10^4t/a FMTP工业试验装置。

在FMTP工业试验过程中，对催化剂的研究一直在进行，同时对反应产物丙烷脱氢转化（PDH）进行了研究，已完成小试评价，2010年完成年处理1×10^4t/a的工业试验，丙烷转化率为35%，丙烯选择性为85%。

FMTP工业试验装置，单产丙烯时总收率可达77%，1t丙烯原料甲醇消耗为3t；若以生产丙烯为主，适当生产乙烯，双烯总收率可达88%，1t双烯消耗甲醇为2.62t。乙烯/丙烯产量比可在0.02~0.85调节。

反应产物分离系统包括混合工艺气急冷压缩、吸收稳定和丙烯分离三个部分。试验过程中分离系统运行平稳，达到设计要求。

三、中国MTP工业化示范项目

1. 大唐国际多伦MTP工业示范项目

2006年3月，大唐国际在内蒙古多伦开工建设世界第一套MTP大型工业示范装置。以褐煤为原料，采用Shell煤气化技术、鲁奇公司低温甲醇洗合成气净化技术以及鲁奇公司日产甲醇5000t的气冷水冷工艺和MTP技术，聚丙烯采用美国陶氏化学公司气相法丙烯聚合技术，上述均为国际上先进技术，示范工程建设起点高、规模大。MTP示范项目主要产品产能为：甲醇（中间产品）169×10^4t/a，聚丙烯49×10^4t/a，汽油18.22×10^4t/a，LPG 3.64×10^4t/a，硫黄3.8×10^4t/a。大唐国际多伦MTP产品链见图1-3-2。

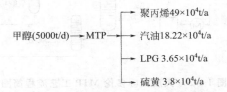

甲醇(5000t/d) → MTP → 聚丙烯49×10^4t/a

汽油18.22×10^4t/a

LPG 3.65×10^4t/a

硫黄3.8×10^4t/a

图1-3-2 大唐国际多伦MTP产品链图

以主产品聚丙烯计算，1t聚丙烯消耗甲醇3.45t，以聚丙烯、汽油和LPG三种产品计算，1t产品消耗甲醇2.385t。

原料褐煤含水34%，经两级破碎，再经干燥脱水，使煤含水降至6%，送至煤气化工序。项目主要生产装置和辅助装置包括：

① 荷兰Shell干粉煤气化装置三套。气化压力为4.0MPa，每台气化炉耗干燥煤2800t/d，合成气（CO+H$_2$）产量为15.7×10^4m^3/h。

② CO变换装置三套。每套由两台变换炉串联组成，进口粗煤气为24.67×10^4m^3/h，总气量为74×10^4m^3/h，进气压力3.8MPa，温度230~260℃，变换温度430~450℃。

③ 空分制氧装置三套。单套制氧能力为 $5.8 \times 10^4 \, \mathrm{m^3/h}$，氧气纯度达 99.6%，由杭氧股份公司成套供货。

④ 煤气净化及硫回收装置一套。采用鲁奇公司低温甲醇洗技术，两台吸收塔、一台再生塔，用甲醇洗脱除原料气中 CO_2、H_2S 和 COS，净化后气体硫含量小于 0.1×10^{-6}（体积分数），CO_2 小于 20×10^{-6}，吸收塔在 $-40 \, ℃$ 温度下操作。硫回收采用克劳斯技术，副产固体硫黄。

⑤ 甲醇装置一套。由合成气压缩、甲醇合成和精馏等工序组成。采用鲁奇公司先进的气冷水冷双合成塔技术，合成压力 8.1MPa，合成温度 $225 \sim 240 \, ℃$；甲醇精馏采用鲁奇公司三塔精馏工艺。

⑥ MTP 装置一套。采用鲁奇公司 MTP 甲醇制丙烯技术，设 DME 反应器一台，MTP 反应器三台（两台生产，一台再生），后系统为反应产物分离系统。装置能力为丙烯 $47.4 \times 10^4 \, \mathrm{t/a}$，副产品为汽油馏分和 LPG 等。

⑦ 聚丙烯（PP）装置两套。采用美国陶氏化学公司气相法丙烯聚合技术。可生产均聚和共聚两种聚丙烯产品。

⑧ 热电站一座。选择蒸发量 420t/h 的高压锅炉 5 台，背压式发电机 100MW 两台和 80MW 一台。

该项目总投资（已签合同数据）约 120 亿元，2010 年试车运行。

大唐国际多伦 MTP 工艺流程见图 1-3-3。

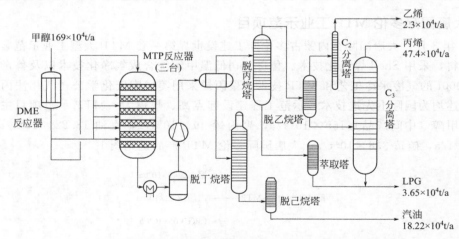

图 1-3-3 大唐国际多伦 MTP 工艺流程简图

2. 神华宁煤集团 MTP 工业示范项目

神华宁煤集团以当地烟煤为原料，在宁夏煤化工基地先后开工建设了两套大型甲醇制丙烯的 MTP 工业示范项目。一套建设规模为甲醇 $166.7 \times 10^4 \, \mathrm{t/a}$（5000t/d），MTP $50 \times 10^4 \, \mathrm{t/a}$，聚丙烯 $52 \times 10^4 \, \mathrm{t/a}$，同时副产汽油和 LPG 产品。项目总投资估计为 122 亿元。项目建设起点高；除煤气化技术与大唐国际多伦项目不同外，其他主要装置和技术与大唐国际多伦项目基本相同，都是国际先进技术，粗煤气净化、甲醇合成及精馏、MTP 等都是引进鲁奇公司技术。2010 年第一套 MTP 投产，2014 年产聚丙烯 $52 \times 10^4 \, \mathrm{t}$，超过设计能力；2014 年第二套 MTP 投产。

其产品链见图 1-3-4。

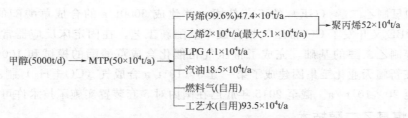

图 1-3-4　神华宁煤集团 MTP 项目产品链图

第二节　煤制乙二醇

乙二醇（GE）是重要的有机化工原料，主要用于生产聚酯纤维、聚酯塑料、防冻剂、润滑剂、增塑剂、表面活性剂、涂料、油墨等多种化工产品。

目前乙二醇生产主要依赖于石油乙烯为原料，而我国石油短缺，开发煤基合成气制乙二醇工艺技术，替代石油乙烯路线，在我国具有广阔的前景和重要的意义。

煤制乙二醇是以 CO 氧化偶联生产草酸二甲酯，然后草酸二甲酯加 H_2 生成乙二醇。该工艺技术作为现代煤化工五大示范工程之一，2009 年被列入国家石化振兴规划。

一、中国乙二醇需求增长很快

2000 年中国乙二醇产量为 90.75 万吨，进口量 105 万吨，表观消费量为 195.7 万吨，2009 年产量 195.0 万吨，进口量猛增至 582.81 万吨，表观消费量达到 777.81 万吨，9 年消费量增长近 3 倍。2000~2008 年期间，乙二醇消费量年均增长 18.4%，而产量年均增长 12.3%，国内产量远不能满足需求增长。中国乙二醇历年供需状况见表 1-3-3。

表 1-3-3　中国乙二醇历年供需状况　　　　　　　　单位：10^4 t

年份	产量	进口量	出口量	表观消费量	对外依存度/%
2000	90.75	105.0	0.015	195.7	53.65
2005	110.1	400.0	1.28	508.8	78.46
2007	202.0	480.0		682.0	70.38
2008	180.0	521.6		701.0	74.40
2009	195.0	582.81		777.81	74.93
2015	432.7	875.2	2.0	1307.9	66.92

由表 1-3-3 可见，中国乙二醇对外依存度一直在 70% 左右，在中国 65% 以上石油依赖进口的情况下，要解决乙二醇的巨大缺口，依靠走石油乙烯路线是难以实现的。发展煤（合成气）制乙二醇替代进口是现实可行的选择。2015 年底已建成项目产能 300 万吨。

二、煤基乙二醇技术开发现状

1. 日本煤基乙二醇技术

20 世纪 80 年代日本宇部兴产公司（UBE）开发了 CO 高压液相催化合成草酸酯

（DMO）及加氢制乙二醇（GE）的工艺技术，并建成 6000t/a 的合成草酸酯的中试装置。在此之后，UBE 又开发了 CO 常压气相合成草酸酯新工艺，在固定床反应器常压条件下建立了两步法煤制乙二醇的基础，完成了常压气相催化合成草酸酯的模试和 100t 级的中试。日本高化学在新疆天业化工集团建成了第一套 5×10^4t/a 合成气（CO+H$_2$）制乙二醇装置，之后又扩建至 20×10^4t/a。截至 2015 年底已在国内对 5 套装置实施了技术许可。

2. 中国煤基乙二醇技术

中国从 20 世纪 90 年代先后有西南化工研究院、天津大学、南开大学、浙江大学、华东理工大学、中科院成都有机化学所、中科院福建物质结构研究所、复旦大学、湖北大学研究所、上海华谊集团等 10 余个单位开展了草酸酯和乙二醇两个催化剂的研究工作，同时进行煤基乙二醇的工艺技术开发并取得重大进展。

煤制合成气再制乙二醇，关键要开发 CO 羰基合成草酸酯和草酸酯加氢合成乙二醇两个催化剂以及反应器型式等工程问题。

① 上海华谊集团与华东理工大学合作开发了煤基乙二醇技术。在实验室研究的基础上，于 2006 年建成了模试装置，通过试车打通全流程，产出合格的草酸二甲酯和乙二醇产品。羰化催化剂连续运行 8000h，草酸酯（DMO）选择性大于 98%；加氢催化剂性能稳定，DMO 转化率 100%，乙二醇选择性大于 92%，取得了较好的试验结果。

表 1-3-4 列出了生产 1t 乙二醇的物料及动力消耗。

表 1-3-4　生产 1t 乙二醇的物料及动力消耗

物料名称	CO/kg	H$_2$/kg	甲醇/kg	NO/kg	O$_2$/kg	电/kW·h	蒸汽/t	新鲜水/m³	循环水/m³
数量	990.0	145.0	10.0	8.0	298.0	1200.0	4.5	0.2	8.0

初步评价建立一套 10×10^4t/a 的煤基乙二醇装置总投资约 12 亿元。煤价按 500 元/t 计算，乙二醇完全成本为 5000 元/t 左右。

② 中科院福建物质结构研究所煤基乙二醇技术：1982～1991 年进行乙二醇合成催化剂实验室试验研究工作；2005 年起，福建物质结构研究所提供小试技术和催化剂，江苏丹化集团公司负责设计和中试场地，上海金煤化工新技术公司提供资金，三方合作开展中试和万吨级工业试验工作。先期完成了 3000t/a 草酸酯、100t/a 乙二醇的中试，在此基础上 2007 年建成万吨级工业试验装置，试车运行平稳，反应条件温和，各项技术指标达到设计要求，完成了煤制乙二醇成套工业化工艺技术开发工作，并通过中科院成果鉴定。万吨装置初期试验物料及动力消耗见表 1-3-5。

表 1-3-5　乙二醇万吨级工业试验物料及动力消耗指标

项目	规格	单耗	项目	规格	单耗
一氧化碳/m³	≥98.2%	800.0	新鲜水/m³		5.0
氢气/m³	≥99.5%	1600.00	循环水/m³		440.0
氧气/m³	≥99%	260.0	电/kW·h		1100.0
亚硝酸甲酯/kg		44.0	蒸汽/t	0.5～1.7MPa	8.44
甲醇/kg	≥99%	130.0	压缩空气/m³		50.0

注：表内单耗数据只是实验数据，消耗较高。大型工业化装置消耗会降低。

根据万吨级工业化试验结果，通辽金煤公司在通辽市建设工业示范装置 20×10^4t/a，总投资 22 亿元，于 2009 年底建成试车，打通全流程，生产出合格的乙二醇产品，为我国乙二醇生产创出一条煤化工的新路子。

煤制乙二醇工艺过程见图 1-3-5。

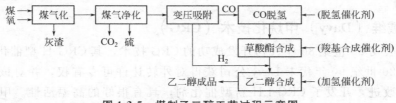

图 1-3-5　煤制乙二醇工艺过程示意图

③ 上海浦景公司开发了 CO 羰基合成制乙二醇技术，已建有多套生产装置，最大规模为 $30 \times 10^4 \text{t/a}$。

④ 上海戊正公司开发成功了低压和中高压（$3.5 \sim 10 \text{MPa}$）合成气制乙二醇技术，低压法已有生产装置运行，中高法有山西一丁煤化工公司和吉林鸿点化工公司分别在建 $20 \times 10^4 \text{t/a}$ 和 $40 \times 10^4 \text{t/a}$ 生产装置。中高压法具有单系列能力大、投资少、能耗低、生产成本低等突出优势。

⑤ 湖北华烁公司开发了合成气制乙二醇技术，实现了 $20 \times 10^4 \text{t/a}$ 工业化生产。

第三节　煤制天然气

天然气是高热值清洁能源，又是重要的化工原料。2016 年中国天然气产量 $1368.7 \times 10^8 \text{m}^3$，消费量达 $2103 \times 10^8 \text{m}^3$，2020 年需求量将达 $3000 \times 10^8 \text{m}^3$，预计产量为 $2200 \times 10^8 \text{m}^3$。难以满足快速增长的需求，需要从国外大量进口天然气。国内发展煤制合成天然气将是解决我国天然气供应紧张的有效途径之一。在我国，煤制天然气成为煤化工的新热点。"十三五"规划，到 2020 年天然气产量 $2200 \times 10^8 \text{m}^3$，其中煤制天然气产能达到 $170.0 \times 10^8 \text{m}^3$，煤层气 $300 \times 10^8 \text{m}^3$。天然气占一次能源消费将达到 10% 以上。

一、煤制天然气技术概况

1. 德国鲁奇公司甲烷化技术

20 世纪 70 年代鲁奇公司与南非 Sasol 公司合作开发成功了合成气（$CO + H_2$）甲烷化制天然气技术，CO 转化率达 100%，CO_2 转化率达 98%，合成的天然气含甲烷 95% 以上。1994 年美国北达科他州大平原合成燃料厂，采用鲁奇公司煤气化制天然气技术，建成世界第一套大型煤制天然气装置，生产能力为 $354 \times 10^4 \text{m}^3/\text{d}$ 天然气，年耗褐煤 600 多万吨。设计采用 14 台 Mark-4 型固定床鲁奇炉（12 台开，2 台备用），合成气通过甲烷化反应器，在 $5 \sim 7 \text{MPa}$ 和 $600 \sim 700 \text{℃}$ 条件下合成天然气。

由于鲁奇炉煤气中含有 10% ～ 12% 的甲烷气，同时副产一部分焦油及酚、氨等，加之投资较低，合成甲烷的综合成本较低，国内拟建的煤制天然气项目大都采用鲁奇气化炉。

2. 丹麦托普索甲烷化技术

托普索公司于 20 世纪 70 年代后期开发了甲烷化循环工艺技术（TREMPTM），甲烷化反应在绝热条件下进行，通过循环来控制第一反应器的温度，TREMPTM 工艺一般有三台反应器，第二、第三反应器的反应热用水移走产生中压蒸汽。

托普索公司开发的甲烷化催化剂（MCR-ZX）可在约 700℃的高温下操作，压力较低，催化剂使用寿命可达 45000h，已有实际运行经验。目前已在美国建设了一座规模为 $18×10^4 m^3/h$ 的合成天然气厂。

3. 英国戴维（Davy）甲烷化技术（CRG）

英国燃气公司 20 世纪 80 年代初开发成功的 CRG 技术，其 CRG-H 型催化剂具有很好的高温活性，20 世纪 90 年代末 Davy 公司获得对外转让许可专有权，并对该技术和甲烷化催化剂进行改进，开发了 CRG-LH 新型催化剂，具有很好的高温活性。甲烷化第二反应器采用高温反应器，副产高压蒸汽。其催化剂具有变换反应功能，不需要调节合成气的 H/C 原子比值，甲烷转化率高。催化剂可在 230～700℃ 范围内稳定操作，具有很高的活性。甲烷合成压力高达约 6.0MPa。CEG-LH 催化剂已成功应用于美国大平原合成燃料厂甲烷化装置。

4. 中国合成天然气技术

西南化工研究院、西北化工研究院、大连化物所对煤制天然气催化剂和工程化技术进行多年开发，取得了一批成果，建成工业化试验装置，目前尚未实现大型化。

二、甲烷化催化剂

甲烷化催化剂为 Al_2O_3 基或陶瓷基的镍催化剂。主要有英国 JMC 的 CRG-LH、德国 BASF 的 CI-85、丹麦托普索的 MCR-ZX，其中 BASF 的 CI-85 催化剂在南非 Sasol 工业化试验装置及美国大平原合成燃料厂长期使用过，性能稳定。

中国在合成氨生产中广泛应用甲烷化技术脱出氢中 CO，有丰富的设计和生产操作经验。西北化工研究院 1986 年开发了 RHM-266 型耐高温甲烷化催化剂，应用于北京顺义煤气厂城市煤气固定床甲烷化反应器装置，将部分 CO 转化为甲烷，提高煤气热值。以后再没有在大型煤气工程上应用过。大连市普瑞特化工科技公司开发的 M-249 型催化剂已进入中国市场。中国甲烷化催化剂工艺条件见表 1-3-6。

西南化工研究设计院于 2006～2010 年研究开发了煤层气、焦炉气制合成天然气的工艺及催化剂开发，研制的 CNJ-2 甲烷化催化剂在甲烷化反应器中试装置上运行 1500h 以上，处理焦炉气量约 24000m³/h，反应温度 350～650℃，反应压力 0.3MPa，空速 2000h⁻¹，入口 $CO+CO_2$ 约 10%，出口 $CO+CO_2<50×10^{-6}$。中试成果通过省级鉴定。

表 1-3-6 中国甲烷化催化剂工艺条件

项目	RHM-266	M-249
还原温度/℃	约 400	400～450
操作温度/℃	280～650	280～400
操作压力/MPa	常压～4.0	0.1～6.0
操作空速/h⁻¹	1000～3000	1500～6000
CO、CO_2 转化率/%	98～99	95～98
使用寿命/年	1～1.5	≥1.0

三、煤制天然气工艺过程

由于采用的原料煤性质不同，气化工艺和甲烷化工艺不同，煤制天然气的过程也不尽相同。以褐煤为原料，采用固定床鲁奇炉气化和三级甲烷化反应器的工艺过程，见图1-3-6。

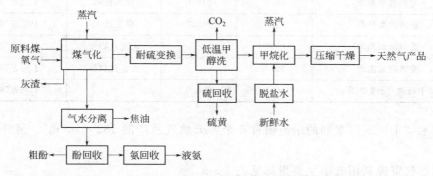

图1-3-6　鲁奇炉气化和三级甲烷化反应器的工艺过程图

四、煤制天然气成本

① 煤种和煤炭价格是影响合成天然气成本的主要因素，不同煤种煤价合成天然气成本估算见表1-3-7。

表1-3-7　不同煤种煤价合成天然气成本估算

建厂地区	煤种	气化技术	煤价/(元/t)	规模/($10^8 m^3$/a)	工厂成本/(元/m^3)
内蒙古、新疆	褐煤	鲁奇炉加压气化	150.0	20.0	1.06
新疆	长焰煤	鲁奇炉加压气化	250.0	20.0	1.15
陕西、宁夏	长焰煤	水煤浆加压气化	300.0	20.0	1.59
河南、山东	洗中煤	干粉煤加压气化	400.0	20.0	2.15

注：项目总投资估算为(120~140)亿元。

② 天然气市场价格地区之间差距较大，天然气产地价在 1.2~2.0 元/m^3，远离天然气产地的气价在 2.0~3.6 元/m^3。同一地区不同用户气价也有差别，如上海市民用天然气为 2.5 元/m^3，公共服务用气为 3.3 元/m^3，车用天然气为 3.58 元/m^3，工业用气为 2.9 元/m^3。今后天然气价格仍呈上涨趋势。

五、　煤制天然气建设项目

近几年来，国家发展改革委（发改委）先后批准了不同规模的煤制天然气项目4个，产能 $109 \times 10^8 m^3$/a，规划拟建项目 17 个，产量 $383 \times 10^8 m^3$/a，主要分布在新疆、内蒙古、山西、辽宁、山东等地区。主要煤制天然气项目见表1-3-8。

表1-3-8　煤制天然气项目一览表

序号	项目建设单位	建设规模 /10^8t	投资估算 /10^8元	甲烷化技术	批准日期
1	大唐国际赤峰公司	40.0	257.1	英国戴维公司	2009 年 8 月
2	大唐国际阜新公司	40.0	245.7	英国戴维公司	2010 年 3 月

续表

序号	项目建设单位	建设规模 /10^8 t	投资估算 /10^8 元	甲烷化技术	批准日期
3	内蒙古汇能天然气公司	16.0	88.7	国内技术	2009 年 12 月
4	北控鄂尔多斯	40.0	240.0	国内技术	"十三五"规划项目
5	新疆伊犁公司	40.0	240.0	自主技术	"十三五"规划项目
6	苏新能源和丰	40.0		大连化物所	"十三五"规划项目
7	安徽能源淮南	22.0		大连化物所	"十三五"规划项目
8	中海油/同煤集团	40.0	230.0		"十三五"规划项目

　　列入国家"十三五"规划的示范项目 5 个，天然气总产能 $182×10^8$ m^3。另外还有 9 个储备项目。

　　煤制天然气资源利用效率主要指标见表 1-3-9。

表 1-3-9　煤制天然气资源利用效率主要指标

指标名称	基准值	先进值	备注
单位产品综合能耗/t	1.4	1.3	1000m^3
单位产品原料煤耗/t	2.0	1.6	1000m^3
单位产品新鲜水耗/t	6.5	6.0	1000m^3
能源转化效率/%	≥51	≥57	

六、科学发展煤制天然气

1. 煤制天然气的风险

　　煤制天然气存在三方面风险：一是经济风险，煤制天然气投资大，平均 $1×10^8$ m^3 天然气需投资（5.5～6.3）亿元；每立方米生产成本平均 1.5 元左右，高于国内气田井口气价；盈亏平衡点高于 60%，存在较大的经济风险。二是市场风险，虽然国内天然气市场需求量很大，但主要集中在东部、中部地区和其他地区的大城市，而煤炭资源低价煤主要在西部地区，煤制天然气需通过管道输送至终端用户，存在输气管道建设和目标市场的不确定性的问题。三是环境风险，目前煤制天然气项目煤气化多采用温度较低的鲁奇炉，具有投资少、生产成本低、煤气中甲烷（CH_4）含量达 12% 等优点，但其产生的大量焦油及其他有机物的处理难度大。另外，煤气中 CO_2 高达 32%，生产过程 CO_2 排放量大，会对生态环境产生不利影响。

2. 坚持科学发展煤制天然气产业

　　坚持科学发展观，按照国家产业政策要求，首先在富煤地区及边远地区，利用含水量高的褐煤、高灰煤、高硫煤等难以直接利用的低质量煤、低价格煤（<200 元/t）布点建设煤制天然气示范项目，同时推进甲烷化等关键技术和装备的国产化，取得成功经验后再有序发展煤制天然气产业。按照上下游一体化的思路，系统研究天然气项目、输气管网、终端用户协调发展问题；按照煤、电、气、化联产能效最大化，研究项目建设模式；按照环境友好的要求，研究"三废"治理资源化利用的技术措施，真正做到科学有序发

展煤制天然气产业。

第四节 煤基醇醚燃料

一、醇醚燃料开发应用现状

中国的醇醚燃料包括甲醇、二甲醚、乙醇等含碳、氢、氧的有机化合物。用醇醚燃料替代汽油、柴油等车用燃料在中国已进行了几十年的研究试验工作。近几年，随着国际石油价格下跌至 50 美元/桶，对醇醚燃料发展提出了挑战。过去各省市制定发布了地方标准 16 个，国家出台了相关标准 4 个，有力地促进了醇醚燃料的规范化发展，与醇醚燃料相配套的助剂、汽车发动机、专用配件及整车开发工作都在有计划地进行并取得较好成果，目前基本具备了推广应用的条件。

用煤基醇醚燃料替代石油燃料，一直存在争议，利弊分析看法相左，但有一点是不可否认的事实——中国是缺油国家，目前石油对外依存度已大于 65%，预测到 2020 年以后石油对外依存度将可能达到 70% 以上，对我国能源安全和国防安全将形成严重威胁，只能寻求多元化解决石油供应的方案，走依赖石油进口一条路是不可靠的。因此，依靠中国丰富的煤炭资源，发展煤基醇醚燃料替代一部分石油产品，是现实可行的途径之一。

生物质乙醇汽油在政府主导下，已在 10 个省（市）推广应用 10 年之久，为此制定了国家标准，产品为 E10 乙醇汽油，生产原料以玉米为主，累计用量约 150 万吨。由于受粮食和财政补贴限制，已停止发展生物乙醇，2015 年生物乙醇产能 254 万吨，发展缓慢。煤制乙醇仅有 10 万吨生产能力。

2017 年 9 月，中国政府发布文件，计划于 2020 年基本实现乙醇汽油全覆盖，首次提出在全国范围内推广 E10 乙醇汽油。这将为燃料乙醇发展创造广阔的市场。

二、煤基甲醇汽油

甲醇（CH_3OH）是低碳的碳氢化合物，并含有 50% 的氧，是未来"能化"物质的基础化合物。美国诺贝尔化学奖获得者乔治·奥拉（George Olah）教授对甲醇的结构机理有所论述，认为"甲醇是未来物质之本"，是以最节能降耗的方式及方法衍生出需要的目标产物，正是碳利用的方向。

1. 甲醇汽油标号

甲醇汽油是在汽油里掺入一定量的甲醇、添加剂配制而成。汽油中掺入 15% 的甲醇称为 M15 甲醇汽油，掺入 85% 的甲醇称为 M85 甲醇汽油，如果是 100% 的甲醇燃料则称为 M100。山西省目前推广的 90 号和 93 号甲醇汽油掺入 15% 的甲醇，称为 MH15；陕西省发布执行的甲醇汽油标准为 M15、M25，在西安、宝鸡、延安、榆林四城市试点应用。全国有 26 个省（市）不同规模的推广应用甲醇汽油，据市场调研估算 2014～2015 年汽油掺入甲醇量已达 300 多万吨。

各地甲醇汽油标号五花八门，有的企业开发 M35、M45、M65，但多数省（市）以 M15 为主，国家鼓励发展一低一高标号的甲醇汽油，即 M15、M85，为此制定了国家标准，M85 标准已于 2009 年发布实施。

2. 甲醇汽油配制

配制甲醇汽油的原料主要是汽油（或组分油）和甲醇，再配入一定量的添加剂充分混合制成不同标号的甲醇汽油。为了减少带入水量，甲醇含水量<0.1%，配制甲醇汽油时选择性能优良的添加剂是关键。添加剂主要有：①助溶剂，防止甲醇与汽油分层；②抑蚀剂，防止汽车油路系统的金属和橡胶配件腐蚀溶胀；③清洁节油剂；④冬季−10℃以下气温时还要添加冷启动剂。配制方法是：以 M15 甲醇汽油为例，先将 150kg 甲醇与 20~30kg 的添加剂配制成燃料甲醇，再将燃料甲醇与 820~830kg 汽油混合制成 M15 甲醇汽油，其成分为汽油 80%~82%、甲醇 15%、添加剂 3%~4%。整个配制过程用计算机进行控制，甲醇、添加剂、汽油和甲醇汽油成品应有成品检测化验室，定期分批量检测，以保证产品质量符合标准要求。

甲醇汽油配制工艺见图 1-3-7。

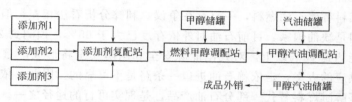

图 1-3-7 甲醇汽油配制工艺示意图

3. 甲醇汽油标准

2008 年国家醇醚燃料标准化技术委员会成立，组织研究制定甲醇汽油相关国家标准，首批发布实施两个标准——2009 年 5 月 20 发布、11 月 1 日实施的《车用燃料甲醇》（GB/T 23510—2009），2009 年 7 月 2 日发布、12 月 1 日实施的《车用甲醇汽油（M85）》（GB/T 23799—2009）；之后又发布了《车用甲醇汽油中甲醇含量检测方法》（GB/T 31776—2015）和《车用甲醇汽油添加剂》（GB/T 34548—2017）。

4. 存在的问题

初期对于使用甲醇汽油的技术、性能、成本、环保、安全等存在一定问题。通过多年的研究试验、实践应用，取得了很好成果，对甲醇汽油的推广更理性更科学化了，原来存在的腐蚀、溶胀、冷启动、动力性能、油耗等问题基本得到解决。随着甲醇汽油国家标准连续出台，甲醇汽油会向理性科学方向发展。

2012 年 12 月，工业和信息化部（工信部）发文确定在山西、陕西、上海市实施甲醇燃料汽车试点运行项目。经过三年试点，完成对高比例甲醇汽车适应性、可靠性、经济性、安全性、环保性的全面评价。为高比例甲醇燃料汽车运行打下良好基础。

三、二甲醚燃料

1. 二甲醚的性质及用途

二甲醚（DME）是一种绿色化工产品，以往主要用于生产发泡剂、制冷剂、气雾剂、有机化工原料等。由于 DME 燃烧特性与 LPG 相近似，近年来被用于替代 LPG 作为民用燃料，少数企业用于代替柴油或作为柴油添加剂，为此还进行了大量研究开发工作。二甲醚被列为醇醚燃料主要品种之一。DME 含有 34.8%氧，可燃性好，燃烧热效率高，燃气无毒，与 LPG 混合燃烧理论热值高于 LPG；DME 有较高的十六烷值（大于 55），液化后直接作柴油添加剂或替代柴油，加速性能强，冷启性好，汽车尾气排放不需催化处理就能满足环保要求；DME 按一定比例与城市燃气掺混，提高燃气热值作为燃料使用比 LPG 更安全；煤制 DME 的成本低于压缩天然气和柴油。因为有上述优点，DME 作为热门的醇醚燃料得以较快发展。

2. 二甲醚应用存在的问题

全国有 DME 生产企业 60 余家，产能约 600 多万吨。由于 DME 作为代替燃料在应用中出现一些问题，市场推广受阻，企业开工率严重不足，主要问题是 DME 气化潜热大，蒸气压高，易发生气阻，用 DME 代替柴油的汽车需要对发动机进行改造，另外 DME 对汽车、液化气钢瓶用的橡胶密封件有腐蚀作用，易产生漏气问题，存在安全隐患。因此国家质量监督检验检疫总局发文，要求对 DME 以及 DME 与 LPG 混合燃料的使用，必须做到专气、专瓶、专用。这一要求给用户带来很大的麻烦和不便，一定程度上限制了 DME 的推广应用。

3. DME 生产技术

DME 生产技术分为两大类。一类是甲醇脱水制 DME 技术，又可分为液相法和气相法两种方法，是目前已工业化生产应用的技术；另一类是合成气一步法制 DME 技术，又可分为气相法和三相法，目前处于研究开发阶段，未见工业化生产报道。

① 西南化工研究院开发的气相法技术采用 CNM-3 催化剂，将甲醇蒸气脱水生产 DME，具有工艺过程容易控制、生产成本低、产品质量稳定等特点，在国内已建设多套装置，单套规模（10～30）×10^4t/a，规模 50×10^4t DME 装置已完成 PDP 包设计。该工艺的反应操作温度 230～350℃，压力 0.5～1.2MPa。甲醇单程转化率 78%～85%，DME 选择性＞99%，DME 纯度为 99.99%，催化剂寿命达 3 年。

② 固定床气相反应器是一常规反应器，可分为激冷式和列管废热锅炉式两种型式，目的是及时移出反应热，保证反应器温度稳定。固定床反应器易于放大，操作稳定，但存在转化效率不高、反应气循环量大等缺点，大型化有一定困难。浆态床反应器可以解决固定床的不足，内由催化剂（固相）、惰性溶剂（液相）、反应物（气相）三相混合相互接触，其结构简单、空速大、反应充分、温度均匀、易于控制，是今后的发展方向。美国 APCP 公司与伊斯曼化学公司合作，开发成功了用于甲醇和 DME 生产的浆态床反应器，工业示范装置为270t/d。国内有清华大学、中科院山西煤化所、华东理工大学等单位也进行了大量研究开发工作，浙江大学一步法固定床工艺在湖北田力公司建设了 1500t/a 工业实验装置，2000 年通过鉴定。清华大学开发的浆态床 DME 工艺与重庆英力煤化公司合作，于 2004 年建成3000t/a DME 工业示范装置，生产出燃料级 DME 产品。西南化工研究院气相一步法生产DME 取得成功，建成 10 万吨以上大型工业化装置。

4. 消耗定额与生产成本

① DME 消耗定额见表 1-3-10。

表 1-3-10　气相法工艺 DME 消耗定额（以 1t DME 计）

项目	定额	项目	定额
甲醇（99%）/t	1.4	动力电/kW·h	≤10.0
蒸汽（1.1MPa）/t	1.41	仪表空气（0.6MPa）/m^3	1.5
循环水（温差 $\Delta T=10$℃）/m^3	80.0	催化剂（专用）/kg	0.05

② 气相法甲醇单程转化率为 78%～85%，产品纯度＞99.0%，环保性好，投资低。比液相法有更大优势，新建 DME 项目多采用气相法。

③ DME 生产成本主要取决于甲醇价格，以甲醇 2200 元/t 估算，工厂制造成本为 3285 元/t。经济效益与 DME 市场售价关系较大，若出厂价为 3800 元/t 计，DME 利税为 515 元/t，利税率 13.6%；市场价大于 4000 元/t，利税率可提高到 18% 以上。

④ 合成气一步法制 DME 消耗定额：每吨 DME 能耗为 50.54GJ。合成气一步法制 DME 消耗定额见表 1-3-11。

表 1-3-11 合成气一步法制 DME 消耗定额(以 1t DME 计)

项目	定额	项目	定额
合成气/m³	3837.0	蒸汽(2.6MPa)/t	0.4
动力电/kW·h	205.3	蒸汽(0.5MPa)/t	3.4
循环水/m³	376.5	催化剂/kg	0.5
锅炉给水/m³	2.3	副产甲醇/t	0.19

⑤ 气相法甲醇脱水制 DME 工艺过程见图 1-3-8。

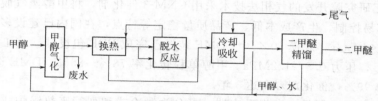

图 1-3-8 气相法甲醇脱水制 DME 工艺过程示意图

第四章
现代煤化工发展模式

现代煤化工突破传统的行业界限，由较单一的产品向多联产的模式发展。采用现代多项先进技术组合起来，对煤炭进行高度洁净、深度加工和综合利用，最大限度地提高能源利用效率，走低碳化、洁净化、绿色化、无害化的环境友好的循环经济可持续发展之路，是 21世纪创新时代特征的体现。

第一节　南非 Sasol F-T 合成模式

南非 Sasol-Ⅱ 和 Sasol-Ⅲ 模式如图 1-4-1 所示。

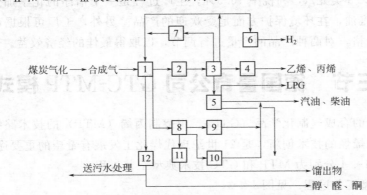

图 1-4-1　南非 Sasol-Ⅱ 和 Saso-Ⅲ 模式图

1—Synthol 反应器；2—脱除 CO_2；3—深冷分离；4—C_2、C_3提纯；5—烯烃齐聚；6—H_2 回收；
7—甲烷重整；8—精馏；9—异构化；10—催化重整；11—馏出物加氢处理；12—化学品加工

Sasol-Ⅱ 和 Sasol-Ⅲ 产品产量比例（质量分数）为：煤气 3%，焦油类 6%，汽油 40%，柴油 27%，LPG 2%，化学品 15%，乙烯 4%，丙烯 3%。

根据 Sasol 提供的数据，每立方米合成气（$CO+H_2$）可生产烃类 150～190g，生产汽油和柴油则为 115～130g。在生产燃料油品的同时，还可以生产多达 100 多种的化工产品。南非 Sasol 是世界上发展煤化工取得成功的典范。

南非 Sasol 煤液化厂从采煤开始，煤-油-化-电多联产，对煤进行综合利用深加工，煤炭液化合成油品（占 67%）的同时，大力发展化工产品、燃料煤气。自建热电厂解决煤液化及化工产品所需蒸汽和电力，充分利用化学反应余热，使全厂的热动力达到合理平衡，降低能耗和生产成本，减少不必要的排放损失。建设大型煤液化厂在资金允许的情况下，应尽可能考虑煤-油-化-电一体化多联产，这对提高企业经济效益和环境效益是十分有益的。

第二节 新西兰 Methanex 模式

新西兰 Methanex 公司采用美国 Mobil 公司 MTG 技术，用天然气作原料生产甲醇，再由甲醇经 MTG 过程合成为汽油，该技术工业化生产取得成功，引起了各国的注意。若以煤为原料采用 MTG 法生产汽油，除合成气生产方法不同外，其合成气以后的生产过程则基本一样，以煤炭为原料采用 MTG 法生产汽油的模式见图 1-4-2。

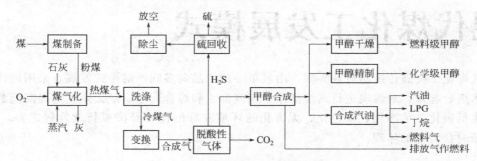

图 1-4-2 MTG 法生产汽油模式图

以 Methanex 公司 1992 年生产报表中数字进行计算，甲醇平均售价为 190.76 美元/t，汽油平均售价 198.73 美元/t，利税率 16.5%，生产过程是一个洁净的化学加工过程，产品为 90 号以上无铅汽油，在环境保护方面是受欢迎的产品。另外，工厂可根据市场甲醇和汽油的需求情况和价格，对两种产品的产量进行调节，以取得最佳的经济效益。

第三节 德国鲁奇公司 GTC-MTP 模式

鲁奇公司提出的合成气制化学品（GTC）、甲醇制丙烯（MTP）的技术路线，是发展以煤代替石脑油生产烯烃的技术创新，是 21 世纪现代煤化工发展有希望的重要途径之一。

图 1-4-3、图 1-4-4 分别为 MTP 和 GTC 技术典型工艺过程。

（1）MTP 典型工艺过程 见图 1-4-3。

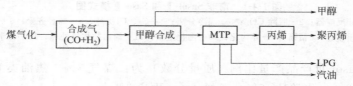

图 1-4-3 MTP 典型工艺过程

根据鲁奇公司提供的资料，年产 166.7×10^4 t（5000t/d）甲醇，除去 55×10^4 商品甲醇外，剩余 115×10^4 t 甲醇经 MTP 过程可生产丙烯 35×10^4 t，LPG 4.6×10^4 t，汽油 9.6×10^4 t。

新建工厂自有资本金为 20%，折旧率按 10% 计算，当甲醇进料成本为 90 美元/t、丙烯售价为 380 美元/t 时，内部收益率为 16%；丙烯售价为 400 美元/t 时，内部收益率为 20% 左右。

（2）GTC 典型工艺过程　见图 1-4-4。

由图 1-4-3、图 1-4-4 可知，以煤为原料制取合成气，经过甲醇和 MTP 工艺，可以生产重要的丙烯系列化工产品。预测丙烯有很大的市场需求，而且是一种高附加值的石油化工产品，有广阔的发展前景。

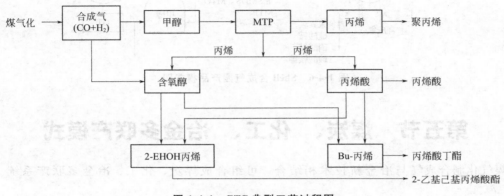

图 1-4-4　GTC 典型工艺过程图

（3）GTC-MTP 工艺的经济性分析　见图 1-4-5。

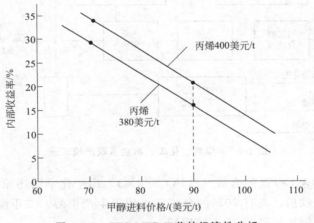

图 1-4-5　GTC-MTP 工艺的经济性分析

第四节　Shell 合成气园（Syngas Park）模式

Shell 提出以煤为原料制合成气为核心，生产甲醇、醋酸、合成氨等化工产品与洁净联合循环发电、城市煤气和供热（蒸汽或热水）等相结合，组成的能源化工多联产系统，从而取得好的经济、社会和环境效益。参见图 1-4-6。

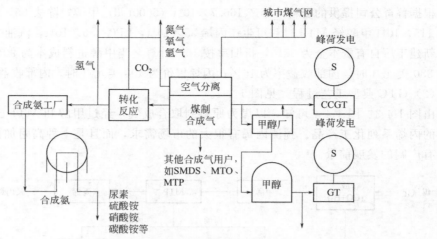

图 1-4-6 Shell 合成气园产品模式图

第五节 煤炭、化工、冶金多联产模式

煤气化制合成气与冶金新技术相结合，可组合成煤炭、化工、冶金多联产系统（见图1-4-7）。

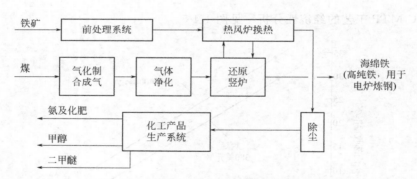

图 1-4-7 煤炭、化工、冶金多联产模式图

煤气化可以得到含 CO 高的合成气（CO＞50％），用于化学法还原炼铁（海绵铁）。合成气一次通过还原炼铁后，尚有 70％的合成气可用于生产甲醇、二甲醚或合成氨等化工产品。如生产 100 万吨钢铁可联产 65 万吨甲醇。

第六节 21 世纪能源系统展望

美国能源部（DOE）提出的 Vision 21 能源系统（见图1-4-8），是以煤气化为核心，用合成气制氢，通过燃料电池和燃气轮机组成的联合循环发电系统产生电能，其能源利用率高达 60％以上。合成气制 H_2 产生的 CO_2 可综合利用或注入废矿井中埋藏，从而构成近于零排放的高效而洁净的能源系统。

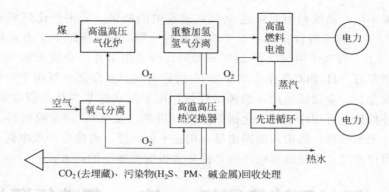

图 1-4-8　展望 21 （Vision 21） 能源系统图

第七节　榆林煤热解多联产模式

陕西省榆林市有十分丰富的煤炭资源，探明储量达 1460 多亿吨，属特低灰、特低硫、高发热量的长焰煤，其含油率高达 10%～12%，是优质的热解原料煤和化工用煤，作为燃料用煤烧掉实在可惜。从榆林煤质特点出发，采用热解（干馏）加工技术，对煤中不同成分进行分质高效综合利用，提高能量利用效率，发展多联产低碳经济，对推动节能减排改变经济发展方式具有重大意义。

榆林市经过 10 多年的探索和实践，在煤热解炉型、焦油加工、煤气利用、半焦（兰炭）利用、废水处理等方面均取得了实质性突破，2016 年已建成煤热解能力 5000 万吨/年，产量 2888.7 万吨/年。炉型有内热式和外热式方形炉，热载体流化床热解炉；焦油加工单系列 50 万吨/年装置已投入正常运行；煤气发电或提氢实现了工业化生产，废水处理基本做到零排放。按照低碳经济多联产模式，"十三五"规划，大型煤干馏工业园即将开工建设，主要装置包括 3000 万吨/年煤热解、500 万吨/年焦油加工、100 万吨/年 F-T 合成油、20 亿米³/年天然气（煤气中 CH_4）、60 万吨/年酚回收、60 万千瓦热电等，这些装置构成了一个煤-半焦-油-电-化的多联产的榆林模式，如图 1-4-9 所示。

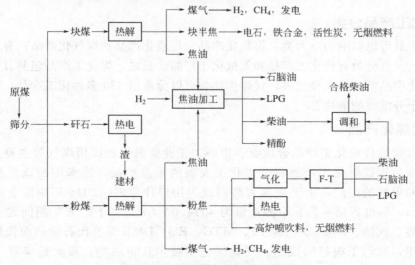

图 1-4-9　榆林煤热解多联产模式

榆林煤热解多联产热能利用率可达80%，是发电的两倍。采用催化热解新技术焦油收率可达15%～17%，吨油投资相当于F-T合成油的一半，耗水量是F-T合成油40%，CO_2排放减少30%以上。煤气中甲烷含量25%～33%，分离出来作为合成天然气，成本只有煤制天然气的一半左右。H_2和CO作为焦油加H_2的原料气，其余部分可用于发电等。块状半焦用于电石、铁合金、金属镁生产，粉焦活性好，用于制水煤浆气化，制浆浓度提高2～3个百分点，另外粉焦还可用作干粉气化锅炉燃料（供热、发电）、高炉喷吹料、制活性炭原料、炭素材料、无烟燃料、铸造用捣固焦等，用途十分广泛。粉焦生产成本低，仅相当于原煤价格，很受用户欢迎。煤热解多联产应是低变质煤深度加工的好方式。

第八节　延长石油集团煤、油、气碳氢互补模式

将煤炭、天然气、炼油厂重油催化裂解干气三种原料，按碳氢比例合理组合生产合成气，实现碳氢互补，生产甲醇，可提高资源综合利用效率，实现节能减排的目标。延长石油集团煤、油、气碳氢互补模式见图1-4-10。

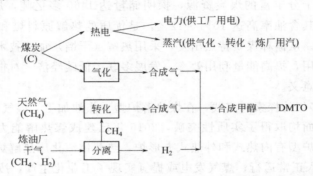

图1-4-10　延长石油集团煤、油、气碳氢互补模式

第九节　煤化工产品链

1. 煤化工产品分类

煤化工产品可以归纳为三大类：煤焦化产品、煤液化产品和煤气化产品；有固态、液态和气态产品；又可分为有机化工产品和无机化工产品。总之，煤化工产品包罗万象、名目繁多，煤的焦化产品就有几千种之多，仅煤焦油就可以分离出370多种化工产品。因此，煤化工产品占有十分重要的地位。

2. 现代煤化产品

在中国大宗的传统化工产品合成氨、甲醇、工业燃料气和民用煤气等主要是以煤为原料生产的，今后现代煤化工产品将是煤化工发展的重点产品。原来用油或天然气为原料生产合成氨和甲醇的工厂，由于成本太高而改为用煤作原料。2016年中国合成氨产量为$5422.0×10^4$ t，居世界第一位。甲醇产量为$4314.0×10^4$ t。"十二五"期间先进的煤气化技术以及甲醇、汽油、DMTO、FMTP、MTG、EO、DME等替代石油的现代煤化工技术得以推广应用，取得了很好的成绩。现代煤化工技术获得成功，极大地丰富了煤化工的产品链。

3. 煤化工产品链示意图

（1）煤焦化产品链 见图 1-4-11。

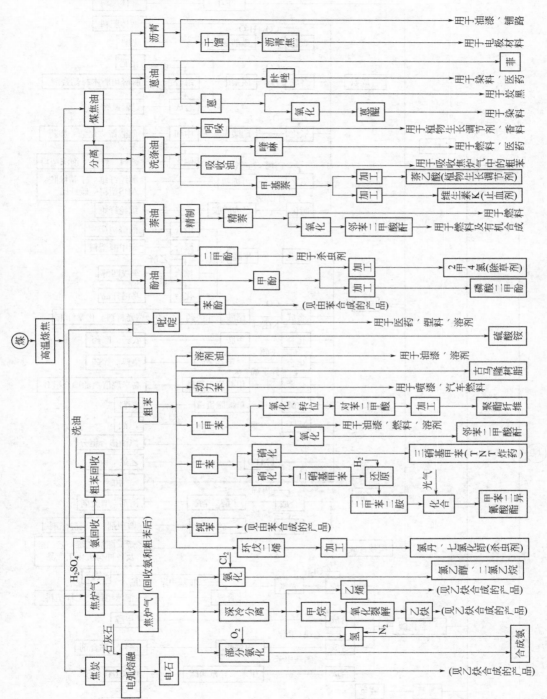

图 1-4-11 煤焦化产品链

（2）煤气化、液化产品链　见图 1-4-12。

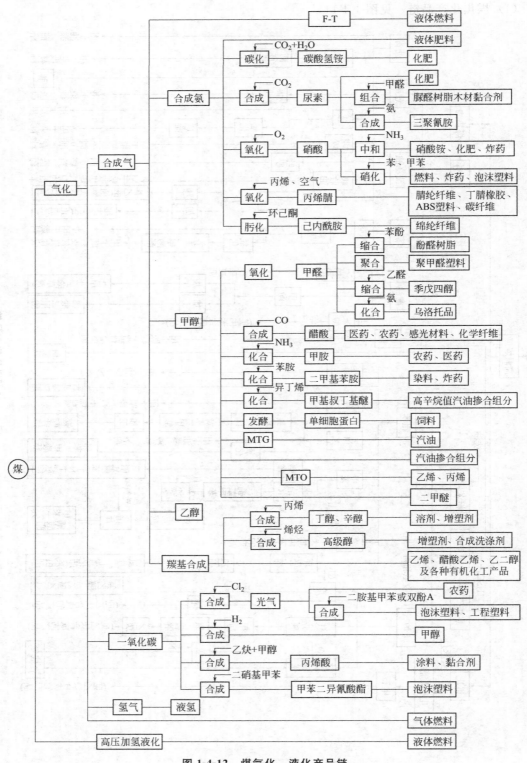

图 1-4-12　煤气化、液化产品链

第五章
现代煤化工技术示范项目简介

第一节　综述

一、现代煤化工技术示范取得突破性进展

我国现代煤化工，通过"十一五""十二五"以来的工程项目示范和推广，在关键技术攻关、重大装备研制、工程设计、项目建设、生产规模大型化和运行管理等方面，都取得了突破性进展，整体水平处于世界领先地位，成为"十二五"期间我国石油和化工行业发展最快的新兴产业之一，是中国煤化工产业发展的一大亮点。

① 以石油替代为主的现代煤化工，通过一批示范项目的建成投产，生产规模快速扩大，技术创新取得重大突破。取得了大型煤气化、大型甲醇、煤制油、煤制烯烃、煤制芳烃、煤制乙二醇、煤制乙醇、煤制醇醚燃料、煤制聚甲氧基二甲醚等一大批技术成果，研制了一批大型装备，技术创新和产业规模大型化均取得了重大进展。

② "十二五"后期是示范工程项目集中建成投产的时期。2015 年底我国已建成煤制油 6 套、煤（甲醇）制烯烃 20 套、煤制乙二醇 12 套、煤制天然气 3 套等。相关产能、产量见表 1-5-1。

表 1-5-1　2015 年底投产项目产能与产量

项目名称	产能	产量	单系列最大规模
煤制油/(10^4t/a)	254.0	115.0	100.0
煤制天然气/(10^8m³/a)	31.0	18.8	13.75
煤（甲醇）制烯烃/(10^4t/a)	862.0	648.0	60~68
煤制乙二醇/(10^4t/a)	212.0	102.0	30.0
煤焦油加氢/(10^4t/a)	610.0	485	50.0

一些示范项目实现达产达标运行。例如：伊泰 16×10^4 t/a 煤制油装置，2015 年产量达 20.2 万吨，负荷率已达 126.3%；中煤榆林能源公司 60 万吨煤制烯烃项目，2015 年烯烃产量达到 68.3 万吨，负荷率 113.83%，取得了"长满优稳安"运行的好业绩。

③ 示范工程项目取得重大成果的同时，也暴露了一些应引起重视的问题：一是水资源制约；二是环保要求更加严格，"三废"治理难度大、投资加大；三是 2014 年下半年以来国际油气低价压力，企业盈利水平大幅下降；四是综合能耗偏高，技术装置仍需优化完善，产业还需升级示范；五是标准缺失，急需制订国家相关标准、规范。

二、"十三五" 现代煤化工发展目标

国家能源局 2017 年 2 月发布的《煤炭深加工产业示范"十三五"规划》提出的规模目标：预计到 2020 年，将建成煤制油产能 1300×10^4 t/a、煤制天然气 170×10^8 m^3/a，低阶级分质利用煤炭加工量 1500×10^4 t/a。中国石油和化学工业联合会 2016 年 4 月发布的《现代煤化工"十三五"发展指南》提出的规模目标：2020 年将建成煤制烯烃产能 1600×10^4 t/a、煤制芳烃产能 100×10^4 t/a、煤制乙醇产能 $(600\sim800)\times10^4$ t/a。

"十三五"规划布局内蒙古鄂尔多斯、陕西榆林、宁夏宁东、新疆准东 4 个现代煤化工产业示范区，推动产业聚集发展，建成世界一流的现代煤化工示范区。每个示范区新增煤炭转化总量控制在 2000 万吨以内（不含煤制油、气）。

三、现代煤化工的重要性

石油化工产品是主要的基础原料，市场需求巨大，受我国油气资源的约束，对外依存度不断升高。2015 年部分产品对外依存度为：原油 60.8%，天然气 31.5%，乙烯 50.4%，芳烃 56%，乙二醇 67%。通过发展现代煤化工，替代和补充缺口大的石化产品量是"十三五"示范发展的重点内容。

四、技术创新积极推进

除示范项目外，一批高新技术开发也取得积极成果，主要有：

1. 合成气一步反应制烯烃技术

中科院大连化物所历经 10 年开发的合成气一步反应制取低碳烯烃技术，是现代煤化工领域的又一重大突破。该技术的核心是开发的"双功能复合型催化剂"，在温度350~410℃、压力 2.5MPa、H_2/CO 比例为 0.5~1.5 的条件下，合成气一步反应生产低碳烯烃，$C_2\sim C_4$ 低碳烯烃选择性达到 94%，其中乙烯、丙烯、丁烯等选择性大于 80%。与甲醇制烯烃相比，具有工艺过程短、目标产品选择性高、分离提纯容易、耗水量大幅降低、废水排放减少、单位产品综合能耗降低、投资少、竞争能力强等特点。

该技术已完成实验室 600h 稳定性试验，实现了对双功能复合型催化剂稳定性、可靠性的初步验证。2016 年底前完成立管试验，验证了该技术工业化应用的可行性。下一步将进行中试和工业化试验。实现大型工业化应用还有一段较长的路程。

2. 合成气、甲醇制乙醇技术

陕西延长石油（集团）兴化公司与大连化物所合作，在完成实验室催化剂开发试验的基础上，在兴化公司建设 10×10^4 t/a 合成气甲醇制乙醇工业示范装置，2016 年 11 月建成并试

车运行，2017 年 1 月产出合格的乙醇产品。

该示范项目是国内第一套大型工业化示范装置，总投资 7.5 亿元，生产成本为 3000 元/t，投资利税率 30%，填补了国内合成气与甲醇生产乙醇的空白。

3. 合成气制甲烷（甲烷化）技术

西南化工研究院与中海油集团合作开发的甲烷化催化剂和甲烷化反应器技术，于 2014 年 12 月 25 日通过技术鉴定。催化剂性能好，起活温度低，耐高温，副反应少，抗积炭性能强，稳定性好，合成气循环比低（20%～50%），甲烷化选择性大于 99.9%；产品气质量好（甲烷>97%，CO_2<1%，H_2<2%）。

4. 聚甲氧基二甲醚（DMM_n）生产技术

DMM_n 是以甲醇为原料生产的近似柴油的液体燃料，其十六烷值高达 76 以上，氧含量 47%～50%，闪点 65.6℃，沸点大于 160℃，是一种清洁的柴油添加剂，添加量 15%～20%，可提高柴油质量，降低汽车尾气污染物排放。是一种很有发展前景的甲醇下游大宗产品。吨产品消耗甲醇 1.3t。

清华大学实验室开发的催化剂在山东玉皇化工公司建成了 3 万吨级工业试验装置，经过近两年的试运行，基本达到稳定生产。目前国内已建成 4 套 DMM_n 工业化试验装置，大型工程化技术还需要进一步攻关完善。

DMM_n 合成催化剂主要有液体酸催化剂、固体酸催化剂、离子液催化剂、阳离子交换树脂催化剂和金属氧化物催化剂等。从国内已运行的 4 套 DMM_n 工业试验装置看，固体酸催化剂各项指标较好，具有较好的发展前景。

5. 甲烷无氧一步法生产烯烃、芳烃和氢的技术

中科院大连化物所开发了硅化物晶格限域的单中心铁催化剂，使甲烷在无氧条件下一步法高效生产乙烯、芳烃和氢气等化学品。该技术 2015 年底已完成了 100h 的实验室试验，验证了催化剂的稳定性。2016 年 2 月以后又完成了催化剂 1000h 的寿命评价试验。

2016 年 3 月大连化物所与中石油、沙特基础工业公司就该技术的中试、工艺优化和工业化示范应用签订合作备忘录，三方将共同推动该新技术的工业化进程。

6. 乙炔法制乙烯技术

① 北京神雾集团采用开发的乙炔制乙烯技术与湖北荆门市合作规划建设 80×10^4 t/a 乙炔法制聚乙烯（PE）工业示范项目。采用"蓄热式电石生产新工艺"技术，生产低成本乙炔的同时，副产大量氢气、一氧化碳、焦油和甲烷。

据报道，该示范项目总投资 200 亿元，占地面积 282hm²。年用煤量 416 万吨，石灰石 474 万吨。主要产品产能：聚乙烯（或乙烯）80×10^4 t/a，合成天然气 5.3×10^8 m³/a，煤焦油 14×10^4 t/a。项目建成后，预测平均营业收入 113 亿元，利润 26.28 亿元，税收 16.84 亿元。

② 内蒙古乌海神雾煤化科技公司多联产示范项目，是利用当地长焰煤和石灰石资源，采用神雾公司开发的蓄热式电石生产新技术和乙炔技术，建设 PE 40×10^4 t/a、电石 120×10^4 t/a，同时副产乙二醇、丁烯、焦油等产品。总投资 86 亿元，占地面积约 184.53hm²。

该技术为电石乙炔利用开辟了一条新的途径，为烯烃生产原料多元化增添了新的来源。

7. 苯、甲苯与甲醇生产 Px 技术

陕西煤化工技术工程中心与大连化物所合作，开发的 SAPO、ZSM-5y 型催化剂，用甲

醇与苯、甲苯反应生产对二甲苯（Px），已完成了从100t到万吨级流化床工业化试验。甲醇转化率99.21%，苯转化率69.87%，甲苯转化率51.8%，Px选择性85.73%。

该技术于2017年8月25日，通过中国石油和化学工业联合组织的技术鉴定。

8. 全降解材料（PGA）及MMA合成技术

上海浦景化工技术公司开发的聚乙醇酸(PGA)合成技术已完成300t/a工业试验；甲基苯烯酸甲酯（MMA）已完成小试，取得较好的成果。

9. 甲醇制丁烯联产丙烯技术（CMTX）

陕煤化集团与上海碧波科技公司联合开发的甲醇制丁烯联产丙烯技术(CMTX)，2015年9月通过中国石化联合会组织的现场考核。该技术以甲醇为原料，采用CMTX专用催化剂，在万吨级循环流化床装置进行了试验，取得预期效果，反应温度533℃，压力0.105MPa，再生温度418℃，压力0.1MPa，甲醇进料量2642kg的条件下，甲醇转化率99.84%，丁烯选择性22.04%（以CH_2计算），吨甲醇消耗催化剂0.26kg。为煤（甲醇）制烯烃开辟了一条新的路径。

10. 超级悬浮床重油加工技术

北京三聚环保新材料公司和华石能源联合开发的超级悬浮床重油加工技术装置，2016年4月已稳定运行两个月，重油总转化率99%，轻油收率92%～95%，该技术还可用于煤焦油加工，使我国超级悬浮床技术和装备达到国际领先水平。

五、"十三五" 现代煤化工重大技术创新任务

中央关于国民经济和社会发展"十三五"规划纲要中，把煤炭清洁高效利用、研制先进化工成套装备、大力发展智能材料、高端材料等列为重大开发工程。

国家发改委、工信部、国家能源局印发的《中国制造2025——能源装备实施方案》提出，煤炭深加工装备将重点攻关大型煤气化装置、大型合成装置，包括百万吨级甲醇合成反应器、大型甲烷化反应器、大型浆态床F-T合成反应器、百万级甲醇制烯烃反应器等，形成大型煤化工合成装置开发、设计、制造国产化能力，提高成套装置国产化率。

① 煤炭清洁高效利用技术创新。单系列百万吨级低阶煤热解分质清洁高效利用技术。

② 合成气F-T合成高端化学品技术（单系列100×10^4t/a以上）。包括大型合成反应器和高性能催化剂。

③ 煤油共炼技术（单系列达到100×10^4t/a）。

④ 合成气甲烷化技术［单系列$(13\sim20)\times10^8 m^3$/a］，包括甲烷合成反应器及高性能催化剂。

⑤ 甲醇制芳烃大型化技术［单系列$(50\sim60)\times10^4$t/a］，包括反应再生系统和催化剂，建成百万吨级示范装置。

⑥ 甲醇甲苯制对二甲苯（Px）工程化技术（单系列20×10^4t/a），甲醇制对二甲苯联产低碳烯烃技术。

⑦ 8.7MPa高压大型煤气化技术（单炉投煤量3000t/d），4.0MPa大型干粉煤气化技术（单炉投煤量3000t/d），多喷嘴对置式水煤浆气化技术（单炉投煤量4000t/d）。

⑧ 丙烯加乙酸制乙醇及异丙醇技术。

⑨ 合成气制乙二醇中高压合成技术。单系列达到$(30\sim50)\times10^4$t/a。

⑩ 化学反应热高效利用技术，低位能高效利用技术。

⑪ 密闭式循环水冷却应用技术，智能先进空冷节水技术。

⑫ 高浓盐废水蒸发结晶技术及杂盐处理技术，其他节水技术。

⑬ 废水、废气、废渣等"三废"高效资源化利用及超低超净排放技术，挥发性有机物排放治理技术。

⑭ CO_2捕集、利用与封存（CCS）技术创新，液体CO_2生产节能技术创新，CO_2制甲醇技术，CO_2与环氧丙烷共聚制取可降解塑料技术，CO_2基聚醚聚酯多元醇技术等。

⑮ 新型化肥品种生产技术。硝铵尿素溶液肥、硝基复合肥，缓释肥、增效肥等。氮肥利用率提高 10 个百分点，达到国际先进水平。

⑯ 输运床煤气化技术（TRIG）大型化技术。陕西延长石油集团 2016 年完成了 100t/d 输运床煤气化技术开发，"十三五"开发投煤量 5000t/d 的超大型煤气化工程化示范。

⑰ 聚甲氧基二甲醚（DMM_n）生产技术，兖矿榆林能化公司 50×10^4t/a 示范项目。

⑱ 煤基合成气制乙醇技术，建设 50×10^4t/a 工业化示范工程。

⑲ 低阶煤热解与半焦气化一体化技术大型产业化示范。

⑳ 煤-劣质渣油共气化技术产业化示范。

㉑ 中科院工程热物理所和神木锦源洁净煤科技公司联合开发的固体热载体煤低温热解技术，建设工业化示范项目。

㉒ 陕煤化集团胜邦公司开发的低阶煤气固热载体双循环快速热解技术（SM-SP）技术，陕北矿业公司 120×10^4t/a 工业示范项目。

六、建设项目资源利用效率主要指标

资源利用效率主要指标见表 1-5-2。

表 1-5-2　资源利用效率主要指标

指标名称	煤制油（直接液化）		煤制油（间接液化）		煤制天然气	
	基准值	先进值	基准值	先进值	基准值	先进值
单位产品综合能耗/(t/t)	≤1.9	≤1.6	≤2.2	≤1.8	≤1.4	≤1.3
单位产品原料煤耗/(t/t)	≤3.5	≤3.0	≤3.3	≤2.8	≤2.0	≤1.6
单位产品新鲜水耗/(t/t)	≤7.5	≤6.0	≤7.5	≤6.0	≤6.0	≤5.5
能源转化效率/%	≥55	≥57	≥42	≥44	≥51	≥57

注：1. 同时生产多种产品的项目要求达到按产品加权平均后的指标。

2. 以褐煤等劣质煤为原料的项目可适度放宽指标要求。

3. 资料来源：国家能源局《煤炭深加工产业示范"十三五"规划》。

第二节　煤气化技术

一、"十二五"期间我国煤气化技术的新进展

① 单台煤气炉气化能力由 1000～1500t/d 提高到 2000～3000t/d。

② 煤气化压力由 4.0～6.5MPa 提高到 8.7MPa。陕西蒲城清洁能源化工有限公司建成的 6 台 8.7MPa 水煤浆气化炉已稳定运行两年以上，实现了 180×10^4t/a 甲醇生产等压合成。

二、新型煤气化炉投入工业化运行

1. SE-东方煤气化炉

SE 单喷嘴冷壁式干粉煤加压气化炉，由中石化和华东理工大学联合开发成功。单炉投煤量 1500t/d 示范炉投入运行，用 40％长焰煤和 60％无烟煤配料进行气化，2014 年 10 月通过 72h 性能考核，碳转化率 98.3％，（$CO+H_2$）88.7％，煤耗和氧耗较低。

示范项目：中安联合化工公司采用 7 台该气化炉，建设年产 170 万吨甲醇制烯烃项目。

2. 冷壁式水煤浆气化炉（晋华炉）

清华大学、山西清洁能源研究院与山西阳煤丰喜肥业集团和山西阳煤化机集团联合开发的冷壁式水煤浆加压气化、辐射式蒸汽发生器（废热锅炉）加激冷的气化炉，实现了水煤浆气化联产中压产蒸汽。该技术是在原有水煤浆气化炉基础上改造成功的新技术，投煤量由 500t/d 提高到 750t/d，副产 5.4MPa 蒸汽 29.15t/h，用于发电，大幅度提高了气化炉的热能利用效率。

3. BGL 固定床碎煤加压气化熔融排渣气化炉

上海泽玛克敏达机械设备公司和德国泽玛克清洁能源公司共同拥有专利技术，在中煤图克 $100×10^4t/a$ 合成氨项目实现工业化运行。共建有 7 台气化炉，5 开 2 备，单台气化炉气化能力 1032t/d，气化压力 4.0MPa，粗煤产量 $73030m^3/h$（干基），有效成分（$CO+H_2+CH_4$）93.6％，氧耗 $291m^3/t$，蒸汽消耗 323kg/t，副产焦油 15.12kg/t。该煤气化技术具有投资少、煤气有效成分高、氧耗低、副产焦油价值高、经济性好等优点。

4. GSP 气流床干粉煤气化技术

GSP 气化技术是干煤粉进料、气化炉顶置组合单喷嘴、气化反应室、水冷壁结构、液态排渣、粗煤气激冷工艺；气化压力 2.5～4.0MPa，气化温度 1350～1750℃；粗煤气有效成分（$CO+H_2$）大于 90％；单台气化炉进煤量 2000t/d，已投入运行 10 台，2016 年底建成 24 台，用于神华宁煤 $400×10^4t/a$ 煤制油项目。

5. 煤-重油共气化技术

西北化工研究院和榆林能源化工公司共同开发的煤-劣质渣油共气化炉，于 2016 年 7 月在原有水煤浆气化炉改造投产，运行稳定。单台气化炉投入煤浆 $70m^3$，有效合成气（$CO+H_2$）83％～85％，每 $1000m^3$（$CO+H_2$）比氧耗 $331m^3$，比原料煤耗 550kg，与水煤浆气化相比，有效合成气提高了 3～5 个百分点、氧耗下降 7％以上，能效提高 6 个百分点。单炉每年可气化 DCC 副产渣油（5～7）万吨，节约原煤 20.8 万吨，实现了劣质渣油资源化利用。

新型煤气化炉指标见表 1-5-3。

表 1-5-3   新型煤气化炉指标

项目	水冷壁 SE-东方炉	水冷壁 晋华炉	BGL 气化炉	GSP 气化炉
气化炉参数				
炉膛内径/m		$\phi 2.4～2.8$	$\phi 3.84$	$\phi 3.6$
进煤量/(t/a)	1000～1500	580～1000	1032.0	2000.0
气化压力/MPa	3.6～4.0	4～6.5	4.0	4.2
气化温度/℃	1400～1550	1350～1600	1350～1500	1350～1750

项目	水冷壁 SE-东方炉	水冷壁 晋华炉	BGL 气化炉	GSP 气化炉
消耗定额(每千立方米有效气)				
煤消耗/kg	569	570	589	569
氧气消耗/m³	331	360.3	291	331
蒸汽消耗/kg	48.6	−0.96	323	48.0
干煤气组成(摩尔分数)/%				
H_2	25.6	35.0	27.28	22
CO	63.1	45.0	59.08	70
CH_4	0.01	0.1	7.23	<0.1
CO_2	11.2	19.0	3.2	5.0
O_2	0.1	0.1	0.1	0.1
N_2	0.14	0.2	2.1	2.5
煤气低热值/(MJ·m³)	11.23	10.2	12.8	11.7
粗煤气产量(干基)/(m³/h)	72066(CO+H_2)	51000	73030.0	104000(CO+H_2)
有效气体(CO+H_2+CH_4)/%	88.7	78.5	93.6	90.0
备注	激冷技术	废热锅炉+激冷技术	激冷技术	激冷技术

第三节　煤液化制油技术

2016 年我国原油产量 1.997 亿吨,同比下降 7.5%;进口量 3.81 亿吨,同比增长 14.2%;出口量 283.3 万吨,同比下降 0.7%;表观消费量 57785 万吨,同比增长 5.47%;对外依存度高达 65.93%,比 2015 年上升 5 个百分点。

截至 2015 年底,我国已建成投产煤制油项目 6 套,其中直接法 1 套,间接法 5 套,总产能 254 万吨;在建产能 580 万吨(神华 400 万吨、潞安 180 万吨),"十三五"批准建设 500 万吨(伊泰 300 万吨、贵州毕节 200 万吨),规划建设 800 万吨(兖矿榆林 400 万吨、宁煤二期 400 万吨)。到 2020 年预计将形成煤制油产能 1300 万吨左右。

"十三五"把间接法煤制油作为现代煤化工发展的重点之一。主要项目有:神华宁煤在建 400 万吨,已于 2017 年 1 月建成投产;潞安集团 180 万吨煤制油项目,于 2016 年 11 月建成进入试车阶段,2017 年 6 月投入生产。列入国家规划的新建示范项目有:伊泰集团内蒙古煤制油 200 万吨项目;伊泰新疆伊犁 100 万吨项目;贵州毕节煤制油 200 万吨项目。兖矿集团榆林未来新能源公司在已投产的 110 万吨装置基础上再扩建 400 万吨(该项目已列为国家"十三五"预备项目),总产能达 500 万吨,计划 2023 年建成投产。

煤制油直接法和间接法示范工程均已实现百万吨级大型化生产。低温法浆态床 F-T 合成反应器、新型高效催化剂及油品加工技术均取得成功。陕西未来能源化工公司高温法固定流化床 F-T 合成技术工业试验取得成功,$10 \times 10^4 \mathrm{t/a}$ 大型化装置已于 2017 年 6 月开工建设。

低阶煤在 550~700℃ 温度下进行热解,产出 60% 的半焦,8%~10% 的焦油进行加氢处理。目前主要有延迟焦化轻油加 H_2 和全馏分加 H_2 两种工艺技术。均已实现 $50 \times 10^4 \mathrm{t/a}$ 工业化生产。截至 2017 年 6 月,全国已建成产能约 480 万吨,其中榆林 162 万吨。主要产品为柴油馏分油、石脑油、尾油、液化气和粗酚等。产品柴油馏分油十六烷值为 40～42，达不到国 V 标准 51 的要求，需调配达标后才能作为商品柴油进入市场。

利用合成气 F-T 合成高纯蜡国产化技术，以焦炉气为原料在山西潞安集团已建成 6×10^4 t/a 工业化生产装置，可生产食品、医药、化妆品等使用的高端蜡，填补了国内空白。"十三五"规划在山西潞安、陕西富平和新疆建设不同规模的 F-T 合成高纯蜡项目。

第四节　煤（甲醇）制烯烃技术

截至 2015 年底，我国已建成投产煤（甲醇）制烯烃 20 套，形成产能（乙烯＋丙烯）862 万吨；外购甲醇生产烯烃主要集中在东部的浙江、江苏、山东等沿海地区，产能 320 万吨；煤制烯烃主要分布在陕西、内蒙古、宁夏等内陆煤炭资源丰富地区，其中陕西省建成煤制烯烃 4 套，合计产能 248 万吨，占全国总产能的 31.3%，成为全国煤（甲醇）制烯烃第一大省。预计到 2020 年煤（甲醇）制烯烃产能将达到 1600 万吨，比 2015 年产能翻一番。

国家《现代煤化工产业创新发展布局方案》提出，"十三五"实施优势企业挖潜改造，煤制烯烃升级改造工程。重要项目有神华包头、中煤榆林、延长靖边、陕煤化蒲城等不同类型的烯烃改造创新项目。新建烯烃项目有黑龙江龙泰公司双鸭山、中石化贵州毕节、山西朔州、河南鹤壁等。

通过"十二五"煤制烯烃示范项目建设和运行，核心技术和装备制造日渐成熟，生产管理和运行经验逐步优化，我国第一套神华包头 DMTO 项目已连续稳定运行了 5 年，年均负荷率达到 90% 以上。吨产品综合能耗从 3.6t 标准煤降到 3.3t 标准煤，取得了较好的经济效益。

"十三五"升级示范内容：开发新型高效催化剂；研发特殊机泵、阀门、高温/低温材料以及高端聚烯烃专用料；优化升级工艺技术及装备；提升节能、节水、环保、碳减排等技术水平；实现产品差异化、高端化，进一步提高资源利用水平。总体上将煤制烯烃技术提升到一个新的先进水平。

煤（甲醇）制烯烃技术，国内有大连物理化学研究所开发的 DMTO 一代、二代技术，中石化公司 SMTO 技术，清华大学的 FMTP 技术，常州瑞华化工公司二甲醚制丙烯技术；引进国外技术有德国鲁奇公司 MTP 技术、UOP/霍尼韦尔公司 MTO 技术等（表 1-5-4）。

陕西延长石油集团，在陕西靖边县建成以煤、气、油三结合为原料，生产 180 万吨甲醇，制 60 万吨烯烃项目，于 2015 年投产，实现烯烃生产原料多元化。使用 60% 左右的油田气，做到碳氢互补，能耗、水耗、CO_2 排放都大幅降低，取得很好的结果。

表 1-5-4　煤（甲醇）制烯烃专利技术应用表

序号	专利技术公司	项目建设单位	烯烃规模/（万吨/年）	投产时间/年
1	大连物化所 DMTO-Ⅰ	神华集团内蒙古包头	60.0	2011
2	大连物化所 DMTO-Ⅱ	陕煤化集团蒲城	68.0	2015
3	中石化公司 SMTO	中原石化河南濮阳	20.0	2011
4	清华大学 FMTP	甘肃华亭煤化公司	20.0	2016

续表

序号	专利技术公司	项目建设单位	烯烃规模/(万吨/年)	投产时间/年
5	常州瑞华化工公司 DME 制丙烯	山东菏泽玉皇金宇公司	10	2014
6	德国鲁奇公司 MTP	神华宁煤集团宁东工业区	52	2014
7	UOP/霍尼韦尔公司 MTO	南京惠生清洁能源公司	30	2013
8	惠尔三吉公司 MTP	山东寿光鲁清石化公司	20	2014
9	上海石化研究院 SMTP	上海石化研究院 中石化上海工程公司	0.5	2012

第五节　煤制乙二醇

截至 2015 年底，我国已建成投产煤制乙二醇 12 套，产能 212 万吨，产量 102 万吨。主要分布在河南、内蒙古、新疆、山东、山西等省（区）。河南占全国产能 40%。规模最大的鄂尔多斯市新杭能源公司 30 万吨/年乙二醇项目，于 2015 年 3 月生产出合格产品。

2016 年我国乙二醇总产能 572 万吨（含乙烯法），产量 402 万吨，进口量 880 万吨，表观消费量 1282 万吨，自给率 31.4%。

"十三五"预测煤制乙二醇产能将达到 800 万吨/年，产量 720 万吨，加乙烯法乙二醇，全国总产量将达 1100 万吨，需求量 1500 万吨，自给率将达到 72%。从而改变我国乙二醇主要依赖进口的局面。

我国拥有乙二醇技术专利的单位有中科院福建物构所、上海浦景化工公司、湖北华烁-五环公司、上海戊正化工科技公司、上海交大、西南化工研究院、天大-惠生及中石化公司，8 家技术均已实现工业化生产。工艺技术不断优化，产品质量不断提高，90% 以上达到聚酯级标准。另外引进了日本高化学公司技术。

值得关注的是上海戊正公司开发的中高压乙二醇生产技术和新型催化剂，单系列乙二醇产能可达（40~60）万吨/年，投资降低 40%，单位产品综合能耗降低 45% 左右，产品优等品率达 98% 以上。示范项目有：

① 吉林大安市鸿点化工公司，采用加压法技术建设产能 40 万吨乙二醇项目，于 2016 年 10 月开工建设，设计产品方案为乙二醇 42.5 万吨、副产汽油 3.5 万吨、柴油 12.5 万吨、LNG 和混合烯烃等。

② 山西一丁化工科技公司，年产 30 万吨乙二醇项目 2016 年 8 月已开工建设。

③ 陕煤能源公司利用 60×10^4 t/a 甲醇装置合成气改造生产 30 万吨乙二醇，项目建设投资 19 亿元。计划于 2018 年建成投产。

上述项目示范成功后，将为乙二醇生产装置大型化、降低生产成本、提高产品竞争能力，创出一条路子。

煤（合成气）制乙二醇项目布局集中在西部煤炭资源富集省（区），90% 的乙二醇用于聚酯（PET）纤维生产，这些企业集中在浙江、江苏、山东等东部沿海地区，乙二醇产地远离市场，加大了运输成本，对乙二醇产业极为不利。因此，如何实现煤制芳烃、乙二醇与PET多联产一体化，应是"十三五"及未来煤炭转化发展现代煤化工的方向之一。

第六节 煤制乙醇

乙醇（C_2H_5OH）俗称酒精，是一种基本有机化工原料。2015年我国乙醇需求量约860万吨，其中粮食发酵法产量占90%，甲醇水合法占10%。吉林、黑龙江、河南、陕西、安徽等省以玉米为原料生产乙醇，用作汽油添加剂和工业用乙醇。汽油中添加10%乙醇，可降低汽车尾气污染物排放量。乙醇除了作为重要的化工原料和溶剂外，也是一种清洁燃料。

一、煤基乙醇生产五种主要技术路线

① 煤制甲醇，甲醇羰基化制乙酸（醋酸），乙酸加氢制乙醇。

② 二甲醚羰基化制乙酸乙酯，乙酸甲酯加氢制乙醇，同时副产甲醇。

③ 煤气化制合成气（$CO+H_2$），合成气合成C_2含氧化合物，再加氢制乙醇。

④ 煤制烯烃，烯烃/乙酸加成酯化为乙酸酯，乙酸酯加氢制乙醇联产其他醇产品。

⑤ 乙酸酯化加氢制乙醇技术。

二、合成气制乙醇技术

中国科学院大连化学物理研究所1996年完成了合成气制乙醇30t/a的工业性中试，研制了第二代高选择性合成催化剂及加氢催化剂，在中试成果的基础上，与索普集团公司签订了合成气制乙醇$1×10^4$/a的工业示范项目协议；与中国五环工程公司签订了工程化技术开发协议，完成$50×10^4$/a乙醇工业化装置工艺软件包的编制工作。

三、乙酸酯化加氢制乙醇技术

近年来乙酸产能严重过剩，乙酸价格暴跌至最低2000元/t，促使乙酸酯化加氢制乙醇技术开发，并很快形成工业化生产。

① 西南化工研究设计院利用其专利技术与河南顺达化工科技公司合作，2012年4月开工建设$20×10^4$/a乙酸酯化加氢制乙醇工业化装置，2015年投产。采用Cu基催化剂，设计乙酸酯转化率97%，乙醇选择性98%以上。

② 江苏丹化集团自主开发了乙酸酯加氢制乙醇技术，采用Cu/SiO_2催化剂，建成600t/a中试装置打通全流程，稳定运行1000h。完成了$10×10^4$/a和$20×10^4$/a工艺包编制工作。乙酸酯转化率稳定在98%左右，乙醇选择性达到99%，副产物少。

③ 上海戊正工程技术公司利用开发的乙酸酯加氢制乙醇技术，建成60t/a中试装置，稳定运行6000h，乙酸酯转化率大于96%，同时副产高附加值的丁醇。

四、$10×10^4$/a乙醇工业化示范项目

① 陕西延长石油集团兴平化肥公司采用大连物化所甲醇羰化制乙醇技术，于2015年开工建设国内首套年产10万吨乙醇装置，2016年底建成试运行，2017年1月生产出纯度99.7%的合格乙醇产品。

每吨乙醇消耗甲醇 0.75t、合成气（CO＋H_2）0.7t、新鲜水 12t、电力 456kW·h。产品无水乙醇纯度大于 99.5％。目前正在筹建 50 万吨的乙醇项目，计划 2020 年建成运行。

② 中溶科技公司焦炉气和乙酸制 $10×10^4/a$ 乙醇项目于 2017 年 7 月在河北迁安投产。产品无水乙醇纯度 99.98％，转化率大于 99％，能耗低，每吨生产成本比玉米法低 1000 元。二期计划再建 $20×10^4/a$ 产能，总能力达到 $30×10^4/a$。

第七节　煤制天然气

天然气是含甲烷（CH_4）95％以上的清洁燃料，也是重要的化工原料。2015 年我国天然气产量 1271.4 亿立方米，进口量 615.5 亿立方米，出口量 32.8 亿立方米，表观消费量 1855.1 亿立方米，占一次能源总消费量的 5.9％，低于世界 23.85％的平均水平 18 个百分点。预测到 2020 年我国天然气消费量将达到（3000～3200）亿立方米，占一次能源消费量比例达到 10％左右。2020 年煤制天然气产能将达到 170 亿立方米，页岩气（200～300）亿立方米，煤层气（地面抽采气）150 亿立方米，常规天然气产量（1800～2000）亿立方米，需进口（880～1100）亿立方米。

一、煤制天然气技术

① 催化剂是甲烷合成技术的核心，世界大型工业化生产技术主要有鲁奇公司、戴维公司和托普索公司的技术。要求催化剂的活性好、选择性好、转化率高、耐高温、寿命长。我国已建成的三个煤制天然气厂，采用戴维或托普索的高温镍基催化剂，使用温度 250～650℃，寿命 3 年。这三种主流技术大同小异，单系列天然气生产能力可达（10～13.75）× $10^4 m^3/h$。

② 国内甲烷合成催化剂。20 世纪 60 年代中科院大连化物所开始研制中温甲烷化催化剂，成功应用合成氨厂脱除合成气中微量的 CO、CO_2，也用于低热值煤气甲烷化，提高煤气热值用于城市煤气。近年来大连化物所、西南化工研究院、西北化工研究院等单位研发了 650～700℃高温催化剂，进行了小试、中试验证，正在进行工业化开发。在大型工程化技术上与国外公司相比还有一定差距。

二、大型工程化示范项目

① 内蒙古大唐国际克什克腾煤制天然气项目，是国内第一个示范项目。设计能力为年产 $40×10^8 m^3$ 天然气，单系列年产 $13.3×10^8 m^3$ 天然气。2009 年 8 月开工建设，2012 年 7 月第一系列 A 单元产出合格天然气，2013 年 6 月 B 单元投产，当年 12 月所产天然气通过管道输往北京燃气环网，向北京供气。

② 庆华新疆伊宁煤制天然气项目，设计能力为年产 $55×10^8 m^3$ 天然气，单系列能力为 $13.75×10^8 m^3$。2013 年 8 月一系列建成投产，开始向外供气。

③ 邯郸市裕泰燃气公司，采用西南化工研究设计院和天一科技公司的技术，2013 年 12 月建成投产首套 $3×10^4 m^3/h$ 焦炉气制天然气装置，每生产 $1000 m^3$ 天然气消耗焦炉气 $2353 m^3$，标志着我国焦炉气制天然气技术获得突破。内蒙古乌海市 9 家焦化厂计划采用该技术将 $30×10^8 m^3$ 焦炉气制成天然气，液化后生产 LNG23 万吨。项目总投资 47 亿元。

三、无循环甲烷化工艺技术

① 北京华福工程公司、大连瑞克科技公司及中煤能源黑龙江煤化工公司联合开发的无循环甲烷化（NRMT）工艺技术，包括配气甲烷化和完全甲烷化两个阶段。配气甲烷化根据原料组成确定级数（1～4级），采用串联的高温反应器。完全甲烷化采用1～2串联的中低温反应器。合成气要求：富氢气中的CO含量保证富氢气的平衡反应热≤650℃；富CO气的$H_2/CO<3$（摩尔比）。自主研制的PK-09耐高温催化剂，使用范围230～700℃，性能指标达国际先进水平。

② 技术特点。取消了高温循环压缩机及配套系统，流程简化，节能效果明显，投资显著降低，占地面积减少。与传统合成气甲烷化制天然气相比具有一定优势。

③ 示范项目。在内蒙古港原化工公司，$6\times33000kVA$电石炉改造项目中，应用该技术年产1亿立方米LNG，于2017年建成投产。

四、两段式合成气甲烷化技术

中国华能集团洁能院开发了等温反应两段式合成气甲烷化技术，在甘肃华亭甲醇公司进行的$100m^3/h$中试取得成功。该技术具有流程短、反应温度低、催化剂寿命长、投资少等特点。2017年7月通过中国煤炭协会72h性能考核。

五、煤制合成天然气国家标准

《煤制合成天然气》（GB/T 33445—2016）由国家标准化管理委员会批准发布，2017年7月1日起实施。《煤制合成天然气》（GB/T 33445—2016）国家标准的实施，将使我国煤制合成天然气产业发展有规可依，有利于促进煤制合成天然气产业的健康发展。

六、"十三五"规划新建5个煤制天然气示范项目

建设规模分别为北控鄂尔多斯$40\times10^8m^3/a$、山西大同$40\times10^8m^3/a$、苏新能源和丰$40\times10^8m^3/a$、新疆伊犁$40\times10^8m^3/a$、安徽能源淮南$22\times10^8m^3/a$，合计$182\times10^8m^3/a$。采用大连化物所甲烷化技术及其他自主甲烷化技术。另外储备项目有新疆淮东、内蒙古东部和西部、陕西榆林、湖北能源、武安新峰、安徽京皖安庆等一批煤制天然气项目。2020年建成天然气产能$(170～200)\times10^8m^3/a$。

第八节　煤制芳烃

芳烃（如苯、甲苯、二甲苯）是重要的基础化工原料，用途十分广泛。芳烃主要来源焦化产业和石油炼制产业。煤制芳烃（MTA）是我国现代煤化工最新突破的重大技术，对实现芳烃原料多元化具有十分重要的意义。

2015年我国纯苯产量783.1万吨，进口120.6万吨，出口9.3万吨，表观消费量894.4万吨；对二甲苯产量827.0万吨，进口1169.0万吨，出口12万吨，表观消费量2014.0万吨。由此可见，我国芳烃缺口很大，对外依存度达56%，为发展煤制芳烃创造了十分有利的市场条件。

一、煤制芳烃技术开发

华能煤业集团和清华大学合作，2013 年 4 月在陕西榆林完成了 3 万吨甲醇制芳烃（FMTA）工业化试验，并通过了中国石油和化学工业联合会组织的科技成果鉴定。2014 年 7 月与中石油华东设计院合作完成了首套 60 万吨工业示范项目工艺包设计。示范项目建设前期工作正在积极推进，在榆林榆横工业园区开工建设。

二、工业化试验成果

试验装置设计甲醇进料量 3 万吨/年，甲醇转化率大于 99%，1t 芳烃耗甲醇 2.96t，产品（苯＋甲苯＋二甲苯）芳烃选择性 78.14%（质量分数，下同），其中苯 13.42%，甲苯 26.76%，对二甲苯 45.36%；煤制芳烃最大优势是对二甲苯产率高，发展煤（甲醇）制芳烃有利于减少我国对二甲苯进口的依赖。

"十三五"规划煤（甲醇）制芳烃产能为 100 万吨。

第九节　新型电石乙炔制乙烯

一、技术特点

神雾环保技术股份有限公司自主研发的蓄热式旋转床煤热解技术与电石生产有机耦合，形成了"蓄热式电石生产"新工艺。该技术实现了煤热解与电石生产一体化，具有低能耗、成本低、能效高的特点。电石制乙炔再转化制乙烯，形成了煤清洁高效综合利用的一套煤化工新技术。

二、生产工艺过程

① 烟煤与生石灰混合制成球团，通过热解炉将挥发分脱出，获得焦油、富含甲烷的煤气及高活性球团。

② 高温球团直接送入电石炉发生还原反应，生产电石、副产富含 CO（约 75%）的电石炉气。

③ 电石送入乙炔发生器与水反应生成乙炔气。

④ 氢气和乙炔气按 4∶1（摩尔比）混合送入加氢反应器（温度 160℃，压力 0.6MPa），在催化剂作用下生成混合反应气，其中乙烯 90%（质量分数，下同）、乙烷 5%、C_5 2.4% 和绿油 2.4%。

⑤ 混合气经溶剂吸收和精制得聚合级乙烯。乙炔加氢制乙烯，500t/a 中试装置，获得乙炔转化率＞99%、乙烯收率≥90%的好结果。

三、示范项目

包头神雾煤化科技公司新型电石乙炔生产 80 万吨/年聚乙烯示范项目，以煤热解为龙头，于 2016 年 10 月在包头九原工业区开工建设。工程分两期进行，一期建设规模：电石 120 万吨、10 亿立方米燃料气、40 万吨聚乙烯、17.5 万吨 LNG、7.08 万吨煤焦油、0.4 万吨粗苯、1.26 万吨绿油、1.17 万吨 C_5、2.43 万吨乙烷及硫黄、硫铵等副产品。

项目一期总投资 95 亿元，占地约 185hm^2。计划于 2019 年建成投产。

第十节　煤制聚甲氧基二甲醚技术

聚甲氧基二甲醚（DMM_n）是国际公认的环保新型柴油调和组分，与柴油完全互溶。其十六烷值高达 70～80，低温流动性好，能有效降低发动机尾气中碳氢颗粒物排放。柴油掺混 10%～20% DMM_n，发动机不需要改造，能提高燃烧效率。因此，DMM_n 是一种性能优越的柴油调和剂，是现代煤化工有发展前景的替代石油新产品。

一、技术发展现状

① 2010 年清华大学化工学院开展 DMM_n 实验室研究工作，用甲醇为原料，固体酸作催化剂，取得较好成果。2014 年清华大学与山东玉皇化工集团公司共同开发成功万吨级 DMM_n 工业化生产技术，生产出合格产品。该技术以甲醇为原料，采用多级流化床反应器，固体催化剂，经甲醛、多聚甲醛、甲缩醛等工艺过程，粗产品精馏得到纯度大于 99% 的 DMM_n 合格产品。工艺过程具有操作温度低、能耗低、产品质量好、副产物少等优点。2014 年 7 月被国家石油和化学工业联合会组织的专家委员会鉴定为国际领先水平。

② 中科院兰州物化所开发成功了 DMM_n 技术及液体催化剂，2014 年在山东建成万吨级工业试验装置，后投入试运行。

二、物料及动力消耗

2014 年 6 月至 2015 年 6 月，玉皇公司 DMM_n 万吨级工业化示范装置经过一年的稳定运行，各项技术指标达到设计要求，1t DMM_n 产品消耗甲醇 1.3t，电 412kW·h，蒸汽 1.45t，新鲜水 10.6t。

三、示范项目规划

① 山东玉皇集团规划建设年产 90 万吨 DMM_n 项目，总投资约 40 亿元，分两期建设，一期 30 万项目正在积极推进中。

② 兖矿榆林能源化工公司 60 万吨甲醇、50 万吨 DMM_n 项目可研报告于 2016 年 9 月通过专家评审。总投资约 52 亿元，其中 DMM_n 装置投资 27.2 亿元。项目建设前期工作正在有序推进。

第十一节　低阶煤中低温热解技术

我国低阶煤（褐煤、长焰煤、不黏煤、弱黏煤等）资源量、探明储量及产量，均占煤炭总量的 50% 以上。低阶煤一般含油率较高，如何清洁高效开发利用低阶煤是现代煤化工研究开发的重要课题。20 世纪 90 年代陕西省榆林地区首先开发了块状长焰煤内热立式方形炉热解技术，单炉进煤量 $(7.5～16)×10^4t/a$，2016 年总产能达到 $5000×10^4t$，半焦（兰炭）产量 $2888.7×10^4t$，由于环境污染问题未能有效解决，加之炉型难以大型化，发展受到限制。"十二五"期间加快了新的煤热解技术的开发步伐，煤热解新技术不断涌现，取得一批工业试验成果。

一、低阶煤热解新技术成果

① 浙江大学研究了循环流化床燃煤锅炉热渣（800℃）作为热载体对弱黏煤进行热解，副产焦油和高热值煤气，半焦进锅炉燃烧发电。

② 大连理工大学开发了流化床气固体热载体长焰煤热解技术，并在神木锦界开发区富油化工公司建成 60 万吨示范装置。

③ 北京柯林斯达带式煤热解炉，用于褐煤干燥。

④ 河南龙成集团利用回转炉煤热解技术，在曹妃淀建成单套（80～100）万吨示范装置并投入运行。

⑤ 陕西煤化集团与华陆工程公司合作开发的多段式外热回转炉煤热解技术，150t/d 工业试验炉运行成功，100×10^4 t/a 大型热解炉 PDP 工艺包编制完成。

⑥ 上海胜邦化工技术公司与陕北乾元能源公司合作开发了气流床粉煤气固热载体双循环粉煤快速热解技术，2015 年建成 2×10^4 t/a 工业试验装置，运行 722h，焦油产率高达 17.5%；单系列热解 120×10^4 t/a 粉煤的可研报告通过评审，计划建设示范装置。

⑦ 陕北乾元能源公司与国电富通公司合作，开发了立式国富炉煤热解技术，单炉产能 50×10^4 t/a，2016 年 10 月投入运行，2017 年 6 月完成考核鉴定，焦油收率 10%；开始进行单炉热解 120×10^4 t/a 大型炉建设示范工作。

⑧ 延长石油集团利用煤热解与气化一体化技术，建成进煤量 100t/d 工业试验装置，2016 年投入运行，焦油收率高达 15.7%，综合能效 78.2%。

⑨ 西安龙华煤化工技术公司开发了真空微波炉煤热解技术，3t/h 中试装置取得成功，热解温度 600～650℃，吨煤耗电 150kW·h，耗煤 50kg；产出半焦 620kg，焦油 180～216kg，煤气 131m³（CH_4 50%、H_2 30%、CO 10%）；计划在榆林建设 15×10^4 t/a 工业化示范炉。

⑩ 中科院工程热物理所和神木锦丰源洁净煤科技公司联合开发的 240t/d 固体热载体快速热解技术，于 2015 年运行成功，累计运行 4000 多小时。2016 年 12 月中国煤炭学会组织专家进行了技术鉴定。

二、存在的主要问题

① 煤气中焦油和灰尘分离问题尚未彻底解决，焦油含尘量较高；

② 干法熄焦技术需进一步优化完善；

③ 煤热解废水处理难度大，要达到零排放需进一步攻关；

④ 半焦（兰炭）粉焦作为气化原料或锅炉燃料利用问题需要下功夫解决大型工业化应用中的问题，否则将制约煤热解产业的发展。

三、"十三五"发展规划

"十三五"规划低阶煤热解分质利用 5 个示范项目：①陕煤化榆林 1500×10^4 t/a 煤分质利用；②延长石油榆林 800×10^4 t/a 煤热解与气化一体化；③陕西龙城公司 1000×10^4 t/a 粉煤综合利用一体化；④京能锡盟 500×10^4 t/a 褐煤热解分级综合利用；⑤呼伦贝尔圣山 30×

10^4t/a 褐煤热解综合利用。其中，前三个为长焰煤热解示范项目，后两个为褐煤清洁高效综合利用示范项目。

另外还有 6 个储备项目：①延长石油榆横煤基油醇联产；②阳煤晋北低阶煤分质利用多联产；③京能哈密煤炭分级综合利用；④新疆长安能化塔城煤分质利用；⑤华本双鸭山煤与生物质共气化多联产；⑥珲春矿业低阶煤分质分级利用。

"十三五"通过示范项目建设，煤热解分质利用技术和装备将会有很大的进步。

第十二节　甲醇制丁烯联产丙烯技术

陕煤化集团技术研究院煤化工技术工程中心，开发的万吨级甲醇循环流化床制丁烯联产丙烯试验装置，2015 年 7 月进行了运行现场考核标定，结论是该甲醇制丁烯联产丙烯技术（CMTX）具备工业化生产条件。

一、技术特点

① 采用 CMTX 专用催化剂，抗积炭能力强，反应性能好，易于工程放大。

② 采用循环流化床反应器，空速高，体积小，反应-再生系统连续运行，过程容易控制，运行稳定，再生温度低，节能效果好。

③ 目标产品以丁烯和丙烯为主，单程产率高，拓宽了甲醇下游产品链。

④ 再生尾气无污染，可直接排放。

二、试验装置考核结果

① 甲醇进料量平均 2624kg/h（2.1×10^4t/a），蒸汽 495kg/h，反应温度 530℃，再生温度 418℃，反应压力 0.105MPa。

② 考核结果（72h 平均值）：甲醇转化率 99.84％，丁烯选择性 22.04％，丙烯选择性 38.4％，生焦率 0.06％，吨甲醇消耗催化剂 0.26kg。

已编制完成（$10 \sim 20$）$\times 10^4$t/a PDP 工艺设计包，正在推进工业化装置建设。

参考文献

[1]　刘静远. 合成气工艺技术与设计手册. 北京：化学工业出版社，2002.
[2]　朱开诚，史ната立，等. 21 世纪中国石油天然气资源战略. 北京：石油工业出版社，2001.
[3]　黄毅诚，等. 我国 21 世纪能源发展战略（论文集）. 北京：中国能源研究会，2000.
[4]　王维周，等. 煤炭气化工艺学. 香港：轩辕出版社，1994.
[5]　郭树才. 煤化工工艺学. 北京：化学工业出版社，1992.
[6]　张碧江. 煤基合成液体燃料. 太原：山西科学技术出版社，1993.
[7]　陈鹏. 中国煤炭性质、分类和利用. 北京：化学工业出版社，2001.
[8]　王洋，等. 煤化工，1997，1；11.
[9]　蒋云峰，等. 煤化工，1999，2；12.
[10]　马斌，郭朝华. 煤化工，2000，2；8.
[11]　卢正滔. 化肥工业，2001，5；3.
[12]　江文，梅晴. 世界能源导报. 北京：中国能源研究会，2000～2002.
[13]　王同章. 煤炭气化原理与设备. 北京：化学工业出版社，2001.
[14]　黄维捷. 草酸二甲酯加氢制乙二醇催化剂改性及其加氢机理的研究. 上海：华东理工大学，2008.
[15]　唐宏青. 现代煤化工技术. 北京：化学工业出版社，2010.

第二篇

煤炭性质及水煤浆制备

第一章
煤的组成和性质

第一节　煤的组成

一、煤的工业分析

煤的工业分析也叫技术分析或实用分析，包括煤中水分、灰分、挥发分的测定及固定碳的计算。煤的工业分析是了解煤质特征的基础指标，也是评价煤质的基本依据，根据工业分析的各项测定结果可以初步判断煤的性质、种类及其工业利用途径。

1. 煤的水分

煤里面都含有水分，水分的含量和存在状态与外界条件和煤的内部结构有关。

根据水在煤里面的存在状态，将煤中水分分别称为外在水分、内在水分以及同煤中矿物质结合的结晶水、化合水。

① 外在水分是附着在煤的表面和被煤的表面大毛细管吸附的水。当煤放在空气中存放时，煤中的外在水分很容易蒸发，蒸发到煤表面的水蒸气压和空气的相对湿度平衡时为止。失去外在水分的煤叫空气干燥煤，当这种煤制成粒度为分析用的试样时，就叫分析煤样。用空气干燥状态煤样化验所得的结果，就是空气干燥基（原称分析基）的化验结果。

② 内在水分是指吸附和凝聚在煤颗粒内部的毛细管中的水，在常温下这部分水不能失去，只有加热到一定温度时，才能失去。

当煤颗粒中的毛细管吸附的水分达到饱和状态时，内在水分达到最高值，这种水分称为最高内在水分。由于煤的孔隙率同煤化程度间有一定规律关系，所以最高内在水分能在一定程度上表示煤化程度，能较好地区分变质程度较浅的煤。

③ 结晶水和化合水是指煤中矿物质里以分子形式和离子形式参加矿物晶格构造的水分，

如石膏（$CaSO_4 \cdot 2H_2O$）、高岭土 $Al_4[Si_4O_{10}](OH)_8$ 分子结构中的水分。结晶水和化合水通常要在 200℃ 以上才能分解析出，在煤的工业分析中，一般不作测定。

在煤的工业分析中测定的水分可分为收到基煤样水分及分析煤样水分两种。收到基煤样水分是指即将应用的煤的全水分，它包括内在水分和外在水分。

煤中的水分对工业利用是不利的，它对运输、储存和使用都有一定影响。同一种煤，其发热量将随水分的升高而降低。煤在燃烧时，需要消耗很多热量来蒸发其中的水分，从而增加了煤耗；水分高的煤，不仅增加了运输成本，同时给储存带来一定困难。水分高还容易使煤碎裂。

2. 煤的灰分产率

煤的灰分产率是指煤完全燃烧后剩下来的残渣，一般常被称为灰分。这些残渣几乎全部来自煤中的矿物质。煤中矿物质来源有三：①原生矿物质，即成煤植物中所含的无机元素；②次生矿物质，即煤形成过程中混入或与煤伴生的矿物质；③外来矿物质，即煤炭开采和加工处理中混入的矿物质。

煤的灰分是另一项在煤质特性和利用研究中起重要作用的指标。一般来说，煤中矿物质不利于煤的加工利用，含量愈低愈好，由于煤灰是煤中矿物质热分解后的残留物，因此可以用它来推算煤中矿物质含量。煤的灰分越高，有效碳的含量就越低。煤的灰分与煤的其他特性如元素成分、发热量、结渣性、活性及可磨性等有不同程度的依赖关系。此外，由于煤中灰分测定简单而矿物质在煤中的分布又常常不均匀，因此在煤炭采样和制样方法研究中，一般都由灰分来评定方法的准确度和精密度。在煤炭洗选中，一般也以洗煤灰分作为一项评价洗选效果的指标。

3. 煤的挥发分和固定碳

工业分析测定的挥发分，不是煤中原来固有的挥发性物质，而是在严格的规定条件下加热煤炭时，产生的热分解产物。挥发分主要由热解水、氢、碳的氧化物和碳氢化合物组成，但煤中物理吸附水（包括外在水分和内在水分）和矿物质 CO_2 不属于挥发分之列，必须从中扣除。因此在测定挥发分产率时，都要同时测定煤的水分，碳酸盐含量大于 2% 的，还要测定碳酸盐，以便对挥发分进行校正。

挥发分产率随煤化程度增高而降低的规律十分明显，可用以初步估计煤的种类，而且挥发分测定方法简单、快速、易于标准化，所以，几乎世界各国的煤炭工业分类都采用挥发分作为第一分类指标。

根据挥发分产率和测定挥发分后的焦渣特征可以初步确定煤的加工利用途径。挥发分与其他煤质特性指标如发热量、碳和氢含量都有较好的相关关系。利用挥发分可以计算煤的发热量和碳、氢、氮含量及焦油产率。

测定煤的挥发分时，剩下的不挥发物称为焦渣。焦渣减去灰分称为固定碳。固定碳就是煤在隔绝空气的高温加热条件下，煤中有机质分解的残余物，可用以下计算方法算出：

$$FC_{ad} = 100 - (M_{ad} + A_{ad} + V_{ad}) \tag{2-1-1}$$

当分析煤样中碳酸盐 CO_2 含量为 2%~12% 时（质量分数），则：

$$FC_{ad} = 100 - (M_{ad} + A_{ad} + V_{ad}) - CO_{2ad}(煤) \tag{2-1-2}$$

当分析煤样中碳酸盐 CO_2 含量大于 12% 时，则：

$$FC_{ad} = 100 - (M_{ad} + A_{ad} + V_{ad}) - [CO_{2ad}(煤) - CO_{2ad}(焦渣)] \tag{2-1-3}$$

式中 FC_{ad}——分析煤样的固定碳（质量分数），%；

M_{ad}——分析煤样的水分（质量分数），%；

A_{ad}——分析煤样的灰分（质量分数），%；

V_{ad}——分析煤样挥发分（质量分数），%；

CO_{2ad}（煤）——分析煤样中碳酸盐二氧化碳含量（质量分数），%；

CO_{2ad}（焦渣）——焦渣中二氧化碳占煤中的含量（质量分数），%。

二、煤的元素组成和元素分析

煤的组成以有机质为主体，煤的工艺用途主要是由煤中有机质的性质决定的，因此了解煤中有机质的组成很重要。根据现有的分析方法，还不能够直接测定煤中有机质基本结构单元的组成和性质，而是通过元素分析、有机化合物分离以及官能团测定等方法研究煤中的有机质。生产中也主要是利用这些方法研究煤中的有机质。煤中有机质主要由碳、氢、氧、氮、硫5种元素组成。其中又以碳、氢、氧为主，其总和占有机质95%（质量分数）以上。有机质的元素组成与煤的成因类型、煤岩组成及煤化程度等因素有关，所以它是煤质研究的重要内容。

煤的元素组成，是指组成煤的有机质的一些主要元素，即碳、氢、氧、氮、硫5种元素。磷、氯、砷等含量极微的其他元素，一般不得列入元素组成之内。

煤的元素分析，就是确定煤中有机物碳、氢、氧、氮、硫等含量的百分比，作为煤的有机质特性。

元素组成可以用来计算煤的发热量，估算和预测煤的炼焦化学产品、低温干馏产物和褐煤蜡的产率，为煤的加工工艺设计提供必要的数据。煤的元素组成数据也可以作为煤炭科学的分类指标之一。

由于在煤的无机质中也含有少量碳、氢、氧、硫等元素，因此在了解煤中有机质的元素组成及进行煤的分类时，应以在重液（相对密度为1.4）中洗选后的精煤来测定，采用干燥无灰基指标。

1. 碳

碳是煤中最重要的组成部分，是组成煤炭的大分子骨架，是煤在燃烧过程中产生热量的重要元素之一。煤的碳含量随煤化程度的加深而增高。泥炭的碳含量（质量分数，余同）为50%～60%，褐煤为60%～77%，烟煤为74%～92%，而无烟煤为90%～98%。在煤化程度相同的煤中，镜质组的碳含量比惰质组低。

2. 氢

氢是煤中第二个重要组成元素，也是煤中可燃部分，其燃烧时可放出大量的热量。煤中氢的含量虽然不高，但它的发热量高，所以在判断煤燃料质量时，应予以考虑。氢含量与成煤原始物质密切相关。腐泥煤的氢含量（质量分数）普遍比腐植煤高，一般都在6%以上，有时达11%。在腐植煤中，稳定组分的氢含量最高，镜质组次之，而惰质组最低。随着煤化程度逐渐加深，氢含量有逐渐减少的趋势。

3. 氧

氧也是组成煤有机质的一个十分重要的元素。煤中氧含量变化很大，并随着煤化程度加深而降低。变质程度越低的煤，氧元素所占的比例也就越大。当煤受到氧化时，氧含量迅速增高，而碳、氢含量则明显降低。氧元素在煤的燃烧过程中不产生热量，但能与产生热量的氢生成水，使燃烧热量降低，是动力用煤的不利因素。同时氧是煤中反应能力最强元素。因此，当煤用于热加工时，煤中氧含量对热加工影响较大。

煤中氧一般都不进行直接测定，而用差额法计算得出。

4. 氮

煤的有机质中氮含量比较少，它主要来自成煤植物中的蛋白质。煤中氮含量（质量分数）多在 $0.8\%\sim1.8\%$ 的范围内变化，通常也是随煤化程度增高而稍有降低，随煤化程度而变化的规律性不很明显。煤中氮在燃烧时一般不氧化，而呈游离状态 N_x 进入废气中，当煤作为高温热加工原料进行加热时，煤中氮的一部分变成 N_2、NH_3、HCN 及其他一些含氮化合物逸出，而这些化合物可回收制成氮肥（硫酸铵、尿素、氨水等）、硝酸等化学产品。其余部分则留在焦炭中，以某些结构复杂的氮化合物形态出现。

5. 硫

在下面专门叙述。

三、煤中的硫

硫是煤中最有害的杂质。作动力燃烧时，煤中硫燃烧生成二氧化硫，它不仅腐蚀金属设备，而且污染环境，造成"公害"。作为合成氨原料气时，由含硫煤产生的 H_2S 不仅腐蚀金属设备，且会使催化剂中毒，影响操作及产品质量。作为生产冶金焦用原料时，煤中的硫大部分转入焦炭，直接影响钢铁质量。因此，各项工业用煤对硫含量都有严格的要求。

煤中硫分按赋存状态可分为有机硫和无机硫两大类，有时也有微量的单质硫。煤中各种硫分的总和称为全硫含量，以"S_t"表示。

① 煤中的无机硫又分为硫化物硫及硫酸盐硫两种。

硫化物硫（S_p）绝大部分是以黄铁矿硫形式存在，有时也有少量的白铁矿等硫化物硫。硫化物硫清除的难易程度与矿物颗粒大小及其分布状态有关。颗粒大的可利用黄铁矿与有机质相对密度的不同予以清除，而颗粒极细又均匀分布的难以清除。当煤中全硫含量大于 1% 时，在多数情况下，是以硫化物硫为主，一般洗选后全硫含量会有不同程度的降低。

硫酸盐硫（S_s）的主要存在形式是石膏，也有绿矾等极少数的硫酸盐矿物。我国煤中硫酸盐硫含量（质量分数）较小，大部分小于 0.1%，部分煤为 $0.1\%\sim0.3\%$，一般硫酸盐硫含量高的煤，可能曾受过氧化。

② 煤质有机质中所含的硫称为有机硫，以"S_o"表示。

有机硫主要来自成煤植物中的蛋白质和微生物中的蛋白质。有机硫组成很复杂，主要由硫醚、硫化物、二硫化物、硫醇、硫酮、噻吩类杂环硫化物及硫醌化合物等组分和官能团构成。有机硫与有机质紧密结合，分布均匀，很难清除。一般在低硫煤中，往往以有机硫为主，经过洗选后，精煤的全硫含量反而增高。煤中的有机硫一般不作测定，都以差减法进行计算，即：

$$S_{o,ad}=S_{t,ad}-S_{s,ad}-S_{p,ad} \tag{2-1-4}$$

式中　$S_{o,ad}$——有机硫，分析基；

$S_{t,ad}$——全硫，分析基；

$S_{s,ad}$——硫酸盐硫，分析基；

$S_{p,ad}$——硫化物硫，分析基。

在评价煤质时，必须测定全硫含量，并以干燥基表示。由于不同形态的硫对煤质的影响不同，在选煤时的脱硫效果也不同，因此全硫含量在 $1.5\%\sim2.0\%$ 以上的煤，还应测定各种形态的硫，作为评价除硫难易程度和考虑除硫方法的依据。

四、煤中矿物质的特性

前述已谈到煤中矿物质的含量变化范围很大，其组成极为复杂。虽然可用煤岩学方法鉴定矿物的种类和测定其含量，也可用化学分析方法测定矿物质的精确含量，但是，由于测定方法比较烦琐，因此在实际应用中常常利用对灰分产率、灰成分和对煤灰工艺性质的研究，来间接了解煤中矿物质对煤的工业利用的影响。

1. 煤中矿物质含量的计算

煤中矿物质含量的测定方法比较烦琐，需用盐酸和氢氟酸处理煤样，用差减法求得煤样的矿物质含量，一般不直接测定。利用它与煤的灰分之间的关系，经适当公式校正后，可近似地算出矿物质的含量。其中最简单的是 Parr 公式：

$$MM = 1.08A + 0.55S_t \tag{2-1-5}$$

式中　MM——煤中无机矿物质含量（质量分数），%；

　　A——煤的灰分产率（质量分数），%；

　　S_t——煤中全硫含量（质量分数），%。

后来，Given 在对煤的纯有机质进行换算时，提出了以下修正：

$$MM = 1.13A + 0.47S_p + 0.5Cl \tag{2-1-6}$$

式中　S_p——煤中黄铁矿硫的含量（质量分数），%；

　　Cl——煤中氯的含量（质量分数），%。

在英国，King-Maries-Crossley 提出 KMC 公式：

$$MM = 1.13A + 0.5S_p + 0.8CO_2 - 2.8S_A + 2.8S_s + 0.3Cl \tag{2-1-7}$$

式中　CO_2——煤中 CO_2 含量（质量分数），%；

　　S_A——煤灰中硫的含量（质量分数），%；

　　S_s——煤中硫酸盐硫的含量（质量分数），%；

　　Cl——煤中氯的含量（质量分数），%。

2. 煤灰成分分析

煤灰是煤中矿物质经过燃烧后剩余的残渣，煤中矿物质成分极其复杂，故煤经完全燃烧后，煤灰成分也变得复杂。

（1）煤灰主要成分和分析方法　煤灰是来自煤中矿物质。煤中的无机矿物质，经高温灼热均变为金属和非金属的氧化物及盐类，所以，煤灰的主要成分是 SiO_2、Al_2O_3、CaO、MgO，其占煤灰成分的 95% 以上。此外，还有少量 K_2O、Na_2O、SO_3、P_2O_5 及微量 Ge、Ga、U、V 等的化合物。煤灰成分分析方法有常量分析法、半微量分析方法、原子吸收分光光度法。

（2）煤灰成分分析的应用　根据煤灰成分，大致可以推测原煤的矿物组成，煤灰成分中三氧化二铁含量高，说明该煤是含氧黄铁矿矿物较高的煤。煤灰成分中氧化钙含量高，则煤中的矿物就以碳酸盐类为主。

根据煤灰成分可以初步判断煤灰熔点的高低。如煤灰成分中 Al_2O_3 高，其灰熔点高，而

CaO、MgO、Fe_2O_3 含量高，则灰熔点低。

根据煤灰成分可大致判断煤在燃烧时对锅炉燃烧室的腐蚀情况，如煤灰成分中钾、钠和钙的氧化物等碱性成分含量大，则对炉体腐蚀程度也大。

煤灰成分分析可给煤灰和矸石利用提供基础技术资料。

借助精煤灰分的成分，可以预测焦炭灰分在高炉炼铁过程中的影响。如煤灰中二氧化硅含量高时，在炼铁过程中就需增加石灰石等溶剂的用量；反之，如煤灰中氧化钙的含量较高，就可减少溶剂的用量。

3. 煤灰的熔融性

煤灰熔融性是煤灰在高温下达到熔融状态的温度，习惯上称作灰熔点，因为煤灰是一种多组分的混合物，它没有一个固定的熔点，而只有一个熔融的温度范围。当在规定条件下加热煤灰试样时，随着温度的升高，煤灰试样会从局部熔融发展到全部熔融，并伴随产生一定的特征物理状态——变形、软化、半球和流动。通常以这 4 个特征物理状态相对应的温度来表征煤灰熔融性。

（1）煤灰熔融性的测定　测定煤灰熔融性的方法，根据其测定结果表示方法的不同，可分为熔点法和熔融曲线法；根据所用试料（煤灰成型）形状的不同，又可分为角锥法和柱状法。测定时均需采用专门的仪器设备。

目前国内外大多采用角锥法，我国现行的国家标准（GB/T 219—2008）也是采用该方法。该方法主要是将煤灰制成一定尺寸的三角锥，在一定的气体介质中，以一定的升温速度加温，观察灰在受热过程中的形态变化，观测并记录它的 4 个特征熔融温度（图 2-1-1）：变形温度 DT（T_1），灰锥尖端或棱开始变圆和弯曲时的温度；软化温度 ST（T_2），灰锥弯曲至触及锥尖托板和灰锥变呈球形时的温度；半球温度 HT，灰锥形变至近似半球形，即高约等于底长的一半时的温度；流动温度 FT（T_3），灰锥融化展开成高度在 1.5mm 以下的薄层的温度。在锅炉设计中，大多采用软化温度作为灰分熔点。

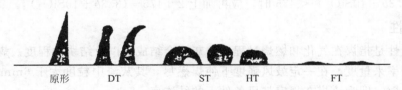

原形　　DT　　　　ST　HT　　　FT
图 2-1-1　煤灰锥熔融特征示意图

按 MT/T 853.1—2000，煤灰熔融性软化温度（ST）可分为 5 级：

① 低软化温度灰，LST≤1100℃；

② 较低软化温度灰，RLST>1100～1250℃；

③ 中等软化温度灰，MST>1250～1350℃；

④ 较高软化温度灰，RHST>1350～1500℃；

⑤ 高软化温度灰，HST>1500℃。

按 MT/T 853.2—2000，煤灰熔融性流动温度（FT）也可分为 5 级：

① 低流动温度灰，LFT≤1150℃；

② 较低流动温度灰，RLFT>1150～1300℃；

③ 中等流动温度灰，MFT>1300～1400℃；

④ 较高流动温度灰，RHFT>1400～1500℃；

⑤ 高流动温度灰，HFT>1500℃。

（2）影响煤灰熔融性的主要因素 煤灰的熔融性主要取决于煤灰的化学组成。煤灰中 Al_2O_3 含量高，其灰熔点就高。如煤灰成分中 Al_2O_3 大于 40%，其灰熔点 ST 一般都超过 1500℃；而三氧化二铁含量高的煤灰，其灰熔点一般均较低。氧化钙、氧化镁、氧化钾、氧化钠等碱性氧化物含量越高，则灰熔点越低。但当氧化钙含量大于 30% 时，则氧化钙含量增高反而会提高煤灰熔融点。二氧化硅含量与煤灰熔点关系一般不明显。

试验气氛的氧化性、还原性也是一个极为重要的影响因素。灰中 Fe^{2+}/Fe^{3+} 比率是气氛的氧化还原势的一个函数，因此测定时的气氛对含铁较高的煤灰熔融性有较大的影响，一般测定灰熔点时采用不同的气氛条件。在我国采用弱还原气氛，在国外有的采用氧化性气氛，也有采用还原性气氛或两者都采用，这主要取决于是应用于燃烧还是不完全燃烧的（如气化）工艺。

（3）利用煤灰成分计算煤的灰熔点的经验公式 长期以来，国内外学者对煤的灰熔点与其化学组成的关系进行了很多研究，找出了利用灰成分计算煤的灰熔点的经验公式，但是由于煤灰成分变化大，各成分在高温情况下又形成不同的化合物，加上测定气氛的影响，使得经验公式使用的局限性很大。在我国常用的计算公式是姚-王公式，煤灰的熔融温度 FT（T_3）可按用以下两公式进行计算：

$$FT(T_3) = 200 + 21Al_2O_3 + 10SiO_2 + 5b \qquad (2\text{-}1\text{-}8)$$
$$FT(T_3) = 200 + (2.5b + 20Al_2O_3) + (3.3b + 10SiO_2) \qquad (2\text{-}1\text{-}9)$$
$$b = Fe_2O_3 + CaO + MgO + KNaO$$

式中，化学成分表示该成分在煤灰中的百分含量。

式（2-1-8）适用于 $b<30\%$ 的煤灰，式（2-1-9）适用于 $b>30\%$ 的煤灰。

式（2-1-9）中

① 当 $(2.5b + 20Al_2O_3) < 332$ 时，应再加上 $2[332 - (2.5b + 20Al_2O_3)]$；

② 当 $(3.3b + 10SiO_2) < 475$ 时，应再加上 $2[475 - (3.3b + 10SiO_2)]$。

4. 结渣性

煤的结渣性是指煤在气化和燃烧过程中的灰渣会结成块以及结块的程度。煤灰的结渣性以煤灰的结渣率来量度。在一定鼓风强度下使煤燃尽，其灰渣中粒度大于 6mm 的量占总灰量的质量百分数，即为该煤在规定鼓风条件下的结渣率。

煤灰结渣性是评价煤热加工利用过程的重要指标。在煤的燃烧和气化过程中，如果使用容易结渣的煤，则会由于结渣而影响气化过程的正常运行或者造成锅炉清炉的困难。一般的规律是，在煤灰组分相近的情况下，高灰煤比低灰煤易结渣。此外，结渣性和煤灰熔融性、煤灰黏度有很大关系。通常在选择气化和燃烧用煤时，究竟需用何种结渣性的煤，取决于锅炉的排渣方式。

5. 煤灰的黏度

（1）煤灰黏度的定义 灰黏度是指煤灰在熔融状态下的内摩擦系数，表征煤灰在高温熔融状态下流动时的物理特性，以符号 η 表示。两个相对移动的液层之间的相互作用力称内摩擦力 f，它与液面层之间垂直于层面的速度梯度和液面的面积 S 成正比。

$$f = \eta S \frac{dv}{dx} \qquad (2\text{-}1\text{-}10)$$

式中 f——内摩擦力，dyn（1dyn=10^{-5}N）；

$\dfrac{\mathrm{d}v}{\mathrm{d}x}$——液面层之间的速度梯度；

η——流体的内摩擦系数或叫动力黏度，Pa·s。

测定煤灰黏度一般采用钢丝扭矩式高温黏度计。

（2）影响煤灰黏度的因素　煤灰的黏度大小主要取决于煤灰的组成及各成分间的相互作用。不同的煤灰其流动性不同。此外，煤灰的黏度大小和温度的高低有着极其密切的关系（图 2-1-2）。

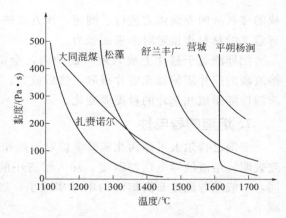

图 2-1-2　煤灰黏度与温度的关系（流动曲线）

有的煤灰其黏度随温度的降低而缓慢增加，这种灰渣叫作"长渣"。如图 2-1-2 中大同混煤的灰渣。

有的煤灰其黏度随温度的降低而急剧增大，这种灰渣称为"短渣"。如图 2-1-2 中营城煤的灰渣。

有的煤灰其流动性介于上述两种情况之间，即在某一温度以上时，煤灰的黏度随温度降低而缓慢增加，但在一定温度以下，煤灰黏度即随温度的降低而急剧增加。它的黏度-温度曲线呈 L 形，如图 2-1-2 中平朔杨涧煤的灰渣。这种灰渣也属于短渣。灰渣黏度计开始急剧增加时的温度叫作临界温度，以 T_{Crv} 表示。

煤灰的黏度对于液态排渣的工业锅炉和气化炉来说是很重要的参数。根据煤灰黏度的大小以及煤灰的化学组成，就可以选择合适的煤源；或者采用添加助熔剂，甚至采用配煤的方法来改善煤灰的流动性，使其符合液态排渣炉的使用要求。对于液态排渣的工业锅炉和气化炉，正常的排渣黏度一般为 50～100Pa·s，最高不超过 250Pa·s。

煤灰的熔融性在一定程度上可以用以粗略地判断煤灰的流动性。对于大多数煤灰来说，熔融性温度高的煤灰，其流动性也差。但是对有些煤灰样品来说可能得出错误的结论，因为熔融性温度相近的煤灰不一定具有相同的流动性。

在煤灰化学组分中，SiO_2 和 Al_2O_3 能增大灰的黏度，Fe_2O_3、CaO、MgO 等能降低煤灰黏度。但是若煤灰中 Fe_2O_3 含量较高而 SiO_2 较少，在一定范围内 SiO_2 含量增加反而能降低黏度。Na_2O、K_2O 都只会降低黏度。利用煤灰渣的化学组分可以预测其流动性，目前差不多都用当量 SiO_2 和碱酸比来预测。

在当量 SiO_2 为 40%～90%范围内，一定黏度下的温度会随当量增高而升高。如由研究结果发现，当量小于 75%的灰渣，在 1600℃温度下有较好的流动性（黏度小于 250Pa·s）；对于当量大于 75%的灰渣，要得到类似的流动性，则温度必须升到 1600℃以上。

当煤灰的碱酸比由小变大时，指定黏度下的温度就会降低。通常在高黏度灰渣中加入助熔剂和低黏度灰渣，可以改变其流动性满足工业使用的要求。

煤灰的黏度对于液态排渣的工业锅炉和气化炉来说是很重要的参数。根据煤灰黏度的大小以及煤灰的化学组成，就可以选择合适的煤源；或者采用添加助熔剂，甚至采用配煤的方法来改善煤灰的流动性，使其符合液态排渣炉的使用要求。

6. 熔渣的表面张力

熔渣的表面张力可以用"定位液滴法"进行测定，有的实验室用该法对一些天然的和合成的煤灰渣的表面张力进行了测定。该方法的优点在于可直接测定灰渣与某些对磁流体发电有意义的材料相接触时的表面张力。

把样渣置于基片上放入敞口的炉内，全部的测定是在 10^5 Pa（约 1atm）空气中进行。溶液滴的照片用偏振光底片摄取，然后放大。用的基片是氧化铝、铂和铍的氧化物。灰渣的润湿性随组成和基片的种类而变化。

7. 熔渣的导电性

美国巴特尔太平洋西北实验室曾对天然和合成煤灰熔渣的导电性进行了测定和研究。研究表明，熔渣的导电性与温度、加入熔渣中的钾含量以及氧分压有关。不同熔渣的特性不同，一般随着温度升高熔渣的电导率减小；当熔渣中加入的钾含量增加时，其电导率也会减小。

五、煤质分析中的基准及不同基准间的换算

在煤质分析中得到煤质指标，根据不同需要，可采用不同的基准来表示。"基"表示化验结果是以什么状态下的煤样为基础而得出的，煤质分析中常用的"基"有：

① 空气干燥基，以与空气湿度达到平衡状态的煤为基准，表示符号为 ad（air dry basis）；

② 干燥基，以假想无水状态下的煤为基准，表示符号为 d（dry basis）；

③ 收到基，以收到状态的煤样为基准，表示符号为 ar（as received）；

④ 干燥无灰基，以假想无水、无灰状态的煤为基准，表示符号为 daf（dry ash free）；

⑤ 干燥无矿物质基，以假想无水、无矿物质状态的煤为基准，表示符号为 dmmf（dry mineral matter free）。

各种基准与煤质指标间的相互关系见图 2-1-3。

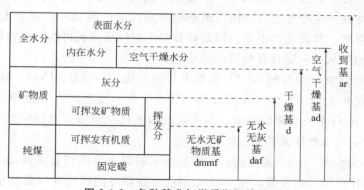

图 2-1-3 各种基准与煤质指标的关系

表 2-1-1 列出了已知基的分析基换算值换算到另一基准的计算公式。表中，M 表示水分；MM 表示煤中矿物质含量；下标 ar、ad 等表示各种基准。

在进行无水无矿物基的挥发分 V_{dmmf} 计算时，要考虑 CO_2 校正及煤中含硫矿物，V_{dmmf}（校正值）可按下式计算：

$$V_{dmmf} = \frac{100 \times (V_{ad} - 0.13 A_{ad} - 0.2 S_{t, ad} - 0.7 CO_{2, ad} + 0.12)}{100 - M_{ad} - 1.1 A_{ad} - 0.53 S_{t, ad} - 0.74 CO_{2, ad} + 0.36} \tag{2-1-11}$$

式中，S_t 为煤中全硫含量。

表 2-1-1　煤质分析中不同基准的换算

已知基 \ 欲求基	空气干燥基 ad	收到基 ar	干燥基 d	干燥无灰基 daf	干燥无矿物基 dmmf
空气干燥基 ad	—	$\dfrac{100-M_{ar}}{100-M_{ad}}$	$\dfrac{100}{100-M_{ad}}$	$\dfrac{100}{100-(M_{ad}+A_{ad})}$	$\dfrac{100}{100-(M_{ad}+MM_{ad})}$
收到基 ar	$\dfrac{100-M_{ad}}{100-M_{ar}}$	—	$\dfrac{100}{100-M_{ar}}$	$\dfrac{100}{100-(M_{ar}+A_{ar})}$	$\dfrac{100}{100-(M_{ar}+MM_{ar})}$
干燥基 d	$\dfrac{100-M_{ad}}{100}$	$\dfrac{100-M_{ar}}{100}$	—	$\dfrac{100}{100-A_d}$	$\dfrac{100}{100-MM_d}$
干燥无灰基 daf	$\dfrac{100-(M_{ad}+A_{ad})}{100}$	$\dfrac{100-(M_{ar}+A_{ar})}{100}$	$\dfrac{100-A_d}{100}$	—	$\dfrac{100-A_d}{100-MM_d}$
干燥无矿物基 dmmf	$\dfrac{100-(M_{ad}+MM_{ad})}{100}$	$\dfrac{100-(M_{ar}+MM_{ar})}{100}$	$\dfrac{100-MM_d}{100}$	$\dfrac{100-MM_d}{100-A_d}$	—

在对煤阶煤进行分类与评价时，国际上常用恒湿无灰基高位发热量 $Q_{gr,v,af,MHC}$ 作为指标，它和空气干燥基高位发热量 $Q_{gr,v,ad}$ 之间有如下换算公式：

$$Q_{ar,v,af,MHC}=Q_{gr,v,ad}\times\frac{100\times(100-MHC)}{100\times(100-M_{ad})-A_d(100-MHC)} \tag{2-1-12}$$

式中，MHC 为煤中最高内在水分。

过去基准和煤质指标的符号在使用上有诸多混乱，随着国家标准的修订，各种符号都得到统一。为了便于对照，现将各类符号列于表 2-1-2～表 2-1-4。"基"的符号都注在指标符号右下方，作下标。

表 2-1-2　各类基采用的符号对照表

基的名称	现用符号	曾用的名称	曾用的符号	基的名称	现用符号	曾用的名称	曾用的符号
空气干燥基	ad	分析基	f	干燥无灰基	daf	可燃基	r
干燥基	d	干燥基	g	干燥无灰矿物质基	dmmf	有机基	j
收到基	ar	应用基	y				

表 2-1-3　煤质指标新旧符号对照

指标名称	新符号	旧符号	指标名称	新符号	旧符号
最大收缩度/%	a	a	坩埚膨胀序数	CSN	—
灰分/%	A	A	灰熔融性变形温度/℃	DT	T_1
最高内在水分/%	MHC	W_{ZN}	苯萃取物质基/%	EB	E_b
矿物质/%	MM	MM	固定碳/%	FC	C_{GD}
视相对密度	ARD	—	灰熔融性流动温度/℃	FT	T_3
最大膨胀度/%	b	b	黏结指数	$G,G_{R.I.}$	$G_{R.I.}$
结渣性/%	Clin	JZ	腐植酸产率/%	HA	H
半焦产率/%	CR	K	灰熔融性半球温度/℃	HT	

续表

指标名称	新符号	旧符号	指标名称	新符号	旧符号
哈氏可磨性指数	HGI	K_{HG}	真相对密度	TRD	d
水分/%	M	W	热稳定性/%	TS	R_W
透光率/%	P_M	P_m	挥发分/%	V	V
发热量/(MJ/kg)(J/g)	Q	Q	干馏总水分产率/%	Water	W_Z
罗加指数	R.I.	R.I.	焦块最终收缩度/mm	X	X
矿碎强度/%	SS	—	胶质层最大厚度/mm	Y	Y
灰熔融性软化温度/℃	ST	T_2	煤对二氧化碳的反应性/%	α	α
焦油产率/%	Tar	T			

表 2-1-4 指标细分时下标符号及新旧对照

项目名称	新符号	旧符号	项目名称	新符号	旧符号
弹筒	b	—	硫酸盐	s	LY
外在或游离	F	WZ	恒容高位	gr,v	GW(恒容)
内在	Inh	NZ	恒容低位	net,v	DW(恒容)
有机	O	YJ	恒压低位	net,p	DW(恒容)
硫化铁	P	LT	全	t	Q

第二节 煤的化学性质

煤的化学性质是指煤与各种化学试剂，在一定条件下产生不同化学反应的性质。煤的化学性质包括煤的氧化、加氢、卤化、磺化、水解和烷基化等。

一、煤的氧化

煤的氧化过程是指煤同氧互相作用的过程。同时，氧化过程使煤的结构从复杂到简单，是一个逐渐降解的过程，也可称为氧解。煤在空气中堆放一段时间后，就会被空气中的氧缓慢氧化。越是变质程度低的煤越易氧化。氧化会使煤失去光泽，变得疏松易碎，许多工艺性质发生显著变化（发热量降低、黏结性变差甚至消失等）。缓慢氧化所产生的热量，还会引起自燃。煤与双氧水、硝酸等氧化剂反应，生成各种有机芳香羧酸和脂肪酸，这是煤的深度氧化。若煤中可燃物质与空气中氧进行迅速的发光、发热的氧化反应，即是燃烧。

用各种氧化剂对煤进行不同程度的氧化，可以得到不同的氧化产物，这对于研究煤的结构和煤的工业应用都具有极其重要的意义。

根据煤氧化程度的不同，煤的氧化过程可分为以下 5 个阶段，见表 2-1-5。

通常将第Ⅰ阶段称为表面氧化阶段，第Ⅱ阶段叫再生腐植酸阶段，第Ⅲ、第Ⅳ阶段叫苯羧酸阶段。到第Ⅱ阶段为止称轻度氧化，一直进行到第Ⅳ阶段则称深度氧化。氧化的第Ⅴ阶段，即燃烧，它与煤作为燃料的反应性有关。

表 2-1-5 煤氧化的阶段

氧化阶段	主要氧化条件	主要氧化产物
Ⅰ	从常温到100℃左右,空气或氧气氧化	表面碳氧配合物
Ⅱ	100~300℃在碱溶液中,被空气或氧气氧化 100~200℃在碱溶液中,被空气或氧气氧化 80~100℃被硝酸氧化等	可溶于碱的高分子有机酸(再生腐植酸)
Ⅲ	200~300℃在碱溶液中,空气或氧气加压氧化,碱性介质中被$KMnO_4$氧化,双氧水氧化等	可溶于碱的高分子复杂有机酸(次腐植酸)
Ⅳ	与Ⅲ不同,增加氧化剂用量,延长反应时间	可溶于水的苯羧酸
Ⅴ	完全氧化	二氧化碳和水

工业上常用轻度氧化方法,由褐煤和低变质烟煤(长焰煤、气煤)制取腐植酸类的物质,并广泛地应用于工农业和医药业上;另外,因为轻度氧化可破坏煤的黏结性,所以工业上对黏结性较强的煤,有时需要对它们进行轻度氧化,以防止该类煤在炉内黏结挂料而影响操作。

二、煤的加氢

煤样与液体烃类的主要差别在于,煤的 H/C 原子比比石油原油、汽油低很多,而比沥青低一些。因此,要使煤液化转变为石油原油等,需要深度加氢,而转变为沥青质类物质使用轻度加氢。煤的加氢需要供氢溶剂、高压下的氢气及催化剂等。因此,工艺和设备比较复杂。通过煤的加氢可以对煤的结构进行研究,并且可使煤液化,制取液体燃料或增加黏结性、脱灰、脱硫,制取溶剂精制煤,以及制取结构复杂和有特殊性质的化工中间物。从煤的加氢能得到产率很高的芳香性油状物,已分离鉴定出 150 种以上的化合物。

煤加氢分为轻度加氢和深度加氢两种:①轻度加氢是在反应条件温和的条件下,与少量氢结合。煤的外形没有发生变化,元素组成变化不大但不少性质发生了明显的变化,如低变质程度烟煤和高变质程度烟煤的黏结性、在蒽油中的溶解度大大增加,接近于中等变质程度烟煤。②深度加氢是煤在激烈的反应条件下与更多的氢反应,转化为液体产物和少量气态烃。

煤加氢中包括一系列非常复杂的反应,有平行反应也有顺序反应,到目前为止还不能够完整地描述。其中有热解反应、供氢反应、脱杂原子反应、脱氧反应、脱硫反应、脱氮反应、加氢裂解反应、缩聚反应等。

(1) 热解反应 现在已经公认,煤热解生成自由基是加氢液化的第一步。热解温度要求在煤的开始软化温度以上。热解生成的自由基在有足够的氢存在时便能得到饱和而稳定下来,没有氢供应就要重新缩合。

(2) 供氢反应 煤加氢时一般都用溶剂作介质,溶剂的供氢性能对反应影响很大。因为研究证明反应初期使自由基稳定的氢主要来自溶剂而不是来自氢气。具有供氢能力的溶剂主要部分是四氢萘、9,10-二氢菲和四氢喹啉,供氢溶剂给出氢后又能从气相吸收氢,如此反复起了传递氢的作用。

(3) 加氢裂解反应 这是主要反应,包括多环芳香结构饱和加氢、环破裂和脱烷基等。随着这一反应进行,产品分子量逐步降低,结构从复杂到简单。

(4) 缩聚反应 在加氢反应中如温度太高,氢供应不足和反应时间过长也会发生逆方向的反应,即缩聚生成分子量更大的产物。

三、煤的其他化学性质

因为结构原因，煤芳核外侧官能团的行为能力决定了煤的化学性质和能力。因此，煤能与卤素化合物进行卤化反应，生成卤化物。磺化条件下能生成磺化物，以及在其他条件下生成其他产物。煤的一些其他化学反应列于表 2-1-6。

表 2-1-6　煤的一些其他化学反应

名称	主要试剂和反应条件	主要产物
磺化	浓硫酸或发烟硫酸，110～160℃，数小时	磺化煤
氯化	氯气，水介质，≤100℃，数小时	氯化煤
解聚	苯酚为溶剂，BF_3 为催化剂，120℃	酚、吡啶、四氢呋喃可溶物
水解	NaOH 水溶液或 NaOH 醇溶液，200～350℃	吡啶、乙醇可溶物
烷基化	四氢呋喃作溶剂，卤代烷、萘、烯烃，HF 或 $AlCl_3$ 为催化剂	吡啶、乙醇可溶物
酰基化	CS_2 作溶剂，酰氯作反应剂	吡啶、乙醇可溶物

第三节　煤的工艺性质

一、煤的发热量

发热量测定是煤质分析的一个主要项目，也是评价动力用煤的主要质量指标。在国际煤炭分类标准和我国煤分类标准中都采用发热量恒湿无灰基作为划分低变质程度煤的指标。煤的收到基低位发热量是评价动力煤质量的主要指标，在对外贸易及国内市场上动力用煤分别用空气干燥基高位发热量和收到基低位发热量作为结算依据。综上所述，煤的发热量特别是动力煤发热量的测定无论在理论上还是实践中都具有重要意义。

1. 发热量测定原理

目前，国际国内均采用氧弹方法测定发热量。它是把一定量的分析煤样置于氧弹热量计中，在充入过量氧的氧弹内，使煤完全燃烧。氧弹热量计的热容量通过在相似条件下燃烧一定量的基准量热物苯甲酸来确定。氧弹预先放在一个盛满水的容器中，根据煤燃烧后水温的升高，计算试样的发热量。由于实际情况并不如此简单，所以需要考虑各种影响测定的因素，并对点火热等附加热进行各种校正，此后才能获得正确的结果。

目前通用绝热式和恒温式两种类型的热量计测定。

2. 煤的各种发热量的定义、单位及表示方法

（1）定义

① 弹筒发热量。单位质量的试样在充有过量氧气的氧弹内燃烧，其燃烧产物组成为氧气、氮气、二氧化碳、硝酸和硫酸、液态水以及固态灰时放出的热量称为弹筒发热量。

② 恒容高位发热量。单位质量的试样在充有过量氧气的氧弹内燃烧，其燃烧产物组成为氧气、氮气、二氧化碳、二氧化硫、液态水以及固态灰时放出的热量称为恒容高位发热量。

恒容高位发热量也即由弹筒发热量减去硝酸和硫酸校正热后得到的发热量。

计算公式如下：

$$Q_{gr,v,ad} = Q_{b,ad} - (95S_{b,ad} + \alpha Q_{b,ad}) \tag{2-1-13}$$

式中　$Q_{gr,v,ad}$——分析煤样的恒容高位发热量，J/g；

　　　$Q_{b,ad}$——分析煤样的弹筒发热量，J/g；

　　　$S_{b,ad}$——由弹筒洗液测得的硫含量，通常用煤的全硫量代替；

　　　95——硫酸生成热校正系数，为 0.01g 硫生成硫酸的化学生成热和溶解热之和，J；

　　　α——硝酸生成热校正系数。

当 $Q_{b,ad} \leqslant 16.7$kJ/g 时，$\alpha = 0.001$；当 16.7kJ/g$ < Q_{b,ad} \leqslant 25.10$kJ/g 时，$\alpha = 0.012$；当 $Q_{b,ad} > 25.10$kJ/g 时，$\alpha = 0.0016$。

③ 恒容低位发热量。单位质量的试样在充有过量氧气的氧弹内燃烧，其燃烧产物组成为氧气、氮气、二氧化碳、二氧化硫、气态水以及固态灰时放出的热量称为恒容低位发热量。

低位发热量也即由高位发热量减去水（煤中原有的水和煤中氢含量燃烧生成的水）的气化热后得到的发热量。

恒容低位发热量可用下式计算：

$$Q_{net,v,ad} = Q_{gr,v,ad} - 25(M_{ad} + 9H_{ad}) \tag{2-1-14}$$

式中　H_{ad}——分析煤样中的氢含量（质量分数），%；

　　　25——常数，相当于 0.01g 水的蒸发热，J。

各种基的低位发热量，按下式计算：

$$Q_{net,M} = (Q_{gr,ad} - 206H_{ad}) \times \frac{100 - M}{100 - M_{ad}} - 23M \tag{2-1-15}$$

式中　H_{ad}——分析基氢含量（质量分数），%；

　　　M_{ad}——分析基水分（质量分数），%；

　　　M——要计算的那个基准的水分，%〔对于干燥基，$M = 0$；对于空气干燥基，$M = M_{ad}$；对于收到基，$M = M_t$（全水）〕。

④ 有效热容量。量热系统在试验条件下温度上升 1K 所需的热量称为热量计的有效热容量（以下简称热容量），以 J/K 表示。

(2) 单位及表示方法　中国的法定计量单位规定的热量单位为焦耳，符号为 J。其定义为：1N 的力在力的方向上通过 1m 的距离所做的功。

煤的发热量表示单位为 MJ/kg 或 kJ/g，这也是国际上通用的发热量单位。

二、煤的热解

所谓煤的热解，是指煤在隔绝空气的条件下进行加热，在不同温度下发生一系列的物理变化和化学反应的复杂过程。其结果是生成气体（煤气）、液体（煤焦油）、固体（半焦或焦炭）等产品。煤的热解也称为煤的干馏和热分解。

目前煤加工的主要工艺仍是热加工。按热解最终温度不同可分为：高温干馏（950～1050℃），中温干馏（700～800℃），低温干馏（500～600℃）。煤的热解是煤热化学加工的基础。

1. 煤的热解过程

有黏结性的烟煤热解过程，如图 2-1-4 所示，大致可分为 3 个阶段。

(1) 第一阶段（室温至 300℃）　主要是煤干燥、脱吸阶段。煤的外形没有发生变化。

120℃前是煤脱水干燥；120～200℃煤是放出吸附在毛细孔中的气体，如 CH_4、CO_2、N_2 等，是脱吸过程；近 300℃ 褐煤开始热解，生成 CO_2、CO、H_2S 等，同时放出热解水及微量焦油，而烟煤、无烟煤此时变化不大。

（2）第二阶段［300～550（600）℃］ 该阶段以煤热分解、解聚为主，形成胶质体并固化而形成半焦。

300～450℃ 时煤激烈分解、解聚，析出大量的焦油和气体，焦油几乎全部在这一阶段析出。气体主要是 CH_4 及其同系物，还有 H_2、CO_2、CO 及不饱和烃等，这些气体称为热解一次气体。在 450℃ 时析出的焦油量最大。在该阶段由于热解，生成气、液（焦油）、固（尚未分解的煤粒）三相为一体的胶质体，使煤发生了软化、熔融、流动和膨胀。液相中有液晶（或中间相）存在。

450～550（600）℃胶质体分解、缩聚，固化形成半焦。

（3）第三阶段［550（600）～1000℃］该阶段以缩聚反应为主，由半焦转变成焦炭。

550（600）～750℃，半焦分解析出大量气体，主要是 H_2 和少量 CH_4，这些气体称为热解二次气体。一般在 700℃ 时析出的氢气量最大。在此阶段基本上不产生焦油。半焦分解出气体收缩产生裂纹。

750～1000℃ 半焦进一步分解，继续析出少量气体，主要是 H_2，同时分解残留物进一步缩聚，芳香碳网不断增大，排列规则化，半焦转变成具有一定强度和块度的焦炭。

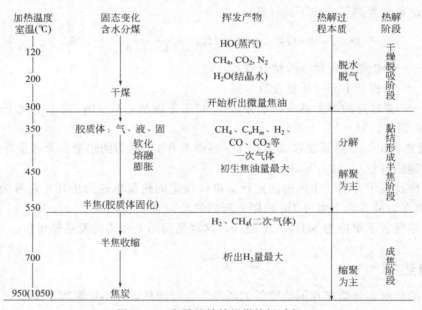

图 2-1-4 有黏结性的烟煤热解过程

煤质热解上述的 3 个阶段，是一个连续变化过程，每一个后续阶段，必须通过前面的各个阶段。煤热解的主要阶段用差热分析可得证实。

煤化程度低的煤（如褐煤），其热解过程大体与烟煤相同，但不存在胶质体形成阶段，仅发生激烈分解，析出大量气体和焦油，无黏性，形成的半焦是粉状的。加热到高温时，生成焦粉。

高变质煤无烟煤的热解过程比较简单，是一个连续的析出少量气体的分解过程，既不生成胶质体也不生成焦油。因此，无烟煤不适宜用干馏的方法进行加工。

2. 煤热解中的化学反应

煤热解过程中热化学反应是非常复杂的，包括煤中有机质的裂解，裂解产物中轻质部分的挥发，裂解残留物的缩聚，挥发产物在逸出过程中热分解及化合，缩聚产物的进一步分解、再缩聚等过程。总的讲包括裂解和缩聚两大类反应。从煤的分子结构看，可认为，热解过程是基本结构单元周围的侧链和官能团，对热不稳定成分不断裂解，形成低分子化合物并挥发出去，基本结构单元的缩合芳香核部分对热稳定，互相缩聚形成固体产物（半焦和焦炭）。

为说明煤的裂解，首先介绍有机化合物的热裂解一般规律。

（1）有机化合物对热的稳定性 取决于组成分子的各原子的结合键的形成及键能的大小，键能大的，难断裂，即热稳定性高；反之，键能小的，易分解，其热稳定性差。

烃类热稳定性的一般规律是：

① 缩合芳烃＞芳香烃＞环烷烃＞烯烃＞炔烃＞烷烃。

② 芳环上侧链越长，侧链越不稳定；芳环数越多，侧链也越不稳定。

③ 缩合多环芳烃的环数越多，其热稳定性越大。

煤的热分解过程也遵循上述规律。

（2）煤热解中的主要化学反应 煤热解中化学反应可分为以下几种。

① 煤热解中的裂解反应。结构单元之间的桥键断裂生成自由基，其主要是 $—CH_2—$、$—CH_2—CH_2—$、$—CH_2—CH_2—O—$、$—O—$、$—S—$、$—S—S—$ 等，桥键受热后易断裂成自由基碎片。

脂肪侧链受热易裂解，生成气态烃，如 CH_4、C_2H_6、C_2H_4 等。

含氧官能团的裂解，含氧官能团的热稳定性顺序为：$—OH \gg —\overset{\displaystyle O}{\overset{\|}{C}}— > —COOH$。羧基热稳定性低，200℃就开始分解，生成 CO_2 和 H_2O；羰基在 400℃左右裂解生成 CO；羟基不易脱落，到 700～800℃以上，有大量氢存在，可氢化生成 H_2O。含氧杂环在 500℃以上也可能断开，生成 CO。

煤中低分子化合物的裂解，是以脂肪结构的低分子化合物为主，其受热后，可分解成挥发性产物。

② 一次热解产物的二次热解反应。煤样热解的一次产物，在析出过程中受到二次热解。其二次热解的反应有：

裂解反应：

$$C_2H_6 \longrightarrow C_2H_4 + H_2 \tag{2-1-16}$$

$$C_2H_4 \longrightarrow CH_4 + C \tag{2-1-17}$$

$$CH_4 \longrightarrow C + 2H_2 \tag{2-1-18}$$

$$\tag{2-1-19}$$

脱氢反应：

$$\tag{2-1-20}$$

$$\tag{2-1-21}$$

加氢反应：

$$(2\text{-}1\text{-}22)$$

$$(2\text{-}1\text{-}23)$$

$$(2\text{-}1\text{-}24)$$

缩合反应：

$$(2\text{-}1\text{-}25)$$

$$(2\text{-}1\text{-}26)$$

桥键分解：

$$—CH_2— + H_2O \longrightarrow CO + 2H_2 \qquad (2\text{-}1\text{-}27)$$

$$—CH_2— + —O— \longrightarrow CO + H_2 \qquad (2\text{-}1\text{-}28)$$

③ 煤热解中的缩聚反应。煤热解的前期以裂解反应为主，而后期则以缩聚反应为主。缩聚反应对煤热解生成固态产物半焦和焦炭影响较大。

胶质体固化过程的缩聚反应，主要是在热解生成的自由基之间的缩聚，其结果是生成半焦。

半焦分解，残留物之间缩聚，生成焦炭。缩聚反应是芳香结构脱氢。苯、萘、联苯和乙烯参加反应。如：

$$(2\text{-}1\text{-}29)$$

$$(2\text{-}1\text{-}30)$$

加成反应，具有共轭双烯及不饱和键的化合物，在加成时进行环化反应。如：

$$CH_2=CH-CH=CH_2+CH_2=CH-R \longrightarrow \quad \text{(2-1-31)}$$

3. 影响煤热解的因素

影响煤热解的因素很多，有原料煤的影响，包括煤化程度、煤岩组成、煤的粒度等；还有外界条件的影响，包括加热条件（升温速度、热解最终温度、压力）、装煤条件（散装、型煤、捣固、预热）、添加剂、预处理（氧化、加氢、水解和溶剂抽提等）、产品导出方式等。

（1）原料煤的影响

① 煤化程度的影响。煤化程度对煤的热解影响较大，它直接影响煤开始热解温度、热解产物、热解反应活性、黏结性和结焦性等。

a. 对煤开始热解温度的影响。随着煤化程度增加，煤开始热解温度逐渐升高，见表2-1-7。

表 2-1-7　煤中有机质开始热解温度

煤种	泥炭	褐煤	烟煤					无烟煤
			长焰煤	气煤	肥煤	焦煤	瘦煤	
开始分解温度/℃	<100	160	170	210	260	300	320	380

b. 对热解产物及产率的影响。在同一热解条件下，煤化程度不同，其热解产物及产率也不同。煤化程度低的煤（褐煤），热解时煤气、焦油和热解水产率高，但没有黏结性（或黏结性很小），不能结成块状焦炭；中等变质程度的烟煤，热解时煤气、焦油产率较高，而热解水少，黏结性强，能形成强度高的焦炭；煤化程度高的煤（贫煤以上），煤气量少，基本没有焦油，也没有黏结性，生成大量焦粉（脱气干煤粉）。

c. 对热解反应活性影响。随着煤化程度的增加，其反应活性降低。

② 煤岩组成的影响。不同煤岩成分其热解产物的产率也不同。煤气产率以稳定组最高，惰质组最低，镜质组居中；焦油产率以稳定组最高，同时其中性油含量高，惰质组最低，镜质组焦油产率居中，其中酸性油和碱性油含量高；焦炭产量惰质组最高，镜质组居中，稳定组最低。

总之，镜质组和稳定组为活性组分，惰质组和矿物质为惰性成分。

③ 煤粒度的影响。煤的热解试验表明，随着煤的粒度减小，其比表面积增加，胶质体厚度减少，而黏度增加；煤开始软化温度和胶质体固化温度降低，胶质体温度间隔缩小，故使黏结性降低；堆相对密度下降，挥发分脱出速度提高，减少了膨胀压力，也不利于煤的黏结。所以，炼焦煤对煤的粒度都有一定的要求。

另外，煤中矿物质含量增加，煤的黏结性降低，应尽可能减少矿物质含量。

（2）外界条件的影响

① 热解最终温度的影响。因煤热解的终点温度不同，热解产品的组成和产率也不同，见表2-1-8。

随着热解最终温度的升高，焦炭和焦油产率下降，煤气产率增加，但煤气中氢含量增加，而烃类减少，因此其热值降低；焦油中芳烃和沥青增加，酚类和脂肪烃含量降低。可以看出，由于热解的终温不同，所以煤热解的深度就不同，其产品的组成和产率也不同。在工业利用上，低温热解以制取焦油为目的，中温热解慢速加热以生产中热值煤气为主，而高温热解生产高强度的冶金焦。

表 2-1-8　不同终温下干馏产品的分布与性状

产品分布与性状		最终温度		
		600℃低温干馏	800℃中温干馏	1000℃高温干馏
固体产品		半焦	中温焦	高温焦
产品产率(质量分数)/%		80～82	75～77	70～72
焦油/%		9～10	6～7	3.5
煤气(以干煤计)/(m³/t)		120	200	320
产品性状:焦炭着火点/℃		450	490	700
机械强度		低	中	高
挥发分/%		10	约5	<2
焦油:相对密度		<1	1	≫1
中性油(质量分数)/%		60	50.5	35～40
酚类(质量分数)/%		25	15～20	1.5
焦油碱(质量分数)/%		1～2	1～2	约2
沥青(质量分数)/%		12	30	57
游离碳(质量分数)/%		1～3	约5	4～7
中性油成分		脂肪烃、芳烃	脂肪烃、芳烃	芳烃
煤气主要成分(质量分数)/%	氢	31	45	55
	甲烷	55	38	25
煤气中回收的轻油		气体汽油	粗苯至汽油	粗苯
产率(质量分数)/%		1.0	1.0	1～1.5
组成		脂肪烃为主	芳烃50%	芳烃90%

② 升温速度的影响。根据煤的升温速度,一般可将热解分为:

慢速加热　<5℃/s

中速加热　5～100℃/s

快速加热　100～10⁶℃/s

闪激加热　>10⁶℃/s

现有的炼焦工艺属慢速加热。

a. 对挥发物析出温度的影响。随着煤加热速度的增加,气体开始析出的温度和气体析出最大量时的温度,向高温侧移动(见表 2-1-9)。

表 2-1-9　加热速度对煤热解的影响

加热速度/(℃/min)	温度/℃		加热速度/(℃/min)	温度/℃	
	气体开始析出	气体最大析出		气体开始析出	气体最大析出
5	255	435	40	347	503
10	300	458	50	355	515
20	310	486			

　　煤的热解是吸热反应，而煤的导热性差，故反应的进行和气体的析出需要一定的热的作用时间，当提高加热速度时，部分结构来不及分解，分解的挥发分也来不及导出，因此产生滞后。

　　b. 对黏结性影响。提高加热速度，煤的胶质体温度区间扩大。由于提高加热速度，使开始软化温度和开始固化温度都向高温侧移动，而固化温度升高得较多，扩大胶质体停留时间，改善黏结性；同时，提高加热速度，在一定时间内生成焦油的量较多，增加胶质体的膨胀度，降低收缩度，有利于黏结。

　　c. 对热解产物的影响。提高加热速度，使煤气和焦油产率增加，焦炭产率减少。煤气中增加了烯烃、苯、乙炔。如在800℃以上的热解，焦油中芳烃增多，萘含量增加，酸性油中苯酚较多，杂酚较少。

　　（3）压力的影响　增加煤热解时的压力，可阻止热解产物挥发和抑制低分子气体生成，在单位时间里生成的液体产物增加。如煤加氢裂解时，增加氢压，液相（油）产率增加，同时由于液相产物的增加，胶质层厚度增加，其膨胀度增大，黏结性增强。

　　另外，煤溶剂抽提、氧化、加氢、水解、烷基化等，都会改变煤的热解。

三、煤的黏结性和结焦性

　　煤的黏结性就是烟煤在干馏时黏结其本身或外加惰性物的能力。煤的热解结焦性就是煤在工业焦炉和模拟工业焦炉的炼焦条件下（一定的加热速度、炼焦温度等）结成焦炭的能力。煤的黏结性是评价炼焦用煤的主要指标，也是评价低温干馏产物、气化和动力用煤的重要依据之一。

　　测定煤黏结性和结焦性的实验室方法很多，国际和国内常用的并为中国国家标准采用的方法如下。

1. 坩埚膨胀序数（CSN）

　　坩埚膨胀序数是表征煤的膨胀性和黏结性的指标之一，曾称自由膨胀序数（FSI）。中国国家标准规定了烟煤自由膨胀度序数的测定方法（电加热法），其要点是：将装有一定质量煤样的专用坩埚，放入加热炉内，按规定的方法加热。所得到的焦块，用一组带有序号的标准焦块侧形相比较，取其最接近的焦形序号（图2-1-5），作为测定结果，序数越大表明煤的膨胀性和黏结性越大。

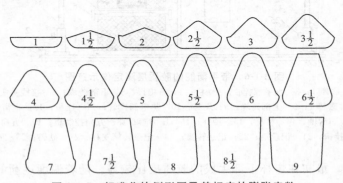

图 2-1-5　标准焦块侧形图及其相应的膨胀序数

　　这种方法带有较强的主观性，在利用该法确定膨胀序数5以上的煤时分辨能力较差。但它快速简单，在英国习用已久，在国际硬煤分类方案中也被选为分类指标之一。

2. 罗加指数（R.I.）

罗加指数是波兰化学家罗加于 1949 年提出作为测定烟煤黏结性的一种方法。方法的要点是：将 1g 煤样和 5g 专用无烟煤经充分混合后，在严格规定的条件下碳化，将得到的焦炭在特定的转鼓中进行转磨试验，测定焦炭的耐磨强度，以罗加指数表示。罗加指数可以定量地在较宽范围内来区分煤种，也被国际硬煤分类方案选中作为黏结性指标。

3. 烟煤的黏结指数（$G_{R.I.}$ 指数，简记 G 指数）

烟煤的黏结指数是煤炭分类国家标准（GB/T 5751—2009）中代表烟煤黏结性的主要分类指标之一。测定方法是参照国际标准 ISO 335：1974《硬煤——粘接力的测定——罗加试验法》经改进后制定的。

方法要点是：将一定质量的试验煤样和专用无烟煤，在规定的条件下混合，快速加热成焦，所得的焦块在一定规格的转鼓内进行强度检验，以焦块的耐磨性强度即对破坏力的大小表示试验煤样的黏结能力。

4. 胶质层指数

胶质层指数的测定是测定煤的胶质层最大厚度（以 Y 表示，简称 Y 值）、焦块最终体积收缩度（以 X 表示，简称 X 值）、体积曲线类型 3 个主要参数和描述焦炭的特性等。

测定要点是把一定粒度的煤样放在煤杯中，然后从下部对煤样进行单侧加热。由于加热是在煤杯底部进行，所以加热到一定温度后，在杯内形成一系列的等温层面，它们的温度由上而下递增。温度达到煤的软化点以上的层面，煤都软化而形成胶质体层（简称胶质层），见图 2-1-6。温度达到胶质体固化点的层面，都固化成半焦。而温度在煤的软化点以下，则煤仍保持原来的未软化状态。所以煤杯内的煤样受热后分为 3 层。

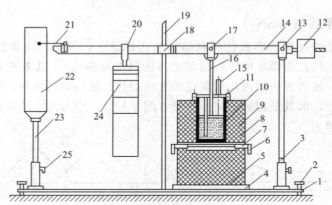

图 2-1-6　带平衡舵的胶质层测定仪示意图

1—底座 1；2—水平螺栓；3—立柱；4—石棉板；5—下部砖垛；6—接线夹头；
7—硅碳棒 1；8—上部砖垛；9—煤杯；10—热电偶铁管；11—压板；12—平衡铊；
13,17—活轴；14—杠杆；15—探针；16—压力盘；18—方向控制板；19—方向柱；
20—砝码挂钩；21—记录笔；22—记录转筒；23—记录转筒立柱；24—砝码；25—固定螺栓

在整个测定中，最初在煤杯下部生成的胶质层比较薄。随着温度逐渐的升高，胶质层变厚。当下部温度升到胶质层固化点后，下部的胶质层固化，因此胶质层厚度减小。所以，在整个过程中会出现胶质层最大厚度（Y 值）。在胶质层内部，由于热分解而产生气体，但因其透气不良，而使气体聚集在层内，促使胶质层膨胀。膨胀力使压在煤样上的压力盘上移。记录笔就会绘出体积变化的曲线。如果这些气体在胶质层和半焦层都找不到出路（半焦的裂隙很少），膨胀可以持续很久，这样，记录笔绘出的气体变化的曲线就呈"山"字形，如图 2-1-7（f）所示；如果气体能从半焦层的裂隙中很快逸出，那么煤的体积曲线时起时伏呈"之"字形，如图 2-1-7（e）所示；如果膨胀不大，气体逸出也慢，则体积曲线呈波形或微波形，如图 2-1-7（c）、图 2-1-7（d）所示；如果胶质层透气性好，煤的热分解又是在形成的半焦后进行的，那么煤的体积曲线呈平滑下降和平滑斜降。体积曲线与煤的类别有一定的关系，但是这些关系只是定性的，不能定量，所以只能作辅助指标。

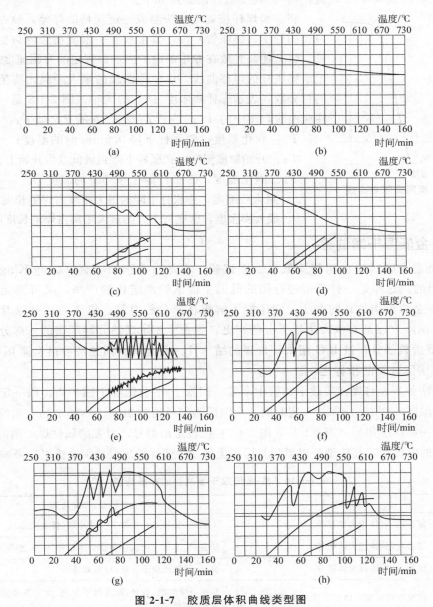

图 2-1-7　胶质层体积曲线类型图

　　煤杯内的全部煤样均匀形成半焦后，由于体积收缩，煤的体积曲线下降到最低。以试验结束（730℃）时，煤样应收缩的体积曲线所呈现的点到测定开始时的零点线之间的距离，为最终收缩度。

胶质层试验时的条件差异对测定结果有很大的影响，也就是说它的规范性很强。

胶质层厚度在我国应用广泛，是中国煤炭分类国家标准中区分肥煤与其他煤类的重要指标之一。

5. 奥阿膨胀度

烟煤奥阿膨胀计试验的 b 值是中国煤炭分类国家标准中区分肥煤与其他煤类的重要指标之一（与胶质层最大厚度 Y 值并列）。其测试方法要点如下。

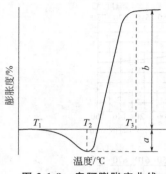

图 2-1-8 奥阿膨胀度曲线

将实验煤样按规定方法制成一定规格的煤笔，放在一根标准口径的管子（膨胀管）内，其上放置一根能在管内自由滑动的钢管。将上述装置放在专用的电炉内，以规定的升温速度进行加热，记录膨胀杆的位移曲线。以位移曲线的最大距离占煤笔原始长度的百分数，表示煤样膨胀度（b）的大小。图 2-1-8 是一种典型的膨胀曲线，图中的 T_1、T_2、T_3 及 a、b 的意义如下：

T_1：软化温度，膨胀杆下降 0.5mm 时的温度；

T_2：开始膨胀温度，膨胀杆下降到最低点后开始上升的温度；

T_3：固化温度，膨胀杆停止移动时的温度；

a：最大收缩度，膨胀杆下降的最大距离占煤笔长度的百分数；

b：最大膨胀度，膨胀杆上升的最大距离占煤笔长度的百分数。

6. 格-金低温干馏试验

格-金低温干馏试验也叫管式低温干馏试验，它是由英国格、金（Gray-King）两人在 1932 年提出的。这原是一种既可进行煤的低温干馏试验测定焦油产率，又可测定煤的结焦性能（即格-金焦型指数）的方法，它还能了解煤在热分解时氨、煤气的成分以及水分含量等。后来，国际上逐渐对该方法作了一些变更，删去了测定煤热分解产物的一部分，只要测定格-金焦型指数部分，被 ISO 用来评价煤的结焦性。联合国欧洲经济委员会采用格-金焦型指数作硬煤国际分类的指标之一。

试验方法如下：将煤样装载干馏管中，置干馏管于格-金低温干馏炉内，以一定升温程序加热到最终温度 600℃，应保持一定时间，干馏后测定所得的焦油、热解水和半焦的产率，同时将焦炭与一组标准焦型（表 2-1-10，图 2-1-9）比较定出型号。对强膨胀性煤，则需在煤样中配入一定量的电极炭，其焦型是以得到与标准焦型（G 型）的焦炭最少电极炭量来确定。

表 2-1-10 格-金低温干馏试验的标准焦型

焦型	体积变化	主要特征、强度及其他
A	试验前、后体积大体相等	不黏结，粉状或粉中带有少量小块，接触就碎
B	试验前、后体积大体相等	微黏结，多于 3 块或块中带有少量粉，一拿就碎
C	试验前、后体积大体相等	黏结，整块或少于 3 块，很脆易碎
D	试验后较试验前体积明显减小（收缩）	黏结或微熔融，较硬，能用指甲刻画，少于 5 条明显裂纹，手摸染指，无光泽
E	试验后较试验前体积明显减小（收缩）	熔融，有黑的或稍带灰的光泽，硬，手摸不染指，多于 5 条明显裂纹，敲时带金属声响
F	试验后较试验前体积明显减小（收缩）	横断面完全熔融，并呈灰色，坚硬，手摸不染指，少于 5 条明显裂纹，敲时带金属声响

续表

焦型	体积变化	主要特征、强度及其他
G	试验前、后体积大体相等	完全熔融，坚硬，敲时发出清晰的金属声响
G_1	试验后较试验前体积明显增大（膨胀）	微膨胀
G_2	试验后较试验前体积明显增大（膨胀）	中度膨胀
G_x	试验后较试验前体积明显增大（膨胀）	强膨胀

注：G 右下角的数字是以配入电极炭得到标准焦型 G 的最小电极炭克数（整数）来确定的。

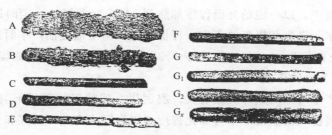

图 2-1-9　一组标准格-金焦型

7. 焦渣转鼓指数

煤炭科学研究总院北京煤化学研究所提出，把测定挥发分产率后的焦渣放入罗加转鼓中进行转磨试验，以测定焦渣强度。强度大小以焦渣转鼓指数来表示。焦渣转鼓指数缩写为 J. Z. Z.。

焦渣转鼓指数适用于区分 Y 值小于 7mm 或罗加指数小于 20 的弱黏结煤和黏结指数小于 15 的煤。因为胶质层指数、罗加指数和 G 值等指标区分弱黏结煤的灵敏度都很小，而 J. Z. Z. 测定结果从 0 到 90 都有，比上述几个指标的区分范围都大。因此，它是区分弱黏结煤的较好指标。目前将它作为划分瘦煤和贫煤、长焰煤和气煤以及弱黏煤和不黏煤的辅助指标。

8. 基泽勒（基氏）塑性计测定煤的可塑性

它是测定煤塑性的方法之一。在规定条件下加热煤样，并给在煤样中的搅拌桨以一定的扭矩，随着煤的软化、固化，可以测出开始软化温度（T_p）、最大值流动度时的温度（T_{max}）、固化温度（T_k）和基泽勒最大流动度（α_{max}）等指标值。这些指标在研究煤的热变性、热分解动力学和炼焦配煤方案中都有较为重要的意义。

基泽勒塑性计是一种恒转矩，测定其转速的黏度仪。取 2g 小于 0.4mm 的煤样，装入带有搅拌翅基氏管的钢锅中，该翅上部插入滑轮中，加上一定的转矩，于 290℃（$V_{daf}>30\%$）或 320℃（$V_{daf}<30\%$）加入盐浴中，10min 内恢复炉温，再以 3℃/min 的速度加热。当刻度盘指针转动 1 时，对应温度为软化温度（T_p）；当指针转速最大时，对应温度为（T_{max}），最大值流动度为（α_{max}），因此值甚大，故纵坐标常采用对数坐标。当指针停止转动时，令此时对应温度为固化温度，试验即告结束。几种炼焦用煤的基泽勒塑性仪曲线如图 2-1-10 所示。

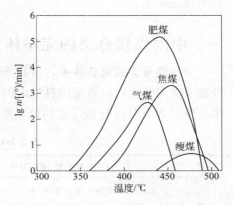

图 2-1-10　几种典型的基泽勒塑性仪曲线

基氏流动度是美国、日本广泛应用的指标，用它来研究加热速度对煤黏结性的影响是很有成效的。基氏流动度的主要问题是重现性差。因此，近来美国、日本用自动操作和标准液校正，使准确度有很大提高。

四、煤的铝甑低温干馏试验

为评定各种煤的炼油适合性，以及在低温干馏产物工业生产中鉴定原料煤的性质并预测各种产品的产率，要求进行低温干馏产物试验，常采用铝甑干馏试验方法。该方法的要点是：将煤样装在铝甑中，以一定的升温程序加热到 510℃，并保持一定时间，干馏后测定所得到的焦油、热解水、半焦和煤气的产率。评价煤的低温干馏焦油产率时用空气干燥基指标 Tar_{ad}。低温干馏用煤的 Tar_{ad} 一般不应小于 7%。$Tar_{ad} > 12\%$ 的称高油煤；$> 7\% \sim 12\%$ 者称富油煤；$\leqslant 7\%$ 者为含油煤。

煤的低温焦油产率与煤的成因类型有关。腐泥煤、残植煤的低温干馏焦油产率相当高，大多数为富油煤。腐植煤的焦油产率与煤化程度和煤岩组成有关，褐煤和长焰煤的较高，当煤稳定组含量较高时也较高。

五、褐煤的苯萃取物产率 （EB）

褐煤的苯萃取物是褐煤中能溶于苯的部分，主要成分为蜡和树脂。测定方法为：将褐煤试样置于萃取器中用苯萃取，然后将溶剂蒸除，并于 105～110℃ 温度下将萃取物干燥至恒重。根据干燥基萃取物的质量，算出褐煤萃取物产率。

第四节　煤炭分类

为了适应不同用煤部门的需要，要依据煤的属性和成因条件，将煤分成多种类别（分类学）。煤的分类是按照同一类别煤基本性质相近的科学原则进行的。遵循分类系统学的通常程序，第一步是根据物质各种特性的异同，划分出自然的类别；第二步是对划分出的类别加以命名的表述。对煤炭进行分类时，根据分类目的的不同，有实用的分类（技术分类和商业编码）和科学/成因分类，即使是纯科学分类，通常也有实际用途。这两大类构成了煤炭分类的完整体系。

一、中国煤炭分类的完整体系

中国煤分类的完整体系，由技术分类、商业编码和煤层煤分类 3 个国家标准组成。前两者属于实用分类，后者属于科学成因分类。它们之间就其应用范围、对象和目的而言，都不尽一致。表 2-1-11 比较了它们的主要差别。

表 2-1-11　中国煤炭分类的完整体系

项目	技术分类、商业编码	科学成因分类
国家标准	技术分类：《中国煤炭分类》(GB/T 5751—2009) 商业编码：《中国煤炭编码系统》(GB/T 16772—1997)	中国煤层煤分类(GB/T 17607—1998)

续表

项目	技术分类、商业编码	科学成因分类
应用范围	① 加工煤(筛分煤、洗选煤、各粒级煤) ② 非单一煤层煤和配煤 ③ 商品煤 ④ 指导煤炭利用	① 煤视为有机沉积岩(显微组分和矿物质) ② 煤层煤 ③ 国际、国内煤炭资源储量统一计算基础
目的	① 技术分类:以利用为目的(燃烧、转化) ② 商业编码:国内贸易与进出口贸易 ③ 煤利用过程较详细的性质与行为特征 ④ 对商品煤给出质量评价和类别	① 以科学/成因为目的 ② 计算资源量与储量的统一基础 ③ 统一不同国家资源量,储量的统计与可靠性计算 ④ 对煤层煤质量评价
方法	① 人为制定分类编码系统 ② 编码和商业类别(牌号) ③ 有限的参数,有时不分类界 ④ 基于煤的化学性质或部分煤岩特征	① 自然系统的 ② 定性描述类别 ③ 有类别界限 ④ 分类参数主要基于煤岩特征

1. 中国煤炭分类

现行中国煤炭分类是按煤的煤化程度先将煤分成褐煤、烟煤和无烟煤 3 大类;再按煤化程度的深浅及工业利用的要求,将褐煤分成 2 个小类,将无烟煤分成 3 个小类(表 2-1-12,图 2-1-11)。

表 2-1-12 中国煤炭分类简表

类别	符号	包括数码	$V_{daf}/\%$	G	Y/mm	$B/\%$	$P_M^{②}/\%$	$Q_{gr,maf}^{③}/(MJ/kg)$
无烟煤	WY	01,02,03	≤10.0					
贫煤	PM	11	>10.0~20.0	≤5				
贫瘦煤	PS	12	>10.0~20.0	>5~20				
瘦煤	SM	13,14	>10.0~20.0	>20~65				
焦煤	JM	24 15,25	>20.0~28.0 >10.0~28.0	>50~65 >65①	≤25.0		(≤150)	
肥煤	FM	16,26,36	>10.0~37.0	(>85)①	>25.0		①	
1/3 焦煤	1/3JM	35	>28.0~37.0	>65①	≤25.0		(≤220)	
气肥煤	QF	46	>37.0	(>85)①	>25.0		(>220)	
气煤	QM	34 43,44,45	>28.0~37.0 >37.0	>50~65 >35	≤25.0		(≤220)	
1/2 中黏煤	1/2ZN	23,33	>20.0~37.0	30~50				
弱黏煤	RN	22,32	>20.0~37.0	5~30				
不黏煤	BN	21,31	>20.0~37.0	≤5				
长焰煤	CY	41,42	>37.0	≤35			>50	
褐煤	HM	51 52	>37.0 >37.0				≤30 >30~50	≤24.0

① 对 $G>85$ 的煤,再用 Y 值或 b 值来区分肥煤、气肥煤与其他煤类。当 $Y>25.0mm$ 时,应划分为肥煤或气肥煤;当 Y 值≤25.0mm 时,则根据其 V_{daf} 的大小而划分为相应的其他煤类。

按 b 值划分类别时,V_{daf}≤28.0%、暂定 $b>150\%$ 的为肥煤;$V_{daf}>28\%$、暂定 $b>220\%$ 的为肥煤或肥气煤。当按 b 值和 Y 值划分类别有矛盾时,以 Y 值划分的类别为准。

② 对 $V_{daf}>37.0\%$、G_{af}≤5 的煤,再以透光率 P_M 来区分其为长烟煤或褐煤。

③ 对 $V_{daf}>37.0\%$、$P_M>30\%\sim50\%$ 的煤,再测 $Q_{gr,maf}$,如其值$>24MJ/kg$,应划分为长焰煤。

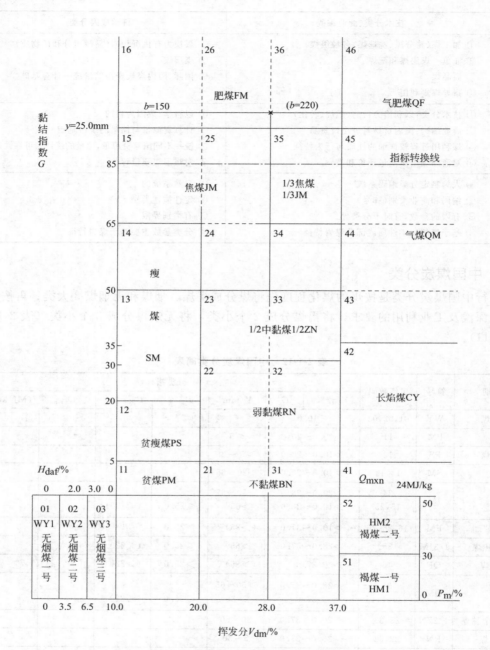

图 2-1-11　中国煤炭分类（GB/T 5751—2009）

2. 中国煤炭的编码系统

中国煤炭编码系统是一个采用 8 个参数 12 位数码的编码系统（见表 2-1-13）。为了使煤炭生产、销售与用途根据各种煤炭利用工艺的技术要求，能明确无误地交流煤炭质量，保障煤分类编码系统能适用于不同成因、成煤时代以及既可应用于单一煤层又适用于多煤层混煤和洗煤，同时还考虑现实的环境要求，依次用下列参数进行编码。

表 2-1-13　中国煤炭编码总表

镜质组平均随机反射率 R_{ran}		高位发热量 $Q_{gr,daf}$ (中、高煤阶煤)		高位发热量 $Q_{gr,maf}$ (低煤阶煤)		挥发分 V_{daf}	
编码	%	编码	MJ/kg	编码	MJ/kg	编码	%
02	0.2~0.29	24	24~<25	11	11~<12	01	1~<2
03	0.3~0.39	25	25~<26	12	12~<13	02	2~<3
04	0.4~0.49	—	—	13	13~<14	—	—
—	—	35	35~<36	—	—	09	9~<10
19	1.9~1.99	—	39	22	22~<23	10	10~<11
—	—	39	≥	23	23~<24	—	—
50	≥5.0					49	49~<50

黏结指数 G (中、高煤阶煤)		全水分 M_t (低煤阶煤)		焦油产率 Tar_{daf} (低煤阶煤)		灰分 A_d		全硫含量 $S_{t,d}$	
编码	G 值	编码	%	编码	%	编码	%	编码	%
00	0~<9	1	<20	1	<10	00	0~<1	00	0~<0.1
01	10~<19	2	20~<30	2	10~<15	01	1~<2	01	0.1~<0.2
02	20~<29	3	30~<40	3	15~<20	02	2~<3	02	0.2~<0.3
		4	40~<50	4	20~<25				
09	90~99	5	50~<60	5	≥25	29	29~<30	31	3.1~<3.2
10	≥100	6	60~<70			30	30~<31	32	3.2~<3.3

① 第一及第二位数码表示范围 0.1% 的镜质组平均随机反射率 R_{ran} 下限值乘以 10 后取整。

② 第三及第四位数码表示 1MJ/kg 范围干燥无灰基高位发热量 $Q_{gr,daf}$（MJ/kg）下限值，取整；对于低煤阶煤采用恒湿无灰基高位发热量 $Q_{gr,maf}$（MJ/kg），表示出 1MJ/kg 范围内下限值，取整。

③ 第五及第六位数码表示干燥无灰基挥发分 V_{daf} 以 1% 范围的下限值，取整，二位数。

④ 第七及第八位数码表示黏结指数：用 G 值除 10 的下限值，取整。

⑤ 对于低的煤阶煤，第七位表示全水分 M_t，从 0 到小于 20%（质量分数）时，计作 1；20% 以上除以 10 的 M_t 下限值，取整。

⑥ 对于低煤阶煤，第八位表示焦油产率 Tar_{daf}，%，一位数。当 Tar_{daf} 小于 10% 时，记作 1；大于 10% 到小于 15%，记作 2；大于 15% 到小于 20%，记作 3。即以 5% 为间隔，依此类推。

⑦ 第九及第十位数码表示 1% 范围取整后干燥基灰分 A_d 的下限值。

⑧ 第十一位及第十二位数码表示 0.1% 范围干燥基全硫含量 $S_{t,d}$（φ，%）乘以 10 后下限值取整。

编码的顺序：对于低煤阶煤，按镜质组平均随机反射率、发热量、挥发分、全水分、焦油产率、灰分和硫分依次排序，即 R、Q、V、M、Tar、A、S；对于中高煤阶煤，则按 R、Q、V、G（黏结指数）、A、S 依次排序。

3. 中国煤层煤分类

中国煤层煤分类国家标准已于 1999 年 5 月 1 日开始实施（参见图 2-1-12）。制定该标准的最主要目的是提供一个与国际接轨的统一尺度，来评价和计算煤炭资源量与储量。对煤层煤分类基于下列参数。

① 煤阶（rank）。对于中、高煤阶煤，以镜质组平均随机反射率（R_{ran},%）作为分类参数；对于低煤阶煤，以恒湿无灰基高位发热量（$Q_{gr,maf}$，MJ/kg）作为分类参数。

② 显微组分组成。以煤的显微组分组成中无矿物质基镜质组含量（ϕ,%）表示，$V_{t,mmf}(\phi,\%)$。

③ 品位（grade）。以干燥基灰分 A_d(%) 表征煤的品位。

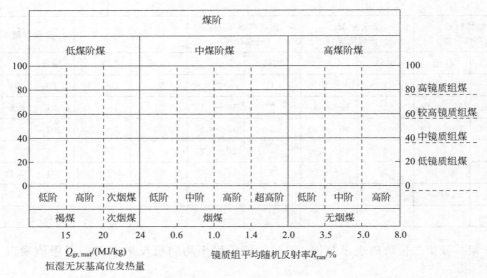

(a) 按煤阶和煤的显微组分组成的分类

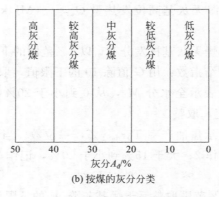

(b) 按煤的灰分分类

图 2-1-12　中国煤层煤分类

分类名称的冠名顺序以品位、显微组分组成、煤阶依次排列。命名表述示例如下：

A_{d}	$V_{\mathrm{t,mmf}}$	R_{ran}	$Q_{\mathrm{gr,maf}}$	命名表述
26.71	82	0.30	16.8	中灰分、高镜质组、高阶褐煤
8.50	65	0.58	23.8	低灰分、较高镜质组、次烟煤
22.00	50	0.70		中灰分、中等镜质组、中阶烟煤
10.01	60	1.04		较低灰分、较高镜质组、高阶烟煤
3.00	90	2.70		低灰分、高镜质组、低阶无烟煤

二、国际煤炭分类

随着国际煤炭贸易量增加，迫切需要一个国际煤炭分类系统，来统一煤炭资源的储量和交换质量信息。1949 年，欧洲经济委员会煤炭委员会在日内瓦成立了煤炭分类工作委员会，开始制定国际煤炭分类。直到现在，国际标准化组织煤炭委员会还在制定一个煤分类的国际标准，可见要制定一个各国都能接受的分类标准，是一件既有必要又十分困难而艰巨的工作。

第五节　中国煤炭资源分布和煤质概况

为方便下文的叙述，首先对新采用的几个概念作一简要说明。煤炭资源分类中所指的煤炭资源，是指赋存于地下的具有现实和潜在经济价值的煤炭，包含着已发现资源量和预测资源量。依照有关规范的程序和方法完成了地质普查以后所计算的煤炭资源数量称为"已查证资源"，亦称为"保有储量"。在已查证资源中，经过详查和精查，包括普查最终和详查最终勘探阶段所计算的资源数量称为"储量"，只进行了普查所计算的资源量数称"资源量"。只经过找煤阶段所计算的资源数量尚未达到已查证的程度，暂称为"已发现资源量"。因此广义的已发现资源量包括找煤、普查资源量和详查、精查储量的总和。仅根据零星资料和地质理论由已知煤产地类比、外推所估算的资源数量，即称为"预测资源量"。

一、煤炭资源分布概况

1. 按地域分布概况

中国煤炭资源十分丰富，但按地域分布很不均衡，若以大兴安岭—太行山—雪峰山一线东西划界，则西部地区的资源量占全国总资源量的 89%，若按昆仑山—秦岭—大别山一线划界，则北部地区的煤炭资源占全国的 90%。东部沿海的辽宁、天津、河北、山东、江苏、浙江、福建、广东、海南、台湾、广西等 11 省（自治区、直辖市）的煤炭资源仅占全国的 3.3%。

全国保有储量和资源量中，肥煤、焦煤和瘦煤合计占 14.7%，气煤占 12.9%，用途广泛的中等变质烟煤的资源相对贫乏，而年轻烟煤所占相对密度最大，其中不黏煤约占 21.6%，长焰煤约占 8.2%，弱黏煤约占 2.6%，褐煤约占 12.7%。无烟煤和贫煤资源较丰富（见图 2-1-13）。

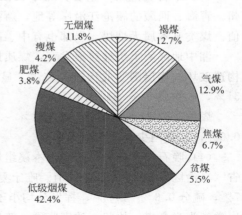

图 2-1-13　全国保有储量、资源量的煤类构成

2. 按地质时代分布概况

资源量最多的聚煤期首推早、中侏罗世，主要分布于华北和西北两大赋煤区，其资源量占全国总资源量的60.8%；其次是主要分布于华北赋煤区的晚石炭世至早二叠世煤，占总资源量的25.4%；主要分布于东北赋煤区的早白垩世煤，占总资源量的6.7%；主要分布于华南赋煤区的晚二叠世煤，占总资源量的6.11%；第三纪（含少量第四纪煤）煤和三叠世煤仅占总资源量的0.7%和0.3%。中国重要聚煤期的排列顺序与全球的规律基本相同。

二、煤质概况

中国煤炭资源极为丰富。在地质史上，成煤期延续长达5亿年以上，从中元古代至早古生代至早古生代形成了石煤，此后的中泥盆世至第四纪均有煤层形成，而具有工业价值的重要成煤期有早、晚石炭世，早、晚二叠世，晚三叠世煤，早、中侏罗世，早白垩世和第三纪。成煤植物门类繁多，从低等菌藻类植物到高等被子植物不断繁衍演化。腐植煤是占绝对优势的成因类型，除泥盆纪前期形成的腐泥无烟煤外，石炭系以后的均以腐植煤占绝对优势。成煤时代、成煤原始物质、聚煤环境和所经历的煤化作用等方面的差异致使各个地区煤的煤岩组成和煤的物理、化学工艺性质复杂多样。

各时代煤的煤质和煤岩特征如下。

(1) 中元古代至早古生代煤   均为石煤（腐泥无烟煤），由菌、藻类和海绵等低等生物所形成。石煤的显微组分中，有机组分以腐泥基质为主，基质中有大量菌、藻类等形态分子和碎屑胶质体。矿物质含量占30%～40%，有的高达60%以上，煤的变质程度相当于2号至1号无烟煤。

石煤层及其顶底板中，钒、镓、锗、铀、镍、钼、铜等元素含量较高，常夹有磷质结核，偶见金、银等贵金属元素，可供综合利用。

(2) 晚古生代泥盆世煤   虽然早、中、晚泥盆世都有煤层沉积，但是只有中泥盆世煤具有一定的工业价值，其中云南禄劝煤因煤岩组分中富含角质体而以角质残植煤著称。镜质组37.3%，惰质组2.4%，壳质组60.3%，镜质体反射率（R_{max}）0.65%。

煤的灰分34%～50%，硫分1.1%，挥发分73.7%。元素组成中（干燥无灰基）碳75.8%，氢9.0%，氮0.6%，氧13.5%，硫1.1%。

(3) 早石炭世煤   主要分布于长江以南的江西、湖南、广东、广西、浙江及云南、贵州、青海、西藏的澜沧江沿岸等地，新疆、陕南等地也有零星煤产地，均具有一定的工业价值。煤类基本属无烟煤，局部也有中、高变质烟煤。

湘中地区测水组煤层最发育，煤质最好。宏观煤岩类型以半亮煤为主，坚硬致密，但受构造破坏的煤层则变成构造碎粒煤。显微组分含量为：镜质组70%～95%，惰质组5%～51%，矿物质5%～13%。

煤的灰分20%～30%，硫分1%～5%。湘中金竹山的无烟煤，灰分3%～7.5%，硫分0.6%，是我国少有的优质无烟煤。

(4) 晚石炭世煤   晚石炭世本溪组煤分布于华北各省（自治区）及辽宁、陕西、宁夏等省（自治区），基本无工业价值。唯宁夏碱沟山煤层发育完好，煤质好。主要煤层灰分小于7%，硫分0.6%～2.9%，挥发分均小于3.5%，氢含量小于2%，真密度1.8左右。宏观煤岩类型为光亮煤，块状、致密坚硬。镜质组占96%，惰质组占1.3%，矿物质占2.3%，镜质组反射率R_{max}为9.91%，是少有的优质无烟煤。

（5）晚石炭世至早二叠世（太原组）煤　广泛分布于北方各省区，尤其在河北、山西、山东、江苏、陕西、宁夏等省（自治区）最具工业价值。

太原组煤为宏观煤岩类型以半亮煤和半暗煤为主，显微组分中镜质组占 60%～80%，惰质组占 10%～30%，壳质组占 1%～10%，各地区煤的显微组分含量变化较大。华北地区煤中角质体比较丰富。

太原组煤的灰分一般小于 25%，硫分普遍较高，可达 2%～5%，可选性为中等可选至难选至极难选。与同煤级烟煤相比，其黏结性和结焦性好于山西组煤层。

太原组煤类复杂，从长焰煤、气煤到无烟煤各大类均有。

（6）早二叠世煤

① 北方早二叠世煤。

a. 山西组煤。山西组煤层与太原组分布范围大致相同，因其分布广泛，煤层发育完好，煤质好，开采条件好，其经济价值在太原组之上。

山西组煤以半亮煤和半暗煤为主，与太原组相比，显微组分中镜质组含量减少，惰质组含量增加，镜质组一般为 50%～80%，惰质组为 10%～40%，壳质组 1%～10%。煤的灰分为 15%～30%，硫分小于 1%。煤的可选性为易选至难选，精煤回收率为 40%～85%。

煤类及其分布与太原组煤基本相似。

b. 下石盒子组煤。该种煤分布于河南、苏北、皖北等地的各大矿区及陕南的零星矿点。在平顶山、永夏、徐州、淮南、淮北等矿区有重要工业价值。

煤的灰分 20%～40%，硫分小于 1%，可选性为难选至极难选。煤类有气煤至无烟煤，以中等变质程度的烟煤居多，但有相当数量因灰分高，可选性差而只能作燃料。

② 南方早二叠世煤。南方早二叠世煤分布面积较大，但经济价值很有限。只有福建最具工业价值，占全省煤炭资源量的 96%，且煤质好。

福建多属构造煤，呈再生坚硬的块状及疏松鳞片状。亮煤占 50%～80%，在显微组分中，镜质组占 87%～96%，惰质组占 3.5%～12.4%，壳质组为少量氧化树脂体和藻类。镜质组最大反射率为 5%～9%，显微硬度为 60～233kg/mm^2，一般均超过 100kg/mm^2。煤的灰分为 20%，硫分为 0.2%～2%。

（7）晚二叠世煤　晚二叠世是秦岭以南，尤其是长江以南的主要聚煤期，含煤地层分布于广东、广西、湖南、江西、浙江、湖北、苏南、皖南和西南地区的云、贵、川、重庆、西藏等地。煤类很复杂，从气煤至无烟煤均有。华南晚二叠世煤主要由亮煤和暗煤组成，镜煤含量少。在华南西部，煤中镜质组含量一般在 60% 以上，惰质组含量小于 30%，壳质组含量小于 10%。华南东部的树皮残植煤中，镜质组含量一般小于 35%，惰质组含量小于 15%，壳质组含量可达 50%～65%，壳质组主要是树皮体。

晚二叠世煤的灰分各地差异很大，特低灰煤和高灰煤均有，其中有不少优质煤。如湖南的牛马司、郴末煤田，广东曲仁，川南，黔西等地的部分煤层灰分在 10% 以下，硫分低于 1%。其他多数地区灰分为 15%～35%，硫分一般为 1.5%～3%。总体上属高硫煤的地区有桂西、桂南、湘北、鄂东南、鄂西南、浙北、黔东、黔北、川南、苏南、皖南等地，硫分可达 3%～10%。

（8）晚三叠世煤　晚三叠世煤在南方经济价值较好的有四川、重庆、云南、湖南、江西等省（直辖市），为重要的炼焦煤源。

新疆、甘肃、青海、西藏、陕北的晚三叠世煤也具有一定的工业价值。

晚三叠世煤的显微组分含量一般值为：镜质组 76.6%，惰质组 17.6%，壳质组 5.5%。四川须家河组煤镜质组低于一般值。煤中矿物质含量为 8.5%～20%。镜质体最大反射率在 1% 左右，四川盆地西北缘和陕北子长等地最低为 0.7% 左右，福建煤变质程度最高，达 2%～7.9%。煤的灰分、硫分各地相差很大，但以中灰煤、高灰煤，低硫、低中硫煤为主。甘、藏、陕、川、渝、滇西等地有相当数量的低灰煤、低硫煤层，用途很广。

晚三叠世煤煤类复杂，长焰煤、无烟煤皆有，而以中等变质程度的烟煤居多。

（9）早、中侏罗世煤 早、中侏罗世是中国最重要的聚煤期，含煤地层主要分布于北方各省区，包括东北三省、内蒙古、河北、北京、山东、河南、山西、陕西、宁夏、青海、甘肃、新疆等省（自治区、直辖市），其中，陕西、内蒙古、新疆、山西、宁夏等省（自治区）在中国煤炭工业中的地位尤其重要。

北方早、中侏罗世煤煤岩组分的突出特点是惰质组含量高，镜质组含量较低。中侏罗世煤的镜质组含量低于早侏罗世煤，惰质组则相反，壳质组含量都在 3% 左右。如鄂尔多斯煤（J_2）的镜质组为 47%～53%，惰质组为 46%～49%；中祁连地区煤（J_2）的镜质组为 47%～75%，惰质组为 25%～67%。新疆早侏罗世煤的镜质组为 75%，惰质组为 22%；新疆中侏罗世煤的镜质组为 67%，惰质组为 30%。

早、中侏罗世煤的主要产区均以低灰、低硫、可选性好著称。如神府、东胜、大同煤的灰分 5%～12%，硫分小于 0.7%；宁夏、甘肃、新疆煤的灰分 7%～20%，硫分一般小于 1%；冀北、北京、青海煤的灰分 11%～30%，硫分小于 1%。西北地区煤以黏结性弱、二氧化碳转化率高为特点。南方各产地的煤质明显比北方差，灰分和硫分的两极值变化很大，灰分 10%～55%，硫分 0.3%～6.0%，以中灰、中高灰煤，低中硫至特高硫煤占多数。

早、中侏罗世多数为低变质烟煤，个别矿区也有贫煤和无烟煤，煤类分布有一定规律。

（10）早白垩世煤 早白垩世煤主要分布于黑龙江、吉林、内蒙古、辽宁、河北、山西、甘肃和西藏等省（自治区），以东北三省和内蒙古的最重要。

东北地区早白垩世煤，镜质组（腐植组）含量高是其显著特点，惰质组一般不超过 15%，但伊敏煤是例外，其惰质组高达 30%～40%。

褐煤中腐殖质组 60%～93%，惰质组 4%～29%，壳质组 1%～3%，R_{max} 为 0.31%～0.60%。烟煤中镜质组 80% 左右，惰质组 6%～20%，壳质组 1%～3%，R_{max} 为 0.70%～2.5%。壳质组中普遍含有树脂体，但仅在东宁的煤层中形成了树脂残植煤分层，其树脂体含量可达 60%～80%。

煤质以中灰、低硫煤为主。以扎赉诺尔煤最好，属低中灰煤，大雁、铁法、营城等矿区属中高灰和高灰煤。从总体上看，褐煤的灰分低于烟煤。褐煤的可选性为易选和中等可选，但煤泥比较严重。烟煤以中等可选级为多，易选和极难选级均有。

煤类以褐煤和长焰煤为主，气煤和焦煤集中赋存含于三江平原，西藏的个别矿点有贫煤和无烟煤。

（11）第三纪煤 第三纪也是中国重要聚煤期之一，含煤地层主要分布于两大片区，其一是东北三省的东部地区；其二是云南、广东、广西、海南和台湾，工业价值较大。第三纪煤常与油页岩、硅藻土共生，可供综合开采利用，有些地区的共生矿产甚至超过煤的经济价值。

老第三纪在北方包括古新世、始新世和渐新世 3 个聚煤期，以始新世最重要。在南方只有始新世和渐新世两期成煤，以茂名最好。

新第三纪在北方只有中新世成煤，以黑龙江煤层较发育，分布范围较大。在南方，中新世和上新世都形成了含煤性很好的煤盆地，以滇东煤层煤最发育。

北方第三纪煤皆以腐植煤为主体，镜质组（腐植组）含量占89%～98%，惰质组占0～5%，壳质组占1%～7%。壳质组中以树脂体、角质体和小孢子体最多。老第三纪煤中均含琥珀颗粒，而新第三纪煤中尚未发现琥珀，典型琥珀煤有抚顺煤和沈北煤。老第三纪煤中常见过渡类型的腐植体腐泥煤分层，具有均一结构的腐植腐泥煤称煤精，主要产于抚顺和伊兰。

褐煤腐植组反射率为0.30%～0.41%，烟煤的镜质组反射率为0.55%～0.59%。

南方第三纪煤基本为腐植煤，仅在茂名、合浦、长昌、长坡等地有腐泥质页岩（油页岩）共生。

云南的浅褐色褐煤，俗称白泡煤，分布于昆明四周的褐煤盆地。褐煤中腐植组占86%，惰质组占2%，壳质组占12%，腐植组反射率为0.24%～0.59%。

第三纪煤以水分高、热值低、灰分和硫分变化大为特征。水分15%～20%，灰分10%～50%，硫分0.24%～7%，挥发分为40%～60%，发热量（$Q_{net,ar}$）为10～16MJ/kg。吉林、辽宁和云南等主要矿区的部分煤层灰分可低于10%，东北地区多属特低硫煤，而云南的特高硫褐煤占全省褐煤总量的1/4。

老第三纪煤基本属老年褐煤（HM_2），部分矿区有长焰煤和中等变质程度的烟煤。其中伊兰为长焰煤，抚顺为长焰煤和气煤，局部见天然焦。

新第三纪基本属年轻褐煤（HM_1），仅局部见有长焰煤等低变质程度的烟煤。如广西稔子坪为长焰煤，台湾基隆—桃园一带有相当于长焰煤、弱黏煤、气煤、气肥煤的各煤类，在岩浆活动影响严重的基隆地区有少量煤已接近无烟煤。云南西部和西南部地区则以老年褐煤为主，而一些小盆地的中新世煤层有长焰煤，局部见气煤和肥煤，甚至是贫煤和无烟煤，与岩浆岩接触，可变质为天然焦。

促使第三纪褐煤迅速变质的因素，几乎皆与新生代岩浆和高温气液活动有关。

（12）第四纪煤　第四纪褐煤见于云南、四川和华南沿海的个别盆地中，工业价值不大。

参考文献

[1]　杨起，韩德馨.中国煤田地质学：上册.北京：煤炭工业出版社，1979.
[2]　GB/T 18023—2000.
[3]　韩德馨.中国煤岩学.徐州：中国矿业大学出版社，1996.
[4]　GB/T 15588—2013.
[5]　陈鹏.中国煤炭性质、分类和利用.北京：化学工业出版社，2001.
[6]　钟蕴英，等.煤化学.徐州：中国矿业大学出版社，1989.
[7]　全国煤炭标准化技术委员会.煤炭标准及说明汇编：上册.北京：中国标准出版社，1997.
[8]　王维舟，等.煤炭气化工艺学.香港：轩辕出版社，1994.
[9]　朱之培，高晋生.煤化学.上海：上海科学技术出版社，1984.
[10]　陶著.煤化学.北京：冶金工业出版社，1984.
[11]　中国煤矿安全监察局.中国煤炭工业发展概要.北京：煤炭工业出版社，2010.
[12]　袁三畏.中国煤质论评.北京：煤炭工业出版社，1999.
[13]　ГолицынМВИГолицынАМ. КОКСУЮЩИЕСЯУГЛИРоссииимира，МОСКВА：НЕДРА，1996.
[14]　热列兹诺娃.世界各国煤炭储量.王国清，译.北京：煤炭工业出版社，1986.
[15]　杨松君，陈怀珍.动力煤利用技术.北京：中国标准出版社，1999.
[16]　白浚仁，等.煤质分析（修订本）.北京：煤炭工业出版社，1990.

第二章
水煤浆制备

第一节　概况

一、水煤浆的物性与用途

水煤浆是煤和水及少量化学添加剂调制而成的浆体。按用途，水煤浆分为高浓度水煤浆燃料与供德士古炉造气用水煤浆原料两种。水煤浆可泵送、雾化、储存与稳定着火燃烧，2t左右水煤浆可替代1t燃料油。燃用水煤浆与直接烧煤相比，具有燃烧效率高、节能和环境效益好等优点，是洁净煤技术中的重要分支。水煤浆可采用投资少、营运费低的管道运输方式进行长距离输送，到终端后无须脱水可直接燃用，储运过程全密闭，既减少了损失又不污染环境，是中国煤炭运输发展方向之一。

水不能产生热量，在燃烧过程中还会造成热损失，所以作为燃料用水煤浆要求含煤浓度（干煤质量分数）高，一般为65%~70%，化学添加剂约1%，其余为水。水造成的热损失约占水煤浆热值的4%。在气化过程中，水煤浆中的水是气化反应必需的原料，从这个角度看，含煤浓度可允许低一些，但浓度低会增加氧耗量，一般为62%~65%。

为有利于燃烧与造气反应，水煤浆对煤炭细度有一定的要求。燃料用水煤浆的粒度上限（通过率不小于98%的粒度）为$300\mu m$，小于$74\mu m$（200目）含量不低于75%；造气用水煤浆的细度比燃料用水煤浆略粗，粒度上限允许达到$1410\mu m$（14目），小于$74\mu m$（200目）含量为32%~60%。

为了使水煤浆便于泵送和雾化，水煤浆对流动性也有要求，在室温和剪切速率为$100s^{-1}$情况下，一般要求表观黏度不高于$1000~1500 mPa \cdot s$。长距离管道输送用水煤浆则要求在低温（埋管地下年最低温度）及剪切率$10s^{-1}$条件下的表观黏度不高于$800 mPa \cdot s$。

此外，还要求水煤浆具有"剪切变稀"的流变特性。也就是说，当处于流动状态时，表现出具有较低的黏度，便于使用；停止流动处于静置状态时，又可表现出高黏度，便于存放。

水煤浆在储、运中的稳定性十分重要，因为水煤浆是固、液两相混合物，很容易发生固、液分离现象，故要求在储、运中不产生"硬沉淀"。所谓"硬沉淀"，是指无法通过搅拌使水煤浆重新恢复原态的沉淀物。水煤浆能维持不产生硬沉淀的性能，称为水煤浆的"稳定性"。稳定性不良的水煤浆，在储、运中一旦发生沉淀将严重影响生产。所需要的安全存放期依用户要求而定，燃烧用户一般要求在 1 个月以上；德士古炉造气用水煤浆，由于气化炉与制浆车间相邻，无须远距输送与长期储存，对煤浆稳定性要求可适当放宽。

二、中国水煤浆制备技术的开发

中国以煤炭为基础能源，石油资源则相对短缺。直接燃用煤炭又会给环境带来严重污染，所以作为代油燃料、洁净煤技术以及造气原料的水煤浆，在中国能源与环境协调发展中具有重要意义。因此，水煤浆技术一直受到中国政府的重视，从"六五"开始，在"煤炭转换"项目中，同时将燃料用水煤浆与德士古炉造气用水煤浆的制备技术列为国家重点攻关项目，前者的承担单位是中国矿业大学北京校区，后者的承担单位是中国陕西临潼西北化工研究院，这两个单位分别建设有制浆中试厂。经过十几年的努力，已取得一批有自主知识产权的制浆技术与设备，制浆技术达到国际水平，并进入商业化运作阶段，取得显著的经济与社会效益。

代油燃料用水煤浆已在电站与工业锅炉，轧钢、锻造钢锭加热炉，烧结炉及陶瓷炉窑上工业应用取得成功。山东白杨河、广东茂名、汕头万丰电厂以水煤浆代油的实践证明：锅炉效率达到 90%，烟尘排放达到环保标准，SO_2 排放相当于燃用低硫油；由于水煤浆的火焰温度比烧油低，并且水蒸气有还原作用，比燃油可显著减少 NO_x 排放，2.2t 水煤浆可替代 1t 油。在现行价格下，每代 1t 油可节省燃料费 1/3。目前，依靠中国国内技术与装备建设的大、中型制浆厂有：山东枣庄矿业集团（25 万吨/年）、山东白杨河电厂（40 万吨/年）、邢台矿业集团（2 万吨/年）、大同汇海水煤浆有限责任公司（100 万吨/年）、胜利油田（50 万吨/年）、茂名电厂（50 万吨/年）。引进国外技术或装备建设的大、中型制浆厂有：从日本引进的山东兖日制浆厂（25 万吨/年）和从瑞典引进的北京制浆厂（25 万吨/年）。多年的生产实践表明，中国自建制浆厂的建厂投资、产品质量、生产成本均优于同等规模的引进厂。

目前中国的德士古炉造气系统所配套的制浆系统多为从国外引进，有山东鲁南化肥厂、渭河化肥厂和淮南化工总厂。其中鲁南化肥厂的制浆系统是参考引进技术，用中国装备建成的。

以上情况说明，无论是燃料用水煤浆的制备技术，还是造气用水煤浆的制备技术，中国均已达到产业化水平。

三、水煤浆制备技术概要

水煤浆要求含煤浓度高，粒度细，流动性好、又要求有较好的稳定性，避免产生硬沉淀。要同时满足上述各项性能就会遇到困难，因为其中的一些性能间是相互制约的。例如，提高浓度就会引起黏度增大、流动性变差；流动性好、黏度低，又会使稳定性变差。为了使所制水煤浆的性能同时满足以上各项要求，就必须采取某些专有技术，主要有如下内容。

1. 正确选择制浆用原料煤

制浆用煤炭的质量除了应满足下游用户的要求外,还必须十分注意它的成浆性——制浆的难易程度。有的煤炭在常规条件下很容易制成高浓度水煤浆;另外一些煤炭,就很难或者需要采用较复杂的制浆工艺和以较高的成本才能制成高浓度水煤浆。制浆用原料的成浆性,对制浆厂的投资、生产成本以及水煤浆的质量都有很大的影响。所以应该掌握煤炭成浆性的规律,根据实际需要,按照技术可行、经济合理原则优选制浆用原料煤。

2. "级配" 技术

水煤浆不但要求煤炭粒度达到规定的细度,还要求具有良好的粒度分布,使其中不同大小的煤粒能够相互充填,尽可能减少煤粒间的空隙,达到较高的 "堆积效率"。空隙少就可以减少水的用量,容易制成高浓度水煤浆。该项技术有时简称为 "级配"。

3. 制浆工艺与设备

在给定原料煤的粒度特性与可磨性条件下,如何使水煤浆最终产品的粒度分布能达到较高的 "堆积效率",就需要合理选择磨矿设备与制浆工艺流程。

4. 选配性能匹配的添加剂

为使所制水煤浆达到高浓度、低黏度,并有良好的流变性与稳定性,必须使用少量化学药剂,简称 "添加剂"。添加剂的分子作用于煤粒与水的界面,可降低黏度,改善煤粒在水中的分散,并提高水煤浆的稳定性。添加剂的用量通常为煤量的 $0.5\%\sim1\%$。添加剂的品种很多,配方不是一成不变的,必须通过试验研究才能确定。

以下各节将分别介绍这些制浆技术。

第二节　制浆用煤的选择

制浆用煤的选择,既要考虑用户对煤质的要求,还必须重视煤炭的成浆性。

一、用户对煤质的要求

用户对煤质的要求主要是煤炭灰分、硫分、发热量、挥发分及灰熔点。用户不同,要求也各异。德士古炉造气用水煤浆,要求煤炭活性好、灰熔点(半球温度 T_2)不高于 1200℃,以利于液态排渣。选择制备燃料用水煤浆的煤炭时,要特别注意煤炭的挥发分含量与灰熔点。挥发分太低,水煤浆在炉内不易稳定着火燃烧,锅炉用浆煤中挥发分含量应大于 25%,炉窑用浆煤中挥发分含量应大于 15%。锅炉与炉窑一般都采用固态排渣,要求灰熔点 T_2 不低于 1250℃。制浆用煤炭的灰分低,对环境污染也少,而低灰煤的价格高,因此只要工艺要求与当地环境条件许可,适当提高制浆用煤的灰分在经济上是合理的。

二、煤炭成浆性

煤炭的成浆性与煤炭本身的理化性质有密切关系。各国学者一致认为:煤阶越低,内在水分越高,煤中 O/C 比值越高,亲水官能团越多,孔隙越发达,可磨性指数 HGI 值越小,煤中所含可溶性高价金属离子越多,煤炭的制浆难度会越大。

煤炭性质对成浆性的影响是多方面的,而且诸因素间又有密切的相关。中国学者根据对不同煤阶有代表性煤样的工业分析、灰成分、煤岩显微组分、煤炭表面特性、红外光谱、煤中可溶性矿物分析、表面积和孔特性、润湿接触角、吸附特性、含氧官能团、表面电性等34项煤质分析数据，结合制浆实验结果，采用多元非线性逐步回归分析方法进行统计分析，从诸多的因子中筛选出日常易于获得的少数显著因子，首次总结出其中的规律，建立了煤炭成浆性模型，并在此基础上提出了评定煤炭成浆性难易的综合判别指标 D。根据这个指标，可以初步估计这种煤炭的可制浆浓度 c，该项成果已成功地用于预测煤炭制浆效果和优选制浆用煤。

为适应在不同条件下使用，建立了两个计算煤炭成浆性指标 D 的模型。式（2-2-1）为需要含氧量数据的模型，式（2-2-2）为不需要含氧量数据的模型。

$$D = 7.5 - 0.051\text{HGI} + 0.223M_{ad} + 0.0257O_{daf}^2 \tag{2-2-1}$$

$$D = 7.5 - 0.05\text{HGI} + 0.5M_{ad} \tag{2-2-2}$$

$$c = 77 - 1.2D \tag{2-2-3}$$

式中　HGI——哈氏可磨性指数；

　　　M_{ad}——煤炭分析基水分（质量分数），%；

　　　O_{daf}——煤炭可燃基含氧量（质量分数），%；

　　　D——煤炭成浆性指标；

　　　c——预测的可制浆浓度（质量分数），%。

模型从众多的煤质因素中虽然只选入了 2~3 个因素，但并不等于说其他因素没有影响，只是由于因素间的相关，其他因素的影响可由这 3 个因素所囊括。需要指出的是，模型的估计值是制浆浓度的期望值。实际制浆时的粒度分布与添加剂配方仍会有差异，因此模型的估计值有一定的误差。

按照煤炭成浆性指标 D，可将煤炭成浆性难易分成 4 类，见表 2-2-1。

表 2-2-1　煤炭成浆性分类

成浆性指标 D	成浆性难易	可制浆浓度/%	成浆性指标 D	成浆性难易	可制浆浓度/%
<4	易	>72	7~10	难	68~65
4~7	中等	72~68	>10	很难	<65

根据 74 组实测数据，两种模型的平均绝对误差分别为 1.403% 与 1.308%，含氧模型比不含氧模型精度高，标准误差从 2.116% 下降至 1.706%。因此，当有煤炭中的含氧量数据时，应用含氧模型；缺乏含氧量数据时，可用不含氧模型。它们都可以对煤炭的成浆性作出有一定精度的评价。表 2-2-2 为某些中国煤炭按成浆性模型的估计误差示例。

表 2-2-2　某些中国煤炭按成浆性模型的估计误差示例

编号	HGI	M_{ad}/%	O/%	实验浓度/%	不含氧模型			含氧模型		
					D	估计浓度/%	误差/%	D	估计浓度/%	误差/%
1	116	1.55	2.97	74.20	2.47	74.03	-0.17	2.28	74.27	0.07
2	120	1.80	4.33	73.42	2.40	74.12	0.70	2.39	74.13	0.71
3	49	2.16	6.18	69.50	6.13	69.64	0.14	6.53	69.17	-0.33
4	69	1.95	6.57	71.20	5.03	70.97	-0.23	5.61	70.27	-0.93

续表

编号	HGI	M_{ad}/%	O/%	实验浓度/%	不含氧模型			含氧模型		
					D	估计浓度/%	误差/%	D	估计浓度/%	误差/%
5	65	2.34	7.33	70.50	5.42	70.50	0.00	6.17	69.59	−0.91
6	64	3.06	9.91	70.68	5.83	70.00	−0.68	7.54	67.95	−2.73
7	66	2.35	8.13	70.80	5.38	70.55	−0.25	6.45	69.26	−1.54
8	57	4.08	11.30	67.40	6.69	68.97	1.57	8.89	66.33	−1.07
9	50	10.63	12.59	63.40	10.31	64.62	1.22	11.51	63.18	−0.22
10	46	7.54	12.59	66.70	8.97	66.24	−0.46	11.02	63.78	−2.92
11	48	11.74	14.13	65.10	10.97	63.84	−1.26	12.93	61.48	−3.62
12	69	1.78	3.07	71.11	4.94	71.07	−0.04	4.70	71.37	0.26
13	87	1.51	3.26	72.32	3.90	72.31	−0.01	3.77	72.48	0.16
14	75	1.66	3.85	71.50	4.58	71.50	0.00	4.51	71.59	0.09
15	57.7	10.08	8.79	66.92	9.65	65.41	−1.51	8.89	66.33	−0.59
16	57.7	2.28	5.05	72.82	5.76	70.09	−2.73	5.79	70.05	−2.77
17	52.7	6.75	6.41	65.27	8.24	67.11	1.84	7.45	68.06	2.79
18	47	7.70	11.18	64.64	9.00	66.20	1.56	10.13	64.84	0.20
19	57.9	15.29	12.03	62.08	12.25	62.30	0.22	11.81	62.83	0.75
20	51.5	17.73	11.23	62.33	13.79	60.45	−1.88	12.19	62.37	0.04

这个模型除了可用于帮助选择制浆用煤外，还可以用来分析判断制浆结果的好坏及问题所在。如果实际制浆浓度低于上述模型标准差的两倍，就应考虑煤浆的粒度分布或添加剂配方是否有必要改进。如果粒度分布没有问题，就需要重新研究添加剂配方。这就给整个制浆技术提供了一套较完整的分析判断方法。

第三节　水煤浆的粒度分布

高浓度水煤浆不但要求煤炭应磨至一定的细度，更重要的是它的粒度分布应能使大小颗粒相互充填，减少颗粒间空隙。空隙率少，即固体占有率——堆积效率高，用少量水就能使浆体流动。使堆积效率高的技术称"级配"。掌握好水煤浆的粒度分布是制备水煤浆燃料的关键技术之一。

一、堆积效率与粒度分布间的关系

堆积效率 λ 与粒度分布的关系，是水煤浆制备技术的基础理论之一。这方面已有的研究成果很多，最简单的是单一粒径颗粒的堆积，其次是多种离散粒径颗粒的堆积，最复杂也是最实用的是连续分布颗粒的堆积。

等径球体的堆积是分析实际颗粒堆积的基础。它们在空间的堆积可能取不同的形态，因而堆积的紧密度也不会相同。通常采用固体物料在堆积空间中占有的容积浓度表示堆积的紧密度，称"堆积效率"，以符号"λ"表示。其中空隙所占有的容积浓度称"空隙率"，以符号"ε"表示。$\lambda + \varepsilon = 1$。对于等径球体紧密接触的堆积，有两种典型状态，即呈最松散的空间正六面体堆积及呈最紧密的空间正四面体（菱形）堆积，如图 2-2-1 所示。

实际颗粒为不规则的非球体，它们的堆积效率比球体低。Brown 研究了堆积效率与颗粒形状间的关系，结果如图 2-2-2 所示。其中颗粒的形状以球形度表示，它是体积与颗粒相同的球体表面积与颗粒表面积之比。张荣曾教授对四种窄级别煤粒随机堆积状态在实验室进行了研究。通过测定煤粒的视密度 ρ_a 及堆密度 ρ_b 便可求出堆积效率"λ"。$\lambda = \rho_b / \rho_a$。实验结果列于表 2-2-3。

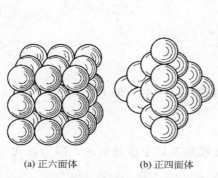

图 2-2-1 等径球体紧密堆积的两种典型状态

(a) 正六面体　　(b) 正四面体

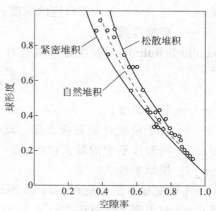

图 2-2-2 空隙率与球形度间的关系

表 2-2-3 四种窄级别煤粒紧密接触随机堆积时的堆积效率

项目	粒级/μm			
	450～280	280～180	180～125	110～98
视密度 ρ_a/(g/mL)	1.362	1.362	1.362	1.362
堆密度 ρ_b/(g/mL)	0.7157	0.7047	0.6665	0.6905
堆积效率 λ	0.5255	0.5174	0.4894	0.5070

煤粒呈多角形，球形度为 0.65～0.8。从表 2-2-3 中数据可以看出，这个实验结果与图 2-2-2 很接近。也就是说，Brown 的研究和张荣曾教授的实验结果都说明，实际煤粒自然堆积时，更接近上述等径球体呈正六面体堆积状态时的堆积效率。

粒度不均匀的颗粒混合堆积时，小于大颗粒间孔隙的小颗粒，有可能充填到大颗粒堆积形成的孔隙中去，有利于提高粒群的堆积效率。但是小颗粒也有可能在钻入大颗粒中时，将本来呈紧密堆积的大颗粒间的间隙撑开，使颗粒间的孔隙加大。Fayed 指出："当粒孔比大于 3:1 左右时，前者的影响起主要作用。最终的影响不仅取决于粒孔比（和颗粒形状），而且还取决于每一种粒级出现的相对数量。"Hudson 曾经指出，要使小颗粒能完全充填到大颗粒孔隙中，所需要的粒孔比应高达 5:1。对于多粒径颗粒体系，当最大颗粒的间隙恰能为次大的第二粒级所充满，第二粒级的间隙又恰能为第三粒级所充满，并以此类推，便可取得最高的堆积效率。

实际工作中遇见的多属连续分布的颗粒。研究连续分布颗粒体系的堆积特性必须先建立描述这种粒度分布的数学模型。最常用的粒度分布模型主要有 Rosin-Rammler、Gaudin-

Schuhmann（G-S）、Alfred 及对数正态分布模型，在矿物加工中，以 Rosin-Rammler 分布更为适用。

Rosin-Rammler 粒度分布模型为：

$$R = \exp\left[-\left(\frac{d}{d_\mathrm{M}}\right)^n\right] \tag{2-2-4}$$

式中　d——某个粒度；

　　　R——大于粒度 d 的粒级含量；

　　d_M——与 $R=0.368$ 相对应的粒度；

　　　n——模型参数。

Gaudin-Schuhmann 粒度分布模型为：

$$y = \left(\frac{d}{d_\mathrm{L}}\right)^n \tag{2-2-5}$$

式中　d——某个粒度；

　　　y——大于粒度 d 的粒级含量，此处的 y 与式（2-2-4）中的 R 有 $R+y=1$；

　　d_L——颗粒体系中的最大粒度；

　　　n——模型参数。

Alfred 粒度分布模型是在 Gaudin-Schuhmann 模型基础上改进而来，因为在式（2-2-5）中，当 $d=0$ 时无定义。故改为：

$$y = \frac{d^n - d_\mathrm{S}^n}{d_\mathrm{L}^n - d_\mathrm{S}^n} \tag{2-2-6}$$

式中　d——某个粒度；

　　　y——大于粒度 d 的粒级含量；

　　d_L——颗粒体系中的最大粒度；

　　d_S——颗粒体系中的最小粒度；

　　　n——模型参数。

对于这种连续粒度分布的颗粒体系的堆积效率，用解析法是很难求解的，故多采用物理实验或在计算机上模拟堆积实验方法求解。也有将多种离散粒径颗粒堆积的计算方法近似推广到连续粒度分布上去。Andreason 用实验方法确定，对于服从 Gaudin-Schuhmann 粒度分布模型的颗粒体系，当模型参数 $n=0.3\sim0.5$ 时有最高的堆积效率。Suzuki 等人将多种离散粒径颗粒堆积的计算方法推广到连续粒度分布，得出对于服从 Gaudin-Schuhmann 粒度分布模型的颗粒体系，当模型参数 $n=0.5\sim0.8$ 时有最高的堆积效率，日本日立公司日立制作所研制水煤浆时认为 $n=0.3\sim0.5$ 时有最高的堆积效率。Funk 研究得出对于服从 Alfred 粒度分布模型的颗粒体系，当模型参数 $n=0.37$ 时有最高的堆积效率。1979 年取得美国专利。该项成果对推动水煤浆的发展起了很大的作用，在国际上有很大的影响。但是水煤浆产品很少符合这种典型的粒度分布模型，用它也无法判断一种实际粒度分布堆积效率的高低，更不适用于水煤浆制备中常遇到的多峰粒度分布。

张荣曾教授发展了一种"隔层堆积理论"。它既可用于多粒径离散颗粒体系，亦可用于单峰与多峰的连续分布颗粒体系的堆积效率计算。它是将任何一种粒度分布，在计算机上按前述"粒孔比" B 的等比级数划分为许多窄粒级，然后隔层进行充填计算堆积效率。之所以要按"粒孔比"B划分成窄粒级，是因为只有这样才可以假定在每个窄粒级内不会相互充填；之所以要隔层充填，是因为相邻两层间上层的最小粒度与下层的最大粒度相差无几，无法保证下层粒级都能充填到上层的孔隙中去。此外，采用隔层充填，可使两层的粒度比（B的平方）能满足 Hudson 指出的要使小颗粒能完全充填在大颗粒孔隙中所需要的粒孔比应达到 5 的要求。

按照"隔层堆积理论"，用解析方法可求出 G-S 与 Alfred 分布堆积效率最优时的模型参数 n 值。所谓最优，即粗粒级的空隙恰能为细粒级所充满。

设某个第 i 粒级的粒度上限为 d，则粒度下限为 d/B。它的下隔层，即第 $i+2$ 层的粒度上限为 d/B^2，粒度下限为 d/B^3。取 ε 为窄粒级的空隙率，ρ 为颗粒的密度。

对于 Alfred 粒度分布有：

第 i 个粗粒级中空隙的体积为：

$$V_0 = \frac{\varepsilon}{(1-\varepsilon)\rho}\left[\frac{d^n - d_S^n}{d_L^n - d_S^n} - \frac{\left(\frac{d}{B}\right)^n - d_S^n}{d_L^n - d_S^n}\right] \tag{2-2-7}$$

第 $i+2$ 个细粒级中颗粒空间占有的体积（包括空隙）为：

$$V = \frac{1}{(1-\varepsilon)\rho}\left[\frac{\left(\frac{d}{B^2}\right)^n - d_S^n}{d_L^n - d_S^n} - \frac{\left(\frac{d}{B^3}\right)^n - d_S^n}{d_L^n - d_S^n}\right] \tag{2-2-8}$$

令式（2-2-7）与式（2-2-8）相等即得出最优解：

$$E = \frac{1}{B^{2n}} \tag{2-2-9}$$

故最优的模型参数 n 为

$$n = \frac{\ln(1/\varepsilon)}{2\ln B} \tag{2-2-10}$$

对于 G-S 粒度分布，也有同样的结果。

上式表明，ε 及 B 取值不同时，最优的模型参数 n 也会不同。现将前面提及的几种已知堆积模型的 λ、ε 及 B 值，按式（2-2-10）求出的最优 n 值列于表 2-2-4。表 2-2-4 中数据表明，对于服从 G-S 与 Alfred 粒度分布的物料，按隔层堆积理论，堆积效率最高的 n 值的解析解与前述国外学者的实验结果是相近的。这就间接地证明了按隔层堆积理论来计算堆积效率是可行的。

对于 Rosin-Rammler 粒度分布，用解析法求最佳 n 值是困难的。所以采用了在计算机上先按 B 的等比级数划分为许多窄粒级，然后隔层进行随机充填，并计算堆积效率，得出堆积效率最高的模型参数 n 值（有别于 G-S 分布中的 n）为 0.7～0.8。

表 2-2-4　服从 G-S 与 Alfred 粒度分布等径球体堆积的最佳模型参数 n

选用的堆积模型	λ	ε	B	n
等径球体正四面体堆积	0.74	0.26	6.46	0.36
等径球体正六面体堆积	0.52	0.48	2.44	0.41
等径球体随机堆积	0.60	0.40	4.45	0.31

对于粒度上限为 $300\mu m$ 的颗粒体系，计算堆积效率与 Rosin-Rammler 分布参数 n 间的

关系如图 2-2-3 所示。作为对比，图中也给出了 Alfred 分布在不同粒度下限 d_S 时计算堆积效率与分布参数 n 间的关系。图中表明，对于 Rosin-Rammler 粒度分布，最佳的模型参数 n 值为 $0.7\sim0.8$。Rosin-Rammler 粒度分布的堆积效率虽然比 Alfred 粒度分布略低，但仍然可以满足制备高浓度水煤浆的需要，而且在生产中容易实现。此外，图中还表明 Rosin-Rammler 粒度分布时参数 n 与堆积效率关系曲线比 Alfred 粒度分布要平缓得多。这就是说，参数 n 对堆积效率的影响不如 Alfred 粒度分布那样敏感，在生产中有较强的适应性。因此，中国在制备水煤浆中不是按照国外常用的 Gaudin-Schuhmann 或 Alfred 分布，而是采用 Rosin-Rammler。实践证明效果良好。

对于任意粒度分布的堆积效率，可按隔层堆积理论编制的软件，在计算机上求得。在计算堆积效率的软件中，还加入了堆积效率与制浆浓度及煤浆黏度间的经验关系的数学模型，可以近似地用来预测在有适用的添加剂条件下的可制浆浓度。图 2-2-4 为根据对粒度分布数据预测的可制浆浓度 $c\char`\^$ 与实际制浆浓度 c 间的关系，两者间的标准误差为 2.77%。

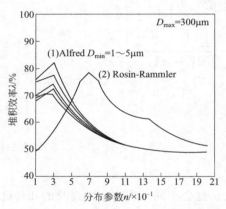

图 2-2-3 Alfred 及 Rosin-Rammler 分布参数 n 与堆积效率关系曲线

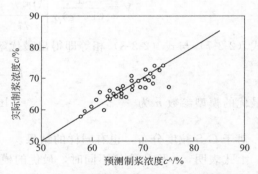

图 2-2-4 制浆浓度的实际值 c 与预测值 $c\char`\^$ 间的关系

在掌握水煤浆粒度分布方面，国外还有两种建立在"粒度分布范围越宽，越有利颗粒间充填"这个简单概念上的评价方法。瑞典 Fluidcarbon 公司采用一个称为 FCI 参数来评定粒度分布的好坏。他们认为这个参数小于 10 为佳。

$$\text{FCI} = \frac{100 \times D_{SV}}{D_{80} - D_{SV}} \tag{2-2-11}$$

式中 D_{80}——筛下含量为 80% 的粒度；

D_{SV}——表面、体积平均粒度。

日本日挥公司采用式（2-2-12）中的参数 C_{JGC} 来控制和评价粒度分布。认为 C_{JGC} 大好，并建议制备水煤浆时参数 C_{JGC} 应控制在 $0.2\sim0.3$ 左右。

$$C_{JGC} = \frac{S}{(\ln D)_M} \tag{2-2-12}$$

式中 $(\ln D)_M$——以粒度对数计算的平均粒度；

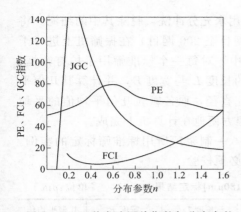

图 2-2-5 三种方法评价指数与分布参数 n 的关系曲线

S——按粒度对数分布的标准差。

日挥公司采用的这个参数 C_{JGC} 实际上是数理统计中评价分布离散程度的一种指标，称为变易系数（the coefficient of variation）。

这两种评价方法都无法对一种粒度分布究竟可能制出多高的浓度作出估算。此外，严格说来并非粒度分布范围越宽就一定越好，还要看其中各粒级数量上的搭配是否合适。取粒度上限为 $300\mu m$，按 Rosin-Rammler 分布参数 n 不同，三种评价方法的结果列于表 2-2-5 与图 2-2-5。

表 2-2-5 三种评价粒度分布方法的对比

n 值	堆积效率/%	FCI 参数	JGC 参数	n 值	堆积效率/%	FCI 参数	JGC 参数
0.1	49.05	−100.65	−1.93	1.0	65.51	12.86	0.36
0.2	51.35	158.72	−15.13	1.1	63.28	16.53	0.31
0.3	55.58	13.36	3.46	1.2	62.16	21.05	0.27
0.4	61.50	6.74	1.63	1.3	61.81	26.43	0.24
0.5	68.41	5.48	1.07	1.4	60.45	32.62	0.22
0.6	75.41	5.59	0.78	1.5	57.77	39.51	0.20
0.7	77.88	6.42	0.61	1.6	55.69	46.98	0.18
0.8	74.73	7.88	0.50	1.7	54.08	54.92	0.17
0.9	69.36	10.00	0.42	1.8	52.83	63.62	0.16

三种结果的分布参数 n 愈小，颗粒中的细粒度愈多。当平均粒度小于 $1\mu m$ 后，平均粒度的对数值为负，所以在分布参数 n 小于 0.2 后，C_{JGC} 出现了负值。在分布参数 n 小于 0.1 后，FCI 也出现负值，其原因是 D_{80} 小于 D_{SV}。这两种评价方法都出现负值，在逻辑上也是不妥的。

二、水煤浆粒度分布的测试方法

粒度分析的方法很多，常用的粒度分析方法有筛分、激光粒度分析及沉积分析等。由于水煤浆有较宽的粒度分布，其粒度上限为 $300\mu m$ 甚至 $500\mu m$，而粒度下限往往比微米级还细，很难用一种方法有效进行粒度分析。因此，水煤浆的粒度分析通常都应将粗、细两部分分别进行。大于 $74\mu m$（200 目）者用湿法筛分，小于 $74\mu m$ 目者用沉积分析或激光粒度分析方法，再将两者综合为完整的粒度分布。近年，珠海欧美克科技有限公司研制的激光粒度分析仪，采用全米氏（Mei）理论并可使试样提高至 3g，价格只是进口产品的 1/3，很适于测试水煤浆的粒度分布。

1. 标准筛孔径的标定

筛分试验用标准筛的孔径必须事先进行标定，因为国内外标准筛的实际孔宽与标称值都有差异，而且每个筛网都不一致。国内标准筛制造厂家很多，产品更不规范。

　　建议的标定方法是将水煤浆试样在 200 目标准筛上用水充分冲洗，脱除其中的细泥。将脱泥后的试样烘干，用干燥、清洁的标准套筛（从 48 网目至 200 网目）在振筛机上进行干法筛分。筛分结束后（约 20min），保留筛上物在筛框中，对每一个标准筛用手拍打筛框，筛出难筛粒。将难筛粒送去用显微镜测定不少于 20 粒的长度 L 与宽度 B，并计算其几何平均值。取所测各颗粒宽度 B 的平均值代表该筛网的筛孔直径，取各颗粒几何平均值的平均值代表该筛网的筛分粒度（相当于投影直径）。计算可很方便地在计算机上完成。

　　表 2-2-6 与表 2-2-7 为用这种方法对枣庄矿业集团八一制浆厂所用标准筛标定的实例。由此例可见，实际筛分粒度与标称孔径差异是很大的，必须校验。

表 2-2-6　八一制浆厂 80 目(标称孔径 180μm)标定结果　　　　　　　单位：μm

序号	长度 L	宽度 B	几何平均值	序号	长度 L	宽度 B	几何平均值
1	275.00	225.00	248.75	13	300.00	225.00	259.81
2	225.00	200.00	212.13	14	350.00	250.00	295.80
3	225.00	225.00	225.00	15	450.00	200.00	300.00
4	375.00	125.00	216.51	16	375.00	200.00	273.86
5	375.00	250.00	306.19	17	350.00	250.00	295.80
6	250.00	250.00	250.00	18	300.00	225.00	259.81
7	375.00	200.00	273.86	19	225.00	225.00	225.00
8	425.00	200.00	291.55	20	375.00	175.00	256.17
9	300.00	225.00	259.81	统计分析			
10	350.00	275.00	310.24	平均值	328.75	217.50	264.79
11	325.00	200.00	254.95	标准差	65.03	32.55	29.97
12	350.00	225.00	280.62	95%区间	±30.43	±15.23	±14.03

表 2-2-7　八一制浆厂标准套筛标定结果

网目	标称孔径 /μm	筛孔直径 d_S/μm	筛分粒度 d_p/μm	d_p/d_s	网目	标称孔径 /μm	筛孔直径 d_S/μm	筛分粒度 d_p/μm	d_p/d_s
40	450	513.75	607.64	1.183	100	150	175	204.49	1.168
60	280	313.75	364.63	1.162	120	125	168.75	193.24	1.145
80	180	217.5	264.79	1.217	200	75	97.50	112.23	1.151

　　校核结果：筛孔直径 217.5μm，波动范围 202.27～232.73μm；筛分粒度定为 264.79μm，波动范围 250.77～278.82μm。

2. 粗粒筛分与细粒分析资料的合并

　　由于各种粒度分析方法所依据的原理不同，所以所得粒度的定义也不同。标准筛是以方形筛孔的边长 d_S 为定义；沉积分析粒度是根据自由沉降条件按 Stokes 公式计算的粒度 d_{St}；激光粒度分析是基于光的衍射原理，算出的相当于投影粒度，与我们在此定义的筛分粒度 d_p 意义相同。对煤粒而言，d_{St} 与 d_S 差异不大，但 d_p/d_S 的比值在 1.1～1.20 左右，因而不可直接合并。此处规定统一转换为筛分粒度 d_p（相当于投影直径）。粗粒筛分与细粒分析资料的合并工作，最好是在计算机上完成，除给出综合后的粒度分布数据外，并从 Rosin-

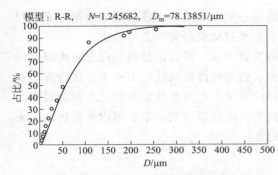

模型：R-R,　$N=1.245682$,　$D_m=78.13851/\mu m$

图 2-2-6　筛分与激光粒度分析综合分布曲线

Rammler、Gaudin-Schuhmann、Alfred 三种模型中选择误差最小的一种，并给出模型参数和绘制粒度分布曲线。在缺乏计算机计算堆积效率软件的情况下，有了这些模型参数也可以参考表 2-2-6、图 2-2-3 与图 2-2-5 粗略地评估粒度分布及堆积效率的好坏。

表 2-2-8 为粗、细两部分粒度分析数据综合计算方法的示例。图 2-2-6 为分布模型参数与粒度分布曲线。

表 2-2-8　粗、细两部分粒度分析数据综合计算方法的示例

| 粒级/μm | | 粗级筛分占全样/% | 细级分析 | | 综合 | 结果 |
小于	大于		占细级/%	占全样/%	占全样/%	负累积/%
500	364.6	1.26	0.0	0.0	1.26	100
364.6	264.8	1.27	0.0	0.0	1.27	98.74
264.8	204.5	2.53	0.0	0.0	2.53	97.47
204.5	193.2	2.53	0.0	0.0	2.53	94.94
193.2	112.2	6.33	0.0	0.0	6.33	92.41
112.2	53.0	86.08(＜112.2)	44.6	38.39	38.39	86.08
53.0	38.0	—	12.5	10.76	10.76	47.69
38.0	27.0	—	8.0	6.89	6.89	36.93
27.0	19.0	—	9.1	7.83	7.83	30.04
19.0	13.0	—	8.2	7.06	7.06	22.21
13.0	9.4	—	5.5	4.73	4.73	15.15
9.4	6.6	—	4.5	3.87	3.87	10.42
6.6	4.7	—	3.9	3.36	3.36	6.54
4.7	3.3	—	2.1	1.81	1.81	3.18
3.3	2.4	—	1.1	0.95	0.95	1.38
2.4	0.0	—	0.5	0.43	0.43	0.43
合计		100.0	100.0	86.08	100.0	—

第四节　水煤浆添加剂

为了使水煤浆在正常使用中有较低的黏度、较好的流动性，不易产生沉淀。在制浆过程中添加少量的化学添加剂是必不可少的，添加剂的用量通常占煤量的 1% 左右。添加剂按功能不同，有分散剂、稳定剂，及其他一些辅助化学药剂，如消泡剂、调整 pH 值剂、防霉剂、表面改性剂及促进剂等多种。在这些添加剂中，不可缺少的是分散剂与稳定剂。添加剂的作用发生在煤水界面，因此它的效能与煤炭性质特别是煤炭的表面性质，以及水的性质都

有密切的关系。所以制浆用化学添加剂配方不可能是一成不变的。合理的添加剂配方必须根据制浆用煤的性质和用户对水煤浆产品质量的需求，经过试验研究后方可确定。

添加剂费用在制浆成本中是仅次于煤炭费用的主要成分，所以添加剂的配方对水煤浆的成本有重要的影响。在选配添加剂时，不必盲目追求药剂性能的高效，而要求经济合理。在能满足用户对煤浆质量要求的前提下，应使所选择的添加剂配方在性能价格比方面为最优。

本节简要介绍各类添加剂的作用机理和几种典型实用的添加剂。至于国内外所优选出来的添加剂配方，由于涉及知识产权，不便详细介绍。

一、分散剂

分散剂是一种可促进分散相（如水煤浆中的煤粒）在分散介质（如水煤浆中的水）中均匀分散的化学药剂。要使分散相能在分散介质中均匀分散，首先必须使分散相的粒度达到足够的细度。但是，这又使分散相与分散介质间存在巨大的相界面。以常规的水煤浆为例，平均粒径多在 $50\mu m$ 以下，1g 煤粒的表面积可高达 $0.7m^2$，这样巨大的相界面，含有很高的界面自由能，是热力学中的不稳定体系，有自发地聚结力图减少相界面的趋势。如不采取相应的措施，不可能使它们在水中保持分散状态。

分散是聚结的反义词。分散相聚结后，形成更大的团粒，会加速沉淀。所以在胶体化学领域内，分散的主要作用和目的，是防止分散相沉淀，提高胶体体系的稳定性。

水煤浆制备中分散剂的主要作用是降黏。这是因为分散剂吸附到煤粒表面后，在煤粒表面形成很薄一层添加剂分子和水化膜，可以大大地降低它与水之间的界面张力。当水煤浆中的煤炭颗粒呈良好分散状态时，颗粒间彼此相互分离，颗粒外表还有一层牢固的水化膜，剪切时不产生新的相界面，颗粒之间的摩擦力也比外表没有吸附添加剂分子和水化膜时要小。所以分散作用可明显地降低水煤浆的黏度。

分散剂的作用机理可从 3 个方面得到解释，即润湿分散作用、静电斥力分散作用及空间位阻与熵斥力分散作用。这 3 种作用并不相互排斥，而是相互补充。

1. 润湿分散作用

在讨论水煤浆问题时，润湿是指煤炭表面为水溶液所润湿。水煤浆是一种煤水混合物，使煤粒表面能充分为水所润湿是必备的先决条件。

研究煤炭表面为水所润湿的现象，首先要了解这两种物质的有关性质。水是一种极性物质，具有较高的表面张力（即比表面能）。煤炭的主体是非极性的碳氢化合物，具有较低的表面能。它的表面不容易为极性的水分子所润湿，称"疏水"物质。但是由于煤炭是一种结构十分复杂的物质，主体是芳烃，并通过烷烃链或杂原子彼此相连成为大分子结构。这些芳烃与烷烃属疏水性物质，杂原子或杂原子团属亲水性物质。杂原子主要是氧、氮和硫等。其中含氧官能团的亲水性最强，主要有羟基（—OH）、羰基（ C=O ）、羧基（—COOH）、甲氧基（—O—CH$_3$）和醚基（—O—）等。羟基和羧基在含氧官能团中的亲水性最强，但羧基随煤化程度加深显著减少，所以煤炭对水的亲、疏程度与煤中芳烃及烷烃与羟基的含量比有关。煤中的芳环数随煤化程度的加深而增加。所以煤炭表面的润湿性也大体上是随煤化程度加深而增强。煤炭中的矿物质则多属亲水性。

衡量表面润湿性的一个常用指标是"润湿接触角"。当液滴置于固体表面，液滴在表面附着稳定后，接触角的定义为在三相交界处形成的，自固液界面经过液体内部到液气

界面间的夹角 θ，如图2-2-7所示。

当润湿达到平衡状态时，根据力的平衡，可求出接触角 θ 与各个界面张力之间的关系。

$$\gamma_S - \gamma_{SL} = \gamma_L \cos\theta$$

$$\cos\theta = \frac{\gamma_S - \gamma_{SL}}{\gamma_L} \qquad (2\text{-}2\text{-}13)$$

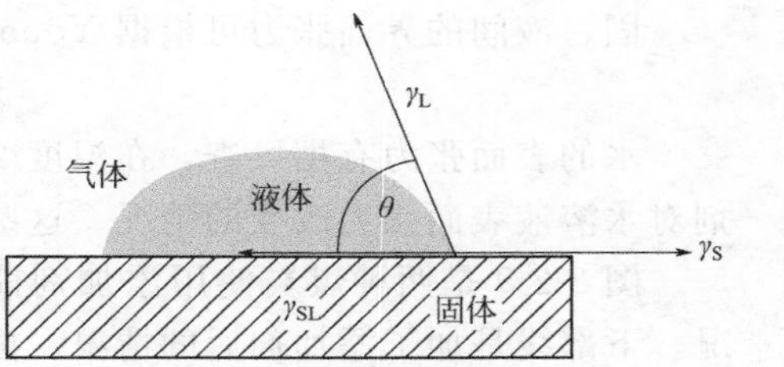

图 2-2-7 润湿接触角

式中 γ_S——固体的表面张力；

γ_L——液体的表面张力；

γ_{SL}——固、液间界面张力。

通常将矿物的润湿性按水在表面的接触角大小分成四等。接触角为零者，称强亲水性矿物；小于40°者，称弱亲水性矿物；在40°～90°者，称疏水性矿物；超过90°者，称强疏水性矿物。

煤炭表面的疏水性和接触角与煤化程度有关。据资料记载，煤炭的新鲜表面的接触角见表 2-2-9。

从表 2-2-9 中可知，煤炭属疏水性矿物，不易为水所润湿。添加剂的作用之一，就是要改变它的表面性质，提高润湿性，减小润湿接触角 θ。从图2-2-7与式（2-2-13）可知，这就需要提高固体表面张力 γ_S 和降低固、液间的表面张力 γ_{SL}。当煤炭表面能充分地为水所润湿时，煤粒表面将形成一层牢固的水化膜，有利于分散。

表 2-2-9 煤炭表面的接触角

煤种	接触角/(°)	煤种	接触角/(°)	煤种	接触角/(°)	煤种	接触角/(°)
长焰煤	60～63	瘦煤	79～82	肥煤	83～85	无烟煤	约73
气煤	65～72	贫煤	71～75	焦煤	86～90	页岩	0～10

制备水煤浆时，煤炭颗粒将完全浸没在水中，是固、液界面取代固、气界面的过程。过程前后表面自由能的差 ΔE_1 为：

$$\Delta E_1 = \gamma_S - \gamma_{SL} \qquad (2\text{-}2\text{-}14)$$

按照热力学第二定律，过程前后自由能变化为正功者，该过程可自发地进行。所以 ΔE_1 越大，越易于润湿。从这点出发，也是要提高固体表面张力 γ_S 和降低固、液间的表面张力 γ_{SL}。

可是，固体的表面张力 γ_S 与固、液间的界面张力 γ_{SL} 都无法测定。固体的表面张力可采用 T.C. 巴顿修正后的 Young 公式，即式（2-2-15），根据煤炭的接触角与水的表面张力 γ_L 进行近似计算。表 2-2-9 所列煤种按上式计算所得表面张力列于表 2-2-10 中。这个结果与赵国玺在《表面活性剂物理化学》一书中所载苯环边的表面张力为35mN/m很接近。

$$\gamma_S = \frac{(\gamma_L - \theta/8)(\cos\theta + 1)}{2} \qquad (2\text{-}2\text{-}15)$$

表 2-2-10 煤炭表面的表面张力

煤种	表面张力/(mN/m)	煤种	表面张力/(mN/m)	煤种	表面张力/(mN/m)	煤种	表面张力/(mN/m)
长焰煤	47.2～49	肥煤	33.8～35	瘦煤	35.6～37.5	无烟煤	41.1
气煤	41.8～46	焦煤	30.8～33.2	贫煤	40～42.4	页岩	>71

固、液间的界面张力可根据 Young 提出的界面张力中和原则,按式(2-2-16)近似计算。

$$\gamma_{SL} = |\gamma_S - \gamma_L| \qquad (2\text{-}2\text{-}16)$$

水的表面张力有据可查,在温度 20℃ 时,为 72.75mN/m。图 2-2-8 是常用的几种添加剂对水溶液表面张力改变的情况。这些添加剂使水溶液的表面张力 γ_L 降至 40~50mN/m。

图 2-2-9 是两种煤炭使用添加剂前后接触角的变化,图中上部的线是未加添加剂的情况。下部线是加了添加剂后的情况。按它们的接触角换算得到的煤炭表面张力 γ_S 大致是从 28mN/m 提高到 64mN/m。

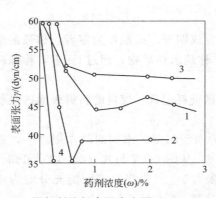
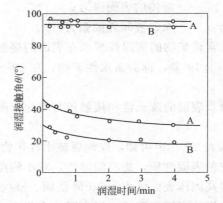

图 2-2-8　添加剂降低表面张力图 (1dyn=10^{-5}N)　　图 2-2-9　添加剂提高煤炭表面的润湿性
1—腐植酸系列;2—木质素系列;
3—日本添加剂 ACC500;4—除尘润湿剂

使用添加剂后,由于水溶液的表面张力 γ_L 由水的 72.75mN/m 降至 40~50mN/m;煤炭表面张力 γ_S 从 28mN/m 提高到 64mN/m。所以固、液间的界面张力 γ_{SL} 从原来的 44.75mN/m 降低至 14~24mN/m。故 ΔE_1 由原来的 16.75mN/m 升高到 40mN/m 与 50mN/m,显著地提高了煤粒表面的润湿性。

制备水煤浆时,既希望煤粒易于在水中分散,又希望能防止它再度发生凝聚,并保持较稳定状态。已分散在液体中的两个大小相同的固体颗粒,在外力作用下发生絮凝时,接触前每个颗粒表面的比表面能为 γ_{SL},接触后为零。所以过程前后表面自由能的差 ΔE_2 为:

$$\Delta E_2 = 2\gamma_{SL} \qquad (2\text{-}2\text{-}17)$$

从式 (2-2-17) 可以看出,ΔE_2 只会是正值,这意味着如果没有其他的阻挡,絮凝是不可避免的。制浆中加入添加剂后,减小了固、液间的界面张力 γ_{SL},使 ΔE_2 值降低,从而可减弱发生絮凝的趋势。此外,卡培勒 (A. Capelle) 等人认为,降低固液间的界面张力,表面自由能降低,体系将会趋于更稳定。

以上这些分析和计算虽然都是在理想条件下得到的,其中那些定量计算结果当然不会很可靠,但定性的结论对于我们研究水煤浆的分散问题仍然很有启示。

需要指出的是,降低溶液的表面张力,提高煤炭表面的亲水性,虽然是制浆添加剂作用的重要方面,但是并不是凡有这种功能的药剂都可以作为煤浆添加剂使用。因为水煤浆添加剂还应该具有其他的功能。例如,图 2-2-8 中的除尘润湿剂在降低溶液表面张力和提高煤炭表面的润湿性方面,比其他几种制浆添加剂更有效,但用于制浆却不起作用。

2. 静电斥力分散作用

静电斥力分散原理引自胶体稳定性理论中著名的 DLVO 理论。DLVO 理论主要是讨论胶体颗粒在分子间范德华力与颗粒所带电荷间静电力作用下，接触后发生凝结的条件。在有足够的静电斥力作用时，如果颗粒所获得的外加能量不足以克服能峰，胶体颗粒就不会产生聚结，而是处于分散状态。胶体体系本来就具有动力稳定性，所以只要胶体处于分散状态，体系自然就可保持稳定。这就是关于胶体分散和稳定的原理。

虽然 DLVO 理论对于研究固液两相体系是非常重要的，但是用于解释水煤浆添加剂的作用还有许多不足之处，这是因为如下原因。

① 采用双电层稳定的分散体系，对外加离子特别敏感，只要溶液中有少量的外加离子，特别是高价金属离子，就足以大幅度地降低 ξ 电位，破坏它的分散效应。工业用水及煤炭中可溶性盐类都会使水煤浆中混有钙、镁等离子，所以水煤浆中的煤粒表面不可能维持较高的 ξ 电位。况且，为改善稳定性还往往加入金属离子，有意降低 ξ 电位。那些作为论证添加剂提高煤粒表面 ξ 电位的数据，都是在没有外加离子的条件下测出来的，不足以反映制浆的真实情况。朱书全教授曾经研究过 3 种煤炭经阴离子型水煤浆添加剂作用后，在溶液中二价金属离子的作用下，ξ 电位的变化情况，如图 2-2-10 所示。结果表明，只要溶液中有极少量的反离子存在，添加剂对提高 ξ 电位的效果就全部丧失。

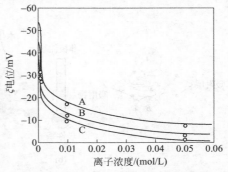

图 2-2-10　离子浓度对 ξ 电位的影响

② 提高煤炭表面的 ξ 电位并不是使水煤浆分散和降黏的充分条件。不使用添加剂，只靠调整溶液的 pH 值，也能够使煤粒表面的 ξ 电位提高到 50mV（负值）左右，如图 2-2-11 所示。虽然 ξ 电位提高了，但根本收不到降黏效果。

③ 非离子分散剂本身并不电离，它在煤炭表面吸附后当然也不会改变表面的 ξ 电位，对水煤浆却有很好的分散与降黏效果。图 2-2-12 是在无外加离子的条件下，添加剂浓度与煤表面 ξ 电位的关系。其中 1 与 2 两种阴离子分散剂确实使 ξ 电位提高到了 50mV（负值）左右。而 3 非离子添加剂却使煤粒表面的 ξ 电位基本上仍然停留在原来的 16mV（负值）左右。这就足以说明，依靠提高 ξ 电位既不是使水煤浆分散和降黏的充分条件，也不是必要的条件。

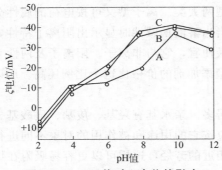

图 2-2-11　pH 值对 ξ 电位的影响

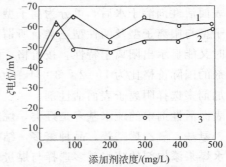

图 2-2-12　添加剂浓度对 ξ 电位的影响

3. 空间位阻与熵斥力分散作用

所谓空间位阻分散作用，是指使煤粒表面吸附了一层物质后，在颗粒间增加了一层障碍，当颗粒相互接近时，可机械地阻挡聚结。颗粒表面的吸附层具有一定的厚度，当两个带吸附层的颗粒相互接近时，若尚未重叠，相互间不发生作用。当彼此重合时，由于吸附层中的物质运动的自由度受到妨碍，吸附分子的熵减少，所以颗粒有再次分开的倾向，这就是熵斥力的作用原理。

分散剂都是一些表面活性剂，它是两亲分子，一端是由碳氢化合物构成的非极性的亲油基，另一端是亲水的极性基。非极性的疏水端极易与碳氢化合物的煤炭表面结合，而吸附在煤粒表面上，将另一端亲水基朝外伸入水中，使煤粒的疏水表面转化为亲水，并形成水化膜，如图 2-2-13 所示。煤粒表面吸附的添加剂分子与水化膜可产生空间位阻与熵斥力效应使煤粒分散。如果是离子型分散剂，同时还可以使周围聚集更多的离子，这些离子和水分子结合也能形成水化膜，增强分散作用。

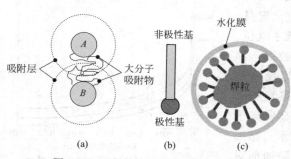

图 2-2-13　煤粒表面吸附添加剂示意图

添加剂在煤粒表面吸附膜的厚度能反映空间障碍的程度。曾凡教授专门研究了两种阴离子（萘磺酸盐甲醛缩合物和聚羧酸盐）和非离子（聚醚类）分散剂的物化性能指标与制浆效果间的关系。发现非离子型的润湿效果及提高表面 ε 电位的效果虽然远不及离子型，但它的制浆效果最好。主要原因是它的吸附膜厚度大大地超过阴离子型，前者为 200Å（$1\,\text{Å}=10^{-10}\,\text{m}$），后者不足 40Å。可见吸附膜的厚度也是添加剂性能中的一个重要因素。

综上所述，水煤浆添加剂主要是依靠润湿分散作用与空间位阻效应来起到分散与降黏效果，应该按此思路来开发与优选适用的分散剂。水煤浆分散剂都是一些表面活性剂。它是一种两亲分子，由疏水基和亲水基两部分构成。溶于水后亲水基受到水分子的吸引，而疏水基受到水分子的排斥。结果疏水基就被排向水面定向排列，将疏水端伸向气相，亲水端伸入水中。如果水中有煤炭这类表面疏水物质，它也会在煤炭表面定向排列，对煤粒起到很好的分散作用。这种特性使它能显著地降低溶液的表面张力，提高煤粒表面的润湿性。表面活性剂正是由于它具有在液体表面富集，使表面张力降低的特性而得名的。

表面活性剂溶于水后，可分为离子型与非离子型两大类。离子型又可按电荷的属性分为阴离子型与阳离子型及两性型三类，所谓两性型是指当溶液偏碱性时显示出阴离子特性，偏酸性时又能显示出阳离子特性。按价格，阴离子型最便宜，它与非离子、阳离子及两性表面活性剂的国际价格比为 1：2：3：4。中国非离子型添加剂的价格比这个比例还高。所以制浆添加剂多选择阴离子表面活性剂。

表面活性剂中的疏水基多是烃类，烷烃与芳烃居多。亲水基有羟基、羧基、磺酸基、磷酸基、氨基、氧乙烯基等。品种繁多，结构复杂，应按它的用途和被作用的对象不同进行选择。水煤浆添加剂的疏水基多选择与煤炭表面结构相近的芳烃，这样可以更容易吸附在煤炭表面。阴离子型的亲水基多为磺酸基和羧基，如萘磺酸盐、腐植酸磺酸盐、木质素磺酸盐等。非离子型的疏水基为烷基，如烷基苯或烷基苯酚等，醚键为亲水基团，亲水基是聚氧乙烯基或附加有磺酸基等。

在选用添加剂时，应遵守两条原则：一是以性能价格比最优为原则，不单一追求添加剂的效能最高；二是按照级配与添加剂互补原则确定适用的添加剂。我国开发的添加剂适用性强，吨浆添加剂费用只相当于国外的 1/2～1/3。

二、稳定剂

水煤浆的稳定性是指煤浆在储存与输送期间保持性态均匀的特性。水煤浆不是一种均质流体，而是固液两相混合物。稳定性的破坏来源于其中固体颗粒的沉淀。水煤浆稳定性的含义与胶体的稳定性类似。真正能起到阻止颗粒沉淀、提高水煤浆稳定性的，是由稳定剂作用形成的空间结构对颗粒沉淀产生的机械阻力。所以与运用 DLVO 理论来研究和改善胶体稳定性所得的结论不会完全相同，有时甚至相反。例如，按照 DLVO 理论，使用电解质降低颗粒表面的 ζ 电位，或者使用高分子絮凝剂，都可以加速颗粒的沉淀、破坏稳定性。但是对高浓度水煤浆，这种方法反而可以提高水煤浆的稳定性。因为它使水煤浆中的颗粒相互交联，形成空间结构，从而有效地阻止颗粒沉淀，防止固、液间的分离，并使沉淀物保持松软。所以水煤浆的稳定剂应具有使煤浆中已分散的颗粒能与周围其他颗粒及水结合成为一种较弱但又有一定强度的三维空间结构的作用。这样，在静置时可有效地阻止颗粒沉淀，即使沉淀也是松软的可恢复的软沉淀。一旦受外力剪切作用，结构受到破坏，黏度又可迅速降下来。

稳定剂应在加入分散剂经捏混搅拌成浆后再另行加入。从表面上看，稳定剂的加入会破坏先前加入分散剂的降黏效果，因为分散与聚结的作用正好相反，这是一个很有趣的问题。实际则不然，因为先前加入的分散剂已使煤粒表面覆盖了一层添加剂与水化膜，并与煤粒成为一体，我们暂称之为"浆粒"。稳定剂只是将这些浆粒和周围的水交联起来，一旦受外力剪切作用，结构受到破坏，浆粒间由于仍然有添加剂与水化膜隔开，黏度又可迅速降下来。当然，如果将两种药剂添加的次序搞反了，或者同时添加，就会出问题。

能起这种作用的稳定剂有无机盐、高分子有机化合物，如常见的聚丙烯酰胺絮凝剂、羧甲基纤维素（CMC）以及一些微细胶体粒子（如有机膨润土）等。用量视煤炭性质及所需稳定期长短而定，一般为煤量的万分之几至千分之几。

三、其他辅助添加剂

由于分散剂往往同时具有起泡功能，而煤浆中的气泡对浆体流动性有害，所以当分散剂带有较强的起泡性能时，需补加消泡剂。消泡剂是一类通用药剂，品种也很多，制浆时常用的消泡剂有醇类及磷酸酯类。

添加剂在水中的离解度，以及与煤炭表面及溶液中其他物质的作用均与溶液的酸碱度有关。为了取得较好的制浆效果，制浆时往往要调整煤浆的 pH 值，以弱碱性的溶液环境较好。这类药剂很普通，不必介绍。

添加剂都是一些有机物质，有的在长期储存中易受细菌的分解失效，这时往往要使用杀菌药剂。不过这种情况极为少见。

制浆效果取决于煤炭表面与添加剂分子的相互作用，我国的科学工作者开发了 3 类改变煤炭表面性质、促进添加剂分子更好地在煤粒表面吸附的化学药剂。江龙教授开发了提高低阶煤表面疏水性的药剂，使一些原来接触角只有 $10°$ 左右极难制浆的煤种的接触角提高到 $40°\sim50°$，显著提高了制浆效果。曾凡教授开发了与磺酸盐阴离子添加剂共用的促进剂。它可阻止磺酸基以化学吸附方式在煤粒表面形成的反吸附，并与水中高价金属离子作用产生水不溶物，削弱这些离子的不良影响，同时这种沉淀物还能堵塞表面的微孔，降低药剂消耗。这些作用均取得相当的成功。顾全荣开发了 GW 型助剂，它可以使煤炭表面的电荷从负转为正，增强了阴离子添加剂在煤表面的吸附，使得在添加剂浓度较低时也能取得较好的制浆效果，从而使添加剂耗量减少了将近一半。

第五节 水煤浆制浆工艺

一、制浆工艺主要环节与功能

水煤浆制备工艺通常包括选煤、破碎、磨矿、加入添加剂、捏混、搅拌、剪切以及滤浆等环节。制备工艺取决于原料煤的性质与用户对水煤浆质量的要求。

1. 选煤

当原料煤的质量满足不了用户对水煤浆灰分、硫分与热值的要求时，制浆工艺中应设有选煤环节。大多数情况下选煤应设在磨矿前，只有当煤中矿物杂质嵌布很细，需经磨细方可解离杂质选出合格制浆用煤时，才考虑采用磨矿后再选煤的工艺。

2. 破碎与磨矿

破碎与磨矿是为了将煤炭磨碎至水煤浆产品所要求的细度，并使粒度分布具有较高的堆积效率。它是制浆厂中能耗最高的环节。为了减少磨矿功耗，除特殊情况外（如利用粉煤或煤泥制浆），磨矿前必须先经破碎。磨矿可用干法，亦可用湿法。可以是一段磨矿，也可以是由多台磨机构成的多段磨矿。原则上各种类型的磨机，例如雷蒙磨、中速磨、风扇磨、球磨、棒磨、振动磨与搅拌磨都可用于制浆。这一切应视具体情况通过技术经济比较后确定。

3. 捏混与搅拌

"捏混"只是在干磨与中浓度湿磨工艺中才采用。它的作用是使干磨所产煤粉或中浓度磨矿产品经过滤机脱水所得滤饼能与水和分散剂均匀混合，并初步形成有一定流动性的浆体，便于在下一步搅拌工序中进一步混匀。这种物料如不先经捏混，直接进入搅拌机是很难把浆体混匀的。

"搅拌"在制浆厂中有多种用途。它不仅仅是为了使煤浆混匀，还具有在搅拌过程中使煤浆经受强力剪切、加强药剂与煤粒表面间作用、改善浆体流变性能的作用。

4. 滤浆

制浆过程中必然会产生一部分超粒和混入某些杂物，这将给储运和燃烧带来困难，所以产品在装入储罐前应有杂物剔除环节，一般是可连续工作的筛网（条）滤浆器。

为了保证产品质量稳定，制浆过程中还应有煤量、煤炭全水分、水量、各种添加剂量、煤浆流量、料位与液位的在线检测装置及煤量、水量与添加剂加入量的定量加入与闭环控制系统。

由以上这些环节可以组合成多种制浆工艺。

二、干法制浆工艺

典型的干法制浆工艺流程如图 2-2-14 所示。制浆原料经破碎、干磨达到所要求的水煤浆产品细度与粒度分布后，加入水和分散剂进行捏混和进一步在搅拌机中调浆。如果需要进一步提高水煤浆的稳定性，还需要加入适量的稳定剂。加入稳定剂后还需要经搅拌混匀、剪切，使浆体进一步熟化。进入储罐前还必须经过滤浆，去除杂物。

干法制浆工艺在水煤浆发展的初期，因为有可借用现有磨粉设备而被采用，笔者在研制水煤浆的初期，也是为了借用原有的干式球磨机，采用过这种工艺。国内有的单位也曾采用过利用现有的雷蒙磨磨粉，然后调浆的干法制浆工艺。

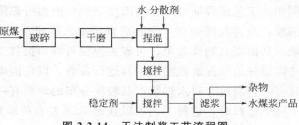

图 2-2-14　干法制浆工艺流程图

干法制浆存在主要缺点如下：

① 常规干法磨煤，要求入料的水分不大于 5%，否则磨机不能正常工作。但这点在制浆厂事实上很难满足。特别是当原煤需要洗选后制浆时，采用湿法磨矿更为方便。

② 干法磨矿的能耗比湿法高。据美国有关文献记载，在产品细度相同的条件下，干法球磨机的能耗大约比湿法球磨机高 30%。而且，干法磨矿的安全性与环境条件不及湿法磨矿。

③ 在一般情况下，干法磨矿制浆的效果不及湿法。这是因为，根据几种干法磨煤粉的粒度分布资料，其堆积效率远不及湿磨产品高。而且，干法磨煤时新生表面积很快被氧化，会降低它的成浆性。

三、干、湿法联合制浆工艺

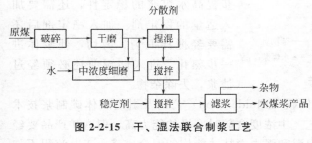

图 2-2-15　干、湿法联合制浆工艺

这种制浆工艺与上述干法制浆工艺不同的地方，在于从干法磨矿的产品中分出一部分用湿法细磨，如图 2-2-15 所示。它比干法制浆工艺效果好，可以实现双峰级配，改善最终产品的粒度分布，从而提高制浆效果。但是由于它的主体仍是干法磨矿，所以还存在干法制浆共同的缺点，在国内外的工业制浆厂中现在也未见再采用。

四、高浓度磨矿制浆工艺

高浓度磨矿制浆工艺如图 2-2-16 所示。它的特点是煤炭、分散剂和水一起加入磨机，磨矿产品就是高浓度水煤浆。如果需要进一步提高水煤浆的稳定性，还需要加入适量的稳定剂。加入稳定剂后还需要经搅拌混匀、剪切，使浆体进一步熟化。进入储罐前还必须经过滤浆，去除杂物。

国外采用这种制浆工艺的公司很多，如制备燃料用水煤浆的美国的大西洋（ARC）公司、KVS 公司，日本的日立株式会社与 COM 株式会社，制备德士古炉气化用水煤浆原料的日本宇部兴产株式会社，都采用这种工艺。中国建设的制备燃料用水煤浆制浆厂，以及制备气化用水煤浆厂，采用的也都是这种工艺。高浓度磨矿制浆工艺有许多优点。

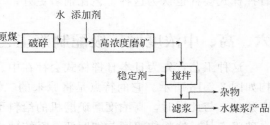

图 2-2-16　高浓度磨矿制浆工艺

例如：工艺流程简单；在高浓度下磨介表面可黏附较多的煤浆，有利于研磨作用产生较多的细粒，改善粒度分布；分散剂直接加入磨机可在磨矿过程中很好地及时与煤粒新生表面接触，从而提高制浆效果；可省去捏混与强力搅拌工序。但高浓度磨矿能力较中浓度磨矿低，并需很好地掌握磨机的结构与运行参数，以免因煤浆黏度过高而丧失磨矿功效。此外，由于只有一台磨机，对水煤浆产品粒度分布的调整有一定的局限性。根据笔者的经验，在良好的工况下运行时，这种工艺可以获得72％左右的堆积效率，已能满足大多数煤炭制浆的需要，所以是用途最广的一种制浆工艺。

五、中浓度磨矿制浆工艺

所谓中浓度磨矿制浆工艺，是指采用50％左右浓度磨矿的制浆工艺。由于中浓度磨矿产品粒度分布的堆积效率不高，所以很少采用单一磨机中浓度磨矿工艺（日本三菱株式会社在初期制浆试验系统上曾采用过这个工艺）。图2-2-17为二段中浓度磨矿制浆工艺。

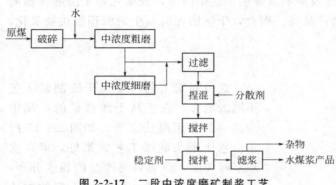

图 2-2-17　二段中浓度磨矿制浆工艺

该工艺为改善最终产品的粒度分布，从粗磨产品中分出一部分再进行细磨。然后分别或混合进行过滤、脱水。脱水后的滤饼加入分散剂捏混、搅拌调浆。如果需要进一步提高水煤浆的稳定性，还需要加入适量的稳定剂。加入稳定剂后还需要经搅拌混匀、剪切，使浆体进一步熟化。进入储罐前还必须经过滤浆，去除杂物。

瑞典的胶体碳（Carbongel）公司、流体碳（Fluidcarbon）公司及引进胶体碳制浆技术的日本日挥公司原来都是采用这种制浆工艺。中浓度磨矿时磨机的能力高，但磨矿产品要经过过滤脱除多余水分，滤饼与分散剂需经捏混和强力搅拌才能均匀混合成浆。工艺流程不如高浓度磨矿制浆工艺简单。由于中浓度磨矿本身的产品粒度分布不如高浓度磨矿的宽，虽有两段磨矿调整粒度分布的环节，如果对两部分的细度及配比掌握不当，最终产品的粒度分布也未必会合理。引进瑞典流体碳公司制浆技术的北京水煤浆厂虽然有四磨机（粗磨与细磨各由两台磨机串联组成），而且中间还有控制粒度的若干分级环节，但最终产品的粒度分布仍然欠佳。由日挥株式会社提供技术设计的兖日制浆厂，开始在初步设计中也是采用二段中浓度磨矿制浆工艺，但在实施时则改为图2-2-18的高、中浓度磨矿级配制浆工艺，这就说明，日挥株式会社也认为这种工艺比前者更好。

六、高、中浓度磨矿级配制浆工艺之一

这种工艺首先为日本日挥株式会社在中、日合资的兖日制浆厂中采用。它的基本流程结构如图2-2-18所示。它的特点是将原来的二段中浓度磨矿级配工艺中的细粒产品改为高浓度磨矿。与此同时，高浓度磨矿磨机的给料不是从中浓度磨矿产品中分流而来，而是直接来自破碎产品，这就使粗磨与细磨两个系统独立工作，避免了相互干扰。中浓度粗磨产品经过滤脱水后与高浓度产品一起捏混调浆。

兖日水煤浆厂的实践证明，这种制浆工艺所产水煤浆产品的粒度分布达到了较好的堆积效

率，有利于制造出质量较好的水煤浆。但它还没有摆脱中浓度磨矿后产品要进一步过滤脱水的环节。此外，所选用的细磨球磨机的磨矿效率很低，这台 $4.8m×13m$ 球磨机由两台各 $1000kW$ 的电机拖动，处理量不到 $14t$（干煤）/h，吨煤电耗按装机容量计算高达 143 $kW·h$。所以也有待进一步改进。

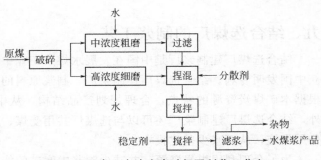

图 2-2-18　高、中浓度磨矿级配制浆工艺之一

七、高、中浓度磨矿级配制浆工艺之二

图 2-2-19 是中国矿业大学北京校区 1990 年为适应难制浆煤种制浆需要提出的另一种高、中浓度磨矿级配制浆工艺。它与前一种工艺相反，粗磨是高浓度磨矿，细磨则是中浓度磨矿。此外，细磨的原料是由粗磨产品中分流而来，初磨产品即是最终的水煤浆产品。这样就可以除去后续的过滤脱水及捏混环节，简化了生产工艺。细磨原料不直接来自破碎后的产品而改用粗磨产品，可大大减小细磨中的破碎比，有利于提高细磨的效率。细磨产品返回入初磨磨机中的目的并不是指望能对它做进一步磨碎，而是可以改善高浓度磨矿的粗磨机中煤浆的粒度分布，从而降低煤浆的黏度，提高磨矿效率。这种工艺的优点是十分明显的。

根据工艺的要求，粗磨最好是选用棒磨机，也可选用球磨机；细磨可根据具体条件，选用球磨机、振动球磨机或搅拌球磨机。

这种工艺虽然有许多优点，但只有在处理难制浆煤种并要求生产高质量水煤浆产品时才

图 2-2-19　高、中浓度磨矿级配制浆工艺之二

有优势。因为其中的细磨环节只是起到改善级配的效果，对提高处理能力作用甚微。也就是说，会使制浆的能耗增加。所以，当采用其他工艺能制出符合用户质量要求的水煤浆时，就没有必要选用这个工艺。

八、高、中浓度磨矿级配制浆工艺之三

图 2-2-20 是俄罗斯建设的别洛瓦（Belovo）至新西伯利亚管道输浆系统中制浆厂采用的制浆工艺。该厂共有七条生产线，每条生产线的制浆能力为 $50×10^4t/a$。粗磨采用 $4.5m×5.5m$、$1100kW$（或 $3.5m×8.5m$、$1500kW$）的棒磨机。细磨采用 $4.0m×13.5m$、$3500kW$（或 $4.5m×16.5m$、$4000kW$）的球磨机。这种制浆工艺与前一种工艺不同的是，中浓度细磨的原料直接来自破碎后产品。这可能与该厂磨机的给料很细（3～0mm）有关。所以它的性能基本上与前一种工艺相同。

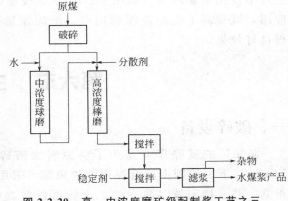

图 2-2-20　高、中浓度磨矿级配制浆工艺之三

九、结合选煤厂的制浆工艺

结合选煤厂建制浆厂是中国在发展水煤浆工业中创造的一个宝贵的经验，这种制浆工艺获中国发明专利。结合选煤厂建制浆厂，制浆原料的质量就有了可靠的保证。选煤厂还可以根据本矿煤炭资源的特点，合理规划产品结构，从中确定为制浆提供原料的最佳方案。此外，结合选煤厂建制浆厂还可以与选煤厂共用受煤、储煤、铁路专用线及水、电供应等许多公用设施，从而减少基建投资。

为了合理利用煤炭资源，并减少制浆中磨矿的能耗，结合选煤厂建制浆厂时应尽可能利用其中的细粒煤炭。如果是用粒度小于 13mm 或 6mm 的末煤（包括原煤与精煤）制浆，它的制浆工艺与独立的制浆厂并没有两样。最有前途是利用选煤厂或矿区粒度小于 1～0.5mm 的浮选精煤或煤泥制浆。因为这部分煤泥粒度细、水分高（接近高浓度水煤浆中的含水量），而且不受用户欢迎。有不少选煤厂往往因为这些煤泥甚至是浮选精煤无法处理而制约了生产。但是如果用它来制浆，则因其粒度细、水分适中而正恰到好处。

这种含水量在 30％左右的煤泥，只能采用高浓度制浆工艺。是否还要经过磨矿，则应视煤泥的细度与粒度分布而定。在大多数情况下，这种煤泥（或浮选精煤）的粒度上限都超过常规水煤浆要求的 300μm，而且很难保证它的粒度分布都会达到较高的堆积效率，所以对这种煤泥或浮选精煤，合理的制浆工艺为图 2-2-21 所示工艺。

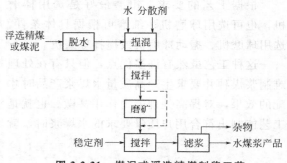

图 2-2-21　煤泥或浮选精煤制浆工艺

其中的磨矿环节用以控制粒度上限和调整粒度分布。最早采用这种制浆工艺的是 1985 年中国枣庄矿业集团八一煤矿选煤厂，不但生产出了高质量的水煤浆，而且使该厂最终精煤的水分降低了 4％（水分绝对值），灰分降低了 0.5％～1.0％，显著地提高了企业的经济效益。

当利用矿区煤泥制备供就地燃用的水煤浆时，对煤浆质量没有严格的要求，只要满足燃烧需要即可。为了降低成本，甚至可不使用磨矿环节（如图 2-2-21 中虚线途径）、不加添加剂。该项技术已在若干矿区应用，既提高了煤炭资源利用率，增加煤炭企业的经济效益，又改善了矿区环境，取得良好效果。

第六节　主要设备

一、破碎设备

制浆厂的破碎作业是为了将原料煤破碎至磨机给料所需要的粒度。通常破碎至 13mm 以下。原则上所有煤用细碎机都可采用。高浓度水煤浆磨矿工艺希望给料粒度分布宽一些、堆积效率高一些，这样可以提高煤浆在磨机中的流动性，改善磨矿效果。所以，用锤式与反击式破碎机优于对辊与齿面辊碎机。图 2-2-22 与图 2-2-23 为这两种破碎机结构简图。

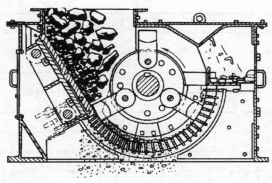

图 2-2-22　锤式破碎机

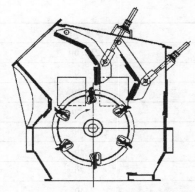

图 2-2-23　反击式破碎机

表 2-2-11 与表 2-2-12 分别列出了这两种破碎机实测的产品粒度分布数据，结果表明，反击式破碎机更佳。

表 2-2-11　锤式破碎机产品

粒度/μm	筛下累计/%
6000	100
3000	91.92
1000	59.06
500	37.78
300	25.91
210	15.06
100	10.92
75	8.72
38	5.32
19	3.38
9.4	2.33
4.7	1.78
—	—
—	—
平均粒度/μm	1262.15
堆积效率/%	68.16

表 2-2-12　反击式破碎机产品

粒度/μm	筛下累计/%
10000.00	98.98
6000.00	96.73
3000.00	89.96
1000.00	70.62
500.00	56.09
300.00	45.89

续表

粒度/μm	筛下累计/%
212.00	39.55
150.00	33.82
75.00	24.23
38.00	17.13
19.00	11.86
9.40	8.09
4.70	5.51
2.40	3.78
平均粒度/μm	1064.89
堆积效率/%	85.43

反击式破碎机的生产量除查阅生产厂家给出的数据与参考生产实践数据外，也可以参考式（2-2-18）进行计算。

$$Q = 60KN(h+e)Ldn\gamma \tag{2-2-18}$$

式中　Q——反击破碎机生产量，t/h；

　　　　K——系数，$K \approx 1$；

　　　　N——转子上板锤数目；

　　　　h——板锤伸出的高度；

　　　　e——板锤与反击板之间的最小间隙；

　　　　L——破碎机的转子长度；

　　　　d——较大排料粒度；

　　　　n——转子每分钟的转数；

　　　　γ——物料的松容重，t/m^3。

反击式破碎机型号规格与技术性能见表 2-2-13。

表 2-2-13　反击式破碎机型号规格与技术性能

型号	规格	最大给矿粒度/mm	排料粒度/mm	处理量/(t/h)	电机功率/kW	主机重/t	制造厂家
PF-54	$\phi500 \times 400$	100	20～0	4～10	7.5	1.35	海矿,北通
PF-107	$\phi1000 \times 700$	250	30～0	15～30	37	5.54	上重
PF-1210	$\phi1250 \times 1000$	250	50～0	40～80	95	15.25	上重
PF-1416	$\phi1400 \times 1600$				155	35.473	上重
PF-1614	$\phi1600 \times 1400$				155	35.631	上重
2PF-1212	$\phi1250 \times 1250$	850	20～0	80～150	130,155	58.0	上重
2PF-1416	$\phi1400 \times 1600$				2×155	54.098	上重
2PF-1820	$\phi1800 \times 2000$				2×280	82.998	上重

二、磨机选型

磨矿是制备水煤浆中的关键环节。水煤浆磨矿与其他工业磨矿的不同之处，在于它不但要求产品达到一定的细度，更重要的是要求产品有较好的粒度分布，因此对磨矿设备的选择很重要。

湿法制浆工艺常用的磨机有球磨机（图2-2-24）、棒磨机（图2-2-25）与振动磨机。球磨机与棒磨机的主体是一个转动的筒体，内装有衬板，制浆时一般都使用橡胶衬板。筒内装有磨介，磨介随筒体旋转上升至一定高度后下落，将物料砸碎。同时，磨介转动时又能将其间的物料研碎。顾名思义，球磨机的磨介是球，棒磨机的磨介是棒。

图 2-2-24 球磨机

图 2-2-25 棒磨机

球与棒的差异是：球与球之间是点接触，棒与棒之间是线接触，论打击力，棒比球大；球的比表面比棒大得多，所以球磨的研磨效果比棒磨高。此外，棒磨总是先集中破碎其间的粗粒，细粒则被粗粒阻隔从缝隙中溜过而不被破碎。因此，棒磨产品的粒度分布较球磨均匀。表2-2-14与表2-2-15分别是高浓度磨矿球磨机产品（八一水煤浆厂燃料用水煤浆）与棒磨机产品（渭河化肥厂德士古造气用水煤浆）的粒度分布。从表中可以看出：球磨产生的微细颗粒显著多于棒磨，这说明球磨的研磨效果比棒磨高；尽管在这个示例中，棒磨机的产品粒度上限比球磨机大很多，对提高堆积效率有利，但它的粒度分布堆积效率仍低于球磨产品，这说明棒磨产品的粒度比球磨均匀。此外，这两种水煤浆的流动性也有明显的差别，燃料用水煤浆的粒度细，堆积效率也高，将它倾倒在玻璃板上，可较快地铺开；而目前造气用水煤浆的粒度较粗，尽管堆积效率也不低，但倾倒在玻璃板上就不能很好地铺开，说明它们的流动性有明显的差异。这种差异用常规的黏度计测出的黏度是难以分辨的，因为粒度这么粗的造气用水煤浆，用黏度计测出的黏度值已失去它本来的意义。对于这两种用途的水煤浆在粒度与磨机选型上为什么有这么大差异，可能是下游工艺的要求不同于传统习惯造成的。笔者认为，如果造气用水煤浆也按燃料用水煤浆的方法来制备，由于粒度细、流动性好，也许会更有利于气化反应。

表 2-2-14 球磨机产品

粒度/μm	筛下累计/%	粒度/μm	筛下累计/%
309.60	99.97	20.70	48.54
213.20	98.39	14.26	40.75
146.80	94.01	10.78	35.56
101.10	87.01	5.11	23.59
76.43	80.46	2.01	13.64
52.63	71.17	—	—
43.66	66.34	平均粒度/μm	43.87
30.07	56.98	堆积效率/%	79.41

表 2-2-15 棒磨机产品

粒度/μm	筛下累计/%	粒度/μm	筛下累计/%
1633.00	98.06	37.79	21.18
636.40	88.34	25.46	15.82
367.00	72.01	14.08	8.94
268.80	59.18	9.48	5.72
167.30	48.14	5.24	2.86
110.20	39.20	2.38	0.94
78.00	35.54	平均粒度/μm	285.07
56.00	27.20	堆积效率/%	73.46

磨机按筒体的长（L）径（D）比可分为短筒磨机、长筒磨机与管磨机（$L/D=3\sim6$）。为使磨介在筒内保持均衡，管磨机筒体内往往分成 $2\sim3$ 个隔仓，前仓球大于后仓，如图 2-2-24 所示。高浓度制浆均采用管磨机。按排料方式可分为溢流型、格子型与周边排料型 3 种。溢流型磨机的排矿轴颈直径比给矿轴颈大，磨机内给矿端与排矿端的矿浆面形成一个高差，使矿浆自流溢出。格子型磨机是在排矿端设有一个格子板，挡住球与粗颗粒通过，矿浆则可透过格子板上的孔眼排至格子板与端盖间的隔室中，由固定在端盖上的若干簸箕板随磨机转动不断提升从轴颈卸出。格子球磨机的特点是矿浆面比溢流型低，对钢球的缓冲作用弱，可以多装球和便于装小球，强制排矿的速度快，所以处理能力可比同规格的溢流磨机高 $10\%\sim25\%$。此外，由于矿浆在磨机中停留时间比溢流磨短，不容易泥化和过粉碎，但溢流磨机结构较简单，价格较低。棒磨机为便于棒的装卸，只能采用溢流排矿方式。

制备水煤浆时，如属中浓度磨矿工艺，可直接选用选矿磨机。例如，引进的北京与兖日浆厂的中浓度磨矿环节即如此。高浓度制浆时，磨机的结构需要改进。此外，为了使矿浆在磨矿过程和产品中获得较好的粒度分布，还应该根据物料的可磨性与粒度组成，合理选择磨机的运行参数。为此，中国矿业大学北京校区先后与常州矿机厂、亚特机械制造公司及焦作矿机厂合作研制出制浆专用磨机系列产品。目前，中国所有的燃料用水煤浆制备厂采用的都是他们的产品。表 2-2-16 是这种制浆专用球磨机产品型号规格与技术性能。

表 2-2-16 制浆专用球磨机产品型号规格与技术性能

型号规格	筒体直径/mm	筒体长度/mm	给料粒度/mm	最大装球/t	浆产量/(t/h)	电机功率/kW	主机重/t	制造厂家
MSMJ09035	900	3500	<13	3	0.9~1.2	30	7.2	江阴亚特
MSMJ12042	1200	4200	<13	6.5	1.8~2.5	55	17.5	江阴亚特
MSMJ15060	1500	6000	<13	14	2.5~5.0	155	28	江阴亚特
MSMJ18080	1830	8000	<13	27	5.0~8.5	280	41	江阴亚特
MSMJ2080	2000	8000	<13	33	6~13	380	58	江阴亚特
MSMJ22090	2200	9000	<13	45	8~17	570	75	江阴亚特
MSMJ24085	2400	8500	<13	50	16~22	630	89	江阴亚特
MSMJ26105	2600	10500	<13	74	20~26	900	165	江阴亚特

续表

型号规格	筒体直径 /mm	筒体长度 /mm	给料粒度 /mm	最大装球 /t	浆产量 /(t/h)	电机功率 /kW	主机重 /t	制造厂家
MSMJ30110	3000	11000	<13	110	28～40	1400	185	江阴亚特
MSMJ32115	3200	11500	<13	123	35～50	1600	250	江阴亚特
MSMJ35120	3500	12000	<13	154	45～63	2000	310	江阴亚特
MSMJ38120	3800	12000	<13	182	55～75	2500	382	江阴亚特
MSMJ42130	4200	13000	<13	240	70～85	3000	475	江阴亚特

制备造气用水煤浆时，所用棒磨机均属配套从国外引进。例如渭河化肥厂采用的是 3 台美国 ALLIS-CHALMERS 公司的 3200mm×5480mm、功率为 525kW 的溢流棒磨机。表 2-2-17 是中国湿式溢流型棒磨机产品型号规格和技术性能。

表 2-2-17　湿式溢流型棒磨机产品型号规格和技术性能

规格/mm	有效容积 /m³	筒体转速 /(r/min)	最大装棒量 /t	电机功率 /kW	主机重 /t	制造厂家
φ900×1800	0.9	35.4	2.5	22	5.37	江阴亚特,沈重
φ900×2400	1.2	35.4	3.55	30	5.88	江阴亚特,沈重
φ1500×3000	5.0	26.0	8.0	95	18.0	江阴亚特,沈重
φ2100×3000	9.0	20.9	25.0	210	42.18	江阴亚特,沈重
φ2700×3600	18.5	18.0	46.0	400	68.0	江阴亚特,沈重
φ2700×4000	20.6	18.0	46.0	400	73.3	江阴亚特,沈重
φ3200×4500①	32.8	16.0	82.0	630	138,108	江阴亚特,沈重
φ3600×4500	43.0	14.7	110	1250	172,159.9	江阴亚特,沈重
φ3600×5400	50.0	14.7,15.1	124	1400,1000	186,150	江阴亚特,沈重

① 渭河化肥厂引进的棒磨与表中此行相近。

振动磨机的工作单元是一个筒体。筒内装有球形、圆柱形或棒状磨介与被磨物料。筒体支承在弹性机座上，由激振装置带动在垂直于筒体轴线的平面上作圆形或近似于圆形振动。在筒体振动作用下，筒内每个磨介和其中的颗粒都将与筒体一样，在筒内空间做旋转运动。旋转的角速度及半径可近似地认为与筒体相同。当磨介所受离心力大于重力后，磨介沿着旋转的切线方向向空间作抛射运动。结果，在磨介之间、磨介与筒壁间，以及磨介与物料间产生剧烈的击碎作用。此

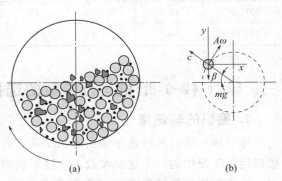

图 2-2-26　磨介在磨筒内运动状态

外，受摩擦力的带动，磨介沿筒体相同的回旋方向剧烈地自转，在磨介间产生强烈的研磨作用。磨介在磨筒内的运动情况如图 2-2-26 所示。图 2-2-26（a）是示意图，图 2-2-26（b）为

其中某个磨介旋转动运动的受力分析。

碰撞击碎作用的破碎力强，能粉碎较粗的物料，研磨作用的破碎力相对较弱，而且为了使物料能够被磨介夹持进入相邻磨介缝隙间被研碎，要求物料粒度 d 应大大小于磨介直径 D。理论研究结果表明，给料粒度 d 应满足 $d<0.035D$。所以这种研磨作用只能粉碎较细的物料，但是由于磨介间为紧密接触，可以得到微细的产品。在振动磨机中，这两种粉碎作用的强弱，可以通过选择磨介与振动强度加以调整，以适应不同用途的需要。

振动磨机中的击碎力是靠振动加速度产生的，它比重力加速度高 6～14 倍。振动磨则因筒内磨介均处于弹跳状态，击碎作用发生在全部磨介之中。所以，振动磨比球磨的粉碎作用更有效。

物料在磨筒内还遇到了强烈的搅拌混匀与高速剪切作用，这对于某些要求有混匀与剪切作用的物料加工过程（例如制备高浓度水煤浆）来说，是十分有利的。剧烈持续的抛射，使筒内磨介呈松散悬浮状态，和产生强烈的搅拌混匀作用，使得物料能连续自流地从筒体的给料端向排料端运动。

振动磨机是一种新型磨碎设备，它的体积小、磨矿效率高、能耗低，与常规球磨机相比，更便于获得更细粒度的产品。但由于振动磨是整机参与振动，不易大型化，维修工作量也比球磨机大。此外，它的给料粒度也不能太粗，一般控制在 3mm 以下。中国矿业大学北京校区与江阴振动机械厂和亚特机械制造公司的陶汉洪总工程师从 1985 年开始，先后研制成制备水煤浆的专用振动球磨机系列产品，如表 2-2-18 所示，并在八一等制浆厂采用，取得很好的效果。这种磨机适于小型自备浆厂采用，或与球磨机配套，作为产生微细颗粒的辅机使用。

表 2-2-18　振动磨机产品型号规格与技术性能

规格型号	有效容积/L	振动频率/Hz	最大双振幅/mm	电机功率/kW	主机重/t	制造厂家
ZM80	80	10～21.7	4～14	7.5	1.05	江阴机器厂,亚特
ZM300	300	16.4	14	22	2.5	江阴机器厂,亚特
ZM600	600	16.4	14	37	4.5	江阴机器厂,亚特
ZM1200	1200	16.4	14	75	8.5	江阴机器厂,亚特
ZM2800	2800	16.4	14	200	23	江阴机器厂,亚特

三、球（棒）磨机运行参数的选择计算

1. 磨机的转速率

球（棒）磨机的转速率是指磨机实际工作转速 n 与磨机理论临界转速 n_c 的比值 ψ，是磨机运行工况中的一个重要参数，直接影响到磨机功耗及磨介在磨机中的运动形态和磨矿效果。磨机理论临界转速 n_c，是在理想条件下，磨筒边沿的磨介随磨机旋转所受离心力与重力达到平衡，磨介开始发生离心化现象而不能被抛落时所需要的转速。

$$n_c=\frac{42.3}{\sqrt{D}}$$

(2-2-19)

式中　n_c——临界转速，r/min；

D——磨机筒体的内径，m。

磨机旋转时，磨机随筒体提升并在空间做旋转运动，不同半径处的磨介，随筒体旋转的速度可近似假定相同，外层磨介所处半径大，最易达到抛落条件，当半径减小到一定程度后，其内层不再被抛落，而是沿磨介倾斜表面向下泻落。抛落运动的破碎方式是击碎，泻落运动的破碎方式主要是研磨。实际磨矿过程中这两种作用都兼而有之。随着转速率提高，磨机功耗逐渐增大，磨介运动方式中抛落成分增加，泻落成分减少。从磨介抛落能获得最大高差，即亦可获得最大破碎动能的角度分析，按最外层磨介，最佳的转速率为76%，按磨介整体计算，为88%，这是着眼于利用抛落破碎作用的结果。对于要求以泻落方式为主的球磨机，国外有的厂家推荐的转速率 Ψ 为：

$$\Psi = \frac{n}{n_c} = 0.68 - 0.0984D \tag{2-2-20}$$

式中，D 为磨机筒体内径，m。

实际上，磨机的适宜转速与磨机型式、规格、装介率、衬板型式及物料性质等多种因素有关，很难单纯从理论上分析确定。江旭昌等总结的经验公式，对球磨机为式（2-2-21）；对棒磨机，因钢棒运动时相互间的阻滞作用比球大，因此棒磨机的转速就应降低一些，一般取为 $\Psi = 0.65$。

$$\Psi = \frac{32.66D^{-0.166}}{42.4/\sqrt{D}} \tag{2-2-21}$$

水煤浆磨矿与常规磨矿所不同的是，希望能得到较宽的粒度分布，所以转速率选取要比一般选矿磨机低，通常取为65%～78%。

2. 装介率

磨机的装介率是指装入磨机中磨介的空间体积（包括磨介间的空隙容积）与磨机筒体有效容积的比值 φ，是磨机运行工况中的一个重要参数，它直接影响到磨机功耗及磨介在球磨机中的运动形态与磨矿效果。装介率为0.50时，磨介运动获得的能量最高，磨机功耗也最大，有利于提高磨机的处理量。但是对溢流型球磨机，为防止磨介从溢流口排出，装球率不应高于0.40。选矿时装球率通常取为0.40～0.50，棒磨机为0.35～0.40，这些可作水煤浆磨矿时参考。

磨介大小与不同大小磨介的装入比例对磨矿效果有明显的影响。一般是根据给矿和磨机的工作条件，先计算所需磨介的最大尺寸，然后根据经验确定各种尺寸的装入比例。对于选矿磨机，国际上通常按式(2-2-22)与式(2-2-23)分别计算球磨机与棒磨机所需磨介的最大尺寸。

$$D_m = 25.4\sqrt{\frac{d_{80}}{K}} \times \left(\frac{\rho_s W_i}{100\Psi\sqrt{3.281D}}\right)^{1/3} \tag{2-2-22}$$

式中 D_m——球磨机所需最大磨球直径，m；

D——球磨机直径，m；

d_{80}——给料中筛下累计含量为80%时的粒度，m；

ρ_s——被磨颗粒的密度，kg/m³；

W_i——物料的功指数，kW·h/t；

Ψ——磨机的转速率百分数，%；

K——系数，对溢流型球磨机为350，格子型球磨机为330。

$$R_{\mathrm{m}} = 25.4 d_{80}^{0.75} \sqrt{\dfrac{\rho_{\mathrm{s}} W_{\mathrm{i}}}{100 \sqrt{3.281 D}}} \qquad (2\text{-}2\text{-}23)$$

式中 R_{m}——棒磨机所需最大磨棒直径，m。

其他符号同上式。

其他大小磨介的装入配比，由表 2-2-19 及表 2-2-20 中选取。球磨机中的最小球径控制在 25mm，对格子球磨机，最小也不应小于 12mm，否则也易从格子板的开孔中逸出。棒磨机中的棒长应比筒体内有效长度短 150mm，最细的棒径控制为 50mm，再细容易弯曲和折断。所以当磨机中棒磨损至棒径小于 25~40mm 时，应及时置换。

表 2-2-19 球磨机不同规格钢球的配比

球径/mm	115(4.5″)	100(4.0″)	90(2.5″)	75(3.0″)	65(2.5″)	50(2.0″)	40(1.5″)
115(4.5″)	23.0						
100(4.0″)	31.0	23.0					
90(2.5″)	18.0	34.0	24.0				
75(3.0″)	15.0	21.0	38.0	31.0			
65(2.5″)	7.0	12.0	20.5	39.0	34.0		
50(2.0″)	3.8	6.5	11.5	19.0	43.0	40.0	
40(1.5″)	1.7	2.5	4.5	8.0	17.0	45.0	51.0
25(1.0″)	0.5	1.0	1.5	3.0	6.0	15.0	49.0
合计	100.0	100.0	100.0	100.0	100.0	100.0	100.0

表 2-2-20 棒磨机不同规格钢棒的配比

棒径/mm	125(5.0″)	115(4.5″)	100(4.0″)	90(2.5″)	75(3.0″)[①]	65(2.5″)
125(5.0″)	18					
115(4.5″)	22	20				
100(4.0″)	10	23	20			
90(2.5″)	14	20	27	20		
75(3.0″)	11	15	21	33	31	
65(2.5″)	7		15	21	39	34
50(2.0″)	9	12	17	26	30	66
合计	100	100	100	100	100	100

① 渭河化肥厂引进的棒磨机配棒与表中此列完全相同。

以上的算法来自选矿磨机的经验，是从有利于物料磨细角度总结出来的。对水煤浆磨矿而言，由于它还需要获得粒度分布好的产品，显然，产品的粒度分布与配球有密切的关系，但至今国外尚未看到有这方面的研究结果。张荣曾教授根据磨矿数学模型所确定的各种粒度所需要的破碎概率，提出了一个解决配球问题的新方法。经过四座制浆厂的四种规格磨机上的对比检验，实际的制浆结果不但在制浆能力之上，而且在产品的粒度分布上与原设计的预期的效果很符合。表 2-2-21 与图 2-2-27 给出了其中的一组（2.4m×8m 球磨机）数据。由于这种算法比较复杂，并需要用专门的软件在计算机上完成，在此不便详细介绍，可参考原著。

表 2-2-21　磨矿预测与生产实际主要结果对比

项目	磨矿预测	生产实际	项　目	磨矿预测	生产实际
制浆生产能力/(t/h)	19.87	21.20	产品堆积效率/%	76.25	74.66
产品平均粒度/μm	49.54	49.56	磨矿浓度/%	67.00	67.23
产品中<74μm/%	79.37	79.26			

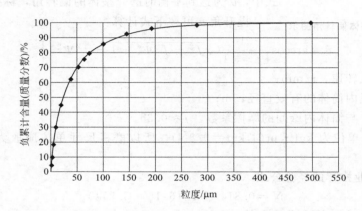

图 2-2-27　1998 年 5 月八一浆厂磨矿预测与实际产品粒度分布
(图中曲线为预测值，"♦"为实际结果)

四、球（棒）磨机功率与制浆能力计算

磨机的能力与它的功率消耗有密切关系，因为磨碎矿物所需能量来自磨机中磨介获得的动能。

1. 磨机的功率计算

球磨机中磨介实际上兼有圆轨迹运动、抛落、泻落及肾形蠕动，它们的形成与球磨机中磨介的充填率及运行参数有关。但是在磨机功率计算时，往往分别按泻落与抛落两种状态进行计算，所以按这种理论分析导出的计算方法必然存在较大的误差。为了弥补这种缺陷，国内、外出现过多种经验公式。张荣曾教授认为前人理论推导的不足在于往往把筒内磨介视为一个整体，实际上磨介是一个散体，各层磨介的运动规律与磨机尺寸、磨介的充填率、磨机的运行参数及磨介所处的层位（半径）有关。所以，不应笼统地对磨介整体做运动分析，必须分层进行分析和计算。从这一观点出发，他以实验结果为依据，研究了球磨机中磨介的运动规律，进而导出了计算球磨机功耗的新方法。他在实验室的试验结果表明，平均误差只有2.048%。经过 26 组工业磨机的检验，这种计算机分层计算出的轴功率平均为从电机侧测得输入功率的 83%，比较接近实际情况。但这种算法不易为一般人所掌握，所以本书只介绍传统的泻落算法与中国水泥行业推荐的一种经验公式。按上述 26 组工业磨机数据，泻落法平均为分层法的 126%，经验公式平均为分层法的 89.7%。也就是说，分层算法大体上是这两者的平均值。所以，利用这两种算法一般也能满足工程计算的需要。

（1）泻落式功率计算方法　该算法是按照磨介偏转后，克服磨介的重力矩 M 所需的功

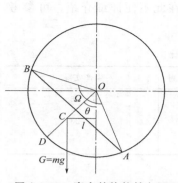

图 2-2-28　磨介整体偏转角图示

率。设磨介在磨机中的装球率为 ϕ，在 $\phi \leqslant 0.50$ 情况下，磨机中磨介形成的弓形体的圆心角为 Ω（图 2-2-28）。

圆心角 Ω 与装球率 ϕ 间有如下关系。

$$\phi = \frac{\Omega - \sin\Omega}{2\pi} \tag{2-2-24}$$

按此原理，推导出的磨机轴功率算法如下：

$$N_{(kW)} = 4.62 \frac{G}{\phi} \sqrt{D} \left(\sin^3 \frac{\Omega}{2}\right) \Psi \sin\theta \tag{2-2-25}$$

式中，θ 为达到平衡时磨介整体的偏转角，称提升角。

提升角 θ 可按下式计算：

$$\theta = \arccos\left[\frac{1}{f^2+1}(\sqrt{f^2 - f^2\Psi^4 + 1} - f^2\Psi^2)\right] \tag{2-2-26}$$

式中　n——磨机转速，r/min；

D——磨机内筒体的有效直径，m；

f——磨介与筒体内壁间的摩擦系数，$f \approx 0.35$。

因重力矩 M 单位为 kgf·m（1 kgf＝9.8N），所以磨机尺寸单位应取为 m，磨介质量取 kg。

（2）水泥行业推荐的经验公式

$$N = 0.814DVn\phi(6.16 - 5.75\phi) \tag{2-2-27}$$

式中　D——磨机内筒体的有效直径，m；

V——磨机有效容积，m³；

n——磨筒的转速，r/min；

ϕ——磨机的装介率；

N——磨机的轴功率，kW。

上述求得的为磨机的轴功率，可作为计算磨机产量的依据。在选择配套电机的功率时，还应该计及传动效率与电机的备用系数。粗略估计，配套电机的功率为磨机轴功率的 1.35～1.45 倍。由于各生产厂家配套的传动系统间往往差异较大，配套电机功率的选择最好由生产厂家自定。

2. 磨机制浆能力计算

计算出磨机的轴功率后，只要再算出磨碎单位质量物料所需功耗 W，就可以方便地求出该磨机的生产能力。使物料破碎所需功耗与给料的可磨性、给料与要求的产品粒度组成有关，通常都采用邦德（F. C. Bond）公式（2-2-28）计算。

$$W(kW \cdot h/st) = 10\left(\frac{W_i}{\sqrt{P_{80}}} - \frac{W_i}{\sqrt{F_{80}}}\right) \tag{2-2-28}$$

式中　W_i——邦德功指数，由实验求得，与物料可磨性有关；

F_{80}——给料中透筛率为 80% 时的筛分粒度，μm；

P_{80}——产品中透筛率为 80% 时的筛分粒度，μm；

st——短吨，1 st 相当于 0.907t。

若将功耗 W 改为标准单位制，则为：

$$W(kW \cdot h/t) = 11.02W_i\left(\frac{1}{\sqrt{P_{80}}} - \frac{1}{\sqrt{F_{80}}}\right) \tag{2-2-29}$$

对于煤炭，其可磨性通常用 HGI（hard grove index）表示，邦德功指数 W_i 与可磨性指数 HGI 间有下列经验关系：

$$W_i = \frac{435}{HGI^{0.91}}$$

$$W_i = \frac{400}{HGI^{0.86}}$$

实际功耗还与磨矿条件诸因素有关，所以按式（2-2-29）求出的功耗还应加乘修正系数 E。E 为各项修正系数的乘积，它们都是经验系数，在磨矿书刊中均可查到。对于高浓度水煤浆的磨矿，根据笔者的经验，增加了一个磨矿煤浆浓度系数 E_C，它与磨机中矿浆的固体容积浓度 λ（%）有关。

$$E_C = 1.0 + 0.07(\lambda - 37)$$

$$\lambda(\%) = \frac{100c}{\rho_S - c(\delta - 1)}$$

式中　c——煤浆中固体质量浓度，%；

　　　ρ_S——煤炭的相对密度。

若球磨机的轴功率为 N（kW），则磨机按固体计算的处理能力 Q_T 为：

$$Q_T(t/h) = \frac{N}{EW} \tag{2-2-30}$$

按煤浆量计算的处理能力 Q_S 为：

$$Q_S(t/h) = 100\frac{Q_T}{c} \tag{2-2-31}$$

五、搅拌设备

制浆过程的搅拌是使浆体分散、混合（混匀、调和）、悬浮（防止沉淀分层）、剪切，并使添加剂与颗粒充分接触，以加速水煤浆的熟化。不同环节搅拌操作目的不同，对搅拌有不同的要求，因此水煤浆制备中各处所用的搅拌设备不可能是一种通用结构产品。

1. 搅拌方式

按搅拌方式有射流搅拌［图 2-2-29（a）］、气流搅拌［图 2-2-29（b）］及机械搅拌［图 2-2-29（c）］等多种。

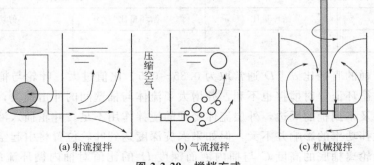

(a) 射流搅拌　　　　(b) 气流搅拌　　　　(c) 机械搅拌

图 2-2-29　搅拌方式

射流搅拌是通过泵的外部循环将储罐内的煤浆逐渐调匀。气流搅拌是依靠压缩空气进入浆体后，空气膨胀产生鼓泡，带动煤浆翻滚，从而达到清除沉淀和使煤浆调匀的目的。这两种搅拌方式结构简单、有很强的适应性，即使遇到浓厚难以分散的沉淀物，也可以逐渐将它们冲散，但效率不高，作用范围很局限，能耗也大，可作为一种清理管道连接处及罐底沉淀物的手段，并兼起搅拌作用。

机械搅拌方式在制浆工艺中使用最广。搅拌机构的叶轮类型也很多，最为常用的是图2-2-30中的涡轮式（a）、螺旋桨式（b）及叶桨式（c）。叶桨式和涡轮式上的叶片还可以做成有一定角度的斜片，或某种形状的弯曲叶片，以增大轴向流，并相应减小离心方向的径向流。径向流的剪切作用较强，轴向流的对流循环扩散混匀的能力较强。

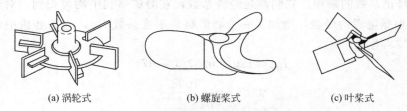

(a) 涡轮式　　　　　　　(b) 螺旋桨式　　　　　　　(c) 叶桨式

图 2-2-30　机械搅拌机构常用的叶轮类型

2. 搅拌桶结构

为了改善浆体的流态，提高搅拌效果，搅拌桶的内周边往往增设一些挡板，常用的是垂直挡板。挡板的作用是抑制切向流，将切向流转换为径向和轴向流，增大湍流和对流循环强度，从而提高搅拌效果。增加挡板的宽度会使叶片与浆体接触面积增加，随着挡板宽度增加，功率增加很快，最后达到一最大值，挡板宽度再增加，功率几乎不变。根据永田研究，达到最大功率的挡板条件为：

$$\left(\frac{B}{D}\right)^{1.2} n_b = 0.35 \tag{2-2-32}$$

式中　D——搅拌桶的半径与直径，m；

　　　B——挡板的宽度，m；

　　　n_b——挡板数目。

此关系式称"全挡板条件"。凡安装有挡板的搅拌桶，大多是在全挡板条件下工作。表2-2-22 是无挡板与有挡板时搅拌桶性能的比较。

表 2-2-22　无挡板与有挡板时搅拌桶性能的比较

同一搅拌速度		同一搅拌功率	
搅拌动力比	循环量比	循环量比	剪切强度比
1 : 10	1 : 4	5 : 9	4 : 3

叶轮与搅拌桶的直径比 d/D 通常取为 0.35~0.5。比值过大，叶轮与桶壁间的空间很窄，会削弱轴向循环流，对搅拌也不利，并增大了流体与桶壁间的冲击损失；比值过小，则搅拌作用可能扩及不到桶的周边，外层流体受到的搅拌作用不足。叶轮插入液面的深度或离桶底的高度对搅拌功率的影响并不大，但如果涡旋深度达到叶轮位置将引起空气吸入，则搅拌功率下降。叶轮离桶底的高度 C 与桶内液面深度 H 的比值对桶内循环流的分布有影响。当 $C/H \geqslant 1/5$ 时，在叶轮上、下形成两股循环流，但桶底易产生物料的堆积。当 $C/H \leqslant 1/7$ 时，在叶轮下部的循环流可扫过桶底，防止桶底堆积。通常选用 $C/H = 1/7$。各类机械搅拌机构的结构与主要尺寸均可从有关参考书中查到。

搅拌桶内流体的流态与流体运动的雷诺数有关。当 $N_{Re}=1\sim10$ 时，流体仅在叶轮附近呈层流做旋转运动，桶内其余部分为停滞区；当 $N_{Re}\approx10$ 时，自叶轮有泵出流产生，并引起整个桶内形成上下循环流；当 $N_{Re}=100\sim1000$ 时为过渡区，在叶轮周围流体为湍流，而上下循环流仍为层流。随着雷诺数增大，湍流程度增强，当 $N_{Re}>1000$ 后，整个桶内都呈湍流状态，但当叶轮与搅拌桶的直径比小于 0.1 时，虽然桶内仍为湍流状态，但上下循环流不会遍及整个桶内，易出现停滞区（死角）。

3. 搅拌过程的相似与功率计算

搅拌是一个复杂的流体动力过程，目前很难用解析方法求解，多采用相似准数的形式总结经验规律。涉及的准数有：

① 反映黏滞力影响的雷诺数：$N_{Re}=\dfrac{\rho n d^{2}}{\mu}$

② 反映重力影响的弗鲁德数：$N_{Fr}=\dfrac{n^{2}d}{g}$

③ 与功率有关的欧拉数，称功率准数：$N_{P}=\dfrac{P}{\rho n^{3}d^{5}}$

式中　d——叶轮直径，表征搅拌桶的尺寸，m；

　　　ρ——流体的密度，kg/m³；

　　　μ——流体的黏度，Pa·s；

　　　n——搅拌轮的转速，r/min；

　　　P——搅拌轴的功率，W；

　　　g——重力加速度，m/s²。

其中 N_{Re} 与 N_{Fr} 为决定性准数，N_{P} 为非决定性准数。由于重力加速度只是在液面出现下凹时才有影响，所以在雷诺数较低，或在有挡板的搅拌桶中，可以忽略弗鲁德数。在这种情况下，决定性准数只单一地为雷诺数。N_{P} 与 N_{Re} 关系曲线称功率曲线。

搅拌过程的功率计算多采用经验方法，因为尺寸不同但满足几何相似的搅拌桶，功率准数与雷诺数间存在着单值关系已为许多学者的试验结果所证实，而且累积了许多结构不同搅拌桶的这类关系曲线或关系方程。所以可以根据搅拌的雷诺数确定功率准数，进而求出搅拌所需的功率。不同几何结构的搅拌桶，$N_{P}=f(N_{Re})$ 关系曲线是不同的，图 2-2-31 是其中的一个示例。各类型搅拌机构的结构多半都已定型，对牛顿流体，各种结构的这类关系曲线在许多参考书中都可以查到，可供计算搅拌桶功率时使用。

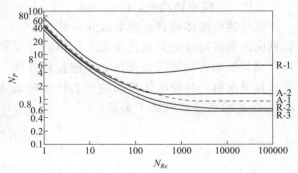

图 2-2-31　几种叶轮的 N_{P} 与 N_{Re} 关系曲线示例

水煤浆虽然是非牛顿流体，但由于水煤浆搅拌通常都是在雷诺数较高的区域中操作，剪切速率也比较高，在这种情况下，由屈服应力产生的表观黏度所占的份额不大，忽略准数 N_{Re} 也不至产生多大的影响。在雷诺数较高的区域中，由于黏性力可以忽略，叶轮搅拌所消耗的功率主要用于克服叶片在流体中运动的阻力，因此，无论是搅拌牛顿还是非牛顿流体，在湍流情况下功率准数是没有区别的。据此我们可以将牛顿流体的功率准数曲线用于水煤浆这类非牛顿流体的功率计算。

对非牛顿流体，在计算雷诺数时，其中的黏度应改用表观黏度值。如果按这种方法计算雷诺数，据 Metzner 等人的研究，在雷诺数小于 10 和大于 300 的区域，假塑性流体的功率准数曲线与牛顿流体是完全吻合的。在 10～300 的过渡区，假塑性流体的功率消耗反而比牛顿流体低。所以在这个过渡区也可按牛顿流体的功率准数曲线计算，虽然计算功率会比实际偏高，但对工程应用则更为安全可靠。

4. 搅拌桶内浆体遭受的剪切与叶轮的临界转速

对水煤浆这样一些非牛顿流体，它的流变特性与经受的剪切经历有很大的关系。对水煤浆，适度的剪切是有利的，但过度剪切也有害。所以在使用搅拌器时，有必要估计它对浆体施加的剪切强度。剪切强度可用搅拌桶内浆体遭受的平均剪切速率 S_M 来衡量。据 Metzner-Otto 研究，S_M 大致与搅拌叶轮的转速成正比，即：

$$S_M(r/s) = k_s \times n \tag{2-2-33}$$

式中，n 为搅拌轴每秒的转数，r/s。

对给定的搅拌桶，k_s 基本上是常数。对 k_s 影响最大的是 $d\mid D$ 值。在 $d\mid D \leqslant 2\mid 3$ 后，无论搅拌桶为何种几何类型，k_s 值均在 10～13，一般取 11 为其平均值。对于 $d\mid D > 2\mid 3$ 的大直径叶轮，则需要通过实验来测定。

张荣曾提出了另一种更科学的计算方法，他是根据测得搅拌桶内流体的容积 V 及搅拌轴的功率 P 推导出下列计算公式。

$$S_M(r/s) = \sqrt{\frac{P/V}{\mu_a}} \tag{2-2-34}$$

式中　V——搅拌桶中浆体的容积，m^3；

　　　μ_a——浆体表观黏度，Pa·s；

　　　P——搅拌轴功率，J/s。

搅拌桶内流体的剪切速率的分布很不均匀，中心与叶轮附近的剪切速率高，边沿及离叶轮轴向距离较远处的剪切速率低。所以在叶轮的转速较低时，只有叶轮周围的流体受到搅拌，而其他地方则停滞为死区，不起搅拌作用。Wichterle 和 Wein 的研究结果表明，在发生这种情况时，叶轮所能搅动的中心区域的最大直径与区域高度大体相等，这个最大直径 d_c 与叶轮的直径 d 有如下关系：

$$\frac{d_c}{d} = a(N'_{Re})^{1/2} \tag{2-2-35}$$

$$N'_{Re} = \frac{\rho d^2 n^{2-n}}{K} \tag{2-2-36}$$

$$a = 0.375(N_P)_T^{1/3} \tag{2-2-37}$$

式中　N'_{Re}——修正的雷诺数；

　　　n——流变模型中的流动特性指数；

　　　K——其中的系数。

式（2-2-35）中的另外一个经验系数 a，在桶内液面高度与桶径相等、叶轮在中心位置离桶底高度大于 1/3 液面高度的条件下，对涡轮型叶轮为 0.3，对螺旋桨叶轮为 0.6，对其他类型的叶轮可用式（2-2-37）估计。

$(N_P)_T$ 为湍流条件（$N_{Re} \geqslant 10000$）下的功率准数。前面已经指出，在湍流条件下非牛顿流体的功率准数曲线和牛顿流体基本是重合的，所以可以从牛顿流体的曲线上查得。

对于圆形搅拌桶，为了防止出现停滞的死区，应使 d_c 与搅拌桶的直径 D 相等。代入式（2-2-35）可求得水煤浆搅拌时的临界雷诺数，进而可求出搅拌叶轮的临界转速。

$$N_{Re} = \left(\frac{D}{ad}\right)^2 \tag{2-2-38}$$

六、泵送设备

原则上，适合泵送含固体颗粒浆体的隔膜泵、柱塞泵、曲杆泵、离心式泥浆泵、渣浆泵等，都可以用于水煤浆输送。但对高浓度水煤浆，因它的流变特性对剪切作用很敏感，应尽量避免使用离心式泵。笔者根据实测数据计算，制浆厂使用的搅拌桶，浆体遭受的平均剪切速率仅为 $30s^{-1}$ 左右，而离心式渣浆泵，低转速时约要 $350s^{-1}$，高转速时甚至可高达将近 $1000s^{-1}$。水煤浆的浓度越高，使用离心泵的危害性越大。

隔膜泵与柱塞泵都属于间歇作用泵，流量不稳定。输送水煤浆最理想的是曲杆泵，它是靠安放在圆筒形定子套筒内的一根金属耐磨曲杆的转动来输送物料的，定子由有一定弹性的耐磨材料制成，与转动的曲杆紧密配合，曲杆转动时，可连续输出浆体。与离心泵相比，剪切作用弱，节电 30% 左右，为国内、外的制浆厂普遍采用。其结构示意图见图 2-2-32。

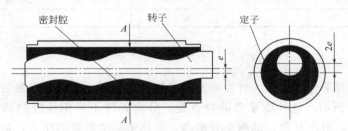

图 2-2-32　曲杆泵结构示意图

中国有数个厂家生产，也有从国外引进的产品。其中以中航第一集团远东（西安海兴）曲杆泵业工程有限公司生产的 QGB 系列曲杆泵最受用户好评，由于采用了高饱和氰化丁腈橡胶，定子耐磨寿命可达 $5000h$，在水煤浆制备厂中，市场占有率高达 70% 以上。表 2-2-23 为 QGB 系列曲杆泵部分产品型号与性能。

表 2-2-23　QGB 系列曲杆泵的产品型号与性能

型号	许可最大固体颗粒 /mm	许可浆体最高黏度 /Pa·s	吸入真空度 /MPa	出口压力 /MPa	流量 /(m³/h)	电机功率 /kW	总效率 /%
QGB25.1(2)	4	50		0~0.6(1.2)	1.25~1.06	1.1(1.5)~1.5(2.2)	
QGB50.1(2)	5	80	0.074	0~0.6(1.2)	2.56~2.17	1.5(2.2)~2.2(3.0)	50~80
QGB100.1(2)	7	100		0~0.6(1.2)	5.73~3.96	2.2(3.0)~3.0(4.0)	
QGB100.4	7	100		0~2.4	5.60~2.34	5.5~7.5	

续表

型号	许可最大固体颗粒/mm	许可浆体最高黏度/Pa·s	吸入真空度/MPa	出口压力/MPa	流量/(m³/h)	电机功率/kW	总效率/%
QGB200.1(2)	9	120		0~0.6(1.2)	11.2~9.04	3(5.5)~4(7.5)	
QGB200.4	9	120		0~2.4	11.2~9.04	11.0~15.0	
QGB380.1(2)	11	150		0~0.6(1.2)	21.14~15.06	5.5(11)~7.5(15)	
QGB380.3D	11	150		0~1.8	20.6~16.1	15~22	50~80
QGB750.1F	11	200		0~0.6	41.7~33	11~15	
QGB750.2E	14	200		0~1.2	42~32.6	15~22	
QGB750.3E	14	200		0~1.8	42.7~33.9	18.5~30	
QGB750.4	14	200		0~2.4	42.1~33.6	18.5~37	
QGB750.4T	14	200	0.074	0~4	40~35	30~45	75~80
QGB1450.1A	18	260		0~0.6	94.4~78.2	11~18.5	
QGB1450.2	18	260		0~1.2	92~80	18.5~37	50~80
QGB1450.4	18	260		0~2.4	79.2~64	37~55	
QGB1450.4A	18	260		0~4	77~67	75~90	
QGB2700.1A	23	320		0~0.6	192~161	18.5~37	70~85
QGB2700.2	23	320		0~0.6(1.2)	195~165	37~55	
QGB2700.3A(4)	23	320		0~1.8(2.4)	127~96	55(75)~90(110)	50~80
QGB3500.1(2)	30	400		0~0.6(1.2)	232~183	37(75)~55(110)	
QGB6500.1	36	480		0~0.6	416~355	75~110	

七、滤浆设备

中国水煤浆研究单位与厂家，曾经开发过多种滤浆设备，其中效果最好的是 YL 系列滤浆器，如图 2-2-33 所示。这种滤浆器的特点是，分离元件不采用传统的筛筒结构，而是一种新型的盘式结构。机内有静、动两个分离盘，浆体依靠给料泵的压力，透过静分离盘与动分离盘间的间隙排出；大颗粒及异物被挡在机内，定期或连续从排渣管排出。盘转动时能自动将夹塞在盘缝中的杂物清除，黏附在分离盘上的浆体，由内置刮刀及时扫除，从而有效地解决了堵塞问题。YL 系列滤浆器的型号与技术性能参数见表 2-2-24。

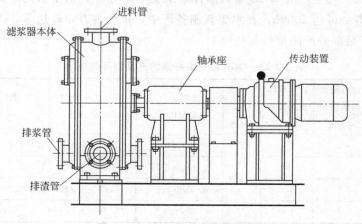

图 2-2-33　YL 系列滤浆器外形图

表 2-2-24 YL 系列滤浆器型号规格与技术性能

规格型号	进料管径/mm	过滤间隙/mm	工作压力/MPa	处理能力（黏度小于 1200mPa·s）/(t/h)	功率/kW	制造厂家
YL1	D_N100	0.8~1.2	0.8~1.2	10~20	4	江阴亚特
YL2	D_N150	0.8~1.2	0.8~1.2	20~40	5.5	江阴亚特
YL3	D_N100	0.8~1.2	0.8~1.2	8~15	7.5	江阴亚特

第七节 提高水煤浆浓度新技术

中煤科工集团清洁能源股份公司，近年来研究开发成功了提高水煤浆浓度和配套磨煤机的成套的制浆新技术。该技术已应用于多套大型工业化水煤浆气化装置，取得长周期稳定运行的好成果。

一、制浆磨煤粒度分布

制浆磨煤粒度分布见表 2-2-25

表 2-2-25 制浆磨煤粒度分布

粒度/μm	≤2400	≤1400	≤420	≤75
占比/%	100	98~100	90~95	35~45

注：榆林长焰煤制浆

二、磨煤机选择

传统的水煤浆制备多选用卧式球磨机或棒磨机湿法制浆。该技术选用自行研制的立式棒磨机，磨浆易控制、质量好、能耗低。

立式磨煤机型号有 CEXM-315、CEXM-630、CEXM-1120 等。

三、水煤浆浓度

水煤浆浓度可由传统制浆浓度 58%~60% 提高到 65%~66%，提高 5~6 个百分点。专用添加剂用量 0.3% 左右。

四、经济效果

中煤榆林能源化工公司，180 万吨甲醇、60 万吨 DMTO 项目，新技术制浆运行一年多，2018 年 3 月测试结果为：煤浆浓度 65.5%~66.0%，气化炉比氧耗降低 8.4%，比煤耗降低 9.8%，煤气有效气（$CO+H_2$）提高 2.2 个百分点。取得良好的经济效果。

制浆的立式棒磨机选用 CEXM-630 型。

参考文献

[1] 李安. 煤炭科学技术, 2007, 35 (5): 97-100.
[2] 孙素敏, 陈畅, 曹佩文. 印染, 2009, (11): 31-34.
[3] 杜彦学, 戴爱军, 谢欣馨. 煤化工, 2010, 38 (3): 33-35.

第三篇

煤炭的气化技术

第一章 煤炭气化的物理化学基础及气化技术分类

煤炭气化是煤炭转化的主导途径之一。气化过程是煤炭的一个热化学加工过程。它是以煤或煤焦为原料，以氧气（空气、富氧或工业纯氧）、水蒸气或氢气等作气化剂（或称气化介质），在高温条件下通过化学反应将煤或煤焦中的可燃部分转化为可燃性气体的工艺过程。气化时所得的可燃气体称为煤气，进行气化的设备称为煤气发生炉。

煤气的成分取决于燃料、气化剂的种类以及进行气化过程的条件。气化所用的原料，以煤为主，其次是煤焦（主要是化工焦、半焦等）。在煤炭中，从褐煤到无烟煤，所有的煤种都可充当气化原料，但是黏结性煤，多作为炼焦工业的原料。受市场因素、资源条件以及气化技术和设备对煤种适应性等的限制，气化煤种多为褐煤、长焰煤、贫瘦煤和无烟煤，亦包括部分弱黏结煤。煤质的差异及煤炭作为社会能源物质的供应状况，包括价格因素及粒度等级，是造成气化技术的差别及其发展的因素。

第一节 煤炭气化过程中煤的热解及气化反应

煤炭气化过程是一个热化学过程，它包括煤的热解和煤的气化反应两部分。煤在加热时会发生一系列复杂的物理变化和化学变化。显然，这些变化主要取决于煤种，同时也受温度、压力、加热速率和气化炉形式等影响。

煤炭气化反应是指气化剂（空气、水蒸气、富氧空气、工业氧气以及其相应混合物等）与碳质原料之间的反应，以及反应产物与原料、反应产物之间的化学反应。

一、煤炭气化过程中煤的热解

热解（pyrolysis）是煤受热后，自身发生一系列物理和化学变化的复杂过程。对此过程的命名尚未统一。除热解这一名称外，习惯上长期应用"干馏"（carbonization）作传统名称，还有热分解（thermal decomposition）也常被采用。由于煤是矿物质、有机大分子化合物等组成的极复杂的混合物质，受热之后所发生的变化与煤自身的化学特性、孔隙结构以及热条件等密切相关。

煤炭气化过程中煤的热解有别于炼焦和煤液化过程中煤的热解行为，其主要区别在于：①在块状或大颗粒状煤存在的固定床气化过程中，热解温度较低，通常在800℃以下，按煤焦加工惯例，属中温热解（干馏）；②热解过程中，床层中煤粒间有较强烈的气流流动，不同于炼焦炉中自身生成物的缓慢流动；其对煤的升温速率及热解产物的二次热分解反应影响较大；③在粉煤气化（沸腾床和气流床）工艺中，煤炭中水分的蒸发、煤热解以及煤粒与气化剂之间的化学反应几乎是同时并存，且在短暂的时间内完成。

1. 煤热解过程的物理形态变化

在煤热解阶段，煤中的有机质随温度的提高而发生一系列变化。其结果为逸出煤中的挥发分，并残存半焦或焦炭。煤的热解过程大致分为三个阶段。

（1）第一阶段（从室温到350℃）　从室温到活泼热分解温度为干燥脱气阶段，煤的外形无变化。150℃前主要为干燥阶段。在150～200℃时，放出吸附在煤中的气体，主要为甲烷、二氧化碳和氮气。当温度达200℃以上时，即可发现有机质的分解。如褐煤在200℃以上发生脱羧基反应，300℃左右时开始热解反应。烟煤和无烟煤的原始分子结构仅发生有限的热作用（主要是缩合作用）。

（2）第二阶段（350～550℃）　在这一阶段，活泼分解是主要特征。以解聚和分解反应为主，生成大量挥发物（煤气及焦油），煤黏结成半焦。煤中的灰分几乎全部存在于半焦中，煤气成分除热解水、一氧化碳和二氧化碳外，主要是气态烃。烟煤（尤其是中等煤阶的烟煤）在这一阶段经历了软化、熔融、流动和膨胀直到再固化。出现了一系列特殊现象，并形成气液固三相共存的胶质体。在分解的产物中出现烃类和焦油的蒸气。在450℃左右时焦油量最大，在450～550℃温度范围内，气体析出量最多。黏结性差的气化用煤，胶质体不明显，半焦不能粘连为大块，而是松散的原粒度大小，或因受压受热而碎裂。

（3）第三阶段（>550℃）　在这一阶段，以缩聚反应为主，又称二次脱气阶段。半焦变成焦炭，析出的焦油量极少，挥发分主要是多种烃类气体、氢气和碳的氧化物。

2. 煤热解过程的化学反应

煤热解的化学反应异常复杂，其间反应途径甚多。煤热解反应通常包括裂解和缩聚两大类反应。在热解前期以裂解反应为主，热解后期以缩聚反应为主。一般来讲，热解反应的宏观形式为：

$$煤 \xrightarrow{\text{加热}} 煤气（CO_2，CO，CH_4，H_2O，H_2，NH_3，H_2S）＋焦油（液体）＋焦炭$$

（1）裂解反应　根据煤的结构特点，裂解反应大致有四类。

① 桥键断裂生成自由基。桥键的作用在于联系煤的结构单元，在煤的结构中，主要的桥键有 —CH_2—CH_2— 、—CH_2— 、—CH_2—O— 、—O— 、—S—S— 等。它们是煤结构中最薄弱的环节，受热后很容易裂解生成自由基。并在此后与其他产物结合，或自身相互结合。

② 脂肪侧链的裂解。煤中的脂肪侧链受热后容易裂解，生成气态烃。如 CH_4、C_2H_6 和 C_2H_4 等。

③ 含氧官能团的裂解。煤中含氧官能团的稳定性顺序为：—OH＞—$\overset{\overset{\text{O}}{\|}}{C}$—＞—COOH。

羟基（—OH）最稳定，在高温和有氢存在时，可生成水。羰基（—$\overset{\text{O}}{\underset{\|}{\text{C}}}$—）在400℃左右可裂解，生成一氧化碳。羧基（—COOH）在200℃以上即能分解，生成二氧化碳。含氧杂环在500℃以上也有可能断开，放出一氧化碳。

④ 低分子化合物的裂解。煤中以脂肪结构为主的低分子化合物受热后熔化，并不断裂解，生成较多的挥发性产物。

通常煤在热解过程中释出挥发分的次序依次为：H_2O，CO_2，CO，C_2H_6，CH_4，焦油＋液体，H_2。

上述热分解产物通常称为一次热分解产物。

（2）二次热分解反应　一次热分解产物中的挥发性成分在析出过程中，如受到更高温度的作用，就会产生二次热分解反应。主要的二次热分解反应有以下四类：①裂解反应；②芳构化反应；③加氢反应；④缩合反应。因此，煤热解产物的组成不仅与最终加热温度有关，还与是否发生二次热分解反应有很大关系。

在煤热解的后期以缩聚反应为主。当温度在550~600℃范围内时，主要是胶质体再固化过程中的缩聚反应，反应的结果是生成了半焦。当温度更高时，芳香结构脱氢缩聚，即从半焦到焦炭。

3. 原料煤对煤热解的影响

煤的煤化程度、岩相组成、粒度等都对煤热解过程有影响。其中煤化程度是最重要的影响因素之一，它直接影响煤热解起始温度、热分解产物等。

随着煤化程度的增加，热解起始温度逐渐升高，不同煤种的热解起始温度如表3-1-1所示。

表 3-1-1　不同煤种的热解起始温度

煤　种	热解起始温度/℃	煤　种	热解起始温度/℃
泥炭	190~200	烟煤	300~390
褐煤	230~260	无烟煤	390~400

年轻煤热解时，煤气、焦油和热解水产率高，煤气中CO、CO_2和CH_4含量多，残炭没有黏结性；中等变质程度的烟煤热解时，煤气和焦油的产率比较高，热解水少，残炭的黏结性强；而年老煤（贫煤以上）热解时，煤气和焦油的产率很低，残炭没有黏结性。表3-1-2列举了几种不同煤种干馏至500℃时产品的平均分布。

表 3-1-2　不同煤种干馏至500℃时产品的平均分布

煤　种	焦油/(L/t)	轻油/(L/t)	水/(L/t)	煤气/(m³/t)
烛煤（一种腐泥煤）	308.7	21.4	15.5	56.5
次烟煤 A	86.1	7.1	—	—
次烟煤 B	64.7	5.5	117	70.5
高挥发分烟煤 A	130.0	9.7	25.2	61.5
高挥发分烟煤 B	127.0	9.2	46.6	65.5
高挥发分烟煤 C	113.0	8.0	66.8	56.2
中挥发分烟煤	79.4	7.1	17.2	60.5
低挥发分烟煤	36.1	4.2	13.4	54.9

4. 加热条件对煤热解的影响

加热条件如最终温度、升温速度对煤的热解过程均有影响。

从煤的热解过程来看，由于最终温度的不同，可以分为低温干馏（最终温度600℃）、中温干馏（最终温度800℃）和高温干馏（最终温度1000℃）。但在气化炉中，煤基本是经受了低温干馏。显然，这三种干馏所得产品产率、煤气组成都不相同。低温干馏时煤气产率较低，而煤气中甲烷含量高。

根据热解过程升温速度的不同，可以分为四种类型：①慢速加热，加热速度<5℃/s；②中速加热，加热速度5～100℃/s；③快速加热，加热速度100～10^6℃/s；④闪蒸加热，加热速度>10^6℃/s。

固定床气化属于慢速加热，流化床与气流床气化则具有快速加热裂解的特点；闪蒸加热是近些年来感兴趣的方法，其目的在于得到更多的烯烃与乙炔。

提高升温速度可以增加煤气和焦油的产率。当加热的最终温度较低（约500℃）时，如果增加加热速度，则挥发物产率增加，但气体烃与液体烃的比例下降。而在最终温度较高（约1000℃）时，采用加速加热，则挥发物产率和气体烃与液体烃的比例均增加。

此外，压力对煤热解亦有影响。特别当有活性介质（如氢气、水蒸气）存在时，随着压力的增加，气体产率与低温焦油的产率均增加，而半焦及热解水的产率下降。这说明活性介质的存在影响了热分解反应和热分解产物的二次反应。压力越高，其作用越大。

下面分别对慢速加热分解、快速加热分解以及闪蒸加热分解加以讨论。

（1）慢速加热分解　慢速热解时挥发分失重与温度的关系如图3-1-1所示。这是不同挥发分产率的一些煤种在铝甑中所得的试验结果，并经过了同样的换算。图3-1-2、图3-1-3分别为挥发产物的分布以及气体组成与温度的关系。

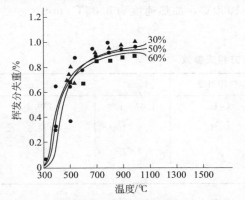

图 3-1-1　慢速热解中挥发分失重与温度的关系
（图中不同符号代表不同的煤种）

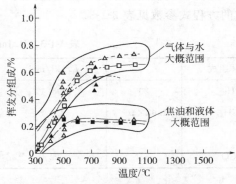

图 3-1-2　慢速热解的产品分布

由图3-1-2可知，当温度超过600℃，焦油和液体的量不再增加，而气体与水的量继续增加。

图3-1-3表示慢速热解时气体组成与温度的关系。由于数据比较分散，只能用"带"来表示。总的趋势是随着温度的增加，气体中CO和CO_2的总量减少，H_2量增加，CH_4和C_2H_6的总量在500℃附近有一个峰值，温度继续升高，其量又减少。

煤的热失重或脱挥发分速度因受煤种、升温速度、压力和气氛等的影响，还没有统一的动力学方程。由美国学者C. Y. Wen提出的惰性介质气氛中烟煤和半焦的热解速率方程式为：

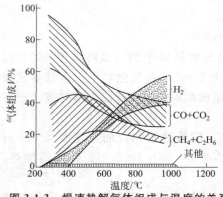

图 3-1-3 慢速热解气体组成与温度的关系

$$\frac{dx}{dt} = Ae^{-E/(RT)}(f-x) \qquad (3-1-1)$$

式中　f——最终转化率；

　　　x——任意时间 t 时的转化率；

　　　A——热解反应的总速率系数，s^{-1}；

　　　E——热解反应的平均活化能，kJ/mol。

对半焦而言，$A = 0.33/s$，$E = 10.5$kJ/mol。

式 (3-1-1) 适用于低速、中速或高速加热，温度范围是 $550 \sim 1500\,^{\circ}\mathrm{C}$，常压，氮气气氛。

这是一个简单的速率方程，已用于分析煤和半焦在热天平中热分解的动态。

H. Juntgen 研究了热解过程中气体组分析出的规律，指出在其获得的动力学方程式内，只要换入相关的常数就能求得任一组分的量，即获得产物的成分分布。该动力学方程为：

$$\frac{dV}{dt} = \frac{k_0 V_0}{m} \exp\left[-\frac{E}{RT} - \frac{k_0 RT^2}{mE}\exp\left(-\frac{E}{RT}\right)\right] \qquad (3-1-2)$$

式中　V——时间 t 时析出某组分气体的体积；

　　　V_0——在时间 $t = \infty$ 时该组分气体析出的总体积；

　　　m——升温速度，$m = dT/dt$；

　　　k_0——热解时该组分气体析出的速率常数，s^{-1}；

　　　E——该组分析出的反应活化能，kJ/mol。

式 (3-1-2) 的适用范围为低速或中速加热，终温 $1000\,^{\circ}\mathrm{C}$，常压，氮气气氛。

将上述方程式应用于烟煤，温度范围为 $110 \sim 1000\,^{\circ}\mathrm{C}$，加热速度为 $3.33\,^{\circ}\mathrm{C}/\mathrm{min}$，一些组分相应的方程式参数见表 3-1-3。

表 3-1-3　H. Juntgen 方程式参数

气体组成	k_0/s^{-1}	$E/(\mathrm{kJ/mol})$	气体组成	k_0/s^{-1}	$E/(\mathrm{kJ/mol})$
H_2	20	93.4	C_2H_6	1.67×10^6	139.8
CH_4	1.67×10^5	129.8	C_3H_8	7.3×10^6	146.5
CO_2	550	81.6	C_2H_4	2.3×10^6	139.8
CO	55	75.4			

该方程能反映出煤热解时产品的分布，但未能反映挥发物中焦油与水的逸出速度及组成。

(2) 快速加热分解　快速加热分解是煤中有机物最有效的利用途径之一。研究结果表明，快速加热分解所得到的挥发产物数量比工业分析数据高得多，甚至可以高 50%。这是因为煤颗粒受热分解，生成的一次挥发物可以分成活性的（ν_r^{**}）与不活性的（ν_{nr}^{**}）两类。其中不活性的挥发物从煤中逸出后保持不变，即 $\nu_{nr}^{**} = \nu_{nr}^{*}$，而部分活性挥发物由于裂解等原因而有一部分沉积在颗粒内部，因此只有部分逸出（ν_r^{*}）。在快速加热时，初次分解产物与热的煤粒接触时间短，减少了活性挥发物进行二次反应的机会。

P. R. Solomon 和 M. B. Colket 提出了快速热解的速率方程式：

$$\frac{\mathrm{d}W}{\mathrm{d}t} = k_0 \mathrm{e}^{-E/(RT)} (W_0 - W') \tag{3-1-3}$$

式中　W'——时间为 t 时的挥发分产率；

　　　W_0——最终挥发分产率（$t=\infty$）；

　　　k_0——热解速率常数，s^{-1}；

　　　E——活化能，$\mathrm{kJ/mol}$。

　　式（3-1-3）适用于快速加热，介质为空气。根据 12 种烟煤和 1 种褐煤在接近等温的条件下（300～1250℃），停留时间为 3～180s 的焦油和气体的逸出速度的计算，主要产品的热分解速率常数和活化能见表 3-1-4。

表 3-1-4　P. R. Solomon 方程式参数

产品	k_0/s^{-1}	$E/(\mathrm{kJ/mol})$	产品	k_0/s^{-1}	$E/(\mathrm{kJ/mol})$
H_2	3.6×10^3	106.3	CO(700～850℃)	1.1×10^5	144.9
烃	290	66.6	H_2O	27	41.5
CO_2	33	40.6	焦油	81	48.6
CO(400～600℃)	7×10^3	86.3			

　　煤快速热解时的产品组成分布，随着温度的升高，（气体＋水）的产量增加，（焦油＋液体）的产量下降。气体组成与温度的关系如图 3-1-4 所示。

　　由图 3-1-4 可知，随着热解温度的提高，烃类量减少，H_2 量则很快地增加，CO_2 量下降，CO量则几乎不变。

　　（3）闪蒸热分解　闪蒸热分解是近些年来人们感兴趣的工艺技术，对于产品产率及其分布尚未找到普遍的规律。但根据已有的研究结果，可以发现气体产品中含有 45%～69% 的 H_2，大约 20% 的 CO_x、CH_4 和 C_2H_6，在剩下的其他产品中约有

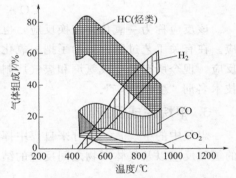

图 3-1-4　快速热解中气体组成与温度的关系

70% 的 C_2H_2。对煤气化的气流床和水煤浆气化装置，还不得不借助于实验并与气化反应一起做实际的工业测试。

二、气化过程中的气化反应

　　气化炉中的气化反应，是一个十分复杂的体系。由于煤炭的"分子"结构很复杂，其中含有碳、氢、氧和其他元素，因而在讨论气化反应时，总是以如下假定为基础的：仅考虑煤炭中的主要元素碳，且气化反应前发生煤的干馏或热解。气化反应主要是指煤中的碳与气化剂中的氧气、水蒸气和氢气的反应，也包括碳与反应产物以及反应产物之间进行的反应。

　　气化反应按反应物的相态不同而划分为两种类型的反应，即非均相反应和均相反应。前者是气化剂或气态反应产物与固体煤或煤焦的反应；后者是气态反应产物之间相互反应或与气化剂的反应。在气化装置中，由于气化剂的不同而发生不同的气化反应，亦存在平行反应和连串反应。习惯上将气化反应分为三种类型：碳-氧间的反应、碳与水蒸气的反应和甲烷生成反应。

1. 碳-氧间的反应

也称为碳的氧化反应。以空气为气化剂时，碳与氧气之间的化学反应有：

$$C + O_2 =\!=\!= CO_2 \tag{3-1-4}$$
$$2C + O_2 =\!=\!= 2CO \tag{3-1-5}$$
$$C + CO_2 =\!=\!= 2CO \tag{3-1-6}$$
$$2CO + O_2 =\!=\!= 2CO_2 \tag{3-1-7}$$

上述反应中，碳与二氧化碳间的反应 $C + CO_2 =\!=\!= 2CO$ 常称为二氧化碳还原反应，亦有人把其称为 Boudouard 反应（该反应最初研究者为 O. Boudouard）。该反应是一较强的吸热反应，需在高温条件下才能进行。除该反应外，其他三个反应均为放热反应。

2. 碳与水蒸气的反应

在一定温度下，碳与水蒸气之间发生下列反应：

$$C + H_2O =\!=\!= CO + H_2 \tag{3-1-8}$$
$$C + 2H_2O =\!=\!= CO_2 + 2H_2 \tag{3-1-9}$$

这是制造水煤气的主要反应，也称为水蒸气分解反应，两反应均为吸热反应。反应生成的一氧化碳可进一步和水蒸气发生如下反应：

$$CO + H_2O =\!=\!= CO_2 + H_2 \tag{3-1-10}$$

该反应称为一氧化碳变换反应，也称为均相水煤气反应或水煤气平衡反应，为一放热反应。在有关工艺过程中，为了把一氧化碳全部或部分转变为氢气，往往在气化炉外利用这个反应。现今所有的合成氨厂和煤气厂制氢装置均设有变换工序，采用专用催化剂，使用专有技术名词"变换反应"。

3. 甲烷生成反应

煤气中的甲烷，一部分来自煤中挥发物的热分解，另一部分则是气化炉内的碳与煤气中的氢气反应以及气体产物之间反应的结果。

$$C + 2H_2 =\!=\!= CH_4 \tag{3-1-11}$$
$$CO + 3H_2 =\!=\!= CH_4 + H_2O \tag{3-1-12}$$
$$2CO + 2H_2 =\!=\!= CH_4 + CO_2 \tag{3-1-13}$$
$$CO_2 + 4H_2 =\!=\!= CH_4 + 2H_2O \tag{3-1-14}$$

上述生成甲烷的反应，均为放热反应。

4. 煤中其他元素与气化剂的反应

煤炭中还含有少量元素氮（N）和硫（S）。它们与气化剂 O_2、H_2O、H_2 以及反应中生成的气态反应产物之间可能进行的反应如下：

$$S + O_2 =\!=\!= SO_2 \tag{3-1-15}$$
$$SO_2 + 3H_2 =\!=\!= H_2S + 2H_2O \tag{3-1-16}$$
$$SO_2 + 2CO =\!=\!= S + 2CO_2 \tag{3-1-17}$$
$$2H_2S + SO_2 =\!=\!= 3S + 2H_2O \tag{3-1-18}$$
$$C + 2S =\!=\!= CS_2 \tag{3-1-19}$$
$$CO + S =\!=\!= COS \tag{3-1-20}$$
$$N_2 + 3H_2 =\!=\!= 2NH_3 \tag{3-1-21}$$
$$2N_2 + 2H_2O + 4CO =\!=\!= 4HCN + 3O_2 \tag{3-1-22}$$

$$N_2 + xO_2 \Longrightarrow 2NO_x \qquad\qquad (3\text{-}1\text{-}23)$$

由此产生了煤气中的含硫和含氮产物。这些产物有可能产生腐蚀和污染，在气体净化时必须除去。其中含硫化合物主要是硫化氢。COS、CS_2 和别的含硫化合物仅占次要地位。在含氮化合物中，氨是主要产物，NO_x（主要是 NO 以及微量的 NO_2）和 HCN 为次要产物。由于上述反应对气化反应的化学平衡及能量平衡并不起重要作用，在后面章节中不再作进一步讨论。

需要进一步指出的是：前面所列诸气化反应为煤炭气化的基本化学反应。不同气化过程即由上述或其中部分反应以串联或平行的方式组合而成。上述反应方程式指出了反应的初终状态，能用来进行物料衡算和热量衡算，同时也能用来计算由这些反应方程式所表示反应的平衡常数。但是，这些反应方程式并不能说明反应本身的机理。

第二节　气化反应的化学平衡与热效应

气化反应的化学平衡主要研究气化反应进行的方向和限度。因为一般的气化反应都是可逆反应，应当选择适宜的热力学参数（温度、压力等），指明气化反应可能达到的各种极限值。而气化反应的热效应又是研究气化反应化学平衡以及进行热量衡算、能量分析乃至化工设计的基本数据。

一、化学反应热效应与平衡常数

1. 化学反应热效应

化学反应过程中，由于分子、原子间化学键的重新组合，发生化学能变化，因此产生热效应。一般情况下，所谓的化学反应热效应是指在恒温恒压的条件下，物质间因化学反应所放出或吸收的热量。亦称为反应焓，可用 ΔH_R 表示，其反映了该化学反应过程物系焓值的变化。

在热化学发展的过程中，曾总结归纳出一条重要的经验规律——盖斯定律。它指出："在恒压或恒容条件下，不管化学反应过程是一步完成或分数步完成，过程总的热效应是相同的。"实际上，盖斯定律是热力学第一定律的引申。因为焓是状态函数，只要化学反应的始态和终态一定，则过程的焓变 ΔH 便是定值，而与变化途径无关。所以化学反应热效应可按照任何方便的途径来计算，只要变化的初终态相同即可。

根据物质的生成热和燃烧热数据可以计算化学反应热效应。由最稳定的单质直接化合生成 1mol 某物质时焓的变化，称为该物质的生成热或生成焓。指定生成反应是在标准状态下（298K 和 1atm 条件下）进行的，则其焓的变化称为标准生成热或标准生成焓，以 ΔH_f 表示。

利用物质的标准生成焓数据，可求出化学反应的标准反应焓。标准反应焓为产物的标准生成焓之和与反应物的标准生成焓之和二者的差。对于任意一个反应可写出通式：

$$\Delta H_R = \sum (n_j \Delta H_{f,\,j})_{产物} - \sum (n_i \Delta H_{f,\,i})_{反应物}$$

式中，n_i、n_j 分别为反应物和产物各组分在反应方程式中的计量系数。

1mol 物质完全燃烧时焓的变化，称为该物质的燃烧热或燃烧焓。反应物及燃烧产物都处于标准态（1atm，298K）时的燃烧焓称为标准燃烧热或标准燃烧焓，以 ΔH_C 表示。

利用物质的标准燃烧焓数据，可求出化学反应的标准反应焓。标准反应焓等于反应物的标准燃烧焓之和减去产物的标准燃烧焓之和。对于任意一个反应可写出通式：

$$\Delta H_R = \sum (n_i \Delta H_{C,i})_{反应物} - \sum (n_j \Delta H_{C,j})_{产物}$$

式中，n_i、n_j 分别为反应物和产物各组分在反应方程式中的计量系数。

由于气化反应是在高温下进行的，需计算高温时的热效应。温度对反应焓的影响，可根据克希霍夫（Kirchhoff）定律，其数学表达式为：

$$\left(\frac{\partial (\Delta H)}{\partial T}\right)_p = \sum (n_j c_{p,j})_{产物} - \sum (n_i c_{p,i})_{反应物} = \Delta c_p \qquad (3\text{-}1\text{-}24)$$

式中 n_i，n_j——反应物和产物各组分在反应方程式中的计量系数；

$c_{p,i}$，$c_{p,j}$——反应物和产物各组分的恒压热容。

式（3-1-24）表明，反应焓在恒压下对温度 T 的导数，在数值上等于产物与反应物恒压热容之差。若知道 c_p 随 T 的变化关系，可以用图解方法积分，亦可根据物质热容的经验式 $c_p = a + bT + cT^2$ 或 $c_p = a + bT + c'/T^2$ 代入直接积分。此时 $\Delta c_p = \Delta a + \Delta b T + \Delta c T^2 + \Delta c'/T^2$，其中：

$$\Delta a = \sum (n_j a_j)_{产物} - \sum (n_i a_i)_{反应物}$$

$$\Delta b = \sum (n_j b_j)_{产物} - \sum (n_i b_i)_{反应物}$$

$$\Delta c = \sum (n_j c_j)_{产物} - \sum (n_i c_i)_{反应物}$$

$$\Delta c' = \sum (n_j c_j')_{产物} - \sum (n_i c_i')_{反应物}$$

将式（3-1-24）积分，写成不定积分式，则：

$$\Delta H_{R,T} = \Delta H_0 + \Delta a T + \frac{\Delta b}{2} T^2 + \frac{\Delta c}{3} T^3 - \frac{\Delta c'}{T} \qquad (3\text{-}1\text{-}25)$$

式中 $\Delta H_{R,T}$——温度 T 时的反应焓，kJ；

ΔH_0——积分常数，可由已知温度下的反应焓数据求得。

利用式（3-1-25），只要知道一个温度下的反应焓，就可求得其他任何温度下的反应焓。在应用克希霍夫公式积分时，要注意在积分的温度范围内不能有相变化。如果在某一温度 T' 时有相变化，则分两段积分，先自 T_1 积分至 T'，然后计入温度 T' 时的相变热，再自 T' 积分至 T_2。积分时还应注意不同聚集状态的 c_p 值不一样。

气化反应炉中进行的过程，可以简单地概括为：

$$反应物，T_1，p_1 \longrightarrow 产物，T_2，p_2$$

按反应焓为恒温恒压下化学反应放出或吸收的热量，反应焓等于初终态的焓差，但是往往很难直接计算。由于焓是状态函数，它的变化与初终态间所经历的具体过程无关，因此可以在初终态间设计一个能够进行测定的或能够利用已知数据的过程，进行间接的计算。

2. 平衡常数

气化过程中的化学反应在进行正反应的同时，反应产物也相互作用形成逆反应。当正逆反应速率相等时，化学反应就达到动态平衡。当达到平衡时，反应产物与反应物的量达到一定的比例关系，在条件不变时，无论经过多长时间也不会改变。

（1）平衡常数的表示方法 可逆反应的一般形式为：

$$a A + b B \Longleftrightarrow c C + d D$$

正反应速率 ω_1 为：$\omega_1 = k_1 [A]^a [B]^b$

式中 k_1——正反应的速率常数；

[A]，[B]——气化反应物的浓度。

逆反应速率 ω_2 为：$\omega_2 = k_2[C]^c[D]^d$

式中 k_2——逆反应的速率常数；

[C]，[D]——气化产物的浓度。

当气化反应达到平衡时：$\omega_1 = \omega_2$

即 $k_1[A]^a[B]^b = k_2[C]^c[D]^d$

所以：

$$\frac{[C]^c[D]^d}{[A]^a[B]^b} = \frac{k_1}{k_2} = K_c \tag{3-1-26}$$

K_c 为以浓度表示的反应平衡常数。在温度一定时，其值为常数。K_c 值越大，表明在平衡状态时，生成物浓度的乘积越大，即达到平衡时，正反应进行得越完全。

对于气体间的反应，因为气体的浓度与其分压成正比，因此可以得到以分压表示的平衡常数 K_p：

$$K_p = \frac{[p_C]^c[p_D]^d}{[p_A]^a[p_B]^b} \tag{3-1-27}$$

式中 p_A，p_B——气化反应物的分压；

      p_C，p_D——气化产物的分压。

K_p 与 K_c 的关系为：

$$K_p = K_c(RT)^{(c+d)-(a+b)} = K_c(RT)^{\Delta n}$$

因此 K_p 也仅是温度的函数。若反应前后总物质的量无变化，即 $\Delta n = 0$，则：

$$K_p = K_c$$

平衡常数还可以用各组分的摩尔分数表示，得到以摩尔分数表示的平衡常数 K_N：

$$K_N = \frac{[X_C]^c[X_D]^d}{[X_A]^a[X_B]^b} \tag{3-1-28}$$

式中 X_A，X_B——气化反应物的摩尔分数；

      X_C，X_D——气化产物的摩尔分数。

若混合气体的总压强为 $p_总$，则 K_N 和 K_p 的关系为：

$$K_p = K_N p_总^{\Delta n}$$

K_N 为温度与总压强的函数。若反应前后总物质的量无变化，即 $\Delta n = 0$，则：

$$K_p = K_N$$

对于非均相反应，即化学反应中有一种或几种物质以纯固态或纯液态的形式参与反应，其他物质仍为气态，平衡常数 K_p 可以简化：K_p 表达式中则只需表示气相组分的分压，固体（液体）的分压不必写入。例如：反应 C（固）$+O_2$（气）$\longrightarrow CO_2$（气）的平衡常数写成 $K_p = p_{CO_2}/p_{O_2}$。

需要指出的是：K_p 的常数性质仅适用于理想气体的化学反应。K_p 的大小取决于反应的本性和温度，与总压以及各物质的平衡分压无关。但 K_p 的数值与反应方程式的写法有关；某些情况下，K_p 的数值还与所用压强的单位有关。例如：气化过程一氧化碳被氧化的反应方程式及平衡常数表达式可写成如下两种形式：

① $CO + \dfrac{1}{2}O_2 \Longrightarrow CO_2$ $K_{p1} = p_{CO_2}/\{p_{CO}[p_{O_2}]^{0.5}\}$

② $2CO+O_2 \rightleftharpoons 2CO_2$ 　　$K_{p_2}=[p_{CO_2}]^2 / \{ [p_{CO}]^2 [p_{O_2}] \}$

显然，K_{p_1} 和 K_{p_2} 的数值是不相等的，$K_{p_2}=K_{p_1}^2$。K_p 的数值与所采用的压强单位是否有关，取决于反应前后总物质的量的变化值 Δn 是否等于零。若 $\Delta n=0$，K_p 的数值与压强单位无关；若 $\Delta n \neq 0$，K_p 的数值与压强单位有关。例如 K_{p_2} 的量纲是压强的负一次，当压强采用 atm（1atm=101325Pa）为单位时，是采用 mmHg（1mmHg=133.322Pa）为单位时数值的 760 倍。

有了平衡常数的数值，就可以计算一定条件下的平衡转化率，平衡转化率是该条件下实际转化率的极限；可以计算系统总压、物料配比以及惰性气含量对化学平衡的影响；还可以计算平衡时物系中各组分的质量分数。这些计算对工业过程是十分重要的。

平衡常数的数值可通过测定反应达平衡时各物质的平衡浓度而算得。在实际的气化炉中，反应很复杂，特别是二次反应的存在，影响了反应物与产物的浓度测定，因此平衡常数难以直接测定，而可以通过热力学公式用计算方法求得。如气化过程的操作压力不高，则气体介质可以按理想气体考虑，如果气化炉的操作压力较高，则气体介质应按实际气体考虑。

（2）温度对平衡常数的影响　当气化反应在一定温度和压力下，系统达到平衡状态时，则：

$$\Delta G^{\ominus}=-RT\ln K_p \tag{3-1-29}$$

$\Delta G^{\ominus}$ 称作反应的标准自由焓变化或标准反应自由焓。因此，只要能求得反应的标准自由焓变化值 $\Delta G^{\ominus}$，就可获得 K_p 的数值。一般可以通过下述方法求得 $\Delta G^{\ominus}$：

① 从标准生成自由焓数据来计算，公式为：

$$\Delta G^{\ominus}=\sum (n_j \Delta G^{\ominus}_{f,j})_{产物} - \sum (n_i \Delta G^{\ominus}_{f,i})_{反应物}$$

式中　n_i，n_j——i 或 j 组分物质在反应式中的计量系数；

$\Delta G^{\ominus}_{f,i}$，$\Delta G^{\ominus}_{f,j}$——i 或 j 组分物质的标准生成自由焓，J/mol。

② 从标准反应焓和标准反应熵数据来计算，公式为：

$$\Delta G^{\ominus}=\Delta H^{\ominus}- T\Delta S^{\ominus}$$

$$\Delta H^{\ominus}=\sum (n_j \Delta H^{\ominus}_{f,j})_{产物} - \sum (n_i \Delta H^{\ominus}_{f,i})_{反应物}$$

$$\Delta S^{\ominus}=\sum (n_j S^{\ominus}_j)_{产物} - \sum (n_i S^{\ominus}_i)_{反应物}$$

式中　　$\Delta H^{\ominus}$——标准反应焓，J；

　　　　$\Delta S^{\ominus}$——标准反应熵，J/K；

$H^{\ominus}_{f,i}$，$\Delta H^{\ominus}_{f,j}$——i 或 j 组分物质的标准生成焓，J/mol；

$S^{\ominus}_i$，$S^{\ominus}_j$——i 或 j 组分物质的标准熵，J/(K·mol)。

在文献中一般只能查到各种化合物在 298K 时的标准生成自由焓、标准生成焓和标准熵。因此只能根据这些数据算出在 298K 时的化学平衡常数 K_p 的值。但在实际问题中，化学反应往往都不是在这个温度下发生的。所以需要讨论温度对 K_p 的影响。温度对平衡常数影响的公式为：

$$\frac{d(\ln K_p)}{dT}=\frac{\Delta H^{\ominus}}{RT^2} \tag{3-1-30}$$

由式（3-1-30）可见，当反应是吸热时，$\Delta H^{\ominus}>0$，$\dfrac{d(\ln K_p)}{dT}>0$，K_p 随温度升高而增大；反之，对放热反应来说，$\Delta H^{\ominus}<0$，$\dfrac{d(\ln K_p)}{dT}<0$，K_p 随温度升高而减小。

具体计算时，需要对式（3-1-30）进行积分。积分时 ΔH 不能看作常数，应将式（3-1-25），即 $\Delta H_{R,T} = \Delta H_0 + \Delta a T + \dfrac{\Delta b}{2}T^2 + \dfrac{\Delta c}{3}T^3 - \dfrac{\Delta c'}{T}$ 代入式（3-1-30），可得不定积分式：

$$\ln K_p = -\frac{\Delta H_0}{RT} + \frac{\Delta a}{R}\ln T + \frac{\Delta b}{2R}T + \frac{\Delta c}{6R}T^2 + \frac{\Delta c'}{2RT^2} + I \tag{3-1-31}$$

式中，I 为积分常数。

由式（3-1-31）可知，要求得平衡常数 K_p 与温度 T 的关系式，首先必须知道某一个温度的 ΔH 值（一般采用 25℃下的 $\Delta H^{\ominus}_{298}$ 值，可由有关手册查得），再由式（3-1-25）求出第一个积分常数值 ΔH_0，其次还须知道某一温度的 K_p 值。将 ΔH_0 及 K_p 值代入式（3-1-31），便可得到平衡常数 K_p 与温度 T 的关系了。有了这个关系式，就可求得任意温度的 K_p 值。当然，该关系式适用范围取决于 Δc_p 适用的温度范围。

（3）高压气化时的平衡常数　在高压情况下，实际气体的性质与理想气体有很大的差别。因此，适用于低压气体反应的平衡常数 K_p 的表达式就不再适用于高压气体。为此，可以引入一个新的函数 f 来代替压力 p，将 f 称为逸度，它与压力之间的关系为：

$$f = \phi p$$

式中，ϕ 为逸度系数。提出逸度的概念是为了解决实际问题的方便。用 f 代替 p 后，就可使理想体系和实际体系所用的公式在形式上统一起来。经推导（推导从略）可以得到实际气体的化学反应 $a\mathrm{A} + b\mathrm{B} \Longrightarrow c\mathrm{C} + d\mathrm{D}$ 达到平衡时平衡常数的表达式：

$$K_f = \frac{f_C^c f_D^d}{f_A^a f_B^b} = \frac{p_C^c p_D^d}{p_A^a p_B^b} \cdot \frac{\phi_C^c \phi_D^d}{\phi_A^a \phi_B^b} = K_p K_\phi \tag{3-1-32}$$

式中　f_A，f_B，f_C，f_D——反应物及产物各组分的分逸度；

ϕ_A，ϕ_B，ϕ_C，ϕ_D——反应物及产物各组分的逸度系数；

K_f——各组分分逸度表示的平衡常数；

K_ϕ——逸度系数按平衡常数形式的组合。

应当指出，K_f 只是温度的函数，与压力 p 无关。K_ϕ 是温度、压力和组成的函数。因此，在一定温度下，K_p 不是常数。

如果反应系统压力较低，则实际气体可看作理想气体，此时逸度等于分压，即 $\phi_i = 1$，$K_\phi = 1$，所以：

$$K_f = K_p$$

以各组分分逸度表示的平衡常数 K_f 满足下式：

$$\Delta G^{\ominus} = -RT\ln K_f \tag{3-1-33}$$

为了计算 K_ϕ，必须求得混合气体中各气体的逸度系数 ϕ_i 的值。一般为简便起见，把纯组分 i 在温度、压力与混合气体的温度、压力相同时的逸度系数看作是混合气体中某组分 i 的逸度系数，即 $\phi_i = (\phi_i)_{纯}$。

气体逸度系数的计算可采用对比状态法，即不同气体在相同的对比压力 p_R 及对比温度 T_R 下，有大致相同的逸度系数。因此，可根据气体的对比压力 p_R 和对比温度 T_R，由普遍化逸度系数图查得气体逸度系数。

为了求算高压下的 K_p 值，可先根据式（3-1-33）计算出 K_f 之值，然后根据反应物和产物各组分的对比温度、对比压力的数值查得各自的逸度系数 ϕ_i 并计算出 K_ϕ，再根据 $K_p = K_f / K_\phi$ 计算出高压下的 K_p 值。有了 K_p 值就可以求算平衡时物系的组成并进行有关工艺分析。

3. 气化反应平衡

煤炭气化过程中，无论采用单一的空气或水蒸气，或同时采用多种气化剂的混合物气化，都具有这样一个化学特征：反应过程有几个反应同时存在。这些反应虽各有其平衡，但又互相影响。处理这类问题时，各组分之间存在很复杂的关系。

在一个有多种反应同时进行的系统中，往往可以写出很多个化学反应。但这些反应并不都是独立的。如有的反应可以由其他几个反应代数组合而表示出来，这个反应就不是独立的。所谓独立反应就是指不能由其他反应的线性组合表示出来的反应。

反应系统中存在两个以上独立的化学反应时，称为复杂反应，或称同时反应。当复杂反应体系达到化学平衡时，每一种物质的平衡浓度或分压（或逸度），必须满足每一个独立化学反应的平衡常数关系式。要研究、计算复杂反应的化学平衡，首先要确定独立反应个数及独立反应方程式。

对复杂反应体系化学平衡的计算，需要使用计算机技术。已经发展了两种专门的计算方法。即串联反应器法和最小 G 值法，可查阅有关文献。

表 3-1-5 列出了不同温度时部分气化反应的热效应数据；表 3-1-6 则列出了部分气化反应在不同温度时的化学平衡常数。

表 3-1-5　部分气化反应的热效应 ΔH_T　　　　　　单位:kJ

温度/K	$C+O_2 \longrightarrow CO_2$	$C+\frac{1}{2}O_2 \longrightarrow CO$	$C+CO_2 \longrightarrow 2CO$	$C+H_2O \longrightarrow CO+H_2$	$C+2H_2O \longrightarrow CO_2+2H_2$	$CO+H_2O \longrightarrow CO_2+H_2$	$C+2H_2 \longrightarrow CH_4$	$CO+3H_2 \longrightarrow CH_4+H_2O$
0	−393.5	−113.9	165.7	125.2	84.7	−40.4	−67.0	−192.1
298	−393.8	−110.6	172.6	131.4	90.2	−41.2	−74.9	−206.3
400	−393.9	−110.2	173.5	132.8	92.2	−40.7	−78.0	−210.8
500	−394.0	−110.1	173.8	133.9	94.0	−39.9	−80.8	−214.7
600	−394.1	−110.3	173.6	134.7	95.8	−38.9	−83.3	−218.0
700	−394.3	−110.6	173.1	135.2	97.3	−37.9	−85.5	−220.7
800	−394.5	−111.0	172.4	135.6	98.7	−36.9	−87.3	−222.8
900	−394.8	−111.6	171.6	135.8	99.9	−35.8	−88.7	−224.5
1000	−395.0	−112.1	170.7	135.9	101.1	−34.8	−89.8	−225.7
1100	−395.2	−112.7	169.7	135.9	102.0	−33.9	−90.7	−226.5
1200	−395.4	−113.3	168.7	135.8	102.9	−32.9	−91.4	−227.1
1300	−395.6	−114.0	167.6	135.6	103.6	−32.0	−91.9	−227.5
1400	−395.8	−114.7	166.5	135.4	104.3	−31.1	−92.2	−227.6
1500	−396.0	−115.4	165.3	134.9	104.8	−30.2	−92.5	−227.5
1600	−396.2	−116.1	164.1	134.7	105.3	−29.4	−92.7	−227.4
1700	−396.5	−116.8	162.8	134.2	105.5	−28.6	−92.7	−226.9
1800	−396.7	−117.6	161.5	133.6	105.7	−27.9	−92.8	−226.4

表 3-1-6　部分气化反应的化学平衡常数

温度/℃	$K_{p_B}=\dfrac{p_{CO}^2}{p_{CO_2}}$	$K_{p_B}'=\dfrac{p_{CO_2}}{p_{CO}^2}$	$K_{p_w}=\dfrac{p_{CO}p_{H_2}}{p_{H_2O}}$	$K_{p_w}'=\dfrac{p_{H_2O}}{p_{CO}p_{H_2}}$	$K_{p_m}=\dfrac{p_{CH_4}}{p_{H_2}^2}$	$K_w'=\dfrac{p_{CO_2}p_{H_2}}{p_{CO}p_{H_2O}}$
500	4.4459×10^{-4}	2.2427×10^3	2.1792×10^{-3}	4.58904×10^2	21.736	4.8871
550	2.2740×10^{-3}	4.3975×10^2	7.8528×10^{-3}	1.27345×10^2	9.5352	3.45381

续表

温度/℃	$K_{p_B}=\dfrac{p_{CO}^2}{p_{CO_2}}$	$K'_{p_B}=\dfrac{p_{CO_2}}{p_{CO}^2}$	$K_{p_w}=\dfrac{p_{CO}p_{H_2}}{p_{H_2O}}$	$K'_{p_w}=\dfrac{p_{H_2O}}{p_{CO}p_{H_2}}$	$K_{p_m}=\dfrac{p_{CH_4}}{p_{H_2}^2}$	$K'_w=\dfrac{p_{CO_2}p_{H_2}}{p_{CO}p_{H_2O}}$
600	9.5946×10^{-3}	1.0422×10^2	2.4493×10^{-2}	40.8272	4.5762	2.55284
650	3.4536×10^{-2}	28.956	6.7644×10^{-2}	14.7838	2.3684	1.95859
700	0.10866	9.2030	0.16834	5.94038	1.3067	1.54923
750	0.30482	3.2807	0.38322	2.60948	0.70622	1.25719
800	0.77457	1.2910	0.80724	1.23880	0.46551	1.04217
850	1.80685	0.55345	1.59021	0.628845	0.29947	0.88010
900	3.91184	0.25564	2.95452	0.338460	0.19590	0.75529
950	7.93212	0.12607	5.21462	0.191767	0.13366	0.65741
1000	15.18345	6.5861×10^{-2}	8.79547	0.113692	9.3852×10^{-2}	0.57929
1100	47.99900	2.0834×10^{-2}	22.3042	4.48292×10^{-2}	4.9879×10^{-2}	0.46469
1200	1.28925×10^2	7.7565×10^{-3}	49.8903	2.00444×10^{-2}	2.8862×10^{-2}	0.38696
1300	3.03768×10^{-2}	3.2920×10^{-3}	1.01112×10^2	9.89042×10^{-3}	1.7935×10^{-2}	0.33285

二、碳与氧间的化学平衡与热效应

当以空气或氧气为气化剂时，碳与氧间的四个气化反应中，在很大温度范围内（包括各种煤气发生炉中可能存在的温度），反应（3-1-4）、反应（3-1-5）、反应（3-1-7）的平衡组成中几乎全部是生成物。气化过程中，可以认为这三个反应是不可逆的。

二氧化碳还原反应，即反应（3-1-4）则是一个可逆反应，也是一个强的吸热反应：

$$C+CO_2 \rightleftharpoons 2CO \qquad \Delta H_{298}^{\ominus}=172.284kJ$$

石墨与 CO_2 反应的自由焓变化、反应焓与平衡常数如表 3-1-7 所示。

表 3-1-7　石墨与 CO_2 反应的自由焓变化、反应焓与平衡常数

T/K	$\Delta G_T^{\ominus}/kJ$	$\lg K$	K	$\Delta H_T^{\ominus}/kJ$	T/K	$\Delta G_T^{\ominus}/kJ$	$\lg K$	K	$\Delta H_T^{\ominus}/kJ$
298.16	119.932	-20.9940	1.014×10^{-21}	172.588	800	30.084	-1.9626	1.090×10^{-2}	172.479
400	101.790	-13.2879	5.225×10^{-14}	173.484	1000	-5.338	$+0.2787$	1.900	170.754
500	83.840	-8.7519	1.7706×10^{-9}	173.765	1500	-92.256	$+3.2101$	1.622×10^3	165.165
600	65.849	-5.7282	1.870×10^{-6}	173.605					

对二氧化碳还原反应平衡常数的研究很多。布杜阿尔（O.Boudouard）的研究结果认为，平衡常数可用下式计算：

$$\ln K_p=\frac{21000}{T}+21.4$$

表 3-1-8 为按上式计算得到的平衡混合物的组成以及由实验所得的结果。

图 3-1-5 为该反应平衡混合物的组成与温度的关系。

表 3-1-8　$C+CO_2 \rightleftharpoons 2CO$ 平衡混合物的组成（体积分数）　　　单位：%

温度/℃	实 验 数 据		计 算 数 据	
	CO	CO_2	CO	CO_2
445	0.6	99.4	—	—

续表

温度/℃	实 验 数 据		计 算 数 据	
	CO	CO₂	CO	CO₂
550	10.7	89.3	11.0	89.0
650	39.8	60.2	39.0	61.0
800	93.0	7.0	90.0	10.0
925	96.0	4.0	97.0	3.0

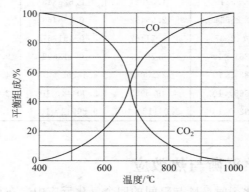

图 3-1-5　二氧化碳还原反应平衡混合物组成与温度的关系

李特（T. F. Lheed）和飞勒（R. V. Wheeler）也对上述反应进行了研究，研究结果所得反应平衡组成和平衡常数如表 3-1-9 所示。

表 3-1-9　二氧化碳还原反应的平衡组成和平衡常数

温度/℃	CO/%	CO₂/%	$K_p = \dfrac{p_{CO}^2}{p_{CO_2}}$	温度/℃	CO/%	CO₂/%	$K_p = \dfrac{p_{CO}^2}{p_{CO_2}}$
800	86.20	13.80	5.38	1000	99.41	0.59	167.50
850	93.77	6.23	14.11	1050	99.63	0.37	268.30
900	97.88	2.12	43.04	1100	99.85	0.15	664.70
950	98.68	1.32	73.77	1200	99.94	0.06	1665.00

由表 3-1-9 可知，随着温度的提高，CO_2 含量急剧减少，平衡常数 K_p 值迅速增大。平衡常数与温度的关系也可用下式表示：

$$\lg K_p = \lg \frac{p_{CO}^2}{p_{CO_2}} = -\frac{8947.7}{T} + 2.4675\lg T - 0.0010824T + 0.000000116T^2 + 2.772$$

（3-1-34）

按式（3-1-34）计算得到的平衡常数曲线如图 3-1-6 所示。

由反应方程式 $C + CO_2 \rightleftharpoons 2CO$ 可知，该反应为气相总物质的量（mol）增加的反应，因此系统的总压力将影响平衡时的组成，图 3-1-7 为压力对该反应平衡混合物组成的影响。

由图 3-1-7 可知，当反应温度为 800℃，混合气体压力在 10^5 Pa 时，CO 平衡含量约为 92%；混合气体压力在 10^6 Pa 时，混合气体中 CO 平衡含量则降至 68%；而在 10^7 Pa 时，进一步降为 24%。反之，压力降至 10^4 Pa 时，CO 的平衡含量则增加到 96%～97%。

虽然在一般的气化炉中，并不以二氧化碳作为气化剂。但是在碳氧燃烧过程中产生大量二氧化碳，而此二氧化碳的还原反应在气化过程中是一个重要的反应。工业上以空气作气化剂时，由于空气中有大量氮气的存在，混合物中的 CO 和 CO_2 就为氮气所稀释，因此 CO 分压与 CO_2 分压之和就要减小。这种情况有利于 CO_2 还原，因而使平衡向生成 CO 的方向移动。

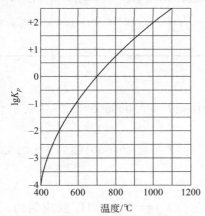

图 3-1-6　$C + CO_2 \rightleftharpoons 2CO$ 反应的平衡常数曲线

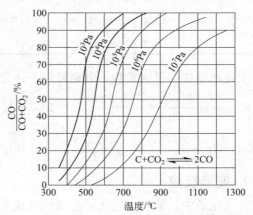

图 3-1-7　反应 $C + CO_2 \rightleftharpoons 2CO$ 中平衡混合物组成与压力的关系

三、碳与蒸汽间的化学平衡与热效应

当以水蒸气为气化剂时，将发生水蒸气分解反应、变换反应以及碳加氢生成甲烷反应。为讨论方便，此处只讨论水蒸气分解反应及变换反应的化学平衡与热效应。

1. 碳表面上水蒸气的分解反应

在高温下，碳与水蒸气的反应主要为：

$$C + H_2O(g) \rightleftharpoons CO + H_2 \qquad \Delta H_{298}^{\ominus} = 131.390 \text{kJ}$$

$$C + 2H_2O(g) \rightleftharpoons CO_2 + 2H_2 \qquad \Delta H_{298}^{\ominus} = 90.196 \text{kJ}$$

这两个反应均为可逆的强吸热反应。石墨-水蒸气系统的自由焓变化，反应焓与平衡常数数据如表 3-1-10 所示。

对该两反应平衡常数与温度的关系，路易斯（Lewis）等人的研究结果如图 3-1-8 所示。图中：

$$K_{p_1} = \frac{p_{CO} p_{H_2}}{p_{H_2O}} \qquad K_{p_2} = \frac{p_{CO_2}^{1/2} p_{H_2}}{p_{H_2O}}$$

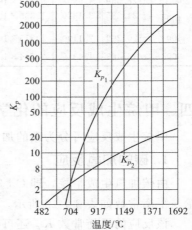

图 3-1-8　碳与水蒸气反应的平衡常数与温度的关系

由图 3-1-8 可知，温度提高，上述两反应的平衡常数均提高。但温度对于两个反应的影响程度不同，在温度较低（$T < 700℃$）时，$C + 2H_2O$（g）的反应平衡常数比 $C + H_2O(g)$ 的大，这表明温度较低不利于 $C + H_2O(g) \longrightarrow CO + H_2$ 的进行。在温度较高时则情况相反。由图 3-1-8 还可看出，随着温度的增加，K_{p_1} 的上升速度快，而 K_{p_2} 的上升速度慢。由此可知，提高温度有利于提高 CO 和 H_2 的含量，同时降低 H_2O 汽的含量。

表 3-1-10 石墨-水蒸气系统的自由焓变化、反应焓与平衡常数[C+H₂O(g)⟶CO+H₂]

T/K	$\Delta G_T^\ominus/kJ$	$\lg K$	K	$\Delta H_T^\ominus/kJ$	T/K	$\Delta G_T^\ominus/kJ$	$\lg K$	K	$\Delta H_T^\ominus/kJ$
298.16	91.390	−15.998	1.005×10^{-16}	131.396	800	20.793	−1.356	4.406×10^{-2}	135.537
400	77.753	−10.113	7.709×10^{-11}	132.824	1000	−8.006	+0.418	2.617	135.847
500	63.542	−6.633	2.328×10^{-7}	133.892	1500	−80.001	+2.784	6.081×10^2	135.219
600	49.390	−4.296	5.058×10^{-5}	134.671					

上述两反应的平衡常数，分别可用下述公式计算：

$$\lg K_{p_1} = \lg\frac{p_{CO}p_{H_2}}{p_{H_2O}} = -\frac{6740.5}{T} + 1.5561\lg T - 0.0001092T - 0.000000371T^2 + 2.554$$

$$\lg K_{p_2} = \lg\frac{p_{CO_2}p_{H_2}^2}{p_{H_2O}^2} = -\frac{4533.3}{T} + 0.6446\lg T + 0.0003646T + 0.0000001858T^2 + 2.336$$

2. 变换反应

在气化炉中，最后出气化炉的煤气组成受 $CO+H_2O(g) \rightleftharpoons CO_2+H_2$ 反应制约。该反应称为一氧化碳变换反应或称水煤气平衡反应。由于该反应对气化过程及调整煤气中 CO 和 H_2 含量有重要意义，因此对它的研究很多。

海立斯（Harrles）研究了该反应在不同温度下的平衡混合物组成，并得出平衡常数与温度的关系如下式：

$$\lg K_p = -\frac{2232}{T} - 0.08463\lg T - 0.0002203T + 2.4943$$

哈恩（Hahn）的研究结果得出下列关系式：

$$\lg K_p = -\frac{2226}{T} - 0.0003909T + 2.4506$$

根据 Hougen 的研究，该反应的自由焓变化、反应焓与平衡常数如表 3-1-11 所示。

表 3-1-11 $CO+H_2O(g) \rightleftharpoons CO_2+H_2$ 的自由焓变化、反应焓与平衡常数

T/K	$\Delta G_T^\ominus/kJ$	$\lg K$	K	$\Delta H_T^\ominus/kJ$	T/K	$\Delta G_T^\ominus/kJ$	$\lg K$	K	$\Delta H_T^\ominus/kJ$
298.16	−28.539	4.9958	9.903×10^4	−41.192	800	−9.291	0.6061	4.038	−36.938
400	−24.285	3.1320	1.355×10^3	−40.664	1000	−2.667	0.1391	1.378	−34.907
500	−20.299	2.1190	1.315×10^2	−39.873	1500	12.255	−0.4264	3.746×10^{-1}	−30.012
600	−16.463	1.4319	2.704×10^1	−38.935					

四、甲烷生成反应的化学平衡与热效应

甲烷生成反应可分为碳的加氢反应和甲烷化反应。

1. 碳的加氢反应

由碳加氢生成甲烷，即 $C+2H_2 \rightleftharpoons CH_4$ 是强的放热反应。该反应的自由焓变化、反应焓与平衡常数如表 3-1-12 所示。

该反应的平衡常数 K_p 还可由以下公式计算：

$$\lg K_p = \frac{3348}{T} - 5.957\lg T + 0.00186T - 0.0000001095T^2 + 11.79$$

表 3-1-12　C＋2H₂ $\rightleftharpoons$ CH₄ 反应的自由焓变化、反应焓与平衡常数

T/K	$\Delta G_T^{\ominus}/kJ$	$\lg K$	K	$\Delta H_T^{\ominus}/kJ$	T/K	$\Delta G_T^{\ominus}/kJ$	$\lg K$	K	$\Delta H_T^{\ominus}/kJ$
298.16	−50.830	8.8977	$7.902×10^8$	−74.901	800	−2.290	0.1494	1.4107	−87.182
400	−44.897	5.8584	$7.218×10^5$	−78.000	1000	19.302	−1.007	0.0983	−89.744
500	−32.822	3.4261	$2.668×10^3$	−80.817	1500	74.503	−2.5924	0.00256	−92.361
600	−22.991	2.000	$1.000×10^2$	−83.300					

　　由于该反应是一个气相总物质的量减少的反应，因此总压力的变化，必然影响平衡时 H₂ 与 CH₄ 的含量。为了增加煤气中甲烷含量，提高煤气的热值，宜采用较高的气化压力和较低的温度。反之，为了制取合成原料气，应降低甲烷的含量，则可以采用较低的气化压力、较高的反应温度。

2. 甲烷化反应

　　在加压气化过程中，除了煤干馏、碳加氢产生甲烷外，CO 与 CO₂ 的甲烷化反应以及碳与水蒸气直接生成甲烷的反应都是产生甲烷的重要反应。这三个反应的自由焓变化、反应焓与平衡常数如表 3-1-13～表 3-1-15 所示。

表 3-1-13　CO＋3H₂ $\rightleftharpoons$ CH₄＋H₂O(g) 的自由焓变化、反应焓与平衡常数

T/K	$\Delta G_T^{\ominus}/kJ$	$\lg K$	K	$\Delta H_T^{\ominus}/kJ$	T/K	$\Delta G_T^{\ominus}/kJ$	$\lg K$	K	$\Delta H_T^{\ominus}/kJ$
298.16	−142.224	24.896	$7.870×10^{24}$	−206.298	800	−23.083	1.508	$3.206×10$	−222.723
400	−119.639	15.611	$4.083×10^{15}$	−210.824	1000	27.308	−1.425	$3.758×10^{-2}$	−246.522
500	−96.364	10.059	$1.145×10^{10}$	−214.709	1500	154.509	−5.376	$4.207×10^{-6}$	−227.584
600	−72.381	6.296	$1.977×10^6$	−217.971					

表 3-1-14　CO₂＋4H₂ $\rightleftharpoons$ CH₄＋2H₂O(g) 的自由焓变化、反应焓与平衡常数

T/K	$\Delta G_T^{\ominus}/kJ$	$\lg K$	K	$\Delta H_T^{\ominus}/kJ$	T/K	$\Delta G_T^{\ominus}/kJ$	$\lg K$	K	$\Delta H_T^{\ominus}/kJ$
298.16	−113.681	5.9334	$8.578×10^5$	−165.114	800	−13.792	0.7198	5.246	−185.781
400	−95.355	4.9768	$9.481×10^4$	−170.160	1000	28.975	−1.5644	$2.727×10^{-2}$	−190.684
500	−76.065	3.9700	$9.333×10^3$	−174.837	1500	142.253	−7.4246	$3.762×10^{-8}$	−197.572
600	−55.922	2.9186	$8.291×10^2$	−179.036					

表 3-1-15　2C＋2H₂O(g) $\rightleftharpoons$ CH₄＋CO₂ 的自由焓变化、反应焓与平衡常数

T/K	$\Delta G_T^{\ominus}/kJ$	$\lg K$	K	$\Delta H_T^{\ominus}/kJ$	T/K	$\Delta G_T^{\ominus}/kJ$	$\lg K$	K	$\Delta H_T^{\ominus}/kJ$
298.16	12.025	−2.1049	0.00785	15.303	800	9.211	−0.6010	0.2506	11.418
400	11.079	−1.4458	0.0358	14.165	1000	8.629	−0.4504	0.3545	11.196
500	10.421	−1.0878	0.0817	13.202	1500	6.758	−0.2351	0.5819	12.846
600	9.936	−0.8643	0.1367	12.431					

　　一氧化碳或二氧化碳的甲烷化反应虽都是均相反应，但由于它们需要有 4 个或 5 个分子的互相作用，一般都需要在有催化剂的条件下才能进行，而煤灰分中的某些组分（如铁、铝、硅等）对甲烷的生成起了催化作用。

第三节　气化反应动力学

气化反应动力学的任务在于研究气化反应的速率和机理，以及各种因素对反应速率的影响。煤的气化反应主要是非均相反应，其中既包含了化学过程——化学反应，又包含了物理过程——吸附、扩散、流体力学、热传导等，同时也有气体反应物之间的均相反应。因此对气化反应动力学的研究也就包括化学反应机理及物理因素两个方面。

一、煤炭气化反应的历程

在气化炉中煤首先进行脱挥发分和热分解，得到固体残留物——半焦。随着热分解进行，将发生半焦与气体间的反应。这种反应可以分为两类颗粒反应模式，即整体反应（或称容积反应）模型和表面反应（或称收缩未反应芯）模型。整体反应主要在煤焦内表面进行；而表面反应则是反应气体扩散到固体颗粒外表面就反应了，很难扩散到煤焦内部。两者都属于气固相反应。通常当温度高时或反应进行得极快时，容易发生表面反应，如氧化反应、燃烧反应；而整体反应主要发生在多孔固体及反应速率较慢的情况下。

在整体反应模型中，反应气体扩散到颗粒的内部，分散渗透了整个固体，反应自始至终同时在整个颗粒内进行。产生的灰层在颗粒的孔腔壁表面逐渐积累起来。固体反应物逐渐消失。

在表面反应模型中，反应气体很难渗透到固体颗粒的内部，流体一开始就与颗粒外表面发生反应。随着反应的进行，反应表面不断向固体内部移动，并在已反应过的地方产生灰层。未反应的核（即未反应芯）随时间变化不断收缩，反应局限于未反应核的表面。整个反应过程中，反应表面是不断变小的。

对于气固相的气化反应，其总的气化历程通常必须经过如下七个步骤。

① 反应气体由气相扩散到固体碳表面（外扩散）。

② 反应气体再通过颗粒内孔道进入小孔的内表面（内扩散）。

③ 反应气体分子被吸附在固体碳的表面，形成中间配合物。

④ 吸附的中间配合物之间，或吸附的中间络合物和气相分子之间进行反应，其称为表面反应。

⑤ 吸附态的产物从固体表面脱附。

⑥ 产物分子通过固体的内部孔道扩散出来（内扩散）。

⑦ 产物分子由颗粒表面扩散到气相中（外扩散）。

由此可见，在总的反应历程中包括了扩散过程①、②、⑥、⑦和化学过程③、④、⑤。扩散过程又分为外扩散与内扩散；化学过程包括了吸附、表面反应和脱附等过程。上述各步骤的阻力不同，反应过程的总速率将取决于阻力最大的步骤，亦称速率最慢的步骤，该步骤就是速率控制步骤。

当总反应速率受化学过程控制时，称为化学动力学控制；反之，当总反应速率受扩散过程控制时，称为扩散控制。

在气化过程中，当温度很低时，气体反应剂与碳之间的化学反应速率很低，气体反应剂的消耗量很小，则碳表面上气体反应剂的浓度就增加，接近周围介质中气体的浓度。在此情况下，单位时间内起反应的碳量是由气体反应剂与碳的化学反应速率来决定的，而与扩散速率无关。即总过程速率取决于化学反应速率。此时，传质系数 β 远大于化学反应速率常数 k，即 $\beta \gg k$，则：

$$k_{总} = \frac{\beta k}{\beta + k} = k$$

该区间称为化学动力学控制区。

随着温度的升高，在碳粒表面的化学反应速率增加。温度越高，化学反应速率越快。直至当气体反应剂扩散到碳粒表面就迅速被消耗，从而使碳粒表面气体反应剂的浓度逐渐下降而趋于零，此时扩散过程对总反应速率起了决定作用。其化学反应速率常数远大于传质系数，即 $k \gg \beta$，则：

$$k_{总} = \frac{\beta k}{\beta + k} = \beta$$

该区间称为扩散控制区。在扩散控制区，碳表面上反应剂的浓度趋近于零，但不等于零。因为当反应剂浓度等于零时，化学反应将停止。

气化反应的动力学控制区与扩散控制区是反应过程的两个极端情况，实际气化过程有可能是在中间过渡区或者邻近极端区进行。如果操作条件介于扩散控制区和化学动力学控制区之间，即所谓两方面因素同时具有明显控制作用的过渡区间（或称中间区间），此时物理和化学作用同样重要，则应考虑两种阻力对总速率的影响。

二、碳的氧化反应

此处碳的氧化反应可分为碳与氧气间的反应和碳与二氧化碳间的反应。

1. 碳与氧气间的反应

该类反应主要指碳和氧气反应生成 CO_2 及 CO 的反应。在气化炉中，该反应是气化反应中进行得最快的反应。一般情况下，该反应发生于焦粒的外表面，反应速率受灰层扩散阻力的控制。然而，随着温度或粒径的增加，这个反应可以转向气膜扩散控制。反之，当温度降低或粒径减小，这个反应可以过渡到化学动力学控制区。

Field 曾指出：粉煤燃烧时，当粒度小于 $50\mu m$ 时，燃烧受化学反应控制，而当粒度大于 $100\mu m$ 时，则燃烧受扩散控制。Mulcahy 和 Smith 的研究结果为：当粒度大于 $100\mu m$、温度高于 1200K，燃烧速率受气膜扩散控制；根据他们的研究，粒度为 $90\mu m$ 左右、温度不高于 750K，则燃烧速率属于化学动力学控制区，当粒度小于 $20\mu m$，则化学动力学控制区的范围可以扩展到温度为 1600K。

Field 等提出了对于灰层和气膜扩散控制的焦-O_2 反应的反应速率方程如下：

$$dx/dt = \frac{p_{O_2}}{1/k_{扩散} + 1/k_s}$$

式中　dx/dt——单位外表面的反应速率；

　　　p_{O_2}——气流中 O_2 的分压；

　　$k_{扩散}$——扩散速率常数；

　　　k_s——表面反应速率常数。

对于以小颗粒煤（焦）为原料的流化床，由于固体颗粒与气体之间的相对速率不大，则可以用下式来计算 $k_{扩散}$ 的近似值：

$$k_{扩散} = \frac{0.292\psi D'}{d_p T_m}$$

式中 ψ——机理系数；

d_p——粒径，cm；

T_m——气体与固体粒子间的膜界面的平均温度，$T_m = (T_s + T)/2$，K；

T_s——颗粒表面温度，K；

T——气体温度，K；

D'——氧气的扩散系数，$D' = 4.26\left(\dfrac{T}{1800}\right)^{1.75}\dfrac{1}{p'}$，$cm^2/s$；

p'——总压，atm。

由于焦-O_2反应是强的放热反应，反应速率特别快，因此，要精确地测定颗粒的表面温度T_s是有困难的。在很多燃烧炉或气化炉中，这个温度可能比气流温度高$400 \sim 600℃$。不能精确地测定T_s，将导致计算时的严重误差。

机理系数ψ的取值根据焦-O_2反应的直接产物而定，当直接产物为CO时，ψ取值为2，当直接产物为CO_2时，则ψ取值为1。一些研究已确认ψ的数值是温度、粒子大小和碳类型的函数。通常当粒径较小、温度较高时，有利于CO的生成，反之，则有利于CO_2的生成。根据这些研究，提出用下列式子计算ψ值：

当$d_p \leqslant 0.005cm$时，$\psi = \dfrac{2Z+2}{Z+2}$

式中，$Z = 2500e^{-6249/T_m}$。

当$0.005cm < d_p \leqslant 0.1cm$时，

$$\psi = \frac{1}{Z+2}\left[(2Z+2) - \frac{Z(d_p - 0.005)}{0.095}\right]$$

当$d_p > 0.1cm$时，$\psi = 1.0$。

表面反应速率常数k_s可由下列方程计算。

$$k_s = k_{so}e^{-17967/T_s}$$

式中，$k_{so} = 8710 g/(cm^2 \cdot s)$。$k_{so}$的数值随碳或煤的类型而异，煤焦的近似值可取上述数值。

对于化学动力学控制区的情况，Dutta和Wen提出的反应速率方程式为：

$$dx/dt = a_v k_v p_{O_2}(1-x)$$

式中 dx/dt——单位质量的固体反应物的速率。

a_v——与转化率有关的活性因子，它表示相对的孔表面积；

k_v——反应速率系数。

在该方程中，假设反应速率与氧的分压成正比。因为大多数实验数据表明，此反应对氧浓度是一级反应。

虽然当过程为灰层或气膜扩散控制时，不同煤焦的活性差异是很小的。但是当过程处于化学动力学控制区时，其差异就相当大了。

Smith和Tyler提出了同时包含化学动力学控制和内扩散控制的简单的速率方程：

$$R_s = 1.34\exp\left(\frac{-32600}{RT_s}\right)$$

式中 R_s——单位总表面积上的碳的燃烧速率，$g/(cm^2 \cdot s)$；

R——气体常数，$8.314 J/(mol \cdot K)$；

T_s——颗粒表面温度，K。

该方程是以焦样为原料，试验温度范围为 $370 \sim 1550℃$、p_{O_2} 为 $10^4 \sim 10^5 Pa$ 时得到的。

2. 碳与二氧化碳间的反应

碳与二氧化碳间的反应是通常所说的二氧化碳还原反应或 Boudouard 反应。此反应是较缓慢的，并且容易测量。对于较小颗粒（小于 $300\mu m$）和在较低的反应温度（低于 $1000℃$）时，此反应通常是由化学动力学控制，而且反应发生在遍及煤焦颗粒的内表面。

Walker 基于 CO_2 被碳表面吸附形成 C（O）配合物，然后离解释放 CO 的机理假设，提出了反应速率方程式。并测定了实验条件下的吸附配合速率常数 k_1，逆反应速率常数 k_2，以及离解释放 CO 的速率常数 k_3。其反应速率方程式的形式为：

$$\frac{dw}{dt} = k_1[CO_2] / \left[1 + \frac{k_1}{k_2}[CO_2] + \frac{k_2}{k_3}[CO] \right]$$

式中，$[CO_2]$、$[CO]$ 为气相浓度，反应速率可计为碳的转化量，亦可计为 CO 的生成量，需按 k 的取值而定。

对焦-CO_2 反应的反应速率，Dutta 等提出如下经验速率方程式

$$dx/dt = a_v k_v c_A^n (1-x) \tag{3-1-35}$$

式中　k_v——焦-气体反应的容积速率常数；

c_A——气体浓度，这里指的是 CO_2 的浓度；

n——反应级数；

x——碳转化率；

a_v——相对孔表面积。

$$a_v = \frac{\text{在不同转化率下，单位质量煤焦的可利用孔表面积}}{\text{单位质量煤焦的初始可利用孔表面积}}$$

式（3-1-35）表明，不同的煤焦，由于其孔结构特征随转化率变化的规律不同，则相应的反应速率-转化率的变化规律也不同。因为转化率接近 1 时，表面积及煤粒大小会发生猛烈的变化。所以式（3-1-35）不能用于 $x > 0.9$ 的情况。

该式也表明，反应速率与 CO_2 分压的 n 次方成正比，n 值随实验条件而变，其值为 $0 \leqslant n \leqslant 1$。许多研究指出，当 CO_2 分压低于大气压很多时，焦-CO_2 反应速率接近一级，但当压力高于 $1.5MPa$，则反应接近零级。这和前面由机理得出的速率方程式的结果是一致的。

三、水蒸气与碳的反应

水蒸气与碳的反应在此处分为水蒸气在碳表面的分解反应和一氧化碳变换反应两类。

1. 水蒸气在碳表面的分解反应

对于此反应，比较普遍的机理解释为水蒸气被高温碳层吸附，并使水分子变形，碳与水分子中的氧形成中间配合物，氢离解析出；然后碳氧配合物依据温度的不同，形成不同比例的 CO_2 和 CO；也由于此比例的不同，而有不同的反应热效应。

不同研究者根据不同的机理假设，提出了相应的反应速率方程。Walker 提出的反应机理和反应速率方程为：

$$C_f + H_2O \underset{k_5}{\overset{k_4}{\rightleftharpoons}} H_2 + C(O) \qquad\qquad C(O) \overset{k_6}{\longrightarrow} CO$$

$$W = \frac{k_4[H_2O]}{1 + \frac{k_4}{k_6}[H_2O] + \frac{k_5}{k_6}[H_2]}$$

根据该速率方程，只有 H_2 对焦-H_2O 反应起阻滞作用。

Ergun 等则提出了下列的机理和反应速率方程：

$$C_f + H_2O \underset{k_5}{\overset{k_4}{\rightleftharpoons}} H_2 + C(O)$$

$$C(O) \overset{k_6}{\longrightarrow} CO \qquad C(O) + CO \underset{k_8}{\overset{k_7}{\rightleftharpoons}} CO_2 + C_f$$

$$W = \frac{k_4[H_2O] + k_7[CO_2]}{1 + \dfrac{k_4}{k_6}[H_2O] + \dfrac{k_5}{k_6}[H_2] + \dfrac{k_8}{k_7}[CO]}$$

根据该速率方程，CO 与 H_2 都对反应起阻滞作用。

C. Y. Wen 根据反应速率数据，整理并提出了下述简单的经验方程式：

$$\frac{dx}{dt} = k_v \left(c_{H_2O} - \frac{c_{H_2} c_{CO} RT}{K_p} \right)(1 - x)$$

式中 k_v——速率常数；

K_p——反应平衡常数。

其余符号同前。

研究结果表明，对于较小的粒度（$d_p < 500\mu m$）以及温度在 $1000 \sim 1200℃$，则焦-H_2O 反应属化学动力学控制。反应级数随水蒸气的分压而变化，当水蒸气分压较低时，反应级数为 1，当水蒸气分压明显增加时，反应级数趋于零。

2. 一氧化碳变换反应

到目前为止，对煤气化过程条件下一氧化碳变换动力学的研究较少。但工业上，为制合成原料气的需要，曾对不同催化剂及不同实验条件下变换反应的机理及反应速率方程进行了大量的研究。数据比较齐全，在合成氨工艺及反应工程学的专著中有详尽的论述。

四、氢气与碳的反应

1. 反应机理

煤焦热解中，甲烷的生成是有机物分解形成小分子烃。而气化过程中的甲烷生成则主要是加氢反应的结果。过程的显著特征是缩聚态的碳与富氢气氛中的氢气反应。另外，由于甲烷化过程是多分子间的反应，没有附着表面的催化作用，反应是很难进行的。对氢气与碳反应的反应机理，众多研究者比较一致地认为是：

① 氢在高温的煤焦表面参与芳化结构，形成不稳定的环系化合物。由于芳化分子巨大，该环系只是表面层上的氢饱和结构。

② 高温和氢气富余条件下，上述结构断环，显露出类似甲基的多种易解离的官能团。

③ 甲烷等小分子烃的离解析出，且脱烷基步骤的阻力较其他步骤的阻力为小。

2. 反应速率方程式

根据如上机理，Zielke 和 Gorin 提出了如下反应速率方程式：

$$dx/dt = \frac{k_s \sigma p_{H_2}^2}{1 + k_b p_{H_2}}$$

式中 dx/dt——以碳的消耗量或以 CH_4 生成量计的反应速率；

k_s——与氢饱和和断环相关的速率常数；

k_b——与断环相关的速率常数；

σ——碳的活性指标，相当于活性中心点的面密度；

p_{H_2}——氢气分压。

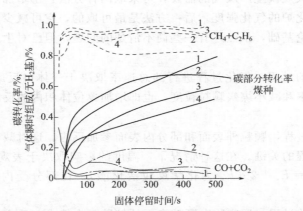

图 3-1-9　低速加热加氢气化时，不同煤种及停留时间对碳转化率及气体组成的影响

(压力：10.4MPa；气氛：H_2)

1—烟煤；2—褐煤；3—无烟煤；4—焦（由烟煤得）

由此反应速率方程可知，反应速率是煤炭活性的函数，也是温度和氢气分压的函数。CH_4 的生成量将随煤炭活性的提高而增大；随氢气分压的提高而增大。高氢气分压下，可认为反应是一级的。

以多种煤焦所作的加氢气化试验表明，加氢气化反应有前期（第一阶段）和后期（第二阶段）的区别。在反应前期，气化速率很大，在短短的数秒或数十秒内，即有 20%～40% 的碳被气化，而残留的碳在后期被缓慢气化。图 3-1-9 是低速加热加氢气化时，不同煤种及停留时间对碳转化率及气体组成的影响的试验结果。图中反应分期及原料反应活性的特征是明显的。

Wen 和 Huebler 又提出了加氢气化两个阶段的反应速率经验方程式。第一阶段的方程为：

$$dx/dt = k'_v(f-x)(c_{H_2} - c^*_{H_2})$$

式中　x——第一阶段任何时间 t 时的碳的总转化率；

　　　f——第一阶段末碳的总转化率；

　　　k'_v——第一阶段反应速率常数（由试验测得），k'_v 值大致为：原煤 k'_v 约 0.95×10^{-3} $m^3/(mol \cdot s)$，经预热处理的焦 k'_v 约 $0.90 \times 10^{-5} m^3/(mol \cdot s)$；

　　　c_{H_2}——系统中 H_2 的相对浓度；

　　　$c^*_{H_2}$——在平衡状态下，系统中 H_2 的相对浓度（由 H_2-焦反应平衡常数计算而得）。

第二阶段的方程为：

$$dx/dt = k_v(1-x)(c_{H_2} - c^*_{H_2})$$

式中　x——第二阶段碳的转化率；

　　　k_v——第二阶段的速率常数。

在快速加氢气化阶段，提高 H_2 分压可以增加加氢反应的速率，但是压力的提高又抑制了裂解反应。试验表明，提高 H_2 分压时，气态产品中 CH_4 和 C_2H_6 的量增加，CO_x 的量降低。

五、气化生产过程的强化措施

工业上为了满足大规模生产煤气的需要，可采取两种方法：①增加煤气发生炉的几何尺寸或数量；②提高气化炉的气化强度。后一方法是最可取的，它可减少金属消耗量和投资费用。上述煤气化的理论基础，虽然还有一些尚不清楚的问题，但已对生产过程的强化指明了一定的方向。

对于外扩散控制的过程，气化过程进行的总速率取决于气体向反应表面的质量传递速率。增加气体的线速率和减小煤炭颗粒粒度，也即增加单位体积内的反应表面积，可达到强化过程的目的。

对内扩散控制的过程，颗粒外表面和部分内表面参加反应。这时减小颗粒尺寸和提高反应温度是强化反应过程的关键。在这种情况下，温度的影响取决于表观活化能 E_a，在完全受内扩散控制时，$E_a = E_c / 2$（E_c 为化学反应活化能）；在部分受内扩散控制时，E_a 在 $E_c / 2 \sim E_c$ 变化。

对于动力学控制的过程，反应物向颗粒表面的扩散阻力较小，反应总速率取决于气体在煤炭的内、外表面化学反应的速率。在这种情况下反应过程的强化可用提高温度来达到。温度影响的程度取决于活化能 E_c 的大小。

在正常工作的煤气发生炉中，增加鼓风量，观察煤气质量，若煤气质量稳定，则表示反应过程接近外扩散控制，因而有可能增加鼓风量来继续强化气化过程。若煤气质量大大变坏，即表示必须提高反应层的温度，或者在适当的温度下，增加反应表面积（例如增加燃料层高度或减小燃料粒度）。

不论在哪一种控制条件下，减小固体粒度，即采用小颗粒煤炭，均可提高反应速率和较快地达到高的转化率，因此是有效的强化措施。近年来壳牌公司、鲁奇公司、美国燃气技术研究院（GTI）和中国科学院山西煤化所等都在积极进行小颗粒或粉状煤炭气化的流化床及气流床的技术开发和工业化工作，原因之一即在于此。此外，也由于采煤过程中粉状煤炭比例不断增加的缘故。

关于采用加压气化方法，对处于过渡型或扩散控制的工况，随着压力的增加，虽然分子扩散阻力增加，是不利的，但较高的压力却有利于提高反应物的浓度。而且不论在何种工况中，反应速率总是随着反应物浓度增加而增加的。另外气化炉内，反应达不到平衡状态，因而反应速率愈快，进行反应的时间愈长，则愈接近平衡。在加压下气化，气体体积缩小，煤气通过床层速率减小，这就加长了可以进行各种反应的时间，使反应接近平衡。

温度是强化生产的重要因素。一般情况下，提高温度均能急剧地增加表观速率，从而提高反应物的转化率。仅在外扩散控制的情况下，温度对反应表观速率的影响较小。

因此，在强化生产的过程中，应特别注重采用提高温度、减少燃料粒度和利用加压气化的可能性。在有可能的情况下，应当力求同时运用若干个强化因素，例如粉煤的加压气流床气化，细颗粒燃料的流化床加压气化等。

第四节　煤炭气化技术分类

一、世界各国主要分类方法

对煤炭气化技术，常见的分类方法有如下几种。

1. 按煤气用途分类

煤气化制得的煤气主要用于如下几方面。

(1) 生产燃料煤气　燃料煤气又可分为工业燃气和城市煤气。工业燃气用于不同的窑炉及装置，因热强度（主要表现为燃料火焰温度）和热负荷不同，煤气的质量和成分差异很大。城市煤气主要作为服务业和民用燃料，在热值、密度和安全性上，各国都有特定的技术标准。如我国城市煤气规范规定：城市煤气热值（低发热值）大于 $14.65MJ/m^3$（$3500kcal/m^3$）；华白指数波动范围，一般不超过 $\pm 5\%$；杂质中焦油及灰尘、硫化氢和萘等都有规定指标。另外还有为示警的加臭要求。

(2) 生产合成气　用作合成氨、合成甲醇等化工产品以及合成液体燃料的原料气。

(3) 生产还原气和氢　将煤气化，供给铁矿石直接还原生产海绵铁所需之还原气。近年来，铁矿石直接还原技术发展很快，其中大部分是用气态还原剂（$CO+H_2$）生产的。

(4) 联合循环发电　当今世界开采煤炭的大约 50% 用于发电，而联合循环发电是正在开发中的新技术，它的开发成功将大幅度提高发电效率。

2. 按气化剂分类

气化方法按使用气化剂的不同可分为如下几种。

(1) 空气-蒸汽气化　以空气（或富氧空气）-蒸汽作为气化剂。其中又有空气-蒸汽内部蓄热的间歇制气和富氧空气-蒸汽自热式的连续制气方法的区别。一般以空气为气化剂制得的煤气称空气煤气，主要成分为大量氮气、二氧化碳和一定量的一氧化碳和氧气。以水蒸气为气化剂制得的煤气称水煤气，主要成分为氢气、一氧化碳、二氧化碳及甲烷。以空气和水蒸气的混合物为气化剂制得的煤气称发生炉煤气。此外，合成氨工业中将（$CO+H_2$）：$N_2 \approx$ 3：1 的煤气称为半水煤气。

(2) 氧气-蒸汽气化　以工业氧和水蒸气作为气化剂。近代气化技术，几乎都是以工业氧和高压蒸汽作为气化剂的。

(3) 氢气气化　煤气化过程中用 H_2 或富含 H_2 的气体作为气化剂可生成富含 CH_4 的煤气，该法亦称加氢气化法。

3. 按供热方式分类

煤的水蒸气气化过程，其总反应是吸热的，因此必须供给热量。各种过程需要的热量各不相同，这主要取决于过程的概念和煤的性质。气化方法按供热方式的不同可分为如下几种。

(1) 自热式气化法　这是一种直接的供热方式，即气化过程中没有外界供热，亦称部分气化方法。煤与水蒸气气化反应所需要的热量，通过另一部分煤与气化剂中的氧气进行燃烧放热所提供。这是目前各种工业气化炉中最常用的供热方式。含氧气体可以是工业氧气或富氧空气，也可以是空气。气化过程可以是间歇蓄热或连续自热气化。

(2) 间接供热气化法　该法使煤仅与水蒸气进行气化反应，从气化炉外部通过管壁供给热量。因而这类过程亦称为外热式（或配热式）煤的水蒸气气化。此类技术，多是采用流化床和气流床气化手段。外热可采用电加热或核反应热，为丰电地区的电力利用或充分利用核反应堆的余热时，才有经济性。

(3) 煤的水蒸气气化和加氢气化相结合法　煤与氢气在 $800 \sim 1800℃$ 温度范围内和加压下反应生成 CH_4 的反应是放热反应。可利用该反应直接供热，进行煤的水蒸气气化。该过程的原理在于煤首先加氢气化，加氢气化后的残焦再与水蒸气进行反应，产生的合成气为加氢阶段提供氢源。

（4）热载体供热　在一个单独的反应器内，用煤或焦炭和空气燃烧加热热载体供热，热载体可以是固体（如石灰石）、液体熔盐或熔渣。

4. 按生产装置的化学工程特征分类

气化技术按生产装置化学工程特征分类，亦称作按反应器的形式分类、按气化炉中的流体力学条件分类以及按气固相间相互接触的方式分类。按此方法分类，气化技术可分为如下几种。

（1）固定床气化　固定床气化也称移动床气化。固定床以块煤或煤焦为原料。煤由气化炉顶加入，气化剂由炉底送入。流动气体的上升力不致使固体颗粒的相对位置发生变化，即固体颗粒处于相对固定状态，床层高度亦基本上维持不变，因而称为固定床气化。气化过程中，煤粒在气化炉内缓慢往下移动。因而又称为移动床气化。

固定床气化的特性是简单、可靠。同时由于气化剂与煤逆流接触，气化过程进行得比较完全，且使热量能得到合理利用，因而具有较高的热效率。

（2）流化床气化　流化床煤气化又称为沸腾床气化。其以小颗粒煤为气化原料，这些细粒煤在自下而上的气化剂的作用下，保持着连续不断和无秩序的沸腾和悬浮状态运动，迅速地进行着混合和热交换，其结果导致整个床层温度和组成的均一。流化床气化能得以迅速发展的主要原因在于：①生产强度较固定床大。②直接使用小颗粒碎煤为原料，适应采煤技术发展，避免了块煤供求矛盾。③对煤种煤质的适应性强，可利用如褐煤等高灰劣质煤做原料。

（3）气流床气化　气流床气化是一种并流式气化。气化剂（氧与蒸汽）将煤粉（70％以上的煤粉通过200目筛孔）夹带入气化炉，在1500～1900℃高温下将煤一步转化成CO、H_2、CO_2等气体，残渣以熔渣形式排出气化炉。也可将煤粉制成煤浆，用泵送入气化炉。在气化炉内，煤炭细粉粒与气化剂经特殊喷嘴进入反应室，会在瞬间着火，直接发生火焰反应，同时处于不充分的氧化条件下。因此，其热解、燃烧以及吸热的气化反应，几乎是同时发生的。随气流的运动，未反应的气化剂、热解挥发物及燃烧产物裹挟着煤焦粒子高速运动，运动过程中进行着煤焦颗粒的气化反应。这种运动形态，相当于流化技术领域里对固体颗粒的"气流输送"，习惯上称为气流床气化。

（4）熔融床气化　熔融床气化也称熔浴床气化或熔融流态床气化。它的特点是有一温度较高（一般为1600～1700℃）且高度稳定的熔池，粉煤和气化剂以切线方向高速喷入熔池内，池内熔融物保持高速旋转。此时，气、液、固三相密切接触，在高温条件下完成气化反应，生成H_2和CO为主要成分的煤气。熔融床有三类：熔渣床、熔盐床和熔铁床。

在现代煤气化技术开发中，熔融床技术并未完全商业化。此外，地下煤炭气化技术，虽研究开发历史较久远，但还未见可靠的实际应用。

二、煤气的热值及计算方法

1. 煤气的热值

煤气的热值是指煤气完全燃烧，生成最稳定的燃烧产物（H_2O、CO_2）时所产生的热量（燃烧反应热效应值）。由于计算的物态基准和温度基准值不同，热值有两个表述值，即低热值（Q_e）和高热值（Q_h），其区别在于高热值是计入了所生成水汽及硫化物的凝结热（相变热）的，所以数值大于低热值。一般情况下，应用部门多采用低热值数值作工程设计计算，研究部门和国际商贸谈判中多采用高热值。在有的文献上，低热值也称净热值，普通工具书上，热值的温度基准是按 20℃ 记载的。

单一可燃气体的热值可由单一可燃气体的燃烧特性数据表（表 3-1-16）中查得。

表 3-1-16 单一可燃气体的燃烧特性数据表

序号	气体名称	着火温度/℃	热值 Q /(kJ/m³)/(kcal/m³)		理论空气或氧气耗量/(m³/m³)		使用空气时的理论烟气量 /(m³/m³)	爆炸极限,20℃ (体积分数)/%	
			高	低	空气	氧气		上限	下限
1	氢	400	12745/3044	10785/2576	2.38	0.5	2.88	75.9	4.0
2	一氧化碳	605	12635/3018	12635/3018	2.38	0.5	2.88	74.2	12.5
3	甲烷	540	39816.5/9510	35881/8570	9.52	2.0	10.52	15.0	5.0
4	乙炔	335	58464.5/13964	56451/13483	11.90	2.5	12.40	80.0	2.5
5	乙烯	425	63397/15142	59440/14197	14.28	3.0	15.28	34.0	2.7
6	乙烷	515	70305/16792	64355/15371	16.66	3.5	18.16	13.0	2.9
7	丙烯	460	93608.5/22358	87609/20925	21.42	4.5	22.92	11.7	2.0
8	丙烷	450	101203/24172	93182/22256	23.80	5.0	25.80	9.5	2.1
9	丁烯	385	125763/30038	117616/28092	28.56	6.0	30.56	10.0	1.6
10	丁烷	365	133798/31957	123565/29513	30.94	6.5	33.44	8.5	1.5
11	戊烯	290	159107/38002	148736/35525	35.70	7.5	38.20	8.7	1.4
12	戊烷	260	169264/40428	156629/37410	38.08	8.0	41.08	8.3	1.4
13	苯	560	162151/38729	155665/37180	35.70	7.5	37.20	8.0	1.2
14	硫化氢	270	25347/6054	23366.5/5581	7.14	1.5	7.64	45.5	4.3

2. 煤气热值的计算方法

（1）混合气体的热值 由可燃气体混合组成的煤气，其混合气体的热值可按下式计算：

$$Q_{vm} = \sum Q_{vi} V_i / 100 \qquad Q_{gm} = \sum Q_{gi} g_i / 100$$

式中 Q_{vm}，Q_{gm}——混合气体单位体积和单位质量热值，kJ/m³ 和 kJ/kg；

$\quad\quad Q_{vi}$，Q_{gi}——混合气体中各组分的单位体积和单位质量热值，kJ/m³ 和 kJ/kg；

$\quad\quad V_i$，g_i——混合气体各组分体积分数和质量分数,%。

为简化计算，煤气中种类众多而含量甚微的小分子烃类通常不作分析测试，只作为一个概括量，表达为 $C_m H_n$。在热值计算中，其组成为加和总量，热值取丙烷的数据进行计算。按煤气组成的分子分布和计算结果统计，误差是工程计算所允许的。

（2）干煤气和湿煤气的热值换算 干煤气和湿煤气的低热值可按下式进行换算：

$$Q_e^d = Q_e \frac{0.833}{0.833 + d} \qquad \text{或} \qquad Q_e^d = Q_e \left(1 - \frac{\varphi p_{sb}}{p}\right)$$

干煤气和湿煤气的高热值可按下式进行换算：

$$Q_h^d = (Q_h + 562d) \frac{0.833}{0.833 + d} \qquad \text{或} \qquad Q_h^d = Q_h \left(1 - \frac{\varphi p_{sb}}{p}\right) + 468 \frac{\varphi p_{sb}}{p}$$

式中 Q_e^d，Q_h^d——湿煤气的低热值和高热值，kcal/m³ 湿煤气，1kcal＝4.1868kJ；

            Q_e，Q_h——干煤气的低热值和高热值，kcal/m³ 干煤气；

              d——煤气的湿含量，kg/m³ 干煤气；

              φ——湿煤气的相对湿度；

              p——煤气的绝对压力，mmHg，1mmHg＝133.322Pa；

           p_{sb}——在与煤气相同温度下水蒸气的饱和分压力，mmHg。

（3）华白指数   燃气应用中常以华白指数（Wobbe index 或 Wobbe number）表征燃具对煤气特性变化的限定。即特定的炉具和燃器，只允许燃气的热值和密度在一定范围内变化，否则其热工特性失衡，热强度和负荷不适应用户的要求，甚至出现燃烧不完全、回火、鸣响等异常现象。这也称作煤气的互换性问题，即煤气的品质能被允许在多大的限度内波动。

华白指数是衡量热流量（热负荷）大小的特性参数，可用下式计算：

$$W = \frac{Q_h}{\sqrt{S}}$$

式中 Q_h——煤气的高热值，kcal/m³；

        S——煤气与空气的相对密度（空气＝1），无因次。

参考文献

[1] 王维周，等. 煤炭气化工艺学. 香港：轩辕出版社，1994.
[2] 沙兴中，杨南星. 煤的气化与反应. 上海：华东理工大学出版社，1995.
[3] 郭树才. 煤化工工艺学. 北京：化学工业出版社，1992.
[4] 寇公. 煤炭气化工程. 北京：机械工业出版社，1992.
[5] 陈五平. 合成氨. 北京：化学工业出版社，1993.
[6] Wen C Y, Lee E S. Coal Conversion Technology. Addison-Wesley Publishing Co，Inc，1979.

⑪ CO_2+4H_2 ═══$CH_4+2H_2O+169.9$MJ

⑫ ...H_2O═══... CO_2...12.5MJ

第二章
碎煤固定层加压气化

碎煤固定层加压气化采用的原料粒度为 5~50mm，气化剂采用水蒸气与纯氧，随着气化压力的提高，气化强度大幅提高，单炉制气能力可达 35000m³/h（干基）以上，而且煤气的热值增加。碎煤加压气化在中国城市煤气生产和制取合成气方面受到广泛重视。

第一节　加压气化原理与气化过程计算

一、加压气化原理

压力下煤的气化在高温下受氧、水蒸气、二氧化碳的作用，各种反应如下：

碳与氧的反应：

① $C+O_2$ ═══$CO_2+408.8$MJ

② $2C+O_2$ ═══$2CO+246.4$MJ

③ CO_2+C═══$2CO-162.4$MJ

④ $2CO+O_2$ ═══$2CO_2+570.24$MJ

碳与水蒸气的反应：

⑤ $C+H_2O$ ═══$CO+H_2-118.8$MJ

⑥ $C+2H_2O$ ═══$CO_2+2H_2-75.2$MJ

⑦ $CO+H_2O$ ═══$CO_2+H_2+42.9$MJ

甲烷生成反应：

⑧ $C+2H_2$ ═══$CH_4+87.38$MJ

⑨ $CO+3H_2$ ═══$CH_4+H_2O+206.2$MJ

⑩ $2CO+2H_2$ ═══$CH_4+CO_2+247.4$MJ

⑪ $CO_2 + 4H_2 \Equal CH_4 + 2H_2O + 162.9MJ$

⑫ $2C + 2H_2O \Equal CH_4 + CO_2 + 125.6MJ$

根据化学反应速率与化学反应平衡原则，提高反应压力有利于化学反应向体积缩小的反应方向移动，提高反应温度，化学反应则向吸热的方向移动，对加压气化可以得出以下结论：

① 提高压力，有利于煤气中甲烷的生成，可提高煤气的热值。

② 提高气化反应温度，有利于 $CO_2 + C \Equal 2CO$ 向生成一氧化碳的方向进行，也有利于 $C + H_2O \Equal CO + H_2$ 反应，从而可提高煤气中的有效成分。但提高温度不利于生成甲烷的放热反应。

二、加压气化的实际过程

1. 气化过程热工特性

鲁奇加压气化炉内生产工况如图 3-2-1 所示。

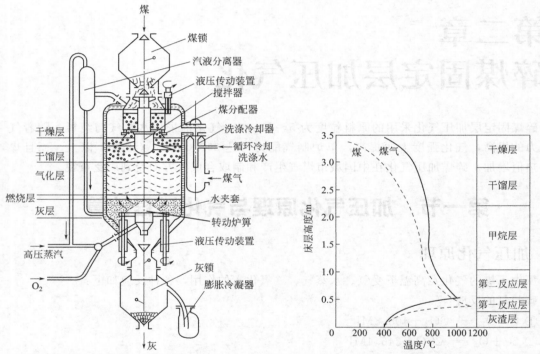

图 3-2-1　鲁奇加压气化炉内生产工况　　图 3-2-2　加压气化炉燃料床层高度与温度的关系

在实际的加压气化过程中，原料煤从气化炉的上部加入，在炉内从上至下依次经过干燥、干馏、半焦气化、残焦燃烧、灰渣排出等物理化学过程。

加压气化炉是一种自热式反应炉，通过在燃烧层中的 $C + O_2 \Equal CO_2$ 这个主要反应，产生大量热量，这些热量提供给：①气化层生成煤气的各还原反应所需的热量；②煤的干馏与干燥所需热量；③生成煤气与排出灰渣带出的显热；④煤气带出物显热及气化炉设备散失的热量。这种自热式过程热的利用效果好，热量损失小。

2. 燃料床层的结构及特性

在加压气化炉中，一般将床层按其反应特性由下至上划分为以下几层：①灰渣层；②燃烧层（氧化层）；③气化层（还原层）；④干馏层；⑤干燥层。

灰渣层的主要功能是燃烧完毕的灰渣将气化剂加热，以回收灰渣的热量，降低灰渣温度；燃烧层主要是焦渣与氧气的反应即 $C+O_2 \Longrightarrow CO_2$，它为其他各层的反应提供了热量；气化层（也称还原层）是煤气产生的主要来源；干馏层及干燥层是燃料的准备阶段，煤中的吸附气体及有机物在干馏层析出。

不少研究工作者曾在加压气化的半工业试验中，研究燃料床中各层的分布状况和温度间的关系，其结果如图 3-2-2 所示。

在大型的加压气化炉中，各床层的高度和温度的分布大致如表 3-2-1 所示。

表 3-2-1　床层高度与温度之间的关系

床层名称	高度(从炉箅以上算起)/mm	温度/℃	床层名称	高度(从炉箅以上算起)/mm	温度/℃
灰 层	0～300	450	还原层	600～2200	550～1000
燃烧层	300～600	1000～1100	干馏层	2200～2700	400～550

加压气化炉中各层的主要反应及产物见图 3-2-3。

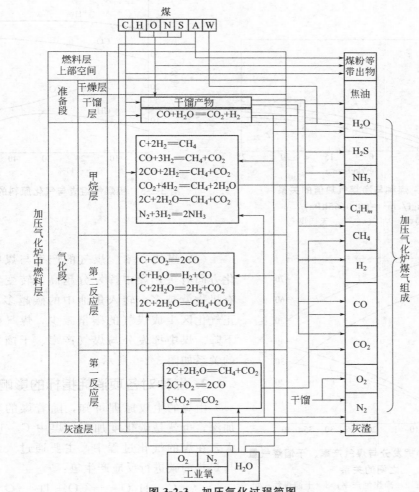

图 3-2-3　加压气化过程简图

三、煤种及煤的性质对加压气化的影响

1. 煤种对煤气组分和产率的影响

（1）煤气组分   煤种不同，经加压气化后生成的煤气质量是不一样的，随着煤碳化度的加深，煤的挥发分减少。挥发分越高的煤，干馏组分在煤气中占的比例越大。在不同压力下，煤种与净煤气发热值 Q 的关系如图 3-2-4 所示。

由于干馏气中的甲烷比气化段生成的甲烷量要大，所以在相同气化压力下，越年轻的煤种，气化后煤气中的甲烷含量越高，煤气的热值越高。由图 3-2-4 可看出，用加压气化法制取城市煤气时，劣质的褐煤或弱黏结烟煤作为气化原料最佳。此外，年轻煤种的半焦活性高，气化层的反应温度较低，这样有利于甲烷的生成。因此，煤种越年轻，产品煤气中 CH_4 和 CO_2 呈上升趋势，CO 呈下降趋势，这些煤种以挥发分表示时，粗煤气组成与气化原料的关系如图 3-2-5 所示。

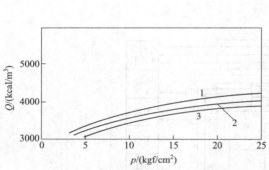

图 3-2-4   煤种与净煤气热值的关系
（1kgf/cm² ＝ 98.0665kPa）
1—褐煤；2—气煤；3—无烟煤

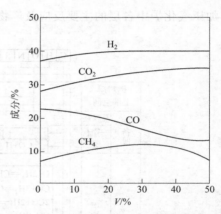

图 3-2-5   粗煤气组成与气化原料的关系

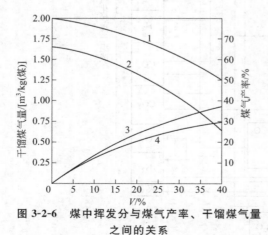

图 3-2-6   煤中挥发分与煤气产率、干馏煤气量之间的关系

1—粗煤气产率；2—净煤气产率；3—干馏煤气占粗煤气热能百分比；4—干馏煤气占净煤气热能

（2）煤气产率   煤气的产率与煤中碳的转化方向有关，煤中挥发分越高，转变为焦油的有机物就越多，转入焦油中的碳越多，进入真正气化区生成煤气的碳量减少，煤气生产率就下降。煤中挥发分与煤气产率、干馏气量之间的关系如图 3-2-6 所示。

2. 煤种对各项消耗指标的影响

由煤的生成原理可知，随着煤的变质程度加深，也就是碳化度加深，煤中 C｜H 比则加大，在煤的气化过程中，主要通过入炉水蒸气与炽热的碳进行反应产生氢：

$$C + H_2O \Longrightarrow CO + H_2 - Q$$
$$C + 2H_2O \Longrightarrow CO_2 + 2H_2 - Q$$

在炉内燃烧层碳和氧的反应给上述反应提供了热量。所以，随着煤的变质程度加深，气化所用的水蒸气、氧气量也相应增加。另外，由于年轻煤活性好，挥发分高，有利于 CH_4 的生成，这样就降低了氧气耗量。

3. 煤种对其他副产品的特性和产率的影响

（1）硫化物　煤中的硫化物在加压气化时，一部分以硫化氢和各种有机硫形式进入煤气中。煤气中的硫含量，主要取决于原料煤中的硫含量。硫含量高的煤，气化生成的煤气中硫含量就高。一般煤气中的硫化物总量占原料煤中硫化物总量的 70%～80%。

（2）氨　煤气中氨的产生与原料煤的性质、操作条件及气化剂中的氮含量有关。在通常操作条件下，煤中的氮约有 50%～60% 转化为氨，气化剂中也约有 10% 的氮转化为氨，气化温度越高，煤气中氨含量就越高。因此煤气中的氨含量与原料煤中的氮含量成正比关系。

（3）焦油和轻油　原料煤的性质是影响焦油产率的主要因素。一般是变质程度浅的褐煤比变质程度较深的气煤和长焰煤的焦油产率大，而变质程度更深的烟煤和无烟煤其焦油产率更低。

与高温干馏焦油（焦化焦油）相比较，加压气化焦油密度较小，烷烃、烯烃含量高，酚类含量高，沥青质少，这说明在加压气化条件下产生的裂解反应小。加压气化焦油的性质与低温干馏焦油的性质相近，这是因为气化炉内干馏段的温度与低温干馏的温度基本相同，一般为 600℃ 左右，所以它们的组成、性质也基本相同。

一些煤种加压气化的焦油产率见表 3-2-2。

表 3-2-2　一些煤种加压气化的焦油产率数据

国家	南非	原德意志民主共和国		韩国	中国	
煤种	非黏结煤	长焰煤	低挥发分煤	无烟煤	小龙潭褐煤	潞安贫煤
焦油产率/%	4.7	14.5	2.3	0.4	2.05～2.2	2.5

煤种不同，所产焦油的性质也不同，一般随着煤的变质程度增加，其焦油中的酸性油含量降低，沥青质增加，焦油的密度增大。

4. 煤的理化性质对加压气化的影响

（1）煤的粒度对加压气化的影响　在加压气化过程中，煤的粒度对气化炉的运行负荷、煤气和焦油的产率以及各项消耗指标影响很大。煤的粒度越小，其比表面积越大，在动力学控制区的吸附和扩散速度加快，有利气化反应的进行。煤粒的大小也影响着煤准备阶段的加热速度，很显然粒度越大，传热速度越慢，煤粒内部与外表面之间的温差也大，使颗粒内焦油蒸气扩散阻力和停留时间延长，焦油的热分解增加。煤粒的大小也对气化炉的生产能力影响很大，与常压气化相比，加压气化过程中气体的流速减慢，相同粒度情况下煤的带出物减少，故而可提高气流线速度，使气化炉的生产能力提高，但粒度过小将会造成气化炉床层阻力加大，煤气带出物增加，这样就限制了气化炉的生产能力。

根据流体力学颗粒沉降速度的计算方法，带出炉外的煤粉粒度大小为：当煤气处于滞流区，即雷诺数 $Re<2$ 时，带出的煤粉主要是克服摩擦力，则采用斯托克斯定律。

当煤气流处于湍流区，即雷诺数 $Re>500$ 时，煤粉主要克服气流动压阻力，则采用牛顿定律：

$$d = \sqrt{\frac{18\mu W_0}{(\gamma_{固} - \gamma_{气})g}}$$

式中　d——被带出的最大煤粉直径，m；

$\gamma_{固}$——煤粉重度，kg/m^3；

$\gamma_{气}$——湿煤气重度，kg/m^3；

g——重力加速度，m/s^2；

W_0——煤粉的沉降速度，m/s；

μ——湿煤气的黏度，$kg/(m \cdot s)$。

当 $W > W_0$ 时，小于等于 d 颗粒的煤粉即被带出炉外。工业上一般要求从加压气化炉内煤气带出的粉量不应超过投煤量的 1%，为使 2mm 的煤粒不被带出，炉内上部空间煤气临界速度为 0.9～0.95m/s，这就限制了气化炉的最高负荷。

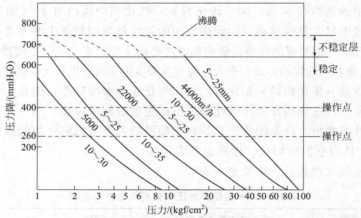

图 3-2-7 不同压力下煤粒度、气化能力与炉膛床层压力降关系

(1mmH$_2$O=9.80665Pa，1kgf/cm^2=98.0665kPa)

不同压力下煤的粒度、气化能力与炉膛床层压力降之间的关系如图 3-2-7 所示。

气化炉床层阻力随着生产能力的提高或煤粒度的减小而增加，提高操作压力，使气流速度降低，则床层的阻力就会变小。

另外，煤的粒度越小，水蒸气和氧气的消耗量增加，煤耗也会增加。通常 2mm 以下的煤粉每增加 1.5%，氧气和水蒸气的消耗将提高 5%。

综上所述，煤的粒度大小对加压气化的影响较大。煤粒过小，还会造成气化炉加料时产生偏析现象，即颗粒大的煤落向炉壁，而较小的颗粒和粉末落到床层中间，这样气化炉横断面上的阻力将不均匀，易造成燃料床层偏斜或烧穿，严重影响气化炉的运行安全。但煤粒过大又易造成加煤系统堵塞和架桥，灰中残炭也会升高。所以一般加压气化要求入炉煤的粒度最大与最小之间的粒径比为 5，在低负荷生产时可放宽到 8，最小粒度一般应大于 6mm，小于 6mm 的粉煤应控制在 5% 以下，最大粒度应控制在 50mm 以下，大于 50mm 的煤应小于5%，ϕ3.8m 加压气化炉一般入炉煤要求粒度分布见表 3-2-3。

表 3-2-3 入炉煤粒度分布

粒度范围/mm	占入炉煤比例/%		粒度范围/mm	占入炉煤比例/%	
	标准	范围		标准	范围
0～5	2.5	<5	13～25	17.5	15～20
5～6	9.7	9～11	25～50	15.2	15～20
6～13	52.6	50～55	50～100	2.5	<5

（2）原料煤中水分对气化过程的影响 煤中所含的水分随煤变质程度的加深而减少，水

分较多的煤，挥发分往往较高，则进入气化层的半焦气孔率也大，因而使反应速率加快，生成的煤气质量较好。另外，在气化一定的煤种时，其焦油和水分存在着一定的关系，水分太低，会使焦油产率下降。由于加压气化炉的生产能力较高，煤在炉内干燥、干馏层的加热速度很快，一般在 $20\sim40℃/min$，因此对一些热稳定性差的煤，为防止热裂，要求煤中含有一定的水分，但煤中水分过高又会给气化过程带来不良影响。

① 水分过高，增加了干燥所需热量，从而增加了氧气消耗，如图 3-2-8 所示，降低了气化效率。

② 水分过高，煤处于潮湿状态，易形成煤粉黏结和堵塞筛分，使入炉粉煤量增加。

③ 入炉煤水分过高，干燥不充分，这样将导致干馏过程不能正常进行，进而又会降低气化层温度，最终导致甲烷生成反应、二氧化碳及水蒸气的还原反应大大降低，煤气质量显著降低。有研究者计算结果表明，褐煤最大临界水分含量为 34%，其他煤种应低于该数值，以保证气化反应的正常进行。

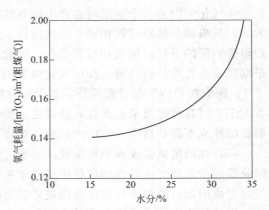

图 3-2-8 煤中水分和氧气消耗量的关系

（3）煤中灰分及灰熔点对气化过程的影响 煤中的灰分是煤燃烧后所剩余的矿物质残渣。煤中的灰分含量对气化反应而言一般影响不大，鲁奇炉甚至可气化灰分高达 50% 的煤。但灰分较高时对气化过程带来以下危害。

① 随着煤中灰分的增大，灰渣中的残炭总量增大，燃料的损失增加。另外灰分增大后，带出的显热增加，从而使气化过程的热损失增大，热效率降低。

② 随着煤中灰分的增大，加压气化的各项消耗指标，如氧气消耗、水蒸气消耗、原料煤消耗等指标上升，而煤气产率下降。煤中不同灰分对气化生产的影响见表 3-2-4。

表 3-2-4 煤中不同灰分对气化生产的影响

指标	灰分/%				
	15	15~30	35~40	45~50	55
氧气消耗(以净煤气计)/(m³/m³)	0.136	0.138	0.150	0.159	0.195
蒸汽消耗(以净煤气计)/(kg/m³)	1.12	1.15	1.25	1.35	1.67
煤气产率(以煤计)/(m³/kg)	0.844	0.651	0.557	0.45	0.363
煤气组成					
CH_4/%	15.2	15.2	14.5	14.3	12.2
H_2/%	54.5	55.8	56.0	57.7	58.6
CO/%	22.6	21.7	21.4	20.5	20.4
惰性气体/%	7.7	7.3	8.1	7.5	8.8
煤气热值/(MJ/m³)	16.51	16.14	16.03	15.93	15.17

根据经验，一般加压气化用煤的灰分在 19% 以下时较为经济。

就固态排渣气化炉而言，煤中灰分的灰熔点对气化过程至关重要。一般要求灰熔点越高越好。当灰熔点降低时，在气化炉氧化层易形成灰渣熔融，即通常所说的灰结渣。结成的渣块导致床层透气性差，造成气化剂分布不均，致使工况恶化，气化床层紊乱，煤气成分大幅波动，严重时将导致恶性事故的发生。另外，灰结渣易将未反应的碳包裹，使碳未完全反应即被带出炉外，使灰渣中含碳量增加，燃料损失增加。为了维持氧化层反应温度低于灰熔点，就需要增加入炉气化剂中的水蒸气量，从而增加了水蒸气的消耗。相反，对于灰熔点较高的煤，即使活性较差，亦可提高氧化层温度，从而提高了煤的反应性能，汽氧比降低，降低了水蒸气消耗，并使气化强度得到提高，故煤中灰分的灰熔点越高，对加压气化过程越有利。

（4）煤的黏结性对气化过程的影响　煤的黏结性是指煤在高温干馏时的黏结性能。黏结性煤在气化炉内进入干馏层时会产生胶质体，这种胶质体黏度较高，它将较小的煤块黏结成大块，其机理与炼焦过程相同，这就使得干馏层的透气性变差，从而导致床层气流分布不均和阻碍料层的下移，使气化过程恶化。因此，黏结性煤对气化过程是一个极为不利的因素。根据实验及鲁奇公司经验，加压气化煤种的自由膨胀序数一般应小于1，若自由膨胀序数大于1，则应在炉内上部设置搅拌装置以破除煤受热后黏结产生的大焦块。当煤的自由膨胀序数大于7时其破黏效果也不佳，换言之，鲁奇加压气化炉适应煤种为自由膨胀序数小于7的弱黏结性或不黏结性煤，黏结性较强的烟煤不适合鲁奇加压气化炉。

（5）煤的机械强度和热稳定性的影响　煤的机械强度是指煤的抗碎能力。易破碎的煤在筛分后的传送及气化炉加煤过程中必然产生很多煤屑，这样会增加入炉煤的粉煤含量，使煤气带出物增加。故加压气化应选用抗碎能力较高的煤种。

煤的热稳定性是指煤在经受高温和温度急剧变化时的粉碎程度。热稳定性差的煤在气化炉内容易粉化，给气化过程带来不利影响。另一方面由于热稳定性差，气化时煤块破碎却增加了反应表面积，从而增加了气化反应速率，提高了气化强度。

（6）煤的化学活性的影响　煤的化学活性是指煤同气化剂反应时的活性，也就是指碳与氧气、二氧化碳或水蒸气相互作用时的反应速率。煤种不同，其反应活性是不同的。碳的组织及形态，特别是其气孔壁的微细组织的发达程度，对碳的反应性影响最大。一般煤的碳化程度越浅，焦炭质的气孔率越大，即其内表面积越大，反应性越高。煤的反应活性越高，则发生反应的起始反应温度越低，气化温度也越低。气化温度低，有利于甲烷生成反应的进行，煤气热值相应提高。放热的甲烷反应又促进其他气化反应的进行，为气化层提供了部分热量，降低了氧气的消耗。

在气化温度相同时，煤的反应活性越高，则气化反应速率越快，反应接近平衡的时间越短。因此，反应活性高的煤种气化炉的生产能力较大，与反应性差的煤相比，有时竟相差40%～50%。

煤的反应活性对气化过程的影响在温度较低时较大，当温度升高时，温度对反应速率的影响显著加强，这时相对降低了反应活性的影响程度。

四、鲁奇加压气化炉气化过程计算

鲁奇加压气化炉各燃料床层简述：

鲁奇加压气化炉是固定床逆流自热式反应炉，在高温高压下，气化炉内上升的气化剂（水蒸气、氧气）与逆向的煤进行复杂多相的物理、化学反应，由燃料床层温度的变化和所发生反应的不同，将燃料床层由下而上分为燃烧层、气化层、干馏层、干燥层。各燃料床层主要反应如下。

（1）燃烧层　在燃烧层进行以下主要反应：

$$C + O_2 = CO_2 + 408.8MJ/kmol$$

$$2C + O_2 = 2CO + 246.4MJ/kmol$$

（2）气化层 在气化层进行以下主要反应：

$$C + H_2O \Longrightarrow CO + H_2 - 118.8MJ/kmol$$

$$C + 2H_2O \Longrightarrow CO_2 + 2H_2 - 75.2MJ/kmol$$

$$CO + H_2O \Longrightarrow CO_2 + H_2 + 42.9MJ/kmol$$

$$C + CO_2 \Longrightarrow 2CO + 246.4MJ/kmol$$

$$C + 2H_2 \Longrightarrow CH_4 + 87.38MJ/kmol$$

$$CO + 3H_2 \Longrightarrow CH_4 + H_2O + 206.2MJ/kmol$$

（3）干馏层 在干馏层，焦油、油和少量的 H_2、CO_2、CO、H_2S、NH_3、N_2、CH_4 和 C_2 以上的烃类从煤中热解出来，干馏所需热量来自燃烧层。

（4）干燥层 在干燥层，煤的表面水分和吸附水分被完全蒸发。

第二节 气化过程的物料衡算

气化过程的物料衡算，在实际生产上主要对 C、H、O 等主要元素进行衡算。

1. 碳的平衡

参加气化过程的碳，来自作为气化原料的煤炭，作为生成物中的碳，则包括煤气成分（CO、CO_2、CH_4、C_nH_m 等）中的碳、副产焦油中的碳、轻质油中的碳、酚中的碳以及煤气带出物和灰渣中的残炭等。其中煤气成分中的碳是主要的，碳平衡计算的目的是求出粗煤气的产率。

碳在气化过程中的转入方向与煤种和气化条件有关。原料挥发分含量愈高，则转入焦油、轻油和酚中去的碳就愈多，而转入煤气中去的碳量就愈少，煤气的产率就愈低；当在较高的压力和较低的温度下进行气化时，碳易生成多原子分子转入焦油、轻油或酚中，因此煤气的产率也会降低。

煤气中碳含量的计算，是先将各组分的碳量求出，然后相加。

若以（CO_2）、（CO）、（CH_4）、（C_nH_m）表示各含碳组分在粗煤气中的体积百分数，则在煤气中的碳的总含量 [kg/m^3（粗煤气）]可用下列式求得：

$$C_{气} = 0.005357[(CO_2) + (CO) + (CH_4) + n(C_nH_m)] \qquad (3-2-1)$$

转入固体或液体中的碳可用下式计算

$$C = \frac{xK}{100} \qquad (3-2-2)$$

式中 C——固体或液体物质中的碳量；

$\quad\quad x$——含碳物质的质量；

$\quad\quad K$——含碳物质中的碳含量，%。

2. 氢的平衡

气化过程中氢的来源有二：其一是来自原料煤中的氢（包括原料煤所含水分中的氢），其二是气化剂水蒸气中的氢。生成物的氢则包括煤气成分（H_2、CH_4、C_nH_m 等）中的氢、焦油中的氢、轻质油中氢、酚和氨中的氢及煤气中所含水蒸气中的氢，其中煤气中的氢是主要的，也是气化生产的目的，一般约占总氢的 40% 左右。通过氢平衡的计算，可求得水蒸气的分解率。

与碳相同，在气化过程中，挥发分高的原料，氢转入焦油、轻质油、酚和氨中去的量较多，而转入煤气中的量较少。同样，气化压力愈高，气化温度愈低，则转入焦油、轻质油、酚和氨中去的氢量愈多。

转入煤气中的氢量可由下式计算：

$$H_{气} = 0.000893[H_2 + 2(CH_4) + m/2(C_nH_m)] \tag{3-2-3}$$

在固体或液体物质中的氢为：

$$H = \frac{Yh}{100} \tag{3-2-4}$$

式中　Y——含氢物质的质量；

　　　h——含氢物质中的氢含量，%。

在水中或水蒸气中的氢量可用下式计算：

$$H = W\frac{2}{18} = \frac{1}{9}W \tag{3-2-5}$$

式中，W 为水或水蒸气的质量，kg。

3. 氧的平衡

气化过程氧来源于原料中所含的化合氧（包括所含的水分中的氧）和气化剂中所含的氧（包括水蒸气中的氧）；而作为生成物的氧，则转入煤气中及焦油、轻质油中。煤气中的氧约占总氧量的 45%，其计算如下式：

$$O_{气} = 0.14286[(O_2) + (CO_2) + 1/2(CO)] \tag{3-2-6}$$

在固体或液体物质中的氧量为：

$$O = \frac{Zv}{100} \tag{3-2-7}$$

式中　Z——含氧物质的质量；

　　　v——含氧物质的氧含量，%。

水或水蒸气中的氧量可用下式求得：

$$O = W\frac{16}{18} = \frac{8}{9}W \tag{3-2-8}$$

式中　W——水或水蒸气的质量。

4. 物料平衡计算的一般步骤

（1）收集数据　为了给计算提供合理的依据，首先必须收集相关分析数据，如煤的工业分析和元素分析，产品煤气及副产焦油的组成等。

（2）计算求取各项气化指标　通过碳平衡计算，求得粗煤气的产率；通过氢平衡的计算，求得蒸汽分解率；通过氧平衡计算，求出氧耗率；通过氮平衡的计算，求出工业氧的纯度。

（3）编制衡算表、图。

第三节　气化过程的热量衡算

通过热量衡算可对工艺装置、流程进行合理性的评估。为了计算方便我们把参加气化过程的热量分类为供热方和付热方。

1. 供热方

引入气化炉的总热量称供热方，以 $Q_供$ 表示，其由下列几项组成。

（1）参加气化的原料的发热能，Q_1（kcal）

$$Q_1 = GQ_{燃料} \tag{3-2-9}$$

式中　G——气化的原料量，kg；

　　　$Q_{燃料}$——气化原料的发热值，kcal/kg，1kcal=4.1868kJ。

（2）气化原料所带的显热，Q_2（kcal）

$$Q_2 = C_2 G t_2 \tag{3-2-10}$$

式中　C_2——原料的比热容，kcal/(kg·℃)；

　　　t_2——入炉原料的温度，℃。

（3）气化剂中工业氧带入的显热，Q_3（kcal）

$$Q_3 = C_3 V_3 t_3 \tag{3-2-11}$$

式中　C_3——工业氧的恒压比热容，kcal/(m³·℃)；

　　　V_3——工业氧的入炉量，m³；

　　　t_3——工业氧的入炉温度，℃。

（4）气化剂中水蒸气的热焓，Q_4（kcal）

$$Q_4 = G_4 i_4 \tag{3-2-12}$$

式中　G_4——水蒸气的入炉量，kg；

　　　i_4——水蒸气的热焓 kcal/kg。

（5）夹套炉水带入的显热，Q_5（kcal）

$$Q_5 = C_5 G_5 t_5 \tag{3-2-13}$$

式中　C_5——炉水的比热容，kcal/(kg·℃)；

　　　G_5——供给的炉水量，kg；

　　　t_5——加入炉夹套的炉水的温度，℃。

综合上述供热项，则供热方总热量为：

$$Q_{供} = Q_1 + Q_2 + Q_3 + Q_4 + Q_5 \tag{3-2-14}$$

2. 付热方

气化反应后生成的各项有效热量与生产过程的所有热损失之和，以 $Q_{付}$ 表示，其由下列几项组成：

（1）生成煤气的发热能，Q_6（kcal）

$$Q_6 = V_{粗} \, Q_{气} \tag{3-2-15}$$

式中　$V_{粗}$——粗煤气量，m³；

　　　$Q_{气}$——粗煤气的发热值，kcal/m³。

（2）产品煤气所带的显热，Q_7（kcal）

$$Q_7 = \sum \frac{g_i C_i}{100} \times t_7 V_{粗} \tag{3-2-16}$$

式中　g_i——粗煤气中各组分的体积分数，%（干基）；

　　　C_i——各组分的相应恒压比热容，kcal/(m³·℃)；

　　　t_7——粗煤气出炉温度，℃。

（3）产品煤气中水蒸气的热焓，Q_8（kcal）

$$Q_8 = G_8 i_8 \tag{3-2-17}$$

式中　G_8——煤气中水蒸气含量，kg；

i_8——水蒸气的热焓，kcal/kg。

i_8 是在出气化炉煤气温度及出炉气中水蒸气分压 $p_水$ 条件下的热焓，$p_水$ 可用下式求得：

$$p_水 = p_总 V_水 \tag{3-2-18}$$

式中　$p_总$——出气化炉煤气压力，MPa；

　　　$V_水$——水蒸气在湿煤气中的体积分数，%。

(4) 副产焦油的发热能，Q_9(kcal)

$$Q_9 = G_9 Q_焦油 \tag{3-2-19}$$

式中　G_9——焦油的生成量，kg；

　　　$Q_焦油$——焦油的发热值，kcal/kg。

$Q_焦油$ 可由门捷列夫公式求得：

$$Q_焦油 = 81C + 300H - 26(O - S) \tag{3-2-20}$$

式中，C、H、O、S 为焦油中的元素组成，%。

(5) 焦油的潜热和湿热，Q_{10}(kcal)

$$Q_{10} = G_9(90 + 0.65t_7) \tag{3-2-21}$$

式中　90——焦油的潜热，kcal/kg；

　0.65——焦油的比热容，kcal/(kg·℃)。

(6) 生成的轻油的发热能，Q_{11}(kcal)

$$Q_{11} = G_{11} Q_轻油 \tag{3-2-22}$$

式中　G_{11}——生成的轻油量，kg；

　　　$Q_轻油$——轻油的发热值，kcal/kg，此值也可按式（3-2-20）门捷列夫公式求得。

(7) 轻油的潜热和显热，Q_{12}(kcal)

$$Q_{12} = G_{11}(70 + 0.375t_7) \tag{3-2-23}$$

式中　70——轻油的潜热，kcal/kg；

　0.375——轻油的比热容，kcal/(kg·℃)。

(8) 生成氨的发热能，Q_{13}(kcal)

$$Q_{13} = G_{13} Q_氨 \tag{3-2-24}$$

式中　G_{13}——生成的氨量，kg；

　　　$Q_氨$——氨的发热值，取 5300kcal/kg。

(9) 氨带的显热和潜热，Q_{14}(kcal)

$$Q_{14} = Q_{13}(372 + 0.552t_7) \tag{3-2-25}$$

式中　372——氨的潜热，kcal/kg；

　0.552——氨的比热容，kcal/(kg·℃)。

(10) 生成的酚发热能，Q_{15}(kcal)

$$Q_{15} = G_{15} Q_酚 \tag{3-2-26}$$

式中　G_{15}——生成的酚量，kg；

　　　$Q_酚$——酚的发热值，取 7800kcal/kg。

由于生成的酚显热和潜热值极小，所以忽略不计。

(11) 煤气夹带的煤粉的显热，Q_{16}(kcal)

$$Q_{16} = G_{16} Q_燃料 \tag{3-2-27}$$

式中，G_{16} 为煤气夹带出气化炉煤量，kg。

（12）夹带出煤粉的显热，Q_{17}（kcal）

$$Q_{17} = C_{17}G_{16}t_7 \tag{3-2-28}$$

式中，C_{17} 为煤粉的比热容，kcal/(kg·℃)。

（13）灰渣带出的残炭发热能，Q_{18}（kcal）

$$Q_{18} = G_{18}Q_{碳} \tag{3-2-29}$$

式中　G_{18}——灰中残炭量，kg；

　　　$Q_{碳}$——碳的发热值，kcal/kg。

（14）灰渣带出的显热，Q_{19}（kcal）

$$Q_{19} = C_{19}G_{19}t_{19} \tag{3-2-30}$$

式中　C_{19}——灰渣的比热容，kca/(kg·℃)；

　　　G_{19}——灰渣排出量，kg；

　　　t_{19}——排出的灰渣的温度，℃。

（15）夹套自产蒸汽热焓，Q_{20}（kcal）

$$Q_{20} = G_5i_{20} \tag{3-2-31}$$

式中　i_{20}——气化压力下的饱和蒸汽热焓，kcal/kg。

（16）所有其他热损失之和，Q_{21}（kcal），由热平衡之差求得。

上述各项之和即为付热方总热量。

$$Q_{付} = Q_6 + Q_7 + Q_8 + \cdots + Q_{21} \tag{3-2-32}$$

第四节　加压气化操作条件及主要气化指标

一、操作条件分析

1. 操作条件分析

（1）压力对煤气组成的影响

随着气化压力的提高，有利于体积缩小的反应进行，煤气中的 CH_4 和 CO_2 含量增加，煤气的热量提高。粗煤气组成随气化压力的变化如图 3-2-9 所示。

提高气化压力，可以提高煤气热值，这对生产城市煤气是有利的，而对于生产合成原料气则是不利的，故而气化压力的选择要综合考虑。

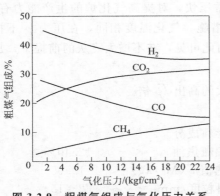

图 3-2-9　粗煤气组成与气化压力关系

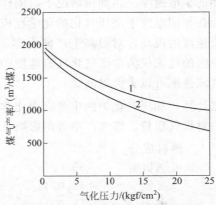

图 3-2-10　煤气产率与气化压力关系

1—粗煤气；2—净煤气

（2）压力对煤气产率的影响 随着压力升高，煤气产率下降。图 3-2-10 示出了褐煤气化时煤气产率与气化压力的关系，煤气产率随压力升高而下降是由于生成气中甲烷量增多，从而使煤气总体积减小。

（3）压力对氧气和水蒸气消耗量的影响 随着压力升高，生成甲烷反应速率加快，反应释放出的热量增加，从而减少了碳燃烧反应的耗氧量。氧气耗量、利用率与气化压力的关系如图 3-2-11 所示。氧气利用率是指消耗 $1m^3$ 氧所制得煤气的化学热。

水蒸气耗量与气化压力的关系如图 3-2-12 所示。随着压力升高水蒸气消耗量增多。因压力升高，生成甲烷所耗氢量增加，则气化系统需要水蒸气分解的绝对量增加，而压力增高却使水蒸气分解反应向左进行的速率增大，即水蒸气分解率下降。如在常压下水蒸气的分解率约为 65%，而在 2.0MPa 下水蒸气分解率降至 36% 左右。由于上述原因，加压气化比常压气化的水蒸气耗量大大增加，20 个大气压比常压下水蒸气耗量高一倍以上，由于水蒸气分解率下降，加压气化的热效率有所降低。

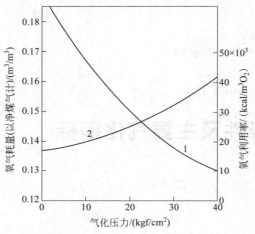

图 3-2-11 气化压力与氧气耗量、氧
气利用率的关系
1—氧气消耗量；2—氧气利用率

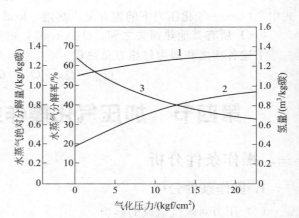

图 3-2-12 水蒸气耗量与气化压力关系
1—氢量；2—水蒸气绝对分解量；3—水蒸气分解率

（4）压力对气化炉生产能力的影响 气化炉的生产能力取决于气化反应的化学反应速率和气固相的扩散速率。在加压情况下，同样的温度条件，可以获得较大的生成甲烷的反应速率。因而在相同温度下加压气化的化学反应速率比常压快，对提高气化炉的生产能力有利。炉内气流速度的提高，对提高生产能力亦是重要的措施。气化温度相同，在压力 p 下操作的气化炉内的气流仅为常压气化气流速度的 $1/p$。由此可见，在不增大飞灰的前提下，加压气化的气流速度可以大大提高。

根据计算，加压气化炉的生产能力比常压气化大约高出 $\sqrt{p}$ 倍。

压力对煤气质量、煤气产率等的影响见表 3-2-5。

燃料成分		燃料成分	
可燃物质	69.00%	铝甑焦油	12.40%
灰分	12.00%	燃料发热值/（MJ/kg）	19.65
水分	19.00%	燃料粒度/mm	2～15
挥发分	41.30%		

实验条件：炉内气化温度 1000℃，入炉蒸汽温度 500℃。

表 3-2-5　褐煤在各种压力下的试验结果

指标	气化压力/MPa				
	0.1	1.0	2.0	3.0	4.0
粗煤气(湿)/%					
CH_4	2.2	5.6	9.4	12.6	16.1
H_2	40.7	33.5	27.2	20.4	15.8
C_nH_m	0.2	0.25	0.4	0.8	2.2
CO	27.1	19.5	14.2	13.1	9.2
CO_2	19.3	22.55	23.8	25.6	26.2
H_2O	10.5	18.6	25.0	27.6	30.5
粗煤气(干)/%					
CH_4	2.4	6.5	12.5	18.5	24.1
H_2	45.6	41.3	36.3	29.7	23.4
C_nH_m	0.2	0.3	0.5	1.1	2.8
CO	30.2	23.9	18.9	16.1	13.8
CO_2	21.6	27.7	31.8	33.6	35.9
净煤气(干)/%					
CH_4	2.7	9.4	17.8	29.4	38.8
H_2	58.05	56.8	53.9	44.5	37.6
C_nH_m	0.25	0.4	0.7	1.7	3.1
CO	39.0	33.4	27.6	24.4	20.5
净煤气发热值/(kcal/m³)	2943	3543	4100	4624	5204
净煤气/粗煤气	0.784	0.723	0.682	0.664	0.641
焦油/%					
以煤计的收率	4.3	6.4	8.6	10.1	11.8
对铝甑的收率	41.6	51.2	71.2	86.3	94.3
轻质油以煤计的产率/%	0.3	1.3	2.04	2.86	4.23
氧气消耗量(以净煤气计)/(m³/m³)	0.186	0.169	0.154	0.138	0.127
水蒸气消耗量(以净煤气计)/(kg/m³)	0.464	0.807	1.03	1.28	1.46
净煤气产率(以煤计)/(m³/kg)	1.45	1.05	0.71	0.64	0.56
热效率/%					
生成煤气热/进炉总热	88.2	79.5	73.0	68.2	61.5
水蒸气分解率	64.7	50.3	37.5	30.1	29.0
气化强度/[kg/(m²·h)]	420	750	1500	1800	2200

注：1kcal=4.1868kJ。

2. 气化层温度与气化剂温度

气化层温度降低，有利于放热反应的进行，也就是有利于甲烷的生成反应，使煤气热值提高。但温度降的太多，如在 650～700℃时，无论是甲烷生成反应或其他气化反应的反应速率都非常缓慢，在压力为 2.0MPa 气化褐煤时，气化层温度对粗煤气组成的影响如图 3-2-13 所示。

通常，生产城市煤气时，气化层温度一般在 950～1050℃，生产合成原料气时可以提高到 1200～1300℃，气化层温度的提高主要受灰熔点的限制，当温度过高超过灰的软化点时，灰将变为熔融态，这在固态排渣炉是不允许的。

气化层温度过低不但降低反应速率，也会使灰中残余碳量增加，增大了原料损失，同时低温还会使灰变细，增大了床层阻力，降低气化炉的生产负荷。一般情况下在气化原料煤种确定后，根据灰熔点来确定气化层温度。

　　气化剂温度是指气化剂入炉前的温度，提高气化剂温度可以减少用于预热气化剂的热量消耗，从而减少氧气消耗量，较高的气化剂温度有利于碳的燃烧反应的进行，使氧的利用率提高。氧气消耗量及其利用率与气化剂温度的关系如图 3-2-14 所示。

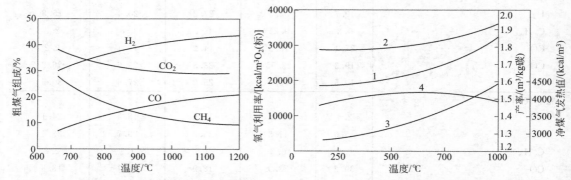

图 3-2-13　气化层温度对粗煤气组成的影响

图 3-2-14　气化剂温度与氧气利用率的关系
1—氧气利用率；2,3—粗煤气和净
煤气产率；4—净煤气发热值

3. 汽氧比的选择

　　汽氧比是指气化剂中水蒸气与氧气的组成比例，即水蒸气/氧气的比值（kg/m³）。在加压气化煤气生产中，汽氧比是一个非常重要的操作条件，是影响气化过程最活泼的因素。在一定的气化温度和煤气组成变化条件下，同一煤种汽氧比有一个变动的范围。不同煤种的变动范围也不同。

　　随着煤的碳化度加深，反应活性变差，为提高生产能力，汽氧比应适当降低。在加压气化生产中，各种煤种的汽氧比变动范围一般为：褐煤 6～8，烟煤 5～7，无烟煤 4.5～6。

　　改变汽氧比，实际上是调整与控制气化过程的温度，在固态排渣炉中，首先应保证在燃烧过程中灰不熔融成渣，在此基础上维持足够高的温度以保证煤完全气化。

　　在加压气化生产中，采用不同汽氧比，对煤气生产的影响主要有以下几个方面：

　　① 在一定热负荷条件下，水蒸气的消耗量随汽氧比的提高而增加，氧气的消耗量随汽氧比提高而相对减少，如图 3-2-15 所示。

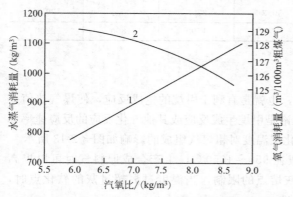

图 3-2-15　汽氧比与水蒸气、氧气消耗量的关系
1—水蒸气消耗量；2—氧气消耗量

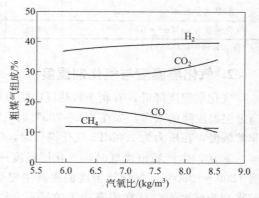

图 3-2-16　粗煤气组成与汽氧比的关系

由图 3-2-15 可看出水蒸气量的变化幅度远远大于氧气量的变化幅度。因此在实际生产中，要兼顾气化过程和消耗指标来考虑，在不引起气化炉产生结渣和气质变坏的情况下，尽可能采用较低的汽氧比。

② 汽氧比的提高，使水蒸气的分解率显著下降，这将加大煤气废水量。不但浪费了水蒸气，同时还加大了煤气冷却系统的热负荷，会使煤气水废水处理系统的负荷增加。

③ 汽氧比的改变对煤气组成影响较大。随着汽氧比的增加，气化炉内反应温度降低，煤气组成中一氧化碳含量减少，二氧化碳还原减少使煤气中二氧化碳与氢含量升高，粗煤气组成与汽氧比的关系如图 3-2-16 所示。

④ 汽氧比改变和炉内温度的变化对副产品焦油的性质也有所影响。提高汽氧比以后，焦油中碱性组分下降，芳烃组分则显著增加。

由上述汽氧比对气化过程的影响可知，降低汽氧比，有利于气化生产，但汽氧比的降低也是有限度的，一般汽氧比的选择条件是：在保证燃烧层最高温度低于灰熔点的前提下，尽可能维持较低的汽氧比。汽氧比与最高燃烧温度的关系如图 3-2-17 所示。

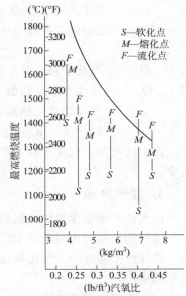

图 3-2-17 汽氧比与最高燃烧温度的关系

(1lb/ft³＝16.0187kg/m³)

二、主要气化指标

加压气化的气化指标一般有气化强度、气化能力、气化效率及煤气产率。

1. 气化强度（g_m）

气化强度是指单位时间内，单位横截面积上气化的原料煤量，以 $kg/(m^2 \cdot h)$ 表示。若气化炉各部分横截面积不同，一般采用燃料层的平均横截面积计算。

在实际生产中气化强度常以单位时间、单位横截面积上的粗煤气产量来表示 $[m^3/(m^2 \cdot h)]$。

影响气化强度的因素较多，原料煤的性质（煤种、粒度）和气化过程的操作条件（压力、温度、汽氧比等）均对气化强度有较大影响。

气化强度一般在操作条件确定的前提下，对某种原料煤进行试烧后实际得出。

2. 气化能力（D_m）

气化能力即气化炉的生产能力，即单位时间内入炉煤的气化量，用 kg/h 表示。

$$D_m = F g_m$$

式中　F——气化炉横截面积，m^2；

　　g_m——气化强度，$kg/(m^2 \cdot h)$。

在实际生产中，生产能力通常以生产量表示，即：

$$D_v = F g_m V = F g_v$$

式中　D_v——气化炉单位时间生产的粗煤气量，m^3/h；

　　V——单位质量的煤气化后所产生的煤气量，m^3/kg（以煤计）；

g_v——气化炉以产气量表示的气化强度，$m^3/(m^2 \cdot h)$。

另外，气化炉的生产能力还可用获得的净煤气所含有的热量来表示：

$$D_Q = Fg_m V Q_净 = Fg_Q$$

式中 D_Q——气化炉每小时生产的煤气的热量，kJ/h；

$Q_净$——粗煤气的高热值，m^3；

g_Q——气化炉单位横截面积上的气化热强度，它近似等于获得的煤气中所有的热量，$kJ/(m^2 \cdot h)$（这里忽略了煤气化时产生的焦油等馏分的热量）。

由上述可知，气化炉的生产能力主要取决于气化炉横截面积和气化强度以及原料煤的产气率。

3. 煤气产率

煤气的产率是指单位质量的燃料气化后所得到的煤气量，m^3/kg（燃料）。

煤气的产率可由应用基 $V_气^y$ 或可燃基 $V_气^r$ 表示，亦可用粗煤气量 $V_粗^r$ 或净煤气 $V_气^r$ 来表示。煤气产率随煤种及气化条件而变化，一般在确定煤种和操作条件后由实测取得（或由物料平衡求出）。

（1）煤气产率的换算公式　应用基与可燃基的煤气产率可用下式换算：

$$V_气^r = \frac{V_气^y}{100 - W^y - A^y} \times 100$$

粗煤气与净煤气产率的近似换算：

$$V_净 = [1 - \upsilon_{CO_2} - \upsilon_{H_2S} - \upsilon_{尾(CO_2+H_2S)}]V_粗$$

式中 υ_{CO_2}，υ_{H_2S}——粗煤气中 CO_2 与 H_2S 体积分数，%；

$\upsilon_{尾(CO_2+H_2S)}$——净化后煤气中 CO_2 与 H_2S 残留百分数，%。

（2）影响煤气产率的因素

① 对同类原煤，可燃组分越高，煤气产率越高。

② 在原料的可燃组分中，固定碳含量越高，则煤气产率越高。

③ 在较高的气化压力和较低的气化温度条件下，煤气产率下降。

④ 煤气带出物及灰渣中残余碳量增加，煤气产率下降。

4. 气化效率

煤气化后生成煤气的热量与为制取煤气所消耗的煤的热量之比称为气化效率。

$$\eta = \frac{Q_气 V_气}{Q_燃} \times 100\%$$

式中 $Q_气$——煤气的热值，kJ/m^3；

$V_气$——煤气的产率，m^3/kg（燃料）；

$Q_燃$——燃料的热值，kJ/kg；

η——气化效率。

第五节　鲁奇加压气化炉炉型构造及工艺流程

一、几种炉型介绍

鲁奇碎煤加压气化炉经过几十年的发展，已从最初的第一代 $\phi2.6m$ 直径气化炉发展到

目前的第四代 $\phi5.0m$ 直径气化炉。气化炉的内径扩大，单炉产气能力提高，其他的附属设备也在不断改进。以下介绍鲁奇加压气化炉第三代、第四代炉型。

1. 第三代加压气化炉

第三代加压气化炉是在第二代炉型上的改进，其型号为 Mark-III，是目前世界上使用最为广泛的一种炉型。其内径为 $\phi3.8m$，外径 $\phi4.128m$，炉体高 12.5m，气化炉操作压力为 3.05MPa。该炉生产能力高，炉内设有搅拌装置，可气化除强黏结性烟煤外的大部分煤种。第三代加压气化炉如图 3-2-18 所示。

为了气化有一定黏结性的煤种，第三代气化炉在炉内上部设置了布煤器与搅拌器，它们安装在同一空心转轴上，其转速根据气化用煤的黏结性及气化炉生产负荷来调整，一般为 $10\sim20r/h$。从煤锁加入的煤通过布煤器上的两个布煤孔进入炉膛内，平均每转布煤 $15\sim20mm$ 厚，从煤锁下料口到布煤器之间的空间，约能储存 0.5h 气化炉用煤量，以缓冲煤锁在间歇充、泄压加煤过程中的气化炉连续供煤。

在炉内，搅拌器安装在布煤器的下面，其搅拌桨叶一般设上、下两片桨叶。桨叶深入煤层里的位置与煤的结焦性能有关，其位置深入气化炉的干馏层，以破除干馏层形成的焦块。桨叶的材质采用耐热钢，其表面堆焊硬质合金，以提高桨叶的耐磨性能。桨叶和搅拌器、布煤器都为壳体结构，外供锅炉给水通过搅拌器、布煤器的空心轴内中心管，首先进入搅拌器最下底的桨叶进行冷却，然后再依次通过冷却上桨叶、布煤器，最后从空心轴与中心管间的空间返回夹套形成水循环。该锅炉水的冷却循环对布煤搅拌器的正常运行非常重要。因为搅拌桨叶处于高温区工作，水的冷却循环不正常将会使搅拌器及桨叶超温烧坏造成漏水，从而造成气化炉运行中断。

该炉型也可用于气化不黏结煤种。此时，不安装布煤搅拌器，整个气化炉上部传动机构取消，只保留煤锁下料口到炉膛的储煤空间，结构简单。

炉算分为五层，从下到上逐层叠合固定在底座上，顶盖呈锥形，炉算材质选用耐热、耐磨的铬锰合金钢铸造。最底层炉算的下面设有三个灰刮刀安装口，灰刮刀的安装数量由气化原料煤的灰分含量来决定。灰分含量较小时安装 $1\sim2$ 把刮刀，灰分含量较高时安装 3 把刮刀。支承炉算的止推轴承体上开有注油孔，由外部高压注油泵通过油管注入止推轴承面进行润滑。该润滑油为耐高温的过热汽缸油。炉算的传动采用液压电动机（采用变频电动机）传动。液压传动具有调速方便，结构简单，工作平稳等优点。但为液压传动提供动力的液压泵系统设备较多，故障点增多。由于气化炉直径较大。为使炉算受力均匀，采用两台电动机对称布置。

在该炉型中，煤锁与灰锁的上、下锥形阀都有了较大改进，采用硬质合金密封面，使煤、灰锁的运行时间延长，故障率减少。南非 sasol 公司在煤灰锁上、下锥形阀的密封面采用了碳化硅粉末合金技术，使锥形阀的使用寿命延长到 18 个月以上。

2. 第四代加压气化炉

第四代加压气化炉是在第三代炉的基础上加大了气化炉的直径（达 $\phi5m$），使单炉生产能力大为提高，其单炉产粗煤气量可达 $75000m^3/h$（干气）以上。目前该炉型仅在南非 Sasol 公司投入运行。

3. 鲁奇液态排渣气化炉

鲁奇液态排渣气化炉是传统固态排渣气化炉的进一步发展，其特点是气化温度高，气化后灰渣呈熔融态排出，因而使气化炉的热效率与单炉生产能力提高，煤气的成本降低。大型液态排渣试验炉如图 3-2-19 所示。

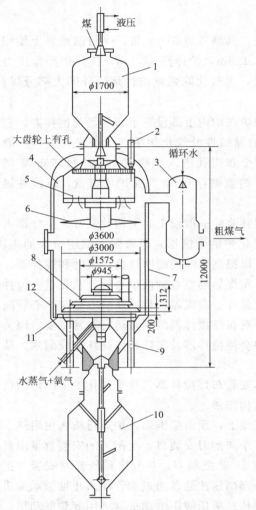

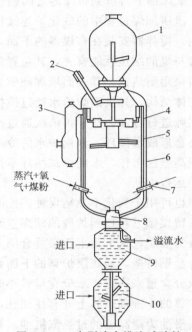

图 3-2-18　第三代加压气化炉　　　　图 3-2-19　大型液态排渣试验炉

1—煤箱；2—上部传动装置；3—喷冷器；4—裙板；　1—煤箱；2—上部传动装置；3—喷冷器；4—布煤器；

5—布煤器；6—搅拌器；7—炉体；8—炉箅；　　5—搅拌器；6—炉体；7—喷嘴；8—排渣口；

9—炉箅传动装置；10—灰箱；11—刮刀；　　　9—熔渣急冷箱；10—灰箱

12—保护板

该炉气化压力为 2.0~3.0MPa，气化炉上部设有布煤搅拌器，可气化较强黏结性的烟煤。气化剂（水蒸气＋氧气）由气化炉下部喷嘴喷入，气化时，灰渣在高于煤灰熔点（T_2）温度下呈熔融状态排出，熔渣快速通过气化炉底部出渣口流入急冷器，在此被水急冷而成固态炉渣，然后通过灰锁排出。

液态排渣气化炉有以下特点。

① 由于液态排渣气化剂的汽氧比远低于固态排渣，所以气化层的反应温度高，碳的转化率增大，煤气中的可燃成分增加，气化效率高。煤气中 CO 含量较高，有利于生成合成气。

② 水蒸气耗量大为降低，且配入的水蒸气仅满足于气化反应，蒸汽分解率高，煤气中的剩余水蒸气很少，故而产生的废水远小于固态排渣。

③ 气化强度大。由于液态排渣气化煤气中的水蒸气量很少，气化单位质量的煤所生成的湿粗煤气体积远小于固态排渣，因而煤气气流速度低，带出物减少，因此在相同带出物条件下，液态排渣气化强度可以有较大提高。

④ 液态排渣的氧气消耗较固态排渣要高，生成煤气中的甲烷含量少，不利于生产城市煤气，但有利于生产化工原料气。

⑤ 液态排渣气化炉体材料在高温下的耐磨、耐腐蚀性能要求高。在高温、高压下如何有效地控制熔渣的排出等问题是液态排渣的技术关键，尚需进一步研究。

二、碎煤加压气化炉在中国的应用及工艺流程

碎煤加压气化炉在我国的应用始于 20 世纪 50 年代，由苏联转口，主要用于气化褐煤生产合成氨原料气。20 世纪 70 年代后期到 20 世纪末，又相继从德国等引进了几套气化炉，用于生产合成氨原料气、城市煤气，主要原料煤种为长焰煤、贫瘦煤。以下介绍中国几套大型气化装置。

1. 云南省解放军化肥厂气化装置

云南省解放军化肥厂气化装置于 20 世纪 50 年代建设，属典型的无废热回收第一代加压气化炉，其加压气化装置工艺流程如图 3-2-20 所示。

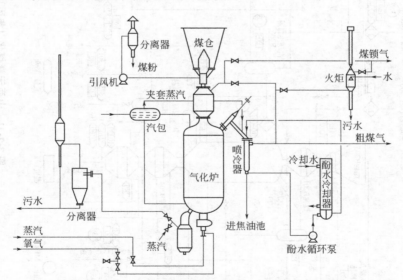

图 3-2-20 云南省解放军化肥厂气化装置工艺流程

2. 山西天脊煤化工（集团）公司

山西天脊煤化工（集团）公司（原山西化肥厂，以下简称天脊集团）气化装置于 20 世纪 80 年代初从鲁奇公司引进，设有四台 $\phi 3.8 \mathrm{m}$ 第三代鲁奇加压气化炉，用于生产合成氨原料气。

天脊集团的气化装置为带废热回收工艺流程，在气化炉后设有废热锅炉以回收煤气的废热，副产低压蒸汽。气化装置工艺流程见图 3-2-21。

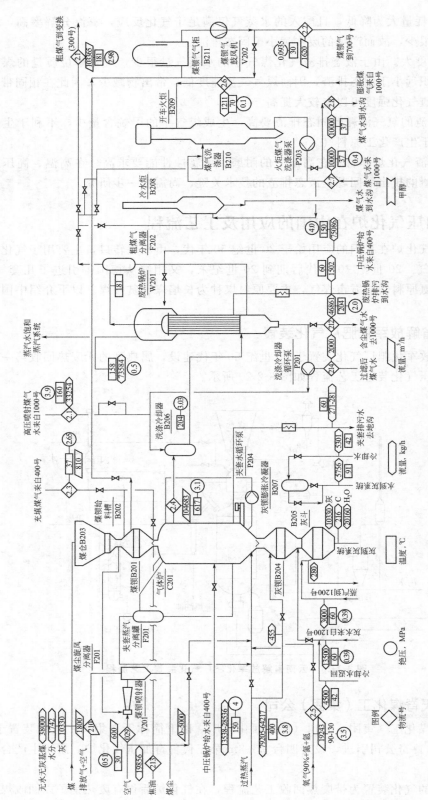

图 3-2-21 山西天脊煤化（集团）公司气化装置工艺流程

气化装置工艺流程简述如下。

经筛分后，6～50mm的碎煤由煤斗进入煤锁，煤锁在常压下加满煤后，由来自煤气冷却工号的冷粗煤气充压至 2.4MPa，然后再由气化炉顶部粗煤气将煤锁充压至与气化炉平衡，打开煤锁下阀，煤加入气化炉冷圈内。当煤锁中的煤全部加入气化炉后，由于气化炉内热气流的上升，使煤锁内温度升高，因此以煤锁中的温度监测煤锁空信号，然后煤锁关闭下阀泄压后再加煤，由此构成了间歇加煤循环。进入气化炉冷圈中的煤经转动的布煤搅拌器均匀分布于炉内，依次经过干燥、干馏、气化、氧化层，与气化剂反应后的灰渣经炉箅排入灰锁。当灰锁积满灰后，关闭灰锁上阀，通过膨胀冷凝器将灰锁泄压至常压，打开灰锁下阀，灰渣通过常压灰斗落入螺旋输灰机的水封槽内，灰渣在此被激冷，产生的灰蒸汽通过灰蒸汽风机经洗涤除尘后排入大气。冷却后的灰渣由螺旋输灰机排至输灰皮带外运。

气化炉内产生的粗煤气（约650℃）汇集于炉顶部引出，首先进入文丘里式洗涤冷却器被高压喷射煤气水洗涤、除尘、降温，在此粗煤气被激冷至200℃，然后粗煤气与煤气水一同进入废热锅炉。在废热锅炉中，粗煤气被壳程的锅炉水冷却至约181℃，以回收废热产生0.55MPa的低压蒸汽，然后粗煤气经气液分离后并入总管，进入变换工号。煤气冷凝液与洗涤煤气水汇于废热锅炉底部积水槽中，大部分由煤气水循环泵打至洗涤冷却器循环洗涤粗煤气，多余的煤气水由液位调节阀控制排至煤气水分离工号。

该装置的特点是炉内装有搅拌器，气化有一定黏结性的贫瘦煤，夹套补充水与夹套循环泵打出的水首先进入搅拌器强制冷却后再进入夹套上部，夹套产生的蒸汽经夹套顶部及外设汽、液分离器分离液滴后全部并入气化剂，减少了新鲜蒸汽消耗量。

3. 黑龙江省哈尔滨气化厂气化装置

哈尔滨气化厂气化装置于20世纪90年代初从德国引进，由德国黑水泵厂与PKM设计院设计，用于生产城市煤气并联产甲醇。共有五台 $\phi3.8m$ 气化炉，其中一台由中国国内制造。其工艺流程见图3-2-22。

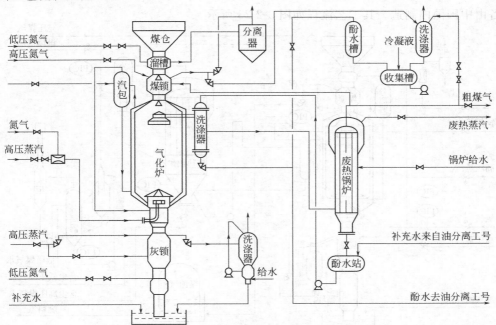

图3-2-22　哈尔滨气化厂气化装置工艺流程

气化装置工艺流程简述如下:

原料煤由煤斗经煤溜槽上的插板阀流入煤锁,加满后(由射线料位计监测)用来自于废热锅炉出口的粗煤气充压至2.75MPa,然后打开下阀将煤加入气化炉。当煤锁中的煤全部加入气化炉后,射线料位计报警煤锁空,再次开始加煤循环。加入炉内的煤经固定钟罩式煤分布器(兼有集气作用)与炉内壁的间隙流入炉内,依次经过炉内各反应层反应,产生的灰渣由炉箅排入灰锁。灰锁满后关闭下灰翻板阀与上阀,然后灰锁泄压。灰锁泄压为灰蒸汽直接泄压后再进行洗涤除尘。灰锁泄压至常压后打开下翻板阀及下阀,灰渣经灰溜槽进入充满水的渣沟,再由刮式捞渣机送至皮带运输机送出界区。

气化剂由炉底侧向进入,由炉箅上的三层布气孔均匀分布,反应后产生的粗煤气(约550℃)进入固定钟罩内部空间,通过钟罩顶部管线进入文丘里洗涤冷却器,在此粗煤气被喷入的酚水骤冷至约210℃,然后进入废热锅炉。洗涤后的含尘酚水由洗涤冷却器底部排至酚水分离工号,进入酚水储槽。粗煤气经废热锅炉回收热量后送入变换工号,废热锅炉产生的低压蒸汽送入低压蒸汽管网,粗煤气的冷凝液由底部积水槽排至五台气化炉共用的酚水储槽,然后再用泵送至洗涤冷却器洗涤煤气。

该装置有以下几个特点。

① 气化炉设计采用蒸汽升温后再通入氧气点火,而一般的鲁奇炉采取蒸汽升温、空气点火,然后再将空气切换为氧气,简化了开车程序,缩短了开车时间。

② 煤锁空后,在泄压前先向煤锁内充入中压蒸汽,将煤锁中的煤气压入气化炉内,所以不用考虑回收煤锁气。

③ 气化炉内壁仍设置有耐火衬里。

4. 河南省义马气化厂装置

义马气化厂装置于20世纪90年代末从澳大利亚引进,用于生产城市煤气并联产甲醇。Ⅰ期工程建有 φ3.8m 两台气化炉,采用德国鲁奇公司专利技术,除灰锁、炉箅引进外,其余设备由中国国内制造。其工艺流程如图3-2-23所示。

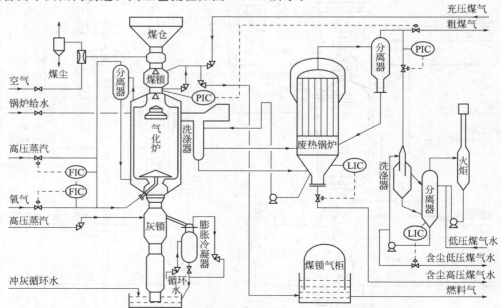

图 3-2-23   河南省义马气化厂气化装置工艺流程

义马气化厂装置与山西天脊集团同为德国鲁奇公司设计，工艺流程基本相同，鲁奇公司在局部进行了改进，使设计更趋合理。其工艺流程简述如下。

经筛分后，5～50mm 的碎煤经煤斗、煤溜槽加入煤锁中，经煤气充压后加入气化炉内。煤空信号由温度与射线料位计双重监测。煤锁泄压气经煤锁气洗涤器、煤锁气分离器洗涤冷却后，经气柜缓冲再送出界区。煤通过固定的冷圈进入炉内，经各反应层后产生的灰渣由炉箅排入灰锁，再间歇排入灰渣沟，用循环的灰水将灰渣冲至灰渣池经抓斗捞出装车外运。

反应产生的粗煤气（3.0MPa，386℃）由炉顶进入洗涤冷却器洗涤降温至 203℃后与煤气水一同进入废热锅炉，被壳程锅炉水冷却至 187℃，经气液分离器后送至煤气冷却工号，洗涤后的煤气水与煤气冷却液汇于废热锅炉底部积水槽中，大部分用泵送至洗涤冷却器循环使用，多余部分排至煤气水分离工号。

该装置有以下几个特点。

① 气化后的灰渣采用水力排渣法冲灰，操作环境优于其他排渣方法。

② 夹套水由补充锅炉水通过引射进行循环，避免了由于夹套水循环不畅造成的夹套鼓包。

③ 采用变频电机驱动炉箅易于调节，减少了泄压设备频繁故障造成的停车。

运行工业装置实际煤种加压气化指标见表 3-2-6。

表 3-2-6　运行工业装置实际煤种加压气化指标

指标	煤种				
	无烟煤	贫瘦煤	次烟煤	长焰煤	褐煤
工业分析					
W_{ar}/%	0～7	0.3(ad)	6.8	13	15～20
A_{ar}/%	6～14	20.8(ad)	23.76	22.62	12～28
V_{ar}/%	2～4	14.4(ad)	25.60	26.40	28～35
FC_{ar}/%	78～85	64.5(ad)	43.84	37.98	45～55
粒度	5～20	4～50	6～30	5～50	6～40
操作条件					
气化压力/MPa	2.8～3.0	3.0	3.1	3.0	1.8～2.7
炉顶温度/℃	～550	650	480～550	386	250～300
汽氧比/(kg/m³)	3.5～5	4.7	7.1	7.5	6～8.5
入炉水蒸气温度/℃	400	400	400～420	400	350～420
排灰温度/℃	300	280	200～220	340	220
消耗指标					
氧气消耗率(以煤计)/(m³/kg)	0.3～0.4	0.38	0.22	0.207	0.13～0.16
蒸汽消耗率(以煤计)/(kg/kg)	1.4～1.6	1.58	1.57	1.41	0.9～1.2
粗煤气产率(以煤计)/(m³/t)	2100	2064	1409	1329	1000～1300
煤气组成(体积分数,干基)/%					
CO_2	24.86	26.59	32.6	32.1	32.0
CO	25.26	23.46	15.8	16.72	14.5
H_2	40.71	39.45	40.1	39.30	38.3
CH_4	7.46	8.00	9.76	10.2	12.5
N_2Ar	1.26	1.33	0.75	0.45	1.5

续表

指标	煤种				
	无烟煤	贫瘦煤	次烟煤	长焰煤	褐煤
O_2	0.2	0.2	0.3	0.4	0.2
C_nH_m	0.15	0.47	0.16	0.73	0.8
H_2S	0.1	0.07	0.15	0.5	0.2

第六节 碎煤加压气化工艺污水处理

碎煤加压气化产生的粗煤气中含有大量的水蒸气、粉尘和碳化的副产物——焦油、轻油、萘、酚、脂肪酸、溶解的气体和无机盐类等，而且温度也较高。因此，需要进行冷却和洗涤，以降低温度和除去粗煤气中的有害物质。在粗煤气的洗涤和冷却过程中，这些杂质成分便进入水中，形成了有气、液、固三态存在的多种成分的煤气水。

碎煤加压气化过程中产生的废水成分较为复杂，一般含有焦油、酚、氨、尘等多种杂质。它们在水中的含量都较高，虽然由于煤种的不同，各种成分的含量也不尽相同，但这种废水用常规的生化、过滤、反渗透等方法不能直接处理，都必须首先将水中的油、尘、酚、氨等进行分离、回收，一方面回收了废水中的有价物质，可产生一定的经济效益；另一方面也使废水能够达到一般废水处理方法的进水要求。

根据碎煤加压气化工艺的特点，其废水处理工艺一般流程为：

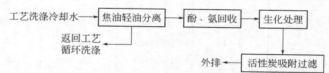

上述流程中，经过焦油、粉尘分离后的水大部分返回工艺装置循环使用，多余的水作为工艺废水，再逐步经过酚、氨回收、生化处理等工艺过程处理后使废水达到国家排放标准后排放。

一、煤气水中焦油、轻油的回收

洗涤煤气后的工艺水即煤气水中含有粉尘、焦油、轻油等杂质，还有一部分溶解的气体。一般焦油含量为 0.8%～1.0%（质量分数），轻油含量 0.12%～0.5%，气化所用原料煤种不同，水中的焦油、轻油含量也不同。由于生化装置不能处理含油废水，所以首先应进行油的分离与回收。对碎煤加压气化产生的废水，一般均利用不同组分的密度差，采用重力沉降法，将煤气水中的焦油、轻油分离出来。典型的煤气水（焦油、轻油）分离工艺流程如图 3-2-24 所示。

来自加压气化和煤气冷却工号的煤气水，压力约为 2.0MPa，进入煤气水分离工号后首先被冷却到 90℃，然后进入煤气水膨胀器闪蒸膨胀到常压，将水中溶解的 CO_2、NH_3 及部分水蒸气等气体闪蒸分离。经闪蒸后的煤气水进入下部的焦油分离器利用密度差进行煤气水与焦油的分离。密度大于水的含尘焦油从底部排出，可作为产品也可返回气化炉再次进行气化；密度小于水的轻油与煤气水从焦油分离器上部溢流进入煤气水缓冲槽，一部分煤气水经高压泵送回气化工号循环使用，多余的煤气水进入轻油分离器。在轻油分离器中装有焦炭和 TPI 板组件，一方面过滤杂质，一方面使油滴凝聚后上浮于水面形成油层，轻油通过上部的溢流堰引出送入油储槽，下部的水经过 TPI 板后进入水室，再经过溢流堰引出，经缓冲槽后用泵送入双介质（焦炭及砂石）过滤器进一步除尘后送往酚、氨回收装置。

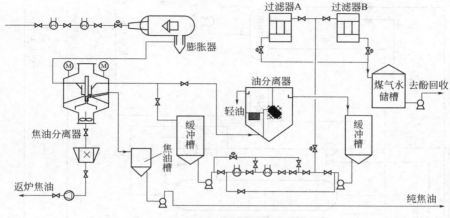

图 3-2-24　焦油、轻油分离工艺流程

二、酚和氨的回收

1. 酚回收

碎煤加压气化废水中总酚（单元酚与多元酚的总和）含量因气化原料煤种的不同而差异较大，气化煤种越年轻，其废水中总酚含量越高。酚回收的工艺流程选择主要根据废水中总酚含量而定。据有关资料介绍及相关工艺装置经验，当废水中总酚含量大于 2000mg/L 时，采用溶剂萃取法对酚加以回收，有一定的经济性；当废水中总酚含量小于 2000mg/L 时，用溶剂萃取回收酚难度较大，一般采用活性炭吸附、焚烧、再生进行处理，以满足生化处理装置的要求。以下分别介绍两种处理流程。

（1）溶剂萃取脱酚工艺　溶剂萃取脱酚工艺流程如图 3-2-25 所示。

来自煤气水分离工号不含油的酚水首先进入脱酸性气体塔，经塔底再沸器加热至 102℃，将水中的 CO_2、H_2S 等酸性气脱除。脱除酸性气后的酚水经冷却后送入萃取塔上部，萃取剂由塔下部进入。一般萃取塔设计为转盘萃取塔，以增大萃取剂与水的相接触面积。转盘由上部可调速电机驱动，其转速根据萃取后水中的酚含量来调整。萃取后的含酚萃取剂从塔顶部引出送至酚塔进行精馏，将萃取剂与粗酚进行分离，萃取剂循环使用，粗酚作为产品送出。萃取后的废水由萃取塔底部引出送至水塔，其塔釜液用蒸汽间接加热至 103℃，将水中的少量萃取剂汽提出来，萃取剂蒸汽经冷凝回收后送至萃取剂储槽循环使用。水塔中经汽提后的废水（总酚含量小于 600mg/L）由塔底引出，经冷却后送往生化处理。

溶剂萃取脱酚所使用的溶剂及性能见表 3-2-7。

表 3-2-7　几种萃取剂的性能比较

溶剂名称	分配系数	相对密度	馏程/℃	性能说明
重苯溶剂油	2.47	0.885	140～190	不易乳化,不易挥发,萃取效率>90%,有二次污染
二甲苯溶剂油	2～3	0.845	130～153	油水易分离,但毒性大,二次污染严重
粗苯	2～3	0.875～0.880	180℃前馏出量>93%	萃取效率85%～90%,易挥发,有二次污染
焦油洗油	14～16	1.03～1.07	230～300	萃取效率高,操作安全,但乳化严重,不易分层
二异丙基醚	20	0.728	67.8	萃取效率>99%,不需要反萃取

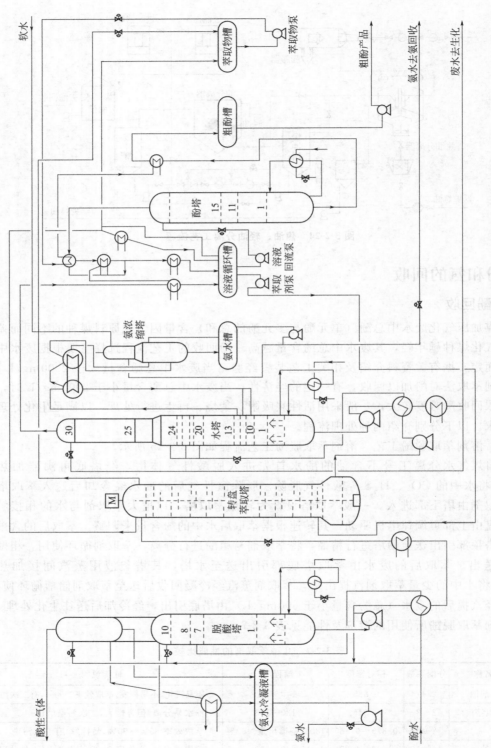

图 3-2-25　义马气化厂废水萃取脱酚工艺流程

工业实践证明，大部分萃取溶剂不能完全满足使用要求，而二异丙基醚与水的密度差大，易于分离，萃取效率高达99％，故目前在运行工业装置上大部分采用二异丙基醚作为萃取用溶剂。

（2）活性炭吸附脱酚工艺

当煤气水中酚含量较低（小于2000mg/L）时，采用溶剂萃取脱酚的方法将非常不经济，回收酚的价值不大，一般采用活性炭吸附脱酚，使工艺废水中酚含量达到生化处理装置的要求，其工艺流程如图3-2-26所示。

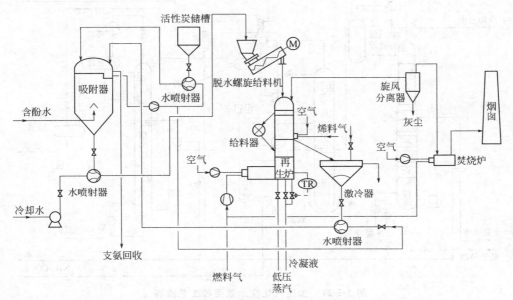

图 3-2-26　活性炭吸附脱酚工艺流程

活性炭脱酚工艺分为吸附与活性炭再生两部分。吸附时含酚废水首先经双介质过滤器，然后进入活性炭吸附器，经活性炭将水中的酚吸附并脱色后从上部排出，送至氨回收工号进一步处理。一般吸附器设置为双系列。当吸附器出水酚含量升高时，停止吸附，将活性炭用水喷射器从吸附器底部水力输送至活性炭再生炉给料槽，再由螺旋给料机输送入活性炭再生炉。再生炉的底部设有燃料气烧嘴，将再生炉内活性炭加热至800℃，使活性炭得到再生。为使再生炉内再生温度均匀，在再生炉底部配入蒸汽以控制床层温度并且使再生炉成为流化床，再生后的废气从顶部引出再经除尘，焚烧后排入大气。活性炭的再生过程控制很重要，在再生炉内必须严格控制流化床的均匀性，使其传质良好，同时将由于燃烧引起的活性炭损失降至最小，这就需要严格控制活性炭的通过量与流化床的温度。由于吸附和再生过程都是固定的循环过程。工业装置都采用计算机程序进行自动控制。

2. 氨回收

煤加压气化废水中的氨大部分以游离氨的形态存在，一般占90％以上，其他以固定氨形态存在。所以废水中氨的回收一般以蒸汽汽提精馏为主。氨回收工艺流程见图3-2-27。

氨回收工艺主要包括三个步骤：汽提、提纯、精馏。

含氨废水预热到85℃进入汽提塔上部，汽提塔釜液用低压蒸汽间接加热，对氨进行汽提。经汽提后的塔釜废水经冷却后送往生化处理，汽提出的氨蒸气由塔顶引出经冷却部分冷凝后，氨水回流回汽提塔，氨气进入提纯塔。该塔由三部分组成：上部提纯段、中部吸收反应段、下部剩余氨汽提段。少量酸性气体在塔中分离，以 NH_3-CO_2-H_2O 的形式从塔底排出，返回酚回收的脱酸气塔进行酸性气脱除，提纯塔顶部净化后的氨气进入吸收器中被水吸收成为 25％的氨水。一部分氨水作为提纯塔的回流液，其余氨水经泵加压并加热至 130℃后送至氨精馏塔。氨精馏塔顶气氨（纯度达 99.9％）进入氨冷凝器中被冷凝，一部分作为氨精馏塔的回流液，其余作为产品液氨送至氨储槽中。

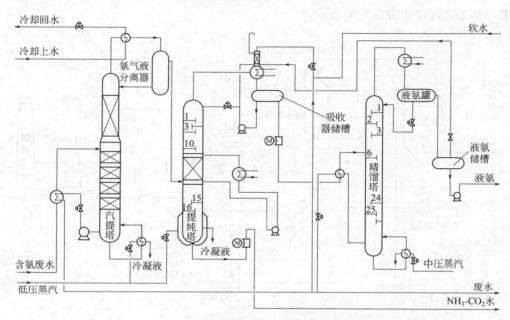

图 3-2-27 加压气化废水氨回收工艺流程

从废水中汽提回收氨一般有两种方法：①直接从脱除酸性气体后的水中汽提氨，该方法用于废水中酚含量较低、脱酚过程对氨不产生影响的流程。②废水经萃取脱酚后，在精馏回收废水中萃取剂的过程中取出氨含量较高的馏分再进行汽提氨，该方法用于废水中酚含量较高、采用溶剂萃取脱酚的流程。

三、废水生化处理

生化处理是利用自然界中依赖有机物生活的微生物功能，并通过人工方法创造更适合微生物生活、繁殖的环境，强化微生物氧化分解有机物能力的一种高效率的处理过程。

生化处理有多种，根据不同的作用原理和处理构筑物形式，可以概括地做以下分类：

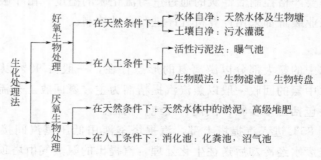

煤制合成氨工艺中废水的生物处理，传统工艺一般使用好氧生物处理，即活性污泥法和生物过滤法。这种方法是有机废水处理中最重要、应用最广泛的方法之一。随着技术进步，在传统工艺基础上采用好氧、厌氧有机结合的活性污泥法（中国称为 SBR 法，外国称 IC 法），该技术也应用在鲁奇工艺废水生物处理过程。

生化处理对废水水质的要求：

废水的生物处理是利用微生物作用来完成的，因此，需要给微生物的生长繁殖创造适宜的环境条件。

(1) BOD_5/COD 比值 废水的 BOD_5 和 COD 比值是表示废水中可被微生物降解的有机物占总有机物量（确切地说是总化学耗氧量）的比例。因此 BOD_5/COD 比值是判断废水是否有生化条件或生化效率的标志。一般来论，当 BOD_5/COD＝0.7 时，可认为废水中的有机物几乎全部可用生化法去除；BOD_5/COD 比值＞0.5，用生化处理是适宜的；BOD_5/COD 比值＜0.2，这种废水就不宜采用生化法处理。成功的经验是当 BOD_5/COD 比值不适宜时，引用生活污水或在设计时将工厂的生活污水与装置的工业废水一并处理是最佳的废水处理方案之一。

(2) 溶解氧 DO 供给充足的氧气是好氧生物顺利进行的决定性因素之一，充氧不足会使处理效果明显下降，引起活性污泥上浮或生物膜脱落，曝气池中混合液中的溶解氧维持在 2～4mg/L 为宜，出水溶解氧不低于 1mg/L 可认为氧气已经够用。氧在各温度、海拔盐分溶解度见表 3-2-8。

表 3-2-8 氧在各温度、海拔、盐分溶解度

温度/℃	海拔/m				盐分/(mg/L)[①]	
	0	305	610	1524	400	2500
0	14.6	14.1	13.6	12.1	14.55	14.25
10	11.3	10.9	10.5	9.4	11.25	11.0
20	9.2	8.8	8.5	7.6	9.16	8.97
30	7.6	7.4	7.1	6.4	7.57	7.4

① 指海拔为 0m 时氧溶解度。

(3) 温度 温度适宜可以加速微生物的生长繁殖，水温最好保持在 20～35℃。温度过低，微生物代谢作用减弱，活动受到抑制；温度过高（＞40℃），微生物细胞原生质胶体变性，酶作用停止，造成微生物死亡。因此，需调节废水至适宜温度，再进行生化处理。

(4) pH 值 pH 值过高、过低均能使酶的活力降低，影响处理效果，废水中 pH 值应在 6～9 为宜。

(5) 有毒物质 凡在废水中对微生物具有抑制生长繁殖或杀害作用的化学物质都是有毒物质，不同类型的毒物化学性质不同，对微生物的毒害作用和程度也不同，所以对废水中毒物的容许浓度也不同，应当指出不同种类的微生物对毒物的忍耐力不同，它们经过裂化驯养后对毒物的忍耐力可以大大提高。生化池进水有毒物质允许浓度见表 3-2-9。

表 3-2-9 生化池进水有毒物质允许浓度

名称	允许浓度/(mg/L)	名称	允许浓度/(mg/L)	名称	允许浓度/(mg/L)
苯酚	300	甲醛	140～200	苯胺	100
甲酚	20～30	染料	60～120	苯甲酸	150

续表

名称	允许浓度/(mg/L)	名称	允许浓度/(mg/L)	名称	允许浓度/(mg/L)
丙酮	4	烷基苯磺酸盐	10	铜	5.0
苯	100	（ABS）		铅	1.0
二甲苯	7	油及焦油	50	镍	1.0
硫化物(S^{2-})	10～50	氨	1000	砷	0.2
氰化物(CN^-)	5～20	铬	210		
吡啶	13	锌	210		

四、生化处理工程实例

1. 生物膜＋活性污泥法

鲁奇公司针对山西化肥厂煤加压气化废水的特点设计了生物膜、活性污泥法生化处理工艺，其工艺流程如下：

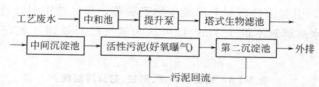

工艺废水经中和池缓冲、中和后由泵提升至生物滤池，生物滤池内装有塑料填料作为生物膜的载体，工艺污水由布水器均匀分布在生物滤池上，自上而下通过和氧与生物膜紧密接触，将水中的有机物、氰化物、硫化氢部分除掉，生物滤池壁上开有洞孔，空气由下而上与污水逆向流动通过生物膜的填料。生物滤池处理后污水经沉淀后进入活性污泥池进行好氧曝气处理，进一步去除废水中的有害物质，处理后的废水经第二沉淀池澄清后外排，活性污泥回流到好氧池，多余的污泥排至渣场。进出水质指标见表 3-2-10。

表 3-2-10　进出水质指标

进出水指标	氨态氮	氰化物	H_2S	酸类	BOD_5	COD
进水/(mg/L)	630	18	30	52	350	620
出水/(mg/L)	<300	<0.2	检不出	≤0.5	≤25	<100

生物滤池设计参数：有效容积 500m³

　　　　　　　　表面积　33m²

　　　　　　　　容积负荷　3.1～4.1kg BOD_5/(m³·d)

　　　　　　　　BOD_5 去除率 65%

活性污泥池（好氧池）：有效容积 720m³

　　　　　　　　　　容积负荷　0.75～1.0kg BOD_5/(m³·d)

　　　　　　　　　　停留时间　10～15h

该装置投运后由于 COD 远高于设计值，使生化处理装置难以适应，针对运行中存在问题进行了以下改进：

① 扩大预处理池，由于工艺污水水质大幅度波动，影响生化处理效果，新建四组 4m

（宽）×5m（深）×40m（长）的缓冲池，提高了污水调节缓冲能力。

② 将生活水引入生化装置与工艺污水合并处理，利用生活污水中所含的有机碳、磷为生化提供了较好的条件，使 BOD_5/COD 提高。

③ 将厂区地面排水全部引入生化装置，即稀释了工艺污水，又增加了可生化物质的总量。

经过以上改造，生化装置处理水量由设计的 75t/h 增至 200t/h 以上，化学药品添加量减少，出水水质达到中国国家排放标准。

2. 间歇式活性污泥法工艺流程

针对煤加压气化工艺污水高酚类，高 COD、NH_4-N 的特点，中国石油化工洛阳工程公司为义马气化厂设计了间歇式活性污泥＋好氧生化＋生物过滤工艺，出水水质达到 GB 8978—1996《污水综合排放标准》二类污染物一级标准。工艺流程如下：

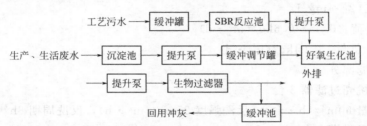

来自酚回收的工艺污水经缓冲罐均质后送入间歇式活性污泥池（简称 SBR 反应池）对工艺污水进行专项预处理。工艺水在 SBR 反应池中通过好氧、厌氧交替作用，最大限度地去除污水中有机物、NH_4-N 以及总氮等污染物。该法将进水、反应、沉淀、排水和闲置等在同一池中完成，由 PLC 程序控制，COD_{OR} 去除率达 94.3％，NH_4-N 去除率达 85.7％。该 SBR 反应池为并列三组，每组按 12h 为一个运行周期，三组之间运行组合错开 4h 进行。

经 SBR 反应池预处理后的工艺污水与生活污水在缓冲调节罐混合后一并进入好氧生化池，好氧池采用生物膜法进行生化处理。污水在膜法好氧处理中经过炭化阶段将污水中的 COD 氧化为 CO_2 和 H_2O，再经硝化阶段将 NH_4-N 在亚硝化菌的作用下氧化为 NO_2-N 盐，再在硝化菌作用下氧化为 NO_3-N 盐。好氧池 COD 去除率达 67％～80％，NH_4-N 去除率达 59％～70％。

污水经好氧处理后分为两路，一路采用与工艺污水 1∶1 的水量回流到 SBR 反应池中，作为高浓度工艺污水的稀释水和反硝化水进一步得到脱氮处理。另一路进入生物过滤设施（活性炭吸附器＋核桃壳过滤器）进一步去除污水中的悬浮物、COD、色度和 NH_4-N 等，处理后的污水经缓冲池自然氧化后外排，一部分作为热电装置冲灰水回用。生化装置进水及出水水质见表 3-2-11。

表 3-2-11 进水及出水质指标

项目	含油量/(mg/L)	氰化物/(mg/L)	悬浮物/(mg/L)	酚/(mg/L)	氨氮/(mg/L)	COD_{Cr}/(mg/L)
进水水质	≤10	12.6		<600	≤300	3500
出水水质	≤10	≤0.5	<5	<0.5	≤15	<100

主要设计参数：

(1) SBR 反应池

　　　　有效容积：约 13000m³（3×4500m³）

　　　　处理水量：100m³/h

　　　　溶解氧：曝气时 2～4mg/L，停气搅拌时 0.2～0.5mg/L

　　　　污泥浓度：5g/L

　　　　COD 负荷：0.66～1.0kg/(m³·d)

　　　　HN_4-N 负荷：0.057～0.067kg/(m³·d)

(2) 好氧生化池

　　　　有效容积：3100m³

　　　　处理水量：140m³/h

　　　　溶解氧：2～4mg/L

　　　　COD 负荷：0.35～0.6kg/(m³·d)

　　　　HN_4-N 负荷：0.04kg/(m³·d)

(3) 生物过滤部分

　　　　并联核桃壳过滤器 3 台

　　　　处理水量 60m³/(h·台)，反洗强度 25m³/(m²·h)，反洗周期 8h

　　　　生物炭吸附塔 3 台

　　　　处理水量 60m³/(h·台)，反洗强度 18m³/(m²·h)，反洗周期 5～7h。

第七节　BGL 煤气化技术

一、技术发展沿革

BGL 气化炉由英国天然气（British Gas）和鲁奇（Lurgi）共同在鲁奇炉干灰排渣的基础上改造、研发而来。在长达 40 多年的工业化研发过程中，其通过大量的试烧和放大实验，研究了废弃物、高低阶煤种、型煤及其混合物的气化，高黏结性和高灰熔点煤的气化、块煤与水煤浆、粉煤及其副产的共同气化、高压气化等问题，形成了成熟的设计手册和经验手册，经过大型商业化运行的验证，是煤种适应性广、功能性强、成熟可靠的气化技术。

二、基本原理、技术特点及专利

BGL 气化压力 2.5～7.0MPa，气化炉内径有 2.4m、3.6m 和 4.0m 三种规格；气化炉上部设有布煤搅拌器，可气化黏结性较强的煤种，气化剂（水蒸气＋氧气）由气化炉下部喷嘴喷入，气化时，灰渣在高于煤灰熔点（T_4）温度下呈熔融状态排出，熔渣快速通过气化炉底部排渣口流入激冷室，在此被水激冷而成固态玻璃质炉渣，然后经过渣锁排出气化炉外。

BGL 液态排渣气化炉有以下特点：

① 原料煤适应范围广。如各高低阶块煤、废弃物、型煤及其混合物，强黏结性煤种，高灰熔点煤种，并能同时气化粉煤、水煤浆，副产油品。

② 蒸汽使用量小，分解率高，废水量仅有鲁奇炉干灰排渣的 1/5～1/4。

③ 气化强度大，单炉生产能力大。

④ 粗煤气有效成分含量高，$CO+H_2$ 高于 85%，CH_4 6%~8%，比鲁奇炉 CO_2 含量大幅降低，但甲烷含量略有降低。

⑤ 碳转化率高于 99%，冷煤气效率高于 90%，热效率高于 95%，与鲁奇炉相比各项指标显著提高。

⑥ 气化过程是连续进行的，已实现全自动控制。

⑦ 可在线快速地切换各种原料，不影响运行。

⑧ 气化炉可视化操作，便于及时在线调整操作。

⑨ 双煤锁交替加煤，加煤系统稳定，便于在线维护。渣锁内部充满水，操作简便、安全稳定。

⑩ 采取排尽渣的停车措施，气化炉可以顺利地不挖炉冷态开车。

上海泽玛克敏达机械设备有限公司在德国的全资子公司德国泽玛克清洁煤技术有限公司，于 2010 年收购英国劳氏工业服务有限公司（现在的 DNV GL）的技术和业务后，除了原有收购的专利外，在中国申请了一系列实用新型和发明专利。

三、工艺流程说明

① 经筛分后，6~50mm 的碎煤由煤仓进入煤锁，煤锁在常压下加满煤后，由来自气柜的冷粗煤气或氮气充压至与气化炉压力相等，然后再经由过渡仓进入气化炉顶部，当煤锁的料位计检测到低料位信号后，煤锁关闭下锥阀泄压后再加煤，完成一个煤锁的间歇加煤循环。由于 BGL 采用双煤锁，一个煤锁向气化炉加煤的同时，另一个煤锁从煤仓常压取煤并充压，故形成两个煤锁交替地向气化炉连续加煤。进入气化炉顶部的煤被布煤搅拌器均匀分布在气化炉内，依次经过干燥、干馏、气化、燃烧，灰渣呈熔融态流入气化炉底部的渣池，间歇性排入连接短节和激冷室的激冷水中，形成玻璃质的炉渣，短暂储存在充满水的渣锁中，渣锁充满炉渣后泄压，通过水力冲渣间歇性排入渣沟。

② 气化炉内产生的粗煤气从炉上部引出，进入直连的文丘里洗涤冷却器被高压喷射煤气水洗涤、除尘、降温，再次粗煤气被激冷至 200℃ 左右，然后同煤气水一同进入废热锅炉。在废热锅炉中，粗煤气被壳程的锅炉水冷却至 160~180℃，以回收废热产生 0.5~0.7MPa 的低压蒸汽，然后粗煤气经气液分离后并入粗煤气总管，进入变换工段。煤气冷凝液与煤气洗涤水汇于废热锅炉底部集水槽中，大部分由煤气水循环泵打至洗涤冷却器循环洗涤粗煤气，多余的煤气水由液位调节阀控制排至煤气水分离工段。

气化炉的喷嘴、渣池、排渣口均设有冷却水管，用以移除这些部件的热量并间接地监测各部件的运行情况，各部件的高压冷却水出水汇集于总管，通过高压冷却水冷却器管程的循环冷却水移除热量后，进入高压冷却水缓冲罐，再由高压冷却水泵送入各部件。

连接短节、激冷室和渣锁的激冷水通过渣水冷却器壳程的循环冷却水移除热量后，由泵循环回至连接短节和激冷室，闪蒸和排污的水通过渣水补水泵补充。渣锁排渣时需要泄压，充压时需要通过渣水填充泵充水。

搅拌器冷却系统和气化炉夹套循环系统产生少量的蒸汽通过其与废热锅炉的平衡管线流入废热锅炉工艺侧，需保持平衡管线的微正压，以保证工艺气不反串。

工艺流程见图 3-2-28。

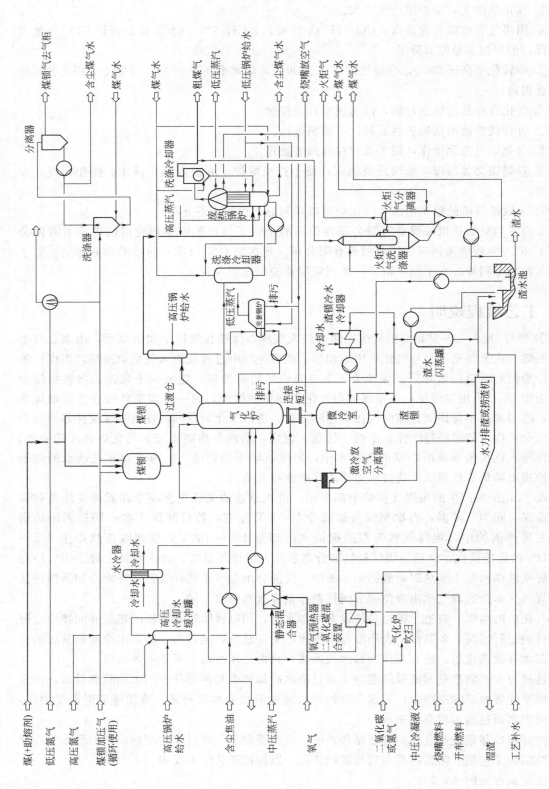

图 3-2-28 工艺流程示意图

运行工业装置实际煤种加压气化指标详见表 3-2-12。

表 3-2-12　运行工业装置实际煤种加压气化指标

项目	石油焦	强黏结性烟煤	黏结性烟煤	烟煤	次烟煤	褐煤	20%型煤+80%垃圾	褐煤型煤
工业分析								
W_{ar}/%	2	12.55	5.4	3～8	16.7	33	1～8	19
A_{ar}/%	0.25	7.84	21.3	4～8	4.1	10.08	10～25	5.5
V_{ar}/%	12.74	34.48	32.5	32～38	27.38	28.56	—	41
FC_{ar}/%	85.01	45.13	40.8	50～55	51.82	31.06	—	34.5
粒度/mm		6～30	6～25	6～30	6～50	6～50	20×80	46×52.5×55
操作条件								
气化压力/MPa	2.4	2.4	2.4	2.4	37.5	36～38	25	25
气化炉内径/mm	2288	2288	2288	2288	3600	3600	3600	3600
汽氧比/(kg/m³)	1.1	1.05	1.05	1.05	0.95～1.15	0.88～0.92	1～1.5	1
排渣温度/℃	1300～1400	1300～1400	1300～1400	1300～1400	1300～1400	1300～1400	1300～1400	1300～1400
消耗指标								
氧气消耗率/[m³/kg(daf)]	0.42	0.39	0.39	0.39～0.41	0.37	0.31	0.25	0.43
蒸汽消耗率/[kg/kg(daf)]	0.46	0.42	0.41	0.40～0.43	0.42	0.28	0.25	0.43
粗煤气产率/[m³/t(daf)]	2572	2230	2130	2100～2250	2177	1937	1231	2167
渣中残碳/%	2.2	<0.5	<0.5	<0.5	<0.5	<0.5	<0.5	<0.5
冷煤气效率/%	>90	>90	>90	>90	>93	>90	>70	>75
粗煤气组成(干基,体积分数)/%								
CO_2	0.74	3.9	5.3	2.3～5.5	4.2	17.8	16	2.8
CO	60.85	55.5	53.7	53～58	59.2	39.6	33.5	56
H_2	28.96	29.1	28.6	28～30	27.3	30.9	18	28
CH_4	3.37	7.2	7.2	6～8	7.2	8.2	18	6
C_nH_m	0.16	0.1	0.3	0.6～1.0	1	1	3.6	0.6
H_2S	0.35	0.1	0.1	0.1	0.1	0.1	0.2	0.3
其他	5.73	2.9	4.3	2～4	2	2.4	10.7	3.3

四、主要设备

BGL 气化炉详见图 3-2-29。

1. 气化炉及耐火材料

（1）加压固定床熔渣气化炉是一个双层筒体结构的压力容器。以气化炉操作压力为 4.0MPa 为例，其外筒体操作压力 4.0MPa，操作温度 252℃；内筒体工作压力 4.1MPa，工作温度 275℃。内、外筒体的间距一般为 40～60mm，内外筒体间充满水，以吸收内筒气化反应传出的热量产生少量蒸汽，经气液分离后蒸汽并入蒸汽管网中。

表 3-2-13 不同直径 BGL 气化炉生产能力

项目	内径/m	炉体高度/m	压力等级/MPa	单炉处理能力/(t/d)	粗煤产量/(m³/h)
炉体	2.4	11	4.0	450	40820.0
	3.6	15	4.0	1000	90710.0
	4.0	17	4.0	1250	113390.0

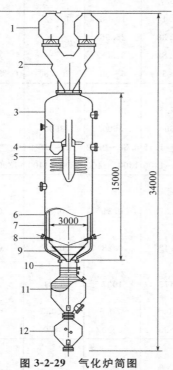

图 3-2-29 气化炉简图

1—煤锁；2—过渡仓；3—气化炉；4—布煤盘；5—搅拌器；6—水夹套；7—耐火砖；8—鼓风口；9—渣池；10—连接短节；11—激冷室；12—渣锁

炉体高度需根据具体煤质进行设计调整，单炉处理能力以典型次烟煤为例；操作压力可以为 2.5～6.5MPa，单炉处理能力随操作压力变化作相应变化。

（2）搅拌器与布煤器 炉内设置搅拌器和布煤器，根据气化煤种的不同，搅拌器的结构和作用不尽相同：气化黏结性煤种时，旨在破除干馏层的焦团，根据气化煤种黏结性的高低，搅拌器设置不同数量的桨叶；气化无黏结性煤种时，设置搅拌器有助于改善高负荷下的气化炉操作和床层稳定性。气化炉顶部的搅拌器采用独立的冷却循环系统，为强制循环形式。

（3）耐火材料 加压固定床熔渣气化炉在气化炉内壁高温区域设有导热型耐火衬里和相对低温区域设置绝热型耐火衬里。

（4）熔渣池 熔渣池处于气化炉下锥部，由上渣池、下渣池上部、下渣池下部以及排渣口组成，主要是储存燃烧层燃烧后的剩余物质（1300～1400℃的熔渣），同时通过排渣口间歇地排出熔融的渣进入激冷水中。在锥底从连接短节上来的燃烧尾气中的氧气与燃烧后的剩余残炭发生反应，以保持渣池内的温度。

2. 煤锁

煤锁（图 3-2-30）。是保证气化炉正常运行的重要组成部分，起着承上启下的作用。当煤锁与气化炉压力相等时，煤利用重力进入气化炉内。当煤锁与煤仓压力相等时，煤通过圆筒阀、上阀进入煤锁内。煤锁为一次充压，两次泄压（当煤锁压力泄至 0.05MPa 时，通过煤锁抽射气管线将煤锁压力泄至常压）。煤锁上阀在煤锁内部，下阀在气化炉内。

3. 过渡仓

过渡仓操作压力等同于气化炉压力。过渡仓全容积 14m³，过渡仓上部与 2 个煤锁相连，下部连接到气化炉的上封头的大法兰处。它可以使 2 个煤锁加煤时进入气化炉的煤均匀稳定，起到缓冲作用。

4. 连接短节

连接短节是气化炉重要的附属设备，在连接短节内燃烧后的尾气进入气化炉内。在连接短节内有一钟罩、主烧嘴、激冷环等。配备有 4 个视镜，其中 3 个斜视镜、1 个水平视镜，

1个压力测量点、1个温度测量点。

在连接短节内配有主烧嘴与2个引导烧嘴（1开1备）烧嘴分别配有燃料气管线与高压空气管线。

在气化炉处于排渣状态时，燃烧产生的尾气通过排放管进入激冷室盘管内，冷却后进入激冷室放空气分离器内。

5. 激冷室

激冷室（图3-2-31）是BGL气化炉区别鲁奇炉的一个标志性设备，气化炉产生的熔渣在激冷室内被激冷成2～3mm的固态玻璃质渣（无毒无害，无渗滤性）。此设备配有温度测量点、液位测量点。

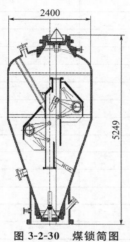

图 3-2-30　煤锁简图

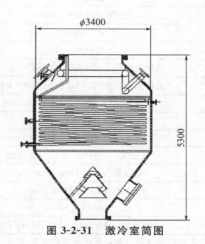

图 3-2-31　激冷室简图

内部有激冷水环管，渣锁上阀在激冷室内。

激冷室内的盘管为了冷却排渣尾气。

6. 渣锁

渣锁见图3-2-32。设置约2h一次循环（具体根据煤种灰分和操作负荷进行确定），渣锁的有效容积为15m³。是一个疲劳容器，正常情况下，渣锁是与激冷室相通的，当渣锁需要进行排渣时，关闭上阀，进行泄压，当压力泄至常压后，打开放空阀与渣锁下阀，将渣锁内的固态渣排入渣沟。

渣锁上下阀座是不同轴的，里面包括两个阀杆，其中渣锁下阀在渣锁内，而上阀在激冷室内。为了保护渣锁内上下阀杆，特设置有冲洗内件管线。

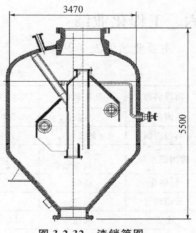

图 3-2-32　渣锁简图

五、消耗定额

根据内蒙古某项目BGL气化炉实际运行测定，消耗数据见表3-2-14。

表 3-2-14　BGL 气化炉实际运行数据

项目		运行数据
原煤耗	以 CO+H$_2$ 计/(kg/km³)	681
	以 CO+H$_2$+4CH$_4$ 计/(kg/km³)	498
氧耗	以 CO+H$_2$ 计/(m³/km³)	199
	以 CO+H$_2$+4CH$_4$ 计/(m³/km³)	148
蒸汽耗/(kg/t)		220
		165
渣中残炭/%		<1
冷煤气效率/%		>93
热效率/%		>95
公用工程消耗(单炉)		
循环水/(t/h)		294
新鲜水/(t/h)		0
高压锅炉给水(5.0MPa,110℃)/(t/h)		2.3
低压锅炉给水(1.0MPa,105℃)/(t/h)		9.1
高压蒸汽(4.8MPa,460℃)/(t/h)		0.96
低压蒸汽(0.5MPa,158℃)/(t/h)		−8.00
工艺空气(5.0MPa,10~35℃)/(m³/h)		1446
仪表气(0.7MPa,40℃)/(m³/h)		340
高压氮气(5.0MPa)/(m³/h)		828
低压氮气(0.35MPa)/(m³/h)		147
电/kW·h		840
燃料气(4.7MPa,10~35℃)/(m³/h)		110

注:上述气化原料为内蒙古鄂尔多斯典型的烟煤,热值约为 6000 大卡,上表未计入副产油品量及副产低压蒸汽量。

六、工程化业绩

主要业绩见表 3-2-15。

表 3-2-15　主要业绩

项目名称	处理物料	单炉投煤量	运行年限	炉内径	操作压力	台数	应用
英国西田	宽煤种	500t/d	1984~1990	2.3m	2.5MPa	1	研发测试
英国西田	宽煤种	200t/d	1991	1.2m	7.0MPa	1	研发测试
德国黑水泵	80%废料 20%褐煤型煤	840t/d	2000~2007	3.6m	3.0MPa	1	电力/甲醇
云解化	褐煤	—	2006 至今	2.3m	3.0MPa	1	鲁奇炉改造/合成氨
云南瑞气	褐煤	—	2009 至今	3.6m	3.0MPa	3+2	20 万吨/年甲醇
金新	褐煤	1200t/d	2011 至今	3.6m	4.0MPa	2+1	50 万吨/年合成氨
一拖	烟煤	1000t/d	建设中	3.6m	3.0MPa	1+1	燃气
中煤一期	次烟煤	1000t/d	2013 至今	3.6m	4.0MPa	5+2	100 万吨/年合成氨
云南先锋	褐煤	—	2013 至今	3.6m	4.5MPa	5+3	50 万吨/年甲醇
龙煤	烟煤	1000t/d	2016 至今	3.6m	4.0MPa	2+1	30 万吨/年甲醇
中煤二期	次烟煤	1000t/d	建设中	3.6m	4.0MPa	5+1	100 万吨/年甲醇

注:1. 金新按照型煤设计,实际运行按照褐煤原煤块煤运行,已基本达到褐煤原煤块煤的负荷。
2. 中煤一期考核通过,达国际先进水平,2015 年达产,经济效益优良。

七、中煤图克 BGL 气化炉运行数据

中煤图克项目年产 100 万吨合成氨、175 万吨尿素，配套的煤气化装置共设 BGL 气化炉 7 台，5 开 2 备。

1. 原料煤煤质分析数据

煤质分析数据见表 3-2-16。

表 3-2-16　煤质分析数据

项目	内容	数据
工业分析	全水分(收到基)/%	11.64
	灰分(收到基)/%	5.16
	挥发分(收到基)/%	30.46
	固定碳(收到基)/%	52.74
	软化温度/℃	1167
	低位热值/(MJ/kg)	26.38
元素分析	碳/%	76.84
	氢/%	3.08
	氮/%	0.92
灰分	SiO_2/%	25.77
	Fe_2O_3/%	15.41
	Al_2O_3/%	15.86
	CaO/%	21.64
	MgO/%	3.2
	其他/%	8.12

注:现场实际分析结果。

2. 粗煤气组成

粗煤气组成见表 3-2-17。

表 3-2-17　粗煤气组成

粗煤气组成(干基)	O_2	N_2	CO	H_2	CO_2	CH_4	H_2S
摩尔分数/%	0.1	2.10	59.08	27.28	3.20	7.23	0.3~0.4

注:$CO+H_2+CH_4=93.6\%$。

3. 单炉性能数据 (以单台气化炉计)

单炉性能数据见表 3-2-18。

表 3-2-18　单炉性能数据

运行参数	实测数据
投煤量/(t/h)	约 43
氧耗/(m³/h)	12500

续表

运行参数			实测数据
蒸汽消耗（以煤计）		kg/h	13875
		kg/t	322.7
粗煤气产量（以干煤计）		m³/h	73030
		kg/t	1698.4

4. 气化装置运行性能综合指标

气化炉综合指标见表 3-2-19。

表 3-2-19 气化炉综合指标

项目		实测数据
煤耗	以粗煤气计/(t/km³)	0.589
	以(CO+H₂)计/(t/km³)	0.681
氧耗	以煤计/(m³/t)	291
	以(CO+H₂)计/(m³/km³)	198
蒸汽消耗	以煤计/(kg/t)	323
	以(CO+H₂)计/(kg/km³)	220
汽氧比/(kg/m³)		1.11
油品收率（以煤计）	焦油/(kg/t)	
	中油/(kg/t)	2.93
	石脑油/(kg/t)	12.19
	粗酚/(kg/t)	

八、焦炭为原料的 BGL 气化炉运行指标预测

目前无 BGL 气化炉的焦炭运行实例，以某焦炭为例的 BGL 气化方案预测如下。

① 焦炭低位发热量为 27.33MT/kg。气化炉 $\Phi3.8m$，气化压力 3.8MPa，单台炉投焦量 750t/d，碳转化率 99%。

② 粗煤气组成见表 3-2-20。

表 3-2-20 粗煤气组成

粗煤气组成（干基）	含量（体积分数）/%	粗煤气组成（干基）	含量（体积分数）/%
H_2	23.14	H_2S,COS,CS_2	0.62
CO	70.96	NH_3,HCl,HCN	0.03
CH_4	0.54	N_2,Ar	0.30
CO_2	4.37	C_nH_m	0.03

注：$H_2+CO+CH_4=94.64\%$。

③ 单炉性能数据（单台炉计）见表 3-2-21。

表 3-2-21　单炉性能数据

运行参数	计算数据
投煤量/(t/h)	31.25
氧耗/(m³/h)	15449
蒸汽消耗/(kg/h)	14492
粗煤气产量(干基)/(m³/h)	61163

④ 气化装置运行性能综合数据见表 3-2-22。

表 3-2-22　气化炉综合数据

项目		计算数据
煤耗	以粗煤气计/(t/km³)	0.511
	以(CO+H₂)计/(t/km³)	0.543
氧耗	以焦油计/(m³/t)	494
	以(CO+H₂)计/(m³/km³)	268
蒸汽消耗	以焦油计/(kg/t)	464
	以(CO+H₂)计/(kg/km³)	252
汽氧比/(kg/m³)		0.94
油品收率	以焦油计/(kg/t)	6.53
	以轻油计/(kg/t)	1.18

⑤ 从计算结果看采用 BGL 气化炉进行焦炭气化，气化强度大，有效气的产量高，油品收率降低。但由于焦炭的灰熔点高，需要添加的助熔剂量较大，导致处理灰渣量增加，同时由于焦炭中挥发分、含水量低，气化炉出口温度较高，高温会抑制甲烷合成反应，使得气化炉出口甲烷含量较低。

参考文献

[1]　邓渊，等．煤炭加压气化．北京：中国建筑工业出版社，1982.
[2]　杨云涛，宋军丽．企业技术开发，2012，(3)：165-166.
[3]　荆宏健，等．鲁奇煤加压气化制氨工艺及装置的实践与研究．北京：化学工业出版社，2000.
[4]　施永生，傅中见．煤加压气化废水处理．北京：化学工业出版社，2001.
[5]　姜从斌．航天粉煤加压气化技术的发展及应用．氮肥技术，2011.

第三章
流化床煤气化

第一节　概述

所谓"流态化"是一种使固体微粒通过与气体或液体接触而转变成类似流体状态的操作。如图 3-3-1 所示,当流体以低速向上通过微细颗粒组成的床层时,流体只是穿过静止颗粒之间的空隙,称为固定床。随着流速增加,流体曳力相对于固体重量的比率增加,颗粒互相离开,少量颗粒开始在一定的区间运动,称为膨胀床。当流速增加到使全部颗粒都刚好悬浮在向上流动的流体中,此时颗粒与流体之间的摩擦力与其重量相平衡,床层可认为是刚刚流化,并称为初始流化床,或称为处于临界流化状态的床层。气固系统随着流速增加超过临界流态化,会发生鼓泡和气体沟流现象。此时,床层膨胀并不比临界流态化时的体积大很多,这样的床层称为聚式流化床、鼓泡流化床或气体流化床。床层存在清晰上表面的流化床可认为是密相流化床,这类流化床在许多方面表现出类似液体的性能。当气体流速高到足以超过固体颗粒的终端速度时,固体颗粒将被气体夹带,床层界面变得模糊以致消失,这种情况称为贫相流化床。

流化床作为化学反应器与其他反应器相比,既有优点又有缺点,气固反应系统接触形式对比详见表 3-3-1。流化床首次工业化大规模应用是温克勒用于粉煤气化,此法在 1922 年获得专利。之后,流化床技术广泛应用于化工合成、冶金、干燥、燃烧、换热等工业过程中。

流化床煤气化技术是气化碎煤的主要方法。其过程是将气化剂(氧气或空气与水蒸气)从气化炉底部鼓入炉内,炉内煤的细颗粒被气化剂流化起来,在一定温度下发生燃烧和气化反应。

流化床气化经多年发展,形成很多炉型。美国有 U-gas、KRW、HY-Gas、CO-Gas、Exxon 催化气化等;德国有高温温克勒 HTW 及 Lurgi 公司的 CFB;日本有旋流板式 JSW 和喷射床气化;中国有 ICC 灰熔聚气化、灰黏聚多元气体气化、恩德炉流化床、载热体双器流化床、分区流化床、循环制气流化床水煤气炉及加压流化床等。

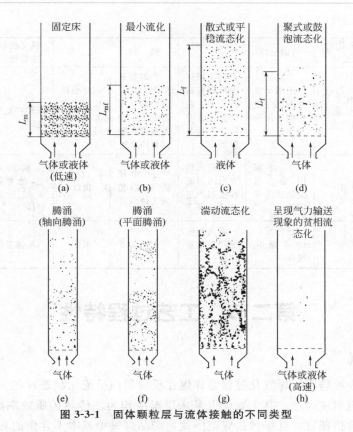

图 3-3-1　固体颗粒层与流体接触的不同类型

表 3-3-1　气固反应系统接触形式对比

项　目	固体催化的气相反应	气固反应	床层中温度分布	颗　粒	压　降	热交换和热量传递	转　化
固定床	仅适用于缓慢失活或不失活的催化剂。严重的温度控制问题限制其规模	不适合连续操作,间歇生产产品不均	当有大量热传递时,温度梯度较大	必须相当大且均匀,温度控制不好可能烧结并堵塞反应器	由于颗粒大,压降问题不严重	热交换效率低,需要大换热面,常常限制系统规模	气体呈活塞流,如温度控制适当(很困难),转化率可能接近理论的100%
移动床	适用于大颗粒容易失活的催化剂。有可能进行较大规模的操作	适合粒度较为均匀的进料,没有或仅有少量粉末,可能进行大规模操作	适量气流可控制温度梯度,或以足量固体循环能使之减小到最低限度	必须相当大且均匀,最大受固体循环系统力学限制,最小受反应器临界流化速度限制	介于固定床和流化床之间	热交换效率低,但由于固体的高热容,由固体循环转移的热量可以很大	可变通,接近理想的并流或逆流接触,转化率可能接近理论值的100%
鼓泡和湍动流化床	适用于小颗粒或粉状非脆性催化剂。能处理迅速失活的固体。极好的温度控制可进行大规模操作	可用含有大量细粉的宽粒级分布的颗粒,可进行温度均匀的大规模操作生产均匀产品	床层温度几乎恒定,可由热交换器和连续进料和排料加以控制	宽粒径分布且含有大量细粉,容器和管道磨蚀、颗粒的粉碎及夹带均较严重	高床层压降大,造成大量动力消耗	热交换效率高,且循环固体可传递大量热量,所以换热很少成为放大限制因素	对连续操作,固体颗粒返混和气体接触形式不理想导致其性能较其他反应器差,要达到高转化率,需多段操作和其他特殊设计

续表

项 目	固体催化的气相反应	气固反应	床层中温度分布	颗 粒	压 降	热交换和热量传递	转 化
快速流化床和并流气力输送	适用于快速反应,催化剂磨损严重	适用于快速反应,细粉循环极为关键	足量固体循环能使颗粒流动方向的温度梯度减小到最低限度	细颗粒和最大颗粒受最小输送速度制约,设备磨损和颗粒粉碎严重	对小颗粒低,对大颗粒可观	介于流化床和移动床之间	气体和固体流动接近并流、活塞流,转化率可以很高
回转炉	未使用	广泛采用,适合易烧结或团聚固体	颗粒流动方向的温度梯度很严重且难控制	尺寸任意,从细粉到大块均可	很低	换热很差,经常需要很长的炉体	接近逆流、活塞流,转化率可以很高
平板炉	未使用	适合易烧结或融化固体	温度梯度很严重且难控制	大小均可	很低	换热很差	需要刮具和搅拌器

第二节 工艺过程特性

一、过程特点

流化床（或称沸腾床）煤气化过程是碎煤在反应器内呈流化状态，在一定温度、压力条件下与气化剂反应生成煤气。其主要优点是床层温度均匀，传热传质效率高，气化强度大，使用粉煤，原料价格便宜，且煤种适应范围宽，产品煤气中基本不含焦油和酚类物质。其主要缺点是气体中带出细粉过多而影响了碳转化率，但通过采用细煤粉循环技术此缺点可得到一定程度的克服。

二、反应特性

① 流化床煤气化的主要反应包括：煤热解反应、热解气体二次反应、煤焦与二氧化碳及水蒸气反应、水蒸气变换反应和甲烷化反应。

流化床气化过程也可分为氧化层和还原层。氧化层高度约为 $80 \sim 100mm$，其高度与原料粒度无关。氧化层上面为还原层，还原层一直延伸到床层的上部界限。

图 3-3-2 示出了无烟煤在流化床气化过程中炉温及煤气组分随离炉栅距离的变化情况。当氧含量下降时，CO_2 含量急剧上升；而 CO_2 含量下降的同时，CO 和 H_2 的含量上升。

② 流化床煤气化炉通过的气体流量，一方面受使床层煤粒流化的最低流化速度——临界流化速度的限制，另一方面又受到煤粒的最大流化速度——终端流化速度（吹出速度）的限制，在两者之间寻求最佳流化速度，对流化床煤气化炉设计和运行都是非常重要的。如果流化速度低于临界流速，床层煤粒不能流化而容易造成结渣，操作恶化甚至停炉。如果流化速度高于终端流速，床层中煤粒将被煤气大量夹带冲出炉外，破坏床层稳定，使操作无法进行。临界流化速度与固体粒度和流体的物理性质有密切关系，可以用实验方法准确地求得，也可以通过实际生产中总结出的经验公式进行计算。如某流化床煤气化炉设计，其冷态临界流速为 $1.25m/s$，在 980℃ 温度下，临界流化速度为 $0.98m/s$。终端速度一般为 $6 \sim 7.5m/s$。

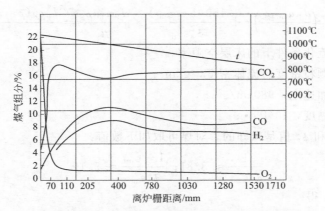

图 3-3-2 无烟煤在流化床气化炉气化过程中煤气组成及温度分布

流化床气化炉的操作速度和临界速之比称为流化数，试验得出在最佳流化速度下，对应的流化数为 1.4~2.0，床层的膨胀比为 1.5~2.0，床层的料层高度 $H_0=(0.5~1.0)D$，颗粒的 $d_{max}/d_{min}=5~6$。可以用流化数评价流化床操作状态。

③ 加压流化床与常压流化床相比，具有以下特点：固体物料带出量减少；氧耗降低，气化强度随气化炉压力的提高而增加，生产强度的增加大约与气化压力增加值的平方根成正比。同样生产能力下气化炉直径减小，设备投资降低，使煤气利用的后系统减少煤气压缩功耗，所以加压流化床是重要的发展方向。例如常压温克勒气化炉气化强度为 2120m^3（CO+H_2）/(m^2·h）。而气化压力为 1.0MPa 时可达到 7700m^3（CO+H_2）/(m^2·h），是常压气化炉的 3.63 倍。

④ 提高流化床煤气化炉的气化温度，可以提高碳转化率和气化炉煤气产量，使煤气中甲烷含量下降，CO 和 H_2 含量增加。

三、流体力学条件

流化床反应器设计，需满足一定的流体力学条件。

1. 临界流化速度

（1）颗粒平均直径 d_p 流化床内的物料一般都是具有一定粒度分布的颗粒混合物，求取其粒径平均值有很多定义。对流体通过床层的压降来说，需要考虑比表面积。平均粒径可按下式计算：

$$\frac{1}{d_p} = \sum_i \frac{x_i}{(d_p)_i} \tag{3-3-1}$$

式中 x_i——质量分数；

（d_p）$_i$——i 质量分数内的平均颗粒直径，cm。

（2）形状因子 ϕ_s 形状因子 ϕ_s 的定义是颗粒外表面积和球形颗粒表面积的比值，球形颗粒的 $\phi_s=1$，其他颗粒 ϕ_s 介于 0 与 1 之间。对煤颗粒的测定表明，颗粒直径在 40~1200μm 范围内，ϕ_s 和颗粒大小无关；低挥发分无烟煤或高挥发分次烟煤 ϕ_s 约为 0.62~0.64。

计算临界流化速度 u_{mf} 可用许多关联式，一般根据 Ergun 固定床压降关系推得如下关系式：

$$\frac{1.75}{\phi_s \varepsilon_{mf}^3} \times \left(\frac{d_p u_{mf} \rho_g}{\mu}\right)^2 + \frac{150(1-\varepsilon_{mf})}{\phi_s^2 \varepsilon_{mf}^3} \times \frac{d_p u_{mf} \rho_g}{\mu} = \frac{d_p^3 \rho_g (\rho_s - \rho_g) g}{\mu^2} \quad (3\text{-}3\text{-}2)$$

式中　ε_{mf}——临界流化条件下的床层空隙率；

ρ_s，ρ_g——固体颗粒密度与流体密度，g/m^3；

g——重力加速度，$980cm/s^2$；

μ——气体黏度，$10^2 Pa \cdot s$。

许多情况下 ε_{mf} 和 ϕ_s 值是未知的，对煤可取如下数值：

$$\frac{1}{\phi_s \varepsilon_{mf}^3} \approx 8.81; \quad \frac{1-\varepsilon_{mf}}{\phi_s^2 \varepsilon_{mf}^3} \approx 5.19$$

代入式（3-3-2）得

$$u_{mf} = \frac{\mu}{d_p \rho_g} \left\{ \left[(25.25)^2 + 0.0651 \frac{d_p^3 \rho_g (\rho_s - \rho_g) g}{\mu^2} \right]^{\frac{1}{2}} - 25.25 \right\} \quad (3\text{-}3\text{-}3)$$

2. 极限临界速率

对于一定粒径的床层颗粒而言，当气体流速高于临界流化速率 u_{mf} 而低于其对应的极限沉降速率 u_t 时，呈流化状态。当气速大于 u_t 时，颗粒将被气流夹带出床层。u_t 的计算方法如下：

当 $0 < Re < 0.4$ 时，

$$\frac{1}{u_1} = 1.835 \frac{\rho_g}{\rho_s - \rho_g} \times \frac{\gamma}{d_p^2} \quad (3\text{-}3\text{-}4)$$

当 $Re < 8$ 时，

$$\frac{1}{u_t} = 1.835 \frac{\rho_g}{\rho_s - \rho_g} \times \frac{\gamma}{d_p^2} + 0.1349 \sqrt{\left(\frac{\rho_g}{\rho_s - \rho_g}\right)^2 \times \frac{1}{\gamma d_p^2}} \quad (3\text{-}3\text{-}5)$$

当 $8 < Re < 300$ 时，

$$\frac{1}{u_t} = 1.835 \frac{\rho_g}{\rho_s - \rho_g} \times \frac{\gamma}{d_p^2} + 0.1514 \sqrt{\frac{\rho_g}{\rho_s - \rho_g} \times \frac{1}{d_p}} \quad (3\text{-}3\text{-}6)$$

当 $300 < Re < 2500$ 时，

$$\frac{1}{u_t} = 1.835 \frac{\rho_g}{\rho_s - \rho_g} \times \frac{\gamma}{d_p^2} + 0.1463 \sqrt{\frac{\rho_g}{\rho_s - \rho_g} \times \frac{1}{d_p}} \quad (3\text{-}3\text{-}7)$$

式中，γ 为运动黏度。

由于加入流化床的燃料粒径较宽，而且随气化过程的进行粒径不断缩小，其对应的极限沉降速率也相应减小，当对应速率减小到小于操作气速时，颗粒即被气流带走。一般对小颗粒来说 u_{mf} 到 u_t 的间隔较大，即从能够流化起来到被夹带走的气速范围较宽，粒子愈细则范围愈宽。因此在流化床内为得到稳定流化状态，需在床料颗粒中有一定量的细粒子。在选用保证流化床稳定的操作气速 u 时，主要应由床内最大颗粒尺寸 d_{max} 来确定，但也应大大小于最小颗粒 d_{min} 被带出的极限速度 u_t。在温克勒气化炉中气化活性很高的燃料（如褐煤、褐煤半焦），当进料粒度为 0～8mm（主要部分粒度为 0.2～4mm）时，采用的气流速度为平均颗粒大小极限沉降速度的 5%～20%。

3. 流化床床层的膨胀和颗粒运动

流化床床层的膨胀是相对于固定床而言的。流化床床层的体积比固定床大，其体积比称为流化床的膨胀比：

$$\lambda = \frac{H}{H_0} \tag{3-3-8}$$

式中，H、H_0 分别为流化床、固定床床层高度，cm。

与膨胀比相对的概念是流化床的相对密度，即流化床与固定床床层密度之比。

图 3-3-3 显示了流化床相对密度与气流相对速度的关系。所谓气流相对速度是指流化床表观气速与极限沉降速度的比。由图 3-3-3 可看出，当相对速度在 0.03～0.05 时，床层颗粒类似固定床，基本不产生运动，$\lambda \approx 1$（Ⅰ区）；当相对速度大于 0.03～0.05 范围时，床层开始变得不稳定，床层中发生穿孔，$\lambda \approx 1 \sim 1.5$（Ⅱ区）；当相对速度增加到 0.08～0.2 范围时，床层开始正常流化，$\lambda \approx 1.5 \sim 3$（Ⅲ区）；当相对速度增加到大于 0.2 时，床层变得稀薄，$\lambda \approx 3 \sim 6$（Ⅳ区），形成强烈流化。

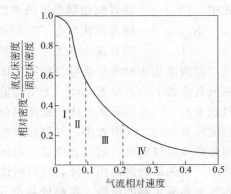

图 3-3-3　流化床相对密度与气流相对速度的关系

已建立经验方程式描述流化床的膨胀。对直径 $D_T < 6.35\text{cm}$ 的反应器：

$$\frac{H_f}{H_{mf}} = 1 + \frac{0.437(u - u_{mf})^{0.57} \rho_g^{0.083}}{\rho_s^{0.166} u_{mf}^{0.063} D_T^{0.445}} \tag{3-3-9}$$

$D_T > 6.35\text{cm}$ 时：

$$\frac{H_f}{H_{mf}} = 1 + \frac{1.95(u - u_{mf})^{0.738} d_p^{1.006} \rho_g^{0.376}}{\rho_s^{0.125} u_{mf}^{0.957}} \tag{3-3-10}$$

式中　H_{mf}——最小流化速度时的床高，cm；

　　　H_f——流化床床高，cm；

　　　D_T——反应器直径，cm；

　　　u——表观气速，cm/s。

可见，当 $D_T < 6.35\text{cm}$ 时，H_f/H_{mf} 随反应器直径增大而减小；当 $D_T > 6.35\text{cm}$ 时，H_f/H_{mf} 与反应器直径无关。上述关联式的数据范围为：

压力	u/u_{mf}	H_f/H_{mf}
常压下	1～40.2	1～1.63
0.1～6.9MPa	1～10.5	1～1.49

颗粒在流化床内剧烈运动是流化床的重要特征。这种运动由气化炉炉身和炉栅结构决定，可分为有规则运动和无规则运动。当炉栅直径等于炉身直径时，颗粒运动是不规则的；当炉栅直径小于炉身直径时，颗粒呈有规则流化，颗粒被吹到炉栅上部中央，然后从四周下降，形成内部循环。

4. 流化形式和分布板

普遍认为，液固系统为典型的平稳或散式流态化，而气固系统为典型的鼓泡或聚式流态化。两者差别归因于流体密度的巨大差别。在高压条件下，气固系统也可产生平稳流化，因此需要知道从鼓泡至平稳流化过渡的判别依据。Romero 和 Johanson 建议以四个无因次数群的乘积为判别两种流化形态的依据，即

$$平稳或散式：Fr_{mf}Re_{p,mf}\frac{\rho_s - \rho_g}{\rho_g} \times \frac{L_{mf}}{D_t} \leqslant 100 \tag{3-3-11a}$$

$$鼓泡或聚式：Fr_{mf}Re_{p,mf}\frac{\rho_s - \rho_g}{\rho_g} \times \frac{L_{mf}}{D_t} > 100 \tag{3-3-11b}$$

式中　Fr_{mf}——临界流化状态下的弗鲁特数，$u_{mf}^2/(d_p g)$；

　　　$Re_{p,mf}$——临界流化状态下的颗粒雷诺数，$(d_p u_{mf}\rho_g)/\mu$；

　　　L_{mf}——临界流化状态下的床层高度，cm。

鼓泡流化床的流化质量受所用气体分布板形式影响很大。进气孔数目很少时，床层密度在所有流量下均有显著波动（为平均值的 20%～50%），高流量条件下更为严重。进气孔数目较多时，气流流量低时床层密度变化可忽略不计，但在高流量下也会变得显著。此时床层密度较为均匀，气泡较小，气固接触较为密切而气体沟流较少。采用致密多孔介质或多小孔的分布板可得到良好的流化质量，但压降较高，这会大大增加动力消耗。因此，在分布板设计中，首先需确定许用压降，然后再作详细设计。经验指出，为使通过开孔的流量均匀，分布板必须有足够的压降。粗略计其值为通过床层压降的 10%，并且在任何情况下，最小值约为 35cm 水柱。

5. 床层空隙率及变化

流化床床层的空隙率定义为空隙体积与颗粒层体积之比。流化床内空隙率分布不均匀，自下而上可分为三个区域。第一区域位于进气口处，高度约为床高的 10%，空隙率较小；第二区域在 λ＞2 时，约为总床高的 30%～50%，在 λ＜2 时，约为总床高的 80%，空隙率基本不变；最上面的第三区域空隙率逐渐达到最大值。从床层截面看，最大空隙率出现在高度最高的床层中心，最小空隙率出现在床层下部四周。鼓泡床的床层简单地可分为两个区域，下部为浓相鼓泡流化区，上部为稀相流化区。浓相区空隙率随流化条件变化，与气泡向上通过床层、气泡频率、尺寸和速度相关。当这些气泡喷出表面将固体颗粒抛入上层空间，就形成密度减小、空隙率增大的稀相区域。

6. 夹带分离高度

流化床内在床层料面以上，相当数量的固体颗粒被气体带出。气体出口越高，夹带量越小，最后，在某一高度上夹带量趋近常数。夹带接近为常数的气体出口处距床层料面的高度称为输送分离高度 TDH（transport disengaging height）。对给定的颗粒和反应器，夹带量对气速非常敏感，约以 $u^2 \sim u^4$ 的关系变化。但 TDH 对气速不敏感，对给定的气速 TDH 随反应器直径增大而增加。

四、床内传热

流化床一个显著的特征是床内温度均匀，其有效热导率为金属银的 100 倍。这个均匀性在径向及轴向两方面同时存在，甚至当床直径达 10m 时也是如此。流化床高的传热速率是

由气泡所引起的固体颗粒循环所致。

1. 单个圆球颗粒和固定床的传热

直径为 d_{sph} 的圆球以相对速率 u_0 流过流体，圆球表面与流体间传热系数 h^* 按 Ranz 提出的关联式为：

$$Nu^* = \frac{h^* d_{sph}}{k_g} = 2 + 0.6 Re_{sph}^{\frac{1}{2}} Pr^{\frac{1}{3}} \tag{3-3-12}$$

式中 Nu^*——努塞尔特（Nusselt）数；

　　　k_g——流体的热导率，J/(cm·s·℃)；

　　　Pr——普兰德（Prandtl）数，$c_p\mu/k_g$；

　　　c_p——比热容，J/(kg·K)；

　　　Re_{sph}——雷诺数，$d_{sph}u_0\rho/k_g$。

气体以表观气速 u_0 通过均一粗颗粒固定床的传热可由下式近似得到。

$$Nu^* = 2 + 1.8 Re_{sph}^{\frac{1}{2}} Pr^{\frac{1}{3}} \tag{3-3-13}$$

2. 流化床床内传热

图 3-3-4 汇总了 22 位研究者对流化床传热的试验结果。当 $Re_p > 100$，Nu 值位于单个颗粒和固定床的值之间。当 $Re_p < 10$，Nu 值随 Re_p 降低急剧减小，远小于式（3-3-12）给出的最小值 2。在 Nu 快速减小的区域，Kothari 给出的经验关联式符合所有报道的数据，即

$$Nu_{bed} = \frac{h d_p}{k_g} = 0.03 Re_p^{1.3}$$

$$Re_p = 0.1 \sim 100 \tag{3-3-14}$$

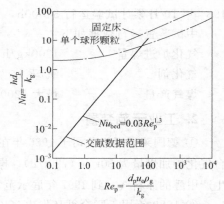

图 3-3-4　流化床床内传热

五、对原料的要求

流化床气化一般要求将原煤破碎成 <10mm 粒径的碎煤，<1mm 粒径细粉应控制 10% 以下，经过干燥除去大部分外在水分，进气化炉的煤含水量 <5% 为宜。文献报道流化床气化炉可以气化各种煤和生物质，但试验证明流化床更适合活性高的褐煤、长焰煤和弱黏烟煤，使用气化贫煤、无烟煤、焦粉时需提高气化温度和增加煤粒在气化内的停留时间。由于流化床是固态干法排渣，为防止炉内结渣除保持一定的流化速度外，要求煤的灰熔点 ST 应大于 1250℃，气化炉操作温度（表温）一般选定在比 ST 温度低 150~200℃ 的温度下操作比较安全。

第三节　高温温克勒（HTW）煤气化技术

一、HTW 煤气化技术特点

在常压温克勒煤气化技术的基础上，通过提高气化温度和气化压力，开发成功了高温温克勒（HTW）气化技术。全球有 40 多台商业性气化炉在运行。主要用于煤气化制合成气、

合成氨、甲醇、垃圾气化发电等，气化煤量达 720t/d。HTW 除保留了传统 Winkler 气化技术的优点外，进一步具备了以下特点。

① 提高了操作温度。由原来的 900～950℃ 提高到 950～1100℃，因而提高了碳转化率，增加了煤气产出率，降低了煤气中 CH_4 含量，氧耗量减少。

② 提高了操作压力。由常压提高到 1.0MPa，因而提高了反应速率和气化炉单位炉膛面积的生产能力。由于煤气压力提高使后工序合成气压缩机能耗有较大降低。

③ 气化炉粗煤气带出的固体煤粉尘，经分离后返回气化炉循环利用，使排出的灰渣中含碳量降低，碳转化率显著提高，可以气化含灰量高（>20%）的次烟煤。

④ 由于气化压力和气化温度的提高，使气化炉大型化成为可能。

二、HTW 煤气化中试装置及工业示范装置

1. 中试装置

1978 年德国莱因褐煤公司在科隆建成了一套气化炉内径为 0.6m 的中试装置，处理煤量为 31.2t/d，经过 6 年的试验，获得了为建立工业示范装置所需要的设计基础资料。截至 1984 年 10 月累计试验运行 34500h，累计气化煤量达 18000t。

中试装置运行数据如下：

气化炉进煤量	1300kg/h（干基）	气化压力 1.0MPa	
气化剂	氧/蒸汽	气化炉内温度 1100℃	
煤气产量	最大 2200m³/h		

2. 工业示范装置

① 德国莱因褐煤公司于 1986 年在贝伦拉特（Barrenrath）建立了 HTW 工业示范装置，单台气化炉加煤量为 30t/h（720t/d），操作压力为 1.0MPa，粗煤气产量 54000m³/h，煤气作为生产甲醇的原料气。到 1997 年底示范装置累计运行 6.7 万小时，累计气化干褐煤 160 万吨。

② 1989 年用于联合循环发电（IGCC）的 HTW 气化炉投入运行，气化炉能力为处理干褐煤量 160t/d，气化压力为 2.5MPa，用空气或氧-蒸汽作气化剂，3 年时间内试运行累计 9500h，共气化干褐煤 3 万吨，试验证明 HTW 气化炉性能可以满足联合循环发电的要求。

③ 德国伍德公司提出的 HTW 大型气化炉设计数据见表 3-3-2。

表 3-3-2　伍德公司提出的 HTW 大型气化炉设计数据

项目	指标	项目	指标	项目	指标
单台气化炉进煤量/(t/d)	2060	气化压力/MPa	2.0～3.0	氧耗(以干煤计)/(kg/t)	480
煤质：灰分(质量分数)/%	20	气化温度/℃	900～1000	蒸汽消耗(以干煤计)/(kg/t)	280
水分(质量分数)/%	12	产煤气量(以干基计)/(m³/h)	128000	副产蒸汽(以干煤计)/(kg/t)	880
低热值/(kJ/kg)	19950	合成气量/(m³/h)	99000		

④ 1992 年设计的 IGCC 示范装置包括褐煤干燥、煤气化、煤气净化和发电 4 个部分。气化炉直径为 3.7m，气化压力 2.7MPa，气化炉处理煤能力为 160t/h（2840t/d），用空气作气化剂。所产煤气经净化后送燃气轮机发电 312MW，余热回收的蒸汽供蒸汽轮机发电 55.0MW，合计发电 367MW，电厂自用电 55MW，其余电力外供，发电总效率预计为 45%，于 1996 年投入运行。

三、HTW 煤气化工艺流程简述

1. HTW 煤气化示范装置工艺流程见图 3-3-5。

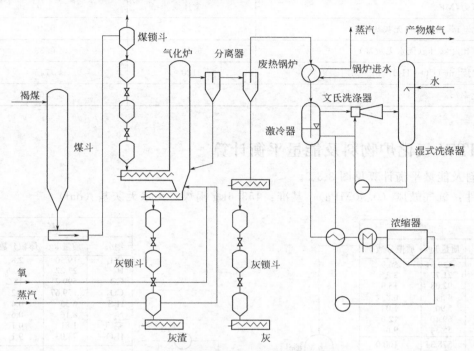

图 3-3-5　HTW 煤气化示范装置工艺流程

2. 工艺流程简述

经加工处理合格的原料煤储存在煤斗，煤经串联的几个锁斗逐级下移，经螺旋给煤机从气化炉下部加入炉内，被由气化炉底部吹入的气化剂（氧气和蒸汽）流化发生气化反应生成煤气，热煤气夹带细煤粉和灰尘上升，在炉体上部继续反应。从气化炉出来的粗煤气经一级旋风除尘。捕集的细粉循环入炉内，二级旋风捕集的细粉经灰锁斗系统排出。除尘后的煤气进入卧式火管锅炉，被冷却到 350℃，同时产生中压蒸汽，然后煤气顺序进入激冷器、文丘里洗涤器和水洗塔，使煤气降温并除尘。1993 年在废热锅炉后安装了陶瓷元体的过滤除尘器，操作温度 270℃，压力 0.98MPa。

炉底灰渣经内冷却螺旋排渣机排入灰锁斗，经由螺旋排渣排出。煤气洗涤冷却水经浓缩沉淀滤除粉尘，澄清后的水再循环使用。

3. 气化炉操作

气化压力 1.0MPa，气化温度根据煤的活性试验数据和灰熔点 ST 而定，褐煤气化温度为 950～1000℃，长焰煤、烟煤气化温度为 1000～1100℃，生物质（木材、甘蔗渣）气化温度为 600～650℃。

四、两种温克勒气化炉技术数据对比

常压与 HTW 气化炉技术数据对比见表 3-3-3。

表 3-3-3 常压与 HTW 气化炉技术数据对比

项目	常压温克勒	HTW
气化温度/℃	950	1000
气化压力/MPa	常压	1.0
氧煤比/[m³/kg(无水无灰基)]	0.42	0.40
蒸汽煤比/[kg/kg(无水无灰基)]	0.18	0.33
气化强度[m³(CO+H₂)/(m²·h)]	2120	7745
碳转化率/%	91	96

五、HTW 气化炉物料及能量平衡计算

物料及能量平衡计算见图 3-3-6。

条件：氧气鼓风（0.90MPa）；基准：453.6kg 褐煤，无水无灰基（daf）

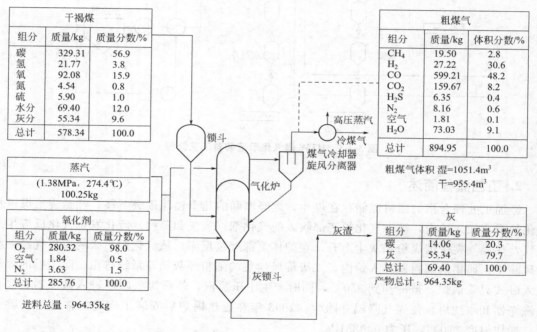

图 3-3-6 HTW 气化炉物料平衡及主要输入输出能量分布

第四节　灰熔聚流化床煤气化技术

一、概述

一般流化床煤气化炉要保持床层炉料高的炭灰比，而且使炭灰混合均匀以维持稳定的不结渣操作。因此炉底排出的灰渣组成与炉内混合物料组成基本相同，故排出的灰渣的含碳量就比较高（15%～20%）。针对上述问题提出了灰熔聚（或称灰团聚、灰黏聚）的排灰方式。做法是在流化床层形成局部高温区，使煤灰在软的（ST）而未熔融（FT）的状态下，相互碰撞黏结成含碳量较低的灰球，结球长大到一定程度时靠其重量与煤粒分离下落到炉底灰渣斗中排出炉外，降低了灰渣的含碳量（5%～10%），与液态排渣炉相比减少了灰渣带出的热损失，提高了气化过程的碳利用率，这是煤气化炉排渣技术的重大发展。

采用灰熔聚排渣技术的有美国的 U-GaS 气化炉、KRW 气化炉以及中国科学院山西煤炭化学研究所的 ICC 煤气化炉。在中试取得大量数据的基础上，由秦晋公司在陕西省城化厂建 $\phi 2.4m$ 气化炉进行了工业化示范，为商业化推广打下了良好的基础。法国南希大学早在 20 世纪 50 年代就进行过小型试验，证明灰黏聚技术是可行的。美国开发了 U-GaS 和 KRW 灰团聚气化工艺，同时进行了炉内脱硫试验，取得了脱硫效率达 80%～90% 的好结果，作为洁净煤技术生产煤气供联合循环发电（IGCC）作为燃料使用。SES 公司在山东枣庄和河南义乌分别建成了灰熔聚加压流化床煤气化炉。

二、灰熔聚流化床煤气化技术特点

与一般流化床煤气化炉相比，灰熔聚煤气化炉具有以下特点。

① 气化炉结构简单，炉内无传动设备，为单段流化床，操作控制方便，运行稳定、可靠。

② 可以气化包括黏结煤、高灰煤在内的各种等级的煤。煤粒度为小于 6mm 碎粉煤。

③ 气化温度高，碳转化率高，气化强度为一般固定床气化炉的 3～10 倍。

④ 灰团聚排渣含碳量低（<10%），便于作建材利用，煤气化效率达 75% 以上。

⑤ 煤气中几乎不含焦油和烃类，酚类物质也极少，煤气洗涤冷却水易处理回收利用。

⑥ 煤中含硫可全部转化为 H_2S，容易回收，也可用石灰石在炉内脱硫，简化了煤气净化系统，有利于环境保护。

⑦ 与熔渣炉（Shell）相比气化温度低得多，耐火材料使用寿命长达 10 年以上。

⑧ 煤气夹带的煤灰细粉经除尘设备捕集后返回气化炉内，进一步燃烧、气化，碳利用率高。

三、美国 U-gas 煤气化技术

1. 美国 U-gas 中试装置气化炉

U-gas 气化工艺由美国煤气工艺研究所（IGT）开发，属于单段流化床粉煤气化工艺，采用灰团聚方式操作。1974 年建立了一个接近常压操作的中间试验装置，气化炉内径 0.9m，高 9m。气化炉结构如图 3-3-7 所示。

U-gas 气化炉外壳是用锅炉钢板焊制的压力容器，内衬耐火材料。气化炉底部是一个中

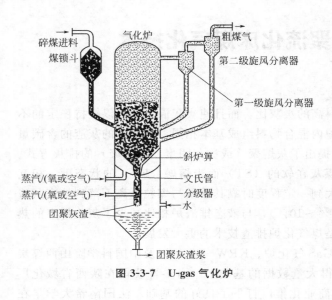

图 3-3-7 U-gas 气化炉

心开孔的气体分布板，气化剂分两处进入反应器。一部分由分布板进入，维持床内物料流化；另一部分从炉底文丘里管中心管进入，这部分气体氧/蒸汽比较大，气化过程中在文丘里管上方形成温度较高的灰团聚区，温度略高于灰的软化点（ST），灰粒表面在此区域软化而后团聚长大，到不再能被上升气流托起时灰粒从床层中分离出来。控制中心管的气流速度，可控制排灰量多少。煤被粉碎后（6mm 以下），经料斗由螺旋给料器从分布板上方加入炉内。煤在气化炉内停留时间为 45～60min，流化气速为 0.65～1m/s，中心管处的固体分离速度为 10m/s 左右。

中试装置累计运行时间超过 11000h，进行了 130 次试验，先后试用过 9 种煤和 3 种半焦。所选煤种具有代表性，考虑了灰分含量及性质、颗粒大小、反应活性和挥发分等因素。

IGT 还对加压的 U-gas 技术进行了开发，该开发装置主体是一个内径 0.2m 的加压流化床气化炉，操作压力最高可达 3.4MPa，碳转化率在 73%～93%。

2. 美国 U-gas 中试装置气化工艺流程

U-gas 气化工艺中试流程如图 3-3-8 所示。气化装置包括破碎、干燥、筛分、煤仓、进料锁斗系统、耐火材料衬里的气化炉、炉底部灰团聚排渣装置、旋风除尘、煤气冷却、洗涤和排灰锁斗系统等。气化炉顶部粗煤气带出的细粉进入三级旋风分离器分离，一级旋风分离出的细粉循环入床内，二级旋风分离出的细粉进入炉内排灰区内，在此处气化及灰团聚，然后灰渣从炉底部排出。三级旋风分离出的细粉直接排出，不再返回气化炉。

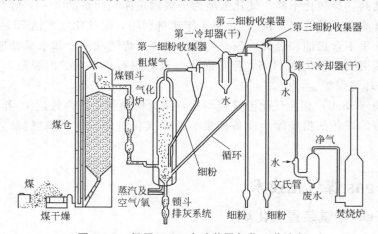

图 3-3-8 低压 U-gas 中试装置气化工艺流程

除尘后的煤气经冷却水洗涤，进一步除尘降温后，送焚烧炉燃烧。

3. 美国 U-gas 中试气化指标

气化指标见表 3-3-4。

表 3-3-4 美国 U-gas 气化炉气化指标

煤种	匹兹堡 8号烟煤	西肯塔基 9号洗烟煤	煤种	匹兹堡 8号烟煤	西肯塔基 9号洗烟煤
煤的工业分析(质量分数)/%			自由膨胀指数	7.5	4~7
挥发分	33.7	35.8	燃料高热值/(10^6J/kg)	30.1	29.0
固定碳	52.1	49.1	处理量/(kg/h)	635	866	850
水分	2.2	3.1	蒸汽/煤(kg/kg)	1.17	1.46	1.15
灰分	12.0	12.0	氧/煤(kg/kg)	0.83	1.12	0.94
元素分析(质量分数)/%			气化温度/℃	1017	1012	1006
碳	72.9	72.2	气化压力/MPa	0.213	0.337	0.30
氢	5.0	4.5	表观气速/(m/s)	1.2	1.1	1.15
氧	6.6	6.8	排灰/(kg/h)	78	79	52
氮	1.5	1.3	细粉回收率/(kg/h)	24	20	15
硫	1.8	3.1	灰渣中碳含量/%	7.3	6.5	8.7
堆密度/(kg/m³)	878	808.4	碳利用系数/%	96.4	97.6	98.4

注：按碳通过排灰和细粉的损失量计算。

4. U-gas 煤气化工业装置

1993 年中国上海焦化厂引进美 IGT 开发的 U-gas 煤气化技术及设备，共有 8 台气化炉，全套装置于 1995 年 4 月建成投产。这是 U-gas 在世界上的第一套工业化装置。该装置由煤的破碎、干燥、加煤、气化炉、余热回收、排渣、灰粉仓、DCS、空压站、污水处理以及公用工程（水、电、汽）等部分组成。以空气、蒸汽为气化剂，每台气化炉设计生产能力为煤气 20000m³/h，6 开 2 备，总生产能力为 288×10⁴m³/d，低热值煤气 HHV=5400～5800kJ/m³，供炼焦炉作加热燃气，把焦炉煤气替换出来供城市煤气。整个装置投资约 4 亿元（人民币）。1995 年 4 月试生产至 1996 年 10 月共运行 15000 台·h，气化原料煤 5×10⁴t，生产煤气 2.05×10⁸m³，平均产气率为 4.04m³/kg。原料煤为中国神府烟煤。由于上海市以天然气代替煤制气，U-gas 煤气化炉于 2002 年初停止运行。

① U-gas 气化炉：

中国上海焦化厂引进的 U-gas 气化炉下部反应区内径 ϕ2600mm，上部扩大段直径为 ϕ3600mm，总高 18.5m，内衬由耐火耐磨材料浇注的硬质层和保温隔热层组成。气化炉下部有一漏斗状多孔分布器，通过的蒸汽、空气混合气使床层的煤粒流化。分布器中心有一同心圆套管，其中心管通空气形成高温反应区。环隙通蒸汽和空气混合气，控制灰渣的排放量，气化剂分布器是 U-gas 气化炉设计的关键所在。分布器上部为进煤口，每台气化炉有两套加煤系统。气化炉煤气出口串联三级旋风除尘器，一、二级除尘器收集的煤粉尘经直接插入炉内的回料管返回气化炉下部反应区，再次进行气化反应。三级除尘器收集的细粉尘直接排放。气化炉底部排渣斗收集的灰渣，经内冷却螺旋排渣机排出。

气化炉操作压力为 0.2～0.22MPa（G），温度为 933℃。水蒸气过热温度为 285℃。

IGT 设计指标为：气化压力 320kPa（G），温度 1010℃。气化效率为 78.8%，碳转化率为 96.8%，实际运行考核未能完全达到设计指标。

② U-gas 气化工业装置工艺流程见图 3-3-9。

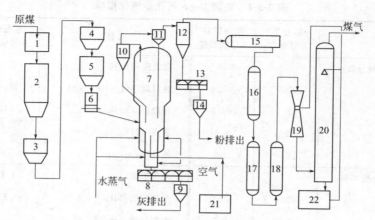

图 3-3-9   U-gas 气化工业装置工艺流程简图

1—煤干燥粉碎部分；2—干煤仓；3—密相输送系统；4—称量斗；5—锁斗；6—进料斗；7—U-gas 气化炉；8—灰冷；
9—排灰装置；10—第一级旋风分离器；11—第二级旋风分离器；12—第三级旋风分离器；13—灰冷器；
14—排粉装置；15—废热锅炉；16—蒸汽过热器；17—蒸汽预热器；18—脱氧水加热器；
19—文丘里洗涤器；20—洗涤器；21—空气压缩机部分；22—废水循环处理部分

　　原料煤在粉碎干燥机内用烟道气进行干燥，合格煤经 MACAWBER 密相输送系统送到气化炉，经加煤螺旋输送机将煤加入炉内。煤与经分布器加入炉内的气化剂进行气化反应，所产煤气夹带煤灰由炉顶出口进入一、二级旋风分离器，分离回收的煤尘通过回料管返回气化炉下部，煤气经第 3 旋风分离器依次进入废热锅炉、蒸汽过热器、蒸汽预热器、脱氧水加热器回收余热，最后经文丘里洗涤器，洗涤塔降温洗尘后送出气化系统。

③ U-gas 煤气化 72h 性能测试数据见表 3-3-5。

表 3-3-5   3 号气化炉 72h 性能测试

项目	IGT 设计值	合同指标	性能测试值	项目	IGT 设计值	合同指标	性能测试值
气化效率/%	78.8	74	73.6	干煤热值/(kJ/kg)	31467.99	—	29676.04
碳转化率/%	96.8	95	92.1	氮气输入/(kg/h)	95.4	—	91.5
煤气热值/(kJ/m³)		4605.46	4869.25	蒸汽输入/(kg/h)	1731		2305
热产量/(kJ/d)	2.93×10^9	2.72×10^9	2.26×10^9	空气输入/(kg/h)	17369		17302
热输入/(kJ/d)	3.73×10^4	—	3.07×10^9	其中氧气输入/(kg/h)	4045		4028
干气热值/(kJ/m³)	5828.03		4923.68	蒸汽碳比/(kg/kg)	0.45		0.7159
干气产率/(kg/h)	23107		21437	氧气碳比/(kg/kg)	1.05		1.26
干煤加入/(kg/h)	4933		4311	气化温度/℃	1010		933
干煤含量(质量分数)/%	77.99		74.38	气化压力(G)/kPa	320		314

④ U-gas 气化煤气中含尘浓度和粒度分布测定数据见表 3-3-6。

表 3-3-6   U-gas 气化煤气含尘浓度和粒度分布测定

项目	Ⅰ旋风进口	Ⅰ旋风出口	Ⅱ旋风出口
平均含尘浓度/(g/m³)	9909.97	744.68	53.16

续表

项目		I 旋风进口	I 旋风出口	II 旋风出口
压力/kPa		170	164.5	162.3
温度/℃		970	935	913
气量/(m³/h)		18710	18710	18710
粒度分布	>230μm	0.75%		
	>150μm	1.87%		
	>100μm	20.96%	0.92%	1.39%
	>75μm	52.21%	11.11%	4.16%
	>38μm	71.42%	70.54%	11.08%
	>25μm	71.42%	92.96%	40.16%
	>20μm		95.10%	58.16%
除尘效率一旋92.49%，二旋92.96%				

入炉原料煤粉粒径<140μm 占的比例在 20% 以上，超过要求 10% 的一倍。因此煤气夹带出气化炉粉尘大量增加，达 9000g/m³ 以上。给后系统除尘设备加大了负荷，降低了除尘效率。

四、中国 ICC 灰熔聚流化床煤气化技术

中国科学院山西煤炭化学研究所从 20 世纪 80 年代开始，研究开发了 ICC（institute of coal chemistry）灰熔聚流化床粉煤气化技术。

相应建立了日处理能力分别为 1t/d 煤的小型试验装置和 24t/d 煤的中间试验装置，以及冷态试验模型。在 1991 年和 1996 年分别完成了（压力为 0.03～0.3MPa）空气/蒸汽鼓风制工业燃料气、氧气/蒸汽鼓风制合成气的试验工作，并获得中国发明专利和实用新型专利。为配合发电、化工合成的需要，已完成了加压气化（1.0～1.5MPa）小试验，取得一定的经验和成果。2001 年在陕西省城化股份有限公司与陕西秦晋煤气工程设备公司、中西部煤气化工程技术中心等单位共同进行了 100t/d 煤灰熔聚流化床粉煤气化制合成气的工业示范装置试验。2002 年 3 月至 2003 年 6 月累计运行达 8000h 以上，所产煤气送入原生产系统，满足合成氨生产的需要。该技术已具备了工业化推广应用条件。示范装置由中国华陆工程公司设计。先后在天津碱厂、平顶山化肥厂、太原化肥厂共建成投产了 5 台 φ3m 气化炉，在山西丰喜化肥厂建成 1 台 φ2.8m 的加压气化炉，设计压力为 1.0MPa。

1. ICC 气化炉

ICC 灰熔聚流化床粉煤气化炉见图 3-3-10。它以空气或氧气和蒸汽为气化剂，在适当的煤粒度和气速下，使床层中粉煤沸腾，气固两相充分混合接触，在部分燃烧产生的高温下进行煤的气化。

流化床反应器的混合特性有利于传热、传质及粉状原料的使用，但混合也造成了排灰和飞灰中的碳损失较高。该工艺根据射流原理，在流化床底部设计了灰团聚分离装置，形成炉床内局部高温区，使灰渣团聚成小球，借助重量的差异达到灰团与半焦的分离，提高了碳利用率，降低了灰渣的含碳量，这是灰熔聚流化床气化不同于一般流化床气化的技术关键。

在灰熔聚流化床中试试验装置上已进行过冶金焦、太原东山瘦煤、太原西山焦煤、太原

王封贫瘦煤、陕西神木弱黏结性长焰烟煤、焦煤洗中煤、陕西彬县烟煤及埃塞俄比亚褐煤等8个煤种的试验，累积试验时间超过4000h。

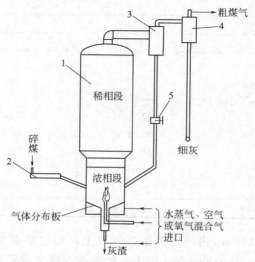

图 3-3-10 ICC 灰熔聚流化床粉煤气化炉
1—气化炉；2—螺旋给煤机；3—第一旋风分离器；
4—第二旋风分离器；5—高温球阀

2. ICC 煤气化工艺流程

ICC 煤气化工业示范装置工艺流程见图 3-3-11。包括备煤、进料、供气、气化、除尘、余热回收煤气冷却等系统。

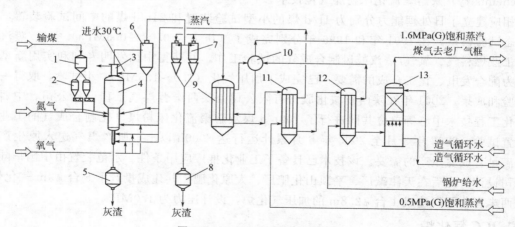

图 3-3-11 ICC 煤气化工艺流程
1—煤锁；2—中间料仓；3—气体冷却器；4—气化炉；5—灰锁；6—一级旋风；
7—二级旋风；8—二旋下灰头；9—废热回收器；10—汽包；
11—蒸汽过热器；12—脱氧水预热器；13—洗气塔

（1）备煤系统 粒径为 0~30mm 的原料煤（焦），经过皮带输送机、除铁器，进入破碎机，破碎到 0~8mm，而后由输送机送入回转式烘干机，烘干所需的热源由室式加热炉烟道气供给，被烘干的原料，其含水量控制在 5%以下，由斗提机送入煤仓储存待用。

（2）进料系统 储存在煤仓的原料煤经电磁振动给料器、斗式提升机依次进入进煤系统，由螺旋给料器控制，气力输送原料煤进入气化炉下部。

（3）供气系统　气化剂（空气/蒸汽或氧气/蒸汽）分三路经计量后由分布板、环形射流管、中心射流管进入气化炉。

（4）气化系统　干碎煤在气化炉中与气化剂氧气-蒸汽进行反应，生成 CO、H_2、CH_4、CO_2、H_2S 等气体。气化炉为一不等径的反应器，下部为反应区，上部为分离区。在反应区中，由分布板进入蒸汽和氧气，使煤粒流化。另一部分氧气和蒸汽经计量后从环形射流管、中心射流管进入气化炉，在气化炉中心形成局部高温区使灰团聚形成团粒。生成的灰渣经环形射流管、上下灰斗定时排出系统，由机动车运往渣场。

原料煤在气化区内进行破黏、脱挥发分、气化、灰渣团聚、焦油裂解等过程，生成的煤气从气化炉上部引出。气化炉上部直径较大，含灰的煤气上升流速降低，大部分灰及未反应完全的半焦回落至气化炉下部流化区内，继续反应，只有少量灰及半焦随煤气带出气化炉进入下一工序。

（5）除尘系统　从气化炉上部导出的高温煤气进入两级旋风分离器。从第一级分离器分离出的热飞灰，由料阀控制，用水蒸气吹入气化炉下部进一步燃烧、气化，以提高碳转化率。从第二级分离器分出的少量飞灰排出气化系统，这部分细灰含碳量较高（60%～70%），可作为锅炉燃料再利用。

（6）废热回收系统及煤气净化系统　通过旋风除尘的热煤气依次进入废热锅炉、蒸汽过热器和脱氧水预热器，最后进入洗涤冷却系统，所得煤气送至用户。

（7）操作控制系统　气化系统设有流量、压力和温度检测及调节控制系统，由小型集散系统集中到控制室进行操作。

3. ICC 煤气化炉中试典型气化指标

ICC 中试气化炉典型气化指标见表 3-3-7。

表 3-3-7　ICC 中试气化炉典型气化指标

原料煤项目	东山瘦煤	西山焦煤	王封贫瘦煤	焦煤洗中煤	神木烟煤	彬县烟煤	埃塞褐煤
工业分析（质量分数）/%							
M_{ad}	1.30	1.49	0.95	1.53	4.42	2.25	13.58
A_{ad}	18.23	16.91	12.68	41.36	5.99	10.14	29.45
V_{ad}	13.61	19.51	13.50	18.49	32.15	24.43	30.18
焦渣特性	3	6	4	4	3	2	2
元素分析（质量分数）/%							
C_{ad}	70.93	70.58	76.21	45.92	73.98	69.94	36.84
H_{ad}	3.53	4.15	3.40	2.97	4.46	3.85	2.68
O_{ad}	2.59	4.89	3.41	7.03	9.70	12.73	15.01
N_{ad}	1.37	1.16	0.72	0.74	1.24	0.36	1.02
S_{tad}	2.05	0.82	2.63	0.45	0.21	0.46	1.42
灰熔点/℃							
DT	1480	>1500	1380	>1500	1200	1160	1300
ST	>1500	>1500	1440	>1500	1220	1210	1370
FT	>1500	>1500	1500	>1500	1240	1300	1390
热值/(MJ/kg)							
$Q_{net,v,ad}$	28.06	28.39	20.57		29.2	29.09	15.24

续表

原料煤项目	东山瘦煤	西山焦煤	王封贫瘦煤	焦煤洗中煤	神木烟煤	彬县烟煤	埃塞褐煤
灰组成（质量分数）/%							
SiO_2	48.78	47.30	43.35	41.91	41.39	60.83	62.71
Al_2O_3	32.89	33.38	31.30	39.07	14.25	14.92	17.40
Fe_2O_3	10.60	6.64	14.82	5.02	4.77	3.78	6.87
CaO	2.43	6.74	3.58	2.29	29.71	6.98	1.80
MgO	1.03	0.61	2.73	0.62	2.26	4.27	3.65
TiO_2	1.29	1.54	1.19	1.59	0.83	0.97	1.36
SO_3	1.45	1.68	1.93	0.45	3.00	1.98	1.23
K_2O		0.95	0.45	1.15	0.88		0.47
Na_2O		0.30		0.10	1.00		1.55
P_2O_5		0.20		0.20	0.92		0.21
处理量/(kg/h)	932	780	357	529	480	633.3	1056
反应温度/℃	1097	1078	1075	1088	1058	1084.3	1000
压力/kPa	158	123	119	20	36	22.5	40.0
空气量/(m³/h)	222	427	1222	1104	1221	123.9	102.5
氧气量/(m³/h)	475	320	—	—	—	334.0	349.3
蒸汽量/(kg/h)	1256	528	228	130	180	625.8	510
氧煤比/(m³/kg)	0.51	0.41	—	—	—	0.57	0.355
蒸汽煤比/(kg/kg)	1.35	0.68	0.64	0.25	0.38	0.99	0.48
富氧度/%	75	55	—	—	—	79	82
煤气组成（体积分数）/%							
CO	26.67	28.36	11.32	11.49	12.71	29.46	21.59
CO_2	20.98	18.38	13.08	12.23	13.66	21.59	28.09
CH_4	1.94	1.70	0.68	0.86	1.38	1.7	4.23
H_2	42.12	31.88	13.07	14.36	15.46	39.73	38.65
N_2	8.20	19.68	61.85	60.94	56.78	7.42	7.11
煤气热值/(kJ/m³)	9497	8318	3370	3619	4119	9468	9372
产气率/(m³/kg)	2.35	2.24	4.38	2.72	3.56	2.12	1.19
碳转化率/%	88.1	89.7	85.48	78.05	81.3	85.7	90.43

由表 3-3-9 中数据可见，灰熔聚流化床气化炉所适应的煤种范围广，但其气化强度随着煤阶程度增加（褐煤到无烟煤）而降低。

4. ICC 煤气化工业示范装置设计及运行指标

① 中国华陆工程公司根据中科院山西煤化所提供的工艺设计软件包完成了工程设计。装置于 2001 年 3 月建成进行调试，6～10 月进行投煤试运行，2002 年 3 月通过考核交付工厂正式投入生产。先后对陕西彬县煤和甘肃华亭煤进行了试验。设计指标：气化炉下部内径 $\phi2.4m$，上部内径 $\phi3.7m$，总高 15.3m，单台气化炉原煤处理量 100t/d，煤气产量 9000m³/（h·台）。

煤气成分：CO+$H_2\geqslant68\%$，CH_4 2.0%。

原料煤为陕西彬县煤，粒度<8mm，干燥后水分<5%，入炉蒸汽预热温度为 320℃，煤气出气化炉顶冷却器温度<850℃。

灰渣含碳<10%。

② 陕西城化工业示范装置工程设计、生产及考核达到指标（见表 3-3-8）。

表 3-3-8　陕西城化工业示范装置工程设计、生产及考核指标

项目	设计指标	考核指标		生产指标
		平均值	最高值	
进煤量/(t/h)	4.2	4.3	4.5	4.3～4.5
进氧气量(O₂92%)/(m³/h)	2000	1700	1800	1680～1850
进蒸汽量/(t/h)	4.2	3.86	4.1	3.8～4.2
气化温度/℃	1000～1050	1030	1080	1030～1040
气化压力/MPa	0.03	0.03	0.032	0.03～0.035
$CO+H_2$/%	≥68	68.56	72.96	68～71
碳转化率/%	>85	90.6	93.1	91～92
煤气产量/(m³/h)	9000	8851	9570	9000～9500
灰渣含碳/%	<10	7.81	4.73	7.0～9.0
氧气/煤比/(m³/kg)	0.438	0.364	0.368	0.36～0.38
蒸汽/煤比/(kg/kg)	1.0	0.898	0.91	0.78～0.85
废锅产汽量/(t/h)	4.2	4.5	4.65	4.5～4.8

③ 粗煤气组成（%）：CO　33～35，H_2　35～36，CO_2　21～23，CH_4　1.8～2.1，N_2+Ar　4.5～6，O_2　0.3～0.4，$CO+H_2=68～71$，$CO+H_2+CH_4=70～73$。

5. 陕西城化工业示范装置消耗指标

① 按陕西彬县 2 号煤工业分析数据：

水分 M_{ad}　5.81%（质量分数），灰分 A_{ad}　14.42%，挥发分 V_{ad}　27.84%，固定碳 C_{ad}　68.3%。

灰熔点：DT　1280℃，ST　1320℃，FT　1380℃。

② 生产 1000m³ 合成气（$CO+H_2$）原材料、动力消耗指标见表 3-3-9。

表 3-3-9　生产 1000m³ 合成气（$CO+H_2$）原料、动力消耗指标

项目	消耗指标	项目	消耗指标
原料煤/kg	708.61	电力①/(kW·h)	9.5
氧气(99.6%)/m³	258.64	软水/t	0.73
蒸汽(0.5MPa)/kg	636.1	新鲜水/t	5.5
副产蒸汽(1.6MPa)/kg	741.6	循环冷却水/t	18.2

① 不包括空分制氧耗电。

6. 煤气洗涤污水监测分析数据

环境监测站在煤气洗涤塔下部污水出口处取样 6 次，分析结果如下：

挥发酚未检出（按 0.05mg/L 出报告）

硫化物 2.83～6.29mg/L，氰化物　0.14～1.375mg/L，氨态氮　180.2～319.9mg/L，COD　283～406mg/L。

五、KRW 灰团聚流化床煤气化技术

1. KRW 气化炉

此工艺原为美国西屋（Westinghouse）电力公司开发的 Westinghouse 气化技术，后由于该

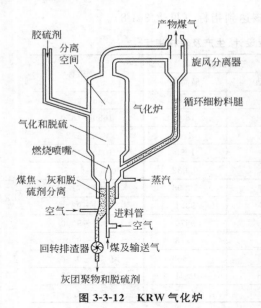

图 3-3-12 KRW 气化炉

公司大部分股权出让给凯洛格（M. W. Kellogg）公司，易名为 KRW 法。其主要变化是在 Westinghouse 法基础上加入脱硫工艺：在原煤中加入碳酸钙，用铁酸锌浴除去残余的硫。图 3-3-12 为 KRW 气化炉。炉内按作用不同，自上而下可分为分离段、气化段、燃烧段和灰分离段。炉外径为 1.2m，高 15m 内衬绝热层和耐火砖，中试气化炉的操作压力为 1.6MPa，设计最高操作压力为 2.1MPa。温度 740~900℃，处理煤能力 15t/d（吹空气）~35t/d（吹氧气）；蒸汽/煤比 0.2（吹空气）~0.6（吹氧）；氧/煤比 0.9，空气/煤比 3.6；碳转化率＞90%。1975 年以来，KRW 炉使用包括烟煤、次烟煤、褐煤、冶金焦和半焦在内的多种原料进行了气化试验，就煤性质来说包括弱黏煤、强黏煤、低硫煤、高硫煤、低灰煤、高灰煤、低活性煤和高活性煤。此法适应多种煤种，但最适合气化年轻的高

活性褐煤。到 1985 年累计试验运转时间达到 11500h。为商业放大需要，1980 年建立了内径 3m、高 9.14m 的冷模试验装置。KRW 工艺的主要优点是原煤适应性广，碳转化率高，污染少，炉内无运转部件，操作简单稳定，操作弹性大，允许变化范围 50%~150%。主要缺点是循环煤气消耗量大。

2. KRW 煤气化工艺流程

KRW 煤气化工艺过程主体是一加压流化床系统。其工艺流程见图 3-3-13。

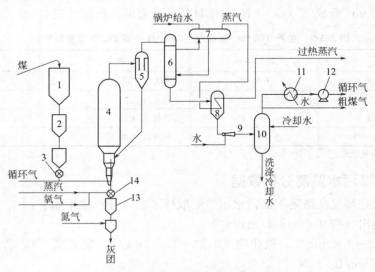

图 3-3-13 KRW 煤气化工艺流程

1—煤储斗；2—煤锁斗；3—加料器；4—气化炉；5—旋流分离器；6—废热锅炉；7—汽包；
8—旋流器；9—文丘里洗涤器；10—激冷器；11—煤气冷却器；12—煤气压机；
13—灰锁斗；14—旋转下料器

原料煤由撞击式碾磨机破碎到 6mm，并干燥到含水分 5% 左右。经预处理的煤由输送

机输入常压储煤仓中，借助重力间歇向下面两个煤斗送煤。煤由回转给煤机从煤斗输出，用循环煤气或空气进行气流输送，由中央进料喷嘴送入气化炉燃烧段。这是与 U-gas 法最大的不同之处。煤粉在喷射区附近快速脱除挥发分形成半焦，同时喷入的气化剂在喷口附近形成射流高温燃烧区，使煤和半焦发生燃烧和气化反应。高速气流喷嘴的射流作用有助于气化炉内固体颗粒循环，有助于煤粒急速脱挥发分后的分散，因此黏结性的煤同样能操作。射流燃烧段的高温提供了气化反应所需的热量，也确保了脱挥发分过程中生成的焦油和轻油的充分热解。射流高温区的另一个作用是使碳含量降低了的颗粒变得越来越软，碰撞后黏结形成大团粒，当团粒大到其重量不再能流化时，落入炉底倾斜段，并被循环煤气冷却，排出的团灰温度约 $150 \sim 200 ℃$，碳含量小于 10%。

气化炉出来的煤气进入两级旋风分离器，大部分细焦粉被分离下来，通过气动 L 阀返回气化炉下部再次气化，形成物料的循环过程，一级旋风除尘器除尘效率为 95%，串联使用二级旋风除尘器时，总除尘效率可达 98%。经旋风除尘器除尘后的煤气进入废热锅炉副产蒸汽，蒸汽经旋流器过热后供气化使用。粗煤气经文丘里洗涤器、激冷器、冷却洗涤除尘后送往用气工序。粗煤气一小部分经冷却后，加压作为循环气送入煤气炉。

3. KRW 煤气化中试装置典型操作指标

① 例 1：气化温度 $815 \sim 1010 ℃$，气化压力 $0.91 \sim 1.62MPa$（设计最大操作压力 $2.1MPa$）；处理煤量：烟煤 $450 \sim 730kg/h$，次烟煤 $730 \sim 1140kg/h$；炉壁温度 $93 ℃$。

② 例 2：见表 3-3-10。

表 3-3-10　KRW 煤气化典型气化指标

项目	烟煤	次烟煤	次烟煤	烟煤	次烟煤	褐煤
气化剂	空气	空气	富氧空气[①]	氧气	氧气	氧气
处理量/(t/d)	12.0	18.7	20.9	14.0	24.0	24.0
(蒸汽/煤)/(kg/kg)	0.59	0.06	0.21	0.48	0.35	0.25
(空气/煤)/(kg/kg)	4.33	2.49	0.81			
(氧/煤)/(kg/kg)	0	0	0.42	1.03	0.46	0.50
产品煤气组成(干基体积)/%						
CO	21.6	16.2	33.0	42.5	35.0	40.0
CO_2	13.5	16.9	23.1	36.4	34.2	30.9
CH_4	1.2	2.2	4.5	1.9	5.3	4.3
N_2	51.8	53.3	18.0	0.4	0.3	0.4
H_2	11.9	11.4	21.4	17.9	25.1	24.2
H_2S				0.9	0.1	0.2
产品煤气高热值/(kJ/m³)	4375	4185	8320	7580	8835	8920
气化压力/MPa	1.67	1.57	1.57	1.67	1.67	1.67
气化温度/℃	980	870	879	980	850	850
煤气产率/(m³/kg)	4.33	2.60	1.81	2.26	1.5	1.26

① 46.2%氧气。

4. KRW 煤气化工业示范装置

① 1984 年在南非 Secunda 的 SaSol-Ⅱ 联合企业内建成了一套 KRW 煤气化装置，气化

炉处理煤能力为 1200t/d，1985~1986 年试运转，1987 年实现工业化运行。

② Keystone 工程。计划在美国宾夕法尼亚西部建设用煤生产甲醇的合成燃料厂，处理煤能力为 2400t/d，分五个定型机组建设，计划于 1986 年建成。

5. KRW 煤气化物料平衡及主要输入输出能力分布

KRW 法的物料平衡及主要输入输出能力分布见图 3-3-14。

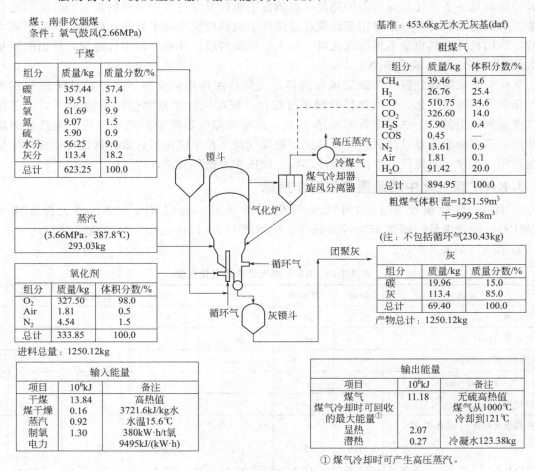

图 3-3-14　KRW 法的物料平衡及主要输入输出能力分布

六、灰黏聚流化床多元气化剂煤气化技术

2002 年 8 月至 2003 年 8 月，陕西秦晋公司、城化公司、联合煤气化公司共同设计制造了新型结构的气化炉气化剂分布器，选用新的耐磨耐高温材料。用 CO_2、O_2 和蒸汽作气化剂，在 1050~1095℃不同温度下进行粉煤气化试验，开发成功了多元气化剂气化新工艺，工业化试验取得成功。随着 CO_2 加入量的增加，气化炉温度的提高，煤气中 $CO+H_2$ 可提 3~5 个百分点，甲烷含量由 2% 下降到 1.27%，气化耗 O_2 也有所下降。由于受 CO_2 气源的限制，合成气成分未达到理想值（$CO+H_2>75\%$）。进一步提高气化效率和煤气有效成分的试验取得较好效果。

七、CAGG 灰熔聚流化床粉煤气化技术

1. CAGG 气化炉

气化炉是 CAGG 灰熔聚流化床粉煤气化技术的核心设备，如图 3-3-15 所示。

CAGG 气化炉的主要特点如下。

① 气化炉是带有变径段的上大下小的圆筒形结构，上部为稀相段，下部为密相段。

② 气化炉为热壁结构，衬里采用耐高温、抗磨、隔热浇注料或耐火砖。

③ 气化炉底部为 CAGG 气化炉的核心部件——气体分布器，结构形式可采用喷嘴型或多孔板型。

④ 气化炉中部设置有二次风系统，用以调整负荷、改善气体成分及减少粉尘夹带。

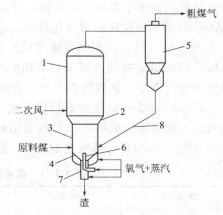

图 3-3-15 CAGG 气化炉
1—稀相段；2—变径段；3—密相段；4—气体分布器（多孔板或喷嘴）；5—一级旋风除尘器；6—分布器中心管；7—分布器环管；8—返料管

2. 技术原理及特点

（1）技术原理 CAGG 灰熔聚流化床粉煤气化技术的原理可概括为以下三点。

① 采用喷嘴或多孔板型气体分布器，利用流态化原理，实施流化床操作。

② 由气体分布器的中心管形成炉内局部高温区，利用灰的团聚特性实施灰的熔聚。

③ 气化炉底部设计了灰选择性排灰装置，借助重量差异将高灰量的团聚灰球选择性地排出系统。

（2）技术特点 CAGG 灰熔聚流化床粉煤气化技术的技术特点主要有以下七个方面。

① 原料适应性强，有利于实施原料供应本地化、多样化。

由于在一般流化床的基础上采用了灰熔聚及选择性排灰技术，克服了一般流化床对原料煤的高活性要求、黏结性限制以及不能提高操作温度等缺陷，大大放宽了对原料的要求，可以适应"三高一低"煤（高硫、高灰、高灰熔点以及低活性）。生物质、褐煤、烟煤、无烟煤、焦粉以及石油焦都可以作为灰熔聚粉煤气化的原料。

② 采用 0~8mm 粉煤进料，在有效利用粉煤资源、适应现代化采煤要求的情况下，大大降低了入炉煤的处理费用。

③ 操作温度适中（950~1100℃），运行稳定。有效气成分（$CO+H_2$）较高，可达 70%~80%。但气体中甲烷含量达 1%~2%，对合成气生产有一定影响。

④ 气化炉属于单段流化床，结构简单，炉内无传动部件，维修方便；操作负荷弹性大（70%~120%），易于实现长周期稳定运行，安全可靠。

⑤ 装置环保性较好。但系统存在气相夹带，提高了后系统除尘等处理费用。

⑥ 热效率及碳转化率中等，分别为 75%~80%、92%~95%。

⑦ 投资较低。气化压力较低（0.05~1.0MPa）工程经验较少，工程规模偏低。

3. CAGG 常压灰熔聚煤气化产业化装置

在灰黏聚流化床多元气化剂煤气化技术基础上，陕西秦晋煤气化工程设备有限公司对工业示范装置的运行数据进行了收集、整理，并对工业示范装置运行过程中出现的问题进行了

研究分析，提出了多项改进措施，并以此为基础进行了产业化装置的工程放大，最终形成了CAGG 灰熔聚流化床粉煤气化技术。

2003 年 6 月，陕西秦晋煤气化工程设备有限公司同天津碱厂签订了技术许可合同。天津碱厂合成氨原料油改煤项目采用 CAGG 灰熔聚流化床粉煤气化技术，以替代原生产系统的重油造气工序，装置能力为年产合成氨 8×10^4 t，该项目已于 2005 年 6 月建成投产。

2004～2005 年，陕西秦晋煤气化工程设备有限公司陆续与河南平煤集团飞行化工有限公司、太化集团合成氨分公司以及山西天脊潞安化工有限公司签订了技术许可合同，截至2008 年底，各项目已陆续建成投产，项目概况如表 3-3-11 所示。

表 3-3-11　秦晋煤气化工程设备有限公司项目概况

项目单位	天津碱厂	平煤集团	太化集团	天脊潞安公司
项目名称	油改煤	合成氨改造	合成氨改造	甲醇补碳
规模/(t/a)	8×10^4	8×10^4（一期）	4×10^4	8×10^4
气化炉规模/mm	$\phi3000\times2$	$\phi3000\times2$	$\phi3000\times1$	$\phi3000\times2$
操作压力/MPa	0.05	0.06	0.06	0.08
投产期	2005 年 6 月	2007 年 12 月	2007 年 2 月	2008 年 12 月

CAGG 常压灰熔聚煤气化产业化装置工艺流程如图 3-3-16 所示。该工艺流程包括加煤系统、气化剂系统、气化系统、排渣排灰系统、废热回收系统以及除尘洗涤系统等。

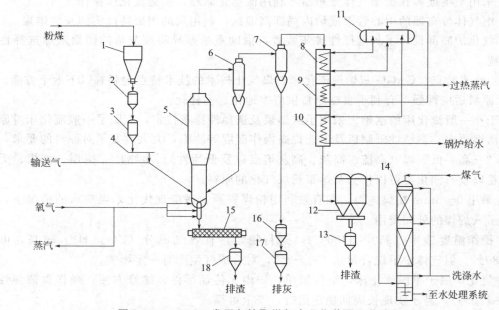

图 3-3-16　CAGG 常压灰熔聚煤气产业化装置工艺流程

1—煤斗；2—煤锁；3—给料斗；4—螺旋输送机；5—气化炉；6—一级旋风除尘器；7—二级旋风除尘器；
8—蒸发器；9—蒸汽过热器；10—锅炉给水预热器；11—汽包；12—袋式除尘器；13—细灰斗；
14—最终洗涤冷却塔；15—冷渣机；16—受灰斗；17—灰斗；18—渣斗

经干燥、破碎、筛分之后，外在水分≤5%、粒径 0～8mm 的粉煤送入煤斗，再经煤锁、给料斗及通过螺旋输送机计量后利用重力管加入气化炉底部。

气化剂（氧气/空气、过热蒸汽/二氧化碳）按不同比例混合后从气化炉底部分三路进入气化炉内，与加入炉内的粉煤进行气化反应。产生的煤气由气化炉顶部导出，产生的灰渣从炉底排渣管排出，经冷渣机冷却后排出系统。

气化炉顶部出来的煤气依次经一级旋风除尘器、二级旋风除尘器除尘后进入废热回收系统。一级旋风除尘器分离的细粉经回料管返回气化炉进一步气化，二级旋风除尘器分离的细灰进入排灰系统增湿（或干法）排出系统。

出二级旋风除尘器的煤气依次经过蒸发器、蒸汽过热器、锅炉给水预热器回收煤气余热，产生的蒸汽送入工厂蒸汽管网。

回收余热后的煤气经袋式除尘器、最终洗涤冷却塔进一步除尘降温后送出系统。

4. CAGG 常压灰熔聚煤气化产业化装置典型气化指标

气化炉典型气化指标见表 3-3-12。

表 3-3-12　气化炉典型气化指标

项目		大同烟煤	清徐贫煤	石窑贫瘦煤	平顶山劣质烟煤	晋城无烟煤
工业分析(质量分数)/%	M_{ad}	3.46	1.30	0.45	1.28	1.83
	A_{ad}	10.15	25.26	18.16	33.61	14.83
	V_{ad}	26.46	8.87	12.66	23.40	7.76
	FC_{ad}	59.93	64.57	68.73	41.71	75.58
元素分析(质量分数)/%	C_{ad}	73.00	65.78	73.47	55.23	76.22
	H_{ad}	4.50	2.41	3.64	3.60	3.45
	O_{ad}	7.42	3.00	2.77	5.05	2.34
	N_{ad}	0.79	0.80	1.18	0.87	1.02
	S_{ad}	0.68	1.48	0.33	0.36	0.31
灰熔点/℃	DT	1270	>1500	>1500	1480	1420
	ST	1340	>1500	>1500	>1500	>1500
	FT	1380	>1500	>1500	>1500	>1500
焦渣特性		6	4	4	5	1
热值 $Q_{net,v,ad}$/(MJ/kg)		27.03	24.60	28.11	20.91	28.30
加煤量/(kg/h)		9000	9800	8900	11500	8500
操作温度/℃		1050	1100	1100	1100	1100
操作压力/MPa		0.05	0.06	0.08	0.06	0.05
氧气[99.6%(体积分数)]	压力/MPa	0.20	0.20	0.20	0.20	0.20
	温度/℃	25	25	25	25	25
	流量/(m³/h)	5100	4900	5200	5100	5200
蒸汽	压力/MPa	0.50	0.50	0.50	0.50	0.50
	温度/℃	300	300	300	300	300
	流量/(kg/h)	8100	8330	8010	9200	7650

续表

项目		大同烟煤	清徐贫煤	石窟贫瘦煤	平顶山劣质烟煤	晋城无烟煤
输送气	氮气/(m³/h)	200	217	200	250	
	二氧化碳/(m³/h)					200
主要煤气组成(体积分数)/%	CO_2	24.21	25.05	23.25	25.50	24.26
	CO	31.09	32.73	33.89	28.73	35.32
	H_2	40.54	37.53	39.01	41.77	38.02
	N_2+Ar	1.46	2.43	1.88	1.86	0.49
	CH_4	2.52	1.81	1.89	2.02	1.83
	H_2S+COS	0.18	0.45	0.09	0.12	0.08
比氧耗(以 $CO+H_2$ 计)/(m³/1000m³)		364.77	385.55	376.12	383.55	382.71
比煤耗(以 $CO+H_2$ 计)/(kg/1000m³)		646.30	770.17	646.33	868.33	628.09
比蒸汽耗(以 $CO+H_2$ 计)/(kg/1000m³)		581.67	654.65	581.70	694.67	565.28
产气率/(m³/kg)		2.16	1.85	2.12	1.63	2.17
碳转化率/%		91.74	89.77	91.42	89.20	92.14

5. CAGG 加压灰熔聚煤气化工业化示范

CAGG 常压灰熔聚流化床粉煤气化技术的成功推广应用,促进了中、小规模煤气化装置的原料煤本地化改造。为克服 CAGG 常压灰熔聚煤气化技术生产强度低、能力规模相对较小以及能耗相对较高等问题,从 2004 年 1 月起,陕西秦能天脊科技有限公司在陕西秦晋煤气化工程设备有限公司灰黏聚气化技术的基础上,借鉴国内外流化床煤气化技术的先进经验,开始组织开发具有国内完全自主知识产权、适合国内中等规模煤气化装置原料结构调整实际情况的 CAGG 加压(0.3~4.0MPa)灰熔聚煤气化工业示范装置,进而推动更高压力及更大规模的 CAGG 粉煤气化技术的开发和应用。

CAGG 加压(1.0MPa)灰熔聚煤气化工业示范装置于 2004 年 12 月最终完成了装置开发版工艺包的编制工作。2005 年 4 月同装置示范厂家——山西丰喜集团临猗分公司签订装置建设合同,同年 10 月开始土建施工,装置于 2007 年 1 月建成。2007 年 6 月投料试车打通流程,并进行了为期半年的第一阶段(0.3~0.5MPa)投料试车工作,并达到了预期效果。2008 年下半年进入第二阶段(0.9~1.0MPa)投料试车工作,装置于 2009 年上半年验收。

CAGG 加压(1.0MPa)灰熔聚煤气化工业示范装置工艺流程如图 3-3-17 所示。该工艺流程包括加煤系统、气化剂系统、气化系统、排渣排灰系统、废热排灰系统、废热回收系统以及除尘洗涤系统等。

经干燥、破碎、筛分后,外在水分≤5%、粒径 0~8mm 的粉煤送入煤斗,再经煤锁、给料斗及通过螺旋输送机计量后利用重力管加入气化炉底部。

气化剂(氧气/空气、过热蒸汽/二氧化碳)按不同比例混合后从气化炉底部分四路进入气化炉内,与加入炉内的粉煤进行气化反应。产生的煤气由气化炉顶部导出,产生的灰渣从炉底排渣管排出,进入排渣系统,经冷却后排出系统。

气化炉顶部出来的煤气经一级旋风除尘器除尘后进入废热回收系统。一级旋风除尘器分离的细粉经回料管返回气化炉进一步气化。

出一级旋风除尘器的煤气依次经过蒸汽过热器、蒸发器、锅炉给水预热器回收煤气余热,产生的蒸汽送入工厂蒸汽管网。

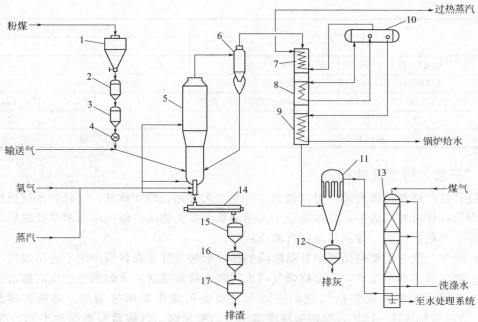

图 3-3-17 CAGG 加压（1.0MPa）灰熔聚煤气化工业示范装置工艺流程
1—煤斗；2—煤锁；3—给料斗；4—星形给料器；5—气化炉；6—旋风除尘器；7—蒸汽过热器；
8—蒸发器；9—锅炉给水预热器；10—汽包；11—绕子过滤器；12—细灰斗；
13—最终洗涤冷却塔；14—冷渣机；15—受渣斗；16—渣锁；17—渣斗

回收余热后的煤气经过陶瓷过滤器、最终洗涤冷却塔进一步除尘降温后送出系统。

6. CAGG 加压（1.0MPa）灰熔聚煤气化工业化示范装置典型气化指标

CAGG 加压（1.0MPa）灰熔聚煤气化工业化示范装置投料试车期间所用原料煤为晋城无烟粉煤及王庄贫瘦煤，典型煤气化指标如表 3-3-13 所示。

表 3-3-13 CAGG 加压(1.0MPa)灰熔聚煤气化工业化示范装置典型气化指标

项目		操作压力/MPa		
		0.3	0.5	1.0
操作温度/℃		1150	1150	1150
加煤量/(kg/h)		11000	13000	19800
氧气[99.6%(体积分数)]	压力/MPa	0.50	0.80	1.60
	温度/℃	25	40	100
	流量/(m³/h)	6050	7000	10197.08
蒸汽	压力/MPa	0.80	1.30	1.80
	温度/℃	300	300	438
	流量/(kg/h)	8250	9750	13400
主要煤气组成(体积分数)/%	CO_2	22.87	22.07	16.02
	CO	37.04	37.30	46.61
	H_2	37.74	38.27	34.91
	$N_2 + Ar$	0.82	0.81	0.80
	CH_4	1.45	1.47	1.60
	$H_2S + COS$	0.08	0.08	0.06

续表

项目	操作压力/MPa		
	0.3	0.5	1.0
比氧耗(以 CO+H₂ 计)/(m³/1000m³)	362.93	350.45	323.98
比煤耗/(以 CO+H₂ 计)/(kg/1000m³)	669.92	660.76	629.07
比蒸汽耗/(以 CO+H₂ 计)/(kg/1000m³)	502.44	495.57	425.74
产气率/(m³/kg)	2.00	1.99	1.95
碳转化率/%	95.53	93.55	94.13

7. "三废"排放及处理

适应日益严格的环保要求,可以做到"三废"无害化处理和排放。气化炉床层反应温度较高且均匀,停留时间适中,气体成分中无焦油及多酚类物质,煤气水经简单处理后即可回用。另外,气化炉排渣、排灰等均可资源化利用。

(1)废气 废气主要包括开车升温阶段的排放烟气及开车投料阶段的不合格煤气,属间歇排放。烟气采用高点排放,不合格煤气可采用高点排放或送入火炬系统燃烧后排放。

(2)废固 废固主要包括气化炉排渣和二级旋风除尘器所排细灰。排渣粒度约 0~25mm,含碳量约 5%~10%;排细灰粒度基本上为微米级,含碳量根据煤种不同约 50%~75%。根据排渣含碳量,气化炉排渣可与燃料煤混合后送循环流化床锅炉,或作道路垫层;气化炉排细灰可与燃料煤混合后送循环流化床锅炉或制成型煤,也可制成炭黑等其他产品。

(3)废液 由于煤气除尘采用深度除尘措施,如袋式除尘器、陶瓷过滤器,煤气经洗涤后进入煤气水的含尘量极少,煤气水不需沉淀或过滤处理,只需经冷却后(如冷水塔)即可回用。少量煤气水需进入工厂废水处理系统(如生化处理单元)进行处理。

8. 投资情况

CAGG 灰熔聚流化床粉煤气化技术的投资相对较低,气化岛部分吨氨基建投资约 500~750 元。

第五节 循环流化床(CFB)煤气化技术

一、CFB 工艺特点

CFB 为 circulating fluidized bed 的缩写,意为循环流化床。在垂直气固流动系统中,随着通过床层气速的提高,系统相继出现散式流态化、鼓泡流态化、快速流态化及稀相输送等流动状态。当通过气速由湍动流态化进一步提高时,床层界面渐趋弥散。当气速达到输送速度时,颗粒夹带速率达到气体饱和携带能力,在没有物料补入的情况下,床层将很快被吹空。若物料补入速率足够高,并将带出的颗粒回收返回床层底部,则可在高气速下形成一种不同于传统密相流化床的密相状态,即快速流态化。以这种方式运转的流化床称为循环流化床。典型的循环流化床主要由上升管(即反应器)、气固分离器、回粒立管和返料机构等几大部分组成。循环流化床一般在数倍甚至数十倍于颗粒终端速率(又称颗粒沉降速度)的表观气速下操作,颗粒循环量为进料量的十几倍到几十倍,可通过调节颗粒的循环速率保持适宜的固相浓度和良好的气固接触状态。CFB 应用于煤气化过程,可克服鼓泡流化床中存在大量气泡造成气固接触不良的缺点,同时可避免气流床所需过高的气化温度,克服大量煤转化为热能而不是化学能的缺点，综合了气流床和鼓泡床的优点。CFB的操作气速介于鼓泡床和气流床之间，煤颗粒与气体之间有很高的滑移速度，使气固两相之间具有更高的传热传质速率。整个反应器系统和产品气的温度均一，不会出现鼓泡床中局部高温造成结渣。CFB可在高温（接近灰熔点温度）下操作，使整个床层都具有很高的反应能力。CFB除外循环还存在内部循环，床中心区颗粒向上运动，而靠近炉壁的物料向下运动，形成内循环。新加入的物料和气化剂能与高温循环颗粒迅速而完全混合，加上良好的传质传热，可使新加入的低温原料迅速升温，并在反应器底部就开始气化反应，使整个反应器生产强度增加。另外由于循环比率高达几十倍，颗粒在床内停留时间增加，碳转化率也得到提高。

美国 HRI 公司在 20 世纪 80 年代初进行了规模为 7t/d 煤的热态试验，瑞典 Studsvik 能源公司在 1986 年开发了一套常压 CFB 气化炉及 CFB 热气净化系统，利用固体燃料如生物质、城市垃圾、褐煤等生产热值为 4～7MJ/m³ 的洁净燃气。中科院广州能源所设计投产了直径 0.41m、高 4m、以木粉为原料的 CFB 气化炉。气化强度为 2000kg/(m² · h)，处理量为 180～378kg/h，产品气热值为 7000kJ/m³，冷煤气效率 75%。

二、德国鲁奇公司 CFB 煤气化技术

德国鲁奇公司在 1.7MW 规模中试电厂开发了 CFB 气化过程，中试装置气化炉内径 ϕ0.7m，高 11m，内衬耐火材料，处理能力 12t/d 煤。旋风分离器内径 ϕ0.7m，中心立管直径 ϕ0.4m。以树皮、城市垃圾、煤和焦为原料进行了 4000h 以上试验。气化炉简图见图3-3-18。

1. 工艺技术

进煤粒度为 0～6mm，也可用 4mm 以下，气化压力 0.16MPa，气化温度 960℃，主要特点包括：①碳转化率达 98%，灰中含碳小于 2%；②煤气中不含焦油、酚，粗煤气中甲烷含量约 2%；③氧耗相对气流床低，煤气生产成本低；④常压操作，固体排渣，设备易于制造，操作易控制。鲁奇公司已能设计 10～150MW 规模的 CFB 气化炉。

鲁奇 CFB 气化炉的流化速度范围大于传统流化床速度而小于气动提升管速度，根据气化原料的种类，在两者之间选择，以气/固速度差异最大为特征。物料循环量比传统流化床高，可以达 40 倍以上。

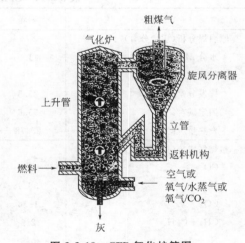

图 3-3-18 CFB 气化炉简图

2. 工艺流程简述

CFB 循环流化床煤气化工艺流程见图 3-3-19。

干燥后的粉煤经螺旋进料器加入气化炉，与炉下部进入的氧-蒸汽混合气进行气化反应，煤气夹带物料由炉顶引出，进入旋风分离器，固体物料返回气化炉，煤气经废热锅炉回收余热，依次经多级旋风分离器和袋式过滤进一步除尘，煤气经洗涤塔、文丘里、分离器、冷却器，洗涤冷却后，得到干净的煤气送往发电系统。灰渣由炉底经带冷却的螺旋出灰口排出。废热锅炉和多级旋风分离器排出的细灰经细灰仓用喷射器返回气化炉。洗涤器排出的含尘污

水经浓缩器,煤泥浆用泵送入气化炉进一步气化。洗涤废水送污水处理系统,处理后的水返回气化装置循环使用。

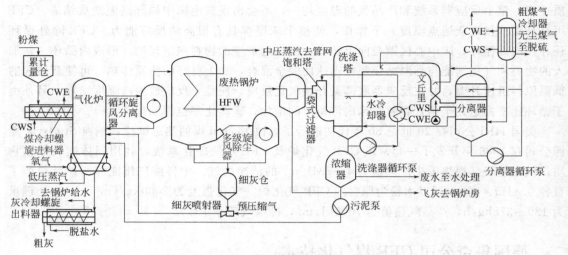

图 3-3-19　CFB 循环流化床粉煤气化工艺流程

3. CFB 煤气化指标

CFB 气化原料煤分析及气化指标见表 3-3-14。

表 3-3-14　CFB 气化原料煤分析及气化指标

项目	烟煤	无烟煤	树皮	城市垃圾	焦炭
原料煤分析(质量分数)/%					
水分 M_{ad}	11.0	6.36			
灰分 A_{ad}	7.9	18.42			
挥发分 V_{ad}	25.5	7.66			
固定碳/%	55.6	67.56	39.8	35.4	66.8
发热量/(kJ/kg)	25478	27560			
粗煤气成分(体积分数)/%					
CO	45.2	46.1	14.6	11.7	75.8
H_2	38.4	38.5	14.4	11.9	11.8
CO_2	13.6	13.0	13.6	12.6	9.6
$CH_4 + C_n H_m$	2.2	1.1	5.8	2.3	0.2
$N_2 + Ar$	0.6	1.3	35.3	44.4	0.1
$H_2S + COS$/(mg/m³)	1565	1250			
气化条件					
气化压力/MPa	0.15~0.20	0.05			
气化温度/℃	950~1000	950~1100	750~800	850~900	1000~1050
气化剂	O_2/蒸汽	O_2/蒸汽	空气	空气	O_2/CO_2
碳转化率/%	95~98	89~93	83.0	97.0	90~95
灰渣含碳/%	2.0~3.0				
产气量(以燃料计)/(m³/kg)	2.0~2.1	2.0~2.2	1.7	2.18	1.65
流化速度/(m/s)	5.0~7.0	5.0~7.0			

CFB煤气化炉进煤粒度<6mm，气化炉内流速5～7m/s，物料循环比20～40（倍），炉料停留时间4～6s，气体夹带碳60～100g/m³。

4. 消耗指标

以无烟煤粉煤为原料，以氧-蒸汽为气化剂，生产合成氨用粗煤气。原料无烟煤固定碳67.56%，元素分析碳92.47%，低发热量27560kJ/kg。核算每吨合成氨气化工段消耗为：

无烟煤粉煤	1.3t	氧气（98.8%）	658m³
低压蒸汽	0.764t	副产蒸汽（中压）	1.548t
冷却水（32℃）	57.0t	电	10.0kW·h
脱盐水（105℃）	1.43t	新鲜水（20℃）	3.34t

5. 装置运行情况

第一台工业化的CFB常压气化装置于1986年在奥地利Pols投入运行，以树皮为原料生产低热值煤气。到1991年鲁奇公司在全世界已有36台CFB气化炉在运行，12台气化炉在建，但在合成氨工业尚无应用的实例。

第六节　恩德炉粉煤气化技术

中国抚顺恩德机械有限公司，引进国外专利技术，开发了粉煤沸腾气化炉型，在原有技术基础上进行了三项重大改进完善之后开发成功了恩德粉煤气化技术。改进的主要内容是：①气化炉底炉算改为喷嘴布风，解决了炉算易结渣的问题，有利于提高气化温度，提高气化炉运转率；②气化炉中上部增设二次进风喷嘴，出口增设干式旋风除尘器，将煤气夹带的细煤粒和热灰回收，返回气化炉内，再次流化气化，形成热物料循环，降低飞灰中含碳量，使碳转化率提高到90%以上；③废热锅炉置于旋风除尘器之后，除尘后含尘量很低的煤气通过废热锅炉，使炉管的磨损大为降低，同时避免了炉管积灰问题，延长了废热锅炉的使用寿命和检修周期。

恩德炉已设计了单炉产粗煤气为10000m³/h、20000m³/h和40000m³/h等炉型。2001年2月在中国江西省景德镇市焦化煤气总厂建成投产了一台产气量10000m³工业示范的恩德炉，以空气和蒸汽为气化剂，生产空气煤气供给炼焦炉燃料气。不同规格的恩德炉粉煤气化主要参数列于表3-3-15。

表3-3-15　不同规格恩德炉粉煤气化主要参数

单炉产煤气量/（m³/h）	10000	20000	40000
气化炉规格，(D/H)/m	3.6/23	4.7/28	6.0/28
除尘器，(D/H)/m	3.5/11	4.7/17	6.0/19
废热锅炉，(D/H)/m	1.4/3.3	5.0/16	7.0/23
气化部分占地，长×宽/m	32×14	42×14	55×15
占地面积(1台)/m²	448	538	825

恩德炉对褐煤、长焰煤、不黏煤、弱黏煤等均可进行有效气化。对煤质要求：灰分<40%，水分<8%，粒度<10mm。根据所产煤气的用途和要求，气化剂可以有空气加水蒸气、富氧空气加水蒸气、纯氧加水蒸气等几种选择。气化炉生产负荷可在设计负荷的60%～105%范围内调节。气化炉年运转率可达90%以上。

恩德炉气化指标及消耗列于表 3-3-16。

表 3-3-16 恩德炉气化指标及消耗

	项目	水煤气	空气煤气	半水煤气	备 注
气化条件	气化压力/MPa	0.04	0.04	0.04	
	气化温度/℃	950～1050	950～1050	950～1050	
	进煤粒度/mm	0～10	0～10	0～10	
原料消耗	煤/(kg/km³)	565～577	283～287	395～415	
	氧气/(m³/km³)	98% 262～265		93% 73.9～75.9	
	空气/(m³/km³)		719～729	462～495	
	蒸汽/(kg/km³)	351～400	82～93		
动力消耗	电/(kW·h/km³)	18.1	17	18	不含制 O_2 用电
	软水/(m³/km³)	0.6	0.55	0.55	
	循环水(m³/km³)	28～29	22～25	27～28	
	新鲜水(m³/km³)	1.1	1.0	1.0	
效率	气化效率/%	约76	70～72	约76	
	热效率/%	约84	86～87	约84	
	碳转化率/%	约96	91	约94	
煤气组成	有效成分/%	(CO+H_2) 72～74	(CO+H_2+CH_4) 34～35	(CO+H_2+CH_4) 48～50	
	CH_4/%	1～1.2			
	N_2/%	4～5	56～58	17～20	
煤气热值/(kJ/m³)		8958～9053	4550～4760	≥6279	
自产蒸汽/(kg/km³)		0.6～4MPa 400～500	0.6MPa 450	0.6MPa 460	

煤种：河南省义马不黏煤，灰分 16.2%，水 8%，活性 950℃ 68.88%；气化炉灰渣中含碳 8%～10%，煤气中飞灰中含碳 13%～20%，碳转化率可达 90% 以上。

恩德炉粉煤气化工艺流程见图 3-3-20。

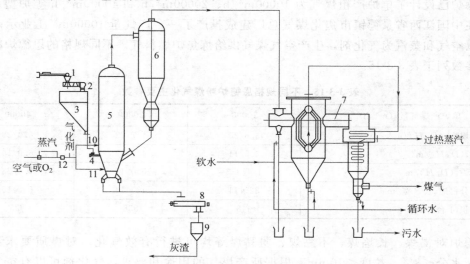

图 3-3-20 恩德炉粉煤气化工艺流程

1—受煤斗；2—螺旋送煤机；3—煤仓；4—螺旋给煤机；5—气化炉；6—旋风除尘器；7—煤气冷却器；
8—螺旋除灰机；9—灰斗；10—上层喷嘴；11—下层喷嘴；12—混合器

小于 10mm 合格原料煤经螺旋加煤机由气化炉底部送入炉内，空气或氧气和过热蒸汽混合后，分两路由一次喷嘴和二次喷嘴进入气化炉，使粉煤在炉内沸腾流化气化。气化炉下部为密相段，上部为稀相段，二次喷嘴进入的气化剂与稀相段细煤粒进一步发生气化反应。生产的粗煤气由炉顶引出，温度为 900～950℃，进入旋风分离器除尘后再进入废热锅炉回收余热并副产蒸汽，出废热锅炉的煤气（约 240℃）进入洗涤冷却塔冷却即得产品煤气。旋风分离器分离下来的细煤粒及飞灰通过回流管返回气化炉底部再次气化，从而使灰中含碳量降低。灰渣下落到气化炉底部，由水内冷的螺旋出渣机排入密闭灰渣斗，定期排到渣车运走。

恩德粉煤气化技术是在德国温克勒气化炉基础上经过改进形成的实用新技术。20 世纪 60 年代中国吉林化肥厂和兰州化肥厂曾采用温克勒粉煤气化炉生产合成气，用于生产合成氨和甲醇，后来改用其他原料而停止使用。

由于大型恩德炉建设投资少，长山化肥厂、通辽金煤乙二醇厂均采用了恩德炉制合成气，运行情况良好。

恩德炉具有技术成熟可靠、运行安全稳定、煤种适应性较宽、气化效率较高、操作弹性大、建设投资较少、生产成本低、环境影响小等特点。但也存在设备体积大、灰渣含碳量较高、煤气有效成分（$CO+H_2$）较低、气化压力低等缺点。

第七节　中科循环流化床双床气化技术

一、概述

中科清能燃气技术（北京）有限公司借助于中国科学院工程热物理研究所（以下简称研究所）在循环流化床技术方面的研发优势，开发和推广循环流化床煤气化技术在化工、建材、冶金、环保等领域的工业应用。

研究所自 2002 年开始研发常压循环流化床单床气化技术研发，通过在 0.2t/d 常压循环流化床煤气化小试试验台、2.5t/d 循环流化床煤气化中试装置开展系列试验研究，积累了丰富的试验数据和理论基础，并于 2009 年成功将常压循环流化床单床气化技术进行了工程转化，形成了产气量为 25000m³/h、40000m³/h、50000m³/h、60000m³/h 规模的系列炉型，目前在全球的应用业绩已经超过 30 台。

为进一步提高燃气热值和气化效率，2012 年，研究所在循环流化床单床气化技术的基础上，开始着手循环流化床双床气化技术的研发，先后建设了进煤量 0.25t/d 循环流化床双床气化小试试验台、2.5t/d 中试装置、5t/d 中试装置，取得大量工程设计数据。

二、技术特点

循环流化床双床气化工艺设备整合度高、操作条件温和、实现了能源梯级利用，代表当今最先进的循环流化床煤气化技术的设计理念。该技术除具备常压循环流化床单床气化技术特点外，还有如下优势：

1. 气化煤气热值明显提高

双床气化炉提取煤中挥发分产生高热值热解气，与循环流化床单床气化相比煤气热值可提高 10% 以上，常压空气气化条件下煤气热值即可达到 1600kcal/m³ 以上。富氧气化条件

下煤气热值可达到 $2200kcal/m^3$ 以上。

2. 冷煤气效率提高

煤从热解炉加入，热解半焦反应活性高，半焦经返料器进入气化炉，反应时间延长，双床比单床气化效率提高 2% 左右。

3. 双床气化可随时切换至单床气化，操作更灵活

双床气化系统由完整的单床加热解炉组成，可根据需要在两种状态下随时切换，在提高热值降低能耗的同时，连续运转率更高。

三、技术原理

循环流化床双床煤气化工艺以 0～12mm 粉煤为原料，以空气（或富氧）与水蒸气为气化剂，通过热解、燃烧、气化等反应过程生产以 CO、H_2、CH_4 为主要有效气成分的合成气体。其工艺原理如图 3-3-21 所示。煤通过螺旋给料机加入热解炉，热解所需热量由气化炉产生的高温循环半焦提供，热解煤气从热解炉顶部导出，进入气化炉还原区与气化煤气混合，热解煤气中一次热解反应产物受热发生二次裂解；热解产生的半焦进入气化炉，发生气化反应；气化炉的底渣从气化炉底部排出；高温循环半焦自气化炉顶部进入旋风分离器，经过旋风分离器分离后进入热解炉；高温混合煤气从旋风分离器导出，经过冷却、除尘后成为最终产品气。

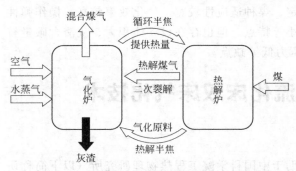

图 3-3-21 循环流化床双床煤气化工艺原理图

四、工艺装置构成

循环流化双床气化炉工艺系统主要由循环流化床双床气化系统、余热回收系统、净化系统以及辅助系统（供风系统、给煤系统、测控系统）等组成。循环流化床双床气化各工艺装置构成如表 3-3-17 所示。

表 3-3-17 工艺装置构成表

序号	装置名称	主要功能
1	煤气化装置	
1.1	主反应装置	采用循环流化床双床气化技术将煤转化为工业燃气
1.2	余热回收除尘及冷却装置	对气化生产的粗工业燃气进行除尘及降温
1.3	供风系统	为气化装置提供空气
1.4	煤气排送	对工业燃气进行加压
2	燃气脱硫装置	
2.1	脱硫	对工业燃气中 H_2S 进行脱除
2.2	硫黄精制	对脱硫单元的硫黄进行精制
3	制氮系统	提供氮气及仪表空气

五、工艺流程简介

① 气化系统以单床状态启炉,通过布置在气化炉底部的点火燃烧器产生的热烟气加热气化炉内的床料,当气化炉温度升至600℃后,通过气化炉给煤机向炉内加煤逐步取代点火燃烧器,通过煤燃烧提升炉体温度,气化炉温度升至950℃后切换入常规循环流化床单床气化,热解炉作为高温物料循环的通道不断蓄热,系统整体温度平稳后开启热解炉给煤机,关闭气化炉给煤机,转入循环流化床双床气化运行。

② 该系统在双床气化状态下运行时,煤场中的煤经破碎筛分后由上煤皮带送至热解炉给煤机料仓,通过给料机将煤加入热解炉,加入的煤与返料器返回的高温循环半焦混合,迅速释放出挥发分,产生热解煤气的同时产生热解半焦,热解煤气从热解炉顶部排出,通过连通管进入气化炉的稀相区,热解半焦及固体热载体经返料器进入气化炉下部,与600℃预热空气和蒸汽发生燃烧和气化反应;较细的半焦颗粒上升到炉膛上部,吸收来自底部的热量并与二氧化碳、蒸汽等发生气化反应,生成气化煤气。

煤气和半焦的混合物经过旋风分离器气固分离后,半焦通过返料器进入热解炉,煤气经过空气预热器降温到700℃左右后,经余热锅炉继续降温到220℃左右(同时产生0.8MPa、170℃的饱和蒸汽,部分用作气化剂,部分外供),再经旋风除尘器、冷却器和布袋除尘器冷却除尘,然后加压、脱硫后供给用户。系统工艺流程如图3-3-22所示。

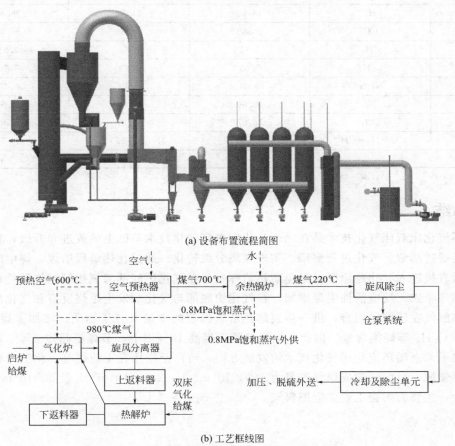

(a) 设备布置流程简图

(b) 工艺框线图

图 3-3-22 循环流化双床煤气化系统工艺流程 (冷净煤气)

六、煤气组成

以表 3-3-18 神木煤为设计基础，循环流化床双床气化技术的典型煤气组分见表 3-3-19。

表 3-3-18 设计煤种分析表（神木煤）

序号	项目	数值
1	收到基碳/%	65.42
2	收到基氢/%	3.85
3	收到基氧/%	10.24
4	收到基氮/%	0.86
5	收到基硫/%	0.37
6	收到基水分/%	12.00
7	收到基灰分/%	7.28
8	干燥无灰基挥发分/%	36.42
9	收到基固定碳/%	51.33
10	低位发热量/(MJ/kg)	24.99

表 3-3-19 典型煤气组分（体积分数） 单位：%

序号	项目	空气气化	35%富氧气化	50%富氧气化
1	H_2	18.90	24.82	28.83
2	CO	20.89	26.80	30.43
3	CH_4	5.15	6.61	7.51
4	C_2H_4	0.39	0.49	0.56
5	H_2S	0.09	0.12	0.13
6	N_2	43.60	27.08	16.56
7	CO_2	10.97	14.07	15.98
8	$CO+H_2+CH_4$	44.94	58.23	66.77
	合计	100.00	100.00	100.00

七、小结

循环流化床双床气化技术是在循环流化床单床气化技术基础上的改进和升级，其核心设计思想是通过热解、气化过程解耦，实现煤质分级转化。通过在热解段给煤，煤中的挥发分经热解后直接进入气化还原区，避免高热值挥发分在气化炉底部与氧接触燃烧消耗；经过热解后的循环半焦，反应活性明显增加，在气化炉底部与气化剂发生燃烧反应和气化反应，反应气与热解气在还原区混合，进一步裂解热解气携带的少量大分子物质，增加了煤气中 H_2 及 CH_4、C_2H_4 等烃类含量。因此，煤气热值可提高 10% 以上，节煤量超过 3%。双床气化技术代表了未来循环流化床气化技术的发展方向，可广泛应用在工业燃气、化工原材料、工业制氢等领域。目前已建成煤气产量为 $1.0\times10^4 m^3/h$、$2.0\times10^4 m^3/h$ 及 $5\times10^4 m^3/h$ 的气化炉多台，主要为陶瓷工业供应燃料气。

698

第八节　SGT 煤气化技术

一、概述

SGT 煤气化技术来源于 SESU-GAS 气化技术，技术拥有单位为天沃综能清洁技术有限公司。该技术属干粉煤流化床气化技术，2008 年以来先后在山东枣庄、河南义乌建成运行 5 台气化炉，单炉进炉量 1200t/d，取得大型工业化的成果经验。SGT 气化技术在美国芝加哥 GTI 已成功运行 3MPa（G）压力的中试气化装置。

二、技术特点

① 工艺流程比较简单。气化温度 1000℃左右，固态排渣，可根据后续用户要求，设计不同的气化压力。其工艺流程简图见图 3-3-23。

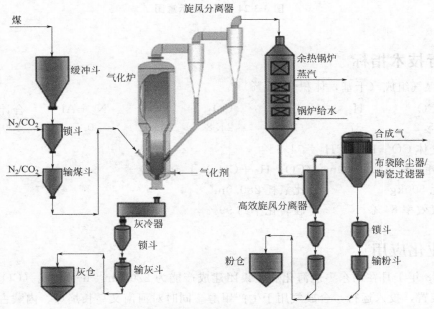

图 3-3-23　SGT 煤气化技术工艺流程简图

② 原料煤适应性强。气化高灰分、高灰熔点、低热值煤具有独特优势。
③ 不产生焦油、酚等污染物，废气、废水处理简单，环境友好。
④ 气化效率较高。碳转化效率 98% 以上，冷煤气效率大于 80%。
⑤ 设备全部国产化，投资较低，操作和维修方便。

三、气化炉结构

SGT 气化炉上部直径大，下部直径小，内衬耐热砖。煤和气化剂（蒸汽和氧气）分别从气化炉下部进入炉内，鼓泡流化。煤气及夹带的未完全气化的煤粒及灰从炉顶引出，经旋风分离器将颗粒物分离下来，通过料管返回气化炉。图 3-3-24 为气化炉示意图。

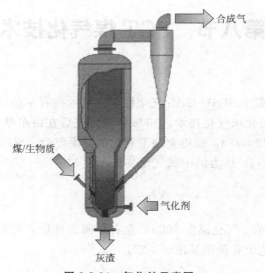

图 3-3-24 气化炉示意图

四、运行技术指标

① 粗煤气组成（干基，体积分数，%）

CO	H₂	CH₄	CO₂	O₂	N₂+Ar	合计
35.2	37	2.2	24.8	1.02	0.5	100

有效气体 $CO+H_2+CH_4=74.5\%$

② 消耗指标［以 1000m³ （CO+H₂+CH₄）］

比煤耗 500kg   比氧耗 280.0m³

净煤气效率 84%   碳转化率约 99%

五、工业化应用

① 2008 年 1 月在山东枣庄海化煤业集团建成产能为 22000m³/h 合成气（CO+H₂）的两套气化装置，投入运行，合成气用于生产甲醇。同时对河南义乌长焰煤、内蒙古白音华褐煤、山东兖矿高灰煤、澳大利亚次烟煤进行了试烧，证明了 SGT 煤气化技术对不同煤种均能高效气化的适应性。

② 2012 年 12 月在河南义乌气化厂建成投产了 3 台 SGT 气化炉，两开一备，单炉进煤量 1200t/d，合成气供 $30×10^4$t/a 甲醇生产作原料气。

③ 天沃综能清洁能源技术有限公司正在积极推进单煤炉 3000t/d 煤、气化压力 4.0MPa（G）的超大型气化炉商业化，已完成工艺设计包的开发。

第九节 碳分子气化燃烧新技术

一、概述

我国是以煤为主的能源生产和消费大国，其利用方法，对资源和生态环境有着重大的影响。节能减排已经成为我国政府工作的重中之重。因此，煤炭资源清洁高效开发利用是今后的必然选择。长期以来，国内外煤炭气化技术采用高温、高压、高速度、小颗粒煤（增大比表面）的流化床和气流床方法来实现。随着技术发展和设备大型化能源消耗量越来越大，产生的污染也越来越多，"三废"处理投资加大，煤气将影响和限制了这类技术的应用。因此，科学开发适合国情实用的低成本煤炭气化技术，是国民经济和社会发展的迫切需求，而且意义十分重大。

二、碳分子气化燃烧技术科学概念

从分子水平深入研究煤炭气化、燃烧及转化规律，发展提出了碳分子气化燃烧新科学机理。从根本上解决了目前煤气化技术存在的难题，其优势是：造气成本低，适应煤种广，可以大型化（单炉每天几千吨）。可实现从"元素、源头"层面防治污染，在气化炉内缺氧的条件下 Ca/S 接近 1 固硫；热煤气采用 α 接近 1 燃烧，防治和减排与氧有关的有害气体 SO_x、NO_x，资源消耗大幅度降低。

三、碳分子气化燃烧技术市场前景及效益

依据该技术的科学原理，可开发和形成以下具有国际领先水平的新技术：

① 低成本碳分子气化燃烧（供热、发电；全面替代油、电、天然气等）新技术及装置；

② 低成本垃圾分子气化燃烧（供热、发电）新技术及装置；

③ 低成本煤炭化工分子气化新技术及装置；

④ 低成本煤炭气化分子制造优质煤气替代焦炭冶炼新技术及装置；

⑤ 低成本生物质分子气化燃烧（供热、发电）新技术及装置。

在上述这些行业应用的综合效益是：

① 替代油、电、天然气、焦炭，燃料费用可降低 60% 以上。

② 替代流化床、煤粉、水煤浆燃烧，燃料加工和系统节电 50% 以上。

③ 替代炉箅层燃，燃烧系统节电 20% 以上；运行节煤 10% 以上；封火节煤 80% 以上；最严重的低温封火煤污染相应削减 80% 以上。

④ 制造化工原料气。可用在化肥厂煤气炉的改扩建上，使现有的间隙造气炉实现连续产气，成倍提高产量。其效益是：节省无烟煤 100kg/t 氨；节电 80%/t 氨；节约蒸汽 200kg/t 氨。

⑤ 低成本制造优质还原性气体，直接还原海绵铁；替代高炉喷吹煤粉（该技术制气比煤制粉和吹粉的电耗降低 50% 以上，而且还可省去每年可更换磨辊的高昂费用），实现清洁（煤气无渣）冶炼钢铁。

⑥ 煤＋垃圾分子气化燃烧，使垃圾高温（900℃以上）气化，低过量空气（α 接近 1）燃烧，气化燃烧过程极少，基本不产生与氧有关的有害气体（NO_x、SO_x、二噁英等），比现有垃圾＋油（或气）焚烧运行成本低、污染小。

由于碳分子气化燃烧新技术，具有上述显著的综合优势，可在我国大面积推广，因此，该技术的市场前景非常广阔，而且经济效益和环境效益巨大。

该发明带来的技术突破和广泛应用，可在我国科学实现以煤为基础、全面气化、以煤代油的能源高效、清洁利用体系，促进我国能源结构发生重大变革。从而减少石油进口，保障国家能源安全；还可为我国应对气化变化履行国际公约发挥重要作用；也可为这一技术领域

的发展起到积极的带头和引领作用。

　　因此，还可在我国发展一个具有世界 500 强的大企业。

四、应用实例及效益

　　① 15t/h 链条锅炉改成碳分子气化燃烧（煤气炉内缺氧固硫；燃烧室 α 接近 1 燃烧），燃烧系统可节电 20%（α 下降 30%）；节煤 10%（$q_{2.3.4}$ 大幅度降低），改造费 11 个月收回。

　　② 35t/h 流化床锅炉改成碳分子气化燃烧，（煤气煤气炉内缺氧固硫；燃烧室 α 接近 1 燃烧），燃烧系统可节电 50%（α 从 1.2 降到 1.05；风压下降 75%）；节煤 10%（$q_{2.3.4}$ 大幅度降低）。改造费 8 个月收回。

　　③ 935t/h 煤粉锅炉改成碳分子气化燃烧（煤气煤气炉内缺氧固硫；燃烧室 α 接近 1 燃烧），燃烧系统可节电 50%（α 从 1.2 降到 1.05；风压下降 70%；制粉电耗下降 60%）。实现了从源头、元素层面防治和削减有害气体（SO_x、NO_x 等）的产生，彻底改变了发电锅炉脱硫脱硝增加成本的被动局面，经济效益和社会效益巨大。

　　④ 采用碳分子气化燃烧技术，研发适合我国各种煤的生活锅炉，已在全国推广应用了数千套（台）；用该发明技术改造了 $\phi2m$、$\phi2.2m$、$\phi2.6m$、$\phi3.6m$ 工业煤气炉，达到了既增加煤气产量 30% 又同时提高煤气热值 10% 的目标，已广泛应用在建材行业的回转窑、隧道窑和石灰竖窑，冶金行业的加热炉和铁矿石烧结，机械行业的热处理炉，化工行业的熔窑等。通过这些大量、长期的实际使用证明，碳分子气化燃烧技术完全适应中国煤多灰、高熔点的特性。经专家鉴定，碳分子气化燃烧技术的综合指标处于国际领先。先后列为国家能源节能科技成果推广项目、国家环境最佳实用技术推广项目、世界华人重大节能科技成果推广项目，获中华绿色科技金奖和原机械工业部科技进步奖。

　　碳分子气化与传统气化技术综合经济指标比较见表 3-3-20，碳分子气化燃烧与直接燃煤炉综合技术经济指标比较见表 3-3-21。

表 3-3-20　碳分子气化与传统气化技术综合经济指标比较

	分子气化炉常压	固定床气化炉		气流床气化炉		流化床气化炉	
		常压	加压	加压		加压	常压
备煤电耗/(kW/t)	(50%成球)5			钢球磨	中速磨		
				20.5	12		
气化剂	空气＋蒸汽	空气＋蒸汽	氧气＋蒸汽	氧气＋蒸汽		氧气＋蒸汽	空气＋蒸汽
气化强度/[kg/(m³·h)]	1100~2000	180~350	900~1500	1000~1200		1000~1200	500~700
气化压力/MPa	0.005	0.005	2.5~5.0	2.5~3.5		1.0	0.02
气化电耗/倍	1	1	500 以上	500 以上		200	4
煤气热值/(kJ/m³)	5400~6700	4100~5400	12000~14000	12000~14000		12000~13000	3200~4200
炉渣含碳/%	3~9	14~17	9~13	3~6		5~15	20~30
煤种	不限	有要求	有要求	有要求		有要求	有要求
投资	更小	小	很大	很大		很大	很大
运行成本	更低	低	很高	很高		很高	很高
工艺评价	简单可大型化	简单只能小型	很复杂可大型化	很复杂可大型化		很复杂可大型化	复杂只能小型

表 3-3-21 碳分子气化燃烧与直接燃煤炉综合技术经济指标比较

	分子气化燃烧	直接燃煤炉		
		机械化链条燃烧	流化床燃烧	煤粉燃烧炉
备煤电耗/(kW/t)	5(50%成球)	0	3~6	12~25
空气压力/MPa	0.005+0.001 (35%+65%)	0.003	0.02	0.02
鼓风电耗变化/倍	0.9	1	6.6	6.6
炉膛/%	1.05	1.5	1.2	1.2
脱硫工艺及成本	燃烧前气化炉内 脱硫成本极低	烟气脱硫 成本高	炉内+烟气脱硫 成本极高	烟气脱硫 成本极高
脱 NO_x 工艺	低 α 燃烧 NO_x 很少 (可减20%以上)	很高 α 燃烧 NO_x 很大	高 α 燃烧 NO_x 大	高 α 燃烧 NO_x 大
引风电耗	0.66	1	0.08	0.8
锅炉比钢耗($T_{钢}$ / $T_{水}$)	0.6	1	1.2	1.2
除尘器	无	有	有	有
灰渣含碳量/%	3~9	14	3~9	3~6
工艺评价	简单、可大型化	简单、只能小型	很复杂、可大型化	很复杂、可大型化

第十节 国内外流化床气化装置一览

国内外流化床气化装置一览见表 3-3-22。

表 3-3-22 国内外流化床气化装置一览

工艺名称	国别	开发商	商业化程度
Winkler	德国	Davy Mokee 公司	大规模商业化厂
HTW	德国	Rheinbraun 公司	示范厂
KRW	美国	Westinghouse 公司 M. W. Kellogg 公司	示范厂
U-gas	美国	IGT	上海焦化厂工业化装置
ICC 灰熔聚	中国	中科院山西煤化所	陕西城化示范装置
HYGAS	美国	IGT	中试装置
COGAS	美国	COGAS 发展公司	中试装置
CO_2 吸附剂工艺	美国	Conoco 煤发展公司	中试装置
Battelle	美国	Battelle 公司	中试装置
Synthane	美国	DOE	中试装置
Exxon 催化气化	美国	Exxon 研究与工程公司	中试装置
CFB	德国	Lurgi 公司	中试装置
恩德气化炉	中国	抚顺恩德机械有限公司	江西工业化装置
SGT	中国	天沃综能清洁技术公司	河南义马煤气厂
双床气化炉	中国	中科清能燃气技术公司	山东茌平陶瓷厂
CAGG(加压)	中国	秦能天脊科技公司	山西丰喜集团公司
CKZ	中国	北京正焱环保节能科技公司	太原丰达集团公司

参考文献

[1] 陈家仁. 洁净煤技术，1998，4（1）：8-10.

[2] Ssuires A M. Chem Eng Progr，1962，58（4）：66-73.

[3] Floyd F M，Agrawal R K. 6th Annual International Pittsburgh Coal Conference. Pittsburgh，Pennsylvania，USA，1989：25-29，559-568.

[4] Nowacki P Coal Gasification Processes. United States：N P，1981.

[5] William H B，Morris M. Rensfelt E，et al. Development of an Integrated Gasification and Hot Gas Cleaning Process Using Circulating Fluidized Bed Technology. Circulating Fluidized Bed Technology Ⅲ. Oxford：Pergamon Press，1991：511.

[6] Lurgi Co. Make Gas from Solid Fuels，1993.

[7] 中美能源环境技术中心. 2000 年年报.

[8] Wan W P，Xue P B. Fluidized Bed Gasification Development in China，Proceeding of International Conference on Engineering and Technological Sciences，Session 4. Energy Strategy & Technology for sustainable Development，Beijing，2000：259-264.

[9] Daizo Kunii，Levenspiel O. Fluidization Engineering. 2th ed. Boston：ButterworthHeinemann，1991.

[10] Schilling H D，Bonn B. Coal Gasification-Existing Process and New Developments. Graham & Trotman Limited，1981.

[11] Nowacki P. Coal Gasification Process. Noyes Data Corpration. Park Ridge. New Jersey，1981.

[12] 沙兴中，杨南星. 煤的气化与应用. 上海：华东理工大学出版社，1995.

[13] 邓渊. 煤炭加压气化. 北京：中国建筑工业出版社，1982.

[14] Simbeck k R，Dickenson R L，Oliver E D. Coal Gasification Systems：A guide to Status，Application and Economics. Final Report，EPRI AP-3109，Electric Power Research Institute，Palo Alto，California，1983.

[15] Merrick D. Coal Combustion and Conversion Technology. Macrnillan，1984.

[16] 寇公. 煤炭气化工程. 北京：机械工业出版社，1992.

[17] Schobert H H. Coal，the Energy Source of the Past and Future. Washington D C：American Chemical Society，1987.

[18] 刘镜远. 合成气工艺技术与设计手册. 北京：化学工业出版社，2002.

[19] 王同章. 煤炭气化原理与设备. 北京：机械工业出版社，2001.

[20] 王洋，等. 煤化工，1997（1）：11-16.

[21] 钱伯章. 西部煤化工，2007（2）：5-17.

第四章
干法气流床煤的气化

第一节 概述

一、气流床气化的特点及分类

1. 气流床气化的特点

气流床气化是煤炭气化的一种重要形式。原料煤是以粉状入炉，粉煤和气化剂经由烧嘴或燃烧器一起夹带、并流送入气化炉，在气化炉内进行充分的混合、燃烧和气化反应。由于在气化炉内气固相对速度很低，气体夹带固体几乎是以相同的速度向相同的方向运动，因此称为气流床气化或夹带床气化。气流床的气化特点见表 3-4-1。

表 3-4-1 气流床的气化特点

气化方法		气流床		
典型气化炉		KT	GE(Texaco)	Shell
灰排出状态			熔渣	
原料煤特性	对小颗粒煤	不受限		不受限
	对黏结性煤	不受限		不受限
	对煤的变质程度	任何煤		任何煤
	对灰熔点要求(FT)/℃	<1350		<1350
操作特性	气化压力/MPa	常压	8.7	2.0~4.0
	气化温度(出口)/℃	1400~1700	1350~1550	1400~1700
	炉内最高温度/℃	≥2000	≥2000	≥2100
	耗氧量	较低	高	低
	耗蒸汽	低	无	低

续表

气化方法		气流床		
典型气化炉		KT	GE（Texaco）	Shell
灰排出状态		熔渣		
操作特性	煤在炉内停留时间	1s	5s	10s
煤气成分/%	H_2	31	35	22～34
	CO	58	45	54～69
	CO_2	10	15～20	1～10
	CH_4	<0.1	<0.1	<0.01
	N_2	1～2		4～5
煤气含焦油、烃类、酚		无		无

气流床气化的主要特点如下。

（1）粉煤进料　煤的气化反应是非均相反应，又是剧烈的热交换反应，影响煤气化反应的主要因素除气化温度外，气固间的热量传递、固体内部的热传导速率及气化剂向固体内部的扩散速率是控制气化反应的主要因素。气流床气化是气固并流，气体与固体在炉内的停留时间几乎相同，都比较短，一般在 1～10s。煤粉气化的目的是想通过增大煤的比表面积来提高气化反应速率，从而提高气化炉的生产能力和碳的转化率。在固定床气化过程中，气体和固体是逆向流动，对入炉原料粒度及原料中粉煤的含量要严格控制，如鲁奇炉规定入炉原料中小于 6.4mm 的粉煤必须少于 10%～15%，否则会恶化炉况，影响气化炉的正常运行。在流化床气化过程中，气体和固体的流动是并流和逆流共存，要保证气化炉的正常操作，对入炉原料中粉煤的含量也要求控制在一定的比例。而气流床气化入炉原料的粒度越细对气化反应越有利。煤的颗粒直径从 10cm 降到 0.01mm（10μm），煤的比表面积约扩大 10^4 倍，这样可以有效地提高气化反应速率，从而提高气化炉的生产能力和碳的转化率。因此，粉煤气化通过降低入炉原料粒度来提高固体原料的比表面对气化反应就更有其特殊意义。随着采煤技术自动化程度的提高，商品煤中粉煤含量就越多，因此采用粉煤气化就显得日趋重要。

（2）高温气化　气流床煤气化反应温度比较高，气化炉内火焰中心温度一般可高达2000℃以上，出气化炉气固夹带流的温度也高达 1400～1700℃，参加反应的各种物质的高温化学活性充分显示出来，因而碳转化率特别高。高温下煤中的挥发分如焦油、氮、硫化物、氰化物也可得到充分的转化。其他组分也通过彻底的"内部燃烧"得到钝化。因此，得到的产品煤气比较纯净，煤气洗涤污水比较容易处理。对非燃料用气如合成氨或甲醇的原料气来说，甲烷是不受欢迎的，随着气化温度的升高其所产生的气体中甲烷含量显著降低，因此气流床煤气化特别适合生产高 CO+H_2 含量的合成气。高温气化生产合成气的显热可通过废热锅炉回收，生产蒸汽。在某些情况下，所生产的蒸汽除自身生产应用外，还可以和其他的化工企业或发电企业联合一起利用。由于是高温气化，因此气流床气化氧气消耗量比较高。

（3）液态排渣　在气流床气化过程中，夹带大量灰分的气流，通过熔融灰分颗粒间的相互碰撞，逐渐结团、长大，从气流中得到分离或黏结在气化炉壁上，并沿炉壁向下流动，以熔融状态排出气化炉。经过高温的炉渣，大多为惰性物质，无毒、无害。由于是液态排渣，要保证气化炉的稳定操作，气化炉的操作温度一般在灰的流动温度（FT）以上，原料煤的灰熔点越高，要求气化操作温度也就越高，这样势必会造成气化氧气的消耗量增加，影响气化运行的经济性，因此，使用低灰熔点煤是有利的。对于高灰熔点煤，可以通过添加助熔剂，降低灰熔点和灰的黏度，从而提高气化的可操作性，气流床气化对煤的灰熔点要求不是十分严格。

2. 气流床气化的分类

气流床气化主要有如下几种分类方式：

① 根据入炉原料的输送性能可分为干法进料和湿法进料。

② 根据气化压力可分为常压气化和加压气化。

③ 根据气化剂可分为空气气化和氧气气化。

有代表性的工业化气流床气化炉型主要有如下几种。

① K-T（Koppers-Totzek）炉：常压气化、干粉进料、以氧气为气化剂。

② Shell-Koppers 炉、Prenflo（pressurized entrained flow gasification）气化炉、Shell 气化炉、GSP（gaskombiant schwarze pumpe）气化炉：这四种气化工艺均为加压气化、干粉进料、以氧气为气化剂。

③ ABB-CE 气化炉：加压气化、干粉进料、以空气为气化剂。

④ GE 炉、Destec 炉：湿法水煤浆进料，加压气化、以氧气为气化剂。

本章主要介绍采用干法粉煤进料的气流床气化工艺，关于湿法进料的气流床气化工艺将在下一章中介绍。

二、干法气流床气化技术发展概况及前景

1. 发展概况

最早实现工业化的气流床气化工艺当首推 K-T 炉。K-T 炉最初是由德国柯柏斯（Koppers）公司的托切克（Totzek）工程师于 1936 年提出，1948 年在美国进行中试，1952 年首次应用于工业规模。其工艺特点是，煤以粉末形式入反应炉，在高温下于很短时间内转变为无副产品的气体。它是在以接近常压下进行气化，主要用于生产合成氨原料气和燃料气。采用 K-T 炉气化工艺制氨在世界上（不含中国）曾一度占煤制合成氨总产量的 90%。

在 K-T 炉的基础上，荷兰 Shell 国际石油公司（Shell International Oil Products B. V.）和 Krupp-Uhde 公司的前身克虏伯-柯柏斯股份有限公司（Krupp-Koppers）合作，联合开发了 Shell-Koppers 气化工艺，并于 1976 年在荷兰阿姆斯特丹建成了小试装置（6t/d），先后完成了 21 个煤种的气化试验。在小试的基础上，于 1978 年在德国的汉堡-哈尔堡（Hamburg-Harburg 炼油厂）建立了一个气化能力为 150t/d 的 Shell-Koppers 工业示范装置，操作压力为 3MPa。Shell-Koppers 炉典型的试验结果见表 3-4-2。

表 3-4-2　Shell-Koppers 炉典型的试验结果

煤气组分/%					碳转化率/%	冷煤气效率/%
CO_2	CO	H_2	$N_2 + Ar$	$H_2S + COS$		
2.16	67.49	25.06	5.06	0.23	97.9	75.29

Shell-Koppers 气化工艺实际上是 K-T 炉的加压气化形式，其主要工艺特点是采用密封料斗法加煤装置和粉煤浓相输送，气化炉采用水冷壁结构。Shell-Koppers 炉于 1983 年结束运转，累计操作超 6000h。后来两合作者单独开发了各自的干法气化新工艺。Shell 公司开发了 Shell 煤气化工艺简称 SCGP（shell coal gasfication process）。Krupp-Uhde 公司开发了加压气流床气化工艺，简称 Prenflo。

Shell 公司于 1986 年在美国休斯敦郊区建成一套命名为 SCGP-1 的粉煤气化示范装置，气化规模为 250～400t/d 煤，气化压力 2～4MPa。在此基础上，于 1993 年在荷兰的 Demkolec 建成 2000t/d 的采用 Shell 煤气化工艺的整体煤气化联合循环（IGCC）发电示范装置，同年开始试车并实现联合循环发电，现已进入商业化运行。

Prenflo 工艺是 Shell-Koppers 炉的另一种表现形式。Krupp-Uhde 公司于 1985 年开始在 Fuerstenhausen 的原 Rummel 试验厂的基地上建设一套气化规模为 48t/d、操作压力为 3.0MPa 的 Prenflo 示范装置，于 1986 年建成并投入运转。示范装置运行的主要目的是确定设备部件在连续操作条件下的运转性能、可用性和耐久性，并对不同煤种的气化性能和经济性能进行试验和评价。在 Prenflo 示范装置的基础上，受欧洲共同体的资助，Krupp-Uhde 公司于 1992 年签订提供 Prenflo 加压气流床气化技术的合同，用于在西班牙的 Puertollano 建设 IGCC 示范厂，其单台气化炉的气化能力为 2600t/d，是当时世界上运行的单台能力最大的加压气流床气化炉。

在 Shell-Koppers 气化工艺开发的同时，民主德国 VEB Gaskombiant 的黑水泵公司开发了 GSP 气化炉。GSP 是德文 gaskombiant schwarze pumpe 的简称，GSP 气化是一种下喷式加压气流床液态排渣气化炉。黑水泵煤气联合企业对 GSP 的技术开发始于 1976 年，1980 年在民主德国的弗赖堡（Freiburg）燃料学院建成了 W100 和 W5000 两套气化试验装置。W100 气化装置气化炉容积为 $0.075m^3$，操作压力为 3MPa，实际气化能力为 100～250kg/h 干煤粉。W5000 为冷试装置，设计能力为 5～25t/h，操作压力 4MPa。1983 年 12 月在黑水泵联合企业建成一套工业规模的气化装置，气化装置投煤量为 30t/h，产气量为 $4×10^4m^3/h$，工作压力 3.0MPa，1985 年投入运行，产品煤气主要供作城市煤气调峰气源，气化原料主要为褐煤。GSP 煤气化技术拥有者为德国西门子燃料气化技术有限公司。

2. 发展前景

气流床气化是 20 世纪 50 年代初发展起来的新一代煤气化技术。加压气流床气化的工业化于 20 世纪 80 年代取得成功。近二十年来，为了提高燃煤电厂热效率，减少环境污染，国外对煤气化联合循环发电技术做了大量工作，因而促进了现代煤气化技术的发展。随着石油和天然气资源的日趋紧张，先进的煤气化技术有着广阔的发展前景。

一种良好的煤气化工艺，必须在气体质量和经济效益上占有优势，它才能具有强大的市场竞争力，这就要求它具备以下几个条件。

① 工艺上必须适应任何天然固体原料（泥煤、褐煤、硬煤、无烟煤以及残渣燃料等）。

② 固体燃料的一切可燃有机成分必须完全转化为气体。

③ 所生成的气体必须含有高的氢和一氧化碳有用成分。不产生焦油、酚等易造成污染环境的成分，不产生任何影响环境的有害物质。

④ 煤中的能量要大量转化为有用气体的能量。

⑤ 气体中几乎不含腐蚀性组分，当气体冷却时不产生堵塞管道或设备的固体或浆状物。

K-T 式气化炉是第一代干法粉煤气流床气化技术的典型的代表，进入 20 世纪 80 年代以后，随着加压煤气化工艺的工业化，K-T 炉基本停止发展。前面所述及的 Shell-Koppers、SCGP、Prenflo 及 GSP 等气化技术均属第二代煤气化技术，第二代干法粉煤气化技术的主要特点是加压气化。由于干法粉煤加压气流床气化是在高压下进行，这就大大提高了气化装置单位体积和单位时间的煤气产量。当气化压力从 0.1MPa 提高到 4MPa 时，其投煤量的比也相应从 1 倍提高到 10 倍，等于扩大了气化炉的生产能力。由于采用高压气化制合成气，会大大减少气体净化的投资，并节省压缩功，降低产品能耗。

第二节　加压气流床粉煤气化（Shell 炉）

一、概述

1. 发展历史

Shell 煤气化工艺（shell coal gasfication process）简称 SCGP，是由荷兰 Shell 国际石油公司（ShellInternational OilProducts B. V.）开发的一种加压气流床粉煤气化技术。Shell 煤气化工艺的发展主要经历了概念阶段、小试试验、中试装置、工业示范装置、工业化应用5 个阶段。

2. 工艺特点

Shell 煤气化工艺属加压气流床粉煤气化，是以干煤粉进料，纯氧作气化剂，液态排渣。干煤粉由少量的氮气（或二氧化碳）吹入气化炉，对煤粉的粒度要求也比较灵活，一般不需要过分细磨，但需要经热风干燥，以免粉煤结团，尤其对含水量高的煤种更需要干燥。气化火焰中心温度随煤种不同在 1600～2200℃，出炉煤气温度约为 1400～1700℃。产生的高温煤气夹带的细灰尚有一定的黏结性，所以出炉需与一部分冷却后的循环煤气混合，将其激冷至 900℃左右后再导入废热锅炉，产生高压过热蒸汽。干煤气中的有效成分 $CO+H_2$ 可高达90%左右，甲烷含量很低。煤中约有 83%以上的热能转化为有效气，大约有 15%的热能以高压蒸汽的形式回收。

加压气流床粉煤气化（Shell 炉）是 20 世纪末实现工业化的新型煤气化技术，是 21 世纪煤炭气化的主要发展途径之一。其主要工艺技术特点如下。

① 由于采用干法粉煤进料及气流床气化，因而对煤种适应广，可使任何煤种完全转化。它能成功地处理高灰分、高水分和高硫煤种，能气化无烟煤、石油焦、烟煤及褐煤等各种煤。对煤的性质诸如活性、结焦性、水、硫、氧及灰分并不敏感。

② 能源利用率高。由于采用高温加压气化，因此其热效率很高，在典型的操作条件下，Shell 气化工艺的碳转化率高达 99%。合成气对原料煤的能源转化率为 80%～83%。此外尚有 16%～17%的能量可以利用而转化为过热蒸汽。这主要由于在高温下（1400～2200℃），燃料各组分活性大，有利于完全气化。在加压下（3MPa 以上），气化装置单位容积处理的煤量大，产生的气量多。大大降低了后续工序的压缩能耗。此外，还由于采用干法供料，也避免了湿法进料消耗在水汽化加热方面的能量损失。因此能源利用率也相对提高。

③ 设备单位产气能力高。由于是加压操作，所以设备单位容积产气能力提高。在同样生产能力下，设备尺寸较小，结构紧凑，占地面积小，相对的建设投资也比较低。

④ 环境效益好。因为气化在高温下进行，且原料粒度很小，气化反应进行得极其充分，影响环境的副产物很少，因此干法粉煤加压气流床工艺属于"洁净煤"工艺。Shell 煤气化工艺脱硫率可达 95%以上，并生产出纯净的硫黄副产品，产品气的含尘量低于 $2mg/m^3$。气化产生的熔渣和飞灰是非活性的，不会对环境造成危害。工艺废水易于净化处理和循环使用，通过简单处理可实现达标排放。生产的洁净煤气能更好地满足合成气、工业锅炉和燃气透平的要求及环保要求。

⑤ 缺点是气化炉结构复杂，设备投资大，入炉粉煤需要干燥到含水 2%以下，增加了能耗。

二、Shell 煤气化原理

Shell 煤气化反应原理与 K-T 常压粉煤气化相同。由于反应温度很高，反应速率很快，炉内停留时间较短（3～10s），很快使气化反应达到平衡。图 3-4-1 示出了气化反应的平衡条件与气化温度的关系。

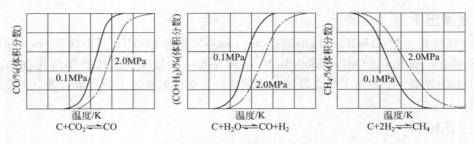

图 3-4-1　气化反应平衡图

三、原料要求

Shell 煤气化对煤种有广泛的适应性，它几乎可以气化从无烟煤到褐煤的各种煤。由于采用了粉煤进料和高温、加压气化，对煤的活性、黏结性、机械强度、水分、灰分、挥发分等煤的一些关键理化特性的要求显得不十分严格。表 3-4-3 分别示出了美国休斯敦工业示范装置 SCGP-1 和荷兰 Demkolec 的 IGCC 示范装置已经试验过的煤种的特性数据。

表 3-4-3　SCGP 试验过的煤质特性数据

项目		美国休斯敦		荷兰 Demkolec IGCC 示范装置
		石油焦	SCGP-1 示范装置	
水分(M_{ar})/%		0.5	4.5～30.7	4.7～12.1
灰分(A_{ad})/%[①]			5.7～24.5	4.5～16.2
氧(O_{ad})/%		0.1	5.3～16.3	5.2～14.0
硫(S_{ad})/%			0.3～5.2	0.6～1.1
氯(Cl_{ad})/%			0.01～0.41	0.01～0.15
灰分/%	Na_2O		0.1～3.1	0.3～1.4
	K_2O		0.1～3.3	0.6～2.3
	CaO	0.8	1.2～23.7　5.9～27.8	0.7～6.9　3.3～12.4
	Fe_2O_3　SiO_2	6.8	24.9～58.9	45.1～59.8
	Al_2O_3	1.9	9.5～32.6	19.0～32.8
高位发热量($Q_{gr,v,ad}$)/(MJ/kg)		35.6	22.8～33.1	27.2～32.9

① 指平均值,有些煤种灰分高达 35%。

虽然 Shell 煤气化炉对煤种的适应性很广，但亦不是万能气化炉，从技术经济角度考虑对煤种还是有一定的要求。煤种特性对煤气化炉和相关设备的设计及操作密切相关。

1. 水分

Shell 煤气化炉是干粉进料，要求含水量<2%。水分含量（特别是外在水分）的高低直接关系到运输成本和制粉的能耗。对水分含量高的煤种，比较适合就近建厂或坑口建厂，原煤应进行干燥处理。

2. 灰分

灰分是煤中的惰性物质，其含量的高低对气化反应影响不大，但对输煤、气化炉及灰处理系统影响较大。灰分越高，气化煤耗、氧耗越高，气化炉及灰渣处理系统负担也就越重，严重时会影响气化炉的正常运行。由于 Shell 煤气化炉是采用冷壁结构，以渣抗渣，如果灰分含量太低，气化炉的热损大，且不利于炉壁的抗渣保护，影响气化炉的使用寿命。

3. 煤粉粒度、挥发分及反应活性

挥发分是煤加热后挥发出的有机质（如焦油）及其分解产物。它是反映煤的变质程度的重要标志，能够大致地代表煤的变质程度。一般而言，挥发分越高，煤化程度越浅，煤质越年轻，反应活性越好，对气化反应越有利。由于 Shell 气化炉采用的是高温气化，气体在炉内的停留时间比较短，这时气固之间的扩散反应是控制碳的转化的重要因素，因此对煤粉粒度要求比较细，而对挥发分及反应活性的要求不像固定床那样严格。由于煤粉粒度的粗细直接影响了制粉的电耗和成本，因此在保证碳的转化前提下，对挥发分含量高、反应活性好的煤可适当放宽煤粉粒度，对于低挥发分、反应活性差的煤（如无烟煤）煤粉粒度应越细越好。

4. 总硫

煤中硫的存在，在气化环境中形成 H_2S 和 COS。硫含量过高，会给后系统煤气的净化及脱硫带来负担，并直接影响煤气净化系统的投资及运行成本。对煤中硫含量的选择，应结合净化装置的设计及投资综合考虑。

5. 灰熔点及灰组成

Shell 煤气化属熔渣、气流床气化，为保证气化炉能顺利排渣，气化操作温度要高于灰熔点 FT（流动温度）约 $100\sim150℃$。如灰熔点过高，势必要求提高气化操作温度，从而影响气化炉运行的经济性。因此 FT 温度低对气化排渣有利。对高灰熔点煤，一般可以通过添加助熔剂来改变煤灰的熔融特性，以保证气化炉的正常运转。

煤灰主要是由 SiO_2、Al_2O_3、Fe_2O_3、CaO、MgO、TiO_2 及 Na_2O、K_2O 等组成。一般而言，煤灰中酸性组分 SiO_2、Al_2O_3、TiO_2 和碱性组分 Fe_2O_3、CaO、MgO、Na_2O 等的比值越大，灰熔点越高。煤灰组成一般对气化反应无多大影响，但其中某些组分含量过高会影响煤灰的熔融特性，造成气化炉渣口排渣不畅或渣口堵塞。对助熔剂及加入量的选择，应结合煤灰组成，通过添加某些组分（一般选用碱性组分），调整煤灰的相对组成，以改善灰的熔融特性。添加助熔剂将或多或少地增加运行成本和建设投资。这些费用的增加可以通过降低气化操作温度，节约氧耗和煤耗来补偿。

一般情况下，选用中低灰熔点的煤对 Shell 煤气化炉是有利的。

Shell 煤气化炉对入炉煤的质量要求见表 3-4-4。

表 3-4-4 **Shell 煤气化炉对入炉煤的质量要求**

项目	质量要求	说明
水分(M_{ar})/%		水分含量应保证粉煤不结团。在制粉过程中可采用热风干燥，一般控制热风露点为80℃左右为宜
褐煤	6～10	
其他	1～6	
灰分(A_d)/%	<20	
总硫(S_{td})/%	<2	
灰熔点/℃		
流动温度(FT)	<1350	>1350℃需加助熔剂
煤粉粒度(<0.15mm 或 100 目)/%	>90	

四、工艺流程及主要设备

1. 工艺流程

Shell 煤气化工艺流程见图 3-4-2，从示范装置到大型工业化装置均采用废锅流程。

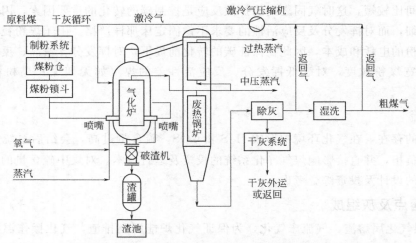

图 3-4-2 **Shell 煤气化工艺（SCGP）流程示意图**

　　来自制粉系统的干燥粉煤由氮气或二氧化碳气经浓相输送至炉前煤粉储仓及煤锁斗，再经由加压氮气或二氧化碳气加压将细煤粒子由煤锁斗送入周向相对布置的气化烧嘴。气化需要的氧气和水蒸气也送入烧嘴。通过控制加煤量，调节氧量和蒸汽量，使气化炉在 1400～1700℃范围内运行。气化炉操作压力为 2～4MPa。在气化炉内煤中的灰分以熔渣形式排出。绝大部分熔渣从炉底离开气化炉，用水激冷，再经破渣机进入渣锁系统，最终泄压排出系统。熔渣为一种惰性玻璃状物质。

　　出气化炉的粗煤气挟带着飞散的熔渣粒子被循环冷却煤气激冷，使熔渣固化而不致粘在合成气冷却器壁上，然后再从煤气中脱除。合成气冷却器采用水管式废热锅炉，用来产生中压饱和蒸汽或过热蒸汽。粗煤气经省煤器进一步回收热量后进入陶瓷过滤器除去细灰（<20mg/m³）。部分煤气加压循环用于出炉煤气的激冷。粗煤气经脱除氯化物、氨、氰化

物和硫（H_2S、COS），HCN 转化为 N_2 或 NH_3，硫化物转化为单质硫。工艺过程大部分水循环使用。废水在排放前需经生化处理。如果要将废水排放量减少到零，可用低位热将水蒸发。剩下的残渣只是无害的盐类。

2. 主要设备

（1）气化炉　Shell 煤气化装置的核心设备是气化炉。气化炉结构简图见图 3-4-3。

Shell 煤气化炉采用膜式水冷壁形式。它主要由内筒和外筒两部分构成，包括膜式水冷壁、环形空间和高压容器外壳。膜式水冷壁向火侧敷有一层比较薄的耐火材料，一方面为了减少热损失；另一方面更主要是为了挂渣，充分利用渣层的隔热功能，以渣抗渣，以渣护炉壁，可以使气化炉热损失减少到最低，以提高气化炉的可操作性和气化效率。环形空间位于压力容器外壳和膜式水冷壁之间。设计环形空间是为了容纳水/蒸汽的输入/输出管和集汽管，另外，环形空间还有利于检查和维修。气化炉外壳为压力容器，一般小直径的气化炉用钨合金钢制造，其他用低铬钢制造。对于日产 1000t 合成氨的生产装置，气化炉壁设计温度一般为 350℃，设计压力 3.5MPa（G）。

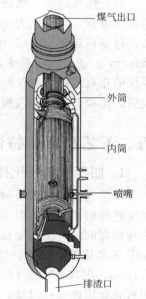

气化炉内筒上部为燃烧室（或气化区），下部为熔渣激冷室。煤粉及氧气在燃烧室反应，温度为 1700℃左右。Shell 气化炉由于采用了膜式水冷壁结构，内壁衬里设有水冷却管，副产部分蒸汽，正常操作时壁内形成渣保护层，用以渣抗渣的方式保护气化炉衬里不受侵蚀，避免了因高温、熔渣腐蚀及开停车产生应力对耐火材料的破坏而导致气化炉无法长周期运行。由于不需要耐火砖绝热层，运转周期长，可单炉运行，不需备用炉，可靠性高。

图 3-4-3　Shell 煤气化炉结构简图

（2）烧嘴　气化炉烧嘴是 Shell 煤气化工艺的关键设备及核心技术之一。气化炉加料采用侧壁烧嘴，在气化高温区对称布置，并且可根据气化炉能力由 4～8 个烧嘴中心对称分布。由于采用多烧嘴结构，气化炉操作负荷具有很强的可调幅能力。单炉生产能力大，在气化压力为 3.0MPa 的条件下，单炉气化能力可达 2000～3000t/d 煤。根据资料介绍目前气化烧嘴连续操作的可靠性和寿命不低于 7500h。

（3）废热锅炉　废热锅炉采用水管式结构，是由水管焊上管板组成，管板上有在线清洗装置，以免积灰。这种结构的废热锅炉在美国休斯敦的示范装置上和荷兰 Demkolec 的工业化装置上已成功应用。

（4）破渣机　Shell 煤气化原设计没有破渣机，在生产操作过程中曾发生过大渣堵塞锁斗阀的现象，影响正常生产操作。现设计已经增加了破渣机，防止类似现象的发生。

（5）渣罐、捞渣机　渣罐是一个空壳压力容器，气化排渣由锁渣系统通过渣罐做到间断自动排渣。捞渣机主要是将固体渣粒从渣水中捞出，再由输送带或汽车运至渣场。

（6）煤粉的加压进料系统　该系统由锁斗和料斗组成。一旦锁斗装满后，充氮气加压，将煤排放至料斗。加压后的粉煤从料斗中排出并由氮气气流输送至气化炉烧嘴。

（7）原料煤的储运系统　原料煤的接收和储运设施主要包括卸料斗、振动加料器、运输机、煤仓等，与传统的燃煤锅炉原料煤的储运设施类似。

（8）磨煤及干燥系统　磨煤机将煤磨成合适的有利于煤气化的煤粉（约 90% 小于

0.15mm)。在磨煤过程中，采用热惰性气流同步干燥。惰性气流夹带系统中的水蒸气通过一台内部分选器将粉煤吹至分离和收集容器。干燥研磨后的煤通过气流输送系统输送到气化炉进料系统。

干燥煤所需热能可以直接或间接提供。可用燃烧油、煤气或回收气燃烧直接供热。在间接供热的情况下，循环气中需添加氮气以补充由于排出煤中水汽所带出的那部分循环气。

（9）煤气除尘、洗涤系统　粗煤气离开废热锅炉后，经陶瓷过滤器或旋风除尘器来进行脱除部分灰，气化压力 4.0MPa 时，陶瓷过滤器操作压力 3.9MPa（G），操作温度 350℃左右，过滤后煤气含尘＜20mg/m³。再经过湿法洗涤装置进一步净化，使飞灰残留量不大于 1mg/m³。通过洗涤系统也可以脱除煤气中其他微量杂质如可溶碱盐、卤化氢及氨等。洗涤系统的排放水送至酸气汽提塔，经澄清后再循环使用，以最大程度减少需（生化）处理或蒸发后的排放量。从酸气脱除系统以及酸气汽提塔来的酸气可送至克劳斯装置回收硫黄。

五、工艺及操作特性分析

1. 加压粉煤气化技术剖析

干法气化的技术关键在于干粉煤的加压进料，早在 20 世纪 50 年代初期就有人探索粉煤加压连续输送技术，但未取得实质性进展。直到 1978 年 Shell-Koppers 工艺问世，才开发出一种粉煤间断升压和加压下连续进料的半连续式加煤工艺。以后开发的 Prenflo、SCGP 和 GSP 等加压粉煤气化炉都属此类。原料煤在风扫磨内磨制符合气化要求的粉煤（粒度小于 0.1mm，烟煤含水量 1%，褐煤含水量 10%），借惰性气体送至气化界区，经分离后进入常压料仓而惰性气经过滤、除尘后放空。粉煤由常压料斗进入增压料斗（密封料斗），由此被惰性气吹送至气化炉燃烧器。

干煤粉加压进料及气化技术关键有：

（1）加料阀　密封加料系统的各类阀门开闭频繁，磨损严重，对阀门的结构及材料要求十分严格。一般采用球阀、座板阀等，密封面有软硬结合和硬硬结合两种结构。

（2）料斗中粉煤料位的测量　常压煤斗、密封料斗和工作料斗的粉煤料位的测量有一定的难度，特别在粉煤太湿易架桥的情况下会出现假料位，增加料位测量及输送的难度。目前，大多用 ^{137}Cs 或 ^{60}Co 同位素仪器测量料位。

（3）粉煤密相输送　粉煤的密相输送是加压粉煤气化技术的主要技术关键之一。为减少煤气中含 N_2 量，要求尽可能提高粉煤输送的固气比，减少入炉粉煤载气量。目前，每立方米氮气可输送 50～500kg 粉煤，载气和粉煤呈非连续相，即一股载气推动一股柱状粉煤直到进入气化炉燃烧器。

（4）入炉物料的精确计量　气流床部分氧化反应要求入炉物料精确计量，对于氧气和蒸汽的计量技术比较成熟，而对于入炉粉煤的精确计量则难以做到。粉煤精确计量技术的关键是确保粉煤供应的连续性和稳定性。

（5）冷壁式气化炉　目前已经工业化的几种干法气化炉无一例外都采用冷壁式结构，其中 GSP 炉从气化炉顶部加煤，其结构形式与水煤浆气化炉类似。另外的炉型（如 Shell 气化炉、Prenflo 气化炉）与 K-T 炉类似都是卧式炉，采用对置式烧嘴，两头进煤，在机械结构上存在卧式炉头和立式筒体的结合部，设备结构比较复杂。

（6）安全及环保问题　粉煤气化从气化炉出来的煤气都夹带有粉煤灰，而粉煤灰的捕集和返烧都比较困难。此外，在安全操作方面，干法气化也存在着一定的缺陷，如：粉煤的稳定供料问题，燃烧器的回火问题，飞灰安全收集和排放等。

2. 影响加压粉煤气化操作的主要因素

（1）氧碳原子比和氧煤比对气化性能的影响　氧碳原子比是入炉干煤中的氧原子数与入炉氧中的氧原子数之和与入炉煤中的碳原子数之比。氧碳原子比对气化性能的影响见图3-4-4～图3-4-6。

图3-4-4示出了氧碳原子比对气化温度的影响。随着氧碳原子比的增加气化温度提高。

图3-4-5示出了氧碳原子比对主要气化指标碳转化率和冷煤气效率的影响。碳转化率随着氧碳原子比的提高而提高。当氧碳原子比接近1.0时，碳转化率已达成98%～99%，其后再随氧碳原子比的变化碳转化率提高幅度不大，基本保持在99%左右。

图3-4-6示出了氧碳原子比对煤气组成的影响。

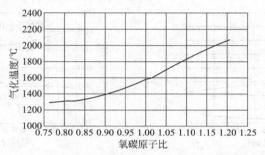

图 3-4-4　氧碳原子比与气化温度的关系

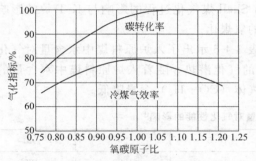

图 3-4-5　氧碳原子比与气化指标的关系

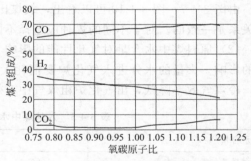

图 3-4-6　氧碳原子比与煤气组成的关系

由图3-4-5可以看出，随着氧碳原子比的变化，冷煤气效率存在着最佳值。在氧碳原子比为1.0左右，冷煤气效率最高。这主要是在低氧碳原子比时，由于碳的转化率降低而影响气化效率，在高氧碳原子比时，由于过量的氧与有效气CO和H_2反应生成了CO_2和H_2O，而使气化效率降低。

为了便于与K-T炉的操作性能进行比较，图3-4-7～图3-4-10还示出了氧煤比对Shell煤气化操作过程的影响。

图3-4-7示出了氧煤比对气化温度的影响。

图3-4-8示出了氧煤比对主要气化指标碳转化率和冷煤气效率的影响。

图3-4-9示出了氧煤比对煤气组成的影响。

图3-4-10示出了氧煤比对主要消耗指标氧耗和煤耗的关系。

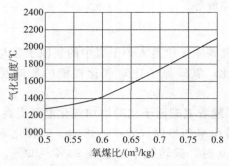

图 3-4-7 氧煤比与气化温度的关系

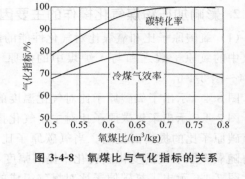

图 3-4-8 氧煤比与气化指标的关系

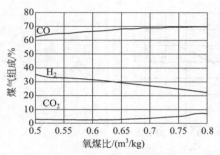

图 3-4-9 氧煤比与煤气组成的关系

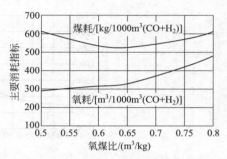

图 3-4-10 氧煤比与消耗指标的关系

由图 3-4-7~图 3-4-10 可以看出，氧煤比对 Shell 煤气化过程的影响与 K-T 炉的影响变化关系是一致的。对于不同的煤种应选择不同的氧煤比。

（2）原料煤中水含量对气化性能的影响 表 3-4-5 示出了入炉原料煤中水含量对气化性能的影响。大量的水分进入气化炉要消耗大量的气化潜热，随着入炉原料煤中水含量的增加，冷煤气效率降低，出气化炉粗煤气中有效气体（$CO + H_2$）含量降低。

表 3-4-5 入炉煤中水含量对气化性能的影响[1]

水含量/%	2	16.5	20	40
煤量/kg	1000	1000	1000	1000
耗氧量/kg	700	750	810	880
耗蒸汽量/kg	15	0	0	0
产蒸汽量/kg	1155	1320	1510	1375
气体成分/%				
CO	65.6	54.0	41.7	32.5
CO_2	1.6	7.0	11.8	15.1
H_2	28.7	27.8	26.0	23.3
H_2O	1.7	9.0	18.6	27.3
其他	2.4	2.2	1.9	1.8
冷煤气效率/%	77.6	76.3	72.5	68.7

[1] Illinois(伊利诺斯)5# 煤。

由表 3-4-5 还可以看出，在干法粉煤加压气化过程中，蒸汽的消耗量比较低。随着入炉煤中水分含量的增加，气化时甚至可不加蒸汽，蒸汽的加入量过多反而引起能量的浪费。蒸汽的加入量主要为调节气化温度和满足粉煤气化对气化剂的需求。

3. 干法气化优点及与湿法气化的比较

（1）干法加压粉煤气化的优点

① 干煤粉进料，气化效率高：与湿法进料相比，气化 1kg 煤至少可以减少蒸发约 0.35kg 水。如果将这部分水汽化并将其加热到 1500℃ 左右，这大约需要 2600kJ 的热量，假设 1kg 干煤的热量是 26000kJ，这意味着原料煤中约 10% 左右热量已经被用掉。显然从能量利用的角度来说干法进料是有利的，其冷煤气效率比湿法进料约提高 10 个百分点。

② 煤种适应性广：从无烟煤、烟煤、褐煤到石油焦均可气化，对煤的活性几乎没有要求，对煤的灰熔点范围比其他气化工艺较宽。对于高灰分、高水分、含硫量高的煤种同样能够气化，但经济性稍差。对高灰熔点、高灰黏度煤，为了提高气化操作的经济性，可通过添加助熔剂来改变灰渣的流动性。

③ 气化操作温度高：气化温度约在 1400～1700℃，在高的气化温度下碳转化率高达 99%，产品气体相对洁净，不含重烃，甲烷含量很低，煤气品质好，煤气中有效气体（$CO+H_2$）高达 90% 以上。

④ 氧耗低：与湿法进料水煤浆气化相比，氧气消耗低（15%～25%），与之配套的空分装置投资可相对减少。干法气化与湿法气化主要气化技术指标对比见表 3-4-6。

表 3-4-6　干法气化与湿法气化主要气化技术指标对比

项目	湿法	干法	项目	湿法	干法
煤气含量（以 $CO+H_2$ 计）/%	78～82	92～95	氧耗（以 $CO+H_2$ 计）/($m^3/1000m^3$)	400	300
碳转化率/%	96～98	98～99	煤耗（以 $CO+H_2$ 计）/($kg/1000m^3$)	610	520
冷煤气效率/%	72	82	汽耗（以 $CO+H_2$ 计）/($kg/1000m^3$)	0	120

⑤ 加压操作，单炉生产能力大：目前已投入运转的单炉气化压力 3.0MPa，日处理煤量已达 2000t。

⑥ 气化炉无耐火砖衬里，维护量少，气化炉内无转动部件，运转周期长，不需备用炉。

⑦ 热效率高：采用废锅流程，煤中约 83% 的热能转化为煤气的化学能，另外约有 15% 的热能被回收为高压或中压蒸汽，总的热效率可达 98% 左右。

⑧ 环保性能好：气化炉熔渣经激冷后成为玻璃状颗粒，性质稳定，对环境几乎没有影响。气化污水中含氰化合物少，容易处理，必要时可做到零排放。

⑨ 生产调幅能力强，连续运转周期长：采用多烧嘴，提高了气化操作的可靠性和生产调幅能力。Shell 公司专利气化烧嘴设计保证寿命为 8000h，荷兰 Demkolec 电厂使用的烧嘴运行近 10000h 尚未更换过，累计运行时间超过 7500h，为气化装置长周期运行提供了基础。

（2）干法加压粉煤气化的主要缺点

① 受加压进料的影响，最高气化压力没有湿法气化压力高。湿法气化操作压力一般为 2.8～6.5MPa，最高可达 8.5MPa，有利于节能。干法气化由于受粉煤加料方式的限制，气化压力一般为 3.0MPa。

② 粉煤制备投资高、能耗高，且没有水煤浆制备环境好。粉煤制备对原料煤含水量要求比较严格，需进行干燥，能量消耗高。粉煤制备一般采用气流分离，排放气需进行洗涤除

尘，否则易带来环境污染，这样使制粉系统投资增加。

③ 安全操作性能不如湿法气化。主要体现在粉煤的加压进料的稳定性不如湿法进料，会对安全操作带来不良影响。湿法气化由于将粉煤流态化（水煤浆），易于加压、输送。

④ 气化炉结构复杂，制造难度大，要求高，投资比湿法大。

六、工艺技术特性及消耗定额

1. 不同装置的气化工艺性能

美国休斯敦（SCGP-1）示范装置：表 3-4-7 示出了 SCGP-1 示范装置的设计参数及示范试验值。表 3-4-8 示出了 SCGP-1 示范装置对不同煤种的示范试验结果。

2. 消耗定额及投资估算

Shell 煤气化工艺制合成氨的消耗定额及不同规模气化装置及相关配套装置的投资估算见表 3-4-9。设计参照煤种为中国陕西神府煤。

表 3-4-7 SCGP-1 关键设计及试验参数

项目	操作范围	示范试验值	设计值
处理煤量/(t/d)	115~235	229	229
操作压力/MPa	2.51~2.44	2.44	2.51
干煤气组成(无氮基)/%			
H_2	22.7~34.6	22.7~29.8	29.9
CO	54.8~69.0	66.5~69.0	62.9
CO_2	2.2~10.8	2.2~2.4	5.8
CH_4	0.001~0.004	0.001~0.004	0.04
H_2S	1.1~1.8	1.1~1.2	1.0
碳转化率/%	96~99	97~98	98.5

表 3-4-8 SCGP-1 不同煤种的试验结果

煤种	操作		主要气化指标			
	氧/煤/(kg/kg)	蒸汽/氧/(kg/kg)	CO_2/%	碳转化率/%	冷煤气效率/%	硫回收率/%
Illinois 5#	0.92	0	1.6	98.8	76.1	99.8
MapleCreek	1.05	0.11	4.0	98.9	75.6	99.7
Drayton	0.98	0	1.4	99.4	77.5	99.7
Buckskin	0.83	0	4.0	99.7	78.1	99.9
Blacksville 2#	0.97	0.16	2.6	99.9	80.0	99.8
Pyro 9#	0.98	0.16	3.8	99.7	77.6	99.8
Alcoa 褐煤	0.81	0	4.0	99.5	81.0	99.8
PikeCounty	0.96	0.16	2.6	99.5	80.0	99.8
SUFco	0.87	0.11	2.9	99.5	81.0	99.9
石油焦	1.03	0.23	2.2	99.1	78.9	99.5
Texas 褐煤	0.82	0	4.0	99.7	80.3	99.4
R & F	0.92	0.05	1.2	99.5	79.6	99.5
ElCerrejon	0.97	0.08	2.0	99.9	83.4	99.6
Skyline	0.97	0.08	1.0	99.8	82.4	99.9

表 3-4-9 不同生产规模 Shell 煤气化装置的消耗定额及投资估算

项目	数据		
设计规模(以氨计)/(10⁴t/a)	20	30	45
每 1000m³(CO+H₂)消耗定额			
原料煤/kg	547	542	540
氧气(100%)/m³	310	308	307
每吨氨消耗定额			
原料煤/kg	1203	1165	1161
氧气(100%)/m³	682	662	660
设计气化能力(以煤计)/(t/d)	900	1250	2000
设计制氧装置能力/(m³/h)	21000	30000	46000
投资估算①/百万元(人民币)			
(一)固定资产	394	555	755
原料预处理(含制粉)	66	95	125
气化装置(含污水处理)	128	180	240
空分装置	120	175	250
电器、仪表	40	45	60
公用工程	40	60	80
(二)无形资产	20	30	45
软件费	20	30	45
(三)合计	414	585	800

① 价格指数参照 2000 年。

七、环境评价

干法粉煤加压气流床气化工艺属于"洁净煤"工艺。干法粉煤加压气化在高温下操作，且原料粒度很小，气化反应进行得极其充分，影响环境的副产品很少。Shell 煤气化工艺脱硫率超过 95%，甚至更高，并生产出纯净的副产品。产品气的含尘量低于 $2mg/m^3$。熔渣和飞灰是非活性的。工艺排放液易于处理且达到排放标准。生产的洁净产品煤气能容易地满足工业锅炉和燃气透平要求以及在生产合成氨和甲醇中硫化物及氮化物的排放标准。Shell法使用伊利诺斯（Illinois）5#煤时所生成的煤气和所形成的废水、废渣的环保分析数据分别列于表 3-4-10～表 3-4-12。

表 3-4-10 Shell 法煤气环保分析

成分	含量	成分	含量
主要成分/%		氮化合物/(mL/m³)	
CO	53.3	HCN	165
H₂	25.9	NH₃	4
N₂	14.0	金属化合物/(mg/m³)	
CO₂	4.0	As	<0.07
H₂O	1.8	Fe	0.47
硫化物/%		Hg	1.7
H₂S	0.6	Ni	0.44
COS	0.08	V	<0.01

表 3-4-11　Shell 法废水水质环保分析

项目	含量/(mg/L)	项目	含量/(mg/L)	项目	含量/(mg/L)
固体悬浮物总量	6450	Br^-	<6	NH_3	299
固态溶质总量	477	CN^-	26	SO_4^{2-}	40
有机碳总量	120	SCN^-	60	NO_3^-	0.3
Cl^-	258	$HCOO^-$	21	主要有机污染物	<0.001
F^-	30	$HCONH_2$	90	pH 值	7.8

表 3-4-12　Shell 法熔渣毒性试验

金属成分	毒性限制/(mg/L)	熔渣/(mg/L)	金属成分	毒性限制/(mg/L)	熔渣/(mg/L)
As	5.0	<0.002	Hg	0.2	<0.0006
Ba	100.0	0.11	Pa	5.0	<0.002
Cd	1.0	<0.002	Se	1.0	<0.003
Cr	5.0	<0.001	Ag	5.0	<0.002

第三节　Prenflo 煤气化工艺

一、Prenflo 中试装置

　　Prenflo 工艺是在 Shell-Koppers 炉试验的基础上，由 Krupp-Uhde 公司独立开发的加压气流床煤气化工艺。第一套中试装置在德国萨尔州的菲尔斯腾豪森市（Fuerstenhausen）建造。此装置于 1985 年开始安装，1986 年 8 月 12 日首次生产粗煤气。装置能力为日气化 48t 煤。气化压力为 3MPa。日产粗煤气约 10 万立方米。中间试验的主要目的是确定长期试验设备部件在连续操作条件下的运转性能、可用性和耐久性。

　　中试装置的工艺流程见图 3-4-11。

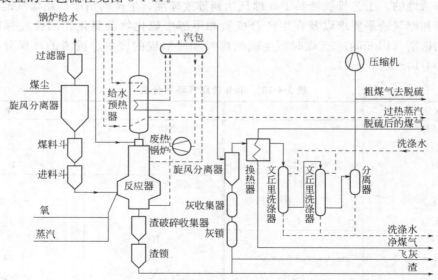

图 3-4-11　Prenflo 中试装置工艺流程示意图

中试装置 1986 年共进行了 11 次试验，累计运行时间 900h 以上，其中最长连续运行时间 196h。后因公用电网及部分机械故障而停止试验。1987 进行了 10 次实验，累计运行 1012h。其中连续最长运行时间为 247h。前后两阶段试验总计运行 1920h。在取得各项放大数据后，停止运行，并拆除。

该工艺对所有固体燃料（如褐煤、烟煤、无烟煤、石油焦）都能完全气化并连续运行。而对燃料的物理化学性质，诸如粒度、水分、反应性、灰分、硫分等指标均没有任何限制。Krupp-Uhde 公司先后在实验室和 Prenflo 气化中试装置上做过 120 种不同变质程度的煤（包括石油焦）的气化及评价试验。表 3-4-13 为试验的不同地区煤种分布情况。

表 3-4-13　Prenflo 试验煤种分布情况

煤种分布	欧洲	美洲	亚洲	非洲	澳洲
中试装置	17	7	6	4	1
实验室	50	35	21	15	9

根据燃料的反应特性，原料煤必须粉碎至小于 0.1mm 的粒度级占 75％～90％，干燥后最终水分含量为 10％以下。粉碎与干燥同时进行，靠风力将粉碎干燥好的煤送往气化装置料斗内。由此靠风力再输送到反应器的燃烧器。在粉煤进入燃烧器前加入气化剂氧气（纯度 85％～99％）和水蒸气，粉煤与气化介质的比例由专门的监控装置来控制。

反应器内压力为 3MPa，温度为 1350～1600℃。在此条件下进行气化反应，碳的转化率超过 98％。反应器内温度大于灰熔点（FT）温度，灰渣呈熔融状。这种熔融状的灰渣流入反应器下面的水浴中淬冷成粒状。粒状炉渣经渣斗排出，炉渣中实际上已不含碳。

粗煤气的显热回收利用有两条途径：在废热锅炉中产生蒸汽，适用于配合联合发电装置；粗煤气中喷入水使粗煤气降到饱和或所需的温度，适用于合成气的生产。在由旋风除尘器、文丘里洗涤器、喷射洗涤器组成的脱尘系统中，粗煤气的固体物含量降至 1mg/m³ 以下。所得产品煤气的有效组分（$CO+H_2$）高达 93％～98％。

此工艺对环境影响很小。不产生焦油、酚、氨水。煤气中的硫化物（H_2S、COS）可用成熟的脱硫方法（如聚乙二醇二甲醚、乙醇胺、真空碳酸钾等方法）进行脱除。然后在克劳斯装置中生成单质硫。

Prenflo 中试装置对几种典型煤种的气化试验结果见表 3-4-14。以氮气作载气，飞灰循环。

表 3-4-14　Prenflo 中试装置典型煤种的气化试验结果

项目	德国 Walsum	美国 PittsburghNo8	哥伦比亚 cerrejon	德国 Gottelborn
煤质分析/％（干基）				
C	48.8	77.1	75.6	74.4
H	3.3	5.1	4.7	5.0
S	1.2	2.4	0.9	1.0
N	1.1	1.5	1.2	1.6
O	6.9	5.5	9.7	9.2
Cl	0.1	0.1	0.1	0.1
A	38.6	8.3	7.8	8.7
高热值/（MJ/kg）	19.82	31.88	30.09	30.03

续表

项目	德国 Walsum	美国 PittsburghNo8	哥伦比亚 cerrejon	德国 Gottelborn
氧气纯度/%	98.4	85	99.5	90
粗煤气组成(干基)/%				
CO_2	4.44	3.73	2.63	1.90
CO	63.98	59.59	65.61	58.33
H_2	24.43	26.00	25.42	26.18
N_2	6.57	9.96	6.09	13.32
H_2S+COS	0.58	0.72	0.25	0.27
煤耗[以$(CO+H_2)$计]/$(kg/1000m^3)$	526	480	495	474
碳转化率/%	99.3	99	99.1	99.3
冷煤气效率/%	75.6	77.5	78.9	81.8
热效率/%	91	95	94	95.5

二、Prenflo 工业示范试验

在 Prenflo 气化中试的基础上，受欧共体等的资助，Krupp-Uhde 公司于 1992 年提供 Prenflo 加压气流床气化技术，用于在西班牙的 Puertollano 建设的整体煤气化联合循环 (IGCC) 发电示范厂，其单台气化炉的气化能力为 2600t/d 煤，气化压力为 2.0MPa。图 3-4-12 为采用 Prenflo 气化的 IGCC 示范电厂工艺流程。图 3-4-13 为 Prenflo 气化炉结构示意图。

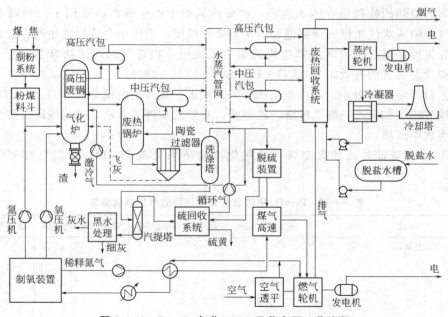

图 3-4-12   Prenflo 气化 IGCC 示范电厂工艺流程

(1) Prenflo 气化 IGCC 示范电厂工艺说明   IGCC 示范电厂包括空气分离、煤炭气化、煤气净化处理及硫回收、废水处理、煤气及蒸汽联合发电等单元。

① 空气分离单元采用 L'Air Liquide 公司的设备，其目的是将来自燃气透平的压缩空气

进行分离，得到氧气和氮气，氧气去气化炉作气化剂；氮气一部分用于煤粉气流输送，另一部分用于燃气透平前稀释洁净煤气。

②　粉煤制备和输送系统采用 Babcock Wilcox Espannola / Krupp Polysius 提供的设备。Prenflo 气化炉采用干法进料系统，煤在喷入气化炉之前，首先需要在干燥和制粉系统中处理。对制粉系统的要求是：对烟煤要求含水量小于 2%，90% 的煤粉小于 $100\mu m$；对于褐煤的含水量小于 6%，75% 煤粉小于 $100\mu m$。合格的煤粉用纯氮气进行输送。首先，进入常压的煤粉旋风分离器，使煤粉与 N_2 气分离。煤粉进入闸式煤粉料斗，而 N_2 通过过滤器后放空。此后，向煤粉料斗充高压 N_2 气，将煤粉压入煤粉进料斗中，然后按严格的计量关系，由 N_2 将煤粉送到燃烧器（喷嘴）中。当闸式煤粉料斗中的煤粉用尽后，可使之泄压，再重新加煤粉。

③　气化炉和煤气冷却系统。Prenflo 气化炉有 4 个燃烧器，从给料系统来的煤粉与氧气和水蒸气一起喷入气化炉进行反应。先脱挥发分燃烧，其温度在 1500℃ 左右火焰中心温度高达 2000℃ 以上，然后进入半焦反应区。

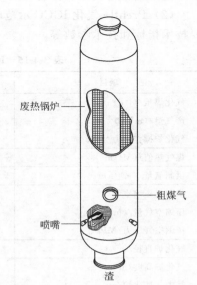

图 3-4-13　Prenflo 气化炉结构示意图

由于气化反应温度很高，因此产生的粗煤气不含高碳氢化合物、焦油及酚。气化炉炉衬采用水冷壁式，生产高压饱和蒸汽。

从气化反应区排出的液态渣，在集渣器的水浴中进行冷却并用碎渣机破碎大渣，经过闸门式锁斗排出，并与水分离，渣被送入渣场，水经处理后循环使用。粗煤气在进入气化炉上部的煤气冷却器之前，采用除尘后的冷煤气对热煤气进行激冷，目的是迫使热煤气中夹带的熔融态灰渣凝固，以免他们黏结在废热锅炉的管壁上。被激冷的煤气继续上升进入第 1 级煤气冷却器，煤气先从冷却器的中心圆筒上升至气化炉顶部，然后折转向下，经中心圆筒与炉壁间的环形对流冷却区域从第 1 级冷却器的底部（即气化炉腰部）离开进入第 2 级对流冷却器。第 1 级冷却器的环形冷却区布置有 4 层螺旋管换热器，热煤气在管外流动，水在管内流动，并产生高压饱和蒸汽。第 2 级冷却器与第 1 级类似，也布置多层螺旋管，产生中压蒸汽，其煤气出口温度约 250℃。

④　除尘和飞灰再循环系统。冷却至 250℃ 左右的粗煤气进入陶瓷过滤器进一步除尘后，再进入文丘里洗涤器冷却除尘，使煤气降至常温及灰尘含量小于 $1mg/m^3$，然后去脱硫系统。陶瓷过滤器收集的飞灰（含有小量未反应的碳）经锁斗，用 N_2 气送回气化炉继续参加气化反应，以提高碳的转化率。

⑤　煤气脱硫及硫回收系统。降温除尘后的煤气先对有机硫 COS 水解，将其转化成 H_2S，然后用 MEDA 法进行吸收，解吸后的含 H_2S 气进入克劳斯工艺处理并得到硫黄。

⑥　联合循环发电系统。净化后的煤气用水饱和及氮气稀释，以降低煤气热值，在燃烧时降低火焰温度，减少 NO_x 的生成量。然后去 Siemens 公司 V94.3 燃气透平，煤气燃烧产生约 1120℃ 的高温烟气并驱动燃气轮机发电，排出的高温烟气去废热锅炉回收烟气中的显热产生蒸汽，降温后的烟气经烟囱排入大气。气化炉及煤气冷却器、废热锅炉产生的高、中、低压蒸汽去 Siemens 公司的蒸汽轮机发电。

⑦ 废水处理系统。来自煤气净化洗涤器的污水先经汽提，酸性气体去 Clause 工艺处理，水经过滤处理得到的固体物外运处理，水再经臭氧室及脱盐等处理后循环使用。

（2）Prenflo 气化 IGCC 示范电厂主要技术参数　表 3-4-15 示出了 IGCC 示范电厂的主要技术指标和技术参数等。

表 3-4-15　IGCC 示范电厂的主要技术指标和技术参数

项目	指标	项目	指标
气化煤量/(t/d)	2600	②其他	烟煤
产气量/(m³/h)	180000	净供电效率/%	45
气化炉操作压力/MPa	2.0	供氧量/(m³/h)	70000
煤气热值/(MJ/m³)	10.6	氧纯度/%	85
供制氧量/(m³/h)	70000	氧气压力/MPa	3.3
供制氧压缩空气		氮气流量(1)/(m³/h)	18850
压缩空气量/(m³/h)	300000	氮纯度/%	99.9
压缩空气压力/MPa	0.6	氮气压力/MPa	5.1
气化炉直径/m	5	氮气流量(2)/(m³/h)	7000
气化炉高度/m	45	氮纯度/%	99.9
其中　气化炉/m	15	氮气压力/MPa	0.4
废热锅炉/m	30	残余氮的纯度/%	<2
气化炉喷嘴/个	4	平均残余氮的温度/℃	195
副产高纯度的硫黄/(t/d)	77	液氮流量/(m³/h)	1300
总功率/MW	335	液氮纯度/%	99.99
燃气轮机功率/MW	200	环境特性参数	
蒸汽轮机功率/MW	135	SO_x/(mg/m³)	<25
净输出功率/MW	300	NO_x/(mg/m³)	<150
燃料:①设计	50%Puertollano 煤和 50%石油焦	灰尘/(mg/m³)	3

三、Prenflo 气化 IGCC 示范电厂运行概况

西班牙 Puertollano IGCC 电站于 1996 年 4 月用天然气对燃气透平点火，12 月联合循环装置试车完成。1997 年 12 月开始用煤制气，1998 年 3 月燃气透平开始用煤气发电。到 1999 年 12 月初，Prenflo 气化炉已运行了近 2000h，在气化炉负荷约为 93% 时，发电量大于 310MW，联合循环效率为 52%。初步试验表明，50% 煤和 50% 石油焦混烧的实际运行数据与设计值非常接近。

在 IGCC 示范电站中曾出现过的主要问题及解决办法：

① 使用煤气或由天然气切换煤气后，燃气透平的燃烧喷嘴有杂音，后已解决。

② 气化系统压力供料斗下粉不畅。在二级锁斗间有一根回流 N_2 的管，由于管径设计太小，使 N_2 排气不畅导致煤粉下落不连续。解决的办法是在回流管上增加了一个文丘里抽气器，以提高 N_2 回流的速度，从而使排气畅通，煤粉下落连续而均匀。

③ 黑水和灰水处理系统的细渣过滤问题。Puertollano IGCC 电站的气化系统曾出现过因细渣太多，导致黑水含渣量大，造成黑水系统磨损堵塞的问题。解决的办法也是采取过滤的办法将黑水中的细渣除去。

第四节　科林粉煤气化技术（CCG）

德国科林工业集团是全球著名的煤气化、煤干燥和生物质气化技术提供商，该集团是原民主德国燃料研究所（DBI）和黑水泵工业联合体（GSP）气化厂最大的后裔公司。

一、技术来源及技术开发背景

科林高压干粉煤气化炉简称为 CCG 炉（choren coal gasifier），该技术起源于民主德国黑水泵工业联合体（gaskombinat schwarze pumpe，GSP）下属的燃料研究所，于 20 世纪 70 年代石油危机时期开始开发，目的是利用当地褐煤提供城市燃气。1979 年在弗莱贝格市建立了一套 3MW 中试装置，完成了一系列的基础研究和工艺验证工作。试验煤种来自德国、中国、苏联、南非、西班牙、保加利亚、澳大利亚、捷克斯洛伐克等国家。1984 年在黑水泵（schwarz pumpe）建立了一套 130MW（日投煤量为 720t）的水冷壁煤气化炉工业化装置，气化当地褐煤用作城市燃气，有运行 8 年的工业化生产经验。之后改用工业废液、废油作为进料，继续运行至今。燃料研究所和黑水泵工厂的技术骨干后来发起成立了科林的前身公司，继续致力于煤气化技术的研发，并把运行中出的问题进行了设计更改和完善，推出了一套完整优化的气化技术。

二、CCG 技术介绍

（1）气化工艺　CCG 气化工艺过程主要由给料、气化与激冷系统组成。原料煤被碾磨为 $100\% < 200\mu m$、$90\% < 65\mu m$ 的粒度后，经过干燥，通过浓相气流输送系统送至烧嘴，在气化炉反应段内与工业氧气（年老煤种还需添加少量水蒸气）在高温高压的条件下进行气化反应，产生以一氧化碳和氢气为主的合成气。

根据灰组分和灰熔融特性，气化温度控制在 $1400 \sim 1700 ℃$（高于灰熔点 $200 ℃$ 左右）。反应温度可通过氧气流量进行调节（控制炉内化学反应剧烈程度）。反应室内壁为水冷壁，由于形成了固态渣层保护，所以反应产生的液态灰渣不会直接接触水冷壁。

生成的合成气及液态灰渣离开燃烧室向下流动，在激冷室中直接被水冷却，液态灰渣被水浴固化成颗粒状，冷却后的灰渣经过锁斗排出系统，从排放的水中分离并通过捞渣机运出。合成气被蒸汽饱和，以约 $210℃$ 的温度离开气化炉。气化炉外壳由水夹套保护，表面温度小于 $100℃$。

原料气化和达到气体平衡所需的热量由原料碳氧化成 CO_2 和 CO 所释放。气化温度的选择主要由煤的灰熔点确定，气化压力的确定主要取决于产品煤气的利用工艺，通常为 40bar（$1bar = 10^5 Pa$）。

（2）CCG 气化炉结构　气化炉由烧嘴、燃烧室、激冷室、水冷壁、外壳等部分组成。日投煤量为 1500t 的气化炉的尺寸大约是 16m 高，直径 3.2m，质量约 200t。图 3-4-14 是气化炉的结构示意图。

① 烧嘴。CCG 气化炉为多喷嘴顶置的形式，分为引燃烧嘴和煤粉烧嘴。在开车和停车时候，利用液化气混合氮气作为引燃烧嘴的燃气。在气化炉运行过程中，出于安全的考虑，引燃烧嘴在较小的功率下运行（长明灯）。可以利用循环回送的合成气作为引燃烧嘴的燃料。由于长明灯反应放热也是气化反应所需要的，所以并不会造成额外的能量损耗。

由于烧嘴是一个承载高温的部件，故每个烧嘴自身都有冷却循环系统。经由泵、泵接收器和热交换器组成一个循环，形成强制冷却，使热量间接传导到冷却水系统。烧嘴顶部寿命一般为 4 年，每半年检修一次烧嘴的顶部。如有损坏仅需更换烧嘴顶部。图 3-4-15 为400MW（日投煤量 1500t）烧嘴分布图，图 3-4-16 为引燃烧嘴示意图，图 3-4-17 为粉煤烧嘴示意图。

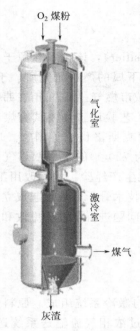

图 3-4-14 CCG 气化炉结构示意图

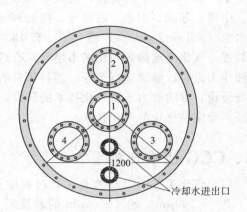

图 3-4-15 400MW 烧嘴分布图

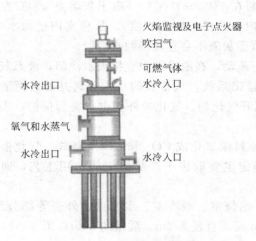

图 3-4-16 引燃烧嘴示意图

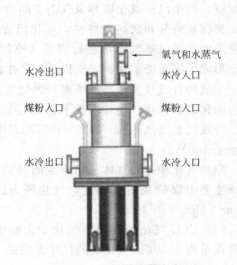

图 3-4-17 粉煤烧嘴示意图

② 气化室水冷壁结构。煤粉、氧气和水蒸气通过烧嘴进入燃烧室，发生部分氧化反应。燃烧室是由齿形蛇管卷水冷壁围成的圆柱形空间，上部为烧嘴，下部为排渣口，原料与氧气、水蒸气的气化反应就在此空腔内进行。第一次开车后水冷壁被挂上一层渣，在后续运行

中利用以渣抗渣的原理保护水冷壁。正常运行时炉内温度为 1400～1700℃，经过渣层以后，温度降低到 500℃左右，再经过 16.5mm 厚的屏壁和 SiC 填充物，温度降低到 270℃左右，水冷壁内的加压冷却水的温度为 250℃左右。水冷壁气化炉体的优点是炉体实际承受的温度降低，水冷壁承温＜500℃，外层壳体内壁的温度＜250℃，气化炉外壳的表面温度＜100℃，不容易损坏，故可以气化灰熔点较高的煤种。该水冷壁在黑水泵厂使用 8 年后，没有破坏性的损坏。科林 CCG 炉还对原有水冷壁结构做了改进，分别设立了 4 处吹扫口，使炉壁间的吹扫更充分，大大延长了水冷壁的寿命。

③ 激冷室。激冷室是一个上部为圆形筒体的空腔。高温粗煤气和熔渣、从气化室下部一个喇叭形的排渣口进入激冷室，高温合成气和熔渣在激冷室内用水进行冷却，冷却后的合成气进入洗涤系统进行洗涤，冷却后的灰渣经过锁斗排出系统。

（3）气化炉规格　见表 3-4-16。

表 3-4-16　气化炉规格

规格/MW	投煤量/(t/d)	产气量/(m³/h)
200	720	48000
400	1500	100000
600	2250	150000

2007 年签约的贵州开阳 50×10^4 t 合成氨项目采用了两台 400MW、日投煤量为 1500t 的 CCG 气化炉，向下游工序提供 14×10^4 m³/h 有效合成气。正常运行时两台炉均以 70% 的负荷运行，如果一台炉停车，则另一台炉可以满负荷运行以保证下游连续生产所需气量。

（4）CCG 气化技术的优势　CCG 气化技术的主要特点是干粉进料，以水冷壁保护气化炉，采用水激冷流程以冷却合成气、烧嘴顶置下喷。

① 干粉进料（与水煤浆进料比较）有如下优势。

a. 克服了部分煤种难以制浆的问题，与水煤浆技术相比，煤种适应性有所增强。

b. 避免将大量的水带入气化炉。与水煤浆技术相比，氧耗降低约 15%～20%。粗合成气中有效气（CO＋H₂）浓度可高达 90%～93%，冷煤气效率可达 80%～83%，碳转化率≥99%。这些效率指标均大大高于水煤浆技术。

c. 煤粉在干粉煤烧嘴内移动的速度仅约 5m/s，主要是靠高速的氧气带动煤粉形成旋流参加反应，无严重磨蚀，烧嘴头部寿命可达 4 年以上，仅需每半年检修头部向火面。而水煤浆烧嘴内煤浆以固液混合物形式存在，流速高，磨蚀严重，1～3 个月就需更换，以保证雾化效率和碳转化率。

② 水冷壁结构（与耐火材料热壁炉比较）有如下优势。

a. 寿命长，检修少，在线率高。水冷壁的寿命可达 25 年，每半年检修一次。如果是采用耐火砖结构则需每年更换，拱顶砖的寿命更短。

b. 采用水冷壁结构，在开停车时不存在热壁炉的烘炉问题，从冷态开车到满负荷仅需要 1h，可以快速响应下游对合成气需求。

c. 采用水冷壁进行以渣抗渣，气化反应的温度可以较高，不会对炉体有所损害，而对于热壁炉则需要考虑气化温度对耐火材料的影响。故水冷壁气化炉可以气化灰熔点较高的煤种，进一步提高了煤种的适应性。而且气化炉操作温度高于灰熔点 200℃，完全可以应付煤质一定范围内的变化。CCG 气化工艺可以气化高达 35% 灰分的煤种。

d. 因为气化反应温度高，基本不会形成任何碳氢化合物（如甲烷等），因而简化了对气体净化的要求。

e. 水冷壁采用间接副产低压蒸汽，通过监控水冷壁的进出水温差，判断炉壁的挂渣状况，有利于气化炉稳定操作及设备的寿命延长。

③ 激冷流程（与废锅流程比较）。

a. 采用激冷工艺流程，设备结构简单，外形尺寸小，装置投资少。投煤量相同的气化炉，激冷流程气化框架只有废锅流程气化框架的约一半高度，重量只有其 20% 左右。气化岛投资只有其 50%～60%。

b. 由于采用全激冷方式，整个气化流程较废锅流程大大缩短（没有废热锅炉、陶瓷过滤器、循环气压缩机等），故整个装置的可靠率增加。而且由于装置投资成本较低，能够负担双炉运行，大大提高了气化岛在线率。

c. 经过激冷和水洗，粗合成气含尘量低于 $1mg/m^3$，粗合成气夹带的水蒸气可以满足变换工艺所需 90%～100% 的蒸汽。而废锅流程虽然以高投资产生高品位蒸汽，但如用于化工用途则其下游变换工艺还需要同样加入蒸汽，在经济上并不合算。

④ 多烧嘴同向顶置下喷。

a. 烧嘴顶置下喷在德国黑水泵厂的气化炉有过实际运转经验。

b. 将引燃烧嘴和煤粉烧嘴分开使得烧嘴结构较简单，降低故障率。

c. 烧嘴顶置下喷的方案可以使高温粗气及灰渣方向流向相同以确保燃烧室排渣顺畅，可以克服气渣上下分流工艺的固有排渣困难。

d. 烧嘴同向布置可以克服对置烧嘴间相互磨蚀的问题。

e. 多喷嘴布置保证了粉煤在反应空间分布均匀，流场形成比单喷嘴方案要好。

f. 多喷嘴方案可在开车过程实现各个烧嘴先后点火，开车过程中就能够完全配合后续设备合成气需求逐步升量的方案。

g. 多喷嘴方案的负荷调节余地比单喷嘴方案要大。而且放大更为容易。2000t 以上投煤量的气化炉基本上很难使用单喷嘴方案。

h. 如某一烧嘴故障，系统还可短时间继续运行，以排除故障带压连投。

（5）CCG 技术与其他技术的比较　表 3-4-17 是某化工设计院所做的水煤浆加压气化技术、干粉煤废锅气化技术及科林 CCG 气化工艺比较。

表 3-4-17　各种气化工艺比较

序号	项目	干粉煤气化流程废锅	水煤浆加压气化	科林 CCG 技术
1	原料的适应性	适应各种煤	适应成浆性好、灰熔点低的各种煤	适应各种煤、油、气
2	每 $1000m^3$ 有效气耗煤	约 0.69t	约 0.72t	约 0.69t
3	每 $1000m^3$ 有效气氧耗	约 $330m^3$	约 $389m^3$	约 $330m^3$
4	气化温度	1400～1700℃	1300～1500℃	1400～1700℃
5	气化压力	≤4.0MPa	≤8.54MPa	≤4.0MPa
6	气化炉配置	单炉	需有备用炉	单炉或多炉
7	单炉烧嘴配置	多组对置	单个顶置或多个对置	顶置
8	气化炉结构	水冷壁	耐火衬里	水冷壁
9	热回收	废锅、水冷壁	废锅或激冷	激冷

续表

序号	项目	干粉煤气化流程废锅	水煤浆加压气化	科林 CCG 技术
10	煤气除尘	冷煤气激冷，过滤，洗涤	洗涤	洗涤
11	主要易损件	高温过滤器，烧嘴	耐火衬里，烧嘴	气体压送
12	输煤方式	气体压送	水煤浆泵送	气体压送
13	单炉连续运行周期	约 1 年	3～4 月	约 1 年
14	磨煤方法	干磨同时干燥	湿磨	干磨同时干燥
15	气体与炉渣流向	逆流	顺流	顺流
16	国产化水平	关键设备引进	国产化率高	国产化率高
17	工业应用业绩	国外已成功用于联合循环发电，国内已用于合成氨和甲醇生产	国内外已成功用于联合循环发电、合成氨和甲醇等	国外已成功用于联合循环发电和甲醇等
18	投资比较	150%～170%	90%～110%	100%

水煤浆气化工艺、干粉煤气化废锅工艺与科林 CCG 气化工艺气化室出口处的典型气体成分如表 3-4-18 所示。

表 3-4-18　各气化工艺气体成分比较

序号	组成(体积分数)/%	水煤浆	干粉煤废锅气	CCG
1	H_2	30.3	26.7	23.76
2	CO	39.7	63.3	70.07
3	CO_2	10.8	1.5	4.03
4	CH_2	0.1	0.0	0.00
5	H_2S	1.0	1.3	1
6	N_2	0.7	4.1	1.14
7	Ar	0.9	1.1	—
8	H_2O	16.5	2.0	—

综合以上分析，这三种气流床气化工艺都是很好的煤气化技术。但干粉煤废锅气化效率较高，煤种适应性强。但其工艺流程长，设备结构复杂，国产化率低，设备运输和安装难度大，建设周期长，一次投资大，干法过滤器的使用寿命短，进入中国时间较短，在国内开车还不太顺利。

水煤浆气化工艺开发和进入中国的时间较早，在国内外的合成气生产中得到了更加广泛的应用，可靠性更高，在技术开发、工程设计、设备制造、工程建设、生产管理和运行操作等方面，积累了丰富的经验，设备的国产率高，国内的技术支持性更好，装置的建设投资较低；但存在耐火砖和烧嘴连续使用寿命短、气化炉难以长周期连续运行、煤种的适应性相对较差等问题。

CCG 粉煤气化工艺与干粉煤气化废锅工艺相比，两者采用的都是水冷壁，干粉煤进料，有效气含量相当；煤种适应性、氧气消耗、碳转化率、热效率等方面，基本一致，能耗相近；但 CCG 建设投资较小，建设周期稍短。与水煤浆相比，气化后工艺流程相似（激冷流程），更适合生产氨和醇需要的合成气；设备结构简单；煤种的适应性更宽；煤、水、电耗量少；连续运行的时间长。总的来说，CCG 煤气化技术效率和消耗基本与干煤粉废锅技术相同，优于水煤浆技术，但其投资却接近水煤浆技术，大大低于干煤粉废锅技术。可以说

CCG 兼有其他两种气化技术的优点。

三、CCG 气化炉的应用业绩

（1）黑水泵厂粉煤气流床气化炉 日投煤量 720t，煤种为褐煤，煤气用作城市燃气。从 1983 年运行到 1990 年。1990 年城市燃气改为天然气，故原黑水泵厂改造成为综合物料处理中心，其粉煤气化装置改为浆体进料，用于处理液态有机废料，产生的合成气用于 75MW IGCC 发电并联产 12 万吨甲醇。

（2）兖矿贵州开阳项目 2007 年 8 月底，科林与兖矿开阳化工公司的年产 50 万吨的合成氨项目签订技术转让、工艺包设计和烧嘴供应合同。该项目位于贵州开阳县境内，采用两台日投煤量为 1500t 的 CCG 气化炉。目前详细设计已经完成，气化炉由大连金州重型机械厂制造，于 2010 年 8 月完工。该项目已于 2012 年正式投入生产。2014 年有两个项目签订技术转让授权。

第五节　两段式干煤粉加压气化炉

一、开发历程

随着 IGCC 等洁净煤发电技术的推广应用，在国家电力公司的资助下，西安热工研究院从 1990 年开始对干煤粉加压气化技术进行了研究。

荷兰 Shell 和德国 PRENFLO 气化炉均为以干煤粉形式进料的气化装置，但它们只有一级气化反应，为了让高温煤气中的熔融态灰渣凝固以免使煤气冷却器堵塞，不得不采用后续工艺中大量的冷煤气对高温煤气进行急冷，使高温煤气由 1400℃冷却到 900℃，其热量损失很大，总热效率降低，并且由于煤气流量较大，造成煤气冷却器、除尘和煤气冷却洗涤装置的尺寸过大。

针对此问题，在理论研究和试验研究的基础上，西安热工研究院提出了一种两段式干煤粉加压气化的创新思路，利用二段的化学反应，使炉内高温煤气温度降低的同时，使煤气的有效能得到提高，从而省去了庞大的煤气压缩机、煤气冷却器和除尘器，设备规模减小一半，设备造价降低 40%～50%。

西安热工院于 1996 年建成了我国第一套干煤粉浓相输送和气化试验装置（0.7～1.0t/d），装置如图 3-4-18 所示。在此装置上完成了 14 种中国典型煤种的干煤粉加压气化特性试验研究，取得了大量试验数据，给该项技术更大型气化装置的设计和运行提供了科学的依据。

"十五"期间，两段式干煤粉加压气化技术被列为国家"十五""863"计划能源领域重点项目，西安热工研究院，联合国内煤炭、化工六家研究院、所和化工生产单位，开始了更大规模的干煤粉加压气化技术研究。经过五年的艰苦攻关，先后完成了干煤粉加压气化半工业化装置的技术方案、工艺设计和装置建设，并于 2004 年在陕西渭河煤化工集团公司，建成了我国第一套带水冷壁和煤气冷却器的干煤粉加压气化半工业化装置（如图 3-4-19 所示），可处理煤量为 36～40t/d，操作压力为 3.0～4.0MPa，操作温度为 1300～1800℃。装置包括干煤粉干燥和浓相输送系统、煤气化炉、煤气冷却器、干法除尘器、文丘里洗涤器、水冷壁冷却系统、喷嘴冷却系统、O_2 和 N_2 供应系统、蒸汽系统、灰水系统等，并配备了完善的分散式控制系统。

图 3-4-18　我国第一套干煤粉浓相输送和气化试验装置 (0.7～1.0t/d)

图 3-4-19　带水冷壁和煤气冷却器的干煤粉加压气化半工业性装置

2006 年 5 月初，两段式干煤粉加压气化装置一次性通过了 168h 连续运行试验，装置累计运行时间达到 2300h，试验了包括褐煤、烟煤、贫煤和无烟煤在内的十二种典型煤种，证明了两段式干煤粉加压气化流程的合理性，为我国干煤粉加压气化技术的发展和工程化奠定了坚实的基础，填补了国内干煤粉煤气化技术的空白。

2006 年 5 月 16 日，科技部组织专家对装置进行了测试和验收，认为该项技术的各项指标均达到或超过了国外先进技术指标，具备了大型化的条件。该技术及相关核心技术已经获得了国家专利。

二、技术特点

1. 气化炉

两段式气化炉结构示意图如 3-4-20 所示。

气化炉外壳为一直立圆筒，炉膛采用水冷壁结构，炉膛分为上炉膛和下炉膛两段，下炉膛是第一反应区，用于输入煤粉、水蒸气和氧气的喷嘴设在下炉膛的两侧壁上。渣口设在下炉膛底部高温段，采用液态排渣。上炉膛为第二反应区，其内径较下炉膛的内径小，高度较长，在上炉膛的侧壁上开有两个对称的二次粉煤和水蒸气进口。运行时，由气化炉下段喷入干煤粉、氧气（纯氧或富氧）以及蒸汽，所喷入的煤粉量占总煤量的 $80\%\sim90\%$，在上炉膛进口处喷入过热蒸汽和粉煤，所喷入量占总煤量的 $10\%\sim20\%$。气化炉上段炉的作用主要有两方面：其一是代替循环合成气使温度高达 1400℃ 的煤气急冷至约 900℃；其二则是利用下段炉煤气显热进行热裂解和部分气化，提高总的冷煤气效率和热效率。该气化炉已经获得国家发明专利。

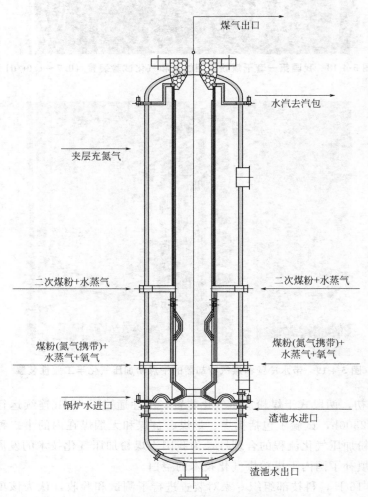

煤气出口

水汽去汽包

夹层充氮气

二次煤粉+水蒸气   二次煤粉+水蒸气

煤粉(氮气携带)+   煤粉(氮气携带)+
水蒸气+氧气   水蒸气+氧气

锅炉水进口

渣池水进口

渣池水出口

图 3-4-20 两段式气化炉结构示意图

2. 工艺流程

为了满足发电行业和化工行业对于煤气化工艺的不同要求，两段式干煤粉加压气流床气化炉根据下游工艺的不同要求，可以采用有废锅和无废锅两种形式，即适合煤化工工艺的煤气激冷流程和适合发电工艺的废锅流程。在激冷流程中，用激冷水将煤气直接冷却至 300℃以下，激冷流程的系统比较简单，投资较少，适合应用于化工领域及多联产。目前，内蒙古世林有限公司设计的工艺流程即采用激冷流程。如果使用废锅流程，则粗煤气中 $15\%\sim$

20%热能被回收为中压或高压蒸汽，气化工艺总体的热效率可以达到98%。废热锅炉流程适合IGCC项目，目前华能绿色煤电工程设计即采用废热锅炉流程。图3-4-21是带废锅的工艺流程简图，图3-4-22是激冷气化工艺流程简图。

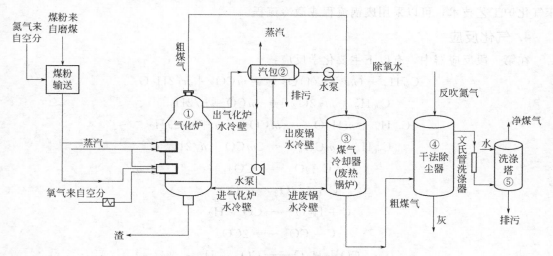

图3-4-21 带废锅的工艺流程简图

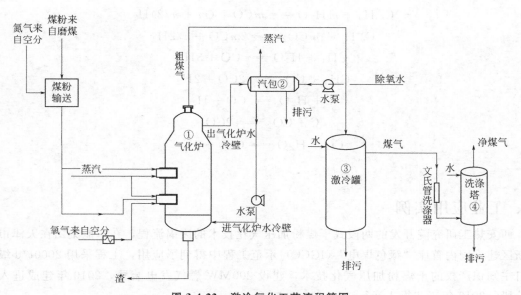

图3-4-22 激冷气化工艺流程简图

3. 技术特点

与其他干煤粉气化工艺相比，两段式干煤粉气化工艺具有如下特点：

① 燃料适应性更强。从无烟煤、烟煤、褐煤到石油焦均可气化，对煤的灰熔点范围更宽。对于高灰分、高含硫量的煤种也同样适应。由于采用两段气化技术，为排渣顺利，不需要整个反应区温度都达到灰熔点以上，只需要保证一段反应区温度达到灰熔点以上即可。由于一段反应区空间较小，因而可以在较低的氧煤比下达到提高反应温度的目的。

② 冷煤气效率更高、氧耗更低。由于在二段只投入煤粉和蒸汽，不投入氧，在二段发

生煤的裂解和气化反应，因而可以在不投氧的情况下生成更佳的有效气。从而提高冷煤气效率、降低氧耗。

③ 为了满足发电行业和化工行业对于煤气化工艺的不同要求，两段式干煤粉加压气流床气化炉工艺技术，可以采用废锅流程或激冷流程。

4. 气化反应

在第一段反应器中，有以下主要化学反应：

$$C_mH_n + (m + n/4)O_2 = mCO_2 + n/2H_2O$$

$$C_mH_n + m/2O_2 = mCO + n/2H_2$$

$$C_mH_n + mH_2O = mCO + (m + n/2)H_2$$

$$C_mH_n + mCO_2 = 2mCO + n/2H_2$$

$$C + O_2 = CO_2$$

$$C + 1/2O_2 = CO$$

$$C + H_2O = CO + H_2$$

$$C + CO_2 = 2CO$$

$$CO + H_2O = CO_2 + H_2$$

在第二段反应器中，有以下主要化学反应：

$$C_mH_n + mH_2O = mCO + (m + n/2)H_2$$

$$C_mH_n + mCO_2 = 2mCO + n/2H_2$$

$$CH_4 + H_2O = CO + 3H_2$$

$$CH_4 + CO_2 = 2CO + 2H_2$$

$$C + CO_2 = 2CO$$

$$CO + H_2O = CO_2 + H_2$$

三、工业应用实例

西安热工研究院开发的两段式干煤粉加压气化技术的废锅流程，在华能集团在天津市滨海新区建设国内首座"绿色煤电"（IGCC）示范工程中得到了应用，工程采用 2000t/d 级具有自主知识产权的干煤粉加压气化技术，建设 200MW 燃气发电装置，2010 年建成进入调试阶段，2013 年正式投入运行。

西安热工研究院开发出的两段式干煤粉加压气化激冷流程工艺，在内蒙古世林公司的 30 万吨/年煤制甲醇项目中得到了应用。该项目已于 2012 年建成投产。

2009 年 3 月，西安热工研究院与美国 Future Fuels Technology LLC 公司（简称 Future Fuels 公司）在上海签订了"两段式干煤粉加压气化技术"的使用许可原则性协议，在美国宾夕法尼亚的一座 150MW IGCC 电站将采用该技术，标志着该技术已经达到国际先进水平。

另外，该技术也将应用于山西华鹿煤炭化工有限公司年产 20 万吨甲醇项目、满洲里煤化工公司 60 万吨甲醇项目等。

第六节 航天粉煤加压气化技术

一、概述

随着我国国民经济的强劲增长，市场对化工产品的需求也越来越大，以煤为原料的煤化工在我国化学工业中将占有越来越重要的地位。

因此，中国航天科技集团立足航天技术，着眼煤化工气化市场需求，瞄准发展目标，统筹战略布局，下大力气在民品工业上创新开拓，研制、开发了对国民经济具有重大意义的HT-L航天粉煤加压气化成套技术，2008年成功地建成及投运了两套航天煤气化技术的工业化示范装置，2009年通过专家鉴定。

二、主要工艺流程

航天煤气化装置主要包括磨煤及干燥单元、粉煤加压及输送单元、气化及合成气洗涤单元、渣及灰水处理单元。

主要工艺流程见图3-4-23。

1. 磨煤及干燥单元

该单元使用常规的煤研磨及干燥技术，来自原料煤储仓的碎煤/石灰石在磨煤机内磨成煤粉，并由高温惰性气流烘干。粉煤的颗粒尺寸分布规格和粉煤的水分含量满足以下要求即可：

① 颗粒尺寸≤90μm占90%（质量分数，下同）；

② 颗粒尺寸≤5μm占10%；

③ 水分含量典型值<2%。

2. 粉煤加压及输送单元

该单元采用锁斗来完成粉煤的加压和输送，在加压煤斗（该煤斗为烧嘴提供进料）和气化炉之间保持恒定的压差。

3. 气化及合成气洗涤单元

粉煤分三路进入气化炉烧嘴的三个煤粉管。氧气经预热器加热后先在混合器内与一定量的蒸汽混合，然后也按一定的比例进入烧嘴。

煤粉在炉膛内高温部分氧化反应，生成的合成气主要成分为CO和H_2。在急冷室，合成气被急冷并被水饱和，熔渣迅速固化。出气化炉的合成气再经文丘里洗涤器和合成气洗涤塔用水进一步润湿洗涤，通过洗涤塔后进入变换工段。生成的灰渣留在水中，绝大部分迅速沉淀并通过渣锁斗系统定期排出。

炉膛通过水冷壁产生中压饱和蒸汽回收热量。

4. 渣及灰水处理单元

从气化炉急冷室和合成气洗涤塔底部来的灰水通过渣水处理系统回收热量、去除不凝气和固体颗粒，灰水用泵送回气化系统重复使用。

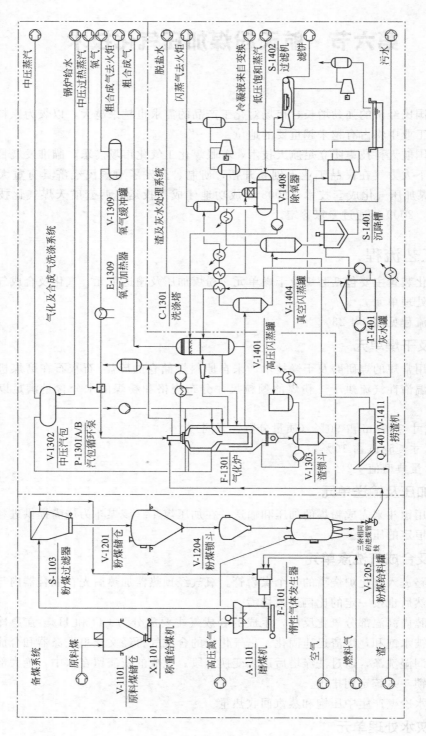

图 3-4-23 主要工艺流程

三、关键设备：气化炉及烧嘴

气化炉简图见图 3-4-24。

主要有以下特点：

① 干煤粉进料：$20\sim90\mu m$ 煤粉颗粒。

惰性气体输送：氮气或二氧化碳。

加压气化：$2.0\sim4.0MPa$。

优点：

a. 干煤粉进料气化效率高。

冷煤气效率：$80\%\sim83\%$；碳转化率$\geqslant99\%$。

b. 先进成熟的干煤粉浓相输送技术，悬浮速度 $7\sim10m/s$，固气比最高可达 $450kg/m^3$，载气量小。

c. 气化强度高，设备尺寸小，结构紧凑。

② 气化炉炉膛允许操作温度：$1250\sim1850℃$。

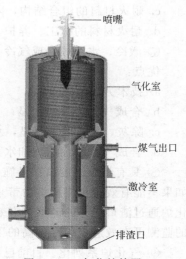

图 3-4-24 气化炉简图

（标注：喷嘴、气化室、煤气出口、激冷室、排渣口）

优点：

a. 煤种适应性广，煤的灰熔点可选范围宽，可实现原料煤的本地化；

b. 碳转化率高、粗合成气品质好，CH_4 含量低，碳转化率$\geqslant99\%$，出口有效气体（CO$+H_2$）成分$\geqslant90\%$。

③ 单烧嘴顶烧组合燃烧器。

优点：

a. 安装、维护、调试方便；集高能电点火装置、点火烧嘴、开工烧嘴、工艺烧嘴于一体，拆装维护调试方便。

b. 燃烧火焰、炉内流场与炉膛良好匹配；炉内煤粉热解区、火焰燃烧区、烟气射流区、烟气回流区以及二次反应区分布合理。反应停留时间满足气化要求。

c. 烧嘴结构设计合理，具有良好的气化性能；氧与煤粉混合充分，煤粉反应完全；火焰形状、稳定性好。

④ 烧嘴的寿命长。

水冷夹套式烧嘴冷却方案，可保证烧嘴长周期稳定可靠运行。设计寿命 10 年，烧嘴头部局部维护时间 6 月一次。

⑤ 密闭式盘管水冷壁炉膛结构，设计寿命 20 年。

优点：

a. 水流量分布均匀；

b. 盘管焊接接头少；

c. 密闭式结构，使用专用的盘管热弯、焊接、组装、检验生产线加工，盘管设计制造经验丰富，质量可靠。

⑥ "自我修复式"耐火材料结构，维护量少。

优点：

a. 水冷壁外可以形成稳定的固渣层，"以渣抗渣"，抵抗气体和熔渣的冲刷和磨损，形成了自我修复式耐火材料结构，提高了材料的使用寿命。

b. 水冷壁降低耐火材料的蚀损率；保证 SiC 材料的使用温度$<1400℃$，强度不降低。

c. 耐火材料的组合结构，降低炉膛散热损失。

d. 耐火材料的施工、养护、维护和更换方便，价格低。

⑦ 激冷、水浴式合成气冷却及洗涤方案，可靠性好。

优点：

a. 技术方案成熟可靠；

b. 合成气激冷效果明显；

c. 除灰、除渣效果明显，水浴比喷淋更有利于合成气中固相的去除；

d. 合成气中增加的饱和水蒸气可直接应用于变换工序。

⑧ 具有炉膛温度监控措施。从所有的煤气化装置实际情况来看，煤质的波动是难免的，如果不能有效避免煤质波动带来的危害，则容易出现炉膛烧损、堵渣等恶劣后果，HT-L 气化炉通过渣口压差的监测可有效避免炉温偏低的工况，通过炉膛温度测点对水冷壁挂渣情况的监测可有效避免炉温偏高的工况，大大提高了气化炉的开工率。

⑨ 气化炉系列化。目前已有两种规格气化炉：日处理煤 750t 规模和日处理煤 1600t 规模，同时还正在研发日处理煤 2000t 和 2500t 规模的气化装置。

四、控制技术

HT-L 气化工艺采用 DCS 对全厂集中控制，同时设置故障安全联锁系统（ESD）确保系统的安全运行。主要包括以下几个部分。

① 顺序控制系统。气化装置的点火、开工、投煤、升压升负荷、系统停车都为全自动操作，方便、安全、可靠。

② 自动调节系统。如负荷调节、流量调节、压力调节等都采用自动调节，可大大节省人力资源，减小误操作概率。

③ 电视监控系统。开车过程中可全面掌握装置现场情况，特别是在点火、开工、投煤的过程中，在气化炉设置的火焰检测可视系统可使操作人员直观掌握炉膛内的火焰状态。

控制系统中，煤粉系统控制和调节阀门以及硬密封切断阀的性能和寿命是影响控制系统安全可靠运行的重要因素，其价格高低也是影响投资的重要因素，中国航天科技集团为两个示范装置研制生产的阀门有氧阀、煤粉切断阀、锁渣阀、煤粉换向阀、煤粉调节阀以及其他切断阀，所有这些阀门在运行过程中使用情况良好。

五、安全、环保

1. 安全

HT-L 粉煤加压气化工艺技术所采用的故障安全联锁系统（ESD）涵盖了点火、开工、投煤、正常运行全过程，输入变量包括了所有可能对系统、设备造成安全故障的参数和监测点，可确保装置在运行过程中的安全。

2. 环保

HT-L 粉煤加压气化工艺技术采用急冷流程，急冷水通过渣水处理系统处理后循环使用。排放的少量汽包水、沉降槽水、雨水、装置冲洗水等其他废水进入废水处理场，处理合格后排放或回用，避免了对环境的污染。

粉煤的磨煤、干燥、输送系统密闭并设置精密过滤器，避免了粉尘对环境的污染。

气化炉灰渣残留有少量的碳，可以用作烧制轻体砖等建筑材料。

在合成气处理系统，采用低温甲醇洗技术，将合成气中的二氧化碳和硫化物分离出来。二氧化碳可以进一步回收利用或填埋处理，硫化物通过硫回收装置，转化成单质硫黄。

装置的主要噪声源是空分装置的汽轮机和压缩机以及合成装置的压缩机组。通过厂房的隔声设计，保证了厂房外噪声等级满足环保要求。

六、示范装置建设及开车情况

1. 安徽临泉化工示范项目

① 安徽临泉化工示范项目是新建一套完整的 20 万吨/年甲醇生产装置，建设内容主要包括气化装置、空分、变换、净化、压缩、合成、精馏和公用工程等。2006 年 10 月开工建设，2008 年 10 月 31 日系统一次点火投料成功。

生产用原料煤为神木煤、新郑煤、新疆煤、晋城煤、前几种混煤，负荷最大 120%，气化操作温度 1400~1550℃；

最大投煤量 31.5t/h，甲醇产量 25t/h（日产甲醇 599t）；

有效气成分 92%~93%，每 1000m³ 有效气体的煤耗约 600kg，氧耗约 310m³；

烧嘴寿命：已考核出的为 125d；

总体运行安全、平稳、可靠，易操作。

② 2009 年 10 月 28 日通过中国石油化工协会组织的鉴定。

考核期间运行指标：

a. 合成气产气率（以煤计）　　1.767m³/kg

b. 有效气产气率（以煤计）　　1.6447m³/kg

c. 碳转化率 98%

d. 比煤耗（以 $CO+H_2$ 计）　　608kg/1000m³

e. 比氧耗（以 $CO+H_2$ 计）　　300~310m³/1000m³

f. 有效气成分 93.1%

鉴定意见：

鉴定委员会认为：该装置操作简便、维护方便，煤种适应性广，投资费用和运行成本低，开工率高，气化炉的故障率低。该技术拥有自主知识产权，总体技术水平处于国际领先。

2. 濮阳龙宇化工示范项目建设情况

濮阳龙宇示范项目是对老厂固定层煤气化装置的造气部分进行改造，2007 年 01 月开工建设，2008 年 10 月 13 日系统一次点火投料成功。

生产用原料煤为永城末煤，负荷 80% 时，气化操作温度 1600~1700℃；

有效气成分 90%~92%，每 1000m³ 有效气体的煤耗约 580kg，氧耗约 350m³；

总体运行安全、平稳、可靠，易操作。

开车经历的三个阶段：

①装置投料试车阶段（2008 年 10 月 31 日至 2008 年 11 月 2 日）。

②装置整改完善阶段（2008 年 11 月 3 日至 2009 年 4 月 14 日）。

③气化装置稳定运行阶段（2009 年 4 月 15 日至 2010 年 9 月）。

a. 截至 2010 年 7 月共产甲醇 23 万吨，开工率大于 90%；

b. HT-L 气化炉烧嘴连续运行时间为 125d；

c. 最高甲醇日产 599t，从 2010 年 4 月起，日产甲醇 568～599t；

d. 最低吨甲醇耗煤 1.28t；

e. HT-L 气化装置对煤种的适应性得到验证；

f. 冷煤气效率都在 80％以上；

g. 一般从气化准备开车到送出合格合成气可控制在 2h 内；

h. 系统开停车操作全部采用自动控制。

吨精甲醇能耗见表 3-4-19。

表 3-4-19　吨精甲醇能耗

序号	名　　称	热值/MJ	消耗量	能耗/MJ
1	煤	24232	1.312t	31792.38
2	新鲜水	7.12	16t	113.92
3	脱盐水	96.3	4t	385.2
4	锅炉给水	385.19	0	0
5	电	3.60	310kW·h	1116.0
6	1.3MP 低压蒸汽	3182	0.07t	222.74
7	5.4MPa 中压蒸汽	3684	2t	7368
8	磨煤用弛放气	16.2	30.909m³	500.7273
9	甲醇合成副产弛放气	16.2	−27.273m³	−441.818
10	合计			41.05715GJ/t

注：装置自动化水平：装置联锁投用率 100％，装置自动化操作率＞98％。

半年制造成本见表 3-4-20。

表 3-4-20　半年制造成本(煤价 600 元/t)

名称	单位成本/元	名称	单位成本/元
直接材料	1132.08	制造成本	1506.94
直接人工及福利	23.38	进项税额	116.11
制造费用	351.48	含税制造成本	1623.05

如此低的制造成本可以抵御当前甲醇行业的市场风险，在市场竞争中处于优势地位。

七、市场推广情况

从 2008 年底两套示范工程相继开车成功开始，航天粉煤加压气化技术得到了市场广泛的关注和认可，在氮肥和甲醇市场已经签约了一批项目，现正在实施，从 2010 年底开始，陆续有新项目开车。见表 3-4-21。

表 3-4-21　市场推广情况

序号	项目名称装置产品/产能	采用炉型/数量
1	河南煤业中新化工 30×10⁴t/a 甲醇装置	φ2800/φ3200 气化炉两套
2	山东鲁西化工公司 30×10⁴t/a 合成氨装置	φ2800/φ3200 气化炉两套
3	山东瑞星化工公司 30×10⁴t/a 合成氨装置	φ3200/φ3800 气化炉三套
4	河南晋开集团 60×10⁴t/a 合成氨装置	φ3200/φ3800 气化炉两套

续表

序号	项目名称装置产品/产能	采用炉型/数量
5	黑龙江龙煤集团双鸭山 $30 \times 10^4 t/a$ 甲醇装置	$\phi 2800 / \phi 3200$ 气化炉两套
6	安徽临泉化工二期 $18 \times 10^4 t/a$ 合成氨装置	$\phi 2800 / \phi 3200$ 气化炉一套
7	安徽昊源 $30 \times 10^4 t/a$ 合成氨项目	$\phi 2800 / \phi 3200$ 气化炉两套
8	昊化骏化 $60 \times 10^4 t/a$ 合成氨项目	$\phi 3200 / \phi 3800$ 气化炉两套
9	黑龙江鲁能宝清 $30 \times 10^4 t/a$ 合成氨、$52 \times 10^4 t/a$ 尿素装置	$\phi 2800 / \phi 3200$ 气化炉两套

HT-L 气化炉已应用于合成氨、甲醇、煤制油、煤制天然气、煤制乙二醇、IGCC 等项目。截至 2014 年 7 月底。共签约项目 32 个，72 台气化炉，投产 18 台；单台气化炉进煤量 750t/d、1500t/d、2000t/d 等三种炉型。3000t/d 级更大炉型正在开发之中。

第七节　SE-东方炉粉煤气化技术

一、技术背景及意义

SE 气化技术（Sinopec＋ECUST）是中石化主导、与华东理工大学共有产权的气流床煤气化技术。该技术以干燥的煤粉为原料，采用顶置单喷嘴、水冷壁衬里气化炉，配以激冷工艺，生产合成气，满足化工生产需要。除煤粉制备单元为通用技术外，煤粉高压供料与输送、气化与激冷、合成气洗涤以及渣水处理单元均为自主知识产权的粉煤加压气化成套技术。

依托华东理工大学和中石化宁波工程公司在煤气化领域的长期研发积累与丰富工程设计经验，开发成功了拥有自主产权国产化的 SE 粉煤气化技术，打破了国外技术垄断，对推动我国煤气化技术高端发展具有重要意义。

二、技术特点

该工艺属气流床粉煤加压气化技术，主要技术特点如下：

① 主要工艺单元包括磨煤及干燥、粉煤加压及输送、气化及洗涤、除渣、灰水处理等。其中粉煤加压及输送、气化及洗涤和除渣等单元与气化炉对应设置，增加系统操作的可靠性及装置的开工率。

② 采用磨煤与干燥一体化的制煤粉系统，用于制备符合一定粒度与湿含量要求的煤粉。

③ 粉煤加压及输送单元内，一个系列设置一个常压粉煤仓、一个或两个粉煤锁斗和一个高压粉煤给料罐，通过粉煤锁斗的放料－泄压－进料－加压的操作循环，将粉煤分批次、稳定可控地从常压粉煤仓送至高压粉煤给料罐。

④ 粉煤给料罐、输送管线上设置的通气锥、通气管、调节阀组成了粉煤加压、浓相输送系统，该系统是粉煤加压气化技术的核心之一，为气化炉提供稳定可控的煤粉。

⑤ 采用膜式水冷壁气化炉，气化炉顶部设置一个一体化直流式复合烧嘴，该烧嘴兼具点火、开工及气化功能。

⑥ 气化炉内粗合成气的洗涤及激冷采用喷淋床与鼓泡床组成的复合床式洗涤冷却设备，具有良好的抑制粗合成气带水、带灰的功能。

⑦ 粗合成气的初步净化，由改进与优化的混合器-旋风分离器-水洗塔等分级除尘工艺完成，具有高效分离与节能功效。

⑧ 灰水处理单元内采用蒸发热水塔，实现闪蒸蒸汽与灰水直接接触式换热，具有节能、不易堵渣的特点，可确保装置长周期运行。

⑨ 气化装置所有单元的设备根据流程及重力流的需要，自上至下布置在一个框架之内。

⑩ 硫氧化物及粉尘排放量极少；煤的灰分转变成惰性炉渣，可以用作道路建筑材料；装置产生的少量废液不含有机污染物；工艺用水可循环利用。

⑪ 粉煤、氧气以及蒸汽之间设置了比值调节系统，气化操作更为便捷和可靠。

⑫ 为了确保装置的连续稳定运行和安全性，自动控制分成两部分：工艺控制系统和安全保护系统。工艺控制系统包括工艺参数的监测和调节系统及顺序控制，安全保护系统包括局部停车联锁和气化全装置的紧急停车联锁。

工艺流程如图 3-4-25 所示。

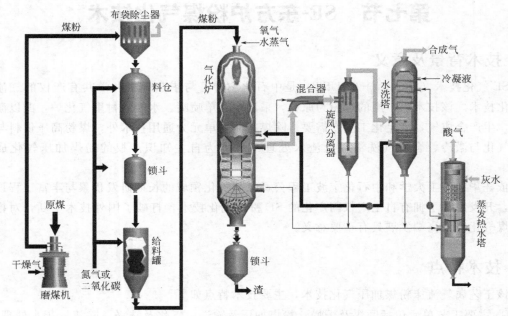

图 3-4-25　　SE 粉煤气化工艺流程简图

三、技术优势

SE 气化技术具有煤种适应性广、原料消耗低、碳转化率高、高效节能、易于大型化、成熟可靠等优势。

（1）先进高效的气化炉与烧嘴匹配技术　通过湍流多相受限射流流场和温度场调控研究，使气化炉顶部烧嘴与炉体匹配，构成了直流同轴受限射流流场。该流场结构型式具有射流区、大尺度回流区和平推流区。大尺度回流保证了气化炉内壁熔融颗粒易于均匀沉积形成稳定渣层，气化炉内温度整体分布均匀，壁面附近温度分布均匀，渣口区域温度较高且易调控，保证了气化炉整体炉温易于调控和液态排渣的顺利进行。气化过程中生成的细灰少、熔渣多，碳转化率高。

气化炉内衬采用膜式水冷壁结构，副产中压蒸汽（5.5MPa）。与盘管式结构（副产低压蒸汽技术）对比，其耐高温性更强，热量利用率提高。

粉煤烧嘴为一体化直流式复合烧嘴，通过优化设置各物流流道、射流速度、冷却结构，以及严格调控操作参数等，实现该烧嘴在点火、开工、运行各阶段不同功能的作用，并确保气化炉与烧嘴自身安全。

（2）稳定可靠的煤粉供料与输送单元　优化的设备结构与工艺配置，如煤粉锁斗通气锥的结构优化设计、设置小型煤粉称重罐工艺等，可有效避免料仓内煤粉结拱与架桥，确保稳定快速下料；可实现煤粉流量的准确标定，并设有解决因煤质变化、仪表零点漂移等引起流量偏差问题的在线流量计标定系统。

（3）成熟节能的合成气激冷-洗涤-渣水处理系统　多喷嘴对置式水煤浆气化技术所涉及的合成气初步净化单元与渣水处理单元，已有多年成功运行业绩。在此基础上，针对气化系统对生成细灰的洗涤需求，经过对已有技术的工艺优化和设备功能强化，实现了现行工业装置高灰分煤生成细灰的有效洗涤分离。该合成气洗涤系统是我国首套处理粉煤气化入炉煤灰分高达 26% 的专利单元技术，已经成功应用于两套粉煤气化工业装置中。

（4）先进自动、安全可靠的气化控制、联锁逻辑系统　气化点火、开工、投煤自动控制，根据开车优化参数整定后，可实现一键式点火、投煤。有效、可靠的联锁逻辑系统，确保系统安全。

（5）可视化投煤火焰，彻底消除投煤瞬间黑区　即 30s 内不能确认是否投煤成功，需根据参数趋势判断。

（6）反应室温度直接测量技术　在水冷壁安装特殊高温热电偶，可更加直观地判断炉膛内温度，提高投煤条件判断的准确性，在正常操作中监测气化炉操作温度。

四、SE 粉煤气化示范装置运行性能

1. 建设与运行历程

2012 年 5 月，单烧嘴冷壁式粉煤加压气化（SE 气化技术）成套技术开发项目，在中国石化扬子石油化工有限公司日处理煤 1000t 级 SE 气化示范装置开工建设。2014 年 1 月 23 日首次投煤试车，28 日产出合格氢气。截至 2015 年 3 月，气化装置连续运行时间已达 153d，充分体现了技术的成熟可靠性能。

2. 入炉煤质

SE 粉煤气化炉采用贵州煤和神华煤混配作为气化用煤，其中贵州煤灰分含量为 20.48%～28.42%（空干基），挥发分含量为 8.99%～22.90%（空干基），煤灰流动温度 FT 为 1361～1522℃；神华煤灰分含量 7.17%～8.53%（空干基），煤灰流动温度 FT 约为 1170℃。配煤比例为贵州：神华＝3：2，混配煤粉主要煤质数据见表 3-4-22。

表 3-4-22　入炉混配煤粉煤质数据

项目	灰分 A_{ad}	挥发分 V_{ad}	煤灰流动温度 FT
数值	16%～20%	17%～26%	1248～1399℃

3. 技术性能指标

2014 年 10 月 SE 粉煤气化示范装置完成满负荷考核标定，性能指标如表 3-4-23、表 3-4-24 所示。SE 粉煤气化装置如图 3-4-26 所示。

表 3-4-23　SE 主要工艺指标

参数	数值
入炉煤质	混配煤:贵州煤 60%、神华煤 40%;灰分:16%~20%(质量分数);灰熔点:1248~1399℃
气化炉负荷/%	100
CO+H₂ 产量/(m³/h)	72066
有效气成分/%	89
入炉氧量/(kg/h)	34000
入炉煤量/(t/h)	41.0
入炉蒸汽/(t/h)	3.5
气化压力/MPa	3.9
气化温度/℃	1400~1550
出炉灰渣比	约 4:6
粗渣可燃物含量/%	<3
细灰可燃物含量/%	20~35
碳转化率/%	>98
比氧耗[以(CO+H₂)计]/(m³/km³)	331
比煤耗[以(CO+H₂)计]/(kg/km³)	569

表 3-4-24　典型合成气成分

粗煤气组分	CO	H₂	CO₂	N₂	CO+H₂
体积分数/%	63.1	25.6	11.2	0.14	88.7

图 3-4-26　SE 粉煤气化装置

4. 关键设备

粉煤烧嘴经历多次点火、开工和煤粉投料操作，累计运行 181d 后检查，烧嘴端部无龟裂、变形和烧蚀痕迹。水冷壁表面渣层分布合理且厚度均匀，挂渣情况良好，渣口无结渣且圆整。

气化炉结构见图 3-4-27。

(a) 水冷壁上部挂渣	(b) 中部挂渣	(c) 水冷壁下部及锥底挂渣

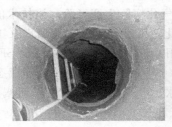 

(d) 气化室渣口　　　(e) 烧嘴首次使用累计181d后情况

图 3-4-27　气化炉结构

5. 长周期优化运行情况

目前，气化装置进入长周期优化运行阶段。为了降低原料成本，发挥东方炉对高灰熔点、高灰分煤适应优势，扬子石化开展了一系列煤种拓宽工作，已成功运行的高灰熔点煤种包括山西晋城煤、安徽淮南煤、山西高平煤。

扬子石化气化装置自 2016 年 6 月 18 日开始试烧安徽淮南煤，直到 7 月 16 日投入气化炉约一万吨淮南煤，连续稳定运行 28d，完成满负荷试烧性能测试。入炉煤为淮南煤和神华煤混煤，配比为 5∶5。

满负荷运行测试性能优良，比氧耗 [以（$CO+H_2$）计] 378m^3/km^3，比煤耗 [以（$CO+H_2$）计] 584kg/km^3，碳转化率达 99.2%。气化炉操作炉温高达 1650℃，合成气甲烷含量 20~50μL/L，充分体现了东方炉的高温耐受性。滤饼可燃物平均含量低至 8.48%，粗渣可燃物平均 0.98%，灰渣比达到 3∶7。

五、技术推广应用

SE 粉煤气化技术将成为中石化现代煤化工产业发展的重要技术支撑，也为我国煤化工企业提供了更多的煤气化技术选择。目前技术应用厂家如表 3-4-25 所示。

表 3-4-25　SE 粉煤气化技术应用表

应用单位	台数	单炉规模(t 煤/d)	最终产品	进度
中石化扬子一期	1	1000	氢气	2014 年 1 月投产
中安联合煤化	7	1500	烯烃	气化炉完成吊装
中石化扬子二期	1	1000	氢气	2017 年投产
辽宁凤城化工	1	500	合成氨	工程设计
中科(广东)炼化	2	2000	氢气	工程设计
中石化新疆能化	10	2000	80 亿米³SNG	技术附件已签订

第八节　西门子 GSP 煤气化技术

一、概述

西门子 GSP 气化技术已经有 20 多年煤气化实际生产经验。该技术的研发起源于前东德的国家燃料研究所。早在 1984 年，GSP 气化技术已经在前东德黑水泵工厂实现了工业化运行。该工厂一直运行到 2007 年。其间，采用 GSP 气化技术的西门子 SFG200 气化炉（日投煤量约 720t）先后气化过东德地区的褐煤（6 年）、天然气、废油等液态废料生产甲醇和发电，同时处理固定床产生的含焦油及酚废水。GSP 气化技术已经对褐煤、烟煤、无烟煤、市政污泥、废水、生物质等都做过测试，有超过 60 种不同物料及 100 次以上的试烧数据，为工程设计提供了坚实的技术基础。

2006 年西门子公司取得 GSP 气化技术的全部专利。

北京杰斯菲克气化技术有限公司作为德国西门子燃料气化技术有限公司与中国神华宁煤集团公司各占 50％股份的合资公司，唯一拥有在中国转让 GSP 气化技术 100％的技术转让权。

二、气化技术特点及工艺流程

1. 西门子 GSP 气化技术

西门子 GSP 气化技术属于先进的、大型化、高压、干煤粉、水冷壁、纯氧、熔渣操作的气流床气化技术。GSP 气化技术最显著的特点包括干煤粉进料、气化反应室水冷壁结构、组合单烧嘴顶置下喷、粗合成气全激冷工艺流程等内容。该流程包括干粉煤输煤系统、气化与激冷、气体除尘冷却、黑水处理等单元。通过此工艺生产合成气（CO＋H_2），可以用于生产甲醇、合成氨、合成油，IGC 发电，或用于城市煤气、合成天然气等能源化工产品。

2. 西门子 GSP 气化工艺流程

GPS 气化工艺流程简图见图 3-4-28。

① 干煤粉的加压计量输送系统　磨煤干燥好的粉煤从煤仓进入密相进料系统，由常压煤仓（储仓）、变压锁斗和密相进料器（加料斗）组成。锁斗交替操作以保证进料器中的粉煤保持在一定的料位。粉煤进入煤仓，载气和吹扫气通过煤仓顶部的过滤器排放到空气中。煤粉从煤仓进入锁斗，锁斗装满后，由吹扫气加压之后进入进料器。粉在搅拌器的作用下，

并通过气体吹扫形成部分流化床。粉煤以密相流形式从流化床部位通过浸没的输煤管线输送到气化炉顶部的烧嘴。进料器和气化炉之间的压差控制着粉煤的流动速度。

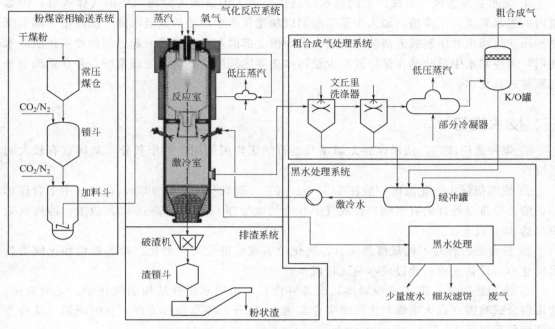

图 3-4-28　西门子 GSP 气化工艺流程简图

　　整个密相输送系统作为顺序控制系统被集成到自控系统，所有与系统相关的参数都处于控制系统的实时监测之中。密相输送系统中，二氧化碳被用作载气和锁斗的加压气。

　　② 气化与激冷系统　见图 3-4-29。

　　载气输送来的加压干煤粉、氧气及少量蒸汽通过组合喷嘴进入气化炉中。气化炉包括装有水冷壁的气化室和激冷室。气化的操作压力为 $2.5 \sim 4.0$ MPa（G）。根据煤粉的灰熔特性，气化操作温度控制在 $1350 \sim 1750$℃。高温气体与液态渣一起离开气化室向下流动直接进入激冷室，被喷射的高压激冷水冷却，液态渣在激冷室底部水浴中成为颗粒状，定期从排渣锁斗中排入渣池，并通过捞渣机装车运出。

　　从激冷室出来的、达到饱和的粗合成气输送到下游的合成气净化单元。

　　③ 气体除尘冷却系统　粗合成气从气化炉出来后进入合成气洗涤系统。该系统由沉降管式洗涤器加文丘里洗涤器和高压聚集除尘器以及洗涤塔组成。在沉降管式洗涤器和文丘里洗涤器中，合成气和水充分混合以确保除去细灰和炭黑颗粒。旋风分离器从合成气中除去水和颗粒。文丘里洗涤器使用循环水和来自下游气体处理工艺的气体冷凝液。高压聚

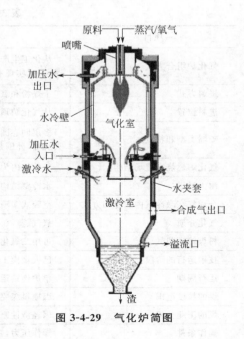

图 3-4-29　气化炉简图

集除尘器和洗涤塔能够减少合成气中的微小颗粒尤其是盐雾。净化后的合成气含尘量设计值小于 $1mg/m^3$，输送到下游。

④ 黑水处理系统 系统产生的黑水经减压后送入闪蒸罐去除黑水中的气体成分，闪蒸罐内的黑水则送入沉降槽，加入少量絮凝剂以加速灰水中细渣的絮凝沉降。沉降槽下部沉降物经压滤机滤出并压制成渣饼装车外送。沉降槽上部的灰水与滤液一起送回激冷室作激冷水使用，为控制水中总盐的含量，需将少量污水送界区外的全厂污水处理系统，并在系统中补充新鲜的软化水。

三、技术优势

① 煤种适应性广：从褐煤到无烟煤乃至石油焦均可使用。对于灰分与灰熔点有较大的适应性。

② 技术指标：气化温度一般在 1350～1750℃。碳转化率可达 99%，合成气中不含煤焦油、酚类等难以处理的有机物，合成气中有效气成分即 $CO+H_2$ 高达 90% 以上。冷煤气效率高达 80% 以上。

③ 投资低：针对不同规模的项目，气化炉实现标准化与大型化。设备规格相比同类技术尺寸小，设备成本、建设成本及运行成本低。

④ 维护费用低：工艺流程紧凑；设备寿命长，采用水冷壁结构的气化炉，无耐火砖；使用组合式喷嘴（点火喷嘴与生产喷嘴合二为一），开、停车操作方便，且时间短（从冷态达到满负荷仅需 1～2h）。

⑤ 节能环保：西门子 GSP 气化技术无有害气体排放；污水中不含酚、氰等有害物；炉渣不含可溶性有害物，可作建材原料；系统水循环利用，实现了能源的清洁、高效利用。

技术特点参数见表 3-4-26。

表 3-4-26　技术特点参数

项目	具体参数
气化炉组合方式	从化工生产的连续性考虑，不推荐单一气化炉方式。较大规模项目，气化炉较多时，可以实现不单独设置备用炉
进料方式	干煤粉和氧气及少量蒸汽(视煤质情况需要)通过组合式烧嘴同步进入气化炉
进料位置	从气化炉顶部向下喷射
喷嘴类型和特点	多层同心圆组合式烧嘴(开工点火烧嘴与正常投煤烧嘴组合在一起)。中心为点火烧嘴，外围是主烧嘴氧气夹层和粉煤夹层，蒸汽与氧气在进入之前混合
气化炉燃烧室流场结构	气化炉内为喷射、旋转气流
耐火衬里	水冷壁结构
合成气在激冷室内的冷却方式	空腔式多喷头喷水激冷
气化介质	氧气、蒸汽
粉煤输送载气	可用二氧化碳或氮气
技术运行的阶段	已大规模工业应用
运行周期	单炉连续运行＞150d
煤的粒度范围	因原料煤要磨成煤粉，因此对进厂原料煤粒度无要求
煤的工业分析	因经济性原因灰分最好小于 25%
操作条件	操作压力：4.2MPa；操作温度 1350～1750℃（与煤质有关）

续表

项目		具体参数
粗煤气的组成		CO:约 70%;H₂:约 22%;CO₂:约 5%;CH₄:<0.1%(其余为 N₂、H₂S 等,与煤质有关)
工艺指标	氧耗[以(CO+H₂)计]	约 310m³/km³(与煤质有关)
	气化用蒸汽消耗	0~4t/h·台炉(与煤质有关)
	单炉煤气产量[以(CO+H₂)计]	约 130000m³/h(与煤质有关)
	碳转化率	98%~99%(与煤质有关)
适合工业领域		煤化工生产用合成气、IGCC 发电等燃料气

四、工程应用案例

在中国,西门子 GSP 技术许可 3 个项目共 31 台气化炉,西门子提供气化岛的性能保证、工艺包设计、专有设备的供应,还可以依据客户的要求提供从项目开始的可行性研究、前端设计到后期的现场服务、操作及维护的一系列服务。

① 2007 年 5 月,神华宁煤(MTP)50 万吨/年烯烃项目的 520000m³/h(以 CO+H₂ 计)煤气化合同生效。其中间产品 167 万吨甲醇,最终产品 52 万吨聚丙烯。该项目采用 5 台 SFG500(日投煤量约 2000t)GSP 气化炉。2010 年 11 月开始试车,12 月气化的合成岛产生气送到下游产出优质精甲醇。2011 年中 4 月产出聚丙烯,给神华宁煤集团带来了良好的经济效益。

② 2007 年 9 月,山西兰花煤化工有限责任公司晋城 3052 项目西门子 GSP 气化技术合同生效。该项目使用 2 台 SFG500(日投煤量约 2000t)西门子 GSP 气化炉。为充分利用高灰熔点,高硫的无烟粉煤提供了一种清洁环保高效的解决方案。

2011 年 7 月,中国电力投资集团新疆伊南 60×10⁸m³/a 煤制天然气项目一期 20×10⁸m³/a 工程气化专利合同生效。项目一期工程采用 8 台套西门子 SFG500(日处理煤量约 2000t)气化炉。

③ 2012 年 1 月,神华宁煤年产 400 万吨煤炭间接液化制油项目采用西门子 GSP 气化技术许可生效。该项目采用 24 台 SFG500(日投煤量约 2000t)西门子 GSP 气化炉。2016 年投入运行产出合格的油品。

在全世界范围内,西门子 GSP 气化炉订货量已达 41 台(SFG500 型)。2012 年,SFG850(日投煤量约 3000t)的西门子 GSP 气化炉已经启动。

五、最佳运行案例

神华宁夏煤制烯烃项目运行情况见表 3-4-27,GSP 气化炉装置实景见图 3-4-30。

表 3-4-27 神华宁夏煤制烯烃项目运行情况

业主名称	神华宁夏煤业集团
项目名称	煤基 167 万吨甲醇转 52 万吨聚丙烯项目
项目地点	宁夏宁东能源化工基地
煤种情况	长焰煤(灰分:18%~20%,质量分数)

续表

气化炉数量	5 台 SFG500 气化炉（日投煤量 2000t 级）
有效气量（以 CO+H$_2$ 计）	520000m³/h
服务范围	符合中石化标准的工艺包；专有设备；理论培训与现场培训；技术服务
里程碑	2007 年 05 月，合同生效 2007 年 10 月，完成中石化标准的工艺包（PDP）设计 2008 年 10 月，第一批气化炉（德国进口）到达客户现场开始安装 2009 年 01 月，气化炉完成吊装 2010 年 11 月，试车并一次点火成功 2010 年 12 月，高品质有效气送到下游产出优质精甲醇 2011 年 04 月，进入全厂试生产 2012 年 07 月，气化炉满负荷运行，日产甲醇超过 5000t，超过设计能力
意义	干粉气流床技术首次应用于世界级的煤制烯烃项目，并实现稳定、安全、满负荷、高效运行，为 GSP 气化技术大规模应用树立了全球典范和工业化技术交流与培训、测试基地

图 3-4-30　GSP 气化炉装置实景

第九节　R-GAS 煤气化技术

一、概述

① R-GAS 技术的前身是美国惠普公司借鉴火箭发动机原理开发的空气射流气化技术（PWR）。2009 年惠普公司与芝加哥美国燃气技术研究院（GTI）合作建立了中试装置，2009 年 12 月至 2011 年 3 月，对多个煤种进行了气化试验。2015 年 GTI 与 Aerojet Rocketdyne（AR）公司合作，开发煤炭转换的小型气化炉，现改为 R-GAS™气化工艺。

② 2017 年 6 月 13 日，山西阳煤集团公司与 GTI 签署了《R-GAS 气化技术联合开发协议》。双方合作在阳煤化工新材料公司建设一套进煤量 800t/d 的 R-GAS 煤气化示范装置。

二、技术特点

① 同等规模的情况下，R-GAS气化炉容积只有其他气化炉的1/9，大幅度减少了钢材用量和装置投资；

② 高压、超高温气化，气化速度快、效率高、无污染物产生；

③ 生产成本可降低20%～30%，可气化各种煤及高灰熔点煤和石油焦；

④ CO_2捕捉费用低；

⑤ 大型工业气化炉采用粉煤泵进料，输煤稳定安全可靠；

⑥ 夹套式冷壁炉体，副产高压蒸汽，没有内衬耐火材料。

三、工艺流程

干燥的粉煤进入储煤斗，经粉煤泵加压到压力煤罐，用N_2或CO气体加压，将粉煤从气化炉顶内进入气化炉，高温煤气和熔渣在气化炉中下部经水激冷，煤气从激冷室上部引出，经细灰除尘器，水洗涤塔进入煤气净化系统。粗渣从气化炉底经锁渣阀、锁渣斗排出。夹套冷却水系统设有高压水泵、换热器，保持水冷壁夹套水温水压稳定。设有激冷水循环及余热回收系统。R-GAS气化流程见图3-4-31。

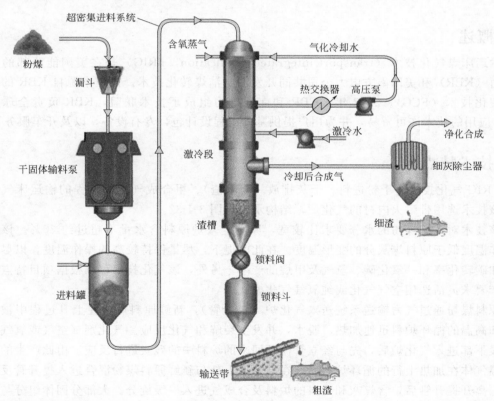

图3-4-31 R-GAS气化流程

四、中试装置运行情况

① 气化炉规格：内径 152mm，气化室高 762mm；进煤量 18～50t/d。

② 操作条件：气化温度 2600℃，气化压力 7.6～8.16MPa。

③ 气化炉运行数据（长焰煤）：碳转化率＞99％，冷煤气效率＞85％，粗渣含碳＜1％，煤在气化段停留时间约 0.5s，合成气（CO＋H_2）＞90％，冷却水耗降低 30％。

五、工程应用案例

① 芝加哥 GTI 建成 18～50t/d 中试装置，进行了多种煤和石油焦气化试验装置。

② 联合开发了 400～600t/d 煤粉泵，为大型气化炉配套。

③ 完成了 φ1m 气化炉，处理煤 3000t/d 工艺软件包（PDP）设计，拟在休斯顿建 IGCC 联合循环发电示范厂。

④ 2017 年 6 月 GTI 与山西阳煤集团公司合作，建设进煤 800t/dR-GAS 气化技术示范项目。

第十节　TRIG 输运床气化技术

一、概述

输运床煤气化技术（transport integrated gasification，TRIG）是在美国能源部的支持下，由（KBR）和美国南方电力公司共同开发的清洁煤转化技术。该技术源自 KBR 的流化催化裂化技术（FCC）。2012 年，KBR 和南方电力组成了技术联盟，KBR 负责全球所有 TRIG 应用的技术许可贸易，并为用户提供基础工程设计包，专有设备，以及开车服务。

二、技术特点

TRIG 气化技术为干粉进料、干灰排放（非熔渣）、粗合成气废锅流程的输运床气化技术。该技术选用带耐火内衬的气化炉，结构示意见图 3-4-32。

该技术对入炉煤粉的水分要求比较宽，原则上入炉原料含水量不超过约 20％。该气化炉操作温度低于原料煤灰分的变形温度。在此前提下，尽量保持较高的操作温度，以尽可能地增加碳转化率和一氧化碳、氢气及甲烷的产率。另外，该气化技术可以根据项目特点和下游生产要求灵活选用空气气化或纯氧气气化模式。

原料煤粉通过气力输送系统送入气化炉（提升管），新鲜原料煤粉在上升过程中被高温气体和高温的循环炉料迅速加热、脱水，并发生裂解和气化反应。气化剂（空气或氧气）自混合段下部进入气化炉后，先与经立管循环回来的炉料中的残炭进行反应。由此产生的热量和高温气体在加热上行的循环炉料后，在混合段上部与新鲜原料煤粉混合进入提升管反应器上行。离开提升管后，含煤灰和残炭的炉料及合成气进入一级旋分。大部分固体组分与合成气在一级旋分中得到分离，然后通过环封回到了立管。较小的颗粒在二级旋分被捕集，进入立管循环。含细灰的粗合成气离开二级旋分后，进入废锅生产高压蒸汽回收热量，再经飞灰过滤器除去细灰。气化炉内需要大量的炉料循环以保证系统在所需气化温度下正常运行，具体循环量取决于原料煤的特性，如热值、灰含量等。气化炉立管内循环炉料量通过专有设备排出炉外。粗灰经卸压冷却后进入灰仓暂时储存，以用于下次开车的炉料。

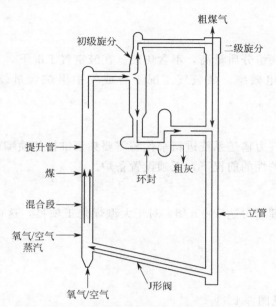

图 3-4-32　TRIG™气化炉结构示意图

由于 TRIG 技术与流化相关，业界习惯将其归为一种流化床气化技术，这是对该技术的简单化理解。提升管反应器是该气化炉的主反应区，在提升管内气相和固相的表观速度差别非常之小，固体速度几乎与气体速度同步，其比值约为 1～2。而对于典型的流化床气化技术，这个比值一般都非常大或趋近于无限高。这是该气化技术和普通流化床气化的主要区别之一。由于在输运床内气固混合得非常充分，原料煤粉在提升管中仅需要短短几秒的反应时间就能达到理想的碳转化率。固体在该技术气化炉的提升管中的流动形态已远超普通流化床。是该技术能够实现单炉大容量以及适用于转化低阶煤的原因。

三、技术优势

TRIG 技术除了应用于发电，也适用于合成天然气、化肥、化学品、液体燃料等。该技术具有以下几点优势。

1. 原料优势

该技术适合处理高水分、高灰分的低阶煤。对原料煤的干燥要求低。当原煤水分低于20%（质量分数）时无须干燥。

2. 设计灵活性大

可根据下游生产要求选择鼓空气或鼓氧气模式。在发电应用中（如 IGCC 电厂），选择鼓空气设计可节省建厂投资，增加效率。

3. 高效率

相比在灰熔点以上温度运行的熔渣型气化技术，该技术采用废热锅炉流程回收粗煤气中的余热。热效率更高。同时对原料粒度接受范围广，可接受较大原料颗粒。这样降低了磨煤机组的电耗，也可处理在干煤磨煤过程中产生的细小煤粉。此外，通过高效的飞灰处理装置粗收集煤气中所带的飞灰颗粒（残余颗粒物少于 $0.1\mu g/g$），有效地降低了下游合成气洗涤塔用水量。

4. 合成气质量高

该技术生产的合成气组分质量高，不含焦油。在鼓空气工况下，合成气热值仍能满足燃机要求，提高了全厂发电效率。鼓氧气工况下合成气中甲烷含量较高，适于煤制天然气生产。

5. 操作可靠

该技术使用专有的气力输送系统进料来代替需要频繁维护的喷嘴或烧嘴，在保证项目的可靠性、可用性、可维护性的前提下，无须设置备炉。

6. 高单炉处理量

该技术最高单炉处理量可达 5000t/d。对于大型煤化工项目，这可以带来很大的规模经济优势。

四、工艺流程

TRIG 气化岛流程见图 3-4-33。

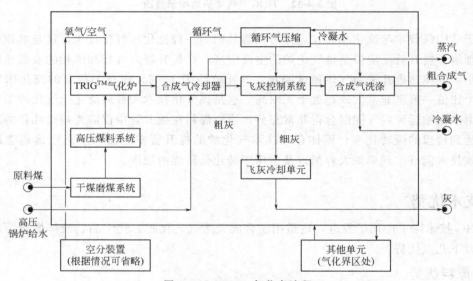

图 3-4-33 TRIG 气化岛流程

粉碎至 30mm 以下的煤料由磨煤机磨至 $1000\mu m$ 以下，而后通过 KBR 专有的高压煤粉进料系统投料。气化所需的空气或氧气经压缩后被注入气化炉混合段。气化炉中产生的高温粗煤气在废热锅炉中产生高压过热蒸汽。冷却后的粗煤气进入下游的飞灰处理系统。该系统采用滤芯过滤，所捕集的细灰经由 KBR 专有的细灰连续卸压系统冷却，回收余热，并送至灰仓。干净无灰的粗合成气进入洗涤塔去除 HCl 和 HF。根据下游应用的需要，洗涤后的合成气需送至净化单元处理。如在 IGCC 电厂中，粗合成气中的羰基硫、氨、汞和硫化氢等杂质需经净化后方能进入燃机发电。

五、煤种适应性

该技术适用于低阶煤,包含多种褐煤和大部分次烟煤。低阶煤一般来说具有水分高、热值低、反应活性高的特点。大部分现有气化技术难以对低阶煤进行有效的气化。TRIG 技术适用于高位发热量低于 6500kcal/kg 的煤种(发热量以空干无灰基计)。煤种发热量下限可低至 3000kcal/kg 甚至以下。固定碳含量高于 60% 的煤种不适用于该技术(固定碳含量以干燥无灰基计)。

六、主要技术参数

输运床气化技术参数见表 3-4-28。

表 3-4-28　输运床气化技术参数

气化技术类型			输运床、非熔渣气化炉	
进料方式			使用专利气力输送系统	
进料位置			提升管下半段	
气化炉燃烧室流场结构			固体在提升管中处于输运床	
耐火衬里			耐火浇注料	
合成气冷却方式			火管式合成气废锅,可带过热器	
气化介质			氧气或空气	
技术运行阶段			单炉 4650t/d 装置试车中 50t/d 示范装置运行超过 16 年	
煤的粒度范围			20~1000μm	
煤种适应性			褐煤以及大部分次烟煤	
煤的工业分析			适宜煤种范围: 水含量(质量分数):低于 50% 固定碳(质量分数):不高于 60%(干燥无灰基) 硫(质量分数):无限制 灰含量(质量分数):不高于 40% 高位热值(HHV):不高于 6500kcal/kg(空干无灰基)	
操作负荷			单炉最大负荷可达 5000t/d	
操作条件			操作温度:可达 1050℃ 操作压力:可达 4500kPa(A)	
典型干基粗煤气组成		组分	空气气化/%	纯氧气化/%
		CO	21.8	45.4
		H_2	11.4	29.2
		CO_2	9.0	18.9
		CH_4	3.4	5.1
		N_2+Ar	53.9	0.2
		其他	0.5	1.2
工业指标(以典型低阶煤为原料计)	比氧耗(以 $CO+H_2+CH_4$ 计)		纯氧气化:约 300m³/1000m³ 空气气化:约 330m³/1000m³	
	比煤耗(以 $CO+H_2+CH_4$ 计)		纯氧气化:约 770kg/1000m³ 空气气化:约 790kg/1000m³	
	蒸汽消耗		视具体项目情况	
	碳转化率		98% 以上(典型低阶煤)	
适合工业领域			发电,天然气,其他化学品,合成氨,冶铁	

七、建设及运行案例

① 20 世纪 90 年代中期，美国南方电力公司和 KBR 公司共同开发了"电力系统开发设施"（PSDF）的示范装置，气化炉处理能力为 50t/d。在过去 16 年中，该装置已累计运行超过 20000h，对多种不同煤种进行了测试，并针对密西西比褐煤及粉河盆地次烟煤两个典型的低阶煤种进行了多次详细的测试。这两种低阶煤持续展示出 98% 以上的碳转化率。

② 美国南方电力公司使用 TRIG 空气气化技术在密西西比州开发了 582MW IGCC 项目。该项目为坑口电站，利用低质低价的本地褐煤。配置两台 TRIG 气化炉，两台西门子高氢燃料燃气轮机和一台蒸汽轮机。原料褐煤收到基热值为 2300～2900kcal/kg，水分高达40%～50%。单台气化炉投煤量约 4650t/d，入炉煤粉含水量约 20%。该项目配备了 65% 的二氧化碳捕集装置，捕集的二氧化碳由管线输送至油田提高石油采收率。另外，该项目使用附近市政公用设施的废水作为补充水，并实现全厂"零污水排放"。该项目 2010 年 12 月破土动工。两台燃气轮机在 2013 年 8 月和 9 月分别首次点火成功。气化岛目前已基本完成建设，处于调试中，2014 年第四季度实现 100% 合成气发电商业化运行。

③ 输运床气化技术与中国：TRIG 气化技术进入中国市场后首个使用空气气化和氧气气化的项目分别为东莞 IGCC 改造项目和内蒙古乙二醇项目。这两个项目的工艺包、基础设计及长周期设备订货均已完成。此外，2012 年，KBR 与陕西延长石油集团签约，由延长集团建设一套 100t/d 的基于输运床气化技术的示范装置。该装置采用纯氧气化，于 2016 年建成试运行。TRIG 气化技术的转让业绩见表 3-4-29。

表 3-4-29 TRIG 技术转让业绩表

项目	地点	煤种	气化炉台数	单炉处理能力 /(t/d)	气化剂	应用	项目进展
582MW IGCC 项目	美国 密西西比州	褐煤	2	4650	空气	发电	运行中
120MW TRIG IGCC 改造项目	中国 东莞	褐煤	1	1600	空气	发电	执行中
100KTA 乙二醇项目	中国 内蒙古	高灰褐煤	1	1000	氧气	化工产品	执行中
TRIG 示范装置	韩国 大田市	各种煤种	1	3	氧气	小试装置	运行中
PSDF TRIG 示范装置	美国 阿拉巴马	各种煤种	1	50	空气或氧气	示范装置	已运行 16 年
陕西延长石油集团	中国 榆林	长焰煤	1	100	氧气	示范装置	运行中

参考文献

[1] 许世森，张东亮，任永强. 大规模煤气化技术. 北京：化学工业出版社，2006.
[2] 韩启元，许世森. 热力发电，2008，37（1）：4-8.
[3] 任永强，韩启元. 煤化工，2008，36（1）：1-6.

[4]　许世森，任永强，夏军仓，等．中国电力，2006，39（6）：30-33．
[5]　许世森，刘刚，任永强，等．热力发电，2007，36（5）：80-82．
[6]　任永强，许世森，夏军仓，等．热能动力工程，2007，22（4）：431-434．
[7]　任永强，许世森，夏军仓，等．热力发电，2007，36（8）：27-30．
[8]　任永强，许世森，等．热能动力工程，2004，19（6）：579-581．
[9]　任永强，许世森，夏军仓，等．煤化工，2006，34（5）：15-18．
[10]　徐越，吴一宁，危师让．西安交通大学学报，2003，37（7）：692-694．
[11]　徐越，吴一宁，危师让．中国电机工程学报，2003，23（10）：186-190．
[12]　李小宇．粉煤高温高压气化反应动力学研究．西安：国电热工研究院，2004．
[13]　Mühlen H J，Van Heek K H，Fuel，1985：944-949．
[14]　Kasaoka S，Sakata Y，Shimada M．Fuel，1987：697-701．
[15]　Shufen L，Ruizheng S．Fuel，1994：413-416．
[16]　Bota K B，Abotsi G M K．Fuel，1994：1354-1357．
[17]　谭成敏，曹召军．煤化工，2008（1）：9-1．
[18]　汪家铭．产业发展，2009（3）：52-59．

第五章
湿法气流床加压气化

湿法气流床气化是指煤或石油焦等固体碳氢化合物以水煤浆或水炭浆的形式与气化剂一起通过喷嘴，气化剂高速喷出与料浆并流混合雾化，在气化炉内进行火焰型非催化部分氧化反应的工艺过程。具有代表性的工艺技术有美国 GE（德士古）发展公司开发的水煤浆加压气化技术、陶氏化学公司开发的两段式水煤浆气化技术，中国自主开发的多喷嘴煤浆气化技术、多元料浆气化技术等。其中以德士古发展公司水煤浆加压气化技术开发最早，在世界范围内的工业化应用最为广泛。后来德士古公司被 GE 公司收购，并进行 8.7MPa 高压气化技术工程化开发，对原有技术进行优化升级，取得较好效果。中国兖矿和华东理工大学合作开发的四喷嘴对置式气化炉，在技术和大型化方面取得突出进展。

水煤浆气化反应是一个很复杂的物理和化学反应过程，水煤浆和氧气喷入气化炉后瞬间经历煤浆升温及水分蒸发、煤热解挥发、残炭气化和气体间的化学反应等过程，最终生成以 CO、H_2 为主要组分的粗煤气（或称合成气、工艺气），灰渣采用液态排渣。水煤浆气化制粗煤气技术有如下优点：

① 可用于气化的原料范围比较宽。几乎从褐煤到无烟煤的大部分煤种都可采用该项技术进行气化，还可气化石油焦、煤液化残渣、半焦、沥青等原料，1987 年以后又开发了气化可燃垃圾、可燃废料（如废轮胎）的技术。

② 水煤浆进料与干粉进料比较，具有安全并容易控制的特点。

③ 工艺技术成熟，流程简单，过程控制安全可靠，设备布置紧凑，运转率高。气化炉内结构设计简单，炉内没有机械传动装置，操作性能好，可靠程度高。

④ 操作弹性大，气化过程碳转化率比较高。碳转化率一般可达 95%～99%，负荷调整范围为 50%～105%。

⑤ 粗煤气质量好，含 H_2 高，用途广。由于采用高纯氧气进行部分氧化反应，粗煤气中有效成分（$CO+H_2$）可达 80% 以上，除含少量甲烷外不含其他烃类、酚类和焦油等物

质，粗煤气后续过程不需特殊处理而可采用传统气体净化技术。产生的粗煤气可用于生产合成氨、甲醇、羰基化学品、醋酸、醋酐及其他相关化学品，还可用于供应城市煤气，也可用于联合循环发电（IGCC）装置。

⑥ 可供选择的气化压力范围宽。气化压力可根据工艺需要进行选择，目前商业化装置的操作压力等级在 $2.6\sim8.7MPa$，中试装置的操作压力最高已达 $8.5MPa$，这为满足多种下游工艺气体压力的需求提供了基础。$6.5MPa$ 高压气化为等压合成其他碳一类化工产品如甲醇、醋酸等提供了条件，既节省了中间压缩工序，也降低了能耗。

2015 年已投产的 $8.7MPa$ 高压气化炉，是目前气化压力最高的，实现了甲醇等压合成，取消了合成气压缩机，节能效果明显。

⑦ 单台气化炉的投煤量选择范围大。根据气化压力等级及炉径的不同，单炉投煤量一般在 $400\sim2000t/d$（干煤）左右，美国 Tampa 气化装置最大气化能力达 2200t/d（干煤）。

多喷嘴气化炉单炉进煤量已达到 3000t/d，是目前最大的气化炉。

⑧ 气化过程污染少，环保性能好。高温高压气化产生的废水所含有害物极少，少量废水经简单生化处理后可直接排放；排出的粗、细渣可作水泥掺料或建筑材料的原料，对环境没有其他污染。

水煤浆气化技术也有一定的缺点：

① 炉内耐火砖冲刷侵蚀较严重，选用的高铬耐火砖寿命为 $1\sim2$ 年。更换耐火砖费用大，增加了生产运行成本。

② 喷嘴使用周期短，一般使用 $60\sim90d$ 就需要更换或修复，停炉更换喷嘴对生产连续运行或高负荷运行有影响，一般需要有备用炉，这增加了建设投资。

③ 考虑到喷嘴的雾化性能及气化反应过程对炉砖的损害，气化炉不适宜长时间在低负荷下运行，经济负荷应在 70% 以上。

④ 水煤浆含水量高，使冷煤气效率和煤气中的有效气体成分（$CO+H_2$）偏低，氧耗、煤耗均比干法气流床要高一些。

总之，水煤浆气化技术在一定条件下有其明显的优势，当前仍是被广泛采用的新一代先进煤气化技术之一。

第一节　国内外水煤浆气化技术开发概况

一、美国德士古发展公司水煤浆气化技术开发历程

德士古水煤浆加压气化工艺发展至今已有 70 年历史。鉴于在加压下连续输送粉煤的难度较大，1948 年美国德士古发展公司（Texaco Development Corporation）受重油气化的启发，首先创建了水煤浆气化工艺（Texaco coal gasification process），并在加利福尼亚州洛杉矶近郊的 Montebello 建设第一套中试装置（投煤量 15t/d），这在煤气化发展史上是一个重大的开端。当时水煤浆制备采用干磨湿配工艺，即先将原煤磨成一定细度的粉状物，再与水等添加物混合一起制成水煤浆，其水煤浆浓度只能达到 50% 左右。为了避免过多不必要的水分进入气化炉，采取了将入炉前的水煤浆进行预热、蒸发和分离的方法。由于水煤浆加热汽化分离的技术路线在实际操作中遇到一些结垢堵塞和磨损的麻烦，1958 年中断了试验。

20 世纪 70 年代，德士古发展公司重新恢复了 Montebello 试验装置，于 1975 年建设了一台压力为 $2.5MPa$ 的低压气化炉，采用激冷和废锅流程可互相切换的工艺，由于水煤浆制

备技术得到长足的进步,水煤浆不再经过其他环节而直接喷入炉内。1978 年和 1981 年再建两台压力为 8.5MPa 的高压气化炉,这两台气化炉均为激冷流程,其主要任务是进行煤种评价和其他研究开发。美国中试装置共试烧评价近 20 个煤种,其中有中国鲁南化肥厂用的七五煤和首都钢铁公司用的无烟煤。

1973 年德士古发展公司与联邦德国鲁尔公司开始合作,1978 年在联邦德国建成了一套德士古水煤浆气化工业试验装置(RCH/RAG 装置),该装置是将德士古发展公司中试成果推向工业化的关键性一步,通过实验获得了全套工程放大技术,并为以后各套工业化装置的建设奠定了良好的基础。

二、联邦德国 RCH/RAG 工业试验装置

1973 年联邦德国鲁尔化学公司(Ruhrchemie AG,RCH)和鲁尔煤公司(Ruhrkohle AG,RAG)开始与美国德士古发展公司合作,并于 1975 年在联邦德国奥伯豪森(Oberhausen)的鲁尔化学公司内开始建设一台德士古水煤浆气化工业示范炉,气化压力为 4.0MPa,投煤量为 150t/d,采用废锅流程回收热量副产蒸汽。1978～1982 年主要集中于原料煤气化的开发,1982 年以后转入第二阶段煤的液化残渣试验,共气化了包括各种煤、石油焦及煤的液化残渣在内的固体燃料 20 余种。RCH/RAG 工业试验装置的主要工艺设计数据见表 3-5-1。

表 3-5-1 RCH/RAG 工业试验装置设计及运行数据比较

| 项目 | 气化温度/℃ | 气化压力/MPa | 投煤量/(t/h) | 气体产量/(m³/h) | 煤浆浓度/% | 干气组成(摩尔分数)/% | | | | | | 碳转化率/% | 气化效率/% | 热效率/% |
						CO	H₂	CO₂	CH₄	H₂S+COS	N₂			
设计数据	1500	4.0	6.0	10000	55～60	45～55	30～40	15～20	1			95	70	—
运行数据	1200～1600	4.0	2.9～8.2	15200	达到71	54	34	11	<0.1	0.3	0.6	99	78	94

RCH/RAG 工业试验装置成果为工程设计提供了全套放大技术,基于工业试验装置的经验,于 20 世纪 80 年代分别在美国、日本及联邦德国先后采用德士古水煤浆加压气化技术建设投用了伊斯曼化学工厂、美国冷水电站工厂、宇部氨厂、SAR 工厂的气化装置。

三、美国田纳西伊斯曼化学公司气化装置

伊斯曼化学公司总部位于田纳西州的 Kingsport,是以煤为原料生产化学品的大型公司,生产各种化学、化纤及塑料产品达 400 多种。

公司首次采用商业规模德士古水煤浆气化技术生产乙酰类化合物的大型工业化装置,取代石油及天然气制取合成气,使得以煤为原料生产醋酐这一设想成为现实。1983 年 6 月 19 日水煤浆加压气化炉首次投料,1984 年 4 月装置达到满负荷运行。

磨煤机和气化炉设两个系列,气化炉 1 开 1 热备。气化炉为 12.7m³ 容积的标准炉,设计日处理干煤量为 820t,操作压力为 6.5MPa,气化温度为 1360～1380℃,干气产量约为 60000m³/h。

煤气化装置原设计的粗煤气产量仅够年产 23 万吨醋酐及醋酸产品使用,只能满足伊斯曼公司生产乙酰类化合物产品所需原料的一半。经过连续几年的成功运行,伊斯曼公司决定

对该套装置进行扩建改造，使水煤浆气化能力能够满足生产乙酰类化合物产品所需的全部原料气量。1991年装置改扩建工程完成，下游有关化学品生产装置及气体净化装置双系列设置，参见图3-5-1。

煤气化装置改扩建的目标，是在不增加气化炉台数并保持送出界区粗煤气温度及压力不变的条件下，将供给下游工序的粗煤气产量提高30%左右。基于这种情况采取了如下主要措施。

① 在允许的范围内将气化炉操作压力由6.5MPa提高到6.8MPa。

② 氧气流量调节阀增加旁路，以提高氧气通量。

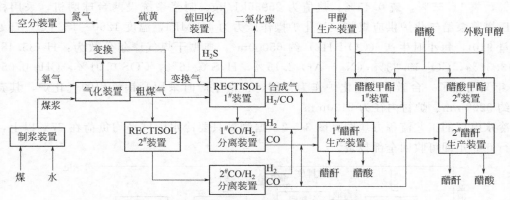

图3-5-1 伊斯曼化学公司生产装置工艺流程方块图

③ 加大气化炉激冷室至洗涤塔间的气体管道直径，以减小系统阻力。

④ 依据专利商德士古发展公司所做的有关计算及实验，对工艺喷嘴进行了改进，提高了气化炉运行负荷。

⑤ 增设变换炉工艺气旁路，使得相当一部分粗煤气不经过变换炉直接进入后续工艺气冷却系统进行冷却。

⑥ 用高效率低压降的换热器更换了工艺气冷却系统旧设备。

另外，为了保证煤浆供应，将煤浆制备系统改造使其并列运行，同时也将煤浆泵的输送能力扩大。改造后气化装置负荷可达到原设计负荷的140%左右。

扩建改造消除了系统内关键部位的负荷制约瓶颈。通过减少经变换装置处理（用于甲醇合成）的粗煤气量，相应增加了用于生产高价值醋酐产品的工艺气量。因此，装置能够在粗煤气产量没有增加一倍的条件下，将醋酐产量提高一倍，但装置生产所需甲醇约有25%需要外购。

1997年，伊斯曼化学公司又利用气化装置所产粗煤气新建一套APCI公司开发的液相催化甲醇生产装置。这套装置由伊斯曼、美国APCI公司及美国能源部三方合资建设，对于能够适应进料气组分大幅变化的这种液相催化合成甲醇新技术进行工业示范，同时补充了现有装置生产对甲醇的需要。

实践证明，气化装置改造取得了很大的成功，也为以煤为原料生产乙酰类化合物积累了丰富的经验。

四、美国冷水电站工厂气化装置

冷水电站工厂（Cooling Water）是一个商业规模煤气化联合循环发电示范厂。装置建在加利福尼亚州的Bastow，由美国、日本的九家公司联合投资2.84亿美元。1981年9月动工兴建，1984 年 6 月建成投入运转。建厂的目的主要是发电，同时对不同的煤种进行试验，被誉为无公害清洁能源工厂。气化装置采用辐射和对流废锅流程，生产的煤气经过脱硫、冷却、除尘后作为燃气轮机的燃料，从燃气轮机排出的气体经过一个废热锅炉冷却到 130℃ 左右排入大气。废锅产生的高压蒸汽（11.2MPa）驱动蒸汽透平带动 55MW 发电机组，煤气进燃气透平带动 65MW 发电机组。

美国西部煤由火车运输进厂后卸入两个 6000t 筒仓储存。原料煤含水 10%，含灰 9.45%，挥发分 36.05%，固定碳 44.50%；元素分析碳含量为 63.2%，氢 4.3%，氮 1.05%，氧 11.55%，硫 0.45%，热值为 25935kJ/kg。制浆系统设两台球磨机，采用柱塞式高压煤浆泵给气化炉供应煤浆。气化炉操作压力为 4.2MPa，温度 1260～1538℃，日处理干煤量 910t，每小时生产（$CO+H_2$）约 65000m^3，典型干煤气摩尔分数为：H_2 35.48%，CO 43.31%，CO_2 19.83%，（N_2+Ar）2.16%，H_2S 0.16%，COS 0.01%，CH_4 0.05%。1985 年又增加了一台激冷式气化炉作为备用，正常生产时采用废锅流程的气化炉，其壳体直径约 3200mm、炉衬内径为 2130mm。

冷水电厂的工艺流程方块图见图 3-5-2。据测算只要冷水电厂平均负荷在 77% 以上，连续运行 6.5 年即可收回全部投资。

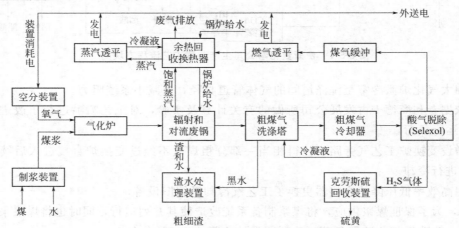

图 3-5-2　冷水电厂 IGCC 装置工艺流程方块图

五、日本宇部合成氨厂气化装置

宇部合成氨厂（Ube Ammonia Industry Ltd.）位于日本山口县宇部市，项目的工程设计、设备制造、土建安装等一切工作都由宇部兴产株式会社承包完成，1982 年 10 月完成初步设计，1984 年 7 月 23 日正式生产，从而建成了当时世界上最大的以水煤浆为原料生产合成氨的工业装置。宇部氨厂过去一直以石脑油为原料生产合成氨（1250t/d），因石油危机油价上涨，改建了一套以煤为原料的德士古气化制氨（1000t/d）装置。原料煤采用筒仓储存，气化采用激冷流程，其下游配套一氧化碳变换、低温甲醇洗、甲烷化、氨合成装置生产液氨。

煤浆制备采用球磨机/棒磨机混装，2 开 1 备，煤浆质量分数为 60%～65%，煤浆输送采用 GEHO 隔膜泵。气化炉 3 开 1 备，操作压力为 3.9～4.05MPa，温度 1300～1500℃，单炉干气产量约为 38500m^3/h，氧耗 13000m^3/h。干煤气摩尔分数为：H_2 35.7%，CO 41.8%，CO_2 20.6%，N_2 0.3%，H_2S 1.6%，CH_4 0.005%。碳转化率达 98%，冷煤气效率约为 69%。

1989 年 8 月宇部氨厂开始掺混石油焦气化，即将石油焦与煤混合（石油焦占 80%，煤占

20%）制浆作为气化炉进料。与煤掺和的原因主要考虑到需要通过煤气化生成的熔渣（灰熔点1250～1300℃）从燃烧室中清除石油焦气化生成的黑灰（灰熔点高于1600℃）。后来，德士古发展公司又与宇部氨厂合作，于1993年4月至8月在宇部氨厂进行100%石油焦气化试验，最终获得了成功。从1996年9月起，宇部氨厂开始直接使用石油焦作为气化原料、以宇部氨厂锅炉飞灰作为助熔剂（不再掺原料煤）进行石油焦气化，操作运行情况一直良好。

六、联邦德国 SAR 气化装置

SAR 工厂同 RCH/RAG 示范装置一样为联邦德国鲁尔煤公司和鲁尔化学公司所有，位于鲁尔奥伯豪森（Oberhausen），是采用德士古水煤浆气化技术建立的商业规模合成气生产厂，由伍德公司（UHDE）承包建设该项工程，采用废锅流程，1986年6月建成。该厂原有一套重油气化装置，煤气化装置计划代替原装置进行生产。只建一台煤气化炉，当煤头气化炉需要大检修时开重油炉维持生产。生产的煤气分为两路，一路约1/5气量用于制取氢气，另一路约4/5气量用作羰基化合成气生产醛、醇、羧酸、胺、酯等有机化学产品。气化炉压力为4.0MPa，日处理煤量为730t，干气产量约为50000m³/h。总投资（包括开车费）为2.2亿马克。

七、美国陶氏化学气化装置

陶氏化学公司（Dow Chemical Company）于1975年开始着眼于水煤浆气化工艺的研究和开发，当时针对的主要是美国沿海储藏丰富的褐煤，计划以该煤代替在用的原油和天然气。研究认为用廉价的煤作为能源的基础将为气体联合循环发电提供广阔的前景。经实验室充分研究后，1979年建设投用了一套小试装置，当时使用的氧化剂是空气，投用的褐煤仅为11t/d（干），换用纯氧后投煤量增至33t/d。1983年7月在小试厂的基础上投用了一套示范工厂，放大比例为44∶1，使用的煤种改为次烟煤，投煤量达1090t/d，这套装置的运行为1987年商业化装置（设计投煤量为1430t/d）的投运积累了大量的数据和经验。

陶氏化学公司开发的水煤浆气化炉由两段反应器组成，参见图3-5-3。第一段是煤浆供给式，是在高于煤的灰熔点温度下操作的气流夹带式部分氧化反应器。第一段反应器水平安装，两端同时进料，熔渣从炉膛中央底部经激冷并减压后连续从系统排出送入常压脱水罐出去；煤气经中央上部的出气口进入二段。第二段也是一个气流夹带反应器，垂直安装在第一段反应器的中央上方。在第二段炉膛入口另喷一股煤浆，通过喷嘴均匀注入来自第一段的热煤气中。一段煤气的显热通过蒸发新喷入煤浆的水而"回收"，煤气被冷却到煤的灰熔点温度以下，新喷入的煤浆颗粒在该温度下被热解和气化。从第二段顶部出来的混合煤气经高温旋风分离器分离半焦和灰尘后，进入废热锅炉回收热量，再经水洗、酸气脱除工序送入燃气透平发电，而分离出的未转化的半焦和灰尘作为原料再循环回磨煤机进入第一段以求完全转化。一段炉内的碳转化率达98%，而二段的碳转化率仅达80%左右，典型工业运行数据见表3-5-2。

表 3-5-2　工业装置一段和二段典型运行数据表

项目	气化温度/℃	气化压力/MPa	投煤量/(t/h)	气体产量/(m³/h)	干气组成(摩尔分数)/%						冷煤气效率/%
					CO	H₂	CO₂	CH₄	H₂S+COS	N₂	
第一段	1316～1427	2.1	褐煤 1832	140417	46	32	22	—	—	0.6	褐煤 69
第二段	1038	2.1	次烟煤 1433		38	41	21	0.1	0.156	0.5	次烟煤 77

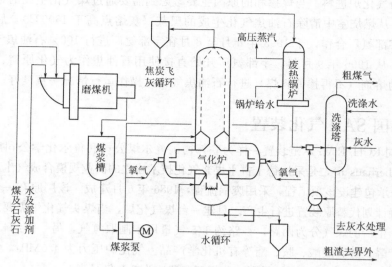

图 3-5-3　陶氏化学两段气化流程示意图

　　这种气化炉开车时一般先采用甲烷或油作为燃料，同氧气和蒸汽一道来启动气化炉，一旦系统运行正常就逐渐切换到水煤浆来运行。陶氏化学气化炉可以单独运行第一段，第二段只注入水和蒸汽把来自一段的热煤气冷到正常的二段温度。据介绍这种操作没有引起其他问题。

　　就效率和环境来讲，这种形式的系统是在熔渣气化炉中唯一有效气化劣质煤的方法。

八、美国 Tampa 联合循环发电水煤浆气化装置

　　Tampa 电气公司 Polk 电站（Tampa Electric Company Polk Power Station）坐落在佛罗里达州 Polk 县 Tampa 的东南部，是一座标准的 250MW（净）联合煤气化循环发电工厂（IGCC），总投资约 5.1 亿美元。Polk 电站 IGCC 使用气化炉配套辐射废热锅炉和对流废热锅炉以最大回收热量并富产蒸汽是独一无二的。

　　全套装置包括空气分离、煤浆制备、气化、辐射和对流废热回收、渣水处理、酸气脱除、发电、盐水浓缩和硫酸生产等工序（见图 3-5-4），该项目于 1994 年 11 月破土动工，1996 年 7 月 19 日试产出粗煤气，1996 年 10 月装置全部投入运行，并达到了期望的设计参数。

　　气化装置设磨煤机两台，正常时均以 60% 的负荷运行。气化炉一台单系列运行，所用氧气纯度为 95%，操作温度 1482℃，工艺气中（CO+H₂）含量约 80%，CO₂ 约 15%，N₂ 约 5%。试车初期使用质量较差、价格便宜的开车专用耐火砖，转入正常商业化运行后更换成高质量的耐火砖。粗煤气进入辐射废锅后被冷却到 760℃，再进入双系列设置的对流冷却器将气体冷到 540℃ 以下送入下游洗涤冷却工序。辐射废锅直径约 5.182m，高约 30.48m，重约 900t。气化炉因无激冷水系统，灰水处理仅设一级真空闪蒸、一个沉降池和一个真空过滤机。

　　试车中遇到的最大麻烦是对流合成气冷却器管子泄漏。粗煤气中夹带的细灰在换热器内逐渐沉积，灰垢中含有的吸湿性氯化物能够导致管子的点蚀及氯根应力腐蚀，使得换热器管子损坏，引起含灰的粗煤气污染干净的不含灰粒的粗煤气，被污染的粗煤气又导致燃气透平多个部件的过量损坏，后来对此做了许多改进。

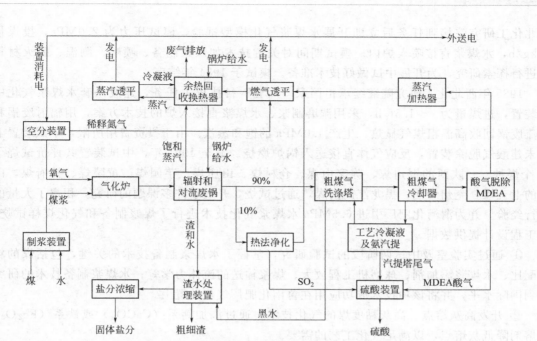

图 3-5-4　Tampa 电气公司 IGCC 装置工艺流程方块图

Polk 电站对原料煤种筛选也做了许多工作,设计用美国东部的匹兹堡(Pittsburgh)8#煤,原料煤含水 4.74%,灰 7.88%,碳 73.76%,氢 4.72%,氮 1.39%,氧 4.96%,硫 2.45%,氯 0.10%,热值为 30912kJ/kg。为了研究不同煤种对联合循环发电性能的影响并筛选出适合装置运行的最佳煤种,Polk 电站于 1997 年 5 月开始对 6 种可用的原料煤及石油焦的掺和进行了试验研究,筛选出了最佳煤种和备用煤种。该公司筛选煤种的主要原则是:①成浆性能要好,以保证较高的经济效益;②反应活性要适宜,以获得较高的碳转化率;③灰渣对耐火材料衬里侵蚀性要低,以降低砖的蚀损速率;④渣的结垢恶劣程度要低,以提高传热和洗涤效率。

九、中国水煤浆气化技术发展状况

1. 陕西临潼西北化工研究院装置

(1)早期开发　早在 20 世纪 60 年代末期,上海化工研究院就着手开发水煤浆气化工艺。中试装置气化压力 2.0MPa,投煤量 0.7t/h,于 1969 年建在浙江巨州化工厂(现巨化集团)合成氨分厂造气车间,由上海化工研究院负技术责任。当时用的水煤浆蒸发方案,所不同的是气化炉由一、二段两个反应器组成一个直立圆筒。位于炉下部的两支 180°对排的喷嘴将反应物对喷入炉,液渣从一段反应器排出。CO_2 和残炭在上部二段反应器继续反应,生成以 CO 和 H_2 为主要成分的粗煤气,再被热水激冷饱和。

中试装置断断续续运转两年,至 1971 年停运。20 世纪 70 年代初,化工部决定把煤气化研究由上海化工研究院转到原陕西临潼化肥研究所(现西北化工研究院),参加搞煤气化开发的主要技术人员同时随调。

(2)西北化工研究院中试装置　1978 年 12 月国家科委主持召开了全国第一次煤的气化液化会议,决定在煤的气化液化方面开展科技攻关,其中一项就是水煤浆气化技术的开发。

西北化工研究院接到任务后立即开展水煤浆气化模型试验，模试压力为 2.0MPa，投煤量 20kg/h，水煤浆直接喷入炉内。模试期间对关键技术如煤浆制备、喷嘴、测温、耐火材料等进行探索研究，为开展中试做好技术准备。模试于 1984 年结束。

1985 年西北化工研究院继续承担国家"六五"科技攻关任务，建成一套水煤浆气化中试装置，进煤量为 1~1.5t/h，采用湿磨制浆、水煤浆直接入炉的技术方案，用辐射废锅和对流废锅回收高温粗煤气显热，生产 4.0MPa 的饱和蒸汽。由于投资费用所限，中试装置下游未建酸气脱除装置，反应气体直接送入锅炉燃烧。截至 1991 年，中试装置共评价试烧了 10 个煤种——陕西的铜川煤、陈家山煤、仓村煤、田庄煤、芋园煤、黄陵煤、神府煤，山东的七五煤、兖州煤泥，黑龙江鹤岗煤，通过试烧，开展了许多课题的研究，积累了大量的运行经验。并为渭河化肥厂引进 6.5MPa 水煤浆气化技术进行了煤浆制备和气化煤样试烧，为工程设计提供数据。

① 通过实验室及中试两阶段的试验研究，掌握了水煤浆制备技术的关键，包括煤的粒级配比、水煤浆添加剂、球磨机工程放大、煤浆输送的流体力学等；水煤浆制备技术的研究达到国际水平，并将该项技术成功应用在鲁南化肥厂气化装置上。

② 开发高灰熔点、高灰黏度煤的气化技术，通过添加钙系（$CaCO_3$）或铁系（Fe_2O_3）助熔剂降低灰熔点，以满足气化工艺的需要。

③ 开发高性能水煤浆喷嘴。通过实验开发出三流式及双混式两种结构形式的喷嘴，满足工艺试验及煤种评价的要求。喷嘴研究的深度和质量与德士古发展公司的水平相当。

④ 对气化炉膛反应温度的直接和间接监测方法进行了研究。

⑤ 同洛阳耐火材料研究院一起对向火面耐火材料进行实验研究，范围涉及冷壁气化炉用的捣打型铬铝砖和热壁气化炉用的铬镁砖，耐火砖蚀损率小于 0.02mm/h，达到国外同类型中试装置的水平。

⑥ 对灰水沉降絮凝剂的应用进行研究，并将该技术应用到鲁南化肥厂水煤浆气化装置。

鉴于西北化工研究院水煤浆气化中试装置的水平较高、规模较大，1990 年美国德士古发展公司与该院签订了一项技术合作协议。根据协议双方将利用这套中试装置合作评价试烧与德士古发展公司有许可证关系的中国煤种。西北化工研究院主持评价试烧工作和编制试烧报告，德士古发展公司派专家到现场观察试烧和采集数据，审核并批准报告作为编制工艺设计包（PDP）的依据。1991 年双方根据协议，成功地合作评价陕西黄陵煤种和神府煤种，作为编制渭河化肥厂和上海焦化厂工艺设计包的依据。在评价试烧这两个煤种时，无论是采用德士古发展公司的计算软件还是西北化工研究院开发的计算软件处理采集的数据，其结果基本一致，气化炉碳、氢、氧物料平衡精度在 97%~103%，符合德士古发展公司要求。

2. 国内工业化装置介绍

（1）鲁南工业示范装置 山东鲁南化肥厂引进德士古发展公司专利技术，在与国内开发相结合的基础上，于 1993 年建成并投运中国第一套德士古水煤浆气化制氨示范装置。合成氨厂工艺流程配置为德士古气化、耐硫中变串低变、NHD 脱硫、COS 水解、NHD 脱碳、氧化铁和氧化锌脱硫、甲烷化、氨合成。参加工业示范装置技术开发及攻关的有中国天辰化学工程公司（原化工部第一设计院，负责工程设计）、西北化工研究院（负责水煤浆气化）和南京化工集团公司研究院（负责 NHD 净化技术）等单位。

选用激冷流程，气化炉一开一备，单炉投煤量为 318t/d（干），操作压力 2.6MPa，（$CO+H_2$）产量 21900m³/h。

1997 年又建成了一套气化压力为 8.3MPa 的水煤浆气化试验装置，成为中国继临潼之后的第二个煤种试烧基地，为更高压力下煤种的试烧和评价、气化成套技术及工程放大奠定了基础。

（2）上海焦化厂气化装置 上海焦化厂德士古煤气化装置采用美国德士古发展公司的专利技术，其工程设计由中国天辰化学工程公司（原化工部第一设计院）完成，它选择了工艺气激冷流程及两级闪蒸灰水回收工艺，该装置于 1993 年 10 月开始土建，1995 年 5 月 22 日 1# 气化炉投料成功。设计单炉投煤量为 20.24t/h（干），干气产量 43300m³/h，气化炉正常运行压力为 4.0MPa，后系统压力为 3.74MPa。共有四台气化炉，正常运行时三开一备。设计选用陕西神府煤，经球磨机制成浓度为 61% 的煤浆。近年来，在制浆过程还使用了焦化工厂排放的较难处理的废水，使这股废水得到了综合利用。这套德士古气化装置所产粗煤气主要供给年产 20 万吨的甲醇生产装置、城市煤气管网和吴泾化工厂的醋酸装置使用。

（3）陕西渭河煤化工集团有限责任公司气化装置 陕西渭河煤化工集团有限责任公司购买德士古发展公司的专利许可证和工艺软件包，其工程设计由中国华陆工程公司（原化工部第六设计院）和日本宇部株式会社共同完成，采用工艺气激冷流程及四级闪蒸灰水处理工艺。设计的单台气化炉投煤量为 27.46t/h（干），干气产量 52500m³/h，气化炉正常运行压力为 6.5MPa，气化炉二开一备。设计选用陕西黄陵煤，煤浆制备选用棒磨机，煤浆质量分数为 65%。所产粗煤气全部用于生产合成氨，下游工艺配置耐硫变换、低温甲醇洗、液氮洗、托普索氨合成。

渭河煤化工集团有限责任公司水煤浆气化装置于 1996 年 2 月投入运行，经过摸索运行解决了气化带灰带水问题、高温黑水的磨蚀问题，并完成了原料煤种的适应性更换和耐火砖的国产化等项工作。

（4）淮南化工厂气化装置 安徽淮南化工厂德士古煤气化装置于 2000 年 8 月投入运行。其工程设计由中国东华工程公司（原化工部第三设计院）和日本宇部株式会社共同完成，选择了工艺气激冷流程及两级闪蒸灰水处理工艺。单炉投煤量约为 18.6t/h（干），干气产量约 34000m³/h，气化炉正常运行压力为 4.0MPa，三台气化炉二开一备。设计选用河南义马煤，煤浆制备采用棒磨机，煤浆质量分数为 58%～62%。

3. 多喷嘴水煤浆气化技术

多喷嘴对置水煤浆气化炉的开发是国家"九五"重点科技攻关项目，由水煤浆气化及煤化工国家工程研究中心和华东理工大学负责攻关，以期形成具有中国特色的水煤浆气化技术。新型气化炉中试装置建在山东兖矿鲁南化肥厂内，2000 年 7 月 30 日第一次投料试验成功，累计运行超 400h 后不久通过国家技术测试及鉴定。

（1）工艺简介 煤浆分别经四台高压煤浆泵加压计量后与氧气一起送至四个两两水平对称布置的工艺喷嘴，在气化炉内进行部分氧化反应。生成的粗煤气、熔渣并流向下进入气化炉激冷室，熔渣在底部水浴中激冷固化，由锁渣罐收集定期排放。粗煤气经脱除游离氧的水喷淋降温后送洗涤塔除尘。从洗涤塔下部抽出的含固量较低的黑水经洗涤塔循环泵加压后送入激冷室作为粗煤气的激冷水使用。

（2）新型气化炉的技术优势

① 该炉最大优势之一就是整个炉内温度分布均匀，炉膛内温差在 50～150℃ 之内，炉膛内犹如一个等温反应器，这为延长耐火砖的寿命创造了条件。停车后观察炉内耐火砖表面良好，下渣口光滑。由于运行时间较短，没有进行耐火材料及激冷环的评价试验。

② 有效气成分高，碳转化率高。开发新型炉所依据的原理是通过撞击流强化热质传递过程以提高气化效果，这是与德士古气化技术的根本区别点。与引进的德士古工业化气化装置相比，（$CO+H_2$）提高了 $2\%\sim3\%$，比氧耗有所下降，碳转化率高达 99%。

虽然多喷嘴对置水煤浆气化技术有一定优势，但其喷嘴数量较多，控制系统比较复杂，投资增加，该项技术在以后工业化示范装置的进一步优化改造中，优势逐步显现，推广应用于特大型工业化装置上前景看好。截至 2014 年已建成投产和在建以及签约的气化炉共计 82 台，其中进煤量 3000t/台的气化炉 5 台，实现了大型化。

4. 多元料浆气化技术

（1）煤浆种类　煤浆燃烧的概念可以追溯到 Munsell 和 Smith 的专利（1879 年），那时候的煤浆概念是指以煤粉同其他流体调制成的一种浆状燃料（如油煤浆、水煤浆和甲醇煤浆等），但由于原油价格一直偏低而未获发展，直到 1914 年才有煤浆的小规模应用。煤浆发展的转机是 20 世纪 70 年代的经济危机，从此开始受到许多国家政府的重视。作为一种替代油燃料研究，到 20 世纪 80 年代煤浆才真正迅速发展，普遍进入商业性应用阶段：工业锅炉、电站锅炉、化工生产等方面都可使用。目前已开发的煤浆种类见表 3-5-3。

表 3-5-3　已开发的煤浆种类

混合流体	煤浆种类	说明	开发应用情况
重油	油煤浆	重油中加入细煤粉、添加剂混合而成,煤粉含量约 50%	日本已实用化
	超细油煤浆	重油中加入超细煤粉、添加剂混合而成,煤粉含量约 40%	美国已实用化
	乳状油煤浆	煤粉用水乳化后,加重油混合而成,煤粉 40%、水 10%、重油 50%	美国已商业化
	粗粒油煤浆	粗粒煤粉与重油混合而成,含量最大约 65%	日本已实用化
水	普通水煤浆	水和煤粉混合,含量 20%～50%	美国、苏联、德国已实用化
	高浓度水煤浆	在水中加入粒径分布较广的煤粉和添加剂混合而成,含量 60%～75%	美国、加拿大、瑞典、日本、德国等处于工业应用阶段
	超细浓度水煤浆	用超细低灰煤粉加水和添加剂而成,含量 60%～70%	美国处于试验阶段
甲醇	甲醇煤浆	甲醇和煤粉混合而成,粒径 100 目以上,含量 50%～80%	日本处于试验阶段
液态二氧化碳	二氧化碳煤浆	液态二氧化碳和煤粉混合而成,含量 75%	美国正在开发当中

中国水煤浆研究始于 20 世纪 70 年代末，早期进行基础研究的科研单位有西北化工研究院、浙江大学、清华大学、中国矿业学院等。

（2）多元料浆气化技术　西北化工研究院在进行多年水煤浆气化技术研究的基础上，从 1995 年开始和有关部门合作，着手进行油水煤浆气化技术的研究开发，其技术关键是油水乳化和料浆的制备，通过几年的试验研究取得了很大的进展。进行了 5t/h 料浆制备中试研究，优化料浆制备工艺条件，研究高效复配型乳化剂以降低料浆生产成本。气化技术方面国内已有类似的成熟技术可以利用，这为多元料浆气化技术的开发研究及实现工业化生产奠定了坚实的基础，对改造国内以油为原料的合成氨厂尤其具有吸引力，即这些工厂可根据现有的工艺决定多元料浆的掺油比例，生产调节比较灵活。

煤、油、水多元混合料浆气化的基本原理是在水煤浆中加入一定的油替代水煤浆中的一部分水分，使气化过程所需的水分更接近气化反应工艺条件所需要的水蒸气量，增加入炉料浆的有效反应物浓度，提高反应煤气中（CO+H₂）的含量，减少氧气及原料煤的消耗，降低能耗并提高经济效益。将重油（或原油）与水、乳化剂混合制备出油水乳化液，再与原料煤在磨机中磨制成含煤 60%～65%、油 10%～15%、水 20%～30%、黏度≤2.5Pa·s 的稳定性和泵输送性能好的油水煤浆送入气化炉内气化。

油水煤浆加压气化主要技术经济指标及原料消耗明显优于水煤浆加压气化的主要指标，分别参见表 3-5-4 和表 3-5-5。

表 3-5-4 两种原料加压气化主要指标比较

项目	水煤浆气化	油水煤浆气化
进料	65%黄陵煤+35%水	65%黄陵煤+10%油+25%水
(CO+H₂)(摩尔分数)	79.2%	84.4%
冷煤气效率	71%	78%
比氧耗	414m³/km³(CO+H₂)	360m³/km³(CO+H₂)
比煤耗	661kg/km³(CO+H₂)	524kg/km³(CO+H₂)
比油耗		80.6kg/km³(CO+H₂)
水、电、汽消耗	消耗基本相当	消耗基本相当

表 3-5-5 油水煤浆加压气化原料费用对比

项目	重油气化	油水煤浆气化	水煤浆气化
吨氨原料消耗	0.80t 油	1.2t 煤,0.17t 油	1.60t 煤
原料吨价	1100 元/t 油	250 元/t 煤,1100 元/t 油	250 元/t 煤
原料费用	880 元/t 氨	487 元/t 氨	400 元/t 氨

近年来由于油价和国际市场逐步接轨，价格迅速上涨，上述两种不同原料气化制合成氨的原料费用差别将更加明显。此外，由于油水煤浆带入气化炉水分的减少，使得煤气中有效气体成分（CO+H₂）含量和产量增加。因此，以日产 1000t 氨计算，油水煤浆气化和水煤浆气化技术相比空分生产能力降低约 5000m³/h，在不增加投资的前提下对现有装置增产十分有利，对新建或改造项目因空分装置可适当变小，也可节省装置建设投资费。该技术已在浙江兰溪化肥厂用于生产合成氨的合成气（年产 3 万吨合成氨）。

十、国内外水煤浆气化装置概况一览

国内外水煤浆气化装置概况一览见表 3-5-6 和表 3-5-7。

表 3-5-6 国外水煤浆气化装置概况一览

气化装置	气化炉台数和形式	煤浆制备	单炉干煤量/(t/d)	粗煤气用途	主要工艺条件	备注
美国 Montebello 中试装置	3 台,第 1 台为废锅流程和激冷流程可切换的气化炉,其余 2 台为激冷式气化炉	棒磨机,试烧评价 20 多个煤种,煤浆循环泵用螺杆泵,向气化炉供应煤浆用柱塞泵	15～20	中试装置,可作天然气、油、煤各种气化试验;气体放空燃烧	第 1 台气化炉设计压力 2.5MPa,其余 2 台气化炉设计压力 8.5MPa	1975 年投用第一台,1978 年投用第二台,1981 年投用第三台

续表

气化装置	气化炉台数和形式	煤浆制备	单炉干煤量/(t/d)	粗煤气用途	主要工艺条件	备注
联邦德国 RCH/RAG 工业示范装置	1台,废锅流程	试烧20多种,设计煤浆含量55%～60%,实际最大71%	150	示范装置,1980年2月工艺气并入鲁尔工厂主装置工艺管线作羰基合成气	气化炉压力4.0MPa,气化温度1200～1600℃	1978年1月投用
美国阿拉巴马 T.V.A,国际肥料开发中心	1台,激冷流程	美国东部煤,煤浆含量大于55%	170～200	研究天然气改煤的经济性,制氨示范装置	气化炉压力3.6MPa,气化温度1300℃左右	1980年10月建成投用,设计投资4320万美元
美国伊斯曼气化装置	1+1台,激冷流程,主要采用法国和奥地利的耐火砖,衬里内径1676mm	棒磨机两台,ϕ3190×L4800,煤浆含量62%～65%,给煤量30t/h	820	联产甲醇、醋酸等	气化炉压力6.55MPa,气化设计温度1360～1380℃	1983年6月投产,炉膛容积约12.7m³
美国冷水气化装置	1+1台,废锅流程(1985年备用一台激冷式),衬里内径2130mm(壳体直径3200mm)	美国西部煤,球磨机1+1台,煤浆含量60%	910	联合发电	气化炉压力4.2MPa,气化温度1260～1538℃	1984年5月投产,投资2.94亿美元,炉膛容积约25.4m³
日本宇部氨厂	3+1台,激冷流程,主要采用法国耐火砖,衬里内径1676mm	球/棒磨机2+1台,设计用加拿大和澳大利亚的煤,现改烧100%石油焦,煤浆含量60%～65%	500	商业化生产,生产合成氨	气化炉压力4.0MPa,气化温度1350～1500℃	1984年7月投产
德国 SAR 气化装置	1台,废锅流程,衬里内径1900mm(壳体直径3300mm)		730	商业化装置,生产 H₂ 和羰基合成气	气化炉压力4.0MPa,气化温度1500℃	1986年6月建成,投资2.2亿马克,炉膛容积约18m³
美国 Tampa 气化装置	1台,废锅流程,衬里内径2740mm(壳体直径4270mm)	棒磨机两台,煤浆含量59%～63%,GEHO煤浆泵	2200	商业化生产,联合发电	气化炉压力2.8～3.0MPa,气化温度1200～1500℃	1996年7月投用,投资5.1亿美元
陶氏化学气化装置	小试厂:一段炉内部总长约10ft,直径2ft,二段反应器直径8in,高34ft	褐煤	11～33	中试装置,燃烧放空	气化炉压力1.4～3.5MPa	1979年运行
	示范厂:一段炉内部总长大约为22ft(6.7m),直径6ft(1.8m),二段反应器直径5ft(1.5m),高45ft(13.7m),废锅流程	次烟煤	500～1090(空气～氧气)	示范工厂,联合循环发电		1983年7月运行

续表

气化装置	气化炉台数和形式	煤浆制备	单炉干煤量 /(t/d)	粗煤气用途	主要工艺条件	备注
陶氏化学气化装置	商业化装置,废锅流程	次烟煤 褐煤	1430 1832	商业化生产装置,联合循环发电	气化炉压力 2.1MPa,一段气化温度 1316～1427℃,二段 1038℃	1987 年 4 月运行

注:1ft=0.3048m;1in=0.0254m。

表 3-5-7　中国早期水煤浆气化装置概况一览

气化装置	气化炉台数和形式	煤浆制备	单炉干煤量 /(t/d)	粗煤气用途	主要工艺条件	备注
西北化工研究院(原临潼化肥所)	第 1 台模试炉 第 2 台模试炉 中试炉,废锅流程	球磨机	0.24 0.48 33.6	中试装置,送锅炉燃烧	0.5～1.0MPa 1.0～2.0MPa 2.6～3.4MPa	1980 年初建成 1980 年底建成 1985 年建成
山东鲁南化肥厂	1+1 台,激冷流程,原用德国砖(耐火衬内径 1676mm),现用国产砖	球磨机,山东七五煤/北宿煤	318	生产尿素	气化炉压力 2.6MPa,气化温度 1300～1400℃	1993 年 4 月第一台投产
上海焦化厂	3+1 台,激冷流程,耐火衬里内径 1676mm	球磨机,陕西神府煤,煤浆含量 61%	486	供应城市煤气并自产甲醇,同时向吴泾化工厂醋酸装置供气	气化炉压力 4.0MPa,气化温度 1350～1400℃	1995 年 5 月第一台投产
渭河煤化工集团有限公司	2+1 台,激冷流程,原用法国砖(耐火衬内径 1676mm),现用国产砖	两台棒磨机,由黄陵煤改为甘肃华亭煤,煤浆含量 60%～62%	659	生产尿素	气化炉压力 6.5MPa,气化温度 1300～1400℃	1996 年 2 月投产
安徽淮南化工厂	2+1 台,激冷流程,耐火衬里内径 1676mm	棒磨机,河南义马煤	486	生产尿素	气化炉压力 4.0MPa,气化温度 1300～1400℃	2000 年 8 月投产

第二节　水煤浆气化技术煤种的评价

煤种评价的目的是对煤种特性进行评定,并筛选出适合气化装置经济运行的煤源,为矿点的选择提供决策依据。对新建工厂而言煤种评价还要为工程设计服务,即为完成工艺设计软件包提供基础数据。煤种的评价过程包括实验室评价以及工业试烧评价两步,前者是对煤种基本性能进行评价,后者则是对实验室评价结果的进一步完善和补充,并为基础设计采集基本数据。

一、煤种的实验室评价及原料煤种的选择

可用于水煤浆气化的原料种类比较广泛,如各种烟煤、褐煤、泥煤、石油焦、半焦(兰炭),甚至城市垃圾也可作为给料。但据国内外各用户的实际运行情况来看,并非所有的煤种都适用于水煤浆气化装置,要保证长周期稳定运行并获得较好的经济效益,必须认真细致地选好煤种。

设计水煤浆气化工艺时,首先需要了解准备作为原料使用的煤炭的物理化学特性,包括

工业分析、元素分析、水分、煤灰组成、发热量、灰熔点、助熔剂试验、可磨指数的测定、实验室煤浆特性试验（包括添加剂试验），以评析所选用的煤在技术上和经济上是否可用作气化原料，这些分析和试验都是初步判定煤种特性的重要依据。

1. 煤的质量及其对气化过程的影响

煤的品种很多，按其在地下生成时间的长短，大体可分为泥煤、褐煤、烟煤和无烟煤等，煤化程度依次增加。随着气化工艺选取的不同，对煤品质的要求也不尽相同，高活性、高挥发分的烟煤是德士古水煤浆气化工艺的首选煤种。

（1）总水分　总水包括外水和内水。外水是煤粒表面附着的水分，来源于人为喷洒和露天放置中的雨水，通过自然风干即可失去。外水对德士古煤气化没有影响，但如果波动太大对煤浆浓度有一定影响，而且会增加运输成本，应尽量降低。

煤的内水是煤的结合水，以吸附态或化合态形式存在于煤中，煤的内水高同样会增加运输费用，但更重要的是内水是影响成浆性能的关键因素，内水越高成浆性能越差，制备的煤浆浓度越低，对气化有效气体含量、氧气消耗和高负荷运行不利。

（2）挥发分及固定碳　煤化程度增加，则可挥发物减少，固定碳增加。固定碳与可挥发物之比称为燃料比，当煤化程度增加时，它也显著增加，因而成为显示煤炭分类及特性的一个参数。煤中挥发分高有利于煤的气化和碳转化率的提高，但是挥发分太高的煤种容易自燃，给储煤带来一定麻烦。

（3）煤的灰分及灰熔点

① 灰分。灰分是指煤中所有可燃物质完全反应后其中的矿物质在高温下分解、化合所形成的惰性残渣，是金属和非金属的氧化物和盐类（碳酸盐、硅铝酸盐、硅酸盐、硫酸盐等）的混合体。燃烧后实际测得的是煤灰的产率，而并非煤中真正的灰含量，在高温氧化还原气氛中煤中矿物质的存在形式已经发生了一系列的物理和化学变化。灰分虽然不直接参加气化反应，但要消耗煤在氧化反应中所产生的反应热，用于灰分的升温、熔化及转化。灰分含量越高，煤的总发热量就越低，浆化特性也多半较差。根据资料介绍，同样反应条件下，灰分含量每增加1%，氧耗增加0.7%～0.8%，煤耗增加1.3%～1.5%。

灰分含量的增高，不仅会增加废渣的外运量，而且会增加渣对耐火砖的侵蚀和磨损，还会使运行黑水中固含量增高，加重黑水对管道、阀门、设备的磨损，也容易造成结垢堵塞现象，因此应尽量选用低灰分的煤种，以保证气化运行的经济性。

② 灰熔点。煤灰的熔融性习惯上用四个温度来衡量，即煤灰的初始变性温度（IT 或 T_1）、软化温度（ST 或 T_2）、半球温度（HT 或 T_3）、流动温度（FT 或 T_4）。煤的灰熔点一般是指流动温度，它的高低与灰的化学组成密切相关。

由日常煤灰分析及表 3-5-8 可知，SiO_2、Al_2O_3、CaO 和 Fe_2O_3 组分占灰分组成的90%～95%，它们的含量相对变化对灰熔点影响极大，因此许多学者常用四元体系 SiO_2-Al_2O_3-CaO-Fe_2O_3 来研究灰的黏温特性。

表 3-5-8　典型的灰分组成

组分	SiO_2	Al_2O_3	TiO_2	Fe_2O_3	CaO	MgO	K_2O	Na_2O	P_2O_3	SO_3
组成/%	37～60	16～33	0.9～1.9	4～25	3～15	1.2～2.9	0.3～3.6	0.2～1.9	0.1～2.4	

一般认为，灰分中氧化铁、氧化钙、氧化镁的含量越多，灰熔点越低；氧化硅、氧化铝含量越高，灰熔点越高。但灰分不是以单独的物理混合物形式存在，而是结晶成不同结构的

混合物，结晶结构不同灰熔点差异很大（参见表 3-5-9），不能以此作为唯一的判别标准。通常用式（3-5-1）来粗略判断煤种灰分熔融的难易程度：

$$酸碱比 = \frac{SiO_2 + Al_2O_3}{Fe_2O_3 + CaO + MgO} \tag{3-5-1}$$

当比值处于 1~5 时易熔，大于 5 时难熔。

表 3-5-9　灰分中各种混合物的熔点

成分	熔点/℃	成分	熔点/℃	成分	熔点/℃
SiO_2 晶体	1723	$3Al_2O_3 \cdot 2SiO_2$	1850	$CaO \cdot Al_2O_3 \cdot 2SiO_2$	1553
Al_2O_3	2020	$2FeO \cdot SiO_2$	1065	$2CaO \cdot Al_2O_3 \cdot SiO_2$	1590
CaO	2570	$CaO \cdot SiO_2$	1544	$2CaO \cdot FeO \cdot 2SiO_2$	1203
FeO	1380	$CaO \cdot Al_2O_3$	1605	$CaO \cdot FeO \cdot SiO_2$	1208

联邦德国 RCH/RAG 工业试验装置上试烧的 11 种煤的灰熔点在 1270~1500℃ 范围内，采用类似公式（3-5-1）的 $(SiO_2 + Al_2O_3 + TiO_2)/(Fe_2O_3 + CaO + MgO + K_2O + Na_2O)$ 计算酸碱比，其比值处在 1.988~4.329 的范围内。

有些专家采用比值 SiO_2/Al_2O_3 和 $SiO_2/(SiO_2 + Fe_2O_3 + CaO + MgO)$ 来研究灰分组成和灰熔点的关系，指出前者比值不宜小于 1.6，后者不宜大于 0.9，否则就需要添加 Fe_2O_3 或 CaO，或者掺混其他煤种来调整灰分的组成以利于熔融排渣。

③ 灰渣黏温特性。灰渣黏温特性是指熔融灰渣的黏度与温度的关系。熔融灰渣的黏度是熔渣的物理特性，一旦煤种（灰分组成）确定，它只与实际操作温度有关。熔渣在气化炉内主要受自身的重力作用向下流动，同时流动的气流也向其施加一部分作用力，熔渣的流动特性可能是牛顿流体特性，也可能是非牛顿流体特性，这主要取决于煤种和操作温度的高低。为了顺畅排渣，专家认为熔渣行为处在牛顿流体范围内操作气化炉比较合适，一旦进入非牛顿流体范围区气化炉内容易结渣，并引入了临界温度的概念，即渣的黏度开始变为非牛顿流体特性时对应的温度，以此作为操作温度的下界。

煤种不同，渣的黏温特性差异很大，有的煤种在一定温度变化范围内其灰渣的黏度变化不大，也即对应的气化操作温度范围宽，当操作温度偏离最佳值时，对气化运行影响不大；有的煤种当温度稍有变化时其灰渣的黏度变化比较剧烈，操作中应予以特别注意，以防低温下渣流不畅发生堵塞。可见，熔渣黏度对温度变化不是十分敏感的煤种有利于气化操作。

水煤浆气化采用液态排渣，操作温度升高，灰渣黏度降低，有利于灰渣的流动，但灰渣黏度太低，炉砖侵蚀剥落较快。根据有些厂家的经验，当操作温度在 1400℃ 以上，每增加 20℃，耐火砖熔蚀速率将增加一倍。温度偏低灰渣黏度升高，渣流动不畅，容易堵塞渣口。只有在最佳黏度范围内操作才能在炉砖表面形成一定厚度的灰渣保护层，既延长了炉砖寿命又不致堵塞渣口。液态排渣炉气化最佳操作温度视灰渣的黏温特性而定，一般推荐高于煤灰熔点 30~50℃。

最佳灰渣流动黏度对应的温度为最佳操作温度，大多研究机构认为最佳黏度应控制在 15~40Pa·s。

④ 助熔剂。由于材料耐热能力的限制，对灰熔点高于 1400℃ 的煤如果还要采用熔渣炉气化，建议使用助熔剂，以降低煤的灰熔点。根据煤质中矿物质对灰熔点影响的有关研究，添加适当助熔剂降低式（3-5-1）的酸碱比，可有效降低灰熔点。

助熔剂的种类及用量要根据煤种的特性确定，一般选用石灰石或氧化铁作为助熔剂。石灰石及氧化铁特别适宜作助熔剂的原因在于，它们是煤的常规矿物成分，几乎对系统没有影响，流动性与一般的水煤浆相同，加入后又能有效地改变熔渣的矿物组成，降低灰熔点和黏度。视煤种的不同，氧化钙的最佳加入量为灰分总量的 $20\%\sim25\%$，氧化铁为 15% 左右即可对灰熔点降低起到明显作用。但助熔剂的加入量过大也会适得其反，另外灰渣成分不同对砖的侵蚀速率也会不同，因此还应根据灰渣的组成和向火面耐火材料的构成合理选择助熔剂。

加入助熔剂后气化温度的降低将使单位产气量和冷煤气效率提高、氧耗明显降低，但同时也会使碳转化率稍有降低、排渣量加大，过量加入石灰石还会使系统结垢加剧。

在筛选煤种时，宜选择灰熔点较低的煤种，这可有效地降低操作温度，延长炉砖的使用寿命，同时可以降低氧耗、煤耗和助熔剂消耗。

（4）发热量　发热量即热值，是煤的主要性能指标之一，其值与煤的可燃组分有关，热值越高，每千克煤产有效气量就越大，要产相同数量的有效气煤耗量就越低。

（5）元素分析　煤中有机质主要由碳、氢、氧、氮、硫五种元素构成，碳是其中的主要元素。煤中的含碳量随煤化程度增加而增加。年轻的褐煤含碳量低，烟煤次之，无烟煤最高。氢和氧含量随煤化学程度加深而减少，褐煤最高，无烟煤最低。氮在煤中的含量变化不大，硫则随成煤植物的品种和成煤条件的不同而有较大的变化，与煤化程度关系不大。

气化用煤希望有效元素碳和氢的含量越高越好，其他元素含量越低越好。

① 氧含量。一般在 10% 左右，对气化过程没有副作用。

② 硫含量。煤中硫组分除少量不可燃硫随渣排出外，大部分在气化反应中生成硫化氢和微量硫氧化碳，其中硫化氢会对设备和管道产生腐蚀。已有用户使用过含硫量达 5% 的煤种，发现对气化装置影响不大。煤中含硫量的多少对后续的酸性气体脱除和硫回收装置影响也较大，因此要求煤中的可燃硫含量要相对稳定，以便选择正确的脱硫方法。

③ 氮含量。煤中的氮含量决定着煤气中氨含量和冷凝液的 pH 值，冷凝液中氨含量高，pH 值高可减轻腐蚀作用。但生成过多的氨在低温下会与二氧化碳反应而形成堵塞引起故障，同时 pH 值的升高，极易引起碳酸钙结垢，因此应正确考虑氮含量的影响，以利于合理选择设备材质、平衡系统水量。煤中氮含量达到 10% 时生产中已证实不是大问题。

④ 砷含量。我国对 188 个煤样抽查结果显示煤中砷含量在 $0.5\times10^{-6}\sim176\times10^{-6}$，虽然含量不高，随煤种变化差异很大，但砷可以以挥发态单质转化到粗煤气中，进入催化剂床层后与活性组分 Co、Mo 形成比较稳定的化合物，从而使催化剂失去活性，造成不可恢复的慢性中毒。研究表明，当变换催化剂中砷含量达到 0.06% 时，其反应活性即开始下降；达到 0.1% 时基本失去全部反应活性。因此煤中的砷含量越低越好。

⑤ 氯含量。气化反应后氯有一部分随固体渣排出装置，另一部分溶滞于工艺循环水中。当氯含量过高时会对设备和管道造成腐蚀，特别是对于不锈钢材质，工艺运行中应予以适当控制。一般气化循环灰水中氯离子浓度控制在 $120\times10^{-6}\sim150\times10^{-6}$。

（6）可磨指数　一般多用哈氏可磨指数（Hard grove Index，HGI）表达煤的可磨性，它是指煤样与美国一种粉碎性为 100 的标准煤进行比较而得到的相对粉碎性数值，指数越高越容易粉碎。煤的可磨指数取决于煤的岩相组成、矿质含量、矿质分布及煤的变质程度。易于破碎的煤容易制成浆，节省磨机功耗，一般要求煤种的哈氏可磨指数在 $50\sim60$ 以上。

（7）煤的化学活性　煤的化学活性指煤在一定温度下与二氧化碳、水蒸气或氧反应的能力。我国采用二氧化碳介质与煤进行反应，测定二氧化碳被还原成一氧化碳的能力，还原率越高，活性越大，煤的反应能力越强。它与煤的炭化程度、灰分组成、粒度大小以及反应温度等因素有关，反应活性高有利于气体质量、产气率和碳转化率的提高。

综上所述，从技术角度来看，水煤浆加压气化技术可以适用于大多数褐煤、烟煤及无烟煤的气化，但从经济运行角度来看，在筛选煤种时可将以下指标作为参照进行比较：煤种的内水以不大于 8% 为宜、灰分宜小于 13%；灰熔点以小于 1300℃ 的煤种为佳，但灰熔点太低对气化采用废锅流程的不利，易使废锅结焦或积灰；发热量参考指标为 25MJ/kg，越高越好；尽可能选择煤中有害物质少、可磨性好、灰渣黏温特性好的煤种；尽可能选择服务年限长、储量大、地质条件相对好、煤层厚的矿点，以保证供煤质量的稳定。

2. 水煤浆特性

水煤浆的制备及输送是水煤浆气化技术中十分重要的一个组成部分，其性能的优劣直接关系到气化炉运行的好坏。考察水煤浆特性的主要指标有煤浆的流变特性、粒度分布、煤浆浓度、煤浆的稳定性以及密度等，这些质量指标间密切相关。为了提供最佳的原料煤浆，当然需要进行包括选定界面活性剂在内的多种试验。

（1）流变特性　流体的流变特性是指流体受外力作用发生流动与变形的特性。对于常见的流体如水、空气等，在一定的条件下剪切应力 τ 与剪切速率 du/dy 之间保持恒定的比值，且不随剪切时间长短而变，这个比值称黏度，用 μ 表示。三者关系满足下式：

$$\tau = \mu \frac{du}{dy} \tag{3-5-2}$$

服从上述定律的流体通称为牛顿流体，否则称为非牛顿流体。水煤浆流体属于后者，许多学者经过大量研究通常用式（3-5-3）来表示剪切应力与剪切速率之间的关系：

$$\tau = \tau_y + K \left(\frac{du}{dy}\right)^n \tag{3-5-3}$$

式中　τ_y——起始剪切应力，又称屈服应力，是指流体在开始流动前需施加一定值的剪切
　　　　　　应力；

　　　K——稠度，其值越大表明黏度越高；

　　　n——流动性指数，是偏离牛顿流体程度的参数。

当水中加入一定粒度分布的煤粉形成水煤浆后，在低浓度下可能表现为牛顿流体，随着浓度的提高其表现可能是假塑性流体或宾汉流体等类别，到底属哪一类别目前说法不一，这是因为水煤浆的流变特性与不同的煤种、不同的制浆工艺与粒度分布、不同的添加剂类型及用量，甚至与不同的剪切速率区间都有关系。

为了形式的统一和测量的方便，工程上仍沿用式（3-5-2）来表示剪切应力与剪切速率之间的关系，但这时的黏度被称为表观黏度，它将随着煤粉加入量的增加而增大，随着速度梯度的变化而变化；水煤浆还具有触变性，即黏度和剪切应力随着剪切时间的延长而减小，当外界因素消除后又可恢复原状。另外，一定浓度的水煤浆还具有抵抗剪切作用使流体不发生流动的内应力，即具有屈服应力，这说明水煤浆流变特性除受重力影响之外，还随体系内部颗粒结构团的变化而变化。

煤浆黏度低是输送的要求，也是煤浆通过喷嘴能充分雾化的需要。水煤浆能够自由流动或泵送的最高黏度为 2～3Pa·s。

水煤浆在搅拌、泵送与管道输送过程中受到不同程度的剪切作用，这些都会或多或少地改变煤浆的流变特性及其稳定性，实际生产中应加以注意。

总之，水煤浆是非牛顿型流体，研究这种流体特性的主要方法是考察其黏度、剪切应力及沉降速度等的变化规律。

（2）粒度分布 煤粉悬浮体系的特性除与原煤本身性质有关外，其粒度组成即分布程度也将直接影响煤浆的物理和工艺特性。纯粹的细粒子并不能制成高浓度的水煤浆，必须将粗细粒子适当搭配，使体系具有足够宽的粒度分布和适宜的分布结构，造成溶液中不同粒子间的相互镶嵌才有利于制备高浓度煤浆。

粒度分布状况影响水煤浆的黏度和稳定性，也影响水煤浆的燃烧反应。从气化反应考虑，煤粉粒度越细越好，这有利于获得较高的碳转化率。但是，细粒所占比率增加时，获得同样浓度的煤浆其制浆工艺要求将更高，粒级配比要求将更严，制浆成本相应加大，这里需要综合考虑。

目前气化用水煤浆粒度分布状况是：通过 40 目（$420\mu m$）的粒子为 99%，通过 200 目（$74\mu m$）的微粒粒子为 $30\%\sim50\%$，到底粒度分布范围多少合适，这要取决于原煤特性及成浆实验。

（3）煤浆含量 煤浆浓度高有利于提高气化强度，并获得较高的热值。从经济运行考虑，一般应达到 $60\%\sim70\%$，但浓度又受到黏度的限制，煤浆浓度越大黏度就越易升高，对泵送和雾化都不利。优质煤比劣质煤黏度增加得快，当含量超过 50% 时其黏度猛增。

煤浆含量下降会使送入气化炉的水量提高，蒸发水分所需消耗的热量增多，有效气体成分减少，降低了冷煤气效率，增加了氧耗，对气化运行不利。

（4）煤浆的稳定性 稳定性是表示煤粉在水中的悬浮能力，是指煤浆在储存与运输期间保持均匀的特性。稳定性与煤炭的性质、颗粒的粒度分布、添加剂及水煤浆的流变特性等诸多因素有关。稳定性越好越有利于煤浆的长时间储存与远距离输送。

（5）界面活性剂的选定 煤炭的主体是非极性的碳氢化合物，具有较低的表面能，它的表面不容易被极性的水分所润湿。水煤浆是一种粗分散体系，煤粒的亲水性较差，悬浮的大颗粒因受重力作用极易下沉，细颗粒易于互相凝聚而加速沉淀。界面活性剂又称添加剂，其作用是吸附到煤粒表面后，使煤粒表面形成一层很薄的添加剂分子和水化膜，使之容易相对运动，提高流动性能，降低高浓度水煤浆的黏度，提高煤浆的稳定性。可作为添加剂的种类比较多，但只有特定的添加剂和煤种组合方能获得最佳效果。

从各专利技术介绍来看，大多数分散剂都是以阴离子和非离子型表面活性剂为主要成分。各种磺酸盐或有机物的磺化产物作为添加剂效果基本相当，如缩聚磺酸苯、碱土金属有机磺酸盐。德士古发展公司推荐使用木质素磺酸钠、2,6-二羰基磺酸钠和木质素磺酸铵，对许多煤种使用效果也不差；也有使用聚甲基丙烯酸酯系列、聚烯烃系列的阴离子分散剂与稳定剂，这些共聚物或缩聚物效果虽然不错，但需专门制备，增加了煤浆的成本。另外，造纸厂的纸浆废液也可作为煤浆添加剂使用。

选择添加剂种类时要结合具体的生产流程，钠离子对换热表面的污染起重要作用，应以限制，因此有些水煤浆制备时推荐使用无碱金属盐的添加剂。添加剂添加量一般为水煤浆质量的 $0.1\%\sim0.3\%$。

3. 气化特性的研究

气化特性的研究就是根据实验室分析评价结果和煤浆特性实验，按照一定的数学物理模型推算出气化反应结果，研究各因素变化可能对气化过程造成的影响，以此指导煤种试烧或工业运行。具体内容包括气化条件的选定（煤浆浓度、气化温度/氧碳比）、由模型计算出的气化反应气体组成、氧碳比/气化温度及煤浆浓度等因素变化对碳转化率和有效气体产量的影响分析等。

国内外能够完成该项内容评定的单位有德士古发展公司、西北化工研究院和上海华东理工大学等。

二、煤种试烧

实验室分析评价的煤样数量比较少，受设施和条件的限制较大，必须经中试装置或工业化装置试烧验证并对部分指标进一步修正，为工艺软件包的设计、装置放大或煤种更换提供第一手运行数据。

煤种试烧是最重要又最接近实际的煤种综合评价，一般需要连续 72h 运行试验。试烧工作内容包括实际装置上的煤浆特性评价、气化特性评价、助熔剂实验（如有必要）、关键设备材料性能预测（如喷嘴、耐火材料）等，通过气化试烧才能得出最可靠的结论。

试烧过程从原料煤的准备开始，到试烧计划的编排、试烧原始数据的采集、数据整理、完成试烧报告，要求方案可行、收集数据准确，在相同或相似的工业条件下反映出煤的实际工艺运行特性。

三、气化性能指标

除了气化炉操作压力、操作温度、生产能力、粗煤气产量及组成，还有如下六个主要工艺参数用于评价煤种的气化特性：

$$产气率(m^3/kg) = \frac{单位时间生产的有效气(CO + H_2)}{单位时间内消耗的干煤量} \qquad (3\text{-}5\text{-}4)$$

$$比煤耗(kg/km^3) = \frac{单位时间内消耗的干煤量}{单位时间生产的有效气量(CO + H_2)} \qquad (3\text{-}5\text{-}5)$$

$$比氧耗(m^3/km^3) = \frac{单位时间消耗的氧量}{单位时间生产的(CO + H_2)量} \qquad (3\text{-}5\text{-}6)$$

$$碳转化率 = \frac{工艺气体中碳总量}{入炉总碳量} \times 100\% \qquad (3\text{-}5\text{-}7)$$

$$冷煤气效率(气化效率) = \frac{煤气的高位热值}{原煤的高位热值} \times 100\% \qquad (3\text{-}5\text{-}8)$$

$$气化强度[m^3/(m^3 \cdot h)] = \frac{单位时间产生的干气量}{气化炉燃烧室容积} \qquad (3\text{-}5\text{-}9)$$

以上工艺参数随煤种、操作压力及气化炉尺寸的变化而有所不同，可参见下文相关内容。

第三节　水煤浆气化装置工艺流程类型及主要设备介绍

水煤浆气化工艺过程包括水煤浆制备、水煤浆加压气化和灰水处理三部分。水煤浆的制备一般采用湿法棒磨或球磨，气化流程可选择激冷式或废锅式流程、半废锅流程。灰水处理一般采用高压闪蒸、真空闪蒸、灰水沉淀配细灰压滤的流程。水煤浆的制备和灰水处理工艺比较简单，下面着重讨论德士古水煤浆气化的两种典型流程。

一、气化流程类型

水煤浆加压气化炉燃烧室排出的高温气体和熔渣因冷却方式的不同而分为激冷流程和废锅流程。高温粗煤气（含熔渣）的显热回收为高压蒸汽还是回收为工艺直接用蒸汽，取决于粗煤气的具体用途。

1. 激冷流程

（1）流程说明（参见图 3-5-5） 从煤输送系统送来原料煤，经过称重后加入磨机，在磨机中与定量的水和添加剂混合制成一定浓度的煤浆。煤浆经滚筒筛筛去大颗粒后流入磨机出口槽，然后用低压煤浆泵送入煤浆槽，再经高压煤浆泵送入气化喷嘴。通过喷嘴煤浆与空分装置送来的氧气一起混合雾化喷入气化炉，在燃烧室中发生气化反应。

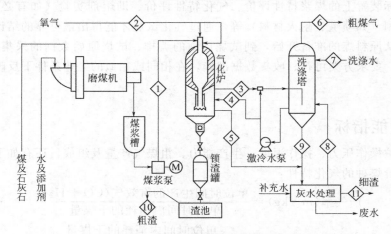

图 3-5-5 水煤浆气化激冷流程示意图

气化炉燃烧室排出的高温气体和熔渣经激冷环被水激冷后，沿下降管导入激冷室进行水浴，熔渣迅速固化，粗煤气被水饱和。出气化炉的粗煤气再经文丘里喷射器和炭黑洗涤塔用水进一步润湿洗涤，除去残余的飞灰。根据需要，将所产粗煤气经变换制氢或作他用。生成的灰渣留在水中，绝大部分迅速沉淀并通过锁渣罐系统定期排出界外。激冷室和炭黑洗涤塔排出黑水中的细灰（包括未转换的炭黑）通过灰水处理系统经沉降槽沉降除去，澄清的灰水返回工艺系统循环使用。为了保证系统水中的离子平衡，抽出小部分水送入生化处理装置处理排放。

为保护气化喷嘴头部，设置有专用循环冷却水系统。

（2）主要特点及适应性 气化炉燃烧室和激冷室连为一体，设备结构紧凑，粗煤气和熔渣所携带的显热直接被激冷水汽化所回收，同时熔渣被固化分离。这种工艺配置简单，便于操作管理，含有饱和水蒸气的粗煤气刚好满足下游一氧化碳变换反应的需要。

激冷流程特别适用于诸如生产合成氨或其他产品生产需要纯氢的情形；也适用于城市煤气的情形，但需将洗涤后的粗煤气进行部分变换及甲烷化，以减少一氧化碳含量并提高煤气热值。

2. 废锅流程

（1）流程说明（参见图 3-5-6） 废锅流程气化炉燃烧室排出物经过紧连其下的辐射废

锅间接换热副产高压蒸汽，高温粗煤气被冷却，熔渣开始凝固；含有少量飞灰的粗煤气再经过对流废锅进一步冷却回收热量，绝大部分灰渣（约占95％）留在辐射废锅的底部水浴中。出对流废锅的粗煤气用水进行洗涤，除去残余的飞灰，然后可送往下游工序进一步处理；粗渣、细灰及灰水的处理方式与激冷流程的方法相同。

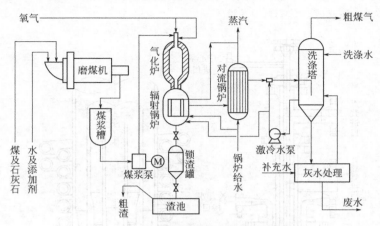

图 3-5-6　水煤浆气化废锅流程示意图

另有一种半废锅流程，粗煤气和熔渣在辐射废锅内将一部分热量富产蒸汽后不再直接进入对流废锅，而是直接进入炭黑洗涤塔，洗掉残余灰分的同时获得一部分水蒸气，为需将一氧化碳部分变化为氢气的工艺提供条件。具体采用何种工艺组合要视下游工艺条件而定。

（2）主要特点及适应性　废锅流程将粗煤气（含熔渣）所携带的高位热能得以充分回收，而且粗煤气中所含水蒸气极少，特别适合后面不需要进行变换或只需部分变换的场合，由废热锅炉副产的高压蒸汽既可以用来驱动透平发电，也可以并入蒸汽管网用作他用。该工艺主要用于诸如制取一氧化碳、工业燃料气，联合循环发电工程，或进行其他用途需 H_2/CO 比值低于制取纯氢所要求的 H_2/CO 比值的情形，如果需要调整 H_2/CO 比值，通过一氧化碳变换炉将适量 CO 转换为 H_2 即可。

废锅流程比激冷流程具有更高的热效率，但由于增加了两个结构庞大而复杂的废热锅炉，流程长，一次性投资高。

二、主要设备介绍

1. 主要设备介绍

（1）磨煤机　湿法制浆采用比较多的是球磨机和棒磨机，磨机筒体内衬有耐磨钢衬，研磨体一般采用不同尺寸的耐磨钢棒或钢球。为了补充磨损量需定期向磨机内加入新的研磨体，以保证煤粒细度和煤浆浓度。

这两种磨机都可制出适合气化的合格煤浆，但棒磨机更适合可磨指数高的年轻烟煤，而球磨机适合所有煤种，特别是无烟煤、贫煤等；球磨机制出的煤浆粒度较棒磨机的粒度细；棒磨机功率消耗要比球磨机的省1/3左右。

磨机出口设有滚筒筛，用以分离煤浆中的超尺寸粒子，但当煤浆中固含量过高时，黏稠的煤浆也会经滚筒筛溢出磨机。

（2）煤浆泵　在水煤浆气化开发初期，大多采用螺杆泵和普通柱塞泵来供应煤浆，因其使用效果不好，逐渐被正位移计量柱塞隔膜泵所替代，有效地解决了煤浆对传动机构润滑密封的污染问题。

（3）喷嘴（参见图 3-5-7） 水煤浆气化一般采用三流式喷嘴，中心管和外环隙走氧气，中层环隙走煤浆。设置中心管氧气的目的是保证煤浆和氧气的充分混合，中心氧量一般占总量的 10%～25%。

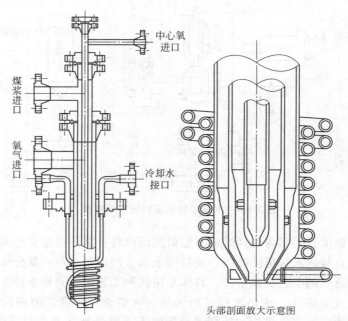

图 3-5-7 三流道喷嘴示意图

喷嘴必须具有如下特点：要有良好的雾化及混合效果，以获得较高的碳转化率；要有良好的喷射角度和火焰长度，以防损坏耐火砖；要具有一定的操作弹性，以满足气化炉负荷变化的需要；要具有较长的使用寿命，以保证气化运行的连续性。

气化炉操作条件比较恶劣，固体冲刷、含硫气体腐蚀，再加上高温环境和热辐射，水煤浆喷嘴头部容易出现磨损和龟裂，使用寿命平均只有 60～90d，需要定期倒炉以对喷嘴进行检查维护。

喷嘴要求采用耐磨性好的硬质材质，同时要求具有抗氧化/硫化和耐高温的特性。目前喷嘴的内管、中管、外管材料大多采用含镍高的 Inconel600 合金，头部材料则采用含钴高的 UMCO50 或 Haynes188 等镍基合金。

（4）气化炉 气化炉是高温气化反应发生的场所，是气化的核心设备之一。其燃烧室为内衬耐火材料的立式压力容器，耐火材料用以保护气化炉壳体免受反应高温的作用。壳体外部还设有炉壁温度监测系统，以监测生产中可能出现的局部热点。

气化炉工艺上要求满足生产需要，结构上为保证燃烧反应的顺利进行必须与喷嘴匹配得当，为保证必要的反应停留时间和合理的流场分布必须具有合适的炉膛高径比。

随着工艺要求的不同，气化炉燃烧室可直接与激冷室相连，也可与辐射废锅相连。在激冷流程中，燃烧室与激冷室一般连为一体，高温气体和熔渣经激冷环和下降管进入激冷室的水浴中（见图 3-5-8）。激冷环位于燃烧室渣口的正下方，激冷水通过激冷环使下降管表面均匀地布上一层向下的水膜，既激冷了高温气体和熔渣，也保护了金属部件。激冷环的作用非常重要，如果激冷水分布不好，有可能造成激冷环和下降管损坏或结渣，引起局部堵塞或激冷室超温。

材料选择上燃烧室壳体一般采用（SA387，Gr. 11，Cl. 2），激冷室采用（SA387，Gr. 11，Cl. 2＋304L）。

（5）破渣机 气化炉水浴室底部设置的破渣机将经过激冷的大块渣或剥落的耐火砖块进行破碎，使其顺利通过气化炉收集在锁渣罐之内。为了防止卡渣或渣架桥，破渣机一般设有正反转功能，驱动系统可采用电机驱动或液压驱动。

根据国内大型工业装置近几年的操作运行经验，设置破渣机的必要性值得进一步商榷。

（6）锁渣罐 设置的锁渣罐系统可连续接受气化炉水浴室排出的灰渣，并将灰渣从系统中排出去。

德士古气化炉锁渣罐系统运行分五个步骤——灰渣收集、系统隔离、系统卸压、排渣冲洗、充压投用，该过程可以通过自动或手动控制实现。上述每一步都要由系统设置的相关阀门的动作来完成，任何一步动作不正常都将影响系统的顺利进行。渣水混合物的存在、频繁的开关切换，使得阀门结构形式、密封形式以及材料的正确选择显得尤为重要。

锁渣罐的灰渣收集排放周期取决于原料煤中的含灰量，一般半小时排一次渣。生产中反复的减压加压操作，使锁渣罐承受着交变应力的作用，设计中要进行疲劳应力分析，对材料的选择要求较高。壳体推荐材质为（SA516，Gr. 70）。

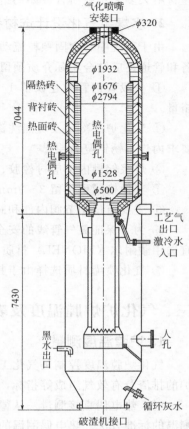

图 3-5-8 激冷式气化炉结构示意图

（7）辐射废热锅炉 辐射废炉的技术关键是设法使液态熔渣从废锅中心通过，避免与废锅壁面接触，然后进入水封粒化成固态渣，约 95％ 的灰渣需从这里分离掉。

为了保护废锅水管、防止磨蚀，在水管外可涂专用保护涂层。在炉内还设有吹灰系统以防止结渣。

考虑到粗煤气泄漏的可能性，选定的副产蒸汽压力一般高于粗煤气压力 1.0MPa 左右。

（8）对流废热锅炉 气体进入对流废热锅炉的温度必须远远小于熔渣固化温度，以免随粗煤气带入炉中约 5％ 的灰渣在对流废锅炉壁黏结，造成传热面结垢堵塞。

对流废锅可以采用水管式锅炉或火管式锅炉，水管锅炉压降小、操作弹性大，火管锅炉特点是设备紧凑、价格便宜。

（9）炭黑洗涤塔 粗煤气中夹带的细灰在洗涤塔水浴中与水接触而被除去，粗煤气上升，在洗涤塔上部塔盘上与加入的净水接触，进一步除去残余的细灰，使粗煤气中灰含量达到 $1mg/m^3$ 以下。粗煤气携带的水滴通过洗涤塔顶部出口设置的百叶窗式除沫器进行分离。国内采用的塔盘结构形式有撞击式泡罩和撞击式筛板两种。

炭黑洗涤塔壳体推荐材质为（SA516，Gr. 70＋304L）。

（10）主要阀门 气化炉炉头煤浆和氧气的联锁切断阀、锁渣罐锁渣阀，以及灰水、黑水系统的调节阀由于其工作介质条件恶劣、切换动作及严密性要求高,这些阀门的阀芯及阀座材料大多采用硬质合金如钨铬钴等,加工精度要求很高,目前还需要进口。

2. 水煤浆气化设计选材参考原则

由于系统中有含固颗粒流动,除了在管道弯曲角度和走向的设计上需予以重视之外,设备和管道还应结合实际介质预留一定的腐蚀裕量或铺设耐蚀衬层。

① 一般碳钢管线建议留 1~3mm 的腐蚀裕量,煤浆管线/渣水管线留 6~9mm 的腐蚀裕量。

② 气化炉激冷室及炭黑洗涤塔内部,由于黑水中含有 Cl^- 和 H_2S 等腐蚀性介质存在,要求内焊不锈钢复合层。

③ 煤浆储槽内部应衬橡胶、碳化硅或涂环氧树脂。

④ 其他槽罐可预留 3~9mm 的腐蚀裕量。

⑤ 主要流量调节阀内件和阀座推荐采用钨铬钴硬质合金。

⑥ 为了保证氧气管线的安全,气化炉炉头氧气管线配管可选用不锈钢材料,氧气阀门宜选用蒙耐尔(MONEL)材质,并且对通过该管线的氧气质量流速进行限制。

⑦ 气化喷嘴材质选择由于其特殊性一般按照专利商的标准执行。

三、气化炉炉膛温度及表面温度测量

1. 炉膛温度测量

气化炉膛温度控制是气化工艺操作控制的关键,温度的高低将影响耐火砖的寿命、气化炉的排渣及有效气组成等指标,因此准确测量反应温度显得十分重要。

(1) 热电偶直接测量 从德士古气化工艺开发投用以来,热电偶测温法一直是气化炉膛测温的标准方法。热电偶测温的可靠性是气化炉安全、高效运行的保障。采用的热电偶是由铂/铑 18 (Pt/Rh 18) 合金做成的。热电偶外层包有由 Al_2O_3-Cr_2O_3 和 Mo-ZrO_2 做成的两层保护套管,并通氮气实现气密和保护。

为避免熔渣的直接冲刷,装有实际热电偶的套管顶端比炉膛向火砖面一般后缩 10~20mm,其寿命为 2~3 个月。

为了延长热电偶的寿命,有的用户将其头部比炉膛向火砖面后缩了 100mm 或更多,其测量值与炉膛内实际温度相差可达 500℃。不管怎样,将其作为趋势温度对操作工还是有不少帮助。它比标准热电偶反应慢,指示的温度偏低,但是它仍对应着气化炉内的变化情况。为了保证测量准确,要确保热电偶安装时既不要后缩太多,又不要伸进反应室内,准确测量每个热电偶的插入深度至关重要。

炉膛测温热电偶一般上下各两只,可根据运行经验全装或只装一只。由于铂/铑热电偶的有效测量范围是 600~1500℃,因此在气化炉烘炉或升温时需更换升温热电偶。

(2) 甲烷含量测量法 热电偶在运行时可能损坏,第 2 种最重要的监测气化炉膛温度的方法就是在线监测原料气中的甲烷含量。它在反映温度变化方面与热电偶不相上下,各用户可根据实际情况将甲烷含量与温度的关系做成曲线,以备指导操作。与直接温度测量相比,甲烷含量测量法有两个缺点:

① 甲烷含量对温度的判断仅是间接的;实际炉膛反应温度与甲烷含量之间的关系还得通过实验确立;原料气中的甲烷含量与煤种和反应条件有很大关系。

② 由于气体在系统内有一段停留时间并且采样管到甲烷分析仪还有一段距离，所以甲烷分析指示存在一定的反应滞后时间。因此，在开车或系统发生突然温度变化时，甲烷测温法就不如热电偶显示的快捷与准确。

（3）在线物料热量衡算法 其基本原理是通过一定的气化炉数学模型将实验室分析的煤质数据和在线测量数据接入专用软件进行计算指示。由于影响准确计算的因素较多，如煤质波动、煤浆浓度波动、喷嘴状况变化等，计算的温度有一定的偏差，仅可作为工艺操作的参考，不能代表实际反应温度。

（4）组分走势判断法 当气化炉开车稳定后，可以通过观察粗煤气中 CO、CO_2、H_2、CH_4 含量组分变化趋势，再结合其他相关参数的变化及粗渣形状，来判断气化炉膛温度的高低，在气化炉热偶工作不正常时，可以采用该方法来指导气化炉的操作运行。这是一种过程经验判断法，有其滞后性和局限性，需在日常运行中积累经验。

2. 气化炉表面温度监控

为了防止超温损坏气化炉承压壳体，使用表面温度监测系统来监测炉壁热点。表面测温系统应提供足够的表面温度数据，以供操作人员在炉壁发生事故前做出停炉还是继续运行的正确决定。炉壁表面监测一般使用连续热电偶式、熔盐式、热阻式、光导纤维式 4 种温度监视系统方式。

（1）熔盐温度监视系统 熔盐式表面测温系统是将专用盐品嵌入穿有导线的绝缘材料中，选定的盐晶体有一已知的熔点，当炉壁温度上升到盐晶体融化温度时，盐晶体熔化导致炉壁与导线短路，监测系统就会检测到这种信号变化。因为容器表面温度升高速度一般不快，因此只能测出盐晶体熔点附近的热点温度，但热点潜在的严重性即热点温度变化快慢无从得知。这种简易形式花费很低，但给出的信息也很少。为了找出热点，操作人员需要用便携式红外测温仪去在融盐式测定的热点区域寻找热点。与热偶及热阻式测温系统一样，回路电缆与炉壁接触不好，将引起灵敏度下降。它适合较高温度，如渭河煤化工集团有限公司炉外壁报警温度为 407℃，采用该种监测方式比较合适。

（2）热阻温度监视系统 热电阻测温系统由一系列的电阻元件组成，炉壁温度升高时，回路电阻将有规律地下降。当热点温度达到一定值或热点区域面积大时，回路开始记录整个电阻的下降值。其灵敏度与热点强度及电缆长度有关，较短的电阻线将增加测温的灵敏度，但是花费增高。热电阻测温系统与热电偶测温系统相比较，测量的温度范围较小。

（3）热电偶温度监视系统 热电偶测温系统是由两根氧化锰导线嵌入炉壁壳体中，当炉壁温度发生变化时，氧化锰电阻以一定的速率下降，导致导线中电流发生变化，理论上这种测量系统将指示热点区域的最高温度。热电偶测温系统具有很多热电阻测温系统的特点，只是灵敏度及测出具体热点位置更优，但花费更高，因为该系统是用一个连续监测的热电偶取代了一定长度的热电阻，只要安装正确，测温系统一直可靠。它适合 $230 \sim 350℃$ 的场合，如鲁南化肥厂炉外壁温度采用该种监测方式。

（4）光导纤维温度监视系统 光导纤维测温系统由围绕气化炉表面的一个单一光导纤维回路组成，安装方法与前三种系统相同，通过测量激光发射器发射的脉冲光反射强度来测量温度。反射光的强度取决于距激光发射器的距离及由温度决定的波长变化量。光导纤维测温系统像连续测温的热电偶一样能连续测温，但比热电偶测温范围更大且灵敏度更高，测出的温度误差不超过 1℃。光导纤维测温系统用于监测气化炉炉壁温度是比较新的技术，已有厂家开始使用。

第四节 煤气化过程的物料热量衡算

水煤浆气化技术的核心是气化炉,进入炉膛的氧气和水煤浆在高温高压下反应生成以$(CO+H_2)$为主的粗煤气和液体熔渣。影响该过程的因素极多,如煤质条件、喷嘴状况、炉膛状况、连续运行周期以及其他工艺条件等等,要对其发生的过程进行准确描述显得十分困难,目前大多采用半理论半经验的方法进行研究,将理论分析、实验模拟以及操作经验有机地结合在一起。

一、气化反应过程描述

1. 反应基本原理

煤是一种复杂的有机化合物,可用通式C_mH_nO来表示它的分子式。水煤浆喷入炉膛后在短短的$5 \sim 7s$内就完成了煤浆水分的蒸发、煤的热解挥发、燃烧和一系列转化反应。炉膛内可能发生的化学反应有放热反应和吸热反应。煤气化反应机理及化学反应式详见第三篇第一章,本节不再详述。

尽管可能发生的化学反应很多,但按照化学反应体系相律的约束,系统的独立反应数是有限的。反应气体的组分有十多个,形成这些反应物的主要元素有C、H、O、S、N五种,如果对一些微量物质不予考虑,系统的独立反应数最多只有6个,其他的反应式均可由这些独立反应导出。根据不同的试验、不同的经验和不同的假设,可以有选择地对一些重点反应进行讨论,由此简化出了许多不同的气化反应过程模型。

2. 炉膛反应基本模型

(1) 燃烧反应在先的模型 该模型假设气化反应过程分为两步完成,第一步主要进行的是碳及其化合物被完全氧化的放热反应。第二步进行的是上述反应产物、水蒸气与煤的热解产物、碳发生的转化反应,认为出气化炉的气体组成主要由反应$CO+H_2O$变换反应决定,并同甲烷转化反应和COS生成反应一起达到反应平衡。

该模型简单实用,给计算带来了许多方便,但无法圆满解释生产中出现的许多现象,例如渣口堵塞有效气含量反而上升等现象。

(2) 部分氧化反应在先的模型 水煤浆部分氧化反应生成的干气中CO、CO_2和H_2三组分总量占$96\% \sim 98\%$,基于这种状况该模型将气化反应过程简化为三个主要反应,即$C+1/2O_2 \rightleftharpoons CO$的反应、$CO+1/2O_2 \rightleftharpoons CO_2$的反应和$CO+H_2O \rightleftharpoons CO_2+H_2$的反应。认为煤中的碳首先与氧气发生部分氧化反应全部生成CO,CO_2产物则是由过量的氧与CO发生进一步的氧化反应以及由CO和H_2O发生变换反应形成的,H_2O量的增减则完全取决于变换反应,H_2量则为水蒸气的增减量加上煤中带入的氢量再扣除掉转化为硫化氢时消耗掉的氢量,并认为变换反应在出口处达到了平衡。

根据以上假设对系统进行物料和热量平衡,列出过程模型进行计算。

同第一个模型一样,这种简化给计算带来方便,但同时又掩盖了气化过程中发生的许多现象。

(3) 区域反应模型 华东理工大学对气化过程进行了大量的冷模试验,并结合国内气化装置运行的实际经验,提出了气化反应区域模型。

根据对流动冷模试验结果进行分析认为气化炉燃烧室内存在三个流动特征各异的区域，即射流区、回流区与管流区（见图 3-5-9）。射流区、回流区的存在使得气化炉内各物质的停留时间出现差异，一般在 $0.2 \sim 30s$，分布较宽，而炉膛的平均停留时间为 $5 \sim 7s$。炉膛尺寸一定时，射流区与管流区的相对大小与射流速度密切相关，射流速度很大时，管流区很小，甚至为零；反之，管流区会很大，射流区很小。回流区除与射流速度有关外，还与炉膛直径、喷嘴尺寸、雾化角大小有关。

水煤浆在这些不同的区域中分别完成极为复杂的物理过程和化学过程。化学反应按照特征可分为燃烧反应，又称一次反应，主要反应产物为 CO_2 和 H_2O；以及二次反应，又称转化反应，主要反应产物为 CO 和 H_2。认为蒸发干燥等物理过程和燃烧反应基本上在射流区中进行，主要发生 $C + O_2 \longrightarrow CO_2$ 反应、$CO + 1/2O_2 \longrightarrow CO_2$ 反应。

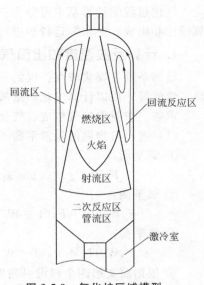

图 3-5-9　气化炉区域模型

二次反应主要发生在回流区与管流区，其中 CO、H_2 大都来自回流流股，主要发生煤热解反应、$CO + H_2O \longrightarrow CO_2 + H_2$ 反应。

二次反应也会在射流区内发生；同样，在回流区由于湍流的随机性也会有 H_2、CO 的燃烧反应发生，可见图 3-5-9 中流体流动区域与气化反应区域并不完全重合。炉膛内流动区域的存在以及各区内发生的反应各不相同，导致炉膛内存在着一定的温度分布，火焰区温度最高，管流区次之，回流区最低。

根据化学反应热力学和动力学分析，1400℃时气化反应已不受化学反应平衡和动力学的限制，而受制于物质传递过程。与传质有关的煤浆雾化、煤粒大小以及返混状况都将影响反应结果，反应过程并不是分子尺度的均匀混合，这就是气化过程难以准确描述的难点所在。

当工艺条件、炉体尺寸一定时，三个区的相对大小与喷嘴的结构和尺寸密切相关。如果喷嘴的结构或尺寸不合理，管流区太小、二次反应进行不完全，就会导致碳转化率降低、粗煤气中甲烷含量升高。当运行中出现气化炉渣口堵塞时，按照区域模型理论射流区缩短了，管流区延长了，对二次反应有利，这就解释了渣口堵塞有效气上升的原因。

华东理工大学用自己开发的模型对国内许多水煤浆气化过程进行了验算分析，对喷嘴结构、炉膛尺寸、流场分布及停留时间等问题进行了深入的探讨，并提出了许多宝贵的改进建议。

二、炉膛气化过程的计算方法

水煤浆气化反应过程可能涉及气、液、固三相流体，是化学反应工程中三传一反（质量传递、热量传递、动量传递及化学反应）过程的典型实例。由于过程复杂，为方便德士古气化工艺的计算常常假设：①煤中的 H、O、S 完全转化，而 C 则部分转化，碳转化率一般为 $95\% \sim 99\%$；②高温下气化反应的主要产物是 CO、H_2、CO_2、H_2O，除了有少量 CH_4 外没有其他烃类生成；③一旦工艺气被激冷到饱和温度，所有反应终止；④反应 $CO + H_2O$、反应 $CH_4 + H_2O$ 及反应 $H_2S + CO$ 在气化炉膛出口已达到平衡。

气化过程的计算基本可分为三种情况：已知氧碳比求反应温度和组成、已知反应温度求氧碳比和组成、对实际运行炉进行复核性验证及工况分析。

1. 计算反应温度和出口气体组成

已知条件：煤浆浓度、煤的元素分析、高位热值；氧气纯度、O/C；相关物性数据如比热、焓值等；用以计算气化炉壁散热损失的数据；其他相关物性数据。

求解：炉膛出口气组成、气化反应温度、相关气化指标。

(1) 进出口物料的元素平衡

① 碳平衡：

$$F_s W_t C_d \times 0.98(碳转化率)/12 = N_{CO_2} + N_{CO} + N_{CH_4} + N_{COS} \tag{3-5-10}$$

② 氧平衡：

$$[F_s W_t O_d + F_s(1-W_t) \times 16/18]/16 + F_o y_o = 2N_{CO_2} + N_{CO} + N_{H_2O} \tag{3-5-11}$$

③ 氢平衡：

$$F_s W_t H_d + F_s(1-W_t) \times 2/18 = 2N_{H_2} + 2N_{H_2O} + 4N_{CH_4} + 2N_{H_2S} \tag{3-5-12}$$

④ 根据前文第四个假设可列出下述平衡式：

$$K_{CO} = \frac{N_{H_2} N_{CO_2}}{N_{CO} N_{H_2O}} \tag{3-5-13}$$

$$K_{CH_4} = \frac{p_{CH_4} p_{H_2O}}{p_{CO} p_{H_2}^3} \tag{3-5-14}$$

$$K_{COS} = \frac{N_{COS} N_{H_2}}{N_{H_2S} N_{CO}} \tag{3-5-15}$$

式中　F_s——煤浆流量，kg/h；

F_o——氧气流量，kmol/h；

y_o——氧气纯度；

W_t——煤浆浓度，质量分数；

C_d——煤中碳含量，质量分数；

O_d——煤中氧含量，质量分数；

H_d——煤中氢含量，质量分数；

N_i——对应反应物的物质的量，kmol/h；

p_i——对应反应物的分压，MPa；

K_i——反应平衡常数，主要与反应温度有关；

i——分别代表 CO、H_2、CO_2、CH_4、H_2O、H_2S、COS、N_2 等物质。

(2) 热量平衡

① 带入炉膛热量：

煤的燃烧热 $= F_s W_t Q_煤$ $\tag{3-5-16}$

煤的显热 $= F_s W_t c_{p煤} t_入$ $\tag{3-5-17}$

水的显热 $= F_s(1-W_t) c_{p水} t_入$ $\tag{3-5-18}$

氧的显热 $= F_o y_o c_{p氧} t_入$ $\tag{3-5-19}$

② 带出炉膛热量：

粗煤气热值 $= 22.414 \sum_i N_i Q_i$ $\tag{3-5-20}$

粗煤气显热 $= \sum_i N_i M_i Q_i c_{pi} t_出$ $\tag{3-5-21}$

$$未转化碳燃烧热值 = F_s W_t c_d \times 0.02 Q_c \tag{3-5-22}$$

$$熔融灰渣热值 = F_s W_t A c_{p灰} t_{出} \tag{3-5-23}$$

$$水蒸气显热 + 潜热 = N_{H_2O} M_{H_2O} c_{pH_2O} t_{出} + N_{H_2O} M_{H_2O} \times h_i \tag{3-5-24}$$

式中　Q_i——燃烧热值，kJ/kg 或 kJ/m³；

　　　　c_{pi}——比热容，kJ/(kg·℃)；

　　　　M_i——对应物质的摩尔质量，kg/kmol；

　　　　$t_{出}$——温度，℃；

　　　　h_i——基准温度下水的蒸发潜热，kJ/kg；

　　　　A——煤中灰含量，质量分数；

③ 热量总平衡式：

$$物流带入炉膛热量 = 物流带出炉膛热量 + Q_损 \tag{3-5-25}$$

将带入炉膛热量和带出炉膛热量各项相加联立，即可得出炉膛反应温度与各组分摩尔数之间的关系式。其中气化炉散热损失（$Q_损$）与炉温、耐火砖的性能、耐火砖使用时间等有关，按照热传导原理可以求出经气化炉壁散失的热量。根据经验常取带入热量的 1%~3% 作简化计算。

（3）联立求解　联立式（3-5-10）~式（3-5-15）和式（3-5-25），采用迭代法即可求出粗煤气的组成、反应温度及其他相关气化指标，计算示例可参见有关资料中重油气化过程计算一节。

2. 计算氧煤比和出口气体组成

已知条件：煤浆浓度、煤的元素分析、高位热值；氧气纯度；气化反应温度；相关物性数据如比热、焓值等；用以计算气化炉膛热损失的相关数据。

求解：气化反应耗氧量、炉膛出口气组成、相关气化指标。

3. 操作验证和优化计算

已知条件：煤浆浓度、煤的元素分析、高位热值；氧气纯度、O/C 以及反应温度；气体组成及产量；相关物性数据如比热、焓值等；用以计算气化炉膛热损失的相关数据。

求解：碳转化率、炉膛实际热损失等，并评价相关气化指标的优劣。

这种计算主要是对实际运行工况进行分析评价，为优化操作提供依据。

三、典型气化装置工艺数据

1. 典型气化装置的工艺数据分析比照（表 3-5-10）

表 3-5-10　典型气化装置工艺数据比照

项目	气化装置 A		气化装置 B		气化装置 C	
	设计	运行	设计	运行	设计	运行
高位热值/(kJ/kg)	27200	26317	31097	29034	28378	
元素分析(质量分数)/%						
C	69.5	65.48	77.18	72.41	69.36	68.83
H	4.0	4.10	4.59	4.94	4.36	4.38
O	7.09	9.64	11.24	14.95	5.93	6.96
N	1.2		0.90		1.31	1.21

续表

项目	气化装置 A		气化装置 B		气化装置 C	
	设计	运行	设计	运行	设计	运行
S	1.2		0.22	0.31	1.30	0.95
Cl	0.03	0.0363				
ASH	17.01		5.87	7.39	17.74	17.67
灰熔点(还原气氛)/℃						
T_1	1230		1147	1150	1226.7	
T_2	1300		1192	1212	1276.7	
T_3				1202	1298.9	
T_4	1370	1386	1249	1294	1357.5	
煤浆流量/(m³/h)	34.6	35.04	27.63	27.70		
煤浆含量(质量分数)/%	65	66.25	61	61.2	63	
干煤量/(kg/h)	27460	27800	20241	20343	13250	14508
氧量(100%纯)/(m³/h)	17352	18020	13748	13594	9200	
气化压力/MPa	6.50	6.21	4.0	3.74	2.59	
气化温度/℃	1400		1398	1324	1400	
产品气组成组成(摩尔分数)/%						
H_2	33.64	36.52	35	35.50	35.09	
CO	47.62	45.12	47	45.30	45.23	
CO_2	17.56	17.41	17.5	17.70	18.53	
H_2S	0.43		0.07	0.11	0.43	
COS	0.02				0.03	
N_2	0.50		0.34	0.29	0.54	
Ar	0.13		0.13	0.10	0.14	
CH_4	0.1	0.07	0.1	0.06	0.01	
产气量(干)/(m³/h)	52587	52720	43367	40457	27270	27853
$(CO+H_2)$/(m³/h)	42729	43030			21900	22023
气化指标						
产气率/(m³/kg)	1.56	1.55	2.14	1.99	1.65	1.517
碳转化率(质量分数)/%	96.5	96.1	95.96	94	96	92.33
冷煤气效率/%		70.85	71.91	71.3	69.9	

2. 激冷流程 6.5MPa 和 4.0MPa 气化典型物料数据（表 3-5-11）

表 3-5-11　激冷流程 6.5MPa 和 4.0MPa 气化典型物料数据表[①]

物料点项目	1	2[②]	3[④]	4	5	6[③]	7	8	9	10	11
物料名称	煤浆	氧气	出气化炉气体	气化炉激冷水	出气化炉黑水	粗煤气	碳洗塔洗涤水	去碳洗塔灰水	出碳洗塔黑水	粗渣	细渣
6.5MPa 级气化[④]											
压力/MPa	7.88	8.15	6.45	6.65	6.45	6.25	6.75	6.65	6.25	0	0
温度/℃	40	37	252	244	250	242	188	160	244	70	40
总流量	43000 kg/h	777 kmol	7085 kmol/h	120200 kg/h	47608 kg/h	5869 kmol/h	28410 kg/h	80930 kg/h	11368 kg/h	9070 kg/h	2653 kg/h

物料点项目	1	2[②]	3[④]	4	5	6[③]	7	8	9	10	11
物料名称	煤浆	氧气	出气化炉气体	气化炉激冷水	出气化炉黑水	粗煤气	碳洗塔洗涤水	去碳洗塔灰水	出碳洗塔黑水	粗渣	细渣
含固量	27950 kg/h	—	—		453 kg/h				227 kg/h	4535 kg/h	1133 kg/h
含水量	15050 kg/h	—	4739	120200 kg/h	47079 kg/h	3529 kmol/h	28410	80930	11124	4535 kg/h	1700
4.0MPa级气化[④]											
压力/MPa	4.70	5.40	4.0	4.15	4.00	3.70	4.20	4.30	3.70	0	0.2
温度/℃	40	30	227	217	223	216	159	110	217	70	80
总流量	30190	513 kmol/h	4772 kmol/h	109390 kg/h	52720	3717 kmol/h	17130	56040	10400	5240	
含固量	18720	—	—		527				208	2640	660
含水量	11470	—	3261 kmol/h	109390 kg/h	52193 kg/h	2211 kmol/h	17130 kg/h	56040 kg/h	10192 kg/h	2600 kg/h	

① 随煤种而异。物料点参见图 3-5-5。

② 氧气纯度 99.6%(摩尔分数)。

③ 组成与物料点 3 基本相同。

④ 6.5MPa 气化干气组成(摩尔分数,%)参考值为：CO 47.62,H_2 33.64,CO_2 17.56,CH_4 0.1,H_2S+COS 0.45,N_2+Ar 0.63。

4.0MPa 气化干气组成(摩尔分数,%)参考值为：CO 43.42,H_2 34.33,CO_2 21.55,CH_4 0.08,H_2S+COS 0.14,N_2+Ar 0.48。

第五节 气化炉的耐火材料

水煤浆气化燃烧室的反应温度在煤的灰熔点温度以上，为 1200～1500℃。煤灰形成的液态熔渣大部分沿炉膛内壁流下并从渣口排出，液态熔渣直接侵蚀冲刷炉砖，耐火材料性能如何直接关系到炉砖的运行寿命及气化炉的运行安危问题。一旦气化炉内耐火砖厚度不足或因砌炉技术不过关造成窜气、掉砖使炉体钢壳局部超温形成热点，轻则需停车检查处理，重则可能给设备带来较大的伤害。水煤浆加压气化炉向火面耐火砖的使用寿命视具体情况，短的仅达 2400h（绝大多数出现在投产运行初期），长的用到了 18000h 左右，中间差距很大。可见，耐火材料的选用、筑砌、维护十分重要，如何延长耐火材料的使用寿命成为各家共同研究的课题。

一、气化炉用耐火材料的要求

高压高温熔渣气化炉对耐火材料的要求比较苛刻，除了要满足保护受压容器不受高温影响的强度要求，还要考虑炉内高压氧化气氛、还原气氛下熔渣对炉砖的侵蚀问题，这要求耐火材料具有如下特点。

① 必须具有高温热阻性能以减少径向散热量，这要求耐火材料内部 40～200mm 部位有可能要承受 1000℃ 左右的温差。

② 最高温度下的强度必须保证，以抵抗气体和熔渣的冲刷和磨损，不至于由于高温性能不好使耐火材料局部损坏而导致压力容器出现热点。

③ 必须具有较高的热震稳定性，以承受温度骤变而产生的热应力，因为短时间内温度变化有可能达到几百摄氏度。

④ 必须具有低的气孔率、高的单位体积质量和强的抗渣性，以抵抗熔融灰渣的渗透和侵蚀。

⑤ 必须具有高温化学稳定性，与其他成分少发生或不发生化学反应。

另外，耐火材料的应用性能与其升温养护的好坏有着极大关系，没有按照耐火材料的要求进行养护或升降温都将影响耐火材料的寿命。

由于气化炉中的高温气体和熔渣同时与耐火材料接触，气体和熔渣的成分也因煤种而异，在制作耐火材料时必须考虑它们可能对构成耐火材料物质的相互影响性。

高温下 SiO_2 会溶入气体的水蒸气当中（溶解量随蒸汽分压变化而变化）而被带走，因此含 SiO_2 的材料不适宜作耐火材料的原料。同理，含碳化硅（SiC）的材质及含其他硅化物的材质都不适应，因为它们都会被氧化生成 SiO_2 溶入气体中造成耐火材料的侵蚀。

含高铁的耐火材料由于铁化合物对 CO 分解析炭有催化作用，即：

$$2CO \xrightarrow{\text{铁化合物}} C + CO_2 \tag{3-5-26}$$

从而导致材料中的晶格扩大，破坏机械强度，也不适用作耐火材料的原料。

含 Al_2O_3 材料易被煤灰熔渣中的 FeO 或 Fe_2O_3 溶解，对耐火材料性能也不利。

经实验测定各种氧化物在 $1500\sim2000℃$ 温度下煤渣中的最大溶解度大小排序基本为 $SiO_2 > CaO > Al_2O_3 > MgO > Cr_2O_3$，所以高 Cr_2O_3 含量是熔渣气化炉炉衬材料所必需的。

碱性耐火物易被酸性灰渣所侵蚀，酸性耐火物易被碱性灰渣所侵蚀，特别是那些酸碱反应后产生与原物比容不同的物质更为危险，因为原物晶格将发生变化，会产生特别的机械应力；易于与煤灰成分生成低温共熔相的材料，也会导致特殊机械应力的产生。目前还没有发现可适应不同煤种气化的耐火砖，所以选择耐火砖时必须考虑气化操作温度和所用煤的灰分组成，一般认为 $MgO\text{-}Cr_2O_3$ 耐火砖适应于碱性灰，$Al_2O_3\text{-}Cr_2O_3$ 适应于酸性灰。

分析表明，提高耐火材料 Cr_2O_3 的含量可增强抗渣性，ZrO_2 的加入有助于材料的韧性增加，可以提高耐热冲击性，Al_2O_3 粉的使用有助于材料的力学性能提高。综合考虑 $Cr_2O_3\text{-}Al_2O_3\text{-}ZrO_2$ 类耐火材料，有必要根据实际情况调配组成、优化显微结构和相组成，以获得最佳性能。

经过研究和工业实践验证，较低的操作温度有利于炉衬蚀损率的降低，较低的炉衬蚀损率大都在 $1400℃$ 以下的气化炉上获得。

二、水煤浆气化炉耐火衬里结构及材料

气化炉耐火材料整体可分为三大块——锥底、筒体和拱顶（参见图 3-5-8），拱顶与壳体之间预留有一定的膨胀空间，以备气化炉运行时炉砖整体向上膨胀。由内向外又可分为若干层，以筒体耐火材料为例，可分为向火面耐火层、背衬层、隔热层和可压缩层四层（拱顶和锥底与此大同小异），前三层之间预留有 $3\sim5mm$ 的膨胀间隙，以便径向膨胀不受约束。

向火面耐火层：又称热面砖，是耐高温耐侵蚀的消耗层，一般选用高铬材料，要求具有高温化学稳定性、较高的抗蠕变强度和抗热震性。水煤浆气化炉筒体向火面砖厚约 $230mm$。

背衬层：主要作用是隔热保温，但在向火面砖消失的情况下作为一个可短暂操作的安全衬里使用，背衬砖大多采用刚玉砖。筒体砖厚约 $200mm$。

隔热层：要求隔热性能好，以使金属外壳始终处于安全温度界限之内，同时尽量减少热

损失，一般选用氧化铝空心球砖。筒体砖厚约 110mm。

可压缩层：在一定温度范围内可被压缩或恢复原状，能减少径向热膨胀应力对壳体的冲击。厚度约 15～20mm。

不论是向火面耐火砖还是背衬耐火砖，环向和纵向砖与砖之间都要求具有较为牢靠的结合方式，以增强炉衬的整体性，防止耐火砖间高温气体乱窜，保证承压壳体的安全。

1. 向火面耐火砖

向火面耐火砖工作环境十分恶劣，设计单位和用户对其结构设计和材料选用十分谨慎。

（1）结构与材料　炉膛向火面耐火层由独立的下部锥体、竖直筒体、上部拱顶三部分衬砖组成，其间设有 15～25mm 的纵向缝隙，这种结构有利于各自部分的拆除和更换。另外，由于锥底和筒体向火面耐火砖上部没有承重，在热态情况下可以独立自由地向上膨胀，减少了向火面耐火材料的应力。

表 3-5-12 和表 3-5-13 给出了国内几家用户向火面耐火砖的使用条件及性能状况。

表 3-5-12　国内几家用户第一炉向火面耐火砖型号及典型使用条件

参数	气化装置 A	气化装置 B	气化装置 C
气化温度/℃	1350	1360	1400
气化压力/MPa	2.6	4.0	6.5
单炉投煤量/(t/d)	360	480	750～800
含灰量/%	17.36	5.6～7	16.73
煤灰熔点/℃			
T_1	1180	1164～1174	1180～1230
T_2	1240	1197～1297	1250～1300
T_3	1300	1269～1285	1310～1370
煤渣组成（质量分数）/%			
Al_2O_3	23.07	14.08	22.64
SiO_2	31.93	31.22	46.30
Fe_2O_3	5.23	5.32	3.91
CaO	24.63	34.26	13.72
MgO	2.40	2.37	1.40
第一炉向火面砖型号	全套 Zirchrom80	全套 Zirchrom90	拱顶和筒体上 23 层用 Zirchrom60，底锥和筒体下 20 层用 Zirchrom90

表 3-5-13　典型向火面耐火砖性能

项目	Zirchrom60	Zirchrom80	Zirchrom90	LIRRHK80	LIRRHK90
化学成分（质量分数）/%					
Cr_2O_3	61.78	78.94	87.29	80.56	85.98
Al_2O_3	16.74	959	3.46	8.26	
ZrO_2	11.48	2.62	6.02	4.42	—
Fe_2O_3	0.22	0.21	0.15	0.22	0.058
体积密度/(g/cm³)	3.8	3.95	4.21	3.99	4.26
显气孔率/%	13	13	17	15	16
耐压强度/MPa	174.1	123.2	144.8	195.2	115.8

续表

项目	Zirchrom60	Zirchrom80	Zirchrom90	LIRRHK80	LIRRHK90
抗折强度(1400℃×0.5h)/MPa	9.88	9.86	13.2	8.86	15.8
蠕变(0.2MPa×1500℃×25h)/%	−0.664(50h)	−0.378	−0.790	−0.193(1300℃)	−0.170
热膨胀系数(1300℃)/(10^{-6}/℃)	7.156	7.40	6.645	7.656	

(2) 熔渣对耐火材料的侵蚀原因分析 煤中主要夹杂有石英和硅/铝黏土类矿物，还有少量碳酸盐、硫化物和硫酸盐，这些矿物作为煤中夹杂物随水煤浆液滴一起进入德士古气化炉，煤浆液滴经过加热、干燥、热解、燃烧和气化反应，各个夹杂矿物转化成其他物质，最终熔融形成熔渣滴。有些熔渣滴会直接被气流带出气化炉，而大多数冲击在炉膛墙壁上形成均匀的渣液，沿壁流向气化炉底部的渣口。这样形成的煤灰熔渣对耐火炉衬有极强的侵蚀性和磨损性，多年来各科研单位及用户一直在研究改进以选择合适的耐火材料和炉衬结构。

我国学者研究认为，由于渣侵蚀引起的材料损毁和热应力引起的材料破裂、剥落及砖缝开裂，是熔渣气化炉衬使用期间最为常见的问题。

熔渣对耐火材料的侵蚀取决于渣和耐火材料的化学成分、渣黏度、操作温度和流态，侵蚀包括三个过程：溶解、渗透和冲刷磨损。选择高铬耐火材料是因为其在煤渣中具有较低的溶解度，对一定的炉衬材料而言，溶解过程受耐火材料上的渣边界层扩散过程所限制，溶解速率取决于温度的高低。渣渗透不直接引起耐火材料的损毁，但溶解了耐火材料晶间的直接结合体，从而降低了高温强度，使材料的高温韧性大大降低，不同的变化会引起局部破裂；冲蚀过程是残渣和气体运动对耐火材料的作用过程，促进了前两个过程。

热应力损毁来自：①向火面砖的热膨胀产生的环向应力。②因为在其他方面上受到抑制，耐火材料在热面方向上产生蠕变变形，使得炉衬产生径向拉伸应力，进而产生平行于向火面的显微裂纹；显微裂纹又会结合起来形成很大的裂纹，最后砖的热面剥落下来。

气化炉频繁开停车会引起炉膛温度急剧变化，煤浆或氧气短时故障也会引起炉膛温度大幅波动，这种温度的大起大落是耐火材料产生裂纹的主要原因，严重时可因瞬时热应力过大导致炉砖爆裂掉片。随着裂纹的形成和熔渣的渗透，还会发生热化学剥落。由于熔渣和耐火材料之间的化学及矿物学反应而导致热膨胀系数不同，在熔渣渗透带和未变带之间形成应力，导致砖层剥落（通常5～30mm）。这种化学剥落定期反复出现，最严重的时候每隔几十到几百小时就重复一次。

根据气化炉停车进炉观察情况，炉衬表面光滑平整、蚀损率在0.02～0.03mm/h以下的炉衬，煤熔渣的侵蚀冲刷是主要的损毁原因，而炉衬使用后凹凸不平、有砖体开裂，热应力的作用为主要损毁原因。

(3) 向火面砖的寿命 影响耐火砖寿命的因素很多，如耐火材料选择不当、筑炉质量不高、煤质不稳定、开停车太频繁、负荷变化、运行经验不足等等。根据多年的运行经验，拱顶砖的蚀损率远小于简体部位，但拱顶经常出现砖开裂或掉砖现象，导致外壳上部出现热点；而锥底在操作不正常情况下无法保护激冷环，常使激冷环烧坏。气化炉低负荷长时间运行时，简体上部砖蚀损常常偏大，而当高负荷运转时，简体下部砖和渣口砖寿命较短。

运行统计显示，操作温度太高和频繁开停车对气化炉耐火材料寿命影响最大。原料煤质是决定气化炉操作温度高低的一个关键因素，从理论上讲，德士古气化炉可以气化任何煤种，但使用高灰熔点煤时炉衬蚀损率异常高，常常出现堵塞渣口的现象，工况较难控制。渭河煤化工集团有限公司等均因此更换过煤种。频繁开停车会导致耐火材料经受较大的温度波动及压力波动的影响，容易引起耐火砖出现裂纹或剥落。

为了提高向火面耐火砖的整体寿命，有些用户根据实际使用情况已经采用了在不同的部位砌筑抗蚀有所差异的耐火材料的做法，而且也对测压孔的位置、炉衬结构做了部分调整。这种选择需综合考虑喷嘴类型、操作压力、经济负荷等因素，以求最佳效果。据介绍，日本宇部氨厂筒体向火面耐火砖使用寿命一般可达 18000h 左右，锥体砖使用寿命可达 9000h，陕西渭河煤化工集团有限公司筒体向火面耐火砖使用寿命最长达到了 20000h。

2. 背衬砖

CHROMCOR12 铬刚玉制品，是以白刚玉砂为骨料加入适量 Cr_2O_3，经混料、成型及高温烧结而成。该制品主要用于渣油气化炉的渣口、炭黑反应炉以及作为水煤浆气化炉向火面层的背衬砖。国产与进口铬刚玉砖的性能比较见表 3-5-14。

表 3-5-14 国产与进口铬刚玉砖的性能比较

性 能	洛阳耐火材料研究院		进口 CHROMCOR12
化学成分(质量分数)/%			
Cr_2O_3	13.09	12.90	12.36
Al_2O_3	85.80	85.10	85.21
Fe_2O_3	0.21	0.20	0.20
体积密度/(g/cm³)	3.36	3.33	3.35
显气孔率/%	16	17	17
耐压强度/MPa	195	186.4	141.5
重烧线变化(1600℃×3h)/%	+0.1	0(1400℃)	
荷重软化温度(0.2MPa×0.6%)/℃	>1700	>1700	

CHROMCOR10 浇铸料主要用作水煤浆气化炉锥底高铬砖的背衬材料（见表 3-5-15）。

表 3-5-15 国产与进口 CHROMCOR10 浇铸料性能比较

性 能	国产含铬浇铸料	进口 CHROMCOR10	性能	国产含铬浇铸料	进口 CHROMCOR10
化学成分(质量分数)/%			体积密度/(g/cm³),110℃×24h	3.10	3.39
Cr_2O_3	10.80	9.28	耐压强度/MPa,110℃×24h	78.8	44.1
Al_2O_3	81.3	85.21			

3. 隔热层

Al_2O_3 空心球隔热耐火砖/浇铸料主要用于渣油气化炉的背衬层，炭黑反应炉以及水煤浆气化炉的隔热层。如果作为浇铸料，存放时间不能太长，否则性能会降低。主要性能见表 3-5-16。

表 3-5-16 国产与进口 Al_2O_3 空心球隔热耐火砖/浇铸料性能比较

性 能	洛阳耐火材料研究院	诺顿公司 CA333	RI34
化学成分(质量分数)/%			
Al_2O_3	96	95.68	98.5
SiO_2	0.16	0.05	0.17
Fe_2O_3	0.12	0.13	0.1

续表

性　能	洛阳耐火材料研究院	诺顿公司 CA333	RI34
体积密度(110℃×16h)/(g/cm³)	1.69	1.60	1.5
耐压强度(110℃×16h)/MPa	23.6	20.7	10(冷碎强度)
体积密度(1500℃×3h)/(g/cm³)	1.54		
耐压强度(1500℃×3h)/MPa	18.9		
热导率(815℃)/[W/(m·K)]	0.746	0.85	1.30(800℃)

4. 可压缩层

常用的 FBX1900 水泥是一种矿物纤维和无黏结剂的干燥混合物，含有有效的防锈剂，但没有腐蚀作用。施工时可用泥刀涂抹或用喷枪喷涂。

三、国内耐火材料的发展及应用

水煤浆气化炉耐火材料国产化的研究主要以洛阳耐火材料研究院为主，其主导产品刚玉砖在美国德士古渣油气化炉上使用寿命达 17300h，高铬砖在水煤浆加压气化炉上使用寿命已超过 15000h，今后国内煤气化装置不必再从国外进口耐火砖。

1. 基础研究工作

"八五"期间洛阳耐火材料研究院和新乡市耐火材料厂共同攻关研究和生产水煤浆气化炉热面砖，在剖析鲁南化肥厂引进的气化炉耐火材料使用经验的基础上，结合国内原料及现有生产条件，进一步完善生产工艺技术路线，为鲁南化肥厂生产了第一套工业化 Al_2O_3-Cr_2O_3-ZrO_2 耐火材料，于 1994 年 12 月投入使用，1996 年 3 月更换，首次使用寿命达 6002.9h（平均蚀损率为 0.025mm/h），高于当时引进的法国砖 4141h（平均蚀损率为 0.045mm/h），从而证实了国产耐火砖完全能够满足水煤浆加压气化工艺的使用要求，为耐火砖实现国产化打下了基础。洛阳耐火材料研究院于 1998 年 11 月 1 日同美国德士古发展公司在北京正式签订了工程协议书，商定美国德士古发展公司在亚洲地区转让水煤浆加压气化技术所需高铬耐火材料均由该院提供。

我国 Cr_2O_3-Al_2O_3-ZrO_2 耐火材料的主要特色是高铬原料的合成方法采用电熔法，而法国采用烧结法，相对密度较高的电熔合成料有助于材料性能的提高，见表 3-5-17。

表 3-5-17　电熔颗粒与烧结颗粒性能比较

项　目	电熔颗粒	烧结颗粒	项　目	电熔颗粒	烧结颗粒
显气孔率/%	3.36	4.70	理论密度/(g/cm³)	5.23	5.22
吸水率/%	0.68	0.98	相对密度/%	95.2	91.4
体积密度/(g/cm³)	4.98	4.77			

2. 国内外典型向火面耐火砖性能比较

国内外使用的向火面耐火砖主要型号有：法国 SAVIOE 公司生产的铬铝锆型砖 Zirchrom60、80、90；美国 Harbison-Walker 公司生产的铬铝型砖 Aurex40、60、75、90 以及 Aurex90SR-DM；奥地利 Radex 公司生产的铬镁砖，包括 BCF-812、BCF-86C 等型号，其中 BCF-812 含 $Cr_2O_3$78%，含 MgO18%；新乡耐火材料厂生产的铬铝锆型砖，包括 XKZ-80、90 等型号；洛阳耐火材料研究院生产的铬铝锆型砖 LIRR-70、80、90。它们的共同特点是都含有较高的 Cr_2O_3 成分，其目的在于增强抗渣性和抗热震性。由于 Cr_2O_3 成分不易烧结致密，气孔率较高，渣易渗透，加入了 Al_2O_3 成分；为了提高铬质材料的热稳定性，加入了 ZrO_2 成分，目前铬铝锆型砖是比较理想的水煤浆气化炉向火面耐火砖。

四、耐火材料的施工砌筑及养护

1. 材料储存要求

所有的材料必须存放在干燥的场所，潮湿的水汽会对耐火材料的整体性能产生不利影响，甚至会导致耐火材料产生裂纹或破碎；浇铸料和灰泥在使用前要避免受潮，浇铸料长时期存放会变质，如果存放时间超过 6 个月，应对浇铸物做实验，以保证它们浇铸后的硬度满足要求。

运到现场的材料要严格检查，对不能用的要重新更换或订购。

2. 砌砖前的准备工作

① 相关图纸及使用说明资料齐全；

② 水电气等公用工程条件具备，专用工具运到现场；

③ 对现场相关设施进行保护，以防在砌砖过程中碰坏或弄脏；

④ 对气化炉壳内表面进行清洁处理，以免锈物或其他脏物影响可压缩层附着在壳体上；

⑤ 检查壳体的实际尺寸，确定有效轴线，并以金属线来作为中心线，检查同心度和垂直度，确定可压缩层的厚度；

⑥ 检查其他相关尺寸，如支撑板尺寸、拱顶模具尺寸等。

3. 砌砖

首先，不使用水泥对耐火砖进行预砌，检查砖与砖之间的接缝是否合适，计算出层与层之间的水泥接缝尺寸，检查同心度和内径等相关尺寸。当测出的所有尺寸无误后，开始用耐火水泥砌砖，确保所砌砖排的水平和同心。砖缝连接处必须充满水泥，以防运行中窜气。

水泥和浇铸料应严格按使用说明配置使用。水泥接缝的宽度取决于所用的水量，含水量少的水泥接缝宽，含水量多的水泥接缝窄。浇铸料配置完毕后需在 30min 内使用，浇铸后至少需 24h 才能干燥。

筑炉主要控制参数如下：耐火炉砖要求横向砖缝小于 1.0mm，竖向砖缝小于 1.8mm；垂直度为 ±5mm，水平度为 ±4mm，同心度为 ±5mm。

筑炉工作完成后，对内部进行认真的检查、测量和清理十分重要，以便于日后对炉砖实际使用状况进行分析和管理。

4. 烘炉养护

对耐火内衬进行养护或预热时，多层耐火内衬的膨胀及收缩的程度不同，设计规定的升温速率及恒温时间使得水分有充分时间从耐火材料中散出，且可保证内衬中的温度分布梯度保持稳定。一般在 600℃ 以前是干燥脱去自由水和结构水阶段，升温速率 10~30℃/h。黏结剂固化的局部化学反应阶段，与其特性组成有关，温度越高固化所需时间越短。耐火材料的使用性能与这个阶段掌握的好坏有极大的关系。

原则上，气化炉新砌炉砖自然通风干燥 48h 后才能开始升温干燥。升温干燥基本分为四个阶段：100℃、350℃、600℃、1000℃ 各恒温 72h，其间的升温速率为 25℃/h，总共时间需 13~15d 才具备投料使用的条件。如果要进炉检查、测量养护后新砖的数据，需将气化炉降到常温，降温速率控制在 50℃/h 以内。完成养护的炉衬再要升温投料，可按 50℃/h 的升温速率升到投料前的温度，恒温一定时间即可。

第六节 "清华炉"（晋华炉）煤气化技术

一、概述

"清华炉"煤气化技术是清华大学联合北京盈德清大科技有限责任公司共同开发的具有自主知识产权的煤气化工艺，并在山西阳煤丰喜肥业（集团）有限责任公司实现了工业化。"清华炉"包括自主创新的气化炉、气化工艺全流程的优化、配套技术的创新等全套技术，充分体现了"清华炉"的优势。

从 2001 年开始，清华大学创新性地将燃烧领域的分级送风概念和立式旋风炉的结构引入煤气化中，将热能工程领域的自然循环和膜式水冷壁凝渣保护原理扩展到煤气化领域，提出了分级供氧水煤浆气化技术和水煤浆水冷壁清华炉煤气化技术。2016 年成功改造为辐射废锅技术，并经中国石油和化工联合技术鉴定，更名为"晋华炉"。

二、气化技术特点

1. 分级给氧

气化炉喷嘴附近温度是由燃料量和氧气量及其混合效果决定的。采用分级供氧，可以抑制喷嘴出口火焰温度，沿燃料流动方向的合适位置上再补充氧气，提高温度促进气化反应，形成熔渣。由于氧气分级供给，减少了主喷嘴的氧气负荷，改善了主喷嘴的工作环境，延长了其运行周期。气化室沿流动方向的温度分布更合理，从喷嘴向下形成低—高—低温度曲线，见图 3-5-10，高温区从喷嘴端部下移，喷嘴处于相对低的温度区域，并提高了出渣口区域的温度，同时提高了气化室内平均温度，使气化的效果得到改善。从图 3-5-10 还可以看出，在同样氧煤比的情况下，分级供氧气化室排渣口的温度比只有主喷嘴供氧时要高，因而可以放宽对煤种灰熔点的要求，可采用的煤种的灰熔点比传统工艺高约 100℃，扩大了气化炉煤种的适应性。事实上，该技术可以采用水煤浆进料，也可以采用干煤粉进料。

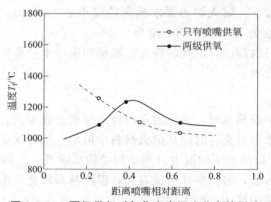

图 3-5-10　丙级供氧对气化室内温度分布的影响

分级给氧气化炉的流场更为合理。由于二次供氧在氧气入口处形成反扩散火焰，氧气进入了气化室顶部区域。传统的气化炉没有水平方向的供氧，在气化室顶部形成了缺氧区，该区域气化反应很弱，分级供氧工艺的二次供氧反扩散火焰的卷吸，使部分煤颗粒和氧进入气化室顶部区域。这一流场结构，恰到好处又充分地利用了气化室顶部区域，作为反应空间，而又不过度反应而影响气化室顶部砖的寿命。由于水平方向只有质量很小的氧气射流，在向下主气流作用下，即使水平方向氧气流速达到 160m/s 也不会喷射到对面炉壁；水平方向射流中没有固体煤颗粒射入，只从主气流中卷吸部分煤颗粒参与燃烧和气化，不会产生过度高温威胁气化室顶部砖。以上两方面使分级供氧工艺具有固有安全性。这一点在工业生产中得到验证。

2. 水煤浆水冷壁

① 采用热能工程领域成熟的垂直悬挂膜式壁结构，水冷壁可以自由向下膨胀，避免了高温下复杂的热膨胀处理问题。

② 水冷壁管的水循环按照自然循环设计，是本质安全的循环系统，即使在紧急状态下，也能够最大限度保证水冷壁的安全运行。

③ 将预热烧嘴和工艺烧嘴组合成为一个带点火功能的工艺烧嘴，实现了点火、投料程序一体化完成，气化炉从冷态到满负荷的启动时间缩短到 3h。

④ 工艺烧嘴的水冷却结构采用整体夹套式，烧嘴冷却与水冷壁共用一套热水循环系统，系统简单；采用热水循环冷却，降低了工艺烧嘴的热应力，烧嘴使用寿命长。

⑤ 半废锅流程，副产高压蒸汽，提高气化热效率，降低煤耗和氧耗。

三、气化工艺流程

1. 晋华炉气化工艺流程（见图 3-5-11）

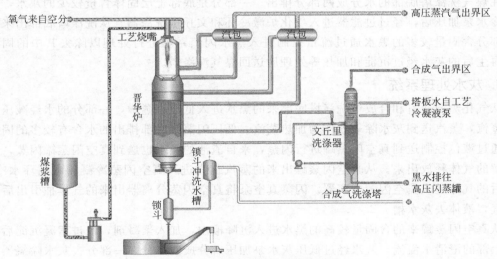

图 3-5-11　晋华炉气化工艺流程图

2. 制浆工段

原料煤首先进入煤斗，由煤称重给料机控制以一定的质量流率进入棒式磨煤机。制浆用的水包括磨煤单元的冲洗水、排放、泄露、灰/黑水处理单元的滤液和工厂内其他装置难以处理的废水，不足部分可补充新鲜水。在磨煤机中还需加入水煤浆添加剂。水煤浆的 pH 值控制在 7 以上，煤、水、各种添加剂在磨煤机中研磨到所需要的粒度分布，制得质量分数约为 60%的水煤浆。水煤浆从磨煤机出料槽输送到煤浆储槽中备用。

3. 气化工段

来自煤浆槽的煤浆由煤浆泵加压后，经煤浆切断阀进入工艺烧嘴。

氧气经过流量调节阀和切断阀进入气化炉，氧气的流量测量需要进行温度和压力补偿。工艺烧嘴把水煤浆和氧气一起送入气化炉中。

离开气化炉燃烧室的粗合成气与灰渣一起向下流过激冷环，喷出的雾化水将粗合成气和灰渣激冷至 $700\sim900\,^\circ\mathrm{C}$，进入立式废锅，温度降到 $220\,^\circ\mathrm{C}$ 的煤气引出气化炉。废热锅炉产生高压蒸汽进入同等级的蒸汽管网。废渣进入气化炉下部的水浴。在气化炉下部，大部分灰渣被分离出来，大块渣沉入气化炉底部，悬浮在水中的灰随气化炉灰水外排至低压闪蒸罐。

气化炉下部水浴的灰渣经破渣机、锁斗安全阀、锁斗进口阀进入锁斗。锁斗循环水是从锁斗顶部溢流的含固量相对较少的灰水，循环水流回到气化炉激冷室底部，并携带粗渣进入锁斗。大部分从气化炉来的固体都在锁斗的底部沉积。

气化炉的粗渣和渣水排至渣池的前仓，开始隔离两仓的溢流阀保持关闭，约 5min 后，溢流阀打开，较澄清的上部黑水送入渣池后仓，用渣池泵送至真空闪蒸罐。固体灰渣在淋干水分后外运。

4. 粗煤气洗涤

从气化炉激冷室出来的粗煤气通过文丘里洗涤器进入煤气洗涤塔向上流动，与从塔中部进入的循环灰水和塔上部加入的来自界区外的冷凝液逆流直接接触，洗涤剩余的固体颗粒，离开洗涤塔的煤气中含尘量小于 $1\mathrm{mg/m^3}$。在洗涤塔顶部安装有旋流板除沫器，除去其中夹带的水雾，干净的煤气送出气化界区。

在煤气洗涤塔底部的水分成两部分排出。一部分是底部上层固体含量较少的灰水，灰水由激冷水泵加压后，经过过滤器进入气化炉激冷环和文丘里洗涤器。从洗涤塔底部出来的另外一部分含固量较多的黑水通过流量控制进入黑水闪蒸系统进行处理以除去其中的固体颗粒，再生后的灰水经过沉淀和加热等处理后送回煤气洗涤塔。

5. 灰水处理系统

从气化炉激冷室和合成气洗涤塔底部来的黑水进入低压闪蒸罐，一部分的水经减压闪蒸变成蒸汽，蒸汽送到灰水除氧器作为加热蒸汽。低压闪蒸罐底部排出的水含有较多的固体颗粒，通过液位控制送到真空闪蒸罐进行闪蒸，来自渣池的黑水也送到真空闪蒸罐闪蒸，黑水中溶解的气体释放出来。从真空闪蒸罐出来的蒸汽首先进入真空闪蒸冷凝器由循环水冷却，冷却后的气体进入真空闪蒸分离器。闪蒸真空泵将真空闪蒸分离器出来的气体抽引出后直接排大气，液体去灰水槽。

从真空闪蒸罐来的含固量较高的黑水进入沉降槽中，加入絮凝剂，经过絮凝沉淀后，沉降槽上部的澄清水溢流，灰水经过低压灰水泵加压后分成两部分，一部分去灰水除氧器，另外一部分去锁斗冲洗水罐。沉降下来的固体送到沉降槽底部的出口。

沉降槽底部的固体和水通过沉降槽底泵送到过滤机，形成细渣滤饼，用卡车或者皮带送出界区。

四、技术优势

1. 稳定性好

水煤浆气化工艺成熟，水冷壁挂渣稳定。用水煤浆进料安全稳定可靠。

2. 煤种适应性强

气化温度不受耐火材料限制，可达 1600℃ 或更高，气化反应速率快，碳转化率高，煤种适应性好，能够消化高灰分、高灰熔点、高硫煤。

3. 系统运转率高

装置运行连续稳定，特殊设计的工艺烧嘴冷却系统有效延长了烧嘴的使用寿命，一次连续运行周期可以保证 120d 以上，单炉年运行时间可达到 8000h。

4. 安全性强

水冷壁采用热能工程领域成熟的悬挂垂直管结构，水循环按照自然循环设计，强制循环运行，紧急状态下能实现自然循环，最大限度保证水冷壁的安全运行。

5. 热效率高

增设辐射废热锅炉，产生 5.4MPa 蒸汽，提高热效率。

6. 启动快

组合式点火升温过程简化，点火、投料程序一体化完成。水煤浆投料点火采用特殊设计的点火技术，气化炉从冷态到满负荷仅需 3h。

7. 技术细节处理好

清华炉气在细节的设计上有很多创新，如碳洗塔底部的气体分布器、闪蒸罐中的环槽分布器、真空闪蒸的液封等设计。细节上的改进使气化系统能够实现长周期运行。

8. 节约投资

华炉与国内外同类装置相比，同样规模可节约投资 20% 以上。降低运行费用。

五、晋华炉废热锅炉流程 72h 考核运行数据

晋华炉废热锅炉流程 72h 考核运行数据见表 3-5-18。

表 3-5-18　晋华炉废热锅炉流程 72h 考核运行数据

项　目	数据（平均）	项　目	数据（平均）
负荷率/%	104.9	副产蒸汽/(t/h)	29.15
$CO+H_2$/%	80.72	冷媒效率/%	73.4
比氧耗（以 $CO+H_2$ 计）/(m³/1000m³)	374.2	热效率/%	98.2
比煤耗（以 $CO+H_2$ 计）/(kg/1000m³)	581.8	煤气产量（以 $CO+H_2$ 计）/m³	35100

六、技术特点参数

技术特点参数见表 3-5-19。

表 3-5-19　技术特点参数

项　目	具体参数
气化炉组合方式	根据化工生产的连续性考虑，建议设置备用炉；由于水煤浆水冷壁连续运行时间长，检修时间段，启动快，对于较大规模项目可以考虑不设置备用炉。当一台气化炉检修时，其他气化炉提负荷，保证下游化工装置负荷不减少
进料方式	水煤浆和氧气通过组合喷嘴一起进入气化炉，侧壁可以设置二次氧气

续表

项　目		具体参数
进料位置		水煤浆和氧气从气化炉顶部下喷,有二次氧气时,二次氧气从气化炉燃烧室侧壁横向射流进入气化炉
喷嘴类型和特点		带点火功能的组合式烧嘴
气化炉燃烧室流场结构		受限空间内的射流流动,有二次氧气时,二次氧气射流反扩散火焰的卷吸,使部分煤颗粒和氧进入气化室顶部区域;该流场结构恰到好处地充分利用了气化室顶部区域,作为反应空间;同时二次氧气射流区域可以强化气化室内的物料混合
气化炉小布设置立管式辐射废热锅炉,产生 4.0PMa 以上蒸汽,提高气化炉热效率		
耐火衬里		耐火砖和水冷壁两种方式
合成气洗涤方式		高温合成气冷却采用水激冷方式,下降管上有激冷水喷头,实现对高温合成气的初级降温,减少激冷水液位波动和合成气带水;洗涤塔内设置气体分布器,合成气与洗涤水充分接触,洗涤效果好
气化介质		氧气
运行周期		最长连续运行 140d,喷嘴使用寿命>120d
煤的粒度范围		粉煤气化,对原料煤粒度没有要求
煤质分析及要求		无特别要求,从经济性考虑,建议灰分<25%,成浆性≥50%
操作条件		操作压力:常压至 8.7MPa 操作温度:高于原料煤灰熔点约 50℃ 运行,水冷壁气化炉的操作温度可达 1600℃ 或者更高
粗煤气的组成(干基)		CO:约 45%;H$_2$ 约 35%;CO$_2$ 约 19%;CH$_4$ 约 0.1% CO+H$_2$>80.0%
工艺指标	比氧耗(以 CO+H$_2$ 计)	约 360m³O$_2$/1000m³,与煤制的成浆性、灰熔点、灰分含量有很大关系
	蒸汽消耗(以 CO+H$_2$ 计)	副产蒸汽 0.83t/1000m³
	比煤耗(以 CO+H$_2$ 计)	约 570kg(干煤)/1000m³,与煤质的成浆性、灰熔点、灰分含量有很大关系
	碳转化率	≥98%
适合工业领域		制备化工生产用合成气、IGCC 发电燃料气、陶瓷工业燃料气、钢铁厂还原等

七、工程应用情况

水煤浆水冷壁"清华炉"(φ2.8m)第一套工业装置于 2011 年 8 月在山西阳煤丰喜投入运行,第一年实现了年运转率达到 94%、年负荷率达到 120%,主要技术指标优于设计值,首次投料并安全、稳定、连续运行 140d 的好成绩。

主要运行数据见表 3-5-20。

表 3-5-20　主要运行数据

项　目	运行结果
日投煤量(干煤)/(t/d)	581
有效气(CO+H$_2$)产量/(m³/h)	40002
有效气(CO+H$_2$)成分/%	78.46
水冷壁副产蒸汽量/(t/h)	0.96
比氧耗(以 CO+H$_2$ 计)/(m³/1000m³)	404.3
比煤耗(以 CO+H$_2$ 计)/(kg/1000m³)	605.0
粗渣含碳量/%	2.48
产气率/(m³ 干气/kg 煤)	2.11
冷煤气效率/%	73.2
热效率/%	96.6

2012年8月，中国石油和化学工业联合会组织专家组对"清华炉"装置进行了现场72h考核。平均负荷率为103.1%，考核数据达到了指标要求；气化用煤的灰熔点可以达到1500℃以上；同等直径的水冷壁气化炉与原耐火砖结构的气化炉相比，燃烧室容积增大1.6倍。

专家组确认，该装置为世界首套水煤浆水冷壁气化工业装置，综合性能优异，是具有国际领先水平的新型煤气化技术。

2012年9月3日，该技术成果通过了由中国石油和化学工业联合会组织的鉴定委员会科技成果鉴定。鉴定委员会认为：该气化炉技术具有显著的创新性，拥有自主知识产权，同时具有水煤浆耐火砖和干粉水冷壁气化炉的优点，综合性能优异，具有明显的经济效益和社会效益，总体技术处于国际领先水平。

2016年气化炉下部增设立管式辐射锅炉，副产4.0MPa蒸汽，开发成半废锅流程。2017年11月通过中国石油和化学工业联合会组织的72h考核，2017年12月25日通过了石化联合会科技成果鉴定，评为世界领先水平。

"清华炉"已签订20套技术许可合同，主要应用业绩见表3-5-21。

表3-5-21 "清华炉"应用业绩表

编号	用户名称	气化炉参数[单炉(CO+H₂)产量、压力]	最终产品
1	山西阳煤丰喜肥业集团临猗分公司	35000m³/h、4.0MPa	合成氨
2	克拉玛依盈德气体有限公司	35000m³/h、4.0MPa	炼油供氢（中石油）
3	石家庄盈鼎气体有限公司	90000m³/h、6.5MPa	炼油供氢（中石化）
4	昌邑盈德气体有限公司	55000m³/h、4.0MPa	丁辛醇
5	江苏华昌化工股份有限公司	110000m³/h、6.5MPa	合成氨、丁辛醇
6	山东金诚化工科技有限公司	60000m³/h、6.5MPa	炼油供氢
7	江苏德邦化工科技有限公司	110000m³/h、6.5MPa	合成氨、联碱、尿素
8	新疆天智辰业化工公司	84500m³/h、6.5MPa	乙二醇、甲醇、BDO
9	乌兰泰安能源化工公司	114000m³/h、6.5MPa	合成氨、甲醇
10	山东文明化工股份公司	68000m³/h、4.0MPa	合成氨
11	山西丰喜肥业集团(废锅技术)	35000m³/h、4.0MPa	合成氨、甲醇

第七节 GE辐射废锅气化技术

一、概述

GE水煤浆气化技术来源于德士古（Texaco）。2014年GE收购德士古气化工艺后，对气化炉烧嘴、耐火砖、材料及炉体大型化做了大量开发工作，技术整体水平有了很大提高。

GE水煤浆气化技术（GEGP）是已经被证实的成熟技术，该技术拥有单位是美国通用电气（General Electric）。目前已经在15个国家的71个工厂有155台正在运行的气化炉。

在中国签署了近60个技术使用许可协议，并取得非常有益的运行成绩，可靠性达到99%以上。2015年陕西煤业化工集团蒲化煤制烯烃项目建成投产了6台气化压力8.7MPa的GE气化炉，实现了甲醇等压合成，这是目前气化压力最高的气化炉。

根据合成气传热方式的不同，GE煤气化技术已拥有激冷流程、全废锅流程和半废锅流程。本节重点介绍的是半废锅流程，即辐射废锅（radiant syngas cooler，RSC）气化技术。

二、整体工艺特点

1. 主要技术

辐射废锅气化技术，是通过废热锅炉回收合成气的反应热，并实现对合成气降温的目的。该技术具有以下特点：

① 采用半废锅流程，取消对流废锅，增加激冷室，去掉了粗合成气与净化气热交换的工序，提高了在线率，改善了因对流锅炉堵的问题，改进了接口和渗透处的密封设计。

② 气化压力为 4.0MPa，单炉投煤量 2500t/d。

③ 有效合成气产量可达 400 万米^3/天以上。

④ 可使用高硫、高氯煤种。

⑤ 通过激冷段与辐射废锅段的合理布置，以灵活调节气化炉的水汽比。

⑥ 单台炉可产 230~290t 11.0MPa 的高压饱和蒸汽。RSC 副产的蒸汽量在用于煤气化下游工艺后，几乎无须再配备独立的锅炉用于产生额外蒸汽或电力，节约了大量燃煤，也降低了使用燃煤锅炉带来的污染物排放。以国内 180 万吨煤制甲醇项目为例，采用辐射废锅技术后，每小时可节省燃料煤约 35t，减少二氧化碳排放约 100t，减少二氧化硫排放约 100kg，减少氮氧化物排放约 100kg。

2. 配套技术：新一代耐火砖技术

辐射废锅气化技术采用专有的耐火衬砌系统（GE 二代耐火材料）。GE 创新型衬砌系统有助于延长气化炉运行的生命周期和总体在线率。同时，相较于标准的商用耐火技术，其维护成本更低。

GE 气化炉采用的耐火材料衬里由陶瓷砖块以及灰泥组成，耐火衬里用来保护气化炉壳体和对抗熔渣的侵蚀，还可以为开车提供热量的存储以及缓和气化反应过程。

GE 针对气化过程中耐火砖的龟裂和损坏等问题开发了新型的先进的耐火砖技术，通过使用特有的化合物以及渗镀工艺降低了高铬陶瓷砖向火面的孔隙率，进而提高了使用性能，减少了由于腐蚀而造成的损坏，提高了使用寿命，它可以减少砖表面相互连通的孔道以减少熔渣的流通路径并促进化学物质的相互反应来增加局部的熔渣黏度。实验室测试显示：GE 先进耐火砖的预计使用寿命可达到传统耐火砖寿命的 2 倍。

3. 配套技术：新一代烧嘴技术

近年来，GE 开发出新一代的烧嘴。目前 GE 在中国的烧嘴国产化主要是通过在沈阳的 GE-黎明合资工厂生产。

气化炉进料会发生热循环导致的烧嘴外喷头龟裂，主要由于固体进料会加速烧嘴内部的磨损和外部的腐蚀，为了减少喷头磨损而延长该部分使用寿命，GE 已经为中喷头开发出先进的抗磨损涂层。GE 气化炉应用商实际运行表明，带涂层的中喷头使用寿命从原来的 25~30d 延长到超过 80d。

GE 目前新开发了采用陶瓷衬套来减轻外喷头的龟裂，相比目前通常的外喷头 45~60d 的使用寿命，陶瓷衬套烧嘴将会使外喷头的使用寿命提高 2~3 倍。

4. 技术优势

以国内 180 万吨煤制甲醇制烯烃案例为研究对象，分析采用 RSC 辐射废热锅炉回收热量气化工艺及 8.7MPa 高压气化工艺，对煤制烯烃整体产业链能效比激冷气化工艺提高 2.4%～5.2%，对节能降耗具有重要意义。

三、技术特点参数

技术特点参数见表 3-5-22。

表 3-5-22 技术特点参数

气化技术类型		高能效辐射废锅气化工艺（GEGP）
气化炉组合方式		最大单炉投煤量 3000t/d，最高气化压力等级 8.7MPa，高效单喷嘴、RSC 辐射废锅
进料方式		水煤浆湿法进料，全球唯一能提供气（天然气）、固（煤、石油焦）、液（渣油）三相分别进料和同时混合进料的气化技术专利商
喷嘴类型和特点		单喷嘴顶喷，新一代长寿命烧嘴，结构简单，维护成本低
耐火衬里		新一代高铬高性能耐火砖，确保煤的高转化率
合成气冷却方式		激冷＋辐射废热锅炉
气化介质		氧气
运行周期		国内 6.5MPa 高压气化装置连续稳定运行周期最长达 481d
煤的粒度范围		原煤粒度不限，入炉煤浆中煤粉颗粒 44～2380μm
煤的工业分析		灰熔点＜1350℃（或加助溶剂可降低水煤浆灰熔点至此数值），成浆浓度 56%～58%（根据煤种不同，以确定最具经济性的煤浆浓度）。GE 有自己的延伸式制浆技术，将水煤浆提浓与气化设计做一体化考虑。
操作条件		气化压力范围：40～8.7MPa；负荷范围：60%～110%
粗煤气的组成（典型、干基）		CO：43%～46%；H_2：32%～35%；CO_2：12%～24%；（CO+H_2）＞80.0%
工艺指标（典型值）	氧耗	根据煤种不同，生产 1000m^3 有效合成气氧耗为 360～420m^3。
	煤耗	根据煤种不同，生产 1000m^3 有效合成气煤耗为 560～670kg
	碳转化率	96%～99%
适合工业领域		甲醇（烯烃）、合成气、天然气、乙二醇、氢气（炼厂供氢、丁辛醇、合成氨）、化工发电多联产、IGCC

四、工程应用案例

① 据统计在中国 GE 水煤浆气化技术已许可 39 个项目，共 184 台气化炉。中国是 GE 煤气化技术的最大市场。

② 1984 年 5 月建成的美国能源部支持的冷水电站项目采用 GE 辐射废锅气化技术，这是一个商业示范项目，1989 年该项目完成其商业示范。1996 年投运的美国福罗里达州的 TAMPA 电厂，净发电 250MW，采用 1 台 GE 辐射废锅气化炉，1 台 IGCC 燃气轮机，气化炉单台投煤量 2300t/d，压力 4.0MPa，采用全废锅流程，通过辐射废锅和对流废锅副产高压蒸汽。TAMPA 电站的气化炉试验了 30 多种煤种，以及混烧石油焦的气化试验，为辐射废锅气化技术积累了丰富的工业及运行经验。目前，该电厂仍在稳定运行，采用 75% 的石油焦＋25% 的煤，年运行时间约 7700h，气化炉耐火砖 3 年换一次，烧嘴 1 年换一次，充分验证了大型气化炉（投煤量 2300t/d）长周期运行的可靠性与稳定性。

③ 神华宁煤集团于 20 世纪 80 年代后期从德士古（现 GE 气化）引进的辐射废锅气化技术，应用于其 25 万吨/年煤制甲醇厂，采用 3 台辐射废锅气化炉（2 开 1 备），气化炉可副产 101t/h 以上 10.0MPa 高压饱和蒸汽，可发电 23280kW·h，不仅可解决项目本身所需电

量，而且尚有富余电量供该厂其他装置使用。

神华宁煤曾经随辐射废锅做过一定改造，增加了换热翅片，但出现了辐射废热锅结渣等问题，后来经过多年逐步的改造和运行，已解决了在运行过程中出现的辐射废锅结渣等问题，已逐步实现了满负荷稳定运行。

④ 2012 年底采用 GE 辐射废锅气化技术的美国杜克能源（DUKE）电厂建成，成为全球最大的 IGCC 电厂。DUKE 电厂净发电量 618MW，配置 2 台 GE 辐射废锅气化炉（无备炉），单台投煤量 2400～2800t/d，压力 4.0MPa，气化炉采用半废锅流程，取消了对流废锅，增加了激冷室。此外，配置 2 台 7F 燃气轮机发电机组、2 台 GE360MW/蒸汽轮机组，天然气作为备用燃料用于启动或备用燃料。2013 年 6 月 7 日，DUKE 电厂正式宣布进入商业化运行。DUKE 电厂的开车和商业化运行，也是 GE 气化在大型辐射废锅的技术开发和应用上的一个重要里程碑，对中国大型项目的高效解决方案有很大的借鉴意义。

五、总结

GE 的辐射废锅气化技术可以有效提高现代煤化工等项目的能源利用效率，技术成熟可靠，在中国具有较广阔的应用前景。结合中国项目建设和运行的特点，GE 气化技术应该充分借鉴国外的项目设计和运行经验，为中国的项目建设提供可靠的经济的解决方案，使得项目能够实现顺利的建设、开车、达产，尽早进入商业化运营。

第八节　E-GAS 煤气化技术

一、概述

E-GAS 煤气化技术是两段式、多喷嘴对置、水煤浆气流床气化工艺。最早由美国陶氏化学公司开发，从 1975 年完成 36t/d 中试，1983～2015 年先后建成单炉进煤量 400～2600t/d 的大型工业化气化炉，以低阶煤和石油焦为气化原料。截至 2016 年年底建成及在建 E-GAS 气化炉 24 台（中国 6 台），主要用于发电和制氢。目前 E-GAS 气化技术属于荷兰技术工程公司（CBI）拥有。

CBI 正在开发新的 E-GAS 气化技术。一段气化室进干粉煤，二段气化室水煤浆量加大，以求降低氧耗，提高冷煤气效率，降低投资，是煤气生产中高效率低成本的新一代气化技术。

二、技术特点

① 两段式气化，提高了碳转化率和热利用效率。
② 分置式火管煤气冷却器（废热锅炉）产生高压蒸汽。
③ 干灰/半焦循环，无黑水产生，碳损失很少。
④ 气化炉超大型化，可气化烟煤或石油焦 3000t/d，次烟煤 5000t/d。
⑤ 气化炉单系列运行可靠性高达 97% 以上，不需要备用炉。
⑥ 无锁斗阀连续排渣技术。

三、工艺流程简述

原煤（或石油焦）和水在棒磨机内混合研磨成煤浆，经加压煤浆泵送入煤浆预热器加热，再经高压煤浆泵加压与氧气分别送气化炉一段、二段混合喷嘴喷入气化室进行水煤浆气化。

一段气化室在高于灰熔点流动温度（T_4）操作（1500℃以下），气化室内向火面衬高温耐火砖。利用一段上升的高温煤气显热对喷入二段的水煤浆进行气化，煤气温度降至1000℃左右，通过调节二段水煤浆喷入量调节二段气化室温度及煤气中 CH_4 含量。

高温煤气从二段式气化室顶部排出，进入热灰分离器，热灰返回一段反应室，煤气送入煤气冷却器（火管废热锅炉）冷却至370℃左右，再进入金属干灰过滤器回收干灰，煤气经进一步冷却回收热量后进入煤气洗涤塔清洗塔，经气水分离器送出气化系统。废热锅炉产生高压蒸汽送蒸汽管网。工艺流程如图 3-5-12 所示。

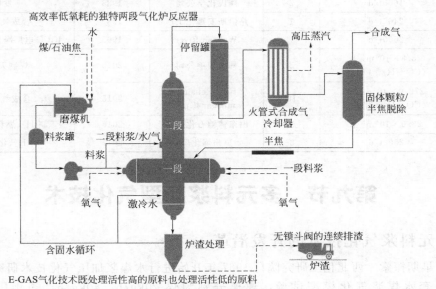

图 3-5-12　　E-GAS 工艺流程简图

四、运行指标

1. 粗煤气组成

E-GAS 粗煤气组成如表 3-5-23 所示。

表 3-5-23　　E-GAS 粗煤气组成（干基,体积分数）

气化原料	H_2/%	CO/%	CO_2/%	CH_4/%	N_2+Ar/%	H_2S/%	热值/(MJ/m^3)
低阶煤	35.1	44.6	16.2	1.9	2.2	0.006	10.40
石油焦	33.5	48.1	15.8	0.6	2.0	0.007	10.08

2. 气化炉运行指标

① 水煤浆浓度：烟煤制浆 62%～63%；石油焦制浆 65%～67%。

② 碳转化率：≥99%。

③ 冷煤气效率：≥75%。

④ 比氧耗（以 $CO+H_2$ 计）：350～360m^3/1000m^3（O_2 98.6%）。

⑤ 比煤耗（以 $CO+H_2$ 计）：620～650kg/1000m^3（干基煤 24.1MJ/kg）。

五、应用业绩

E-GAS 应用业绩见表 3-5-24。

表 3-5-24　E-GAS 应用业绩

序号	气化炉能力(以煤计)	数量/台	建设地点(公司)	建成时间/年	煤气用途
1	36t/d	1	陶氏化学公司	1975	中试
2	400t/d	1	陶氏化学公司	1979	工业试示
3	1600t/d	2	陶氏化学公司	1983	发电
4	2400t/d	1	路伊斯安娜化工厂	1987	合成气、电力
5	2600t/d	1	Wabash River	1995	IGCC 电厂净供电 262MW
6	$28.8 \times 10^4 m^3/h$ ($CO+H_2+CH_4$)	3	韩国浦项公司	2015	煤制天然气
7	$272.0 \times 10^4 m^3/h$ ($CO+H_2+CH_4$)	10	印度 Reliance Jamnagar 炼油厂	2015	合成气、电力
8	$23.0 \times 10^4 m^3/h$	3	山东神驰石化公司	2016	制 H_2、燃料气、电力
9	2600t/d	3	惠州炼化厂	2017	制 H_2、化工产品

第九节　多元料浆新型气化技术

一、多元料浆气化技术的开发沿革

(1) 早期探索　西北化工研究院自 1967 年开始进行水煤浆加压气化技术研究。1979 年开发了两套水煤浆气化模型试验,规模分别为煤 20kg/h、40kg/h,气化压力分别为 1.0MPa 和 2.0MPa。

(2) 中试装置　1983 年建成一套水煤浆气化中试装置,规模为进煤量 1~1.5t/h,气化压力为 2.8~3.4MPa。通过模试和中试的试验研究,为湿法气流床加压气化技术在我国的推广应用奠定了坚实的基础。

(3) 技术改进　"七五"期间,完成了煤种评价模型开发、水煤浆制备技术、高灰熔点原料气化技术、气化炉直接和间接测温技术、水煤浆喷嘴结构与材质、煤浆泵、耐火材料、气化废水处理、自动控制、高灰熔点煤的气化等技术的开发工作,使水煤浆气化技术进一步完善。先后完成了国内十多个煤种的评价试烧工作。试烧的陕西黄陵煤和神府煤,作为编制渭河化肥厂和上海焦化厂水煤浆加压气化 PDP 的依据。

"八五"期间,完成了国家国产化攻关项目"神府煤制水煤浆技术研究";"水煤浆气化炉喷嘴开发研究",与化工部化工机械研究院和山东鲁南化肥厂共同研制的多流道喷嘴,实现了水煤浆喷嘴的国产化;完成了"新型水煤浆添加剂研究"。这些研究开发项目的完成,为推动水煤浆加压气化装置国产化打下了坚实的基础。

(4) 二次技术创新　随着油价的一路走高,为了配合国家煤代油的能源发展战略,实现气化原料多样化和资源的最大化利用。1996 年开始,承担了中国石化总公司和中国石油天然气公司的科研项目,将气化原料的范围从煤扩大到石油焦、石油沥青等含碳资源。开展了"多元料浆新型气化技术开发研究"工作,开发了煤油水混合料浆制备及气化技术,完成了煤焦水乳化制浆及气化技术,建立了 1t/h 全流程扩大试验装置;开展了水煤浆气化技术创新体系研究，建立了新型煤种选择及评价体系，为煤化工项目的煤种选择提供了依据。

2001 年，浙江兰溪年产 3 万吨合成氨装置的多元料浆气化炉点火运行，随后，多元料浆新型气化技术又在浙江巨化年产 6 万吨合成氨装置上进行了工业化运行和工艺条件优化。该两套装置均实现了长周期、安全稳定运行，取得工业化生产的经验。

中石化总公司进行的"焦水煤制浆技术研究"2000 年通过验收和鉴定。

西北化工研究院 1998～1999 年承担陕西省"水煤浆气化技术创新体系研究"，重点解决湿法气流床气化原料性质对气化炉操作性能的影响，研究了煤中的无效组分（灰）对气化炉排渣及稳定操作的影响，建立了新型的煤种选择及评价体系，为水煤浆及多元料浆气化煤种的选择和煤种的更换提供依据。

（5）大规模工业化　2004 年 11 月 28 日，采用多元料浆新型气化技术建设的山东华鲁恒升年产 30 万吨合成氨国产化装置开车成功，并实现稳定运行。这是我国自主开发的新型煤气化技术首次在大型煤化工项目中成功应用。

此后，多元料浆气化技术开始陆续在年产 30 万吨合成氨装置、年产 20 万～60 万吨甲醇装置和年产 16 万吨煤制油装置上工业应用。已建、在建、设计中的项目 39 个，气化炉 120 台。

西北化工研究院多元料浆气化技术部分业绩见表 3-5-25。

表 3-5-25　西北化工研究院多元料浆气化技术部分业绩一览

序号	厂家名称	所在地	气化炉台数	产品	单台能力（折甲醇）	煤质	投产时间
1	浙江兰溪丰登公司	浙江	一台	NH_3	3 万吨/年	烟煤	2000 年
2	浙江巨化合成氨厂	浙江	一台	NH_3CH_3OH	6 万吨/年	烟煤	2001 年
3	山东华鲁恒升（一期）	山东	三台	NH_3CH_3OH	15 万吨/年	烟煤	2004 年
4	山东华鲁恒升（二期）	山东	一台	CH_3OH	20 万吨/年	烟煤	2006 年
5	内蒙古三维公司	内蒙古	两台	CH_3OH	12 万吨/年	配煤、高灰分	2010 年
6	甘肃华亭中煦公司	甘肃	三台	CH_3OH	30 万吨/年	高灰、高灰熔点烟煤	2010 年
7	内蒙古伊泰公司	内蒙古	三台	煤制油	22 万吨/年	烟煤	2008 年
8	久泰能源内蒙古公司	内蒙古	三台	CH_3OH	30 万吨/年	烟煤	2010 年
9	陕西咸阳化学工业公司	陕西	三台	CH_3OH	30 万吨/年	烟煤	2010 年
10	淮南化工集团有限公司	安徽	三台	NH_3	15 万吨/年	高灰分烟煤	2009 年
11	奈伦集团开发有限公司	内蒙古	三台	NH_3	15 万吨/年	烟煤	建设中
12	蒙华能源有限公司	内蒙古	三台	CH_3OH	10 万吨/年	高灰、高灰熔点煤	建设中
13	新疆天富热电股份有限公司	新疆	三台	CH_3OH	15 万吨/年	烟煤	建设中
14	贵州鑫晟化工开发有限公司	贵州	三台	CH_3OH	15 万吨/年	高灰分烟煤	2010 年
15	合肥四方化工集团有限公司	安徽	三台	CH_3OH	15 万吨/年	高灰分烟煤	建设中
16	蒙大新能源化工基地开发有限公司	内蒙古	三台	CH_3OH	30 万吨/年	高灰分烟煤	建设中
17	陕西延长石油集团兴化有限责任公司	陕西	三台	NH_3+CH_3OH	30 万吨/年	高灰分烟煤	建设中
18	陕西兴茂侏罗纪煤业镁电（集团）有限公司	陕西	三台	NH_3+CH_3OH	30 万吨/年	烟煤、焦粉	建设中
19	陕西陕化股份有限公司	陕西	四台	NH_3+CH_3OH	30 万吨/年	高灰分烟煤	建设中
20	陕西延长石油集团靖边能化公司	陕西	三台	CH_3OH	30 万吨/年	烟煤	设计中

续表

序号	厂家名称	所在地	气化炉台数	产品	单台能力（折甲醇）	煤质	投产时间
21	山西茂胜煤化集团有限公司	山西	三台	CH_3OH	15 万吨/年	气肥煤＋焦粉	设计中
22	宁夏宝塔石化股份有限公司	宁夏	三台	CH_3OH	30 万吨/年	烟煤	设计中
23	陕西煤化能源有限公司	陕西	三台	CH_3OH	30 万吨/年	烟煤	建设中
24	榆林天然气化工有限责任公司	陕西	三台	CH_3OH	30 万吨/年	烟煤	建设中
25	四川化工控股集团捷美丰友有限公司	宁夏	三台	CH_3OH	30 万吨/年	烟煤	设计中
26	内蒙古东华能源有限责任公司	内蒙古	三台	CH_3OH	30 万吨/年	当地烟煤	设计中
27	西北能源化工有限公司	内蒙古	三台	CH_3OH	15 万吨/年	当地烟煤	设计中
28	山东华鲁恒升(三期)	山东	两台	CH_3OH	30 万吨/年	烟煤	建设中
29	山东华鲁恒升(四期)	山东	两台	CH_3OH	30 万吨/年	烟煤	设计中

二、多元料浆气化工艺过程简述

（1）料浆制备系统 由原料储存及供给、料浆磨制、料浆低压输送等子系统组成。在该系统中，气化原料、助熔剂、pH 调节剂、添加剂和水按一定比例进入该系统的核心设备磨机，在磨机混合并一次性研磨至符合工艺要求的料浆后排出，由料浆输送系统输送进入气化系统煤浆槽。

（2）气化系统 气化系统主要包含料浆的储存、煤浆泵加压供料、喷嘴冷却水、粗煤气的激冷、洗涤净化、气化炉排渣及渣处理等子系统。

由料浆制备系统产生的合格料浆首先进入料浆的储存系统，经加压供料泵提压后输送到气化炉顶部喷嘴处，在此，料浆与来自空分装置的高压氧气相混合，经过喷嘴并以雾状形式喷入气化炉上部的气化室。在气化室内高温高压环境下（温度约 1350～1500℃、压力约 0.1～8.0MPa），气化原料间迅速进行一系列复杂的气化反应，产生粗煤气。气化原料中的未转化组分和由部分灰形成的渣与粗煤气一起并流流出气化室，进入气化炉下部的激冷室。在激冷室中，高温状态下的粗煤气与熔渣被激冷水所冷却，洗涤冷却后的粗煤气携带少量细灰由激冷室上部排出，大部分粗渣被分离并沉入激冷室下部，经由破渣机破碎后进入气化炉排渣系统定期排放。出激冷室的粗煤气首先进入气液分离器，除去所夹带的水分和部分细渣，然后再进入粗煤气洗涤系统中进一步洗涤和除去部分有害气体（如 H_2S）后进入后续工艺，所产生的洗涤液则携带细渣进入灰水处理系统。另外，由激冷系统引出的气化黑水由于其含有较高热量和含灰度，在多元料浆气化工艺中也将它们送入灰水处理系统回收余热和水，由气化炉排渣系统引出的含渣灰水也同样送入灰水处理系统。

（3）灰水处理系统 灰水处理系统是由一系列灰水净化及过滤设备所组成，包括高温热水器、固体浓缩沉降、灰水脱气、灰水循环及渣水过滤等若干子系统。气化系统中所产生的激冷黑水和洗涤黑水首先进入高温热水器，经闪蒸系统提浓后底部浓液与来自渣池的含渣灰水一起进入沉降系统，顶部排出的蒸汽经回收热量后引入脱气系统，不凝气送至变换系统或燃烧排放。进入沉降系统的渣水经沉降分离后，顶部澄清水进入灰水循环系统，再由灰水循环系统送回气化系统循环使用，底部含渣水则送往过滤系统过滤，滤液返回沉降系统，细渣排放。进入脱气系统的回收液经换热后返回气化系统。多元料浆气化典型工艺装置简图如图 3-5-13 所示。

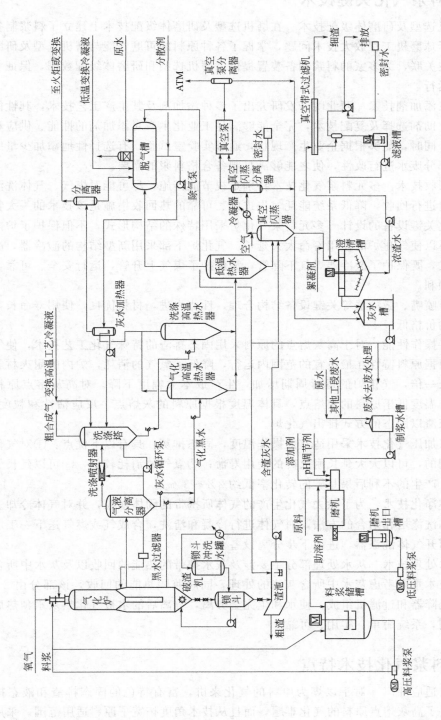

图 3-5-13　多元料浆气化典型工艺装置简图

三、多元料浆气化关键技术

（1）磨机选型及研磨体级配技术　在磨机选型及研磨体级配技术上建立了料浆制备数学模型，解决了球磨机工程放大技术问题，掌握了各种原料的可磨性能与磨机选型及研磨体级配之间的内在关联，为多家的料浆制备装置提供了磨机选型和研磨体级配数据，保证了磨机长周期正常运行。

（2）料浆添加剂技术　西北院开发研究出了多种添加剂及其生产工艺技术，其性能、生产工艺技术、助剂选择及复配技术，完全能够满足工业化生产对添加剂的性能、供应和价格方面的要求。同时，能够根据企业生产现状，通过实验室试验，有选择性地添加少量助剂对装置生产的部分废水进行改性，使之能够满足制备合格料浆的需要。

（3）热回收技术　多元料浆气化技术特别重视节能措施，尽可能对煤气、气体洗涤热水等携带的热量进行回收，降低系统能耗。先进的、可靠的热回收措施是该技术的一大特色。

（4）气化关键设备的设计　多元料浆气化炉采用特殊的结构形式，不但保护了炉内的耐火衬里，还可以使气化炉的使用寿命大大延长。气化炉下部采用新型结构的激冷器，激冷器结构为溢流式，既保护了激冷器煤气下降管，又保护了煤气上升管，运行安全、可靠，结构合理，排渣顺利。

气化炉、喷嘴、激冷器等关键设备结构合理、性能先进，材料优良，使用寿命长，国内加工制造运输价格低。

（5）独特操作性能　对于高灰熔点的原料采用固态排渣的特殊气化工艺技术，使气化炉的操作温度根据原料特性在最适宜的范围内运行，降低了氧气的消耗，炉内的耐火材料使用寿命可以延长一倍，气化炉的运行周期增加，生产成本大幅度下降。对高灰熔点原料的气化，气化操作温度低于原料的灰熔点，具体温度根据原料的灰熔点、反应活性和粒度决定，气化产生的灰渣以固态的方式排出气化炉。

多元料浆加压气化技术采用适宜的操作温度，固态排灰，具有以下优点：①对气化炉的耐火砖是有利的，可以大大延长耐火砖的使用寿命；②氧气的消耗较低，③可以延长气化炉的使用寿命。产生的不利后果是碳的转化率低约2%～3%。

（6）气体净化技术　为了除去气化生产的气体所携带的固体颗粒，并对气体冷却。采用管式洗涤器和洗涤塔相结合的方法，对气体进行冷凝和清洗，合成气或燃气送下一工序，含尘的洗涤水离开气体洗涤器，进入下步分离设备。

（7）灰水处理技术　灰水处理部分主要涉及灰水携带的热能的回收以及灰水中所含灰渣的处理，该技术重点考虑灰水中所含灰渣的处理，同时兼顾热能的回收，该部分由2～3组换热设备、沉降器和过滤机组成，使水和尘完全分离，分离后的水被气化热灰水预热后返回系统循环使用，系统简单、实用、可靠。

四、多元料浆气化技术特点

（1）原料适应性广　对于以煤为原料的气化来讲，富有特色的固态排渣和液态排渣技术，不仅解决了高灰熔点原料的气化难题，而且从技术角度拓宽了原料适用范围。采用优良的料浆添加剂和先进的研磨技术，使得某些成浆性稍差的煤种经加工后也可达到气化用煤浆的要求，进一步扩大了原料煤的范围。到目前为止，已有十几种煤通过了试烧试验，包括几乎所有煤种。除煤以外，多元料浆气化技术还可用于石油焦、石油沥青等含碳物质的气化，实现气化原料利用的多样化。有效利用废弃资源，变废为宝。

（2）气化效率高 一步法湿磨制浆工艺、性能优异的料浆添加剂技术、先进的研磨体级配技术，制备出的料浆有效成分含量高、输送特性好，对同种煤制备的浆体浓度比其他技术高出约 2%，降低了入炉氧耗，提高了原料利用效率和气化效率；气化温度高，操作压力大；喷嘴先进，料浆雾化效果好；总碳转化率提高，可达 97% 以上；合成气中有效成分（CO＋H₂）含量超过 80%，最高可达 83% 以上。

（3）投资小、能耗低 整套工艺从工艺包的设计、工程设计到设备制造，国内都有与之配套的专业设计院所和生产厂家，经验丰富；设备国产化率超过 90%；气化炉结构简单，制造、维修方便；整个工艺流程简单，省去了复杂的气体净化和冷却装置，减少了工业用水使用量；灰水处理过程简单有效；制得的煤气压力高，便于后续处理；开工、操作容易。

（4）运行周期长 独特的喷嘴循环冷却设计，可确保喷嘴维持在正常的温度范围内，减小了因内外温差造成的应力破损情况发生，延长了喷嘴使用寿命；喷嘴结构合理，雾化料浆与炉膛能很好地匹配，避免了因局部高温而造成的对内部耐火材料的损害，提高了耐火砖的使用周期，减少了开停车操作次数；对过程中某些易于受到磨损、冲刷伤害的管件、设备部件，对其选材也进行优化，避免了运行过程中因管道、设备的损坏而造成的不必要停车。

（5）环境友好 气流床气化炉不同于其他类型反应器，其内部温度很高，最高温度可达 2000℃左右。操作压力高达 8MPa，气固相反应迅速，使得煤气中不含焦油物质，整套工艺几乎无废气排放；气化后的残渣量小且含碳量低，可直接用于路面铺设和水泥工业原料；废水排放小且不含酚类物质，只需简单处理便可达到排放要求。该气化技术属洁净气化技术。

五、多元料浆气化工艺装置消耗

多元料浆气化工艺生产合成气消耗见表 3-5-26。

表 3-5-26 多元料浆气化工艺生产合成气消耗

序号	名称及规格	单位	1000m³ 消耗量（以 CO＋H₂ 计）	吨甲醇消耗量
一			原料	
1	煤（干基）	kg	590.31	1328.20
2	氧气(99.6%)	m³	387.83	872.62
3	助熔剂（干基）	kg	—	—
4	添加剂（干基）	kg	2.95	6.64
二			公用工程	
1	电	kW·h	42.10	94.73
2	蒸汽	kg	43.77	98.48
3	燃料(燃料气)	m³	0.32	0.72
4	脱盐水	kg	148	333
5	新鲜水	kg	625	1406
6	循环水	kg	31038	69836
7	氮气	m³	3.00	6.75
三			化学品	
1	絮凝剂（干基）	kg	0.014	0.032
2	分散剂（干基）	kg	0.23	0.52

注：表中为以陕西神府煤为主原料，1000t/d 合成甲醇的气化装置的数据。

六、多元料浆气化装置产能与配置

多元料浆气化技术的单台气化炉生产能力（以甲醇/合成氨生产能力计）有 10 万吨/年、20 万吨/年、30 万吨/年等多个规模可供选择，单台气化炉投煤量范围在 400～2000t/d，单炉生产负荷可在 50%～110%调整。对不同的装置规模可根据气化压力和设备配置的不同灵活选择。

1. 气化炉型的选择

气化炉具有生产能力大的特点，气体在气化炉内的停留时间一般在 5～6s，根据煤气产量和设备制作的要求，目前使用的气化炉反应室体积主要有 14.5m³ 和 26.8m³ 两种规格。多元料浆气化炉上部为反应室，下部为激冷室。

2. 单台气化炉的生产能力

对气化炉容积为 14.5m³ 的气化炉而言，在气化压力 4.0MPa 时，单炉投煤量约 500t/d，相当于单炉年产甲醇/合成氨 10 万吨；在气化压力 6.6MPa 时，单炉投煤量约 800t/d，相当于年产甲醇/合成氨 15 万吨。

对气化炉容积为 26.8m³ 的气化炉而言，在气化压力 4.0MPa 时，单炉投煤量可达 1000t/d，相当于年产甲醇/合成氨 20 万吨；在气化压力 6.6MPa 时，单炉投煤量可达 1500t/d，相当于单炉年产甲醇/合成氨 30 万吨。

3. 装置的建设规模

多元料浆气化技术除适用于年产 10 万～30 万吨甲醇/合成氨装置外，特别适用于年产 30 万吨甲醇/合成氨为基数的大型气化装置。在大型气化装置中，为了保证装置的长周期稳定运行，同时考虑到气化炉烧嘴的连续使用周期，一般均设置备用炉，相对应的洗涤、闪蒸系统一般采取和气化炉——对应的配置。

随着装置的大型化发展并为了体现规模效益，目前新上湿法气流床气化装置的能力均以年产 30 万吨甲醇/合成氨为优选规模，一般选用单炉投煤量在 1500～1800t/d 的气化炉，气体的洗涤净化系统与气化炉相对应；料浆制备系统选用的磨机为生产能力约 60t/h 的大型棒磨机，料浆储槽尽有足够的缓冲匀化时间；黑水降压浓缩系统与气化系统——对应设置，黑水沉降澄清槽、脱气水槽、细渣过滤机根据灰水处理装置需要配置。下面分别就 30 万吨/年、60 万吨/年等不同规模的甲醇/合成氨装置的配置情况列表说明。

① 投煤量约 1500t/d，气化压力 6.5MPa，相当于日产甲醇/合成氨 1000t（表 3-5-27）。

表 3-5-27 日产甲醇/合成氨 1000t 的气化装置主要设备一览

序号	名称	规格型号	单位	数量	备注
1	棒磨机	功率 1250kW,能力约 55t/h	台	2	
2	料浆储槽	$\phi8200\times10000$,附搅拌器	台	1	
3	低压料浆泵	功率约 37kW,$Q=45m^3/h$ $\Delta p=1.2MPa$	台	2	
4	高压料浆泵	功率约 220kW,$Q=45m^3/h$ $\Delta p=9.5MPa$	台	2+1	进口
5	气化炉	ϕ上 2820/ϕ下 2820×14200 反应室内衬铬 90/95 耐火砖,下部激冷室设有激冷水分布器、下降筒、导气管	台	2+1	
6	气体洗涤塔	$\phi2820\times18200$	台	2+1	
7	锁斗	$\phi1800/2000\times3600$	台	2+1	
8	灰水循环泵	Q 约 200m³/h,$\Delta p=1.2MPa$ 功率 110kW	台	2+1	

续表

序号	名称	规格型号	单位	数量	备注
9	脱气槽	$\phi3400\times10500$	台	1	
10	除气水泵	Q 约 $200m^3/h$，$\Delta p=7.1MPa$ 功率 $650kW$	台	1+1	
11	澄清槽	$\phi19000\times6500$	台	1	

② 投煤量约 3000t/d，气化压力 6.5MPa，相当于日产甲醇/合成氨 2000t（表 3-5-28）。

表 3-5-28　日产甲醇/合成氨 2000t 的气化装置主要设备一览

序号	名称	规格型号	单位	数量	备注
1	棒磨机	功率 $1250kW$，能力约 $60t/h$	台	3	
2	料浆储槽	$\phi8500\times11000$，附搅拌器	台	2	
3	低压料浆泵	功率约 $37kW$，$Q=30\sim80m^3/h$　$\Delta p=1.0MPa$	台	3	
4	高压料浆泵	功率约 $400kW$，$Q=45\sim100m^3/h$　$\Delta p=9.5MPa$	台	2+1	进口
5	气化炉	$\phi_上\,3220/\phi_下\,3800\times15396$ 反应室内衬铬 90/95 耐火砖，下部激冷室设有激冷水分布器、下降筒、导气管	台	2+1	
6	气体洗涤塔	$\phi3600\times14200$	台	2+1	
7	锁斗	$\phi2200/2400\times4000$	台	2+1	
8	脱气槽	$\phi4000\times13500$	台	1	
9	除气水泵	Q 约 $500m^3/h$（约 $250m^3/h$）	台	1+1(2+1)	
10	澄清槽	$\phi24000\times6500$（$\phi19000\times6500$）	台	1(2)	

第十节　煤与天然气共气化技术

一、概述

为了实现碳氢互补，降低 CO_2 排放，目前已实施或规划的以煤、天然气为原料的大型能源化工项目，均采用煤气化和天然气蒸汽转化相结合的工艺，解决了资源高效利用和合成气氢碳比的调整问题。但这种工艺没有实现能量互补。分别配套建设煤和天然气两套独立的气化装置，增加了建设投资费用和工艺复杂性，煤气化余热未能充分利用。西北化工研究院开发成功的煤－天然气共气化技术，是把煤气化与天然气气化两者优势结合起来，在一台气化炉内进行共气化，实现了碳氢互补、热能互补、节能减排、环境友好的目标。

煤与天然气共气化制合成气（$CO+H_2$），于 2012～2013 年进行了实验室研究和小型试验；2015～2017 年在工厂进行了投煤量 1.5t/h、天然气量 750～1500m³/h 的工业化示范，取得了煤与天然气共气化技术和工程应用成果。

二、煤与天然气共气化技术优势

① 气体原料不限于天然气，还可以利用煤田伴生气、油田伴生气、焦炉气及各类热解气体、高炉煤气及炼油厂排放的有机气体等。气态原料多元化。

② 新型结构的气化炉，具有结构简单，操作安全易控制的特点，有利于热量回收和耐火材料保护，使用周期延长两倍左右。设备、材料全部实现国产化。

③ 煤与天然气共气化，实现碳氢互补，热能量互补，提高碳利用率和合成气产量，减

少 CO_2 排放。

　　④ 降低能耗，节约投资，降低合成气生产成本。

　　⑤ 可利用有机废固、废水制水煤浆，实现资源化利用，"三废"排放量减少，环境友好。

三、技术原理及共气化反应

1. 技术原理

　　煤与天然气共气化制合成气技术，是将原料煤浆与氧气通过气化炉顶部的烧嘴喷入气化炉，天然气通过气化炉侧部的四个烧嘴送入气化炉。侧部烧嘴能够增强反应器内的涡流强度，提高反应器内物料的传热传质速率，气化炉顶部烧嘴的氧气当量可以适当提高，从而提高了煤的碳转化率和顶部烧嘴的火焰强度。侧面天然气烧嘴的氧气量相对减少，天然气自侧面烧嘴进入气化炉后，借助炉内煤的高碳转化率和高温度，并在煤气中夹带的熔融金属氧化物催化作用下，得到高效的碳转化率。由于天然气具有氢多碳少的特点，同时气化炉顶部下来的高温煤气带有一定量的蒸汽，因此，煤与天然气共气化制合成气过程主要产物为 H_2（52.6%）。气化炉出口处反应达到平衡时，可以根据天然气的加入量调节生产 H_2/CO 为 0.8～1.5 的合成气。

　　煤的部分氧化放出大量的热能，除应用于煤的气化外，剩余的能量供天然气转化。以生产 $1000m^3$ 的合成气为例，天然气转化需要约 90～$100m^3$ 天然气燃烧产生的热能，而煤气化释放的热量相当于 $90m^3$ 天然气燃烧产生的热量。因此，在共气化炉内，借助煤燃烧反应放出的热量，尽可能地减少了靠天然气自身燃烧提供能量，提高了天然气的有效利用率，并生产出氢碳比更加合理的化工合成所需的合成气。

2. 共气化炉主要反应式

　　（1）碳燃烧反应

$$C + O_2 \longrightarrow CO_2 \qquad\qquad -409kJ/mol$$

　　（2）碳水解反应

$$C + H_2O \longrightarrow CO + H_2 \qquad\qquad 117.8kJ/mol$$

$$C + 2H_2O \longrightarrow CO_2 + 2H_2 \qquad\qquad 74.9kJ/mol$$

　　（3）甲烷转化反应

$$CH_4 + 2O_2 \longrightarrow CO_2 + H_2O \qquad\qquad -802.5kJ/mol$$

$$CH_4 \longrightarrow 2H_2 + C \qquad\qquad 87.4kJ/mol$$

$$CH_4 + H_2O \longrightarrow 3H_2 + CO \qquad\qquad 206.2kJ/mol$$

$$CH_4 + CO_2 \longrightarrow 2H_2 + 2CO \qquad\qquad 248.1kJ/mol$$

$$2CH_4 + O_2 \longrightarrow 4H_2 + 2CO \qquad\qquad -72kJ/mol$$

　　（4）C 与 CO_2 反应

$$C + CO_2 \longrightarrow 2CO \qquad\qquad 160.7kJ/mol$$

　　（5）CO 变化反应

$$CO + H_2O \longrightarrow CO_2 + H_2 \qquad\qquad -41kJ/mol$$

四、工艺技术说明

1. 原料供料

　　煤浆经高压料浆泵加压、计量，与氧气通过顶部工艺烧嘴进行雾化后喷入气化炉内发生部分氧化还原反应。

天然气经天然气压缩机增压至 8.0MPa 进入天然气缓冲罐，通过两路天然气调节阀减压、调节流量后分别进入两个系列，每个系列的天然气经两道切断阀后再分成两路，天然气分别进入气化炉侧部的 A、B、C、D 四个烧嘴，喷入气化炉进行共气化。

2. 煤、天然气共气化

煤浆、氧气经工艺烧嘴喷入气化炉内，天然气和少量氧气经天然气烧嘴喷入气化炉内，在气化炉燃烧室中发生共气化反应，生成粗煤气，气化温度约 1350℃，气化压力约 6.5MPa，气化炉外部炉壁温度 230～325℃。

共气化反应生成粗煤气、液态熔渣及细灰颗粒，一起进入气化炉下部的激冷室。熔渣淬冷固化后沉入气化炉底部水浴。粗煤气与激冷水直接接触进行冷却，冷却后的粗煤气沿下降管与导气管之间的环隙上升，经激冷室上部分离出粗煤气中夹带的部分水分并从气化炉旁侧的出气口引出。

3. 烧嘴冷却保护

烧嘴冷却水单元包括烧嘴冷却水槽、烧嘴冷却水泵。冷却水泵为顶部工艺烧嘴和四个天然气烧嘴同时提供冷却水，冷却水回水进入烧嘴冷却水气液分离器。分离器通气口上设置的一氧化碳分析仪可对烧嘴冷却水系统中漏入的煤气进行连续检测并发出预警。烧嘴事故冷却水由高压水泵提供。

4. 气化炉渣处理

沉积在气化炉激冷室底部的粗渣及其他固体颗粒，通过自身的重力进入灰渣锁斗。从气化炉排出的大部分灰渣沉降在锁斗底部，由锁斗系统定期自动排放入灰水池。从锁斗顶部抽出较清的水，经锁斗循环泵循环进入气化炉激冷室水浴。灰水池的灰渣沉降与沉积，经取样分析后送出灰水池，送往界区外处理。

5. 黑水减压沉降

气化炉激冷室底部的黑水及细渣混合物、气水分离器底部分离出的灰水分别经减压后送入一级灰水缓冲罐，顶部气体减压后经真空泵分离罐排空。一级灰水缓冲罐底部灰水进入二级灰水缓冲罐继续减压，二级灰水缓冲罐顶部蒸汽经蒸汽冷凝器冷却后，进入蒸汽冷凝器分离罐进行气液分离，分离的气体进入真空泵入口，底部冷凝液送往灰水池。二级灰水缓冲罐底部液体经灰水缓冲罐底泵送往灰水池沉降澄清，澄清后的灰水作为气化炉激冷水返回系统循环使用。

6. 工艺流程示意图

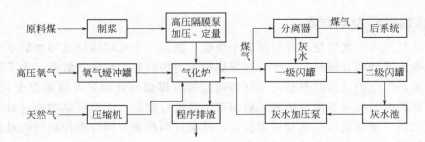

五、核心设备

1. 气化炉

(1) 气化炉属专利技术，有多种规格可供用户选择。炉体为合金钢外壳组成的圆柱形筒体，炉膛内衬多层耐火材料。

(2) 气化炉规格（筒体内径，mm）：$\phi2400$、$\phi2600$、$\phi2800$、$\phi3000$、$\phi3200$、$\phi3400$等6种不同的规格。单炉投煤量 $300\sim2000t/d$。

(3) 激冷室由下降管、上升管、激冷器组成。激冷水分布均匀，不易堵塞，气化炉下降管不易被烧坏，保护气化炉托砖板。

(4) 炉膛反应温度为 $1300\sim1500℃$，气化压力 $1.3\sim6.6MPa$。

(5) 采用流体力学软件 Fluent 对气化炉流体特性进行了数值模拟，对天然气烧嘴不同的进料位置进行了对比优化，确定了煤与天然气气流床共气化反应器工艺结构。研究了气化炉内部速度分布、颗粒分布、湍流分布、停留时间等流场特征，验证了所设计的气化炉结构合理性。

为提高气体物料的停留时间，提高天然气高温转化过程中产生的析碳的二次气化转化率，共气化炉高径比单一水煤浆气化炉的要大。但是过高的高径比容易导致气化炉渣口温度较低，易造成炉膛渣口堵塞。在气化炉理论研究、冷模研究的基础上，提出气化炉工程化的高径比为 3.5 左右。

煤与天然气共气化炉在高温、高压、临氢等条件下操作，对气化炉制造质量及性能要求都比较高。气化炉壳体的设计、制造、检验及验收，必须严格遵照相关规定执行。

2. 工艺烧嘴

(1) 顶部煤浆烧嘴 煤浆工艺烧嘴是气化装置的关键设备，采用三流道预混式结构。煤浆在烧嘴中被中心氧和高速外环氧气流充分雾化，在气化炉燃烧室中发生气化反应，生成合成气。工艺烧嘴需承受 $1400℃$ 左右的高温，为了防止烧嘴损坏，在烧嘴外侧设置水夹套式冷却装置，相对于水盘管式冷却结构的烧嘴，具有较好的换热效果和更小的阻力降。

(2) 天然气烧嘴 天然气烧嘴采用两流道外混式结构，天然气与氧气分别由两个通道供入，中心管输送天然气，外环管输送氧气，在烧嘴出口附近相遇，气化炉燃烧室中发生气化反应，生成合成气。天然气烧嘴需承受 $1400℃$ 左右的高温，为了防止天然气烧嘴损坏，在天然气烧嘴外侧设置水夹套式冷却装置。

六、开车安全控制方案

1. 多烧嘴进料控制方案

煤与天然气气流床共气化过程包括五个烧嘴，顶部一个水煤浆烧嘴和侧部4个天然气烧嘴。顶部烧嘴流通物料有煤浆、氧气，侧部烧嘴流通物料有天然气和氧气。为了保证烧嘴运行的安全稳定，气化炉反应的平稳，顶部烧嘴配置有煤浆流量测量及煤浆泵变频调节措施、氧气测量及回路调节阀调节流量措施，对顶部烧嘴进行控制。天然气烧嘴通过对压缩机出口压力调节阀控制，保证天然气总管压力稳定，并通过两路调节阀分别控制两两对置的天然气烧嘴的天然气量，流量调稳定后再通过烧嘴入口调节阀进行精准调控，确保四个烧嘴天然气量和氧气量保持一致。

2. 共气化物料比例及负荷控制方案

在共气化工艺过程中，煤料浆与天然气通过不同的烧嘴进入气化炉，为了保证工艺稳定性和合成气的质量，需要分别控制煤浆、氧气、天然气的比例。通过各烧嘴的燃料与氧气的比例由各烧嘴的交叉燃烧控制系统分别控制。同时，为了保证气化炉的安全，采用交叉控制手段保证增量时先增加进入气化炉的煤浆量，天然气按照与煤浆设定的比值自动进行调节，然后再增加进入气化炉的氧气流量；减量时，先减少氧气量，然后再减少燃料量。

3. 共气化工艺安全保护

为了确保各物料能够安全、稳定、高效送入气化炉发生反应，研究安全连锁保护系统的设计原则和系统模型，开发了安全连锁触发因素，确定安全连锁触发后的安全连锁动作。采用安全连锁系统与控制操作系统的共享及独立信号的设置。

七、工艺示范装置运行消耗指标

(1)	投煤量（干基）	930.0kg/h
	水煤浆浓度（为天然气转化提供蒸汽）	59%
(2)	投入天然气量	1300.0m³/h（CH₄ 含量＞95%）
(3)	气化温度	1350℃
(4)	气化压力	6.0MPa
(5)	碳转换率	99.18%
(6)	甲烷转化率	99.99%
(7)	冷煤气效率	82.86%
(8)	CO＋H₂ 含量（摩尔分数）	92.29%
(9)	产气率	2.35m³（干基）/（kg 煤＋m³ 天然气）
(10)	比氧耗	291.74m³/km³（CO＋H₂）
(11)	比煤耗	192.9kg/km³（CO＋H₂）
(12)	比天然气耗	269.64m³/km³（CO＋H₂）
(13)	电耗	35.25kW・h/km³（CO＋H₂）
(14)	循环水	22.1m³/km³（CO＋H₂）
(15)	脱盐水	273kg/km³（CO＋H₂）

八、粗煤气组成

(1) 煤气成分

煤气成分	H_2	CO	CO_2	CH_4	N_2+Ar	H_2S+COS	合计
摩尔分数/%	52.63	39.26	7.38	0.2	0.44	0.09	100

(2) 合成气含量（CO＋H₂）　91.89mol%

(3) 煤气热值（低位）　11.765MJ/m³（2810.5kcal/m³）

参考文献

[1]　刘镜远，车维新．合成气工艺技术与设计手册．北京：化学工业出版社，2002：1，199-243.

[2]　范立明. 渭化科技, 1998 (1): 13.
[3]　沙兴中, 龚志云. 煤炭转化, 1992, 15 (2): 15.
[4]　沈浚, 朱世勇, 冯孝庭. 合成氨. 北京: 化学工业出版社, 2001: 54-272.
[5]　张东亮. 大氮肥, 1995, 18 (4): 241.
[6]　谭可荣, 韩文, 赵东志, 等. 煤炭转化, 2001, 24 (1): 36.
[7]　范浩杰, 章明川, 胡国新, 等. 煤炭转化, 1998, 21 (2): 20.
[8]　陕北能源重化工基地科技发展规划. 煤的利用篇, 2000.
[9]　范立明, 原俊杰. 渭化科技, 1999 (2): 9.
[10]　Hurst H J, Novak F, Pztterson J H. Fuel, 1999, 78: 439-444.
[11]　王治普. 渭化科技, 1998 (2): 30.
[12]　王维周, 贺建勋, 张彩荣. 煤炭气化工艺. 香港: 轩辕出版社, 1994.
[13]　王治普. 渭化科技, 1997 (2): 10.
[14]　张荣曾. 水煤浆制浆技术. 北京: 科学出版社, 1996.
[15]　徐其伦, 张增战. 渭化科技, 1997 (2): 18.
[16]　孙铭绪. 煤化工, 2001, 95 (2): 30.
[17]　Peter R, Wolfgang S, Paul W. Fuel, 1988, 67: 739-742.
[18]　吴韬, 周炜星, 周志杰, 等. 上海化工, 1999, 24 (11): 25.
[19]　于遵宏, 于建国, 沈才大, 等. 大氮肥, 1994, 17 (5): 352.
[20]　梅安华. 小合成氨厂工艺技术与设计手册. 北京: 化学工业出版社, 1995: 184-277.
[21]　郭宗奇, 张晖. 我国高温高压煤气化和高铬耐火材料的发展. 水煤浆气化技术交流会专题材料, 1997.
[22]　胡先君. 大氮肥, 1995, 18 (4): 247.
[23]　王海, 李琼玖, 唐嗣荣, 等. 大氮肥, 1995, 18 (4): 252.
[24]　宋羽, 蒋甲金. 多喷嘴对置式水煤浆气化技术. 山东化工, 2011, 1 (40): 55-56.

第六章
多喷嘴对置式水煤浆气化技术

山东兖矿集团有限公司和华东理工大学合作完成该技术开发,"九五"完成中试,"十五"列入国家"863"计划完成工业示范。多喷嘴对置式气流床水煤浆气化技术是具有自主知识产权的大型煤气化技术,其作为洁净高效的煤制合成气产业化成套技术,可应用于以水煤浆为原料制备合成气和燃料气,是发展煤基化学品、煤基液体燃料、先进的 IGCC 发电、多联产系统、制氢、燃料电池等工业化先进技术。

第一节 技术简介及示范装置

一、工艺技术原理

多喷嘴对置式水煤浆气化技术的工艺原理如图 3-6-1 所示,主要包括多喷嘴对置式水煤浆气化工序、分级净化的合成气初步净化工序、直接换热式含渣灰水处理工序。

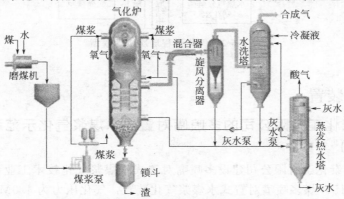

图 3-6-1 多喷嘴对置式水煤浆气化技术工艺原理

新型水煤浆气化技术在多喷嘴对置式气流床气化炉、交叉流式洗涤水分布器、复合床高温合成气冷却洗涤设备、预膜式高效气化喷嘴、高效节能型合成气初步净化系统、直接换热式含渣水处理系统等设备及工艺方面均具有创新性。技术指标先进，处于水煤浆气化技术的国际领先水平。该技术的开发实现了我国大型水煤浆气化技术零的突破，为推动我国煤化工产业的发展和能源结构调整提供了技术支撑，经济效益、社会效益显著。

二、气化机理模型

水煤浆气化过程涉及高温、高压、非均相条件下的流体流动以及与之相关的传递过程规律和复杂的化学反应过程。开发者提出了气化过程的层次机理模型，如图 3-6-2 所示。喷嘴和炉体的结构与尺寸、工艺条件（第一层次）决定了炉内流场结构［速度分布、压力分布、回流与卷吸（第二层次）］，流场结构又决定了炉内的混合过程［包括雾化（第三层次）］，并由此形成炉内的浓度分布、温度分布和停留时间分布（第四层次）。而有效气成分、有效气产率、碳转化率和水蒸气分解率等气化反应结果，以及喷嘴寿命、耐火砖寿命、激冷环寿命和结渣等工程结果（第五层次）则受浓度分布、温度分布和停留时间分布的影响。

其中第一层次是可控因素，关键是控制依据；第五层次为结果，是被动承受的；第二至第四层次因素起因于第一层次，影响气化结果，在工业条件下，人们是无法看到的，但又是设计第一层次因素的依据，它们与炉内流体流动过程密切相关，鉴于流体流动特征以及与之相关的混合过程的特殊性，可将其从复杂的气化反应中分解出来，通过大型冷模装置加以详尽研究。

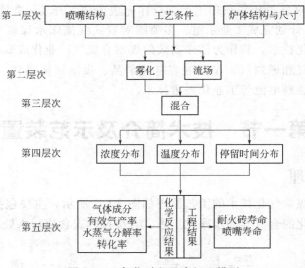

图 3-6-2 气化过程层次机理模型

三、工业示范装置

1. 兖矿国泰化工有限公司的多喷嘴对置式水煤浆气化示范装置（参见图 3-6-3 ）

在山东兖矿国泰化工有限公司建设多喷嘴对置式水煤浆气化技术工业装置及配套工程，采用两套日处理 1150t 煤多喷嘴对置式水煤浆气化装置，气化压力为 4.0MPa；配套生产 24

万吨甲醇/年、联产 71.8MW 发电，进行多喷嘴对置式水煤浆气化技术的工业示范。该气化装置于 2005 年 7 月 21 日一次化工投料成功，打通整个工艺流程。

中国石油和化学工业协会组织专家组于 2005 年 12 月 11 日至 18 日，对"多喷嘴对置式水煤浆气化技术"工业示范装置进行了现场运行考核。工业示范装置以北宿精煤为原料，现场考核证实，装置性能与技术指标达到国际领先水平，现场考核结果的主要技术指标列入表 3-6-1。

(a) 多喷嘴对置式气化炉　　　　　　　　(b) 气化烧嘴平台

图 3-6-3　多喷嘴对置式水煤浆气化示范装置

表 3-6-1　多喷嘴对置式气化炉工业示范装置现场考核指标

项目	指标	项目	指标
气化压力/MPa	4.0	合成气有效成分(以 $CO+H_2$ 计)/%	84.9
气化温度/℃	约1300	产气率/(m^3 干气/kg 干煤)	2.07
气化装置规模(以煤计)/(t/d)	1150	比氧耗(以 $CO+H_2$ 计)/(m^3/1000m^3)	309
碳转化率/%	>98	比煤耗(以 $CO+H_2$ 计)/(kg/1000m^3)	535

兖矿国泰化工有限公司多喷嘴对置式水煤浆气化工业装置投入运行以来，整个系统操作稳定，工艺指标先进。

2. 山东华鲁恒升化工股份有限公司的多喷嘴对置式水煤浆气化炉

在国家发展改革委重大技术装备研制项目计划的支持下，山东华鲁恒升化工股份有限公司大氮肥国产化工程中建设了一台日处理 750t 煤的多喷嘴对置式水煤浆气化炉，气化压力为 6.5MPa，以神府煤为原料。该气化炉的工艺软件包由华东理工大学、水煤浆气化及煤化工国家工程研究中心完成。该多喷嘴对置式水煤浆气化炉于 2004 年 12 月试运行，2005 年 6 月 2 日正式投入工业运行。

气化炉典型操作条件：以神府煤为原料，单喷嘴煤浆流量 8.5m^3/h、氧气流量 4300m^3/h，操作压力 6.3MPa（G）。主要运行指标列入表 3-6-2。

表 3-6-2　多喷嘴对置式气化炉现场考核指标

项目	考核平均指标
碳转化率/%	99.97
$CO+H_2$ 含量(摩尔分数)/%	82.41
产气率/(m^3/kg)	2.15
比氧耗(以 $CO+H_2$ 计)/(m^3/1000m^3)	362
比煤耗(以 $CO+H_2$ 计)/(kg/1000m^3)	565

目前该气化炉已达到设计负荷（最大煤浆流量 40m³/h）并进入正常的工业运行，运行情况良好，工艺指标先进，取得了良好的经济效益。为使我国以多喷嘴对置式水煤浆气化炉为关键技术的"大型氮肥全流程技术与成套设备开发研制及应用"取得成功作出贡献。

第二节　气化炉大型化技术

"十二五"期间，多喷嘴对置式水煤浆气化炉大型化技术取得重大进步，形成单台气化炉投煤量 1000t/d、2000t/d、2500t/d、3000t/d 等系列炉型，3000t/d 超大型炉于 2014 年 6 月在内蒙古投产成功，应用于工业化生产。气化压力从 3.0MPa、4.0MPa 提高到 6.5MPa。气化炉大型化使煤气有效成分（CO＋H₂）提高 3%～4%；比氧耗、比煤耗下降，装置投资减少，气化效率和经济效率进一步提高，显现了大型化的优势。

一、气化装置界区

多喷嘴对置式水煤浆气化装置界区见图 3-6-4。

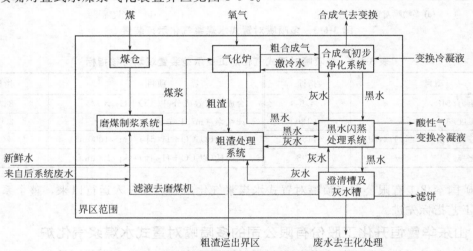

图 3-6-4　多喷嘴对置式水煤浆气化装置界区框图

二、气化过程简述

煤浆经隔膜泵加压，通过四个对称布置在气化炉中上部同一水平面的工艺喷嘴，与氧气一起对喷进入气化炉。对置气化炉的流场结构由射流区、撞击区、撞击流股、回流区、折返流区和管流区组成。

煤浆颗粒在气化炉内的气化过程经历了以下步骤：颗粒的湍流弥散；颗粒的振荡运动；颗粒的对流加热；颗粒的辐射加热；煤浆蒸发与颗粒中挥发分的析出；挥发产物的气相反应；煤焦的多相反应；灰渣的形成。

气化反应是串联、并联反应同时存在的极为复杂的反应体系，可分为一次反应与二次反应：

1. 一次反应区（燃烧区）

进入该区的反应物有工艺氧、煤浆以及回流流股和折返流流股中 CO、H₂ 等。水煤浆入炉后，首先进行雾化，同时接受来自火焰、炉内壁、高温气体、固体物等的辐射热，以及回流流股及折返流流股的热量。煤浆瞬间蒸发，煤粉发生热裂解并释放出挥发分。裂解产物、挥发分及其他易燃组分在高温、高氧浓度下迅速完全燃烧，放出大量热量。这个过程进行得相当短促，主要发生在射流区与撞击区中，其结束的标志是氧消耗殆尽。

2. 二次反应区

进入二次反应区的组分有煤焦、CO_2、CH_4、H_2O 以及 CO、H_2 等组分。这时主要进行的是煤焦、CH_4 等与 H_2O、CO_2 发生的气化反应，生成 CO 和 H_2。这是有效气成分的重要来源。二次反应主要发生在管流区。

3. 一次与二次反应共存区

多喷嘴对置气化炉中射流区与撞击区、撞击流股、回流区、折返流区共存，不时进行质量交换，再加湍流的随机性，射流区的反应组分及产物都有可能进入撞击区、撞击流股、回流区、折返流区，导致这些区域既进行一次反应，也进行二次反应。二次反应以吸热为主，致使发生二次反应的区域温度较低，相对地起到保护耐火砖的作用。

4. 煤气初步净化系统

采用混合器、旋风分离器和水洗塔相结合的节能高效煤气初步净化系统，使煤气中灰、渣的含量降到最低，并且减少压力损失。

5. 多喷嘴气化炉的缺点

四喷嘴水煤浆气化炉煤浆和氧气入炉管道阀门，控制仪表需要四套系统，煤浆泵需要两台，增加了系统操作的协调难度和装置复杂性；对操作和维修要求更高；与单喷嘴气化炉同等能力比较其投资增加 $14\%\sim15\%$，这是四喷嘴不足的一面。

6. 工艺流程

四喷嘴对置式水煤浆气化工艺流程示意见图 3-6-5。

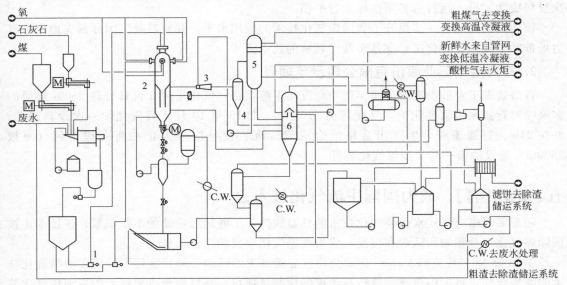

图 3-6-5　四喷嘴对置式水煤浆气化工艺流程示意图
1—煤浆泵；2—气化炉；3—混合气；4—旋风分离器；5—水洗塔；6—蒸发热水塔

三、不同规模气化炉运行参数

为了使水煤浆气化炉系列化、规范化，目前气化压力形成 4.0MPa、6.5MPa、8.7MPa 三个压力等级；气化炉钢壳内径设计为 $\phi2.8m$、$\phi3.2m$、$\phi3.8m$、$\phi4.2m$ 等多种规格。同样规格气化炉，气化能力随气化压力提高而提高。在同样气化压力下，气化炉直径越大气化能力越大。用户可根据需要，合理选择气化压力和气化炉规格。表 3-6-3 列出了不同压力、不同规格多喷嘴气化炉参数，供选型参考。

表 3-6-3 不同压力、不同规格多喷嘴气化炉运行数据

应用企业	气化炉内径 (ϕ外/ϕ内)	气化压力/MPa	日气化能力(以煤计) /(t/d)	技术参考(以 $CO+H_2$ 计)/1000m³
兖矿国泰化工公司	3.175/2.134	4.0	1150.0	98.8[①] 84.9[②] 535[③] 309[④]
江苏索普集团公司	3.175/2.134	6.5	1500.0	99.3[①] 83[②] 543[③] 359[④]
江苏灵谷化工公司	3.88/2.762	4.0	2000.0	99.2[①] 82.9[②] 568[③] 352[④]
内蒙古荣信化工公司	3.88/2.762	6.5	3000.0	99.63[①] 84[②] 556[③] 347[④]

① 碳转化率，%。
② $(CO+H_2)$，%。
③ 比煤耗，kg。
④ 比氧耗，m³。

四、大型化气化炉示范项目

1. 内蒙古荣信化工有限公司示范项目

内蒙古荣信化工有限公司一期建设规模为日产 3000t 甲醇。该项目的气化装置采用多喷嘴对置式水煤浆气化技术，三套气化系统两开一备设置，设计压力 6.5MPa，单炉日处理煤 3000t 级，是目前国内在运行的最大的水煤浆气化装置。气化炉 A 炉于 2014 年 6 月 24 日一次投料成功。投入运行后各项指标运行平稳。

该项目的建成进一步提升了我国煤气化技术的应用水平，并使其处于国际领先地位，有力地推动了我国在煤化工、煤基多联产领域的技术进步。

2. 青海盐湖工业股份有限公司示范项目

青海盐湖工业股份有限公司年产 100 万吨甲醇项目，气化采用 3 台日处理 2500t 煤级的多喷嘴对置式水煤浆气化炉，气化压力 6.5MPa。2016 年 10 月 1 日气化炉一次投料成功，并在 24h 内打通流程，生产出合格的合成气。该装置是迄今为止在高海拔地区（海拔 2800m）建设的第一套大型煤气化装置。

五、走出国门，成为国际主流气化技术之一

随着多喷嘴对置式水煤浆气化技术的日益成熟，工业运行业绩的不断积累，该技术正被国际煤气化工业领域所认识和接受，成为大型气化项目的主流选择之一。

① 2008 年 7 月美国 Valero 能源公司（北美最大的炼油公司）签订了采用多喷嘴气化技术的商务合同，将运用该技术进行石油焦气化制氢项目，是目前全世界最大的石油焦气化装置，总投资约 30 亿美元。该项目是中国大型煤气化成套技术首次向美国输出。

② 2016 年 9 月与韩国 TENT 公司签订技术许可合同，为韩国丽水工业园区燃料电池、

化学品等的工业生产项目提供合成气，再次展现了多喷嘴对置式水煤浆气化技术在国际市场的竞争力，进一步表明该技术在煤气化领域长期保持了国际领先水平。

六、气化炉重大改进成果

1. 多喷嘴气化炉的优势

多喷嘴对置撞击的气化炉型式，克服了单喷嘴水煤浆气化炉停留时间分布不合理、部分物流在炉内停留时间极短，尚未反应便离开了气化炉这一缺陷，强化了反应物料之间的混合与热质传递，大大提高了气化效率。实践证明多喷嘴气化炉具有碳转化率高、比氧耗低、比煤耗低的优点。

2. 耐火砖

运用了撞击流原理后，炉内高温火焰被约束在炉膛中央较小的空间内，撞击区以外的流场流速缓和，对于炉内大部分区域的耐火砖而言，冲刷现象大为减弱。实践证明，多喷嘴气化炉内直筒段和锥底段耐火砖寿命可达 20000h，最长的已超过 47000h，拱顶砖 15000h 以上，远超过引进耐火砖的使用寿命。

3. 高温热电偶

由于耐火砖壁面冲刷较缓和，加上独特的托砖架结构设计，多喷嘴气化炉的高温热电偶使用寿命长，这是从工业示范装置上总结得到的独特优势。引进水煤浆气化装置的高温热电偶使用寿命一般不超过 2 周，而多喷嘴气化炉的高温热电偶使用寿命长达半年左右，在整个气化炉操作过程中，始终有高温热偶显示炉内温度趋势。

4. 激冷室

采用复合床型洗涤冷却室（喷淋床、鼓泡床）及交叉流式洗涤冷却水分布器，强化了高温煤气与洗涤冷却水间的热质传递过程。复合床高温煤气冷却洗涤设备很好地解决了引进技术激冷室的带水带灰、液位不易控制等问题，实现了良好的热质传递效果。运行的1150t 煤/d、1500t 煤/d、2000t 煤/d 的气化装置均证实解决了气化炉带水问题得到有效的抑制，气化炉黑水排放得到有效的控制。

5. 喷嘴

华东理工大学与兖矿鲁南化肥厂密切合作，在水煤浆气化烧嘴的开发方面进行了许多有益的探索。多喷嘴气化的喷嘴采用预膜式结构。预膜烧嘴与 Texaco 烧嘴相比，最大的不同是通过降低中心氧通道，避免了中心氧与水煤浆在二通道内的预混。

预膜式喷嘴具有雾化性能优良，结构简单，煤浆出喷口速度低、能有效避免磨损等特

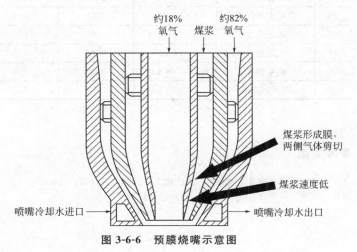

图 3-6-6　预膜烧嘴示意图

点。实践证明，这一新的喷嘴型式气化效果好，使用寿命长，兖矿国泰、兖矿鲁化的预膜式工艺烧嘴使用寿命平均 90d 左右，最长达到 152d。另外，华东理工大学开发的耐磨工艺烧嘴用于兖矿鲁南化肥厂气化炉，使用寿命长达 198d。预膜烧嘴示意见图 3-6-6。

第三节　技术推广应用情况

截至 2016 年底多喷嘴对置式水煤浆气化炉在国内已推广应用 104 台，其中已投产运行 65 台，在建 5 台，正在设计 22 台。单炉投煤量为 750～3000t/d，气化压力为 3.5～6.5MPa。可见该技术有着广泛的应用前景。表 3-6-4 列出了多喷嘴对置式水煤浆气化炉应用成果。

表 3-6-4　多喷嘴对置式水煤浆气化炉应用成果

序号	使用单位	气化炉台数/台	单炉投煤量/(t/d)	气化压力/MPa	配套产品	建成时间
1	华鲁恒升化工	1	750	6.5	氨	2004 年 12 月
2	韩国 TENT	2	750	4.2	合成气	设计中
3	国泰化工	2	1150	4.0	甲醇、发电	2005 年 7 月
4	鲁南化肥厂	1	1150	4.0	甲醇	2008 年 7 月
5	凤凰化肥厂	3	1500	6.5	甲醇	2009 年 6 月
6	索普公司	3	1500	6.5	甲醇、CO	2009 年 3 月
7	灵谷化工	2	2000	4.0	氨	2009 年 2 月
8	久泰能源	6	2000	6.5	甲醇、二甲醚	设计中
9	盛大宁东	2	2000	6.5	甲醇	设计中
10	华电半山	1	2200	3.5	电力	2010 年 3 月
11	神华宁煤	3	2000	4.0	甲醇	在建
12	上海焦化	2 (1+1)	2200	4.2	甲醇、CO 等	2013 年 3 月 31 日投产
13	内蒙古京能	4 (3+1)	2200	4.2	F-T 合成	设计中
14	青海盐湖	3 (2+1)	2500	6.5	甲醇	2016 年 10 月 1 日投产
15	美国 Valero	5 (4+1)	2500	6.2	H_2	设计中
16	鄂尔多斯国泰	2 (1+1)	2500	6.5	甲醇	2015 年 7 月 31 日投产
17	浙江石化	6 (4+2)	2500	6.5	H_2	设计中
18	大连恒力	6 (4+2)	3000	6.5	H_2	设计中
19	伊泰伊犁	5 (4+1)	3000	4.0	油品	建设中
20	内蒙古兖矿	3 (2+1)	3000	6.5	甲醇	2014 年 6 月 24 日投产

参考文献

[1] 谢书胜，邹佩良，史瑾燕. 当代化工，2008，37（6）：666-668.
[2] 宋羽，蒋甲金. 山东化工，2011，1（40）：55-56.

第七章
地下煤气化

第一节 概述

传统的煤炭开采、运输、使用方式所造成的煤炭资源浪费和生态环境的破坏是不容忽视的，地面塌陷，大量的地下水流失，向大气排放烟尘和硫化物等，已经给一些地区的生态环境构成了较大的威胁。同时受采煤技术水平的限制，约 $30\%\sim50\%$ 的煤炭资源被遗弃在井下，造成了大量的煤炭资源浪费。而煤炭地下气化技术则是一条煤炭开发利用新的途径之一。

煤炭地下气化（underground coal gasification，UCG）是集建井、采煤、转化工艺为一体的多学科开发清洁能源与化工合成气的新技术。该过程抛弃了庞大、笨重的采煤设备和地面气化设备，变传统的物理采煤为化学采煤，因而具有安全性好、投资少、效益高、污染小等优点，深受世界各国的重视，被誉为第二代采煤方法和煤炭加工及综合利用的新途径。早在 1979 年联合国"世界煤炭远景会议"上就明确指出，发展煤炭地下气化是世界煤炭开采的研究方向之一，是从根本上解决传统开采方法存在的一系列技术和环境问题的重要途径。

煤炭地下气化就是将处于地下的煤炭进行有控制的燃烧，通过对煤的热作用及化学作用产生可燃气体的工艺过程。它以氧、空气、水蒸气为气化剂，将固体燃料转化为以 CO、H_2、CH_4 为主要成分的气体燃料。从化学反应角度来讲，气化不同于焦化，也不同于燃烧。均可将煤转化为气态产物，直至剩下灰烬。地下气化的目标产物是 CO、H_2、CH_4。

由于地下气化是在地下煤层中的反应空间进行的，这种反应在很大程度上取决于煤层的赋存条件，这就使煤炭地下气化的过程比地面煤气发生炉复杂得多。与地面气化过程相比，地下气化具有以下基本特征。

① 地下气化过程中由于煤层不规则地冒落，形成了不均匀大尺度煤块的水平渗流床，气化区边界是有质量交换的煤层，因而比地面气化更具有复杂性。

② 地下气化过程中料层（煤层）不能移动，而是通过燃烧工作面（气化工作面）的移动来保持气化过程的连续，而且各反应带的长度在不断改变。

③ 地下气化过程中因煤层及岩层冒落，气化通道截面不断发生变化，此外，气化反应通道与煤层的顶底板发生热量交换，不利于气化过程的进行。

煤地面固定床气化与地下气化，虽然两者在工艺上有所不同，但基本的化学反应原理是相同的。因此，可以借助地面气化过程的热力学及动力学分析方法来研究地下气化过程的物理化学特性。

第二节 煤炭地下气化的原理及方法

一、煤炭地下气化化学反应原理

反应和析气过程：

地下气化过程是在煤层中人工开掘的气化通道中进行的。将地下的煤层点燃建立火源后，从地面的一个钻孔向煤层鼓入气化剂，使煤层燃烧而进行气化，另一钻孔排出煤气，如图 3-7-1 所示。

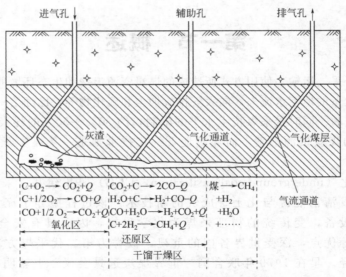

图 3-7-1　煤炭地下气化原理示意图

煤层的燃烧和气化是一系列连续阶段所构成的复杂的物理化学过程。碳的燃烧是其过程的基础。因为煤层中挥发物析出后，主要残余物是碳，而碳的燃烧过程最长，并且是热能的主要来源。过程的其他各阶段进行的强度取决于碳燃烧阶段中放热的强度。

从化学反应观点来看，煤的地下气化过程是在气化通道中气固两相分界面上进行的。所谓气相是指沿通道截面流动的气流（鼓风空气和蒸汽），而固相乃是自然煤层、不同程度热解的煤、煤层的顶底板岩石以及气化所形成的灰渣。岩石、灰渣、天然煤和不同热分解的煤直接同气相以及通过气孔和裂缝同气相接触的表面就构成气固两相的分界面。

当煤在通道内气化时，气化带的长度要比用地面其他方法气化时长得多，因此在通道内使煤气化过程正常进行的主要条件是建立和维持合理截面的通道。这种通道的比反应面积要求是最大的，而鼓风和煤气的空气动力学特性，要有利于鼓风向煤表面的扩散和气化产品从煤表面排出。

通道气化的主要特征是具有分带性。

在煤表面上沿气化通道长度大致可分为 8 个带，即鼓风带、鼓风预热带、着火准备带、放热反应带、吸热还原带、热分解带、煤层干燥带和煤气带，其中每个带的特征，可以用温度来表示，也可以用各区域内的相应过程表示。在固相煤层中气化过程可分为 4 个带，即自然煤层带、煤层干燥带、煤层热分解带和煤层焦化带（即煤层的热分解过程结束的区域），详见图 3-7-2。

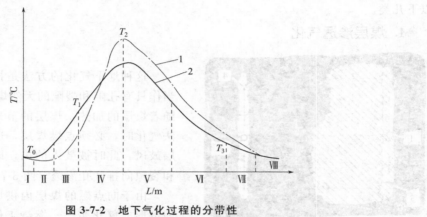

图 3-7-2　地下气化过程的分带性

1—气相温度；2—煤表面温度；Ⅰ—鼓风机；Ⅱ—鼓风干燥带；Ⅲ—着火准备带；Ⅳ—放热反应带；
Ⅴ—吸热还原带；Ⅵ—热分解带；Ⅶ—煤层干燥带；Ⅷ—煤气带；T_0—自然温度；
T_1—着火温度；T_2—最高温度；T_3—干馏温度

放热反应带（即燃烧带或氧化带）的左边气化通道，煤表面气化过程中各带内热传递，主要是以煤层热传导、辐射方式进行的，在放热反应带的右边，各带中热的传递主要是沿煤层的热传导实现的。

沿气化通道的长度，按化学反应的相对强弱程度，可大致分为 3 个区，即氧化区、还原区和干馏干燥区。氧化区位于煤表面Ⅰ、Ⅱ、Ⅲ、Ⅳ带，还原区位于第Ⅴ带，干馏干燥区位于Ⅵ、Ⅶ、Ⅷ带。反应区的划分，可以以温度为标志。但从化学反应和实际操作的角度来讲，它们并没有严格的界限，气化通道的任何位置，都有可能进行热解、还原和氧化反应。反应区域的划分只说明这三种反应在不同的位置上的相对强弱程度。

二、煤炭地下气化工艺和方法

煤炭地下气化从化学工艺方面看是属于完全气化的过程。研究气化方法就是解决煤气化化学工艺问题的一些确定的技术手段的总和。煤的地下气化与地面煤气发生炉气化不同，煤不移动，而是有组织的移动反应区，即移动火焰工作面。因此，当按化学工艺特征分类时，可以把火焰工作面、风流和煤气移动方向作为气化方法的分类标志。依此，可将气化方法分为四种：①正向气化法；②逆向气化法；③后退气化法；④连续气化法。煤层各种气化方法的特征图解见表 3-7-1。

表 3-7-1 煤层各种气化方法的特征图解

气化方法名称	移动方向		
	空气	煤气	火焰工作面
正向气化法	→	→	→
逆向气化法	→	←	→
后退气化法	→	←	→
连续气化法	→	→	↑→

借助长时期在实验室和在自然条件下研究结果已形成了煤层气化的新工艺。随着对岩石和煤层性质的掌握以及有关部门的科学技术的发展，从回采工艺角度来看，将气化方法分为以下几类。

1. 煤层渗透气化

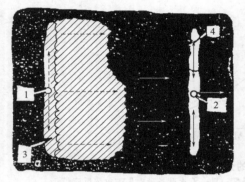

图 3-7-3 煤层裂隙渗透气化法
1—鼓风钻孔；2—排气钻孔；3，4—进排气通道

这种地下气化的方法是把煤层的一个气化区当作具有孔隙和裂隙的天然煤层，并且还考虑到，随着煤层的加热，煤层的节理性增加。用这种方法气化时，必须点燃煤层，还需由鼓风钻孔向煤层鼓风，此时被鼓入的风，即沿煤层的天然孔隙和裂隙向排气孔渗透（图 3-7-3）。

由于向点燃的煤层内供风的结果，在煤层中即可形成气化带——燃烧工作面。同时随着煤层气化的进行，气化带逐渐发展成气化空间。但是，利用此种气化方法，沿煤层的孔隙和裂隙通过所需的空气量时，具有较大的阻力，因此要求高压鼓风，而高压鼓风运行费用则较昂贵。

2. 人工破碎煤层的气化方法

考虑到利用煤层天然的孔隙和裂隙进行煤层气化时的困难性，试验了利用人工在煤层内造成孔隙和裂隙的气化方法。

当用这种方法时，需要使用机械方法或利用炸药对煤层进行松动，在煤层内形成一些人工层，它是由碎煤块组成，比起煤柱有较大的透气性。当气化时，将这样的煤层点燃，同时进行鼓风。这类气化方法是多种多样的。而其中之一，即所谓的填充床法。就是利用化学爆破法，使煤层破裂形成一个界线分明、具有渗透性的反应区。再沿反应区域的外围，打排气钻孔群，该钻孔打到煤层底部。为了开拓通向破裂反应区的顶部的通路，还要在顶部打一部分爆破用钻孔。气化区域从顶部开始，并逐渐向下和向外移动，到达集气孔群，这样就形成了一个类似地下填充床的煤气发生炉。气化区是一个具有渗透性的破裂煤层，既能使煤表面和气化剂达到密切接触，又能保证气化剂顺利通过煤层。

3. 钻孔内气化法

为了简化气化煤层的准备工作，曾试验了另一种方法，即利用将煤层钻一些彼此相近的钻孔，以此代替破碎煤层的方法。这种方法也在煤层中形成了大量的人工裂隙，但这种裂隙的断面远远大于天然裂隙，因此，即使风压较低时，也能保证所需风量。但是，这种方法需在煤层中打许多平行的钻孔。钻孔的间距要求等于煤层厚度。这种方法对薄或中厚煤层不太适合，因为很易将钻孔偏到顶地板中或钻孔之间发生彼此贯穿。这类方法实际应用较多，例如：

（1）长壁发生炉法　长壁发生炉法是利用在煤层中打定向水平曲线钻孔和利用煤的自然渗透性来提供气化反应所需的煤表面。如图 3-7-4 所示，从地面打斜钻孔群伸入煤层，煤层内则成水平钻孔成排横卧于其中。在平行的孔间将煤点燃，从位于中间的钻孔鼓风，两侧钻孔同时排气，所产煤气沿煤层中最大渗流方向流动。

（2）筐形结构法　筐形法适用于急倾斜煤层，倾斜钻孔沿煤层布置成一方格形结构，倾斜钻孔的末端被用贯通方法开拓成的气化通道连接起来。如图 3-7-5 所示，考虑到塌落问题，进气孔可用垂直钻孔，其末端与倾斜钻孔相连，生成的煤气由倾斜钻孔排出。燃烧工作面向上沿煤层倾斜移动。当气化一定煤量后，垂直钻孔下部形成较大的燃空区，则由钻孔 3 进风。

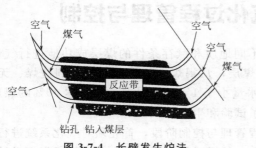

图 3-7-4　长壁发生炉法

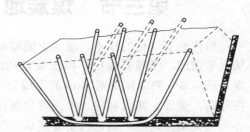

图 3-7-5　筐形结构法

（3）定向钻孔发生炉法　从地表定向钻进，钻孔间距 10～13m，沿煤层长度为 150m，在垂直方向上与另一钻孔相连，一组平行的钻孔末端用一长 150m 的钻孔连通（图 3-7-6）。适当的连通能使这些钻孔同时工作，如像盲钻孔一样直到燃空区连接到一起时气化才能停止。适当的选择这些平行的钻孔当作进出气口，能使广阔的火焰工作面连续移动，这样有利于气化。但必须使火焰工作面的前沿保持在控制之下。

（4）可移动套管的单孔气化法　沿煤层打特殊钻孔，利用可移动套管送风进行气化。此法优点较多：可节省打钻和贯通工作的时间和费用，煤气热值也能稳定在 597.8～640.9 kJ/m³ 范围内；消除了钻孔内焦油凝结堵塞管路的问题。沿煤层打钻孔的方法不仅适用于倾斜煤层，也适用于水平或厚煤层，不需要多余的贯通过程，气化过程也易控制。

4. 通道气化法

该种气化法是在气化通道内实现的（图 3-7-7）。采用此法时，首先需要在煤层内开凿一适当断面的通道，其通道的阻力应能满足经济风压下所能通过的风量。通道气化法又称连续气化法。所开通道应能保证由一端进风，另一端排出煤气。此种地下气化方法有许多种结构系统，设计这些结构系统时，既要考虑煤层赋存的地质条件，又要考虑建造地下煤气发生炉的技术水平。常见的结构系统是从地面向煤层打垂直钻孔，再在钻孔间的煤层中开拓气化通道（贯通或开拓煤巷），以进行气化。

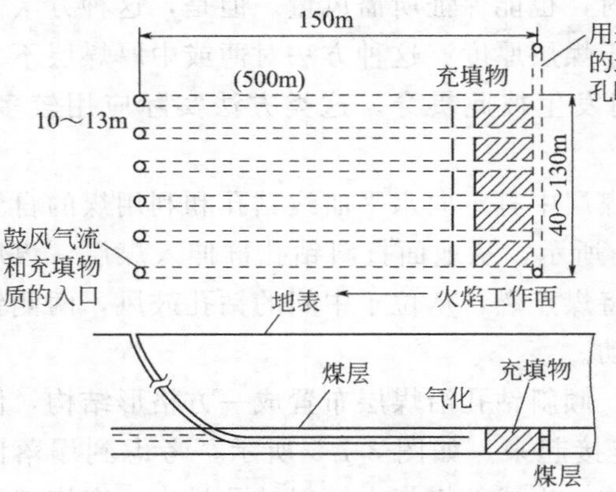

图 3-7-6 定向钻孔发生炉法

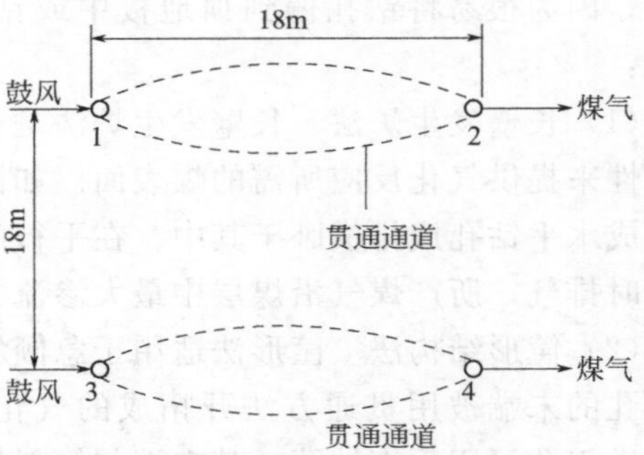

图 3-7-7 通道气化法

第三节 煤炭地下气化过程管理与控制

现代地下气化的技术，基本上能够对各种不同地质和赋存条件的煤层成功地进行气化，从水平煤层、缓倾斜煤层、倾斜煤层到急倾斜煤层，从褐煤、长焰煤、气煤到瘦煤、无烟煤，从 0.8m 的薄煤层到 15m 的厚煤层，从含水量小于 1％的煤层到含水量达 40％的煤层，在苏联、美国、澳大利亚、中国等国都已进行了试验和生产。

气化站建成后，就进入了煤炭地下气化过程管理与控制阶段，首先须对气化系统进行冷态试验，以弄清气化炉的漏失情况及风流的去向，然后对气化炉实施点火，最后根据设计生产目标及气化炉状态，选择气化剂和气化工艺。

一、气化炉冷态试验

冷态试验的目的有以下三种，以使气化炉的漏失率及气化炉的封闭性满足气化炉点火的条件。

(1) 气化炉漏失情况　衡量气化炉漏失情况有两个指标，即绝对漏失量和相对漏失率。求绝对漏失量的方法是，关闭气化炉所有的出口，由进气孔供风，使气化炉内达到一定的压力，减小供风量（或间断供风），使气化炉内维持这一压力，一段时间后，计算为维持这一压力向气化炉内鼓入的风量，折算成单位时间里的流量则为气化炉在这一压力下的绝对漏失量。同样的方法，使气化炉内维持在另一压力条件下，测量绝对漏失量，以此类推，就可以得到气化炉随压力变化的绝对漏失量曲线。求气化炉的相对漏失率的方法是，按气化时最大鼓风量和压力的要求，向气化炉内鼓风，打开排气孔，测量进风量和出风量，并求出它们的差值，相对漏失率 η 为：

$$\eta = \frac{Q_{in} - Q_{out}}{Q_{in}} \times 100\%$$

式中　η——相对漏失率；

Q_{in}——进风量，m^3/h；

Q_{out}——出风量，m^3/h。

同时，测量各孔静压，两孔之间的静压差值反映了该区气化通道的阻力损失。

气化炉的漏失率在 5% 以下，方可进行点火，否则需重新检查密封环节，采取相应的措施。

（2）SF_6 示踪气体试验 空气中含有极微量的 SF_6 气体，色谱仪都可以将其检测出来。因此，进行绝对漏失量试验时，可在鼓风空气中加入 SF_6 气体，并在井下所有密封墙内外侧取气样化验，一般在密封墙外侧应检测不到 SF_6 气体存在，如果在某一密封墙内外气样中 SF_6 浓度相近，则说明该密封墙的封闭效果不好，需在该处重新采取密封措施。

二、气化炉点火

煤层点火燃烧是气化过程的开始，煤层着火过程能否延续下去以及燃烧能否稳定地进行在很大程度上取决于点火过程的热力条件，点火区域燃烧时要放出热量，同时还要向周围和风流散失热量。放热和散热都和点火区温度成正比。在某些条件下，产热和散热会达到热平衡，在低温平衡点，随着温度上升，放热量将小于散热量，因此燃烧难以发生，在高温平衡点，随着温度上升，放热量将远远大于散热量，随着温度的上升燃烧即可发生，因此，提高点火区域的温度，有利于煤层着火和燃烧。

1. 无井式气化炉点火

无井式气化炉煤层着火，存在着两个不利的因素：一是钻孔施工时，使钻孔底部的煤层含水率增高；二是无气化通道排烟，水汽化将吸收热量，使散热量增加，而烟气的存在降低了 C 粒表面的 O_2 浓度，使产热量降低，因此，为了迅速着火，无井式气化炉一般采用强迫点火措施。常用的强迫点火方法是在钻孔中投入炽热煤炭，然后由钻孔供风，这种点火方法必须用较高的供风压力，将烟气压入煤层。如果所投入的炽热的炭产热不足以抵消包括水蒸发的散热，点火过程往往会失败，马庄矿现场试验采用这种方法点火时，因水蒸气量太大和供风压力不够，而未能成功。后采用盲孔式电点火方法，获得了成功，点火系统见图 3-7-8。

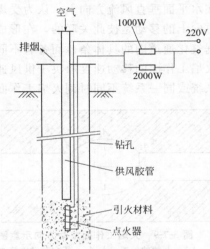

图 3-7-8 盲孔电点火系统

点火器由镍铬丝制成，点火器用引火材料（柴油浸泡过的木材，棉纱等）包裹，这一点火系统的优点是：①明火迅速，避免了电阻丝点火时，缓慢的升温过程将汽油蒸发成油气而产生爆炸；②镍铬丝串联在电流为 14A 左右的电路中，孔内两根导线为同极，且地面有两个用电器保护，不会产生短路；能向点火区域长时间提供一个外热源，使点火区域能够维持在一个较高的温度水平；③供风胶管直接将新鲜空气送给点火区，而烟气也能顺利排出，点火时采用脉动压力供风，压力为 $0 \sim 0.3MPa$，每间隔 15min 变化一次。

2. 有井式和混合式气化炉点火

对有井式和混合式气化炉来说，可人工在气化通道里布置点火装置，点火装置由普通电炉制作，用导线由钻孔引至地表，或引至密闭墙以外。在气化通道里靠近进气侧一侧布置三组点火煤堆，点火时先行鼓风，由出气口测量 CH_4 的浓度，确信其在爆炸极限以下，方能合闸点火。为了使气化炉能快速升温，在气化通道中布置若干松散煤堆，其断面占气化通道断面的 1/2 左右，交错布置。

三、空气连续气化工艺

空气作为最廉价的气化剂，在地下气化过程中通常被采用。空气连续气化通常获得低热值空气煤气，主要用作工业燃料。

一般来讲，渗透性强、导热率高及挥发分高的煤层地下气化，气化反应强烈，生成的煤气质量好，煤气中 CH_4 含量高。无烟煤地下气化，虽然其挥发分低、反应活性差，但由于其碳含量高，发热量高，因此，所得煤气中 CO 含量较高。

地下煤气发生炉气化过程的特点是燃料层不动，而火焰工作面移动。因此，研究与掌握火焰工作面的移动规律，将有助于管理和控制气化过程。在模型试验中，通过连续鼓风气化过程，可以观测到火焰工作面的移动情况。

气化通道火焰工作面形状如图 3-7-9 所示。点火煤堆点燃后，首先在煤堆区域发生燃烧反应，而后火焰工作面由煤堆区域开始向各个方向不断移动。气化工作面边界的移动分为三个方向，即正向（与风流方向一致）、反向（与风流方向相反）和纵向（与风流方向垂直），在水平面垂直风流方向上，认为受煤层顶、底板限制无气化工作面移动。火焰工作面在三个方向上的移动是彼此关联的，在形成火焰工作面的初期是同时移动的，但在形成以后，则根据气化通道内的具体条件而各有不同。一般都是在正向→纵向或反向→纵向两个方向移动。火焰工作面的移动速度取决于供风速度、反应区温度、通道形式等因素，因此对不同的气化系统或同一系统不同时刻火焰工作面的移动速度都是不同的。

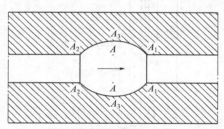

图 3-7-9 火焰工作面移动方向示意图
AA—开始的位置；A_1A_1—正向移动前峰线；
A_2A_2—反向移动前峰线；
A_3A_3—垂直鼓风方向移动前峰

煤炭地下气化过程是多相化学反应过程，它的总反应速率不仅取决于化学动力学因素，而且还取决于气体的质量交换速率。提高鼓风强度可以使 C 表面气体的质量交换加剧，同时鼓风强度愈高，消耗在顶底板加热的单位热损愈少，气化带内的温度愈高，因此 CO_2 和 H_2O 的还原愈剧烈。但另一方面气流速度的提高，气流与 C 表面的接触时间缩短，CO_2 和 H_2O 得不到充分还原及分解，同时也会增加煤层的阻力，扰乱气流流动。因此一个合适的鼓风强度或鼓风速度对气化过程的稳定是非常重要的。对于不同的气化炉最佳鼓风强度具有不同值，甚至在同一气化炉内，不同的气化时期，由于气化炉温度及流动条件的不同，最佳鼓风强度值都是不一样的。因此，为保持气化过程的稳定，必须对不同的气化系统或同一系统的不同气化时期确定一个合适的鼓风强度。

四、两阶段气化工艺

两阶段气化是指循环供给空气和水蒸气的气化工艺。在第一阶段，鼓入空气助燃，煤层蓄热，产生鼓风煤气。第二阶段，鼓入水蒸气，水蒸气与炽热的煤层相遇，发生分解反应，形成地下水煤气。两阶段气化工艺的关键是大量的煤燃烧，放出大量的热。长气化通道使热气流有足够长的时间迁移到煤层，大断面可使燃煤量增大，蓄热量增多，为第二阶段提供足够的反应热，并有利于煤气组分及热值的稳定。

采用两阶段地下气化工艺，在第二阶段中，N_2 对煤气热值的影响可以消除，且第一阶段的高温氧化区也变为还原区，因此第二阶段能够获得中热值煤气，煤气中 H_2 和 CO 占到很大比例，H_2 含量可达 50％以上。表 3-7-2 列出了新河二号井地下气化试验所得地下水煤气的组成及热值。

表 3-7-2　新河二号井地下水煤气组分、热值及产量

序号	煤气组分/％					煤气热值/(MJ/m³)	煤气流量/(m³/h)
	H_2	CO	CH_4	CO_2	N_2		
1	58.29	8.59	9.28	19.63	4.21	12.22	1920
2	58.38	10.35	14.32	13.38	3.57	14.45	1400
3	57.10	11.66	14.89	13.85	2.50	14.70	1500
4	62.07	14.43	10.13	11.07	2.30	13.78	1650
5	54.25	15.72	10.65	15.26	4.12	13.14	1810
6	64.07	11.31	9.94	11.13	3.55	13.57	1900
7	60.42	16.57	9.54	12.52	0.95	13.61	1550
8	64.63	12.47	9.65	11.70	1.55	13.69	1850

采用两阶段气化工艺时，温度场的发展呈现两种状态，一是升温过程，二是降温过程。第一阶段气化工作面在正向和纵向上扩展，而第二阶段温度场停止扩展，只是当地的温度下降。因此，在相同的气化炉条件下，两阶段气化工作面的移动速度将不同于空气连续气化。现场物探测量表明，两阶段气化工艺气化工作面移动速度小于空气连续气化。

五、富氧水蒸气气化工艺

富氧水蒸气气化是一种连续生产中热值富氧煤气的地下气化工艺。气化剂中 O_2 浓度的提高可以维持气化炉高温温度场，从而保证气化过程连续稳定进行。富氧煤气由于其 CO 和 H_2 含量均显著提高，煤气热值增加，因此不仅可直接用于燃烧，而且还可以作为化工原料气或用于联合循环发电，扩大了煤炭地下气化技术产品的应用范围。

气化剂中氧的百分含量、富氧与水蒸气的比例决定着富氧煤气的组成，表 3-7-3 列出了华亭煤富氧水蒸气连续气化所得煤气的组成及热值表。在实际生产中，需根据用户对原料气的要求，确定富氧-水蒸气的比例及用量。

表 3-7-3　富氧水煤气的组成及热值

序号	煤气组分/％							热值/(MJ/m³)	氧气量/(m³/h)	蒸汽量/(m³/h)
	H_2	CO	CH_4	CO_2	O_2	N_2	$CO+H_2$			
1	42.80	34.19	7.82	13.33	0.00	1.87	76.99	12.62		
2	54.00	23.74	9.76	11.66	0.00	0.84	77.74	13.44		
3	51.36	23.09	11.16	13.36	0.00	0.76	74.45	13.59		
4	46.74	24.55	9.01	18.80	0.00	0.91	61.29	12.35	1.50	2.50
5	38.75	24.34	6.85	29.15	0.00	0.91	63.09	10.51		
6	35.93	22.89	5.90	34.58	0.00	0.70	68.82	9.61		
7	34.21	24.16	5.67	35.07	0.00	0.89	58.37	9.47		
8	29.55	23.00	5.61	35.81	1.20	4.83	52.55	8.71		

　　由于地下气化工作面的移动及气化炉工况的不断变化，地下气化过程在客观上存在着不稳定性。因此采用富氧水蒸气气化工艺，需要根据气化炉工况随时调整气化剂中 O_2 与 H_2O（g）的比例，保持气化过程连续稳定进行，并采用双炉或多炉运行来保证外供气源质量稳定。

六、辅助气化工艺

1. 双炉（多炉）交替运行

　　单炉运行随着气化炉状态（温度场、煤层垮落等）的变化将会引起煤气组分和流量的波动，采用多炉联合运行，当甲炉煤气组分产生波动时，将适当降低甲炉的生产能力，提高乙炉的生产能力，反之亦然。两炉生产的煤气在净化硐室里混合后，由排气管道送到地面。经加压站送至缓冲罐进一步混合后，进入净化系统，这样能够保证气化站生产出煤气组分和流量相对稳定的煤气。

　　采用两阶段气化工艺时，为了保证外供煤气组分及热值的稳定，必须采取双炉并联运行方案，交替生产低热值煤气及中热值煤气。

2. 多点（移动点）供风气化

　　随气化过程的进行，气化工作面不断向前推进，燃空区不断扩大，导致气化煤表面 O_2 浓度下降，气化强度降低。为了维持气化炉高温温度场，增加气化煤表面 O_2 浓度，可以利用气化炉的辅助孔实施多点供风，即第一进气孔、第二进气孔同时供风或第二进气孔、第三进气孔同时供风，这样，由于供风量的增加及供风位置的改变，能够控制气化工作面的移动，使气化过程稳定进行。

3. 反向供风气化

　　当正向气化时，火焰工作面将渐渐向出气孔移动，干馏干燥区越来越短，到后期还原区也将越来越短，最终还原区长度将不能满足氧化区生成的 CO_2 还原和水蒸气分解反应的需要，而使煤气热值降低。这时必须采用反向供风气化方案，由出气孔鼓风，进气孔排气，使火焰工作面向进气孔方向移动，重新形成新的气化条件。反向供风气化对气化过程有利也有弊。有利的方面：①气化剂在原高温排气孔中得以预热，气化煤层中随气化剂导进的物理热，可以在煤气中得到大致相等的热能，该热能在气化炉中用以额外地分解水蒸气以增加氢的含量。②反向供风时，还原区及干馏干燥区都在正向气化时燃烧过的区域内，温度较高，还原反应温度条件及干馏效果都比较好。不利的方面：①火焰工作面将在煤或半焦煤层中移动，甚至还会受到灰渣的影响，燃烧强度低。②煤层经过正向气化时的干馏，干馏煤气产量受到了影响，但这两点可由煤层冒落重新暴露新的煤面而得到相应的补偿。因此反向气化时，同样可以得到与正向气化基本相同组分的煤气，反向供风气化的最主要目的是提高煤层气化率。

4. 脉动供风气化

　　为了维持气化炉高温温度场，提高煤气热值，可以采用脉动供风气化法，即首先增加鼓风量，鼓大风提高炉温，然后降低风量到适宜鼓风量，保证 CO_2 及 H_2O 充分还原，从而提高煤气热值。

5. 压抽相结合

　　由还原区的两个主要反应可知，二氧化碳还原和水蒸气分解都是体积增大的反应，因此降低还原区的压力，能够提高其反应速率。但是氧化区压力不宜降低，因为氧化区压力越高，向煤层里渗透燃烧的能力则越强。为了能同时满足氧化区和还原区的要求，可以采用压、抽相结合的气化方案，即由进气孔鼓风（氧化区一侧），出气孔用引风机向外抽风，调节鼓风压力和抽气压力，使还原区处于相对较低的压力条件下，这样也同时降低了干馏干燥区的压力，有利于干馏煤气及时排放。更重要的一点是，压抽相结合气化减少了煤气漏失，能够确保矿井安全。

七、燃空区充填

采用充填方法对常规采空区进行充填控制处理的应用已十分成熟，如目前在冶金矿山中采用风力水砂、胶结等充填方法对采空区进行及时充填，以防止大规模地压现象的产生等。且已对充填方法、充填材料、充填工艺、充填强度等有系统研究。因此，煤炭地下气化空间充填需在借鉴以上经验前提下，结合地下气化自身的特点，如气化空间内无法下人、无法布置充填设施，对充填高度及充填效果进行检验等。

第四节　煤炭地下气化工程实例

中国矿业大学（北京校区）煤炭工业地下气化工程研究中心已成功进行了六次煤炭地下气化工程试验和生产，形成了具有中国独立知识产权的煤炭地下气化技术。

一、徐州马庄煤矿煤炭地下气化工程

1. 煤层赋存条件及地质情况

马庄煤矿位于江苏省徐州市西南，所采煤层有1、2、3、5、6等层，分属二叠纪石盒子组及山西组。选定的地下气化炉址是在3号煤层，301采面-40材料道北盲巷向上到煤层露头带的残留煤柱中。301采面位于向斜构造东翼的急倾斜部位，煤层倾角62°～65°。由于地层倾角上陡下缓，所以在其北盲巷斜上方的地下气化炉址的煤层，其倾角应大于65°，走向约N15°E，倾向N75°W。地表标高为+39m，煤系地层均隐伏于地下，其上被厚近40m的第四纪冲积层所覆盖，岩性为黄土、黏土、砂砾层。因其中夹有可作为良好隔水层的黏土层，所以密闭性较好。冲积层与地层基岩之间有一广泛发育的不整合面（标高约为±0m），由于地质年代久远，古风化作用强烈，因此在该面以下20m范围的煤层已遭风化。地下气化炉址只能在标高-20～40m这段煤层的露头残留煤柱中，其煤层厚度约为1.15m。

2. 气化炉结构和试验系统

气化炉为U形炉，由进气孔、出气孔及辅助孔等组成。炉体两端用密闭墙封堵，以形成密闭的气化反应区，其结构见图3-7-10。

为了满足急倾斜煤层地下气化的要求，U形炉的主要参数如下：气化炉上宽40m，相当于煤层露头长度；气化炉下宽30m，相当于进、排气孔间横向贯通的长度。中间施工了三个观测孔。

气化炉采用正反火力渗透贯通技术对煤层进行贯

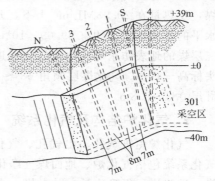

图 3-7-10　气化炉结构
1～3—测温孔；4—注浆密封孔；
S，N—进排气孔

通，以形成气化所需的反应通道。试验表明火力贯通速度约为 0.14m/d。

气化系统主要包括地下气化炉和地面系统。由于仅是小规模试验，所以其地面系统很简单，主要包括鼓、引风机、输气管路和一个小型放散塔。

3. 运行情况

1987 年 2 月 25 日气化炉点火成功，其标志是获得了热值为 4.18MJ/m³ 的煤气。点火成功后即进入了气化阶段，先后采用了正、反向供风及双火源等不同气化工艺，生产出合格的鼓风煤气，不同工艺条件下的煤气成分、热值见表 3-7-4。

表 3-7-4　马庄矿地下气化工程鼓风煤气成分、热值

气化工艺	煤气组分/%						热值/(MJ/m³)
	H_2	O_2	N_2	CH_4	CO	CO_2	
正向供风	10.87	0	65.66	2.32	7.57	13.37	3.53
反向供风	11.12	0.02	66.78	1.98	8.31	11.79	3.53
双火源	8.26	0	64.35	5.17	5.62	16.61	4.02

4. 结论

本次煤炭地下气化试验工程的运行结果表明：①在矿井"报废"煤层中进行地下气化是可行的，安全是有保障的，为在生产矿井或报废矿井中的地下气化积累了有益的经验。②解决了一些技术难题，并有所创新：如建立防渗墙、水封及井下安全综合措施；利用自然造斜、万向节及锥形钻头实现了沿煤层钻进；在老巷上方急倾斜薄煤层中，采用盲孔点火等技术措施，实现了气化。③气化过程中应根据不同情况采用不同的气化工艺，以期获得合格的煤气。

二、徐州新河二号井煤炭地下气化工程

1. 煤层赋存及地质情况

二号井位于安徽闸河煤田的东北端，处于中生代后期经强烈的燕山运动形成的一狭长形不对称的向斜盆地，长轴约 5km，短轴 1.2km，共有上、中、下三层煤，而第三层煤即该系的主采层，煤层厚度 2.55～4.99m，平均厚度 3.8m，中间有一层夹矸，厚度 0.30～0.80m 不等，煤层顶板为 0.5m 的黑色页岩，向上为灰白色砂岩，底板为砂页岩，煤种为气煤，发热量在 20.93MJ/m³ 上下，开采的上限为 −54m 水平，从 −54m 水平向上至 −10m 水平的露头煤，大约有 39.09×10⁴t 储量。该工程气化炉址选在已采空的石盒子组东七采区三层煤的地表防水煤柱内，气化通道标高 −46m 水平，地面标高 +40m 水平，防水煤柱露头标高 −10m。气化煤层倾角 68°～80°，煤层厚度 2.55～4.99m，平均厚度 3.8m，内含夹矸层 0.3～0.8m。

2. 气化炉结构及气化系统

气化炉由进气孔、出气孔、气化通道、测温孔、蒸汽孔等组成，气化通道长度 168m。气化系统包括气化炉、地面煤气净化系统、鼓引风系统、测试系统等。净化系统主要由空喷塔、洗涤塔、循环水池、放散塔、水封等组成，由于该工程也是半工业性试验，所以气化系统较简单。气化炉结构及气化系统见图 3-7-11。

3. 运行情况

气化炉于 1994 年 3 月 23 日点火成功后，采用压抽结合、辅助通道供风、多点供风及脉动鼓风等工艺，基本保证了煤气质量的稳定，连续气化时间约 10 个月。先进行空气连续气化试验。鼓风煤气指标见表 3-7-5，日产煤气量平均为 $3.6 \times 10^4 \text{m}^3$。煤气供工业锅炉燃烧，效果良好。1994 年 11 月以后，又进行了多次两阶段气化试验，其结果见表 3-7-5。煤气送徐州煤气公司供居民使用。

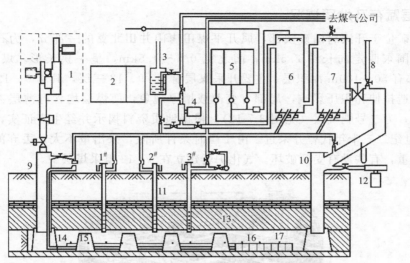

去煤气公司

图 3-7-11　新河二号井煤炭地下气化炉结构及试验系统

1—风机房；2—测控室；3—放散；4—引风机；5—冷却水池；6—洗涤塔；7—空喷塔；8—放散塔；9—进气孔；10—出气孔；11—辅助孔；12—风机；13—气化煤层；14—辅助通道；15—煤堆；16—气化通道；17—温度测点

表 3-7-5　新河二号井试验鼓风煤气指标

序号	煤气组分/%						热值/(MJ/m³)	流量/(m³/h)
	N_2	O_2	CO_2	H_2	CH_4	CO		
1	54.43	0.00	13.49	23.38	3.56	5.14	5.05	1955
2	51.09	0.00	14.19	22.68	2.36	9.68	5.06	1185
3	50.91	0.00	14.04	22.54	2.28	10.23	5.08	1200
4	52.82	0.00	14.25	21.32	2.14	9.47	4.77	1295
5	51.81	0.00	12.87	22.15	2.029	11.07	5.06	1700
6	51.90	0.00	12.22	22.49	2.15	11.24	5.15	1437
7	52.17	0.00	13.61	21.54	2.26	10.42	4.97	1275
8	53.88	0.00	43.80	19.56	2.84	9.92	4.88	1675
9	52.41	0.00	13.09	20.65	3.07	10.77	5.22	1490
10	51.40	0.00	12.56	23.64	2.96	9.35	5.38	1568

4. 结论

① 新河矿二号井煤炭地下气化半工业性试验在报废矿井中利用长通道、大断面气化工艺既产出了合格燃气，又最大限度地回收了报废资源，具有较大的社会和经济效益。

② 由于采用在气化通道内放置扰流煤堆的方法，增加了气流扰动，提高了扩散系数而且燃烧时火力相对集中，促成煤层剥落，形成了渗流气化，为稳定产气提供了可靠的基础。

③ 设计中采用的辅助通道在气化通道堵塞或阻力较大时，可保证气化的正常进行。

④ 多点供风气化、反向供风及鼓风机串联增压鼓风等措施有效地保证了煤气的质量和产量。

⑤ 采用压抽结合工艺，防止了有害气体的泄漏，有效地保证了生产矿井的安全。

三、唐山刘庄煤矿煤炭地下气化工程

1. 煤层赋存及地质情况

刘庄煤矿位于开滦唐山矿浅部，属开平煤田唐山井田北翼的一部分，为石炭二叠纪煤层。井田范围东西走向长约 2.5km，南北宽 0.5～1.5km，呈一狭长形。煤层埋深 50～320m。上部有 50～100m 冲积层。主要开采煤层有 8、9、12 三层，其中 9、12 煤层为中厚煤层，受构造拉伸和积压影响，局部有变薄或增厚现象，两煤层均含有薄层夹石，但煤质好、灰分低，为二号肥气煤（见图 3-7-12）。根据地质资料揭示并经生产证实，井田大部分煤层在 20 世纪二三十年代曾开采过。由于当时条件所限，采出量不大，丢弃的较多，对煤层破坏不严重，有些没有受到破坏。气化炉就建立在 9、12 复采煤层中。

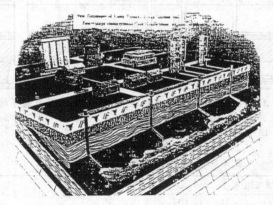

图 3-7-12　刘庄煤矿"长通道、大断面"地下气化炉结构示意图

2. 气化炉结构

气化炉设在 9 号、12 号煤层中，煤层倾角 60°～70°，两煤层间距 30～40m，其间为中等硬度的砂岩及砂页岩层。9 号煤层厚度为 3.0～4.5m，顶板为泥岩及细粉砂岩，底板为页岩；12 号煤层厚度为 4～6.5m，顶板为腐泥质页岩，底板为砂页岩。

9 号气化炉主要由四个钻孔（进、出气孔）、气化通道、辅助通道、斜上山连通巷、两侧密闭墙等组成，气化通道长度为 210m。

12 号气化炉主要由五个钻孔（进出气孔）、气化通道、辅助通道、斜上山连通巷、两侧密闭墙等组成，气化通道长度为 210m。

3. 气化系统

该系统主要由输送管路系统、地面净化系统、测试系统、储气系统等组成。

① 输送管路系统主要包括供风系统、供蒸汽系统、输气系统、放散系统及鼓引风系统等。

② 地面净化系统包括水封、空喷塔、洗涤塔等。

③ 测试系统包括气体组分分析系统、各点压力、温度采集系统等。

④ 储气系统包括湿式储气罐和调压系统及相应的附属设备等。

4. 运行情况

刘庄煤矿地下气化工程自 1996 年 5 月 18 日点火以来,综合运用了多种工艺,保证了气化炉运行一直较稳定,产气量和煤气质量基本达到了设计要求。首先进行了空气连续气化试验,指标见表 3-7-6,煤气供唐山市卫生陶瓷厂和刘庄矿供热锅炉使用,同时也进行了多次两阶段气化试验,试验结果见表 3-7-7。

表 3-7-6　刘庄煤矿试验鼓风煤气组分、热值和产量

煤气组分/%					煤气热值/(MJ/m³)	煤气产量/(10⁴m³/d)
H_2	CO	CH_4	CO_2	N_2		
10~20	10~25	2~4	7~25	40~65	4.18~5.86	10~12

表 3-7-7　刘庄煤矿试验水煤气组分、热值和产量

序号	煤气组成/%					热值/(MJ/m³)	煤气流量/(m³/h)
	H_2	CO	CH_4	CO_2	N_2		
1	40.66	28.02	7.84	5.51	17.97	11.88	1963
2	48.98	5.02	13.65	22.61	9.74	12.26	2315
3	43.57	15.68	11.02	6.92	22.81	11.89	2287
4	49.11	13.21	14.11	16.82	6.75	13.51	2871
5	47.14	13.36	12.38	20.48	6.64	12.59	2263
6	46.69	14.45	10.27	23.55	5.04	11.83	2345
7	47.73	9.09	15.73	26.12	1.33	13.45	2233

刘庄矿已实现稳定生产五年多,目前仍在运行。

5. 结论

① 唐山刘庄煤矿煤炭地下气化工程日产量 $12×10^4 m^3$ 以上(后由于其他原因煤气量人为下调),煤气平均热值 $4.25MJ/m^3$,基本达到预期目标。

② 该工程采用的长通道、大断面地下气化炉及地面供风、供汽、输气和测试系统均设计合理、操作灵活。

③ 井下安全隔离带、密封墙等安全设施,设计合理,质量可靠。

④ 该工程采用了多种气化工艺——双火源、正反向气化、压抽结合等,提高了煤气质量。

⑤ 由于采用了边气化、边充填,有效地控制了气化空间,保证了气化过程的稳定进行,避免了地面塌陷。

四、山东孙村煤矿煤炭地下气化工程

1. 气化区煤层赋存及地质情况

气化区建立在孙村矿 4 号层煤中,4 辆层煤厚度为 1.8m,倾角 25°。顶板多为中、细砂层,厚 8m 左右,硬度不稳固,局部为粉砂岩,厚度 0.4~1.6m,易碎易冒;底板为粉砂岩,厚 2m 左右。气化区东侧边界落差 33~55m,区内无其他断裂构造。气化区在河床上,第四系流沙厚 12m,流砂层含水可补给下部砂岩。但该区侏罗纪系较厚,隔水性能较好,地

表水不会影响气化。由于 4 层煤顶板为 8m 厚的中、细砂岩，砂岩有一定的含水性，因此气化过程中要研究气化炉顶板淋水对气化过程的影响。

2. 气化炉结构及气化系统

孙村矿气化工程建立了两个长通道、大断面地下气化炉。由于受断层的限制，两个气化炉气化通道长度分别为 63m 和 74m；四条气流通道长度在 120～140m。每个气化通道中布置三个点火装置，每个点火装置设有三个相互串联的点火器，点火装置之间采用并联方式，其上放易燃物，形成点火堆，点火堆间距为 8m，点火堆、煤堆距顶板均为 0.5m。

地面系统较简单，主要包括管路系统、初净化系统、测控系统等。其中管路系统包括鼓风机、引风机等设备，净化系统包括孔口喷淋降温除尘系统、捕滴器、水封、洗涤塔等。并建立了 400kW 内燃机发电试验机组。

3. 运行情况

孙村煤矿地下气化站自点火以来采用多种气化工艺，如利用炉内淋水进行水煤气和半水煤气的生产；利用脉动鼓风、正反向气化、压抽结合、双炉联运等多工艺结合确保了煤气质量的稳定，产出的煤气经脱硫净化工序，送入气柜供居民使用。表 3-7-8 是利用脉动鼓风及顶板淋水所生产的煤气组成和热值。

表 3-7-8　利用脉动鼓风及顶板淋水所生产的煤气组成和热值

序号	煤气组分/%						热值/(MJ/m³)	流量/(m³/h)	喷淋水量/(t/h)
	H_2	CO	CH_4	CO_2	O_2	N_2			
1	39.76	10.25	8.90	37.20	0.15	3.74	9.90	1200	0.80
2	40.21	10.56	8.93	37.21	0.40	2.69	10.00	1100	0.65
3	45.08	8.18	7.53	34.38	0	4.86	9.77	1300	0.85
4	44.61	7.04	7.00	30.14	0.50	10.72	9.36	1550	1.10
5	40.90	6.18	6.38	27.23	0	19.13	8.53	1710	1.10
6	37.63	6.84	9.56	38.14	0.26	7.57	9.46	1820	1.00
7	46.57	10.31	9.44	22.43	0.16	11.19	10.99	1200	0.90
8	49.02	11.40	9.51	24.64	0.36	5.07	11.47	1300	1.00
9	48.79	11.93	9.47	26.37	0.21	3.23	11.49	1200	0.80
10	47.40	9.97	8.50	24.40	0.20	9.51	10.68	1140	0.90
11	45.32	9.01	7.83	23.00	0.10	14.34	10.03	1410	1.00

4. 结论

① 首次成功地在缓倾角、较薄煤层（2m 以下）进行了地下气化。地下水煤气热值达到 8.36～13.01MJ/m³。

② 采用"上固定、下伸缩"补偿技术有效地解决了孔管热胀冷缩的难题。

③ 采用"脉动两阶段地下水煤气生产工艺""双炉串联运转工艺"及"净化水回炉利用工艺"成功地实现了稳定产气，既节省了水源又减少了废水排放量。

④ 向一万户居民和蒸汽锅炉提供燃气，并利用内燃机成功发电，实现了向商业化生产转化的新突破。

五、国内其他工程

① 山东肥城曹庄煤矿复式炉地下气化试验工程（缓倾斜、高硫、双层薄煤层）也于

2001 年 9 月 1 日点火成功，9 月 3 日生产出合格的煤气，煤气热值在 $4.18\sim5.86MJ/m^3$，单炉日产量约 $3.5\times10^4m^3$，目前已成功地供居民使用。

② 山西昔阳无烟煤地下气化联产 $6\times10^4t/a$ 合成氨示范工程于 10 月 21 日点火（煤层厚度 6m，缓倾斜），目前进入调试阶段。空气煤气产量达到 $12\times10^4m^3/d$，煤气热值在 $3.35\sim5.02MJ/m^3$，煤气供低热值锅炉燃烧，产汽量为 4t/h。

③ 新奥集团公司与中国矿业大学合作，在内蒙古乌兰察布建设褐煤地下气化试验基，2009 年建成地下单元气化炉，煤气产量 $30\times10^4m^3/d$，热值 $950kcal/m^3$，用于发电，累计发电 $194\times10^4kW\cdot h$，2014 年"移动单元气化工艺"试验取得成功，单炉（4 个工作面）产气量达 $80\times10^4m^3/d$，空气气化煤气中甲烷含量 10%左右，地下气化炉连续运行 6 个月，取得地下气化试验成功。

④ 陕西煤业化工集团，在合阳王村煤矿，利用老矿地下工程，将煤层分割为若干段，每段 $30\sim50m$ 长、30m 宽建成一座气化炉，第一座气化试验、炉已建成，产气量 $12.5\times10^4m^3/h$（$300\times10^4m^3/d$），于 2018 年 5 月点火生产。该技术对含硫 3%以上高硫煤开发利用、老煤矿改造搞地下气化具有参考价值。

六、澳大利亚煤地下气化

（1）金吉拉镇地下煤气化示范厂　1999 年，澳大利亚在昆士兰州（Queensland）的金吉拉镇（Chinchilla）建成地下煤气化（UCG）示范厂，气井深 130m。运行了 26 个月之久，气化煤约 2.6×10^4t，产出 $7200\times10^4m^3$ 煤气（热值 $4.5\sim5.7MJ/m^3$）。

① 所产煤气用于发电，建有 20MW IGCC 发电装置。

② 地下煤气化要求煤层埋深 300m 左右，煤层厚度 $2.5\sim5.0m$，是最为经济的开发条件。另外煤层顶板要求有较好的防水层，防止大量水涌入气化室。

③ 地下气化设计，气化剂注入井与煤气产出井之间距离在 $1000m\sim2000m$，地下气化室宽度控制在 $50\sim80m$ 范围。

④ 地下煤气化过程示意见图 3-7-13。

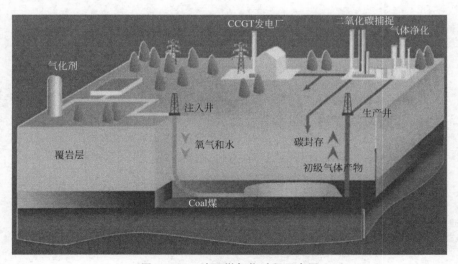

图 3-7-13　地下煤气化过程示意图

(2) 阿卡林煤矿区大型地下煤气化项目 2015 年 3 月，经南澳大利亚州政府批准，中澳合作在南澳州阿卡林煤矿区建设大型地下煤气化项目。设计所产煤气用于生产天然气、甲醇及下游化工产品，IGCC 发电等。总规划气化煤量 $2700 \times 10^4 t/a$，总投资 550 亿元（人民币）。煤矿探明储量 $12.86 \times 10^8 t$（褐煤），煤层埋深 240m，开采煤层厚度 $1.5 \sim 7.1m$。

该项目已完成煤矿初勘及部分详勘和地下气化预可行性研究报告和开发方案论工作。前期工作（含试验井）安排费用 3000 万澳元。

第八章
煤制代用天然气

第一节　概述

一、煤制天然气（SNG）的意义

随着社会、经济的快速发展，我国天然气需求急剧攀升，在能源消费结构中的比例迅速增加。2016 年天然气产量 $1384 \times 10^8 \mathrm{m}^3$，进口量 $388 \times 10^8 \mathrm{m}^3$，出口量 $17.6 \times 10^8 \mathrm{m}^3$，消费量 $1755 \times 10^8 \mathrm{m}^3$，对外依存度 31.5%；到 2020 年，需求将达 $3600 \times 10^8 \mathrm{m}^3$，届时需求缺口可能达到 $800 \times 10^8 \mathrm{m}^3$ 需要进口。

"十三五"我国天然气需求增长较快，规划产能 $170 \times 10^8 \mathrm{m}^3$。为发展煤制天然气（SNG）提供了一个契机。利用我国煤炭资源优势，发展煤制天然气，不仅可缓解煤炭产能过剩，促进煤炭的高效、清洁利用，同时对缓解天然气的供需矛盾，保证天然气的供应具有重要意义。

二、国内外煤制天然气发展概况

1. 国外煤制天然气概况

丹麦托普索公司在美国建成 $72000 \mathrm{m}^3/\mathrm{d}$ 的煤制天然气工厂，1981 年由于气价大幅降低，工厂亏损，无法维持正常生产，被迫关停。

鲁奇公司和南非萨索尔公司合作，在南非建了一套半工业化煤制天然气试验装置；同时，鲁奇公司和奥地利艾尔帕索天然气公司合作，在奥地利维也纳石油化工厂建设了另一套半工业化的煤制天然气试验装置。两套试验装置都进行了较长时间的运转，取得了可喜的试验结果。

在此基础上，1984 年美国"大平原气化联合厂"（GPGA 厂）建成世界第一个大型工业化的煤制天然气工厂，利用当地高水分褐煤，采用鲁奇 MARK-Ⅳ 型气化炉，工艺路线采用耐硫耐油变换、低温甲醇洗净化以及高压甲烷化，同时副产氨、硫黄、焦油以及高纯度的二氧化碳等，其中二氧化碳供给加拿大油田用于提高石油采收率（EOR）。该厂建成至今，已正常运行 30 多年。

（1）GPGA 厂 SNG 项目简介 美国"大平原气化联合厂"（GPGA 厂）位于北达科他州（NORTHDAKOTA）的密索尔县（MERCERBEULAH）镇的西北部约 7mile（1mile＝1.609km）处。厂区占地面积约 259hm²。

① 主要指标。GPGA 厂坐落在煤田的中央。矿区开采部位于厂区东北部约 1km 处。煤开采后装入载重量为 150～170t 的汽车直接送入 GPGA 厂原料地槽。所用煤种为 Indian Head 矿褐煤，其组成如表 3-8-1 所示。

表 3-8-1　原料煤组成数据

项目	组成(质量分数)/%	项目	组成(质量分数)/%
水分	35	灰	6
固定碳	30	氮	<1
挥发分	28	硫	<1

产品生产的代用天然气。组成为（物质的量分数）：

CH_4：95.3%；N_2：0.3%；H_2：3.9%，Ar：0.2%；CO：微量；H_2O：0～150×10^{-6}；CO_2：0.3%。

天然气热值约为 36124kJ/m³（低热值）；天然气日产量约为 389×10⁴m³。

主要副产品有：氨 93t/d；硫黄 85t/d；CO_2 56660m³/d。

主要经济技术指标如下：

总投资 21 亿美元；设备共 2400 台，其中气化炉 14 台。

建筑钢材 15000t；混凝土 63500m³；碳钢管 9000t；合金钢管 16000t。

全厂装机功率：电机 67140kW；透平 59680kW。

冷却水总热负荷：2.1×10⁷kJ，耗水 30000m³/d。

褐煤：14000t/d；耗氧：3100t/d

② 工艺流程。GPGA 厂生产装置分为 A、B 两个独立的系列，因此事故处理及正常大修均机动灵活。单系列流程框图如图 3-8-1 所示。

原料褐煤由煤矿直送到原料储槽，经初级破碎成约 200mm 以下块后送到粉碎工段，经再次破碎后送到可储存 7d 用量的堆煤场。原料煤粒度分布状况如表 3-8-2 所示。

表 3-8-2　原料煤粒度分布

设计值		实际值	
粒度/mm	比例(质量)/%	粒度/mm	比例(质量)/%
50.8	3.1	50.8	11.4
25.4～50.8	8.7	25.4～50.8	34.3
12.7～25.4	33.3	19.1～25.4	12.4
19.1～25.4	21.5	12.7～19.1	17.1
		6.35～12.7	21.1

续表

设计值		实际值	
粒度/mm	比例(质量)/%	粒度/mm	比例(质量)/%
		3.18~6.35	1.9
		3.18	1.8

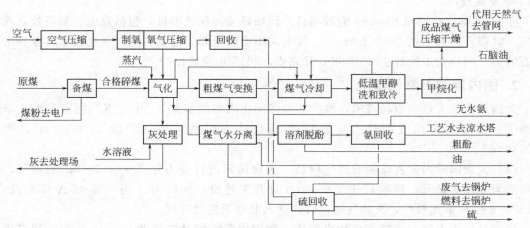

图 3-8-1 GPGA 厂单系列流程框图

堆煤场的煤用旋转式犁形给料机喂料到运输皮带上送到筛分工段，经筛分后符合要求的原料煤送到气化工段，粉煤则被送到附近的 Anteiope 电厂作为燃料使用。

单系列制氧能力为 $50000m^3/h$ 的制氧车间把纯度为 99.5% 以上的氧送到气化工段。

气化炉采用 14 台鲁奇 MARK-Ⅳ 型气化炉（其中两台备用）。煤由气化炉顶部煤锁加入，灰由气化炉底部灰锁卸出，水蒸气和氧混合后经炉栅进入炉内。气化炉的操作压力约为 3.0MPa。气化炉出口粗煤气经喷冷器饱和冷却进入废热锅炉，回收热量的粗煤气分为二路：一路为总气量的 1/3 左右，经变换后再冷却；另一路则直接经冷却后和变换气一起，经低温甲醇洗脱除 H_2S 和 CO_2 后进入甲烷化工段合成甲烷，含 95% 以上甲烷的代用天然气加压至 10MPa 左右送出厂外，CO_2 送油田用于提高石油采收率（EOR）。

含焦油、苯、酚、氨等的煤气水送到煤气水分离工段，分离出焦油、轻油等组分后，再经二异丙基醚萃取脱酚、汽提法脱氨及其他酸性气体等处理后，送到冷却水系统作为补充水使用。

汽提出的氨采用磷酸铵溶液吸收，回收的液氨可外售。低温甲醇洗工段排出的 H_2S 通过硫回收工段制成固体硫出售。回收的焦油喷入气化炉造气，石脑油可作为燃料。

（2）其他在建 SNG 项目 随着天然气价格的不断上涨，一些以天然气为原料的企业承受不住价格风险而纷纷寻找新的出路。另外，以 Texaco 和 Shell 等为代表的先进煤气化技术已得到广泛的工业化应用，为煤制天然气技术的大规模发展提供了保证。

目前国外在建或拟建的天然气（SNG）项目如下。

① GE 公司的 Texaco 气化炉和丹麦托普索公司的甲烷化技术，将应用于伊利诺伊州的 Power Holding's 煤气化厂生产 SNG。该项目已于 2007 年 1 月动工，2010 年建成，每年处理煤量 100 万~450 万吨。

② 美国 StreelheadEnergy 公司于 2008 年开工建设一座日投煤量 1 万吨煤制 SNG 发电

联合工厂，发电规模 600MW，SNG 产量 $269×10^4 m^3/d$。采用 E-gas 气化炉两台 200MW 的 siemerlsW501FD 型燃用中低热值煤气的燃气轮机，项目于 2011 年建成。

③ 美国肯塔基州坑口 SNG 项目。该项目由美国康菲公司（Conocophillips）和 Peabody Energy 公司联合开发建设。项目年产天然气（SNG）$17×10^8 m^3$，设计年处理煤（石油焦）$350×10^4 t$，气头采用 E-Gas™ 气化炉（两开一备）。项目可研已于 2008 年 9 月完成，于 2015 年建成投产。

④ 美国得克萨斯州 Sweeny 能源项目。该项目为多联产项目，包括发电、制氢及合成天然气（规模日产天然气 $280×10^4 m^3$）。气头采用美国康菲公司 E-Gas™ 气化技术，原料主要为石油焦。项目初步设计于 2008 年 6 月完成，2015 年建成投产。

2. 国内煤制天然气概况

为满足我国天然气市场需求，推进能源多元化战略的实施，"十二五"国家发展改革委核准了一批煤制天然气项目。至 2015 年底已建成煤制天然气产能 $31×10^8 m^3$，产量 $18×10^8 m^3$。

（1）大唐国际内蒙古煤制天然气项目　大唐国际设计能力年产 $40×10^8 m^3$ 天然气。总投资约为 226.8 亿元，该项目于 2009 年 8 月开工建设，2012 年 7 月一系列 A 单元投产，2013 年 6 月 B 单元投产，天然气通过管道送入北京天然气环网。

该项目位于内蒙古赤峰市克什克腾旗，利用内蒙古锡林浩特西北 5km 处的胜利煤田的褐煤作为原料和燃料。煤制气工程计划分三期建设，全部建成投产后年生产天然气 $40×10^8 m^3$，并副产石脑油 $10.128×10^4 t/a$、焦油 $50.88×10^4 t/a$、硫黄 $12.01×10^4 t/a$、粗酚 $5.76×10^4 t/a$、液氨 $5.256×10^4 t/a$。

项目采用鲁奇碎煤加压气化、低温甲醇洗气体净化、克劳斯硫回收、甲烷化、煤气水分离等工艺技术。

主体工程主要包括备煤装置（2×3 系列）、碎煤加压气化装置（3 系列）、气体变换装置（6 系列）、煤气净化装置（6 系列）、吸收制冷装置（6 系列）、甲烷化装置（6 系列）。辅助装置主要包括硫回收装置（3 系列）、煤气水分离装置（6 系列）、酚回收装置（单系列）、氨回收装置（3 系列）、空分（6 套）等。配套的公用及辅助工程包括热电站（装置规模为 $7×470t/h$ 锅炉，$5×100MW$ 抽汽供热直接空冷机组），给排水系统，循环冷却水系统，含盐污水处理回用系统，污水处理系统，火炬、消防系统，中央控制室等。

（2）大唐国际辽宁阜新煤制天然气项目　大唐国际在蒙东拥有几块煤田的探矿和采矿权，煤炭资源包括内蒙古锡林浩特胜利煤田东二号露天矿约 $60×10^8 t$ 褐煤、内蒙古准格尔煤田石岩沟煤矿约 $8×10^8 t$ 长焰煤、内蒙古五间房煤矿约 $50×10^8 t$ 长焰煤等。这些煤炭适合作煤化工的原料，并可通过巴新铁路直接运至阜新，在阜新建设 $40×10^8 m^3$ 煤制天然气生产装置。

项目建设规模为日产 $1200×10^4 m^3$ 煤制天然气（年产 $40×10^8 m^3$），石脑油 $10.14×10^4 t/a$，焦油 $51×10^4 t/a$，硫黄 $12×10^4 t/a$，粗酚 $5.76×10^4 t/a$，液氨 $5.25×10^4 t/a$。煤制天然气通过长输管线送往沈阳、大连及周边市场。主管线长 160km；另一路向南至大连（简称阜大管线），管线全长约 418km。总体项目分三期实施，其中 2011 年建成能力为年产 $13.4×10^8 m^3$，2012 年建成能力达年产 $26.8×10^8 m^3$，2013 年年产 $40×10^8 m^3$ 能力全面建成。

阜新煤制天然气项目煤气化装置采用碎煤加压气化技术，CO 宽温变换采用国内成熟可靠的宽温耐硫耐油变换工艺；酸性气体脱除工序采用低温甲醇洗工艺；空分采用液氧泵内压缩流程。

项目总投资 247.4 亿元，其中建设投资 223.7 亿元，建设期利息 21.7 亿元，铺底流动资金 2 亿元。项目建成达产后，每年可新增销售收入 80 亿元，年利润 16.6 亿元，年营业税金及附加 0.55 亿元，年增值税 7.08 亿元。投资回收期 9.56 年（所得税后），新增就业约1800 人。

（3）大唐华银电力内蒙古煤制天然气项目　大唐华银电力公司于 2008 年 8 月 18 日与内蒙古鄂尔多斯市人民政府及伊金霍洛旗人民政府签署投资合作框架协议，拟通过引进美国巨点能源公司的一步法煤制合成天然气技术——"蓝气技术"，在内蒙古鄂尔多斯市伊金霍洛旗投资建设基于该技术的"蓝气"示范项目。

"蓝气技术"是一种利用催化剂在加压流化气化炉中一步合成煤基天然气的技术，具有煤种适应性广泛、工艺简单、造价低、节能、节水、环保等优点，是目前世界上所有煤制天然气技术中效率最高、造价相对最低的工艺技术，能低成本将煤中污染物在燃烧前脱除，做到煤的清洁利用。在负荷中心区、发达地区、大城市建设高效、环保的调峰电站群具有广泛的意义，为发电企业开辟了新的发电途径和发展领域。

鄂尔多斯市人民政府及伊金霍洛旗人民政府承诺，自双方协议签字之日起，即指定总储量不少于 $15 \times 10^8 t$、可建年产量大于 $1000 \times 10^4 t$ 的煤田供公司开展申请矿业权的工作。

工程项目规划分三期实施，总投资共计约 174 亿元。项目总产能为年产合成天然气 $18 \times 10^8 m^3$，在供应当地工业及民用天然气的同时，供应燃气蒸汽联合循环机组进行调峰发电。项目全部建成后，将成为一个高效、环保的调峰电站群。

（4）内蒙古汇能煤化工有限公司煤制天然气项目　内蒙古汇能煤化工有限公司由内蒙古汇能煤电集团有限公司、内蒙古图润投资有限公司和内蒙古三泰投资有限公司共同出资成立。该公司依托鄂尔多斯丰富的煤炭资源，通过煤、电、化一体化的建设模式，采用成熟可靠的生产工艺，建设年产 $16 \times 10^8 m^3$（$2 \times 10^5 m^3/h$）的大型煤制天然气生产装置。项目建设地点位于神府东胜煤田矿区鄂尔多斯悖牛川煤电煤化工园区内，北距鄂尔多斯市东胜区60km，项目总投资为 79.4 亿元，建设周期为 2009～2012 年。

该项目是以煤为原料，经煤气化、变换、低温甲醇洗、硫回收及甲烷化等工艺过程生产天然气。目前，煤制天然气单系列装置的经济规模为 $1 \times 10^5 m^3/h$ 左右，考虑到经济规模、工艺技术、设备运输及水资源等因素，拟建项目生产规模确定为 $2 \times 10^5 m^3/h$，并且工艺过程副产低压蒸汽量较大，除满足各装置自用外，多余部分进行余热发电，新建的锅炉容量以满足高压蒸汽用户的用汽需要为原则，不再设置高压汽轮发电机组。项目主要装置规模见表3-8-3。

表 3-8-3　项目规模一览表

类别	序号	名称	规模	年操作时间
化工装置区	1	天然气	$16 \times 10^8 m^3/a$	8000h
	2	硫黄	9870.86t/a	
锅炉房及余热发电	1	余热发电机组	$3 \times 30MW$ 补汽式汽轮发电机组	8000h
	2	锅炉	$3 \times 220t/h$ 高温高压（二开一备）	

（5）庆华新疆伊宁煤制天然气项目　设计能力 $55 \times 10^8 m^3$，单系列 $13.75 \times 10^8 m^3$，

2013 年 8 月一系列建成投产向外供气。

　　国家发展改革委已核准五个煤制天然气项目，包括：大唐国际发电股份公司在内蒙古赤峰市和辽宁阜新市各建一套年产 $40\times10^8\,m^3$ 煤制天然气项目，庆华 $55\times10^8\,m^3$ 煤制天然气项目，内蒙古汇能煤化工有限公司 $16\times10^8\,m^3/a$ 煤制天然气项目，五个项目的天然气总产能为 $191\times10^8\,m^3/a$，预计 2017 年全部建成。"十三五"规划到 2020 年新增煤制天然气产能 $170\times10^8\,m^3/a$。

第二节　煤制天然气（SNG）技术

一、概述

　　煤制天然气（SNG）的关键技术主要有两点：煤制合成气技术和甲烷化技术。

　　煤制合成气技术种类较多，技术成熟，可靠性高。以鲁奇（Lurgi）加压固定床气化技术为代表的第一代煤气化技术以及德士古（Texaco）、壳牌（Shell）为代表的第二代气流床。

　　煤气化技术的大规模工业化应用，为煤制合成气技术提供了可靠的保障，这里不再赘述。直至 1960 年，甲烷化技术一直应用于净化领域，主要用于脱除工艺气体（如 H_2 或氨合成气）的少量一氧化碳（$0.1\%\sim2\%$，体积分数）。另外，此技术也广泛应用于城市煤气净化领域，用以脱除其中的有毒气体一氧化碳，同时可增加煤气热值。随着天然气用量的不断增加，天然气供需矛盾日益突出，通过煤基合成气的甲烷化技术生产代用天然气日益受到重视。

1. 反应机理

　　一氧化碳加氢合成甲烷属于多相催化气相反应，其基本反应式如下。

$$CO + 3H_2 \rlongequal CH_4 + H_2O \quad \Delta H = -206.4kJ/mol \tag{3-8-1}$$

催化剂使用含钴或含镍催化剂，一氧化碳在 $200\sim350℃$ 下催化加氢生成甲烷，是费-托合成烃类的一种特殊情况。

　　生成的水与一氧化碳作用生成二氧化碳和氢（变换反应）：

$$CO + H_2O \rlongequal CO_2 + H_2 \quad \Delta H = -41.5kJ/mol \tag{3-8-2}$$

当一氧化碳完全转化为氢和二氧化碳时，二氧化碳又反应生成甲烷和水，反应式为：

$$CO_2 + 4H_2 \rlongequal CH_4 + 2H_2O \quad \Delta H = -164.9kJ/mol \tag{3-8-3}$$

反应（3-8-1）～反应（3-8-3）之间的平衡随着温度的升高而左移，压力升高则右移。副反应主要有两个，一是一氧化碳的析炭反应，二是单质碳以及沉积炭的加氢反应，反应式如下：

$$2CO \rlongequal CO_2 + C \quad \Delta H = -171.7kJ/mol \tag{3-8-4}$$

$$C + 2H_2 \rlongequal CH_4 \quad \Delta H = +73.7kJ/mol \tag{3-8-5}$$

　　在通常的甲烷合成温度下，反应（3-8-5）达到平衡很慢——类似炭的蒸汽气化反应（吸热反应）。因此，当炭的沉积反应发生时，它几乎是不可逆的，沉积的炭能堵塞催化剂。为了避免积炭反应的发生，必须采取如添加水蒸气以使氢适当过量、控制反应温度等措施。

　　离开反应室的气体混合物的热力学平衡组成取决于原料气的组成、压力和温度。平衡组成的计算对反应器的设计和控制催化剂的效率相当重要。

2. 反应条件

由于甲烷化反应是强放热反应,所以要非常重视甲烷化过程的热量移出问题,以防止催化剂在温度过高时,因烧结和微晶的增大引起催化剂活性的降低。同时,还要考虑当原料气中 H_2/CO 摩尔比较低时,可能产生析炭现象。

因此,在甲烷化工艺过程中,在选择反应条件(特别是温度条件)时,应考虑以下因素。

① 在200℃以上,活性的催化剂组分(主要是元素周期表第Ⅷ族的金属)有助于使一氧化碳加氢反应达到足够高的速度。

② 形成挥发性镍羰基化合物 $[Ni(CO)_4]$ 的最低反应温度由一氧化碳分压确定。由于一氧化碳能形成挥发性镍羰基化合物而带来催化剂的腐蚀问题,因此确定镍或钴催化剂的反应温度在225℃以上。镍羰基化合物平衡浓度与温度及一氧化碳分压的关系如表3-8-4所示。

表 3-8-4　镍羰基化合物平衡浓度与温度及一氧化碳分压的关系

温度/℃	平衡中镍羰基化合物的摩尔分数:一氧化碳分压/MPa			
	0.1	0.5	1.0	2.0
52	0.92	0.98	0.995	1.0
77	0.78	0.93	0.97	0.99
102	0.48	0.82	0.89	0.94
114	0.12	0.63	0.77	0.85

③ 当压力不变而反应温度升高时,由于热力学平衡的影响,甲烷含量和气体质量下降。因此需要限制反应,或者反应宜根据温度分步进行。第一步在尽可能高的温度(350～500℃)下进行,以便最大限度利用反应热;主反应完成后,残余的转化在低温下进行,以便最大限度进行甲烷化反应。

④ 低温下被抑制的一氧化碳析炭反应的速率,在450℃以上不规则地增加,并能迅速导致催化剂失活。为了避免炭在催化剂上的沉积,应在原料气中加入蒸汽,使气体的温升减小,从而抑制析炭反应的发生。另外,由于一氧化碳转化率和平衡的移动有所增加(有利于甲烷的生成),对于富含一氧化碳的气体(如煤气化合成气),直接用于甲烷化时必须引入蒸汽。

⑤ 甲烷化过程的热效率随温度增加而增加。

⑥ 金属粒子和催化剂载体的热稳定性约在500℃以上迅速下降,同时由于烧结和微晶的增大引起催化剂活性降低。镍催化剂的常用反应温度约在280～500℃,催化剂寿命超过一年甚至五年。

除以上考虑因素以外,另外还有许多辅助条件需要考虑,这些辅助条件大幅度地限制了反应条件的变化,然而在技术和经济上又是必需的。在选择反应条件时,必须综合考虑这些因素,如较高的原料合成气的利用率,这与转化过程及反应热有关;避免消耗能量的工艺步骤,如压缩或中间冷却等;减小催化剂体积并延长其寿命等,从而降低投资及操作费用。

提高压力有助于甲烷的合成,但这受制于煤制合成气的操作压力和净化过程(如变换、脱碳等)的限制,为了尽可能避免原料气的高能耗的中间压缩过程,应尽可能提高煤制合成气的压力。

二、甲烷化工艺

1. 采用固态排渣气化法的合成工艺

气化炉生产的粗煤气冷却分为两部分,其中约55%走旁通管,并冷却到38℃;另外约

45％进行一氧化碳变换，此量可根据合成原料气的组分 H_2/CO（体积比）为 3：1 进行控制调节。进行变换的煤气先通过两级热交换器，利用变换后的煤气温度将其加热到 450℃ 左右。变换后与旁通来的粗煤气重新汇合，用低温甲醇洗脱除粗煤气中的轻质油蒸汽、硫化氢和二氧化碳等杂质。

目前，采用固态排渣气化法生产的合成气，其合成甲烷的方法有两种。

（1）固定床法 固定床法合成甲烷工艺流程如图 3-8-2 所示。

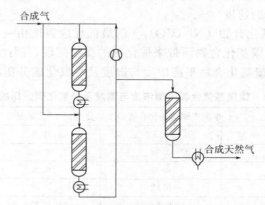

图 3-8-2　固定床法合成甲烷工艺流程

三台串联的固定催化床中，前两台的催化床的入口温度为 320℃，控制煤气出口温度不大于 400℃。由于甲烷化反应是一个强烈的放热反应，温度过高不利于甲烷的合成。同时，温度过高在床内会产生积炭和催化剂熔结。为此，在每一催化床后都装了废热锅炉，除降温回收反应热外，亦可产生一部分蒸汽。此外，为防止床层温度升高，采用一部分冷煤气（110℃ 左右。）经压缩后进行循环。循环量与合成原料气之比为 （1.1～1.3）：1。

煤气在进入第三台列管式催化床时的组分是：一氧化碳含量在 2％～3％；氢气含量在 10％ 左右。为了使甲烷合成率提高，就需要在较低的温度下进行，一般控制在 120℃ 左右。

（2）流化床法 流化床法合成甲烷工艺流程如图 3-8-3 所示。

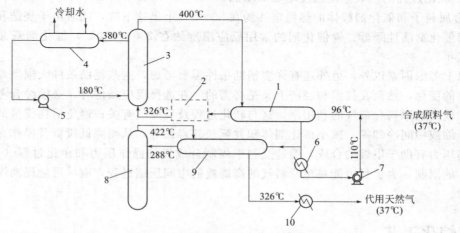

图 3-8-3　流化床法合成甲烷工艺流程

1—热交换器；2—启动加热器；3—流化催化床；4—热交换器；5—泵；6—冷却器；7—压缩机；
8—固定催化床；9—热交换器；10—冷却器

第一个催化床采用流态化，第二个是固定床，都采用雷尼（Raney）镍系催化剂。在流化床内，为了控制反应温度，除部分采用冷煤气循环外，另有固体换热载体进行循环，以将部分反应热移至床外，降温以后再送至床内，动力可以用泵或者经压缩的煤气。

合成甲烷后，还需进一步干燥，脱去水分，即为代用天然气。在甲烷总量中有 $57\%\sim65\%$ 是由催化反应产生的，其余的 $35\%\sim43\%$ 是在加压气化炉内产生的。

根据美国能源研究中心提供的设计数据，各段煤气的组成如表 3-8-5 所示。

表 3-8-5　合成天然气生产各工段的煤气组成（体积分数）　　　　　单位：%

煤气组成	喷冷器后	净化前	净化后	代用天然气
H_2O	44.4	4.5	0.2	痕迹
H_2	23.5	41.5	61.9	3.9
CO	8.1	12.6	18.8	0.1
CO_2	16.6	29.6	2.1	3.9
CH_4	6.0	10.3	15.3	90.9
C_2H_6	0.2	0.3	0.4	
C_2H_4	0.3	0.6	0.8	
H_2S	0.2	0.3	0.5	0.1
N_2	0.2			
NH_3	0.3			
焦油及轻质油	0.2			

注：气化原料为长焰煤。

2. 采用液态排渣气化法的合成工艺

采用液态排渣气化法制取代用天然气，主要有两种工艺路线：

第一种：煤气化→一氧化碳变换→脱硫化氢和二氧化碳→合成甲烷；

第二种：煤气化→冷凝→脱硫化氢→甲烷化/变换→脱二氧化碳。

第一种工艺路线，由于液态排渣气化炉生产的煤气中一氧化碳含量高，水蒸气含量少，以致要往变换过程中再添加一部分水蒸气，从而影响到这种气化方法的优越性。

第二种工艺路线，弥补了上述缺点。在净化工艺中，创造性地将一氧化碳变换与合成甲烷两道工序并在一起，这是一种新的合成甲烷工艺，称为高一氧化碳甲烷合成法（简称 HCM 法）。

图 3-8-4 为 HCM 合成甲烷工艺流程。脱硫后纯净合成原料气在 350℃ 的温度下进入该装置，在饱和器内与热水逆向流动，从而添加了水蒸气。此后相继进入三个串联的甲烷催化合成器，反应温度由产品气再循环和通过第一级合成原料气旁通管来控制。合成甲烷反应热由余热锅炉和热水交换器进行回收。

因此，HCM 法采用的 H_2/CO 为 1.0，并使用一种在高一氧化碳含量条件下合成甲烷所需的催化剂，在操作中通过添加一部分水蒸气，以降低一氧化碳的分压，可避免积炭现象。合成甲烷催化剂要求煤气必须脱硫至 10×10^{-6} 以下。

液态排渣气化炉采用 HCM 法生产代用天然气总工艺流程如图 3-8-5 所示。

气化炉生产的粗煤气先经冷凝脱去焦油，然后脱轻质油和硫化物（包括有机硫和无机硫），再经 HCM 工艺合成甲烷，最后脱去煤气中的二氧化碳和干燥处理，就制得代用天然气产品。一般在合成天然气组分中氢气少于 2%，一氧化碳含量在 0.1%，二氧化碳含量在 1.5% 左右。

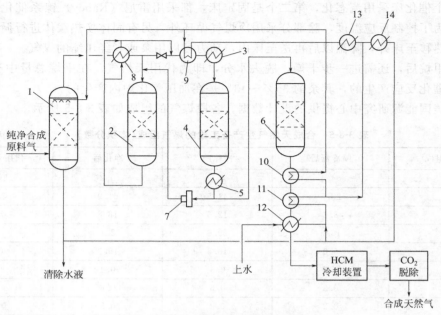

图 3-8-4 HCM 合成甲烷工艺流程

1—饱和器；2——级甲烷催化合成器；3,5—余热锅炉；4—二级甲烷催化合成器；
6—三级甲烷催化合成器；7—循环压缩机；8~12—换热器；13,14—加热器

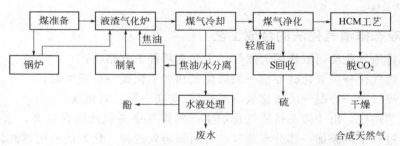

图 3-8-5 HCM 法生产合成天然气总工艺流程（液态排渣气化炉）

三、ICI 甲烷合成工艺

帝国化学公司（ICI）的伍德瓦特（Wodbward）发表了可以处理含有高浓度一氧化碳原料气的工艺过程，由三个固定床甲烷合成管反应器串联而成，工艺流程如图 3-8-6 所示。

反应压力 3.0MPa，在第一段中空速（SV）为 $10000h^{-1}$。虽然仅在第一段向原料气中添入水蒸气，而催化剂温度还是上升到 730℃。第一段和第二段反应管中，镍是采用含 60% NiO 的专作高温用的共沉淀催化剂，经 2200h 试验运作是成功的。图 3-8-6 中各控制点温度及气体组成如表 3-8-6 所示。

表 3-8-6 ICI 甲烷合成工艺反应结果

项目	1	2	3	4	5	6
CO/%	31.14	14.47	14.47	4.29	4.29	0.34

续表

项目	1	2	3	4	5	6
CO_2/%	24.66	40.15	40.15	53.93	53.93	62.70
H_2/%	42.91	35.50	35.50	20.26	20.26	5.83
CH_4/%	0.08	8.52	8.52	19.84	19.84	29.13
N_2+Ar/%	1.21	1.36	1.36	1.68	1.68	2.00
合计/%	100.00	100.00	100.00	100.00	100.00	100.00
H_2O/%	67.3	72.3	72.3	94.4	94.4	118.2
T/℃	398	729	325	590	300	428

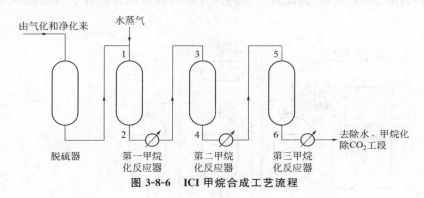

图 3-8-6　ICI 甲烷合成工艺流程

四、丹麦托普索 TREMP™ 技术

丹麦哥的托普索公司，主要从事研究和生产催化剂及催化过程生产装置的工程设计工作。公司涉足的领域主要是肥料工业、化学品和石油化工及能源部门（如炼油厂和电力装置）等。催化剂和某些专用设备的制造集中在丹麦的 Frederikssund 和美国得克萨斯州的休斯敦。

托普索公司是世界范围内主要的催化剂制造商之一。

1. 托普索煤制天然气工艺

托普索公司提供了一种有竞争力的工艺，能够以廉价的含碳原料（如煤、焦炭或生物原料）生产合成天然气（SNG）。煤制合成天然气工艺流程如图 3-8-7 所示。

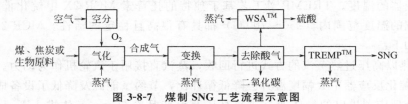

图 3-8-7　煤制 SNG 工艺流程示意图

① 将煤、焦炭或生物原料气化，生产富含氢气和一氧化碳的气体。

② 通过调节转化率来调整氢气和一氧化碳的比例。

③ 除去酸气，即通过净化工艺除去二氧化碳和硫化氢。

④ 进行甲烷化。TREMP™表示托普索甲烷化循环工艺。将一氧化碳和氢气合成为甲烷（SNG），然后将 SNG 产品干燥，根据实际压力情况考虑是否需要压缩，以适应管道输送。

⑤ 空分装置生产煤气化工艺所需的氧气。

⑥ 从除掉的酸气中回收硫，例如通过湿法硫酸（WSA™）装置将其转化为浓硫酸。

2. TREMP™工艺描述

TREMP™技术流程示意如图 3-8-8 所示。甲烷化装置上游工艺提供甲烷化反应需要的氢气和一氧化碳配比的气体。甲烷化是一氧化碳和氢气反应生成甲烷的过程。除此之外，还发生二氧化碳的甲烷化副反应。这两个反应都是强放热反应，释放大量的反应热，反应热的量为合成气热值的 20％左右，因此对反应热的有效回收就成为所有甲烷化技术工业化的重要课题。

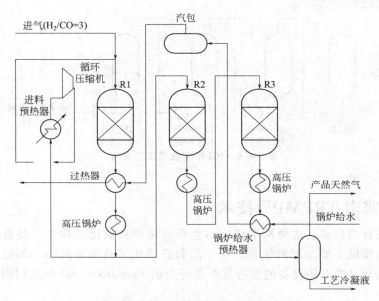

图 3-8-8　TREMP™技术流程示意图

TREMP™技术重要的是解决热量回收问题，以最有效的回收方式即以高压过热蒸汽回收热量。

甲烷化反应在绝热条件下进行。反应产生的热量导致了很高的温升，通过循环来控制第一甲烷化反应器的温度。TREMP™工艺基于独特的托普索 MCR-2X 甲烷化催化剂，这一催化剂在很宽的温度范围内（250～700℃）都具有很高且稳定的活性。MCR-2X 在工艺设计中的特点如下：

① 反应热以高压过热蒸汽的方式进行回收，蒸汽直接用于汽轮机作为动力。

② 在甲烷化反应器中大幅度温升会降低循环比，节约了能源及降低了设备成本。

从第一个反应器排出的气体通过过热高压蒸汽产品冷却后，气体进入下一个甲烷化阶段。第二和第三绝热反应器可用一个沸水反应器（BWR）代替，这是一个成本稍高但能够解决空间有限问题的方案。类似地，在有些情况下采用四个绝热反应器是一种优化选择，而在有些情况下使用一个喷射器代替循环压缩机可能更合适。

TREMP™技术生产的代用天然气（SNG）产品的典型规格如表 3-8-7 所示。

表 3-8-7　TREMP™技术生产的代用天然气典型规格

CH₄(摩尔分数)/%	94~98	N₂＋Ar(摩尔分数)/%	1~3
CO₂(摩尔分数)/%	0.2~1	HHV/(kJ/m³)	37380~38370
H₂(摩尔分数)/%	0.2~1	HHV/(Btu/scf)	950~970
CO(摩尔分数)/%	0		

3. TREMP™技术的实际经验

起源于 20 世纪 70 年代后期的 TREMP™技术具有丰富的操作经验和实质性工艺验证，保证了这一技术能够用于商业化。这一工艺已在 200m³/h 的 SNG 半商业规模的不同装置中得到证明，在真实状态下生产 200~3000m³/h 的 SNG（意味着反应器直径是唯一的规模放大参数）。

MCR-2X 甲烷化催化剂在托普索中试装置和德国 union Kraftstoff Wesseling（UKW）的中试装置中均进行了独立测试。在中试时，最长的运行时间达到了 10000h，累计运行记录超过了 45000h，证明 MCR-2X 甲烷化催化剂是一种具有长期稳定性的催化剂。

托普索甲烷化技术的特点是：

① 回收过程低能耗；

② 生产高压过热蒸汽；

③ 生产符合管道系统规格的代用天然气产品；

④ 投资低。

托普索公司能够提供带有性能保证的详细工程设计。2006 年已有两家美国企业选用该公司的 TREMP™技术。

五、美国巨点能源公司蓝气（Bluegas™）技术

1. 概述

美国巨点能源公司（Great Point Energy）利用催化热解技术来"精炼"原煤，通过使用新型催化剂来"裂解"碳键，从而将煤转化成清洁的可燃甲烷（天然气）。这种一步法工艺称为"催化煤制甲烷化"，从而形成了巨点能源公司"蓝气"工艺基础的巨点能源技术。

通过在煤气化系统中加入催化剂，可以降低气化装置的操作温度，同时直接反应生成甲烷。在这种温和的"催化"条件下，使用投资相对较低的设备，以廉价的含碳物质（如褐煤、次烟煤、沥青砂、石油焦和渣油等）为原料，可以生产出管道级标准的天然气。

此外，巨点能源公司的"催化煤制甲烷化工艺"可解决除灰和排渣难题，设备维护工作量少，提高了热效率，也不需要配套空分装置（空分装置的投资一般占气化系统投资的 20% 左右），从而降低了整体投资。

2. "蓝气"工艺描述

"蓝气"（Bluegas™）气化系统是一个优化的催化工艺。煤、蒸汽以及催化剂在加压反应器中进行反应，生产出管道级标准的天然气（甲烷含量 99%）。

"蓝气"工艺流程示意如图 3-8-9 所示。将煤或生物质以及催化剂的混合物加入甲烷化反应器中。喷入的高压蒸汽作为流化剂，使混合物充分流化，以确保催化剂和含碳颗粒之间充分接触。与传统的气化不同，在这种环境下，催化剂的存在有助于促进发生在煤或生物质

表面的碳与蒸汽之间的多重化学反应，并产生主要组成为甲烷和二氧化碳的混合物。

催化气化反应式如下。

① 蒸汽-碳之间的反应：$C + H_2O \longrightarrow CO + H_2$

② 水蒸气-煤气变换反应：$CO + H_2O \longrightarrow H_2 + CO_2$

③ 氢-碳合成甲烷反应：$2H_2 + C \longrightarrow CH_4$

催化气化总反应式为：$2C + 2H_2O \longrightarrow CH_4 + CO_2$

专有的催化剂配方主要由丰富、廉价的金属材料构成，可以促进低温条件下气化反应的发生，如变换反应和甲烷化反应。同时催化剂还可以回收再利用。

作为整体催化气化反应的一部分，"蓝气"工艺还可以回收煤中大部分的污染物并生成有用的副产品。另外，煤中约一半的碳以二氧化碳的形式被回收利用，用以提高采油率（EOR）。

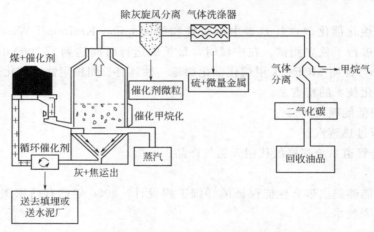

图 3-8-9 "蓝气"工艺流程示意图

3. "蓝气"技术的优点

① 可在单个反应器中一步法生成甲烷。产品符合管道级天然气标准；不需配套变换装置和甲烷化装置；产生的二氧化碳可作为有用的副产品回收利用。

② 可显著降低操作温度。设备投资及维护费用低；可靠性高；不需配套造价昂贵的高温冷却装置。

③ 只需蒸汽进行甲烷化，不需配套造价昂贵的空分装置。

④ 效率高，总效率达 65%；温度适中的反应过程，不需配套整体发电装置。

第三节　催化剂

一、甲烷合成催化剂概况

1. 各种金属的活性及选择性

自 1920 年沙巴替尔（Sabatier）等人发现 Ni 具有甲烷合成反应的活性以来，主要进行 Ni 的研究。到 1925 年，费歇尔等人研究了许多无载体金属催化剂，对甲烷合成的活性，得出了每单位质量的活性顺序如下：

$$Ru > Ir > Rh > Ni > Co > Os > Pt > Fe > Mo > Pd > Ag \qquad (3\text{-}8\text{-}6)$$

除 Ni 外，元素周期表第Ⅷ族铂金属和铁族金属以及 Ag、Mo 也具有活性。

范尼斯（vannice）测定了载于氧化铝上的第Ⅷ族金属催化剂的甲烷合成活性。在 275℃ 下按变换数（每个表面金属原子在 1s 内生成的甲烷分子数）表示的活性顺序如下式所示，活性大小如表 3-8-8 所示。

$$Ru > Fe > Ni > Co > Rh > Pd > Pt > Ir \qquad (3-8-7)$$

表 3-8-8　氧化铝负载的金属催化剂的甲烷化反应活性

金属	甲烷生成的变换数 （275℃）/$10^3 s^{-1}$	金属	甲烷生成的变换数 （275℃）/$10^3 s^{-1}$	金属	甲烷生成的变换数 （275℃）/$10^3 s^{-1}$
Ru	181	Co	20	Pt	2.7
Fe	57	Rh	13	Ir	1.8
Ni	32	Pd	12		

式（3-8-6）与式（3-8-7）比较，Ru 的活性明显高于其他金属，不论在哪个顺序中都占第一位。可以看到，Fe 和 Ir 的活性顺序明显地发生变化，显示出由于活性表现方法不同而活性顺序的不同。

此外，活性金属选择性的变化如图 3-8-10 所示。

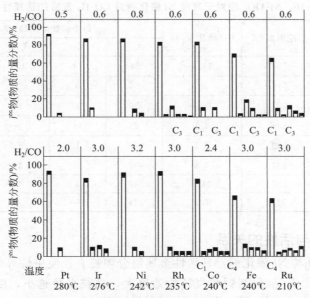

图 3-8-10　采用 Al_2O_3 负载金属催化剂，$CO+H_2$ 生成物中的烃分布
（横轴表示生成烃的种类）

图 3-8-10 的条件是采用 H_2/CO 为 0.6～15.0 的原料气，假定 CO 反应率 5%，反应温度 210～280℃，空速（SV）2500～10000h^{-1}，以 Al_2O_3 为载体的催化剂在常压下的反应。图 3-8-10 中没有表示出钯催化剂的结果，而不取决于反应条件，生成甲烷的选择性通常为 100%。从这些结果看，生成物中烃的分子量顺序可排列如下：

$$Pd > Pt > Ir > Ni > Rh > Co > Fe > Ru \qquad (3-8-8)$$

Ru 催化剂的活性高，但容易生成高级烃。在非贵金属中，已经清楚镍催化剂的甲烷生成选择性高。

2. 载体的效果

以上为采用 Al_2O_3 载体所得到的结果。由于载体对活性有很大的影响，一般可以认为，由于载体的大比表面积，有助于活性金属组分的分散状态和稳定化。此外，载体与活性组分之间的强烈相互作用也影响催化剂的活性。

范尼斯等人研究了二氧化钛、氧化铝、氧化硅、石墨等负载的镍催化剂的甲烷化活性及选择性，如表 3-8-9 所示。在这些载体中，采用 TiO_2 在 275℃时，以变换数表示的甲烷生成活性，N_{CH_4} 最高。另外，在氧化钛负载的催化剂上，多生成 $C_4 \sim C_5$，如表 3-8-10 所示。由此可见，载体不仅对活性有影响，而且也对选择性有很大的影响。

表 3-8-9　Ni-TiO₂ 相对于其他 Ni 催化剂对 CO-H₂ 反应的比活性

催化剂	$N_{CH_4}/10^3 s^{-1}$	催化剂	$N_{CH_4}/10^3 s^{-1}$	催化剂	$N_{CH_4}/10^3 s^{-1}$
1.5%Ni/TiO₂	528	8.8%Ni/η-Al₂O₃	85	16.7%Ni/SiO₂	34
10%Ni/TiO₂	305	42%Ni/α-Al₂O₃	43	20%Ni/石墨	51
5%Ni/η-Al₂O₃	27	30%Ni/α-Al₂O₃	18	Ni 粉	16

注：反应条件为 548K(275℃),103kbar(1atm),H₂/CO=3。

表 3-8-10　Ni-TiO₂ 相对于其他 Ni 催化剂对 CO-H₂ 反应的选择性比较

催化剂	反应温度/K	CO 转化率/%	每个碳数的烷烃(摩尔分数)/%				
			C_1	C_2	C_3	C_4	C_5
1.5%　Ni/TiO₂	524	13.3	58	14	12	8	7
10%　Ni/TiO₂	516	24	50	9	25	8	9
5%　Ni/η-Al₂O₃	527	10.8	90	7	3	1	—
8.8%　Ni/η-Al₂O₃	503	3.1	81	14	3	2	—
42%　Ni/α-Al₂O₃	509	2.1	76	1	5	5	1
16.7%　Ni/SiO₂	493	3.3	92	5	3	1	—
20%　Ni/石墨	507	24.8	87	7	4	1	—
Ni 粉	525	7.9	94	6	—	—	—

3. 催化剂物性与活性的关系

载体上的 Pt、Pd 与 Ni 催化剂，其活性金属组分颗粒直径使甲烷等烃类合成的活性变化结果如表 3-8-11 所示。Pt 催化剂颗粒直径的效果大，颗粒直径越小，以变换数表示的活性越高。Pd 催化剂的情况也一样，在氧化铝这样的酸性载体上，其值变大。对于 Ni 催化剂，与 Pt 和 Pd 比较，颗粒直径的影响不大，而颗粒直径变化范围小则不能确切判断。这些结果说明上述的活性顺序可以随载体和催化剂的制造方法不同而有变化的可能性。

表 3-8-11　金属颗粒直径对活性的影响

催化剂	$N_{CH_4}/10^3 s^{-1}$ 275~345℃	$E_m/(kcal/mol)$	D 平均/Å	CO 转化率/%
2%Pd/Al₂O₃	1292h	19.7±1.6	48	1.1~2.5
2%Pd/Al₂O₃	7.4	23.6±1.9	82	0.6~2.7
9.5%Pd/Al₂O₃	10	21.0±0.8	120	0.6~1.6
0.5%Pd/H-Y 分子筛	5.952b[①]	21.2±3.1	31	0.2~0.6
4.75%Pd/SiO₂	0.32~5.0	26.9±1.8	28	0.2~0.6

续表

催化剂	$N_{CH_4}/10^3 s^{-1}$ 275～345℃	E_m/(kcal/mol)	D 平均/Å	CO 转化率/%
4.75% Pd/SiO$_2$	0.26～4.1	—	46	1.2
钯黑	0.15～2.3		2100	1.0
1.75% Pt/Al$_2$O$_3$	2.7	16.7±0.8	12	1.5～3.0
1.75% Pt/Al$_2$O$_3$	2.2	—	57	0.2～0.5
2.0% Pt/SiO$_2$(I)	1.6		23	0.2
2.0% Pt/SiO$_2$(E)	1.6		16	0.5
25% Pt 黑/Al$_2$O$_3$(物理混合)	0.018	23	4300	0.01～0.04
Pt 黑	无可探测的活性<0.02		3600	—
5% Ni/Al$_2$O$_3$	37		90	
15% Ni/Al$_2$O$_3$	35		90	
Ni/Al$_2$O$_3$	35～75		85	
骨架 Ni	45		320	
8.8% Ni/Al$_2$O$_3$	85		395	
3% Ni/Al$_2$O$_3$	99		120	
2% Ni/Al$_2$O$_3$	90		300	

① 1b=10^{-28}m^2
注：1cal=4.1840J，1Å=0.1nm，下同。

H$_2$/CO=3，p=1atm；用相当 E_m 制来计算；以 E_m=26.9kcal/mol 来计算。

一般，甲烷化催化剂吸附 CO 强于吸附 H$_2$，H$_2$ 的吸附受到阻碍。研究了各种金属的 CO 吸附热与甲烷化活性之间的相关性，图 3-8-10 为其相关图。

在图 3-8-11 中，CO 吸附热越小，甲烷化活性越高，这是由于 H$_2$ 和 CO 的竞争吸附，CO 阻碍了 H$_2$ 的吸附，反应速率对 H$_2$ 分压为一级反应，对 CO 分压为零级或为负值，与反应动力学方面的研究十分一致。

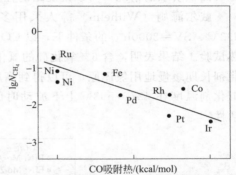

图 3-8-11　甲烷化活性与 CO 吸附热的关系

二、耐热性合成甲烷催化剂

合成甲烷是放热量大的反应，1% CO 反应则温度上升 50℃。因此，考虑到大规模装置，发热问题就非常重要。甲烷合成中各种工艺过程的特征可以说就是它的排热方法。在这些工艺中，对于所使用催化剂的性能和形状等问题也是要认真加以考虑的。

通常在采用合成甲烷的绝热式填充床反应器时，希望采用耐热性能高的催化剂。一般，甲烷合成反应管入口气体温度为 300℃ 左右，而作为催化剂使用的镍，为了防止变为挥发性的羰基镍逸散，入口气体温度一般需控制住 300℃ 以上。因此，如果使用耐热性为 500℃ 的催化剂，则要使 CO 含量限制在 4% 以下。原则上，催化剂的耐热性越高，就可以采用高浓度 CO 的合成气来进行反应，可以提高反应装置的效率。

虽然正在进行高耐热性甲烷化催化剂的研究，但在高温下，作为催化剂活性组分的 Ni

由于烧结可以减少有效表面积，同时由于容易生成碳而活性大大下降，高耐热性的催化剂的开发十分困难。

托普索公司将名为 MCR-2X 的耐热性 Ni 催化剂应用于联邦德国原子能研究所能量输送系统的 ADAM-EVA 工艺中。其物性变化如表 3-8-12 所示，为了有效防止 Ni 的烧结现象，采用具有稳定微孔的陶瓷作为载体。Ni 的高表面积和非碱性是防止碳生成而保持高活性的原因。

表 3-8-12 ADAM-EVA 工艺过程中 Ni 催化剂(MCR-2X)的物性

项目	BET-面积 /(m²/g)	H₂-面积 /(m²/g)	D_{nl}[③]/Å	项目	BET-面积 /(m²/g)	H₂-面积 /(m²/g)	D_{nl}/Å
MCR-2X 600℃下 8127h[①]	52 30	7 2.3	220 295	600℃下 4150h[②] 600℃下 1895h后 在 700℃下 860h	35	3.5	412

① 在托普索。
② 在 UKB。
③ 颗粒直径。
注：中试结果采用 unionkraftstoffAG、Wesselng 和托普索的 McR-2X 试验装置。

表 3-8-11 中示出在 600℃ 乃至 700℃下，最长使用了 8000 多小时以后的 MCR-2X 催化剂的比表面积，由氢吸附测定的 Ni 比表面积和颗粒直径。若考虑到高温下长期使用，按镍比表面积所示的情况，可以说烧结的程度是比较小的。

威尔海姆（Wilhelm）等人采用多种载体负载的 Ni-Mo 催化剂，在 7.0MPa、427～593℃、SV=3000h⁻¹ 的条件下，以 CO 20%、H₂ 60%、CH₄ 20% 的原料气进行 400h 的耐热试验。结果表明，含 6% 氧化硅的氧化硅-氧化铝载体负载的催化剂热稳定性高，对这种催化剂长期缓慢地用氢还原，可以得到高度稳定的活性，如图 3-8-12 所示。前 400h 的结果是催化剂温度在 427～593℃ 上下波动时的 427℃ 的活性，后 400h 的结果是 427℃ 等温下的活性。

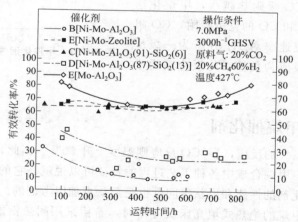

图 3-8-12 Ni-Mo 催化剂的甲烷合成反应活性随时间的变化

采用固定床高压流动性装置，以 CO 15%、H₂ 45%、CH₄ 40% 的气体，不添加水蒸气，在 7.0～8.0MPa、SV=15000h⁻¹、650℃ 的反应条件下，用多种镍催化剂，也进行了长达 20d 的试验。结果发现，用氧化锆或铝酸镁尖晶石负载的催化剂，耐热性试验效果最好，试验结果如图 3-8-13、图 3-8-14 所示。

在 650℃耐热试验期间，定期地降温到 300～500℃以测定活性，用甲烷浓度来表示。可以看到虽然早期活性下降，而后则活性稳定，碳的生成也少。此外，在耐热性甲烷化的镍催化剂，有几篇关于制备方法和预处理方法的研究报告和专利，也有含碳化钨耐热催化剂的专利。

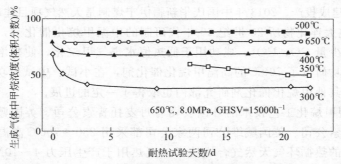

图 3-8-13　Ni-Mo-ZrO₂ 催化剂的耐热性（甲烷合成随时间的变化）
（原料气组成：CO 15%，H₂ 45%，CH₄ 40%）

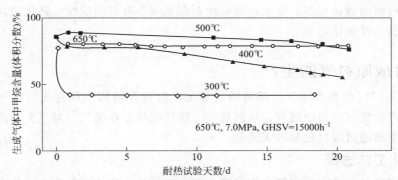

图 3-8-14　Ni-Mo-MgAl₂O₄ 催化剂的耐热性（甲烷合成活性随时间的变化）
（原料气组成：CO 15%，H₂ 45%，CH₄ 40%）

三、耐硫性甲烷化催化剂

由于煤和重油中含有大量硫，因此粗合成气中的硫浓度较高。另一方面，镍催化剂的耐硫性很低。通常在原料气中的硫化氢的允许含量为 $0.1×10^{-6}$，因此，通入催化剂反应床的原料气必须进行彻底的脱硫精制。实际过程中多采用湿法脱硫后，经氧化锌吸收塔的两段精制过程。由此有必要开发耐硫性催化剂。正在研究具有耐硫性能的钼系和钨系催化剂等，其实用性和活性都较低劣。也有关于镍系和钌的催化剂，可以说都是今后的研究课题。

第四节　煤制天然气技术示范

一、甲烷化工艺的发展

① 国外 20 世纪初就开始甲烷化催化剂及脱除合成气中少量 CO、CO₂ 的研究。高 CO 的甲烷化研究始于 20 世纪 40 年代。20 世纪 70 年代鲁奇公司和南非萨索尔公司建了一套合成气多级绝热甲烷化工艺试验装置。同时鲁奇公司和奥地利艾尔帕索公司维也纳石油化工厂，建了一套半工业化的合成气甲烷化制天然气试验装置。1978 年丹麦托普索公司，应用该公司开发

的 TREMP 甲烷化工艺，在美国建成并投产一个日产 72 万米^3 合成天然气工厂。由于油价逐降，1981 年被迫关停。1984 年在美国北达科他州大平原气化厂，采用德国鲁奇公司煤制天然气技术，投产了一个日产 389 万米^3 的煤制天然气工厂。2012 年中国大唐国际内蒙古克什克腾旗煤制天然气项目建成投产。2013 年中国庆华新疆伊宁煤制是天然气项目建成投产。

② 国内中科院大连化物所 20 世纪 60 年代研制的中温甲烷化催化剂，成功用于合成氨厂，脱除合成气中少量 CO、CO_2，成功用于低热值水煤气甲烷化，使其增值为中热值城市煤气。近年该所成功研发了 700℃ 的高温甲烷化催化剂，在小试、中试成功的基础上，正开展工业试验。国内其他甲烷化催化剂研究部门也取得了一定的进展。

③ 能提供大型甲烷化工艺技术的外国公司有丹麦托普索公司、英国戴维公司、德国鲁奇公司。丹麦托普索公司、英国戴维公司两家公司都采用 250～700℃ 高温镍催化剂，3～4 台绝热反应器串联的热循环气天然气合成技术。废热用于产生压力 4～10MPa、温度 450～530℃ 的过热蒸汽。德国鲁奇公司采用 450～490℃ 中温镍催化剂，也是 3～4 台绝热反应器串联的冷循环气天然气合成技术。废热用于产生压力 4MPa、温度 450℃ 的过热蒸汽。

甲烷化是极强的放热反应。要求高温催化剂在宽温下有好的活性、转化率高，高温下选择性好、寿命长、性能稳定等。

二、甲烷合成原料气的生产

凡含有 CO、H_2 的各类煤气，都可通过加工，制得合格的甲烷合成原料气。如：各种煤气化工艺生产的煤气，焦炉煤气，热解煤气、炼厂气等工业尾气。对于大型的甲烷合成装置的原料气，主要通过煤气化制取天然气。

1. 煤气化工艺选择

煤气化炉型及其工艺大致可归纳为三类：固定床气化、气流床气化、流化床气化。煤气化技术的选择，主要是依据煤质及要加工的目标产品，其次是投资、成本、能效、环保等。

(1) 固定床纯氧加压气化 固定床纯氧加压气化有干排灰、液态排渣两种工艺。其工艺特点是：

① 煤的适应性广，几乎所有煤种包括强黏结、高水分（37%）、高灰（35%）、高/低灰熔点煤都是可用的原料，当然煤质越好，其经济性越好。唯一的要求是 5～50mm 的小粒煤。

② 气-固相逆流接触，由干燥层、干馏层、气化层、燃烧层、灰渣层构成稳定的气化床层。

③ 物料冷进冷出，气化炉类似一个热交换器。碳转化率、气化效率、热效率是三种气化工艺中最高的。氧消耗仅为气流床气化的 1/3～2/5。

④ 能有效实现煤的分质利用。煤在干馏过程产出焦油、酚、氨、硫、煤气等副产品，能有效降低产品的投资与成本。

⑤ 气化压力高，一般为 3～4MPa，最高可达 10MPa。为在各种压力下的等压合成天然气，提供了技术基础，有效降低了投资和能耗。

⑥ 干排灰固定床气化，消耗蒸汽大。油/水分离、工艺废水处理量及技术难度较大。造成投资和成本增加。

⑦ 液态排渣固定床气化，蒸汽分解率达 90%，蒸汽消耗与气流床气化接近，废水处理量大大减少。

⑧ 煤气中有效气（H_2、CO、CH_4）成分高，干排灰固定床气化 70%～73%，液态排

渣固定床气化 89％～90％，粗煤气中 8％～12％CH_4，为合成天然气产品，贡献了 40％～50％CH_4，大大减小了下游各装置的规模。

⑨ 煤、氧、电、水等消耗是三种气化工艺中最低的。

（2）气流床气化　气流床气化包括干粉煤气化和水煤浆煤气化。其特点是：

① 入炉原料煤粒度有严格要求，干粉煤中水分<2％。水煤浆浓度>60％。

② 气化温度 1500℃ 左右，煤气中（CO＋H_2）干粉煤气化 90％ 左右，水煤浆气化 80％。

③ 工艺废水量及有害物含量较少，易处理，投资少。

④ 气化强度大，单炉投煤量达 2000t/d 以上，有利于装置大型化。

⑤ 煤、氧、电、水等消耗较高。

⑥ 单位产品投资大，成本高。

（3）流化床气化　该气化技术单炉能力较小，目前还不能满足大型合成天然气厂建设要求。

2. 煤气化工艺各装置能力对比

对于同一煤质，同样规模，煤固定床气化与气流床气化，天然气合成工厂，各主要工艺装置相对能力比较见表 3-8-12。

经比较可知：

① 固定床气化能有效实现煤的分质利用。产出的副产品有焦油、粗酚、混合苯、氨，显著降低合成天然气成本。

② 干排灰固定床煤气化粗煤气中含有相当于产品天然气 40％～50％ 的甲烷，大大减小了下游变换、低温甲醇洗、甲烷合成、公用工程等装置能力。节省投资，降低原材料和动力消耗，能转化效率最高。

③ 固定床液态排渣气化，熔渣池可喷入一定的粉煤，再加锅炉用的粉煤，可基本解决块、粉煤平衡问题。蒸汽分解率可达 90％，煤气废水量很少。因此，固定床液态排渣气化是制煤天然气原料气的最佳工艺。当遇特高灰熔点煤时，可选用固定床干排灰气化。当粉煤过剩较多时，可选用固定床液态排渣与干粉煤熔渣气化组合的煤气化工艺。

④ 为了解决固定床气化废水处理问题，与水煤浆气化组合，废水用于制水煤浆，既解决了废水处理难题，又能节约用水，废水中焦油、有机物在气化炉 1500℃ 高温下分解成煤气。这也是一种较好的煤气化技术组合。

3. 粗煤气净化

粗煤气净化包括变换、低温甲醇洗两个装置。通过变换，调整煤气组成，使 H_2/CO＝3/1。通过低温甲醇洗把煤气中的总硫脱至 $0.1\mu L/L$ 以下，$CO_2$3％ 左右。

① 固定床与气流床变换有明显的不同。固定床粗煤气中含焦油等杂质，所以变换需选用耐硫耐油钴钼催化剂。因此要周期性烧炭，恢复催化剂活性，流程设计，无论装置规模大小，最少也要并列两条线。

② 固定床与气流床甲醇洗净化也有差别，主要是固定床变换气中仍然含有油等杂质。因此，在甲醇洗脱硫、脱碳前要设预洗塔，用低温甲醇洗涤，预洗废液先经水萃取，把甲醇和油分开，然后用精馏法把甲醇和水分开。

③ 由于固定床气化工艺煤气中含甲烷气较高，因此变换、净化、甲烷合成装置的规模比气流床小很多。20 亿米³/年天然气各装置相对能力比较见表 3-8-13。

表 3-8-13　不同气化工艺合成天然气各装置相对能力比较

气化工艺名称	物流名称	1 煤入炉(ar基)/(t/h)	2 氧99.6%/(m³/h)	3 气化粗煤气(干)/(m³/h)	4 出变换的气(干)/(m³/h)	5 出甲醇洗合成气(干)/(m³/h)	6 合成天然气(干)/(m³/h)
移动床干排渣气化 4MPa	各装置能力	5~50mm 533	14×10^4	919×10^3	938×10^3	675×10^3	250000
	相对能力	100	100	100	100	100	100
移动床液态排渣气化 4MPa	各装置能力	5~50mm 513	15×10^4	86×10^3	1201×10^3	821×10^3	250000
	相对能力	96	107	0.94	128	121	100
水煤浆气流床气化 6MPa	各装置能力	<0.02mm 643	41×10^4	121×10^4	153×10^4	99×10^4	250000
	相对能力	121	290	132	163	147	100
干粉煤气流床气化 4MPa	各装置能力	<10~90μm 533	32.8×10^4	105×10^4	151×10^4	99×10^4	250000
	相对能力	100	234	114	156	147	100

④ 各种煤气化生产的煤气、焦化及干馏煤气补充 CO 后，经变换调整 $(H_2 - CO_2)/(CO + CO_2) = 3.04$，再经脱硫、脱碳净化后，都可成为合格的原料气。但工艺流程、设备、原材料、动力消耗、投资、产品成本差别很大。

综上所述，固定床气化工艺，是集燃烧、气化、甲烷生成、干馏、干燥于一体的工艺过程。原材料、动力消耗最少。合成天然气各装置规模最小，投资最省。粗煤气中的 CH_4 含量高，生产 $1000m^3$ 合成天然气，仅需 $26500 \sim 27000m^3$ 合成气。所以国内外大型煤制天然气装置，大都采用加压固定床煤气化工艺。

本章节不包括煤气化和粗煤气净化部分。

固定床气化甲烷合成原料气制备流程见图 3-8-15。

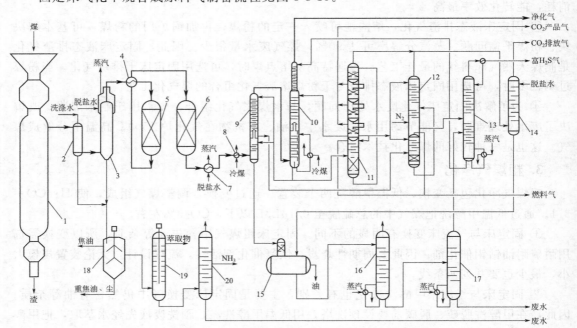

图 3-8-15　固定床气化甲烷合成原料气制备流程

1—气化炉；2—洗涤器；3,7—余热回收器；4—换热器；5—预变换炉；6—主变换炉；8—冷却器；9—H_2S 吸收塔；
10—CO_2 吸收塔；11—CO_2 闪蒸塔；12—H_2S 浓缩塔；13—热再生塔；14—尾气水洗塔；15—萃取塔；
16—共沸塔；17—甲醇水塔；18—焦油/水分离；19—萃取脱酚；20—氨回收

三、合成甲烷

1. 合成甲烷工艺原理

进入合成甲烷气装置的合成气，要求（H_2-CO_2）/（$CO+CO_2$）=3.04，经精脱硫，总硫含量要求 30×10^{-9}（体积分数）以下，在温度 250～750℃、压力一般 2.5～4.0MPa 范围，在镍催化剂的作用下，发生如下反应：

$$3H_2+CO \longrightarrow CH_4+H_2O \qquad \Delta H^{\ominus}_{298}=-206kJ/mol$$

$$4H_2+CO_2 \Longleftrightarrow CH_4+2H_2O \qquad \Delta H^{\ominus}_{298}=-165kJ/mol$$

伴随上述甲烷化反应进行，同时发生 CO 变换反应，

$$H_2O+CO \Longleftrightarrow CO_2+H_2 \qquad \Delta H^{\ominus}_{298}=-21.2kJ/mol$$

甲烷合成反应是强放热、体积缩小反应。高温、高压有利于加快反应速率，缩短化学反应达平衡的时间。低温有利于化学反应平衡，获得高达 96% 左右的甲烷产品。

对于甲烷化工艺，H_2/CO 的比，应满足最佳化学计量比 B。

$$B=\frac{H_2-CO_2}{CO+CO_2}=3$$

考虑工厂生产操作实际情况，一般设计 B 为 3.04，生产操作控制 B 在 3～3.08，较低的 B 可能引起碳的生成。在一定温度范围，合成气中高的 CO 分压，低的水含量，将产生如下结炭反应。

$$2CO \longrightarrow C+CO_2$$

碳生成的风险，主要发生在 2A/2B 甲烷化反应器和最终甲烷化反应器 5。在高 CO 分压，300℃以下，CO 与镍反应生成羰基镍，不仅造成镍的损失，同时还导致羰基镍在催化剂床层上沉积，降低催化剂反应活性，增加床层阻力降。在生产操作条件下，300℃以上温度，因有水蒸气仍在，不会产生羰基镍，详见图 3-8-16。在高温下防止镍晶体的生成是甲烷化工艺的关键，也是评价催化剂性能的重要指标。

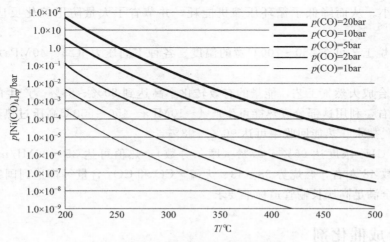

图 3-8-16 Ni(CO)₄ 浓度平衡曲线

2. 甲烷合成工艺特点

① 甲烷合成工艺技术的核心是催化剂的性能，大型装置都使用温度、压力范围很宽的镍催化剂，操作温度在 $250\sim700℃$，压力 $2.5\sim5MPa$。高温、高压下，反应速率极快。低温可得到高的 CH_4 浓度。所以在工程上采用多级固定绝热床反应器串联流程，各级反应器的温度逐步降低，保证产品天然气中的 CH_4 浓度达 96% 以上。

甲烷生成与温度的平衡曲线见图 3-8-17。

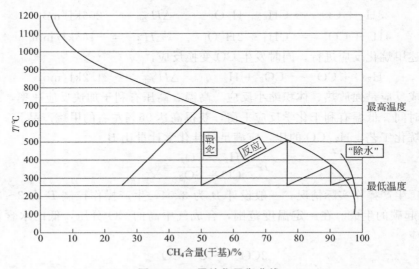

图 3-8-17   甲烷化平衡曲线

② 合成天然气技术，流程简单，装备易大型化，单条生产线天然气生产能力可达 $10\times10^4\sim20\times10^4 m^3/h$。

③ 采用第一级 2A 反应器出来约 $199℃$，含大量水蒸气的热循环气，控制 2A 甲烷化反应器床层温度。热循环气量是冷循环气量的 $1/3\sim1/2$，催化剂的装填量也相对少了，反应器尺寸大大缩小。从而降低了循环压缩机能耗，并节省了大量防甲烷化反应结炭所需的蒸汽。

④ 合成甲烷工艺可在 $250\sim700℃$ 宽的温度、各种不同压力（$25\sim40MPa$）下经济有效地运行。

⑤ 甲烷化合成天然气工艺，能量的有效转化率高达到 $80\%\sim85\%$。产生的废热能约占总能的 20% 左右，利用这部分废热能可生产 $4\sim10MPa$、$450\sim530℃$ 高压过热蒸汽，少量低压蒸汽及预热脱盐水。热能回收率可达 $96\%\sim98\%$。

⑥ 可生产 CH_4 浓度达 $96\%\sim97\%$（摩尔分数），热值可达 $35\sim36MJ/m^3$，相对密度 0.56，华白指数 48 左右，燃烧势 $38\sim43$、无硫，CO 和 CO_2 含量等都达到国家一类天然气质量标准，完全满足高压长输管道标准要求。

四、甲烷合成催化剂

催化剂是甲烷合成技术的核心，要求活性好、选择性好、转化率高、寿命长。20 世纪80 年代建成的美国大平原天然气工厂，鲁奇公司选用中温镍催化剂。21 世纪初中国投产的三个工厂，基本建成的两个工厂，都选用托普索或戴维高温催化剂，生产操作证明安全、可靠。三公司的催化剂性能见表 3-8-14。

表 3-8-14　不同催化剂性能

项目名称	戴维		托普索		鲁奇	
催化剂型号	CRG-S2	CRG-S2	MCR-2X	MCR-2X	G1-85	G1-85
形状	圆柱形	苜蓿形	七孔圆柱	挤压环形	环形	片形
直径/mm	3.4	8	9~10.5	5	5×7×3	5×5
长度/mm	3.5	5.4	4.5~5.7			
堆密度/(kg/m^3)	1450	930				
挤压强度/kgf	>16	>12				
活性成分	NiO/Ni	NiO/Ni	Ni	Ni	55%Ni	55%Ni
主要载体	Al_2O_3	Al_2O_3	陶瓷	Al_2O_3	Al_2O_3	Al_2O_3
使用温度/℃	250~750	250~750	250~750	230~750	230~510	230~650
使用压力/MPa	1.0~7.0	1.0~7.0	1.0~7.0	1.0~7.0	1.0~7.0	1.0~7.0
使用空速/h^{-1}	5000~30000	5000~30000			5000~30000	5000~30000
使用寿命/a	2~3	2~3	2~3	2~3	4~5	3

五、合成天然气脱水

合成天然气中含有大量水蒸气，为防止管道输送过程中产生冷凝水，形成水化物及腐蚀，因此，在进入管网前，必须按规定的露点要求，进行脱水干燥。天然气脱水工艺主要有如下几种：

1. 溶剂吸收法

所选的溶剂必须满足对天然气各成分及烃类的溶解度低，对水的溶解度大及水蒸气吸收能力强，要求溶剂蒸汽压低，易再生、稳定、不腐蚀。三甘醇作为工业气体脱水剂被广泛采用。三甘醇脱水主要包括吸收塔和再生系统，在高压、常温下吸收，低压、溶剂沸点下再生。溶剂循环使用，再生热源可以用蒸汽，也可以用燃气。

2. 固体吸收法

主要的固体吸附剂有分子筛、硅胶、活性铝矾土等。改变温度、压力可实现对水蒸气的吸附和脱吸。该法由于投资大，成本高，不宜用于大规模天然气的干燥。

3. 冷冻分离法

该法主要是利用气体降温，水蒸气分压降低的脱水方法。对于露点要求很低的深度脱水不宜选用。

进入长输管道的天然气规模大，要求深度脱水，所以选用三甘醇脱水干燥系统。

六、天然气压缩

合成天然气经脱水后，压力 2.2MPa。一般进入主干管线或长输管线还需要加压，压缩机压力和能力，视长输管线不同的工况要求选取。

七、合成甲烷工艺流程

1. 高温合成甲烷工艺流程

合成甲烷化工艺流程主要包括精脱硫、甲烷合成、余热回收、合成甲烷干燥及压缩五个部分。合成甲烷工艺有高温合成和中温合成。近年来广泛采用高温合成工艺流程。

合成甲烷化工艺流程，主要设备，虽有各种不同，但大同小异。在此，以干排灰固定床气化生产的合成气，在等压下进行甲烷化合成天然气，单系列 $14\text{-}15\times10^8\,m^3/a$ 作为一个代表进行说明。

煤制天然气的工艺流程见图 3-8-18。来自界外的合成气 30℃、3.2～3.3MPa、（H_2－CO_2）/（$CO+CO_2$）＝3.04 进入精脱硫槽 1，保证合成气中的总硫＜30×10^{-9}（体积分数），合格的合成气经加热到 255℃，分两股。一股与循环机来的 199℃、3.3MPa 热的循环气汇合进入 2A 反应器，2A 出来的反应气经 6A 余热回收器后，分成两部分：一部分换热后 190℃进循环机，另一部分 260℃与精脱硫来的 255℃合成气汇合后进入 2B 甲烷化反应器。由于甲烷化反应是强烈的放热过程，2A/2B 反应气温度很快升到 650～675℃，高温工艺气体进入余热回收器 6A/6B 生产 5.2MPa 的饱和蒸汽。6A、6B 余热回收器共用一个汽包 7。余热回收器出来的气体约 330℃进入甲烷化反应器 3，出来的反应气约 540℃进入第一高压蒸汽过热器 9，对高压蒸汽过热器 10 来的蒸汽进行第二次过热至 450℃。工艺气体换热后 300℃左右进入甲烷化反应器 4，出来的反应气进入第二高压蒸汽过热器 10。换热后 240℃进入甲烷化反应器 5，这时反应气中的甲烷浓度已达 97%，再经低压余热回收器或脱盐水预热器 11 冷却至 40℃。甲烷化过程产生的废热中，以高压过热蒸汽回收的废热，约占总废热的 70%；其他以低压蒸汽及预热脱盐水汽回收的废热，约占总废热的 27%。直接水冷热损失仅占 2.5%～3%。

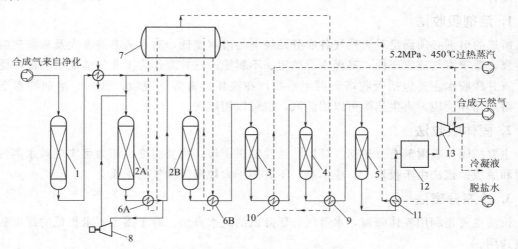

图 3-8-18　合成天然气工艺流程图

1—精脱硫槽；2A/2B，3～5—甲烷化反应器；6A/6B—余热回收器；
7—汽包；8—循环气压缩机；9,10—第一、第二高压蒸汽过热器；
11—脱盐水预热器；12—天然气干燥系统；13—天然气压缩机

合成天然气中含有大量的水蒸气，因此要经三甘醇脱水，才能成为合格的产品。根据用户对压力的需要，进一步对天然气进行压缩。

合成天然气工艺流程，不同的公司可能有差别，但都大同小异，主要的差别如下：

① 为了保证合成气中的总硫<30×10^{-9}，各公司都在甲烷化反应器前增设精脱硫槽，有的公司采用二级精脱硫，有的公司则仅用一级精脱硫。

② 各公司都采用高温甲烷化催化剂，但温度有差别，2A 反应器操作温度，托普索公司为 675℃，戴维公司为 650℃。

③ 采用的高温甲烷化催化剂起始活性温度都在 230℃左右。但进 2A/2B 甲烷化反应器入口温度，托普索公司 230℃左右，戴维公司 260℃左右。由于 300℃温度以下，能发生羰基镍副反应，影响催化剂的活性及寿命。托普索公司在 2A/2B 反应器床层，镍催化剂上部，增加了一种防止羰基镍生成的催化剂。

④ 各公司都采用热循环气控制 2A 反应器床层操作温度，但循环机在流程中的位置有所不同：托普索公司设在 2A 反应器出口，循环机入口温度约 190℃，水蒸气含量约 44%（体积分数）。戴维公司设 2B 反应器出口，循环机入口温度约 159℃，水蒸气含量约 24%（体积分数）。循环气中水蒸气含量越高，催化剂结炭的可能性越小。

⑤ 关于反应器的数量。根据原料气中 CH_4 含量及产品气中 CH_4 浓度定，一般采用 3 级 4 个反应器或 4 级 5 个反应器。前两个反应器都分配一定的新鲜合成气。2A 反应器的生成气都进 2B 反应器。后面的反应器都是串联的。一级反应器中，除发生甲烷化反应外，还可能伴有 CO 变换生成 CO_2 反应。

⑥ 余热回收根据煤气化压力及工厂热能平衡确定，一般生产 4～5.2MPa，450℃高压过热蒸汽。余热回收器设置在 2A/2B 反应器出口。但蒸汽过热器的位置有不同：戴维公司蒸汽过热器设在 2A 反应器出口，托普索公司设在第 3、第 4 甲烷化反应器出口，串联过热。

⑦ 余热都按能的等级充分回收，除生产高压过热蒸汽外，有的选择生成低压饱和蒸汽和预热脱盐水及锅炉给水。有的预热脱盐水、脱氧及锅炉给水。废热能的回收率都能达到 95%～98%。

2. 中温甲烷合成流程

美国大平原煤制合成天然气厂，甲烷化合成工艺是采用 460～480℃的中温甲烷合成技术，采用冷循环，循环气是第二甲烷化反应器出口经冷却至 40℃后的生成气，与部分新鲜气混合后，290℃进第一甲烷化反应器，第一甲烷化反应器出来的气体经余热回收器，生产 4MPa 中压饱和蒸汽。然后与余下的新鲜气混合，290℃进第二反应器，反应气温度约 465℃进余热回收器生产 4MPa 中压饱和蒸汽，然后进锅炉给水预热器换热后，195℃进第三甲烷化反应器，出反应器温度 265℃，最后经合成气换热器、水冷却器换热后送合成天然气干燥系统。由于操作温度低，有利于甲烷化反应平衡向深度完成，放热量更大。因此，水蒸气消耗大，循环气/新鲜气为 2～3，能耗较高。废热能温度较低，利用价值不如高温甲烷化工艺。

中科院大连化物所与全国煤化工设计技术中心合作，开发一种无循环压缩机的甲烷合成工艺，已授权发明专利，建成工业试验装置。托普索也开发了同类型的技术。

八、合成天然气关键设备

合成天然气关键设备有甲烷化反应器、余热回收器、蒸汽过热器、循环气压缩机。

1. 甲烷化反应器

甲烷化合成天然气流程中有高、中温两种甲烷化反应器。高温 500～700℃，中温 300～

500℃。由于高温甲烷化反应在催化剂作用下，反应速率特别快，放热量特别大。催化剂活性好、空速大、装填少。所以固定床绝热反应器床层高/内径在 0.5 左右。反应器内，上部有气体分布器，催化剂上、下层有瓷球，下部有支撑系统。内衬为浇注的耐火材料，属冷壁反应器。筒体一般选用 1.25CrMo 碳钢。中温甲烷化固定床是热壁绝热反应器，其结构形式基本相似，筒体一般选用 1.25CrMo、06Cr19Ni10 碳钢。各反应器的设计参数和材质详见表 3-8-15。

表 3-8-15　反应器的设计参数和材质

项目名称		2A 反应器	2B 反应器	第 2 反应器	第 3 反应器	第 4 反应器
进反应器温/℃		托普索:255 戴维:320	262 320	330 280	300 250	240
进催化剂床层温度/℃		托普索:330	330	330	300	240
出反应器温度/℃		托普索:675 戴维:650	675 650	539 484	389 362	299
操作压力/MPa		3.12	2.99	2.9	2.76	2.49
流量	kg/h	320424	239482	239482	239514	142547
	m³/h	587356.6	439704.7	375132.6	325948.6	198627
内径/mm		4900	4300	3600	2800	2800
床层高/mm		3500	3570	1710	2490	5580
衬里厚度/mm		200	200	200		
设计材料		1.25Cr0.5Mo	1.25Cr0.5Mo	1.25Cr0.5Mo	碳钢	碳钢
腐蚀裕度/mm		1.6	1.6	1.6	1.6	1.6

2. 余热回收器和蒸汽过热器

（1）余热回收器　合成气无尘，无腐蚀性，温度在 750℃ 以下，设备结构，材质易解决，设计、设备制造国内完全可以解决。余热回收器 6A/6B 设计参数和材质见表 3-8-16。

表 3-8-16　余热回收器 6A/6B 设计参数和材质

项目名称	余热回收器 6A	余热回收器 6B
传热面积/m²	1040(计算)/1043(实际)	664(计算)/693(实际)
热负荷/(MJ/S)	101	74.5
壳、管内物料/(kg/h)	2280789(壳) 320423(管)	1678212(壳) 239418(管)
压力/MPa	5.49(壳)/3.05(管)	5.49(壳)/2.92(管)
传热系数/[kJ/(m²·h·℃)]	116665(液)/2924(气)	127976(液)/3248(气)
壳体内径/mm	2500	2050
管径(内/外)/mm	25.65/31.75	25.65/31.75
管数/管长/mm	1944/7000	992/7000
材料/腐蚀裕度/mm	1.25Cr0.5Mo/3.2	1.25Cr0.5Mo/3.2

（2）高压蒸汽过热器　为了更好利用余热，尽可能多生产高压蒸汽。因此，蒸汽过热器分两段串联在流程的不同位置，即高压蒸汽过热器 9、高压蒸汽过热器 10。设计参数、材质见表 3-8-17。

表 3-8-17 高压蒸汽过热器设计参数和材质

项目名称	高压蒸汽过热器9	高压蒸汽过热器10		
		A	B	C
实际面积/m²	1523	342	461	461
热负荷/(MJ/s)	17.4	11.9	12.8	10.4
流量/(kg/h)	壳:239482	壳:239428	壳:239428	壳:239428
	管:342296	管:342269	管:342269	管:342269
操作温度/℃	壳:390	壳:536	壳:480	壳:418
	管:270	管:408	管:358	管:319
操作压力/MPa	壳:2.86	壳:2.86	壳:2.86	壳:2.86
	管:5.39	管:5.2	管:5.3	管:5.3
传热系数/[kJ/(m²·h·℃)]	壳:1292	壳:2280	壳:1896	壳:1885
	管:1150	管:1872	管:1605	管:1597
壳内径/mm	1715	1930	1800	1800
壳前端材料	碳钢	2.25Cr1Mo	2.25Cr1Mo	1.25Cr0.5Mo
管材	碳钢	1.25Cr0.5Mo	1.25Cr0.5Mo	1.25Cr0.5Mo
U管数量	1674	276	334	334
U管长度/mm	7600	5175	5760	5760

3. 循环气压缩机

循环气压缩机一般选用电驱动的离心式，它是甲烷化装置的关键设备，按系列配置。已投产的合成天然气工厂都选用国外成套进口机组，不设备机。压缩机采用一段一级压缩，异步电动机驱动，齿轮组采用低噪声的单螺旋正齿轮。机组配备一台 ITCC 控制柜，为整个机组和异步电动机提供独立的保护和控制功能。工艺技术相关参数如下：

吸气量	250754m³/h，288367m³/h（max）
入口压力	32.54MPa
排出压力	33.23MPa
入口温度	190℃
出口温度	199℃
多变效率	76%～83%
操作负荷范围	25%～100%
密封型式	干气
电机功率	10kV，1750kW
轴功率	1442kW

九、产品产量、组成及副产品量

1. 合成天然气

（1）合成天然气组成（表 3-8-18）

表 3-8-18 合成天然气组成(体积分数)   单位:%

组分	CH_4	CO	CO_2	H_2	C_2H_6	N_2	Ar
含量	97.93	11ppm	0.16	1.36	0.02	0.26	0.27

(2) 合成天然气量 171875m^3/h,189062.5m^3/h(max)。

(3) 出天然气压缩的温度 40℃。

(4) 进合成天然气压缩的压力 2.37MPa(G)(出压缩机压力视用户需要确定)。

2. 副产品

(1) 高压过热蒸汽 342t/h。

(2) 低压蒸汽 12.9t/h。

十、原材料气消耗量及组成

(1) 合成气组成(表 3-8-19)

表 3-8-19 合成气组成(体积分数)   单位:%

组分	CH_4	CO	CO_2	H_2	C_2H_6	N_2	Ar	O_2
含量	15.2	19.18	1.32	63.7	0.3	0.1	0.1	0.1

(2) 合成气量 49.6$\times 10^4 m^3$/h(max)。

(3) 合成气温度 37℃。

(4) 合成气压力 3.3MPa。

十一、公用物料消耗定额

公用工程消耗定额见表 3-8-20。

表 3-8-20 公用工程(水、电、汽、气)消耗定额(每 1000m^3 SNG 产品计)

序号	名称	规格	消耗定额	消耗量 h	消耗量 a	备注
1	低压脱盐水	1.2MPa,105℃/m^3	0.068	12.9	103×10^3	
2	高压脱盐水	6.8MPa,105℃/m^3	1.83	342	2.76×10^6	
3	仪表空气	0.7MPa/m^3	1.93	363	2.9×10^6	
4	脱盐水	0.5MPa,40℃/m^3	0.0058	1.2	9.7×10^3	
5	循环冷却水	(ΔT=12℃)/m^3	1.96	369	2.95×10^6	
6	开车用蒸汽	5.0MPa,450℃/t			1.85×10^6	仅开车
7	电	10kV/kW·h	9.5	1745	14×10^6	
8	电	380V/kW·h	0.009	1.65	13.0×10^3	

十二、合成天然气能效

1. 能的转化效率

天然气能/合成气的能=87.5%

2. 热能的转化热效率

(天然气能+副产蒸汽的能+低位热能回收)/(合成气的能+电+脱盐水能)=97.6%

3. 煤制天然气的综合能效

煤制天然气的综合能效与煤质好劣、气化技术、计算方法有大的关系。一般固定床加压气化工艺，煤质好的条件下，能效在 $60\% \sim 65\%$。

十三、三废排放

1. 废液

（1）工艺冷凝液

① 正常排放量 $105m^3/h$，最大 $115m^3/h$。

② 组成（质量分数，%）：H_2O：99.86%；CO_2：0.06%；NH_3：0.05%；CH_4：0.03%。

（2）余热回收器排污

① 正常排放量 $3.9m^3/h$，最大 $4.2m^3/h$。

② 组成（质量分数，%）：磷酸盐 $PO_4^{3-} < 15$；$Cu < 1$；$Fe < 6$。pH 值 $10 \sim 11$。

2. 废渣

废催化剂，由制造厂回收。

十四、示范项目

内蒙古大唐国际克什克腾煤制天然气示范项目如下。

1. 概述

该项目是 2009 年 8 月国家发展改革委核准的第一套煤制天然气示范项目。所用原料褐煤来自大唐集团内蒙古锡林浩特以东胜利二号煤田；水源来自大唐投资建设的大石门水库，库容 $1.9 \times 10^8 m^3$；产品目标市场给北京市供气，兼顾沿线用气需求。输气管线设计压力 7.8MPa，管径 DN900，输气量 $40 \times 10^8 m^3$，最大 $60 \times 10^8 m^3$。输气管线终点站为承德市滦平县巴克什营计量交接站，管线全长 320km。

2013 年 6 月第一系列 B 单元打通全流程产出合格天然气，开始向北京燃气环网供气。

2. 设计规模

核准合成天然气 $40 \times 10^8 m^3/a$。共建设 3 个系列，每个系列生产能力 $13.3 \times 10^8 m^3$。

3. 主要装置组成及技术选择

① 4.0MPa 碎煤加压气化技术；

② 大型空分制氧技术；

③ 耐硫耐油变换技术；

④ 低温甲醇洗净化技术；

⑤ 丙烯压缩制冷技术；

⑥ 克劳斯硫回收带尾气氨法脱硫技术；

⑦ 英国 DAVY 公司合成甲烷技术；

⑧ 加舒大普帕克天然气脱水技术；

⑨ 煤气化废水处理和回用技术（国家"863"攻关项目）

⑩ 配套的共用工程及辅助工程。

第五节　合成气无循环甲烷化技术（NRMT）

一、概述

随着我国经济社会快速发展，人民生活水平不断提高，对天然气的需求不断增长，常规天然气产量不能满足市场需求，2015 年进口天然气 $616.5 \times 10^8 \, m^3$，加之我国探明天然气储量不足，而煤炭资源较丰富，在这个背景下，煤制天然气技术的研发迎来热潮并取得巨大进展，煤制天然气技术开发及工程建设取得较大进展。目前，国际上比较成熟的甲烷化工艺技术主要有英国 DAVY 公司的 CRG 甲烷化技术、丹麦托普索公司的 TREMP™ 甲烷化技术和德国鲁奇公司的甲烷化技术，这三种甲烷化技术均为循环甲烷化工艺。我国已建煤制天然气项目中的甲烷化装置，也主要依靠引进 Davy 公司及托普索公司的甲烷化技术。

北京华福工程有限公司、大连瑞克科技有限公司及中煤能源黑龙江煤化工有限公司联合开发了无循环甲烷化工艺（non-recycle methanation technology，NRMT），取消了高温循环压缩机，实现了对传统工艺的创新。

二、工艺原理

无循环甲烷化工艺（NRMT）包括配气甲烷化及完全甲烷化两个阶段，其中配气甲烷化采用 1~4 级（根据原料气体组成确定级数）串联的高温反应器，完全甲烷化采用 1~2 级（根据原料气体组成确定级数）串联的中低温反应器。所用原料气分为富 H_2（即变换气）和富 CO 气（即未变换气）两股，其中富 H_2 气由一级反应器入口加入反应系统，富 CO 气则分别从配气甲烷化的各级反应器入口逐步加入反应系统。通过控制逐级加入的富 CO 气量来控制氢碳比和反应温度，从而取消了高温循环压缩机，最终使原料气氢碳比符合化学计量比，并达到物质与能量的优化匹配。无循环甲烷化工艺流程如下：

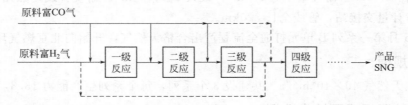

三、原料气要求

① 富 H_2 气中的 CO 含量，应保证富 H_2 气的平衡反应温度≤650℃，其具体含量与原料气中甲烷等惰性气的含量有关。

② 富 CO 气要求，H_2/CO 摩尔比＜3。

③ 原料气中总硫含量≤20$\mu L/m^3$。

四、工艺流程

无循环甲烷化工艺典型流程如图 3-8-19 所示，前 4 级反应器采用固定床绝热反应器，末级反应器采用列管式等温反应器，以稳定末级反应平衡温度，保证产品质量。

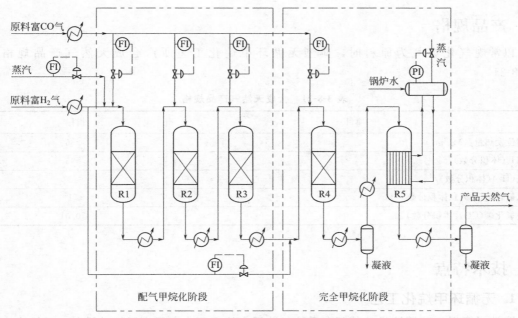

图 3-8-19 无循环甲烷化工艺典型流程

1. 流程简述

精脱硫处理后的富 CO 气（未变换气）经预热升温后，作为配气原料气分别送一至四级反应器，每级反应入口管线上设有在线分析仪，以保证配气的精确度（进而控制反应器温度及产品质量），其中第四级配气为精确配气的补充和保证措施（第三级配气精确的情况下，可不用第四级配气）。

精脱硫处理后的富 H₂ 气（变换气）经预热升温后分成两股，一股作为富 H₂ 气配气送至四级反应器入口（第三级配气精确的情况下，不使用富 H₂ 气配气），另一股与一级富 CO 配气混合，并配入适量蒸汽（防止催化剂结炭），混合气温度控制在 250～300℃，进入一级反应器。一级反应器出口工艺气温度为 600～700℃，经换热降温后，与二级富 CO 配气混合，进入二级反应器。二级反应器出口工艺气温度为 600～700℃，经换热降温后，与三级富 CO 配气混合，进入三级反应器。三级反应出口工艺气温度＜700℃，经换热降温后与四级富 CO（或富 H₂ 气）配气混合，进入四级反应器。合理调节进入各级反应器的富 CO 气量，将加入反应系统全部原料气的反应模数 M 控制在 2.98～3.02（反应模数定义见下）。三级及四级反应器的出口温度受原料气组成影响较大，需根据具体原料组成进行计算。四级反应出口工艺气经换热降温后进入气液分离罐，分离掉液相，气相经换热升温后，进入末级反应器，末级反应器为等温反应器，通过副产蒸汽将反应生成热及时带走。末级反应器出口气体冷却降温至 40℃后，进入气液分离罐分离掉液相，气相即为产品合成天然气。

2. 定义说明

① 反应模数：

$$M = \frac{H_2 - CO_2 + C_2H_4 + 2C_2H_6}{CO + CO_2 + C_2H_4 + C_2H_6}$$

② 配气甲烷化阶段及完全甲烷化阶段的反应器数量需根据原料气的具体组成来确定。

五、产品规格

以常规气化煤气为原料时,典型无循环甲烷化工艺所产合成天然气产品规格见表3-8-21。

表 3-8-21 合成天然气产品规格

项目	指标
高位发热量/(MJ/m³)	≥36
CH₄(体积分数)/%	≥95
氢(H₂)(体积分数)/%	≤2
二氧化碳(CO₂)(体积分数)/%	≤1
一氧化碳(CO)(体积分数)/%	≤0.01

六、技术特点

1. 无循环甲烷化工艺

取消了高温循环压缩机及其配套系统,装置占地面积小,无高温转动设备,系统安全稳定性提高,节能效果明显,装置投资显著降低。

2. 氢碳比分级调节系统

通过控制逐级加入的富 CO 气来调节反应氢碳比和反应温度,控制灵活、精确,产品质量更趋稳定,同时大大降低了催化剂床层飞温的可能性。

3. 耐高温甲烷化催化剂

国产耐高温型甲烷化催化剂,使用温度范围 $230\sim700℃$,反应空速 $5000\sim20000h^{-1}$,使用寿命在两年以上,催化剂整体性能达到国际先进水平。

4. 内置废热锅炉甲烷化反应器

利用气冷壁技术,冷气走壳程,避免反应器外壳直接与高温气体接触,取消了耐火材料。反应器内件不受压,降低材质,节省投资。通过反应与废锅换热的集成,简化了流程,操作维护方便,系统压损小,安全稳定性提高。

七、技术研发

无循环甲烷化技术的研发主要包括耐高温甲烷化催化剂的研发及无循环甲烷化工艺的研发。

1. 耐高温甲烷化催化剂的研发

2009 年 10 月成功研制出耐高温甲烷化催化剂 (RK-09),该催化剂活性成分为 Ni,使用温度范围为 $230\sim700℃$,且床层短时间超过 $750℃$,不会影响催化剂使用寿命。催化剂研制成功后,又进行了一系列的性能测试试验,并不断优化改进。该催化剂于 2013 年 1 月,完成了由大连市经济和信息化委员会主持的"耐高温甲烷化催化剂"新产品新技术鉴定。目前该催化剂产品的整体性能已达到国际先进水平。

耐高温甲烷化催化剂 (RK-09) 的主要性能指标见表 3-8-22。

表 3-8-22 耐高温甲烷化催化剂(RK-09)主要性能指标

项目	技术指标
活性成分	Ni
组成	Ni、La、Al、O
外观	多孔圆柱体
尺寸规格/mm	$\phi 8, H=4\sim6$
堆密度/(g/mL)	0.9~1.1
强度/(N/cm)	≥180
使用温度范围/℃	230~700
初期入口温度/℃	250~300
出口温度或热点温度/℃	≤700
反应压力/MPa	0.5~6.0
反应空速/h^{-1}	5000~20000
CO 转化率/%	>99
催化剂使用寿命/a	≥2

2. 无循环甲烷化工艺的研发

无循环甲烷化工艺的研发主要经历了小试试验、中试试验、中试现场标定、科技成果鉴定、大型甲烷化工艺包编制及工业化示范等阶段。

(1)小试试验 2010 年搭建了实验室小试装置,通过模拟工业运行条件,对无循环甲烷化工艺及耐高温甲烷化催化剂进行了长周期的考察试验。小试试验采用五级反应器,累计运行 8200h,各级反应器出口工况的模拟及试验结果见表 3-8-23。

表 3-8-23 小试试验模拟及试验结果

反应器	反应器位置	压力/MPa	空速/h^{-1}	温度/℃	组分含量(体积分数)/%			
					H_2	CO	CO_2	CH_4
一级	反应入口	3.0	20000	240	69.1	6.4	2.2	6.4
	反应出口(计算)			705	51.6	0.44	0.42	17.1
	反应出口(试验结果)			699	51.2	0.41	0.41	17.3
二级	反应入口	3.0	20000	240	51.5	11.4	1.1	14.2
	反应出口(计算)			702	35.8	2.3	3.4	25.8
	反应出口(试验结果)			698	35.3	2.1	3.3	25.9
三级	反应入口	3.0	20000	240	38.5	8.5	3.3	22.5
	反应出口(计算)			591	20.5	0.8	4.5	39.1
	反应出口(试验结果)			588	19.8	0.7	4.3	39.5
四级	反应入口	3.0	20000	250	20.5	0.8	4.5	39.1
	反应出口(计算)			432	6.7	0.02	1.6	42.2
	反应出口(试验结果)			429	6.6	0.02	1.5	42.3
五级	反应入口	3.0	20000	220	23.5	0.6	5.9	69.2
	反应出口(计算)			330	0.7	—	0.7	84.6
	反应出口(试验结果)			328	0.6	—	0.3	84.7
	脱水后				0.7	—	0.4	98.2

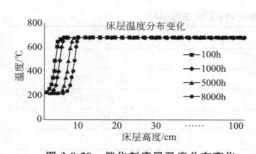

图 3-8-20 催化剂床层温度分布变化

从表 3-8-23 中可以看出，各级反应器出口工况的模拟和试验结果相差很小，五级反应出口气经脱水后，甲烷含量达到 98.2%，初步确定了无循环甲烷化工艺的可行性及耐高温甲烷化催化剂的高效性。

小试试验过程中，催化剂床层温度分布的变化情况见图 3-8-20，可以看出，随着使用时间的增长，催化剂的热点温度逐步下移，但是下移速度很缓慢，说明催化剂活性下降的很缓慢，催化剂的活性比较稳定。

小试试验前后催化剂的结构参数对比情况见表 3-8-24，可以看出，试验前后催化剂的结构参数变化均不大，验证了耐高温甲烷化催化剂的结构稳定性。

表 3-8-24 小试试验前后催化剂结构参数对比

项目	比表面积/(m²/g)	平均孔径/nm	Ni 晶粒度/nm	C 含量/%	强度/(N/cm)
新鲜催化剂	46.3	35.6	8.6	0.0	132
卸出催化剂	39.1	36.1	10.3	0.002	118

通过小试试验，初步确定了无循环甲烷化工艺及耐高温甲烷化催化剂的优势，同时，收集了基本的工艺运行数据，积累了相关操作经验，为中试试验的开展奠定了基础。

（2）中试试验 在小试试验的基础上，于 2013 年设计并建设了一套处理气量为 1000m³/h 的甲烷化中试装置，装置建设在中煤龙化黑龙江煤化工有限公司厂区内，依托厂区原料及公用工程条件。

中试的主要任务是进一步考察耐高温甲烷化催化剂的性能及无循环甲烷化工艺的可靠性、开发安全可靠地操作程序、积累生产操作经验、为工业化装置的设计提供数据支持。

中试装置于 2015 年产出合格天然气产品，并于 2015 年 10 月份完成了由中国石油和化学工业联合会组织的中试装置 72h 现场标定，标定期间原料气典型组成见表 3-8-25。

表 3-8-25 原料气典型组成

项目	组成(摩尔分数)/%						
	H_2	CO	CO_2	CH_4	C_nH_m	N_2	O_2
富 H_2 气	75.82	3.75	2.97	16.25	0.00	0.99	0.22
富 CO 气	56.37	25.72	1.65	14.94	0.79	0.47	0.06

中试装置运行期间标定结果见表 3-8-26，实际运行结果与模拟结果吻合较好，试验过程中各项运行参数均达到了设计指标。通过中试试验，进一步验证了无循环甲烷化工艺及耐高温甲烷化催化剂的可靠性，确定了无循环甲烷化工艺技术的优势。

表 3-8-26 中试运行标定结果

项目	标定结果			
	0~24h 平均	24~48h 平均	48~72h 平均	0~72h 平均
富氢气消耗量/(m³/h)	298	294	388	327
富 CO 消耗量/(m³/h)	687	679	572	646

续表

项目	标定结果			
	0～24h平均	24～48h平均	48～72h平均	0～72h平均
产品产量/(m³/h)	359	357	367	361
CO转化率/%	约100	约100	约100	约100
反应器入口温度/℃	220～269	220～269	218～265	218～269
催化剂床层热点温度/℃	≤694	≤690	≤679	≤694
系统压降/MPa	0.2	0.2	0.2	0.2
产品甲烷含量/%	95.74	95.46	95.51	95.57

（3）科技成果鉴定 2015年11月，中国石油和化学工业联合会组织专家组对无循环甲烷化工艺技术进行了科技成果鉴定。鉴定结论为："该成果开发了新型无循环甲烷化工艺，创新性强，具有自主知识产权。该工艺节省了循环压缩机的投资和相应能耗，节能效果明显，具有较好的应用前景。综合技术水平达到国际先进水平。"

（4）大型甲烷化工艺包编制 编制完成了以鲁奇炉煤气化煤气为原料的"年产$13 \times 10^8 m^3$合成天然气无循环甲烷化工艺包"，并于2016年4月底通过了中国石油和化学工业联合会组织的专家评审，部分评审意见如下："工艺包在中试研究成果的基础上，充分借鉴了成熟的大型工程化装置经验，工艺和控制方案切实可行，设备选型和材料选择符合工程实践经验；各项设计指标达到了国际先进水平，满足大型甲烷化装置建设需要，具备了行业内推广应用的条件。"

仅取消合成气压缩机一项，每小时生产$16 \times 10^4 m^3$合成天然气，可节约电力2720kW·h。

（5）工业化应用 在中试的基础上，对换热网络及工艺控制方案进行了优化改进，并于内蒙古港原化工有限公司$6 \times 33000kV·A$电石炉技改年产$1 \times 10^8 m^3$ LNG项目中，完成了甲烷化工业示范装置的设计工作，2017年建成投产。

参考文献

[1] 王明华，李政，麻林巍.现代化工，2008（3）：13-16.
[2] 李大尚.煤化工，2007，12（6）：1-3.
[3] 邓渊.煤炭加压气化.北京：中国建筑工业出版社，1982.
[4] 加藤顺，小林博行，林田义夫.碳一化学工业生产技术.北京：化学工业出版社，1990.
[5] ［德］J·法尔贝.一氧化碳化学.北京：化学工业出版社，1985.
[6] 郭树才.煤化工工艺学.北京：化学工业出版社，1992.
[7] 川忠斌，等.中国天然气经济发展问题研究.北京：石油工业出版社，2008.
[8] ［美］Perry N.煤炭气化工艺.太原：山西科学教育出版社，1987.
[9] 向德辉，刘忠云.化肥催化剂实用手册.北京：化学工业出版社，1992.
[10] 第4届中国国际煤化工及煤转化高新技术研讨会论文集，2008.
[11] 陈贤仁，等.煤炭气化新工艺.北京：煤炭工业出版社，1984.

第四篇

煤炭的热解与焦化

第一章
概　述

第一节　低阶煤中低温热解特性及优势

低阶煤是指处于低变质程度的煤，主要为褐煤和低变质烟煤（包括长焰煤、不黏煤、弱黏煤）。低阶煤热解是指低阶煤在隔绝空气或缺氧条件下，加热到 $500\sim800℃$ 分解为气体（热解气）、液体（煤焦油）、固体（半焦）三相物质的复杂物理化学变化过程。

一、低阶煤结构

煤以有机质为主，是由许多的基本结构单元组合而成的大分子结构。基本结构单元包括规则部分和不规则部分，规则部分为基本结构单元的核部分，由几个或十几个苯环、脂环、氢化芳香环和杂环（含氮、氧、硫）所组成，在苯核的周围连接着各种含氧基团和烷基侧链，属于基本结构单元的不规则部分。

低阶煤的基本结构单元如图 4-1-1 所示，低阶煤变质程度较低，碳氢含量低、氧含量高，结构单元芳核较小，结构单元之间由桥键和交联键形成空间大分子，侧链长而且数量多，空隙率高。

二、低阶煤性质

① 褐煤是煤化程度最低的煤，外观呈褐色和黑色，光泽暗淡或呈沥青光泽，含有较高的内在水和不同数量的腐植酸，在空气中易风化碎裂，发热量低，挥发分 $V_{daf}>37\%$，且恒温无灰基高位发热量不大于 $24MJ/kg$。根据其透光率 P_m（GB/T 2566—2010）的不同，小于 30% 的为褐煤一号，$30\%\sim50\%$ 的为褐煤二号。褐煤的最大特点是水分含量高、灰分

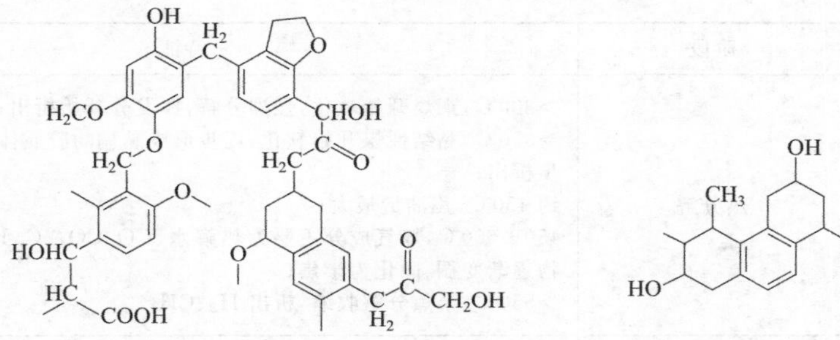

图 4-1-1 低阶煤基本结构单元

(a) 褐煤　　　　　(b) 低阶烟煤

含量高、发热量低。根据 176 个井田或勘探区统计资料，褐煤的全水高达 20%～50%，灰分一般为 20%～30%，收到基低位发热量为 11.71～16.73MJ/kg。

② 长焰煤是烟煤中煤化程度最低、挥发分最高（$V_{daf}>37\%$）、黏结性很弱（$G<3.5$）的一类煤，受热时一般不结焦，燃烧时火焰长。不黏煤是煤化程度较低，挥发分范围较宽（V_{daf} 在 20%～37%）、无黏结性（$G<5$）的煤。在我国，此类煤显微组分中有较多的惰质组。弱黏煤煤化程度较低，挥发分范围较宽（V_{daf} 在 20%～37%），受热后形成的胶质体较少。此类煤显微组分中有较多的惰质组，黏结性微弱，G 在 5～30，介于不黏煤和 1/2 中黏煤之间。

在我国，低变质烟煤不仅资源丰富，且煤的灰分低、硫分低、发热量高、可选性好，煤质优良。各主要矿区原煤灰分均在 15% 以内，硫分小于 1%。其中，不黏煤的平均灰分为 10.85%，平均硫分 0.75%；弱黏煤平均灰分为 10.11%，平均硫分 0.87%。根据 71 个矿区统计资料，长焰煤的收到基低位发热量为 16.73～20.91MJ/kg，弱黏煤、不黏煤的收到基低位发热量为 20.91～25.09MJ/kg。

三、煤热解过程概述

煤热解是指将煤在隔绝空气条件下持续加热使其分解，生成固态（焦炭或半焦）、液态（煤焦油、粗苯等）和气态（热解气）等产物的过程（表 4-1-1）。一般热解温度在 500～800℃得中、低温焦油。

煤的热解过程按加热速率可分为慢速热解（3～5K/s）、中速热解（5～100K/s）、快速热解（500～10^5K/s）和闪速热解（大于 10^5K/s）。

表 4-1-1 煤的热解过程

温度/℃	阶段	特征
<300	干燥脱气	脱水： 至 120℃,脱除大部分外在水分； 约 200℃,结合水,吸附的 CH_4、CO_2、N_2 等开始脱除。 脱羧： 约 270℃,羧基受热分解,CO_2 大量析出,煤中焦油和蜡状物质开始流动并渗透到煤粒表明,阻塞了部分微孔,降低了煤的亲水性;水分降至约 1%;外形变化小

续表

温度/℃	阶段	特征
300~600	热分解	>300℃,烟煤开始软化,强烈分解,挥发分开始析出; >350℃,黏结性煤开始软化,逐步形成黏稠的胶质体,煤气与焦油进一步析出; 约450℃,焦油量最大; 450~600℃,煤气成分主要为热解水、CO、CO_2、C_mH_n,煤分解固相产物逐渐变稠、固化为半焦; >550℃,半焦分解收缩,析出 H_2、CH_4
600~1000	热缩聚 (二次脱气)	>700℃,几乎无焦油析出,主要析出 H_2; >800℃,半焦进一步收缩,向焦炭转化

四、煤热解过程中的化学反应

由于煤的不均一性和分子结构的复杂性,煤热解过程中的化学反应是非常复杂的。煤热解的化学反应可分为裂解和缩聚两大类反应。从煤的分子结构看,可认为热解过程是基本结构单元周围的侧链、桥键和官能团等对热不稳定的成分不断裂解,形成低分子化合物并挥发(表 4-1-2);基本结构单元的缩合芳香核部分对热保持稳定,并相互缩聚形成固体产品(半焦或焦炭)。

按照煤热解的反应特点和在热解过程中所处的阶段,一般划分为煤的裂解反应、二次反应和缩聚反应。

表 4-1-2　挥发分的来源

挥发分	H_2O	CO_2	CO	CH_4、C_2H_6	焦油	O_2	N_2	H_2
煤中来源	羟基的裂解	羧基的裂解 碳酸盐分解	醚裂解 CO_2+C	脂肪裂解	各种重 CH 化合物裂解	氧	氮	芳香烃裂解

1. 裂解反应

煤在受热温度升高到一定程度时其结构中相应的化学键会发生断裂,这种直接发生于煤分子的分解反应是煤热解过程中首先发生的,通常称之为一次热解。一次热解主要包括以下几种裂解反应。

① 桥键断裂发生自由基煤的结构单元中的桥键主要是—CH$_2$—CH$_2$—、—CH$_2$—、—CH$_2$—O—、—O—、—S— 和—S—S— 等。它们是煤结构中最薄弱的环节,受热很容易裂解生成自由基碎片。

② 脂肪侧链裂解煤中的脂肪侧链受热易裂解,生成气态烃,如 CH_4、C_2H_6、C_2H_4 等。

③ 含氧官能团裂解。煤中含氧官能团的热稳定顺序为:—OH>C═O>—COOH>—OCH$_3$。羟基不易脱除,到 700~800℃以上和有大量氢存在时可生成 H_2O。羰基可在 400℃左右裂解,生成 CO。羧基热稳定性低,在 200℃时即可分解生成 CO_2。另外,含氧杂环在 500℃以上也可能断开,放出 CO。

④ 低分子化合物的裂解煤和脂肪结构为主的低分子化合物受热也可以分解生成气态烃类。

2. 二次反应

一次热解产物的挥发性成分在析出过程中如果受到更高温的作用,就会继续分解产生二次裂解反应，主要的二次裂解反应有：

（1）裂解反应

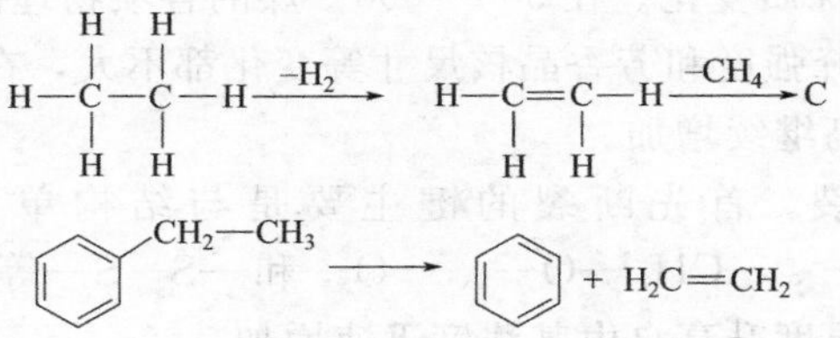

$$H-\underset{\substack{|\\H}}{\overset{\substack{H\\|}}{C}}-\underset{\substack{|\\H}}{\overset{\substack{H\\|}}{C}}-H \xrightarrow{-H_2} H-\underset{\substack{|\\H}}{\overset{\substack{H\\|}}{C}}=\underset{\substack{|\\H}}{\overset{\substack{H\\|}}{C}}-H \xrightarrow{-CH_4} C$$

$$C_6H_5-CH_2-CH_3 \longrightarrow C_6H_6 + H_2C=CH_2$$

（2）脱氢反应

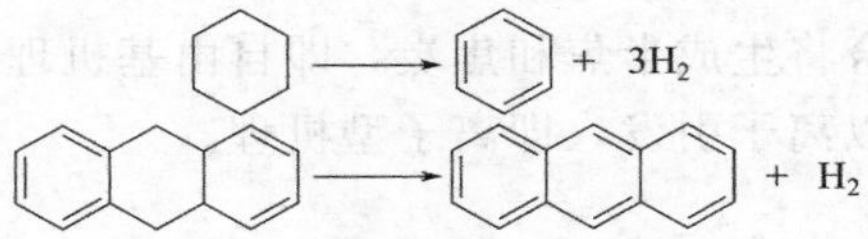

环己烷 $\longrightarrow$ 苯 $+ 3H_2$

二氢蒽 $\longrightarrow$ 蒽 $+ H_2$

（3）加氢反应

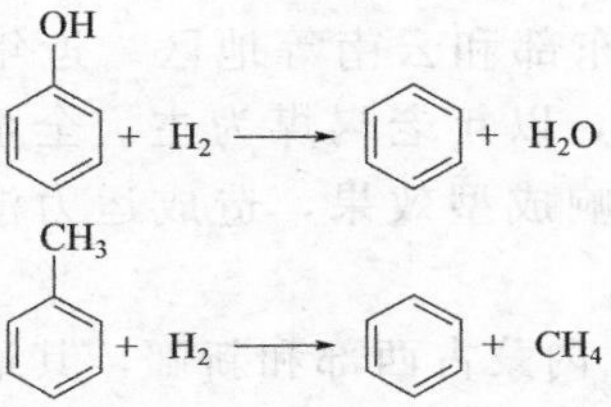

苯酚 $+ H_2 \longrightarrow$ 苯 $+ H_2O$

甲苯 $+ H_2 \longrightarrow$ 苯 $+ CH_4$

（4）缩合反应

二甲苯 $+ C_4H_6 \longrightarrow$ 二甲基萘 $+ 2H_2$

$+ \longrightarrow + 4H_2$

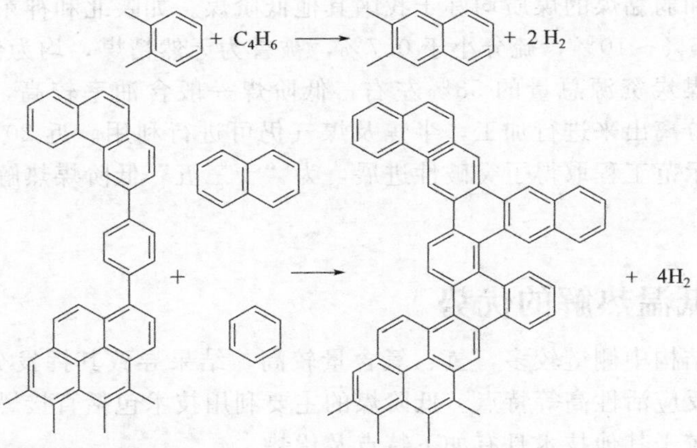

多环芳烃之间的缩合，如：

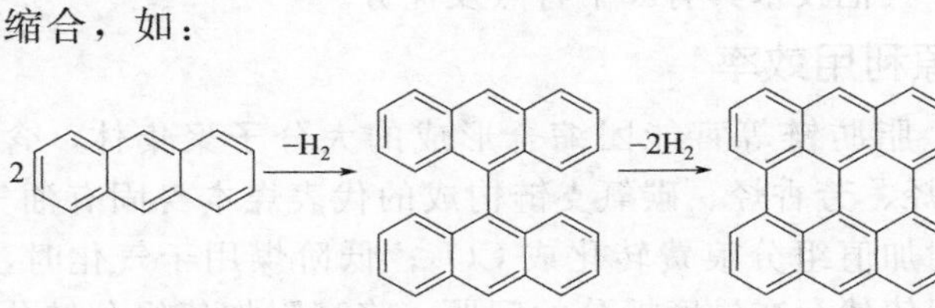

$2 \times$ 蒽 $\xrightarrow{-H_2} \xrightarrow{-2H_2}$

3. 缩聚反应

煤热解的前期以裂解反应为主，后期则以缩聚反应为主。

① 胶质体固化过程的缩聚反应。主要是热解生成的自由基之间的结合、液相产物分子间的缩聚、液相与固相之间的缩聚和固相内部的缩聚等。这些反应基本在 $550\sim600℃$ 前完成，结果生成半焦。

②从半焦到焦炭的缩聚反应。反应特点是芳香结构脱氢缩聚,芳香层面增大。苯、萘、联苯和乙烯等也可能参加反应。

③半焦和焦炭的物理性质变化。在500～600℃煤的各项物理性质指标如密度、反射率、导电率、特征X射线衍射峰强度和芳香晶核尺寸等变化都不大,在700℃左右这些指标发生明显跳跃,以后随温度升高继续增加。

煤热解始于键的断裂。首先断裂的键主要是与结构单元相连的桥键,主要指—CH_2—CH_2—、—CH_2—、—CH_2—O—、—O—和—S—S—等。顺磁发现,煤在300℃时就有自由基生成,且随温度升高自由基浓度迅速增加。

因此,煤热解可能由弱键的断裂引发。产生的自由基如果获得足够的氢即稳定下来生成挥发分,若自由基间相互聚合将生成半焦和焦炭,即自由基机理。不过,由于煤中含有大量的含氧官能团,热解也可能以离子引发,即离子型机理。

五、低阶煤分布

我国褐煤主要分布在内蒙古东部和云南等地区。近年来我国褐煤探明保有量不断增加,分布区域也扩大到新疆等地,以年老褐煤为主。全水分约为30%,有的高达70%,导致褐煤干燥过程中易粉化,影响成型效果,造成运力浪费。我国大多数褐煤的干基灰分为15%～30%。

低变质烟煤主要分布在陕西、内蒙古西部和新疆,其最大特点是低灰、低硫、活性高、可选性好。其中,不黏煤平均灰分11%,硫分0.7%;弱黏煤平均灰分10%,硫分0.8%。总体上看,不黏煤和弱黏煤的煤质均好于我国其他低阶煤。如陕北和神东煤炭基地的不黏煤和弱黏煤,灰分为5%～10%,硫分小于0.7%,被誉为天然精煤,均为优良的低阶煤资源。

我国低阶煤占煤炭资源总量的53%左右,低阶煤一般含油率较高,通过中低温热解,将附加值高的焦油分离出来进行加工,半焦及煤气仍可进行利用。近20余年来,我国低阶煤热解技术开发和示范工程取得了突破性进展,为"十三五"低阶煤热解上级发展打下了良好的基础。

六、低阶煤中低温热解的优势

低阶煤的化学结构中侧链较多,氢、氧含量较高,结果导致其挥发分含量高、含水高、含氧多、易自燃、反应活性高等特点。低阶煤的主要利用技术包括直接燃烧、气化、液化和热解。热解技术相较于其他技术具有如下特点及优势。

1. 有效提高资源利用效率

低阶煤是由芳环、脂肪链等官能团缩合形成的大分子聚集体,含有高达10%～40%(质量分数)的由链烷烃、芳香烃、碳氧支链构成的代表煤本身固有油气成分的挥发分,直接燃烧会形成大量高附加值组分浪费转化成CO_2;低阶煤用于气化时,相较于燃烧可提高附加值组分的利用率但依然存在过度拆分的问题,将高附加值组分转化为CO和H_2。因此热解与燃烧和气化技术相比,通过热解过程(俗称拔头)将煤中的焦油(液态)提出来,同时产出煤气和半焦(兰炭),将原煤一分为三,无疑将能更有效地分质利用资源,提高煤利用效率,避免煤炭资源的巨大浪费。

2. 工艺条件温和

煤热解是弱吸热反应,反应本身的能量消耗仅相当于原煤热值的3%～5%,热解温度在 550～700℃，反应压力接近常压，在相对温和的工艺条件下，绝大部分金属构件和控制器件可以可靠地工作，且热解采用隔绝氧气加热方式，生产系统不需要大型空分装置，设备投资大大降低。

3. 具有良好的环保性

低阶煤由于水分高、发热量低直接采用锅炉燃烧，单位发电量需要更多的燃料，产生的烟气量大，有较高的 CO_2 排放，需要较大的炉膛空间、设备及资金投入。煤热解制得的半焦可作为锅炉燃料和气化原料，半焦所含的污染物少于原煤，故燃烧或者气化半焦对环境保护有利。同时，热解过程相较于气化尤其是湿法气化，水耗大大降低。

4. 产品多元化，已形成多产业连接的桥梁

相对于煤燃烧、气化、液化单一的煤转化技术，低阶煤经过热解转化为气态产品热解煤气、液态产品煤焦油和固态产品半焦。煤焦油可以提取高价值的芳香环化学品或者加氢制取燃料油，在一定程度上弥补我国油品供给的不足，实现煤化工与能源化工产业的对接，有较好的经济效益和社会效益。热解煤气富含氢气和甲烷，热值较高，经过净化之后可以直接作为城市煤气、燃烧发电，制合成气用于生产合成氨、甲醇等化工产品，实现煤化工与大宗化学品等领域的连接，具有较高的经济价值。半焦除用于燃烧或者气化，对环境保护有利，有较好的社会效益外，也可以经过活化制成吸附材料或过滤材料，还可以用作高炉喷吹料等。

因此，充分考虑低阶煤炭的结构和组成特征，发展以热解为龙头的清洁高效分质转化技术，利用低阶煤中挥发性烃类化合物在温和条件下直接转化为油气/化学品的特点，提高煤炭利用效率，减少 CO_2 排放，形成具有延展性的多元产业网络，是我国当前煤炭利用产业的战略需求，也是解决我国油气资源短缺的可行和有效途径之一。

第二节　低阶煤中低温热解技术沿革及研发进展

一、技术沿革

17 世纪后期，固体燃料中低温热解技术开始出现，19 世纪初期，现代中低温热解工业开始形成并发展。煤的中低温热解工业最初是为制取家用燃料，之后发展到从焦油中提取发动机燃料和化工原料。加氢技术成熟以后，煤的中低温热解工业取得了较大的发展。大致可分为四个阶段。

（1）20 世纪以前　可称为煤热解工艺发展的第一阶段，用以生产照明灯油和民用固体无烟燃料。这一阶段的煤热解规模和技术水平较低，设备构造简单，单台装置处理能力小，产品加工和利用率也较低。1805 年，英国用中低温热解方法，以烟煤制造兰炭。1830 年以后用烛煤、褐煤制造灯油和石蜡。德国在煤炭中低温热解技术开发中做了大量工作，1860年德国开始建立较大型的褐煤中低温热解工厂，制取灯油和石蜡。19 世纪后期，天然石油的开采和加工工业兴起，一些盛产天然石油的国家，中低温热解工业衰退，但以制取兰炭为目的的烟煤中低温热解工业在 1890 年左右仍有发展。

（2）20 世纪初至 20 世纪 50 年代　是煤热解工艺发展的第二阶段。这一阶段，随着汽化器式内燃机的出现和广泛应用，汽油需求量激增，缺乏天然石油资源的国家，千方百计从固体燃料中制取液体燃料，使中低温热解工业得到了迅速发展，相继出现了德国的 Lurgi-Spuelgas、美国的 Disco、德国的 Lurgi-Ruhrgas（鲁奇-鲁尔煤气公司法）、苏联的固体热载

体快速热解等工艺。煤的热解、焦油的加工和半焦的应用都达到了可观的工业规模。

第二次世界大战期间，德国主要采用三段式鲁奇炉处理褐煤（表 4-1-3），大力发展煤中低温热解工业，增长液体燃料，至 1943 年，中低温焦油产量达到 430 万吨。

欧洲其他国家也建有一批该类工厂，主要包括：捷克斯洛伐克的斯大林（Stalovzavody）、莫斯特（Mosty）等，波兰的布拉霍夫尼（Blachowni）、鲍尔雷克（Bobrek）、布拉赫哈莫尔（Blechammer）、奥斯威兹（Auschwitz）、米兹留威兹（Mizluwitz）等，法国的撒尔煤田海尼兹（Heinitz）、马临诺（Marienan）等；英国在 19 世纪初，有 13 家使用考立特（Colalite）炉的低温热解工厂，20 世纪 50 年代英帝国化学公司贝宁汉（Billingham）建立一台年产 2×10^5t 煤炼油厂，用低温焦油加氢制造 100♯汽油。苏联在卫国战争之前，建三个煤炼油厂，战后第五个五年计划中提出，到 1950 年，应从页岩和煤中提出 9×10^5t 液体燃料。第 16 号工厂有鲁奇式热解炉 32 台。西欧国家的一些煤炼油厂在二战中遭到破坏，没有恢复。

朝鲜的低温热解工厂，但在战争中受到严重破坏，日本有三个低温热解工厂，产焦油 1×10^5t，直接用作海军燃料油。

我国的煤中低温热解工业始于抗日战争期间，当时仅在四川、云南、贵州等地建有外热式铁甑煤热解小型工厂。日本侵略我国东北时，曾在抚顺建有 11 台门德式（Mond）低温热解炉，在辽宁锦西建设低温热解车间，日本投降时均被破坏。国民党时期，在吉林市曾修建鲁奇式低温热解炉 4 台，但未正式运作，四平建设的热解装置，到解放时也不复存在。新中国成立之初，我国就拟恢复和建立中低温热解工业。抚顺石油四厂 1953 年着手设计建设一套试验设备和一台日处理量 45t 塞登努尔低温热解炉，其工艺流程类似与鲁奇炉，但炉是圆形的。1957 年我国的中低温热解炉单炉规模达到了 330t/d 的能力。之后，经东德专家指导，生产能力提高到 450t/d，还建设了一套研究设备和一台 5t/d 的鲁奇式低温热解试验炉，试验国内煤种，并建设了污水酚回收和酚精练装置。大庆油田发现后，盛极一时的低温煤热解工业逐渐停下来。

表 4-1-3 德国的煤低温热解工厂概况

序号	厂名	概况
1	Offleben	三段式鲁奇炉,处理软褐煤
2	Znachterstedtt	三段式鲁奇炉,处理软褐煤
3	Deuben	三段式鲁奇炉 6 台,处理软褐煤
4	Profen	三段式鲁奇炉 3 台,处理软褐煤
5	Regis	三段式鲁奇炉 3 台,处理软褐煤,油收率 13%
6	Deutzen	三段式鲁奇炉 5 台,处理软褐煤
7	Bolhen	三段式鲁奇炉 24 台,处理软褐煤,油收率 13%,年产焦油 32 万吨
8	Hiraschfelde	三段式鲁奇炉 6 台,处理软褐煤
9	Rositz	三段式鲁奇炉,处理软褐煤
10	Webau	三段式鲁奇炉,处理软褐煤
11	Koepsen	三段式鲁奇炉,处理软褐煤

续表

序号	厂名	概况
12	Leuna	三段式鲁奇炉,处理软褐煤,年产焦油 4 万吨
13	Zeitz	三段式鲁奇炉,处理软褐煤,年产焦油 45 万吨
14	Luizkendorf	三段式鲁奇炉 30 台,处理软褐煤
15	Espenhain	三段式鲁奇炉,处理软褐煤,年产焦油 52 万吨
16	Nachterstedt	三段式鲁奇炉 4 台,处理软褐煤
17	KarstenZentrum	三段式鲁奇炉,处理软褐煤
18	Grube	三段式鲁奇炉,处理软褐煤
19	WanneEichel	克鲁伯
20	Velsen	克鲁伯

（3）20 世纪 60～80 年代　称为煤热解工艺发展的第三阶段。这一阶段,国内外石油炼制工业和石油化工的迅速发展,使煤中低温热解工业陷入低潮。但是,一些国家为了延缓石油枯竭的速度,作为能源的安全储备,对煤中低温热解技术仍然进行了一些基础性研究和中试,这些工作也为近年来的煤热解发展提供了基本依据。

这一阶段的工作主要包括以下几个方面：

① 煤热解的化学反应、热力学和动力学、热解机理和模型；

② 生产工艺过程、工艺条件和炉型；

③ 煤的加氢热解和催化热解；

④ 煤热解多联产技术方案和经济分析。

国外对煤热解进行中试和工业性试验的情况见表 4-1-4。

表 4-1-4　国外对煤热解进行中试和工业性试验的情况

序号	国家	原料	热解工艺	规模	工艺条件
1	美国	褐煤、烟煤等	COED	3t/d 中试	常压,500～600℃
2	美国	烟煤	Toscoal	25t/d 中试	常压,482℃
3	美国	烟煤	Garrett 工艺	3.8t/d 中试	344kPa,约 540℃
4	澳大利亚	烟煤	流化床快速热解工艺	20kg/h	600℃
5	波兰	粉煤	流化床快速热解工艺	25t/d 中试	550～580℃
6	苏联	褐煤	3TX-175(ETCH-175)	4～6t/d 中试	常压,600～650℃
7	美国	干粉煤	CS-SRT 加氢热解	20～60t/d	0.2～0.5MPa,550～650℃
8	美国	次烟煤和褐煤	Coalcon 加氢热解	300t/d	0.9MPa,560℃
9	美国	New Mexico 煤	Schroeder 加氢热解	—	4.21～41.3MPa,600～800℃

20 世纪 70 年代末期,我国大连工学院（今大连理工大学）聂恒锐等人研究开发了辐射炉快速热解技术,经实验室研究和放大规模试验,于 1979 年建立了 15t/d 规模的工业示范厂,1983 年进行了以舒兰褐煤为原料的连续运作试验,并对该工艺所产焦油和焦渣的组成

及性质进行了分析研究，为我国煤中低温热解的研究奠定了基础。

（4）20世纪90年代至今 称为煤热解工艺发展的第四阶段。随着世界经济的发展，石油资源日益紧缺，原油价格不断攀升。为了缓解石油供应不足的状况，国内外中低温热解技术的研究进入了新的发展时期，并取得了可喜成果。褐煤提质与陕北低阶煤中低温热解技术的开发已经从以实验室研究为主走向越来越多的工业化试验和工业化示范，煤炭热解工业化技术取得了飞跃性的发展。与此同时，与煤炭中低温热解产业相关的中低温焦油加氢技术和节能环保技术也得到了快速发展。这些都将促进煤炭中低温热解产业的健康发展。

二、技术分类及发展现状

低阶煤中低温热解工艺众多，按加热方式可分为外热式、内热式及内热外热混合式。外热式加热介质与原煤不直接接触，热量由管壁或通过外场作用传入；内热式加热介质与原煤直接接触。按加热介质的不同分为固体热载体、气体热载体及外场作用（或无热载体）。固体热载体由热解生产的半焦或热灰等作为循环热载体，利用热解固体产物热能作为热源；气体热载体由高温热烟气或惰性气体等作为循环热载体；外场作用是通过外场（微波辐射、蓄热辐射等）与原煤相互作用提供热量。按原料粒径可分为块煤热解、碎煤热解和粉煤热解。不同热解技术在加热方式、加热介质及原料煤粒径的选择方面又有所交叉，以单一标准对热解技术进行划分则不能较好地区分技术特点而流于形式，因此，本书选择对热解技术发展有较大影响的典型技术进行介绍。

1. 国外典型热解技术

（1）鲁奇三段炉 鲁奇三段炉是由德国鲁奇公司设计开发的一种用于黏结性不大的块煤和型煤（25～60mm）干馏的连续内热式干馏炉，见图4-1-2。

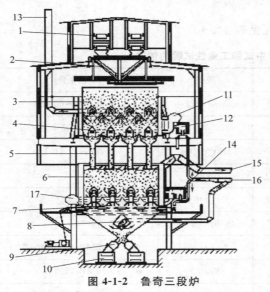

图4-1-2 鲁奇三段炉

1—上煤皮带机；2—加煤车；3—煤槽；4—干燥段；5—通道；
6—干燥段；7—冷却段；8—出焦机构；9—出焦闸门；
10—带式运输机；11—干燥段吹风机；12—干燥段燃烧炉；
13—排气烟囱；14—干馏段燃烧炉；15—干馏煤气出口管；
16—回炉煤气管；17—冷却煤气吹风机

鲁奇三段炉分为两室三段，上段为煤干燥预热段（150℃），中段为干馏段（500～850℃），下段为半焦冷却段（100～150℃）

原料煤在直立炉中随料层下行，载热气体逆向通入进行直接加热。该炉主要结构特征：①整个炉体分上、下两室，即上室为干燥段，下室为干馏段、冷却段，其间由若干直立管连通，使得干燥段产生的蒸气不会稀释荒煤气；②上、下两室分别用两个独立的燃烧炉燃烧净煤气分段供热，热煤气与煤直接换热；③干燥段和干馏段分别设置有排气烟囱和出口荒煤气管，分别用于排放干燥段的废气、水蒸气和引出干馏段生成的荒煤气，降低了废水量。

（2）考伯斯（Koppers）炉 考伯斯炉是由德国考伯斯公司开发的一种内、外热结合的复热式立式炉，由炭化室、燃烧室及位于一侧的上、下蓄热室所组成，见图4-1-3。

考伯斯炉煤仓位于炉顶部，煤仓下部有密封加煤阀和辅助煤箱相接。加煤时打开煤仓支撑板滑阀和炭化室顶部辅助煤箱的密封加煤阀，煤从煤仓进入辅助煤箱。煤以相同的速度连续通过煤斗进入炭化室热解。荒煤气和空气进入上下蓄热室预热，预热后的煤气和空气在燃烧室的垂直火道里交替地上下流动燃烧，所产生的热量通过炭化室墙加热炭化煤。燃烧后约1300℃的废气通过蓄热室格子砖进行热交换后离开炉体（温度约 300～350℃）。炭化室底部灼热焦炭在排焦箱上部用熄焦所产生的水蒸气进行预熄。排焦装置上部引入补充蒸气。排焦箱内设有喷水嘴，兰炭经水喷洒后降温到100℃以下，经排焦装置连续地进入焦斗中。

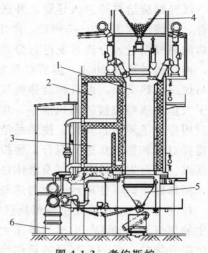

图 4-1-3 考伯斯炉
1—干馏室；2—上部蓄热式；3—下部蓄热式；
4—煤斗；5—煤焦槽；6—加热煤气管

型煤从炭化室顶部的煤槽连续地装入炭化室，炭化后的型焦进入炭化室底部的焦槽，并定期卸入熄焦车。为了预冷型焦，部分净煤气在卸焦点以上部位进入炭化室，同时喷入水，产生的水煤气和返回的净煤气一道通过型焦沿炭化室上升，既冷却灼热型焦，又使型煤在炉内受热均匀，最后与干馏煤气混合，由炭化室顶部的上升管、集气管引出。

（3）鲁奇-鲁尔（Lurgi-Ruhrgas）工艺 该法是由 Lurgi GmbH 公司（联邦德国）和 Ruhrgas AG 公司（美国）开发研究的。此工艺于 1963 年在南斯拉夫建有生产装置，单元系列生产能力为 800 t/d，建有 2 个系列厂，生产能力为 1600 t/d。产品半焦作为炼焦配煤原料，见图 4-1-4。

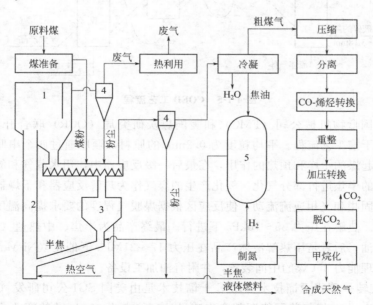

图 4-1-4 鲁奇-鲁尔（Lurgi-Ruhrgas）工艺流程简图
1—半焦分离器；2—半焦加热器；3—反应器；4—旋风分离器；5—焦油加氢反应器

煤经螺旋给料器进入导管，并送入干馏炉，煤与循环热半焦一起在机械搅拌的干馏炉中混合，干馏温度为 480～590℃，产生的半焦一部分用作燃料，一部分被循环使用。而煤气与焦油蒸气则进入分离系统进行分离。1961 年在 Dorsten 建成处理煤量为 260t/d 的热解装置，连续运转达到 200h，但后续开发工作由于油价的下跌而中断。该工艺利用部分循环半焦与煤进行热交换，而且燃烧热解气体用于煤的干燥，因此整个过程具有较高的热效率。但由于大量焦渣颗粒被带入焦油中，焦油中固体颗粒物含量高达 40%～50%，给焦油的加工和利用带来了困难。同样，使用黏结性煤会因焦油和粒子的凝集而引起故障。该工艺采用机械搅拌对煤和热半焦进行混合，磨损和设备放大等方面存在问题。此外，LR 工艺处理原料包括煤、油页岩和油砂，以及液体烃类，该技术应用于原油、石脑油裂解制取系统的 LR 装置，简称砂子炉（使用沙子作为热载体），并在德国、日本、中国等地建起砂子炉。

粒度小于 5mm 的煤粉与焦炭热载体混合之后，在重力移动床直立反应器中进行干馏。产生的煤气和焦油蒸气引至气体净化和焦油回收系统，循环的焦炭部分离开直立炉用风动输送机提升加热，并与废气分离后作为热载体再返回到直立炉。在常压下进行热解得到热值为 26～32MJ/m³ 的煤气、半焦以及煤基原油，后者是焦油产品经过加氢制得的。

（4）COED 工艺　COED 工艺流程见图 4-1-5。

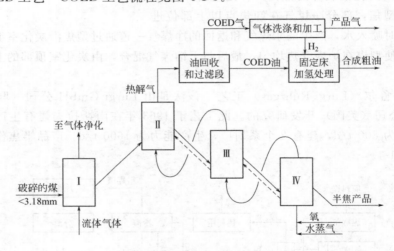

图 4-1-5　COED 工艺流程

该工艺由美国食物机械公司（FMC）和美国煤炭研究局（OCR）联合开发，采用低压、多段、流化床煤干馏工艺流程。平均粒度为 0.2mm 的原料，顺序通过四个串联的反应器，其中第一级反应器起煤的干燥和预热的作用，在最后一级反应器中，用水蒸气和氧的混合物对中间反应器中产生的半焦进行部分气化。气化产生的煤气作为热解反应器和干燥器的热载体和流化介质。借助于固相和气相逆流流动，使反应区根据煤脱气程度的要求提高温度，有力地控制热解过程的进行。热解在压力 35～70kPa 下进行。最终产品为半焦、中热值（15～18MJ/m³）煤气以及煤基原油，后者是用热解液体产品在压力 17～21MPa 下催化（Ni-Mo）加氢制得的。该工艺已有日处理能力 36t 煤的中间装置，并附有油加工设备。

（5）LFC 旋转炉箅式干馏技术　LFC 干馏技术是由美国 SGI 公司研发（现为 MR & E 公司拥有），并于 1990 年与美国能源部合作建设处理能力为 1000t/d 的商业化示范工厂，是目前同类技术中商业化程度最为成熟的一种。该技术将煤干燥、煤干馏和半焦钝化技术相耦合，将含水量高、稳定性差和易自燃的低阶煤提质成为性质稳定的固体燃料 PDF（process derived fuel）和高附加值的液体产品 CDL 两种新的能源化工产品。

LFC 旋转炉算式干馏工艺见图 4-1-6。

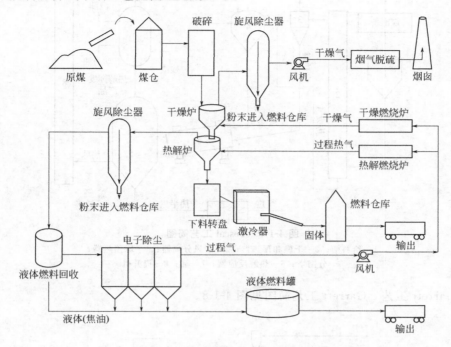

图 4-1-6 LFC 旋转炉算式干馏工艺简图

原煤经破碎、筛分后，送入旋转的算式干燥器，由 300℃ 左右的热气干燥至水分几乎为零。然后进入旋转炉算热解炉，回收的高温气流将其加热至 537.78℃。半焦进一步在一个振动流化床反应器释放热量，将温度和氧气量严格控制，实现气流部分流态化，粒子间的活性部位发生氧化钝化反应，减少自燃的倾向。

从热解器出来的热气体，经旋风分离器分离出夹带的煤粉，然后进入 CDL（coal derived liquids）激冷塔中冷却至 70℃ 左右，得到所需的碳氢化合物。气体温度控制在水的露点温度以上，使得 CDL 冷凝，水分留在气相中。

冷却后的气体进入 CDL 静电捕集器（ESP），收集得到副产品 CDL。经捕集器后的大部分气体，一部分在热解燃烧器进行燃烧，剩余的进入干燥燃烧器中燃烧。

（6）Toscal 工艺 Toscal 工艺图见图 4-1-7。

Toscoal 方法是美国油页岩公司（Oil shale corp）和 Rocky Flasts 研究中心开发。其工艺流程是将 6mm 以下的粉煤加入提升管中，利用烟气将其预热至 260～320℃，预热后的煤进入旋转滚筒与被升温的高温瓷球混合，热解温度保持在 420～510℃，煤气与焦油蒸气由分离器的顶部排出，进入气液分离器进一步分离；热球与半焦通过分离器内的转鼓分离，细的焦渣落入筛下，瓷球通过斗式提升机送入球升温器循环使用。该工艺于 20 世纪 70 年代建成处理量为 25t/d 的中试装置，但试验中发现由于瓷球被反复升温到 600℃ 以上循环使用，在磨损性上存在问题。此外，黏结性煤在热解过程中会黏附在瓷球上。因此，仅有非黏结性煤或弱黏结性煤可用于该工艺。

工艺的产品为半焦、油和热值为 22MJ/m³ 的煤气。此工艺已在 1976 年建成的日处理 25t 煤的中间装置上实验成功，1982 年兴建日处理能力 6.6 万吨煤的工业装置。

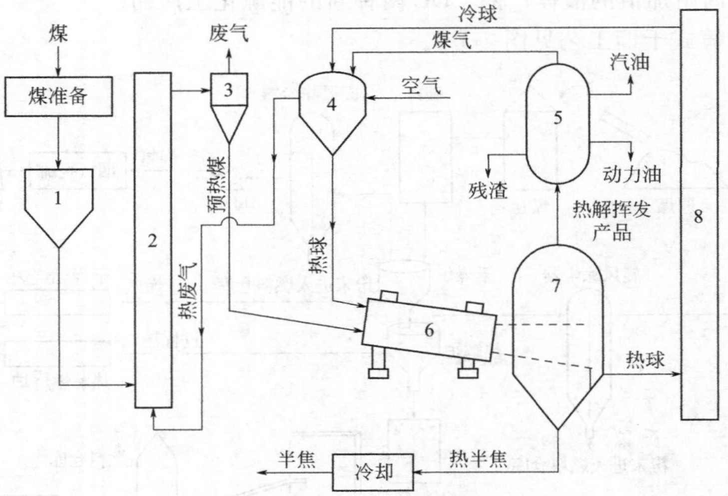

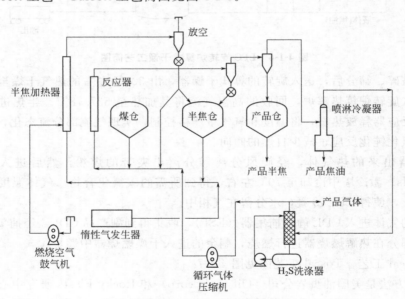

图 4-1-7 Toscal 工艺简图

1—给料槽；2—干燥和预热器；3—旋风分离器；4—球预热器；
5—分馏塔；6—热解反应器；7—筛；8—提升机

(7) Garrett 工艺 Garrett 工艺简图见图 4-1-8。

图 4-1-8 Garrett 工艺简图

　　Garrett 法是美国西方研究公司研究开发的。粉碎至 0.1mm 的煤粉，在常压气流床反应器中进行热解。该工艺是为生产液体和气体燃料以及适于作动力锅炉的燃料设计的，其依据是短停留时间快速干馏能获得较高的焦油产率。热载体是用经空气加热的自产循环半焦。热解在几分之一秒内发生，停留时间小于 2s，因而挥发物二次裂解最小，液体产率高。在 577℃，焦油产率高达 35% (质量分数)。在气流床反应器中，流化介质是利用炭化后的煤气，经分离出热解半焦和液体产品之后返回到循环系统中。液体产品加氢制成煤基原油。此外还得到半焦和发热量 $22\sim24MJ/m^3$ 的中热值煤气。

此工艺已建成日处理 3.6t 煤的中间装置并在宽范围条件下进行条件实验。

（8）Coalcon 法　Coalcon 法工艺见图 4-1-9。

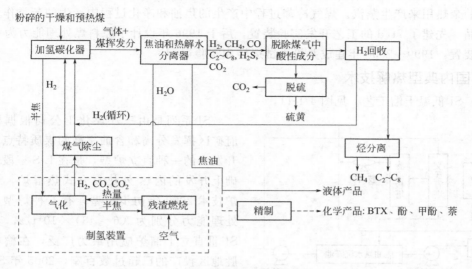

图 4-1-9　Coalcon 法工艺简图

Coalcon 法是一项技术上先进的加氢热解工艺，联合碳化物公司成立的 Coalcon 联合公司于 20 世纪 70 年代开发了这项技术。它采用一段流化床，非催化加氢的方法，在中等温度（最高至 560℃）、中等压强（最高 6.895MPa）、煤的最长停留时间 9min 的条件下操作。用氢气使反应器内的煤和焦流化，氢气与煤反应放出的热量加热加入的煤和氢气。用锅炉烟气废热将煤干燥，并预热至约 327℃，预热煤经锁斗用氢气密相输送到加氢干馏器。该工艺可以选用黏结性煤，进煤与大量的循环半焦混合可防止煤结块。Coalcon 工艺的优点是不使用催化剂，氢耗低、操作压强低，有处理黏结性煤的能力，液体和气体产率高，产品易于分离。已成功地完成日处理煤 250t 的中间装置和日处理煤 300t 半工业装置的运转工作。

（9）日本煤炭快速热解工艺　见图 4-1-10。

该方法是将煤的气化和热解结合在一起的独具特色的热解技术。它可以从高挥发分原料煤中最大限度地获得气态（煤气）和液态（焦油和苯类）产品。原料煤经干燥，并被磨细到有 80% 小于 0.074mm，用氮气或热解产生的气体密相输送，经加料器喷入反应器的热解段。然后被来自下段半焦化产生的高温气体快速加热，在 600～950℃ 和 0.3MPa 下，于几秒内快速热解，产生气态和液态产物以及固体半焦。在热解段内，气态与固态产物同时向上流动。固体半焦经高温旋风分离器从气体中分离出来后，一部分返回反应

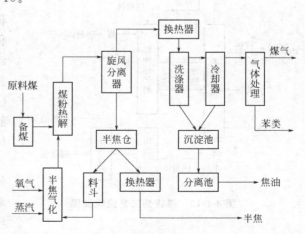

图 4-1-10　日本煤炭快速热解工艺简图

器的气化段与氧气和水蒸气在 1500～1650℃ 和 0.3MPa 下发生气化反应，为上段的热解反应提供热源；其余半焦经换热器回收余热后，作为固体半焦产品。从高温旋风分离器出来的

高温气体中含有气态和液态产物，经过一个间接式换热器回收余热，然后再经过脱苯、脱硫、脱氨以及其他净化处理后，作为气态产品。间接式换热器采用油作为换热介质，从煤气中回收的余热用来产生蒸汽。煤气冷却过程中产生的焦油和净化过程中产生的苯类作为主要液态产品。先建了 7t/d 的工艺开发实验装置，后于 1996 年设计了原料煤处理能力为 100t/d 的中试装置，1999～2000 年建成并投入试运转和实验运行。

2. 国内典型热解技术

（1）SJ 低温干馏工艺　见图 4-1-11。

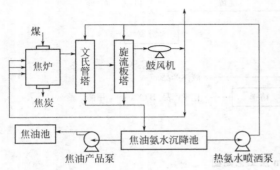

图 4-1-11　SJ 低温干馏工艺流程

SJ 系列是由三江煤化工公司根据榆林神府矿区挥发分高和含油率高的煤质特点而研制开发出的一种直立炉型，是在 L-S 三段炉的基础上开发的内热-外热复合式热解炉。该热解炉技术 2000 年初步定型，有五种炉型，原煤处理能力分别为（6～48）×10⁴t/a，其中以SJ-Ⅲ直立干馏炉应用最为广泛，在榆林和东胜地区投产的已超过数百座，2005 年 SJ-Ⅲ 低温干馏炉及工艺成功出口到哈萨克斯坦。

其工艺流程如下：煤经自然干燥后由斗式提升机提升到炉顶储煤仓，并连续加入热解炉。热解段温度为（750±20）℃，热解所用热量主要由回炉煤气与空气在火道内混合均匀后，经火口进入热解段燃烧，热解段下部成品兰炭落入水封槽冷却熄焦，然后排出。荒煤气在热解室内沿料层上升，通过煤气收集罩、上升管、桥管后经文氏管塔、旋流板塔洗涤，部分煤气在风机的作用下返回热解炉作为燃料。

（2）煤拔头工艺　见图 4-1-12。

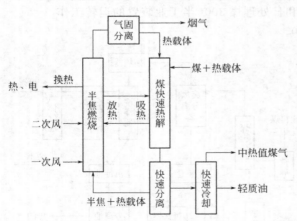

图 4-1-12　煤拔头工艺流程简图

煤拔头工艺是中国科学院郭慕孙院士在 20 世纪 80 年代提出的以煤热解为先导的多联产技术。该工艺是在常压、中低温的较温和条件下，对高挥发分的年轻煤进行快速热解、快速分离、快速冷凝，将煤中的高值富氢结构产物，如酚、脂肪烃油、三苯（BTX）和多环芳香烃以液体产品的形式提前出来。剩余的半焦作为燃料进一步应用，从而实现分级转化、梯级利用的目的。

煤在干燥器中用锅炉烟气加热，除去水分。在分离器中分离后干煤进入混合器，与来自锅炉的热灰混合，一起进入反应器。循环流化床锅炉可以提供足够的 900℃ 的热灰作为固体热载体。在良好混合的情况下，在反应器中很快使煤加热到所需温度进行干馏，产生干馏煤气、焦油、水蒸气及半焦。在分离器中将固体与气体分离。气体净化后即为供民用的干馏煤气。半焦与灰的混合物进入循环流化床锅炉作为燃料。

中科院过程工程研究所自 20 世纪 90 年代开始研究，采用下行床热解反应器，与循环流化床耦合以实现工艺系统的集成。先后建立了煤处理量 8kg/h 和 30kg/h 的耦合提升管燃烧的下行床热解拔头试验装置，并建成了与 75t/h 循环流化床锅炉耦合的煤处理量为 5t/h 的中试装置，进行了热态试验，对低挥发分的次烟煤，焦油产率为 8.1％，煤气产率为 7.4％，值得注意的是煤气中甲烷含量较高（28.70％）。截至 2013 年 12 月 8 日，中科院过程所在廊坊基地所建 10t/d 的下行床热解器中试平台完成 10d 连续运转，热解煤处理量 200kg/h。

（3）固体热载体（DG）工艺 见图 4-1-13。

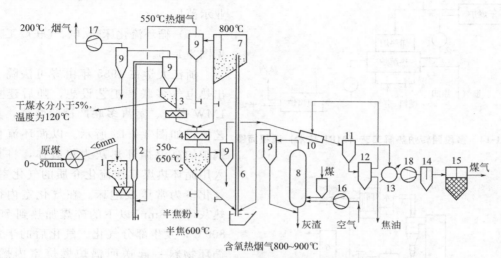

图 4-1-13 固体热载体（DG）工艺流程简图

1—原料煤储槽；2—干燥提升管；3—干煤储槽；4—混合器；5—反应器；6—加热提升管；
7—热半焦储槽；8—流化燃烧炉；9—旋风分离器；10—洗气管；11—气液分离器；
12—焦渣分离槽；13—煤气间冷气；14—机除焦油器；15—脱硫箱；16~18—空气鼓风机

DG 固体热载体技术是由大连理工大学在 20 世纪 80 年代开发的一种固体热载体快速热解技术，已完成多种油页岩、南宁褐煤、平庄褐煤和神府煤的 10kg/h 实验室试验，并于 1992 年在平庄建成了 150t/d 干馏多联产工业性试验项目，是国内最早开展褐煤固体热载体干馏技术研究的单位。

其工艺流程简述如下：以热解产生的高温半焦为热载体，与煤按一定的比例在混合器中均匀、迅速混合，经混合器混匀的物料进入反应槽，完成热解，由于物料粒度小，加热速度快，热解迅速析出气态产物；气态产物经净化除尘后进入焦油回收系统得到焦油和煤气两种产品；反应槽部分固态产物半焦经给料器进入燃烧器，半焦与预热的空气进行燃烧，使半焦达到热载体规定的温度，在提升管中被提升到一级旋风分离器，半焦与烟气分离；热半焦自一级旋风分离器入集合槽，作为热载体循环；烟气在二级旋风分离器除尘后外排。多余的半焦经排料槽作为热解固体产物外送储存。

陕煤集团富油公司建成了 60 万吨粉煤固体热载体快速热解装置，2012 年打通全部流程，以粉煤为原料，处理规模大。经多次优化改造，现正进行热解油气高温除尘技术攻关，进行试生产。

（4）多段回转炉热解工艺（MRF 技术） 见图 4-1-14。

中国煤炭科学研究总院北京煤化所多段回转炉热解工艺的主体是 3 台串联的卧式回转炉。制备好的原煤（6~30mm）在干燥炉内直接干燥，脱水率不小于 70％。干燥煤在热解炉中被间接加热。热解温度 550~750℃，热解挥发产物从专设的管道导出，经冷凝回收焦

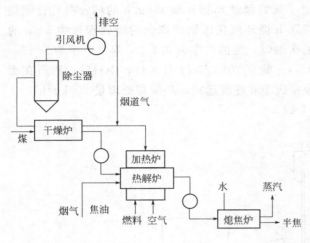

图 4-1-14　多段回转炉热解工艺（MRF 技术）流程简图

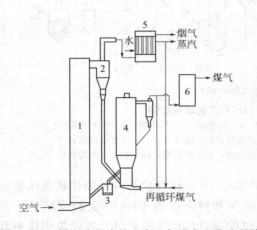

图 4-1-15　循环流化床热、电、气联产工艺流程简图
1—燃烧室；2—旋风分离器；3—返料阀；4—气化室；
5—冷凝器；6—储气罐

油。热半焦在三段熄焦炉中用水冷却排出。除主体工艺外还包括原料煤储备、焦油分离及储存、煤气净化、半焦筛分及储存等生产单元。该工艺规模已经达到 60t/d，达到工业试验规模设计，并且在内蒙古海拉尔市建有 5.5×10^4 t/a 的工业示范厂。

（5）循环流化床热、电、气联产工艺　见图 4-1-15。

浙江大学在 1985 年由岑可法院士提出热电气多联产工艺设想，随后建立了 1MW 燃气、蒸汽多联产试验装置，其工艺流程如图 4-1-15 所示。以循环流化床锅炉的高温循环热灰为热载体，将其送入用循环热煤气作流化介质的气化室内，气化室为常压鼓泡床。在气化室内循环热灰可将 8mm 以下的碎煤加热到 750～800℃，发生部分气化。气化后的半焦随循环物料一起送回锅炉燃烧室内燃烧，产热发电，从而实现热、电、气三联产。浙江大学与淮南矿业集团合作开发的 12MW（总投资 3000 万元）示范装置于 2007 年 8 月完成 72h 的试运行，获得了工业试验数据。

（6）低阶煤转化提质技术（LCC）　见图 4-1-16。

LCC 技术是湖南华银能源技术有限公司在美国 LFC 技术的基础上发展而来的，已在内蒙古建成 30 万吨/年示范装置，正在进行工业化试验。该技术主要分为三步：第一步为干燥，除掉低阶煤（如褐煤）中的大部分水分；第二步是轻度热解，除掉剩余水分和一部分挥发分，使褐煤改质成为物理化学性质相对稳定的优质固体燃料，同时在轻度热解过程中还可副产部分液体燃料；第三步是精制，对干燥热解后的固体产物进行稳定钝化处理，降低活性。

（7）气化-低阶煤热解一体化（CGPS）技术　见图 4-1-17。

气化-低阶煤热解一体化系统由陕煤化技术研究院和北京柯林斯达公司共同开发，主要由备煤单元、中低温分级热解单元、焦油回收单元以及气化单元等构成。由备煤系统输送来的原料煤经分级布料进入带式热解炉，依次经过干燥段、低温热解段、中温热解段和余热回收段得到清洁燃料半焦；干燥段湿烟气经冷凝水回收装置净化回收其中水分后外排；带式热解炉热源来自粉焦常压气化高温合成气的显热，热解段煤层经气体热载体穿层热解产生荒煤气，荒煤气经焦油回收系统净化回收焦油后得到产品煤气，部分产品煤气返回带式炉余热回

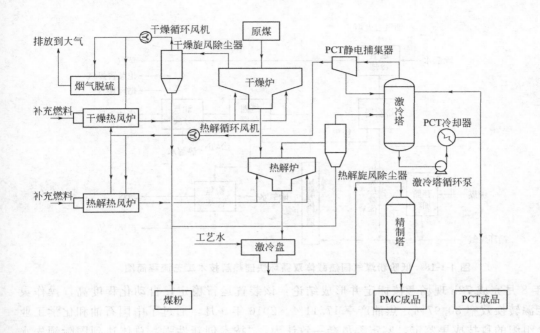

图 4-1-16 LCC 工艺流程简图

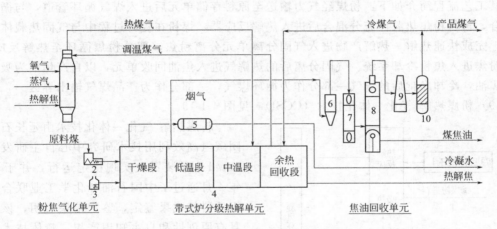

图 4-1-17 气化-低阶煤热解一体化（CGPS）技术工艺流程简图
1—气化炉；2—分级布料器；3—热风炉；4—带式炉；5—冷凝水回收系统；
6—油洗喷淋塔；7—油洗间冷塔；8—电捕焦油器；9—终冷器；10—除雾器

收段对炽热半焦进行冷却并回收其显热，随后进入气化炉与高温气化气调温后一起作为带式炉热解单元的气体热载体。

2014 年建成万吨级带式炉气化热解耦合装置，吨煤水耗 36.5kg/t，能源转换效率 92.5%，焦油产率 9.07%（煤焦油收率为同基准格-金干馏焦油收率的 92.6%）。2015 年 7 月，通过中国石油和化学联合会鉴定，一致认为，该技术属国际首创，居领先地位。

（8）低阶粉煤气固热载体双循环快速热解技术（SM-SP）见图 4-1-18。

低阶粉煤气固热载体双循环快速热解技术由陕煤化集团上海胜帮化工技术公司自主研发，并由陕煤化集团陕北乾元能源化工公司投资转化，双方共同合作开发，于 2015 年 5 月建成了 2 万吨/年工业试验装置。累计运行时间超过 2000h，取得了大量的工业化试验数据；

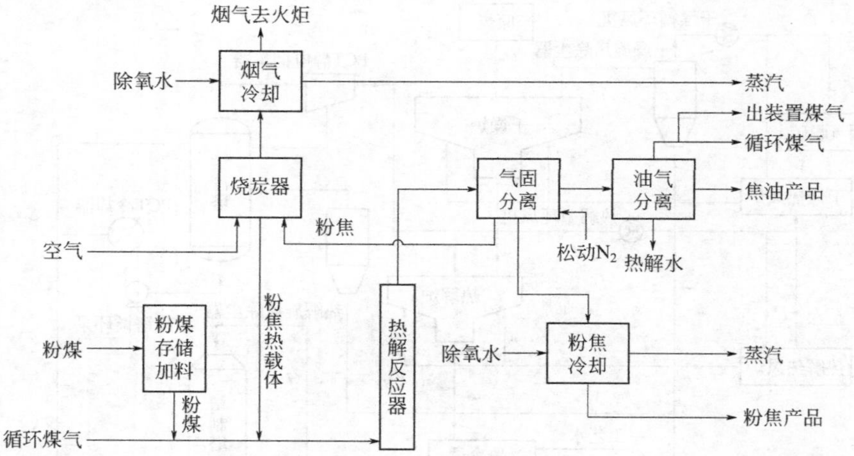

图 4-1-18　低阶粉煤气固热载体双循环快速热解技术工艺流程简图

2016 年 8 月完成 72h 现场考核标定并形成结论：该装置运行稳定，自动化程度高，操作灵活，能源转换效率 80.97％，焦油产率 17.11％。2016 年 9 月，通过了中国石油和化学工业联合会组织的科技成果鉴定，鉴定委员会一致认为，"技术创新性强，总体达到国际领先水平"。

其工艺流程简介如下：粉煤经气力输送至原料存储单元后进入煤气循环管道，与循环煤气混合，再与粉焦热载体充分混合后进入热解反应器，煤粉在提升过程中与气固热载体充分换热，完成快速热解。热解产物进入气固分离单元分离粉焦，部分粉焦循环至热解反应器，其余粉焦进入焦粉冷却系统。气固分离后的热解气进入焦油回收单元，以自产焦油为吸收剂回收焦油，冷却净化后的煤气一部分作为循环煤气，一部分作为产品煤气输出界区。

（9）粉煤热解-气化一体化技术（CCSI）　见图 4-1-19。

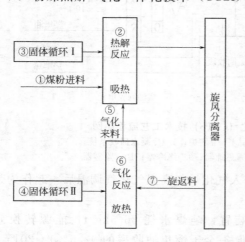

图 4-1-19　CCSI 技术热解气化段工艺流程示意图

粉煤热解-气化一体化技术由延长石油集团碳氢高效利用技术研究中心自主研发，在 36t/d 中试装置上实现稳定运行，并于 2017 年 4 月通过了中国石油和化学工业联合会组织的科技成果鉴定，鉴定结果表明，该技术具有原创性和自主知识产权，整体技术处于国际领先水平。焦油产率 17.21％，能源转换效率 82.75％。

该技术独创"一器三区"粉煤热解与气化一体化反应器，由上部恒温热解区、中部过渡区、下部流化床气化区以及内外置分离器、内外置多路径循环返料通道组成，在同一反应器内完成热解、气化两种反应，生成煤焦油、粗合成气两种产物，实现物料互供、热量自平衡、煤焦油的高收率以及半焦粉的高效气化。

三、研发方向

1. 热解产物清洁化、商品化、高附加值化

环保要求越来越严格是大势所趋，去除煤中有害杂质，实现污染物前端处理、集中处理，保证下游清洁利用也是低阶煤中低温热解技术的优势之一；热解所得产物只有形成商品化，产品的质量稳定、有效运输以及与下游利用技术的有效衔接，才能推动热解技术的大规模推广应用；热解过程对低阶煤中的挥发分进行提取，得到了清洁半焦以及加工潜力良好的焦油和煤气，如何将这些产物变成优质的燃料和原料，是实现热解技术经济与环保优势的关键所在。

2. 提高单套设备规模与提升设备处理强度

随着装备制造技术的进步、节能降耗与环保意识的深入，设备的大型化、高度集约化和设备处理强度的提升已成为众多行业发展的客观要求，也应成为热解技术发展的发展方向之一。"十三五"国家安排了多套百万吨级大型热解装置示范项目。

3. 热解产物可调节性以及与下游环节的匹配性

现今热解过程仍为简单的物理化学过程，产物的品质及可调节性仍有很大发展空间。如何进一步优化热解过程，提升产品品质，并实现根据下游环节的需求以及市场波动情况进行调节，是不断提升热解技术竞争力的关键之一。

第三节 低阶煤中低温热解分质利用产业发展前景

一、低阶煤储量及分布

低阶煤在全世界的探明储量约为 $4650 \times 10^8 t$，占世界煤炭总资源探明储量的 57%。在我国，褐煤占煤炭保有储量的 12.9%，长焰煤、弱黏煤、不黏煤等低变质烟煤占保有储量的 42.46%，即低阶煤约占我国煤炭保有储量的 55%。目前我国低阶煤产量也已超过 50%，以 2016 年全国原煤产量 $34.1 \times 10^8 t$ 计算，低阶煤产量达 $17 \times 10^8 t$ 以上。基于我国"缺油、少气、煤炭资源相对丰富"的国情及无烟煤、炼焦煤相对匮乏的现状，低阶煤在我国能源结构中的地位将越显重要。

从地域分布上看，低阶煤主要分布在西北、华北、东北及西南地区。其中褐煤主产区包括内蒙古东部、云南、黑龙江、山东部分地区，内蒙古褐煤储量 $1667 \times 10^8 t$，占全国褐煤储量 70%。长焰煤、不黏煤、弱黏煤等低变质烟煤主要分布在我国西北和华北各省（自治区），这两地区保有储量占全国该煤类的 97.5%，东北地区占全国的 1.6%，其余地区零星分布。从省（自治区）的赋存储量来看，最多的是陕西省，占全国的 34.9%；第二是内蒙古，占全国的 27.9%；第三是新疆，占全国的 20.3%。

二、分质利用优势

分质利用技术的基本内涵即以热解为核心，综合热解气分质、热解油分质、热解焦分质利用及单项技术耦合集成和节能环保等技术，追求的目标是煤炭利用的高效化、清洁化和产品的高附加值化。

低阶煤具有挥发分高、有机质化学结构中侧链多、氢氧元素含量较高的特点，这样的结构特点决定了通过热解，可以较小的能耗和物耗同时获得热解焦、热解油、热解气，并通过进一步的清洁转化获得高附加值的化工原料和洁净燃料，同时实现污染物集中脱出、集中处理，最终实现低阶煤利用的高效化、清洁化、高附加值化。

低阶煤分质利用具有以下优势：

① 有效地进行能源资源的综合梯级与循环利用，以实现从能源资源到各种二次能源和化工产品转化过程的利用率最大化，具有相应单一转化过程难以达到的低能耗与高效率等性能指标。

② 合理地进行多领域交叉，为统筹解决单个领域发展长期无法解决的问题提供最有效的途径和手段，具有协调兼顾动力、化工、环境等多领域问题的特点。

③ 最大限度地包容多产品联产（电、热、清洁燃料、化工产品等），具有能源资源综合互补、产品灵活化、高附加值化以及高市场需求变动适应性等特点。

④ 可最大限度地将物质与能量转化过程和污染物控制过程一体化，具备低能耗、低成本控制有害物质排放的特点，低阶煤中81％的挥发分、60％的硫、28％的氮、95％以上的多环芳烃被脱出集中处理，所产洁净半焦可供给规模小、分散度高、治理难度大的工业窑炉、民用锅炉、民用散烧等，也可作发电厂的清洁燃料。

三、技术工业化示范状况

煤炭的分质利用技术包括中低温热解技术、煤焦油加工技术、热解气利用技术、粉焦应用技术等。当前，影响分质利用产业化的瓶颈问题在于粉煤的中低温热解技术尚未完全突破。

1. 块煤热解技术

块煤热解技术已经实现了产业化应用，其代表为神木三江 SJ 热解技术、陕西冶金设计研究院 SH 热解技术、鞍山热能院 ZNZL 热解技术等。截至 2016 年在晋陕蒙能源金三角地区和新疆地区形成了约 8000×10^4 t 兰炭产能，实际产量约 5000×10^4 t，在电石、铁合金、化肥、钢铁、民用等行业领域形成了稳定的应用市场。其存在的主要问题是：原料仅适用于块煤；单炉规模小［仅为 $(7.5 \sim 10) \times 10^4$ t/a］，最大不超过 20×10^4 t/a；采用湿法熄焦技术水资源消耗大污染严重；单套装置规模偏小，中低温热解油和热解气产量有限，只能外售或直接燃烧，不能集约加工等。此外，随着机械化综采工艺的普及，块煤所占比例越来越小，粉、粒煤比例越来越大。因此，粉煤热解技术逐渐成为研究热点，同时也是攻坚难点。

2. 粉煤热解技术

目前从事粉煤和煤粉热解技术的研究开发单位众多，其代表工艺有陕煤化自主研发的低阶粉煤气固热载体双循环快速热解工艺（SM-SP）、陕煤化-国电富通的蓄热式煤气热载体移动床热解工艺、浙江大学循环流化床粉煤分级转化多联产工艺、河南龙成旋转床低阶煤热解工艺、北京煤化院外热式多段回转炉工艺、大唐华银-中国五环 LCC 工艺、北京神雾集团蓄热式无热载体热解工艺、清华-天素研发中心固体热载体褐煤热解技术、中科院工程热物理所固体热载体流化床煤低温热解技术等，经过多年的努力，绝大多数已经进入工业化试验阶段，个别技术正在开展工业化示范，例如陕煤化 SM-SP 技术正在进行 120×10^4 t/a 规模装置建设；陕煤化-国电富通蓄热式煤气热载体移动床热解技术已建成 50×10^4 t/a 工业示范装置正在进行试生产；河南龙成 1000×10^4 t/a 示范装置正在进行优化改造，但直至目前尚没有大规模产业化推广的技术。存在的主要问题是：热解油、气、煤尘在线分离技术和干熄焦技术，以及粉焦的钝化、储运和大规模应用技术等尚未完全突破。

3. 技术发展的重点方向与趋势

技术发展的重点与趋势主要包括：①大规模（百万吨级）高效清洁全粒径煤炭热解技术开发；②高效清洁热解技术的改进与优化；③热解焦利用途径开发；④热解焦油轻质化和制高附加值化学品技术研究；⑤热解气有效成分的分离与提取；⑥装备和自控水平系统集成和整体提升；⑦配套的环保节能技术在此过程中的应用和创新。

四、分质利用产业链及示范项目

1. 产业链

分质利用产业链主要包括不同粒径热解，热解焦、焦油、热解煤气的后续利用，油、热电、建材等多联产，以及煤炭开采到终端利用全系统的废水、废气、余压、余热利用等配套节能环保技术。低阶煤热解产业链见图 4-1-20。

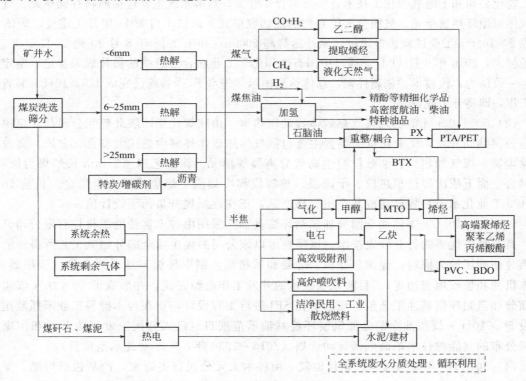

图 4-1-20　低阶煤热解产业链简图

首先对开采出的原料煤进行筛分，根据其粒度选择合适的热解工艺进行热解，得到热解三产物——热解煤气、煤焦油、半焦，并分别进行进一步加工利用。

热解煤气主要组分包括 H_2、CO、CH_4 以及部分短链烃，将这些组分提取出来，之后可加工为乙二醇、LNG、烷烃、烯烃等，分离出的 H_2 可作为后续其他加工环节的原料。

中低温煤焦油富含高级酚及吡啶、咔唑等高附加值组分，故煤焦油的加工，首先进行提酚、提吡啶、提咔唑等程序。之后对其进行加氢处理，可得到石脑油馏分、柴油馏分、润滑油基础油馏分等。基于低油价及燃油汽车发展受到电动车挑战的现状以及煤焦油自身特性，将其加工为高密度航空煤油、润滑油基础油、变压器油、橡胶油等高附加值产品更具竞争性。

半焦具有相对多孔结构、高发热量、高固定碳含量、低含水率、低污染物含量等特性，故其经过活化后可作为廉价吸附剂使用，也可作为烧结喷吹原料与电石原料，以及清洁的民用、工业散烧燃料。同时对部分半焦进行气化生产甲醇，甲醇加工分为两条线：一条是与焦油加工而成的石脑油重整耦合生产芳烃，再与热解煤气加工而成的乙二醇反应生成 PTA、PET；另一条是甲醇生产烯烃路线（MTO），最终生成高端聚烯烃、聚苯乙烯、丙烯酸酯。

全系统矿井水用于原料煤筛分，煤矸石、煤泥发电，余热、余压、余气充分利用，废水用于水煤浆气化，可实现"零排放"。

2. 示范项目

块煤热解已形成规模产业，示范项目主要包括粉煤、粒煤热解及煤焦油加氢。

（1）120×10^4 t/a 低阶粉煤气固热载体双循环快速热解（SM-SP）　由陕煤化陕北矿业乾元能化公司和上海胜帮化工技术有限公司合作开发。热解系统主要包括原料存储单元、气固热载体双循环热解单元、气固分离单元和焦油回收单元。该技术自 2014 年开工建设，2015 年完成 2×10^4 t/a 工业试验装置建设，累计运行超 2000h；并于 2016 年 8 月 20 到 23 日完成 72h 现场标定，2016 年 9 月 11 日，通过中国石油和化学工业联合会组织的科技成果鉴定，鉴定委员会一致认为，该技术"创新性强，总体达到国际领先水平"。目前已完成 120×10^4 t/a 装置设计工作，即将开工建设。

（2）50×10^4 t/a 蓄热式煤气热载体移动床热解　由陕煤化集团陕北乾元公司与北京国电富通公司共同开发，工业化试验装置主要包括气体热载体外燃内热式大型直立方炉、高效旋风除尘器、煤气加热炉、细微粒粉尘高效分离器等单元。该工艺以＜25mm 长焰煤为原料，原料自上而下依次经过预热段、干燥段、热解段和冷却段干熄焦后进入半焦仓。目前 50×10^4 t/a 工业化示范装置已建成并产出合格产品，正在逐渐提升负荷至设计值。

（3）50×10^4 t/a 煤焦油全馏分加氢制环烷基油　采用由神木富油能源科技有限公司开发的、具有独特优势的行业领先技术。该项技术以该公司的煤焦油全馏分加氢工艺所得到的中高馏分油和尾油为原料，经加氢异构、降凝和后精制，制取环烷基油系列产品（变压器油、冷冻机油和橡胶填充油等）。目前该项技术的开发工作已经完成，并形成了 50×10^4 t 煤焦油全馏分加氢制环烷基油工艺包。现已委托 SEI 进行工程设计，正在神木锦界工业园抓紧组织建设 50×10^4 t/a 煤焦油全馏分加氢制环烷基油示范项目（已入选国家发展改革委和国家能源局公布的《能源技术革命创新行动计划（2016—2030 年）》工业化示范项目）。

（4）50 万吨/年煤焦油延迟焦化加氢　由神木天元公司自主研发，产品包括炭黑、柴油馏分、石脑油馏分。装置于 2010 年建成，已连续稳定运行 8 年，年产值超 20×10^8 t。同时，自主开发的环保型提酚技术已建成 2 万吨单元酚提取装置，正在建设配套的石油焦制高附加值碳材料装置，届时系统将更加合理高效。

（5）新建大型示范项目　国家能源局 2017 年 2 月发布的《煤炭深加工产业示范"十三五"规划》中，低阶煤分质利用新建大型示范项目 5 个，分别是陕煤化榆林（1500×10^4 t/a）、延长石油榆林（800×10^4 t/a）、陕西龙成榆林（1000×10^4 t/a）、京能锡盟褐煤（500×10^4 t/a）、呼伦贝尔圣山褐煤（30×10^4 t/a）。另外还有 6 个煤热解储备项目。这批示范项目建成运行后将使我国低阶煤热解技术和装置达到一个新的更高水平。

五、低阶煤分质利用产业发展前景

随着煤炭分质利用技术的发展，必将开拓一个产业规模巨大、产品高端、节能环保、经济性良好的洁净燃料新产业。以目前可预期的技术开发成果的水平展望，如果以热解为龙头的分质利用年处理量达到 10×10^8 t，与单一转化方式相比可节约煤炭 1.5×10^8 t 以上；可产洁净半焦 3.2×10^8 t，接入现有的火电产业、以煤气化为龙头的煤化工产业和燃煤工业锅炉供热产业，其运输效率将提高 10% 以上，将其供给中东部民用锅炉和工业窑炉将极大缓解当地大气污染，转化过程污染物减量约 40%；初级产物中的热解油和热解气进一步加工，可以得到 1.5×10^8 t 油气，有利于缓解我国石油、天然气对外依存度高的问题，同时可向市场提供芳烃、精细化学品等 3700×10^8 t，可缓解化工原料及产品生产分散、能效低、污染难治理等问题。

可见，煤分质利用是实现多赢的利用方式。对于国家而言，一方面补充国内日益紧张的油气缺口，另一方面实现煤炭资源的清洁高效、高附加值利用；对于地方政府而言，分质利用项目的水耗只有传统煤化工的 1/7，投资只有传统煤化工的 1/3，分质利用模式将为地方政府探索出一条最大限度高附加值就地转化的模式；对于煤炭生产企业而言，分质利用不仅实现了煤炭资源的高附加值利用，而且提高了产品热值和质量。

随着更先进的单项技术和耦合技术的持续研发，煤炭分质利用的节能减排效果会更好，必将有效地促进我国煤炭产业的转型升级，极大地推进我国能源生产与消费革命进程。

参考文献

[1] 钟蕴英，关梦嫔，崔开仁，等．煤化学．徐州：中国矿业大学出版社，1989：172-180.
[2] 周仕学．内热式回转炉煤热解工艺的研究与开发．北京：煤炭科学研究总院北京煤化所，1996.
[3] 〔波兰〕泽林斯基 H，等，炼焦化工．赵树昌，等译．鞍山：中国金属学会焦化学会，1993.
[4] 陈彩霞，等．煤粉热解的挥发分组分析出模型//中国科学技术协会首届青年学术年会论文集．北京：中国科学技术出版社，1992.
[5] 张代佳，罗长齐，郭树才，等．洁净煤技术，1998，4（1）：33.
[6] 郭树才．煤化工．2000，3：6-8.
[7] Strom A H, etal, Chem Eng Prog, 1971, 67：75-80.
[8] Kershaw J R, etal, Fuel Processing Technology, 1983, 7：145-159.
[9] Nelson P F, Fuel, 1988, 67：86-97.
[10] Edwards J H, etal. Fuel, 1987, 66：637-642.
[11] 埃利奥特．煤利用化学．范辅弼，屠益生，等译．北京：化学工业出版社，1991：1-48.
[12] Schowalter K S, etal. Chem Eng Prog, 1974, 70, 53-57.
[13] Corteg H, etal. Fuel Processing Technology, 1980, 3：297-311.
[14] 徐振刚．洁净煤技术，2001，7（1）：48-51.
[15] Brirch T J, etal. J Inst Fuel, 1960, 33：422-425.
[16] 朱子彬，唐黎华，徐志刚，等．洁净煤技术，2001，7（1）48-51.
[17] 周仕学．中国煤炭学会第五届青年科学技术研讨会论文集，1998：442-446.
[18] 陈贵锋，何国锋，尚洪山，等．中国煤炭学会第五届青年科学技术研讨会论文集，1998：506-513.
[19] 董美玉，朱子彬，何亦华，等．燃料化学学报，2000，28（1）：55-58.
[20] 张林生．洁净煤技术，2000，6（2）：49-54.

第二章
低阶煤热解技术及项目示范

我国开发的低阶煤热解技术有 20 多种，有一半实现了工业化生产，主要有内热立式方形炉、外热立式方形炉、回转炉、国富炉、带式炉、双循环快速热炉、固体热载体热解炉、气固热载体热解炉、流化床热解炉、热解气化一体化炉、真空微波干馏炉等。单台炉进煤量是（10～80）×10^4t/a，焦油产率 9%～17%，原料煤粒度因炉型不同分为三种，一是 10～30mm 块煤，二是 3～8mm 碎粒煤，三是小于 1mm 的粉煤。

据不完全统计，全国低阶煤热解产能约 $7000×10^4$t，其中陕北 $3600×10^4$t，占全国产能的 51.4%，由于原料块煤短缺和半焦（兰炭）销路不畅，开工率仅 60% 左右。

"十三五"百万吨级大型粉煤热解技术示范项目建设，粉焦发电、气化、清洁燃料应用技术升级开发取得突破，低阶煤热解技术将走上现代化、科学发展之路。

本章重点介绍几个有代表性的低阶煤热解技术示范项目。

第一节　煤热解动力学

一、煤热解的物理化学过程

可以认为，煤热解是多阶段进行的，在初始阶段首先脱掉羟基，然后是某些氢化芳香结构脱氢，甲基断裂和脂环开裂。在热解过程中发生的变化结果可能是由于裂解时至少生成两个自由基而引发的。这些自由基随即可以通过分子碎片周围的原子重排，或通过与另外的分子相互碰撞，而得到稳定。稳定后的结构，视蒸气的挥发性和温度情况，可以作为挥发产品析出，或者作为半焦的结构碎片残留下来。

低煤化度和中煤化度煤中含有的氢数量，当热解时理论上足够使碳原子全部转化为挥发产品。但是煤中氢的分布结构决定了它主要是以水的形式（从羟基）和以饱和的、不饱和的轻质烃（CH_4、C_2H_6、C_2H_4 及其他）的形式析出，使得基本芳香结构失去了在解聚过程中必要的氧。这种内部氧的无效利用，可以解释为什么热解过程必定形成重质的焦油和半焦。不从外部引入氢，不可能使芳香结构破裂，而且在很高温度下延长加热时间只能使芳香环进一步脱氢和缩聚。

在分解生成自由基及其重排的机理存在下，化学键的热稳定性有很大差别，据认为，煤热解过程中发生反应所需活化能是按统计学分布的。这一论断成为制定煤热解过程动力学的基础。

CSIRO 的 P. F. Nelson 等在总结大量实验结果的基础时，提出了煤热解整体模型。此模型描述了在 $0.5 \sim 1.5s$ 时间内，煤发生在三个温度阶段的反应。

第一阶段，$400 \sim 600℃$，煤热解生成半焦、焦油、热解水、烃类气体和碳氧化合物。气态烃和碳氧化合物来自煤中的甲氧基、羧基一类的不稳定基团。

第二阶段，在 $600℃$ 左右，焦油发生二次反应，生成新的气态烃。参加反应的主要是长链的聚亚甲基基团，生成较轻的烯烃，主要是 C_2H_4 和 C_3H_6，对于较高阶的煤，这些反应较少。在 $700℃$，烷基芳烃裂解生成 CH_4 和芳烃，酚类裂解生成 CO 和气态烃。

第三阶段，在 $800℃$，第二阶段反应的产物进一步裂解，生成乙炔、萘酚、苯乙烯、茚等化合物，最终生成 PAH（稠环芳烃）和炭黑。半焦在高温下放出 CO 和 H_2，发生聚合反应。

二、煤的热解动力学

煤热解动力学，主要是研究煤在热解过程中，产生反应的级数、反应历程、反应产物、反应速率以及反应动力学常数（反应速率常数和反应活化能）。通过对煤热解动力学的研究，了解煤热解机理、反应产物和控制因素，并有效地指导生产和进行煤结构的研究。

目前，对煤热解动力学研究的方法较多，总的包括煤热解过程中挥发分析出速度的研究和胶质体形成与固化（缩聚）动力学的研究两个方面。由于本章的研究对象是非黏结性的烟煤（有黏结性的烟煤见第二篇第一章第三节）且目标产品是获得最大产率的挥发产品——化工原料，因此，下面主要介绍脱挥发分动力学。

用热失重法研究挥发物析出速度是煤热解时动力学的重要方面，近年来，在不同的升温速度、外压和气氛下，测定脱挥发分速度和产品组成，取得了很大进展。煤的热失重或脱挥发分速度因煤种升温速度、压力和气氛等条件而异，还没有统一的动力学方程。

第二节　固体热载体煤热解技术

陕西煤业化工集团神木富油能源科技公司，采用大连理工大学固体热载体煤热解技术，规划建设煤热解装置规模为 120（2×60）$\times 10^4 t/a$，于 2012 年一号热解系统（$60 \times 10^4 t/a$）投入试运行。同时配套建设 $12 \times 10^4 t/a$ 全馏分焦油加氢装置。

一、工艺流程

工艺流程见图 4-2-1。神木长焰煤经破碎筛分，小于 6mm 的原煤送入干燥提升管下部，由热风自下而上将粉煤提升干燥，由提升管上部出口进入旋风分离器，分离下来的干粉煤送入混合器与热半焦混合加热后进入反应器（530℃），出反应器的固体物料由底部排出一部分进入半焦槽，再经半焦冷却器冷却到70℃，半焦产品外运。作为热载体循环，热载气体由反应器上部排出，经旋风分离器除去夹带的粉焦，粗煤气进入下游净化冷却分油工序。热风炉送来的高温烟气由加热提升管下部加入，将反应器来的半焦提升加热，由顶部排出依次进入混合器和反应器提供煤热解所需热量。烟气经熏风分离器、高温气体换热器，进入干燥提升管作为煤干燥的热源，烟气从干燥提升管排出经旋风分离器、袋式除尘器后排放。

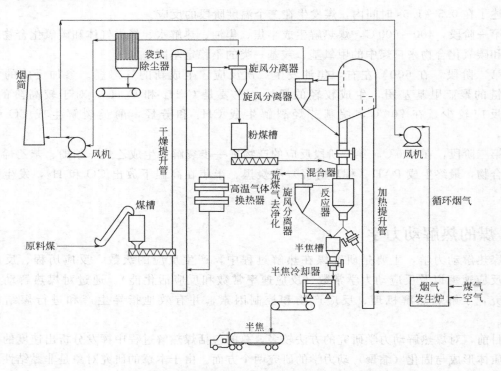

图 4-2-1 固体热载体煤热解技术工艺流程简图

二、产品方案

产品方案见图 4-2-2。

图 4-2-2 产品方案示意图

三、产品分析数据

1. 半焦分析

表 4-2-1 半焦分析数据(热解温度 510℃)

工业分析(质量分数)/%				元素分析(质量分数)/%				燃点/℃	$Q_{b,ad}/(MJ/kg)$
M_{ad}	V_{ad}	A_{ad}	FC_{ad}①	C_{ad}	H_{ac}	N_{ad}	$S_{t,ad}$		
2.52	12.37	14.73	70.38	72.44	2.42	0.99	0.31	388	27.27

①差值

2. 煤焦油分析

表 4-2-2 煤焦油分析数据

水分/(mg/g)	机械杂质/(mg/g)	金属含量/(μg/g)				密度(20℃)/(g/cm³)	元素分析(质量分数)/%			
		Fe	Ca	其他	总计		C	H	N	S
21.57	25.34	60.13	95.71	30.29	186.13	1.0612	83.42	8.31	1.14	0.38

3. 粗煤气组成分析 (热解反应器出口煤气)

表 4-2-3 粗煤气组成分析(质量分数)　　　　　　　　单位:%

H_2	CO	CH_4	CO_2	C_nH_m	N_2	O_2	低焦热值/(MJ/m³)
23.46	13.95	20.78	25.76	5.47	4.07	0.51	17.83

注:1m³ 粗煤气含有焦油 662g、粗苯 24.5g、氨 0.86g、硫化氢 3.8g。

四、主要设备

1. 静态混合器

其功能是将干燥后 120℃的粉煤与高温半焦（750～850℃），充分均匀混合和热量结交换，使粉煤达到热解所需的温度（510℃左右）送入热解反应器。混合器结构见图 4-2-3。

2. 热解反应器

静态混合器粉煤和热焦混合物靠重力进入热解反应器，在 510～530℃的条件下进行煤热解。热解气及气提气从上部集气空间排出热解反应器，降低油气分压，减少油气聚合反应和二次裂解反应，提高煤焦油产率。热解反应器结构见图 4-2-4。

五、原煤及动力消耗

　　① 原料煤　　　1000kg（发热量 28071.2kJ/kg）
　　② 电力　　　　38.6kW·h（380V）
　　③ 新鲜水　　　1.5m³

六、能耗及热能效率

　　① 能耗　　　　172.89kg
　　② 热能效率　　82.11%

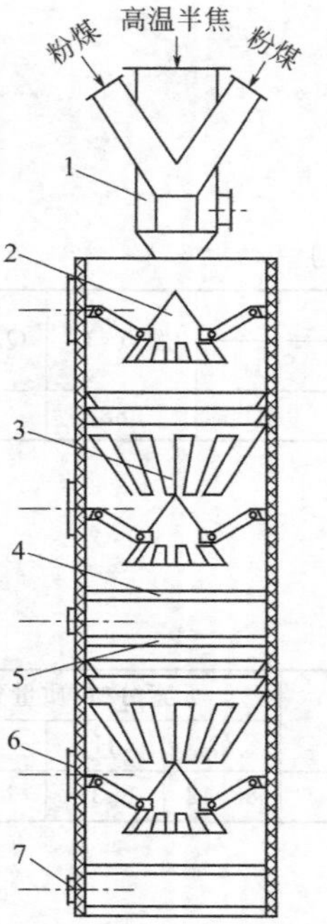

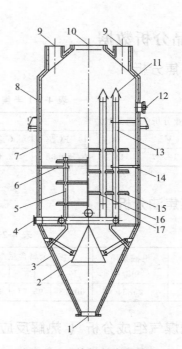

图 4-2-3　静态混合器简图

1—初始进料分布组件；2—锥形布料板；
3—复叠式物料收集混合斗；4—上级格栅；
5—下级格栅；6—人孔；7—手孔

图 4-2-4　热解反应器简图

1—热半焦出口；2—分布锥；3—出料段；4—气提气出口；
5—气提气导入管；6—气提气导入分布器固定件；7—反应段；
8—隔热层及耐磨层；9—热解气出口；10—粉粒体（粉粒状煤
与热载体）进口；11—伞帽；12—人孔；13—热解气引出管；
14—热解气引出集气器固定件；15—热解气引出角状管排；
16—气提气导入角状管排；17—支撑件

第三节　固体热载体煤快速热解技术（SM-SP）

一、概述

　　陕西煤业化工集团上海胜邦化工技术公司 2010 年开始研究粉煤热解技术，借鉴催化裂化工艺原理，采用提升管气流床热解反应器进行粉煤加速热解。于 2015 年 5 月与陕北乾元能源化工公司合作，建成 2×10^4 t/a 气流床气固热载体双循环粉煤快速热解（SM-SP）工业试验装置。2015 年 6 月至 2016 年 8 月进行了不同工况的运行试验，累计运行 2000 多小时，各项指标达到或优于设计预期目标。

　　2016 年 8 月，中国石油和化学工业联合会组织专家进行 72h 现场考核标定，2016 年 9月在北京进行了科技成果鉴定，该技术属于国际首创，居国际领先地位。

二、技术特点

　　① 采用流态化技术进行粉煤快速（秒级）热解，操作容易控制，易于装置大型化（百万吨级）；

　　② 气固热载体在提升管反应器中进行煤热解反应，利用热容量大、传热快的优势，达到快速热解的目标；

③ 原料煤粒度 0~200μm，传热快且气固分离迅速效果好；

④ 气相中焦油蒸汽分压较低，有利于焦油挥发溢出，焦油产率高；

⑤ 热解油气通过焦油急冷，高效回收焦油；

⑥ 设置外取热器和余热回收系统，大幅度降低能耗。

三、工艺流程简述

SM-SP 粉煤热解装置由粉煤提升进料、提升管反应器及粉煤冷却、烧炭及煤气综合利用、油气急冷及分馏 4 个单元组成，工艺流程见图 4-1-18。

① 干燥合格的粉煤用 N_2 气送至加料罐，经叶轮加料机密封计量稳定连续向提升管进料。

② 粉煤与来自分馏单元的加压循环煤气及来自烧炭器的热载体粉焦在提升管内充分混合提升，进行快速热解，生产焦油、煤气和半焦及少量水蒸气，进入沉降器内旋风分离器进行气固分离，实现油气与粉焦的快速分离，油气进入顶部采气室，集中进入油气急冷塔，部分粉焦经 U 形立管循环进入烧炭器加热升温，其余粉焦从沉降器下部进入半焦冷却器，冷却后的半焦作为产品送出。

③ 沉降出来的粉焦经压力风提升到烧炭器中，通入的高温烟气对粉焦进行加热升温并部分燃烧，加热后的粉焦作为固体热载体与新鲜粉煤混合，提供热解反应热。

④ 油气进入急冷塔下部，与来自分馏塔的循环重油逆流接触，冷却洗涤油气中粉焦。洗涤后的油气进入分馏塔底部进行分馏。含焦粉的焦油经泵加压经换热器冷却后送储罐区或作为回炼油进提升管反应器。

分馏塔顶油气经冷却器冷却到 40℃，进入塔顶回流罐进行气液分离，轻油由泵送至罐区储存。煤气经压缩升压，一部分作为循环煤气进入提升管反应器，一部分送出系统作为粗煤气处理（试验装置送火炬）。

四、运行考核数据

① 进煤量：　　　　　2.44t/h

② 焦油总收率：　　　17.11%

③ 粉焦产率：　　　　42.24%

④ 煤气产率：　　　　4.24%（41.4m³/t）

⑤ 吨煤能耗：　　　　181.0kg

⑥ 能源转换效率：　　80.97%

五、原料煤及产品分析数据

1. 原料粉煤工业分析（表 4-2-4）

表 4-2-4　原料粉煤工业分析(质量分数)

水分/%	挥发分/%	灰分/%	固定碳/%	全硫/%	发热量/(MJ/kg)
2.34	36.05	5.11	56.5	0.36	24.5

2. 粗煤组成 （表 4-2-5 ）

表 4-2-5 粗煤组成(干基,体积分数)

H_2/%	CO/%	CO_2/%	CH_4/%	C_nH_m/%	N_2/%	O_2/%	H_2S/(μL/L)
8.42	12.63	9.85	32.22	17.06	15.38	1.10	500

3. 粉焦分析 （表 4-2-6 ）

表 4-2-6 粉焦分析(质量分数)　　　　　单位：%

水分	灰分	挥发分	固定碳	S	H	S_t
0.86	10.57	4.51	84.06	0.4	1.44	0.4

4. 焦油分析 （表 4-2-7 ）

表 4-2-7 焦油分析

密度/(g/cm³)	水分	灰分(体积分数)/%	运动黏度(80℃)/(mm²/s)	元素分析(质量分数)/%				
				C	H	N	O	S
1.052	痕迹	1.78	21.58	77.31	7.94	1.27	13.14	0.34

族组成(质量分数)/%				恩式馏程/℃					
饱和烃	芳烃	胶质	沥青质	IBP	5%	10%	30%	40%	50%
10.17	50.3	20.3	18.4	276	326	343	404	435	454

六、SM-SP 120×10^4 t/a 示范项目建议书

① 粉煤用量　　　　　　　　120×10^4 t/a
② 电力消耗（以煤计）　　　29.2kW·h/t
③ 新鲜水耗（以煤计）　　　0.54t/t
④ 建设投资　　　　　　　　4.63 亿元
⑤ 销售收入　　　　　　　　3.51 亿元
⑥ 投资内部收益率（税后）

该示范项目正在进行设计，2018 年开工建设，预计 2019 年投产运行。

第四节　低阶粉煤回转热解制取无烟煤技术

一、概述

2012 年 12 月，华陆工程科技公司与天元化工公司签合作协议，依托天元化工公司条件双方共同开发"低阶粉煤回转热解制取无烟煤技术"，2013 年建成进煤量 6t/h （144t/d）工业示范装置，累计运行 2300h，其中连续运行 672h，达到试验示范预期目标，2015 年 6 月通过陕西科技厅科技成果鉴定。

二、技术特点

① 煤回转干燥炉与回转热解炉串联，除尘效果好，基本解决热解煤气类带灰尘多的问题，降低了焦油含尘量。

② 干燥后150℃的煤直接进回转热解炉，降低了热解能耗和热解过程产生的废水量。

③ 对外热式两段回转热解炉，提高了焦油收率，得到高热值煤气，产出洁净的新型无烟煤。

④ 煤干燥与热解系统连续稳定运行率高。

三、工艺流程

回转炉热解工艺流程见图4-1-14。

四、考核标定结果

① 考核标定结果见表4-2-8。

表 4-2-8　考核标定结果(72h平均值)

序号	项目	设计值	考核值	备注
1	进煤量/(t/h)	6.0	7.16	负荷率119.3%
2	无烟煤产量/(t/h)	3.78	4.62	产率64.53%
3	焦油产率/%	8.5	9.12	
4	热解煤气产量/(m³/t)	98.0	101.2	热值6787.99kcal/m³
5	电耗/(kW·h/t)	50.0	51.5	
6	耗循环水/(m³/t)	10.5	11.35	折新鲜水0.227m³/t
7	耗脱盐水/(m³/t)	0.02	0.011	
8	燃料气/(m³/t)	550.0	552.4	煤气热值1786.7kcal/m³
9	热解温度/℃	580~600	617	
10	热解炉压力/Pa	±1000	±950	

② 入炉原煤分析见表4-2-9。

表 4-2-9　入炉原煤分析

全水 M_t/%	分析水 M_{ad}/%	灰分(干基) A_{ad}/%	挥发分(干基) V_{ad}/%	固定碳(干基) FC_d/%	全硫(干基) /%	发热量(收到基) $Q_{net,ar}$/(kcal/kg)
8.6	1.874	5.25	33.52	61.23	0.35	6756.72

煤格-金分析：焦油11.77%、煤气7.897%、半焦74.14%、热解水3.91%。

③ 热解煤气组成见表4-2-10。

表 4-2-10　热解煤气组成

H_2/%	CO/%	CH_4/%	C_mH_n/%	CO_2/%	N_2/%	O_2/%	H_2S/(μL/L)	热值/(kcal/m³)
18.33	12.83	39.59	15.22	9.58	4.35	未检测出	3731	6787.33

④ 洁净无烟煤（兰炭干基），挥发分＜10％，发热量 7453kcal/kg（31.2MJ/kg）。

⑤ 热解水产量（以煤计）：68.56kg/t。

⑥ 综合能耗：180kg 标准煤（加工吨煤）。

⑦ 综合能源效率：82.4％。

五、应用前景

新型无烟煤与无烟煤、兰炭指标对比见表 4-2-11。

表 4-2-11　新型无烟煤与无烟煤、兰炭指标对比

检测项目	新型无烟煤	高炉喷吹无烟煤[①]	无烟煤[②]	兰炭[③]
全水分 M_t/%	≤12.0	筛选煤≤7.0 洗选煤≤12.0		
干基灰分 A_d/%	7.2	11.01～12.5（Ⅱ级）		
干基挥发分 V_d/%	9.4	……	一号：≤3.5（V_{daf}） 二号：3.5～6.5（V_{daf}） 三号：6.5～10（V_{daf}）	V-1：≤5（V_{daf}） V-2：5.01～10（V_{daf}） V-3：10.01～15（V_{daf}）
硫分（$S_{t,d}$）	0.32	0.51～1.0（Ⅱ级）		
磷分（P_d）	0.01	0.01～0.05（Ⅱ级）		
可磨性（HGI）	58	50～70（Ⅱ级）		

① 数据来源于《高炉喷吹用煤技术条件》（GB/T 18512—2008）。

② 数据来源于《中国煤炭分类》（GB/T 5751—2009）。

③ 数据来源于《兰炭产品品种及等级划分》（GB/T 25212—2010）。

已完成 $100×10^4$ t/a 回转炉工艺包设计，正在进行示范项目设计和项目建设前期工作。

第五节　GF 低阶煤热解技术

一、技术研发过程

北京国电富通公司在低阶煤分质综合利用领域的研发始于 2008 年，历经实验室研究和放大规模试验，率先完成褐煤提质技术及提质炉的开发，分别于 2009 年和 2011 年先后建成 2 套 $50×10^4$ t/a 褐煤提质工业化装置，并实现了长周期稳定运行。在此基础之上，2013 年完成褐煤活性焦制备技术的研究并完成工业化，2015 年又完成了油页岩炼油技术的开发。2016 年与陕西煤业化工集团合作完成长焰煤热解技术的开发，并分别于 2015 年和 2016 年建成 $40×10^4$ t/a 和 $50×10^4$ t/a 工业化示范装置。GF 低阶煤热解技术（简称国富炉）通过了中国化工学会组织的科技成果鉴定，专家组给出了"国外未见报道，国内领先"的评价，并被列为榆林市兰炭产业转型升级第一重点推广技术。

二、基本原理、技术特点

1. 基本原理

GF 热解技术是外燃内热式、以富氢煤气或粗煤气为热载体的移动床热解工艺，热解炉

为多段多层直立方型炉，从上至下可分为干燥段（预热段）、干馏段和冷却段，每段由多层布气和集气装置组成。原料煤首先进入干燥段，被来自冷却段的热烟气加热，脱除煤中水分，以减少热解工段酚氨废水的产出量，并将原煤加热到100～170℃；干燥煤进入热解段，被来自煤气加热炉的高温富氢煤气加热到550～650℃，富氢气氛保证了系统较高的焦油收率；脱除大部分挥发分后的高温半焦进入冷却段，被来自干燥段的冷烟气降温，实现了干法熄焦；换热后的高温烟气被返送回干燥段加热原料煤，实现了半焦热量的回收。

2. 技术特点

① 物料粒度适应范围广，可实现全粒径原煤直接入炉；
② 多层布气集气装置降低煤层阻力，提升热载体输入量，单台处理量达 $100 \times 10^4 t/a$；
③ 干燥段与干馏段独立，避免大量烟气、水蒸气和煤尘进入煤气净化系统；
④ 多层布气伞和集气伞，实现布料均匀、下料均匀、布气均匀和集气均匀；
⑤ 热解炉移动床设计及炉体内采用沉降式设计，出口粉尘含量低；
⑥ 采用富氢煤气加热方式，保证焦油和煤气产率的最大化；
⑦ 烟气作为冷却介质，避免废水的产生，提高系统热效率，并保证产品质量和环保要求；
⑧ 具有工艺可靠、投资省、运行成本低、占地面积小等特点。

3. 相关专利

富通公司在煤热解领域已申请专利60余项，授权20余项，其中国内发明专利授权10余项，国际专利授权1项。部分授权专利见表4-2-12。

表 4-2-12　部分授权专利

知识产权类型	专利号	知识产权名称
国际专利	AU2010295138B2	External combustion and internal heating type coal retort furnace
发明专利	ZL200910092456.4	一种外燃内热式煤干馏炉
发明专利	ZL200910252429.9	煤干馏工艺参数的控制系统及其控制方法
发明专利	ZL201210368594.2	一种炭化活化一体炉
发明专利	ZL201010281850.5	一种用于处理废水的移动式吸附设备及其方法
发明专利	ZL201010546107.8	一种煤化工废水处理工艺
发明专利	ZL201010546162.7	一种煤气化废水处理工艺

三、工艺流程简述

原料煤经输煤皮带进入炉顶煤仓，在重力作用下进入干燥段，原煤经过炉体内部结构均匀分布，通过多层布气和集气装置与来自冷却段的热烟气均匀换热，脱除全部水分，同时将原煤温度升高。换热后携带大量水蒸气的烟气从干燥段顶部排出，一部分经降温除尘后进入国富炉冷却段，剩余烟气经除尘脱硫后达标排放。干燥后的原煤进入干馏段与来自加热炉的高温富氢煤气进行换热，通过炉内的均匀换热结构和对温度的多段精准控制，使原煤温度升高到设计的最佳热解温度，最大化提升产品焦油和煤气的产率。热解产生的高品质煤气从干馏段顶部集中排出，再经高效旋风除尘器除尘后进入煤气净化与焦油回收单元，该单元根据产品和系统工艺的需要，可采用油洗煤气或水洗煤气净化工艺。净化后的高品质富氢煤气一部分经过加热炉加热后作为热载体回到干馏段继续利用,另一部分作为产出气进入下一单元用于制 LNG、氢气或合成其他化学品。高温半焦在冷却段与来自干燥段的低温烟气换热,实现干熄焦,减少了废水产生,避免了水资源浪费。烟气升温后经过除尘回到干燥段,实现烟气热量循环利用,提高了系统热效率。

系统产生的有机废水采用自主研发的 LAB 活性焦吸附生化降解耦合工艺进行处理,出水达到城镇污水处理厂污染物排放标准一级 A,$COD_{Cr} \leqslant 50mg/L$。

工艺流程见图 4-2-5。

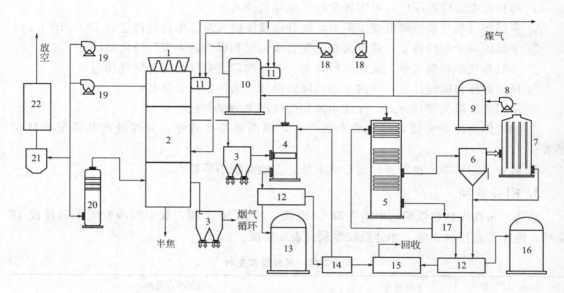

图 4-2-5   国富炉工艺流程简图

1—煤斗;2—国富炉;3—旋风除尘器;4—直冷塔;5—横管冷却器;6—捕雾器;7—电捕焦油器;8—煤气风机;
9—气柜;10—煤气加热炉;11—燃烧器;12—机械化澄清槽;13—重油罐;14—氨水槽;15—LAB 水处理;
16—轻油罐;17—集液槽;18—空气风机;19—烟气风机;20—水膜除尘器;21—布袋除尘;22—脱硫

四、产品产量及规格

1. 原煤分析 (以锡林浩特褐煤为例)

褐煤分析见表 4-2-13、表 4-2-14。

表 4-2-13   褐煤分析

M_t/%	M_{ad}	A_d/%	V_{daf}/%	FC_{ad}/%	低位发热量/(kcal/kg)
38.3	1.82	9.78	45.69	44.87	3608

表 4-2-14   褐煤铝甑分析(550℃)

样品	含油率/%	水含量/%	半焦含量/%	干馏气/%
褐煤	3.03	45.6	40.58	10.8

2. 煤气组成

热解气组成见表 4-2-15。

表 4-2-15　热解气组成

$CH_4/\%$	$C_2H_6/\%$	$C_2H_4/\%$	$C_3H_8/\%$
23.7	3.66	1.19	0.86
$C_3H_6/\%$	$C_mH_n/\%$	$H_2/\%$	$CO_2/\%$
0.69	0.91	6.39	46.03
$CO/\%$	$H_2S/\%$	低位热值/(kcal/m³)	密度/(kg/m³)
16.58	0.61	4051	1.4

3. 半焦（兰炭）产量及规格

年处理原煤 50×10^4 t，产半焦 20×10^4 t/a（含水≤4%）。产品半焦参数见表 4-2-16。

表 4-2-16　产品半焦参数

$M_t/\%$	$A_d/\%$	$V_{daf}/\%$	$FC_d/\%$	低位发热量/(kcal/kg)
3.05	18.83	13.22	70.44	5626

4. 煤焦油产量及规格

年产焦油 1.13×10^4 t。焦油分析见表 4-2-17。

表 4-2-17　焦油分析

序号	检测项目		检测结果
1	水分/%		3.28
2	密度/(g/cm³)		1.025
3	灰分/%		0.11
4	甲苯不溶物(无水)/%		5.64
5	黏度 E80		1.37
6	四组分/%	饱和分	53.97
		芳香分	7.12
		胶质	30.41
		沥青质	8.49

5. 以榆林长焰煤为例

年处理煤量 50×10^4 t/a，产出半焦 31×10^4 t/a、焦油 4.5×10^4 t/a、煤气 7200×10^4 m³/a。

（1）原煤分析　原料煤分析见表 4-2-18，长焰煤铝甑分析见表 4-2-19。

表 4-2-18　原料煤分析

$M_t/\%$	$A_{ar}/\%$	$V_{daf}/\%$	$FC_{ad}/\%$	低位发热量/(kcal/kg)
13.67	5.65	30.28	50.4	5840

表 4-2-19 长焰煤铝甑分析(650℃)

样品	含油率/%	水含量/%	半焦含量/%	干馏气+损失/%
长焰煤	10.48	16.48	59.91	13.23

（2）煤气组成 热解气组分见表 4-2-20，产品煤气组分见表 4-2-21。

表 4-2-20 热解气组分(体积分数)

CH_4/%	C_2H_6/%	C_2H_4/%	C_3H_8/%
42.35	5.11	0.94	1.36
C_3H_6/%	C_mH_n/%	H_2/%	CO_2/%
1.00	1.81	18.69	15.03
CO/%	H_2S/%	低位热值/(kcal/m³)	密度/(kg/m³)
13.71	0.61	6501	0.96

表 4-2-21 产品煤气组分(体积分数)

CH_4/%	C_2H_6/%	C_2H_4/%	C_3H_8/%
35.14	0.97	3.20	0.22
C_3H_6/%	C_mH_n/%	H_2/%	CO_2/%
0.16	0.29	30.28	14.32
CO/%	N_2/%	低位热值/(kcal/m³)	密度/(kg/m³)
10.72	4.70	4889	0.76

（3）半焦分析 产品半焦分析见表 4-2-22。

表 4-2-22 产品半焦分析

M_t/%	A_d/%	V_{daf}/%	FC_d/%	低位发热量/(kcal/kg)
3.56	7.59	5.5	87.33	6500

（4）焦油分析 焦油分析见表 4-2-23。

表 4-2-23 产品焦油分析(质量分析)

序号	检测项目	检测结果
1	水分/%	3.64
2	密度/(g/cm³)	1.043
3	灰分/%	0.12
4	甲苯不溶物(干基)/%	4.2
5	黏度(80℃)/(mm²/s)	4.38

续表

序号	检测项目		检测结果
6	四组分/%	饱和分	28.15
		芳香分	22.79
		胶质	20.77
		沥青质	9.08

五、主要设备

主要设备为煤热解炉，其规格为年处理原煤 50 万吨，外形结构参数为 $10.16m \times 9.46m \times 47m$，具体结构参数见表 4-2-24。

表 4-2-24　GF 低阶煤热解炉结构参数表

序号	项目		参数
1	干燥段	截面积/m²	88
		有效容积/m³	410
		截面强度/[kg/(m²·h)]	795
		原料停留时间/h	3.98
2	热解段	截面积/m²	88
		有效容积/m³	549
		截面强度/[kg/(m²·h)]	648
		原料停留时间/h	5.6
3	冷却段	截面积/m²	57.3
		有效容积/m³	346
		截面强度/[kg/(m²·h)]	733
		原料停留时间/h	4.8

GF 国富炉为多段立式方炉结构，从上至下依次为煤斗、干燥段、干馏段和冷却段，每段内又通过设置多层布气集气结构，实现了薄床层、多层梯级加热，大幅提高了 GF 国富炉的处理能力和对原料的适应性。燃烧室置于炉体中间，热载体从两侧进入干馏室，最大限度降低热量损失，保证了炉内流场均匀性，使产品品质得到保证。GF 国富炉结构如图 4-2-6 所示。

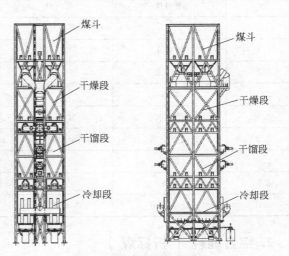

图 4-2-6　GF 国富炉结构示意图

六、GF 国富炉的操作条件

GF 国富炉的操作条件见表 4-2-25。

表 4-2-25 GF 国富炉的操作条件

序号	项目		参数
1	干燥段	混合室温度/℃	250~350
		干燥烟气出口温度/℃	100~120
		干燥烟气出口压力/Pa	±100
		底部煤层温度/℃	130~170
2	热解段	混合室温度/℃	750~850
		热解气出口温度/℃	≤300
		热解气出口压力/Pa	±100
		底部煤层温度/℃	550~650
3	冷却段	循环气温度/℃	≤70
		循环气出口温度/℃	200~320
		循环气出口压力/Pa	0~100
		底部半焦温度/℃	≤100

七、消耗定额及能耗

1. GF 炉消耗

GF 国富炉消耗定额见表 4-2-26。

表 4-2-26 GF 国富炉消耗定额(榆林煤)

序号	名称	耗量	规格	备注
一			原材料	
	原料煤	70t/h		连续
二			公用工程	
2.1	新鲜水	25t/h	4.5MPa	连续
2.2	循环水	1500m³/h	0.4MPa ΔT=10℃	连续
2.3	软水	3m³/h		连续
2.4	压缩空气	300m³/h	0.6~0.8MPa	间断使用
2.5	仪表空气	600m³/h	0.8MPa	连续
2.6	蒸汽	3t/h	1.0MPa 250℃	间断使用
2.7	氮气		0.4~0.6MPa 纯度≥99%	开车吹扫
2.8	设备用电	2400kW·h/h	10kV	

2. 综合能耗 (折标煤)

单位产品综合能耗见表 4-2-27。

表 4-2-27　单位产品综合能耗

	项目	数量	单位	折标准煤/(10^4t/a)	备注
一	投入			41.71	
	原煤	50	10^4t/a	41.71	热值 5840kcal/kg
二	产出			38.59	
1	半焦	31	10^4t/a	30.66	热值 6923kcal/kg
2	焦油	4.5	10^4t/a	5.14	热值 8000kcal/kg
3	煤气	0.44	10^8m³/a	3.07	热值 4889kcal/m³
三	消耗			0.7704	
1	电	1728	10^4kW·h	0.518	0.30kg/(kW·h)
2	软水	2.16	10^4t/a	0.001	0.4857kg/t
3	循环水	1080	10^4t/a	0.1544	0.143kg/t
4	新鲜水	2.88	10^4t/a	0.0002	0.0857kg/t
5	蒸汽	0.72	10^4t/a	0.0925	0.12861kg/kg
6	空气	0.011	10^8m³/a	0.0043	0.0400kg/m³
四	投入＋消耗－产出			3.9	
五	能耗		116.47kg/t 半焦		
六	能效		产出/(投入＋消耗)		91.5%

八、工程应用案例

1. 褐煤提质示范项目

国内首套 $50×10^4$t/a GF 褐煤提质工业化示范项目于 2009 年 4 月在内蒙古锡林浩特开工建设，建设单位为锡林浩特国能能源科技有限公司，并于当年 9 月建成，经过调试、消缺改造，系统于 2010 年实现连续稳定运行（图 4-2-7）。在此基础上，第二套 $50×10^4$t/a 褐煤提质系统于 2011 年 4 月开工建设并于当年建成投产。

当年原料煤采购价格为 80 元/t，而半焦销售价格达到了 460 元/t，焦油销售价格达到了 3600 元/t，处理 1t 原煤的毛利润在 100 元以上。该项目投资在 2.1 亿元左右，每年可处理原煤 $100×10^4$t，生产半焦 $40×10^4$t、焦油 $2.25×10^4$t，3 年内即可收回全部投资。

2013 年开发出了 GF 低阶煤制备活性焦技术，并对锡林浩特现有 2 套褐煤提质系统进行改造，年产活性焦 $20×10^4$t、焦油 $2×10^4$t。经改造后，活性焦销售价格基本稳定在 1800 元/t 以上，具有较高的利润。

2013 年 12 月，中国化学学会对该技术进行了鉴定。

2. 油页岩炼油

受国内原油价格影响，油页岩炼油企业利润大幅下滑，并出现亏损。富通公司开发出末页岩炼油技术，以 8mm 以下的末页岩为原料进行炼油加工，通过降低原料成本来提高企业盈利能力，并在甘肃兰州建设了 $40×10^4$t/a 末页岩炼油工程示范项目。项目于 2015 年开工建设，建设单位为窑街煤电集团，原料采用一期炼油项目无法处理的 8mm 以下的末页岩。项目总投

图 4-2-7 首套 50×10^4 t/a 褐煤提质系统（2009 年建成）

图 4-2-8 运行中的 50×10^4 t/a 长焰煤热解系统

资 1.3 亿元，项目投产后可年产页岩油 2.5×10^4 t、页岩半焦 33×10^4 t、瓦斯气 0.57×10^8 m^3；页岩油价格以 2500 元/t 计，页岩半焦价格以 50 元/t 计，瓦斯气价格以 0.05 元/m^3 计，则年销售收入可达 7928 万元，毛利润在 1500 万元左右，企业扭亏为盈。

3. 长焰煤热解示范项目

2015 年与陕西煤业化工集团公司下属陕西陕北乾元能源化工有限公司合作，在陕西榆林建设 50×10^4 t/a 长焰煤热解工程示范项目（图 4-2-8）。项目以榆林混煤（≤30mm）为原料，以富氢煤气作为热解段加热载体，获得高品质煤气（有效气体成分≥80%），焦油产率大于格-金值85%。项目总投资 1.8 亿元，项目投产后可年产优质半焦（水分≤4%）31×10^4 t、富氢煤气 0.72×10^8 m^3、焦油 4.5×10^4 t；原煤以 430 元/t 计，半焦以 675 元/t 计，焦油以 1600 元/t 计，煤气以 0.3 元/m^3 计，每年的销售收入可达 2.84 亿元，毛利润在 3700 万元左右。

4. 100×10^4 t/a 国富炉建设方案

以榆林 6～30mm 混煤为原料，建设单系列 100×10^4 t/a 国富炉煤热解装置。

① 产品方案（原料煤 100×10^4 t/a）：

产品为：半焦 67.7×10^4 t/a、焦油 10×10^4 t/a、煤气 1.47×10^8 m^3/a。

② 公用工程用量：

新鲜水　　80m^3/h、84×10^4 m^3/a

电力　　　6800kW·h/h、5400×10^4 kW·h/a

脱盐水　　16m^3/h、12.8×10^4 m^3/a

仪表空气　500m^3/h

③ 投资估算及经济效益：

建设投资 34881.0 万元，其中固定资源投资 33880.0 万元。

年均销售收入 62037.0 万元，全部投资税后内部收益率 13.4%。

借款偿还期（含建设期）7.326 年。

④ 2018 年 7 月开工建设，计划 2019 年 5 月建成投产。

第六节　煤气化热解一体化技术（CGPS）

一、概述

北京柯林斯达最早开发带式炉煤热解炉，建有万吨级试验炉，对国内褐煤和多种烟煤进行了试验研究。在内蒙古建成百万吨级褐煤干燥带式炉。2014年7月通过中国石油和化学工业联合会科技成果鉴定。

二、技术特点

① 煤热解产生的焦粉进行气化，高温煤气化作为煤热解载体，整体热能利用率高。

② 煤热解焦油收率高，热解煤气品质好，半焦质量得到提高。

③ 冷煤气干熄焦，产生的废水少。

④ 成功开发了四段式带式炉煤热解炉（干燥段、低温热解、中温热解、余热回收）。

⑤ 高效自除尘，循环油洗回收煤气中的焦油，辅以电捕焦油，提高焦油收率。

三、装置运行数据

原煤 ——→ | 干燥 | 低温热解段 | 中温热解段 | 余温回收冷却段 | ——→ 半焦

1. 入炉煤质分析（榆林红柳林煤）

入炉煤质分析见表4-2-28。

表4-2-28　入炉煤质分析(质量分数)　　　　　单位：%

工业分析					元素分析				
全水	分析水	灰分	挥发分	固定碳	全S	H	C	O	N
13.2	4.53	8.82	31.76	54.89	0.32	4.37	71.7	9.96	0.9

格-金试验（质量分数，%）：半焦72.9、焦油9.31、干馏总水10.55、热解水6.02、煤气＋损失7.24；

灰熔点（℃）：DT 1200、ST 1230、HT 1250、FT 1270；

着火点（℃）：334；

原煤低位热值：23.9MJ/kg。

2. 热解炉内运行条件

煤气流速2.1m/s，入炉煤量1251.67kg/h，煤在钢带上平铺厚度120mm，热解温度650℃，焦油产率9.13%，产气率（以煤计）306.28m³/t，半焦产率（以煤计）57.46%，气化耗半焦（以煤计）180kg/t，回收余热后耗半焦（以煤计）80kg/t。

3. 气化装置

粉煤气化采用自行设计的气流床气化炉，顶置单喷嘴。

4. 煤气组成分析

煤气组成分析见表 4-2-29。

表 4-2-29　煤气组成分析（体积分数）

项目	H_2	CO	CH_4	CO_2	C_mH_n	H_2S	O_2	其他
占比/%	31.54	41.17	8.21	12.08	1.01	0.13	0.01	5.99

煤气低位热值：12.9MJ/m³（3080.7 kcal/m³）。

5. 半焦产量

半焦产量见表 4-2-30。

表 4-2-30　半焦产量

项目	全水	灰分	挥发分	固定碳	合计
占比/%	0.9	12.2	8.21	78.69	100.0

四、考核结果

煤解炉进煤量 30.4t/d，达到设计负荷的 100%；

半焦产率 57.84%，焦油产率 9.07%，煤气产率 309.1m³/t 煤；

原料煤能源利用效率 92.5%。

五、工程方案

已完成百万吨级（GSP）工艺包设计，正在进行工业化示范项目前期准备工作。

第七节　低阶煤旋转床热解技术

一、概述

河南龙成集团研发的低阶煤旋转床热解技术，经前期实验室研究、小型试验和 2011 年在西峡县进行 $30×10^4$t/a 工业化试验等三个阶段的研发，2013 年在河北曹妃甸工业区建成了单套 $100×10^4$t/a、总规模 $1000×10^4$t/a 的工业化示范装置并成功运行，是国内规模最大的煤热解生产装置。2014 年 9 月通过中国石油和化学工业联合会组织的科技成果鉴定。该技术已列入国家能源局 2017 年 2 月发布的《煤炭深加工产业示范"十三五"规划》中示范项目。陕西龙成公司在榆林地区建设 $1000×10^4$t/a 粉煤清洁高效综合利用一体化示范项目，内容包括：单系列达到 $200×10^4$t/a 低温煤热解技术装备，煤焦油和热解气深加工技术示范。

二、技术特点

① 单套热解装置规模最大，单位产品能耗低，能源转换效率高。

② 粉煤利用率高，提高了原料的适用性。

③ 水资源消耗低，有利于在煤资源丰富、缺水地区建煤热解厂。

④ 旋转床热解炉传热快，热效率高，焦油收率高，单炉产能大。

⑤ 延长了产品链，提高了经济效益。

三、建设规模及产品方案

1. 建设规模

曹妃甸项目，设计煤热解 $1000 \times 10^4 t/a$，单系列 $100 \times 10^4 t/a$，共建设 10 套装置。

2. 产品方案

（1）一次加工产品　见表 4-2-31。

表 4-2-31　一次加工产品

序号	产品名称	设计产能	备注
1	半焦/$(10^4 t/a)$	700.0	用于发电、高炉喷吹料
2	焦油/$(10^4 t/a)$	100.09	作为焦油加 H_2 原料
3	煤气/$(10^8 m^3/a)$	12.0	制 H_2 和 LNG
4	硫黄/$(10^4 t/a)$	1.3	外销

（2）二次深加工产品

① 半焦：流化床锅炉燃料，蒸汽发电量 $630 \times 10^8 kW \cdot h/a$；

② 焦油：加 H_2 后可生产柴油馏分油 $68 \times 10^4 t/a$，汽油馏分油 $21.22 \times 10^4 t/a$；

③ 煤气：提 H_2 作焦油加 H_2 气源，CH_4 制 LNG $2.88 \times 10^4 t/a$。

四、工艺流程及产品分析

1. 工艺流程

工艺流程见图 4-2-9。

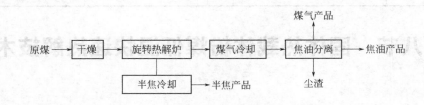

图 4-2-9　工艺流程简图

2. 产品分析

（1）煤气组成　见表 4-2-32。

表 4-2-32　煤气组成

项目	H_2	CO	CH_4	C_nH_m	CO_2	O_2	H_2S	合计
体积分数/%	30.5	36.8	16.5	2.6	12.85	0.6	0.15	100.0

（2）半焦分析　见表 4-2-33。

表 4-2-33　半焦分析(体积分数)

固定碳/%	挥发分/%	灰分/%	水分/%	发热量/(MJ/kg)
72.1	9.6	8.5	9.8	

五、装置运行情况

① 2014 年 6 月试运行，9 月有 6 条生产线达到正常生产条件，生产负荷 80% 以上。

② 煤热温度：550～600℃。

③ 焦油产率：9.8%～10.5%。

④ 半焦产率：65%～67%。

⑤ 煤气产量：115～120m³/t。

六、考核标定结果

72h 考核标定结果见表 4-2-34。

表 4-2-34　72h 考核标定结果表(单系列)

序号	项目	设计值	考核标定值
1	进煤量/(t/h)	125	116.3
2	半焦产量/(t/h)	81.25	71.7
3	焦油产量/(t/h)	12.5	11.2
4	煤气产量/(m³/t)	120	126
5	热解温度/℃	600	586
6	热解压力/Pa		
7	综合能耗/kg	185	188.3
8	能源转化效率/%		81.2

第八节　固体热载体粉煤低温快速热解技术

一、概述

中国科学院工程热物理研究所与神木锦丰洁净煤科技公司合作，2014 年 9 月建成一套处理煤量 240t/d（8×10⁴t/a）的煤热解工业示范装置，2015 年 11 月实现满负荷稳定运行，2016 年 9 月通过中国石油和化学工业联合会考核标定，各项指标达到或优于中国科学院煤专项任务书规定的考核指标。

二、技术特点

① 采用固体热载体低阶粉煤高效梯级热解技术。以高温半焦固体热载体为煤热解提供热源，易操作控制，运行稳定。

② 热解产生的产物经多级高温旋风除尘器和高温电除尘器，除尘效果好，焦油含尘小

于 1%，平均 0.47%。

③ 高温烟气经余热锅炉回收热量并产出蒸汽，再经布袋除尘器，达标排放，减少大气环境污染。

④ 循环油洗系统，分别回收轻油和重油，焦油总回收率高。

三、工艺原理

固体热载体粉煤低温热解工艺原理见图 4-2-10。

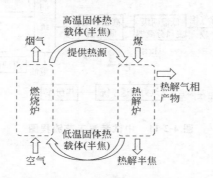

图 4-2-10　固体热载体粉煤低温热解工艺原理

四、工艺流程简述

中试装置工艺流程如图 4-2-11 所示，中试装置以高温半焦作为固体热载体为粉煤低温热解提供热源。通过分选和干燥制备的合格粉煤（粒径范围 0～8mm、外在水含率降至小于 5% 的粉煤）通过上煤系统进入热解煤斗，再由螺旋给料机加入热解炉，在热解气相产物的流化下，与来自上返料器的固体热载体混合而快速加热并发生热解反应，煤热解的气液相产物由热解炉顶部排出，固相产物（半焦）及固体热载体从热解炉的底部排出。一部分固相产物及固体热载体从热解炉底部通过滚筒冷焦机间接冷却后排出系统，作为半焦产品；另一部分则作为低温固体热载体，通过热解炉底部的返料装置进入燃烧炉底部，并与空气发生部分燃烧反应，并被输运至燃烧炉顶部，经高温气固分离后形成高温固体热载体，通过上返料器进入热解炉，为热解连续提供热源。由炉膛出口的烟气经过两级高温旋风分离，再经余热锅炉继续降温后，同时产生饱和蒸汽，再经布袋除尘器除尘，最后经烟囱排放。热解产生的气液相产物经两级旋风分离器预除尘、一级高温静电除尘器深度除尘后进入收油系统，在循环焦油的分级激冷和吸收、离心机深度脱尘后，获得产品焦油和热解煤气。

中试装置作为一个试验装置，主要是为了开展固体热载体粉煤低温热解试验研究，获取中试装置运行数据，为固体热载体粉煤低温热解工艺优化和放大提供数据支撑，因此三废处理上还是依据试验装置的处理方式处理：①高温烟气经旋风分离器和布袋除尘器除尘净化后，通过烟囱排放；②热解煤气经除尘系统除尘和收油系统收集焦油后，通过点火炬燃烧后排放；③热解水通过水解水储罐收集后，通过槽车运往附近的焦化厂，委托焦化厂进行净化处理。

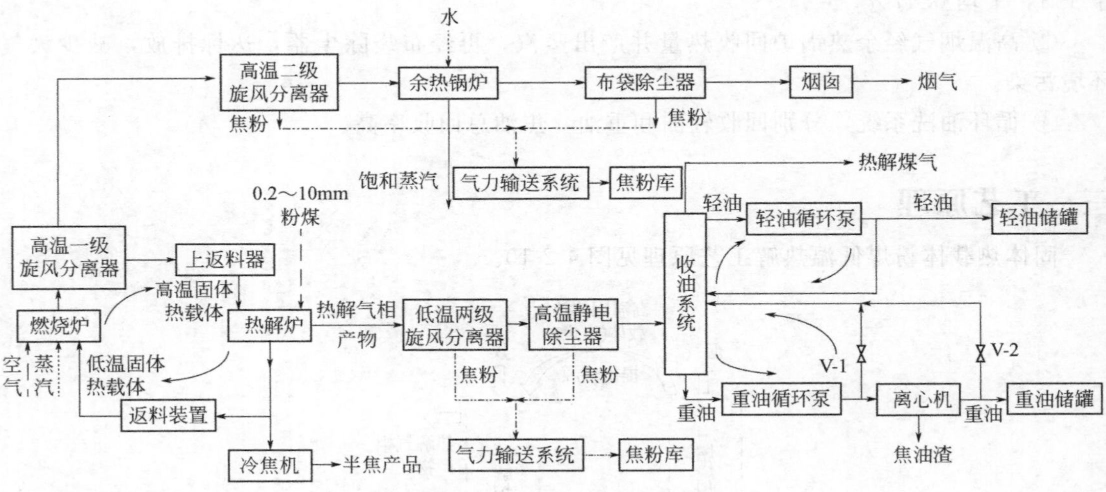

图 4-2-11 中试装置工艺流程图

五、考核标定结果

1. 考核标定结果 （见表 4-2-35）

表 4-2-35 考核标定结果

序号	项目	设计指标	考核标定值	备注
1	进煤量/(t/h)	10.0	10.045	负荷率 100.45%
2	半焦产量/(t/h)	6.3	6.642	产率 66.42%
3	焦油产量/(t/h)	≥0.6	0.847	产率 8.47%
4	煤气产量/(m³/h)	860	886.0	产率 7.63%
5	热解水产量/(kg/h)	870.0	859.7	产率 8.6%
6	热解温度/℃	650~700	705.8	
7	热解压力/kPa	0.5~0.8	0.6	
8	综合能耗/(kg/t)		142.8	
9	能源转化效率/%		89.33	

2. 产品煤气、焦油及半焦分析

（1）煤气组成 见表 4-2-36。

表 4-2-36 煤气组成分析

项目	H_2	CO	CH_4	C_mH_n	CO_2	O_2	合计
占比/%	12.57	15.93	34.77	11.38	25.28	0.1	100.0

煤气热值：16.13MJ/m³（3852.45kcal/m³）。

（2）焦油 含尘 0.47%，正庚烷可溶物：88.66%。

（3）半焦 固定碳 80.6%；挥发分 9.2%；含灰 8.5%；发热量 29.2MJ/kg

(6976.7kcal/kg)。

3. 物料及动力消耗（以 1t 煤计）

耗电 64.05kW·h，耗新鲜水 0.204m³，副产蒸汽 0.155t。

第九节 粉煤热解-气化一体化技术（CCSI）

一、概述

① 陕西延长石油集团碳氢利用技术研究中心自主研发的低阶煤（长焰煤）粉煤热解-气化一体化技术（CCSI），是以低温热解为龙头，热解-气化结合的煤炭分质转化新技术，充分利用长焰煤中原有的组分与化学结构，有效提高煤焦油收率的同时，不产出半焦，不排放污染性废气，属于环保型清洁高效分质利用技术。

② 自 2012 年 10 月开始研发，先后历经热态小试实验、冷态模拟试验。2014 年 4 月开始进行 36t/d 的 CCSI 中试装置工程设计。2015 年 8 月工业试验装置建成，11 月进行装置投料试车并打通系统全流程。

③ 截至 2017 年 3 月底，装置累计稳定运行 1009h，实现装置的长周期稳定运行，生产出合格的煤焦油和煤气。煤焦油产率达 17.12%，合成气有效气大于 35%（空气气化），各项指标均达到或超过设计指标。

二、技术特点

① 热解与半焦气化耦合组成密封循环系统，利用煤气显热进行煤热解，独创"一器三区"粉煤热解与一体化反应，实现物料互供，热量自平衡。

② 通过快速高效传热传质和加氢作用，提高煤焦油收率。

③ 采用反应器内分离和器外分离相结合的气固三级分离系统，最终超细颗粒高效分离器，较好地解决了油气尘分离问题。

④ 所产半焦在反应器气化段被全部气化，不产出半焦产品，解决了粉状半焦储运和利用问题。

⑤ 热解-气化一体化具有流程短、能耗低、煤资源利用率高等优势。

三、工艺流程

CCSI 装置主要包括四个单元：备煤单元、热解-气化单元、煤气净化及油品回收单元、尾油回收及废水处理单元。工艺流程如图 4-2-12 所示。

煤斗中的煤粉经过锁斗、给料斗，通过流化给料器、加压给料机送入热解炉。粉煤在热解段生成焦油气和半焦颗粒，携带部分半焦颗粒的焦油气进入一级旋风分离器，分离出的半焦颗粒通过料腿返回热解炉下部气化段，大部分半焦通过热解段进入气化段生成高温粗煤气，作为热解段的热源。出一级旋风分离器的粗煤气进入多管旋风分离器，进一步分离出焦油气中的含碳粉尘，含碳粉尘经减压排焦罐、焦渣罐、螺旋冷灰机排出。

出多管旋风分离器的焦油气进入一级洗涤塔与洗油逆流接触洗涤降温，洗涤的焦油及细粉排至重油缓冲罐，塔顶的粗煤气经文丘里洗涤器、二级洗涤塔再次洗涤、降温后排至重油缓冲罐。由重油泵将重油缓冲罐焦油送至卧螺离心机进行分离，分离后焦油送至焦油储罐。

来自二级洗涤塔塔顶的煤气进入间冷器进一步冷却，冷却的焦油和水进入油水分离装置进行深度分离。煤气进入油气分离装置，经油水分离装置，油气分离器得到的轻油进入轻油罐回收。部分煤气经煤气压缩机压缩后用作反应炉松动气，其余煤气经火炬管网放空。

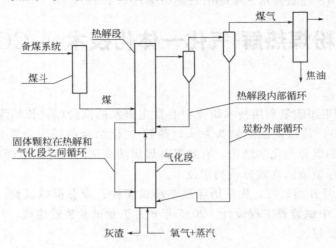

图 4-2-12 CCSI 装置工艺流程简图

四、考核标定结果

72h 考核标定结果见表 4-2-37。

表 4-2-37 72h 考核标定结果

操作条件		设计值	考核平均值
气化	气化段温度/℃	950～1050	810.94
	气化段压力/MPa	0.3～0.6	0.583
	进煤量/(kg/h)	462～621.00	505.0
	蒸汽煤比/(kg/t)	536	298.19
热解	热解段温度/℃	600	558.48
	热解段压力/MPa	0.3～0.6	0.504
	热解段线速度/(m/s)	15	14.07
	煤气量/(m³/h)	2100～3200	2528.82

① 焦油产量（以煤计）171.6kg/t，焦油产率 17.16%（质量分数）。外供煤气产量（以煤计）345.0m³/t，$(CO+H_2+CH_4)$ ＝35.1%（体积分数）。

② 能源转化效率 82.75%。

五、物料及动力消耗

以 1000kg 原料煤计算：

① 燃料气（天然气）   2.2m³

② 空气（空气气化）   2350m³

③ 中压蒸汽　　　　　　395kg
④ 新鲜水　　　　　　　0.54m³
⑤ 电力　　　　　　　　53kW·h

六、示范项目

已安排"十三五"进行百万吨级大型化工业示范项目建设，已完成工艺包设计。

第十节　真空微波煤热解技术

一、概述

西安龙华微波煤化工有限公司是西安瑞驰节能工程公司的子公司，从2012年开始研发微波煤炭热解提质（含兰炭生产、型焦生产和褐煤提质）技术。在西安建成首套OMCK-10型、装机容量75kW的真空微波煤热解试验炉，通过30次生产试验，每次进煤量70kg，最大200kg，取得了大量试验数据。先后对块煤、粉煤、煤泥、焦炭泥煤、型焦煤球、油页岩、油砂、油渣等不同物料进行了热解试验，取得了成功，为工程化打下了良好的基础。

二、试验装置

① 设备规格：型号OMCK-10，炉内径1950mm，微波装机容量75kW；
② 物料处理能力：100kg，最大200kg；在炉停留时间：60min。
③ 热解温度：500℃，最高1200℃；风机负压：3000Pa。

三、技术特点

① 进料煤种、粒度没有严格要求，适应范围宽；
② 比其他煤热解炉节能40%～50%；
③ 生产装置简单，流程短，同等规模投资少；
④ 焦油收率高达18%，兰炭挥发分低于1.0%，兰炭质量最优；
⑤ 环境污染小，无NO_x排放，"三废"排放少且易处理；
⑥ 热心效应、催化效应、急速加热、整体加热均匀。

四、煤热解（中试）运行数据

① 真空微波炉功率：450kV。
② 热解炉温度：500～650℃。
③ 热解炉压力：-2500～-3000Pa。
④ 进煤粒度：0～50mm。
⑤ 综合能耗：200kW/t（折74.33kg煤），其中煤干燥耗电50kW/t。
⑥ 焦油产率：神木煤大于18.2%，哈密煤大于21.6%。
⑦ 兰炭（半焦）产率：65%；挥发分：小于1.0%。
⑧ 煤气产量：207.6m³/t（134kg/t）。

⑨ 煤气组成：见表 4-2-38。

表 4-2-38 煤气组成

CH_4	H_2	CO	CO_2	合计	低阶热值/(kcal/m³)
54.8%	30.2%	10.3%	4.7%	100%	6031.8

注：低位热值 6031.8kcal/m³。

⑩ 进煤量：2.25t/h（2×10⁴t/a）。

五、工程应用案例

① 内蒙古褐煤干燥 10×10⁴t/a（12t/h），微波炉装机容量 2250kW，褐煤含水量 35%，干燥后水分降到 10% 以下。

② 神木太和公司煤热解项目，采用密闭微波真空环形炉，外径 φ20m，内径 φ12m，设计进煤量 25×10⁴t/a，最大 30×10⁴t/a。转盘转速 1r/40min；微波装机容量 5400kW。正在设计之中，计划 2018 年建成试运行。

第十一节 蓄热式下行床低阶煤快速热解技术

一、概述

北京神雾电力科技公司开发的"蓄热式下行床低阶煤热解中试装置"，设计进煤量 3t/h，于 2015 年 8 月在北京神雾集团园区建成，并开始运行，12 月满负荷运行 144h，2016 年累计运行 1008h，处理原料煤 2300 多吨，2017 年 6 月由中国石油和化学工业联合会组织专家进行 72h 标定考核，各项指标达到设计要求。

二、中试装置规模及工艺过程

① 装置设计规模：入炉原料煤 3t/h，76.8t/d。

② 工艺过程主要包括煤预处理、煤热解、提质煤冷却、热解煤气净化、热解焦油分离回收五部分。

③ 工艺流程示意见图 4-2-13。

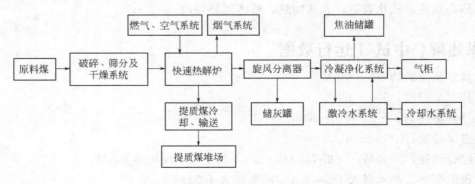

图 4-2-13 工艺流程

三、72h 标定考核条件及结果

1. 标定考核条件

（1）主要物料进出装置数据　见表 4-2-39。

表 4-2-39　主要物料进出装置数据

	名称	设计值	标定值	备注
主要物料输入	原料煤/(t/h)	3	3.02	设计值及标定值以收到基为基准,热解炉处理煤为烘干煤。原煤收到基平均水分 32.4%,入炉煤平均水分 15.0%
	燃料气/(m³/h)	130～250	149.58	72h 平均,以天然气为基准
	电/(kW·h)	—	6480	累计消耗量
	新鲜水/(t/h)	0.25～0.6	0.4	平均值
主要物料输出	提质煤/(t/h)	1.2～1.8	1.24	72h 平均
	热解气(干)/(m³/h)	1000～1800	1202	72h 平均
	热解水/(t/h)	0.18～1.08	0.22	72h 平均
	热解焦油/(t/h)	0.015～0.15	0.02	72h 平均

（2）装置主要系统操作温度与压力　见表 4-2-40。

表 4-2-40　装置主要系统操作温度与压力

操作条件	温度/℃		压力/kPa	
	设计值	标定值	设计值	标定值
快速热解炉系统	500～1000	500～920	0～5	0.5～1.5
旋风分离系统	600～900	750～820		
高温荒煤气净化系统	25～85	35～70		
喷淋循环水系统	20～40	20～35		

2. 标定考核结果

① 能源转化效率：83.08%；

② 综合能耗（以空干基煤计）：169.2kg/t；

③ 综合水耗（以空干基煤计）：114.1kg/t。

四、标定考核结论

① 该中试装置采用下行床快速热解炉，以蓄热式辐射管为核心加热元件；

a. 可对粒度小于 6mm 的低阶煤进行热解加工；

b. 辐射管温度可控，传热效果好，热效率高；

c. 烟气与热解气不接触，有利于热解产品的冷却和分离回收。

② 热解气产率及品质高，水耗及能耗低，其中热解气产率达 37% 以上，热解气有效成分（氢气、甲烷及一氧化碳）达 80% 以上，综合水耗为 114.1kg/t 空干基煤，综合能耗为 169.2kg/t 空干基煤，能源转化效率为 83.08%，热解炉热效率为 89.17%。

③ 等热值提质煤含硫量为原煤的 85%，作为锅炉清洁燃料可降低 SO_x 排放。

④ 该中试装置处理能力 3.02t/h（原煤收到基）。

第十二节　外热式回转炉粉煤热解技术

一、技术研发历程

西安三瑞实业有限公司，从 2008 年开始进行"外热式回转炉粉煤热解技术"实验室研究；2010 年建立 2000t/a 中试装置并进行多煤种试验，取得的研究成果通过陕西省科技厅技术鉴定；2013 年庆华集团采用该技术建立 5×10^4 t/a 油砂热解示范项目试生产取得成功；2014 年神华集团新疆公司建成 15×10^4 t/a 煤热解制活性炭项目，已连续运行 4 年，各项指标达到设计要求；2017 年宏汇公司在甘肃酒泉钢厂建成单系列 30×10^4 t/a 粉煤热解分质利用项目，共建成 5 个系列，总规模为 150×10^4 t/a，2018 年进入全面试生产阶段，实现达产达标，从而完成了该技术的工业化研发任务。目前正在进行单炉 50×10^4 t/a 和 100×10^4 t/a 的大型化装置的设计工作。该技术获得专利授权21 项。

二、技术特点

外热式回转炉粉煤热解技术特点是：单系列产能大，采用粉煤为原料，高温烟气循环为热解供热；焦油产率高，焦油中轻油占 50%；副产煤气中 CH_4 含量高，有效组分高达 90%，热值大于 6000kcal/m³；半焦质量好，基本不含水，挥发分可根据用户要求进行调节；装置运行稳定可靠，安全运行率高；自动化水平高，工艺参数控制精确，操作方便。

三、装置组成

成套装置由 7 部分组成：原料煤储运输送；粉煤干燥、热解、冷却回转炉；半焦干法熄及焦输送运输；煤气除尘、冷却、油气分离、焦油储罐；热风炉及高温烟气循环系统；煤气脱硫后处理系统；三废处理。

四、工艺流程及核心设备

（1）工艺流程　见图 4-2-14。

（2）外热式回转热解炉　见图 4-2-15。

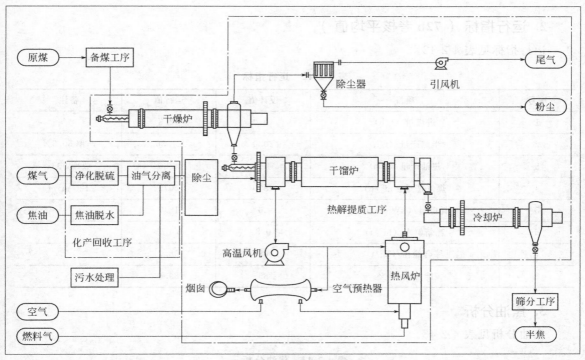

图 4-2-14　工艺流程简图

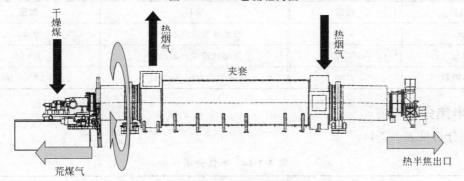

图 4-2-15　外热式回转热解炉

五、150 万吨/年装置运行指标

1. 原料煤分析（收到基）

原料煤分析见表 4-2-41。

表 4-2-41　原料煤分析表

项目	数值	项目	数值
M_{ad}	20.06%	$S_{t,d}$	0.19%
A_d	6.41%	焦油产率	12.76%
V_{daf}	50.02%	低位热值	5200kcal/kg
C_{ad}	56.52%		

2. 运行指标（72h 考核平均值）

运行指标见表 4-2-42。

表 4-2-42　运行指标

序号	项目	设计值	运行值	备注
1	进煤量/(t/h)	40.0	42.3	
2	半焦产量/(t/h)	20.0	21.36	产率50.5%
3	焦油产量/(t/h)	4.5	4.86	收率90%
4	煤气产量/(m³/h)	4800	5076	120 m³/t
5	耗电量/(kW·h/t)	20	18.7	
6	耗新鲜水/(m³/t)	0.8	0.075	
7	综合能耗/(kg/t)	68	68.7	
8	能源效率/%	85	89.6	

3. 焦油分析

焦油分析见表 4-2-43。

表 4-2-43　焦油分析

项目	数值	项目	数值
水分/%	0.48	轻焦油密度/(g/cm³)	0.92
挥发分/%	0.29	重焦油密度/(g/cm³)	1.043
甲苯不溶物/%	2.96	混合焦油密度/(g/cm³)	0.96～0.98

4. 半焦分析

半焦分析见表 4-2-44。

表 4-2-44　半焦分析

项目	数值	项目	数值
水分/%	0.48	固定碳/%	81.43
挥发分/%	9.2	全硫/%	0.36
灰分/%	8.53	低位热值/(kcal/kg)	6850

5. 煤气分析

煤气分析见表 4-2-45。

表 4-2-45　煤气分析

项目	数值	项目	数值
H_2/%	24.5	C_nH_m/%	13.1
CO/%	12.3	H_2S/%	0.4
CH_4/%	37.8	O_2/%	0.2

续表

项目	数值	项目	数值
CO_2/%	9.5	低位热值/$(kcal/m^3)$	6050
N_2/%	2.1		

注：煤气中 C_nH_m 含乙烯 4.2%、乙烷 3.78%、丙烯 2.46%、丙烷 1.07%，可利用价值较高。

六、500 万吨/年煤热解投资估算及经济分析

1. 投资估算

总投资 22.35 亿元，其中建设投资 19.52 亿元。

2. 年均营业收入及总成本费用

年均收入：42.32 亿元。

总成本费用：28.7 亿元。

3. 总投资收益率

税后 42%。

4. 投资回收期

税后 5.8 年。

第三章
低温煤焦油加工技术

第一节　概述

　　据不完全统计，2016 年我国低变质煤占煤炭查明资源量的 50% 以上，这部分煤含油率较高，例如陕西榆林长焰煤含油率为 10%～12%，新疆哈密煤含油率高达 15%～18%，是低温热解的理想原料。通过低温干馏可以获得附加值高的低温焦油和粗酚。目前，陕西、内蒙古、新疆、宁夏、山西等省（区）煤低温干馏已形成 7000 多万吨的生产能力，焦油加氢已达到 $523×10^4 t$ 的规模。

　　含油率高的低阶煤通过热解先提取焦油，所产半焦（兰炭）、煤气再综合利用，这是对低阶煤清洁高效分质利用的最佳方法，与煤液化制油相比，投资和成本大幅度降低。而煤焦油通过加氢生产燃料油（包括汽、柴油）的工艺技术得到长足发展，国内相继建成了 10 万～50 万吨/年规模的多套煤焦油加氢装置。

　　煤焦油通过加氢改质，可以提高轻质油收率，提高燃料油产品质量，提高焦油综合利用率，改善环境减少污染。该项目属于资源综合利用和环保项目。

第二节　低温煤焦油加氢技术原理及特点

一、煤焦油加氢改质过程的主要化学反应

　　煤焦油加氢改质的目的是加氢脱除硫、氮、氧和金属杂质；加氢饱和烯烃，使黑色煤焦油变为浅色的加氢产品，提高产品安定性；加氢饱和芳烃并使环烷烃开环，大幅度降低加氢产品的密度，提高 H/C 比值和柴油产品的十六烷值。部分加氢裂化大分子烃类，使煤焦油轻质化，多产柴油馏分。

1. 煤焦油加氢精制过程中发生的主要化学反应

（1）烯烃加氢反应 煤焦油中含有少量烯烃。烯烃虽然易被加氢饱和，但是烯烃特别是二烯烃和芳烃侧链上的双键极易引起催化剂表面的结焦，因此，希望烯烃在低温下被加氢饱和，这就要求催化剂具有较好的低温加氢活性，并且抗结焦能力强。

（2）加氢脱氧反应 无水煤焦油中氧含量通常为 $4\%\sim6\%$（物质的量分数），以酚类、酸类、杂环氧类、醚类和过氧化物的形式存在。煤焦油中含氧化合物性质不稳定，加热时易缩合结焦。酸类、醚类和过氧化物类含氧化合物要求的加氢性能不高，酚类、杂环氧类和大分子含氧化合物则要求高加氢性能。

（3）加氢脱金属反应 煤焦油中的金属杂质主要有钠、铝、镁、钙、铁和少量的镍、钒，非金属杂质有氯化物、硫酸盐和硅酸盐、二氧化硅等。煤焦油灰分含量通常大于0.1%。这些杂质一方面造成煤焦油结焦，另一方面在催化剂床层沉积，造成催化剂床层堵塞。因此，煤焦油必须进行预处理，脱除大部分的无机物，才能作为加氢原料。

煤焦油中的金属杂质可以分为水溶性无机盐和油溶性有机盐，预处理后的加氢进料中金属杂质主要以有机盐的形式存在。Na^+极易在床层上部结垢，进入催化剂床层后使催化剂载体呈碱性，导致催化剂中毒失活。Fe^{2+}与硫化氢作用生成非化学计量的硫化铁相或簇，难以进入催化剂内孔道，而是沉积在催化剂颗粒表面及粒间空隙，引起床层压降的上升。

加氢脱金属要求催化剂大孔径和大孔容，催化剂床层具有大的空隙率。

（4）加氢脱硫反应 煤焦油中的硫主要以杂环硫的形式存在，小分子的硫化物有苯并噻吩、二苯并噻吩等。噻吩类的硫化物加氢脱硫，要求催化剂具有高的加氢性能和一定的直接脱硫性能。

原料中的杂环氮化物对催化剂的加氢脱硫活性具有强烈的抑制作用。

（5）加氢脱氮反应 煤焦油中的氮主要以杂环氮化物的形式存在，可以分为碱性氮化物和非碱性氮化物。在胶质和沥青质中氮含量非常高。加氢脱氮反应历程是氮杂环首先加氢饱和，然后其中一个 C—N 键断裂，最后是同芳环结合的 C—N 键断裂，完成加氢脱氮。

煤焦油加氢脱氮要求催化剂具有高的芳烃加氢活性和与加氢活性相匹配的氢解功能，要求催化剂具有适中的孔径。

（6）芳烃加氢反应 由于煤焦油主要成分为芳烃和杂环化合物，非芳烃含量很少，因此，芳烃加氢反应是煤焦油加氢改质过程中最重要的反应。加氢脱硫、加氢脱氮、加氢脱氧、加氢脱残炭反应均离不开芳烃加氢反应，芳烃加氢反应也是提高柴油产品十六烷值最重要的手段。

（7）加氢脱胶质反应和加氢脱沥青质反应 低温煤焦油中胶质加沥青质含量占 30% 以上，胶质和沥青质是结焦的主要前驱物。胶质和沥青质的单元结构都是以稠合芳香环系为核心的结构，两者的差别仅是分子结构及分子量大小不同。由于胶质和沥青质颗粒大，要求催化剂具有大的孔径，在大孔中加氢分解为小分子化合物，才能进一步加氢。

（8）加氢脱残炭反应 煤焦油中残炭有三种来源，即：①游离碳（通常被胶质、沥青质包裹）；②五环以及五环以上的缩合芳烃；③由胶质、沥青质及多环芳烃加热缩合形成。游离碳难以加氢转化为烃类化合物；五环以及五环以上的缩合芳烃可以经过加氢饱和和氢解，使稠环度逐步降低，有些变成少于五环的芳烃；胶质和沥青质是残炭的主要来源，这与胶质和沥青质中含有大量的稠环芳烃和杂环芳烃有关。

2. 在加氢反应过程中脱残炭的主要反应步骤

① 含有稠合芳烃的物质其芳烃环首先被饱和。

② 加氢裂解已饱和的芳烃环。

③ 将大分子物质加氢转化为小分子物质，最终得到几乎不含能够形成焦炭的物质。

煤焦油原料中残炭值高会导致催化剂结焦速度加快，催化剂失活速度加快，使运转周期变短。因此，控制残炭含量对于延长运转周期至关重要。

④ 加氢裂化反应　煤焦油的基本组成是多环芳烃，芳烃加氢饱和后，C—C 才能发生加氢裂化反应。由于分子直径大，不能使用分子筛作为催化剂的活性组元，一方面大分子不能进入分子筛的孔道中，另一方面分子筛的强酸性易导致脱氢反应和氢转移反应的发生，造成催化剂结焦。

氧化铝载体具有大孔径，通过改性使之具有适宜的酸强度，多环烷烃可在氧化铝表面上发生加氢裂化反应，多环烷烃部分开环。加氢裂化反应是一个耗氢较大的放热反应，控制适宜的加氢裂化程度，就是在提高柴油产品的十六烷值和降低氢耗之间找到一种平衡。

二、低温煤焦油加氢改质技术特点

中低温煤焦油与石油二次加工馏分油、石油重质油相比，密度大，芳烃含量高；氮含量和氧含量高；胶质、沥青质、残炭含量高；盐酸盐、硅酸盐和金属有机酸盐含量高；中低温煤焦油性质很不稳定，受热时易发生缩聚、结焦。

与石油馏分加氢精制相比，煤焦油加氢改质有如下特点。

① 全馏分煤焦油中残炭、灰分含量高，极易在换热器、加热炉和催化剂床层上部结焦，严重时会使管道和催化剂床层堵塞，装置无法运转；氯离子含量高将对设备造成严重的腐蚀；金属离子含量高会造成催化剂中毒、催化剂床层结垢；原料中的大量胶质、沥青质和铁离子也是重要的结焦因素。因此，为了减慢装置结焦速度，延长装置运转时间，减缓催化剂中毒、失活，必须采取有效的煤焦油预处理组合技术，制取合格的加氢进料。

残炭含量对稳定运转时间的影响见表 4-3-1。

表 4-3-1　煤焦油原料残炭含量对运转周期的影响（试验数据）

项目	原料 1#	原料 2#	原料 3#
残炭/%	5.65	4.80	1.36
出现堵塞时间/h	72	226	820

② 煤焦油加氢改质的催化剂体系的特点：首先，由于煤焦油中氧含量高，原料油带入和加氢过程生成的水对催化剂活性、稳定性及强度均产生非常不利的影响，要求催化剂具有优异的抗水性能；其次，煤焦油中氮含量和多环芳烃含量高，必须深度加氢处理，提高油品安定性和最大限度提高柴油馏分十六烷值，要求催化剂具有优异的加氢活性和活性稳定性；再者，由于加氢原料含有很高的胶质、沥青质和强极性大分子含氧化合物（苯不溶物、甲苯可溶物），以及一些未脱除干净的金属离子，要求催化剂具有良好的抗结焦性能和脱金属能力。因此，煤焦油加氢改质的催化剂是一个由多种各具特点的催化剂组成的复杂体系。

③ 煤焦油加氢改质氢耗大、温升高，控制好温升，保护催化剂能够长周期运转，必须

选择适宜的催化剂级配方案、合适的加氢工艺条件以及其他的控制温升的方法（如加入稀释油、打冷氢等）。

三、低温煤焦油加氢改质催化剂体系

低温煤焦油是组分复杂的物料，加氢改质过程中主要有 9 种加氢反应发生，各种反应的条件和对催化剂的性能要求差异很大，需要多种各具特点的催化剂组合才能满足要求。

（1）加氢保护催化剂 加氢保护催化剂应具有适中的加氢饱和活性，能在较低温度下进行烯烃和二烯烃的加氢饱和，大分子多环芳烃第一步加氢饱和，加氢脱金属和加氢脱酸能力；具有大的孔容和孔径，较低的极性，使大分子的胶质和沥青质能在孔中扩散，金属在孔中沉积；具有低的酸性，尽量避免结焦前驱物在孔道中缩合结焦；具有大的催化剂颗粒间空隙率，能够容纳较多的由硫化铁引起的结垢和结焦。

（2）加氢脱硫催化剂 加氢脱硫催化剂应具有较高的加氢饱和活性，能够在中温（290～340℃）条件下脱除大部分烯烃，对大分子多环芳烃进一步加氢饱和，部分分解胶质和沥青质，对部分小分子硫化物加氢脱硫，对部分小分子氮化物加氢脱氮；具有适中的酸性（氢解功能），能够使酚类和含氧杂环化合物加氢脱氧；具有大的孔容和孔径，使大分子的胶质和沥青质能在孔中扩散，并容纳较多的积炭；具有较小的颗粒直径，以利于反应物在催化剂中扩散和活性组分作用的发挥。

（3）加氢脱氮催化剂 加氢脱氮催化剂应具有更高的加氢饱和活性，能够在 330～380℃ 温度下，对大分子多环芳烃进一步加氢饱和，分解大部分胶质和沥青质，成为多环芳烃和部分饱和的多环芳烃；对大分子硫化物加氢脱硫，对小分子氮化物加氢脱氮；具有适中的酸性（氢解功能），能够使 C—S 键和 C—N 键易于断裂；具有较大的孔容和孔径，使大分子的芳烃和杂环化合物能在孔中扩散，并发生加氢反应；具有较小的颗粒直径，以利于反应物在催化剂中扩散和活性组分作用的发挥；具有优良的活性稳定性和水热稳定性。

（4）芳烃加氢催化剂 芳烃加氢催化剂应具有优异的芳烃加氢饱和活性，对单环芳烃加氢活性高，对大部分多环芳烃能够深度加氢（只剩一个芳环或全部转化为环烷烃），能够将硫、氮、氧等杂原子几乎全部脱除（产品中 S、N、O 含量均小于 100×10^{-6}）；具有一定的加氢裂化功能，增强对 C—S 键和 C—N 键的氢解能力，以及对环烷烃的开环能力；具有适中的孔容、孔径和较小的颗粒直径，使催化剂中活性组分充分发挥应有的效率；具有优良的活性稳定性和水热稳定性。

第三节 煤焦油加氢工艺技术路线

一、中低温煤焦油加氢技术路线

一是神木天元化工公司延迟焦化工艺，2010 年建成 $50 \times 10^4 t/a$ 焦油加 H_2 装置，运行效果良好。

二是神木富油能源科技的 $12 \times 10^4 t/a$ 煤焦油全馏分加氢装置，于 2012 年建成投产，液体产品收率可达 92% 以上。

三是鹤壁市建成的 $15.8 \times 10^4 t/a$ 中低温焦油 MCT 悬浮床加氢技术，2016 年 2 月投料试生产，至今已累计运行一年多，轻油收率达 92%～96%。

二、中低温煤焦油加氢工艺流程及说明

加氢工艺流程选择通过对各种煤焦油原料加氢的分析，为了从煤焦油中获得优质的石脑油馏分和柴油调和组分，应根据煤焦油加氢装置进料的不同，选择加氢精制、加氢改质和加氢裂化等不同工艺或组合，以满足对产品的要求。

中低温煤焦油加氢主要工艺步骤包括原料预处理、加氢反应、产物分离等。

（1）煤焦油原料预处理　煤焦油原料预处理包括脱水、脱盐、脱金属及脱机械杂质等过程。

煤焦油脱水可分为三个步骤完成：初脱水采用储罐加热维温静置的方法，可将水脱至 2%～3%；二次脱水采用超级离心过滤机，此法不但可将水脱至 2% 以下，同时可脱除煤焦油中大于 $100\mu m$ 的机械杂质；为了基本消除水对加氢反应及分馏操作的影响，需将煤焦油中水含量降低至 0.3% 以下，最终脱水采用加热气化的方法，可将水脱至 0.1%。

煤焦油盐组分主要是由铵盐、钠、钙、镁、铁等离子组成的盐类，通过以上脱水处理，溶于水的盐类部分被脱除，为了避免金属离子在催化剂表面的积聚沉淀，达到加氢催化剂的长周期运行，需进一步脱除金属离子，在煤焦油中加入适量的碳酸钠溶液、脱金属剂、破乳剂等，通过电脱盐工艺，将煤焦油中盐类及金属离子脱至满足加氢催化剂要求。

煤焦油脱机械杂质通过超级离心机处理后，再通过气体自动反冲洗过滤器，可将大于 $10\mu m$ 的机械杂质脱至 98% 以上。

（2）反应部分　经过原料预处理的净化煤焦油与分馏产物加氢尾油（或加氢柴油）通过一定的比例［通常为煤焦油:稀释油＝1:（0.4～1）］混合进入原料油缓冲罐。混合原料需达到表 4-3-2 指标。

表 4-3-2　反应器进料油性质要求

项目	限定指标	备注	项目	限定指标	备注
密度（20℃）/（g/cm³）	≤0.97		残炭/%（质量分数）	≤5	
总硫含量/（μg/g）	≤5000		金属含量/（μg/g）		
总氮含量/（μg/g）	≤7000		Na	≤10	
			Fe	≤5	
O/%（质量分数）	≤0.7		Ca	≤25	
氯含量/（μg/g）	≤50		Fe	≤2	
			酸值（以 KOH 计）/（mg/100g）	≤30	
水含量/%（质量分数）	≤0.3		机械杂质/μm	≤10	脱除率≥98%

自原料油缓冲罐来的净化煤焦油经反应进料泵升压后与混合氢混合，依次经反应产物与混氢油换热器、反应进料加热炉加热至反应所需温度后进入加氢反应器进行预加氢反应，再依次进入预精制、精制及裂化反应器将原料中的硫、氮、氧等的化合物转化为硫化氢、氨和水，将原料中的烯烃、芳烃进行加氢饱和，并脱出原料中的金属等杂质。各反应器设多个催

化剂床层，床层之间、反应器之间设冷氢措施。

自反应器出来的反应产物经换热后进入热高分罐。热高分油经减压至热低分罐，热低分油直接进入分馏部分，热高分气经换热冷却至冷高分罐，为了防止高分气在冷却过程中析出铵盐堵塞管道和设备，在空冷器上游管道设置注水。冷却后的反应产物在冷高分罐中进行油、气、水三相分离。自冷高分罐顶部出来的循环氢至循环氢脱硫系统，脱硫后经分液罐后进入循环氢压缩机升压，然后分成两路，一路作为急冷氢去各反应器控制反应器床层温度，另一路与来自新氢压缩机的新氢混合成为混合氢。自冷高分底部出来的油相在液位控制下进入冷低分罐，其顶部干气去上游制氢装置作制氢原料。

自装置外来的新氢经分液罐分液后进入新氢压缩机，经升压后与循环氢混合成为混合氢，混合氢经换热升温后，与原料油混合成为混氢油。

（3）分馏部分　自反应部分来的低分油经柴油、加氢尾油、中段回流换热后进入硫化氢汽提塔顶部。汽提塔下设蒸汽汽提，顶部设冷凝冷却系统及回流罐，回流泵出口分两路，一路为液态烃，经液化气脱硫后进产品罐区，一路为塔顶回流。塔底油换热后进分馏塔进料加热炉升温至分馏所需温度后，进入柴油汽提塔重沸器，为柴油汽提塔提供热源，再进分馏塔。

分馏塔为蒸汽汽提，塔顶油气经分馏塔顶空冷器、分馏塔顶水冷器冷凝冷却后进入分馏塔顶回流罐。回流罐液相经分馏塔顶回流泵升压后，一部分作为分馏塔的顶回流，另一部分作为石脑油产品出装置。回流罐水包排出的酸性水经分馏塔顶污水泵升压后与反应部分的含硫污水一并进污水汽提装置。

柴油馏分自分馏塔侧线抽出，进入柴油汽提塔，塔顶气相返回分馏塔，塔底液相作为柴油产品经柴油汽提塔底泵升压后，经换热冷却后出装置。柴油汽提塔采用重沸器提供热源，热源为分馏进料炉出口油。

分馏塔底油经塔底泵升压换热后，部分返回原料缓冲罐回炼，部分经后冷器冷却为加氢尾油送出装置。

分馏塔设有中段回流。中段回流油泵升压换热后返回分馏塔。

（4）催化剂预硫化流程　为了提高催化剂活性，新鲜的或再生后的催化剂在使用前都必须进行预硫化，预硫化分为干法及湿法，建议采用湿法硫化方法，以低硫直馏柴油为硫化油，CS_2 或有机硫化物为硫化剂。

（5）催化剂再生　催化剂再生有器内再生与器外再生方式，建议采用器外再生。

（6）循环氢脱硫措施　为了保证循环氢的纯度、避免 H_2S 在系统中积累，由高分分出的循环氢经乙醇胺脱硫脱去 H_2S 后再经循环氢压缩机升压送入反应系统。

含硫循环氢自高分来，进循环氢脱硫塔与乙醇胺贫液反应。塔顶脱硫后循环氢经分液罐后去循环氢系统；塔底富液经富液闪蒸罐后，进贫富液液换热器换热。加热后的富液进溶剂再生塔，塔顶酸性气经冷凝冷却至 40℃ 后出装置；塔底贫液与富液换热后，再经贫液冷却器冷却至 40℃ 进贫液泵，升压后进循环氢脱硫塔进行脱硫反应。

（7）酸性水汽提部分　自装置来的酸性水，主要杂质为硫化氢、氨及二氧化碳。采用单塔常压汽提工艺处理（也可采用单塔侧线加压汽提，回收污水中氨，生产液氨，需视装置规模及氨含量而确定）。

酸性水经原料水脱气罐，脱出的轻油气送至制氢为原料。脱气后的酸性水进入原料水罐沉降脱油，自原料水罐脱出的轻污油自流至地下污油罐。除油后的酸性水经原料水进料泵加压、再经原料水-净化水换热器换热后，进入主汽提塔。塔底用 1.0MPa 蒸汽直接加热汽提。汽提塔底净化水经换热冷却后，部分回用。汽提塔顶酸性气经冷凝冷却分液后送至焚烧炉或通过硫黄回收装置制硫黄。

第四节 中低温煤焦油加氢产品方案

一、产品分布

中低温煤焦油加氢的主要产品包括液态烃、石脑油、柴油或柴油调和组分、加氢尾油及加氢尾气。产品总液收率约 90%～94%，其产品分布大致如下：

液态烃：0.5%～1%；

石脑油：12%～22%；

柴油或柴油调和组分：60%～75%；

加氢尾油：2%～15%。

二、产品性质

液态烃产品需视装置规模，是否需建设液态烃脱硫醇装置，如规模小建议采用简单的脱硫措施，产品基本满足民用液化气标准，建议为调和组分。

石脑油产品为低硫、低氮优质石脑油产品，芳潜高（约 70%～80%），是优质的催化重整原料，同样，柴油或柴油调和组分通过加入部分添加剂，达到国标柴油指标，且具有更低的硫氮含量。加氢尾油可作为优质的低硫、低氮燃料油或优质的催化裂化原料。加氢尾气可作为制氢原料得到充分利用。

各产品性质见表 4-3-3～表 4-3-5。

1. 石脑油馏分（表 4-3-3）

表 4-3-3　石脑油馏分性质表

项目	石脑油	GB 17930—2016	项目	石脑油	GB 17930—2016
d_4^{20}	0.7632	报告	马达法辛烷值(MON)	67.8	
S/(μg/g)	1.2	72	馏程/℃		
诱导期/min	>480		HK	70	
族组成(体积分数)/%			10%	84	≤70
正构烷烃	8.73		30%	109	
异构烷烃	28.11		50%	118	≤120
环烷烃	47.78		70%	129	
芳烃(苯)	15.33(1.16)	≤40(≤2.5)	90%	149	≤190
烯烃	0.51	≤35	干点	175	≤205
研究法辛烷值(RON)	72.4	90			

2. 柴油馏分（表4-3-4）

表4-3-4 柴油（Ⅵ）技术要求和试验方法

项目	质量指标						试验方法
	5号	0号	−10号	−20号	−35号	−50号	
氧化安定性(以总不溶物计)/(mg/100mL)≤	2.5						SH/T 0175
硫含量/(mg/kg)≤	10						SH/T 0689
酸度(以KOH计)/(mg/100mL)≤	7						GB/T 258
10%蒸余物残炭(质量分数)/%≤	0.3						GB/T 17144
灰分(质量分数)/%≤	0.01						GB/T 508
铜片腐蚀(50℃,3h)/级≤	1						GB/T 5096
水含量(体积分数)/%≤	痕迹						GB/T 260
润滑性 校正磨痕直径(60℃)/μm≤	460						SH/T 0765
多环芳烃含量(质量分数)/%≤	7						SH/T 0806
总污染物含量/(mg/kg)≤	24						GB/T 33400
运动黏度(20℃)/(mm²/s)	3.0~8.0		2.5~8.0		1.8~7.0		GB/T 265
凝点/℃≤	5	0	−10	−20	−35	−50	GB/T 510
冷滤点/℃≤	8	4	−5	−14	−29	−44	SH/T 0248
闪点(闭口)/℃≥	60			50	45		GB/T 261
十六烷值≥	51			49	47		GB/T 386
十六烷值数≥	46			46	43		SH/T 0694
馏程 50%回收温度/℃≤ 90%回收温度/℃≤ 95%回收温度/℃≤	300 355 365						GB/T 6536
密度(20℃)/(kg/m³)	810~845			790~840			GB/T 1884 GB/T 1885
脂肪酸甲酯含量(体积分数)/%≤	1.0						NB/SH/T 0916

3. 加氢尾油馏分（表4-3-5）

表4-3-5 加氢尾油馏分性质

分析项目	加氢尾油	分析项目	加氢尾油
密度(20℃)/(g/mL)	0.8914	残炭/%	0.15
硫含量/(μg/g)	3.5	馏程/℃	
氮含量/(μg/g)	52	HK	289
碱氮/(μg/g)	15	10%	378
10%蒸馏残炭(质量分数)/%	0.03	30%	390

分析项目	加氢尾油	分析项目	加氢尾油
饱和烃/%	82.15	50%	401
芳烃/%	15.43	70%	412
胶质/%	2.34	90%	442
沥青质/%	0.08	干点	492

第五节　中低温煤焦油加氢反应的主要设备及操作条件

一、主要设备及说明

煤焦油加氢装置设备主要包括加氢反应器、气体自动反冲洗过滤器、氢气压缩机、加热炉、分馏塔、高压换热器及高压容器和机泵等。本节仅列出煤焦油加氢装置较为特殊且关键设备，其余设备可参考加氢处理或加氢裂化相关专著。

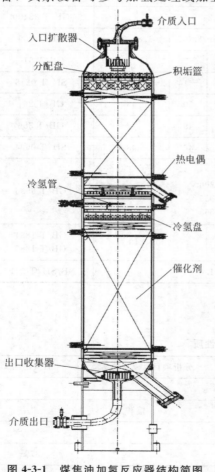

图 4-3-1　煤焦油加氢反应器结构简图

（图中标注：介质入口、入口扩散器、分配盘、积垢篮、热电偶、冷氢管、冷氢盘、催化剂、出口收集器、介质出口）

1. 反应器

加氢反应器是煤焦油加氢装置的关键设备，一般煤焦油加氢装置根据规模及焦油性质需设置 2~10 台反应器，目前基本采用固定滴流床热壁形式。

加氢反应器通常处在高温高压临氢及 H_2S 腐蚀的介质中操作，其安全运行与否关系到整个装置的正常生产，因此它的设计制造要求很严格。热壁反应器虽然制造较难，一次性投资较大，但随着制造用材料的发展，可以保证长周期安全运行。

煤焦油加氢反应器的结构见图 4-3-1。反应器一般有多个催化剂床层，每两个床层中间有冷氢管、冷氢盘，可通冷氢控制下一个床层温度。每个床层上部有分配盘，使物料分配均匀。整个反应器使用几种催化剂，分别起不同作用。

2. 材料选择

加氢反应器选材是根据设备的操作温度、压力、介质的特性和材料的经济性等综合因素而确定。需综合考虑材料的可焊性及冷热加工性能、材料的来源及经济合理性、设备的设计使用寿命及检修周期、设备的结构及制造工艺。加氢反应器还需考虑材料临氢时的应力腐蚀断裂、蠕变、脱碳、氢腐蚀等因素的影响。

由于加氢反应器运行中所处的苛刻条件，因此要求制造反应器的材料既能抵抗高温环境中的氢腐蚀，又能抵抗 H_2S 及其化合物的腐蚀。根据氢分压，取温度为设计温度＋28℃，查最新版本的 Nelson 曲线图，选择相应的耐温 Cr-Mo 钢作为反应器基体材料。考虑介质中氢和硫化物在开停工时易生成连多硫酸的腐蚀，因此，应在基体材料内壁堆焊单层或多层超低碳不锈钢进行防腐。

对于较小尺寸的煤焦油反应器，有时也可以选择稳定型的奥氏体不锈钢作为反应器的主体材料。这种材料在任何温度及氢分压条件下不产生脱碳，且耐氢腐蚀，并且含有稳定元素 Ti，碳含量较低，对抗连多硫酸腐蚀有利，因此这种材料能满足反应条件要求，安全可靠，仅仅是增加少量投资。

二、操作条件

氢分压：12.0～15.0MPa；

体积空速：0.3～4h^{-1}；

反应平均温度：250～400℃；

氢耗：4%～8%（质量分数）；

氢油体积比：800～2500；

预计总温升：100～350℃。

主要影响煤焦油加氢装置操作周期、产品收率和质量的因素有反应压力、反应温度、体积空速、氢油体积比和煤焦油性质等。

（1）反应压力　提高反应器压力和/或循环氢纯度，即提高反应氢分压，不但有利于脱除煤焦油中的 S、N 等杂原子及芳烃化合物加氢饱和，改善相关产品的质量，而且也可以减缓催化剂的结焦速率，延长催化剂的使用周期，降低催化剂的费用。不过，反应氢分压的提高，也会增加装置建设投资和操作费用。

（2）反应温度　提高反应温度，会加快加氢反应速率和加氢裂化率。过高的反应温度会降低芳烃加氢饱和深度，使稠环化合物缩合生焦，缩短催化剂的使用寿命。

（3）体积空速　提高反应体积空速，会使煤焦油加氢装置的处理能力增加。对于新设计的装置，高体积空速，可降低装置的投资和购买催化剂的费用。较低的反应体积空速，可在较低的反应温度下得到所期望的产品收率，同时延长催化剂的使用周期，但是过低的体积空速将直接影响装置的经济性。

（4）氢油体积比　氢油体积比的大小主要是以加氢进料的化学耗氢量为依据，描述的是加氢进料的需氢量相对大小，同时根据床层温升状况而确定。煤焦油加氢比一般的石油类原料要求有更高的氢油比。原因是煤焦油组成是以芳烃为主，在反应过程中需要消耗更多氢气；另外，芳烃加氢饱和反应是一种强放热反应过程，需要有足够量的氢气将反应热从反应器中带走，避免加氢反应器"飞温"。

（5）煤焦油性质　煤焦油的性质会影响加氢装置的操作。氮含量氮化物主要集中在芳环上，它的脱除是先芳环加氢饱和，后 C—N 化学键断裂，因此，原料中氮含量的增加，对加氢催化剂活性有更高的要求，同时，反应生成的 NH_3 也会降低反应氢分压，影响催化剂的使用周期和加氢饱和能力。原料中的硫在加氢过程中生成 H_2S，因此，硫含量主要影响反应氢分压，高的硫含量增加，会明显降低反应氢分压，从而影响催化剂的使用周期和加氢饱和能力。沥青质对加氢装置影响主要是造成催化剂结焦、积炭，引起催化剂失活，加速反应器的提温速度，缩短催化剂的使用寿命。原料中含的微量金属杂质主要有 Fe、Cu、V、

Pb、Na、Ca、Ni、Zn 等，这些金属在加氢过程中会沉积在催化剂上，堵塞催化剂孔道，造成催化剂永久失活。

三、开发过程

我国低温焦油加工规模小，产品数量少，品级低，与发达国家相比，差距较大。

近年来，煤焦油加氢技术有了长足发展，由长岭炼化岳阳工程设计有限公司与湖南长岭石化科技开发有限公司共同开发的中低温煤焦油加氢制燃料油工艺于 1998 年在云南解放军化肥厂开车一次成功，虽然加工处理能力小（1×10^4 t/a），但开创了焦油制优质燃料油的先河。国内参与煤焦油加氢工艺研究及催化剂开发的单位较多，如中石化抚顺石化研究院、北京石化研究院等。先后投产的单位主要有哈尔滨气化厂、陕西锦界天元能源有限公司、陕西神木富油能源科技有限公司等。煤焦油加氢技术已取得了重大进步，从最初的轻油加氢到目前的全馏分加氢，从当初的一段多级配工艺到目前的二段多级配工艺的开发应用成功，煤焦油加氢技术已逐步完善，加工规模已达 50×10^4 t/a 以上，为我国煤资源丰富省（区）区域经济发展，为我国能源战略的调整提供了新的技术支持。

第六节　原材料、动力消耗定额

煤焦油加氢装置的主要原材料为煤焦油及氢气；辅助材料包括催化剂、各种添加剂等。

一、原材料

1. 煤焦油

考虑催化剂运行周期的影响，最大化提高经济效益，目前进加氢反应器的原料要求较严格。所以原料煤焦油必须经预处理，且根据不同性质的煤焦油，通过加氢产品重油（或生成油）的稀释，达到如表 4-3-6 所示的进料指标。一般来说，适合加氢的煤焦油品种为低温煤焦油（含煤气化焦油）、高温煤焦油的洗油、高温煤焦油的洗油和蒽油的混合物、高温煤焦油的蒽油、中温煤焦油。

一般煤焦油经过原料预处理后，净化后焦油的量为原料焦油的 90%～94%，以 30×10^4 t/a 加工规模为例，加氢处理净化原料为 $(27～28.2) \times 10^4$ t/a。

2. 氢气

煤焦油加氢，随着产品方案的变化，耗氢量变化较大，如最大限度生产石脑油及柴油组分，耗氢约占原料煤焦油的 7%左右。氢气的制造成本对煤焦油加氢装置的经济效益影响很大。廉价的氢气来源是上游焦化装置的焦炉煤气通过变压吸附提取纯氢。另外也可通过煤气化制氢、天然气制氢、轻烃制氢等获得氢气。

煤焦油加氢对氢气质量的要求见表 4-3-6。

表 4-3-6　氢气质量要求

杂质组分	O_2(体积分数)/%	CO/(mL/m³)	$CO+CO_2$/(mL/m³)	Cl/(mL/m³)	H_2O/(mL/m³)
含量要求	≤0.3	≤10	≤30	≤1	≤300

3. 辅助材料消耗

辅助材料包括各种催化剂及添加剂。

催化剂主要包括过渡剂、保护剂、脱金属剂、预精制剂、精制剂及裂化剂。其中过渡剂、保护剂、脱金属剂需一年更换，其装填体积空速约 $2\sim4h^{-1}$，预精制剂、精制剂及裂化剂 $1\sim3$ 年更换一次，装填体积空速约 $0.1\sim1h^{-1}$。

添加剂主要包括脱金属剂、碳酸钠溶液、阻焦剂、破乳剂及预硫化剂等，这些助剂的消耗量需根据原料焦油的性质而定。

二、动力消耗

根据煤焦油的性质、加工工艺、产品方案等不同，其装置动力消耗也不尽相同。表 4-3-7 以榆林地区 30×10^4 t/a 中低温煤焦油为原料基础，列出了其消耗指标。

表 4-3-7　消耗指标

序号	项目	小时能耗		年能耗	
		单位	数量	单位	数量
1	燃料气	m^3/h	1000	$10^4 m^3/a$	800
2	1.0MPa 蒸汽	t/h	5	$10^4 t/a$	4
3	电（1000V/380V/220V）	kW	7600	$10^4 kW \cdot h/a$	6080
4	循环水	t/h	800	$10^4 t/a$	640
5	除盐水	t/h	20	$10^4 t/a$	
6	除氧水	t/h			
7	氮气	m^3/h	250	$10^4 m^3/a$	200
8	净化压缩空气	m^3/h	300	$10^4 m^3/a$	240

第四章
低温煤焦油加工示范项目

第一节　天元化工 50×10^4 t/a 焦油加工示范项目

一、概述

神木天元化工公司，于 2011 年 4 月建成投产国内首套 50×10^4 t/a 中低温煤焦油深加工装置。2012 年稳定运行 320d，加工焦油 50.34×10^4 t，各项指标达到设计要求。

配套建设 135×10^4 t/a 立式内热式低温煤热解炉，副产煤气作为焦油加 H_2 的原料来源，兰炭产品外销。焦油自行加工。

2013 年 4 月通过中国石油和化工联合会组织的技术成果鉴定。

二、工艺生产装置单元组成

该装置由焦油预处理、延迟焦化、轻质油脱酚、轻质油加 H_2、煤气变换及变压吸附制 H_2 五个单元组成。另外粗酚精制为独立装置。

三、生产工艺过程

焦油预处理→延迟焦化→轻质油脱酚→轻质油加 H_2→加 H_2 油精馏→产品。

① 进厂焦油经脱水、除杂质预处理，送入立式延迟焦化反应塔，产出石油焦、煤气和轻质焦油。

② 焦油送入预加 H_2 反应器脱除硫化物、氮化物和重金属，再送串联（2～3 台）的加 H_2 反应器，生成的混合油经分离器回收 H_2 返回系统，混合油进入分馏塔产出柴油馏分，石脑油馏分和液化气，分馏塔底部的尾油送加 H_2 裂化反应器进行加 H_2 反应。

③ 煤热解和延迟焦化所产煤气送变化系统将 CO 转化为 H_2，经变压吸附产出纯 H_2，作为焦油加 H_2 反应器的 H_2 源。

四、产品方案

石脑油馏分	6.8×10^4 t/a	收率 13.6%
柴油馏分油	33.5×10^4 t/a	收率 67.0%
尾油	2.1×10^4 t/a	收率 4.2%
酚油	2.0×10^4 t/a	收率 4.0%
液化气	0.8×10^4 t/a	收率 1.6%
石油焦	7.5×10^4 t/a	收率 15%
液体产品合计	45.2×10^4 t/a	收率 90.4%

五、运行指标

1. 焦油分析（见表 4-4-1）

表 4-4-1　中低温混合煤焦油原料性质

密度(20℃)/(g/cm³)	黏度(40℃)/(mm²/s²)	凝点/℃	闪点(开口)/℃	残炭/%	
1.049~1.0361	201.1~202.4	23~24	101~102	5.6~6.46	
馏程/℃	IB/10%	30%/50%	70%/90%	95%EBP	
	175/230	288/332	368/411	475/580	
四组分/%	饱和分	芳香分	胶质	沥青质	
	24.7	19.2	54.4	1.7	
质谱组成质量分数/%	链烷烃	环烷烃	芳烃	胶质	
	4.6	9.7	42.4	43.5	
蒸馏切割收率/%	<230℃	230~250℃	350~500℃	>500℃	水分
	4.81	25.6	32.5	30.2	6.89

2. 主要生产工艺条件（见表 4-4-2）

表 4-4-2　生产工艺条件

项目	指标	项目	指标
加 H_2 反应		加 H_2 裂化反应	
反应压力/MPa	128~135	反应压力/MPa	128~130
反应温度/℃	360~370	反应温度/℃	370~380
H_2/油(体积比)	1200/1	H_2/油(体积比)	800/1
预加 H_2 反应温度/℃	240~250	总体积空速/h⁻¹	0.8

3. 消耗定额（以加工吨焦油计）

耗 H_2	38.5kg	耗电	336.3kW·h
耗水	2.1m³	催化剂	0.275kg
综合能耗	35.2kg（标油）		

六、投资及经济效益

1. 总投资

总投资 17.6 亿元，其中建设投资 16.5 亿元。

2. 经济效益（2011～2013 年，见表 4-4-3）

表 4-4-3　历年经济效益变化表

项　目	2011	2012	2013	备注
煤焦油价格/（元/t）	2010	2350	2630	到厂价
油品完全成本/（元/t）	4530	5210	5420	平均值
销售收入/亿元	36.5	38.5	43.6	含副产品
税后利润/亿元	3.82	4.02	3.5	年平均值
投资利润率/%	21.7	22.8	19.9	

七、"十三五"发展规划

①2016 年建成废水处理零排放装置并投入运行，投资 3.2 亿元。

②扩建煤热解产能 500×10^4 t/a，拟采用合作开发的回转炉热解技术，单台热解炉处理原煤 100×10^4 t/a。

③焦油加工扩建 50×10^4 t/a 产能，总规模达到 100×10^4 t/a 产能。采用自主研发的改进技术和催化剂，油品收率和质量均有较大提高，调整产品结构向高端化发展。

第二节　富油能源科技公司 12×10^4 t/a 焦油加工示范项目（FPG）

一、概述

① 2011 年 9 月，神木富油能源科技公司建成 12×10^4 t/a 焦油全馏加 H_2，多产中间馏分油工业化技术（FPG）示范项目。经过一段时间调试于 2012 年 6 月正式投入生产运行，产出合格产品。连续 4 年生产负荷超过 100% 运行。

② 2013 年 4 月经 72h 考核标定，同时通过了中国石油和化学工业可联合会科技成果鉴定，达到世界首创，国际领先水平。

③ 配套建成 60×10^4 t/a 固体热载体煤热解装置。所产焦油供给加 H_2 原料，煤气经变换制 H_2 作为焦油加 H_2 的原料。

④ FPG 技术获得专利授权 7 项。

二、产品方案

石脑油馏分	1.67×10^4 t/a	产率	13.93%
柴油馏分	9.13×10^4 t/a	产率	76.06%
尾油	0.89×10^4 t/a	产率	7.41%
合计	11.69×10^4 t/a	产率	97.4%

三、工艺过程及技术创新

1. 工艺过程

焦油预处理（热过滤）→脱除固体杂质（净化脱盐、脱重金属）→焦油全馏分加 H_2 →分馏精制→产品。

2. 技术创新

①焦油预处理采用金属滤网除去喹啉不溶物，再经电脱盐脱重金属和水，得到清洁的焦油；

②加 H_2 单元采用独特的炉前预加 H_2 和合理的催化剂级配技术，解决了沥青质加 H_2 的难题；

③开发了多产中间馏分油（柴油）加 H_2 技术。

3. 加氢单元工艺流程（图 4-4-1）

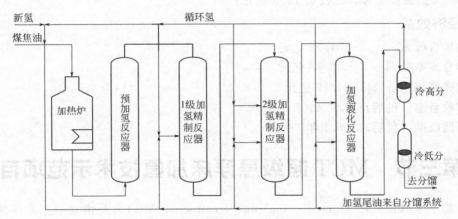

图 4-4-1 加氢单元工艺流程

四、运行情况及消耗定额

1. 煤焦油分析（见表 4-4-4）

表 4-4-4 煤焦油分析

水分/%	灰分/%	TI/%	QI/%	密度/(g/cm³)	残炭/%
3.18	0.15	1.3	0.7	1.0691	7.25
金属含量/(μg/g)					
Fe	Ca	Na	Mg	Ni	V
86.36	39.41	39.90	15.46	2.01	2.00
盐含量/(mg/L)	黏度50℃/(mm²/s)	元素分析/%				H/C
		C	H	N	D	O	
88.55	385.26	82.32	7.05	1.54	0.59	8.50	1.03
四组分/%	饱和分		芳烃		胶质		沥青质
	23.48		26.35		34.27		14.90

2. 2014 年运行情况

2014 年满负荷运行，达到设计能力，物料及动力消耗优于设计指标。

3. 消耗定额（ 以加工 1000kg 焦油计 ）

H₂ 耗量	50.04kg（5％）
电耗	314.2kW·h
水耗	1.6m³
催化剂	6.425kg
综合能耗	31.7kg（标油）
能耗转化效率	92.7％

五、总投资及经济效益

1. 总投资

以 50t/a 焦油加工计，总投资 12.0 亿元。

2. 经济效益

年均销售收入	31.72 亿元
年均总成本费用	22.33 亿元
年均净利润	4.19 亿元
内部收益率（税后）	22.4％
投资回收期（税后）	5.1 年

第三节　MCT 超级悬浮床加氢技术示范项目

超级悬浮床加氢工艺（mixed cracking treatment，MCT）是由北京三聚环保和华石能源公司联合自主研发的技术，是国内首套100％自主成功研发并应用于工业化装置的悬浮床加氢工艺。该技术自 2011 开始小试、中试，2014 年 3 月 $15.8×10^4$ t/a 悬浮床加氢工业化示范项目在河南省鹤壁市开工建设，2016 年 2 月首次投料并连续平稳运行 5 个多月，利用 MCT 悬浮床加氢工艺加工中低温煤焦油可实现原料总转化率 96％～99％，轻油收率高达92％～95％，操作弹性为 60％～110％。

一、MCT 超级悬浮床加氢工艺流程和原理

该工艺技术采用冷壁反应器-热壁反应器串联的方式，经过高低压分离后减压深拔，最后得到有利于固定床加氢裂化的中间产物，再经过特定的固定床加氢装置获得高质量的轻油产品。该工艺突破了传统的重油加氢工艺对劣质重油的加工难度，可以对高硫氮、高金属、高残炭等重劣质油品进行全馏分转化，反应器温升稳定、产品质量高，转化率达到 96％以上。MCT 工艺流程见图 4-4-2。

相对于固定床煤焦油加氢工艺，MCT 悬浮床加氢工艺催化剂损耗少、可实现在线连续添加，反应床层温度操作稳定可控，不易受到原料的变化的影响，悬浮床反应器结构简单，床层内高速全返混，催化剂与原料通过反应器系统，减少反应器堵塞和前后压降高问题，催

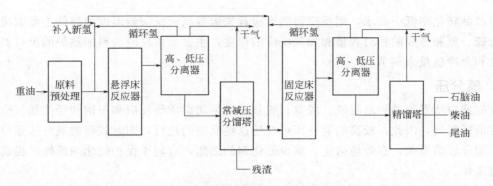

图 4-4-2　MCT 超级悬浮床加氢工艺流程简图

化剂在线不断更新，增加了催化剂的活性，对加氢反应有利，悬浮床加氢装置操作弹性大、开工周期长的特性可以显现。同时悬浮床加氢技术对含硫量高、胶质、沥青质含量高等劣质重油实现全馏分转化，是目前处理重劣质煤焦油最理想的技术工艺。

　　MCT 工艺反应主要是发生催化裂化、热裂解、加氢裂化反应。煤焦油含有大量不同的有机化合物，下面讨论以具体的化合物为基础给出说明。由于煤焦油中含有大量胶质、沥青质等大分子物质，通过悬浮床裂解裂化处理，将大分子裂解成小分子，然后在高压临氢环境下发生加氢反应，使小分子饱和生产目的产物；同时通过悬浮床反应能够除掉煤焦油原料中的硫、氮、氧及金属等杂质，使硫、氮、氧等杂质氢解转化成 H_2S、NH_3 和 H_2O，使金属杂质沉积在悬浮的催化剂上一并带出反应系统。煤焦油中的稠环芳烃类物质在悬浮床系统高温高压环境下实现加氢饱和，发生开环和断链反应，转化为小分子烃类物质。

二、影响悬浮床反应的主要因素

1. 反应器温度

　　从化学反应来看，裂化过程（化学键断裂）是吸热过程，所以温度越高越有利于裂化反应。加氢过程是断裂的 C—C 键与氢原子形成 C—H 键的过程，是放热过程，由于 C—H 键能大于 C—C 键能，且一个 C—C 键断裂形成两个 C—H 键，故悬浮床反应总体表现为强放热反应。如果热量不能被及时带走，会使反应温度进一步升高，进一步促进裂化反应进行。导致恶性循环，造成反应器飞温。因此，选择适宜的操作温度和控制好操作温度对反应来说是至关重要的。

　　因为悬浮床的加工处理的目标是煤焦油预加氢，在工艺中发生的主反应是重质馏分裂化和加氢精制反应。而温度是一个对反应速率有最大影响的操作变量，脱硫和加氢裂化反应随温度的升高而增加，芳烃的饱和以及脱氧和脱氮反应要求比脱硫和烯烃饱和更高的温度；因此较高的温度增加了反应速率，加快了芳烃加氢速率，脱硫、脱氮率也相应提高、产品的饱和深度提高。但过高的反应温度可能造成不希望的加氢裂化反应加剧和催化剂表面积炭结焦速度加快，影响其寿命。所以温度条件的选择一般是只要满足产品质量要求，反应器的操作温度就要保持在规定范围内的最低值。

　　悬浮床反应温度会根据不同原料性质进行相应的调整，加工中低温煤焦油介质时，MCT 悬浮床反应温度控制在 435～445℃，而加工高中温煤焦油介质时，MCT 悬浮床反应温度则需提高至 440～450℃，如果加工减压渣油等重油反应温度会达到 455℃以上。反应温度是反应部分最重要的工艺参数，也是单元操作人员严格控制的一个操作参数，如果在正常生产中产品转化率低于要求，则反应器温度应首先被提高。反应器温度的高低主要取决于进料中的硫、氮和芳烃的相对含量和加氢反应的程度，主要是由反应进料加热炉的出口温度及急冷油和急冷氢量来调节。

2. 氢分压

反应器内所发生的加氢脱硫、脱氮、脱氧、脱金属杂质等反应和不饱和烃的加氢饱和反应都要消耗氢气，因此，较高的氢分压可促使这些反应的进行，同时较高的氢分压还可以抑制重质缩合烃的形成，有效地防止、减少催化剂的结焦，有利于保护催化剂活性，提高催化剂的稳定性。

反应压力的选择与处理原料油性质有直接关系，原料中含多环芳烃和杂质越多，则需要的反应压力也越高，也就是需要更高的氢分压。

反应器出口氢分压用下式求得：

$$氢分压 = 反应器入口压力 \times \frac{循环氢中氢分子数 + 新氢中氢分子数}{循环氢分子数 + 新氢分子数 + 反应器顶部油气分子数}$$

悬浮床反应部分的操作压力一般用悬浮床反应器出口压力表达，通常保持在 $20.0 \sim 21.0\text{MPa}$，出口氢分压在 $17.5 \sim 19.0\text{MPa}$，此压力在操作过程中应保持不变，并通过调整新氢压缩机出口的新氢补充量来控制。

3. 催化剂活性

催化剂的活性是指催化剂在化学反应中改变反应速率的能力，是评价催化剂性能的重要指标。催化剂活性对反应操作条件、产品收率和产品性质有着显著的影响，活性高则可以降低反应器温度；也可以提高空速或降低氢油比。催化剂选择性好，则可以生产更多的目的产品，减少不必要的副反应。

MCT 加氢所使用催化剂必须具有加氢、裂化、防结焦三大功能。催化剂的配比对悬浮床加氢反应也有着重要的影响。MCT 悬浮床加氢催化剂应用关键在于催化剂体系建立。MCT 悬浮床技术采用了催化剂级配方案，分为 A、B、C 三种催化剂，各类催化剂在功能性和粒度大小，孔径大小各有不同。MCT 悬浮床加氢主要使用 A20 和 C60 型两类催化剂。

用了微米级高分散的复合载体 Fe 基催化剂。通过在原料中加入小于 $100\mu\text{m}$ 级的催化剂，比表面积适度，活性高，对焦炭和金属具有良好的吸附性能，可经过多次循环使用，催化剂的形貌变化缓慢，活性衰减速度慢。

通过在催化剂载体上创造耐氮、耐氨性能强的酸性中心，使得催化剂具有一定的催化裂化性能，可降低热裂化反应的负担，同时降低了热裂化过程中结焦性。通过改变催化剂的孔容、比表面积等重要参数，来提高反应转化率的同时，控制胶质沥青质缩合结焦。

MCT 加工煤焦油，选择活性高、加氢能力强、易于控制的催化剂，由于悬浮床系统添加的催化剂是穿透反应系统、持续添加，因此需考虑成本较低的铁系矿物质催化剂，同时为了保证催化剂良好的活性，还需添加一定比例的硫黄，保持反应系统循环氢中的硫化氢含量。悬浮床加工不同性质的原料也会对催化剂的类别和比例进行调整，以保证反应产物更多向目的产品转化。

4. 氢油比

悬浮床反应系统氢油比控制在 $(800 \sim 1500) : 1$，有利于悬浮床反应器内油气处于良好的混合状态，有效利用反应器的空间，又要保证反应器内催化剂处于悬浮均匀分散态。氢油比的大小或循环气量的大小直接关系到氢分压和油品的停留时间，循环气的增加可以保证系统有足够的氢分压，有利于加氢反应，另外过剩的氢分压可起到保护催化剂表面缩合结焦，同时，氢油比增加可及时将反应热从系统带出，有利于反应床层的热平衡，从而使反应器温度容易控制平稳。但是，过大的氢油比会使油品和催化剂接触的时间变短，从而导致反应深度下降，循氢机负荷增大，动力消耗增大。循环气流量在整个运转周期内应保持基本稳定，经常改变压缩机的操作是不可取的。

5. 空速

悬浮床反应器内的催化剂是处于均匀分布的，因此可以将悬浮床系统的空速理解为进料的流量与反应器的体积关系，为了有效发挥悬浮床反应器的空间利用率，悬浮床系统空速控制在 $0.8\sim2.0h^{-1}$，降低空速则原料的反应时间延长，深度加大，转化率提高，但空速过低，二次裂解反应加剧，这时总转化率可以提高，但生成的气态烃也相应增加。同时由于油分子在催化剂中的停留时间长，在一定温度下，缩合结焦的机会也随之增加，从某种意义说，长期低空速对催化剂活性不利。过低的空速还会导致催化剂产生局部过热，正常操作时进料量不应低于设计进料的 50%，空速的增大意味着装置处理能力的增加，故在不影响原料油转化深度的前提下，应尽量提高空速。

6. 原料性质

由于原料油性质直接影响产品分布及质量，同时影响氢耗、催化剂失活速度及操作温度。所以原料油性质的相对恒定是搞好平稳操作的一个重要因素。煤焦油原料分为三种——高温煤焦油、中温煤焦油、中低温煤焦油，高、中温煤焦油相对密度大于 $1.0g/cm^3$，物料重、残炭和胶质多，原料变重，需升高床层温度以维持一个定的转化率，另外，原料杂质如硫、氮、氧含量的变化对加氢精制和加氢裂化反应影响较大，从脱硫和脱氮反应均属放热反应的角度来看，S 和 N 含量升高，都会影响反应温度的上升，但 S 增加，会导致硫化氢浓度增大，催化剂活性上升。N 产生的氨及盐，则使催化剂活性降低，所以必须严格监控原料性质，根据原料性质的变化随时作出反应条件的调整。

三、MCT 悬浮床加氢工艺技术参数

根据所加工的焦油特点和加工方案的摸索，MCT 悬浮床加氢技术工业示范装置经过一年半的生产实践，摸索出一套稳定的工艺技术参数和操作经验。该工艺技术通过多次技改技措，流程优化，工艺技术更加可靠，能耗降低，产品质量合格，将重质焦油转变为轻质燃料油、轻质石脑油和液化气等产品，经济效益和产品市场竞争力强。

MCT 工业示范装置主要生产装置规模、技术路线和技术来源见表 4-4-5。

表 4-4-5　MCT 工业示范装置主要生产装置规模、技术路线和技术来源

序号	装置名称	规模	技术路线	技术来源
1	原料预处理单元	$15.8\times10^4t/a$	脱水塔→焦油分馏塔	北京华石
2	悬浮床、固定床单元	$7(5)\times10^4t/a$	悬浮床→固定床	北京华石
3	PSA 制氢单元	$8000m^3/h$	变压吸附技术	成都华西
4	酸性水汽提	$4t/h$	单塔加压侧线抽出汽提工艺	武汉金中
5	干气脱硫单元	$800\sim1000m^3/h$	湿式浆液氧化法脱硫	三聚环保 北京华石

注：悬浮床规模为 $(5\sim10)\times10^4t/a$。

1. 反应器的主要工艺技术参数（见表 4-4-6）

表 4-4-6　反应器的主要工艺技术参数

项目		悬浮床		固定床	
原料油进料量/(kg/h)		6250		8911.76	
反应器入口总流量/(kg/h)		7519.39		11055.51	
		入口	出口	入口	出口
操作温度/℃		430	445.0	300	390
操作压力/MPa		21.55	20.66	21.65	20.65
出口氢分压/MPa		18.6		18.6	
入口硫化氢浓度/%		0.058		0.058	

2. 反应进料加热炉的主要工艺技术参数（见表 4-4-7）

表 4-4-7　主要工艺技术参数

项目		悬浮床系统		固定床系统	
流量/(kg/h)		7519.39		11055.51	
		入口	出口	入口	出口
温度/℃		309.66	430	250.24	300.81
压力/MPa		21.85	21.65	21.85	21.65
功率/kW		385		758	

3. 分馏部分各塔主要工艺技术参数（见表 4-4-8）

表 4-4-8　分馏部分各塔主要工艺技术参数

项目		悬浮床汽提塔	悬浮床减压塔	固定床分馏塔
热进料	℃	356.55	395	310
	kg/h	2374.31	4466.99	9148.5
冷进料	℃	220	—	—
	kg/h	3253.38	—	—
汽提蒸汽	℃	320	250	320
	kg/h	90.08	36.03	180.15
塔顶/塔底	MPa	0.65/0.78	−0.09/−0.08	0.06/0.1
	℃	130.25/283.3	62.98/274.41	137.61/321.67
石脑油产品/(kg/h)		229.77	—	1551.15
侧线产品/(kg/h)		—	4035.75	4009.55
塔底/kg/h		4876.04	325.67	4026.47

四、悬浮床加工原料及产品性质

1. 主要原料和产品性质

工业示范装置采购焦油质量标准按照《煤焦油》（YB/T 5075—2010）中1号标准执行。焦油原料的理化性质见表4-4-9。

表 4-4-9　焦油原料的理化性质

序号	项目	指标
1	密度(20℃)/(g/cm³)	0.9822
2	馏分范围/℃	—
2.1	IBP/10%	165/222
2.2	30%/50%	289/332
2.3	70%/90%	366/407
2.4	95%/EBP	430/524
3	S(质量分数)/%	0.13
4	N(质量分数)/%	0.7659
5	胶质(质量分数)/%	37.4
6	链烷烃(质量分数)/%	10.1
7	环烷烃(质量分数)/%	8.2
8	芳烃(质量分数)/%	44.3

工业示范项目主要产品为石脑油、轻质燃料油、液化气、沥青馏分、粗酚油馏分及干气，其产品预期性质见表4-4-10～表4-4-16。

表 4-4-10　补充氢组成(体积分数)

组分	H_2	C_1	O_2	$CO+CO_2$	水	合计
组成	99.9%	950×10^{-6}	10×10^{-6}	10×10^{-6}	30×10^{-6}	100.0%

表 4-4-11　石脑油性质

馏分范围/℃	<175
密度(20℃)/(g/cm³)	0.775
IBP/10%	76/97
30%/50%	108/119
70%/90%	127/143
95%/EBP	154/176

续表

硫/(μg/g)	7.1
氮/(μg/g)	1.0
组成/%	
链烷烃	11.96
环烷烃	79.09
芳烃	8.91
芳潜(C$_8$)/%	65.06

表 4-4-12　轻质燃料油性质

馏分范围/℃	160~365
密度(20℃)/(g/cm³)	0.846
馏程/℃	
IBP/10%	174/221
30%/50%	246/269
70%/90%	289/314
95%/EBP	324/366
硫/(μg/g)	4.8
氮/(μg/g)	2.0
闪点(闭口)/℃	69
凝点/℃	−28
冷滤点/℃	−19
残炭(10%)/%	0.01
十六烷值(实测)	51

表 4-4-13　产品液化气性质

项目	指标
丙烷含量	≥95%
S/(μg/g)	50

表 4-4-14　沥青馏分性质

密度(20℃)/(g/cm³)	1.346
馏分范围/℃	
IBP/10%	412/533
30%/50%	727/904
70%/90%	1094/1302
95%/EBP	1348/1397
硫/%	0.23

表 4-4-15 粗酚油馏分性质

密度(20℃)/(g/cm³)	0.938
馏分范围/℃	
IBP/10%	170/182
30%/50%	185/188
70%/90%	192/201
95%/EBP	213/235

表 4-4-16 干气性质

组分	体积分数/%
H_2O	1.33
H_2S	0.09
H_2	84.78
CH_4	6.1
C_2H_6	3.56
C_3H_8	3.42
C_4H_{10}	0.72
合计	100.0

2. 装置和生产单元设计物料平衡

以年工作 8000h 计，见表 4-4-17～表 4-4-21。

表 4-4-17 MCT 工业装置设计总物料平衡

项目		kg/h	t/d	10⁴t/a
进料	煤焦油自预处理装置来	6250	150.00	5.00
	VGO自分馏系统装置来	563	13.50	0.45
	催化剂自催化剂系统来	63	1.50	0.05
	反应注水自系统来	1441	34.59	1.15
	补充氢自系统来	297	7.14	0.26
	汽提蒸汽自系统来	360	8.65	0.29
	合计	8974	215.37	7.86
出料	低分气去脱硫装置	59	1.41	0.05
	塔顶气去脱硫装置	399	9.57	0.35
	酸性水去污水汽提装置	2145	51.48	1.72
	石脑油去罐区	1481	35.55	1.19
	柴油去罐区	4010	96.23	3.21
	液化气	501	12.02	0.44
	损耗	380	9.11	0.33
	合计	8974	215.37	7.86

表 4-4-18 原料预处理物料平衡表

项目	名称	kg/h	%（质量分数）	10^4t/a
	焦油	19750	97.36	15.80
进料	汽提蒸汽	535	2.64	0.43
	合计	20285	100.00	16.23
	粗石脑油	130	0.64	0.10
	粗酚油	1389	6.85	1.11
	柴油馏分	5970	29.43	4.78
出料	分馏塔底焦油	10382	51.18	8.31
	含油污水	1514	7.46	1.21
	滤渣	900	4.44	0.72
	合计	20285	100.00	16.23

表 4-4-19 悬浮床加固定床物料平衡表

项目	名称	kg/h	%（质量分数）	10^4t/a
	预处理焦油	6250	84.78	5.00
进料	催化剂	625	8.48	0.50
	氢气	497.33	6.75	0.40
	合计	7372.33	100.00	5.90
	粗石脑油	1482	20.10	1.19
	轻质燃料油	4010	54.39	3.21
出料	VGO	1519.85	20.62	1.22
	残渣	360.48	4.89	0.29
	合计	7372.33	100.00	5.90

表 4-4-20 石脑油稳定物料平衡表

项目	名称	kg/h	%（质量分数）	10^4t/a
进料	粗石脑油	1481.87	100.00	1.19
	合计	1481.87	100.00	1.19
	石脑油	1420	95.82	1.14
出料	液化气	50	3.37	0.04
	燃料气	11.87	0.80	0.01
	合计	1481.87	100.00	1.19

表 4-4-21 酸性水汽提物料平衡表

项目	名称	kg/h	%（质量分数）	t/a
进料	酸性水	4000	100.00	32000
	合计	4000	100.00	32000

续表

项目	名称	kg/h	%（质量分数）	t/a
出料	酸性气	37.19	0.93	297.50
	净化水	3890.26	97.26	31122.1
	液氨	72.55	1.81	580.40
	合计	4000	100.00	32000

五、MCT悬浮床加氢技术关键设备（悬浮床冷壁反应器）

1. 悬浮床冷壁反应器结构

MCT悬浮床加氢反应器由两个反应器串联组成，反应器分为冷壁和热壁反应器，主要反应集中在冷壁反应器内发生。冷壁反应器由北京华石联合能源科技发展有限公司设计、兰州兰石重型装备股份有限公司制造，反应器壳体采用2(1/4)Cr1Mo1/4Vi铬钼钢，壳体内壁采用E309L＋E347双层堆焊，堆焊层总厚度7.5mm，表层采取E347、厚度4.5mm，过渡层采取E309L、厚度3.0mm。该反应器内部结构设计成直筒式，基本无内构件，器壁设计有注冷氢口和冷油口，冷壁反应器结构见图4-4-3。

2. 悬浮床冷壁反应器反应原理

悬浮床进料与混氢一并通过反应加热炉后进入冷壁反应器，混合原料在反应器内随着循环气和器壁冷氢的共同带动下，在器内形成多个断面的湍流返混层，类似多个小加氢反应系统，增加了悬浮床反应返混烈度，有利于悬浮床加氢裂化反应的进行。经过悬浮床中小型试验发现，反应器小型反应系统物料循环直径＝0.7D（反应器内径）、高度$H=D$，气速达到5cm/s后物料形成湍流状态，气速达到6cm/s时反应达到平衡，反应内物料小循环圈流速为1~1.5m/s；气速在4~6cm/s状态最佳，保证反应器壁物料流动状态较好，形成返混状态；循环圈中心的气速会很高，会在中心部位集聚大量的氢气；如果悬浮床冷壁反应器入口气速低于3cm/s，反应器内会没有足够的力量创造良好的多断面湍流返混层，器内流动无法达到稳态化，反应器器壁会出现焦炭沉积，甚至器壁上很快出现结焦的可能。反应器内反应原理见图4-4-4。

悬浮床反应器控制的关键为气含率、浆液浓度（液含率）两个参数，而（气含率＋液含率）＝1；反应接触时间由浆液浓度（液含率）决定，不是由气含率决定；改变停留时间会改变转化率；突然增加浆液浓度（液含率），造成停留时间变长，过度反应易造成反应器内结焦；表观气速在0~6cm/s增加气量（反应器底部进气量不含冷氢

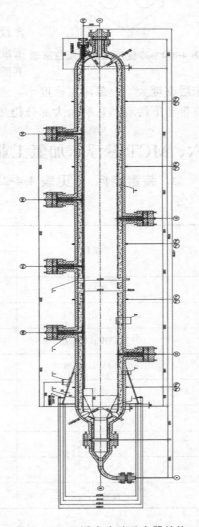

图 4-4-3　悬浮床冷壁反应器结构

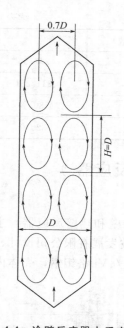

图 4-4-4 冷壁反应器内反应原理

量），反应变化很大，但在气速超过 6cm/s 后再增大气量，反应变化不大。反应器循环气流量不随着进料量的变化而改变。

3. 悬浮床冷壁反应器操作要点

① 设备启动时要求先升温后升压，停工时先降压后降温。

② 器壁冷氢最好是在循环圈的顶部注入，顶部温度最高。反应器内循环圈的上下部位注氢量的比值：最顶部注氢量最大，最底部注氢量最小，保证不倒流即可；最顶部的注氢量阀位控制在 20%～50%。

③ 重点监控对象：进料量稳定、进气量稳定、氢分压稳定、进料温度稳定；悬浮床反应器整体平均温度不超过 0.5℃/min，在冷壁反应器顶部床层平均温度与设定温度波动不超过 0.2℃/min，下面床层平均温度波动不超过 0.5℃/min；悬浮床整体的压差为 1.0～1.1bar。

④ 催化剂的密度及粒度会影响到悬浮床反应器内催化剂含量。粒度越大，反应器内催化剂含量越高，催化剂和油品的密度差越大，催化剂含量会越高。单个悬浮床反应器内进料从下面进入，反应器内油品是存在较大返混量，使反应器内下部床层密度大，上部床层密度小，密度小的油品慢慢流至下游容器内，密度大的油品有少部分被带至下游容器，剩余大部分仍然留在反应器中直至裂化成轻质油品。

六、MCT 悬浮床加氢工业示范装置能耗和技术经济指标

1. 装置能耗（见表 4-4-22）

表 4-4-22 装置能耗

序号	项目	消耗量		能耗指标		能耗/(MJ/h)
		单位	数量	单位	折算值	
1	循环水	t/h	487.953	MJ/t	4.19	2044.52
2	电	kW	3569.52	MJ/(kW·h)	10.89	38872.07
3	1.5MPa(G)蒸汽	t/h	4.068	MJ/t	3349	13623.73
4	0.35MPa(G)蒸汽	t/h	0.40	MJ/t	2763	1105.20
5	燃料气	m³/h	−580.2	MJ/m³	26.237	−15275.18
6	除盐水	t/h	2	MJ/t	96.3	192.60
7	仪表风	m³/h	650	MJ/m³	1.59	1033.50
8	氮气	m³/h	300	MJ/m³	6.28	1884.00
	合计					43480.45

2. 工业示范装置财务指标（见表 4-4-23）

表 4-4-23　工业示范装置财务指标

序号	项目名称	单位	投产期第三年	备注
一	基础数据	万元		
1	项目报批总投资	万元	41316.88	
1.1	建设投资	万元	39306.73	
1.2	建设期借款利息	万元		
1.3	铺底流动资金	万元	2010.15	
2	项目资本金	万元	46007.24	
3	营业收入	万元	101282.7	计算期均值
4	增值税	万元	6251.81	计算期均值
5	营业税金及附加	万元	14905.08	计算期均值
6	总成本	万元	62818.68	计算期均值
7	利润总额	万元	17307.13	计算期均值
8	所得税	万元	4326.78	计算期均值
9	税后利润	万元	12980.34	计算期均值
10	完全操作费用	元/t	3715.74	计算期均值
11	现金操作费用	元/t	92.08	计算期均值
12	单位利润	元/t	1095.39	计算期均值
二	经济评价指标			
1	项目投资财务内部收益率			
	税前	%	55.35	
	税后	%	34.74	
2	项目投资财务净现值			
	税前	万元	112238.03	折现率=13%
	税后	万元	56361.85	折现率=13%
3	项目投资回收期	年	3.96	税后含建设期
4	项目资本金财务内部收益率	%	34.69	所得税后
5	总投资收益率	%	31.42	生产期均值
6	资本金净利润	%	28.24	生产期均值

七、结论

① 以煤焦油为基础原料油的 MCT 悬浮床加氢装置，可以发挥很好的重油加氢功能，通过掺炼渣油、沥青等重质油品可实现不同劣质重油的高收率转化。MCT 工艺对环境友好，无废催化剂或残渣排出，尾油可以很好地进行再处理后回炼，符合国家的环保要求。同时 MCT 悬浮床反应器结构简单，没有明显的床层，催化剂与原料一起进入反应器，在反应器

里面的特殊流动状态下发生高效裂化和加氢反应，随后，反应产物和催化剂一同溢出反应器。有效地控制反应器内催化剂的浓度，既可提高反应效率，又可减少反应器堵塞和前后压降高问题，催化剂在线不断更新，增加了催化剂的活性，对加氢反应有利，悬浮床加氢装置操作弹性大、开工周期长的特性可以显现。

② 通过上述原料混合油在 MCT 工业化装置生产运行情况的说明，可以看出中温煤焦油等劣质重油在 MCT 悬浮床加氢装置中，反应放热充分，满足了悬浮床冷壁反应器内的最佳反应温度，实现催化剂的良好活性，能够很好地进行加氢裂化反应，轻油收率均很高。MCT 小规模工业示范装置综合能耗较高，需要在用电量、蒸汽消耗量、燃料气消耗量等方面采取节能措施，充分利用好装置的废气和废渣，降低装置的能耗，提高工业化生产装置的经济效益。

③ 经过 MCT 悬浮床加氢装置的生产运行过程发现，悬浮床加氢技术仍有待解决的难点主要有：

a. 原料油的配比问题：通过最佳的原料油配比来保证悬浮床反应的温升和轻油收率；

b. 含催化剂管线低温结焦问题：如何选择良好的催化剂溶剂尤为关键，防止输送催化剂的管线形成低温结焦堵塞；

c. 开发研究新型催化剂，提高中间产品转化率，减少未转化的尾油产量，提高加工能力，降低装置投资和操作费用；

d. 优化悬浮床反应的中间产物质量，防止催化剂粉末的携带，减少催化剂粉末对后续固定床反应床层压降的影响。

第五章
循环流化床煤热电气焦油多联产技术

第一节 概 述

目前，煤资源大部分以煤炭利用效率较低的直接燃烧为主，其他气化、液化也是以单一过程为主。但在这些单个转化过程中要取得较高的转化效率，往往需要复杂的工艺和较高运行条件，导致技术复杂，设备庞大，投资及生产成本高，而且即使在单个生产工艺中取得高效率，其能源总体利用效率也不会很高。另外，把煤作为单一利用过程的资源往往会造成很大浪费，如直接燃烧就把煤所含的各种组分都作为燃料来利用，而没能利用其中有更高利用价值的组分如挥发分等。所以，如果能把以煤为资源的多个生产工艺作为一个系统来考虑，即煤的多联产系统，从整体上来提高煤炭资源利用率，可以更好地解决煤炭资源清洁高效利用与环境问题。以煤热解为龙头，将半焦、焦油、煤气分质利用多联产，是提高煤炭综合利用效率、减少污染物排放、提高环境质量的主要路径。

挥发分是煤组成中最活跃的组分，通常在较低的温度下就会析出，同时挥发分也是煤中比较容易进行利用的组分。如图4-5-1所示，以煤热解过程为基础的多联产技术针对这个特点，把煤先加入热解气化炉经热裂解析出挥发分，所产生热解气在冷却过程中产生热解煤气和煤焦油。热解煤气和焦油可以通过进一步的加工过程，煤气可以作为化工合成的原料，生产化工产品和石油化工产品烯烃、芳烃等。焦油加H_2可生产汽油、柴油、润滑油基础油及焦化产品。热解所产生的半焦则可以直接被送到燃烧炉中作为清洁燃料燃烧产生蒸汽，用于发电或供热，也可作为煤气化原料生产合成气，从而通过较简单的工艺过程实现煤的多联产利用。

我国非常重视煤的多联产技术开发和应用，热电气三联供技术是国家鼓励发展的节能技术，国家《能源法》第三十九条明确指出："国家鼓励发展热、电、煤气多联供技术，提高热能综合利用率；发展和推广流化床燃烧、无烟燃烧和气化、液化等洁净煤技术，提高煤炭利用效率。"国家发展改革委、建设部关于印发《热电联产和煤矸石综合利用发电项目建设管理暂行规定》的通知（发改能源〔2007〕141号）第二十一条：国家采取多种措施，大力发展煤炭清洁高效利用技术，积极探索应用高效清洁热电联产技术，重点开发整体煤气化联合循环发电等煤炭气化、供热（制冷）、发电多联产技术。

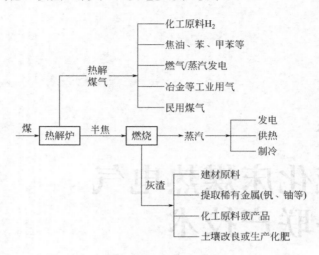

图 4-5-1　低阶煤热解多联产示意图

煤中的挥发分通过干馏或气化过程转化出来的技术在国内外都有大量的研究。早在20世纪70年代末期，美英联合推出的CO－Gas工艺就是把较易气化的挥发分变为煤气而将不易气化的固定碳用于燃烧，但由于工艺的限制导致其总效率并不高。联邦德国、英国、南斯拉夫、苏联及美国都开发并建立了煤的干馏及气化工厂。但国外因受以天然气取代煤制气的影响，该类技术未能得到广泛应用。我国从20世纪50年代中就开始研究开发煤的干馏气化技术，早在1959年，第一汽车制造厂动力分厂、中国科学院煤炭化学研究所和电力部长春电力设计院进行技术合作，在一汽热电厂建立了日处理原料煤370t与75t/h煤粉锅炉相配合的粉煤炉前快速干馏工业试验装置，取得了初步试验成果。上述各种工艺的原理相同，虽然结构不同，但都有加热炉，用来加热固体热载体，使它达到热解需要的温度。其中有些方案直接排出半焦，有些方案则将半焦作为另外燃烧炉的燃料，而这些限制约束了整个系统的能源利用效率。

随着新一代煤的燃烧技术——循环流化床锅炉得到迅速发展和应用，给发展新一代的煤干馏气化技术创造了条件。目前，热载体热解技术与循环流化床燃烧技术相结合的多联产系统得到快速发展，这类多联产技术的基本工艺是利用循环流化床燃烧装置中被高温分离器分离下来的高温固体颗粒作为热载体，在煤的热解炉中与给煤颗粒混合，煤颗粒被加热后析出其中的挥发分。所析出的挥发分经后续冷却净化后获得煤气和焦油，而所产生的半焦作为燃料和热载体一起被送入循环流化床燃烧炉作为燃料。国内许多研究机构如浙江大学、中国科学院、清华大学和北京水利电力经济研究所等相继提出了采用循环流化床燃烧技术的热电气多联产技术，并都取得一定的进展。目前，浙江大学开发的循环流化床热电气焦油多联产技术已成功实现12MW规模的工业示范运行。

国家能源局发布的《煤炭深加工产业示范"十三五"规划》中提出"自主创新、升级示范"，安排5个大型煤热解多联产清洁高效煤炭深加工项目。预计"十三五"多联产技术将取得重大突破。

第二节　浙江大学循环流化床热电气焦油多联产技术

一、多联产技术基本工艺流程

浙江大学是国内较早开发多联产技术的研究单位，20 世纪 80 年代就提出了热电气多联产方案的设想，所提出的循环流化床热电气焦油多联产技术是将循环流化床锅炉和热解炉紧密结合，在一套系统中实现热、电、气和焦油的联合生产。图 4-5-2 为多联产技术的基本工艺流程，其工艺流程为：循环流化床锅炉运行温度在 850～950℃，大量的高温物料被携带出炉膛，经分离机构分离后部分作为热载体进入以再循环煤气为流化介质的流化床热解炉。煤经给料机进入热解炉和作为固体热载体的高温物料混合并加热（运行温度在 500～800℃）。煤在热解炉中经热解产生的粗煤气和细灰颗粒进入热解炉分离机构，经分离后的粗煤气，除作为热解炉流化介质的部分再循环煤气外，其余煤气则经脱硫等净化工艺后作为净煤气供民用或经变换、合成反应生产甲醇等液体产品。同时收集下来的焦油可提取高附加值产品或改性变成高品位合成油。煤在热解炉热解产生的半焦、循环物料及煤气分离器所分离下的细灰（灰和半焦）一起被送入循环流化床锅炉燃烧利用，用于加热固体热载体，同时生产的水蒸气用于发电、供热及制冷等。

二、循环流化床热电气焦油多联产技术

① 将循环流化床锅炉和热解炉紧密结合，在一套系统中实现热、电、气、焦油的联合生产，有效利用煤的各种组分。

② 采用循环流化床固体热载体和中温热裂解技术，焦油产率高，初步运行表明典型淮南烟煤的焦油产率可达 9％左右，煤气热值达 $20MJ/m^3$ 左右，CO 含量低，适用于民用煤气，同时由于氢气含量高，可直接进行氢气分离获得氢气。也可作为化工合成气。

③ 采用循环流化床燃烧技术，热解产生的热半焦可直接作为锅炉燃料，热量利用合理，降低了发电煤耗。

④ 燃料适应性广，适用于收到基挥发分在 20％以上的各种煤种，对粒度无特殊要求，避免了现有民用煤气化和干馏工艺对煤种和煤粒度有较严格的限制的缺点。

⑤ 具有很好的污染物排放控制特性。煤中所含硫绝大部分在热解炉内的煤热解过程以 H_2S 形式析出，并与所产生的煤气进入煤气净化系统进行脱硫，而仅有少量的硫进入循环流化床燃烧炉以 SO_2 形式释放，因此循环流化床燃烧所产生烟气含 SO_2 的浓度将很低，同时，与煤直接燃烧后烟气脱硫相比，从煤气中脱除 H_2S 具有较大的优势：所处理气体量大大减少，因此脱硫设备的体积、投资及运行成本较小；目前煤气脱硫的副产品一般是硫黄，其利用价值较大。

煤中所含的氮绝大部分在热解过程中主要以氮气和氨的形式析出，同时由于循环流化床燃烧过程是中温燃烧，几乎不产生热力 NO_x，因此多联产工艺中其循环流化床燃烧炉所产生的烟气中的 NO_x 排放浓度远低于国家排放标准。同样从体积流量较小的煤气中脱除少量的氨是相对比较容易且成本较低的。

⑥ 可实现灰渣综合利用，经循环流化床燃烧后灰渣具有很高活性，可作为水泥掺合料。

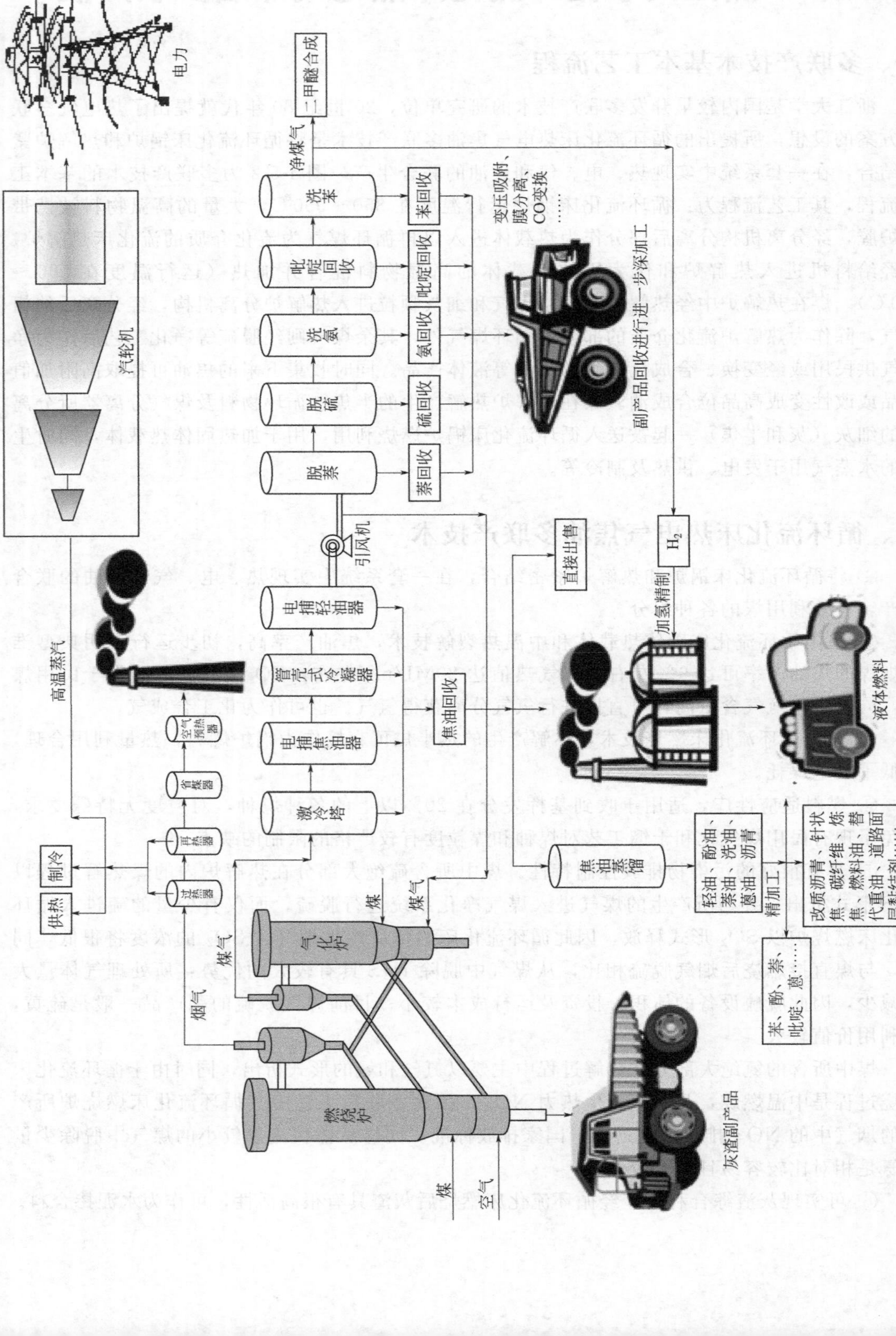

图 4-5-2 多联产技术基本工艺流程

第三节　12MW 烟煤循环流化床热电气焦油多联产示范装置

2006 年以来，浙江大学和淮南矿业集团合作，在 1MW 试验台所进行的试验研究基础上，将一台 75t/h 循环流化床锅炉改建为 12MW 的循环流化床煤热电气焦油多联产示范装置。

一、设计燃料及设计参数

设计燃料为淮南烟煤，其煤质分析见表 4-5-1。煤颗粒燃料粒度在 0～8mm。由表 4-5-1 可见，所用淮南烟煤属高灰分高灰熔点的劣质烟煤，但挥发分含量和焦油含量还是比较高的。

表 4-5-1　设计淮南烟煤的煤质分析

成分	数量	成分	数量
C_{ar}/%	50.44	M_t/%	9.2
H_{ar}/%	3.62	V_{ar}/%	21.92
O_{ar}/%	4.69	$Q_{net,ar}$/(kcal/kg)	4637
N_{ar}/%	0.81	DT/℃	>1400
S_a/%$_r$	0.18	格-金干馏焦油含量,Tar_{ar}/%	8.2
A_{ar}/%	31.06		

表 4-5-2 给出了 75t/h 循环流化床煤热电气焦油多联产示范装置的设计参数。

表 4-5-2　75t/h 循环流化床煤热电气焦油多联产示范装置的设计参数

名　　称	气化炉投运	气化炉停运
主蒸汽蒸发量/(t/h)	75	75
主蒸汽温度/℃	450	450
主蒸汽压力/MPa	3.82	3.82
给水温度/℃	150	150
锅炉排污率/%	2.5	2.5
燃烧炉炉膛出口温度/℃	907	910
气化炉运行温度/℃	约 600	
锅炉热效率(低位发热量)/%	89	89.8
烟煤消耗量/(t/h)	18.5	11.7
燃料粒度/mm	0～8	0～8
燃烧炉一次风量/(m³/h)	45341	44960
燃烧炉二次风量/(m³/h)	29018	28774
燃烧炉总烟量/(m³/h)	89440	92390

续表

名　　　称	气化炉投运	气化炉停运
空预器出口烟气温度/℃	约 135	137
煤气产量/(m³/h)	约 1700	—
焦油量/(t/h)	约 1.5	—

二、12MW 循环流化床煤热电气焦油多联产示范装置系统说明

12MW 热电气焦油多联产方案是浙江大学在 1MW 燃气蒸汽多联产试验装置进行了大量试验的基础上提出的，装置本体由两部分组成：一是循环流化床锅炉发电系统；另一是流化床煤气化炉。该设计采用了双循环回路结构，既可实现热电气焦油联产方案运行，也可进行循环流化床锅炉独立运行。这样气化炉检修时，保证电厂仍能正常发电。

图 4-5-3 为该装置流程。锅炉为循环流化床，空气鼓风，运行温度为 900~950℃。气化炉为常压流化床，用再循环煤气作为流化介质，运行温度为 500~750℃。

破碎到 0~8mm 的原料煤经给煤机给入气化炉后，与由锅炉来的高温循环物料混合，在 600℃ 左右的温度下进行热裂解，热裂解后的半焦和循环物料一起通过返料机构进入锅炉（从锅炉前墙进入），半焦在炉内燃烧并传热。锅炉内大量的高温物料随高温烟气一起通过炉膛出口进入一个高温旋风分离器，经旋风分离器分离后的烟气进入锅炉尾部烟道，先后流经过热器、再热器、省煤器及空气预热器等受热面。被分离器分离下来的高温物料经分离器的立管进入返料机构。一部分高温灰通过高温灰渣阀控制后进入气化炉，其余高温循环灰则直接送回锅炉。

煤在气化炉中经干馏气化所产生的粗煤气和细灰渣颗粒通过气化炉上方出口进入气化炉旋风分离器，经分离后的粗煤气进入煤气净化系统，先后经急冷塔、电捕焦油器、间冷器、电器滤清器、煤气排送机后，部分粗净化后的煤气通过煤气再循环风机加压后送回气化炉底部，作为气化炉的流化介质。其余煤气则进入脱硫等设备继续净化成净煤气，然后进入缓冲罐供另外两台锅炉燃烧利用。净化获得的焦油收集后用于深加工。烟煤在气化炉干馏后的半焦和循环物料进入另一返料机构，返回锅炉。煤气旋风分离器分离下来的灰（灰和半焦）同样经返料装置送回锅炉燃烧。

气化炉和锅炉之间的联通是通过高温非机械式返料机构，如锅炉旋风分离器立管和气化炉之间的返料机构，气化炉与燃烧锅炉之间的返料机构，以及煤气旋风分离器与燃烧锅炉之间的返料机构。这三处的返料机构运行采用蒸汽作为流化介质，这样可以防止空气、烟气和煤气在气化炉和燃烧炉之间互窜，避免窜气所引起的局部结渣、焦油和煤气的热值和产量降低等问题。气化炉不运行时，返料机构的运行介质可以采用空气。

在气化炉布风板中心设置排渣管，所排除的粗颗粒排出后送回锅炉。

多联产装置可以实现两种模式下的运行，即：①多联产装置系统的正常运行，即气化炉投入运行。此时，烟煤加入气化炉，返料机构的运行介质为蒸汽。②气化炉停运，单独运行 75t/h 循环流化床锅炉。此时，全部燃料直接通过锅炉给煤口加入，返料装置的运行介质为空气。在两种运行模式下，锅炉都能在保证的额定蒸汽参数下运行，仅锅炉的运行温度有不同。

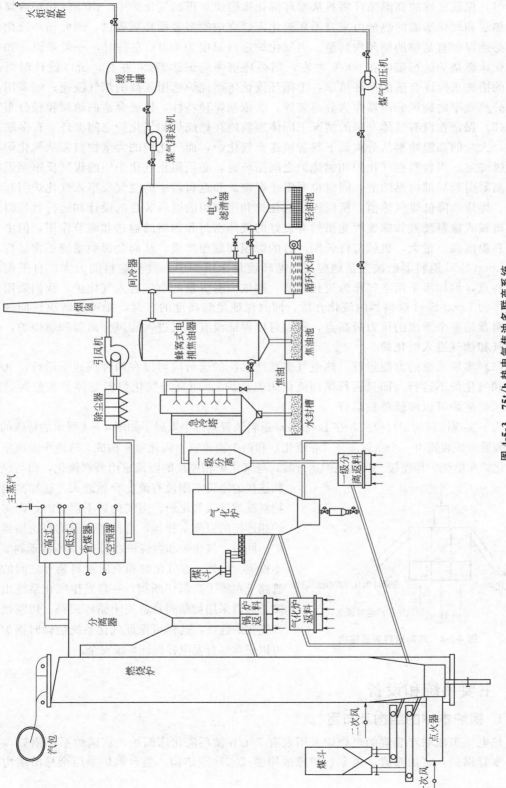

图 4-5-3　75t/h 热电气焦油多联产系统

多联产的煤气和焦油产量通过控制气化炉的进煤量来控制。燃烧锅炉和气化炉的运行温度通过调节给煤量和风量来控制。为了保证多联产系统能安全经济地运行，下述问题必须很好地解决。

（1）保证足够的高温循环物料从循环流化床燃烧炉进到气化炉中　由于气化炉内煤的加热、热解和气化所需的热量由来自循环流化床燃烧炉的高温循环灰提供，因此循环流化床燃烧炉必须保证有足够的循环物料量。当气化炉运行温度为 800℃ 左右时，一般来说，如果循环流化床燃烧炉运行温度在 900℃ 左右，则循环倍率应该达到 20 左右。所以设计时需采用一定的措施来保证合适的循环倍率：①循环流化床燃烧炉选用较高的烟气流速；②采用具有很高分离效率的旋风分离器作为分离装置；③依据煤种特性，保证合适的给煤粒径分布。

（2）保证在没有气体互窜的情况下固体颗粒能在燃烧炉和气化炉之间循环　在多联产装置中，大量的高温物料从分离器下料管被送至气化炉，而气化炉的大量物料需从气化炉被送回到燃烧室。当物料在气化炉和燃烧炉之间循环时，必须阻止气化炉中的煤气反窜至返料器或分离器引起局部再燃结渣，同时也要阻止燃烧炉和返料器中的空气反窜入气化炉引起煤气燃烧、爆炸和降低煤气热值。所以连接气化炉和燃烧炉的返料装置的设计和运行就显得很重要。机械式输料装置如螺旋绞龙虽然有良好的气体密封和物料的输送和调节作用，但由于循环物料温度高、量大，机械部件长期运行的磨损问题很严重，从而会影响系统正常运行。

Loop Seal 返料器已被大量地应用到循环流化床锅炉中，具有输料能力大、自平衡能力强等特点，但如果采用空气作为流化介质，则依旧有少量的空气进入气化炉。我们采用过热蒸汽作为 Loop Seal 返料器的流化介质，同时保证足够高度的料封，则可以解决该问题。由于返料器是整个系统的压力最高点，所以可以保证没有煤气进入旋风分离器和燃烧炉，也没有空气和烟气进入气化炉。

（3）实现系统的方便运行　热电气多联产系统的运行应可以在两种模式下运行：气化炉运行和气化炉不运行（即只运行循环流化床燃烧炉），而且当气化炉需要停炉检修时，循环流化床燃烧炉可以继续单独运行。

为了实现便利的运行模式，在 Loop Seal 返料装置基础上发展了如图 4-5-4 所示的特殊的双向返料装置。该装置由一个立管部分（非流化）和两个溢流室（流化室）构成。这两个溢流室分别与气化炉和燃烧炉相连接。当气化炉运行时，与气化炉相连接的溢流室由蒸汽流化，而与燃烧炉相连接的溢流室则没有流化介质通入。这样高温循环物料就被送入气化炉。当气化炉不运行时，则与燃烧炉相连接的溢流室投运，直接把高温物料送回到燃烧炉。同时，气化炉和燃烧炉之间 Loop Seal 返料装置也不投运。另外，在气化炉和双向返料装置之间的连通管路上布置了高温切断阀，一旦发生气化系统出现故障，可以采用切断阀紧急关闭循环回路，切断燃烧炉和气化炉连接，这样可保证气化系统检修时锅炉部分可以正常运行发电并保证系统安全。

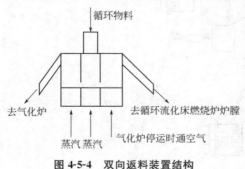

图 4-5-4　双向返料装置结构

三、主要系统和设备

1. 锅炉本体的结构及布置

热电气焦油联产装置的燃烧炉采用现有 75t/h 循环流化床锅炉，该锅炉系单锅筒，自然循环水管锅炉，室内布置。风室、炉膛采用膜式水冷壁结构。整台锅炉采用全悬吊结构。

炉膛分为两部分：下部密相区，上部稀相区。炉膛四周为膜式水冷壁，在密相区内形成缩口和垂直段。

在稀相区上侧经烟道进入一个蜗壳旋风分离器，烟气携带的颗粒经旋风分离器分离后，由立管进入返料系统。烟气则经尾部烟道自上而下冲刷过热器、两级省煤器及空气预热器。

2. 气化炉及其附属设备的设计及布置

该多联产装置配一台流化床气化炉，在锅炉的高温旋风分离器边上布置气化炉。

烟煤经给煤系统送到炉前新增加的钢煤斗，然后经皮带输送到气化炉前螺旋给煤机送入气化炉内。煤与高温物料混合，在 600℃ 左右的温度下干馏气化后，通过返料机构送入炉膛。

干馏气化所产生的煤气携带部分细灰与焦粒从气化炉上部出口进入一级旋风分离器、二级旋风分离器。经二级分离后的煤气进入煤气净化系统。一级分离器分离下的细灰经返料机构直接送入锅炉燃烧，而二级分离器分离下来的灰则经气力输送进入锅炉。

给煤中少量沉积在气化炉底部的大颗粒通过在气化炉布风板中心布置的排底渣管排出，所排出的底渣经渣罐后重新送入锅炉燃烧。

流化床气化炉的流化介质为净化后的再循环煤气，布风板上安装蘑菇形风帽布风。

气化炉为圆柱形结构，本体采用异形防磨耐火砖砌成，外加一层保温砖，最外层为密封钢壳。

为保证气化炉安全运行，在一级煤气旋风分离器下的返料装置和燃烧炉之间布置了高温灰渣截断阀，在事故状态下可快速切断高温物料循环。

3. 煤气净化系统原理及流程

根据本项目特点：①出流化床气化炉的煤气中粉尘浓度很高，约为 $20g/m^3$；②必须尽量回收焦油，煤气净化要达到城市煤气要求。所以采用以下工艺流程（参见图 4-5-2）：

气化炉→旋风除尘器（一、二级）→急冷塔→电捕焦油器→立式间冷器→电捕轻油器→煤气排送机→缓冲罐→干式脱硫→气柜→煤气风机→气化炉作流化介质。

工艺流程说明如下。

① 整个煤气净化工艺中，煤气出气化炉先采用旋风除尘器初步除去煤气中的粉尘；而后通过急冷塔使煤气得到初步冷却，并除去大部分灰尘；为了防止水蒸气在电捕焦油器中凝结，同时，也避免煤气中的焦油雾冷却凝结，因此，控制急冷塔煤气冷却的出口温度在105℃左右（并依据实际运行情况可调节），急冷塔灰尘清除效率为80％。在急冷塔中起冷却洗涤的水，去热循环水池，经沉淀、降温后可以循环使用，污水循环可以做到零排放。

② 经急冷塔除尘和初步冷却后的煤气进入电捕焦油器，当含有焦油雾的煤气通过该设备的高压直流电场时，焦油微粒在电场作用下，沉积在沉淀极上，自流而下，入焦油池；由于煤气温度在露点以上，焦油中基本不含水分。为了提高脱除焦油的效率，工程中采用蜂窝式电除尘器。

③ 从电捕焦油器出来的煤气通过立式间冷器进行进一步冷却脱水，使出口温度控制在30～35℃。采用间接冷却工艺，煤气凝结水（含酚废水）量不多，可以直接送循环流化床锅炉焚烧，以防止环境污染问题的产生。冷却水经冷却可循环使用。

④ 为进一步回收煤气中焦油，从间冷器出来的煤气再采用电捕轻油器，除去煤气中的轻油。由电捕轻油器分离出来的轻油排至轻油罐，而后外运。

⑤ 煤气排送：煤气出电捕轻油器后进煤气排送机进行升压，升压后送入煤气缓冲罐。

而后分为两路，一部分送回干馏气化炉的煤气需再进行升压，另一部分直接送入气柜。

⑥ 废水处理：由间冷器产生的含酚废水送回锅炉燃烧，做到零排放。

四、12MW 热电气焦油多联产示范装置的运行特性

该装置于 2007 年 6 月完成安装，2007 年 8 月完成 72h 试运行，并于 2008 年投入试生产。在试运行期间，开展了大量的试验研究，获得气化炉运行温度、煤质特性等参数对 12MW 多联产系统的影响特性。

1. 气化炉运行温度的影响特性

气化炉运行温度是循环流化床热电气多联产系统的最重要的运行参数之一，对煤气和焦油的生成特性有决定性的影响。下面给出的是以典型淮南烟煤（煤质分析数据见表 4-5-3）为原料时，气化炉运行温度对煤气和焦油生成特性的影响情况。

表 4-5-3　运行期间所用淮南烟煤的工业和元素分析

工业分析/%					$Q_{net,ar}$/(MJ/kg)	元素分析/%				
M_{ar}	M_{ad}	A_{ad}	V_{ad}	FC_{ad}		C_{ad}	H_{ad}	N_{ad}	$S_{t,ad}$	O_{ad}
3.87	2.07	30.41	28.78	38.74	21.36	54.72	4.65	0.98	0.25	6.92

（1）气化炉温度对煤气成分的影响　图 4-5-5 是煤气中主要成分 H_2、CH_4、CO 随气化炉温度的变化趋势。从图 4-5-5 可以看出，H_2、CO 都随温度的升高而增加，床温达到约 640℃时，H_2 的增长趋势逐渐趋于缓慢。H_2 主要来自于饱和烃的裂解反应以及芳环的缩合反应。芳环的缩合反应在较高的温度下才能发生，在较低温度下 H_2 主要由饱和烃的裂解反应产生。随着温度的增加，芳环的缩合反应进行的程度迅速加深，促进了 H_2 的增长，当温度增加到一定程度时，缩合反应程度不再加深，因此 H_2 的增长速度逐渐变慢。CO 主要由羰基和醚键的断裂分解生成，羰基在 400℃就开始裂解，这是低温下 CO 的主要来源，而醚键的脱除一般在 700℃以上的高温；随着温度的升高，焦油分子的含氧杂环以及酚羟基组分也开始裂解产生 CO，而且温度越高羰基的裂解进行得越彻底，因此温度升高，CO 含量也随之逐渐升高。CH_4 产率随温度的变化规律与以上气体组分略有不同。随着温度的增加，CH_4 产率先增加后降低，在约 630℃时取得最大值。CH_4 的生成主要来源于煤中分子结构的降解、烷基基团的分解、半焦的缩聚以及焦油分子的二次反应，随着温度的增加，煤热解过程进行得越剧烈，从而有利于 CH_4 产率的提高。当温度大于 630℃，发生焦油的二次反应，焦油分子开始缩聚成芳环大分子结构，其热稳定性增强，从而使得 CH_4 的产率开始下降。

（2）床温对焦油产率的影响　煤焦油是煤在干馏和气化过程中获得的液体产品，是多联产系统产品中的重要组成部分。由图 4-5-6 可知，焦油产率随着气化炉温度的增加呈先升高后下降的趋势，当温度达到约 600℃时，焦油的产率最大。焦油的最终产率是煤的大分子裂解生成重质组分（即焦油）和重质组分发生裂解、聚合的一系列复

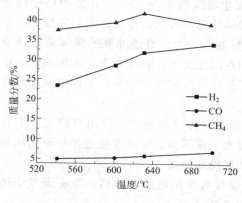

图 4-5-5　煤气主要成分随气化炉温度的变化

杂过程综合的结果。煤热解时，随着煤粒温度的提高，较易热解的组分先裂解且比例较大，较难热解的组分随后发生裂解，而且热解速率越来越高，从而使焦油产率明显增加，到600℃时达到最大值。随后，焦油的产率随温度的升高而降低，王树东等人的研究也得到了相同的结果，所不同的是焦油最大产率所处的温度不同，原因可能是所用煤质的不同。产生这种现象的原因有二：①在较高的温度下，一次裂解生成的焦油发生二次裂解和缩聚反应，转化为轻质气体、半焦等衍生物，从而使得焦油的产率下降；②热解气氛的影响。随着温度的升高，热解气化产生的 H_2 增加。煤在热解过程中，大分子中的桥键断裂形成小分子化合物和自由基，它们通过扩散进入气相。在扩散过程中，自由基极不稳定，既易相互结合缩聚形成焦油和半焦，也易与氢结合生成小分子气态烷烃。氢的存在减少了自由基间的相互聚合，减小了自由基结合生成焦油的机会。

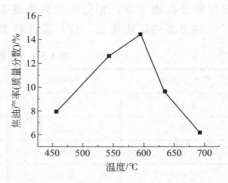

图 4-5-6　焦油产率随气化炉温度的变化

（3）气化炉床温对焦油馏分影响　表 4-5-4 给出了在不同气化炉温度下所得煤焦油的馏分分析，可以看出随着温度的升高，焦油>360℃的馏分含量增加，沥青质含量增加，焦油变"重"。其原因是随着温度的升高，焦油分子发生了缩聚，生成较稳定的稠环芳烃结构，其结果是使得焦油的轻质组分减少，重质组分增加，焦油的质量变差。由于焦油蒸馏过程存在轻质烃类等的不完全冷凝及仪器管壁的残留，因此总馏分质量未达 100%。

表 4-5-4　不同气化炉温度下的煤焦油馏分分析（干燥无灰基）

气化炉温度/℃	各馏程占比/%				合计/%
	<170℃	170~300℃	300~360℃	>360℃	
540	4.1	5.7	25.1	57.5	92.4
600	6.8	4.3	19.5	62.5	93.1
630	8.3	6.3	15.5	61.3	91.4
700	7.1	4.2	11.3	69.7	92.3

（4）不同气化炉床温下的焦油层析　采用层析的方法可以把焦油中的成分分为饱和烃、芳香烃、非烃和沥青质。表 4-5-5 为不同气化炉温度下煤焦油层析组成，可见随着气化炉温度的不断升高，饱和烃和芳香烃含量先增大后减小，沥青质在 600℃后开始增加。这说明气化炉温度超过 600℃后，煤裂解生成的焦油深度裂解和缩聚反应消耗饱和烃和芳香烃的速度超过了生成速度，其结果之一是沥青质含量增加，而饱和烃和芳香烃含量减少。温度对焦油成分的影响主要体现在两个方面，一方面温度的升高可以提高煤的裂解反应，产生更多焦油，而另一方面温度的升高也增强了焦油的裂解及缩聚反应，使焦油生成焦的可能性大大增强，而煤在 600℃以上的热解，可认为是以解聚和缩聚过程为主。600℃以下时，焦油的反应主要以裂解为主，裂解的程度大于缩聚的程度，此时焦油裂解为小分子的烷烃，从而使得随着温度的升高沥青质较小，而烷烃的值有所升高；当温度大于 600℃时焦油分子缩聚的速度远大于解聚的速度，焦油分子在高温下很容易聚结成焦，从而使得焦油中的沥青质含量随

温度的升高而升高，相应地使得焦油中的轻质组分含量逐渐减小。据此，对于淮南烟煤，为了得到更多的优质焦油，应尽量维持系统在 600℃ 左右运行。

表 4-5-5 不同气化炉温度下煤焦油层析组成   单位：%

气化炉温度/℃	饱和烃	芳香烃	非烃	沥青质
540	5.76	21.99	18.72	53.53
600	5.99	22.89	19.48	51.64
630	4.06	22.06	20.61	53.27
700	3.85	20.22	18.62	57.31

表 4-5-6 为不同气化炉温度下煤焦油芳烃组分中主要成分的 GC-MS 分析。由表 4-5-6 可以看出，当温度升高到 700℃ 后，焦油的芳烃组分中苯系物含量和萘系物的含量均有不同程度的降低。

表 4-5-6 不同气化炉温度下煤焦油芳烃组分的 GC-MS 分析   单位：%

温度/℃	苯	甲苯	二甲苯	三甲苯	四甲苯	一元酚	甲酚	2,6-二甲酚	2,4-二甲酚	萘	2-甲基萘	1-甲基萘	萘系物
540	0.05	0.35	0.72	1.96	0.24	2.29	0.72	0.13	0.62	0.2	0.36	0.23	2.16
600	0.02	0.07	0.12	0.25	4.53	1.2	0.31	0.06	0.3	0.06	0.3	0.18	1.63
630	0.06	2.65	0.24	0.97	0.19	0.58	0.26	0.01	0.12	5.7	0.38	0.16	6.74
700	0.09	0.28	0.51	1.84	1.13	0.76	0.27	0.03	0.22	0.83	0.37	0.24	2.41

2. 12MW 热电气焦油多联产示范装置的典型运行参数

表 4-5-7 和表 4-5-8 则给出了以淮南烟煤（煤质分析数据见表 4-5-5）为原料时 12MW 多联产示范装置典型运行工况和煤气成分分析。由表 4-5-7 可见，以淮南烟煤为原料时，气化炉运行温度在 600℃ 左右时，其焦油产率在 10% 左右，煤气产率为 0.11m³/kg。煤气的主要成分为甲烷和氢气，并含有一定量的烯烃。同时较低的氮气含量和氧量也表明，多联产示范装置具有良好的密封性能。

表 4-5-7 12MW 热电气焦油多联产示范装置典型结果

项 目	锅炉	气化炉	项 目	锅炉	气化炉
床温/℃	925	600	焦油产量/(t/h)	—	1.1
给煤量/(t/h)	3	11	蒸汽产量/(t/h)	70	
煤气产量/(m³/h)	—	1250	焦油产率/%		约 10%

表 4-5-8 12MW 热电气焦油多联产示范装置典型煤气组成

H₂/%	O₂/%	N₂/%	CH₄/%	CO/%	CO₂/%	C₂H₄/%	C₂H₆/%	H₂S/(mg/m³)	热值/(MJ/m³)
27.30	0.11	6.56	36.9	7.1	10.1	3.54	6.9	8000	约 23

12MW 循环流化床热电气焦油装置上，对多种烟煤进行了多次热态试验运行，原料煤性质、气化炉及锅炉典型运行参数和得到煤气、焦油及半焦组成见表 4-5-9～表 4-5-13。

表 4-5-9　试验用煤的工业和元素分析

样品	工业分析/%					$Q_{ar,net}$ /(MJ/kg)	元素分析/%					格-金干馏焦油产率 Tar_{ar}/%
	M_{ar}	M_{ad}	A_{ad}	V_{ad}	FC_{ad}		C_{ad}	H_{ad}	N_{ad}	$S_{t,ad}$	O_{ad}	
潘三矿	2.87	2.07	30.41	28.78	38.74	21.43	54.72	4.65	0.98	0.25	6.92	9.70
顾桥矿	3.36	1.77	34.31	28.37	35.54	19.95	48.23	3.07	0.87	0.30	11.44	11.00
李嘴孜	5.70	2.20	31.21	28.32	38.27	20.54	50.29	3.13	0.91	0.42	11.83	10.70
新庄孜	3.73	1.70	43.20	23.75	31.36	16.83	37.58	2.68	0.59	0.27	13.99	7.80

表 4-5-10　典型运行参数

煤种	气化炉给煤量/(t/h)	焦油产率(ar)/%	煤气产率/m³	气化炉密相段温度/℃	气化炉稀相段温度/℃	锅炉负荷/(t/h)	锅炉给煤/(t/h)	锅炉沸下床温/℃	锅炉沸中床温/℃	锅炉炉膛出口温度/℃
潘三矿	6.2	10.0	710	533	525	70	5.2	921	927	882
顾桥矿	8.9	7.7	1020	551	545	71	3.9	967	958	869
李嘴孜	9.8	6.8	1120	540	530	73	3.6	962	970	883
新庄孜	10.4	6.2	1030	593	581	64	3.2	947	930	832

表 4-5-11　典型煤气成分

煤种	含量/%										H_2S /(mg/m³)	低热值 /(MJ/m³)
	H_2	O_2	N_2	CH_4	CO	CO_2	C_2H_4	C_2H_6	C_3H_6	C_3H_8		
李嘴孜	25.3	0.2	7.4	36.6	7.1	11.7	3.3	7.2	0.4	0.9	8908	25
新庄孜	29.3	0.1	5.1	38.0	6.8	8.6	3.8	6.7	0.3	1.2	5447	26

表 4-5-12　煤焦油馏分分析

煤种	各馏程占比(daf)/%				
	<170℃	170~300℃	300~360℃	>360℃	回收率
潘三矿	5.3	6.3	31.4	49.2	92.3
顾桥矿	2.8	12.9	22.1	53.7	91.4
李嘴孜	4.6	7.5	20.8	53.1	85.9
新庄孜	4.3	11.8	27.1	46.4	89.7

表 4-5-13　气化炉半焦工业及元素分析

样品	工业分析/%				$Q_{ar,net}$ /(kJ/kg)	元素分析/%				
	M_{ad}	A_{ad}	V_{ad}	FC_{ad}		C_{ad}	H_{ad}	N_{ad}	$S_{t,ad}$	O_{ad}
潘三矿	0.51	87.41	4.42	7.66	2066	7.5	0.59	0	0.06	3.99
顾桥矿	0.53	87.85	3.27	8.35	2147	8.22	0.38	0	0.01	3.01
李嘴孜	0.47	85.28	4.35	9.9	2810	9.46	0.59	0	0.29	3.91
新庄孜	0.34	89.07	3.17	7.42	1798	7.19	0.38	0	0.12	2.9

注：半焦含大量锅炉返料灰，非纯半焦。

3. 结论

75t/h 循环流化床热电气焦油多联产装置的运行结果如下。

① 循环流化床燃烧炉和流化床气化炉能很好地协调运行，气化炉和燃烧炉之间物料循环稳定可靠，运行调节方便；同时燃烧炉和气化炉之间不发生气体互串现象。

② 循环流化床锅炉能稳定燃烧利用来自气化炉的煤半焦，同时也可以依据运行要求，各自调节燃烧炉和气化炉的负荷。

③ 系统能稳定生产焦油和煤气，煤气净化及焦油回收系统运行正常，基本达到预期要求。

④ 负压运行的煤气净化系统具有良好的密封性，煤气氧含量稳定控制在较低的水平，使多联系统安全可靠。

⑤ 热解所得煤气产量约 $0.12m^3/kg$ 煤，其中 H_2 和 CH_4 含量分别达到 30% 和 40% 左右，热值高达 $25MJ/m^3$。

⑥ 热解焦油产量随温度变化而变化，$500\sim600℃$ 左右达到最大产率，潘三矿煤最高可达 11% 左右，顾桥及李嘴孜煤约为 8.6% 左右。

⑦ 热解所得半焦中 N 含量基本为零，因此，燃烧半焦产生的锅炉烟气含 NO_x 量明显降低，有利于环保。

⑧ 煤气中 H_2S 含量最高达 $9000mg/m^3$，大大降低了作为锅炉燃料的半焦的含硫量，因此，燃烧半焦产生的锅炉烟气含 SO_2 量明显降低，有利于环保。

第四节　陕西煤业化工集团煤热解多联产项目

一、概述

1. 陕西煤业化工集团简介

陕西煤业化工集团是由重点煤矿和化工国有企业重组成立的升级大型能源化工集团公司，拥有 60 家企业，2016 年底总资产 4242 亿元，年销售收入 2120 亿元，煤炭产量 1.263×10^8t，化工产品 1387×10^4t，年发电量 $403\times10^8kW\cdot h$，钢铁产量 730×10^4t。列世界 500 强企业第 347 位。

2. 科研开发工作

设有国家煤炭分质清洁转化重点实验室、甲醇制烯烃国家工程实验室、煤制化学品国家地方联合共建工程各研究中心、省级科研平台 18 个，企业科研平台 30 个。科研人员 22391 人，累计投入科研费用 228 亿元，取得 DMTO、煤热解、焦油加 H_2 等一大批重大科研和工程成果。

3. 煤化工产业园

充分发挥集团公司拥有的长焰煤资源优势，以煤热解为龙头，以高附加值化工产品和清洁能源多联产为主线，实施建设资源转化高效率、产品差异化、高端化、精细化、绿色化的大型煤化工产业园区。

4. 规划设想

规划到 2025 年现代煤化工产业发展目标：煤转化能力 1.03×10^8t，油气产能 1500×

10^4t，高端化工产品 600×10^4t，新增销售收入 2000 亿元，基本建成 3 个大型煤化园区。

二、神木清水园区煤油气化多联产示范项目

1. 总体规划

建设规划：3000×10^4t/a 煤分质清洁高效转化示范项目，分两期建设。"十三五"一期建设规模为 1500×10^4t/a 煤转化示范项目，已列入国家能源局发布的《煤炭深加工产业示范"十三五"规划》之中。

2. 示范项目内容

① 百万吨级低阶煤热解工业化示范；

② 煤热解一体化（CGPS）技术大型工业化示范；

③ 煤焦油加 H_2 制芳烃及航空燃料大型工业化示范；

④ 先进水处理技术工业化示范；

⑤ 关键装备自主化示范；

3. 项目建设条件

① 配套建设煤矿 4300×10^4t/a。其中，小保档煤矿探明储量 49.1×10^8t，产能 2800×10^4t/a，曹家滩煤矿探明储量 30.38×10^8t，产能 1500×10^4t/a，两矿将在 2018 年 6 月建成投产。

② 配套供水水源 2500×10^4m³/a。已建成瑶镇和采兔沟两座大型水库，取得榆神工业园区管委会供水承诺。

③ 园区总体规划 20km²，大部分为荒沙草地，土地已通过预审。

④ "十三五"煤热解，焦油加 H_2 等技术自主开发及工业化应用取得重大成果，技术支撑力量强。

⑤ 周边有集团下属企业天元化工、富油能源技术公司、北园化工等多家已建成企业，协作条件好。

4. 主要产品方案（一期）

① 煤热解 3000×10^4t/a，一期 1500×10^4t/a；采用自主研发的先进技术。

② 煤焦油加工 300×10^4t/a，一期 150×10^4t/a（包括酚回收、氨回收）；

③ 石脑油、轻油重整制芳烃 150×10^4t/a；

④ 高密度航空煤油及特种油品 120×10^4t/a；

⑤ 低凝点柴油 120×10^4t/a 及清洁油品 80×10^4t/a；

⑥ 液化气 54×10^4t/a 及煤热解副产天然气 7.0×10^8m³；

⑦ 半焦（兰炭）950×10^4t/a，用于半焦气化制合成气供 F-T 合成气装置；

⑧ 2×300MW 热电联产（半焦作燃料）；

⑨ 清洁散烧燃料 200×10^4t/a；

⑩ 下游深加工产品：MTO、MTA、乙二醇、聚酯、聚醋酸乙烯、丙烯酸酯、高端聚烯烃树脂、高端新材料等。

5. 原料及动力消耗（一期）

① 原煤用量 1500×10^4t/a（<30mm）；

② 新鲜水量 2100×10^4 t/a（水利用率＞98%）；

③ 用电量 57.9×10^4 kW·h（自发电 70%）；

④ 蒸汽 670t/h×6 台（燃半焦锅炉）。

6. 占地面积及定员

① 生产区占地面积：786.5hm²（不含厂外工程用地）；

② 定员：2800 人（技术及管理人员占 10%）；

③ 年工作日：8000h。

7. "三废" 排放

① SO_2 432t/a（＜10mg/m³），已取得排放指标 1354t/a；

② NO_x 806t/a（＜50mg/m³），已取得排放指标 2643t/a；

③ 废水   基本零排放；

④ 废渣   气化及锅炉灰渣作水泥配料，其他废渣作无害化处理送渣场堆放。

8. 项目投资及经济效益估算

① 项目总投资：一期 536 亿元；建设投资：一期 508 亿元。

② 资本金（30%）：160.8 亿元。

③ 估算经济效益：

a. 年均销售收入：306 亿元；

b. 年均利税：76.5 亿元；

c. 税后内部收益率：17.53%；

d. 投资回收期：7.67 年（含 3 年建设期）。

9. 项目实施计划

① 2015～2017 年，完成各项前期工作，具备开工建设条件；

② 2018 年开工建设，2020 年煤热解及焦油加工建设投产，2021 年一期工程全面建成投产。

参考文献

[1] Levinspiel O. Chemical Reaction Engineering. New York：John Wiley & Sons, Inc, 1974.
[2] 骆仲泱，王勤辉，方梦祥，等. 煤的热电气多联产技术及工程实例. 北京：化学工业出版社，2004.
[3] 岑可法，方梦祥，骆仲泱，等. 工程热物理学报，1995，11（6）：499-502.
[4] 李定凯，沈幼庭，等. 煤气与热力，1994，9（5）：41-45.
[5] 胡中铎，唐雁春，等. 应用能源技术，2001（2）：14-16.
[6] 李朝花，张庭久. 城市煤气，2000，8（306）：7-9.
[7] 朱国防，吴善洪. 山东电力技术，1998（3）：19-23.
[8] Fang M, Luo Z, Li X, et al. Energy, 1998, 23（3）：203-212.
[9] 徐秀清，沈幼庭，等. 锅炉技术，1994，8：11-15.
[10] 徐向东，等. 热能动力工程，1996，11（6）：337-342.
[11] 李海滨，杨之媛，吕红，等. 燃料化学学报，1998，26（4）：389-344.
[12] 朱子彬，王欣荣，等. 化工学报，1995，46（6）：710-716.
[13] 王树东，郭树才. 燃料化学学报，1995（1）：198-203.
[14] 朱学栋，朱子彬，唐黎华，等. 华东理工大学学报，1998（2）：37-41.

第五篇

煤炭直接液化

　　煤的液化是先进的洁净煤技术和煤转化技术之一，是用煤为原料以制取液体烃类为主要产品的技术。煤液化分为"煤的直接液化"和"煤的间接液化"两大类。

　　煤的直接液化是煤直接催化加氢转化成液体产物的技术。

　　煤的间接液化是以煤基合成气（$CO+H_2$）为原料，在一定的温度和压力下，定向催化合成烃类燃料油和化工原料的工艺，包括煤气化制取合成气及其净化、变换、催化合成以及产品分离和改质加工等过程。

　　通过煤炭液化，不仅可以生产汽油、柴油、LPG（液化石油气）、喷气燃料，还可以提取 BTX（苯、甲苯、二甲苯），也可以生产制造各种烯烃及含氧有机化合物。

　　煤炭液化可以加工高硫煤，硫是煤直接液化的助催化剂，煤中硫在气化和液化过程中转化成 H_2S 再经分解可以得到单质硫产品。

　　本篇专门介绍煤炭直接液化技术。

　　早在 1913 年，德国化学家柏吉乌斯（Bergius）首先研究成功了煤的高压加氢制油技术，并获得了专利，为煤的直接液化奠定了基础。

　　煤炭直接加氢液化一般是在较高温度（400℃以上）、高压（10MPa以上）、氢气（或 $CO+H_2$，$CO+H_2O$）、催化剂和溶剂作用下，将煤的分子进行裂解加氢，直接转化为液体油的加工过程。

　　煤和石油都是由古代生物在特定的地质条件下，经过漫长的地质化学演变而成的。煤与石油主要都是由 C、H、O 等元素组成。煤和石油的根本区别就在于：煤的氢含量和 H/C 原子比比石油低，氧含量比石油高；煤的分子量大，有的甚至大于 1000，而石油原油的分子量在数十至数百，汽油的平均分子量约为 110；煤的化学结构复杂，它的基本结构单元是以缩合芳环为主体的带有侧链和官能团的大分子，而石油则为烷烃、环烷烃和芳烃的混合物。煤还含有相当数量的以细分散组分的形式存在的无机矿物质和吸附水，煤也含有数量不定的杂原子（氧、氮、硫）、碱金属和微量元素。

　　通过加氢，改变煤的分子结构和 H/C 原子比，同时脱除杂原子，煤就可以液化变成油。

　　1927 年德国在莱那（Leuna）建立了世界上第一个煤直接液化厂，规模 $10\times10^4 t/a$。1936～1943 年为支持其法西斯战争，德国又有 11 套煤直接液化装置建成投产，到 1944 年，生产能力曾达到 $423\times10^4 t/a$。

　　20 世纪 50 年代后，中东地区大量廉价石油的开发使煤液化（包括直接液化和间接液化）失去了竞争力。1973 年后，由于中东战争，世界范围内发生了一场石油危机，煤液化研究又开始活跃起来。德国、美国、日本、苏联等国的煤化学家相继开发了煤炭直接液化新工艺，主要目的是提高煤液化油的收率和质量、缓和操作条件、减少投资、降低成本；相继成功完成了日处理 150～600t 煤的大型工业性试验并进行了商业化生产厂的设计。

第一章
煤直接液化的基本原理

第一节　煤的分子结构与适宜直接液化的煤种

一、煤的大分子结构模型

根据最新的研究成果，一些学者提出了煤的复合结构概念模型，认为煤的有机质可以设想由以下 4 个部分复合而成。

第一部分，是以化学共价键结合为主的三维交联的大分子，形成不溶性的刚性网络结构，它的主要前身物是来自维管植物中以芳族结构为基础的木质素。

第二部分，包括分子量一千至数千，相当于沥青质和前沥青质的大型和中型分子，这些分子中包含较多的极性官能团，它们以各种物理力为主，或互相缔合，或与第一部分大分子中的极性基团相缔合，成为三维网络结构的一部分。

第三部分，包括分子量数百至一千左右，相当于非烃部分，具有较强极性的中小型分子，它们可以分子的形式被囿于大分子网络结构的空隙之中，也可以物理力与第一和第二部分相互缔合而存在。

第四部分，主要为分子量小于数百的非极性分子，包括各种饱和烃和芳烃，它们多呈游离态而被包络、吸附或固溶于由以上三部分构成的网络结构之中。

煤复合结构中上述 4 个部分的相对含量视煤的类型、煤化程度、显微组成的不同而异。

选择适宜的溶剂，可以将煤的复合结构中的较小分子、非烃乃至沥青质抽提出来。

上述复杂的煤化学结构，是具有不规则构造的空间聚合体，对其作模型化处理，可以认为它的基本结构单元是以缩合芳环为主体的带有侧链和多种官能团的大分子，结构单元之间通过桥键相连。图 5-1-1 是经过平均化和平面化后的煤的分子结构模型，从图中可以看出，作为煤的大分子结构单元的缩合芳香环的环数有多有少，有的芳环上还有氧、氮、硫等杂原子，结构单元之间的桥键也有不同形态，有碳碳键、碳氧键、碳硫键、氧氧键等。

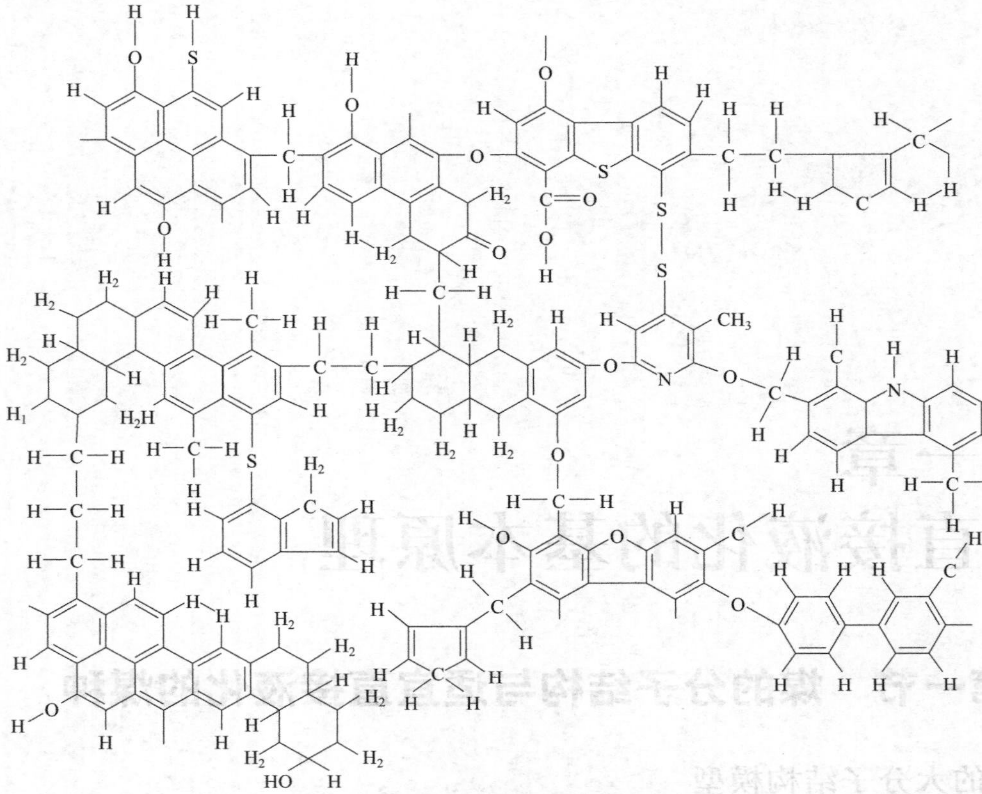

图 5-1-1　煤的平面化结构

从煤的元素组成看，煤和石油的差异主要是氢碳原子比不同（见表 5-1-1）。

表 5-1-1　煤和石油的元素组成对比示例

项目	无烟煤	中挥发分烟煤	低挥发分烟煤	褐煤	石油	汽油
C/%	93.7	88.4	80.8	71.0	83~87	86
H/%	2.4	5.4	5.5	5.4	11~14	14
O/%	2.4	4.1	11.1	21.0	0.3~0.9	—
N/%	0.9	1.7	1.9	1.4	0.2	—
S/%	0.6	0.8	1.2	1.2	1.2	—
H/C 原子比	0.31	0.67	0.82	0.87	1.76	约 2.0

从煤中主要元素碳、氢、氧三者含量关系看，可获得如图 5-1-2 所示的规律。

从表 5-1-1 和图 5-1-2 可以看出，煤的 H/C 原子比在 1 以下，小于石油的 H/C 原子比。煤中还含有较多的氧，以及氮、硫等杂原子。所以要想把煤转化成能替代石油的液体产品，必须提高 H/C 原子比和脱除杂原子，也就是必须加氢。

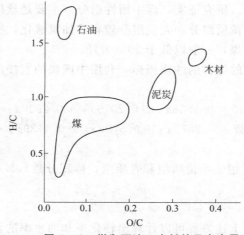

图 5-1-2　煤和石油、木材的元素含量

二、适宜直接液化的煤种

煤炭直接液化对原料煤的品种有一定要求，选择加氢液化原料煤时，主要考察以下指标。

① 以原料煤有机质为基准的转化率和油产率要高。

② 煤转化为低分子产物的速度快，可用达到一定转化率所需的反应时间来衡量。

③ 氢耗量要少，可用氢利用率（单位氢耗量获得的液化油量）来衡量。这是因为煤加氢液化消耗的氢气成本一般占煤加氢液化产物总成本的 30％左右。

研究认为：氢、氧含量高，碳含量低的煤转化为低分子产物的速度快，特别是 H/C 原子比高的煤，其转化率和油产率高，但是当 H/C 原子比高到一定值后，油产率将随之减少。这是因为 H/C 原子比高、煤化程度低的煤（泥炭、年轻褐煤）含脂肪族碳和氧较多，加氢液化生成的气体和水增多。含 O、N、S 等杂原子多的煤加氢液化的氢耗量必然增多。

一般说来，除无烟煤不能液化外，其他煤均可不同程度地液化。煤炭加氢液化的难度随煤的变质程度的增加而增加，即：泥炭＜年轻褐煤＜褐煤＜高挥发分烟煤＜低挥发分烟煤。

图 5-1-3 是图 5-1-2 的局部放大图。在图 5-1-3 中以煤阶从高到低分出了无烟煤、烟煤、褐煤等煤化程度不同的煤所处范围。可以看出褐煤和年轻烟煤的 H/C 原子比相对较高。它们易于加氢液化，并且 H/C 原子比越高，液化时消耗的氢越少。通常选 H/C 原子比大于 0.8 的煤作为直接液化用煤。煤中挥发分的高低是煤阶高低的一种表征指标，越年轻的煤，挥发分越高，越易液化，通常选择挥发分大于 35％的煤作为直接液化煤种。换言之，从制取油的角度出发，通常选用高挥发分烟煤和褐煤为液化用煤。

同一煤化程度的煤，由于形成煤的原始植物种类和成分的不同，成煤阶段地质条件和沉积环境的不同，导致煤岩组成特别是煤的显微组分也有所不

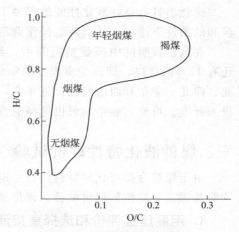

图 5-1-3　煤的元素含量

同,其加氢液化的难度也不同。研究证实,煤中惰性组分(主要是丝质组分)在通常的液化反应条件下很难加氢液化,而镜质组分和壳质组分较容易加氢液化,所以直接液化选择的煤应尽可能是惰性组分含量低的煤,一般以低于20%为好。

综上所述,根据适宜液化的煤种的性质指标,利用中国煤的直接液化试验结构,回归出以下的经验方程。

$$转化率(\%) = 0.6240 - 0.1856x_1 + 0.2079x_2 + 0.2920x_3 - 0.4048x_4$$
$$油产率(\%) = 0.4427 + 0.2879x_1 + 0.5799x_2 - 0.4139x_3 - 0.7392x_4$$

式中　x_1——挥发分,%;

x_2——活性组分(镜质组、半镜质组和壳质组,体积分数),%;

x_3——H/C原子比;

x_4——O/C原子比。

根据煤质分析数据,利用上述方程可以计算出转化率和油收率的预测值,如果煤的转化率计算值大于90%,油产率计算值大于50%,则可认为这个煤是适宜直接液化的煤种。

选择直接液化煤种时还有一个重要因素是反应煤中矿物质含量和煤的灰分如何。

煤中矿物质对液化效率也有影响。一般认为煤中含有的 Fe、S、Cl 等元素具有催化作用,而含有的碱金属(K、Na)和碱土金属(Ca)对某些催化剂起毒化作用。矿物质含量高,灰分高使反应设备的非生产负荷增加,灰渣易磨损设备又因分离困难而造成油收率的减少,因此加氢液化原料煤的灰分较低为好,一般认为液化用原料煤的灰分应小于10%。

煤经风化、氧化后会降低液体油收率。

综上所述,选择适宜直接液化的煤种一般应考虑满足下述的大部分条件。

① 年轻烟煤和年老褐煤,褐煤比烟煤活性高,但因其氧含量高,液化过程中耗氢量多。

② 挥发分大于35%(无水无灰基)。

③ 氢含量大于5%,碳含量82%~85%,氢/碳原子比愈高愈好,同时希望氧含量愈低愈好。

④ 芳香度小于0.7。

⑤ 活性组分大于80%。

⑥ 灰分小于10%(干燥基),矿物质中最好富含硫铁矿。

选择出具有良好液化性能的煤种不仅可以得到高的转化率和油收率,还可以使反应在较温和的条件下进行,从而降低操作费用,即降低生产成本。

在现已探明的中国煤炭资源中,约12.5%为褐煤,29%是不黏煤、长焰煤和弱黏煤,还有13%的气煤,即低变质程度的年轻煤占总储量的一半以上。它们主要分布在中国的东北、西北、华东和西南地区。近年来,几个储量大且质量较高的褐煤和长焰煤田相继探明并投入开发。可见,在中国可供选择的直接液化煤炭资源是极其丰富的。

三、煤种液化特性评价试验

由于煤炭直接液化对原料煤有一定要求,在根据煤质分析数据选择某种原料煤后,还必须对其做液化特性的评价试验。评价试验一般先做高压釜试验,再做连续装置试验。

1. 用高压釜评价和选择直接液化用煤

(1) 对高压釜的技术要求　容积200~500mL,耐压30MPa,温度470℃。预先标定高压釜的全部死容积。

（2）操作条件　试验用氢气纯度要求≥99%；溶剂∶煤=3∶1；反应温度400~450℃；恒温时间30~60min；氢初压7~10MPa；电磁搅拌转速500r/min；升温速度：根据加热功率大小控制在3~5℃/min；恒温时温度波动范围为±2℃；操作条件根据煤样性质不同可以有所变动。

（3）煤样准备　按国家标准缩制煤样，将粒度小于3mm的缩制试样研磨到粒度小于80目（0.169mm），然后将煤样在温度为70~85℃的真空下干燥到水分小于3%，装入磨口煤样瓶，存放在干燥器中，供试验时使用。

（4）操作方法　按比例准确称取煤样和溶剂及催化剂，加入高压釜内，搅拌均匀。用脱脂棉将高压釜口接触面擦净，然后装好釜盖。先用氮气清除釜内空气2次，再用氢气清除釜内残余氮气5次。随后充入反应用氢气至所需初压。检查是否漏气。确认不漏气后接通冷却搅拌装置用的水管，接通电源，开动搅拌，进行升温。加热到反应温度时，恒温所需反应时间，停止加热，自行冷却至250℃后终止搅拌，切断电源。

（5）采样　高压釜内反应物于次日取出。事前，记下采样时高压釜内压力和温度，然后对气体取样做色谱分析。打开釜盖（对于沸程较高的溶剂，可以在出釜前预热到60℃后开盖），用脱脂棉擦干釜盖下面的水分，称重记下生成水量。将反应液体倒入已称重的烧杯中，并用已知质量的脱脂棉擦净沾在釜内壁和搅拌桨上的残油，将沾有液化油的脱脂棉也放入烧杯中。称重，计算出反应釜内液体及固体的总量。

（6）反应物的分析　将烧杯内的反应物全部定量移到索氏萃取器的滤纸筒内，依次用己烷、甲苯、四氢呋喃（THF），回流萃取，时间一般为每种溶剂各48h，直至滤液清亮为止。每种溶剂萃取后均需取出滤纸筒，在真空下干燥至恒重，计算可溶物的量。最后，在四氢呋喃萃取及恒重后，把带有脱脂棉及滤渣的滤纸筒按煤炭灰分的测定方法测定灰分质量（脱脂棉及滤纸筒的灰分质量因比煤的灰分质量小几个数量级，可忽略不计）。

（7）试验结果计算

① 气体产率计算　利用高压釜的死容积减去釜内液化油及残渣的体积（假设液化油和残渣混合物的密度为1g/cm³）得到取样前的釜内气体的体积，利用当时的压力、温度计算到标准状态下气体的体积，再利用气体成分分析数据，计算出各气体组分的量，再把氢气以外的气体总量除以无水无灰基煤即为气体产率。

$$气体产率 = \frac{气体各组分量之和}{无水无灰煤}$$

② 水产率的计算　利用氧的元素平衡计算水产率，假设液化油中的氧可以忽略，煤中氧减去气体中氧即为产生水中的氧。

$$水产率 = \frac{（煤中氧-气体中氧）\times 18/16}{无水无灰煤}$$

③ 煤转化率的计算

$$转化率 = 1 - \frac{THF 不溶物-灰}{无水无灰煤}$$

④ 沥青烯产率的计算

$$沥青烯产率 = \frac{己烷不溶甲苯可溶物}{无水无灰煤}$$

⑤ 前沥青烯产率的计算

$$前沥青烯产率 = \frac{甲苯不可溶 THF 可溶物}{无水无灰煤}$$

⑥ 氢耗量的计算

$$氢耗量 = \frac{反应前氢气量 - 反应后氢气量}{无水无灰煤}$$

⑦ 液化油产率的计算

$$油产率 = C + F - (A + B + D + E)$$

式中　　A——气产率；

　　　　B——水产率；

　　　　C——转化率；

　　　　D——沥青烯产率；

　　　　E——前沥青烯产率；

　　　　F——氢耗量。

2. 用 0.1t/d 小型连续试验装置评价和选择直接液化用煤

在中国煤炭科学研究总院北京煤化学研究所建设了一套主要用于评价液化用煤的0.1t/d 小型连续试验装置。自1982 年12 月建成和试运行后，又经过几次大的改造工程，形成了完善的试验系统，工艺流程见图 5-1-4。

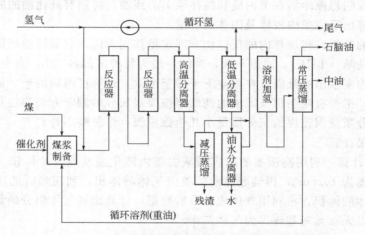

图 5-1-4　0.1t/d 煤液化试验装置工艺流程示意图

（1）试验方法　按图 5-1-4 所示，试验方法是将煤、催化剂和循环溶剂等按规定的配比加入煤浆制备罐，一般在不高于 80℃、有机械搅拌和循环泵送条件下制备煤浆，制备时间 3～4h，制备好的煤浆送入煤浆计量罐，再以 8～10kg/h 流量经高压煤浆泵依次送入煤浆预热器和反应器。用于参加液化反应的氢气由新鲜氢气和循环氢气两部分组成，气体流量一般选气液比 1000 左右，经过氢气预热器至 250℃后，同煤浆一起进入煤浆预热器，煤浆预热器出口温度达 400℃，然后进入反应器。反应停留时间 1～2h，由反应器流出的气-液-固三相反应产物进入 350～380℃的高温分离器，分离出重质液化油和固体物。轻质油、水和气体进入冷凝冷却器，水冷至 40℃后流入低温分离器，分离出轻质油、水和气体产物。高温分离器排出的物料经固液分离（减压闪蒸）分出重质油作为配煤浆的循环溶剂。为了使循环溶剂替换成试验煤样自身产生的重质油，循环次数必须达到 10 次以上。

低阶烟煤和褐煤的标准试验条件列于表 5-1-2。

表 5-1-2 低阶烟煤和褐煤的标准试验条件

项 目	低阶烟煤	褐煤
煤浆浓度(干基煤)/%	40	40
催化剂	Fe=3%($w_{干煤}$)	Fe=3%($w_{干煤}$)
助催化剂	S/Fe=0.8(原子比)	S/Fe=0.8(原子比)
新鲜氢气流量/(m³/h)	5	5
循环氢气流量/(m³/h)	5	5
反应压力/MPa	17	17
反应温度/℃	450	440
煤浆流量/(kg/h)	10	10
氢气预热器温度/℃	250	250
煤浆预热器温度/℃	400	400
高温分离器温度/℃	380	380
煤浆制备罐温度/℃	80	80
煤浆计量罐温度/℃	80	80
气体冷凝器温度/℃	40	40

试验时，以溶剂的每一次循环为时间阶段，进行一次进出物料的重量平衡，每次物料平衡必须达到 97% 以上才能说明试验数据是可靠的。

（2）连续装置试验样品的分析 试验尾气做气体组分的色谱分析，高温分离器油与高压釜一样做系列溶剂萃取分析，此外，还对液化油进行蒸馏分析。

（3）试验数据的处理 气产率、氢耗量根据新氢流量、尾气流量及成分分析数据计算；煤的转化率、沥青烯、前沥青烯等产率和液化油产率的计算与高压釜的计算方法相同，水产率根据实际收集到的水减去投入原料煤中的水得到。另外，蒸馏油收率根据实际产出的液化油数量和参考蒸馏分析的结果计算。

第二节 煤的直接液化反应机理和反应模型

一、反应机理

大量研究证明，煤在一定温度、压力下的加氢液化过程基本分为三大步骤。第一步，当温度升至 300℃ 以上时，煤受热分解，即煤的大分子结构中较弱的桥键开始断裂，打碎了煤的分子结构，从而产生大量的以结构单元分子为基体的自由基碎片，自由基的分子量在数百范围[1]。第二步，在具有供氢能力的溶剂环境和较高氢气压力的条件下，自由基被加氢得到稳定，成为沥青烯及液化油的分子。能与自由基结合的氢并非是分子氢（H_2），而应是氢自由基，即氢原子，或者是活化氢分子。氢原子或活化氢分子的来源有：①煤分子中碳氢键断裂产生的氢自由基；②供氢溶剂碳氢键断裂产生的氢自由基；③氢气中的氢分子被催化剂活化；④化学反应放出的氢，如系统中供给（$CO+H_2O$），可发生变换反应（$CO+H_2O \longrightarrow CO_2+H_2$）放出氢。当外界提供的活性氢不足时，自由基碎片可发生缩聚反应和高温下的脱氢反应，最后生成固体半焦或焦炭。第三步，沥青烯及液化油分子被继续加氢裂化生成更

---

[1] 自由基的定义：由共价键均裂产生，自身不带电荷，但带有未配对电子的分子碎片。

小的分子。所以，煤液化过程中，溶剂及催化剂起着非常重要的作用。

二、反应模型

为了能利用计算机模拟计算煤液化反应的结果，根据以上反应机理的分析，许多研究者假设了煤加氢液化的各种反应模型。最有代表性的是日本研究者的模型，见图 5-1-5。

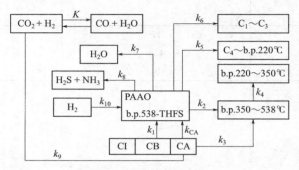

图 5-1-5 煤液化反应模型

该模型假设原料煤分成三种类型：CI 是不反应的惰性煤；CB 热解只产生沥青烯类物质；CA 热解产生气体、重质油和沥青烯三种物质。

沥青烯加氢产生气体、水、轻质油，CA 产生的重质油加氢产生中油。

通过积累大量试验数据，可算出模型中的各反应的级数及速度常数 k，再通过不同温度下求出的 k 值，可求出各反应的活化能。

以上反应机理实际上并不是真正的基元反应，由此得出的动力学模型仅仅是一种表观的形式，但被应用于反应器模拟计算时已足够了。

第三节 煤直接液化循环溶剂的作用和特点

一、煤炭加氢液化过程中溶剂的作用

① 溶解煤、防止煤热解的自由基碎片缩聚；
② 溶解气相氢，使氢分子向煤或催化剂表面扩散；
③ 向自由基碎片直接供氢或传递氢。

根据相似相溶的原理，溶剂结构与煤分子近似的多环芳烃，对煤热解的自由基碎片有较大的溶解能力。

溶剂溶解氢气的量符合拉乌尔定律，氢气压力越高，溶解的氢气越多。溶解系数与溶剂性质及体系温度有关。

溶剂直接向自由基碎片的供氢是煤液化过程中溶剂的特殊功能，研究发现部分氢化的多环芳烃（如四氢萘、二氢菲、二氢蒽、四氢蒽等）具有很强的供氢性能。

二、循环溶剂的选择

在煤液化装置的连续运转过程中，实际使用的溶剂是煤直接液化产生的中质油和重质油的混合油，称作循环溶剂，其主要组成是 2～4 环的芳烃和氢化芳烃。循环溶剂经过预先加氢，提高了溶剂中氢化芳烃的含量，可以提高溶剂的供氢能力。根据大量试验结果证明，溶剂的芳碳率 f_a 值在 0.5 左右，其供氢能力最强。

煤液化装置开车时，没有循环溶剂，则需采用外来的其他油品作为起始溶剂。起始溶剂可以选用高温煤焦油中的脱晶蒽油，也可采用石油重油催化裂化装置产出的澄清油或石油常减压装置的渣油。在煤液化装置的开车初期，由起始溶剂完全置换到煤液化自身产生的循环溶剂需要经过 10 次以上的循环，对大量的溶剂循环试验数据的总结发现，循环溶剂性质参数与循环次数有如下关系：

$$Y_n = A + BX^n$$

式中　Y_n——第 n 次循环后的溶剂性质参数，如 $(H/C)_n$、$(f_a)_n$、$(H_{ar})_n$、$(S)_n$、$(n-p)_n$ 等；

　　　A——常数，表示无限次循环后溶剂性质达到稳定时的各参数值；

　　　B——常数；

　　　X——小于 1 的常数，它的大小反映了性质参数趋向平衡的速度。

　　　n——循环次数。

对于 H/C 原子比，芳碳率(f_a)、芳氢率(H_{ar})、饱和烃含量(S)以及正构石蜡烃($n-p$)的含量，用每次循环后的实际值代入上式，用线性回归和逐步逼近的方法可以求出各参数的 A、B、X、n 值。利用此关系式可用有限次的循环所得的试验数据来推测无限次循环后各参数所达到的平衡值 A。

第四节　煤直接液化催化剂

在煤加氢液化过程中添加催化剂的作用主要有两个方面。一是促进煤大分子的裂解，二是促进自由基的加氢。从而提高反应速率，提高油产率，改善油品质量。但是添加催化剂，有可能使工艺过程中的固液分离更加复杂，如果催化剂价格昂贵，则使液化油成本增加。

研究表明，很多金属及其氧化物、硫化物、卤化物均可作为煤加氢液化的催化剂。但卤化物催化剂对设备有腐蚀性，在工业上很少应用。

催化剂的活性主要取决于金属的种类、比表面积和载体等。一般认为 Fe、Ni、Co、Mo、Ti 和 W 等过渡金属对氢化反应具有活性。这是由于催化剂通过对氢分子的化学吸附形成化学吸附键，致使被吸附分子的电子或几何结构发生变化从而提高了化学反应活性。太强或太弱的吸附都对催化作用不利，只有中等强度的化学吸附才能达到最大的催化活性，从这个意义上讲，过渡金属的化学反应性是很理想的。由于这些过渡金属原子或是未结合 d 电子或是有空余的杂化轨道，当被吸附的分子接近金属表面时，它们就与吸附分子形成化学吸附键。在煤炭液化反应常用的催化剂中 FeS_2 等可与氢分子形成化学吸附键。受化学吸附键的作用，氢分子分解成带游离基的活性氢原子，活性氢原子可以直接与自由基结合使自由基成为稳定的低分子油品。活性氢原子也可以和溶剂分子结合使溶剂氢化，氢化溶剂再向自由基供氢。

由此可见，在煤液化反应中，正是催化剂的作用产生了活性氢原子，又通过溶剂为媒介实现了氢的间接转移，使各种液化反应得以顺利地进行。

煤直接液化工艺使用的催化剂一般选用铁系催化剂或镍钼钴类催化剂。其活性和选择性，影响煤液化的反应速率、转化率、油收率、气体产率和氢耗以及反应温度和压力。Co-Mo/Al$_2$O$_3$、Ni-Mo/Al$_2$O$_3$ 和 $(NH_4)_2MoO_4$ 等催化剂，活性高，用量少，但是这种催化剂因价格高，必须再生反复使用。Fe_2O_3、FeS_2、$FeSO_4$ 等铁系催化剂，活性低，用量较多，但来源广且便宜，可不用再生，称之为"廉价可弃催化剂"。氧化铁和硫黄或硫化钠组成的铁硫系催化剂，也具有较高的活性。在煤加氢液化反应条件下，硫黄转变成 H_2S，它使氧化铁转变成活性较高的硫化铁，具有供氢和传递氢的作用。为了找到高活性的可替代的廉价可弃性催化剂，对中国硫铁矿、钛铁矿、铝厂赤泥、钨矿渣、黄铁矿进行了筛选评价。发现这些含铁物质都有一定的催化活性，液化转化率提高 4％～13％，油产率提高 3.9％～15％。还发现铁矿石粒度从 100 目减小到 200 目，煤转化率提高 5％，油、气产率也增加。因此，减小铁系催化剂的粒度，增加分散度是改善活性的措施之一。

考虑催化剂的有效性，还必须和煤的种类以及溶剂的性质结合起来。例如煤中的铁和硫的含量应予考虑，同时还要考虑铁和硫的原子比。当溶剂的供氢性能极佳时，对于浆态床，催化剂的不同添加量对反应的影响可能并不明显。

一、廉价可弃性催化剂

廉价可弃性催化剂包括赤泥、天然硫铁矿、冶金飞灰、高铁煤矸石等。

这种催化剂因价格便宜，在液化过程中一般只使用一次，在煤浆中它与煤和溶剂一起进入反应系统，再随反应产物排出，经固液分离后与未转化的煤和灰分一起以残渣形式排出液化装置。最常用的可弃性催化剂是含有硫化铁或氧化铁的矿物或冶金废渣，如天然黄铁矿主要含有 FeS_2，高炉飞灰主要含有 Fe_2O_3，炼铝工业中排出的赤泥主要含有 Fe_2O_3。

铁系一次性催化剂的优点是价格低廉，但它的缺点是活性稍差。为了提高它的催化活性，有的工艺采用人工合成 FeS_2，或再加入少量含钼的高活性物质。而最新研究发现，把这种催化剂超细粉碎到微米级粒度以下，增加其在煤浆中的分散度和表面积，尽可能使其微粒附着在煤粒表面，会使铁系催化剂的活性有较大提高。

为了开发中国煤液化催化剂矿业资源，以含铁矿物和有色金属冶炼废渣为研究对象，中国煤炭科学研究总院北京煤化所的研究人员在小型高压釜中，使用依兰煤，脱晶蒽油为溶剂，在氢压 10MPa 反应温度 450℃ 条件下，初步评选出 5 种催化活性较好的廉价矿物，它们与日本合成 FeS_2 及空白实验结果对比见表 5-1-3。

表 5-1-3　不同廉价催化剂液化性能对比实验结果

催化剂	催化剂用量(daf)/%	催化剂粒度/mm	THF 转化率(daf)/%	油产率(daf)/%
闪速炉渣	3	≤6.2×10^{-2}	92.5	57.0
闪速炉渣	3	约 1.0×10^{-3}	96.2	63.6
铁矿	3	≤6.2×10^{-2}	96.6	59.0
铁矿	3	约 1.0×10^{-3}	97.5	67.0
天然黄铁矿	3	≤6.2×10^{-2}	95.3	55.7
天然黄铁矿	3	约 1.0×10^{-3}	98.5	70.0
伴生黄铁矿	3	≤6.2×10^{-2}	93.6	61.3
伴生黄铁矿	3	约 1.0×10^{-3}	98.0	68.7
铁精矿	3	≤6.2×10^{-2}	97.6	61.7
铁精矿	3	约 1.0×10^{-3}	98.7	72.5
合成硫化铁	3	约 1.0×10^{-3}	97.4	70.0
空白试验	0	0	79.1	29.4

从表 5-1-3 中数据可见，依兰煤在无催化剂条件下液化效率很差，THF 转化率为

79.1%，油产率只有 29.4%。加入了 5 种天然催化剂之后，THF 转化率都达到了 90% 以上，油产率超过 55%。当催化剂粒度粉碎到约 1.0×10^{-3} mm 时，催化效果明显提高，和 $\leqslant 6.2 \times 10^{-2}$ mm 粒度相比油产率提高了 6~14 个百分点，其中天然黄铁矿和铁精矿的催化效果均达到或超过了合成 FeS_2 的液化指标。在高压釜实验的基础上，优选其中一二种催化剂，单独或复配之后在 0.1t/d 连续液化装置上运转，结果不论是油产率还是实际蒸馏的油收率都达到或超过了合成 FeS_2 的指标。这些研究结果为建设煤液化生产厂优先选用来源广、价廉、催化活性高的可弃性催化剂提供了科学依据。

二、高价可再生催化剂（Mo、Ni-Mo 等）

这种催化剂一般是以多孔氧化铝或分子筛为载体，以钼和镍为活性组分的颗粒状催化剂，它的活性很高，可在反应器内停留比较长的时间。随着使用时间的延长，它的活性会不断下降，所以必须不断地排出失活后的催化剂，同时补充新的催化剂。从反应器排出的使用过的催化剂经过再生（主要是除去表面的积炭和重新活化）或者重新制备，再加入反应器内。由于煤的直接液化反应器是在高温高压下操作，催化剂的加入和排出必须有一套技术难度较高的进料、出料装置。

苏联可燃矿物研究院将高活性钼催化剂以钼酸铵水溶液的油包水乳化形式加入煤浆之中，随煤浆一起进入反应器，最后废催化剂留在残渣中一起排出液化装置，他们研究开发了一种从液化残渣中回收钼的方法，据报道，钼的回收率可超过 90%。

三、助催化剂

不管是铁系一次性可弃催化剂还是钼系可再生性催化剂，它们的活性形态都是硫化物。但在加入反应系统之前，有的催化剂是呈氧化物形态，所以还必须转化成硫化物形态。铁系催化剂的氧化物转化方式是加入单质硫或硫化物与煤浆一起进入反应系统，在反应条件下单质硫或硫化物先被氢化为硫化氢，硫化氢再把铁的氧化物转化为硫化物；钼镍系载体催化剂是先在使用之前用硫化氢预硫化，使钼和镍的氧化物转化成硫化物，然后再使用。

为了在反应时维持催化剂的活性，气相反应物料虽然主要是氢气，但其中必须保持一定的硫化氢浓度，以防止硫化物催化剂被氢气还原成金属态。

一般称硫是煤直接液化的助催化剂，有些煤本身含有较高的无机硫，就可以少加或不加助催化剂。煤中的有机硫在液化过程中反应形成硫化氢，同样是助催化剂。所以低阶高硫煤是适用于直接液化的。换句话说，煤的直接液化适用于加工低阶高硫煤。

研究证实，少量 Ni、Co、Mo 作为 Fe 的助催化剂可以起协同作用。

四、超细高分散铁系催化剂

多年来，在许多煤直接液化工艺中，使用的常规铁系催化剂如 Fe_2O_3 和 FeS_2 等，其粒度一般在数微米到数十微米范围。虽然加入量高达干煤的 3%，但由于分散不好，催化效果受到限制。20 世纪 80 年代以来，人们发现如果把催化剂磨得更细，在煤浆中分散得更好些，不但可以改善液化效率，减少催化剂用量，而且液化残渣以及残渣中夹带的油分也会下降，可以达到改善工艺条件、减少设备磨损、降低产品成本和减少环境污染的多重目的。

研究表明，将天然粗粒黄铁矿（平均粒径 $61.62\mu m$）在 N_2 气保护下干法研磨至约

$1\mu m$，液化油收率可提高 10 个百分点左右。然而，靠机械研磨来降低催化剂的粒径，达到微米级已经是极限。为了使催化剂的粒度更小，近年来，美国、日本和中国的煤液化专家，先后开发了纳米级粒度、高分散的铁系催化剂。用铁盐的水溶液处理液化原料煤粉，再通过化学反应就地生成高分散催化剂粒子。通常是用硫酸亚铁或硝酸铁溶剂处理煤粉并和氨水反应制成 FeOOH，再添加硫，分步制备煤浆。把铁系催化剂制成纳米级（$10\sim100nm$）粒子，加入煤浆可以使其高度分散。研究结果表明，液化催化剂的用量可以由原来的 3% 左右降到 0.5% 左右，并有助于提高液化油收率。

第五节 煤的溶剂抽提

在非加氢条件下，煤的热解和溶剂抽提都是煤的部分液化。

煤经干馏最多也只能获得不到原料煤 20% 的液体产品，大量产物是半焦或焦炭。

长期以来，人们对煤的溶剂抽提包括超临界抽提进行了大量研究。结果表明，煤在常用的非极性溶剂中，它的溶解度一般只有百分之几，在一些极性溶剂如吡啶中，对溶解性能好的烟煤的溶解度也只有 20%～30%。以甲苯为溶剂在超临界条件下对高活性低阶煤的抽提可以得到更高的萃取物。近年来煤溶剂抽提研究取得了重要进展，饭野等人应用一种 1-N-甲基-2-吡咯烷酮（NMP，C_5H_9NO，沸点 202℃）与二硫化碳的混合溶剂（1∶1 体积比），在室温下对烟煤有极强的溶解力，例如中国山东枣庄焦煤（含碳 86.9%）的抽出率可高达 77.9%。NMP 是一种无毒安全的有机溶剂，具有较强的极性和弱碱性。其中的吡咯烷酮环对芳环特别是稠芳环化合物有很强的溶解能力，吡咯烷酮环又是一种良好的氢键受体，所含的氧与氮原子带有未成对电子，其中羟基氧有很强的负电性，能与煤中羟基、羧基等形成氢键，从而破坏煤的物理结构；二硫化碳则能强力溶解脂肪族化合物。近十年来，大量的研究工作证实了这种混合溶剂对煤和干酪根的超常溶解能力，被称为煤的超级溶剂。在混合溶剂中添加少量受电子化合物，例如四氰乙烯（TCNE），这一 CS_2/NMP/TCNE 溶剂系统能将美国 Upper Freeport 烟煤的 86.2% 溶解，将枣庄煤的抽出率从 77.9% 提高到 87.7%。研究表明，煤阶对煤的溶解度影响很大。低阶和高阶煤的溶解度都明显小于烟煤，CS_2/NMP 混合溶剂对褐煤的抽出率约为 10%～20%，但是以环己酮为溶剂，对中国沈北褐煤和义马褐煤的抽出率可以达 49.3% 与 43.2%。煤的岩相组成对煤在 CS_2/NMP 溶剂中的溶解度也有重要影响，其中镜质组特别是无结构镜质体的溶解电子比丝质体要大得多。

煤的 CS_2/NMP 抽提物的性质视煤的品种不同而异。通常含有较多的非烃和沥青质以及比沥青质更重的前沥青质（preasohaltene）组分。用激光解吸质谱对 Upper Freeport 烟煤的 CS_2/NMP 抽出物进行的分析表明，其数均分子量小于 500。Cody 等人曾对该抽出物用小角中子散射法进行溶液性质的研究，发现它为真分子溶液系统。而煤的吡啶抽提物则为煤大分子的胶体分散系统，并非真溶液。关于这种混合溶剂对煤的溶解机理目前还不十分清楚，通常的溶解度参数规则对此并不适用。有人解释为二硫化碳具有破坏煤中电荷转移作用的能力，从而破坏了煤的缔合结构，而 NMP 则具有破坏煤中氢键并溶解煤中以芳香族为核心的分子单元的能力。

煤在常用的非极性或弱极性溶剂的抽提时，例如氯仿或醇、酮、苯等的混合溶剂，由化学键合和物理键合构成的网络结构基本未被破坏，只有一部分游离和被包络的烃类、非烃和少部分沥青质可以被抽提出来；但在对一些物理缔合力具有较强破坏力的混合溶剂作用下，

例如 CS_2/NMP 等，由于由物理缔合力形成的网络结构被破坏，更多被包络的较小分子以及部分从网络破坏而分离出来的非烃、沥青质和前沥青质进入了可溶部分，抽余物则主要为以化学共价键结合的三维交联结构的大分子。

　　煤的溶剂抽提，是煤炭直接液化的一个组成部分。但由于抽出物中只有少量烃类，所以油收率不高。而且抽出物只有进一步加氢、改质才能再转化成石油的代用品。

参考文献

[1]　Wiser W H. California，1973：3.
[2]　Masaki O，et al. Fuel Processing Technology，2000，64：253-269.
[3]　黄谦昌，史士东，李克健. 煤液化特性指标与溶剂性质随溶剂循环次数变化规律的探讨 // 煤炭科学研究总院论文集，1985：432-435.

第二章
煤炭直接液化工艺

第一节 基本工艺过程

从 1913 年德国的柏吉乌斯（Bergius）获得世界上第一个煤直接液化专利以来，煤炭直接液化工艺一直在不断进步、发展，尤其是 20 世纪 70 年代初石油危机后，煤炭直接液化工艺的开发更引起了各国的巨大关注，研究开发了许多种煤炭直接液化工艺。煤炭直接液化工艺的目标是破坏煤的有机结构，并进行加氢，使其成为液体产物。虽然开发了多种不同种类的煤炭直接液化工艺，但就基本化学反应而言，它们非常接近。共同特征都是在高温高压下使高浓度煤浆中的煤发生热解，在催化剂作用下进行加氢和进一步分解，最终成为稳定的液体分子。煤直接液化工艺流程见图 5-2-1。

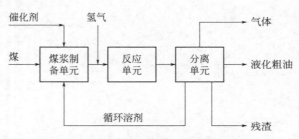

图 5-2-1 煤直接液化工艺流程

煤直接液化工艺过程是把煤先磨成粉，再和自身产生的液化重油（循环溶剂）配成煤浆，在高温（450℃）和高压（20～30MPa）下直接加氢，将煤转化成液体产品。整个过程可分成三个主要工艺单元。①煤浆制备单元：将煤破碎至 0.2mm 以下与溶剂、催化剂一起制成煤浆。②反应单元：在反应器内在高温高压下进行加氢反应，生成液体物。③分离单元：将反应生成的残渣、液化油、反应气分离开，重油作为循环溶剂配煤浆用。煤炭直接液化是目前由煤生产液体产品方法中最有效的路线。液体产率超过 70%（以无水无灰基煤计算），工艺的总热效率通常在 60%~70%。

煤炭直接液化工艺的开发要经历一系列逐步放大的装置的试验，来验证工艺的可行性。首先，要建立实验室规模装置（bench scale unit），其规模为每天处理煤数公斤至数百公斤，实验室规模装置的运转目的是：验证工艺的可操作性，确定产物产率构成和产物分析检验方法，提供动力学数据和催化剂、煤种适应性等数据，提出最终的工艺流程。在完成实验室规模装置的运转、确立最终的工艺流程后，进一步要利用一个较大的中试装置以整套的连续操作方式进行运转，进一步验证和肯定工艺流程。这类中试装置的规模一般为煤处理量 1~10t/d，通常称为 PDU（process develop unit）装置（也称为 PSU 装置，process support unit），PDU 装置所用设备与实验室规模装置一样，都是采用非工业设备，但设备的尺寸比实验室规模装置要大得多。在 PDU 装置上，通过对各种煤的运转，借以暴露因设备尺寸放大而引起的工艺问题，如在 PDU 装置的运转中，出现了需要进一步研究才能解决的问题，则通常又回到实验室规模装置，因实验室规模装置的操作费用较低。

工艺开发的最后的一个步骤，是将实验室规模装置和 PDU 装置的各项运转成果全部集中于一个大型的工业性试验装置上。工业性试验装置的规模处理煤约数百吨/天，工艺流程已基本固定。工业性试验装置的运转，是采用小型工业设备和零部件来验证工艺的可行性和获取建设生产厂所需的工程数据和机械特性数据。在工业性试验装置运转过程中，可能还会遇到工艺问题，考虑到操作费用问题，则还可以用实验室规模装置模拟大规模装置中昂贵的试验，找出解决工艺问题的方法。

成熟的煤炭直接液化工艺必须经过上述从实验室规模装置到工业性试验装置的反复验证，而且，绝大多数工程问题和技术问题都已得到解决，尤其是在工业性试验装置上连续运转周期要超过评估需要的周期。

煤直接液化得到的液体产品距市场石油制品的质量还有一定距离，因此，在它们直接用作运输燃料前，尚需进一步提质加工。

根据煤是一步转化为可蒸馏的液体产品还是分两步转化为可蒸馏的液体产品，可将煤炭直接液化工艺简单地分为单段和两段两种。

（1）单段液化工艺 通过一个主反应器或一系列反应器生产液体产品。这种工艺可能包含一个合在一起的在线加氢反应器，对液体产品提质而不能直接提高总转化率。

（2）两段液化工艺 通过两个反应器或两系列反应器生产液体产品。第一段的主要功能是煤的热解，在此段中不加催化剂或加入低活性可弃性催化剂。第一段的反应产物在第二段反应器中，在高活性催化剂存在下加氢再生产出液体产品。

有些工艺专门设计用于煤和石油共处理，也可以划到这两种工艺中去。同样，两种液化工艺都可改进用来做煤油共处理。

第二节　煤直接液化单段工艺

一、溶剂精炼煤法（SRC-Ⅰ和 SRC-Ⅱ工艺）

溶剂精炼煤法（SRC-Ⅰ工艺）工艺的目的是由煤生产一种可以为环境所接受的洁净固体燃料。后来在 SRC-Ⅰ的基础上，进行了改进，以生产全馏分低硫燃料油为目的，改进后的溶剂精炼煤法被称为 SRC-Ⅱ工艺。

1. SRC-Ⅰ工艺

SRC-Ⅰ工艺由美国匹兹堡密德威煤炭矿业公司〔Pittsburgand Midway Coal Mining Company（P&M）〕于 20 世纪 60 年代初根据二次大战前德国的 Pott-Broche 工艺的原理开发出来的，目的是由煤生产洁净的固体燃料。

第二次世界大战前的 Pott-Broche 工艺采用较高的压力和温度条件，在没有氢气的气氛下用加氢煤焦油和产品油来对煤进行萃取，生产溶剂精炼煤。但是该工艺本身生产的产品油不能维持煤浆制备所需溶剂，需要外部提供煤焦油。

美国匹兹堡密德威煤炭矿业公司对 Pott-Broche 工艺研究发现，在氢气气氛条件下，可以获得足够量的产品油，满足煤浆制备所需要的溶剂。这就产生了一个新的工艺——SRC-Ⅰ工艺。SRC-Ⅰ工艺在 1965 年建设的 0.5t/d 的装置上得到了验证。1974 年放大为两个独立的试验厂，一个是在亚拉巴马州威尔逊镇（Wilson ville）的 6t/d 的 SRC-Ⅰ工艺装置，另一个是在华盛顿州的刘易斯堡（Fort Lewis）的 50t/d 的 SRC-Ⅰ工艺装置。随后也完成了更大规格的此类厂的详细设计，但没有建厂。图 5-2-2 为威尔逊镇（Wilson ville）的 6t/d 的 SRC-Ⅰ工艺装置流程。

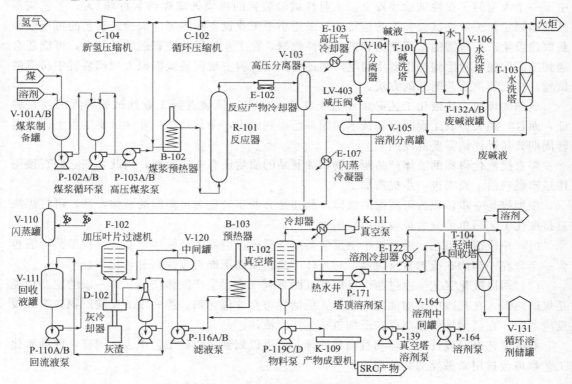

图 5-2-2　6t/d SRC-Ⅰ工艺装置流程

SRC-I 工艺流程描述。煤与来自装置减压蒸馏生产的循环溶剂配成煤浆，与循环氢和补偿氢混合后，经预热器预热，进入反应器。反应器一般操作温度 425～450℃，操作压力 10～14MPa，停留时间 30～40min。不需催化剂。反应器产物冷却到 260～316℃后，在高温分离器分离出富氢气体和轻质液体。富氢气体经气液分离、洗涤、循环压缩机压缩后与新鲜氢至预热器。高温分离器的重质部分经加压过滤后分离出灰渣滤饼。滤液预热后进行减压蒸馏步骤。液体减压蒸馏，回收少量轻质产品和循环溶剂。减压塔塔底物经固化后即为 SRC 产品。固体 SRC 的熔点约 175℃，灰分质量分数低于 0.18%，硫 0.2%～0.8%，由煤种不同所致。大规模的试验证明，SRC 适合作为锅炉燃料，能成功用作碳弧炉电极的生产原料。

华盛顿州刘易斯堡 50t/d 的 SRC-I 工艺装置建成后一直用肯塔基 9 号煤和 14 号煤的混合物为原料，生产能满足联邦政府新排放源实施标准（NSPS）的锅炉燃料，至 1976 年 11 月生产了 3000t SRC，并于 1977 年 7 月在普兰特米切尔电站的一个 22MW 锅炉中进行了燃烧，取得了满意的结果，产物至少能满足 NSPS 对硫含量的规定。

威尔逊镇 6t/d 的 SRC-I 工艺装置由于装置小，操作灵活，因而被用于煤种的适用性和工艺改进研究。

表 5-2-1 和表 5-2-2 为刘易斯堡 50t/d SRC-I 工艺装置和威尔逊镇 6t/d 的 SRC-I 工艺装置的运转结果。

表 5-2-1 刘易斯堡 50t/d SRC-I 工艺装置运转结果

试验编号	试验条件					反应结果(干基)/%								SRC 中硫平均/%
	进煤量(daf 煤)/[kg/(h·m³)]	溶剂/煤(干基)/(kg/kg)	进氢量(daf 煤)/(m³/kg)	反应器压力/MPa	反应器出口温度/℃	氢耗	气产率	H_2O	轻油	洗涤溶剂	循环溶剂	SRC	灰渣	
1	792.9	1.66	0.40	10.54	483	2.5	8.7	4.9	6.6	8.0	0.1	58.3	15.9	0.91
2	464.5	1.57	0.59	10.27	453	2.7	8.0	5.3	10.2	11.4	−3.9	57.6	14.1	0.57
3	1204.6	1.65	0.51	10.31	466	2.1	9.6	7.3	16.2	−3.1	−3.9	59.8	16.2	0.72
4	1247.8	1.57	0.51	10.34	451	2.0	5.7	3.6	5.4	−1.1	9.2	64.0	15.2	0.85
5	1563.4	1.60	0.40	10.26	454	2.4	4.9	6.8	2.2	6.7	−1.5	67.3	15.6	0.88
6	1577.8	1.59	0.37	10.22	466	2.0	7.3	5.0	4.0	3.3	−2.6	65.9	16.7	0.78
7	1583.6	1.59	0.37	10.07	454	1.9	6.5	5.0	4.2	5.5	−0.4	65.6	15.5	0.77
8	1276.7	1.55	0.48	10.23	452	2.0	6.6	5.3	11.2	−1.6	3.6	63.0	14.9	0.66
9	1457.7	1.54	0.42	10.19	459	2.1	7.3	4.6	6.3	3.4	0.7	64.2	15.6	0.70

表 5-2-2 威尔逊镇 6t/d 的 SRC-I 工艺装置的运转结果

煤 种	煤中硫(质量分数)/%	工 艺 条 件			煤转化率/%	SRC 产率/%	SRC 硫含量/%
		温度/℃	压力/MPa	流量/[kg/(h·m³)]			
科洛尼尔矿肯塔基 9 号和 14 号,肯塔基州	3.1	427～454	10.34～16.55	400～800	91～95	55～65	0.8
洛韦里奇矿匹兹堡 8 号,宾夕法尼亚州	2.6	457	11.72	400	91	69	0.9
伯恩宁斯塔尔矿伊利诺伊 6 号,伊利诺伊州	3.1	438	12.41	368	90	63	0.9

续表

煤　种	煤中硫（质量分数）/%	工　艺　条　件			煤转化率/%	SRC 产率/%	SRC 硫含量/%
		温度/℃	压力/MPa	流量/[kg/(h·m³)]			
蒙特利矿伊利诺伊 6 号,伊利诺伊州	4.4	457	16.55	400	95	54	0.95
贝儿埃尔矿罗兰史密斯,怀俄明州	0.7	457	16.55	400	85	45	0.1

2. SRC-Ⅱ工艺

对 SRC-Ⅰ工艺进行一些改进,以生产液体产品为目的,该工艺为 SRC-Ⅱ。

此工艺在三方面与 SRC-Ⅰ不同。第一,溶解反应器操作条件要求高,典型条件是 460℃,14.0MPa,60min 停留时间,轻质产品的产率提高。第二,在蒸馏或固液分离前,部分反应产物循环至煤浆制备单元。这样,循环溶剂中含有未反应的固体和不可蒸馏的 SRC。第三,固体通过减压蒸馏脱除,从减压塔排出后作为制氢原料。塔顶物为产品。图 5-2-3 为 SRC-Ⅱ工艺流程。

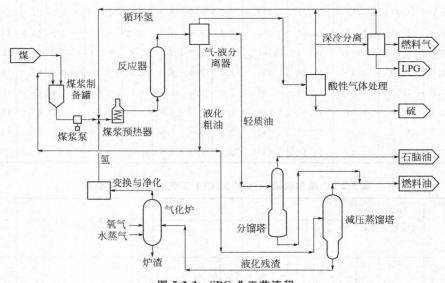

图 5-2-3　SRC-Ⅱ工艺流程

SRC-Ⅱ工艺流程描述:

煤破碎干燥后与来自装置生产的循环物料混合制成煤浆,用高压煤浆泵加压至 14MPa 左右的反应压力,与循环氢和补偿氢混合后一起预热到 371～399℃,进入反应器;在反应器内由于反应放热,使反应物温度升高,通过通冷氢控制反应温度维持在 438～466℃ 的范围。

反应器产物经高温分离器分成蒸气和液相两部分。蒸气进行换热和分离冷却后,液体产物进入蒸馏单元。气体净化后,富氢气与补充氢混合一起进入反应器循环使用。

出高温分离器的含固体的液相产物，一部分返回作为循环溶剂用于煤浆制备。剩余部分进入蒸馏单元回收产物。馏出物的一部分也可以返回作为循环溶剂用于煤浆制备。

蒸馏单元减压塔釜底物含有未转化的固体煤和灰，可进入制氢单元作为制氢原料使用。

SRC-Ⅱ工艺由美国海湾石油公司（Gulf Oil Corporation）开发，并在华盛顿州塔科马建设了 50t/d 的 SRC-Ⅱ工艺装置，并对肯塔基 9 号和 14 号煤以及伊利诺斯 6 号煤进行了连续试验。

表 5-2-3 为肯塔基煤在 SRC-Ⅱ工艺实验室试验装置的试验结果。表 5-2-4 为 SRC-Ⅱ工艺装置的产物分析结果。

表 5-2-3　肯塔基煤在 SRC-Ⅱ工艺实验室试验装置的试验结果(质量分数)　　单位:%

$C_1 \sim C_4$	$C_5 \sim 454℃$	$>454℃$	未反应煤	灰	H_2S	CO_x	H_2O	氢耗
16.6	43.7	20.2	3.7	9.9	2.3	1.1	7.2	4.7

表 5-2-4　SRC-Ⅱ工艺装置的产物分析结果

项　　目	轻油	中、重油	项　　目		轻油	中、重油
API 相对密度	39.0	5.0		碳	84.0	87.0
馏程/℃	38~204	204~482		氢	11.5	7.9
分子量		230	元素分析（质量分数）/%	硫	0.2	0.3
闪点/℃		76		氮	0.4	0.9
黏度(38℃)/SUS①		50		氧	3.9	3.9
热值/(MJ/kg)		88.63				

① $1SUS=1/16.3mm^2/s$。

SRC-Ⅱ工艺的显著特点是将高温分离器底部的部分含灰重质馏分作为循环溶剂使用，以煤中矿物质为催化剂。存在的问题是由于含灰重质馏分的循环，试验中发现在反应器中矿物质会发生积聚现象，使反应器中固体的浓度增加；SRC-Ⅱ工艺是以煤中的矿物质作为催化剂，然而，不同的煤种所含的矿物质组分有所不同，这使得 SRC-Ⅱ工艺在煤种选择上受到局限，有时甚至同一煤层中的煤所含的矿物质组分也互不相同，在工艺条件的操作上也带来很大困难。

二、埃克森供氢溶剂法（EDS 工艺）

EDS 的全称是 Exxon Donor Solvent，是美国 Exxon 公司开发的一种煤炭直接液化工艺。Exxon 公司从 1966 年开始研究煤炭直接液化技术，对 EDS 工艺进行开发，并在 0.5t/d 的连续试验装置上确认了 EDS 工艺的技术可行性。1975 年 6 月，1.0t/d 规模的 EDS 工艺全流程中试装置投入运行，进一步肯定了 EDS 工艺的可靠性。1980 年在得克萨斯的 Baytown 建了 250t/d 的工业性试验厂，完成了 EDS 工艺的研究开发工作。

EDS 工艺的基本原理是利用间接催化加氢液化技术使煤转化为液体产品，即通过对产自工艺本身的作为循环溶剂的馏分，在特别控制的条件下采用类似于普通催化加氢的方法进行加氢，向反应系统提供氢的"载体"。加氢后的循环溶剂在反应过程中释放出活性氢提供给煤的热解自由基碎片。释放出活性氢的循环溶剂馏分通过再加氢恢复供氢能力，制成煤浆后又进入反应系统，向系统提供活性氢。通过对循环溶剂的加氢提高溶剂的供氢能力，是EDS工艺的关键特征，工艺名称也由此得来。

图 5-2-4 为 EDS 工艺流程。

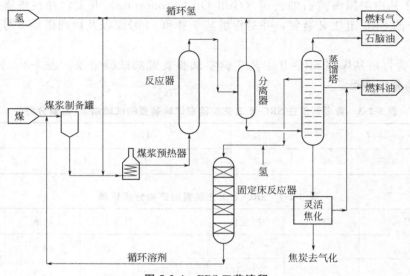

图 5-2-4　EDS 工艺流程

EDS 工艺流程描述：

煤与加氢后的溶剂制成煤浆后，与氢气混合，预热后进入上流式管式液化反应器，反应温度 425～450℃，反应压力 17.5MPa。不需另加催化剂。反应产物进入气液分离器，分出气体产物和液体产物。

气体产物通过分离后，富氢气与新鲜氢混合使用。

液体产物进入常、减压蒸馏系统，分离成气体燃料、石脑油、循环溶剂馏分、其他液体产品及含固体的减压塔釜底残渣。

循环溶剂馏分（中、重馏分）进入溶剂加氢单元，通过催化加氢恢复循环溶剂的供氢能力。循环溶剂的加氢在固定床催化反应器中进行，使用的催化剂是石油工业传统的镍-钼或钴-钼铝载体加氢催化剂。反应器操作温度 370℃，操作压力 11MPa，改变条件可以控制溶剂的加氢深度和质量。溶剂加氢装置可在普通的石油加氢装置上进行。加氢后的循环溶剂用于煤浆制备。

含固体的减压塔釜底残渣在流化焦化装置进行焦化，以获得更多的液体产物。流化焦化产生的焦在气化装置中气化制取燃料气。流化焦化和气化被组合在一套装置中联合操作，被称为 Exxon 的灵活焦化法（Flexicoking）。灵活焦化法的焦化部分反应温度为 485～650℃，气化部分的反应温度为 800～900℃。整个停留时间为 0.5～1h。

EDS 工艺的产油率较低，有大量的前沥青烯和沥青烯未转化为油，可以通过增加煤浆中减压蒸馏的塔底物的循环量来提高液体收率。EDS 工艺典型的总液体收率（包括灵活焦化产生的液体）为：褐煤 36％，次烟煤 38％，烟煤 39％～46％（全部以干基无灰煤为计算基准）。

表 5-2-5 为 EDS 工艺试验煤种和试验结果。

表 5-2-5　EDS 工艺试验煤种和试验结果

煤种	元素分析(干基)/%						H/C原子比	工业分析(干基)/%			水分/%	液化条件				液化结果(干基)/%							
	C	H	O	N	S	灰		挥发分	固定碳	灰分		温度/℃	压力/MPa	停留时间/min	研究条件次数	H_2	H_2O	CO_2	NH_3	H_2S	C_1~C_3	C_4~538℃	538℃转化率
Illinois No6 Monterey	70.1	5.1	10.6	1.2	4.1	8.9	0.87	42.1	49.0	8.9	14.0	427	10	140	16	-4.6	9.8	0.6	0.7	3.4	9.0	36.1	55.0
Illinois No6 Burning star	70.4	4.9	9.9	1.2	3.1	10.5	0.84	38.3	51.2	10.5	10.4	471	10	25	7	-3.4	8.2	1.5	0.6	2.4	9.5	30.4	49.2
Pittsbrugh seam Ireland	74.0	5.2	6.3	1.2	4.3	9.0	0.84	39.1	51.9	9.0	2.1	450	10	100	10	-4.6	6.0	1.4	0.6	3.2	13.5	32.7	52.8
Pittsbrugh seam Arkwright	78.4	5.4	5.1	1.5	2.3	7.3	0.82	36.8	55.9	7.3	1.8	450	10	100	10	-4.2	4.6	1.1	0.7	1.8	13.5	29.9	47.4
Australian Blacd Wandoan	59.8	5.0	13.4	0.7	0.3	20.8	1.01	44.6	34.6	20.8	10.5	450	10	40	6	-3.1	10.6	3.2	0.3	0.2	7.1	27.7	46.0
Wyoming Subbituminous Wyodak	68.5	4.9	17.2	1.1	0.5	7.8	0.86	45.5	46.7	7.8	29.0	450	10	100	10	-4.8	15.1	5.8	0.5	0.5	10.1	30.9	58.1
Texas lignite BigBrown	62.0	4.8	14.5	1.1	1.2	16.4	0.92	44.4	39.2	16.4	—	450	10	25	4	-3.1	10.4	6.8	0.4	0.7	6.2	28.0	49.4
North Dakoda lignite Irdian head	63.8	4.7	19.2	0.9	1.2	10.2	0.88	44.1	45.7	10.2	33.6	450	10	40	3	-4.3	17.5	7.9	0.6	0.4	6.8	28.1	57.0

　　EDS 工艺采用供氢溶剂来制备煤浆，所以液化反应条件温和，但由于液化反应为非催化反应，液化油收率低，这是非催化反应的特征。虽然将减压蒸馏的塔底物部分循环送回反应器，增加重质馏分的停留时间可以改善液化油收率，但同时带来煤中矿物质在反应器中的积聚问题。

三、氢煤法（H-Coal 工艺）

　　H-Coal 工艺始于 1963 年，由美国 Hydrocarbon Research Inc.（HRI）开发。H-Coal

工艺的许多基本概念都来源于 HRI 的用于重油提质加工的 H-Oil 工艺。HRI 从 1955 年开始研究 H-Oil 工艺，1962 年 H-Oil 工艺实现工业化，一座处理规模为 397m³/d 的 H-Oil 工艺装置在炼油厂投入运行。1976 年又投产了两套大型 H-Oil 工艺装置，总处理量约为 12719m³/d。HRI 在美国政府的支持下，于 1963 年在 H-Oil 工艺的反应器中开始了投煤试验，1965 年在 11.3kg/d 的 H-Coal 工艺的连续装置上进行了实验室规模的试验研究，1966 年 3 月开始了 3t/d 的装置运转，1974 年 9 月开始着手设计 600t/d 的工业性试验装置，1976 年 12 月 15 日 600t/d 的工业性试验装置在肯塔基的 Catlettsburg 破土动工，1980 年开始运转，1983 年运转结束。随后又完成了商业化规模的设计，准备在肯塔基的 Breckinridge 建厂，但由于油价的下跌，建设计划最终放弃。H-Coal 工艺在开发过程中，其他一些大公司也曾加入。与其他液化工艺一样，目的也是生产洁净锅炉燃料。

H-Coal 工艺的特征是采用沸腾床催化反应器，这是 H-Coal 工艺区别于其他液化工艺的显著特点。图 5-2-5 为肯塔基 Catlettsburg H-Coal 600t/d 的工业性试验装置的反应器。

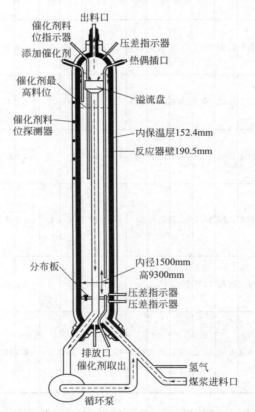

图 5-2-5   600t/d H-Coal 工艺工业性试验装置反应器

如图 5-2-5 所示，分布板上方的反应器圆筒为颗粒催化剂床，催化剂直径 1.6mm（1/16in），以氧化铝为载体的钼酸钴挤条。颗粒催化剂床层的流化主要靠由反应器底部的循环泵泵出的向上流动的循环油。循环油到达反应器顶部后，部分通过反应器中的溢流盘回到底部的循环泵，与进料煤浆和氢气混合，一起进入反应器底部的送气室，经过分布板产生分布均匀的向上流动的空速，使催化剂流化但不冲塔。之所以要采用循环油系统,是因为进料煤浆和氢气的空速不能使催化剂流化。流化的催化剂床层体积比初始填装的催化剂床层体积大 40%,催化剂颗粒之间产生的空隙,可以使煤浆中的固体灰和未反应煤顺利通过。反应器中的循环油量相对于煤浆进料量而言是大量的,因此可以使反应器内部保持温度均匀,但由于煤的加氢是强放热反应,反应器进出口之间可能还有 66～149℃的温差。反应器可以定期取出定量催化剂和添加等量新鲜催化剂,因此能使催化剂活性稳定在所需的水平上,使得产品质量和产率分布几乎保持恒定不变,因而使操作得以简化。

图 5-2-6 为 H-Coal 工艺流程。

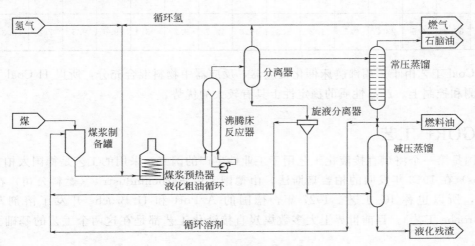

图 5-2-6 H-Coal 工艺流程

H-Coal 工艺流程描述:

煤与含有固体的液化粗油和循环溶剂配成煤浆,与氢气混合后经预热加入沸腾床反应器,反应温度 425～455℃,反应压力 20MPa。反应采用传统的载体加氢催化剂,镍-钼或钴-钼氧化铝载体催化剂。通过泵使流体内循环而使催化剂流化,循环物进口位于催化剂流态化区的上部,但仍在反应器的液相区。循环流中含有未反应的煤固体。

反应产物排出反应器后,经冷却、气液分离后,分成气相、不含固体液相和含固体液相。气相净化后富氢气体循环使用,与新鲜氢一起进入煤浆预热器。不含固体液相进入常压蒸馏塔,分割为石脑油馏分和燃料油馏分。含固体的液相进入旋液分离器,分离成高固体液化粗油和低固体液化粗油。低固体液化粗油返回煤浆制备罐作为溶剂来制备煤浆,以减少煤浆制备所需的循环溶剂。另一方面,由于液化粗油返回反应器,可以使粗油中的重质油进一步分解为低沸点产物,提高油收率。高固体液化粗油进入减压蒸馏装置,分离成重质油和液化残渣。部分常压蒸馏塔底油和部分减压蒸馏塔顶油作为循环溶剂返回煤浆制备罐。

H-Coal 工艺同其他工艺相同,液化油产率与煤种有很大关系。利用适宜煤种,可得到超过 95%的总转化率,液体收率可超过 50%(无水无灰煤)。表 5-2-6 为 H-Coal 工艺不同煤种的试验结果。

表 5-2-6　H-Coal 工艺不同煤种的试验结果

煤种	元素分析（质量分数）（干基）/%							工业分析（质量分数）（干基）/%			液化结果（daf）/%					
	C	H	O	N	S	灰		挥发分	固定碳	灰分	H_2	H_2O、NH_3、H_2S	CO_x	$C_1 \sim C_3$	$C_4 \sim$ 524℃	转化率
伊利诺伊 6 号	70.28	4.89	9.2	0.90	3.13	11.60		38.11	50.29	11.6	−5.9	14.0		10.2	58.7	89.3
怀俄明次烟煤C史密斯煤层	68.9	4.3	16.5	1.0	0.6	8.7		44.0	47.3	8.7	−5.0	12.9	6.6	10.8	45.1	81.4
澳大利亚褐煤	62.3	4.5	23.2	0.5	1.2	8.3		49.0	42.7	8.3	−5.1	19.0	9.5	7.2	53.3	92.9

　　H-Coal 工艺由于采用沸腾床催化反应器，反应器中物料混合充分，所以 H-Coal 工艺在温度监测和控制上、产品性质的稳定性上具有较大的优势。

四、IGOR+ 工艺

　　德国是第一个将煤直接液化工艺用于工业性生产的国家，采用的工艺是德国人柏吉乌斯（Bergius）在 1913 年发明的柏吉乌斯法，由德国 I. G. Farbenindustrie（燃料公司）在 1927 年建设，所以也称 IG 工艺。1927 年，德国的 A. Pott 和 H. Broche 开发了溶剂萃取法（Pott-Broche 工艺）。目前世界上大多数煤炭直接液化工艺都是在这两个工艺的基础上开发而来的。

　　IGOR＋（Integrated Gross Oil Refining）工艺由原西德煤矿研究院（Ruhrkohle AG）、萨尔煤矿公司（Saarbergwerke AG）和菲巴石油公司（Veba Oil）在 IG 工艺基础上开发而成。在 Bergbau-Forschung（现称 DMT）建立了 0.5t/d 和 0.2t/d 连续装置，1981 年在 Bottrop 建设了 200t/d 规模的工业性试验装置。Bottrop 的 200t/d 工业性试验装置厂从 1981 年一直运行到 1987 年 4 月，从 170000t 煤中生产出超过 85000t 的蒸馏产品，约 22000 操作小时。1997 年，煤炭科学研究总院与德国签订了两年的协议进行 5000t/d 示范厂的可行性研究。在 0.2t/d 的装置上，对云南先锋褐煤进行了液化试验。图 5-2-7 为 IGOR＋工艺流程。

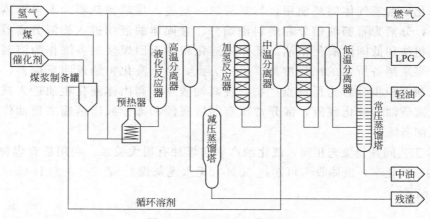

图 5-2-7　IGOR＋工艺流程

IGOR+工艺流程描述：

煤与循环溶剂及"赤泥"可弃铁系催化剂配成煤浆，与氢气混合后预热。预热后的混合物一起进入液化反应器，典型操作温度470℃，压力30.0MPa，反应空速0.5t/(m^3·h)。反应器产物进入高温分离器。高温分离器底部液化粗油进入减压闪蒸塔，减压闪蒸塔底部产物为液化残渣，顶部闪蒸油与高温分离器的顶部产物一起进入第一固定床反应器，反应条件：温度350～420℃，压力与液化反应器相同，LHSV 0.5h^{-1}。第一固定床反应器产物进入中温分离器。中温分离器底部重油为循环溶剂，去用于煤浆制备。中温分离器顶部产物进入第二固定床反应器，反应条件：温度350～420℃，压力与液化反应器相同，LHSV 0.5h^{-1}。第二固定床反应器产物进入低温分离器，低温分离器顶部副产氢气循环使用。低温分离器底部产物进入常压蒸馏塔，在常压蒸馏塔中分馏为汽油和柴油。

IGOR+工艺的操作条件在现代液化工艺中最为苛刻，所以适合烟煤的液化。在处理烟煤时，可得到大于90%的转化率，液收率以无水无灰煤计算为50%～60%。液化油在IGOR+工艺中经过十分苛刻条件的加氢精制后，产品中的S、N含量降到10^{-5}数量级。表5-2-7为德国Prosper烟煤在IGOR+工艺中的产率结果和产品性质。表5-2-8为云南先锋褐煤在IGOR+工艺中的液化结果。

表 5-2-7 德国 Prosper 烟煤 IGOR+工艺产率和产品性质

产　物	产率(质量分数)/%
烃类气体(C_1～C_4)	19.0
轻油(C_5～200℃)	25.3
中油(200～325℃)	32.6
未反应煤和沥青	22.1

产　品　性　质		
项　目	轻　油	中　油
氢(质量分数)/%	13.6	11.9
氮(质量分数)/10^{-6}	39	174
氧(质量分数)/10^{-6}	153	84
硫(质量分数)/10^{-6}	12	<5
密度/(kg/m^3)	772	912

表 5-2-8 云南先锋褐煤 IGOR+工艺液化结果(质量分数)　　　单位：%

序号	油收率	C_1～C_2	C_3～C_4	CO_x	水产率	氢耗
555-01	52.95	10.88	5.26	0.17	28.17	11.34
555-02	53.43	10.83	5.31	0.16	28.94	11.41
555-03	53.00	11.05	5.25	0.13	28.08	11.35
555-04	50.47	10.98	5.25	0.14	28.56	11.38
555-06	51.71	11.01	5.09	0.14	28.77	11.39
555-07	53.27	10.93	5.13	0.13	27.46	11.06

续表

序号	油收率	$C_1 \sim C_2$	$C_3 \sim C_4$	CO_x	水产率	氢耗
555-08	53.46	10.91	5.23	0.13	27.29	10.90
555-09	51.40	10.81	5.32	0.13	27.64	11.10
555-10	52.86	10.66	5.33	0.13	26.87	11.12
555-12	54.80	10.30	5.27	0.13	27.30	10.98
555-13	51.95	10.65	5.43	0.10	28.07	10.98
555-14	52.14	10.45	5.34	0.12	28.65	10.94
555-15	53.48	10.81	5.53	0.16	28.72	11.11
555-16	53.06	10.83	5.59	0.16	28.33	11.46
555-17	51.98	11.77	5.01	0.14	28.44	10.99
555-19	53.76	11.12	5.60	0.15	29.50	11.31
555-20	51.68	10.83	5.41	0.13	28.72	11.17
555-21	51.71	10.31	5.27	0.15	29.43	10.73
555-22	49.91	10.62	5.39	0.05	26.80	10.73
555-23	55.65	11.48	5.91	0.07	27.70	11.63
555-24	52.97	11.05	5.67	0.14	28.84	11.00
555-25	53.54	11.10	5.56	0.12	27.10	11.30
555-26	54.38	11.16	5.64	0.12	28.52	11.26
555-27	53.17	11.40	5.80	0.16	28.75	11.42
555-28	51.84	11.16	5.59	0.15	27.76	11.13
平均	52.74	10.92	5.41	0.13	28.18	11.17

五、NEDOL工艺

1. 工艺开发过程

日本从事煤炭直接液化有很长的历史。二战期间，在中国、朝鲜就建有液化装置。20世纪70年代中东石油危机以后，日本投入大量人力、物力重新开始研究煤的直接液化技术，20多年来从不间断，向着将煤炭直接液化技术工业化的目标推进。1973年，通产省实施阳光计划，开始煤炭直接液化的基础研究。1980年，新能源产业技术综合开发机构（NEDO）成立，开始煤液化装置研究。从此，日本阳光计划中煤炭直接液化技术研究由日本通商产业省工业技术研究院新阳光计划推进部和新能源产业技术综合开发机构（NEDO）组织并实施。1978～1983年间，在日本政府支持下，多家日本公司（日本钢管、住友金属和三菱重工）从事煤炭直接液化工艺的研究开发。到1983年，这些工艺的试验规模为 0.1~2.4t/d，而后将各工艺的特性组合在一起形成了 NEDOL 工艺，主要是处理次烟煤和低品质烟煤。NEDOL 工艺的开发过程见图 5-2-8。NEDOL 工艺确立后，20家公司组成的名称为日本煤油有限公司的董事会来发展此工艺。1983 年，在三井造船建立了 0.1t/d BSU 装置并进行运转。1985 年开始设计建设 NEDOL 工艺 1t/d 工艺支持单元（PSU），1988 年完成，投资约 3000 万美元。1989 年开始运转，年运转费用约为 700 万美元（年运转两个周期，每个周期运转 50d），1t/d PSU 的目的是验证 NEDOL 工艺的稳定可靠性和液化装置的综合运转性能，同时进行 NEDOL 工艺的最佳工艺条件研究和NEDOL 工艺的煤种适应性研究，为进一步建设煤液化实验工厂和将来建立大型商业化工厂而获取技术数据。1991 年 10 月在东京东北 80km 的茨城县的鹿岛，开始了 150t/d 的NEDOL 工艺工业性试验装置（PP）的建设，1996 年初完成并开始运转。1997 年煤炭科学研究总院与 NEDO 和日本煤炭利用中心（CCUJ）签订了协议，进行 5000t/d 示范厂可行性研究。利用依兰煤，在实验室和 PSU 装置上完成了试验。1998 年又在 PSU 装置上完成了神华煤的试验，进行建设示范厂的可行性研究。1999 年，1t/d PSU 装置和 150t/dPP 装置在完成预定的试验计划后，全部拆除。2000 年，NEDO 对设立在煤炭科学研究总院北京煤化学研究所内的 0.1t/d BSU 装置（1982 年建成）进行了改造，成为一套完整NEDOL 工艺模式的 BSU 装置。

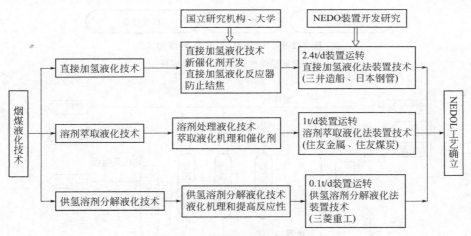

图 5-2-8　NEDOL 工艺开发过程

　　1t/d PSU 在 NEDO 主持下由 PSU 研究中心（由新日铁和三井煤炭液化两家公司组成）负责运转研究。1989 年用 1t/d PSU 设计的基准煤——Wandoan 煤进行了 4 个 RUN，每个RUN 50d，共计 200d 的运转。1990 年，用 Illinois No.6 煤，分三次，运转了 121d。1991~1994 年 1t/d PSU 以印度尼西亚的 Wyoming 煤和 Tanit Harum 煤为原料，一共进行了 6 次13 个条件，共计 402d 的运转试验。1989~1994 年六年间，用 1t/d PSU 研究考察了反应温度、反应压力、催化剂（合成硫化铁）添加量、G/L、循环溶剂的芳香度（f_a）的变化对煤液化反应的影响。1995~1997 年，1t/d PSU 用印度尼西亚的 TanitHarum 煤为原料，考察了煤浆浓度、不同催化剂（合成硫化铁、天然硫铁矿、天然硫铁矿与煤共破碎）对液化反应的影响。1998 年 2~3 月和 1999 年初，1t/d PSU 采用黑龙江省依兰煤（黑龙江省西林硫铁矿为催化剂）和神华煤（内蒙古临河口硫铁矿为催化剂），分别考察了不同反应压力、煤浆浓度、G/L 对液化反应的影响。

150t/d PP 装置在 NEDO 主持下由日本煤油公司负责运转。1996 年开始运转研究。在各单元设备试运转的基础上，开始进煤，在 150t/d 的 60% 的负荷下，对 150t/d PP 的各主要设备及整套装置的综合性能进行考察。进一步在 80% 的负荷下运转。通过试运转，发现了一些设备的不足，在进行改造后，150t/d PP 正式开始运转，在 1997 年和 1998 两年间，150t/d PP 对三个煤种（印度尼西亚的 Wyoming 煤、Tanit Harum 煤和日本的池岛煤）进行了 7 个条件、累计进煤 259d（6200h）的试验，单次连续进煤时间达到 80d（1920h）。最高液化油收率为 57.8%（质量分数）（TanitHarum 煤），在世界 PP 规模装置上达到最高水平（与德国的 IGOR＋工艺相当）。

图 5-2-9 为在 NEDOL 工艺 1t/d PSU 装置和 150t/d PP 装置试验过的煤种。NEDOL 工艺流程见图 5-2-10。

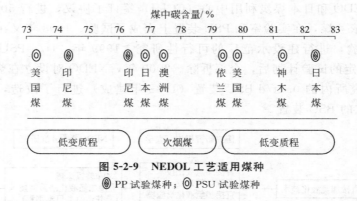

图 5-2-9 NEDOL 工艺适用煤种
◎ PP 试验煤种；◎ PSU 试验煤种

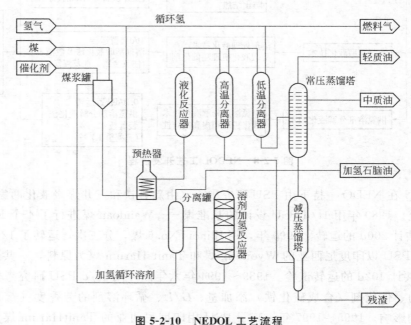

图 5-2-10 NEDOL 工艺流程

2. NEDOL 工艺流程描述

NEDOL 工艺由煤前处理单元、液化反应单元、液化油蒸馏单元以及溶剂加氢单元 4 个主要单元组成。

煤、催化剂与循环溶剂配成煤浆。煤浆与氢气混合，预热后进入液化反应器。反应器操作温度430~465℃，压力在17~19MPa。煤浆平均停留时间约1h，实际的液相停留时间为90~150min。此反应器的产物经冷却、减压后至常压蒸馏塔，蒸出轻质产品。

常压蒸馏塔底物通入减压蒸馏塔，脱除中质和重质组分。大部分中质油和全部重质油经加氢处理后作为循环溶剂。减压蒸馏塔底物，含有未反应的煤、矿物质和催化剂，可作为制氢原料。从减压蒸馏塔来的中油和重油混合后，加入溶剂再加氢反应器。反应器为下流式催化剂填充床反应器，操作温度320~400℃，压力10.0MPa。使用的催化剂是用在传统石油工业原油馏分加氢脱硫催化剂的变种。平均停留时间大约1h。反应产物在一定温度下减压至闪蒸器，在此取出加氢后的石脑油产品。闪蒸得到的液体产品作为循环溶剂至煤浆制备单元。

表5-2-9为NEDOL工艺150t/d PP装置和1t/d PSU装置的液化结果。表5-2-10为在PSU试验的依兰煤性质。表5-2-11为依兰煤在NEDOL工艺1t/d装置试验结果。

表 5-2-9 PP 和 PSU 液化产品收率
(印尼 Tanito Harum 煤,天然硫铁矿催化剂)

项 目	标准条件		最佳条件	
	PP	PSU	PP	PSU
气产率(质量分数)/%	17.6	19.7	21.4	26.5
油收率(质量分数)/%	50.7	51.7	57.9	59.3
残渣(质量分数)/%	26.1	23.3	16.0	9.9
停留时间/min	86	99		161

表 5-2-10 在 PSU 试验的依兰煤性质

项 目		数 值	项 目	数 值
真密度/(g/cm³)		1.393	镜质组(体积分数)/%	92.69
全水分(质量分数)/%		11.6	壳质组(体积分数)/%	5.69
工业分析(质量分数)/%	灰分	3.27	惰性组(体积分数)/%	1.62
	挥发分	45.59	SiO_2	50.43
	固定炭	51.14	Al_2O_3	27.98
全硫(质量分数)/%		0.24	CaO	4.98
氯/(mg/kg)		370	Fe_2O_3	10.49
哈氏可磨指数 HGI		51	MgO	1.10
总发热量/(kcal/kg)[①]		7470	MnO	0.08
元素分析(质量分数)/%	C	80.12	P_2O_5	0.30
	H	5.86	TiO_2	1.30
	N	1.38	K_2O	0.17
	O	12.42	SO_3	2.13
	S	0.22	Na_2O	0.05
	H/C原子比	0.87		

表5-2-10 中"煤岩"项跨三行(镜质组、壳质组、惰性组);"灰分组成(质量分数)/%"项跨SiO_2至Na_2O各行。

① 1kcal＝4.18kJ。

表 5-2-11　依兰煤在 NEDOL 工艺 1t/d 装置试验结果

项　目	条件Ⅰ	条件Ⅱ	项　目	条件Ⅰ	条件Ⅱ
煤炭种类	依兰煤	依兰煤	氢(体积分数)/%	85	88
催化剂种类	西林-S	西林-S	生成物收率(质量分数)/%		
反应温度/℃	465	465	生成气	21.54	21.58
反应压力/(kgf/cm²)	170	190	生成水	8.16	8.28
催化剂添加量(质量分数)/%	3.2	4.3	制品油	52.56	60.69
硫黄添加量(质量分数)/%	0.72	0.96	残渣	23.76	15.98
供给溶剂的 f_a	0.542	0.456	合计	106.02	106.53
煤炭(质量分数)/%	40	50	氢消费量	6.02	6.53

六、熔融氯化锌催化液化工艺

熔融氯化锌催化液化工艺，是美国的 Consolidation Coal Company 在研究煤的加氢分解和加氢精制过程中开发出来的。此工艺在美国政府的资助下，从 1963 年开始系统研究，建有 0.9kg/h 的实验室装置和 2.27kg/h 连续装置，最后完成了 1t/d 装置的试验。氯化锌催化液化工艺使用熔融氯化锌作催化剂，一步可直接得到高产率的而且辛烷值大于 90 的汽油产品。图 5-2-11 是熔融氯化锌催化液化工艺的流程。

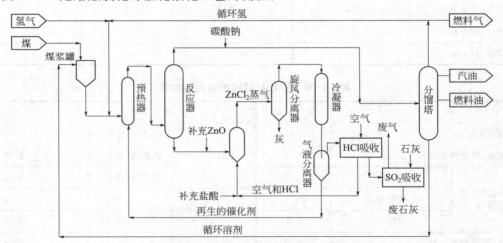

图 5-2-11　熔融氯化锌催化液化工艺流程

氯化锌催化液化工艺流程描述：

煤（或其他高分子烃类）与循环溶剂配成煤浆，煤浆和氢气混合后与约等量的熔融氯化锌混合，此混合物预热后加入反应器，温度约 425℃，压力 18～20MPa。在此条件下，氯化锌裂解活性很高，它可以打破煤中缩合芳环结构，但不裂解产物中的单环结构。裂化后的低分子产品（蒸气相）从反应器顶部排出，通过蒸馏，得到大部分汽油馏程的产物和回收循环的油，富氢气体循环使用。

未转化煤、重质油、灰和"废"氯化锌催化剂以悬浮液形态从反应器底部流出，在氯化锌催化液化工艺反应产物中，不含 H_2S 和 NH_3，因为它们以 ZnS 和 $ZnCl_2 \cdot xNH_3$ 的形态存留于氯化锌熔盐中。

反应器底部排出的含有未转化煤、熔融氯化锌和其他与煤中杂原子反应形成的锌盐，进入氯化锌再生器，在再生器中，通入空气和 HCl，通过进料中有机物的燃烧，控制温度约 925℃，使 $ZnCl_2$ 蒸发，有机物转化为 CO_2 和 H_2O，ZnS 转化为 $ZnCl_2$ 和 SO_2，而 $ZnCl_2 \cdot x NH_3$ 则转化成 N_2 和 H_2O。$ZnCl_2$ 蒸气中的灰通过旋风分离器分离出。氯化锌冷凝成液态回收循环使用。残留气体经过处理后回收 HCl 和 SO_2 后排空。

表 5-2-12 是两种原料在熔融氯化锌催化液化工艺装置上的催化液化结果。

表 5-2-12　煤及煤萃取物的氯化锌催化液化结果

	项　　目	匹兹堡 8 号煤的萃取物	罗斯伯特次烟煤		项　　目	匹兹堡 8 号煤的萃取物	罗斯伯特次烟煤
反应条件	温度/℃	413	413	产率/%	CO_x	0.0	2.5
	压力/MPa	18.82	20.68		H_2O	3.1	13.4
	$ZnCl_2$/干煤（质量比）	1.05	1.52		$C_5 \sim 200℃$	45.4	42.0
	溶剂/干煤（质量比）	0.07	2.33		$200 \sim 475℃$	7.2	11.2
	停留时间/h	1.8	1.6		$>475℃$	2.7	6.6
	氢气量/（m^3/kg 有机物）	2.06	2.00		丁酮可溶物	5.5	8.2
产率（daf）/%	C_1	0.8	0.8		丁酮不溶物	3.3	7.2
	C_2	2.1	1.1		催化剂中 N、O、S、Cl	6.4	2.8
	C_3	12.0	5.0		合计	109.3	108.4
	iC_4	18.2	6.9	<475℃转化率（质量分数）/%		88.5	78.0
	nC_4	2.5	0.7	氢耗（质量分数）/%		9.3	8.4

从表 5-2-12 中数据可以看出，熔融氯化锌催化液化工艺的油收率超过 50%，而且以汽油为主。表 5-2-13 为熔融氯化锌催化液化工艺汽油的性质。

表 5-2-13　熔融氯化锌催化液化工艺汽油的性质

氮	100mg/kg	烷烃（质量分数）/%	41.3	$C_4 \sim 200℃/C_4 \sim 400℃$	0.85
氧	2000mg/kg	iC_4/nC_4（质量比）	9.0	研究辛烷值	90
硫	200mg/kg	芳烃（质量分数）/%	24.5		
萘（质量分数）/%	34.2	烯烃（质量分数）/%	—		

熔融氯化锌催化液化工艺具有反应速率快，产品中汽油馏分得率高，气产率低，异构烷烃含量高，汽油不必深加工，辛烷值即可达 90（RON）等特点。但由于氯化锌和其他在体系中形成的氯化物的高腐蚀性，遇到的很大问题是金属材料的耐腐问题。如能解决材料的耐腐问题，该工艺有显著的经济性。

七、苏联低压液化工艺

苏联在 20 世纪 70~80 年代对煤炭直接液化技术进行了研究，主要研究工作针对世界上最大的、露天开采的苏联的坎斯克-阿钦斯克、库兹涅茨（西伯利亚）煤，开发出了低压（6~10MPa）煤直接液化工艺，1983 年在图拉州建成了日处理煤炭 5~10t 的"CT-5"中试装置，试验工作进行了 7 年。在此基础上苏联先后完成了日处理煤炭 75t"CT-75"和 500t"CT-500"的大型中试厂的详细工程设计。其中"CT-75"已开始建设，后因苏联解体未完成"CT-75"的建设工作。到 2000 年俄罗斯政府计划在远东地区海参崴附近的布拉格辛斯克建设年产 50 万吨油品的煤直接液化工厂,预计 2002 年完成工程设计,2005 年建成投产。

苏联低压液化工艺采用高活性的乳化钼催化剂(乳化 Mo),并掌握了 Mo 的回收技术,可使 95%～97% 的 Mo 得以回收再使用。该工艺对煤种的要求较高,最适合灰分低于 10%、惰性组分含量低于 5%、反射率在 0.4%～0.75% 的年轻高活性未氧化煤,而且对煤中灰的化学成分也有较高的要求,要求(Na_2O+K_2O)<3%、($Fe_2O_3+CaO+MgO+TiO_2+SO_3$)/($Na_2O+K_2O$)>2。对于惰性组分>15%,煤中灰($Na_2O+K_2O$)>6%、($Fe_2O_3+CaO+MgO+TiO_2+SO_3$)/($Na_2O+K_2O$)<1 的煤,则不适合该工艺。苏联低压液化工艺之所以能在较低压力(6～10MPa)和较低温度(425～435℃)下实现煤的有效液化,主要取决于煤的品质和催化剂。图 5-2-12 为苏联低压液化工艺(CT-5)流程。

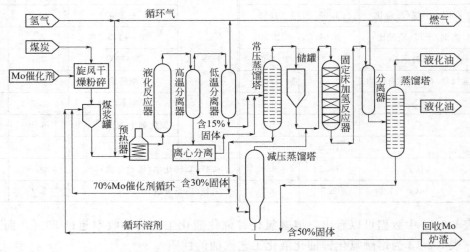

图 5-2-12 苏联低压液化工艺(CT-5)流程

苏联低压液化工艺(CT-5)流程描述:

原料煤粗破至小于 3mm 后,进入涡流舱。在涡流舱内,煤被惰性气体快速加热(加热速度在 1000℃/min 以上),发生爆炸式的水分分离、气孔爆裂,经过两级涡流仓热裂解脱除水分后,进入细磨机,最后得到尺寸小于 0.1～0.2mm、水分小于 1.5%～2.0% 的粉煤。涡流仓的煤处理能力为 6t/h。一级干燥出来的煤约 100℃,二级出来为 200～250℃。

粉煤与来自工艺过程产生的两股溶剂、乳化 Mo 催化剂[Mo 的添加量为干煤的 0.1%(质量分数)]混合后一起制成煤浆。煤浆与氢气混合后进入煤浆预热器。加热后的煤浆和氢气进入液化反应器进行液化反应(反应器为 ϕ400mm,h=6000mm)。出反应器的物料进入高温分离器,高温分离器的底部物料(含固体约 15%)通过离心分离,回收部分循环溶剂,由于 Mo 催化剂是乳化状态的,在此股溶剂中约 70% 的 Mo 被回收。离心分离后的另一股物料含固体约 30%,进入减压蒸馏塔(CT-5 未设减压蒸馏,未完成的 CT-75 有此设计)。减压蒸馏塔塔顶油与常压蒸馏塔塔底油一起作为循环溶剂。减压蒸馏塔塔底物含固体 50%,送入 Mo 催化剂回收焚烧炉。Mo 催化剂回收焚烧炉的燃烧温度为 1600～1650℃,在此温度下,液化残渣中的 Mo 被蒸发,与燃烧烟气一起排出焚烧炉,并冷却到 250℃,经过滤器将含钼粉尘过滤下来,通过湿式冶金的方法从中分离出 Mo,Mo 再加氨生成钼酸铵返回系统使用。工艺全过程 Mo 的回收率为 95%～97%。

高温分离器顶部气相进入低温分离器。低温分离器上部的富氢气作为循环氢使用，底部液相与离心分离机的溶剂一起进入常压蒸馏塔。在常压蒸馏塔切割出轻中质油馏分，常压蒸馏塔塔底油含 70%Mo 催化剂，作为循环溶剂去制备煤浆。常压蒸馏塔塔顶轻中质油馏分与减压蒸馏塔塔顶油一起，进入半离线的固定床加氢反应器（气相与液化反应体系相连），加氢后的产物经常压蒸馏后分割成汽油馏分、柴油馏分和塔底油馏分。塔底油馏分由于经过加氢，供氢性增加，作为循环溶剂去制备煤浆。

苏联低压液化工艺的特点是：①加 H_2 液化反应器操作压力较低，褐煤液化压力为 6.0MPa，烟煤、次烟煤液化压力为 10.0MPa；②采用了高效的钼催化剂，并掌握了 Mo 的回收技术；③采用了瞬间涡流仓煤干燥技术，在干燥煤的同时，并使煤的比表面积和孔容积增加了数倍。该技术主要适用于对含内在水分较高的褐煤。

苏联低压液化工艺对煤种的要求较高，催化剂回收的经济性也有待商榷。

第三节　煤直接液化两段工艺

大部分两段直接液化工艺是以单段工艺为基础发展而来，但只有少数工艺超过实验室规模，并且大部分基本相似。

一、催化两段液化工艺（CTSL 工艺）

催化两段液化工艺（Catalytic Two-Stage Liquefaction，CTSL）是 H-Coal 单段工艺的发展。在美国 Wilsonville 的液化试验装置上，对该工艺进行了 15 年的研究。该工艺已演化成在 20 世纪 80 年代和 20 世纪 90 年代美国能源部资助的许多液化工艺的组合。采用了紧密串联结构，每段都使用活性载体催化剂。此工艺现称作催化两段液化工艺。由美国能源部资助，美国碳氢化合物研究公司（HRI）开发，包括 PDU 规模试验。催化两段液化工艺（CTSL）工艺流程见图 5-2-13。

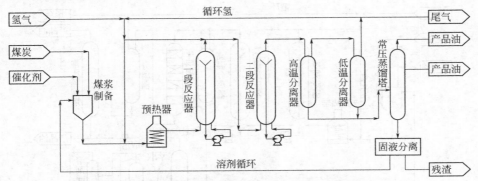

图 5-2-13　催化两段液化工艺（CTSL）工艺流程

催化两段液化工艺（CTSL）工艺流程描述：

煤与循环溶剂配成煤浆，预热后，与氢气混合加入沸腾床反应器的底部。反应器内填装载体催化剂，通常为镍-钼铝载体催化剂（有些工艺使用分散可弃催化剂），催化剂被反应器内循环流流态化。因此反应器具有连续搅拌釜式反应器的均一温度特征。溶剂具有供氢能力，在第一反应器中，通过将煤的结构打碎到一定程度而将煤溶解。第一反应器也对溶剂进行再加氢。操作压力是 17.0MPa，操作温度在 400～420℃。

反应产物直接进入第二段沸腾床反应器中，操作压力与第一段相同但温度要高。反应器也装有载体催化剂。操作温度通常达 420～440℃。

第二反应器的产物经分离和减压后，进入常压蒸馏塔，蒸馏切割出沸点小于 400℃ 馏分。常压蒸馏塔塔底含有溶剂、未反应的煤和矿物质。常压蒸馏塔塔底物进行固液分离，脱除固体，溶剂循环至煤浆段。在有些工艺中，只有部分常压蒸馏塔底进行固体分离，这样，循环溶剂中含有矿物质和可能使用的分散催化剂。固液分离方法采用 Kerr-McGeeCSD/ROSE 工艺。

表 5-2-14 列出了 CTSL 工艺液化烟煤时产品的典型性质和产率。

表 5-2-14 催化两段液化法产品性质

产物	产率(质量分数)/%	产品性质			
C₁～C₄	8.6	氢耗(质量分数)/%	7.9	H(质量分数)/%	11.73
C₄～272℃	19.7	煤转化率(质量分数)/%	96.8	N(质量分数)/%	0.25
272～346℃	36.0	＞C₄馏分油质量			
346～402℃	22.2	API	27.6		

二、HTI 工艺

此工艺是两段催化液化工艺的改进型。该工艺也可称为是两段催化液化工艺。采用悬浮床反应器和在线加氢反应器以及 HTI 拥有专利的铁基催化剂。其主要特点是：①反应条件比较缓和，反应温度 440～450℃，反应压力 17MPa；②采用内循环沸腾床（悬浮床）反应器，达到全返混反应器模式；③催化剂是采用 HTI 专利技术制备的铁系胶状高活性催化剂，用量少；④在高温分离器后面串联有在线加氢固定床反应器，对液化油进行加氢精制；⑤固液分离采用 Kerr-McGeeCSD/ROSE 工艺、临界溶剂萃取的方法，从液化残渣中最大限度回收重质油，提高了液化油收率。HTI 工艺目前开发到 PDU 规模。HTI 工艺流程见图 5-2-14。

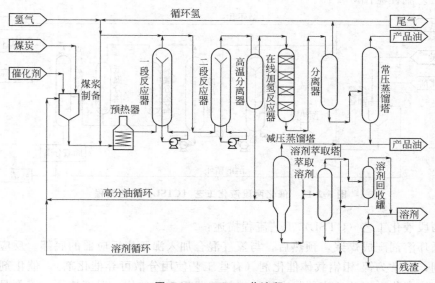

图 5-2-14 HTI 工艺流程

HTI 工艺流程描述：

煤、催化剂与循环溶剂配成煤浆，预热后，与氢气混合加入沸腾床反应器的底部。第一反应器操作压力是 17.0MPa，操作温度在 400～420℃。

反应产物直接进入第二段沸腾床反应器中，操作压力与第一段相同但温度要高。操作温度通常达 420～440℃。

第二反应器的产物进入高温分离器。高温分离器底部含固体的物料减压后，部分循环至煤浆制备单元，称为粗油循环。高温分离器底部其余物料进入减压蒸馏塔，减压蒸馏塔塔底物料进入临界溶剂萃取单元，进一步回收重质油馏分。临界溶剂萃取单元回收的重质油与减压蒸馏塔的塔顶物一起作为循环溶剂，去煤浆制备单元。临界溶剂萃取单元的萃余物料为液化残渣。

高温分离器气相部分直接进入在线加氢反应器，产品经加氢后，品质提高，进入分离器，气相富氢气体作为循环氢使用。液相产品减压后进入常压蒸馏塔蒸馏切割出产品油馏分。常压蒸馏塔塔底物部分作为溶剂循环至煤浆制备单元。

1997 年，煤炭科学研究总院与 HTI 签订了协议，利用神华煤进行直接液化的可行性研究，美国能源部和 HTI 共同承担费用。神华煤的实验室规模 CUF 装置试验和 3t/d 的 PDU 试验已完成。

HTI 针对神华煤特点，还在对工艺进行不断的改进和完善中。表 5-2-15 为神华上湾煤 PDU 试验条件，表 5-2-16 为神华上湾煤 PDU 试验的主要试验结果，表 5-2-17 为 PDU 液化试验的产品液化产率和 CFU 试验结果的比较。

表 5-2-15　神华上湾煤 PDU 试验条件

K-1 反应器温度/℃	K-2 反应器温度/℃	系统背压/(kgf/cm²)	K-1 反应器新鲜 H_2 流量/(m³/h)	K-1 反应器循环 H_2 流量/(m³/h)	原煤处理量/(kg/h)	胶体催化剂加入量/(kg/h)	液态钼催化剂加入量/(g/h)	减压蒸馏瓦斯油循环量/(kg/h)	溶剂脱灰油循环量	常压闪蒸塔底重油循环量/(kg/h)	常压蒸馏塔底重油循环量/(kg/h)
440	450	175	85.0	169.9	119.3	7.0	50.0	19.3	全部	72.8	49.3

表 5-2-16　神华上湾煤 PDU 试验的主要试验结果

项　目	9 月 5 日	9 月 6 日	9 月 7 日	9 月 8 日	9 月 9 日
物料平衡(质量分数)/%	100.5	103.8	100.5	101.0	100.0
液化产率(干燥无灰煤)(质量分数)/%					
C_1	2.25	3.17	3.71	3.44	3.51
C_2	1.58	2.11	2.46	2.47	2.12
C_3	1.77	2.27	2.65	2.61	2.06
C_4	1.39	1.89	1.91	2.17	2.09
C_5	0.51	0.66	0.78	0.66	0.75
$C_6 \sim C_7$	0.49	0.89	0.82	0.71	0.70
IBP～177℃	17.08	20.85	16.80	15.64	10.25
177～343℃	33.27	34.41	38.53	38.41	34.97

续表

项 目	9月5日	9月6日	9月7日	9月8日	9月9日
343～454℃	13.28	4.50	7.19	7.87	17.30
454～524℃	−0.32	2.29	1.93	1.68	1.95
＞524℃	15.59	14.88	11.18	11.38	12.12
未转化煤	8.80	7.33	7.76	8.25	7.74
水	10.56	11.10	10.60	11.06	9.59
CO	0.05	0.06	0.06	0.05	0.08
CO_2	0.25	0.32	0.39	0.28	0.54
NH_3	0.62	0.77	0.84	0.84	0.53
H_2S	−0.98	−0.63	−0.39	−0.52	−0.62
合计	106.18	106.85	107.23	107.01	105.69
液化工艺指标（以干燥无灰煤计）（质量分数）/%					
C_4～524℃油收率	65.69	65.48	67.97	67.15	68.00
煤炭转化率	91.21	92.67	92.24	91.76	92.26
C_1～C_3气体产率	5.60	7.55	8.82	8.52	7.69
H_2耗量	6.18	6.85	7.23	7.01	5.69
有机残渣	24.39	22.21	18.94	19.62	19.87

表 5-2-17 PDU 液化试验的产品液化产率和 CFU 试验结果的比较

项 目	CFU 试验结果	PDU 试验结果	项 目	CFU 试验结果	PDU 试验结果
C_1～C_2	8.22	5.29	454～524℃	0.77	1.40
C_3	4.84	2.32	C_4～＞524℃油收率	67.19	66.58
C_4～177℃	23.20	20.81	煤炭转化率	93.50	91.97
177～343℃	28.51	36.16	H_2耗量	8.80	7.12
343～454℃	14.71	8.21	有机残渣	11.88	18.86

三、Kerr-McGee 工艺

美国的 Kerr-McGee 公司在煤转化领域主要从事从各种煤液化产物中分离固体的研究。

Kerr-McGee 公司在较早前开发了用戊烷脱除石油渣油中的沥青的方法，称为 ROSE 法（Residuum Oil Supercritical Extraction，渣油超临界萃取）。在此基础上，Kerr-McGee 公司研究以某些溶剂在接近溶剂的临界条件下处理煤液化产物。1970 年 1 月 Kerr-McGee 公司申请了专利（US3607716 和 US3607717），其主要内容是用轻质有机溶剂在较高温度和压力条件下处理煤液化产物,将液化产物分离。

1972 年开始,Kerr-McGee 公司集中试验研究用溶剂在接近它们的临界条件下从高分子物质中分离低分子有机组分,制定了从事煤液化研究的计划。从高压釜试验开始,研究开发和确认利用溶剂在它们的临界条件下处理煤液化产物进行脱灰和分离的方案。随后建成了 0.6kg/h 的临界溶剂分离装置,在试验成功的基础上,又建了一套 6.8kg/h 的装置,并成功地运行了三年,研究了温度、压力以及溶剂-溶质等因素对分离的影响。1977 年 6 月,一套 2.5t/d 的中试装置开始投入运行。图 5-2-15 为 Kerr-McGee 工艺流程。

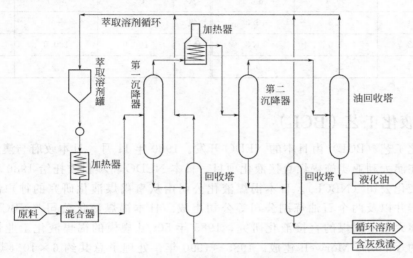

图 5-2-15 Kerr-McGee 工艺流程

Kerr-McGee 工艺流程描述:

在 Kerr-McGee 工艺中,含有未溶解煤、矿物质、循环溶剂及液体产品的煤液化产物流与溶剂在接近临界条件下混合。操作温度约 325~340℃,压力约 5.0MPa,溶剂/原料的质量比约 5:1。脱灰溶剂为芳香烃的混合物。

原料和脱灰溶剂混合后进入第一段沉降器,并保持温度压力不变。在此接近溶剂的临界条件下,溶剂有较强的溶解能力和较小的密度,密度一般要低于 0.55g/mL。大部分原料,包括循环溶剂和可蒸馏产品,溶解在溶剂里。矿物质、未溶解煤及重质煤衍生物(前沥青烯)不溶解,由于与溶剂的密度相差较大,在沉降器中迅速沉降,以一定速度排出沉降器,进入常压回收室。在常压回收室中,由于迅速减压,溶剂挥发,从含灰残渣中脱除。含灰残渣是粉状,约含 50% 的不可蒸馏液体,但可自由流动。

从第一段沉降器顶部流出的含有溶解有液化产物的溶剂,进加热器继续加热后,进入第二沉降器。加热后溶剂的密度降低,溶解性能下降,原溶解在溶剂中的重质液化产物在沉降器中发生沉降,沉降的重质液化产物在第二段分离器的底部流出,在回收室减压后,分离成重质液化产物(一般为液化的循环溶剂)和溶剂。第二沉降器上部的物料在油回收室中进行减压,溶剂从回收室上部回收,返回萃取溶剂罐,循环使用,底部物料为液化产品。

Kerr-McGee 工艺可以通过控制条件,在很大范围内调节各产物的比例。如有必要,也可使用多个沉降器,每个沉降器的操作温度均高于前一个沉降的温度,以回收各种物理性质不同的组分。

表 5-2-18 为 Kerr-McGee 工艺以威尔逊镇的 SRC 中试装置的减压蒸馏塔塔底物料为原料进行的试验结果。

表 5-2-18 Kerr-McGee 工艺试验结果

项目	进料（质量分数）/%	产物		项目	进料（质量分数）/%	产物	
		含灰残渣（质量分数）/%	脱灰产物（质量分数）/%			含灰残渣（质量分数）/%	脱灰产物（质量分数）/%
碳	76.8	59.4	85.4	灰	10.8	32.7	0.08
氢	5.4	3.3	6.3	氧	4.2	—	6.22
氮	1.2	1.0	1.3	合计	100.0	100.0	100.0
硫	1.6	3.6	0.7				

四、褐煤液化工艺（BCL）

褐煤液化工艺（BCL）由日本的 NEDO 开发。1980 年 11 月，日本政府与澳大利亚政府签订协议，在澳大利亚实施褐煤直接液化项目。日本 NEDO 将项目委托给 1980 年 8 月成立的日本褐煤液化公司（NBCL）。日本褐煤液化公司由从事褐煤液化研究的神户制钢、三菱重工、日商岩井以及两个石油炼制公司等公司组成。日本褐煤液化公司（NBCL）从 1981 年开始从事澳大利亚褐煤的直接液化研究，1985 年 50t/d 规模的褐煤液化工业性试验装置在澳大利亚的 Victoria Morwell 建成。1985～1990 年，处理了总共约 6×10^4 t 煤。1990 年 10 月停止运转，1991 年退役，1992 年拆除。图 5-2-16 为褐煤液化工艺（BCL）流程。

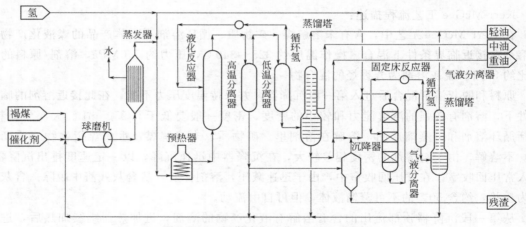

图 5-2-16 褐煤液化工艺（BCL）流程

BCL 工艺流程描述：

BCL 工艺主要由 4 部分组成：①煤浆制备和煤浆脱水；②一段加氢反应；③溶剂脱灰；④二段加氢反应。

原料煤与循环溶剂及催化剂一起进行湿式粉碎至 200 目。由于褐煤中含水量大，如澳大利亚 Victoria 褐煤水含量达 60%，煤浆进入液化反应系统前必须进行脱水。湿式粉碎后的煤浆进入热交换器，热交换器通过水蒸气加热，保持温度 140～150℃。加热后煤浆中褐煤的水以水蒸气的形式在蒸发器中被分离出，脱除水后煤浆中褐煤的水含量降至 5%（干基）。

为了充分利用热能，蒸发器中蒸发的水蒸气通过热泵与加热水蒸气一起进入热交换器加热煤浆。出热交换器的水蒸气被冷凝，回收酚和氨后，作为装置的工业用水。

脱除水分的煤浆与氢气混合，预热后加入一段液化反应器中，操作温度为 $430\sim450℃$，压力为 $15.0\sim20.0MPa$。停留时间约 1h。

一段反应产物经高温分离器和低温分离器进行气液分离。低温分离器进入常压蒸馏塔被切割为轻油和中油，常压蒸馏塔底部产物部分用于制备煤浆，其余进入二段加氢反应器。低温分离器的富氢气被循环至一段液化反应器。高温分离器底部产物（Coal Liquid Bottom，CLB）部分用来制备煤浆，其余进入溶剂脱灰单元。

高温分离器底部产物（CLB）与来自装置本身的轻油（称为脱灰溶剂，De-Ashing Solvent，DAS）混合，进入沉降器。沉降器操作条件：温度 270℃，压力 3.5MPa。在沉降器中，高沸点沥青、未反应煤、灰及其他固体物由于重力沉降而被脱除。沉降器中的轻质液体进入蒸发器，被分离为回收脱灰溶剂（DAS）和脱灰油（De-Ashed Oil，DAO），脱灰溶剂与高温分离器底部产物（CLB）混合循环使用，脱灰油与常压蒸馏塔釜底物一起进入二段反应器。

二段反应器为固定床反应器，催化剂为氧化铝载体的镍-钼催化剂，操作温度 $360\sim400℃$，压力 $15.0\sim20.0MPa$，空速为 $0.5\sim0.8h^{-1}$。反应产物进入常压蒸馏塔，在此进一步回收石脑油。塔底油循环至煤浆制备单元。

表 5-2-19 为澳大利亚褐煤在 50t/d BCL 工艺装置上的试验条件和结果。

表 5-2-19 50t/d BCL 工艺装置的试验条件和结果

项　　目		一段加氢反应	二段加氢反应	合计	项　　目		一段加氢反应	二段加氢反应	合计
试验编号		RUN8	RUN8			H_2	−4.70	−1.0	−5.70
操作条件	反应压力/MPa	15.3	16			S	−0.95	0.0	−0.95
	反应温度/℃					$CO+CO_2$	13.19	0.0	13.19
	R-201 温度	453.4				H_2S	1.20	0.1	1.30
	R-202 温度	453.2			产品	$C_1\sim C_4$	11.05	0.7	11.75
	R-203 温度	453.4				$C_5\sim C_6$	3.34		3.34
	R-204 温度	441.0				$C_7\sim220℃$	13.04	5.3	18.34
	平均反应温度	450.3	400			$220\sim300℃$	16.82	4.0	20.82
	气体流量/(m³/h)					$300\sim420℃$	14.85	−5.1	9.75
	新氢至 H-202	1318				$>420℃$	18.35	−5.9	12.45
	新氢至 R-201	683.7				水	13.81	1.9	15.71
	循环氢至 R-201	1929				合计	100.00	0.0	100.00
	冷氢至反应器	2091	LHSV (h⁻¹)0.75		气产率合计/%		25.43		
	煤/(t/d)	50.8			油收率合计/%		48.06	4.2	52.26
	溶剂/煤	2.59/1			油+(>420℃)/%		66.41		
	粗油/煤	1.05/1			煤转化率(THFI)/%		97.95		

日本褐煤液化公司（NBCL）在50t/d工业性试验装置成功运转的基础上，对BCL工艺进行了技术改进，并在实验室规模的试验装置上进行了试验，获得了理想的效果。改进后的BCL工艺流程见图5-2-17。

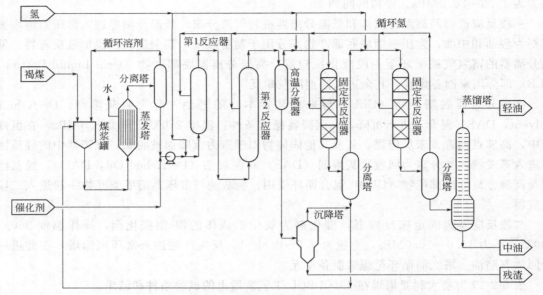

图 5-2-17　改进后的 BCL 工艺流程

改进的BCL工艺流程描述。改进的BCL工艺由3部分组成。

① 煤浆制备、煤浆脱水和煤浆热处理；

② 液化反应和在线加氢反应；

③ 溶剂脱灰

改进的BCL工艺与原BCL工艺相比，煤浆制备单元在煤浆脱水后增加了煤浆热处理。煤浆制备所用的溶剂由两部分组成，轻质组分和重质组分，称为双峰溶剂。脱水后的煤浆在300～350℃温度下进行加热，使双峰溶剂中的轻质组分挥发，煤浆浓缩，成为高浓度煤浆，有利于加氢液化，同时，使褐煤中的羧基分解，脱除CO_x化合物。

改进的BCL工艺液化反应单元采用"多级液化反应"的方法。第一级采用下进料反应器，采用较为温和的反应条件，如反应温度430～450℃，反应压力15MPa，催化剂为人工合成的γ-FeOOH。反应产物经高温分离器气液分离后，气相进入第二级上进料固定床反应器。高温分离器底部产物部分直接进入第一级反应器，以减少冷却氢的用量和减轻煤浆预热器的负荷。高温分离器底部剩余产物进行溶剂脱灰，溶剂脱灰油与经第二级反应器加氢后的重质油一起作为循环溶剂去制备煤浆。

改进的BCL工艺在BSU装置的运转表明，油收率有明显的提高。表5-2-20为印尼Banko褐煤在BCL工艺装置上的试验条件和液化结果。表5-2-21为印尼Banko褐煤在改进的BCL工艺装置上的试验条件和液化结果。

表 5-2-20 印尼 Banko 褐煤在 BCL 工艺装置上的试验条件和液化结果

一 段 加 氢 反 应						溶 剂 脱 灰					
反应温度/℃	反应压力/MPa	反应时间/min	催化剂(质量分数)(Fe)/%	溶剂/煤(质量比)	底油循环率(质量分数)(daf煤)/%	沉降温度/℃	沉降压力/MPa	溶剂/CLB(质量比)	脱灰溶剂	溢流液中灰(质量分数)/%	CLB萃取率(质量分数)/%
450	15	44	3.0	2.0	100	270	3.5	4.0	石脑油	0.20	88

二 段 加 氢 反 应					液化油(C₅~420℃)收率/%	CLB(>420℃)(质量分数)/%	一段加氢氢耗(质量分数)/%	二段加氢氢耗(质量分数)/%
反应温度/℃	反应压力/MPa	LHSV/h⁻¹	溶剂/DAO(质量比)	HDAO循环率(质量分数)/%				
380	15	1.0	1.75	40	60.2	15.6	4.9	1.0

表 5-2-21 印尼 Banko 褐煤在改进的 BCL 工艺装置上的试验条件和液化结果

热处理			液化反应							在线加氢		
温度/℃	压力/kPa	停留时间/min	反应温度/℃		反应时间/min	反应压力/MPa	催化剂(γ-FeOOH)(质量分数)(Fe)/%	溶剂/煤(质量比)	底油循环率(质量分数)/%	反应温度/℃		反应压力/MPa	LHSV/h⁻¹
320	550	30	第一反应器	430	15	15	1.0	1.7	80	第一反应器	320	15	1.0
			第二反应器	450	65					第二反应器	360		

溶 剂 脱 灰						液化油(C₅~420℃)收率(质量分数)/%	CLB(>420℃)(质量分数)/%	一段加氢氢耗(质量分数)/%	二段加氢氢耗(质量分数)/%
沉降温度/℃	沉降压力/MPa	溶剂/CLB(质量比)	脱灰溶剂	溢流液中灰(质量分数)/%	CLB萃取率(质量分数)/%				
270	3.5	4.0	石脑油	0.20	88	67.5	4.5	5.6	2.4

五、Pyrosol 工艺

1972 年，德国萨尔矿业公司（Saarbergwerke）的联邦德国煤炭液化公司（GFK）开始对煤炭直接液化进行研究，大部分的工作都集中在起源于 I. G. Fanben 工艺的技术上，为降低工艺的苛刻度、获取高油收率，采用了一些工艺措施。1981 年开始 6t/d 的试验规模装置投入运转。研究过程中发现，传统的煤直接液化工艺，无论是一段或两段工艺，仍有许多方面存在不足，如：①氢耗量过高。一般工艺的氢耗为 5%～7%（质量分数），对操作费用产生极大的影响。②压力高。30MPa 的压力将导致高的投资费用和操作费用，并使整个机械的复杂程度大为增加。③气产率过高。一般工艺的气体产品高达 22%～25%（质量分数），气体产品不是直接液化的理想产品，而且导致氢耗量增加。④工艺对灰含量非常敏感。一般工艺对液化用煤的灰含量要求在 10% 以下。GFK 围绕以上这些技术难题研究和开发了一种煤直接液化新工艺，即 Pyrosol 工艺，该工艺在联邦德国、美国和加拿大都取得了专利权。

Pyrosol 工艺的基本概念可以用图 5-2-18 来加以说明。图中横坐标为氢耗量的质量分数（daf），氢耗量同工艺的苛刻度（温度、压力）有直接关系，所以横坐标也可以说是反应的苛刻度。纵坐标为液化产物分布。从图 5-2-18 中可以看出，由煤转化到沥青初次转化较为容易，氢耗量低，气体生成量也低。但为了提高油收率，工艺条件要变得越来越苛刻。这说明：传统液化工艺只能通过高氢耗以达到高油收率，因此，不可避免地会导致高气产率。为了保证液化后的残渣（主要为沥青和固体）能顺利排出装置，残渣中的固体（为反应煤、催化剂和灰）含量不得超过45%，也就是说，随着反应条件苛刻度的增加，对液化用煤灰含量的要求也越高。

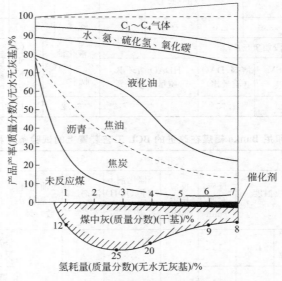

图 5-2-18　氢耗量与液化产物分布关系

Pyrosol 工艺为两段液化工艺，第一段为加氢液化，第二段为加氢焦化。Pyrosol 工艺的基本概念从图 5-2-18 可以看出，如第一段加氢液化条件控制在氢耗为 2.5%～3%（daf coal）的苛刻度，则煤（无水无灰基）的 25% 可转化为油，约 60% 转化为沥青，沥青留在一段排出的残渣中。一段排出的残渣在第二段的加氢焦化工艺中，在氢气氛和稍稍加压下连续加氢焦化，60% 的沥青的一半转化为油。由于 Pyrosol 工艺的第一段采用温和条件，残渣中含有大量沥青，对煤中灰的含量不敏感，液化用煤的灰含量最高可以达到 25%。图5-2-19 为 Pyrosol 工艺流程。

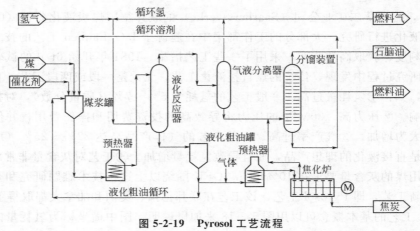

图 5-2-19　Pyrosol 工艺流程

Pyrosol 工艺流程描述：

煤与循环溶剂、部分液化粗油及可弃催化剂配成煤浆。煤浆预热后从反应器的上部进入，氢气从反应器的下部进入，煤浆和氢气形成逆流，所以 Pyrosol 工艺使用的反应器被称为逆流反应器，或称为上进料反应器。逆流反应器的优势在于反应器和高温分离器合为一体，煤浆中的轻质溶剂和反应过程中产生的轻质油能及时随由下而上的气体一起从反应器中分离出去，避免了溶剂和液化油的二次加氢裂解，可降低气体产率和氢耗量。第一段反应器操作压力为 20.0MPa，温度 440~445℃。反应器上部物料经气液分离后，富氢气体循环使用。液体物料进入蒸馏系统。

反应器底部的产物部分粗油作为循环溶剂去配煤浆，大部分物料经预热器加热后，进入旋转焦化炉，加氢焦化炉的操作条件为：温度 540~580℃，旋转速度 25~30r/min，压力 0.05MPa。加氢焦化炉产生焦油、气体及焦。加氢焦化炉可将原料中约 50% 的沥青转化成可蒸馏油。焦油进蒸馏系统，重质油作为循环溶剂去配煤浆。Pyrosol 工艺产率见表 5-2-22。

表 5-2-22 Pyrosol 工艺产率

煤 种	萨尔 Ensdorf 煤	东德褐煤	煤 种	萨尔 Ensdorf 煤	东德褐煤
煤中灰(质量分数)(干基)/%	22	9.3	氢耗(质量分数)(无水无灰基)/%	4	3.9
油收率(质量分数)(无水无灰基)/%	52	57.2	反应压力/MPa	20	20
$C_1 \sim C_4$(质量分数)(无水无灰基)/%	13.7	9.6	反应温度/℃	440	440

Pyrosol 工艺由于在第一段液化反应中采用逆流反应器和温和反应条件，减少了液化过程中的气体产率，降低了氢气耗量，极有发展前途。加拿大煤炭液化公司（CCLC）对该工艺十分感兴趣，进行了可行性研究，结果表明采用 Pyrosol 工艺进行煤油共炼高度可行。

六、液体溶剂萃取工艺（LSE）

液体溶剂萃取工艺（liquid solvent extraction，LES）是英国在 1973~1995 年开发的。在英国北威尔州的 Pointof Ayr 建立了 2.5t/d 的试验装置，运转了 4 年，并完成了 65t/d 的工业性试验装置的详细概念设计。图 5-2-20 为 LSE 工艺的流程。

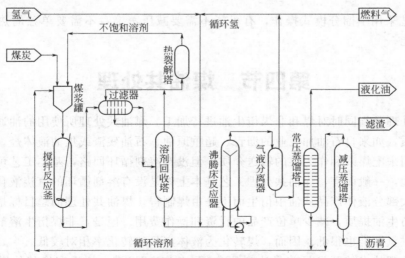

图 5-2-20 LSE 工艺流程

LSE 工艺流程描述：

　　煤与循环溶剂、不饱和溶剂配成煤浆，预热后，进入连续搅拌釜式反应器进行非催化萃取溶解反应。操作温度为 410~440℃，压力 1~2MPa，加压主要是为了减少溶剂的挥发。该段反应不通氢气，但溶剂具有供氢能力，在萃取溶解反应过程中，溶剂中约有 2% 的氢向煤转移。

　　连续搅拌釜式反应器的产物部分冷却后在垂直叶片式压力过滤器中过滤，分离出未反应煤和灰等固体物。滤饼用轻质溶剂洗涤后，在真空下干燥。干燥后的滤饼只含少量残留重质液体。LSE 工艺由于采用过滤的方法进行固液分离，因此该工艺对原料煤的灰含量或煤的溶解程度不太敏感。在商业化运转中，滤饼作为制氢原料。

　　滤液进入轻质溶剂回收塔回收溶剂。除去轻质溶剂后的滤液与氢气混合，预热后进入沸腾床反应器进行加氢。典型的反应条件为压力 20MPa，温度 400~440℃，空速 0.5~1.0h^{-1}（每小时每千克催化剂加入量）。反应产物经冷却分离、减压，至常压蒸馏塔去回收产品。通过常压蒸馏塔的切割温度来维持溶剂平衡，通常低于 300℃。塔底部分物料通过减压蒸馏来控制循环溶剂中的沥青含量。减压蒸馏塔的塔顶物料与常压蒸馏塔的部分塔底重新混合，作为循环溶剂去配煤浆。

　　循环溶剂中饱和物太多时，会降低萃取溶解的效率。所以对溶剂回收塔回收的部分溶剂进行热裂解，控制溶剂的不饱和度。

　　表 5-2-23 为 LSE 工艺的操作条件和液化结果。

表 5-2-23　LSE 工艺的操作条件和液化结果

操作条件	溶剂/煤（质量比）	2.2	产品收率（质量分数）/%	C$_1$~C$_4$气体	15.4
	萃取压力/MPa	1.5		C$_5$~300℃液化油	49.9
	萃取温度/℃	431		300~450℃过剩溶剂	12.4
	停留时间/min	50		沥青（>450℃）	0.8
	加氢压力/MPa	20		滤饼中有机物	23.9
	加氢温度/℃	434			
	空速/[kg/(kg·h)]	0.76			

　　LSE 工艺采用全馏分模式操作，有可能不需要减压蒸馏，不需要单独的热解步骤来保证溶剂的性能。

第四节　煤油共处理

　　煤油共处理是指同时对煤和非煤衍生油进行加工。煤油共处理所使用的油通常为低价值的高沸点物质，如来自石油加工业的沥青、超重原油、石油残渣或焦油液体烃。煤油共处理中的油同样用来配煤浆和作为煤的输送介质，但没有溶剂循环回路，基本工艺可以是单段或是两段。因此，一般而言，煤油共处理工艺基本上就是没有溶剂循环的直接液化工艺。在这类工艺中，大部分液体产品从油中衍生而不是由煤制得。煤油共处理的总目标是在煤液化的同时将石油衍生油提质，减少单位产品的投资和操作费用。但是，非煤衍生溶剂对煤的溶解性能较差，供氢性能也很低。因而，煤转化为液体产品的转化率相对较低。

　　煤油共处理技术的开发目前只达到几吨/天的 PDU 规模，还没有像其他煤直接液化工艺那样，达到 100t/d 以上的规模。但由于煤油共处理工艺的主要设备与液化工艺所用设备相似，所以应不是主要问题。而且此工艺不重复使用溶剂，不需对溶剂回收和循环利用，简化了工厂的设计。另外，不需溶剂循环也没有保证溶剂质量可能遇到的问题。

这里所介绍的煤油共处理工艺是以一定规模进行了示范或具有直接液化工艺中通常没有的一些特征的工艺。大多数情况下，这些工艺与已讨论的工艺相似。对工艺描述主要集中在与工艺相关的主要操作过程上，即生产蒸馏液体产品的必需过程。

一、日本通产省的 Mark I 和 Mark II 共处理工艺

Mark I 工艺是在 20 世纪 70 年代开发的，当时在日本九州建有 1t/d 装置。该项目作为日本阳光计划的一部分，由日本通产省资助。它与早期的 Bergius 工艺很相似，没有催化剂和氢气的热溶解工艺。

煤与石油的减压渣油配成煤浆，加热到 420℃，停留 1h。产品在高温分离器分出气体和轻质馏分，重质油用重力沉降法分离脱灰。主要产品是脱掉硫和金属的重质燃料油。如要继续加工，可以用于配煤炼焦或者直接作为洁净的锅炉燃料。蒸馏的产品油收率可以达到 30% 以上。尽管煤的性质对大多数蒸馏产物有影响，但它们还是来源于减压渣油。

Mark II 工艺分两步进行。第一步只对减压渣油在 420℃ 下加热 1h，这步与减黏裂化差不多，气体和轻质馏分的产率比较低。第二步再与煤一起在 380～400℃ 下反应 1h。在如此低的反应条件下，仅产生少量液体产品，所以此工艺比较适用于生产炼焦配煤原料。

二、Cherry-P 工艺

此工艺是大阪燃气公司开发的，建有 36t/d 的开发装置。

煤与减压渣油配成煤浆，在带有搅拌的反应器内于 400～450℃、0.5～2.0MPa 下反应。停留时间为 1～5h。也不加催化剂和氢气。反应产物经常压蒸馏和减压闪蒸分离。蒸馏油收率是总原料的 44%。由于用的是无烟煤，从煤中得到的产物较少。

此工艺的主要目的是用于重质石油渣油的提质，条件介于传统的减黏裂化和延迟焦化之间。虽然加入煤，但主要目的是防止反应器壁的结焦。

三、溶剂分离工艺

此工艺是一段法，用的反应器不同，用重力沉降法脱灰。1978 年在长崎建有 1t/d 装置。

煤与石油渣油配成煤浆，预热后在常压搅拌釜中加热到 400～410℃ 反应半小时。不加氢气和催化剂。反应产物到分离器脱除气体。用重力沉降法脱除固体。液体产品去蒸馏。蒸馏油收率较低，仅有加入原料的 11.5%。在有的变种工艺中，利用重油循环，可提高转化率，液体收率增加到约 30%。固体沉淀和结焦带来工厂操作的不便。由于重质煤液体与石油渣油的性质不同，大多数共处理工艺都会遇到类似困难。如果要克服此困难或将它降低到可接收的程度，对大规模的厂需要进行仔细的工程设计。

四、Mobil 共处理工艺

Mobil 公司在 20 世纪 80 年代开发了两段热共处理工艺。第一段是石油重油在 500℃、40.0MPa 下减黏裂化 2h，得到的最小转化率为 60%。从第一步得到的产品与煤在相同的压力下于 425℃ 共处理。

工艺没有很好确定，仅限于实验室规模。

五、Pyrosol 共处理工艺

此工艺是 20 世纪 80 年代初由 Pyrosol 液化工艺改造而成的。到 1985 年，工艺进展到向德国政府提议建立 1×10^6 t（煤）/a 的商业化示范厂。

在提议的示范工艺中，首先对重质粗油 1×10^6 t/a 进行精馏，回收原料中的蒸馏液体。剩余的油利用可弃性铁系催化剂在 450～475℃、20.0MPa 下加氢处理。

第一段的产物进行蒸馏回收馏出产品。残渣作为煤油共处理的溶剂。煤以较高比例与溶剂配成煤浆，煤的浓度超过 80%。第二段反应器的温度为 450～475℃，氢压 20.0MPa。蒸馏油收率高达 57%（干基无灰煤）。

六、Chevron 共处理工艺

此工艺为由 CCLP 演变来的两段工艺。1984 年，在加利福尼亚的 Richmond 建立了 6t/d 的开发装置。但从那以后，没有再进一步开发。

煤与约等量的石油重油配成煤浆，在 425～455℃、氢压 10.0～17.0MPa 下反应 1h，这步不加催化剂。反应物料再通过装有氧化铝作载体的镍-钨催化剂的固定床加氢裂化反应器，反应温度在 340～400℃，压力与第一段相同。可以得到高的转化率，沸点低于 340℃ 的液体油收率约 65%，大于 540℃ 的重质馏分小于 5%。

七、Lummus Crest 共处理工艺

此工艺由 Lummus ITSL 工艺演变而来，在 20 世纪 80 年代初期和中期，在 0.25t/d 装置上开发而成。

此工艺的关键在于配煤浆之前石油重油先预加氢。这样就增加了溶剂的供氢能力，从而增加了煤的溶解性，降低了结焦反应。预加氢原料可以从现有的炼油厂加氢装置中得到。也可以直接把减压渣油加入共处理的第二段反应器。这就使最重的馏分油作为循环溶剂。

煤和预加氢的减压渣油配成煤浆，在 430～450℃、氢压 14.0MPa 下不加催化剂短时间反应。反应物料直接进入第二段 LC-Finer 沸腾床反应器，反应温度 400～435℃，压力与前相同，使用的催化剂是载体加氢催化剂。与其他共处理工艺一样，可以选择把液化厂和现有的炼油厂建在一起。将近 90% 的煤在第一段反应器内被溶解，最终转化率达 95%。石油渣油的重质物质的总转化率为 70%～80%。总净蒸馏产品收率为原料的 50%～55%。

八、Alberta Research Council 共处理工艺

Alberta Research Council（ARC）与加拿大能源发展公司合作，最初开发了两段逆流反应器（CFR）用于对油沙沥青进行提质。后来，此工艺进行改造用于次烟煤和沥青的共处理。加入煤共处理据说与单独用沥青相比，蒸馏油收率要高。此工艺的独特之处在于第一段中运用了 CFR，并且用一氧化碳和水代替了氢气。第一段进行了 0.25t/d 的共处理和 5t/d 的单独对沥青的试验。没有进行第一段和第二段的连续、联合试验。

煤首先在第一段之前通过油团聚技术净化，然后与沥青、水和可弃碱金属催化剂配成煤浆。混合物从逆流反应器的上部加入，反应温度 380～400℃，压力 8.7MPa。一氧化碳从反应器的底部加入向上流动，通过变换反应制氢。由于轻质产品迅速从反应器中脱出，液相中

重质组分的有效停留时间变长，利用逆流方法可减少副反应。该工艺使用一氧化碳和蒸汽可降低次烟煤的高氧含量，比直接使用氢气更为有效且成本降低。

第二段不太明确，但大体而言，包括第二 CFR 反应器，操作温度可能在 420～480℃，压力在 17.5MPa。此段中可使用氢气或一氧化碳/蒸汽。第二段中产品不进行循环。

煤的转化率主要依赖煤的性质，在有些条件下，转化率可达 98%。两段总的产品收率约为干燥无灰煤和沥青原料的 70%。若仅使用沥青原料，工艺收率会降低，在 52%左右。这些数字可与从原料沥青中得到 34%收率的类似产品相比。

九、CANMET 共处理工艺

此工艺目的是对重质油加氢裂化。1985 年，在 Petro Canada Montreal 炼油厂建立了 5000 桶/d 商业化规模的厂。此工艺也曾建立规模为 0.5t/d 的装置来进行共煤油处理。

煤、可弃性催化剂与石油减压渣油或沥青配成煤浆，与氢气混合后加入单段上流式反应器中。

操作条件没有透露，温度可能在 400～440℃，压力比催化工艺要低，可能为 3.5MPa。

反应物经分离、蒸馏来回收蒸馏产品和不可蒸馏残渣。煤的转化程度主要依赖煤的性质，可能高达干基无灰煤的 98%。沥青和减压残渣中高沸点物质的转化率可达 70%，主要依靠反应程度。总净油收率为干基无灰煤的 80%。

CANMET 同样曾将其工艺改造为直接液化工艺。在改造后的工艺中，在产品精馏段回收循环溶剂而不是沥青或减压渣油。对此工艺的信息较少，可能还没有试验充分。

十、Rheinbraun 共处理工艺

20 世纪 70 年代，Rheinbraun 开发了对褐煤单段催化液化的工艺，使用的催化剂为可弃性催化剂，操作温度 460℃，压力 3×10^7Pa。此工艺与其他几种单段直接液化工艺相似，在 Rheinbraun 的 Wesseling 炼油厂建立了 0.25t/d 的开发装置，于 1978 年开始投入运转。这个厂在 1985 年被改造进行一次通过的共处理工艺。

Rheinbraun 操作条件与最初的液化工艺相似。可弃性催化剂可能是衍生得到的焦，它可以用来防止在反应中结焦，同时使原料石油减压渣油中金属沉积在焦上。而这些金属可以使焦有一定的催化活性。

十一、TUC 共处理工艺

Clausthal 工业大学开发了通过量为 0.1t/d 的共处理试验装置，在 1982 年投入运转。此工艺与先前提到的一些工艺相似。褐煤与石油渣油配成煤浆，然后加入含铁和"裂解氧化物"的可弃性催化剂。混合物在 400～450℃、2.5×10^7Pa 下进行反应，停留时间为 10～30min。煤的转化率可达 64%，总液体收率为 83%。用由等量氢气和一氧化碳混合成的合成气的结果与仅用氢气的结果相似。

十二、UOP 煤浆-催化共处理工艺

Signal-UOP 是早期美国直接液化工艺开发者之一，对单段和两段工艺都进行了研究，但没有到大规模，而且也没有单独资料。1970 年开始了共处理方法的研究。

　　煤与石油渣油、催化剂一起配成煤浆，与氢气混合后加入上流式反应器中。早期工作用的是钒催化剂，后来使用钼系催化剂，这样可使催化剂用量降至原料的 0.05%。反应压力 20.7MPa，温度 420~470℃。反应物料经闪蒸回收轻质产品。大部分闪蒸塔底循环至反应器底部来保证最小循环比。这可以提高转化率并可使反应器在较高温度下操作。其他剩余闪蒸塔底经减压蒸馏回收中油和重质馏分。与其他大部分小规模的共处理研究一样，也没有对减压塔底物进行进一步的下游加工，催化剂也是可弃性催化剂。

　　据称，利用伊利诺斯 6♯煤的转化率为 92%。这个结果可与现代主要的直接液化工艺使用相同煤得到的收率相比，它比大部分其他共处理工艺的收率要高。在同一试验中，减压渣油中不可蒸馏物质的转化率为 83%，总蒸馏油收率是全部原料重量的 69%。在此工艺中，煤和石油渣油作用基本加和，而不同于其他一些工艺的协同作用。

　　UOP 的主要兴趣放在催化剂的开发上，尽管已进行过中试规模的连续运转试验，但没有再进行放大研究。与其他共处理路线一样，它与由相同开发者开发的重油提质工艺十分相像。

十三、HRI 共处理工艺

　　HRI（现在的 HTI）从 1985 年开始进行共处理试验工作，以催化两段直接煤液化工艺 CTSL 为基础，只是此工艺中没有溶剂循环回路。进行的试验主要针对褐煤和其他低品质煤种。

　　据称煤的转化率可达 91%，根据条件而不同。石油渣油重质物质的转化率在 80%~90%，总蒸馏油收率是总原料重量的 77%~86%。此共处理工艺中可能有协同作用，催化剂寿命和活性也都增加。这可能是由于未转化的煤和矿物质粒子可将重金属特别是钒清除。石油渣油中常含此类重金属，如不清除会沉积在催化剂上。

参考文献

[1] 埃利奥特．煤利用化学．孙弄，高建辉，杨寿金，译．北京：化学工业出版社，1991：394.
[2] Pastor G R，Keetly D J，Naylor J D．Operation of the SRC Pilot Plant// American Institute of Chemical Engineers Meeting. Los Angeles，1975.
[3] Wolk R，Stewart N，EPRIJ，1976，1 (4)：12-16.
[4] Schmid B K，Jackson D M. The SRC-Ⅱ Processes// 3rd Annu Conf Coal Gasification and Liquefaction. University of Pittsburgh，1976.
[5] Frank H G，Knop A. Kohleveredlung Chemie und Technologie. Berlin：Springer-Verlag，1979.
[6] Hessley R K，et al. Coal Science. New York：A Weley-intercurce Publication，1986.
[7] Kronig W，Falbe E J. Chemierohstoff aus Kohle. Stuttgart：Georg Thieme Verlag，1977.
[8] Looper H D，Lehman L H. The Importance of the Kentucky H-Coal Pilot Plant. 4th Energy Resource Conf. Louisville：University of Kentucky，1976.
[9] Hellwig K C，Chervenak M C，Johanson E S，et al. Convert Coal to Liquid Fuels with H-Coal// American Institute of Chemical Engineers 62nd Meeting. Salt Lake City，1967.
[10] Johnson C A，Chervenak M C，Johanson E S，et al. Scale-Up Factors in the H-Coal Process// American Institute of Chemical Engineers Meeting. New York，1972.
[11] 云南先锋煤直接液化项目可行性研究报告．
[12] IEA. Coal Liquefaction. Technology Status Report 010，1999.
[13] 木村英雄，藤井修冶．石炭化学と工業，东京：三共出版株式会社，1976.
[14] 日本コールオイル株式会社．石炭液化パイロットプラント运转完了报告，1998.
[15] 通产省工业技术院．NEDO．平成 8 年度 ニューサンシャイン计画成果报告书概要集，1997.
[16] 黑龙江省依兰煤直接液化项目 F/S 调查报告．

[17]　Struck R T，Zielke C W，Gorin E. Zinc Chloride Coal Liquefaction Process. Report fou U. S. ERDA under Contract No. E (49-18) -1743，Conoco Coal Development Company，1976.

[18]　МАЛОЛЕТНЕВ А С，КРИЧКО А А，ГАРК УША А А. ПОЛУЧЕНИЕ СИНТЕИТИЧЕСКОГО ЖИД КОГО ТОПЛИВА ГИДРО・ГЕНИЗАЦИЕЙ УГЛ ЕЙ. МОСКВА "НЕДРА"，1992.

[19]　Clapper T W，Baldwin R A. Kerr McGee Corporation，private communication to N. C. Stewart，EPRI，1976.

[11] Sanford E C, Steer J G, Muehlenbachs K, et al. Hydrogen Transfer in Model Compounds and Athabasca Bitumen[J]. Preprints 1992.

[12] Zhang S, Zhang Y, Riley J T, et al. Pretreatment of Biomass Using Ionic Liquids: Research Updates[J]. Renewable Energy 2016.

[13] Swietlik R, Molik A, Molenda M, et al. Chromium Speciation in Sediments[J]. Water Air Soil Pollut 2011.

[14] Corma A, Huber G W. Biomass Conversion[J].

第三章
液化油提质加工

　　煤炭直接液化工艺所生产的液化粗油，保留了液化原料煤的一些性质特点，芳烃含量高，氮、氧杂原子含量高，色相与储藏稳定性差等，如要得到与石油制品一样的品质，必须进行提质加工。但是，由于液化油的性质与石油有很大的差异，因此液化油的提质加工与石油相比，需要更苛刻的提质加工条件，也需要开发针对液化油特性的催化剂和加工工艺。表5-3-1 为液化油汽油馏分与石油汽油馏分性质的比较，表5-3-2 为液化油柴油馏分与石油柴油馏分性质的比较。

表 5-3-1　液化油汽油馏分与石油汽油馏分性质的比较

项　目	液 化 油	石 油	GB
O(质量分数)/%	2.2	0	
S(质量分数)/10^{-6}	560	300	<100
N(质量分数)/10^{-6}	3000	10	
胶质/(mg/100mL)	150	0	<5
辛烷值(RON)	56	65~70	>90

表 5-3-2　液化油柴油馏分与石油柴油馏分性质的比较

项　目	液 化 油	石 油	GB
O(质量分数)/%	1.3	0	
S(质量分数)/10^{-6}	100	13000	<500
N(质量分数)/10^{-6}	6500	40	
十六烷值	14	56	>45

第一节 煤液化粗油的性质

煤液化粗油的性质与液化原料煤的种类、工艺过程和条件有很大关系。表 5-3-3 为美国、德国煤在一些液化工艺装置上的液化粗油性质。

表 5-3-3 煤液化粗油的性质

液化粗油种类	Wyodak H-Coal	Illinois H-Coal	SRC-Ⅱ	Saarberg
相对密度	0.8493	0.8995	0.9427	0.95
平均分子量	130	147	132	140
黏度/cP[①]	1.225	1.645	2.196	
残炭(质量分数)/%	0.23	0.29	0.70	0.1
庚烷不溶物(质量分数)/%	0.068	0.35	0.047	0.5
灰分(质量分数)/10^{-6}	<20	90	40	
溴价(质量分数)/%	26	42	70	
C(质量分数)/%	86.20	86.96	84.61	85.9
H(质量分数)/%	12.74	11.39	10.46	9.7
S(质量分数)/%	0.041	0.32	0.29	0.05
O(质量分数)/%	0.85	1.80	3.79	3.5
N(质量分数)/%	0.17	0.46	0.85	0.8
Fe/10^{-6}	9.0	22	7.5	
Cl/10^{-6}	3	32	50	
H/C 原子比	1.76	1.56	1.47	1.36
H_2O/10^{-6}	<500	2217	6000	
IBP/℃	12	13	13	40
5%/℃	69	81	87	90
10%/℃	78	101	116	
30%/℃	127	167	193	
50%/℃	179	207	218	235
70%/℃	221	247	245	
90%/℃	279	309	294	
95%/℃	317	346	339	370
99%/℃	418	407	438	390
芳烃含量(质量分数)/%				65
杂酚含量(质量分数)/%				12

① 1cP=1mPa·s。

表 5-3-4 为中国的依兰煤在 NEDOL 工艺上的液化粗油性质。表 5-3-5 和表 5-3-6 为中国的神华煤在 HTI 工艺上的液化油性质。

表 5-3-4　NEDOL 工艺依兰煤煤液化粗油的性质

项　目	馏分分析/℃						相对密度 (40℃)	元素分析(质量分数)/%				
	IBP	10%	50%	70%	90%	EP		C	H	N	O	S
轻质石脑油	51	74	139	163	179	190	0.785	82.42	12.87	0.52	4.13	0.06
重质石脑油	199	204	206	208	212	249	0.918	84.85	10.01	0.77	4.34	0.03
常压轻油	216	225	226	228	231	246	0.917	86.56	10.46	0.85	2.11	0.02
常压重油	255	266	288	314	371	380	0.966	88.84	9.78	0.70	0.65	0.03

表 5-3-5　HTI 工艺神华煤常压蒸馏塔顶油(NSB)的性质

项　目	9 月 5 日	9 月 6 日	9 月 7 日	9 月 8 日	9 月 9 日
在线加氢反应器	运转	运转	运转	运转	旁路
API 度		31.3	31.3	31.3	26.7
密度(15.6℃)/(g/cm³)		0.8690	0.8690	0.8690	0.8942
元素分析					
C(质量分数)/%	87.76	88.12	88.48	88.83	87.30
H(质量分数)/%	12.20	11.86	11.82	11.73	10.83
N/10^{-6}	31	38	87	19	3186
S/10^{-6}	47	22	64	9	927
馏分分布/℃					
IBP	67	65	65	66	67
5%(质量分数)	82	81	81	81	82
10%(质量分数)	95	95	95	95	112
20%(质量分数)	136	145	137	140	156
30%(质量分数)	173	185	174	181	188
40%(质量分数)	205	216	212	214	211
50%(质量分数)	232	244	241	242	236
60%(质量分数)	255	268	266	266	262
70%(质量分数)	278	288	286	286	283
80%(质量分数)	305	311	308	310	306
90%(质量分数)	345	338	335	366	336
99.5%(质量分数)	464	513	513	512	515

表 5-3-6　常压蒸馏塔顶油(NSB)分析数据(9 月 8 日样品)

项　目	全馏分	IBP～82℃	82～182℃	182～220℃	220～350℃	350℃
各馏分占全样(质量分数)/%	100	5.16	22.10	10.33	54.08	8.33
API	24.6	64.5	50.2	33.5	21.5	16.2
密度(15.6℃)/(g/cm³)	0.9065	0.7219	0.7788	0.8576	0.9248	0.9589

续表

项　目	全馏分	IBP～82℃	82～182℃	182～220℃	220～350℃	350℃
倾点/℃					−56.8	
冷凝点/℃	−62			<−77	−61.8	16
苯胺点/℃	32.2			29.4	30.0	43.0
黏度(38℃)/cP				1.39	5.02	
黏度(100℃)/cP						3.69
元素分析						
C(质量分数)/%	87.98	85.64	86.65	87.32	88.64	89.54
H(质量分数)/%	12.02	14.36	13.35	12.68	11.36	10.46
N/10⁻⁶	10.1	1.5	5.3	10.2	6.6	126.2
S/10⁻⁶	9.4	3.2	1.3	2.9	6.8	89.7
族组成分析(质量分数)/%						
正构烷烃		27.2	30.9	23.1	18.6	
异构烷烃		16.9				
环烷烃		52.7	55.5	46.2	24.7	
芳烃		2.7	12.4	28.4	48.1	
烯烃		0.5	1.2	1.6	8.1	

从以上各表可以看出，对煤液化粗油的性质作一准确的描述是比较困难的，但可以概括出一些共同特性。

煤液化粗油的杂原子含量非常高。氮含量范围为 0.2%～2.0%，典型的氮含量在 0.9%～1.1%（质量分数）的范围内，是石油氮含量的数倍至数十倍，杂原子氮可能以咔唑、喹啉、氮杂菲、氮蒽、氮杂芴和氮杂荧蒽的形式存在。硫含量范围为 0.05%～2.5%，不过一般为0.3%～0.7%（质量分数），低于石油的平均硫含量，大部分以苯并噻吩和二苯并噻吩衍生物的形态存在。煤液化粗油中的氧含量范围可以从 1.5%（质量分数）一直到 7%（质量分数）以上，具体取决于煤种和液化工艺，一般在 4%～5%（质量分数）。有在线加氢或离线加氢的液化工艺，由于液化粗油经过了一次加氢精制，液化粗油中的杂原子含量大为降低。

煤液化粗油中的灰含量取决于固液分离方法，采用旋流分离、离心分离、溶剂萃取沉降分离的液化粗油中含有灰，这些灰在采用催化剂的提质加工过程中，会引起严重的问题。采用减压蒸馏进行固液分离的液化粗油中不含灰。

液化粗油中的金属元素种类和含量与煤种和液化催化剂有很大关系，一般含有铁、钛、硅和铝。

煤液化粗油的馏分分布与煤种和液化工艺关系很大，一般分为：轻油，又可分为轻石脑油（IBP～82℃）和重石脑油（82～180℃），占液化粗油的 15%～30%（质量分数）；中油（180～350℃），占 50%～60%（质量分数）；重油（350～500℃或 540℃），占 10%～20%（质量分数）。

煤液化粗油中的烃类化合物的组成广泛，含有 60%～70%（质量分数）的芳香族化合物，通常含有 1～6 个环，有较多的氢化芳香烃。饱和烃含量约 25％（质量分数），一般不超过 4 个碳的长度。另外还有 10％（质量分数）左右的烯烃。

煤液化粗油中的沥青烯含量，对液化粗油的化学和物理性质有显著的影响。沥青烯的分子量范围为 300～1000，含量与液化工艺有很大关系，如溶剂萃取工艺的液化粗油中的沥青烯含量高达 25％（质量分数）。

第二节　液化粗油提质加工研究

液化粗油是一种十分复杂的烃类化合物混合体系。液化粗油的复杂性在对其进行提质加工生产各种产品时带来许多问题，往往不能简单地采用石油加工的方法，需要针对液化粗油的性质，专门研究开发适合液化粗油性质的工艺，包括催化剂。

液化粗油的提质加工一般以生产汽油、柴油和化工产品（主要为 BTX）为目的。目前液化粗油提质加工的研究，大部分都停留在实验室的研究水平，采用石油系的催化剂。

一、煤液化石脑油馏分的加工

煤液化石脑油馏分约占煤液化油的 15％～30％，有较高的芳烃潜含量，链烷烃仅占 20％左右，是生产汽油和芳烃（BTX）的合适原料。但煤液化石脑油馏分含有较多的杂原子（尤其是氮原子），必须经过十分苛刻的加氢才能脱除，加氢后的石脑油馏分经过较缓和的重整即可得到高辛烷值汽油和丰富的芳烃原料。表 5-3-7 为几种煤液化石脑油馏分加氢和重整试验数据。

采用石油系 Ni-Mo、Co-Mo、Ni-W 型催化剂和比石油加氢苛刻得多的条件下，可以将煤液化石脑油馏分中的氮含量降至 10^{-6} 以下，但带来的严重问题是催化剂的寿命和反应器的结焦问题。由于煤液化石脑油馏分中氮含量高，有些煤液化石脑油馏分中氮含量高达 $(5000～8000)×10^{-6}$，研究开发耐高氮加氢催化剂是十分必要的，另外对煤液化石脑油馏分脱酚和在加氢反应器前增加装有特殊形状填料的保护段来延长催化剂寿命也是有效的方法。

二、煤液化中油的加工

煤液化中油约占全部液化油的 50％～60％。芳烃含量高达 70％以上。表 5-3-8 为几种煤液化中油馏分的性质。

表 5-3-7　几种煤液化石脑油馏分加氢、重整试验数据

项　　目	H-Coal		SRC-Ⅱ		EDS		德国工艺石脑油加氢后
	原　料	加氢后	原　料	加氢后	原　料	加氢后	
相对密度	0.8076	0.7936	0.8265	0.771	0.8328	0.8058	0.802
初馏/终馏	55.6/202	67.2/200	41.6/186	57.7/198	61/193	94/190	
$S/10^{-6}$	1289	—	4400	0.2	9978	0.1	<0.6
$N/10^{-6}$	1930	0.63	5140	0.8	2097	0.2	<1
$O/10^{-6}$	5944	34	7814	359	13700	98	

续表

项　目	H-Coal		SRC-Ⅱ		EDS		德国工艺石脑油加氢后
	原　料	加氢后	原　料	加氢后	原　料	加氢后	
Cl/10^{-6}	23	4	195	4	18	1	—
极性物(质量分数)/%	4.2	—	6.8	—	8.7	—	—
芳烃	18.6	19.4	16.2	22.0	25.3	21.6	30.4
烯烃	5.5	—	8.4	—	9.9	—	—
环烷烃	55.5	64.6	37.1	52.8	42.9	65.5	50.3
链烷烃	16.2	16.0	31.5	25.2	13.2	12.9	19.6
辛烷值	80.3	66.8	80.8	70.9	83.2	64.5	70.4
加氢氢耗量	0.95		1.08		1.63		
重整汽油产率(质量分数)/%	88.1		88.0		89.6		86.5
氢气产率(质量分数)/%	3.4		3.1		3.4		2.5
辛烷值	102.6		99.9		101.5		103.5
芳烃含量(质量分数)/%	83.3		83.8		79.4		82.1
加氢条件与石油系石脑油加氢比较	空速为其 1/8,温度高 33℃,压力高 3.15MPa						
重整条件与石油系重整比较	空速为其 1.5 倍,温度低 10~120℃,压力相同						

表 5-3-8　几种煤液化中油馏分的性质

项　目	Illinois H-Coal	Piffsbwrg-Seam SRC-Ⅱ	EDS	项　目	Illinois H-Coal	Piffsbwrg-Seam SRC-Ⅱ	EDS
沸点范围/℃	177~316	177~288	177~316	芳烃含量(体积分数)/%	71.2	81.0	85.7
占液化粗油/%	53.7	63.0		IBP/℃	165	149	153
相对密度	0.9422	0.9725	0.9705	5%/℃	183	183	193
平均分子量	190	172		10%/℃	189	187	197
黏度	2.489	3.114	33.0SSU①	30%/℃	217	208	210
C(质量分数)/%	87.63	86.54	89.83	50%/℃	233	225	224
H(质量分数)/%	9.86	8.49	9.12	70%/℃	258	240	249
S(质量分数)/%	0.096	0.18	0.027	90%/℃	289	265	286
N(质量分数)/%	0.49	0.99	0.117	95%/℃	301	260	296
O(质量分数)/%	1.92	3.80	1.17	99%/℃	320	337	319
Cl/10^{-6}	12	2.5					

① 1SSU=1/16.1mm^2/s。

　　煤液化中油馏分的沸点范围相当于石油的煤柴油馏分,但由于该馏分的芳烃含量高达 70%~80%(质量分数),不进行深度加氢,难以符合市场柴油的标准要求。表 5-3-9 为美国在煤液化中油加氢研究中采用的几种催化剂性质,表 5-3-10 和表 5-3-11 为 H-Coal 和 SRC-Ⅱ液化中油的加氢条件和结果以及柴油性质。

表 5-3-9　加氢提质催化剂的性质

催化剂型号	Chrvron		Shell324	Cyanamid		BASF8-21
	ICR106	ICR103		HDN-1197	HDS-1443	
NiO	Ni	Ni	3.24	3.7	2.9	3.0
CoO						
MoO$_2$	W	Mo	20.10	21.7	15.5	15
P$_2$O$_5$			6.87			
Al$_2$O$_3$	Al$_2$O$_3$	Al$_2$O$_3$	65.09			Al$_2$O$_3$
SiO$_2$	SiO$_2$	SiO$_2$	0.40			
Na$_2$O			0.13			
堆密度/(g/mL)			0.855			0.72
比表面/(m^2/g)			188	180	306	150
孔容积/(mL/g)			0.396	0.379	0.764	0.6
平均孔径/Å			98	104	100	
孔分布			单峰	单峰	双峰	

表 5-3-10　H-Coal 和 SRC-Ⅱ 液化中油加氢条件和结果

项　目		Illinois H-Coal	Wyodak H-Coal	SRC-Ⅱ	ASTM D1655
加氢条件	催化剂	ICR-106	CR-106	ICR-106	—
	温度/℃	399	400	399	
	LHSV/h^{-1}	0.5	1.0	0.5	
	总压/MPa	15.6	15.8	16.1	
	总气体流量(气/油)	1800	1610	3037	
	循环气体流量(气/油)	1410	1380	2450	
产品收率(质量分数)/%	C$_1$～C$_6$	0.34	0.49	1.04	—
	C$_6$～120℃	17.03	25.69	20.07	
	120～178℃	23.15	26.16	22.06	
	178℃以上	59.12	47.66	56.83	
	其中 315℃以上	5.0	2.5	2.5	
H$_2$耗量(质量分数)/%		4.13	2.37		
120～290℃ 产品性质	相对密度	0.8398	0.8265	0.8433	0.84～0.775
	烟点/mm	23	21	22	>20
	凝点/℃	−47	−40	−58	<−40
	热稳定性	No.1		No.1	No.1 或 2
	JFTDT 试验(260℃)	ΔP=0		ΔP=0	ΔP<25mm
	芳烃含量/%	2.3	3.6	5.0	<20
	胶质含量/10^{-6}	1	1	2	<7
	Cu 试验	No.1	No.1	No.2	No.1
	D86 蒸馏终点	<290	<290	<290	<299
	闪点/℃	42	>37.8	>37.8	>37.8

表 5-3-11 H-Coal 和 SRC-Ⅱ 液化中油的加氢柴油性质

项 目	柴油标准 ASTM D975-78			120℃以上加氢产品		
	No. 1D	No. 2D		Illinois	Wyodak	SRC-Ⅱ
	全气候	典型气候	冷气候	H-Coal	H-Coal	
十六烷值	>40	>40	>40	约 42	41	38
凝点/℃			<−12	−45.5	−29	−62
S 含量(质量分数)/%	<0.5	<0.5	<0.5	0.0001	0.0002	0.0002
闪点/℃	>38	>52	>52	47	46	46
灰分(质量分数)/%	<0.01	<0.01	<0.01	<0.002	<0.002	<0.002
D_{86} 90%/℃	<288	282~293	293	266	259	256
黏度(40℃)/cSt[①]	1.3~2.4	1.9~4.1	1.7~4.1	1.678	1.441	1.606
Cu 试验	<No. 3	<No. 3	<No. 3	No. 1	No. 1	No. 1
芳烃含量/%				2.7	3.6	3.8
149℃以上产品						
闪点/℃				54	54	54
D_{86} 90%/℃				279	<259	262
黏度(40℃)/cSt				1.898	1.701	1.869

① $1cSt=10^{-6} m^2/s$.

制取柴油需进行苛刻条件下的加氢,氢气消耗较高。从煤液化中油制取的柴油是低凝固点柴油。柴油的十六烷值在 40 左右,距现在的中国 45 的标准还有一定距离。从煤液化中油还可以得到高质量的航空煤油。但真正应用还需要做发动机试验。

三、煤液化重油的加工

煤液化重油馏分的产率与液化工艺有很大关系,一般占液化粗油的 10%~20%(质量分数),有的液化工艺这部分馏分很少。煤液化重油馏分由于杂原子、沥青烯含量较高,加工较为困难。研究的一般加工路线是与中油馏分混合共同作为加氢裂化的原料和与中油馏分混合作为 FCC 原料。除此以外,主要用途只能作为锅炉燃料。

煤液化中油和重油混合经加氢裂化可以制取汽油。加氢裂化催化剂对原料中的杂原子含量及金属盐含量较为敏感。因此,在加氢裂化前必须进行深度加氢来除去这些催化剂的敏感物。煤液化中油和重油混合加氢裂化采用的工艺路线为 2 个加氢系统:第一个系统为原料的预加氢脱杂原子和金属元素,反应条件较为缓和,催化剂为 UOP-DCA;第二个加氢系统为加氢裂化,采用 2 个反应器串联,进行深度加氢裂化,裂化产物中>190℃的馏分油在第二个加氢系统中循环,最终产物全部为<190℃的汽油。表 5-3-12 和表 5-3-13 为预加氢和加氢裂化的条件和结果。

表 5-3-12 煤液化粗油中重馏分的加氢裂化前的预加氢

项 目	H-Coal		SRC-II	
	原料	第1步加氢后	原料(已预加氢)	进一步加氢
API	9.4	15	22.0	27.7
相对密度	1.0043	0.9659	0.9218	0.8888
蒸馏数据(ASTM D1160)/℃				
IBP	229	192	158	
5%	252	229	184	134
10%	260	252	193	173
50%	304	293	233	220
90%	382	363	298	280
95%	416	387	322	304
终点	460	421	379	362
底残(体积分数)/%	1.0	1.0		
C(体积分数)/%	89.32	89.43		
H(体积分数)/%	9.36	10.49		
S(体积分数)	0.07%	76×10^{-6}	6.3×10^{-6}	5.5×10^{-6}
N(体积分数)	0.39%	619×10^{-6}	608×10^{-6}	0.4×10^{-6}
O(体积分数)	0.51%	0.143%	4700×10^{-6}	
灰/10^{-6}	—	—		
庚烷不溶物(体积分数)/%	1.6	0		
残炭(体积分数)/%	—	—		
芳烃和极性物(体积分数)/%	85	85	68.0	49.2
H_2耗量/(SCF/bbl)[①]	860		900	
产品油占原料/%	99.1		100.5	

① 1SCF/bbl=0.0929m³/桶。

表 5-3-13 加氢裂化反应条件及产品性质

项 目		H-Coal	EDS	SRC-II	
催化剂		UOP-DCA[①]	UOP-BDC		ICR-106
	第1步 $p-p_b$/MPa	2.5	5.6	绝	11.2MPa
	$T-T_b$/℃	−20	−12	对	氢分压 10MPa
	反应 LHSV/LHSV$_b$	0.9	1.6	值	368℃
条件	第2步 催化剂	VOP-DCB HCA			ICR-202
	$p-p_b$/MPa	3.5	3.5		9.8MPa
	$T-T_b$/℃	27	11	绝	氢分压 8.5MPa
				对	311℃
	LHSV/LHSV$_b$	1.0	1.0	值	1.10
					5859SCF/bbl[②]

项　　目		H-Coal	EDS	SRC-Ⅱ
产品分布	$C_1 \sim C_2$	2.54	1.67	0.11
	C_3	9.93	5.30	2.27
	C_4	16.09	13.49	15.2
	C_{4+}	76.86	80.84	85.8
	H_2O	0.40	7.15	
	NH_3	0.40	0.81	
	H_2S	0.10	0.52	
	合计	106.32	105.78	
氢耗(质量分数)/%		6.32	5.78	
SCF/bbl		3880	3640	1918
C_5产率(体积分数)/%		97.9	105.0	99.9
汽油辛烷值		93.4	82.8	84.3
性质 芳烃含量				7.09
环烷烃含量				70.51
烷烃含量				22.4

① UOP 报告中反应条件都为相对值，p_b、T_b、$LHSV_b$ 为石油工业中常用的典型反应条件。

② $1SCF = 0.0929 m^3/$桶。

　　煤液化中油和重油混合后采用催化裂化（FCC）的方法也可制取汽油。美国在研究煤液化中油馏分的催化裂化时发现：煤液化中油和液化重油混合物作为 FCC 原料，在工艺上要实现与石油原料一样的积炭率，必须对液化原料进行预加氢，要求 FCC 原料中的氢含量必须高于 11%（质量分数）。这样，对煤液化中油和液化重油混合物的加氢成为必不可少，而且要有一定的深度，即使这样，煤液化中油和液化重油混合物的催化裂化的汽油收率还只有 50%（体积分数）以下，低于石油重油催化裂化的汽油收率（70%，体积分数）。

第三节　液化粗油提质加工工艺

　　液化粗油提质加工的研究工作除日本以外，目前大部分停留在实验室的研究阶段，距工业化应用还有一定距离。

一、日本的液化粗油提质加工工艺

　　日本政府从 1973 年开始实施阳光计划，开始煤炭直接液化技术的系统研究开发。在新能源产业技术综合开发机构（NEDO）的主持下，成功开发了烟煤液化工艺（NEDOL 工艺，150t/d PP 装置规模）和褐煤液化工艺（BCL 工艺，50t/d PP 装置规模），同时把液化粗油的提质加工工艺研究列入计划。1990 年在完成了实验室基础研究的同时，开始设计建设 50 桶/d 规模的液化粗油提质加工中试装置。目前该装置已在日本的秋田县建成，以烟煤液化工艺（NEDOL 工艺，150t/d PP 装置规模）和褐煤液化工艺（BCL 工艺，50t/d PP 装置规模）的液化粗油为原料，正在进行液化粗油提质加工的运转研究。

　　日本的液化粗油提质加工工艺流程见图 5-3-1。

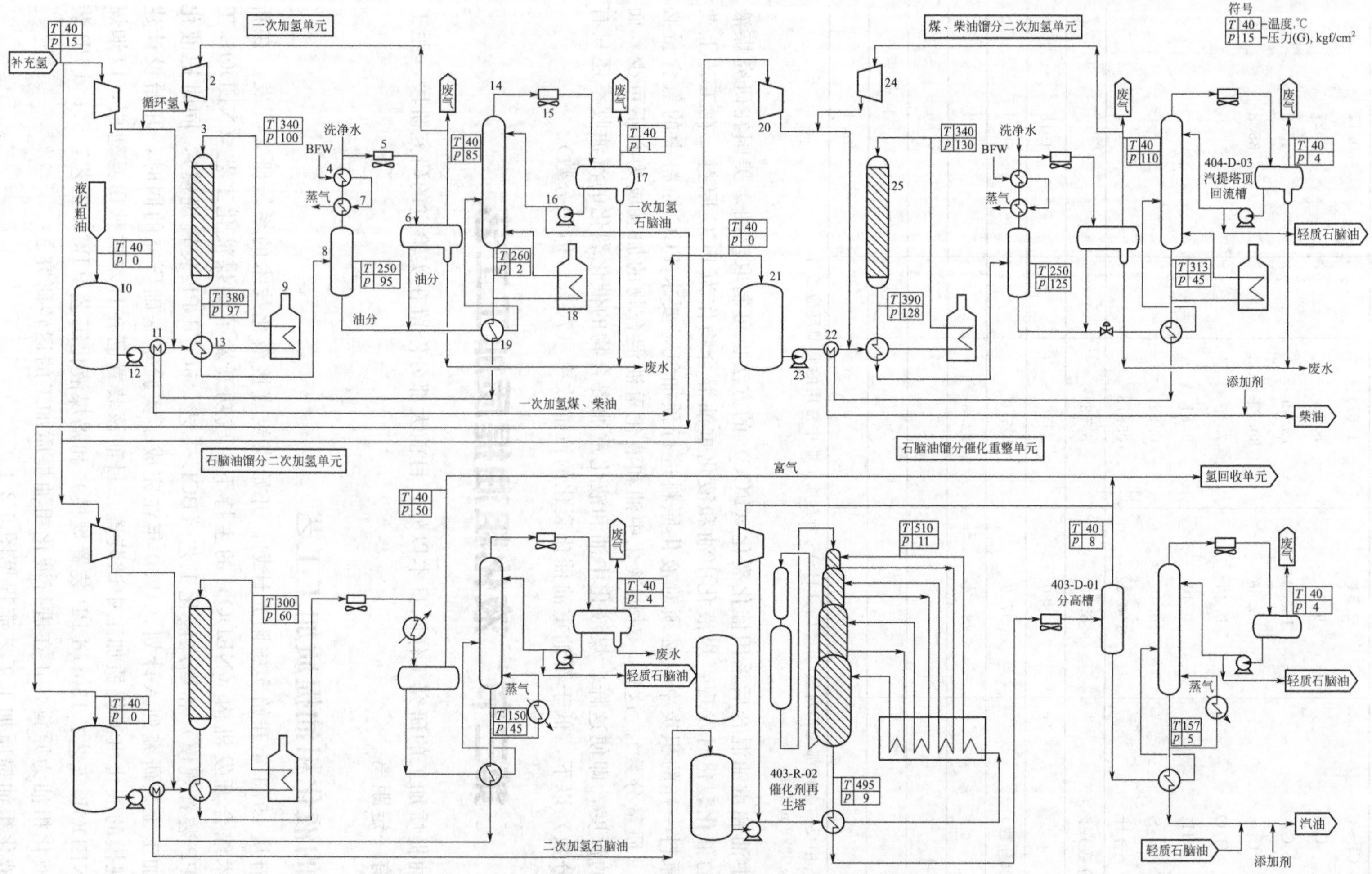

图 5-3-1 日本的液化粗油提质加工工艺流程

1、14、15、20—401-K-01 氢气压缩机；2、24—401-K-02 循环氢气压缩机；3—401-R-10 一次加氢反应器；4—401-E-04BFW 高温分离器；5—401-E-05 高分气冷却器（2）；6—401-D-02 低温分离器；7—401-E-03 高分气冷却器（1）；8—401-D-01 原料油槽；9—401-F-01 反应塔供给泵；10—401-T-01 液化氢油罐；11—401-E-01 原料预预热器；12—401-P-01 顶四流泵；13—401-E-02 原料、反应物热交换器；16—40-P-02 分离塔顶四流泵；17—401-D-03 分离柴油罐；18—401-F-02 分离塔重沸器加热炉；19—401-E-07 分离塔预预热器；21—404-T-01 一次加氢塔预预热器；22—404-E-01 原料油塔预热器；23—404-P-01 原料油供给泵；25—404-R-01 煤、柴油加氢反应器

日本液化粗油提质加工工艺流程描述：

日本液化粗油提质加工工艺流程由液化粗油全馏分一次加氢部分，一次加氢油中煤、柴油馏分的二次加氢部分，一次加氢油中石脑油馏分的二次加氢部分，二次加氢石脑油馏分的催化重整部分 4 个部分构成。

在一次加氢部分，将全馏分液化粗油，通过加料泵升压，与以氢气为主的循环气体混合，在加热炉内预热后，送入一次加氢反应器。一次加氢反应器为固定床反应器，采用 Ni/W 系催化剂进行加氢反应。加氢后的液化粗油经气液分离后，送分离塔。在分离塔内被分离为石脑油馏分和煤、柴油馏分，分别送石脑油二次加氢和煤、柴油二次加氢。一段加氢精制产品油的质量目标值是：精制产品油的氮含量在 1000×10^{-6} 以下。

煤、柴油馏分二次加氢与一次加氢基本相同。将一次加氢煤、柴油馏分，通过煤、柴油加料泵升压，与以氢气为主的循环气体混合，在加热炉内预热后，送入煤、柴油二次加氢反应器。煤、柴油二次加氢反应器也为固定床充填塔，采用 Ni/W 系催化剂进行加氢反应。加氢后的煤、柴油馏分经气液分离后，送煤、柴油吸收塔。将煤、柴油吸收塔上部的轻质油取出混入重整后的石脑油中，塔底的柴油送产品罐。煤、柴油馏分二次加氢的目的是提高柴油的十六烷值，使产品油的质量达到：氮含量 $<10 \times 10^{-6}$，硫含量 $<500 \times 10^{-6}$，十六烷值在 35 以上。从目前完成的试验结果来看，经过二次加氢的柴油的十六烷值可达 42。

石脑油馏分二次加氢与一次加氢基本相同。将一次加氢石脑油馏分，通过石脑油加料泵升压，与以氢气为主的循环气体混合，在加热炉内预热后，送入石脑油二次加氢反应器。石脑油二次加氢反应器也为固定床充填塔，采用 Ni/W 系催化剂进行加氢反应。加氢后的石脑油馏分经气液分离后，送石脑油吸收塔。将石脑油吸收塔的轻质油取出混入重整后的石脑油中，塔底的石脑油进行热交换后送重整反应。石脑油馏分二次加氢的目的是防止催化重整催化剂中毒，由于催化重整催化剂对原料油的氮、硫含量有较高的要求，一段加氢精制石脑油必须进行进一步加氢精制，使石脑油馏分二次加氢后产品油的氮、硫含量均在 1×10^{-6} 以下。

在石脑油催化重整中，将二次加氢的石脑油，通过加料泵升压，与以氢气为主的循环气体混合，在加热炉内预热后，送入石脑油重整反应器。石脑油重整反应器为流化床反应器，采用 Pt 系催化剂进行催化重整反应。催化重整后的石脑油经气液分离后，送稳定塔，稳定塔出来的汽油馏分与轻质石脑油混合，作为汽油产品外销。催化重整使产品油的辛烷值（ROM）❶ 达到 90 以上。

Pt 系催化剂的一部分从石脑油重整反应器中取出，送再生塔进行再生。

二、中国的液化粗油提质加工工艺

中国煤炭科学研究总院北京煤化学研究所从 20 世纪 70 年代末开始从事煤直接液化技术研究，同时对液化粗油的提质加工也进行了深入研究，开发了具有特色的提质加工工艺，并在 2L 加氢反应器装置上进行了验证试验。

煤炭科学研究总院北京煤化学研究所开发的液化粗油提质加工工艺有以下特点：①针对液化粗油氮含量高，在进行加氢精制前，用低氮的加氢裂化产物进行混合，降低原料氮含量；②为防止反应器结焦和中毒，采用了预加氢反应器，并在精制催化剂中添加脱铁催化

---

❶ 德国莱茵烯烃股份公司。

剂,同时控制反应器进口温度在180℃,避开结焦温度区,对易缩合结焦物进行预加氢和脱铁;③针对液化精制油柴油馏分十六烷值低的特点,对柴油以上馏分进行加氢裂化,既增加了汽油柴油产量,又提高了十六烷值。煤炭科学研究总院北京煤化学研究所开发的液化粗油提质加工工艺流程见图5-3-2。

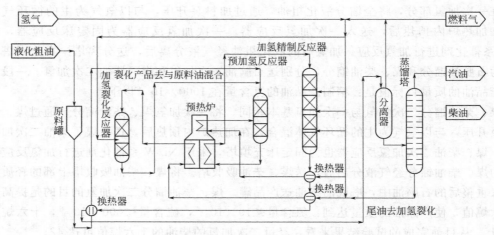

图 5-3-2 北京煤化学研究所开发的液化粗油提质加工工艺流程

煤炭科学研究总院北京煤化学研究所液化粗油提质加工工艺流程描述:

液化粗油由进料泵打入高压系统,与精制产物换热至180℃,在预反应器入口处与加氢裂化反应器出口的高温物汇合(降低氮含量),进入预反应器,在预反应器中部注入经换热和加热的400℃混合气,进一步提高预反应器温度,预反应器装有3822和3923催化剂,进出口温度分布在180~320℃。在预反应器中进行预饱和加氢和脱铁。

出预反应器的物料通过预热炉加热至380℃后进入加氢精制反应器。加氢精制反应器内填装3822催化剂,分四段填装。每段之间注入冷混合气作控制温度用。出加氢精制反应器的产物经三个换热器后进入冷却分离系统,富氢气体经循环氢压机压缩后与新氢混合。液体产物减压后进入蒸馏塔,切割出汽油、柴油,釜底油通过高压泵升压后,与加氢精制反应器产物换热,并通过预热炉加热至360℃进入加氢裂化反应器。加氢裂化反应器填装3825催化剂,下部装有后精制催化剂3823,通过冷氢控制反应温度。加氢裂化反应器出口产物与加氢原料混合。

表5-3-14为中国提质加工工艺加氢操作条件,表5-3-15为加氢反应结果,表5-3-16为产品油性质。该工艺生产的柴油的十六烷值超过50,汽油的辛烷值为70。

表 5-3-14 加氢操作条件

项 目	预反应器	精制反应器	裂化反应器	后精制段
催化剂	3822 和 3923	3822	3825	3823
压力/MPa	18.4	18.4	18.4	18.4
体积空速/h^{-1}	2	0.5	1.0	16
进口温度/℃	180	360~365	330~340	380~390
出口温度/℃	360	395~400	380~390	382~395
气液比(体积比)	1000	1500	1200	1500

表 5-3-15　加氢反应结果

氢耗(质量分数)/%	3.45	气产率(质量分数)/%	6.82	硫化氢(质量分数)/%	0.68
油收率(质量分数)/%	91.41	氨(质量分数)/%	0.18	水(质量分数)/%	4.36

表 5-3-16　加氢精制油性质

项　目	原　料	产　品	项　目	原　料	产　品
密度/(g/cm³)	0.944	0.8146	30%	229	175
黏度/cP	7.5(30℃)	2.7(20℃)	40%		207
氮含量/10^{-6}	5600	<3.5	50%	284	233
硫含量/10^{-6}	1700	<1	60%		270
蒸馏数据:TBP/℃			70%	349	307
IBP	84	71	80%		357
10%		109	90%	416	394
20%		140	干点		461

第四节　煤液化残渣的利用

煤炭在加氢反应液化后还有一些固体物,它们主要是煤中无机矿物质、催化剂和未转化的煤中惰性组分。流程中通过固液分离工艺将固体物与液化油分开,所得的固体物称之为残渣。由于采取的固液分离有不同工艺,所得的残渣成分也有些区别,但不管采用何种工艺,残渣中都会夹带一部分重质液化油。表 5-3-17 是中国神华煤采用 NEDOL 工艺液化后(催化剂为黄铁矿)采用减压蒸馏所得的液化残渣的性质和成分分析。

表 5-3-17　神华煤液化残渣性质和成分分析

项　目	分析结果	项　目	分析结果
真密度/(g/cm³)	1.51	己烷不溶物(质量分数)/%	86.0
软化点/℃	161	甲苯不溶物(质量分数)/%	55.2
高位发热量/(kJ/kg)	27.7	四氢呋喃不溶物(质量分数)/%	54.1
全硫(质量分数)/%	3.50	灰分(质量分数)/%	25.7

从表 5-3-17 可看出,煤液化残渣从发热量来说,相当于灰分较高的煤,从软化点来说,类似于高软化点的沥青。所以它还具有一定的利用价值。

煤液化减压蒸馏残渣的一种处理方法是通过甲苯等溶剂在接近溶剂的临界条件下萃取,把可以溶解的成分萃取回收,再把萃取物返回去作为配煤浆的循环溶剂,这样一来,能使液化油的收率提高 5~10 个百分点。如美国 HTI 工艺和日本 BCL 褐煤液化工艺均采用了此方法。溶剂萃取后的残余物还可以用来作为锅炉燃料或气化制氢。

当液化残渣用于燃烧时,因残渣中硫含量高,烟气必须脱硫才能排放,必将增加烟气脱硫的投资及操作费用,所以最好的利用方式是气化制氢。美国能源部曾委托德士古公司试验了 H-Coal 法液化残渣对德士古加压气化炉的适应性。试验证明液化残渣完全可以与煤一样当作气化炉的原料。日本 NEDO 也曾用液化残渣做了 Hy-Col 气化工艺的气化试验，结果证明液化残渣可以作为气化炉的原料。

　　煤液化残渣的另一条高附加值利用途径是通过溶剂萃取，分离出吡啶可溶物，再经过提纯、缩聚等一系列加工过程，制备沥青基碳纤维纺丝原料。此项技术目前尚处于实验室研究开发阶段。

参考文献

［1］　Theodor J, Ewald G. Erdoi & Kohle-Erdgas-Petrochemie, 1981, 34 (10)：447.
［2］　DOE/FE-2566-42, 1980.
［3］　Okuma O, et al. Fuel Processing technology, 1999, 60 (2)：119-134.

第四章
煤直接液化主要设备

　　煤直接液化是在高压和比较高的温度下的加氢过程，所以工艺设备及材料必须具有耐高压以及临氢条件下耐氢腐蚀等性能。另外，直接液化处理的物料含有煤及催化剂等固体颗粒，因此，还要解决由处理固体颗粒所带来的沉积、磨损、密封等技术问题。在此对一些关键设备做一简要介绍。

第一节　高压煤浆泵

　　高压煤浆泵的作用是把煤浆从常压送入高压系统内，除了有压力要求外，还必须达到所要求的流量。煤浆泵一般选用往复式高压柱塞泵，小流量可用单柱塞或双柱塞，大流量情况下要用多柱塞并联。柱塞材料必须选用高硬度的耐磨材料。

　　柱塞泵的进出口煤浆止逆阀的结构形式必须适应煤浆中固体颗粒的沉积和磨损，这是必须解决的技术问题。由于柱塞在往复运动时内部为高压而外部为常压，因此密封问题也要解决，一般采用中间有油压保护的填料密封。荷兰生产的隔膜柱塞泵应用于煤浆输送是成功的。

第二节　煤浆预热器

　　煤浆预热器的作用是在煤浆进入反应器前，把煤浆加热到接近反应温度。采用的加热方式：小型装置采用电加热，大型装置采用加热炉。由于煤浆在升温过程中的黏度变化很大（尤其是烟煤煤浆），在 300～400℃ 范围内，煤浆黏度随温度的升高而明显上升。在加热炉管内，煤浆黏度升高后，一方面炉管内阻力增大，另一方面流动形式成为层流，即靠近炉管管壁的煤浆流动十分缓慢。这时如果炉管外壁热强度较大，温度过高，则管内煤浆很容易局部过热而结焦，导致炉管堵塞。解决上述问题的措施是：一方面使循环氢与煤浆合并进入预热器，由于循环气体的扰动作用，煤浆在炉管内始终处于湍流状态；另一方面是在不同温度段选用不同的传热强度，在低温段可选择较高的传热强度，即可利用辐射传热，而在煤浆温度达到300℃以上的高温段，必须降低传热强度，使炉管的外壁温度不致过高，建议利用对流传热。另外选择合适的炉管材料也能减少煤浆在炉管内的结焦。

对于大规模生产装置，煤浆加热炉的炉管需要并联，此时，为了保证每一支路中的流量一致，最好每一路炉管配一台高压煤浆泵。

还有一种解决预热器结焦堵塞的办法是取消单独的预热器，煤浆仅通过高压换热器升温至300℃以下就进入反应器，靠加氢反应放热和对循环气体加热使煤浆在反应器内升至反应所需的温度。

煤浆加热炉的设计参数选择可参照石油炼制加热炉的设计经验。煤浆加热炉的热负荷计算可以将热效应分解成以下几部分。

① 煤粉升温所需的显热。

② 煤粉受热分解所需的反应热（吸热，参考值：550～580kJ/kg）。

③ 溶剂升温所需的显热。

④ 溶剂中轻组分蒸发所需的潜热。

⑤ 与煤浆一起进入的氢气升温所需的显热。

有关数据可查阅有关手册。另外，煤的自由基碎片有少部分加氢放出的反应热，反应热数值参见下一节。

第三节　反应器

一、反应器概述

煤直接液化反应器实际上是能耐高温（470℃左右）、耐氢腐蚀的高压容器。在商业化的液化厂，一台反应器可以是有数百立方米体积、上千吨重量的庞然大物。工业化生产装置反应器的最大尺寸取决于制造商的加工能力和运输条件。一般最大直径在4m左右，高度可达30m以上。

对于煤液化反应器，气液相进料均从反应器底部进入，出料均从顶部排出。液相可以看作是连续全返混釜式反应器，气相可看作是连续流动的鼓泡床模式。这类反应器在设计时首先考虑的是液相有效反应容积V_e，根据鼓泡床反应器原理：

$$V_e = V_t(1-\varepsilon)$$

式中　V_t——反应器的总容积；

ε——气含率（gas hold up），也称为气体滞留率。

V_e可通过液相的体积流量V_l除以液相在反应器内的停留时间t得到，即：

$$V_e = V_l/t$$

而气含率ε是气体流速、气泡大小、气体和液体密度、黏度、表面张力等性质的函数，一般通过试验求得，试验方法是利用γ射线吸收率或反应器单位高度的压力差求出反应器内的实际平均密度ρ_m，然后根据液相和气相密度用下式计算气体滞留量ε。

$$\rho_m = \rho_g + \rho_l(1-\varepsilon)$$

式中　ρ_g——气相平均密度；

ρ_l——液相平均密度。

日本小野崎等人在总结150t/d NEDOL工艺试验装置的数据后得出气含率与气体流速之间的关系为：

$$U_g/\varepsilon_g = (U_g + U_{SL}) + U_b (1 - \varepsilon_g) m$$

此式适用U_g在5～7cm/s范围内，其中$U_b = 9$cm/s，$m = 0.65$。

反应器内的加氢反应是放热反应，反应热按氢耗量平均计算，一般取46～58kJ/mol H_2。对于放热反应，控制反应温度是反应器设计和操作必须十分注意的问题，一般采取向反应器内注入冷氢的办法来控制温度。冷氢本身的热容量是有限的，注入冷氢主要是增加了气相的体积，从而增加了液化油中轻组分的蒸发量，来达到吸收热量、控制温度的目的。如果反应热没有及时移出，反应温度就会上升，温度升高又使反应速率增加，从而放出更多的热量，这又进一步使温度更快上升，这就发生了飞温现象（temperature run away），飞温现象一旦发生，只能采取紧急卸压的措施以防止更大的事故。所以，反应器温度的检测和控制是十分重要的技术问题，控制应答时间必须很短。

煤液化反应器由于是气、液、固三相悬浮鼓泡床，煤粉颗粒以及煤中无机矿物会发生因团聚而沉降的现象，尤其是当处理含钙较高的煤时，团聚现象比较严重。如果团聚物沉降严重，会导致反应器下部的结焦。防止沉降的措施有多种，最原始的办法是在反应器底部定期排出沉积物，较先进的办法是改善反应器内的流动状况，即通过循环泵增加液相的流速，使团聚物不沉积而及时从顶部排出。

反应器的结构形式可分为冷壁和热壁两种。冷壁式反应器是在耐压筒体的内部有隔断保温材料，保温材料内侧是耐高温、耐氢蚀材料，但它不耐压，所以在反应器操作时保温材料夹层内必须充氮气至操作压力。热壁式反应器的隔热保温材料在耐高压筒体的外侧，所以实际操作时反应器筒体壁是处于高温下。热壁式反应器因耐压筒体处在较高温度下，筒体材料必须采用特殊的合金钢（如$2\frac{1}{4}$Cr1MoV或3Cr1MoViB）。热壁式反应器在石油化工行业的加氢装置上已广泛应用。中国齐齐哈尔第一重型机械厂在20世纪80年代已研制成功热壁反应器，现已在大型石油加氢装置上使用。

二、反应器的模拟

对煤液化反应器的计算机模拟是十分复杂的工作。必须先建立以下几个方面的模型。

① 流体力学模型　一般假设反应器内液相处于全返混状态，如果反应器高度过高，反应物浓度及反应温度在高度方向有一定梯度分布，则要分割成几段，把每一段假设为一个全返混模型，整个反应器由它们串联而成。反应器内的气体是以分散的气泡向上流动，但可假设成连续上升流动模式。

② 氢气向液相的扩散模型　由于氢气在较高分压下，并大大过量，一般可假设氢气的扩散不是控制步骤，即氢气在溶剂中达到溶解平衡。

③ 反应模型　根据以往的试验结果建立如第一章第二节所述的反应模型，反应级数及活化能均需预先求出。

④ 传热模型　反应器内的传热模型比较简单，反应所产生的热量除了通过器壁向外散热外，只能用于反应物料温度的上升和液相中轻组分的蒸发。

⑤ 反应物料的物性数据　可查阅有关手册。

在以上模型的基础上建立物料平衡和热量平衡。

（1）物料平衡　把反应物按反应模式中出现的组分分成 m 个组分，对于全返混反应器，每个组分根据反应模式有如下物料平衡式：

$$F_V(c_{ij} - c_{i0}) = r_i V_e$$

如果是平行反应，此方程中 r_i 应是 $r_{1i} + r_{2i}$；如果是串联反应，r_i 应是 $r_{1i} - r_{2i}$，

式中　F_V——反应器进料煤浆的体积流量；

c_{ij}，c_{i0}——分别是组分 i 的出口浓度和进口浓度；

V_e——反应器的有效容积；

r_i——组分 i 的反应速率，$-r_i = k c_{ij}^n$。

$$r_i = \frac{dc_{ij}}{dt}, \quad k = k_0 \exp(-\frac{E}{RT_j})$$

式中，E 为活化能；R 为气体常数；T_j 为反应温度；n 为反应级数，一般假设为 1 级。

对于 m 个组分，就有 m 个方程。

（2）热量平衡　根据反应器内的热效应和传热分析，可列出如下方程。

$$Q_R = Q_U + R_V - Q_W$$

式中　Q_R——反应热，近似看作与氢耗量成正比；

Q_U——进口物料温度升至反应温度所需的热量；

R_V——溶剂和液化油中的轻组分蒸发的蒸发潜热，轻组分的蒸发量可根据油品汽液平衡数据求得；

Q_W——向反应器外壁的散热，根据器壁保温层外皮温度和面积以及空气自然对流的方程求得。

物料平衡和热量平衡共有 $m+1$ 个方程，其中未知数是 m 个 c_{ij} 和 1 个 T_j，也是 $m+1$ 个。解方程组的方法是利用计算机选不同的 T_j 值试算，试算时反应速率的微分方程需积分才能计算，积分的时间：

$$t = \frac{V_t(1 - \varepsilon)}{V_{SL}}$$

式中，V_{SL} 是煤浆的体积流量。

在注入冷氢的部位，则要单独计算热平衡，而它的下部和上部则分别按独立的反应器列方程模拟计算。

三、反应器的工程放大

煤炭直接液化工艺除了二战期间德国曾有过工业化生产装置以外，现在世界上还没有大规模的生产装置。加上现在的煤液化工艺与当时的工艺又有了很大的进步，所以反应器的工程放大就成为煤炭直接液化工业化过程中人们最为关心的技术问题。

按照国外已经完成的开发程序，在实现工业化之前，要经过数吨/天级规模的工艺开发装置（PDU）试验和数百吨/天级的工业性试验装置（pilot plant）试验，再放大到数千吨/天级的工业化示范厂（demonstration plant）规模。在逐级放大的过程中，反应器的工程放大是重点之一。

反应器放大的原则是规模放大后保持反应条件（压力、温度、氢分压、液相的停留时间、气液比等）不变，以获得与较小规模同样的煤转化率及液化油收率。

反应器尺寸放大后需考虑的变化有：

1. 流体力学状况的变化

反应器放大后，气体流速会有所增大。一般说来，大直径反应器因气体流速增大而对液

相的返混比小直径反应器更有利，但气体流速达到一定值（空塔速度大于 8.5cm/s）后，反应器内的流动形式会从滞流状态转变成湍流状态，这时有一部分气泡会合并成直径更大的气泡。气泡直径变大不利于氢气向液相的扩散，可能使氢气在溶剂中达不到溶解平衡，解决的办法是适当调整气液比，使空塔速度不要超过 8.5cm/s。如果由于反应器高度增加而引起气泡直径增大，则可以在反应器中部增设再分布器。气含率 ε 因反应器的尺寸变大也会发生变化，也必须通过冷模试验得出变化规律。直径增大后还有可能引起沟流和流动死角，这些问题也要在分布器的设计上考虑解决。总之，解决反应器放大的流体力学问题，分布器设计是技术关键，冷模试验是很好的手段。

2. 传热情况的变化

反应器放大后，传热情况应该有所改善，但应密切注意局部区域因流动状况不同而引起的温度差别，所以，在反应器的不同部位应设计安装一系列的温度检测仪表，在运转中及时观测各点温度的微小变化，以防止局部飞温现象。

3. 反应状况的变化

反应器放大后，反应状况也有所好转，主要原因是液相的返混比小尺寸反应器更充分，但由于上升气泡的直径可能比小反应器大，气相与液相之间的传质情况发生变化。在反应器模拟计算时对反应模型中涉及传质的方程可能要做某些修正。

反应器工程放大的程序是在考虑了以上变化后，对反应器模拟计算中的某些参数做一些修正，即利用小规模反应器的试验结果，依靠反应器模拟计算，确定规模放大后的反应器设计方案。然后通过放大一级规模试验装置的实际运转试验结果，反馈给计算模型，再对某些参数做进一步修正。然后，再放大到更大规模。

第四节　减压阀

煤直接液化装置的分离器底部出料时压力差很大，必须从数十兆帕减至常压，并且物料中还含有煤灰及催化剂等固体物质。所以排料时对阀芯和阀座的磨蚀相当严重。因此减压阀的寿命成了液化装置的一个至关重要的问题。解决办法：一是采取两段以上的分段减压，降低阀门前后的压力差。二是采用耐磨耐高温的硬质材料，如碳化钨、氮化硅等。另外，在阀门结构上采取某些特殊设计也有可能使磨损降低到最低限度。图 5-4-1 是日本 NEDO 开发的减压阀结构，它的耐磨部件采用的是合成金刚石和碳化钨，在 150t/d 工业性试验装置上的最长连续运转时间为 1000h。三是在流程设计上采用一倍或双倍的旁路备用减压阀设备，当阀芯阀座磨损后及时切换至备用系统。

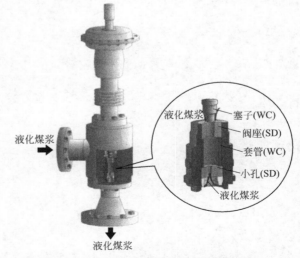

图 5-4-1　日本 NEDO 开发的减压阀结构

参考文献

[1] Onozaki M, et al. Fuel Processing Technology, 2000, 64: 253-269.
[2] DOE ORNL/DWG-1381~1382, 1982.
[3] Hirano K. Fuel Processing Technology, 2000, 62: 109-118.

第五章
中国煤直接液化的研究与开发

20世纪50～60年代，中国的一些高等院校和科研院所曾进行过小规模的煤直接液化的研究。发现大庆油田以后，中国煤直接液化的研究工作都相继停止。20世纪70年代，世界范围内发生的两次石油危机使一些发达国家如美国、德国、日本、英国和苏联等重新开展了煤直接液化的研究。正是在这种背景下中国在20世纪80年代初也重新开展了煤直接液化的研究与开发。

煤直接液化是以煤炭为主要原料通过加氢生产煤基液体燃料的煤炭加工利用技术。煤直接液化对原料煤有一定的要求，只有液化性能比较好的煤才具有作为液化原料煤的可能。过去20年，中国煤液化的研究主要集中在适合加氢液化煤种的筛选与评价、煤直接液化催化剂的筛选与开发、煤液化油的提质加工、煤油共炼和煤直接液化示范厂的可行性研究。

第一节 适合加氢液化煤种的筛选与评价

20世纪80年代初以来，中国煤炭科学研究总院煤化学研究所、中国科学院山西煤化学研究所、华东理工大学、太原理工大学、鞍山热能研究院和中国矿业大学等单位分别用不同形式的高压釜进行煤的加氢液化试验，以筛选出适合加氢液化的煤种。用高压釜筛选的液化煤包括我国东北、华北、西北和西南地区的年轻烟煤和褐煤。

为了比较全面地评价煤的液化性能和较快地掌握世界上较先进的煤液化技术，1982年中国通过国际合作的方式与日本新能源产业技术综合开发机构（NEDO）合作在中国煤炭科学研究总院建立了一套日处理煤为0.1t/d的煤炭直接液化连续试验装置，主要用于中国煤种直接液化特性评价。1985年与联邦德国合作，在中国煤炭科学研究总院建立了一套采用新IG工艺、日处理煤为0.12t/d连续试验装置，主要用于煤直接液化工艺的条件试验和工艺开发。此外，还从美国引进了一套1.0L/h的连续试验装置，用于液化粗油的提质加工研究。这三套装置的工艺流程见图 5-5-1～图 5-5-3。

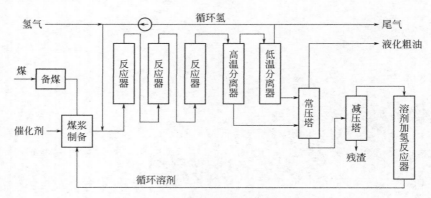

图 5-5-1 日本 NEDOL 工艺流程示意

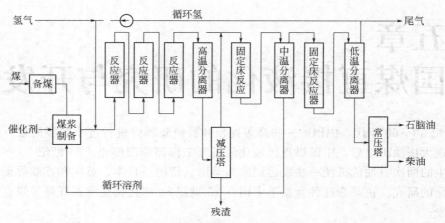

图 5-5-2 德国 IGOR 工艺流程示意

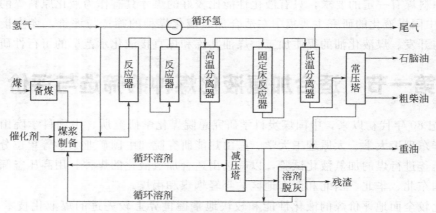

图 5-5-3 美国 HTI 工艺流程示意

在日处理量为 0.1t/d 的连续试验装置上，对 29 种煤做了 50 次设定的工艺条件试验，包括考察反应温度、反应压力、停留时间以及过程溶剂的循环等因素对煤液化收率和和液化操作性能的影响。从中选出 15 种最适宜液化的煤，见表 5-5-1。

表 5-5-1　15 种中国煤在 0.1t/d 装置上的试验结果(干燥无灰基,质量分数)　单位:%

煤　种	氢　耗	转化率[1]	水产率	气产率	油产率[2]
山东兖州	5.36	93.84	9.97	12.77	67.58
山东滕县	5.56	94.33	10.46	13.47	67.02
山东龙口	5.24	94.16	15.69	15.66	66.37
陕西神木	5.46	88.02	11.05	12.90	60.74
吉林梅河口	5.90	94.00	13.60	16.85	66.54
辽宁沈北	6.75	96.13	16.74	15.93	68.04
辽宁阜新	5.50	95.91	14.04	14.90	62.05
辽宁抚顺	6.03	89.33	11.24	12.20	62.35
内蒙古海拉尔	5.31	97.17	16.37	16.63	59.25
内蒙古元宝山	5.63	94.18	14.91	16.42	62.49
内蒙古胜利	5.72	97.02	20.00	17.87	62.34
黑龙江依兰	5.90	94.79	12.33	16.90	62.60
黑龙江双鸭山	5.12	93.27	9.24	16.05	60.53
甘肃天祝	6.61	96.17	11.43	14.50	69.62
云南先锋	6.22	97.91	18.83	17.43	62.68

[1] 转化率为四氢呋喃可溶物。
[2] 油产率为己烷萃取产率。

在 0.1t/d 连续试验装置上,评价烟煤所用的条件为:煤浆浓度为 40% 干煤,煤浆流量为 8kg/h,停留时间为 1.25h,压力为 25MPa,反应器温度为 440~450℃,新 H_2 流量为 5m^3/h,循环气体流量为 17m^3/h。评价褐煤时,将反应器温度调整为 440℃,其余条件不变。

一般来说,具有较高的活性组分(镜质组、半镜质组和壳质组)的褐煤到年轻的烟煤是比较理想的直接液化煤种。用高压釜进行煤液化性能的筛选和在连续液化装置上进行煤种的液化性能评价是最直接有效的方法。

20 世纪 90 年代以来,中国煤炭科学研究总院两套连续液化装置经过改造和连接已成为一套具有国际先进水平的工艺论证装置(PDU),见图 5-1-4。在这套改造后的 PDU 装置上,不仅可以评价煤的液化性能还可以取得日本 NEDOL 煤液化工艺设计的基础数据。

第二节　催化剂的筛选与开发

由于煤直接液化是一个气、液、固三相物质加氢反应系统。将常规的石油加氢催化用于煤的直接加氢很难回收和再生这些催化剂。比较现实的做法是用比较廉价的含铁物质或工业废渣用作煤加氢液化催化剂,一次使用无须回收,这些催化剂通常叫作可弃性催化剂。可弃性催化剂价格低廉来源广泛,而得到普遍的研究与应用。中国煤炭科学研究总院在煤直接液化催化剂的研究中,对中国可能用作煤直接液化的可弃性催化剂资源进行了广泛的调查和试验,如炼铝废渣赤泥、铁矿石及炼钢飞灰、炼钨废渣、硫铁矿和煤中黄铁矿等均作为煤液化催化剂资源进行了考察和试验。

以兖州北宿原煤为液化原料煤,反应温度为 400℃、H_2 初压为 4MPa 和停留时间为

30min，在高压釜进行煤的加氢液化试验，考察一些矿物质对煤加氢液化的催化作用，同时以 Ni-Mo 催化剂为对比。试验结果见表 5-5-2。

表 5-5-2 不同矿物质作为煤液化可弃性催化剂的考察（干燥无灰基，质量分数）（1）

催化剂	转化率	△转化率	油+气	△(油+气)	沥青烯	△沥青烯
无	65.7	0	38.7	0	27.0	0
Ni-Mo	76.8	+11.1	54.4	+15.7	22.4	-4.6
阳泉硫铁矿	71.8	+6.1	49.3	+10.6	22.5	-4.5
海南铁矿石	70.6	+4.9	44.4	+5.7	26.2	-0.8
钛铁矿	68.0	+2.3	45.4	+6.7	22.6	-4.4

以兖州北宿洗精煤为液化原料煤，反应温度为 425℃、H_2 初压为 6MPa 和停留时间为 60min，在高压釜进行煤的加氢液化试验，考察矿物质对煤加氢液化的催化作用，试验结果见表 5-5-3。

表 5-5-3 不同矿物质作为煤加氢液化可弃性催化剂的考察（干燥无灰基，质量分数）（2）

催化剂	转化率	△转化率	油+气	△(油+气)	沥青烯	△沥青烯
无	74.0		39.3	0	23.9	0
山东铝厂赤泥	82.0	+8.0	34.2	-5.1	34.5	+10.6
海南铁矿石	83.0	+9.0	43.7	+4.4	28.9	+5.0
炼钨废渣	79.8	+5.8	44.2	+4.9	26.8	+2.9
煤中黄铁矿	87.0	+13.0	51.6	+12.3	25.0	+1.1
$Fe(OH)_3$	86.2	+12.2	52.2	+12.9	25.0	+1.1
Fe_2O_3	86.4	+12.4	50.4	+11.1	26.7	+2.8
拜尔物质①	84.8	+10.8	48.0	+8.7	28.3	+4.4

① 一种德国铝厂的赤泥。

以上结果表明，含铁的矿物质或工业废渣对煤的加氢液化都表现出一定的催化活性，尤其是黄铁矿（无论是煤中黄铁矿还是硫铁矿）对煤的加氢液化有较好的催化作用。炼铝厂的废渣——赤泥（在德国又叫拜尔物质）具有粒度小和相对密度小的优点，在德国煤液化工艺中普遍得到应用。我国广西平果铝业公司的赤泥属于高铁含量的赤泥，用于先锋褐煤的液化中表现出很好的催化活性。我国其他铝厂（如山东铝厂、郑州铝厂和贵州铝厂等）的赤泥属于高硅含量的赤泥，对煤加氢液化几乎没有催化作用。

除了用高压釜评价含铁物质的催化剂外，还分别在中国煤炭科学研究总院的 0.1t/d 和 0.12t/d 连续煤液化装置上考察了炼铁高炉飞灰用作煤液化催化剂的效果。在 0.1t/d 中日合作的连续装置上，用首都钢铁公司的高炉飞灰为催化剂，添加量为煤的 3%，以硫黄为助催化剂进行抚顺西露天煤的加氢液化试验，并以 Fe_2O_3 为催化剂进行对比。在 0.12t/d 中德合作的连续装置上，同样用首钢公司的高炉飞灰为催化剂，进行云南先锋褐煤的加氢液化试验，并以德国拜尔物质为催化剂进行对比，这两套装置上的试验条件和结果见表 5-5-4。

表 5-5-4　炼铁高炉飞灰用作煤液化催化剂的效果

项目	0.1t/d中日合作连续装置	0.12t/d中德合作连续装置	项目	0.1t/d中日合作连续装置		0.12t/d中德合作连续装置	
试验煤	辽宁抚顺西露天	云南先锋褐煤	催化剂	Fe₂O₃	首钢高炉飞灰	德国拜尔物质	首钢高炉飞灰
压力/MPa	24.5	24.9	试验结果				
温度/℃	450	445	转化率/%	87.13	87.65	94.30	93.40
煤浆浓度(质量分数)/%	40	40	油收率/%	56.86	56.33	52.79	50.89
煤浆流量/(kg/h)	8	10	气体产率/%	11.06	10.23	12.64	11.48
新 H₂流量/(m³/h)	5	6.5	水产率/%	11.11	11.40	21.69	24.07
循环 H₂流量/(m³/h)	17	24	氢耗/%	5.05	5.27	5.81	5.91

试验结果表明，以 Fe_2O_3 为主要成分的高炉飞灰的催化活性与 Fe_2O_3 和德国拜尔物质相当，也是煤直接液化可弃性催化剂来源之一。根据选定的液化用煤所在地，就近取材确定催化剂的来源是铁系可弃性催化剂的使用原则。

在煤加氢液化系统中加入适当的硫可以促进催化剂的活性。用含硫量较低的伊敏河褐煤和云南先锋褐煤进行高压釜加氢液化试验来考察添加硫对铁系催化剂的影响，试验结果见表 5-5-5 和表 5-5-6。结果表明，系统添加硫后催化剂的催化效果显著增加，使煤的转化率和油收率有很大的提高。一般认为，硫促进氧化铁的催化作用机理是硫在 H_2 环境下生成 H_2S。

表 5-5-5　添加硫对伊敏河褐煤液化的影响

催化剂	转化率/%	(油+气)产率/%	沥青烯产率/%	催化剂	转化率/%	(油+气)产率/%	沥青烯产率/%
无	59.6	47.7	11.9	海南铁矿石+硫	71.4	59.4	12.0
Ni-Mo	63.3	50.8	12.5	FeSO₄	63.0	51.4	11.6
Ni-Mo+硫	72.6	61.1	11.5	FeSO₄+硫	73.3	57.0	15.4
海南铁矿石	46.7	53.2	11.5				

表 5-5-6　添加硫对云南先锋褐煤液化的影响

催化剂	转化率/%	油产率/%	气体产率/%	沥青烯产率/%	催化剂	转化率/%	油产率/%	气体产率/%	沥青烯产率/%
广西赤泥	95.3	56.9	19.8	5.5	攀枝花铁矿石	95.0	57.2	19.5	20.8
广西赤泥+硫	98.0	62.0	17.8	5.7	攀枝花铁矿石+硫	98.4	63.5	20.8	2.3

硫化氢和氢气与氧化铁生成具有催化活性的硫化铁。有人提出如下的反应机理：

$$H_2 + S \xrightarrow{Fe_2O_3} H_2S$$

$$Fe_2O_3 + 2H_2S + H_2 \longrightarrow 2FeS + 3H_2O$$

$$FeS + H_2 \Longleftrightarrow Fe + H_2S$$

$$H_2S \longrightarrow 2H^* (活性氢) + S$$

$$煤热解碎片 + H^* (活性氢) \longrightarrow 煤液化产物$$

铁系可弃性催化剂一般比表面积较小，需要将它们破碎到一定的粒度后使其比表面积增大才具有较好的催化效果。分别用两种不同粒度的海南铁矿石和硫铁矿为催化剂进行北宿煤的液化试验，结果见表 5-5-7。结果表明，这两种催化剂破碎到＜0.0737mm 才有明显的催化效果。在实际应用这类矿物质催化剂时通常要破碎到 1μm 左右。

表 5-5-7　催化剂粒度的影响

催　化　剂	粒度/mm	比表面积/(m²/g)	转化率/%	(油＋气)产率/%	沥青烯产率/%
无	—	—	65.7	38.7	27.0
海南铁矿石	＜0.1473	1.38	65.3	39.7	26.2
海南铁矿石	＜0.0737	7.41	70.6	44.1	26.2
硫铁矿	＜0.1473	1.50	66.6	40.5	36.1
硫铁矿	＜0.0737	5.50	71.3	49.3	22.5

尽管铁系可弃性催化剂价格低廉、来源广泛，但是它们的添加量相对较大，通常为干燥无灰基煤的 3% 左右。较大的添加量不仅意味着降低煤液化反应装置实际处理煤的能力、增加设备的磨损，还意味着增加煤液化残渣量和带出油量。煤炭科学研究总院在最近几年里开发出具有自主知识产权的高活性纳米级铁系催化剂，在几乎相同的成本和催化效果的情况下，采用高活性纳米级铁系催化剂只是普通铁系催化剂量的 1/6～1/10。

第三节　煤液化油的提质加工

煤液化油含有大量的 N、S、O 等杂原子，不饱和烃和芳烃，需要经过进一步地加氢才能得到合格的汽、柴油等产品。煤液化油按其馏程分为轻油（终馏点约 220℃）和中油（220～350℃），轻油和中油约分别占液化油的 1/3 和 2/3。液化油的加工路线如下所示。

轻油→加氢精制→重整→汽油或 BTX

中油→加氢精制→加氢裂化→柴油、煤油或喷气燃料

一、煤液化油的加氢精制

煤炭科学研究总院在 20 世纪 80～90 年代利用国产加氢催化剂分别进行了液化轻油和中油的提质加工的研究。

用当时石油炼制中使用的精制催化来进行煤液化中油的加氢精制，以北京煤化学研究所 0.1t/d 小型连续液化装置上得到的兖州北宿煤液化中油为加氢精制原料，该原料的性质见表 5-5-8。所用的催化剂为抚顺石油三厂的 3665、3722、3761、CH-4 和 3822。用高压釜。

表 5-5-8　兖州北宿煤液化中油为加氢精制原料的性质

密度/(kg/m³)	黏度(20℃)/cP[①]	恩氏蒸馏/℃				元素分析(质量分数)/%					H/C 原子比
		IBP	10%	50%	90%	C	H	N	S	O	
1075	7.4	108	254	306	354	91.01	6.93	0.66	0.41	0.99	0.914

① 1cP＝1mPa·s。

在 H$_2$ 初压为 6.86MPa、反应温度为 400℃、恒温 1h、催化剂加入量为 5％的条件下考察了上面 5 种催化剂对兖州北宿煤液化中油的加氢精制活性，结果见表 5-5-9。结果表明，煤液化油的脱硫相对比较容易而脱氮比较困难。

表 5-5-9 国产催化剂加氢精制兖州北宿煤液化中油的结果

项 目	原料	无催化剂	3665	3722	3761	CH-4	3822
C(质量分数)/%	91.01	91.44	92.03	92.33	92.18	92.21	91.87
H(质量分数)/%	6.93	6.86	7.53	7.33	7.39	7.55	7.25
N(质量分数)/%	0.66	0.65	0.33	0.36	0.33	0.30	0.31
S(质量分数)/%	0.41	0.33	0.027	0.033	0.029	0.026	0.025
脱硫率/%	—	24.9	93.4	92.0	92.9	93.7	93.9
脱氮率/%	—	1.52	50.0	45.5	50.0	54.5	53.0

加氢精制催化剂经过预硫化其精制效果显著改善，预硫化后的 3665 和 3822 催化剂在同样的条件下进行兖州北宿煤液化中油的加氢精制，结果见表 5-5-10。与没有硫化相比，液化中油的脱氮率明显提高，从 50％左右提高到将近 70％。

表 5-5-10 预硫化 3665 和 3822 催化剂的精制效果

项 目	C	H	N	S	脱硫率/%	脱氮率/%
原料油	91.01	6.93	0.66	0.41	—	—
预硫化 3665	92.38	7.41	0.21	0.024	94.1	68.2
预硫化 3822	92.24	7.27	0.20	0.025	93.9	69.7

对液化中油的加氢精制的研究发现，加氢精制反应温度提高到 360℃后原料油的脱硫反应已经比较完全，再提高反应温度脱硫反应变化不大，却有利于原料油的脱氮反应。但是温度提高会加快加氢精制催化剂的积炭导致催化剂寿命缩短。研究发现 390～400℃是比较适宜的加氢精制温度。

液化中油的加氢精制反应的氢气分压的提高不仅有利于原料油的脱硫脱氮反应，还可以降低产品的馏程、减缓催化剂的积炭。在经济性允许的条件下应选择较高的氢分压。

煤液化油中比较难以脱除的 N 主要以杂环化合物的形式存在。脱除这些 N 原子，首先要使杂环化合物饱和加氢然后再开环加氢。煤炭科学研究总院煤化所采用两段加氢精制的工艺进行液化中油的加氢精制，即第一段采用相对缓和的条件进行饱和加氢，第二段采用相对苛刻的反应条件进行开环加氢，取得了很好的精制效果。用两个 25mL 串联的滴流床反应器进行兖州北宿煤液化中油的加氢精制。第一段反应器中装有 3665 催化剂、第二段反应器中装有 3822 催化剂，在压力为 15.3MPa、温度为 390℃和 400℃、空速为 1.0h^{-1}、H$_2$/油（体积比）为 1500 的条件下得到的精制液化油的性质以及原料油的性质见表 5-5-11。从表 5-5-11的结果可以看出，液化中油采用两段加氢精制工艺后脱 N 率达到 99.9％以上，液化油的 N 含量只有几到几十毫克/千克，已基本满足加氢裂解的要求。

表 5-5-11　兖州北宿液化中油两段加氢精制的效果

项　目	原料油	390℃两段精制	400℃两段精制	项　目	原料油	390℃两段精制	400℃两段精制
C(质量分数)/%	87.74	87.30	86.59	H/C 原子比	1.33	1.70	1.71
H(质量分数)/%	9.75	12.35	12.31	相对密度(20℃)	0.976	0.884	0.888
N/(mg/kg)	9300	36.00	2.63	脱氮率(质量分数)/%	—	99.61	99.97
S(质量分数)/%	0.238	—	—				

采用两段加氢精制的方法对兖州北宿煤液化轻油馏分（80～240℃）的提质加工得到同样好的加氢精制效果。用 3665 催化剂作为第一段精制催化剂，CH-4 作为第二段加氢精制催化剂，在 25mL 滴流床反应器、反应温度为 390℃、反应压力为 6.86MPa、空速为 2.0h^{-1}、H$_2$/油（体积比）为 500 的条件下得到精制油的氮含量和脱氮率见表 5-5-12。两段加氢精制后的液化轻油的氮仅为 1.5mg/kg，可以作为重整的原料。

表 5-5-12　兖州北宿液化轻油两段加氢精制的效果

项　目	原　料　油	一段加氢精制	二段加氢精制
C(质量分数)/%	85.96	85.38	
H(质量分数)/%	10.98	12.97	—
N/(mg/kg)	2600	12	1.5
H/C 原子比	1.521	1.81	
脱氮率(质量分数)/%	—	98.6	99.94

煤液化油加氢精制的另一种方法是在线加氢精制，即将液化油的加氢精制与煤直接液化串联成一个整体，它可以避免物料降温降压又升温升压带来的能量损失，同时还能把 CO 和 CO$_2$ 甲烷化，例如德国 IGOR 煤液化工艺就是如此。在进行云南先锋褐煤液化厂可行性研究中，曾用中国的催化剂 3936 装载在 IGOR 工艺的两个串联的固定床加氢反应器中，液化油的性质见表 5-5-13。

表 5-5-13　IGOR 液化工艺得到的云南先锋褐煤液化油的性质

元　素　分　析					密度(20℃)/(kg/m³)
C(质量分数)/%	H(质量分数)/%	O(质量分数)/%	N/(mg/kg)	S/(mg/kg)	
86.1	13.8	<0.1	2	17	829

除了上面提到的几种煤液化油之外，煤炭科学研究总院煤化所还进行了山东滕县煤液化油、大同鹅毛口煤液化油等的加氢精制的研究，与兖州北宿煤液化油的结果类似。

二、精制液化油的重整与催化裂化

为了得到符合国家质量标准的汽油、柴油或化工产品，加氢精制后的煤液化轻油还需要经过重整得到合格的汽油，加氢精制后的煤液化中油需要经过催化裂化得到合格的柴油和汽油。

用山东滕县煤在北京煤化学研究所 0.12t/d 连续液化装置上得到的中油（200～320℃）进行加氢精制后作为催化裂化的原料。滕县煤液化中油和精制油的性质见表 5-5-14。

表 5-5-14　滕县煤液化中油和精制油的性质

项　目	中油	精制中油	项　目	中油	精制中油
密度(20℃)/(g/L)	0.975	0.899	H(质量分数)/%	9.26	11.6
馏程/℃			N/(mg/kg)	1040	3.2
IBP	222	136	S/(mg/kg)	900	<10
10%	245	205	H/C 原子比	1.25	1.56
50%	269	266	烃族组成分析(质量分数)/%		
90%	297	283	饱和烃	14.3	58.7
FBP	322	314	单环芳烃	47.7	38.7
元素分析			多环芳烃	38.0	2.5
C(质量分数)/%	88.5	88.4			

在 25mL 滴流床反应器上用抚顺石油三厂的 3824 催化剂进行加氢精制后的滕县煤液化中油的催化裂化，反应压力为 15MPa、反应温度为 350℃、空速为 $0.5h^{-1}$，得到的产品性质见表 5-5-15。

表 5-5-15　滕县煤液化精制中油催化加氢裂化油的结果

产品分布	质量分数/%	元素分析		族组成分析(质量分数)/%	
气体	0.25	C(质量分数)/%	86.3	饱和烃	98.8
C_5～145℃	22.6	H(质量分数)/%	13.7	单环芳烃	1.2
145～250℃	56.1	N/(mg/kg)	<0.5	多环芳烃	—
>250℃	15.9				

用 3701 铂重整催化剂，在 480℃条件进行兖州北宿液化加氢精制轻油的重整反应，结果表明，低于 160℃馏分的重整产品的辛烷值为 92.0，满足国家 90 号无铅汽油的标准。

第四节　煤油共炼

煤油共炼指的是煤与石油炼制中的减压蒸馏的渣油一道制成油煤浆，进行煤液化加氢反应，得到轻油、中油和重油的混合油产品的过程。煤油共炼不仅是煤加氢液化的一条工艺路线，同时又为减压渣油提供了一条可供选择加工路线。煤炭科学研究总院在用高压釜进行煤油共炼的基础上，利用 0.12t/d 的连续煤液化装置进行了甘肃天祝煤与天津大港石油渣油和云南先锋褐煤与辽河石油渣油的共炼研究。以赤泥和钼酸铵为煤油共炼催化剂，在反应压力为 27.5MPa 条件下考察了 459℃、465℃和 470℃时甘肃天祝煤与天津大港石油渣油（沸点＞540℃）共炼的效果，煤油共炼的结果及与甘肃天祝煤液化结果见表 5-5-16。结果表明，提高反应温度油收率不但没有增加反而有所降低，气体量有所增加，说明在比较温和的条件下可以取得比较好的共炼效果。与煤的液化相比，煤油共炼具有油收率高、气体产率低、氢耗量低的优点，但是油品中轻、中油的比例较低，并有一定比例的重油。

表 5-5-16 甘肃天祝煤与天津大港石油渣油的共炼的效果(干燥无灰基煤+渣油)

项 目	煤油共炼	煤油共炼	煤油共炼	煤液化[1]
反应温度/℃	459	465	470	465
油收率(质量分数)/%	61.12	57.2	55.79	51.58
其中				
轻油(<200℃)(质量分数)/%	12.73	8.07	14.88	19.92
中油(200~320℃)(质量分数)/%	34.02	30.34	24.80	31.66
重油(320~410℃)(质量分数)/%	14.37	18.79	16.11	—
水产率(质量分数)/%	7.60	8.07	8.14	15.97
气产率(质量分数)/%	3.00	5.88	5.91	10.85
氢耗量(质量分数)/%	3.89	3.88	3.93	6.70
沥青(质量分数)/%	22.10	21.38	22.09	17.23
未反应煤(质量分数)/%	9.47	10.15	9.64	10.38

[1] 干燥无灰基煤。

同样在 0.12t/d 连续煤液化装置上进行了云南先锋褐煤与辽河油田渣油的共炼研究,以赤泥和钼酸铵为煤油共炼催化剂,在反应压力为 27.5MPa 条件下考察了 455℃、460℃ 和 465℃ 时云南先锋褐煤与辽河油田渣油的共炼试验,辽河油田渣油的性质见表 5-5-17,共炼的结果见表 5-5-18。

表 5-5-17 辽河油田渣油的性质

初馏点	相对密度	芳香度	四氢呋喃可溶物	w_C/%	w_H/%	w_N/%	w_S/%	$w_{灰分}$/%
530℃	0.9945	0.25	100%	87.61	11.19	0.74	0.33	0.066

表 5-5-18 云南先锋褐煤与辽河油田渣油共炼的结果(干燥无灰基煤+渣油基)

项 目	煤油共炼	煤油共炼	煤油共炼	煤液化[1]
反应温度/℃	455	460	465	445
油收率(质量分数)/%	64.12	65.79	71.93	52.79
其中				
轻油(<200℃)(质量分数)/%	12.19	12.31	15.46	11.68
中油(200~320℃)(质量分数)/%	26.48	26.07	29.36	41.10
重油(320~410℃)(质量分数)/%	25.45	27.41	27.10	—
水产率(质量分数)/%	11.50	12.53	13.62	21.69
气产率(质量分数)/%	6.42	7.43	10.67	12.64
氢耗量(质量分数)/%	3.74	4.11	4.33	5.81
沥青(质量分数)/%	17.08	13.01	6.11	10.89
未反应煤(质量分数)/%	3.62	3.11	2.00	5.7

[1] 干燥无灰煤基。

表 5-5-19 煤油共炼与煤直接液化得到的油品的比较

项 目		煤油共炼，465℃			直接液化，445℃	
		轻油	中油	重油	轻油	中油
元素分析	C(质量分数)/%	79.72	83.37	86.26	80.73	83.64
	H(质量分数)/%	12.49	11.47	10.64	11.59	9.66
	N(质量分数)/%	1.16	1.48	1.58	0.99	1.55
	S(质量分数)/%	0.233	0.242	0.178	0.440	0.179
	H/C 原子比	1.88	1.65	1.48	1.72	1.39
族组成分析	饱和烃(质量分数)/%	58.18	57.29	51.37	39.40	26.65
	单环芳烃(质量分数)/%	12.21	23.68	11.06	10.92	24.61
	双环芳烃(质量分数)/%	1.20	6.99	15.37	1.26	15.03
	三环芳烃/%(质量分数)	—	—	4.10	—	1.36
	四环芳烃(质量分数)/%	—	—	1.75	—	—
	极性物(质量分数)/%	28.41	12.04	16.35	48.42	32.35
芳香度 f_a		0.19	0.31	0.41	0.28	0.43

与甘肃天祝煤与大港油田的渣油共炼表现不同的是，随着温度的提高，油收率和气体产率尤其是轻油和中油的产率明显提高，沥青含量降低。说明提高温度有利于沥青向油的转变。与煤直接液化相比，煤油共炼具有的油收率高、气体产率低、氢耗量低、油品中轻油和中油的比例较低并有一定比例的重油的特点依然比较突出。煤油共炼与煤直接液化得到的同样沸程油的性质见表 5-5-19。可以看出，与煤液化相比煤油共炼得到的油具有饱和物含量高、极性物含量低和芳香度低的特点，这主要是由于石油以饱和直链烃为主，煤以缩合芳环的结构单元为主。

第五节　煤、油共炼（y-cco）工业示范项目

一、概述

① 2011 年延长石油集团提出煤油共炼工业技术集成开发计划，该计划被列入《陕西省科技统筹创新工程》"煤、油共炼试验示范装置"项目。2012 年批准"煤、油共炼试验示范装置"项目任务书，完成中试及关键技术开发。

② 2014 年国家科技部国际合作司批准《煤、油共炼试验示范项目国家国际科技合作专项项目任务合同书》，与国际 KBR、BP 公司开展技术合作。

③ 2014 年 11 月建成 45×10^4 t/a 煤、油共炼试验示范装置。2015 年 1 月打通全流程，产出合格油品；8 月完成 72h 考核；9 月由中国石油和化学工业联合会组织科技成果鉴定，鉴定委员会认为"该技术创新性强，总体处于国际领先水平"。

二、技术创新点

① 首创煤、油共炼新技术，并工业规模试验示范项目工程技术开发。

② 提出了煤、油共炼加氢反应过程中煤与重油协同效应。

③ 开发了高效催化剂和添加剂体系。

④ 将浆态床和固定床反应器集成，缩短流程，降低物耗和能耗。

⑤ 开发了煤基沥青砂水下成型和改性应用技术。

⑥ 无废渣、废液产生，"三废"易治理。

三、工艺流程

工艺流程示意见图 5-5-4。

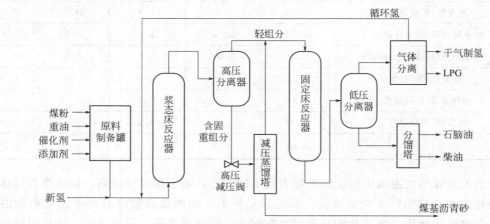

图 5-5-4 煤油共炼工艺流程示意

四、项目建设规模及总投资

① 规模：煤和渣油进料量 $45 \times 10^4 t/a$，煤 40%~45%，油浆 55%~60%。

② 总投资：19.0 亿元。

③ 煤油示范项目全景：见图 5-5-5。

图 5-5-5 煤油示范项目全景

五、生产装置组成

① 油煤浆原料制备单元（煤粉、重油、催化剂、添加剂）；
② 浆态床加氢裂化单元；
③ 固定床加氢裂化单元；
④ 减压蒸馏及气体回收单元；
⑤ 油品精馏及气体回收单元。

六、原料及油品分析

原料及油品分析见表 5-5-20～表 5-5-23。

表 5-5-20　FCC 油浆分析

序号	检测项目		结果	检验方法
1	>525℃馏分含量(质量分数)/%		25	ASTM D7169
2	沥青质含量(质量分数)/%		1.43	SY/T 7550
3	固含量(质量分数)/%		0.45	GB/T 2292
4	残炭(质量分数)/%		15.48	GB/T 268
5	密度(20℃)/(g/mL)		1.0245	GB/T 13377
6	灰分(质量分数)/%		0.11	GB/T 508
7	水分(质量分数)/%		0.3789	GB/T 11133
8	黏度(80℃)/(mm²/s)		80.262	GB/T 265
9	元素分析 (质量分数)/%	碳元素	89.619	SH/T 0656
10		氢元素	9.345	
11		硫元素	0.410	
12		氮元素	0.0491	
13		氧元素	0.032	

表 5-5-21　原料煤质分析

序号	检测项目		结果	检验方法
1	灰分(质量分数)/%		5.93	GB/T 508
2	水分(质量分数)/%		1.42	GB/T 212
3	挥发分(质量分数)/%		35.41	GB/T 212
4	元素分析 (质量分数)/%	碳元素	76.695	SH/T 0656
5		氢元素	4.397	
6		硫元素	0.28	
7		氮元素	1.034	
8		氧元素	10.232	

表 5-5-22 石脑油质量分析

序号	项目	指标
1	密度（20℃）/（kg/m³）	739.0
2	硫含量/10^{-6}	9.0
3	馏程（实沸点）	
	10%（质量分数）/℃	87.5
	50%（质量分数）/℃	115.5
	90%（质量分数）/℃	149
	FBP/℃	167

表 5-5-23 柴油质量分析

序号	项目	指标
1	密度（20℃）/（kg/m³）	859.6
2	硫含量/10^{-6}	1.68
3	十六烷指数	45.3
4	闪点/℃	83.5
5	馏程（实沸点）	
	50%（质量分数）/℃	288.5
	90%（质量分数）/℃	339.0
	95%（质量分数）/℃	345.0
	FBP/℃	350.0

七、考核标定结果（72h 平均值）

1. 主要操作条件

试车期间主要工艺操作参数控制如下：

V-105 压力（MPa）　　　　　　　19.5
R-101 入口温度（℃）　　　　　　450±5
R-101/102/103 床层温度（℃）　　470±2
R-104 入口温度（℃）　　　　　　305±5
R-104 床层温度（℃）　　　　　　350±5

2. 考核结果

现场 72h 考核标定结果如下：

煤转化率　　　　　　　　　　　　86.0%
525℃以上催化油浆转化率　　　　94%
液体收率（C₃₊）　　　　　　　　70.7%
石脑油收率　　　　　　　　　　　17.6%
柴油收率　　　　　　　　　　　　48.9%
煤基沥青砂收率　　　　　　　　　25.8%
氢耗　　　　　　　　　　　　　　5.9%
能耗（以标油计）（kg/t 进料）　130.5

水耗	1.6t/t产品
项目能效	70.1%

八、应用范围及发展前景

① 可应用于煤、油共炼，特别在重劣质油轻化领域应用前景良好。

② 进一步开发百万吨级工业化装置。

第六节　煤直接液化示范厂可行性研究

中国多煤少油的能源格局、相对低廉的劳动力成本和高油价低煤价的独特条件使得中国煤直接液化商业化前景完全不同于西方发达国家。鉴于从1993年起由石油输出国变为进口国以来，我国每年石油的进口量逐步增加，2000年石油净进口达到7000万吨。为了保障国家的能源安全、充分利用我国煤炭资源、减少对国际石油的依赖程度，全面地评价和论证直接煤液化在中国的商业化前景，中国政府有关部门与德国、美国和日本有关部门达成了共同完成中国煤直接液化可行性研究的协议并付诸实施，取得了预期的效果。

1997～2000年，中德合作完成云南先锋褐煤液化厂，中日合作完成了黑龙江依兰煤液化厂，中美合作完成了神华煤液化厂的预可行性研究。研究结果表明，一个日加氢液化5000～12000t/d煤液化厂总投资为（100～150）亿元左右。主要产品为柴油、汽油（或石脑油）和LPG，副产品为液氨、硫黄和苯。汽柴油的产量约为（100～250）×10⁴t/a。可行性研究的结果显示，根据1998～1999年的价格水平，拟建设的煤液化厂生产的柴油和汽油的成本约为1600元/t，大约相当于英国布伦特原油价格为16美元/bbl时的汽、柴油的价格。如果汽柴油的出厂价格为2800元（含税）/t，煤液化厂的投资内部收益率约为10%。敏感性分析显示，主要产品的销售价格对项目的经济效益影响最为显著。这说明油价波动即为煤液化厂的经济性带来机会又依然是制约煤液化厂经济效益的主要因素。

第六章
神华集团煤直接液化示范项目

神华集团煤直接液化项目是我国一个现代煤直接液化工艺的大型工业规模示范项目。项目分两期建设。一期工程由三条生产线组成，占地面积 363hm²，年产油品 300 多万吨。考虑到煤直接液化工艺尚未经工业化生产验证，为了规避风险，一期分为两个阶段进行，先期（第一阶段）建设一条 100 万吨工业规模的煤直接液化生产系统及其配套的公用工程和辅助设施。该项目于 2004 年 8 月正式开工，于 2008 年 5 月基本建成，2008 年年底进行投料试车。

第一节 技术原理及特点

神华集团煤直接液化示范项目采用的煤直接液化核心技术是由神华集团联合国内科研院所开发的具有自主知识产权的中国神华煤直接液化工艺，该工艺是在充分借鉴、消化、吸收国外现有煤直接液化工艺技术的基础上，结合国家"863"高效合成煤直接液化催化剂的开发成功，完全依靠自己的技术力量开发形成的煤直接液化工艺。技术原理和特点如下。

一、采用人工合成高效液化催化剂

中国神华煤直接液化工艺采用列入国家"863"计划、由神华集团公司和煤炭科学研究总院共同研制开发的、具有我国自主知识产权的超细水合氧化铁（FeOOH）作为液化催化剂（简称"863 催化剂"）。由于"863 催化剂"活性高、添加量少，煤液化转化率高，残渣中催化剂带出的液化油少，增加了蒸馏油产率。

煤直接液化铁系催化剂一般分为两大类——人工合成的高效铁系催化剂和天然含铁矿物，但两者的有效成分是相同的，即都是 $Fe_{1-x}S$。催化剂活性的高低一般以吨煤需要加入的 Fe 的量来衡量，目前，高效催化剂吨煤需要的 Fe 量为 5kg，即催化剂中 Fe 添加量为干煤的 0.5％。合成的高效催化剂之所以高效，是因为在制备过程中采用特殊的技术，将催化剂制备成超细颗粒，使催化剂的颗粒达到 100nm 左右，催化剂比表面积大大增加，催化剂活性中心达到最有效发挥。"863 催化剂"形貌如图 5-6-1 所示。

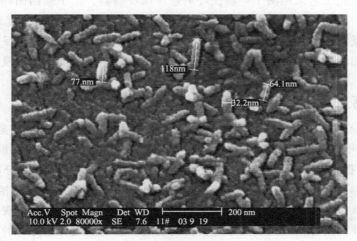

图 5-6-1　"863 催化剂"形貌

二、溶剂全部采用预加氢的供氢性溶剂

中国神华煤直接液化工艺煤浆制备全部采用经过一定条件加氢的供氢性循环溶剂。由于循环溶剂采用预加氢，溶剂性质稳定，成浆性好，可以制备成含固体 45％～55％（质量分数）的高浓度煤浆，而且煤浆流动性好，煤浆黏度小于 400cP（$1cP＝10^{-3}Pa \cdot s$）（60℃）；由于循环溶剂采用预加氢，溶剂供氢性能好，加上高活性液化催化剂，液化反应条件温和，反应压力 17～19MPa，反应温度 440～465℃；由于循环溶剂采用预加氢，溶剂具有供氢性能，在煤浆预热和换热过程中，能阻止煤热分解过程中自由基碎片的缩合，防止结焦，延长操作周期，提高热利用率。

煤直接液化过程中溶剂的作用十分重要。在热解过程中煤是被加在循环溶剂中制成煤浆后参与反应的，所以煤在热解的同时，也会发生溶解等物理反应。煤热解产生的自由基，如不能及时分散和加上活性氢使其稳定，则易发生聚合反应。溶剂在此步骤中的作用相当重要，它以两种途径减少聚合反应。第一种途径是它在物理上将反应产生的自由基碎片在溶剂中分开。因此，这种溶剂对重质芳香物的溶解性要好。第二种途径是提供活性氢给自由基，使其成为稳定分子。适合的溶剂中含有稠环芳香烃结构的分子。溶剂中部分加氢的芳香烃可以向反应性高的自由基碎片转移和提供氢。供氢溶剂中提供的氢的反应活性比气态氢要高许多。在高压催化体系中，一般认为气相氢是通过与溶剂反应再转移至煤的。加氢程度合适的溶剂中氢的反应活性高，数量多，因此始终保证溶剂中含有活性氢非常重要。

通过催化加氢来提高溶剂的供氢性能是现代煤直接液化工艺的一个标志，其最大优势是溶剂组成容易控制，煤浆浓度可以提高，黏度适中，由于煤浆性质的改善，可以采用热交换器和预热炉组合进行煤浆预热，使工厂的热效率大大提高。更重要的是，使整个直接液化装置的操作变得很稳定，并且由于溶剂性能的提高，液化条件可以大大缓和，煤在反应器的停留时间可以大大减少，反应器利用率可以提高。

三、反应器采用内循环悬浮床

神华煤直接液化工艺采用两个强制循环的悬浮床反应器。由于强制循环悬浮床反应器内为全返混流，径、轴向温度分布均匀，反应温度容易控制，通过进料温度即可控制反应温度，不需要采用反应器侧线急冷氢控制，产品性质稳定。强制循环悬浮床反应器气体滞留系数低，反应器液相利用率高；强制循环悬浮床反应器内液速高，反应器内没有矿物质沉积。

四、固液分离采用减压蒸馏

神华煤直接液化工艺采用减压蒸馏的方法进行沥青和固体物的脱除。减压蒸馏是一种成熟和有效的脱除沥青和固体的分离方法，减压蒸馏的馏出物不含沥青，产品中柴油馏分多，并可为循环溶剂增加供氢性提供合格原料；减压蒸馏的残渣含固体 $50\%\sim55\%$（质量分数），残渣中含油量少。由于使用了高活性的"863催化剂"，催化剂添加量少，排出的残渣量也相对减少。

减压蒸馏被认为是一种在煤直接液化工艺中最有效的固液分离方法。现代煤直接液化工艺中大多采用此种分离方法。减压蒸馏是根据物质的挥发度（也就是分子的大小以及分子间的作用力）来进行分离，通过温度、压力的控制，理论上可完全脱除固体物和重质沥青物。

为了能最大限度地得到液体油并使得减压塔底残渣能顺利排出，一般控制减压塔底残渣中的固体物含量在 50% 左右。

减压蒸馏是成熟可靠的固液分离技术。减压蒸馏在煤直接液化工艺中的使用，为提高循环溶剂质量提供了可能，分离出的溶剂由于不含沥青和固体物，可以通过催化加氢来提高溶剂的供氢性能。

五、溶剂加氢采用强制循环悬浮床反应器

神华煤直接液化工艺的循环溶剂和产品采用强制循环悬浮床加氢反应器（T-Star 工艺）进行加氢。第一次将强制循环悬浮床反应器引入煤直接液化工艺中，由于强制循环悬浮床加氢反应器采用上流式，催化剂可以在线更新，加氢后的供氢溶剂供氢性能好，产品性质稳定，操作周期长，而且也避免了固定床反应由于催化剂积炭压差增大的风险。

固定床加氢是石油加工十分成熟的技术。但固定床加氢加工煤液化油面临着金属含量和沥青质含量较高的问题。金属含量高将使固定床加氢催化剂迅速失活，沥青质含量过高将使催化剂床层压差急剧升高。采用固定床加氢制备循环溶剂，对加氢原料质量的控制要求十分严格，否则将影响固定床操作周期。

解决液化油金属含量和沥青质含量较高问题的最好方法是使用悬浮床反应器。T-Star 工艺是沸腾床缓和加氢裂化工艺，具有沸腾床工艺的特点。沸腾床工艺是借助于液体流速，将具有一定粒度的催化剂自下而上移动并保持一定的界面，使氢气、催化剂和原料充分接触而完成加氢反应的过程。沸腾床工艺的特点是：可在反应过程中不断补充新催化剂并排除旧催化剂，无床层堵塞问题，因而可以长时间连续运转；沸腾床反应器使反应物与催化剂呈返混状态，保证了反应物与催化剂之间接触良好，而且有利于传热和传质，使反应器内温度比较均匀；对原料的适应性强，可加工高金属含量（V+Ni 含量可高达 700×10^{-6} 以上）、高残炭值原料。

中国神华煤直接液化工艺采用的各单元技术都是经过国外百吨级工业性试验装置验证过的成熟技术。如采用全部供氢溶剂的煤浆系统、减压蒸馏系统与日本 NEDOL 工艺、德国

IGOR＋工艺基本一样，采用全部供氢溶剂的煤浆制备、煤浆预热和减压蒸馏在日本、德国的工业性试验装置上分别经过了长达 1900h 和 5000h 的长周期运转，取得了满意的结果。强制循环悬浮床反应器 H-Oil 已经在工业应用，在煤直接液化工艺上也在 H-Coal 工艺的百吨级工业性试验装置上进行了长周期的运转。溶剂加氢采用的 T-Star 工艺与 H-Oil 工艺十分接近。863 煤直接液化高效催化剂也经过了相当规模的中试装置的反复连续运转试验。中国神华煤直接液化工艺连续试验装置 5000h 的运转结果也表明，中国神华煤直接液化工艺技术是成熟的，能长期稳定运转，反应器利用率高，可防止矿物质沉积，反应条件缓和，最大限度地提高了液体收率，同时为液化产品进一步加工提供优质原料。

六、神华煤直接液化工艺的先进性

神华煤直接液化工艺与目前现有工艺相比具有明显的先进性。

（1）单系列处理量大　神华煤直接液化工艺采用与国外第三代煤直接液化工艺相同的全部供氢溶剂循环，但是由于反应器的不同，单系列处理液化煤量大大增加。国外煤直接液化工艺采用鼓泡床反应器，单系列最大处理液化煤量为 2500～3000t 干煤/d，而中国神华煤直接液化工艺由于采用强制循环的悬浮床反应器，单系列处理液化煤量为 6000t 干煤/d。

（2）油收率高　神华煤直接液化工艺由于采用高活性的液化催化剂，添加量少，蒸馏油收率高于相同条件下的国外煤直接液化工艺。

（3）稳定性好　中国神华煤直接液化工艺采用经过加氢的供氢溶剂，溶剂性质稳定，煤浆性质好，工艺的稳定性与国外第三代煤直接液化工艺相当。但由于神华煤直接液化工艺采用 T-Star 工艺加氢，溶剂加氢的可靠性要优于国外煤直接液化工艺的固定床加氢。

第二节　工艺流程及说明

神华煤直接液化项目包括备煤、催化剂制备、煤直接液化、加氢稳定（溶剂加氢）、加氢改质、轻烃回收、含硫污水汽提、脱硫、硫黄回收、酚回收、油渣成型、两套煤制氢和两套空分等装置。全厂总流程示意见图 5-6-2。

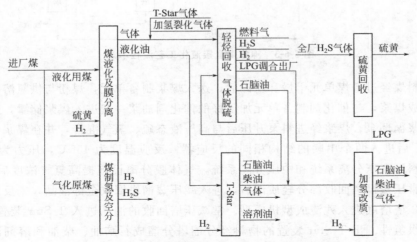

图 5-6-2　神华煤直接液化项目工程全厂总流程示意

经洗选后的原煤从厂外经皮带机输送进入备煤装置加工成煤液化装置所需的干煤粉;部分原煤在催化剂制备单元经与催化剂混合,制备成含有催化剂的干煤粉,也送至煤液化装置;煤粉、催化剂以及供氢溶剂,在高温、高压、临氢的条件和催化剂的作用下发生加氢反应,生成煤液化油并送至加氢稳定装置。未反应的煤、煤中无机物和部分重质油组成的液化残渣经成型后作为自备电厂的燃料。煤液化油在加氢稳定(溶剂加氢)装置生产满足煤直接液化要求的供氢溶剂同时脱除部分硫、氮、氧等杂质从而达到预精制的目的。石脑油、柴油馏分至加氢改质装置进一步提高油品质量;溶剂返回煤液化和备煤装置循环作为供氢溶剂使用。

各加氢装置产生的含硫气体均经轻烃回收以回收气体中的液化气、轻烃、氢气,并经脱硫装置进行处理。同时,加氢稳定产物分馏切割出的石脑油至轻烃回收及脱硫装置处理,重石脑油进一步到加氢改质装置处理。

各装置产生的酸性水均需在含硫污水汽提装置中处理后回用。对于煤直接液化装置产生的含酚酸性水设置单独系列处理,经脱除硫化氢和氨后,送至酚回收装置回收其中的酚,水经处理后回用。

煤液化、煤制氢、轻烃回收及脱硫和含硫污水汽提等装置脱出的硫化氢经硫黄回收装置制取硫黄,供煤直接液化装置使用,不足的硫黄部分外购。

各加氢装置所需的氢气,由煤制氢装置生产并提供。

神华煤直接液化项目的核心装置采用神华煤直接液化工艺。其工艺流程示意见图 5-6-3。

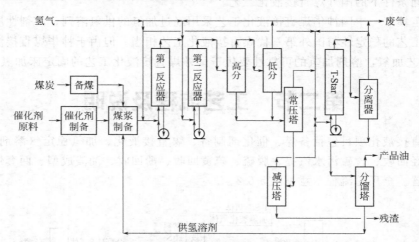

图 5-6-3 神华煤直接液化工艺流程示意

液化原料煤经过备煤单元干燥和粉碎后,送入煤浆制备单元,煤粉与供氢溶剂通过煤浆混捏机加工成煤浆,与催化剂制备单元加工好的催化剂油浆一起进入煤浆储罐,煤浆储罐带有搅拌和煤浆循环泵。煤浆经进料泵升压后与高压液态硫、氢气混合,并在煤浆预热炉加热至接近 400℃后进入两个串联的结构相同的反应器。反应温度为 455℃,压力为 19.0MPa。出反应器物料经高压分离系统和中压分离系统,气体膜分离设施提高氢气浓度后循环使用;液体物料经常压蒸馏塔回收部分轻质油后,进入减压蒸馏塔回收全部油品,未反应煤和无机物等通过减压塔塔底进入残渣成型机成型。常减压塔回收的油品进入 T-Star 装置进行加氢,提高溶剂的供氢性。出 T-Star 装置的物料经分馏塔分馏成石脑油、柴油和溶剂油馏分。溶剂油返回至煤浆制备单元用于配制煤浆。石脑油和柴油馏分经加氢改质单元加工成合格石脑油和柴油产品。

第三节　主要设备及说明

神华煤直接液化项目全厂主要装置及能力见表 5-6-1。

表 5-6-1　神华煤直接液化项目全厂主要装置及能力

序号	工艺生产装置	能　力	设备台数
1	煤液化备煤装置	216.83t/h	142
2	催化剂制备装置	42.4t/h	218
3	煤液化装置	200×10^4t/a	339
4	加氢稳定装置	330×10^4t/a	131
5	煤气制氢装置	313×2t/d	1252
6	加氢改质装置	100×10^4t/a	112
7	空分装置	50000×2m³/h	218
8	轻烃回收装置	进料气体 33.3×10^4t/a 进料石脑油 2.9×10^4t/a	72
9	含硫污水汽提装置	120t/h	109
10	硫黄回收装置	25000t/a	79
11	脱硫装置	处理干气 19.2×10^4t/a 中压气 11.8×10^4t/a 液化气 10.2×10^4t/a 富氨液 65.2×10^{-4}t/a	83
12	酚回收装置	处理含酚污水 93t/h	76
13	油渣成型装置	处理液体油渣 610415t/a	27

一、强制循环悬浮床反应器

神华煤直接液化反应器和溶剂加氢的 T-Star 反应器采用了底部带有循环泵的强制循环悬浮床反应器。T-Star 强制循环悬浮床反应器的结构见图 5-6-4。

分布板上方的反应器圆筒为颗粒催化剂床。颗粒催化剂床层的流化主要靠由反应器底部的循环泵泵出的向上流动的循环油。循环油到达反应器顶部后，部分通过反应器中的溢流盘回到底部的循环泵，与进料液体和氢气混合，一起进入反应器底部的送气室，经过分布板产生分布均匀的向上的流动，使催化剂流化但不冲塔。之所以要采用循环油系统，是因为进料液体和氢气的空速不能使催化剂流化。流化的催化剂床层体积比初始填装的催化剂床层体积大 40%。反应器中的循环油量相对于进料量而言是大量的，因此可以使反应器内部保持温度均匀。反应器可以定期取出定量催化剂和添加等量新鲜催化剂，因此能使催

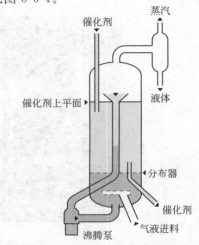

图 5-6-4　强制循环悬浮床反应器结构示意图

化剂活性稳定在所需的水平上，使得产品质量和产率分布几乎保持恒定不变，因而使操作得以简化。

煤直接液化强制循环悬浮床反应器结构（见图 5-6-4）与 T-Star 反应器类似，由于煤直接液化反应器采用浆状催化剂，因此取消了固体催化剂的装卸机构，使反应器的操作变得简单。

神华煤直接液化项目拥有全球最大的两台煤液化反应器，其设备单体质量达 2070t，被称为神州第一吊。

二、煤制氢设备

神华煤直接液化项目的煤制氢装置采用两套 Shell 煤气化炉，生产能力达 150000m³/h（以 CO＋H₂ 计），为目前世界上最大的气化炉。图 5-6-5 为 Shell 煤气化制氢装置。

图 5-6-5 Shell 煤气化制氢装置

三、空分装置

空分一拖二机组流量高达 262840m³/h，空分制氧能力 50000m³/(h·套)。图 5-6-6 为空分装置。

图 5-6-6 空分装置

第四节　开发过程

神华煤直接液化工艺的开发过程：

经历了 0.12t/d BSU 连续试验装置的长达近 6000h 的运转试验，获得大量的基础数据。在 6t/d PDU 中试装置上进行了超过 5000h 的工艺验证。

为了弥补工程经验的不足，吸纳了国外煤直接液化工程化研究过程中的成果，联合具有世界上煤直接液化工程经验的美国 AXENS 工程公司作为合作伙伴，开发完成了神华煤直接液化工艺包。并委托 AXENS 进行了基础设计，为了规避风险，同时请德国、日本具有煤直接液化工程经验的专家，对 AXENS 的基础设计进行了审查和修改。

在详细设计过程以及建设过程中，凡是涉及煤直接液化技术特征的机泵阀都有在国外煤直接液化百吨级工业化试验装置上使用的业绩。对设备选型、材料选择、配管、设备布置都吸纳了国外煤直接液化工程化研究过程中的成果。

一、BSU 装置和运行

1. BSU 装置

2002 年 5 月神华集团提出了神华煤直接液化工艺技术方案，委托中国石化工程建设公司（SEI）对煤炭科学研究总院内的 BSU 装置进行改造设计，2002 年 7 月至 10 月对 BSU 装置进行了改造。

2002 年 11 月开始至 2004 年 4 月在 BSU 装置上进行了 10 次共 249d、计 5976h 的试验，其中投煤试验 176d，对不同停留时间、不同催化剂、不同温度、不同煤质反应器氢耗分布进行了试验，分别验证了工艺技术的可靠性，考察了不同批次煤质变化的影响，考察了不同反应条件对液化效果的影响，考察了不同类型液化催化剂对液化效果的影响。

提供给基础设计的试验完全模仿神华商业化生产厂工艺条件进行。这些条件中最主要的是煤在反应器中的停留时间、反应器出口氢分压、反应温度要和商业化煤液化厂一致。

2. BSU 装置标准试验条件

（1）反应器设定温度

① 第一反应器：455℃；

② 第二反应器：455℃。

（2）反应压力

① 第一反应器：19.0MPa；

② 第二反应器：19.0MPa。

煤浆浓度：45/55（干煤/溶剂）。

（3）催化剂添加量　863 催化剂：1.0%（质量分数）（铁/干煤）。

神华煤直接液化工艺采用的全部供氢性循环溶剂制备煤浆、强制循环悬浮床反应器、减压蒸馏、强制循环悬浮床加氢反应器等工艺技术单元，都属于相对成熟的工艺技术，各单元都有实用技术或经过了百吨级以上规模工业性试验装置的长周期验证。这些单元除了悬浮床加氢属于 AXENS 专利技术外（神华已购买了 AXENS 的 T-Star 工艺，融入神华煤直接液化项目中），其他均为常规技术，不涉及第三方的专利。将这些相对成熟的工艺技术组合起来，其组合风险将是较低的。

神华煤直接液化工艺采用的催化剂，是国家"863"项目能源领域洁净煤技术主题的一个课题，拥有独立自主的知识产权，并经过了与 6t/d 进料煤相配套的中型试验装置的连续生产验证，生产出的催化剂经过煤液化验证，产品油收率达到 55%～57%。

二、工艺包及基础设计

神华集团与美国 AXENS（NA）公司合作开发了中国神华煤直接液化工艺的工艺包，并委托 AXENS 公司进行神华煤直接液化示范项目的基础设计。

AXENS（NA）公司的前身是美国的 HRI 公司，AXENS（NA）公司具有设计煤直接液化装置的经验，曾经完成了美国 200～600t/d 规模的 H-Coal 中试装置的设计，完成了 5 万桶/天煤直接液化项目的概念设计；AXENS（NA）公司还是渣油加氢技术 H-Oil 的技术拥有者，H-Oil 工艺的反应系统与煤液化的反应系统比较类似。神华煤直接液化工艺充分利用了 AXENS 公司在煤炭直接液化 H-Coal 工艺设计和 H-Oil 反应器设计制造与运营方面的经验，委托 AXENS 公司与神华一道完成工艺包的设计，大大降低了工艺包设计的风险度。

神华煤直接液化工艺的确立过程和试验结果，还广泛征求了国内外著名的工程公司、煤炭直接液化研究专家的意见或对其进行审查，得到了包括 ABBLUMMS、AXENS 的专家和国内参加本项目的各方面专家的认可。

三、工艺技术成果鉴定

2004 年 6 月由中国石油和化学工业协会和中国煤炭工业协会共同组织了"中国神华煤直接液化工艺技术"科技成果鉴定会，对神华集团公司开发的中国神华煤直接液化工艺技术给予了积极和高度的评价。鉴定认为所开发的中国神华煤直接液化工艺技术，是在充分消化吸收国外技术基础上，采用具有自主知识产权的高效铁系合成催化剂作为液化催化剂，使用供氢性能优良的循环溶剂（简称供氢溶剂）制备煤浆，采用了强制循环煤液化悬浮床反应器和供氢溶剂悬浮床加氢反应器、减压蒸馏分离沥青和固体等成熟的单元技术。该组合工艺具有煤直接液化加氢可靠性高、反应器利用率高、催化剂性价比好、液固分离过程可靠等特点，其整体工艺流程合理并具有集成创新性。并且认为在工艺稳定性、油收率和相同反应器最大处理能力等方面均优于国外煤直接液化工艺，其综合技术水平达到国际先进水平。

四、工艺试验装置

2003 年开始，神华集团在上海建设 6t/d 煤直接液化工艺验证装置。该装置 2003 年 12 月开始建设，2004 年 10 月建成，2004 年 12 月第一次投煤试验，截至 2008 年 5 月已运行五次，五次共累计投煤运行 5098h，消耗原煤 1519t。通过 PDU 五次运转：

① 验证了中国神华煤直接液化工艺技术的可行性和可靠性。

② PDU 装置试验结果表明：煤的转化率大于 90%，蒸馏油收率大于 56%。验证了示范厂设计基础的准确性。

③ 通过 PDU 装置的运转，对神华煤直接液化示范项目的操作人员进行了 500 人次培训。通过 PDU 装置的培训使他们基本掌握了煤直接液化装置操作技术，为煤液化示范厂的顺利开车打下了基础。

④ 通过 PDU 运转经验，完善了神华煤直接液化示范项目的设计。

⑤ 提供了批量有代表性的样品。

第五节　工业示范项目建设规模及原材料、动力消耗

一、建设规模

神华煤直接液化示范项目先期工程年用煤量 327 万吨，可生产各种油品 108 万吨，其中，柴油 72 万吨，液化石油气 10.2 万吨，石脑油 25 万吨，酚等其他产品 0.8 万吨。

二、原材料、动力消耗定额

主要原材料、公用工程消耗见表 5-6-2。

表 5-6-2　主要原材料、公用工程消耗估算表

名　　称	数　　值
原煤及原料煤/(10^4 t/a)	327
水/(10^4 t/a)	856
电/(10^8 kW・h/a)	11.17

第六节　三废处理方法

中国神华煤直接液化工艺生产过程中产生的污染物为酸性水和油灰渣。酸性水主要产自煤炭直接液化反应部分和溶剂加氢的反应部分，油灰渣产自煤炭液化分馏部分的减压塔底。

一、酸性水处理方案

神华煤直接液化反应部分及溶剂加氢反应部分生成的酸性水分析数据见表 5-6-3。

表 5-6-3 数据表明，煤液化和溶剂加氢酸性水中的主要污染物质为 H_2S、NH_3、酚和少量的油。

表 5-6-3　神华煤直接液化和溶剂加氢酸性水分析数据

来　源	污染物含量					
	H_2S	NH_3	CO_2	挥发酚	油类	Cl^-
	(kg/h)/10^{-6}	(kg/h)/10^{-6}	(kg/h)/10^{-6}	(kg/h)/10^{-6}	(kg/h)/10^{-6}	10^{-6}
煤液化	533.7/10394	613.6/11950	904.0/17606	446.5/8696	147.1/2864.8	63.3
溶剂加氢	3006.5/83460	1700.5/47206	615.6/17089	40.3/1119	23.2/644	198

针对煤液化和溶剂加氢酸性水的特点，神华煤制油有限公司与国内设计、研究部门开展了一系列研究和设计工作。最后确定了酸性水处理方案。具体的处理工艺及其效果为：

1. 第一步：酸性水汽提

酸性水汽提的目的是脱出酸性水中的 H_2S，并尽可能地脱出其中的 NH_3。煤液化、溶剂加氢及加氢改质装置混合污水经汽提后的水质见表 5-6-4。

酸性水汽提的酸性气送硫黄回收装置回收硫黄；汽提后的污水送酸性水脱酚装置。

表 5-6-4 汽提后的水质

项　目	指　标	项　目	指　标
$H_2S/10^{-6}$	<50	油/10^{-6}	100
$NH_3/10^{-6}$	<400	挥发酚/10^{-6}	5409.3

2. 第二步：汽提污水脱酚

汽提后含酚的污水采用二异丙醚为溶剂进行脱酚处理，回收的粗酚作为产品出售，脱酚后的净化水送污水处理场进一步进行处理，脱酚净化水水质见表 5-6-5。

表 5-6-5 脱酚净化水水质

项　目	指　标	项　目	指　标
$H_2S/10^{-6}$	<50	酚/10^{-6}	<50
$NH_3/10^{-6}$	<100	二异丙醚/10^{-6}	<80
油/10^{-6}	100		

3. 第三步：生物处理

脱酚后污水压力送至污水处理场处理，处理流程为：两级气浮＋调节罐＋生化池（3T-AF）＋生化池（3T-BAF）＋混凝沉淀＋过滤。

处理后的净化水的水质见表 5-6-6。

表 5-6-6 处理后的净化水水质

项　目	指　标	项　目	指　标
$H_2S/(mg/L)$	$\leqslant0.1$	酚/(mg/L)	$\leqslant0.1$
$NH_3/(mg/L)$	$\leqslant10$	COD/(mg/L)	$\leqslant50$
油/(mg/L)	$\leqslant3$		

处理后合格的污水部分回收——用于循环水场补水、部分排往渣厂蒸发。

二、油灰渣处理方案

煤直接液化工艺产生的油灰渣由于有较高的发热量，在神华煤直接液化项目中油灰渣作为发电厂锅炉的燃料进行综合利用。神华集团煤液化鸟瞰图见图 5-6-7。

图 5-6-7 神华集团煤液化鸟瞰图

第七节　工业示范项目运行情况

一、示范项目建设

神华集团在内蒙古鄂尔多斯上湾建成世界首套年产 108×10^4 t 直接液化工业示范项目，2008 年底试车运行打通全流程，其后经过技术改造完善，于 2011 年进入商业化运行，生产负荷和技术水平不断提高，取得较好示范成果。

二、产品方案

产品方案见表 5-6-7。

表 5-6-7　产品方案

序　号	产　品	生产负荷/(10^4t/a)	占比/%
1	柴油	72.0	66.5
2	石脑油	25.0	23.1
3	液化气	10.5	9.7
4	粗酚	0.8	0.7
5	合计	108.3	100

三、装置运行情况

装置运行情况见表 5-6-8。

表 5-6-8　装置运行情况

年　份	年运行时数/h	油品产量/(10^4t/a)	生产负荷/%	能效/%
2011	6744	79.0	73.15	55.3
2012	7218	72.5	67.13	57.42
2013	7560	86.6	80.19	57.86
2014	7248	90.18	83.5	58.76
2015	7580	98.5	90.95	59.2

四、消耗指标（以 1t 油品计）

1t 油品消耗指标见表 5-6-9。

表 5-6-9　1t 油品消耗指标

序　号	项　目	运行值(2015 年)	设计值
1	原料煤	3.25t	3.03t
2	新鲜水	6.85t	7.93t

续表

序 号	项 目	运行值(2015 年)	设计值
3	综合能耗	1.78t	
4	能源转化效率	58.76%	59.8%

五、投资及效益

① 设计总投资 123.0 亿元（其中资本金 40.59 亿元，占 33%）。由于进行技术改造，实际投资超出较多。

② 2012 年已实现盈利。

第六篇

煤炭间接液化

第一章
概　述

第一节　发展历史

一、F-T 合成

费托合成（Fischer-Tropsch sythesis，F-T 合成）是指 CO 在固体催化剂作用下非均相氢化生成不同链长的烃类（$C_1 \sim C_{25}$）混合物和含氧化合物的反应。该反应于 1923 年由 F. Fischer 和 H. Tropsch 首次发现后经 Fischer 等人完善，并于 1936 年在鲁尔化学公司实现工业化，F-T 合成因此而得名。以煤为原料，经过气化生成合成气，然后用合成气来制取液体燃料，被称为煤的"间接液化法"，F-T 合成反应作为煤炭间接液化过程中的重要反应，半个世纪来受到各国学者的广泛重视，目前已成为煤间接液化制取各种烃类及含氧化合物的重要方法之一。

二、　F-T 合成的历史

表6-1-1 列出了 F-T 合成研究与开发的历史沿革。由表 6-1-1 可知，煤间接液化的发展主要经历了早期迅速发展阶段、受石油冲击发展平缓阶段以及受能源战略影响而成熟发展阶段。煤间接液化可溯源于 1923 年德国科学家 Fischer 和 Trospch 发现的铁催化剂上 CO 和 H_2 合成液态烃燃料的 F-T 合成。1934 年德国鲁尔化学公司开始建造以煤为原料的 F-T 合成油厂，1936 年投产，年产 4000×10^4 L。$1935 \sim 1945$ 年期间，德国共建有 9 个 F-T 合成油厂，总产量达 57×10^4 t，其中汽油占 23%，润滑油占 3%，石蜡和化学品占 28%；同期法、日、中也建了 6 个 F-T 合成油厂，总生产能力为 34×10^4 t。F-T 合成工业呈现出高速发展。第二次世界大战以后，因石油工业的飞速发展，F-T 合成失去了竞争力，上述国家的煤间接

液化厂纷纷关闭。

南非富煤缺油，长期受到国际社会的政治和经济制裁，被迫发展煤制油工业，20世纪50年代初成立了Sasol公司，开始建第一个Sasol厂，于1955年投产，1980年与1982年又分别建成SasolⅡ厂和SasolⅢ厂。南非Sasol公司是目前世界上最大的煤间接液化企业，年耗原煤近5000×10^4t，生产油品和化学品700多万吨，其中油品近500万吨。该公司在近50年的发展中不断完善工艺和调整产品结构，开发新型高效大型反应器，1993年又投产了一套2500lb/d的天然气基合成中间馏分油的先进的浆态床工业装置。

国际上有丰富价廉天然气资源的国家重点开发气转液（GTL）技术，20世纪70年代初荷兰Shell公司开始合成油品的研究，提出通过F-T合成在钴催化剂上最大限度地制重质烃，然后再在加氢裂解与异构化催化剂上转化为油品的概念，20世纪80年代中期，研制出新型钴基催化剂和重质烃转化催化剂，油品以柴油、煤油为主，副产硬蜡。1989年开始在马来西亚Bintulu建设以天然气为原料的50×10^4t/a合成中间馏分油厂，1993年投产。

我国最早于1937年与日本合资在锦州石油六厂引进德国以钴催化剂为核心的F-T合成技术，1943年建成生产能力约100×10^4t原油/a的煤间接液化厂，1945年日本战败后停产。新中国成立后，我国重新恢复和扩建锦州煤制油装置，采用固定床反应器，用常压钴基催化剂，以水煤气炉为气源，1951年投产，1959年产量最高达到47×10^4t/a，并在当时情况下实现了可观的利润。随后因大庆油田的发现，1967年锦州合成油装置停产。在1953年中国科学院原大连石油研究所为提高煤间接液化效率，建成4500t/a的铁催化剂流化床合成油中试装置，但由于催化剂磨损、黏结等问题而未能获得成功。

表 6-1-1　F-T 合成研究与开发的历史沿革

时　间	发　展　进　程	主要研究者
1923年	发现CO和H_2在铁类催化剂上发生非均相催化反应，可合成直链烷烃和烯烃为主的化合物，其后命名为F-T合成	F. Fischer 和 H. Tropsch
1936年	常压多级过程开发成功，建成第一座以煤为原料的F-T合成油厂，4000×10^4L/a	德国鲁尔化学公司
1937年	中压法F-T合成开发成功	
1937年	引进德国技术以钴催化剂为核心的F-T合成厂建成投产	日本与中国锦州石油六厂
1944年	中压法过程中采用合成气循环工艺技术，F-T合成油厂进一步发展	德国
1945年后	F-T合成受石油工业增长的影响，其工业化发展受到影响	
1952年	5×10^4t/a煤基F-T合成油和化学品工厂建成	苏联
1953年	4500t/a的铁催化剂流化床合成油中试装置建成	中国科学院原大连石油研究所
1955年	建立以煤为原料的大型F-T合成厂（Sasol-Ⅰ厂），采用Arge固定床反应器，中压法，沉淀铁催化剂	Sasol公司（South African Coaland Gas Corp）
1970年	提出F-T合成在钴催化剂上最大程度地制备重质烃，然后再在加氢裂解与异构化催化剂上转化为油品的概念	荷兰Shell公司
1976年	浆态床反应器技术、MTG工艺和ZSM-5催化剂开发成功	美国Mobil公司
1980年	Sasol-Ⅱ建成投产，中压法，循环流化床反应器，熔融铁催化剂	循环流化床反应器由美国M. W.凯洛格开发，Sasol公司改进
1982年	Sasol-Ⅲ建成投产，中压法，循环流化床反应器，熔融铁催化剂	Sasol公司

续表

时 间	发 展 进 程	主要研究者
1982 年	提出将传统的 F-T 合成与沸石分子筛相结合的固定床两段合成工艺(MFT 工艺)	中国科学院山西煤炭化学研究所
1985 年	新型钴基催化剂和重质烃转化催化剂开发成功	荷兰 Shell 公司
1993 年	采用 SMDS(中间馏分油合成)工艺在马来西亚的 Bintulu 建成以天然气为原料的装置,年产 50×10^4 t/a 液体燃料,包括中间馏分油和石蜡	荷兰 Shell 公司
1994 年	采用 MFT 工艺及 Fe/Mn 超细催化剂进行 2000t/a 工业试验	中国科学院山西煤炭化学研究所

20 世纪 80 年代初,受世界石油危机影响,同时考虑到我国煤炭资源丰富的国情,我国重新恢复了煤制油技术的研究与开发,中国科学院山西煤炭化学研究所在分析了 MTG(甲醇制汽油)和 Mobil 浆态床工艺的基础上,提出将传统的 F-T 合成与沸石分子筛相结合的固定床两段合成工艺(MFT 工艺)。MFT 工艺技术的特点是一段由合成气经 F-T 合成生产的烃直接经二段分子筛重整后即可获得成品汽油。开发成功 F-T 合成沉淀型铁基工业催化剂和分子筛催化剂,并于 20 世纪 80 年代末期在山西代县化肥厂完成 100t/a 工业中试,1993~1994 年间在山西晋城第二化肥厂进行了 2000t/a 工业试验,打通了流程,并产出合格的 90 号汽油,但因脱硫技术不过关等原因,未能进行长时间的连续运行。20 世纪 90 年代初中国科学院山西煤炭化学研究所又进一步开发出新型高效 Fe/Mn 超细催化剂,在 1996~1997 年间完成连续运转 3000h 的工业单管试验,汽油收率和品质得到较大幅度的提高。

近年来,各国由于将能源战略放在重要位置,以及受石油资源量影响,煤合成油技术研究与开发又一次受到世界范围的广泛关注。国际廉价天然气的开发也加剧了 GTL 的开发和竞争热潮,诸多石油公司如荷兰 Shell 公司,南非 Sasol 公司,美国 Exxon 公司、Syntroleum 公司、Rentech 公司、GulfChevron 公司,挪威 Statoil 公司等均投入巨大的人力物力开发 GTL 新工艺,其中 Exxon 公司 AGC-21 工艺完成了 200lb/d 的中试,Syntroleum 公司开发的 Syntroleum 工艺完成了 2lb/d 的中试。上述过程的核心是新型钴基催化剂和工业反应器的研究与开发。南非 Sasol 公司的浆态床馏分油(SSPD)工艺也准备用新开发的钴基催化剂替代原来的铁基催化剂。

第二节 经典 F-T 合成的特点

一、 F-T 合成产品的分布与组成

表6-1-2 比较了典型 F-T 合成产品的组成与分布。从表 6-1-2 中可见,F-T 合成产物中,从甲烷到石蜡烃组分非常复杂。产物中烃类的碳数分布服从 Schulz-Flory 规律。每一烃类都分别具有各自的最大理论产率,大量 Fe、Co、Ni 等催化剂合成产品分布规律证实了这一点。由于产物分布制约了产品的选择性,使得目的产品收率低,如汽油产品的收率不超过 40%(质量分数),而有些产品如石蜡收率高达 80%,需二次加工才能利用,使工艺过程变得庞大复杂,提高了 F-T 合成的生产成本。另外,由于产品中主要直链的烷烯烃,尤其是 α-烯烃含量较高,而异构烷烃与芳烃含量较少,使得产品中汽油的辛烷值较低,如南非 Sasol-Ⅰ 厂合成汽油辛烷值仅为 55。

表 6-1-2　典型的 F-T 合成产品的组成与分布比较(质量分数)　　　单位：%

产品	固定床(Arge)	气流床(Synthol)	产品	固定床(Arge)	气流床(Synthol)
甲醇(C_1)	5	10	软蜡($C_{20} \sim C_{30}$)	23	4
液化石油气(LPG)($C_2 \sim C_4$)	12.5	33	硬蜡(C_{30}以上)	18	2
汽油($C_5 \sim C_{12}$)	22.5	39	含氧化合物	4	7
柴油($C_{13} \sim C_{19}$)	15	5			

二、F-T 合成反应的热力学特征

　　F-T 合成总反应的热力学数据表明：F-T 合成反应是一个强放热反应，每立方米($CO+H_2$) 合成原料气反应时，将放出 $2721 \sim 2930kJ$ 热量，如果考虑到原料气中的惰性气体存在以及转化不完全等因素，实际放热量约为 $1674kJ/m^3$ 原料气，这样多的热量若不设法从反应器中导出，可将反应气加热至 1500℃ 左右。F-T 合成反应对温度的敏感性很大，而各种合成过程要求的适宜温度范围很窄，钴、镍催化剂合成的适宜温度为 $170 \sim 210℃$，铁铜催化剂合成要求 $220 \sim 250℃$，熔铁催化剂要求 $280 \sim 340℃$，当温度超过这个温度范围，就会加速甲烷和炭沉积的生成，从而降低目的产物的产率和缩短催化剂的寿命。综合 F-T 合成反应的特点，认为合成产品碳数分布宽、目的产品选择性差、温度敏感性大、强放热是其最突出特点。因此，采取适当的有力措施及时地将大量的反应热移出是非常重要的。为了提高某些目的产品（如汽油馏分）的收率，必须设法打破 Schulz-Flory 分布，从化学反应工程的角度讲，为保证过程的稳定操作，进行反应过程的分析和热稳定性研究也是十分重要的。

第三节　煤间接液化研究进展

一、新型钴催化剂开发研究

　　近年来，国内外对由合成气制取烃类液体燃料技术的研究开发工作主要集中于如何提高产品的选择性和降低成本。由煤/天然气经合成气制取高品质柴油过程的研究不仅具有重要的理论意义，而且对能源转化及满足迅速增长的柴油需求具有特殊的现实意义。因此，近年来世界各大石油公司均投入巨大的人力物力研究这一过程，并采用了一个新的过程概念，即合成气在新型钴基催化剂上最大限度地转化为重质烃，再经过工业上成熟的加氢裂化与异构化催化剂转化为优质柴油和航空煤油，同时生成高附加值的副产物硬蜡。在这种基础上已有一系列钴基催化剂专利问世，如 Shell 公司、Exxon 公司和 Syntroleum 公司等，其中 Shell 公司开发的 $Co/Zr_2/SiO_2$ 催化剂在原料气 H_2/CO 体积比为 2、反应温度 220℃、压力 2.0MPa 和空速 $500h^{-1}$ 的条件下，CO 转化率可达 75%，产物中 C_5 以上烃的选择性为 82%。该催化剂已在马来西亚实现了年产 50 万吨中间馏分油（包括柴油、航空煤油和石脑油）的商业运行，其寿命长达一年，且可再生使用。新型钴基催化剂具有突出的优点：①在高反应活性下获得对重质烃高选择性，生成的甲烷和低碳烃较少，可减少尾气后处理负荷；②对水煤气变换反应不敏感，CO_2 选择性低，可充分利用碳资源；③反应条件温和，与加氢裂解反应相匹配较容易，柴油收率高，总油产率高于铁基催化剂；④催化剂寿命长，可长期稳定操作。

二、F-T 合成新工艺开发

F-T 合成技术的发展趋势是通过完善经工业实践检验的列管式固定床反应器技术，开发先进的浆态床反应器技术。

浆态床反应器技术是在 20 世纪 70 年代美国 Mobil 公司成功开发 ZSM-5 催化剂基础上，通过对 F-T 合成过程进行改进后开发成功的。浆态床两段 F-T 合成过程，简化了后处理工艺，使 F-T 合成过程取得了突破性进展。该公司于 1976 年开发了 MTG 过程，并于 1985 年在新西兰建立以天然气为原料年产 80 万吨汽油的工业装置。此外，还有丹麦托普索公司开发的 TIGAS 过程的中试装置、日本三菱重工与 COSMO 石油公司联合开发的 AMSTG 模试过程，以及荷兰 Shell 公司开发的 SMDS 过程等工业化技术。

常规的 F-T 合成反应，由于其产物分子量范围很宽，反应又有很大的热效应，因而存在着高分子量烃在催化剂表面积炭造成催化剂失活、堵塞床层以及催化剂表面及床层局部过热等问题。Yokata 等用正己烷为超临界流体研究了在 $Ru-Al_2O_3$ 催化剂上的 F-T 合成反应，有效地除去了催化剂表面上生成的蜡，而且烯烃的比例有所提高。原因在于此反应首先生成烯烃，然后加氢生成烷烃，在超临界相中，烯烃难以在催化剂表面长时间停留，抑制了烯烃的加氢反应，提高了烯烃的比例。阎世润等以正戊烷为超临界流体研究了在 $Co-SiO_2$ 催化剂上的 F-T 合成反应，超临界相反应 CO 的转化率明显高于气相反应，并且长碳链产物的比重有所提高。超临界介质改善了催化剂微孔内 CO 和 H_2 的传质速率，使 CO 的转化率及烃的收率都显著提高。同时因链增长反应是放热反应，在超临界流体条件下，反应热更容易被移去，因而有利于长链产物的生成，低链产物的比例降低。

三、国内 F-T 合成研究现状

国内近年来在 F-T 合成方面也做了大量开发研究工作，如大连化学物理研究所在担载型铁系催化剂的 F-T 合成已完成了模试，南京大学与南京化工研究院研究开发了合成气经含氧化合物转化为汽油的两段合成工艺过程。清华大学和原北京化工学院等高等院校也对 F-T 合成在实验室小试规模上进行了多方面的研究与探索。

中国科学院山西煤炭化学研究所在分析了 MTG 和 Mobil 浆态床工艺的经验基础上，提出了将传统的 F-T 合成与沸石分子筛相结合的固定床两段合成工艺，即 MFT 合成和浆态床-固定床两段合成工艺，简称为 SMFT 合成。SMFT 合成已完成了实验室小试、中间试验和工业性试验，基于逐级放大试验结果，围绕铁催化剂和固定床反应器技术，进行了煤制油万吨级规模和产品方案的工艺设计和技术经济分析，包括单产汽油、油-蜡联产、油-气联产、油-肥联产、油-蜡-肥联产、油-润滑油-蜡联产等，认为催化剂性能和寿命仍需提高，催化剂成本需进一步降低，固定床技术生产效率仍偏低，产品结构需进一步调整和优化。提出了开发以廉价铁基催化剂和先进浆态床为核心的 F-T 合成汽柴油技术与以长寿命钴基催化剂和固定床-浆态床为核心的合成高品质柴油的技术思路。

中国科学院山西煤化所近期已开发出一种浆态床用高效铁催化剂，进行了催化剂制备放大的验证，浆态床技术中催化剂分离和磨损问题的解决也取得了突破性进展，完成了第一代万吨级煤制油工业软件的开发，同时研制出高性能新型钴基催化剂，正建立针对铁催化剂的千吨级浆态床工业中试装置和针对钴催化剂的固定床单管模试装置。

中科煤制油公司开发的 F-T 合成油技术，先后在内蒙古伊泰、山西潞安等建成 3 套

$(16\sim18)\times10^4\,t/a$ 工业示范项目。2009 年伊泰项目投入试生产，为大型项目建设取得了经验。

2006 年陕西金巢公司在宝鸡建成 F-T 合成高纯蜡和柴油千吨级工业试验装置，通过成果鉴定，完成 $5\times10^4\,t/a$ 可研报告。

2015 年兖矿榆林未来能源公司建成 $110\times10^4\,t/a$ 间接液化厂并投入运行；2016 年神华宁煤集团建成 $400\times10^4\,t/a$ 煤间接液化项目；2014 年山西煤化所与潞安集团合建成 $2\times6\times10^4\,t/a$ F-T 合成高纯蜡示范项目并投入生产。近十年来我国 F-T 合成煤液化技术取得突破性发展，实现了大型化工业生产，技术及工程化总体上处于世界领先水平。

第四节 煤间接液化的发展前景

一、世界能源结构与特点

煤炭、石油与天然气是典型的传统化石能源，也是世界范围内最主要的一次能源。2016 年石油消费位居一次能源消费之首；也就是说世界经济的发展在很大程度上依赖于石油生产与供应。2016 年世界石油储量仅为 $2407\times10^8\,t$，储采比为 50 年，世界煤炭储量为 $11393\times10^8\,t$，储采比为 153 年，石油资源远不如煤炭丰富。

煤炭在能源结构中的重要地位是由资源条件决定的，在世界范围内，煤炭资源相对于其他化石资源要丰富得多。这种能源结构在我国表现得尤为突出。我国 2016 年能源消费结构为煤炭占 61.8%，原油占 19.0%，天然气占 6.2%，水电占 6.5%。在 2016 年，我国原油进口已经达到 $3.81\times10^8\,t$，显然，这不仅消耗大量外汇，同时也给我国的经济安全、能源安全和国防安全带来了隐患。因此，发展以煤为基础的洁净技术，能够同时满足环保和液体燃料供求的新型可持续能源利用技术和系统已经成为迫切需要研究的战略问题。

煤炭是我国储量最丰富的能源资源，按目前的产量和已探明的储量推算，我国煤炭资源可开采近百年，而我国石油和天然气资源相对不足，其中天然气资源勘探和开发将会有较大的增长，2020 年以后石油的开采利用将逐渐处于递减模式。自产原油难以满足国内需求，对外依存度已高达 65%。

二、车用燃料的发展趋势与供需情况

为了保障石油产品的中长期稳定供应，显著提高煤炭资源利用率，可有效地控制环境污染，利用煤炭液化合成生产车用燃料一直为各国煤炭工作者所研究和关注。我国液体燃料的需求十分庞大，2016 年汽油和柴油年消耗量已分别达到 $1.2\times10^8\,t$ 和近 $1.65\times10^8\,t$，消费总量超过 $3.15\times10^8\,t$。国内石油需求年均增长率约 $3.3\%\sim4\%$，而原油产量已出现负增长，石油的供需矛盾日益突出，已关系到国家的能源战略安全。靠进口石油填补如此大的缺口存在很大风险，为此，只能通过非石油路线生产油品解决液体燃料供需问题。

国际原油价格波动起伏将严重制约我国经济的正常运行。从能源资源储量来看，通过煤液化合成油是缓解我国油品供需矛盾、保障我国经济可持续发展的最为现实可行的途径。煤液化合成油具有较好的发展前景。

第二章
CO 加 H₂ 合成液体燃料

第一节　煤间接液化的基本原理

一、化学反应过程

F-T 合成的原料为 CO 和 H_2，其组成极为简单，但其在固体催化剂上的反应产物却极其复杂。F-T 合成反应过程中所涉及的主反应及副反应及其特点如下。

1. F-T 合成主反应化学计量式

F-T 合成反应化学计量式因催化剂不同和操作条件的差异将导致较大差别，但可用以下两个基本反应式描述。

（1）烃类生成反应

$$CO+2H_2 \longrightarrow (\ -CH_2-\ )+H_2O \qquad \Delta H_R(227℃)=-165kJ/mol \tag{6-2-1}$$

（2）水气变换反应

$$CO+H_2O \longrightarrow H_2+CO_2 \qquad \Delta H_R(227℃)=-39.8kJ/mol \tag{6-2-2}$$

由以上两式可得 $CO+H_2$ 合成反应的通用式：

$$2CO+H_2 \longrightarrow (\ -CH_2-\ )+CO_2 \qquad \Delta H_R(227℃)=-204.7kJ/mol \tag{6-2-3}$$

由以上反应式可以推出烷烃和烯烃生成的通用计量式：

（3）烷烃生成反应

$$nCO+(2n+1)H_2 \longrightarrow C_nH_{2n+2}+nH_2O \tag{6-2-4}$$

$$2nCO+(n+1)\ H_2 \longrightarrow C_nH_{2n+2}+nCO_2 \tag{6-2-5}$$

$$(3n+1)CO+(n+1)H_2O \longrightarrow C_nH_{2n+2}+(2n+1)CO_2 \tag{6-2-6}$$

$$nCO_2+(3n+1)H_2 \longrightarrow C_nH_{2n+2}+2nH_2O \tag{6-2-7}$$

（4）烯烃生成反应

$$nCO + 2nH_2 \longrightarrow C_nH_{2n} + nH_2O \tag{6-2-8}$$

$$2nCO + nH_2 \longrightarrow C_nH_{2n} + nCO_2 \tag{6-2-9}$$

$$3nCO + nH_2O \longrightarrow C_nH_{2n} + 2nCO_2 \tag{6-2-10}$$

$$nCO_2 + 3nH_2 \longrightarrow C_nH_{2n} + 2nH_2O \tag{6-2-11}$$

2. F-T合成副反应化学计量式

由于反应操作条件的因素的不同，在F-T合成反应中除上述主反应外还发生副反应，F-T合成工艺条件的优化就是要尽可能减少这些副反应的发生。F-T合成主要副反应有如下几类。

（1）甲烷生成反应

$$CO + 3H_2 \longrightarrow CH_4 + H_2O \tag{6-2-12}$$

$$2CO + 2H_2 \longrightarrow CH_4 + CO_2 \tag{6-2-13}$$

$$CO_2 + 4H_2 \longrightarrow CH_4 + 2H_2O \tag{6-2-14}$$

CO歧化反应（Boudouard反应）：

$$2CO \longrightarrow C + CO_2 \tag{6-2-15}$$

（2）醇类生成反应

$$nCO + 2nH_2 \longrightarrow C_nH_{2n+1}OH + (n-1)H_2O \tag{6-2-16}$$

$$(2n-1)CO + (n+1)H_2 \longrightarrow C_nH_{2n+1}OH + (n-1)CO_2 \tag{6-2-17}$$

$$3nCO + (n+1)H_2O \longrightarrow C_nH_{2n+1}OH + 2nCO_2 \tag{6-2-18}$$

（3）醛类生成反应

$$(n+1)CO + (2n+1)H_2 \longrightarrow C_nH_{2n+1}CHO + nH_2O \tag{6-2-19}$$

$$(2n+1)CO + (n+1)H_2 \longrightarrow C_nH_{2n+1}CHO + nCO_2 \tag{6-2-20}$$

（4）表面碳化物种生成反应

$$(x + y/2)H_2 + xCO \longrightarrow C_xH_y + xH_2O \tag{6-2-21}$$

（5）催化剂的氧化-还原反应（M为催化剂金属成分）

$$yH_2O + xM \longrightarrow M_xO_y + yH_2 \tag{6-2-22}$$

$$yCO_2 + xM \longrightarrow M_xO_y + yCO \tag{6-2-23}$$

（6）催化剂本体碳化物生成反应

$$yC + xM \longrightarrow M_xC_y \tag{6-2-24}$$

3. F-T合成反应理论产率

一般来讲，根据化学反应计量式可计算出反应产物的最大理论产率，但对F-T合成反应，由于合成气（$CO + H_2$）组成不同和实际反应消耗的H_2/CO值的变化，其产率也随之改变。利用上述主反应计量式可以得出每立方米合成气的烃类产率（Y）的通用计量式为：

$$Y = \frac{\text{生成} \pm CH_2 \pm_n \text{物质的量（mol）} \times \pm CH_2 \pm_n \text{分子量} \times \text{合成气物质的量（mol）}}{\text{消耗合成气物质的量（mol）} \times 1\ m^3} \tag{6-2-25}$$

计算表明，只有当合成气中H_2/CO与实际反应消耗的H_2/CO（也称利用比）相等时，才可获得最佳的产物产率，经计算F-T合成反应的理论产率为：208.3g/m³（$CO + H_2$）。实际反应过程中，由于催化剂的效率不同，操作条件的差异，合成气H_2/CO的实际利用比低于理论值，因此，实际情况下，F-T合成的产率低于理论产率。表6-2-1给出了不同合成气利用比时的烃类产率。

表 6-2-1　不同合成气利用比时的烃类产率（以 CO＋H₂ 计）

利用比（H₂/CO）	烃类产率/(g/m³)		
	原料气 H₂/CO		
	1/2	1/1	2/1
1/2	208.3	156.3	104.3
1/1	138.7	208.3	138.7
2/1	104.3	156.3	208.3

二、化学反应热力学

表 6-2-2 列举了几种典型的 F-T 合成反应的热力学数据，表中所列化合物，除甲醇很难生成外，其余烃类与醇类，热力学上都容易生成，尤其是气态烃（如甲烷），并可达到较高的单程转化率。提高温度会降低上述各类反应的平衡转化率。这一影响对醇类更为明显。

表 6-2-2　F-T 合成的反应热、平衡常数和合成气平衡转化率（1.0MPa）

反　应	碳　数	ΔH[①]	K_p[②]		平均转化率（摩尔分数）/%[③]	
			250℃	350℃	250℃	350℃
生成烷烃	1	−13.5	1.15×10^{11}	3.04×10^{7}	99.9	99.2
	2	−12.2	1.15×10^{15}	1.63×10^{9}	99.6	97.1
	20	−11.4	1.69×10^{103}	6.50×10^{51}	98.7	90.8
生成烯烃	2	−8.0	6.51×10^{6}	1.69×10^{3}	95.0	80.5
	3	−9.4	1.79×10^{13}	8.76×10^{6}	97.8	88.7
	20	−11.0	2.18×10^{96}	9.90×10^{46}	98.5	89.0
生成醇	1	−7.1	0.205	5.18×10^{-3}	7.9	0.2
	2	−9.7	5.08×10^{5}	23.5	94.1	63.4
	20	−11.1	9.08×10^{93}	1.04×10^{44}	98.4	87.9

① 烃类以 kJ/g 烃计，醇类以 kJ/g CH_2 计。
② 烷烃和醇为 $(\text{MPa})^{-2n}$、烯烃为 $(\text{MPa})^{1-2n}$。
③ 以原料气中 H₂ 和 CO 的化学计量比为基准。

从前面所述的式（6-2-1）～式（6-2-3）可知，F-T 合成反应是一个强放热反应。由表 6-2-2可以看出：随着碳数的增加烯烃生成的反应热呈增长趋势；对同碳数烃类，烷烃生成反应热较相应的烯烃高。

Anderson 等在系统地总结了 F-T 合成反应的热力学数据的基础上进行了大量的计算，结果汇总于表 6-2-3～表 6-2-7。表 6-2-3 中将化合物分为四类，第一、二类反应以甲烷和乙烷为主要产物，且原料气转化率较高，只有当原料气中 H₂ 含量比较低时，才有少量的其他烃类生成。对于第三类反应，则以丙烯为主要产物，原料气转化率可接近 100%，而对于第四类反应，当用富 H₂ 原料气时则以乙醇为主要产物，否则以乙醛为主要产物，上述两类反应都有相当量的乙酸生成。

表 6-2-3　F-T 合成反应平衡计算中有关化合物的分类

类　别	化　合　物	类　别	化　合　物
一	甲烷	二	乙烷、丙烷、正丁烷、异丁烷、正戊烷、异戊烷、新戊烷
三	乙烯、丙烯、丙酮	四	甲醇、乙醇、乙炔

注：计算中包括 CO、H₂、CO₂ 和 H₂O；类别一的计算中包括所有分子，类别二的计算中不考虑甲烷，依此类推。

催化剂的氧化-还原、催化剂表面碳物种的形成等副反应均为 F-T 合成主反应的热力学竞争反应，通过对这些副反应热力学的研究，则有利于通过控制反应操作条件，使副反应减少到最低程度。表 6-2-4～表 6-2-7 给出了上述相关副反应的热力学数据。

表 6-2-4　金属氧化物还原的热力学数据

反　应	平衡常数 $K = p_{H_2O}/p_{H_2}$			
	400K	500K	600K	700K
$1/4Fe_3O_4+H_2 \rule[0.5ex]{2em}{0.4pt} 3/4Fe+H_2O$	0.00170	0.0143	0.0550	0.1350
$CoO+H_2 \rule[0.5ex]{2em}{0.4pt} Co+H_2O$	150.0	140.2	75.7	57.5
$NiO+H_2 \rule[0.5ex]{2em}{0.4pt} Ni+H_2O$	550.8	439.5[①]	343.6	278.0
$Cu_2O+H_2 \rule[0.5ex]{2em}{0.4pt} 2Cu+H_2O$	9.1×10^{10}	1.1×10^9	5.6×10^7	6.4×10^6
$CuO+H_2 \rule[0.5ex]{2em}{0.4pt} Cu+H_2O$	5.5×10^{13}	2.7×10^{11}	7.4×10^9	5.35×10^8
$ZnO+H_2 \rule[0.5ex]{2em}{0.4pt} Zn+H_2O$	1.1×10^{-11}	5.75×10^{-9}	3.6×10^{7}[②]	6.65×10^{-6}
$1/2MoO_2+H_2 \rule[0.5ex]{2em}{0.4pt} 1/2Mo+H_2O$	4.45×10^{-5}	0.00091	0.00646	0.0251
$1/2RuO_2+H_2 \rule[0.5ex]{2em}{0.4pt} 1/2Ru+H_2O$	7.3×10^{13}	3.0×10^{11}	7.1×10^9	4.7×10^8
$1/3Rh_2O_3+H_2 \rule[0.5ex]{2em}{0.4pt} 2/3Rh+H_2O$	2.6×10^{17}	2.4×10^{14}	2.2×10^{12}	7.1×10
$1/2WO_2+H_2 \rule[0.5ex]{2em}{0.4pt} 1/2W+H_2O$	4.2×10^{-5}	0.00090	0.00652	0.0257
$1/2ReO_2+H_2 \rule[0.5ex]{2em}{0.4pt} 1/2Re+H_2O$	4.6×10^5	8.7×10^4	2.7×10^4	1.115×10^{14}
$1/2IrO_2+H_2 \rule[0.5ex]{2em}{0.4pt} 1/2Ir+H_2O$	2.2×10^{18}	1.3×10^{15}	8.5×10^{12}	2.2×10^{11}
$H_2O+CO \rule[0.5ex]{2em}{0.4pt} H_2+CO_2$[③]	1542	137.1	28.31	9.42

① NiO 在此温度区间的结构变化。
② 金属 Zn 在此温度区间发生熔化。
③ $p_{H_2}p_{CO_2}/(p_{H_2O}p_{CO})$。

表 6-2-5　硫化物还原的热力学数据

反　应	平衡常数 $K = p_{H_2S}/p_{H_2}$			
	400K	500K	600K	700K
$FeS+H_2 \rule[0.5ex]{2em}{0.4pt} Fe+H_2S$	5.2×10^{-9}[①]	4.3×10^{-7}[①]	7.0×10^{-6}	4.7×10^{-5}

反　　应	平衡常数 $K=p_{H_2S}/p_{H_2}$			
	400K	500K	600K	700K
$CoS+H_2\!=\!\!=\!\!Co+H_2S$	2.4×10^{-9}	3.6×10^{-7}	9.6×10^{-6}	9.7×10^{-5}
$NiS+H_2\!=\!\!=\!\!Ni+H_2S$	1.2×10^{-7}	8.6×10^{-6}	1.4×10^{-4}	—
$Cu_2S+H_2\!=\!\!=\!\!2Cu+H_2S$	1.9×10^{-7}	3.9×10^{-6}	2.5×10^{-5}①	8.6×10^{-5}
$ZnS+H_2\!=\!\!=\!\!Zn+H_2S$	2.4×10^{-21}	1.1×10^{-16}	1.4×10^{-13}②	2.15×10^{-11}
$1/2MoS+H_2\!=\!\!=\!\!1/2Mo+H_2S$	5.1×10^{-13}	5.0×10^{-10}	4.8×10^{-8}	1.2×10^{-6}
$1/2RuS_2+H_2\!=\!\!=\!\!1/2Ru+H_2S$	2.8×10^{-8}	3.5×10^{-6}	8.3×10^{-5}	7.6×10^{-4}
$1/2WS_2+H_2\!=\!\!=\!\!1/2W+H_2S$	6.2×10^{-12}	3.8×10^{-9}	2.6×10^{-7}	5.1×10^{-6}
$1/2ReS_2+H_2\!=\!\!=\!\!1/2Re+H_2S$	1.9×10^{-6}	1.0×10^{-4}	1.4×10^{-3}	1.4×10^{-3}
$1/2IrS_2+H_2\!=\!\!=\!\!1/2Ir+H_2S$	3.0×10^{-5}	1.0×10^{-3}	0.0102	0.0497

① Fe、Cu_2S 在此温度区间内发生结构变化。
② 金属 Zn 在此温度区间熔化。

表 6-2-6　元素碳(石墨)及碳化物生成热力学数据

反　　应	平衡常数$(K=p_{CO_2}/p_{CO}^2\times10^{-1})/MPa^{-1}$			
	400K	500K	600K	700K
$2CO\!=\!\!=\!\!C+CO_2$	2.1×10^{13}	6.1×10^{8}	5.9×10^{5}	4102
$3Fe+2CO\!=\!\!=\!\!Fe_3C+CO_2$	1.3×10^{11}	1.9×10^{7}	5.5×10^{4}	859
$2Fe+2CO\!=\!\!=\!\!Fe_2C+CO_2$	—	1.2×10^{7}	3.0×10^{4}	—
$2Co+2CO\!=\!\!=\!\!Co_2C+CO_2$	—	5.5×10^{7}		
$3Ni+2CO\!=\!\!=\!\!Ni_3C+CO_2$	1.0×10^{9}	3.2×10^{5}	1550	33.81
$2Mo+2CO\!=\!\!=\!\!Mo_2C+CO_2$	3.01×10^{19}	5.7×10^{13}	8.8×10^{9}	1.7×10^{7}
$2W+2CO\!=\!\!=\!\!W_2C+CO_2$	1.9×10^{17}	1.4×10^{17}	5.7×10^{8}	2.4×10^{6}

表 6-2-7　羰基化物的形成

反　　应	平　衡　常　数　K				
	300K	400K	500K	600K	700K
$Fe+5CO\!=\!\!=\!\!Fe(CO)_5$①	$25.47$②	3.85×10^{-8}	1.41×10^{-12}	1.71×10^{-15}	1.51×10^{-17}
$Ni+4CO\!=\!\!=\!\!Ni(CO)_4$(气)③	1.36×10^{6}	0.1369	9.48×10^{-6}	1.69×10^{-8}	1.96×10^{-10}

续表

反　　　应	平　衡　常　数 K				
	300K	400K	500K	600K	700K
$Mo + 6CO \Longrightarrow Mo(CO)_6$（固）[④]	4.14×10^9				
$W + 6CO \Longrightarrow W(CO)_6$（固）[④]	1227				

① $K = p_{Fe(CO)_5} / p_{CO}^5$。
② 300K 时，$Fe(CO)_5$ 为液态，蒸气压为 0.00424MPa，$K = 1/p_{CO}^5$，MPa^{-5}。
③ $K = p_{Ni(CO)_4} / p_{CO}^4$。
④ $K = 1/p_{CO}^6$，MPa^{-6}。

三、F-T 合成反应机理

F-T 合成的基本原料 CO 和 H₂ 是两个简单分子，但在不同反应条件下可合成不同的产物，反应机理十分复杂。迄今，由于不同研究者的侧重点不同，对 F-T 合成机理的认识仍存在很多争论与分歧。目前一致公认的观点仍是：CO 在催化表面活性中心上的解离是 F-T 合成中最基本的重要步骤。弄清楚合成反应机理有助于解决反应的起始、链增长以及产物分布和动力学研究等问题。下面简单介绍几种 F-T 合成反应机理。

1. 表面碳化机理

表面碳化物机理是由 F. Fisher 和 H. Tropsh 等人最先提出，他们认为，CO 和 H₂ 接近催化剂时，容易被催化剂表面或表面金属所吸附，并且 CO 比 H₂ 更容易被催化剂所吸附，因此碳氧之间的键被削弱而形成碳化物 $\overset{C}{M}$。如果在 Co 催化剂、Ni 催化剂上合成，氧和活化氢反应生成水；而在 Fe 催化剂上合成，氧和 CO 反应生成 CO₂。碳化物 $\overset{C}{M}$ 再与活泼氢作用生成中间产物亚甲基 CH_2，然后亚甲基 CH_2 再在催化剂表面上进行叠合反应，生成碳链长度不同的烯烃，烯烃再加氢得到烷烃。反应历程如下：

在 Co 催化剂或 Ni 催化剂上：

$$2Co + CO \longrightarrow CoC + CoO$$
$$CoO + H_2 \longrightarrow Co + H_2O$$
$$CoC + H_2 \longrightarrow Co + CH_2$$
$$n(CH_2) \longrightarrow C_nH_{2n} \xrightarrow{+H_2} C_nH_{2n+2}$$

在 Fe 催化剂上：

$$3Fe + 4CO \longrightarrow Fe_3C_2 + 2CO_2$$
$$Fe_3C_2 + H_2 \longrightarrow Fe_3C + CH_2$$
$$n(CH_2) \longrightarrow C_nH_{2n} \xrightarrow{+H_2} C_nH_{2n+2}$$

烃链长短取决于氢气活化的情况，如果催化剂表面化学吸附氢少，则形成大分子的固态烃，如果氢的数量有限，则形成长度不同的链；如果氢气过剩，则生成甲烷。脱附速度取决于碳链的长短，高分子烃的脱附速度较慢，因而使它受到彻底的加氢，弗雪尔据此解释了低分子烃中含烯烃比高分子烃中多的原因。

表面碳化物机理得到了众多研究者实验结果的证实，如：Я. Т. 艾杜斯的实验证实合成过程中有亚甲基生成；Araki 等人的实验表明在镍催化剂上 CO 吸附分离，表面炭沉积容易氢化为甲烷；Rabo 等人的研究证实较大分子的碳氢化合物按表面碳化物机理进行，对 $CO+H_2$ 吸附在催化剂表面上的反应提出以下步骤。

（1）C—O 解离形成表面碳化物和表面氧化物

$$
\underset{M}{\overset{\displaystyle O \atop \|\atop C}{|}} + M \longrightarrow \underset{M}{\overset{C}{|}} + \underset{M}{\overset{O}{|}}
$$

（2）表面碳化物和氧化物的加氢

$$
\underset{M}{\overset{O}{|}} + 2 \underset{M}{\overset{H}{|}} \longrightarrow H_2O + 3M
$$

$$
\underset{M}{\overset{C}{|}} + 2 \underset{M}{\overset{H}{|}} \longrightarrow \underset{M}{\overset{CH_2}{|}} + 2M
$$

另外，表面氧化物也可能与 CO 反应生成 CO_2

$$
\underset{M}{\overset{O}{|}} + \underset{M}{\overset{CO}{|}} \longrightarrow 2M + CO_2
$$

（3）链的生长　据下列可能的机理，碳反复插入而导致链的生长。即：

$$
\underset{M}{\overset{CH_2}{|}} + \underset{M}{\overset{CH_2}{|}} \longrightarrow \underset{\underset{M}{|}}{\overset{CH_3}{\underset{|}{CH}}} + M
$$

（4）解吸作用　链生长到一定阶段，烃物种发生解吸。如果不饱和的表面物种被解吸，得到烯烃产物。加氢后解吸，则生成物为烷烃产物。

但是，碳化物机理也存在一些不足，如无法解释一些金属碳化物在 F-T 合成反应条件下氢化只能生成甲烷的实验事实，也无法解释 F-T 合成可生成含氧化合物。人们还发现金属 Ru 并不能形成稳定的碳化物，但它在 F-T 合成中是非常有效的 C—C 键形成催化剂。

结合表面化学研究进展，Joyner 提出了一个修改的碳化物机理模式，认为起始 C—C 键形成的前驱体为次甲基基团（≡CH），而不是亚甲基（＝CH₂）。[13]C 示踪原子的实验结果为该假设提供了支持。该修改的碳化物机理的具体表达式如下：

$$
\underset{M}{\overset{\displaystyle O \atop \|\atop C}{|}} \longrightarrow \underset{M}{\overset{C=O}{|}} \longrightarrow \underset{M}{\overset{C}{|}} + \underset{M}{\overset{O}{|}} \ \begin{array}{l} \xrightarrow{H_2} H_2O \\ \xrightarrow{CO} CO_2 \end{array}
$$

$$
\Big\downarrow H_2
$$

$$
\underset{M}{\overset{CH}{|}} \xrightarrow{H_2} \underset{M}{\overset{CH_2}{|}} \xrightarrow{H_2} \underset{M}{\overset{CH_3}{|}} \xrightarrow{H_2} CH_4
$$

$$
\underset{M}{\overset{CH_2}{|}} + \underset{M}{\overset{CH_3}{|}} \longrightarrow \underset{M}{\overset{H_3C-CH_2}{|}} \xrightarrow{n(M-CH_2)} \underset{M}{\overset{H_3C(CH_2)_nCH_2}{|}}
$$

2. 表面烯醇初始配合物机理

H. Storch 等人认为在催化剂表面上 CO 和 H₂ 同时进行化学吸附，CO 通过 C 吸附在金属上，使 C—O 键削弱，有利于与 H 反应，形成表面烯醇配合物：

$$
\underset{M}{\overset{O}{\underset{\|}{C}}} + 2M \longrightarrow \underset{M}{\overset{\displaystyle\mathop{C}^{H\quad OH}}{\|}}
$$

表面烯醇配合物是反应的起始物的假设已得到部分实验证实，如在铁催化剂上对不同组成的 CO 和 H₂ 混合气进行化学吸附，脱附的 CO 和 H₂ 比例都是 1∶1，符合初始配合物 HCOH 的化学计量比（1∶1），最后经质谱仪鉴别，初始物为甲醛。

链的引发是由于两个表面烯醇配合物之间脱水而形成 C—C 链，然后氢化，一个碳原子从催化剂表面释放，形成 C₂ 配合物。以后再次脱水、氢化，在链末端的羟基基团上，链继续增长。未氢化的中间物脱附生成醛，并继续反应生成醇、羧酸或酯。烃可以通过醇脱水或通过吸附配合物的断裂生成。反应历程如下：

H. Storch 等提出的上述反应机理，没有考虑中间体亚甲基 CH₂ 的存在。这与实际不相符。艾杜斯提出初始烯醇配合物氢化生成亚甲基 CH₂。

亚甲基和初始烯醇配合物均参与链的生长，亚甲基聚合得到链长不同的烃类。亚甲基也能与初始络合物作用或初始配合物之间作用生成含氧化合物。

上述机理的提出基于 F-T 合成产物主要为直链和 2-甲基支链的实验事实，但在产物中未发现三级（仲碳）和四级（叔碳）原子的存在。α-甲基支链产物是由氢化的中间体 M—CH(R)—OH 与 M=CHOH 缩聚形成的。另外，未氢化的含氧中间体可脱附形成醛，并继续生成醇、酸、酯等含氧有机物，也得到了实验事实的支持。

合成产物中难以形成三级和四级碳原子的事实可归因于催化剂表面活性物种的二维分布和 sp³ 杂化的碳原子的四面体几何构型，也就是说催化剂表面和进攻基团的立体位阻效应是难以形成三、四级碳原子产物的主要原因。由于M—CH$_3$、M—CH$_2$—CH$_3$、M—CH(CH$_3$)$_2$、M—C(CH$_3$)$_3$ 的立体位阻效应依次增大，生成反应的速率依次减小。另外随立体位阻的增大，产物的脱附也逐渐随之加快，这样也就更难形成进一步支化的产物。为此，Bell 解释了在铁催化剂表面上—OCH$_3$和—OC$_2$H$_5$ 较 —OCH(CH$_3$)$_2$ 稳定的原因。此外，催化剂表面上CO 的氢化、C—C 键的形成的竞争也会影响深度支化产物的生成。

上述机理缺乏最为根本的事实证明，无论用何种手段，均无法检测出反应过程中催化剂表面上中间体 M=CH(OH) 的存在。虽然该中间体的缩聚在有机化学中是可行的，但在金属有机化学中并未得到认可。说明含氧中间体缩聚机理还有待于进一步改进。

3. 一氧化碳插入机理（carbon monoxide insertion mechanism）

一氧化碳插入机理是 Pichler 和 Schulz 在研究了大量不同类型反应的实验结果的基础上，于 20 世纪 70 年代提出的。该机理认为 C—C 键的形成是通过 CO 插入金属—烷基键而进行链增长的结果，起始的金属—烷基键是催化剂表面的亚甲基 =CH$_2$ 经还原而生成的。该机理可用下面的反应历程：

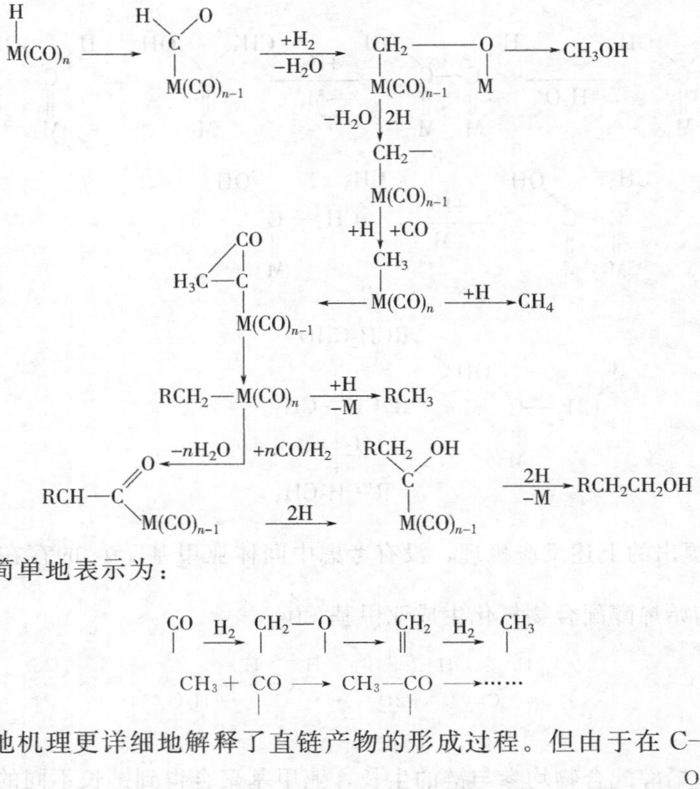

上述历程可简单地表示为：

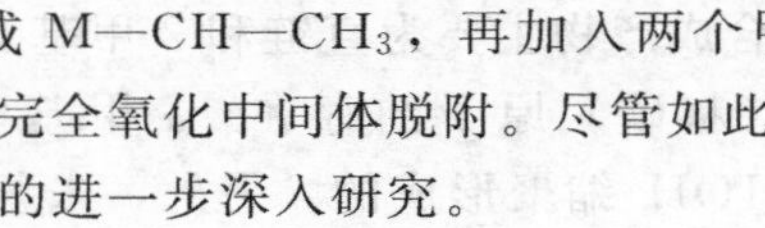

该机理较其他机理更详细地解释了直链产物的形成过程。但由于在 C—C 链的形成过程中只有烷基的转移，因而2-甲基支链产物的形成可解释为由于中间体 M—C(O)—CH$_3$ 不完全氢化生成新中间体 M=C—CH$_3$ 或 M—CH—CH$_3$，再加入两个甲基基团而最终形成的。同样含氧有机物也可归因于这些不完全氧化中间体脱附。尽管如此，这一机理的广泛应用还有待于对活性中间体酰基还原过程的进一步深入研究。

4. 双活性中间体机理（double intermediates mechanism）

Matsumoto 和 Bennett 研究表明：运用瞬时过渡应答技术，在铁基催化剂表面上存在着两种不同的表面活性物种：活化的表面碳和可氢化的活性氧。并且烷化反应是在表面碳上进行的，而链增长是经过 CO 插入反应来实现的。一些链碎片的基本反应机理可描述如下。

链引发、甲烷化及碳化物生成：

$$H_2 + 2M \longrightarrow 2M{-}H$$

$$CO + M \longrightarrow M{-}CO \xrightarrow{\ M\ } M{-}C + M{-}O$$

$$M{-}C + M{-}H \longrightarrow M{-}CH \xrightarrow{3M{-}H} CH_4$$

$$M{-}C + 2Fe \Longrightarrow Fe_2C$$

$$M{-}O + M{-}CO \longrightarrow CO_2$$

$$M{-}O + 2M{-}H \longrightarrow M{-}H_2O \Longrightarrow H_2O$$

链增长、终止及产物生成：

$$M{-}O + M{-}CO \longrightarrow CO_2$$

$$M{-}O + 2M{-}H \longrightarrow M{-}H_2O \Longrightarrow H_2O$$

$$M{-}CH + 2M{-}H \longrightarrow M{-}CH_3$$

M—CH 经过不同数目链增长可形成不同碳数的烯烃。即：

$$M{-}CH + M{-}CH \longrightarrow M{-}CH{=}CH + \cdots\cdots$$

Nijs 和 Jacobs 也提出类似的解释，即甲烷的形成是经过碳化物机理，而链增长则按含氧中间体机理进行，反应过程中由于两类活性物种的竞争反应导致了产物中甲烷含量偏高。由此可知双活性中间体机理实际上是同时考虑了碳化物机理和含氧中间体机理，因而可以较好地解释更多的实验事实。

5. 关于 F-T 合成机理研究的最新进展

（1）Rofer-Depoorter 网络理论模型　该模型是基于 F-T 合成反应中间体来自不同的反应途径，进而又生成不同产物的事实，提出了总包合成反应是一组基元反应之间的交叉网络。网络机理将总包反应分成四个阶段：①反应物的吸附；②吸附态中间物的相互作用；③链增长和氢化；④产物的形成。Rofer-Dcpoorter 通过提出零级有效相对速率（zero effective rate）的概念，把反应机理的研究变为对基元反应速率对比的研究。具体可以解释为：对于所研究的反应网络，在试验的条件下，所有可能的各种基元反应都会存在，其反应速率各不相同；某一反应的速率相对于其他反应而言可接近于零，反应中某种产物的消失只是意味着这一反应的有效相对速率接近于零；网络中产物因此而消失或大大减少到忽略不计并不意味着对应的基元反应不存在，因而没有必要将该基元反应从网络中取消。在适当的反应条件下，这一基元反应的相对速率不接近于零而增大时，该基元反应的产物将会再次出现。

（2）C_2 活性物种的理论　如 Mc Candlish 认为链增长过程是在 C_2 活性物种的两个碳原子上同时进行的，即双向聚合。并根据 F-T 合成产物中含有少量而稳定支链产物的事实，认为链引发的活性物种为表面亚乙烯-金属配合物，即 $M\!\!=\!\!C\!\!=\!\!H_2$。

四、F-T 合成产物分布特征

F-T 合成反应产物的分布主要受催化剂的选择性等因素的影响，因此，F-T 合成产物分布研究的主要目的是提高催化剂的选择性，以期获得某些高选择性的目的产物。催化剂表面上碳化物种的链增长过程决定了 F-T 合成产物的分布，而这一过程可以从本质上反映催化剂的选择性。F-T 合成产物分布是催化剂表面碳物种链增长过程的宏观体现。因此，由宏观事实去推知在催化剂表面上的链增长过程成为人们研究和探索新催化剂的重要途径。目前，人们在对 F-T 合成产物分布研究中已提出"ASF 分布模型""双-α 分布模型"和"T-W 分布模型"等。

1. ASF 分布模型

F-T 合成反应可以看成是一种简单的聚合反应，其单体可认为是 CO 形成的表面活性炭物种。在合成反应中碳链增长可简单地表示为：

$$\begin{array}{c}\xrightarrow{K_t}C_n\xrightarrow{K_t}C_{n+1}\xrightarrow{K_t}C_{n+2}\xrightarrow{}\\ A_n\xrightarrow{K_p}A_{n+1}\xrightarrow{K_p}A_{n+2}\xrightarrow{K_p}A_{n+3}\xrightarrow{K_p}\end{array}$$

式中　A_n——链增长中碳原子数为 n 的碳链；

C_n——链终止生成碳原子数为 n 的烃类或含氧化合物；

K_p，K_t——链增长和链终止速率常数，并假定与链长和链结构无关。

碳氢化合物的分布规律是指由 Anderson、Schulz 和 Flory 提出的链聚合动力学模型来描述，因此称为 Anderson-Schulz-Flory（ASF）模型。

根据上述链增长过程，ASF 模型的产物分布可表达为：

$$W_n/n=(1-\alpha)^2\alpha^{n-1} \tag{6-2-26}$$

式中　n——产物中所含的碳原子数；

W_n——碳原子数为 n 的产物占总产物的质量分数；

α——链增长概率。

链增长概率（α）可通过下式求得：

$$\alpha=\frac{\gamma_p}{\gamma_p+\gamma_t}=\frac{K_p}{K_p+K_t}$$

式中　γ_p——链增长速率；

γ_t——链终止速率。

将上面的链增长概率（α）公式进行调整，则可得到链终止概率（β）的计算式如下：

$$\beta=\frac{\gamma_t}{\gamma_p+\gamma_t}=\frac{K_t}{K_t+K_p}$$

对式（6-2-26）式取自然对数则有：

$$\ln(W_n/n)=n\ln\alpha+\ln\frac{(1-\alpha)^2}{\alpha} \tag{6-2-27}$$

通常，$\ln(W_n/n)$ 与 n 之间存在着线性关系，其斜率为 $\ln\alpha$，截距为 $\ln\dfrac{(1-\alpha)^2}{\alpha}$，由此则可求得 α 值。

许多实验结果表明，在整个 n 值范围内，$\ln(W_n/n)$ 对 n 并非呈一直线关系，因此计算的数值也只是近似的平均值。如 Fe 系催化剂的合成产物一般在 $C_4 \sim C_{12}$ 范围内，线性关系较好。但 C_1 的 α 值往往偏高，而 C_2、C_3 的 α 值偏低，C_{12} 时则常常出现 α 值的正负增长情况。这种现象的出现是由于在催化剂表面上发生了深度甲烷化、烯烃的插入与多聚以及高碳烃的裂解等二次反应。

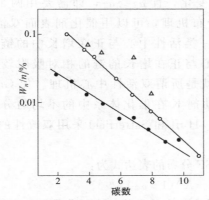

图 6-2-1　不同催化剂 F-T 合成产物 ASF 分布的关系
● 沉淀 Co-石英；△ 沉淀 Co/HZSM-5；○ 烧结 Fe-Mn

一般来讲，随着 α 值的增大，合成产物中高分子烃类逐渐增大。将复合催化剂与单一 F-T 合成催化剂合成反应的结果用 ASF 分布公式进行关联，结果如图 6-2-1 所示。由图 6-2-1 可知，单一 F-T 合成催化剂的产物分布基本上服从 ASF 分布规律，n 与 $\ln(W_n/n)$ 呈线性关系。从直线斜率和截距分别求出的 α_s 和 α_i 值也比较接近；相反，对于复合催化剂，从图 6-2-1 中可明显看出，n 与 $\ln(W_n/n)$ 不呈线性关系，即复合催化剂的产物分布不服从上述规律，证实了该催化剂改善产物选择性的功能。

Wojciechowski 和 Taylor 认为，通过实验方法不能测得精确的 γ_p、γ_t 值。Dautzenberg 等虽采用非稳态的脉冲实验确定了 γ_p 值，但计算结果使产物分布更复杂化。为此 Fu 等对 γ_p、γ_t 的计算式进行了理论处理并得到了 Co 催化剂的 F-T 合成产物分布的基本计算关系式：

$$S_H = (N_{CO} - N_{CO_2})/N_{CO} \qquad (6\text{-}2\text{-}28)$$
$$\gamma_p = N_{CO}S_H X_p \qquad (6\text{-}2\text{-}29)$$
$$\gamma_t = N_{CO}S_H(1-X_p) \qquad (6\text{-}2\text{-}30)$$

式中　N_{CO}——单位时间每个活性中心上反应掉的 CO 的物质的量；
　　　N_{CO_2}——单位时间每个活性中心上生成的 CO_2 的物质的量；
　　　S_H——生成碳氢化物的 CO 的物质的量占参加反应的总 CO 物质的量的百分数。

对碳原子数为 n 的烃，链引发和链增长都是通过一个碳原子的单体聚合即经过 $n-1$ 次链增长而形成的，于是可得：

$$X_p = \sum_{n=1}^{\infty} \frac{(n-1)X_n}{n} \qquad (6\text{-}2\text{-}31)$$

式中，X_n 为产物中碳数为 n 的烃的物质的量，于是通过实验结果及式（6-2-29）与式（6-2-

30) 的计算可求得 γ_p、γ_t 值。

烃的平均碳原子数为：

$$n = \frac{1}{\beta} = \frac{1}{1-\alpha} \tag{6-2-32}$$

这样求得的 α、β 和 n 较由实验直接计算的数值更为合理，并得到了实验结果的验证。

2. 双-α 分布模型

近期的研究表明，铁系催化的 F-T 合成产物在 ASF 分布图上存在着两个 α 值，一般在 C_{10} 组分左右，α 值发生变化，且 $\alpha_2 > \alpha_1$，即需要用两个 α 值来描述产物的分布，故称为"双-α 分布"。双-α 分布机理，可以用催化剂表面双活性中心的理论加以解释。这里所说的双活性中心是指一类活性中心与正在增长中的链的键合力较弱，易脱附形成低碳烃类；另一类活性中心与正在增长的链的相对吸附较强，因而增长的链不易脱附，形成了高碳烃产物，这就是所谓双活性中心机理。如 Gaube 等人认为，Fe-K 催化剂中的"双-α"问题是由于助剂 K 在催化体系中的不均匀分布，以至于在催化剂表面形成了两类不同的活性中心。Huff 和 Satterfield 采用双改性的三组分催化剂也得到类似结果。

根据双活性中心机理，ASF 分布的表达式为：

$$m_n = X(1-\alpha_1)\alpha_1^{n-1} + (1-X)(1-\alpha_2)\alpha_2^{n-1} \tag{6-2-33}$$

式中 m_n——碳原子数为 n 的产物占总产物的摩尔分数；

α_1、α_2——活性中心 1 和 2 上的链增长概率；

X——活性中心 1 上生成物的摩尔分数；

$1-X$——活性中心 2 上生成物的摩尔分数。

影响 α_1 与 α_2 值变化的主要因素有原料气中 H_2/CO、合成气温度和催化剂助剂等因素。研究表明，不同类型铁系催化剂的 F-T 合成反应中 α_1 的值与催化剂的组成和制备方法无明显关系，但随着原料气中 H_2/CO 的增大，α_1 值呈逐渐增加的趋势。α_1 和 α_2 与温度的关系见表 6-2-8。

表 6-2-8 α_1 和 α_2 与温度的关系

温度/℃	α_1	α_2	温度/℃	α_1	α_2
310	0.65~0.68	0.82(C_{32}~C_{40})	225	0.66~0.69	0.87~0.89
310	0.50~0.55	0.83(C_{32}~C_{40})	255~280	0.66~0.70	0.88
248	0.62	0.93(C_{25}~C_{50})	260	0.54~0.65	0.86~0.91
232~263	—	0.89~0.90(C_{25}~C_{50})	315	0.66	0.79
225~250	—	0.92(C_{25}~C_{50})	330	—	0.70

表 6-2-8 总结了 α_1 和 α_2 值与反应温度关系的研究结果，数据表明，随着反应温度的升高，α_1 值无明显变化，但 α_2 值逐渐降低。

有关助剂的影响，Buker 的研究结果表明铁系催化剂中钾助剂的存在可使 α_2 值增大，进而使产物中重质组分比例提高，产物的平均碳原子数也随之增大。

值得指出的是双活性中心机理只是对部分实验结果的近似解释。有许多的实验事实无法解释，暴露出了该理论的局限性。这是因为该机理首先假设在催化剂表面可形成两类活性中心，且不存在表面扩散和迁移，这在实际的反应条件下似乎是不可能的。正因为如此，双活性中心理论也无法解释。

3. T-W 分布模型

在总结 ASF 分布和双-α 分布两个模型的基础上，Wojciechowski 和 Taylor 对 F-T 合成产物分布规律进行了大量的定量处理，通过引入一套分布参数，定量地描述了各种可能产物分布特性，该模型称为 T-W 分布模型。由于该模型与实际的实验结果更为接近，因此它很快得到了众多学者的承认和应用，T-W 分布模型的基本模式可表示如下：

上述模型中，R 为碳氢化合物取代基，如 CH_3—、CH_3—CH_2—；Ⅰ 表示一级（伯）或二级（仲）碳原子，如 CH_3 或 H_2C；2 则表示三级（叔）碳原子，如 HC；ϕ 为链终止产物；α、β、γ 则分别表示链增长、支化和终止的反应速率；δ 表示支链的链增长速率。

如以—CH_3 表示 R 和 Ⅰ，则上述模型可直观地描述为：

为了数学处理和描述的方便引入以下几个参数：

$$\alpha = \frac{\alpha}{\alpha + \beta + \gamma} \qquad \text{直链增长参数}$$

$$b = \frac{\beta}{\delta + \gamma} \qquad \text{支化增长参数}$$

$$c = \frac{\gamma}{\alpha + \gamma} \qquad \text{链终止参数}$$

$$d = \frac{\delta}{\alpha + \beta + \gamma} \qquad \text{支链二次增长参数}$$

以及相对反应速率常数的概念，如：

$$\alpha' = \alpha/\gamma \quad \beta' = \beta/\gamma \quad \gamma' = \gamma/\alpha \quad \delta' = \delta/\gamma \quad \beta'' = \beta/\alpha \quad \delta'' = \delta/\alpha$$

参数 a、b、c、d 可直接由实验求得，进而求出 α、β、γ 等数值，获得合成产物分布规律。

（1）产物浓度的计算　假定合成反应从 C^1 原子开始，则链引发过程的概率可表示为：

$$\text{I} \to \phi\left(\frac{\gamma}{\alpha+\gamma}\right), \quad \text{I} \to \text{II}\left(\frac{\alpha}{\alpha+\gamma}\right) \to \text{III}\left(\frac{\alpha}{\alpha+\gamma}\right), \quad \text{II} \to \phi\left(\frac{\gamma}{\alpha+\gamma}\right)$$

链增长和链终止过程假定从 C^2 原子开始，则可描述为：

$$R_{11} \to R_{111}\left(\frac{\alpha}{\alpha+\beta+\gamma}\right), \quad R_{11} \to R_{21}\left(\frac{\alpha}{\alpha+\beta+\gamma}\right) \to R_{211}\left(\frac{\delta}{\delta+\gamma}\right)$$
$$R_{11} \to \phi\left(\frac{\alpha}{\alpha+\beta+\gamma}\right), \quad R_{21} \to \phi\left(\frac{\delta}{\delta+\gamma}\right)$$

如以 2,4-二甲基己烷的生成为例，则其生成过程和各步反应的概率可表示为：

$$-CH_3 \to CH_2CH_3 \left(\frac{\alpha}{\alpha+\gamma}\right) \to -CH_2CH_2CH_3 \left(\frac{\alpha}{\alpha+\beta+\gamma}\right) \to$$

$$-CH_2\underset{\underset{CH_3}{|}}{CH}-CH_3 \left(\frac{\alpha}{\alpha+\beta+\gamma}\right) \to -CH_2CH_2-\underset{\underset{CH_3}{|}}{CH}-CH_3 \left(\frac{\delta}{\delta+\gamma}\right) \to$$

$$-CH_2-CH_2-CH_2-\underset{\underset{CH_3}{|}}{CH}-CH_3 \left(\frac{\beta}{\alpha+\beta+\gamma}\right) \to$$

$$-CH_2-\underset{\underset{CH_3}{|}}{CH}-CH_2-\underset{\underset{CH_3}{|}}{CH}-CH_3 \left(\frac{\beta}{\alpha+\beta+\gamma}\right) \to$$

$$-CH_2-CH_2-\underset{\underset{CH_3}{|}}{CH}-\underset{\underset{CH_3}{|}}{CH}-CH_3 \left(\frac{\gamma}{\delta+\gamma}\right)$$

总的可能概率为：

Prob. $(121211) = \left(\frac{\alpha}{\alpha+\gamma}\right)\left(\frac{\alpha}{\alpha+\beta+\gamma}\right)^2\left(\frac{\beta}{\alpha+\beta+\gamma}\right)^2\left(\frac{\delta}{\delta+\gamma}\right)\left(\frac{\gamma}{\delta+\gamma}\right) = a^3b^2cd$

上式即表示 2,4-二甲基己烷在产物中的浓度。

（2）T-W 模型的应用　分析一下 T-W 模型中各参数的取值范围，便可预测产物分布情况：

$\alpha=0$、$\beta\neq0$、$\delta\neq0$ 时，产物将全部为甲基支链化物；

$\beta=0$、$\alpha\neq0$、$\delta\neq0$ 时，无链的支化过程，全部产物为直链物；

$\delta=0$、$\alpha\neq0$、$\beta\neq0$ 时，产物为直链烃和 2-甲基烃类。

如果以 γ_1、γ_2 和 γ_3 分别表示生成烷烃、烯烃和醇类链终止反应速率，而 γ 为 γ_1、γ_2 和 γ_3 的加合，可得以下几种可能：

$\gamma_1\neq0$、$\gamma_2=0$、$\gamma_3=0$，产物将全部为烷烃，$\alpha=0$ 时全部为甲烷；

$\gamma_2\neq0$、$\gamma_1=0$、$\gamma_3=0$，产物将全部为烯烃；

$\gamma_3\neq0$、$\gamma_1=0$、$\gamma_2=0$，产物将全部为醇类，$\alpha=0$ 时全部为甲醇。

近年来 Wojciechlowski 对 T-W 模型进行了更深入的研究，提出如下三点假设：

① 表面活性物种在合成反应中既不能相互转变，又不能发生迁移；

② 链增长对所有的物种是均等的；

③ 链增长和终止均为双分子反应，即只有相邻两物种才能发生反应。

基于上述三点假设提出了催化剂表面上可能存在的六种活性物种如下：

类型 1：链增长活性物种 $^*R11$；

类型 2：活性物种 $^*CH_2$ 可作链增长单体或进一步加氢；

类型 3：活性物种 $^*H$ 可进行加氢或链终止；

类型 4：活性物种 $^*CH_3$ 可进行链终止生成甲烷或烃类；

类型 5：活性物种 $^*CH$ 可加氢终止链增长生成烯烃；

类型 6：活性物种 $^*OH$ 可进行链终止生成醇类。

根据只有两种物种处于邻位时才能发生反应的假设，上述六种不同物种组合可生成以下几种主要产物：类型 1、2、3 或类型 1、2、4 组合，可生成烷烃；类型 1、2、5 组合，生成烯烃；类型 1、2、6 组合，生成醇类。

以类型 1、2、3 组合模式为例，反应过程如下所示（S 为催化剂表面活性中心）：

$$H + RCH_2—CH_2 + CH_2$$
$$S^3 \qquad S^1 \qquad S^2$$

$$S^1+S^3+RCH_2—CH_3 \longleftarrow \qquad \qquad \longrightarrow RCH_2—CH_2—CH_2 + S^2$$
$$S^1$$

$$RCH—CH_3$$
$$S$$

链终止　　　　　　　　链支化　　　　　　　　链增长

所得产物为直链或支链的烷烃。同样可描绘出烯烃和醇类生成的组合模式。可以发现，尽管类型 1、2、3 和类型 1、2、4 的组合都生成烷烃，但由于类型 3 活性物种（$^*H$）的终止速度较类型 4 活性物种（$^*CH_3$）要快得多，因此实际产物中低碳烷烃要比高碳烷烃高，这就是 ASF 分布图上的双-α 值出现的原因。

综上所述，T-W 分布模型运用统计概率的概念描述 F-T 合成过程的产物分布规律，较好地解释了产物中烷烃和醇类的生成与分布规律，并得到了实验结果的支持。可以说在 F-T 合成产物分布研究过程中前进了一大步。但是不少学者对 T-W 理论的几点假设进行了进一步思考，并提出了疑问，如：

① 链终止过程中是否会伴随其他反应，如插入、烯醇二次反应等；

② 催化剂表面上六种活性物种的稳定、分布、迁移和扩散问题；

③ 增长中的两个链段是否会相互结合形成稳定产物等。

这些问题与疑问都有待于人们用数理统计方法去进一步研究，尤其是催化剂表面上活性物种的分布和扩散情况，正如 Wojciechowski 所指出的那样，T-W 模型的下一个主要问题是确定影响分布参数的因素、活性物种分布与表面迁移或流动等。

4. F-T 合成反应动力学

（1）表面活性物种的形成　CO 解离吸附时表面物种的生成见表 6-2-9。CO 非解离吸附时表面物种的生成见表 6-2-10。

表 6-2-9　CO 解离吸附时表面物种的生成

$CO+2S \underset{}{\overset{K_C}{\rightleftharpoons}} CO+2S$	$HCS+HS \underset{}{\overset{K_{C_2}}{\rightleftharpoons}} H_2CS+S$

续表

$H_2 + 2S \overset{K_H}{\rightleftharpoons} 2HS$	$OS + HS \overset{K_{O_1}}{\rightleftharpoons} HOS + S$
$CS + HS \overset{K_{C_1}}{\rightleftharpoons} HCS + S$	$HOS + HS \overset{K_{O_2}}{\rightleftharpoons} H_2O + 2S$

表 6-2-10 CO 非解离吸附时表面物种的生成

$CO + S \overset{K_{CO}}{\rightleftharpoons} OCS$	$HOCS + HS \overset{K_{OH_2}}{\rightleftharpoons} CS + H_2O + S$ $CS + HS \overset{K_{OH_3}}{\rightleftharpoons} HCS + S$
$H_2 + 2S \overset{K_H}{\rightleftharpoons} 2HS$	$HCS + HS \overset{K_{C_2}}{\rightleftharpoons} H_2 + CS + S$
$OCS + HS \overset{K_{OH_1}}{\rightleftharpoons} HOCS + S$	$OS + HS \overset{K_{O_1}}{\rightleftharpoons} HOS + S$
$OCS + S \rightleftharpoons OS + CS$	$HOS + HS \overset{K_{O_2}}{\rightleftharpoons} H_2O + 2S$

F-T 合成反应通常被认为是一种催化聚合反应，但它与一般的高分子化学中的聚合反应不同。F-T 合成聚合首先需要原料气中的 CO 与 H_2 在催化剂表面上形成吸附物种，即处于吸附态的聚合单体，然后再进一步聚合形成烃类，有人称之为表面聚合。一般可作为聚合单体的化学吸附物种有 CO、HCOH 和 CH_2。吸附态的 CH_2 是最重要的聚合单体物种，它既可聚合生成烃，又可以氢化生成 CH_4。表 6-2-9 和表 6-2-10 分别列出了 CO 是否解离吸附的情况下，表面物种 CH_2 形成的一些基元反应，表 6-2-11 又总结出表 6-2-9 与表 6-2-10 中存在的六种可能的控制步骤表面基元反应。Ponee 根据稳态理论的假设，认为催化剂表面解离态的 H、C 和 O 浓度与气相中的 H_2 和 CO 呈平衡状态，即初始的解离吸附不是 CH_2 形成过程的控制步骤。据此，以表 6-2-11 中模型的第一种情况为例，即假定物种 CH_2 生成的决定步骤是 HCS 物种的形成反应，根据吸附理论，经过适当的数学处理，可得到物种 CH_2 的生成动力学方程式，即 CO 的消耗速率表达式：

$$-\gamma_{CO} = K_1 p_{CO}^{1/2} p_{H_2}^{1/2} / (1 + K_2 p_{H_2}^{1/2} + K_3 p_{CO}^{1/2})^2 \tag{6-2-34}$$

式中，K_1、K_2、K_3 为与表面物种吸附平衡有关的常数。

表 6-2-11 速率控制步骤

模　型	速率控制过程	模　型	速率控制过程
1	$CS + HS \overset{K_{C_1}}{\longrightarrow} HCS + S$ $OS + HS \overset{K_{O_1}}{\longrightarrow} HOS + S$	4	$HOS + HS \overset{K_{O_2}}{\longrightarrow} H_2O + 2S$ $HCS + HS \overset{K_{C_2}}{\longrightarrow} H_2CS + S$
2	$HCS + HS \overset{K_{C_2}}{\longrightarrow} H_2S + S$ $OS + HS \overset{K_{O_1}}{\longrightarrow} HOS + S$	5	$OCS + HS \overset{K_{OH_1}}{\longrightarrow} HOCS + S$ 或 $OCS + S \overset{K_O}{\longrightarrow} CS + OS$

模型	速率控制过程	模型	速率控制过程
3	$CS + HS \xrightarrow{K_{C_1}} HCS + S$ $HOS + HS \xrightarrow{K_{C_2}} H_2OS$	6	$HOCS + HS \xrightarrow{K_{OH_2}} H_2O + CS + S$

注：模型 1~4 根据表 6-2-9，模型 5 和模型 6 根据表 6-2-10。

根据表 6-2-11 中的六种不同模型，在不同的控制步骤的基元反应条件下可得出不同动力学方程式，汇总于表 6-2-12。

可以看出，对于不同基元反应的控制步骤，CO 消耗速率 $-\gamma_{CO}$ 与 p_{CO}、p_{H_2} 的关系式相差较大，但其速率表达式中的分母项却都是与 p_{CO} 和 p_{H_2} 有关的平方项。

（2）链的增长与终止 催化剂表面的活性物种即聚合单体一经生成，便立即进行聚合或链增长甚至终止，根据聚合反应的稳态理论，认为稳态聚合时链引发与链终止的速率相同，分析一下表 6-2-11 中基元过程的六种情况，其中模型 1、2 和 5 为链的引发和增长，而模型 3、4 和 6 则包含了链的增长或终止过程。

表 6-2-12 反应速率表达式

模型	表 达 式	模型	表 达 式
1	$\dfrac{K_1 p_{CO}^{1/2} p_{H_2}^{1/2}}{(1 + K_2 p_{H_2}^{1/2} + K_3 p_{CO}^{1/2})^2}$	5	$\dfrac{K_1 p_{CO} p_{H_2}^{1/2}}{(1 + K_2 p_{H_2}^{1/2} + K_3 p_{CO})^2}$
2	$\dfrac{K_1 p_{CO}^{1/2} p_{H_2}^{3/4}}{(1 + K_2 p_{H_2}^{1/2} + K_3 p_{CO}^{1/2} p_{H_2}^{-1/4} + K_4 p_{CO}^{1/2} p_{H_2}^{1/4})^2}$	6	$\dfrac{K_1 p_{CO} p_{H_2}}{(1 + K_2 p_{H_2}^{1/2} + K_3 p_{CO} + K_4 p_{CO} p_{H_2}^{1/2})^2}$
3	$\dfrac{K_1 p_{CO}^{1/2} p_{H_2}^{3/2}}{(1 + K_2 p_{H_2}^{1/2} + K_3 p_{CO}^{1/2} p_{H_2}^{-1/4} + K_4 p_{CO}^{1/2} p_{H_2}^{1/4})^2}$	总包	$\dfrac{K p_{CO}^a p_{H_2}^b}{(1 + \sum K_i p_{CO}^{ji} p_{H_2}^{1i})^2}$
4	$\dfrac{K_1 p_{CO}^{1/2} p_{H_2}}{(1 + K_2 p_{H_2}^{1/2} + K_3 p_{CO}^{1/2} + K_4 p_{CO}^{1/2} p_{H_2}^{1/2})^2}$		

Wojciechowski 以单一烃类的链增长和终止为例，不考虑 CO 生成 CO_2 的情况，认为烃生成主要包括以下三个基元反应。

甲烷的生成： $[H_3CS] + [HS] \xrightarrow{K_3} CH_4 + 2S$

$[CH_2]$ 的聚合： $[H_2CS] + [R_iS] \xrightarrow{K_2} [R_{i+1}S] + 2S$

$[H_3CS]$ 的链终止： $[H_3CS] + [R_iS] \xrightarrow{K_4} R_iCH_3 + 2S$

经数学处理后得到了包括甲烷生成的链增长动力学方程式为：

$$-\gamma_{CO} = K_3 [HS][H_3CS] + \frac{K_2}{K_3} [HS][H_2CS]^2 \qquad (6\text{-}2\text{-}35)$$

或 $$-\gamma_{CO} = \frac{(K_H K_3)[HS]^2[H_2CS]}{K_2[H_2CS] + K_3[HS]} + \frac{K_2}{K_3} [HS][H_2CS]^2 \qquad (6\text{-}2\text{-}36)$$

关于表面活性物动力学行为，近年来 Wojciechoski 等深入进行了有关研究与分析之后，又提出了相对反应速率和 T-W 理论模型。其基本思路是，基于表面物种生成与链增长的基元反应动力学方程，通过引入一些产物分布参数，与宏观可测的试验参数相关联，进而求出不同实验条件下的动力学方程及产物分布模型。

（3）合成反应动力学模型 Satterfield 和 Huff 在总结了大量铁系催化剂反应动力学规律的基础上提出以下假设：

① 氢气与催化剂表面含碳物种结合形成聚合单体的反应为控制步骤；

② 水在催化剂表面上较强的吸附会产生抑制作用；

③ H_2 参加反应的速率与体系中 H_2 的分压（p_{H_2}）成正比。

基于上述假设，推导出三种主要的反应动力学模型。

模型Ⅰ：碳化物机理

基于碳化物机理，假定 CO 在催化剂表面上解离吸附，且吸附的 C^* 与 H_2^* 结合形成聚合单体 CH_2。* 表示催化剂表面上的活性中心。反应历程可描述为，

$$CO + {}^* \underset{}{\overset{K_1}{\rightleftharpoons}} C^* + O^*$$

$$O^* + H_2 \underset{}{\overset{K_2}{\rightleftharpoons}} OH_2$$

$$C^* + H_2 \underset{}{\overset{K_3}{\rightleftharpoons}} CH_2^*$$

当 C^* 为催化剂表面上的主要吸附物种时，合成反应速率方程为：

$$-r_{(H_2+CO)} = Kbp_{CO}p_{H_2}^2 / (p_{H_2O} + bp_{CO}p_{H_2}) \tag{6-2-37}$$

当合成气转化率较低，反应体系内水的分压较低时，即：

$p_{H_2O} + bp_{CO}p_{H_2} \approx bp_{CO}p_{H_2}$，式（6-2-37）可简化为：

$$-r_{(H_2+CO)} = Kp_{H_2} \tag{6-2-38}$$

模型Ⅱ：烯醇中间体机理

根据烯醇中间体机理的基本假设，认为 CO 与 H_2 在催化剂表面上的反应控制步骤为总包反应控制步骤。

$$CO + {}^* \underset{}{\overset{K_1'}{\rightleftharpoons}} CO^*$$

$$H_2O + {}^* \underset{}{\overset{K_2'}{\rightleftharpoons}} H_2O^*$$

$$CO^* + H_2 \underset{}{\overset{K'}{\rightleftharpoons}} COH_2^*$$

认为 CO^* 和 H_2O^* 为催化剂表面上主要吸附物种，可导出：

$$-r_{(H_2+CO)} = K'bp_{CO}p_{H_2} / (p_{H_2O} + bp_{CO}) \tag{6-2-39}$$

模型Ⅲ：碳化物与烯醇中间体组合机理

结合上述两种机理模型，假定总反应的控制步骤是配合态的 CO—H_2^* 与 H_2 反应生成吸附态的聚合单体 CH_2^*，反应历程如下：

$$CO + {}^* \underset{}{\overset{K_1'}{\rightleftharpoons}} CO^*$$

$$CO^* + H_2 \underset{}{\overset{K'}{\rightleftharpoons}} COH_2^*$$

$$H_2O + {}^* \underset{}{\overset{K_2'}{\rightleftharpoons}} H_2O^*$$

$$COH_2^* \underset{}{\overset{K''}{\rightleftharpoons}} CH_2^* + H_2O$$

认为 COH_2^* 和 H_2O^* 为催化剂表面的主要吸附物种，动力学方程为：

$$-r_{(H_2O+CO)} = Kbp_{CO}p_{H_2}^2 / (p_{H_2O} + bp_{CO}p_{H_2}) \tag{6-2-40}$$

实际上三种模型的动力学方程式基本上相似，尤其是当体系内的 p_{H_2O} 较低时，三个方程式均可简化为式（6-2-38）的形式。

（4）固定床反应器的反应动力学　式（6-2-41）为 1956 年 Anderson 提出的固定床铁系催化剂的动力学方程：

$$-r_{(H_2O+CO)} = ap_{CO}p_{H_2}^2/(p_{CO}+bp_{H_2O}) \tag{6-2-41}$$

认为在通常实验精度范围内该方程式能较好地拟合动力学数据。当温度不变时，参数 a、b 仅与原料气的组成有关。另外还可以看出，式（6-2-41）分母中的 p_{H_2O} 一项意味着水的抑制作用，这是水与 CO 在催化剂表面有效活性中心上的竞争吸附所致。原料气中添加 H_2O 的化学吸附的研究也证实了水的抑制作用。Anderson 进一步对合成气转化率对动力学行为的影响研究表明，当转化率低于 60% 时，式（6-2-41）也可简化为式（6-2-38）的形式，即 $-r_{(H_2+CO)}=ap_{H_2}$。

Vannice 在低压下研究了不含助剂的铁系催化剂的 F-T 合成反应结果表明，即使 CH_4 为主要反应产物，仍能较好地显示出与 p_{H_2} 成一级动力学关系。

Dry 等在研究了熔铁型（Fe/Cu/K）催化剂的动力学行为后指出，反应速率与 p_{H_2} 仍成一级反应关系，但与 p_{CO} 无关，活化能 $E_a=70kJ/mol$，反应速率与 p_{CO} 呈零级关系，可能是由于在低转化率条件下，CO 在催化剂表面活性中心上呈饱和吸附状态的缘故。

Atwood 和 Bennett 采用碱金属助剂的熔铁催化剂，在无梯度反应器中获得的动力学数据，也能较好地服从上述规律，发现在较高的温度条件下（>315℃）水的抑制作用开始变得明显。

Feimer 等在固定床反应器中研究了沉淀铁型（Fe/Cu/K）催化剂的合成动力学，获得的方程式为：

$$-r_{(H_2+CO)} = Kp_{H_2}p_{CO}^{-0.25}$$

上式中 p_{CO} 一项呈较弱的负指数关系，表明了 CO 在催化剂表面活性中心上可能存在强吸附的现象，还发现水对甲烷的生成有微弱的抑制作用。

关于 H_2O 与 CO_2 对 F-T 合成反应的抑制作用，一般地讲，H_2O 较 CO_2 和 CO 在催化剂表面上有较强的吸附能力，所以通常条件下，H_2O 的抑制作用要比 CO_2 明显得多。但当催化剂具有较高的水气变换活性或原料气中 H_2/CO 较低时，合成反应生成的 H_2O 将大部分转化为 CO_2，致使体系中 p_{H_2O} 降低，而 p_{CO_2} 明显升高，此时 CO_2 的抑制作用变得显著得多了。

Leadakowicz 等基于 F-T 合成反应的烯醇中间体机理，导出了 CO_2 对沉淀铁型（Fe/K）催化剂抑制作用的反应动力学方程：

$$-r_{(CO+H_2)} = K_0 p_{CO}p_{H_2}/(p_{CO}+cp_{CO_2}) \tag{6-2-42}$$

上式中 $c \approx 0.115$。

由于催化剂具有较高的水气变换活性，且在原料气中 H_2/CO 较低（<1）的情况下，反应过程中生成的水基本上全部转化为 CO_2，因此反应速率不能近似为对 p_{H_2} 的一级反应，而必须考虑 CO_2 的影响。

关于固定床反应器 F-T 合成反应的动力学，表 6-2-13 总结了一系列铁系催化剂 F-T 合成的动力学结果。可以发现，表中的动力学方程基本上是相似的。但是应该看到，利用固定床反应器进行动力学研究，存在着不足之处，如合成气转化率较高、传质与传热的影响、二次反应、催化剂颗粒效应以及副产物 H_2O 和 CO_2 的影响等复杂因素，使得对动力学数据的分析变得复杂与困难。因此，近年来，考虑到浆态床反应器良好的传质与传热性能，不少人采用浆态床反应器研究 F-T 合成反应的动力学规律。表 6-2-14 总结了这方面的结果。

表 6-2-13 铁系催化剂 F-T 合成动力学结果汇总

催化剂	反应器	反 应 条 件			速率表达式	活化能/(kJ/mol)
		T/℃	p/MPa	H_2/CO		
铁系	固定床	—	—	—	$-r_{H_2}=ap_{H_2}^2$	88
熔铁	固定流化					
Fe/K/Mg	浆态床	250~320	2.2~4.2	2.0	ap_T	79
氮化铁	固定床	—	—	—	$ap_{H_2}^*$	84
氮化熔铁	固定床	225~240	2.2	0.25~2.0	$ap_{H_2}^0 p_{CO}^{0.4}-bp_{H_2}^{0.5}p_{CO}^{0.0}$	79~84
氮化熔铁(Fe/Cr/Si/Mg/K)	固定床	225~255	2.2	0.25~2.0	$ap_{H_2}^{0.66}p_{CO}^{0.34}$	71~100
熔铁(Fe/K/Al/Si)	微分固定床	225~265	1.0~1.8	1.2~7.2	ap_{H_2}	71
Fe/Al$_2$O$_3$	微分固定床	220~225	0.1	3.0	$-r_{H_2}=ap_{H_2}^{1.1\pm0.1}p_{CO}^{-0.1\pm0.1}$	88±4
铁系	固定床	—	—	—	$ap_{H_2}/(1+bp_{H_2O/CO})$	63
氮化熔铁(Fe/K/Al/Si)	无梯度固定床	250~315	2.0	2.0	$ap_{H_2}/(1+bp_{H_2O/CO})$	84
铁系(等离子喷涂片状)	循环固定床	250~300	0.77~3.1	1.5~3.9	$ap_{H_2}/(1+bp_{H_2O/CO})$	37
沉淀铁(Fe/Cu/K)	固定床	220~270	1.0~2.0	10~6.0	$ap_{H_2}/p_{CO}^{0.25}$	79~92
熔铁(合成 NH$_3$)						
沉淀铁(Fe/Mg/Cu/K)	固定床	200~280	10	添加 H$_2$O	$-r_{CO}=ap_{H_2}^{1.5}p_{CO}^{0.2}+bp_{H_2O}^{0.2}p_{CO}^{0.5}$	105

表 6-2-14 浆态床反应器 F-T 合成的动力学结果

催 化 剂	反应温度/℃	速率表达式	活化能/(kJ/mol)
熔铁(CCI)	250~315	$\dfrac{K_0 p_{CO}p_{H_2}}{p_{CO}+ap_{H_2O}}$	85
Fe/Cu/K	265	$\dfrac{K_0 p_{CO}p_{H_2}}{p_{CO}+ap_{H_2O}}$	—
沉淀铁	270	$\dfrac{K_0 p_{CO}p_{H_2}}{p_{CO}+ap_{H_2O}}$	89
熔铁(UCI)	232~263	$\dfrac{K_0 p_{CO}p_{H_2}^2}{p_{CO}p_{H_2}+bp_{H_2O}}$	83
熔铁(BASF)	240	$\dfrac{K_0 p_{CO}p_{H_2}}{p_{CO}+cp_{H_2O}}$	81
沉淀铁/钾	220~260	$\dfrac{K_0 p_{CO}p_{H_2}}{p_{CO}+cp_{H_2O}}$	103

固定床反应器的动力学行为与催化剂的颗粒大小有着密切的关系，从而人们引入了催化剂有效因子的概念。所谓有效因子是指在催化剂上实测的反应速率与当该催化剂颗粒内外具有相同的温度和浓度时所表现的反应速率之比，一般≤1，有效因子还意味着催化剂表面的

利用率。通常有效因子随催化剂颗粒的减小而增大，当粒径足够小时 $\eta \approx 1$。Anderson 研究了熔铁催化剂颗粒影响后发现，催化剂活性随颗粒的平均直径（d_p）的减小而增大。Atwood 和 Bennett 的计算结果表明，对于 $d_p = 2 \sim 6mm$ 的催化剂颗粒，其有效因子相当低。只有当 $d_p = 0.03mm$ 时，催化剂微孔中不存在传质阻力时，其有效因子为 1.0。Bukur 等考察了三组不同粒径范围熔铁催化剂的动力学规律（见表 6-2-15），结果表明，等温下求得的宏观反应速率常数，随催化剂的粒径的减少而显著地增大，这意味着大颗粒内部存在着反应物的浓度梯度。30～60 目（0.25～0.6mm）粒径的催化剂求得的表观活化能只有 37kJ/mol；而粒径为 170～230 目（0.06～0.09mm）的催化剂表观活化能可达 81kJ/mol，此时催化剂的有效因子接近于 1.0（表 6-2-15）。其表观活性也接近于本征活性，一般当催化剂颗粒较大时，扩散阻力也较大时，反应的表观活化能大约为本征活化能的 1/2，即 $E_{表观} \approx 1/2 E_{本征}$。

表 6-2-15 催化剂表观速率常数和有效因子

d_p/mm	K_0		ϕ		η	
	235℃	250℃	235℃	250℃	235℃	250℃
0.48	0.025	0.036	1.95	2.38	0.43	0.36
0.21	0.035	—	0.85	—	0.73	—
0.078	0.053	0.092	0.32	0.38	0.95	0.92

综上所述，F-T 合成反应的动力学具有以下特点：
① 随反应温度的提高而增加。
② 与 p_{H_2} 近似呈正比（即一级反应）关系。
③ 与 p_{CO} 无关或影响不大。
④ 体系中 p_{H_2O} 的增加会加强对反应的抑制作用。一般情况下，H_2O 的抑制作用掩盖了 CO_2 的作用，但当体系有较大程度的水气变换反应时，H_2O 的抑制作用减弱，而 CO_2 的抑制作用增强。
⑤ 与催化剂的颗粒大小有着明显的依赖关系，对熔铁催化剂当颗粒粒度范围为 170～230 目（即 0.06～0.09mm）时，有效因子接近 1.0。

第二节 F-T 合成催化剂

一、F-T 合成催化剂概述

1. F-T 合成催化剂组成与作用

表 6-2-16 F-T 合成催化剂的组成与作用

F-T 合成催化剂组成	主 要 成 分	作 用
主催化剂	①第Ⅷ族金属 Pt、Pd、Ni ②Ir、Rh、Co、Ru、Fe ③ⅢA、ⅣA、ⅤA、ⅥA、ⅧA 族元素	实现催化作用的活性组分；F-T 合成催化剂的主金属应该具有加氢作用、使一氧化碳的碳氧键削弱或解离作用以及叠合作用 加氢性能：①＞②≫③

续表

F-T 合成催化剂组成	主　要　成　分	作　用
助催化剂、结构性助催化剂	难还原的金属氧化物如 ThO_2、MgO 和 Al_2O_3 等	
调变性助催化剂	常用的有 K_2O、ThO_2、Mn、Al_2O_3 等，具体选择依主催化剂的特性而定	改变催化剂表面的化学性质及催化性质，增强催化剂的活性及选择性
载体（又称担体）	常用的载体有硅藻土、Al_2O_3 和 SiO_2、TiO_2 或 ThO_2	催化剂主组分和助催化剂的骨架或支撑者；具有化学、物理效应，可提高催化剂的活性、选择性、稳定性和机械强度

  F-T 合成的催化剂为多组分体系，包括主金属、载体或结构助剂以及其他各种助剂和添加物，其性能不仅取决于制备用前驱体、制备条件、活化条件、分散度及粒度等因素，其中所添加的各种助剂对调变催化剂性能也有重要作用。催化剂中各种不同组分的功能与作用见表 6-2-16。影响催化剂的具体因素如下。

  （1）主金属的种类与作用　F-T 合成的主金属主要为过渡金属，其中铁、钴、镍、钌等的催化反应活性较高，但对硫敏感，易中毒，Mo、W 等催化反应活性不高，但具有耐硫性。Mo 催化剂已在合成 $C_1 \sim C_4$ 烷烃方面获得应用。

  F-T 合成催化剂的主金属组分应该具有加氢作用、使一氧化碳的碳氧键削弱或解离作用以及叠合作用。如果只有加氢性能，而没有解离一氧化碳的能力，不能作为 F-T 合成催化剂。例如，ZnO、Mo_2O_3 等在常压下有加氢能力，但不能使一氧化碳解离，故不能作 F-T 合成催化剂。

  CO 在一些金属上吸附解离起始温度和容易解离的顺序如下：

  Ti、Fe（室温）＞Ni（120℃）＞Ru（140℃）＞Rh（约 300℃）＞Pt、Pd（＞300℃）＞Mo，W

  （2）催化剂的粒度及分散性效应　催化剂粒度及分散性对 F-T 合成反应活性及选择性有重要影响，如负载型 Ru 催化剂的 CO 转化率和甲烷生成比活性随 Ru 分散度提高而降低，Ru 晶粒增大，促进链增长，$C_5 \sim C_{10}$ 烃选择性增加，整体型催化剂制成粒径小于 $0.1 \mu m$ 的超细粒子显示高活性并改变产品分布。玻璃态或无定形金属铁活性比结晶铁粉高出 10 倍。

  （3）载体效应　载体不仅起分散活性组分、提高表面积的作用，而且可改变 F-T 合成二次反应，并通过形选作用提高选择性。如沸石负载催化剂具有多种作用，除在金属组分上发生 F-T 反应外，F-T 产物烯烃和含氧化合物在沸石酸中心发生脱水、聚合、异构、裂解、脱氧、环化等二次反应，沸石的择形作用使汽油选择性突破 F-T 合成产物分布（ASF 分布）极限。此外，金属与载体的强相互作用对催化剂活性也有重要影响。

  Vannice 用露在表面上的每个金属原子的反应速率比较了负载在担体上的金属催化剂的F-T 合成催化活性，担载在 $\eta\text{-}Al_2O_3$ 上金属催化剂的活性顺序为：

  Ru＞Fe＞Ni＞Co≫Rh＞Pd＞Pt＞Ir

  （4）助剂效应　铁催化剂具有很强的可操作性，主要是通过向铁催化剂中加入助剂调节其催化反应性的结果。Sasol 使用的沉淀铁催化剂组成为 $Fe\text{-}Cu\text{-}SiO_2\text{-}K_2O$，其中 Cu 助剂促进铁还原，$SiO_2$ 为结构助剂，K_2O 是给电子助剂，可提高活性，使产物烯/烷比值提高，甲烷生成率降低，促进链增长和含氧化合物生成，同时也加速炭沉积。最近稀土金属及氧化物用作 F-T 合成催化剂助剂的研究十分活跃，添加稀土氧化物可提高催化剂的活性，降低甲烷生成，提高较高级烃的选择性，而且可提高烯/烷比值。Eu对沉淀铁有独特的助催化作用，不仅使反应活性大大提高，甲烷和蜡都显著减少，而且使汽油、柴油收率显著增加。稀土既是结构助剂又是给电子助剂，还可抑制碳化铁生成，抗结炭，延长催化剂寿命。又如Ti、Mn和V等第一过渡金属对CO的亲和力比Fe高，因此添加后可大大提高铁催化剂对烯烃的选择性。此外，铁催化剂中常用的助剂为K_2CO_3。K_2CO_3尽管对铁催化剂的活性及寿命有一定影响，但可显著提高高分子量产物的生成，降低甲烷的生成。

（5）去电子效应　C、N、O、S、P、Cl、Br等电负性大的元素可降低氢、CO与过渡金属表面的吸附强度，大大提高C—O链的解离能。因此这些元素的存在一方面导致催化活性大大降低，但另一方面可使低碳烯烃显著增加，甲烷显著减少，同时可竞争吸附催化剂毒物如H_2S等。

（6）合金效应　通过合金化可以调控催化剂的活性中心和选择性，如Ni-Cu合金/SiO_2催化剂中Cu含量增加导致催化剂活性下降，而且对C_{2+}生成的影响大于对甲烷生成的影响，这是由于Cu分散了Ni，较小的Ni原子基团不利于链增长。

（7）利用孔的大小控制链增长　如Co/Al_2O_3催化剂，链增长使Al_2O_3载体孔径变小，反应产物向小分子量方向移动。

2. F-T合成催化剂的制备及预处理

催化剂表面结构和表面积是影响催化剂活性的重要因素，其不仅与催化剂的组分有关，而且与制备方法和预处理条件有密切关系。催化剂的制备方法主要有沉淀法和熔融法。

（1）沉淀法　沉淀法制备催化剂是将金属催化剂和助催化剂组分的盐类溶液（常为硝酸盐溶液）及沉淀剂溶液（常为Na_2CO_3溶液）与担体加在一起，进行沉淀作用，经过滤、水洗、烘干、成型等步骤制成粒状催化剂，再经H_2（钴、镍催化剂）或$CO+H_2$（铁铜催化剂）还原后，就可供F-T合成反应使用。在沉淀过程，催化剂的共晶作用及保持合适的晶体结构是很重要的，因此每个步骤都应加以控制。沉淀法常用于制造钴、镍及铁铜系催化剂。

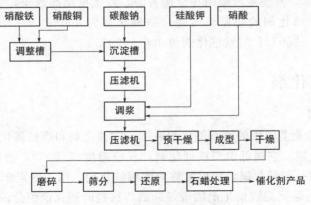

图 6-2-2　标准沉淀铁的制备过程

以标准沉淀铁催化剂的制备过程为例说明沉淀法制备催化剂的一般过程，如图6-2-2所示。将金属铁、铜分别加热溶于硝酸，将澄清的硝酸盐溶液调至一定浓度（100g Fe/L，40g Cu/L），并有稍过量的硝酸，以防止水解而沉淀。将硝酸铁、硝酸铜溶液按一定比例（40g Fe/L∶2g Cu/L）混合加热至沸腾后，加入沸腾的碳酸钠溶液中，溶液的pH<7～8，搅拌2～4min，反应产生沉淀和放出CO_2然后过滤，用蒸馏水洗涤沉淀物至其不含碱，再将沉淀物加水调成糊状，加入定量的硅酸钾，使浸渍后每100份铁配有25份的硅酸。由于工

业硅酸钾溶液中，一般 SiO_2/K_2O 比例为 2.5，为除去过量的 K_2O，可向料浆中加入精确计量的硝酸，重新过滤，用蒸馏水洗净滤饼，经干燥、挤压成型，干燥至水分为 3%，然后磨碎至 2～5mm、分离出粗粒级（>5mm）和细粒级（<2mm），即得粒度为 2～5mm、组成为 $100Fe：5Cu：5K_2O：25SiO_2$ 的沉淀铁催化剂。

（2）熔融法　熔融法是将一定组成的主催化剂及助催化剂组分细粉混合物，放入熔炉内，利用电熔方法使之熔融，冷却后将其破碎至要求的细度，用 H_2 还原而成。也可以在还原后以 NH_3 进行氮化再供合成用。熔融法主要用于铁催化剂的制备。

（3）催化剂的预处理　所谓预处理通常是指用 H_2 或 H_2+CO 混合气在一定温度下进行还原。目的是将催化剂中的主金属氧化物部分或全部地还原为金属状态，从而使其催化活性最高，所得液体油收率也最高。钴、镍、铁催化剂的还原反应式为：

$$CoO+H_2 \longrightarrow Co+H_2O$$
$$NiO+H_2 \longrightarrow Ni+H_2O$$
$$Fe_3O_4+H_2 \longrightarrow 3FeO+H_2O$$
$$FeO+H_2 \longrightarrow Fe+H_2O$$
$$CoO+CO \longrightarrow Co+CO_2$$
$$NiO+CO \longrightarrow Ni+CO_2$$
$$Fe_3O_4+CO \longrightarrow 3FeO+CO_2$$
$$FeO+CO \longrightarrow Fe+CO_2$$

通常用还原度即还原后金属氧化物变成金属的百分数来表示还原程度。对合成催化剂，必须有最适宜的还原度，才能保证其催化活性最高。钴催化剂希望还原度为 55%～65%，镍催化剂的还原度要求 100%，熔铁催化剂的还原度应接近 100%。

H_2 和 CO 均可作还原剂，但因 CO 易于分解，析出炭，所以通常常用 H_2 作还原剂，只有 Fe-Cu 剂用 $CO+H_2$ 去还原。另外一般要求还原气中的含水量小于 $0.2g/m^3$，含 CO_2 小于 0.1%，因为含水汽多，易使水汽吸附在金属表面，发生重结晶现象，而 CO_2 的存在会增长还原的诱导期。各种催化剂的还原温度是：钴催化剂为 400～450℃，镍催化剂为 450℃，Fe-Cu 催化剂为 220～260℃，熔铁催化剂为 400～600℃。

二、F-T 合成催化剂

1. 铁系催化剂

目前 F-T 合成工业上应用的铁系催化剂有沉淀铁催化剂和熔铁催化剂两大类。

（1）沉淀铁催化剂　它属低温型铁催化剂，反应温度<280℃，活性高于熔铁剂或烧结铁剂。沉淀铁催化剂一般都含铜，所以常称为铁铜催化剂。用于固定床合成和浆态床合成。

Cu、K_2O、SiO_2 是沉淀铁催化剂的最好助剂，这些助催化剂组分的作用如下：

铜的作用：其一是降低还原温度，有利于氧化铁在合成温度区间（250～260℃）用 $CO+H_2$ 进行还原；其二是防止催化剂上发生炭沉积，增加稳定性。

二氧化硅用作结构助剂，主要起抗烧结、增强稳定性、改善孔径分布大小和提高比表面积的作用。

氧化钾的作用主要是提高催化剂活性和选择性，即增强对 CO 的化学吸附，削弱对氢气的化学吸附，使反应向生成高分子烃类的方向进行，从而使产物中的甲烷减少，烯烃和含氧物增多，产物的平均分子量增加。

由表 6-2-17 所列数据表明：沉淀铁催化剂中 SiO_2 和 K_2O 的含量增加，催化剂的比表面积和产物中的高分子烃都增加，由于碱能促进 CO 分解，容易生成碳化铁，所以碱过多时，会使催化剂上生成炭沉积，但是铜可以抵消这个副作用。

表 6-2-17　F-T 合成初次产物组成与催化剂组成间的关系①

$K_2O/100Fe$②	$SiO_2/100Fe$	还原后催化剂的比表面 /(m²/g Fe)	烃类>320℃（质量分数）（相对于 C₂₊)/%	$K_2O/100Fe$②	$SiO_2/100Fe$	还原后催化剂的比表面 /(m²/g Fe)	烃类>320℃（质量分数）（相对于 C₂₊)/%
0.5~2	2~8	120~200	10~20	4~5	20~25	300	40~50
2~4	10~20	200~250	20~40	10	20~25	350	50~60

① 合成条件：压力 2.5MPa；反应温度 220~225℃；新鲜气体量（常温常压时）500L/（L 催化剂·h）；新鲜气/循环气=1/2.5；新鲜气中 H_2/CO=1.7；$CO+H_2$ 的转化率为 70%。

② 每种催化剂中均含有 5Cu/100Fe。

沉淀铁催化剂中也可以添加其他助催化剂如 Mn、MgO、Al_2O_3 等，以增加机械强度和延长催化剂的寿命。Mn 具有促进不饱和烃生成的独特性质，因此一般用于 C_2~C_4 烯烃的生产。

沉淀铁催化剂的活性和选择性，除与催化剂的组成有关外，还与制备方法、制备条件等有关。一般认为用硝酸盐制成的催化剂活性高。而用氯化物和硫酸盐制成的催化剂。由于不易于洗涤等原因，因此活性低。同时为制得高活性的沉淀铁催化剂，宜用高价（三价）铁盐溶液，并要除去溶液中的氯化物和硫酸盐等杂质。目前工业应用的沉淀铁催化剂组成为 100Fe∶5Cu∶5K₂O∶25SiO₂，这种催化剂被称为标准沉淀铁催化剂。

为了提高催化剂活性，需在 230℃下，间断地用高压氢气和常压氢气循环，对催化剂还原 1h 以上，使催化剂中的 Fe，有 25%~30% 被还原为金属状态，45%~50% 被还原为二价铁，其余为三价铁。还原后的铁催化剂需在惰性气体保护下储存，运输时需石蜡密封以防止其氧化。

一般用铁催化剂进行的 F-T 合成都是在中压（0.7~3.0MPa）下进行的。因常压下合成不仅油收率低，而且寿命短。例如一种铁催化剂常压合成时，油收率只有 50g/m³（CO+H_2），使用寿命为一周。而在 0.7~1.2MPa 压力下进行合成，油收率为 140g/m³（CO+H_2），寿命可达 1~3 个月。对标准沉淀铁催化剂在 2.5MPa 和 220~250℃下合成。CO 的单程转化率为 65%~70%，使用寿命为 9~12 个月。沉淀铁催化剂的缺点是机械强度差，不适合流化床和气流床合成。

（2）熔铁催化剂　以铁矿石或钢厂的轧屑作为生产熔铁催化剂的原料，由于轧屑的组成较为均一，目前被优先利用。Sasol F-T 合成厂 Synthol 反应器所用的熔铁剂，就是选用附近钢厂的轧屑为原料制备。将轧屑磨碎至<16 目后，添加少量精确计量的助催化剂，送入敞式电弧炉中共熔，形成一种稳定相的磁铁矿，助剂呈均匀分布，炉温为 1500℃。由电炉流出的熔融物经冷却、多段破碎至要求粒度（<200 目）。然后在 400℃温度下用氢气还原 48~50h，磁铁矿（Fe_3O_4）几乎全部还原成金属铁（还原度 95%），就制得可供 F-T 合成用的熔铁催化剂。为防止催化剂氧化，必须在惰性气体保护下储存。

2. 镍系催化剂

镍系催化剂以沉淀法制得者活性最好。过去对镍系催化剂研究较多的是 Ni-ThO₂ 系和 Ni-Mn 系。前者以 100Ni-18ThO₂-100 硅藻土催化剂活性最好，油收率达 120mL/m³（CO+H_2）；后者以 100Ni-20Mn-10Al₂O₃-100 硅藻土催化剂活性最佳，油收率达 168mL/m³（CO+H_2）。

镍催化剂的还原温度为 450℃，用 H_2 加少量的 NH_3 还原比较理想，合成条件以 $H_2/CO=2$、常压及温度为 180～200℃ 时为合适。由于镍催化剂在压力下易与 CO 生成挥发性的羰基镍 [Ni(CO)₄] 而失效，所以镍催化剂合成只能在常压下进行。

与钴催化剂相比，镍催化剂加氢活性高。合成产物多为直链烷烃，而烯烃较少，油品较轻，易生成 CH_4。由于镍催化剂在合成生产中寿命短，再生回收中损失较多等原因，未能在工业上得到应用。

3. 钴系催化剂

钴系催化剂也是以沉淀法制得的高活性催化剂。过去研究较多沉淀钴催化剂为 Co-ThO_2 系和 Co-ThO_2-MgO 系。

Co-ThO_2 系以 100Co-18ThO_2-200 硅藻土催化剂活性较高，油收率达 144～153mL/m³ (CO＋H_2)，CO 转化率达 92％，但钴、钍是贵重的稀有金属，这影响了其在工业上的应用。Co-ThO_2-MgO 系以 100Co-6ThO_2-12MgO-200 硅藻土和 100Co-5ThO_2-8MgO-200 硅藻土两种催化剂的效果较佳，油收率达 132g/m³ (CO＋H_2)，CO 转化率达 91％～94％。

以 MgO 代替部分 ThO_2，可使钴系催化剂中钍的用量减少，并且可提高钴系催化剂的机械强度，合成油品略为变轻，生成的蜡稍有减少，因此，钴系催化剂曾在工业上应用，特别是 100Co-5ThO_2-8MgO-200 硅藻土（被称为标准钴催化剂）催化剂在钴催化 F-T 合成油厂广泛使用。

钴催化剂 F-T 合成在 $H_2/CO=2$，适宜的反应温度为 160～200℃、压力以 0.5～1.5MPa 时，产品产率最高，催化剂的寿命最长，但与常压下合成相比，产品中含蜡和含氧化合物增多，所以制取合成油时宜采用常压钴催化剂合成，如果为了制取较多的石蜡和含氧物可采用中压钴催化剂合成。

钴催化剂合成的产物主要是直链烷烃，油品较重，含蜡多。催化剂表面易被重蜡覆盖而失效，因此钴催化剂合成经运转一段时间后，为了恢复催化剂活性需要对催化剂进行再生。用沸点范围为 170～240℃ 合成油，在 170℃ 温度下，洗去催化剂表面的蜡，或者在 203～206℃ 温度下通入氢气使蜡加氢分解为低分子烃类和甲烷，从而恢复钴催化剂的活性。由于钴催化剂较铁催化剂贵；机械强度较低，空速不能加大（一般为 80～100h⁻¹），只适用于固定床合成。

近年来，世界各大石油公司均投入巨大的人力物力研究合成气在新型钴基催化剂上最大限度地转化为重质烃，再经过工业上成熟的加氢裂化与异构化催化剂转化为优质柴油和航空煤油，同时生成高附加值的副产物硬蜡。因此，已有一系列钴基催化剂专利问世，如 Shell 公司、Exxon 公司和 Syntroleum 公司等，其中 Shell 公司开发的 Co/ZrO_2/SiO_2 催化剂在原料气 H_2/CO 体积比为 2、反应温度 220℃、压力 20MPa 和空速 500h⁻¹ 的条件下，CO 转化率可达 75％，产物中 C_{5+} 烃的选择性为 82％。该催化剂已在马来西亚实现了年产 50 万吨中间馏分油（包括柴油、航空煤油和石脑油）的商业运行，其寿命长达一年，且可再生使用。高海燕等研究了在新型钴催化剂 Co/SiO_2 合成重质油的反应性，表 6-2-18～表 6-2-20 给出了反应温度、反应压力、反应空速对该催化剂反应性的影响。

表 6-2-18   反应温度对钴基催化剂 F-T 合成反应性的影响

$T/℃$	$X(CO)/\%$	$S(HC)/\%$	烃 类 产 品 分 布					$\gamma(C_{5+})$/(g/m³)	$\dfrac{n(C_2{=}\sim C_4{=})}{n(C_2^{\circ}\sim C_4^{\circ})}$	$m_w//m_o^*$
			C_1	C_2	C_3	C_4	C_{5+}			
187	87.70	99.46	7.79	1.84	4.29	3.05	83.03	138.6	0.54	3.70

续表

$T/℃$	$X(CO)/\%$	$S(HC)/\%$	烃 类 产 品 分 布					$\gamma(C_{5+})$ $/(g/m^3)$	$\dfrac{n(C_2{=}\sim C_4{=})}{n(C_2^\cdot\sim C_4^\cdot)}$	m_w/m_o^*
			C_1	C_2	C_3	C_4	C_{5+}			
190	96.10	99.01	6.80	0.82	2.01	1.61	88.76	149.7	0.86	4.10
201	99.63	98.50	11.34	1.19	2.56	2.20	82.71	124.6	0.08	3.50
211	99.78	97.50	15.40	1.56	3.13	2.64	77.27	97.5	0.05	3.30
220	99.93	96.30	18.92	1.86	3.07	2.53	73.62	103.3	0.01	3.00

注：1. 反应条件：H₂/CO 比值为 2.0，$T=187℃$，$p=2.0MPa$。

2. m_w/m_o^* 为收集粗蜡与油相之比（粗蜡仍含有一些油相，于 140℃捕集器中收集，取出冷却至室温呈固体状态），$n(C_2{=}\sim C_4{=})/n(C_2^\cdot\sim C_4^\cdot)$ 表示烃的选择性。

表 6-2-19　反应压力对钴基催化剂 F-T 合成反应性的影响

p/MPa	$X(CO)/\%$	$S(HC)/\%$	烃 类 产 品 分 布					$\gamma(C_{5+})$ $/(g/m^3)$	$\dfrac{n(C_2{=}\sim C_4{=})}{n(C_2^\cdot\sim C_4^\cdot)}$	m_w/m_o^*
			C_1	C_2	C_3	C_4	C_{5+}			
0.5	29.13	99.80	26.10	4.25	12.81	6.81	50.03	19.78	0.94	0.01
1.0	48.76	99.50	11.07	3.13	8.28	6.26	71.26	56.92	1.00	3.88
2.0	96.10	99.01	6.80	0.82	2.01	1.61	88.76	149.7	0.86	4.10

注：1. 反应条件：H₂/CO 比值为 2.0，$T=190℃$，GHSV=500h⁻¹。

2. m_w/m_o^* 为收集粗蜡与油相之比（粗蜡仍含有一些油相，于 140℃捕集器中收集，取出冷却至室温呈固体状态）。

表 6-2-20　反应空速对钴基催化剂 F-T 合成反应性的影响

$GHSV$ $/h^{-1}$	$X(CO)/\%$	$S(HC)/\%$	烃 类 产 品 分 布					$\gamma(C_{5+})$ $/(g/m^3)$	$\dfrac{n(C_2{=}\sim C_4{=})}{n(C_2^\cdot\sim C_4^\cdot)}$	m_w/m_o^*
			C_1	C_2	C_3	C_4	C_{5+}			
500	87.70	99.46	7.79	1.84	4.29	3.05	83.03	138.6	0.54	3.70
1000	75.90	99.52	12.97	2.14	3.68	2.58	78.64	117.1	0.26	3.49
1500	20.31	97.38	14.85	2.75	7.85	4.32	70.23	30.18	0.47	1.57
2022	19.81	98.00	16.19	3.63	13.61	6.10	60.47	13.66	0.72	0.52

注：1. 反应条件 H₂/CO 比值为 2.0，$T=187℃$，$p=2.0MPa$。

2. m_w/m_o^* 为收集粗蜡与油相之比（粗蜡仍含有一些油相，于 140℃捕集器中收集，取出冷却至室温呈固体状态）。

4. 复合催化剂

单一催化剂上 F-T 合成的产物分布符合 ASF 分布规律，存在产物复杂及选择性差等问题，因此，只有开发新的催化剂打破 ASF 分布，才能提高 F-T 合成产品的选择性和质量。目前在该方面的主要研究工作就是开发新型复合催化剂。

所谓复合催化剂是采用机械的物理混合方法制成的 F-T 合成催化剂，如以 Fe、Co、Fe-Mn 过渡金属元素等与 ZSM-5 分子筛混合组成的复合催化剂。复合催化剂在 F-T 合成中显示出独特的催化作用，即 F-T 催化合成与分子筛的择形作用的综合效应改善了合成产物的分布，表 6-2-21 列出了单一 F-T 合成催化剂与复合催化剂的 F-T 合成反应的结果对比，图 6-2-3 和图 6-2-4 描绘了相应的产物分布情况。目前，研究较多的复合催化剂有在原来单组分 F-T 合成催化剂的基础上，采用以 Fe、Co、Ru 等过渡金属作为主组分，同时添加其他金属所制备的 Fe-Mn 等合金型催化剂，把高活性的金属担载于具有细孔结构的担体上制成高分散的担载型催化剂，以及利用担体与活性组分间相互作用制得特定催化剂等。

复合催化剂的特征表现为：首先复合催化剂可将 F-T 合成的宽馏分烃类由 $C_1\sim C_{40}$ 缩小到 $C_1\sim C_{12}$，抑制了 C_{11} 以上的高分子量烃类的生成（图 6-2-3、图 6-2-4）；其次，复合催化剂可大幅度地提高了汽油馏分（$C_5\sim C_{11}$）的比例，如 Fe、Co 复合催化剂可使汽油馏分提高 12％以上，且汽油中还含有大量芳烃，尤以 C_8、C_9 的芳烃最多，改善了汽油的质量；复合催化剂合成产物中，基本上不含有含氧化合物。

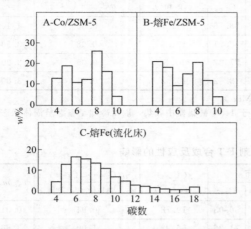
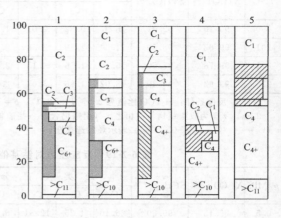

图 6-2-3　不同催化剂 F-T 合成 C_{4+} 烃类碳数分布　　　　图 6-2-4　不同催化剂 F-T 合成产物的组成分布

　　从表 6-2-21 中数据看出，不同的复合催化剂的产物分布大不相同，如 Co/HZSM-5 催化剂合成反应的 CO 转化率较低，而产物中 CH_4 含量较高，而熔铁 Fe/ZSM-5 催化剂的结果则正相反，CO 转化率高，CH_4 生成量低，同时，气态烃的饱和度也存在着较大差异，充分反映出复合催化剂中的金属组分如 Fe、Co 等具有独特的固有催化性能。这一点还可以从单独的 ZSM-5 催化剂对 F-T 合成反应不起催化作用进一步得到证实。一般认为，F-T 合成催化剂的金属组分具有活化 CO 分子，促进碳链引发和增长的作用。

表 6-2-21　不同催化剂 F-T 合成反应结果

F-T 催化剂分子筛	Co 无	Fe-Mn 无	Fe 无	Co ZSM-5	Fe-Mn ZSM-5	Fe ZSM-5	沉 Fe ZSM-5
反应条件							
$T/℃$	300	320	330	300	320	330	300
p/MPa	12	15	12	12	12	12	12
$GHSV/h^{-1}$	4800	620	2100	1500	1800	3100	1650
合成气 H_2/CO	2	2	2	2	2	2	2
CO 转化率/％	42	86	91	46	65	93	94
H_2 转化率/％	44	48	52	45	33	41	40
产物分布，w/％							
C_1	58.5	33.9	22.8	47.7	34.4	25.9	30.7
$C_2 \sim C_4$	14.6	42.9	22.0	13.8	34.7	20.9	9.9
$C_2 \sim C_4$ 中烯烃	60.9	48.2	77.2	11.5	2.7	9.7	4.1
$C_5 \sim C_4$	25.1	22.6	40.0	38.5	30.9	53.2	59.4
$C_5 \sim C_{11}$ 中芳烃	—	6.0	—	37.8	30.7	44.3	37.4
C_{12+}	1.8	0.6	15.2	约0	约0	约0	约0
含氧化合物	有	有	有	0	0	0	0

第三节　F-T 合成反应器

一、F-T 合成反应器概述

高效可靠的 F-T 合成工业反应器是影响煤制油工业化的关键因素之一。F-T 合成反应器研究一直是煤间接液化发展的标志。F-T 合成反应的特点研究表明：F-T 合成反应器的开发研究必须满足散热性能好、原料气分布均匀、易制造维护等要求。表 6-2-22、表 6-2-23 比较了不同 F-T 合成反应器的散热面积和时空产率。气流床（循环流化床）反应器是目前较为先进的 F-T 合成反应器。高温 F-T 合成采用的反应器有 Synthol 循环流化床（CFB）和 SAS 固定流化床（FFB），低温 F-T 合成技术主要采用列管式固定床 Arge 反应器和浆态床反应器。表 6-2-24 为不同 F-T 反应器规格及操作条件和生产能力。

表 6-2-22　不同 F-T 合成反应器所需之散热面积

合 成 方 法	转化 1000m³ 的 CO+H₂ 所需要的散热面积/m²	合 成 方 法	转化 1000m³ 的 CO+H₂ 所需要的散热面积/m²
常压钴催化剂合成（层状炉）	4000	油相合成	<50
高速固定床 Arge 合成	230	流化床合成	15～30

表 6-2-23　不同 F-T 合成反应器的时空产率

反应器类型	CO+H₂ 的转化率（体积分数）/%	时空产率/[kg/(m³·h)]	反应器类型	CO+H₂ 的转化率（体积分数）/%	时空产率/[kg/(m³·h)]
老式固定床	70～80	12～14	Synthol 反应器	85～90	180～200
Arge 反应器	60～70	50～60			

表 6-2-24　F-T 反应器规格及操作条件和生产能力

反应器类型	规格/m 直径	规格/m 高（长）	合成气原料	催化剂类型	操作条件 压力/MPa	操作条件 温度/℃	开发机构	投产年份	生产能力/(gal/d)
循环流化床	2.3	50	煤	熔铁	1.9～2.2	310～340	Sasol, Lurgi, Ruhrchemie	1955	63000
	3.6	75	煤		2.5	350	Sasol	1980,1982	237000
	3.6	75	天然气		2.5	350	Sasol	1991	315000
固定流化床	5	—	煤	熔铁	2.5	310～340	Sasol/Badger	1993	693000
	5		天然气		2.5	310～340	Sasol/Badger	1993	693000
固定床	2.95	12.8		沉淀铁	2.5	220～240	Sasol/Kellogg	1955	21000
	5～6	20～30		钴	3.0～5.0	300～350	Shell	1993	168000
浆态床	5			沉淀铁	2.5	260～290	Shell	1993	105000

注：1gal=3.78541L。

二、F-T 合成反应器

1. 固定床反应器

（1）固定床反应器的散热方式与热载体　固定床反应器采用热载体间接散热方式，并要求反应器有足够的散热面积，热载体能在反应温度下带走热量。因此，选择沸点与反应温度相近的液体作热载体。一般要求载体化学稳定性好，不产生沉淀，不腐蚀设备，黏度小，便于输送，汽化潜热大。表 6-2-25 给出了几种热载体及其操作条件。

表 6-2-25　几种热载体及其操作条件

冷却剂	反应器中操作温度许可范围/℃	循环冷却系统压力的许可范围/kPa	冷却剂	反应器中操作温度许可范围/℃	循环冷却系统压力的许可范围/kPa
饱和水蒸气	30~232	98~2940	萘	200~300	98~490
矿物油	200~300	98	联苯混合物	260~350	98~539
联苯	260~350	98~588	熔盐	140~540	98

通常用压力水作为合成反应器的热载体，通过调节压力水的压力来调节其沸点，使之适合反应温度要求，放出的热量直接使压力水变成蒸汽。如果在较高温度下合成，则可选用有机化合物，如联苯混合物、二苯醚、萘和油等作热载体。气流床 Synthol 合成温度为 320~340℃，就选用油作反应器的循环热载体。

（2）气相固定床反应器　目前工业上已得到应用的固定床反应器有常压平行薄层反应器、套管反应器、高空速 Arge 合成反应器。这些反应器的基本特征数据见表 6-2-26。

表 6-2-26　几种气相固定床反应器的基本特征数据

反 应 器 参 数	薄 层	套 管	Arge
催化剂层厚/mm	7	10	46
催化剂层长/mm	2500	4550	12000
操作压力/kPa	29.4	686~1176	1960~2940
操作温度/℃	180~195	180~215	220~260
冷却面积/[m²/1000m³(CO+H₂)]	4000	3500	230
新鲜气给入量/[m³/m³(催化剂)]	70~100	100~110	500~700
生产量(C₂₊)/{ kg/[m³(催化剂)·d(单段)]}	190	210	1250

由表 6-2-26 可知：常压平行薄层反应器的生产能力最低，高空速 Arge 合成反应器的生产能力最大，其中常压平行薄层反应器工业上目前已不再采用。这些反应器的结构如下。

（3）常压平行薄层反应器　常压平行薄层反应器是最早用于工业生产的反应器，通常称为常压钴催化剂合成反应器，如图 6-2-5 （a）、（b）所示。反应器是用铁板制的长方形箱子。长约 5m，高为 3~3.5m，宽约 2m，内装有大小为 2.5m×1.5m、厚为 1.6mm 的钢板 560 块，目的是增大散热面积，钢板上穿过 630 根直径为 28/34mm 的压力水管，管子与铁板应紧密接触，有利于传热，催化剂装在钢板之间的缝隙内，催化剂层很薄，约 7.4mm。目的是避免催化剂过热，合成气在催化床层上反应，放出的热由压力水管内通过恒温散热的循环压力水部分汽化被带出，以保持催化剂床层在恒温下进行反应。压力水管内的沸腾水靠热虹吸作用进入蒸汽收集器，进行汽水分离，分离后的水再次循环于反应器压力水管。蒸汽根据压力大小，送入低压（245kPa）或中压（882kPa）蒸汽管路，通过调节蒸汽收集器的蒸汽压力控制反应温度，蒸汽收集器内应保持 1/3~1/2 高度水位。

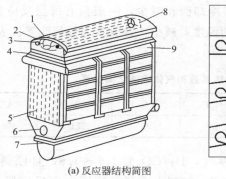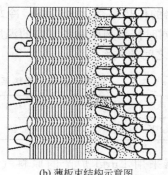

(a) 反应器结构简图　　　　(b) 薄板束结构示意图

图 6-2-5　常压平行薄层反应器

1—反应性顶盖；2—反应器入口；3—洗油管；4—前配水阀；5—前配水室；
6—合成油气及残余气出口；7—U 形管；8—方形匣；9—反应器本体

（4）套管反应器　套管反应器为圆筒形，内装有 2044 根同心套管，外径分别为21mm×24mm 和 44mm×48mm，长为 4.5m，如图 6-2-6（a）、（b）所示，催化剂置于管间环隙内。恒温散热压力水在内管的内部及水管的外部循环，将反应热带出。反应器内沸腾水同样与蒸汽收集器相连，汽水分离后水循环于反应器内，蒸汽送低压或中压蒸汽管路。

反应器能装 10m³ 催化剂，曾用于中压钴催化剂合成和中压铁剂合成。与薄层反应器相比，其热传递和生产能力有一定提高。

（5）高空速 Arge 合成反应器　Arge 反应器是由德国 Ruhchemie 和 Lurgi 共同开发成功的，1955 年投入使用。列管式固定床反应器特点为：操作简单；无论 F-T 合成产物是气态、液态还是混合态，在宽的温度范围内均可使用，无从催化剂上分离液态产品的问题；液态产物容易从出口气流中分离，适宜 F-T 蜡的生产，固定床催化剂床层上部可吸附大部分硫，从而保护其下部床层，使催化剂活性损失不很严重，因而受合成气净化装置波动影响较小。高空速 Arge 固定床反应器结构如图 6-2-7 所示，反应器的直径为 3m，全高 17m。反应器内有 2052 根装催化剂的反应管，内径为 50mm，长 12m。共装 40m³ 催化剂。管子间有沸腾水循环，合成时放出反应热，借水蒸发产生蒸汽被带出反应器。反应器顶部装有一个蒸汽加热器加热入炉气体。底部设有反应后油气和残余气出口管、石蜡出口管和二氧化碳入口管。

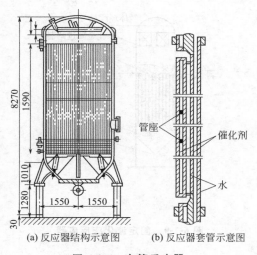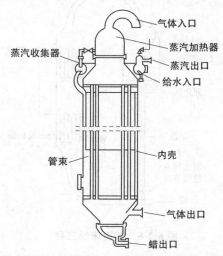

(a) 反应器结构示意图　(b) 反应器套管示意图

图 6-2-6　套管反应器　　　**图 6-2-7　高空速 Arge 固定床反应器结构**

Arge反应器的传热系数大大提高，冷却面积减少，一般只有薄层反应器的5%，套管反应器的7%，同时催化剂床层各方向的温度差减小，合成效果得到改善。表6-2-27为传热系数和气体线速之间的关系。

表 6-2-27　传热系数和气体线速之间关系

气体线速/(m/s)	0.1	0.5	1	2	4	6
传热系数 /[W/(m² · K · t)]	14	58	93	221	349	465

Arge反应器采用Lurgi炉产的原料气，H_2/CO为1.7～1.8，且原料气中甲烷约占13%，操作温度220～250℃，反应压力为4.5MPa。列管式固定床反应器的缺陷主要有：①大量反应热要导出，因此催化剂管直径受到限制；②催化剂床层压降大，尾气回收（循环）压缩投资高；③催化剂更换困难，且反应器管径越小越困难，耗时越多；④装置产量低，通过增加反应器直径、管数来提高装置产量的难度较大。

2. 气流床反应器

所谓气流床是指催化剂随合成原料气一起进入反应器，而又随反应产物排出反应器，催化剂在反应器中不停地运动，循环于反应器和催化剂分离器之间，也称循环流化床（CFB）。

Synthol反应器是美国凯洛格公司为Sasol-Ⅰ合成厂设计的，其结构如图6-2-8所示。每套装置有一个反应器，一个催化剂分离器和输送装置。反应器的直径为2.25m，总高度为36m，反应器的上、下两段设油冷装置，用以带出反应热；输送装置包括进气提升管和产物排出管，直径均为1.05m；催化剂分离器内装两组旋风分离器，每组有两个旋流器串联使用。循环流化床（CFB）反应器由4部分组成，即反应器、沉降漏斗、旋风分离器和多孔金属过滤器。原料气从反应器底部进入，与立管中经滑阀下降的热催化剂流混合，将气体预热到反应温度，进入反应区。大部分反应热由反应器内的两组换热器带出，其余部分被原料气和产品气吸收。催化剂在较宽的沉降漏斗中，经旋风分离器与气体分离，由立管向下流动而继续使用。

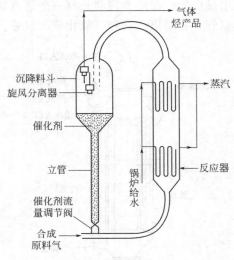

图 6-2-8　气流床反应器

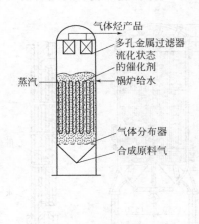

图 6-2-9　固定流化床反应器

循环流化床反应器特点是：初级产物烯烃含量高；相对固定床反应器产量高；在线装卸

催化剂容易，装置运转时间长；热效率高，压降低，反应器径向温差低；合成时，催化剂和反应气体在反应器中不停地运动，强化了气-固表面的传质、传热过程，因而反应器床层内各处温度比较均匀，有利于合成反应。反应放出的热一部分由催化剂带出反应器，一部分由油冷装置中油循环带出。由于传热系数大，散热面积小（见表 6-2-22），生产量显著地提高，见表 6-2-24。一台 Synthol 反应器相当于 $4 \sim 5$ 台 Arge 反应器，生产能力为 7×10^4 t/(a·台)，改进后的 Synthol 反应器可达 18×10^4 t/(a·台)，但装置结构复杂、投资高、操作烦琐、检修费用高、反应器进一步放大困难、对原料气硫含量要求高。

3. 固定流化床反应器

固定流化床反应器是由南非 Sasol 公司与美国 Badger 公司合作开发成功的。固定流化床反应器（FFB）是一个带有气体分配器的塔，流化床为催化剂，床层内置冷却盘管，配有从气相产品物流中分离催化剂的设备，见图 6-2-9。该反应器将催化剂置于反应器内，并保持一定料位高度，以满足反应接触时间。基于铁催化剂密度的特点，采用比循环流化床反应器催化剂更细的催化剂粒子，并增加了气体分布器，形成了细粒子、高速浓相流化的工艺特点。同样产能 FFB 反应器比 CFB 反应器更小、结构更简单。FFB 反应器上方提供了足够的自由空间以分离出大部分催化剂，剩余的部分催化剂则通过反应器顶部的多孔金属过滤器被全部分离出并返回床层。由于催化剂颗粒被控制在反应器内，因而催化剂回收系统可取消，除节省投资外，冷却更有效，也增加了总的热效率。由于 FFB 反应器的直径可远大于 CFB 反应器，安装冷却盘管的空间增加了 50% 以上，这使得转化率更高，产能也得到提高。FFB 比 CFB 操作和维修费用低，且催化剂消耗可降低 40%。由于无催化剂循环系统而引起的压降，FFB 反应器压降可降低一半，从而又可节省原料气压缩费用。同时，新鲜原料气进料量的增加（降低循环比）又可进一步节省压缩费用。新工艺的商业化运行证明新型反应器的维修费用可降低约 15%。表 6-2-28 为 FFB 与 CFB 的相对投资费用和能量效率。

表 6-2-28　FFB 与 CFB 反应器的相对投资费用和能量效率

反应器类型	反应器数	反应压力 /MPa	相对容量/%			能量效率/%	能量消耗/%
			反应器	气体循环	总容量		
CFB	3	2.5	100	100	100	61.9	100
FFB	2	2.5	46	78	87	63.6	44
FFB	2	＞2.3	49	71	82	74.7	41

4. 浆态床反应器

三相浆态 F-T 合成反应器属于第二代催化反应器，其开发研究始于 1938 年，由德国 Kolbel 等的实验室首先开发研究。1953 年 Rheinpreussen 等公司在德国建成日产 11.5t 液体烃燃料的半工业化示范装置，运行结果表明了浆态床反应器 F-T 合成的技术特点和经济优势。1980 年前后南非 Sasol 公司也开始浆态床反应器的开发研究，并于 1993 年 5 月投产了直径 5m、日产 2500 桶液体燃料的浆态床 F-T 合成工业装置。三相浆态床 F-T 合成反应器是一个三相鼓泡塔，其结构如图 6-2-10 所示，反应器直径为 1.5m，高度 8.6m，有效工作容积 10m³。内装有循环压力水管，底部设气体分布器，顶部有蒸汽收集器，外部为液面控制器。反应器在 250℃ 下操作，由原料气在熔融石蜡和特殊制备的粉状催化剂颗粒中鼓泡，形成浆液。经预热的合成气原料从反应器底部进入反应器，扩散入由生成的液体石蜡和催化剂颗粒组成的淤浆中。在气泡上升的过程中合成气不断地发生 F-T 转化，生成更多的石蜡。

反应产生的热由内置式冷却盘管生产蒸汽取出。产品蜡则用 Sasol 开发的专利分离技术进行分离,分离器为内置式。从反应器上部出来的气体冷却后回收轻组分和水。获得的烃物流送往下游的产品改质装置,水则送往水回收装置处理。

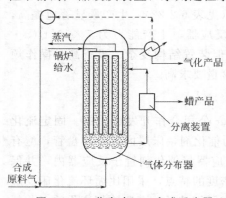

图 6-2-10 浆态床 F-T 合成反应器

Sasol 浆态床反应器特点是:结构更简单,放大更容易。浆态床反应器最大可放大到 14000lb/d,而管式固定床反应器仅能放大到 1500lb/d;反应物混合好、传热好,反应器内温度均匀(温差不超过 $\pm 1\,^{\circ}\text{C}$),可等温操作;单位反应器体积的产率高,每吨产品催化剂的消耗仅为管式固定床反应器的 20%~30%;可在线装卸催化剂;产品的灵活性强,通过改变催化剂组成、反应压力、反应温度、H_2/CO 比值以及空速等条件,可在较大范围内改变产品组成,适应市场需求的变化;浆态床反应器的压降低(小于 0.1MPa,管式固定床反应器可达 0.3~0.7MPa);反应器控制更简单,操作成本低;有规律地替换催化剂,平均催化剂寿命易于控制,从而更易于控制过程的选择性,提高粗产品的质量;反应器结构简单,投资低,仅为同等产能管式固定床反应器系统的 25%;需采用特殊的制备和成型方法制作催化剂,因为该反应器对原料气硫含量要求比固定床更为严苛,因此,催化剂必需具有一定的粒度范围(30~100μm)和一定的磨损强度,以有利于催化剂和蜡的分离。

第四节 煤间接液化 F-T 合成工艺技术与参数

一、煤间接液化合成油工艺

1. F-T 合成工艺概述

传统的 F-T 合成工艺技术存在着产物选择性差、工艺流程长、投资及成本高等缺点。早期已工业化的 F-T 合成工艺技术有 Sasol-Ⅰ厂采用的 Arger 气相固定床 F-T 合成工艺(图 6-2-11)、Sasol-Ⅱ厂采用的气流床 F-T 合成工艺(图 6-2-12)及 1953 年德国建成日产 11.5t 液体烃燃料的半工业化示范装置的工艺流程(图 6-2-13)等。

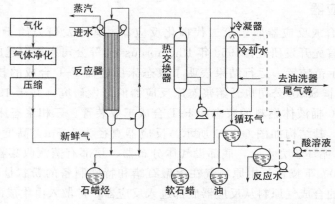

图 6-2-11 Sasol-Ⅰ厂 Arger 气相固定床 F-T 合成工艺

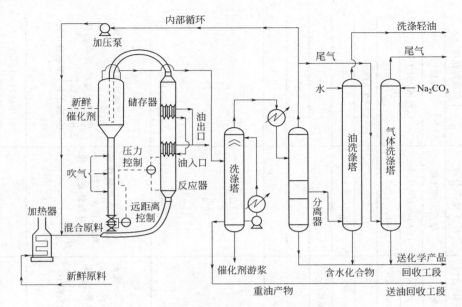

图 6-2-12　Sasol-Ⅱ厂气流床 F-T 合成工艺

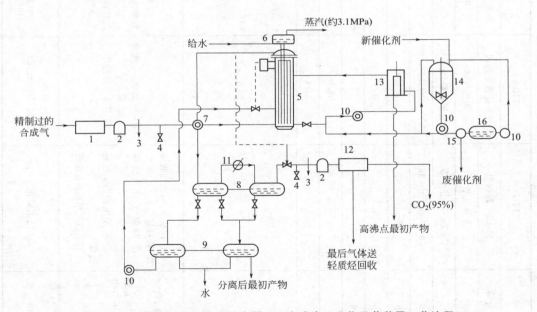

图 6-2-13　德国三相浆态床反应器 F-T 合成半工业化示范装置工艺流程

1—压缩机；2—合成气计量表；3—孔板；4—取样器；5—浆态床反应器；6—蒸汽收集器；
7—热交换器；8—气液分离器；9—储罐；10—泵；11—冷却器；12—脱除 CO 装置；
13—加压过滤器；14—浆液搅拌器；15—真空泵；16—油罐

　　近年来，为了解决传统 F-T 合成工艺技术的上述问题，国内外对 F-T 合成烃类液体燃料技术的研究开发工作都集中于如何提高产品的选择性和降低成本方面，通过高效、高选择性的催化剂开发、工艺流程简化及采用先进的气化技术等，对 F-T 合成技术及工艺进行了改进。已开发成功的先进的 F-T 合成工艺有 SMDS（Shell-middle-distillate-synthesis）、MTG（methanol-to-gasoline）、MFT（modified FT）等。表 6-2-29 对比了目前这些较为先进的 F-T 合成工艺技术的工艺条件和特点。

表6-2-29　不同改进F-T合成工艺技术的对比

合成工艺技术	F-T	MTG	TIGAS	AMSTG	SMDS	MFT
开发者	南非Sasol公司	Mobil＋新西兰	丹麦托普素公司	日本三菱/石油公司	荷兰Shell公司	中科院煤化所
原料气路线	煤基	天然气基	天然气基	甲醇裂解气	煤或天然气基	煤基
催化体系	Fe系	Cu-Zn-Al/分子筛	复合催化剂/分子筛	Cu-Zn-Cr/分子筛	Co/Zr/SiO$_2$	Fe系/分子筛
温度（Ⅰ/Ⅱ）/℃	220~225	250~300/320~380	220~300/350~400	270/360	200~220	250~270/310~320
压力（Ⅰ/Ⅱ）/MPa	2.5~2.6	5~25/2	4.6/5.4	4.5/0.5	2.0	2.5/2.5
原料气 H$_2$/CO	1.7~2.5	2.0	2.0	2.0	2.0~3.0	1.3~1.5
尾气循环比	1.5~2.5	—	5	Ⅰ段循环	—	2~4
CO转化率/%	76.5	—	98.0	90.2	—	85.4
烃选择性/%	—	—	74.1	75.8	—	79.0
产物分布，w/% CH$_4$	5.0	20.1	4.8	0.3	18~23	6.8
C$_2$~C$_4$	12.6		20.1	18.8	18~23	16.9
C$_5$~C$_{11}$（汽油）	22.5	79.9	75.1	80.9	15~19	76.3
C$_{12+}$	59.9	—	约0	约0	58~66	约0
工艺特点	①产物复杂、汽油收率低、质量差 ②产品后加工繁琐、投资庞大、不宜中小型规模 ③操作容易	①产品单一、汽油收率高、质量好 ②原料气 H$_2$/CO 须≥2 ③不等压操作、能耗较高 ④合成气单程转化率低	①产品单一、汽油收率高、质量好 ②基本等压操作	①产品单一、汽油收率高、质量好 ②不等压操作、能耗较高 ③中试规模较小	①产品可调性好（汽油、煤油、柴油） ②过程较繁琐、投资较高	①产品可调性高（煤油、汽油、蜡） ②过程简单、反应条件温和、等压操作 ③适合中小型规模开发
技术成熟程度	已工业化	已工业化	中试（1000kg/d）	中试（117kg/d）	中试	中试（300kg/d） 工业性实验（2000t/a） 正在进行

2. Sasol 公司的 SSPD 合成油工艺

使用浆态床反应器合成中间馏分油的新工艺称为 SSPD 工艺。SSPD 工艺基于传统的 F-T反应，合成过程采用铁催化剂，粒度选 $300\sim22\mu m$，小于 $22\mu m$ 的颗粒含量低于 5%。整个过程分三个基本步骤：第一步是天然气转化为合成气；第二步是在浆态床反应器中由 F-T 合成反应器将合成气转化为含蜡烃类，重质烃产品从反应器中分离出来，轻馏分则从排出的尾气中冷凝回收；第三步是通过冷凝液分馏和产品石蜡的缓和加氢裂解异构化生产出柴油、煤油等中间馏分油。催化剂和蜡分离技术是浆态床反应器能否连续长期运行的关键，目前一些专利对分离装置有所描述，但真实的商业分离装置仍不十分清楚。南非 Sasol 公司正在卡塔尔和尼日利亚实施建设两套 $3\times10^4 lb/d$ 的浆态床 GTL 工业装置。

南非 Sasol 公司的 F-T 合成工艺是目前世界上唯一以煤为原料制取液体燃料并实现商业化的工艺，产品产量共计约 $760\times10^4 t/a$，其中油品约占 67%。世界上首例浆态床反应器工业化 F-T 合成技术于 1993 年在 Sasol 投产，生产液体燃料 2500 桶/d。该公司近年来又开发了浆态床馏分油（SSPD）工艺，将天然气转化成优质运输燃料。这种工艺的首套大型工业装置处于计划阶段，将于 2002 年运行，可生产 20000 桶/d 馏分油和石脑油。最近还开发了 SAS（Sasol 先进合成）工艺，将合成气转化成汽油和轻质烯烃，生产能力可达 20000 桶/d。

3. Shell 公司 SMDS 工艺

Shell 公司的 SMDS（Shell-middle-distillate-synthesis，中间馏分油合成）工艺流程如图 6-2-14所示。该工艺于 1993 年在马来西亚的 Bintulu 建厂投产，以天然气为原料，可产 $50\times10^4 t/a$ 液体燃料，包括中间馏分油和石蜡。SMDS 工艺分 3 个步骤：第一步由 Shell 气化工艺制备合成气；第二步采用改进的 F-T 工艺 HPS（重质石蜡烃合成）；第三步石蜡产物加氢裂解为中间馏分油。Shell 公司开发的天然气转化制取中间馏分油 SMDS 工艺，采用了列管式固定床反应器和 F-T 合成钴基催化剂，反应温度 $200\sim250℃$，压力 $3.0\sim5.0MPa$。采用的钴基催化剂具有高的烃选择性、碳利用率和长的寿命（2 年以上），比 F-T 合成铁催化剂寿命要长，且钴基催化剂尤其适合由天然气部分氧化得到的 H_2/CO 约为 2 的合成气，钴基催化剂物理性质与铁催化剂有很大不同，不易粘壁，催化剂装卸难度不大。此外长寿命的钴催化剂及从废钴催化剂中可回收钴使得钴催化剂的制作成本不会成为太大的问题，因此采用固定床反应器的钴催化剂技术仍有一定的优势，Shell 在马来西亚运行的固定床反应器产能约为4000lb/(d·台)，比 Sasol 的铁催化剂固定床反应器单台产能大。最近荷兰 Shell 公司声称已开发出第二代浆态床 F-T 合成 SMDS 技术，并计划用该技术在印尼和委内瑞拉建设 $7\times10^4 lb/d$ 和 $1.5\times10^4 lb/d$ 的 GTL 工业装置。

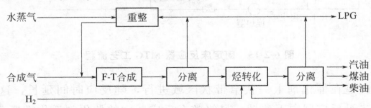

图 6-2-14 Shell 公司的 SMDS 工艺流程

4. Mobil 公司 MTG 工艺

甲醇转化成汽油（methanol-to-gasoline，MTG）技术是由 Mobil 研究与开发公司开发成功的，该技术间接克服了煤基合成甲醇直接作燃料的缺点，成为煤转化成汽油的重要途径。这一技术的核心是选择沸石分子筛催化剂 ZSM-5，其优点是较 F-T 合成的成本低，合成汽油的芳烃含量高，特别是均四甲苯的含量达 3.6%，在性能上又与无铅汽油相当。

（1）MTG 过程的反应原理　MTG 合成汽油的反应可看作甲醇脱水过程，反应式如下：

$$n\mathrm{CH_3OH} \rightleftharpoons (\mathrm{CH_2})_n + n\mathrm{H_2O}$$

由于该反应体系采用选择性催化剂，因此获得的碳烃产品的沸程主要在汽油范程之内，碳数一般均小于 10。反应为放热反应。

（2）MTG 反应器及工艺　MTG 反应为强放热反应，在绝热条件下，体系温度可达到 610℃左右。远超过反应允许的反应温度范围，因此反应生成热量必须移出，为此 Mobile 公司开发出两种类型的反应器，一种是绝热固定床反应器，另一种是流化床反应器。1979 年以来美国化学系统公司又成功地开发出浆态床甲醇合成技术并完成了中试研究，浆态床与其他反应器相比有独特优点。绝热固定床反应器把反应分为两个阶段：第一阶段反应器为脱水反应器，在其中完成二甲醚合成反应；第二阶段反应器中完成甲醇、二甲醚和水平衡混合物转化成烃的反应。

第一、第二反应器中反应热分别占总反应热的百分数为 20% 和 80%。工艺流程如图 6-2-15 所示。

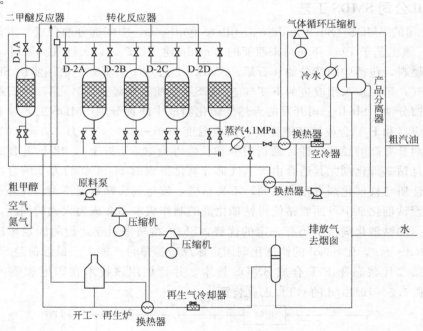

图 6-2-15　固定床反应器 MTG 工艺流程

甲醇转化反应是在催化剂上一狭窄带状区域进行，随反应时间延长，这一催化剂带失活，催化反应逐步沿反应器向下移动，最终整个反应器中的催化剂活化需要再生，图 6-2-15 有四个反应器，在实际生产中正常操作条件下，至少有一个反应器在再生。MTG 反应器由于积炭而失活，需要周期性再生，再生周期一般为 20d，可通过通入热空气进行再生。二甲醚反应器不积炭，正常情况下无须再生。

流化床反应器与固定床反应器完全不同，流化床反应器中，用一个反应器代替两段固定床反应器。甲醇与水混合后加入反应器，加料为液态或气态。在反应器上部气态反应产物与催化剂分离，催化剂部分去再生，用空气烧去催化剂上的积炭，从而实现催化剂连续再生，使反应器中催化剂保持良好的反应活性。不需用气体循环来除去反应热，反应热是通过催化剂外部循环直接或间接从流化床中移去。Mobile 公司开发的流化床 MTG 工艺流程如图 6-2-16 所示。

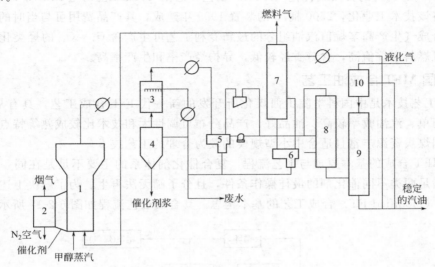

图 6-2-16　流化床 MTG 工艺流程
1—流化床反应器；2—再生器；3—洗涤器；4—催化剂沉降槽；5,6—高压分离槽；
7—吸收塔；8—脱气塔；9,10—烷基化装置

流化床反应器与固定床反应器相比有许多优点：①反应热除去简易、热效率高；②没有循环操作装置、建设费用低；③流化床可以低压操作；④催化剂可以连续使用和再生；⑤催化剂活性稳定。其缺点是开发费用高，需要多步骤放大。为了开发流化床技术 Mobile 公司已完成了半工业试验，正进一步合作开发工业化示范装置。

5. Exxon 公司 AGC-21 工艺

Exxon 公司 AGC-21 工艺由造气、F-T 合成和石蜡加氢异构改质三步组成。天然气、O_2 和水蒸气在一个新型的催化部分氧化反应器中反应，生成 H_2/CO 比值接近 2∶1 的合成气。然后在装有钴催化剂（载体为 TiO_2）的新型浆态床反应器内经 F-T 合成反应，生成分子量范围很宽的以蜡为主的烃类产物。最后，将中间产品蜡经固定床加氢异构改质为液态烃产品，通过调节工艺操作参数调节产品分布。在浆态床反应器中催化剂颗粒沉降到反应器底部会阻碍反应器的取热和与反应物的接触，Exxon 公司采用添加一种与催化剂密度和直径相等的惰性固体材料的措施来对抗重力效应，从而既不会发生催化剂床层下沉，也不会发生催化剂床层中的催化剂被夹带出的情况。Exxon 公司 GTL 技术已完成中试，还未商业化，但 Exxon 在日本的 Kawasaki 炼油厂成功地操作着单套能力为 25×10^4 lb/d 的重油转化为清洁燃料的浆态床反应器，为 F-T 合成浆态床反应器商业化提供技术保障。

6. Syntroleum 公司工艺

美国 Syntroleum 公司开发的 GTL 工艺使用含 N_2 稀释合成气为原料，采用流化床反应器及专利钴基催化剂，在 190～232℃ 和 2.1～3.5MPa 下合成气在大空速下无循环回路一次通过，避免了 N_2 的聚集，减少了加氢裂解步骤，而且操作压力也较低。该工艺设备简单，操作容易，

建造费用较低，装置规模不大就可产生效益，目前已完成中试。最近 Syntroleum 公司又开发了第二代钴催化剂和第二代 F-T 合成反应器即固定床卧式反应器，这种新型反应器操作和控制更加灵活，可以安装在平台、驳船或船舶上使用，以用于海上或陆上偏远地区小型气田的转化。第二代钴催化剂称为限制链长的催化剂，产物分布主要在 $C_5 \sim C_{20}$ 段。

Syntroleum 公司的自热式转化（ATR）工艺，已由 Texaco 公司与 Brown & Root 公司达成协议将该技术工业化，2500 桶/d 的装置 1999 年建成，其产品费用可与当时的石油产品竞争。由合成气生产高辛烷值汽油组分的最新专利工艺可生产含 $C_1 \sim C_{11}$ 的烃类化合物，生产的发动机燃料辛烷值高，含芳香烃较低，异构烃产率和生产率高。

7. 中国 MFT 合成油工艺

MFT 工艺技术是中国科学院山西煤化所开发的新一代 F-T 合成工艺，具有从煤出发、工艺流程简单、汽油收率较高、油品好、产品分布可调性大和技术比较成熟等特点。它是一条基于我国煤炭资源丰富且适合中小型规模的较为合理的工艺技术。

（1）MFT 合成的基本原理与工艺流程　复合催化剂体系的主要不足是在同一反应器中不能同时满足两类不同催化剂的最佳操作条件，且分子筛无法再生。为了解决上述问题便产生了 MFT（modified FT）合成工艺的基本构思。其合成工艺流程如图 6-2-17 所示。

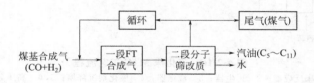

图 6-2-17　MFT 合成工艺流程

MFT 合成的基本过程是采用两个串联的固定床反应器，使反应分两步进行，合成气（$CO + H_2$）经净化后，首先进入装有 F-T 合成催化剂的一段反应器。在这里进行传统的 F-T 合成，所生成的 $C_1 \sim C_{40}$ 宽馏分烃类和水以及少量含氧化合物连同未反应的合成气，立即进入装有择形分子筛催化剂的二段反应器，进行烃类改质的催化转化反应，如低级烃类的聚合、环化与芳构化，高级烷烯烃的加氢裂解和含氧化合物脱水反应等；经过上述复杂反应之后，产物分布变窄，选择性得到了更好的改善。由于两类催化剂分别装在两个独立的反应器内，因此各自都可调控到最佳的反应条件，充分发挥各自的催化特性。这样，既可避免一般反应器温度过高而抑制了 CH_4 的生成和生碳反应，又利用二段分子筛的择形改质作用，进一步提高产物中汽油馏分的比例，且二段分子筛催化剂又可独立再生，操作方便。从而达到了充分发挥两类催化剂各自特性的目的。

（2）MFT 工艺过程的特点

① 以煤基合成气为原料　一般天然气基合成气中，H_2/CO 比值较高（$H_2/CO > 2$），且有害杂质较少，合成气中较高的氢分压对防止 F-T 合成催化剂的积炭、维持其较好的稳定性是有利的。而煤基合成气，由于煤的气化方法的不同，可使合成气中 H_2/CO 比值在 0.5~1.5 变化，较高的 CO 分压会加重催化剂表面的生炭，导致催化剂的过早失活。不仅如此，煤基合成气组分复杂，有害杂质如硫化物和残 O_2 等较多，需要考虑净化问题。表 6-2-29 列举的各条工艺技术中，除南非 Sasol 工艺为煤基合成气之外，余者大部分为天然气基合成气，日本的 AMSTG 过程还仅停留在甲醇裂解气（$H_2/CO \approx 2$）的阶段。丹麦的 TIGAS 过程曾考虑过煤基合成气问题，但遇到不少困难。MFT 合成的模试和中试均采用合成氨厂

的水煤气为原料（$H_2/CO=1.3\sim1.4$），其中不仅含有较多的硫化物和残 O_2，还有少量残氨，这使合成气的净化和 F-T 合成催化剂开发的难度增大很多。

② 工艺流程比较简单，操作条件温和　从工业化考虑，MFT 合成的操作温度和压力都比较低，且等压操作减少了过程的能耗，与一般 F-T 合成和 SMDS 工艺相比较，由于 MFT 合成产物中重质烃类和含氧化合物的含量极少，无须增加分离精制设施，大大简化产品的后加工过程，使之工艺流程比较简单，投资相对较小，经济性增加。

③ 产品中汽油比例较高，质量较好　MFT 合成的产物中，汽油馏分比例较高，其中芳烃和环烷烃含量较高，质量较好，辛烷值可达 80 以上（马达法）。而 CH_4 和气态烃含量较少，C_{12+} 的高分子量重质烃含量极少。

④ 产品分布可调性大　MFT 合成目前已开发出不同类型的一段铁系催化剂和二段分子筛型催化剂。通过选用催化剂和调节工艺参数的优化组合，可改变产物分布和选择性。如熔铁型催化剂，由于反应温度较高，可使产物中 CH_4 和气态烃含量提高，生产优质洁净的煤气。而沉淀铁型催化剂，不仅可控制产物中 CH_4 含量较低，还可较大幅度地提高汽油收率，同时副产一部分高级蜡烃。至于超细粒子的铁系催化剂则几乎成为单一生产高汽油产率的高效催化剂。而 MTG、TIGAS 和 AMSTC 过程都只能生产单一的汽油产品。虽然 F-T 一段合成和 SMDS 工艺可同时生产汽、煤、柴油和蜡等产品，但流程复杂，耗资大，产品成本较高。另外，MFT 合成副产的部分尾气（热值为 $11300\sim12500kJ/m^3$）不含 S、N 等杂质，不仅可直接作为城市煤气、工业燃气，或直接用于发电，还可考虑将其转化为合成氨的原料气，联产化肥。

⑤ 工艺技术比较成熟，易于放大　MFT 工艺技术已于 1989 年完成百吨级中试。长时期（1600h）的运转表明，运行平稳，催化剂床层温度均匀，易于控制和操作，取得了较为满意的结果。目前正在进行千吨级工业性试验，因此，在技术上是比较成熟的。工业放大之后，MFT 工艺中的一段反应基本与南非的 F-T 合成反应相似，而二段的分子筛改质反应又与新西兰的 MTG 工艺中的 ZSM-5 反应相近，在操作经验上均有可借鉴之处。另外，MFT 合成在工业化放大规模上也比较灵活，适合中小型工业放大。

二、煤间接液化合成工艺参数

F-T 合成生产液体燃料过程中，提高合成产物的选择性至关重要。产物的选择性主要受催化剂、热力学和动力学因素等影响。在催化剂操作条件范围内，理想反应条件的选择，对调节选择性有着重要作用。表 6-2-30 汇总了相关主要工艺参数的取值范围与影响规律。表 6-2-31 和表 6-2-32 分别列出了几个工业化 F-T 合成厂的操作条件和典型的烃类组成。表 6-2-31 和表 6-2-32 表明：同一种钴催化剂，在 $686\sim1176kPa$ 压力下合成比常压下合成，其催化剂使用寿命要延长 $1\sim2$ 个月，生产使用过程中不需要再生，产物中重馏分和含氧物增多，产物的平均分子量也相应增加。表 6-2-33 列出了反应温度对铁系催化剂合成产物选择性的影响。这种影响趋势也适合其他类型催化剂，如反应温度对常压钴催化剂合成产物组成的影响见表 6-2-18。生产过程中一般反应温度是随催化剂的老化而升高，产物中低分子烃随之增多，重产物减少，见表 6-2-34。必须注意，反应温度升高，副反应的速率也随之猛增。如温度高于 300℃时，甲烷的生成量越来越多，一氧化碳裂解成碳和二氧化碳的反应也随之加剧。因此生产过程中必须严格控制反应温度。表 6-2-34 列出了 H_2/CO 比值高低对产物组成的影响。表 6-2-35 给出了催化剂操作周期对产物组成的影响。

表 6-2-30 主要工艺参数的取值范围与影响规律

主要工艺参数	取值范围	影响规律
原料气组成		
$CO+H_2$含量	80%～85%	高纯度的$CO+H_2$合成原料气反应速率快,但制取成本高,反应放热量大,易超温
H_2/CO	钴催化剂:2 ± 0.05;中压铁剂:0.9～2.5;气相固定床 Arge 合成 1.7;气流床 Synthol 合成$\approx5\sim6$	
H_2/CO利用比(或称消耗比)	0.5～3	优化合成气中H_2与CO起反应的比值,可获得最佳产物产率;提高合成气中H_2/CO比值和反应压力,可以提高H_2/CO利用比
反应温度	钴催化剂的最佳温度:170～210℃(取决于催化剂的寿命和活性)铁催化剂合成的最佳温度:220～340℃	F-T合成反应温度主要取决于合成时所选用的催化剂。活性高的催化剂,合适的温度范围较低。在合适的温度范围内,提高反应温度,有利于轻产物的生成,而降低反应温度,有利于重产物的生成
反应压力	铁催化剂 0.7～3.0MPa;钴催化剂合成 0.5～1.5MPa。F-T合成压力不宜太高,一般在常压下进行	反应压力主要影响催化剂活性、寿命,产物的组成和产率;用钴催化剂合成时,烯烃随压力增加而减少,用铁催化剂合成时,产物中烯烃含量受压力影响较少
空间速度	不同催化剂和不同的合成方法,都有最适宜的空间速度范围;钴催化剂适宜的空间速度:80～100h^{-1};沉淀铁剂 Arge 合成:500～700h^{-1};熔铁剂气流床合成:700～1200h^{-1}	适宜的空间速度有利于提高油收率;空间速度增加,转化率降低,产物变轻,并且有利于烯烃的生成

表 6-2-31 几个工业化的气相固定床 F-T 合成厂的操作条件

工艺特点		钴催化剂常压合成	钴催化剂中压合成	钴催化剂中压合成	Arge 高负荷合成
工艺条件					
压力/kPa		29.4	686～1176	1078	2254～2450
温度/℃		180～195	180～210	190～230	220～250
新鲜气中 H_2/CO		2	2	1.25	1.3～2
循环气量/新鲜气量		无循环	通常无循环	2	2.5
段数		2	3	2	1～2
新鲜气进料标/[m³/(m³·h)]		700～100	100～110	100～110	500～700
去热方法		层板水冷	双管水冷	双管水冷	管子水冷
催化剂	组成	100Co:8MgO:5ThO$_2$:200 硅藻土	100Co:8MgO:5ThO$_2$:200 硅藻土	100Co:5Cu:5K$_2$O:25SiO$_2$	100Fe:5Cu:5K$_2$O:25SiO$_2$
	寿命/月	4～6	6～7	12	9～12

续表

工艺特点		钴催化剂常压合成	钴催化剂中压合成	钴催化剂中压合成	Arge 高负荷合成
反应器	催化剂填料量/m³	10	10	10	40
	管数	—	2044	2044	2052
	管子尺寸(高×直径)/mm	—	4450×23	4450×23	12000×46
	每根管子催化剂的量/L	—	4.9	4.9	20
	每个反应器生产能力，C₂₊/(t/d)	1.9	2.5	2.5	50

注：1. 反应器尺寸为宽 1500mm，高 2500mm，长 5000mm。
2. 内管 21mm×44mm；外管 44mm。

表 6-2-32　几个工业化 F-T 合成厂的典型烃类组成

工艺特点	钴催化剂常压合成	钴催化剂中压合成	钴催化剂中压合成	Arge 大负荷合成
产物平均组成				
烷烃/烯烃				
C₁～C₂烃	未测定	未测定	5/—	7/—
C₃～C₄烃	8/6	6/4	2/6	5/5
馏分				
30～165℃	29.5/17.5	19.5/6.6	4.1/8.7	8.5/8.5
165～230℃	14/3	21.5/2.5	2.4/3.8	5/3.5
230～320℃	10/1	11/2	8/7	7.6/4.4
320～460℃	8/—	17/1	16/—	23/—
>460℃	3/—	10/—	37/—	18/0
含氧化合物	—	—	—	—
负荷/[m³/(m³·h)]	70～100	100～110	100～110	500/700
转化率(CO+H₂)/%	90～95	90～95	85	73
产率,C₂₊/[g/m³(CO+H₂)]	150～160	150～160	170	140

表 6-2-33　反应温度对铁系催化剂合成产物选择性的影响

合成工艺	反应温度[1]	选择性[2]/%		合成工艺	反应温度[1]	选择性[2]/%	
		CH₄	硬蜡			CH₄	硬蜡
固定床合成	0.56T		47	Synthol 合成	0.87T	14	
	0.60T		34		0.92T	17	
	0.62T		24		0.95T	20	
	0.65T		17		0.97T	23	
Synthol 合成	0.82T	10			1.0T	28	

[1] 相对温度。
[2] 以碳原子为准。

表 6-2-34 H$_2$/CO 比值高低对产物组成的影响

馏分沸点范围/℃	2H$_2$∶1CO		1H$_2$∶2CO	
	醇含量/%	烯烃量/%	醇含量/%	烯烃量/%
195~250	10	10	27	29
250~320	9	6	21	19
>320	5	3	7	15

表 6-2-35 催化剂操作周期对产物组成的影响

产　品	催化剂使用初期		催化剂使用末期		平　均	
	C/%	烯烃含量/%	C/%	烯烃含量/%	C/%	烯烃含量/%
CH$_4$	7		13		10	
C$_2$	7	57	12	25	10	40
C$_3$	11	90	16	80	14	85
C$_4$	8	87	11	81	9	85
轻油	46		39		43	
重油	14		2		7	
NaC[①]	6		6		6	
羧酸	1		1		1	

① 水相产物中，中性有机含氧化物。

第五节　煤基合成油工艺软件的开发

煤间接液化合成油过程涉及造气、净化、变换、F-T 合成、烃重整和油品提质、尾气利用等多个步骤，相关技术工艺包括气化工艺、合成工艺、油品加工工艺和尾气利用工艺等。每一技术步骤和工艺都有很大的选择性。因此，F-T 合成工艺的选择和优化软件的开发不仅可有效地提高过程经济性，重要的是使 F-T 合成工艺由经验性盲目工业过程试验开发与放大，走向科学地进行计算机模拟与工艺优化组合，指导工业反应器模拟和设计、优化操作参数与产品结构。

在详细反应机理研究基础上，建立描述各生成产物的动力学模型是实现反应器模拟及最终实现煤制油整个工艺模拟软件的关键和核心。早期 F-T 合成工艺软件开发主要基于固定床反应器 F-T 合成的模型化，采用高度集中的动力学速率方程和拟均相反应器模型，因此，该类软件仅能预测总包合成气转化速率和集总的传热趋势，而对催化剂颗粒内的传质和传热信息、多重反应体系操作条件对产物选择性影响、产物在催化剂颗粒内部及整个催化剂床层分布均难以进行合理的预测。

马文平等人对中国科学院山西煤炭化学研究所开发的工业 Fe-Cu-K 催化剂建立了基于涉及烯烃再吸附过程的详细基元反应机理的 F-T 合成动力学模型，该模型可给出每一个烷烃和烯烃产物组分的动力学表达式；王逸凝等人考虑到 F-T 合成过程中催化剂被蜡液填充的事实开发了 F-T 合成体系专用的气液平衡立方型状态方程（MSRK 方程），在此基础上建立了非等温单颗粒多组分扩散反应模型，预测了催化剂颗粒内 H$_2$/CO 比值及反应物和产物关键组分的变化和浓度分布，进一步通过固定床一维非均相模型的程序开发，获得了固定床反应器模型，结合二段油品重整反应器模型及尾气利用等工艺过程，从而实现了固定床工艺的煤制油全流程模拟，并得到了晋城化肥厂 2000t/a 工业性试验数据的验证。

王逸凝等人对鼓泡浆态床反应器上的 F-T 合成行为进行模拟研究时，考虑了气相和液相的轴向分散、催化剂非均匀分布等因素，忽略细粒子催化剂的内扩散限制，建立了一个鼓泡浆态床反应器模型，初步分析了合成气转化率、反应物和产物的轴相分布，并解释了浆态床能利用贫氢合成气的原因，该模型计算结果与 Rheinpreussen Koppers 示范厂的试验结果较吻合，这对浆态床反应器为核心的煤制油技术工艺软件的进一步开发做了铺垫。

在大量动力学数据的基础上，建立以反应器模拟为核心的包括全流程的工艺模拟专用技术软件包正在开发中。该软件将最终作为煤基合成液体燃料技术的技术载体。

参考文献

[1]　Kolbel H, Ralek M. Catal Rev Sci Eng, 1980, 21 (2)：225-271.
[2]　赵玉龙，王佐. 煤炭转化，1996, 19 (2)：54-58.
[3]　相宏伟，唐宏青，李永旺. 燃料化学，2001, 29 (4)：289.
[4]　武戈，邓蜀平. 煤化工，1999 (2)：12.
[5]　高海燕，陈建刚，相宏伟，等. 催化学报，2001, 22 (2)：133.
[6]　阎亚明，等. 世界科技研究与发展，22 (4)：23.
[7]　野国中，李正名. 化学通报，2002 (4)：221.
[8]　Fuel, 1980-1997.
[9]　The Fifth CHIA-JAPAN Symposium on Coal And C1 Chemistry Proceedings, Huangshan, 1996.
[10]　煤炭转化，1990-1997.
[11]　张碧江. 煤基合成液体燃料. 太原：山西科学技术出版社，1993.
[12]　蔡启瑞，彭少逸，等. 碳一化学中的催化作用. 北京：化学工业出版社，1995.
[13]　郭树才. 煤化工工艺学. 北京：化学工业出版社，1992.
[14]　Bernard R C, William A E. The Science and Technology of Coal and Coal utilization. New York：Plenum Press, 1984.
[15]　Shaik A Q. Natural gas Sabstitutites from Coal and Oil. Amsterdam：Elsevier, 1985.
[16]　葛岭梅，等. 洁净煤技术概论. 北京：煤炭工业出版社，1997.

第三章
中国煤基合成油工业技术
开发进展

第一节 伊泰煤制油示范项目合成油技术

中国科学院山西煤炭化学研究所合成油品工程研究中心（Synfules China）于 1997～2004 年自主开发成功了铁基催化剂浆态床 F-T 合成技术，在中试装置上进行了工业性实验，为大型工业示范项目设计和建设积累了大量数据。目前已开发了 ICC-Ⅰ和 ICC-Ⅱ两个系列的铁基催化剂，ICC-LFPT（ICC-Ⅰ）应用于轻质馏分合成工艺，ICC-HFPT（ICC-Ⅱ）应用于重质馏分合成工艺。

中科院山西煤化所和内蒙古伊泰集团联合四家煤炭企业组成中科合成油技术有限公司，共同投资在伊泰集团进行 F-T 合成技术 16×10^4 t/a 煤间接炼制油工业化示范工程建设。2009 年 3 月生产第一桶油品，经过半年的试运行，累计生产出油品和液化石油气等 1.2 万多吨，目前已进入连续稳定运行期，运行负荷达到 100% 以上。据测算，1t 油品耗煤约3.56t，达到设计目标。在取得 16×10^4 t/a 成功的基础上，"十三五"将建 100×10^4 t/a，总规模达到 120×10^4 t/a 的油品生产能力。目前该项目技术水平和生产能力均处于国内领先地位。技术特点见表 6-3-1。

表 6-3-1 合成油工程研究中心技术特点

项目	自主技术	Sasol 浆态床技术
催化剂	铁 ICC-Ⅰ（高温），ICC-Ⅱ（低温）	铁（高温）钴（低温）
反应器	浆态床	浆态床
设计温度	280℃	—

续表

项目	自主技术	Sasol 浆态床技术
合成产品指标	甲烷选择性： ICC-Ⅰ，3%～4% ICC-Ⅱ，4%～6%	甲烷选择性：4%～5%
C_{3+} 产率/[g/m³(CO+H_2)]	175～185	175～185
油品加工技术	Ⅰ. 硫化态催化剂 　加氢精制＋加氢裂解 Ⅱ. 非硫化态催化剂 　重质加氢裂解＋加氢	硫化态催化剂 加氢精制＋加氢裂解 Chevron 工艺
产品分布	LPG 5%～15%；石脑油 10%～25%；柴油 65%～80%	LPG 5%～15%；石脑油 10%～20%；柴油 65%～80%
成套能力	成套技术示范厂方案 18 万吨 2 年运行经验	12 万吨 10 年运行经验 相关大规模生产经验

煤炭气化生产合成气（CO+H_2），再经 F-T 合成过程生产液体燃料——合成油品。F-T 合成技术是指由合成气（CO+H_2），经过 F-T 合成生产主要是液态烃类产品的综合技术。油品加工技术是将 F-T 合成液态烃类产品经过加工精制，加氢裂化等一系列处理最终生产 LPG、石脑油、柴油、石蜡等产品的成套技术。

中国自主研发的煤间接液化技术近几年取得重大进展。主要研发单位有中国科学院山西煤炭化学研究所、山东兖矿集团、陕西金巢投资公司等。

ICC-HFPT 合成油技术：采用 ICC-Ⅱ系列 F-T 合成催化剂，在 240～250℃和 15～20MPa（A）压力下进行合成重质馏分为主要产物，产物经加氢精制和加氢裂化为主的油品加工过程生产 LPG（8%～15%）、石脑油（12%～25%）、柴油（60%～80%）的成套合成油品技术方案。由于该过程技术的 F-T 合成反应是在较低温度下进行的，并产生较多的重质蜡产物，故称低温浆态床合成工艺或重质馏分合成工艺。

ICC-LFPT 合成油技术：采用 ICC-Ⅰ系列 F-T 合成催化剂，在 260～270℃和 15～20MPa（A）压力下进行合成中间馏分为主要产物，产物经加氢精制和加氢裂化为主的油品加工过程生产 LPG（8%～15%）、石脑油（12%～25%）、柴油（60%～80%）的成套合成油品技术方案。由于该过程技术的 F-T 合成反应是在较高温度下进行，并产生较多的轻质产物，故称高温浆态床合成工艺或轻质馏分合成工艺。

煤间接液化主要是以煤气化生成的合成气为原料，在一定的工艺条件下，利用催化剂的作用将合成气转化为合成油品。整个过程由十二个主要生产单元（工序）组成：备煤、空分、气化、变换、净化、合成油、油品加工、合成水处理、脱碳、油洗、制氢（PSA）、硫回收。空分、备煤、气化、变换、净化、脱碳请参阅本书有关章节，本节不再赘述。

一、合成油工艺技术

1. F-T 合成

合成装置的主要功能是将来自净化工序的合成气通过 F-T 合成转化成油品。根据全系统的需要，合成气主要供合成外，其余小部分送 PSA 制氢。F-T 合成催化剂对原料气净化度要求很高，总硫含量要求小于 0.05×10^{-6}，采用低温甲醇洗脱硫脱 CO_2 技术可以满足要求（见另外章节）。净化后的合成气（$CO + H_2$）经 F-T（Fischer-Trposch）合成反应，生产以烃类为主的产品。由于伴随 F-T 合成反应的水煤气变换反应（WGS）的存在，H_2O 和 CO_2 在反应过程中也起重要作用。（WGS）对 F-T 反应体系的 H_2/CO 比值有非常重要的影响。

合成反应系统中存在着以下主要反应：

① F-T 反应 $CO + 2nH_2 \Longrightarrow \text{—}[CH_2]_n\text{—} + H_2O$ （Fe，Co 系催化剂）

② WGS 反应 $CO + H_2O \Longrightarrow H_2 + CO_2$ （Fe 催化剂上活跃）

除上述主要反应外，还包括不饱和烃的加氢饱和、析炭等反应。

国际上煤基合成油产业建设比较成功的是南非 Sasol 公司。技术方面 Sasol 主要采用流化床反应器的高温 F-T 合成，同时开发成功了浆态床低温合成技术，是目前世界上最先进的 F-T 合成工艺技术，主要特点是操作成本低，生产效率高。

国内中科院山西煤化所合成油品工程研究中心，成功开发了铁基催化剂浆态床 F-T 合成技术，已经开发了两个系列的铁基 ICC-Ⅰ 和 ICC-Ⅱ，轻质馏分合成工艺 ICC-LFPT 和对应重质馏分合成工艺 ICC-HFPT。国内外 F-T 合成气性质见表 6-3-2。

表 6-3-2 合成气性质（规格）

指标名称	指标数值	备 注	指标名称	指标数值	备 注
硫/10^{-6}	<0.05		H_2O/%	0	
CO_2/%	<1		$CO + H_2$/%	>98.50	$H_2/CO = 1.0 \sim 1.50$,可调
$N_2 + Ar$/%	<0.005		进口压力(A)/MPa	3.1	
CH_4/%	0		进口温度/℃	35	

2. 油洗

F-T 合成过程是一个典型的由气体原料（合成气）生产液体（烃类）产物的复杂化工过程，其压力在 3.0MPa 左右，合成目标产品从 LPG 到重质蜡，分布很宽，同时伴有大量的气体产品 CO_2、CH_4 等。为此，F-T 合成的全部 LPG 和部分轻油随合成尾气排出合成系统，必须加以回收。同时油品加工中产生部分干气和不合格的 LPG 也一并进入油洗工序进行处理。

油洗系统的主要功能是将 F-T 合成的脱碳后尾气和来自油品加工工序中的不合格 LPG 和加氢富气分离出来并生产出合格 LPG。

含烃原料气组成见表 6-3-3。

表 6-3-3 油洗工序的含烃原料气组成（体积分数）

组 成	CO	H_2	CO_2	H_2O	N_2	S	C_xH_y
原料气	0.1827	0.4544	0.00191	0.00316	0.04397	0	0.31386
油品加工 LPG	0	0	0	0	0	0	1.0
加氢富气	0	0.1569	0	0	0	0	0.8431

油洗后的产品主要为 LPG、石脑油和合成尾气。尾气经过油洗后进入 PSA 制氢单元。

其组成见表 6-3-4。

表 6-3-4　油洗后的气体组成

组　　分	CO	H_2	CO_2	H_2O	$N_2 + Ar$	H_2S	C_nH_m
油洗后气体	0.1976	0.4997	0.00207	0	0.04756	0	0.25307

油洗工序有常温油吸收和低温油吸收两种方法可供选择。

常温吸收方法为四塔流程，广泛应用于炼油厂催化裂化及焦化装置中，技术方案成熟可靠，工艺设备材质均为常规材质。干气中丙烯含量不大于 0.5%（体积分数）。在利用炼厂气制乙苯工艺中，要求干气中丙烯含量不大于 0.5%（体积分数）。低温吸收方法为三塔流程，采用 −51℃ 的冷剂对吸收气进行急冷，以吸收合成尾气轻烃，此技术方案需要制冷，吸收塔及附属的换热器、泵、急冷器、管道等需要低温合金钢。当合成尾气带水时，设备及管道等须采取防冻措施，注入防冻剂。干气中丙烯含量不大于 0.02%（体积分数）。

常温吸收和低温吸收工艺比较见表 6-3-5。

表 6-3-5　常温吸收和低温吸收工艺比较

项　　目	常温吸收	低温吸收
蒸汽用量/(kg/h)	3.5MPa,14000	3.5MPa,2000 1.0MPa,3000
冷量/(kcal/h)	0	1.3×10^6
轻烃损失(体积分数)/%	0.2	0.02
设备材质	16MnR	低温钢
配套投资/万元	1120	826
防冻剂	无	有
多产轻烃/(kg/h)		100

从表 6-3-5 可见，常温吸收工艺 3.5MPa 蒸汽耗量较多，轻烃损失稍大，但不需制冷，无须注防冻剂，设备材质为常规材质，低温吸收耗气量少，轻烃回收多，配套投资少。

该工艺采用低温吸收工艺。

3. 油品加工

加氢部分以合成部分提供的轻质馏分油、重质馏分油、蜡及冷冻液相和油洗单元提供的石脑油为原料，经加氢预精制、加氢精制及加氢裂化反应，再经分馏生产出高十六烷值的柴油、石脑油和液化气组分。国际上围绕 F-T 合成产品的加工技术研发主要集中在 Sasol 和 Shell 两公司的 CTL/GTL 合作团体内。从有限的资料报道看，石油加氢精制的技术可以比较容易地移植到 F-T 合成的产品加工中。然而，由于 F-T 产物的特点，对工艺条件和催化剂做必要调整是十分重要的，为此需要进行大量的实验研究。煤基合成油加工技术是围绕国内的 F-T 合成技术而研发形成的。山西煤化所合成油品工程研究中心委托中石化抚顺研究院进行了大量的 F-T 产品加工条件实验，在加工实验数据基础上，结合原油加氢的经验提出了为 F-T 合成技术配套的产品加工方案。尽管 F-T 产物可以加工成众多石油化工产品，但首批项目将主要围绕主产品（柴油、石脑油、LPG）以简化流程，确保装置的成功运行，待成功运行后再进行验证和优化。

4. 合成水处理

F-T 合成生产液体燃料的同时将产生与油产品差不多等量的合成水。其组成如表 6-3-6 所示。

表 6-3-6 合成水组成

组　成	质量分数/%	组　分	质量分数/%
乙醛	0.2709	戊醇	0.7286
丙酮	0.0710	己醇	0.0879
丁酮	0.1070	乙酸	1.6293
甲醇	1.4076	丙酸	0.3747
乙醇	2.8083	丁酸	0.2088
丙醇	1.4015	戊酸	0.0796
丁醇	0.7415	水	90.0833

这些水约含 10% 的含氧化合物，主要是醇、酮和羧酸。要想把水中所有的有机物分离出来，需采用多种分离手段，共需十几个塔。由于工程规模较小，推荐采用下述工艺路线：对来自合成工序的合成水先进行中和，然后对油、水和沉淀物进行三相分离，再用一个塔分离出混合醇，该混合醇可直接作为燃料使用或由配套厂进一步加工。混合醇切割塔底的物料经萃取和溶剂回收分离出杂醇。废水从萃取塔底排出，有机物含量可达到 0.0125% （质量分数）左右。醇类燃料组成和废水组成见表 6-3-7 和表 6-3-8。

表 6-3-7 醇类燃料组成

组　分	质量分数/%	组　分	质量分数/%
乙醛	2.949	丙醇	15.257
丙酮	0.773	丁醇	8.072
丁酮	1.165	戊醇	7.932
甲醇	15.324	己醇	0.957
乙醇	30.572	水	17.000

表 6-3-8 废水组成

组　分	质量分数/%	组　分	质量分数/%
乙酸钠	2.341	戊酸钠	0.102
丙酸钠	0.511	萃取剂	0.012
丁酸钠	0.273	水	96.761

5. 制氢

制氢工序设置的目的是为油品加工工序制备合格的氢气。为有效利用 F-T 合成过程排出的含有氢的尾气，从油洗排放的尾气中提取部分氢气，在不能满足油品加工需氢的情况下，再从净化后的合成气中提取部分氢气。这两部分的气体组成见表 6-3-9。

表 6-3-9　用于 PSA 制氢的气体

项　目	CO	H_2	CO_2	H_2O	N_2	S	CH_4	流量/(kmol/h)
送 PSA 合成气	0.43838	0.54798	0.00971	0	0.00393	0	0.0000	182.1
油洗后尾气	0.1976	0.4997	0.00207	0	0.04756	0	0.25307	434.89

在工艺技术选择方面，对膜分离和变压吸附组合工艺以及单独 PSA 工艺进行比较，前者氢的提取率为 75% 左右，后者可达 85%。确定使用 PSA 工艺。

分离出氢气以后的低压解析气主要用作燃料气，其组成见表 6-3-10。

表 6-3-10　燃料气的组成

组　分	CO	H_2	CO_2	H_2O	N_2	S	CH_4	C_2H_4	C_2H_6
燃料气	0.3830	0.1322	0.0048	0	0.07643	0	0.2594	0.05153	0.09266

注：燃料气热值：约 $5908kcal/m^3$。

PSA 工艺是一种变压吸附工艺。带压的干气由吸附塔底部进入塔内，杂质组分被吸附剂吸附下来，难以吸附的氢气由吸附塔顶部出去得到产品氢气，吸附剂所吸附的杂质组分由再生步骤通过吸附塔底部排出去。由八个吸附塔组成一组 PSA-H_2 系统。在变压吸附系统中，每台吸附器在不同时间依次经历吸附（A）、多次压力均衡降（EID）、逆放（D）、抽空（V）、多次压力均衡升（EIR）、最终升压（FR）等步骤。采用多次均压的目的是尽可能地回收有效组分氢气，以提高氢收率。逆放步骤排出了吸附器中吸留的部分杂质组分，剩余的杂质组分通过抽空步骤进一步完全解吸，解吸气经过解吸气缓冲罐和混合罐稳压后经过压缩机送到燃料气管网。

6. 硫黄回收

从含 H_2S 的酸性气体中回收硫黄，已经在工业上应用的有超优 CLAUS 工艺、低温 CLAUS 工艺、催化氧化工艺等。

二、主要技术经济指标

1. 设计规模

年产油品 $16 \times 10^4 t$。

2. 产品方案

① 油品：石脑油 $3.53 \times 10^4 t/a$，柴油 $10.8 \times 10^4 t/a$，液化气 $2.6 \times 10^4 t/a$，合计 $16.93 \times 10^4 t/a$。

② 副产品：硫黄 $0.28 \times 10^4 t/a$，混合醇 $1.32 \times 10^4 t/a$。

3. 消耗定额（以 1t 油品计）

① 原料煤：3.4t　　　　　　全年耗原料：$57.39 \times 10^4 t$

　　燃料煤：0.99t　　　　　全年耗燃料煤：$16.8 \times 10^4 t$

　　合计：　4.39t　　　　　全年：$74.39 \times 10^4 t$

② 电力：852.6 kW·h　　　全年耗电：14433.8×10^4 kW·h

③ 新鲜水：6.8t　　　　　　全年耗水：$115.1 \times 10^4 t$

4. 规划用地

本工程规划用地 1049 亩（1 亩＝666.67m²）。按工程用地界线划分，主要由生产装置及备煤区、油品铁路装卸区、储运罐区及汽车装卸区、火炬区四部分组成，见表 6-3-11。

表 6-3-11　工程组成及用地面积表

序　号	名　　称	用地面积/m²	备　注
1	生产装置及备煤区	519350	以用地界线为准
2	油品铁路装卸区	30550	以用地界线为准
3	储运罐区及汽车装卸区	140400	以用地界线为准
4	火炬区	9000	以用地界线为准
5	合计	699300	以工程用地界线为准

界区内主要用地指标见表 6-3-12。

表 6-3-12　界区内主要用地指标

序　号	名　　称	数　量	备　注
1	总用地面积(S)/ m²	699350	新征地
2	道路用地面积(A)/ m²	84320	道路用地系数 12%(A/S)
3	绿化用地面积(B)/ m²	91910	绿化系数 13%(B/S)
4	铁路长度/ m	4000	
5	主管廊长度/ m	4320	

全年运输量见表 6-3-13。

表 6-3-13　全年运输量

序号	货物名称(规格)	16 万吨/年运输量	形态	包装方式	运输方式	备注
一	运入					
1	原料煤/(10^4t/a)	57.59	固		火车	
2	燃料煤/(10^4t/a)	16.8	固		火车	
3	催化剂/(t/a)	513		袋	汽车	
4	其他/(t/a)	11614		罐、袋	汽车	
	小计/(10^4t/a)	75.60				
二	运出					
1	石脑油/(10^4t/a)	3.58	液	罐	火车	
2	柴油/(10^4t/a)	10.77	液	罐	火车＋汽车	
3	LPG/(10^4t/a)	2.59	气	罐	火车＋汽车	
4	化学品/(10^4t/a)	1.32	液	罐	火车＋汽车	
5	硫黄/(10^4t/a)	0.28	固	块、袋	汽车	
6	废催化剂/(t/a)	515			汽车	
7	灰渣及其他/(10^4t/a)	10.20			汽车	
	小计/(10^4t/a)	28.79				

三、公用工程

1. 给排水

① 新鲜水用量总计为 323.63m³/h，主要用于生产装置、辅助生产装置、消防用水及生活用水。

循环水用量详见表 6-3-14。

表 6-3-14 循环水用量统计

序号	用水单位	用水量/(m³/h)	进界区压力/MPa	出界区压力/MPa	进界区温度/℃	出界区温度/℃	备注
1	空分装置	2850	0.5	0.3	30	40	
2	备煤装置	300	0.5	0.3	30	40	
3	气化装置	1172	0.5	0.3	30	40	
4	变换装置	200	0.5	0.3	30	40	
5	净化装置	1016	0.5	0.3	30	40	
6	合成装置	200	0.5	0.3	30	40	
7	油品加工	113	0.5	0.3	30	40	
8	合成水处理	130	0.5	0.3	30	40	
9	脱碳装置	100	0.5	0.3	30	40	
10	油洗装置	150	0.5	0.3	30	40	
11	PSA装置	180	0.5	0.3	30	40	
12	硫黄回收	192	0.5	0.3	30	40	
13	制冷装置	850	0.5	0.3	30	40	
14	锅炉	20	0.5	0.3	30	40	
	合计	7473					

② 生产装置及辅助生产设施污水量统计详见表 6-3-15。均由新建污水处理场处理合格后回用。新建污水处理场设计处理能力为 200m³/h。

表 6-3-15 排水水量　　　　　　　　　　　　　　　单位：m³/h

序号	排水单位	生产污水	生活污水	清净废水	合计
1	空分装置		1.10		1.10
2	备煤工段		0.61		0.61
3	气化工段	0	1.79		1.79
4	变换装置	10.00			10.00
5	净化装置	7.30			7.30
6	合成装置		1.79		1.79
7	油品加工	1.6	1.79		3.39
8	合成水处理	16.83	1.34		18.17
9	脱碳装置		0.90		0.9
10	硫黄回收装置		0.38		0.38

续表

序号	排水单位	生产污水	生活污水	清净废水	合计
11	循环水场	17.05	0.5		17.55
12	中心化验站		5.99		5.99
13	中央控制室		0.96		0.96
14	锅炉	18.32	1.0		19.32
15	变配电		0.96		0.96
16	全厂公共设施		14.37		14.37
17	未预见水量			53.3	53.3
18	初期雨水量			41.67	41.67
合计		71.1	33.48	94.97	199.55

2. 污水处理

预处理、局部处理与集中处理相结合，确保技术先进、经济合理、运行可靠、达到回用水指标、保护环境。

装置内含硫污水、含酸碱污水采用管道压力输送至厂区或装置的含硫污水处理系统和酸碱污水处理系统进行统一处理；各装置的污水需经预处理达到污水处理场进水指标方可进入污水处理场。

污水经计量格栅后进入均质调节池，均质后进入隔油池，污水中的油和泥渣在此分离，其出水进入浮选池，去除乳化油后进入生化处理系统（采用水解酸化、厌氧硝化和接触氧化），生化处理系统出水进入二沉池，进行泥水分离，污泥一部分回流至生化处理系统，一部分作为剩余污泥排至污泥脱水装置，经脱水后的污泥送至污泥干化场做最终处理。二沉池出水经活性炭吸附氧化、纤维球过滤等处理达标后，作为循环水场补充用水。污水处理场原则流程见图 6-3-1。

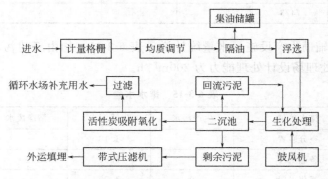

图 6-3-1   污水处理场原则流程

污水处理场出水指标见表 6-3-16。

表 6-3-16   污水处理场出水指标

序　号	检测项目	检测结果	备　注
1	SS/（mg/L）	—	
2	浊度（NTU）/度	5	

续表

序　号	检测项目	检测结果	备　注
3	COD_{Cr}/(mg/L)	60	
4	pH 值	6～9	
5	总硬度(以 $CaCO_3$ 计)/(mg/L)	450	
6	铁/(mg/L)	0.3	
7	锰/(mg/L)	0.2	
8	总碱度/(mg/L)	350	
9	氨氮/(mg/L)	10	
10	总磷(P 计)/(mg/L)	1	
11	Cl^-/(mg/L)	250	
12	BOD_5/(mg/L)	10	
13	粪大肠菌群/(个/L)	2000	
14	溶解性总固体/(mg/L)	1000	
15	游离性余氯/(mg/L)	0.1～0.2	

3. 供电

6kV 供电设备容量 9160kW，0.38/0.22kV 供电设备容量 40367.645kW。

4. 供热

新建两台 150t/h 高温高压循环流化床锅炉及配套上煤、除尘、除灰渣系统。新建两个系列 150t/h 脱盐水制备系统；100t/h 冷凝液精制系统。

依生产装置的用汽需要，全厂设置了 9.82MPa、4.0MPa、1.5MPa、0.5MPa 四种不同压力的供热蒸汽管网。

全厂蒸汽规格和数量见表 6-3-17。

表 6-3-17　全厂蒸汽规格和数量

序号	装置代号名称	规格/MPa	连续消耗量/(t/h)	备　注
1	空分空压机透平	9.82	108.00	抽气 11.5t/h,4.0MPa,400℃
2	气化	9.82	1.50	
3	损失	9.82	0.50	
4	备煤透平	9.82	13.0	
5	制冷透平	9.82	9.0	
6	油洗	4.00	1.50	
7	合成	4.00	4.00	
8	合成废锅	1.50	−100.0	
9	变压废锅	1.50	−45.00	
10	硫回收废锅	1.50	−3.00	

续表

序号	装置代号名称	规格/MPa	连续消耗量/(t/h)	备　注
11	损失	1.50	3.00	
12	高压除氧器	1.50	10.00	
13	净化	1.50	13.7	
14	备煤透平	1.50	50.00	抽气22t/h,0.5MPa,160℃
15	合成透平	1.50	8.0	
16	合成透平	1.50	22.00	
17	脱碳	1.50	30.00	
18	硫回收	1.50	3.00	
19	油品加工	1.50	1.5	
20	合成水处理	1.50	1.00	
21	油洗	1.50	2.50	
22	变换废锅	0.50	−42.60	
23	气化废锅	0.50	−10.30	
24	低压除氧器	0.50	20.00	
25	气化	0.50	5.30	
26	合成水处理	0.50	2.50	
27	净化	0.50	14.60	
28	采暖	0.50	10.00	
29	伴热	0.50	15.00	
30	空分	0.50	5.00	
31	损失	0.50	4.00	

5. 锅炉工艺设计参数

锅炉额定蒸发量	150t/h
蒸汽出口压力	9.81MPa
蒸汽出口温度	(540±5)℃
锅炉排烟温度	145℃
锅炉给水温度	158℃
锅炉保证效率	91.5%
燃料的颗粒度	1～10mm
石灰石	0～1mm

四、环境保护

该项目有废水、废气、固体废物排放。

① 废水的排量和处理在供、排水栏目已述及。

② 废气：各部位产生的废气经处理后排入大气，废气排放见表 6-3-18。

本项目设置 $\phi 1m$、高度为 120m 的火炬系统。用于排放正常生产、开停车、检修时的安全放空气，脱碳系统发生故障时，合成尾气排入火炬系统，焚烧后排入大气。

表 6-3-18　废气排放一览表

序号	废气名称	排放点	排放量/(m³/h)	污染物浓度及排放量	排放方式	排放高度/m	排放去向
1	烟气	供热锅炉	110133	含尘 184mg/m³	连续	150	大气
		蒸汽过热炉	13273	烟尘 56.0mg/m³	连续	35.8	大气
		加热炉	20608		连续	35	大气
2	备煤尾气	备煤装置	27843	粉尘<100mg/m³	连续	40	大气
3	脱碳尾气	脱碳装置	45045	CO_2	连续	40	大气
4	硫黄回收尾气	硫黄回收装置	2012	SO_2 0.6mg/m³	连续	45	大气

③ 固体废物：锅炉、气化炉产生的炉渣，约 10×10^4 t/a，用于制砖。污水处理场产生的污泥经压滤后含水约 10%。运至堆场晾晒去除水分后填埋。废催化剂：变换废催化剂含 Mo 和 Co，送催化剂厂回收利用。硫黄回收废催化剂中含 TiD_2，不属危险废物，可填埋。

五、投资估算

一期工程煤基合成油生产能力为 16×10^4 t/a，实际产量超过 20×10^4 t/a。"十三五"再新建一套生产能力为 100×10^4 t/a，最后总生产能力达到 120×10^4 t/a。

一期总投资为建设投资、建设期货款利息和流动资金之和，估算项目总投资为 217651 万元（含外币 3988 万美元）。

其中：建设投资 205566 万元（含外币 3988 万美元），建设期利息 9194 万元，流动资金 2936 万元。

六、运行指标

2016 年运行数据如下。

油品产量	19.45 万吨
负荷率	121.6%
销售收入	8.18 亿元
利润	4846 万元
吨油煤耗	3.61t 标煤

第二节　兖矿能源科技公司煤间接液化技术

一、技术开发过程

兖矿集团于 2002 年成立了上海兖矿能源科技研发有限公司，开始开展煤炭间接液化技术研究工作，"煤间接液化催化剂及工艺关键技术"被列入国家"863"计划研究课题。

1. 低温费托合成技术

通过实验室大量的工作，上海兖矿能源科技研发有限公司于 2003 年研发出了活性好、选择性优异、使用寿命长、机械强度高、价格低廉的低温浆态床费托合成铁基催化剂 YET-FTS-01T；开发出气固/液固分离效率高、气体分布均匀、移热效果好的低温浆态床反应器；在建立可靠数学模型、进行过程模拟和设计计算基础上，确定了优化的低温浆态床费托合成中试工艺。

上海兖矿能源科技研发有限公司于 2003 年 7 月开工建设了 5000t/a 低温费托合成煤间接液化中试装置和 100t/a 低温费托合成催化剂生产装置，2004 年 3 月一次投料试车成功，装置累计运行 6068h，连续平稳满负荷运行 4706h，中试装置的运行结果表明：装置运行平稳，生产强度优于国外同类装置，产品质量优异。该技术于 2005 年 1 月通过中国石油和化学工业协会主持的专家鉴定，鉴定意见为技术处于国际先进水平。在成功完成 5000t/a 低温费托合成煤液化技术的基础上，"十一五"期间在国家"863"计划支持下，开展了 100×10^4 t 级低温费托合成油技术、煤间接液化油-电联产系统优化与集成设计技术、百万吨级煤间接液化及电联产系统工业试验与示范等技术的研发工作，编制完成 100×10^4 t/a 级低温费托合成油技术、低温费托合成催化剂还原技术、费托合成反应水精馏技术、3000t/a 级催化剂生产技术工艺设计包，建立了百万吨级油-电联产系统的稳态模拟优化软件平台和费托合成单元的动态模拟优化平台，以自主研发的稳态和动态模拟优化平台为基础，完成了百万吨级油-电联产系统多工况的稳态和动态计算，为即将实施的百万吨煤间接液化制油工业示范装置的设计、建设和运行提供了技术保障。低温法百万吨级示范项目于 2015 年 12 月建成试运行。

2. 高温费托合成技术

在成功掌握低温费托合成间接液化技术后，从 2004 年开始，上海兖矿能源科技研发有限公司又开展了以生产汽油、柴油、烯烃和有机化学品为主的高温费托合成间接液化技术研发工作。在完成高温费托合成催化剂（YET-FTS-02T 和 YET-FTS-03T）、高温费托合成固定流化床反应器、高温费托合成工艺等实验室开发工作的基础上，2006 年 4 月，开工建设了 5000t/a 高温费托合成中试装置和 100t/a 高温费托合成催化剂生产装置，该装置于 2007 年 6 月一次投料试车成功，2008 年 5 月按计划停车，累计运行 5560h，连续稳定运行 1980h。"流化床高温费托合成沉淀法铁基催化剂开发与放大研究"科技成果于 2009 年 4 月通过中国石油和化学工业协会主持的专家鉴定，鉴定意见为该研究成果具有首创性，中试主要指标达到国际领先水平，为建设大型高温费托合成煤制油装置奠定了可靠技术基础。高温法 F-T 合成油 $10×10^4$ t/a 示范装置于 2017 年 6 月开工建设，2018 年 5 月建成。

3. 费托合成煤间接液化的技术特点

上海兖矿能源科技研发有限公司开发的高温费托合成和低温费托合成煤间接液化技术有以下特点。

① 开发了技术可靠的低温浆态床费托合成中试工艺和高温流化床费托合成工艺，两套中试装置规模均达到 5000t/a，运行时间长（累计运行时间均超过 5500h，低温工艺超过 6000h），连续稳定运行时间分别接近 4800h 和 2000h。

② 开发了高效的低温浆态床费托合成反应器和高温固定流化床反应器，中试规模的反应器直径大（分别达到了 $\phi1m$ 和 $\phi0.9m$，超过了国内外同类中试装置的规模），反应器的气固/液固分离效率高，气体分布均匀，移热效果好。

③ 开发了各方面性能优异的低温费托合成催化剂和高温费托合成催化剂，催化剂活性好、选择性优异、使用寿命长、机械强度高、价格低廉，其中低温费托合成催化剂（H_2＋

CO) 总转化率大于 70%，甲烷的选择性小于 5%，C_{5+} 选择性大于 82%，含氧化合物的选择性小于 5%；高温费托合成催化剂甲烷的选择性小于 10%，C_{5+} 选择性在 50% 左右，$C_2 \sim C_4$ 烯烃选择性大于 25%，含氧化合物的选择性大于 10%。在操作条件可比的情况下，转化率、产量、主产物选择性等指标均优于国外商业化成功运行的工业生产装置的运行数据。

④ 所开发的费托合成工艺获得的粗产品经进一步加工获得的产品质量优异，环境友好。低温费托合成技术以生产柴油、石脑油、液化石油气为主，其中柴油的十六烷值高达 75～83，无硫、无氮且芳烃含量低，石脑油蒸汽裂解三烯总收率＞60%，是优质的乙烯裂解原料；高温费托合成技术以生产汽油、柴油、烯烃和有机化学品为主，其中油品占 60% 左右，烯烃占 30% 左右，含氧有机化合物占 10% 左右。

高、低温煤间接液化制油技术的研发成功，为实现煤、油、化、电多联产，有效提高资源和能源利用效率提供了技术保障。上海兖矿能源科技研发有限公司申请间接煤液化技术专利 40 余项，22 项专利已获得授权，授权专利中发明专利 19 项，涵盖间接煤液化的各项关键技术。

4. 项目实施规划

兖矿集团在已成功开发了具有自主知识产权的高、低温费托合成油技术基础上，规划首先在陕西榆林地区建设总规模为 1000×10^4 t/a 煤间接液化项目，分两期三步实施。

第一步，即一期工程的启动阶段，先建设 100×10^4 t/a 的间接液化煤制油工业示范装置，采用低温费托合成技术。

第二步，采用高、低温煤间接液化技术并举，再建设 400×10^4 t/a 油品（含柴油、汽油、航空煤油等）的大型间接液化煤制油装置，使一期工程的煤制油能力达到 500×10^4 t/a，化学品（含烯烃、混合醇、醛、酮）100×10^4 t 左右、电力 30×10^4 kW 左右，建成各项技术经济指标国际领先的大型煤、电、油、化等大型多联产生产基地，进一步提高整体技术水平，提升资源和能源利用效率。

第三步，即进行煤制油工厂的二期工程建设，将煤液化能力再扩大一倍，以高温费托合成技术为主，同时采用高温和低温费托合成两种技术，使液体产品总能力达到 1000×10^4 t/a，进而考虑石脑油、烯烃和含氧化合物的下游加工利用问题。

其中，一期 100×10^4 t/a 的间接液化煤制油工业示范装置项目是采用兖矿集团已取得 20 项专利技术的低温费托合成煤间接液化制油技术，生产高十六烷值柴油和石脑油等主要产品。该项目是《煤炭工业"十一五"发展规划》中的不同工艺路线、不同规模的自主知识产权的煤液化技术示范项目之一。

二、费托合成原理及技术特点

1. 原理

1925 年，Fischer 和 Tropsch 申请了间接液化的技术专利，该专利通过煤气化生成合成气（$CO_2 + H_2$），然后在钴催化剂上合成液体产品。这一以合成气生产液体产品的化学反应过程从此被称为费托（F-T）合成反应。以费托合成反应为核心的煤间接液化技术于 20 世纪 30 年代在德国被用于工业化生产。

费托合成煤间接液化作为目前唯一实现商业化长周期运行的煤液化技术路线，主要可分为高温费托合成煤液化工艺技术和低温费托合成煤液化工艺技术。高温费托合成煤液化工艺技术的主要产品是汽油、柴油、烯烃和含氧有机化学品，低温费托合成煤液化工艺技术的主要产品是柴油、石脑油和液化石油气。

对于在铁基催化剂上发生的费托合成过程，无论是高温费托合成还是低温费托合成，均主要存在以下两种类型的反应。

（1）产生烃和含氧化合物的费托反应

烷烃：$CO + \left(2+\dfrac{1}{n}\right) H_2 =\!=\!= \dfrac{1}{n} C_n H_{2n+2} + H_2O$

烯烃：$CO + 2H_2 =\!=\!= \dfrac{1}{n} C_n H_{2n} + H_2O$

醇：$CO + 2H_2 =\!=\!= \dfrac{1}{n} C_n H_{2n+2}O + \left(1-\dfrac{1}{n}\right) H_2O$

醛/酮：$CO + \left(2-\dfrac{1}{n}\right) H_2 =\!=\!= \dfrac{1}{n} C_n H_{2n}O + \left(1-\dfrac{1}{n}\right) H_2O$

酸：$CO + \left(2-\dfrac{2}{n}\right) H_2 =\!=\!= \dfrac{1}{n} C_n H_{2n}O_2 + \left(1-\dfrac{2}{n}\right) H_2O$

（2）水煤气变换（WGS）反应

$$CO + H_2O =\!=\!= CO_2 + H_2$$

2. 催化剂选择和制备

费托合成催化剂的研究是费托合成技术的关键。可以作为费托合成催化剂的元素主要有铁、钴、镍、钌。镍基催化剂虽然吸附 CO 能力强，对液态烃有一定的选择性，但提高反应温度时，产物中甲烷的选择性大幅度增加，对费托合成反应不利。钌（Ru）基催化剂是活性最高、寿命最长的费托合成催化剂，即使在低温下（150℃）反应活性也很高，产物以重质烃为主，但由于其价格昂贵，限制了工业化应用。到目前为止，只有钴、铁这两类催化剂得到了工业应用。

钴基催化剂是最早投入工业化应用的费托合成催化剂。二战时期，德国首先将钴基催化剂应用到第一个费托合成厂 Ruhrchemie 的固定床反应器上。钴基催化剂的 WGS 反应较弱，耐硫性能差，适用于高氢碳比的天然气基合成气（$H_2/CO=1.6\sim2.2$）的费托合成。

由于铁基催化剂具有较高的 WGS 反应活性，具有相对较强的耐硫性能，特别适合低氢碳比的煤基合成气（$H_2/CO=0.5\sim0.7$）的费托转化。铁基催化剂需要加入多种助剂，以提高催化剂的活性和稳定性。同时，铁基催化剂价格低廉，有较宽的操作温度范围（220~350℃），产物选择有较大的灵活性。根据费托合成反应温度的不同，铁基催化剂可分为低温催化剂（操作温度 220~270℃）和高温催化剂（操作温度 300~350℃），两者的显著差异在于其助剂的种类和含量不同；根据制备工艺的不同，铁基催化剂又可分为熔融铁催化剂和沉淀铁催化剂。低温催化剂一般为沉淀铁催化剂，反应产物是以柴油为主的重质烃液体燃料；高温催化剂可用熔融铁催化剂或沉淀铁催化剂，反应产物是以汽油为主的轻质烃液体燃料。我国煤炭资源丰富，而天然气资源相对不足，因此铁基催化剂是煤间接液化的首选催化剂。

助催化剂和结构助剂是低温沉淀铁催化剂必不可少的构成组分，通常是以钾、铜、锰为助催化剂，以二氧化硅、氧化铝为结构助剂。众所周知，碱金属和碱土金属是最有效的助催化剂，特别是钾，它对铁基催化剂的活性特别是对产品的选择性有显著的影响。铜助剂可以有效促进铁基催化剂的还原和碳化铁的形成，降低铁基催化剂的预处理温度，并且这种作用在与钾助剂相匹配时更为有效。加入结构助剂目的主要是提高和稳定金属活性表面，增强催化剂的机械强度和耐磨性能。

3. 低温费托合成特点

低温费托合成一般采用铁基或钴基催化剂，反应器形式为固定床反应器或浆态床反应器，操作温度 210～250℃，操作压力 2.1～3.0MPa（G），主要产品为石蜡、高温冷凝物和低温冷凝物，可加工为柴油、石脑油和液化石油气等最终产品。

4. 高温费托合成特点

高温费托合成一般采用铁基催化剂，反应器形式为流化床反应器，操作温度 310～350℃，操作压力 2.1～3.0MPa（G），主要产品为高温冷凝物、低温冷凝物、含氧化合物以及富含烯烃的尾气，可加工为汽油、柴油、烯烃和含氧有机化学品等多种产品。

三、中试及工业试验结果

1. 试验装置规模及对合成气成分要求

（1）低温费托合成中试装置 试验规模：5000t 液体产品/a。

在低温费托合成中试装置运行过程中，对不同操作温度、不同原料气组成进行了多种试验条件的试验研究，主要操作条件和原料气组成为：

① 反应器压力 2.1～2.4MPa。

② 反应器温度 210～240℃。

③ 原料气组成 H_2 40%～75%；CO 20%～55%；CO_2 2%～6%；CH_4＜0.5%；N_2＜3%；总硫＜$0.1×10^{-6}$。

（2）高温费托合成中试装置 试验规模：5000t 液体产品/a。

在高温费托合成中试装置试验运行过程中，主要进行了不同操作温度、不同循环比的多工况试验研究，主要操作条件为：

① 反应器压力 2.1～2.4MPa（G）。

② 反应器温度 330～350℃。

③ 原料气组成 H_2 65%～70%；CO 24%～28%；CO_2 2%～4%；CH_4＜0.5%；N_2＜3%；Ar＜0.5%；总硫＜$0.1×10^{-6}$。

2. 工艺流程简述

（1）低温费托合成中试流程 上海兖矿能源科技研发有限公司开发的低温费托合成中试装置工艺流程如图 6-3-2 所示，其中反应器形式为浆态床反应器。

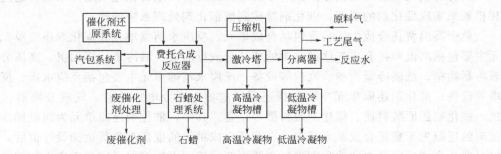

图 6-3-2 低温费托合成中试装置工艺流程简图

如图 6-3-2 所示，原料气与来自分离器的循环尾气混合，经压缩机压缩、预热后进入费托合成反应器，在一定的温度、压力和催化剂的作用下发生费托合成反应，反应生成的石蜡产品通过液固分离系统移出，经石蜡处理系统处理后获得石蜡产品；反应器出口的气相在激冷塔中冷却和洗涤，冷却下来的高温冷凝物送去高温冷凝物槽作为高温冷凝物产品；而激冷塔出口的气相经进一步冷却，在分离器中进行三相分离，水相作为反应水送去后续处理系统，油相送去低温冷凝物槽作为低温冷凝物产品，分离器出口的气相绝大部分予以循环，少部分作为工艺尾气送去其他工段。

为保持催化剂的平均活性、选择性稳定，需定期在催化剂还原系统中进行催化剂还原，还原好的催化剂添加进合成反应器。在催化剂添加前需要排放掉等量的旧催化剂，以保持反应器催化剂负载量稳定，排放的催化剂需废催化剂处理单元回收石蜡，排出废催化剂。

费托合成中试装置的关键设备为反应器、循环压缩机、激冷塔、高压分离器等。其中费托合成反应器中产生的热量通过汽包系统予以回收，副产中压蒸汽。

（2）高温费托合成中试流程　　上海兖矿能源科技研发有限公司开发的高温费托合成中试装置工艺流程如图 6-3-3 所示，其中反应器形式为固定流化床反应器。

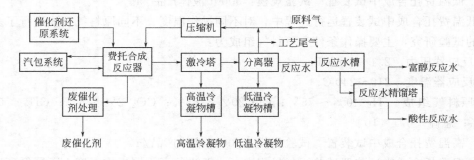

图 6-3-3　高温费托合成中试装置工艺流程简图

从气化工段来的合成气与部分未反应合成气混合，经压缩机压缩后送入费托合成反应器，在合成反应器中发生高温费托合成反应，反应热通过汽包系统移走；反应后的气体混合物进入激冷塔，洗涤冷凝下高温冷凝物产品送去高温冷凝物槽；未冷凝的气体进一步冷却后进入分离器进行三相分离：油相作为低温冷凝物产品进入低温冷凝物槽，水相作为反应水进入反应水槽，未冷凝气相除少量作为工艺尾气排放外大部分循环回费托合成反应器；反应水槽出口反应水含有一定量的有机含氧化合物，进入反应水精馏塔进行初分，将高温费托合成反应水分离为富醇反应水和酸性反应水两个液体产品。

费托合成反应器内的催化剂需还原后才具有活性，来自催化剂还原系统，通过定期添加和排放来实现催化剂的更新，催化剂排放到废催化剂处理系统处理。

整个高温费托合成中试装置包括合成单元、反应水精馏单元和催化剂还原单元。合成单元主要包括高温费托合成气体回路中的费托合成反应器、激冷塔、压缩机、高压分离器、高温冷凝物槽、低温冷凝物槽、汽包等设备；反应水精馏单元主要包括反应水槽、反应水精馏塔等设备；催化剂还原单元主要包括还原反应器、还原电加热器、气液分离器、还原压缩机、催化剂还原装料槽、催化剂装料槽等设备。其中，催化剂还原单元为间歇操作，首批催化剂的还原先于费托合成单元开车，在费托合成单元的催化剂负荷达到设计值后，定期开车以对费托合成反应器内的催化剂进行在线更新；反应水精馏单元完成反应水的初步分离，需待合成单元运行一段时间、积累一定量的高温合成反应水才能开车，其操作相对独立于合成单元。

3. 主要设备

费托合成过程的关键设备为合成反应器。用于费托合成的反应器一般有以下三种：

① 固定床反应器；

② 流化床反应器；

③ 浆态床反应器。

费托合成反应器几种主要形式的比较见图 6-3-4。

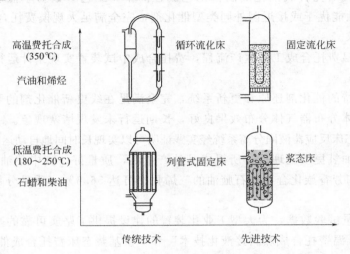

图 6-3-4 费托合成反应器的比较

从反应器的选择来看，高温费托合成工艺由于反应温度较高，采用固定流化床反应器，具有结构简单、易于控制等优点，而低温费托合成工艺可采用固定床反应器或浆态床反应器。相对于固定床反应器，浆态床反应器具有温度易于控制、结构简单、造价低等优点，是未来开发研究的重点和使用的首选。

上海兖矿能源科技研发有限公司在所开发的两套 5000t 级低温费托合成和高温费托合成中试装置上，分别采用了自主开发的低温浆态床费托合成反应器和高温固定流化床反应器。合成反应器的直径则分别为 ϕ1m 和 ϕ 0.9m，此规模超过了国外用于低温费托合成技术开发的同类试验装置的规模（如国外公司某中试装置的反应器直径为 ϕ 0.86m，在此基础上直接放大到 5~11m 直径的反应器并实现成功运行），从而保证在此基础上取得的长周期稳定运转数据作为工业放大的基础和依据是可靠的。

所开发的低温浆态床费托合成反应器为一种可以连续操作的气液固三相浆态床鼓泡悬浮反应器，该反应器包括由入口气体分布管组成的进行气体均布的入口气体分布部件、一层或多层对床层进行加热/冷却的换热管部件、一层或多层可以自动清洗的液固分离器部件、除去液沫和固体夹带的出口除雾除沫器部件等反应器内件。

所开发的高温固定流化床反应器为一种可以连续操作的用于费托合成反应的流化床反应器，该反应器包括由气体分布管或管组和喷嘴组成的，或者由气体分布管或管组和气体分布板组成的进行气体均布的入口气体分布器部件、一层或多层对床层进行加热/冷却的换热器部件、除去气体中夹带的催化剂颗粒的气固分离器部件等反应器内件，并且包括催化剂排料口及催化剂在线加入口。该反应器的特点为结构形式简单，操作稳定，适合费托合成反应的连续运行。

4. 成果及主要数据（包括产品质量数据、与国内外同类技术比较）

（1）低温费托合成中试　上海兖矿能源科技研发有限公司已完成了对低温费托合成技术的研究和开发工作，主要成果如下。

① 成功开发出低温费托合成铁基催化剂（YET-FTS-01T）。该催化剂具有活性好、选择性优异、机械强度高、寿命长等优点。

② 开发的低温费托合成催化剂制备工艺流程简单，工艺参数易于控制，产品收率高；所生产的催化剂性能优于或接近国外同类型催化剂，完全满足大规模费托合成煤液化工业装置对催化剂的要求。

③ 打通了低温费托合成工艺生产流程，费托合成中试装置实现累计运行6068h，其中连续平稳运行4706h。

④ 开发了独特的催化剂还原和更新系统，完全满足在线更新催化剂的要求。

⑤ 开发的气体分布器气体分布效果良好，长期运行未发现堵塞现象。

⑥ 开发的浆态床反应器液固分离系统经实践证明可以实现长时间地自动运行、高效稳定。

⑦ 粗产品经加氢提质处理后，所得成品油产量高，质量好。其中柴油的十六烷值高达83，基本不含硫和芳香族化合物；石脑油的三烯收率可达56.6%（质量分数），是优质的乙烯裂解原料。

⑧ 取得了大量试验数据，为大型工业化装置的建设提供了坚实可靠的基础。

所开发的"低温费托合成煤间接液化技术"和"铁基浆态床费托合成催化剂开发与放大研究"，分别于2005年1月和2005年11月通过了由中国石油与化学工业协会组织的科学技术成果鉴定。

典型工况下的主要运行指标见表6-3-19。

表 6-3-19　低温费托合成中试装置主要运行指标

原料气量/（m³/h）	6000	CH$_4$选择性/%	<4
原料气 H$_2$/CO	1.2～2.0	C$_{5+}$选择性/%	>84
温度/℃	210～240	含氧化合物选择性/%	<5
反应器入口压力（G）/MPa	2.1～2.4		

典型的产品性质见表6-3-20。

表 6-3-20　费托合成中试产品性质

项　目	低温冷凝物	高温冷凝物	石蜡
密度（20℃）/（g/cm³）	0.7575	0.7951	0.8310
凝点/℃	10	40	92（熔点）
总酸值/[mg（KOH）/g]	2.71	0.66	—
溴价/[g（Br）/100g]	21.1	—	—
氮含量/（μg/g）	2.4	13	20～70
硫含量/（μg/g）	<0.5	2.7	15
残炭（质量分数）/%	—	—	<0.02
氧含量（质量分数）/%	1.33	0.62	<0.3
馏程/℃	D-86	D-1160	D-1160

续表

项　目	低温冷凝物	高温冷凝物	石蜡
IBP/℃	92	189	128
10%时/℃	123	248	384
30%时/℃	163	301	455
50%时/℃	202	334	492
70%时/℃	255	359	529
90%时/℃	328	396	582
95%时/℃	382(FBP)	416	618

将工业试验装置的典型工况下的运行数据与国外某商业化运行数据进行对比，见表6-3-21。

表 6-3-21　低温费托合成中试装置与国外工业生产装置的对比

项　目		国外工业装置数据	折合为1m反应器	该试验装置典型数据
反应器直径/m		5	1	1
反应器操作压力/bar		20.1	20.1	24.1
催化剂浓度/%		30	30	30
新鲜气进料流量/(m³/h)		159550	6382	6087
新鲜气进料组成 (体积分数)/%	H_2	57.61	57.61	59.24
	CO	29.54	29.54	36.65
	CO_2	0.34	0.34	3.27
	CH_4	11.79	11.79	0.24
(H_2+CO)转化率/%		60.6	60.6	70.26
产量/(t/a)		281.08	11.24	15.35
甲烷选择性(质量分数)/%		6.91	6.91	3.60
C_{5+} 选择性(质量分数)/%		81.01	81.01	84.06

注：1bar＝10^5Pa。

从表6-3-21中可见，在操作条件基本可比的情况下，上海兖矿能源科技研发有限公司开发的低温费托合成中试装置的转化率、产量、主产物选择性均强于国外生产装置。

（2）高温费托合成中试　上海兖矿能源科技研发有限公司完成了高温费托合成技术的研究和开发工作，主要成果如下：

① 开发成功高温流化床费托合成催化剂，并实现中试生产。在高温费托合成装置中采用沉淀法生产的催化剂为国内外首创。

② 开发了高温费托合成生产流程。在高温费托合成中试装置上，累计运行5560h，连续稳定运行1980h。

③ 开发了催化剂还原和更新系统，完全满足在线更新催化剂的要求。

④ 开发了高温费托合成流化床反应器，反应器气体分布器气体分布效果良好，反应器温度分布均匀、控制平稳，移热盘管移热效果佳。

⑤ 开发了固定流化床反应器气固分离系统，气固分离效率高，尾气中催化剂颗粒夹带少，运行平稳。

⑥ 开发了反应水初分系统，初分后的反应水可进一步进行有机含氧化合物的加工回收。

⑦ 取得了大量试验数据，为大型工业化装置的建设提供了坚实可靠的基础。

所开发的"流化床高温费托合成沉淀法铁基催化剂开发与放大研究"和"高温流化床费

托合成技术"，分别于 2009 年 4 月和 2010 年 2 月通过了由中国石油与化学工业协会组织的科学技术成果鉴定。

典型工况下的主要运行数据见表 6-3-22。

典型的产品性质见表 6-3-23。

将典型工况与国外工业装置生产数据进行对比分析，见表 6-3-24。

由上表可见：所开发的高温费托合成催化剂的（H_2+CO）转化率、$C_2 \sim C_4$ 烯烃选择性、含氧化合物选择性、C_{4+} 产率均高于国外对比工况，而 CH_4 选择性和 C_{5+} 选择性均低于国外对比工况。由于 C_{5+} 选择性的下降，同时 $C_2 \sim C_4$ 烯烃选择性增加，故总体而言所开发的催化剂在可比操作条件下要优于国外催化剂。

表 6-3-22　高温费托合成装置典型工况运行数据

项　　目	数据	项　　目	数据
原料气量/（m^3/h）	6000	液体烃选择性/%	>38
原料气 H_2/CO	2～3	C_2 烯烃/%	7
温度/℃	345	C_3 烯烃/%	10
反应器入口压力(G)/MPa	2.1～2.4	总烯烃选择性/%	>50
（H_2+CO）总转化率/%	>85	含氧化合物选择性/%	<12
（$CO+CO_2$）总转化率/%	>87	总烃产率(以 $CO+H_2$ 计)/（kg/1000m^3）	>152
CH_4 选择性/%	<10		

表 6-3-23　高温中试高温冷凝物和低温冷凝物的典型分析数据

项　　目	高温冷凝物（质量分数）/%	低温冷凝物（质量分数）/%	项　　目	高温冷凝物（质量分数）/%	低温冷凝物（质量分数）/%
C_5 以下	2.4	15	$C_{21} \sim C_{30}$	1.1	0.003
$C_6 \sim C_{10}$	42	75	$C_{31} \sim C_{40}$	0.024	0.000
$C_{11} \sim C_{15}$	47.5	7.2	醇	4.5	2.5
$C_{16} \sim C_{20}$	2.8	0.15			

表 6-3-24　与国外高温费托合成操作数据的比较

高温费托合成催化剂性能指标	该装置典型工况运行数据	Sasol 工业生产数据
温度/℃	345	330
压力(G)/MPa	2.12	2.25
（$CO+H_2$）转化率/%	85.59	85
CH_4 选择性/%	9.87	10
C_2H_4 选择性/%	6.75	4
C_2H_6 选择性/%	1.79	6
C_3H_6 选择性/%	9.71	12
C_3H_8 选择性/%	1.12	2
C_4H_8 选择性/%	8.89	8
C_4H_{10} 选择性/%	0.95	1
$C_2 \sim C_4$ 烯烃选择性/%	25.35	24
C_{5+} 选择性/%	48.86	50
含氧化合物选择性/%	12.06	7
C_{4+} 产率/（g/m^3）	122.13	119

四、应用前景

1. 100×10⁴t/a 工业装置技术方案

兖矿集团采用自主知识产权的低温费托合成技术，2015 年 12 月在陕西榆林建成 100×10⁴t/a 低温法煤间接液化制油工业示范的技术方案，说明如下。

兖矿榆林 100×10⁴t/a 煤间接液化制油工业示范工厂的实际规模为 115×10⁴t/a，产品组成为柴油 79×10⁴t、石脑油 26×10⁴t 和液化石油气 10×10⁴t。该装置关键技术为煤制合成气（包括空分、煤气化/净化）、低温费托合成、费托合成粗油品加氢提质及费托合成尾气联合发电等技术。

（1）煤气化　参阅本书有关章节。

（2）费托合成　费托合成油有两种不同的技术路线，即高温工艺和低温工艺。高温工艺的产品中油品和化工产品或原料为 6∶4，化工产品或原料（裂解制乙烯）多，附加值高，产品链也长；低温工艺则主产油品。

该项目的产品方案定位是主产油品，所以，采用的技术路线是低温费托合成技术，技术来源是上海兖矿能源科技研发有限公司开发成功的技术，该技术已经在 5000t/a 的中试装置实现了连续稳定运行，基本无放大风险。

（3）低碳烃回收　费托合成的尾气含有部分未冷凝的碳氢化合物，应予以回收利用，以提高产品收率。

低碳烃回收工艺一般有低温分离和溶剂吸收法。低温分离法回收低碳烃组分，流程相对简单，投资省，因此选用低温分离工艺回收费托合成尾气中的低碳烃组分。

（4）PSA（变压吸附）回收氢　费托合成的尾气经回收低碳烃后绝大部分氢气留在气相并得到浓缩，可以作为提氢的原料，将氢气回收利用。

从尾气中提氢常采用 PSA 或膜分离的方法。

膜分离技术工艺流程简单，操作简便，能耗较低，但存在着 H₂ 回收率低、规模不宜过大的缺点，造成有效气体成分损失和浪费资源；PSA 回收氢是利用吸附剂对被吸附物质在不同分压下有不同的吸附容量、吸附速度和吸附力，并且在一定压力下对被分离的气体混合物各组分有选择性吸附的特性，加压吸附除去原料气中杂质组分和进行组分的分离、减压脱附使吸附剂获得再生，整个操作过程在室温下进行。使用 PSA 技术回收氢气具有投资费用低、操作简便、工艺技术成熟、技术完全可立足国内、能耗低，维护费用低、适用大型化、回收的氢气浓度高等优点，因此选用 PSA 技术回收氢气。

（5）油品加工精制　采用费托合成技术得到的合成油，在烃类组成和主要性质等各方面与常规石油衍生物相比有较大的区别，是一种高含蜡成分的物质，主要由正构的烷烃和烯烃构成，且硫、氮含量极低，但含有一定量的羟基等有机物形式存在的氧。汽油馏分基本不含硫和氮，但是由于其组成中的烯烃和烷烃绝大部分为链状烃，支链很少，故其辛烷值很低；柴油馏分硫、氮和芳烃含量极低，十六烷值很高，但是同样由于其烃类组成中绝大部分也为链状烃，所以其低温流动性能也很差，如凝点、冷滤点等较高。因此，由费托合成反应产物得到的各个馏分不能直接作为合格液体燃料利用，需要经过相应的加氢提质和与从石油中所获产物调和，才能得到符合当前机械使用规格的清洁液体燃料。而石油工业目前普遍应用的加氢技术都是以常规石油馏分组成和性质特点为基础开发的，并不完全适应费托合成油的加氢提质要求，因此对合成油必须有相应加氢提质工艺，以制得满足不同要求的各类油品。

针对合成油加氢提质，国内外各大公司和研究开发单位进行了大量的基础研究和工业化开发研究工作。美国 UOP 公司使用 ARGE 公司和 Mobil 公司生产的费托合成蜡（合成油的一个品种）进行了加氢裂化研究，采用硫化态催化剂，在反应压力为 6.9MPa、体积空速 $1.0h^{-1}$、循环量为 50% 的条件下实现蜡的全转化，得到的产品为柴油和石脑油。

CHEVRONTEXACO 公司在费托合成产物全馏分加氢提质领域做了大量的研究工作，他们将异构裂化工艺技术和商业化的多产中间馏分油的催化剂应用于费托合成产物全馏分加氢提质，同样得到了高十六烷值的柴油和石脑油产品。

中石化石科院和上海兖矿能源科技研发有限公司在对费托合成油（低温法）进行详细烃类组成、杂质含量分布、馏分分布分析的基础上，开发成功了加氢处理催化剂 RTF-1、加氢异构裂化催化剂 RCF-1 和煤基浆态床低温费托合成产物加氢提质技术（CFHL）。CFHL 技术采用全馏分费托合成油进行加氢处理，加氢处理后的重馏分油经加氢异构裂化及循环裂化的工艺流程，生产优质的石脑油和柴油。该技术具有反应条件缓和、氢耗低、体积空速高、柴油收率高和产品质量优良的特点。

针对上海兖矿中试装置提供的合成油产物石蜡、高温冷凝物和低温冷凝物，上海兖矿和石科院共同进行了催化剂研发和加氢提质工艺开发，在催化剂开发成功的前提下，进行了工艺技术方案的确定和工艺流程方案的确定。费托合成油加氢提质装置分为两个单元，即稳定加氢处理单元和异构加氢裂化单元：稳定加氢处理单元分馏部分采用了常压分馏塔、部分尾油的减压分馏塔和产品汽提塔的三塔流程，得到石脑油、柴油和特种蜡的产品；异构加氢裂化单元的分馏部分采用常压分馏塔与汽提塔的两塔流程，得到石脑油和柴油的产品。

石科院和上海兖矿加氢提质工艺技术与 UOP 公司技术和 CHEVRONTEXACO 公司技术相比，具有以下优点。

① 异构加氢裂化反应体积空速大：UOP 公司研究结果中，体积空速为 $1.0h^{-1}$，而该技术中体积空速达到 $1.6h^{-1}$，较大的体积空速意味着较高的处理量，可节省设备投资。

② 氢油比小：UOP 公司研究结果中，氢油比为 1800（体积比），而该技术中氢油比为 800（体积比），低的氢油比意味着循环氢压缩机负荷的降低，有利于节省投资和降低能耗。

③ 柴油馏分选择性好：UOP 公司研究结果中，柴油馏分选择性为 82.1%，CHEVRONTEXACO 公司技术中，柴油选择性更低，该技术中柴油的选择性较高。

④ 柴油质量高：该技术中柴油馏分的十六烷值较高。

由此，费托合成加氢提质技术选用中石化石科院和上海兖矿能源科技研发有限公司共同开发的具有自主知识产权的合成油加氢提质工艺技术。

（6）反应水分离 由于反应水中的含氧化合物——醇、醛、酮等的沸点与水相差较大，可以用蒸馏的方法将其分离。因此，费托合成反应水分离采用上海兖矿能源科技研发有限公司自主开发的精馏分离技术。

（7）催化剂制备 催化剂制备由三个独立的单元组成：催化剂制备、盐回收和尾气处理。

① 催化剂制备：采用上海兖矿能源科技研发有限公司自主开发的费托合成催化剂技术，即金属混合物经过溶解反应、沉淀反应、浸渍、干燥和煅烧，得到合格的费托合成催化剂。

② 盐回收：采用多效真空蒸发技术，将催化剂制备过程中生成的浓度约 10% 的硝酸盐水溶液浓缩，然后经过结晶、干燥，得到硝酸盐成品。

③ 尾气处理：采用吸收法＋选择性催化还原法处理 NO_x 尾气，即先用稀硝酸在填料塔内吸收尾气中大部分的 NO_x，生成的硝酸用于催化剂制备。吸收后的气体含 NO_x 约 0.2%

（质量分数），再经过选择性催化还原，除去其中约 95% 的 NO_x，使尾气中的 NO_x 含量达到 $200mg/m^3$，以做到达标排放。

（8）硫回收 硫回收工艺技术系指从含 H_2S 的酸性气体中回收硫，工业生产中多采用固定床催化氧化工艺（主要为克劳斯硫回收工艺及各种改进工艺）和化学氧化工艺。近年来，生物脱硫及硫回收工艺也逐步进入工业化行列。

由于超级克劳斯工艺和超优克劳斯工艺的总硫回收率低，小于 99.6%，故不宜选用。

Scot 工艺虽然总硫回收率高，大于 99.6%，但同 Lurgi 硫回收工艺相比，主烧嘴性能不如 Lurgi，Scot 燃料消耗高，吸收剂消耗高，胺液对环境的二次污染高于 Lurgi，且投资与 Lurgi 硫回收工艺相当。

Lurgi 硫回收工艺是目前硫回收率在 99.8%（质量分数）或以上、性价比比较合理的硫回收工艺，但 Lurgi 硫回收工艺同低温 Scot 工艺相比，其软件费和装置投资费用稍高。

低温 Scot 工艺具有总硫回收率高（保证值 99.8%）、燃料气消耗较少、操作弹性大等优点，是目前世界上普遍采用的、性价比较优的硫回收工艺，但处理 H_2S 含量小于 20% 的酸气时，低温 Scot 工艺要加吸收塔对 H_2S 提浓，同时还需加再生设备。

综上所述，硫回收技术宜选用低温 Scot 硫回收工艺为佳。

（9）尾气多联产装置（IGCC） 为进一步提高装置的能量利用效率，将变压吸附提氢后的费托合成尾气送燃气轮机进行发电，发电能力为 60MW 左右。

综上所述，$100 \times 10^4 t/a$ 工业示范工厂主要生产装置的配置、对应的设计能力和适宜的技术方案如表 6-3-25 所示。

表 6-3-25 主要工艺生产装置的配置

装置名称	设计能力	采用关键技术
煤制合成气		
煤气化	12270t /d	加压水煤浆气化技术（激冷流程）多喷嘴气化技术
气体净化		变换：部分耐硫变换，国内技术； 脱硫与脱 CO_2：低温甲醇洗，林德或鲁奇技术
空分	$300000m^3/h$	深冷分离：林德/法液空/美 APCI
费托合成	$100 \times 10^4 t$（公称）/a 油品	低温工艺：上海兖矿能源科技研发有限公司技术
催化剂制备与前处理		上海兖矿能源科技研发有限公司技术
低碳烃回收		先脱碳脱水再深冷分离：引进技术
尾气提氢		PSA：国内技术
合成油加工提质	$100 \times 10^4 t/a$	加氢处理和加氢裂化异构化：国内技术
反应水回收处理		蒸馏回收含氧化合物：国内技术
硫回收		Scot 硫回收工艺或类似技术，引进工艺包
IGCC	60MW	国内技术

2. 主要原料、燃料及动力消耗

$100 \times 10^4 t/a$ 煤炭间接液化装置主要原料、燃料及动力消耗见表 6-3-26。

表 6-3-26 $100 \times 10^4 t/a$ 煤炭间接液化装置主要原料、燃料及动力消耗

序 号	名称及规格	用 量	备 注
1	原料煤/（t/h）	511.3	含水 $M_t = 12.62\%$，灰 $A_d = 9.84\%$

续表

序　号	名称及规格		用　　量	备　　注
2	燃料煤/（t/h）		136.5	含水 M_t=12.68%，灰 A_d=15.36%
3	水/（t/h）		1616.5	
4	电/kW	6000V	114604（正常）	正常工况自备余热电站和 IGCC 发电：110MW，需外电
		380V	50000（开车）	网供电 4604kW
5	蒸汽/（t/h）		高温高压蒸汽 954	设置 420t/h 高温高压锅炉 3 台自产自用，4.0MPa 以下蒸汽主要靠工艺装置的余热副产蒸汽平衡

3. 投资估算

工程概况：$100×10^4$t/a 煤炭间接液化工厂工程包括主要生产装置、辅助生产项目、公用工程、行政服务设施、厂外工程等内容。建设方案：部分工艺专利技术和关键设备从国外引进，其他由国内配套设计并自行建设。

工程项目总投资为 1479272 万元，其中含外汇 20467 万美元。

其中：设备购置费 638393.56 万元　　　　　占总投资 43.16%

　　　安装工程费 233644.12 万元　　　　　占总投资 15.8%

　　　建筑工程费 161168.38 万元　　　　　占总投资 10.9%

　　　其他工程费 309870.26 万元　　　　　占总投资 20.95%

　　　建设期贷款利息 122851.53 万元　　　占总投资 8.3%

　　　铺底流动资金 13344.28 万元　　　　　占总投资 0.9%

4. 实际运行指标

2015 年以来运行两年，经考核指标如下（以 1t 产品计）。

① 原料煤：3.59t；

② 燃料煤：0.68t；

③ 电耗：44.57 kW·h；

④ 新鲜水：7t；

⑤ 能源转换效率：45.9%；

⑥ CO_2 排放：4.93t。

2016～2017 年达产达效，稳定运行。

五、兖矿榆林 $400×10^4$t/a 煤制油示范项目

1. "十三五" 规划

该项目已列入国家《煤炭深加工产业示范"十三五"规划》一期后续项目。2016 年 6 月该项目可行性报告已通过评审，产品方案基本确定，正在开展环评、设计等前期工作。

2. 建设规模

F-T 合成油 $400×10^4$t/a，其中高温法 $200×10^4$t/a，低温法 $200×10^4$t/a。

总规模达到 $500×10^4$t/a。年操作时数 8000h。

3. 产品方案

油品 $308×10^4$t/a，化学品 $99×10^4$t/a，合计 $407×10^4$t/a。

（1）油品 汽油 $131.7×10^4$ t、柴油 $121.9×10^4$ t、航空煤油 12.6 万、120♯溶剂油 $10.4×$ 10^4 t、1♯低芳溶剂油 $10.6×10^4$ t、2♯润滑基础油 $2.5×10^4$ t、6♯润滑基础油 $17.2×10^4$ t、PAO油 $1.0×10^4$ t，总损失 $10.2×10^4$ t。液体产品合计 $307.9×10^4$ t。

费托合成油副产乙烯 $28.2×10^4$ t、丙烯 $34.2×10^4$ t，合计烯烃 $62.4×10^4$ t，送化工装置加工。

（2）化学品 乙二醇 $65.0×10^4$ t、二乙二醇 $6.0×10^4$ t、三乙二醇 $0.21×10^4$ t、丙烯腈 $0.8×10^4$ t、甲基丙烯酸甲酯（MMA）$12.5×10^4$ t、精丙烯酸 $7.0×10^4$ t、丙烯酸丁酯 $7.0×$ 10^4 t，化工产品合计 $98.51×10^4$ t。

（1）＋（2）总计 $406.41×10^4$ t。

（3）副产品 硫黄、硫铵、硝酸钠、乙醇、乙醛、正丙醇、杂醇、酮醇混合物和酮醛混合物。副产品合计 $63.01×10^4$ t。

（1）＋（2）＋（3）产品总量为 $469.42×10^4$ t。

4. 生产装置组成

生产装置组成见表 6-3-27。

表 6-3-27　生产装置组成

序号	装置名称	设计能力	系列数	备注
1	水煤浆气化/(10^4 m³/台)	64.0	4+1	ϕ4.2m 四喷嘴气化炉
2	煤气净化			与煤气配套
3	低温费托合成油/(10^4 t/a)	200.0	2×100	
4	高温费托合成油/(10^4 t/a)	200.0	2×100	
5	低温合成油分馏/(10^4 t/a)	100.0	1	
6	高温合成油分馏/(10^4 t/a)	130.0	1	
7	稳定加氢/(10^4 t/a)	200.0	1	
8	异构加氢裂化/(10^4 t/a)	100.0	1	以稳定加 H_2 尾油为原料
9	润滑油异物降凝/(10^4 t/a)	30.0	1	以异构加 H_2 尾油为原料
10	芳构化/(10^4 t/a)	80.0	2×40	$C_5 \sim C_{10}$ 为原料
11	烷基化/(10^4 t/a)	50.0	1	废酸再生 $4×10^4$ t/a
12	气体深冷分离/(10^4 t/a)	65.0	1	以(乙烯＋丙烯)产量计
13	乙二醇/(10^4 t/a)	49.0	1	乙烯为原料
14	丙烯腈/(10^4 t/a)	26.0	1	
15	甲基丙烯酸甲酯/(10^4 t/a)	9.0	1	含废酸回收
16	丙烯酸/(10^4 t/a)	8.0	1	
17	丙烯酸酯/(10^4 t/a)	5.0	1	
18	PAO/(10^4 t/a)	1.0	1	

5. 物料及动力消耗

（1）煤炭 年总耗煤量 $1650.7×10^4$ t，其中原料煤 $1368.9×10^4$ t，燃料煤 $281.8×10^4$ t。

（2）新鲜水 年耗水量 $3584.3×10^4$ t，吨产品耗水 8.82t。

（3）电力 耗电量 421MW·h/h（自发电 22MW·h/h）

6. 建厂条件及占地面积

（1）建厂条件 项目位于榆横工业园区北区，原一期 100×10^4 t/a 合成油装置东侧。依托一期条件，建设条件好。

（2）占地面积 设计用地 1027.6hm²（15414 亩），其中厂区用地 682.6hm²，预留地 37.5hm²，厂外道路 52.2hm²，渣场及建材厂用地 222.1hm²，生活服务设施用地 33.4hm²。

7. 总投资估算

总投资 676 亿元。其中煤制油 601.9 亿元，化学品加工 74.1 亿元。

资本金 202.8 亿元（占总投资 30%）。

8. 实施计划

2018 年开工。

第三节　陕西金巢投资公司煤制油技术

为了缓解我国石油短缺给经济发展造成的压力，同时提高煤炭利用效率，减少温室气体的排放，并达到节能减排的目的。金巢国际集团通过长期的市场考察，联合世界知名学府——南非金山大学材料与工艺合成中心（COMPS），投资开发成功"新一代费托合成技术——合成气制高纯蜡及清洁燃料油技术"。

陕西金巢投资有限公司在国内组织专业技术人员对催化剂做了整体性研究，在宝鸡氮肥厂试验基地建立工业试验装置，对实验室取得的研究成果开展工业化研究，所获取的大量基础研究数据为该技术的产业化奠定了坚实的基础。

一、实验室和工业装置试验工作

整个试验的实验室和工业装置试验工作分为三阶段。

（1）实验室方向性研究 在小型实验室研究了理想的气体组分环境下催化剂的表现特性。在实验室完成了候选催化剂的筛选，并确定了工业试验厂应该试用的六种催化剂。对于这些催化剂，完成了初期的程序升温还原（TPR）、选择性和活性研究。

（2）小反应器实际工艺研究 安装小反应器装置，实现了对实际工艺气体下催化剂的性能表现研究，催化剂寿命及其他效果的评价。

（3）工业试验装置反应器商业化数据积累 工业试验装置设计的五个反应器，有四个已经组合安装好并投入运行，通过改造完成了四个模块的串并联试验，经过两年多的运行，通过单台反应器测试和串联测试获得了所需的工艺数据，这些数据为商业规模工厂的设计打下了基础。

金巢国际集团股份有限公司根据我国能源结构的特点，开发了金巢合成气制高纯蜡及清洁燃料油技术，经过实验室和工业示范装置的运行考核，工艺流程设计合理，催化剂性能稳定，可以进行工业化的推广应用。

二、金巢合成气制高纯蜡及清洁燃料油技术特点

① 金巢费托合成技术采用了模块化的设计和建设概念，使得商业厂的规模建设可以以增加反应器序列的形式来进行。每个反应器模块的设计完全是等同的，由数个反应器模块串

联而组成一个反应器序列。这样与建设单个反应器循环反应的大商业厂相比,使用金巢技术的商业厂的设备制造和建设的费用和时间都可节省。循环系统的去除进一步降低了工厂开车的复杂性,简化了设施运行的操作。

② 采用多级串联反应器设计,内装不同催化剂,各反应器可任意组合,解决了反应热移除和催化剂失活问题,实现整个工艺的最优化。可提高一氧化碳的总转化率,可实现不循环工艺流程,从而降低固定资产投资和操作费用,也使动力消耗降低。

③ 新的合成工艺将级间产物移出与无循环系统技术相整合,提高了总体工艺的效率,减少了二氧化碳排放(该工艺生产 1t 烃类排放 6t 二氧化碳;现有的南非商业循环费托工艺,生产 1t 烃类排放 7.3t 二氧化碳)和水的消耗(在我们的设计中,生产 1t 烃类需要消耗 2t 水。现有的南非商业循环费托工艺,生产 1t 烃类需要消耗 5.1t 水)。通过在无循环设计的后端增加 IGCC 单元,可以进一步提高这些参数。通过整合合成气、煤原料和发展可替代费托化学商业应用,可以进一步减少二氧化碳排放。

④ 金巢费托合成技术在世界上首次应用了反应器及催化剂组合的概念,不同的反应器模块和不同反应器序列内可使用不同的催化剂,再结合利用未反应气体来进行发电这一综合利用设计,使得利用金巢费托合成技术的商业厂可根据市场需求,灵活地进行不同产品间产量的调整以及产品产量和发电量间的调整。如果是利用焦炉尾气进行费托合成,则未反应气体回炉利用,不发电,为最佳方案。

⑤ 金巢费托合成技术包含了拥有自主知识产权、国际领先水平和运行成本低的合成气深度净化技术,使得合成气内总硫的含量被稳定地控制在低于 20×10^{-9} 的水平,大大低于一般催化剂生产厂家所要求的不超过 40×10^{-9} 的水平,极大地有利于延长费托合成催化剂(构成费托合成厂最大运行成本的原材料)的使用寿命,从而有利于大大提高费托合成厂的利润率。

⑥ 模块化建设和投产的方式,使得金巢技术的建设规模易于控制,并能在控制资金投入的同时从先期投产的生产序列上获得收入。为建设一个大规模的商业厂,金巢技术可以一个反应器序列为基础来进行建设,该单个反应器序列由 3 个 $\phi 4.5m$ 的固定床反应器模块组成,每天可生产 $2700 \sim 3000$ 桶费托合成目标产品。商业厂生产规模的增大只需通过分阶段地并行增加反应器序列的方式来进行。

三、实验室研究工作

1. 实验装置和流程

安装于南非金山大学实验室的 5 个固定床微型反应器的各项指标如下。

直径:8(内径)~15(外径)mm;

长度:300mm(130mm 加热长度);

最大允许压力:室温下 $20000lbf/in^2$($1lbf/in^2 = 6894.76Pa$)。

反应器在如下条件范围内运行。

压力:$1 \sim 20bar$($1bar = 10^5 Pa$);

温度:室温至 400℃;

流量:$0 \sim 500mL/min$;

催化剂质量:$1 \sim 4g$。

试验在中国宝氮试验基地安装了两个模型小反应器。用它们来确认南非实验室所得结果，并交叉检查原料气中痕量化合物的影响，在实验室原料气中不存在这些化合物。另外，一旦初步测试完成，将用它们评价运行条件下的催化剂寿命。

小反应器的说明类似于南非实验室的小反应器，但是针对试验基地设施做了简化。该反应器描述如下：

直径：6mm 内径，15mm 外径；

长度：300mm。

每一个反应器都配有两个 140mL 不锈钢分离槽，分离槽温度分别保持在 150℃ 和环境温度。与南非实验室反应器不同的是，工业实验厂的小反应器只配有一个单独的原料质量流量控制器。氮气、富氢气和合成气的原料或隔离由流量计前端的球阀控制。出反应器的尾气由一个后压力控制阀来调节压力。

小型反应器装置工艺流程如图 6-3-5 所示。

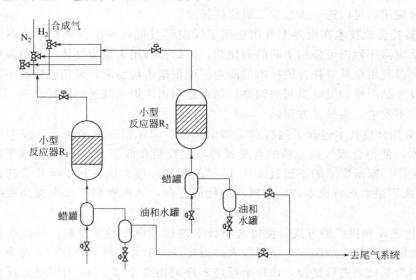

图 6-3-5　模型小型反应器装置工艺流程

2. 实验方法及催化剂表征

（1）催化剂的活性、选择性以及寿命测试　完成还原过程测试后，在适当的催化剂性能限度内对催化剂的活性进行了测试。在高一氧化碳转化率下对催化剂进行了超过 2000h 的寿命测试。在测试过程中，每天计算气体转化率，每周收集一次冷凝的产物。

根据反应达到稳态后的进气和尾气成分分析结果以及流量测量结果计算反应气体转化率和烃类产物选择性。

（2）催化剂孔径分布、比表面以及孔体积测试　在 Quantachrome Autosorb-1-C-TCD-MS 物理吸附仪上采用氮气低温吸附的方法测量催化剂的孔体积、比表面以及孔径分布。孔径分布通过 BJH 模型计算，比表面通过 BET 模型计算。

（3）程序升温还原测试（TPR）　采用 Zeton Altamira AMI-200 催化剂多功能表征仪对催化剂进行了 TPR 测试。通过 TPR 测试，不仅可以知道催化剂在什么温度范围发生还原反应，而且可以了解还原过程对催化剂物理性质的影响。在这些测试的基础上对催化剂进行了评估，并对催化剂的还原工艺操作过程进行设计。

（4）还原程序的评价　采用纯氢气、合成气、氮气稀释的氢气、氮气稀释的合成气以及接近于工业装置使用的氮气稀释的富氢气对催化剂进行还原，测试了不同的还原气氛对催化剂性能的影响。

（5）催化剂强度的测试　测试还原前以及还原后的催化剂的粉碎强度。需要特别注意的是还原过程（或者说采用的还原工艺）会对铁催化剂的粉碎强度造成较大的影响，这对于催化剂的寿命以及在还原和反应过程中催化剂长时间的稳定性是非常关键的。

3. 实验室研究结果与讨论

（1）金巢催化剂 TPR/还原测试　使用各种还原气对金巢系列催化剂（金巢铁 A、铁 B、铁 C，金巢钴 A、钴 B、钴 C）进行还原，并测试其 TPR 图谱。

对金巢系列催化剂 TPR 的还原测试可知，铁催化剂以 H_2 还原所需温度低于 H_2 和 CO 的混合气还原；钴催化剂以 H_2 和 CO 的混合气还原不能达到很好的还原效果。铁催化剂还原温度应大于 300℃，钴所需还原温度应大于 350℃。

（2）金巢铁催化剂性能测试结果　如表 6-3-28 所示。

表 6-3-28　金巢铁催化剂性能

催　化　剂	温度/℃	空速/h^{-1}	CO 转化率/%	H_2 转化率/%	CH_4 选择性/%	CO_2 选择性/%
金巢铁 A	200		10	8	2	6
	240		25	21	3	12
	280		52	35	4	20
金巢铁 B	230		5	5		
	250		10	10		
金巢铁 C	220	1.92	19.5		8.5	10.7
	250	1.4	51	40	7.8	31

由以上对金巢铁催化剂性能研究可以看出，金巢铁 A 性能表现最稳定，转化率随温度呈线性增长，甲烷选择性很小。而金巢铁 C 虽然转化率也很高，但是其甲烷和 CO_2 选择性均远大于金巢铁 A 催化剂。也客观地反映出铁基催化剂易发生水煤气变换反应，造成 CO_2 选择性较高。

（3）金巢钴催化剂性能测试结果　如表 6-3-29 所示。

表 6-3-29　金巢钴催化剂性能

催　化　剂	温度/℃	空速/h^{-1}	CO 转化率/%	H_2 转化率/%	CH_4 选择性/%	CO_2 选择性/%
金巢钴 A	160		4	4	1	
	190		7	5	7	
	210		15	17	15	
金巢钴 B			15~20	13~17		
金巢钴 C	213	2.3	18.9	18.4	12.5	0.6

以上对金巢钴催化剂性能研究可以看出，金巢钴 B 和金巢钴 C 性能较好，而金巢钴 A 较差。同时反映出钴基催化剂对甲烷的选择性较高。

（4）压力对反应的影响　影响费托合成反应速率、转化率和产品分布的因素主要有催化剂本身性能、反应器构型、催化剂还原、合成气中 H_2/CO 比值、反应温度、压力、空速和操作时间等。催化剂本身性能是整个费托合成反应的主要决定因素，在实验室对其催化剂做了比较详尽的测试，并确定催化剂还原方案。反应器的构型主要是管径测试，在金巢工业试验基地完成了测试。合成气中 H_2/CO 比值、反应温度、压力、空速和操作时间等工艺参数在试验厂全部进行测试，并为商业示范厂积累了设计数据和操作经验。一旦反应器和催化剂确立以后，反应条件就成为控制费托反应的关键。工业试验厂的重要任务就是对各种催化剂的反应条件进行实际工业控制和数据积累。

压力升高有利于费托合成的链增长，有效气体能够较多地溶解于液相产物之中，液相产物在高压下不易链终止和脱附扩散，就给 CO 的插入增加了概率。但压力对于反应的水汽扩散起着抑制作用，压力提高，催化剂颗粒内部水汽的逸出变得困难，增加了催化剂水汽中毒的机会。而固定床反应器能够将水及时排出，这就大大增强了对催化剂的保护。相对于其他影响因素，压力对费托反应的影响是最小的。

压力测试的结果表明，压力对费托反应的影响不是很大。初步确立了反应压力以 20bar（$1bar = 10^5 Pa$）左右为工艺参考。

（5）温度对反应的影响　反应速率常数是温度的函数，无论什么反应，温度升高时，反应速率常数的取值也会增大，那么反应速率也会加快。提高温度，可以缩短反应进程以及加速建立反应平衡。但温度升高又会引起反应的快速终止，不易进行链增长，这就导致甲烷等低碳气体碳氢化合物的增多。而温度过高会造成催化剂微晶的长大或烧结，造成催化剂活性表面或活性中心的减少，降低催化剂的本征活性。

在实验室对金巢铁 A、铁 B、铁 C，金巢钴 A、钴 B、钴 C，进行了温度对 CO 转化率、甲烷选择性、CO_2 选择性、H_2 转化率等测试。

以上对金巢催化剂进行的不同温度下的测试，结果表明各种催化剂随温度升高，有效气体转化率也随之增长。铁基催化剂随温度升高，甲烷选择性没有明显增大，而 CO_2 选择性增长明显。钴基催化剂随温度增高，甲烷选择性增长明显。初步确立了催化剂在大于 200℃ 时的活性明显增强区，为工业控制提供方向性指导。

（6）气体流量对反应的影响　随着空速的提高，也就是有效气量增加，在一定范围内，催化剂能够更好地发挥其性能，完成费托合成反应；当空速继续升高，超出了催化剂的反应能力，有效气的转化将很难继续增加。所以适当的空速既能发挥催化剂的能力，又可以减少压缩和未反应气体处理带来的运营成本。

关于流量影响的测试表明，随着流量减小，有效气转化量也在减少，但是有效气转化量相对于进气量换算的转化率却在增大。也就是说，减小的投入量远大于转化量的降低值。减小流量，甲烷选择性会略微增大。对于钴基催化剂减小流量会增加 CO_2 的氢化反应，也就是说反应消耗了 CO_2，这对于注重于环保的今天是非常有优势的，为工业试验的流量参数做出了方向性指导。

（7）催化剂活性与运行时间的关系　对催化剂活性与运行时间的关系进行了测试。测试表明，催化剂随着运行时间的延长，其性能也在逐渐降低。而且铁基催化剂的下降速率非常大，也就说明了铁基催化剂寿命较短。钴基催化剂能够维持很长一段时间的平稳运行，寿命较长。

（8）实验室研究结论　通过实验室研究，用 TPR 对催化剂的还原条件加以确定，最终认为以纯氢气作为还原气，铁催化剂还原温度大于 300℃，钴所需还原温度大于 350℃，对催化剂还原效果较好。在实验室对金巢的六种催化剂进行了对比测试,包括催化剂还原、催化剂的活性测试、催化剂对甲烷和二氧化碳的选择性等。完成了催化剂的筛选,并确定了工业试验试用的四种催化剂,即金巢铁 A、金巢铁 C、金巢钴 B、金巢钴 C。

四、工业试验

在实验室试验和小反应器测试之后,对金巢费托合成技术的研究进入了工业化测试阶段。这个阶段首先对反应器进行单模块测试:第一步是对不同管径的表现进行对比,研究管径对费托合成反应的影响,选择符合费托合成反应的管径;第二步对实验室推荐的四种催化剂进行工业化筛选;第三步对筛选出的催化剂进行反应条件的研究。通过上述基础测试,最后以不同模块组合串联方式进行测试,获得了所需的工艺数据,为商业规模工厂的设计打下了基础。

1. 工业试验工艺

宝氮工业试验装置是将由陕西金巢投资有限公司、湖北化学研究院和上海化工设计院共同开发的气体净化技术和南非金山大学设计的费托合成模块新颖地结合起来,使用陕西宝鸡氮肥厂的原料气和公用设施。

宝氮工业试验装置工艺流程如图 6-3-6 所示。

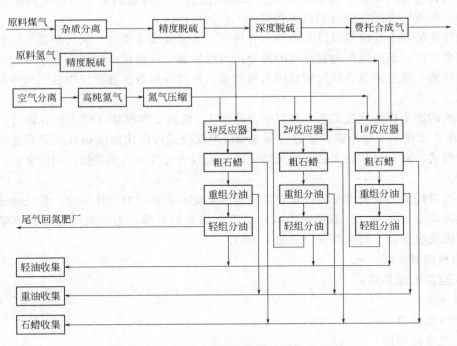

图 6-3-6　宝氮工业化试验装置工艺流程示意图

(1) 合成气深度净化　合成气进入界区后通过气体深度净化,去除气体中所含的有害物质。该工艺采用由湖北化学研究院、陕西金巢投资有限公司、上海化工设计院联合开发的专利技术,使得合成气中的总硫含量降至低于 20×10^{-9},并除去其他可能对费托合成催化剂造成损害的杂质。

由宝鸡氮肥厂供给的原料气是源于煤气化的半水煤气和两段变换之后的富氢气。这些气体的平均摩尔组成见表 6-3-30:

表 6-3-30 原料气体的平均摩尔组成

组 分	富 氢	合成气	组 分	富 氢	合成气
CO_2	0.5%	10.7%	O_2	0.3%	0.3%
CO	5.5%	21.5%	N_2	23.5%	20.4%
H_2	68.5%	45.9%	合计	100.00%	100.00%
CH_4	1.7%	1.2%			

工业试验装置运行使用的高纯氮气（99.99%）（用于系统吹扫，催化剂还原），通过厂内安装的一个小规模制氮系统（PSA）获得。

（2）费托合成 经过净化达到一定配比的合成气，在一定压力（2.0～3.5MPa）下加热（180℃）进入列管式固定床、蒸汽冷却的含有费托合成催化剂的反应器内，合成气中的有效成分（氢气和一氧化碳）在催化剂的作用下发生费托合成反应，生成碳氢化合物和水，同时伴有水煤气变换反应、CO_2氢化反应等副反应。反应出口的气体先经蜡分离器分离气体中的蜡，然后经冷却、分离、分离出气体中的重组分（液蜡、油品），气体再经冷却、分离，分离出其中的轻组分（柴油、汽油）和水。未反应的合成气经加热去下一反应器单元继续反应。最后一单元出来尾气进行回收再利用。

实际使用的四个反应器可以分别导入合成气、富氢气或者氮气。氢气和氮气各包括高压和低压两套系统。低压氮气与富氢气的流量比可以控制，以满足不同还原程序所需要的气体组成。同样地，通过调整合成气和高压氢气流量，可以提高费托合成气中氢气与一氧化碳的比例。

改装后的四个模块连接工艺，可以实现模块1、模块2和模块4的串联，也可以实现模块1、模块3和模块4的串联。通过这种3模块串联模式可以比较准确地规划商业示范厂的工艺连接模式，减小工艺放大带来的风险。同时此模式可以灵活调整催化剂的装填，不影响测试进度。

新一代费托工艺采用的是模块化设计，也就是说所有模块的气体供给、费托合成反应器及产物收集都是相同的。这就进一步减小了工业放大的风险，为示范厂设计打下坚实的基础。每个模块包含如下组成部分（见图6-3-7）。

① 原料控制系统；

② 反应器电预热器；

③ 反应器；

④ 蜡收集容器；

⑤ 重组分冷却器；

⑥ 重组分分离器；

⑦ 轻组分冷却器；

⑧ 轻组分分离器；

⑨ 轻组分中间槽；

⑩ 尾气分离槽。

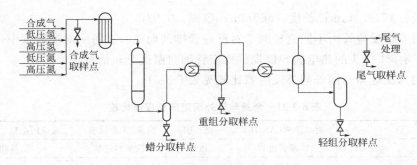

图 6-3-7　单模块流程

工业试验装置的首要目标是为新一代费托工艺的商业规模模块的商业决策和工程设计提供必要的信息。为了使该技术放大的风险最小化，反应器设计成包含了一套全尺寸、几种直径的反应管。这就意味着从工业试验装置得到的数据可以仅仅通过增加反应管就可以应用到商业规模反应器的设计。这种类型的放大仅是一个机械工程技术，这就降低了投资者在项目商业化过程中的风险。

由于目标是实现这项技术将来在一定规模上的应用，因此工业试验厂的第二个目的是从功能性和稳定性出发评估几项技术在相对较小规模上的应用。工业试验是为了找出该模块设计方面的薄弱点，改进设计或寻找替换方案，以便在无论大规模的商业化设施还是较小的模块化设计都能应用。

该工业试验装置的每一个模块都是基于标准化的设计而成的。概念设计是由 COMP 小组与 Lurgi 南非合作开发的，并在 KBR 南非的协助下完成向基础工艺包的转化。

项目的详细设计工作是由上海化工设计院完成，采购和施工管理由陕西金巢投资公司完成。

2. 工业试验装置

工业试验装置主要由深度净化、制氮压缩、费托合成和产品分离三部分组成，生产用原料气为宝鸡氮肥厂二段合成气、四段富氢气。

（1）深度净化装置　该套装置是由湖北化学研究院、陕西金巢投资有限公司、上海化工设计院联合开发的专利技术，金巢工业试验厂是在国内商业应用该技术的首套装置。该套装置能对原料气中硫、氯、氧等有害杂质进行有效脱除，净化度高，可将硫脱至 20×10^{-9} 以下，对后工序合成催化剂进行有效保护，延长使用寿命，还可广泛应用于合成氨、甲醇等领域。

（2）制氮压缩装置　该套装置由一套 $500 m^3/h$ 高纯制氮装置、二台 $500 m^3/h$ 氮氢压缩机、一台 $500 m^3/h$ 氮气压缩机组成，可为系统提供原料气输送纯度 99.999% 的氮气，为试验厂安全运行提供安全保障。

（3）费托合成装置　该套装置由德国 MAN 公司制造的 5 个反应器单元组成，每个单元含有 6 根三组不同口径反应管，5 个反应器单元可串联、并联运行，可进行不同催化剂组合、不同工艺条件的独立运行，为不同工况试验提供保障。

反应器的设计和建造是由德国的 MANDWE 完成。反应器规格说明如下。

反应管根数：6 根；反应管长度：12600mm；外径：ϕ430mm；最大长度：14436mm；净重：2.7t；运行重量：3.2t。

蒸汽包直径：ϕ457mm；长度：1990mm；容积：0.16m³。

蜡分直径：ϕ219.1mm；长度：580mm；容积：0.02m³。

反应器内 6 根反应管由不同直径的 3 对反应管排列而成。在每一对反应管中，其中一个反应管装备了有 21 探头的热电偶，以提供反应管轴向温度分布信息。

金巢固定床反应器与国外同类反应器比较见表 6-3-31。

表 6-3-31　金巢与国外固定床反应器比较

项　目	南非萨索（ARGE）	壳牌	金巢（工业试验）	提议的金巢①商业反应器
催化剂种类	铁基挤出物	钴基	铁基和钴基	铁基和钴基
温度/℃	230	200~230	220~245	220~245
压力/MPa	2.7	3	3	3
反应器外壳直径/m	3	7	0.5	4.5
反应管长度/m	12	20	12	12
反应管直径/m	0.05	0.025	0.037	0.042
反应管数目	2050	29000	6	4487
每列反应器转化率/%	65	80	80	80
催化剂体积/m³	48.30	284.70	0.077	74.60
产能/（桶/d）	500	3000	0.6	460
设计者	Ruhrchemie/Lurgi	Lurgi	COMPS/MAN	COMPS

① 有关提议的金巢商业反应器的数据是基于具有全尺寸反应管的工业试验厂反应器的性能表现而推算的。

3. 催化剂物化性能

催化剂的物化性能如表 6-3-32 所示。

表 6-3-32　实验用催化剂物化性能

项　目	催化剂 A	催化剂 B
尺寸：长度/mm	9.17±1.448	3~8
尺寸：直径/mm	4.12±0.057	1.5
颜色	红色（未还原时） 黑色（还原后）	黑色（未还原时）
形状	圆柱形挤出物	三叶草形柱状挤出物
操作压力范围/bar	1~40	1~40
操作温度范围/℃	180~350	180~260
堆密度/（kg/m³）	706~720	680
侧面压碎强度/（N/mm）	14	5.6
有害物质极限硫/10^{-9}	<40	<40

4. 实验结果和讨论

（1）气体净化工艺考核　该气体净化工艺使用一系列的固定床催化剂和吸收剂，并具有中间温度控制，以便在需要时改变温度。送入净化床的进气温度在 40~120℃。净化工艺要求原料气中的含硫量一般不大于 200×10^{-6} 的总硫含量。工艺达到的技术指标见表 6-3-33~表 6-3-35。

表 6-3-33　气体净化工艺达到的技术指标

有害物质	技术指标	有害物质	技术指标
COS	$<5 \times 10^{-9}$	H_2S	$<5 \times 10^{-9}$

续表

有害物质	技术指标	有害物质	技术指标
总硫	$<10\times10^{-9}$	氯	$<10\times10^{-9}$
$Fe(CO)_5+Ni(CO)_4$	$<20\times10^{-9}$	O_2	$<1\times10^{-6}$
砷	$<20\times10^{-9}$		

表 6-3-34　工业试验装置检测到的合成气中的 H_2S、COS 含量(2008 年数据)

日期(月/日/时)	净化了的合成气		日期(月/日)	净化了的合成气	
	$H_2S/10^{-6}$	$COS/10^{-6}$		$H_2S/10^{-6}$	$COS/10^{-6}$
2/27/16:00	<0.005	<0.005	9/2	0.00923	0.00923
2/28/4:00	<0.005	<0.005	9/6	<0.005	<0.005
5/24/0:15	<0.005	<0.005	9/11	<0.005	0.00742
6/8/8:45	<0.005	<0.00758	9/12	<0.005	<0.005
6/15/22:00	<0.005	<0.005	9/13	<0.005	<0.005

表 6-3-35　工业试验装置检测到的合成气中的 H_2S、COS 含量(2009 年数据)

日期(月/日)	净化前的合成气 总硫/(mg/m³)	净化后的合成气 $H_2S/10^{-6}$	$COS/10^{-6}$	日期(月/日)	净化前的合成气 总硫/(mg/m³)	净化后的合成气 $H_2S/10^{-6}$	$COS/10^{-6}$
11/5	225	<0.005	<0.005	11/8	165	<0.005	<0.005
11/6	212.5	<0.005	<0.005	11/9	155	<0.005	<0.005
11/7	200	<0.005	<0.005				

（2）管径测试　选择以金巢铁 A 作为管径测试的催化剂，主要原因是金巢铁 A 性能稳定，并且这种催化剂所表现出的费托反应能力强，即放热量大。

为了准确地研究管径对费托反应的影响，特保证了大管径与小管径的同等空速。从测试结果可以看出小管径的碳氢化合物产量明显比大管径少。这就说明了大管径装填催化剂多，提供反应空间大，并且能够很好地移除反应热。CO 转化率能够很好地印证大管径的反应能力，在大管径中 CO 转化率高，发生费托合成反应也就更多。从选择性的分析来看，大管径试验中的甲烷选择性和水与碳氢化合物的比例均较低，只是 CO_2 选择性较高一些。总之，只要移热允许，采用大管径列管更好一些，从设备投资与运营来看，管径越粗越能节省成本、增加收益。从目前的工业试验来看，大管径是符合费托合成反应要求的，可以作为商业示范厂的设计基础。

（3）催化剂筛选　通过金山大学和宝氮试验基地的小型实验器对催化剂性能的初步测试，已经筛选出金巢铁 A、金巢铁 C、金巢钴 B 和金巢钴 C 四种催化剂。接着需要对这四种催化剂进行工业化测试，以达到深入了解此四种催化剂并选择出适合工业化使用的催化剂。

测试结果如表 6-3-36 所示。

表 6-3-36　金巢催化剂产能对比

催化剂	HC平均收率/[kg/(管·d)]	水平均收率/[kg/(管·d)]	平均 a 值	催化剂	HC平均收率/[kg/(管·d)]	水平均收率/[kg/(管·d)]	平均 a 值
金巢铁 A	14.3	23.6	0.89	金巢钴 B	4.6	10.4	0.87
金巢铁 B	7.9	15.3	0.88	金巢钴 C	9.7	20.4	0.85

产品收率是催化剂性能最直接的表现，由以上对催化剂的工业化测试可以看出，金巢铁

A 性能最好，钴基催化剂中金巢钴 C 的性能更好一些。

（4）反应条件的优化　通过对催化剂性能的工业化研究，选择了金巢铁 A 和金巢钴 C 这两种具有代表性的催化剂进行深入的反应条件研究。由于反应压力对费托合成反应影响微乎其微，所以研究重点放在了反应温度与流量上。重点考察温度与流量对有效气转化、产品收率以及甲烷和 CO_2 选择性的影响。

① 金巢铁 A　通过对金巢铁 A 的深入研究，对金巢铁 A 的工业化反应条件得出了较为细致的结果。如图 6-3-8 所示，随着反应温度的升高 CO 转化率明显升高，从 225～235℃转化率增加幅度已经不大了。图 6-3-9 的液体收率可以看出，从 225～240℃的液体产品收率基本平稳略有增加，这就说明了增加的 CO 并不能有效地转化为液体产品。图 6-3-10 所表现出的 CH_4 和 CO_2 的选择性随温度增加也略微增大，也清楚地看出金巢铁 A 对甲烷选择性较低，而对 CO_2 选择性较高。由以上结果可以确定，金巢铁 A 的活性温度控制在 225～235℃比较好。

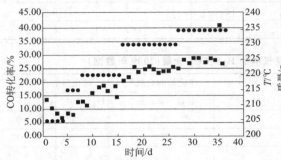

图 6-3-8　金巢铁 A 的温度与 CO 转化率
■ CO 转化率；● T

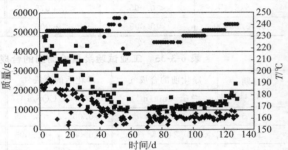

图 6-3-9　金巢铁 A 的温度与液体收率
◆ HC；■ 水；● T

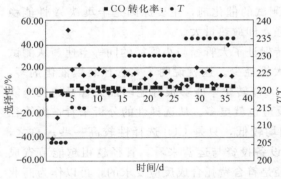

图 6-3-10　金巢铁 A 的 CH_4 和 CO_2 选择性
■ CH_4 选择性；◆ CO_2 选择性；● T

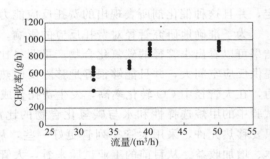

图 6-3-11　金巢铁 A 的流量与收率

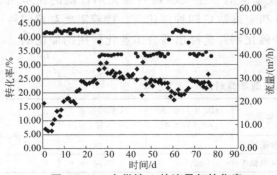

图 6-3-12　金巢铁 A 的流量与转化率
◆ CO 转化率；● 流量

图 6-3-11 所示，随着流量的增加碳氢化合物的液体收率也在逐渐增加，但是当流量从 $40m^3/h$ 升到 $50m^3/h$ 时，收率增加已经不明显了。从图 6-3-12 能够印证流量增加到一定值以后，继续增大流量并不能带来液体产品收率的增加，而保持小流量却能大大提高 CO 转化率。所以流量控制在 36～$42m^3/h$ 是比较合适的。

② 金巢钴 C　如图 6-3-13 所示，随着反应温度的升高 CO 转化率明显升高。图 6-3-

14 的液体产品收率可以看出，从 195～210℃液体产品收率增加平缓，图 6-3-15 中 CH₄ 选择性随温度升高明显增加，200～210℃较平缓。由此可以再次证明 CO 并不能有效地转化为液体产品，而是生产了甲烷和低碳气态碳氢化合物。金巢钴 C 有一个最大优点，能够发生 CO_2 氢化反应，从而大大消耗了 CO_2，这对整个费托合成过程减少 CO_2 起到了至关重要的作用。由以上对数据的分析，可以确定金巢钴 C 的活性温度控制在 200～210℃比较好。

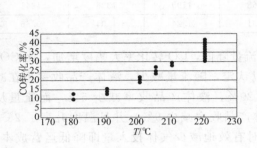

图 6-3-13　金巢钴 C 的温度与 CO 转化率

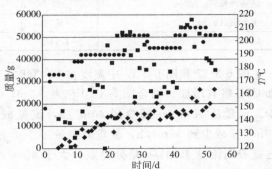

图 6-3-14　金巢钴 C 的温度与液体产品收率
●HC；■水；◆T

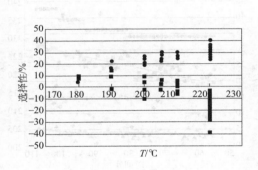

图 6-3-15　金巢钴 C 的温度与选择性
●CH₄ 选择性；■CO₂ 选择性

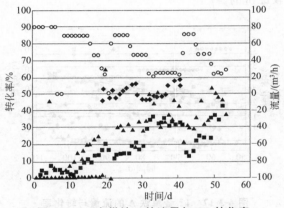

图 6-3-16　金巢钴 C 的流量与 CO 转化率
◆DCS；■实验室；▲水；○流量

由图 6-3-16 可以看出，流量大于 40m³/h 时，随着流量的减小碳氢化合物的液体收率反而增多，流量在 25～32m³/h 时，液体收率较多。

（5）串联测试结果　串联模式：1#金巢铁 A-3#金巢钴 C-4#金巢铁 A；各模块均使用外径为 48mm 的两根反应管，模块压力均采用 2.9MPa。

①1#金巢铁 A 催化剂　由图 6-3-17 和图 6-3-18 可以看出，流量 36m³/h 时，随温度升高，CO 转化率大幅度增加，而 CO_2 和 CH₄ 略有增加。而图 6-3-19 和表 6-3-37 表明，当温度大于 230℃时，温度继续增加，虽然大大增加 CO 转化率，却只能带来液体产品收率的微量增加，并且是建立在蜡的大量减少、油的增多基础之上，所以温度保持 230℃是比较好的。

表 6-3-37　1#金巢铁 A 的性能平均值

温度/℃	230	230	232	235	238
流量/(m³/h)	50	40	36	36	36

续表

| CO 转化率/% | 19.35 | 23.26 | 26.15 | 28.99 | 31.48 |
H₂转化率/%	14.94	16.49	19.06	19.96	19.53
CO₂选择性/%	14.87	16.12	14.54	12.29	13.28
CH₄选择性/%	3.59	3.81	3.82	3.95	5.40
蜡油产量/(g/h)	926	878	800	860	880
水产量/(g/h)	1357	1368	1199	1336	1341
蜡/油	1.41	1.31	1.24	1.04	0.86

图 6-3-17 和图 6-3-18 中温度在 230℃时，随流量降低，CO 转化率大幅度增加，而 CO₂和 CH₄略有增加。结合图 6-3-20 和表 6-3-37 可以认定，随流量减少，液体产品收率也在减少。流量从 50m³/h 减少到 40m³/h，流量减少 20%，液体产品收率减少 5%，而流量从 40m³/h 减少到 36m³/h，流量减少量 10%，液体产品收率减少 9%，并且温度升高了 2℃。这就表明流量 40m³/h 是分界点，大于 40m³/h 时有效地减少气体投入量即降低运营成本，而 40m³/h 以下再降低就导致了气体投入与液体产品收率的成比例性降低，即不能满足催化剂性能的气体量，当然这种流量降低显然能够大大提高 CO 转化率。所以流量 40m³/h 是比较经济的。

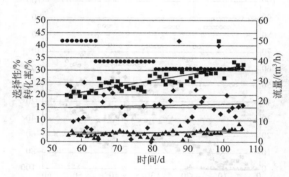

图 6-3-17　1# 金巢铁 A 的流量与转化率
■ CO 转化率；▲ 甲烷选择性；◆ CO₂选择性；● 流量

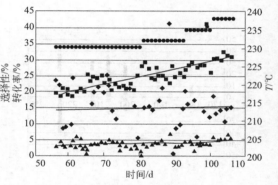

图 6-3-18　1# 金巢铁 A 的温度与转化率
■ CO 转化率；▲ 甲烷选择性；◆ CO₂选择性；● T

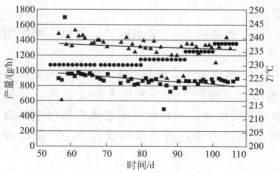

图 6-3-19　1# 金巢铁 A 的温度与液体产品产量
■ CH 产量；▲ 水产量；● T

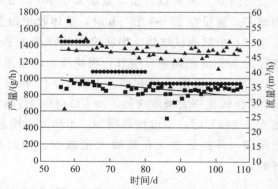

图 6-3-20　1# 金巢铁 A 的流量与液体产品产量
■ CH 产量；▲ 水产量；● 流量

② 3#金巢钴 C 催化剂　从图 6-3-21～图 6-3-23 可以看出，流量约 31m³/h 时，随温度升高，CO 转化率大幅度增加，CH₄略有增加，而 CO₂大幅度降低。而图 6-3-24 和表 6-3-38 表明，随温度升高，大大增加了 CO 转化率，并且液体产品收率也有明显增加。但是温度从 210℃升到 212℃，产量没有增加，然而蜡/油却明显降低，说明 210℃以上只会改变选择性，加大轻质和气态产品产量。210℃应该为控制点，不宜再高。

图 6-3-22 和图 6-3-23 中温度在 205℃时，随流量降低，CO 转化率大幅度增加，CH₄略有增加，而 CO₂大幅度降低。结合图 6-3-25 和表 6-3-38，流量从 45m³/h 减少到 35m³/h，液体产品收率增加；而流量从 35m³/h 减少到 31m³/h，流量减少量 8.6%，液体产品收率减少 1.4%。这就表明流量可以继续少量减少，来降低气体投入量即降低运营成本，而且这种流量降低能够大大提高 CO 转化率。所以流量低于 30m³/h 是比较经济的。

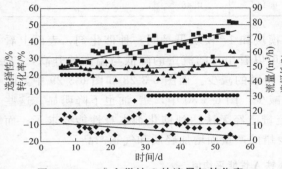

图 6-3-21　3#金巢钴 C 的流量与转化率
■CO 转化率；▲甲烷选择性；◆CO₂选择性；●流量

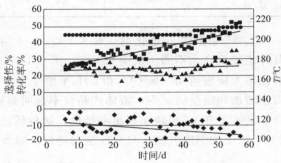

图 6-3-22　3#金巢钴 C 的温度与转化率
■CO 转化率；▲甲烷选择性；◆CO₂选择性；●T

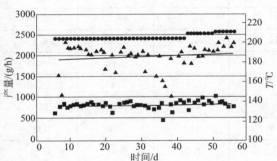

图 6-3-23　3#金巢钴 C 的温度与液体产品产量
■CH 产量；▲水产量；●T

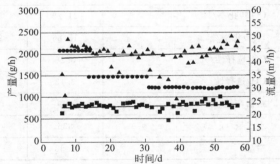

图 6-3-24　3#金巢钴 C 的流量与液体产品产量
■CH 产量；▲水产量；●流量

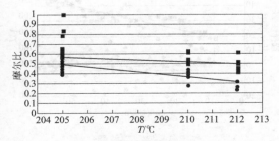

图 6-3-25　3#金巢钴 C 的温度与产品比率
●蜡/油；■CH/水

表 6-3-38　3# 金巢钴 C 性能平均值

温度/℃	205	205	205	210	212
流量/(m³/h)	45	35	31	30.7	30.8
CO 转化率/%	26.11	33.72	37.63	41.72	48.38
H_2 转化率/%	26.99	32.33	38.45	41.52	44.60
CO_2 选择性/%	−7.55	−9.96	−12.62	−13.90	−12.57
CH_4 选择性/%	26.59	23.82	20.47	24.65	31.02
蜡油产量/(g/h)	814	841	829	875	875
水产量/(g/h)	2011	2021	1717	2100	2294
蜡/油	0.46	0.48	0.48	0.38	0.30

③ 4# 金巢铁 A 催化剂（表 6-3-39）　4# 模块和 1# 模块虽是同一种催化剂，表面上看其性能表现完全不同。从图 6-3-26、图 6-3-27 可以看出，随流量的降低与温度的升高，CO 转化率大幅度增加，而 CO_2 和 CH_4 平缓中带有略微的减少。而图 6-3-28 和图 6-3-29 中，随温度增加和流量的减少，液体产品收率也明显减少。图 6-3-30 中，蜡/油也下降明显。这些更加证实了在 1# 模块所得出的结论，这种低流量已经无法达到催化剂本身性能要求了；而 230℃ 以上的温度升高，只会改变选择性，减少蜡的产量而增加轻质和气态产品。

表 6-3-39　4# 金巢铁 A 性能平均值

温度/℃	230	230	234	237	240
流量/(m³/h)	37.5	28	24	23.2	22.8
CO 转化率/%	21.22	29.45	32.54	39.39	45.89
H_2 转化率/%	15.86	21.01	23.13	26.71	26.45
CO_2 选择性/%	3.26	1.87	−4.33	0.85	−0.29
CH_4 选择性/%	3.13	1.57	2.84	3.48	1.24
蜡油产量/(g/h)	699	663	645	639	585
水产量/(g/h)	836	837	767	767	731
蜡/油	1.63	1.39	1.26	0.99	0.74

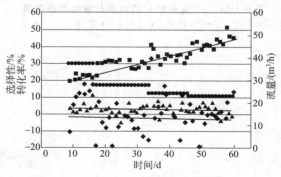

图 6-3-26　4# 金巢铁 A 的流量与转化率
■CO 转化率；▲甲烷选择性；◆CO_2 选择性；●流量

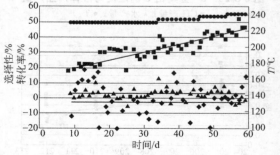

图 6-3-27　4# 金巢铁 A 的温度与转化率
■CO 转化率；▲甲烷选择性；◆CO_2 选择性；●T

3 模块串联测试总性能平均值见表 6-3-40。

表 6-3-40　3 模块串联测试总性能平均值

温度/℃	1#	230	230	232	235	238
	3#	205	205	205	210	212
	4#	230	230	234	237	240
流量/(m³/h)	1#	50	40	36	36	36
CO 转化率/%		52.68	64.08	69.23	74.94	80.81
H_2 转化率/%		47.39	55.63	61.99	65.71	67.22
CO_2 选择性/%		3.44	1.64	−0.62	0.03	0.21
CH_4 选择性/%		13.39	12.37	10.92	13.07	16.12
蜡油产量/(g/h)		2334	2385	2279	2410	2338
水产量/(g/h)		4695	4333	4009	3972	4216
蜡/油		0.97	0.94	0.9	0.72	0.58

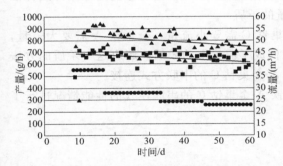

图 6-3-28　4# 金巢铁 A 的流量与液体产品产量
■CH 产量；▲水产量；●流量

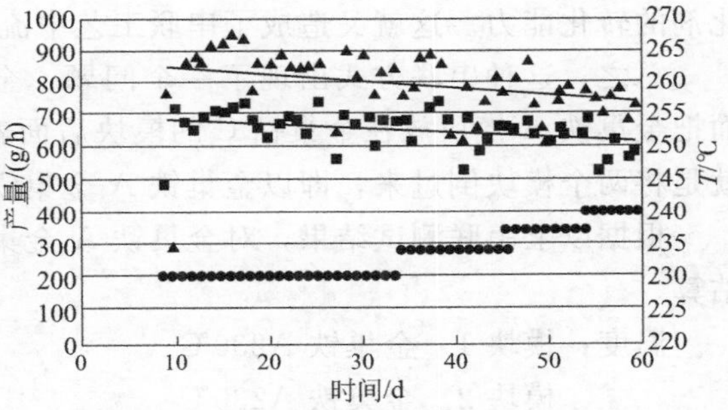

图 6-3-29　4# 金巢铁 A 的温度与液体产品产量
■CH 产量；▲水产量；●T

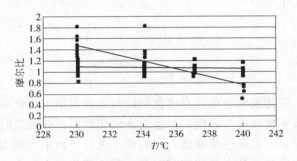

图 6-3-30　4# 金巢铁 A 的温度与产品比率
●蜡/油；■CH/水

对比流量为 50m³/h 和 40m³/h 的性能平均值可以看出，两组数据温度相同，减少了流量却增大了液体产品收率和 CO 转化率，这种流量的降低是符合经济价值的，减少了气体投入增加了收率。而流量继续降低到 36m³/h，升高温度，而收率也有了较为明显的降低，显然这个结果不如前者。而随着温度的继续升高，收率又明显增加了，但是蜡/油降低明显；而温度接着升高，收率又降低了，蜡/油的值又明显降低。结合 CO 转化率的值，可以比较清楚地认为，这种温度的升高和转化率的增加不会带来更多的液体产品收率，只能改变反应的选择性，增加了轻质和气体碳氢化合物，而减少了蜡的产率。综上所述，流量为 $40m^3/h$，$1^\#$ 金巢铁 A 为 230℃，$3^\#$ 金巢钴 C 为 205℃，$4^\#$ 金巢铁 A 为 230℃，在所测得的数据中，经济性价比是最高的。但是其转化率低又成为问题。降低流量和提高温度都能提高转化率。

通过上述试验我们已经论证出，金巢铁 A 的反应温度超过 230℃，再继续升高温度，在不减少蜡收率的情况下，已经不能扩大液体产品收率了，这种转化率的提高没有意义。流量低于 $40m^3/h$ 就不能完全满足催化剂性能要求，出现液体产品收率降低的现象。所以 $1^\#$ 模块的工艺条件已经无法再变动了。

$3^\#$ 模块金巢钴 C 为串联的第二个模块，这时由 $1^\#$ 模块出来的尾气约 $35m^3/h$。如前面论述，金巢钴 C 温度应不高于 210℃，流量低于 $30m^3/h$ 才是合理的，$35m^3/h$ 的流量偏高，并影响催化剂金巢钴 C 的性能发挥，而且只有降低流量才是有效地提高转化率的方法。而作为串联模式，只有降低 $1^\#$ 流量，第二个模块金巢钴 C 才能将流量降低下来，这就与上述 $1^\#$ 模块所要求的工艺条件所矛盾。

$4^\#$ 模块金巢铁 A 为串联的第三个模块，这时由前一模块出来的尾气约 $28m^3/h$。前面对 $4^\#$ 金巢铁运行数据已经做了分析，金巢铁 A 流量应在 $40m^3/h$ 左右才能充分发挥这种催化剂的转化能力。这就又造成了串联工艺中流量的矛盾。

总之，这种串联方式出现了一个问题，金巢钴 C 需要小流量，金巢铁 A 需要大流量，而把金巢铁 A 模块放在金巢钴 C 的模块后面就构成了流量上的矛盾。解决这一矛盾的方法就是将两个模块倒过来，即以金巢铁 A-金巢铁 A-金巢钴 C 的串联方式连接。

根据以上串联测试结果，对金巢铁 A-金巢铁 A-金巢钴 C 的串联模式的性能情况进行了估算。

温度：模块 1　金巢铁 A230℃

　　　　模块 2　金巢铁 A230℃

　　　　模块 3　金巢钴 C210℃

流量：模块 1　入口 $40m^3/h$

CO％转化率：约 80％

H_2％转化率：约 70％

蜡油产量：约 2550

蜡/油：0.9～1.3

（6）催化剂寿命　催化剂的寿命是指催化剂的有效使用期限，优良的催化剂要求使用寿命长，不仅是因为更换催化剂所需费用，而且更换催化剂需要花费工时，使生产能力遭到损失。催化剂在使用过程中，效率逐渐降低，影响催化进程导致生产能力降低。

该工艺可以克服催化剂寿命衰减的许多因素。费托催化剂中毒主要是硫中毒，该工艺采用固定床脱硫技术，使得合成气中的总硫含量降至低于 $20×10^{-9}$，并除去其他可能对费托合成催化剂造成损害的杂质，并且费托固定床工艺本身对杂质有抵御作用。该工艺所生产的液体产品能即时排出，可以将水分压对催化剂的氧化大大降低。对于原料气中的氧气，该工艺也有专门的除氧设备，保证氧含量低于 $10×10^{-6}$。固定床反应器对反应压力的波动也有抵御作用。被氧化的催化剂通过还原可以恢复，重质产品对催化剂的堵塞也可以通过改变工艺条件而溶解。而催化剂晶粒的增大、有效成分的流失和催化剂的逐渐粉化是无法克服的，这也是催化剂寿命降低的主要原因。

该工艺通过一系列措施克服了一些催化剂寿命缩短的因素，尽量保证催化剂的使用寿命。而催化剂经还原再生后，其组成和结构并非能完全恢复原状，故再生催化剂活性普遍均低于新催化剂。当催化剂不能维持正常生产，或催化过程中的经济效益低于规定指标，即表明催化剂寿命终止。

金巢宝氮试验基地对金巢铁 A 和金巢钴 C 做了长期的试验研究，建立在此试验基础上催化剂的使用寿命如下：

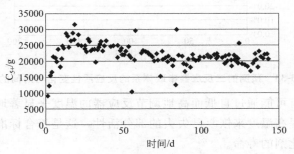

图 6-3-31　金巢铁 A 的催化剂寿命

由图 6-3-31 可以看出，催化剂在 10d 左右达到生产指标范围，20～80d 降幅较大，而第 80d 以后趋向平缓，经过对金巢铁 A 催化剂的研究估算，金巢铁 A 能够保证 240d 的合格生产。

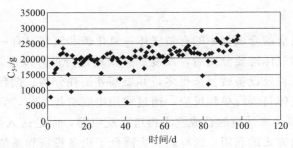

图 6-3-32　金巢钴 C 的催化剂寿命

图 6-3-32 所示，金巢钴 C 催化剂性能比较稳定，在开始的 60d 左右，为保护催化剂，特抑制其性能，60～100d 催化剂性能保持了良好的上升势头，根据其性能趋势分析，金巢钴 C 催化剂能够保证 300d 以上的合格生产。由于在工业试验厂中进行三模块串联模式的不间断运行时间较短，因而很难确定催化剂的全程寿命将是多少。然而通过对模块 1、模块 3 和模块 4 性能的观察，我们能做出下列初步判断。

金巢铁 A 催化剂将能符合要求地持续运行至少 3 个月，金巢钴 C 催化剂将能符合要求地持续运行至少 6 个月。从反应管内的热点移动来判断，到目前为止还未有从反应器顶部起始的催化剂的显著失活发生。

然而，从产率角度来说有明显的发生于所有催化剂床程内的失活现象。这表明主要失活现象的发生是因为水对催化剂的作用和逐渐增加的孔隙扩散阻力。这两种因素都可通过对反应器设计的改善来加以调整和改进。对水来说，可通过降低中间阶段分离器的温度而达到增强中间阶段水移除作用，从而产生有利的影响。至于空隙扩散则可通过改变催化剂结构来做到。基于以上信息，我们能够从最差的情况下预测这些反应器催化剂的活性，如图 6-3-33 所示。

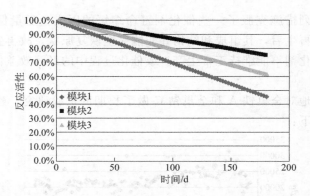

图 6-3-33　预测的三反应器串联体系的反应活性变化与时间的关系

我们已经证明，有可能通过自低而高地调节反应器的温度来显著地恢复活性。这就是说可以通过随时间逐步提高温度来恢复已失去的部分活性，这是符合标准的操作常规的。通过这样可大大地提高催化剂的寿命。

此外，第一个反应模块催化剂活性的降低将增加进入下一个反应模块的反应物的组成，这将产生一个提高下游模块反应器转化率的净效应。

五、三废处理

1. 尾气处理

通常，参加费托反应的合成气中的有效气体—氧化碳和氢气只有一部分可以转化成碳氢化合物，大量未反应的气体需要分离后，反复、多次地进行循环反应，以提高气体利用率。这样，整个费托工艺流程及设备就复杂得多，并要额外消耗分离、循环用的能量。而新一代费托合成工艺，有效气体只进行单程反应，通过使用串联费托工艺，合成气中的有效气体可实现高达 80% 的转化率。未反应的合成气不再送回反应器，而是送入燃气/蒸汽联合循环电厂进行动力利用或其他方式的利用，这样就大大降低了设备投资和系统复杂程度，减少了运行费用，其经济性是显而易见的。尾气被引入燃气轮机燃烧室发电，也是环保的利用方式。

2. 废水处理

费托合成反应的液体产物以碳氢化合物和反应水为主，利用二者的不溶性可以将其很好地分离开。即便如此，反应水中仍含有微量的含氧化合物（参见表 6-3-41、表 6-3-42）。

表 6-3-41　金巢铁 A 反应水成分

产品名称	分子式	质量分数/%	产品名称	分子式	质量分数/%
甲醇	CH_3OH	0.189008627	乙酸	CH_3COOH	0.003679588
乙醇	CH_3CH_2OH	0.229299734	丁酸乙酯	$CH_3CH_2CH_2COOCH_2CH_3$	0.088
丙酮	CH_3COCH_3	0.004475995	戊醇	$CH_3CH_2CH_2CH_2CH_2OH$	0.023875196
丙醇	$CH_3CH_2CH_2OH$	0.077706827	丙酸	CH_3CH_2COOH	0.009093712
丁酮	$CH_3CH_2COCH_3$	0.002360481	合计	—	0.6800
丁醇	$CH_3CH_2CH_2CH_2OH$	0.05248515	水	H_2O	99.3200

表 6-3-42　金巢钴 C 反应水成分

产品名称	分 子 式	质量分数/%	产品名称	分 子 式	质量分数/%
甲醇	CH_3OH	0.119782503	乙酸	CH_3COOH	0.01269647
乙醇	CH_3CH_2OH	0.133925327	丁酸乙酯	$CH_3CH_2CH_2COOCH_2CH_3$	0.088442211
丙酮	CH_3COCH_3	0.002451893	戊醇	$CH_3CH_2CH_2CH_2CH_2OH$	0.016388243
丙醇	$CH_3CH_2CH_2OH$	0.074454549	丙酸	CH_3CH_2COOH	0.020817898
丁酮	$CH_3CH_2COCH_3$	0.001020163	合计	—	0.5094
丁醇	$CH_3CH_2CH_2CH_2OH$	0.039442716	水	H_2O	99.4906

　　由以上费托反应水的成分表可以看出，反应水中仅含有不到 1% 的有机含氧化合物，而固定床工艺又不会引入含硫化合物，氨氮反应几乎没有，反应水 pH 值为 4～5。这种反应水除了酸性较高以外，还含有不到 1% 的含氧有机化合物，其他条件均符合锅炉用水等标准，用中和法消除反应水酸性后，再进行含氧有机化合物处理，就可循环利用，消除废水污染，大大降低生产中的水消耗，降低运营成本。

3. 废渣处理

　　整个费托工艺中的废渣只有各种催化剂。催化剂在空气中易氧化发热，所有催化剂应在卸载前用氮气进行吹扫降温。将卸载的催化剂收集并存放到专门的收集存放容器中，而后集中运往催化剂厂家，由催化剂厂进行回收和再利用。所有催化剂的收集、存放和运输储罐必须用氮气提前吹扫。

六、工业示范装置考核测试

1. 陕西金巢公司专家现场测试

　　测试时间：2009 年 10 月 1 日至 10 月 4 日。
　　实验模式：$1^{\#}$ 金巢铁 A-$3^{\#}$ 金巢钴 C-$4^{\#}$ 金巢铁 A 三模块串联。
　　试验条件：见表 6-3-43。

表 6-3-43　试验条件

反应器号	$1^{\#}$	$3^{\#}$	$4^{\#}$	备 注
管径	$\phi48mm$	$\phi48mm$	$\phi48mm$	
催化剂	金巢铁 23.48kg	金巢钴 23.28kg	金巢铁 23.31kg	堆密度 0.82
压力/MPa	2.9	2.78	2.5	
温度/℃	238	212	240	
气量/(m³/h)	35	30	22	

　　反应产物（72h 产量）：
　　蜡 66840g，重质油 22368g，轻质油 84351g，水 317128g，合计 490690g。
　　蜡＋重质油＋轻质油＝173562g，蜡占 38.51%。
　　测试结果：
　　① CO 转化率 79.17%。
　　② 以 $CO＋H_2$ 计算的产率 148.81g/m³。
　　③ 催化剂的综合生产强度 35.4g/(kg·h)。

④ 催化剂床层中气体的平均空速 $1050h^{-1}$。

⑤ 产物的比例为：蜡 38.51%；重质油 12.89%；轻质油 48.6%。

⑥ 水和产物的比例为 1.82728。

2. 陕西省科技厅检测专家组现场测试

测试时间：2009 年 11 月 6 日至 11 月 9 日，共计 72h。

试验模式：1#金巢铁 A-3#金巢钴 C-4#金巢铁 A 三模块串联。

试验条件：见表 6-3-44。

表 6-3-44 试验条件

反应器号	1#	3#	4#	备 注
管径	$\phi 48mm$	$\phi 48mm$	$\phi 48mm$	
催化剂	金巢铁 23.48kg	金巢钴 23.28kg	金巢铁 23.31kg	堆密度 0.82kg/L
压力/MPa	$2.89 \sim 2.91$	$2.76 \sim 2.792$	$2.51 \sim 2.54$	
温度/℃	240	240	240	
气量/(m³/h)	34	29	19	

反应产物：

蜡 77580g，重质油 23730g，轻质油 77000g，水 268560g，合计 446870g。

蜡＋重质油＋轻质油＝178310g，蜡占 39.90%。

检测结果：

① 原料气 CO 转化率约 80%。

② 蜡＋油产品收率≥150g/m³（CO＋H_2）。

③ 反应选择性（基于 CO）：CH_4 选择性约 10.7%，CO_2 选择性约 8.5%。

④ 反应水/产品（蜡＋油）约 1.51。

七、工业示范装置试验结论

金巢费托合成工业试验项目开始于 2008 年 4 月。项目运行时间长达 18 个月左右。在此期间，各种基本工艺参数得到了确定。

初始阶段，工业试验项目注重于反应器结构的研究，特别是管径与热量控制间的关系。继初始测试之后，对各种商业催化剂进行了研究，并对催化剂的产率和选择性进行了比较。从六种工业催化剂中，有两种经选择被确认具有商业应用可行性。对这些催化剂也进行了串联试验，以验证反应器串联配型的概念。通过长时间运行阶段的产品产率和选择性前景来看，此串联配型达到了商业级运行的性能。金巢铁 A 催化剂在长达约 5 个月的运行之中，活性没有特别明显的降低，金巢钴 C 催化剂在 3 个多月的运行中，催化剂性能仍未表现出活性降低。

已确定了费托合成商业厂设计的基本参数。此设计可以称为"第一代"工艺技术。这是一个富有活力，并可以适用不同工艺进料的技术。为进一步改进工艺，可以对三个装有金巢铁 A 的反应器进行串联研究，同时，也可以研究调整反应器进料合成气比例而产生的影响。这将有助于对不同给料类型的工艺进行优化。

八、总结

金巢新一代费托合成技术的开发通过实验室方向性研究、小型模型反应器研究、工业试验装置单模块试验和三模块串联测试几个阶段。

首先在金山大学实验室中进行了催化剂基本性能的方向性研究，用 TPR 对催化剂的还原条件加以确定，最终认为以纯氢气作为还原气，铁催化剂还原温度大于 300℃，钴所需还原温度大于 350℃，对催化剂还原效果较好。同时在实验室对金巢的六种催化剂进行了对比试验，初步肯定了金巢铁 A、金巢铁 C、金巢钴 B、金巢钴 C 四种催化剂的优势。

接着在金巢宝鸡试验基地的小型反应器和金山大学实验室中进行了反应条件对催化剂性能影响的方向性试验。试验表明：反应压力对费托合成反应影响不大；随着反应温度的升高，有效气的转化率也会增大；流量的降低同样能造成转化率的增大。确立了反应温度和流量即空速对反应影响的关系。

在实验室试验和小反应器测试之后，对金巢费托合成技术的研究进入了工业化测试阶段，这个阶段的第一步是对不同管径的表现进行对比，最终认为外径大的反应管既能提升产量又完全满足固定床反应器的移热要求。第二步是对实验室推荐的四种催化剂进行工业化筛选，通过对四种催化剂性能的对比，决定以金巢铁 A 和金巢钴 C 作为铁基催化剂和钴基催化剂的代表进行深入研究。第三步是对筛选出的两种催化剂进行反应条件的研究，研究表明金巢铁 A 的反应温度在 225～235℃，流量控制在 36～42m³/h 较好；而金巢钴 C 的反应温度应控制在 200～213℃，流量控制在 25～32m³/h。

通过上述基础测试，最后决定以金巢铁 A-金巢钴 C-金巢铁 A 的串联模式进行测试。整个测试过程保证了数据的相对稳定，然后对工艺参数进行微调，试验结果令人满意。通过三模块串联方式最终实现了 CO 转化率达 80% 的优良表现，并且很好地结合了两种催化剂的优点，可灵活调节产物配比。经过对此次串联测试结果的分析，在经过模块的重新组合以后，将能取得比现在更好的成绩。

根据金巢试验基地新一代费托合成技术的工业试验研究数据及催化剂表现出的性能，可以得出以下结论：

① 通过金巢费托合成工艺（三模块串联）可实现合成气转化率≥80%；每立方米合成气（H_2＋CO）生产≥150g 产品。

② 虽然已获得了商业化装置设计所需的数据，但对催化剂的研发会持续进行，以不断提高目标产品选择性及产能。同时，金巢将对商业化装置的整个工艺进行优化，进一步提高整体转化率，以降低生产成本。

参考文献

[1]　朱开诚，史建立，等.21 世纪中国石油天然气资源战略.北京：石油工业出版社，2001.
[2]　陈鹏.中国煤炭性质、分类和利用.北京：化学工业出版社，2001.
[3]　张碧江.煤基合成液体燃料.太原：山西科学技术出版社，1993.
[4]　郭树才.煤化工工艺学.北京：化学工业出版社，1992.

第四章
合成气费托合成蜡技术

第一节　技术发展沿革

费托合成是指以 CO 和 H_2 为原料，经催化聚合，生成烃类产物的化学过程。该项技术于 20 世纪 20 年代由德国化学家 Fischer 和 Tropsch（费、托）发明，并在二战期间获得大规模应用，主要产品是汽、煤、柴油等液体燃料，合成蜡属副产品。80 年代以来，CTL/GTL 的蓬勃发展促进了对烃类产物中蜡组分的开发，费托合成蜡形成系列产品。目前国外主要生产厂家为南非 Sasol 和荷兰 Shell 公司。受限于技术、成本等因素，多年来全球费托合成蜡产量仅维持在十多万吨的水平。

中国科学院山西煤化所与山西潞安集团合作开发的焦炉气费托高纯蜡技术，2014 年在潞安建成 $6×10^4\,t/a$ 工业装置工业化运行。上海亚申科技研发中心开发成功的紧凑型费托合成蜡技术，在新疆、陕西正在建 $(5\sim6)×10^4\,t/a$ 工业化示范装置。这标志着我国费托合成蜡技术进入世界先进行列。

第二节　费托合成蜡的基本原理、技术特点及专利

1. 基本原理

费托合成本质上是一氧化碳聚合生成烃类的过程，产物主要是分子量在 $10\sim3×10^3$ 量级范围的烃类混合物，其碳数分布通常服从 ASF（Anderson-Schulz-Flory）分布规律。

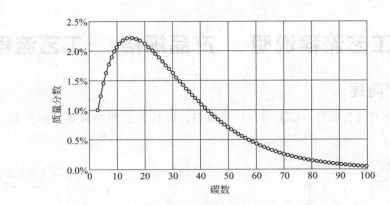

图 6-4-1　费托合成产物典型碳分布

费托合成产物典型碳分布如图 6-4-1 所示，上述烃类混合物中，$C_5 \sim C_{10}$ 范围组分通常称为（合成）石脑油，其可进一步加工制成汽油或汽油调和组分。$C_{10} \sim C_{17}$ 组分称为（合成）液蜡。其中，$C_{10} \sim C_{12}$ 组分可经异构降凝制成航空煤油。液蜡经异构降凝即得到高品质柴油。C_{18} 以上的、以正构烷烃为主要成分的烃类混合物即费托合成蜡。其可进一步分离成（平均）分子量不等，碳数分布各异，熔点、硬度等理化性质不同的费托合成蜡系列产品。

2. 技术特点

以生产合成蜡为目标和以生产液体燃料为目标的费托合成的主要区别包括：

① 合成产物有较高值，以提高合成蜡得率和产品等级；

② 合成产物以正构烃为主，异构烃、环状烃、芳烃等尽可能少；

③ 合成产物不含金属/离子等杂质，或这些杂质易去除。

此外，为获得品质优良的费托合成蜡，需要对烃类混合物进行精制，脱除合成产物所含各类杂质，包括醇、醛、酮、酸等含氧化合物，烯烃、芳烃、稠环芳烃等不饱和烃类，以及金属、离子等其他杂质，并且在精制/分离等过程中避免引入和/或生成新的杂质。

3. 技术专利（表 6-4-1）

表 6-4-1　技术专利

序号	专利类型	名称	专利号/申请号
1	发明专利	可运输的模块化的紧凑型费托合成装置	200910056236.6
2	发明专利	费托催化剂、其制备方法、应用以及采用该催化剂的费托合成方法	201210465555.4
3	发明专利	分子蒸馏器	201510638969.6
4	发明专利	一种费托合成产物的加工方法	201510639203.X
5	发明专利	一种用费托粗蜡生产高级蜡的方法	201510639202.5
6	发明专利	一种生产单质正构烷烃的方法	201510781150.5
7	发明专利	一种列管式固定床反应器	201610986411.1

第三节 工艺流程说明、产品规格、工艺流程框图

一、工艺流程简述

费托合成蜡技术以合成气（$CO + H_2$）为原料，以长链正构烷烃为目标产品，其工艺流程如图 6-4-2 所示。

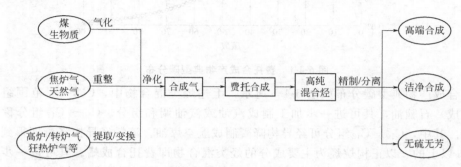

图 6-4-2 费托合成蜡技术工艺流程

合成气经净化处理后送入费托合成反应器，在中温中压条件下及催化剂作用下，生成以正构烷烃为主的高纯混合烃；合成产物经精制分离，即获得系列费托合成蜡和环保溶剂。

由各种渠道/途径获得的合成气都可用来生产费托合成蜡。传统合成气来源包括煤气化和天然气重整。近年来，利用工业尾气/废气制合成蜡和环保溶剂也日益受到业界青睐。除明显的环保效益外，其可观的经济效益也是重要原因之一。

二、合成工段

费托合成工段的工艺流程如图 6-4-3 所示。

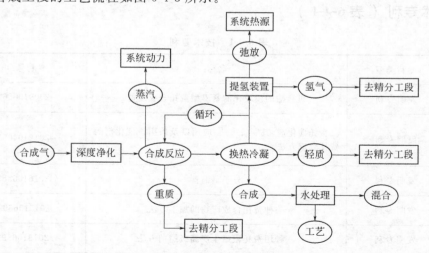

图 6-4-3 费托合成工段的工艺流程

原料合成气经深度净化后送入合成反应器。深度净化的目标是确保输入气体中各有害杂质浓度低于 10×10^{-9}。有害杂质的累积输入量与合成催化剂的使用寿命负相关。即有害杂质输入总量越少，催化剂使用寿命越长。有害杂质包括硫及其化合物、卤素及其化合物、

汞、砷、钒等元素/化合物、碱金属和碱土金属、羰基化合物等。造成催化剂永久失活的主因是有害杂质，且催化剂失活段从床层上部逐步向下部扩展。因此，除保护层外，通常宜留有设计冗余，以延长催化剂更换周期。

费托合成反应器形式为列管式固定床，催化剂为负载型固体催化剂，以钴为主要活性成分。要求催化剂：碳链聚合度高（>0.935）；正构选择性高（>95%）；催化剂体积活性高 [>120kg/(m³·h)]；甲烷选择性低（<10%）；工作压力低（<10MPa）；使用寿命长（3年以上）。

深度净化后的合成气在合成反应器中、在合成催化剂作用下，聚合生成高纯混合烃。其中，在反应条件下呈液态的混合烃（重质烃）从反应器底部流出，送去精分工段。在反应条件下呈汽态的混合烃（轻质烃）随气体流出，经换热冷凝和油水分离后，送去精分工段。

费托合成反应生成的合成水中含有少量含氧化合物，以醇类为主。合成水经水处理装置处理后可作为工艺水使用，提取的混合醇作为副产品输出。

合成反应器输出的大部分不凝气体经压缩后返回合成反应器（循环气）。少量气体作为弛放气输出，以维持反应器系统压力稳定。弛放气主要由 N_2、Ar、CO_2 等惰性气体及 CH_4、C_2H_6、CO、H_2 等可燃气体构成。弛放气量及热值主要取决于原料气中的合成气（有效气）浓度。合成气浓度越高则弛放气越少且其热值越高。

可由提氢装置提取弛放气中的氢气，供应给精分工段；提氢后余气作为热源输出。然而，合成气制合成蜡全厂消耗的氢气和燃气都很少，因此大部分弛放气需要送出界区并妥善处置。

费托合成反应为强放热反应，合成反应器输出的蒸汽为中低压蒸汽（0.5～2MPa）。部分蒸汽用于精分和全厂供热，剩余蒸汽（大部分）用于全厂动力和/或送出界区。

三、轻质烃精分

轻质烃精分工段的工艺流程如图 6-4-4 所示。

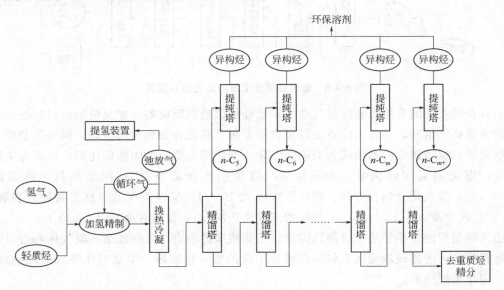

图 6-4-4 轻质烃精分工段的工艺流程简图

来自合成工段的轻质烃和纯氢气送入轻质烃加氢精制反应器。加氢精制的目标是将轻质烃中的少量烯烃饱和，并且去除轻质烃所含的少量含氧化合物和微量芳烃等杂质。

轻质烃加氢精制反应器形式为涓流固定床，催化剂为负载型固体催化剂，以镍为主要活性成分。催化剂需同时满足：非硫加氢（以免引入含硫杂质）；深度加氢（烯烃转化率＞99.9%；含氧化合物、芳烃等浓度＜10^{-4}）；反应温度低（高温易导致裂解/异构）；产品收率高（＞99.5%）；工作压力低（＜10MPa）；使用寿命长（3年以上）。

加氢精制后的轻质烃主要为正构烷烃，异构烃含量较少（＜5%）且结构简单（以—CH_3为主）。因此，按普通精馏-提纯步骤，即可逐级分离$C_5\sim C_{18}$的正构烷烃，获得高纯（纯度＞99%）、单质正构烷烃系列产品；也可仅提取部分单质轻烃，将提余物列为液蜡产品。

提纯过程中获得的异构烷烃可单独列为产品（数量较少），也可混合后作为异构烃溶剂产品。末级精馏塔的塔釜输出物料送至重质烃精分工段。

加氢精制过程耗氢很少，绝大部分不凝气体经压缩后返回加氢精制反应器复用（循环气）。极少量不凝气体作为弛放气输出，以维持反应器系统压力稳定。弛放气主要成分是H_2，送至提氢装置回收氢气。

四、重质烃精分

重质烃精分工段的工艺流程如图6-4-5所示。

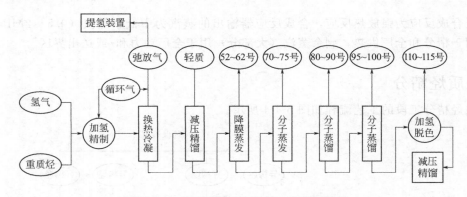

图6-4-5　重质烃精分工段的工艺流程简图

来自合成工段的重质烃和纯氢气送入重质烃加氢精制反应器。加氢精制的目标是将重质烃中的少量烯烃饱和，并且去除重质烃所含的少量含氧化合物和微量芳烃、稠环等杂质。

重质烃加氢精制反应器形式为涓流固定床，催化剂为负载型固体催化剂，以镍为主要活性成分。催化剂需同时满足：非硫加氢（以免引入含硫杂质）；深度加氢（烯烃转化率＞99.9%；含氧化合物、芳烃、稠环等浓度＜10^{-4}）；反应温度低（高温易导致裂解/异构）；产品收率高（＞99.5%）；工作压力低（＜10MPa）；使用寿命长（3年以上）。

加氢精制后的重质烃经多级降压闪蒸后送回减压精馏塔，脱除残余不凝气体和重质烃所含少量轻质烃。所述轻质烃送至轻质烃精分工段的第一精馏塔。不凝气体并入低压弛放/闪蒸气，用作系统热源。

减压精馏塔釜输出物料送入降膜蒸发器。在设定工况条件下，降膜蒸发器的蒸出物即为52～62号洁净合成蜡（取决于操作参数和输入物料构成）。降膜蒸发器的蒸余物送入分子蒸馏器。串联排布的分子蒸馏器，按设定操作条件，将输入物料中的（相对）较轻组分逐级蒸出，蒸出物即为各牌号高端合成蜡。

分子蒸馏是一种适用于高沸点热敏物质分离的技术手段。其用机械方式促使液态物质在热源表面形成液体薄膜（从而大幅降低液相分子的逃逸位垒），并在液膜邻域用冷源表面捕获逃逸分子（从而大幅降低汽相分子的折返概率），利用混合物中不同组分之间的逸度差异，实现物质分离。分子蒸馏的优点包括热源温度低、接触时间短、蒸发效率高等。传统分子蒸馏器的缺点之一是机械成膜易引入机械杂质，特别是金属杂质。此外，机械摩擦点位的局部高温也易引发热敏物质变异，导致生成新的杂质。新型分子蒸馏器彻底解决了此类问题。

末级分子蒸馏器的蒸余物送入加氢脱色反应器，脱除物料残色以及微量芳烃、稠环化合物等杂质。加氢脱色反应器形式为涓流固定床，催化剂为负载型固体催化剂，以铂为主要活性成分。催化剂需同时满足：非硫加氢（以免引入含硫杂质）；深度脱色（产品色度＞30）；芳烃、稠环化合物浓度＜10^{-4}；反应温度低（高温易导致裂解/异构）；产品收率高（＞99.5%）；工作压力低（＜10MPa）；使用寿命长（5年以上）。

加氢脱色反应器输出的液态物料即为最高牌号的超硬合成蜡。少量气相冷凝液送返减压精馏塔。加氢脱色过程耗氢极少，绝大部分不凝气体经压缩后返回加氢脱色反应器复用（循环气）。极少量气体作为弛放气输出，以维持反应器系统压力稳定。弛放气主要成分是 H_2，送至提氢装置回收氢气。

各牌号费托合成蜡经质检合格后送成品车间，经造粒/成型/封装，产品打包入库。

五、合成蜡产品规格

合成蜡产品规格见表 6-4-2～表 6-4-6。

表 6-4-2 YS52 洁净合成蜡产品指标

项 目		试验方法	单 位	指 标
外观		目测		白色
冻凝点		SH/T 0132	℃	52～56
含油量	≤	GB/T 3554	%	2.8
针入度（25℃）		GB/T 4985	0.1mm	22～40
运动黏度（100℃）		GB/T 265	mm²/s	3～5
赛氏色度	≥	GB/T 3555	赛波特号	28
嗅味	≤	SH/T 0414		2
紫外吸光度	≤	GB/T 7363	L/(g·cm)	0.01
溴指数	≤	SH/T 0630	mg Br/100g	100
酸值	≤	SH/T 0809	mg KOH/g	0.1

表 6-4-3 YS70 洁净合成蜡产品指标

项 目	试验方法	单 位	指 标
外观	目测		白色
冻凝点	SH/T 0132	℃	68～72

续表

项 目		试验方法	单 位	指 标
含油量	≤	GB/T 3554	%	1.0
针入度(25℃)		GB/T 4985	0.1mm	9~16
运动黏度(100℃)		GB/T 265	mm²/s	5~7
赛氏色度	≥	GB/T 3555	赛波特号	28
嗅味	≤	SH/T 0414		2
紫外吸光度	≤	GB/T 7363	L/(g·cm)	0.01
溴指数	≤	SH/T 0630	mg Br/100g	100
酸值	≤	SH/T 0809	mg KOH/g	0.1

表 6-4-4 YS80 高级合成蜡产品指标

项 目		试验方法	单 位	指 标
外观		目测		白色
冻凝点		SH/T 0132	℃	78~82
含油量	≤	GB/T 3554	%	1.0
针入度(25℃)		GB/T 4985	0.1mm	6~7
运动黏度(100℃)		GB/T 265	mm²/s	6~9
赛氏色度	≥	GB/T 3555	赛波特号	28
嗅味	≤	SH/T 0414		1
紫外吸光度	≤	GB/T 7363	L/(g·cm)	0.01
溴指数	≤	SH/T 0630	mg Br/100g	100
酸值	≤	SH/T 0809	mg KOH/g	0.1

表 6-4-5 YS100 高级合成蜡产品指标

项 目		试验方法	单 位	指 标
外观		目测		白色
冻凝点		SH/T 0132	℃	96~98
含油量	≤	GB/T 3554	%	0.5
针入度(65℃)		GB/T 4985	0.1mm	9~11
运动黏度(120℃)		GB/T 265	mm²/s	12~14
赛氏色度	≥	GB/T 3555	赛波特号	30
嗅味	≤	SH/T 0414		1
紫外吸光度	≤	GB/T 7363	L/(g·cm)	0.01
溴指数	≤	SH/T 0630	mg Br/100g	100
酸值	≤	SH/T 0809	mg KOH/g	0.1

表 6-4-6 YS115 超硬合成蜡产品指标

项 目	试验方法	单 位	指 标
外观	目测		白色

续表

项　目	试验方法	单　位	指　标
冻凝点	SH/T 0132	℃	110～115
含油量　　　　≤	GB/T 3554	%	0.5
针入度(65℃)	GB/T 4985	0.1mm	报告
运动黏度(130℃)	GB/T 265	mm²/s	15～25
赛氏色度　　　≥	GB/T 3555	赛波特号	30
嗅味　　　　　≤	SH/T 0414		1
紫外吸光度　　≤	GB/T 7363	L/(g·cm)	0.01
溴指数　　　　≤	SH/T 0630	mg Br/100g	100
酸值　　　　　≤	SH/T 0809	mg KOH/g	0.1

第四节　主要设备和操作条件

一、主要设备

合成气制费托合成蜡的主要设备及参数见表6-4-7。

表 6-4-7　5 万吨/年规模合成气制费托合成蜡的主要设备及参数

序号	设备名称	数量	参数(型式)
1	费托合成反应器/台	1	管壳立式，DN 3.8m，H = 12m，容积 50m³
2	耦合换热器/台	1	DN 1.7m，L = 6m
3	热交换器/台	1	DN 1.1m，L = 6m
4	循环气压缩机/台	2	额定排气量 40m³/min，轴功率 1.5MW
5	氢气压缩机/台	2	额定排气量 0.5m³/h，轴功率 20kW
6	加氢精制反应器/台	2	涓流床，DN 1.6m，H = 8m，容积 15m³
7	减压精馏塔/台	1	填料塔，DN 1.1m，H = 11.4m
8	降膜蒸发器/台	1	DN 1.2m，H = 6.0m
9	分子蒸馏器/台	3	DN 1.4m，H = 8m，F = 30m²
10	加氢脱色反应器/台	1	涓流床，DN 1.2m，H = 6.7m，容积 6m³
11	蜡成型造粒机/台	3	钢带造粒/离心喷雾造粒

二、操作条件

合成气制费托合成蜡的主要操作条件见表6-4-8。

表 6-4-8　5 万吨/年规模合成气制费托合成蜡的主要操作条件

序号	设备名称	操作温度/℃	操作压力/MPa
1	费托合成反应器	170～220	5.0～8.0
2	耦合换热器	130～220	5.0～8.0

续表

序号	设备名称	操作温度/℃	操作压力/MPa
3	热交换器	110~150	5.0~8.0
4	循环气压缩机	40~50	4.0~8.0
5	氢气压缩机	40~50	5~10
6	加氢精制反应器	260~320	5~10
7	减压精馏塔	210~240	1~2kPa
8	降膜蒸发器	210~240	0.5~1.5kPa
9	分子蒸馏器	170~240	10^{-2}~10^2Pa
10	加氢脱色反应器	260~320	5~10
11	蜡成型造粒机	70~130	常压

第五节　消耗定额

消耗定额见表6-4-9。

表 6-4-9　消耗定额

序号	名称	规格	典型消耗指标
一	原辅材料		
1	有效合成气/t	＞80%	5800~5900
2	氢气/t	99.9%	20~30
3	催化剂/(kg/t)	钴基/镍基	0.20~0.25
二	公用工程及动力		
1	新鲜水/m³	25℃	7.0
2	电力/(kW·h/t)	220V/380V	550
3	蒸汽/(t/t)	1.0MPa	-4.0

第六节　综合能耗

该项合成气制费托合成蜡技术的单位产品综合能耗为-5776MJ/t，折0.14t标油或-0.20t标煤，即合成气制费托蜡是能量输出过程，如表6-4-10所示。

表 6-4-10　费托合成蜡技术的单位产品综合能耗

序号	能耗项目	吨产品单耗	折算当量能耗系数	折算能耗/(MJ/t)
1	电力(10000/380/220V)/kW·h	550	10.89	5990
2	1.0MPa饱和蒸汽(副产)/t	-5.5	3182	-17501
3	2.5MPa饱和蒸汽/t	1.5	3559	5339
4	新鲜水/m³	7	6.28	44
5	仪表空气/m³	60	1.59	95
6	氮气/m³	30	6.28	188
7	污水/t	1.5	46.05	69
	合计			-5776

第七节　工程化业绩

工程化业绩见表 6-4-11。

表 6-4-11　工程化业绩

建设单位	新疆锦天科畅新材料有限公司	榆林红石化工有限公司
建设规模	5 万吨/年合成气制费托合成蜡	6 万吨/年煤基重质烃制费托合成蜡
建设地点	新疆	陕西
建设投资	3.8 亿	1.2 亿
建成日期	建设中	建设中

山西潞安集团利用焦化厂焦炉煤气为原料，采用山西煤化所钴基催化剂费托合成技术，建成两台 $\phi 3m$ 固定反应器，设计能力为 $6 \times 10^4 t$ 合成蜡及油品，其中高纯蜡 43%、柴油 40%、石脑油 15%、LPG 2%；2017 年达到稳定运行，这是唯一建成投产的费托合成蜡工业化装置。

第八节　山西煤化所 $10 \times 10^4 t/a$ 费托蜡技术方案

一、建设规模

$10 \times 10^4 t/a$，年工作日 300d（7200h）。

二、产品方案

① 合成蜡　　　　　　$6.5 \times 10^4 t/a$

② 基础油　　　　　　$1.47 \times 10^4 t/a$

③ 十六烷值调节剂　　$1.6 \times 10^4 t/a$

④ LPG　　　　　　　$0.35 \times 10^4 t/a$

三、技术选择

① 原料天然气自热式转化制合成气（$CO+H_2$）。

② 费托合成自主知识产权技术。钴基催化剂，一次填充量 $110m^3$。

③ 合成气净化技术：MDEA 技术。

四、原料及动力消耗

① 天然气　　　　$2.5 \times 10^8 m^3/a$

② 新鲜水　　　　$320 \times 10^4 t/a$

③ 电　　　　　　$8600 \times 10^4 kW \cdot h/a$

④ 氧气　　　　　$22000 m^3/h$

五、项目总投资估算

  ① 总投资   9.26 亿元，建设投资 8.5 亿元

  ② 资本金   2.778 亿元（30%）

六、初步经济评价

  ① 年均销售收入   67470 万元

  ② 内部收益率（税后） 18.34%

  ③ 投资回收期   6.7 年（含两年建设期）

  ④ 盈亏平衡点   45.3%（生产能力）

第五章
神华宁煤 400 万吨/年
煤间接液化示范项目

  神化宁煤 400 万吨/年间接法合成油被列为国家重大示范项目。2013 年 9 月 18 日获得国家发展改革委核准，2014 年 11 月开工建设，合成油装置分为 A、B 两条生产线，分别于 2016 年 12 月和 2017 年 11 月打通全流程，产出合格油品，2017 年 12 月 A、B 线实现满负荷运行。截至 2018 年 5 月 20 日累计运行 11400h。

  2018 年 5 月 21 日至 26 日，中国石油和化学工业联合会组织专家，对合成油示范装置进行现场 72h 考核标定和科技成果鉴定。标定结果"装置运行指标优于设计值"，鉴定委员会一致认为"该成果创新性强，总体达到国际领先水平"。

第一节 示范项目概况

一、技术来源及装置建设规模

1. 技术来源

  中国科学院山西煤化所从 20 世纪 80 年代初开始进行煤制油技术开发，1997～2004 年自主研发成功了铁基催化剂浆态床费托合成油技术，经过小试和中试之后，2009 年 3 月在内蒙古伊泰集团建成投产国内首套 18 万吨间接法煤制油工业示范项目，2017 年产量达 19.5 万吨，实现利润 4684 万元，取得了长周期满负荷稳定运行的良好效果。2010 年以后神华、潞安两套 16 万吨煤制油陆续建成投产。通过 16～18 万吨三个项目的生产运行和技术改进，取得了丰富的工程设计和运行经验，为建设 400 万吨大型化间接法煤制油奠定了基础。

  中科院山西煤化所与伊泰等几家煤炭企业共同组建了中科合成油技术有限公司，在大型工程技术和新型催化剂开发方面做了卓有成效的工作。神华宁煤 400 万吨煤制油示范项目采用中科合成油公司具有自主知识产权的高温浆态床费托合成技术。

2. 项目建设规模

合成油设计能力为油品 405.2 万吨，费托合成反应器共 8 台，分为 A、B 两个系列。油品构成：调和柴油 273.3 万吨、石脑油 93.3 万吨、液化石油气 33.6 万吨。油品质量优于国六标准。

副产品：硫黄 12.8 万吨、混合醇 7.5 万吨、硫酸铵 10.7 万吨。

另外建成 100×10^4 t/a 煤制甲醇装置。

二、示范项目综合指标

① 总投资估算   550 亿元
② 总占地面积   815.23hm²，其中主厂区占地 560.96hm²
③ 全厂定员   3200 人
④ 年用煤量   2461 万吨（含燃料煤）
⑤ 用水量   3800 万吨（含甲醇用水）

第二节 生产工艺过程

示范项目由煤制合成气、费托合成油、油品加工精制及配套公用工程四大部分组成。

一、煤制合成气（$CO+H_2$）

1. 煤气化制粗煤气

煤气化采用神宁炉干煤粉气流床加压煤气化技术。原料进厂经破碎、磨煤制粉，干煤粉与氧气、蒸汽经喷嘴进入气化炉进行气化反应，生成粗煤气，干基有效气（$CO+H_2$）大于 90%，粗煤气经水洗降温除尘后送变换工序。

2. 粗煤气变换

气化来的粗煤气分两股，一股进入变换炉，在催化剂作用下与水蒸气反应将 CO 转化为 H_2 和 CO_2，另一股不经变换反应，与变换气混合进入低温甲醇洗工序。

3. 低温甲醇洗脱硫脱 CO_2

变换来的变换气，进入低温甲醇洗吸收塔，脱除变换气中的 H_2S 和 CO_2，甲醇吸收液送再生塔，减压释放出 H_2S 和 CO_2，H_2S 送硫回收制硫黄，CO_2 放空。净化后的合成气总硫小于 0.1×10^{-6}，再经氧化锌精脱硫，合成气中总硫降至小于 0.05×10^{-6}，净化后合成气（$CO+H_2$）送往费托合成工序。

二、费托合成油

费托合成装置包括费托合成、馏分油汽提、催化剂还原、蜡过滤、尾气处理、合成水处理等 6 个部分。

1. 费托合成及馏分油汽提

由低温甲醇洗来的净化合成气进入费托合成浆态床反应器，在催化剂作用下，生成以轻质石脑油、稳定重质油、合格蜡为主的产品，同时产生大量合成水。未反应的合成气和新鲜合成气混合，经压缩机进行循环。

轻质油、重质油、稳定蜡加热后送入汽提塔汽提，在塔顶分液罐进行油、水、气三相分离，分离出的轻油、重质油送往油品加工单元，高温稳定蜡冷却后送至蜡过滤单元。分离出来的释放气经压缩机送尾气处理单元。分离出来的合成水经泵升压送入中间罐区。

2. 催化剂还原

费托合成催化剂在合成气的作用下，在还原反应器内进行还原反应，同时发生费托合成反应。还原反应产生的气体经循环气换热、冷却后进入重质油分离器进行气液两相分离，重质油送费托合成单元，气相进一步冷却分离出的轻质油送至费托合成单元。分离出的气体一部分进入还原反应器与催化剂发生反应，另一部分气体去尾气处理脱碳单元。

还原后的催化剂浆液加压返回费托合成器单元。

3. 低温油洗尾气处理

利用低温高压吸收、高温低压解吸的原理和蒸馏原理，将费托合成脱碳尾气和汽提塔顶气分离出油洗干气、石脑油、液化石油气等产品。

4. 合成水处理

费托合成生成大量合成水，其水、油比为 $1.12\sim1.16$。还包括低温油洗的含油污水、催化剂还原和尾气脱碳处理的含油污水。这部分含有机物的污水经处理后，目前可回收轻醇（主要为 $C_1\sim C_3$ 醇）、重醇（$C_4\sim C_7$ 醇）产品。

5. 费托合成工艺流程

费托合成工艺流程见图 6-5-1。2017 年 11 月至 2018 年 5 月费托合成（中间）产品分布占比为：合格蜡 49.83%，重质油 38.31%，轻质油 10.01%，压缩凝液 1.8%。

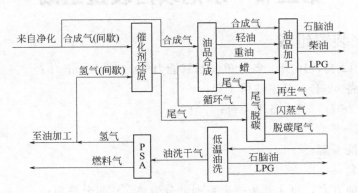

图 6-5-1　费托合成工艺流程简图

6. 合成油加氢精制

来自费托合成的轻油、重油和蜡等产品烯烃含量较高，经裂化加氢处理，使烯烃等不饱和烃转化为饱和烷烃，加工后的油品达到优于国六标准的要求。

加氢 H_2 气源来自脱碳尾气低温油洗的干气，经 PSA 分离出来的纯净 H_2 气，压缩机加压送入加氢反应器，产物经精馏分离生产出合格的石脑油、柴油和液化石油气（LPG）。

三、400万吨煤制油工艺流程

煤制油工艺流程见图6-5-2。

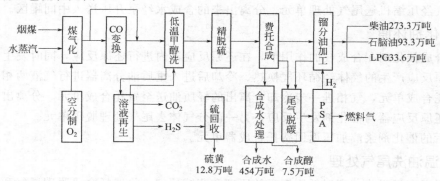

图 6-5-2　400万吨煤制油工艺流程

四、工艺优化

在总结一年多运行经验的基础上，提出多项优化技改项目并实施。主要有：全厂燃料气再平衡，回收有用气体，减少火炬排放量，2018年10月完成改造；优化生产工艺和油品加工流程，实现精确切割分离；生产高品质油品、高端蜡、C_{12}正构烷烃等；开发高附加值化工产品；技改项目计划2019年全部完成，以期提升煤制油项目整体经济效益。

第三节　示范项目装置组成

一、工艺生产装置组成

① 空分制氧12套，10开2备，单套制氧能力 $10.15 \times 10^4 \mathrm{m^3/h}$；

② 干煤粉制备42套，其中备用4套；

③ 煤气化炉28台，其中备用4台；

④ CO变换 2×6 套；

⑤ 低温甲醇洗4套；

⑥ 硫回收3套；

⑦ 费托合成油8套，每4套为一个系列，分为A、B两个系列；

⑧ 催化剂还原4套；

⑨ 蜡过滤4套；

⑩ 油品加工1套；

⑪ 尾气处理1套；

⑫ 100×10^4 甲醇1套。

二、主要设备规格表

煤制油主要装置设备见表6-5-1。

表 6-5-1　400×10⁴t/a 煤制油主要装置设备一览表

序号	所属装置	设备名称	数量(正常＋备用)	规格型号	备注
1	气化	气化炉(SNG)/台	28(24＋4)	$\phi3350/3800\ H=21000/185m^3/307t$	投煤量 2200t(煤粉)/(d·台)
2	变换	第一变换炉/台	6	$4400ID\times9580TL,L190.2m^3/235t$	
		第二变换炉/台	6	$4600ID\times9250/210.7m^3/200t$	
3	低温甲醇洗	变换气吸收塔 A/B/台	4	$\phi4500\times96250\times66(T\text{-}T)$	单系列双塔,共 4 个系列
4	硫回收	硫回收燃烧炉/台	3	$\phi3400($衬后$\phi2600)14638\times20$	
5	油品合成	费托合成反应器/台	8	$\phi9600\times$约50000	单台反应器催化剂约 80t
		二氧化碳吸收塔/台	2	$\phi6000\times20490/\phi8000\times35552\times58/114/116$	
6	油品加工	精制分馏塔/台	1	$\phi5800\times61309\times20/22/24/3+16$	
		裂化分馏塔/台	1	$\phi6600\times67311\times24/22/3+18$	
7	空分	精馏塔/台	12	外形尺寸:$\phi4800\times26165$	氧气流量 101500m³/h
		低压力塔/台	12	外形尺寸:$\phi4800\times45840$	
8	动力	高压自然循环锅炉(再热)/套	10(8＋1＋1)	600t/h SG600/12.5-M3003	
		高压自然循环锅炉(无再热)/套		640t/h SG-640/12.5-M3002	产汽量:6240t/h
9	发电机组	60MW 余热汽式空冷汽轮机/套	4	NZK-60-19/335	发电机组:共计 464MW
		50MW 双抽凝汽式空冷汽轮机/套	2	CCZK50-11.9/4.6/1.4	
		12MW 余热凝汽式空冷汽轮机/套	2	Ni12-0.6/159	

三、公用工程

① 动力站燃煤锅炉 10 台，8 开 2 备，单台产汽量 600t/h 和 640t/h 两种规格，压力 9.8MPa，温度 540℃；总产汽量 6240t/h。费托合成反应器副产 2.8MPa 蒸汽 1982t/h，用于余热发电。配套发电机组共 8 台，其中余热发电 60MW 机组 4 台、12MW 机组 2 台，50MW 双抽凝汽式空冷机组 2 台，合计发电机组能力 464MW。

② 新鲜水供水能力 $3800 \times 10^4 m^3/a$；循环冷却水总能力 $23.6 \times 10^4 m^3/h$，分为 3 个循环水系统；原水制脱盐水能力 $3600 m^3/h$。

③ 全厂供配电系统。总用电量约 $61.0 \times 10^4 kW \cdot h/h$

④ 全厂中间罐区及成品油罐区。厂区生产装置图见 6-5-3。

图 6-5-3 厂区生产装置图（照片）

第四节 72h 考核标定结果

一、标定过程

中国石油和化学工业联合会，组织专家组于 2018 年 5 月 21 日至 24 日到合成油生产装置现场进行 72h 考核标定。专家组查阅了原始生产运行记录，对总控制室、分析室、现场取样等进行考察。标定期间各装置运行稳定、计量、分析数据齐全准确，符合标定要求，标定结果以费托合成 B 系列（4 台反应器）数据为计算依据。

二、考核标定结果

72h 标定结果见表 6-5-2。

表 6-5-2 72h 标定结果（平均值）

序号	项目	设计值	标定值	备注
1	费托反应器			
	反应温度/℃	270~275	273	
	顶部压力/ MPa	2.75~2.95	2.85	
	入口 H_2/C 比值	3.0~4.0	3.86	
2	合成气量/($10^4 m^3/h$)	137.86	126.42	负荷率91.7%

续表

序号	项目	设计值	标定值	备注
3	馏分油产量/(t/h)	254.3	241.5	
	油洗石脑油/(t/h)	16.4	15.6	
	稳定重质油/(t/h)	55.5	52.7	
	稳定蜡/(t/h)	172.6	163.9	
	油洗 LPG/(t/h)	9.8	9.3	
4	合成气单耗(以油计)/(m³/t)	5433.3	5398	包括尾气 H_2 回收
5	费托合成水/(t/h)	292.45	270.48	水油比 1.12
6	副产蒸汽/(t/t)	4.5	4.53	压力 2.8MPa
7	耗新鲜水/(m³/t)	6.5	5.7	
8	耗原料煤/(t/t)	2.98	2.93	折标准煤
9	燃料煤/(t/t)	0.6	0.57	折标准煤
10	耗电/(kW·h/t)		852.03	
11	综合能耗/(t/t)	2.2	2.01	单位产品耗标煤
12	能源转换效率/%	43.0	43.83	
13	CO_2 排放量(以油计)/(t/t)	3.2	3.12	其中合成油 0.66t

三、三废处理

1. 废水处理

全厂污水排放量 2497t/h,送污水站处理后,清水返回作为循环水补充水利用,浓盐水排放 58～60t/h 送蒸发塘自然蒸发,污水基本做到零排放。

共建有 20 个防渗漏的蒸发塘(图 6-5-4)和两个固废堆场,总占地面积 54hm²。

图 6-5-4　蒸发塘

2. 固体危废处理

蒸发塘产生的杂盐送固体危废杂盐堆场,其他固体危废送另一堆场堆放。危废堆场做防渗漏处理。

第五节 科技成果鉴定

2018 年 5 月 26 日,中国石油和化学工业联合会组织专家在北京召开了"高温浆态床间接液化成套工业技术"科技成果鉴定会。鉴定委员会认为,神华宁煤 400×10^4 t/a 煤炭间接液化示范项目具有以下创新特点:

一是国际首创了高温浆态床铁基催化剂,突破了 $260 \sim 290$℃下铁基催化剂活性结构控制和产物选择性控制的科学难题,具有反应活性高、吨催化剂产油能力高、产物选择性优良等优点。

二是首次开发了世界最大的高温浆态床费托合成反应器,配套开发了先进的专有核心内件,实现了反应器床层温度和气液固三相均匀分布、产物蜡的高效分离。

三是开发了高温浆态床间接法液化成套工艺技术,集成了费托合成、尾气脱碳、中间产物汽提、蜡过滤、低温油洗、尾气处理、清洁油品加工、合成水处理等核心单元工艺。

示范项目自 2016 年 12 月正式投入运行以来,已累计运行 11400h,实现了大型化工业装置安全平稳长周期运行,平均运行负荷 91.7%,甲烷质量选择性平均值 2.9%;C_{3+} 质量选择性平均 96.15%;C_{5+} 质量选择性平均 92.82%,主要产品柴油品质优于国六标准。

该成果创新性强,总体达到国际领先水平。

第七篇

煤转化后加工产品

第一章
电石及乙炔

第一节　电石生产

一、电石的性质、用途及质量标准

1. 电石的物理性质及化学性质

电石的化学名称叫碳化钙，其分子式为 CaC_2，分子量是 64.10，它的结构式是：

（1）外观　化学纯的电石几乎为无色透明的结晶体，工业品电石按其纯度不同而分为灰色、棕色或黑色。电石的新断面是有光泽的，但暴露在空气中一定时间后，因吸收了空气中的水分，表面被粉化，随之失去光泽而呈灰白色。

（2）密度　工业电石的密度随碳化钙含量的减少而增加，即质量高的电石其密度就小，密度与碳化钙含量的相对关系见表 7-1-1。

表 7-1-1　电石密度与碳化钙含量关系

CaC_2含量/%	90	80	70	60	50
密度/(g/m³)	2.24	2.32	2.4	2.5	2.58

（3）熔点　纯碳化钙的熔点是2300℃，纯氧化钙的熔点是2570~2600℃。电石可以视作 CaC_2-CaO 的共熔体。它的熔点随碳化钙含量的不同而改变，并低于纯组分的熔点。从电石熔点与电石纯度的关系图线（图 7-1-1）可以看出，对电石生产有意义的是 CaC_2 含量大于

52.5％的部分，当 CaC_2 含量为 69％时相当于电石发气量为 257L/kg，一般生产中 CaC_2 含量为 80％左右，发气量相当于 298L/kg。当 CaC_2 含量大于 69％，其熔点是上升的，因此生产电石质量越高，则需要越高的生产温度。

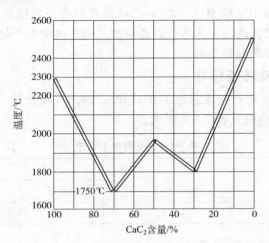

图 7-1-1　电石熔点与电石纯度的关系图线

（4）导电性　电石具有导电性，并取决于 CaC_2 的结晶构造，结晶越大越长，导电性越高。而结晶构造又取决于 CaC_2 的含量。CaC_2 含量越高则电石导电性越强。在同一 CaC_2 含量时，电石的温度越高，电阻越小。

（5）电石的化学性质　电石的化学性质非常活泼，它遇水在任何条件下都能发生激烈的反应，分解产生乙炔气和氢氧化钙，并放出热量，其反应式：

$$CaC_2 + 2H_2O \longrightarrow C_2H_2 + Ca(OH)_2 + 127kJ/mol$$

热电石与氮气反应时生成氰氨化钙，其反应式：

$$CaC_2 + N_2 \longrightarrow CaCN_2 + C + 301.4kJ/mol$$

其他如氟、氯化氢、硫、磷、乙醇等在高温下与电石接触均能发生激烈的反应。

2. 产品用途

电石是化学工业的基本原料之一，电石的化工用途见图 7-1-2。电石在机械工业和其他工业部门也有着广泛的用途，乙炔作为气体燃料用于金属的切割和焊接，在冶金部门电石用于脱硫和脱氧。

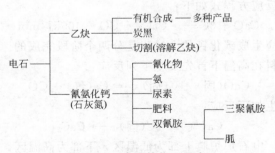

图 7-1-2　电石的化工用途

中国生产的电石80％用于有机合成等化工行业，10％用于机械、冶金等行业，10％用于出口及其他用途。

在化工利用中，60%的电石用于生产 PVC——聚氯乙烯，因此，PVC 的生产对电石生产影响最大。20 世纪 80 年代在中国 PVC 的生产几乎全部采用电石-乙炔法，电石用量相应较大。由于石油化工、天然气化工的发展，电石-乙炔路线生产的化工产品已逐步被石油化工取代。但在电力资源较丰富的地区，电石-乙炔路线仍有一定优势。另外，目前天然气资源的开发利用也已逐步进入高潮，天然气制乙炔加工的一些化工产品也占有一定市场。电石乙炔由于成本较低具有较强的竞争力。

3. 电石产品规格及质量标准

电石产品质量规格应符合国家标准 GB 10665—2004《碳化钙（电石）》的技术要求，见表 7-1-2；电石的粒度应符合表 7-1-3 要求。

表 7-1-2　电石技术要求

项　目		指标		
		优等品	一等品	合格品
发气量(20℃、101.3kPa)/(L/kg)	≥	305	280	260
乙炔中磷化氢的体积分数/%	≤	0.06	0.08	
乙炔中硫化氢的体积分数/%	≤	0.10		
粒度(5～80mm)[①]的质量分数/%	≥	85		
筛下物(2.5mm 以下)的质量分数/%	≤	5		

① 圆括号中的粒度范围可由供需双方协商确定。

表 7-1-3　电石的粒度要求

粒　度/mm	限度内粒度/%	2mm 筛下物/%
81～150	85 以上	≤3
51～80	85 以上	≤3
2～50	75(16mm 以上)	≤4

二、反应原理及生产流程

1. 反应原理

在电石炉内的化学反应方程式如下：

$$CaO + 3C \longrightarrow CaC_2 + CO - 466kJ/mol \qquad (7\text{-}1\text{-}1)$$

石灰与碳素材料反应生成碳化钙的全过程是分两个阶段完成的。

第一阶段是两种材料在高温下首先发生下列反应：

$$CaO(固) + C(固) \rightleftharpoons Ca(气) + CO \qquad (7\text{-}1\text{-}2)$$

钙蒸气与固体碳发生如下反应：

$$Ca(气) + 2C(固) \longrightarrow CaC_2 \qquad (7\text{-}1\text{-}3)$$

在电石生产过程中，电石炉炉膛上部为低温区，下部为高温区，入炉的原料石灰和碳素材料经过在上层预热后，逐渐下移，在炉膛下部高温区发生反应产生大量的钙（Ca）蒸气和一氧化碳（CO）气体，并不断通过炉料孔隙上升。随着气体的上升，当遇低温料层而降温时，反应（7-1-2）的逆反应发生，生成 CaO＋C 及部分金属钙，这些物质会凝结在逐渐下移的石灰和焦炭表层；当下移的炉料被加热到 1800～1900℃时，发生反应（7-1-3），石灰和焦炭表层生成碳化钙层，从而形成预热层下部的半熔融扩散层，此层反应速率较慢。

第二阶段的反应进行过程如下：随着物料的不断下移温度逐渐升高，到一定高温时，石灰表面生成的碳化钙与石灰迅速共熔为 CaC_2-CaO 熔融物，其 CaC_2 含量约为 20%，温度约在 2100℃左右，使反应过渡为液相反应，此区内反应剧烈进行，CaC_2 迅速形成，并最终完成反应，液态 CaC_2 沉于炉膛下部，按时排放出炉，经冷却成型即得固体电石产品。

电石炉中的反应状况如图 7-1-3 所示。

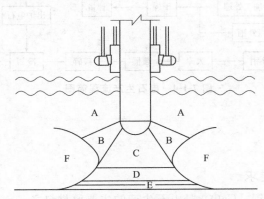

图 7-1-3　电石炉中的反应状况

A—预热层；B—扩散层；C—反应层；D—液态电石层；E—炉底沉渣；F—半熔融体流态层

生产电石所需要的热量由电极产生的电弧热和电流通过炉料产生的电阻热供给。

根据反应理论计算，生产 1t 电石（按发气量为 300L/kg 电石计）约需耗电 1550kW·h，而实际生产 1t 电石约耗电 3250～3300kW·h，电能利用率仅约 50%，电炉变压器、铜排短网、导电附件、电极、电炉辐射、出炉热损、原材料杂质等方面的损耗占去一半，因此，如何减少电石生产中的电热损失，就显得意义重大。用密闭炉生产电石时各部分热耗的比例如下：

CaC_2 生成有效热	56.9%
电石出炉带走热	25.96%
原料杂质副反应热	4.12%
消耗于电气损失热	4.46%
排出的炉气显热	3.62%
电石炉冷却水带走热	3.57%
辐射及传导热	1.37%

从图 7-1-1 可看出，CaC_2 含量约在 70%时熔点最低且电阻最大，此状态下生产最经济，所以工业生产中，为了便于操作和资源合理利用，一般情况下生产纯度为 70%～85%、发气量为 250～317L/kg 的电石。

2. 生产流程

以处理后的碳素材料与生石灰为原料，经计量按一定比例加入高温电炉中，利用炉中电弧热和低电压大电流通过炉中混合料产生大量电阻热加热反应生成电石。熔融电石从电石炉卸到电石锅中，经冷却破碎后装桶。

电石生产流程简图见图 7-1-4。

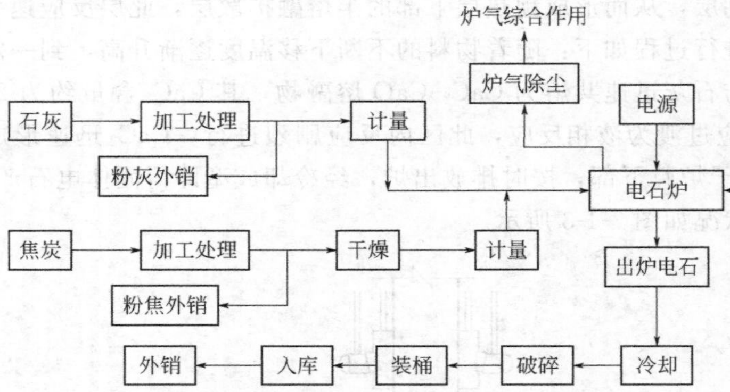

图 7-1-4 电石生产流程简图

三、电石生产技术

1. 石灰的供应及要求

石灰（化学名称氧化钙，CaO）是电石生产的主要原材料之一。

(1) 电石生产对石灰的质量要求　如下：

CaO　　　　　　>92%
MgO　　　　　　<1%
S　　　　　　　<1.5%
P　　　　　　　<0.008%
$Fe_2O_3+Al_2O_3$ <1%
SiO_2　　　　 <1%
生烧、过烧量　 <5%
粒度 5~40mm（含量大于 80%）

(2) 石灰中的杂质对电石生产的影响　石灰中的杂质对电石生产十分有害，炉料在电炉内反应生成碳化钙的同时，各种杂质在不同的温度范围也进行反应。

$$SiO_2 + 2C \longrightarrow Si + 2CO - 137kcal$$

$$Fe_2O_3 + 3C \longrightarrow 2Fe + 3CO - 108kcal$$

$$Al_2O_3 + 3C \longrightarrow 2Al + 3CO - 291kcal$$

$$MgO + C \longrightarrow Mg + CO - 116kcal$$

因此，杂质的存在不仅多消耗电能，而且要多消耗碳素，破坏了原料的物料平衡，影响电石的生产和电石的质量。

① 氧化镁。它在炉内产生难熔的炉渣造成电石黏度增加，出炉困难，出炉时间加长，降低了炉温，影响了产量和质量。此外，氧化镁在高温下还原为金属镁，逸出到炉面上时遇到氧后又生成氧化镁集结在炉面，造成上层炉料结硬壳，红料增加，炉料电阻减小，电极不易深入，产生开弧操作，炉底温度下降，操作恶化。实践证明，原料中氧化镁含量超过 1%时，电石操作即受到影响。超过 4%时操作恶化，电石各项指标下降。

② 二氧化硅。二氧化硅在电炉中被焦炭还原成硅，硅再与铁生成硅铁，硅铁具有很强

的热穿透能力，易烧坏炉底、炉墙，当大量的硅铁随同电石一起排出炉外时，易烧坏炉嘴和冷却用的电石锅，并造成炉眼堵塞的困难。此外，在低温下，硅与碳可生成碳化硅，大量的碳化硅、硅铁不断地沉积在炉底，造成炉底上升，恶化操作。在电石中二氧化硅含量越高，其发气量越小。

③ 氧化铝。氧化铝的危害基本与氧化镁相同，在炉内生成黏度很大的难熔炉渣，一部分混入电石中，影响产量和质量，一部分沉积到炉底，造成炉底升高，恶化操作。

④ 氧化铁。它在电石炉内与硅反应生成硅铁，不断地沉积在炉底，造成炉底上升，恶化操作。

⑤ 磷和硫。磷和硫在炉内与石灰中的氧化钙反应生成磷化钙和硫化钙混在电石中，当电石与水发生分解反应时，同时产生磷化氢和硫化氢。磷化氢易自燃并引起乙炔的爆炸；硫化氢与乙炔一起燃烧成 SO_2，当切割金属时将会腐蚀金属表面。

⑥ 石灰的生烧与过烧。生烧的石灰即碳酸钙，在电石炉内碳酸钙会进一步分解成石灰和二氧化碳，这样既增加了电炉的电耗，又影响了原料的配比，打乱了电石炉的正常生产。

过烧的石灰坚硬致密，活性差，反应速率慢，并且由于体积缩小后接触面积也减小，引起炉料电阻下降，电极容易上抬，对电石操作不利。

⑦ 石灰的粒度对电石生产十分重要：粒度过大，接触面积小，反应较慢；粒度过小，炉料透气性不好，影响电石炉的正常操作。此外，粒度将影响炉料的电阻大小。因此，应对石灰的粒度提出适当要求，而不同容量的电石炉对石灰的粒度有不同的要求，具体如下：

电炉容量/kV·A	粒度/mm
5000～10000	5～30
10000～20000	5～35
>20000	5～40

物料中的合格粒度应占总料量的 85% 以上。

粒度<5mm 的石灰对电石炉影响较大，尤其是对大容量的电石炉影响较大。

2. 碳素材料的供应及要求

（1）碳素材料种类　碳素材料也是电石生产的主要原材料之一。对碳素材料的要求是：固定碳高，电阻大，活性大，灰分、水分和挥发分要小，粒度适当。同时，为使电炉操作稳定，提高电石产品质量、降低消耗，合格的碳素材料供应必须相对稳定。

一般常用的碳素材料是焦炭、石油焦及无烟煤。

① 焦炭。其固定碳含量一般在 85% 左右，较好的可达 90%，是电石生产的优良碳素材料。

② 石油焦。由石油沥青干馏而得，固定碳含量在 90% 以上，灰分含量极少，比电阻较大。在生产电石时可用石油焦调节炉料电阻，有利于提高电石炉负荷和产品电石的质量，降低电耗。

③ 无烟煤。电石生产适宜采用软质或半软质的无烟煤。其比电阻大，但活性较差，耗电量大，所以一般在以焦炭为碳素材料时掺烧 30%。只有缺乏焦炭的地区才全部用无烟煤作碳素材料。

④ 兰炭（半焦）。是弱黏结性煤低温干馏的产品，其固定碳含量一般在 85% 左右，灰分低，电阻率高，价格比焦炭低。因此，近几年在电石企业被广泛采用而代替焦炭。

（2）电石生产对焦炭的质量要求　如下：

固定碳含量	>84%
灰　分	<14%
挥发物	<2%
硫（S）	<1.5%
磷（P）	<0.04%
水分	<1%（密闭炉）
粒度	3~20mm（3~20mm 含量占 80% 以上，<3mm 含量少于 5%）

（3）焦炭的成分对电石生产的影响

① 水分。焦炭中的水分与石灰相遇会使石灰潮解发黏，堵塞料管，同时产生石灰粉末即消石灰 $[Ca(OH)_2]$，不仅失去活性，而且阻碍炉气正常排出，使炉子操作工况恶化。此外，含水量的增加也会影响炉料的合理配比，特别是密闭炉，除了用电气参数控制电石炉的正常运行外，还必须对炉子的炉罩内温度、压力、炉气排出量及炉气成分同时进行控制，以确保电炉的安全正常运行。如果焦炭含有过量的水分，水与赤热的炉料相遇，会产生水煤气（$CO+H_2$），使炉中氢气含量过高，容易引起炉内爆炸，对炉子的安全操作造成隐患，同时也大大增加了电耗。因此必须严格控制焦炭的水分含量，对密闭炉要求较严，水分含量应不大于 1%，开放及半开放炉一般应不大于 3%。

② 灰分。碳素材料中的灰分是由氧化物组成的，它会增加电石炉的副反应，在高温电炉内随着电石的生成，这些氧化物也要被还原，不仅额外增加电能消耗，还要消耗部分碳素原料，反应后的杂质依旧存在于产品中，影响电石的纯度。根据生产实践经验，焦炭中灰分若增加 1%，每吨电石的电耗量要增加 56~60kW·h。所以，必须使焦炭的灰分含量愈少愈好。

③ 挥发分。含有挥发分较多的碳素材料，在热料层中容易发黏，使料层结成大块，对操作造成不良影响。然而焦炭的挥发分可以增加焦炭原料的电阻，对调整电石炉操作却很有利。所以碳素材料如完全采用含挥发分较低的焦炭，则会因电阻较小，产生支路电流，不容易得到理想的生产效果。生产实践证明，以焦炭为主、掺和一小部分石油焦是电石炉生产的理想碳素原料。

④ 硫与磷。焦炭中含有硫与磷给电石生产带来的不良影响同石灰中的硫与磷相同，所以必须严格控制其含量。

（4）焦炭粒度对电石生产的影响　碳素材料在不同粒度下有不同的电阻，一般是粒度愈小电阻愈大，反之，粒度愈大则电阻愈小。电阻大时电极容易伸入料层内部，而电阻小时电极容易上升，对电炉操作不利。如果小颗粒及粉末料较多，容易造成炉料的透气性差，炉内反应产生的一氧化碳不易顺利排出，减慢了反应速率，增大了炉内压力。当压力增大到一定程度时，会发生局部喷料现象，部分生料由喷料口落入熔池内，使炉内温度发生急剧波动，破坏炉内反应的连续性，造成电极不稳定移动，影响电石质量。但反应速率与碳材的半径成反比，所以碳材粒度小，有利于反应速率加快，如果粒度过大，则产生支路电流，容易造成电极不下，降低熔池区电流密度、炉温和反应速率。

综上所述，从生产实践可得，不同容量的电石炉要求不同粒度的碳材，如图 7-1-5 所示为碳材的合适粒度范围与电石炉容量的关系。

（5）焦炭的干燥处理

前已述及焦炭中的水分对电石生产的影响，但一般情况下焦炭的含水率都会超过电石生

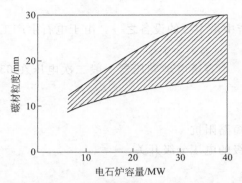

图 7-1-5　碳材的合适粒度范围与电石炉容量的关系

产的要求，所以必须对焦炭进行干燥处理。焦炭干燥可根据热介质来源的不同，采用不同的设备，如表 7-1-4 所示。

表 7-1-4　焦炭干燥设备(设施)与热介质

热介质来源	干燥设备(设施)	热介质来源	干燥设备(设施)
燃料-燃烧炉	固定式干燥炉	半密闭电石炉热炉气(CO_2)	立式烘干器(干燥罐)
密闭电石炉炉气(CO)-燃烧炉	回转圆筒干燥机	电石锅内电石潜热	振动流化床干燥机

一般情况下，焦炭干燥的热介质都是电石炉的炉气或电石出炉后的潜热。利用电石出炉后的潜热，通过隧道窑加热空气，再将热空气引向流化床干燥焦炭的方法，国内外均有采用，其缺点是受到电石生产间断出炉周期的限制，不能连续进行焦炭干燥。而利用电石炉炉气（CO 或 CO_2 热气），既可以达到节约能源的目的，又与热源相邻近，且连续使用方便。目前电石生产普遍采用这两种热介质干燥焦炭。

3. 电石炉使用的电极糊

电极糊是生产电石时焙烧电极的主要材料，电极糊质量的好坏关系到焙烧的电极质量，决定着电极烧结的速度、电极消耗的速度和电石炉的连续正常运行。

关于电极糊的具体要求见下表 7-1-5。

表 7-1-5　电极糊的技术指标

牌号 项目	THD-1	THD-2	THD-3	THD-4	THD-5
灰分/% ≤	5.0	6.0	7.0	9.0	11.0
挥发分/%	12.0～15.5	12.0～15.5	9.5～13.5	11.5～15.5	11.5～15.5
抗压强度/MPa ≥	17.0	17.5	19.6	19.6	19.6
电阻率/($\mu\Omega \cdot m$) ≤	68	75	80	90	90
体积密度/(g/cm³) ≥	1.36	1.36	1.36	1.36	1.36

4. 供电电源及电炉变压器

电石生产耗电量较大，电石炉的连续运行是电石生产低消耗高质量的关键。必须有稳定、可靠的供电系统。电石生产使用的电炉变压器的一次电压一般为 35kV，所以供电电源应是 35kV 的固定电源。

电炉变压器是电石生产中最主要的设备之一，由于电石生产工艺的需要，对电炉变压器提出了一些特殊的要求。

① 有较低的二次电压。小容量电炉变压器一般二次电压在 $65\sim96V$，大容量电炉变压器一般在 $96\sim260V$。

② 有较大的二次电流。

③ 有较高的变压比和短路阻抗。

④ 变压器同时具有多级的电压分级开关。

⑤ 有较高的机械强度。

⑥ 变压器必须有良好的强冷措施。

变压器的容量与电石炉的电气参数及电石炉的几何尺寸有直接关系。根据中国国内长期生产电石的经验，电极电流密度和变压器容量的关系可参考表 7-1-6 数据。

表 7-1-6 变压器容量与电极电流密度关系

变压器容量/(kV·A)	电极电流密度/(A/cm²)	变压器容量/(kV·A)	电极电流密度/(A/cm²)
5000	8.35	16500~20000	7.6
8000~10000	8.0	25000	7.2
12000~14000	7.8	30000~40000	7.0

根据生产实践经验得出变压器的容量、功率因数与电石炉熔池直径的关系见表 7-1-7。

表 7-1-7 变压器容量、功率因数与熔池直径的关系

变压器容量/(kV·A)	P_t/kW	功率因素 $\cos\phi$/%	P_u/(kW/cm²)	熔池直径/cm
40000	30000	75	0.096	364
35000	28000	80	0.096	351
30000	25000	83	0.092	338
25000	21000	84	0.089	316
20000	17000	85	0.087	288
16500	14355	87	0.084	270
10000	9000	90	0.074	224
5000	4750	95	0.064	178

5. 冷却循环水系统

在电石炉运行中，除电极在炉面上部的部件需要冷却外，炉罩、供电短网、铜瓦、烟道靠近炉罩处、出炉口及烧穿器等都需要良好的冷却水系统冷却。一般要求冷却水温度在 25℃进入被冷却部位。目前多采用软化水密闭强制循环冷却，以节约冷却水用量。

6. 正确的物料配比

根据各种原材料的化学成分和水分含量，按照产品要求的质量和炉料平衡，计算炉料的配比。

按电石生成反应方程式计算，可以得出纯炉料配比是 100∶64.3，即电石生产中理论炉

料配比应当是 64.3kg 纯碳配 100kg 纯石灰。由于实际原材料含有多种杂质，生产的电石也不可能是纯电石，况且生产过程中还有一部分正常损耗，所以原材料的实际消耗要比理论计算值略高一些。

《清洁生产标准 电石行业》（HJ/T 430—2008）二级生产指标要求如下：

电石炉电耗： $\leqslant$ 3250kW·h/t（电石折标），先进值为 3050kW·h/t。

焦炭（干基、FC 84%）： $\leqslant$ 0.583t/t（电石折标）。

石灰（CaO 92%）： $\leqslant$ 0.970t/t（电石折标）。

7. 电石炉

（1）电石炉炉型 电石生产的炉型有开敞式、半密闭式和全密闭式三种，它们的主要区别在于炉面的炉罩封闭形式不同及炉中逸出气体的处理方式不同。

开敞式电石炉，炉面是敞开的、炉内逸出的 CO 气体在炉面上就被完全燃烧成 CO_2，炉面温度比较高，生成的高温废气得不到利用。其炉面上温度高、烟尘大、操作工人工作条件差，劳动强度大，炉子热效率低、能耗高、产品质量稍差。一般开敞式电石炉容量较小，根据《电石行业准入条件》开敞式电石炉为淘汰的电石炉。

半密闭电石炉是在炉面上加了排气罩。中国于 20 世纪 80 年代中期开发的"矮炉罩内燃式半密闭电石炉"，在传统的半密闭炉基础上做了改进，炉罩的结构形式、冷却方式与半密闭炉相似，在炉罩周围按需要开设了进气孔，通过这些进气孔补充空气，使 CO 在炉面上燃烧，这样炉面燃烧后烟气量减少，容易收集处理，炉面周围环境得以改善，加上增加了自动加料管，炉面操作工人的操作条件大为改善，炉子热效率比开敞式高。但是由于炉气在炉面上燃烧，不能进行综合利用。根据《电石行业准入条件》内燃式电石炉应改造为密闭式电石炉，内燃式电石炉将被淘汰。

密闭式电石炉，在炉面加密闭式炉罩，隔绝了空气，逸出炉气在炉面不燃（每生产 1t 电石产生炉气 $400\sim430m^3$、炉气热值为 $11.72\sim12.56MJ/m^3$），炉气主要成分为 CO，可以进行综合利用。密闭式电石炉容量大、产品质量高、能耗低，电石炉整体结构完善、合理，工人的操作环境、操作条件也好。但是密闭式电石炉对原材料质量要求高，炉况全凭仪表控制，炉气的净化处理也较复杂，整套装置的造价比较高。

根据国家发展改革委 2007 年第 70 号公告《电石行业准入条件》，新建电石企业电石炉初始总容量必须达到 100000kV·A 及以上，单台电石炉容量 $\geqslant$ 25000kV·A。新建电石生产装置必须采用密闭式电石炉，电石炉气必须综合利用。

（2）电石炉加料系统 为保证电石炉正常生产，必须能顺畅、不间断、均匀地向电石炉供料。加料系统一般由加料溜管（嘴）、料斗、阀门及加料机组成。

加料溜管（嘴）由钢管制造，配不锈钢夹套并通水冷却以防烧坏，用以将料斗的混合料加到炉面上。加料溜管（嘴）的布置及数量，根据电石炉大小而定。一般每个电极设三个，在电炉中心设一个，另外根据需要设副灰加料溜管（嘴）。

料斗用以储存混合料，由钢板制造，料斗的形式有环形料斗、单料斗（数个），料斗内的炉料可以是混合料，也可以是单种料（石灰或碳素）。密闭炉通常采用环形料斗。

阀门用以控制料斗和加料溜管的加料以及防止炉气沿溜管倒灌上升，阀门的控制有手动和气动。

加料机用以将炉料加到料斗中，根据料斗的形式配套选用，单料斗一般由胶带输送机直接加料，环形料斗则由胶带输送机将料加到圆形加料机上，再由圆形加料机向环行料斗加料。

(3) 电极 电极是电石炉的重要组成部分,是电石生产操作的关键环节。电石炉的电极一般由升降装置、夹持器、电极筒及电极组成。

升降装置用以调节电极位置,控制电极电流。夹持器由铜瓦、锥形环组成,它的作用是将电流从短网送到电极工作部位,并夹持住电极碳素部分。电极筒由 1.5～2mm 钢板卷成,内部均布有翅片,电极筒用以保证电极焙烧、压放以及使未焙烧好的电极能承受电流的冲击和重力负荷。

电石炉的电极不是采用预制成型的石墨电极,而是采用"自焙烧电极",即利用电石生产中自身产生的热量,使电极筒内的电极糊经过熔化、烧结,并在高温下进一步石墨化,形成具有一定强度和良好导电性能的碳素电极。在生产过程,电极不断被消耗,又不断依靠自身的热量焙烧,使被消耗的电极得到补充。

20 世纪 60 年代空心电极已逐步代替传统的电极。空心电极是在电炉的三根自焙电极中各插入一根 $\phi200～250$ 的钢管(称为空心电极),把电石炉总投料量 15%～20% 的粒度为 $\phi5mm$ 以下的焦粉和石灰(两者比例 40:60),由净化后的炉气送入此钢管(空心电极)中,与其他的原料一起进入电炉生产电石。空心电极现已在 18000kW 半密闭式炉和 40000kW 全密闭式炉中成功地应用。中国在 20 世纪 90 年代初从国外引进的数套电石生产新技术中包含空心电极技术。

空心电极技术的优点主要是可以将粉灰、粉焦通过中空电极筒加入炉内,降低了原料成本,降低了电极糊的消耗,减少了电极调节次数,改善了炉内操作条件,提高了炉温,加快了反应速率,从而有利于提高电石质量,降低电石生产成本。

8. 电石炉尾气处理

对密闭电石炉,每生产 1t 电石产生炉气约 $400m^3$,炉气热值约为 11.72～12.56MJ/m^3,炉气的组成大致如下:

CO   70%～90%
H$_2$ 2.0%～5.0%
CO$_2$ 1.0%～3.0%
O$_2$ 0.2%～1.0%
N$_2$ 2.0%～5.0%

炉气的主要成分是一氧化碳,一氧化碳是化工原料气,用途较广。炉气也可用作燃料气如气烧石灰窑烧石灰或作他用。

(1) 密闭炉的尾气处理 密闭炉产生的尾气以 CO 为主,利用价值较高。但炉气具有自燃性、爆炸性及毒性,因此密闭炉的尾气处理必须在密闭条件下进行,目前有湿法净化除尘和干法净化除尘。

① 湿法净化除尘。湿法净化除尘即用水与炉气充分接触,在将炉气降温的同时除去炉气中的粉尘,湿法净化除尘有洗气机法和文丘里法。

洗气机法的流程及主要设备:炉气从炉中引出,经抽出管进入顺流洗气塔、逆流洗气塔,在将气体降温的同时进行粗洗,使含尘量由 100g/m^3 降至 10g/m^3 以下,然后经水封进入洗气机进行精洗,使尘量降至 10mg/m^3 以下,经水滴分离器脱去水分,最后由升压机加压将炉气送往用户。

文丘里法的流程及主要设备与洗气机法基本相同,不同的是以文丘里代替洗气机。洗气机法和文丘里法相比较，洗气机法较优越，除尘效果好，而文丘里法容易堵塞。

湿法净化除尘存在的主要问题是用水量大，排出的污水中含有氰化物约 20mg/L（以 CN^- 计），会造成环境污染，为使污水达到排放标准，需进行污水处理，运行费用增加。此外，炉尘遇水后将在设备内部表面凝结，降低设备的净化效率和影响正常操作。湿法净化系统阻力损失较大，造成动力消耗大。因此，除原有的湿法净化除尘尚有保留外，新建的电石炉装置不再采用湿法净化除尘。

②　干法净化除尘。

a. 中国原有密闭炉采用的干法净化除尘的流程如下：

炉气→炉罩→管道→沉降室→旋风分离器→扩散式旋风分离器→布袋除尘器→引风机→水封→计量→用户（供焦炭烘干、锅炉或气烧石灰窑作燃料）

实践证明，采用的分离器除尘效率较低。

b. 引进的密闭炉净化除尘系统（包括对炉尘的煅烧）。干法净化除尘系统的流程：

炉气先经过冷却（空冷或水冷）温度降到 250℃，进入布袋除尘器（或微孔陶瓷过滤器）除去炉尘，再经直接水冷却塔，使温度降至 40℃，进入分离器、焦油分离器除去焦油，经捕集分离器除去水（水在冷却塔中循环使用），炉气的含尘量降到 $20\sim30mg/m^3$，经风机将炉气送往用户作燃料或原料。

几种净化装置净化效率的比较见表 7-1-8。

表 7-1-8　净化装置净化效率比较

装置形式	除尘效率/%	备注	
DEC 装置（布袋过滤器-冷却塔型）	99.99	布袋过滤器 冷却塔	99.9% 80%
旋风除尘器-电除尘器-洗涤塔结合型	99.9	旋风除尘器 电除尘器 洗涤塔	50% 99% 80%
洗涤塔-洗气机结合型		洗涤塔 洗气机	80% 90%

DEC 装置特点：净化效率高；用水量少；因为冷却水循环使用，没有 CN 排出系统之外；除下来的粉尘可以再用；运转费用低；由于完全是自动化操作，需要操作工少。

炉尘的煅烧和利用：

密闭炉产生的尾气中的粉尘含有的 Ca、Mg、Si 等蒸气，是在炉子反应区的高温下，伴随电石生成反应和其他还原反应所产生的，并在低温区被 CO 或 CO_2 氧化，因此粉尘的主要成分是活化了的炭及氧化物，也含有很少量的焦油和粉碎的炭。

炉尘的典型化学组成如下（质量分数，%）：

C	SiO_2	Al_2O_3	MgO	CaO	$Ca(OH)_2$	$CaCO_3$	其他
18.0	6.0	5.0	14.8	24.26	4.0	28.1	0.9

以前干法净化所得到的粉尘主要用作制煤球、滑雪附加剂等，但由于粉尘中含有 CN^- 约 $(1000\sim1500)\times10^{-6}$，就停止了使用，并开始在煅烧炉中进行煅烧试验，这种煅烧技术在 1969 年获得成功。因为煅烧过的粉尘含有大量的 MgO，而不含有 CN^-，可以用作柑橘类水果的肥料。

煅烧后的粉尘化学组成如下（质量分数，%）：

C	SiO_2	Ai_2O_3	MgO	CaO	$CaCO_3$	其他
0.1	13.52	6.09	18.83	49.29	4.3	7.88

（2）炉气综合利用　根据《电石行业准入条件》要求，"密闭式电石装置的炉气（指 CO 气体）必须综合利用，正常生产时不允许炉气直排或点火炬"。由于密闭式电石炉炉气中不仅有显热，而且含有 CO、H_2 等气体，应按照循环经济的原则进行综合利用。目前，在中国对密闭电石炉的炉气尚无完整、成熟、可行的净化处理方法。因此，现有的密闭电石炉的炉气除个别企业用于生产甲酸，部分企业对炉气初步净化后用于煅烧石灰，实现了综合利用，而大多是当作燃料直接烧锅炉和供发电。

四、国外电石生产技术简况

国外电石生产的炉型基本上是三相连续式圆形电炉。20 世纪 60 年代，空心电极技术取得成功后，发达国家电石炉的容量普遍大型化，控制技术现代化，密闭炉很快得到重视与推广，电石炉容量大型化有利于采用新工艺、新技术，提高经济效益。

国外大型电石炉大多采用空心电极，除上述的特点外，提高了电石炉的生产能力，最大单台炉产能达 9～12 万吨，从而提高了整个装置的经济效益。

国外普遍采用计算机程序控制技术，石灰窑、电石炉的控制、配料、出炉均采用计算机程序控制。中国也已开始在部分装置采用。

国外普遍采用炉气综合利用技术，炉气经冷却、干法除尘净化后用作气烧石灰窑，炉尘收集后经煅烧处理作果树的肥料。

国外石灰生产采用气烧石灰窑。气烧石灰窑特点是可有效地煅烧 20～40mm 小颗粒石灰石；窑的结构简单，建造成本较低；开停窑容易；易于调节煅烧量；因为设有周边和中心喷嘴，达到了平衡煅烧；由于使用了密闭电石炉，不会产生粉尘，使耐火砖的寿命延长；窑气含有 37%～40% 的 CO_2，可用作别的化工产品的原料。生石灰的反应性（或活性）较高。通常，混烧窑的石灰活性约为 0.2，而气烧窑的石灰活性约为 0.4，用于生产电石能使 PL 值提高。气烧石灰窑的设计关键在于布料和出灰均匀，使煅烧出的石灰活性好，生烧少。此外，为了节省劳动力，设计中分别采用了自动控制和人工操作。

由于电石炉自动出炉机的采用，NIC 型自动出炉机可连续地出炉，包括用石墨电极打眼、钢钎捅眼、去掉出炉口的电石及封眼等。

自动出炉机是新近发展的双向控制机器，有一个操作工骑在机器上操作。

上述各项技术的采用，在年产 $9×10^4$ t 的 50000kV·A 有空心电极装置的全密闭电石炉的特点归纳如下。

（1）集气效率高　因为电极与炉盖的贯通部分完全密封，生成气体的收集效率接近 100%，完全阻止了粉尘从炉盖上冒出的可能性。收集的炉气具有 2800～3000kcal/m³ 的热值。

（2）原料消耗低，粉状原料得到利用　因为生石灰和炭材料飞散损失小，炭材反应率高（95%～97%）。同时，由于采用了空心电极装置，电极消耗比传统的自焙电极减少了 40%～50%，电极糊和电极壳大大地节省了。

在传统方法中被废弃的 0～6mm 的粉状石灰和 0～3mm 的粉状炭材，可有效地用作电石生产原料，达总量的 15％。

（3）可以迅速调整炉况，改善操作效果　通过空心电极用调整加料的办法可以很快调整炉况，当加入空心电极的混合料调整之后，在反应区中心炉况很快就发生变化。

混合很好的小粒度原料对生成电石从理论上来说比块状原料更合适。电极周围没有小颗粒物料时反应生成的气体容易逸出。如果小颗粒物料混在原料中，在生成电石之前小颗粒物料就会与生成的气体一起飞出造成污染，或者将块料堵塞使气体排出不畅，这样会使炉内压力不正常升高并阻止电石生成，也易造成污染及生成半熔融电石等现象。

然而，将小颗粒原料通过空心电极加入，上面讲到的这些问题就不会发生了，操作效率可以显著地提高。

（4）减少操作费用　因为空心电极装置能使粉状原料得到有效的利用，降低了原料费用。粉状物料通过空心电极加到反应区域，可使反应均匀进行，不会产生喷料，炉盖及电极设备不易损坏，所以能使维修费用降低。

（5）减少气体洗涤污水　电石炉生成的气体含有 $80\sim150g/m^3$ 的粉尘，用传统的水洗涤净化，每立方米气体大约产生 60L 的污水。干法气体净化装置采用了特殊的布袋过滤器，集尘效率高达 99.9％，因而，减少了气体洗涤污水。

第二节　电石-乙炔

一、乙炔性质及用途

乙炔是一种无色的可燃气体，分子式 C_2H_2，化学结构式为 $H-C\equiv C-H$，分子量 26。

1. 乙炔的主要物理性质

① 乙炔的主要物理常数

密度：在 0℃、一个标准大气压下，$1.171kg/m^3$。

相对密度：对空气，0.9056；对氧气，0.8194。

比热容：在 20℃、标准大气压下，$C_p=0.402cal/(kg \cdot ℃)$，$C_V=0.325cal/(kg \cdot ℃)$。

沸点（或冷凝点）：83.66℃。

熔点（或凝固点）：在 895mmHg，$-85℃$。

临界温度：35.7℃。

临界压力：61.6 绝对大气压。

生成热：226.1kJ/mol。

② 在常温常压下，乙炔为无色气体，工业乙炔因含有磷化氢、硫化氢等杂质，而具有特殊的刺激性臭味。

③ 乙炔在高温、高压或有某些接触物质存在时，具有强烈的爆炸能力。湿乙炔的爆炸能力低于干乙炔气，并随温度的增加而减小，当水蒸气与乙炔的体积比为 1∶1.5 时，一般不会发生爆炸。

乙炔用氮气、甲烷、二氧化磷、一氧化碳、水蒸气、水等稀释后，可降低爆炸能力甚至消除爆炸，氮气与乙炔比为 1∶1 时，通常不会发生爆炸。

乙炔与空气混合物的爆炸范围为 2.3％～81％，其中以含乙炔 7％～13％为最强；乙炔与氧气的混合物爆炸范围为 2.5％～93％，其中以含乙炔 30％时最危险。

乙炔与铜、银、汞接触能生成相应的乙炔金属化合物，这类乙炔金属化合物极易爆炸，故乙炔设备严禁使用铜和银焊条焊接。

④ 乙炔很容易溶解在水及其他溶剂中，它在水、二甲基甲酰胺（DMF）、丙酮等溶剂中的溶解度列于表 7-1-9～表 7-1-11。

表 7-1-9 乙炔在各种溶剂中的溶解度

溶剂名称	温度/℃	溶解度（1体积溶剂中乙炔体积）	溶剂名称	温度/℃	溶解度（1体积溶剂中乙炔体积）
饱和食盐水	25	0.93	乙醇	18	6.0
石灰乳	15	0.75	工业醋酸甲酯	15	14.8
汽油	15	5.7	水	0	1.73
苯	15	4.0	水	15	1.15

表 7-1-10 乙炔在 DMF 中的溶解度   单位：g（乙炔）/kg（DMF）

温度/℃ \ 大气压	0.1	0.5	1	5	10	15	20	25	30
0	9.4	4.32	77.3	258	527	736			
5	7.9	36.4	66.4	224	447	649			
10	6.5	30.9	57.3	196	391	582	728		
15	5.5	26.3	49.5	173	341	509	653	742	
20	4.7	22.4	42.7	154	301	452	593	702	
25	4	19.2	37.2	138	269	404	536	654	733
30	3.3	16.5	32.3	125	241	362	485	602	701
40	2.5	12.3	24.4	103	197	295	398	504	607
50	1.9	9.5	18.8	86	164	245	331	421	514

表 7-1-11 乙炔在丙酮中溶解度   单位：g（乙炔）/kg（丙酮）

温度/℃ \ 大气压	1	2	3	5	10	15	20	25	30
0	58	109.5	158	241	526	912			
5	48.7	95.3	137	208	447	754	1151		
10	41.1	83	122	182	384	636	958		
15	34	72	107.2	161	335	546	811	1146	
20	27.9	62.4	94.2	142.3	293	472	689	960	1297
25	22.4	53.5	82.2	126.6	259	413	597	822	1099
30	17.9	45.7	72.1	113	230	364	521	710	740
40	10.4	33	54	92.5	185	289	106	546	701
50		22.7	412	75.2	150.5	234	327	432	554

2. 乙炔的化学性质

乙炔的结构式 H—C≡C—H 表明分子中碳与碳之间是一种三键结合的不饱和碳氢化合物。因此它在热力学上不稳定，化学性质非常活泼，易发生加成、聚合、取代等各种反应。

3. 乙炔的用途

乙炔俗称电石气，是有机合成的重要原料之一。以乙炔为原料可制取氯乙烯、醋酸乙烯、聚乙烯醇、醋酸、乙醛、乙烯基乙炔及炭黑等多种有机化工原料。乙炔也是合成橡胶、合成纤维和塑料的单体。此外，乙炔可直接用于金属的切割和焊接。

4. 电石-乙炔产品质量

$C_2H_2 \geqslant 99.08\%$	$P\text{-}C_3H_4 < 0.35\%$
$C_4H_4 < 0.02\%$	$M\text{-}C_3H_4 < 0.42\%$
$C_2H_4 < 0.01\%$	$C_6H_6 < 0.02\%$
C_4H_2 微量	$CO_2 < 0.01\%$

二、电石生产乙炔

1. 生产原理

电石与水相互作用直接生成乙炔，其反应式如下：

$$CaC_2 + 2H_2O \longrightarrow C_2H_2 + Ca(OH)_2$$

2. 生产技术

电石生产乙炔分"湿法"和"干法"两种方法。"湿法"是把电石加入水中，"干法"是把水雾化喷入电石粉中。

"湿法"工艺制取的乙炔杂质较少，生产安全，操作平稳，但耗水较多，产生的电石渣浆经浓缩及压滤后含水量达到 30%，用于生产水泥时还需进行干燥。

"干法"工艺是将略高于理论量的水以雾状喷洒在电石粉上，产生的电石渣为含水量 4%～12% 的干粉末，可直接用于生产水泥。

(1)"湿法"电石-乙炔生产技术　以电石为原料与水在乙炔发生器中反应生成乙炔气，乙炔气经过酸洗、碱洗净化处理得到乙炔产品。

乙炔发生器的形式有注水式、接触式及投入式三种，乙炔发生器的压力有高压（压力大于 0.15MPa）、中压（0.01～0.15MPa）及低压（0.01MPa 以下）。当乙炔生产量大、纯度要求高时，采用低压投入式乙炔发生器。

① 生产过程。把电石投入乙炔发生器中，使连续产生乙炔气，从发生器出来的乙炔气经冷却塔冷却进入气柜储存或经乙炔压缩机（压力 0.059MPa）进入次氯酸钠溶液清洗塔，除去硫化氢和磷化氢气体后，再用碱液在中和塔中洗涤，除去二氧化碳等酸性气体，得到精制的乙炔气供化工生产使用。

乙炔发生器排出的电石渣浆，由排渣泵送至渣浆池进行沉淀。池内电石渣定期掏出外运，可供水泥厂使用，澄清水可返回乙炔发生器使用。

② 影响乙炔生产速度的因素。

a. 电石与水的比例：如水过剩，粒度 15mm 的电石，在 2min 内即全部转化完毕，第 1min 即有 90% 的发生量。

b. 电石粒度的大小：大块（>80mm）反应速率慢，粒度<1~2mm 者反应速率快，但因局部过热可能发生激烈的分解，一般采用粒度 8~80mm 的电石。

c. 电石的质量：包括 CaC_2 含量，杂质的种类及含量、电石的发气量等。

d. 电石与水接触的状态。

③ 原材料及公用工程消耗（见表 7-1-12）。

表 7-1-12　乙炔生产消耗定额（按 1t 乙炔计）

原材料及规格	消耗定额	原材料及规格	消耗定额
电石（发气量 285L/kg）/t	3	压缩空气/m^3	15
水/m^3	33	电/kW·h	120
氮/m^3	90		

（2）"干法"电石-乙炔生产技术　以电石粉为原料，在乙炔发生器中水以雾状喷洒在电石粉上反应生成乙炔气，乙炔气的后处理与"湿法"相同，经过酸洗、碱洗净化处理得到乙炔产品。

"干法"电石-乙炔生产技术的特点是产生的电石渣为含水量 4%~12% 的干粉末，与"湿法"相比节省水量、减少设备、减少占地面积，有利于环保，但电石破碎要求高，损耗大，投资较高，安全要求高。目前国内开发的技术建设的生产装置运行良好，干法乙炔技术正在得到推广应用。

① 生产过程。电石经过破碎后粒度小于 5mm，通过带有密封的计量螺旋输送机连续地加入带有搅拌的反应器中，用略高于理论量的水以雾状喷洒在电石粉上连续反应生产乙炔气，从反应器产生的乙炔气进入后系统（与"湿法"相同）。产生的电石渣为含水量 4%~12% 的粉末，从反应器底部由密闭的螺旋排渣机连续排出，电石渣可供水泥厂使用。

② 原材料及公用工程消耗（见表 7-1-13）。

表 7-1-13　干法电石制乙炔装置消耗定额（以 100000m^3 乙炔计）

原材料及规格	单位	消耗定额	原材料及规格	单位	消耗等额
电石（发气量 285m^3/t）	t	33.33	氮气	m^3	40
水	m^3	33.6	压缩空气	m^3	40
循环水	m^3	600	电	kW·h	600

第三节　电石乙炔法制乙烯新工艺

一、电石乙炔法技术概述

以乙炔为龙头的碳二化工，在我国已运行多年，目前以电石制 PVC、BDO 等为主。受电石生产成本的制约，难以向烯烃、芳烃等石油化工产品拓展。传统的煤制电石工艺需要消耗大量的电能和优质兰炭或焦炭，同时存在着"高成本、高能耗、高污染、低效益"的弊端，极大限制了乙炔化工的发展。因此电石乙炔化工发展的关键在于清洁生产并获得低成本电石，使乙炔法煤化工路线更具竞争性，对解决我国石化原料替代，拓宽基础化工原料的生产路径具有重大的现实意义和战略意义。

目前，神雾环保技术股份有限公司（以下简称"神雾环保"）自主开发的"蓄热式旋转床煤热解关键技术与装备"已通过国家级鉴定，处于国际领先水平。此工艺将煤热解和电石生产工艺进行有机耦合，并针对传统电石生产工艺存在的问题进行关键技术开发，形成了一整套具有自主知识产权的蓄热式电石生产新工艺，实现了电石生产的低成本、低能耗、高能效，该工艺技术已成功应用在内蒙古港原化工项目。

二、工艺技术原理

该技术包括三个反应方程式：

① 煤与生石灰混合球团通过热解技术将其中的挥发分提取出来，获得高附加值煤焦、高热值煤及高温活性球团。

$$C_xH_yO_z \longrightarrow H_2 + CO + CH_4 + C_nH_m$$

② 高温活性球团通过热装热送技术直接送至电石炉，并在电石炉内发生还原反应，产生电石和电石炉气。电石反应方程式如下：

$$3C(s) + CaO(s) \longrightarrow CaC_2(s) + CO(g)$$

③ 电石与水反应产生乙炔：

$$CaC_2(s) + 2H_2O(l) \longrightarrow C_2H_2(g) + Ca(OH)_2(s)$$

三、工艺流程

图 7-1-6 工艺流程图

蓄热式电石生产新工艺包括原料预处理、预热炉热解、高温固体热送、密闭电石炉冶炼等单元，具体工艺流程如图 7-1-6 所示。来自料场的石灰和原煤经过破碎、筛分、细磨等工序，进入原料仓储存，粉状石灰和粉状原煤经传送皮带送至成型系统，制成合格的球团，球团经输送皮带输送至预热炉，通过布料装置均匀地分布在预热炉的料板上。在预热炉内，炉顶、炉墙静止不动，平铺在料板上的球团在炉底传动机械的作用下，随料板在炉内旋转。球团热解的热量来自蓄热式辐射管燃烧器，通过控制蓄热式辐射管燃烧器的表面温度和预热炉炉底转速，球团在料板带动下旋转经过预热区、中温反应区及高温反应区后完成热解反应，反应后的高温球团经由特殊设计的预热炉出料装置排出炉外。热解产生的荒煤气经冷却分离后进行净化处理，获得合格的人造石油、人造天然气。预热炉排出的高温球团，经特殊保温设计的高温热送进料装置送至密闭式电石炉，球团在炉内经高温还原反应生成电石，优质的成品电石定时排出炉外。密闭式电石炉副产的高浓度一氧化碳尾气经余热回收并洗涤净化后，可作为优质气体燃料或后续化工合成原料。

四、关键技术

1. 干法细粉成型技术

针对预热炉和电石炉对原料强度、粒度的要求，神雾环保在工艺研究和设备开发两个方面进行突破，开发出一种价格低廉、原料适应性广，且成型效果满足工艺要求的黏结剂，并针对干粉成型的特点对成型设备进行了优化，保证了型球的成球率。

2. 预热炉技术

在该工艺中，根据所用原料特性，进入电石炉之前需先进行预热处理，提取原料中高附加值的油气资源，同时固体产物又要满足进入电石炉要求。神雾环保自主创新设计的"无热载体蓄热式旋转床热解关键技术和装备"，将蓄热式燃烧技术与辐射管技术结合，开发形成蓄热式辐射管技术，完全符合上述的热解要求，同时根据工艺要求，对旋转床进行改造，形成适用于蓄热式电石生产新工艺的预热炉装置。

3. 高温热送技术

蓄热式电石生产新工艺特别重视节能环保，为了最大限度地将预热炉出来的高温固体物料的显热回收，降低系统的能耗，神雾环保设计了密闭保温料罐，实现了高温固体物料的密闭保温输送，球团运输过程温降小于50℃。

4. 节能密闭电石炉技术

该技术主要是针对传统密封电石炉进料系统进行节能密闭改造，使其可以适应高温固体物料的加入，取消了传统电石炉进料系统的环形加料机，由保温料罐送来的高温活性球团直接进入炉顶保温料仓，保温料仓顶部设有与料罐底部相匹配的入料口，并设置有氮封装置，整个进料过程能够保证不与空气接触，保持了球团的高活性。

五、示范项目

神雾环保开发的蓄热式电石生产新工艺首台1套工业化示范装置在内蒙古港原化工有限公司建成并生产运行，对港原化工有限公司的2条电石产线进行了改造，改造内容主要包括三部分，分别为原料系统、密闭电炉上料系统和密闭式电石炉。改造后年产电石14万吨。2015年9月投入试生产，2015年10月至今，运行良好，经济环保效益显著。新建内容包括原料预处理系统、预热炉热解系统以及高温固体密闭输送系统。

1. 关键设备

该项目关键设备按照单元分，包括压球机、预热炉、高温固体密闭输送装置以及电石炉，见表7-1-14。

表 7-1-14 关键设备一览表

名称	规格	处理能力	数量
压球机	GY1200×900	20t/h	3 台
预热炉	炉子中心直径 32m 炉腔高度 0.9m 炉温 500～900℃ 料盘转速 0.5～2r/h	35t/h	1 套

续表

名称	规格	处理能力	数量
高温固体密封输送装置	输送过程温度降低不超过50℃	8t/次	2台
电石炉	炉壳内径:9340mm 炉壳高度:4830mm 炉膛深度:2900mm 炉膛直径:8320mm	$7×10^4$t/a	2套

2. 运行数据

原料主要是长焰煤与生石灰,经破碎机制备成细粉,在黏合剂的作用下压成球团,球团经预热炉热解后,高温热装热送至密闭电石炉进行电石冶炼,生产指标如下:

① 型球产量在850t/d以上,一次成球率月均值达到85.5%。

② 预热炉热解前球团的抗压强度平均值为600N,球团的2m钢板3次跌落强度和9m地面跌落强度M5和M13均不低于90%和85%。

③ 预热炉的炉温840℃,在该条件下热解固体、焦油、热解气以及热解水的平均产率分别为82.2%、2.3%、10.6%、4.9%;热解后球团的煤基挥发分残余为4.53%,优于兰炭。

④ 热解后球团的抗压强度在720N以上,2m钢板跌落强度M5和M13基本在92%和87%以上,9m一次跌落强度M5和M13基本在88%和83%以上。

⑤ 每吨电石电炉电耗在2600~2680kW·h,月均值为2640.6kW·h/t电石;2台电石炉电石产量为300~445t/d。

⑥ 电石炉气中CO的体积含量在73.8~77.0%,电石炉尾气的热值较高,在2600kcal/m³以上。

⑦ 该项目经过蓄热式电石生产新工艺改造后,产品综合能耗可降至710kg/t电石。

六、乙炔加氢制乙烯

1. 工艺流程及说明

工艺流程见图7-1-7。

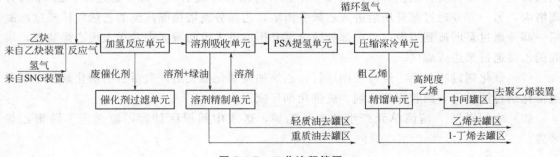

图 7-1-7 工艺流程简图

(1) 加氢反应单元 氢气和来自乙炔装置的乙炔气,按氢气与乙炔4:1(摩尔比)混合,混合后的气体加压后送入加氢反应器。

加氢反应器主要的功能是使乙炔和氢气在催化剂的作用下发生反应生成乙烯，主要反应如下：

$$C_2H_2 + H_2 \longrightarrow C_2H_4 \tag{7-1-4}$$

副反应如下：

$$C_2H_2 + 2H_2 \longrightarrow C_2H_6 \tag{7-1-5}$$

$$2C_2H_2 + 2H_2 \longrightarrow C_4H_8 \tag{7-1-6}$$

加氢反应器采用浆态床反应器，内装溶剂。气体从反应器底部通入，通过气体的鼓泡，使得催化剂在溶剂中以浆态形式悬浮，进行反应。通过内置换热管移走反应热。

反应温度 160℃，反应压力 0.6MPa（G）以下。反应后的气体中含有 90%（质量分数）的乙烯、5%（质量分数）的乙烷、2.4%（质量分数）的 C_5 混合物和 2.6%（质量分数）的绿油。反应后的气体送入溶剂吸收单元。

（2）溶剂吸收单元 反应气自吸收塔底部进入，溶剂经溶剂泵升压后进入冷却器，经冷却器冷却后的溶剂（40℃）进入吸收塔顶部。溶剂与反应气逆流接触，吸收气体中含有的绿油。

（3）溶剂精制单元 乙炔加氢反应中会产生一些杂质，根据与溶剂沸点的区别，分别称之为轻组分和重组分。溶剂精制单元主要作用是除去溶剂中含有的绿油及轻、重组分等杂质。其主要设备为精馏塔。溶剂中含有的轻组分自精馏塔顶部采出，绿油和其他重组分自精馏塔底部采出。分别送至罐区储存，外卖。精馏塔侧线抽出馏程在 200～208℃ 的组分，为精制的溶剂，泵送至反应器重复利用。

（4）PSA 提氢单元 乙炔加氢反应在反应器入口氢炔比 4：1 时，乙炔转化率、乙烯收率较为理想。而实际参与反应的氢气与乙炔摩尔比约为 1：1 左右。这就意味着大量过剩氢气随反应尾气进入后续分离系统。如此规模氢气，如单纯深冷无法分离。自溶剂吸收后的反应气进入 PSA 提氢单元，在该单元回收约 85% 氢气，氢气循环至乙炔加氢反应气入口。解析气进入压缩深冷单元。

（5）压缩深冷单元 解析气经压缩机压缩至 2.5MPa（G）后，深冷冷却至 -150℃。可提取解析气中 99% 氢气。氢气循环至乙炔加氢反应气入口。提氢后液相进入精馏单元。

（6）精馏单元 精馏单元主要设置了 2 个塔：C_4 分离塔和乙烯分离塔。C_4 分离塔主要用来脱除 C_5 混合物，乙烯分离塔用来分离乙烯和乙烷。C_5 混合物从 C_4 分离塔底通过泵升压送入罐区，轻组分所含乙炔和乙烷物质从塔顶经过塔顶冷凝后，一部分通过泵回流到 C_4 分离塔内，另一部分通过泵升压后进入乙烯分离塔，乙烯分离塔顶部高纯的乙烯气体经过冷凝后一部分通过泵回流到塔内，另一部分通过泵升压后进入中间罐区中并送入聚乙烯装置，塔底的乙烷通过泵送入罐区。

（7）催化剂过滤单元 经过长期运行，乙炔加氢催化剂失活。失活后的催化剂停车后送至催化剂过滤单元，回收废催化剂。废催化剂厂家回收。

（8）中间罐区 精馏单元产生的产品乙烯，送入中间罐区储存，输送至下游聚乙烯装置。

2. 技术特点

① 利用乙炔加氢制乙烯的新工艺，实现低阶煤转化为乙烯，使乙炔转化率＞99.9%，乙烯收率≥90%。

② 将浆态床反应器用于乙炔加氢反应中，优化换热管的换热情况，使反应温度可控并及

时地将反应热量移出，换热效率高，抑制了副反应的发生，提高了乙烯收率，减少放大效应。

3. 实验室及中试试验工作

乙炔加氢制乙烯中试装置规模为 500t/a，乙炔转化率＞99％，乙烯收率≥90％，反应气氛中硫化氢、磷化氢及砷化氢的含量分别＜$0.01\mu L/L$，一氧化碳含量＜$10\mu L/L$，二氧化碳含量＜$20\mu L/L$。

七、在建和运行工程

蓄热式电石生产新工艺技术应用成果见表 7-1-15。

表 7-1-15　蓄热式电石生产新工艺技术应用成果

项目名称	中间电石产品规模 /(10^4t/a)	配套产品	建成时间
内蒙古港原化工有限公司改造项目	40	天然气 1×10^8 m³/a	2015 年 10 月一期投产
新疆建设兵团五五工业园长焰煤分质利用化工一体化示范项目,可行性研究报告	120	乙二醇 20×10^4t/a	在建
乌海神雾煤化科技有限公司乙炔化工新工艺 40 万吨/年 PE 多联产示范项目	120	乙二醇 20×10^4t/a	在建
包头 80 万吨/年乙炔法制 PE 示范工程	240	SNG 5.3×10^8 m³/a	设计中
荆门 80 万吨/年乙炔法制 PE 示范工程	240	LNG 40×10^4t/a	设计中

第四节　电石的下游产品

一、石灰氮

1. 石灰氮的性质，用途及质量标准

（1）性质及用途　石灰氮学名氰氨化钙，结构式 $Ca\!=\!N\!-\!C\!\equiv\!N$，分子量 80.10，石灰氮外观为黑色粉末。

石灰氮工业上主要用于生产三聚氰胺、双氰胺、硫脲和多菌灵等数十种产品。农业上可作基肥，其肥效高于硫铵 3％～5％，肥效保持长久，不易流失，且有提高地温、杀虫、防落叶、清除杂草、改善土壤性能和作物营养等优点，并可防止土壤酸化。此外，石灰氮在钢铁行业可用作金属热处理剂和脱硫剂，在医药上用于防治血吸虫病等。

（2）石灰氮产品规格（HG 2427—93）　见表 7-1-16。

表 7-1-16　石灰氮产品规格

指标名称		优等品	一等品	合格品
总氮含量/%	≥	20	19	17
游离电石含量/%	≤	0.2	0.5	1.0
筛余物(850μm 筛)/%	≤	3	3	3

2. 生产方法及生产工艺

（1）生产方法 石灰氮的生产是在氮化反应炉内，在电石粉中通入氮气，以萤石作催化剂，反应即得石灰氮产品。反应方程式如下：

$$CaC_2 + N_2 \longrightarrow CaCN_2 + C + 72kcal/kg$$

（2）生产技术 石灰氮的生产技术主要是氮化反应炉的选择。反应炉目前有三种炉型：固定炉、沉降炉、回转炉。

固定炉是20世纪60年代初中国采用的氮化设备，此炉型生产效率低，劳动强度大，工作环境粉尘多，温度高，是一种濒临淘汰的旧工艺设备。

沉降炉单台生产能力1500t/a，生产稳定，产品质量较好，劳动强度大，粉尘飞扬，劳动环境恶劣，目前中国采用此炉型的厂家较多。

回转炉单台生产能力（0.5～2）×10^{4}t/a。此炉型优点是炉型大、效率高、劳动强度低，工作环境较干净，动力消耗低，连续作业，产品质量能达到质量标准。

（3）生产工艺流程简述 电石和经过干燥的萤石以及回炉石灰氮，经破碎、分离硅铁后，再破碎至20mm以下送至炉料储仓，用仓底的给料机将炉料加入球磨机，磨至2mm以下，用输送设备送至炉前粉仓。

粉状炉料用氮气吹进反应炉炉头，控制反应温度1050～1100℃使电石充分氮化。反应产物经过降温冷却至100℃以下。被冷却的石灰氮经预筛后，筛上物经破碎再返回筛分，筛下物送至球磨机磨粉至30目以下即为石灰氮成品，送至成品储仓储存。

3. 原材料、辅助材料及公用工程的用量（见表7-1-17）

表 7-1-17 石灰氮生产消耗定额（按 1t 产品计）

项目	规格	单耗	项目	规格	单耗
原辅材料			动力		
电石/t	一级品率≥50%	0.75	电/kW·h	380V/220V	110
萤石/t	CaF$_2$≥90%（质量分数）	0.02	循环水/t	$t≤30℃, p=0.35MPa$	20
氮气/m³	N$_2$≥99.8%, $p≥0.2MPa$	450			

二、双氰胺

1. 性质及用途

双氰胺又称氰基胍，分子式为C$_2$H$_4$N$_4$，分子量为84.08，其结构式如下：

$$H_2N—C—NH—C≡N$$
$$\parallel$$
$$NH$$

双氰胺是白色结晶性粉末，不可燃；溶于水和醇，少量溶于醚和苯；干燥的双氰胺性能稳定；熔点207～209℃。

双氰胺是重要的精细有机化工原料，在制药工业中主要用于生产胍和胍盐、嘧胺和磺胺及巴比土酸等，在染料工业中用于生产各种用途的固色剂和黏合剂，在塑料工业中是生产三聚氰胺塑料的原料以及用作环氧树脂固化剂。此外，双氰胺还可用于生产阻燃剂、烈性炸药、硝酸纤维素稳定剂、环氧黏合修补剂、印刷电路板聚合交联催化剂等。在农用化学品中，双氰胺除能生产杀虫剂和治蚜虫外，还可用作氮肥增效剂和长效复肥添加剂，在施肥中起硝化抑制作用，使化肥缓效释放，减少氮损失。

近年来，使用双氰胺作普通碳铵的氮稳定剂，给双氰胺提供了新的更大应用领域。

产品规格见表 7-1-18。

表 7-1-18　双氰胺规格（HG/T 3264—1999）

指标名称		优等品	一等品	合格品
外观		白色结晶	白色结晶	白色结晶
双氰胺含量（干基）	≥	99.5	99.0	98.5
加热减量/%	≤	0.30	0.50	0.60
灰分含量/%	≤	0.05	0.10	0.15
钙含量/%	≤	0.020	0.040	0.050

2. 生产方法及生产工艺

（1）生产方法　双氰胺生产以石灰氮为原料，经过水解、脱钙、蒸发、聚合、结晶即得成品，其生产反应方程式如下。

水解　　$2CaCN_2 + 2H_2O \longrightarrow Ca(HCN_2)_2 + Ca(OH)_2$

脱钙　　$Ca(HCN_2)_2 + H_2O + CO_2 \longrightarrow 2H_2CN_2 + CaCO_3 \downarrow$

聚合

$$2H_2CN_2 \xrightarrow{74℃} H_2N-\underset{\underset{NH}{\|}}{C}-NHC\equiv N$$

（2）生产工艺流程简述　方块流程如下：

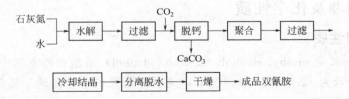

流程说明：将石灰氮与水进行水解，将反应所得悬浮状的水解液氰氨氢钙进行减压过滤，除去 $Ca(OH)_2$ 滤渣，滤液通入二氧化碳进行脱钙（$CaCO_3$）生成氰氨液，然后在碱性条件下，在聚合罐内聚合，生成双氰胺聚合液，聚合液经冷却结晶、分离、干燥即得到双氰胺产品。

3. 原材料辅助材料及公用工程用量（参见表 7-1-19）

表 7-1-19　双氰胺生产消耗定额（按 1t 产品计）

项目	规模	单耗	项目	规模	单耗
原辅材料			动力		
石灰氮/t	一等品占 80%	4.7	循环水/t	$T \leqslant 30℃, p = 0.25MPa$	180
二氧化碳/m³	$CO_2 \geqslant 20\%$（体积分数），0.8MPa，石灰窑尾气	7000	工艺水/t	$T = 17℃, p = 0.35MPa$	7.0
黄沙/t		2.0	电/kW·h	380V/220V	500
包装袋/个	聚丙烯编织袋内衬塑料膜，25kg/袋	41	蒸汽/t	$p = 0.4MPa$（饱和）	6.0

表 3-1-18　甲醇质量标准 (HG/T 3294—1999)

第二章
甲醇及下游产品

第一节　甲醇生产

一、甲醇的物理及化学性质

1. 甲醇物理性质

甲醇（methanol 或 methyl alcohol，或 wood alcohol）是饱和醇系列中的代表。分子式为 CH_3OH，分子量为 32.04。一般情况下，纯甲醇是无色、易流动、易挥发的可燃液体，并带有与乙醇相似的气味。

甲醇可以和水及许多有机液体按各种比例混合，但不能和脂肪烃类混合。它易于吸收水蒸气、二氧化碳气和某些其他物质。因此，只有用特殊方法才能分离出完全无水的甲醇。同样，也难以从甲醇中清除有机杂质，特别是沸点接近于甲醇的有机杂质，如甲乙酮、丙醛等。

甲醇具有毒性，内服 10mL 有失明的危险，30mL 能致人死亡，空气中允许最高甲醇蒸气浓度为 0.05mg/L。甲醇蒸气与空气在一定范围内可形成爆炸性化合物。甲醇主要物理性质汇总见表 7-2-1。

表 7-2-1　甲醇主要物理性质汇总

项目名称	指标数据	项目名称	指标数据	项目名称	指标数据
液体密度/(kg/m³)	791.3	闪点		在空气中/℃	473
蒸汽密度/(kg/m³)	1.43	开杯法/℃	16.0	在氧气中/℃	461
沸点/℃	64.7	闭杯法/℃	12.0	临界常数	
熔点/℃	-97.8	自燃点		临界温度(T_C)/℃	240

续表

项目名称	指标数据	项目名称	指标数据	项目名称	指标数据
临界压力(p_C)/MPa	7.97	表面张力/(N/m)	24.5×10^{-3}	气体/(kJ/mol)	764.09
临界体积(V_C)/(mL/mol)	118	蒸发潜热(64.7℃)/(kJ/mol)	35.295	液体/(kJ/mol)	726.16
临界压缩指数(Z_C)	0.224	熔融热(−97.1℃)/(kJ/mol)	3.169	热导率/[J/(m·s·K)]	2.1×10^{-3}
黏度		生成热		空气中最大允许浓度/(g/m³)	0.05
液体黏度(20℃)/(mPa·s)	0.5945	气体(25℃)/(kJ/mol)	−201.22	在空气中爆炸极限	
蒸汽黏度(15℃)/(μPa·s)	0.140	液体(25℃)/(kJ/mol)	−238.73	下限(体积分数)/%	6.0
折射率(20℃)	1.3287	燃烧热		上限(体积分数)/%	36.5

甲醇蒸气压与温度的关系见图 7-2-1。

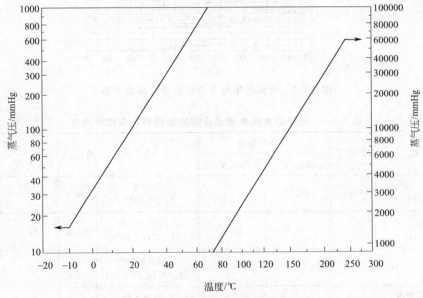

图 7-2-1 甲醇蒸气压与温度的关系

(1mmHg=133.322Pa)

大部分气体在甲醇中具有良好的可溶性。在标准状态下，氦、氖、氩和氧在甲醇中的溶解度，比其在丙酮、苯、乙醇、环己烷及其他溶剂中要高。根据资料报道，在 25℃ 温度和 101.32kPa 压力下，在甲醇中气体溶解度数据如表 7-2-2 所示。

表 7-2-2 气体在甲醇中溶解度(以 CH₃OH 计) 单位:m³/t

氢气	一氧化碳气	二氧化碳气	甲烷气	乙烯气	乙炔气
0.10	0.25	4.0	0.60	2.50	10.50

在工业领域，广泛利用气体在甲醇中的高溶解度，使用甲醇作为吸收剂，除去工业气体中的杂质。一些常见气体在甲醇中的溶解度随温度变化关系见图 7-2-2。

甲醇可以按任意比例与多种有机化合物混合，而且与其中的一些有机化合物生成共沸混合物。其沸点及组成见表 7-2-3。

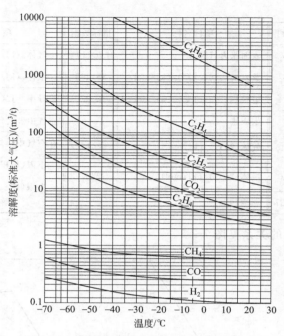

图 7-2-2 气体在甲醇中的溶解度与温度关系

表 7-2-3 与甲醇生成共沸混合物的物质和共沸物的沸点

化 合 物	沸点/℃	共沸混合物		化 合 物	沸点/℃	共沸混合物	
		沸点/℃	甲醇浓度/%			沸点/℃	甲醇浓度/%
丙酮 CH$_3$COCH$_3$	56.4	55.7	12.0	二甲醚 (CH$_3$)$_2$O	38.9	38.8	10.0
醋酸甲酯 CH$_3$COOCH$_3$	57.0	54.0	19.0	乙醛缩二甲醇 CH$_3$CH(OCH$_3$)$_2$	64.3	57.5	24.2
甲酸乙酯 HCOOC$_2$H$_5$	54.1	50.9	16.0	乙基丙烯酸酯 CH$_2$=CHCOOC$_2$H$_5$	43.1	64.5	84.4
双甲氧基甲烷甲醛 CH$_2$(OCH$_3$)$_2$	42.3	41.8	8.2	甲酸异丁酯 HCOOC$_4$H$_9$	97.9	64.6	95.0
丙酸甲酯 C$_2$H$_5$COOCH$_3$	79.8	62.4	4.7	环己烷 C$_6$H$_{12}$	80.8	54.2	61.0
丁酮 CH$_3$COOC$_2$H$_5$	79.6	63.5	70.0	二丙醚 (C$_3$H$_7$)$_2$O	90.4	63.8	72.0
甲酸丙酯 HCOOC$_3$H$_7$	80.9	61.9	50.2				

2. 甲醇化学性质

甲醇是最简单的饱和醇，它由一个甲基和一个羟基组成，化学性质很活泼，化学反应主要发生在羟基上。典型的化学反应如下。

（1）氧化反应　甲醇经空气氧化生成甲醛，然后甲醛被氧化生成甲酸：

$$CH_3OH + \frac{1}{2}O_2 \longrightarrow HCHO + H_2O$$

$$HCHO + \frac{1}{2}O_2 \longrightarrow HCOOH$$

（2）氨化反应　甲醇与氨反应生成甲胺（一甲胺、二甲胺、三甲胺）：

$$CH_3OH + NH_3 \longrightarrow CH_3NH_2 + H_2O$$

$$2CH_3OH + NH_3 \longrightarrow (CH_3)_2NH + 2H_2O$$

$$3CH_3OH + NH_3 \longrightarrow (CH_3)_3N + 3H_2O$$

（3）羰基化反应　甲醇羰基化反应生成醋酸：

$$CH_3OH + CO \longrightarrow HCOOCH_3$$

（4）酯化反应　甲醇酯化反应生成多种酯类化合物，甲醇与甲酸反应生成甲酸甲酯：

$$CH_3OH + HCOOH \longrightarrow HCOOCH_3 + H_2O$$

甲醇与硫酸反应生成硫酸氢甲酯、硫酸二甲酯：

$$CH_3OH + H_2SO_4 \longrightarrow CH_3HSO_4 + H_2O$$

$$2CH_3OH + H_2SO_4 \longrightarrow (CH_3)_2SO_4 + 2H_2O$$

（5）生成醚的反应　甲醇脱水反应生成二甲醚：

$$2CH_3OH \longrightarrow CH_3OCH_3 + H_2O$$

甲醇与异丁烯反应生成甲基叔丁基醚：

$$CH_3OH + CH_2=C(CH_3)_2 \longrightarrow CH_3OC(CH_3)_3$$

甲醇与炔烃反应生成甲基乙烯基醚：

$$CH_3OH + C_2H_2 \longrightarrow CH_3-O-CH=CH_2$$

（6）卤化反应　甲醇与氯气反应生成氯代甲烷：

$$CH_3OH + Cl_2 + H_2 \longrightarrow CH_3Cl + HCl + H_2O$$

$$CH_3OH + Cl_2 \longrightarrow CH_2Cl_2 + H_2O$$

$$CH_3OH + 2Cl_2 \longrightarrow CHCl_3 + HCl + H_2O$$

$$CHCl_3 + Cl_2 \longrightarrow CCl_4 + HCl$$

（7）甲醇分解反应　甲醇与水蒸气进行催化分解，生成二氧化碳和氢气：

$$CH_3OH + H_2O \longrightarrow CO_2 + 3H_2$$

（8）甲醇与光气反应　甲醇与光气反应生成氯甲酸甲酯，然后进一步与甲醇反应生成碳酸二甲酯：

$$CH_3OH + COCl_2 \longrightarrow CH_3O-\overset{\displaystyle O}{\overset{\|}{C}}-Cl + HCl$$

$$CH_3O-\overset{\displaystyle O}{\overset{\|}{C}}-Cl + CH_3OH \longrightarrow (CH_3O)_2C=O + HCl$$

二、甲醇合成对原料气的要求

1. 原料气中的碳氢比

氢与一氧化碳合成甲醇的化学当量比为 2，氢与二氧化碳合成甲醇的化学当量比为 3，当原料气中一氧化碳和二氧化碳同时存在时，原料气中氢碳比应满足以下表达式：

$$n = 2.10 \sim 2.15$$

以天然气为原料采用蒸汽转化工艺时，粗原料气中氢气含量过高，一般需在转化前或转化后加入二氧化碳以调节合理氢碳比。而用渣油或煤为原料制备的粗原料气中氢碳比太低，需要设置变换工序使过量的一氧化碳变换为氢气和二氧化碳，再将二氧化碳除去。用石脑油制备的粗原料气中氢碳比适中。

生产中新鲜原料气一般 n 值控制在 $2.10 \sim 2.15$。甲醇合成循环气体的氢气含量要高得多。例如：Lurgi 流程甲醇合成塔入口气体含 H_2 76.40%；Topsoe（托普索）流程中，合成循环气含 H_2 90%。过量的氢气能抑制羰基铁及高碳醇的生产，并能延长催化剂使用寿命。

2. 原料气中惰性气体含量

合成甲醇的原料气中除了主要成分 CO、CO_2、H_2 之外，还含有对甲醇合成反应起减缓作用的惰性组分（CH_4、N_2、Ar）。惰性组分不参与合成反应，会在合成系统中积累增多，降低 CO、CO_2、H_2 的有效分压，对甲醇合成反应不利，而且会使循环压缩机功率消耗增加，在生产操作中必须排出部分惰性气体。在生产操作初期，催化剂活性较高，循环气中惰性气体含量可控制在 20%~30%左右；在生产操作后期，催化剂活性降低，循环气中惰性气体含量一般控制在 15%~25%左右。

3. 甲醇合成原料气的净化

目前甲醇合成普遍使用铜基催化剂，该催化剂对硫化物（硫化氢和有机硫）、氯化物、羰基化合物、重金属、碱金属及砷、磷等毒物非常敏感。

甲醇生产用工艺蒸汽的锅炉给水应严格处理，脱出氯化物。湿法原料气净化所用的溶液应严格控制不得进入甲醇合成塔，以避免带入砷、磷、碱金属等毒物。应避免铁锈等，原料合成气要求硫含量在 0.1×10^{-6} 以下。

以天然气或石脑油为原料生产甲醇时，由于蒸汽转化所用镍催化剂对硫很敏感，应将原料经氧化锌精脱硫后进入转化炉，转化气不再脱硫。

以煤或渣油为原料时，进入气化炉或部分氧化炉的原料不脱硫，因此原料气中硫含量相当高，通常经耐硫变换、湿法洗涤粗脱硫后再经氧化锌精脱硫。

以天然气或石脑油为原料时，在一段转化炉前，有机硫及烯烃化合物先经钴-钼加氢催化剂，将有机硫（如噻吩、硫醇）转化成硫化氢，将烯烃转化成烷烃，然后再经氧化锌脱硫至 0.1×10^{-6} 以下。

中温变换催化剂可将有机硫中的硫氧化碳和二硫化碳部分转化成硫化氢，再经湿法洗涤净化脱硫脱除硫化氢。脱硫技术详见本书有关章节。

三、合成甲醇催化剂

1. 合成甲醇催化剂的作用

催化剂的作用是使一氧化碳加氢反应向生成甲醇方向进行，并尽可能地减少和抑制副反应产物的生成，而催化剂本身不发生化学变化。

选用的催化剂有两种类型：一种是以氧化锌为主体的锌基催化剂，另一种是以氧化铜为主体的铜基催化剂。锌基催化剂机械强度高，耐热性能好，适宜操作温度为 $330 \sim 400℃$，操作压力为 $25 \sim 32MPa$，使用寿命长，一般为 $2 \sim 3$ 年，适用于高压法合成甲醇。铜基催化剂活性高，低温性能良好，适宜的操作温度为 $230 \sim 310℃$，操作压力为 $5 \sim 15MPa$，对硫和氯的化合物敏感，易中毒，寿命一般为 $1 \sim 2$ 年，适用于低压法合成甲醇。

2. 国内外合成甲醇催化剂的主要性能

（1）国外铜基催化剂主要性能　国外铜基催化剂性能及操作条件见表 7-2-4、表 7-2-5。

（2）国内铜基催化剂主要性能　国内铜基催化剂主要性能及操作条件见表 7-2-6。

表 7-2-4　Cu-Zn-Al 催化剂主要性能及操作条件

项　目　名　称	ICI	BASF	DUPont	苏联
化学组成				
$CuO : ZnO : Al_2O_3$	24 : 38 : 38	12 : 62 : 25	66 : 17 : 17	52 : 26 : 5
	53 : 27 : 6			54 : 28 : 6
	60 : 22 : 8			
操作条件				
温度/℃	230～250	230	275	250
压力/MPa	5～10	10～20	7.0	5.0
空速/h^{-1}	1.2×10^4	1.0×10^4	1.0×10^4	1.0×10^4
甲醇产率/[kg/(L·h)]	0.7	3.29	4.75	—

表 7-2-5　Cu-Zn-Cr 催化剂主要性能及操作条件

项　目　名　称	ICI	BASF	Topsoe	日本气体化学	苏联
化学组成					
$CuO : ZnO : Cr_2O_3$	40 : 40 : 20	31 : 38 : 5	40 : 10 : 50	15 : 48 : 37	33 : 31 : 39
操作条件					
温度/℃	250	230	260	270	250
压力/MPa	40	50	100	145	150
空速/h^{-1}	6000	10000	10000	10000	10000
甲醇产率/[kg/(L·h)]	0.26	0.75	0.48	1.95	1.1～2.2

表 7-2-6　国内铜基催化剂主要性能及操作条件

项　目　名　称	C_{207}	C_{301}	C_{303}
化学组成			
$CuO : ZnO : Al_2O_3$	48 : 39.1 : 3.6	58.01 : 31.07 : 3.06	36.3 : 37.1 : 20.3
$CuO : ZnO : Cr_2O_3$			
操作条件			
温度/℃	235～285	210～300	227～232
压力/MPa	10～30	5～24	10
空速/h^{-1}	2×10^4	2×10^4	3.7×10^3

四、甲醇合成反应原理

1. 甲醇合成反应步骤

甲醇合成是一个多相催化反应过程，这个复杂过程共分五个步骤进行：

① 合成气自气相扩散到气体-催化剂界面；

② 合成气在催化剂活性表面上被化学吸附；

③ 被吸附的合成气在催化剂表面进行化学反应形成产物；

④ 反应产物在催化剂表面脱附；

⑤ 反应物自催化剂界面扩散到气相中。

全过程反应速率取决于较慢步骤的完成速度。其中第三步进行的较慢，因此，整个反应取决于该反应的进行速度。

2. 合成甲醇的化学反应

由 CO 催化加 H_2 合成甲醇，是工业化生产甲醇的主要方法。

① 主要化学反应

$$CO + 2H_2 \rightleftharpoons CH_3OH(g) + 100.4kJ/mol$$

当有二氧化碳存在时，二氧化碳按下列反应生成甲醇：

$$CO_2 + H_2 \rightleftharpoons CO + H_2O(g) - 41.8kJ/mol$$

$$CO + 2H_2 \rightleftharpoons CH_3OH(g) + 100.4kJ/mol$$

两步反应的总反应式为

$$CO_2 + 3H_2 \rightleftharpoons CH_3OH(g) + H_2O + 58.6kJ/mol$$

② 典型的副反应

$$CO + 3H_2 \rightleftharpoons CH_4 + H_2O(g) + 115.6kJ/mol$$

$$2CO + 4H_2 \rightleftharpoons CH_3OCH_3(g) + H_2O(g) + 200.2kJ/mol$$

$$4CO + 8H_2 \rightleftharpoons C_4H_9OH + 3H_2O + 49.62kJ/mol$$

3. 合成甲醇反应热效应

一氧化碳和氢气反应生成甲醇是一个放热反应，在 25℃ 时，反应热为：$\Delta H_{298}^{\ominus} = 90.8kJ/mol$。常压下不同温度的反应热可按下式计算。

$$\Delta H_T^{\ominus} = 4.186(-17920 - 15.84T + 1.142 \times 10^{-2}T^2 - 2.699 \times 10^{-6}T^3) \quad (7\text{-}2\text{-}1)$$

式中 $\Delta H_T^{\ominus}$——常压下合成甲醇的反应热，J/mol；

T——开氏温度，K。

根据上式计算得到不同温度下的反应热见表 7-2-7。

表 7-2-7 不同温度下的反应热

项目	计算结果							
温度/℃	25	100	200	300	400	500	600	700
$\Delta H_T^{\ominus}/(kJ/mol)$	90.8	93.68	96.88	99.44	101.4	102.9	104	104.68

在合成甲醇反应中，反应热不仅与温度有关，而且与压力也有关系。加压下反应热的计算式：

$$\Delta H_p = \Delta H_T - 0.5411p - 3.255 \times 10^6 T^{-2}p \quad (7\text{-}2\text{-}2)$$

式中 ΔH_p——压力为 p、温度为 T 时的反应热，kJ/mol；

ΔH_T——压力为 101.33kPa、温度为 T 时的反应热，kJ/mol；

p——反应压力，kPa；

T——反应时的开氏热力学温度，K。

利用式（7-2-2）可以计算出不同温度和不同压力下的反应热。反应热与温度及压力的关系见图 7-2-3。

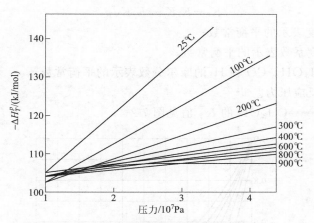

图 7-2-3　反应热与温度及压力的关系

从图 7-2-3 可以看出，合成反应热的变化范围是比较大的。在高压低温时反应热大。25℃、100℃ 等温线比 300℃ 等温线的斜率大。因此合成甲醇在低于 300℃ 条件下操作比在高温条件下操作时要求严格，温度与压力波动时容易失控。而且在压力为 20MPa 及温度大于 300℃ 时，反应热变化不大、操作容易控制，故采用这种条件对甲醇合成是有利的。

4. 合成甲醇反应的化学平衡

一氧化碳加氢合成甲醇反应是气相可逆反应，压力对反应有着重要的影响，用气体分压表示的平衡常数公式如下。

$$K_p = \frac{p_{CH_3OH}}{p_{CO} p_{H_2}^2} \qquad (7-2-3)$$

式中　　　　　　K_p——甲醇的平衡常数；

p_{CH_3OH}，p_{CO}，p_{H_2}——甲醇、一氧化碳、氢气的平衡分压。

反应温度也是影响平衡常数的重要因素，用平衡常数与温度关系式，可直接进行计算平衡常数。其关系式为：

$$\lg K_T = 3921T - 7.971 \lg T + 2.499 \times 10^{-3} T - 2.953 \times 10^{-7} T^2 + 10.20 \qquad (7-2-4)$$

式中　K_T——用温度表示的平衡常数；

　　　T——合成反应温度，K。

用式（7-2-4）计算常压下，甲醇合成反应平衡常数值如表 7-2-8 所示。

表 7-2-8　同温度下甲醇合成反应平衡常数

反 应 温 度/℃	平 衡 常 数 K_T	反 应 温 度/℃	平 衡 常 数 K_T
100	12.84	300	2.42×10^{-4}
200	1.9×10^{-2}	400	1.09×10^{-5}

从表 7-2-8 可以看出，平衡常数随温度的上升而快速减小，从这点出发，甲醇合成不能在高温下进行，但温度低反应速率太慢。所以甲醇合成采用高活性铜基催化剂，使反应温度

维持在 250～280℃，以获得较高的转化率。

用式（7-2-3）、式（7-2-4）计算的平衡常数，在压力接近大气压时，其值是正确的，但在较高压力下，必须考虑反应混合物的可压缩性，此时应用逸度代替分压，因此：

$$K_f = K_\gamma K_p = K_\gamma K_N p^{-2} \tag{7-2-5}$$

式中　K_f——用逸度表示的平衡常数；

　　　　K_γ——用逸度系数表示的平衡常数；

　　　　K_N——以 CH_3OH、CO 和 H_2 的摩尔分数表示的平衡常数；

　　　　p——合成反应压力。

反应 $CO + 2H_2 \rightleftharpoons CH_3OH$ 的 K_γ 值见图 7-2-4。

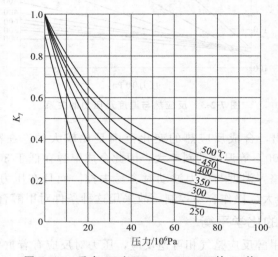

图 7-2-4　反应 $CO + 2H_2 \rightleftharpoons CH_3OH$ 的 K_γ 值

$$K_p = \frac{p_{CH_3OH}}{p_{CO} p_{H_2}^2} \tag{7-2-6}$$

式中，p_{CH_3OH}、p_{CO}、p_{H_2} 分别为 CH_3OH、CO 及 H_2 的分压。

$$K_N = \frac{x_{CH_3OH}}{x_{CO} x_{H_2}^2} \tag{7-2-7}$$

式中，x_{CH_3OH}、x_{CO}、x_{H_2} 分别为 CH_3OH、CO 及 H_2 的摩尔分数。

$$K_\gamma = \frac{\gamma_{CH_3OH}}{\gamma_{CO} \gamma_{H_2}^2} \tag{7-2-8}$$

式中，γ_{CH_3OH}、γ_{CO}、γ_{H_2} 分别为 CH_3OH、CO 及 H_2 的逸度系数。K_γ 值可由图 7-2-4 查得。

根据式（7-2-4）～式（7-2-8）计算的结果如表 7-2-9 所示。

表 7-2-9 中给出了不同温度和不同压力下的平衡常数。由表中 K_N 数据可以看出，在同一温度下，压力越大 K_N 也越大，即平衡产率越高；在同一压力下，温度越高 K_N 值越小。所以从热力学分析来看，低温高压对合成有利。反应温度高，则必须采用高压，才能保证有较大的 K_N 值。合成甲醇的反应温度与催化剂的活性有关，由于高活性铜基催化剂的研究开发成功，中、低压甲醇合成技术有了很大发展。ICI 公司中、低压合成甲醇技术，反应温度为 210～270℃，反应压力为 5～10MPa。

表 7-2-9　合成甲醇反应的平衡常数

温度/℃	压力/MPa	γ_{CH_3OH}	γ_{CO}	γ_{H_2}	K_f	K_γ	K_p	K_N
200	10	0.52	1.04	1.05	1.909×10^{-2}	0.453	4.21×10^{-2}	4.20
	20	0.34	1.09	1.08		0.292	6.53×10^{-2}	26
	30	0.26	1.15	1.13		0.177	10.80×10^{-2}	97
	40	0.22	1.29	1.18		0.130	14.67×10^{-2}	234
300	10	0.76	1.04	1.04	2.42×10^{-4}	0.676	3.58×10^{-4}	3.58
	20	0.60	1.08	1.07		0.486	4.97×10^{-4}	19.9
	30	0.47	1.13	1.11		0.338	7.15×10^{-4}	64.4
	40	0.40	1.20	1.15		0.252	9.60×10^{-4}	153.6
400	10	0.88	1.04	1.04	1.079×10^{-5}	0.782	1.378×10^{-5}	0.14
	20	0.77	1.08	1.07		0.625	1.726×10^{-5}	0.69
	30	0.68	1.12	1.10		0.502	2.075×10^{-5}	1.87
	40	0.62	1.19	1.14		0.400	2.695×10^{-5}	4.18

5. 合成气用量比与平衡浓度的关系

当 $H_2/CO=2 : 1$，合成气体中无惰性气体存在时，不同压力和不同温度下的甲醇平衡浓度计算公式如下：

$$K_p = \frac{27}{4} \times \frac{1}{p^2} \times \frac{x_{CH_3OH}}{(1-x_{CH_3OH})^3} \tag{7-2-9}$$

式中　x_{CH_3OH}——混合气体中甲醇平衡浓度，摩尔分数；

　　　p——混合气体总压力，大气压。

当 $CO/H_2=n$，合成气惰性气体含量为 x_i 时，合成甲醇的平衡浓度计算分式为：

$$K_p = \frac{(1+n)^3}{n} \times \frac{1}{p^2} \times \frac{x_{CH_3OH}}{(1-x_{CH_3OH}-x_i)^3} \tag{7-2-10}$$

式中　n——混合气体中氢气与一氧化碳气的比值；

　　　x_i——混合气体中惰性气体含量，%（摩尔分数）。

上式中 K_p 可由式 (7-2-3) 求得，n、x_i、p 为已知条件，故利用式 (7-2-10) 可以求出甲醇平衡浓度 x_{CH_3OH}。当 $n=2$、$x_i=0.10$ 时，在不同温度和不同压力下计算得到的平衡浓度见表 7-2-10。

表 7-2-10　甲醇合成的平衡浓度

合成温度/℃	平衡浓度			
	合成压力/MPa			
	5	10	20	30
250	0.278	0.488	0.661	—
300	0.079	0.229	0.440	0.566
340	0.023	0.090	0.253	0.394

从表 7-2-10 可以看出，温度相同时，压力越高甲醇平衡浓度越大；压力相同时，温度

越低甲醇平衡浓度越大。由此可见，低压法合成甲醇采用较低温度，能提高合成反应的选择性，抵消因低压使 K_N 值变小的不利因素。

合成气中用量比 n 值大小对甲醇合成反应有影响，当 CO 过量时易生成甲酸、醋酸和高级醇杂质，影响甲醇产品纯度。因此，在工业生成中保持 H_2 过量，一般选择合成气中 $H_2/CO=2.10\sim2.15$。

五、合成甲醇的工业方法

1. 合成甲醇的原则流程（图 7-2-5）

由于化学平衡的限制，合成气通过甲醇反应器不可能全部转化为甲醇，现代技术反应器出口气体中甲醇的摩尔分数从过去的 $3\%\sim6\%$ 提高到 $16\%\sim21\%$，大量未反应气体必须循环再合成反应。

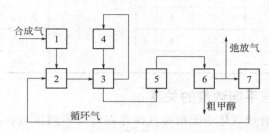

图 7-2-5　甲醇合成的原则流程
1—合成气压缩机；2—油分离器；3—热交换器；4—甲醇合成器；5—水冷凝器；6—粗甲醇储槽；7—循环气压缩机

甲醇合成是可逆的放热反应，必须及时移走反应热。Lurgi 公司管壳型甲醇合成反应器为连续换热式，ICI 公司冷激型甲醇合成反应器为多段换热式。为了充分利用反应热，出甲醇合成反应器催化床的气体与进催化床的气体进行热交换。

甲醇分离利用加压下甲醇易被冷凝的原理，采用冷凝分离方法。加压下与液相甲醇呈平衡状态的气相甲醇的含量随温度降低和压力升高而下降，其值可用式（7-2-11）计算。

$$\lg y^*_{CH_3OH}=1.7542+8.1576\sqrt{\frac{p}{0.101325}}-1489.4/T \qquad (7\text{-}2\text{-}11)$$

式中　p——混合气的总压，MPa；
　　　T——混合气的温度，K。

甲醇合成不同压力下气相中饱和甲醇含量见表 7-2-11。

表 7-2-11　不同压力下气相中饱和甲醇含量(摩尔分数)

温度/℃	甲醇饱和含量/%			温度/℃	甲醇饱和含量/%		
	压力/MPa				压力/MPa		
	5.0	10.0	25.0		5.0	10.0	25.0
0	0.00287	0.0013	0.00066	20	0.00672	0.0031	0.0016
10	0.00445	0.0021	0.00103	30	0.0099	0.00454	0.0023

由表 7-2-11 可知，利用水冷却即可分离甲醇。在水冷凝器后，设置甲醇分离器将冷凝下来的甲醇分离，并排放至甲醇储槽。

气体经循环压缩机压缩增压在系统中循环，为分离除去气体压缩过程中带入的油雾，在新鲜气体压缩机和循环气体压缩机出口设置油分离器。

合成过程中未反应的惰性气体在系统中积累，需进行排放，排放位置在粗甲醇分离器后，循环压缩机前。

2. 合成甲醇的工业生产方法

现在工业上重要的合成甲醇生产方法有低压法、中压法和高压法。低压、中压、高压法工艺操作条件比较见表7-2-12。

表 7-2-12　低压、中压、高压法工艺条件比较

项目名称	低压法	中压法	高压法	项目名称	低压法	中压法	高压法
操作压力/MPa	5～7	10.0～27.0	30.0～50.0	使用的催化剂	$CuO\text{-}ZnO\text{-}Cr_2O_3$	$CuO\text{-}ZnO\text{-}Al_2O_3$	$ZnO\text{-}Cr_2O_3$
操作温度/℃	250	235～315	340～420	反应气出口中甲醇含量/%	16～18	8～10	5～6

（1）ICI低、中压法　英国ICI公司开发成功的低、中压法合成甲醇是目前工业上广泛采用的生产方法，其典型的工艺流程见图7-2-6。

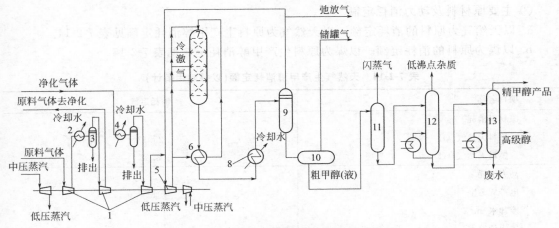

图 7-2-6　ICI低、中压法甲醇合成工艺流程

1—原料气压缩机；2—冷却器；3—分离器；4—冷却器；5—循环压缩机；6—热交换器；7—甲醇合成反应器；
8—甲醇冷凝器；9—甲醇分离器；10—中间槽；11—闪蒸槽；12—轻馏分塔；13—精馏塔

合成气经离心式透平压缩机压缩后与经循环压缩机升压的循环气混合，混合气的大部分经热交换器预热至230～245℃进入冷激式合成反应器，小部分不经过热交换器直接进入合成塔作为冷激气，以控制催化剂床层各段的温度。在合成塔内，合成气体在铜基催化剂存在下合成甲醇，反应温度一般控制在230～270℃。合成塔出口气经热交换器换热，再经水冷器冷凝分离，得到粗甲醇，未反应气体返回循环压缩机升压。为了使合成回路中惰性气体含量维持在一定范围内，在进循环压缩机前弛放一部分气体作为燃料气。粗甲醇在闪蒸槽中降至350kPa，使溶解的气体闪蒸出来也作为燃料气使用。

闪蒸后的粗甲醇采用双塔蒸馏。粗甲醇送入轻馏分塔，在塔顶除去二甲醚、醛、酮、酯和羰基铁等低沸点杂质，塔釜液进入精馏塔除去高碳醇和水，由塔顶获得99.8%的精甲醇产品。

① 工艺技术特点

a. 由于采用了ICI51-1和ICI51-2铜基催化剂，其活性比锌-铬催化剂高，同时可以抑制强放热的烷基化等副反应，使粗甲醇的精制比较容易。

b. 反应物料利用率高。

c. 合成塔的设计结构简单，能快速更换催化剂，延长开工时间，生产费用比高压法节省约30%。

② 操作条件及技术指标 操作条件及技术指标见表7-2-13。

表 7-2-13 操作条件及技术指标

项 目 名 称	技术指标	备 注	项 目 名 称	技术指标	备注
合成反应压力/MPa	5～10		空速/h⁻¹	6000～10000	
合成反应温度/℃	210～270		催化剂层最大温差/℃	31	
氢碳比$(H_2-CO_2)/(CO+CO_2)$	2.1～2.5		催化剂时空产率/[t/(m³·h)]	0.3～0.4	
原料气中硫含量/10⁻⁶	≤0.1		CO 单程转化率/%	15～20	
循环气/新鲜合成气	6～10		CO 总转化率/%	85～90	
催化剂(CuO:ZnO:Cr₂O₃)	40:40:20	使用寿命一年以上	CO₂总利用率/%	75～80	

③ 主要原材料及动力消耗定额

a. 以天然气为原料的消耗定额。以天然气为原料生产甲醇消耗定额见表7-2-14。

b. 以煤为原料的消耗定额。以煤为原料生产甲醇消耗定额见表7-2-15。

表 7-2-14 天然气生产甲醇消耗定额(以每吨甲醇计)

项目名称	消耗定额
原材料消耗	
原料天然气/GJ	25.13
燃料天然气/GJ	8.38
动力消耗	
电/kW·h	55
冷却水/m³	255
锅炉给水/m³	0.85

表 7-2-15 煤生产甲醇消耗定额(以每吨甲醇计)

名称及规格	消耗定额
原材料消耗	
原料煤/t	1.579
氧气(纯度 99.8%)/m³	1023.8
动力消耗	
冷却水/m³	83.9
电(220/6000V)/kW·h	870.4
蒸汽(0.59/3.8MPa)(副产)/t	−0.88

④ 冷激型甲醇合成反应器 把反应床层分为若干绝热段，两段之间直接加入冷的原料气使反应气体冷却，故名冷激型合成反应器。ICI甲醇合成反应器是多段段间冷激型反应器，冷气体通过菱形分布器导入段间，它使冷激气与反应气混合均匀而降低反应温度。催化床自上而下是连续的床层。图7-2-7是四段冷激型甲醇合成反应器与床层温度分布的示意图。

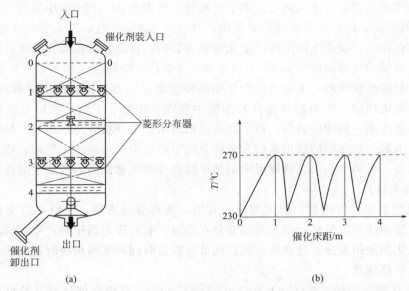

图 7-2-7　冷激型甲醇合成反应器（a）与床层温度分布（b）

菱形分布器是 ICI 型甲醇合成反应器的一项专利技术，它由内、外两部分组成。冷激气进入气体分布器内部后，自内套管的小孔流出，再经外套管的小孔喷出，在混合管内与流过的热气流混合，从而降低气体温度，并向下流动，在床层中继续反应。气体分反应器结构比较简单，阻力很小。设备材质要求有抗氢蚀能力，一般采用含钼 $0.44\% \sim 0.65\%$ 的低合金钢。

（2）Lurgi 低、中压法　联邦德国鲁奇（Lurgi）公司开发的低、中压甲醇合成技术是目前工业上广泛采用的另一种甲醇生产方法，其典型的工艺流程见图 7-2-8。

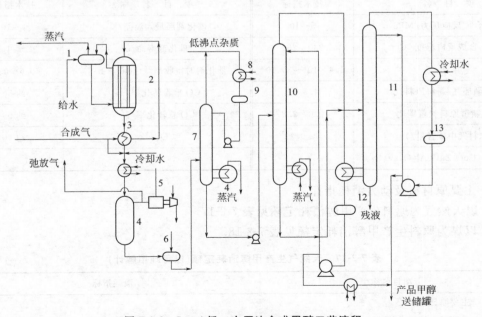

图 7-2-8　Lurgi 低、中压法合成甲醇工艺流程

1—汽包；2—合成反应器；3—废热锅炉；4—分离器；5—循环透平压缩机；6—闪蒸罐；7—初馏塔；
8—回流冷凝器；9,12,13—回流槽；10—第一精馏塔；11—第二精馏塔合成原料气经冷却后，送入离心式透平压缩机，压缩至 5~10MPa 压力后，与循环气体以 1:5 的比例混合。混合气经废热锅炉预热，升温至 220℃ 左右，进入管壳式合成反应器，在铜基催化剂存在下，反应生成甲醇。催化剂装在管内，反应热传给壳程的水，产生蒸汽进入汽包。出反应器的气体温度约 250℃，含甲醇 7% 左右，经换热冷却至 85℃，再用空气和水分别冷却，分离出粗甲醇，未凝气体经压缩返回合成反应器。冷凝的粗甲醇送入闪蒸罐，闪蒸后送至精馏塔精制。粗甲醇首先在初馏塔中脱除二甲醚、甲酸甲酯以及其他低沸点杂质；塔底物即进入第一精馏塔精馏，精甲醇从塔顶取出，气态精甲醇作为第二精馏塔再沸器的加热热源。由第一精馏塔塔底出来的含重馏分的甲醇在第二精馏塔中精馏，塔顶采出精甲醇，塔底为残液。从第一和第二精馏塔来的精甲醇经冷却至常温后，产品甲醇送储槽。

① 工艺技术特点

a. 合成反应器采用管壳型，催化剂装在管内，水在管间沸腾，反应热以高压蒸汽形式被带走，用以驱动透平压缩机。催化剂温度分布均匀，有利于提高甲醇产率，抑制副反应的发生和延长催化剂使用寿命。合成反应器在低负荷或短时间局部超负荷时也能安全操作，催化剂不会发生过热现象。

b. 合成催化剂中添加了钒（$CuO\text{-}ZnO\text{-}Al_2O_3\text{-}V_2O_5$），可提高催化剂晶粒抗局部过热的能力，有利于延长催化剂的寿命。

c. 管壳型合成反应器在经济上有较大的优越性，可副产 3.5~5.5MPa 的蒸汽，每吨甲醇可产生 1~1.4t 蒸汽。

d. 原料气是由顶部进入合成反应器的，当原料气中硫、氯等有毒物质未除干净时，只有顶部催化剂层受到污染，影响催化剂的活性和寿命，而其余部分不受污染。

② 操作条件及技术指标　操作条件及技术指标见表 7-2-16。

表 7-2-16 操作条件及技术指标

项 目 名 称	技术指标	项 目 名 称	技术指标
合成反应压力/MPa	5~10	催化剂层最大温差/℃	4~10
合成反应温度/℃	230~264	催化剂寿命/a	>1
空速/h^{-1}	1.4×10^4~8×10^8	催化剂时空收率/[t/(m³·h)]	0.6~0.7
循环气/新鲜原料气	4.5:1	CO 单程转化率/%	约 50
新鲜原料气氢碳比	2.0~2.2	CO 总转化率/%	约 99
原料气中硫含量/10^{-6}	≤0.1	CO_2/%	约 90
催化剂（$CuO\text{-}ZnO\text{-}Al_2O_3\text{-}V_2O_5$）			

③ 主要原材料及动力消耗指标

a. 以天然气为原料生产甲醇消耗定额见表 7-2-17。

b. 以煤为原料生产甲醇消耗定额见表 7-2-18。

表 7-2-17 天然气生产甲醇消耗定额（以每吨甲醇计）

项目名称	消耗指标
主要原材料	
原料天然气/kJ	2.9×10^7
燃料天然气/kJ	2.1×10^6

续表

项目名称	消耗指标
CO₂/m³	151
动力消耗	
电/kW·h	50
冷却水/t	50
锅炉给水/t	0.82

表 7-2-18　煤制甲醇消耗定额(以每吨甲醇计)

项目名称	消耗指标
主要原材料	
煤气/m³	4565
动力消耗	
循环水/m³	192
脱盐水/m³	0.9
电/kW·h	30
蒸汽/t	1.88

④ Lurgi 管壳型甲醇合成反应器　合成反应器类似于一般列管换热器，列管内装催化剂，管外为沸腾水，甲醇合成放出来的反应热被沸腾水带走。合成反应器壳程锅炉给水是自动循环的，由此控制沸腾水上的蒸汽压力，就可以保持恒定的反应温度。这种类型反应器具有以下特点。

a. 床层内温度平稳，除进口处温度有所升高，一般从 230℃升至 255℃左右，大部分催化床温度均处于 250~255℃。温差变化小，对延长催化剂使用寿命有利，并允许原料气中含较高的一氧化碳。

b. 床层温度通过调节蒸汽包压力来控制，灵敏度可达 0.3℃，并能适应系统负荷波动及原料气温度的改变。

c. 以较高位能回收反应热，使沸腾水转化成中压蒸汽，用于驱动透平压缩机，热利用合理。

d. 合成反应器出口甲醇含量高，反应器的转化率高，对于同样产量，所需催化剂装填量少。

e. 设备紧凑，开工方便，开工时可用壳程蒸汽加热。

f. 合成反应器结构较为复杂，装卸催化剂不太方便，这是它的不足之处。

Lurgi 管壳型合成反应器结构及温度分布示意图见图 7-2-9。

(3) 低压法　中国西南化工研究院开发成功了低压法 (5.0MPa) 合成甲醇技术和催化剂，并在国内建有多套工业生产装置，规模为 (5~10)×10⁴t/a。大型合成反应器正在开发之中，以实现装置大型化的要求。

(4) 高压法合成甲醇　高压法合成甲醇是 BASF 公司最先实现工业化的生产甲醇方法。由于高压法在能耗和经济效益方面，无法与低、中压法竞争，而逐步被低、中压法取代。本节不做详细介绍。典型的高压法合成甲醇的工艺流程见图 7-2-10。

高压法是指使用锌-铬催化剂，在 300~400℃、25~32MPa 高温高压下进行反应合成甲醇。经压缩后的合成气在活性炭吸附器中脱除五羰基铁后，同循环气体一起送入催化反应

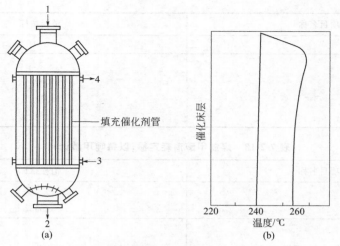

图 7-2-9　Lurgi 管壳型合成反应器结构（a）及温度分布（b）
1—气体入口；2—气体出口；3—锅炉进水口；4—蒸汽出口

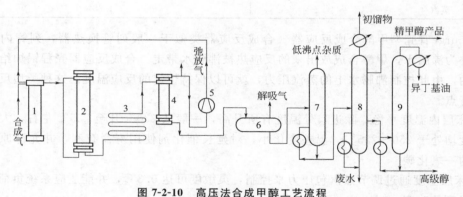

图 7-2-10　高压法合成甲醇工艺流程
1—过滤分离器；2—合成塔；3—水冷凝器；4—甲醇分离器；5—循环机；6—粗甲醇储槽；
7—脱醚塔；8—精馏塔；9—油水塔

器，CO 和 H₂ 反应生成甲醇。含粗甲醇的气体迅速送入换热器，用空气和水冷却。冷却后的含甲醇气体送入粗甲醇分离器，使粗甲醇冷凝，未反应的 CO 和 H₂ 经循环压缩机升压循环回反应器。冷凝的粗甲醇在第一分馏塔中分出二甲醚、甲酸甲酯和其他低沸点物；在第二分馏塔中除去水分和杂醇，得到纯度为 99.85% 的精甲醇。

3. 联醇的生产

中、小合成氨厂可以在炭化或水洗与铜洗之间设置甲醇合成工序，生产合成氨的同时联产甲醇，称之为串联式联醇工艺，简称联醇。联醇生产是我国自行开发的一种与合成氨生产配套的新型工艺。联醇产量曾占我国甲醇总产量的 40%，目前占的比例在 15% 左右。

联醇生产主要特点：充分利用已有合成氨生产装置，只需添加甲醇合成与精馏两套设备就可以生产甲醇；联产甲醇后，进入铜洗工序的气体中一氧化碳含量可降低，减轻了铜洗负荷；变换工序一氧化碳指标可适量放宽，降低了变换工序的蒸汽消耗；压缩机输送的一氧化碳成为有效气体，压缩机单耗降低。

由于联醇生产具有上述特点，可使每吨合成氨节电 50kW·h，节约蒸汽 0.4t，折合能

耗 2×10^9 J，大多数联醇生产厂醇氨比从 1：8 发展到 1：4 甚至 1：2。

（1）联醇生产工艺流程简述　联醇生产形式有多种，通常采用的工艺流程如图 7-2-11 所示。

经过变换和净化后的原料气，由压缩机加压到 10～13MPa，经滤油器分离出油水后，进入甲醇合成系统，与循环气混合以后，经过合成塔主线、副线进入甲醇合成塔。

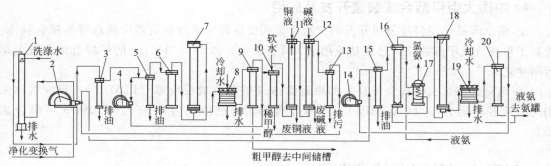

图 7-2-11　联醇生产工艺流程图

1—水洗塔；2—压缩机；3—油分离器；4—甲醇循环压缩机；5—滤油器；6—炭过滤器；7—甲醇合成塔；
8—甲醇水冷却器；9—甲醇分离器；10—醇后气分离器；11—铜洗塔；12—碱洗塔；13—碱液分离器；
14—氨循环压缩机；15—合成氨滤油器；16—冷凝器；17—氨冷器；18—合成氨塔；19—合成氨水冷器；20—氨分离器

原料气在三套管合成塔内流向如下：主线进塔的气体，从塔上部沿塔内壁与催化剂筐之间的环隙向下，进入热交换器的管间，经加热后到塔内换热器上部，与副线进来未经加热的气体混合进入分气盒，分气盒与催化床内的冷管相连，气体在冷管内被催化剂层反应热加热。从冷管出来的气体经集气盒进入中心管。

中心管内有电加热器，当进气经换热后达不到催化剂的起始反应温度时，则可启用电加热器进一步加热。达到反应温度的气体出中心管，从上部进入催化剂床，CO 和 H_2 在催化剂作用下反应合成甲醇，同时释放出反应热，加热尚未参加反应的冷管内的气体。反应后的气体到达催化剂床层底部。气体出催化剂筐后经分气盒外环隙进入热交换器管内，把热量传给进塔冷气，温度小于 200℃后沿副线管外环隙从底部出塔。合成塔副线不经过热交换器，改变副线进气量来控制催化剂床层温度，维持热点温度在 245～315℃ 范围内。

出塔气体进入冷却器，使气态甲醇、二甲醚、高级醇、烷烃、甲胺和水冷凝成液体，然后在甲醇分离器内将粗甲醇分离出来，经减压后到粗甲醇中间槽，以剩余压力送往甲醇精馏工序。分离出来的气体的一部分经循环压缩机加压后，返回到甲醇合成工序，另一部分送铜洗工序。对于两塔或三塔串联流程，这一部分气体作为下一套甲醇合成系统的原料气。

（2）操作条件及技术指标

反应温度：C-207 催化剂 260～315℃；

反应压力：10～13MPa；

空间速度：12000m³/［m³（催化剂）·h］；

醇氨比：0.3～0.6；

原料气中总硫（$H_2S + COS + CS_2$）：<0.10mL/m³；

原料气中氯含量：　<0.1×10^{-6}。

（3）原料天然气及动力消耗指标　见表 7-2-19。

表 7-2-19 甲醇生产原料气及消耗指标(以 1t 甲醇计)

天然气/m³	纯氧/m³	蒸汽/t	电/kW·h	循环水/t	脱盐水/t	能 耗	
						GJ	Gcal
850	340	自给	270	200	3.5	34.33	8.2

4. 中国大型甲醇合成装置开发及应用

① 南京国昌化工科技公司开发的"水冷板式反应器+水冷反应器"两段等温耦合技术,提高了单程合成甲醇收率,已成功应用于 120×10^4 t/a 和 168×10^4 t/a 的甲醇合成装置上运行两年之久。

② 南京聚拓化工科技公司开发的束管水床式甲醇合成反应器(JTM 型),反应气体采用向心流径,阻力小(0.05MPa),气体分布均匀,已成功应用于 72×10^4 t/a 甲醇合成装置。

六、甲醇合成的工艺技术进展

1. 液相合成工艺

气相法合成甲醇存在着一些致命缺点:单程转化率低(一般 10%~15%);反应气体的 $H_2:CO$ 比大,为(5~10):1;循环比大(>5);惰性气体组分有积累效应,新鲜气体中 N_2 含量不能过高等。从 20 世纪 70 年代起,人们开始开发液相法。液相法使用了热容高、导热系数大的石蜡类、长链烃类化合物为液相介质,使甲醇合成反应在等温条件下进行,同时由于分散在液相介质中的催化剂比表面积非常大,加速了反应过程,降低了反应温度和压力。目前在甲醇液相合成工业化中采用最多的是浆态床和滴流床。

(1)浆态床技术 1985 年 Ari Productsand Chemicals 公司开发了以液相载体和流动反应器为基础的 LPMEOHTM 工艺。由于催化剂颗粒悬浮在惰性流体上,所以比固定床反应温度更容易控制。现已在美国田纳西州建成 7.2×10^4 t/a 的工业生产装置,其主要技术经济指标与传统气相合成比较见表 7-2-20。

表 7-2-20 两种合成工艺的技术经济指标比较

工艺类别	出口甲醇含量/%	热效率/%	甲醇相对成本	相对投资
气相合成	5.0	86.3	1.00	100
液相合成	14.5	97.9	0.705	77

南非 Sasol 公司开发的工业化浆态床反应器的最大优点是混合均匀,可以在等温下操作,获得较高的反应速率,催化剂用量只是管式固定床的 20%~30%。

(2)滴流床技术 浆态床反应器中催化剂悬浮量很大,容易出现催化剂沉降和团聚现象。为了避免这种现象发生,1990 年 Pass 等人开发了滴流床合成甲醇方法。滴流床兼有浆态床和固定床的优点,催化剂装填量大且无磨蚀,床层物流接近活塞流且无返混现象存在,而且它又具有浆态床高转化率和等温反应的优点,最适宜低碳氢比的合成气合成甲醇。

2. 甲烷氧化工艺

(1)CH_4 非催化氧化工艺 1992 年 Francis、Michael 等人分别研究了无催化剂的条件下,如何控制甲烷部分氧化生成甲醇。他们认为,该法能够显著地降低投资和能耗,但控制条件较为苛刻。因为 CH_3OH 中的 C—H 键比 CH_4 中的 C—H 键更弱,故 CH_4 氧化产物比 CH_4 更容易氧化,生成 CO_2。Gesser 及其合作者也提出了控制氧化程度的方法,在 $300\sim600℃$ 和 $1.0\sim10.0MPa$,接触时间 $2\sim1000s$,获得的 CH_3OH 选择性为 $92\%\sim93\%$,甲烷转化率为 13.36%,几乎无甲醛生成。

国内清华大学韩占生等人研究结果表明,在适当条件下,甲烷转化率为 $5\%\sim9\%$ 时,可获得 $40\%\sim50\%$ 的甲醇选择性。

(2) CH_4 催化转化工艺 甲烷是相当惰性的化合物,其部分氧化物极易被深度氧化,因此,要求使用的催化剂不但要具备高的选择性,而且还要具有较好的稳定性。目前国内 CH_4 氧化制甲醇的研究仍集中在气相法。华东理工大学在常压下研究了 $Mo-Co-O/SiO_2$ 含氧化合物体系。当反应温度低于 $600℃$ 时,转化率较低,但甲醇选择性可达 100%。天津大学的钟顺和、高峰利用激光研究了激光促进磷酸盐表面甲烷直接氧化合成甲醇的反应规律,结果表明,CH_3OH 的选择性高于 80%,产物中没有 CO 和 CO_2 存在,这是其他催化反应难以达到的。

美国 Catalytica 公司 20 世纪 90 年代开发了用铂硫化配合物作催化剂的液相法,甲烷转化率 88.9%,酸式硫酸甲酯(CH_3OSO_3H)选择性为 8%,然后将所得酸式硫酸甲酯产物分解为甲醇,甲醇的单程收率达到了 70%。由于在低压($3.5\sim4.0MPa$)条件下操作,可大量节省投资。目前仅有实验装置,没有实现工业化。

(3) 超临界相甲醇合成技术 超临界相甲醇合成是在固定床多项(气-固相)催化反应器引入一个吸收相,吸收相经过催化剂床层时的状态可以是超临界状态、亚临界状态,也可以是蒸气状态或液体与蒸气混合状态,处于上述状态的吸收相与合成气并流或逆流通过反应器内的催化剂床层,使甲醇一经生成即脱离催化剂表面进入该相,达到反应物与产物在反应区内分离的目的,实现了甲醇合成过程的反应分离一体化,从而使 CO 的单程转化率大幅度提高,甲醇收率达到 100%。

中科院山西煤化所和清华大学等单位进行了工艺条件的研究,在超临界相合成甲醇/异丁醇的小实验中,考察了温度、空速和介质压力对超临界合成反应的影响,取得了一定的成果。西南化工研究设计院和华东理工大学共同研究开发的三相床合成甲醇催化剂及工艺也引进了超临界流体 SCF 相的概念,所选择的 SCF 与山西煤化所不同,对甲醇有更大的溶解性能,并在上海焦化厂的中试装置上进行了实验,原料空速明显大于固定床的试验条件。

(4) 二氧化碳加氢合成甲醇工艺 CO_2 加氢制取甲醇成为甲醇合成的一个新的研究方向。很多学者对这一课题进行了大量的开发研究工作,取得可喜的成果。20 世纪 80 年代初 HolderTopose 公司利用炼油厂废气中的 H_2 和 CO_2 直接合成甲醇,开发成功了一种 CO_2 加氢催化剂。该催化剂仍以 Cu-Zn 为主,已完成了中试。试验结果表明,在试验条件下,将 H_2 和 CO_2 通过催化剂绝热反应即可得到燃料用的或有机合成用的甲醇。东京瓦斯公司古田贵等人用 H_2 和 CO_2 在 Cu-Zn-Al 催化剂上合成甲醇,原料气中 H_2 和 CO_2 摩尔比为 $3\sim4.6$,转化率为 20%。Lurgi 公司、南方化学公司开发成功了一种反应器和低压催化体系,利用 H_2 和 CO_2 合成甲醇,研究结果表明,该法与传统的 H_2 和 CO 合成法相比,可以显著减少原料气的循环量。用 H_2 和 CO_2 合成甲醇研究很多,但多数催化剂的转化率都很低,只有 4% 左右,甲醇选择性也只有 50% 左右,还很不成熟,能否找到合适的催化剂是用 H_2 和 CO_2 合成甲醇工业化的关键。

七、甲醇生产特大型化技术

2010 年至 2016 年是我国甲醇生产快速发展时期。全国甲醇产量从 2010 年的 1574.3×10^4t 增长至 2016 年的 4313.6×10^4t，增长了 1.74 倍，年增长 29%；单套生产系统产能从 30×10^4t/a、60×10^4t/a 迅速扩大到 180×10^4t/a，技术和生产能力均已达到国际先进水平。预计到 2020 年我国甲醇产能将达到 9870×10^4t，有望突破 1×10^8t，产量约 7820×10^4t，需求量约 8680×10^4t，仍需进口补充。

我国"十二五"期间引进的国外超大型先进甲醇合成技术，主要有鲁奇公司的水冷和气冷双置合成技术、Dary（ICI）大型径向合成塔技术（阻力小、造价低，缺点是反应气循环量大，压缩能耗较高）、Topsoe（托普索）径向合成塔技术（具有阻力小、造价低、转化率高、催化剂用量少等特点），单系列生产能力均达到 (150~180)×10^4t/a 超大型规模。

国内外甲醇合成主要技术要点比较如下表 7-2-21 所示。

表 7-2-21　国内外甲醇合成主要技术要点比较

项目	Lurgi	Dary	Topsoe	国昌
装置最大产能/(t/d)	6750	5500	7500	2000~3000
合成塔/台	2	3	2	1
MPa(初期/末期)	8.5/9	8.9/9.14	8/8.5	5.0~8.0
反应温度/℃	225~230	250~262	240~249	230~300
出甲醇含量/%	16.65	14~16.2	14.23~15.0	约8.0
气循环比	约1.63	约1.79	约1.9	约2.0
催化剂寿命(保证值)/a	3	4	3	≥3
副产蒸汽/(t/d)	91.1	83.4	105.0	91.7
蒸汽压力/MPa	3.9	2.8/3.7	2.2/2.5	2.5
合成气消耗/(m³/t)	2300/2360	2280/2360	2330	约2300
电耗/(kW·h/t)	11.95	9.4	10.8	12.5
冷却水/(m³/t)	16.65	73.3	46.5	42.5
蒸汽消耗/(t/t)	0.34	0.38		

甲醇精馏技术有双塔、三塔和 3+1 三种精馏工艺流程。中、小规模甲醇厂多采用双塔流程，投资少、操作简单，但能耗高。三塔流程与 3+1 塔流程相比投资较大，但能耗低，大型甲醇厂大多采用三塔或 3+1 精馏流程。

第二节　甲醇的下游产品

甲醇是基本有机化工原料之一，用途十分广泛，可生产几百种下游产品。现代煤化工主要产品汽油、烯烃、芳烃、乙醇、二甲醚、DMM$_n$ 等都是以甲醇为原料进行生产的。2016 年我国甲醇产量达 4313.6×10^4t，居世界第一位，为甲醇下游产品生产提供了充足的原料。

一、甲醛及下游产品

1. 甲醛性质和用途

（1）甲醛性质　甲醛是醛类中最简单的化合物，常温下是无色、有特殊臭味的可燃气体，易溶于水。因此，甲醛通常以水溶液的状态保存。工业甲醛一般含甲醛 37%～55% 和甲醇 1%～8%，其余为水，40% 的甲醛水溶液俗称福尔马林。甲醛是原生质毒物，浓度非常低时，就能刺激眼睛的黏膜；浓度较高时，对呼吸道的黏膜起刺激作用。吸入较高浓度的甲醛会引起肺水肿，甲醛也能灼伤皮肤。甲醛具有强烈的还原作用，在碱性溶液里其还原性增强。纯甲醛主要物性数据如表 7-2-22 所示。

表 7-2-22　纯甲醛主要物性数据

项目名称	物性数据	项目名称	物性数据
气体相对密度(空气为1)	1.04	生成热(25℃)/(kJ/mol)	−116.0
液体密度(−20℃)/(kg/m³)	815.3	标准自由能(25℃)/(kJ/mol)	−109.9
液体密度(−80℃)/(kg/m³)	915.1	溶解热(在水中,23℃)/(kJ/mol)	62.0
沸点(101.3kPa)/℃	−19.0	溶解热(在甲醇中)/(kJ/mol)	62.8
熔点/℃	−118.0	溶解热(在正丙醇中)/(kJ/mol)	59.5
临界温度/℃	137.2～141.2	比热容(25℃)/[J/(mol·K)]	35.4
临界压力/MPa	6.78～6.64	燃烧热/(kJ/mol)	561～571
临界密度/(kg/m³)	266	空气中爆炸极限,下限/上限(摩尔分数)/%	7.0/73
蒸发潜热(19℃)/(kJ/mol)	23.3	着火点/℃	430
蒸发潜热(−109～−22℃)/(J/mol)	$27384+14.56T$ $-0.1207T^2$		

（2）甲醛用途　甲醛是一种常用的化学品，大量用于制造脲醛、酚醛、三聚氰胺、聚甲醛树脂及各种黏合剂。在合成高分子化合物、合成橡胶及合成纤维工业中，甲醛具有重要的意义。由于甲醛具有很大的毒性，尤其对昆虫和细菌的杀伤作用特别厉害，除了用来消毒外，农业上也用福尔马林浸麦种来防止黑穗病，甲醛的聚合物——多聚甲醛用作仓库熏蒸剂。

在有机合成工业中，广泛应用甲醛作为生产多种化学品的原料，如生产季戊四醇、乌洛托品、药剂和染料等有价值工业化学品。

2. 甲醛的生产

目前，工业上生产甲醛基本上采用三种方法，即甲醇空气氧化法、烃类直接氧化法和二甲醚催化氧化法。甲醇空气氧化法工艺先进，被世界各国普遍采用。

（1）甲醇空气氧化法　甲醇空气氧化法生产甲醛主要有两种不同的工艺：其一是采用银催化剂的"甲醇过量法"，也称为"银催化法"；其二是采用金属氧化物催化剂（如铁、钼、钒）的"空气过量法"，也称为铁钼法。

① 银催化氧化法　银催化氧化法是在甲醇-空气混合物的爆炸上限以外操作的，即在甲醇过量的条件下操作。反应温度取决于甲醇过量的程度，通常在常压和 600～650℃ 下，发生氧化和脱氢两个反应。约有 50%～60% 的甲醛是由氧化反应生产的，其余部分通过脱氢反应生成。氧化反应是放热的；脱氢反应在较高的温度下进行，反应需要吸热；总的反应是放热的。副反应产物是一氧化碳、二氧化碳、甲酸及甲酸甲酯等。甲醇转化率为 80%（以甲醇计），收率为 86%～90%。

主反应：

$$CH_3OH + \frac{1}{2}O_2 \longrightarrow CH_2O + H_2O \quad \Delta H = -156kJ/mol$$

$$CH_3OH \longrightarrow CH_2O + H_2 \quad \Delta H = +85kJ/mol$$

$$H_2 + \frac{1}{2}O_2 \longrightarrow H_2O \quad \Delta H = -242kJ/mol$$

副反应：

$$CH_3OH + O_2 \longrightarrow CO + 2H_2O \quad \Delta H = -393kJ/mol$$

$$CH_3OH + \frac{3}{2}O_2 \longrightarrow CO_2 + 2H_2O \quad \Delta H = -676kJ/mol$$

$$CH_2O + \frac{1}{2}O_2 \longrightarrow HCOOH \quad \Delta H = -247kJ/mol$$

工业上，银催化剂有结晶银、浮石银和电解银，后者是广泛使用的优质催化剂，催化剂安放在支撑板上，床层很薄，一般 $10\sim50mm$，使用寿命为 $3\sim8$ 个月，能再生使用。催化剂易被硫化物、氯化物及微量过渡金属中毒，可采用空气过滤和碱洗的方法除去毒物，使其复活重新使用。

催化剂负荷高低是影响收率的重要因素，高的空速能得到高的收率。一般常用的催化剂负荷为 $1.9t$（CH_3OH）/[m^3（催化剂）·h]，接触时间为 $0.0045s$。在较小的催化剂晶粒上能获得较高的收率，大晶粒需加厚床层才能得到较好的收率，但床层阻力增大，收率反而下降。小晶粒易烧结和堵塞，实际使用大小晶粒分层装填，大晶粒在下面，小晶粒在上面。

银催化氧化工艺分为传统银法和改良银法。

a. 传统银法是采用甲醇不完全转化并用蒸馏回收未反应甲醇循环使用的方法生产甲醛。目前该法已很少使用，已被改良银法或铁钼催化法所取代。

b. 改良银法也称为甲醇完全转化法，它是采用比较高的反应温度和接近化学计量的氧醇比来达到高转化率，因而不需要蒸馏设备就可以生产甲醇含量为 $0.5\%\sim1.0\%$ 的工业甲醛产品，具有代表性的是 BASF 工艺，它已成为甲醛生产的主要方法。中国甲醛生产几乎全部采用这种工艺，其特点是能耗低、投资省、操作简便。

由于使用的催化剂不同所采用的三元气体配比也不同，电解银催化剂三元气体配比为甲醇：空气：水（摩尔比）=1：$(1.7\sim2.1)$：$(1.0\sim1.4)$，浮石银催化剂三元气体配比为甲醇：空气：水（摩尔比）=1：$(1.4\sim1.8)$：$(0.5\sim0.9)$。

BASF 改良银法甲醛生产工艺流程如图 7-2-12 所示。

甲醇、空气及水经过蒸发器蒸发配制成三元混合气体在过热器中过热至 $100\sim135℃$，再

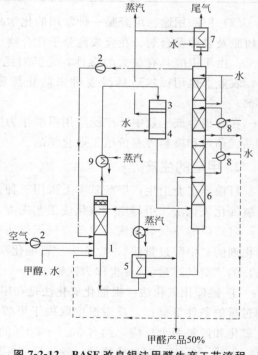

图 7-2-12　BASF 改良银法甲醛生产工艺流程

1—蒸发器；2—鼓风机；3—反应器；
4—骤冷段换热器；5—换热器；6—吸收塔；
7—尾气锅炉；8—冷却器；9—过热器

经过滤净化后进入反应器，反应温度一般控制在 630～670℃。吸收单元一般由双塔组成，第 1 段吸收塔顶用第 2 段吸收塔底贫甲醛溶液喷淋，甲醛气体被吸收后的产品由 1 段塔底排出，未被吸收的甲醛及其他气体从 1 段塔顶排出依次进入第 2～4 段吸收塔，第 4 段塔顶用工艺水喷淋进行再吸收，稀甲醛溶液部分回流。吸收尾气送入尾气锅炉作为燃料，用来产生蒸汽。

在 BASF 工艺流程中设有 4 段吸收塔，当离开 1 段吸收塔的气体温度约为 75℃时，1 段塔底得到甲醛产品浓度为 50%，产率为 89.5%～90.5%。最大的氧化器直径为 3.2m，生产能力为 $7.2 \times 10^4 t/a$（折合 100%甲醛）。

甲醇原料并不需要很高的纯度，但不能含有使催化剂中毒的杂质，尤其 $Fe(CO)_5$ 特别有害，含量应小于 0.0001×10^{-6}。粗甲醇作原料时，必须除去低沸物，并用 NaOH 溶液或 H_2O_2 处理。

甲醛水溶液对碳钢有腐蚀性，而甲醛气体无腐蚀性，因此，甲醛生产设备材料中接触热甲醛溶液的设备均应采用耐腐蚀的不锈钢制造。

BASF 工艺生产每吨 37% 和 55% 甲醛的定额见表 7-2-23。

② 铁钼催化氧化法　瑞典 Perstop、美国 Lummus、Reichhold、法国 CdF-Chimie-IFP、日本 Nissui-Topsoe 等都开发了铁钼法甲醛工艺，具有代表性是 Reichhold 工艺。

表 7-2-23　BASF 工艺生产甲醛消耗定额（按 1t CH_2O 计）

项　目　名　称	浓度 37%甲醛	浓度 55%甲醛
主要原料		
甲醇/t	0.426～0.428	0.633～0.636
银催化剂/kg	0.04～0.05	0.06～0.07
公用工程		
工艺水/m³	400	110
冷却水($\Delta T=10$℃)/m³	40	60
电/kW·h	75～85	110～126
副产蒸汽(2.0MPa)/t	−0.45～−0.69	−0.67～−1.025

铁钼催化氧化法的显著特点是在空气过量而甲醇不足的状况下进行反应，控制空气和甲醇混合物中甲醇浓度低于爆炸极限下限操作，故称"空气过量法"。1984 年以后，新建的甲醛生产厂中采用铁钼法的生产能力已超过银法。

该法是在常压和 260～350℃下进行，副反应减少，甲醛选择性提高，甲醛水溶液浓度增高。反应方程式如下：

$$CH_3OH + \frac{1}{2}O_2 \longrightarrow CH_2O + H_2O \quad \Delta H = -159kJ/mol$$

通过反应温度的调节控制，甲醇转化率可以保持在 99%以上，甲醛收率为 89%～91%，副产物除少量二氧化碳和甲酸外，主要是一氧化碳和二甲醚。

采用此法得到的产品中通常含有 40%～50%甲醛，0.3%～1%甲醇。典型的技术路线是美国赖克霍德化学公司 Reichhold Chemical Inc 法。其生产工艺流程如图 7-2-13 所示。

甲醇过滤后打入甲醇气化器，在此用产品气体加热，气化并过热至 100℃。甲醇蒸气同含新鲜洗涤空气和循环气体的压缩气混合，混合气中含 9.5%（体积分数）的甲醇，将其加热至 220℃，送入两台并列的甲醛反应器中。每台反应器由直径 2.9m、管数为 7282 根的管壳式热交换器组成，管中装填用钴化物包裹的铁钼（Fe_2O_3-MoO_3）催化剂。管长仅

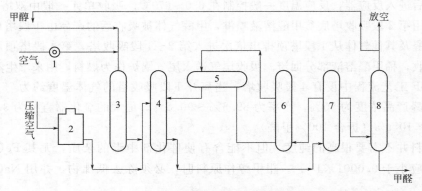

图 7-2-13 Reichhold 公司铁钼法甲醛生产流程

1—压缩机；2—气体加热器；3—气化器；4—反应器；5—储槽；6—热交换器；7—激冷器；8—吸收塔

0.91m，以保持压降。在管的上端使气体进料预热至反应温度 320℃。反应器壳程有沸腾的热输送流体，反应放出热量用再沸的冷媒（导热油或联苯醚）脱除。冷媒蒸汽通过冷凝器，副产 2.0MPa 的蒸汽。反应器壳内的冷媒通过控制冷媒压力使之保持在 290℃。每台反应器配置冷媒分离器和冷媒冷凝器。

反应生成物冷却后送入吸收塔，气体与下流的水直接接触进一步冷却，甲醛、未反应的甲醇和甲酸吸收在水中。含 55％（质量分数）甲醛的吸收塔底物在阴离子交换器中处理，脱除重金属和甲酸。使用加热-冷却器保持储罐中甲醛产品的温度（37％甲醛溶液温度约 30℃）。

Reichhold 工艺生产甲醛的消耗定额如表 7-2-24 所示。

表 7-2-24 Reichhold 工艺生产甲醛消耗定额（按 1t 37％CH_2O 计）

项目名称	消耗定额	备注	项目名称	消耗定额	备注
主要原料			冷却水/m^3	46.5	
甲醇/t	0.4343		脱离子水/kg	350	
铁钼催化剂/kg	0.05		电/kW·h	93	
公用工程用量			副产蒸汽/t	0.62	

各种铁钼法甲醛的消耗定额汇总如表 7-2-25 所示。

表 7-2-25 铁钼法甲醛的消耗定额（以 1t 37％CH_2O 计）

项目	Lummus 法	Perstop 法	CdF Chimie-IFP 法	Nissui-Topsoe 法	Haldor Topsoe 法
甲醇/kg	431	425	428	429	420~425
电/kW·h	81	88	80	77	76
冷却水/m^3	23	40	30	48	42
工艺水/m^3	0.85	0.85	0.56	0.38	0.055
锅炉给水/m^3	1.58	0.44	0.58	0.70	0.55

③ 铁钼法与传统银法比较见表 7-2-26。

表 7-2-26　铁钼法与银法技术指标比较

项目名称	铁　钼　法	传统银法	项目名称	铁　钼　法	传统银法
甲醇进料浓度(质量分数)/%	<7	>37	甲醇消耗(37%CH₂O)/(kg/t)	420～437	440～460
反应温度/℃	280～350	580～620	产品质量		
反应器形式	管式绝热,流化床	固定床绝热	甲醛浓度(质量分数)/%	55～60	37～40
催化剂寿命/月	12～18	3～8	甲醇含量(质量分数)/%	0.5～1.5	1～8
甲醛产率/%	95～98	82～87	甲酸含量/10⁻⁶	200～300	100～200

（2）烃类直接氧化生产甲醛工艺　世界上用烃类直接氧化生产的甲醛量很少。该法以甲烷和液态烃为原料，采用氧化氮为催化剂，在管式反应器中生成甲醛。

这里仅介绍甲烷（天然气）氧化法生产甲醛。为了得到较高的甲醛收率，必须有效地降低甲烷反应活化能，选择最佳反应条件，及时移出反应热，使生成物骤冷以防止甲醛进一步氧化分解。其反应方程式如下：

$$CH_4 + O_2 \Longrightarrow CH_2O + H_2O \quad \Delta H = -283kJ/mol$$
$$CH_4 + 3/2O_2 \longrightarrow CO + 2H_2O \quad \Delta H = -518kJ/mol$$
$$CH_4 + 2O_2 \longrightarrow CO_2 + 2H_2O \quad \Delta H = -801kJ/mol$$

工业上多采用 NO 作为催化剂，NO 除有催化作用外还起氧化剂作用。反应温度一般控制在 450～650℃，采用吸收后的尾气循环。在均相催化过程中兼用固体催化剂或在反应系统添加蒸汽都能提高甲醛收率。

甲烷氧化制甲醛原料及公用工程消耗指标如表 7-2-27 所示。

（3）二甲醚氧化法　二甲醚氧化法是甲醛生产的一种古典法。利用甲醇合成副产物二甲醚与空气在氧化钨的催化作用下，生成甲醛，然后用水吸收成甲醛水溶液。反应式：

$$CH_3OCH_3 + O_2 \longrightarrow 2CH_2O + H_2O$$

表 7-2-27　甲烷氧化制甲醛的原料及消耗指标(以 1t 30% CH₂O 计)

项目名称	消耗指标	项目名称	消耗指标
主要原料		脱离子水/t	18.0
天然气(CH₄>97%)/m³	2260	电/kW·h	1068
液氨(NH₃ 99%)/kg	40.0	蒸汽(0.4MPa)/t	0.6
纯碱/kg	10.2	副产物	
公用工程用量		蒸汽/t	15.6
工业水/t	240	尾气/m³	6900

随着中、低压法甲醇合成技术的发展，甲醇生产中副产二甲醚量大为减少，而且二甲醚主要用来生产硫酸二甲酯。因此，二甲醚空气氧化生产甲醛的方法因原料问题已逐步被淘汰。

二、酚醛树脂

1. 用途

酚醛树脂(PF)是以酚类化合物与醛类化合物缩聚而成的。其中，以苯酚和甲醛缩聚制得的酚醛树脂最为重要，应用最广。根据其配方不同又分为热塑性酚醛树脂和热固性酚醛树脂。

（1）模塑化合物　酚醛模塑化合物因为有良好的物理特性，故在工程塑料中占有重要的位置。因其具有良好的电子特性，用于制造电子工业元件如电源插座和开关；其抗高温性能用于制造烹调用具的手柄、引擎顶盖下的汽车部件等。

此外，用短切玻璃纤维或填料增强的酚醛塑料是一种工程塑料。由于具有耐高温蠕变、阻燃、强度好、价格低等特点，在替代金属和其他工程塑料方面大有前途。

（2）层压制品　酚醛层压制品的填料是玻璃纤维织物、棉布或纸张等，被用于装饰板和线路板等工业领域。层压制品可以制成不同厚度的平板，也可以制成管材、棒材等。装饰板大多用于家具贴面和墙壁贴面。

（3）铸造用树脂　铸造工业使用酚醛树脂作为砂型黏结剂。在用树脂黏结的砂型中倒入熔融金属可铸成各种部件，例如机器壳体、汽车变速装置、汽缸头和各种复杂的金属部件。

（4）绝热材料　绝热材料包括玻璃棉和褐块石棉，酚醛树脂作黏合剂，低分子量水溶性酚醛树脂在硬化和压缩之前喷在纤维上。酚醛树脂的另一个用途是在绝热领域生产酚醛泡沫，该泡沫具有良好的低燃性，不需要抑燃剂，提高了保温绝热的安全性。

2. 酚醛树脂的生产工艺

根据不同需求，酚醛树脂可以制成片状、粉状或树脂溶液。固体树脂制造过程包括两个工序，即树脂合成与干燥。制备树脂溶液可省略干燥工序。酚醛的缩聚反应可以在加压、常压或减压下进行，工业上最常用的是常压缩聚，这种工艺所需设备简单，工艺过程易于控制。酚醛树脂生产装置简图如图 7-2-14 所示。

图 7-2-14 是一种典型的单釜热塑性酚醛树脂生产装置。热固性酚醛树脂也可用这样装置生产，但要配备快速出料和专用冷却器。通常热固性酚醛树脂在 $10m^3$ 反应釜内进行，而热塑性酚醛树脂则可在 $30\sim 40m^3$ 反应釜内进行，主要是因为前者放热反应激烈，容积过大缩聚过程不容易控制。制备液态酚醛树脂反应釜的容积可大到 $60m^3$。

热塑性酚醛树脂也可采用双釜法制备，酚和醛先在一个釜内反应，反应后的混合物进入澄清器中澄清，分出树脂上层水溶液，树脂在另一个反应釜内干燥。双釜法的优点是能充分利用潜力，工时缩短且能耗低。

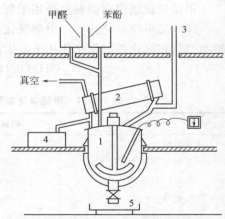

图 7-2-14　酚醛树脂生产装置简图
1—反应器；2—冷凝器；3—安全排出管；
4—蒸出物容器；5—放料盘

（1）热塑性酚醛树脂制备　一般是在碳钢反应釜中生产，如要求产品色泽浅和含铁量低的树脂则采用不锈钢反应釜。反应釜配备有锚式或涡轮式搅拌器、真空系统和冷凝器，并带有外夹套控制反应温度。真空系统用来降低反应后期苯酚和挥发物的含量。

热塑性酚醛树脂一般配方如下：

苯酚（以 100% 计）	100 份
甲醛（以 100%）	26.5～27.5 份
盐酸（以 100%）	0.065 份

苯酚和 37% 左右的甲醛溶液在 60～65℃ 加入反应釜中，在不断搅拌的同时加入 30% 的

盐酸，调节 pH 值在 1.8～2。夹套通入蒸汽加热，使混合物料缓慢升温至 85℃左右，停止加热。此时已开始放热反应，放出的热量足以使反应物升温到沸腾阶段。开始沸腾时，温度逐渐上升至 100℃左右，反应蒸汽经冷凝器冷凝回流。缩聚反应初期苯酚和甲醛含量较多，回流液浑浊。之后随着苯酚和甲醛含量减少，逐渐变为澄清液体。盐酸用水稀释至约 10％左右分次加入，反应产物变成白色浑浊物。随着反应的进行，反应物的分子量逐渐增大，难溶于水中，开始分层，上层是水，下层是酚醛树脂，达到要求的黏度时，缩聚即告完成。

达到要求黏度后，开始脱水干燥，除去树脂中所含有的水分及未反应的苯酚和甲醛。然后开动真空泵，减压到 40～50kPa。此时温度下降到 80℃左右，夹套通入蒸汽，以保持在此温度下脱水。水分蒸发将完时，釜内温度开始逐渐上升，当温度达到 95～100℃左右时，即停止加热，关掉真空，用流延冷却输送带出料，即得到热塑性酚醛树脂产品。

（2）热固性酚醛树脂生产　热固性酚醛树脂可以制成固体或水乳液。采用的生产设备与热塑性酚醛树脂相同，多采用单釜生产，但反应釜比热塑性酚醛树脂反应釜小。

① 固体状态树脂制备。以氨水为催化剂生产热固性苯酚苯胺甲醛树脂典型配方如下：

苯酚（以 100％计）	100 份
甲醛（以 100％计）	52 份
苯胺（以 100％计）	55 份
氨水（以 100％计）	1.5 份

按配比将苯酚、苯胺和氨水加入反应釜内，开动搅拌器，夹套通蒸汽使釜内温度保持在50℃左右，酚和醛在氨水催化作用下，开始放热反应。当釜内温度上升到 90～95℃，出现沸腾和回流。保持 1h，反应物变成乳白色，表明反应物已起缩合作用。达到缩合后，开动真空泵，减压至 50～60kPa，通入蒸汽，保持温度为 80℃左右，使其大量脱水。当温度上升到 90～95℃时，测定凝胶化时间。其后经反复多次升降温度，并调节真空度和搅拌时间，直至凝胶化时间达到要求为止，一般要求凝胶化时间在 60～90s。符合要求后，即可放料出产品。

② 树脂乳液制备。热固性酚醛树脂乳液为经过部分脱水的黏稠状缩聚物。根据最终产品用途不同，采用不同的催化剂，如氨水或氢氧化钠、氢氧化钙及氢氧化钡等。不同催化剂和酚醛摩尔比对产率、分子结构、分子量分布、最终产品性能都将产生影响。以下是一种树脂乳液的配方：

氢氧化钠（以 100％计）	1.0 份
甲醛（以 100％计）	40.5 份
苯酚（以 100％计）	100 份

按配比将甲醛、苯酚、氢氧化钠水溶液加入反应釜内，然后进行搅拌加热到 60℃，反应开始放热，当反应温度上升到 95～97℃时，开始沸腾。当物料黏度达到 150～250mPa·s 以后，在 40kPa 的真空度下将物料冷却到 65～85℃，使缩聚反应停止，此时物料黏度达到 800～1000mPa·s。经冷却并消除真空后，物料放入澄清槽中，分离出树脂上层水后，即可用来浸填料。此种树脂的游离酚含量小于 9％，在温度 150℃时，凝胶化时间为 75～95s。它主要用于浸渍纤维状填料(棉纤维、布、石棉纤维及木粉等)生产模塑料、层压板、胶合板等。

三、聚甲醛

1. 聚甲醛用途

聚甲醛是工程塑料中的一个重要品种。它具有很高的硬度、良好的抗冲击性，在各种恶劣环境下有很好的润滑性、优良的抗疲劳性，对大多数溶剂有很好的耐化学性能。

聚甲醛是当前理想的替代铜、锌、铝等有色金属的工程塑料，广泛用于汽车、农用机械、建筑、电子电器、交通、精密仪器等行业。在汽车工业，聚甲醛用于汽车发动机燃油系统配件、电气设备、汽车车体构件。在电子电器行业用于计算机控制配件、录像机、变送继电器、电视机、电话机等。在煤矿机械设备方面，用于高强度耐磨密封阀座、保持环和密封件。此外，在纺织、仪表、建材、交通以及消费品等方面也有广泛的应用。

2. 聚甲醛生产工艺

聚甲醛树脂的工业技术路线主要有两条：一条是以甲醛为单体的均聚甲醛生产工艺路线，以美国杜邦公司为代表；另一条是以三聚甲醛为单体的共聚甲醛生产工艺路线，以美国 Hoechst-Celanse 公司为代表。均聚甲醛生产中甲醛单体的精制工艺比较复杂，技术难度大，操作稍有疏漏容易发生堵塞事故。酯化封端的温度幅度小，易发生酯化不完全及聚合物降解等问题。共聚甲醛生产中，所用三聚甲醛单体的精制和共聚物后处理都比较容易控制。此外，三聚甲醛聚合采用螺杆型设备，技术较先进，设备时空产率高。因此，尽管均聚甲醛实现工业化较早，其力学强度比共聚甲醛高出 10% 左右，但由于共聚甲醛的生产工艺在技术经济上具有优势，其共聚物热稳定方法比均聚酯化简单，加工温度范围宽易于控制，所以共聚甲醛的发展比均聚甲醛更迅速。据有关资料显示，20 世纪 60 年代初共聚甲醛的生产能力约占聚甲醛树脂总生产能力的 3/4。

（1）均聚甲醛生产工艺　均聚甲醛生产工艺过程由单体精制、聚合、封端及造粒四个基本步骤组成。工业生产中一般都用甲醛为聚合单体，尽管三聚甲醛也能高收率地聚合成均聚甲醛，但很少采用。日本旭化成的甲醛均聚，采用适宜的引发剂和特殊设计的聚合装置，既控制了产物分子量和颗粒形态，又解决了传热和结壁问题。其均聚甲醛生产流程如图 7-2-15 所示。

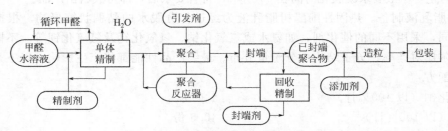

图 7-2-15　旭化成公司均聚甲醛生产流程

① 甲醛精制。要制备高分子量的聚合物，单体甲醛的纯度必须很高，而其中的水、甲酸及甲醇等杂质含量必须很低，一般要求水低于 $100×10^{-6}$，甲醇低于 $100×10^{-6}$，环己醇低于 $22×10^{-6}$。甲醛精制方法是用惰性液体洗气，将甲醛与醇类反应转化成半缩醛，再加热分解出纯甲醛。所采用的醇类有苯甲醇、环己醇、异辛醇等。

② 甲醛聚合。工业生产采用溶液-悬浮聚合法（淤浆聚合）。在带搅拌的聚合釜中加入惰性介质及引发剂如每份环己烷中含 0.05～2 份三丁胺，然后将精制甲醛通入釜中，反应温度可控制在 $-20～80℃$，压力为常压。加入甲醛的速度与聚合速度相一致，所以聚合体系中甲醛气体、甲醛溶液和固体聚合物同时存在。引发剂性质、溶剂、杂质、反应条件都会影响聚合物的物理特性。

③ 酯化封端。从聚合釜出来的均聚物浆料，在 12.5kPa 余压下闪蒸出一部分环己烷，

再经过滤、洗涤及干燥，然后送入酯化反应器中。聚合物进料温度为 25～80℃，醋酐蒸汽温度为 140～160℃，醋酐与聚合物配比为 （0.1～1）：1。反应器一般在常压或 50kPa 表压下操作，酯化反应在 160℃进行，酯化收率为 96.7％。酯化产物经丙酮和水洗涤并干燥后得到酯化封端的均聚甲醛树脂粉料。

④ 掺混造粒。聚甲醛粉料造粒时要加入抗氧化剂、甲醛吸收剂和稳定剂等，使聚合物进一步稳定化。抗氧化剂通常为酚类化合物。甲醛吸收剂和稳定剂有聚酰胺、氰胺和环氧化合物等。混配造粒时还可以加入玻璃棉、聚四氟乙烯、矿物填料等各种添加剂。这样可生产出各种专用型号的聚甲醛树脂。混配后的聚合物，经挤出造粒，即得到聚甲醛颗粒产品。

（2）共聚甲醛 共聚甲醛树脂是由三聚甲醛及共单体聚合而成。生产过程分以下几个步骤：甲醛三聚环化合成三聚甲醛、精制、共聚合、后处理、稳定化、掺混造粒。其流程如图 7-2-16 所示。

① 单体和共单体制备。共聚甲醛的单体为三聚甲醛。三聚甲醛通常由浓甲醛水溶液（浓度约为 65％）在强酸性催化剂存在下，加热沸腾，合成得到。合成溶液经萃取、分离、吸附等精制提纯操作，脱除水、甲酸、甲醇、甲醛和其他杂质，即得到聚合级三聚甲醛。

共聚单体主要是环状缩醛或环醚类化合物。工业上常用的有环氧乙烷、二氧环戊烷、二氧环庚烷及三氧环庚烷等。

② 单体与共单体聚合。三聚甲醛聚合方法有气相、本体、溶液-悬浮（淤浆）等。淤浆聚合是将溶剂、单体、共单体、引发剂加入带搅拌的聚合釜内，生成的聚合物既不溶于溶剂，也不溶于单体，聚合体为淤浆状态。聚合反应温度为 30～60℃，物料停留时间约为 5min，聚合浆浆料处于快速搅拌状态。用含 3％氨的甲醇终止聚合反应，单体溶于甲醇，而聚合物不溶解，可以离心分离出来。当停留时间小于 5min 时，聚合转化率为 10％～20％，此时终止反应可以得到高分子量的聚甲醛。

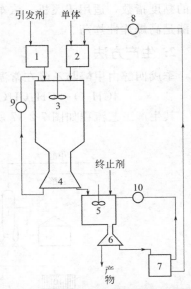

图 7-2-16 三聚甲醛淤浆聚合流程
1—引发剂溶液槽；2—单体槽；3—聚合塔；
4,6—分离室；5—脱活室；
7—未反应三聚甲醛精制器；8～10—泵

当采用双螺杆挤出聚合反应器时，单体三聚甲醛、共单体二氧环戊烷、极少量（0.005％～0.1％）引发剂（三氟化硼丁醚配合物）的环己烷溶液，以及必要的分子量调节剂一起加入双螺杆聚合设备中。聚合反应在 20～90℃下进行，停留时间不超 10min，聚合转化率可达 60％以上。

③ 共聚物的后处理。共聚物中含有相当比例羟端基，需进行碱性水解处理。在水解处理时加入水溶性有机溶剂，如异丙醇，在适宜温度下，可以使共聚物溶解成为溶液。在溶液中加入强碱性氢氧化物，接触时间为 1～2min，水解处理即告完成。然后加入过量水，降低温度聚合物即可析出。

④ 掺混造粒。共聚甲醛中加入抗氧剂、甲醛吸收剂和其他稳定剂可以使其进一步稳定化。常用的抗氧剂是酚类化合物如抗氧剂 2246、1010、259、245 等牌号。常用的甲醛吸收剂有双氰胺、三聚氰胺、共聚酰胺等。常用的紫外吸收剂有 2-羟基-4-甲氧基二苯甲酮、苯

丙三唑等,常用的润滑剂是硬质酸钙。抗氧剂和各种助剂用量通常为 $0.05\% \sim 1.0\%$。处理好的聚合物粉体加入各种助剂后,塑化挤出成为产品共聚甲醛粒子。

四、季戊四醇

1. 主要用途

季戊四醇常用于涂料工业,它是醇酸涂料的原料,使用季戊四醇可使涂层的硬度、光泽、耐久性有所改善。季戊四醇也可作清漆、色漆、印刷油墨等的松香酯的原料,并可制造阻燃性涂料干性油和航空润滑油。季戊四醇的 $C_5 \sim C_9$ 混合脂肪酸酯用途十分广泛,可以用作增塑剂,它同硝酸纤维、乙基纤维素、聚氯乙烯等树脂相容,具有耐热性好、挥发性低、绝缘性良好、无毒性等优点。用作合成润滑油的基本部分,具有高温稳定性、抗腐蚀性、优良的黏度指数,适用于飞机、汽车、轮船等交通工具。以季戊四醇为原料制成的季戊四醇硝酸酯是高爆炸性炸药。

2. 生产方法

季戊四醇由甲醛与乙醛在常温、常压和碱性缩合剂存在下反应制得。反应方程式如下:

$$4CH_2O + CH_3CHO + NaOH \longrightarrow C(CH_2OH)_4 + (HCOO)Na$$

其生产工艺流程如图 7-2-17 所示。

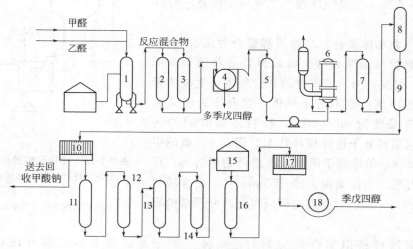

图 7-2-17 季戊四醇生产工艺流程

1—季戊四醇反应器;2,3—收集槽;4—回转过滤机;5—蒸发器加料罐;6—蒸发器;7—结晶塔进料槽;
8—结晶塔;9,16—过滤器进料槽;10,17—过滤器;11—粗季戊四醇溶解塔;12—脱离子塔进料槽;
13—脱离子塔;14—结晶器进料槽;15—结晶器;18—干燥器

将甲醛、乙醛和氢氧化钠按配比加入反应器中,在充分搅拌和反应温度控制在 $25 \sim 60^{\circ}C$ 的条件下,反应生成季戊四醇、二季戊四醇、甲酸和其他有机副产物的混合溶液。反应完成后,液态反应产物送入回转过滤器,滤去少量不溶性多季戊四醇,然后溶液在蒸发器中蒸至所需要浓度。浓缩液体在结晶器中被冷却,析出工业级季戊四醇,而甲酸钠和可溶性有机副产物仍溶母液中。经过滤,自母液中分出粗季戊四醇结晶。母液经进一步处理,回收甲酸钠和有价值的有机副产物。粗季戊四醇结晶在溶解塔中用水溶解,之后进入脱离子塔脱除离子。去除离子的季戊四醇溶液送入结晶器进行再结晶,获得精制季戊四醇。经过滤干燥即得季戊四醇产品。

季戊四醇生成原材料和公用工程消耗指标见表 7-2-28。

表 7-2-28 季戊四醇生成原料和公用工程消耗指标

原材料 (以产品计)	消耗指标 /(kg/t)	公用工程	消耗指标 (以 1t 产品计)	原材料(以产品计)	消耗指标 /(kg/t)	公用工程	消耗指标 (以 1t 产品计)
甲醛(36%)	3285	脱离子水	11m³	异丁醇	5	压缩空气	150m³
乙醛(100%)	382	蒸汽	9.0t	活性炭	64	氮气	20m³
烧碱(100%)	377	电	1050kW·h	C402 离子交换树脂	184		
甲酸(85%)	21	循环冷却水 (35℃)	800m³	C702 离子交换树脂	56		
盐酸(100%)	26	冷却水(5℃)	120m³				

五、乌洛托品（六亚甲基四胺）

1. 用途

乌洛托品主要用作酚醛塑料的固化剂、氨基塑料的催化剂、橡胶硫化的促进剂，在纺织工业中，用作纺织品的防缩剂和光气吸收剂等。在杀虫剂和炸药生成中，乌洛托品也是主要生产原料之一。此外，在医药工业上乌洛托品用作利尿剂的原料和氯霉素生产的中间体。

2. 工艺生产方法

工业上生产乌洛托品通常采用甲醛和氨反应的工艺方法，其主要反应式如下：

$$6CH_2O + 4NH_3 \longrightarrow (CH_2)_6N_4 + 6H_2O$$

在世界的乌洛托品工业生产中，日本三菱瓦斯公司的工艺技术处于领先地位。图 7-2-18 为三菱瓦斯公司乌洛托品生产工艺流程。

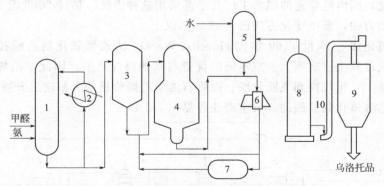

图 7-2-18 日本三菱瓦斯公司乌洛托品生产工艺流程
1—反应器；2—冷却器；3—气化器；4—结晶器；5—洗涤塔；6—离心机；
7—过滤器；8—干燥器；9—储罐；10—输送机

把甲醛溶液和氨气加入反应器中，反应生成乌洛托品。该反应是放热反应，其反应热在冷却器中被除去后，乌洛托品进入气化器，使部分水分气化，此时溶液中乌洛托品的含量约为 40%（质量分数）。然后其水溶液在结晶器进一步冷却，直到溶液中出现乌洛托品晶体为止。结晶器出来的含晶体悬浮液送入离心机，使晶体从母液中分离出来，母液循环去结晶器。长时间运转，母液会变得浑浊，通常采用活性炭过滤使之净化。含水乌洛托品在干燥器中用热空气干燥，干燥后的晶体用输送机送至产品储罐。

该生产工艺具有操作简单、装置投资低、自动化程度高，产品纯度高、原材料及动力消耗少的优点。生产每吨乌洛托品原材料及公用工程消耗定额如表 7-2-29 所示。

表 7-2-29 日本三菱瓦斯公司乌洛托品原料及公用工程消耗(以 1t 产品计)

项目名称	消耗定额	项目名称	消耗定额	项目名称	消耗定额
主要原材料消耗		防黏结添加剂	少量	电/kW·h	300
甲醛溶液/kg	3300	公用工程消耗		蒸汽(0.5MPa)/t	3.5
液氨/kg	530	冷却水/m³	95	冷却空气(最高温度23℃)/m³	6500
活性炭	少量	脱离子水/m³	400		

第三节 醋酸及下游产品

一、醋酸生产

1. 用途

醋酸又名乙酸，是重要的有机化工原料。分子式 CH_3COOH，分子量 60.05。醋酸广泛应用于合成材料、农药、医药以及与生活有关的轻工产品，其衍生物多达数百种，在国民经济中占有重要地位。

2. 生产方法

醋酸的现代工业生产方法主要有三种：乙醛氧化法、丁烷或石脑油的液相氧化法、甲醇羰化法。特别是 Monsanto 化学公司的甲醇低压羰化法，在工艺技术和经济效益上都具有明显的优势。因此，国内外新建的醋酸工厂几乎都采用这种方法。估计 20 世纪 90 年代以后在醋酸的总生产能力中，低压羰化方法已占到 60% 以上。

（1）乙醛氧化法 20 世纪 60 年代 Hoechst-Wacker 法乙烯氧化制乙醛技术开发成功。当时，乙烯路线以其生产规模大、成本低的优势与其他路线竞争。因此，乙烯-乙醛-醋酸路线在 20 世纪 60～70 年代得到飞跃发展。而后石油与乙烯价格的大幅度上升导致其被更经济的方法取代。乙醛氧化制醋酸的一般生产流程见图 7-2-19。

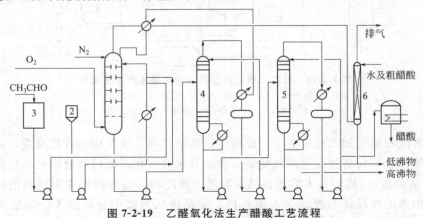

图 7-2-19 乙醛氧化法生产醋酸工艺流程

1—氧化反应器；2—催化剂储槽；3—乙醛储槽；4—低沸物塔；5—高沸物塔；6—洗涤塔

乙醛与空气或氧气在醋酸锰溶液中，以醋酸钴-醋酸铜混合液为催化剂，进行液相氧化制取醋酸。其反应温度为 70~80℃ 或 55~65℃，压力为 5MPa，空气或氧气经压缩后送入氧化反应器，鼓泡上升，与乙醛进行液相氧化反应。氧化过程释放出大量反应热通过冷却夹套、内部冷却管或外循环冷却而移出。出反应器的尾气经冷凝回收乙醛后放空。含有 90% 左右的醋酸、乙醛以及醋酸甲酯、丙酮等杂质的粗醋酸自反应器底部连续排出，经低沸物塔和高沸物塔精制可得到浓度 99% 以上的精醋酸，而在低沸物和高沸物中仍残留的醋酸进一步回收。

乙醛氧化工艺的优点是醋酸收率高，同时，反应液中醋酸含量高。因此，提纯方便不需要加脱水剂。此外，该工艺技术成熟，工艺简单，投资费用低。

在乙醛氧化法中乙烯-乙醛法是最为先进的方法。乙烯在氯化钯-氯化铜催化剂存在下进行液相氧化反应制得乙醛，后者再氧化得醋酸，两步收率均可达到 95%，是 20 世纪 60 年代以来最重要的方法。消耗定额见表 7-2-30。

表 7-2-30　乙醛氧化法消耗定额(以 1t 醋酸计)

项目名称	消耗指标	项目名称	消耗指标
乙醛(100%)/kg	770	电/kW·h	18
氧气(100%)/m³	260	蒸汽/t	3.6
冷却水/t	250		

(2) 甲醇羰基合成法

① 1964 年 BASF 公司实现了甲醇与一氧化碳在羰基钴与碘的催化作用下合成醋酸，反应温度 210~250℃，反应压力 65~70MPa，收率以甲醇计为 85%，以一氧化碳计为 59%。以该法生产醋酸副产物多，分离流程较复杂，同时反应压力高条件苛刻。该法称为高压法。

甲醇高压羰基合成醋酸工艺流程见图 7-2-20。

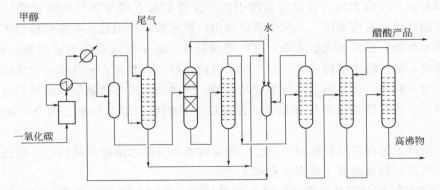

| 反应器 | 分离器 | 洗涤塔 | 脱气塔 | 蒸馏塔 | 混合槽 | 脱水塔 | 第一精馏塔 | 第二精馏塔 |

图 7-2-20　甲醇高压羰基合成醋酸工艺流程

② 1968 年 Monsanto 公司开发了铑-碘系统的催化剂，使甲醇羰基化反应压力降低到 0.1~1.5MPa，反应温度为 150~200℃，醋酸收率以甲醇计达到 99%，以一氧化碳计也超过 90%。该法的特点是醋酸收率和选择性都比较高，副产物少，产品纯度高，生产成本低。高低压甲醇羰基化法生产醋酸技术经济比较如表 7-2-31 所示。

表 7-2-31　高低压甲醇羰基化法生产醋酸技术经济比较（以 1t 100％醋酸）

项目名称	BASF 高压法	Monsanto 低压法	项目名称	BASF 高压法	Monsanto 低压法
甲醇/kg	610	545	蒸汽/t	2.75	2.2
一氧化碳/kg	780	530	电/kW·h	350	29
冷却水/m³	185	150			

　　显然，低压甲醇羰基化法是当前已实现工业化方法中最佳的路线。其工艺流程如图 7-2-21 所示。

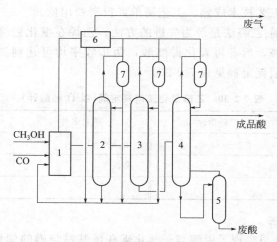

图 7-2-21　Monsanto 法甲醇羰基化法合成醋酸工艺流程
1—反应系统；2—脱轻塔；3—脱水塔；4—脱重塔；5—废酸塔；6—涤气系统；7—蒸馏冷凝液槽

　　甲醇与一氧化碳连续送入反应器，醋酸连续地从反应器系统内取出，送入精馏系统，催化剂绝大部分留在反应器内。自反应系统引出的少量低沸点组分和低沸塔顶馏分送入洗涤塔，回收后循环返回反应系统。从反应系统取出的粗醋酸，首先送入低沸物精馏塔。由塔的侧线采出含水醋酸，然后送入脱水塔，进行精馏脱水。脱水塔顶馏分为醋酸和水的混合物，循环返回反应系统。脱水塔的塔底馏分为脱水后的醋酸，将其送入成品塔，在成品塔内将丙酸等高沸点组分除去。成品塔顶馏分为成品醋酸，继续送入成品精制塔，由其侧线采出高纯度的醋酸蒸气，将其冷凝后即得到最终产品醋酸。精制塔顶馏分和塔底馏分一起返回重新精制。

　　由于孟山都工艺存在铑催化剂浓度低、稳定性差以及高水浓度的缺陷，一些公司对甲醇低压羰基合成催化剂系统做了很多研究和改进。

　　③ 美国赛拉尼斯公司开发成功的 AO 技术使该工艺得到明显的改进。该技术的核心是向羰基合成催化反应系统添加高浓度的无机碘，增加了铑的稳定性，使反应在低水、高醋酸甲酯的情况下进行。

　　反应产物中水含量低，使醋酸精制系统简化了，能耗降低了，因此降低了操作成本，扩大了设备生产能力。另外高醋酸甲酯含量起着稳定羰基合成催化剂铑配合物的作用，不使其生成不活泼的三碘化铑沉淀，保持了液相中铑的浓度，相应地保持了羰基合成反应生成醋酸的速率。同时，高醋酸甲酯浓度有效地抑制了水汽转换反应，降低了该反应速率。该抑制作用是通过降低催化剂溶液氢碘酸（HI）平衡浓度来达到的，氢碘酸浓度的降低使得一氧化碳选择性明显提高，因此一氧化碳消耗降低了。

④ 英国 BP 公司开发成功的 Cativa 技术，使孟山都甲醇低压羰基合成醋酸工艺向前迈进了一大步。Cativa 技术的核心是采用铱催化剂系统代替了铑催化剂系统，铱的价格比铑便宜得多，铱催化剂比铑催化剂稳定性强，在低水浓度下尤为明显，在反应溶液中铱的溶解度比铑大得多，因此甲醇羰基合成醋酸的反应速率使用铱催化剂要比铑催化剂大得多。铱催化甲醇羰基合成醋酸流程见图 7-2-22。

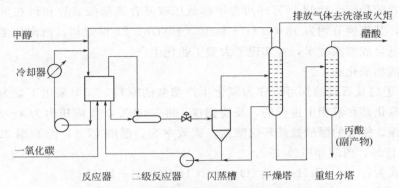

图 7-2-22　铱催化甲醇羰基化法合成醋酸工艺流程

降低 I⁻ 的浓度可以提高羰基合成醋酸的反应速率。例如加入一定比例的钌配合物 $[Ru(CO)_4I_2]$，则羰基合成醋酸的反应速率增加近三倍。

对铱/钌催化系统，当水的浓度高于 5%（质量分数，余同）时，羰基合成醋酸反应速率随着水浓度的增加而降低；在水浓度为 5% 时，该反应速率达到最大值；当水浓度低于 5% 时，则该反应速率随水浓度降低而降低。

铑和铱对甲醇羰基合成醋酸反应均属一级反应，随着铑和铱浓度的增加，该反应速率相应增加，不同之处在于铱比铑更容易溶解于反应溶液中，因此铱催化剂具有更高的反应速率。特别是当铱催化剂中添加了钌以后反应速率更有所提高。

对铑系统添加高浓度无机碘可增加铑的稳定性，使反应能在低水和高醋酸甲酯浓度下进行，有利于反应速率的提高，有利于醋酸精制。

对铱和铱/钌系统添加金属碘化物如碘化锂却起到截然不同的效果，详见表 7-2-32。

表 7-2-32　碘化锂对铱和铱/钌催化反应速率的影响

催化剂系统	水（质量分数）/%	羰基合成反应速率/[mol/(L·h)]	催化剂系统	水（质量分数）/%	羰基合成反应速率/[mol/(L·h)]
铱	2.1	12.1	铱/钌（摩尔比）=1:2	2.0	15.1
铱/锂（摩尔比）=1:1	2.0	6.3	铱/钌/锂（摩尔比）=1:2:1	2.0	30.8

此外，尚有丁烯酯化氧化法生产醋酸、乙烷直接氧化法生产醋酸以及乙烯直接氧化法生产醋酸的报道。其中采用乙烯直接氧化生产醋酸技术，已于 2000 年在日本大分建设了 $10 \times 10^4 t/a$ 工业生产装置。

⑤ 中国于 20 世纪 70 年代初开始对甲醇低压羰基合成醋酸工艺进行试验研究，对铑催化反应生成醋酸的机理进行探讨，取得了可喜的成果。国内第一项甲醇低压羰基合成醋酸专利于 1993 年发表，从此中国有了自己的甲醇低压羰基合成醋酸技术。

20 世纪 70 年代以前我国醋酸的工业生产主要靠乙醇乙醛法和乙炔乙醛法，由于工艺技术落后，醋酸生产受到极大的限制。20 世纪 80 年代初，以乙烯为原料，用乙烯乙醛法生产醋酸，得到了长足的发展，直至 2001 年中国乙烯乙醛法生产的醋酸份额仍占醋酸总量的 40%以上。

随着中国醋酸需求量的不断增长，于 1993 年从英国 BP 引进了年产 10 万吨甲醇低压羰基合成醋酸工艺技术，并于 1996 年在上海投入生产，从此改变了中国没有甲醇低压羰基合成醋酸生产装置的局面。1998 年另外两套甲醇低压羰基合成醋酸装置相继在重庆市和江苏省镇江市建成，其规模分别为 $15 \times 10^4 t/a$ 和 $10 \times 10^4 t/a$。21 世纪初，西南化工研究院成功开发了甲醇羰基合成醋酸技术，并实现了大型工业化生产。

（3）烷烃液相氧化法

① 丙烷、丁烷及石脑油都可以作为氧化生产醋酸的原料，其中采用丁烷为原料时，醋酸收率最高。氧化是在液相中进行的，反应温度 160～240℃，反应压力为 4～8MPa，催化剂为钴、锰、镍、铬等的醋酸盐或环烷酸盐。碳效率为：醋酸 57%，酯和酮 22%，一氧化碳和二氧化碳 17%，丙酸和甲醇 4%。

化学反应式为：$\qquad$ $C_4H_{10} + 5/2O_2 \longrightarrow 2CH_4COOH + H_2O$

② 轻石脑油作为醋酸合成原料，反应条件和丁烷氧化法相似，反应温度为 140～180℃，压力 2.0～6.0MPa。以 $C_5 \sim C_7$ 为例，碳效率为：醋酸 67.5%，甲酸 14.6%，丙酸 9.5%，其他 8.4%。

该法的特点是原料便宜，产物品种多，但选择性和转化率低，因此必须将副产物回收利用，才能弥补得率低的缺陷。由于轻质烷烃近年来已成为紧缺物资，新建厂已不采用这种方法生产醋酸。

二、醋酐生产

1. 醋酐用途

醋酐是一种重要的基本有机化工原料，主要用于生产醋酸纤维素、醋酸塑料和不燃性电影胶片等。也可用于生产解热镇痛药，在染料、香料工业中用作强乙酰化剂和脱水剂。另外，还可以作为淀粉改性剂。

2. 醋酐生产方法

工业上生产醋酐主要有三种方法：醋酸裂解法（烯酮法）、乙醛氧化法和醋酸甲酯羰化法。目前，醋酐工业生产以醋酸裂解法为主，极少采用乙醛氧化法。20 世纪 80 年代美国 Estman 公司醋酸甲酯羰化法，目前还处于开发阶段。

① 德国 Wacker 公司开发的醋酸-烯酮法反应速率高、收率好。生产过程包括醋酸热裂解、烯酮与醋酸合成两个步骤。醋酸裂解是可逆的吸热反应：

$$CH_3COOH \longrightarrow CH_2CO + H_2O \quad \Delta H = +147kJ/mol$$

该反应常以磷酸三乙酯为脱水催化剂，反应温度、压力与停留时间对烯酮收率的影响很敏感。适宜的反应条件为 700～720℃、10～20kPa（A），停留时间 0.3～3.0s。醋酸转化率 86%～95%，选择性 90%～95%。烯酮-醋酸合成是放热反应：

$$CH_3COOH + CH_2CO \longrightarrow (CH_3CO)_2O \quad \Delta H = -62.8kJ/mol$$

Wacker 化学公司烯酮法有两种流程。塔式流程用四个填料塔进行合成与分离酸酐；液环泵流程则采用液环泵为反应及吸收设备，十分简单，已开始取代洗涤塔流程。

塔式流程见图 7-2-23。

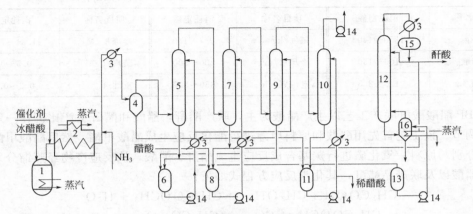

图 7-2-23　Wacker 烯酮法生产酸酐塔式流程

1—蒸发器；2—预热分解炉；3—冷却器；4—分离器；5—第一吸收塔；6—第一吸收液槽；7—第二吸收塔；
8—第二吸收液槽；9—第一洗净塔；10—第二洗净塔；11—洗净液槽；12—精馏塔；
13—粗酸酐槽；14—真空泵；15—分离器；16—气化器

原料醋酸蒸发气化与磷酸酯催化剂混合，在预热裂解炉中预热到 600℃，进入裂解管，在 700～720℃、10～20kPa（A）下进行裂解反应。在醋酸转化率为 87％时，醋酸对烯酮的选择性为 95％。为了使烯酮进一步转化，在预热裂解管出口处通入氨气，经激冷至 0℃左右，冷凝分离稀酸后送合成工序。气体烯酮在吸收塔内与醋酸反应生产酸酐。第一塔循环温度为 30～40℃，生成酸酐浓度为 85％，第二塔循环温度 20℃，酸酐浓度为 10％～20％。向第二塔加入醋酸，循环液送入第一塔。第二塔排出的尾气含少量酸酐，在两个洗涤塔内回收。粗产品经精馏得到大于 97％的合格酸酐产品。

液环泵流程见图 7-2-24。

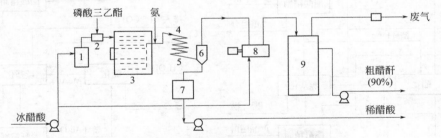

图 7-2-24　Wacker 烯酮法生产酸酐液环泵流程

1—醋酸蒸发器；2—催化剂蒸发器；3—烯酮预热裂解炉；4—水冷器；5—低温盐水冷却器；
6—气液分离器；7—稀醋酸受槽；8—纳氏液环泵；9—计量仪表

液环泵流程是将含乙烯酮裂解气冷凝分离醋酸、水高沸点物质后送入纳氏液环泵内。此液环泵使裂解系统保持需要的负压状态（13～20kPa），同时在泵内醋酸与烯酮反应生成酸酐，粗酸酐在冷却器除去反应热。裂解尾气在此得到洗净，其中含可燃气体 80％左右，可用作裂解燃料。部分粗酸酐循环返回液环泵作为反应介质。该流程的主要优点是非常简单，十分可靠，烯酮转化率 100％，酸酐选择性为 99％，产品收率与纯度较高，已被多家工厂采用。

Wacker 化学公司烯酮法生产酸酐消耗定额见表 7-2-33。

表 7-2-33 Wacker 烯酮法生产酸酐消耗定额（1t 100％酸酐）

项目名称	消耗定额	项目名称	消耗定额	项目名称	消耗定额
醋酸/kg	1350～1400	氨气/kg	0.7～1.0	冷冻量/MJ	41.84～75.31
回收醋酸/kg	100～160	冷却水/m³	300～500	蒸汽/t	0.5～0.7
催化剂/kg	1.5～2.5	电/kW·h	350～500	重油/t	0.2～0.25

② BP 醋酸酸酐联产工艺以生产醋酸为主，联产醋酐，醋酸和醋酐生产比例在一定范围内可以调节。该工艺首先用醋酸和原料甲醇进行酯化反应生成醋酸甲酯，然后醋酸甲酯、原料甲醇分别与原料一氧化碳进行羰基合成反应生成醋酐、醋酸，该反应产物经蒸馏分别制得主产品醋酸以及联产品醋酐，其化学反应方程式如下：

$$CH_3COOH + CH_3OH \longrightarrow CH_3COOCH_3 + H_2O$$
$$CH_3COOCH_3 + CO \longrightarrow (CH_3CO)_2O$$
$$CH_3OH + CO \longrightarrow CH_3COOH$$

其工艺方块流程见图 7-2-25。

③ EASTMAN 醋酐醋酸联产工艺以生产醋酐为主，联产醋酸，醋酐和醋酸生产比例在一定范围内可以调节。该工艺首先用醋酐和原料甲醇进行酯化反应生成醋酸甲酯和醋酸，醋酸经蒸馏制得联产品醋酸。反应得到的醋酸甲酯与原料一氧化碳进行羰基合成反应生成醋酐，该反应产物经蒸馏制得主产品醋酐，其化学反应方程式如下：

$$(CH_3CO)_2O + CH_3OH \longrightarrow CH_3COOCH_3 + CH_3COOH$$
$$CH_3COOCH_3 + CO \longrightarrow (CH_3CO)_2O$$

其工艺方块流程见图 7-2-26。

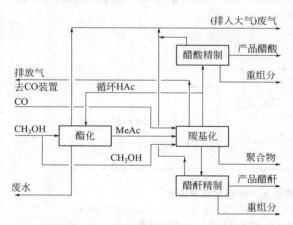

图 7-2-25 BP 醋酸醋酐联产工艺方块流程

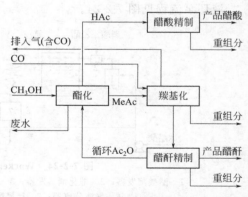

图 7-2-26 EASTMAN 醋酐醋酸联产工艺方块流程

三、醋酸乙烯

1. 用途

醋酸乙烯的主要用途是制造聚醋酸乙烯和聚乙烯醇。聚醋酸乙烯用于制备黏合剂。聚乙烯醇作为维尼纶纤维的原料、黏合剂、土壤改良剂等。

醋酸乙烯和氯乙烯的共聚物用于密纹唱片、织物涂层。醋酸乙烯与乙烯共聚物用于纸张涂层，又用于书籍的装订及热熔黏合剂。

2. 醋酸乙烯生产方法

最早采用的是乙炔法。在液相或气相下乙炔与醋酸反应生成醋酸乙烯，工业上以气相法为主。20 世纪 60 年代开始利用乙烯制取醋酸乙烯的开发研究，并获得成功，在 20 世纪 60 年代末实现了工业化。

乙炔液相法是将乙炔通入 30～75℃ 的醋酸溶液中，在汞盐催化剂存在下进行反应。该法收率低，产品质量差，已被气相法取代。

乙炔气相法根据采用的乙炔原料来源不同，又分为以电石乙炔为原料的 Wacker 法和以天然气乙炔为原料的 Borden 法。

（1）天然气乙炔气相法 乙炔与醋酸反应式如下：

$$CH \equiv CH + CH_3COOH \longrightarrow CH_3COOCH = CH_2$$

美国 Borden 公司于 1962 年建成了天然气乙炔气相法醋酸乙烯的生产工厂。采用天然气部分氧化制乙炔，副产乙炔尾气制甲醇，甲醇与一氧化碳羰基化反应制醋酸，乙炔与醋酸反应合成醋酸乙烯。生产工艺流程见图 7-2-27。

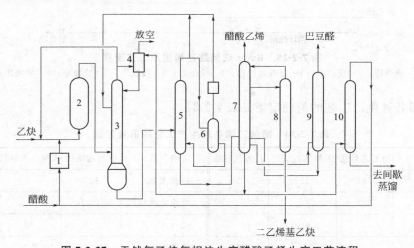

图 7-2-27 天然气乙炔气相法生产醋酸乙烯生产工艺流程
1—蒸发器；2—反应器；3—吸收塔；4—洗涤器；5—脱气塔；6—乙醛塔；7—醋酸乙烯塔；
8—二乙烯基乙炔塔；9—巴豆醛塔；10—醋酸塔

乙炔和醋酸蒸气混合后进入反应器，反应后气体进入吸收塔底部，塔顶用醋酸喷淋吸收，吸收产物送入脱气塔。溶解在吸收剂里的乙炔和轻组分在脱气塔顶部被解吸，再经冷凝分离乙醛后循环回吸收塔。脱气塔釜液送至醋酸乙烯精馏塔，塔顶得到精醋酸乙烯，塔釜液一部分循环返回吸收塔，另一部分送入醋酸塔回收醋酸。醋酸乙烯塔侧线馏分，分别送至二乙烯基乙炔塔和巴豆醛塔，蒸馏得到较纯二乙烯基乙炔和巴豆醛副产品。

（2）乙烯法 乙烯法分为液相法和气相法。液相法是英国 ICI 公司专利，催化剂是氯化钯。此法于 1966 年实现工业化，但因腐蚀严重被迫关闭。随着乙烯气相法技术工业化，国外新建工厂已不再采用液相法生产醋酸乙烯。

乙烯气相法的主要反应式如下：

$$C_2H_4 + \frac{1}{2}O_2 + CH_3COOH \longrightarrow CH_3COOCH = CH_2 + H_2O$$

目前已实现工业化的气相法工艺有德国 Bayer 法和美国 U.S.I. 法，两种技术极为相似。乙烯气相法的反应器为多管式固定床，催化剂主要包括贵金属、载体和助催化剂。Bayer 法采用的催化剂为钯、金，助催化剂为醋酸钾，载体为硅胶；U.S.I. 催化剂为钯、铂，助催化剂为醋酸钠，载体为氧化铝。工艺条件为：反应温度 140～210℃，反应压力 0.49～0.98MPa，空间速度 2000h^{-1}，乙烯：醋酸：氧（摩尔比）＝9：1：2。

Bayer 法醋酸乙烯的生产工艺流程见图 7-2-28。

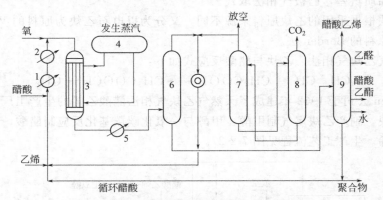

图 7-2-28 Bayer 法醋酸乙烯生产工艺流程

1—蒸发器；2—预热器；3—反应器；4—蒸汽发生器；5—冷凝器；6—吸收塔；7—洗涤塔；8—解吸塔；9—精馏塔

醋酸乙烯各种生产工艺的消耗定额见表 7-2-34。

表 7-2-34 醋酸乙烯各种生产工艺的消耗定额

项　目	电石乙炔法	天然气乙炔法	乙烯气相法	项　目	电石乙炔法	天然气乙炔法	乙烯气相法
醋酸/kg	721	384	720	冷却水/m³	125		210
乙炔/kg	327			冷冻盐水/kJ	682×10³		
天然气/m³		3090		蒸汽/t		80	4
乙烯/kg			375	电/kW·h	200	3920	200
氧气(100%)/kg			300	催化剂/kg	4.5		

第四节　甲醇单细胞蛋白

一、甲醇单细胞蛋白用途

甲醇单细胞蛋白（SCP）被称为"第二代单细胞蛋白"，与天然蛋白相比营养价值高。它的蛋白含量比鱼粉和大豆高得多，而且还含有丰富的氨基酸以及丰富的矿物质和维生素。因此，甲醇蛋白可代替鱼粉、大豆、骨粉、肉类和脱脂奶粉等喂养家禽、家畜。据报道，1t 甲醇蛋白作饲料可节省粮食 3.5t，相当于增产 1t 牛肉或 0.5t 猪肉或 6t 牛奶。

甲醇蛋白与鱼粉、大豆等饲料相比，其营养价值见表 7-2-35。

表 7-2-35　甲醇蛋白与鱼粉、大豆营养成分比较

项 目 名 称	粗 蛋 白	脂 肪	赖氨酸＋蛋氨酸
甲醇蛋白/%	74.0	8.5	7.4
鱼粉/%	61.2	8.1	7.5
大豆/%	4.5	17.7	4.6

二、甲醇蛋白的生产方法

目前，世界上甲醇蛋白的生产方法有 8 种，其中 6 种主要生产方法的工艺条件见表 7-2-36。

表 7-2-36　6 种甲醇蛋白生产方法工艺条件

方 法	生产能力/[g/(L·h)]	发酵温度/℃	pH 值	平均甲醇含量/10^{-6}	细胞密度/(g/L)	蛋白含量/%	发酵罐形式
英国 ICI 法	5	35~40	6.7	1~10	30	78.9	空气提升加压外循环
德国 HU 法	5	40	6.5~7.5	100	15	70~90	空气提升内循环
日本 MGC 法	5	18~29	3.0	100(g/L)		51~60	空气提升式
法国 IFP 法	3.4	35~36	3.0~3.5			60~62	升气式
美国 Probesteen		30	4.5			60	搅拌式
瑞典 Noprotein						81	加压式

6 种生产方法中，尤以英国 ICI 法和日本三菱瓦斯化学法最具有代表性。下面介绍这两种方法。

1. 英国 ICI 法

ICI 法甲醇蛋白生产工艺流程见图 7-2-29。

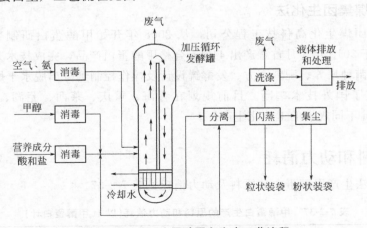

图 7-2-29　ICI 法甲醇蛋白生产工艺流程

预先被灭菌的培养液和含氨空气从发酵罐底部加入，在高静压下利用空气搅拌促进氧溶解于溶液，增大上升溶液中的空隙率。由此产生的空气搅拌作用使发酵罐内溶液自然循环。过程产生的 CO_2 和过剩空气从发酵罐顶部放出。重度增大后的溶液顺发酵罐的一边下流，

在底部由冷却器完成热交换；培养液和空气在发酵罐另一边上升循环。产品有粉状和粒状两种，粒状用作家禽、家畜、鱼等的饲料蛋白，粉状用以代替奶粉。

2. 三菱瓦斯化学法

该公司以 500t/a 的试验装置，用以确定 $(6\sim10)\times10^4$ t/a 的生产技术。三菱瓦斯化学法甲醇蛋白生产工艺流程见图 7-2-30。

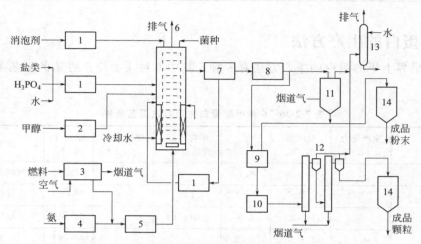

图 7-2-30　三菱瓦斯化学法甲醇蛋白生产工艺流程
1—过滤机；2、5—灭菌过滤器；3—离心过滤机；4—气化器；6—发酵罐；7—离心机；8—预处理槽；9—混合机；10—颗粒化机；11—喷雾干燥器；12—瞬间干燥器；13—洗涤器；14—筒仓

原料经灭菌、过滤后加入发酵罐。发酵罐内设置多层多孔隔板以空气搅拌作用高效进行氧的迁移和搅拌。罐中菌体出来的培养液经离心机分离，清液返回发酵罐；离心后的物料经预处理、混合、粒化、干燥后得粒状产品。为了节能，此法可用气体透平的废气进行菌体干燥。

3. 河南义煤集团生化法

河南义煤集团煤生化高科技工程公司，从 2008 年开始甲醇蛋白研制工作。从 5L 到 50m³ 发酵罐，于 2012 年 5 月首罐产出 410kg 合格甲醇蛋白产品，完成技术开发和工业生产试验。该技术从菌种培养、配料配方、发酵罐设计及操作控制到分离脱水干燥出产品，全是自主研发，打破了国外技术垄断。目前规划在青海、重庆、莱西、芜湖、吐鲁番等地建 $(2\sim10)\times10^4$/a 不同规模的工业化生产厂。

三、主要原料和动力消耗

不同工艺方法生产甲醇蛋白的原料及动力消耗见表 7-2-37。

表 7-2-37　甲醇蛋白生产的原料和动力消耗(以 1t 甲醇蛋白计)

消耗指标	德国 HU	英国 ICI	日本 MGC	法国 IFP
甲醇/kg	2000	2000	2000	1720~1960
NH_3(25%)/kg	640	170	110	147
H_3PO_4(70%)/kg	120	85	60	60

消耗指标	德国 HU	英国 ICI	日本 MGC	法国 IFP
H_2SO_4(94%)/kg	3.2	20	12	
KOH(38%)/kg	80		2.5	
$ZnSO_4 \cdot 7H_2O$/kg	0.48		0.3	
$MgSO_4 \cdot 7H_2O$/kg	8		1.6	
Fe^+/kg			0.5	
Ca^{2-}/kg			0.44	
Mn^{2-}/kg			0.11	
Cu^{2+}/kg			0.11	
柠檬酸/kg			1.8	
D-生物素/kg			0.0012	
VB_1/kg			0.241	
电/kW·h	2000	1600~2500	2560	1.42
燃料(天然气)/m^3	31.4	125.5~209	19.7~106	200~400
蒸汽/m^3	3600	2~3	2.3	1.28
平均工艺用水/m^3	7.2			
工艺水/m^3	12		4	40~50
冷却水/m^3	1683		1830	
压缩空气(0.6MPa)/m^3	12			
仪表空气(0.6MPa)/m^3	80			

第五节 甲基叔丁基醚

一、用途

1. 作汽油辛烷值改进剂

目前世界上生产的甲基叔丁基醚（MTBE），99%以上用于掺和到汽油中，作为汽油辛烷值改进剂。汽油中加入 MTBE 可提高辛烷值，改善汽油抗爆性能，减少汽车尾气中 CO 和 NO_2 浓度，对改善环境有很大意义。据报道，汽油中加入 15% MTBE 时冷启动尾气中 CO 减少 14%，NO_x 减少 21%，热启动 CO 减少 31%，NO_x 减少 4%。汽油中 MTBE 的加入量各国不统一，目前世界各国加入量大约在 7%~15%。

2. 作反应溶剂和试剂

在制备二烷氨基甲基苯酚中，MTBE 作为溶剂，而且较乙醚或丁醚能获得更好的收率。MTBE 还可作为反应剂，生产许多种重要的化工产品。

3. 制取高纯度异丁烯

MTBE 通过裂解、分离可得到高纯度的异丁烯和甲醇。异丁烯是重要的有机化工原料，可生产一系列有价值的化工产品。

二、生产工艺方法

MTBE 是由异丁烯和甲醇在酸性催化剂存在下，加压液相反应制得的。

反应为放热反应。主要副反应为异丁烯二聚、三聚生成异丁烯二聚物和三聚物，原料中水与异丁烯反应生成叔丁醇以及甲醇分子间脱水生成二甲醚。

生产工艺主要包括催化醚化、MTBE 回收和提纯、甲醇回收三个工序。在世界各国的 MTBE 生产装置中，由于原料碳四来源、反应器型式和数量、分离方法、异丁烯转化率、MTBE 的纯度不同，有多种不同的生产工艺。其中具有代表性的工艺如下。

意大利斯纳姆普罗吉蒂-阿尼克工艺

斯纳姆普罗吉蒂-阿尼克（Snamprogetti-Anic，SNAM/ANIC）工艺有三种基本类型，即标准回收型、高度回收型、超高回收型。异丁烯转化率分别为 97％～98％、99％、99.9％。抽余碳四中异丁烯含量分别为 2.5％、<1％、<0.1％。

（1）SNAM/ANIC 一段法工艺　甲醇和含异丁烯的碳四馏分经混合预热后，进入反应器，反应器为列管式固定床，反应温度为 50～60℃，采用水冷却控制温度，液相空速为 5.0～50h^{-1}，甲醇稍过量，异丁烯转化率为 97％～98％。反应产物进入脱碳四塔，塔底为纯度>99％的 MTBE 产品，塔顶为含剩余碳四的甲醇；进入水洗塔洗涤，水洗塔顶物料为不含甲醇的碳四，塔底为甲醇水溶液；进入甲醇回收塔，从塔顶采出纯度为 99％的甲醇，返回反应器循环使用，塔底为含少量甲醇的水，大部分作甲醇水洗塔用水，少部分排放。SNAM/ANIC 一段法工艺流程见图 7-2-31。

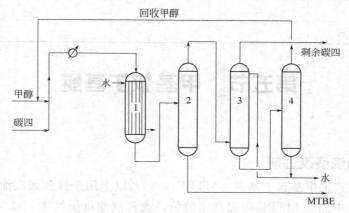

图 7-2-31　SNAM/ANIC 一段法工艺流程
1—列管式反应器；2—MTBE 分离器；3—水洗塔；4—甲醇回收塔

（2）SNAM/ANIC 二段法工艺　为了提高异丁烯转化率和克服一段法中甲醇过量，解决 MTBE 分离困难的问题，SNAM/ANIC 公司开发了两段法工艺。该工艺将新鲜碳四、甲醇及含甲醇的 MTBE 循环物料，加入第一反应器。异丁烯过量，使甲醇全部转化。反应产物进入第一脱碳四塔，塔顶为碳四馏分，塔底为不含甲醇的 MTBE 产品，塔顶碳四馏分补加甲醇后进入第二反应器，甲醇过量，以保证异丁烯转化率，二段反应器产物进入第二脱碳四塔，塔顶采出含甲醇碳四，经水洗塔、甲醇回收塔回收甲醇，塔底为含甲醇的 MTBE，循环至第一反应器入口。SNAM/ANIC 二段法工艺流程见图 7-2-32。

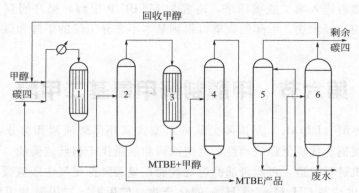

图 7-2-32　SNAM/ANIC 二段法工艺流程

1—一段列管式反应器；2—第一脱碳四塔；3—第二反应器；4—第二脱碳四塔；5—水洗塔；6—甲醇回收塔

SNAM/ANIC 法主要原材料和动力消耗定额见表 7-2-38。

表 7-2-38　主要原材料和动力消耗定额（1t MTBE 产品计）

项目名称规格	消耗指标	备注	项目名称规格	消耗指标	备注
异丁烯，＞99.5%（质量分数）/t	0.685		电，380V/kW·h	40	
甲醇，≥99%，水＜0.08%（质量分数）/t	0.38		蒸汽，1.0MPa(A)/t	2.24	
催化剂，S 型树脂/t	9×10^{-5}		仪表空气，无油、露点—40℃/m³	130	
冷却水，$\Delta T=10℃/m³$	66				

　　法国石油研究院工艺可用各种异丁烯含量的碳四作为原料，主要反应器型式为上流式外循环膨胀床，催化剂采用阳离子交换树脂。根据对异丁烯转化率的不同要求，可选用一段或二段工艺。二段和一段的区别在于增加二段反应器和第二脱碳四塔。异丁烯转化率可达99.9%。二段法工艺流程如图 7-2-33 所示。

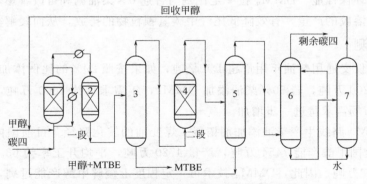

图 7-2-33　法国石油研究院二段法工艺流程

1—主反应器；2—补充反应器；3—第一脱碳四塔；4—二段反应器；5—第二脱碳四塔；6—水洗塔；7—甲醇回收塔

　　新鲜和循环甲醇与碳四馏分加入反应器，从主反应器顶部出来的物料一部分进入补充反应器继续反应，另一部分经冷却器换热后循环回主反应器底部，以控制主反应器的温度和反应物料浓度。从补充反应器底部出来的物料进入第一脱碳四塔，塔底得到 MTBE 产品，塔顶为碳四和甲醇共沸物，再进入二段反应器进一步反应，异丁烯总转化率可达 99.9%。二段反应器出来的物料进入第二脱碳四塔，塔底为 MTBE 和甲醇，循环回到主反应器中，塔顶为含甲醇的碳四，经水洗、甲醇回收塔可得到基本不含异丁烯的甲醇和碳四，甲醇循环返回主反应器底部。

第六节 甲醇制聚甲氧基二甲醚

聚甲氧基二甲醚（DMM_n）是国际公认的新型含氧环保柴油调和组分，与柴油完全互溶，具有高十六烷值和优良低温流动性，与柴油调和品质优于超低硫柴油，调和油使用时不需要对车辆发动机进行改造，可改善油品燃烧性能，显著降低尾气中碳氢颗粒物的排放。

DMM_n 由提供端基 $CH_3O—$、$CH_3—$ 的化合物（如甲醇、二甲醚和甲缩醛）和提供亚甲氧基 $—CH_2O—$ 的化合物（如甲醛、多聚甲醛和三聚甲醛）在酸催化下缩聚而成。

甲醇制 DMM_n 是以甲醇制上述端基化合物和亚甲氧基化合物，然后合成 DMM_n，可消化我国过剩甲醇产能，一定程度上替代石油，是新型煤化工备受关注的新产品之一。

一、聚甲氧基二甲醚的优势及市场前景

1. 优势突出

基于 DMM_n 的产品特性，其用作柴油调和组分与柴油按一定比例掺烧，其中突出的优点如下：

（1）发动机不需改造 不需要对柴油发动机进行改造，对发动机无附加损害，且改善燃烧，提高燃烧效率，油耗不增加，动力性能不降低。

（2）十六烷值高 DMM_n 十六烷值普遍达 70～100，可显著提高柴油十六烷值。

（3）优异的低温流动性 DMM_n 尤其是 $DMM_{2\sim4}$ 具有优异的低温流动性，可显著降低油品的凝点和冷滤点，显著改善油品的低温流动性。

（4）优异的环保性能 DMM_n 按一定比例与普通 0# 柴油调和可改善燃烧，显著降低燃烧过程中二次气溶胶的产量，有效降低尾气中碳氢颗粒物的排放，从而缓解雾霾污染。

2. 市场预测

目前，我国仅交通用柴油年用量超 1.6 亿吨，如果按照 20% 的比例添加，对 DMM_n 年需求量将超过 3200 万吨，若 50% 柴油添加 DMM_n，年需求量约 1600 万吨，其潜在市场巨大，DMM_n 的市场需求量进一步增加。

甲醇制 DMM_n 路线生产柴油添加剂拓展了煤变油的转化路径。目前国内甲醇产能相对过剩，2015 年全国甲醇产能 7454 万吨，产量 4720 万吨，平均开工率约 63.3%，国内甲醇产能过剩约 2100 万吨。因此，DMM_n 技术可一定程度上缓解甲醇产能过剩，替代部分石油产品，对我国石油和煤化工产业结构调整和发展有重要意义。

二、清华大学-山东玉皇甲醇制聚甲氧基二甲醚技术

1. 技术发展沿革

清华大学-山东玉皇甲醇制聚甲氧基二甲醚（DMM_n）技术，是由清华大学和山东玉皇化工（集团）有限公司共同开发的。以甲醇为原料，甲醛、甲缩醛和多聚甲醛为中间产品，

合成产品 DMM_n 用作绿色柴油添加剂。2010 年，清华大学化工系开展 DMM_n 实验室研究工作。2012 年，清华大学与山东玉皇公司建立合作关系，共同开展万吨级工业试验工作。2014 年 1 月，山东菏泽建成 DMM_n 万吨级工业化示范装置，并顺利打通流程，开车运行平稳，产出合格产品，各项技术指标达到设计要求。

2. 工艺流程、基本原理及技术特点

（1）工艺流程　甲醇制 DMM_n 工艺流程见图 7-2-34。

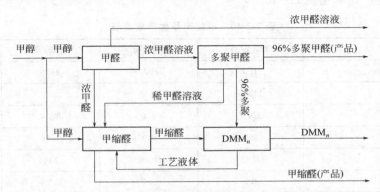

图 7-2-34　清华大学-山东玉皇甲醇制 DMM_n 工艺流程示意图

（2）技术特点　主要生产装置包括甲醇制甲醛、多聚甲醛、甲缩醛和 DMM_n 四套装置。甲醇制甲醛采用铁-钼法氧化工艺，铁-钼催化剂系自主研发。多聚甲醛采用喷雾干燥与流化床干燥相结合的工艺，采用自主研发固体酸催化剂，产品甲缩醛纯度高（达到 99.9%）。DMM_n 装置（甲缩醛和多聚甲醛制 DMM_n）采用自主设计多级流化床反应器和自主开发的固体酸催化剂，可以实现多聚甲醛的高转化率，能够很好地调控 DMM_n 聚合度分布，操作温度低，能耗低，副产物少。

（3）主要设备　甲醛装置采用列管式固定床反应器；多聚甲醛装置采用喷雾冷凝器和流化床干燥器；甲缩醛采用催化精馏塔反应器；DMM_n 装置采用多级流化床反应器。

（4）消耗定额　2014 年 6 月至 2015 年 6 月，山东玉皇 DMM_n 万吨级工业示范装置，实现一年期"安稳常满优"运行，该装置物料及动力消耗指标见表 7-2-39。

表 7-2-39　DMM_n 万吨级工业示范装置物料和动力消耗指标

项目	甲醇	电	蒸汽		新鲜水	循环水	压缩空气
规格	≥99%		0.5MPa	1.3MPa			
单位	t	kW·h	t	t	m³	m³	m³
吨产品消耗	1.3	412	0.22	0.23	10.6	1.7	4.8

（5）工业化业绩及发展规划　在山东菏泽建成的 DMM_n 万吨级工业化示范装置，该技术于 2014 年 7 月由中国石油化工联合会组织的专家委员会进行技术鉴定，认为处于国际领先水平，系世界首套利用固体酸技术合成 DMM_n 的万吨级工业化装置。

根据山东玉皇 DMM_n 万吨级工业化示范装置运行情况，山东玉皇于 2014 年 8 月与清华大学签约设计开发 90 万吨/年 DMM_n 大型化技术，并规划建设 90 万吨/年甲醇制 DMM_n 大型工业化示范装置，总投资 40 亿元。分两期建设，一期规模 30 万吨/年，该项目列入 2015 年山东重点项目名录。2015 年 9 月，90 万吨/年甲醇制 DMM_n 装置在山东菏泽通过环评、

安评，目前已启动项目建设相关工作。

产品规格：$DMM_{3\sim5}$。

三、一期工程初步经济评价

1. 单位产品生产成本（以年产 DMM_n 30 万吨规模计算）

单位产品生产成本见表7-2-40。

表 7-2-40 单位产品生产成本表

项目	消耗定额	单价/元	金额/元	备注
甲醇/t	1.3	2000	2600	
电力/kW·h	412.0	0.58	239	
新鲜水/t	10.6	6.0	63.6	
循环水/t	1.7	0.2	0.34	
蒸汽/t	1.45	80.0	116	
压缩空气/t	4.8	0.2	0.96	
催化剂/kg	0.5	100	50	
小计			3069.56	
固定资产折旧	15年		800	
人工费/[万元/（人·年）]	6.0		160	
管理费			35	
合计/（元/吨）			4064.56	

2. 经济分析

① 项目总投资：15亿元

② 产品售价：5500元/t

③ 年均销售收入：15.6亿元

④ 总成本费用：121940万元

⑤ 利润总额：34060万元

⑥ 所得税：3706万元

⑦ 税后利润：30354万元

⑧ 投资利润率（税后）：20.24%

⑨ 投资回收期：6.94年（含两年建设期）

该项目经济效益好，抗风险能力强。

第三章
甲醇制低碳烯烃

第一节　序　言

一、煤化工技术日趋成熟，并实现大型化

近几十年来，我国煤气化、煤制甲醇、甲醇制烯烃（MTO、MTP）等技术已从研发到进行大型工业化示范，设备国产化已基本解决。现代煤化工发展条件日趋成熟，特别是甲醇生产发展很快。2016 年全国产能达 8700 万吨，产量已达 4313.6 万吨，进口量 880 万吨，表观消耗量 5168 万吨，年均增长 10％以上，一批 60×10^4 t/a 和 180×10^4 t/a 规模的大型甲醇装置建成投产。甲醇产能过剩为发展甲醇制烯烃提供了充足的原料条件。

二、我国烯烃市场前景看好

1. 乙烯产量、消费量

2015 年，我国乙烯产量 1714.5 万吨，进口量 151.57 万吨，当量消费量 3750 万吨，自给率 45.72％；预计到 2020 年，产量 3000 万吨，当量消费量 4500 万吨，自给率将提高到 63.16％，缺口仍然较大。

2. 丙烯产量、消费量

2015 年，我国丙烯产量 2310 万吨，进口 277 万吨，当量消费量 2950 万吨，自给率 78.31％；预计 2020 年产量 3350 万吨，当量消费量 3700 万吨，自给率 90.54％，丙烯仍有缺口。

综上所述，我国乙烯、丙烯需求远大于国内生产量，烯烃市场潜力巨大，为发展煤制烯烃提供了很大的市场空间，走出一条具有中国特色的不用石油生产烯烃的新路线，实现烯烃

生产所用原料多元化目标。

第二节 国外甲醇制低碳烯烃

20 世纪 70 年代，受石油危机的刺激，世界主要发达国家和一些发展中国家均加大投入以开辟非石油资源制取低碳烯烃的技术路线。由于从天然气或煤制合成气生产甲醇的技术已经成熟，并大规模化，因此研究的重点和技术难点就是甲醇制取低碳烯烃的过程。美孚石油公司（Mobil）、埃克森石油公司（Exxon）、环球油品公司（UOP）、挪威海德罗公司（Norsk Hydro）、德国巴斯夫公司（BASF）、鲁奇（Lurgi）公司等均进行了多年研究。

早期的研究集中在以中孔 ZSM-5 分子筛为基础的催化剂方面。Mobil 公司曾完成了 $0.503m^3/d$ 甲醇进料的流化床中试。在甲醇转化率 100％时，$C_2 \sim C_5$ 烯烃收率达到 76.9％。其中丙烯约 32.9％，乙烯约 5.2％，（乙烯＋丙烯）收率共 38.1％。中国科学院大连化学物理研究所完成了 1t/d 甲醇处理量的固定床中试试验，主要结果为：甲醇转化率 100％，（乙烯＋丙烯）选择性约 65％，（乙烯＋丙烯＋丁烯）选择性约 85％，在中试规模和反应结果两方面均处于当时的领先水平。但是，由于 ZSM-5 分子筛催化剂在进一步提高乙烯和丙烯选择性方面受到限制，后期的研究主要集中在小孔分子筛催化剂的研制和相应的反应工艺开发方面。

1982 年，美国联合碳化物公司在磷酸硅铝分子筛合成方面取得了突破，一系列新的 SAPO 分子筛被成功合成，为甲醇转化为烯烃的催化剂研究提供了新的材料。目前，国内外在甲醇转化制低碳烯烃（MTO）方面的主要技术创新成果，均基于 SAPO-34 分子筛的发现和应用。

一、UOP/Hydro 的 MTO 技术与烯烃裂解的联合技术

1988 年，美国联合碳化物公司的分子筛研究部门并入了 UOP 公司，UOP 公司在 SAPO-34 分子筛的基础上开发出了 MTO-100 甲醇转化制烯烃专用催化剂。UOP 和挪威海德罗两家公司合作在规模为 0.75t/d 甲醇进料的流化床中试装置上进行了 MTO 工艺和 MTO-100 催化剂性能试验，中试装置提升管的长度为 6m，内径为 0.1m，沉降段直径为 0.4m，沉降器内有两个旋风分离器，沉降器外还有一个旋风分离器，反应器的催化剂藏量快速床时为 5kg，鼓泡床时为 6kg。再生器为鼓泡床，再生器催化剂藏量为 5～6kg。1995 年 11 月，UOP 公司和挪威海德罗公司（Norsk Hydro）在南非第四次天然气转化国际会议上首次公布了他们联合开发的天然气经合成甲醇后进一步生产烯烃（乙烯、丙烯及丁烯）的 MTO 过程及中试装置的运行数据，并称该过程已可以实现年产 50 万吨乙烯的工业化生产，可从环球油品公司（UOP）、海德罗公司（Norsk Hydro）获得建厂许可证。

据称，MTO-100 催化剂具有优良的耐磨性，其磨耗低于标准 FCC 催化剂；具有良好的稳定性，经 450 次反应-再生循环后仍可保持稳定的活性和选择性；连续运行 90d，甲醇转化率仍保持接近 100％。（乙烯＋丙烯）选择性（碳基）为 75％～80％，乙烯/丙烯的比值大致在 0.75～1.25，可以通过改变反应条件进行调节，当乙烯、丙烯选择性相同时达到最佳的（乙烯＋丙烯）选择性，典型结果如表 7-3-1、图 7-3-1、图 7-3-2 所示。UOP 公司认为上述试验已取得放大至乙烯生产能力为 30 万～50 万吨/年工业化装置的设计基础数据，推荐的工艺流程简图如图 7-3-3 所示。由于从实验室中试规模至工业装备规模的放大倍数高达数千倍，工业放大的风险较大，至今未见工业应用的报道。

表 7-3-1　UOP/Hydro MTO 技术的典型产物的比例(质量比)

产品	高乙烯模式	高丙烯模式
乙烯	0.57	0.43
丙烯	0.43	0.57
丁烯及较重组分	0.19	0.28
其他	0.77	1.33

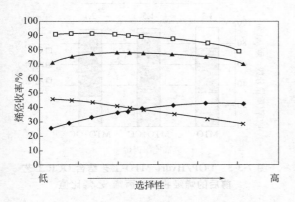

图 7-3-1　UOP/Hydro MTO 技术中试结果:
低碳烯烃选择性(高纯度甲醇进料)

　　◆— C_2=; ×— C_3=; ▲— C_2=+C_3=;
　　□— C_2=+C_3=+C_4=

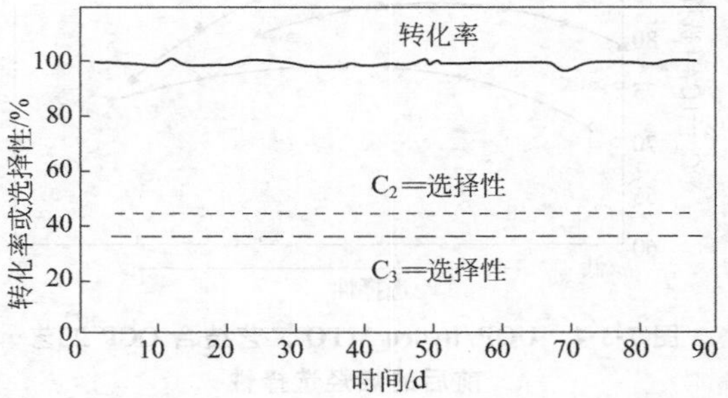

图 7-3-2　UOP/Hydro MTO 技术中试典型结果

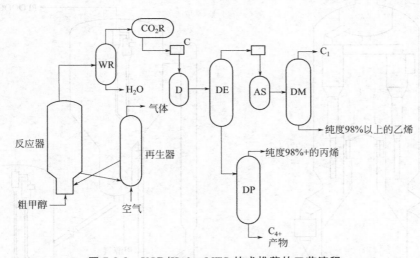

图 7-3-3　UOP/Hydro MTO 技术推荐的工艺流程
WR—水分离器;DE—脱乙烷塔;CO_2R—CO_2分离器;AS—乙炔饱和器;DM—脱甲烷塔;
C—压缩机;DP—丙烯蒸馏塔;D—干燥器

　　最近,UOP 公司提出了 MTO 工艺结合烯烃裂解过程(olefin cracking process,OCP)工艺,进一步提高乙烯、丙烯的选择性。OCP 由法国石油化工公司(Total Petro Chemicals)开发,并与 UOP 联合用于 MTO 工艺的改进。据称,MTO 结合 OCP 工艺后,(乙烯+丙烯)选择性可以达到 85%～90%。丙烯/乙烯的比值可以从 MTO 的 0.7 调节至 2.1(见图 7-3-4、

图 7-3-5）。技术上，MTO 与 OCP 的结合是进一步利用 MTO 反应副产的 C_4 以上烃类，将其催化裂解制乙烯、丙烯。基于催化裂解的原理，其裂解产物必然富含丙烯。

UOP 公司申请的专利 USP6166282 中对 MTO 反应器有所描述，见图 7-3-6。该专利中对比了鼓泡床反应器和快速流化床反应器，推荐 MTO 过程采用快速流化床反应器，有利于减少返混和减小反应器尺寸。

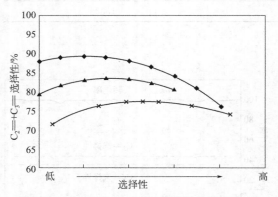

图 7-3-4 UOP/hydro MTO 工艺结合 OCP 工艺
前后的烯烃选择性

——×——仅 MTO；——▲——MTOOCP 过式 MTO+OCP；
——◆——循环式 MTO+OCP

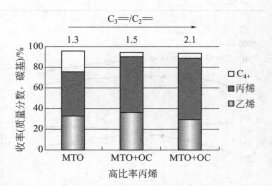

图 7-3-5 UOP/Hydro MTO 工艺结合 OCP 工艺
前后的烯烃收率和丙烯/乙烯比值

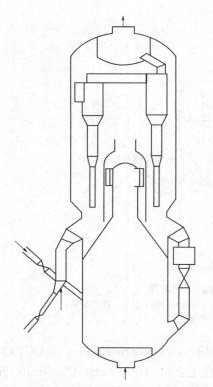

图 7-3-6 UOP 公司在 USP6166282 专利中
所描述的反应器形式

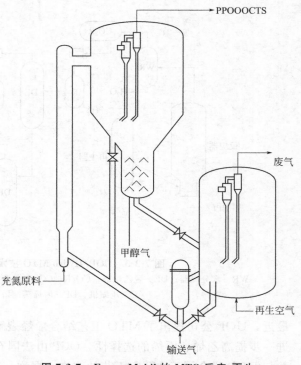

图 7-3-7 Exxon Mobil 的 MTO 反应-再生
系统示意图

二、Exxon Mobil 公司的 MTO 技术

美国 Exxon Mobil 公司持有大量的关于 MTO 工艺、催化剂方面的专利，其数量远远超过 UOP 公司。可以判断出 Exxon Mobil 公司也在进行 MTO 过程的开发。

美国专利 US6673978 公开了一种甲醇等含氧化合物生产烯烃的方法，代表了公司开发 MTO 工艺的规模和技术水平。该专利所采用的反应-再生系统之一如图 7-3-7 所示。反应采用提升管反应器，反应器内催化剂量 36kg，再生器内催化剂 200kg，催化剂总量 300kg。甲醇进料量 550kg/h（95%，AA 级）。反应温度 490℃，反应物料线速度约 6.5m/s，再生温度 685℃。该专利称，提高反应区催化剂相对（反应区催化剂+循环区催化剂）比例，可以改善产品质量（降低副产品量）。典型的反应结果如表 7-3-2 所示。

表 7-3-2　Exxon Mobil 公司在专利 USP6673978 中公开的反应结果。

表 7-3-2　典型反应结果

取样点	A	B	C
碳氢化合物和甲醇流量/(kg/h)	235	14.2	249
碳氢化合物组成（质量分数）/%			
乙烯	36.7	26.2	35.6
丙烯	39.8	31.3	39.4
甲烷+乙烷	2.04	5.67	2.37
丙烷	2.77	8.43	3.46
C_4 烃	12.5	18.8	12.8
C_{4+} 烃	6.19	13.6	6.37

注：参照图 7-3-7，A—离开反应区 309 进入 315 处；B—333 处催化剂上部；C—反应器出口管线 345 处。

Exxon Mobil 公司没有推广其 MTO 工艺，也没有任何建设大型化 MTO 工业化装置的报道。据悉，Exxon Mobil 的目标是利用所掌握的技术通过烯烃产品占有市场，而不转让技术。

三、德国 Lurgi 公司 MTP 工艺技术

基于传统的 ZSM-5 分子筛，德国 Lurgi 公司发展出了富产丙烯的改性 ZSM-5 催化剂，开发了甲醇转化制丙烯的 MTP 工艺。我甲醇原料首先在固定床预反应器与酸性催化剂进行反应，生成二甲醚、甲醇和水蒸气的平衡混合物，该混合物然后在串联的固定床反应器中于 450～500℃条件下进行转化生成以丙烯为主的低碳烯烃混合物。甲醇和二甲醚的转化率大于 99%。将含有不同烯烃的物流进行分离，非丙烯类产物循环回反应系统，可得到基于甲醇的碳基 71% 的丙烯收率。Lurgi 公司在实验室小试的基础上于 2001 年在挪威 Statoil 的 Tjeldbergodden 甲醇联合企业建造了 MTP 工艺的中试示范装置，催化剂经 500～600h 反应后切换再生。其选择性数据见表 7-3-3。Lurgi 公司推荐的 MTP 工艺流程如图 7-3-8 所示。

表 7-3-3 Lurgi 公司 MTP 工艺中试产品分布数据

组分	选择性/%	组分	选择性/%
烯烃		$C_7=$	0.6
$C_2=$	4.6	$C_8=$	0.3
$C_3=$	46.6	蜡	7.0
$C_4=$	21.1	环烷	1.7
$C_5=$	8.9	芳烃	2.8
$C_6=$	4.9		

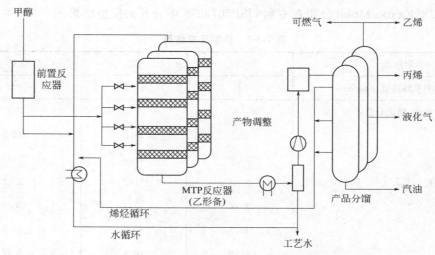

图 7-3-8 Lurgi 公司推荐的 MTP 工艺流程

最近 Lurgi 公司报出的产品收率数据是,对于大型化的 MTP 装置(A 级甲醇 5000t/d,167 万吨/年)可产出聚合级丙烯 47.4 万吨/年 [28.38%(质量分数,余同)]、汽油 18.5 万吨/年(11.08%)、液化气 4.1 万吨/年(2.46%)、乙烯 2 万吨/年(1.20%)、少量自用燃料气、水 93.5 万吨/年(56.00%)。

第三节 大连化物所 DMTO 技术开发历程

一、固定床 DMTO 技术的研究与开发

中国科学院大连化学物理研究所在 20 世纪 80 年代初便率先开展了由天然气或煤等非石油资源制低碳烯烃的研究工作,研究的重点集中在 MTO 方面,以改性 ZSM-5 分子筛为基础,发展了 5200 系列多产乙烯催化剂(乙烯选择性约 30%)和 M792 系列高丙烯催化剂(丙烯选择性 50%~60%),完成了实验室小试。之后大连化学物理研究所建成了甲醇处理量 300t/a 的 MTO 中试装置,于 1993 年全面完成了中试工作。

固定床 MTO 中试流程简图如图 7-3-9 所示。为了避免反应器床层温升过大和及时移出反应热,采用稀释的甲醇 [30%(质量分数)] 为反应原料,同时利用甲醇脱水反应器(γ-

Al_2O_3 催化剂，后改为分子筛催化剂）先将甲醇转化为二甲醚（实际物料为甲醇、水、二甲醚的平衡混合物）以预先去除部分反应热。尽管如此，催化剂仍采用了分段装填的方式，以达到合理的床层温度分布。利用固定床 MTO 中试装置，验证了催化剂性能，优化了反应工艺，并结合催化剂间歇再生（7 个周期）完成了 1000h 稳定性试验。代表性的结果见表 7-3-4。固定床 MTO 技术从中试规模和技术指标两方面均达到了当时的国际领先水平。

以改性 ZSM-5 催化剂为基础的固定床 MTO 技术，总体上乙烯的选择性并不十分理想，但丙烯的选择性在高温时可以达到约 40%（质量分数），改变反应条件（如降低反应温度），结合工艺的改进，为甲醇制丙烯技术的发展奠定了良好的基础。

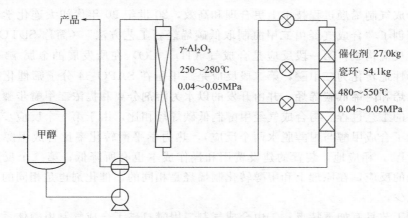

图 7-3-9 大连化物所 300t/a 甲醇制烯烃中试流程简图

表 7-3-4 大连化物所 300t/a 甲醇制烯烃（MTO）中试结果

周期	TOS/h	甲醇空速 /h^{-1}	MeOH-H_2O（质量分数）/%	产物分布（质量分数）/%							$C_2^= \sim C_4^=$ 选择性（质量分数）/%
				CH_4	$C_2^=$	$C_3^=$	$C_4^=$	$C_2^0 \sim C_4^0$	C_{5+}	CO_x	
1	162	1.54	34.5	1.75	24.8	39.6	20.7	5.90	5.46	1.61	85.1
2	324	1.49	36.4	1.69	23.8	39.2	21.7	5.34	6.77	1.49	84.7
3	486	1.55	33.9	1.95	24.3	39.6	20.9	5.44	5.87	1.79	84.8
4	638	1.58	36.9	2.07	23.8	40.2	20.9	5.07	6.05	1.86	84.9
5	744	1.56	44.3	1.82	23.3	39.3	22.0	5.51	6.26	1.72	84.6
6	890	1.56	34.6	2.37	24.2	40.3	20.7	5.50	4.70	1.91	85.2
7	1022	1.52	34.5	2.04	23.3	40.0	21.3	5.38	6.24	1.59	84.6

二、流化床 MTO 技术的研究与开发

甲醇转化制烯烃的核心技术之一是催化剂，催化剂的性质和性能将主要决定着 MTO 新工艺技术的发展方向。前期的固定床 MTO 技术基于改性 ZSM-5 催化剂，虽然证明是成功的，但是乙烯选择性和（乙烯＋丙烯）选择性偏低。从分子筛催化剂的形状选择性原理可以得出，以中孔 ZSM-5 分子筛的改性发展催化剂，对于进一步大幅度提高低碳烯烃尤其是乙烯的选择性是非常困难的。探索和应用新型小孔分子筛催化剂，是实现 MTO 技术总体再突破的关键，也是 MTO 技术开发初期便已经开始探索的研究工作。

20 世纪 80 年代，美国联合碳化物公司在分子筛合成方面具有世界优势地位。该公司的分子筛研究人员发现了磷酸硅铝一类新型分子筛（SAPO），1982 申请了美国专利（USP4440871，1984 年授权）。SAPO 类分子筛的发现对于分子筛及其相关的催化领域具有里程碑的意义。中科院大连化学物理研究所从 SAPO 分子筛的酸性构成原理和结构，敏感地认识到 SAPO 类分子筛作为新催化材料对甲醇转化具有的特殊意义，成功合成了 SAPO-34 分子筛，在转化率 100％时，$C_2 \sim C_4$ 烯烃选择性达到 89％，乙烯选择性达到 57％～59％。随后的众多研究将 MTO 催化剂的研制集中在小孔 SAPO 分子筛尤其是 SAPO-34 分子筛方面。

为了使合成气制烯烃过程技术上更合理和高效，20 世纪 90 年代初大连化学物理研究所又在国际上首创了"合成气经由二甲醚制取低碳烯烃新工艺方法"（简称 SDTO 工艺）。该新工艺由两段反应构成，第一段反应是合成气（$H_2 + CO$）在所发展的金属-沸石双功能催化剂上高选择性地转化为二甲醚，第二段反应是二甲醚在 SAPO-34 分子筛催化剂上高选择性地转化为乙烯和丙烯低碳烯烃，并由开发的以水为溶剂分离和提浓二甲醚步骤，将两段反应串接成完整的工艺过程。与合成气经甲醇制低碳烯烃相比，由于第一个反应步骤的产物为二甲醚（耦合了合成甲醇与甲醇脱水两个反应），热力学平衡转化率比合成甲醇大幅度提高（单程 90％以上），相应地，装置的建设费用和操作成本也有所降低；第二个反应，即二甲醚转化为烯烃的反应，在原理上和甲醇转化制烯烃是相同的，催化剂也是相同的，差别只是反应热相对减少。

SDTO 新工艺具有如下特点：①由合成气制二甲醚打破了合成气制甲醇体系的热力学限制，CO 转化率高达 90％以上，与合成气经甲醇制低碳烯烃相比，可节省投资 5％～8％，节省操作费用约 5％；②采用小孔磷硅铝（SAPO-34）分子筛催化剂，乙烯的选择性大大提高（50％～60％）；③在 SAPO-34 分子筛合成与催化剂廉价方面有大的突破，催化剂成本的降低对于流化床反应工艺具有特别重要的意义；④第二段反应采用流化反应器，可有效地导出反应热，实现反应-再生连续操作，能耗大大降低；⑤SDTO 新工艺具有灵活性，它包含的两段反应工艺既可以联合成为合成气制烯烃工艺的整体，又可以单独应用，特别要指出的是，所发展的 SAPO-34 分子筛催化剂可直接用作甲醇制烯烃（MTO）过程。甲醇制烯烃工业化技术开发的基础就是 SDTO 工艺中的二甲醚制烯烃（DTO）技术。为了表明所发展的 MTO 工艺也可以应用于 DTO，将所发展的工艺命名为 DMTO。

SDTO 新工艺于 1995 年在上海青浦化工厂最终取得了中试规模放大成功。所发展的适合两段反应的催化剂及流化反应工艺总体上达到国际先进水平。

"八五"期间，大连化物所研制出了具有我国特色的廉价新一代微球小孔磷硅铝（SAPO）分子筛型催化剂（DO123 型），在实验室和常压 500～550℃及二甲醚（或甲醇）质量空速 6h^{-1} 的反应条件下，取得二甲醚（或甲醇）转化率约 100％，-低碳烯烃选择性 85％～90％，及乙烯选择性 50％～60％和-烯烃选择性约 80％的优异结果。

对于 DO123 型催化剂及其基质小孔 SAPO-34 分子筛，均已成功地进行了接近工业规模的放大制备试验，该放大催化剂在小型流化床反应装置上及在反应温度 550℃与二甲醚质量空速 6h^{-1} 的条件下，取得了二甲醚转化率约 100％、烯烃选择性 90％及乙烯选择性约 60％的结果，表明在接近工业级条件下制成的 DO123 催化剂的性能完全达到小试水平。在上海青浦化工厂建成的反应器直径 100mm 的流化反应中间扩大试验装置上（图 7-3-10，微球催化剂装入量 30kg 左右，年处理二甲醚原料的能力接近 100t），利用放大制备的 DO123 型催化剂，在反应温度 530～550℃与反应接触时间 1s 左右的反应条件下，二甲醚的转化率 98％以上，烯烃选择性接近 90％以及乙烯选择性 50％左右、(乙烯＋丙烯)选择性＞80％，基本重复了实验室小试结果。表 7-3-5 列出了 DTO 流化反应中试代表性的反应结果。根据物料平衡测定结果所得到的原料消耗列于表 7-3-6。

表 7-3-5　甲醇或二甲醚制烯烃反应结果(二甲醚进料)

反应温度/℃	550	560
烃类分布(质量分数)/%		
CH_4	5.03	5.56
C_2H_4	50.32	53.48
C_2H_6	1.89	1.68
C_3H_6	30.69	28.96
C_3H_8	3.39	3.35
C_4H_8	8.02	4.38
转化率/%	98.10	99.27
$C_2^= \sim C_4^=$	89.68	89.32
$C_2^=$、$C_3^=$	81.01	82.44

表 7-3-6　DTO 原料消耗　　　　　　　　单位:kg

项目	原料		产品
甲醇	2405		
二甲醚		1729	
乙烯			500
丙烯			328
丁烯			109
其他			114
水		676	1354
合计	2405	2405	2405

单位质量混合烯烃的原料消耗指标为:甲醇 2.567，二甲醚 1.845。

在流化反应工艺方面，大连化物所在上海青浦化工厂相继建设和改造建设了下行式稀相并流流化反应装置(Ⅰ型和Ⅱ型，二者的差别在于一级气固分类采用了不同的分类器。Ⅰ型为轴流式导叶旋风，Ⅱ型为常规旋风分类器，如图 7-3-11、图 7-3-12 所示)和密相流化反应装置，对多种流化反应方式进行了考察。在中试初期，本着反应工艺总体创新的思想，重点对下行稀相并流反应进行了研究。但进料的热试研究发现，并流下行式稀相反应虽然代表了研究发展的方向，但也存在甲醇转化率偏低、与实验室结果关联困难及进一步放大无成熟经验可以借鉴等问题。在综合分析反应特点、工艺放大难度、能否借鉴 FCC 成熟经验等因素的基础上，最终决定采用密相循环流化反应作为 DTO 工艺的研究重点。

利用中型密相循环流化反应装置，优化了反应工艺条件，确定了最佳反应参数。为流化反应工艺的进一步放大奠定了基础。

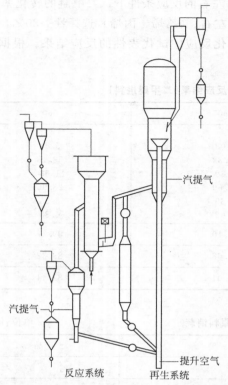

图 7-3-10 大连化物所二甲醚转化制低碳烯烃密
相循环流化反应装置示意图

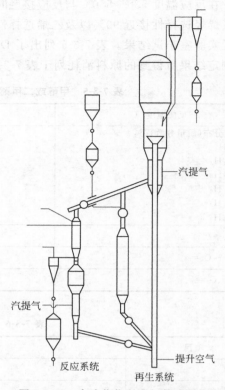

图 7-3-11 大连化物所下行并流稀相
（Ⅰ型）流化反应装置示意图

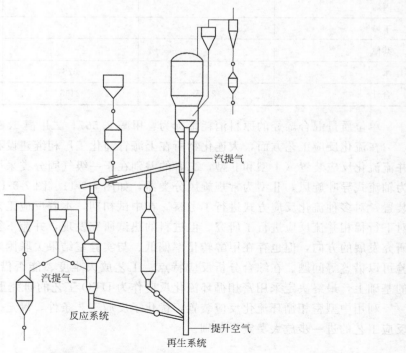

图 7-3-12 大连化物所下行并流稀相
（Ⅱ型）流化反应装置示意图

三、DO123催化剂的性能及特点

催化剂是MTO和DTO工艺的核心技术。DO123催化剂为"八五"期间发展的定性催化剂，分子筛合成及催化剂制备均经放大试验验证，所用原料全部为工业级。其中，分子筛合成采用了具有自主知识产权的新合成方法，其核心之一是采用了廉价的模板剂，不仅使SAPO-34的催化性能得到改善，同时也大幅度地降低了合成成本。以廉价SAPO-34为活性基质，经过改性，添加粘接剂，喷雾干燥成型及适当温度焙烧后，即为适用于流化床用的二甲醚（或甲醇）高选择性转化为低碳烯烃的催化剂。利用DO123催化剂，在实验室和中试装置上取得了大量数据，该催化剂的性能得到了全面的考察和验证。综合评价结果表明，DO123催化剂在具有优异的催化剂性能的同时，兼有易再生，热稳定性及水热稳定性高，反应原料不需额外添加水等稀释剂，既适用于以二甲醚为原料，也适用于以甲醇为原料等诸多优点，分述如下。

1. 优异的反应性能

（1）适于大空速操作 DO123催化剂除具有乙烯、丙烯选择性高的特点外，还特别适用于大空速操作。从图7-3-13中空速或线速度对产物烯烃选择性的影响可以看出，在维持原料甲醇转化率100%的前提下，随着甲醇空速或线速度的增加，乙烯＋丙烯选择性逐渐增大，特别是乙烯的选择性的增加非常明显。在甲醇空速为10h^{-1}时，可达＞60%，在上述类似的考察中，甲醇空速增大至100h^{-1}以上，仍保持完全转化，比传统ZSM-5催化剂高出近2个数量级。充分说明DO123催化剂具有非常合适的孔结构。这一特点可容许实际过程中以较大的原料空速操作，有利于减小设备规模，节省投资。

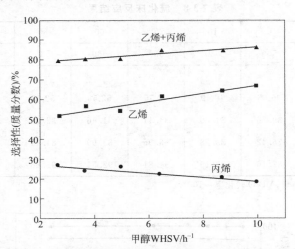

图7-3-13 空速或线速度对烯烃选择性的影响（反应温度550℃，转化率100%）

（2）反应物不需添加水 很多文献曾报道，反应原料中添加水可有效地改善低碳烯烃尤其是乙烯的选择性。用传统催化剂ZSM-5时，水的添加是必须的，甚至达到原料总量的70%，即使这样，其乙烯选择性较好者仍只能达到30%左右。采用DO123催化剂和流化反应技术，不论反应原料是否添加水、二甲醚或甲醇进料，对反应结果并不产生明显的影响（表7-3-7），这是传统ZSM-5催化剂和固定床反应方式所远不及的。同样带来实际操作费用和成本的大幅度降低，这也是SDTO工艺的又一特色。

表 7-3-7 不同原料的流化反应结果(流化床)[1]

原料	产物(质量分数)/%			
	C_2H_4	C_3H_6	$C_2^=$、$C_3^=$	$C_2^= \sim C_4^=$
甲醇[2]	62.79	22.34	85.13	89.57
二甲醚＋水[3]	62.80	22.65	85.45	90.23
二甲醚[4]	59.35	24.22	83.57	88.32

① 反应温度 550℃,反应 10min 时的产品组成,转化率 100%。
② 甲醇质量空速:6.45h^{-1};物料线速:15.21cm/s。
③ 二甲醚质量空速:4.64h^{-1};物料线速:15.21cm/s。
④ 二甲醚质量空速:7.16h^{-1};物料线速:11.75cm/s。

2. 良好的再生性能

小孔 SAPO-34 型催化剂,因分子筛结构中有"笼"的存在而失活相对较快。采用流化反应方式时需要对其进行频繁的再生操作。因此,催化剂良好的再生性能是必要条件。在小型流化床反应器上对 DO123 催化剂的再生性能考察列于表 7-3-8、图 7-3-14。表明经约 10次再生后,催化剂的活性和选择性基本达到稳定。在该稳定状态下,催化剂的活性基本不变,仍使二甲醚完全转化,而低碳烯烃尤其是乙烯的选择性则比新鲜催化剂有所提高。采用反应-再生间歇方式对再生条件的考察表明,当再生温度控制在 550～650℃,直接利用空气可在短时间内烧除催化剂上的积炭,使活性恢复。当再生温度为 550℃时,再生可在 30～40min 内完成;当再生温度为 600℃时,积炭可在 10min 内完全烧除,温度更高则烧炭时间更短。催化剂具有优良的再生恢复性能。

表 7-3-8 流化床反应结果[1]

再生次数	0	10	30	60	80	100	
反应温度/℃	500	530	530	530	530	530	450[2]
烯烃选择性/%							
$C_2^=$	35.66	49.49	52.55	52.53	52.33	50.69	42.82
$C_3^=$	39.76	34.09	34.41	31.46	32.08	35.88	40.10
$C_2^=$、$C_3^=$	75.42	83.58	86.96	83.99	84.41	86.57	82.92
$C_2^= \sim C_4^=$	87.16	92.19	94.81	92.51	92.66	93.46	86.75

① WHSV(Me_2O)＝2.0h^{-1},Me_2O 转化率＝100%。
② 固定床结果。

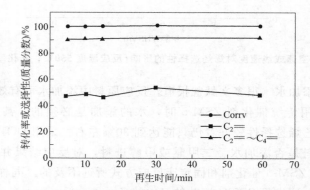

图 7-3-14 再生时间对 DO123 催化剂性能的影响(再生条件:600℃,空气)

3. 优异的热及水热稳定性

由于反应产物中有大量的水存在，且催化剂运行中需要在高温下频繁再生烧炭，催化剂应具有较高的热及水热稳定性。这一性能将是影响催化剂化学寿命的决定因素。选择苛刻的条件对 DO123 催化剂的稳定性进行了考察，结果示于图 7-3-15 和图 7-3-16，在温度为 800℃条件下经长时间的连续焙烧和 100％水蒸气处理，催化剂的活性只有微小的下降，总低碳烯烃选择性维持基本不变，处理后的催化剂经 X 射线衍射检验，其中活性组分 SAPO-34 分子筛的结晶度仅稍有下降，表明所研制的催化剂具有优异的热及水热稳定性，预示该催化剂有较长的化学寿命。

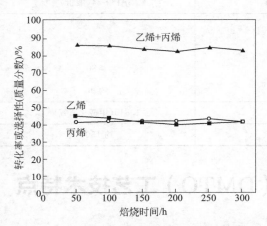

图 7-3-15 800℃焙烧处理对催化剂性能的影响
（固定床，450℃，WHSV＝1.0h^{-1}，60min）

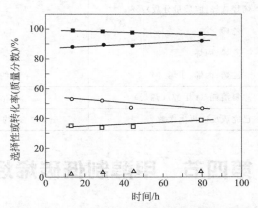

图 7-3-16 800℃水蒸气处理对催化剂性能的影响（反应条件同图 7-3-15）

■ 转化率；● C$_2^=$ ～ C$_4^=$ ；○ C$_2$H$_4$ ；□ C$_3$H$_6$ ；△ CH$_4$

4. 与 FCC 催化剂类似的物理性能

为了使甲醇制烯烃技术在工程放大中能够充分借鉴已经成熟并得到广泛应用的流化催化裂化的经验，DO123 催化剂在研制过程中注重流化喷雾干燥技术的改进，使 DO123 催化剂的物理性质和性能与工业 FCC 催化剂接近。

四、与国外同期结果的对比

大连化学物理研究所自 20 世纪 80 年代初便开始了甲醇制低碳烯烃的研究工作。"七五"期间，采用改性 ZSM-5 催化剂和固定床反应工艺，完成了 300t/a 甲醇处理量的中试试验，达到了该方面研究的同期最好水平。20 世纪 90 年代初，开展了 SAPO 系列催化剂及相应流化床反应工艺的研究开发，"八五"期间完成了中试工作。这期间，除部分基础性研究外，国际上并无类似研究工作的公开报道。"八五"工作结束后，美国 UOP 公司公开了在该方面的试验结果。表 7-3-9 列出了两者的结果对比情况。二者除规模和反应原料有所差别外，在反应工艺（均采用流化床）、催化剂体系及反应结果等方面均相似或相当。大连化物所开发出了廉价的 SAPO-34 催化剂，具有自己的特色。同一基准的原料消耗也略低于 UOP 的结果。1997 年 5 月 UOP 在北京召开了 MTO 项目发布会议，认为基于中试结果可以进行大规模工业装置的设计。在近十年内，UOP 公司致力于推广第一套工业装置，曾有报道将在尼日利亚建设大型化的 MTO 装置，但到目前为止，并没有证据表明该装置正在建设；国内众多的能源公司也与 UOP 进行接触和技术交流，但始终没有在工业化方面达成突破。另据悉，其催化剂报价仍十分昂贵。

表 7-3-9 大连化物所的 DTO 技术与同期国外最好结果对比

项目	UOP/Hydro	大连化物所
原料	甲醇	二甲醚
规模	0.5t/d	约 0.1t/d
反应方式	流化床	流化床
催化剂	SAPO-34	SAPO-34（廉价）
烯烃选择性（质量分数）/%		
乙烯	45～50	50
乙烯、丙烯	>80	>80
乙烯、丙烯、丁烯	约 90	约 90
原料消耗/(t 甲醇/t 烯烃)	2.659	1.845（甲醇 2.567）
已完成反应再生次数	约 450	约 1500

第四节　甲醇制低碳烯烃（DMTO）工艺技术特点

一、甲醇转化为烯烃的反应特征

（1）酸性催化特征　甲醇转化为烯烃的反应包含甲醇转化为二甲醚、甲醇和二甲醚转化为烯烃两个反应。前一个反应在较低的温度（150～350℃）即可发生，生成烃类的反应在较高的反应温度（>300℃）。两个转化反应均需要酸性催化剂。通常无定形固体酸可以作为甲醇转化的催化剂，容易使甲醇转化为二甲醚，但生成低碳烯烃的选择性较低。

（2）高转化率　以分子筛为催化剂时，在高于 400℃ 的温度条件下，甲醇或二甲醚很容易完成转化（转化率 100%）。

（3）低压反应　理论上，甲醇转化为低碳烯烃反应是分子数量增加的反应，因此低压有利于提高低碳烯烃尤其是乙烯的选择性。

（4）强放热　在 200～300℃，甲醇转化为二甲醚的反应热为 -10.9～-10.4kJ/mol 甲醇（-77.9～-75.3kcal/kg 甲醇）。在 400～500℃，甲醇转化为低碳烯烃（乙烯/丙烯=1.6）的反应热为 -22.4～-22.1kJ/mol 甲醇（-167.3～-164.8kcal/kg 甲醇）。反应的热效应显著。这也是固定床 MTO 工艺中甲醇原料大量稀释和催化剂分段装填的主要原因。

（5）快速反应　甲醇转化为烃类的反应速率非常快。根据大连化物所的试验研究，在反应接触时间短至 0.04s 便可以达到 100% 的甲醇转化率。从反应机理推测，短的反应接触时间，可以有效地避免烯烃进行二次反应。提高低碳烯烃的选择性。

（6）分子筛催化的形状选择性效应　理论上，低碳烯烃的高选择性是通过分子筛的酸性催化作用结合分子筛骨架结构中孔口的限制作用共同实现的。对于具有快速反应特征的甲醇转化反应的限制，所带来的副作用便是催化剂上的结焦。结焦的产生将造成催化剂活性的降低，同时又反过来对产物的选择性产生影响。

发展 MTO 工艺过程中必须充分考虑上述 MTO 反应的特征。

二、甲醇制低碳烯烃（DMTO）工艺技术特点

根据甲醇转化反应的特征、催化剂的性能和前期中试研究工作，大连化物所提出了甲醇制烯烃的 DMTO 工艺。该工艺的特点如下。

1. 连续反应-再生的密相循环流化反应

新一代甲醇制烯烃催化剂仍然基于小孔 SAPO 分子筛的酸催化特点，由于利用了该分子筛的酸性和较小孔口直径的形状选择作用，可以高选择性地将甲醇转化为乙烯、丙烯，同时 SAPO 分子筛结构中的"笼"的存在和酸催化的固有性质也使得该催化剂因结焦而失活较快。在反应温度 450℃和空速 $2h^{-1}$ 的条件下，单程寿命也只能维持数小时。因此对失活催化剂的频繁烧炭再生是必要的。综合反应的各要素，认为流化床是与催化剂和反应特征相适应的反应方式，并在中试放大中得到了验证。

DMTO 工艺采用循环流化反应方式具有如下优势，也是该工艺的特点：

① 可以实现催化剂的连续反应-再生过程。

② 有利于反应热的及时导出，很好地解决反应床层温度分布均匀性的问题；实践证明，在流化床反应器的密相区内，反应温度梯度可以控制在 1℃以内。

③ 合适地控制反应条件和再生条件，可以方便地实现反应体系的自热平衡。

④ 可以实现较大的反应空速，缩小反应器体积。

⑤ 合适地设定物料线速度，可以控制反应接触时间接近理想范围。

⑥ 反应原料可以是粗甲醇、甲醇、二甲醚或上述的混合物。

⑦ DMTO 的反应温度为 400～550℃，再生温度为 550～650℃，对反应、再生设备材质要求适中。

2. 性能优异的 DMTO 工艺专用催化剂

新一代甲醇制烯烃催化剂（D803C-Ⅱ01）是专门针对 DMTO 工艺所发展的，不仅具有优异的催化性能，高的热稳定性和水热稳定性，适用于甲醇和二甲醚及其化合物等多种原料，也具有合适的物理性能。特别是其物理性能和粒度分布与工业催化裂化催化剂相似，流态化性能也相近，是 DMTO 工艺可以借鉴已有的流态化研究成果和成熟流化反应（如 FCC）经验的基础。

需要指出的是，DMTO 毕竟是不同于现有任何工艺的新技术，在借鉴 FCC 技术的成功经验方面应以催化物理性质相似为基础，而非不加分析地照搬套用。表 7-3-10 给出了 DMTO 工艺和 FCC 工艺的对比情况，也说明了 DMTO 工艺所具有的特点。

表 7-3-10　DMTO 与 FCC 工艺特点对比

序号	内容	DMTO 技术	FCC 技术	备注
1	反应原料	甲醇或二甲醚	蜡油残渣、碱渣等	前者进料经纯净化处理
2	原料进料温度/℃	185～320	180～250	相当
3	原料进料状态	气相	液相	前者进料条件好
4	反应热	放热反应	吸热反应	相差非常大
5	剂油比或剂醇比	0.1～0.5	6～8	差别大
6	反应温度/℃	400～550	500～520	相当

续表

序号	内容	DMTO 技术	FCC 技术	备注
7	反应压力/MPa	0.15	0.2～0.3	相当
8	再生温度/℃	550～650	600～700	略低
9	生焦量/%	约 1～2	5～9	差别大
10	热平衡	自平衡,取热	自平衡,供热	差别大
11	两器形式	高低并列式	同轴,高低并列式	相近
12	反应器形式	床层反应器	提升管	不同
13	进料分布方式	分布板	喷嘴,分布板	不同
14	催化剂输送方式	立管,斜管,滑阀	立管,斜管,滑阀	相同
15	主风机出口压力/MPa	约 0.22	0.3～0.4	相近
16	主风风量	小	大	有差别
17	催化剂颗粒特点	A 类粒子	A 类粒子	差别不大
18	流化介质	甲醇低碳烯烃等黏度稍小	油气,空气	稍有差别

3. 乙烯/丙烯比例在适当的范围内可以调节

在不改变催化剂的情况下,通过改变反应和再生调节,可以适当地调节乙烯/丙烯比例,以适应市场的变化。

4. DMTO 工艺对原料和工艺设备的特殊要求

DMTO 工艺技术采用酸性分子筛催化剂,为了保证催化剂性能的长期稳定性,对原料甲醇和工艺水中的碱金属、碱土金属和过渡金属等杂质含量有特别的指标要求(现有的甲醇标准不完全),以防止催化剂的中毒性永久失活。

另外,鉴于 DMTO 工艺生产的低碳烯烃只是中间产品,需要进一步加工才能成为最终产品,应尽可能控制低碳烯烃产品中的杂质(尤其是重要的杂质)含量,以降低下游加工前的净化成本。因此,DMTO 工艺对循环催化剂的脱气效率有较高的要求,需要特殊设计的汽提装置。

DMTO 工艺要求较低的再生温度,以避免氮氧化物的生成。DMTO 催化剂的性能可以使得低温再生成为可能,推荐的再生温度为 550～650℃。

5. DMTO 工艺无环境污染问题

DMTO 工艺副产纯水,极少部分的未反应原料回收后返回反应系统,排放物可以达到环保要求。

第五节　工业化生产的催化剂理化性质

进行甲醇 50t/d 的工业性试验,对于催化剂的生产也是一次工业放大的过程。根据工业性试验的规模,考虑到试验过程中可能出现意外造成催化剂损坏或不正常跑损,催化剂的计划预备量为 20t。同时生产 10t 物理性能相近的惰性剂以备冷态模拟和现场流化试验之用。

催化剂的放大包括分子筛合成和催化剂成型两部分。全部原料均采用工业品。大连化物所对分子筛合成和催化剂放大的每一个步骤及相应的中间产品均进行了质量控制和监测,每一批催化剂均达到了设定的技术指标，通过这项工作，建立了催化剂生产的质量控制技术体系和管理体系。在预定的时间内完成了催化剂生产工作。催化剂的工业生产，为 DMTO 大型工业装置所用催化剂生产装置的建设和催化剂大规模生产提供了可靠的经验。

DMTO 工业性试验专用催化剂（D803C-Ⅱ01）的理化性质如表 7-3-11 所示。粒度分布如图 7-3-17 所示。

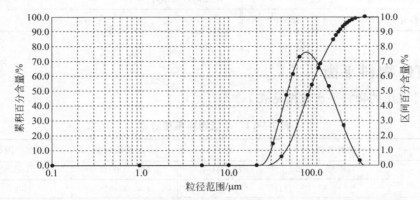

图 7-3-17　DMTO 工业性试验专用催化剂（D803C-Ⅱ01）的粒度分布图

表 7-3-11　DMTO 专用催化剂(D803C-Ⅱ01)的理化性质指标

项目	单位	指标	项目	单位	指标
比热容	kcal/(kg·℃)	0.2~0.25	筛分组成		
骨架密度	g/mL	2.43	0~20μm	%	0
颗粒密度	g/mL	1.52	20~40μm	%	7.03
沉降密度	g/mL	0.76	40~80μm	%	41.34
堆积密度	g/mL	0.85	80~110μm	%	21.43
孔体积	mL/g	0.21	110~149μm	%	15.53
磨损指数		<2%	>149μm	%	14.67

第六节　甲醇制低碳烯烃（DMTO）试验装置设计基础

一、DMTO 工艺条件

根据前期中试研究结果，推荐用于工业性试验装置设计的工艺条件见表 7-3-12 和表 7-3-13。

表 7-3-12　多产乙烯方案工艺条件

项目	范围	项目	范围
反应温度/℃	525±25	催化剂在反应器内的停留时间/min	20~40
反应压力(表压)/MPa	0~0.15	反应气体停留时间/s	0.5~2.5
甲醇进料/催化剂循环量	0.8~1.6	催化剂再生条件/℃	550~650
空速(以纯甲醇计)/h^{-1}	2~10		

表 7-3-13　多产丙烯方案工艺条件

项目	范围	项目	范围
反应温度/℃	425±25	催化剂在反应器内的停留时间/min	5～15
反应压力(表压)/MPa	0～0.15	反应气体停留时间/s	0.5～2.5
甲醇进料/催化剂循环量	0.8～1.6	催化剂再生条件/℃	550～650
空速(以纯甲醇计)/h^{-1}	2～10		

二、DMTO 物料平衡

推荐设计采用的物料平衡数据见表 7-3-14。

表 7-3-14　中试物料平衡数据

物料名称			多产乙烯方案	多产丙烯方案
进料	甲醇	CH_3OH	100.0000%	100.0000%
	合计		100.0000%	100.0000%
产物			收率(质量分数)/%	
出料	二甲醚	CH_3OCH_3	0.0000	0.0000
	H_2		0.0487	0.0168
	CO_x	CO	0.1779	0.0885
	H_2O		56.1700	56.1000
	甲烷	CH_4	1.4871	0.6989
	乙烯	C_2H_4	21.5962	16.7821
	乙烷	C_2H_6	0.4637	0.3934
	丙烯	C_3H_6	12.7865	17.1755
	丙烷	C_3H_8	0.5138	1.5736
	碳四	C_4	3.4402	5.3569
	C_{5+}		1.2573	0.0000
	其他		0.0579	0.3142
	结焦		2.0000	1.5000
	合计		99.9993	100.0000

三、其他

为了 DMTO 工业性试验装置的设计，还提供了以下基础数据。

① 原料及其杂质含量控制指标。

② 反应热。

③ DMTO 反应的主要影响因素及其变化规律，包括：

a. 反应温度对产品收率、产品分布及乙烯选择性的影响；

b. 反应压力对产品收率、产品分布及乙烯选择性的影响；

c. 催化剂停留时间对反应结果及乙烯选择性的影响；

d. 催化剂与物料接触时间变化对反应结果及乙烯选择性的影响；

e. 催化剂再生条件变化对反应及乙烯选择性的影响；

f. 催化剂结炭量与反应条件的关系；

g. 催化剂活性指数随再生次数的变化规律；

h. 气体离开催化剂密相床后的停留时间对产品分布的影响；

i. 预热器材质的影响等。

④ 采样要求及分析化验项目，包括原料分析、产品分析、过程控制分析。

⑤ 结焦动力学和烧焦动力学数据。

四、推荐进行 DMTO 工艺工业性试验的主要方案

推荐进行 DMTO 工业性试验的主要方案见表 7-3-15。试验方案编制按照先进行惰性剂流化试验（验证装置和催化剂流化性能）、装置开工（试运行验证装置、积累经验）和条件优化试验的顺序。试验方案和实际试验过程基本相同。

表 7-3-15　推荐的 DMTO 工业试验方案

项目		装置运行	装置开工	温度变化试验				空速变化试验		压力变化
				方案 I	方案 II	方案 III	方案 IV	方案 I	方案 II	方案 I
目的		考察装置及催化剂流态化性能，暴露并解决问题；考察装置操作范围	考察实际操作条件下装置的性能和催化剂的基本性能	考察并验证温度与催化剂停留时间的对应关系				考察并验证空速对反应的影响		考察压力变化的影响
内容		①DMTO 工业试验装置操作性能考核；②考察两器流化质量及催化剂输送性能；③补燃等关键设施考核；④仪器、仪表性能考验，特殊阀门及其操作性能；⑤验证催化剂装、转剂方案；⑥其他：原料、蒸汽质量考核，分析方法验证等	①实际操作条件下装置操作性能；②考察真实（催化剂）操作条件下催化剂的流化质量和输送性能；③验证取样、分析方法，建立物料衡算方法；④验证温度控制方案和两器取热方案；⑤仪器、仪表性能及标定；⑥其他关键设备的验证：激冷、换热、分离回收系统、关键阀门等	①以给定条件为基础，分别考察每一反应温度条件下，达到最佳反应结果所对应的催化剂循环量和催化剂停留时间；②优化工艺条件				①以给定条件为基础，考察每一反应温度条件下，达到最佳反应结果所对应的催化剂循环量和催化剂停留时间；②考察并验证空速对反应的影响；③反应工艺条件优化		①根据给定条件，考察压力升高至0.31MPa 时装置的操作性能；②考察压力变化对反应和再生的影响；③工艺条件优化
催化剂		DMTO 惰性剂	DMTO 催化剂							
原料			纯甲醇							
控制条件	甲醇进料量/kg	2083.33	2083.33	2083.33	4770.98	3180.66	3180.66	4770.98	3180.66
	反应压力/MPa	0.21	0.21	0.21	0.21	0.21	0.21(0.31)	0.21(0.31)	0.31
	反应温度/℃	500	475	450	450	450	450	475	475
	再生温度/℃	600	600	600	600	600	600	600	600

第七节　工业试验装置

一、工业试验装置概况

（1）原料　DMTO装置的原料可以是粗甲醇也可以是精甲醇。

（2）产品　DMTO装置的主要产物为富含乙烯、丙烯等烯烃的油气，由于试验装置规模小，后部系统配置精制分离系统回收乙烯和丙烯极不经济。反应产物油气送火炬焚烧后排入大气。

（3）装置规模　在考虑装置规模时，一方面满足工业性试验的要求，取全取准所有工艺和工程方面的试验数据，验证中试成果；另一方面考虑到试验装置不出产品，要尽量减少装置规模，以节省工程基本建设投资和试验期间的运行费用。装置公称原料处理能力为50t/d，最大处理能力为75t/d。

（4）装置的组成　试验装置包括反应-再生部分、取热部分、急冷汽提部分、空压机部分、动力站部分。

（5）催化剂　使用DMTO专用催化剂。

二、主要工艺流程简述

1. 反应再生部分

来自装置外的甲醇进入甲醇缓冲罐，经甲醇进料泵升压后，经过甲醇-蒸汽换热器、甲醇-反应气换热器、甲醇冷却器换热后进入反应器。甲醇在反应器内与来自再生器的高温再生催化剂直接接触，在催化剂表面迅速进行放热反应。反应气经反应器内设置的两级旋风分离器及外挂式三级旋风分离器除去所夹带的催化剂后引出，经甲醇-反应气换热器降温后送至后部急冷塔。由反应器外挂旋风分离器回收下来的待生催化剂进入废催化剂储罐，定期用槽车送至装置外，或经卸剂管线进入热催化剂罐。该部分催化剂可根据床层流化情况作为催化剂细粉补充进再生器床层。在反应器内设置取热管以取走多余热量。

反应后积炭的待生催化剂进入待生汽提器汽提，待生汽提器内设有多层格栅填料及汽提蒸汽环，用于汽提出待生催化剂携带的反应气。汽提后的待生催化剂用提升风水平输送后经待生提升管向上进入再生器中部。在再生器内烧焦后，再生催化剂进入再生汽提器汽提。再生汽提器内设有多层格栅填料及汽提蒸汽环，用于汽提出再生催化剂携带的烟气。汽提后的再生催化剂在提升蒸汽的带动下，经再生水平管和再生提升管送回反应器中部。再生后的烟气经再生器两级旋风分离器除去所夹带的催化剂后，经双动滑阀、蝶阀后送至再生器顶烟囱排放大气。再生器内设置多组内取热管以取走多余热量。再生器内除设有主风分布环外还设有氮气分布环，以适应不同工艺的需要。

再生器烧焦所需的主风由主风机提供。装置设有两台往复式主风机，一台操作，一台备用。主风经主风机出口缓冲罐后分成两路：其中一路主风经辅助燃烧室进入再生器，提供再生器烧焦用风，另一路主风作为待生管输送风与待生催化剂一同进入再生器。

动力站产生1.3MPa、250℃的过热蒸汽，在开工阶段蒸汽进入电加热器中，加热至450℃左右进入反应器（R1101），作为开工时的流化介质，以防止两器升温阶段蒸汽凝结进入DMTO催化剂微孔中造成催化剂的破坏。正常操作时，电加热器可不开。

2. 取热部分

该装置反应再生系统的取热部分由一个在反应再生系统取热、在循环水冷却器放热的闭式循环（除氧）水系统构成。循环（除氧）水由罐底送出，先经热水循环泵升压，再分两路分别送入反应器取热盘管和再生器取热盘管取热。出口水温升至50℃，最后送至循环水冷却器再冷却至40℃，返回除氧水罐。取热盘管材质考虑了管道干烧的要求，确保反应再生系统的取热系统不会在工业性试验期间发生设备问题。

3. 急冷、汽提部分

富含乙烯、丙烯的反应气进入急冷塔，自下而上经人字形挡板与急冷塔顶冷却水逆流接触，洗涤反应气中携带少量催化剂，同时降低反应气的温度。冷却水自急冷塔底抽出，经急冷塔底泵升压，进入沉降罐入口过滤器，过滤除去急冷水中携带的催化剂后分成两路。经急冷水冷却器换热后的急冷水，一部分作为急冷剂返回急冷塔，另一部分送至装置外，而未换热的急冷水则直接进入沉降罐。

急冷塔顶反应气进入水洗塔下部，自下而上经多层塔板，填料与急冷水逆流接触，洗涤反应中携带的少量催化剂，降低反应气的温度。水洗塔底冷却水抽出后经水洗塔底泵升压后分成两路：一路进入沉降罐入口过滤器，过滤除去急冷水中携带的催化剂后进入沉降罐；另一路经急冷水冷却器冷却至55℃后再分为两路，一路作为急冷剂进入水洗塔中部，另一路经急冷水冷却器冷却至37℃，作为急冷剂进入水洗塔上部。水洗塔顶反应气送至火炬系统或锅炉燃烧。

急冷水经沉降罐沉降后，经汽提塔进料泵升压后进入污水汽提塔。污水汽提塔底通入汽提蒸汽，汽提后的塔底净化水经净化水冷却器冷却后送出装置。塔顶汽提气经汽提气冷却器冷却后进入塔顶回流罐，冷却后的浓缩水（含有甲醇或二甲醚）经塔顶回流泵升压，一部分作为塔顶冷回流返回污水汽提塔上部，一部分进入浓缩水储罐，定期送至反应器床层回炼。

DMTO装置主要工艺流程简图见图7-3-18。

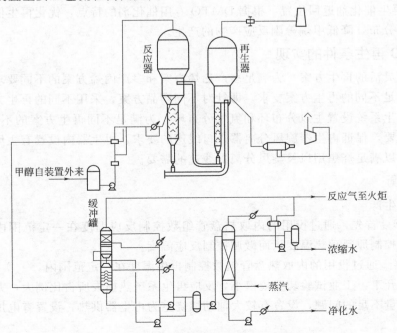

图 7-3-18　DMTO装置主要工艺流程简图

三、DMTO 工艺工程技术开发的要点

充分满足 DMTO 工艺不同产品方案的要求，减少副反应，提高目的产品收率，同时解决 DMTO 工艺的工程放大问题，为今后更大规模的工程设计提供经验及工程数据，是工业试验装置的目的所在。

1. 充分考虑 DMTO 的特点，优化反应器和内构件的设计

（1）两器形式的选择　对于 DMTO 工艺，采用高低并列式两器结构具有以下特点：

① 两器高低并列布置，两器差压较小，适合 DMTO 低压反应的要求。

② 反应器、再生器采用并列布置可以降低两器总的高度。

③ 能够满足和匹配催化剂与甲醇接触时间短（为 $1.5\sim2.5s$）而催化剂在反应器内的停留时间长（为 $60\sim120min$）的要求。

④ 催化剂输送线路采用立管和密相提升输送相结合进行，能够较好地解决剂醇比小带来的试验装置小循环量输送问题，减少催化剂输送线路的阻力。

⑤ 再生、待生线路均用塞阀调节，可实现对小循环量的灵活调节。

（2）内构件的设计

① 与 FCC 工艺相比，DMTO 工艺生焦率很低而反应气量很大，催化剂的消耗主要通过反应气带出。鉴于 DMTO 催化剂价格较高，为降低催化剂的自然跑损，反应器设置 3 级高效旋风分离器，再生器设置 2 级高效旋风分离器。

② 由于甲醇为气相进料，采用进料分布板可以满足均匀分配的要求。

2. DMTO 反应条件的实现

① 采用流化床反应器　为满足 DMTO 工艺反应气体停留时间短、催化剂停留时间较长、待生催化剂定炭高等反应条件的要求，设计采用流化床反应器。同时可以减少催化剂的磨损，而且流化床反应器不受起始反应温度的限制。

② 优化再生催化剂返回位置　根据 DMTO 专用催化剂的特点，优化再生催化剂返回位置，优化产品分布，降低甲烷等副反应产物的产生。

3. DMTO 再生条件的实现

（1）采用灵活的再生方案　为满足多产乙烯方案和多产丙烯方案的不同要求，试验装置应能够灵活满足不同的再生方案要求。即针对不同产品方案，采用不同的再生方案。

（2）在再生系统设置主风分布环和氮气分布环　为满足不同再生方案的不同工艺要求，适应试验的需要，保证再生器旋风分离器入口线速的要求，再生器内设置有主风分布环和氮气分布环管，以满足烧焦用风及旋风分离器线速的需要。

4. 热平衡

（1）正常生产

① 反应器　首先，通过投用的内取热盘管组数控制反应温度在一定范围内；其次，通过甲醇冷却器控制原料预热温度从而微调控制反应温度。

② 再生器　通过投用的内取热盘管组数控制再生温度在一定范围内。

（2）装置开工　工业试验装置规模小，反应再生系统热损失所占比例大，尤其是为解决开工过程中热量不足的问题，设置有较大辅助燃烧室为再生器供热，设置有电加热器为反应器供热。

5. 杂质气体的脱除

再生催化剂携带至反应器内的烟气量会对后部产品分离带来许多不利影响,在再生器下部设置催化剂蒸汽汽提设施,对再生催化剂进行汽提,以最大限度地减少再生催化剂携带至反应气中 CO_2、CO、N_2、O_2 和 NO_x 杂质总量。

6. 预分离技术

DMTO 工艺产生的反应气经急冷塔、水洗塔进行预分离。

四、工业化试验装置水平

通过为期三个阶段近两个月的工业性试验证明:50t/d 进料规模的工业化试验装置达到了设计预定参数和目标,能够满足反应-再生系统温度、压力、循环量、取热和烧焦的要求,仪表控制和 DCS 系统工作正常,数据采集及时、准确、可靠。现分述如下。

1. 装置处理能力

装置公称原料处理能力为 50t/d,实际最小处理量为 36.5t/d,最大处理量为 75t/d,保持了足够的操作弹性。

2. 反应再生部分工艺参数控制考察

① 反应温度 根据试验要求,反应温度可在 460～520℃ 范围内控制,且控制平稳。

② 空速 根据试验要求,反应空速 2～6h^{-1} 范围内灵活控制,且平稳操作。

③ 反应停留时间 根据试验要求,反应油气停留时间可在 1.5～2.5s 范围内控制,催化剂停留时间可在 30～120min 范围内控制,且控制平稳。

④ 待生催化剂定炭 根据试验要求,待生催化剂定炭可在 5%～8% 范围内灵活控制,且控制平稳。

⑤ 再生催化剂定炭 根据试验要求,再生定炭在 0.5%～3.5% 范围内灵活控制,且控制平稳。

⑥ 再生温度 根据试验要求,再生温度在 550～700℃ 范围内灵活控制,且控制平稳。

3. 对反应-再生设备的考察

(1) 反应三级旋分效率 对反应器三级旋风分离器回收的催化剂粒度进行了跟踪分析。分析数据表明,反应器三级旋风分离器回收的催化剂 0～1μm 占 18%～25%,1～5μm 占 25%～32%,5～10μm 占 25%～28%,10～20μm 占 15%～23%,20～40μm 占 0.7%～6.1%,大于 40μm 占 0%,表明三级旋风分离器回收的催化剂 10μm 以下的颗粒占 80%,20μm 以下的颗粒占 95%,达到了预期设计目标。

(2) 反应分布板设计 试验表明,反应分布板设计合理,甲醇分配均匀,反应器床层高度大于 1.2m 时未出现甲醇穿透现象。

(3) 取热器的控制 试验表明,反应再生系统的取热器能够满足不同工艺条件下的取热要求,是控制反应再生温度的重要手段。

4. 对预分离技术的考察

① 从试验情况看,预分离系统压降很小,反应器顶至水洗塔顶压降只有 13kPa 左右,在设备尺寸允许的情况下,可降低反应压力,对反应有利。

② 急冷塔喷淋强度不够,需要加大急冷水系统能力。

5. 工业试验标定结果

共进行了三个阶段的工业性试验：第一阶段为投料试车阶段；第二阶段为条件试验阶段；第三阶段为考核运行阶段。经过三个阶段的试验，不断摸索和优化操作条件，取得了丰富、可靠的工艺和工程试验数据。DMTO 工业性试验过程中，进行过多次标定。投料试车阶段的标定主要目的是验证装置运行的平稳性和测量、监测仪表及分析结果的可靠性。在条件试验和平稳运行考核阶段，选择了几组典型工艺条件进行标定。

表 7-3-16 列出了各次标定的主要结果。

表 7-3-16　各次标定的主要结果

阶段	标定类型	日期、时间	转化率/%	选择性(质量分数)/%		烯烃产率(质量分数)/%		原料消耗/(t/t)		焦炭产率(质量分数)/%
				$C_2{=}$、$C_3{=}$	$C_2{=}$、$C_4{=}$	$C_2{=}$、$C_3{=}$	$C_2{=}$、$C_4{=}$	$C_2{=}$、$C_3{=}$	$C_2{=}$、$C_4{=}$	
投料试车阶段	预标定 24h	2006.02.27.16：00～02.28.16：00	99.92	78.04	88.67	32.63	37.07	3.06	2.70	1.83
条件试验阶段	方案1 48h	2006.05.07.16：00～05.09.16：00	99.96	78.42	88.60	33.34	37.67	3.00	2.66	1.46
	方案2 48h	2006.05.13.00：00～05.15.00：00	99.69	78.60	88.63	33.49	37.77	2.99	2.65	1.34
考核运行阶段	第一次 72h	2006.06.11.20：00～06.14.20：00	99.42	79.21	89.43	33.74	38.10	2.96	2.62	1.35
	专家现场考核 72h	2006.06.17.12：00～06.20.12：00	99.18	78.71	89.15	33.73	37.98	2.96	2.63	1.30

注：2005 年在陕化集团建成的甲醇进料 50～75t/d DMTO 工业试验装置上，进行了预考核和 72h 标定考核。

① 优化工艺条件下的标定结果为：转化率 99.18%～99.42%，（乙烯＋丙烯）选择性 78.71%～79.21%，（乙烯＋丙烯＋丁烯）选择性 89.15%～89.43%，（乙烯＋丙烯）产率 33.73%，（乙烯＋丙烯＋丁烯）产率 37.98%～38.1%，单位质量（乙烯＋丙烯）原料甲醇消耗量为 2.96，单位质量烯烃原料甲醇消耗量为 2.63。

② 考核阶段装置运行平稳，241h 连续运行的平均结果为：甲醇转化率达到 99.83%，乙烯选择性 40.07%，丙烯选择性 39.06%，（乙烯＋丙烯）选择性 79.13%，（乙烯＋丙烯＋C_4）选择性 90.21%。平稳阶段最佳结果达到：（乙烯＋丙烯）选择性 81.78%，（乙烯＋丙烯＋C_4）选择性 92%。

上述工业性试验结果已处于世界领先水平，为下阶段进行百万吨级大型化装置的工程设计打下了基础。

6. 存在问题

① 由于催化剂循环量很小，一般只有 400～700kg/h，塞阀孔径很小，不宜对塞阀进行常规的耐磨处理，因此塞阀磨损严重。

② 由于该试验装置的目的是验证工艺和工程参数，装置偏小。尤其针对 DMTO 工艺特点，再生器更小。因此，再生器系统调整操作时不能幅度太大，应当尽量小幅度地调整主风、蒸汽等参数。如果调整幅度过大，在改变再生器的操作条件时会发生短时间的催化剂跑损现象，主要是再生器系统容量较小所致。反应器系统未发现此现象。基于上述原因，难以考核催化剂的单耗。

③ 由于试验装置规模小，试验条件经常变化，开工周期相对较短，无法准确考察催化

剂自然损耗；装置能耗不能代表大型化后的能耗水平。

五、建设大型化DMTO装置应该重点关注的问题

1. 工艺方面问题

（1）大型化后不再存在的问题 有些问题是由于试验装置规模偏小所致，根据目前催化裂化装置的经验，装置大型化后这些问题将能得到解决，这些问题主要有：

① 小剂醇比带来的试验装置小催化剂循环量控制问题。

② 小催化剂循环量引起的塞阀磨损问题。

（2）大型化后与目前试验装置不同的问题

① 反应器将根据具体情况采用不同的流化床形式，而不是单一的目前试验装置的返混流化床形式，以进一步降低副反应，提高目的产品的选择性。

② 反应器及再生器均设置外取热器，合理利用各个温位的热能。

③ 针对试验装置开工阶段升温缓慢的问题，将设置开工用的甲醇原料加热设施；主风机组、辅助燃烧室的能力将加大。

④ 再生器将设三旋，降低催化剂自然跑损。

（3）碳四以上烃类回炼转化问题 按照实验室的数据，碳四以上烃类（主要是烯烃）回炼的转化率大约是60%，生成（乙烯＋丙烯）的选择性约是80%（其中大部分是丙烯）。目前，（乙烯＋丙烯）选择性为78%～79%的水平，如果所生成碳四以上烃类回炼转化，DMTO工艺（乙烯＋丙烯）的选择性还将有大幅度的提高，会带来更高的经济效益。今后将利用本工业性试验装置进行改造，增加碳四以上烃类回炼设备，进一步提高（乙烯＋丙烯）的选择性。

2. 设备方面问题

装置大型化后设备设计可能遇到工程放大的问题，根据FCC工程设计经验，DMTO工程放大均可以得到有效解决。

3. 设备国产化问题

除部分仪表需引进外，整个DMTO装置其他设备均可实现国内制造。

六、结论

① 50t/d工业化试验装置操作弹性大，灵活性好，运行平稳，能够满足所有试验项目要求。

② 目前的工业性试验为下阶段进行大型化（20～60）×10⁴t/a（乙烯＋丙烯）能力DMTO装置工艺包的编制和工程设计打下了坚实的基础。

第八节 第二代技术（DMTO-Ⅱ）工业试验结果

一、DMTO-Ⅱ技术特征

1. DMTO-Ⅱ新特征

DMTO-Ⅱ是在DMTO基础上的再发展，将DMTO装置气体产物中的C₃以上组分进

行回炼，生产（乙烯＋丙烯）低碳烯烃，提高（乙烯＋丙烯）收率，兼有 DMTO 的技术特征，并具有以下新的特征。

① 甲醇转化反应与转化反应采用同一种催化剂。在保障甲醇转化效果的同时实现的高选择性催化转化，显著提高了（乙烯＋丙烯）的选择性。

② 甲醇转化反应和转化反应均采用流化反应方式，分别在不同时反应区进行，可以共用一台再生器，耦合构成相互联系的完整生产系统。

③ 利用反应强吸热的特点，在高温区进行转化反应，实现热量的耦合。

④ 甲醇转化反应的和转化反应的目的产物都是（乙烯＋丙烯），产物分布类似，可以共用一套产物分离系统。

2. DMTO-Ⅱ技术方案示意图（图 7-3-19 ）

图 7-3-19　DMTO-Ⅱ技术方案示意图

二、DMTO-Ⅱ工业试验的目的

① 在 DMTO 工业试验装置的基础上增加了第二反应器、第二再生器和脱丙烷塔等主要设备，构成完整的 DMTO-Ⅱ工业试验系统。

② 工业试验的目的是考核验证 DMTO-Ⅱ工艺可靠性和效果，为大型工业化装置设计提供系统数据和技术基础。

三、DMTO-Ⅱ装置工艺流程简图

DMTO-Ⅱ装置工艺流程简图见图 7-3-20。

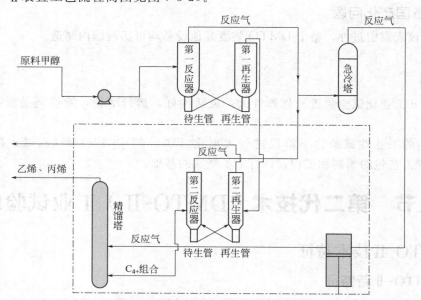

图 7-3-20　DMTO-Ⅱ装置工艺流程简图

DMTO-Ⅱ工业试验装置照片见图 7-3-21。

图 7-3-21　DMTO-Ⅱ工业试验装置

四、DMTO-Ⅱ工业试验结果

DMTO-Ⅱ工业试验装置于 2009 年 7 月至 9 月投入试验并打通全流程。2010 年 4 月 30 日至 5 月 20 日进行了条件优化试验，累计运行 800 多小时。期间专家到现场进行了 72h 考核标定，考核结果见表 7-3-17。

表 7-3-17　DMTO-Ⅱ现场 72h 考核结果

项目	项目	考核结果	备注
总反应	甲醇进料量/(kg/h)	2000~2100	理论值 2.286 对 CH_2 基选择性
	(乙烯+丙烯)产量/kg	751~790	
	乙烯/丙烯/(kg/kg)	1.1~1.15	
	烯烃耗甲醇量(质量比)	2.65~2.67	
	甲醇转化率/%	99.97~99.99	
	CH_2 基烯烃收率/%	85.7~87.9	
	焦炭产率/%	1.7~1.8	
反应	进料量/(kg/h)	144~150	若 C_4 全部回炼应为 245kg/h
	转化率/%	53.5~54.5	
	反应烯烃选择性/%	76.7~78.5	
	反应烯烃收率/%	41.0~42.7	
甲醇转化系统	甲醇转化的催化剂消耗/(kg/t 甲醇)	0.25~0.26	工业化生产的催化剂 D803C-1101 型
反应条件	一反应器温度/℃	495±5	
	一反应器压力(表)/MPa	0.098	
	一再生器温度/℃	580~650	
	一再生器压力(表)/MPa	0.12	
	二反应器温度/℃	550±25	
	二反应器压力(表)/MPa	0.098	
	二再生器温度/℃	700±50	
	二再生器压力(表)/MPa	0.105	

五、DMTO-Ⅱ与 MTO/OCP 技术比较

DMTO-Ⅱ与 MTO/OCP 技术比较见表 7-3-18。

表 7-3-18 DMTO-Ⅱ与 MTO/OCP 技术比较

项目		DMTO-Ⅱ	MTO/OCP
技术特征	催化剂 反应方式 装置组成 产物分离	1 流化床 耦合为一套系统 一套系统	2 流化床＋固定床 相对独立的两套装置 一套系统
技术开发状况 工业试验规模(甲醇量)/(t/a) 反应器类型 甲醇单程转率/%		完成工业试验 50~75 流化床 99.97	正在进行工业试验 10.0 流化床＋固定床 ＞99.0
反应	单程转化率/% (乙烯＋丙烯)选择性/% (乙烯＋丙烯)收率/%	53.5~54.5 76.7~78.6 41.1~42.7	不详 78 不详
总反应	(乙烯＋丙烯)选择性/% 烯烃耗甲醇/(t/t)	85.7~87.9 2.65~2.67	89.0(预计数) 不详

MTO/OCP 为 UOP-MTO 与 Total（道达尔）-OCP（固定床反应器裂解）两个技术的结合，两者使用不同的催化剂。MTO/OCP 工业试验装置建在比利时书弗雷（Feluy）Total 的生产基地，2013 年 10 月，我国惠生南京公司与道达尔合作建成 30 万吨/年甲醇制烯烃项目投产。

六、小结

① DMTO-Ⅱ以 DMTO 为基础，知识产权相互联系，从催化剂到工业技术已申请了 58 项专利（包括 7 个国际专利），构成了完整的自主知识产权。

② DMTO-Ⅱ与 DMTO 技术相比，每吨烯烃消耗甲醇量降低 10% 以上，具有显著的技术经济优势，应用前景看好。可应用于新建煤制烯烃项目，是 DMTO 工业装置的改造和技术升级，与石脑油制烯烃装置联合以扩能增产、降低能耗和生产成本。

③ DMTO-Ⅱ是甲醇转化与其产物转化项目耦合的新一代甲醇制烯烃的技术，采用流化床反应器，每个反应器同用一种催化剂，共用一个分离系统，投资省，能耗低，具有明显的技术和经济优势。

④ DMTO-Ⅱ工业试验装置经考核达到了设计预定参数和目标。能够满足操作温度、压力、循环量、取热和催化剂烧焦再生的要求；仪表控制和 DCS 系统工作正常，装置运行平稳，操作方便。

⑤ DMTO-Ⅱ工业试验装置验证了工业生产的专用催化剂性能，获取了大型工业化装置设计所需的可靠数据，为 DMTO-Ⅱ大型工业化生产装置建设奠定了基础。

⑥ DMTO-Ⅱ技术，第一套 $68×10^4$ t/a 大型工业化装置 2014 年 12 月在陕西蒲化建成投产。

第九节 其他制低碳烯烃技术

一、甲烷氧化偶联制低碳烯烃技术

将甲烷直接氧化脱氢气生成乙烯，摆脱造气工序，无疑具有巨大的经济效益，是天然气化工未来发展方向。1982 年，美国的 UCC 公司的 C. E. Keller 和 M. M. Bhasia 首次公开发表了甲烷催化偶联制乙烯的研究成果，该工艺克服了甲烷经脱氢偶联制乙烯需 800℃以上高温以及脱氢反应需吸收大量热量的缺点，使该工艺无论从反应热力学还是经济上考虑都有其现实意义。在此之后，有关此项工艺的研究纷纷展开。自 20 世纪 80 年代中期以来，世界各国政府及主要公司如 BP、LG 化学、Arco、UCC、澳大利亚联邦科学与工业组织和 BHP 公司等都积极投入并开展该工艺路线的研究和开发。如 BP 最近提供给 Berkeley 地区的加利福尼亚理工学院和加利福尼亚大学 2000 万美元研究基金，用于研究甲烷催化转化成有用的液态燃料和化学品。LG 化学选拔出近 50 名专业技术人员组成了甲烷制乙烯催化剂研发队伍。按计划，LG 化学希望新催化剂于 2008 年开发成功，2010 年实现商业化生产。我国几十家大学和科研院所也都做了大量的研究工作。

1. 催化剂研究进展

甲烷氧化偶联制乙烯技术的核心是催化剂的研究与开发。经过多年来的研究，人们已经筛选出了数千种催化剂，申请了上百篇专利。一般认为具有较高的活性和选择性的催化体系有碱金属与碱土金属氧化物、稀土金属氧化物、过渡金属复合氧化物等。表 7-3-19 列出了近年来甲烷氧化偶联催化剂的研究成果。

表 7-3-19 甲烷氧化偶联催化剂的研究成果

单位	催化剂	温度/℃	压力/kPa	$n(CH_4):n(O_2)$	转化率/%	C_2选择性/%	C_2收率/%
东北师范大学	Li-Mn-Ti	1073		2.5	43.90	77.70	34.10
北京师范大学	Li-Mn	1023		1.7	47.30	59.40	28.10
天津大学	Li-Na-Mn	1073		3.0	38.30	68.30	26.20
兰州化学物理研究所	Na-W-Mn/SiO₂	800		2.6	38.10	83.00	14.50
南京大学	Li-Na-Sn	1073	常压	2.0	41.20	52.20	21.50
沈阳化工学院	Li-Mn-Ti	1073	常压	2.5	37.30	82.50	30.80
厦门大学	SnO₂	953		1.5	44.90	45.20	20.30
北京化工研究院	Li-Mg	998	常压	1.7	47.30	51.90	24.50
北京大学	Li-Mg-Nd	1003		2.0	57.10	53.00	30.30
成都有机化学研究所	Li-Re	973~1073			41.30		23.50
吉林大学	Li-Mg-Mn	973			44.35		24.55
西南化工研究院	Na-Mn-B	1013			36.40		27.80
东华化工学院	Mn-Me-Sn	993					25.80
大连化学物理研究所		700			24.00	67.94	16.40
美国 Areo 公司	Li-B-Mg/MnO₂	850			25.00	75.00	18.80

续表

单位	催化剂	温度/℃	压力/kPa	$n(CH_4):n(O_2)$	转化率/%	C_2选择性/%	C_2收率/%
日本东京工业公司	$LiCl/MnO_2$	750			47.30	64.70	30.60
法国石油研究所	CH_3OLi/La_2O_3	530			4.50	79.00	3.60
Thomas	$Pb_8Mn_2Si_3O_9$	850		13.0	32.00	68.00	

目前世界上在该领域的研究水平基本相近,寻找高活性和高选择性的催化剂体系仍是目前该研究的难点和热点。另外,甲烷氧化偶联催化剂在高温下反应引起的活性组分流失、相结构改变和表面烧结等关系到催化剂稳定性的问题也是需注意和研究的问题。例如,碱金属改性的碱土金属氧化物存在碱金属流失问题;碱金属改性的稀土氧化物催化剂也存在碱金属流失问题,而过渡金属氧化物有的本身也易挥发;卤化物改性的金属氧化物常有卤族元素的逸出问题。为提高催化剂的稳定性,对碱金属改性的氧化物可加入磷,形成磷酸碱金属盐或焦磷酸碱金属盐,以防止碱金属的挥发,也可加入氧化硅或氧化铝,使生成稳定的硅酸盐或铝酸盐。氯化物改性的金属氧化物已研制出层状结构稳定性的催化剂。

伊朗国家石化公司近期组建的石化研究与技术公司开发出一种可以将乙烯产率提高30%的催化剂,该催化剂可以使所有甲烷组分直接转化成乙烯。在此之前乙烯产率从未超过19%。

(1) 碱金属与碱土金属氧化物 碱金属氧化偶联催化剂研究始于20世纪60年代末,当时是将NaCl载在MgO上以促进该反应。未改性的碱土金属本身具有活性,如Mg、Ca、Sr、Ba也曾被用作甲烷氧化偶联反应的催化剂,美国UCC公司将5%或30%的$BaCO_3$载于α-Al_2O_3上,并在原料中加入30×10^{-6}氯乙烯,结果甲烷转化率50.0%~50.4%,C_2选择性52.4%~53.2%。而在碱土金属中加入碱金属后,可能引起晶格畸变,增加了活性中心,并减少了表面积,防止甲烷的深度氧化,从而提高了催化剂的活性和选择性。目前,活性较高的催化剂中多半含有碱金属。在碱土金属中以Mg、Ca较为合适,碱金属则以Li、Na等研究的较多。徐桂芬等在Li/MgO中加入Na取得了C_2选择性100%、C_2收率23.7%的好结果。

但这类催化剂存在着高温下碱金属流失,使催化剂失活的问题。对此问题,人们提出了加入卤化物改性的方法,例如英国石油公司在反应原料中加入少量HCl,反应20多小时,C_2收率一直保持在24%~26%不变。AtlanticRichfield公司开发了一种甲烷氧化偶联制乙烯和乙烷的新工艺,在一种氧化气体存在下,采用一种碱金属固体催化剂,并采用少量的氯化物引发剂,在700~1200℃条件下进行。将50:50(体积比)的甲烷-空气通过一种负载于氧化镁上的0.36%的锂催化剂,并通入0~1%(体积分数)HCl,在775~900℃进行试验反应。试验表明在900℃、2400GHSV、HCl通入量为1.0%时得到的效果最好,甲烷转化率为31.1%,C_2和较高烃的选择性为72.8%,乙烯和乙烷比例是13.85:1,副产品为CO和CO_2。

另外,加入稀土元素对提高催化剂的活性、选择性和稳定性也有良好的作用。吉林大学杨向光等在Li-碱土金属氧化物催化剂的基础上研究了分别添加稀土氧化物(La、Ce、Pr、Nd、Sm)对甲烷氧化偶联反应的影响。结果表明:稀土氧化物的添加有助于提高C_2的选择性,其原因可能是稀土有利于甲基自由基的稳定。

(2) 稀土金属氧化物 稀土金属氧化物有较高的活性和选择性。如Sm_2O_3、La_2O_3、

Pr_2O_3 及 Ce-Yb 等已证明具有氧化偶联活性。厦门大学张兆龙等研究了 La_2O_3、$BaCO_3$ 系催化剂。在 $CH_4 : O_2 : H_2 = 3 : 1 : 4$ 时获得 C_2 选择性 70%、C_2 收率 19.85% 的结果。

稀土经碱金属或碱土金属改性后显示出很好的活性和选择性,受到研究者的普遍关注。其中以 Sm_2O_3 催化剂的活性较好,尤其是 LiCl 改性后,活性得到进一步的改进。

(3) 过渡金属复合氧化物 甲烷氧化偶联反应中使用过渡金属催化剂的主要工作是 1986 年以后进行的。活性比较好的有 Mn、Pb、Zn、Ti、Cr、Fe、Co、Ni 等。过渡金属氧化物对氧化偶联虽具有活性,但选择性不高,所以一般用碱金属、碱土金属氧化物或卤化物等改性,可以大大提高其对氧化偶联反应的活性。

美国 Mobil 石油公司在 TiO、SiO、Na、Al_2O_3 催化剂中加入 1.4% LiCl,在 $CH_4 : $ 空气 $: N_2 = 5 : 10 : 85$ 时获得乙烯收率 39.5%、总烃选择性达 89% 的好结果。日本研究者将 LiCl 载在 MnO 上,在低甲烷浓度下取得 C_2 选择性 64.7%、乙烯收率达 28.1% 的结果。Muratak 等报道,硫酸处理的氧化锆催化剂掺入金属锂后对甲烷氧化偶联制乙烯具有很高的活性,在 800℃,CH_4 转化率达 43%,C_2 选择性达 80%。K. J. Yoon 报道,以氧氯化锆和磷酸钠为原料制备的催化剂对甲烷氧化偶联具有很高的活性选择性,他们认为催化剂中的活性组分是被 NaCl 促进的磷酸锆钠,NaCl 对提高催化剂的活性选择性起关键作用。当甲烷转化率为 41%~44% 时,C_2 选择性为 66%~70%,最高的 C_2 收率为 30%。东北师范大学的王新平等将 MnO 负载在 TiO_2 上,另加入部分 Li_2SO_4,用 $CH_4 : O_2 : N_2$ 为 10 : 4 : 10 的原料气进行反应,得到 C_2 选择性 77.5%,C_2 收率高达 34.5% 的优良结果。当以 B_2O_3 代替 TiO_2 重复上述实验时,乙烯选择性达 87%,乙烯收率为 33.9%。

早期的催化剂筛选发现,二氧化硅担载的氧化锰体系具有较高的甲烷氧化偶联活性及稳定性,其中 1992 年中国科学院兰州化学物理研究所的方学平等报道的 2% Mn25% Na_2WO_4/SiO_2 催化剂不仅具有较高的甲烷转化率和 C_2 烃选择性,而且通过流化床和寿命试验证明具有很好的流化床长期操作稳定性,同时还适合 1~11MPa 的加压反应,可以提高氧化偶联反应中乙烯的含量。

最近该所的张兵等采用频率脉冲反应方法,以 Mn-Na_2WO_4/SiO_2 催化剂上甲烷氧化偶联为探针反应,通过实时、原位的四级质谱检测手段,研究了氧物种对甲烷 C-H 键选择性活化的微观历程。首次发现了 Mn-Na_2WO_4/SiO_2 催化剂上 O_2-脉冲频率效应,即脉冲反应产物量随氧脉冲注入频率的增加而增加。研究结果表明,在反应条件下,Mn-Na_2WO_4/SiO_2 催化剂上有两种活化甲烷的氧物种同时存在,它们同时对甲烷氧化偶联反应作出贡献,但它们活化甲烷的方式不同。该所王嘉欣等采用固定床微型反应装置,研究了甲烷氧化偶联反应过程中 Na_2WO_4-Mn/SiO_2 催化剂床层的热效应和催化性能的关系,考察了反应炉温、CH_4/O_2 比和反应气体空速对催化剂床层热点分布的影响。研究结果表明,甲烷氧化偶联催化剂床层的热效应强烈依赖于反应条件。反应炉温越高,CH_4/O_2 比越低,反应气体空速越大,催化剂床层的热点温度越高。催化性能和热效应关系的研究,为优化甲烷氧化偶联的反应操作提供了实验证据。该所王嘉欣等还比较分析了 Na_2WO_4-Mn/SiO_2 催化剂的不同制备方法,他们采用溶胶-凝胶法制备了一系列 5% Na_2WO_4 2% Mn/SiO_2 催化剂;用 XRD、XPS、BET、O_2-TPD 和 CO_2-TPD 等方法表征了催化剂的结构、物理化学性能,并考察了对甲烷氧化偶联反应的催化性能。结果表明,采用溶胶-凝胶法制备的 Na_2WO_4-Mn/SiO_2 催化剂中,W 以 Na_2WO_4 的形式存在,Mn 以 Mn_2O_3 的形式存在,而硅溶胶最终转变成 α-方石英构型;与常规浸渍法相比,采用溶胶-凝胶法制备的 Na_2WO_4-Mn/SiO_2 催化剂中,W 和 Mn 的原子浓度在催化剂表面和体相分布较为接近，而且两种制备方法所得的催化剂具有相似的催化性能；Na_2WO_4 与 α-方石英之间的相互作用、催化剂释放晶格氧的能力、碱性强弱是影响甲烷氧化偶联活性的关键因素。与浸渍法相比，利用溶胶-凝胶技术制备催化剂能够很好地控制活性组分的含量和分布，制备的催化剂具有载体和活性组分相互作用较强、晶型稳定及热稳定性好等特点。

北京大学化学与分子工程学院分子动态与稳态结构国家重点实验室的侯思聪研究了这类钠盐改性的 Mn/SiO_2 催化剂体系中的催化剂活性中心和有关钨酸根离子的作用，他们系统地研究了添加具有不同含氧酸根阴离子的钠盐对 Mn/SiO_2 催化剂体系的影响规律，发现添加 Na_2SO_4 的催化剂具有与 $Mn-Na_2WO_4/SiO_2$ 相似的性能。他们采用等体积浸渍法制备了 Na_2SO_4 改性的 Mn/SiO_2 催化剂，考察了 $Mn_2Na_2SO_4/SiO_2$ 催化剂中各组分对甲烷氧化偶联合成 C_2 产物（$C_2H_4 + C_2H_6$）的影响，并采用 X 射线衍射、X 射线光电子能谱、Raman 光谱和程序升温还原等手段表征了催化剂中的物相结构、表面组分价态与含量以及氧化还原性能。结果表明，在 Mn/SiO_2 催化剂中添加 Na_2SO_4 可使载体 SiO_2 由无定形转变为 α-方石英相，使催化剂表面的 Mn 物种由 Mn_3O_4 转变为 Mn_2O_3，从而大大提高了甲烷转化率和目标产物 C_2 的选择性。并因此推测 Mn_2O_3 物种在反应条件下构成了甲烷氧化偶联反应的活性中心。

浙江大学发明了一种用硫、磷元素助催化的过渡金属甲烷氧化偶联制 C_2 烃的催化剂及其制备方法，该催化剂以 Zr 和 Mn 两种过渡金属为主组分，以 S、P 元素作为助催化剂，用碱金属离子为修饰，并负载在 SiO_2 载体上。该催化剂用于甲烷氧化偶联反应，在较低温度和无稀释气的条件下，获得较高的甲烷转化率和 C_2 烃（主要包括乙烯和乙烷）选择性，C_2 烃的收率达到 25% 以上，最高可达 26.83%。

2. 工艺技术研究进展

甲烷氧化偶联制烯烃工艺取消了生产合成气的费用，具有一定的经济效益。但存在技术上的难度，因为甲烷分子是非常稳定的，反应需要很高的活化能。而一旦被活化后，反应又很难控制。目前虽已有几种直接转化工艺被开发，但由于没有经济吸引力，都没有工业化应用。

近些年来，除在传统化学、化工学科范围内展开大量的研究外，对各种非常规方法的研究十分活跃，电催化、等离子催化、激光表面催化和以钙钛矿催化膜为核心的催化技术等被广泛应用于甲烷氧化偶联制烯烃的反应中。

Tagawat 等设计了固体氧化物燃料电池反应器，电极形状为管状，以 LaAlO 为电极催化剂，该电池反应器在得到电能的同时，可高选择性地将甲烷氧化为 C_2H_2 和 CO。电极催化剂 LaAlO 在反应过程中不仅稳定不易失活，还有效避免了深度氧化反应。MaKri 等研究开发了气体循环电催化反应分离装置，利用电催化原理使甲烷氧化偶联为乙烯的收率达到 85%，CH_4 的转化率达到 97%，生成乙烯的选择性为 88%，该装置采用 $Ag-CaO-Sm_2O_3$ 为阳极催化剂，反应系统是可工业放大的数学模型。

最近，有关低温等离子体在甲烷转化方面的研究报道较多。低温等离子体由于其电子温度和气氛温度的不平衡性更适于化学合成高碳烃和含氧化合物。

四川大学对大气压反常辉光放电条件下甲烷裂解制 C_2 烃进行了研究。他们对 CH_4-H_2 体系进行了热力学分析，并与大气压反常辉光放电条件下得到的实验结果相比较。通过热力学分析，得出体系的独立反应、各反应平衡常数与温度的关系，体系的平衡组成中主要产物为炭黑和氢，温度为 227~1227℃，积炭是影响甲烷高温热解的主要问题，且几乎无乙炔和乙烯生成。但在大气压反常辉光放电的条件下，反应体系温度均为 427~727℃，甲烷转化率较高，且反应中产物主要为乙炔和乙烯，积炭很少。实验结果表明，当原料气总流量为 300mL/min、CH_4/H_2 为 2∶8 时，甲烷转化率、乙炔选择性和乙烯选择性最大，分别为 91.3%、81.7% 和 11.1%，此时积炭速度小，仅为 1.47mL/min。比较表明，大气压反常辉光放电条件下 CH_4-H_2 等离子体反应已超出热力学平衡限制，不同于普通的纯热裂解。

天津大学化工学院碳一化工国家重点实验室研究开发了利用等离子催化作用甲烷氧化偶联合成乙烯的技术。其特点是电场对甲烷分子激活，同时对催化剂本征活性产生增强效应，其结果不仅增强物理过程，还对化学催化反应有所影响。天津大学还针对热表面催化技术反应温度高、催化剂的选择性和寿命不理想、不能达到可在工业上实施的基本要求的问题，开发了一种新的激光表面催化技术来实现甲烷氧化偶联制乙烯，取得了具有工业应用价值的技术成果。该技术以天然气或石油炼厂气甲烷和空气为反应原料，以能有效吸附甲烷中 C—H 键的复合材料为固体表面，以脉冲可选频 CO_2 激光器为光源在特制激光表面的反应器，于常压和 150~200℃ 条件下进行激光表面反应，其甲烷单程转化率大于 35%，反应产物为乙烯、丙烯和乙烷，其中乙烯的选择性大于 93%，激光光能有效利用率大于 90%，分离乙烯后未反应甲烷及副产乙烷可循环利用。

天津大学化工学院的吕静等还研究了反应器形式对甲烷低温等离子体转化制 C_2 烃的影响。他们就不同反应器形式（不同反应器的要素见表 7-3-20）下甲烷常压低温等离子体转化制 C_2 烃的过程进行了研究，发现不同的反应器中产物分布不同，其中反应器 A 和 B 中的甲烷转化率很高，分别为 75.5% 和 80.1%，产物主要以乙炔为主（乙炔选择性分别为 85.2% 和 72.4%），其次是乙烯（选择性低于 10%）和乙烷（选择性低于 1%），没有 C_3 烃生成，积炭较多；而反应器 C 和 D 中的甲烷转化率相对较低，分别为 49.7% 和 40.1%，产物主要以乙烷和丙烷为主（乙烷选择性分别为 58.9% 和 62.1%，丙烷选择性分别为 23.2% 和 28.3%），其次是乙烯和乙炔含量相对较低（乙烯选择性分别为 9.3% 和 4.5%，乙炔选择性分别为 4.5% 和 4.1%），积炭较少。

表 7-3-20 不同反应器要素

反应器	介质	旋转	放电类型	型式
A	无	有	辉光放电	管形
B	普通玻璃	无	介质阻挡放电(DBD)	管形
C	石英	无	DBD	管形
D	石英	无	DBD	平板形

S. Kado 等通过对非平衡等离子体甲烷转化的机理进行研究，指出转化率及反应能力取决于系统中电子与各分子之间的非弹性碰撞，并且，产物的选择性也是取决于各种分子的激发态和基态自身或者相互之间的非弹性碰撞。

吕静等认为，对于 A 和 B 两个反应器，产物以乙炔为主，甲烷转化率高，积炭量大。这两个反应器中产物可能的形成机理是在这两个反应器中甲烷在等离子体作用下主要分解为 C，随后与 H 或者本身结合形成 CH 或者 C_2，它们的分解及相互之间的再结合形成 C_2H_2，而其他 C_2 烃是由甲烷分解所得的 CH_2、CH_3、H 及反应生成的 C_2H_2 相互作用形成的。

对于 C 和 D 两个反应器，它们的主要产物是乙烷和丙烷，积炭很少。因此这两个反应器中产物可能的形成机理是甲烷在等离子体作用下主要分解为 CH_3 和 CH_2，它们与 CH_4 相互结合生成 C_2H_6，而 C_2H_6 又依次分解为 C_2H_4 和 C_2H_2，最后的积炭是由 C_2H_2 的分解形成的，丙烷的形成机理可能是 C_2 烃或 C_2 的活性组分和甲烷分解所得的 CH_3 和 CH_2 结合形成的。

吕静等认为，造成这两种不同的反应机理的主要原因是甲烷分解过程输入能量的不同。CH_4 根据获得的能量的不同，分别分裂为 CH_3、CH_2、CH、C，所需的能量是依次增加的。通过计算所用各反应器的有效反应体积、体积能量密度及流率能量密度，随着反应器体积能量密度的减小，反应产物从以乙炔为主逐渐向以乙烷为主过渡，并且产物中出现丙烷。另外，通过对各反应器能量效率的比较，得出在多尖端旋转电极反应器的能量效率最高。

中国科学院金属研究所在微波催化反应装置及催化剂、微波催化天然气直接转化制乙烯、微波等离子体裂解天然气制乙烯、乙炔等方面取得多项有实用价值和创新性的研究成果。他们研究的微波催化天然气生产乙烯、乙炔技术将传统的一步法生产 C_2 烃 6% 的产率提高到了 70%，而发达国家的最高产率为 30%。在常压和高压下用直接等离子体法，一步转化成乙烯的产率提高到 25% 以上。

美国明尼苏达大学的研究人员以 Sm_2O_3 作催化剂，利用移动床色谱催化反应装置将产物 O_2、CH_4 及 C_2 迅速分离，从而打破了平衡限制，使 C_2 收率超过了 50%。

Cordi 等人介绍了一种反应联合装置，将一个液/气微孔聚丙烯中空纤维膜接触器和甲烷氧化偶联反应器装在一个管壳构型中。反应物从反应器中流出后流经高表面积的中空纤维膜，含 Ag^+ 的水溶液在壳体中流过，并使中空纤维膜饱和，轻质烯烃与 Ag^+ 选择性配合，抽提过的气体物流循环回反应器。流出接触器的液体配合溶液被加热以释放气态轻质烯烃，并使 Ag^+ 溶液（由 4mol/L $AgNO_3$ 和 6.2mol/L $NaNO_3$ 组成）再生。用这种反应装置可使甲烷的转化率增至 62%，烯烃（纯度为 85%，主要为乙烯）产率达 75%。

研究人员对在 MIEC 材料管式膜反应器中的甲烷氧化偶联反应进行了大量的研究。研究认为，C_2 选择性随着 CH_4/O_2 比值的增加而提高。MIEC 致密膜对氧有选择性，可以将氧不是以气态而是以分子形式供给反应器，在 MIEC 膜表面或者直接在膜上的催化剂层上采用 Mars 和 vanKrevelen 晶格氧实现氧化。例如在含有 $Bi_{1.5}Y_{0.3}Sm_{0.2}O_{3-\Delta}$ 的 MIEC 材料管式膜反应器中，当 C_2 选择性为 54% 时，C_2 收率为 35%（甲烷原料采用 He 稀释，He 中的 CH_4 含量为 2%，如以未稀释的甲烷为原料，C_2 收率仅为 1%），MIEC 膜用于甲烷氧化偶联的其他材料还有 $LaSrCoFeO_{3-x}$、$LaBaCoFeO_{3-x}$、$BaSrCoFeO_{3-x}$ 和 $BaCeGdO_{3-x}$ Perowskit 膜等。典型结果是当甲烷转化率小于 10% 时，C_2 选择性为 70%～90%，副产浓度极低的离析物。

TexasA&M 大学的研究小组设想了一种把天然气转变成液态烃的全新工艺。它是一种不需要产生合成气的直接转化方法。该工艺通过两步反应步骤和一步分离步骤产生乙烯。

二、甲烷氯化法制低碳烯烃技术

甲烷氯化法最早是由美国南加利福尼亚大学烃研究所 Benson 教授开始研究开发的。甲烷和氯气在 1700～2000℃ 的高温下以极短的接触时间（10～80ms）进行反应，首先生成 CH_3Cl，CH_3Cl 再高温裂解生成乙烯，分离生成烃类物质后的 HCl 气体再进入另一反应器与 O_2 燃烧转化成 Cl_2 和 H_2O，Cl_2 循环使用。此工艺可将 85% 的原料甲烷转化为乙烯、乙炔、乙烷及少量高级烷烃。1981 年，荷兰 KTI 公司对此项工艺进行了可行性分析、中试设备设计及工业化概念设计。可行性研究分析表明，该工艺生产乙烯具有一定的竞争力，但由于还有一些技术难点未能突破，所以此工艺在过去几年没能引起大量关注。

最近陶氏化学公司的研究人员开发了通过中间体甲基氯化物从甲烷制取烯烃的工艺。这种称为氧化氯化工艺的新工艺，借助三氯化镧（$LaCl_3$）催化剂，在氧气存在下，使甲烷与氯化氢反应，得到的甲基氯化物然后再转化为化学品或燃料。该工艺现处于开发的初期阶段。

陶氏化学公司开发的 $LaCl_3$ 催化剂在此过程中应用具有非凡效果。该公司表示，该工艺在过去因其物理性质、处理氯化氢困难等几个原因，许多工业生产商和科学工作者都未曾考虑在实验室使用它。然而，陶氏化学公司拥有使用氯化氢的大量经验，因此不惧怕对它的处理，公司已考虑进行进一步研究。

三、合成气制低碳烯烃技术

合成气直接制烯烃技术起源于传统的费托合成，一些研究结果显示出明显的工业化前景。据报道，有的研究已取得了低碳烯烃收率接近 $70g/m^3$ 合成气的结果。尽管前景诱人，但离实际工业化尚有一定距离。由合成气制取低碳烯烃，还有一些在转化过程中的核心问题有待解决：一是 CO 加氢合成烃类反应中，如何抑制甲烷的生成（低碳烯烃的合成反应需在高温下进行，而温度升高，甲烷的生产量也随之增加）；二是经典的费托合成反应产物受 Schulz-Flozy（F-y）分布规律的限制，限制了合成烯烃的选择性。为解决这些问题，一些科研单位在改进催化剂方面做了大量研究工作，近年来，国内外催化剂的发展方向主要有以下两个方面。

1. 多组分催化剂

德国的鲁尔化学公司率先进行了合成气直接制取低碳烯烃的开发研究，开发成功了铁系四元烧结金属催化剂，共有 3 个型号。每个型号都含有 Fe、ZnO 和 K_2O，其质量比为 $100:10:(4\sim8)$，添加的第四组分分别为 V、Mn 和 Ti。烯烃选择性最高的是第三种型号，$C_2^=\sim C_4^=$ 在生成物中含量高达 74.6%。北京化工大学以草酸铁为铁盐，椰壳炭为载体的 Fe-Mn-K/活性炭催化剂在 1.5MPa、320℃、空速 $600h^{-1}$ 的条件下 CO 转化率达到 97.4% 以上，$C_2^=\sim C_4^=$ 选择性达到 68% 以上。北京化工大学还以活性炭为载体，以 Fe 为活性组分，以 Cu、Mn、Si、K、Co、Zn、Ni 等为助催化剂，运用激光热解法研制了纳米合成气合成低碳烯烃催化剂，在温度 300~400℃、压力 1.5~2.0MPa 操作条件下，一氧化碳单程转化率高达 97%，乙烯、丙烯、丁烯共约占产物的 80%，其中丙烯为 70%。

2. 分子筛催化剂

中国科学院大连化学物理研究所开发出具有很高催化活性和低碳烯烃选择性的 K-Fe-MnO/Silicalite-2 新型催化剂，其性能达到 CO 转化率 70%~80%，烯烃选择性大于 94%，其中乙烯、丙烯、丁烯选择性大于 80%；低碳烯烃的时空产率为 0.11~0.13g/h，催化剂小试反应单程连续运转寿命达 1600h 以上，经放大制备的原颗粒催化剂在单管扩大试验装置上单程运转寿命也超过 1000h。

天津大学化工学院碳一国家重点实验室开发出两种品质优良并具有工业应用价值的催化剂，Ni-Cu/TSO 和 Ni-Cu/MSO。Ni-Cu/TSO 催化剂 CO 转化率 85%，选择性 77%；Ni-Cu/MSO 催化剂 CO 转化率 75%，$C_2^=$ 选择性 86%。

四、合成气经乙醇制乙烯技术

合成气经乙醇制乙烯过程为：甲烷先转化合成气，再经催化合成生成乙醇，脱水得乙烯。我国就此路线进行了深入的研究，特别是合成气制乙醇，已进行完中试，在四川镇江建成年产 30t 的乙醇厂。就工业应用前景来说，铑催化合成气制乙醇过程存在两个问题：催化剂活性还较低，乙醇的选择性不高。所以作为脱水制乙烯的乙醇原料还存在问题，下一步脱水还没提上日程，进展更为缓慢。

参考文献

[1]　刘冲，等. 石油化工手册. 第三册. 北京：化学工业出版社，1987.
[2]　华东化工学院，等. 基本有机化工工艺学. 北京：化学工业出版社，1981.
[3]　冯元琦. 联醇生产. 北京：化学工业出版社，1994.
[4]　卡拉华耶夫，马斯捷洛夫. 甲醇的生产. 北京：化学工业出版社，1980.
[5]　张旭之，等. 乙烯衍生物工学. 北京：化学工业出版社，1995.
[6]　洪仲苓. 化工有机原料深加工. 北京：化学工业出版社，1997.
[7]　李琼玖，等. 化肥设计，2001（4）：5-8.
[8]　［英］布赖德森. 塑料材料. 北京：化学工业出版社，1990.
[9]　张忠涛，等. 辽宁化工，2001，30（11）：477-480.
[10]　行业综述. 工程建设应用产品信息，1999（7）.
[11]　郑国汉. 化工催化剂及甲醇技术，2001（3）：7-13.
[12]　殷永泉，等. 天然气化工，2000，25（2）：34-36.
[13]　姜涛，等. 天然气化工，1999，24（2）：25-30.

第四章
煤（甲醇）制烯烃工程示范

煤（甲醇）制烯烃技术是近十年来在中国迅速发展起来的新兴技术和新兴产业，截至 2015 年底建成产能 862×10^4 t，产量 648×10^4 t。另外，还有一批项目在建设之中。中国科学院大连化学物理研究所从 20 世纪 80 年代初以来，长期坚持该领域的研究开发，经实验室小试、中试，先后取得了催化剂、反应工艺等一系列技术突破。此后借鉴中石化洛阳工程有限公司丰富的流态化工程经验，针对 DMTO 工艺的技术特点，开展了一系列的工艺工程技术开发工作。2004 年与陕西煤化集团新兴能源科技有限公司合作，进行万吨级 DMTO 工业性试验之后，在内蒙古包头建设了 60×10^4 t/a 工业化示范工程，取得了 DMTO 技术工程化和成套化的突破。实现了世界首套 DMTO 大型工业化运行，开启了煤（甲醇）制烯烃技术工业化应用的新征程，带动了其他 MTO 技术的工业化应用。

第一节　国内甲醇制烯烃技术工业化发展

甲醇制烯烃（MTO）技术为煤制烯烃的关键技术。国内主要有大连化物所的 DMTO、DMTO-Ⅱ技术，中石化的 SMTO/SMTP 技术和清华大学的 FMTP 技术。另外，处于技术开发阶段的还有：合成气一步法合成烯烃、甲烷无氧一步法生产烯烃、电石乙炔法制乙烯等新技术。

一、中科院大连化物所的 DMTO、DMTO-Ⅱ技术

1. 小试与中试

中国科学院大连化学物理研究所 20 世纪 80 年代已开始了 DMTO 催化剂和工艺技术的研究工作。在 SAPO-34A 分子筛基础上研制出了 DMTO 催化剂 DO123，并以二甲醚

（DME）为进料在上海青浦化工厂进行了 0.1t/d 进料的流化床中试，得到了良好的结果。在此基础上，大连化物所继续进行新一代催化剂的研究，并在实验室建立了中型循环流化床反应装置，对工业放大的催化剂性能进行验证。

2. 工业试验

2004 年中科院大连化物所与新兴能源科技有限公司、中石化洛阳工程有限公司合作进行流化床工艺的甲醇制烯烃技术（DMTO）工业性试验，建设了世界第一套万吨级甲醇制烯烃工业性试验装置。2006 年 2 月投料试车成功，累计平稳运行 1150h。甲醇转化率近 100%，乙烯丙烯原料消耗为 2.96t，并于 2006 年 6 月完成了 DMTO 工业化试验工作，取得了专用分子筛合成和催化剂制备、工业化 DMTO 工艺包设计基础条件、工业化装置开工和运行控制方案等技术系列成果。2006 年 8 月通过了国家鉴定。

3. 神华首套示范项目

首套 DMTO 技术示范在神华包头煤化工公司的 180×10^4 t/a 甲醇制 60×10^4 t/a 烯烃装置首次成功应用。该装置于 2010 年 8 月实现一次投料成功，2011 年正式进入商业化运营，并于 2011 年 3 月通过性能考核，其装置运行负荷、吨烯烃甲醇原料消耗、催化剂及公用工程消耗等各项技术指标均达到合同要求。标志着我国自主知识产权的 DMTO 技术工业化示范项目取得成功，开创了煤基烯烃产业新途径，奠定了我国在世界煤基烯烃工业化的国际领先地位，对于我国石油化工原料替代，保障国家能源安全具有重大意义。

4. 陕西二代技术示范项目

为进一步提高低碳烯烃产率，在 DMTO 成功的基础上，大连化物所提出了将甲醇转化与其产物中 C_4 及以上组分的催化裂解采用同一种催化剂进行反应耦合的 DMTO-II 技术方案。其与中石化洛阳工程有限公司、新兴能源科技有限公司、陕西煤化工技术工程中心有限公司合作，继续完成了 DMTO-II 工业性试验，2010 年 6 月 26 日，通过了国家鉴定。DMTO-II 技术是在 DMTO 技术基础上的进一步创新。与 DMTO 技术相比，DMTO-II 技术吨烯烃甲醇消耗降低 10% 以上。首次采用 DMTO-II 技术的陕西蒲城清洁能源化工有限责任公司 68×10^4 t/a 烯烃装置，于 2014 年 12 月实现一次开车成功，产出合格的聚合级丙烯和聚合级乙烯。2015 年 2 月 3 日 DMTO-II 装置 C_4 反应器首次进料并将反应气并入分离，标志着世界首套 DMTO-II 工业化运营装置已打通全流程。

截至 2016 年底，DMTO 技术已经签署了 20 个技术实施许可合同，共计 22 套工业装置，烯烃总产能约 1126×10^4 t/a，其中 8 套装置投产运行。

二、中石化 SMTO/SMTP 技术

1. 中石化 SMTO 工艺技术

中国石化上海石油化工研究院、中国石化工程建设公司（SEI）和北京燕山石化公司联合开发，2007 年在燕山石化建成了规模为 100t/d 的甲醇制烯烃的工业性试验装置，连续运行了 116d，技术指标为甲醇转化率 99.5%、乙烯丙烯选择性大于 81%。SMTO 装置采用专用的 SAPO-34-1/2 型分子筛和快速流化床反应器。催化剂再生采用了烧焦罐和密相流化床不完全再生相结合的方式。2011 年中石化在河南濮阳中原石化公司建设了年产 20 万吨烯烃的 SMTO 工业装置并顺利投料运行。2013 年，中原石化实现了 MTO 与 OCC（催化裂解制烯烃）两项技术的完全耦合，装置稳定运行，提高了乙烯和丙烯的选择性。

2. 中石化 SMTP 技术

2008 年上海石化研究院建成甲醇进料量 100t/a 的试验装置，采用自主开发的层式固定床反应器、改性 ZSM-5 催化剂，试验取得成功，甲醇转化率＞99%，丙烯单程选择性 38.6%～45.1%，在 C_4 循环条件下，丙烯选择性可提高到 66%～70%。2012 年底扬子石化公司采用 SMTP 技术建成 5000t/a 侧线工业试验装置并产出合格丙烯产品。2014 年 7 月上海石化工程公司、上海石化院、扬子石化三方合作完成了 $180×10^4$t/a 甲醇的 SMTP 成套技术工艺包开发，并通过中石化审查。

三、清华大学 FMTP 技术

2008 年清华大学与中国化工建设集团公司合作，在安徽淮南化肥集团建成甲醇进料 $3×10^4$t/a 的工业试验装置，采用流化床反应器和下行床分区反应器、SAP34/SAP018 混晶催化剂，2009 年取得试验成果。甲醇转化率 99.9%，丙烯选择性 67.5%，吨丙烯耗甲醇 3.385t，副产液化气 8000t/a，总投资 1.6 亿元。利用该技术拟在淮化建设（10～20）× 10^4t/a FMTP 工业化装置。工艺流程见图 7-4-1。

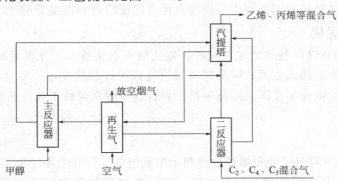

图 7-4-1　清华大学 FMTP 反应再生工艺流程示意图

四、MTO 烯烃分离技术

根据 DMTO 反应气体的组成选择的分离流程会比裂解气制乙烯流程更为简单，物料循环将大大减少，工业化应用结果表明，装置能耗比石脑油裂解制乙烯有明显优势。

目前，工业上应用的 MTO 烯烃分离技术大体分为两种：前脱丙烷流程技术和前脱乙烷流程技术。采用前脱丙烷流程技术的公司有美国 Lummus 公司、凯洛格-布朗路特公司（KBR）和惠生工程（中国）有限公司（WISON）。采用前脱乙烷流程的技术公司有中石化洛阳工程有限公司（LPEC）、中国石化工程建设公司（SEI）和美国 UOP 公司等。

第二节　DMTO-Ⅱ工程化关键技术及工艺方案

一、工程化基本要点

1. 工程设计要点

DMTO 的工程化设计就是要解决：①针对 DMTO 技术的反应特性和工艺特点，以及反应主要参数的影响因素，工程上实现 DMTO 工艺技术要求；②通过工程化经验和整体化以形成成套工业化技术；③解决工业化装置设计面临的一系列技术问题；④达到工业化装置具有的可靠性、先进性和经济性的要求；⑤做到设计能耗最小、工程投资最省、经济效益最大；⑥以设计为纽带，使研究、建设、生产深度结合，实现技术转化，达到商业化运行的目标。

2. 工程放大

中石化洛阳工程有限公司和中科院大连化学物理研究所合作开发了大型化工程放大技术，包括反应器和再生器系统工程化技术。反应器内开发了甲醇气相进料分布器、催化剂密相床层、多组两级旋风分离器、待生催化剂汽提器、内取热器、反应器外第三级旋风分离器等主要核心设备，实现了大型工业浅床流化床反应器；再生器内开发了烧焦主风分布器、催化剂密相床层、多组两级旋风分离器、内取热器、外取热器、再生催化剂汽提器、外部第三级旋风分离器等核心设备，实现了优化的可控制烧焦量的高效流化床再生器。

同时开发了反应进料及床层温度精准灵活调节方法，反应产物的后处理技术和含氧化合物回收技术，反应生成气经串联的急冷、水洗塔，进行水、气分离，通过汽提塔回收甲醇和二甲醚作为反应原料循环利用，利用反应热直接升温反应器和再生器的开工方法。

3. 工艺流程优化

确定并优化了 DMTO 技术的工艺流程、催化剂流态化技术、反再系统工程化技术、减少催化剂损耗和催化剂回收技术；甲醇进料系统流程设计和优化，一整套 DMTO 装置操作手册。上述工程化关键技术在国家示范项目世界首套甲醇制烯烃工业化装置上得到验证。

二、基本流程

DMTO 装置由甲醇制烯烃和烯烃分离两个单元组成。甲醇制烯烃单元主要由原料预热、反应-再生、产品急冷及预分离、污水汽提、主风机组热量回收和蒸汽发生六大部分组成（图 7-4-2）。对于 DMTO-Ⅱ 技术，则增加了 C_4 回炼流程（图 7-4-3）。烯烃分离单元由于采用的技术不同分为前脱丙烷和前脱乙烷两种工艺流程。

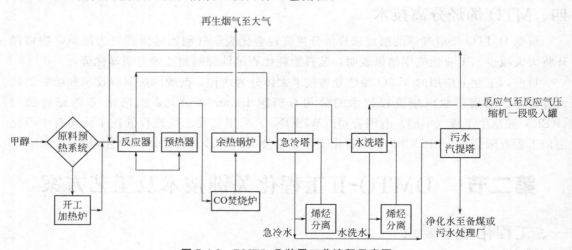

图 7-4-2 DMTO-Ⅱ 装置工艺流程示意图

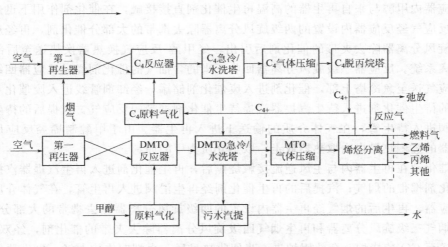

图 7-4-3　DMTO-Ⅱ工艺流程示意图

1. 甲醇进料系统

甲醇进料系统主要作用是将液体甲醇原料按要求加热至 300℃ 左右，以气相形式进入反应器。甲醇进料系统主要包括三部分：①液相甲醇加热升温过程；②液相甲醇气化过程；③气相甲醇升温及温度控制。

液相甲醇升温的主要换热流程是：来自装置外的甲醇进入甲醇-净化水换热器、甲醇-凝结水换热器和反应器内取热器等设备，将液相甲醇升温达到接近甲醇饱和气化温度，然后进行甲醇气化。甲醇气化过程分别利用蒸汽和污水汽提塔顶气体作为热源，经甲醇-汽提气换热器换热、甲醇-蒸汽换热器换热，使甲醇气化；气相甲醇的升温主要是与来自反应器的高温反应气充分换热。

2. 反应-再生系统

反应-再生系统是 DMTO 装置的核心部分，包括反应器和再生器，均采用密相流化床型式。反应-再生系统设置了催化剂回收、原料及主风分配、取热、催化剂汽提等。图 7-4-4 为反应-再生系统的示意图。

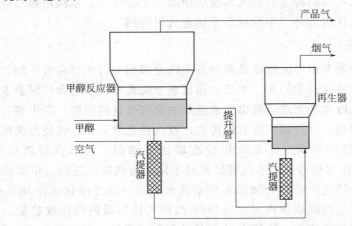

图 7-4-4　反应-再生系统的示意图

在反应器内甲醇与来自再生器的高温再生催化剂直接接触，在催化剂作用下迅速进行放热反应，反应气经反应器内设置的两级旋风分离器除去携带的大部分催化剂，再经反应器外部的三级旋风分离器除去夹带的催化剂后引出，经甲醇-反应气换热器换热送至后部产品急冷和预分离系统。反应器三级旋风分离器回收下来的含油气的催化剂经过反应器四级旋风分离器后反应气送至急冷塔上部，催化剂进入废催化剂储罐，经卸剂管线进入废催化剂罐。反应后积炭的待生催化剂进入待生汽提器汽提待生催化剂携带的反应气，汽提后的待生催化剂经待生滑阀进入待生管，在气体介质的输送下进入再生器。由于甲醇制烯烃反应是放热反应，反应器的过剩热量由内取热器取走，取热介质为甲醇原料。

待生催化剂在再生器内与主风逆流接触烧焦后，再生催化剂进入再生汽提器汽提，以去除再生催化剂携带的烟气；汽提后的再生催化剂经再生滑阀进入再生管，在气体介质的输送下进入反应器。再生后的烟气经再生器内设置的两级旋风分离器除去携带的大部分催化剂，再经再生烟气三级旋风分离器和再生烟气四级旋风分离器除去夹带的催化剂，经双动滑阀、降压孔板送至 CO 焚烧炉、余热锅炉进一步回收热量后，由烟囱排放大气。再生器的过剩热量由内、外取热器取走。

3. 产品急冷和预分离系统

产品急冷和预分离系统的主要作用是将产生的反应混合气体进行冷却，并通过急冷洗涤反应气中携带的催化剂细粉，通过水洗将反应气中的大部分水进行分离。

经过热量回收后，富含乙烯、丙烯的反应气进入急冷塔下部，反应气自下而上与急冷塔顶冷却水逆流接触，洗涤反应气中携带的少量催化剂，同时降低反应气的温度。急冷水可以送至烯烃分离单元作为低温热源，以减少烯烃分离单元蒸汽用量；同时另一部分急冷水经急冷水旋液泵升压后进入急冷水旋液分离器，除去急冷水中携带的催化剂。经换热后返回的急冷水再经急冷水冷却器达到冷却温度后，一部分急冷水作为急冷剂返回急冷塔，另一部分进入沉降罐。

经过急冷后的反应气经急冷塔顶进入水洗塔下部，水洗塔内设有浮阀或筛孔塔盘，塔底设有隔油设施，反应气自下而上经与水洗水逆流接触，降低反应气的温度。水洗塔底冷却水抽出一路经水洗水旋流除油器除去水洗水中微量的油，然后经水洗水过滤器，过滤除去水洗水中携带的催化剂后进入沉降罐；另一路水洗水送至烯烃分离单元丙烯精馏塔底重沸器作为热源，换热后经水洗水冷却器冷却后进入水洗塔中部、上部塔盘。水洗塔顶反应气正常工况下送至烯烃分离单元气压机入口，事故状态下送至火炬管网。

4. 污水汽提系统

污水汽提系统主要是对由产品急冷及预分离系统分离出的污水（含有甲醇、二甲醚等物质）进行提浓，回收未转化的甲醇和二甲醚，保证整个装置外排水符合环保要求。

从急冷塔抽出的急冷水和水洗塔抽出的水洗水中含有微量的甲醇、二甲醚、烯烃组分和催化剂，需进行汽提回收。沉降罐沉降后的污水，经汽提塔泵升压，再经汽提塔进料换热器换热后进入污水汽提塔中上部。污水汽提设有塔底重沸器，污水汽提塔底重沸器采用 1.0MPa 低压过热蒸汽作为热源。污水汽提塔底的净化水与汽提塔进料、甲醇换热回收热量后再经冷却器冷却，一路送至烯烃分离单元作水洗水，另一路经净化水冷却器冷却到 40℃后送至污水处理厂。污水汽提塔顶汽提气经甲醇-汽提气换热器换热回收热量，再经冷却器冷却后进入污水汽提塔顶回流罐，浓缩水（含有甲醇和二甲醚）经汽提塔顶回流泵升压后，一部分作为塔顶冷回流返回污水汽提塔上部，另一部分进入浓缩水储罐，与甲醇进料混合后，送至反应器回炼。污水汽提塔顶回流罐顶的不凝气送至反应器回炼。

5. 主风和辅助燃烧室系统

主风机组系统是为再生器烧焦提供必要的空气而设置的。

再生器烧焦所需的主风由主风机提供。装置设有两台离心式主风机，一开一备。

DMTO 装置设有两个辅助燃烧室，其中再生器辅助燃烧室用于开工时烘再生器衬里及加热催化剂，正常时作为主风通道，反应器辅助燃烧室用于开工时烘反应器衬里。装置另设有一台开工加热炉，为开工初期甲醇预热提供热量。

6. 热量回收和蒸汽发生系统

热量回收系统则是对装置内所有可发生蒸汽的热能进行利用，提高系统的能量利用效率。

由于 DMTO 反应为放热反应，再生器焦炭燃烧也会放出大量的热量，再生器产生的高温烟气等均为高温位热量，可用于产生 4.0MPa 的中压蒸汽。

再生器内设置内、外取热器。正常工况下，内、外取热器同时运行，产生中压饱和蒸汽。再生烟气经烟气水封罐进入 CO 焚烧炉，经补充空气燃烧后烟气进余热锅炉，依次经过余热锅炉蒸发段、过热段、省煤段温度降低后排入烟囱，加热除氧水，产生 4.0MPa 的中压蒸汽，过热装置产生的中压蒸汽。

反应器内设置内取热盘管，用于加热和气化甲醇原料。

中压给水首先进入余热锅炉中压省煤段预热，其中一部分供余热锅炉自产蒸汽，其余送去内、外取热器中压汽水分离器，产生中压饱和蒸汽，余热锅炉产汽与内、外取热器产汽混合后，进入余热锅炉 4.0MPa 中压蒸汽过热段过热至 425℃，送入全厂中压蒸汽管网。

7. C_{4+} 回炼系统

在 DMTO-Ⅰ工艺流程的基础上，根据 DMTO-Ⅱ的工艺特点，使 DMTO 反应器生成的 C_{4+} 产品进入 C_4 反应器进行裂解反应。相应增加了 C_4 反应-再生系统、C_4 急冷水洗系统、C_4 压缩分离系统。这些系统与 DMTO 反应-再生系统、急冷水洗系统以及原烯烃分离单元的相关物流进行热量、控制等条件的有机耦合，达到满足 DMTO-Ⅱ技术要求的工艺流程。C_4 回炼系统实现了 MTO 反应器、C_4 反应器和再生器的有机耦合和布置方案，再生温度可同时满足 MTO 反应器、C_4 反应器不同反应和热量要求，实现了热量有效耦合和利用。C_4 反应气压缩及分离系统方案及流程优化使甲醇反应气体和 C_{4+} 裂解气体预分离系统既相互独立，又相互关联；设置各自的脱丙烷系统，实现甲醇转化反应气体的 C_{4+} 烯烃全部转化。

三、烯烃分离流程

根据 DMTO 反应气体的组成选择的分离流程会比裂解气制乙烯流程更为简单，物料循环将大大减少，工业化应用结果表明，装置能耗比石脑油裂解制乙烯有明显降低。下面介绍几种在 DMTO 装置上得到成功应用的烯烃分离技术以及即将在其他 MTO 工艺上进行应用的烯烃分离技术。

1. Lummus 前脱丙烷分离工艺

Lummus 前脱丙烷流程是目前 DMTO 工业装置应用最多的烯烃分离流程（如图 7-4-5 所示），已在 5 套 DMTO 装置上成功应用，还有数套正在设计和建设的 180 万吨/年甲醇的 DMTO 装置中采用该技术。

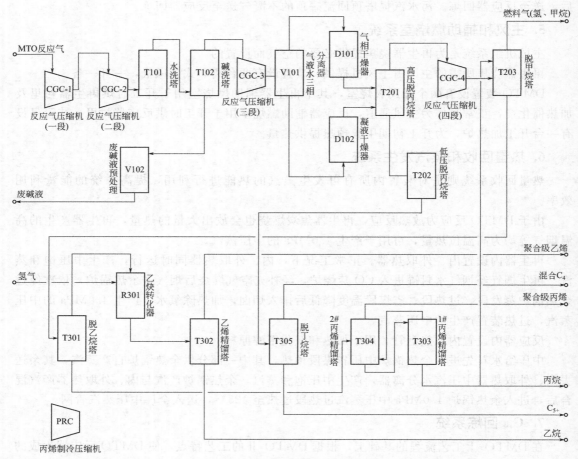

图 7-4-5　Lummus 前脱丙烷典型流程（一）

Lummus 前脱丙烷工艺流程特点是：①反应气进行四段压缩，反应气压缩机的二段出口设置水洗塔和碱洗塔，反应气压缩机的三段出口设置高、低压脱丙烷塔，实现前脱丙烷流程，高压脱丙烷塔顶气体进入反应气四段入口进行压缩后进入脱甲烷塔。②脱甲烷塔采用 −40℃ 丙烯冷剂和 C_3 吸收剂作为分离手段，塔顶产品是以氢气、甲烷为主的燃料气，塔底为 C_2 和 C_3 组分。③C_2 和 C_3 组分在脱乙烷塔内进行分离后，分别进入乙烯和丙烯精馏塔进行乙烯、丙烯分离。④分离流程均设有三级丙烯冷剂。

Lummus 前脱丙烷工艺流程将 DMTO 单元来的反应气进行四段压缩，达到脱甲烷塔操作压力的要求。反应气压缩机设二返一、三返三、四返四等三个防喘振控制回路，保证压缩机平稳运行。一段入口压力与 DMTO 单元反应器操作压力密切相关，维持一段入口压力稳定，确保反应气压缩流程保持稳定，为整个烯烃分离工艺过程的操作创造良好的条件。

经反应气压缩机第一、二段压缩，各段出口设后冷器，并通过注除氧水保持出口温度不高于 90℃。为了防止二烯烃的聚合，防止聚合物黏附在压缩机叶轮上，可向工艺介质中注入少量反应气阻聚剂。反应气二段出口压力达到 0.8MPa（G）左右进水洗塔脱除反应气中的氧化物，去除绝大部分的醇类、醛类、酮类氧化物和少部分二甲醚，剩余的二甲醚最终存在于丙烷中。水洗水正常采用 DMTO 单元污水汽提塔的净化水（锅炉给水、透平蒸汽凝结水等，可以作为备用）。水洗水的用量应确保塔顶氧化物中除二甲醚以外的氧化物基本被完全脱除，可根据 DMTO 单元氧化物的变化适当进行用量的调整。通常水洗塔采用散堆填料，目的是尽可能降低压缩机段间的压力降，降低能耗。

水洗后的反应气经加热到 42.5℃，进碱洗水洗塔，脱除二氧化碳酸性气，为下游分离操作去除杂质，并满足乙烯产品质量要求。碱洗塔设强、中、弱三段碱洗和一段水洗。强碱段、中碱段、弱碱段的 NaOH 浓度分别约为 8%～10%（质量分数，余同）、6%～8%、1%～2%。水洗段在强碱段上方，洗涤掉可能夹带的碱液以防带入下游设备中。需控制碱洗塔操作温度，过高的温度容易产生"黄油"，而过低的温度容易造成烃水混合物。

经水洗、碱洗后的反应气经第三段压缩、水冷，与脱乙烷塔底部分物料换热，用 7℃丙烯冷剂激冷到 10～12℃后，进压缩机三段出口罐，进行气、液、水三相分离，目的是脱除反应气体中携带的绝大部分水分，气相进气相干燥器，液相进液体凝液干燥器，通过干燥脱除水分，满足下游冷区分离操作的要求，水相返回反应气压缩机二段入口罐。气相干燥器和液体凝液干燥器均为一开一备，进行周期再生，确保干燥器出口的水分降低到 1×10^{-6} 以下。

经过干燥后的反应气和烃类凝液进高低压脱丙烷系统，采用双塔双压操作，将 C_3 及以下组分与 C_4 及以上组分分割。高压脱丙烷塔塔顶采用 7℃丙烯冷剂作为冷凝介质，冷凝液体全部回流，控制塔顶物料的 C_4 组成。塔底正常采用低压蒸汽作为重沸器热源，控制塔底温度 80℃，防止二烯烃聚合，并注入一定的 C_3 阻聚剂。控制塔底 C_2 组分流入低压脱丙烷塔。

高压脱丙烷塔底物料进低压脱丙烷塔。低压脱丙烷塔塔顶采用 7℃丙烯冷剂作为冷凝介质，冷凝液体部分回流，部分返回到高压脱丙烷塔作为补充回流。塔底正常采用 DMTO 单元来的急冷水作为重沸器热源，控制塔底温度 80℃，防止二烯烃聚合，并注入一定的 C_3 阻聚剂。控制塔底 C_3 组分流入脱丁烷塔或脱戊烷塔。低压脱丙烷塔底物料进脱丁烷塔和脱戊烷塔，分离 C_4 和 C_5 组分，作为副产品送出装置，也可用于烯烃转化多产丙烯的原料。

高压脱丙烷塔回流罐顶不凝气进反应气第四段压缩，经−24℃和−40℃丙烯冷剂连续激冷，经脱甲烷塔进料缓冲罐分离气液相，气液相物料分别进脱甲烷塔。

脱甲烷塔底重沸器采用反应气压缩机四段出口气体作为热源。脱甲烷塔顶采用丙烷或 C_3 吸收剂回收塔顶尾气中的乙烯，经冷量回收，尾气作为燃料气出装置，也可以通过变压吸附方式回收氢气。塔底为 C_2 和 C_3 组分，控制甲烷含量，满足乙烯产品中对甲烷的要求，并确保下游各塔平稳操作。塔中段抽出液体，用−40℃丙烯冷剂冷却后返塔，增加分离效果。

脱甲烷塔底物料进脱乙烷塔，将 C_2 和 C_3 分离。塔顶采用−24℃丙烯冷剂作为冷凝介质，冷凝液体全部回流。回流罐不凝气中的乙烯含量在 98%左右，含 2%左右乙烷以及少量乙炔。为了确保乙烯产品中对乙炔的要求，进行乙炔加氢转化，用外来的氢气将少量乙炔脱除后，经脱除绿油和干燥后，进乙烯精馏塔。在工业应用中，由于 DMTO 反应气中的乙炔含量极低，有时不需要脱除乙炔加氢转化过程，但乙炔加氢反应器的设置是必要的。

乙烯精馏塔将乙烯和乙烷分离。塔顶采用−40℃丙烯冷剂作为冷凝介质，冷凝液体全部回流，塔顶不凝气含有少量脱甲烷塔未脱除的甲烷，作为不凝气返回到反应气压缩机二段出口。靠近塔顶的侧线抽出聚合级乙烯产品，自流至乙烯罐区。中部抽出液体，用丙烯制冷系统的罐顶气作为塔中间抽出物料的重沸器热源，塔底用反应气压缩机第四段出口气体作为塔底重沸器热源。塔底乙烷经冷箱回收冷量后，可与脱甲烷塔顶的尾气合并进燃料气系统，也可根据全厂统一安排，送出装置。

脱乙烷塔底物料为 C_3 组分，进由双塔构成的丙烯精馏系统，分离丙烯和丙烷。2# 丙烯精馏塔顶出聚合级丙烯，1# 丙烯精馏塔底出丙烷。2# 丙烯精馏塔顶采用循环水作为冷凝介质，冷凝液体一部分回流，另一部分作为聚合级丙烯经丙烯产品保护床脱除可能的氧化物和水分后，送至丙烯罐区。

1# 丙烯精馏塔底一部分丙烷可经冷箱回收冷量后，与脱甲烷塔顶尾气、乙烯精馏塔底乙烷合并作为燃料气出装置，也可以作为丙烷产品出装置，但丙烷中带有少量二甲醚。另一部分丙烷作为丙烷吸收剂，经冷却、激冷后，返回脱甲烷塔顶，回收脱甲烷塔顶尾气中的乙烯，提高乙烯的回收率。这样部分丙烷组分就在脱甲烷塔、脱乙烷塔、丙烯精馏塔循环，丙烯精馏塔进料中丙烯约占 70%。

另一种改进的流程是将脱乙烷塔底物料分成两股，如图 7-4-6 所示。一股富含丙烯的 C_3 物料作为 C_3 吸收剂，经冷却、激冷后进脱甲烷塔，回收尾气中的乙烯；另一股进丙烯精馏塔进行丙烯和丙烷分离。1# 丙烯精馏塔塔底少量丙烷，经冷却、激冷后，返回脱甲烷塔顶，回收塔顶尾气中的乙烯和丙烯。丙烯精馏塔进料中丙烯约占 86%，从而降低了丙烯精馏塔的负荷，改善了丙烯精馏塔回流条件，缩小了丙烯精馏塔的塔径。脱甲烷塔顶的流程也会进行必要的改进。

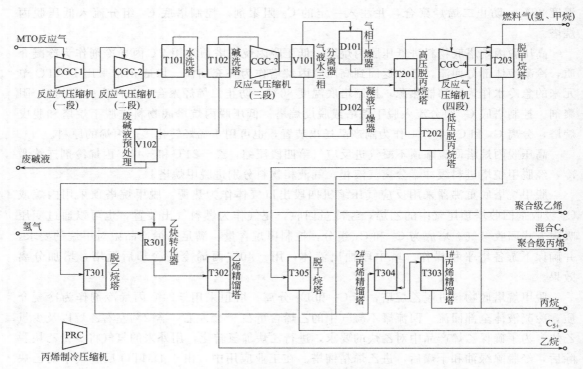

图 7-4-6　Lummus 前脱丙烷典型流程（二）

2. 洛阳工程（LPEC）前脱乙烷分离工艺

洛阳工程（LPEC）的前脱乙烷-脱甲烷塔-吸收塔烯烃分离工艺（如图 7-4-7 所示）已在山东神达化工有限公司 100 万吨/年甲醇 DMTO 装置上成功应用，在 2015 年还有两套该技术的 DMTO 装置建成投产。

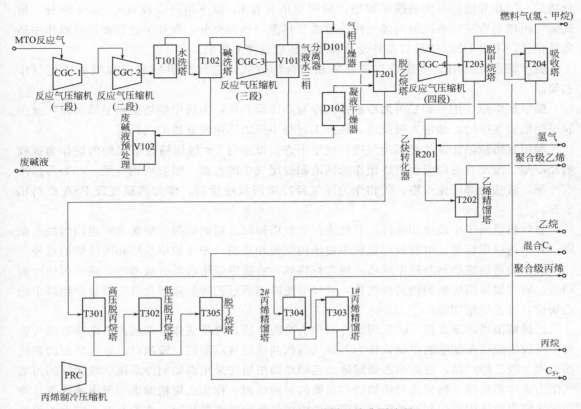

图 7-4-7 洛阳工程(LPEC)前脱乙烷典型流程

LPEC 的前脱乙烷-脱甲烷-吸收工艺流程特点是：①反应气进行四段压缩，反应气压缩机的二段出口设置水洗塔和碱洗塔，反应气压缩机的三段出口设置脱乙烷塔，将 C₂ 及以下轻组分和 C₃ 及以上重组分直接分开，实现前脱乙烷流程；脱乙烷塔顶气体进入反应气四段入口进行压缩后进入脱甲烷塔系统。②脱甲烷系统由脱甲烷塔和吸收塔两个塔组成，脱甲烷塔采用$-40℃$丙烯冷剂对 C₂ 组分进行分离，塔底 C₂ 组分直接进入乙烯精馏塔；脱甲烷塔顶含有部分 C₂ 组分的轻组分进入吸收塔，采用 C₃ 吸收剂进行再分离，塔顶产品是以氢气、甲烷为主的燃料气，塔底为 C₂ 和 C₃ 组分进入脱乙烷塔分离。③C₃ 及以上组分在高、低压脱丙烷塔内进行分离后，C₃ 组分直接进入丙烯精馏塔进行丙烯分离。④分离流程仅设有三级丙烯冷剂。

LPEC 的前脱乙烷-脱甲烷-吸收工艺流程将 DMTO 单元来的反应气进行四段压缩，达到脱甲烷塔-吸收塔的操作要求。

DMTO 反应气经过第一、二段压缩后，进行水洗脱除氧化物、碱洗脱除 CO₂ 酸性气，经过第三段压缩，进行冷却、换热、激冷后，进行气、液、水三相分离，反应气和凝液分别进行干燥脱除水分后，进脱乙烷塔，首先将 C₂ 及以下组分与 C₃ 及以上组分进行分离。C₃ 组分无须经过脱甲烷塔-吸收塔，缩短了乙烯和丙烯分离流程。脱乙烷塔采用低压操作，用$-40℃$丙烯冷剂作为冷凝器冷却介质。回流罐液体全部回流，控制不凝气中的 C₃ 组分。正常工况下，塔底采用 DMTO 单元来的水洗水作为重沸器热源。

脱乙烷塔顶气已无 C₃ 以上组分，进反应气压缩机第四段压缩，压缩机功率得到有效降低。经与脱甲烷塔底物料换热和$-40℃$丙烯冷剂激冷后，进脱甲烷塔进料分液罐，进行气液分离后，气相和液相分别进脱甲烷塔，脱甲烷塔只有 C_2 以下组分，没有 C_3 以上组分。塔底采用丙烯制冷压缩系统的丙烯气作为重沸器热源，热源充分，在开工过程和正常操作中适应性很强，不受 DMTO 反应条件变化和现场环境温度的影响。

脱甲烷系统采用脱甲烷塔与吸收塔相结合的方式，进行脱甲烷和回收吸收塔尾气中乙烯。

脱甲烷塔顶气用－40℃丙烯冷剂作为冷凝器冷凝介质，为脱甲烷塔提供足够回流，减少脱甲烷塔顶气中的乙烯进入吸收塔，在开工过程中可以迅速建立塔的内循环。

脱甲烷塔顶回流罐气相不凝气进吸收塔下方，以来自 1♯丙烯精馏塔底的丙烷作为吸收剂经冷却、激冷后返回吸收塔塔顶作为回流回收尾气中的乙烯。吸收塔顶经－40℃丙烯冷剂冷凝，液相全部回流返塔，气相作为尾气经冷箱回收冷量后，作为燃料气或 PSA 原料出装置。

吸收塔设两个中段冷却循环，有效改善吸收塔回收乙烯的效果。塔底物料返回到脱乙烷塔，并不进脱甲烷塔，可有效降低脱甲烷塔内气液相负荷，缩小脱甲烷塔和吸收塔的塔径。

脱乙烷塔塔底物料与脱甲烷塔进料进行换热，将脱甲烷塔进料有效激冷，减少丙烯冷剂用量，同时脱甲烷塔底的物料被汽化，并经节流降温后进乙炔加氢转化反应器脱除物料中的乙炔后，进乙烯精馏塔。

乙烯精馏塔塔顶采用－40℃丙烯冷剂作为冷凝介质，冷凝液体全部回流，塔顶不凝气含有少量脱甲烷塔未脱除的甲烷，作为不凝气返回到反应气压缩机二段出口。靠近塔顶的侧线抽出聚合级乙烯产品，自流至乙烯罐区。乙烯精馏塔塔底采用丙烯制冷系统三段罐顶的丙烯气作为重沸器热源，确保乙烯精馏塔有足够的再沸热源，作为乙烯精馏塔主要再沸热源。中部侧线抽出液体用丙烯制冷系统二段罐顶的丙烯气作为重沸器热源，作为补充。塔底乙烷经冷箱回收冷量后，可与脱甲烷塔顶的尾气合并进燃料气系统，也可根据全厂统一安排，送出装置。

脱乙烷塔塔底物料进高低压脱丙烷系统，高压脱丙烷塔进料中已去除 C_2 及以下组分，塔顶冷凝器采用循环水作为冷凝介质，而不再需要丙烯冷剂作为冷凝介质，减少了丙烯冷剂的用量。高压脱丙烷塔顶回流罐液体一部分回流，另一部分进丙烯精馏塔。正常工况下高压脱丙烷塔采用低压蒸汽作为重沸器热源。

高压脱丙烷塔底物料进低压脱丙烷塔。低压脱丙烷塔塔顶采用 7℃丙烯冷剂作为冷凝介质，冷凝液体一部分回流，另一部分返回到高压脱丙烷塔作为补充回流。塔底正常采用 DMTO 单元来的急冷水作为重沸器热源，控制塔底温度 80℃，防止二烯烃聚合，并注入一定的 C_3 阻聚剂。控制塔底 C_3 组分流入脱丁烷塔或脱戊烷塔。低压脱丙烷塔底物料进脱丁烷塔或脱戊烷塔，分离 C_4 或 C_5 组分，作为副产品送出装置，也可用于烯烃转化多产丙烯的原料。

丙烯精馏塔采用双塔操作，塔顶出聚合级丙烯产品，塔底丙烷部分作为吸收剂进吸收塔，部分作为丙烷产品出装置。

分离流程中需要反应气压缩机阻聚剂、除氧剂、黄油抑制剂、C_3 阻聚剂、C_4 产品阻聚剂等化学药剂，以及冷火炬和热火炬系统。

3. 凯洛格-布朗路特公司（KBR）前脱丙烷分离工艺

KBR 前脱丙烷工艺流程（如图 7-4-8 所示）与 Lummus 前脱丙烷流程不同，目前仅有 1 套 MTO 项目采用，处于详细设计和工程建设当中。

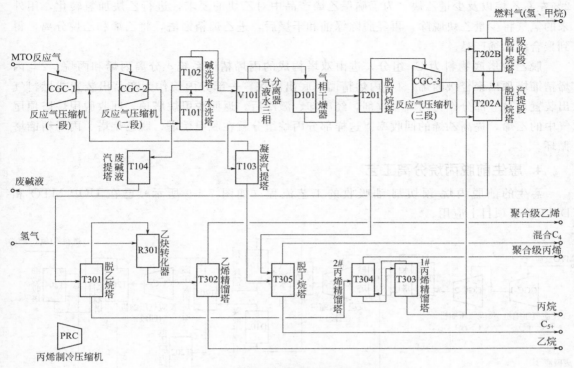

图 7-4-8　KBR 前脱丙烷典型工艺流程

KBR 前脱丙烷工艺流程特点是：①反应气进行三段压缩，反应气压缩机的二段出口设置水洗塔和碱洗塔，反应气经过碱洗塔后直接进入脱丙烷塔，脱丙烷塔为低压、单塔操作，实现前脱丙烷流程；脱丙烷塔顶气体进入反应气三段入口进行压缩后进入脱甲烷塔。②脱甲烷塔采用−40℃丙烯冷剂和 C_3 吸收剂作为分离手段，塔顶产品是以氢气、甲烷为主的燃料气，塔底为 C_2 和 C_3 组分。③C_2 和 C_3 组分在脱乙烷塔内进行分离后，分别进入乙烯和丙烯精馏塔进行乙烯、丙烯分离。④分离流程仅设有三级丙烯冷剂。

KBR 前脱丙烷工艺流程将 DMTO 单元来的反应气进行三段压缩，达到脱甲烷塔的操作要求。

反应气经第一、二段压缩后进水洗塔脱除反应气中的氧化物，然后进碱洗塔，脱除 CO_2 酸性气，然后进行气、液、水三相分离。气相进行干燥，脱除水分，满足下游冷区分离要求；水相返回反应气压缩机二段入口罐；液相进凝液汽提塔，塔顶不凝气返回到反应气压缩机二段入口，循环操作；塔底 C_4 以上组分进脱丁烷塔。

经过干燥后的反应气进脱丙烷塔，脱丙烷塔操作条件较低，为单塔操作，将 C_3 及以下组分与 C_4 及以上组分分割。脱丙烷塔顶气进反应气第三段压缩，经连续换热和激冷，物料进脱甲烷塔。脱丙烷塔底物料与凝液汽提塔塔底物料都进脱丁烷塔，分离 C_4 和 C_5 组分，作为副产品送出装置。

脱甲烷塔底重沸器采用 DMTO 单元的急冷水作为热源。脱甲烷塔顶采用丙烷或 C_3 吸收剂回收塔顶尾气中的乙烯，经冷量回收，尾气作为燃料气出装置。塔底为 C_2 和 C_3 组分，控制甲烷含量，满足乙烯产品中对甲烷的要求，并确保下游各塔平稳操作。

脱甲烷塔底物料进脱乙烷塔，将 C_2 和 C_3 分离。塔顶气中的乙烯含量在 98% 左右，含

2%左右乙烷以及少量乙炔。为了确保乙烯产品中对乙炔的要求，进行乙炔加氢转化，用外来的氢气将少量乙炔脱除，再经脱除绿油和干燥后，进乙烯精馏塔，将乙烯和乙烷分离，得到聚合级乙烯产品。

脱乙烷塔底物料为 C_3 组分，进由双塔构成的丙烯精馏系统，分离丙烯和丙烷。2♯丙烯精馏塔顶出聚合级丙烯，1♯丙烯精馏塔底出丙烷。一部分丙烷作为产品出装置或燃料气出装置；另一部分作为丙烷吸收剂，经冷却、激冷后，返回脱甲烷塔顶，回收脱甲烷塔顶尾气中的乙烯，提高乙烯的回收率。这样部分丙烷组分就在脱甲烷塔、脱乙烷塔、丙烯精馏塔循环。

4. 惠生前脱丙烷分离工艺

惠生的前脱丙烷-预切割-油吸收的工艺流程（如图 7-4-9 所示）已在 UOP MTO 和 DMTO-Ⅱ项目上应用。

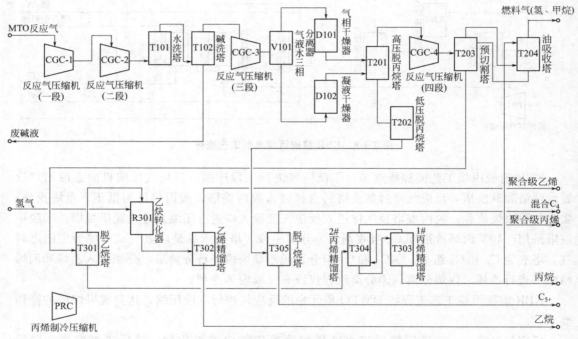

图 7-4-9　惠生前脱丙烷-预切割-油吸收典型工艺流程

惠生前脱丙烷流程在预切割塔之前的流程——乙烯精馏塔、丙烯精馏塔、脱丁烷塔的流程与 Lummus 类似，但操作条件略有不同。最大的特点是脱甲烷系统采用预切割与油吸收相结合的方式，进行脱甲烷和回收油吸收塔尾气中乙烯。

惠生的前脱丙烷流程工艺流程将 DMTO 单元来的反应气进行四段压缩，达到预切割塔-油吸收塔的操作要求。

预切割塔塔顶气直接进油吸收塔下方，油吸收塔底物料作为预切割塔的回流。来自 1♯丙烯精馏塔底的丙烷作为吸收剂经冷却、激冷后返回油吸收塔顶作为回流回收尾气中的乙烯。油吸收塔塔顶气经-40℃丙烯冷剂冷凝，还有少量回流返塔。预切割-吸收系统在开工期间需要外来丙烯或 C_3 吸收剂配合，才能尽快达到预切割塔和油吸收塔的内循环。

预切割塔和油吸收塔都有 C_2、C_3 组分。预切割塔的塔底采用反应气压缩第四段出口气体作为重沸器热源。

分离流程中需要反应气压缩机阻聚剂、黄油抑制剂、C_3 阻聚剂、C_4 产品阻聚剂等化学药剂，以及冷火炬和热火炬系统。

工艺流程采用四段闭环的丙烯制冷压缩系统，为工艺过程中各用户提供 18℃、2℃、-25℃、-40℃四个温位等级的冷量。其中，反应气干燥系统前、高低压脱丙烷系统等用户需要 7℃冷剂，脱乙烷塔冷凝器等用户需要 -25℃冷剂，脱甲烷系统和乙烯精馏塔冷凝器等用户需要 -40℃冷剂。

第三节　DMTO 原料、产品、催化剂及助剂

DMTO 的原料为甲醇，可以含有一定量的水。目的产品为乙烯、丙烯和丁烯，同时副产甲烷、乙烷、丙烷、丁烷以及 C_5 以上烃类组分；催化剂为 DMTO 专用催化剂——甲醇制烯烃催化剂 D803C-II 01。

一、DMTO 装置的原料

1. 甲醇（CH_3OH）

原料甲醇质量严格要求碱度、碱金属、总金属含量等指标，对水含量不做特殊要求。水的存在不仅可以起到热载体的作用，有利于反应热的及时导出，而且还可与烯烃中间产物在活性中心上竞争吸附，促使烯烃及时从反应区逸出，提高烯烃选择性；同时水的存在还降低了分压，也有利于低碳烯烃的生成。在 DMTO 反应过程中，需要向反应器加入蒸汽，原理上甲醇水含量可以很高，但为了确保经济合理，控制反应器中蒸汽含量为一定值，DMTO 工艺控制进反应器水含量约为 20%（质量分数）。同时要求进入 MTO 装置界区的原料甲醇含水量为稳定值。甲醇原料规格具体要求见表 7-4-1。

在甲醇原料规格要求中，碱金属含量指标和总金属含量指标对保障催化剂性能和烯烃产品质量至关重要。若这些金属含量超标，会对催化剂的性能造成不可恢复的影响。金属在催化剂中积累是渐进的过程，金属含量超标在很多时候并不立即体现在催化剂性能和反应结果上，但到了一定程度之后则发展成为无法挽回的结果，因此金属含量指标应优先予以保证。

表 7-4-1　原料甲醇规格要求(符合国家一级品指标外)

内容	数值
色度(Pt-Co)	≤5
高锰酸钾试验	≥30
水溶性试验	澄清
羰基化合物(以 HCOH 计,质量分数)/%	≤0.005
蒸发残渣含量(质量分数)/%	≤0.003
酸度(以 HCOOH 计,质量分数)/%	≤0.003
碱度(以 NH_3 计,质量分数)/%	≤0.0008
总氨氮含量(质量分数)[①]	≤1×10^{-6}
碱金属含量(质量分数)[①]	≤0.1×10^{-6}

续表

内容	数值
总金属含量（质量分数）[1]	≤0.5×10⁻⁶

[1] 必须严格达到标准。

　　煤基甲醇中水含量提高，可使甲醇生产工艺流程有所简化。除金属外，进入 DMTO 装置中的甲醇如没有达到表 7-4-1 中的要求，重组分、含氧化合物等也会对 MTO 反应产生一定的副作用，增加含氧物、炔烃及二烯烃在产物中的含量，会影响后续产品分离及杂质的脱除，严重者甚至会影响聚合级乙烯、丙烯的产品质量。

2. 工艺水和工艺蒸汽

　　配入原料和以蒸汽方式进入反应-再生系统的水，包括任何其他可能与催化剂接触的液态或气态水，应符合表 7-4-2 中所列指标，以确保催化剂性能的长期稳定。

表 7-4-2　工艺水和工艺蒸汽指标

项目	指标	备注
25℃ 的电导率/(μs/cm)	≤0.3	
Na^+/(μg/L)	≤10	
含氧量/(μg/L)	≤15	

二、DMTO 催化剂和惰性剂

　　DMTO 专用催化剂为 D803C-Ⅱ01，其主要性质见表 7-4-3。

表 7-4-3　DMTO 专用催化剂（D803C-Ⅱ01）的主要性质

项　　目		指标
比表面积/(cm^2/g)		≥180
孔体积/(cm^3/g)		≥0.15
密度	沉降密度/(g/cm^3)	0.6～0.8
	密实堆积密度/(g/cm^3)	0.7～0.9
	颗粒密度/(g/cm^3)	1.5～1.8
	骨架密度/(g/cm^3)	2.2～2.8
磨损率/%		≤2
粒度	≤20μm/%	≤5
	20～40μm/%	≤10
	40～80μm/%	30～50
	80～110μm/%	10～30
	110～150μm/%	10～30
	≥150μm/%	≤20
反应性能	反应寿命/min	≥120
	乙烯加丙烯最佳选择性（质量分数）/%	≥86.5

三、产品规格

1. 主要产品

（1）乙烯（$CH_2=CH_2$）　　DMTO 装置生产的乙烯可以根据下游乙烯的用途确定乙烯产品的规格。大体上分为聚合级乙烯和生产乙二醇的乙烯，表 7-4-4 为工业乙烯 GB/T 7715—2014 的指标要求和试验方法。

表 7-4-4　工业用乙烯的技术要求和试验方法（GB/T 7715—2014）

序号	项目		指标		试验方法
			优等品	一等品	
1	乙烯含量/%	≥	99.95	99.90	GT/T 3391
2	甲烷和乙烷含量/(mL/m³)	≤	500	1000	GT/T 3391
3	C_3 和 C_3 以上含量/(mL/m³)	≤	10	50	GT/T 3391
4	一氧化碳含/(mL/m³)	≤	1	3	GT/T 3394
5	二氧化碳含/(mL/m³)	≤	5	10	GT/T 3394
6	氢含量/(mL/m³)	≤	5	10	GT/T 3393
7	氧含量/(mL/m³)	≤	2	5	GT/T 3396
8	乙炔含量/(mL/m³)	≤	3	6	GT/T3391[①] GT/T3394[①]
9	硫含量/(mg/kg)	≤	1	1	GB/T11141—2014[②]
10	水含量/(mL/m³)	≤	5	10	GT/T 3727
11	甲醇含量/(mg/kg)	≤	5	5	GT/T 12701
12	二甲醚含量/(mg/kg)	≤	1	2	GT/T 12701[③]

① 在有异议时，以 GB/T 3394 测定结果为准。
② 在有异议时，以 GB/T 11141—2014 中的紫外荧光法测定结果为准。
③ 蒸汽裂解工艺对该项目不做要求。

（2）丙烯（$CH_2=CHCH_3$）　　丙烯是重要的石油化工基础原料之一，主要用于生产聚丙烯、丙烯腈、环氧丙烷等化工产品。丙烯的下游加工一般有多种方案，除用于生产聚丙烯外还可生产以下产品。

① 丙烯加成反应：加次氯酸生成氯丙醇，进一步生产环氧丙烷；加水生成异丙醇。

② 丙烯氧化反应：生成环氧丙烷、丙烯醛、丙烯酸、丙酮、丙烯腈等。

③ 丙烯氯化反应：生成 3-氯丙烯（进一步生产甘油、树脂）、1，2-二氯丙烯。

④ 丙烯聚合反应：二聚生成 4 甲基-2 戊烯（进一步生产塑料）、2 甲基-1 戊烯（进一步生产橡胶）；三聚生成三聚丙烯（进一步生产增塑剂、洗涤剂）；四聚生成四聚丙烯（进一步生产洗涤剂）；多聚生产聚丙烯塑料；共聚生成乙丙橡胶。

⑤ 丙烯羰基合成生成丁醛（进一步生成增塑剂）。

⑥ 丙烯与苯烷基化反应生成异丙苯（进一步生产苯酚、丙酮）。

聚合级丙烯的技术要求和试验方法（GB/T 7716—2014）见表 7-4-5。

表 7-4-5 聚合级丙烯的技术要求和试验方法（GB/T 7716—2014）

序号	项目		指标			试验方法
			优等品	一等品	合格品	
1	丙烯含量/%	≥	99.6	99.2	98.6	GT/T 3392
2	烷烃含量/%		报告	报告	报告	GT/T 3392
3	乙烯含量/(mL/m³)	≤	20	50	100	GT/T 3392
4	乙炔含量/(mL/m³)	≤	2	5	5	GT/T 3394
5	(甲基乙炔＋丙二烯)含量/(mL/m³)	≤	5	10	20	GT/T 3392
6	氧含量/(mL/m³)	≤	5	10	10	GT/T 3396
7	一氧化碳含量/(mL/m³)	≤	2	5	5	GT/T 3394
8	二氧化碳含量/(mL/m³)	≤	5	10	10	GT/T 3394
9	(丁烯＋丁二烯)含量/(mL/m³)	≤	5	20	20	GT/T 3392
10	硫含量/(mg/kg)	≤	1	5	8	GB/T 11141[①]
11	水含量/(mL/m³)	≤	10		双方协定	GT/T 3727[②]
12	甲醇含量/(mg/kg)	≤	10		10	GT/T 12701
13	二甲醚含量/(mg/kg)	≤	2	5	报告	GT/T 12701[③]

① 在有异议时，以 GB/T11141—2014 中的紫外荧光法测定结果为准。

② 该指标也可以由供需双方协定确定。

③ 该项目适用于甲醇制烯烃、甲醇制丙烯工艺。

（3）混合碳四 在 DMTO 反应产物中，混合碳四的产率约占烃类产品的 10% 左右，其中约 95% 是烯烃，主要为反-2-丁烯、顺-2-丁烯、1-丁烯等，多为直链烯烃，其典型 C_4 组成见表 7-4-6，是很好的精细化工原料。C_4 烯烃也可以进一步转化为乙烯和丙烯，目前 MTO 混合碳四制烯烃技术主要为大连化物所等单位开发的 DMTO-Ⅱ技术、Lummus 公司的丁烯与乙烯制丙烯（OCU）技术和 UOP 公司的 OCP 技术。

表 7-4-6 DMTO 装置典型的 C_4 组成

组分	质量分数/%	组分	质量分数/%
丙烯	<0.01	反-2-丁烯	32.62
丙烷	<0.01	1,3-丁二烯	1.18
正丁烯	27.93	正丁烷	5.10
异丁烯	4.55	异丁烷	0.24
顺-2-丁烯	28.34	C_{5+}	<0.01

2. 副产品

（1）净化水 甲醇转化烯烃过程中会产生大量的水，水是 DMTO 反应的主要副产品，加上 DMTO 反应器外补蒸汽和水约为甲醇原料的 20%，因此，DMTO 反应气体产物中约含有 75% 以上的水。由于水中含有少量未转化的甲醇和二甲醚以及微量的醛、酮等含氧化合物，且水中还会有少量的催化剂细粉，使得这部分净化水在经过汽提后的再利用存在一定的难度。目前脱除大部分有机化合物的净化水（含甲醇 $100×10^{-6}$）一般可送至煤气化装置回用，其余的净化水送污水处理厂进行生化处理。

（2）焦炭 甲醇转化为低碳烯烃的反应，在以分子筛为催化剂时不能避免结焦的产生。催化剂结焦是造成其失活的主要原因。通过优化工艺条件可以减少结焦，降低焦炭产率，提高原料利用率，但不能完全避免。MTO反应产生的焦炭在再生器中烧掉，焦炭燃烧放出的热量可用于产生 4.0MPa 的蒸汽。

第四节 煤（甲醇）制烯烃工业装置

随着甲醇制烯烃技术开发的成熟以及首套商业化装置的成功运行，煤（甲醇）制烯烃路线成本优势明显，因而获得了快速的发展，2015年底，中国已建成煤（甲醇）制烯烃，产能862万吨，产量648万吨。已经签署 DMTO 技术许可合同 22 套，合计烯烃生产能力1126万吨。与此同时 UOP/Hydro MTO/OCP 技术、中石化 SMTO 技术、德国 Lurgi MTP 技术都有工业化应用业绩，见表 7-4-7。已建成和在建的 MTO 装置 35 套，总产能 1808 万吨。已经构成了烯烃生产不可或缺的一部分，在此对各种技术的工业化装置做一简单介绍。

表 7-4-8 为各专利商甲醇制烯烃应用情况。

表 7-4-7 采用 DMTO 技术的烯烃项目基本情况

序号	项目名称	建设地点	原料	规模/（万吨烯烃/年）	合同启动时间	开车时间	备注
（一）项目应用领域：煤制烯烃项目							
1	神华包头	包头市九原区新型工业基地	煤基甲醇	60	2007.3	2010.8	已考核
2	延长靖边	陕西省榆林市靖边化工园区	煤气基甲醇	60	2008.1	2014.6	已考核
3	中煤榆林	陕西省榆横煤化学工业区	煤基甲醇	60	2011.7	2014.7	已考核
4	蒲城能化	陕西省渭南市蒲城县	煤基甲醇	67	2010.12	2014.12	DMTO-Ⅱ
5	中煤蒙大	鄂尔多斯乌审召化工项目区	煤气基甲醇	60	2012.7		
6	神华榆林	榆林市榆神工业区清水煤化学工业园	煤基甲醇	60	2012.3	2015.10	
7	青海大美	西宁（国家级）经济技术开发区甘河工业园区	煤基甲醇、天然气基甲醇	60	2012.7		
8	延长延安	陕西省延安市富县	煤气基甲醇	60	2011.3		
9	青海矿业	青海乌兰工业园	煤基甲醇、焦炉气甲醇	60	2013.9		
（二）项目应用领域：外购甲醇发展精细化学品行业							
10	宁波富德	宁波石化经济技术开发区	外购甲醇	60	2010.6	2013.1	已考核
11	山东神达	滕州市鲁南高科技化工园区	外购甲醇	33	2010.2	2014.11	已考核
12	浙江兴兴	浙江嘉兴港区	外购甲醇	60	2011.3	2015.4	
13	富德常州	江苏省常州市新北工业园区	外购甲醇	33	2012.6		
（三）项目应用领域：聚氯乙烯(PVC)产业升级							
14	青海盐湖	青海省格尔木市	煤基甲醇	33	2010.4		
（四）项目应用领域：焦化行业深加工							

续表

序号	项目名称	建设地点	原料	规模/(万吨烯烃/年)	合同启动时间	开车时间	备注
15	宁夏宝丰	宁夏灵武市宁东镇临河工业园区	煤基甲醇、焦炉气甲醇	60×2	2011.7	2014.10	
16	山西焦化	山西省洪洞县广胜寺镇	焦炉气甲醇、外购甲醇	60	2012.5	2015.11	

表 7-4-8 各专利商甲醇制烯烃应用情况

专利商	装置数量	烯烃产能/(万吨/年)	项目地点或名称
DMTO	22	1126	见表 7-4-7
SMTO	5	200+120	河南濮阳,贵州毕节,安徽,山西兰花,内蒙古中天合创
UOP MTO/OCP	4	202	南京惠生,阳煤恒通,内蒙古久泰,连云港斯尔邦
Lurgi MTP	3	140	大唐多伦,神华宁煤一期、二期
FMTP	1	20	甘肃华亭
总计	35	1808	—

第五节 消耗定额和综合能耗

一、消耗定额

由于各 DMTO 装置的公用工程条件不同,装置的水、电、蒸汽、风的消耗定额不尽相同,根据 DMTO 装置设计和装置运行考核的统计给出一组典型数据。见表 7-4-9。

表 7-4-9 DMTO 装置消耗指标(以 1t 甲醇计)

序号	项目	消耗量(单位消耗)
1	循环水/(t/t)	80.68
2	除氧水/除盐水/(t/t)	0.245
3	电/(kW·h/t)	32.19
4	LLS 蒸汽/(t/t)	0.277
5	LS 蒸汽/(t/t)	0.437
6	MS/HS 蒸汽/(t/t)	0.524
7	非净化风/(m³/t)	11.7~21.2
8	净化风/(m³/t)	5.5~9.7
9	氮气/(m³/t)	101.5
10	燃料气/(m³/t)	0.828
11	凝结水/(t/t)	−0.786

由于 DMTO 机组使用的蒸汽等级和汽轮机采用的形式不同,对于具体的装置其蒸汽消

耗会有较大差别，表中数据仅供参考。而表中的除氧水/除盐水的消耗会随着装置产汽量的变化而变化，循环水的耗量则和循环水厂的温差有很大关系。

二、综合能耗

DMTO 装置能耗指标来源于国家标准 GB/T 50441—2016《石油化工设计能耗计算标准》，其中焦炭能耗指标为焦炭燃烧热的计算值，电和新鲜水的能耗指标采用 GB 30251—2013《炼油单位产品能耗消耗限额》。DMTO 装置平均能耗为 13284MJ/t（乙烯＋丙烯），折 453.3kg 标煤。

三、DMTO-Ⅰ 示范项目运行考核数据

1. 神华包头 60 万吨煤制烯烃示范项目

该项目采用 DMTO 一代技术。2010 年 8 月建成投产，2012 年 5 月通过 72h 考核，2014 年 6 月通过竣工验收。2013～2014 年两年平均负荷率 90.86%，最高月负荷达 103.5%；平均营业收入 59.5 亿元，利润 14.1 亿元。示范项目取得圆满成功。DMTO-Ⅰ 装置运行考核数据见表 7-4-10。

表 7-4-10　DMTO-Ⅰ 装置运行考核数据[以（乙烯＋丙烯）计]

序号	名称	设计值	考核值	备注
1	（乙烯＋丙烯）耗甲醇/(t/t)	2.97	2.96	甲醇 99.8%
2	（乙烯＋丙烯＋C_4）耗甲醇/(t/t)		2.53	
3	（乙烯＋丙烯）耗催化剂/(kg/t)	0.75	0.741	
4	甲醇转化率/%	99.9	99.99	
5	（乙烯＋丙烯）选择性/%	78.5	78.42	
6	（乙烯＋丙烯＋C_4）选择性/%	89.6	89.82	
7	聚烯烃产品耗原煤/(t/t)	5.09	5.33	含甲醇耗煤
8	聚烯烃产品耗燃煤/(t/t)	1.93	1.92	含甲醇耗煤
9	聚烯烃产品耗原水/(t/t)		32.51	含甲醇耗水
10	聚烯烃产品耗电/(kW·h/t)	94.5	95.3	
11	聚烯烃产量(3d 平均)/(t/d)	1800	1772	负荷率 98.5%

注：设计冷却水进出水温差 10℃，实际运行温差 5.4～7.5℃，耗水量偏大。

生产考核期间，MTO 装置甲醇转化率 99.99%，（乙烯＋丙烯）选择性 78.42%，（乙烯＋丙烯＋C_4）的选择性 89.82%。商业化装置运行平稳，达到和超过了项目示范预期。

2. 中煤陕西公司 $60×10^4$t 煤（甲醇）制烯烃项目

该项目于 2014 年 8 月建成投产，2015 年生产聚烯烃（PP＋PE）$68.4×10^4$t，生产负荷达 114%，超过设计能力。

（1）中煤陕西公司 2016 年烯烃项目运行小结

主要产品产量见表 7-4-11。

表 7-4-11 主要产品产量

序号	产品名称		设计产能/10^4t	产量/10^4t	负荷率/%	年运行时长/h	备注
	聚烯烃		60.0	70.93	118.2	8783.0	
	其中	聚乙烯	30.0	36.06	120.2	8650.0	
		聚丙烯	30.0	34.87	116.23	8552.0	
2	甲醇		180	191.8	106.56	8382.0	更换甲醇催化剂
3	碳四			8.11		7100.0	
4	碳五			4.88		7100.0	
5	丙烷			2.02		7100.0	
6	丁烯-1			2.73		7100.0	
7	MTBE			0.91			
8	硫黄			4.85			
9	发电量		11.40×10^8kW·h	11.326×10^8kW·h	99.35	8376/7608	

（2）主要生产装置运行天数

① 甲醇运行 349d，MTO 运行 366d，聚乙烯运行 360d，聚丙烯运行 356d。平均超过设计运行 333.3d 的指标。

② 装置共 4 台发电机组，轮流检修，最长运行 349d，最短运行 317d。

第六节 DMTO-Ⅱ示范项目运行情况

一、DMTO-Ⅱ技术简介

DMTO-Ⅱ是在 DMTO 基础上将 DMTO 装置气体产物中的 C_{4+} 组分进行回炼，提高（乙烯＋丙烯）收率，称为二代技术，兼有 DMTO 的技术特征，并具有以下新的特征。

① 甲醇转化反应与 C_4 裂解反应采用同一种催化剂。在保障甲醇转化效果的同时实现高选择性催化裂化，显著提高了（乙烯＋丙烯）的选择性。

② 甲醇转化和催化裂解均采用流化反应方式，分别在不同反应区进行，可以共用一台再生器，耦合构成相互联系的完整生产系统。实际工业生产装置中采用了"两反两再"的流程设置，以减少 DMTO 反应和 C_{4+} 回炼之间的相互影响。

二、产品方案及规模

陕西煤业化工集团在蒲城渭北煤化园区建设的 180 万吨甲醇、70 万吨聚烯烃示范项目采用的是 DMTO-Ⅱ技术。该项目以煤为原料，采用 8.7MPa 水煤浆加压气化炉制备粗合成气，经变换、净化、合成生产出粗甲醇，精馏得到 DMTO 级甲醇，再经过 DMTO-Ⅱ、烯烃分离、聚合等工艺过程生产聚乙烯、聚丙烯产品，副产混合 C_4、C_5 及以上馏分、硫黄等产品。

设计规模为年产 180×10^4t 甲醇（中间产品）、70×10^4t 聚烯烃。

DMTO-Ⅱ装置现场照片见图 7-4-10。

图 7-4-10　DMTO-Ⅱ装置现场照片

三、主要生产装置构成

生产装置主要包括年产 $180×10^4$ t 甲醇装置、$70×10^4$ t DMTO-Ⅱ烃装置、$30×10^4$ t 聚乙烯装置、$40×10^4$ t 聚丙烯装置。DMTO-Ⅱ装置现场照片见图 7-4-10。主要装置组成见表 7-4-12。

表 7-4-12　装置组成表

序号	生产装置	系列数量	备注
一	甲醇		
1	气化（水煤浆）	6(4+2)	气化压力 8.7 MPa
2	变换	2	
3	净化	2	
4	硫回收	1	
5	甲醇合成	2	单系列 90 万吨/年
6	甲醇精馏	1	
7	空分	3	单系列 80000 m³/h
二	DMTO-Ⅱ＋烯烃分离	1	
三	聚乙烯	1	全密度聚乙烯
四	聚丙烯	1	均聚、共聚聚丙烯

四、主要设备

（1）气化装置主要设备　气化炉、碳洗塔、变换炉等，其中气化炉气化压力 8.7MPa，直径 4m，高 22m。

（2）净化装置主要设备　甲醇洗涤塔、再生塔、甲醇贫液泵等，其中甲醇洗涤塔内径 3.80m，高 83.75m，净重 1135t，操作压力 7.61MPa（A）。

（3）甲醇合成装置主要设备　甲醇合成塔、精馏塔及循环气压缩机组，其中甲醇合成塔壳体内径 4.4m，高 19.35m，空重 374t。

（4）DMTO 及烯烃分离装置主要设备　DMTO 反应器、C$_4$ 反应器、第一再生器、第二再生器、烯烃分离及精馏塔等。

（5）聚乙烯装置主要设备　循环气压缩机、反应器、脱气仓及挤压造粒机等。其中反应器全容积约 909m^3，脱气仓全容积约 1224m^3。

（6）聚丙烯装置主要设备　循环气压缩机、排放气压缩机、环管反应器、轴流泵、挤压造粒机等，其中环管反应器、轴流泵均为世界最大。

五、主要原料、燃料消耗

原料煤约 300 万吨/年，燃料煤约 75 万吨/年。1t 烯烃耗煤 5.357t。

六、占地面积、定员

厂区占地约 3500 亩，定员 1300 人。

七、投资概算

项目总投资约 185 亿元，其中建设投资 170 亿元。

八、运行情况

2012 年开工建设，2014 年底产出合格聚乙烯、聚丙烯。

2015 年 10 月甲醇、DMTO 及烯烃分离实现满负荷运行。

2016 年正式进行商业化运营，生产平稳，各装置超过设计负荷。

第五章
煤（甲醇）制丙烯（MTP）技术及示范项目

丙烯是重要的有机化工原料，目前其主要来源于石油蒸汽裂解和重油催化裂化（FCC）过程。随着石油资源的日益紧缺，寻求非石油基的丙烯制备工艺迫在眉睫。近几年，甲醇制丙烯（MTP）技术备受重视。据《烯烃工业"十二五"发展规划》预测，到 2015 年，我国丙烯当量需求量约 28 Mt/a，但产能仅为 24 Mt/a，无法满足快速增长的需求，因此迫切需要发展非石油基的丙烯制备工艺。随着煤基甲醇装置的大型化，甲醇的生产成本愈加降低，以甲醇为源头的"碳一"化工备受国内外学者和投资者关注，其中尤以煤基甲醇制烯烃技术备受瞩目。迄今为止，已经实现工业化的甲醇制烯烃技术有 UOP/Hydro 的 MTO 工艺、中石化的 SMTO 工艺、中国科学院大连化学物理研究所的 DMTO 技术和德国 Lurgi 的 MTP工艺。其中 MTO、SMTO 及 DMTO 工艺均以低碳烯烃为目标产物，无法实现高选择性生产丙烯的目标，而 MTP 工艺以生产丙烯为主，且在国内成功工业化，实现了以煤为原料高选择性地生产丙烯的目标，适合我国多煤少油的能源现状，是满足我国丙烯需求快速增长的理想方案。因此，发展 MTP 工艺及其催化剂是我国煤化工领域重点发展方向之一。

第一节　MTP 技术现状

一、Lurgi MTP 技术

2001 年，德国 Lurgi 公司开发了以丙烯为目标产物的 MTP 工艺，该工艺以蒸汽为惰性稀释物，通过转化甲醇、二甲醚混合物生产丙烯。2003 年 9 月，Lurgi 在挪威国家石油公司（Statoil）的 MTP 示范装置上证实了该工艺的可行性，截至 2008 年，已累计完成 11000 h 稳定性实验。2004 年 Lurgi 公司专利公布了其开发的 MTP 反应器。该反应器直径约 12.7 m，分为 6 层，每层高 260～500 mm，从上到下床层高逐渐增加，催化剂水平布置。反应器内催化剂采用德国南方化学（Süd-Chemie）公司专利生产的 ZSM-5 分子筛，其中硅铝（Si/Al）原子比至少为 50、碱金属含量小于 380×10^{-6} g/g 催化剂、比表面积为 $300 \sim 600$ m²/g、孔容积为 $0.3 \sim 0.8$ cm³/g。且在 100％甲醇转化率下，对乙烯的选择性不小于 5％，对丙烯的选择性不小于 35％，所产丙烯质量达到聚合级。

在工业化方面，中国大唐国际发电有限公司和神华宁夏煤业集团先后从德国 Lurgi 公司引进 MTP 技术，并建成了年产丙烯 47.4×10^4 t 的 MTP 装置，其中神华宁夏煤业集团项目已于 2010 年成功开车。2011～2013 年，神华宁煤集团对 MTP 工艺进行了工艺改造和技术优化，实现了装置的"安、稳、长、满、优"运行。在此基础上，将该技术成果成功应用到第二套 47.4×10^4 t/a MTP 项目，并于 2014 年 8 月一次性投料试车成功，实现 110％负荷运行。

目前，Lurgi MTP 技术在国内成功应用并不断优化，实现了以煤为原料高选择性地生产低碳烯烃的目标，其主要产物为丙烯，易实现聚丙烯联产等优势，适合我国多煤、少气、缺油的碳资源结构，市场前景广阔。

二、清华大学 FMTP 技术

流化床甲醇制烯烃（FMTP）是清华大学开发的甲醇制丙烯技术，采用独特的双层气-固逆流接触流化床反应器，以降低反应物料返混，抑制氢转移、烯烃聚合等副反应为目标。FMTP 技术采用的催化剂系其自主研发的 CHA 和 AER 混合交生相 SAPO 分子筛催化剂。甲醇先进行 MTO 反应，然后生成的产物进一步发生乙烯和丁烯歧化反应（EBTP），最终产物汇总后进入分离工段，分离出丙烯产品，其余组分循环回 EBTP 反应器继续反应。催化剂顺次通过 EBTP、MTO 反应器，经汽提后进入再生器烧焦。再生后催化剂返回反应器以实现连续反应-再生。2008 年，清华大学与中国化学工程集团公司、安徽淮化集团合作，在安徽淮南建成了一套甲醇加工能力 3×10^4 t/a 的 FMTP 工业试验装置。同年 10 月 9 日进行了流态化试车，经过 470 h 满负荷连续运行，获得了预期成果。该技术可调节丙烯/乙烯比例，从 1.2:1 到 1:0（全丙烯产出）均可实现。利用该技术生产以丙烯为目标产物的烯烃产品，丙烯总收率可达 77％，原料甲醇消耗为 3t/t 丙烯；利用该技术生产以丙烯为主的烯烃产品，双烯（乙烯＋丙烯）总收率可达 88％，原料甲醇消耗为 2.6t/t 双烯。2014 年 8 月，华亭煤业集团年采用 FMTP 技术，开工建设 60×10^4 t/a 甲醇制 20×10^4 t 聚丙烯科技示范项目。

三、上海石化院 SMTP 技术

SMTP 技术是上海石油化工研究院开发的以甲醇为原料，选择性生产丙烯的新技术。SMTP 工艺以层式固定床反应器为主，结合层间进料技术，在改性 ZSM-5 分子筛催化剂上可将甲醇高选择性地转化为丙烯。SMTP 工艺使用了两种不同的催化剂，预反应器中使用高活性氧化铝催化剂，在 $200 \sim 300℃$ 的条件下，把甲醇转化为二甲醚；主反应器采用改性的 ZSM-5 分子筛催化剂，在 $400 \sim 500℃$ 的条件下，把二甲醚高选择性地转化为丙烯。2008 年 1 月，上海石油化工研究院建成一套甲醇处理能力 100 t/a 的 SMTP 中试装置，并完成了中试工作。中试期间，甲醇转化率为 99.8％，丙烯单程选择性为 38％～40％；在 C_4 组分模拟循环的条件下，丙烯选择性为 66％～70％，催化剂再生周期大于 30 天。2012 年 12 月，上海石油化工研究院联合中石化上海工程公司等单位建成了 5000 t/a 甲醇制丙烯工业侧线试验装置，并完成了工业侧线试验。在工业侧线试验基础上，开发了 180×10^4 t/a 甲醇 SMTP 成套技术工艺包。该工艺包采用中石化自主研发的高性能 DME 及 SMTP 催化剂。

第二节 MTP 技术特点

一、反应历程

甲醇制丙烯是一个连续复杂的反应过程。在分子筛催化剂孔道内，甲醇首先脱水生成二甲醚，然后二甲醚与甲醇的平衡混合物继续转化为以乙烯和丙烯为主的低碳烯烃。生成的低碳烯烃通过缩聚、裂解、环化、脱氢、烷基化、氢转移等反应进一步生成烷烃、芳烃及高碳烯烃甚至生焦结炭，而生成的烷烃、芳烃及高碳烯烃可进一步裂解成低碳烯烃，影响低碳烯烃的收率。根据正碳离子机理，甲醇转化为烯烃的反应途径可描述如下：

$$\text{CH}_3\text{OH} \longrightarrow \begin{array}{c} \text{CH}_3\text{OCH}_3 \\ \text{H}_2\text{O} \\ \text{CH}_3\text{OH} \end{array} \begin{array}{c} \overset{k_1}{\nearrow} \ \text{C}_2\text{H}_4 \ \overset{k_3}{\searrow} \\ \\ \overset{k_2}{\searrow} \ \text{C}_3\text{H}_6 \ \overset{k_4}{\nearrow} \end{array} \text{高碳烯烃} \longrightarrow \text{烷烃和芳烃}$$

由反应历程可知，可以通过调控反应过程中的相关控制因素来提高低碳烯烃的选择性。在以丙烯为目标的甲醇转化反应中，为了增加丙烯的选择性，就必须借助反应过程中化学热力学和动力学上的有利条件，阻止其进一步发生二次反应转化为非目标产物，如较高的反应温度及较低的转化深度、添加惰性稀释物、降低甲醇分压以促进低碳烯烃脱附和抑制双分子的氢转移反应等可以达到一定的效果，但根本途径在于催化剂性能的改进，以抑制链增长及提高二次裂解反应等，增加低碳烯烃的收率。因此提高丙烯选择性的关键在于选择催化性能优异的催化剂。

二、影响因素

1. 反应温度

工艺条件对 MTP 反应产物的分布影响非常明显，尤其是温度。甲醇在 ZSM-5 分子筛上转化时，由于活化能不同，不同反应的速率常数随温度变化的趋势存在差异，故调节温度可改变各反应的相对速率，达到使反应朝预期方向进行的效果。在改性 ZSM-5/ZSM-11 复合分子筛上，随着反应温度的提高，甲醇在催化剂上转化产物发生明显变化，低碳烯烃的选择性呈上升趋势（图 7-5-1）。但丙烯和丁烯的选择性随着温度上升出现最大值，说明在 MTP 反应中并不是温度越高越好，存在最佳值。大量研究结果表明：一方面，提高温度有利于提高丙烯的选择性，尤其在高硅铝比分子筛催化剂表现更明显；另一方面，高温可以弥补高硅铝催化剂活性降低的不利因素。但过高的温度有可能导致烯烃收率下降，催化剂失活加快。这是由于甲醇制烯烃是一个复杂的反应，反应温度过高，生成芳烃的趋势增强，所以在一定温度之后烯烃的选择性开始下降。因此在固定床 MTP 反应中严格控制反应温度对提高丙烯选择性极其重要。

2. 反应分压

由于 MTP 反应是体积增大过程，因此降低反应体系压力有利于增加低碳烯烃的选择性（图 7-5-2）。一般采用加入惰性稀释物的方法来降低甲醇分压，从而达到提高丙烯选择性的

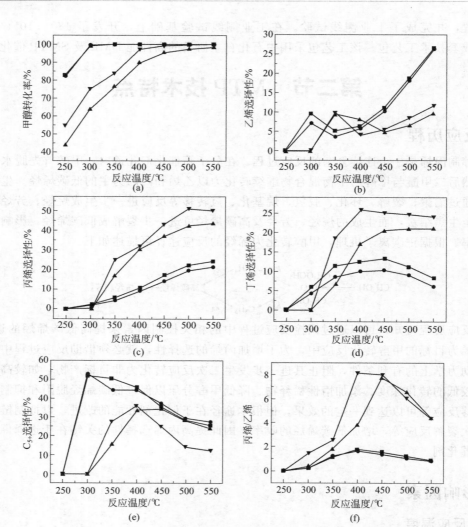

图 7-5-1 反应温度对甲醇转化率和产物选择性的影响

■ ZSM-5；● ZSM-11；▲ 4P-ZSM-5；▼ 4P-ZSM-5/ZSM-11

目的。注入稀释气主要有两个方面作用：一方面，降低甲醇分压，减少了产物在催化剂孔道中停留的时间，减缓了丙烯和乙烯发生二次反应；另一方面随着甲醇分压降低，产物分子的扩散能力下降，产物分子从一孔道中扩散出来后，更多的烯烃产物分子将沿着分子筛晶粒之间的空隙扩散出催化剂，而不是进入其他晶粒中继续反应，抑制了烯烃产物的二次反应。两种因素共同促进甲醇向低碳烯烃转化。研究表明：一方面，降低甲醇分压主要影响后续的脱氢和芳构化等二次反应，进而延缓了积炭速率；另一方面，降低原料的分压可显著地提高低碳烯烃，尤其丙烯的选择性。对 N_2、水蒸气、CO、CO_2 及合成气等稀释气对甲醇转化制低碳烯烃反应的影响研究结果表明，水蒸气作为稀释气最佳。

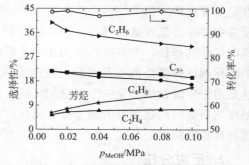

图 7-5-2 原料分压对甲醇转化率和产物选择性的影响

水蒸气的注入在降低甲醇及产物分压的同时，与反应体系中的分子在酸性催化剂上进行竞争吸附，抑制烯烃在酸性位上聚合形成积炭，减缓焦炭的生成速率，降低焦炭产率。但注水量不是越多越好，因为注水量越高，水分子占有的活性位就越多，对反应就越不利，从而降低了催化剂生产能力，而且注水量高，会加大对后续产品分离的实际操作难度。此外，甲醇转化为动力学控制的强放热反应（48.38～55.75 kJ/mol，400℃），水蒸气的加入又有利于反应热的及时导出。

3. 空速

增大空速降低甲醇转化率也可以提高低碳烯烃的选择性（表 7-5-1）。在 MTP 反应中，一部分乙烯和丙烯通过烷基化、聚合、环化、氢转移发生二次反应转化为高碳烃类，而二次反应的发生需要足够的接触时间，所以随着空速的提高，反应体系中的分子与催化剂活性中心接触时间减少，高碳烃类的选择性有所下降。相对而言，二甲醚的选择性随空速的提高是增加的，因为甲醇制烯烃反应中首先发生的是甲醇脱水生成二甲醚的反应，二次反应的减少必然导致二甲醚含量的增加。

表 7-5-1　甲醇进料空速对转化率和产物选择性的影响

项目	$LHSV/h^{-1}$		
	1080	108	1
产物分布（质量分数）/%			
水	8.9	33.0	56.0
甲醇	67.4	21.4	0.0
二甲醚	23.5	31.0	0.0
烃	0.2	14.6	44.0
转化率/%	9.1	47.5	100
烃分布/%			
甲烷	1.5	1.1	1.1
乙烷	—	0.1	0.6
乙烯	18.1	12.4	0.5
丙烷	2.0	2.5	16.2
丙烯	48.2	26.7	1.0
i-丁烷	13.8	6.5	18.7
n-丁烷		1.3	5.6
丁烯	11.9	15.8	1.3
C_5＋脂肪族化合物	4.4	27.0	14.0
芳香族化合物	—	6.6	41.4

在高空速和低甲醇分压下，甲醇的转化率降低。为了充分利用原料，未反应的甲醇必须经过分离、反复循环回反应器，导致能耗大、转化效率低。而通过提高反应温度提高转化率会引发剧烈放热，易使催化剂结炭失活。高温操作会引起深度裂解，降低收率，且易使催化剂结炭失活。由此可见，上述方法并不能从根本上解决问题，改善分子筛催化剂性能或开发新催化剂体系才是唯一出路。

4. 催化剂

目前研究结果表明，固定床 MTP 工艺是获得高选择性丙烯的理想工艺，而 ZSM-5 分子筛因具有丙烯选择性高、水热稳定性好等优点，成为最佳的 MTP 反应催化剂，因此，ZSM-5 分子筛合成及后处理已成为学者研究的重点。ZSM-5 分子筛催化甲醇转化反应的性能与其酸性和孔结构性能密切相关。在反应器、工艺参数确定的情况下，催化剂的硅铝比和晶粒大小等物理化学性质是影响 MTP 反应过程的主要因素。

（1）硅铝比 硅铝比是 ZSM-5 催化剂中一个非常重要的性能指标，ZSM-5 的诸多物理化学性质均与硅铝比相关。对于 MTP 反应，硅铝比不仅显著地影响到产物分布，而且决定目标烯烃的选择性（表 7-5-2）。对于不同硅铝比的 ZSM-5 分子筛，随着硅铝比的增大，乙烯的选择性降低而丙烯的选择性升高。反应机理研究表明，强 B 酸中心是丙烯发生齐聚反应和生成的齐聚物发生裂化反应生成乙烯的活性中心。硅铝比越大，强 B 酸中心越少，丙烯发生齐聚反应和生成的齐聚物发生裂化反应生成乙烯的活性中心也就越少，因此，伴随硅铝比的增大，乙烯的选择性降低而丙烯的选择性提高。研究表明，高硅铝比、高反应温度有利于提高低碳烯烃的选择性。通过系统地研究分子筛硅铝比对 MTP 反应中丙烯收率和丙烯/乙烯质量比（P/E）的影响发现：随着 ZSM-5 分子筛硅铝比的增加，催化剂酸性位浓度减少，从而引起乙烯和丙烯生成与消耗之间关系的变化，即随着 ZSM-5 酸性的降低，丙烯消耗速率常数下降程度大于其生成速率常数下降程度，而乙烯消耗速率下降程度却低于其生成速率常数下降程度。因此导致乙烯选择性随酸性减弱而单调下降，而丙烯选择性却随催化剂酸性减弱先增加，在硅铝比 120 时达到最大值（34.3%的丙烯收率，丙烯/乙烯质量比达到 4.0），之后下降。

表 7-5-2 不同硅铝比 ZSM-5 分子筛上 MTP 反应产物选择性

Si/Al	12	100	150	220	360
3 h 后转化率/%	100	100	100	100	99.5
20 h 后转化率/%	28.6	63.8	91.4	99.5	96.8
3 h 后产物选择性/%					
$C_{1\sim3}$	15.5	8.3	3.8	1.5	2.1
$C_2{=}$	8.0	8.1	7.7	7.5	7.9
$C_3{=}$	16.0	33.1	41.3	46.4	51.5
$C_4{=}$	6.6	9.3	14.8	18.3	17.5
C_4	15.6	11.1	9.2	7.2	7.6
$C_5 + C_5{=}$	9.6	9.7	9.4	9.5	5.8
$C_6 +$ 非芳烃	10.5	9.2	8.9	6.0	5.9
芳烃	18.2	11.3	5.0	3.6	1.7
$C_3{=}/C_2{=}$	2.0	4.1	5.4	6.2	6.5

注：反应条件：$T = 460℃$；$LHSV = 0.75 \ h^{-1}$；$p_{总} = 1 \ atm$；$MeOH：H_2O$（摩尔比）$=1：5$。

对于一个连续反应，中间产物的生成速率常数和消耗速率常数之间变化关系将决定其选择性。对于 MTP 反应，丙烯的选择性对催化剂的 B 酸量变化更敏感，而 B 酸随着硅铝比的增加呈下降趋势，因此，随着 ZSM-5 硅铝比增加，丙烯消耗速率常数迅速下降，弥补了由丙烯生成速率常数下降而引起的丙烯收率减少的趋势，导致丙烯选择性增加，而乙烯收率则主要由其生成速率常数决定，ZSM-5 硅铝比增加，样品酸性位浓度下降，乙烯生成速率常数下降，乙烯选择性降低。两者的相互作用导致丙烯的总消耗速率下降程度要比乙烯消耗速率大，丙烯/乙烯（P/E）比值增加。但是高硅铝比（＞144）后，这种变化趋势将变得不明显，而结构因素超过B酸成为主因。因此通过调控高硅铝比分子筛的硅铝比，进而调控P/E的空间有限，而通过增加催化剂中大孔、改善催化剂的扩散性能来提高丙烯和丁烯的选择性，或者通过表面修饰和催化剂制备等技术来提高MTP反应的选择性和催化剂稳定性。图7-5-3为ZSM-5硅铝比对乙烯和丙烯生成/消耗速率常数的影响。

催化剂的活性高低很大程度上取决于其表面酸性质。高硅铝比意味着分子筛具有更少的酸位，势必会降低催化剂的活性，因此，达到相同的甲醇转化率，需要更高的反应温度。另外，随着硅铝比的增加，分子筛的强酸位的酸强度有所下降，有利于丙烯选择性的提高，减少聚合等副反应的发生，提高原料的利用率。但不是硅铝比愈高愈有利。梁娟等研究了甲醇在硅铝比为120～752的分子筛催化剂上反应，结果发现：产物烃中 $C_2^=\sim C_4^=$ 最高可达81.5%（质量分数），但最佳值不是产生于硅铝比为752的样品上，而是在硅铝比为388时出现，可见不是硅铝比愈高愈有利。

（2）晶粒　甲醇是通过扩散作用进入分子筛内表面参与反应的。如果分子筛的晶粒尺寸太大，甲醇分子受到一定的阻力，较难进入分子筛的内表面，而只能在分子筛的外表面参与反应，会降低分子筛的表面利用率。另外，如果分子筛的晶粒尺寸太大，产物丙烯从分子筛孔内扩散出来的路径较长，停留时间也较长，会进一步反应转化成其他物质，不仅降低其收率，还会加速催化剂失活。因此，分子筛的晶粒尺寸是影响其催化性能的重要因素。

在MTP反应中，小晶粒的分子筛催化剂不仅活性高，丙烯选择性高，而且稳定性也好，主要是受分子筛晶内扩散的影响。因为甲醇转化的终产物为芳香烃和烷烃，烯烃是这一连串反应的中间产物，如果不能及时从分子筛内脱附出去，烯烃将会进一步反应。分子筛粒径越大，扩散距离越长，则连串反应发生程度就越深。随分子筛晶粒尺寸的减小，丙烯的收率和丙烯与乙烯质量比逐渐增大（图7-5-4）。晶粒尺寸越小，催化剂内有机活性中心物质生成速率和积累量越低，乙烯和丙烯生成能力越低，但晶粒尺寸的减小导致丙烯扩散阻力下降，丙烯消耗减少，在一定程度上弥补甚至逆转了丙烯收率下降趋势。而与丙烯相比，晶粒尺寸的减小对乙烯影响较小，乙烯收率主要由其生成能力决定，从而使得乙烯收率不断降低。

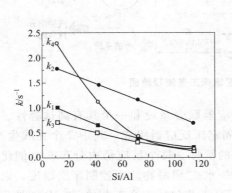

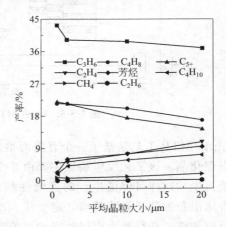

图 7-5-3　ZSM-5 硅铝比对乙烯和丙烯生成/消耗速率常数的影响

图 7-5-4　ZSM-5 分子筛晶粒大小对产物产率的影响

　　由于在 ZSM-5 分子筛上甲醇制丙烯反应受扩散限制影响严重，因此通过优化合成技术降低晶粒尺寸，可有效降低扩散影响程度，从而提高丙烯选择性和 P/E。因此，控制分子筛粒径是制备性能优异的 MTP 催化剂的关键环节。

三、工艺特点

　　对于 MTP 技术，可以选择固定床工艺和流化床工艺，也可以选择移动床等工艺。在 MTP 工艺中，由于甲醇转化反应是强放热过程，催化剂的结焦失活成为最大的问题，因此就必须采用较低的反应温度和较低的反应分压以减缓催化剂失活速率。在现有的技术条件下，采用绝热式固定床 MTP 工艺是获得高选择性丙烯的理想选择。一方面，在固定床反应器内用惰性气体稀释反应物的浓度、并提高惰性气体流量的方式可有效地带走反应热，调节催化剂床层温度。另一方面，固定床反应器规模放大简单，技术成熟。在 MTP 工艺设计中，可采用多段绝热段间间接换热或冷激换热的方式，以减少循环气量，同时以加入蒸汽和循环轻质烯烃的办法降低反应物的分压。为了进一步降低 MTP 反应器内的反应热，MTP 工艺可采用二步法生产丙烯，即将二甲醚作为甲醇制烯烃的中间步骤，可使催化剂稳定性和寿命得到明显的改善。另外，二甲醚的分子结构中甲基与氧之比是甲醇的两倍，生产相同量的低碳烯烃，MTP 反应器入口的物料量大大降低，从而减小设备尺寸，节省了投资费用。

　　Lurgi 公司选择了固定床反应器作为 MTP 生产的关键流程方案，主要是固定床反应器的比例放大优势和相对较低的投资成本。此外，由德国 Süd-Chemie 公司开发的商业固定床催化剂，具有高的丙烯选择性，低结焦、副产品中丙烷的产量低，依靠一个冷冻系统就可将符合规格要求的乙烯和丙烯分离。Lurgi MTP 采用固定床工艺流程简图见图 7-5-5。

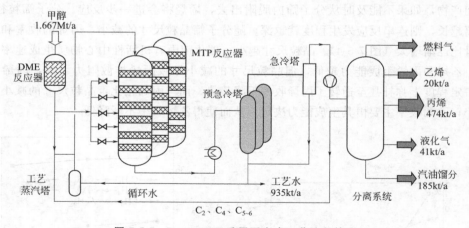

图 7-5-5　Lurgi MTP 采用固定床工艺流程简图

　　Lurgi MTP 工艺是基于一个有效而恰当的反应器联合系统和一个具有高选择性、稳定的沸石催化剂。该工艺反应装置主要由 3 个绝热固定床反应器组成，其中 2 个在线生产，1 个在线再生，这样可保证生产的连续性和催化剂的活性。每个反应器内分布 6 个催化剂床层，各床层布置若干激冷喷嘴，定量注入冷的甲醇-水-二甲醚物流来控制床层温度，以达到稳定反应条件，获得最大丙烯收率的目的。该 MTP 工艺包括六个工艺单元，分别是反应单元、再生单元、气体分离单元、压缩单元、干燥单元和精馏单元，在乙烯净化单元附带了副产品的处理。反应单元包括甲醇制二甲醚（DME）反应器和 MTP 反应器。第一段反应采用绝热式固定床反应器，在反应器出口温度小于 380℃ 条件下，精甲醇催化转化为二甲醚，并达到热力学平衡。DME 反应器出口产物被分成两股物流：一小部分物流先后与循环烃（C_2、C_4 和 C_5/C_6 组分）和工艺蒸汽混合后，预热到 470℃，进入 MTP 反应器第一床层；剩余物流进入分凝器冷凝，气相物流（主要是 DME）分 5 股，由侧线进入 MTP 反应器 2～6 催化剂床层。分凝器底部液态水进一步冷却，也由侧线进入反应器 2～6 催化剂床层调控反应温度。第二段反应采用六段绝热式固定床反应器，主要由 3 个绝热固定床反应器组成，其中 2 个在线生产，1 个在线再生，以保证生产的连续性。每个反应器内设置 6 个催化床层，且催化剂床层高度由第一层到第六层逐渐增加。第一段生成的甲醇/二甲醚在 MTP 反应器内转化为以低碳烯烃为主的混合物。离开 MTP 反应器的产物被冷凝、分离为气、液产物和水。气体产物经压缩、移出痕量的水、CO_2 和二甲醚后，进一步精馏得到聚合级丙烯。分离出的 C_2、C_4 和 C_5/C_6 馏分部分循环回 MTP 反应器继续反应。为避免惰性组分在回路中富集，轻组分燃料气排出系统。

四、工业装置流程

1. 反应单元

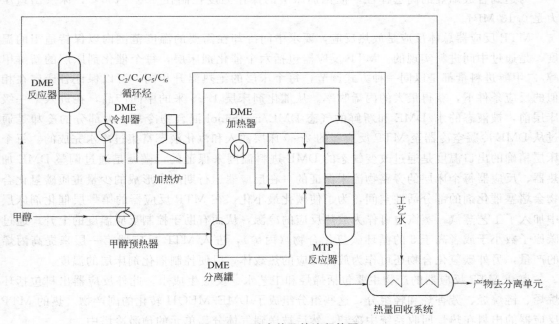

图 7-5-6　反应单元的流程简图

图 7-5-6 是反应单元的流程简图。反应单元是 MTP 工艺的核心，主要包括甲醇制二甲醚（DME）反应器和 MTP 反应器，即 MTP 过程采用两段反应。从甲醇原料缓冲罐来的甲醇，在甲醇预热器中与来自二甲醚反应器冷的二甲醚换热后，进入热量回收系统。在热量回收系统中，甲醇进一步加热、蒸发、过热至 275℃，进入二甲醚反应器。二甲醚反应器是一级绝热式固定床反应器，在二甲醚反应器中，经氧化铝催化剂的作用甲醇蒸汽转化为二甲醚。反应方程式如下：

$$2CH_3OH \longrightarrow CH_3OCH_3 + H_2O$$

催化剂的特点是高活性和高选择性，反应几乎能达到热力学平衡，该反应为放热反应，反应平衡不受操作压力影响。

二甲醚反应器的产物被分成两股，小部分热的二甲醚首先与循环的碳氢化合物混合（C_2、C_4 和 C_5/C_6 循环烃），然后再与工艺蒸汽混合预热到 430℃ 以上，分成两股物料，分别送到 MTP 反应器的第一个床层。二甲醚反应器的大部分产物（冷的二甲醚）在 DME 冷却器中与碳氢化合物混合换热冷却，然后在甲醇预换热器中与原料甲醇进一步换热降温冷凝。循环的碳氢化合物包括来自精馏单元的三种不同的循环物（C_2 循环、C_4 循环和 C_5/C_6 循环）。

冷的二甲醚物料在 DME 分离器中分离成液态的富集水和气态的富集 DME。两相都作为中间原料分别送入两台 MTP 反应器的 2～6 床层。反应液气比满足中间冷却的要求。气态富集二甲醚通过 DME 加热器加热后，按照一定比例进入 MTP 反应器的 2～6 层。液态富集水经进一步冷却，作为冷进料被送入 MTP 反应器的 2～6 层，以调节各催化剂床层温度。

在 MTP 反应器中，甲醇/二甲醚混合物在分子筛催化剂的作用下，按如下主反应式转化为烯烃。

$$n\mathrm{CH_3OCH_3}(\mathrm{DME}) \longrightarrow 2\mathrm{C}_n\mathrm{H}_{2n} + n\mathrm{H_2O} \qquad n = 2, \cdots, 8$$

为达到合成烯烃的高选择性，催化剂床层的操作温度控制在 450～480℃，床层出口压力是 0.13 MPa。

MTP 反应器总体反应是放热反应，要求中间冷却在需要的温度范围内以保持适当的温度，是通过中间进料实现的。MTP 反应器包括六个催化剂床层，每个催化剂床层的新鲜甲醇/二甲醚进料量都是以同一种方式调节，每个床层的绝热温升相同，可以保证各床层在相似的反应条件下，获得最大的丙烯收率。从催化剂床层 1～5 来的中间产品，在进入下一级床层前，被液态的水/DME 和新鲜的气态 DME/methanol 混合物冷却。大部分的冷却是通过从 DME 冷凝空冷器至 MTP 反应器的 2～6 床层注入和汽化液态富集过冷水完成的。每个床层精确的出口温度是通过改变气态的 DME 进料温度来保证的，微调是通过调整 DME 加热器、反应器每个床层的旁路物流来保证的。在反应器运行期间，形成的少量重质碳氢化合物会堵塞催化剂的部分活性空间，为了使碳化最小化，在 MTP 反应器的第一层催化剂床层中加入了工艺蒸汽，蒸汽也可作为放热反应的冷源，从而有助于控制反应温度的上升。通过碳原子数小于或者高于 3 的循环碳氢化合物（丙烯），进入 MTP 反应器第一层来提高丙烯的产量，另外碳氢化合物还可作为放热反应的热载体，以便控制催化剂床层的温度。

离开 MTP 反应器的产物主要包括烯烃和工艺水、反应生成水。此外反应器出料包括环烷烃、链烷烃、芳香烃和轻组分，这些组分组成了 DME/MEOH 转化的副产物。热的 MTP 反应器的出料在热量回收系统中冷却，然后被送到气体分离单元的预激冷塔中。

2. 再生单元

图 7-5-7 是 MTP 再生单元流程简图。当 MTP 反应器 DME/MeOH 的转化率低于 90% 时，催化剂必须再生。再生是通过控制氮气和空气的混合气与焦炭的燃烧完成的。当三台反应器中某一台反应器内催化剂需要再生时，该反应器从反应系统中切换出来。先用蒸汽将反应物料置换完全，并将温度降低至 430℃。然后对反应器进行干燥。纯氮先后在再生气换热器和再生气加热炉中加热到 430℃，然后送到 MTP 反应器，直至蒸汽完全被置换。

再生时，热的氮气按与正常进料相同的分配方式送入 MTP 反应器的所有床层。在空气进入 MTP 反应器之前，MTP 反应器废气通过再生气预热器排至大气。

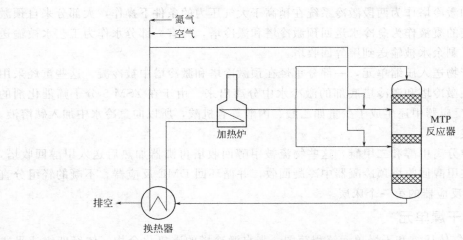

图 7-5-7 MTP 再生单元流程简图

热再生气的组分由设定氮气和空气进料流量来控制。在再生开始时，纯氮被送入 MTP 反应器中，随着再生的进行，再生气中氧气含量逐渐增加到 10%。热再生气通过各自的流量控制进入所有床层，进入第一层的热再生气的温度通过热再生气体加热炉来调节。为了调节随后的反应器床层的入口温度，另外冷的再生气被加入各个床层。当空气进入 MTP 反应器的第一个床层时，通过向中间进料中增加冷的再生气来控制第二个床层的入口温度。然后空气增加到每一个床层，中间进料的冷的再生气用来控制每个床层的温度，床层的温度控制在 480℃以下。

当所有的床层入口温度为 480℃不再有温升时，表明再生已完成，该反应器就要准备备用。

3. 气体分离单元

图 7-5-8 是气体分离单元流程简图。已经冷却的 MTP 反应器反应物通过预激冷塔和激冷塔进一步冷却，气态碳氢化合物从预激冷塔和激冷塔的顶部作为蒸汽离开，重烃和水被冷凝下来，并被分离。

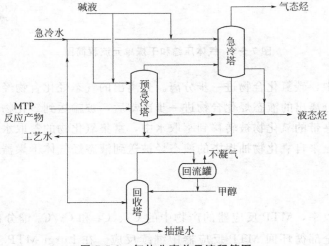

图 7-5-8 气体分离单元流程简图

预激冷塔和激冷塔作为两段激冷系统在稍高于大气压力的条件下操作，大部分来自预激冷塔和激冷塔底的凝液作为急冷水送回预激冷塔和激冷塔，另有一部分水作为工艺水被输送到工艺蒸汽塔，剩余水被输送到甲醇回收塔。

塔顶气态产物送入压缩单元，一部分重烃在预激冷塔和激冷塔中被冷凝。这些重烃采用溢流的方法从预激冷塔和激冷塔底部的激冷水中分离出来。由于在 ZSM-5 分子筛催化剂的作用下，MTP 反应器中还生成了少量如乙酸、丙酸等有机酸，所以向急冷水中加入碱溶液，以中和生成的酸。

为了从水中分离甲醇和二甲醚，这些物流被甲醇回收塔再沸器加热后送入甲醇回收塔，甲醇和二甲醚在甲醇回收塔顶冷凝器中冷凝回收，并循环回 DME 反应器。不凝的轻组分直接循环回 MTP 反应器的第一个床层。

4. 压缩和干燥单元

图 7-5-9 是气体压缩和干燥单元流程简图。来自激冷塔的碳氢化合物气体经四级透平驱动的压缩机压缩到约 2.3 MPa。在进入一级压缩机之前，气体夹带的液滴在一级压缩机的入口分液罐中被脱除，经过每级压缩后的气体，在级间被冷却，最大限度地减少了气相中的水分。残留水和液态碳氢化合物在三级分离罐中分别从气相中分离出来，然后分别被送入四级分离罐。来自二级分离罐的残留水被送入一级压缩机的分液罐。从一级分液罐中分离出的残留水直接送到激冷塔中。

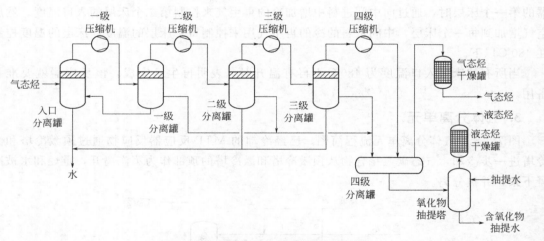

图 7-5-9 气体压缩和干燥单元流程简图

在四级分液罐中，碳氢化合物进一步分离。分离出的气态烃化合物经干燥后，送入精馏单元的脱丙烷塔；分离出的液态烃化合物进一步冷却后，被输送到氧化物萃取塔中。在氧化物萃取塔中液态烃夹带的氧化物被转移到萃取水中，富集氧化物的萃取水循环到甲醇回收塔回收甲醇和二甲醚，来自氧化物抽提塔的液态烃被送到液态烃气体干燥器中，干燥的液态烃被送入脱丁烷塔。

5. 精馏单元

为了提高丙烯收率，MTP 反应器的产物中的 C_2、C_4 和 C_5/C_6 馏分部分必须被分离出来，以便部分或者全部循环回 MTP 反应器中继续反应。在 Lurgi MTP 工艺中，精馏单元是分离系统的重要组成部分。图 7-5-10 是精馏单元流程简图。

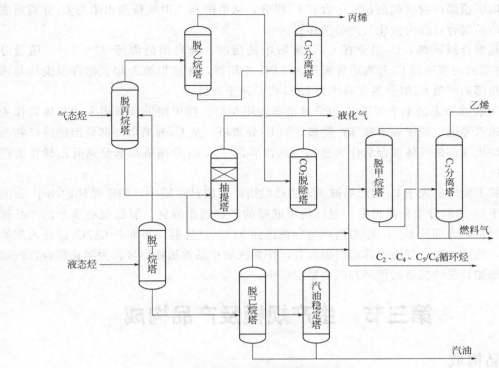

图 7-5-10 精馏单元流程简图

　　干燥的碳氢化合物液体在脱丁烷塔进料预热器中预热后进入脱丁烷塔。脱丁烷塔将小于 C_4 的轻组分从大于 C_4 碳氢化合物中分离出来。大于 C_4 的产品从塔底进入脱己烷塔。脱丁烷塔顶部馏出物在脱丁烷塔冷凝器中被部分冷凝。脱丁烷塔回流罐中的气相直接进入脱丙烷塔，液相作为回流通过脱丁烷塔回流进入脱丁烷塔。为了防止聚合，汽油稳定剂分别添加到脱丁烷塔回流液和塔顶物料中。

　　来自气态烃干燥器的气态碳氢化合物和来自脱丁烷塔小于等于 C_4 的顶部产物都进入脱丙烷塔中。在脱丙烷塔中，小于等于 C_3 的组分从大于 C_4 组分中分离出来。另外残留在进脱丙烷塔两股进料中的一定量的 DME，被从甲醇预热器来的纯甲醇加入脱丙烷塔，作为 DME 的洗涤剂将其从碳氢化合物中除去。塔顶小于等于 C_3 的产品不含二甲醚或其他氧化物组分，塔顶产物在脱丙烷塔冷凝器中部分冷凝，气相离开脱丙烷塔回流罐送入脱乙烷塔，液相通过脱丙烷塔回流泵回流到塔中。脱丙烷塔塔底的产物通过脱丙烷塔底冷却器冷却并经脱丙烷塔底泵输送萃取。

　　来自脱丙烷塔小于等于 C_3 的组分在脱乙烷塔中进一步被分离成小于等于 C_2 和含有丙烯、丙烷的 C_3 组分。从脱乙烷塔顶部来的小于等于 C_2 物流经脱乙烷塔压缩机压缩到 3.7 MPa，降温冷凝后送至 CO_2 洗涤塔去脱除 CO_2。为了有效地去除 CO_2，在该工艺中应用了碱循环泵喷淋系统、填料段和气罩。

　　顶部的气体，首先经过干燥器/CO_2 保护床，接着气体在干燥器/CO_2 保护床排出物过滤器中过滤，然后在 C_2 部分冷凝器中冷却，并在 C_2 分离罐中闪蒸。

　　来自脱丙烷塔底部的 C_4 组分含有甲醇和二甲醚。大部分 C_4 组分循环回 MTP 反应器，用来进一步生产丙烯，剩余部分的轻烃被送到萃取塔底部。在萃取塔中，C_4/甲醇/二甲醚混合物作为溶剂与萃取水充分混合，残留的甲醇和二甲醚从碳氢化合物中脱除，并转移到水相中。萃取塔顶部产物（剩余相）中含有 C_4 组分，从甲醇和二甲醚精馏出来与 C_3 分离塔底部的丙烷产品混合，作为液化气产品送往界区。

为得到聚合级丙烯，C_3 组分在 C_3 分离塔中被精馏，分离出纯丙烯（99.6%，质量分数）。C_3 底部的丙烷通过 C_3 分离塔底泵送入 LPG 冷却器，在这里被冷却至储存温度后与来自萃取塔顶部的产物 C_4 组分混合后作为 LPG 产品送至界区。

从 CO_2 脱除塔来的小于等于 C_2 组分被送至脱甲烷塔。脱甲烷塔顶部出来的气体再作为燃料气被送入界区，脱甲烷塔底部产物被送到 C_2 分离塔。从 C_2 分离塔底部分出的冷产物与来自脱甲烷塔顶部的气体混合后作为燃料气送出界区。从 C_2 分离塔顶部分离开乙烯作为产品送出界区。

来自脱丁烷塔的大于 C_4 的产品被送入脱己烷塔。在脱己烷塔中，用于循环的小于 C_6 的组分从大于 C_7 的组分中分离出来。脱己烷塔底部的产物送出界区。脱己烷塔顶部的产品被分成两股物料，大部分 C_5/C_6 作为循环组分被送回 MTP 反应器，小部分 C_5/C_6 被送入汽油稳定塔中，然后与脱己烷塔底部的产物混合，作为汽油产品被送往界区。为阻止聚合，汽油阻聚剂被添加到脱己烷塔的顶部和汽油稳定塔中。

第三节　生产规模及产品构成

一、产品构成

甲醇制丙烯项目单台 MTP 反应器催化剂填装量为 150t，设计处理甲醇量为 166.67×10^4 t/a。主产品：丙烯（聚合级）47.4×10^4 t/a；副产品：乙烯 2.00×10^4 t/a（聚合级），汽油 18.47×10^4 t/a，LPG 4.14×10^4 t/a。装置年操作时间：8000h。

二、产品规格

1. 丙烯规格（见表 7-5-3）

表 7-5-3　丙烯产品规格（聚合级）

项目	规格（质量分数）	分析方法
丙烯	>99.60%	100%-杂质
甲烷、乙烷、丙烷	<0.40%	ASTM D-2712
其他石蜡、烯烃、烷烃、芳香烃	<200×10^{-6}	ASTM D-2712
其他杂质/10^{-6}		
H_2	<5	ASTM D-2504
CO	<5	ASTM D-2504
CO_2	<5	ASTM D-2505
O_2	<5	ASTM D-2505
H_2O	<5	ASTM D-4178
乙炔	<2	ASTM D-2712
丙炔	<2	ASTM D-2712

项目	规格（质量分数）	分析方法
丙二烯	<2	ASTM D-2712
1,3-丁二烯	<3	ASTM D-2712
二甲醚（DME）	<5	ASTM D-4864
丙酮	<3	ASTM D-4864
甲醇	<5	ASTM D-4864

2. 副产品规格（见表 7-5-4～表 7-5-6）

表 7-5-4　乙烯产品规格（聚合级）

项　目	规格（质量分数）	分析方法
乙烯	>99.9%	ASTM D-2505
杂质：甲烷、乙烷、丙烷、丙烯	<0.1%	ASTM D-2505
其他杂质/10^{-6}		
H_2	<10	ASTM D-2504
CO	<5	ASTM D-2505
CO_2	<0.3	ASTM D-2504
O_2	<5	ASTM D-2504
H_2O	<5	ASTM D-4178
甲醇	<5	ASTM D-4864
二甲醚（DME）	<5	ASTM D-4864
乙炔	<5	ASTM D-4864
丙炔	<3	ASTM D-4864
丙二烯	<5	ASTM D-4864

表 7-5-5　液化气（LPG）产品规格

组　成	规格（质量分数）	规格（体积分数）	分析方法
C_2 烃	<0.2%	<0.5%	ASTM D-2163
C_3 烃	>10%	<31%	ASTM D-2163
C_4 烃	<90%	<85%	ASTM D-2163
C_{5+} 烃	<1.5%	<3%	ASTM D-2163
总硫	<343 mg/m^3		SH/T 0222
挥发分	<0.05 mL/100mL	<0.05 mL/100mL	SY/T 7509
残留油	忽略		
H_2O	无	无	目测
蒸气压（37.8℃）	<1.38 MPa	<1.38 MPa	GB/T 6602
铜片浸蚀试验	1	1	SH/T 0232

表 7-5-6 汽油产品规格

项目	规格（质量分数）	规格（体积分数）	分析方法
密度（15℃）	740～790 kg/m³		ASTM D-1298
相当于干蒸气压力	0.45～0.70 bar	＜0.88 bar	DVPE, EN 13016-1
辛烷值	90～95 RON	90～95 RON	ASTM D-2699
蒸馏曲线（EN ISO 3405,相当于 ASTM D86） 10 % 50 % 90 % FBP	 ＜70℃ ＜120℃ ＜190℃ ＜205℃	 ＜70℃ ＜120℃ ＜190℃ ＜205℃	
组成			
石蜡和烷烃	＜65%	N. A.	GC 或 ASTM D-1319
烯烃	＞20%	＜35%	GC 或 ASTM D-1319
芳香烃	＞15%	＜40%	GC 或 ASTM D-1319
苯	＜1.0%	＜1.1%	GC 或 ASTM D-1319

第四节 MTP 技术的优点与不足

德国 Lurgi 公司利用高效 ZSM-5 分子筛催化剂，凭借丰富的固定床反应器放大经验，开发完成了 MTP 工艺，并实现了工业化。经与其他甲醇制烯烃工艺进行比较，MTP 具有以下技术优势。

一、技术优势

1. 固定床放大

固定床反应器比例放大优势明显，在工业化过程中降低了操作风险。同时在实际操作过程中发现，固定床反应器调节余量大，调节手段多。相对于 MTO 工艺，操作简单，调节余地大。

2. ZSM-5 催化剂

MTP 工艺所选择的 ZSM-5 催化剂，丙烯选择性高，经济效益好。在国内乙烯市场几乎饱和的情况下，高丙烯选择性使得丙烯产品能发挥规模化效应，降低了企业经营风险。

MTP 催化剂结焦率低，使得 MTP 工艺的物耗相对其他工艺要低。而且低结焦率意味着单位催化剂的运行时间相对较长，避免催化剂的频繁再生。

3. 副产品利用

MTP 工艺副产的混合芳烃由于低硫和较优的抗爆性，可作为油品调和使用，受到油品市场青睐。

4. 循环烃工艺

MTP 工艺采用了循环烃流程增加丙烯收率，提高了丙烯选择性，最大限度减少了副产物的产出。同时利用循环烃优化反应器内温度控制和物料分布。

5. 余热利用

MTP 工艺充分考虑反应余热的利用，设立了反应器余热回收系统，加热甲醇原料的同时，副产中压蒸汽，优化全厂蒸汽平衡；同时设立了激冷水系统，利用激冷水作为 C_3 分离塔、脱乙烷塔、甲醇进料预热器的热源。

二、MTP 工艺首次工业化存在的缺点

1. 流程较长

本装置流程长，设备多，温度变化范围大（$-100 \sim 500℃$），尤其是大量循环烃返回反应器，增加了压缩机的功耗，导致装置能耗偏高。

2. 专利催化剂受控

专利催化剂受国外专利商控制，价格偏高。使用寿命短，只有 1 年的使用寿命，催化剂更换频繁。

3. 设备体积大

由于 MTP 反应压力相对较低，使得反应器体积巨大，内径达 11.7m，床层温度控制要求物料在各床层均匀反应。而且根据装置运行经验，反应器内液相进料由于温差过大，液相喷嘴孔径小，极易引起液相喷嘴及分布器损坏，并导致床层温度分布不均。

4. 能耗较高

在 MTP 工艺采用的精馏分离流程中，在脱丙烷塔中段注入甲醇以脱除二甲醚，引起最终的丙烯产品中甲醇含量偏高。此外，在产品气脱水干燥后，为脱除乙烯产品中 CO_2，又需要进行碱洗和重新干燥，提高了装置能耗。

第五节　MTP 技术工业应用

一、工业化 MTP 装置

中国大唐国际及神华宁夏煤业集团先后引进 Lurgi MTP 技术，分别在内蒙古多伦和宁夏银川建设年产丙烯 47.4 万吨的 MTP 装置，其中神华宁夏煤业集团 MTP 装置已于 2010 年成功开车。图 7-5-11 是 MTP 装置实景图。2014 年 8 月神华宁夏煤业集团建成第二套 47.4×10^4 t/a 甲醇制丙烯装置。截至目前，这两套装置均实现满负荷长周期运行，创造了很大的经济效益和社会效益。

二、催化剂组成与性能

Lurgi MTP 装置共使用两种催化剂，即 DME 催化剂和 MTP 催化剂，其规格如表 7-5-7 所示。MTPROP-1 型催化剂由德国南方化学公司（Süd-Chemie）提供，是目前唯一实现工业化生产的催化剂。该催化剂的主要活性组分是 ZSM-5 分子筛。MTPROP-1 型催化剂比表面积为 $350 \sim 380$ m^2/g。在六段绝热固定床反应器内，$0.13 \sim 0.16$ MPa、$430 \sim 500℃$ 条件下，甲醇转化率大于 99%。该催化剂不仅具有高丙烯收率，而且在接近反应温度和压力下用氧含量 21% 的氮气便可再生。

图 7-5-11 MTP 装置实景图

表 7-5-7 催化剂规格

序号	名称	技术规格	备注
1	DME 催化剂	外形：片状 堆密度：$(780\pm60)kg/m^3$ 尺寸：$4.5mm\times4.5mm$ 比表面积：$180m^2/g$ 平均强度：$(200\pm50)Pa$	预期寿命 2 年
2	MTP 催化剂	外形：粒状 堆密度：$(675\pm50)kg/m^3$ 粒径：$3.2(+0.2,-0.1)mm$ 平均强度：10Pa 载体：zerolite	预期寿命 1 年

三、产品分布

Lurgi MTP 反应是以甲醇和循环烃混合物为原料的复杂反应体系，包括聚合、裂解、氢转移、烷基化、脱氢芳化、结焦等过程。另外，两种原料同时反应时，除了热量耦合外，它们的转化必然相互影响。与单独甲醇制丙烯反应产物完全不同，Lurgi MTP 反应器出口产物主要组分为 $C_2\sim C_6$ 烃。图 7-5-12 是 Lurgi MTP 技术投用后反应器出口典型的产物分析

结果。由图 7-5-12 可知，Lurgi MTP 反应产物 $C_2\sim C_6$ 烯烃选择性为 51.86%。目标产物丙烯选择性仅为 19.95%，丙烯/乙烯也只有 2.65。与甲醇单独反应产物选择性相比较，Lurgi MTP 反应产物中丙烯选择性较低，而 $C_4\sim C_6$ 组分偏高。为了提高丙烯收率，大量的 $C_4\sim C_6$ 组分需要返回 MTP 反应器继续反应。

MTP 反应器出口产物经过冷凝、分离和精馏等过程，最终得到主产品丙烯及乙烯、汽油馏分、液化气和燃料气。在反应条件不变的情况下，这些副产物的生成主要与催化剂酸性有关，强酸有利于其生成。由于工艺蒸汽塔不能够提供足够的新鲜蒸

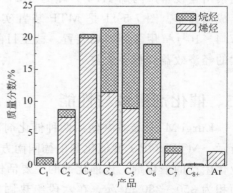

图 7-5-12 Lurgi MTP 反应典型的产品分布

汽预处理 MTP 催化剂，导致在 2012 年实际生产中，MTP 反应最终产品中多生产了 27.2 kt 液化气、18.4 kt 燃料气，严重地降低了 MTP 装置的经济效益。表 7-5-8 是 Lurgi MTP 工艺产物设计值与典型的实测值对比分析结果。由表 7-5-8 可以看出，丙烯的实际收率低于设计值。工业运行结果表明，丙烯收率一般在 56%～64%（碳基），比 Lurgi 报道值偏低 1%～9%，而副产物液化气和燃料气收率偏高，且丙烯收率越低，液化气和燃料气收率就越高。为了解决此问题，一方面需要对工艺蒸汽塔进行改造，提高蒸汽产量，另一方面，需要开发出一种丙烯收率高、不需要蒸汽预处理的 MTP 催化剂。这也是 MTP 催化剂开发的重要研究方向之一，对提高 MTP 技术的经济效益具有重要的现实意义。

表 7-5-8　Lurgi MTP 工艺产物设计值与实测值的对比

项目	收率（质量分数）/%	
	设计值	实测值
燃料气	1.63	3.06
乙烯	3.10	1.19
丙烯	65.74	61.62
液化气	5.12	8.53
混合芳烃	24.40	25.44
合计	100	100

四、产品性质

1. 丙烯性质

丙烯是 Lurgi MTP 装置的主产品。聚合级丙烯组成分析结果见表 7-5-9，丙烯的纯度达到 99.6% 即可进入聚合反应器反应，但丙烯中水含量要严格控制，必须小于 5.0×10^{-6}。

表 7-5-9　主产品丙烯组成分析结果

组 分	含量
丙烯	>99.60%
甲烷	<0.2μg/g
乙烷	<0.2μg/g
乙烯	<0.2μg/g
丙烷	<0.27%
丁烷＋丁烯	<50μg/g
其他	<50μg/g

2. 液化气组成

典型液化气组成分析结果见表 7-5-10。

表 7-5-10　典型液化气组成分析结果

组 分	C_2H_6	C_3H_8	C_3H_6	i-C_4H_{10}	n-C_4H_{10}	1-C_4H_8	i-C_4H_8	2-C_4H_8
含量（质量分数）/%	0.02	12.01	0.08	39.29	10.46	6.42	19.31	12.40

Lurgi MTP 装置副产品燃料气主要由 H_2、甲烷、乙烷组成，而液化气主要由 C_4 组分，占总量的 87.88%。表 7-5-10 是典型的液化气组成分析结果。由表 7-5-10 可知，液化气中异丁烷含量最高，达到 39.29%，其次是异丁烯，含量为 19.31%。这些低附加值产物一旦生成，很难再利用。Lurgi MTP 装置副产的汽油组成呈现芳烃含量高、正构烷烃含量低的特点。图 7-5-13 是典型 Lurgi MTP 工艺生产的汽油烃组成分析结果。在芳烃组成中，苯含量非常低，最高也只有 0.42%，主要是二甲苯，其次为三甲苯。图 7-5-14 是 MTP 副产液态产品和常规 FCC 汽油 PONA（P—烷烃；O—烯烃；N—环烷烃；A—芳烃）组成比较。由图 7-5-14 可知，MTP 副产汽油与 FCC 汽油组成差异较大，不适合直接将其作为汽油出售，但其具有无硫无氮的优点，是理想的汽油调和组分。

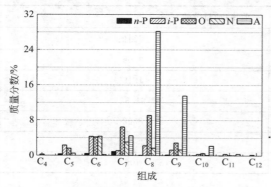

图 7-5-13　MTP 汽油烃组成

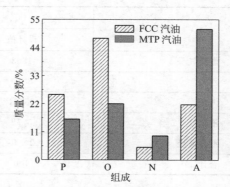

图 7-5-14　MTP 汽油和常规 FCC 汽油
P、O、N、A 组成比较

五、操作难点

1. 反应器

Lurgi MTP 反应单元设计复杂，且存在不合理之处。甲醇制 DME 反应是放热反应，但 DME 反应器却设计成单段绝热式，反应器直径达 5m，催化剂高径比仅 1.5，中间没有任何降温或者移热措施。由于 DME 反应器设计存在不足，给实际操作带来了极大的困难，尤其在投料初期，极易导致床层发生飞温现象。操作稍有不慎，催化剂床层温度就到 600℃ 以上，由此对 DME 催化剂的活性和强度提出了很高的要求，一般 DME 催化剂很难应用到这种反应器中。

Lurgi MTP 反应器是整个工艺的核心。由于甲醇/DME 转化反应是强放热过程，因此 MTP 反应器各催化剂床层温度调控是影响整个工艺运行稳定性的关键因素。MTP 反应器内分布 6 个催化剂床层，各床层之间布置 50～60 个激冷喷嘴，结构比较复杂。另外，反应器直径达 11.7 m，存在反应物分布不均匀的问题。这也导致了再生气分布不均匀，进而影响到同一床层催化剂的再生效果。

2. 工艺蒸汽塔

Lurgi MTP 工段工艺蒸汽塔是向反应器提供稀释蒸汽和催化剂蒸汽预处理的关键设备。工艺蒸汽塔生产的蒸汽中 Na^+ 的含量严格限制在 50×10^{-9} 以内。在实际运营过程中，工艺蒸汽塔不仅存在设计负荷不足，而且生产的蒸汽中存在 Na^+ 含量严重超标问题，最高可达

200×10^{-9}。

在 Lurgi MTP 工艺中，MTP 催化剂在投入使用之前需要在 480℃下预处理 48 h，以提高其丙烯选择性和稳定性，因此 MTP 催化剂预处理非常关键。但由于设计负荷不足，工艺蒸汽塔在正常向 2 台运行的反应器提供蒸汽的同时，无法提供足够量的蒸汽预处理 MTP 催化剂，导致催化剂预处理效果较差，影响其催化性能。这主要表现为：一方面，催化剂初始活性太高，最终产品中燃料气和液化气收率偏高，丙烯收率低；另一方面，由于工艺蒸汽塔生产的蒸汽中 Na^+ 含量严重超标，进入 MTP 反应器后，Na^+ 扩散至催化剂表面而毒化催化剂。Lurgi MTP 反应器运行初期就遇到此问题，由于蒸汽中 Na^+ 含量严重超标导致 MTP 催化剂在第一个运行周期内就失活而无法通过烧炭再生。提高工艺蒸汽塔产能，降低蒸汽中的 Na^+ 含量是解决此问题的关键。

3. 催化剂再生

在工艺参数确定的情况下，催化剂性质是影响 MTP 反应过程的主要因素。在 Lurgi MTP 工艺中，MTP 催化剂再生是非常关键的操作过程。当 DME/甲醇总转化率小于 90% 时，需要对催化剂进行再生。工业运行结果表明，Lurgi MTP 催化剂使用寿命小于 8000 h，平均单程寿命约为 640～700 h，需要反复再生。因此 3 个反应器之间需要频繁切换，操作不便且成本高。此外，再生过程还存在催化剂再生无法达到预期目标的情况。由于反应器内一些喷嘴容易发生部分堵塞而导致再生气分布不均，从而造成一些催化剂再生不完全，这样必然降低了催化剂的利用率。另外，Lurgi MTP 工艺要求所有的催化剂床层入口温度为 480℃，且出口不再有温升时说明再生过程已完成。但实际操作中，由于工艺存在不足，催化剂各床层再生温度很难达到 480℃，即催化剂没有在 480℃充分再生，烧炭无法达到预期效果。这必然导致催化剂表面存在较大量积炭，进而影响催化剂下一个周期的运行，也必将缩短催化剂的使用寿命。

4. 温度控制

在 MTP 反应过程中，为了提高丙烯收率，每个催化剂床层出口温度需要控制在 480℃左右。在 Lurgi MTP 工艺中为了控制各催化剂床层出口温度，通过侧线进料来实现，即从 1～5 催化剂床层来的中间产品，在进入下一级床层前，被新鲜的气态 DME/甲醇混合物和液态的甲醇/水所冷却。这样可以保证各床层在相似的反应温度下，获得最大的丙烯收率。操作难点在于如何调节侧线冷料温度达到稳定控制各床层温度均在 480℃。

参考文献

[1] 张娟娟. 甲醇 MTO 与 FCC 汽油降烯烃组合反应工艺研究. 北京：北京化工大学，2010.
[2] 孙勇，阿古达木. 煤化工，2012，5：65-67.
[3] 袁玉龙，钱效南，王军，等. 一种煤基甲醇制丙烯工艺中激冷系统油水分离装置：CN 202237336u. 2012-05-30.
[4] 温鹏宁，梅长松，刘红星，等. 化学反应工程与工艺，2007，23（6）：481-486.
[5] 严丽霞，蒋云涛，蒋斌波，等. 化工学报. 2014. 65（1）：2-11.
[6] Svelle S, Rønning P O, Olsbye U, et al. J Catal, 2005, 234 (2)：385-400.
[7] 王松汉，何细藕. 乙烯工艺与技术. 北京：中国石化出版社，2000.
[8] Dancuart L P, et al. ACS Pet Chem Div Preprints, 2003, 48 (2)：132-138.
[9] 张海荣，张卿，李玉平，等. 燃料化学学报，2010，38（3）：319-323.
[10] 张素红，张变玲，高志贤，等. 燃料化学学报，2010，38（4）：483-489.
[11] Koempel H, Liebner W. Stud Surf Sci Catal, 2003, 167：261-267.

第六章
煤（甲醇）制芳烃（MTA）技术

第一节 概述

一、我国芳烃产量、消费量

芳烃（苯、甲苯、二甲苯）是重要的有机化工基础原料，30％以上的有机化工产品是以芳烃为原料生产的。我国芳烃消费中用量最大的是对二甲苯（PX），2015 年 PX 产量 $852×10^4$ t，进口 $1153.5×10^4$ t，表观消费量 $2005.5×10^4$ t，对外依存度 57.5％，PX 是生产聚酯（PET）的主要原料，长期依赖进口对 PET 行业影响很大。

二、MTA 技术开发

我国芳烃生产主要是石油路线，其次是焦化行业副产芳烃。由于我国石油资源缺乏，石油产量增长受限，石油 60％以上靠进口，用石油生产芳烃受油源制约，难以满足国内对芳烃需求的增长。

1. 清华大学 FMTA 技术

2011 年清华大学与华电煤业集团合作，利用清华大学甲醇制芳烃（FMTA）专利技术，在陕西榆林市榆横工业园区建设甲醇进料量 $3×10^4$ t/a 的工业试验项目，2013 年试验取得成功。加快了 FMTA 产业化进程，对缓解芳烃产品供需矛盾，推动传统煤化工产业转型升级，具有重要意义。2013 年 3 月通过国家能源局委托中国石化联合会组织的科技成果鉴定。

2. 山西煤化所 MTA 技术

中科院山西煤化所与赛鼎工程公司合作开发了 MTA 技术，在完成小试基础上于 2012

年在内蒙古庆华集团建 10×10^4 t/a 甲醇制芳烃工业示范装置，一次开车成功，顺利投产。

3. 其他 MTA 技术

由河南煤化集团研究院与北京化工大学合作开发的煤基甲醇制芳烃技术开发项目 2011 年 8 月底通过中期评估，该项目可使芳烃制造工艺由传统的石油路线转变为煤基路线。自 2010 年 6 月启动以来，河南煤化集团研究院与北京化工大学对该项目涉及的甲醇芳构化催化剂性能改进、二甲苯异构化、苯及甲苯烷基化过程开发以及煤基甲醇制芳烃流程设计等课题开展了大量研究，并取得了阶段性成果。该项目探索出了最佳催化剂和反应的适宜工艺条件，提出了装置规模、反应器初步设计和关键设备参数，初步形成了较完整的煤基甲醇制芳烃技术。各项技术指标达到预期目标，接下来研究人员将加快万吨级工艺包的设计，为下一步甲醇制芳烃的中试打好基础。

另外，中国五环工程有限公司也开展了甲醇催化转化制芳烃中试设计。

第二节　FMTA 工业试验

2013 年 4 月，清华大学与华电煤业合作，在陕西榆林市榆横工业园区建成甲醇进料 3×10^4 t/a 工业试验装置，先后进行了试验运行和现场考核鉴定。

一、FMTA 技术特点

1. 化学反应机理

$$8CH_3OH \longrightarrow \underset{CH_3}{\overset{CH_3}{\bigcirc}} + 8H_2O + 3H_2 - 311kJ/mol$$

2. 技术特点

① 产物为连串反应中间产物，化学反应过程复杂，是强放热反应。
② 工艺和催化剂强耦合的特点。
③ FMTA 混合芳烃具有二甲苯含量高、乙苯和非芳含量低的特点。

二、工艺过程示意图

FMTA 采用先进的流化床技术（图 7-6-1），设两台反应器和一台再生器，采用与工艺相配套的第二代催化剂，提高产品收率，降低能耗。工业装置可连续运行。

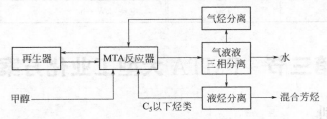

图 7-6-1　工艺过程示意图

三、FMTA 与石油制芳烃产品收率比较

产品收率比较见表 7-6-1。

表 7-6-1　产品收率比较

项　目	石脑油重整	FMTA	备　注
油相非芳烃/%	7	<5	
乙苯/%	>5	<2	
二甲苯/%	25	>45	FMTA 最高>48

由表 7-6-1 可知 FMTA 技术目标产品二甲苯比石油工艺高 20 个百分点以上。

四、物料平衡

物料平衡见表 7-6-2。

表 7-6-2　物料平衡

	项　目	数　量	占　比/%	备　注
入方	甲醇/(t/h)	3.75	100.0	
	芳烃/(t/h)	2.793	74.47	
	氢气/(t/h)	0.084	2.24	供甲醇合成
出方	干气除氢气/(t/h)	0.825	21.99	作燃料气
	焦炭/(t/h)	0.0484	1.29	
	合计	3.75	100.0	

五、72h 考核数据

试验装置连续稳定运行 443h，进行了 72h 标定考核，结果如表 7-6-3 所示。

表 7-6-3　72h 考核结果(以 1t 混合芳烃计)

项　目	考核值	项　目	考核值
甲醇/t	3.07	甲醇转化率/%	99.85
催化剂/kg	0.20	总产率/%	92.5
循环水/m³	180	电耗/kW·h	125

第三节　FMTA 大型工业化方案

一、工艺包编制

2013～2014 年，华电煤业、清华大学、中石油华东设计院三方合作，在 3×10^4 t/a 工业试验基础上，联合开发完成了 60×10^4 t/a 流化床 FMTA 工艺包，并经过了专家审查。工艺

包括煤制甲醇、甲醇制芳烃和芳烃联合三个单元装置，具有以下特点：

① 采用先进的流化床反应器设计概念，保证系统操作稳定性和高的产品收率。

② 采用两台流化床反应器和一台再置的反应再生系统。

③ 采用与反应再生系统相匹配的二代 FMTA 催化剂，目标产品可控可调。

④ 大量采用复合冷却等先进节水技术，循环水消耗仅为相似装置的 20％。

⑤ 采用低温再生、设置精密过滤器等设计优化方案，实现工艺过程本质环保型。

二、产品方案及规模

总体规划：芳烃（FMTA），总规模 120×10^4 t/a。一期 60×10^4 t/a，其主要装置：

① 煤制甲醇装置：180×10^4 t/a（$2\times90\times10^4$ t/a）。

② FMTA 装置：60×10^4 t/a（双反一再）。

③ 联芳装置：55×10^4 t/a。

④ 对二甲苯装置：55.5×10^4 t/a（最终产品）。

三、动力及物料消耗

① 原料煤：300×10^4 t（热值>5500 kcal/kg）。

② 燃料煤：72.0×10^4 t（热值>5000 kcal/kg）。

③ 年用水量：980×10^4 t。

④ 年用电量：7500×10^4 kW·h。

四、综合指标（一期工程）

① 估算总投资 125 亿元，其中建设投资 116 亿元。

② 厂区占地面积 183.7 hm²（2755.5 亩）。

③ 年销售收入 43.1 亿元。

④ 税后利润 9.5 亿元。

⑤ 所得税后内部收益率 $11.3％$。

第四节　山西煤化所甲醇制芳烃技术（MTA）

甲醇制芳烃（MTA）是指甲醇在催化剂的作用下，经过一系列反应，最终转化为芳烃的过程，产品以苯、甲苯、二甲苯为主，副产品主要是 LPG。MTA 的芳烃理论收率为 $40.6％$，但是实践中由于副产物的存在，通常需要 3t 以上甲醇才能获得 1t 芳烃。

一、中科院山西煤化所 MTA 技术

中科院山西煤化所和赛鼎工程公司合作开发的固定床 MTA 技术，以甲醇为原料，以改性 ZSM-5 分子筛为催化剂，在操作压力为 $0.1\sim5.0$ MPa、操作温度为 $300\sim460℃$、原料液体空速为 $0.1\sim6.0$ h^{-1} 条件下催化转化为以芳烃为主的产物；经冷却分离将气相产物低碳烃与液相产物 C_{5+} 烃分离；液相产物 C_{5+} 烃经萃取分离，得到芳烃和非芳烃。该发明具有芳烃的总选择性高，工艺操作灵活的优点。

该技术属于大规模甲醇下游转化技术，目标产物是以 BTX 为主的芳烃。以 MoHZSM-5 分子筛为催化剂，以甲醇为原料，在 $T=380\sim420℃$、常压、$LHSV=1h^{-1}$ 条件下，甲醇转化率大于 99%，液相产物选择性大于 33%（甲醇质量基），气相产物选择性小于 10%。液相产物中芳烃含量大于 60%。已完成实验室催化剂筛选评价和反复再生试验，催化剂单程寿命大于 20d，总寿命预计大于 8000h。该技术的开发已经进入工业试验示范阶段〔$(1\sim10)\times10^4t/a$ 甲醇〕，装置的工程设计和建设已经完成。

二、MTA 工业示范

2012 年 2 月，由赛鼎公司设计的内蒙古庆华集团 $10\times10^4t/a$ 甲醇制芳烃装置一次试车成功，项目顺利投产。这是赛鼎运用与中科院山西煤化所合作开发的"一种甲醇一步法制取烃类产品的工艺"专利技术设计的我国第一套甲醇制芳烃示范装置。

2012 年 7 月 5 日，庆华集团 50×10^4t 煤焦油轻质化、10×10^4t 甲醇制芳烃项目，在内蒙古阿拉善盟开发区开工建设。项目总投资 42.8 亿元，建设内容包括原料预分馏装置、脱水和切尾装置、反应装置和分馏装置，配套焦炉煤气制氢装置、储运系统装置、$2\times75t/h$ 循环流化床锅炉装置及供电、供水、环保等设施。该项目建成后可年产 1 号轻质煤焦油 12.22×10^4t、2 号轻质煤焦油 28.5×10^4t、煤沥青 8.038×10^4t。年产 10×10^4t 甲醇制芳烃项目投产后，可年产芳烃 7.5×10^4t、液化气 2.25×10^4t、干气 0.34×10^4t。

第七章
煤制乙醇技术及示范项目

第一节　概述

一、乙醇的用途

乙醇（C_2H_2OH）俗称酒精，是重要的化工原料，也是国际公认的清洁能源，作为替代石油的清洁燃料，可大幅度降低环境污染物的排放。汽油添加 10％乙醇，汽车尾气中减少碳排放 40％、PM（颗粒物）36％~64％、其他有毒物质 13％。

二、世界乙醇产量

2016 年世界燃料乙醇产量约 $7000 \times 10^4 t$，其中美国 $4430 \times 10^4 t$，巴西 $2118 \times 10^4 t$，中国 $260 \times 10^4 t$，仅占世界产量的 3.7％，远不能满足中国 2020 年乙醇汽油全覆盖对燃料乙醇的需求。

第二节　乙醇生产技术

目前国内已实现工业化的技术有传统发酵法、合成气发酵法、乙烯水合法、合成气合成法、醋酸加氢法等 5 种。

一、传统发酵技术

以玉米、小麦、薯类为原料，经发酵、蒸馏制得粗乙醇，再经脱水制得燃料乙醇产品。2001 年以来，国家批准在黑龙江、吉林、河南、安徽、广西等省（自治区）建成一批生产装置，产能约 $230 \times 10^4 t$，由于原料不足和生产成本高等因素，开工率不足。粮食发酵生产乙醇不符合我国人多地少、粮食不足的国情。

二、合成气发酵技术

以生物质为原料，将合成气（$CO+H_2$）通入发酵罐在细菌的作用下转化为乙醇，经膜分离将细菌回收再利用，乙醇溶液经蒸发、精馏、分子筛脱水，制无水乙醇。

发酵法存在原料受限、投资大、废液处理量大等问题。

三、乙烯水合技术

以乙烯为原料，有直接法和间接法两种技术生产乙醇。

1. 直接水合法

以磷酸为催化剂，乙烯与水反应生成乙醇。反应式如下：

$$C_2H_4 + H_2O \longrightarrow C_2H_5OH$$

上述反应是放热反应，反应温度 $260 \sim 300℃$、压力 $7.0 \sim 7.5MPa$、水和乙烯摩尔比为 0.6 左右。在此条件下，乙烯单程转化率仅 5% 左右，大量乙烯在系统中循环。粗乙醇溶液经浓缩精制得到 95% 的工业级乙醇，再经脱水制得无水乙醇。

2. 间接水合法（硫酸酯化法）

合成反应第一步将乙烯通入浓硫酸中，生成硫酸酯；第二步将硫酸酯加热水解制得乙醇，同时副产乙醚。

该法反应条件温和、乙烯转化率高，但生产流程长、设备腐蚀严重。该技术已被淘汰。

四、合成气合成技术

中科学大连化物所 2010～2013 年在实验室完成催化剂开发验证的工作（小试）；2013～2014 年进一步了合成气制乙醇 30t/a 工业化中试，研制出第二代高选择性催化剂和加氢催化剂，乙醇选择性达到 70% 以上。之后与江苏索普公司签订了万吨级工业示范项目协议，共同开发合成气制乙醇工程化技术。

2014 年与中国五环工程公司签订合成气制乙醇大型化工程设计协议，编制完成了 $50 \times 10^4 t/a$ 合成气制乙醇的工艺软件包（PDP）。

2015～2016 年与陕西兴化集团合作，建成 $10 \times 10^4 t/a$ 煤制乙醇示范项目，2017 年 1 月产出优级乙醇产品。

五、醋酸加氢制乙醇技术

2012 年中科院山西煤化所采用非贵金属工业型催化剂，完成了 50t/a 醋酸制乙醇中试技术开发，实现平稳运行。取得醋酸转化率 >99.8%、乙醇选择性 >99.5% 的试验结果。

2013 年上海浦景化工与河南顺达公司合作建成 300t/a 醋酸直接加氢的中试装置，运行考核结果：醋酸转化率 >99%，乙醇选择性 >97%，自制催化剂活性高、稳定性好。目前正计划建设大型化工业化生产装置。

第三节　兴化 10×10^4 t/a 工业示范装置

陕西延长石油集团兴化公司，采用大连化物所技术，2016 年建成 10×10^4 t/a 乙醇工业示范项目（见图 7-7-1），以甲醇和合成气为原料，2017 年 1 月产出合格的无水乙醇产品。

图 7-7-1　陕西延长石油集团兴化 10×10^4 t/a 乙醇装置

一、技术特点

① 以甲醇和合成气（$CO + H_2$）为原料，来源广泛易得；

② 羰基化和加氢催化剂均为非贵金属催化剂；

③ 工艺过程对设备和材料无腐蚀要求、无特殊要求；

④ 甲醇可循环利用，物料消耗低，产品质量为无水级乙醇；

⑤ "三废"排放少且容易处理，生产环境好。

二、工艺过程

第一步甲醇脱水得二甲醚（DME），第二步 DME 与 CO 羰基化反应生产乙酸甲酯，第三步乙酸甲酯加氢生成无水乙醇，同时副产甲醇循环利用。工艺流程见图 7-7-2。

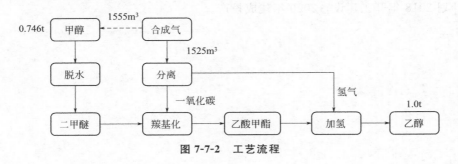

图 7-7-2　工艺流程

三、消耗指标（72h 考核数据）

消耗指标见表 7-7-1。

表 7-7-1　消耗指标（以 1t 乙醇计）

项　　目	单　耗	项　　目	单　耗
甲醇/t	0.75	循环水/m³	300
合成气/m³	1530	脱盐水/m³	1.7
电/kW·h	456	仪表空气/m³	85
蒸汽/t	2.4	N₂/m³	80
综合能耗/t	0.558		

四、催化剂性能

① 甲醇脱水制 DME 转化率＞60％；

② 羰基化生产乙酸甲酯选择性＞98％，催化剂稳定性好；

③ 乙酸乙酯加 H_2 生成乙醇选择性＞98％，催化剂稳定性好。

五、综合技术经济指标

① 装置投资：5.5 亿元（不含甲醇、合成气、公用工程投资）；

② 销售收入：5.6 亿元；

③ 单位产品总成本：3960 元/t；

④ 装置占地面积：18 亩；

⑤ 定员：60 人。

六、"十三五"发展规划

① 2017 年已批准扩建 $50×10^4$ t/a 燃料乙醇项目，开展前期工作。

② 北京石油化工工程公司已完成技改扩建可行性研究报告，并通过评审。

③ $50×10^4$ t/a 乙醇总投资 23.1 亿元，自筹资金 30％，约 6.93 亿元。

④ 项目税后财务内部收益率 13.84％。

⑤ 计划 2018 年开工建设，2020 年建成投产。

第八章
煤制乙二醇及示范项目

第一节 概述

一、乙二醇的性质

乙二醇（ethylene glycol，EG），又称甘醇，结构式 $HOCH_2CH_2OH$，分子量 62.07。常温下为无色、无臭、有甜味的黏稠液体。相对密度 1.1132，沸点 197.2℃，凝固点 −12.6℃，闪点 116℃，自燃点 412℃，爆炸极限上限 3.2%～15.3%（体积分数）。易吸湿，能与水、乙醇和丙酮混溶，能大大降低水的冰点，微溶于乙醚。

二、产品规格及主要用途

全球约 90% 的 EG 产品用于合成聚对苯二甲酸乙二醇酯（PET），7% 用于生产防冻液，其余用于精细化学品的生产。国内执行的乙二醇质量标准为 GB/T 4649—2018。国内 PET 生产中要求原料乙二醇达到工业级标准，国标见表 7-8-1。

表 7-8-1 乙二醇产品质量国标

项　　目	指　　标	
	聚酯级	工业级
乙二醇（质量分数）/%	≥99.8	≥99.0
外观	无色透明 无机械杂质	无色透明 无机械杂质
色度（铂-钴） 　加热前/号 　加盐酸加热后/号	 ≤5 ≤20	 10 —

续表

项　　目	指　　标	
	聚酯级	工业级
密度(20℃)/(g/cm³)	1.1128~1.1138	1.1125~1.1140
馏程(101.33kPa)		
初馏点/℃	≥196	≥195
干点/℃	≤199	≤200
水分(质量分数)/%	≤0.08	≤0.2
酸度(以乙酸计)/(mg/kg)	≤10	≤30
铁含量/(mg/kg)	≤0.1	≤5.0
灰分/(mg/kg)	≤10	≤20
二乙二醇(质量分数)/%	≤0.05	≤0.6
醛(以甲醛计)/(mg/kg)	≤8	
紫外透光率/%		
220nm	≥75	
275nm	≥92	
350nm	≥99	
氯离子/(mg/kg)	≤0.5	—

三、EG 合成技术的发展

1922 年，美国 UCC 公司采用氯乙醇法建成了世界上第一套 EG 工业化生产装置，标志着大规模工业化生产的开始。氯乙醇法在 20 世纪 60 年代以前一直是世界上 EG 大规模工业化生产的唯一生产方法。直到 1965 年，美国杜邦公司成功开发出了甲醛羰基化法，并建成了 60000t/a 的生产装置。甲醛羰基化法是指以甲醛、CO 和水为原料首先合成中间产品乙醇酸甲酯，再通过乙醇酸甲酯加氢反应生产 EG。甲醛羰基化法也是第一项以 C₁ 化学品为原料实现工业化生产 EG 的技术。此后，随着 UCC、SD 和 Shell 公司相继成功开发出了乙烯氧化合成环氧乙烷（EO）的工业化技术，EO/EG 法逐渐成为世界上占绝对统治地位的 EG 生产技术。而甲醛羰基化法由于设备腐蚀严重、产品分离困难、环境污染严重的缺点，导致无法与 EO/EG 法竞争，杜邦公司于 1968 年停止了该装置的生产。而传统的氯乙醇法更是很快被市场所淘汰。

20 世纪 90 年代之后，国内经济发展对乙二醇的需求大幅增加，而中国本身"富煤、少油、缺气"的能源资源结构，决定了必须大力发展煤化工产业作为石油化工的补充。在此背景下，以华东理工大学、天津大学和中科院福建物质结构研究所为代表的各大研究机构纷纷展开了以煤基合成气为原料合成乙二醇技术的研究工作，并取得了重大成果。而在同一时期，国外的各大公司和研究机构几乎放弃了 C₁ 路线的开发。究其原因主要是石油是当时发达国家的主要能源资源而非煤炭。因此，煤基 EG 国内技术水平处于绝对的领先地位。

以合成气为原料合成 EG 分为直接法和间接法。直接法是指以合成气为原料直接合成 EG。美国 Du Pont 公司于 20 世纪 50 年代开始开发合成气直接合成 EG 技术。到 20 世纪 70 年代末至 80 年代初，由于石油危机，曾一度激发了研究者们对这一技术的研发热情。但是直接法在开发高性能催化剂、缓和反应条件［特别是反应压力，通常在 10 ~ 86 MPa（A）］、催化剂的连续循环使用及与产品分离等关键研究方向上一直未取得突破。目前合成气直接合成乙二醇技术仍处于实验室研究阶段。

间接法是指以合成气为原料通过中间产物草酸二烷基酯（一般采用草酸二甲酯）生产 EG 的路线，根据其涉及的反应类型又可称为羰化偶联加氢法。该路线首先以 CO、O_2、甲醇为原料，以亚硝酸甲酯为中间产物合成草酸二甲酯，随后草酸二甲酯通过加氢生成 EG 和甲醇，甲醇回收后作为合成草酸二甲酯的原料回用。间接法相比于直接法反应条件温和，易于工业化放大。目前该技术在国内已经进入了大规模工业化阶段。

本章所介绍的合成气制 EG 工艺路线即是羰化偶联加氢技术。

第二节 反应机理、动力学和催化剂

羰化偶联加氢路线，是指以 CO、H_2 和 O_2 为主要原料，首先合成中间产品草酸二烷基酯（通常为草酸二甲酯，DMO），再通过加氢反应获得 EG 产品。过程中主要涉及羰化偶联、酯化再生以及加氢这三个连续的反应过程。

1. 羰化偶联反应

（1）羰化偶联反应机理　羰化偶联反应是以 CO 和亚硝酸甲酯（MN）为原料，在 Pd 催化剂的作用下，生成草酸二甲酯和 NO。其反应的方程式如下：

主反应：

$$2CH_3ONO + 2CO \xrightarrow{\quad\quad} (COOCH_3)_2 + 2NO \tag{7-8-1}$$

主要副反应为生成碳酸二甲酯（DMC）的反应，反应方程式如下：

$$2CH_3ONO + CO \xrightarrow{\quad\quad} CO(OCH_3)_2 + 2NO \tag{7-8-2}$$

在实际的操作中，反应温度通常控制在 110～160℃，反应压力在 0.1～0.5 MPa（A），工艺操作条件温和；反应过程中通常采用 Pd/Al_2O_3 催化剂。反应原料 MN 来源于酯化再生反应。

对于羰化偶联反应的机理国内外都做过大量的研究。计扬等提出的反应机理如图 7-8-1 所示。

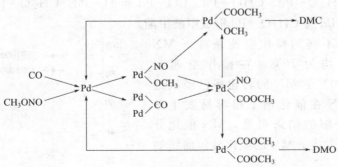

图 7-8-1　羰化偶联反应机理

通过对机理研究文献的总结可以得出以下几条关于反应机理的结论：①活性中心是 Pd^0；②亚硝酸甲酯的加入使催化剂表面 Pd^0 被氧化成了 Pd^{2+}；③通过羰化偶联过程 Pd^{2+} 重新变为 Pd^0；④在羰化偶联过程中至少存在两种关键过渡态中间体，这两种过渡态中间体为 ON—Pd—OCH_3 和 Pd—CO—Pd，反应是一个先羰化再偶联的过程；⑤桥式吸附的 CO 而非线式吸附的 CO 参与反应；⑥生成 DMC 的副反应是生成 DMO 主反应的平行反应。

此外，在羰化偶联反应过程中还应注意 MN 的分解反应。MN 的分解分为热分解和催化分解反应，生成甲醇、甲醛、NO 和甲酸甲酯（MF）等物质。

对于 MN 的热分解，在以惰性石英砂代替催化剂的条件下，热分解起始温度为 130℃ 左右。随着温度的增加，MN 的热分解转化率迅速增加，在 230℃ 时基本完全分解。其热分解曲线如图 7-8-2 所示。

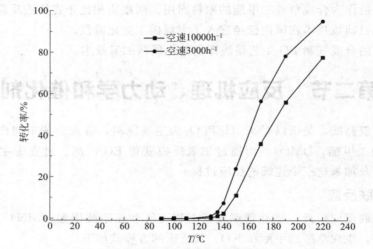

图 7-8-2　亚硝酸甲酯热分解曲线

对于 MN 的催化分解反应，因为 MN（$CH_3O—NO$）的 $\Delta_f G > 0$。因此 MN 很容易在 Pd 上解离吸附，形成吸附态的 $CH_3O—Pd—NO$ 中间体；该吸附态中间体很不稳定，最终在催化剂上分解，生成甲醇、甲酸甲酯、水、NO。一般认为，MN 在钯催化剂上发生的是连续脱氢过程。MN 在催化剂表面吸附后，Pd 插入了键能较弱的 $CH_3O—NO$ 键，形成活性物种 $CH_3O—Pd—NO$；该活性物种解离，在催化剂表面形成钯甲氧基物种 $CH_3O—Pd$，并释放出 NO。Pd 是公认的良好的脱氢催化剂，钯甲氧基物种 $CH_3O—Pd$ 发生连续的脱氢过程，依次生成 $CH_2O—Pd$、$CHO—Pd$、$CO—Pd$ 和 $H—Pd$。$CH_2O—Pd$ 与 $H—Pd$ 反应生成甲醇，$CHO—Pd$ 与 $CH_3O—Pd$ 形成甲酸甲酯。

实验表明，在不同的操作空速条件下 MN 的催化分解温度均为 70℃。在操作空速为 3000h^{-1} 时，在 120℃ 下 MN 的转化率已经接近 100%。这说明 MN 在催化剂上很容易发生分解。比较 MN 热分解的结果可见，MN 催化分解远易于其热分解发生。MN 的催化分解曲线如图 7-8-3 所示。

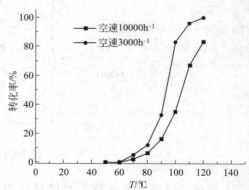

图 7-8-3　亚硝酸甲酯催化分解曲线

（2）羰化偶联反应动力学　从动力学角度看，羰化偶联反应是一个强放热的飞速反应。反应速率受温度和 MN 分压影响较大，受总压力影响较小。根据上述反应机理，计扬等对该反应进行了动力学研究。研究结果表明，催化剂表面的羰化基元反应是反应的控制步骤，反应动力学方程如下：

$$-r_{MN} = \frac{K_1 K_3 K_4 p_{MN} p_{CO}}{(1 + K_1 K_2 p_{CO}^2 + K_1 p_{CO} + K_3 p_{MN} + K_5 p_{NO})^2}$$

（3）羰化偶联反应用催化剂　应用于羰化反应的催化剂是以 Pd 金属为主活性金属的催化剂，通常以 Al_2O_3 为催化剂载体。Pd 催化剂的特点是在活性高、稳定性好，通常时空产率在 $350 \sim 600$ g DMO/（kg 催化剂·h）；在实验室中据报道可以超过 1000 g DMO/（kg 催化剂·h）。

应用于羰化偶联反应的 Pd 催化剂在使用过程中易受到 NH_3、H_2 和 H_2O 等杂质气体的影响，导致反应活性降低。因此，通常要求原料 CO 气体中 H_2 的含量小于 100 $\mu L/L$。

2. 酯化再生反应

（1）基本原理　酯化再生反应，以来自羰化偶联反应的 NO、甲醇和 O_2 为原料生成 MN 和水。酯化再生反应过程不需要催化剂，在常温常压下反应即可发生。

酯化再生反应方程式如下：

$$4CH_3OH + 4NO + O_2 \longrightarrow 4CH_3ONO + 2H_2O \tag{7-8-3}$$

主要的副反应为生成硝酸的反应，反应方程式如下：

$$4NO + 3O_2 + 2H_2O \longrightarrow 4HNO_3 \tag{7-8-4}$$

酯化再生反应的特点是不需要催化剂、反应易于发生、快反应、放热量大、气液两相反应、反应过程中涉及的反应多。实际酯化再生反应过程中涉及的反应如下：

$$NO\ (g) + 1/2O_2\ (g) \longrightarrow NO_2 \tag{7-8-5}$$

$$NO\ (g) + NO_2\ (g) \Longleftrightarrow N_2O_3\ (g) \tag{7-8-6}$$

$$CH_3OH\ (l) + N_2O_3\ (g) \longrightarrow CH_3ONO\ (g) + HONO\ (l) \tag{7-8-7}$$

$$CH_3OH\ (l) + HONO\ (l) \longrightarrow CH_3ONO\ (l) + H_2O\ (l) \tag{7-8-8}$$

$$N_2O_3\ (g) + H_2O\ (l) \longrightarrow 2HONO \tag{7-8-9}$$

$$2NO_2 \Longleftrightarrow N_2O_4 \tag{7-8-10}$$

$$N_2O_4\ (g) + H_2O\ (l) \longrightarrow HNO_3\ (l) + HONO\ (l) \tag{7-8-11}$$

$$N_2O_4\ (g) + CH_3OH\ (l) \longrightarrow HNO_3\ (l) + CH_3ONO\ (l) \tag{7-8-12}$$

从工艺的角度，酯化再生反应必须达到尽可能高的 MN 收率；通常以 NO 为计算基准，MN 的收率应至少大于 99%，否则将导致废水中 HNO_3 含量高、系统氮氧化物补充量大幅增加、设备腐蚀等一系列问题。由于该反应过程不需要催化剂，反应很容易发生，反应网络结构复杂，因此对该反应过程的反应方案设计提出了很高要求。

目前主要有两种反应系统设计方案。第一种是以福建物质结构研究所为代表采用的方案，即直接将气相 NO、O_2 和液相甲醇以并流的方式从酯化再生塔顶通入，富含 MN 的气液两相流从塔底采出后再进行气液分离。第二种是以华东理工大学-上海浦景化工技术为代表采用的方案，即在再生塔前设预反应器，在预反应器内 NO 与 O_2 反应生成 NO_2，得到 NO_2 与 NO 的混合物（该混合物一般被认为是 N_2O_3），在预反应器中将反应过程产生的主要热量移走，随后气相 N_2O_3 从塔底进入酯化塔，液相甲醇从塔顶进入酯化塔，在酯化塔中进行气液两相逆流接触并发生反应，最后在塔顶获得富含 MN 的气体，在塔底采出含甲醇和微量硝酸的废水。

（2）亚硝酸甲酯的性质　亚硝酸甲酯在煤基合成气制乙二醇路线中是一种重要的中间产品。虽然其在有机合成中有应用先例，但是从未作为一种中间产品大规模地应用于大宗化学品生产，因此，工业界对 MN 物理化学性质的了解相对有限。由于 MN 的 $\Delta_f G > 0$，MN 的 C—ONO 键极易断裂，虽导致其在自然环境中不可能长期稳定存在，但也赋予了其特殊的化学活性。亚硝酸甲酯的部分物理化学性质如表 7-8-2 所示。

表 7-8-2 亚硝酸甲酯物理化学性质

项 目	指 标	项 目	指 标
分子量	61.04	沸点	$-12℃$
熔点	$-17℃$	分解温度	$141℃$

亚硝酸甲酯对人体有毒。过量吸入将引起急性高铁血红蛋白症,严重时可致人死亡。其特效药为亚甲蓝。

3. 加氢反应

加氢反应是以草酸二甲酯和氢气为原料,在催化剂的作用下发生反应生成乙二醇和甲醇。加氢反应的甲醇作为原料回用至酯化再生反应。反应温度通常控制在 $190\sim240℃$,反应压力通常为 $2.0\sim3.0$ MPa(A)。加氢反应过程要求 H_2 大大过量,通常进入催化剂床层的氢气与草酸酯的摩尔比(即通常所说的氢酯比)根据采用的不同催化剂控制在 $40\sim100$。

(1) 加氢反应机理 加氢反应的主反应方程式如下:

$$(COOCH_3)_2 + 4H_2 \Longrightarrow (CH_2OH)_2 + 2CH_3OH \tag{7-8-13}$$

加氢过程中的副反应较多,主要副反应为 DMO 的不完全加氢和过加氢,以及生成 1,2-丁二醇(1,2-BDO)的反应。主要副反应的反应方程式如下:

不完全加氢生成乙醇酸甲酯:

$$(COOCH_3)_2 + 2H_2 \Longrightarrow CH_2OHCOOCH_3 + CH_3OH \tag{7-8-14}$$

过加氢生成乙醇:

$$(COOCH_3)_2 + 5H_2 \Longrightarrow C_2H_5OH + 2CH_3OH + H_2O \tag{7-8-15}$$

乙醇与乙二醇反应生成 1,2-丁二醇:

$$C_2H_5OH + (CH_2OH)_2 \Longrightarrow CH_2OHCHOHC_2H_5 + H_2O \tag{7-8-16}$$

在实际加氢过程中,DMO 加氢的副反应多达十余种,因此反应副产物也很多,其中部分副产物虽含量很少但会导致最终产品紫外透过率不合格。加氢反应的反应体系网络如图 7-8-4 所示。

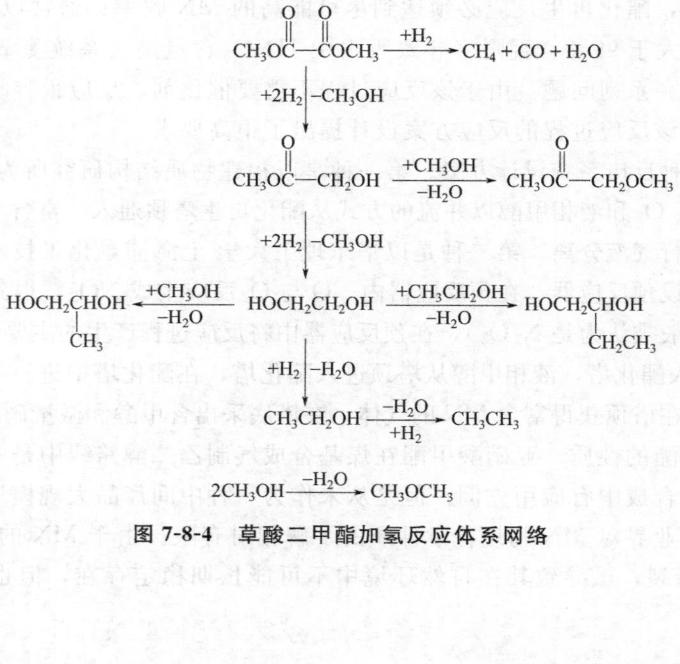

图 7-8-4 草酸二甲酯加氢反应体系网络

对于草酸酯加氢的反应机理国内外均有大量的研究。张博等提出 DMO 在催化剂上发生解离吸附，生成 M—OCH$_3$ 和中间物（B）。DMO 在催化剂的预吸附过程中，由于此时体系内没有足够的解离态 H 与（B）反应使（B）消去，所以中间物（B）将会深层解离生成中间物（C），此时再通入氢气时，由于（C）的加氢活性远远高于（B），所以（C）首先与解离态 H 反应生成 EG，之后（B）才会加氢反应生成 MG。部分 MG 分子脱附，而还有部分 MG 继续在活性中心上发生解离作用即生成 M—OCH$_3$ 和中间物（A），中间物（A）与解离态氢 H 继续反应生成 EG。M—OCH$_3$ 在反应过程中与解离态氢 H 反应生成 CH$_3$OH 而脱除。在加氢反应稳定时，不论是在 DMO 预吸附还是氢气预吸附的加氢反应过程中，都没有观察到明显的中间物（C），说明了在加氢反应过程中，可能由于（B）解离生成（C）是个很慢的过程，而（B）的加氢反应是个快速的过程，所以当有（B）产生时，就会直接与解离态氢 H 生成 MG。实际反应过程大部分生成 EG 的过程沿着路径②，只有很少量的沿着路径①。反应机理如图 7-8-5 所示。

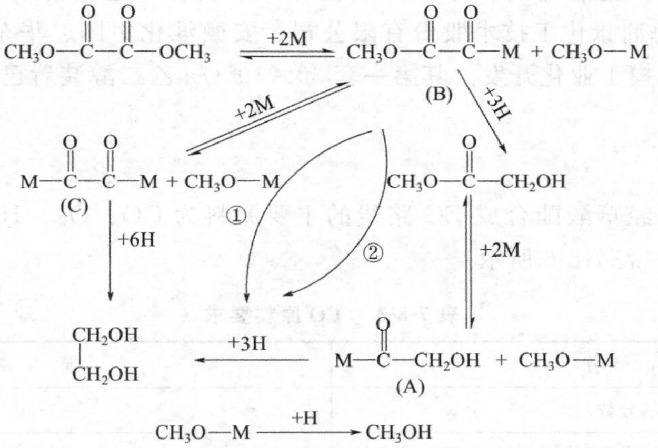

图 7-8-5　DMO 加氢的反应机理

（2）加氢反应动力学　对于加氢反应的动力学，国内外的研究者均认为催化剂的表面基元反应是过程的控制步骤。根据上节对加氢反应机理的描述，加氢反应的动力学方程如下：

$$r_{MG} = \frac{k_1 \sqrt{K_H p_H} \sqrt{K_{DMO} p_{DMO}}}{(1 + 2\sqrt{K_{DMO} p_{DMO}} + 2\sqrt{K_{MG} p_{MG}} + \sqrt{K_H p_H} + K_{Me} p_{Me} + K_{EG} p_{EG})^2}$$

$$r_{EG} = \frac{k_2 \sqrt{K_H p_H} \sqrt{K_{MG} p_{MG}}}{(1 + 2\sqrt{K_{DMO} p_{DMO}} + 2\sqrt{K_{MG} p_{MG}} + \sqrt{K_H p_H} + K_{Me} p_{Me} + K_{EG} p_{EG})^2}$$

（3）应用于加氢反应的催化剂　用于草酸酯加氢反应的催化剂通常采用 Cu 系催化剂，常见的有 Cu-Cr、Cu-SiO$_2$ 和 Cu-Al$_2$O$_3$。但是主要是以 Cu-SiO$_2$ 系为主。

衡量工业应用的草酸酯加氢催化剂优劣的关键指标包括草酸酯转化率、选择性分布、EG 时空产率、催化剂稳定性以及氢酯比。

在反应温度 200℃、反应压力 3.0MPa(A) 的实际反应条件下，已应用于工业装置的各种加氢催化剂的关键指标范围如下：草酸酯转化率 98%～100%、乙二醇选择性 95%～99%、EG 时空产率 100～500g EG/(kg·h)、使用寿命大于一年，以及氢酯比为 40～100。

事实上，在催化剂活性指标相当的情况下，氢酯比的高低直接会影响工业装置的建设投资和运行费用。所谓的"氢酯比"是指进入催化剂床层的原料氢气和原料草酸酯的摩尔比。

由于加氢反应的特点进入催化剂床层的氢气量需要远远大于参与反应的氢气量。以氢酯比100 为例，进入床层的氢气中仅有 4％参与反应，而剩下的 96％需要通过加氢循环压缩机循环再利用。因此，在实际的工业生产中加氢反应部分均配有较大的氢气循环压缩机。目前较先进的氢酯比指标是华东理工大学和上海浦景化工共同研制的 Cu-SiO$_2$系催化剂，在实际的工业应用中氢酯比可以降低到 40 左右。

第三节　合成气制乙二醇的工业化生产

一、原料要求及工艺流程

以上海浦景化工技术股份有限公司的合成气制 EG 技术为例，对工艺流程作简单的介绍。华东理工大学从 1995 年开始开展对"合成气制乙二醇"课题的研究。经多年研究开发出了羰化、加氢两种关键催化剂，并进行了长寿命的实验，也获得了一系列关键子技术。2009～2013 年，上海浦景化工技术股份有限公司、安徽淮化集团、华东理工大学共同合作进行了该技术的大规模工业化开发。其第一套 30×10^4 t/a 乙二醇装置已于 2014 年年底开车投产。

1. 原料要求

以合成气为原料经草酸酯合成 EG 路线的主要原料为 CO、O$_2$、H$_2$、甲醇。其原料的基本要求如表 7-8-3～表 7-8-6 所示。

表 7-8-3　CO 原料要求

组　分	规　格
CO（摩尔分数）/％	＞99
H$_2$（摩尔分数）/％	≤0.1
S/10^{-6}	≤0.1
As/10^{-6}	≤0.1
Cl$_2$/10^{-6}	≤0.1

表 7-8-4　O$_2$ 原料要求

组　分	规　格
O$_2$（体积分数）/％	≥99.5
H$_2$O	无游离水

表 7-8-5　H$_2$ 原料要求

组　分	规　格
H$_2$（摩尔分数）/％	≥99.7
S/10^{-6}	≤0.1
As/10^{-6}	≤0.1
Cl$_2$/10^{-6}	≤0.1

表 7-8-6　甲醇要求原料

指 标 名 称	指 标
色度(铂-钴)/号	≤5
密度(20℃)/(g/cm³)	0.791~0.792
馏程温度范围/℃[0℃,101.3kPa,在 64.0~65.5℃ 范围内,包括 (64.6±0.1)℃]	≤0.8
高锰酸钾试验/min	≥50
水溶性试验	通过试验(1+3)
水分含量/%	≤0.1
酸度(以 HCOOH 计)/%	≤0.0015
碱度(以 NH₃ 计)/%	≤0.0002
羰基化合物含量(以 CH₂O 计)/%	≤0.002
蒸发残渣含量/%	≤0.001
硫酸洗涤试验/Hazen 单位(铂-钴色号)	≤50
乙醇含量/10⁻⁶	≤100
硫含量/10⁻⁶	≤0.1

2. 工艺流程

煤基合成气制 EG 装置包括四个主要单元,分别是酯化再生单元、羰化偶联单元、加氢单元和 EG 精制单元。简要流程如图 7-8-6 所示。

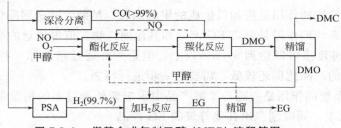

图 7-8-6　煤基合成气制乙醇(MEG)流程简图

(1) 酯化再生单元　酯化再生单元的主要任务是为羰化偶联单元提供亚硝酸甲酯(MN),并实现羰化偶联单元生成的 NO 和加氢精制单元回收的甲醇(ME)的循环利用。

① NO 的循环利用　NO 经氧气(O₂)氧化后,可与 ME 发生酯化反应生成 MN,如反应(7-8-17)所示:

$$0.5O_2 + 2NO + 2CH_4O \longrightarrow 2CH_3ONO + H_2O \tag{7-8-17}$$

MN 再经羰化反应后可生成 NO,如反应(7-8-18)所示:

$$2CO + 2CH_3ONO \longrightarrow (COOCH_3)_2 + 2NO \tag{7-8-18}$$

虽然理论上 NO 可实现零损耗,但由于伴随着不可逆副反应的发生,羰化反应后 NO 的浓度会逐渐降低,从而影响酯化过程中 MN 的生成量,并导致羰化工段草酸二甲酯(DMO)的产量下降。此外,随着原料气中不可避免地含有不凝性气体(如 N₂ 等),会导致系统中惰性气体组分逐步增加，因而需要进行弛放。在排弛放气的同时，也会损耗部分 NO 和 MN 气体。

因此，在酯化再生单元还需设置氮氧化物补充系统，以维持整个系统中 NO 和 MN 含量的稳定。

② 甲醇（ME）的循环利用 在生产乙二醇（EG）的整个工艺过程中，MN 的生成需要消耗 ME，而 DMO 加氢生成 EG 的过程则产出 ME，因此需要实现 ME 在全系统中的循环利用。

NO 经氧化反应后，在氧化酯化塔内与液相 ME（绝大部分来自加氢单元的回收甲醇）进行气液接触反应生成 MN。反应后的气相为含有一定 MN 浓度的混合气，液相为含 ME 和微量 HNO_3 的水溶液。

（2）羰化偶联工段 羰化单元的主要任务是为加氢单元提供合格的加氢原料草酸二甲酯（DMO）。来自界外的合格的 CO 原料气和来自酯化单元产生的含有亚硝酸甲酯（MN）循环气在该单元发生羰化反应，经冷凝及气液分离后得到含草酸二甲酯（DMO）和碳酸二甲酯（DMC）的液相混合物，该混合物经分离后最终得到合格的 DMO 原料，供后续加氢工段使用。由气液分离而来的气相中含有大量 NO，通过循环压缩机输送至酯化再生工段重新合成 MN。

（3）加氢工段 加氢单元的任务是以羰化偶联单元产物草酸二甲酯（DMO）为原料，在铜基催化剂的作用下，经加氢反应生成粗乙二醇。反应产物经冷却、气液分离后，未反应的氢气经循环压缩机升压后返回反应系统，液相产物经分离精制后得到乙二醇产品。DMO 加氢产物中乙二醇为主要反应产物，反应产物包括不完全加氢产物乙醇酸甲酯（MG），过度加氢产物乙醇以及乙二醇与乙醇发生 Guerbet 反应生成的 1，2-丁二醇。

（4）乙二醇精制工段 EG 精制单元的任务是将来自加氢单元的液相产物（主要包括甲醇、EG、乙醇、水、1，2 丁二醇等）进行分离和精制，最终获得 99.8% 的优等品级和 99% 的其他等级的 EG 产品。

在 EG 精制工段中，按照作用的不同还可以分为甲醇回收子系统、产物分离子系统及 EG 精制子系统。

甲醇回收子系统的作用是将加氢生成的甲醇回收、精制，并送回酯化再生单元。

产物分离子系统的作用是分离 EG 产品和其他副产物。值得注意的是由产物分离子系统获得的 EG 产品纯度虽可以达到 99.8% 以上，但是紫外透过率指标（特别是 220 nm 波长）达到优等品要求的产品比例还较低，需要进一步进行精制。

EG 精制子系统的作用是去除乙二醇产品中影响紫外透过率的痕量杂质，提高产品的优等品率到 90% 以上。同时副产出其他等级的 EG 产品。

二、消耗指标

以上海浦景化工技术股份有限公司的合成气制 EG 技术为例，吨 EG 消耗指标及折标煤情况如表 7-8-7 所示。

表 7-8-7 消耗指标及折标煤情况

序 号	名 称	吨 耗	折标煤系数	单 位	折标煤/kg
1	一氧化碳/m³	810	0.413	kg/m³	334.53
2	氢气/m³	1700	0.3686	kg/m³	626.62
3	氧气/m³	210	0.4	kg/m³	84.00
4	甲醇/kg	50	0.0664	kg/kg	3.32

续表

序号	名称	吨耗	折标煤系数	单位	折标煤/kg
5	低温水/t	60	0.214	kg/t	12.84
6	循环冷却水/t	600	0.1429	kg/t	85.74
7	脱盐水/t	1	3.2857	kg/t	3.29
8	电/kW·h	550	0.1229	kg/kw·h	67.60
9	蒸汽/t	8.5	111.455	kg/t	947.37
10	仪表空气/m³	6	0.04	kg/m³	0.24
				合计	2165.54

注:电耗中包括压缩机在内的所有用电驱动消耗,蒸汽用量未减掉尾气处理系统的副产蒸汽。

三、国内外 EG 专利商及建设项目

国内煤制 EG 项目建成及在建项目见表 7-8-8。

表 7-8-8　国内煤制 EG 项目建成及在建项目表(截至 2015 年 4 月)

建设单位	规模/(万吨/年)	建设时间	预计/建成时间	技术授权单位	原料气来源
亿利能源	30	2011 年 6 月	2014 年底	上海浦景	煤气化
安徽淮化	10(一期)	2011 年 11 月	2014 年底	上海浦景	煤气化
山西襄矿	20	2012 年 12 月	2015 年中	上海浦景	煤气化
山西阳煤(山西平定)	2×20	2013 年 6 月	2015 年底	上海浦景	煤气化
河南义马开祥化工	13	2014 年 1 月	2016 年 6 月	华烁五环	煤气化
鹤壁宝马	25	2011 年 11 月	2015 年	华烁五环	煤气化
山西阳煤(河北深州)	22	2011 年 12 月	2014 年底	华烁五环	煤气化
内蒙古双欣	10	2014 年 6 月	2016 年底	华硕五环	电石炉尾气
新疆天业	5+20	2013 年 5 月	2014 年底	日本高化学	电石炉尾气
内蒙古开滦	20×2	2009 年		日本高化学	煤气化
内蒙古苏尼特碱液	10	2010 年 10 月		日本高化学	煤气化
黔西煤化工	30	2011 年 11 月	2015 年 6 月	日本高化学	煤气化
山西阳煤	2×20	2013 年 11 月	2015 年底	日本高化学	煤气化
内蒙古康乃尔	30(一期)	2013 年 6 月	2015 年底	日本高化学	煤气化
通辽金煤化工	20	2007 年 5 月	2009 年 12 月	福建物构所、丹化科技	煤气化
河南煤业新乡获嘉	20	2009 年 11 月	2012 年 3 月	福建物构所、丹化科技	煤气化
河南煤业商丘永城	20	2009 年 11 月		福建物构所、丹化科技	煤气化
河南煤业濮阳	20	2010 年 3 月	2012 年 8 月	福建物构所、丹化科技	煤气化
河南煤业安阳	20	2010 年 3 月	2013 年	福建物构丹化科技	煤气化
河南煤业洛阳孟津	20	2009 年 11 月		福建物构所、丹化科技	煤气化

建设单位	规模/(万吨/年)	建设时间	预计/建成时间	技术授权单位	原料气来源
山东久泰能源	10	—	2015 年	上海交大	煤气化
贵州鑫新	3	2014 年	2016 年 3 月	天大-惠生	黄磷尾气
华鲁恒升德州	5	2010 年	2013 年	上海戊正	煤气化
浙江荣盛	40	2014 年	2016 年	上海戊正	
吉林鸿点化工	40(中压法)	2016 年 10 月	2019 年	上海戊正	煤气化
山西一丁化工	30(中压法)	2016 年 9 月	2018 年	上海戊正	煤气化
陕西煤化能源	30(中压法)	2017 年 5 月	2019 年	上海戊正	甲醇改造
辛集化工	3	2013 年 7 月		西南院	煤气化
中石化湖北化肥厂	20	2012 年 9 月	2013 年 11 月	中石化	煤气化

四、发展前景

1. 技术选择

煤制乙二醇与乙烯制乙二醇工艺技术完全不同。煤制乙二醇是煤气化制合成气（CO+H_2），合成气制草酸酯，草酸酯加氢制得乙二醇产品。正在开发的一步法合成气制乙二醇是更为先进的煤制乙二醇技术。乙烯法经济性受石油价格和资源短缺的制约，在我国发展缓慢。

2. 乙二醇消费量

2015 年我国乙二醇总产能 $755 \times 10^4 t$，产量 $461 \times 10^4 t$，进口 $887 \times 10^4 t$，出口 $3.1 \times 10^4 t$，表观消费量 $1345 \times 10^4 t$，对外依存度 65.9%；预计 2020 年国内需求量将达到 $(1750 \sim 1800) \times 10^4 t$，产量将达到 $(1200 \sim 1300) \times 10^4 t$，主要煤制乙二醇产能、产量将大幅度增长，发展前景看好。

3. 优化升级

煤制乙二醇产品质量按聚合级要求，与乙烯法产品相比存在一定差距，尚需优化升级，节能降耗还有潜力。"十三五"国家把煤制乙二醇列入了现代煤化工产业技术升级示范规划。

4. 中高法乙二醇

值得关注的是上海戊正公司开发的中高压法合成乙二醇新技术和新型催化剂，单系列产能可达 $(40 \sim 60) \times 10^4 t/a$，投资和综合能耗可降低 40%～45%，具有强的竞争能力和发展前景。2016 年 8 月以来，先后有山西一丁化工科技公司、吉林鸿点化工公司、陕煤能源长武公司采用该技术建设 $(30 \sim 60) \times 10^4 t/a$ 的煤制乙二醇装置。

第四节　中高压法制乙二醇大型化技术（STEG-Ⅱ）

一、技术开发过程

1. 一代技术（STEG-Ⅰ）

上海戊正工程技术有限公司是国内最早推动 EG 工业化实践的公司之一。由公司提供专利技术的山东华鲁恒升 5×10^4 t/a 合成气制乙二醇装置于 2012 年 7 月全线打通工艺流程，生产出 EG 合格产品，商业化运营至今，其产品大量应用于聚酯行业。该装置采用的技术为戊正第一代低压羰化工艺制 EG 专利技术（STEG-Ⅰ）。

2. 二代技术（STEG-Ⅱ）

在 5×10^4 t/a 合成气制 EG 项目成功的基础上，为满足装置单系列大型化的需要，戊正公司对第一代技术进行了总结及提升，首次提出并成功开发了中高压羰化工艺及催化剂，同时对加氢技术进行了全面升级，应用新的催化剂体系，完成了具有自主知识产权的百吨级装置的长周期验证，形成了第二代合成气制 EG 技术（STEG-Ⅱ）。该技术可实现 60×10^4 t EG/a 的单线产能。2016 年 8 月以来 STEG-Ⅱ 技术先后在吉林鸿点化工科技股份公司 40×10^4 t/a、山西一丁化工科技公司 30×10^4 t/a 和陕西长武煤化公司 30×10^4 t/a 装置上进行工业化示范项目建设。

2012 年戊正公司与中国寰球工程公司结成战略合作伙伴关系，共同推进合成气制 EG 中高压技术大型化工程示范。

戊正公司共获得技术专利 16 项，其中发明专利 10 项，实用新型专利 6 项。

二、中高压 STEG-Ⅱ 技术特点

STEG-Ⅱ 与 STEG-Ⅰ 相比，具有以下特点。

1. 合成压力提高

与一代技术相比，工艺系统压力大幅提升，同等规模装备的设备、管道、阀门直径减小，设备制造及安装费用降低，30×10^4 t/a 及以上大型化装置羰化、酯化、加氢三个反应器均为 1 台，占地面积减少 30% 左右。主装置建设投资降低 40% 左右。

2. 工艺优化

由于工艺优化及流程简化，消耗降低，装置综合能耗下降 45% 左右。系统配套减少了冷冻水、循环热水、分子筛脱水、盐回收四大部分，降低了投资及消耗。

3. 催化剂性能提高

二代催化剂选择性、产率提高，用量减少，催化剂消耗费用降低 40% 左右。

4. 安全性能和环保性能好

采用在线质谱检测、DCS 控制系统及 ESD 联锁保护系统，从工艺及控制上可以规避飞温、爆炸的风险，保证生产安全。增加了尾气处理系统、酸性水处理系统，乙二醇主装置区废水可以达到近似零排放，环保达到更低排放要求。

5. 产品质量好

增加了产品深度净化处理工段，产品优等品率从 90% 提高至 98% 以上。

6. 成本降低

一代技术制乙二醇产品含税（煤价 300 元/t）完全成本约 4200 元/t；煤价 400 元/t 二代技术，乙二醇完全成本约为 2800~3000 元/t，具有比较强的竞争力。

三、第一、二代技术对比

1. 工艺条件（见表 7-8-9）

表 7-8-9　第一、二代工艺技术主要工艺操作条件对比

项　目	STEG-Ⅰ	STEG-Ⅱ
羰化压力(G)/MPa	0.2～0.5	1.0～5.0
酯化压力(G)/MPa	0.2～0.5	1.0～5.0
加氢压力(G)/MPa	2.0～3.0	3.5～10

2. 反应器

STEG-Ⅱ技术的工艺、配套催化剂整体改进提升，其中压力提高了数倍，羰化、加氢催化剂时空产率比 STEG-Ⅰ技术配套的催化剂提高了一倍左右，二代技术配套的反应器采用板式反应器，以适应二代技术对传质传热的要求。单台（套）反应器处理能力大，最大可以满足 $60×10^4$ t/a 单系列大型化 EG 对装备的要求。以 $40×10^4$ t/a 乙二醇为例，第一、二代工艺技术主要反应器的对比如表 7-8-10 所示。

表 7-8-10　第一、二代工艺技术主要反应器对比

项　目	一代技术			二代技术		
	型　式	数量/台(套)	单台(套)处理能力/（万吨/年）	型　式	数量/台(套)	单台(套)处理能力/（万吨/年）
羰化反应器	管式	6～8	10～15	板式	1	80～120
酯化反应器	塔式	2～4	—	塔式	1	—
加氢反应器	管式	6～10	5～7.5	板式	1	40～60

3. 催化剂

二代技术配套的催化剂与一代技术配套的催化剂相比，选择性、时空产率、寿命大幅度提升，首次装填量下降一半左右，寿命全部提升到 2 年以上，运行费用下降 50％左右。如表 7-8-11 所示。

表 7-8-11　第一、二代工艺技术主要催化剂性能对比

名　称	项　目	一代技术配套催化剂	二代技术配套催化剂
羰化催化剂	单程转化率/%	93～97	≥98
	选择性/%	95～98	≥98
	时空产率/[g/(kg·h)]	500～600	≥1000
	使用寿命/年	≥2	≥2
加氢催化剂	单程转化率/%	≥99.9	99.9
	选择性/%	95～97	≥98
	时空产率/[g/(kg·h)]	220～320	≥800
	使用寿命/年	≥1	≥2

4. 原料消耗

二代技术的系统整体先进，减少了装置的部分配套系统，同时也减少了配套系统自身的消耗，使得装置的主要原料消耗、能耗与一代技术对比下降50％左右。如表7-8-12所示。

表 7-8-12　第一、二代工艺技术主要原料消耗对比

序　号	项　目		一代技术指标（工业实际运行数据）	二代技术指标（设计及期望）
1	产品质量/％		乙二醇（聚酯级） 优等品率大于90	乙二醇（聚酯级） 优等品率大于98
2	主要 原料 消耗	$CO/(m^3/t)$	800	780～790
		$H_2/(m^3/t)$	1610	1550～1580
		$O_2:/(m^3/t)$	204	186～196
		甲醇/（kg/t）	50～80	20～40
		液氨/（kg/t）	无	2
		68％硝酸/（kg/t）	6～30	无
3	主要 能耗	蒸汽	6.8～7.8	3.6～4.3
		电/（kW·h/t）	480～750	200～260
		循环水（$\Delta t=10℃$）/（t/t）	450～720	280～380
		（消耗原水）	7～11	4.5～6

注：二代技术氮氧化物的供应，可以采用氨氧化工艺、硝酸和亚硝钠工艺、四氧化二氮和硝酸工艺等方式中的一种生产。二代技术暂按氨氧化工艺考虑。

5. 配套系统

由于二代工艺技术、反应器、催化剂的全面升级，与一代技术相比配套系统发生了重大变化（表7-8-13）。一代技术环保不达标或达不到"准零排放"要求等不完善之处，二代技术通过改进工艺得到了解决。

表 7-8-13　第一、二代技术配套系统变化

序　号	一代技术配套系统	二代技术配套系统
1	亚钠/硝酸制 NO_x 系统	氨氧化制 NO_x 系统
2	冷冻水循环系统	无
3	热水循环系统	无
4	硝酸盐水处理系统	无
5	分子筛脱水系统	无
6	DMO净化系统	无
7	无MEG产品纯化系统，90％	含MEG产品纯化稳定系统，大于98％
8	无环保处理系统，不达标	设环保处理系统，达标排放，废水近似零排放

6. 工艺流程

见图7-8-7、图7-8-8。

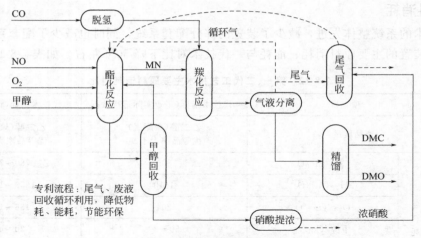

图 7-8-7　羰化酯化工艺流程

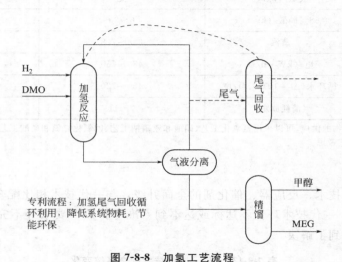

图 7-8-8　加氢工艺流程

四、第二代技术相关投资指标

在当前油价在 50～60 美元/桶时，产品 EG 出厂价按 6000 元/t（不含税价）、煤价按 400 元/t 作为评估价格，采用上海戊正二代中高压羰化工艺制 EG 技术，项目建成后具有较好的经济效益；该项目税前、税后的内部收益率分别达到 25.8％和 20.9％。EG 的完全成本约为 2850 元/t，产品有较强的竞争力。40×10^4 t/a 中高压羰化工艺煤制 EG 技术经济评价见表 7-8-14。

表 7-8-14　40×10^4 t/a 中高压羰化工艺煤制 EG 技术经济评价

序　号	项目名称	指　标	备　注
一	工程总投资/万元	468168.7	
1	建设投资/万元	439144.1	
2	建设期利息/万元	19643.9	

续表

序　号	项目名称	指　标	备　注
3	流动资金/万元	9380.7	
4	资本金/万元	140450.6	
二	年销售收入/万元	244380.1	
三	年总成本/万元	11400	
四	平均年利润总额/万元	112547.9	
五	年税金及附加/万元	29267.0	
六	所得税/万元	28137.0	
七	财务评价指标		
1	投资收益率/%	25.6	
2	投资回收期		
2.1	所得税前/年	6.11	自建设之日起
2.2	所得税后/年	6.81	自建设之日起
3	财务净现值		
3.1	所得税前/万元	339979.1	$I=12\%$
3.2	所得税后/万元	206586.6	$I=12\%$
4	内部收益率		
4.1	所得税前内部收益率/%	25.8	
4.2	所得税后内部收益率/%	20.9	
5	盈亏平衡点/%	39.5	

评估说明：

① 界区为新建厂内所有生产单元、配套公用工程系统（含50kW发电机组一套）。所有环保处理达标排放，其中废水为近似零排放。

② 装置年运行时间为8000h，年产聚酯级乙二醇40×10^4t，其他副产品2.6×10^4t。

③ 消耗原料煤、燃料煤合计98.1×10^4t/a（原料煤、燃料煤收到基热值6100kCal/kg作为评价依据）。

五、煤（合成气）制EG工程业绩（表7-8-15）

表7-8-15　二代技术工程业绩

序号	建设单位	规模/(t/a)	主要服务内容	备注
1	邢台中能能源开发有限公司	30×10^4	专利许可、工艺包、基础设计	采用二代技术
2	山西一丁化工科技有限公司	20×10^4	专利许可、设计	采用二代技术 2016年开工
3	黑龙江鸿点化工科技股份有限公司	80×10^4，一期 40×10^4	专利许可、设计	采用二代技术
4	大兴禾工新兴能源科技有限公司	30×10^4	专利许可、工艺包	采用二代技术 2016年开工
5	陕西长武煤化公司	60×10^4，一期 30×10^4	双方合资、设计	2017年开工建设

第五节 乙二醇反应器大型化技术

通过国内外乙二醇（EG）催化剂专利商、软件包供应商、工程公司、生产厂几年来不断探索、创新、优化以及工程化实践，合成气制乙二醇技术在催化剂制备、工艺包开发、工程实施、工艺操作指标等方面已日趋成熟。但乙二醇装置主要受列管式羰化反应器及列管式加氢反应器限制难以大型化，造成工程投资高、运行能耗高、副反应物多、生产负荷低、蒸汽消耗大等缺陷。

国内在运行的装置虽然号称 $20 \times 10^4 t/a$、$30 \times 10^4 t/a$ 规模，但是实际由 $10 \times 10^4 t/a$ 单系列组成，就国内在运行的 $30 \times 10^4 t/a$ 规模而言，羰化、酯化、加氢均为三个系列，羰化反应器为 6 台列管式反应器并联运行、酯化反应器为 3 台并联运行、加氢反应器为 6 台列管式反应器并联运行。由于反应器设计思路局限于列管式反应器，仍没有解决合成气制乙二醇装置大型化的难题，如已投入运行的 $20 \times 10^4 t/a$ 合成气制乙二醇装置，羰化反应器已放大到 $\phi6000$、H 催 $=8000$，加氢反应器已放大到 $\phi6800$、H 催 $=10000$，由于床层阻力过大、设备结构造成的应力难以消除，导致反应器泄漏，装置无法长周期稳定运行，虽对羰化、加氢反应器进行改造，目前产能仅为设计值的 30% 左右。

南京敦先化工科技公司采用大型化径向蛇管式羰化反应器及径向球腔联箱蛇管式加氢反应器取代现有传统列管式羰化及加氢反应器，对于一套 $20 \times 10^4 t/a$ 乙二醇装置仅羰化及加氢反应器就可以节省 1120t 钢材，节省 6720 万元设备投资，降低反应器阻力及降低精馏装置蒸汽消耗两项节能，使乙二醇生产企业全年节省 8521.40 万元运行费用。

一、羰化反应器大型化措施

现有羰化反应系统运行压力约为 0.38MPa，羰化循环机增压要满足酯化、羰化合成气中甲醇洗涤回收及羰化反应等三个单元的阻力降，在较低的压力下，羰化压缩机是乙二醇装置中能耗大户。甲醇洗涤精馏塔、酯化塔均为填料结构，在实际运行过程中阻力较小，已没有降低阻力空间，采取径向蛇管羰化反应器取代现有列管式轴向反应器是降低羰化循环机功耗唯一途径。现有列管式轴向羰化反应器换热管规格为 $\phi32 \times 2$，选用换热管管径较小，催化剂装填量少，难以满足单系列大型化要求，管板为 $\phi4600$ 规格仅能布置 10000 根换热管，管板为 $\phi6000$ 规格仅能布置 20000 根换热管，若采取增加换热管长度来满足催化剂装填量，后果是催化剂床层阻力进一步加大，造成羰化装置无法运行，如国内换热管长度为 8000mm 的羰化装置至今无法正常运行，产能仅为设计值的 30% 左右。径向蛇管羰化反应器床层阻力 $\leqslant 0.015MPa$，仅是现有列管式轴向羰化反应器床层阻力的 $10\% \sim 20\%$，催化剂床层阻力与床层高度无关，反应器高径比没有限制，单台径向反应器催化剂装填量可以达到 $200m^3$ 以上，完全满足乙二醇装置单系列大型化的需求。

羰化反应催化剂空速在 $2000 \sim 7000h^{-1}$ 时受到外扩散控制，伴随着亚硝酸甲酯（MN）催化分解（$4CH_3ONO \Longrightarrow CHOOCH_3 + 2CH_3OH + 4NO$）现象。随着空速增加亚硝酸甲酯（MN）催化分解现象变弱，草酸二甲酯（DMO）收率升高。当空速

≥10000h^{-1}时受到动力学控制，虽然在动力学控制区域亚硝酸甲酯（MN）没有催化剂分解现象，但相应草酸二甲酯（DMO）的收率大幅度降低，不利于工程实施。实际工程实施时，羰化反应器设计一般按照外扩散控制区域的空速进行设计。CO偶联反应过程，CH_3ONO与CO相比，CH_3ONO更容易在气相中向催化剂表面扩散和吸附。径向羰化反应器催化剂床层采用气体内进外出设计理念，径向床层内侧线速度高，实质改善了CO向催化剂表面扩散，增加了催化剂表面吸附态的CO浓度，缩短了CH_3ONO在Pd催化剂表面吸附停留时间，从而提高了CO与$CH_3O—Pd—NO$反应生成草酸二甲酯（DMO）速率，降低了$CH_3O—Pd—NO$连续脱氢反应，减少了亚硝酸甲酯（MN）催化分解生成甲醇和甲酸甲酯（MF）的副反应物生成，有效提高了草酸二甲酯收率（DMO）。CO偶联反应被称作秒级快速反应，羰化反应主要集中在径向催化剂床层内中部，此部位是主反应区和次反应区，95％以上草酸二甲酯（DMO）在此区域生成。在反应器进口$CO：CH_3ONO=2$时，随着反应气体离开主次反应区，CH_3ONO浓度逐渐降低，由于CO过剩，$CO：CH_3ONO$的比值逐渐升高，CO占气体摩尔分数增加，CO易抢占催化剂活性表面中心，迅速与吸附催化剂表面的$CH_3O—Pd—NO$反应生成草酸二甲酯（DMO），确保平衡反应区降低$CH_3O—Pd—NO$连续脱氢反应，减少亚硝酸甲酯（MN）催化分解生成甲醇和甲酸甲酯（MF）的等副反应物。因此，用于羰化反应的径向反应器采取气体内进外出设计理念。径向催化剂床层分为主反应区、次反应区、平衡反应区，催化剂主反应区、次反应区线速度大，平衡反应区催化剂表面吸附CO浓度高，能有效减少甲醇、甲酸甲酯（MF）副反应物生成，提高草酸二甲酯（DMO）收率，同时可以带来延长催化剂使用寿命、减少催化剂用量、减少原料气消耗、减少精馏装置蒸汽消耗等诸多优点。

南京敦先化工科技有限公司开发的径向蛇管式羰化反应器很好地解决了困扰乙二醇行业羰化反应器难以大型化的难题，径向蛇管式羰化反应器由承压壳体与催化剂框组成。壳体由上封头及筒体组成，上封头与下部壳体之间采取法兰连接，上封头设有气体出口、热水出口、热电偶安装口，下部封头设有进气口、热水进口、催化剂自卸口及排污口。催化剂框为便于起吊的整体结构，上下部各设有平椭圆管联箱，蛇管（换热管）分别与上下平椭圆管联箱连接。下部平椭圆管联箱通过支管与大环管连接，大环管与进水管连接；上部平椭圆管联箱与上部出水管连接，进水管、大环管、下部平椭圆管联箱、蛇管、上部平椭圆管联箱及出水管等部件形成一个管内走水，并埋在催化剂床层的移热管束。内部设有气体分布筒、外部设有气体集气筒、上部设有密封平盖。分布筒、集气筒、密封平盖与移热管束形成一个便于装填催化剂的空间。

气体由下部进气口进入分布筒，通过分布筒将气体均匀分布到径向催化剂床层，气体分别经过主反应区、次反应区、平衡反应区，然后进入集气筒，通过集气筒汇合后沿着与外筒之间的环隙向上走，通过气体出口流出反应器外部。气体经过主反应区、次反应区及平衡反应区时边流动边反应，反应放出的热量被埋在催化剂床层内移热管束中的水吸收，并转化为蒸汽，将反应热移出催化剂床层。

来自汽包的不饱和热水由下部热水进口进入大环管，经过支管、下部平椭圆管联箱分配到每一个蛇管中，吸收催化剂床层反应热后进入上部平椭圆管联箱、出水管，最终由热水出口进入汽包，并在汽包内部完成闪蒸，将闪蒸出的蒸汽送到冷冻脱盐水系统，汽包与反应器之间完全实现自然循环。该径向蛇管式羰化反应器具有以下优点：

① 气体从内向外径向流动，分别形成主反应区、次反应区及平衡反应区，实现催化剂床层线速度由大变小及 $CO：CH_3ONO$ 的比值逐渐升高的设计理念，有效控制了亚硝酸甲酯（MN）催化分解现象，降低了甲醇、甲酸甲酯（MF）等副反应物生成，提高了草酸二甲酯（DMO）收率，同时可以带来延长催化剂使用寿命、减少催化剂用量、减少原料气消耗、减少蒸汽消耗等优点，降低了乙二醇运行成本。

② 采用蛇管作为换热管束，内部蛇管可以通过内外圈蛇管之间环距及蛇管上下垂直间距任意调整主反应区、次反应区及平衡反应区内部每立方米催化剂换热面积，确保反应热量及时移走，完全做到整个催化剂床层为等温床层，杜绝亚硝酸甲酯（MN）非催化的热分解反应，有效降低甲醇、甲醛等副反应物的生成，确保草酸二甲酯（DMO）高收率、原料气消耗低等优点，从源头开始来确保乙二醇产品质量及优等品率。

③ 将蛇管上部及下部的诸多环形催化剂框完全暴露出来，确保瓷球、石英砂、催化剂便于装填和自卸，同时确保脱落的钯粉末不得落入无换热管区，反应器运行安全，杜绝亚硝酸甲酯（MN）热分解发生；瓷球、石英砂及催化剂装填时，不仅可以目测，同时可以测量装填高度，确保瓷球、石英砂、催化剂装填均匀、便捷、速度快。

④ 采用径向结构，床层阻力低，仅降低阻力一项可以为羰化酯化系统节省循环机功耗 $331.60kW \cdot h/t$（驱动蒸汽折算为电耗，电价按 0.69 元/（kW·h）结算，节省 220.8 元/t EG）。

⑤ 采取水路自然循环，有效杜绝全厂突然停电时，亚硝酸甲酯（MN）热分解发生造成的爆炸事故发生。

⑥ 采取蛇管换热管，有效消除热应力，确保设备使用寿命长。

⑦ 催化剂床层最高温度 $\leqslant 135.2℃$，减少副反应物生成，降低亚硝酸甲酯（MN）催化及非催化热分解，有效提高了草酸二甲酯（DMO）的收率，从源头开始来确保乙二醇产品质量。

⑧ 单台羰化反应器 DMO 产能可达 $60 \times 10^4 t/a$，利于乙二醇装置大型化。

⑨ 采用全径向结构，床层阻力低，羰化反应分散，进入酯化反应器压力高，能有效遏制酯化副反应，降低塔底废水中 HNO_3 含量。

⑩ 下部设有平椭圆管、支管、大环管、进水管、进气管等，确保下部死气区温度高于"露点"温度，确保下封头无液相积存。

南京敦先化工科技有限公司按照亚硝酸甲酯（MN）单程转化率为 59.0%，全径向蛇管式羰化反应器结构进行设计，单台反应器可以满足 $60 \times 10^4 t/a$，我们将（10～40）$\times 10^4 t/a$ 产能的单台羰化反应器催化剂装填量、反应器规格、副产蒸汽量以及对应的技术参数分别列于表 7-8-16。

表 7-8-16 技术参数表(一)

产 能	DMO 产能/(10^4t/a)	10	20	25	30	40
	MN 转化率/%	59.00	59.00	59.00	59.00	59.00
	MN 转化为 DMC/%	0.03	0.03	0.03	0.03	0.03
	MN 分解反应率/%	0.01	0.01	0.01	0.01	0.01
	进口气量/(m^3/h)	87957.79	175915.58	219894.48	263873.37	351831.16
	出口气量/(m^3/h)	85477.81	170955.62	213694.53	256433.43	341911.24

续表

结构	反应器结构	全径向	全径向	全径向	全径向	全径向
	反应器规格	DN3600	DN4000	DN4200	DN4400	DN4600
	催化剂装填量/m³	30.60	60.70	74.90	90.70	120.50
温度	进口温度/℃	110.00	110.00	110.00	110.00	110.00
	出口温度/℃	135.20	135.20	135.20	135.20	135.20
	热点温度/℃	≤135.2	≤135.2	≤135.2	≤135.2	≤135.2
	进口露点温度/℃	19.00	19.00	19.00	19.00	19.00
	出口露点温度/℃	110.00	110.00	110.00	110.00	110.00
	副产蒸汽温度/℃	116.90	116.90	116.90	116.90	116.90
压力	进口压力(G)/MPa	0.40	0.40	0.40	0.40	0.40
	出口压力(G)/MPa	0.38	0.38	0.38	0.38	0.38
	床层阻力/MPa	0.02	0.02	0.02	0.02	0.02
	副产蒸汽压力(G)/MPa	0.08	0.08	0.08	0.08	0.08
副产蒸汽量/(kg/h)		7357.00	14714.00	18392.50	22071.00	29428.00

二、加氢反应器大型化措施

加氢反应是一个串联反应过程，加氢产物有乙醇酸甲酯（MG）、乙二醇（EG）、乙醇（ET）、1,2-丁二醇（1,2-BDO）等，而且催化剂床层温度及氢酯比波动则会带来最终产物组成发生变化，加氢最终产物乙二醇（EG）收率高低及副反应物含量多少直接影响到原料气消耗、精馏装置蒸汽消耗、乙二醇产品收率及乙二醇产品质量等。中间产物乙醇酸甲酯（MG）有羟基、酯基，具有醇类、酯类化学性质，在催化剂表面吸附能力较强，很容易与其他物质发生反应形成积炭。入反应器的循环气氢酯比在 70～80，循环气量高达 30438.8m³/t 以上，催化剂时空产率仅在 0.180～0.234t/(h·m³)，催化剂装填量大。各家加氢催化剂 Cu 含量不同，催化剂制备时中和控制、母液干燥及成型打片等差异造成催化剂收缩率有较大区别。以上诸多因素造成加氢反应器大型化设计难度大，传统列管式加氢反应器严重影响乙二醇装置大型化的发展步伐，增加换热管数必然要放大设备规格，受到制造、运输、安装等限制无法实现；采用加长催化剂管长度满足催化剂装填量，造成床层阻力大，热应力无法彻底消除，循环机功耗高，装置无法正常运行；采用大规格无缝钢管作为催化剂换热管可以增加催化剂装填量，但会造成圆柱体催化剂床中心热点温度高，乙醇（ET）、1,2-丁二醇（1,2-BDO）等副反应物增加或造成氢酯比高、循环气量大，循环机功耗高，最终产品成本高，失去竞争力；采用多台列管式加氢反应器并联运行，存在工程投资大、占地面积大、管理人员多、气体偏流、催化剂利用率低、使用寿命短等缺陷。

南京敦先化工科技有限公司根据多年来对可控移热变换炉、大型化甲醇反应器、醋酸乙酯加氢反应器、醋酸加氢反应器等设计积累的经验开发出径向球腔联箱蛇管式加氢反应器，径向球腔联箱蛇管式加氢反应器由承压壳体与催化剂框组成。壳体由上封头及筒体组成，上封头与下部壳体之间采取法兰连接，上封头设有气体进口、热水出口、热电偶安装口，下部封头设有出气口、热水进口、催化剂自卸口及排污口。催化剂框为便于起吊的整体结构，上下部各设有集（分）水球腔联箱，蛇管（换热管）两端分别与上下集（分）水球腔联箱连接，上部集水球腔联箱与上部出水管连接，进水管与下部分水球腔联箱连接，出水管、集水球腔、蛇管、分水球腔及进水管等部件形成一个管内走水，并埋在催化剂床层的移热管束。外部设有气体分布筒、内部设有气体集气筒、上部设有密封平盖。分布筒、集气筒、气侧球腔、密封平盖与移热管束形成一个便于装填催化剂的空间。

气体由上部进气口进入分布筒，通过分布筒将气体均匀分布到径向催化剂床层，气体分别经过催化剂床层完成加氢反应，然后进入集气筒，通过集气筒汇合后沿着气侧球腔与下部水侧球腔环隙进入下部气体出口流出反应器外部。

来自汽包的不饱和热水由下部热水进口进入下部分水球腔联箱，通过分水球腔分配到每一根蛇管中，吸收催化剂床层反应热后进入上部集水球腔联箱、出水管，最终由上部热水出口进入汽包，并在汽包内部完成闪蒸，汽包与反应器之间完全实现自然循环，该径向球腔联箱蛇管式加氢反应器具有以下优点：

① 径向球腔联箱蛇管式加氢反应器通过调整蛇管上下之间及内外圈距离，确保催化剂中心到蛇管壁之间距离≤15mm，径向催化剂床层气体与蛇管之间垂直流动，流动气体不断改变方向，分布筒与最外圈蛇管之间"零距离"，真正做到催化剂床层是一个"等温床层"，完全杜绝结焦现象，减少副反应物生成，不仅解决了乙二醇装置大型化难题，更重要的是能减少副反应物生成，从源头做到原料气消耗低、精馏装置蒸汽消耗低，确保乙二醇产品质量及优等品率。

② 无须自卸催化剂就可以实现检查、堵漏，所有换热蛇管为整根钢管，上端与集水球腔连接、下端与分水球腔连接，即换热管的焊接点仅在上下集（分）水球腔内，中间无拼接，与分水球腔、集水球腔相连接的进出水总管≥DN500，如果发现换热蛇管与分水球腔、集水球腔焊接点泄漏时，检修人员可以通过进出水总管分别进入分水球腔、集水球腔内部进行检查、施焊、堵漏，无须卸除催化剂，堵漏后原有的催化剂继续投入使用，提高了设备安全性。

③ 每根蛇管完全依靠自身消除热应力，每组换热管我们分别对初始氢化、过热蒸汽开车、正常运行以及非正常状态下应力进行分析，确保在任何工况下无应力作用在分水球腔、集水球腔上，应力消除彻底，进出水管与壳体之间采用焊接密封，水、气之间安全可靠，反应器使用寿命长。

④ 径向球腔联箱蛇管式加氢反应器催化剂框上部设有密封板，密封板上开有四个"扇形"孔及四个"扇形"密封板，下部装填瓷球，催化剂直接堆放在瓷球上。在球头上布管采用有4个方向整体不布管，从四个不布管位置可以直接看到下部蛇管组成的催化剂床层，而且可以测量瓷球装填高度、催化剂装填高度等。催化剂自卸时，催化剂从下部不布管的位置可以直接自卸出来，催化剂装填及自卸非常方便简洁。

⑤ 径向气体分布技术是南京化工敦先科技有限公司专利技术，采用径向分布器及集气筒采用双向补偿，气体分布均匀，确保同圆周面温差≤5℃。

⑥ 催化剂床层为全径向结构，气体自外至内流动，催化剂床层类似于一道绕管换热、一道催化剂床层，气体由外至内气体通过路径相同，接触时间相同，催化剂利用率高。

⑦ 采取全径向结构，径向分布筒、催化剂床层及集气筒的阻力之和≤0.05MPa。

⑧ 易于大型化：催化剂框为全径向结构，床层阻力低，催化剂框高度不受高径比限制，单台反应器催化剂装填量＞200m³，易于大型化。

南京敦先化工科技有限公司按照草酸二甲酯（DMO）单程转化率为 99.99％，径向球腔联箱蛇管式加氢反应器结构进行设计，单台反应器可以满足 40×10^4 t/a 以上，我们将 $(10 \sim 30) \times 10^4$ t/a 产能的单台加氢反应器催化剂装填量、反应器规格、副产蒸汽量以及对应的技术参数分别列于表 7-8-17。

表 7-8-17 技术参数表（二）

产能	GE 产能/(10^4t EG/a)	10	15	20	25	30
	DMO 转化率/%	99.99	99.99	99.99	99.99	99.99
	GE 收率/%	96.40	96.40	96.40	96.40	96.40
	乙醇收率/%	1.00	1.00	1.00	1.00	1.00
	乙醇酸甲酯收率/%	1.00	1.00	1.00	1.00	1.00
	1,2-丁二醇收率/%	1.50	1.50	1.50	1.50	1.50
	进口气量/(m³/h)	380480	570720	760960	951200	1141440
	出口气量/(m³/h)	370631	555947	741262	926578	1111893
结构	反应器结构	全径向	全径向	全径向	全径向	全径向
	反应器规格	DN3800	DN4000	DN4200	DN4400	DN4400
	催化剂装填量/m³	54.00	81.00	108.00	135.00	162.00
温度	进口温度/℃	185.0	185.0	185.0	185.0	185.0
	出口温度/℃	188.9	188.9	188.9	188.9	188.9
	热点温度/℃	188.9	188.9	188.9	188.9	188.9
	进口露点温度/℃	136.0	136.0	136.0	136.0	136.0
	出口露点温度/℃	169.0	169.0	169.0	169.0	169.0
	副产蒸汽温度/℃	184.0	184.0	184.0	184.0	184.0
压力	进口压力(G)/MPa	3.20	3.20	3.20	3.20	3.20
	出口压力(G)/MPa	3.15	3.15	3.15	3.15	3.15
	床层阻力/MPa	0.05	0.05	0.05	0.05	0.05
	副产蒸汽压力(G)/MPa	1.00	1.00	1.00	1.00	1.00
	副产蒸汽量/(kg/h)	5540.2	8310.3	11080.4	13850.5	16620.6

三、大型化乙二醇反应器优势

20×10^4 t/a 生产规模，与其配套的草酸二甲酯（DMO）的生产规模为 40×10^4 t/a，我们按照羰化、酯化、硝酸还原、加氢等单元为单系列、静止设备均为单台进行设计，并与现在运行的 20×10^4 t/a 生产装置，羰化、酯化、硝酸还原为两个系列（单系列 DMO 生产规模为 20×10^4 t/a，列管式羰化反应器为两台 $\phi4600$ 并联），加氢装置为两个系列（单系列 EG 生产规模为 10×10^4 t/a，列管式加氢反应器为两台 $\phi4400$ 并联）对比，采用全径向蛇管式羰化反应器、径向球腔联箱蛇管式加氢反应器取代现有列管式羰化反应器及列管式加氢反应后，则具有以下优势：

① 羰化部分采用传统列管式反应器需要 4 台，设备总吨位高达 700t 左右，如果采用南

京敦先大型化径向蛇管式羰化反应器，设备总吨位仅为传统总吨位的40%左右；加氢部分采用传统列管式反应器需要4台，设备总吨位高达1000t左右，如果采用南京敦先大型化径向球腔联箱蛇管式加氢反应器，设备总吨位仅为传统总吨位的30%左右。仅羰化及加氢反应器就可以节省1120t钢材，反应器投资节省6720万元。

② 羰化、酯化、硝酸还原、加氢等单元为单系列、静止设备均为单台进行设计时，与传统乙二醇技术相比，工程总投资至少节省32000万元。

③ 采用南京敦先大型化径向蛇管式羰化反应器及径向球腔联箱蛇管式加氢反应器后，因反应器阻力降低，从源头控制副反应物减少，达到降低精馏装置蒸汽消耗的目的，仅此两项节能可以使乙二醇循环机能耗降低443.58kW·h/t、精馏装置节省1t/t蒸汽，折费用可以降低426.07元/t，全年可以节省运行费用20×426.07＝8521.40（万元）。

④ 节省32000万元工程总投资的财务费用及减少45%管理人员费用，则企业此两项全年可节省约3160万元。采用单系列大型化乙二醇装置与传统双系列乙二醇技术相比，企业全年可节省约11681.4万元的运行费用。

四、结论

大型化径向蛇管式羰化反应器及径向球腔联箱蛇管式加氢反应器取代现有传统列管式羰化及加氢反应器，不仅可以节省设备钢材、降低投资，而且催化剂床层阻力低，床层为等温床层，气体流经羰化反应器催化剂床层为内进外出、气体流经加氢反应器催化剂床层为外进内出等设计方式，从羰化反应及加氢反应的源头控制副反应物生成，进一步降低原料气消耗、降低精馏装置蒸汽消耗，每年可以为企业带来8521.40万元经济效益。

大型化径向蛇管式羰化反应器及径向球腔联箱蛇管式加氢反应器的开发成功，解决了乙二醇装置大型难题，必定会为我国乙二醇装置在装置大型化、降低工程投资、降低运行能耗、进一步提高产品质量等方面做出贡献。

参考文献

[1] Gao Z H, Liu Z C, He F, et al. J Mol Catal A：Chemical，2005，235：143-149.
[2] Ji Y, Liu G, Li W, et al. Journal of Molecular Catalysis A：Chemical，2009，314：63-70.
[3] 林茜，计扬，肖文德. 催化学报，2008，29（4）：325-329.
[4] Meng F D, Xu G H, Guo R Q, J Mol Catal A：Chemical，2003，201：283-288.
[5] 计扬. 上海：华东理工大学．2010.
[6] 计扬，张博，李伟，等. 天然气化工，2010，35：20-24.
[7] 林茜. 上海：华东理工大学．2008.

第九章
CO 加 H$_2$ 合成低碳醇技术

第一节　概述

一、合成气合成低碳醇的重要意义

C$_1$ 化学目前已形成丰富的体系，以煤和天然气为基础由合成气制取低碳混合醇（mixed alcohols）是 C$_1$ 化学的重要内容之一，其工艺流程大体与高压合成甲醇类似。首先将煤气化，经净化脱硫获得组成合适的合成气，然后在中压下催化合成为以 C$_1$～C$_5$ 为主的低碳混合醇及部分水。优良的催化过程可以将反应中的水量控制在较低的水平，从而避免后续的脱水过程。此外，可以通过床层组合的手段获得合适的转化率和选择性，以提高生产效益和优化产物分布，尤其是提高产物中 C$_2$ 以上的醇（C$_2$＋OH 醇）的选择性，为进一步分离获取高附加值的化学品提供保证。

由煤基合成气出发合成的低碳混合醇（C$_1$～C$_6$ 的醇类混合物）主要用途是作为洁净汽油的添加剂或直接作为燃料，以代替含铅添加剂，其作用主要是增加含氧量，促进燃料的清洁燃烧，提高燃料的辛烷值。此外，近年来低碳醇的化工应用前景逐渐看好。将低碳混合醇分离后，可得到甲醇、乙醇、丙醇、丁醇、戊醇，除用作溶剂和酯化试剂外，还可作为化工产品的原料。再者，低碳混合醇本身是一种良好的洁净燃料。因此，许多国家投入大量人力、物力，甚至跨国联合攻关，开展此项研究和开发工作。1995 年中国作为化工原料对低碳醇的需求量约 15 万吨，而生产能力仅为 2.7 万吨，缺口很大。由 CO 加 H$_2$ 合成混合低碳醇的开发研究将具有广阔的市场前景。

1. 作为清洁汽油添加剂

MTBE 作为大规模商业应用的汽油添加剂，全世界 2000 年的需求量为 2000 万吨，已成为近年来发展最快的产业之一。但也有人提出 MTBE 导致水污染，危害人类健康的问题。

中国推广使用的清洁汽油，正是采用 MTBE 作为添加剂，目前已形成 80 万吨的市场需求和生产能力，建成生产装置 20 余套，成为一个大规模的新兴产业，对于中国的经济发展有非常重要的作用。随着中国同国际惯例的接轨，从能源战略的角度出发，中国同样必须对 MTBE 以后的清洁汽油添加剂做出选择及技术准备，积极主动地迎接燃料工业的这一巨大变革。

从中国的国情出发，考虑采用低碳混合醇（指 $C_1 \sim C_6$ 的醇混合物）可能是一个好的选择。自从伴随着 F-T 合成发现低碳混合醇的合成过程以来，这种产品的应用一直被定位于作为汽油的添加剂，其与汽油的混溶效能大大优于甲醇、乙醇等化学品，而且辛烷值高，防爆、抗震性能优越。因此，低碳醇的主要性能指标非常适合作为汽油添加剂。这已成为自 20 世纪 70 年代石油危机以来的一个共识，目前缺的是经济可行的生产工艺过程，有必要加强这方面的工作。

2. 液体燃料和代油品

低碳混合醇可用作优良的洁净车用燃料，由于醇本身含有氧，因此具有燃烧充分、效率高且 CO、NO_x 及烃类排放量少等优点。目前，国外已经开发了以甲醇为主的"甲基燃料"和以乙醇为主的"乙基燃料"，同时，以不同醇与烃的混合物为主的"烃-醇混合燃料"也颇有发展前途。出于环保对洁净燃料的需求，甲醇燃料以其较为成熟的生产技术受到关注，包括中国在内的许多国家都在对其进行研究。我国对甲醇汽油应用做了大量工作，工信部在山西、陕西、上海等省（市）开展试点，取得了较好成果，与汽油的混溶性能很好。尽管目前看来，低碳混合醇的生产成本要高于甲醇，但随着低碳混合醇合成技术的进步，其经济性要优于甲醇，而且在美国、澳大利亚等国家目前已在使用掺和 5%～20% 乙醇的燃料，有的国家如巴西已经在使用 100% 的乙醇燃料。

3. 生产化工原料

从更深层次看，低碳混合醇的经济价值在于它作为化学产品本身或作为大宗化工生产原料的巨大价值。近年来，低碳醇的化工应用前景逐步看好，低碳混合醇经分离可得到甲醇、乙醇、丙醇、丁醇、戊醇等产品，这些产品尤其是经济价值较高的高级醇类的市场需求也使得低碳醇的研究价值提高。以乙醇为例，其本身作为一种重要有机溶剂广泛用于医药、卫生用品、化妆品等方面，占总消耗量的 50%，而且近年来乙醇在洗涤业、化妆品业的需求也在逐年增加。此外，乙醇作为一种重要的基本化工原料，可用于生产乙醛、乙胺、乙酸、丁二烯、氯乙烷等有机产品及多种酯类，尤其是许多精细化工产品如乙酸需消耗大量乙醇，目前乙醇合成通常采用天然原料发酵和化学合成两种方法。发酵法是生产乙醇的传统方法，1930 年以前世界上所有的工业乙醇都是发酵生产的。这种方法不仅污染严重，而且消耗很大，如 1t 乙醇需消耗 4t 粮食或 7t 蜜糖，在国外已被逐步淘汰。在中国，由于人均占有耕地及粮食较少，长远来看这种方法不适合中国国情，正在逐步淘汰，而且随着石油化工技术的迅速发展，化学合成方法生产的高级醇产量越来越大，已成为主流。目前化学合成技术均是以乙烯为原料通过间接水合和直接水合的方法生产乙醇，由于间接水合生产过程中需消耗大量硫酸，设备的腐蚀、产品提纯及硫酸回收等成为其重要缺点，已逐渐由直接水合法代替。到目前为止，乙醇合成研究主要发展方向是合成气直接合成法（低碳醇合成）和甲醇同系化法，合成气直接合成法被认为是最具竞争力和发展前景的方法。此外，低碳醇还有一些其他应用如：作为煤液化的手段之一，实现煤的烷基化和可溶化及有效运输；作为液化石油气

（LPG）丙烷的代用品；直接作为通用的化学溶剂及用于高效发电等。

从资源利用的经济性看，低碳混合醇合成与乙烯、甲醇的合成具有经济上的可比性，因为合成过程中消耗的 CO/H_2 比相同。主要反应为：

$$nCO + 2nH_2 \Longrightarrow 1/2nC_2H_4 + nH_2O \tag{7-9-1}$$

$$nCO + 2nH_2 \Longrightarrow nCH_3OH \tag{7-9-2}$$

$$nCO + 2nH_2 \Longrightarrow C_nH_{2n+1}OH + (n-1)H_2O \tag{7-9-3}$$

根据以上三个方程，设目标产品的摩尔质量为 M_B（g/mol），则当选择性为 100% 时，每合成 1kg 目标产物需消耗合成气（$CO/H_2 = 1:2$），在标准状况下的体积可由下式计算：

$$V (m^3/kg) = 3n \times 22.4/M_B$$

$1m^3$ 合成气合成目标产物量（g）可依据上式求得，结果见表 7-9-1。

表 7-9-1　CO/H_2 合成产品经济性分析

目 标 产 品	C_2H_4	CH_3OH	C_2H_5OH	C_3H_7OH	C_4H_9OH	$C_5H_{11}OH$
M_B/(g/mol)	28.06	32.04	46.07	60.10	74.12	88.15
V/(m³/kg)	4.800	2.100	2.917	3.354	3.627	3.812
W/(g/m³)	208.8	476.8	342.8	298.1	275.7	262.4

基于目前产品的需求和价格，显然由合成气合成高级醇更有利，其次是甲醇和乙醇。

鉴于以上原因，CO/H_2 合成低碳醇的开发研究格外引人注目，许多国家均投入大量的人力、物力，甚至跨国联合攻关，开展此项研究和开发工作。有些国家将高级醇合成列入国家计划。另外值得强调的是，鉴于中国多煤少油的资源结构，以 CO 加 H₂ 合成燃料和化学品为契机，实现煤基低碳醇合成的工业化应用，逐步减少对有限的石油资源的依赖，对于经济发展、环境保护，尤其是国家能源安全保障都具有十分重要的意义。

二、发展历史和现状

1. 合成气合成低碳醇的发展历史

由合成气直接合成低碳醇始于 20 世纪初。Natter 和 Xu 等分别对 20 世纪 50 年代中期及 20 世纪 80 年代中期以前的实验研究结果进行了全面的综述。自 20 世纪初，尤其是 20 世纪 70 年代的石油危机以来，各国在由合成气 CO 加 H₂ 合成低碳醇催化剂的研究方面做了大量的工作，开发出了多种合成低碳醇的催化剂体系。其中具有代表性的有四种。

（1）改性高温甲醇合成催化剂　由高温高压合成甲醇催化剂 ZnO/Cr_2O_3 加入碱性助剂（如 Cs、K 等）改性制得。反应条件为温度约 400℃、压力 12.0～16.0MPa，主要反应产物是甲醇、乙醇、正丙醇和异丁醇，其中甲醇和异丁醇占较大比例，一般认为具有非化学计量性质的 Zn/Cr 类尖晶石结构是催化反应的活性组分。该体系最早是由意大利 Snam 公司开发的，目前已有小型的示范厂建成。美国的 UnitedCarbid 公司最近也对该催化体系进行了一些研究，主要是考察了 Mn、K 等助剂对于催化剂反应结构和性能的影响。中国科学院山西煤炭化学研究所的 Zn-Cr 催化剂也于 1988 年通过了工业侧线模试鉴定，得到了良好的效果。

（2）改性低温甲醇合成催化剂　在低温合成甲醇铜基催化剂（$Cu/ZnO/Al_2O_3$ 或 $Cu/ZnO/Cr_2O_3$）中加入碱性助剂（如 Cs、K 等）同样可以提高反应产物中低碳醇的选择性。反应条件为温度 300～350℃、压力 6.0～8.0MPa，反应的主要产物是甲醇和异丁醇。一般认为 Cu/ZnO 为双功能催化剂，铜为主要活性中心，起活化解离吸附 H_2 的作用，ZnO 也起一定的作用，Al_2O_3 是结构助剂，起分散活性组分、防止活性组分烧结等作用。该催化剂反应条件温和，但活性组分铜在较高温度下容易烧结失活，易硫化物或氯化物中毒。该体系最早是由德国的 Lurgi 公司开发的，目前已进行了单管放大的实验，在中国，清华大学开发了 Cu/Zn/MgO 催化剂，并进行了 700h 的模式考察。

(3) Cu-Co 催化剂　法国石油研究所（IFP）首先开发了 Cu-Co 共沉淀低碳醇合成催化剂，目前已获得了多个专利。该催化剂可归为改性 F-T 合成催化剂。催化剂用共沉淀法制备，主组分为 Cu 和 Co，Cu/Co 原子比大致为 1。由 1～3 种过渡金属氧化物作为载体或助剂，此外，还有碱金属化合物助剂。该催化剂的操作条件与低压甲醇合成催化剂（Cu-Zn-Al）相似，产物主要为 $C_1 \sim C_6$ 直链正构醇，副产物主要为 $C_1 \sim C_6$ 烃，醇收率可达 0.2g/[g（cat）·h]。此类催化剂被认为是最具工业化前景的催化剂。反应条件为温度约 300℃、压力约 6.0MPa，目前已进行了中试研究。中国科学院山西煤炭化学研究所的 Cu-Co 催化剂也通过了 1000h 工业侧线模试鉴定，得到了较好的结果。

(4) MoS_2 催化剂　MoS_2 催化体系对于反应气氛中的 S 有较强的抗中毒作用，并且催化剂不容易结炭，可使用较低 H_2/CO 比值的合成气。产物也是服从于 S-F 分布的直链醇，并伴有一部分直链烃类生成。但产物中有大量的烃和 CO_2，低碳醇的选择性不高。该催化剂主要由陶氏化学公司于 1984 年开发研制（MoS_2-K）。该催化剂上的反应产物为 $C_1 \sim C_5$ 的直链正构醇。该催化剂耐硫，不易积炭，醇收率可达 0.3g/[g(cat)·h]，但该催化剂需要较高的反应压力，总醇及醇选择性不高。催化反应条件为：温度约为 300℃，压力约为 10.0MPa。目前陶氏公司已完成 1t/d 的反应器实验。目前的研究主要是针对催化剂活性低的缺点，通过添加各种助剂来改善催化剂的总体反应性能。由于催化剂含有硫，因此与其他的催化剂相比，反应所得气相产物和液相产物都含有一部分硫，不易直接利用。

这四种催化剂体系的反应条件和反应性能见表 7-9-2。

表 7-9-2　较成熟的催化剂的反应结果

催 化 剂	Snam	Lurgi	Dow	IFP
	Zn-Cr-K	Cu-Zn-Al-K	MoS_2-K	Cu-Co-K
压力/MPa	12～16	7～10	10	6
温度/℃	350～420	270～300	290～310	290
醇/总醇(质量分数)/%	22～30	30～50	30～70	30～60
时空收率/[g/(mL·h)]	0.25～0.3	0.2	0.3～0.5	0.2

此外还有 Rh 催化体系。在负载型 Rh 催化剂中加入 1～2 种过渡金属或稀土金属氧化物助剂后，对低碳醇合成有较高的活性和选择性，特别是对氧化物选择性较高，反应产物以乙醇为主。

但是 Rh 化合物价格昂贵，催化剂易被 CO_2 毒化，而且其活性和选择性一般达不到工业生产的要求。

纵观以上四种催化剂，就其催化性能而言，具有下面一些特点：改性甲醇合成催化剂总醇及醇选择性太低；Cu-Co 催化剂反应条件温和，活性和选择性较高，但副产物选择性较高；MoS_2 催化剂耐硫且反应活性较高，不易积炭，寿命长，但总醇及醇选择性仍然偏低。近年来的研究主要是基于上述的催化体系，通过添加各种调变组分提高合成醇性能，虽然反应性能得到了一定的改善，但上述催化剂距实现工业化仍然有一定距离。

2. 研究现状

在过去的 20 余年中，低碳醇合成的研究引起了全世界极大的关注，形成许多催化体系及相关理论。最典型的、也被认为最具工业化前景的催化体系有以下四个大类：美国陶氏化学公司开发的 MoS_2 催化体系（Sygmol 工艺），法国石油研究所（IFP）的 Cu-Co 系催化体系，德国 Lurgi 公司的改性 Cu-Zn-Al 催化体系（Octamix 工艺）和意大利 Snam 公司的 Zn-Cr-K 催化体系（MAS 工艺）等。上述四种催化工艺各具特点，如：IFP 工艺、Sygmol 工艺具有较高的醇选择性，化工利用前景较好；Octamix 工艺和 MAS 工艺具有较高的 CO 成醇选择性。但总的说来，上述过程仍存在着催化剂反应活性较低，反应条件苛刻、产物分布不良，后续分离困难等各方面的问题，制约着合成低碳醇过程的工业化应用。迄今为止，只见到示范规模的报道。

中国在这方面也进行了深入的研究，研究单位包括清华大学、大连化物所、中国科技大学及天津大学等单位。其中清华大学及中国科学院山西煤化所近年来坚持对这一过程进行研究，已开发出新的具有自主知识产权及较好应用前景的催化体系和新过程技术，申请多项国家发明专利。

3. 发展趋势

自 20 世纪初合成低碳醇的研究以来，人们对其催化剂进行了大量的研究并开发出多种不同的催化剂体系，但总体看来，这些催化剂体系都存在活性、选择性、稳定性及经济性等方面缺陷和不足，开发高效、实用的催化剂既是低碳醇合成研究的难点也是问题解决的关键，这方面的工作主要围绕两个目标展开：①进一步提高合成醇的活性和选择性；②提高 C_2 以上醇的选择性。从本质上看，低碳醇催化剂可以分为两类，一类是改性的 F-T 合成催化剂，另一类是改性的甲醇合成催化剂。结合 F-T 催化合成和甲醇催化合成过程分析，F-T 催化剂是要求 C—O 键断裂的表面解离吸附，而甲醇催化剂则是希望 C—O 键保留的表面非解离吸附。通常认为由于其活性位不同的电子和物理特征，前者导致烃链的增长，后者导致氧化物的形成。低碳醇合成催化剂的设计思想是将这两类催化剂活性组元进行优化组合，以实现高级醇的形成。因此低碳醇催化剂都是多种组元组成的多功能催化剂，也正是如此，使得低碳醇催化剂的研究如结构、活性、选择性、失活原因等变得更为复杂。

此外，考虑到合成低碳醇过程的特殊性，可能单纯寄希望于催化剂的突破难以解决根本性问题，因此，近年来的研究工作除了仍然在积极进行新催化体系的探索开发以外，还认识到开发适合的工艺过程同开发好的催化剂对于强放热性质的合成醇过程同样重要。目前，研究者正在考虑结合新反应工艺解决传统固定床难以解决的移热效率低、选择性差等问题，以提高低碳醇合成工业化过程的经济合理性，弥补催化剂性能本身的不足。如国外 IFP 研究机构和 Snam 公司考虑采用两个串联的反应器以提高反应的总体水平，并取得了积极的成果。另外，其他的研究机构还在尝试使用浆态床合成技术。上述研究的初步结果表明，采用先进的合成工艺，并结合性能优良的催化剂，是解决合成低碳醇工业化应用问题的发展方向。

第二节　合成气合成低碳醇的基本原理和特点

一、合成气合成低碳醇的基本原理

由合成气出发合成低碳醇的基本反应如反应式（7-9-3）所示。该反应为放热的、体积缩小的可逆反应，增加压力或降低反应温度有利于低碳醇的合成。但实际上在合成低碳醇过程中，还伴有许多类型的副反应，例如生成各种烷烃的反应、生成各种烯烃的反应以及水煤气变换反应，此外还有醇类产物的异构化，生成醛类、酯类等反应。由此可见，合成低碳醇的反应过程是极其复杂的。避免副反应发生最有效的方法是选择合适的催化剂，以提高产物的选择性。因此，催化剂的开发成为合成低碳醇过程的关键。合适的催化剂与 CO 和 H_2 在催化剂上的吸附、活化特性及产物的选择性有极其重要的联系。从反应物的角度考虑，欲使合成醇反应有效地进行，必须使 CO 和 H_2 得到充分的活化。从产物角度分析，低碳醇中除有烃基外，还有醇羟基。前者的吸附需要 CO 分子中的 C—O 键断裂，而后者要求保持 C—O 键。因此 CO 和 H_2 在催化剂表面上的吸附态的种类和数量将直接影响到反应产物的分布。依靠单一的活性中心来完成这一过程很显然是比较困难的，必须有性质不同的多元活性中心或复合活性中心的协同作用才能实现。本部分在详细论述合成低碳醇的热力学本质的基础上，综述了各种催化剂体系对合成低碳醇的影响，为进一步开发高性能的催化剂提供理论指导和经验积累。

$$nCO + 2nH_2 \Longrightarrow C_nH_{2n+1}OH + (n-1)H_2O + H \quad (n>1)$$
$$\Delta G^{\ominus} = -38.386n + 11.098 + (5.982n - 0.144) \times 10^{-2}T \qquad (7\text{-}9\text{-}4)$$

二、合成低碳醇过程的热力学分析

由合成气制低碳混合醇所涉及的反应比较复杂，这主要是由催化剂的组成特点决定的。合成低碳醇的催化剂所具有的一个共同特点是，催化剂均为多组分构成，不同的组分可能对不同的反应有催化作用，因而造成 CO 加 H_2 过程中所涉及的反应种类众多，认清各种反应的热力学本质对于选择合适的催化剂和反应条件是至关重要的。

其中一些主要的反应及其过程中的自由能变化与温度的关系如下（自由能单位：kcal/mol，1kcal=4.1868kJ）：

$$CO + 2H_2 \Longrightarrow CH_3OH$$
$$\Delta G^{\ominus} = -27.288 + 0.05838T$$
$$nCO + 2nH_2 \Longrightarrow C_nH_{2n+1}OH + (n-1)H_2O$$
$$\Delta G^{\ominus} = -38.386n + 11.098 + (5.982n - 0.144) \times 10^{-2}T$$
$$nCO + (2n+1)H_2 \Longrightarrow C_nH_{2n+2} + nH_2O$$
$$\Delta G^{\ominus} = -38.386n + 35.158 + (5.982n - 0.114) \times 10^{-2}T$$
$$nCO + 2nH_2 \Longrightarrow C_nH_{2n} + nH_2O$$
$$\Delta G^{\ominus} = -38.386n + 17.645 + (5.982n - 3.434) \times 10^{-2}T$$
$$CO + H_2O \Longrightarrow CO_2 + H_2$$
$$\Delta G^{\ominus} = -8.154 + 0.771 \times 10^{-2}T$$
$$CO_2 + 3H_2 \Longrightarrow CH_3OH + H_2O$$
$$\Delta G^{\ominus} = -18.774 + 5.067 \times 10^{-2}T$$
$$nCO_2 + 3nH_2 \Longrightarrow C_nH_{2n+1}OH + (2n-1)H_2O$$
$$\Delta G^{\ominus} = -29.872n + 11.098 + (5.211n - 0.144) \times 10^{-2}T$$
$$nCO_2 + (3n+1)H_2 \Longrightarrow C_nH_{2n+2} + 2nH_2O$$
$$\Delta G^{\ominus} = -29.872n + 35.158 + (5.211n - 0.114) \times 10^{-2}T$$
$$nCO_2 + 3nH_2 \Longrightarrow C_nH_{2n} + 2nH_2O$$

$$\Delta G^{\ominus} = -29.872n + 17.645 + (5.211n - 3.434) \times 10^{-2}T$$

$$CH_3(CH_2)_{n-2}CH_2OH \Longrightarrow (CH_3)_2CH(CH_2)_{n-4}CH_2OH$$

$$\Delta G^{\ominus} = -1.355 + 0.258 \times 10^{-2}T$$

一个反应在一定温度下能否进行可以根据该反应的自由能变化 $\Delta G^{\ominus}$ 判断，根据热力学的理论，自由能变化值越低的反应越容易进行。从上述给出的热力学数据计算可以知道，无论是对于 $CO + H_2$ 反应还是对于 $CO_2 + H_2$ 反应，n 值相同的三种产物（低碳醇、饱和烃、烯烃）在热力学上的有利顺序为 $C_nH_{2n} > C_nH_{2n+1}OH > C_nH_{2n+2}$。可见，与合成烃类产物及水煤气变换反应等反应相比，合成醇过程较为不利。因此不可避免地有大量的副反应发生。避免这种情况发生的方法只能是制备活性和选择性更高的低碳醇合成催化剂。另外，从热力学数据还可以得出下面一些重要的结论。

① 醇类合成反应的 $\Delta G^{\ominus}$ 值随反应温度的升高而增加，并且合成醇反应为放热反应，温度的降低应该有利于提高醇类的产率。

② 温度升高不利于醇类产物的生成，会导致较低的低碳醇生成产率。但不同的醇类产物受温度影响的程度不同，对于甲醇的生成影响最大，在相对较高的反应温度下可获得较高的醇选择性。同时在给定温度下，低碳醇的稳定性随碳数的增加而提高。考虑到动力学的因素，在较高的反应温度下可获得较快的反应速率，因而应综合考虑各方面因素，确定最佳的反应温度范围。

③ 从热力学上考虑，反应物取 $CO + H_2$ 比取 $CO_2 + H_2$ 更为有利。

最后需要说明有关水煤气变换反应的情况，在包括甲醇合成、低碳醇合成和 F-T 合成的反应条件下，从 $\Delta G^{\ominus}$ 判断对水煤气变换反应较为有利。另外在甲醇和低碳醇的合成过程中，均有水的产生，也促进了水煤气变换反应的发生。因此低碳醇催化剂往往都是水煤气变换良好的催化剂。

另外，在许多催化体系上，CO 加 H$_2$ 合成低碳醇过程是按照碳链增长的机理进行的，产物分布符合 Schultz-Flory 方程。

$$\ln w_n / n = n \ln \alpha + 2 \ln [(1-\alpha)/\alpha^{1/2}] \tag{7-9-5}$$

式中，w_n 代表碳数为 n 的醇在醇产物中的百分含量；α 为碳链增长概率。按照 M. Boudart 的观点，在多步连续反应中，推动某一不利步骤的有效方法是动力学耦合而不是热力学耦合。因为 α 标志着链增长和终止速率的相对大小，所以 α 是动力学耦合效应的宏观体现。欲提高某种醇的选择性，必须有相匹配的 α 与之对应，选择相应的合成温度是提高选择性的必要条件。由公式可导出 w_n 达极大值时匹配的 α^* 值。

$$\alpha^* = (n-1)/(n+1) \tag{7-9-6}$$

此时该醇在总醇中的质量百分含量为：

$$w_n = 4^* n^* (n-1)^{(n-1)} / [(n+1)^{(n+1)}] \tag{7-9-7}$$

低碳混合醇与单醇的合成不同，一是低碳醇合成中产物的分布较宽，这样会产生较大的混合自由能贡献；二是由于混合效应，导致 $\Delta G^{\ominus} = 0$ 时转变温度提高。合成醇的总自由能增量为：

$$\Delta G^{\ominus} = \sum m_n^* \Delta G_m + \Delta G_{mix} \tag{7-9-8}$$

低碳混合醇合成时，转化温度相应地提高了，见图 7-9-1，如：单独合成乙醇时，$T_{转} = 555.6K$；在低碳混合醇合成时，欲使乙醇的选择性达到最大，相匹配的 α 值为 0.33，此时 $\Delta G^{\ominus} = 0$ 的转变温度为 563.9K。这意味着低碳醇的合成比单醇的合成在热力学上更为有利。

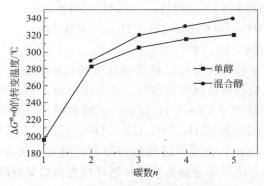

图 7-9-1 合成低碳醇过程的自由能变化

三、CO 加 H₂ 合成低碳醇的动力学分析

合成低碳醇过程涉及许多反应的复杂反应网络，特别是在各种固体催化剂体系中，除了受热力学的影响以外，动力学影响因素也是非常重要的，本节首先论述各种反应动力学条件对合成低碳醇的影响规律，随后讨论目前所研究的几种动力学模型。

下面简要论述原料合成气的氢碳比、反应温度、反应压力以及原料气的空速对于合成低碳醇的影响规律。

(1) 氢碳比　氢碳比是合成低碳醇过程中的一个重要的影响因素。当原料气总压一定时，氢碳比的变化会引起 H_2 和 CO 的分压的变化，因此在合成低碳醇过程中不同的反应会有不同的影响。生成甲醇的最佳的氢碳比为 2，生成低碳醇和二氧化碳的最佳的氢碳比较为接近（稍稍大于 1）。低碳醇的生成速率随 CO 分压的升高而加快，但由于合成低碳醇反应过程受水的强烈抑制，因此较低的氢碳比有利于移去水的 WGS 反应向正向进行。所以，考虑到氢碳比对于低碳醇形成速率两个重要因素相反的影响，生成低碳醇的最佳氢碳比应小于 2。此外，低碳醇的高收率和二氧化碳的高收率总是紧密相连，而大量的二氧化碳将使 WGS 反应发生逆转，使反应产物中水的含量增加。

(2) 反应压力　低碳醇的合成是一个体积收缩的反应，所以提高反应压力有利于反应的进行，同时不利于烃类的生成。但是提高反应压力，会使甲醇的平衡浓度增加，导致反应产物中甲醇的增加量比低碳醇的增加量多，不利于低碳醇的选择性生成，因此用于低碳醇合成的压力不应过大。通常，高的 CO 分压有利于 CO 的插入和碳链增长，导致产物中高级醇选择性提高，高的 H_2 分压容易导致产物中甲醇和烃的生成。总压对于产物的平衡组成和 CO、H_2 转化率有明显影响，基本趋势是：提高压力，CO、H_2 转化率显著提高，产物中各醇组分（包括 H_2O 和 CO_2）的含量也相应提高。若以 Δn 表示总反应物的物质的量与总产物的物质的量的差，也可以说明压力对于反应平衡影响的程度。体系中 H_2 和 CO 的分压对反应有一定影响，通常，高的 CO 分压对应于高的 H_2 平衡转化率；高的 H_2 对应于高的 CO 转化率。体系压力对于水煤气变换反应没有影响，但是水煤气变换反应对体系中 CO 和 H_2 分压的影响是很重要的，水煤气变换反应使体系 H_2/CO 提高，在一定程度上对反应造成影响。此外，由水煤气变换反应产生的 CO_2 以及体系中副产物 H_2O 都是不可避免的，它们对于低碳醇的合成影响尚不是很清楚。一些研究认为 CO_2 可能是一种碳源，进一步参与反应或者 CO_2 和 H_2O 作为氧化剂与催化剂金属表面作用，影响催化剂的功能。

（3）反应温度　热力学计算表明，对于低碳醇合成反应，温度对 CO 和 H₂ 转化率的影响程度不同，随着温度提高，H₂ 的平衡转化率明显下降，而 CO 的平衡转化率则只是略有下降，变化不大。对于产物平衡组成而言，高的合成温度对应于高的醇含量及低的水含量。

由 $\Delta G^{\ominus} = -160.070n + 46.279 + (24.945n - 0.600) \times 10^{-2}T$ （kJ/mol） （7-9-9）

可以得到：

当温度一定时，不同 n 值下热力学函数变化关系式：

$$[\partial \Delta G^{\ominus} / \partial T]_n = 0.24945n - 0.0060 [\text{kJ}/(\text{mol} \cdot \text{K})] \qquad (7\text{-}9\text{-}10)$$

当 n 值一定时，不同温度下热力学函数变化关系式：

$$[\partial \Delta G^{\ominus} / \partial n]_T = -160.070 + 0.24945T (\text{kJ}/\text{mol}^2) \qquad (7\text{-}9\text{-}11)$$

由式（7-9-10）、式（7-9-11）可以看出，$\Delta G^{\ominus}$ 随温度的变化率为正值，温度升高，热力学上对醇的生成不利；随着碳链增加，温度变化对 $\Delta G^{\ominus}$ 的影响变大。因此，从热力学上看，温度降低对各醇的合成是有利的，但从选择性来看，提高温度有利于提高高级醇的选择性。对于低碳醇合成的最佳温度范围的选择，还必须考虑到低碳醇合成是一强放热过程，与甲醇合成相比，其反应的热效应高于甲醇，反应热的转移是一重要问题。除了反应热，体系中各产物（包括水）的相变热对于反应的热效应会产生巨大影响。此外，温度与合成成本、催化剂的性能都有非常密切的关系，这也是低碳醇合成温度选择所要考虑的因素。

低碳醇的合成是强放热反应，提高温度不利于反应的进行，而且高温会导致反应的能耗增加、催化剂的失活加快。通常，高温有利于反应进行的顺序是：F-T 合成＞低碳醇合成＞甲醇合成。所以，一般将生成烃的起始温度作为低碳醇合成的最佳反应温度的上限。提高反应温度，甲醇的选择性降低、低碳醇的选择性增加，但同时烃类和 CO_2 等副产物的生成量也增加。

（4）空速　空速和接触时间为反比关系，提高空速，接触时间缩短。当反应为动力学控制时，提高空速可以提高反应产物的收率。但低碳醇的形成机理为链增长反应，因此长的接触时间有利于碳链增长的反应发生，提高了低碳醇的选择性，而短的接触时间有利于甲醇的生成。

此外，许多研究者详细地考察了在原料气中加入各种化合物以促进低碳醇的生成，例如：原料气中的 CO_2 和水的含量，醇或醛以及烯烃等化合物的加入，反应产物的及时移出以及反应尾气的再循环等。随着反应原料气中 CO_2 含量的增加，反应产物中低碳醇的选择性逐渐下降，尤其是支链醇。同样，水也是反应过程的抑制剂。某些化合物的加入会影响反应产物的分布，如加入乙醇或正丙醇可以提高反应产物中正丙醇或异丁醇的选择性等。

四、CO 加 H₂ 合成低碳醇的反应机理

1. CO 和 H₂ 分子的活化

CO 分子中有 14 个电子，与 N₂ 分子具有等电子结构，且分子中也具有三重键。由于 C 原子与 O 原子的电负性不同，使得 CO 的分子轨道能级与 N₂ 分子有较大的差别。在 CO 分子中，最高占有轨道（HOMO）是 5σ 轨道，最低空轨道（LUMO）是 2π 轨道，三重键是由两个兼并的 1π 轨道和 1 个 5σ 轨道构成的。CO 的键能约为 1069kJ/mol，伸缩振动频率为 2143cm^{-1}，对于 CO 分子参与的反应而言，主要有以下特征。

① 最高占有轨道上 5σ 孤对电子具有弱 Lewis 碱的性质，与强 Lewis 酸反应可以生成加成产物；与具有空轨道的某些过渡金属作用能形成金属羰基配合物。在配合物中，CO 的 5σ 孤对

电子进入金属的空轨道形成 σ 键，同时金属的 d 电子也可以反馈到 CO 的空轨道上形成 π 键。

② 由于 CO 的 LUMO 是反键性的，当金属的反键电子进入该轨道时，与形成的 σ 键共同作用，使 C—O 键受到削弱。由于不同的金属具有不同的特性，所以 C—M 键的强度不同，对 C—O 键的削弱也不同。

③ CO 分子具有还原作用，尤其是与 H_2O 共存时，因为水煤气变换反应，使体系具有较强的还原能力。

根据金属羰基配合物的光谱研究结果，可以确定 CO 在金属表面上的吸附态结构有线式、桥式等类型。

线式吸附中 C—O 键的伸缩振动频率一般大于 $2000cm^{-1}$，桥式吸附的 C—O 键的伸缩振动频率较低，一般小于 $1900cm^{-1}$。此外还有孪生吸附和多重吸附等形式。吸附的强弱顺序为：桥式＞孪生＞线式。吸附类型与覆盖度、晶面、金属种类有关，且可以发生相互转变。

H_2 分子键能约为 $436kJ/mol$，比通常的单键键能要大，其伸缩振动频率为 $4393cm^{-1}$，除了具有还原性质外，H_2 分子也可在过渡金属表面发生物理吸附或化学吸附。在有些金属上，随着温度的变化，物理吸附的 H_2 可转变为化学吸附。当 H_2 分子在金属表面发生化学吸附时，许多情况下是解离成 H 原子，也可因金属电子向吸附的 H 原子转移，使解离吸附的 H 原子成负电性，这种不同类型的 H 吸附态，对于金属的加氢能力会产生很大的影响。

2. 低碳醇催化剂活性组分及相关助剂催化的特征

低碳醇合成的催化剂通常是由过渡金属组合而成的多组元催化剂，其活性组分与 CO 之间的作用是决定低碳醇合成最为关键的因素，对于低碳醇催化剂的研究基本上都是围绕这一核心问题进行的。不同金属对于 CO 的吸附能力不同，通常强的吸附作用导致 CO 的解离，而弱的吸附作用导致 C—O 键保留的非解离吸附。CO 在金属表面的吸附类型与吸附热和解离活化能有关：吸附热越大，吸附的键能越强，越容易使 CO 发生解离；解离活化能较小容易形成解离吸附，解离活化能较大，容易形成稳定的分子态吸附。表 7-9-3 给出了室温下 CO 在某些金属表面的吸附与活化情况。由于温度对于吸附热和解离活化能有很大影响，因此在合成温度下表 7-9-3 给出的情况会有所变化，如 Ni 在室温下对 CO 的吸附是非解离的，但在高温下却表现出对于 CO 极强的解离能力，Co、Ru 等金属也有类似的特征。而且应该明确，在一定温度范围内，金属表面同时有多种 CO 吸附形式，只是以其中某种为主。尽管相关的研究仍不够明确，但这些基本认识对于深入了解元素在低碳醇催化合成的作用是很有价值的。

表 7-9-3　室温下 CO 在金属表面的吸附与活化

族	ⅣB	ⅤB	ⅥB	ⅦB	Ⅷ	Ⅷ	Ⅷ	ⅠB
元素	Ti	V	Cr	Mn	Fe	Co	Ni	Cu
吸附类型	D	—	—	—	D	M	M	M
ΔH_a	627.6			334.7	167.4	188.3	188.3	41.8
E_d	10.45	7.1	17.6	13.8	66.5	97.9	97.9	—
$-\Delta H_{f,c}$	188.3	117.2	4.2	16.7	−20.9	−37.7	−37.7	不稳定
族	ⅣB	ⅤB	ⅥB	ⅦB	Ⅷ	Ⅷ	Ⅷ	ⅠB
元素	Zr	Nb	Mo	Tc	Ru	Rh	Pd	Ag
吸附类型			D		M	M	M	

续表

族	ⅣB	ⅤB	ⅥB	ⅦB	Ⅷ	Ⅷ	Ⅷ	ⅠB
ΔH_a	606.7	543.9	334.7		125.5	188.3	188.3	83.7
E_d	0	0	24.3	87.4	181.6	206.3	244.8	—
$-\Delta H_{f,c}$	213.4	142.3	12.6	不稳定	不稳定	不稳定	不稳定	不稳定
族	ⅣB	ⅤB	ⅥB	ⅦB	Ⅷ	Ⅷ	Ⅷ	ⅠB
元素	Hf	Ta	W	Re	Os	Ir	Pt	Au
吸附类型			D,M			M	M	
ΔH_a		564.8	355.6	272.0			188.3	41.8
E_d	0	0	0	66.5	153.6	174.9	206.3	
$-\Delta H_{f,c}$	263.6	142.3	405.8	不稳定	不稳定	不稳定	不稳定	不稳定

注:D 为解离型吸附;M 为分子态吸附;ΔH_a 为吸附热,kJ/mol;E_d 为 C—O 键解离活化能,kJ/mol;$-\Delta H_{f,c}$ 为金属碳化物生成热值,kJ/mol。

按照固体物理能级理论,金属原子中的价电子在原子间是高度共有化的,从化学键的观点来看,就是金属原子间所形成的化学键是一个很大的共轭体系。对于过渡金属而言,共价电子来自两个电子层,对于其配对能力可以用 d 空穴和 d% 两个指标来描述。d 带空穴越多,则说明未配对电子越多(磁化率越大),对反应分子的化学吸附越强。d% 是指成键轨道中轨道所占的百分数,d% 越大可能导致 d 空穴减少,这些指标与催化活性的关系有一定的规律,可以为催化剂设计提供有益的信息。从表 7-9-4 中对一些低碳醇合成中有明显催化特征的元素分析可以获得一些顺应关系,如:Rh、Ru 具有很好的醇选择性,其高的 d% 值对应于弱的 CO 非解离吸附(与表 7-9-3 高的 CO 解离活化能一致),因而有利于醇的生成;对于 Ni,其低的 d% 值对应于强的 CO 解离吸附(与表 7-9-3 低的 CO 解离活化能一致),有利于烃的生成。应该明确,d% 只是表征金属电子结构的参数之一,不可能涵盖金属的全部特征,而且作为低碳醇催化剂,多种金属以不同的形态(氧化态和还原态)发挥作用,这使得从理论上解释催化剂尤其是某一种元素的作用显得异常复杂,尽管研究者对不同元素的催化性能已经进行了大量深入细致的研究,但是结果并不理想。在此基础上,人们对催化剂的加氢性能、合成醇的选择性及链增长等内容进行了研究,文献报道了包括 Fe、Co、Ni、Ru、Rh、Pd、Mo、Mn、Ir、Os、Zn、Cr 等在内的几乎所有的过渡金属元素(金属态或氧化态)负载型催化剂在低碳醇合成中的催化性能和催化特点,这些研究使人们对不同金属元素的功能特点有了较为清晰的认识,而且获得的一些重要结论已被普遍接受和认同,这对于认识催化作用的本质、优化催化剂的设计都有重要的价值。表 7-9-5 对取得的结论做了简单总结。

表 7-9-4 某些过渡金属的 d 空穴和 d%

金属	Cr	Mn	Fe	Co	Ni	Cu	Mo	Tc	Ru
d 空穴	4~5	3~5	2~3	1~3	0~2	0~1	4~5	3~4	2~3
d%	39	40.1	39.7	39.5	40	36	43	46	50
金属	Rh	Pd	Ag	W	Re	Os	Ir	Pt	Au
d 空穴	1~2	0~2	0~1	4~6	3~5	2~4	1~3	0~1	1
d%	50	46	36	43	46	49	49	44	—

表 7-9-5 活性元素的催化特征及选择性

元素	催化作用及选择性	元素	催化作用及选择性
Fe	促进 CO 键解离,主要产物为直链和支链烃,含氧化合物甲醇、醛、酯	Rh	促进 CO 分子吸附,主要产物为 C_{2+} 含氧化合物
Co	促进 CO 键解离,主要产物为直链烃(烷烃、烯烃)	Pd	促进 CO 分子吸附,主要产物为甲醇
		Pt	主要产物为甲醇
Ni	促进 CO 键解离,主要产物为甲烷和烃	Cu	促进 CO 分子吸附,主要产物为甲醇、甲醛等
Ru	促进 CO 键解离,主要产物为甲烷、烃和聚乙二醇(高压)	Mo	促进 CO 键解离,主要产物为烃
		Th	主要产物为支链烷烃、甲醇、二甲醚和支链醇

通常在 CO 加氢反应中,单独过渡金属催化剂只形成烃类,只有加入适当的助剂后才会导致醇类产物。低碳醇合成的催化剂都是由多种过渡金属组合而成的复合催化剂,各组元之间的相互作用和协同效应对于低碳醇催化剂的功能有十分重要的影响,对这一问题的深入了解是低碳醇催化剂设计的关键。通常助催化剂(promoter)是指其本身不具有或具有很低的催化活性,但是加入可以有效提高主催化剂的活性、选择性和稳定性的元素和化合物。对于多功能低碳醇催化剂,其助剂没有明确的界定,它往往也是具有特殊活性的元素,与主要活性组元共同实现链增长和醇合成两个功能。通常将过渡金属按照Ⅷ族和其他副族这两类来考虑。大部分Ⅷ族元素(如 Fe、Co、Ni、Rh、Os)具有良好的 CO 催化活性,通常被视为主催化元素;ⅠB～ⅡB 族元素(包括Ⅷ族的 Ir、Pd、Pt)解离 CO 的能力很低,而ⅢB～ⅦB 族元素虽然具有良好的 CO 解离能力,但形成较为稳定的氧化物和碳化物不易进行后续反应,因而都表现出慢的反应速率,通常被视为助剂。副族元素(ⅣB～ⅦB 族)易于形成稳定的金属氧化物,不易被还原为金属态,易于聚集,具有相对低的加氢活性;Ⅷ族元素的氧化物容易被还原,不易聚集,具有相对高的加氢活性。其差别在于前一类金属的 M—O 键键能高于后一类(表 7-9-6),这与金属的催化特性有密切的关系。助剂的作用见表 7-9-7。

表 7-9-6 金属-氧键能 单位:kJ/mol

Ti-O	V-O	Cr-O	Mn-O	Fe-O	Co-O	Zr-O	Nb-O	Mo-O
661	645/368	460	402	401	—	758	791/377	481
Ru-O	Rh-O	Hf-O	Ta-O	W-O	Re-O	Os-O		Ir-O
481	—	774	766	653				393

表 7-9-7 助剂的作用

助剂	活性组分	功能特征	助剂	活性组分	功能特征
Fe,Mn,Ti	Rh/SiO$_2$	促进的 CO 解离;稳定含氧化合物中间体	La	Pd/SiO$_2$	提高反应速率;促进 CO 解离
			Mg	Pd/SiO$_2$	提高甲醇的选择性和反应速率
Mn,Mo	Rh/SiO$_2$	加快总反应速率;加快基于 CO 解离的反应	Ti	Ni	促进的 CO 解离;促进表面碳化物加氢
Li(Na)＋Mn	Rh/SiO$_2$	加快总反应速率	K	Ni,Fe	促进 CO 解离
Na	Rh/SiO$_2$	提高含氧化合物的选择性和反应速率	V,Mo,Re,W	Ru	促进 CO 解离
			Zn	Rh	促进甲醇和乙醇形成

续表

助　剂	活性组分	功能特征	助　剂	活性组分	功能特征
Ti,Zr,Th,Hf	Rh/SiO₂	提高反应速率；促进 CO 解离	Zr	Ⅷ族	促进含氧化合物的形成
V	Rh	提高含氧化合物的选择性	Mn	Ⅷ族	促进含氧化合物的形成
V	Rh/quartz	提高含氧化合物的选择性和反应速率	Re-W	Mo	提高 C₁~C₄ 醇的选择性

　　助催化剂对低碳醇合成反应选择性、活性等的影响可以从其与主要活性组元之间的电子作用和结构作用两方面考虑。普遍认为在金属之间（包括金属和载体之间）会发生电子的转移，这种电子转移改变金属原子和金属键的电子结构从而影响催化性能。固态理论分析认为电子转移是有限的，因此也有观点认为金属之间存在静电场作用，影响催化性能。同时助剂可以起到调节催化剂结构的作用，可以阻碍活性原子的配位，有利于形成活性中心。另外，助剂可以在载体与活性元素之间发挥"锚"的作用，改善其分散性，从而影响其活性和选择性。应该明确电子效应和结构效应并不是孤立地发挥作用，可以认为只有二者之间合理匹配才能形成对低碳醇催化合成良好的增效作用。对于负载型催化剂，有人认为载体在一定程度上发挥了助剂的作用。有人认为载体对催化剂性能更重要的影响表现为一种特殊的金属-载体间强烈的相互作用（SMSI），由金属表面氧的转移引起的，导致催化剂表面对 H₂ 和 CO 吸附能力的改变及对不同反应的抑制或促进，从而影响催化的活性和选择性。但痕量 H₂O 或 O₂ 的存在，甚至高的 CO 压力都会导致这一作用消失。

　　低碳醇合成催化剂的改性都是通过添加碱金属来实现的，碱金属元素在催化剂中的作用无疑是十分重要的。碱金属助剂明显的作用是抑制烃类的生成，提高对醇的选择性。虽然在这方面已经有很多相关的研究，但总体上碱助剂的作用仍不完全清楚。目前，关于其作用有以下一些认识：①中和催化剂表面酸性，抑制副反应。催化剂表面包括载体表面的酸性会导致低碳醇合成中的一些副反应尤其是醇脱水，借助碱金属对酸性的中和改性可以起到抑制副反应的作用；②碱金属助剂可以降低催化剂表面积。由于某些贵金属催化剂对 CO 解离/非解离吸附的结构敏感性，碱金属助剂可以通过对活性组元产生阻隔分散的作用，降低催化剂表面积，有利于 CO 的非解离吸附及插入成醇；③抑制加氢反应速率，提高碳链增长概率；④对反应过程中的中间体具有稳定作用；⑤作为电子性助剂的作用等。虽然对以上的认识仍有许多不同的争论，但其从不同角度对碱性助剂作用的解释仍然是很有意义的。研究表明，不同碱金属对低碳醇合成的选择性的提高作用有差别，基本规律是 Cs＞Rb＞K＞Na＞Li，Cs⁺ 由于其高的强碱性和最大的离子半径具有最佳的效果，有研究报道将 Cs⁺ 与 K⁺ 相比，其效果是 K⁺ 的两倍。但从实际使用的角度来看，K 是最好的选择，因此对碱金属助剂的研究以钾盐最为普遍。碱金属助剂的添加量对催化性能有一定影响，Nunan 等的研究表明对于 Cu/ZnO 催化剂，Cs 的担载量为 0.4%（摩尔分数）时，产物中醇收率最大，而 Smith 等发现含 0.5%（质量分数）K₂CO₃ 的 Cu/ZnO 和 Cu/ZnO/Al₂O₃ 催化剂效果较好。不同碱金属盐对催化剂的性能也有影响。Woo 等在 MoS₂ 催化剂体系中考察了不同钾盐的作用，认为不同钾盐对醇的选择性的影响与钾盐类型有关，K₂CO₃、KOH、KAc、KNO₃ 有利于醇的合成，而 K₂SO₄、KCl、KBr、KI 容易导致烃类的形成，而且研究表明这一特点与钾盐相应的酸的 pKₐ 值呈很好的线性规律。此外，研究表明在催化过程中碱金属阳离子在催化剂表面的分布及聚集状态会发生相应的变化，这也是造成催化剂选择性改变，影响其寿命的原因之一。

3. 合成低碳醇的反应机理

催化反应机理的研究是低碳醇合成研究的一个重要的方面，它为催化剂的改性和获得更多的目标产物提供了必要的理论基础，对于低碳醇的合成具有重要的指导意义。早期的研究工作主要是基于产物分布或已有的有机化学知识来进行的推测，假设的成分较多，但同时也为今后的机理研究提供了一定的基础。

20世纪80年代中期，Smith和Anderson考察了Cu/ZnO/Al$_2$O$_3$催化剂上CO+H$_2$合成低碳醇的反应，提出了链增长规律，见图7-9-2和图7-9-3，他们认为：①低碳醇的形成来源于两个碳原子数较少的中间体，而且至少其中之一是单碳或双碳中间体，链增长只能通过单碳或双碳加成实现；②加成反应发生在中间体的 α 或 β 碳位，在CH位不发生加成，在 α 碳位不发生双碳加成，并且 β 单碳加成和脱附快于 α 加成、β 双碳加成和脱附；③包括中间体脱附在内的所有反应，对中间体表面浓度来讲，都是一级不可逆的，并且加成速率与中间体碳原子数无关。

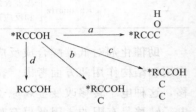

图7-9-2　Smith和Anderson
提出的表面反应模型

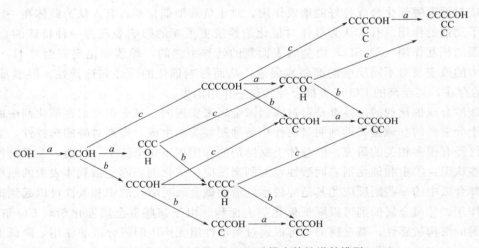

图7-9-3　Simth和Anderson提出的链增长模型

用 *RCCOH 表示碳原子数不断增加的中间体，在催化剂表面它可能发生的反应如图7-9-2所示。碳链增长的过程如图7-9-3所示，其中 a，b 分别为 α 和 β 单碳加成的一级反应速率常数，c 为 β 双碳加成的一级反应速率常数，d 为脱附速率常数。此机理较好地解释了反应产物中甲醇和异丁醇的高选择性。

任何一种元素都不具有单独的合成低碳醇的性能，因此合成低碳醇催化剂均为多组元体系，组成较为复杂。在不同的研究者提出的有关合成低碳醇的反应机理中，包含F-T合成组元的催化剂由于自身就具有较强的碳链增长能力，普遍认为反应机理不同于碱金属改性的甲醇合成催化剂，Xu在1987年提出的反应机理被认为是包含F-T合成组元催化剂中最具代表性的一种，如图7-9-4所示。Xu认为在反应体系中同时存在着三种反应：①F-T反应；②合成醇的反应；③水煤气变换反应，构成一个复杂的反应网络。其中生成烃和生成醇的反应是竞争反应，源自相同的中间物即表面金属烷基，在反应过程中由一种金属活性位提供解离吸附的CO，同时由另一种金属活性位提供非解离吸附的CO插入催化剂表面金属烷基键然后加氢形成低碳醇。CO 插入不是链增长步骤，而是 C—C 链增长的终止。水煤气变换反应调节反应过程中的 CO，CO$_2$ 和 H$_2$O 的比例，并影响催化剂表面上金属的还原态和氧化态的比例，从而影响催化剂的总体反应性能。

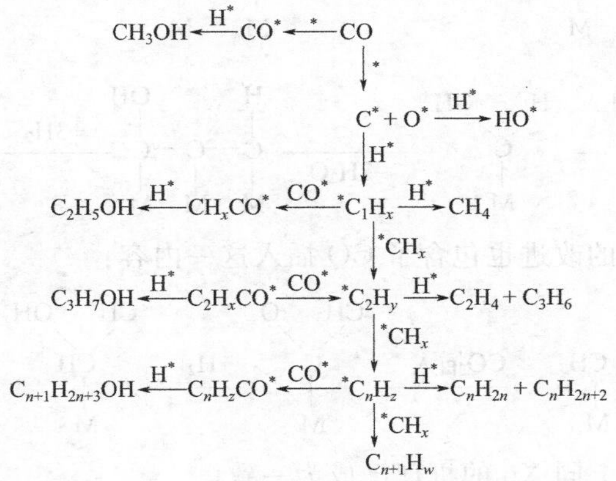

图 7-9-4　Xu 提出的包含 F-T 组元的催化剂上低碳醇合成的反应机理

这种机理是基于以下的实验事实所总结出来的：首先，催化剂的反应产物是醇和烃的混合物，两种产物以同样的链增长概率 α 符合 S-F 分布，表明两种产物可能是源自同一种中间物种；其次在 F-T 催化剂中加入生成醇的活性组分或在甲醇合成催化剂中加入 F-T 合成组分都可以生成一定量的低碳醇；再者，越来越多的研究人员证实 CO 插入过程是低碳醇生成的关键步骤。因此 Xu 的机理获得了较为广泛的承认。依上述反应机理，CO 的插入是低碳醇生成所必需的，CO 插入中心要满足以下几个条件：有非解离吸附的 CO；解离吸附 H$_2$，并有缓和的加 H$_2$ 能力；有足够的空余价，以便 CO 插入和加 H$_2$ 生成醇在同一中心完成；与增链中心的间距足够小，以利于羟基和 CO 成键。在 Cu-Co 体系中，他认为 Co 的主要作用是使解离吸附的 CO 加 H$_2$ 生成 CH$_x$ 物种，铜的作用是提供非解离吸附的 CO，以插入表面金属-烷基键，然后加 H$_2$ 生成醇。因此可以说催化剂是一个多功能活性中心协同作用的体系。王峰云等研究认为在 SMAD 和 RaneyCu-Co 催化剂上，CO 的吸附主要是较强的桥式吸附，CO 在高配位 Co 中心解离，加氢和增链生成多碳物种（C$_x$H$_y$），低配位 Co 是 CO 发生插入反应的中心，然后进一步加氢生成醇，从而进一步证实了 Xu 提出的机理。

但是某些包含 F-T 组元的催化体系的反应性能与上述机理有矛盾的地方，如 Cu/Zn/Cr 催化剂中添加少量的 Co 改性，并没有得到预期的较多含量的低碳醇，而是促进了甲烷的生成。又如氮化铁、MoS$_2$、Ni-Ti、Fe-Ti、Fe/Al$_2$O$_3$、Fe/SiO$_2$ 等体系，其中没有如 Cu 等合成醇的活性位与 F-T 组元共同存在，但在一定的反应条件下均具有合成低碳醇的性能。这表明上述的反应机理可能过于简单。另一种类似的反应机理也可以较好地说明低碳醇的合成机理。由于实验证明在催化剂表面上 CO+H$_2$ 吸附生成了烯醇式配合物，烯醇配合物之间脱水聚合形成碳链的增长，随后由 CO 插入或经其他途径生成醇类，具体机理如下图所示。

链起始：

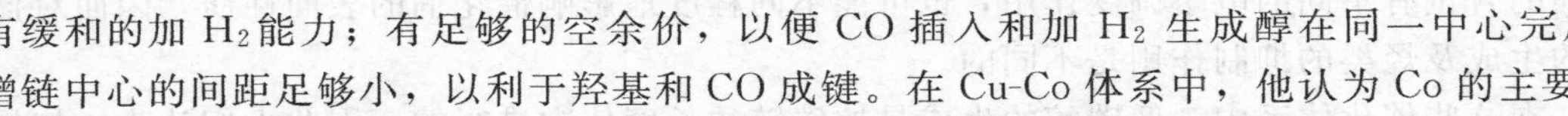

链增长：

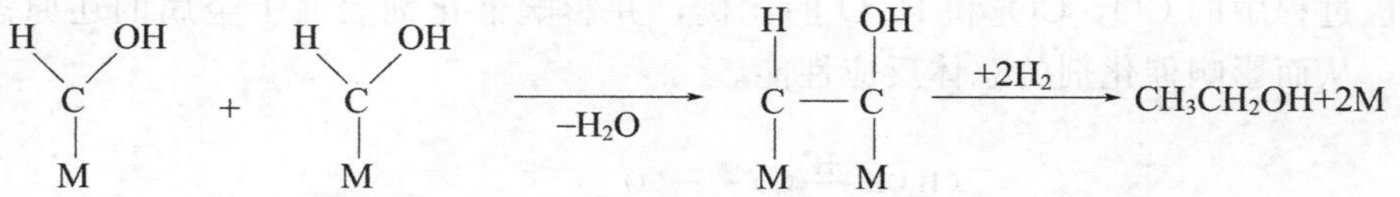

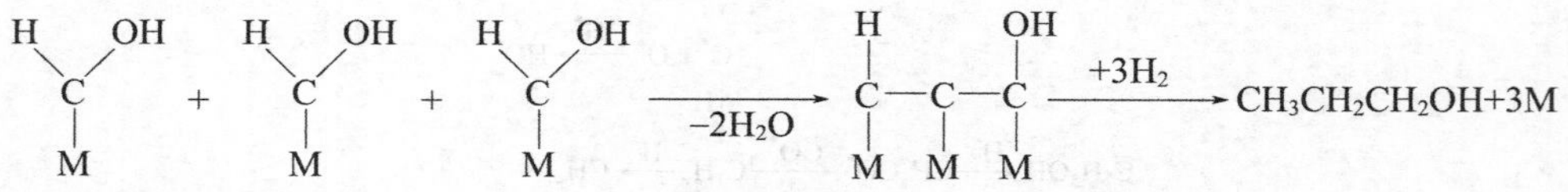

$$\text{(烯醇式结构)} \xrightarrow{-H_2O} \text{(中间体)} \xrightarrow{+2H_2} CH_3CH_2OH + 2M$$

$$\text{(三分子烯醇式结构)} \xrightarrow{-2H_2O} \text{(中间体)} \xrightarrow{+3H_2} CH_3CH_2CH_2OH + 3M$$

对上述烯醇式机理做的改进也包含了 CO 插入这一内容：

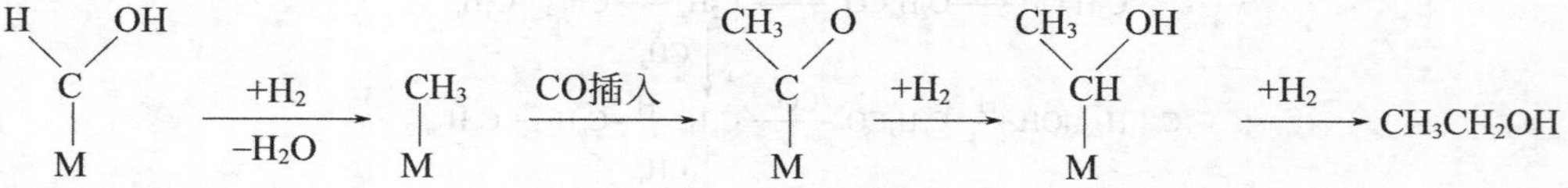

$$\text{(烯醇式)} \xrightarrow[-H_2O]{+H_2} \text{(CH}_3\text{-M)} \xrightarrow{CO插入} \text{(中间体)} \xrightarrow{+H_2} \text{(中间体)} \xrightarrow{+H_2} CH_3CH_2OH$$

这样，上述机理本质上同 Xu 的机理已成为一致。

改性的 Cu/Zn/Al 体系和 Zn/Cr 体系的催化反应产物分布不服从 S-F 分布，反应产物主要是甲醇和异丁醇。主要原因是在加入碱金属或碱土金属改性的 Cu-Zn 系催化剂上 CO 的吸附主要是稍弱的线式或孪生形式，尽管在不同的催化剂组分或不同的反应条件下 CO 的活化程度会有所不同，但并未发现有解离吸附的形式，因此不大可能与含 F-T 组分的催化剂上的反应机理相一致。碱金属和碱土金属在加入催化剂中后改变了催化剂的电子性质，有利于 CO 的解离和活化，这对于碳链的增长有一定的促进作用，也有人认为碱金属的加入降低了催化加氢的速度，使得碳链增长的速度增加，从而有助于低碳醇的生成。而不同的碱金属及不同的含量有不同的电子调变作用，也可能不同程度地影响催化剂的表面性质，因而对低碳醇的生成及烃类的抑制作用是不同的。

在这些催化体系中，低碳醇的生成是按碳链的长度依次进行的，因此人们认为：如果在反应物中加入一定量的甲醇或低碳醇或合成低碳醇过程中可能的中间物种如烯烃或者醛等，那么在反应中以这些物种为中间物或前驱物的反应产物的选择性将有所提高，从而有利于低碳醇的选择性生成，这就是富集实验（enrichment）或探针反应（molecular probe）。这些手段对于考察或验证低碳醇的合成反应机理也有一定的作用。如安炜等人做了在 Zn/Cr$_2$O$_3$ 催化剂上的甲醇、乙醇、正丙醇和异丙醇等的富集实验，得到了较好的反应结果。他们认为：甲醇、乙醇、正丙醇的富集对于提高正丙醇和异丁醇的收率有明显的促进作用。在催化剂上低碳醇的形成包含了以下两条反应途径（图 7-9-5）。

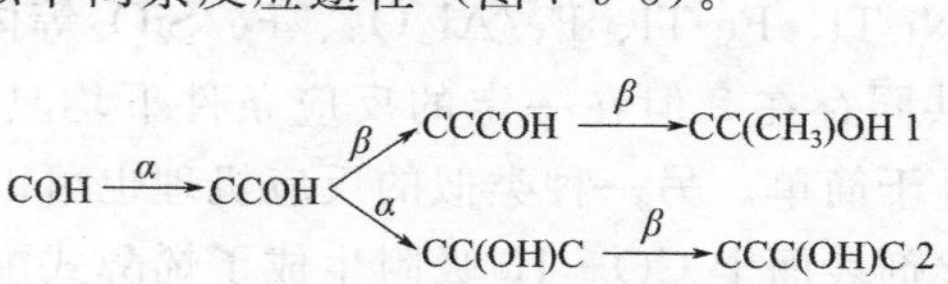

$$COH \xrightarrow{\alpha} CCOH \begin{cases} \xrightarrow{\beta} CCCOH \xrightarrow{\beta} CC(CH_3)OH\ 1 \\ \xrightarrow{\alpha} CC(OH)C \xrightarrow{\beta} CCC(OH)C\ 2 \end{cases}$$

图 7-9-5 安炜等提出的合成低碳醇的反应途径

对于钼系催化剂，氧化态和硫化态之间有一定区别：硫化态钼系催化剂上所有的醇产物都符合 A-S-F 分布，而在氧化态钼系催化剂上，除甲醇外其他高级醇符合 A-S-F 分布，这一区别说明二者的反应机理可能不同。对于改性的 MoS$_2$ 低碳醇催化剂，最近的 13C-NMR 研究表明链增长是通过经典的 CO 插入实现的，这是目前为止有较明确的实验证据支持的机理。

$$ROH+{}^*CO/2H_2 \longrightarrow R^*CH_2OH+H_2O$$

在此基础上，Smith 等提出了 K/MoS_2 催化剂上直链醇的机理网络，研究表明这一机理同样适用于 $K/Co/MoS_2$ 和 $K/MoS_2/C$ 催化剂。此后 Park 等建立了包括详细表面反应的机理网络来说明硫化态钼系催化剂上低碳醇生成（图 7-9-4）。杨意泉等利用红外光谱对钼硫催化剂合成低碳醇机理进行的研究表明，在添加碱助剂后催化剂表面的 CO 吸附物种主要是 $HC\!=\!O$、$RC\!=\!O$、CH_2、$O\!-\!CH_3$ 等，这些表面物种对应高的醇选择性，而无碱助剂的催化剂表面物种主要是 $S\!-\!CH_3$、CH_2，产物几乎全是烃类。并认为这种区别实质上反映了 MoS_2 相与 $Mo\text{-}S_x\text{-}K$ 相催化行为的差别，碱金属钾盐促进作用的本质在于通过与 MoS_x 组分发生相互作用生成新的 $Mo\text{-}S_x\text{-}K$ 活性相，从而改变了 CO 加氢的反应途径，相应的机理基本与以上类似。

氧化态钼系催化剂表面存在金属态（Mo）和氧化态（MoO_{2-x}）两种活性位，产物中甲醇偏离 A-S-F 分布，而且远离平衡浓度，受动力学控制。这表明甲醇与其他高级醇的形成前体不同，从而其机理与硫化态 Mo 基催化剂不同。

目前对于反应机理的认识基本上已达到了一定的共识，即低碳醇的合成是多途径的反应，主要通过碳链增长的过程实现，而不同的碳链增长过程将导致不同的反应产物分布。但是对于不同催化体系的反应过程中各个关键中间物种与催化剂表面结构的认识仍不清楚，有待进一步的研究。同时发现，催化剂表面几种功能不同的活性位之间的协同作用对于低碳醇合成的过程是十分重要的，如能从分子水平上认识上述作用，将为新型催化剂的设计和开发提供新的线索。

第三节　CO 加 H₂ 合成低碳醇的催化体系

一、催化体系的研究现状和具有代表性的催化体系

依照反应产物的分布，现有的低碳醇催化剂可以分为两类：一类是改性的 F-T 合成催化剂，产物以直链混合醇为主，产物分布符合 Schulz-Flory 方程；另一类是改性的甲醇合成催化剂，产物以支链醇（异丁醇）为主，产物分布不符合 Schulz-Flory 方程。

改性的甲醇合成催化剂又分为高温/高压、低温/低压两类。改性的高温/高压甲醇合成催化剂，主要是指 Zn-Cr 系催化剂，反应温度 400℃左右，压力 400atm，主要产物为甲醇和支链异丁醇。尽管其反应条件较为苛刻，但由于具有较高的醇的选择性，一直受到人们的关注。改性的低温低压甲醇合成催化剂主要是指 Cu-Zn 系催化剂，反应温度 300℃左右，压力 100atm，反应条件温和，但活性组分 Cu 易于烧结，而且产物中甲醇含量高。

改性的 F-T 合成催化剂主要包括 Mo 系催化剂和 Cu-Co 系催化剂。钼系耐硫催化剂于 1984 年由美国陶氏（Dow）化学公司首先提出，被视为很有前景的低碳醇催化剂体系之一。其操作条件相对温和，产物主要为直链正构醇。其最大的优点在于具有优秀的抗硫性，可以避免合成气的深度脱硫，降低经济成本，产物中水含量低，醇选择性高。铜-钴系催化剂以法国石油研究所（IFP）研制的催化剂为代表，操作条件比较温和，主要产物为直链正构醇，反应活性和醇的选择性较高，但总醇的选择性低，产物中水较多。

此外还有一些其他催化剂体系，其中贵金属 Rh 负载型催化剂是研究较多的一种，其主要产物依据所选择的载体不同而异，这类催化剂的问题在于贵金属担载量低，且催化剂的活性和选择性差，由于价格昂贵，高的担载量在经济上是不允许的，而且催化剂容易 CO_2 中

毒，因而其应用受到限制。表 7-9-8 总结了目前低碳醇催化剂的基本情况，可以看到与低碳醇合成体系的复杂性相似，众多的催化剂体系表现出各自不同的优势和缺陷，总的看来，目前的催化剂都存在反应活性低、高级醇的选择性差、反应条件苛刻等问题，与工业化的要求有很大的差距。目前，低碳醇催化剂的研究大都是围绕表 7-9-8 中的几大体系进行，目标是获得活性、选择性及寿命等各方面指标的提高。

表 7-9-8　低碳醇催化剂体系及特征比较

工艺\项目	MAS		Octamix		IFP		Sygmol	
催化剂	Zn-Cr-K		Cu-Zn-Al-K		Cu-Co-Mn-K		MoS_2-M-K	
研究单位	意大利 Snam	山西煤化所	德国 Lurgi	清华大学	法国 IFP	山西煤化所	美国 Dow	北京大学
温度/℃	350～420	400	270～300	290	260～320	290	290～310	240～350
压力/MPa	12～16	14	7～10	5	6～10	8	10	6.2
空速/h^{-1}	3000～15000	4000	2000～4000	4000	3000～6000	4500	5000～7000	5000
H_2/CO(摩尔比)	0.5～3	2.3	1～1.2	1～1.3	2～2.5	2.6	1.1～1.2	1.4～2.0
CO 转化率/%	17				21～24	27	20～25	10
CO 成醇选择性/%	90	95		95	65～76	76	85	80
时空收率/[mL/(mL·h)]	0.25～0.3	0.21～0.25		0.3～0.6		0.2	0.32～0.56	
C_2+OH/总醇/%	22～30		30	33	30～60		30～70	
开发现状	工业化	模试	模试	小试	中试	模试	中试	小试

二、改性的合成甲醇催化体系

1. 改性高温合成甲醇催化剂 Zn-Cr-K

在 Zn/Cr、Zn/Mn/Cr 等高温甲醇合成催化剂中加入碱金属助剂 Cs、K 等，可以促进醇的生成。这种催化剂具有如下的特点。

（1）产物分布　合成产物以生成甲醇为主，还有相当数量的其他醇，其中以异丁醇为主。随着催化剂种类和操作条件的不同，醇在液体产物中的分布是：甲醇约 41%～66%（质量分数），异丁醇约 15%～38%（质量分数）。反应的副产物主要是醛、醚、酮和烃类，还有一定量的 CO_2。

（2）操作工艺参数和催化剂的特性是影响催化剂选择性的主要因素　该催化剂往往需要较高的反应温度（400℃）才能实现。当以 K 作为助剂时，醇的选择性在 K_2O 含量为 3% 附近时达到极大，催化剂中 K 含量过多或过少均使醇选择性下降。与 K 相比，Cs 对反应产物中醇的生成的促进效果更好，并且表面上碱金属的相对含量也有一最佳值。同时，碱金属助剂不仅可以提高醇的选择性，而且有利于抑制副产物烃类和醚的生成。

Tronconi 考察了纯 Cr、纯 Zn 氧化物上 CO_2 加氢合成合成醇的情况，发现当 ZnO 和 Cr_2O_3 单独作催化剂时，CO 总转化率相近，只相当于 $ZnCrKO_x$ 催化剂的一半，对低碳醇的选择性也远远低于 $ZnCrKO_x$，但对甲烷的选择性却是 $ZnCrKO_x$ 的两倍。

早期的研究认为，此催化剂上合成低碳醇的活性位是由 Zn/Cr 组成的尖晶石相。但是研究发现，微晶 ZnO 是活性组分，Cr 起结构助剂和载体的作用，Cr 的作用方式，是通过形成作为载体的 ZnCr₂O₄ 尖晶石，稳定活性组分 ZnO，防止 ZnO 的烧结，并增加 ZnO 的表面积；同时降低甲醇分解的活化能，Cr 同时也起化学助剂的作用。

碱金属的作用比较复杂，一般有以下几种：中和催化剂的表面酸性，这样可以抑制副反应如异构化、醇脱水和积炭的发生，同时可以提高低碳醇形成的链增长速率，改变活性中心的电子授受能力，提高 CO 的解离吸附速率。碱金属是良好的电子助剂，能将电荷传递给催化剂表面的活性中心，增加其电荷密度，这样就提高了表面活性中心向吸附分子 CO 的最低未填充反键空轨道 $2\pi^*$ 反馈电子的能力，使 C—O 键强度削弱，从而导致催化剂对 CO 解离吸附能力的增强。

还有一些研究认为，活性组分是一些由于 Zn^{2+} 的过量而具有非化学计量性质的 Zn-Cr 类尖晶石，它具有介于尖晶石和岩盐之间的亚稳态结构。组成可表示为：$Zn_x Cr_{2/3(1-x)} O$（$x=0.25\sim0.6$），随 x 的增加，过量的 Zn^{2+} 定位在八面体位上，并随机地被 Cr^{3+} 所取代。因为产生大量的四面体空穴，这样就增加了 Zn-Cr 类尖晶石对 CO 的吸附配位能力。H₂ 解离和 CO 的吸附研究表明，这样的活性中心的确不同于纯 ZnO 和化学计量的 ZnCr₂O₄ 尖晶石。

Zn/Cr 比值对于催化剂的结构特征影响很大，对催化剂的反应行为也有较大的影响。图 7-9-6 为催化剂的结构参数随 Zn/Cr 原子比的变化。

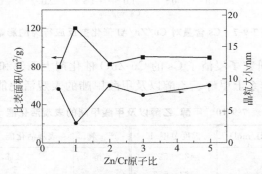

图 7-9-6 Zn/Cr 催化剂的结构参数随 Zn/Cr 原子比的变化

但是 Epling 和 Hoflund 等经过一系列的研究发现，此催化剂中的活性相是 ZnO，而 Zn/Cr 尖晶石相只是起载体的作用。通过加入碱金属改性或加入其他的组分来替代 Cr 或部分替代 Cr，可以有效地提高反应产物中低碳醇特别是异丁醇的生成。他们认为，其典型的反应结果见表 7-9-9。

表 7-9-9 Zn/Cr 催化剂的典型的反应结果

催 化 剂	Zn/Cr	Cs3%	K3%	Cs3%+Pd59%	过量 ZnO	Cr:Mn=1
CO 转化率/%	9	17	23	23	20	16
总醇产率/[g/(kg·h)]	161	158	221	207	238	153
甲醇产率/[g/(kg·h)]	153	55	54	39	48	50
异丁醇产率/[g/(kg·h)]	8	79	136	142	161	96

注：反应条件 440℃,1500psi(G),H₂:CO=1;1psi(G)=6894.76Pa。

该催化体系虽然具有较高的合成低碳醇特别是异丁醇的反应活性，但由于该体系所要求的反应温度和反应压力比较高，因此对该催化体系的研究也逐渐趋于缓慢。

2. 改性低温合成甲醇催化剂 Cu-ZnO-Al₂O₃

在 Cu-Zn 体系中加入载体元素 Al，可以改变催化剂的催化性能，并且 Mn、Ti、Th、Mg、Ca 等元素均可以作为第三或第四组分以提高生成醇的选择性。Cu 基低温甲醇合成催化剂中适量添加稀土元素或碱金属，也可以促进醇的生成。添加不同种类的碱金属对催化反应的活性和选择性具有不同的影响。无论是对于 Cu-ZnO 二元体系，还是 Cu-ZnO-Al₂O₃ 或 Cu-ZnO-Cr₂O₃ 体系，碱金属的含量都有一最佳值。对于碱金属 K 来说，当 K₂O 的含量在 0.5％时具有较好的反应活性。在此条件下，CO 的转化率较快，且醇选择性最高。对于 Cu-ZnO 体系来说，随着 Cs 含量的增加，反应产物中 C₂ 含氧化合物的含量逐渐增加，在 Cs 含量达到 1.6％后增加变得缓慢。反应结果见图 7-9-7。

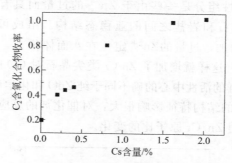

图 7-9-7 Cs 含量对 Cu/Zn/Al 催化剂反应行为的影响

J. N. Nunan 等人还研究了浸渍了 Cs 的 Cu-ZnO 催化剂上乙醇和 C₂ 含氧化合物的生成速率，并提出了在此催化体系上甲醇、乙醇以及甲酸甲酯的表观活化能。结果见表 7-9-10。

表 7-9-10 甲醇、乙醇以及甲酸甲酯的表观活化能

产 物	表观活化能/(kJ/mol)	温度范围/K	产 物	表观活化能/(kJ/mol)	温度范围/K
甲酸甲酯	79.6	488~523	乙醇	148.5	532~563
甲醇	73.9	483~523			

Cu 与 ZnO 之间具有协同作用。在此体系中，ZnO 可能的作用是：稳定活性中心 Cu；保持 Cu 组分的高度分散；吸收合成气中的毒物；活化 H₂；在 Cu/ZnO 界面形成特殊的活性中心；由于电子交换使 Cu 的电子性质发生改变；反应是双功能，Cu 和 ZnO 参与不同的步骤，构成总的机理；改变反应物的吸附热；ZnO 使 Cu 的特殊晶面或表面缺陷得到稳定。Al₂O₃ 或 Cr₂O₃ 的作用是：防止铜颗粒的烧结；使铜晶粒产生无序或缺陷结构，有利于 CO 的吸附及活化；高分散 Cu-ZnO 的稳定剂。与碱金属改性的 Zn-Cr 催化体系相比，该催化剂虽然反应条件比较温和，但是反应产物中甲醇的含量较高，低碳醇的含量偏低。因此，近年来对于该催化体系的研究缺乏实质性的进展，有逐渐趋缓的趋势。

三、Mo 基催化剂与低碳醇合成

合成低碳混合醇催化剂是一个多组分的非均相催化剂体系。各类催化剂都是由主催化剂组分（如改性甲醇合成催化剂中的 Cu、Zn；Cu-Co 催化剂中的 Cu、Co；MoS₂ 催化剂中的 Mo；Rh 基催化剂中的 Rh 等）、载体和添加剂或助剂组分组成。主催化剂组分以其特有的化学性质对催化反应过程的活性和选择性起决定性的作用。作为合成低碳混合醇反应过程的不同过渡金属元素 Co、Mo、Cu、Zn 等分别处于周期表的不同位置。不同过渡金属元素对于 CO 化学吸附的性能不同，如下表所示，室温下在分界线左方金属上 CO 为解离化学吸附，在右方金属上 CO 为非解离化学吸附。在合成醇反应温度（约 $200\sim300℃$）下，此分界线右移。由此可见，不同过渡金属元素对 CO 的吸附性能不同，且与温度有关。CO 被吸附活化的程度对催化反应中初始物的形成及中间物的衍变可能有着至关重要的作用，因而影响了催化反应的方向与速率。上面所述各类催化剂由于采用了不同的主催化剂，并因其在化学性质上的差别而得到不同结构的产物组成。改性甲醇合成催化剂，因对 CO 的非解离活化吸附，增链作用弱，因而醇含量偏低；而 Cu-Co 或 MoS$_2$ 催化剂，则因其对 CO 较强的解离活化吸附作用，增链作用较强，因而 C$_{2+}$ 醇含量高。

CO 在过渡金属元素上的化学吸附

ⅥB	ⅦB		Ⅷ			ⅠB
Cr	Mn	Fe	Co		Ni	Cu
Mo	Tc	Ru	Rh		Pd	Ag
W	Re	Os	Ir		Pt	Au
	室温				反应温度	

近年来的研究表明，用碱金属化合物作为助剂，在制备方法上经过改进，可以使 Mo 基催化剂具有明显的合成醇活性及较高的醇选择性。实践证明，它具有独特的性能和良好的应用前景。Mo 基催化剂的一个显著特点是抗硫中毒。合成气中常含有微量的硫，在反应中它使许多工业催化剂中毒，因而使用时需对合成气脱硫到 10^{-9} 级。在工业生产中，对作为原料的合成气脱硫到如此低的水平，工艺要求苛刻，费用可观，成本显著提高。因此，研究与开发 Mo 基催化剂合成低碳醇具有十分重要的意义。美国陶氏化学公司首先进行了 MoS$_2$ 基催化剂合成低碳醇的研究，并于 1984 年取得了专利。随后日本及韩国学者也对还原态及硫化态 Mo 基催化剂进行了较多的研究，中国也有许多学者进行了这方面的研究。到目前为止，这一领域的研究仍处于进一步探索阶段。

如上所述，Mo 基催化剂除了作为主催化剂组分的 Mo 之外，还有其他添加剂或助剂，而且添加剂或助剂对催化剂合成低碳醇性能有着很大的影响。

1. 碱金属的掺杂效应

碱金属的掺杂修饰，对于制备选择性地将合成气转化为低碳醇（而不是烃）的 Mo 基催化剂至关重要。尤其值得注意的是，碱金属的添加水平明显高于其他催化剂体系的碱金属添加水平。不同金属阳离子促进效应的研究结果表明，重碱金属离子对催化剂活性及醇选择性有更大的促进效应。Tatsumi 等对还原态 Mo/SiO$_2$ 催化剂的研究表明，综合各种形式的碱金属化合物对合成醇选择性的影响，KCl 是最好的助剂形式。硫化钼基催化剂上 CsOOCH 与 CsNO$_3$ 作为助剂的对比实验结果表明，中性的碱金属盐为助剂时醇的选择性明显降低。Woo 等也报道了含不同阴离子的 K$^+$ 盐对硫化钼基促进效应的比较研究，得到了类似的结果。但据 Tatsumi 等的报道，氧化钼基 KCl-SiO$_2$ 体系低碳醇的选择性可高达 77%，这也说明，氧化钼基催化剂与硫化钼基催化剂在催化性能上存在着明显的差别。

关于碱金属助剂含量对合成醇选择性的影响，Klier 等研究了碱性 Cs$^+$ 盐（CsOOCH）添加量对合成气转化产物选择性的影响，结果表明，随着 Cs$^+$ 盐添加量的增加，醇的产率出现一极大值，而烃的产率则单调下降。随着反应温度的提高，醇产率的极大值移至较高的 Cs$^+$ 盐添加水平。张鸿斌和杨意泉等考察了 K$^+$ 盐（K$_2$CO$_3$）添加量对负载型 MoS$_x$-K$^+$/SiO$_2$ 催化剂性能的影响，结果与 Cs^+ 促进的体系相类似：CO 的转化率和产物烃的选择性随 K_2CO_3 添加量的增加呈下降趋势，醇选择性则随 K_2CO_3 添加量增加而升高；当 K_2CO_3 添加量达 20％（质量分数）时，醇选择性达到峰值。关于助剂加入量对合成醇选择性的影响，不同的体系差别较大：专利认为 K/Mo 原子比在 0.2～0.3 为好；Tominaga 等认为 $KCl\text{-}MoO_3/SiO_2$ 体系中 K/Mo 比大于 0.4 以后，醇活性下降；谢有畅等研究 K_2CO_3/MoS_2 体系时发现 K/Mo 原子比为 1.38 时醇选择性最高。Woo 等对 K_2CO_3/MoC 体系的研究结果表明，K/Mo 原子比约为 0.2 时醇选择性最高。Klier 等曾认为，碱金属盐类（K_2CO_3 或 CsOOCH）对于生成醇的促进作用是由于催化剂的双功能性质：MoS_2 解离活化双氢，而碱金属盐非解离活化 CO 并削弱活泼氢的供应。然而，段连运等和林国栋等的工作却揭示碱性钾盐与硫钼组分之间发生强的相互作用，生成 Mo-S-K 界面相，正是新生成的 Mo-S-K 界面相与醇的生成活性和选择性之间存在着密切的关系。

2. 第二过渡金属的助催化效应

关于第三组分的加入对合成醇活性的影响，Tatsumi 等研究了在 Mo-K/SiO₂ 中加入 3d 过渡金属对合成醇活性的影响，发现加入 Fe、Co、Ni 后，CO 的转化率明显提高，特别是 Ni 使总醇的产率提高，同时也使醇/C_1 提高，而碳氢化合物/C_1 却明显下降，在 Mo/Ni 为 3/7 时醇的生成率最高。他们认为 Ni 的作用是通过与 Mo 在表面上进行相互作用而产生的。Storm 研究了在优化配制的 K（4.9）/Co（2.7）/Mo（6.4）/Al_2O_3 催化剂体系中加入 Rh 的 K（1.2）/Rh（1.1）/Co（0.6）/Mo（5.7）/Al_2O_3 催化剂，发现低碳混合醇的时空产率从 0.37g/（L·h）[1500psi（1psi＝6894.76Pa，下同），343℃，28000h^{-1}，$H_2/CO＝2$]增加到 1.1g/（L·h）（1500psi，285℃，10000h^{-1}，$H_2/CO＝2$），此外，Rh 系催化剂上高收率可在低于不含 Rh 的催化剂 45℃的条件下获得，因此有较高的醇选择性。K 是很关键的助剂，能使含氧化合物的分布偏向于高级醇。IR 研究发现 K 促进 1885cm^{-1} 附近的 CO 吸附峰，尽管这个谱带在 K/Co/Mo/Al_2O_3 体系上很弱，但在 Rh 的存在下大大增强。这个谱带可能与催化合成高级醇相关联，由此可解释 K/Co/Mo/Al_2O_3 体系中 Rh 的助剂效应，认为缺电子（离子态）的 Rh 是甲醇生成的活性位，而富电子（金属态）的 Rh 与高级醇和碳氢化合物的合成相关联。IR 和活性测试均支持这一观点。据报道，催化剂中添加 Co 能大大提高 C_1～C_2 链增长步骤的速度，使得乙醇成为优势产物。黄浩平的研究结果显示，硫化钼基催化剂中添加少量的 Co 或 Ru 之后，甲醇的选择性下降，烃类和醇选择性上升，但总的活性水平并无提高；随着过渡金属添加量的增加，总活性反而下降，尤其是 Ru，当添加量超过 1％时，总活性几乎完全丧失，推测可能与 Ru 被硫毒化有关。这也表明，硫化钼基与氧化钼基两类催化剂在性质上有明显的差异，后者添加 Co 或 Ru 后，总活性及醇的选择性都有提高。

3. 助剂与 Mo 组分的相互作用对催化剂活性的影响

对于含 Co，Ni 等助剂的 Mo 基催化剂体系，实验结果显示，在催化剂分散性能很好的前提下，助剂与 Mo 组分作用越强烈，即 Co-S-Mo 或 Ni-S-Mo 等相互作用相含量越高，则催化剂活性越好。谢有畅等研究 K_2CO_3/MoS_2 催化剂体系时，发现在催化剂表面形成了一种由 K、S、O、Mo 等离子组成的微晶相，其化学式可写成：$K_{1.8}Mo_{1.06}S_{1.93}O_{1.81}$。该微晶相在催化剂中的含量与催化剂的合成醇活性成正比关系，微晶相的含量增加时，催化剂合成醇活性也升高。

林国栋等研究 K^+ 助剂对 Mo/SiO_2 催化剂改性合成低碳醇时认为，单纯的 MoS_2 和 MoS_2/SiO_2 体系，CO 加 H_2 产物主要是烃；添加 K_2CO_3 或 KF 等碱金属盐之后，才显示出合成醇等含氧化合物的催化活性。最佳的碱金属掺杂量大大超过单层负载的需要量，但

XRD 实验并未检测到 K_2CO_3 或 KF 相析出，而非碱性的 KCl 在低得多的添加水平上已检测到 KCl 相；弱碱性的 K_2CO_3 或 KF 掺杂体系和以 K_2MoS_4 为前驱物衍生而得的体系显示出共同的 XRD 特征：它们在 $2\theta = 29.8°$ 和 $30.8°$ 处都出现新的衍射峰，表明来自不同前驱态的这些体系，其工作态都含有一共同特征新相。中性钾盐 KCl 掺杂的体系则无此行为。在另一方面，K_2CO_3-MoS_2 体系的 XPS 表征没有检测到 CO_3^{2-} 物种的存在，表明大量 CO_3^{2-} 在 H_2 预处理过程中已被分解，这一体系与 K_2MoS_4 衍生的体系，其 XPS、Raman 和 IR 的谱学特征行为都十分相似。由此可以推断，碱金属掺杂作用的本质在于：碱金属促进剂与 MoS_x 组分发生强的相互作用，导致一个新的 Mo-S-K 催化活性相的生成，从而修饰了 MoS_2 相的催化性能，使产物选择性由烃占几乎 100% 转变为醇占优势。显而易见，正是这一 Mo-S-K 表面相上的复合活性位同 CO 吸附活化、接着加氢生成含氧化合物相关联。

由上述实验结果可导出如下结论：对于非负载的 MoS_2 基催化剂，KCl 与 MoS_x 之间不发生强的相互作用；而 K_2CO_3 或 KF 等与 MoS_x 组分之间可能发生强的相互作用，生成新的 Mo-S-K 相。在相同的反应条件下，KCl 助催化的 MoS_2 基催化剂，合成气转化产物 96% 以上是烃类，而 K_2CO_3 和 KF 助催化的体系，合成气转化产物中，总醇选择性分别达到 83.2% 和 73.7%。由此可以推断，醇的选择生成与 Mo-S-K 相有着密切的关系。有助剂存在时，助剂与 Mo 组分相互作用越强，则催化剂的活性越高。

4. Mo 基催化剂合成低碳醇研究进展

Mo 基催化剂的显著特征就是具有多种催化功能。因此，Mo 基催化剂在催化领域中有着广泛的应用。在石油工业中，Mo 基催化剂大量用于加氢脱硫、加氢脱氮等工业催化过程。自 20 世纪 80 年代初 Tatsumi 等发现经碱金属化合物助剂改性的 Mo 基催化剂具有良好的合成低碳混合醇的性能以来，迄今为止在该领域内已进行了大量深入细致的研究。其中美国的陶氏化学公司和 Union Carbide 公司已分别开发出了活性、选择性及其他性能均较好的抗硫 Mo 基催化剂，并已申请专利。中国科技大学研制的硫化态 Mo 基催化剂已进行了实验室规模的放大试验，并经过了 1300h 的稳定性实验，结果表明催化剂具有良好的合成醇活性和稳定性，具有一定的应用前景。目前，对 Mo 基催化剂的改进研究以及催化反应机理方面的研究仍在继续进行。归纳起来，有关 Mo 基催化剂合成低碳醇的研究工作大致集中在以下几个方面。

（1）以碱金属化合物为助剂合成低碳醇　20 世纪 80 年代初 Tatsumi 等率先以碱金属化合物改性 Mo 基催化剂合成低碳醇，得到了可观量的醇。而在此之前，人们发现不加助剂的 Mo 基催化剂只能催化某些加氢反应，如甲烷化或烃类的 F-T 合成反应，只生成极少量的醇类副产物。随后 Fujimoto 等通过研究发现，Mo 基催化剂中加入碱金属化合物后抑制了烃类的生成，促进了醇类的生成。进一步研究表明，各种碱金属化合物都具有上述促进醇选择性的作用，且这种促进作用的程度因化合物中不同的碱金属阳离子以及同一种碱金属阳离子所对应的不同阴离子而异。例如，Tatsumi 等研究在 Mo/SiO_2 中加入含不同阳离子的碱金属碳酸盐助剂对催化剂合成低碳醇性能的影响时，发现加入助剂后催化剂的总活性（CO 转化率）有所降低，但醇类的选择性和时空产率均有了明显的提高，醇类的选择性随加入不同碱金属的碳酸盐增大的顺序为 Li<Na<K<Rb=Cs，其中碳二以上醇的选择性也以同样的顺序增大，这一顺序与第一主族各元素的给电子能力或碱性顺序一致。醇类选择性提高的原因被解释为碱金属化合物抑制了 Mo 加氢生成烃的能力以及降低了导致产物醇进一步脱水的载体的表面酸性。Tatsumi 等还研究了含不同阴离子的钾盐助剂的影响，结果表明，生成醇的选择性随钾盐中阴离子的不同而明显变化，在所考察的几个钾盐助剂中，醇的选择性增大的顺序为 K_2CO_3<KI<KBr<KCl<KF。

导致以上顺序的原因可能与不同卤素化合物的稳定性以及阴离子的流失有关。

在由合成气合成低碳混合醇的 4 种催化剂体系中，由美国陶氏化学公司和 Union Carbide 公司较早开发的 MoS_2 催化剂体系就是采用碱金属为助剂合成低碳醇的。硫化态 Mo 基催化剂具有许多优越的性能。传统的合成低碳醇催化剂对硫十分敏感，极微量的硫即可使催化剂中毒失活，由于硫化态 Mo 基催化剂中 Mo 已被硫化，在反应中抗硫中毒是理所当然的。硫化态 Mo 基催化剂可直接使用粗脱硫合成气生产低碳醇，可允许 $(10\sim20)\times10^{-6}$ 的硫存在。此外，硫化态 Mo 基催化剂还具有活性高、选择性好、产物中含水量低、不易积炭、可在低 H_2/CO 比值下使用且使用寿命长的特点。硫化态 Mo 基催化剂分为非负载型和负载型两大类。非负载型催化剂常采用含 Mo 和 S 的铵盐或 K 盐作为前身物加热分解制得，而负载型催化剂则常采用 SiO_2、Al_2O_3、ZrO_2、TiO_2 以及活性炭等作为载体浸渍钼酸铵和碱金属溶液后经干燥、焙烧制得。硫化态 Mo 基催化剂的合成低碳醇性能受载体、助剂、制备条件以及反应条件等因素的影响很大，限于目前的技术水平，对上述影响因素本质的认识仍然比较肤浅。虽然近年来结合现代物理化学表征技术已经取得了一些令人瞩目的进展，但有关这类催化剂活性位的本质问题，迄今未获定论。对于此类催化剂合成醇性能的控制和原理的研究尚停留在实验和感性认识的水平。例如：伏义路等发现钾盐是所有碱金属助剂中最好的助剂；Lu 等发现以活性炭为载体时在 K-Mo/C 催化剂中 Cl^- 的存在进一步促进了醇的选择性；伏义路等研究焙烧条件对硫化态 K-Mo/γ-Al_2O_3 催化剂的结构和合成醇性能的影响，结果表明，氧化物前驱体经 $700\sim800$℃ 焙烧后再硫化，其合成醇性能最佳；卞国柱等发现 K 和 Mo 的浸渍顺序以及载体的种类对硫化态 Mo 基催化剂的合成醇性能有很大的影响，且选用不同的载体分别存在着一个最佳 K/Mo 比值。段连运等考察反应条件对催化剂活性及醇选择性的影响，发现升高温度，CO 转化率大幅度增加，而醇的选择性显著下降；增大压力，CO 转化率和甲醇的选择性都增加，但乙醇的选择性变化不大；增加空速，CO 转化率显著下降，而醇的选择性大大增加。总之，得到的结论是：高压、低温和高空速有利于醇的生成。伏义路等的研究得到了类似的结论。

（2）加入调变组分改善合成醇性能   虽然经碱金属化合物助剂改性的 Mo 基催化剂表现出了良好的合成低碳醇性能，但是与大规模工业生产的要求仍然相距甚远。这不仅由于醇的液收较低，更有产物醇中甲醇含量相对较高的问题。因此，人们一直没有停止对进一步改善其催化性能的努力，而这种努力始终围绕着两个目标展开：①进一步提高合成醇的活性和选择性；②提高碳二以上醇的选择性。人们往往通过添加各种调变组分来实现以上两个目标。近年来有不少研究致力于通过引入 F-T 组元来改善 Mo 基催化剂的合成醇性能，旨在利用 F-T 组元在 F-T 合成中的高活性以及较强的增长碳链的能力来进一步提高醇的收率和碳二以上醇的比例，取得了很好的效果。例如：Lu Gang 等在硫化态 K-Mo/C 催化剂中加入组分 Co，发现生成醇类的活性和选择性都有了明显的提高；卞国柱等考察硫化态 Co-K-Mo/γ-Al_2O_3 催化剂上 CO 加氢反应性能的变化，发现 K-Mo/γ-Al_2O_3 催化剂中加入 Co 后反应温度有所提高，产物醇中 OH 所占比例明显上升，表明 Co 的存在有利于碳链的增长。此外，催化剂的预处理条件对其合成醇性能也有明显的影响。Fujimoto 等用 H_2 还原后的 Mo-Co-K/SiO_2 催化剂合成 $C_1\sim C_7$ 醇，结果表明还原态的 Co 是碳链形成必不可少的组分，且碳二以上醇的选择性随着 Co 含量的增大而增大。Inoue 等进一步考察 Mo-Na/Al_2O_3 催化剂中加入第Ⅷ副族元素后的合成醇性能，结果表明，在 255℃、8.4MPa、$H_2/CO=2$、$SV=15000h^{-1}$ 的条件下，合成醇的活性顺序为：Rh>Ir>Ru>Pd>Ni>Pt>Cu>Co>Re>Fe，其中 Rh-Mo-Na/Al_2O_3 合成醇的时空产率达到 480/［L(cat)·h］。李忠瑞等研究硫化态和还原态 Rh-Mo-K/Al_2O_3

催化剂上CO加氢合成低碳醇的反应性能，详细考察了不同Rh添加量、不同钾助剂、不同合成气组成和不同反应条件对合成醇性能的影响及催化剂的反应稳定性，结果表明，硫化态催化剂的合成醇选择性以及产物醇中OH所占比例均高于还原态催化剂，加入Rh后催化剂生成醇尤其是碳二以上醇的活性和选择性大幅度提高，且一直呈单调增大的趋势。分别以K_2CO_3和KCl为助剂的硫化态催化剂表现出了不同的催化性能，二者相比，前者CO转化率较低，但合成醇的选择性以及碳二以上醇的选择性却较高。通过考察H_2/CO为2∶1和1∶1的合成气组成的影响，表明富氢合成气合成醇的活性、选择性均相对较高，但碳二以上醇的选择性较低。在考察硫化态催化剂的稳定性实验中，在100h的反应过程中醇生成活性和选择性一直保持增长趋势，即催化剂具有良好的合成醇反应稳定性。Storm等进一步研究在Mo-Co-K/γ-Al_2O_3中再加入Rh，结果醇类的时空产率增大了两倍，由0.37g/[g(cat)·h]增至1.1g/[g(cat)·h]，且产物中富含碳二以上醇。

综上所述，在传统的以碱金属为助剂的Mo基催化剂中掺入第Ⅷ副族元素的化合物作为调变组分，确实可改善合成醇的活性、选择性以及碳二以上醇的选择性，尤其是某些贵金属化合物的改善效果十分明显，但是考虑到这些贵金属的成本较高，开发实用的含非贵金属的Mo基催化剂仍将是今后科研方向的主流。

（3）催化剂结构及催化反应机理研究　目前对Mo基催化剂的结构及其合成低碳醇催化机理的研究也比较活跃。Mo基催化剂合成低碳醇强烈地受所用载体的影响，迄今为止对这种影响的起因已经有了较为一致的解释，即载体通过其表面酸性位以及载体与Mo之间的电子相互作用来影响催化剂的合成醇性能，前者可导致产物醇进一步脱水，后者则可影响Mo的还原性能。Tutsumi等首先发现了在由合成气合成低碳醇反应中，与以SiO_2和MgO等为载体相比，以γ-Al_2O_3为载体时醇的选择性相对较低。Lowenthal等认为γ-Al_2O_3载体的酸性中心与其醇脱水的活性密切相关，K负载于γ-Al_2O_3上后，K物种与载体上的酸性中心作用，使载体的酸性大幅度降低。卞国柱等运用氨吸附及TPD技术进一步研究硫化态K-Mo/γ-Al_2O_3催化剂的酸性与其合成醇性能之间的关系，结果表明，载体酸性的降低与其合成醇选择性的提高有着很好的顺应关系，并由此得出结论，γ-Al_2O_3载体的酸性中心是影响合成醇选择性的重要因素。同样，Maruyama等也报道MoO_3负载于SiO_2上形成了大量的酸性中心，这些酸性中心在醇类脱水过程中表现出了很高的活性，加入K_2CO_3后由于使这些酸性中心发生了中毒，因而使得醇产率大大增加。因此，一般认为，H_2和CO在催化剂表面上生成醇后，随之发生的在酸性中心上的醇类脱水过程是造成醇的选择性较低的重要影响因素，而最近冯丽娟等以中性的活性炭作为载体的Mo基催化剂合成低碳醇取得了较为令人满意的结果，合成醇（尤其是碳二以上醇）的活性及选择性均较高。载体通过电子相互作用影响Mo基催化剂合成低碳醇性能最初由Tutsumi等报道。Tutsumi等通过改变Mo和K在SiO_2上的浸渍顺序，发现先浸K时比先浸Mo时醇的选择性提高了4倍。研究表明其原因为载体与MoO_3之间的相互作用促进了Mo的彻底还原，而K的浸渍尤其是K先浸渍时由于改变了可以和Mo物种相互作用的SiO_2活性位的数目及其性质从而大大阻碍了Mo的彻底还原。Kantschewa等使用Al_2O_3载体也得到了类似的结论，而Muramatsu等人证实还原后Mo的氧化数越低合成醇的选择性越小，即K先浸渍时由于大大削弱了载体与Mo物种之间的相互作用，因此抑制了Mo物种的彻底还原，使之停留在有利于生成醇的还原状态，从而提高了醇的选择性。

近年来，通过丰富的基础研究积累，Mo基催化剂合成低碳醇的活性中心逐渐明朗，即具有一定氧化数的Mo物种。例如，Tatsumi等通过研究以SiO_2为载体的合成醇性能，发现烃类的生成直接依赖于还原态的 Mo 物种，而氧化态的 Mo 物种则是生成醇的活性中心。Murchison 曾报道负载于活性炭上的 Mo 还原至零价后得到的产物主要是烃类，Saito 和 Anderson 也通过实验证实了零价 Mo 的确比氧化态 Mo 具有较高的合成烃活性。Muramatsu 等运用 XRD、XPS 以及 O_2 吸附技术研究合成低碳醇的 Mo 物种，结果表明醇类的生成与两种 Mo 物种有关：MoO_{2-x} 和金属 Mo，即在 MoO_{2-x} 上生成醇，而在金属 Mo 上生成烃和含氧化合物。反应机理如图 7-9-8 所示。

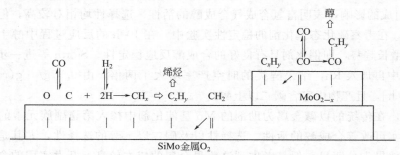

图 7-9-8　Mo/SiO$_2$ 催化剂上 CO 加氢生成醇和烃的催化反应机理

因此，Mo 基催化剂合成低碳醇 Mo 的还原状态也是影响醇的选择性的又一重要因素，还原后 Mo 以一定氧化态存在为合成低碳醇所必需。由此看来，Mo 基催化剂还原状态的控制对于提高合成醇的选择性而言是至关重要的。

目前，对于硫化态催化剂的结构及其合成低碳醇活性相的研究也取得了一些进展。伏义路等在研究硫化态 K-Mo/γ-Al$_2$O$_3$ 催化剂氧化物前驱体的焙烧条件对催化剂的结构和合成醇性能的影响时发现，随着焙烧温度的升高，尽管催化剂的表面积急剧减小，但合成醇的活性和选择性却明显增大，这表明高温焙烧是合成醇活性中心形成的必要条件。进一步研究表明，催化剂中至少存在着几类 Mo 物种：Mo-S 物种、K-Mo-O-S 物种和 K-Mo-S 物种，前者是生成烃的中心，而后二者则与生成醇有关，经 700～800℃ 焙烧的样品由于具有较多的 K-Mo-O-S 和 K-Mo-S 物种，因此，生成醇的活性和选择性较高。李忠瑞等运用 XRD、LRS 技术研究不同 Rh 负载量的 Rh-Mo-K/Al$_2$O$_3$ 催化剂的结构并与其合成低碳醇性能关联，发现 Rh-Mo-K/Al$_2$O$_3$ 中存在着两种合成醇的活性物种，即 K-Mo 物种与 Rh 物种。在 Mo-K/Al$_2$O$_3$ 中加入 0.2% 的 Rh 会导致活性组分 K-Mo 物种的进一步聚集，但合成醇活性没有下降，说明 Rh 物种也是合成醇的活性组分，继续增加 Rh 含量，Rh 物种的大量形成又能提高 K-Mo 物种的分散度。Rh 物种与 K-Mo 物种相互协同作用，使催化剂性能得到显著改善。

综上所述，在各种合成低碳醇的催化剂体系中，Mo 基催化剂由于其优越的抗硫性能、高活性、高选择性以及较好的稳定性而备受关注，Mo 基催化剂合成低碳醇已成为当今最活跃的研究课题之一，并已在低碳醇合成领域中显示出了诱人的工业应用前景。

四、F-T 组元在低碳醇合成方面的应用

包含 F-T 合成组元的催化剂由于自身就具有较强的碳链增长能力，普遍认为对于合成低碳醇的过程有一定的促进作用，在合成低碳醇催化剂中可能起比较重要的作用，并且由于其要求的反应条件温和，因此具有非常好的应用前景，得到了世界各国研究人员的关注。

Fe、Co、Ni、Mo 和 Ru 等是Ⅷ族元素中比较典型的 F-T 合成元素，在研究中发现，含有这类元素的催化剂在 CO 加氢合成烃反应过程中能够在一定的条件下反应生成一定量的低

碳醇。这一现象引起了研究人员的极大关注。19 世纪 20 年代就有报道添加碱助剂或氮化铁催化剂能生成低碳醇的催化剂，这是最早的关于含 F-T 组元具有合成低碳醇性能的报道。法国石油研究院（IFP）对 Cu-Co 系催化剂进行了大量的研究，并已申请了多项专利，Cu-Co系催化剂被认为是最具工业前景的合成低碳醇催化剂之一。对此类催化剂的反应机理研究表明，催化剂表面几种功能不同的活性位之间的协同作用对于合成低碳醇的生成非常重要。如能进一步认识上述作用，将有可能为含 F-T 组元的新型低碳醇合成催化剂的设计和开发提供理论指导。以下简述包含 F-T 组元的各类低碳醇催化剂的反应机理和作用的研究概况。

1. 含 Co 的催化体系

近年来，对 Cu-Co 催化剂的研究较多。此类催化剂中最具代表性的是法国石油研究所（IFP）研制的 Cu-Co 系列催化剂，催化剂的组成通常表示为 $Cu_xCo_yM_zA_w$，其中 M 为 Cr、Fe、V、Mn 或稀土，A 为碱金属，这类催化剂用柠檬酸盐或金属硝酸盐共沉淀法制备，沉淀经焙烧后变为铜钴尖晶石相，还原后尖晶石相完全分解，Cu 与 Co 形成均匀的金属簇类结构，这种结构被认为是合成低碳醇的活性相；催化剂中 Cu/Co 比在 1 到 3 之间，过量的 Cu 或 Co 将导致反应产物中主要生成甲醇或甲烷。IFP 催化剂最大的优点是操作条件温和，反应温度在 260～300℃，压力为 5.0～6.0MPa，空速为 3000～6000h⁻¹，醇的时空产率为 0.2g/[mL(cat)·h]，醇的选择性为 50%～70%，其中主要是直链脂肪醇，烃类的选择性为 20%～30%，主要是甲烷。

Mobil 石油公司研制的 Cu-Co-Zr-K 催化剂同样具有温和的反应条件（温度 250℃，压力 6.3MPa，空速为 4000h⁻¹），产物中醇的选择性为 81.9%，烃类的选择性为 8.9%，酯类 4.9%，醇类产物中低碳醇占 65%，同时该催化剂还有较强的抗毒化和抗老化能力。

Courty 等研究了碱作助剂的 Cu-Co-Cr 催化剂对于反应产物选择性的影响并给出了产物分布图（图 7-9-9），在富 Cu 和富 Cr 区，主要得到甲醇，在富 Cu 区催化剂有较高的反应活性，在富 Co 区，F-T 反应占主导作用，有大量的甲烷生成。在一定的范围内（1<Cu/Co<3，Co/Cr>0.5）催化剂具有相当高的活性并且反应产物中低碳醇的含量较高。同时发现，随着 Co/Cu 比的增加，醇的收率增加，而 Cr/Cu 比的增加导致反应活性的降低，反应产物中甲醇的含量增加。

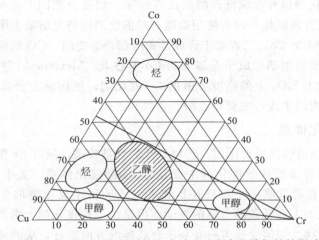

图 7-9-9　Cu-Co-Cr 催化剂的组成对于反应产物选择性的影响

　　徐杰等考察了 Cu-Co-Fe 催化剂合成低碳醇催化剂的组成和制备方法对于合成低碳醇反应性能的影响，发现由 Cu、Co、Fe 的硝酸盐共沉淀法得到的催化剂未能显示出高的活性和选择性，这主要是因为催化剂的活性组分晶粒较大，难以形成活性相。而将 Cu、Co 共沉淀后浸渍 Fe 组分，可以促进低碳醇的生成。Cu/Co 为 1 时催化剂的活性最高。对催化剂的表征认为，Fe 组分在催化剂的表面上以高度分散的状态存在。原位 XRD 对 Cu-Co 基模型催化剂的研究表明，Cu-Co 固溶体是醇生成的活性相。

　　为了进一步提高产物中的醇含量，其他的研究人员还对 Cu-Co 尖晶石结构的催化剂、Ranny Cu-Co 催化剂以及不同的方法制备的 Cu-Co 催化剂进行了大量的研究。Kiennemann 等还利用分子探针和化学捕获的方法对 Cu-Co 模型催化剂上醇的合成过程进行了研究，也确认了 CO 插入过程是醇生成的关键步骤。王峰云等研究认为在 SMAD 和 RaneyCu-Co 催化剂上，CO 的吸附主要是较强的桥式吸附态，CO 在高配位 Co 中心解离，加氢和增链生成多碳物种（C_xH_y），低配位 Co 是 CO 发生插入反应的中心，然后进一步加氢生成醇。从而进一步证实了 Xu 提出的机理。Takeuchi 等对 Co-Re-Sr-SiO_2 和 Co-Ru-Sr-SiO_2 催化剂上合成低碳醇的反应进行了考察，结果发现在一定的反应温度下（220～280℃），反应产物中主要是乙醇，同时还有烃和 CO_2 的生成，烃类的选择性甚至超过了 50%。

　　助剂和载体对于此类催化剂的活性和选择性有很大的影响。Cu-Co 催化剂中必须有碱金属的存在，否则醇的选择性非常低，温度稍高将有大量的甲烷生成。载体的作用同样明显，担载在不同的载体上会得到不同的反应产物。如担载在 MgO 上主要生成甲醇，担载在 TiO_2、CeO_2 或 La_2O_3 上主要生成烃类，而担载在 ZrO_2、SiO_2 和 Al_2O_3 上有较高的醇选择性。研究人员认为载体对产物选择性的影响主要是由于载体能引起催化剂表面组成及表面形态的变化。表征结果表明，Cu-Co/CeO_2 表面上有大量的 Co，Cu-Co/MgO 表面上 Cu 占大多数，而 Cu-Co/ZrO_2 催化剂表面上由 Cu 和 Co 两种原子组成。此实验现象出现的原因可以归结于载体性质不同导致的两种金属的分散度不同。由此可知，CO 加氢合成低碳醇的过程需要催化剂表面 Cu-Co 的共同作用，醇的生成是在相互隔开的两种原子活性位上进行的。催化剂的表面原子组成对于催化反应的方向具有非常重要的作用。

　　负载型 Co 的催化剂也有合成低碳醇的反应性能。如高分散的 Co/Al_2O_3 催化剂有同烃类数量相当的醇生成。该催化剂没有使用助剂，对催化剂的研究结果表明，催化剂的表面同时存在金属态和离子态的 Co，二者对于合成低碳醇都是必要的，CO 的插入可能发生于离子态的 Co 上，表面的金属烷基生成于金属态的 Co 中心上。Matasuzaki 等以羰基钴配合物为前驱体，制得了担载于 SiO_2 上的高度分散的 Co 催化剂，使用碱土金属为助剂时，明显地促进了 C_2 含氧化合物的生成，主要是乙酸、乙醛和乙醇。

2. 含 Fe 的催化体系

　　由于 Fe 具有较强的碳链增长作用，产物中醇的含量较高，同时 Fe 作为催化剂的组分价廉易得，因此早期的合成低碳醇催化剂主要是含 Fe 的催化体系。关于用于合成低碳醇的 Cu-Fe 催化体系，主要有苏联的 Fe-Cu-K-B 和 Fe-Cu-K-稀土氧化物催化剂。Rottig 的专利也报道了 Fe-Cu 催化剂上有低碳醇合成的性能，但是由于铁催化剂上副产物较多，反应产物主要是醇和烃的混合物。如何使反应向有利于合成醇的方向进行，从而抑制烃类的生成是关键。最近 Kiennemann 等的研究表明，在 Fe-Cu-Mo-V 上合成低碳醇的活性和选择性接近于 IFP 的 Cu-Co 催化剂，醇产率大于 0.1g/［mL(cat)·h］，醇的选择性大于 60%。研究认为

Cu 组元的作用是影响铁催化剂的表面形态，阻碍 CO 解离吸附形成的 CH_x 物种聚合形成烃类，而且在 Cu 上 CO 的化学吸附有利于 CO 插入相邻的 CH_x 物种，另外 Cu 还有促进金属相还原的作用。

Razzaghi 等研究了负载的 Fe-Cu 催化剂，发现 Fe-Cu/SiO₂ 有一定的生成低碳醇的能力，但由于 Fe 等有效组分在 SiO₂ 载体上的负载量低，催化剂的反应活性也较低，生成含氧化合物选择性也较低（22%左右），另外他还研究了稀土金属、ⅤB 和ⅥB 族金属助剂的影响，发现添加助剂有三个作用：提高了催化剂的反应活性；提高了醇的选择性；提高了低碳醇的选择性。Sibilia 在 Cu/ZnO 催化剂中加入 Fe，发现 Fe 对反应产物中醇含量的增加有一定的促进作用。

徐杰等发现共沉淀或熔融法制备的 Fe-Ti 催化剂，有较高的生成醇的活性和醇的选择性。温度对反应有很大的影响，在较低的反应温度下只有甲醇生成，在较高的反应温度下才有一定量的醇生成。

对 Al₂O₃、BaO、ZnO、SiO₂、CaO、MgO、TiO₂、ZrO₂、BeO、V₂O₅、Cr₂O₃、CuO、B₂O₃、WO₃、K₂O、MoO₃ 等多种助剂的研究发现，B、Be、Zr、V、Cr、Mo 等氧化物的加入对合成醇反应的活性和选择性有利，但这些难还原金属氧化物在熔铁催化剂中的含量有一最佳值，为 0.5%～1%。

以 Fe₃O₄ 为原料，添加 Cu、Ti、Zr、Nd、Y、Th、La 等助剂，结果发现，Nd 助剂有助于提高醇选择性，而 Th、Ti 助剂有利于提高催化剂的活性。

在 Cu-ZnO-Al₂O₃ 催化剂上，添加 Fe 组分后，可以发现 Fe 组分相对含量的增加，低碳醇在总醇中的相对含量也有增加的趋势。

林维明等研究了多种 F-T 组元形成的混合催化体系，发现以熔融方法制备的 Fe-Co、Fe-Co-Ni 催化剂在一定的反应条件下有较高的醇选择性，醇中乙醇的含量在 50%以上，同时发现，单纯的 Fe-Co 催化剂能够生成大量的烃类导致醇的选择性较低。此外，碱金属助剂 K 对于催化剂保持一定的活性和醇选择性是必要的。

3. 含 Ni 的催化体系

相对于含 Co 和含 Fe 的催化剂，对含 Ni 的合成低碳醇催化体系的研究较少。一方面是由于 Ni 的碳链增长能力要弱于 Fe 和 Co，另一方面 Ni 在工业上主要是用来合成烃类特别是甲烷。Pereira 等研究了 SiO₂ 负载的 Ni、Ni-Cu、Ni-Li、Ni-Cu-Li 催化剂上 CO 加氢的反应行为，结果发现，生成醇的选择性在 Cu 和 Li 的加入下得到了显著的改善，在 Ni-Cu-Li/SiO₂ 催化剂上醇的选择性达 85%，并有一定量的乙醇、丙醇等低碳醇。研究认为 Cu 的作用是造成隔离的活性位，因此只有 Cu 的存在不足以生成低碳醇，还需要 Li 等表面的 Lewis 酸催化或表面的羰基镍的共同存在。Uchiyama 等研究了 Ni 在 TiO₂、Al₂O₃、SiO₂ 和 MnO 等载体上合成低碳醇的反应行为，发现利用共沉淀法或用 TiO₂ 浸渍 Ni 盐溶液制得的含 Ni 催化剂，在压力为 6.0MPa、H₂/CO=2、300℃、GHSV=4000h^{-1} 的条件下具有一定的合成低碳醇的性能。共沉淀法制备的 Ni/TiO₂ 催化剂和 Ni/MnO 催化剂具有较高的低碳醇的选择性，主要的副产物是甲烷；而担载型的 Ni/TiO₂ 催化剂活性和稳定性都比较差。在催化剂中只加入 Cu 并没有对催化剂的合成醇性能有明显的改善，而在催化剂中同时加入 Cu 和 Na 提高了反应产物中醇的生成。他们认为 Cu 的加入形成了铜镍复合物，Na 具有一定的给电子性，因此提高了 CO 解离吸附的量，从而增加了产物中醇的选择性。

已知 Ru 在不同的条件下分别是高活性的 F-T 合成、甲烷化和生成石蜡的催化剂，但由 Al_2O_3 担载的 Ru 催化剂上也有生成一定量甲醇和 $C_1 \sim C_4$ 醇的报道，与其他 F-T 金属形成的混合体系对醇的生成有一定的促进作用，如 Ru-Mo-Na/Al_2O_3 具有较高的合成醇的选择性，Ru-Fe-Na/Al_2O_3 的性能较差。另外还研究了助剂和载体的影响，如以活性炭作为载体或以 La_2O_3 调变时得到较高的生成醇的活性，但醇中 70% 以上为甲醇。

由上述可知，此类催化剂具有明显不同于第一类催化剂的特点：单纯的 F-T 组元构成的催化体系一般不具备合成低碳醇的性能，需要助剂或载体的共同作用，对于这些组元并无严格要求，助剂既可以是碱性物质，也可以是酸性物质，其他金属与之构成的多金属混合体系也有合成低碳醇的作用。据此可以推断，合成低碳醇催化剂需要的表面结构中，活性位的物理分布形态所起的作用要强于表面化学形态，助剂或载体的存在可能主要是为了避免催化剂表面形成大的 F-T 组元集团，从而抑制烃的生成，当然作为不同助剂引起的催化剂表面的化学环境的变化，对低碳醇生成的活性和选择性肯定有着明显的作用，但这种作用的影响可能不如催化剂表面物理分布状态强烈，否则难以解释如此多的组元对 F-T 催化剂用于合成低碳醇反应有助催化作用。

总而言之，同其他的合成低碳醇的催化剂相比，F-T 组元具有非常独特的性能，为了对其做出合理的解释，存在以下两种可能性。

① F-T 组元本身即包含有两种功能活性位，CO 在 F-T 催化剂表面上能以解离和非解离两种形式吸附，这两种活性位可能是同一种金属的不同的氧化态形式，只不过在不同的催化剂上或催化剂处于不同的环境中时这两种性质表现的差异较大，因而造成催化剂生成烃或醇的选择性有较大的区别。如果这样一条假设成立，所有的 F-T 元素都应具有生成醇的特性，目前的确发现几乎所有的 F-T 催化剂在合适的条件下都能生成醇。

② F-T 组元仍然主要具有解离吸附 CO 的性质，由其他的助剂或载体来提供非解离吸附 CO、催化生成醇的活性位，但要达到这样一种功能，对该种助剂或载体有一定条件的限制，如应以适当的强度吸附和活化 CO。

由于可选的助剂或载体种类较多，对上述第二种说法并不支持，认为第一种可能性较大。因此，一个良好的合成低碳醇催化剂可能将以下面的原则获得。

① F-T 组元与其他组元（助剂或载体）在表面形成高度均匀、高度分散的结构。

② 助剂或载体应具一定的碱性，酸性会导致生成的醇进一步脱水或导致烃的合成成为主导反应。

随着催化剂制备技术的进步，目前有可能利用胶体化学和表面涂层改性等新技术方法提高催化剂表面分散状态，从而达到改善催化剂反应性能的目的。另外，根据上面所述，有可能预测某些新的合成低碳醇催化体系，如 MoCo 等两种或两种以上的 F-T 组元形成的催化体系，又如 Cu 助催化的 Mo 基催化体系等，这些体系因为满足上述条件，有可能具合成低碳醇的反应活性。

五、Rh 基催化剂与低碳醇的合成

在负载型 Rh 催化剂上，其反应产物主要是乙醇、乙醛、乙酸等 C_2 含氧化合物及甲烷等烃类产物，这是 Rh 催化剂的特性。催化剂中 Rh 的分散度、助剂等对催化活性和选择性具有比较大的影响。表 7-9-11 列出了这种影响的情况。

表 7-9-11 助剂对 Rh 催化活性和选择性的影响

助 剂	无		Fe, Ir	Mn, Sc, Ti, V	K, Li
分散度	高	低	增加		减小
CO 解离能力	减弱	增强		增强	
加氢能力	增强	减弱	增强		减弱
催化性能	乙醇	乙醛、乙酸	乙醇选择性提高	活性提高	乙醛、乙酸选择性提高

就应用前景来说,Rh 催化剂还有以下一些问题:其一,催化活性较低,因此必须提高催化剂的活性,或降低催化剂中 Rh 的用量,或提高催化剂的使用寿命;其二,乙醇的选择性有待于进一步的提高。

在负载型 Rh 催化剂中,载体对于 Rh 催化剂的性能具有很大的影响。M. Ichikawa 等发现,由羰基铑簇合物制得的催化剂上反应产物的分布强烈依赖于所选用的载体。选用 MgO、ZnO 等氧化物时,生成以甲醇为主的含氧化合物;选用 La₂O₃、TiO₂、ZrO₂ 等氧化物时,反应产物则主要是乙醇等含氧化合物;而当采用 SiO₂、γ-Al₂O₃ 等助剂时,有利于烃类的生成。J. Katzer 等也观察到负载型 Rh 催化剂的活性和选择性与载体的性质密切相关,并且发现含氧化合物的选择性随载体的碱性的增强而升高。

与载体的影响相比,助剂对催化剂的反应性能具有更显著的影响。主要有以下四类:

① 具有可变价态的强亲氧性金属氧化物助剂,如 Mn、Ti、Zr、V、Nb、Mo 等,这类助剂在还原后以低价氧化物的形式存在,可以显著提高催化剂的活性,同时维持或提高 C_2 含氧化合物的选择性。

② Fe、Ir 等助剂可以使产物中的乙醛、乙酸向乙醇转变,从而提高反应产物中乙醇的选择性,但对催化剂的活性影响不大。

③ 碱金属可以有效地抑制烃类的生成,提高 C_2 含氧化合物的选择性,但会降低催化剂的反应活性。

④ 稀土氧化物助剂可以提高 C_2 含氧化合物的选择性。

表 7-9-12 列出了几种助剂及其含量对于 Rh/SiO₂ 催化剂反应性能的影响。以 Zr、Hf、Th 作为助剂时,总活性在助剂含量为 $0.25\% \sim 0.5\%$ 达到最大值,生成含氧化合物和烃类的选择性也有所增加;随着助剂含量的增加,烃类的选择性逐渐减小,乙醇的选择性保持不变。

表 7-9-12 助剂及其含量对于 Rh/SiO₂ 催化剂反应性能的影响

项 目		CO 转化率	C₂ 含氧化合物	C₂OH	HC
Rh/SiO₂		3.13	0.62	0.12	2.51
Zr/%	Zr/%0.25	7.67	1.92	0.66	5.75
	Zr/%0.5	6.46	2.09	1.33	4.37
	Zr/%1	4.77	1.53	1.3	3.24
	Zr/%3	4.51	2.4	2.27	2.11
	Zr/%5	5.75	3.36	3.19	2.39
Hf/%	Hf/%0.25	2.89	0.84	0.37	2.05
	Hf/%0.5	5.92	2.9	2.79	3.00
	Hf/%1	5.77	1.53	1.1	4.20
	Hf/%3	3.14	1.41	1.33	1.73
	Hf/%5	5.53	3.19	3.02	2.34

续表

项　目		CO 转化率	C$_2$ 含氧化合物	C$_2$OH	HC
Th/%	Th/%0.25	4.51	1.57	0.45	2.94
	Th/%0.5	5.59	3.26	3.00	2.33
	Th/%1	3.96	2.28	2.00	1.68
	Th/%3	5.04	2.87	2.38	2.17
	Th/%5	6.91	4.78	4.53	2.13

　　研究还发现，助剂的作用具有叠加性，通过添加多种助剂，综合各种助剂的优点，可以制得高性能的 Rh 催化剂。如 Rh-Mo-K/ Al$_2$O$_3$ 催化剂上，具有较好的反应结果（见表 7-9-13）。

表 7-9-13　Rh-Mo-K/ Al$_2$O$_3$ 催化剂上的 CO 加氢反应结果

反应条件	CO 转化率	醇选择性	MeOH/OH	醇产率/[g/(L·h)]
4MPa,600K,4800h^{-1}	4.4	58.7	0.42	61.8
10MPa,623K,4800h^{-1}	11.1	59	0.24	174

　　李忠瑞还考察了在此体系中 Rh 含量的变化对催化剂反应性能的影响，结果见表 7-9-14。

表 7-9-14　Rh 含量的变化对催化剂反应性能的影响

Rh 含量(质量分数)/%	CO 转化率/%	醇选择性/%	C$_1$OH/OH	醇产率/[g/(L·h)]	烃产率/[g/(L·h)]
0	3.2	39.4	1.62	19.1	15.8
0.2	3.4	52.0	0.95	28.3	15.0
0.5	4.4	58.7	0.83	37.4	16.3
0.8	4.9	61.8	0.80	44.5	18.4
1.0	5.7	63.7	0.75	56.6	19.5

　　注：4.0MPa,330℃,4800h^{-1},H$_2$/CO=2。

　　与不含 Rh 的催化剂相比，Mo 基催化剂在添加 Rh 后，其合成醇的性能得到了很大的改善。随着 Rh 负载量的增加，生成烃类化合物的活性变化较小，但生成醇的活性和选择性均有明显的增加，并且醇产物中 C$_2$ 以上醇的含量也明显提高。因此认为，添加 Rh 组分后，硫化钼催化剂的表面上有可能产生了一些新的活性位，在这些活性位上，醇有更高的生成速率，但对于烃类的生成影响不大。

　　在 Rh 催化体系中，乙醇合成的反应机理与其他的催化体系上乙醇形成的反应机理不同，在 Rh 基催化剂上，乙醇的生成途径可以表示为：

$$CH_2 \longrightarrow CH_2{=}C{=}O \longrightarrow CH_3{-}\overset{|}{C}{=}O \longrightarrow CH_3CH_2OH$$

　　CO 在催化剂的表面发生解离吸附，然后加氢生成卡宾物种，卡宾物种插入 CO 生成乙烯酮，从而大大减少了其加氢生成甲基物种、甲烷以及发生碳链增长的机会，从而使催化剂对含氧化合物具有较高的选择性。其次，乙烯酮、乙酰基生成时，强亲氧性助剂因仍结合着羟基处于氧饱和状态而不能与乙烯酮、乙酰基的氧端发生强结合，这样乙烯酮、乙酰基中的碳氧键因难以断裂而较少发生碳链增长，于是反应产物中主要是 C$_2$ 含氧化合物。其中，乙烯酮的生成是合成有关 C$_2$ 含氧化合物的关键步骤。

六、Zr 系催化体系

自 20 世纪 90 年代以来，ZrO$_2$在催化反应过程中的应用引起了研究者广泛的重视，人们主要关心 ZrO$_2$在 CO 加氢过程中表现出的多重性能，如 ZrO$_2$担载的 Cu 是高反应活性的甲醇催化剂。R. A. Dalla 等报道的 Ni 担载在 ZrO$_2$上可以获得生成长链烃类产物的能力，而使用其他的载体如 Al$_2$O$_3$、SiO$_2$等则只能得到甲烷的生成。这清楚地表明 ZrO$_2$与 Ni 组元间存在的相互作用，可能正是生成高级直链醇的内在原因。本节主要回顾和认识 ZrO$_2$自身所具有的 CO 加氢反应性能，从而理解异丁醇生成同 ZrO$_2$之间的联系。

ZrO$_2$在催化剂中的作用较为独特，同时具备 Lewis 酸碱性活性位、表面存在有氧的空缺等，这些导致其在 CO 加氢反应过程中表现出催化活性或明显地影响催化剂的反应活性和选择性。在 Cu/ZrO$_2$甲醇催化体系中，ZrO$_2$中可能主要是作为助剂或载体，促进了催化剂 Cu 组元的分散以及反应活性的提高。

1. ZrO$_2$在 CO 加氢合成甲醇过程中的作用

作为一种常用作载体或助剂的物质，ZrO$_2$在 CO 加氢合成甲醇过程中具有促进作用。除此以外，ZrO$_2$本身对 CO 加氢合成甲醇也具有一定的反应活性。尽管这种反应活性较弱，但也造成了 ZrO$_2$同 ZnO、Al$_2$O$_3$等其他助剂在本质上的区别。

2. ZrO$_2$的甲醇反应活性

(1) ZrO$_2$与 CO、CO$_2$、H$_2$ 的相互作用　ZrO$_2$可解离吸附 H$_2$ 形成 ZrOH 和 ZrH，ZrO$_2$表面羟基可与 CO 作用形成甲酸盐物种，在 H$_2$ 存在下进一步转化为甲氧基，并在水存在下可水解生成甲醇。M. Y. He 和 N. B. Jackson 等用 FT-IR 和程序升温脱附手段在常压下研究了 CO、CO$_2$、CH$_3$OH、HCOOH 等在 ZrO$_2$上的吸附，并用同位素跟踪技术研究甲醇中氧的来源，发现碳酸氢盐为 CO$_2$吸附的主要产物，并在 H$_2$ 存在下形成甲酸盐，而 CO 吸附在 ZrO$_2$上与表面羟基作用生成甲酸盐。当 CO$_2$吸附产物碳酸氢盐转化为甲酸盐后，再进一步加氢生成甲醇的机理与 CO/H$_2$ 生成甲醇途径一致。具体机理如图 7-9-10 所示。

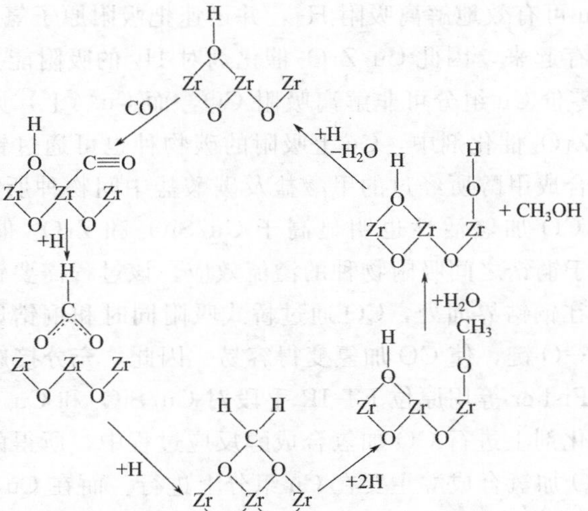

图 7-9-10　ZrO$_2$ 上 CO 加氢合成甲醇反应机理

Gugliminotti 等利用原位的 FT-IR 发现，在 423K 和 673K 下 CO/H$_2$ 在 ZrO$_2$ 表面生成了甲酸盐和甲醇盐表面物种，而上述物种是生成甲醇和二甲醚的中间物种。这说明在合成甲醇或 CO 加氢反应过程中 ZrO$_2$ 并非单纯是载体的作用，同样起着催化作用。Kondo 等研究了包括 H$_2$、CO、CO$_2$、H$_2$＋CO$_2$ 等气体在 ZrO$_2$ 上的吸附及原位反应情况，发现 H$_2$ 以解离吸附的方式形成 OH 和 Zr-H 物种，CO、CO$_2$ 在吸附和表面反应过程中表现出了较大的差别：CO 以非解离方式微弱吸附，CO$_2$ 则以二齿碳酸盐形式吸附。在 373K 时 OH（a）＋CO（a）反应可生成甲酸盐和二齿碳酸盐物种，而在 473K 下向此体系中引入 H$_2$ 后，会生成甲醇盐类物种。在预吸附了 CO$_2$ 的 ZrO$_2$ 体系中引入 H$_2$ 后，同样会有甲酸盐类及甲醇盐类物种生成，而甲酸盐类及甲醇盐类物种是由二齿碳酸盐物种加氢生成的，这些物种被认为是合成甲醇的活性中间物。类似的实验还包括在 ZrO$_2$ 上吸附 CO、CO$_2$、H$_2$、HCOOH、CH$_3$OH 的 FT-IR 研究等。CO$_2$ 吸附的表面物种主要是二齿碳酸盐物种，在充足的 H$_2$ 存在的情况下，可被转变为甲酸盐物种。对于 CO 吸附，生成的主要是甲酸盐物种。在 H$_2$ 存在时，甲酸盐物种可被转化为甲醇盐物种，这表明在 ZrO$_2$ 催化剂上 CO 与 CO$_2$ 经历了不同的反应途径。

由以上内容可知，ZrO$_2$ 在 CO/CO$_2$ 的加氢反应过程中并非仅仅作为载体，自身具有催化 CO/CO$_2$ 加氢合成甲醇的性能。

而另外一些研究者却认为，ZrO$_2$ 合成醇的活性中心与 ZrO$_2$ 的其他表面性质有关，如 Hertl 等认为，ZrO$_2$ 表面酸碱性对 CO 和 CO$_2$ 的吸附行为产生重要影响，从而影响合成醇的性能，他比较了不同晶形的 ZrO$_2$ 表面酸碱性同 CO 吸附行为的关系，指出在无定形 ZrO$_2$ 上，CO 仅发生端式吸附，而在单斜和立方的 ZrO$_2$ 上，CO 易吸附形成表面甲酸盐物种，并逐步加氢生成甲醇。Silver 等则认为，ZrO$_2$ 催化剂上氧空穴和甲醇生成关系密切，并认为氧空穴即是 ZrO$_2$ 催化剂 CO 活化及甲醇生成活性位。ZrO$_2$ 表面特性不仅与催化剂的比表面有关，还与 ZrO$_2$ 的晶型有关，因此，ZrO$_2$ 的比表面不能作为衡量催化剂活性的唯一原因。

（2）Cu/ZrO$_2$ 催化剂表面 CO、H$_2$ 的吸附行为及其加氢机理　DanielBianchi 等研究结果表明，在 ZrO$_2$ 中引入 Cu 组分，可明显改变 CO 及 H$_2$ 的吸附行为，从而对 CO 加氢活性产生显著影响。金属 Cu 可有效地解离吸附 H$_2$，并迅速把吸附原子氢向 ZrO$_2$ 转移，在 ZrO$_2$ 表面以表面羟基形式储存起来，因此 Cu/ZrO$_2$ 催化剂对 H$_2$ 的吸附能力远远大于 Cu/SiO$_2$ 催化剂和 ZrO$_3$ 催化剂。零价 Cu 组分可非解离吸附 CO，而 Cu（I）则对 CO 具有一定的不可逆吸附能力，在 Cu/ZrO$_2$ 催化剂中，Cu 上吸附的碳物种也可通过铜锆界面向 ZrO$_2$ 溢流，Cu/ZrO$_2$ 催化剂中形成合成甲醇所经过的甲酸盐及碳酸盐中间物种所需吸附温度比 ZrO$_2$ 低得多，Cu/ZrO$_2$ 催化剂 CO 加氢活性也明显高于 Cu/SiO$_2$ 和 ZrO$_2$ 催化剂。由此可知，在 Cu/ZrO$_2$ 催化剂中，由于铜锆之间吸附物种的溢流效应，该过程需要铜锆原子间距离足够短才易发生。除此之外，在铜锆界面处，CO 通过桥式吸附同时和铜锆原子成键，可使 CO 吸附增强，有利于削弱 C—O 键，使 CO 加氢变得容易。因此，充分接触的铜锆界面被认为是合成甲醇的活性中心。Fisher 等用原位 FT-IR 手段对 Cu/SiO$_2$ 和 Cu/Zr/SiO$_2$ 催化剂予以表征，发现在 Cu/SiO$_2$ 催化剂上进行 CO 加氢合成醇反应过程中，所得的中间物均与铜组分相关联，因此可推测出 CO 加氢合成醇主要在 Cu 组分上进行。而在 Cu/SiO$_2$ 催化剂中引入 Zr 助剂后，所有与 Cu 有关的中间物种均检测不到，而与 Zr 原子相连的碳酸盐、甲酸盐及甲氧基物种显著增强，因此认为 CO 加氢主要在 ZrO$_2$ 上进行，同时提出如图 7-9-11 的反应机理，该机理反映了铜锆组分间的溢流效应，故相对比较合理。

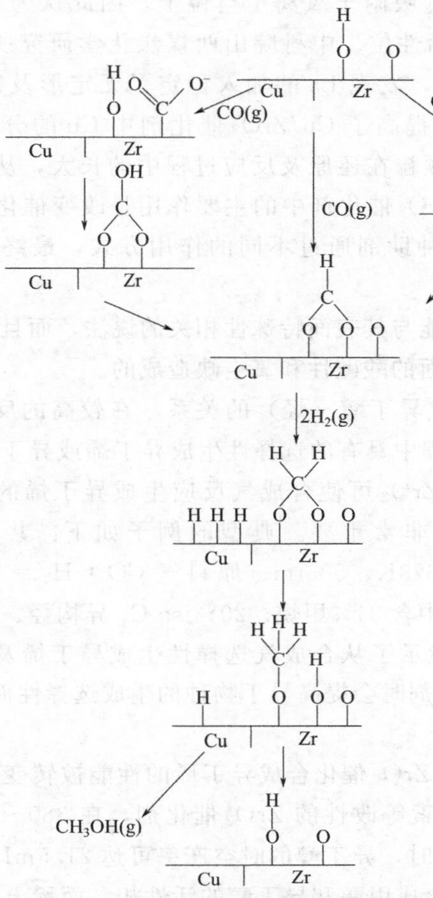

图 7-9-11　Cu/ZrO₂ 催化剂上 CO 加氢反应机理图

由于无定形 ZrO_2 具有丰富的表面缺陷和比较大的比表面积，容易和 Cu 组分形成比较大的比表面积，被认为是催化剂的理想载体，因此，大量工作集中在制备和稳定高表面积 ZrO_2。如中科院山西煤化所相宏伟、刘源等用超临界干燥法制备了 ZrO_2 超细粉体，有效地克服了 ZrO_2 前驱体在干燥过程中造成的比表面收缩，从而大大提高了催化剂的比表面积，降低了催化剂的颗粒尺寸，使 ZrO_2 的比表面积达到 $300m^2/g$ 左右，有效地提高了催化剂合成醇的活性。

（3）ZrO_2 表面活性位　为了了解 ZrO_2 在 CO 加氢合成甲醇的过程中表现出的特殊性，不少研究者就 ZrO_2 表面可能的活性位及其作用原理进行了探讨。Hertl 等发现 ZrO_2 的表面上的酸碱性同 CO 和 CO_2 的原位吸附有密切关系，所研究的三种晶形为：无定形、单斜及立方，发现当采用沉淀方法来制备 ZrO_2 时，上述三种晶形的 ZrO_2 均可能生成。NH_3 吸附和吡啶吸附显示所有三种晶形均有 Lewis 和 Brosted 酸中心，在单斜和立方的晶形上，CO 可生成甲酸盐物种，而端式 CO 吸附仅仅发生在无定形的晶形上，表明 Lewis 酸位携带 2 个正电荷。在所有晶形的表面上 CO_2 可以同表面碱（同 OH 有关）结合而生成 HCO_3^-，且在立方的晶形上还观察到了 CO_3^{2-}。二齿碳酸盐物种则在单斜晶形上生成，在较高的温度下会生成单齿碳酸盐物种。Silver 等发现 ZrO_2 催化剂上的氧离子空位同 CO 活化及甲醇生成之间的密切关系。采用的主要方法是比较 SO_3 的吸附量同生成甲醇的反应活性之间的关系，发现二者间有直接的联系，由于 SO_3 吸附于氧离子空位上，因此认为氧离子空位即是 ZrO_2 催化剂上 CO 活化及甲醇生成的活性位。中科院山西煤炭化学研究所吴贵升等在 Cu/ZrO_2 催化剂中引入 La 助剂和 Mn 助剂，发现 La 的加入稳定了无定形及四方晶形的 ZrO_2，延缓了 ZrO_2 发生相变。同时大大地提高了 Cu/ZrO_2 催化剂中 Cu 的分散度，增加了高分散 Cu 组分的量，有效地防止了 Cu 颗粒在还原及反应过程中的长大，从而提高了催化剂合成甲醇的活性。而 Mn 助剂在 Cu/ZrO_2 催化剂中的主要作用是改变催化剂的结构，并可能与铜锆等组分形成复合氧化物。两种助剂通过不同的作用方式，最终提高了催化剂合成甲醇的活性和稳定性。

上述结果支持了 ZrO_2 反应性能与其表面特殊性相关的说法，而且 ZrO_2 在 CO 加氢合成甲醇过程中的表现，是由 ZrO_2 表面的酸碱性和氧空缺造成的。

（4）ZrO_2 与 CO 加氢反应生成异丁醇（烃）的关系 在较高的反应温度和压力下，研究者注意到了 ZrO_2 在 CO 加氢过程中具有的选择性生成异丁烯或异丁烷的性能。Postula 等报道了一个在较为温和的条件下 ZrO_2 可使合成气反应生成异丁烯的过程，同时发现 Na、Ti、Mg、Ce、Th 等助剂的影响非常重要。典型的例子如下：共沉淀方法制备的 7% Ce-ZrO_2 催化剂，在反应条件为 673K、50atm、原料气 CO∶H_2 ＝1∶1 的比例下，空速 $155h^{-1}$，CO 转化率 35%，产物中含 34%甲烷、20%iso-C_4 异构烃、26%烃（质量分数）。

Sol-Gel 方法制备的 ZrO_2 也显示了从合成气选择性生成异丁烯及异丁烷的性能，同样发现在使用 K、Mg、Ba、Ca 作助剂时会提高异丁物种的生成选择性而降低甲烷的生成选择性。类似的报道还有一些。

在有少量适当的助剂存在时，ZrO_2 催化合成异丁烯的性能被转变为催化异丁醇的合成。蔡亚宁等研究了 K、Mn、稀土元素等改性的 ZrO_2 催化剂，在 380～460℃，压力为 8.0～16.0MPa，空速为 3000～$8000h^{-1}$ 时，异丁醇的时空产率可达 21.5mL/［L(cat)·h］。同时认为四方晶形的 ZrO_2 是 CO 加氢合成甲醇和异丁醇的活性相，而稀土、Mn 等助剂的加入可以提高 ZrO_2 的分散形态，增加催化剂的比表面，从而提高催化剂的反应活性。所做的条件实验发现，高压、高空速有利于异丁醇的生成。

J. Keim、W. Falter 等获得了性能更好的异丁醇合成催化体系。组成为 1% K、99%的 ZrO_2 的催化剂，在条件为 420℃、25MPa、$11000h^{-1}$ 时，产物中异丁醇选择性为 27.7%，时空产率为 132g/（L·h）。其他一些助剂的存在能进一步改善催化剂的性能。

在较高的反应温度及反应压力下，ZrO_2 促进异丁醇（或烃类）生成的反应过程较为复杂。对其机理的研究采用了包括化学捕获、同位素示踪、原位红外等特殊的分析检测手段，获得了许多重要的结论。S. C. Tseng 等研究了等物质的量的 CO、H_2 的反应情况。在 CO/H_2 反应气中加入丙醛、(^{13}C) 异丙醇和 (^{13}C) 甲醇，发现丙醛、丙酮和甲醇被结合进了异构化产物中，利用同位素分布作为证据支持了一种异构化反应途径，认为 CO 插入成键的醛或酮中是主要的碳链增长的途径，另一种碳链增长途径涉及表面的甲氧物种同烯醇式物种间的醇醛缩合（图 7-9-12）。N. B. Jackson 认为在 ZrO_2 催化剂上的合成气反应过程中，异构化反应的碳链增长过程主要包括醇醛缩合及 CO 插入两步，表面状态的变化会影响到这两个过程。当催化剂中加入助剂 Y_2O_3、CaO 后，会对催化剂表面的氧空缺有很大改变。Lewis 位和氧空缺被发现可促进醇醛缩合反应，CO 插入可被碱活性位促进，而碱活性位可被高温处理活化，因此在 ZrO_2 表面上的酸碱活性位的分布情况决定了异构化反应的产物选择性分布。

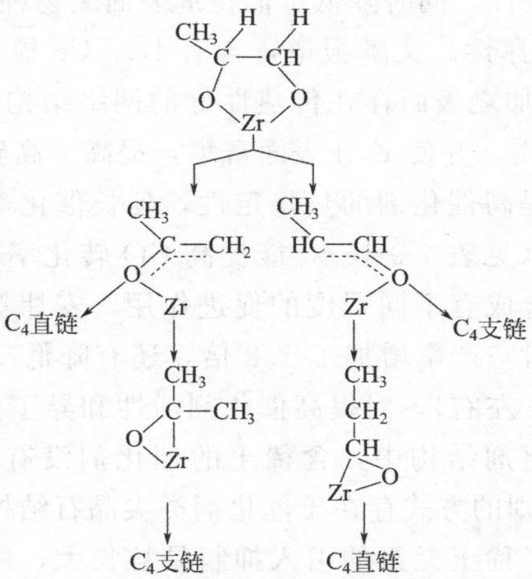

图 7-9-12　ZrO₂ 可能的生成 C₄ 物种的反应机理

关于 CO 加氢过程中，在 ZrO₂ 和 CeO₂ 上的吸附物种能生成异构碳链，尤其 ZrO₂ 能选择性地生成异丁烯，采用包括化学捕获、原位红外、固体核磁等技术研究了这种现象。发现在 ZrO₂ 表面上存在着甲氧基物种和甲酸盐物种，当在 ZrO₂ 上预吸附甲氧基物种时，能促进异丁烯的生成，而甲酸盐的预吸附则起着相反的作用。对 CeO₂ 进行的研究表明醇醛缩合机理导致了 C₃ 及 C₄ 支链烃类的生成。

3. ZrO₂ 在 CO 加氢过程中的作用

① 本身具有一定的生成甲醇的反应活性。

② 对 Cu 组元具有两个方面的作用：a. 电子相互作用，促进催化剂的反应性能提高；b. 作为结构助剂，提高分散度，增加热稳定性等。本身具有一定的合成 iso-C₄ 物种的能力，不过一般需要在较为苛刻的反应条件下进行（利用某些助剂会对其性能有良好的促进作用）。

七、稀土氧化物在合成醇反应中的应用

稀土氧化物作为助剂和载体可显著增加催化剂的反应活性、选择性和热稳定性，在低碳醇合成中提高醇的选择性。目前在低碳醇方面已有文献涉及的稀土元素有 La、Ce、Pr、Nd、Sm、Tb、Dy，但主要还是以 La、Ce 两种元素改性的研究居多。以稀土氧化物作稳定剂的 Cu/Zn/Mn/Co 催化剂，从合成气中得到 MeOH-EtOH-isoPrOH-PrOH 的混合物，其中 77% 的 CO 转化成 CH₄。以 Cr、K 和稀土元素作助剂的 Cu-Co 催化剂从合成气中得到低碳醇 C₁～C₅，其中 Cu、Co 是主要的催化组分，而 Cr 作为结构稳定剂和金属分散剂，K 有助于的生成，在一定的 K 含量中，醇的时空收率达到最大。用稀土元素作助剂，醇的选择性大大改善，Cu/Co/Zn 催化剂用稀土金属 Sc、Y 改性后，产物中混合醇的选择性为 77%，醇的选择性为 44%。含 ZrO₂ 和 Ce 等氧化物的催化剂可将合成气转换成富含异丁醇的混合醇；Cu、碱土金属、稀土及 Mg 的复合氧化物（如 Mg₅YOₓ）组成的催化剂，可得到较好的支链醇的选择性。Barger 和 PaulT 报道 La 的氧化物和第Ⅷ、第ⅠB 族的金属组成的固体催化剂，可得到高级支链的醇，该过程的优点是大大改善了异丁醇的产率和选择性。异丁醇将最终被应用在高辛烷值汽油的生产上。

作为化学助剂，稀土氧化物通过影响 M—C 键和 C—O 键的强度来促进催化剂表面 CO

吸附，增加了 CO 解离的可能性，同时降低了催化剂表面碳物种的加氢活性（合成烃反应的中间产物），从而增加醇的选择性。文献报道，含有 La、Ce 稀土助剂的催化剂各组分分散均匀，Cu 晶不易烧结长大，加之表面存在传热性好的网络结构，热稳定性增强，同时稀土助剂的加入抑制了 K 的副作用，并使 K 在表面富集，提高了高碳醇的选择性。

稀土助剂的添加有助于提高催化剂的热稳定性，延长催化剂的使用寿命。REO 助剂对低碳醇合成反应有显著影响（见表 7-9-15），能提高 CO 转化率，抑制甲烷化，提高醇选择性和降低水生成量，对甲醇合成有不同程度的促进作用。安炜等发现 Dy 能促进碳链增长，提高异丁醇收率，使异丁醇时空产率增加了 1.3 倍，还有降低反应温度的作用。Dy 在一定浓度范围内（原子浓度比 0.1 左右），对提高催化剂活性和异丁醇收率才有促进作用。XRD 结果显示，当 REO 进入催化剂结构中，含稀土的催化剂没有 REO 物相出现，这证实了 REO 可能以非常微小和无规则的方式存在于催化剂类尖晶石结构中，因而才逃脱 XRD 的检测。主衍射峰不明锐则说明了稀土元素的引入抑制晶粒长大，使结构上缺陷增加。TPR 研究发现，稀土元素作用的结果使催化剂的还原受到抑制，催化剂若具有较高活性，须进行一定深度的还原。再结合 XPS 表征结果，H_2 还原后将 Cu（Ⅱ）还原为 Cu（Ⅰ），使稀土元素氧化态降低，移去一部分氧并产生阳离子空穴，并使 K 趋于表面富集，提高了 K 表面浓度。稀土元素引入带来的这些变化，都会影响到类尖晶石催化剂的集合特性，从而使催化剂的活性发生改变。

刘志坚等对稀土元素 La、Ce 在费托组分 Fe 系催化剂中的作用进行了系统的研究。他们用 TPR 结果发现，REO 能提高 Fe 组分的分散度，增加催化剂的还原度，通过 H_2-TPD 研究发现，H_2 在还原态催化剂上的化学吸附为活性化学吸附，REO 减少了 H_2 的吸附量，增加了 H_2 的吸附强度。利用 TPO 观察到氢溢流，稀土氧化物能抑制金属晶粒的长大，同时也能向金属表面发生迁移。TG 研究发现稀土助剂减少了催化剂上活性位的数目，导致催化剂在碳化阶段质量增量的减少。而且 REO 具有抗炭沉积的作用，其原因可能是 REO 中存在活性晶格氧，它能和非活性炭发生反应，抑制金属碳化物向石墨碳的转化。通过活性评价还发现：产物分布与金属晶粒大小有关，REO 提高了催化剂活性位的催化活性。但由于稀土助剂对金属的稀释效应及其对催化剂加氢性能的提高，造成了甲烷产率的增加。总之，由于稀土助剂所具有的特殊性质，将其用作 CO＋H_2 反应催化剂的载体或助剂时，它能改善催化剂多方面的性能。

表 7-9-15　稀土氧化物助剂对 Zr/Mn/K 催化剂的反应性能的影响

催 化 剂	MeOH（质量分数）/%	i-BuOH（质量分数）/%	EtOH（质量分数）/%	STY_i /{mL/[L(cat·h)]}	STY_m /{mL/[L(cat·h)]}	SYT_t /{mL/[L(cat·h)]}	Sel /%	Con /%
Zr-Mn-K	85.8	9.5	0.3	5.9	53.4	62.3	90.8	4.6
Zr-Mn-Pr-K	83.3	11.5	0.5	11.5	83.0	85.3	42.1	21.1
Zr-Mn-Sm-K	82.2	11.5	0.5	9.8	70.2	89.6	60.1	11.6

八、F-T 组元改性的 Cu/Mn/ZrO₂ 催化体系

近期，中国科学院山西煤炭化学研究所孙予罕等在前期研究和详细分析现有的催化体系的基础上，认为将两种具有不同的产物分布的催化剂进行组合，可能得到一种反应性能介于

这两种催化体系之间的复合型的合成低碳醇催化剂。如利用 F-T 组元对 Cu/Mn/ZrO₂ 合成甲醇催化剂进行改性后，可以得到一种有效的合成低碳醇催化剂。对于 Ni 改性的 Cu/Mn/ZrO₂ 催化剂，在温和的反应条件下（300℃，8.0MPa，GHSV＝4000h⁻¹），低碳醇的时空收率为 $0.36g/(mL \cdot h)$，总醇中低碳醇的选择性为 30%，副产物如烃类和 CO_2 的选择性可以控制在一定范围内。该催化剂是一种复合型的催化剂，其反应性能介于 Cu/Zn/Al₂O₃ 催化剂与 Cu-Co 催化剂之间，即同时具有生成直链醇和生成异丁醇的性能。在不同的反应条件下，可以生成不同的反应产物。Ni 改性的催化剂初步表现出比 Fe、Co 良好的性能，具有非常好的应用前景。

赵宁通过制备模型催化剂对 Ni 改性的 Cu/Mn/ZrO₂ 催化体系进行详细的研究发现，催化剂中 Cu 是主要的活性组分，对催化剂保持一定的活性和稳定性具有重要的作用；Mn 是起增加组分在载体表面的分散度，抑制催化剂上 Cu、Ni 组分聚集长大的作用，保持了催化剂的活性与稳定性，同时也有一定的促进碳链增长的能力；Ni 是催化剂上碳链增长的重要元素，同时在 Mn 的作用下，促进了异丁醇在比较温和条件下的生成；ZrO₂ 不仅仅是起载体的作用，还是合成异丁醇的活性相。

通过提高催化剂中 Ni 组分的含量，试图提高催化剂对于低碳醇的选择性，但是发现，随着 Ni 含量的增加，低碳醇的选择性降低，而甲醇的选择性大大地增加。结合表征结果认为，在结构上，随着 Ni 含量从 Ni∶Cu＝0.05 增加到 Ni∶Cu＝0.2，其对活性组分 Cu 的分散作用超过了其对碳链增长的作用，导致了催化剂铜锆界面的增加，使催化剂具有较高的低温合成甲醇的反应活性，尽管如此，在较高的反应温度下，Cu 晶粒逐渐长大，催化剂表面向有利于合成低碳醇的结构变化，使催化剂具有一定的合成低碳醇的性能。同时发现，Ni 的加入促进了 CO 的孪生吸附和氢吸附量。在高温下，孪生吸附的 CO 转变为桥式吸附的 CO，有利于 CO 的活化，使得催化剂在高温下具有一定的合成低碳醇的活性。在研究催化剂的表面结构与 CO 吸附性能的基础上，提出了此类催化剂合成低碳醇的反应机理模型。因此，有必要采取不同的制备方法，制备表面结构和表面原子组成不同的催化剂，考察催化剂的反应行为与结构的关系，确认决定低碳醇选择性的催化剂表面结构。还应对催化剂的动态反应过程进行跟踪，通过考察反应中间物种的变化，对催化剂上合成低碳醇的反应机理进行进一步的研究。

同时发现，与 F-T 组元改性的 Cu/Mn/ZrO₂ 催化剂不同的是对于 Cu/La/ZrO₂ 甲醇催化剂添加 F-T 组元后，并没有带来低碳醇的明显增加，反而提高了烃类和 CO_2 的选择性。这可能是由 Mn 和 La 的不同作用导致的。研究还发现，不同的 F-T 组元对于 Cu/Mn/ZrO₂ 催化剂和 Cu/La/ZrO₂ 催化剂的反应性能的影响也是不同的，这可能是由 F-T 组元和不同组元之间的相互作用影响了催化剂组分之间的协同作用以及反应过程所导致的。上述结果表明，F-T 组元与 Cu/ZrO2 基甲醇合成催化剂中组分的相互作用对催化剂合成低碳醇的反应性能的影响是非常值得进一步探讨的。

第四节　CO加H₂合成低碳醇展望

一、合成低碳醇的催化剂开发

随着全球石油资源的不断减少和环境污染的日益恶化，人类正在积极寻求和开发新的环境友好型能源和资源。由煤或天然气经合成气转化为液体燃料和高附加值化学品属于战略性研究课题，目前已引起世界范围内的广泛重视。由于低碳醇具有高辛烷值、防爆、抗震等性能，可作为汽油添加剂取代有毒的四乙基铅，而且本身也是一种良好的洁净燃料和高附加值的化工产品，因此，以煤和天然气为基础经合成气制取低碳醇是一条优化利用能源和资源的有效途径。但是，合成低碳醇的 CO 加氢过程涉及的反应种类众多，其中主要反应包括甲醇合成反应、低碳醇合成反应、水煤气变换反应和生成烃类的反应。热力学分析结果表明：与生成烃类的反应和水煤气变换反应相比，醇类合成反应较为不利，因此很可能有大量的副反应发生，造成醇类的选择性降低。为了避免这种情况的发生，只能是开发高选择性的催化剂。另外，与目前由 CO 加氢 F-T 合成烃的路线相比，各种催化剂体系的低碳醇收率仍然偏低，这就需要开发高活性的新型合成低碳醇催化剂。此外，催化剂的稳定性也是一个十分重要的问题。因此，研究和开发具有高活性、高选择性以及稳定性较好的合成低碳醇催化剂已成为合成低碳醇催化剂研究领域的努力方向。$CO+H_2$ 合成乙醇今后将会有较大发展前景。

在 $CO+H_2$ 反应合成的低碳醇方面，代表性的催化体系主要有以下几种：美国陶氏化学公司开发的 MoS_2 催化体系，法国石油研究所（IFP）的 Cu-Co 系催化体系，德国 Lurgi 公司的改性 Cu-Zn-Al 催化体系和意大利 Snam 公司的 Zn-Cr-K 催化体系等。虽然目前研究的催化体系各自具有其特点，但总的说来，仍存在着许多问题。其中 Cu-Co 系催化体系具有较高的醇选择性和温和的反应条件，但生成醇的反应活性较低，产物复杂，为烃和醇的混合物，含水量较高，后续分离困难；Zn-Cr-K 催化体系具有相对较高的醇反应活性，但醇选择性低，并且反应条件较为苛刻（较高的反应温度和反应压力）。为此，IFP 和 Snam 公司通过改进工艺等手段弥补催化剂性能本身的不足，如采用两个串联的反应器以提高反应的总体水平，也有研究人员采用浆态床技术来提高合成醇的技术指标等。尽管如此，近年来的研究工作由于缺乏实质性的进展，已有逐渐减缓的趋势。而且，无论类似的尝试获得怎样的结果，对于 CO 加氢合成低碳醇而言，开发新的高性能的催化剂仍然是最终解决问题的关键所在。

目前对低碳醇催化剂的分类，多根据其组成来进行。事实上依照反应进行的机理（或最终反应产物的分布情况），可将催化剂分为两个大类。

第一类：产物以直链脂肪醇为主，其碳数分布符合 Schulz-Flory 方程。如 Cu-Co 系催化剂、MoS_2 基催化剂等。

第二类：产物为甲醇和异丁醇的混合物。如 Zn-Cr-K、Cu-Zn-Al-K 等催化体系。

对上述两类合成醇的催化体系，研究者提出了不同的反应的机理。对于 Cu-Co 等包含 F-T 组元的催化体系，认为低碳醇碳链的增长依照 F-T 合成反应机理进行，产物是醇和烃的混合物，二者具有相同的中间活性物种，生成的醇符合 Schulz-Flory 分布；对于 Zn-Cr，Cu-Zn-Al 等经甲醇催化剂改性制得的催化体系，认为反应是按照烯醇式聚合机理进行，其产物是以甲醇和异丁醇为主构成。这两种机理较好地解释了上述两大类反应体系的情况，得到了一定的实验事实的支持，并且对反应过程中多种活性组元间协同效应的作用方式也给出了一定的说明。在 Cu-Co 催化剂中，Co 表面活性位的作用是加氢和链增长，即解离吸附 CO，其部分加氢生成表面 CH_x 物种，随后聚合生成表面金属烷基；Cu 的作用是非解离吸附 CO，并催化插入上述表面金属烷基键，继而加氢生成低碳醇。各活性组元在催化剂表面的匹配方式应当均匀化，避免较大的单一活性组元 Cluster 的形成，才能减少副产物的生成。但由于合成低碳醇反应本身是由多种不同类型的基元反应构成的复杂网络，上述机理对于活性组元间协同效应的解释过于肤浅，在一定程度上也影响了合成低碳醇催化体系的发展。

二、低碳混合醇合成的新工艺

通常低碳混合醇的工艺流程大体与高压合成甲醇类似：首先将煤气化，经净化脱硫获得组成合适的合成气，然后在中压下催化合成为以 C$_1$～C$_5$ 为主的低碳混合醇及部分水。优良的催化过程可以将反应中的水量控制在较低的水平，从而避免后续的脱水过程。低碳醇合成要求高级醇具有高的选择性和产率，降低副产物尤其是烃的比例。目前看来仅依赖于催化剂性能的改进来解决这一问题难度很大，研究者已经意识到开发合适的工艺过程也是解决问题的重要方面，并可以在一定程度上弥补催化剂的不足。目前这方面研究集中在双段床反应器和浆态床反应器在低碳醇合成中的应用，研究表明采用双段床反应器和浆态床反应器可以有效提高醇的选择性和产率，克服传统固定床反应器选择性差、移热效率低等不足。

1. 双段床反应器（double-bed reactor）

低碳醇合成过程中，可以通过床层组合的手段获得合适的转化率和选择性，提高生产效益和优化产物分布，尤其是提高产物中 OH 的选择性，为进一步分离获取高附加值的化学品提供保证。双段床反应器将低碳醇合成分为两个阶段进行，针对低碳醇合成 C$_1$→C$_2$ 和后续步骤的反应速率不同和体系的热力学特点，在一段反应器中低温下将合成气首先转化为甲醇（或 C$_1$～C$_3$ 醇），再在第二段反应器中将其转化为高级醇。研究表明双段床反应器可以有效提高低碳醇的选择性和产率，床层间采用不同的催化剂及合成条件的组合以及床层尺寸的匹配和优化是重要的手段。目前，双段床反应器主要用于支链混合醇的合成，由于支链醇的稳定性高于直链醇，经第二段反应器后产物中异丁醇含量很高。

2. 浆态床反应器（slurry-bed reactor）

与传统固定床反应器相比，浆态床反应器具有高的传热速率，便于温度控制和防止催化剂的烧结和失活；催化剂在特殊介质中高度分散，可大大提高催化剂的效能，另外不需要停车可以实现催化剂更换，工业优势比较明显。研究表明，采用浆态床反应器用 Cu-Zn 催化剂合成低碳醇具有很好的效果。此外，有报道采用非负载超细 Fe 催化剂用于浆态床合成低碳醇反应，碱助剂溶于液相介质中对 Fe 催化剂进行改性。

3. 超临界相合成低碳醇（supercritical fluid）

超临界技术是一种新技术，近 20 年来被广泛地用于化学反应的研究，超临界流体具有独特的物化性质，其应用可望解决如化学平衡的限制、选择性的控制和反应热的移除等。超临界介质的引入使合成低碳醇在超临界流体中进行，由于产物和超临界介质之间存在相互作用，超临界流体和产物形成缔合物，改变了碳链增长步骤的相对速度，加快了低碳醇的表面脱附速度，使产物分布不同于气相合成，产物中的含量提高。

姜涛将超临界介质引入合成低碳醇体系，在固定床反应器中对合成低碳醇进行了研究。结果发现在 Zr/Mn、Zn/Cr 和 Cu/Zn/Cr 催化剂上由合成气合成醇，超临界相反应的 CO 转化率都比气相反应高，并且随着反应温度的升高 CO 转化率增加；醇产物的选择性随反应温度的升高下降比气相下降缓慢。

反应条件对超临界合成低碳醇影响很大。在 Zn/Cr 催化剂上，随着进气空速增加，醇的选择性提高，异丁醇的含量增加。提高空速有利于低碳醇的生成。介质分压的影响实际上反映了介质的临界状态对催化剂性能的影响，在临界压力以下，醇选择性随介质压力的增加升高，在临界压力以上，醇的选择性变化不大；CO 的转化率随介质压力升高而降低。临界压力为催化剂反应性能发生显著变化的转折点。

4. 化学富集法（chemical enrichment）

化学富集法就是在合成气中加入不同的醇作为反应原料，一方面可以提高某种反应产物的选择性，另一方面还可以对低碳醇形成的反应机理进行研究。安炜等研究发现，在 Zn-Cr 催化剂中，甲醇的富集可以提高正丙醇和异丁醇的收率。

尽管这些合成工艺比传统固定床反应器复杂，但是可以认为低碳混合醇合成新工艺的研究开发是提高醇选择性和产率、实现工业化的重要手段。

低碳混合醇具有广阔应用前景，它对煤炭资源清洁高效利用和国家能源战略具有十分重要的意义，其研究目标集中在高活性和选择性的催化剂开发（改性）、催化剂结构及表面化学特征、反应机理和动力学及新的合成工艺开发等几方面。由于低碳醇合成体系本身的复杂性，目前看来相关研究仍不够深入而且缺乏系统性，但可以预期，随着研究的深入，通过对催化剂的优化设计和开发有效的合成新工艺，实现高级醇的选择性和产率的提高，随着催化剂制备技术的发展，目前有可能利用胶体化学和表面涂层改性等新技术方法提高催化剂表面分散状态，从而达到改善催化剂反应性能、降低合成的经济成本的目的。

第十章
CO 加 H₂ 合成二甲醚技术

第一节　二甲醚的性质

二甲醚（dimethyl ether，DME），又称甲醚，分子式为 CH_3OCH_3，分子量为 46.69。在常温常压下为无色有轻微醚香味的气体，不刺激皮肤、不致癌、不会对大气臭氧层产生破坏作用。

二甲醚具有优良的混溶性，可以同大多数极性和非极性的有机溶剂混溶，例如汽油、四氯化碳、丙酮、氯苯和乙酸乙酯。较易溶于丁醇，对多醇类的溶解度不佳。常压下在 100mL 水中可溶解 3700mL 二甲醚，但是加入少量的助剂后就可与水以任意比例互溶。长期储存或添加少量助剂后就可形成不稳定过氧化物，易自发爆炸或受热爆炸。

毒性试验表明，二甲醚毒性很低，气体有刺激及麻醉作用的特性，通过吸入或皮肤吸收过量的二甲醚，会引起麻醉、失去知觉和呼吸器官损伤。

小鼠吸入：$225.72g/m^3$，麻醉浓度；

猫吸入：$1658.85g/m^3$，深度麻醉；

人吸入：$154.24g/m^3$，轻度麻醉；

人吸入：$940.50g/m^3$，有极不愉快的感觉，有窒息感；

人身防护：带隔绝式呼吸器，佩戴防护手套。

日本规定二甲醚在空气中的允许浓度为 $300cm^3/m^3$（大气环境标准）。

二甲醚的物理化学性质见表 7-10-1。

表 7-10-1 二甲醚的物理化学性质

分子式	CH₃OCH₃	爆炸极限、空气(体积分数)/%	3%~17%	蒸发热/(kJ/kg)	410
熔点/℃	−138.5	液体密度/(kg/L)	0.67	热值/(kJ/kg)	31450
临界温度/℃	127	分子量	46.07	闪点/℃	−41
气体燃烧热/(MJ/kg)	28.84	沸点/%	−24.9	蒸气压/MPa	0.51
自燃温度/℃	235	临界压力/MPa	5.37		

第二节 二甲醚的用途

二甲醚作为一种用途广泛的化工产品,成为许多化工产品的中间体,此外作为"21世纪的洁净燃料",在现代化工生产中有着十分重要的地位。它的主要用途可以分为以下几类。

一、家用燃料

1. 二甲醚液化气——作为液化石油气的替代品或添加剂

DME 本身含氧,它与烃类不同,只有 C—H 键与 C—O 键,无 C—C 键,因此燃烧充分、不积炭,CO、HC 与 NO$_x$ 排放量很低。尾气燃烧完全符合国家卫生标准,此外储罐中不留残液,是一种理想的民用清洁燃料。

二甲醚在常温常压下为无色有轻微醚香味的气体,在压力下为液体。性能与液化石油气(LPG)类似,不同温度下的饱和蒸气压见表 7-10-2。饱和蒸气压低于 1380kPa,符合《石油液化气》(GB 11174—2011)要求。

表 7-10-2 不同温度下二甲醚的饱和蒸气压

温度/℃	−23.7	−10	0	10	20	30	40
蒸气压/MPa	0.101	0.174	0.254	0.359	0.459	0.662	0.880

二甲醚若单独作民用液体燃料具有以下优点:①二甲醚的燃烧热为 31450kJ/kg,比甲醇高约 40%;②二甲醚液化气在室温下可以压缩成液体,其压力符合现有的液化石油气要求,可用现有的 LPG 气罐盛装;③使用方便,与 LPG 灶具基本通用,随用随开;④DME 组成稳定无残液,可完全使用,确保用户利益;⑤燃烧性能良好,燃烧废气无毒,增大了作为液体燃料使用的安全性,是优质的民用液体燃料。二甲醚与 LPG 性质比较见表 7-10-3。

表 7-10-3 二甲醚与 LPG 性质比较

项目	分子量	压力(60℃)/MPa	平均热值/(kJ/kg)	爆炸极限/%	理论燃烧温度/℃	理论空气量/(m³/kg)
LPG	56.6	1.92	45760	1.7	2055	11.32
DME	46.1	1.35	31450	3.5	2250	6.96

中国科学院山西煤炭化学研究所在实验室模试装置上制备了约 1000kg 的二甲醚液化气分装入标准液化石油气罐。在太原市燃气灶具产品质量检验站进行了新型二甲醚液化气送样试烧。用人工煤气灶,检测结果合格。

检测结果表明:在着火性能、燃烧工况、热流量、热效率、烟气成分等方面符合《家用燃气灶具》(GB 16410)的技术指标;二甲醚燃料及配套燃具在正常使用条件下对人体不会造成伤害,对空气不构成污染;该燃料在使用配套的燃具燃烧后,室内空气中甲醇、甲醛及一氧化碳残留量均符合国家居住区大气卫生标准及居室空气质量标准。

此外，一般民用燃料的液化石油气主要成分是富含 C_3、C_4 的烷烃和烯烃以及少量的 C_5。C_5 的沸点较高，蒸气压较小，又不能与 C_3、C_4 互溶，不能随 C_3、C_4 一起燃烧，成为残液留在液化气钢瓶或气罐中。若在液化气中添加少量的二甲醚，利用它在有机物中的溶解特性，不但可以提高液化气（特别是 C_5）的气化效率，而且会增加 C_3、C_4 和 C_5 的互溶性，间接地提高了 C_5 的气化率，这将具有十分可观的经济效益。

2. 二甲醚作为城市煤气或天然气添加剂

DME 还可以一定比例掺入城市煤气或天然气中作为调峰之用，并可改善煤气质量，提高热值。

3. 二甲醚的其他用途

有报道称二甲醚作为焊接用气试验已取得突破。二甲醚和氧气产生的火焰性能稳定，焊接质量较好。燃烧温度可以和氧炔焰、氢氧焰相媲美。

二、车用燃料

1. 二甲醚直接作为柴油的替代品

二甲醚十六烷值高达 $55\sim60$，燃烧值为 $64686kJ/m^3$，可以直接作为柴油发动机燃料。日本的 NKK 公司在对机动车柴油发动机燃料喷射系统的机械部分稍做改进后进行了二甲醚燃料的行车实验。柴油发动机连续运行 100h 无故障。并且二甲醚对环境污染微小。西安交通大学于 1999 年 10 月进行了二甲醚发动机的设计和试验，在中型客车上进行了道路行车试验并取得了成功。他们的结果显示：①二甲醚在柴油机上的应用功率比原机提高 $10\%\sim15\%$；噪声低 $10\sim15dB$（接近汽油机的噪声）；热效率比柴油机高 $2\%\sim3\%$（相对值高 $6\%\sim7\%$）；②全部转速负荷范围内可以实现无烟燃烧；③NO_x、HC、CO 排放分别为原机的 30%、40%、50%，排放可以达到欧洲Ⅲ和美国超低排放（ULEV）标准，并有潜力达到欧洲Ⅳ标准。

大量的国内外研究表明，二甲醚作为柴油发动机燃料汽车尾气不需催化转化处理，即能满足汽车尾气超低排放标准（美国加利福尼亚州，1988），进一步降低了氮氧化物的排放，实现无烟燃烧，并可降低噪声，对改善城市环境具有重要意义。虽然目前二甲醚的市场价格比柴油高，但其成本和污染均低于近年来人们一直开发的液体丙烷和压缩天然气等新型低污染燃料。因此，二甲醚作为未来汽车燃料的前景十分被看好。

2. 二甲醚作为醇基燃料的取代物或添加剂

甲醇作为一种新型汽车洁净燃料，在国内外已经获得了一定规模的应用。甲醇燃料具有污染少等诸多优点，但同时也存在着一些负面问题。首先，甲醇在蒸发时吸热较多，这使得汽车在冷启动时因甲醇蒸汽的温度较低而发生困难。其次，甲醇往往和汽油混合使用，若甲醇浓度过高则汽油和甲醇会发生分层难溶现象。另外，甲醇燃料还存在低温启动难和加速性能差等缺点。使用二甲醚作燃料，即可解决以上所有问题，可以实现高效率和零污染排放。

有研究提出，在二甲醚和甲醇以约 $4:1$ 比例和少量的水混合时可制得醇醚燃料。当其作为柴油发动机燃料时，发动机功率基本维持不变，但尾气中的 HC 减少了将近 50%，对解决碳氢化合物污染具有很大的意义。

3. 二甲醚作为航空煤油添加剂

有资料报道，美国将二甲醚和航空煤油混合作为飞机燃料，使飞机发动机的工作效率提高，试验运行效果较好，目前中国仍未见有关报道。另有资料报道了二甲醚用作燃料电池、火力发电厂等的燃料油气的替代品。

三、氯氟烃的替代品

1. 气雾剂

气雾剂（又称抛射剂）产品因其独特的包装特性和使用便捷性，深受用户的欢迎。

在 20 世纪 60 年代以后，国际上的气溶胶工业特别是气雾剂产品的开发得到了迅速的发展。到目前为止，世界上的各工业发达国家气溶胶工业已经自成体系。其产品在国民生产总值中占据了重要的位置。中国在 20 世纪 70 年代后期才着手进行气雾剂产品的开发研究。在以往的气雾剂生产中通常采用氟氯的卤代烃。但是在 20 世纪 90 年代中许多研究结果证实：氯氟烃产品严重危害大气臭氧层。发达国家已在 1995 年全面禁止使用这种产品。中国也从 1998 年起禁止使用氯氟烃（医疗用品除外）作气雾剂。目前世界上的替代氟氯烃（氟利昂）的气雾剂中主要有：①丙烷、丁烷、戊烷和 LPG 等烃类物质；②二甲醚、乙醚等醚类；③HCFC（氢氯氟碳）、HFC（氢氟碳）；④CO_2、N_2、N_2O 等压缩气体。

当前的气雾剂工业面临的另一个问题是 VOCS（有机化合物的过度蒸发）及 GWP（温室效应）。例如喷发胶产品，美国加利福尼亚州先后降低并制定了消费品中 VOD 的最大允许量。1993 年的喷发胶产品的 VOC 最大允许含量为 80％，到 1998 年降至了 55％。较好地降低 VOC 含量的方法是用替代部分或全部的烃抛射剂，但 HFC-152a 价格较贵，消费者不易接受。若往其中加入价格相对低廉的二甲醚采用 HFC-152a/DME 混合物为抛射剂可以达到满意的配方。丙烷等烷烃物质属于油性物质，不易和水等其他物质混溶，因此气雾效果也不太理想。如果添加一定量的二甲醚可明显地改进这些气雾剂气化其他液体物质的能力。而且在使用前不需要对容器进行摇动即可达到混溶的效果。

研究表明：二甲醚单独作为气雾剂使用时显示出良好的性能。主要有以下几点：①环境友好，对臭氧层破坏系数（ODP）为 0。②兼具有溶剂和推进剂双重功能，水溶性和醇溶性好。在水中溶解度达 34％，加入 6％的乙醇，可实现与水以任意比例混溶；又可溶解各种树脂，其贝壳松脂丁醇值为 60。③毒性微弱，除了典型的麻醉作用外未见在化妆品应用中有不良作用。④由于用水或氟制剂作阻燃剂可以达到防火防潮作用，便于安全储存和使用。⑤相对于其他气雾剂具有生产成本低、建设投资省、制造技术简单等优点。

研究者们先后进行了二甲醚应用于气溶胶的各个方面的试验。在喷发胶、衣服去皱、气溶胶喷雾剂、农药杀虫剂、喷涂颜料、油漆、汽车轮胎密封/充气剂等方面的使用中取得了较大的进步。

二甲醚的特点是水溶性很高，应用必将引发其他气雾剂产品的重新配置。虽然 DME 或是 DME/碳氢化合物的可燃性还需要进行阻燃性研究，但是二甲醚的应用必然会引发气雾剂领域的重大革命。

2. 制冷剂

由于二甲醚的沸点较低，气化热大，气化效果好，冷凝和蒸发特性接近氟氯烷烃，市场销售价格只有氯氟烷烃 R12 的 1/2、R22 的 1/3、R134 的 1/7。因此二甲醚无疑是制冷剂的较佳选择。

国外许多国家都进行了二甲醚作为制冷剂的新工艺研究。他们用二甲醚和氟利昂混合制成特种制冷剂（90F12/10DME、87F12/13DME 和 85F12/15DME）与常规制冷剂（F12）

进行了大量的比较试验。试验结果表明：随着二甲醚含量的增加，制冷能力增加，能耗降低。国内有人计算得到了二甲醚企业化的热力学数据和单位制冷剂体积的制冷量、压缩机的输出功率以及制冷性能系数，计算结果表明：二甲醚的制冷效果完全可以和常规的氟氯烷烃制冷剂相当；同时二甲醚不会对臭氧层造成危害，而且温室效应值也低于氟氯烷烃制冷剂。国外的杜邦公司对二甲醚和氟代二甲醚混合液作为制冷剂进行了试验，个别配方已经可以替代 R12、R134a。有资料表明：DME、CH_2F_2 以及三氟甲醚按一定比例进行混合后用于热泵，制冷效果与 R134a 相当。二甲醚的制冷效果和 R12、R22、R134 相近，加入适当的助剂后解决了密封防腐相关问题后可以替代三种制冷剂使用。

但是，二甲醚的易燃性影响了二甲醚作为商业化制冷剂的推广使用。

3. 发泡剂

二甲醚作为发泡剂能使泡沫塑料等产品孔洞更为均匀，柔韧性、耐压性增强。

四、作为化工原料

主要有以下几个分支。

1. 作为烷基化剂

（1）合成 N,N-二甲基苯胺　N,N-二甲基苯胺是黄色或淡黄色油状液体，是重要的染料中间体，主要用于制造偶氮染料、三苯甲烷染料，也是制香料、医药、炸药等的中间体。

DME 与苯胺合成 N,N-二甲基苯胺，具有副反应少、反应温度低、产品选择性高等优点。当二甲醚和苯胺的蒸气反应时可得到高纯 N,N-二甲基苯胺。因此二甲醚法生产 N,N-二甲基苯胺可能成为胺类烷基化反应中最有实用价值和最有前途的生产方法之一。

（2）合成硫酸二甲酯　硫酸二甲酯是一种重要的烷基化试剂，常见的反应有 O-甲基化反应和 N-甲基化反应，广泛应用于医药、农药、香料和染料等有机合成领域。硫酸二甲酯又可单独作为溶剂使用。我国以前生产硫酸二甲酯采用的方法是以甲醇和硫酸为原料，DME 作为中间产物出现的。具体工艺过程是先将气化后的甲醇与硫酸反应生成硫酸氢甲酯，硫酸氢甲酯再在一定温度下继续和甲醇作用，生成的 DME 气体再与三氧化硫在溶酶中反应，最后真空蒸馏制得成品硫酸二甲酯。该工艺的缺点是生产流程长，使用的硫酸易腐蚀设备，中间产物硫酸氢甲酯比硫酸二甲酯的毒性更高，生产条件比较恶劣。20 世纪 70 年代萨迪勒克提出了以 DME 为原料直接和 SO₃ 反应制备硫酸二甲酯的新工艺。该方法避免了剧毒物质硫酸氢甲酯出现，反应条件温和，产品的选择性较高，是一条新型的最具实用价值的方法。在国外已经工业化，在国内使用该方法的企业不多，大多数厂家仍然使用传统的甲醇-硫酸法制备。

二甲醚与三氧化硫生成硫酸二甲酯的反应方程式为：

$$CH_3OCH_3 + SO_3 \longrightarrow (CH_3)_2SO_4$$

而传统制备硫酸二甲酯的方法是：

$$CH_3OH + H_2SO_4 \longrightarrow CH_3-SO_3-OH + H_2O$$

$$CH_3-SO_3-OH + CH_3OH \longrightarrow CH_3OCH_3 + H_2SO_4$$

$$CH_3OCH_3 + SO_3 \xrightarrow{溶酶} (CH_3)_2SO_4$$

（3）合成烷基卤化物　烷基卤化物作为重要的甲基化试剂，是一类重要的有机合成反应原料。烷基卤化物在羰基金属盐存在下可与一氯化碳反应制得苯乙酸。可和苯酚制造作为液晶和塑料的工业原料的烯丙醚。又可作为橡胶、树脂和有机化合物的溶剂和多氯甲烷的原料。利用二甲醚可以合成烷基卤化物，有报道指出二甲醚在 γ-Al_2O_3 催化作用下可以和 HCl 反应制得一氯甲烷，若在氯化锌催化条件下可以合成高纯、高产率的一氯甲烷。同时用 DME 和 HF 反应可以合成氟甲烷。

（4）合成二甲基硫醚　二甲基硫醚是一种中间产品，多年来中国一直采用传统的二硫化碳法用甲醇和二硫化碳合成二甲基硫醚，近来又有利用炼厂酸性气与甲醇合成生产二甲基硫醚。用二甲醚也可以和 H_2S 或 CS_2 反应制备，主要优点是可以制得选择性达 90％的高纯度的二甲基硫醚。

2. 作为偶联剂

① 合成有机硅化合物。

② 制造高纯度氮化铝-氧化铝-氧化硅陶瓷材料。

日本的九州工业技术研究所进行了称为"月光计划下的项目——高性能氮化铝-氧化铝-氧化硅陶瓷材料的开发"的研究。

3. 与 CO、CO_2、HCN、O_2 和 NH_3 等小分子反应

醋酐和醋酸是一种重要的基础有机化工原料，广泛应用于合成纤维、医药、轻工、纺织、皮革、炸药、橡胶、农药和金属加工、食品以及精细化工有机化学品的合成。二甲醚可与 CO 发生羰基化反应，生成乙酸甲酯和醋酐。二者水解后可生成乙酸，同系化反应生成乙酸乙酯等。该反应的催化剂多采用羰基铑-碘化物、Ni/A.C. 或是超强酸条件下的 HF-BF_3。该反应中酸酐的合成属于原子经济型反应，无水生成，比由甲醇直接合成酸酐更为有利。

二甲醚可以与 CO 和 O_2 反应生成碳酸二甲酯，同时可以采用合成气一步合成二甲醚后和 CO_2 直接作为原料气来生成高附加值的碳酸二甲酯。

二甲醚可以在 Pd/C/CH_3I 和 2,6-二甲基吡啶催化下合成乙酸乙烯。此外，二甲醚加氢羰基化合成二乙酸亚乙酯或二甲醚与乙醛、CO 合成制得二乙酸亚乙酯或通过裂解生成乙酸乙烯。乙酸乙烯在工业上主要用于生产涂料、黏合剂的中间体和聚乙酸乙烯酯。

二甲醚可以和 CO_2 反应生成甲氧基乙酸，与氰化氢反应生成乙腈；二甲醚可以与 O_2 和 NH_3 反应制备氢氰酸。

4. 与环氧乙烷反应

在卤素金属化合物和 H_2BO_3 作为催化剂时，二甲醚可以和环氧乙烷反应合成乙二醇二甲醚、二乙二醇甲醚、三乙二醇二甲醚、四乙二醇二甲醚的混合物，其中的主要产物乙二醇二甲醚是重要的有机溶剂和有机合成中间体。

5. 转化成低碳烯烃

乙烯、丙烯等低碳烯烃是最基本的化工原料。二甲醚和甲醇制低碳烯烃是非石油路线制备低碳烯烃的途径之一，是二甲醚潜在的重要用途。二甲醚制低碳烯烃的原理是二甲醚在固体酸催化剂的作用下脱水生成乙烯和丙烯。杜邦公司采用沸石作催化剂成功制得低碳烯烃。中国科学院大连化学物理研究所在该研究领域也取得了重大进展。

第三节　煤基合成气合成二甲醚

一、合成气直接合成二甲醚的热力学分析

由于合成气合成二甲醚的反应存在协同效应，生成的甲醇很快脱水转化成二甲醚。该反

应突破了单纯甲醇合成反应中的热力学平衡限制，增大了反应推动力，使得CO的转化率较单纯合成甲醇时有显著提高。

从图7-10-1可以看出：在一般的催化剂活性温度范围（150～300℃）内合成甲醇的吉布斯自由能比合成二甲醚的吉布斯自由能大，在380℃以上的范围内合成甲醇的吉布斯自由能较合成二甲醚的反应熵小，这时协同效应的影响开始减弱。从图7-10-2中也可以看出：在约100～400℃时合成二甲醚的CO转化率较合成甲醇的转化率高。因此，一步法合成二甲醚在理论上较合成甲醇更容易。

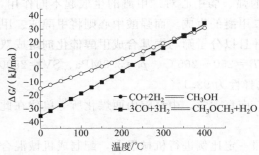

图7-10-1　合成二甲醚和甲醇自由能的比较

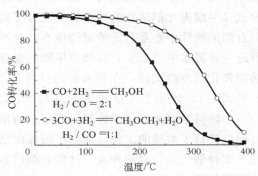

图7-10-2　合成二甲醚和甲醇CO转化率的比较

由图7-10-3和图7-10-4可见：在一般催化剂活性温度范围（100～300℃）内，温度对合成二甲醚反应影响明显，温度升高CO平衡转化率下降较快。在200～400℃时，压力对反应影响明显，随着压力的升高，CO转化率很快升高。图7-10-3的H₂/CO对合成二甲醚的影响曲线说明：H₂/CO升高到2:1时，CO的转化率不再升高，H₂/CO为3:1时，CO转化率曲线几乎和2:1时重合。

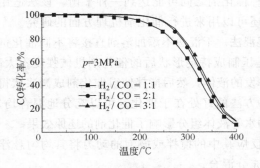

图7-10-3　不同H₂/CO对平衡转化率的影响

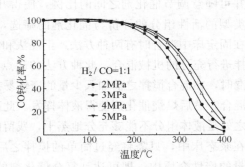

图7-10-4　不同压力下的平衡转化率

由此可以看出：合成气直接合成二甲醚反应最理想的反应条件是较低的温度、较高的压力和合适的合成气组成。

二、二甲醚合成的催化剂和动力学研究

1. 二甲醚合成催化剂的设计与制备

根据合成气直接合成二甲醚反应过程的特点，二甲醚合成催化剂应该兼有甲醇合成、甲醇脱水以及水煤气变换的多重功能。即在催化剂上同时含有这三种活性中心。催化剂的制备

方法主要分为以下几类。

（1）复合催化剂（机械混合）　W. K. Bell 等较早地报道了采用了铜锌铝合成的甲醇催化剂和 γ-Al_2O_3 组成的复合催化剂，考察了合成气直接合成二甲醚反应，并指出在 $250\sim400\,℃$ 范围内，该催化剂可以再生。中国国内采用复合催化剂体系对此反应也进行了大量的研究。中科院山西煤化所利用国产的 C-301 合成甲醇催化剂与脱水催化剂对此反应进行了研究，考察了两种催化剂的配制方法、配比及反应条件对合成气合成二甲醚过程的影响，同时利用不同合成甲醇催化剂与 HZSM5 分子筛以及经过水热处理的分子筛组成的复合催化剂对合成二甲醚催化剂活性的考察，发现分子筛酸性的强、弱中心对二甲醚的生成起不同作用，只有弱的酸性中心及合适的碱性中心，才有利于二甲醚的生成。而强酸中心则将甲醇或二甲醚进一步脱水生成烃类，降低二甲醚的选择性。并且以分子筛与铜基合成甲醇催化剂组成双功能催化剂寿命试验，在较温和的反应条件下，$T=250\sim265\,℃$、$p=3.0\,MPa$、$SV=2500\sim3000\,h^{-1}$，500h 后 CO 转化率为 75%，DME 选择性为 93.1%。

中国科学院大连化学物理研究所、清华大学、南京大学、中科院山西煤化所等单位在此方面也进行了大量的工作，取得了较好的结果。

此种催化剂是将两种或三种催化剂研磨，按照一定比例进行机械混合，配制成机械混合式的催化剂。

根据合成气合成二甲醚的反应式（7-10-1）～反应式（7-10-3）可知，合成过程中需要三种类型催化剂：甲醇合成催化剂、甲醇脱水催化剂以及水煤气变换催化剂。若忽略水煤气变换反应，前两个反应可以看成是连续反应步骤。在两个反应中，甲醇合成催化剂和甲醇脱水催化剂的任何一种效果不好，都会成为限制整个反应的控制步骤，因此复合催化剂如何产生最好的协同作用是研究者们重要的课题。

机械混合法操作简单，避免了两种或三种催化剂制备时处理条件的不同和相互干扰等问题，并可随意调节催化剂之间的比例，使得几种催化剂之间可能达到一种平衡。该法适用于各种类型的活性组分的评价与催化剂的筛选，还可以用来进行催化剂机理方面的研究。

在固定床中混合时有两种方法：干混法和湿混法。干混法不添加溶剂直接将不同催化剂组分搅拌进行充分的机械混合，此种方法的缺点是压制成特定形状后的催化剂机械强度不太高。在湿混时，在混合搅拌之前加入少量的惰性易挥发的液体，然后搅拌使得催化剂成淤浆状得以均匀混合，然后烘烧催化剂使得液体挥发。此种方法的好处在于催化剂可以充分地混合均匀，不足之处是液体组分不能够充分地蒸干，残留的水等液体组分影响了催化剂的还原效果。

在浆态床中，只需将经过简单的搅拌之后反应其中的搅拌或鼓泡的动力将其均匀悬浮于一定量的惰性介质中，即可达到复合催化剂的充分混合。

在机械混合之前，三种类型催化剂前处理制备可以采用各种方法，如沉淀法、浸渍法、配合法、相转移法、超临界、脲燃烧法、醇盐法等。

（2）单一复合催化剂的制备　即将两种或多种催化剂组分通过特定方法，使其更充分的接触，获得一种单一的复合固体状态。单一复合催化剂的优点是能使组分间能更紧密地接触，能减少扩散的影响，能够进一步地提高组分的混合程度，并且一般都能相应地提高整体反应的转化率和二甲醚的反应选择性。

Slaugh 将 $Cu(NO_3)_2$、$Zn(NO_3)_2$ 担载在 γ-Al_2O_3 上，研究了不同 Cu、Zn 含量对催化剂的影响。Pierantozzi Ronala 则采用 $K\,[MnFe\,(CO)_{12}]$ 担载在 ZrO_2-γ-Al_2O_3 上作催化剂得到了二甲醚。Fujimoto Kauru 则将 Pd 担载到 SiO_2/γ-Al_2O_3 上对二甲醚的合成进行了研究。

此外许多研究者采取不同的方法制备了一系列铜锌铝双功能催化剂，对于合成气在其上合成二甲醚进行了详细的研究。

目前，国内外的二甲醚催化剂制备技术，可分为以下几类：共沉淀法、担载法和胶体沉积法。

① 共沉淀法。是将含有活性组分离子的混合盐溶液碱性水解，再经后处理制成催化剂。该法的特点是混合均匀，各组分间可在接近分子级线度范围内相互接触。另外，通过改变组成、沉淀方法和处理条件，还可以调变催化剂的晶粒大小、晶型、表面结构及活性中心分布等性质，从而改善催化剂的性能，该法的不足之处是难以找到合适的后处理温度以保证两种组分同时具有最佳的性能。

② 担载法。是用浸渍或离子交换法，将 CO 加氢组分分散到大比表面上来，制成双功能催化剂。交换法的不足之处是难以得到足够的担载量，以达到合理的双功能匹配；而浸渍法则不能有效抑制金属组分的颗粒长大和其对酸中心的覆盖作用，难以得到较高的催化活性，故在这方面尚未有成功例子的报道。

③ 胶体沉淀法。又称相转移法，是选用合适的溶剂和表面活性剂形成与混合盐溶液不混溶的有机相，利用成胶后表面张力的变化，使制备过程中生成的胶团粒子迅速转移到有机相中，若溶剂选择得当，可对胶团起到隔离作用，阻止其在老化和干燥过程中长大，从而制出粒度较小的催化剂。但在沉淀不同的离子时，无法保证各组分间均匀分布。

（3）催化剂的改性调变　受制备方法限制，有时制出的催化剂性能并不能令人满意，一般报道中的催化剂使用温度大都在 250~280℃，远高于单纯的合成甲醇和甲醇脱水的反应温度，这表明这些催化剂活性较低，两种功能未发挥到最佳程度。它不仅使反应受到热力学限制，而 CO 转化对于稳定性不好的铜基催化剂来说，也将必然缩短其使用周期。但可以采用化学方法向催化剂表面添加少量改性组分，改变其活性中心性质，从而提高催化剂的性能，如低温活性、选择性、稳定性等。

综上所述，合成气直接合成二甲醚的催化剂，无论哪种方法，其 CO 加氢活性组分都是铜锌铝化合物或贵金属 Pd 等活性组分，而脱水组分则采用氧化铝、分子筛及硅铝化物等固体酸催化剂。

2. 合成气合成二甲醚的动力学分析与动力学模型

由合成气直接合成二甲醚的反应过程包括三个相互关联的反应，即甲醇合成、甲醇脱水和水煤气变换反应：

$$2H_2 + CO \longrightarrow CH_3OH \text{（合成甲醇）} \tag{7-10-1}$$

$$2CH_3OH \longrightarrow CH_3OCH_3 + H_2O \text{（甲醇脱水）} \tag{7-10-2}$$

$$CO + H_2O \longrightarrow CO_2 + H_2 \text{（变换反应）} \tag{7-10-3}$$

上述反应的总包反应为：

$$3CO + 3H_2 \longrightarrow CH_3OCH_3 + CO_2 \text{（总包反应）} \tag{7-10-4}$$

反应（7-10-4）比反应（7-10-1）容易进行，由于反应（7-10-1）中生成的甲醇经过反应（7-10-2）立即被消耗，因此有利于减少反应（7-10-1）热力学平衡限制。

关于直接合成二甲醚有很多报道，对同时包含 3 个反应的动力学研究较少。BROWN 等根据文献提出了以下反应动力学

$$r_1 = k_1 f_{CO}^{1/3} f_{H_2} [1 - f_{CH_3OH} / (K_1 f_{CO} f_{H_2})]$$

$$r_2 = k_2 f_{CH_3OH}^{n} [1 - f_{DME} f_{H_2O} / (K_2 f_{CH_3OH}^{2})]$$

$$r_3 = k_3 f_{CO}^{1/3} f_{H_2O}[1 - f_{CO_2} f_{H_2}/(K_3 f_{CO} f_{H_2O})]$$

式中　r_i、k_i、K_i——反应（7-10-1）～反应（7-10-3）的反应速率、速率常数和反应平衡
　　　　　　　　常数；

　　　　f_i——i组分的逸度。

　　粟同林等人采用同样的方法，在不考虑副反应，假定反应（7-10-3）达到平衡的前提
下，利用甲醇合成及甲醇脱水的两个动力学方程描述了合成气制二甲醚的反应过程。

$$R_1 = k_1 p_{CO}^{0.4} p_{H_2}^{1.4}(1 - p_{CH_3OH}/K_1 p_{CO} p_{H_2}^2)$$

$$R_2 = k_2 p_{CH_3OH}^{1.5}(1 - p_{DME} p_{H_2O}/K_2 p_{CH_3OH}^2)$$

式中　p_i——反应体系中i组分的分压。

　　如上所述，前面两种描述是一致的，均把合成二甲醚的过程的三个反应看作可逆反应。
由以上数学模型可知，在反应到达平衡前，反应速率的大小取决于反应偏离平衡的程度和反
应条件。若三个反应同时达到平衡，反应速率取决于最慢的一步，在反应达到平衡时速度为
零。产物组成受热力学平衡限制。通常铜基催化剂在相应的反应条件范围内，水煤气变换反
应已接近平衡。因此整个反应速率取决于一定的反应条件下催化剂对CO加氢反应和甲醇脱
水反应催化活性的高低。

3. 浆态床合成气制二甲醚宏观动力学研究

　　在反应温度250～280℃，合成压力3～5MPa，尾气空速4000～7000mL/（g·h），H_2/
CO比值2～4，CO_2含量1.2%～4.5%，催化剂比例为5，催化剂浓度10g/300mL溶剂动
力学实验条件下，建立动力学模型：

$$r_{2D+M} = \frac{k_1 p_{CO}^{1.954} p_{H_2}^{0.9174}}{(1 + K_{CO} p_{CO}^{1.501} + K_{CO_2} p_{CO_2}^{0.1795})^{2.260}}$$

$$r_D = \frac{k_2 p_M^{0.9402}}{(1 + K_M p_M^{1.739} + K_{H_2O} p_{H_2O}^{2.243})^{0.4415}}$$

式中　r_D——二甲醚生成速率，mmol/(g cat·h)；

　　　　r_{2D+M}——甲醇当量生成速率，mmol/(g cat·h)。

　　从上述动力学模型可以看出，CO_2在甲醇合成催化剂上是强吸附，水在脱水催化剂上
是强吸附。

　　CO_2与CO、H_2在甲醇合成催化剂上竞争吸附，高浓度CO_2减少了CO、H_2在催化剂
上的吸附，降低了甲醇合成速率。在二甲醚合成过程中，水煤气变换反应处于平衡状态，原
料气中CO_2含量高，变换反应平衡向左移动，致H_2O分压增高，水与甲醇在脱水催化剂竞
争吸附，从而降低二甲醚生成速率，最终导致二甲醚和甲醇当量生成速率的降低。

　　随着原料气中H_2/CO比值增高，甲醇当量生成速率和二甲醚生成速率降低，从动力学
方程可以看出，CO分压指数比H_2分压指数大，CO分压对甲醇当量生成速率影响比H_2要
大得多。因此，高CO含量的合成气对浆态床合成二甲醚有利。

　　所推导的指数型动力学方程在文献中未见报道，与实验数据很好吻合。满意地解释了实
验结果，同时表明浆态床合成二甲醚特别适用于富CO的煤基合成气。

三、二甲醚合成反应器和工艺过程

　　合成气直接合成二甲醚的反应过程，根据所使用的反应器不同可以分为固定床和浆态床
两种工艺。固定床适于天然气富氢的合成气，浆态床适于富一氧化碳的煤基合成气。

1. 固定床反应器及工艺过程

固定床合成二甲醚在列管式反应器中进行。固体颗粒催化剂装入管中，管间以水汽化产生蒸汽而移去反应热，以保持反应温度。其优点是时空产率较高，但反应温度不易控制。煤基合成气需先经变换成富氢合成气，才能进行反应。装卸催化剂需停车且装填要求严格。开停车需按一定程序，常需数天操作才能达到正常生产负荷。

丹麦 Topsoe 公司开发了固定床工艺，在哥本哈根建立了一个日产 50kg 二甲醚的中试厂，运转良好，所用合成气控制 H₂ 与 CO 比例约为 2∶1。该法适用于以富氢的天然气作原料。

中科院山西煤化所、中科院大连化物所、浙江大学催化研究所、中科院兰州化物所均进行过催化剂研究及过程开发，其中浙江大学进行了固定床 Cu-Mn 催化剂研究，并在湖北一化肥厂建立了年产 1500t 二甲醚工业试验装置。中科院大连化物所也进行了单管试验。

2. 浆态床反应器及工艺过程

在浆态床反应器中，极细的催化剂粒子与惰性的液体介质形成浆状液体，由于液体介质的存在，传热效果好，可使反应在等温条件下进行：一方面，催化剂不易超温失活，使用寿命长；另一方面，由于水气变换、甲醇合成与甲醇脱水三个可逆、放热反应协同进行，避免了多步合成法中所受平衡条件的限制。可直接使用富 CO 的煤基合成气，减少变换工艺和设备。浆态床反应器还有结构简单，易操作，可在线装卸催化剂，开、停车容易等特点。

美国气体产品和化学品公司（APCI）较早地开发了浆态床合成工艺。它是在浆态床合成气制甲醇工艺的基础上发展起来的，为美国能源部洁净煤技术项目之一。

该公司 20 世纪 80 年代初开始进行浆态床合成甲醇研究（LPMEOH），1984～1990 年在 Texas 州的 LaPorte 在 10t/d 甲醇装置上进行 LPMEOH 中试（2900h），并对所得数据进行模拟放大（LaPorte 为美国能源部合成气至燃料或化学品的中试装置所在地，该装置由 APCI 公司管理操作）。

日本东京大学和日本钢管株式会社（NKK）进行了浆态床合成二甲醚的研究。在进行了 50kg/d 模试的基础上，于 1999 年 8 月在日本北海道完成了 1500t/a 的中间试验。

中科院山西煤化所在完成了浆态床搅拌釜中二甲醚合成的催化剂和催化原理研究的基础上，结合该所在气液固三相流化床领域的研究经验，正在进行 300t/a 的二甲醚合成中间试验。

清华大学化工系和华东理工大学化工学院在二甲醚合成的新型浆态床反应器研究上也开展了卓有成效的工作。

3. 二甲醚吸收分离的研究

（1）二甲醚吸收工艺条件的考察　采用逆流吸收，吸收塔为 $\phi30\text{mm}\times456\text{mm}$ 的填料塔。DME 的吸收率表示为：

$$\eta = (G_i Y d_i - G_0 Y d_0)/(G_i Y d_i)$$

式中　η——DME 吸收率，%；

G——体积流量，L/h；

Y——气体的 DME 含量（摩尔分数），%。

研究了气液比 G/L、空塔线速、DME 浓度、吸收温度对 DME 吸收率的影响，并考察了水、甲醇为吸收剂时，对 DME 吸收率的影响。

① 气液比 G/L 对 DME 吸收率的影响。在 3.0MPa 压力下，η 值几乎与 G/L 无关，即

使 G/L 为 600 时，η 值仍接近 100%；而在 2.0MPa、1.0MPa 压力下，随着 G/L 的增加，η 值下降。吸收压力越低，下降越明显。而当 G/L 较低时，在 1.0~3.0MPa 压力下，η 值都接近 100%。

② 空塔线速对 DME 吸收率的影响。压力高于 2.0MPa 时，空塔线速对 η 值的影响不显著；而在 1.0MPa 时随着空塔线速的增加 η 值下降较快。

③ 进塔气体中 DME 浓度对 DME 吸收率的影响。在不同压力下，进塔气体中 DME 浓度对 η 值影响不同。在 1.0MPa 压力下，随着进塔气体中 DME 浓度的增加，η 值增加。压力高于 2.0MPa 时，进塔气体中 DME 浓度对吸收率的影响较小。

以上结果表明，对 DME 吸收率影响最大的因素是压力。气液比、空塔线速、进塔气体中 DME 的浓度也对 DME 吸收率产生影响，但它们的影响受压力制约。压力越低，影响越明显。

④ 吸收温度对 DME 吸收率的影响。在相同的 G/L 下，吸收温度愈低，吸收愈完全。低温下，G/L 对 η 值影响小；温度升高，G/L 对 η 值影响大。

⑤ 吸收溶剂对 DME 吸收率的影响。当甲醇为吸收剂，G/L 为 100~400 时，吸收率都接近 100%；水为吸收剂时，随着 G/L 的增加，吸收率下降，当 G/L 为 400 时，吸收率低于 95%；50% 甲醇及 50% 水为吸收剂时，吸收率与甲醇相近。

(2) 吸收法分离二甲醚传质的研究　以计算体积传质系数 $K_{y\alpha}$ 对吸收过程传质进行研究。

体积传质系数 H_2/CO 定义为：

$$K_{y\alpha} = \frac{V \times (Y_1 - Y_2) \times \ln\left[\frac{(Y_1 - Y_1^*)}{Y_2}\right]}{V_0\left[(Y_1 - Y_2) - Y_1^*\right]}$$

式中　　V_0——填料体积，m^3；

　　　　Y^*——与液相组成平衡的气相比摩组成，mol/mol 惰性气体；

　　　　Y——气相主体中比摩组成，mol/mol 惰性气体；

　　　　$K_{y\alpha}$——体积传质系数，$mol/(s \cdot m^3)$。

通过分析吸收压力、空塔线速、进塔气体中 DME 浓度、吸收温度对 DME 体积传质系数 $K_{y\alpha}$ 的影响，得出以下结论：在相同 G/L 下，随着吸收压力的增加，$K_{y\alpha}$ 值增加。空塔线速对 $K_{y\alpha}$ 的影响与所采用的液体流量有关。当液体流量较大时，随着空塔线速的增加，$K_{y\alpha}$ 值升高。而当液体流量较低时，随着空塔速的增加，$K_{y\alpha}$ 值变化不明显。随着进塔气体中 DME 浓度的增加，$K_{y\alpha}$ 值升高。随着吸收温度的升高，$K_{y\alpha}$ 值几乎呈线性下降。

研究结果表明：在实验范围内，提高吸收压力、采用较高的空塔线速、增加进塔气体中的 DME 含量均有利于吸收过程中传质的进行；而升高吸收温度，提高气液比 G/L，不利于吸收过程的进行。

第四节　二甲醚的工业生产技术

DME 的生产方法最早是由高压甲醇生产中的副产品精馏后制得 DME。之后，工业上生产 DME 是以甲醇为原料，经硫酸脱水制得，但因该法设备腐蚀严重、污染环境、操作条件恶劣等问题，已逐步被淘汰。甲醇催化脱水法制二甲醚，反应温度和压力条件要求较低，设备投资省，生产容易控制，便于连续生产，因此是目前二甲醚生产的主要方法。

由合成气在复合催化剂上直接合成二甲醚，是二甲醚生产技术的重要发展动向。欧美等发达国家开发了由合成气经二甲醚合成汽油的新工艺路线，其中形成了许多合成气制二甲醚的催化剂专利，如丹麦的 Topsose 公司和日本三菱重工等。经过多年开发研究，已经取得突破性进展。美国 APCI 公司合成气一步法合成二甲醚，已建成 300t/d 的工业装置。

一、甲醇脱水制二甲醚生产工艺

甲醇脱水制二甲醚的工艺流程如图 7-10-5 所示。

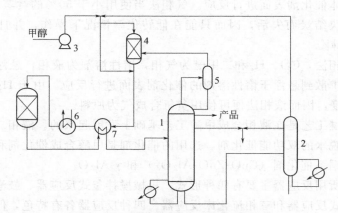

图 7-10-5 甲醇脱水制二甲醚工艺流程
1—精馏塔；2—汽提塔；3—甲醇泵；4—洗涤塔；5—冷凝器；6,7—热交换器

甲醇由泵送入热交换器使甲醇气化成蒸气，进入冷激式二甲醚合成反应器，反应在常压和 150℃下进行，反应产物全部进入精馏塔，在 10～60Pa 压力下精馏。二甲醚由塔顶馏出，塔底甲醇和水进入汽提塔，在常压下分离，回收的甲醇循环使用。

催化反应使用的催化剂有氧化铝和 ZSM-5 等，DuPont 公司在英国的 $1.5 \times 10^4 t/a$ 装置采用含 $\gamma\text{-}Al_2O_3$ 的铝钛酸盐催化剂。Mobil 公司采用 ZSM-5 催化剂可使甲醇转化率达到 80%，二甲醚的选择性大于 98%。通常采用甲醇催化脱水反应制二甲醚，纯度大于 99%，而且副产物也少。

二、合成气一步法生产工艺

典型的合成气一步法生成 DME 的工艺流程如图 7-10-6 所示。

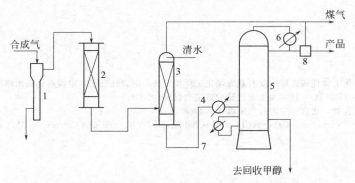

图 7-10-6 合成气一步法生产 DME 工艺流程
1—油水分离器；2—催化反应器；3—吸收塔；4—热交换器；5—精馏塔；6—冷凝器；7—再沸器；8—分离器

含硫量小于 1×10^{-8}（摩尔分数）的合成气经压缩机升压后，由油水分离器进入催化反应器，在压力 2～4MPa、温度 230～300℃条件下进行反应，反应产物进入水洗塔。其中二甲醚被水吸收，部分不溶于水的组分得以分离，水及溶解的二甲醚再进入精馏塔，在 120～140℃、0.5～0.6MPa 条件下进行产品分离，二甲醚在塔顶经冷却分离产出。

合成气直接生产二甲醚的关键是催化系统，该系统分为二相法和三相法。二相法又称气相法，合成气在固体催化剂表面进行反应。气相法当使用小于 50％的贫氢合成气为原料时，则催化剂表面会很快结炭而失活，因而只能在低转化率情况下操作，并且使用富氢合成气（$H_2/CO > 2$）为原料。

三相法又称液相法，CO、H_2 和二甲醚为气相，惰性溶剂为液相，悬浮在溶剂中的催化剂为固相。合成气扩散到悬浮于惰性溶剂的催化剂表面进行反应。由于 H_2 在溶剂中的溶解度大于 CO 的溶解度，因而液相法便可使用贫氢合成气为原料。

液相合成二甲醚工艺是在液相合成甲醇工艺基础上发展起来的。液相二甲醚实际上是应用甲醇合成和甲醇脱水的双功能催化剂。选用的催化剂是甲醇合成催化剂和甲醇脱水催化剂的机械混合物，即铜系催化剂（$CuO\text{-}ZnO\text{-}Al_2O_3$）和 $\gamma\text{-}Al_2O_3$。

液相法二甲醚所用反应器主要有四种形式：机械搅拌釜式反应器、鼓泡塔式淤浆床反应器、浆液循环鼓泡式反应器和三相流化床反应器。四种反应器各有特色，但是一般用机械搅拌釜式反应器较多。因为这种机械搅拌浆态反应器内的催化剂可借机械搅拌作用悬浮在溶剂中，所以传热、传质效率高，催化剂分布均匀。不足之处是催化剂容易结团，有可能带走催化剂和需要消耗动力。

三、原材料、动力消耗指标

甲醇脱水工艺和合成气工艺生产二甲醚，主要原材料及动力消耗定额指标见表 7-10-4。

表 7-10-4　主要原材料及动力消耗定额指标（以 1t 二甲醚计）

项目名称及规格	甲醇脱水工艺	合成气工艺	项目名称及规格	甲醇脱水工艺	合成气工艺
甲醇，工业级/t	1.5		软水/m^3		3.1
合成气（CO：H_2＝1：1）/m^3		4500	电（380V）/kW·h	115	1330
冷却水（≤31℃）/m^3	100	400	蒸汽（0.6MPa）/t	3	0.8

参考文献

[1] 中国科学院大连化工物理研究所，陕西新兴煤化工科技发展有限责任公司，中国石化集团洛阳石油化工工程公司. 甲醇制低碳烯烃（DMTO）技术及工业性试验鉴定会材料，2006.
[2] 张勇. 烯烃技术进展. 北京：中国石化出版社，2008.
[3] Studies in Surface Science and Catalysis 147，Proceedings of 7th Natural Gas Conversion Ⅷ. Catalysis Today，2005，106：103-107.

第十一章
羰基合成产品

第一节 概述

一、羰基合成简史

羰基合成反应于 1938 年是由德国鲁尔化学公司（Ruhrchemie）实验室的奥托·罗兰（Otto Roelen）发现的，该反应又称氢甲酰反应或罗兰反应。第一个羰基合成产品，是在德国实现工业化生产。美国于 1948 年，日本于 1960 年，苏联于 1962 年先后投入工业化生产。中国在 20 世纪 60 年代初开始对羰基合成进行试验研究，1982 年引进国外专利技术建成国内第一套工业生产装置。

羰基合成产品主要是醛类和醇类。以钴为催化剂的高压羰基合成生产工艺，在 20 世纪 70 年代中期达到其发展的鼎盛时期。1975 年采用铑配合物催化剂的低压羰合成生产工艺问世。由于该工艺具有操作条件温和、原料及公用工程消耗明显降低、醛类产品的正异构比成倍提高、生产装置建设费用减少等优点，在世界各地相继建成大规模的工业生产装置。低压羰基合成产品的数量迅速上升，逐渐占据主导地位。而高压羰基合成工艺到 1980 年以后已停止发展。

中国在 20 世纪 80 年代中期和 90 年代初期建成三套低压羰基合成丁辛醇的生产装置。第二代低压羰基合成工艺实现了工业化生产以后，国内外原有的低压羰基合成生产丁辛醇的装置及时采用新的工艺技术进行了改造，产量增加 80% 以上，原料消耗降低，节省了建设投资，取得了更好的经济效益。目前又开发出新的工艺技术，必将促进低压羰基合成工业的进一步发展。

羰基合成的另一主要产品是醋酸。醋酸原来是用乙醛氧化法、乙炔水合法、丁烷液相氧化法、石脑油液相氧化法等生产。自从羰基合成反应出现以后，羰基合成法生产醋酸得到极大的发展。有关醋酸技术详见本书第七篇第二章的内容。

二、羰基合成的催化剂及反应机理

1. 羰基合成催化剂

羰基合成醛类主要原料是烯烃与合成气（一氧化碳和氢气）进行反应生成比原料烯烃增加一个碳原子的醛类，反应是在催化剂存在的条件下完成的。而羰基合成醋酸同样必须有催化剂作用才能完成该反应过程。因此催化剂是羰基合成的关键，对催化剂系统的研究是提高和改进羰基合成工艺技术的重点，不同的催化剂系统就形成各异的羰基合成工艺路线。

催化剂的主体是金属，某种金属能形成羰基化合物，就有可能成为羰基合成的催化剂。首先对钴金属和铑金属进行了研究，若以钴的活性为1，则几种金属活性之间的关系如下：

$$Rh > Co > Ru > Mn > Fe > \underline{Cr, Mo, W, Ni}$$
$$10^3 \sim 10^4 \quad 1 \quad 10^{-2} \quad 10^{-4} \quad 10^{-6} \quad 约为0$$

适用于羰基合成工业生产的催化剂，目前广泛使用的是钴和铑，钴金属实际起催化作用的是羰基氢钴$[HCo(CO)_4]$，该化合物在常压条件下极不稳定，因此羰基合成工业生产中是在高压下进行的。为了降低反应压力和提高反应产物的正异构比，用三丁基膦作配位体改性钴催化剂，形成三丁基膦羰基氢钴配合物，这种催化剂具有较稳定的性质，可使羰基合成反应压力降至8.0MPa以内，反应产物的正异构比升至15左右。

以铑作为催化剂的主体金属，用于羰基合成反应的是羰基氢铑起催化作用。但在工业生产中使用的铑催化剂大都是经过改性的。首先采用三苯基膦作配位体改性铑催化剂，广泛用于大规模生产装置的催化剂是三苯基膦羰基氢铑配合物，这种络合物稳定性好，沸点也较高，因而羰基合成反应压力可降至2.0MPa以下，产物正异构比为10～13。随后有采用三苯基膦磺酸钠作配位体的改性铑催化剂，构成三苯基膦磺酸钠羰基氢铑配合物，具有溶于水的性质，在羰基合成工业生产中形成水溶液催化剂系统，其特点是产物正异构比达到19，反应压力在5.0MPa左右。1995年开发成功的低压羰基合成新工艺采用双三苯基亚磷酸酯羰基氢铑配合物作为催化剂，反应压力在2.0MPa以下，产物正异构比高达30。铑催化剂的改性主要是依靠配位体，不同配位体的铑催化剂就形成多种低压羰基合成的工艺路线。这对低压羰基合成工业的发展、工艺技术水平的提高、产品范围的扩大都产生重大的影响。

2. 羰基合成反应机理

烯烃与合成气为原料羰基合成醛类的反应：

$$RCH=CH_2 + CO + H_2 \xrightarrow{催化剂} RCH_2CH_2CHO \ 或 \ \underset{CH_3}{\overset{RCHCHO}{|}} \qquad (7\text{-}11\text{-}1)$$

上述反应当采用羰基氢钴作为催化剂时，在较高的CO分压条件下，对烯烃和钴是一级反应，反应速率与总压几乎无关。催化过程涉及羰基的插入反应，利用烷基的亲核能力进入羰基位置上，此反应历程如下：

$$HCo(CO)_4 \rightleftharpoons HCo(CO)_3 + CO$$

$$RCH{=}CH_2 + HCo(CO)_3 \rightleftharpoons HCo(CO)_3 \rightleftharpoons \begin{array}{c} RCH_2CH_2Co(CO)_3 \\ \text{或} \\ RCH(CH_3)Co(CO)_3 \end{array}$$

$$RCH{=}CH_2$$

$$\begin{array}{c} RCH_2CH_2Co(CO)_3 \\ \text{或} \\ RCH(CH_3)Co(CO)_3 \end{array} + CO \rightleftharpoons \begin{array}{c} RCH_2CH_2Co(CO)_4 \\ \text{或} \\ RCH(CH_3)Co(CO)_4 \end{array} \rightleftharpoons \begin{array}{c} RCH_2CH_2COCo(CO)_3 \\ \text{或} \\ RCH(CH_3)COCo(CO)_3 \end{array}$$

$$\begin{array}{c} RCH_2CH_2COCo(CO)_3 \\ \text{或} \\ RCH(CH_3)COCo(CO)_3 \end{array} \underset{H_2}{\overset{CO}{\huge\langle}} \begin{array}{c} RCH_2CH_2COCo(CO)_4 \\ \text{或} \\ RCH(CH_3)COCo(CO)_4 \end{array} + H_2 \rightleftharpoons \begin{array}{c} RCH_2CH_2CHO + HCo(CO)_4 \\ \text{或} \\ RCH(CH_3)CHO + HCo(CO)_4 \end{array}$$

$$\begin{array}{c} RCH_2CH_2CHO + HCo(CO)_3 \\ \text{或} \\ RCH(CH_3)CHO + HCo(CO)_3 \end{array}$$

当采用三苯基膦羰基氢铑作为催化剂时，反应历程如下：

上式中 A 是铑配合物的起点，铑原子带有 5 个连接不稳定的配位体——2 个三苯基膦、2 个一氧化碳和一个氢，在第一步加入烯烃作为附加配位体，其结构如 B 所示。此烯烃配合物重排成烷基配合物 C，此配合物经一氧化碳插入而形成酰基配合物 D。再加入氢获得二氢酰基配合物 E。最后氢转移到酰基团上同时生成醛和配合物 F。而配合物 F 用一氧化碳配位恢复成起始配合物 A。当用三苯基膦配位也可产生有三个三苯基膦配位体和只有一个一氧化碳配位体的另一种配合物。

当有过量的三苯基膦存在，羰基合成反应在低压下进行，有利于正构醛的高选择性，在配合物 A 中由于有两个庞大的三苯基膦配位体的空间效应有利于与烯烃接触产生高比例的伯烷基团。进而生成伯醛（即正构醛）。反之当配合物 A 离解后只有一个膦配位体时，将有更多的烯烃形成仲烷基团，导致生成大量的异构醛。

低压羰基合成的铑配合物催化剂，其配位体还有三苯基膦磺酸钠和双三苯基亚磷酸酯等，与三苯基膦作配位体的铑配合物催化剂，对羰基合成催化反应机理基本相似的。

三、羰基合成工艺的发展过程

羰基合成工艺可分为高压法、中压法和低压法三种。因此羰基合成工艺的发展就是从高压反应条件向低压反应条件转变的过程。催化剂是从金属羰基化合物向采用有配位体的金属配合物变化的过程。羰基金属配合物催化剂的配位体不同，就出现各异的工艺路线，这就推动了羰基合成工艺不断向前发展。

1. 高压羰基合成工艺

最早实现工业化生产的工艺技术，在反应过程中起催化作用的是羰基氢钴 $[HCo(CO)_4]$，这是一种易挥发不稳定的化合物，必须在高压下才能顺利进行催化反应。由于处理钴催化剂的方法不同，也就出现许多高压羰基合成的工艺路线。

（1）硅藻土非均相钴催化剂高压羰基合成工艺 采用钴附着在硅藻土上呈悬浮物的催化剂，是一种非均相的反应系统，在羰基合成反应的条件下，形成羰基氢钴起催化剂作用，反应产物与羰基氢钴催化剂经过加氢，使羰基氢钴分解成金属钴仍附着在硅藻土颗粒上，用过滤方法将产物与固化催化剂分离，并将固体催化剂以溶剂从过滤器中冲洗出来，再返回使用。因催化剂回收、处理、循环回反应系统的过程复杂，产物的正异构很低，另外当需要降压分离反应气体时，固体催化剂对减压阀磨损严重，故对此工艺路线未见建设大规模工业生产装置的报道。

（2）固定床钴催化剂高压羰基合成工艺 以浮石为载体的金属钴催化剂，设置 4 台充填固体催化剂的高压塔，轮换操作，用于制备羰基氢钴和脱除羰基氢钴催化剂。虽然这种高压羰基合成工艺的产物正异构比可达 2.5，但配制羰基氢钴催化剂溶液和从产物中脱钴过程需要切换操作，控制系统很复杂，需要高压设备很多，因此该工艺技术难以在工业生产中推广。

（3）鲁尔化学（Ruhrchemie）高压羰基合成工艺 以碳酸钴配制钴催化剂溶液，送入羰基合成反应器产生羰基氢钴起催化作用。此高压羰基合成工艺生产效率高，产物正异构比提高到 4，生产的产品范围广，工业生产历史长，是很成熟的工艺技术，但采用三相离心机回收钴催化剂，这种离心机的缺点是维修工作量较大。

（4）巴斯夫（BASF）高压羰基合成工艺 是用醋酸钴配制 6％醋酸钴催化剂水溶液，在羰基合成反应条件下生成羰基氢钴催化剂，当完成羰基合成催化反应后，产物中的羰基氢钴采用空气氧化法，使羰基氢钴分解并与甲酸反应生成甲酸钴水溶液，循环回反应系统使用。此工艺技术的催化剂回收循环使用的过程简单、操作方便，产物的正异构比达到 3.5。在世界上所建生产装置较多。

高压羰基合成工艺还有库尔曼法、ICI 法、Hüls 法和 UCC 法等，都各具特点。但高压羰基合成工艺存在着不可克服的固有缺点：反应压力高（20～30MPa），温度也较高（120～

180℃）；设备结构复杂，投资高；产物的正异比低（1.5～4），催化剂的配制、回收、循环系统比较复杂；副反应多，产物组成较复杂，最终产品成本高。所以高压羰基合成工艺在20世纪80年代已停止发展，而被低压羰基合成工艺所取代。

2. 中压羰基合成工艺

采用配位体改性钴催化剂或以配位体改性铑催化剂所构成的工艺技术。由于催化剂稳定性的改善，羰基合成反应压力就降至 5.0～8.0MPa，对催化剂的分离和循环过程有很大简化，也提高了产物的正异构比，从而促进了羰基合成工艺技术的发展。

（1）改性钴催化剂中压羰基合成工艺　该工艺是 Shell 的工艺技术，以三丁基膦羰基氢钴配合物作为催化剂并加入碱作复合催化剂。采用改性钴催化剂的复合催化剂体系，其热稳定性高，反应压力可降至 8.0MPa，产物的正异构比升至 15 以上，催化剂回收循环过程简单，但改性钴催化剂的活性较低，使反应器容积需要增大。因该催化剂具有加氢性能，对原料烯烃有加氢作用生成烷烃，增加原料的消耗量，此工艺技术没有大的发展。

（2）改性铑催化剂中压羰基合成工艺　该工艺是鲁尔的工艺技术，用三苯基膦磺酸盐作配位体改性铑催化剂，在羰基合成反应系统中，以三苯基膦磺酸盐羰基氢铑配合物起催化作用，这种催化剂是以水为溶剂，因此反应产物与催化剂体系可以用相分离的方法将催化剂分离出来直接循环回反应器，这是催化剂回收循环最简单的一种方式，该工艺的反应压力可降至 5.0MPa，产物正异构比接近 20，是羰基合成工艺技术中较先进的一种。

3. 低压羰基合成工艺

在反应过程中采用铑配合物催化剂，其配位体是三苯基膦，形成三苯基膦羰基氢铑配合物起催化作用。由于这种新型催化剂系统稳定性好、活性高，反应压力降至 2.0MPa 以下，温度也下降至 80～120℃。产物的正异构比提高至 10～13，自 1975 年实现工业化以后，因反应条件温和，操作容易，原料消耗低，流程短，设备较少，发展迅速。低压羰基合成工艺的反应系统由气相循环工艺改进为液相循环工艺，其反应器的生产能力又提高近 1 倍。此后又开发完成了新一代的铑催化系统，将配位体三苯基膦用双三苯基亚磷酸酯替代，提高了活性及选择性，产物正异构比可达 30，此新工艺技术于 1995 年投入工业生产。

铑配合物催化剂的低压羰基合成是目前最先进的技术，工业生产发展很快，占据了羰基合成工业的主导地位。

四、羰基合成的产品及其用途

羰基合成所用的原料是很广泛的，主要有各种烯烃，如直链烯烃、环状烯烃、共轭二烯烃，以及醇等化合物和合成气（CO，H_2）等。羰基合成的初级产品通过缩合反应、加氢反应、氧化反应、氨化反应、酯化反应、中和反应等过程产生多种系列产品和衍生物。这些产品的用途很广，几乎涉及各个工业部门。

羰基合成丙醛产品，其衍生物有丙酸、丙醇、丙酸盐、丙胺等重要的精细化工产品。广泛应用于橡胶、塑料、油漆、涂料、香料、医药、食品、农药和饲料等工业部门。例如用丙酸和丙胺为原料可以生产多种除草剂——敌稗、茅草枯、氟乐灵等。用丙醛、丙酸和丙醇为原料可以生产抗生素药物、镇静药以及维生素 B_6 等药品。丙酸、丙酸钠、丙酸钙可用作饲料添加剂和食品添加剂，以及优良防霉剂和防腐剂。丙醇及其酯类作为溶剂可应用于印刷油墨和多种涂料。

羰基合成丁醛产品及衍生物有正丁醇、2-乙基己醇、异丁醇等,是重要的有机化工产品。目前国际上一套生产装置的规模可达(20~30)×10⁴ t。丁醇主要作为溶剂用于涂料、染料,也可作为生产增塑剂的原料。辛醇(2-乙基己醇)主要用于生产苯二甲酸二辛酯及其他酯类作为增塑剂。羰基合成高碳醇可用于表面活性剂和洗涤剂。

第二节 羰基合成丙醛及相关产品

一、丙醛产品在国内外工艺技术发展情况

羰基合成自工业化至今 60 多年的不断开发改进,已发展成为具有多种工艺,能够生产多种醛、醇、酸、酯的巨大的工业体系,乙烯羰基合成丙醛的优点是选择性高,生成丙醛时没有异构体,乙烯羰基合成丙醛成为各种羰基合成工艺工业化的首选产品和先行者。

20 世纪 60~70 年代,以 BASF 和 Ruhrchemie 公司为代表以钴为催化剂的高压羰基合成工艺技术更加完善成熟。20 世纪 70 年代中期,高压羰基合成丙醛才逐渐被以铑-膦配合物为催化剂的低压羰基合成丙醛工艺所取代。

1. 乙烯高压羰基合成丙醛

乙烯高压羰基合成丙醛工艺流程与丙烯高压羰基合成丁醛工艺流程大致相同,由于乙烯羰基合成丙醛时无异构体,所以分离系统较为简单。乙烯与合成气在钴催化剂存在下进行羰基合成反应生成丙醛。少量乙烯加氢生成乙烷,部分丙醛产物加氢生成丙醇。

少量丙醛产物通过醇醛缩合生成高沸物和 Tischenko 反应生成酯。

羰基合成的反应温度通常为 100~180℃,压力为 20~30MPa,合成气的组成为 $CO:H_2=1:1$(摩尔比),催化剂 Co 浓度为 0.1%~1.0%(质量分数)。在上述条件下,90%以上的乙烯转化为丙醛,大约 2%~3%的醛通过加氢和醇醛缩合生成高沸物。

乙烯高压羰基合成丙醛典型的工艺流程见图 7-11-1,工艺流程可分为羰基合成、Co 催化剂回收和再生、产品精制三部分。合成气经压缩机升压后与乙烯输送泵送来的乙烯和配制好的 Co 催化剂溶液一起进入合成反应塔底部,在适宜的温度和压力下进行羰基合成反应生成丙醛。反应液和未反应的气体由塔顶逸出,经冷却后进入分离器进行气液分离。气相由分离器顶部排出经尾气洗涤塔回收 Co 催化剂返回催化剂循环槽,尾气送火炬焚烧。液相由分离器底部排出经脱钴后送精馏系统分离出产品丙醛。由液相脱出的钴经处理再生后返回羰基合成反应系统循环使用。该流程中的主要设备是羰基合成反应塔,采用不锈钢板或不锈钢衬里制造。合成反应塔内部设有冷却管束,用来去除反应热达到控制反应温度的目的。不同工艺生产路线的详细工艺流程可参见高压羰基合成丁醛部分(本章第三节)。

2. 低压羰基合成丙醛

1975 年美国联碳公司(UCC)采用自己的技术建成了世界上第一套采用铑-膦配合物为催化剂,三苯基膦为配位体用乙烯低压羰基合成丙醛的工业化生产装置。此后,赛拉尼斯公司(Celanese)用自己的技术建成铑法低压羰基合成生产丙醛的装置。1989 年,美国伊斯曼公司(Eastman)也以自己的铑法低压羰基合成技术对其高压钴法装置进行改造,并于 1991 年完成。至此美国占世界丙醛生产量 80%多的生产装置全部改为以铑为催化剂的低压羰基合成工艺。该工艺具有流程简单、设备投资低、原料消耗少、有利于环境保护等优点。

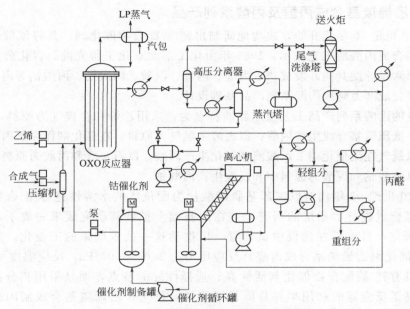

图 7-11-1　乙烯高压羰基合成丙醛工艺流程

以联碳公司为代表采用铑-膦配合物催化剂用于乙烯低压羰基合成丙醛工艺,其羰基合成反应系统采用气相循环过程,其反应压力 1.3~1.8MPa,反应温度 90~110℃,工艺流程见图 7-11-2。合成气经净化后与聚合级乙烯和循环压缩机送来的气体汇合一起进入反应器,在催化剂作用下进行乙烯羰基合成反应。反应粗产品与未反应气体以气态形式离开反应器经冷凝后进入分离器,气体由顶部排出,大部分循环回反应系统,小部分弛放气送火炬系统或作为燃料气使用,液体由分离器底部排出,直接进入精馏塔煤。塔顶气体冷凝后冷凝液作为回流返回塔顶,不凝气送火炬系统,塔上部侧线出丙醛产品,塔底排出的重组分残液可作为燃料或回收有用产物。此外,催化剂配制系统及废催化剂浓缩和再生系统在图 7-11-2 中未标示,可参见丁醛相关系统。

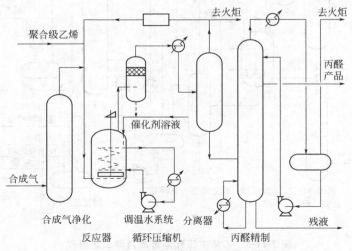

图 7-11-2　乙烯低压羰基合成丙醛工艺流程

3. 中国乙烯羰基合成丙醛及丙醛系列产品

中国从 20 世纪 70 年代开始，成功地研制出铑-膦配合物催化剂，并将该催化剂应用于乙烯低压羰基合成丙醛的工艺技术。1985 年由化工部北京化工研究院、吉化公司化工研究院和化工部第六设计院共同开发成功了丙醛、丙醇、丙酸、丙酸钙、丙酸钠等丙醛系列产品工艺技术，并完成 2 万吨级丙醛系列产品基础设计。

中国开发的丙醛系列产品工艺技术路线特点为：采用乙烯和合成气为原料，铑-膦配合物为催化剂，低压羰基合成生产丙醛；以丙醛和氢气为原料，在催化剂作用下丙醛气相加氢生产丙醇；以氧气在无催化剂下丙醛液相氧化生产丙酸；以石灰乳和丙酸为原料中和反应生产丙酸钙；以碳酸钠和丙酸为原料中和反应生产丙酸钠。

中国在 20 世纪 90 年代对以三苯基膦磺酸盐为配位体的水溶性铑-膦配合物催化剂对长链烯烃羰基合成进行了系统的研究，并在此基础上扩展其研究成果完成了乙烯羰基合成丙醛试验研究，目前正在建设中试装置，以推动这一技术成果的工业化。采用水溶性铑-膦配合物催化剂乙烯羰基合成丙醛其反应压力为 3.0~5.0MPa，反应温度 80~110℃，该工艺不仅具有铑-膦配合物催化剂活性高、选择性好的特点，而且采用相分离方法和液相循环，提高了反应器的利用率并且降低了能耗，是当今乙烯羰基合成制丙醛的先进工艺技术，其唯一不足之处是反应压力较高，属中压羰基合成，其工艺流程见图 7-11-3。乙烯与合成气分别经净化后汇合进入反应器，在催化剂作用下进行乙烯羰基合成反应，反应产物和催化剂水溶液一起离开反应器经相分离器分离后，下层催化剂水溶液返回反应器，上层粗丙醛有机相经闪蒸槽分离出溶解的气相与反应器顶部排出的不凝气一起送火炬系统。闪蒸后的液相粗丙醛进入精馏系统，塔顶得到的丙醛产品为丙醛水共沸物，可进行脱水处理。精馏塔底排出的釜液经相分离器分离水相作为补加水，用泵送回反应器，高沸物残液可进一步回收有用成分。

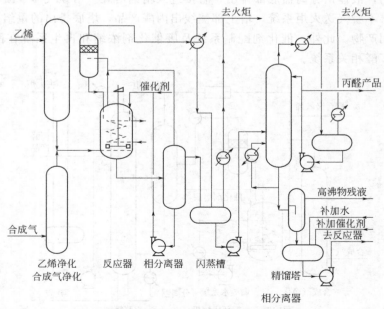

图 7-11-3 乙烯中压羰基合成丙醛工艺流程

二、羰基合成丙醛的化学反应过程及其机理

1. 低压羰基合成丙醛的反应机理

采用铑-膦配合物催化剂、三苯基膦（TPP）为配位体，在羰基合成反应条件下，在丙醛反应液中与一氧化碳和氢接触，生成一组三苯基膦羰基氢铑配合物 $HRh(CO)_n(TPP)_{4-n}$ 即为羰基合成反应过程的催化剂体系。

$$HRh(CO)(TPP)_3 \underset{TPP}{\overset{CO}{\rightleftharpoons}} HRh(CO)_2(TPP)_2 \underset{TPP}{\overset{CO}{\rightleftharpoons}} HRh(CO)_3(TPP)$$

这组三苯基膦羰基氢铑配合物的组成是反应液中三苯基膦浓度和一氧化碳分压的函数，反应过程中最适合起催化作用的铑配合物是 $HRh(CO)_2(TPP)_2$，反应机理参见本章第一节。

2. 羰基合成丙醛的化学反应过程

乙烯与合成气在铑-膦配合物催化剂作用下，羰基合成（氢甲酰化反应）丙醛的化学方程式如下。

$$H_2C{=}CH_2 + CO + H_2 \longrightarrow CH_3{-}CH_2{-}\overset{\displaystyle O}{\underset{\displaystyle H}{C}}$$

3. 羰基合成丙醛的副反应

① 乙烯加氢生成乙烷：

$$H_2C{=}CH_2 + H_2 \longrightarrow CH_3{-}CH_3 \tag{7-11-2}$$

一般乙烯转变为乙烷的损失率为 $1\% \sim 2\%$。

② 缩醛反应生成 2-甲基-3-羟基戊醛（缩醇醛）：

$$2CH_3CH_2CHO \longrightarrow CH_3CH_2{-}\overset{\displaystyle OH}{\underset{}{CH}}{-}\underset{\displaystyle CH_3}{CH}CHO \tag{7-11-3}$$

③ 缩醇醛再脱水生成 2-甲基戊烯醛：

$$CH_3CH_2\overset{\displaystyle OH}{\underset{\displaystyle CH_3}{CH}}CHCHO \longrightarrow CH_3CH_2CH{=}\underset{\displaystyle CH_3}{C}{-}CHO + H_2O \tag{7-11-4}$$

④ 缩醇醛与丙醛再进行缩聚反应生成丙醛三聚物：

$$\underset{\displaystyle H_3C-CHCHO}{CH_3CH_2CHOH} + CH_3CH_2CHO \longrightarrow \begin{cases} CH_3CH_2\overset{\displaystyle OH}{CH}CHCH_3 \\ \quad CH_2OCCH_2CH_3 \\ \qquad\qquad \overset{\displaystyle O}{} \\ \quad O \\ OCCH_2CH_3 \\ CH_3CH_2CHCHCH_3 \\ \quad CH_2OH \end{cases} \tag{7-11-5}$$

⑤ 两个三聚物歧化反应生成二酯和二醇：

$$2\,三聚物 \rightleftharpoons \begin{array}{c} O \\ \| \\ OCCH_2CH_3 \\ | \\ CH_3CH_2CHCHCHCH_3 \\ | \\ CH_2OCCH_2CH_3 \\ \| \\ O \end{array} + \begin{array}{c} OH \\ | \\ CH_3CH_2CHCHCHCH_3 \\ | \\ CH_2OH \end{array} \tag{7-11-6}$$

二酯 　　　　　　　　　　　　二醇

⑥ 在有氧存在下三苯基膦氧化反应生成三苯基氧膦，使三苯基膦损失，因此应尽量减少系统和原料中的氧含量。

$$P(C_6H_5)_3 + 1/2O_2 \longrightarrow (C_6H_5)_3PO$$

⑦ 在有氧存在下丙醛氧化反应生成丙酸：

$$CH_3CH_2CHO + 1/2O_2 \longrightarrow CH_3CH_2COOH$$

该反应不仅损耗丙醛，而且生成的丙酸可加速上述的缩合反应。

4. 反应参数对总反应速率的影响

（1）反应温度的影响　由于铑-膦配合物催化剂活性很高，反应温度升高，反应速率增加，但是当反应温度高于130℃时，生成的烷烃和各种醛的缩聚产物迅速增加，因此反应温度应严格控制，只有当铑催化剂使用到后期活性降低时，才采用提高反应温度，增加反应速率，以保持产量不变。

（2）反应压力的影响　铑-膦配合物催化剂与传统钴催化剂比较其突出的优势为羰基合成反应可以在低压下进行，反应总压的确定与一氧化碳分压、氢气分压、乙烯分压的确定密切相关。

一氧化碳分压过低时，乙烯加氢生成乙烷的速度增加；一氧化碳分压过高时，会使铑催化剂活性降低。因此在羰基合成反应过程中，必须严格控制一氧化碳分压在一个适当的范围内。氢分压的提高对反应速率稍有提高，若氢分压增加太高，乙烯加氢生成乙烷的量增加，一般氢分压也需控制在适当的水平。乙烯分压增加，反应速率成比例增加，排出的弛放气中乙烯的含量同时增加，从而降低了乙烯的利用率，因此乙烯分压在正常情况下，应维持在合适的水平上，只有当铑催化剂活性降低时，用提高乙烯分压的方法，保持丙醛的产量，延长铑催化剂的使用时间。

（3）铑浓度的影响　铑浓度增加，反应速率提高较快，由于铑催化剂活性高，催化剂溶液中铑浓度非常低，即便这样也应尽可能降低反应系统中的铑浓度，使昂贵稀有铑金属的损失量尽量减少。

（4）配位体三苯基膦浓度的影响　维持催化剂溶液中合适的三苯基膦浓度，是三苯基膦羰基氢铑型催化活性物种稳定的重要条件，由于三苯基膦是羰基合成反应的抑制剂，当三苯基膦浓度过高时，反应速率降低较快，因此三苯基膦浓度必须限制在一定的范围内。

5. 对铑配合物催化剂活性有影响的化合物

由于乙烯低压羰基合成丙醛和丙烯低压羰基合成丁醛所采用的铑-膦配合物催化剂体系相同，因此对铑配合物催化剂活性有影响的化合物类型也相同，有关这方面的详细论述，可参见第三节羰基合成丁醛的相关部分。

三、羰基合成丙醛的工艺过程

低压羰基合成制丙醛工艺流程见图 7-11-2。

1. 合成气净化

低压羰基合成所采用的铑-膦配合物催化剂对原料中的硫、氯、氰、氨、氧、羰基金属等有害杂质含量要求非常严格，因为上述杂质有的会使铑-膦配合物催化剂中毒，有的杂质使副产物增多。因此羰基合成的原料必须经过严格的净化处理，主要是合成气的净化处理。

合成气净化采用蒸汽冷凝水洗涤除去氨类杂质；用活性炭吸附剂在有少量氧存在下脱除羰基铁和羰基镍；用铂化合物作催化剂除氧同时使 COS 水解成 H_2S；用碱性催化剂脱除氯化物和氰化物，用氧化锌脱除 H_2S 等。经净化后的合成气中的有害杂质应达到以下的要求指标：

硫化物	$<0.1×10^{-6}$	氰化物	$<0.1×10^{-6}$
氯化物	$<0.1×10^{-6}$	氨	$<1.0×10^{-6}$

2. 羰基合成反应系统

羰基合成反应系统的特点是液相反应、气相出料、催化剂保留在液相中，并有一个气体循环回路，羰基合成反应器一般带搅拌器和内部安装有冷却盘管的槽式容器。反应器内首先加入用丙醛配制好的铑催化剂和三苯基膦溶液，羰基合成反应即在此液相中进行。聚合级乙烯与净化好的合成气及来自羰基合成循环压缩机循环气按规定的比例混合后，从反应器底部鼓泡进入催化剂溶液中进行催化反应，生成丙醛及少量的副反应产物，随未反应的气体以气态形式离开反应器顶部。羰基合成反应为放热反应，反应热一部分由反应气流以显热和潜热形式带出，另一部分由反应器内的冷却盘管移走，冷却盘管使用的调温水系统组成闭路循环，保证移走反应热，以控制反应温度，离开反应器顶部的气体经除雾器除去气体中夹带的液态微滴，使铑的损失量降到极低，再经冷凝和分离，不凝气大部分经循环压缩机加压返回反应器，少部分作为弛放气送入火炬系统或燃料气系统，以防止惰性气体在系统中积累，并以排出弛放气量来保持反应系统压力恒定。分离器下部的粗丙醛产品送丙醛精馏单元。

3. 丙醛精馏和脱水

丙醛精馏塔微正压操作，塔顶蒸出丙醛-水共沸物并含有少量溶解的气体。经冷凝后进入回流液受槽进行气液分离，尾气送入火炬系统或燃料气系统，液体大部分回流至塔顶，少部分经脱水后得到丙醛产品。主要的丙醛产品由塔侧线采出，经冷却分析合格后送入丙醛产品储槽。塔釜残液经冷却送入残液槽可作为燃料，也可回收有用的产物。

4. 铑催化剂溶液配制

用丙醛溶解铑催化剂和三苯基膦而成为催化剂溶液，在配制过程中采取氮封，避免氧气混入。

5. 废催化剂反应液回收

该单元可设一套真空蒸发系统，用来回收废催化剂溶液中的丙醛等有用组分后得到铑催化剂浓缩物，送回铑催化剂制造厂，再生成铑催化剂返回使用。

四、丙醛相关产品丙酸、丙醇及丙酸盐的工艺过程

丙醛的最大用途是作为生产丙醇和丙酸的原料，只有少量丙醛作为商品出售。因此丙醛

一般作为中间产品,经氧化生产丙酸,加氢生产丙醇,丙酸用碱中和生产丙酸钙和丙酸钠,丙醇经胺化生产丙胺,这是丙醛下游产品发展的主要方向。目前中国基本上没有丙醛、丙酸及丙醇等产品的工业生产。这些产品有着广泛的市场发展前景。

1. 丙醇工艺过程

世界上主要的丙醛生产公司如伊斯曼、赛拉尼斯、联碳和巴斯夫等公司均配套建有丙醇生产装置。在催化剂作用下,丙醛加氢生成正丙醇,其化学反应方程式为:

$$CH_3CH_2CHO + H_2 \longrightarrow CH_3CH_2CH_2OH \qquad (7\text{-}11\text{-}7)$$

正丙醇生产的工艺技术路线分为丙醛液相催化加氢和丙醛气相催化加氢两种。虽然液相催化加氢设备生产能力较大,但由于液相加氢压力较高,副产物增多,使分离系统复杂,同时对设备要求较高,增加了操作和维修的难度。因此多数工厂采用气相催化加氢路线。就加氢催化剂而言,工业上采用的加氢催化剂主要有镍基催化剂和铜基催化剂两种。铜基催化剂与镍基催化剂相比,其转化率和选择性更高,再加上该催化剂对硫化物不敏感、寿命长、毒性低,因此铜催化剂用于丙醛气相加氢是主要的工艺技术路线。中国也开发并采用了该工艺技术路线,其工艺流程见图 7-11-4。

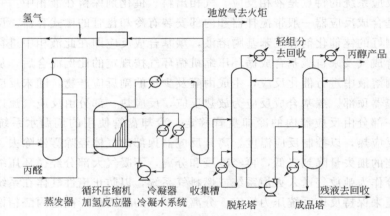

图 7-11-4 丙醛加氢制丙醇工艺流程

丙醛催化气相加氢生产丙醇工艺过程由丙醛加氢反应、丙醇精制和丙醇回收三部分组成。

丙醛与新鲜氢气和氢气循环气进入蒸发器,使丙醛气化并与氢气混合进入列管式固定床加氢反应器,反应热由壳程产生的低压蒸汽带出。其副产蒸汽可用于该装置的加热设备,所有蒸汽的冷凝水返回反应器壳程循环使用。加氢反应器出来的反应气体经冷却冷凝,分离出的气体大部分通过循环压缩机加压并与新鲜氢混合循环回蒸发器,少部分作为弛放气排至火炬系统或作燃料气,避免惰性气体在系统中积累。冷凝出的粗丙醇送至脱轻塔脱除轻组分,再经成品塔脱除重组分。脱轻塔顶馏出的轻组分、成品塔底排出的残液,分别送到轻组分储槽和残液储槽储存,定期送丙醇回收部分回收丙醇。成品塔顶得到丙醇产品送至丙醇成品罐区。

2. 丙酸工艺过程

丙醛氧化生成丙酸的化学反应方程式为:

$$CH_3CH_2CHO + 1/2O_2 \longrightarrow CH_3CH_2COOH \qquad (7\text{-}11\text{-}8)$$

主要副反应为丙醛过氧化生成过丙酸。

$$CH_3CH_2CHO + O_2 \longrightarrow CH_3CH_2COOOH \qquad (7\text{-}11\text{-}9)$$

丙醛在空气或其他氧化剂存在下很容易氧化成丙酸，因此丙醛液相氧化法生产丙酸的反应条件缓和，转化率和选择性都比较高，且不需高压设备，自美国联碳公司于1975年建成丙醛和丙酸生产装置后，在世界各地迅速得到推广，已成为生产丙酸的主要方法。丙醛液相氧化法生产丙酸工艺技术路线又可细分为有催化剂和无催化剂，使用氧气或空气氧化等几种方法。不用催化剂的各项指标与用催化剂的基本相同，但减少了催化剂配制和回收系统，更利于工业生产。至于氧化剂是使用氧气还是使用空气，取决于具体建厂的条件。中国开发成功的丙酸生产工艺技术路线是用氧气和无催化剂的丙醛液相氧化生产丙酸。工艺过程可分为氧化、精制和丙醛回收三部分，其工艺流程见图7-11-5。

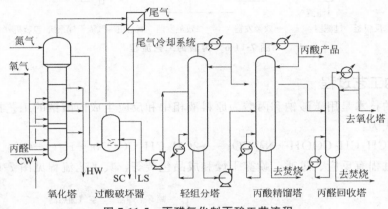

图 7-11-5　丙醛氧化制丙酸工艺流程

丙醛从氧化塔底部进入与氧气按一定比例通入氧化塔进行液相氧化反应，反应产物绝大部分是丙酸，并有少量过丙酸及其他副产物，反应热由氧化塔内冷却管用循环冷却水移出。氧化塔顶通入氮气，以控制尾气中含氧量在安全范围内。尾气经冷却系统后，冷凝液返回氧化塔，不凝尾气经吸收塔排空，吸收液经中和后送污水处理。反应产物以液相形式离开氧化塔，经过酸破坏器加热使少量过丙酸分解，然后送精制系统。粗丙酸首先经轻组分塔将低沸物从塔顶蒸出，送回收丙醛回收塔，塔底粗丙酸送到丙酸精馏塔，塔顶得丙酸成品，塔釜液用焚烧处理。

3. 丙酸钙工艺过程

丙酸和石灰乳经中和反应生成丙酸钙化学反应方程式为：

$$2CH_3CH_2COOH + Ca(OH)_2 \longrightarrow Ca(CH_3CH_2COO)_2 + 2H_2O \qquad (7\text{-}11\text{-}10)$$

丙酸钙的生产为酸碱中和法，中国开发的技术是以丙酸和石灰乳为原料液相中和反应生产丙酸钙的工艺技术路线。工艺过程可分为反应、过滤、蒸发、离心分离、气流干燥、成品包装几部分，其工艺流程见图7-11-6。

在搅拌反应釜中先加入石灰乳，再加入丙酸进行中和反应生成丙酸钙，反应为间歇操作，反应完成后反应液经过滤器除去固体物，滤液送一效蒸发器蒸发浓缩，析出部分丙酸钙结晶，其浓缩液送入一效旋液分离器，分离后的清液经二效蒸发器再次蒸发浓缩析出大量的结晶与一效旋液分离器分离出的结晶一起送离心机分离，再入结晶中间槽，排出的母液返回二效蒸发器。二效二次蒸气引入真空系统。湿结晶产品从中间槽用螺旋给料机送入气流干燥器，干燥后的结晶经旋风分离系统分离出的产品进入储斗，经包装机自动称量包装。

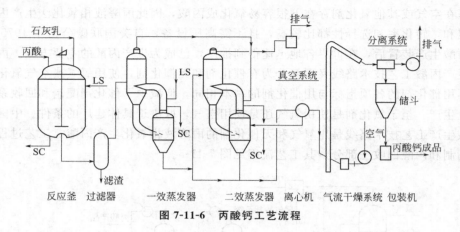

图 7-11-6　丙酸钙工艺流程

4. 丙酸钠工艺过程

中国开发的技术是用碳酸钠和丙酸为原料液相中和反应生成丙酸钠的工艺技术路线，其化学反应方程式为：

$$2CH_3CH_2COOH + Na_2CO_3 \longrightarrow 2CH_3CH_2COONa + H_2O + CO_2 \qquad (7-11-11)$$

主要工艺过程有反应、过滤、喷雾干燥和成品包装等，其工艺流程见图 7-11-7。

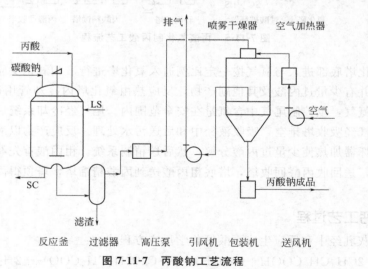

图 7-11-7　丙酸钠工艺流程

在搅拌反应釜中先加入碳酸钠溶液，然后加入丙酸进行液相中和反应生成丙酸钠，反应液经过滤、喷雾干燥，包装机自动称量包装丙酸钠成品。

五、主要设备、材料简述

以乙烯和合成气为原料，采用铑-膦配合物催化剂低压羰基合成丙醛工艺的生产装置，设备约 90 台，其中反应器 1 台，塔器 6 台，压缩机 2 台，泵类 28 台，换热器 15 台，容器 23 台，其余为特殊设备。主要设备为羰基合成反应器、气体循环压缩机、铑催化剂溶液输送泵、丙醛精馏塔等。

羰基合成丙醛生产过程中，物料一般没有腐蚀性，但丙醛若与空气接触，很容易生成对碳钢有较强腐蚀性的丙酸，另外凡与铑-膦配合物催化剂接触的设备和管道需要清洁，不能混有其他的化合物，避免影响铑催化剂的活性，同时要求精馏系统的设备和管道要保证能够得到合格丙醛。因此丙醛生产装置的设备和管道，凡是与工艺物料接触均采用不锈钢材料，同时储存丙醛的容器和储槽均应设氮封保护，尽量避免产生丙酸等有机酸。

羰基合成反应器是丙醛生产的关键设备，用不锈钢复合钢板制造，内带冷却盘管和搅拌器，为使原料气和催化剂溶液充分混合，需选择性能良好的搅拌器及气体分布器。为防止反应器内部气体外泄和减少端面密封磨损，应采用合适的机械密封，密封液应采用不影响铑催化剂活性的润滑油。

铑催化剂溶液输送泵用不锈钢制造，要确保铑催化剂不能外漏，减少铑催化剂的损失，应特别重视泵的制造质量。

六、原料及产品规格

1. 低压羰基合成丙醛的主要原料规格

（1）乙烯（聚合级乙烯）

乙烯	$>99.9\%$（体积分数）
全硫量	$<1\times10^{-6}$

（2）合成气（体积分数）

一氧化碳	$47.8\%\sim49.0\%$
氢	平衡
二氧化碳	$<0.60\%$
甲烷和氮	$<1.40\%$
氧	$200\times10^{-6}\sim500\times10^{-6}$
全硫量	$<5mg/m^3$
氨	$<10\times10^{-6}$
水分	3000×10^{-6}

（3）氢气（干气计，体积分数）

氢	$>97.5\%$
甲烷	$<2.42\%$
一氧化碳	$<3\times10^{-6}$
二氧化碳	$<20\times10^{-6}$
全硫量	$<0.2mg/m^3$
总氯（以 HCl 计）	$<1\times10^{-6}$
氧	$<2\times10^{-6}$
水分	$<800\times10^{-6}$

2. 产品规格

（1）直接生产丙醇和丙酸的丙醛产品规格

丙醛	$>99.0\%$（摩尔分数）
水	$\leq0.3\%$（摩尔分数）

重组分及其他　　　　<0.7%（摩尔分数）

（2）长期储存的丙醛产品规格

丙醛　　　　　　　98.0%

水　　　　　　　　≥0.5%

酸度（以丙酸计）　≤0.5%

重组分及其他　　　≤1.0%

（以上丙醛产品规格为中国开发技术暂定的规格）

七、原料及动力消耗

低压羰基合成丙醛的原料及动力消耗定额及简要技术经济指标。以丙醛装置生产规模为 $2×10^4 t/a$ 为例。

主要原料及动力消耗定额（以 1t 丙醛产品计）

乙烯　　　　　　　500～526.5kg

合成气　　　　　　870m³

氢气　　　　　　　8m³

蒸汽　　　　　　　3.08t

循环冷却水　　　　140t

电　　　　　　　　84kW·h

八、环境保护及安全生产

以乙烯和合成气为原料低压羰基合成丙醛，一方面，由于采用了活性高、选择性好的铑-膦配合物催化剂及先进的工艺生产技术，不仅三废排放量少，并对排出的废物进行综合利用和无害化处理，减轻对环境的影响；另一方面，乙烯低压羰基合成丙醛的整个工艺生产过程，从原料到产品都是易燃物，有的具有毒性，所以丙醛生产属易燃易爆区域，有甲类可燃气体和甲 B 类可燃液体，必须防火、防爆和防毒。

三废排出物及处理措施如下。

（1）羰基合成反应系统排出的弛放气　1t 丙醛产品的弛放气量约 40～45m³，送至火炬系统焚烧，也可作为燃料气利用。

（2）丙醛精馏塔尾气　尤其是二正丙胺主要用于生产除草剂氟乐灵等。除此之外，丙醇其他衍生物如溴丙烷，对羟基苯甲酸丙酯等在医药、涂料、饲料添加剂等方面也有广泛的用途。

九、丙酸产品的用途

丙酸可直接用作湿谷物防霉剂，也可加工成丙酸盐作为食品和饲料的防霉剂。其次用于生产除草剂甲霜灵、敌稗、敌草胺等农药产品。在医药工业中用于生产维生素 B₆、萘普生、脑脉宁等。丙酸还可用于生产醋酸丙酸纤维素，用作汽车零件、电视机部件等。丙酸酯类化合物可用于食品、香料工业及特殊增塑剂等。

1. 丙酸钙产品的用途

丙酸钙作为国际上公认的谷物、饲料和食品防腐剂，性能安全可靠，可促进生长发育，已成为饲料防霉剂中最有竞争力的产品。在中国，丙酸钙多用于饲料工业。

2. 丙酸钠产品的用途

在中国，丙酸钠多用于食品工业烘烤食品的防霉剂，特别对于面包的防霉效果极佳。随着我国食品工业的发展和人民生活水平质量的提高，食品防霉剂在中国具有巨大的潜在市场。

第三节　羰基合成丁醛及相关产品

一、丁醛产品在国内外工艺技术发展概况

丁醛是羰基合成方法生产数量最多的一种产品。用丙烯与合成气（一氧化碳和氢）经羰基合成催化反应，主要产生正丁醛并有部分异丁醛产物。而用途最大的是正丁醛。为了在羰基合成催化反应中尽量多产生正丁醛，同时抑制异丁醛的生成，研究开发工作者集中对羰基合成工艺和催化剂系统进行改进，以期达到提高丁醛产物的正异构比，从而降低异丁醛数量的效果。

羰基合成丁醛在德国首先实现工业化生产，是用钴作催化剂的高压羰基合成工艺。

1. BASF 高压法羰基合成丁醛技术

高压羰基合成丁醛在世界上生产量最大的是巴斯夫（BASF）工艺。采用的催化剂母体是醋酸钴，在生产过程中从产物中分离出钴催化剂并循环回反应系统的是甲酸钴。在反应条件下，在溶解有醋酸钴与甲酸钴水溶液的有机相中，钴盐催化剂与合成气反应生成羰基氢钴 $[HCo(CO)_4]$。原料丙烯及合成气在羰基氢钴的催化作用下生成正丁醛和异丁醛以及一些副产物。主要反应如下：

$$CH_3CH{=}CH_2 + CO + H_2 \begin{array}{l} \nearrow CH_3-CH_2-CH_2-CHO \\ \\ \searrow CH_3-\underset{\underset{CHO}{|}}{CH}-CH_3 \end{array} \tag{7-11-12}$$

部分正、异丁醛产物同时加氢生成正、异丁醇：

$$CH_3-CH_2-CH_2-CHO + H_2 \longrightarrow CH_3-CH_2-CH_2-CH_2OH \tag{7-11-13}$$

$$CH_3-\underset{\underset{CHO}{|}}{CH}-CH_3 + H_2 \longrightarrow CH_3-\underset{\underset{CH_2OH}{|}}{CH}-CH_3 \tag{7-11-14}$$

少量正、异丁醛与合成气反应生成甲酸正丁酯和甲酸异丁酯。

$$CH_3-CH_2-CH_2-CHO + CO + H_2 \longrightarrow HCOOCH_2CH_2CH_2CH_3 \tag{7-11-15}$$

$$CH_3-\underset{\underset{CHO}{|}}{CH}-CH_3 + CO + H_2 \longrightarrow HCOOCH_2\underset{\underset{CH_3}{|}}{CH}CH_3 \tag{7-11-16}$$

巴斯夫生产工艺的产物正异构比较低，小于 3。副产的酯类可用皂化方法使其分解为甲酸钠和丁醇。并回收正、异丁醇，因此该工艺存在流程较复杂、异丁醛量较多、丙烯转化率低等缺点。

巴斯夫工艺羰基合成反应条件：压力 26.0～30.0MPa，温度 150～170℃。其反应产物组成见表 7-11-1。

表 7-11-1 巴斯夫羰基合成反应产物组成

组　分	正丁醛	异丁醛	正丁醇	异丁醇	甲酸正丁酯	甲酸异丁酯	甲酸	高沸物
占比/%	60	19~20	7~8	4~5	1.4	0.5	1	6~7

从羰基合成反应器出来的产物经减压并通入空气使羰基氢钴催化剂氧化后，与甲酸反应生成甲酸钴水溶液返回反应系统。其反应式如下：

$$4HCo(CO)_4 + 3O_2 + 8HCOOH \longrightarrow 4Co(HCOO)_2 + 6H_2O + 16CO \tag{7-11-17}$$

反应产物分出正丁醛及异丁醛后，副产的酯类经过皂化反应获得正、异丁醇，其工艺流程见图 7-11-8。

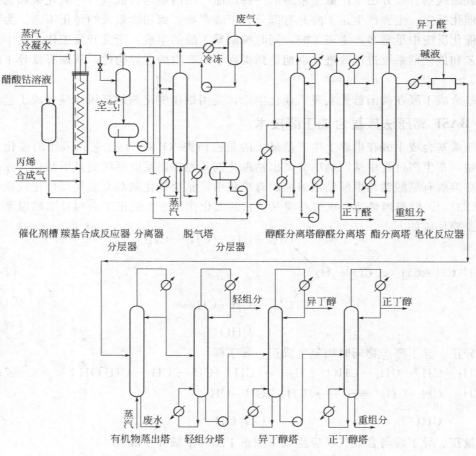

图 7-11-8 巴斯夫高压羰基合成丁醛工艺流程

2. 鲁尔化学高压羰基合成丁醛技术

高压羰基合成丁醛另一典型工艺是鲁尔化学（Ruhrchemie）工艺。采用催化剂的母体是碳酸钴，制备成钴浆催化剂进入羰基合成反应系统，钴与合成气反应生成羰基氢钴，反应过程如下：

$$2Co + 8CO \longrightarrow Co_2(CO)_8 \tag{7-11-18}$$

$$Co_2(CO)_8 + H_2 \longrightarrow 2HCo(CO)_4 \tag{7-11-19}$$

羰基合成反应压力约 28.0MPa，反应温度 140～145℃，催化剂活性较高，产物的正异构比 3.5～4。

反应过程中主要生成正丁醛和部分异丁醛外，也同样产生相似的副反应，如生成正、异丁醇，甲酸正、异丁酯，甲酸，丁酸，丁酸正、异丁酯等。此外还有酮类及醇醛缩合、醛醛缩合生成一些重组分。

羰基合成产物离开反应器后，经冷却并分离出未反应的气体，再送回反应系统。反应产物经减压与水蒸气一起进入水解器，将产物中的羰基氢钴大部分分解为金属钴，少部分被氧化生成氧化钴、氢氧化钴和甲酸钴。水解过程中产生的气体可作为燃料。水解产物通过三相离心机，分离出有机相即羰基合成粗产物；水相含有钴和有机物，经过回收塔将有机物蒸出，含钴的水送去配制钴催化剂系统；分离出的钴浆直接送去配制钴催化剂。

羰基合成粗产物经过醛醇蒸馏塔和醛醛蒸馏塔分馏出正丁醛、异丁醛产物以及醇类和酯类等重组分。将醇类酯类等重组分送去催化水解处理，以氧化铝作为催化剂，重组分发生水解和裂解反应，生成正、异丁醛和正、异丁醇。其反应式如下：

$$HCOOCH_2CH_2CH_2CH_3 \xrightarrow{Al_2O_3} CH_3CH_2CH_2CH_2OH+CO \tag{7-11-20}$$

$$HCOOCH_2\underset{\underset{CH_3}{|}}{CH}CH_3 \xrightarrow{Al_2O_3} CH_3\underset{\underset{CH_2OH}{|}}{CH}CH_3 +CO \tag{7-11-21}$$

$$HCOOCH_2CH_2CH_2CH_3 + H_2O \xrightarrow{Al_2O_3} CH_3CH_2CH_2CH_2OH+HCOOH \tag{7-11-22}$$

$$HCOOCH_2\underset{\underset{CH_3}{|}}{CH}CH_3 + H_2O \xrightarrow{Al_2O_3} CH_3\underset{\underset{CH_2OH}{|}}{CH}CH_3 +HCOOH \tag{7-11-23}$$

$$HCOOH \longrightarrow CO_2+H_2 \xrightarrow{Al_2O_3} CO+H_2O \tag{7-11-24}$$

$$C_4H_8(OC_4H_9)_2+H_2O \xrightarrow{Al_2O_3} C_4H_8O+2C_4H_9OH \tag{7-11-25}$$

$$CH_3CH_2CH_2CH=\underset{\underset{C_2H_5}{|}}{C}-CHO +H_2O \xrightarrow{Al_2O_3} 2C_4H_8O \tag{7-11-26}$$

$$(C_4H_8O)_3 \xrightarrow{Al_2O_3} 3C_4H_8O \tag{7-11-27}$$

催化水解产物分离出的 C_4 醛类送回前面的醛醇分离塔回收其醛类。其余的醛醇混合物与正、异丁醛一起经过加氢，获得正丁醇产品和异丁醇产品，精馏产生的重组分送出作液体燃料，少部分重组分用于配制钴浆催化剂。

鲁尔化学的高压羰基合成工艺是成熟可靠的；原料消耗较低；生产的丁醛产物正异比较高；产物中羰基氢钴的回收是采用蒸汽热法水解和三相离心机分离出钴浆返回催化剂配制系统，不需加入其他化学品；对产物中分离出来的重组分是采用催化水解方法处理，提高了产品的收率。这些都是该工艺的特点。但是鲁尔化学高压羰基合成丁醛的工艺流程长、设备多；设备清洗和维修工作量较大，例如水解器、三相离心机等对处理固体钴浆催化剂过程中会产生堵塞现象，需要定期清洗和维修，这是该工艺的缺点。其工艺流程见图 7-11-9。

3. 低压羰基合成丁醛技术

低压羰基合成丁醛的工艺，采用铑催化剂使羰基合成的反应压力降至 2.0MPa 以下，反

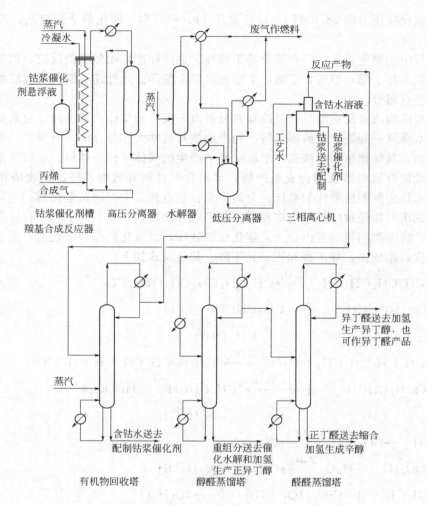

图 7-11-9　鲁尔化学高压羰基合成丁醛工艺流程

应温度也随之降低，在反应过程中催化剂的活性及选择性提高，副反应减少，从而大幅度提高正、异构比，生产流程缩短，设备数量减少，不需要高压设备和特殊材料，最后降低了丁醛等产品的成本。这是羰基合成工艺技术的巨大进步。

采用铑-膦配合物催化剂的低压羰基合成工艺是联碳公司（UCC）、戴维公司（Davy Powergas）和约翰·马休公司（Johnson Mattey）共同研究开发成功的，并于 1976 年建成第一套羰基合成丁醛的工业化生产装置。随后在世界各地先后建成十多套低压羰基合成丁辛醇装置，首先是羰基合成丁醛，然后加工成丁醇和辛醇。这种羰基合成反应系统是气相循环过程，铑-膦配合物催化剂一直在羰基合成反应器之内，只有反应产物和未反应的气体一起离开反应器，经过冷凝后分出丁醛产物，未冷凝的气体（包括一氧化碳、氢、丙烯及丙烷等）大部分循环回反应器，少部分气体作为弛放气排出，以避免惰性气体的积累。由于反应器上部需留有分离气相产物的空间，且原料气体和循环气体通入反应器催化剂溶液中，使其液面升高约 60%，故反应器容积利用率显著降低。这是气相循环低压羰基合成工艺的不足之处。后来将气相循环改为液相循环，改变羰基合成反应器反应产物的出料方式，使铑催化剂溶液与反应产物以液相状态一起离开羰基合成反应器，液相物料首先通过闪蒸器，将未反应的原料气体排出，再通过蒸发器将反应产物蒸出，余下的铑催化剂溶液循环回羰基合成反应器中，这样构成一个液相循环系统。该液相循环工艺，使反应器单位容积产生丁醛的能力较气相循环工艺提高 80% 以上，原料（丙烯及合成气）转化率提高 4% 以上，相应的能量消耗也有所减少，最终降低了产品的成本。

低压羰基合成铑-膦配合物合物催化剂的液相循环工艺，其反应压力 1.0～2.0MPa，反应温度 90～110℃，产物正异构比可达 10 以上。该工艺将逐渐取代其他高压羰基合成工艺而占主导地位，也是羰基合成工艺发展的方向。其工艺流程见图 7-11-10。

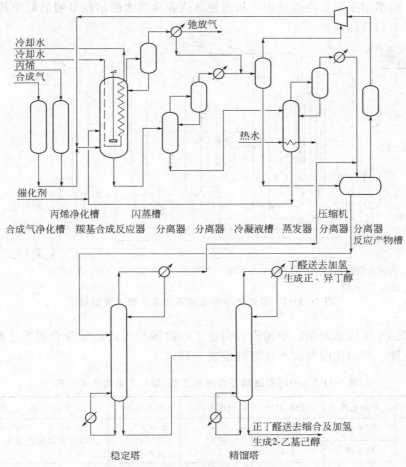

图 7-11-10 低压羰基合成丁醛工艺流程

4. 鲁尔化学中压羰基合成丁醛技术

20 世纪 80 年代初鲁尔化学开发成功了用铑-膦配合物催化剂的羰基合成丁醛液相循环工艺。铑催化剂的配位体是三苯基膦磺酸盐，此铑配合物催化剂能溶于水，形成水溶性铑催化剂系统。羰基合成反应压力为 5.0～7.0MPa，反应温度为 110～130℃。反应产物与铑配合物催化剂水溶液一起从反应器出来，进入相分离器，将反应产物粗醛与铑配合物催化剂水溶液分离，下部水相循环回反应器，上部有机相送去进一步处理。这种相分离过程是很完全的，粗醛带走的催化剂非常少，同时分离出催化剂水相中没有剩余高沸物，使反应系统所产生的高沸物不会积累起来。此工艺产物的正异构比高达 19，这是目前工业化生产丁醛正异构比最高的工艺技术。

鲁尔化学中压羰基合成丁醛工艺，所采用铑-膦配合物催化剂的配制、配位体三苯基三磺酸盐的制备以及失活铑配合物催化剂的回收，都在丁醛装置范围内完成，不需要将失活的铑配合物催化剂送至催化剂制造厂进行回收，再制成催化剂母体返回使用。该铑配合物催化剂水溶液在羰基合成催化反应生产丁醛过程中，其寿命大约1年，之后就必须更换新配制的催化剂。

鲁尔化学羰基合成丁醛工艺的另一特点是反应热的充分利用，粗醛与催化剂水溶液采用相分离方式，而不用蒸发及冷凝过程，从而使蒸汽和冷却水的消耗量明显低于其他工艺。其工艺流程见图 7-11-11。

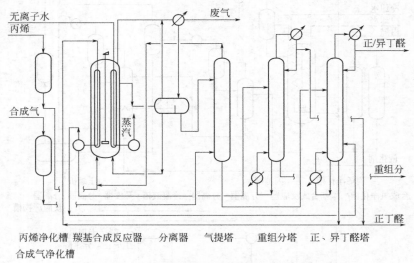

丙烯净化槽　羰基合成反应器　　分离器　　气提塔　　重组分塔　　正、异丁醛塔
合成气净化槽

图 7-11-11　鲁尔化学中压羰基合成丁醛工艺流程

从 20 世纪 70 年代末开始，中国先后引进了一批国外先进的羰基合成异丁醛（醇）、丁辛醇技术和装置。产品规模及技术来源列于表 7-11-2。

表 7-11-2　中国引进羰基合成异丁醛(醇)、丁辛醇技术一览

企业名称	产品名称	规模/10^4t	投产年限	技术来源	备　　注
吉化公司	丁辛醇	5.7	1982	德国 BASF 高压合成 液相循环	2000 年改高压合成为低压液相循环
	异丁醛	1.7			
大庆石化总厂	丁辛醇	7	1986	英国 Davy 低压合成 气相循环	
	异丁醇	0.7			
齐鲁石化	丁辛醇	7	1987	美国 UCC 低压合成 气相循环	1998 年改为液相循环，产量提高一倍
	异丁醛	0.7			
北京化工四厂	丁辛醇	7	1995	日本三菱化学 低压合成 液相循环	
	异丁醇	0.75			

由于低压羰基合成技术的改进，反应系统的气相循环向液相循环转变，在羰基合成反应器容积不变的情况下，其产物量可提高近 1 倍。例如齐鲁石化总厂将原来引进的低压羰基合成气相循环工艺的丁辛醇装置，利用戴维和联碳公司的技术，于 1998 年改造为液相循环，

使丁辛醇年产量由 $7 \times 10^4 t/a$ 提高到 $13.5 \times 10^4 t/a$，副产异丁醇增至 $1.48 \times 10^4 t/a$。

吉化公司将原有高压羰基合成丁辛醇装置，引进低压羰基合成液相循环工艺进行改扩建，于 2000 年投入生产，使辛醇产量增至 $11.0 \times 10^4 t$，取得很好的改造效果。

二、羰基合成丁醛的化学反应过程及其机理

1. 羰基合成丁醛的化学反应过程

丙烯与合成气在铑配合物催化作用下，羰基合成正丁醛的化学反应方程式：

$$CH_3CH{=\!\!=}CH_2 + CO + H_2 \longrightarrow CH_3CH_2CH_2CHO$$

羰基合成异丁醛的化学反应方程式：

$$CH_3CH{=\!\!=}CH_2 + CO + H_2 \longrightarrow \begin{array}{c} CH_3CHCH_3 \\ | \\ CHO \end{array}$$

2. 羰基合成丁醛的副反应过程

① 丙烯加氢生成丙烷：

$$CH_3CH{=\!\!=}CH_2 + H_2 \longrightarrow CH_3CH_2CH_3 \tag{7-11-28}$$

一般丙烯转变为丙烷的损失率是 $1\% \sim 3\%$。

② 缩醛反应：

$$CH_3CH_2CH_2CHO + \begin{array}{c} CH_2CHO \\ | \\ CH_2CH_3 \end{array} \longrightarrow CH_3CH_2CH_2\overset{OH}{\underset{\underset{CH_2CH_3}{|}}{CH}}CHCHO \xrightarrow{-H_2O} CH_3CH_2CH_2CH{=\!\!=}\underset{\underset{CH_2CH_3}{|}}{C}CHO$$

乙基丙基丙烯醛（EPA）

$$\tag{7-11-29}$$

此乙基丙基丙烯醛对铑催化剂是一种抑制剂，它可与丁醛产物一起脱出。

③ 当反应系统带入氧气，则与三苯基膦起氧化反应：

$$(Ph)_3P + 1/2O_2 \longrightarrow (Ph)_3PO \tag{7-11-30}$$

三苯基膦氧化物，对羰基合成反应过程没有害的影响，但对三苯基膦造成损失，因此应尽量减少原料中的氧含量。

④ 丙基二苯基膦（PDPP）的生成反应：

$$\underset{\text{PDPP}}{(Ph)_3P} + CH_3CH{=\!\!=}CH_2 \xrightarrow{H_2} (Ph)_2PCH_2CH_2CH_3 + \underset{\text{苯}}{C_6H_6} \tag{7-11-31}$$

丙基二苯基膦与铑催化剂形成更紧密的配合物，这就降低了羰基合成反应速率。

⑤ 醇醛缩合反应：

$$2CH_3CH_2CH_2CHO \rightleftharpoons CH_3CH_2CH_2\overset{OH}{\underset{\underset{CHO}{|}}{CH}}CHCH_2CH_3 \tag{7-11-32}$$

        正丁醛   醇醛

$$CH_3CH_2CH_2CHO + \underset{\underset{CH_3}{|}}{CH_3CHCHO} \longrightarrow \underset{\underset{CH_3}{|}\ \underset{CHO}{|}}{CH_3CHCHCHCH_2CH_3} \overset{OH}{} \qquad (7\text{-}11\text{-}33)$$

正丁醛　　　　　异丁醛　　　　　　　醇醛

这类缩合反应，若有酸或碱存在下就起催化作用，当丁醛与氧接触很容易被氧化生成丁酸，则丁酸可加速上述缩合反应。

⑥ 醇醛与丁醛反应，生成三聚物（C_{12}酯醇）：

$$\underset{\underset{CH_3CH_2CHCHO}{|}}{CH_3CH_2CH_2CHOH} + CH_3CH_2CH_2CHO \longrightarrow \underset{\underset{CH_2OH}{|}}{CH_3CH_2CH_2CH-\overset{\overset{OCOCH_2CH_2CH_3}{|}}{CHCH_2CH_3}} \rightleftharpoons \underset{\underset{CH_2OCOCH_2CH_2CH_3}{|}}{CH_3CH_2CH_2CH\overset{OH}{CHCH_2CH_3}}$$

醇醛　　　　　　丁醛　　　　　　　　三聚物　　　　　　　　　三聚物（一种异构物）

$$(7\text{-}11\text{-}34)$$

⑦ 三聚物（酯醇）的一种，经歧化反应生成二醇和二酯：

$$2\underset{\underset{CH_2OCOCH_2CH_2CH_3}{|}}{CH_3CH_2CH_2\overset{OH}{CHCH_2CH_3}} \rightleftharpoons \underset{\underset{CH_2OH}{|}}{CH_3CH_2CH_2\overset{OH}{CHCH_2CH_3}} + \underset{\underset{CH_2OCOCH_2CH_2CH_3}{|}}{CH_3CH_2CH_2\overset{OCOCH_2CH_2CH_3}{CHCH_2CH_3}}$$

三聚物　　　　　　　　　　二醇　　　　　　　　　　　二酯

$$(7\text{-}11\text{-}35)$$

3. 反应参数对总反应速率和正异构比的影响

（1）一氧化碳分压的影响　一氧化碳的分压升高，反应速率稍有增加，但丁醛产物正异构比反而降低。若一氧化碳分压过高，会使铑催化剂出现中毒现象，使铑催化剂失去活性。若一氧化碳分压过低，则丙烯加氢生成丙烷的反应增加。所以在羰基合成反应过程中，必须控制一氧化碳在适当的分压值，这是一个非常重要的因素。

（2）氢气分压的影响　氢气分压升高，反应速率增加不大，而丁醛产物的正异构比变化也不大。若氢气分压增加过多，则丙烷生成量就多了。一般氢气分压也需控制在适当的水平。

（3）丙烯分压的影响　丙烯分压增加，反应速率成比例上升，但丙烯的利用率却降低了，因排出的弛放气体中丙烯含量也增加，最后造成丙烯损失量增多。在羰基合成丁醛过程中，当铑催化剂活性高时，丙烯分压可低一些，铑催化剂使用到后期，其活性降低时，为了保持丁醛的产量，采用提高丙烯分压的方法，以延长铑催化剂的使用时间。丙烯分压的变化，对丁醛产物的正异构比影响不大。

（4）在反应系统中铑浓度的影响　铑浓度增加，反应速率就较快地提高，而丁醛产物的正异构比变化不大。由于铑催化剂的价格昂贵，一般应尽量减少铑的用量，即降低反应系统中铑的浓度，从而减少铑的损失量。

（5）配位体三苯基膦浓度的影响　三苯基膦在反应系统中浓度增加，丁醛产物的正异构比也增大，但三苯基膦的浓度只能限制在一定范围内，当三苯基膦浓度提高，则反应速率降低较快，因三苯基膦是羰基合成反应的抑制剂。

（6）反应温度的影响　反应温度升高，反应速率就增加，反应温度升高1℃，反应速率可增加约6%。在羰基合成反应过程中，当铑催化剂使用到后期活性降低时，一般采用提高反应温度的方法，以增加反应速率，保持丁醛产量不变。反应温度的升高或降低，对丁醛产物正异构比没有影响。

4. 对铑配合物催化剂活性有影响的化合物

影响铑配合物催化剂活性的有两类物质。一类是催化剂的抑制剂，使铑催化剂的活性大幅度地降低，当从催化剂系统中除去抑制剂后，催化剂的活性还可以恢复。另一类是催化剂的毒物，可使催化剂永久失去活性，就需要将失活催化剂送出回收铑金属，再制成铑催化剂母体，返回生产装置使用。

（1）铑催化剂的抑制剂　铑催化剂的抑制剂与原料丙烯对铑配合物活性催化剂进行反应的竞争，经过反应动态平衡，抑制剂代替活性催化剂位置，最后降低铑配合物催化剂的活性。

在羰基合成丁醛催化反应过程中，一般的抑制剂有下列几种。

① 羧酸类：如丁酸（$CH_3CH_2CH_2COOH$），来源于原料合成气中带来的氧与丁醛反应。

② 缩醛产物：如乙基丙基丙烯醛（ $\begin{matrix} CH_3CH_2CH_2CH{=}CCHO \\ | \\ CH_2CH_3 \end{matrix}$ ），当丁醛在反应系统中，若存在丁酸钠或其他碱类，将促进缩醛反应产生，而生成这类抑制剂。

③ 丙基二苯基膦 [$CH_3CH_2CH_2P(Ph)_2$]：在羰基合成丁醛的反应体系中，丙烯与三苯基膦反应生成。

④ 二烯烃类：如丁二烯和丙二烯（ $CH_2{=}CH{-}CH{=}CH_2$ ， $CH_2{=}C{=}CH_2$ ），来源于丙烯中的杂质。

⑤ 炔烃类：如乙炔（ $CH{\equiv}CH$ ），丙烯中的杂质。

（2）铑催化剂的毒物　一般铑催化剂的毒物有以下几种。

① 硫化物：如硫化氢、羰基硫（H_2S，COS），一般由原料合成气带入。因此合成气必须通过催化剂和吸附剂脱除这些硫化物。

② 氰化氢和氯化氢（HCN，HCl）：原料合成气中的杂质，也必须用吸附剂将其除去。

③ 重硫醇：由压缩机或泵所用润滑油带入，因此应采用无硫的润滑油。

④ 氯乙烯（ $CH_2{=}CHCl$ ）。

⑤ 中等毒物：如氯甲烷（CH_3Cl）、甲硫醇（CH_3SH）。

三、羰基合成丁醛的工艺过程

采用溶于丁醛中的铑配合物催化剂，以原料丙烯与合成气低压羰基合成丁醛的生产装置，主要由以下单元组成：

① 原料丙烯及合成气净化单元；

② 羰基合成反应单元；

③ 丁醛精馏单元；

④ 铑催化剂配制单元和铑催化剂再生单元。

低压羰基合成丁醛工艺流程见图 7-11-10。

采用铑配合物催化剂低压羰基合成液相循环工艺，以丙烯及合成气为原料生产正、异丁醛。

1. 原料净化

在低压羰基合成催化反应之前，对原料丙烯及合成气分别进行净化处理，脱除原料中的有害杂质

（1）丙烯净化 首先通过吸附剂和氧化锌将硫化物除净，再经过含铜吸附剂除去有机氯化物，如氯甲烷或氯乙烯等。最后丙烯中含的少量氧用钯催化剂进行加氢反应除去氧，在此过程中应加入相应量的氢气，1mol 氧大约需要加入 2mol 氢气。在加氢脱氧过程中同时也可使二烯烃及炔烃选择性加氢。

（2）合成气净化 用水洗除氨等杂质；进一步用吸附剂在有少量氧存在下除去羰基铁及镍；再用铂的化合物作催化剂将合成气中的氧经加氢除掉，同时在此也可使 COS 水解成 H_2S；还要用碱性催化剂将有害杂质 HCl 脱除；最后一步是用 ZnO 除去 H_2S，也可脱除 HCN 等。

（3）原料丙烯及合成气中的有害杂质通过净化后应达到的要求指标

硫化物	$<0.1\times10^{-6}$
氯化物	$<0.1\times10^{-6}$
氰化物	$<0.1\times10^{-6}$
氨	$<5.0\times10^{-6}$

2. 羰基合成反应过程

羰基合成反应器一般采用槽式，内部设搅拌器和冷却盘管通入冷却水以除去反应热。首先将配制的铑配合物催化剂与三苯基膦和丁醛等液体混合物送入反应器。经净化后的原料丙烯及合成气按规定的比例混合后，从反应器底部送入。羰基合成反应温度为 85～110℃，反应压力为 1.0～2.0MPa，原料丙烯及合成气的混合气体鼓泡进入催化剂溶液中，进行催化反应，生成正丁醛和少量异丁醛，以及相应的副反应产物。未反应剩余的原料气体和副产物气体以及其他惰性气体从反应器顶部排出，通过分离及冷却过程回收夹带出去的有用物质，尾气送入火炬系统或燃料气系统。反应器中的反应产物随催化剂溶液一起，从反应器上部出来进入闪蒸槽，将轻组分分离出去，液体物料再送入蒸发器，经加热将丁醛等反应产物蒸出，而蒸发器底部的铑催化剂溶液通过升压返回羰基合成反应器，这样形成液相循环系统。

从蒸发器蒸出的丁醛等产物，经冷凝成液体收集起来送进稳定塔，将溶解在粗丁醛液体中的丙烯、丙烷等轻组分蒸出，而稳定塔底的粗丁醛液体送至下一单元进行精馏。

将闪蒸槽分离出的气体、蒸发器蒸出粗丁醛冷凝后排出的气体以及稳定塔塔顶馏出的轻组分气体，经循环压缩机，提高压力后循环回羰基合成反应器，使有用的原料气体再进行反应。

3. 丁醛精馏

将稳定塔塔底的粗丁醛液体送入精馏塔，在塔底获得正丁醛经冷却后储于槽内，可随即送至辛醇生产装置。正丁醛缩合成乙基丙基丙烯醛，再加氢生成 2-乙基己醇（即辛醇），正丁醛也可作商品。从丁醛精馏塔塔顶蒸出异丁醛和部分正丁醛，送至下一步加氢，生产正丁醇和异丁醇。而正丁醇的量根据需求是可调节的。

4. 铑催化剂配制和铑催化剂再生

① 铑催化剂配制：是在带搅拌的槽中，先加入符合规格要求的正丁醛，将固体三苯基膦称重后加入，最后按规定量加入铑催化剂母体，经搅拌使固体物质全部溶解，放入催化剂

储槽备用。催化剂配制槽和储槽，都需采取氮封，严格避免氧气混入。

②　铑催化剂再生：铑配合物催化剂在羰基合成催化反应的正常过程中，经过一定时间后，其活性会逐渐降低。活性低至一定程度时，即为失活催化剂，就需要再生。在真空蒸发器中将失活铑催化剂的有机物尽量蒸出，然后对铑簇配合物通过氧化作用，恢复成单铑配合物，再配制成铑催化剂溶液，经过再生恢复活性的铑催化剂可再送回反应系统使用。失活催化剂再生一次其活性比新鲜催化剂略低一些，再生若干次后催化剂活性达不到使用的要求，这种失去活性的催化剂就需送回催化剂制造厂，将其回收成铑金属，再制成铑催化剂母体返回使用。

四、丁醛相关产品正、异丁醇和 2-乙基己醇的工艺过程

羰基合成丁醛一般只作为中间产品，需要进一步加氢产生正丁醇，其中异丁醛加氢生成异丁醇。正丁醛通过缩合反应生成 2-乙基己烯醛，再加氢得到 2-乙基己醇（辛醇）。

1. 丁醇

羰基合成丁醛主要是正丁醛和少量的异丁醛，将正、异丁醛一起进行加氢反应，在催化剂作用下，生成正丁醇和异丁醇，其化学反应方程式如下：

$$CH_3CH_2CH_2CHO+H_2\longrightarrow CH_3CH_2CH_2CH_2OH$$

正丁醛　　　　　　　　　　正丁醇

$$\underset{\text{异丁醛}}{\overset{CH_3CHCH_3}{\underset{|}{CHO}}}+H_2\longrightarrow \underset{\text{异丁醇}}{\overset{CH_3CHCH_3}{\underset{|}{CH_2OH}}}$$

在催化加氢过程中也有少量副反应产生：

$$2CH_3CH_2CH_2CHO+2H_2\longrightarrow C_4H_9{-}O{-}C_4H_9+H_2O \tag{7-11-36}$$

$$CH_3CH_2CH_2CHO+3H_2\longrightarrow C_3H_8+CH_4+H_2O \tag{7-11-37}$$

丁醇多数采用铜基催化剂气相加氢，也有采用镍基催化剂液相法加氢，丁醇生产工艺流程见图 7-11-12。

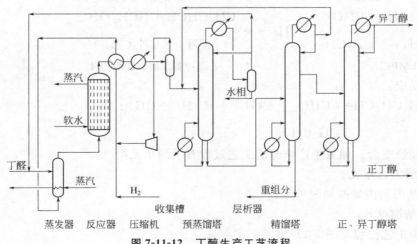

图 7-11-12　丁醇生产工艺流程

混合丁醛与氢气送入蒸发器，使丁醛气化并与氢气混合，从蒸发器顶部出来的混合气体再加热升温后，进入列管式固定床加氢反应器中，反应压力约 0.5MPa，反应温度 130～150℃。反应热通过列管反应器的壳程产生低压蒸汽带出，反应气体离开气相加氢反应器后经热交换和冷凝，分离出的气体再部分通过循环压缩机并与新鲜气混合返回蒸发器。少部分反应气体作为弛放气排出，避免惰性气体在反应系统中积累。冷凝出来的粗丁醇，先预精馏脱除轻组分和水相，再通过精馏塔除去重组分，最后送入正异丁醇塔，塔顶得到异丁醇产品，塔底物即为正丁醇产品。

2. 辛醇（2-乙基己醇）

正丁醛用碱液作催化剂进行缩合反应生成缩丁醛，再脱水生成中间产物辛烯醛（2-乙基丙基丙烯醛），进一步加氢则得辛醇（2-乙基己醇）。

缩合、脱水化学反应方程式如下：

$$CH_3CH_2CH_2CHO \longrightarrow CH_3CH_2CH_2\underset{\underset{CH_2CH_3}{|}}{C}H\underset{}{}CHCHCHO \xrightarrow{-H_2O} CH_3CH_2CH_2CH{=}\underset{\underset{CH_2CH_3}{|}}{C}CHO \tag{7-11-38}$$

正丁醛   缩丁醛（丁醛醇）   2-乙基丙基丙烯醛（2-乙基己烯醛）（EPA）

副反应：当有异丁醛存在时，正、异丁醛相互反应。

$$\underset{\underset{CH_3}{|}}{CH_3CHCHO} + CH_3CH_2CH_2CHO \longrightarrow \underset{\underset{CH_3}{|}}{CH_3CHCH}{=}\underset{\underset{CH_2CH_3}{|}}{C}CHO + H_2O \tag{7-11-39}$$

异丁醛   正丁醛   乙基甲基戊烯醛（EMPEL）

加氢化学反应方程式如下：

$$CH_3CH_2CH_2CH{=}\underset{\underset{CH_2CH_3}{|}}{C}CHO + 2H_2 \longrightarrow CH_3CH_2CH_2CH_2\underset{\underset{CH_2CH_3}{|}}{C}HCH_2OH \tag{7-11-40}$$

EPA   辛醇（2-乙基己醇）

$$\underset{\underset{CH_3}{|}}{CH_3CHCH}{=}\underset{\underset{CH_2CH_3}{|}}{C}CHO + 2H_2 \longrightarrow \underset{\underset{CH_3}{|}}{CH_3CHCH_2}\underset{\underset{CH_2CH_3}{|}}{C}HCH_2OH \tag{7-11-41}$$

EMPEL   乙基甲基戊醇（EMPOH）

加氢副反应：

$$CH_3CH_2CH_2CH{=}\underset{\underset{CH_2CH_3}{|}}{C}CHO + 4H_2 \longrightarrow C_7H_{16} + CH_4 + H_2O \tag{7-11-42}$$

由正丁醛经缩合、加氢生产辛醇的工艺过程有下列单元组成：

① 正丁醛缩合单元；

② 2-乙基丙基丙烯醛加氢单元；

③ 辛醇精馏单元。

辛醇生产工艺流程见图 7-11-13。

与 EPA 蒸发器上排出的物料混合后又进入了加氢工序。在气、液相加氢过程中所有 EPA
蒸发器入口处的乏气，混合后都重新回到正丁醛缩合系统。

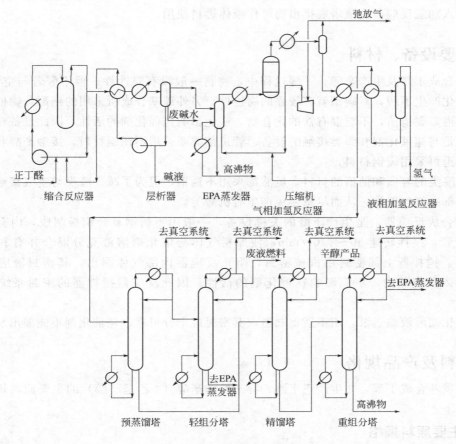

图 7-11-13　辛醇生产工艺流程

（1）正丁醛缩合过程　正丁醛与 1%～3% NaOH 水溶液相混合后，经过加热升温到
120℃即进入缩合反应器，此反应器有槽式反应器和管式反应器等不同型式。反应温度 120～
130℃，反应压力 0.4～0.5MPa。反应完成后物料冷却降温即进入层析器，EPA 从上层分出
送去加氢；下层稀碱液，一部分排出需进行废水处理，其余的与加入定量的新鲜碱液混合，
再送入缩合反应系统。

（2）EPA 加氢过程　EPA 喷入蒸发器，经气化并与氢气混合，出蒸发器的气体通过加
热器升温后，进入气相加氢反应器，反应温度 150～170℃，反应压力 0.5～0.6MPa。该反
应是放热反应，反应热经加氢反应器壳程产生蒸汽移出。加氢的反应气体经冷却冷凝，分离
出来的气体大部分通过循环压缩机升压后与新鲜氢气混合，再进入 EPA 蒸发器循环使用。
少部分的反应气体作为弛放气排入火炬系统，避免惰性气体在氢气循环系统中积累。冷凝下
来的粗辛醇经加热后再进入液相加氢反应器，一般采用镍基催化剂。采取第二步液相加氢，
使双键醛类全部加氢，提高辛醇的质量，并可降低辛醇的色度。

（3）辛醇精馏过程　粗辛醇进入预蒸馏塔，在真空条件下将轻组分从塔顶蒸出，此轻组
分中还含有 EPA 和辛醇等。因此再将轻组分送入轻组分塔，从塔底回收有用组分返回加氢
系统，塔顶馏出物可作液体燃料。

预蒸馏塔底部粗辛醇送出精馏塔，在真空条件下将辛醇产品从塔顶蒸出。其塔底重组分

与 EPA 蒸发器底部排出物混合后进入重组分塔，在真空下从塔顶回收有用组分，返回 EPA 蒸发器进入加氢反应器。该塔底排出物可作液体燃料使用。

五、主要设备、材料

羰基合成丁醛及生产辛醇、丁醇过程中，物料一般没有腐蚀性。但丁醛若与空气接触，就会被氧化产生丁酸，对碳钢就有较强的腐蚀性。另外羰基合成所采用的铑配合物催化剂的设备及管道需要清洁，不能混有铁的化合物，避免影响铑催化剂的活性，因此设备材料的选择上，凡是与铑催化剂和醛类接触的设备、管道都需要采用不锈钢材料，接触辛醇和丁醇的设备及管道可采用碳钢材料。

储存醛类的容器和储槽的材料，虽然都采用不锈钢，但为了减少醛类与空气接触，这些储槽顶部都有氮气保护，从而尽量避免产生有机酸类。

羰基合成反应器，是生产丁醛的关键设备，一般用不锈钢复合钢板制成，内有搅拌器和冷却盘管，搅拌转速 80～140r/min，使原料气体与催化剂溶液充分混合并有利于反应热的传出。搅拌器上部密封用机械密封，阻止反应器内部气体漏出，其密封液应慎重选择，若漏入反应器内，不应影响铑催化剂的活性。因此反应器搅拌器的密封系统是很重要的。

铑催化剂溶液输送泵，用不锈钢制造，其密封应十分可靠，铑催化剂不能漏出泵外。

六、原料及产品规格

低压羰基合成丁醛，并生产正丁醇、异丁醇和辛醇（2-乙基己醇）的主要原料规格和产品规格如下。

1. 主要原料规格

（1）丙烯（化学级丙烯）（摩尔分数）

丙烯	$\geqslant 95\%$
丙烷、甲烷和乙烷	$<5\%$
乙烯	$<20\times10^{-6}$
甲基乙炔和丙二烯	$<15\times10^{-6}$
氧	$<5\times10^{-6}$
总硫	$<1\times10^{-6}$
C_4和重烃	$<5\times10^{-6}$
乙炔	$<1\times10^{-6}$
氢	$<5\times10^{-6}$
总氯（以 HCl 计）	$<1\times10^{-6}$
绿油	$<10\times10^{-6}$
水分	$<20\times10^{-6}$
醇类（以甲醇计）	$<5\times10^{-6}$
$CO+CO_2$	$<15\times10^{-6}$

（2）合成气（摩尔分数）

一氧化碳	$47.8\%\sim49.0\%$
氢气	平衡
二氧化碳	$<0.6\%$
甲烷和氮	$<1.4\%$

　　总硫　　　　　　　　　　$<5mg/m^3$
　　氨　　　　　　　　　　　$<10×10^{-6}$
　　水分　　　　　　　　　　$3000×10^{-6}$
（3）氢（摩尔分数）
　　氢　　　　　　　　　　　$>95\%$
　　甲烷　　　　　　　　　　$<5\%$
　　一氧化碳和二氧化碳　　　$<10×10^{-6}$
　　总硫　　　　　　　　　　$<1×10^{-6}$
　　总氯（以 HCl 计）　　　$<1×10^{-6}$
　　水分　　　　　　　　　　$800×10^{-6}$

2. 产品规格

（1）2-乙基己醇（辛醇）（质量分数）
　　纯度（2-乙基己醇）　　　$>99.5\%$
　　色度　　　　　　　　　　$<5APHA$
　　水分　　　　　　　　　　$<0.05\%$
　　醛类（以 2-乙基己醛计）　$<0.05\%$
　　酸度（以醋酸计）　　　　$<0.01\%$
　　硫酸色度　　　　　　　　$15APHA$
　　馏程（98%，体积分数）　$183～186℃$
　　密度（20℃）　　　　　　$0.831～0.833g/cm^3$
　　灰分　　　　　　　　　　$<0.01\%$
　　不饱和物　　　　　　　　$<0.05\%$

（2）正丁醇（质量分数）
　　纯度（正丁醇）　　　　　$>99.5\%$
　　色度　　　　　　　　　　$<5APHA$
　　水分　　　　　　　　　　$<0.10\%$
　　醛类（以丁醛计）　　　　$<0.05\%$
　　酸度（以醋酸计）　　　　$<0.005\%$
　　硫酸色度　　　　　　　　$<20APHA$
　　异丁醇　　　　　　　　　$<0.5\%$
　　密度（20℃）　　　　　　$0.809～0.811g/cm^3$
　　蒸发残余物　　　　　　　$<0.003\%$

（3）异丁醇（质量分数）
　　纯度（异丁醇）　　　　　$>99.5\%$
　　色度　　　　　　　　　　$10APHA$
　　水分　　　　　　　　　　$<0.15\%$
　　酸度（以醋酸计）　　　　$<0.003\%$
　　醛类（以异丁醛计）　　　$<0.1\%$
　　密度（20℃）　　　　　　$0.801～0.803g/cm^3$
　　蒸发残余物　　　　　　　$<0.004\%$
　　硫酸色度　　　　　　　　$<20APHA$

七、原料及动力消耗

　　以生产规模为 $15×10^4t/a$ 的丁辛醇（不包括副产品异丁醇）为例，主要原料及动力消耗定额如下（以 1t 丁辛醇产品计）：

丙烯	700~776kg
合成气	807.9m³
氢气	465.4m³
冷却水	266.7m³
电	78.8kW·h
蒸汽	2.88t

八、环境保护及安全生产

1. 气体排出物

① 从羰基合成反应系统排出的弛放气　1t 产品排出弛放气约 221m³，送至火炬系统焚烧，也可作为燃料气利用。

② 辛烯醛和丁醛加氢反应系排出的弛放气，主要是氢气，其次含有甲烷、一氧化碳、二氧化碳，还有少量醛醇类和水分。可作燃料气体或送火炬燃烧。

③ 辛醇生产过程精馏系统蒸气喷射真空单元排出的气体主要是空气、氮气、少量有机物和水分，可直接排入大气。

2. 废液、废水排出物

① 合成气水洗塔排出水量　1t 产品排出此洗涤水约 0.23m³，其中含 NH_3 30×10^{-6}，溶解微量 H_2 和 CO，送生化处理。

② 丁醛缩合生产辛烯醛产生的含碱废水　生产 1t 辛醇排出含碱废水约 0.14m³。其中 NaOH 1.8%~2.0%（质量分数），EPA 0.15%（质量分数），其他有机物微量。此废水除含碱量高外，而 COD 值一般是 30000mg/L 以上。需在装置内进行预处理，国内研究采用酸化萃取法处理含碱废水可大幅度降低 COD 值，然后再送生化处理场处理。酸化萃取法将含碱废水首先用硫酸中和处理，使 pH 值小于 4，然后用含碱废水中分离出来的有机相（即 C_8 以上的醛醇化合物）作萃取剂，对废水进行萃取，这样不仅降低了 COD 值，且能回收一定量的 EPA，返回系统生产辛醇。

③ 辛醇和丁醇精馏过程中分离出的重组分　1t 产品排出重组分约 0.1m³。其组成主要是丁醛、丁醇、EPA、辛醇、TPP 和三聚物等。国内工厂一般送出回收有用物质，既处理了废液，又提高经济效益，也有作为液体燃料燃掉。

废渣主要是催化剂和吸附剂，含金属的催化剂送回制造厂回收贵重金属。有的吸附剂可深埋处理。

九、丁醛及相关产品的用途

1. 丁醛的用途

低压羰基合成丁醛，主要是正丁醛，但也有少量的异丁醛。正丁醛用于生产正丁醇和 2-乙基己醇。异丁醛可用于生产异丁醇、新戊二醇和甲基丙烯酸甲酯等产品。

2. 丁醇的用途

丁醇是重要的有机化工原料，也是一种优良的溶剂，用于油漆、染料、表面涂料以及医药工业。还可用于生产酯类，如醋酸丁酯、丙烯酸丁酯、苯二甲酸二丁酯等。丁醇还能用于生产各种醚类、胺类，分别用作乳胶漆、织物加工黏合剂、农药和橡胶加工助剂及皮革处理剂等。

3. 2-乙基己醇（辛醇）的用途

2-乙基己醇是生产苯二甲酸二辛酯的主要原料，苯二甲酸二辛酯是一种理想的增塑剂，大量用于聚氯乙烯树脂的加工，用这种增塑剂与聚氯乙烯加工生成的塑料及薄膜，既可适用于寒带的气温，也能在热带的环境中使用。苯二甲酸二辛酯也用于合成橡胶和纤维素树脂的加工等。2-乙基己醇还可作为柴油和润滑油的添加剂，也能作为照相、造纸、涂料、油漆、纺织和轻工等行业的溶剂，陶瓷工业釉浆的分散剂，矿石的浮选剂、消泡剂、清净剂等。

参考文献

［1］ Falbe J. New syntheses with carbon monoxide. Berlin：Springer-Verlag，1980.
［2］ 潘行高．化工设计，1996（4）：1；（5）：14.
［3］ Roth J F, Craddock J H, Hershman A, et al. Chem Tech, 1971, 10：600-605.
［4］ Singleton T C . Applied Indnsfrial Catalysis, 1983, 1：275-296.
［5］ Jones J H. Platinum Metals Rev, 2000, 44，（3）：94-105.

第十二章
整体煤气化联合循环发电

第一节　IGCC 的技术特点和工艺组成

2012 年 11 月，中国华能集团在天津市建成投产国内第一套 IGCC 联合循环发电系统。采用西安热工院两段式干粉气化技术，设计能力为 2000t 煤/a，发电系统供电功率 227MW，发电效率 48%，供电效率 41%，实现了产业化运行。

山东兖矿集团与中国科学院热物理研究所合作，进行水煤浆气化制甲醇和醋酸联产电力的综合示范项目。联合循环发电功率为 80MW（其中燃气轮机 42MW），甲醇和醋酸产能各 20×10⁴t。2005 年整个系统运行后，全系统能量利用率 57.0%，发电耗煤与同规模常规燃煤发电相比，供电耗煤可降低 25% 左右。污染物排放大幅减少，取得了良好效果。

一、技术特点

从热力循环理论可知，在采用先进燃气轮机技术的条件下，余热锅炉型联合循环的效率是最高的。目前以天然气为燃料的联合循环机组的净热效率已达 58.5%，将来可能提高到超过 60%。IGCC 就是以煤气代替天然气的余热锅炉型联合循环机组，所不同的是煤在气化和净化过程中存在一定的热损失，而且厂用电率较高。因而 IGCC 的热效率低于烧天然气联合循环的热效率。但是随着煤气化工艺、煤气净化工艺的改进和 IGCC 整体技术的提高，热损失和厂用电率都会逐渐减小。再加上燃气轮机技术的不断发展，IGCC 的热效率将进一步提高。采用 GE 公司 9H 型燃气轮机并经过优化设计的 IGCC 方案的净效率预期可以达到 51%。与常规蒸汽发电机组相比，IGCC 的热力性能主要依赖于燃气轮机技术的发展，而燃气轮机的初温和效率提高很快（平均每年提高约 10℃），所以 IGCC 的高效节能潜力很大。

IGCC 对污染物的处理是在高压力、高浓度、小流量的煤气中进行的，所以净化效果好，而且处理费用低。而其他燃煤发电技术，如增压流化床联合循环（PFBC-CC）发电和常规燃煤发电（PC）是对大流量、低浓度的烟气进行处理的。IGCC 的排尘量为常规电厂袋式除尘后的 1/3 左右，为美国环保局标准（NSPS）的 1/10 量级。IGCC 的排气脱硫率可达到 98% 以上，甚至更高，并且能获得可出售的副产品单质硫或硫酸。因为在燃气轮机中燃用煤气，IGCC 工艺本身 NO_x 的排放就很低，在采用氮气回注、煤气饱和措施后，可以有效降低燃气轮机燃烧室火焰温度，抑制 NO_x 的形成。排气中 NO_x 含量在 $20mL/m^3$ 以下。IGCC（气流床）的灰渣为无浸出、无毒害、可利用的熔渣。图 7-12-1 是 IGCC、PC、PFBC 等发电技术的污染物排放量与 NSPS 标准的比较，它反映出 IGCC 技术具有很好的环保性能。

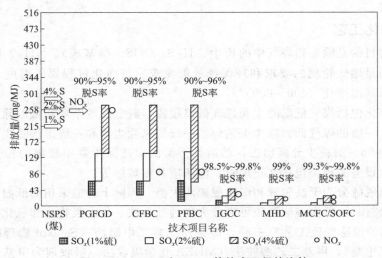

图 7-12-1 NSPS 与 IGCC 等技术环保的比较

此外，IGCC 技术还有节水和综合利用等优点。IGCC 机组的耗水量比常规蒸汽发电机组少 30%~50%，这对许多缺水地区有利，也适合矿区建设坑口电站。IGCC 可以设计成多联产系统，能同时生产电、热、燃料气和化工产品，使煤炭资源得到综合利用。

目前 IGCC 技术的主要缺点是：建厂的单位容量投资费用较高；系统复杂；运行可靠性相对偏低；负荷适应性较差；成熟性不如常规火力发电。

二、工艺组成

IGCC 的工艺技术组成包括煤气化工艺、煤气净化工艺、燃气轮机技术、余热锅炉和蒸汽轮机、空分工艺及系统和 IGCC 热力系统。

1. 煤气化工艺

气化炉是 IGCC 的主要设备之一。

在大容量 IGCC 机组中普遍采用气流床气化炉，可分为水煤浆进料气化炉和干粉进料气化炉。Texaco 和 Destec 炉是水煤浆进料，氧气气化；Prenflo、Shell 和 GSP 炉是干粉进料，氧气气化；ABB-CE 炉（和日本正在开发的气化炉）是干粉进料，空气气化。干粉进料气化炉的煤中水分含量小，使粗煤气中水蒸气含量较低，有利于提高气化炉的冷煤气效率。一般来说，用这种气化炉组成的 IGCC 方案的净热效率比用水煤浆气化炉组成的 IGCC 方案高出1～2 个百分点。

气化炉出口的粗煤气温度一般都在 1000℃ 以上，应对粗煤气的显热进行合理的回收利用。在目前低温煤气净化技术条件下，粗煤气显热回收利用的主要方式为：用辐射冷却器和对流冷却器将余热锅炉来的饱和水加热成为饱和蒸汽，加热喷到气体饱和器中去的水等。上述辐射冷却器和对流冷却器的工作环境十分恶劣，为了防止运行中发生高温腐蚀，这些冷却器用昂贵的合金钢制作，从而增大了 IGCC 的投资费用。采用 Texaco 煤气化工艺时，IGCC 的粗煤气显热回收利用还有一种激冷方式，即向气化炉底部喷水以降低粗煤气温度，从而取消气化炉出口的辐射冷却器和对流冷却器。激冷式 IGCC 的投资费用会减小，但 IGCC 的效率也相应降低。高效激冷式 IGCC 通过煤气透平回收煤气的压力能，可以使 IGCC 效率降低的程度得到缓解。

2. 煤气净化工艺

煤气净化的目的是除去粗煤气中的粉尘、H_2S、COS（羰基硫）、NH_3、HCl 及碱金属等污染物，以满足燃气轮机的要求和环保排放的要求。按净化过程煤气温度分为低温净化（250℃ 以下）和高温净化（400～600℃）。

煤气低温净化包括煤气低温除尘和煤气低温脱硫，碱金属等杂质在低温除尘及脱硫过程中同时被除去。一般的煤气低温除尘工艺包括一级旋风除尘器和一级湿法除尘器。旋风除尘器可以将煤气中 98% 的粉尘分离出去，然后在下游的湿法除尘器中较细的粉尘颗粒被分离出去。湿法除尘设备的种类包括文丘里管、泡沫塔和湍球塔等。

煤气的低温脱硫分为干法脱硫和湿法脱硫两大类。国际上普遍采用的低温干法脱硫剂是氧化铁外加疏松材料。低温湿法脱硫可以分为物理吸收法、化学吸收法和氧化法三类。目前用于 IGCC 示范的湿法脱硫工艺有三种，即聚乙二醇二甲醚法（Selexol 物理吸收法，吸收剂为聚乙二醇二甲醚）、甲基二乙醇胺法（MDEA 化学吸收法，吸收剂为甲基二乙醇胺）以及环丁砜法（Sulfinol 物理化学吸收法，吸收剂为环丁砜和烷基醇胺的混合液）。煤气脱硫后再采用硫回收工艺，可得到单质硫或硫酸。

煤气高温净化是将粗煤气在较高的温度下除尘和脱硫，从而有效地降低了煤气净化过程的显热损失。煤气高温除尘设备可分为旋风除尘器、陶瓷过滤器、颗粒层移动床过滤器和金属丝网过滤器等。旋风除尘器一般作为预除尘设备。目前高温陶瓷过滤器被认为是最有前途的高温除尘设备，煤气高温脱硫是通过金属氧化物的粒状脱硫剂与煤气中的 H_2S 反应来进行的。脱硫剂的种类很多，其中 Fe-Zn 系和 Ti-Zn 系脱硫剂最有发展前途。煤气高温净化技术目前尚属于研究开发阶段，离商业化应用还有一定的距离。发展煤气高温净化技术能有效提高 IGCC 的效率，与煤气低温净化技术相比，它能使 IGCC 的净效率提高0.7～2.0 个百分点。

3. 燃气轮机技术

燃气轮机是 IGCC 的关键设备之一。在进行 IGCC 方案设计时，必须首先进行燃气轮机选型并确定其工况点，在此基础上才能对 IGCC 的煤气化、煤气净化系统、空分设备以及蒸汽系统进行设计。

在 IGCC 中燃气轮机的燃料是合成煤气，其热值比天然气的热值低得多，致使进燃气轮机燃烧室的燃料流量增加，因此燃气轮机的热力参数和工况点将发生变化（与烧天然气时的工况点不同）。为了适应燃气轮机工况点的变化，有时需要关小压气机的进口可转导叶，必要时对燃气轮机的部件进行改造。

为了降低 IGCC 的 NO_x 排放量，目前采取两种方法。一种方法是对合成煤气进行加湿饱和，即在燃烧室的上游设置饱和器，通过向其中喷射一定量的水，使煤气中的水蒸气含量达到饱和。另一种方法是氮气回注，即把空分设备中分离得到的氮气增压后供向燃气轮机燃烧室。有时这两种方法被同时采用。对合成煤气饱和与氮气回注的目的都是把燃气轮机燃烧室的燃烧温度控制在一定温度以下，以减少热力型 NO_x 的生成量。

为了进一步提高燃气轮机的性能，正在以下几方面进行开发研究：①开发新型合金材料和叶片涂层工艺，并改进透平冷却技术、提高冷却效果，以提高透平初温；②利用可控扩压原理和三元流理论优化设计高压比压气机及大焓降透平；③开发干式低 NO_x 燃烧器和燃烧室。

4. 余热锅炉和蒸汽轮机

余热锅炉是回收燃气轮机的排气余热，以产生驱动汽轮机发电所需蒸汽的换热设备。在 IGCC 中煤气的显热回收也产生部分高压或中压饱和蒸汽，这些蒸汽被送入余热锅炉的蒸汽系统。因此 IGCC 的余热锅炉具有显著的热力特点。在进行余热锅炉设计时应对受热面进行适当调整，即高压蒸发受热面相对减小，同时高压过热器和省煤器受热面相对增大；设计中考虑的另一个问题是燃料切换问题，当机组燃用天然气时，省煤器和蒸汽过热器的工质流量下降幅度较大，使工质在这两个受热面的温升增大，应采取措施限制过热器超温和省煤器沸腾。

按压力等级余热锅炉可以分为单压式、双压式、三压式和双压再热式、三压再热式共五种。随着压力等级的增加，烟气携带的能量利用得更充分，但同时却伴随着受热面积增加和系统复杂、投资费用上升的缺点。采用再热可以提高蒸汽循环的平均吸热温度，有利于提高蒸汽系统的热效率。技术循环方式余热锅炉可以分为自然循环和控制循环两种。一般自然循环余热锅炉设计成卧式结构，控制循环余热锅炉设计成立式结构。这两种不同结构余热锅炉各有其优缺点。

在 IGCC 中使用的蒸汽轮机与常规的蒸汽轮机是相类似的，但也有自身的特点：①回热系统很简单，甚至没有回热抽汽；②由于低压力等级蒸汽的回注，排向凝汽器的蒸汽流量一般比汽轮机的主蒸汽流量大；③蒸汽轮机采用滑压运行方式，而不采用调节级；④为了满足快速启动的要求，在蒸汽轮机的结构上采取了相应的措施；⑤蒸汽轮机的容量和参数由余热锅炉的热力计算和 IGCC 系统的总体匹配来决定，不是标准件设备。

5. 空分工艺及系统

在气流床气化工艺的 IGCC 中一般都设置专门的空分设备。空分设备采用传统的低温分离技术，基本原理是用人工制冷方法将空气冷却成液态，然后通过精馏工艺把液态空气分离成氧气和氮气。空分设备主要由空气净化、空气液化循环和精馏三个环节组成。

IGCC 空分设备的主要产品是高纯度的氧气，以向煤气化炉提供气化剂；同时还生产少量的纯氮气，用来进行煤粉输送、充气和吹扫之用。不同 IGCC 方案的气化炉要求氧气的纯度不同，空分设备的工艺流程也有所不同。

6. IGCC 热力系统

IGCC 系统十分复杂，各子系统之间存在着热量和工质交换。如：煤气化用蒸汽来自余热锅炉的汽水系统；采用非独立空分方式时，分离出的氮气可以部分或全部回注燃气轮机的燃烧室；煤气显热回收系统把来自余热锅炉的给水加热成饱和蒸汽再返回汽轮机做功等。因此"整体化"是 IGCC 系统的显著特点。IGCC 的整体化概念表示 IGCC 中有关部件联系的紧密性，主要表现在气侧整体化和汽水侧整体化。气侧整体化包括：①空分系统的整体化，上面已讲过三种空分系统，其中整体化空分系统的整体化程度最高（100％），而独立空分系统的整体化程度最低（0％）；②氮气用于煤粉的输送及燃气轮机入口煤气的稀释，或直接送入燃烧室作冷却剂。汽水侧整体化则意味着气化炉和煤气冷却器，以及煤气净化装置的汽水系统与联合循环的汽水系统有机地结合在一起。

IGCC 是多工艺技术的高度集成，涉及热工技术、煤化工技术和制冷技术。尽管上述每个单项技术都是成熟的，但把这些技术集成在一起构成 IGCC 系统时，在系统设计和设备容量、参数匹配上具有很大的灵活性，因此进行系统优化的潜力很大。系统优化不仅能提高电站的热经济性，而且有利于降低电站投资、提高运行的安全性和可靠性等。

IGCC 系统的复杂性和高度集成性，使得 IGCC 的运行和控制问题变得十分重要。因此研究 IGCC 的启动运行方式和动态特性，制定合理的控制策略，对 IGCC 机组的安全、经济运行很重要。这一点已被投运的 IGCC 电站的经验所证实。

第二节　IGCC 示范电站

一、坦帕 IGCC 示范电站

该示范电站是坦帕（Tampa）电力公司（TEC）所属普克（Polk）电站的 1 号机组，位于美国佛罗里达州中部的 Polk 县境内，是美国能源部（DOE）洁净煤技术（CCT）示范计划 1989 年第三轮招标选定的项目。

1. 建设概况

1992 年 7 月 TEC 作为业主与 DOE 签订协议。贝克特（Bechtel）工程公司承担工程设计、设备采购、施工管理。1994 年 11 月破土动工，1996 年 9 月燃气轮机首次燃用煤气运行，1996 年 9 月 30 日开始进入商业运行，根据与 DOE 的合同将有一个为期 5 年的示范运行期。

电站实际建成的工程造价为 5.06 亿美元，其中 DOE 资助 1.42 亿美元，按净出力计算单位造价 2024 美元/kW。

厂址在坦帕市东南 45mile（1mile＝1609.3m）一个废弃磷矿区内，总面积 17.6km²，其中约 1/3 面积经改造后作为电厂用地，包括一个 3.44km² 的冷却水池。其余 2/3 区域需经改造回归自然。

2. 设计指标

设计煤种为 Pittsburgh 8$^\#$煤，收到基的质量分数：碳 73.76％，氢 4.72％，氧 4.96％，氮 1.39％，氯 0.1％，硫 2.45％，水分 4.74％，灰 7.88％；高位发热量 30912kJ/kg。

燃气轮机功率 192MW，汽轮机功率 121MW，厂用电耗 63MW，净功率 250MW，厂用电率 20.13％，净热效率 41.6％（LHV）。冷煤气净化脱硫率 96％，热煤气净化脱硫率 98％，SO_2 排放 90.4mg/MJ，NO_x 排放 116.2mg/MJ。

3. 热力系统和工作过程

机组工艺流程见图 7-12-2。

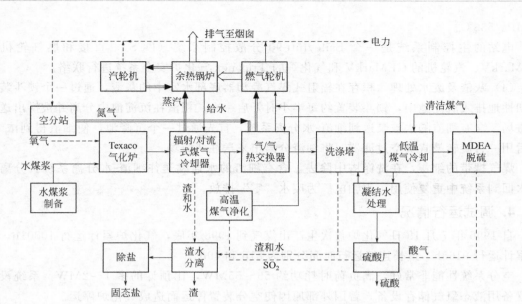

图 7-12-2　Tampa IGCC 示范电站工艺流程示意图

（1）气化和净化系统　配置一台德士古（Texaco）气化炉，属水煤浆进料氧气下吹式气流床气化。气化能力 2400t/d，水煤浆浓度 68%，氧气纯度 95%。炉内气化压力 2.8～3.0MPa，温度约为 1482℃。粗煤气主要成分为 H_2、CO、CO_2 和水蒸气，燃料中的硫转化成 H_2S 和 COS。煤中所含灰分在气化过程中熔融成液态渣。高温煤气向下流动进入辐射式煤气冷却器，煤气温度降到约 700℃，煤气中的熔融渣在底部水室中淬冷成玻璃状渣。煤气继而进入两个并联的对流式煤气冷却器继续冷却到 480℃。煤气显热得到回收，产生 10.4MPa 的饱和蒸汽。气化炉和辐射式煤气冷却器做成一体，外壳直径 5.185m，高 39.345m，总重约 900t，气化炉炉膛用耐火砖衬里。

经过对流式冷却器的煤气分两路进入煤气净化系统，清除煤气中的固体颗粒、硫化物、碱金属盐和卤化物等有害物质，以保护燃气轮机及使排气满足环境法规的要求。Tampa 电站设置了高温和常温两套煤气净化系统。

高温煤气净化是一套 10% 容量的工业示范装置，采用美国 CE 环保公司研究开发的脉动式移动床高温脱硫技术。工作温度 482～538℃，用钛锌脱硫剂吸收 H_2S，生成浓度约 13% 的 SO_2，送往硫酸厂，脱硫率为 98%。净化后，煤气中 H_2S 和 COS 含量不超过 $30×10^{-6}$。吸收剂可再生利用。

90% 的粗煤气进入常温煤气净化系统，高温煤气净化系统停运时，该系统能处理 100% 的粗煤气。常温煤气净化采用文丘里洗涤器湿法除尘和 MDEA 法脱硫，坦帕电厂没有采用水解器将 COS 转化为 H_2S，脱硫率为 96%。

（2）空分系统　配置了一套完全独立的低压空分系统，空气由独立的空气压缩机供给。空分站日产 2100t 纯度为 95% 的氧气和 6300t 纯度为 98% 的氮气。氧气除供气化炉用外，还供给硫酸厂。氮气经压缩并加热后回注到燃气轮机燃烧室，既可降低 NO_x 的生成，又可增大燃气轮机做功能力。

（3）联合循环　燃气轮机为 MS7001F 型，燃用合成煤气时初温 T_B＝1260℃，额定功率可达 192MW。燃气轮机排气进入一台三压自然循环余热锅炉，煤气冷却系统产生的高压饱和蒸汽也在这里进一步加热成过热蒸汽，驱动一台再热式汽轮机，主蒸汽参数为

10MPa/538℃。

电站的主控制系统是一个 BaileyInfi-90 分散控制系统（DCS），直接和燃气轮机的 GEMarkV、汽轮机的 GEMarkV 和气化炉的 Triconex 气化炉安全系统进行联络。

（4）灰渣及废水处理　积存在辐射式煤气冷却器底部水室中的灰渣，通过一个锁斗装置周期性地排入沉淀池中，锁斗装置约每半小时开启一次。粗渣在沉淀池中分离并被捞出送往灰渣场。含有细渣的水被泵送到细渣-水分离系统，首先通过一个沉降池，使细渣得到浓缩，然后用一台旋转鼓式真空过滤器，将细渣分离出来送往灰渣场。

煤气携带的细灰，在洗涤塔中除去。含有细渣的水连续送往细渣-水分离系统。分离后的水回到系统中重复使用。坦帕电厂为废水"零"排放。

4. 调试运行情况

自 1996 年 7 月 19 日气化炉首次生产出煤气到 1998 年底，气化炉累计运行 10301h，机组累计运行 9168h，最长连续运行时间分别为 51d 和 49d。

空分系统性能非常好，满负荷时耗功约 50～55MW，比预计的多 1～2MW。系统没有配置备用液态氧气储存设备，曾因外部原因使空分装置停运而造成气化炉停运。

气化炉调试和运行中均很可靠。炉内测温热电偶和耐火砖的寿命是一个问题。辐射式煤气冷却器（RSC）和对流式煤气冷却器（CSC）运行情况非常好，污垢系数仅为设计值的 1/3～1/4。

位于对流式煤气冷却器后面的两个用粗煤气加热洁净煤气和回注用氮气的气/气热交换器在调试阶段就出现过灰渣堵塞现象，在停用清理的过程中，沉积的灰渣吸收空气中的水分，对管子造成严重腐蚀。在 1996 年 8 月至 1997 年 5 月的运行中多次因管子泄漏而停炉，并造成燃气轮机的损伤，最终拆除了气/气热交换器及清洁煤气预热器，并改用蒸汽来预热清洁煤气。

已完成了高温煤气净化系统的安装，但至今尚未进行调试和试运。MDEA 脱硫装置达到了除去煤气中 99% 以上的 H_2S 的指标，由于该装置不去除 COS，所以总脱硫率约为 95%。

调试阶段，生成灰渣量较多时，锁斗、辐射式煤气冷却器底部水室、洗涤器等均发生过不同程度的堵塞。细渣分离系统问题较多，由于碳转化率比预计的略低，细渣含量较高，为减少细渣量，通过降低水煤浆浓度，提高 O/C 比值，以保证在较低的气化温度下获得较高的碳转化率。但这样做的结果增加了机组热耗，并使空分装置一直在满负荷甚至超负荷工况下运行。所以，Tampa 电厂不得不稍稍降低运行负荷。他们正在寻求能增加细渣分离系统能力的方案。

燃气轮机达到燃用煤气时的最大出力 192MW。燃气轮机燃料切换过程中有时不很协调，主要是煤气净化系统和燃气轮机控制系统的协调问题，尚需进一步改进。

控制系统性能良好，但要求的技术水平也比预计的高。集散控制系统（DCS）与燃气轮机及汽轮机的 MarkV 间的数据联络有些问题。用户希望能更好地在 DCS 上实现燃气轮机和汽机的控制。某些部分的控制逻辑还需改进，如全厂负荷控制、燃气轮机燃料切换等。与常规电厂相比，IGCC 的系统整体化程度高，负荷调节比较困难。负荷调节涉及煤气和氧气的压力调节，气化炉、空分站、燃机、汽机的负荷调节等。由于各相关系统的时间常数普遍偏大且互不协调，因而不可能通过全厂负荷控制系统进行大幅度的负荷调节。

在一年的运行中，气化了 Pittsburgh 8# 煤和 Kentucky 11# 煤。主要性能见表 7-12-1。

表 7-12-1　燃用两种煤时的机组性能

项　　目	Pittsburgh 8#	Kentucky 11#	项　　目	Pittsburgh 8#	Kentucky 11#
气化煤量/(t 干煤/d)	2012	2120	电站净功率/MW	248.5	247.0
燃气轮机毛功率/MW	190.1	187.9	热耗率(HHV)/[kJ/(kW·h)]	9864.8	9970.3
汽轮机毛功率/MW	125.2	124.2			
合计毛功率/MW	315.3	312.2	净热效率(HHV)/%	36.5	36.11

上述性能是在拆除了气/气热交换器的条件下测定的,为了防止细粉分离器堵塞并得到耐火砖最长的使用寿命,试验时水煤浆浓度用得比较低,同时将气化炉温度控制得尽量低。因而,相应的试验热耗率较高。

今后工作:提高可用率,降低运行成本;优化各系统及其运行,改善机组热效率,使其达到设计热耗率 9073.5kJ/(kW·h)(HHV);高温煤气净化系统的投运和不同煤种试验。

二、Wabash River IGCC 示范电站

该电站是美国能源部(DOE)洁净煤技术(CCT)示范计划第 4 轮招标选定的项目,采用德士泰(Destec)气化技术对电厂原 1 号机组进行增容改造。希望通过示范找到一种能燃用本地高硫煤,又满足严格环保要求的基本负荷发电技术。

1. 建设概况

1992 年 7 月,由 PSI 能源公司和德士泰公司联合组成的沃巴什河(Wabash River)煤气化改造项目联营公司与 DOE 签订合作协议,并作为业主负责运行。1993 年 9 月破土动工,1995 年 8 月 25 日气化炉首次投运,1995 年 11 月 18 日完成初步试验,转入商业运行,1995 年 12 月开始为期三年的示范运行期。

项目总费用 4.382 亿美元,由美国能源部和业主各承担 50%。用于电站建设的基本投资为 4.17 亿美元,包括工程设计、环境评价、设备、建设安装、运行培训、启动调试、原有设施的改造、许可证费以及三年示范运行期间除煤、电以外的费用。通过改造利用原有的汽轮机和输煤设备,约可使投资减少(3~4)千万美元,并使进度比新建电厂缩短了约一年。按 4.17 亿美元计算,单位造价为 1591 美元/kW。

该电厂是一座坑口电站,位于印地安纳州维哥(Vigo)县境内,南距西泰瑞何特(West Terre Haute)市约 8mile,在沃巴什河边。新建的煤气化设施紧邻原电厂,占地 6hm²。

2. 设计指标

设计燃用当地高硫煤,硫含量 2.3%~5.9%(干基)。燃气轮机功率 192MW,汽轮机功率 104.9MW,厂用电耗 35.38MW,净功率 261.61MW,厂用电耗率 11.91%,净效率 37.8%(HHV),脱硫率>98%,SO_2 排放<86mg/MJ。

3. 热力系统及工作过程

示范电站工艺流程见图 7-12-3。

(1)气化和净化系统　配置两台 100% 容量的 Destec 气化炉,是水煤浆进料、氧气气化、连续液态排渣的两级气流床气化装置,每台气化能力 2500t/d。气化炉本体由钢制耐压外壳和耐火砖内衬构成,气化炉总重 600t。

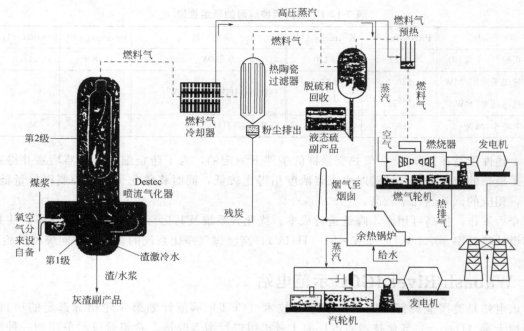

图 7-12-3 Wabash River IGCC 示范电站工艺流程示意图

水煤浆由湿式棒磨机制备，浓度 60%，与 95% 纯度的氧气混合后经水平相对布置的两个喷嘴进入气化炉第一段。进煤量占总量的 80%，气化温度约 1427℃，气化压力 2.76MPa。煤在部分燃烧条件下气化，并使灰熔化成液态渣，经底部排渣口进入水冷室，形成玻璃状惰性渣。第一段生成的粗煤气向上流入第二段，该段有三个喷嘴，根据不同煤种，可供应水煤浆、水蒸气或冷煤气。该机组采用水煤浆为第二段进料，占总供煤量的 20%，在高温煤气中蒸馏、热解，并与水蒸气反应生成 H_2 和 CO。通过第二段后煤气热值提高并使温度降到约 1038℃。煤气成分主要为 CO 和 H_2，含有一定量的 H_2O、CO_2 及少量 CH_4、N_2、H_2S、COS 和 NH_3。粗煤气中水蒸气的含量比 Texaco 气化炉者少得多。

两段式气化可提高气化炉的冷煤气效率，并降低煤气出口温度，可省去昂贵的辐射式煤气冷却器，只需设置对流式煤气冷却器。该机组配用美国 Deltek 公司制造的火管式对流冷却器，内设省煤器和蒸发器。煤气冷却到 371℃，产生 11.03MPa 的饱和蒸汽，再经余热锅炉过热后供给汽轮机。

煤气经冷却器后进入两个并联的陶瓷管过滤器，收集的细渣再循环至第一段水煤浆入口，其后不再采用水洗除尘装置。煤气中 H_2S 和 COS 含量约为万分之几。该机组采用常温 MDEA 湿法脱硫，且在脱硫前设置了水解器，把 COS 分解成 H_2S 和 CO_2。在 MDEA 脱硫装置中采用甲基二乙醇胺为吸收剂，分离出来的 H_2S 和 CO_2 送到克劳斯（Claus）装置中生成单质硫，吸收剂再生后可重复使用。脱硫率可达 98% 以上，回收的单质硫纯度可达 99.9%。

（2）联合循环 采用 GE 公司 MS7001FA 型燃气轮机，烧合成煤气时燃气初温为 T_B = 1260℃，输出功率 192MW。经净化的煤气再经过水蒸气饱和后送到燃烧室中去燃烧，那时净煤气的典型容积成分为：H_2 28%，CO 38%，CO_2 10%，CH_4 1%，N_2 1%，H_2O 22%，含硫化合物 1×10^{-4}（体积分数）；干煤气高位热值 10624kJ/m^3。由于没有采用氮气回注，煤气除用水蒸气饱和外，还需在燃烧室中用蒸汽注入来控制 NO_x 的生成量。

余热锅炉采用三压系统，蒸汽参数为 9.75MPa，543℃/543℃。汽轮机采用原有 1 号机组，系西屋电气公司于 1952 年制造，原额定出力 99MW，因老化和环保限制，改造前已降至 90MW。为适应 IGCC 示范电厂的要求，汽轮机采取了更换低压缸一级叶片、取消回热抽汽、更换部分高压螺栓、增大凝汽器的冷却面积、改进汽轮机的控制系统等一些改造措施。

（3）空分系统　采用完全独立的低压空分系统，空分所需空气由一台三级中间冷却的离心压缩机供给。氧气纯度 95％，产氧量 2060t/d。氮气不用于回注燃气轮机，设一氮气储罐，用于启动过程的管道清扫。

（4）调试和运行　1995 年 11 月完成整台机组的试运行和初步试验。1995 年 12 月开始为期三年的示范运行，截至 1998 年底，气化炉累计运行超过 10000h，燃气轮机燃用煤气累计运行超过 9000h，最长连续运行 476h。1998 年气化炉累计运行 5281h。

在第一年的运行中，曾遇到排渣口堵塞、对流式煤气冷却器入口管道灰渣沉积、陶瓷管移位和破碎、催化剂中毒、热交换器的应力腐蚀裂纹等问题。后来通过改进气化炉第二段出口煤气管道的尺寸、形状和煤气流速，并在煤气冷却器前装设了网，对陶瓷管固定方式进行了改进，后来又改用金属丝滤网，在 COS 水解装置前增加了水洗装置，以去除煤气中的氮化物等，使问题得到了解决。

总脱硫率大于 98％。脱硫系统的尾气经焚烧炉后排入大气。包括燃气轮机排气和煤气火炬在内的三个向空排放口均符合排放的环保要求。SO_2 的总排放量为 86mg/MJ，最低时达到 13mg/MJ。大大低于美国洁净空气法（CAA）中规定的到 2000 年达到 516mg/MJ 的标准。

机组对电网的适应性良好。效率已达到设计值，并高出 1％～1.5％。进一步优化后可达 39％～40％（HHV）。

三、Buggenum IGCC 示范电站

该电站位于荷兰南部林堡（Limburg）省海伦（Haelen）自治市的比赫姆（Buggenum）镇，占地约 $10hm^2$。正式名称为威廉-亚历山大（Willem-Alexander）中心电厂。

1. 建设概况

1989 年 2 月荷兰电力局（SEP）组建 Demkolec 公司，作为示范电厂建设、调试和示范期的业主。完成示范后转给南方电力公司（EPZ）作商业运行。1989 年 4 月开始设计，1990 年 10 月 31 日破土动工，总耗工约 5000 人•a，1993 年下半年建成，同年 12 月气化炉首次生产出合成煤气，1994 年 4 月第一次燃用煤气发电。原计划 1994～1996 年为示范期，由于燃气轮机燃用煤气时发生的问题，使进度推迟一年。1998 年 1 月 1 日正式转入商业运行。

电厂投资 5 亿荷兰盾（1989 年价），约合 4.72 亿美元，按净功率计算单位造价 1865 美元/kW。55％的投资用于设备；20％用于设计、研究，包括可行性研究；25％用于施工、安装。

2. 设计指标

燃气轮机功率 156MW，汽轮机功率 128MW，厂用电耗 31MW，净功率 253MW，厂用电率 10.92％，净热效率 43.2％（LHV）。SO_2 排放 25.8mg/MJ，NO_x 排放 73.2mg/MJ，粉尘 0.86mg/MJ，废水"零"排放。

3. 热力系统和工作过程

热力系统见图 7-12-4，主要包括气化、煤气净化、空分、联合循环等部分。

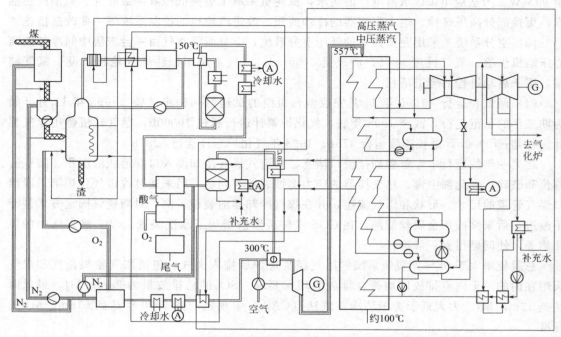

图 7-12-4 Buggenum IGCC 示范电站工艺流程示意图

（1）气化系统 采用一台壳牌（Shell）气化炉，属干粉进料、液态排渣、氧气气化的加压气流床气化工艺。容量 2000t/d。炉内采用水冷壁结构，下部设置 4 个对置式燃烧器。煤粉经干燥，含水不超过 2%，与 95% 纯度的氧气一起喷入气化炉。煤粉在 2.6～2.8MPa 及约 1500℃ 的条件下气化，粗煤气主要成分为 CO、H_2 和水蒸气。燃料中的硫转化成 H_2S 和 COS。在出口处粗煤气与经除尘的低温煤气（约 150℃）混合而急冷到 900℃ 左右。煤气显热由高温冷却器和对流冷却器回收，离开对流冷却器的粗煤气温度约 250℃。在高温冷却器中产生 13MPa 的饱和蒸汽，与燃气轮机后的余热锅炉中产生的高压蒸汽混合并经过热成为主蒸汽。在对流冷却器中产生 4.0MPa 中压蒸汽，与气化炉水冷壁中产生的中压蒸汽混合，再与汽轮机高压缸排气一起再热成为中压再热蒸汽。

（2）煤气净化系统 粗煤气经对流冷却器后，由旋风除尘器和陶瓷过滤器（250℃）除尘，再经水洗涤，使煤气中的粉尘浓度小于 $1×10^{-6}$。此后，一部分煤气经微增压送至气化炉出口作为急冷用煤气，另一部分经分级加热至 165℃ 送到水解器，将 COS 转化为 H_2S 和 CO_2。煤气进一步冷却到 40℃ 左右，送往 Sulfinol 脱硫装置，脱除煤气中 97.85% 的 H_2S。分离出来的 H_2S 经克劳斯（Claus）和 SCOT 装置回收单质硫，硫回收率达 99% 以上。

（3）联合循环 净化后的煤气经水蒸气饱和及氮气稀释后进入西门子公司 V94.2 型燃气轮机燃烧室。燃气轮机可燃用天然气或合成煤气，燃气轮机进口总平均温度 $T_{ISO}=1050℃$，排气温度 557℃。排气进入一台有高压、低压两个汽包及独立的给水泵和循环泵的双压再热式余热锅炉。高压段配有两级高压省煤器、一个高压蒸发器和一个高压过热器，产生 12.5MPa/510℃ 的主蒸汽。在与高压过热器并行的再热器中，产生 4.0MPa/510℃ 的再热蒸汽。低压蒸发器和低压过热器产生 0.8MPa 的过热蒸汽，供给汽轮机低压缸。余热锅炉排烟温度约 100℃。汽轮机有高压缸、中压缸和低压缸。

（4）空分系统 采用完全整体化的高压空分系统，空分所需空气完全从燃气轮机压气机的出口抽取，压力 1.1MPa，抽气量约为压气机空气流量的 16%。空分设备由美国空气产品公司供应，用于分离空气来制备氧气和氮气，制氧量 1650t/d，制氮量 4000t/d。99.9% 纯度的氮气用于干煤粉气力输送，较低纯度的氮气用来稀释煤气。

4. 示范运行情况

截至 1998 年 8 月，机组燃用煤气累计运行 11000h，最长连续运行 800h。气化炉和煤气冷却器运行可靠，未见喷嘴故障或损坏的报道。未发生与干煤粉制备和运送系统有关的安全问题。进行了 14 种煤（包括混煤）的气化试验。1997 年 6 月至 1998 年 5 月机组可用率达到 85% 以上，气化炉可用率达到 95% 以上。机组一般在 50%～100% 负荷下运行，也曾在 40% 负荷运行数百小时。冷煤气效率大于 50%，碳转化率达到设计值，环境指标优于设计值，SO_2 排放 12.9mg/MJ，NO_x 排放 21.5mg/MJ。

大约在 50% 负荷下机组从燃用天然气切换到合成煤气。在气化炉跳闸时，1min 内就可完成切换到天然气的过程。IGCC 负荷变化（40%～100%）可以在完全整体化空分的情况下进行。空分系统的变负荷能力较差，经改进升负荷速率已由最初的 1.5%/min 升高到接近 3.0%/min。空分装置在常温下起动需 2～3d。IGCC 冷态起动到带负荷需 18h。

示范机组作为新技术从研究到工业应用与常规电厂有很大差别，政府给予了必要的优惠政策。荷兰平均发电成本为 4.5 美分/（kW·h），示范机组发电成本为 6 美分/（kW·h），上网电价为 9 美分/（kW·h）。一般电厂折旧年限为 15 年，IGCC 机组目前造价较高，政府允许采用加速折旧的方法。

问题和改进措施：V94.2 型燃气轮机第一次在 IGCC 中燃用合成煤气，且采用 100% 整体化空分系统，投运初期暴露了不少问题。主要是燃气轮机的振动和振荡燃烧。采用蒸汽注入启动方法和燃烧器经过多次改进后得到解决。1996 年 10 月以后燃气轮机运行良好，再未发生振荡燃烧。采用 100% 整体空分系统，虽然能提高机组效率、减少燃气轮机的改造工作量，但使过程控制更为复杂，降低了机组起动和运行的灵活性。经改进后，该机组虽然可以按整体化系统运行，但为了提高运行灵活性，还是安装了 50% 容量的起动用独立空压机。这样，就可以在联合循环燃用天然气时，用该空压机起动空分系统，使燃气轮机的工作不受干扰。通过该机组的运行实践，现在人们比较倾向于采用独立的或部分整体化的空分系统，即空分用的空气部分来自燃气轮机的压气机，部分来自独立的空压机。

在调试和示范运行过程中，还曾遇到过排渣系统堵塞、陶瓷过滤器元件损坏、细渣难以从黑水分离等问题。通过加大排渣口、改变陶瓷过滤器元件固定方式、采用真空过滤系统等问题得到解决。

四、Puertollano IGCC 示范电站

该电站位于西班牙中部，马德里以南约 200km 处，是由欧盟参与组织和实施的示范项目。

1. 建设概况

1992 年 4 月西班牙成立总部设在马德里的 Elcogas S. A. 合资股份公司，作为业主承担示范机组的建设，管理和运行。股份主要来自西班牙、法国、葡萄牙、意大利、英国等国的

六家公司,其余股份来自设备供应商。欧盟在 Thermie 计划中资助该示范项目 5000 万欧元。电厂建成价 2900 美元/kW,含建设期利息。1994 年 4 月开工,1997 年开始调试。

2. 设计指标

设计燃料为各 50% 的当地高灰分煤(灰分 47.1%)和高硫石油焦(含硫 5.4%)的混合物。厂址附近有一露天煤矿,煤可直接运送到厂,石油焦来自 1km 外的 REPSOL 炼油厂。机组毛功率 335MW,其中燃气轮机 200MW,汽轮机 135MW,净功率 300MW,厂用电耗率 10.45%,净热效率 45%。在 6% 含氧量的条件下 SO_2 排放 $<25mg/m^3$,NO_x 排放 $<150mg/m^3$。

3. 热力系统和工作过程

采用高度整体化的热力系统,以提高整体效率。工艺流程如图 7-12-5 所示。

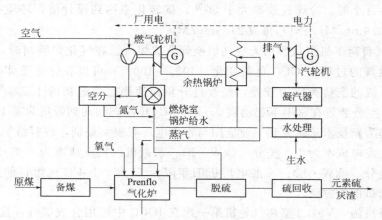

图 7-12-5　Puertollano IGCC 示范电站工艺流程示意图

(1) 气化系统　采用德国克虏伯-柯勃斯(Krupp Kopper)公司开发的普瑞佛罗(Prenflo)气化炉,与壳牌(Shell)气化炉相似,也属干粉加料、液态排渣、氧气气化的加压气流床气化技术。单炉容量 2640t/d。燃料通过两列并联的磨煤和干燥系统,制备成干粉,其中 75% 的颗粒小于 100pm,含水量低于 2%。根据灰熔点要求加入适量石灰石,以降低液态渣的黏性。经一系列锁斗的作用,煤粉在比气化炉压力约高出 0.5MPa 的条件下,通过四个水平布置的喷嘴与纯度 85% 的氧气和水蒸气一起进入气化炉炉膛。供氧量应根据煤质和炉膛温度来确定。气化压力 2.5MPa,煤气主要成分为 CO、H_2、CO_2 和水蒸气。燃料中的硫转化为 H_2S 和 COS。粗煤气热值 $10.6MJ/m^3$。炉膛出口煤气温度约为 1500℃,以确保灰渣处于熔融状态。

气化炉外部为钢制耐压壳体,内部采用水冷壁结构。外径 5.6m,连同第一级煤气冷却器总高 52m。生成的煤气由炉膛上部排除,一股经净化的低温煤气引到炉膛出口处,将高温煤气急冷到约 900℃,防止煤气中的熔融渣粘在煤气冷却器的管壁上。煤气由中心管道引出,送往对流式煤气冷却器,继续冷却到约 240℃。在水冷壁和煤气冷却器中产生 12.6MPa 和 3.7MPa 的饱和蒸汽,再经余热锅炉过热后送往汽轮机。液态渣沿水冷壁向下流动,进入气化炉底部水室淬冷并形成颗粒状渣,再由排渣锁斗排出。

(2) 煤气净化系统　冷却后煤气首先通过两个陶瓷管式过滤器,收集的飞灰经过一个锁斗系统,送回到气化炉的两个喷嘴,实现飞灰再循环,以提高碳转化率。然后煤气通过水洗涤装置进一步除尘并清除其中的卤化物和碱金属化合物。该厂采用常温 MDEA 湿法脱硫，煤气先经过水解器，把 COS 分解成 H_2S 和 CO_2。采用甲基二乙醇胺为吸收剂，在吸收塔中吸收煤气中的 H_2S 和部分 CO_2，然后在再生塔中释放，分离出来的 H_2S 和 CO_2 被送到 Claus 装置中去处理，生成单质硫，吸收剂经再生后可重复使用。净化后的煤气再经过水蒸气饱和，氮气稀释和加热，送往燃气轮机燃烧室的煤气温度约为 300℃，压力为 2.1MPa，低位发热量约为 4.24MJ/kg。送往燃气轮机的合成煤气成分（体积分数）：H_2 10.67%，CO 29.24%，CO_2 1.89%，N_2 53.08%，CH_4 0.005%，Ar 0.62%，H_2O 4.18%，O_2 0.25%。

（3）空分系统 采用 100 片整体化空分系统，空分所需空气完全从燃气轮机压气机的出口抽取。空分设备由法国 L'AirLiquide 公司供应，采用深度冷冻的方法分离空气来制备氧气和氮气。85% 纯度的氧气用于气化，99.9% 纯度的氮气用于燃料气力输送，较低纯度的氮气用来稀释煤气，以减少 NO_x 的生成。

（4）联合循环 配置一台德国西门子公司 V94.3 型燃气轮机、一台巴布科克（Babcock）公司的强制循环三压余热锅炉、一台西门子公司的双缸再热式汽轮机。燃气轮机可燃用天然气或合成煤气，燃气的总平均初温 $T_{ISO}=1120$℃。两个水平布置的筒形燃烧室，各配置 8 个喷嘴。余热锅炉用来回收燃气轮机排气的余热，产生高、中、低三个压力等级的蒸汽。汽轮机高压缸排汽在余热锅炉中再热，由气化炉和煤气冷却器产生的蒸汽也在余热锅炉中加热成过热蒸汽。

4. 调试情况

1996 年 4 月开始燃用天然气试运行，截至 1998 年 8 月累计约 9000h。燃气轮机和汽轮机出力分别达 223MW 和 98MW。1997 年 1～7 月进行了空分装置的调试和性能试验，其后进行气化炉和整机调试。1998 年 4～8 月气化炉累计运行 198h，最长连续运行 25h，燃气轮机用合成煤气累计运行约 40h，最大出力达 75%。由于 V94.3 燃气轮机燃用合成煤气时的震荡燃烧问题，西门子公司正根据在荷兰比赫讷姆（Buggenum）IGCC 示范电站中 V94-2 燃气轮机用合成煤气时遇到的问题和改进经验，对燃烧室进行改进。

第三节 兖矿集团 IGCC 及多联产

一、基本情况

兖矿集团 60 MWe IGCC 发电及 24 万吨甲醇/年 IGCC 及多联产系统项目，总投资 16.8 亿元。项目位于山东省滕州市木石镇高科技化工园区，2003 年 5 月开始建设，2005 年 7 月建成投产。

该项目首次自主研发并示范了煤制甲醇与联合循环（IGCC）的集成系统（24 万吨甲醇/年联产 60MW 发电，见图 7-12-6 和图 7-12-7），创新出先进、可靠的串并联系统，优化融合了弛放气高效利用、能量集成、物质集成、燃料气稀释加热等技术，通过优化系统结构及分配比、循环倍率等关键参数，使系统按产品比例实现优化及柔性调节，实现能量梯级利用与物质高效转化。

首次在工程上完成了运行特性差异大、结构复杂的子系统在运行上的动态融合，运行可用率和可靠性达到并超过同类工业生产子系统。形成了各单元、子系统、联产系统运行规范,保证了联产系统的长周期稳定运行。对单产、并联、串并联等多种运行模式进行了现场试验研究与测试,采集示范工程运行数据,揭示系统实际运行特性,确定了优化运行模式。

突破了受制于国外垄断的40MW级中低热值燃料重型燃气轮机的燃烧室关键技术,填补了国内技术空白。提出并研发了部分预混的单喷嘴双燃料燃烧室,大幅提高了燃料热值变化耐受度。研发了稀释燃烧技术,降低了污染物排放。通过流热耦合分析确定了喷嘴头部、火焰筒、联焰管冷却结构,提高了寿命。

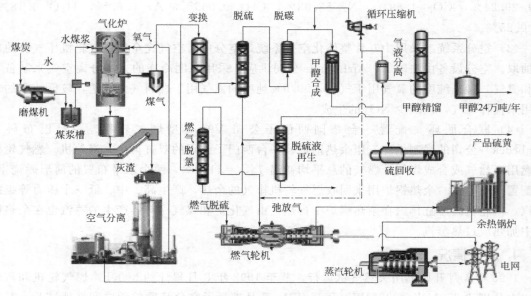

图 7-12-6 兖矿集团 IGCC 及多联产系统示意图

图 7-12-7 兖矿集团 IGCC 及多联产系统厂貌

二、主要技术经济指标

满负荷时,串并联系统总能利用效率达 57.16%,比分产系统提高 3.14 个百分点,甲醇生产能力从 700t/d 提高到 900t/d;供电效率比独立的同规模 IGCC 提高 6 个百分点,比同等容量常规发电机组提高 10 个百分点以上,实现了煤炭能源转换效率的较大提高。系统年可用率达 90%,可靠性达 98%。NO_x 排放浓度为 119.7mg/m³@16% O_2,SO_2 排放浓度为 31.3mg/m³@16% O_2。燃料热值变化耐受度达 -16% ~ $+10\%$,大修间隔时间超过 8000h。运行 3 年来实现销售收入 59.17 亿元,新增利税 9.46 亿元。每年最少可使 50 万吨因环保原因无法开采的高硫煤重获开采价值。

应用该项目成果，兖矿集团已完成扩产项目的建设，并将建设大型油电联产示范厂。该成果成为"十一五"期间我国联产系统和 IGCC 关键技术研发与多个工程示范的基础，成为我国煤化工和 IGCC 发展的重要借鉴。

该项目成果标志着国际上煤炭多联产经过 10 余年的研究，实现了零的突破；也标志我国对煤气化联合循环生产化工产品及发电多联产追求了 30 年，有了第一个实例；示范工程迎接了数百人次中外同行的考察，在新一代洁净煤技术发展中起示范带头作用；总体技术达到国际先进水平，系统集成技术处于国际领先水平。

三、系统性能指标

山东电力研究院现场考核及当地环保部门检测，联产系统性能指标为：

① 在基本满负荷下，联产系统总能利用率 57.16%，分产系统为 54.12%，联产较分产提高 3.14 个百分点；

② 满负荷下，串并联系统供电效率 39.5%；

③ 燃气轮机功率 42.08MWe（ISO 状态）；

④ 燃气轮机简单循环热效率 32.1%；

⑤ 燃烧室热效率 99.83%；

⑥ NO_x 排放浓度 119.7mg/m³@16%O_2；

⑦ SO_x 排放浓度 31.3mg/m³@16%O_2。

第十三章
煤制石墨烯技术及应用

第一节　新型纳米碳材料

　　碳是世界上含量极广的一种元素。它具有多样的电子轨道特性（sp、sp^2、sp^3 杂化），再加之 sp^2 的异向性而导致晶体的各向异性和其排列的各向异性，因此以碳元素为唯一构成元素的碳材料，具有各种各样的性质。传统的碳材料包括石墨、金刚石、无定形碳等。随着科技的发展人们陆续地发现了新型纳米碳材料：富勒烯、碳纳米管、石墨烯、纳米金刚石等。几乎没有任何元素能像碳元素这样以单一元素却可形成如此多样结构和性质不同的物质，可以说碳材料几乎包括了地球上所有物质所具有的性质，如最硬-最软、绝缘体-半导体-超导体、绝热-良导热、吸光-全透光等。随着时代的变迁和科学的进步，人们不断地发现和利用碳，可以说人们对碳元素的开发有无限的可能性。进入 21 世纪以来，富勒烯、碳纳米管、石墨烯等新型纳米碳材料的迅速发展引起了全世界的广泛关注，而随着这几种新型碳材料的研究逐渐深入及其制备工艺的不断完善，目前正逐步走向产业化。

一、零维碳纳米材料——富勒烯

　　富勒烯是由碳原子形成的一系列笼形单质分子的总称，它是碳单质的第三种稳定的存在形式，而 C_{60} 是富勒烯系列全碳分子的代表，1985 年 C_{60} 的发现使人们了解到一个全新的碳世界。C_{60} 是最常见的富勒烯，60 个全同碳原子构成完全对称的中空球形结构（见图 7-13-1）。

　　随着 C_{70}、C_{76}、C_{84} 等富勒烯的发现，富勒烯及其衍生物显示出巨大的应用前景。目前，富勒烯已广泛地影响到机械学、

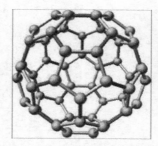

图 7-13-1　富勒烯结构示意图

电子学、光学、磁学、化学、医学、材料科学和生物工程学等各个领域，极大地丰富和提高了科学理论，同时也在催化工程、磁性材料、医学和生物工程、精细化工、微型半导体器件及传感器方面显示出巨大的应用前景。

C_{60} 是非极性分子，外观呈深黄固体，随厚度不同颜色可呈棕色到黑色。密度 1.678 g/cm^3，不导电，熔点 $>553K$，易升华，易溶于含有大 π 键的芳香性溶剂中。C_{60} 分子球体中的磁流是中性的，但是它的五元环有很强的顺磁性，而六元环具有较为缓和的介磁性。C_{60} 具有良好的非线性光学性质，它是电子共轭的笼形结构存在着三维高度非定域，大量的共轭 π 电子云分布在其内外表面上。C_{60} 在光的激发后会发生光电子的转移，形成电子-空穴对，因此 C_{60} 是很好的光电导材料。C_{60} 分子本身是绝缘体，但其具有很强的电子亲和力，从而使得导电性得到改善。

C_{60} 具有缺电子化合物的性质，倾向于得到电子，易与亲核试剂（如金属）反应。C_{60} 在与金属反应有两种方式：其一，金属位于 C_{60} 碳笼的内部，碳笼内配合物反应；其二，金属位于 C_{60} 碳笼的外部，即碳笼外键合反应。C_{60} 具有不饱和性，加成反应主要有 C_{60} 亲核加成反应和 C_{60} 亲电加成反应。在光辐射照的条件下，C_{60} 分子可以发生聚合反应。

C_{60} 及其衍生物与过渡金属形成的配合物，许多都是良好的催化剂。C_{60} 具有光学限制性、非线性光学系数大等优良特点，是一种良好的非线性光学材料。C_{60} 晶体与 Si、Ge、Ga 和 As 是一种半导体，可用于制作新型半导体材料。近年来，由于重量轻、成本低、面积大、可弯曲等优点可利用 C_{60} 衍生物和共轭的聚合物来制备薄膜光伏器件——太阳能电池或光电传感器。C_{60} 的出现为金刚石开辟了新的来源：在常温和 1.25MPa 条件下，C_{60} 可以转变为多晶型金刚石；在温和的条件下，C_{60} 膜也可以直接转变成金刚石膜。C_{60} 分子内部有很强的作用力，分子之间的作用力较弱，表面能较低，在固体润滑剂领域有着广泛的应用。此外，C_{60} 分子能与生物系统相互作用，在生物化学方面用着广泛的应用。

二、一维碳纳米材料——碳纳米管

碳纳米管是由单层或多层石墨片围绕同一中心轴按一定的螺旋角卷曲而成的无缝纳米级管结构，两端通常被由五元环和七元环参与形成的半球形大富勒烯分子封住，每层纳米管的管壁是一个由碳原子通过 sp^2 杂化与周围 3 个碳原子完全键合后所构成的六边形网络平面所围成的圆柱面。CNT 根据管状物的石墨片层数可以分为单壁碳纳米管（single-walled carbon nanotubes，SWNTs）和多壁碳纳米管（multi-walled carbon nanotubes，MWNTs），如图 7-13-2 所示。

碳纳米管是优良的一维介质，其主要成键结构是管壁上 sp^2 杂化的碳六边形石墨烯网络结构，π 电子能在其上高速传递，但在径向上，由于层与层之间存在较大空隙，电子的运动受限，因此它们的波矢是沿轴向的。碳纳米管由卷曲的石墨片构成，具有石墨导热率高和巨大长径比的特点，因而其轴向方向的热交换性能很高，在温度 100K 时，单根碳纳米管的热导率为 37000W/(m·K)，室温下能达到 6600W/(m·K)。碳纳米管在生长过程中，会形成很多结构上的缺陷位点，这些结构缺陷容易被氧化剂或者气氛氧化而打

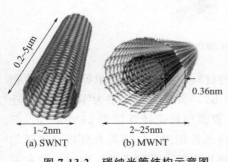

图 7-13-2 碳纳米管结构示意图

（图中标注：0.2～5μm；0.36nm；1～2nm (a) SWNT；2～25nm (b) MWNT）

开，同时还能在其上形成不同的官能团，封端被打开的碳纳米管可以让其他物质进入，充当起纳米反应发生器或存储容器；表面官能化的碳纳米管更可以溶解在溶剂中或者与其他的物质紧密结合，发挥更多的作用。此外碳纳米管具有中空管状这种特殊结构，管壁上是石墨烯结构，管壁的层与层之间充满着空隙，因此碳纳米管具有很高的比表面积，使得大量气体分子、电子和离子等能吸附在管的间隙、内腔及管的表面，并能迅速移动。

CNT 可以被看成具有良好导电性能的一维量子导线，在温度低于 20K 时，直径为 0.4nm 的 CNT 具有明显的超导效应。碳纳米管构成的纳米电子器件具有尺寸小、速度高、功耗低和造价低等优势，它将替代硅材料成为后摩尔时代的重要电子材料。碳纳米管的中空管腔、管与管之间的间隙、管壁中层与层之间的空隙及管结构中的各种缺陷，这些独特的微观结构特征使其具有优越的嵌锂特性。锂离子不仅可嵌入管内，而且可嵌入管间或者层间的缝隙之中，为锂离子提供了丰富的存储空间和运输通道。此外，碳纳米管稳定的筒状结构在多次充放电循环后不会塌陷、破裂或粉化，从而大大提高锂离子电池性能和循环寿命。碳纳米管比表面积大，结晶度高，导电性好，微孔大小可通过合成工艺加以控制，交互缠绕可形成纳米尺度的网状结构，因而是一种理想的电双层电容器电极材料。经过预处理的碳纳米管具有一定的储氢能力，而且其常温常压下氢气的释放效率也较高，释放后的碳纳米管还可以重复利用，这为储氢材料的研究开辟了更广阔的应用前景。

三、二维碳纳米材料——石墨烯

单层石墨烯是以理想的 sp^2 杂化碳原子通过键合作用紧密结合而成的，碳碳原子之间的键长为 0.141nm，并且每六个碳原子构成一个基本单元，整个石墨烯层片即由一个一个基本的碳六元环连接而成，并呈现蜂窝状二维结构。单层石墨烯可以通过卷曲或者是堆垛的方式形成零维的富勒烯、一维的碳纳米管以及三维的石墨。单层石墨烯分子模型及其形成衍生物过程原理如图 7-13-3 所示。

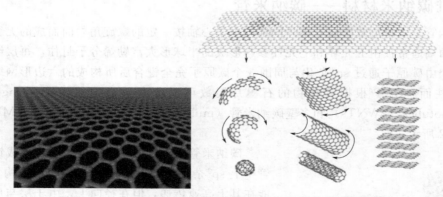

图 7-13-3 单层石墨烯分子模型及其形成衍生物过程原理示意图

石墨烯厚度只有 0.3354nm，是目前世界上发现最薄的材料，具有特殊的单原子层结构和新奇的物理性质：强度达 130GPa，热导率约 5000 W/(m·K)，禁带宽度几乎为零，载流子迁移率达到 $2\times10^5\,cm^2/(V\cdot s)$，透明度高（约 97.7%），比表面积理论计算值为 2630m^2/g。石墨烯的杨氏模量（1100GPa）和断裂强度（125GPa）与碳纳米管相当，它还具有分数量子霍尔效应、量子霍尔铁磁性和零载流子浓度极限下的最小量子电导率等一系列性质。随着低成本可化学修饰石墨烯的出现，可以更好地利用其特性制备不同功能的石墨烯复合材料。基于石墨烯的复合材料是石墨烯应用领域中的重要研究方向，其在能量储存、液晶器件、电子器件、生物材料、传感材料和催化剂载体等领域展现出了优良性能，具有广阔的应用前景。

第二节　石墨烯的性质

一、力学性质

2008 年，Lee 等人首次利用 AFM 纳米压痕技术测得了单层及双层石墨烯有效弹性模量及断裂强度，并预测出单层无缺陷的石墨烯具有最高的抗拉强度。研究发现石墨烯的断裂强度可达 42N/m，而超窄石墨烯带的杨氏模量也高达 7TPa，进一步证明石墨烯是目前已知的最牢固的材料。

二、电学性质

作为二维零带隙半导体，石墨烯的电子性质与大多数常见的三维物质不同。在石墨烯二维结构的六角形布里渊区（见图 7-13-4），石墨烯的价带（π 电子）和导带（π* 电子）相交于费米能级处（K 和 K' 点），其载流子呈现式（7-13-1）所示的线性色散关系：

$$E = hv_F k = hv_F \sqrt{k_x^2 + k_y^2} \tag{7-13-1}$$

式中　E——能量；

　　　h——约化普朗克常数；

　　　v_F——费米速度≈10^6 m/s；

　　　k_x，k_y——波矢量的 x 轴分量与 y 轴分量。

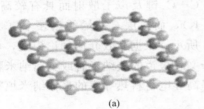
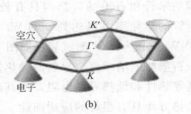

图 7-13-4　石墨烯的晶体结构（a）和石墨烯的能带结构附近的费米能级（b）

电子和空穴在布里渊区的物理行为符合狄拉克方程相对论性的自旋 1/2 粒子。在狄拉克点附近，载流子密度的为零，因此石墨烯展示出最小的电导率。此外，石墨烯还显示了高的电子迁移率（electron mobility），研究者已经证明石墨烯的电子迁移率在室温下可以达到 15000cm²/(V·s)。基于石墨烯的优异的电子性质，科学家认为石墨烯能够实现电荷分数化，是未来制造量子计算机原件的最佳原材料。同时，作为目前世界上最薄的材料，基于石墨烯的透明应变传感器及石墨烯柔性电子传输器件等也成为科学家们的研究热点。

三、光学性质

在对石墨烯光学性质的研究中，研究者发现：单层石墨烯能够吸收入射光中大约 2.3% 的能量，并且石墨烯的吸收能力与其层片数目呈线性关系（图 7-13-5），对于多层石墨烯来说，一层石墨烯吸收率均可用式（7-13-2）计算：

$$A = \pi\alpha \tag{7-13-2}$$

式中，α 为精细结构参数，其值约为 1/37。由于石墨烯异常的低能量电子结构，在狄拉克点，电子和空穴的圆锥形能带（conical band）相遇，才产生了这样特殊的结果。此外，由于石墨烯对全波段光波的吸收性能及其零带隙的性质，当输入的光波强度超过阈值时，其吸收性质会很快达到饱和。

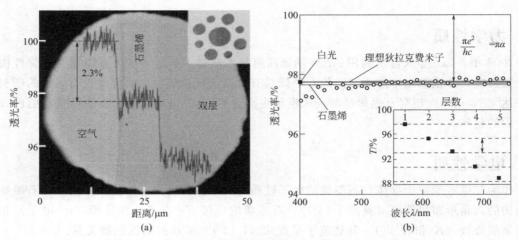

图 7-13-5　单层和双层石墨烯的光学照片（a）和透过光谱（b）

四、热学性质

碳元素的诸多同素异形体，如自然界稳定存在的石墨和金刚石，以及近年来发现并被广泛研究的碳纳米管和石墨烯，都因具有较强的 C—C 键及声子散射而具有较高的导热性。单壁碳纳米管的热导率可以达到 3500W/（m·K），而单层石墨烯的热导率更是可以高达 3080～5150 W/（m·K），测试装置如图 7-13-6 所示。根据有效介质理论模型，可以通过计算证实基于石墨烯的纳米复合材料的导热性大于文献报道的碳纳米管或金属纳米颗粒。石墨烯独特的高导热性和低热界面电阻，使其成为提高导电材料热导率的最佳纳米填料，这将使石墨烯在储热方面有很好的应用前途。

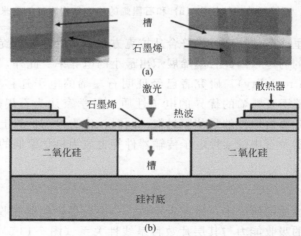

图 7-13-6　石墨烯高分辨电子显微图像（a）和热导率测试装置示意图（b）

第三节 石墨烯的应用

石墨烯特殊的二维平面结构使其具有优异的力学、电学等性质,这使得石墨烯一经发现就引起世界各国研究者的广泛关注,对其应用开发的研究也广泛开展起来。归纳起来,目前石墨烯在光电方面的应用研究主要包括以下几个方面。

一、在锂离子电池中的应用

石墨烯具有特别的几何结构和优良的导电性能,因此作为优秀的电极材料在电化学领域备受关注。目前已可以制备出单层、双层或者多层(2~10层)石墨烯薄膜的多层石墨烯。石墨烯是世界上最薄的材料,而且其上下表面均可以吸附、储存锂离子,同时由于石墨烯的优异力学性能和导电性能,也常用来与其他负极材料复合,以改善电极的性能。

近几年石墨烯作为锂离子电池负极材料的报道不断出现。Guo 等通过高温烧灼,以氧化石墨为原料制备合成石墨烯片,随后他们将此石墨烯片作为锂离子电池负极材料进行测试,发现该材料的可逆容量达到 672mA·h/g。Wang 等通过气相沉积法制备了石墨烯纳米带,随后测试该材料的充放电循环性能,发现首次放电及充电容量分别为 945mA·h/g 和 650mA·h/g。而且该材料有着良好的循环性能,经过 100 次循环后,比容量仍有 460mA·h/g。由于碳纳米管和 C_{60} 的比容量都低于石墨烯。因此可以推断,负极材料的比容量的增长,是由于碳纳米管和的掺入改变了石墨烯片层之间的排列方式,减少多层石墨烯的层数,增大了多层石墨烯的比表面积,使得更多的锂可以吸附在石墨烯表面。因此可以推断,理论上来说,单层石墨烯具有最佳的储锂效果。

石墨烯具有优异的电化学性能,许多研究者希望通过石墨烯与其他材料复合达到在电化学等领域实际应用的目的。在锂离子的脱嵌过程中,石墨烯稳定的几何结构缓冲了金属氧化物晶格的体积膨胀,可以适当缓冲材料体积的膨胀,延长了电极材料的使用寿命和安全性。虽然石墨烯基复合材料的研究刚刚起步,但其在锂离子电池负极材料中具有较好的应用前景,因此发展比较迅速。

总之,石墨烯具有特殊的几何结构和电子特性,作为锂离子电池的电极主要有诸多的优势。首先,石墨烯具有优良的导电和导热特性。由于石墨烯片层间距大,因此锂离子在石墨烯片层之间的扩散速率很大,有利于电池功率性能的提高。石墨烯是单层碳原子结构,因此其比表面积非常高,双表面都可以吸附锂离子,如果引入了缺陷、考虑边缘效应,可以进一步提高存储锂离子的存储容量。石墨烯放电曲线表现得较为陡峭,不存在明显的电压平台和电压滞后现象,而且工作电压高,有利于作为电池的实际应用。

二、在晶体管中的应用

受物理原理的制约,硅晶体管的研究已基本达到极限,所以寻找新的替代材料势在必行。石墨烯远比硅高的载流子迁移率、零禁带特性、仅 0.34nm 的极薄的厚度,尤其是特有的超大比表面积使其对于制备大规模集成设备很有优势。基于石墨烯材料的晶体管比硅晶体管更快,极具可能成为新一代晶体管理想的电极材料。

具有高载流子迁移速度、机械柔韧性、环境稳定性的透明石墨烯晶体管是现在研究的目标。Lu 等使用高电容的天然氧化铝作为栅极电介质,在柔性塑料基体上制备出高电子迁移率、低操作电压的自对准石墨烯场效应晶体管，其电子迁移率为 $150\sim230cm^2/(V\cdot s)$，空穴迁移率为 $260\sim300cm^2/(V\cdot s)$，而且氧化铝栅极提供了一个 3V 的低压设备操作。这些结果表明，自对准石墨烯晶体管可以显著地提高柔性电子元件的性能和稳定性。

三、在储氢领域中的应用

石墨烯理论上具有高比表面积，决定了其具有高的储能空间，为石墨烯在储氢领域的应用提供了可能。2009 年 G. Srinivas 对氧化石墨烯悬浮液进行还原处理后得到实际比表面积达 $640m^2/g$ 的石墨烯，其在 10bar 压力，77K、298K 下对氢的可逆存储能力分别达到 1.2% （质量分数）和 0.1% （质量分数），储氢能力达到明显优于现有其他碳基材料。A. Ghosh 同样采用化学剥离法制备了少层石墨烯样品，在低温和常温下同样表现出了较高的储氢能力。在 77K、1atm 下，储氢能力达到 1.7% （质量分数），并且储氢量与材料比表面积成线性关系，据此推论，同样条件下单层石墨烯的储氢能力应达到 3% （质量分数）以上。

四、在太阳能电池中的应用

由于石墨烯在宽的波长范围内具有很高的透过率和载流子迁移率，结合优异的力学性能和稳定性，因而被认为有望替代有毒、价格昂贵、对酸性和中性环境敏感、热稳定性较差、吸收光谱范围较小的氧化铟锡，成为理想的透明电极材料，应用于太阳能电池，所以能量转换效率是其研究的关键所在。近年来，研究人员通过对石墨烯材料进行各种掺杂处理，来提高其能量转化率，取得了很大的进展。Hsu 等将四氰基苯醌二甲烷嵌入石墨烯层间，制备的以石墨烯/四氰基苯醌二甲烷做透明电极的太阳能电池，在光照 AM1.5 时，能量转化率约为 2.58%。Miao 等在石墨烯中掺入三氟甲基磺酰胺。图 7-13-7 为 Miao 等的三氟甲基磺酰胺掺杂的石墨烯/n-Si 肖特基结太阳能电池。最后制成的单层石墨烯/n-Si 肖特基结太阳能电池，在 AM1.5 光照下展现出一个高达 8.6% 的能量转换效率，是迄今为止的最高值。掺杂诱导石墨烯化学势的转变，包括增加石墨烯载流子密度（减少电池串联电阻），增加电池的内置电势（增加开路电压）。这都能改善太阳能电池的填充因子，提高太阳能电池的性能。基于石墨烯材料的太阳能电池的光电转化效率的不断提高，让我们看到了石墨烯作为太阳能电池透明电极的可行性和优越性。

图 7-13-7 Miao 等的三氟甲基磺酰胺掺杂的石墨烯/n-Si 肖特基结太阳能电池

五、在超级电容器中的应用

碳材料比表面积高、导电能力好、化学性质稳定、容易成型，同时价格低廉、原料来源广泛、生产工艺成熟，是超级电容器领域应用最广泛的电极材料。新型碳材料石墨烯的发现，以其优异的物理化学性质迅速引起了超级电容器研究人员的强烈兴趣。2009 年，Y. Wang 等在 *J. Phys. Chem. C* 上报道了以肼蒸气处理后的氧化石墨烯作为电极材料在水系电解液中比容量达到 205F/g，能量密度达 28.5W·h/kg，如图 7-13-8 所示。2010 年，S. Biswas 等在 *ACS Applied Materials* 上报道了以纳米级、尺寸可调的石墨烯片层形成多层薄膜电极然后组装成电容器，在水系电解液中大电流放电条件下比容量最高可达 80F/g。石墨炼在超级电容器中的出色表现主要是由于石墨炼具有高的比表面积，如果表面有效释放，将获得远高于多孔炭的比电容；其良好的导电性和开放的表面，有利于电极材料电解质双电层界面的形成，保证材料表面的有效利用，使其具有很好的储能功率特性；通过表面改性、复合、修饰等手段对石墨烯进行二次构建、优化结构，能够获得更多的储能空间。此外，石墨原料储量丰富、便宜，化学法制备的石墨烯成本较低，在对其工艺进行优化、放大之后，化学法制备的功能化石墨烯有望成为潜力巨大的储能材料。

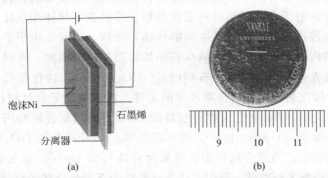

图 7-13-8　石墨烯超级电容器结构示意图（a）和组装成型的石墨烯超级电容器实物（b）

六、在透明电极中的应用

石墨烯具有良好的导电性能、化学稳定性以及优异的透光性能。在整个光谱上，石墨烯的光透过率的分布都很统一。与传统的透明电极材料氧化铟锡相比，石墨烯具有潜在的性能优势。石墨烯在液晶显示中的应用优势在于石墨烯具有较好的化学稳定性，在工作的时候，可以降低离子引起的显示残像问题。石墨烯应用在光伏器件上能获得与传统材料一样的光电转换效率，并且对石墨烯薄膜进行 AuCl₃ 掺杂还可以降低薄膜的电阻，从而提高器件的性能。在 LED 器件中，由于传统材料氧化铟锡的成本较高，透光率也不是很好，特别是在蓝光和近紫外光区，而且化学性质还不够稳定。石墨烯应用在 LED 器件中就能够改善电极的透光特性，降低电阻，同时还能提高器件的可靠性。

七、在传感器中的应用

石墨烯的超大比表面积是制备传感器的一个重要因素，且基于石墨烯材料的传感器尺寸小、能耗低、耐久、可靠。但是其灵敏度、成本和批量化生产仍是石墨烯传感器有待解决的问题。石墨烯气体传感器是基于其独特的电子结构使其吸附气体后能快速改变导电性机制制成的，对周围环境非常敏感，即便一个气体分子吸附或者释放都可以被检测到。Paul 利用纳米球刻蚀和反应离子刻蚀技术将生长在镀有 SiO_2 膜的 Si 基底上的单层石墨烯制成石墨烯纳米网。以此制备的气体传感器对 NO_2 和 NH_3 的灵敏度分别约为 4.32×10^{-4} 和 $0.71\times$

10^{-4}，探测极限分别为 1.5×10^{-8} 和 1.60×10^{-7}。Kundu 等也开发了一种氧化荧光石墨烯/聚乙烯醇传感器，被用作水介质中的 Au^{3+} 选择性传感，探测极限约为 2.75×10^{-7}。越来越多种类的基于石墨烯材料的传感器被相继研究，性能也逐渐提高，离灵敏、经济、高产的目标又近了一步。

八、在二氧化碳光催化还原过程中的应用

石墨烯化学性质稳定、比表面积大、载流子传输速率快，使其也成为改善半导体光催化剂性能的理想材料。研究者将石墨烯与纳米 TiO_2 及 SnO_2 等常规半导体光催化剂进行复合，或者采用贵金属 Ag、Pt 等进一步对石墨烯与常规光催化剂粒子所制得的复合材料进行改性，所制得的石墨烯复合材料表现出良好的光催化性能，这是由于半导体光催化剂粒子与石墨烯材料的负载，从根本上讲并不影响石墨烯材料的性质，石墨烯的狄拉克点依然存在，在光能作用下，受激发的电子在石墨烯材料表面堆积，并且在半导体光催化剂粒子与石墨烯相结合的界面边缘快速传递，从而加速了电荷的传递和分离。同时，由于半导体光催化剂粒子负载于石墨烯片层结构，还能够有效地减少石墨烯片层的团聚现象，可以更大程度展现出自身的性能优势，这在光催化反应中也是有利因素。CO_2 的光催化转化是目前 CO_2 利用的一种有效途径，高效定向催化剂的制备是该项技术的关键。在石墨烯复合材料作用于 CO_2 和 H_2O 光催化转化的过程研究中，Zhang 等人将所制备的 ZnO/石墨烯复合材料用于 CO_2 光催化还原制备甲醇，最高可获得 $263.17 \mu mol/g(cat)$ 的甲醇收率。Roso 等人将 TiO_2/石墨烯复合材料用于 CO_2 光催化还原试验中，当复合材料中石墨烯含量从 $0.04 \ mg/cm^2$ 增加到 $0.08 \ mg/cm^2$ 时，其光催化产物甲醇的产率大幅减低，研究者认为这是由于石墨烯负载量对复合材料光催化性能的影响，过多的石墨烯负载量导致 TiO_2 与石墨烯协同电荷传输效应的降低，从而减少了光的利用效率。因此认为适宜的复合比是决定石墨烯复合材料光催化性能的关键因素。

第四节 煤制石墨烯技术

一、石墨烯制备方法

关于石墨烯的制备研究，目前已经取得了丰硕的成果，科学家们发展了微机械剥离法、取向附生法、氧化还原法，晶体外延生长法及化学气相沉积法等多种制备方法。根据石墨烯制备方法的特点，大体可以将石墨烯的制备分为物理法及化学法两大类，见图 7-13-9。

1. 物理法

（1）机械分离法 石墨烯最早是通过机械剥离法被人们所发现的。由于石墨片层之间是以较弱的范德华力结合的，相互作用力很弱，因此很容易相对滑动及脱离，这也就为机械剥离法制备石墨烯提供了可能。起初人们采用机械剥离法制得的石墨烯厚度通常为几十个纳米，但随着制备工艺的不断进步，产物石墨烯的厚度逐渐变小且尺寸逐渐增大。机械剥离法工艺简单，所得石墨烯结构较为完整，缺陷较少，目前被广泛用于石墨烯本征特性的研究。但该方法生产石墨烯产率很低，并且片层的尺寸较小，仅适用于科学研究而无法投入大规模的实际应用中。

（2）取向附生法 取向附生法是在生长基质通过高温渗透，使碳原子附着在生长基质表面，形成单层碳原子"岛"，这些单层碳原子"岛"互相连接长大，最终长成一层完整的石墨烯。在第一层石墨烯的覆盖率达 80% 以后，开始生长第二层。这种方法耗时较长，所得

也可以转化为炔碳。因此，煤炭具备了制备石墨烯材料的基本条件，如果能够以廉价的煤炭作为制备石墨烯的原料，利用煤炭本身有机结构的特点，对煤基石墨烯进行功能化设计，有望为煤炭的高附加值利用开拓新的途径，同时也为石墨烯的宏量可控制备拓展了重要的制备原料。

以煤炭为原料制作石墨烯将大幅提升煤炭这一优势资源的价值，改变传统煤炭加工方式，延长煤炭产业链，加快转变经济发展方式，在提高企业经济效益的同时，还可带动区域经济的大力发展。

1. 煤制石墨工艺

以太西煤为例：神华宁夏煤业集团拥有"三低六高"特性的优质太西无烟煤，并配套无烟煤深度降灰专利技术，可使无烟煤的灰分降到3％以下。同时应用自主研发的高温直流节能电煅工艺技术和高温热熔解降灰技术，率先实现了太西无烟煤基石墨产品的工业化生产，为高纯石墨的生产提供了替代原料。

2. 煤制石墨原理

植物遗体的煤化过程主要表现为碳含量的增加与氧、氢含量的减少，而煤向石墨的转化主要是由微结构改变引起的。微结构的改变需要分步完成，这个过程通常称为石墨化过程。石墨化是指非石墨质炭经2000℃以上的热处理，因物理变化使六角碳原子平面网状层堆叠结构完善发展，转变成具有石墨三维有序结构的石墨质炭。炭材料的石墨化过程实际上是一个温度控制，按温度特性划分，大致可分为3个阶段。首先是重复煅烧阶段（室温至1250℃），为石墨化初期的预热过渡阶段，此时的炭坯具有一定的热电性能和耐热冲击性能。然后进入严控升温阶段（1250～1800℃），此阶段是石墨化关键温度区间，炭坯的物理结构和化学组成发生了很大的变化，无定形碳的乱层结构逐渐向石墨晶体转变，同时在无定形碳微晶结构边缘结合的不稳定低分子烃类和杂质元素基团不断地分解逸出。最后是自由升温阶段（1800℃至石墨化最高温度），此时炭材料的石墨晶体结构雏形已基本形成，继续升温，促使其石墨化程度进一步提高。

3. 煤基石墨制备工艺

太西无烟煤基石墨的制备工艺采用高温直流电煅技术，主体设备选用高温电气煅烧炉，炉芯温度约2300℃，可满足高档石墨对结构及纯度的要求，工艺流程见图7-13-10。

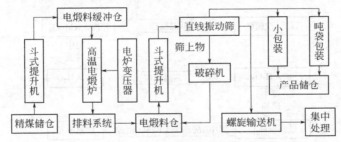

图 7-13-10　太西无烟煤基石墨制备工艺流程示意图

太西无烟煤基石墨制备工艺主要分为三个阶段。

首先是原煤的洗选与储运，该工艺在神华宁夏煤业集团太西选煤厂完成，采用神华宁夏煤业集团拥有的无烟煤深度降灰专利技术，可洗选得到灰分不大于2％的无烟超低灰纯煤。洗选后的超低灰分无烟煤运入神华宁夏煤业集团太西炭基公司碳素厂精煤料棚。

经自然晾晒后再进入干燥机进行强制干燥，然后由斗式提升机及刮板输送机送到电气煅烧炉顶部的漏斗中。最后是煅烧过程。进入煅烧炉料室的无烟煤由上往下依次通过预热区、煅烧区、冷却区，经过圆盘给料机排入下部的冷却及输送设备。煅烧后的产品储存在料仓中，进入产品包装及储存工段。

接下来是产品的提纯，碱酸法是石墨产品化学提纯的主要方法，其原理是将 NaOH 与石墨产品按照一定的比例混合均匀进行煅烧。在 $500\sim700℃$ 的高温下，石墨中硅酸盐、硅铝酸盐、石英等杂质成分与 NaOH 发生化学反应，生成可溶性的硅酸钠或酸溶性的硅铝酸钠，然后通过水洗将其除去以达到脱硅的目的。另一部分不溶于水的化合物，与酸反应生成溶于水的化合物，达到提高石墨纯度的目的。

三、石墨制石墨烯工艺

氧化还原法是目前被广泛使用的石墨制备石墨烯的方法，分子模型结构变化如图 7-13-11 所示，分为氧化、剥离、还原三个阶段。

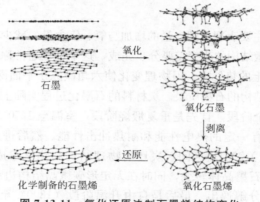

图 7-13-11 氧化还原法制石墨烯结构变化

1. 石墨制氧化石墨烯工艺

Hummers 法具有反应简单，反应时间短，安全性较高，对环境的污染较小等特点，是较常用的方法。如图 7-13-12 所示，具体制备过程如下：

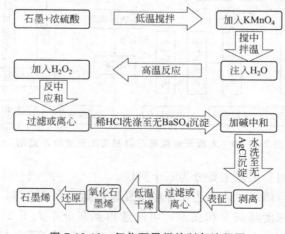

图 7-13-12 氧化石墨烯的制备流程图

（1）Hummers 法氧化处理 在冰水浴下，将石墨在搅拌下缓慢加入浓硫酸中；持续搅拌一定时间后，缓慢加入高锰酸钾，在搅拌下继续维持一定搅拌时间，控制搅拌温度；然后加入适量双氧水，直至混合物由黑棕色变为亮黄色且不再有气泡产生。整个过程反应方程式如下：

$$H_2SO_4（浓）+KMnO_4 \longrightarrow K_2SO_4+Mn_2O_7+H_2O$$

$$KMnO_4+H_2SO_4+C \longrightarrow MnSO_4+K_2SO_4+CO_2+SO_2+H_2O$$

$$H_2SO_4+KMnO_4+H_2O_2 \longrightarrow K_2SO_4+MnSO_4+O_2+H_2O$$

（2）洗涤混合物　将步骤（1）中的混合物沉降分离，除去溶有少量氧化石墨烯的酸废液，加入5%～10%盐酸溶液充分洗涤混合物，直至不再有SO_4^{2-}；向盐酸洗涤后的氧化石墨中加入适量氨水至pH值接近中性，然后以去离子水反复洗涤，至用$AgNO_3$溶液检验没有Cl^-出现；将洗至中性的产物沉降分离或通过离心机固液分离，最终得到的氧化石墨呈黏性、棕色胶体状；将所得氧化石墨放入真空冷冻干燥设备中进行干燥处理，得到氧化石墨絮状固体。

（3）工艺分析

① 低温反应。该过程主要是质子酸在接近冰点条件下对石墨进行插层和预氧化。随着质子酸逐步进入石墨层间，片层间距拉大，形成硫酸石墨层间化合物。在低温下，质子酸氧化能力表现较弱，插层速率较慢，此时反应主要表现为石墨边缘的腐蚀，溶液呈现石墨的黑色。

② 中温反应。随着高锰酸钾加入量的增加以及反应温度的提高，强烈的氧化反应开始显现，质子酸进一步插层到石墨片层深处，石墨层间距离继续拉开，并在氧化剂作用下产生含氧官能团。随着氧化反应的进行，石墨片层的腐蚀由边缘深入片层深处，原有炭平面原子间的杂化键被破坏，氧化程度加强，溶液由石墨的黑色转变为深棕色。

③ 高温反应。随着去离子水的加入，体系的反应温度迅速上升，剩余的高锰酸钾继续发挥氧化作用。在高温作用下，原有的硫酸石墨层间化合物会有一部分发生水解，过程中形成的氢氧根离子会与石墨片层上的碳原子结合并进一步拉开层间距离。

2. 氧化石墨烯剥离工艺

取一定量干燥好的氧化石墨烯絮状粉末，按一定浓度溶入去离子水中，充分搅拌，然后在超声波清洗器中以一定功率超声一段时间，使氧化石墨片层剥离，获得淡黄色的氧化石墨烯悬浮液。

3. 氧化石墨烯还原工艺

（1）化学还原法　以水合肼作还原剂为例：将氧化石墨烯加入去离子水，超声处理至全部溶解，加入氨水调节值至弱碱性；加入水合肼，油浴加热，氮气保护下冷凝回流一段时间，直至黑色产物全部析出；将黑色沉淀物离心分析，将产物水洗至中性，再以甲醇洗若干次并干燥。

（2）热还原法　将氧化石墨烯在惰性气氛下放入加热炉中，段时间被加热到800～1000℃以上，通过氧化石墨烯表面上的官能团分解释放出CO_2和H_2O将层间距撑开，同时达到还原氧化石墨烯和剥离成单层石墨烯的目的，冷却至室温得到固相石墨烯。

（3）低温等离子体法　将氧化石墨烯置于低温等离子反应器的石英皿中，缓慢通入H_2，持续一段时间，保证反应器中的空气被H_2完全置换后，调节电压，接着缓慢调节电流，反应一定时间后即可得到石墨烯。

第五节　石墨烯产业现状

一、全球产业现状

当前，世界各国均已认识到石墨烯的广阔市场前景，力争把握石墨烯技术革命和产业革命的机遇，正在形成技术研发和产业投资的高潮（如图 7-13-13 所示）。发达国家将石墨烯列为一项影响未来国家核心竞争力的技术，大力支持石墨烯的研发及商业化。在国家战略层面，2010 年美国联邦政府提出 45 亿美元巨资资助石墨烯的计划，力图在石墨烯研发的最前沿领域取得领跑地位。2011 年英国将石墨烯列为四大战略性新兴产业之一，并投入 5000 万英镑打造全球领先的石墨烯研发和产业化中心。从 2012 年开始，韩国将连续六年累计提供 2.5 亿美元用于资助石墨烯的研发和产业化应用研究。从 2013 年开始，欧盟也将连续十年投入 10 亿欧元的专项经费用于石墨烯的研发，并将其上升到"旗舰项目"的战略高度。

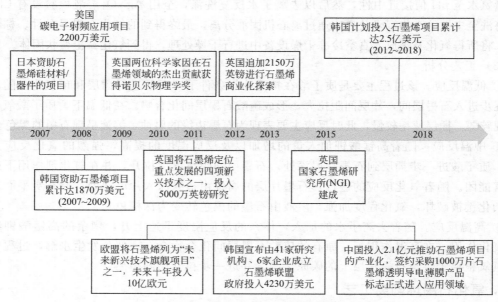

图 7-13-13　各国政府布局石墨烯产业时间图

在企业层面，全球各国已有 200 多家企业加入石墨烯的研发和产业化队伍中，包括一大批世界 500 强的国际知名公司，如美国宝洁、韩国三星、美国 IBM、荷兰飞利浦等企业巨头（见表 7-13-1 和表 7-13-2）。

表 7-13-1　全球石墨烯主要制备企业

企业名称	国家	基本情况介绍	下游或预期应用
Angstron Materials	美国	大型石墨烯材料生产商,拥有 ISO9001 证书,公司网站宣称可实现每年 300 吨的产能	高性能石墨烯复合材料
Bluestone Global Tech	美国	以石英、铜、单晶硅等材料为基底,提供高质量、可定制的石墨烯薄膜;2013 年 9 月,与曼彻斯特大学开展合作,并在曼彻斯特建立欧洲总部和生产工厂	灵活触摸板等
Graphene Square	韩国	拥有光透射率达到 97.5％的 30 英寸单层石墨烯薄膜,以及使石墨烯材料对角面积达到 50 英寸的专利	移动设备触摸屏
Graphene Technologies	美国	美国加州的矿业技术开发公司,合作研发石墨烯增强型 3D 打印材料	3D 打印材料
Graphenea	西班牙	以沼气为原料,利用化学气相沉积法生产高纯度石墨烯	电池电极、触摸屏、太阳能电池板、电子数码产品等

企业名称	国家	基本情况介绍	下游或预期应用
Nanointegris	美国	有选择地制造任意厚度的石墨烯,向 200 家全球知名厂商和大学等研究机构和组织供货	研发企业和科研院所
Ningbo Morsh Technology	中国	宁波墨西科技,2013 年底建成了世界上最大的石墨烯粉体生产线,预计年产能达到 300 吨;依托中国科学院宁波材料技术与工程研究所的石墨烯产业化技术	电池电容、涂料油墨、塑料橡胶、导热材料、复合材料
Power Booster	中国	辉锐——中国香港,2013 年已经达到量产 7.5 平方米石墨烯的水平,预计 2014 年可大规模量产更大面积石墨烯,与 Bluestone Global Tech 展开合作	触摸屏等
Shanghai SIMBATT Energy Technology	中国	上海新池能源科技,从事石墨烯粉体及其下游产品的研发、生产、销售和服务的高科技现代化制造企业	锂离子电池、超级电容、散热薄膜、导电油墨、生物材料、催化吸附材料、高分子复合材料等
XG Sciences	美国	可实现年产 80 吨的产能,跟来自 12 个国家的 30 多所知名院校和国家研究室合作,主营 xGnP 品牌石墨烯片状纳米颗粒	导电油墨、膜材料、造纸、涂料以及塑料等
2D Carbon Tech	中国	常州二维碳素科技,拥有年产 3 万平方米石墨烯薄膜的生产线,并于 2012 年 1 月率先发布世界首款石墨烯电容式触摸屏	触摸屏、透明电极、储能、其他电子器件

表 7-13-2　全球主要石墨烯器件加工商

企业名称	国家	主要合作机构	基本情况介绍	主要产品
Graphene Devices	美国	NYSERDA 等	公司专注于利用石墨烯及其他优越材料,融入现有产品中,以提高产品性能	能量存储设备、可印刷电子、新型复合材料
Graphensic AB	瑞典	林雪平大学	该公司利用独特的高温工艺方法,能在 SiC 衬底上制备出高质量的石墨烯薄膜	半导体能源、环保材料
IBM	美国	自主研发	世界上最快的石墨烯晶体管、第一个石墨烯集成电路、计划投巨资研发石墨烯碳芯片技术	晶体管、集成电路等
Nanotek Instruments	美国	不详	该公司研制的石墨烯超级电容器,单位质量可储存的能量相当于镍氢电池,打破了世界纪录	超级电容器
Nokia	芬兰	自主研发	诺基亚着力研发石墨烯光传感器,2013 年 6 月 11 日获得了关于采用石墨烯层打造摄像头传感器作用于照片传感的专利	光传感器
Samsung Electronics	韩国	自主研发	三星拥有有关石墨烯晶体管的工作方式和结构等 9 项核心专利,是世界上石墨烯领域专利申请最多的机构	触摸屏、晶体管等
Sony	日本	自主研发	研制出全球最长的石墨烯膜	透明导电膜、触摸屏等
Vorbeck Materials	美国	西北太平洋国家实验室(PNNL)	第一家且唯一一家由美国环境保护署授权商业生产销售石墨烯产品的公司	锂离子电池
2D Carbon Tech	中国	江南石墨烯研究院	常州二维碳素科技,于 2012 年 1 月率先发布世界首款石墨烯电容式触摸屏	触摸屏
BTR	中国	自主研发	母公司为中国宝安,实力雄厚	锂离子电池

在产业化层面，美国石墨烯生产商 XG Sciences 年产能达到 80t（见图 7-13-14）。韩国三星公司已研制出首款石墨烯电子晶体管器件和柔性显示屏智能手机。

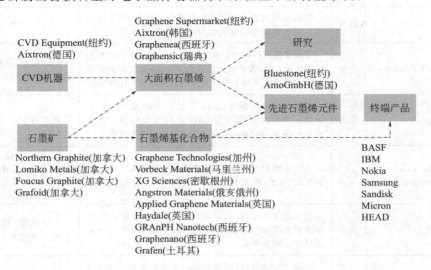

图 7-13-14　全球石墨烯产业链分析

在技术专利层面，全球石墨烯专利申请量呈激增态势，2010～2014 年的短短 5 年时间内，专利申请量增长 10 倍多。在石墨烯技术专利数量方面，中国处于技术原创国首位，其专利受理数量大幅领先于其他国家和地区，占据了全球 46% 的份额，这主要受益于中国政府在石墨烯产业化前夕的大力支持，诸多专项计划极大地推动了中国在石墨烯技术领域的研发速度。韩国、美国和日本紧随其后，也是石墨烯技术的主要原创国。韩国三星、浙江大学、美国 IBM、韩国高级科技学院以及南京大学分别排在专利申请的前五名。

二、中国产业现状

近年来，我国高度重视石墨烯技术和产业的发展，在政府政策的大力扶持下（表7-13-3），各高等院校和众多企业一直密切跟踪石墨烯的前沿技术和产业动向，我国石墨烯相关论文数量呈爆炸式增长。2012 年，工信部在新材料"十二五"规划中将石墨烯列入前沿材料目录。国家自然科学基金委在 2007～2013 年资助了 1096 项与石墨烯有关的基础研究计划。科技部围绕石墨烯的制备、工艺、材料等方向支持了一批重大专项和科技支撑计划项目。从石墨烯产业目前的发展进程看，我国在石墨烯的散热、导电等特性的应用方面，已迈入产业化门槛。

表 7-13-3　我国近期石墨烯相关政策统计

发布时间	发布单位	政策名称	政策内容
2015 年 9 月	国家制造强国建设战略咨询委员会	《中国制造 2025》重点领域技术路线图	明确未来十年我国石墨烯产业的发展路径，总体目标是"2020 年形成百亿元产业规模，2025 年整体产业规模突破千亿元"
2015 年 11 月	工信部、发改委、科技部	关于加快石墨烯产业创新发展的若干意见	到 2020 年形成完善的石墨烯产业体系，实现石墨烯材料标准化、系列化和低成本化，在多领域实现规模化应用，形成若干家具有核心竞争力的石墨烯企业

发布时间	发布单位	政策名称	政策内容
2016 年 3 月	工信部、发改委、科技部、财政部	关于加快新材料产业创新发展的指导意见	提出积极开发前沿材料,包括石墨烯等基础研究与技术积累
2016 年 3 月	全国人民代表大会和中国人民政治协商会议	中华人民共和国国民经济和社会发展第十三个五年规划纲要	提出大力发展石墨烯、超材料等纳米功能材料
2016 年 5 月	国务院	国家创新驱动发展战略纲要	发展引领产业变革的颠覆性技术,不断催生新产业、创造新就业。发挥纳米、石墨烯等技术对新材料产业发展的引领作用

我国已有许多企业可以实现石墨烯大规模工业化生产。2012 年 1 月,全球首款智能手机石墨烯电容触摸屏在江苏常州二维碳素科技有限公司研制成功。2013 年 5 月,当时全球最大规模的石墨烯透明导电薄膜生产线又在该公司正式投产,年产能达到 3 万平方米。2012 年 9 月,浙江宁波墨西科技有限公司年产 300t 的石墨烯项目正式投入建设。2013 年 4 月,贵州新碳高科有限责任公司正式宣布推出我国首个纯石墨烯粉末产品——柔性石墨烯散热薄膜。2013 年 11 月,当时国内最大的年产 100t 氧化石墨(烯)/石墨烯粉体生产线在常州第六元素材料科技股份有限公司正式投产。2013 年 8 月,江苏无锡惠山经济开发区启动建设国内首个石墨烯创新发展示范基地。

2016 年 6 月,全球首个年产 3000t 煤基高纯度石墨烯项目落户杭州桐乡。目前国内从事石墨烯电池的粉体材料研发、生产的公司主要有宁波墨西、常州第六元素、常州二维碳素、厦门凯纳、鸿纳新材料、德阳烯碳等。石墨烯薄膜国内龙头企业有常州二维碳素、无锡格菲、重庆墨希(华丽家族)等。单层或多层小规格石墨烯小规模生产的有东旭光电旗下的碳源汇谷等,如表 7-13-4 所示。

表 7-13-4　国内先进石墨烯生产企业统计

企业名称	主要产品	应用领域	产能情况
青岛昊鑫新能源科技有限公司	石墨烯粉体、导电浆料、传统石墨负极	电池电极、超级电容	天然石墨负极 8000t,人造石墨负极 5000t,500t 石墨烯粉体材料
宁波墨西科技有限公司	石墨烯粉体、石墨烯浆料等	电池电容,涂料油墨,导热材料,复合材料	500t 石墨烯粉体
常州第六元素材料科技股份有限公司	氧化石墨、导电导热型石墨烯、防腐型石墨烯	涂料、复合材料、锂电池及超级电容器	100t 石墨烯粉体
厦门凯纳石墨烯技术股份有限公司	石墨烯粉体、石墨烯浆料	电池电容,涂料油墨,导热材料,复合材料	规划年产 2200t 石墨烯产品生产线
鸿纳(东莞)新材料科技有限公司	水性石墨烯浆料、油性石墨烯浆料	新能源,导电导热,涂料超薄导热膜,工程塑料	千吨级石墨烯生产线
青岛华高墨烯科技股份有限公司	石墨烯粉体、氧化石墨烯粉体	电池材料、航空航天轮胎、超级储能	

续表

企业名称	主要产品	应用领域	产能情况
德阳烯碳科技有限公司	石墨烯粉末、石墨烯透明导电薄膜、石墨烯导电油墨、石墨烯水系浆料、石墨烯重防腐母液	锂离子电池、导电复合材料、导电墨水、抗静电材料、导热材料、表面特种涂料等	30t 石墨烯粉体
常州二维碳素科技股份有限公司	石墨烯透明导电薄膜产品、石墨烯传感器	触摸屏产品、传感器	20 万平方米石墨烯薄膜
重庆墨希科技有限公司	石墨烯导电薄膜	触摸屏、电子元器件	年产单层石墨烯薄膜材料 100 万平方米
无锡格菲电子薄膜科技有限公司	石墨烯导电薄膜、石墨烯传感器	电磁屏蔽材料、触摸屏、可穿戴电子	

第六节 石墨烯的发展前景

一、石墨烯的市场前景

石墨烯自 2004 年正式面世到现在，不过才 12 年时间，却获得了飞速发展。2012～2013年，石墨烯技术的商业市场产业化缓慢，几乎为零，鲜有代表产品出现。2013 年以来，石墨烯市场迎来了快速发展期；2015 年，烯旺科技研发的全球首款石墨烯智能理疗护腰在某知名网站众筹，在业界掀起了巨大波浪。据 BBC Research 预测，2018 年全球石墨烯市场规模可能高达 1.95 亿美元，之后将加速发展，于 2023 年超过 13 亿美元。至 2023 年，石墨烯应用领域将主要集中在以下五个领域：超级电容器领域、触摸屏领域、结构材料领域、传感器领域和超能计算机领域（见图 7-13-15）。

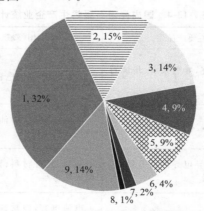

图 7-13-15 2023 年石墨烯应用领域预测
1—电容器；2—显示器；3—结构材料；4—传感器；5—高性能计算；6—光伏发电；7—热管理材料；8—通信；9—其他

现阶段，世界各国都大力推行石墨烯产业化，但总体应用量较小，应用发展程度不同，市场规模化需求还有待形成。目前石墨烯的大部分应用仍然停留在实验室阶段，虽然在实验室里的效果很好，但如果进行规模化生产，产品的稳定性尚待观察。石墨烯标准尚需进一步规范（见表 7-13-5）。

表 7-13-5　石墨烯质量标准

应用领域	产品名称	原理	优势	石墨烯质量要求	主要障碍	发展阶段	产业化时间估计
电子行业	触摸屏	导电性能好，单层材料接受压力反应灵敏	与 ITO 材料相比无毒、高韧性	较高，单层/少数层薄膜	导电性与 ITO 相比无明显优势；合成、转移、缺陷控制	较成熟，处于量产阶段	未来 0～3 年
	柔性导电膜（太阳能电池、LED 等）	导电性能好	柔性材料	较高、单层、少数层薄膜	合成、转移、缺陷控制；柔性设备目前需求未打开	研发阶段、接近成熟	未来 2～5 年
	超级电容	比表面积大、导电性能好、稳定性好	充放电性能好	不高，氧化还原法制备的多晶	成本受氧化还原石墨价格影响	研发阶段、濒临产业化	未来 2～5 年
	锂电池电极导电添加剂	比表面积大、导电性能好、性质稳定	少量添加提高充放电性能、包覆电极材料提高稳定性、导电性好	不高，可采用氧化还原法制备的多晶	均匀性	较成熟	0～3 年
	导热膜	热导率大	热导率大	可采用氧化还原制的多晶	合成、转移控制，成本较高	较成熟	1～3 年
	高端集成电路	存在大量自由电子、导电性能好	导电性能好	单层/少数层薄膜	与硅相比无明显优势、成品率低、高质量薄膜制备难度高	实验早期阶段	10 年以上
生物医疗、军工、精密制造业	太赫兹发射、检测器	双层石墨烯能隙处于太赫兹波段	填补目前大功率太赫兹检测材料空白	高，双层石墨烯薄膜	石墨烯质量、器件制备成品率、稳定性	实验早期阶段	5 年以上
	传感器	接收压力、气体、酶等信号源后导电性发生变化	单层材料灵敏性高、生物相容性好	较高，单层/少数层	石墨烯质量、器件制备成品率、稳定性	实验早期阶段	5 年以上
	激光应（成像、超短脉冲光等、激光器）	光波导等光学特性	与 SESAM 相比宽谱、在任意波长使用、支持宽带宽、制备工艺相对简单	石墨烯单层/少数层薄膜	高质量石墨烯制备。石墨烯与光场强相互作用、石墨烯饱和吸收体封装以及激光功率稳定控制	石墨烯飞秒光纤激光器已成熟，其余多处于实验早期阶段	5 年以上
化工	吸附油污、离子	多孔材料	可重复使用	多层石墨烯	基本成熟	推广阶段	未来 1～3 年
	海水淡化处理	多孔材料，选择性过	成本下降空间较反渗透膜大	少数多层薄膜	薄层石墨烯易破	实验早期阶段	5 年以上
	涂层	原子间距小，选择性过滤，耐腐蚀性好	轻薄、效果明显	不高，氧化还原法制备的多层	均匀性	基本成熟	0～3 年
	保鲜	原子间距小，选择性过滤	理论上隔绝所有霉菌、细菌	高，无缺陷薄膜	缺陷控制	研发阶段	未来 2～5 年

　　由于不同的石墨烯制备方法制成的石墨烯结构差异很大，功能化之后在不同的领域有不同的应用。不同工艺生成的石墨烯产品与应用对应关系如图 7-13-16 所示。

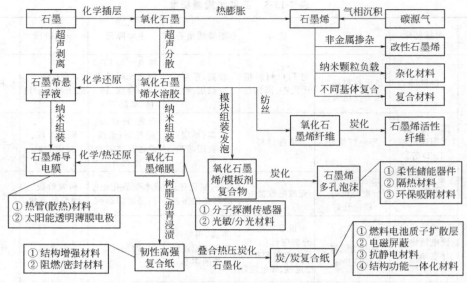

图 7-13-16 石墨烯工艺及其产品应用

2015 年 11 月，发改委、工信部、科技部三部门联合印发《关于加快石墨烯产业创新收展的若干意见》，强调要突破石墨烯材料规模化制备共性关键技术，到 2018 年实现石墨烯材料在部分工业产品和民生消费平领域的产业化应用；到 2020 年在多领域实现石墨烯规模化应用，形成若干家具备核心竞争力的石墨烯产业，建立标准化、系列化和低成本化的完善的石墨烯产业体系。

《〈中国制造 2025〉重点领域技术路线图》进一步明确了未来十年我国石墨烯产业的发展路径，总体目标是"2020 年形成百亿产业规模，2025 年整体产业规模突破千亿"。重点发展领域包括：石墨烯基电极材料在电动车领域应用，石墨烯基防腐材料在海洋工程领域应用，石墨烯薄膜在柔性电子领域应用，石墨烯基散热材料在光电领域应用，以及石墨烯材料的规模化制备技术（见表 7-13-6）。

表 7-13-6 《中国制造 2025》石墨烯产业技术目标规划表

技术领域	2020 年规划目标	2025 年规划目标
电动汽车锂电池用石墨烯基电极材料	较现有材料充电时间缩短 1 倍以上续航里程提高 1 倍以上	石墨烯基电极材料电动汽车用动力锂电池等领域上得到规模化应用
海洋工程等用石墨烯基防腐蚀涂料	较传统防腐蚀涂料寿命增 1 倍以上	石墨烯基防腐蚀涂料实现产业化并在海洋工程等领域得到规模化应用
柔性电子用石墨烯薄膜	性价比超 ITO,且具有优异柔性	石墨烯薄膜实现产业化并在柔性电子等领域得到规模化应用
光电领域用石墨烯基高性能热界面	石墨烯基散热材料较现有产性能提高 2 倍以上	石墨烯基高性能热界面材料在光电领域得到应用

我国的石墨烯应用专利集中在锂电、储能、复合材料等领域（见表 7-13-7），布局相对较窄，且主体多为高等院校，研发和应用在一定程度上脱节，所以目前我国研究机构应该把重点放在应用领域的研究上。

表 7-13-7　我国石墨烯产业市场规模预测表

应用领域	应用阶段	下游市场	潜在市场规模
导电油墨	非常成熟，已经产业化	印刷、打印复印	2 亿元
复合材料	比较成熟，产业化早期	树脂基复合材料、工程塑料	20 亿元
导热膜片	比较成熟，产业化前期	手机、电脑 LED 灯等散热	15～20 亿元
锂电池材料	比较成熟，产业化早期	手机、平板电脑、新能源汽车	40～50 亿元
超级电容	企业研发阶段	新能源汽车	10 亿元

　　新材料行业作为战略性新兴产业的重要组成部分，将纳入十三五规划，并拟列入国家重点专项规划，成为引领产业转型升级重要指引。石墨烯是新材料界的新星，纳入十三五规划承载着众人的期许和希望。

　　石墨烯拥有优异的性能，如导电导热强、耐腐蚀耐高温、重量轻韧性好等，应用领域宽广，市场前景广阔。但任何一种新材料从发现到实现产业化都需要克服重重困难，这是一个艰难漫长的过程，石墨烯自然也难以逃脱这样的命运。真正实现石墨烯突破性研究和产业化，我们还有很长的路要走。

二、中国煤基石墨烯的发展前景

1. 煤基石墨烯研究现状

　　对石墨烯生产原料的替代物研究一直是石墨烯领域的重点研究方向之一。国外发达国家将石墨烯生产原料的替代物放在廉价碳氢化合物及生活废物上，通过热解植物油、生物油、食物残渣等来制备石墨烯，目前试验阶段已取得成功，但未实现产业化，其原因有二：生产的石墨烯性质不稳定；当前工艺技术无法达到量产的要求。

　　而我国煤炭资源相对丰富，在当前煤炭产能过剩和煤炭消费结构急需调整的大环境下，开展煤炭精细加工与清洁利用至关重要。因此煤炭是我国当前最符合国情和需要的石墨烯原料。我国煤制石墨烯的研究处于世界领先地位。在研究领域，张亚婷等通过对不同煤种经过不同石墨化工艺进行结构调整之后，进一步采用氧化法和低温等离子体还原技术实现了煤基石墨烯的制备，所得煤基石墨的石墨化度可以提高到 71.63%。杨丽坤等对太西无烟煤进行高温煅烧处理，成功制备出煤基石墨；在此基础上，利用氧化还原法进行石墨烯的制备研究。在企业领域，2016 年 6 月，中喜（桐乡）石墨烯科技有限公司全球首个年产 3000t 煤基高纯度石墨烯项目落户杭州桐乡，标志着我国煤制石墨烯由研究向产业化迈出了第一步。公司一期计划投资 5 亿元建设项目，达产后将实现产值 24 亿元，同时公司还将跟进石墨烯防燃纤维等项目，预计总投资将达 30 亿元。

2. 煤基石墨烯产业化面临的挑战和机遇

（1）技术性

① 石墨制石墨烯技术对石墨质量要求非常严格，要求石墨纯度越高越好。而煤炭制石墨纯度一般只能够达到 70%～90% 左右（煤种不同，石墨化后纯度有差异），而一些天然石墨经处理后纯度能够达到 99% 以上，因此从石墨烯产品质量方面考虑，煤基石墨制石墨烯要劣于天然石墨制石墨烯。所以我们的机遇在以下两方面：转换思路，大力研究缺陷石墨烯的应用，降低石墨烯的使用标准对煤制石墨烯有很大的促进作用；大力研发煤炭石墨化技术，提高煤炭石墨化纯度，甚至超越天然石墨的纯度。

② 石墨烯独有的力学、光电学、化学、热学性质，导致石墨烯研究领域的机构专家越来越热衷于石墨烯应用领域的研究上，而对于石墨烯的基础制备研究反而越来越少。如图7-13-17所示，2016 年 9 月在青岛召开的中国国际石墨烯创新大会上，各国石墨烯领域的研究专家都将焦点放在不同的应用上，而基础研究只有 3 个会议主题。可见石墨烯领域研究的主导力量并不在石墨烯制备技术研究上。

石墨烯基础应用研究	石墨烯应用技术		
类石墨烯二维材料的基础 石墨烯在光电器件领域的 石墨烯前沿制备技术	石墨烯的模拟计算及应用	石墨烯关键制备装备	石墨烯非传统应用
	石墨烯在催化剂领域的应用	石墨烯在超润滑材料领域的应用	石墨烯在建筑材料领域的应用
	石墨烯在纤维及织物领域的应用	石墨烯在导热/导电塑料领域的应用	石墨烯在橡胶复合材料领域的应用
	石墨烯在导电油墨领域的应用	石墨烯在防腐涂料领域的应用	石墨烯在金属复合材料领域的应用
	石墨烯在热管理器件领域的应用	石墨烯在超级电容器领域的应用	石墨烯在锂离子电池领域的应用
	石墨烯在燃料电池领域的应用	石墨烯在太阳能电池领域的应用	石墨烯在海水淡化领域的应用
	石墨烯在环保领域的应用	石墨烯在医用领域的应用	石墨烯在传感器领域的应用
	石墨烯薄膜应用技术	石墨烯薄膜大面积、连续化制备	石墨烯/氧化石墨烯规模化制备
	石墨烯在柔性电子及可穿戴领域的应用	石墨烯在高频电子技术领域的应用	

图 7-13-17　2016 年中国国际石墨烯创新大会会议主题示意图

（2）经济性　目前，我国高纯石墨的价格在 7000 元/t 左右，而作为锂电池负电极材料的石墨烯价格可达到（6~8）万元/t。由此可见煤制石墨烯产业利润大额在石墨制石墨烯的过程上，如何由石墨廉价、稳定、量产石墨烯才是所有企业、科研工作者研究的关键技术，而煤制石墨技术，在巨大的利润差异影响下，会受到极大的抑制作用。然而随着天然石墨烯储量的不断减少，当天然石墨供不应求的情况发生时，这一局面会有所改变，煤制石墨烯技术的价值将会大大提升。

（3）煤制石墨烯未来展望　从长远发展来看，煤制石墨烯技术是保证未来石墨烯产品供需平衡的关键技术。不能过度依赖天然石墨的开发，有违可持续发展。因此，需要国家、政府提供一定的政策和资金扶持煤制石墨烯技术的研究；各个企业也应该集中力量大力研发煤制石墨烯技术，提高企业综合竞争力，争取成为产业龙头，带领石墨烯产业向原料多元化发展；各高校、研究机构更应该努力研发煤制石墨烯技术，为我国石墨烯产业的良性发展提供技术支撑。煤制石墨烯技术的产业化刚刚起步，还有很长的路要走。

三、中国煤基锂电池负极材料的发展前景

1. 煤基锂电池负极材料的研究现状

炭材料因其具有高能量密度、高效率和长循环寿命等优点，被广泛应用于锂电池负极材料，目前商品化锂电池负极材料的原料主要为天然石墨与人造石墨两类，主要应用于 3C 市场。天然石墨负极材料采用天然鳞片晶质石墨，经过粉碎、球化、分级、纯化、表面等工序处理制得。而人造石墨负极材料是将易石墨化碳如石油焦、针状焦、沥青焦等在一定温度下煅烧，再经粉碎、分级、高温石墨化制得。目前市场上人造石墨价格普遍比天然石墨价格高，随着优质天然石墨的不断减少，寻找天然石墨替代物作锂电池负极材料势在必行。近年

来，由于新能源汽车与储能设备的高速发展，锂电池的发展方向由容量型转向动力型，这就对锂离子电池的循环寿命和倍率性能提出了更高的要求。

无烟煤兼具软碳和硬碳的结构特点，使其在满足容量的同时比人造石墨及天然石墨等具备更高的循环寿命及倍率性能。湖南大学涂健采用云南昭通无烟煤制备锂电池负极材料，结果显示云南无烟煤在 3000℃ 处理后由空隙储锂，石墨化度高达 95.7%，容量达 305.8 mA·h/g，性能达到最佳。中科院山西煤化所李宝华等以兖州煤为原料，在 700~1000℃ 下热解煤，研究发现随着热处理温度的升高，煤基炭材料的微晶结构边的有序，在 700℃ 时热裂解所制备的炭材料，其放电容量高达 470mA·h/g。神宁太西炭基公司以太西无烟煤为原料，开发煤基负极材料制备工艺技术，产品放电容量达到 334.1mA·h/g，压实密度达 1.14g/cm³，达到市售负极材料技术指标。清华大学时迎迎等采用石墨化炉对太西煤进行石墨化处理。以沥青为前躯体采用液相包覆的方法实现表面包覆并经高温（1000℃）炭化处理，制备具有核壳结构的炭石墨复合材料作为锂电池负极材料，产品首次可逆比容量为 330.4mA·h/g，首次库伦效率为 90%，50 个循环后容量仍保持在 90%。

华东理工大学王邓军等通过考察煤系针状焦在 700~2800℃ 热处理过程中石墨微晶结构的变化规律及其电化学性能，并结合 TG-DTG、XRD、SEM、XPS 表征方法以及充放电、循环伏安曲线特征，分析了针状焦的石墨化机理及其储锂机制，结果显示针状焦经过 2800℃ 石墨化后，可获得较低的 Li⁺ 充放电电位和稳定的充放电平台，且反复充放电 40 次后的有效嵌锂容量为 305mA·h/g。

2. 锂电池负极材料产业现状

与正极材料相比，负极材料占锂离子电池成本比重较低，在国内已几乎全部实现产业化。目前，国内负极材料产能也较大，基本能满足国内市场的需求，但随着新能源汽车的逐步普及，未来负极材料的市场需求将出现巨大缺口。高工产研锂电研究所（GGII）调研显示，2015 年我国负极材料产量 7.28 万吨，同比增长 42.7%；国内负极材料产值为 38.8 亿元，同比 2014 年增长 35.2%。2015 年负极材料均价保持下滑，幅度在 5%~10%。虽价格整体下降，但负极材料产值增速接近产量增速，因为负极材料的结构在发生变化。受动力电池带动，2015 年国内负极材料的需求增长最快的是人造石墨，而人造石墨的均价高于天然石墨。

全球负极材料总出货量中天然石墨占比 55%，人造石墨占比 35%，中间相炭微球占比 7.4%，钛酸锂、锌、硅合计占比约 1%。综合而看石墨类负极材料占总出货量的 90%。而煤基锂电池负极材料生产技术还处于研究阶段，国内尚无通过该技术实现大规模工业化生产的企业。寻求天然石墨替代物的紧迫性要求使得煤基锂电池负极材料生产技术越来越受到科研工作者的关注。目前急需进一步解决煤基石墨纯度、结构稳定性问题及石墨改性问题。因此煤基锂电池负极材料的商业化目标任重而道远。

参考文献

[1] 杨丽坤，蒲明峰．煤炭加工与利用，2013（5）：58-61．
[2] 涂健．无烟煤用作锂离子电池负极材料的可行性研究．长沙：湖南大学，2003．
[3] 李宝华，李开喜，吕春祥，等．电池，2002，32（2）：66-68．
[4] 杨忠福，许普查，李光明．煤炭加工与综合利用，2012（1）：40-43．
[5] 时迎迎，臧文平，楠顶，等．煤炭学报，2012，37（11），1925-1929．
[6] 王邓军，王艳莉，詹亮，等．无机材料学报，2011，26（6）：619-624．

第八篇

煤化工对环境的影响及治理

第一章
煤化工相关废水处理技术

第一节　水质稳定技术

为了使循环水水质满足重复使用的要求，需要对循环水进行水质稳定处理。由于煤化工各类循环水的用途不尽相同，对水质的要求也不相同，因此所使用的水质稳定技术也有较大差别，下面主要介绍设备循环冷却水和洗气循环冷却水的水质稳定技术。

1. 设备循环冷却水水质稳定技术

设备循环冷却水的处理主要集中在防垢、防腐蚀等方面。

（1）防水垢处理　防水垢有三种途径：降低浓缩系数；降低补充水碳酸盐硬度；提高循环水的极限碳酸盐硬度值。降低补充水碳酸盐硬度可采用软化法和酸化法。软化法主要是使用石灰或离子交换降低碳酸盐硬度；酸化法主要是投加 H_2SO_4 或 CO_2。提高循环水的极限碳酸盐硬度值主要是向循环水中投加阻垢剂，常用的阻垢剂有聚磷酸盐、有机磷酸盐类、聚羧酸类等。

① 聚磷酸盐。主要有六偏磷酸钠（$(NaPO_3)_6$）、三聚磷酸钠 $Na_5P_3O_{10}$。作用机理是通过对金属离子的螯合反应，把溶解在水中的金属离子生成可溶性络合盐，使金属离子的结垢受到抑制。六偏磷酸盐所含 $P_2O_5 > 50\%$，投药量一般为 $1\sim5mg/L$；三聚磷酸盐所含的 P_2O_5 约 50%，投药量一般不能过高。聚磷酸盐同时具有缓蚀的作用，当用于缓蚀时投加量一般为 $20\sim25mg/L$，同时要控制钙离子浓度大于 $20mg/L$。

② 有机磷酸盐类。主要有有机磷酸酯和有机磷酸盐两大类。有机磷酸盐分为磷酸盐和二磷酸盐，磷酸盐主要是亚甲基磷酸盐，如氨基三亚甲基磷酸（ATMP）盐、乙二氨四亚甲基磷酸（EDTMP）盐。有机磷酸盐有缓蚀、阻垢双重作用，有良好表面活性、化学稳定性和耐高温性。使用的 pH 值范围为 $7.0\sim8.5$，温度为 50℃，投加量当用于阻垢时为 $1\sim$

5mg/L，当用于缓蚀时为 20~50mg/L。

③ 聚羧酸类。聚羧酸类是金属离子优异的螯合剂，对碳酸钙有分散作用，耐温度性能好，无毒。主要是阴离子型，如聚丙烯酸钠（PAA）及其衍生物聚甲基丙烯酸类、水解聚马来酸酐（HPMA）、中性型聚丙烯酰胺。使用的 pH 值范围为 7.0~8.5，温度大于 50℃，投加量约为 1~5mg/L。

（2）防腐蚀处理　主要通过投加抗腐蚀剂，其作用机理是在金属表面上形成一层保护膜，切断电化学腐蚀电流，以控制腐蚀过程。抗腐蚀剂主要有聚磷酸盐、磷酸盐、锌盐、钼酸盐、硅酸盐等。

① 聚磷酸盐。属于阴极型缓蚀剂，它主要与金属离子 Ca^{2+} 生成络合盐，构成沉淀型保护膜来抑制腐蚀，投加量为 20~25mg/L。要求水中 Ca^{2+} 浓度大于 20mg/L，溶解氧大于 2mg/L，pH 值为 5.5~7.0。

② 有机缓蚀剂。如 2-巯基苯并噻唑（MBT）、苯并三氮（BZT）。该类有机缓蚀剂和铜或铜合金表面上的活性铜原子或铜离子产生螯合作用，在金属表面形成一层十分致密和牢固的保护膜能抑制腐蚀过程。MBT 的投量一般为 1~2mg/L，pH 值的使用范围为 3~10；BZT 的投量一般为 1mg/L 以内，pH 值的使用范围为 5.5~10。

③ 硅酸盐。原理是溶解的 SiO_3^{2-} 与金属表面溶出的 Fe^{2+} 反应生成保护膜。一般与其他药剂复配使用，pH 值的使用范围为 7.0~8.5，SiO_2 应小于 175mg/L，水中 Mg^{2+} 不应大于 250mg/L。

（3）防微生物垢处理　许多微生物如藻类、真菌、细菌、原生动物等易在循环水中生存，它们不仅使水质恶化，而且还在管内壁结垢，增加水流阻力和堵塞管道及换热器。防止微生物垢的处理主要是投加各类杀菌剂，杀菌剂的种类有以下几种。

① 氧化型杀菌剂。氧化型杀菌剂主要包括液氯、次氯酸钠、次氯酸钙、二氧化氯、氯胺、臭氧。氯杀菌起作用的主要是 HOCl，投药量一般为 2~4mg/L，若为间歇投加，2h 内余氯保持在 0.5~1.0mg/L；若为连续投加，余氯则为 0.2mg/L，pH 值应为 6.5~7.0。二氧化氯的 pH 值范围较宽，在 pH 值=6~10 时依然有效，且杀菌是氯的 25 倍，并具有剂量小、作用快、效果好的优点。在相同条件下，投加 5mg/L 的 Cl_2，作用 5min 可使微生物减少 96%，余氯为 2.5mg/L；而投加 2mg/L ClO_2 仅需作用 0.5min，便可使微生物减少 100%，余氯为 0.9mg/L。二氧化氯是一种高效、应用广泛的杀菌剂，余氯为 0.5mg/L 时，在 12h 内杀菌率为 99.9%。二氧化氯一般采用现场制备。臭氧是强氧化剂，当浓度为 10mg/L 时仅需 100s 杀菌率就可达 99.9%，它与化学药剂相比不仅杀菌效果有了大大提高，而且费用可节约 2/3。

② 非氧化型杀菌剂。主要包括氯酚类、季铵盐类。常用的氯酚类为五氯酚钠（C_6Cl_5ONa），投药量为 10~100mg/L，它的杀菌率为 96.3%~99.9%。常用的季铵盐有烷基三甲基氯化铵（ATM）、二甲基苄基烷基氯化铵（DBA）、烷基二甲基苄基氯化铵（DBL），它们化学稳定性好，使用方便，投加量为 10~20mg/L，pH 值=7~9 时，杀菌率达 99%。

③ 氧化-非氧化型复合杀菌剂。它具有经济、高效、pH 值范围宽等优点，投加量为 7~10mg/L，作用时间为 4h，杀菌率可达 99.9%。

2. 循环洗气冷却水水质稳定技术

循环水洗气冷却在焦化工业、煤气化工业等众多的煤化工行业被广泛采用。由于洗气冷却水水中含有大量的污染物，因此，水质稳定除了防腐、防垢等外还应进行必要的污染物去除。

炉煤气冷却水含有大量的悬浮固体和焦油，若不能将它们有效地去除，循环水中的污染物浓度不断增加，水质变得黏稠，将会降低煤气的净化效果。目前通常采用沉淀、混凝沉淀、气浮、电解浮选等方法来去除焦油和悬浮物。炉煤气冷却循环水系统包括竖管循环水系统、脱焦油循环水系统和洗涤塔循环水系统。竖管循环水对水质的要求最低，并且水中大部分焦油是相对密度大于 1 的重馏分，它们可与水中灰尘黏结成焦油渣，少量轻质焦油浮在液面之上，因此可以用撇油管去除。当采用平流式沉淀池，停留时间一般在 1.5h。

洗涤塔是煤气的最终净化设备，对循环水质要求较高，经自然沉降的水在重新使用前还应再进行混凝沉淀或气浮等处理。

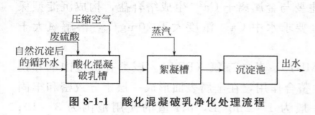

图 8-1-1 酸化混凝破乳净化处理流程

(1) 破乳 焦油蒸气和水蒸气在冷凝的过程中，相互混合极易形成焦油-水的乳化状态，很难用自然沉降的方法去除，应先进行破乳，然后通过沉降和气浮将焦油去除。破乳的方法有酸化混凝破乳、酸化气浮破乳等方法。酸化混凝破乳处理流程见图 8-1-1。

(2) 混凝沉淀 混凝沉淀是改善水质的有效措施之一，常用的混凝剂有硫酸铝、聚合铝、聚合铁，使用这些混凝剂一般同时投加 3mg/L 的高分子助凝剂。

气浮法和电解浮选也是很好的去除悬浮固体和油类的方法，悬浮固体和油的去除效率可达到 60%～90%。气浮法作为一个重要的废水处理单元将在后面进行详细的介绍。

第二节 沉淀法水处理技术

沉淀在水处理中是一种极其重要、使用广泛的方法，大致可分为自然沉降和混凝沉淀。沉淀在煤化工废水处理中应用较为广泛，如选煤废水、焦化废水、煤气化废水都需要不同的沉淀设备来去除悬浮颗粒。

1. 自然沉降

自然沉降是指依靠重力将水中悬浮固体去除的方法。常用的自然沉降的沉淀设备有以下几种。

(1) 平流式沉淀池 带有链带式刮泥机械的平流式沉淀池的结构如图 8-1-2 所示。水通过进水槽和配水孔进入池内，水在池内的流速较低，水中悬浮物在重力的作用下沉向池底。澄清水溢流过堰口，通过出水槽排出。

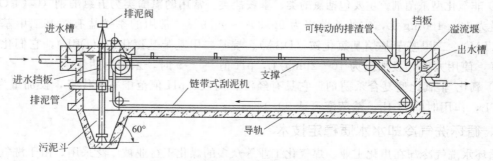

图 8-1-2 平流式沉淀池

平流式沉淀池的设计参数包括沉淀效率、沉降速率、沉降时间、平均流速等，这些参数一般需通过实验得出，也可根据相似的运行资料，选用一些经验参数。如沉降区水流的水平流速一般应小于5mm/s，沉淀时间一般取1.5～2.0h，沉淀区长宽比应大于4，污泥斗为方形倾角取60°，为圆斗时倾角取55°，池底应以0.01～0.02的坡度倾向泥斗。

（2）辐流式沉淀池　辐流式沉淀池的结构如图8-1-3所示。废水经进水管进入中心筒后，通过筒壁上的配水孔和外围的环形穿孔挡板，沿径向呈辐射状均匀流向沉淀池周边，由于过水断面不断增大，因此，水的流速逐渐变小，悬浮颗粒沉降下来，澄清水经溢流堰或淹没孔汇入集水槽排出。沉于池底的泥渣，由刮板刮入泥斗，由污泥泵或静压排出。

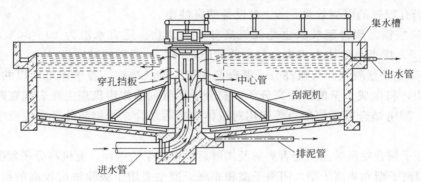

图 8-1-3　辐流式沉淀池

辐流式沉淀池的池直径小于20m，一般采用中心驱动式刮泥机，驱动装置设在池子中心；池直径大于20m，多采用周边驱动式刮泥机。刮泥机的旋转速度一般为2～4r/h，外周刮板的线速度应不超过3m/min。沉淀池池底坡度为0.05～0.085，污泥斗的坡度为1:（6～8）。

（3）斜板、斜管沉淀池　斜板、斜管沉淀池是根据浅层沉降原理设计的高效沉淀池，其结构见图8-1-4。斜板、斜管沉淀池是一组平行板或管相互平行地重叠在一起，以一定的角度安装在平流沉淀池中，水流从平行板（管）的一端流到另一端，致使每两块板间或每根管都相当于一个很浅的小沉淀池。废水在斜板（管）内流速以0.7～1.0mm/s为宜，斜板倾角可以采

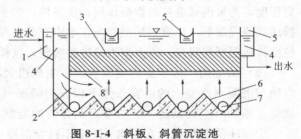

图 8-1-4　斜板、斜管沉淀池
1—配水槽；2—整流墙；3—斜板、斜管体；4—淹没孔口；5—集水槽；6—污泥斗；7—穿孔排泥管；8—阻流板

用50°～60°，斜板间距不小于50mm，斜板上部的出水缓冲层深度不小于0.5m。

2. 混凝沉淀

混凝沉淀是指在混凝剂的作用下，使废水中不能自然沉降的胶体和细微悬浮颗粒凝聚成具有可分离性的絮凝体，然后通过重力沉降予以分离去除。混凝过程包括凝聚和絮凝两个过程。

（1）混凝剂　常用的混凝剂按化学组成可分为无机盐和有机高分子两大类。无机盐类主要包括铁盐、铝盐和碱化聚合盐；有机高分子类主要为高分子聚合物。

① 无机盐类。无机盐类混凝剂主要包括以下几种。

a. 硫酸铝。硫酸铝是目前给水和废水处理中使用最多的混凝剂。常见的硫酸铝含有18个结晶水，其分子式为$Al_2(SO_4)_3 \cdot 18H_2O$。硫酸铝可分为干式和湿式投加两种。湿式投加时一般采取10%～20%（按商品固体质量计算）浓度。硫酸铝使用的适宜pH值范围与原

水硬度有很大关系。对于软水，适宜 pH 值范围为 5.7～6.6；对于中等硬度的水，适宜 pH 值范围为 6.6～7.2；对硬度较高的水，适宜 pH 值范围为 7.2～7.8。

b. 三氯化铁。三氯化铁分无水物、结晶水物和液体三种，其中常用的是三氯化铁结晶水合物（$FeCl_3 \cdot 6H_2O$），其溶解度随温度上升而增加，形成的矾花沉淀性能好，适用于处理低温低浊水。三氯化铁液体、结晶水物的腐蚀性大，调制和加药设备必须考虑防腐处理。

c. 聚合氯化铝。聚合氯化铝作为一种高效的高分子混凝剂，使用越来越广泛。聚合氯化铝同其他混凝剂相比，具有以下优点：ⅰ.应用范围广，对各种废水都可达到好的混凝效果；ⅱ.絮体形成速度快，沉淀性能好，且所需投药量少；ⅲ.适宜的 pH 值范围宽，且水温较低时，仍有较好的混凝效果；ⅳ.对设备的腐蚀小。

d. 聚合硫酸铁。聚合硫酸铁也是无机高分子聚合物。适宜水温为 10～50℃，pH 值范围为 5.0～8.5。优点是絮体生成快，对水质适应范围广，消耗的碱度少。

② 有机高分子絮凝剂。有机高分子絮凝剂一般为链状结构，各单体之间以共价键结合，当其溶于水中，将生成大量的线型高分子。高分子絮凝剂的作用机理主要表现在两方面：由于氢键结合、静电结合、范德华力等作用对胶体的吸附结合；线型高分子在溶液中的吸附架桥作用。

根据高分子聚合物所带基团能否离解及离解后所带离子的电性，有机高分子絮凝剂可分为阴离子型、阳离子型和非离子型。阴离子型和非离子型主要用于去除浓度较高的细微悬浮物，但阴离子型主要适用于中性和碱性水质，而非离子型主要适用于中性至酸性水质；阳离子型主要用于去除胶体状有机污染物。使用最为广泛的有机高分子絮凝剂是聚丙烯酰胺，它既可单独使用，也可同其他混凝剂一起混合使用。当混合使用时，聚丙烯酰胺的投加顺序与废水水质有关。对于浊度较低的废水，应先加入其他混凝剂，再投加聚丙烯酰胺，使胶体颗粒先脱稳到一定程度，为聚丙烯酰胺的絮凝作用提供条件；对于浊度较高的废水，应先投加聚丙烯酰胺，再投加其他混凝剂，让聚丙烯酰胺先在水中充分发挥作用，吸附部分胶粒，使浊度降低，其余胶粒由其他混凝剂脱稳，再由聚丙烯酰胺吸附，这样可以降低混凝剂的用量。

（2）助凝剂 为了提高混凝效果，生成粗大、密实、易于分离的絮凝体，特别是在原水水质与混凝剂所要求的适宜条件不相应的情况（如 pH 值的差异和有干扰物质存在等）下，就需要添加一些辅助药剂。这些药剂称为助凝剂，按其作用可分为以下三类。

① pH 值调整剂。在原水 pH 值不符合混凝剂使用条件，或投加混凝剂后 pH 值有较大变化时，就需要投加酸性或碱性物质给予调整。常用的 pH 值调整剂有石灰、硫酸、氢氧化钠等。

② 絮体结构改良剂。当生成的絮体小、松散易破碎时，可投加絮体结构改良剂以增大絮体粒径、密度和机械强度等。常用的絮体结构改良剂有水玻璃、活性硅酸和黏土等。

③ 氧化剂。当原水中的有机物含量较高时，容易形成泡沫，不仅造成感观污染，而且使絮凝体不易沉降。此时可投加氯气、次氯酸钠、臭氧等氧化剂来破坏有机物，以提高混凝效果。

（3）影响混凝效果的因素 主要包括废水水质、混凝剂的种类和投加量以及水力条件三方面。

① 废水水质的影响。废水的水温、pH 值、浊度等都会影响混凝效果。水温一般以 20～30℃为宜，水温过低会影响无机盐类混凝剂的水解，使水解反应变慢。另外水温低，水的黏度增大，布朗运动减弱，混凝效果下降。为了弥补水温过低的不利影响，可采取废热加

热、投加活性硅酸助凝剂和黏土等絮体加重剂，以及适当提高介质碱度来增大水解平衡常数等措施。每种混凝剂都有其适宜的 pH 值，这是因为 pH 值的高低不仅直接影响着污染物存在的形态和表面性质，而且影响着混凝剂的水解平衡及产物的存在形态和存在时间。

② 混凝剂的种类和投加量的影响。混凝剂的选择主要取决于胶体和悬浮物的种类、性质及浓度。如水中污染物主要是细微悬浮物或次生化学沉淀物，可单独采用高分子絮凝剂；如水中污染物主要呈胶态，且 ζ 电位较高，则先投加无机混凝剂使其脱稳凝聚；如絮体细小，还需投加高分子絮凝剂或配合使用活性硅酸等助凝剂。在很多情况下，将无机混凝剂与高分子混凝剂并用，可明显提高混凝效果，扩大应用范围。混凝剂的投加量除与水中微粒种类、性质、浓度有关外，还与混凝剂品种、投加方式及介质条件有关，应视具体情况而定。一般的剂量范围是：普通铁盐、铝盐为 $10\sim30mg/L$，铁/铝聚合盐则大体为普通盐的 $1/2\sim1/3$；有机高分子絮凝剂一般为 $1\sim5mg/L$。

③ 水力条件的影响。混凝澄清的工艺过程可分为混合、反应和絮体分离三个阶段。混合和反应都需要搅拌，因此水力条件对混凝效果影响的两个重要控制指标为搅拌强度和搅拌时间。搅拌强度常用速度梯度 G 来表示。在混合阶段，为了达到混凝剂和原水的快速均匀混合，搅拌强度要大，搅拌时间要短，通常认为 G 应在 $500\sim1000s^{-1}$，搅拌时间 t 应在 $10\sim30s$。而在反应阶段，既要为微絮体的接触碰撞提供必要的紊流条件和絮体成长所需的时间，又要防止已经形成的絮凝体被击碎，因此搅拌强度要小，搅拌时间要长，相应的 G 和 t 值分别为 $20\sim70s^{-1}$ 和 $15\sim30min$。

（4）混凝剂混合和反应的主要设备

① 混凝剂混合的主要设备。废水与混凝剂和助凝剂进行充分混合，是进行反应和混凝沉淀的前提。混合主要有两种方式：一是管道混合，即借助水泵吸水管或压水管在管道中形成湍流和水泵叶轮的转动进行混合；二是混合槽混合。常用的混合槽主要为机械混合槽、分流隔板式混合槽和多孔隔板式混合槽。

a. 机械混合槽。机械混合槽多为钢筋混凝土结构，通过浆板转动搅动达到混合的目的。水深一般为 $3\sim5m$，叶片的转动圆周速度为 $1.5m/s$ 以上，停留时间为 $10\sim15s$。机械混合槽特别适用于多种药剂处理废水的情况，混合效果比较好。目前使用较多的是浆板式机械混合槽，其结构见图 8-1-5。

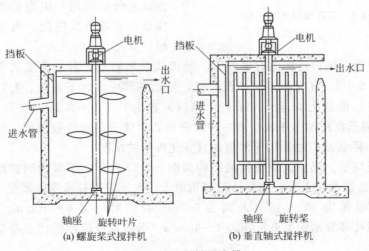

(a) 螺旋桨式搅拌机   (b) 垂直轴式搅拌机

图 8-1-5　机械混合槽

b. 分流隔板式混合槽。其结构见图 8-1-6。分流隔板混合槽可由钢筋混凝土或钢板制成，在渠道中设水平回流或上下回流隔板，隔板间距一般为 60～100cm，流速取值在 1.5m/s 以上。药剂于隔板前投入，水在隔板通道间流动的过程中与药剂达到充分的混合。该设备混合效果较好，但占地面积大，压头损失大。

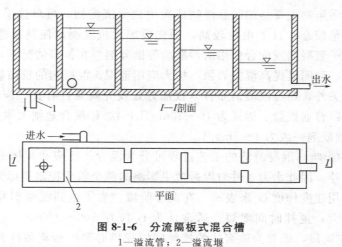

图 8-1-6 分流隔板式混合槽
1—溢流管；2—溢流堰

c. 多孔隔板式混合槽。其结构见图 8-1-7。槽由钢筋混凝土或钢板制成，槽内设有若干穿孔隔板，水流经小孔时做旋流运动，保证迅速、充分地得到混合。缺点是压头损失较大。

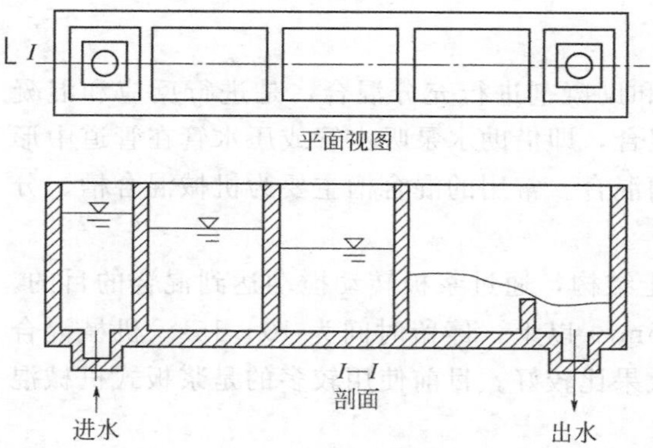

② 反应设备。水与药剂混合后进入反应设备进行反应，反应设备的功能在于使初级絮凝体继续成长为个体较大、质地较密的絮凝体。因此，反应设备内的搅拌强度要适当降低，同时停留时间要较长，以保证充分的碰撞和吸附的机会。常用的反应设备有隔板反应池、涡流式反应池及机械反应池。

图 8-1-7 多孔隔板式混合槽

a. 隔板反应池。隔板反应池有平流式、竖流式和回转式三种。平流式和竖流式原理相同，其结构见图 8-1-8。在水流渠道中设隔板，使水在其中上、下或左、右迂回流动，形成絮凝体。一般进口流速为 0.5～0.6m/s，出口流速为 0.115～0.2m/s，反应时间为 20～30min。回转式隔板反应池是平流式的一种改进形式，优点是反应效果好，压头损失小，其结构见图 8-1-9。隔板反应池适用于水量大且变化较小的情况。

b. 涡流式反应池。涡流式反应池的结构如图 8-1-10 所示，下部为圆锥形，水从锥底流入，形成涡流，边扩散边上升，随锥体截面积增大，水流的上升速度逐渐变小，有利于絮凝体的形成。底部锥角为 30°～45°，超高为 0.3m，反应时间为 6～10min；入口处流速为 0.7m/s；上侧圆柱部分水的上升流速为 4～6cm/s。涡流式反应池的优点是反应时间短，容积小，易于布置。

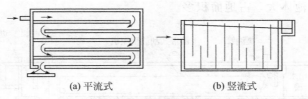

(a) 平流式　　　　　　　　(b) 竖流式

图 8-1-8　隔板反应池

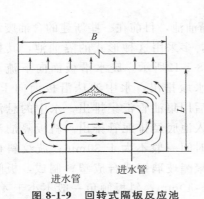

图 8-1-9　回转式隔板反应池

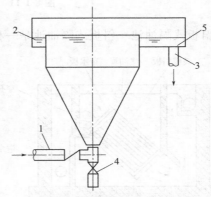

8-1-10　涡流式反应池的结构
1—进水管；2—圆周集水槽；3—出水管；
4—放水阀；5—格栅

第三节　浮上法水处理技术

借助水的浮力，使水中不溶态污染物浮出水面，然后用机械加以刮除的水处理方法统称为浮力浮上法，简称浮上。根据分散相物质的亲水性强弱和密度大小，以及由此产生的不同处理机理，浮力浮上法可分为自然浮上法、气泡浮上法和药剂浮上法。许多煤化工废水都含有大量的油类污染物质，因此除油是煤化工废水处理一个很重要的单元操作，常用的方法有自然浮上法和气泡浮上法。

1. 自然浮上法

自然浮上法是依靠水的浮力使相对密度小于 1 的强疏水性物质自发地浮到水面从而加以去除的分离方法，当其用于去除可浮油时，常称为隔油，构筑物称为隔油池。目前常用的隔油池有平流式隔油池和斜板式隔油池。

(1) 平流式隔油池　图 8-1-11 为传统的平流式隔油池，在煤化工废水除油中使用较为广泛。废水从池的一端流入池内，从另一端流出，由于流速降低，相对密度小于 1.0 且粒径较大的油珠上浮到水面上，相对密度大于 1.0 的杂质沉于池底。集油管一般用直径为 200～300mm 的钢管制成，管臂的一侧开有切口。截留下来的油类产品由可以自由转动的集油管定期排出。平流式隔油池一般不少于 2 个，池深 1.5～2.0m，超高 0.4m，每单元格的长宽比不小于 4；废水在平流式隔油池内的停留时间一般为 1.5～2.0h，池内水流的平均流速为 2～5mm/s；池底应有坡向污泥斗的 0.01～0.02 的坡度，泥斗的深度一般为 0.5m，底宽不小于 0.4m，污泥斗倾角不小于 45°～60°。平流式隔油池的优点是结构简单，管理方便，除油效果稳定；缺点是池体大，占地面积多。

图 8-1-11　平流式隔油池

（2）斜板式隔油池　斜板式隔油池是一种高效隔油池，目前在一些新建的含油废水处理

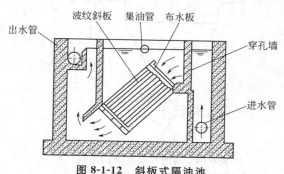

图 8-1-12　斜板式隔油池

中，多采用这种形式的隔油池，其构造如图 8-1-12所示。废水沿板面向下流动，从出水堰排出，水中油珠沿板面向上流动，然后用集油管汇集排出，水中的悬浮物滑落入池底经排泥管排出。斜板隔油池的停留时间一般不大于 30min；波纹斜板一般由聚酯玻璃钢或合成塑料制成，板间距为 30～40mm，斜板倾角一般不小于 45°，可去除的油粒的粒径大于 60μm；油粒的上浮速度可取 0.2mm/s。对于处理同等处理能力，斜板隔油池的容积仅为平流式隔油池的 1/2～1/4。

为了防止油类物质附着在斜板上，应选用不亲油材料作斜板。同时，应定期用水蒸气和水进行冲洗，防止斜板间堵塞。当废水中含油量大时，可采用较大的板间距，当含油量小时，间距适当减小。

2. 气泡浮上法

气泡浮上法（简称气浮）是通过在水中产生细微气泡，使乳化油或弱亲水性物质等黏附在气泡上一起浮升到水面而加以刮除的分离方法。气泡产生的方法一般有两种：一是散气法，主要采用多孔的扩散板曝气和叶轮搅拌产生气泡，气泡的直径较大，约在 1000μm 左右；二是溶气法，常用的有加压溶气法和射流溶气法。目前加压溶气气浮法在煤化工废水中使用较多，一般是将加压溶气气浮作为隔油池的补充处理，并作为生物处理的预处理工艺而设置在生物处理设备之前，像煤气化废水、焦化废水就常用加压溶气气浮法去除那些用自然浮上法无法去除的油类等物质。

加压溶气法是将空气压入含水的溶气罐中，在气-水充分接触下，使空气在水中加压溶解达到饱和，到气浮池中通过减压将气以细微气泡的形式释放出来，产生的气泡直径在 100μm 左右。加压溶气气浮工艺流程，按加压水（即溶气用水）的来源和数量，分为全部进水加压、部分进水加压和部分回流加压三种流程。三种流程都由加压泵、溶气罐、空气释放设备和气浮池等设备组成，系统配置示意图见图 8-1-13。如需进一步提高效率，可投加混凝剂如铁盐、铝盐及高分子絮凝剂等。

全部进水加压溶气气浮是将全部废水进行加压溶气，具有溶气量大、气浮池容积小的优点。但缺点是动力消耗大，溶气罐的容积较大，泵前投加絮凝剂形成的絮体容易在加压和减压释放过程中破碎，水中的悬浮物易在溶气罐填料上沉积和堵塞释放器，因此目前已较少采

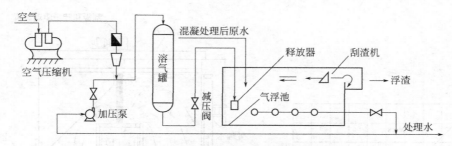

图 8-1-13 加压溶气法气浮系统配置示意图

用。部分进水加压是将部分废水进行加压溶气，其余废水直接进入气浮池。与全部进水溶气相比，该流程较省电，溶气罐体积小，避免了絮凝体易破碎。缺点是提供的空气量少，溶气罐填料和释放器易被堵塞。部分回流水加压是从处理后的净化水中抽出 $10\% \sim 30\%$ 作为溶气用水，而将全部原水进行混凝处理后与溶气水混合而进行气浮。该流程能耗低，混凝剂利用充分，操作稳定，堵塞问题得以解决，因此应用最为广泛。

废水由泵加压，一般加压到 $300 \sim 400$ kPa，废水在溶气罐内的停留时间大约为 $30 \sim 60$ s。

目前常用的气浮池根据水流方向的不同分为平流式和竖流式两种。平流式气浮池的结构见图 8-1-14。平流式气浮池的池深一般为 $1.5 \sim 2.0$ m，不超过 2.5m，池深与池宽之比大于 0.3；表面负荷取 $5 \sim 10$ m³/(m²·h)；总停留时间为 $30 \sim 40$ min。

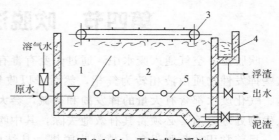

图 8-1-14 平流式气浮池
1—接触室；2—分离室；3—刮渣机；
4—浮渣槽；5—集水管；6—集泥斗（坑）

为了防止进口区水流对颗粒上浮的干扰，在气浮池的前部设有隔板。隔板与水平面夹角约为 60°，板顶距水面约 0.3m。隔板前面的部分称为接触区，后面的部分称为分离区。在接触区隔板下端的水流上升流速一般取 20mm/s 左右，而隔板上端的水流上升流速一般为 $5 \sim 10$ mm/s。接触区的停留时间一般不小于 2min。清水从分离区底部排出，产生一个向下的流速，只有当颗粒上浮的速度大于向下的流速时，才可进行有效的分离。分离区颗粒的上浮速度根据附着气泡后的密度而定，可由式（8-1-1）估算，也可由实验测得。分离区的大小由向下流速确定，向下流速一般取 $1.0 \sim 3.0$ mm/s。

$$u = \sqrt{\frac{4gd(\rho_s - \rho)}{3\lambda\rho}} \tag{8-1-1}$$

式中 u——颗粒上浮速度，m/s；

ρ_s，ρ——水及颗粒的密度，g/cm³；

λ——阻力系数，它是雷诺数（$Re = \dfrac{\rho u d}{\mu}$）和颗粒形状的函数，可由图 8-1-15 查得；

d——颗粒直径，m；

g——重力加速度，m/s²。

竖流式气浮池如图 8-1-16 所示。池高度可取 $4 \sim 5$ m，直径一般在 $9 \sim 10$ m 以内。

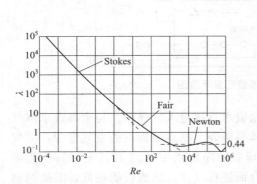

图 8-1-15　球形颗粒的阻力系数 λ 与 Re 的关系

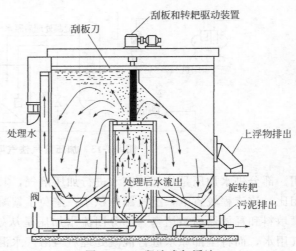

图 8-1-16　竖流式气浮池

第四节　吹脱法水处理技术

吹脱是将空气通入废水中，通过改变有毒有害气体溶于水中所建立的气液平衡关系，使这些挥发性物质由液相转为气相，然后予以收集或扩散到大气中去。煤化工废水如焦化废水、气化废水都含有大量的挥发酚和氨氮，会大大降低后续生物处理的效果，因此在废水进入生物处理之前，必须将其有效地去除，其中吹脱是常用的方法之一。

目前常用的吹脱设备为填料吹脱塔，其结构如图 8-1-17 所示。在塔内放置填料，使空气和废水进行充分接触。在含氨氮废水进入吹脱塔之前一般以石灰作为碱剂进行预处理，使 pH 值上升到 11 左右。废水从塔的上部进入，在填料间依次下流，用风机或空气压缩机从塔底向上吹送空气，与废水形成对流。在水、气充分接触的过程中，水滴不断地破坏又形成，游离态的氨呈气态从水中逸出。

影响氨吹脱效果的因素及设计参数。

（1）pH 值　氨吹脱效果随 pH 值上升而提高，但提高到 10.5 以上后，去除率随 pH 值升高而提高的速率变得较缓慢。

（2）水温　氨吹脱效果随水温提高而提高。

（3）布水负荷率　水从上部流下时，必须以滴状下落，如以幕状下落，脱氨效果较差。当填料层高度在 6.0m 以上时，布水负荷率一般不应超过 $180m^3/(m^2 \cdot d)$，设计取值在 $60m^3/(m^2 \cdot d)$ 左右。

（4）气液比　当填料层高度在 6.0m 以上时，气液比一般在 2200～2300 以下，空气流速的上限为 1600m/min。

采用吹脱除氨氮虽然具有效果稳定、操作稳定、容易控制等优点，但缺点是逸出的氨气对大气造成二次污染，使用的石灰容易形成水垢。在水温较低时，脱氨效果差。由于吹脱出的氨氮回

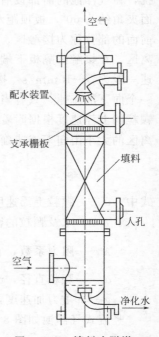

图 8-1-17　填料吹脱塔

收利用的难度较大，一般都是扩散到大气中，所以只适合小规模废水处理使用，而大规模的煤化工废水处理，为了回收氨氮等有用物质和减少对大气的污染多采用汽提法。

第五节　汽提法水处理技术

汽提法的工作原理与吹脱法相同，所不同的是使用的介质为水蒸气而非空气。即让水蒸气和废水直接接触，将废水中挥发性物质按一定的比例扩散到气相中，从而达到从废水中分离污染物的目的。根据分离污染物的机理分为简单蒸馏和蒸汽蒸馏。简单蒸馏是对于与水互溶的挥发性物质，利用在气液平衡条件下，气相中的浓度大于液相中浓度这一特性，通过蒸汽直接加热，使其在沸点下按一定比例富集在气相中。蒸汽蒸馏是对于与水不互溶或基本不互溶的挥发性污染物，利用混合液的沸点低于两组分沸点这一特性，将高沸点挥发物在较低温度下加以分离去除。

目前煤气化废水氨的回收多采用汽提法，对酚的回收也有采用汽提法的。

1. 氨的回收

对煤气化废水，如煤加压气化废水的碱度主要是由挥发氨造成，固定氨仅占 1.0%，所以采用汽提法去除和回收氨的效率较高。其工艺流程见图 8-1-18。

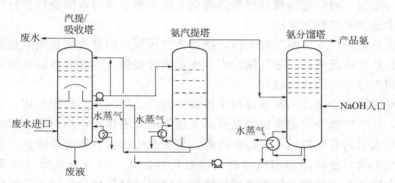

图 8-1-18　汽提法氨回收流程示意图

污水进入汽提/吸收塔的蒸氨段，析出可溶性气体，再通过吸收段，氨被磷酸溶液吸收，从而使氨与其他气体分离，再将此富氨溶液送到解析塔，使磷酸溶液再生，并回收氨，回收的氨进入分馏塔蒸馏提纯。汽提蒸氨塔多采用泡罩塔和栅板塔，其主要设计参数见表 8-1-1。

表 8-1-1　汽提蒸氨塔主要设计参数

项　目	泡罩塔	栅板塔	项　目	泡罩塔	栅板塔
板数/块	20~28	34~47	空塔汽速/(m/s)	0.6~0.8	1~1.5
板间距/mm	300~400	300~400	每吨氨水所需蒸汽/kg	160~200	160~200

2. 酚的回收

对于煤化工废水中的酚可以采用汽提法进行去除和回收。采用水蒸气汽提废水中的挥发酚，然后用碱液吸收随水蒸气而带出的酚蒸气，生成酚钠盐溶液，再经中和和精馏，使废水中的酚得到回收和利用。其工艺流程见图 8-1-19。该方法操作简单，脱酚效果在 80% 以上，但耗用蒸汽量较大，实际使用已不多，现多采用溶剂萃取法回收酚类物质。

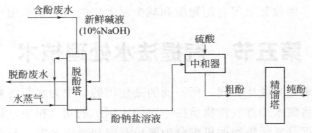

图 8-1-19 汽提法酚回收流程示意图

第六节 活性污泥法水处理技术

焦化废水和煤气化废水等煤化工中主要废水在进行了除油、脱氨、脱酚的预处理后，废水的 COD 一般在 1000mg/L 以上，酚在 200mg/L 左右，氨在 150mg/L 左右，并还含有其他有机与无机污染物，需处理后才能排放。处理方法有生化处理法和化学沉淀、化学氧化、电解、吸附、离子交换等物化处理法。物化处理法处理成本较高，多用于深度处理，或对水质有特定要求时采用。通常是将预处理后的煤化工废水和生活污水混合后进行生物处理，采用较多的处理工艺就是活性污泥法。

活性污泥法是指采用人工曝气的手段，使得活性污泥（栖息着大量微生物群的絮花状泥粒）均匀分散并悬浮在反应器（曝气池）中和废水充分接触，并在有溶解氧的条件下，对废水中所含有机物进行分解的代谢过程。

活性污泥对废水的净化作用是通过两个步骤完成的。第一步为吸附作用，活性污泥具有很大的表面积，且微生物分泌的多糖类黏液具有很强的吸附作用，当与废水接触时，在很短的时间内便会有大量的有机物被活性污泥吸附，使废水中的污染物明显降低。第二步为分解代谢作用，即微生物对已吸附的有机物进行分解代谢，使一部分有机物转变为稳定的无机物，另一部分合成为新的细胞，使废水得到净化；同时通过氧化分解使达到吸附饱和的污泥重新恢复活性，恢复吸附和降解能力。

1. 基本流程

活性污泥法的基本工艺流程如图 8-1-20 所示。活性污泥法的主要构筑物是曝气池和二沉池。待处理的废水经沉淀等预处理后进入曝气池，曝气池内由于不断曝气，池内混合液（活性污泥和废水的混合液体）中保持较高的溶解氧浓度，保证了活性污泥中好氧微生物对有机质进行降解的条件，微生物在降解有机质的同时，吸收能量，不断繁殖，使活性污泥不断增多。废水经微生物作用后，和活性污泥一起流至二二沉淀池，进行沉淀分离，上清液不断排出；沉淀下来的活性污泥，一部分回流到曝气池以维持池内的微生物浓度，另一部分即剩余污泥则需从系统中排掉，由于这部分污泥主要是有机物且含有大量的活的微生物，因此应采取合适的方式进行处置。

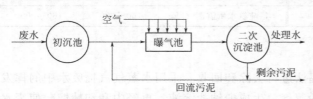

图 8-1-20 活性污泥法的基本工艺流程

2. 活性污泥的性能指标

活性污泥的性能决定着废水净化效果的好坏。在吸附阶段要求污泥颗粒松散、表面积大、易于吸附有机物；在泥水分离阶段，则希望污泥有好的凝聚与沉降性能。其主要指标有如下三个。

(1) 混合液悬浮固体（污泥浓度） 混合液悬浮固体是指曝气池内废水和活性污泥的混合液体中悬浮固体浓度也就是污泥浓度（工程上往往以 MLSS 表示）。很明显，污泥浓度可间接反映曝气池内混合液所含的微生物的量。除了 MLSS 外，也有的采用混合液挥发性悬浮固体（MLVSS）的浓度表示污泥浓度，认为可以避免惰性物质的影响，更能反映微生物的量。在正常的运行条件下，对于一定的废水和处理系统而言，MLVSS 与 MLSS 的比值为一定值。因此，可以认为用 MLVSS 与 MLSS 表示曝气池内微生物的量具有相同的价值。为了保证曝气池的净化效率，必须在池内维持一定量的污泥浓度，对于普通活性污泥法，污泥浓度一般在 2000～3000mg/L。

(2) 污泥沉降比（SV） 污泥沉降比指曝气池混合液在 100L 量筒中，静置沉降 30min 后，沉降污泥与混合液的体积比（%）。正常污泥在静置沉降 30min 后，一般可达到它的最大密度，所以沉降比可以反映曝气池正常运行的污泥数量，可以用于控制剩余污泥的排放，还能反映出污泥膨胀等异常情况。由于 SV 测定简单，便于说明问题，所以是评定活性污泥特性的重要指标之一。

(3) 污泥体积指数（SVI） 指曝气池出口处的混合液在静置 30min 后，每克悬浮固体所占有的体积（mL）称为污泥体积指数（SVI）。其值按下式计算：

$$SVI = \frac{10^4 SV}{x} (mL/g)$$

式中，x 指混合液污泥浓度，mg/L。污泥指数反映出污泥的疏散程度和凝聚、沉降的性能。SVI 低时，泥粒细小密实，无机物多，沉降性能好，但缺乏活性和吸附能力；SVI 高时，沉降性能不好，即使有良好的吸附性能，也不能很好地控制泥水分离。

反映活性污泥性能的三个指标是相互联系的。沉降比的测定比较容易，但所测结果受污泥量的限制，不能正确、全面反映污泥性质和数量；污泥浓度可以反映污泥数量；污泥指数则能全面反映污泥絮凝和沉降的性能。因此在废水处理系统运行期间，应通过指标测定和显微镜观测生物相来全面判断系统的运行情况。

3. 活性污泥净化反应的影响因素

(1) 溶解氧 活性污泥法是好氧生物处理技术，为维持微生物的活性应保持一定的溶解氧。根据经验，在曝气池出口处的混合液中的溶解氧浓度保持在 2mg/L 以上，就能够使活性污泥保持良好的净化功能。

(2) 水温 温度是影响微生物正常生理活动的重要因素之一。活性污泥微生物的最适温度范围是 15～30℃，一般水温低于 15℃即可对活性污泥的净化功能产生不利影响。但是，若水温是缓慢降低，微生物能够逐步适应了这种变化，即所谓的温度降低驯化。在降低负荷、提高污泥浓度和溶解氧浓度的配合下，水温降到 6～7℃仍可取得较好的处理效果。

(3) 营养物质 微生物的代谢需要一定比例的营养物质，除 BOD$_5$ 表示的碳源外，还需要氮、磷和其他微量元素。微生物对氮、磷的需要量可按 BOD$_5$：N：P＝100：5：1 估计，其准确数量应通过试验确定。

(4) pH 值 活性污泥微生物的最适 pH 值在 6.5～8.5。当 pH 值降至 4.5 以下，原生动物将全部消失，真菌占优势，易于产生污泥膨胀现象。当 pH 值超过 9.0 时，微生物的代谢速率将受到影响。

(5) 有毒物质　有毒物质主要包括重金属离子（如锌、铜、镍、铅、铬等）和一些非金属化合物（如酚、醛、氰化物、硫化物），应将其控制在允许浓度以下。重金属及盐类都是蛋白质的沉淀剂，其离子易与细胞蛋白质结合使之变性或使酶失去活性。酚、醇、醛等有机化合物使活性污泥中生物蛋白质变性或脱水，损害细胞质而使微生物致死。活性污泥系统中一些有毒有机化合物的允许浓度见表 8-1-2。

表 8-1-2　活性污泥系统中有毒有机化合物的允许浓度　　　　　　单位:mg/L

有毒物质	允许浓度	有毒物质	允许浓度	有毒物质	允许浓度
苯	10	氯苯	10	对苯二酚	15
间苯二酚	450	邻苯二酚	100	对苯三酚	100
苯胺	100	甲醛	160	乙醛	1000
甲苯	7	乙苯	7	吡啶	400

4. 曝气系统和空气扩散装置

在活性污泥法中，曝气的作用是提供充足的氧，并对混合液进行搅拌，使活性污泥保持悬浮状态，以便与废水能充分混合接触。常用的曝气系统有鼓风曝气和机械曝气两大类。

(1) 鼓风曝气系统与空气扩散装置　鼓风曝气系统由空压机、空气扩散装置和输气管道组成。空压机将空气通过一系列管道输送到安装在曝气池底部的空气扩散装置，由扩散装置将空气形成不同尺寸的气泡。根据所形成的气泡的大小和机理，鼓风曝气系统的空气扩散装置可分为微气泡、中气泡、大气泡、水力剪切、水力冲击及空气升液等类型。

① 微气泡空气扩散装置（又称多孔性空气扩散装置）。这类装置的主要性能特点是产生气泡粒径小，约 $100\mu m$，气、液接触面积大，氧利用效率高，一般在 10% 以上；缺点是气压损失大，易堵塞。形式主要有扩散板、扩散管及扩散罩等，下面主要介绍膜片式微孔空气扩散器。

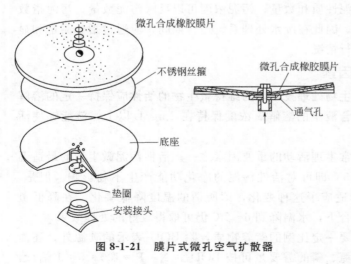

膜片式微孔空气扩散器是一种新型高效曝气装置，其构造如图 8-1-21 所示。扩散器的底部为聚丙烯制成的底座，膜片是用合成橡胶经特殊工艺加工而成。在膜片上开有按同心圆形式布置的孔眼。鼓风时，空气通过底座上的通气孔，进入膜片与底座之间，使膜片微微鼓起，孔眼张开，空气从孔眼逸出。供气停止，压力消失后，在膜片的弹力作用下，孔眼自动闭合，避免使孔眼堵塞，并且由于水压的作用，膜片压实在底座上，防止曝气池中的混合液倒流。

图 8-1-21　膜片式微孔空气扩散器

② 中气泡空气扩散装置。应用较为广泛的中气泡空气扩散装置是穿孔管和 W_M-180 型

网状膜空气扩散装置。

　　穿孔管由管径为 25～50mm 的钢管或塑料管制成，在管壁两侧向下 45°倾角开有直径为 2～3mm 的孔眼，孔眼之间的间距为 50～100mm，为了防止孔眼堵塞，孔眼气体流速不小于 10m/s。这种扩散装置构造简单，不易堵塞，阻力小，但氧的利用率较低，为 4%～6%，动力效率也较低，约为 1kg/(kW·h)。穿孔管一般组装成栅格型，多用于浅层曝气池，其组装图见图 8-1-22。

　　W_M-180 型网状膜空气扩散装置由主体、螺盖、网状膜、分配器和密封圈组成，其构造如图 8-1-23 所示。主体骨架由工程塑料制成，网状膜则由聚酯纤维制成。各项参数如下：每个扩散器的服务面积为 $0.5m^2$；动力效率为 2.7～3.7 kg/(kW·h)，氧的利用率为 12%～15%。

　　③ 水力冲击式空气扩散装置。常用的水力冲击式空气扩散装置有密集多嘴扩散装置和射流扩散装置两种，下面主要介绍射流扩散装置。

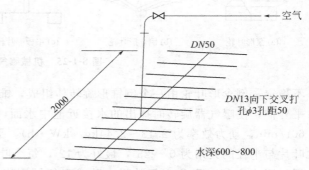

图 8-1-22　穿孔管扩散器组装图

　　射流式水力冲击式空气扩散装置的结构见图 8-1-24，它是利用水泵打入的泥水混合液的高速水流的动能，吸入大量空气，泥、水、气混合液在喉管中强烈混合搅动，使气泡粉碎成雾状，继而在扩散管内，由于速度水头转变成压强水头，细微气泡进一步压缩，氧迅速地转移到混合液中。射流式空气扩散装置的氧转移效率可高达 20% 以上，但动力效率不高。

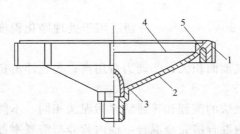

图 8-1-23　W_M-180 型网状膜空气扩散装置
1—螺盖；2—扩散装置本体；3—分配器；
4—网膜；5—密封垫

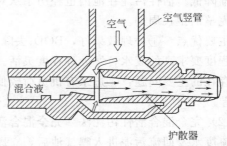

图 8-1-24　射流式水力冲击式空气扩散装置

　　(2) 机械曝气装置　机械曝气装置安装在曝气池水面上、下，在动力的驱动下进行转动，剧烈地搅动水面，使液体循环流动，不断更新液面并产生强烈水跃，从而使空气中的氧与水滴或水汽的界面充分接触，转入液相中去。常用的机械曝气设备主要有泵形叶轮、倒伞形叶轮、平板形叶轮和卧式曝气转刷等。

　　各种机械曝气设备见图 8-1-25。

　　泵形叶轮的构造和离心泵叶轮十分相似，叶片呈弧形，上下有盖板，提升能力强。叶轮外缘最佳线速度应在 4.5～5.0m/s 的范围内。若线速度小于 4m/s，在曝气池可能导致污泥沉积，叶轮的浸没深度应为 10～100mm，过深要影响充氧量，而过浅易于引起脱水，运行

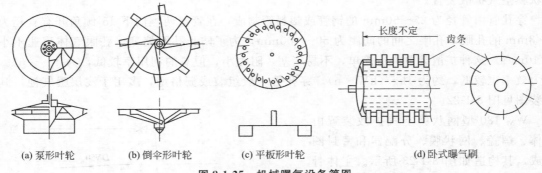

(a) 泵形叶轮　　(b) 倒伞形叶轮　　　(c) 平板形叶轮　　　　　(d) 卧式曝气刷

图 8-1-25　机械曝气设备简图

不稳定。倒伞形叶轮由一个倒锥形旋转体组成，锥体表面有肋条式叶片，在最上部弯曲并水平外伸，使曝气器旋转时摔出的水接近池中水面，形成剧烈搅动和混杂。转速一般在 30～60r/min，动力效率为 2.13～2.44kg/(kW·h)。平板型叶轮由平板圆盘和上面的叶片组成，叶片与半径的夹角为 0°～25°，最好为 12°，每个叶片后的圆盘上开有直径为 30mm 的小孔，用以吸入空气，强化充氧效果。卧式曝气转刷淹没深度为直径的 1/3～1/4，转速在 70～120r/min，主要用于氧化沟，具有负荷调节方便、维护容易、动力效率高等优点。

5. 运行方式

根据运行方式的不同，活性污泥法主要可分为普通活性污泥法、多点进水活性污泥法、吸附再生法、延时曝气活性污泥法和完全混合活性污泥法等几种。

（1）普通活性污泥法　又称传统活性污泥法，是早期的运行方式。废水中的有机污染物在曝气池内与活性污泥充分接触，经历了吸附与代谢两个阶段的完整降解过程，其浓度沿长度逐渐降低。活性污泥在池内也经历了从对数增长到衰减增长以至内源代谢期，经历了一个比较完整的生长周期。

主要优点：①处理效果好，BOD$_5$ 去除率可达 90%～95%，特别适用于处理净化程度和稳定程度要求高的废水；②处理程度灵活。

存在的主要问题：①进水有机负荷较低，曝气池面积大；②动力费用高；③抗冲击负荷能力差。

（2）完全混合活性污泥法　完全混合活性污泥法的流程和普通活性污泥法相同，不同的是入流废水及回流污泥进入曝气池后，立即与池内混合液完全混合，池内营养与需氧率都是均匀的，微生物接触的废水浓度同出水浓度一样，故可承受一定的冲击负荷。该法的缺点是出水水质往往不如普通活性污泥法，可能产生短流。

（3）多点进水活性污泥法　又称阶段曝气活性污泥法，其工艺流程见图 8-1-26。多点进水活性污泥法具有以下优点：①由于废水沿池长度分段注入曝气池，有机负荷分布比较均匀，改善了供氧速率和需氧速率之间的矛盾；②混合液中污泥浓度沿池的长度逐步降低，能够减轻二沉池的负荷；③提高了曝气池对冲击负荷的适应能力。

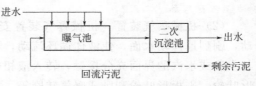

图 8-1-26　多点进水活性污泥法工艺流程

（4）吸附再生法　又称生物吸附法，其工艺流程见图 8-1-27。活性污泥初期吸附量大，良好的活性污泥同废水混合 45min 能够完成吸附作用，废水中的 BOD 能被大量去除，然后通过微生物的作用把所吸附的有机物降解。吸附再生法就是将活性污泥对有机物降解的两个过程——吸附和代谢稳定，分别在独立的反应器内进行。废水首先进入吸附池，将基质吸附于活性污泥上，进入沉淀池。由二次沉淀分离出来的污泥进入再生池，活性污泥中的微生物在这里对吸

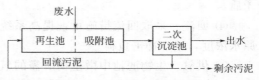

图 8-1-27　吸附再生法工艺流程

附的有机物进行降解，微生物增殖，微生物进入内源代谢期，污泥的活性、吸附功能都得到了充分恢复，然后再进入吸附池进行下一轮的工作。

吸附再生法的优点：①吸附池与再生池容积之和小于传统法曝气池的容积，土建费用较低；②抗冲击负荷能力较强，当吸附池的活性污泥遭到破坏时，可由再生池内的污泥予以补充。该方法的缺点是对溶解性有机物含量较多的废水，处理效果较差。

（5）延时曝气法　又名完全氧化活性污泥法，延时曝气法属于长时间曝气法，其优点是：负荷低，污泥持续处在内源代谢状态，剩余污泥量少且稳定；停留时间长，但处理效果稳定，出水水质好；抗冲击负荷能力强，可不设初沉池。缺点是池体容积大、曝气时间长、建设费和运行费高。

第七节　生物膜法水处理技术

生物膜法又称固定生长法，是微生物群体附着在其他物体表面上呈膜状，当废水从膜上流过时，有机物被微生物降解，从而使废水得到净化的方法。生物膜法分为三类：①润壁型生物膜法，废水和空气沿固定或转动的接触介质表面的生物膜流过，如生物滤池和生物转盘；②浸没型生物膜法，接触填料悬挂在曝气池内，完全浸没在水中，如接触氧化法；③流动床型生物膜法，使附着有生物膜的活性炭、砂等小粒径接触介质悬浮流动在曝气池内，如生物流化床。生物膜法在煤化工废水处理中的应用主要是生物滤池和生物接触氧化法。

1. 生物滤池

生物滤池是生物膜法的一种，与活性污泥法不同的是微生物是固着在滤池内的滤料上。生物滤池内设置固定的滤料，当废水自上而下滤过时，由于废水不断与滤料相接触，微生物在滤料表面繁殖，逐渐形成生物膜。生物滤池一般可分为三种：普通生物滤池、高负荷生物滤池和塔式生物滤池。目前普通生物滤池已逐渐被淘汰。

（1）生物滤池的微生物特征　生物滤池内的滤料是固定的，废水从上向下流过滤料层。废水在向下流的过程中，由于不断被降解，所以不同层高的生物膜接触的废水的水质不同，因而微生物组成也不相同。上层以细菌为主，中、下层细菌量逐渐减少，原生动物和后生动物增多，具有较长的生物链。大多数采用自然通风供氧，运行费用低。污泥产生量少。

（2）影响因素　影响生物滤池运行和处理效果的因素主要有以下几点。

① 滤池的比表面积和空隙率。滤料的表面积越大，生物膜的表面积越大，微生物的数量越多，净化功能越强；滤床的空隙大，通风效果好，能提供充足的氧。

② 滤床的高度。生物滤池中有机物的去除效果随滤床深度的增加而增加，在达到一定深度后，处理效果的提高甚微。

③ 负荷。有机负荷同水力负荷应相对应，有机负荷较高时，生物膜的增长快，就需要较高的水力负荷来冲刷生物膜。可以将二沉池出水回流，来调节有机负荷和水力负荷之间的

矛盾。

④ 回流。采取回流措施可：提高系统的稳定性；均衡滤池负荷，提高滤池效率；降低原水浓度，减小冲击负荷。

⑤ 供氧。生物滤池中微生物所需的氧通常是依靠自然通风提供，滤池越高、滤床空隙率越大，通风条件也就越好，提供的氧量也就越多。

（3）高负荷生物滤池　高负荷生物滤池是生物滤池的第二代工艺，其结构如图 8-1-28 所示。高负荷生物滤池的 BOD 容积负荷约为普通生物滤池的 6～8 倍。进入高负荷生物滤池的 BOD_5 值必须低于 200mg/L，当进水超出要求就要用处理水回流来稀释。

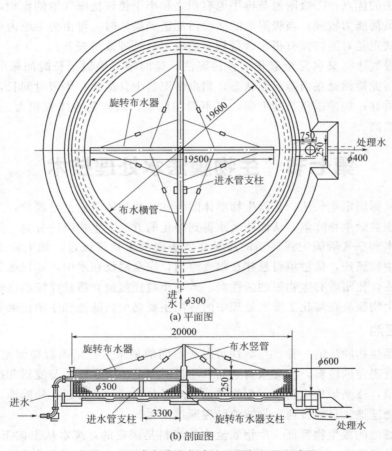

图 8-1-28　高负荷生物滤池平面与剖面示意图

高负荷生物滤池的布水装置多采用旋转布水器，其结构示意图如图 8-1-29 所示。废水以一定的压力流入池中央的固定竖管，再流入布水横管，横管采用塑料管或钢管，一般为 2 根或 4 根，横管中轴距滤池池面一般为 0.15～0.25m，横管可绕竖管旋转。在横管的一侧开有一系列间距不等的孔口，孔口直径在 10～15mm，孔口间距在池中心处大，向池边逐渐减小，一般从 300mm 开始逐步缩小到 40mm，这样可达到均匀布水的要求。废水从孔口喷出，产生反作用力，从而使横管按与喷水相反的方向旋转。这种布水装置所需水头较小，一般在 0.25～0.8m。

布水横管上孔口数 m 的计算公式为：

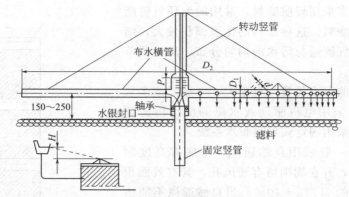

图 8-1-29　旋转布水器结构示意图

$$m = \frac{1}{1 - \left(1 - \dfrac{a}{D'}\right)^2}$$

式中　a——最末端的两个孔口间距的两倍数（一般取 80mm）；

　　　D'——旋转布水器直径（滤池直径减去 200mm）。

每个孔口距滤池中心距离 r_i 的计算公式为：

$$r_i = R_i \sqrt{\frac{i}{m}}$$

式中　R_i——旋转布水器半径，m；

　　　i——从池中心算起，每个孔口在布水横管上的排列顺序。

布水器每分钟的旋转周数 n 的计算公式为：

$$n = \frac{34.78 \times 10^6}{m d^2 D'} q$$

式中　d——孔口直径，mm；

　　　q——每根布水管的污水流量，L/s。

高负荷生物滤池多为圆形，滤料层高一般为 2.0m，滤料粒径和相应层的厚度为：

① 工作层层厚 1.80m，滤料粒径为 40~70mm；

② 承托层层厚 0.2m，滤料粒径为 70~100mm；

③ 当滤层厚度超过 2.0m 时，一般采用人工通风措施。

表示高负荷生物滤池的负荷率有 BOD 容积负荷率、BOD 面积负荷率和水力负荷率。一般 BOD 容积负荷率取值不高于 1200g BOD_5/（m^3 滤料·d）；BOD 面积负荷率取值为 1100~2000g BOD_5/（m^2 滤池表面·d）；水力负荷率取值为 10~30m^3/（m^2·d）。

（4）塔式生物滤池　塔式生物滤池属第三代生物滤池，是以加大滤层的高度来提高处理能力，具有以下特点：水力负荷和有机负荷都很高；布水均匀，通风良好，废水与生物膜接触时间长；生物膜的生长、脱落和更新快。塔式生物滤池在煤化工废水中有一定的应用。其构造如图 8-1-30 所示。塔式生物滤池一般高达 8~24m，直径为 1~3.5m，径高比为 1：（6~8）左右。在结构上由塔身、滤料、布水系统以及通风及排水装置组成。

塔身的主要作用是围挡滤料。由于塔身较高，所以一般沿高度分层建造，每层高度一般小于 2m，在分层处设隔栅，隔栅承托在塔身上。塔顶上沿应有高出上层滤料表面 0.5m 左右的保护高度，以免影响污水的均匀分布。

　　塔式生物滤池多采用轻质滤料，常用的为环氧树脂固化的玻璃布蜂窝滤料。这种滤料的比表面积较大，结构均匀，有利于空气流通与污水的均匀分布，流量调节幅度大，不易堵塞。

　　塔式生物滤池的布水装置，对于大、中型滤池多采用旋转布水器，可采用电机驱动或水流的反作用力驱动；对小型滤池多采用固定式喷嘴布水系统。

　　塔式生物滤池一般采用自然通风，塔底有高度为 $0.4\sim0.6m$ 的空间，并在周围留有通风孔，其有效面积不宜小于滤池面积的 $7.5\%\sim10\%$。当自然通风不能达到要求时，可考虑机械通风。

　　塔式生物滤池的水力负荷可达 $80\sim200m^3/(m^2 \cdot d)$，为高负荷生物滤池的 $2\sim10$ 倍，BOD 容积负荷率达 $1000\sim2000g\ BOD_5/(m^3 \cdot d)$。高额的有机负荷使生物膜生长迅速，生物膜在水流的冲击下，不断脱落、更新。这样，塔式生物滤池内生物膜虽然保持较高的活性，但滤料容易堵塞。因此，进水 COD 浓度应控制在 $500mg/L$ 以下，当进水 COD 浓度超过要求时，应采取处理水回流措施，加大水力冲刷，减轻滤料堵塞。

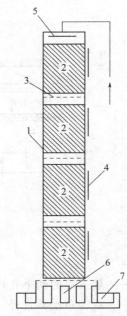

图 8-1-30　塔式生物滤池构造示意图
1—塔身；2—滤料；3—格栅；4—检修口；
5—布水器；6—通风孔；7—集水槽

2. 生物接触氧化法

　　生物接触氧化法又称为淹没式生物滤池，其工作原理是在池内填充填料，已经充氧的污水浸没全部填料，并以一定的流速流经填料，填料上长满微生物组成的生物膜，污水与生物膜充分接触，污水中的有机物通过被微生物降解得以去除，污水得到净化。

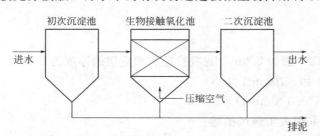

图 8-1-31　生物接触氧化法基本流程

　　生物接触氧化法是一种介于活性污泥法与生物滤池之间的生物膜法工艺。微生物由两部分组成，一部分以生物膜的形式固着生长于填料表面，另一部分则是以絮状悬浮在水中，因此它兼有活性污泥法和生物滤池两者的特点。生物接触氧化在煤化工废水处理中有着较为广泛的应用。生物接触氧化法的基本流程见图 8-1-31。

　　生物接触氧化法的主要特点：①单位容积内的生物量高于活性污泥法和生物滤池，具有较高的容积负荷；②不设污泥回流系统，无污泥膨胀问题；③抗负荷冲击能力强；④污泥产生量少。

　　生物接触氧化池由池体、填料、布水装置和曝气系统四部分组成。填料层高度一般为 $3.0m$，填料层上水层高度约 $0.5m$，填料层下布水区高度与池型有关，一般为 $0.5\sim1.5m$。

　　(1) 填料　填料是微生物的载体，对生物固着量、氧利用效率、水流条件等起着重要的作用，是影响处理效果的重要因素之一。填料根据形状分为蜂窝状、板状、网状、波纹状等，根据性状可分为硬性填料、软性填料和半软性填料。目前常用的填料有以下几种。

① 蜂窝状填料。蜂窝状填料如图 8-1-32 所示，材质为玻璃钢及塑料，这种填料的优点是比表面大，每立方米填料的表面积可达 133～360m²；质轻强度大；空隙率大，一般都在 98％以上；管壁光滑无死角，衰老的生物膜易脱落。缺点是当蜂窝孔径与 BOD 负荷不相适应时，生物膜的生长与脱落失去平衡，填料容易堵塞。

② 波纹板状填料。波纹板填料如图 8-1-33 所示，一般用硬聚氯乙烯平板和波纹板相隔黏结而成。这种填料的优点是：孔径大；结构简单，便于运输和安装；质轻强度高，防腐性能好。缺点是流速不稳。

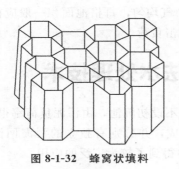

图 8-1-32　蜂窝状填料

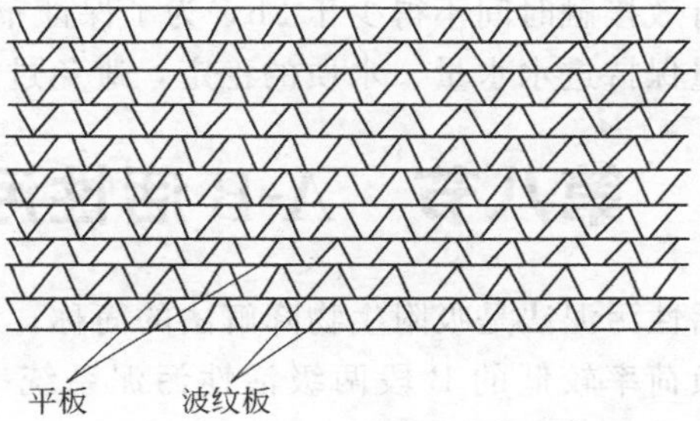

图 8-1-33　波纹板状填料

③ 软性填料。软性纤维状填料如图 8-1-34 所示，这种填料一般是用尼龙、维纶、涤纶等化纤编织成束，并用绳连接而成。这种填料的优点是比表面大，质轻强度高，物理、化学性能稳定，纤维束随水流漂动，不易为生物膜堵塞等。缺点是纤维束易于结块，中心易于形成厌氧状态。

④ 半软性填料。半软性填料由变性聚乙烯塑料制成，优点是具有良好的传质效果，耐腐蚀，不易堵塞，易于安装。

填料的选择应考虑废水的性质、有机负荷和填料的特性等因素。硬性填料寿命较长，但易堵塞，应选择合适的孔径；软性填料不易堵塞，重量也较轻，但生物膜易结成团块，使用寿命较短。防止填料空隙被堵塞的措施：a. 加强预处理，降低进水的悬浮物浓度；b. 增大曝气强度，增强水体流动强度；c. 采用出水回流，增大水流速度。

（2）接触氧化池的形式　目前，接触氧化池的形式根据曝气装置的位置可分为分流式与直流式。其中直流式的接触氧化池使用较为广泛。其结构如图 8-1-35 所示。

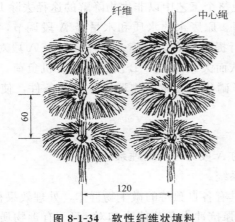

图 8-1-34　软性纤维状填料

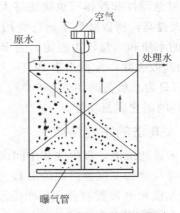

图 8-1-35　直流式接触氧化池

直流式接触氧化池的特点是直接在填料的底部曝气，在填料上产生上向流，生物膜在气流和水流的冲击、搅动下，加速脱落、更新，促使生物膜保持较高的活性，并可避免堵塞。此外，上升的气流不断和填料撞击，使气泡遭到反复切割，粒径减小，增加了气泡与污水的接触面积，提高了氧的转移效率。

生物接触氧化池在设计时，池座一般不应少于两个，并按同时工作考虑；填料层总高度一般取 3m，当采用蜂窝填料时，应分层装填，每层高度 1m，蜂窝内切孔径不宜小于25mm。正常运行时，溶解氧一般控制在 2.5～3.5mg/L，气水比约为（15～20）∶1，污水在池内的有效接触时间不得少于 2h，为了保证布水、布气均匀，每格池面积一般应在 25m² 以内，尽量保持进水水量、水质的稳定，避免过大的冲击负荷。

第八节　A-B 活性污泥法水处理技术

A-B 活性污泥法是吸附生物降解法的简称。该工艺不设初沉池，由污泥负荷率很高的 A 段和污泥负荷率较低的 B 段两级活性污泥系统串联组成，并分别有独立的污泥回流系统，工艺流程如图 8-1-36 所示。该工艺在煤化工废水处理中得到了较为广泛的应用。

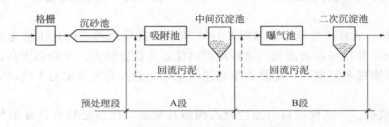

图 8-1-36　A-B 活性污泥法工艺流程

1. A-B 工艺的机理

在 A 段，原废水中的悬浮固体和胶态污染物被活性污泥絮凝和吸附，同时有一部分溶解态有机污染物被微生物降解。由于普通活性污泥工艺中的初沉池只能去除可沉降的悬浮物，对难沉降的胶体物质和溶解态污染物无法去除。因此，使 A 段对 SS、BOD_5 的去除率远远大于初沉池，一般 A 段 SS 的去除率为 60%～80%，BOD_5 的去除率为 40%～70%。由于 A 段对悬浮性和胶体有机物能够大量去除，使整个工艺中以非生物降解的途径去除 BOD_5 的量大大提高，所以降低了运行费用和投资费用。原废水的水质和水量经 A 段调节，使进入 B 段的水质和水量较为稳定，为 B 的稳定运行提供了有力保障。此外，由于 A 段对 SS、BOD_5 的高效去除，A 段出水 BOD_5 大大降低，从而大大减轻了 B 段污泥的有机负荷，一般 B 段负荷只为总负荷的 30%～60%，这样创造了硝化菌在微生物群体存活的条件，使 B 段具有较高的硝化脱氮功能。

2. A-B 法的主要特点

① 未设初沉池，吸附池和中间沉淀池组成的 A 段为一级处理系统。
② 曝气池和二沉池组成的 B 段为二级处理系统。
③ A 段和 B 段拥有独立的回流系统，因此具有各自独特的微生物群体，处理效果稳定。
④ A 段负荷高达 2～6kg/(kg·d)，具有很强抗冲击负荷能力和对 pH、有毒物质的缓冲能力，水力停留时间和污泥龄短，活性污泥中全部为繁殖速度快的细菌。B 段负荷较低，

微生物主要为原生动物、后生动物和菌胶团。

3. A-B 法工艺设计参数

（1）A 段

① 污泥负荷率为 2～6kg/(kg·d)，通常为 3～4kg/(kg·d)；

② 水力停留时间为 25～30min；

③ 需氧量为 0.3kg/kg；

④ 污泥浓度为 2～3g/L；

⑤ 中沉池沉淀时间不大于 2h，回流比为 20%～50%；

⑥ 溶解氧为 0.2～0.7mg/L。

（2）B 段

① 污泥负荷率为 0.15～0.3kg/(kg·d)；

② 水力停留时间为 2～4h；

③ 污泥泥龄为 15～20d；

④ 气水比为 (7～10)：1；

⑤ 污泥浓度为 3～4g/L；

⑥ 沉淀池沉淀时间为 2～4h，回流比为 50%～100%；

⑦ 溶解氧为 1～2mg/L。

第九节　A/O 法水处理技术

煤化工废水许多都含有大量的氨氮，传统的活性污泥法和生物滤池及生物接触氧化法的氨氮去除效果很难达到处理要求。为了提高氨氮的去除，许多新建的废水处理系统采用了脱碳效果较好的 A/O 法或 A/A/O 法。

A/O 法（缺氧-好氧生物脱氮工艺）又称前置反硝化生物脱氮，其工艺流程见图 8-1-37。该工艺将反硝化缺氧池放置在系统之前，在反硝化缺氧池中，反硝化菌利用原水中的有机物作为碳源，将回流液中的大量硝态氮还原成 N₂，从而达到脱氮目的。接着在后续的好氧池中

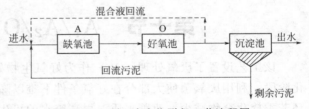

图 8-1-37　A/O 法生物脱氮工艺流程图

进行有机物的生物氧化、有机氮的氨化和氨氮的硝化等生化反应。

1. A/O 法的优点

同传统的生物脱氮工艺相比 A/O 法具有以下优点：①流程简单，构筑物少，基建费用可大大节省；②不需外加碳源，降低了运行费用；③好氧池在缺氧池之后，可以使有机物得到进一步去除，出水水质好；④具有较强的抗冲击负荷的能力。缺点是当沉淀池运作不当，沉淀池内易发生反硝化反应，造成污泥上浮，使处理水水质恶化。

2. 影响因素

（1）水力停留时间　脱氮效果随水力停留时间的增大而增大，一般要取得脱氮效率达到 70%～80% 时，硝化反应的水力停留时间一般不小于 6h，反硝化反应的水力停留时间是 2h。

（2）溶解氧 为了保证硝化菌的好氧状态，硝化好氧池内的 DO 应在 2mg/L 以上。

（3）温度 硝化反应的适宜温度是 20～30℃，在 15℃ 以下时，硝化速度降低；在 5℃ 以下时，硝化反应完全停止。反硝化反应的适宜温度是 20～40℃，在 15℃ 以下时，反硝化菌的增殖速度降低，代谢速度也随之降低，从而使反硝化速度降低。

（4）回流比 回流比的大小，直接影响反硝化的脱氮效果，脱氮率随回流比的增大而升高。

（5）泥龄 为了保证硝化池内足够数量的硝化菌，应保持较长的泥龄。

（6）氨氮浓度 过高的氨氮浓度和总氮浓度会抑制硝化菌的生长，脱氮效果会有明显下降。

（7）有机物浓度 进入硝化反应池的 BOD_5 值不能过高，BOD_5 浓度过高时，会导致异养菌大量繁殖，从而使自养型硝化菌不能成为优势菌种，抑制了硝化反应。

3. 工艺设计参数

（1）水力停留时间 硝化反应不小于 5～6h，反硝化反应一般为 2h；硝化反应和反硝化反应的水力停留时间之比为 3。

（2）污泥回流比 50%～100%。

（3）混合液回流比 300%～400%。

（4）硝化段污泥负荷率 <0.18kg/(kg·d)。

（5）硝化段的 TKN/MLSS 负荷率 <0.05kg/(kg·d)。

（6）污泥浓度 一般为 3000～4000mg/L。

（7）泥龄 不少于 30d。

（8）溶解氧 缺氧段<0.5mg/L；好氧段>2mg/L。

（9）pH 值 反硝化池：6.5～7.5，硝化池 7.0～8.0。

（10）水温 20～30℃。

第十节 $A_1/A_2/O$ 法水处理技术

该工艺设置了厌氧处理（A_1）作为好氧生物处理的前处理，把厌氧消化控制在水解酸化阶段，利用厌氧菌使大部分在好氧条件下难以降解的有机物酸化，使水中杂环、稠环、多环芳香族化合物减少，改善水质，提高废水的可生化性，提高 COD 的去除率，为下一步的好氧处理创造条件，有利于脱氮和硝化。缺氧（A_2）段是脱氮装置的关键部位，溶解氧控制在 0.5mg/L 以下，兼性反硝化菌利用进水中的 COD（有机碳源）作为供氢体，将好氧池混合液中的硝酸盐及亚硝酸盐还原成氮气排入大气，同时利用厌氧生物处理的产酸过程，把一些复杂大分子杂环化合物分解成低分子有机物。好氧（O）是将溶解氧控制在 3～6mg/L，先由反应器中碳化合物，再由硝酸盐和亚硝酸盐协同作用将 NH_4^+ 氧化为 NO_2^- 和 NO_3^-，完成硝化反应。

第十一节 厌氧生物水处理技术

好氧生物处理效率高，在煤化工废水处理中应用广泛，但好氧生物处理的能耗较高，剩余污泥量较多，而煤化工废水的浓度一般都较高，单独使用好氧生物处理不太适宜，因此，常和厌氧生物处理结合使用。厌氧生物处理（或称厌氧消化）是在无氧条件下，通过兼性菌和厌氧菌的代谢作用，对有机物进行生化降解。

复杂有机物的厌氧消化过程要经历数个阶段，由不同的细菌群接替完成。根据复杂有机物在此过程中的变化，可分三个阶段。第Ⅰ阶段称为水解阶段，废水中的不溶性大分子有机物经过发酵细菌水解后，分别转化为氨基酸、葡萄糖和甘油等水溶性小分子有机物。第Ⅱ阶段称为酸化阶段，它包括两次酸化过程。在酸化①中，发酵细菌将小分子有机物进一步转化为以下两类有机物：第一类有机物为能被甲烷菌直接利用的有机物，如甲酸、乙酸、甲醇和甲胺等；第二类为不能被甲烷菌直接利用的有机物，如丙酸、丁酸、乳酸、乙醇等。在酸化②中，产氢产乙酸菌将上述第二类有机物进一步转化为氢气和乙酸。在第Ⅲ阶段即生化阶段中，甲烷细菌把甲酸、乙酸、甲胺、甲醇和（CO_2＋H_2O）等基质通过不同的路径转化为甲烷，其中最重要的基质为乙酸和（CO_2＋H_2O）。

厌氧生物处理必须具备的基本条件是：隔绝氧气；pH 值维持在 6.8～7.8；适应于产甲烷菌的温度（对于中温菌，温度为 30～35℃；对于高温菌，温度为 50～55℃）；供给细菌所需的氮、磷营养；有毒物质的浓度不得超过细菌的忍受极限。

目前常用的厌氧消化设备主要有升流式厌氧污泥床（UASB）、厌氧生物滤池、厌氧流化床和厌氧接触消化系统。

1. 升流式厌氧污泥床（UASB）

升流式厌氧污泥床是目前应用最为广泛的一种厌氧生物处理装置，如图 8-1-38 所示。主要由进水配水系统、反应区、三相分离器、气室（集气罩）、排水系统等几部分组成。废水经配水系统从 UASB 底部进入，首先流经一个高浓度的污泥层（SS 浓度可高达 60～80 g/L甚至更高），大部分有机物在此转化为生物气。由于所产生生物气和水流的上升和搅拌作用，在污泥层的上部形成一个悬浮污泥层。混合液经气、液、固三相分离器后，澄清水流出，分离出的生物气由气室收集后导出设备，沉淀污泥则回流到厌氧反应室。

（1）污泥特性　升流式厌氧污泥床的厌氧微生物以三种形态存在：游离的单个菌体；聚集成微小絮体的菌群；聚集成较大颗粒的菌群。这三种厌氧微生物分别被称为游离污泥、絮体污泥和颗粒污泥。在 UASB 反应器中形成颗粒污泥是保证 UASB 中的污泥具有高浓度和高活性的重要条件。UASB 反应器中的颗粒污泥形成后，由于其具有良好的沉降性能和三相分离器对其有良好截留作用，UASB 能够长期保持较高的污泥浓度。污泥的高活性主要表现在两个方面：对废水中的有机污染物具有良好的吸附凝聚作用；对附着的有机污染物具有高效的吸收转化作用。

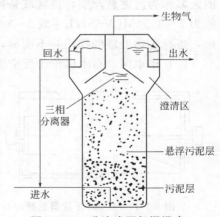

图 8-1-38　升流式厌氧污泥床

起吸附凝聚作用的污泥主要是疏松的絮体污泥，它具有很大的表面积，所以其吸附凝聚有机污染物的能力非常强。UASB 反应器内含有大量的絮体污泥，由此可见，如何使污泥具有高效的吸收转化能力是决定 UASB 污泥活性的关键所在。在一定的环境和工艺条件下，使污泥床中形成颗粒污泥是提高污泥活性的一项重要措施。

颗粒污泥表面生物膜的外层中占优势的细菌是水解发酵细菌，内部是甲烷细菌。颗粒污泥表面的厌氧微生物接触的是废水中的原生营养物质,其中大多数为不溶态的有机物,因而那些具有水解酸化能力及发酵能力的厌氧微生物便在污泥粒子表面滋生繁殖。其代谢产物的一部分进入溶液,经稀释后降低了浓度,供分散的游离细菌吸收利用;另一部分则向颗粒内部扩散,使颗粒内部成为下一个营养级的产氢产乙酸细菌和产甲烷细菌滋生和繁殖的场所,而且颗粒内部的生物降解作用大于颗粒外部的溶液本体,所以发酵细菌的代谢产物在颗粒内的浓度或分压小于外部溶液,为水解及发酵细菌的代谢产物向颗粒内部扩散提供了有利的动力学条件。可见,颗粒污泥实际上是一种生物与环境条件相互依托和优化组合的生态粒子,由此构成了颗粒污泥的高活性。

(2) 升流式厌氧污泥床的优点 同其他类型的厌氧反应器相比,升流式厌氧污泥床具有以下优点:污泥浓度高,可高达 $20\sim30g/L$;水力停留时间短,容积负荷高,在中温发酵条件下,一般可达 $10kg/(m^3 \cdot d)$ 左右,最高可达 $40kg/(m^3 \cdot d)$;设备较简单,无沉淀池和污泥回流装置,运行方便,便于管理。

(3) 升流式厌氧污泥床的池形 升流式厌氧污泥床的池形有圆形、方形和矩形。小型装置常为圆柱形;底部为锥形或圆弧形。大型装置为了便于设置三相分离器一般采用矩形,高度一般为 $3\sim8m$,其中污泥床 $1\sim2m$,污泥悬浮层 $2\sim4m$。当废水流量较小、浓度较高时,因需要的沉淀面积小,反应区的面积可采用与沉淀区相同的面积和池形。当废水流量较大、浓度较低时,需要的沉淀面积大,为了保证反应区的高度,反应区的过流面积不能太大,可采用沉淀区面积大于反应区面积,即反应器上部面积大于下部面积的池形。

(4) 反应区 UASB 反应器的反应区一般高为 $1.5\sim4m$,其中充满高浓度和高活性的厌氧污泥混合液。UASB 反应器内的污泥沿高程呈两种状态分布,下部约 $1/3\sim1/2$ 的高度范围内,密集堆积着絮体污泥和颗粒污泥,它们虽然呈悬浮状态,但相互之间距离很近。这个区域内的污泥浓度高达 $40\sim80g(MLVSS)/L$ [或 $60\sim120g(MLSS)/L$],被称为污泥床层,是对废水中的有机物进行生物处理的主要场所。污泥床层以上约占反应区总高度 $2/3\sim1/2$ 的区域称为污泥悬浮层,该区域悬浮着粒径较小的絮体污泥和游离污泥,污泥浓度较小,一般为 $5\sim25g(MLVSS)/L$ [或 $5\sim30g(MLSS)/L$]。污泥悬浮层主要是防止污泥流失的缓冲层,进行生物处理的作用并不明显,被降解的有机物仅占 $10\%\sim30\%$。

(5) 布水区 布水区位于反应区正下方,升流式厌氧污泥床进水配水系统兼有配水和水力搅拌的功能,所以应当满足配水均匀和搅拌强度适当的要求。配水系统有树枝管式配水系统、穿孔管配水系统、多点多管配水系统及脉冲配水器等几种形式,目前常采用穿孔管布水和脉冲进水。有些研究者认为,采用间歇式脉冲进水,使底层污泥交替进行收缩和膨胀,有助于底层污泥的混合。图 8-1-39 为用于大规模矩形 UASB 反应器的脉冲式布水系统(德国专利)。

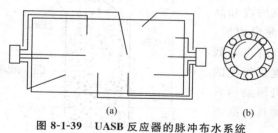

图 8-1-39 UASB 反应器的脉冲布水系统
(a) 布水系统平面图;(b) 环状配水槽

从水泵送来的废水经过一根旋转的配水管进入一个环状配水槽,配水槽被分割为多个隔间,每个隔间有一根布水管连通布水区,在固定的布水点通过管嘴将废水布入池内。布水管嘴均匀地分布在布水区,工作时配水管连续旋转,依次将废水注入不同隔间。对于某一布水管嘴,只有当与其连通的隔间有水注入时,才能喷流布水;其他时刻则无水布入。由此可见，对于整个布水区，是连续布水；而对某一布水管嘴，则是周期性脉冲布水。

对于布水区不大的反应器，可采用一根总管将废水导入，再分叉设数个支管及管嘴实现布水的均匀化。

（6）分离出流区　分离出流区位于反应器正上方，其主要功能是进行固液分离、气液分离和固气分离。分离出流区由三相分离器及出水管和出气管组成，其气液分离功能主要由合理配置的倾斜导流板和有斜面的导流块完成，固液分离功能主要由斜板以上的沉淀室完成。根据废水进入沉降室和污泥流回到反应区的通道不同，三相分离器可分为单道混流式和双道分流式。双通道三相分离器的结构如图 8-1-40 所示。

双通道三相分离器的工作原理是：从沉淀室板面滑下的污泥混合液含有较多的污泥固体和少量的气泡，而反应区上层的废水消化液含有较多的微小气泡和较少的污泥固体。两者相比，密度差异较大，因而形成异重流，即污泥混合液沿图中虚线所指方向运动，从沉淀室通过底通道流回反应区，而废水消化液沿实线所指方向通过侧通道由反应区曲折流入沉淀室。

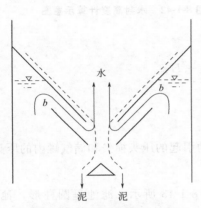

图 8-1-40　双通道三相分离器

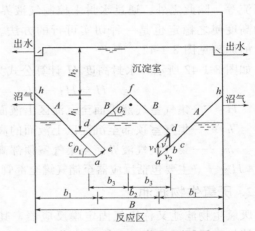

图 8-1-41　UASB 反应器分离出流区

气液分离和固液分离是由三相分离器完成的，当 UASB 反应器的截面积太大时，为降低三相分离器的高度和减少反应器的总容积，可设并列的一组三相分离器。图 8-1-41 为 UASB 反应器内的一个单元三相分离器，由两侧两块斜板 A 和中间的两块斜板 B 构成了三个集气室和两个沉降室。废水从 aa 之间进入第二气液分离区并由其两侧的缝隙 cd（$cd \perp ac$）间进入沉淀室。

为了方便沉淀室内沉下的污泥能依靠重力滑回到反应区，斜板 A 和 B 与水平面的夹角 θ_1 和 θ_2 可取 $55°\sim60°$。设计时，要根据外部沼气系统压力的变化幅度留足高度，防止当压力减小而液面升高时，废水进入出气管；而当压力增大液面降低时，废水不至于从 B 板底缘窜入沉淀室。一般储气罐的压力波动在 0.4m 以内，所以集气室的有效高度可选用 0.4m，再加上集气室上下两端的保护高度（各取 0.1m），故集气室的工作高度（从 A 板的顶点 h 到 B 板的底缘 d 之间的高度）应不小于 0.6m。对于回流缝 cd 的大小，由于它兼有回流污泥的功能，故一般不小于 0.2m。要得到合理的气液分离效果，ab 与 cd 之比必须大于 $0.42\sim0.49$。沉淀室截流的污泥絮体由于还具有一定的厌氧发酵能力，产生的沼气对沉降有一定的干扰破坏作用，因此沉淀室的表面负荷要比常规沉淀池小。一般不超过 $1\sim1.25m^3/(m^2 \cdot h)$，最好小于 $1m^3/(m^2 \cdot h)$。

沉淀室的水力停留时间包括废水在污泥斗（高度为 h_1）中的停留时间和斗顶沉淀区（高度为 h_2）的停留时间。废水在污泥斗中的流态为变速流（由大到小），平均停留时间为 $0.5\sim1.0h$。h_1 高度一般取 $0.7\sim1.0m$。在表面负荷不大于 $1m^3/(m^2 \cdot h)$ 的条件下，一般要求沉降区（即集气室顶以上的水域）的水深为 $0.5\sim1.0m$，所以停留时间为 $0.5\sim1.0h$（或更大）。理想总水深为 $1.5m$ 左右，总停留时间为 $1.5\sim2.0h$。

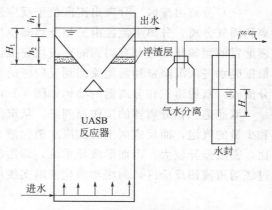

图 8-1-42 水封高度计算示意图

集气室气液表面可能形成浮渣或泡沫，这些浮渣和泡沫可能妨碍气泡的释放。在液面太高或波动时，有时浮渣或泡沫会引起出气管的堵塞或使气体部分进入沉淀室。采取的措施主要有吸管排渣、安装喷嘴消除浮渣和泡沫、产气回流等。除此之外，通过水封来控制气液界面的高度使之稳定也是一种切实可行的方法。水封的原理见图 8-1-42。

如图 8-1-42 所示，水封高度 H 计算公式为：

$$H = H_1 - H_{阻} = (h_1 + h_2) - H_{阻}$$

式中 H_1——集气室气液界面至沉淀区上液面的高度；

    h_1——集气室顶部至沉淀区上液面的高度；

    h_2——集气室气液界面至集气室顶部高度；

    $H_{阻}$——主要包括反应器至储气罐全部管道管件阻力引起的压头损失和储气罐内的压头。

2. 厌氧生物滤池

厌氧生物滤池又称厌氧固定膜反应器，其工艺如图 8-1-43 所示。滤池呈圆柱形，池内装放填料，厌氧微生物以生物膜的形态生长在滤料表面，当废水通过填料时，经生物膜的吸附作用和微生物的代谢作用以及滤料的截留，废水中的有机物被降解去除，并产生沼气。沼气则聚集在滤池顶部罩内，并从顶部引出，处理水从旁侧流出。根据水流的方向，厌氧生物滤池可分为升流式和降流式两种型式。

（1）厌氧生物滤池的影响因素 厌氧生物滤池的影响因素主要有水力停留时间（HRT）、有机负荷率、温度、进水水质等。COD 去除率随水力停留时间的增长而增加。在厌氧生物滤池中，有机负荷率增加使 COD 去除率下降，但 COD 总的去除能力是提高的。经验表明：温度在 $25\sim38℃$，厌氧生物滤池的运行效果良好；在 $50\sim60℃$ 范围内的运行也能取得较好的处理效果。进水中有机物浓度在 $3000\sim12000mg/L$ 范围内对升流式厌氧生物滤池的处理效果影响不大；在 COD 为 $3000mg/L$ 时，延长水力停留时间也能取得较好的处理效果。对于 COD 在 $12000mg/L$

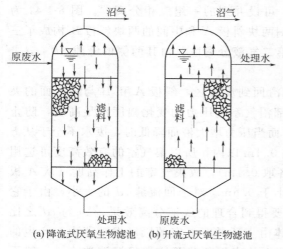

(a) 降流式厌氧生物滤池   (b) 升流式厌氧生物滤池

图 8-1-43 厌氧生物滤池

以上的有机废水，应当采用回流稀释措施。为了防止过高的 SS 造成滤池堵塞，当进水 SS 浓度较高时，应考虑预处理措施。厌氧生物滤池要求 pH 值在 6.5 以上，如果碱度不够，应投加碱性物质以维持 pH 值在 6.5 以上。

（2）厌氧生物滤池的特点　优点是：由于厌氧微生物在厌氧生物滤池中以附着在载体上生物膜和截留在滤料空隙间的形态存在，所以污泥浓度较高，去除有机物的能力较强；泥龄较长，剩余污泥少，不需专设泥水分离装置，出水 SS 较低；抗负荷冲击能力强，适用的废水有机物浓度范围宽。缺点是进水配水不易均匀，滤料容易堵塞。

（3）厌氧生物滤池的设计　厌氧生物滤池的有机负荷在 $2\sim16kg/(m^3\cdot d)$ 范围内变化，高浓度有机废水一般选择在 $12kg/(m^3\cdot d)$ 左右，低浓度有机废水一般不高于 $4kg/(m^3\cdot d)$。一般认为废水的 COD 浓度大于 8000mg/L，必须采用回流；对于降流式厌氧生物滤池，要求采用的回流水量相对较大。

滤料对厌氧生物滤池运行的影响因素除滤料的比表面积外，还应考虑滤料是否会堵塞及滤料之间水流的方向。大型厌氧生物滤池常用的滤料有波纹板、管式、交叉流管式及包尔环等（如图 8-1-44 所示），其中交叉流管式具有较好的性能，主要是由于滤池内的水流流向能够曲折多变造成了良好的混合接触和截流作用效果。其安装与水平方向倾角一般为 60°。滤料在厌氧生物滤池内的装填高度一般不低于滤池高度的 2/3，且要求滤料装填高度不低于 2m。

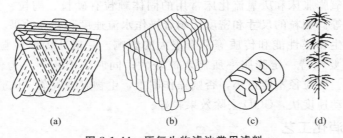

图 8-1-44　厌氧生物滤池常用滤料
（a）交叉流管式滤料；（b）波纹式滤料；（c）包尔环；（d）软性填料

厌氧生物滤池的布水均匀性对厌氧生物滤池的正常运行起着重要的作用，大型厌氧生物滤池通常采用穿孔管布水。一般孔口流速取 $1.5\sim2m/s$，管内流速选 $0.4\sim0.8m/s$。孔口设在布水管的下方两侧，孔口直径应不小于 10mm，以免堵塞。穿孔进水管上部应设多孔隔板以支撑滤料，其与底部距离视进水管管径而定，一般比管径大 $0.3\sim0.5m$。

3. 厌氧膨胀床和厌氧流化床

厌氧膨胀床和厌氧流化床的工艺流程如图 8-1-45 所示。是在床内加入细小的固体颗粒作载体（如砂子、无烟煤、塑料球、活性炭等），载体的粒径一般为 $0.2\sim1mm$。微生物附着在载体表面上，废水从底部进入向上流动，使载体处于流化状态。为了使载体膨胀良好，需将部分出水用循环泵进行回流，提高床内水流的上升流速，膨胀率可达 $10\%\sim70\%$。由于载体粒径很小，在单位容积内具有巨大的表面积（可达 $3300m^2/m^3$），因此具有较大的生物量（MLVSS 可达 60g/L）。对于厌氧膨胀床和厌氧流化床的定义，一般认为膨胀率为 $10\%\sim20\%$ 称膨胀床，颗粒略呈膨

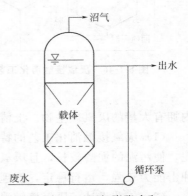

**图 8-1-45　厌氧膨胀床和
厌氧流化床工艺流程**

胀,但仍保持接触;膨胀率为20%~70%称为流化床,颗粒在床中做无规则运动。

(1) 厌氧膨胀床和厌氧流化床的微生物特性 厌氧膨胀床和厌氧流化床反应器下部和中部的厌氧微生物基本上以附着在固体颗粒表面上的生物膜形态存在,仅在其上部出现悬浮性的厌氧微生物絮体。底部生物颗粒的微生物群体以产酸菌为主,同时也有一定数量的产甲烷菌,而在中部和上部以产甲烷为优势菌。这种相分离现象有助于稳定、高效地去除有机物质。

(2) 厌氧膨胀床和厌氧流化床的特点 优点是:污泥浓度高,有机物容积负荷高,一般为10~40kg/(m^3·d),水力停留时间短,抗负荷冲击能力强;载体处于膨胀状态,可防止载体堵塞;运行稳定,剩余污泥量少。缺点是能耗大,设计要求高。

(3) 影响因素 影响厌氧膨胀床和厌氧流化床性能的因素主要有COD容积负荷、水力停留时间、温度、进水水质和载体颗粒的特性等。在某一限值容积负荷内〔由水质和微生物浓度及活性确定,一般在30kg/(m^3·d)左右〕,容积负荷对COD去除率的影响不大,但超过这一限值,COD去除率将随容积负荷的增加而显著降低。水力停留时间同样存在一个限值,超过这一限值,COD去除率将随水力停留时间的缩短而显著降低。进水中有机物浓度对COD去除率影响不大,但碱度应保持在1500mg/L以上,2500~5000mg/L为反应器正常运行碱度。

(4) 载体 厌氧膨胀床和厌氧流化床常用的固体颗粒有砂粒、陶粒、活性炭、氧化铝、合成树脂、无烟煤等。颗粒的尺寸和密度影响着操作水流速度和分离效果。另外对启动时的挂膜、运行过程中生物膜性能和传质等都有很大的影响。一般认为颗粒粒径要小,不大于1mm。粒径过大,要维持一定膨胀率所需水流较大;同时表面积小,为保证足够的接触,须加大反应器体积。但粒径不能过小,否则操作困难,生物膜易脱落。试验研究表明,以活性炭作为载体,启动速度快,COD去除效果较好。

4. 厌氧接触消化工艺

厌氧接触消化工艺与好氧生物处理中的完全混合活性污泥法一样,废水进入消化池后迅速与池内混合液混合,泥、水进行充分接触,该工艺又称厌氧活性污泥法,其工艺流程如图8-1-46所示。

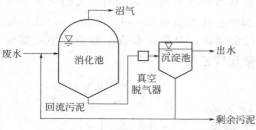

图 8-1-46 厌氧接触消化工艺流程

厌氧接触消化工艺的主要构筑物有厌氧消化池、沉淀分离装置、污泥回流等。废水进入厌氧消化池后,依靠池内大量的厌氧微生物絮体降解废水中的有机物,池内设有搅拌设备以保证废水与厌氧微生物的充分接触,并促进降解过程中产生的沼气从污泥中分离出来,由消化池排出的混合液在沉淀池内进行固液分离,沉淀污泥按一定比例回流到消化池,以保证池内拥有大量的厌氧微生物。上清液由沉淀池上部流出,部分剩余污泥排掉。

(1) 厌氧接触消化工艺的特点 优点是:由于设置了专门的污泥截流装置,能够回流污泥,使污泥的泥龄较长,且厌氧污泥的浓度较高,具有较高的容积负荷;易于启动,抗负荷冲击能力较强,运行稳定,管理方便。缺点是容易造成污泥流失。

(2) 工艺设计 厌氧接触消化工艺在设计计算时应注意的问题有以下几点:厌氧接触消化池容积负荷一般取2~6kg/(m^3·d),污泥负荷一般不超过0.25kg/(kg·d),池内的污泥浓度一般为 6～10g/L。最佳的 F/M 为 0.3～0.5，过高或过低都会使污泥的沉降性能恶化；水力停留时间（HRT）一般取 0.5～5d，沉淀分离装置，一般仍采用沉淀池，可按污水沉淀池的常用构造设计，但混合液在沉淀池内的停留时间比一般污水沉淀时间长，可采用 4h，要求水力表面负荷不超过 1m³/(m²·h)。

（3）防止污泥流失的措施　厌氧接触消化工艺的缺点是固液分离比较困难，容易造成污泥流失。这是因为厌氧接触工艺中形成的是絮状厌氧污泥，在反应器中的正压使悬浮液体中溶解气体过饱和，混合液进入沉淀池中，这些气体将释放出来并被絮状污泥吸附。同时絮状污泥在反应器中吸附的残余有机物在沉淀池中仍会继续转化为少量气体，这些气体也会吸附于污泥上，从而使污泥沉降比较困难。目前采取的措施除使用高效的沉淀分离外，一般在沉淀前可采用真空脱气处理或使出液温度急剧冷却从而使产气过程停止，当反应器出水温度由 35℃骤减到 15℃，能明显抑制沉淀池内气体产生并可促进污泥的凝聚沉淀。除此之外，也可采用投加絮凝剂的方法促进污泥沉淀和采用超滤进行固液分离。从沉淀分离装置中沉降下来的污泥絮体应中等流速返回到厌氧接触消化池，以防止水流剪力破坏絮体结构。在接触消化池内，适当的搅拌是完全有必要的，它可以使泥水充分混合外，还可以增加菌胶团的碰撞频率，促进絮体形成。但过大的搅拌强度会造成絮体结构的离散。

第十二节　深度处理

煤化工的一些废水浓度高、成分比较复杂、含有大量的有害有毒物质，经过酚、氨回收，预处理及生化处理后，大部分污染物得到去除，但某些指标仍达不到排放标准。因此需要进一步的处理，即深度处理，使这些指标达到排放标准或回用的要求。目前常用的深度处理方法主要有活性炭吸附、臭氧氧化等。

1. 活性炭吸附

吸附机理是活性炭表面的分子或原子因受力不均匀而具有剩余的表面能，当某些物质碰到活性炭表面时，受到这些不平衡力的吸引而停留在活性炭表面上。根据吸附引力的不同，可将吸附分为交换吸附、物理吸附和化学吸附。

（1）影响吸附的因素　影响吸附的因素是多方面的，吸附剂的性质、吸附质的性质、操作条件都是影响因素。

① 吸附剂的性质。由于吸附现象是发生在吸附剂的表面，所以吸附剂的比表面积越大，吸附能力就越强，吸附容量也就越大。吸附剂的粒径越小，或是微孔越发达，其表面积也就越大。大部分吸附表面积由微孔提供，因此吸附量主要受微孔支配，内孔的大小和分布对吸附性能的影响很大。孔径太大，比表面积小，吸附能力差；孔径太小，则不利于吸附质的扩散，会降低吸附能力。吸附剂的化学性质包括化学组成、表面性质及分子结构等使吸附剂具有一定的选择吸附能力。如表面具有酸性氧化物基团（如—OH、—COOH）的活性炭对碱性金属氧化物有很好的吸附能力。

② 吸附质的性质。对于同一吸附剂，不同的吸附质由于性质的差异，吸附效果也有很大差别。首先，吸附质在废水中的溶解度对吸附有较大影响，一般吸附质的溶解度越低，越容易被吸附。通常有机物在水中的溶解度随着链长的增长而减少，而活性炭的吸附容量却是随着有机物在水中溶解度的减小而增加，因此活性炭在废水中对有机物的吸附容量随着同系物分子量的增大而增加。其次，吸附质的极性对吸附的影响较大。极性吸附剂易吸附极性吸

附质，非极性吸附剂易吸附非极性吸附质。活性炭是非极性吸附质，容易从废水中吸附非极性和极性较小的物质。用活性炭处理废水时，对芳香族化合物的吸附效果好于对脂肪族化合物，对不饱和链有机化合物的吸附效果好于对饱和链有机化合物。再者，吸附质的浓度对吸附也有影响。当吸附质的浓度较低时，吸附量随吸附质浓度的增大而增大，但浓度增大到一定程度以后，再增加浓度，吸附量虽有增加，但增加速度较慢。

③ 操作条件。温度、吸附接触时间、废水的 pH 值等均对吸附效果有较大影响。吸附过程主要是放热过程，低温有利于吸附，升温有利于脱附。所以往往是常温吸附，升温解吸。在吸附过程中，应保持吸附质与吸附剂有一定的接触时间，而所需的时间取决于吸附速率，吸附速率大，所需时间就短，一般接触时间为 0.5～1.0h。在实际吸附过程中，废水的流速要适当，不宜过大或过小。由于 pH 值影响着吸附质在废水中的存在形式（分子、离子、络合物），进而影响对吸附质的吸附效果。

（2）吸附装置 目前常用的吸附装置有固定床、移动床和流化床。

① 固定床根据水流方向可分为升流式和降流式两种，降流式固定床的出水水质好，但水头损失大，易堵塞，所以要求水中悬浮物不能太多。降流式固定床吸附塔的构造见图 8-1-47。

② 移动床吸附塔构造示意图见图 8-1-48。原水从底部流入和吸附剂逆流接触，处理后的水从顶部流出，再生后的活性炭从顶部加入，饱和的吸附剂从底部间歇地排出。吸附移动床能够充分利用吸附剂的吸附量，水头损失小，不需反冲洗设备，但对进水中的悬浮物有一定要求，一般小于 30mg/L。

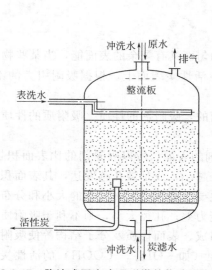

图 8-1-47 降流式固定床吸附塔的构造示意图

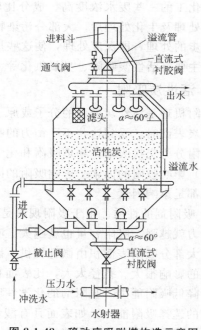

图 8-1-48 移动床吸附塔构造示意图

（3）吸附剂再生 吸附剂在吸附一定量的吸附质后达到饱和，必须进行再生。所谓再生，就是吸附剂本身不发生或极少发生变化的情况下，用某种方法将吸附质从吸附剂的微孔中除去，恢复它的吸附能力，以达到重新使用的目的。目前活性炭再生的方法有热处理、化学氧化、溶剂法等，在废水处理上应用较多的是热再生法。热再生法分为低温和高温两种方法，废水处理中饱和活性炭的再生一般采用高温法。高温法再生活性炭一般分以下五步进行：

①脱水：使活性炭与输送液分离。

②干燥：加热到100～150℃，将活性炭细孔中的水分（含水率约40%～50%）蒸发出来，同时使一部分低沸点的有机物挥发出来。

③炭化：加热到300～700℃，低沸点的有机物全部被脱附。高沸点有机物由于热解，一部分成为低沸点物质而挥发，另一部分被炭化留在活性炭细孔中。

④活化：加热到700～1000℃，使炭化后留在细孔中的残留炭与活化气体反应，反应产物以气态形式逸出，以达到重新造孔的目的。

⑤冷却：活化后的活性炭用水急剧冷却，防止氧化。

（4）工艺设计 活性炭用于深度处理时，设计参数的参考数据如下。

①粉末炭投加的炭浆浓度：40%。

②粉末炭与水接触时间：20～30min。

③固定床炭层厚度：1.5～2.0m。

④过滤线速度8～20m/h。

⑤反冲洗水线速度：18～32m/h。

⑥冲洗时间间隔：72～144h。

⑦反冲洗时间：4～10min。

⑧水力输炭管道流速：0.75～1.5m/s。

⑨水力输炭水量与炭量体积比：10:1。

⑩气动输炭质量比（炭:空气）：4:1。

2. 臭氧氧化

臭氧（O_3）是氧的同素异构体，在常温下是一种具有鱼腥味的淡紫色气体。臭氧的氧化性很强，在理想的反应条件下，臭氧可以把水溶液中大多数单质和化合物氧化到它们的最高氧化态，对水中有机物有强烈的氧化降解作用，同时还有强烈的消毒杀菌作用，常用于废水的深度处理。

（1）臭氧氧化法的特点 优点是：氧化能力强，对除臭、脱色、杀菌、去除有机物和无机物都有显著效果；臭氧易分解，不产生二次污染；设备简单，操作管理方便；一般不产生泥渣。缺点是造价高，处理成本高。

（2）臭氧发生器 臭氧易分解，不便于储存与运输，必须使用现场设备即臭氧发生器。臭氧发生器通常使用无声放电法，无声放电法又可分为气相放电和液相放电两种。在水处理中多采用气相无声放电法。气相无声放电臭氧发生器由多组放电单元组成，分为管式和板式两类。目前生产上使用的多为管式，它又可分为立管式和卧管式两种。图8-1-49为卧管式臭氧发生器的示意图。

据研究，臭氧的产生量与电压的二次方成正比，增加电压可提高臭氧的产量，但电压高，耗电量大，介电体容易被击穿，所

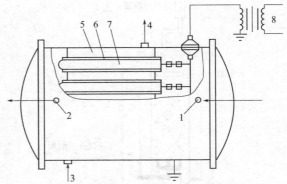

图 8-1-49 卧管式臭氧发生器
1—空气或氧气进口；2—臭氧出口；3—冷却水进口；
4—冷却水出口；5—不锈钢管；6—放电间隙；
7—玻璃管；8—变压器

以，电压不能太高，一般采用 10～15kV 左右电压，同时元件的绝缘性要求要高。提高交流电的频率，可增加放电次数，从而可提高臭氧的产量，常用的电源为 50～60Hz。

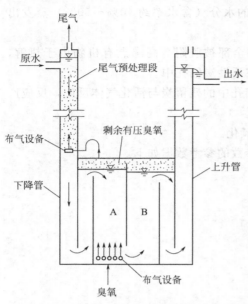

图 8-1-50　承压式逆向流臭氧接触反应器

（3）臭氧的投加和反应设备　影响臭氧氧化法处理效果的主要因素除污染物的性质、浓度、臭氧投加量、溶液 pH 值、温度、反应时间外，还有臭氧的投加方式。臭氧的投加通常在混合反应器中进行，而臭氧的投配装置一般采用多孔扩散器、乳化搅拌器和文丘里水射器。臭氧氧化法处理废水的气液接触反应装置主要有多孔扩散式反应器、鼓泡塔、筛板塔、填料塔和湍流塔，臭氧与废水的接触时间一般大于 30min。

① 多孔扩散式反应器根据气和水的流动方向不同又可分为同向流和逆向流两种。目前，使用较多的为逆向流反应器。图 8-1-50 为承压式逆向流臭氧接触反应器。该反应器增设了降流和升流管，反应器底部压力增大，可提高臭氧在水中的溶解度，从而提高臭氧的利用率。降流管的有效水深为 10～12m，流速一般小于 150mm/s。各隔室有效水深为 2m，流速为 13mm/s，接触时间为 2.5min，臭氧的利用效率可达 90％以上。

② 微孔扩散板式鼓泡塔见图 8-1-51。臭氧化气从塔底的微孔扩散板（孔径约 15～20μm）喷出，与废水逆流接触；塔中可装填瓷环、塑料环等填料，以改善水气接触条件。这种设备的特点是较长时间保持一定的臭氧浓度，有利于与水中污染物充分接触反应。此外，该设备具有较大的液相容积，气量调节容易。

③ 喷射式混合反应器见图 8-1-52。高压废水通过水射器将臭氧化气吸入水中，这种设备的特点是混合充分，设备占地少，但接触时间较短，能耗较高，臭氧投量不易控制。

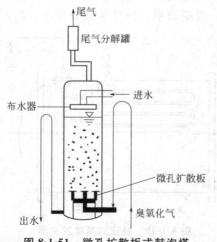

图 8-1-51　微孔扩散板式鼓泡塔

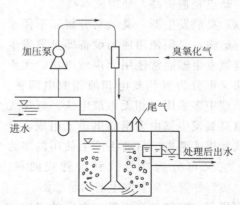

图 8-1-52　喷射式混合反应器

（4）尾气处理　臭氧与废水接触后的尾气含有一定量的剩余臭氧，如前所述，臭氧是有毒气体，吸入人体后将会对健康产生不同程度的影响，除此之外，臭氧还会影响植物生长，甚至使树木和庄稼枯萎。因此，为防止大气污染和对人体造成伤害，应进行必要的处理。目前使用的处理方法有燃烧分解、活性炭吸附、化学处理等。

第十三节　污泥处理

污泥是废水处理过程中的产物，如初沉池的沉淀物，隔油池和气浮池中的油渣，生物处理中产生的剩余污泥等。这些污泥必须及时处理与处置，才能保证污水处理装置的正常运行和处理效果，消除二次污染，保护环境。

1. 污泥的类型、性质

根据含有的主要成分的不同，污泥可分为有机污泥和无机污泥两大类。煤化工废水处理所产生的污泥主要是有机污泥。典型的有机污泥是剩余生物污泥，此外还有油泥及废水固相有机污染物沉淀后形成的污泥。有机污泥的特点是颗粒细小，持水能力强，含水率高，不易沉降、压密和脱水，且稳定性差，容易腐败和产生恶臭。

2. 污泥性质指标

(1) 含水率和含固率　含水率是污泥中含水量的百分数，含固率是污泥中固体或干污泥含量的百分数。通常含水率在 85% 以上时，污泥呈流态；65%～85% 时，呈塑态；低于60% 时，则呈固态。

(2) 挥发性固体和灰分　挥发性固体（VSS）近似地表示污泥的有机物含量，又称灼烧量，是指在 600℃ 的燃烧炉中能被燃烧，并以气体逸出的那部分固体，它通常用于表示污泥中的有机物的量。

(3) 污泥的可消化程度　污泥的可消化程度表示污泥中挥发性固体被消化分解的百分比。污泥中的挥发性固体，有一部分是能被消化分解的，另一部分是不易或不能被消化分解的。

3. 污泥浓缩

污泥浓缩是指通过污泥增稠来降低含水率和减少污泥的体积，是降低污泥后续处理费用的有效方法。污泥浓缩的方法主要有重力浓缩、离心浓缩和气浮浓缩三种，这里主要介绍重力浓缩法。

重力浓缩法是一种依靠污泥中的固体物质的重力作用进行沉降与压密从而使污泥得以浓缩的方法，主要用于浓缩初沉污泥及剩余活性污泥的混合污泥。按其运行方式分为间歇式和连续式两种。

(1) 间歇式污泥浓缩池　间歇式污泥浓缩池可为圆形也可为方形，底部有污泥斗（见图8-1-53）。工作时，先将污泥充满全池，然后静止沉降，浓缩压密，在池内形成上清液区、沉降区和污泥层。上清液从侧面排出，浓缩后的污泥从底部泥斗排出。间歇式污泥浓缩池的主要设计参数是停留时间，停留时间的长短应由试验确定，在无法进行试验的条件下，可按不大于 24h 设计，一般取 9～12h。

(2) 连续式污泥浓缩池　连续式污泥浓缩池与辐流式沉淀池的构造相似，如图 8-1-54所示。浓缩池的有效水深一般采用 4m，池底坡度一般为 0.01，当采用竖流式浓缩池时，上升流速不大于 0.1mm/s。停留时间一般为 10～16h，不宜过长；刮泥机的转速一般为 0.75～4r/h。

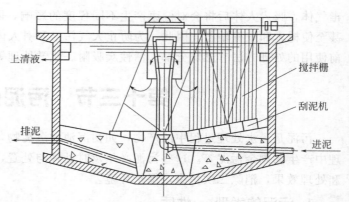

图 8-1-53 间歇式污泥浓缩池   图 8-1-54 带刮泥机与搅拌栅的连续式污泥浓缩池

4. 污泥的调理

在污泥脱水前进行预处理，使污泥颗粒改变理化性质，破坏污泥的胶体结构，减少其与水的亲和力，改善其脱水性能，这个过程称为污泥的调理或调质。目前常用的污泥调理方法是加药调理法。

加药调理法就是使带有电荷的无机或有机调理剂在污泥胶体颗粒的表面起化学反应，中和污泥颗粒的电荷，使水从污泥颗粒中分离出来，同时使污泥颗粒凝聚成大的颗粒絮体，降低污泥的比阻抗。

目前常使用的调理剂分为无机调理剂和有机调理剂两大类。无机调理剂一般多用于真空过滤和板框过滤，而有机调理剂多用于离心脱水和带式压滤脱水。常用的调理剂见表 8-1-3。

表 8-1-3 常用的调理剂

类别	举例	类别	举例
无机调理剂	氯化铁($FeCl_3 \cdot 6H_2O$)	有机调理剂	阳离子型聚丙烯酰胺
	硫酸铁[$Fe_2(SO_4)_3 \cdot 4H_2O$]		阴离子型聚丙烯酰胺
	硫酸亚铁($FeSO_4 \cdot 7H_2O$)		非离子型聚丙烯酰胺

污泥调理的影响因素主要有如下几条。

(1) 污泥性质 不同性质的污泥所需调理剂的用量有显著差别。颗粒越小的污泥，调理剂的消耗量也就越多；污泥中有机物的含量和碱度越高，调理剂用量越大；另外，对于含固率越高的污泥，调理剂的用量较大。

(2) 调理剂品种 由于不同的调理剂对污泥的作用机理有所差异，因此不同的调理剂的调理效果也就有所差异。对有机物含量较高的污泥，阳离子有机高分子调理剂效果较好，对以无机物为主的污泥则阴离子有机高分子调理剂更有效。无机调理剂产生的絮体颗粒较细小，投药量大，但絮体强度较高；有机高分子调理剂形成的絮体粗大，投药量较少，但絮体强度较低，易破碎。有些情况，无机和有机调理剂联合使用其调理效果会更佳。

(3) 污泥调理条件 污泥的调理条件主要指温度、pH 值、调理剂的浓度及调理剂的投加顺序。

① 温度影响无机调理剂的水解作用，水温低时，水解反应慢，调理效果变差；对于有机高分子调理剂，当水温过低时，由于水的动力黏滞度和高分子溶液本身的黏度变大而影响

稀释均匀和调理混合均匀。

② pH 值影响无机盐类调理剂水解产物的形态，使调理效果受影响。如铝盐凝聚反应的最佳 pH 值为 5～7，当 pH 值大于 8 或小于 4 时，无法生成絮体，从而失去调理效果。高铁盐的最佳 pH 值为 6～11；亚铁盐的最佳 pH 值为 8～10。由于溶液的 pH 值影响分子的电离、荷电状态以及分子形状，所以 pH 值对聚合电解质的调理效果也有影响。

③ 调理剂的浓度对调理效果有重要的影响。如有机高分子调理剂溶液越稀，越容易混合均匀，调理效果也就越好，但浓度过低会降低泥饼产率。而无机高分子调理剂基本不受配制浓度的影响。

④ 调理剂的投加顺序也影响着调理效果。当采用无机调理剂和有机高分子调理剂联合调理时，一般先投加无机调理剂，再投加有机高分子调理剂。

5. 污泥的消化处理

污泥消化处理的目的是稳定污泥，以利于污泥的后续处理，污泥消化可分为好氧消化和厌氧消化。

(1) 好氧消化　好氧消化是对二级处理的剩余污泥或一、二级处理的混合污泥进行持续曝气，促使生物细胞（包括一部分构成 BOD 的有机物）分解，从而降低挥发性悬浮固体含量的方法。好氧消化的微生物是好氧菌和兼性菌。它们利用曝气鼓入的氧气，分解生物可降解有机物及细胞原生质，并从中获得能量。消化池内微生物处于内源呼吸状态，污泥经氧化后，产生挥发性物质，使污泥量大大减少。

好氧消化池内的溶解氧至少应保持在 1～2mg/L，并有足够的搅拌强度，使污泥颗粒处于悬浮状态。好氧消化的优点是初期投资少、终产物无臭、运行简单等，缺点是运行费用高、低温时效果较差。根据运行方式，好氧消化池可分为间歇式和连续式两种。其结构见图 8-1-55。

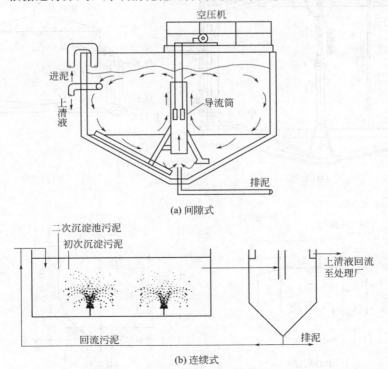

图 8-1-55　好氧消化池

好氧消化的影响因素主要有：

① 水力停留时间。水力停留时间一般在 $10\sim12d$ 内，挥发性固体量的降低基本上是和时间呈线性关系，最终挥发性固体量约为 40%。随水力停留时间的增长，挥发性固体的氧化速率大大降低。

② 环境条件。pH 值和温度是很重要的环境条件，当温度低于 20℃时，消化效果大大下降，水力停留时间也需大大延长，造成 pH 值降得很低。

污泥好氧消化的设计参数可参考表 8-1-4。

表 8-1-4 污泥好氧消化的工艺参数

工艺参数	数值	工艺参数	数值
水力停留时间($T=20℃$)		污泥负荷	$1.6\sim4.8$kg 挥发性固体/$(m^3 \cdot d)$
剩余活性污泥	$10\sim12d$	空气混合所需量	$20\sim40m^3/(10^3m^3 \cdot min)$
剩余活性污泥＋初沉污泥	$15\sim20d$	溶解氧	$1\sim2mg/L$

(2) 厌氧消化 污泥的厌氧消化是对有机污泥进行稳定处理最常用的方法，是指在无氧的条件下，由兼性菌及专性厌氧菌降解有机物，最终产物是 CO_2、NH_3 和 CH_4，使污泥得到稳定。生物污泥中都含有大量的有机物，采用好氧法能耗大，一般均采用厌氧消化。

厌氧消化池的池形有圆柱形和蛋形两种，见图 8-1-56。消化池的构造主要包括：污泥的投配、排泥及溢流系统；沼气排出、收集与储气设备；搅拌及加温设备。圆柱形消化池的池总高与池径之比取 $0.8\sim1.0$，池底、池盖倾角一般为 $15°\sim20°$，池顶集气罩直径取 $2\sim5m$，高 $1\sim3m$。

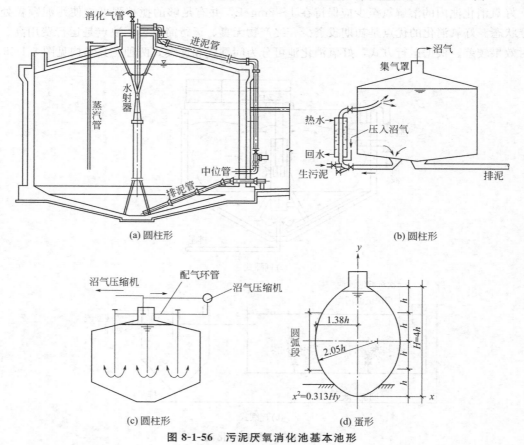

(a) 圆柱形   (b) 圆柱形

(c) 圆柱形   (d) 蛋形

图 8-1-56 污泥厌氧消化池基本池形

厌氧消化的主要影响因素有：

① 温度。污泥的厌氧消化有两个最优温度区段：在 $33\sim35℃$ 叫中温消化，在 $50\sim55℃$ 叫高温消化。在这两个最优温度区以外，污泥也能进行消化，但反应的速率显著降低。目前，常使用的是中温消化。

② 负荷。厌氧消化池的容积取决于厌氧消化的负荷，负荷的表达方式有两种：体积负荷（体积投配率），有机物容积负荷。

③ 搅拌。适当的搅拌对提高消化池的效率影响很大，搅拌的方法主要有螺旋桨搅拌、污泥泵搅拌、污泥气循环搅拌，目前使用最为普遍的方式是螺旋桨搅拌。

④ 有毒有害物质。阻碍厌氧消化的化学物质种类很多，主要有重金属离子、氨氮和一些轻金属离子（Na、Mg、K、Ca）。

6. 污泥脱水与干化

将污泥的含水率降低到 $80\%\sim85\%$ 以下的操作叫脱水，脱水后的污泥具有固体特性，成泥块状，能装车运输，便于最终处置利用。将脱水污泥的含水率进一步降低到 $50\%\sim65\%$ 以下的操作叫干化。

常用的污泥脱水设施有干化场、压滤机和离心机。这里主要介绍使用最为广泛的压滤机。

根据对污泥脱水的工作原理，压滤机分为板框压滤机和滚压带式压滤机。

板框压滤机的构造简单，过滤推动力大，适用于各种污泥，但操作麻烦，当连续运行时，效果较差。其基本结构见图 8-1-57。板与框相间排列而成，在滤板的两侧覆有滤布，在板与框的上端中间相同部位开有小孔，压紧后形成一条通道，污泥通过该通道进入压滤室，滤板的表面刻有沟槽，下端有供滤液排出的孔道，滤液在压力的作用下，通过滤布、沿沟槽与孔道排出滤机，使污泥脱水。

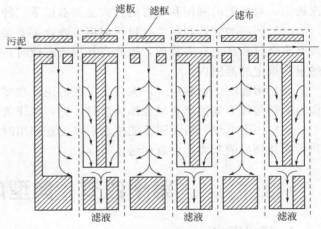

图 8-1-57　板框压滤机结构示意图

滚压带式压滤机的结构示意图见图 8-1-58。它是由许多不同规格的辊排列起来，相邻辊之间有滤带穿过而构成。其特点是把压力施加在滤布上，用滤布的压力和张力使污泥过水，而不需要真空或加压设备，动力消耗较少，可连续运行。进行污泥脱水时，首先将加入了絮凝剂的污泥送入污泥混合筒进行充分混合，促使其絮凝，然后进入重力脱水段，依靠重力脱掉污泥中的游离水，使污泥失去流动性，便于后面的挤压。经重力脱水后的污泥进入上、下滤布之间，先进入"楔形"压榨段，然后进入"S形"压榨段，施加压力进行脱水。滤液穿过滤带进入排水系统。滤饼由刮刀剥落下来外运，滤带冲洗干净后进入下一个循环。

影响带式压滤机脱水的主要因素有如下几条。

① 助滤剂的种类和用量。化学调节预处理是带式压滤脱水的关键步骤，多采用高分子絮凝剂进行调节，使污泥充分絮凝。

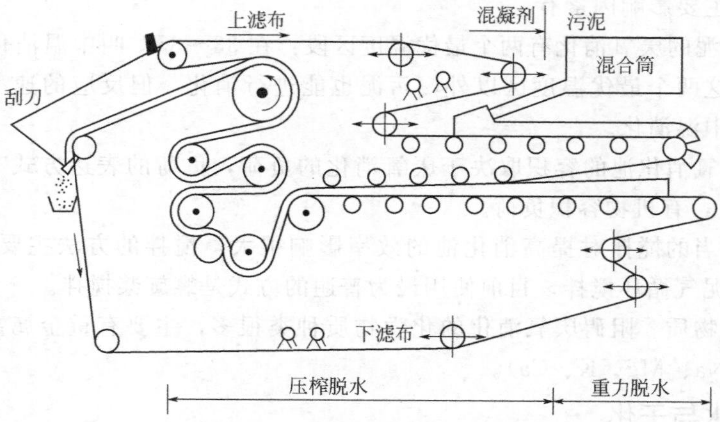

图 8-1-58 滚压带式压滤机结构示意图

② 滤带行走速度。对于不同的污泥有不同的最佳带速。若带速过快，则压滤时间短，滤饼含水率高；若带速过慢，又会降低生产能力。因此应选择合适的带速。

③ 压榨压力。压榨压力直接影响滤饼的含水率。

7. 污泥的利用和最终处置

污泥经过一系列处理后成为泥饼和灰渣，必须进行合理的利用和处置，否则可能造成二次污染。对污泥的利用和处置的方式主要有以下三种。

(1) 污泥的农业利用　有机污泥用于农业主要是用作肥料和土壤改良剂，由于工业污泥含有重金属和其他有害物质，因此当其用于农业时，应严格控制，合理利用，确保有害物质的量在规定的范围内。

(2) 污泥的工业利用　污泥用于工业的用途较多，目前比较常用的途径主要有：把污泥作为燃料与煤等其他燃料混合作为燃料；把污泥作为建筑材料（如空心砖等）的原始材料。

(3) 污泥填埋　当污泥不能被农业和工业利用时，其通常的出路是填埋，脱水后的泥饼和污泥焚烧后的灰渣均可直接送去填埋。

第十四节　典型废水处理

1. 焦化废水

(1) 焦化废水的产生和水质　焦化厂备煤、炼焦、净化、回收、焦油、精制等主要车间均有废水排出，其中主要有除尘废水、熄焦废水和净化工艺中的含酚废水。焦化废水的水质见表 8-1-5。从表 8-1-5 中可以看出，焦化废水的水质特点是 COD、NH_3-N 浓度较高，有机物复杂，主要有酚类化合物，多环芳香族化合物，含氮、氧、硫的杂环化合物及脂肪族化合物。

表 8-1-5 焦化废水水质　　　　　　　　　　　　　　　　单位：mg/L

碱度	悬浮固体		总固体		COD	BOD_5	氨氮	挥发酚	硫化物	氢化物	焦油
	挥发性	非挥发性	挥发性	非挥发性							
500~3000	10~1700	120~190	900~5700	1600~3300	1500~5200	300~1300	300~1300	500~2200	100~200	30~100	100~500

（2）焦化废水的处理流程 一般是先经隔油池去除大量的油类污染物，然后通过吹脱或汽提等方法去除和回收挥发酚和氨氮，接着进行生化处理。对于生化处理效果不够理想或排放标准比较严格的地区，在生化处理之后可进一步进行深度处理，使废水达排放标排或回用标准。

对于焦化废水，生化处理的工艺主要有活性污泥法、生物膜法、A/O 及 A/A/O 等工艺，其中活性污泥法占多数，主要包括生物铁法、粉炭活性污泥法等方法。而 A/O 和 A/A/O 工艺作为新型、高效脱氮的废水处理技术在焦化废水处理中具有较高的应用前景。A/O 和 A/A/O 工艺均已在实际工程中得到了应用，并取得了较好的处理效果。图 8-1-59 为 A/O 法处理某焦化废水的工艺流程。

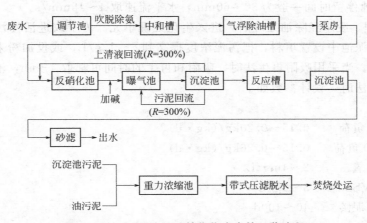

图 8-1-59 A/O 法处理某焦化废水的工艺流程

① 脱酚。焦化废水的脱酚一般采用萃取脱酚，是利用与水互不相溶的溶剂，从废水中回收酚，常用萃取剂对酚的分配系数见表 8-1-6。

表 8-1-6 常用萃取剂对酚的分配系数

溶剂	重苯	重溶剂油	轻油	中油	洗油	N_5O_3	异丙醚	醋酸丁酯	异丙酯
分配系数	2.34	2.47	2～3	4.8	14～16	8～34	20	49	45

N_5O_3 同煤油混合使用效果好，损耗低、毒性较小。醋酸丁酯不仅能去除一元酚，对于不挥发酚也有较好的选择性，效率高。异丙醚相对而言，价格较便宜。

应用较多的脱酚装置是填料塔、筛板塔。其中脉冲筛板塔的传质效率高，其设计参数见表 8-1-7。

表 8-1-7 脉冲筛板塔设计参数

项 目	推 荐 值	项 目	推 荐 值
脉冲塔体积流量/[m³/(m²·h)]	14～30	筛板块数/块	10～25
筛板间距/mm	200～600	脉冲频率/(次/min)	180～400
筛板孔径/mm	5～8	脉冲振幅/mm	3～8
筛板开孔率/%	20～25	分离段时间/min	20～30

② 脱氮。氨氮含量高是焦化废水的一个重要特点。高浓度氨氮会抑制生物降解过程，降低生物处理的效果，因此必须回收，一般采用蒸氨法，以回收液氨或硫酸铵。常用的设备为泡罩塔和栅板塔，废水在进入蒸氨塔之前，应经预热分解去除 CO_2、H_2S 等酸性气体。

③ 除油。焦化废水脱酚脱氨后，经调节池调节水质后进入隔油池去除废水中所含的大量焦油。其中调节池的容积一般按 HRT 为 8～24h 计算。隔油池一般采用平流式隔油池和旋流式隔油池，对于乳化油和胶状油可采用溶气气浮法去除，如需进一步提高除油效率，可投加混凝剂。平流式隔油池停留时间一般采用 2h，水平流速取 2～3mm/s；旋流式隔油池停留时间采用 30min，上升流速取 8～10mm/s；溶气罐压力采用 0.3～0.5MPa，停留时间取 2～4min，气浮池停留时间一般为 30～60min，水平流速取 4～15mm/s。

④ 生化处理。废水经除油处理后，进入生化处理单元。为了改进活性污泥法的处理效果，可在活性污泥池中设置填料，把污泥浓度提高到 7～12g/L，或投加粉末活性炭，改善污泥的沉降性能。当采用吸附再生法时，吸附和再生的时间可都取 4～6h，池的长宽比大于 5。当采用 A/O 法时，设计参数如下。

a. 硝化池：

氨氮负荷	0.15～0.20kg/(kg·d)
COD 负荷	0.15～0.26kg/(kg·d)
溶解氧	2～4mg/L
MLVSS	3～5g/L
污泥泥龄	40～100d
pH 值	6.5～8.0
剩余碱度	40～100mg/L
停留时间	16～32h
水温	25～30℃
回流比	300%～600%

b. 反硝化池：

硝态氮负荷	0.5～0.7kg/(m³·d)
碳氮比	≥6～7
pH 值	7～8
水温	30～35℃
停留时间	8～16h

c. 二沉池停留时间：2～4h。

d. 硝化池与反硝化池容积比：2:1。

e. 总水力停留时间：24～48h。

焦化废水经生物处理后，COD、氨氮等指标往往还不能达到排放标准，需作进一步处理。深度处理一般采用混凝沉淀、过滤和活性炭吸附。

（3）工程实例 某焦化厂废水的处理工艺如图 8-1-60 所示。

2. 煤气化废水

（1）废水水质 不同的气化工艺，废水水质不尽相同，表 8-1-8 列出了三种气化工艺的废水水质，可以看出，与固定床相比，流化床和气流床工艺的废水水质比较好。

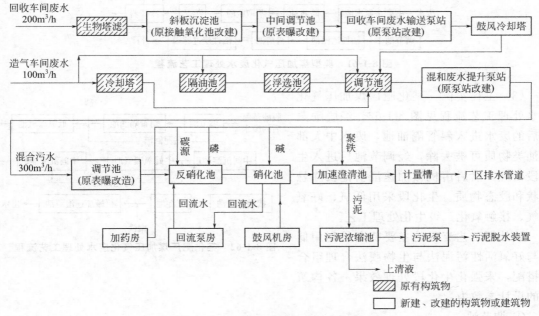

图 8-1-60　某焦化厂废水处理工艺流程

表 8-1-8　三种气化工艺的废水水质　　　　　　　　单位:mg/L

废水中杂质	固定床(鲁奇炉)	流化床(温克勒炉)	气流床(德士古炉)
苯酚	1500~5500	20	<10
氨	3500~9000	9000	1300~2700
焦油	<500	10~20	无
甲酸化合物	无	无	100~1200
氢化物	1~40	5	10~30
COD	3500~23000	200~300	200~760

　　鲁奇炉是生产城市煤气的第四代炉型,是我国目前煤气化使用的主要工艺之一。该工艺产生的废水是各种气化工艺中污染物浓度最高、最难处理的一类废水。该工艺产生的废水有生产废水、煤气净化废水和副产品回收废水等几股废水。从表 8-1-8 中可以看出,在采用鲁奇加压气化工艺时,废水中酚的含量可高达 5500mg/L,远远超出了出水含酚浓度小于0.5mg/L 的排放标准。另外,氨氮的浓度也很高。

　　(2) 废水处理工艺流程　如煤加压气化废水直接进行生化处理,由于酚类和氨氮浓度过高,会抑制生化处理中微生物的生长,降低处理效果,很难使处理后的水达到排放标准。因此,对于煤气化废水均先进行回收酚和氨,然后再进入预处理,进行水量、水质调节和去除油类污染物后进入生化处理单元。经过酚、氨回收,预处理及生化处理后的煤加压气化废水,其中大部分的污染物质已得到去除,但某些污染指标仍不能达到排放标准,如经过两段活性污泥法处理后,废水中 BOD_5 可降至 60mg/L 左右,COD 可降至 350~450mg/L 左右,因此需要进一步的处理——深度处理。一般常用的深度处理方法有活性炭吸附、混凝沉淀、臭氧氧化等。煤加压气化废水处理工艺流程均比较复杂,典型煤加压气化废水处理工艺流程见图 8-1-61。

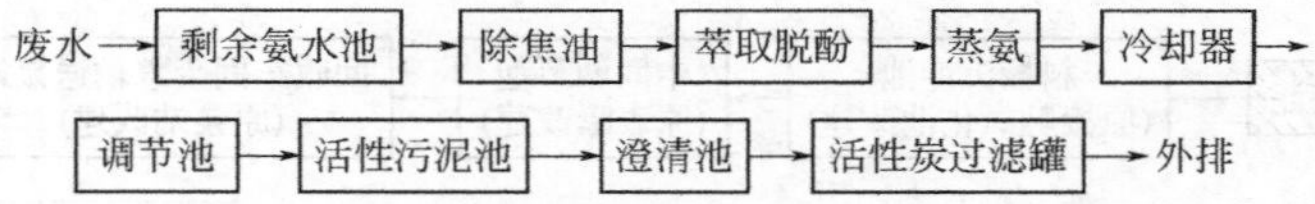

废水 → 剩余氨水池 → 除焦油 → 萃取脱酚 → 蒸氨 → 冷却器 →

调节池 → 活性污泥池 → 澄清池 → 活性炭过滤罐 → 外排

图 8-1-61 典型煤加压气化废水处理工艺流程

（3）工程实例 某化肥厂煤加压气化废水处理工艺流程见图 8-1-62。经脱酚蒸氨后的废水进入斜管隔油池，废水中大部分油类物质可被去除，经调节池后进入生化段处理，然后由机械加速澄清池去除悬浮状和胶态物质。生化段采用低氧、好氧曝气、接触氧化三级生化处理工艺。

该处理工艺流程的主要特点是利用低氧与好氧活性污泥法与生物膜法合理组合和搭配，来强化生化段处理效果。各构筑物的设计参数为：

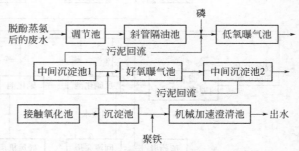

图 8-1-62 某化肥厂煤加压气化废水处理工艺流程

① 调节池：

停留时间	24h

② 斜板隔油池：

停留时间	0.5h
水力负荷	4.8m³/(m³·h)
pH 值	6~8

③ 低氧曝气池：

曝气时间	5~6h
气水比	30:1
溶解氧	0.5~1.0mg/L
污泥浓度	6~8g/L
污泥回流比	(1~2):1
COD 污泥负荷	0.9~1.2kg/(kg·d)

④ 好氧曝气池：

曝气时间	8~10h
气水比	30:1
溶解氧	1.5~2.0mg/L
污泥浓度	1~2g/L
污泥回流比	(0.3~1):1
COD 容积负荷	2~4kg/(m³·d)
COD 污泥负荷	0.6~1.0kg/(kg·d)

⑤ 接触氧化池：

接触时间	4~5h
气水比	20:1
溶解氧	1.5~2.0mg/L

COD 容积负荷　　　　　2～4kg COD/（m³·d）

⑥ 中间沉淀池 1：

沉淀时间　　　　　　　1.5h

表面负荷　　　　　　　1.5m³/（m²·h）

⑦ 中间沉淀池 2：

沉淀时间　　　　　　　2.0h

分离区上升流速　　　　0.17mm/s

⑧ 沉淀池：

沉淀时间　　　　　　　2.0h

分离区上升流速　　　　0.28mm/s

⑨ 加速澄清池：

混合时间　　　　　　　1min

反应时间　　　　　　　10～15min

混合水分离时间　　　　45min

聚合硫酸铁投加量　　　100mg/L

参考文献

[1]　张自杰.环境工程手册：水污染防治卷.北京：高等教育出版社，1996.
[2]　李荫堂.环境保护与节能.西安：西安交通大学出版社，1998.
[3]　张自杰.排水工程.第3版.北京：中国建筑工业出版社，1996.
[4]　章非娟.工业废水污染防治.上海：同济大学出版社，2001.
[5]　张希衡.水污染控制工程.修订版.北京：冶金工业出版社，1993.
[6]　毛俤和.化工废水处理技术.北京：化学工业出版社，2000.
[7]　施永生，傅中见.煤加压气化废水处理.北京：化学工业出版社，2001.
[8]　娄金生.水污染治理新工艺与设计.北京：海洋出版社，1999.
[9]　张希衡，等.废水厌氧生物处理工程.北京：中国环境科学出版社，1996.
[10]　贺延龄.废水的厌氧生物处理.北京：中国轻工业出版社，1998.
[11]　杨平，王彬.化工环保，2001，21（3）.

第二章
能源化工废水零排放工程设计和实践

第一节　能源化工废水零排放技术概述

① 二十世纪七八十年代，工业废水都采用中和排放处理；20 世纪末期，北方地区由于水资源紧缺，对工业废水开始进行部分回用处理，处理后剩下的浓水仍采用中和排放；21世纪初有关部门开始提出零排放要求，通过混凝沉淀、过滤加反渗透（RO）回收 80% 左右的工业废水，剩下 20% 左右的浓水用于喷洒煤场防尘和防高温自燃。由于回用水处理的成本要比从水源地取水的成本高 5～10 倍，以及环保对企业废水排放和从水源取水没有严格限制，使这项工程成果无法转入实际应用，也无法开展工艺的提升和拓展。

② 2010 年，能源化工工业在煤油气富集的西北地区，开始进入规模化、高端化发展阶段，西北属干旱少雨的生态薄弱区，水资源紧缺，水体一旦污染很难恢复，在"绝不容许以破坏环境为代价发展经济"的国家环保红线限制下，废水零排放要求，成了能源化工项目建设和运行的必要前提，受到各级领导和企业的高度重视，积极组织力量全力推进，加快了废水零排放的技术研发。

③ 2010 年陕西延长石油集团和中煤集团合作，在靖边规划建设煤、油、气综合利用项目，同时规划有废水零排放项目。陕西省石油化工研究设计院 2012 年中标承担靖边榆能化园区的 900m³/h 废水零排放 EPC 项目，2014 年投产，并承担零排放项目运行，形成 RECO（研究、工程、运行）循环模式，2017 年承担榆能化二期零排放工程设计。

④ 2016 年由中国工程院院士及专家等组成的专家组对榆能化项目进行考核验收，其中对零排放评定为："经过一年多长周期运转，真正实现了污水零排放目标，节省了大量新鲜水，项目设计总取水量 3750m³/h，72h 验收标定，实际平均取水量 1136.6m³/h；远优于设计值，吨聚烯烃耗水量 8.18t/t，该装置在行业中处于领先定位。"

⑤ 陕西省石化院，在延长集团、靖边榆能化公司的大力支持下，不断开展工艺提升和开拓创新，废水回用率逐渐提高至大于 98%，溶解在水中的废盐也由无害化堆放转变为分盐提纯和资源化利用，加上运行自动化和管理数字化技术的推广，从回用创收和节能降耗两个方面努力，使能源化工企业废水零排放运行成本大幅度下降，使能化企业向实现废水、废固回用形成循环经济的目标不断推进。

第二节　基本原理、工艺流程、工艺指标和运行成本

一、基本原理

能源化工废水中主要成分有：

① 固体悬浮物（SS）；

② 有机物 COD 和 NH_3-N；

③ 难溶或微溶的结垢性阳离子（Ca^{2+}、Mg^{2+}、Fe^{2+}、Fe^{3+}、Ba^{2+}、Sr^{2+} 等）和易结垢的阴离子（SiO_3^{2-}、CO_3^{2-}）等；

④ 高溶盐离子（Na^+、K^+、Cl^-、SO_4^{2-}、NO_3^-）。

零排放的基本工艺原理就是依次采用多级过滤、混凝沉淀和离子交换、生化处理和活性炭吸附、RO 浓缩和 NF 分盐、多效蒸发和晶粒分离、母液干燥等多种工艺，将上述各类杂质分批从水中脱除，实现废水的纯化和回收利用；同时分别实现 COD 和 SS 泥渣、$CaCO_3$ 和 Mg$(OH)_2$ 盐渣、工业级的 NaCl 和 Na_2SO_4 等的资源化回收和利用，最终实现废水废渣的零排放和全部回收利用。

二、基本工艺流程

零排放的工艺流程随废水中各类成分和含量的不同，以及随工艺目标和采用工艺方法的不同，可以构成多种系统流程的组合。从工艺角度分类，所有的零排放系统都可以由下述各个工艺单元系统组成，即脱 SS 多种过滤组合分系统、脱 Ca^{2+}/Mg^{2+} 等结垢阳离子分系统、脱 SO_4^{2-}/CO_3^{2-} 等结垢阴离子分系统、脱 COD 和 NH_3-N 分系统、溶解性离子 RO 浓缩和水回用分系统、纳滤分盐和蒸发结晶分系统、晶液分离和母液处理分系统等。图 8-2-1 是按

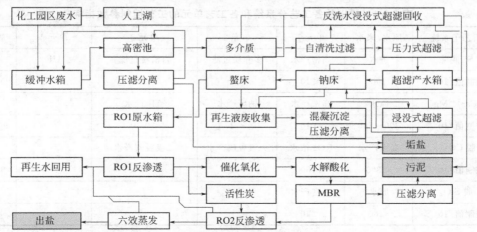

图 8-2-1　废水回用、杂盐无害化堆放零排放系统工艺流程框图

废水全部回收利用、杂盐无害化堆放设计进行系统组织的流程框图；图 8-2-2 是按分盐提纯形成工业标准盐固废资源化回用设计进行系统组织的流程框图。

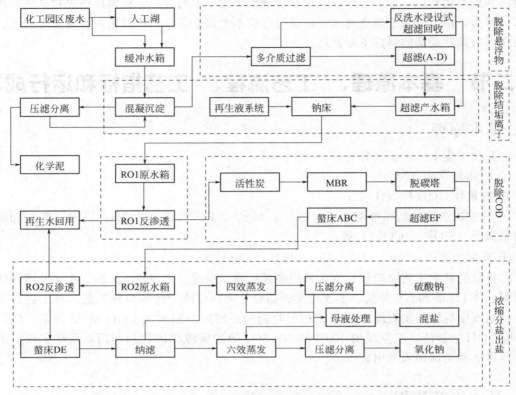

图 8-2-2　废水回用、杂盐资源化回用零排放系统工艺流程框图

三、零排放工艺各指标的基本控制参数

为了确保零排放系统实现长周期稳定运行，对各工艺分系统都有严格的工艺控制参数。不同的设计有不同的控制参数，表 8-2-1 为靖边能源化工零排放的控制参数。

表 8-2-1　零排放各工艺分系统和各工艺单元的工艺控制参数指标

序	工艺子系统	原水/来水	单元 1	单元 2	单元 3	单元 4	脱除率
1	SS 脱除	进水	高密产水	多介质过滤	自清洗过滤	UF	99.9%
	控制值/10^{-6}	100	<10	<2	<2	<0.1	
2	脱 Ca^{2+}/Mg^{2+}	原水	高密产水	钠床产水	螯床产水		99.99%
	控制值/10^{-6}	300~500	<10	<1	<0.01		
3	脱 CO_3^{2-}	高密产水	RO1 浓水	一级脱碳产水	二级脱碳产水		99.3%
	控制值/10^{-6}	<300	<1500	<300	<10		
4	脱 SiO_2	原水	高密产水				
	控制值/10^{-6}	<60	<40				

续表

序	工艺子系统	原水/来水	单元 1	单元 2	单元 3	单元 4	脱除率
5	脱 COD	原水	高密产水	RO1 浓水	高级氧化＋水解酸化＋MBR	活性炭	92.5%
	控制值/10^{-6}	＜80	＜40	＜200，B/C＜0.2	＜80	＜30	
6	TDS 浓缩	原水	RO1 浓水	RO2 浓水	降膜蒸发产水	强循环蒸发产水	
	控制值/10^{-6}	4000 左右	＜20000	＜45000	＜200000(20%)	340000含固 20%	
7	NF 分盐	NF 进水	NaCl 产水	NaCl 纯度	Na_2SO_4 产水	Na_2SO_4 纯度	
	控制值/10^{-6}	TDS 40000 左右	TDS 28000	97%~99%	TDS 80000~150000	90%~95%	
8	回用水	原水	RO1 产水	RO2 产水	降膜蒸凝水	强循环蒸发凝水	
	控制值/10^{-6}	4000 左右	＜20	＜50	＜30	＜50	82.5%

四、运行成本

根据靖边能源化工园区 2017 年 1~4 月运行数据统计。

表 8-2-2　靖边能源化工园区化工废水零排放的废水吨水处理成本构成

序号	项目	单价	年耗量	年费用/元	吨水处理费用/(元/m^3)
1	处理水量		1702177 m^3		
2	电耗	0.75 元/(kW·h)	4624578kW·h	3468433	2.04
3	药剂		10658t	10672649	6.27
4	蒸汽	60 元/t	59284t	3557040	2.09
5	人工(60 人)	6 万元/(人·年)	4 个月/年	1200000	0.71
6	设备折旧(按照 15 年折旧)			3799650	2.23
7	土建折旧(按照 20 年折旧)			2027018	1.19
8	设备维护费和易耗损件采购			1000000	0.59
	合计			25724790	15.12

目前化工废水零排放的废水吨水处理成本为 15 元左右。其中药剂成本占 41.5%，建设成本占 22.6%，电蒸汽能耗占 27.3%，人工和维护成本占 8.6%。如果将回用水按 1 元/t 核算，蒸汽作为电厂乏气不计算成本，则废水处理吨水成本可降为 12 元左右。

第三节　脱固体悬浮物（SS）的工艺技术

废水中固悬物处理的基本方法是多级过滤，各类过滤器的工艺能力如表 8-2-3 所示。

表 8-2-3 各类过滤器工艺能力一览

工艺能力	石英砂	多介质	自清洗	精密	陶瓷膜	微滤	超滤
过滤精度	$1000\sim500\mu m$	$1000\sim500\mu m$	$500\sim50\mu m$	$100\sim10\mu m$	$15\sim1\mu m$	$1\sim0.1\mu m$	$0.1\sim0.01\mu m$
脱除能力	脱除大固悬物	脱除大固悬物和少量 COD	脱除中型固悬物	超滤保护过滤器	脱除微型固悬物	脱除微型固悬物	脱除精细固悬物
运行连续性	间歇反洗	间歇反洗	反洗时不间断运行	间隙反洗	间隙反洗	间歇反洗	间歇反洗
自动化程度	高	高	高	高	高	高	高
复杂程度	较复杂	复杂	简单	简单	简单	较复杂	较复杂
维护要求	较复杂	较复杂	简单	简单	简单	简单	简单

固悬物的脱除工艺是上述各种过滤装置的合理组合，目前多数是石英砂（多介质）过滤器＋自清洗过滤器＋超滤组合。也可以采用多级过滤器加超滤进组合。例如：$500\mu m$ 自清洗过滤器＋$10\mu m$ 精密过滤＋$0.02\mu m$ 超滤，这种组合相对简单。相对于零排放的其他工艺技术而言，脱 SS 工艺技术简单、可靠、可维护和自动化程度高。图 8-2-3 和图 8-2-4 分别是自清洗过滤器结构简图和超滤（UF）系统原理。

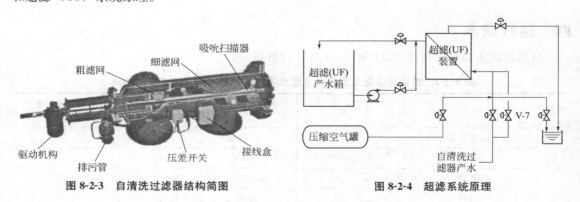

图 8-2-3 自清洗过滤器结构简图

图 8-2-4 超滤系统原理

第四节　脱除结垢离子的工艺技术

一、脱除结垢离子工艺基本原理

化工废水回收水的主体工艺是采用多级反渗透（RO）加多效蒸发的工艺技术方案，无论是反渗透，还是多效蒸发系统，都要严格防止结垢性离子在处理水中的存在。结垢性离子是指在水中低溶解性的离子，一旦经过 RO 浓缩或蒸发浓缩，它们就会析出并附着在膜或列管壁上，形成硬垢难以脱落，轻则降低膜和蒸发器的产水效率，重则堵塞膜、管路或装置，这类低溶解性离子是以 Ca^{2+}、Mg^{2+} 为主的高价阳离子，其中包括 Ba^{2+}、Sr^{2+}、Fe^{2+}、Fe^{3+}，以及与其相结合形成结构垢物质的 HCO_3^-、CO_3^{2-}、SiO_3^{2-} 阴离子。脱除结垢性离子工艺即是脱除以 Ca^{2+}、Mg^{2+} 为主的二价阳离子和 HCO_3^-、CO_3^{2-}、SiO_3^{2-} 阴离子，并通过调节 pH 值使进入 RO 和多效蒸发的处理水呈最良好的运行状态。

脱除 Ca^{2+}、Mg^{2+}、Fe^{2+}、Fe^{3+}、Ba^{2+}、Sr^{2+} 结垢性阳离子采用混凝沉淀加压滤分离工艺，并结合采用离子交换树脂进行精处理，使产水的结垢阳性离子含量＜0.01mg/L，确保后续 RO 和多效蒸发装置的正常运行。离子交换树脂再生废液中浓缩的 2000～4000mg/L 的结垢性阳离子，要再回混凝沉淀从处理水体中脱除。

脱除结构性阴离子 HCO_3^-、CO_3^{2-}、SiO_3^{2-}，要根据需要采用专门工艺。

二、混凝沉淀工艺分系统工艺原理

结垢性离子的混凝沉淀工艺原理：

$$Ca^{2+} + CO_3^{2-} \longrightarrow CaCO_3 \downarrow$$

$$Mg^{2+} + 2OH^- \longrightarrow Mg(OH)_2 \downarrow$$

在 HCO_3^- 含量较多的废水中，加入 NaOH 就能完成混凝沉淀反应。

在 CO_3^{2-} 含量较多的废水中，则加入 CaO 就能完成混凝沉淀反应。

在 HCO_3^- 和 CO_3^{2-} 含量很少的废水中，则需要加入 NaOH 和 Na_2CO_3 来完成混凝沉淀反应。

三、高密度混凝沉淀池的工艺设计

混凝沉淀工艺是 20 世纪 90 年代引进的，现在广泛采用高密度混凝沉淀池工艺。其池型结构设计虽然还有改进优化的余地，但总体已基本定型，它由搅拌混合池、搅拌反应池、斜管沉淀池三个池体组成，助凝剂（PFS）在混合池中均化，NaOH、Na_2CO_3、絮凝剂（PAM）、回流晶盐先后在反应池中加入，在反应池搅拌形成循环流，混凝反应在循环流中逐渐形成较大固体晶粒，由底部转入沉淀池，沉淀的固体晶粒在沉淀池底部由刮泥机将晶盐集中到中心晶盐坑，由回流污泥泵按反应池晶盐密度要求将盐坑中的晶盐回流到反应池中，由剩余晶盐泵将多余晶盐送入晶盐槽，再由压滤机进料泵送入压滤机压滤成盐饼外排。

上升的水流进入斜管区，斜管将少量随上升水流中带入的盐粒挡住，令其下沉，澄清水经过溢流口流入澄清水池。

高密度混凝沉淀池结构简图如图 8-2-5 所示。

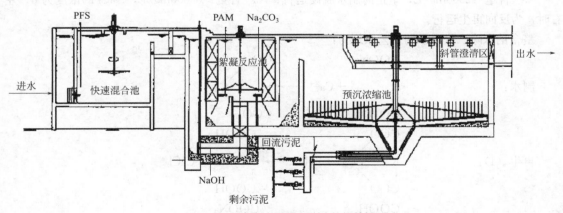

图 8-2-5　高密度混凝沉淀池结构简图

高密度混凝沉淀池的关键设计是斜管区的面积 S，它决定了沉淀池的大小。其设计依据是高密池处理流量 F 和允许产水的上升流速 v。流量是系统总体要求值，

沉淀颗粒下沉速度应该是产水上升流速的 1.2～1.5 倍，颗粒下沉速度由实验室测定。产水上升流速要严格控制，高了容易引起翻池。

　　高密池回流污泥量由调试确定，絮凝反应池的污泥浓度一般控制在 $10\%\sim20\%$，污泥浓度过低不利于晶盐粒子的增大和沉淀，盐粒浓度过高过细，在沉淀区易出现翻池。具体运行值要由调试确定。

　　高密池的加药要通过试验确定控制范围后严格控制，既要保证混凝沉淀反应的充分进行，又要防止过量引起的浪费、沉降效果变差、出现翻池、出现后续调节 pH 的加酸消耗增大，以及 PFS 和 PAM 对后续设备引起污染的增大。高密池的运行流量增加，要缓慢进行，要求在一个反应周期内的变化速率小于 2%，流量突变或水质突变会引起沉淀反应失控或翻池，引起产水中的结垢离子量大于控制值，造成后续单元的负担加重和出现故障的风险。

四、结垢离子的离子交换精脱和再生浓缩工艺

　　经过高密池脱除大量结垢离子后，小于 10mg/L 的剩余结垢离子要通过离子交换从产水中脱除，使产水的结垢性离子含量要求<0.01mg/L，离子交换再生废液中浓缩大量结垢性离子，要再返回混凝沉淀和压滤工艺单元使它从系统中脱除。可供选择的树脂有钠型强酸树脂、弱酸型氢型或钠型树脂及螯合钠型树脂。

　　钠型强酸树脂，其优点是交换容量大和树脂价格低，缺点是存在交换可逆特性使交换和反交换进入平衡状态后交换失效，其产水的 Ca^{2+}/Mg^{2+} 为 $1\sim3mg/L$。弱酸型树脂，其交换容量更大，是钠型强酸树脂的 2 倍，但其要求来水中含有一定的碱度。螯床的优点是离子交换的不可逆特性，使结垢离子残留量仅为数微克/升；缺点是树脂价格昂贵和离子交换容量小，只适合精处理。

　　通过整合离子交换工艺，产水结垢阳离子浓度可控制在<0.01mg/L，彻底解决后续单元的结垢问题。

　　强酸钠床除二价阳离子和再生的工艺原理为：

$$2R—SO_3Na + Ca^{2+} \rightleftharpoons (R—SO_3)_2Ca + 2Na^+$$

Na^+ 含量<2000mg/L，呈正向制水脱硬运行；Na^+ 含量>30000mg/L，NaCl 的浓度为 8% 左右时，为反向再生运行。

　　螯合钠床除二价离子的工艺原理为：

$$
\text{制水：}\quad
\begin{array}{c} COONa \\ | \\ R \\ | \\ COONa \end{array}
+ Ca^{2+} \longrightarrow
\begin{array}{c} COO \\ | \quad \diagdown \\ R \quad\quad Ca \\ | \quad \diagup \\ COO \end{array}
$$

$$
\text{再生（1）：}\quad
\begin{array}{c} COO \\ | \quad \diagdown \\ R \quad\quad Ca \\ | \quad \diagup \\ COO \end{array}
+ 2HCl \longrightarrow
\begin{array}{c} COOH \\ | \\ R \\ | \\ COOH \end{array}
+ CaCl_2
$$

$$
\text{再生（2）：}\quad
\begin{array}{c} COOH \\ | \\ R \\ | \\ COOH \end{array}
+ 2NaOH \longrightarrow
\begin{array}{c} COONa \\ | \\ R \\ | \\ COONa \end{array}
+ 2H_2O
$$

　　离子交换树脂再生时，按规范再生液用量为理论值的 1.4 倍，再生后的离子交换床的制水能力基本保持不变，如果再生后的制水能力下降到 70%，需要寻找原因，可以采用再生液冗余100% 的方法来检查是否是由再生不彻底引起的。如果再生液冗余 100% 后制水能力还没有达到正

常值，表明部分树脂失效，需具体分析是树脂中毒引起，还是细菌＋COD 污染引起，还是固悬物污染引起，针对具体原因进行相应的树脂清洗。如果清洗后运行依然不正常，则需要更换树脂。

　　离子交换的失效判断是运行控制的关键环节，过早再生会增大再生液的消耗，造成再生成本的大幅增加；过迟再生，由于失效后产水中结垢离子会迅速增大，造成 RO 和蒸发处理系统中产生结垢故障。因此，在运行初期一定要对离子交换器进行密集检测和监控，绘出离子交换器的运行曲线（如图 8-2-6 所示），找出失效的拐点，与设计值对比，确认它的合理性后，进行合理的床体失效再生控制。

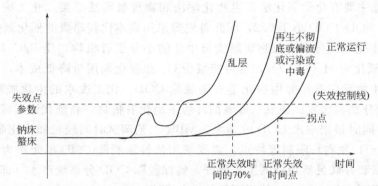

图 8-2-6　离子交换器正常运行曲线和失效拐点以及不同运行曲线反映的可能故障

五、脱除 CO_3^{2-} 和 SiO_3^{2-} 的工艺技术

　　脱除 CO_3^{2-}（HCO_3^-）的工艺十分成熟，其原理如下：

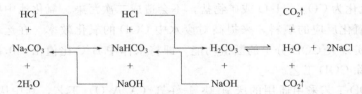

　　由上述反应原理可知，CO_3^{2-} 和 HCO_3^- 在酸性环境下，会转化为 H_2CO_3 和形成 CO_2 从表面挥发；反之，空气中的 CO_2 溶解在水中会形成 H_2CO_3，在碱性环境下会形成 CO_3^{2-} 和 HCO_3^-。脱 CO_3^{2-} 和 HCO_3^- 就是加酸、吹气。脱碳塔工艺很成熟，在脱盐水阴、阳离子交换工艺中，常用的脱碳塔把 CO_3^{2-}/HCO_3^- 降到 5mg/L 以下，由于零排放反渗透浓水中 CO_3^{2-}/HCO_3^- 含量会高达 1000～1500mg/L，远高于脱盐水进水中 CO_3^{2-}/HCO_3^- <80mg/L 的含量。因而要设计有足够高的填料层，和需要多级连续加 HCl 吹风脱 CO_3^{2-}/HCO_3^-，为防止 Na_2CO_3（$NaHCO_3$）含量过高而影响回收 NaCl 产品的纯度，要求 RO1 浓水脱碳后 CO_3^{2-}/HCO_3^- 的浓度控制在 <10mg/L 范围内。

　　脱 SiO_3^{2-} 的工艺比较复杂，主要是用镁剂形成碱式硅酸镁沉淀，由于靖边化工废水中含 Mg，在 $Mg(OH)_2$ 混凝沉淀的工艺中会部分脱除 SiO_2，在 RO 和蒸发处理中令废水呈碱性（高 pH）运行，SiO_2 不易结垢，在蒸发系统中，通过定期排出母液，控制母液中 SiO_2 的含量来防止 Si 结垢，使 SiO_2 对零排放运行的影响是可控的。但在要求 NaCl/Na_2SO_4 资源化利用情况下，SiO_2 则要尽可能脱净，为此，可以在 RO 浓缩后，加镁剂脱硅和再用螯床脱过量的镁来实现。要根据废水中 Mg^{2+} 和 SiO_2 的含量比确定具体工艺方案。

第五节　脱除 COD 和 NH₃-N 的工艺技术

一、脱除 COD 的工艺技术

COD（有机物含量）过高不仅容易造成 RO 的污染及堵塞，而且进入蒸发系统后，影响水的黏度，降低传热效率，容易引起废水发泡，影响蒸发单元凝结水水质和蒸发器液面的控制。

COD 的脱除主要有化学氧化法、生物化学法和物理吸附法三类，化工废水中不可生化的有机物较多，BOD/COD 小于 0.2，因此首先要采用成本比较昂贵的催化氧化法（O_3＋催化剂），将不可生化的大分子有机物切割成可生化的小分子有机物，使 B/C 大于 0.4，而不是将 COD 全部氧化为 $H_2O＋CO_2$，尽可能减少 O_3 和催化剂用量降低成本，进而用比较廉价的 MBR（膜生物反应器）等生物化学方法脱除 COD。化工废水的生化脱除 COD，采用的是耐盐生化菌分别在厌氧、缺氧、好氧的环境下消化有机物，新陈代谢形成活性污泥，再采用压滤脱除。同时根据来水 COD 波动大、MBR 工艺调试时间较长和生化脱除 COD 有较高的下限（60mg/L 左右）限制等特点，需要采用活性炭脱除 COD 单元作为冗余和深度脱除 COD，以串联和并联灵活组合的工艺流程，确保脱除 COD 分系统产水（即二级反渗透进水）COD 含量降到小于 40mg/L 甚至更低的工艺要求。

二、高级氧化、水解酸化、MBR 的 COD 脱除工艺原理

O_3 是高级氧化技术中的主要氧化剂，它在水中分解，产生·OH（羟基自由基）。·OH 氧化电位为 2.8V，比 O_3（氧化电位 2.07V）高 35％。·OH 对有机物没有选择性，可将 COD 直接氧化为 CO_2、H_2O 或矿物盐，不会造成二次污染。氧化池中要用涂覆有催化剂的活性炭作为氧化反应的填料，来提高对废水中 COD 的氧化效率。在运行中控制 O_3 的加入量，仅用于实现大 COD 分子的断链功能，即将水体中 B/C 比值由＜0.2 提高到＞0.4，以有利于生化脱除 COD 工艺。

生化脱除 COD 工艺采用通用的厌氧-缺氧-好氧（A/A/O）工艺，其中厌氧-缺氧采用水解、酸化工艺，好氧采用 MBR（膜生物反应器）工艺。水解酸化机理是由厌氧和缺氧菌在菌胞外酶的作用下，将氧化后剩余的复杂大分子有机物水解为简单可生化的小分子有机物；然后由发酵细菌将水解产物吸收进细胞内，排出挥发性脂肪酸（VFA）、醇类、乳酸等代谢产物。

MBR（膜生物反应器）是由反应器内活性污泥中的好氧菌在池内曝气充氧条件下，以水中的有机物和溶解氧为营养源，通过嗜盐菌的新陈代谢，使有机物分解为简单的碳水化合物（$CO_2＋H_2O$），从而使污水中的有机物得到降解和分解。同时反应器内设置了具有高效截留作用的微滤膜组件，可将生化反应过程中的活性污泥和大分子有机物质截留于反应器内，实现了固液分离，反应器内的活性污泥的浓度逐渐增加，微生物活性大大提高，有利于有机污染物的降解，同时实现了水力停留时间与污泥停留时间的完全分离和分别控制。

水解酸化＋MBR 生化脱除 COD 工艺有成本低的优点，它的难度在高盐（TDS 2％～4％）环境下的细菌驯化和生存，以及冬季低温环境或者来水中 COD 量变化过大，出现菌种死亡速度大于繁殖速度，系统脱除 COD 会失效，等等。所有这些问题通过嗜盐菌的繁殖和储存技术的成熟正在实现突破。另外为了确保脱除 COD 工艺可靠稳定，在系统设计中要增加活性炭吸附法脱除 COD 的冗余工艺。

三、活性炭吸附 COD 和连续活性炭工艺

活性炭具有很大的比表面、多功能吸附位及丰富的表面结构，对多数常见的有机污染物和重金属离子都有很高的物理吸附功能，活性炭吸附 COD 是常用的一种废水脱除 COD 工艺。

活性炭脱除 COD 的难点有四个方面：一是碳粉对后续膜设备的污堵，二是活性炭质量一致性的控制和检测，三是活性炭运行成本的降低，四是活性炭高效吸附 COD 的工艺的成熟。目前这四个方面都有进展，这些难点可以得到克服。

碳粉可以通过 $200\mu m$、$10\mu m$ 和 $0.02\mu m$ 三级组合过滤，把碳粉对后续膜设备的污染降到最低；活性炭吸附由于废水中的 COD 的是多种分子的组合体，同时活性炭制造过程对原材和工艺受到控制能力的限制，很难实现质量的一致性，1kg 活性炭吸附 COD 的能力在 $0.07\sim0.20$kg 大范围变化。通过对各个环节的严格控制，可以把吸附能力范围缩小到 0.15kg 左右；采用活性炭再生，使活性炭的利用率可以提高 $5\sim9$ 倍，运行成本可以下降为原成本的 $1/4\sim1/8$；活性炭吸附工艺由过去常规吸附改为连续活性炭吸附、多罐串联或多池并联吸附等工艺，还实现了运行、输炭、换炭、再生各个过程的全自动运行。活性炭吸附 COD 工艺正在走向成熟。

四、树脂脱除 COD 工艺

树脂吸附脱除 COD 工艺理论上比活性炭有更好的吸附效果，因为它不仅拥有与活性炭相同的大比表面的物理吸附力，还拥有树脂可以组合极性和非极性官能团，对拥有相关官能团的 COD 有化学键结合力。树脂再生可以用热碱再生或蒸汽吹脱再生，再生工艺比活性炭简单。由于工艺处于开发初期，树脂用量少且价格昂贵，只适用于低流量、低 COD 精脱工艺，其工业化运行尚处于初始研发阶段。另外，树脂脱除 COD 仅起浓缩作用，再生废水中浓 COD 的处理，如果已经具备条件，则适合使用；如果需要投资，则要进行成本分析，确认其合理性。

五、脱除 NH₃-N 的工艺技术

在工业废水中往往含有 NH_3-N，在催化氧化过程中，含有 NH_3-N 的废水会消耗很多氧。1g 分子氨氮，会消耗 7.5g 原子氧，会使氧化成本急剧增加，另外 NH_3-N 形成的硝酸盐会影响资源化利用 NaCl 的纯度。因此，在废水中存在 NH_3-N 的情况下，要使用反硝化厌氧脱氮工艺，将硝酸盐在厌氧菌的作用下，消化 COD 的同时，将 NH_3-N 转化为 N_2、CO_2 和 H_2O 排放出去。

第六节　可溶性离子 RO 浓缩的工艺技术

一、反渗透（RO）浓缩和能量回收工艺的设计

反渗透（RO）作为离子筛截留可溶性离子制取脱盐水的工艺，我国引进已有三十多年的历史，是成熟、可靠的脱盐水处理工艺技术，广泛用于工业水处理系统中。

在化工废水中截留可溶性盐离子同样采用这种工艺，其区别是化工废水中的含盐量为 $4000\sim10000$mg/L，要比一般脱盐水处理原水中的含盐量（700mg/L 左右）高 $1\sim2$ 个量级，一级 RO 的工作压力为 $2\sim4$MPa，二级 RO 的工作压力高达 $5\sim7$MPa，其浓水的外排

压力高达 4.5～6.5MPa，后续浓水接收处理装置的工作压力一般都小于 0.5MPa。为此，需在高盐废水反渗透装置内组合一套能量回收的 PX 装置（pressure exchanger），把二级 RO 的高压浓排水的压力传递给二级 RO 的低压进水，进行能量（压力）交换，使排出的 RO 高浓水压力由 5.0MPa 左右降到 0.5MPa 以下，RO 进水压力由 0.5MPa 左右上升到 5.0MPa 左右，它不仅可以使高浓盐水 RO 运行的能耗降低 40% 左右，而且还去除了 RO 高压浓水外输时必须加装的组合减压装置。组合 PX 及其相关配套装置增加的费用，可以在一年内能耗成本的降低中得到回收。

图 8-2-7 是采用能量回收装置的高盐水 RO 系统原理。

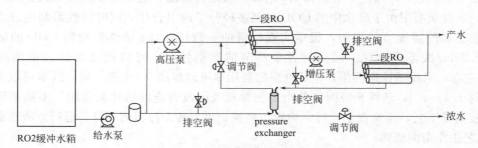

图 8-2-7 含有 PX 的高盐 RO 系统原理

二、超高压 RO、EDR（电渗析）和 MVR 浓缩工艺

耐压 4MPa 的低压 RO 可将废水中 TDS 由 4000 mg/L 浓缩至 2% 左右，耐压 8MPa 的高压 RO 可将废水中的 TDS 浓缩到 4%～5%，耐压 12MPa 的超高压 RO 可将废水中 TDS 浓缩到 7%～10%；采用电渗析 EDR 工艺可将 TDS 浓缩到 15% 左右。但目前超高压 RO 膜、膜壳、高压泵都必须进口，十分昂贵，EDR 耗电很大，运行成本很高，它们与多效降膜蒸发相比，设备成本和运行成本都比较高。多效降膜蒸发在有自备电厂、有锅炉乏气情况下，成本较低。在没有乏气、专供自产蒸汽情况下，用 MVR（机械蒸汽再压缩）蒸发工艺，成本可以降低，但耗电较高，这三项工艺技术可以作为工艺储备，在条件适宜的时候应用。

第七节 多效蒸发结晶和晶液分离的工艺技术

一、多效蒸发工艺技术

多效蒸发工艺（常用六效，见图 8-2-8）中有两类工艺技术，一类是降膜蒸发工艺，另一类是强制循环蒸发工艺。

降膜蒸发工艺是盐水浓缩工艺，把进水 4%～6% 浓盐水浓缩到 20% 左右，接近盐的饱和点。其壳程中的高温蒸汽对管程中的料液加热，料液由布料器进入管程中大量细管，并在细管壁上形成薄水膜，由于传热面大、蒸发速度快、二次蒸汽由负压系统抽出，该工艺具有蒸发效率高、能耗低、设备相对小的优点。这种工艺的缺点是不能在液内带有晶粒，晶粒的存在会造成蒸发管内表面磨损，还要求被蒸液内尽量少带有结垢物质，垢物沾积在管壁上会增大化洗频率、降低传热效率，甚至堵塞管道。

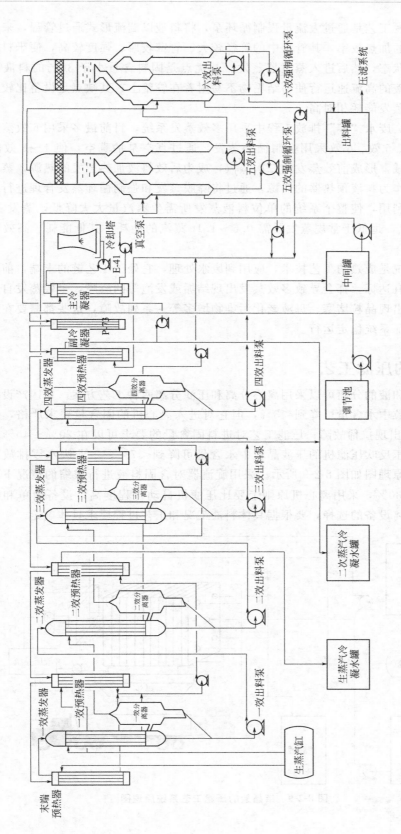

图8-2-8　六效蒸发系统工艺系统简图

　　强制循环蒸发工艺是通过大流量强制循环泵，将料液以湍流形式通过管程，来提高壳程蒸汽对管程料液的加热效率，其管程中的管径较大、管壁较厚、强度较高，便于料液高速湍流受热，呈过热状态，然后进入蒸发器蒸发。其优点是固料含量小于30％的料液都可以正常运行，管内料液的高流速运行使易结垢物不易附着在管壁上；其缺点是设备比较庞大，蒸发效率相对低，蒸发能耗相对高。

　　为降低能耗，废水"零"排放工程中采用多效蒸发系统，目前最多采用 6 效蒸发，1～4效采用降膜蒸发，5 效、6 效采用强制循环蒸发，通过真空泵抽真空，使 1～6 效的负压递增，蒸发温度递减，形成前效蒸发的二次蒸汽，成为后效料液加热蒸发的热源，蒸发后的余热蒸汽和冷凝液作为料液预热器的热源，通过将降膜蒸发和强制循环蒸发合理进行组合，通过对余热的充分利用，使整个系统的单位料液蒸发所需生蒸汽量大大降低，蒸发 1t 水仅需 0.22～0.25t 蒸汽，远低于常规蒸发器需 0.6～1.1t 蒸汽的能耗，其低能耗、高效率蒸发达到了先进水平。

　　多效蒸发系统是成熟的工艺技术，应用到废水处理，它处于工艺链的末端，前面任何一个预处理环节没有达标，都会导致多效蒸发出现结垢或发泡等的故障，多效蒸发自身工艺中控制不好，也会出现晶粒堵塞、母液老化污染物增多等一系列故障，这些都需要在运行中具体研究处理，保证系统稳定运行。

二、结晶盐的压滤工艺

　　结晶盐与饱和液的分离可以采用离心分离和压滤分离两种工艺方案。从国产设备看，离心分离工艺的晶粒中水含量可降到＜3％，但它对进入离心机的固含量要求严格，即必须高于30％，否则会出现拉稀故障；压滤工艺对进料固含量的要求可以在20％～40％较大范围内变动，带有高压反吹压滤机的压滤晶粒中水含量可降到＜7％。工业废水零排放工程采用的压滤工艺系统原理图如图 8-2-9 所示。采用旋流器对含固料液进行浓缩的情况下，进料固含量能稳定超过30％，采用离心机原则上要比压滤机自动化程度高，设备简单和维护性更好些。这两种分离设备的选择，要根据具体料液工况和工艺过程要求具体确定。

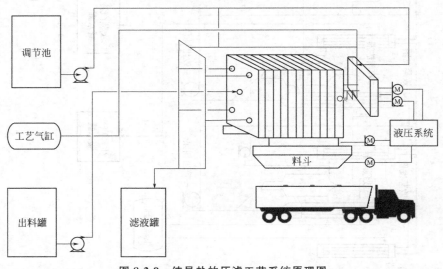

图 8-2-9　结晶盐的压滤工艺系统原理图

第八节　废盐资源化利用的工艺技术

一、纳滤分盐和盐硝循环分盐的工艺技术

目前已经实现废水的零排放，末端蒸发产生 $NaCl/Na_2SO_4$ 混盐，即使无害堆放仍属于固危废弃物，因此零排放工艺还需进一步延伸，拓展开发废盐资源化利用技术。目前用于分离 $NaCl$ 和 Na_2SO_4 混盐的主流工艺为纳滤分盐蒸发和盐硝联产。两种产品，氯化钠优于 GB/T 5462—2015《工业盐》标准，硫酸钠则优于 GB/T 6009—2014《工业无水硫酸钠》标准，均可回用于相关工业。

纳滤是介于超滤与反渗透之间的一种膜分离技术，它具有双向浓缩功能，将进液水中的 $NaCl$ 和 Na_2SO_4 分离开来，最终通过蒸发装置分别产出较为纯净的氯化钠和硫酸钠，$NaCl$ 的纯度为 $97\%\sim99\%$，其 Na_2SO_4 的纯度为 $90\%\sim95\%$。

盐硝联产则是根据 $NaCl$ 和 Na_2SO_4 在水中不同温度下溶解度的差异进行分离，析硝罐处于高温段，控制其中 $NaCl$ 浓度不超过设定浓度，此时随着蒸发进行，硫酸钠将大量析出，经结晶分离后干燥包装，为成品硫酸钠；析硝罐排出液送到低温的析盐罐，此时硫酸钠溶解度上升处于不饱和状态，氯化钠过饱和析出，经结晶分离后干燥包装，为成品氯化钠。析盐罐排出液再送回析硝罐升温蒸发，如此循环，使氯化钠和硫酸钠得以分离。

无论纳滤分离后蒸发，还是高低温循环蒸发，都必须定期排出一定量的饱和母液进入干燥装置将少量杂盐外排，并使母液中累积的有机物和杂质达到允许的平衡值，不影响硫酸钠和氯化钠的产品纯度。

二、纳滤和高压 RO 的工艺技术

纳滤、高压 RO 和超高压 RO 处理废水的 TDS 含量均高于 2%，处理后浓水的 TDS 含量均高于 4%，甚至到达 $10\%\sim15\%$，这类高压膜工艺中，为保证系统能长期稳定运行，必须掌握好防膜污染的预处理技术、多段膜之间的污染工况匹配技术、减轻膜污染的错流技术、防膜起皱损坏的无反向流停机技术、高压浓水的能量回收技术、NF 膜的双向浓缩提纯技术等。它是需要在运行过程中，在工艺理论指导下和对运行数据分析研究的基础上，制定出合理的工艺方案和控制参数，从而改善和提高运行工况和效率。

第九节　零排放工程的技术特点和难点

化工废水的零排放工程是所有水处理工程中难度最大的项目，其技术特点和难度表现为以下五个方面。

一、来水水质复杂多变

所有的水处理过程，都有明确的进入水的质量和流量控制，以保证工艺过程的高质量、稳定和高效。废水零排放做不到这一点，因为是零排放，化工园区凡不能处理的废水、事故水、难处理水，都要排到零排放处理系统来，其成分复杂，流量变化大；还有零排放系统自身的间隙冲洗废水、化洗废水、再生废水、事故废水的回流；再有化学反应工艺的滞后特性

和生化反应平衡过程漫长特性；以及运行和维护力量不足；等等。这些都会使零排放装置运行中工艺参数的控制十分困难，如果一个环节控制不好，后续各个环节都会难以控制，一旦工艺失控，又会产生新的故障水形成恶性循环，所以零排放系统实现稳定运行是有很大难度的。

二、技术构成复杂、专业面广

构成零排放系统的四大分系统的技术面是十分宽广的。

① 脱 SS 工艺需要进行多介质过滤（MMF）、自清洗过滤、精密过滤、陶瓷膜过滤、微滤和超滤（UF）等多种过滤工艺的选择和组合；

② 脱 COD 和 NH_3-N 要进行好氧/兼氧/厌氧生化工艺、$O_3/H_2O_2/NaClO$ 等氧化工艺、活性炭/树脂等吸附工艺、电解/光化学分解以及脱气膜脱除等多种工艺的选择和组合；

③ 脱 Ca^{2+}/Mg^{2+} 等结垢性阳离子和 SiO_3^{2-}/CO_3^{2-} 等结垢性阴离子，要进行混凝沉淀化学反应工艺和多种离子交换工艺、脱碳和脱硅化学工艺以及压滤或离心分离等物理工艺多种方案的选择和组合；

④ 高溶解盐浓缩分盐要进行 RO（反渗透）、高压和超高压 RO、NF（纳滤）、多效降膜蒸发、多效强制循环蒸发、EDR（电渗析）、MVR（机械蒸汽再压缩）、高/低温循环盐硝蒸发分离、压滤或离心分离、母液处理等多种工艺的选择和组合。

上述的每一项工艺技术都是一门独特的专业技术，都有各自的应用条件和使用范围，都有各自若干专用的工艺设备，专门的工艺参数控制要求，它们的每一项工艺技术和工艺设备都处在不断改进、提高和发展的状态中，这使由多工艺、多专业组合而成的零排放工程，既要求有知识面十分宽广研究系统总体整合的工程师，还要求有各项工艺技术和设备资深的专业工程师组成综合团队。

三、系统结构庞大、组织难度大

能源化工零排放工程一般都有二十几个工艺单元组合而成，复杂系统的组合技术称为系统工程。它是有很高的技术含量和难度，决定了零排放运行的成败、效果和成本。这种系统组合需要开展广泛的工艺调研和大量的研究工作，具体有：系统工艺条件变动范围和目标的确认，系统工艺路线的分析研究和优化，系统中各分系统之间和分系统中各单元之间的协调和匹配，各工艺分系统中的多层次组织的优化，各工艺单元之间以及工艺和电仪自动化等多专业之间的融合和搭接，系统工程中的开拓和阶段性发展的合理组织，新工艺采纳的必要性和经济性论证，新工艺采用前难点攻关中的理论研究、工程调研、试验证实的组织，系统工程中的工艺研发、工程试验、工程设计、设备制造、安装调试、投产运行、运行管理等各个环节的组织、协调、沟通、合作的形成，以及 RECO（研发、工程、建设、运行）循环发展模式的形成，工程实施和财务之间的协调，……都会有大量需要分析、研究、处理、解决和克服的困难，所以零排放的工程组织难度是很大的。

四、串联系统可靠性要求高

一个由二十几个工艺单元串联组合而成的零排放系统，要实现长期、稳定、可靠运行，与一般只有 4、5 个工艺单元组合而成的循环水、脱盐水、污水、回用水等水处理系统相比，对每个单元和其中设备的可靠性要求有成倍的提高。

另外对各单元运行可靠性的分析、故障预测和预防、故障频发接口点的融合组织、开展各种可靠性试验和评估、可靠性和可维护性不足的措施和冗余设计、系统各单元之间可靠性的匹配和优化、系统可能产生故障应对预案的设计和研究等等，使系统可靠性研究的工作量和技术难度，都将成倍地增加。

五、新结合工艺单元的低成熟度造成设计和运行的高难度

废水零排放项目，目前仍处于开拓初期，零排放水源又具有多变性，加上某些工艺单元初次在本工程中应用，缺乏工程实践经验，带有一定的试验性。它需要通过运行数据的整理，运用工艺原理指导和从整体着眼的系统分析，才能找出运行规律和合理的控制参数，或者找到故障原因和提出解决问题的方法。加上不同行业的零排放工程需求在高速增长，各单元工艺技术在高速发展，所有这些都要求从事零排放设计和运行的技术人员要有较高的素质，在工程带头人的指导帮助下，才能设计和运行好零排放项目，并在实践中不断总结经验、优化提升系统稳定运行水平。

第十节 零排放工程系统和工艺开拓

一、零排放系统工程由被动向主动转化

目前开展的零排放工程所处理的废水，都是化工园区各水系统难以处理的废水汇集而成。这种汇集把有的杂质浓度冲稀了，反而不利于处理；有的杂质在相关系统本可以处理得很彻底，因可以外排而没有处理，形成在零排放项目中组织重复处理工艺；等等。这就造成零排放处理成本高，工艺组织复杂。要降低零排放的处理成本，首先要全面优化化工园区整个水处理系统，即要把化工园区的水源处理、冷却循环水处理、脱盐水处理、废碱液处理、氨化废液处理、污水和雨水处理、回用水处理，以及各主工艺中装置用水单元产生的废水，进行统一规划、优化处理，将零排放废水处理的工艺组织，由被动向主动转化，从而得到合理的、成本最低的和最有效的零排放系统设计。

二、零排放工程实施 RECO 模式管理

RECO 即研发、工程设计、施工建设、运行的系统组合管理模式，这是创新型工程管理模式。在工程设计中不成熟的工艺部分，需先通过理论研究、工程调研、实验室模拟试验，在确认有成功把握的前提下才能组合到零排放复杂工艺系统中，开展设计和施工；投入运行的单位，要跟设计单位紧密合作，按设计要求对工艺系统进行控制运行；如果在运行过程中发现问题萌芽，设计单位、施工单位和运行单位立即组织力量联合克服；不好解决的问题，马上提交研发单位，进行难题攻关克服。通过这种管理模式，把科研、设计、建设、运行几个环节紧密联系起来，促使零排放工程不断提升和开拓发展，也使科研成果的应用转换率大大提升。

三、零排放工艺的高成本攻关

由于环保红线严格限制，能源化工企业必须建有废水零排放处理项目，在建设初期，零

排放建设和运行的成本是比较高的，这使很多薄利企业难以承受，所以零排放设计和建设企业必须千方百计地降低项目的建设和运行成本。

在零排放项目的运行成本分析中，药剂成本占总成本的 42%，而 NaOH 和 HCl 的成本占药剂成本的 89%，占总成本的 37%，如果能把回收的 NaCl 制成 NaOH 和 HCl 用于零排放加药，可以节省 37% 的运行成本，多余产品销售创来抵消部分运行成本；再进一步将 Na_2SO_4 转化为价值更高的 Na_2CO_3 回用，经过工艺指标严格控制和系统优化，使电耗汽耗物耗下降，进一步把回用水质提高，……上述一系列节支、降耗和创收措施能够实现，从目前掌握的工艺技术能力，零排放系统的吨水运行成本由 15 元左右降到小于 7 元是有可能实现的。

四、运行自动化和管理数字化的建设

运行全面自动化和管理全面数字化是现代化工业发展不可抗拒的潮流和方向，在零排放各单元工艺日趋成熟和某些方面管理已经成熟的条件下，必须抓紧时机，实现成熟单元的自动化和成熟管理的数字化，一个成果一个成果地抓，使零排放工程项目最终实现运行全面自动化和管理全面数字化，真正成为现代化工业不可分割的一部分。有先进工业在成功经验的指导和帮助，在工程设计、运行和管理人员的共同努力下，零排放项目也一定能够实现全自动化和全数字化的目标。

第十一节 煤化工废水零排放工程实例

煤化工生产需要消耗大量水资源。一个大型煤化工项目用水量达到千万吨以上。生产过程中产生大量废水外排，给水体造成污染。在缺水地区水资源比煤还稀缺，如何减少煤化工对水资源的消耗，近些年来我国科研单位和企业做了大量开发工作，取得了一批成果，实现了废水零排放的梦想。排放的废水 98% 以上被回用作为循环水系统补水。废水零排放解决了煤化工发展的三大问题：一是解决了废水排放对环境的污染；二是大幅度减少了对水资源的消耗；三是浓盐水中 NaCl、Na_2SO_4 回收得以资源化利用。制服了煤化工发展的拦路虎，成为"十二五"煤化工亮点之一。以下介绍三项废水零排放的工程示范装置实例。

一、能源化工高盐废水零排放及资源化工程示范装置

为了更好地促进高盐水处理及废水零排放技术的发展与应用，对陕西靖边某能源化工废水零排放及资源化工程示范装置进行了 72h 的现场考核标定。该装置设计最大处理水量 876m³/h，回用水站排水、脱盐水站排水与废碱液生化水三股水混合进入示范工程装置，对废水中的固体悬浮物、结垢离子、有机污染物及溶解性离子进行多层次深度分离、分质处理，两级反渗透浓缩实现 80% 废水再生回用，产品水回用于生产系统；利用纳滤技术分离反渗透浓水中的氯化钠和硫酸钠，纳滤产水进入六效蒸发得到工业纯氯化钠，纳滤浓水进入四效蒸发形成氯化钠和硫酸钠混盐，实现废水的零排放与盐的资源化回收。装置核心工艺单元包括高密度沉淀池、螯合树脂离子交换器、RO1、RO2、NF、六效蒸发和四效蒸发等。该装置于 2015 年开始运行，目前实现了安全、稳定、长周期、连续运行。

经过 2017 年 6 月 12 日至 6 月 14 日对装置进行的连续运行 72h 的考核标定，结果表明：在实际废水处理量为 703m³/h 时，回用水产水量 690m³/h，废水回收率达 98.2%，且产水

水质满足工业循环冷却水补水的标准（GB 50335—2016）要求，可全部用于循环水补充水。另一方面，高盐废水中氯化钠回收率达 80.3%，可产出日晒工业盐二级品（GB/T 5462—2015《工业盐》）约 1.33t/h，产出工业无水硫酸钠Ⅲ类合格产品 0.742t/h（GB/T 6009—2014），实现了能源化工高盐废水的零排放，废水中的氯化钠、硫酸钠资源化回收利用，对能源化工企业生产节水和解决高盐废水排放污染环境等问题具有重要意义。

该技术 72h 考核标定的装置产水、氯化钠、硫酸钠产品技术指标见表 8-2-4～表 8-2-6。

表 8-2-4 产水技术指标

序号	指标	设计值	标定值
1	电导率/(μS/cm)	≤500	365
2	COD/(mg/L)	≤5.00	1.25

表 8-2-5 氯化钠产品技术指标

序号	项目	设计值	标定值
1	氯化钠/(g/100g)	≥92.00	94.21
2	水分/(g/100g)	≤6.00	5.05
3	水不溶物/(g/100g)	≤0.40	0.05
4	钙镁离子总量/(g/100g)	≤0.60	0.20
5	硫酸根离子/(g/100g)	≤1.00	0.47

表 8-2-6 硫酸钠产品技术指标

序号	项目	设计值	标定值
1	硫酸钠/(g/100g)	≥92	93.40
2	水不溶物/(g/100g)	—	0.05
3	钙和镁(以 Mg 计)/(g/100g)	—	未检出
4	钙(Ca)/(g/100g)	—	未检出
5	镁(Mg)/(g/100g)	—	未检出
6	氯化物(以 Cl 计)/(g/100g)	—	0.80
7	铁(Fe)/(g/100g)	—	未检出
8	水分/(g/100g)	—	5.05
9	白度(R457)/%	—	80
10	pH	—	8.5

注："—"表示标准中未要求该指标。

该装置药剂消耗和动力消耗见表 8-2-7 和表 8-2-8。

表 8-2-7 装置吨水药剂消耗表

序号	名称	规格	设计值	标定值
1	氢氧化钠/(kg/t)	GB 209—2006,质量分数≥30%	2.729	1.360
2	聚合硫酸铁/(kg/t)	GB/T 14591—2016,全铁的质量分数≥10%	0.071	0.062

续表

序号	名称	规格	设计值	标定值
3	PAM/(kg/t)	乳液状,离子度45%	0.006	0.005
4	亚硫酸氢钠/(kg/t)	HG/T 3814—2006,质量分数64.0%~67.0%	0.009	0.008
5	盐酸/(kg/t)	GB 320—2006,质量分数≥31.0%	1.754	1.380
6	非氧杀菌剂/(kg/t)	2,2-二溴-3-氮川丙酰胺	0.014	0.012
7	螯合剂/(kg/t)		0.005	0.004

表 8-2-8 装置吨水动力消耗表

序号	项目	设计值	标定值
1	电耗/kW·h	4.76	3.60
2	蒸汽(0.5MPa)消耗/t	0.0264	0.0260

二、焦油深加工高浓度有机废水零排放处理技术示范项目

陕西煤业化工集团所属神木天元化工有限公司主要从事中温煤焦油轻质化综合利用技术研发和工业化推广。由于煤焦油深加工和兰炭生产过程中会产生大量油、氨氮,且富含酚等有机物的废水,常用的污水处理方法和工艺很难对其进行有效处理。为解决这一难题,实现企业低碳绿色发展,天元化工公司于2011年起进行科技攻关,历经两年反复试验,开发出能够高效处理高含油、高氨氮、富含酚等有机物的废水处理工艺。

1. 项目概况

天元化工公司于2014年10月投资40266万元,占地98亩,建设了"100t/h煤焦油轻质化废水处理示范项目"高效处理高含油、高氨氮、富含酚等有机物废水。该装置建设采取BOT模式总承包,废水处理装置主要包括废水预处理、生化过程、MD膜深度处理、浓盐水蒸发结晶、事故水池等单元。

预处理装置由机械除油和pH值调节、脱酸脱氨、萃取脱酚和溶剂回收、氨脱硫压缩精制四部分组成。预处理单元设计处理水量为100t/h,生化系统的设计处理量为120m³/h,年处理污水96万吨。项目采用自主研发的SH-A专利污水处理工艺技术,利用"预处理+生化处理+深度处理"三级处理工艺,能够有效地降低废水中的焦油、氨氮、酚类、固体悬浮物等,处理后的回用水作为生产补充水和熄焦水。高浓度有机废水通过静止分离出部分焦油,经蒸氨后再利用自主研发的萃取技术脱除焦油和酚类等有机物,再经生化处理、深度处理、蒸发结晶产出合格中水(GB/T 19923—2005),水回收率达98.3%。

2. 工艺原理

天元公司高浓度有机兰炭污水,首先进入隔油池,通过降温静止使大部分能靠自然分离的轻油、重油,在隔油池内分层去除后进入预处理单元。预处理单元采用脱酸蒸氨两级萃取(自主知识产权)工艺,最终预处理单元出水指标达到生化处理单元进水要求。

生化处理工艺采用水解酸化工艺+SH-A节能型强化生物脱氮除碳工艺。污水经过气浮除油处理后进入调节池调节水质水量,然后进入生化处理系统。生化处理出水进入混凝沉淀池进行进一步沉淀分离后,出水进入深度处理单元。

深度处理采用 DM 膜工艺，DM 膜是在总结传统膜的工艺技术基础上开发的具有震动效果的分离膜，其进水方向与膜面垂直，并通过振动泵为膜体提供震动弹力，使颗粒物不能在膜表面富集，能够维持膜通量不受影响，避免了膜堵塞问题发生。DM 膜系统生产回收率80%，产生 96t/h 清水供生产系统循环水补水。产生浓水 24m³/h，设置蒸发系统，处理能力 24m³/h，蒸发结晶采用 MVR 工艺，蒸发结晶产品水 22m³/h。

3. 废水处理水质分析

表 8-2-9　天元公司废水处理前水质分析(2017 年 1 月)

项目	废水总量	COD	氨氮	总酚	油
1 月实际数据	80t/h	31.6g/L	5.9g/L	9.12g/L	1.3g/L

表 8-2-10　处理后的中水(回用水)水质分析

项目	COD /(mg/L)	pH 值	电导率 /(μS/cm)	总磷 /(mg/L)	浊度 /NTU	总碱度 /(mmol/L)	钙离子浓度 /(mg/L)	总铁 /(mg/L)
循环水指标	≤50	7.0~9.2	≤2500	2~3	≤20	<10	30~200	<1.0
实际数据	≤10	6.23	125	0.0083	1.3	0.32	0.84	0.027

由表 8-2-9 和表 8-2-10 中数据可以看出，经过处理的废水指标优于循环水水质要求。同时可以作为熄焦水使用，生产清洁兰炭。

目前，天元公司废水处理项目运行正常，废水处理达标率为 100%。该项目的实施，彻底解决了煤焦油加工过程中废水处理难题。经过预处理两级萃取蒸氨脱酸、生化处理和深度处理三个环节，将高含油、高氨氮、富含酚等有机物的废水处理后可供给生产系统循环水补水的清水，实现了中水回用和工业污水零排放，具有显著的环境效益。天元公司率先用废水处理后的清水熄焦实现兰炭的清洁生产，进一步促进了公司低碳绿色发展，同时标志着陕北兰炭生产由氨水熄焦向中水半干法熄焦的转变，为榆林地区兰炭产业转型升级起到了示范和引领作用。

三、煤制甲醇项目废水零排放及浓盐水分盐结晶技术示范项目

1. 项目概况

新奥环保技术有限公司利用自主研发的煤化工废水零排放及浓盐水分盐结晶技术，在内蒙古达拉特旗新奥工业园建设了新能达旗一期 60 万吨甲醇项目煤化工废水零排放示范项目，包括 200m³/h 污水处理系统、300m³/h 脱盐水系统、430m³/h 污水回用系统、5m³/h 浓盐水分盐结晶系统在内的。截至 2017 年 1 月，该项目已经连续稳定运行 16 个月，取得了良好的示范效果。

2. 运行效果

新奥环保煤化工废水零排放及浓盐水分盐结晶技术已应用于新能达旗一期 60 万吨甲醇项目，所有厂区废水经处理后 100%回用于生产过程，可彻底消除煤化工废水外排对当地生态环境的影响，同时实现废水中盐资源的循环利用，技术先进性得到了充分的验证。

通过浓盐水分盐结晶产生的氯化钠、硫酸钠晶体经国家盐产品质检中心检测，干基氯化

钠与干基硫酸钠含量约为 99.5％。剩余的少量盐母液与硝母液通过内循环喷雾干燥装置进行处理,不向外界排放任何液体和气体,避免了对环境的二次污染,喷雾干燥过程中产生的少量杂盐可作为融雪剂进行资源化利用。

另外,项目在技术试运行过程中在解决实际问题的同时,也进行了创新性的技术研发,例如:水系统实现浊水清用,回用水站的一级反渗透产水直接作为脱盐水站的补充水,通过该工艺的实施,大幅度降低水系统的投资成本;采用化学预处理＋氢型弱酸阳床＋弱酸钠床工艺软化技术,充分利用水中的碱度,降低药剂投加量,污水回用的水回收率可以达到93％～94％;分盐结晶集成了纳滤、臭氧催化氧化、反渗透及盐硝分离技术,优化了蒸发结晶器结构,副产氯化钠、硫酸钠纯度约为 99.5％,实现废水零排放;自主研发了内循环喷雾干燥系统,彻底解决了结晶母液的低温热源干化问题,实现系统无尾气排出及安全运行。

3. 技术鉴定结果

2017 年 1 月 13 日,相关领域的专家对新奥环保煤化工废水零排放及浓盐水分盐结晶技术进行了成果鉴定,认为新奥环保该项技术拥有自主知识产权,工艺技术创新点突出,整体技术达到了国际领先水平,并建议加快此技术在全国范围内的推广应用。"煤化工废水零排放及浓盐水分盐结晶"技术和各项指标达到了行业内技术的领先水平,专家一致认为该技术成果是工业废水零排放领域的一大技术突破,真正实现了煤化工废水的零排放和资源化利用。

参考文献

[1] 曲风尘,吴晓峰.化学工业,2014 (11):12.
[2] 曲风尘,吴晓峰,王敬贤.环境影响评价,2014 (06):25.
[3] 杨晔,姜华.煤化工,2012,10 (5):26-28.

第三章
煤化工相关废气处理技术

第一节 煤化工相关的大气污染物

大气污染物按其存在状态可分为颗粒状污染物和气体状态污染物两大类。颗粒状污染物通常可按其产生过程和状态分为烟尘、粉尘和烟雾；气体状态污染物通常按其组成分为硫化合物、氮化合物、碳的氧化物、卤素化合物和有机化合物五部分。煤化工过程与这几类大气污染物大都密切相关。

1. 烟尘

烟尘是燃料燃烧与物料加热过程中产生的混合气体中所含颗粒物的总称。含有烟尘的混合气体通常称为烟气。烟尘由未燃烧尽的炭微粒、燃料中灰分的小颗粒、挥发性有机物凝集在一起的微粒、凝集的水滴和硫酸雾滴等组成；有些烟气中也会含有生产原料或成品的微粒。

煤燃烧过程、煤的气化液化过程均会产生大量烟气；煤气制造、合成氨造气工序、锅炉烟气、焦炉煤气、电石炉烟气中均含有较多烟尘。

烟尘通常都和二氧化硫、氮氧化物、一氧化碳、二氧化碳等气体状态污染物同时存在于烟气中。

2. 粉尘

物料机械过程和物理加工过程产生的固体微粒称为粉尘。煤和其他固体的破碎、筛分、碾磨、混合、输送、装卸、储存过程中均会产生粉尘，此外煤炭与其他固体物料的干燥、肥料的造粒、炭黑与石墨生产等过程也会产生粉尘。

粉尘可按其主要成分分别称为煤尘、电石粉尘、含碳粉尘、尿素粉尘、硝铵粉尘等。

含有粉尘的气流或废气通常称作含尘气流或含尘废气。含尘废气大多由空气和粉尘组成。

3. 雾和烟雾

气体中悬浮的小液体粒子称为雾，雾是由蒸气的凝结、液体的雾化和化学反应等过程形成的，如水雾、酸雾、碱雾等。烟是气态物质凝结汇集在一起形成的固体微粒。气体中同时含有雾和烟时通常称为烟雾，如焦油烟雾、沥青烟雾、光化学烟雾等。

单纯的雾多为某些物质液体微粒与空气的混合物。而烟雾则大多为多种物质液滴与固体颗粒和空气的混合体。

4. 硫化合物

硫化合物包括 SO_2、SO_3、H_2S、CS_2、COS 等，主要来自含硫燃料的燃烧，有色金属的冶炼、煤的气化与液化过程、石油和天然气的加工过程也产生硫化合物。

煤的气化与液化和炼焦过程均在还原性条件下进行，煤中的硫主要转变为 H_2S，同时也会产生 COS、CS_2 等硫化合物，在加工与硫回收过程中，也会产生一部分 SO_2。

煤炭、石油产品和天然气燃烧是在氧化条件下进行的，燃料中的可燃硫在燃烧时主要生成 SO_2，约有 $1\%\sim5\%$ 生成 SO_3。

SO_2 是我国最主要的大气污染物，SO_2 可在空气中部分氧化为 SO_3，并与空气中的水生成硫酸与亚硫酸，除直接污染大气外，还会随降水形成酸雨落到土壤、湖泊中，对农作物和其他生物造成危害。

5. 氮化合物

氮化合物包括 NO、NO_2 等氮氧化物和 NH_3、HCN 等含氮物质。人为活动产生的 NO 和 NO_2 主要来自燃料的燃烧，高温条件下 N_2 与 O_2 的作用和燃料中氮的氧化是生成 NO 和 NO_2 的主要原因，硝酸生产和硝酸使用过程中也会产生以 NO_2 为主的氮化合物。

煤气化过程、炼焦生产、合成氨及其他含氮肥料的生产会产生 NH_3、HCN 等氮化合物；丙烯腈生产、丁腈橡胶生产、ABS 塑料生产、己内酰胺生产过程中会产生 HCN、$CH_2=CHCN$ 等氮化合物。

汽车尾气排出的 NO 与 NO_2 已成为世界各大城市空气中的主要污染物，我国也越来越重视氮氧化物的污染。

6. 碳的氧化物

碳的氧化物主要指 CO 和 CO_2，煤和其他燃料燃烧时主要产生 CO_2，煤的气化、液化和炼焦过程主要产生 CO，合成氨生产、其他含氮肥料的生产、电石生产均产生较多 CO。

7. 有机化合物

有机化合物为以碳氢为主要成分的化合物的总称，按组成和结构的不同分为烃、醇、醚、醛、酚、酯、胺、腈、卤代烃、有机磷、有机氯等。煤化工中的气化与煤炭燃烧、炼焦过程、煤焦油加工、乙炔及其下游产品氯乙烯等的生产、合成氨及其下游产品丙烯腈等的生产、甲醇及其下游产品醋酸等的生产、羰基合成产品丙醇等的生产、光气及丙烯酸等的生产都产生不同数量的有机化合物废气。有机化合物废气是煤化工生产中较常见的一类废气。

第二节　废气处理基本方法

对含有大气污染物的废气，采用的处理方法基本可以分为两大类：分离法是利用物理方法将大气污染物从废气中分离出来；转化法是使废气中的大气污染物发生某些化学反应，然后分离或转化成其他物质，再用其他方法进行处理。常见的废气处理方法见表 8-3-1。

表 8-3-1 常见的废气处理方法

废气处理方法		可处理污染物	处理废气举例
分离法	气固分离	重力除尘、惯性除尘、旋风除尘 湿式除尘、过滤除尘、静电除尘	粉尘、烟尘等 颗粒状污染物	煤气粉尘、尿素粉尘、锅炉烟尘、电石炉烟尘
	气液分离	惯性除雾 静电除雾	雾滴状污染物	焦油烟雾、酸雾、碱雾、沥青烟雾
	气气分离	冷凝法 吸收法、吸附法	蒸汽状污染物 气态污染物	焦油蒸气、萘蒸气、SO_2、NO_2、苯、甲苯
转化法	气相反应	直接燃烧法 气相反应法	可燃气体 气态污染物	CH_4、CO、NO_x
	气液反应	吸收氧化法 吸收还原法	气态污染物	H_2S、NO_2、SO_2、SO_3
	气固反应	催化还原法 催化燃烧法	气态污染物	NO_2、NO、CO、CH_4、苯、甲苯

由表 8-3-1 可见，常见的废气处理方法也可分为除尘法、除雾法、冷凝法、吸收法、吸附法、燃烧法和催化转化法等七类方法，其中除尘和除雾主要去除废气中的颗粒状污染物，冷凝、吸收、吸附、燃烧、催化转化等方法主要去除废气中的气态污染物。

1. 除尘法

从废气中将固体颗粒物分离出来并加以捕集的过程称为除尘，分离捕集尘粒的设备装置被称为除尘器。常见的除尘器有以下几类。

（1）重力沉降室

① 除尘基本原理。利用尘粒与气体的密度不同，使尘粒靠自身的重力从气流中沉降至下部，达到尘粒从含尘气流中分离出来的目的。

为使尘粒从气流中较快沉降，通常采用扩大气流输送通道面积、降低气体流动速度的方法，使粒径较大的尘粒较快降到气流通道底部。

② 常用设备及主要性能。常用设备为单层重力沉降室和多层重力沉降室，基本结构见图 8-3-1 和图 8-3-2。

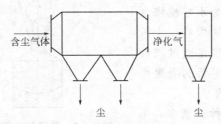

图 8-3-1 单层重力沉降室

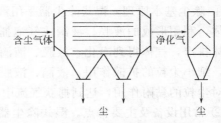

图 8-3-2 多层重力沉降室

重力沉降室结构简单、阻力小、投资省，可处理高温气体；但除尘效率低，只对 $50\mu m$ 以上的尘粒具有较好的捕集作用，占地面积大，因此只能作为初级除尘手段。

（2）惯性除尘器

① 除尘基本原理。利用尘粒与气体在运动中惯性力不同，使尘粒从气流中分离出来。

在实际应用中实现惯性分离的一般方法是使含尘气流冲击在挡板上，使气流方向发生急剧改变，气流中的尘粒惯性较大，不能随气流急剧转弯，便从气流中分离出来。在惯性除尘方法中，除利用了粒子在运动中的惯性较大外，还利用了粒子的重力和离心力。

② 常用设备及主要性能。惯性除尘器结构形式多样，主要有反转式和碰撞式，见图 8-3-3 和图 8-3-4。

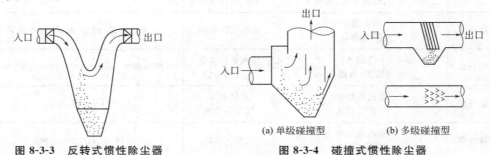

图 8-3-3 反转式惯性除尘器

(a) 单级碰撞型　(b) 多级碰撞型

图 8-3-4 碰撞式惯性除尘器

惯性除尘器适用于非黏性、非纤维性粉尘的去除。设备结构简单，阻力较小；但分离效率较低，只能捕集 $10\sim20\mu m$ 以上的粗尘粒，故只能用于多级除尘中的第一级除尘。

（3）旋风除尘器

① 除尘基本原理。利用含尘气体的流动速度，使气流在除尘装置内沿某一定方向做连续的旋转运动，尘粒在随气流的旋转中获得离心力，导致尘粒从气流中分离出来。

② 常用设备及主要性能。利用离心力进行除尘的设备有两大类：旋风除尘器和旋流式除尘器，其中最常用的设备为旋风除尘器。两者的区别在于旋流式除尘器除废气由进气管进入除尘器形成旋转气流外，还通过喷嘴或导流装置引入二次空气，加强气流的旋转。图 8-3-5 为旋风除尘器的结构示意图。

旋风除尘器除尘效率较高，对大于 $5\mu m$ 以上的颗粒具有较好的去除效率，属中效除尘器。它适用于对非黏性及非纤维性粉尘的去除，且可用于高温烟气的除尘净化，因此广泛用于锅炉烟气除尘、多级除尘及预除尘。

（4）湿式除尘器

① 除尘基本原理。湿式除尘器是用液体（一般为水）洗涤含尘气体，利用形成的液膜、液滴或气泡捕获气流中的尘粒，尘粒随液体排出，气体得到净化。液膜、液滴或气泡主要是通过惯性碰撞，细小尘粒的扩散作用，液滴、液膜使尘粒增湿后的凝聚作用及对尘粒的黏附作用，达到捕获气流中尘粒的目的。

② 常用设备及主要特点。湿式除尘器结构类型种类繁多，不同设备的除尘机制不同，能耗不同，适用的场合也不相同。按其除尘机制的不同，湿式除尘器有七种不同的结构类型，见图 8-3-6。

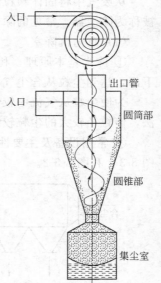

图 8-3-5 旋风除尘器

湿式除尘器除尘效率高，特别是高能量的湿式洗涤除尘器，在清除 $0.1\mu m$ 以下的粉尘粒子时，仍能保持很高的除尘效率。湿式洗涤除尘器对净化高温、高湿、易燃、易爆的气体具有很高的效率和很好的安全性。湿式除尘器在去除废气中尘粒的同时，还能通过液体的吸收作用将废气中的气态污染物去除，这是其他除尘器无法做到的。

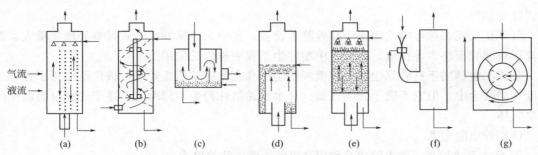

图 8-3-6 常见湿式除尘器工作示意图

（a）喷雾式洗涤除尘器；（b）旋风式洗涤除尘器；（c）储水式冲击水浴除尘器；（d）塔板式鼓泡洗涤除尘器；
（e）填料式洗涤除尘器；（f）文丘里洗涤除尘器；（g）机械动力洗涤除尘器

湿式除尘器的应用中存在一些明显的特点，湿式除尘器用水量大，且废气中的污染物在被从气相中清除后，全部转移到了液相中，因此对洗涤后的液体必须进行处理，否则会造成二次污染。另外，在对含有腐蚀性气态污染物的废气进行除尘时，洗涤后液体将具有一定程度的腐蚀性，对除尘设备及管路提出了更高的要求。

（5）过滤式除尘器

① 除尘基本原理。过滤式除尘是使含尘气体通过多孔滤料，把气体中的尘粒截留下来，使气体得到净化。滤料对含尘气体的过滤，按滤尘方式有内部过滤与外部过滤之分。内部过滤是把松散多孔的滤料填充在设备的框架内作为过滤层，尘粒在滤层内部被捕集，典型的为颗粒层除尘；外部过滤则是用纤维织物、滤纸等作为滤料，废气穿过织物等时，尘粒在滤料的表面被捕集，典型的为袋式除尘器。

过滤式除尘器的滤料是通过滤料孔隙对粒子的筛分作用、粒子随气流运动中的惯性碰撞作用、细小粒子的扩散作用以及静电引力和重力沉降等机制的综合作用，达到除尘的目的。壳牌（Shell）公司气流床粉煤气化炉已在高温煤气系统采用耐热微孔陶瓷过滤器进行超细粉尘的脱除，其除尘效率可高达 99.9%。

② 常用设备及方法特点。目前中国采用最广泛的过滤式除尘装置是袋式除尘器，其基本结构是在除尘器的集尘室内悬挂若干个圆形或椭圆形的滤袋，当含尘气流穿过这些滤袋的袋壁时，尘粒被袋壁截留、在袋的内壁或外壁聚集而被捕集。图 8-3-7 为袋式除尘器的示意图。

袋式除尘器按其清灰方式的不同分为以下几类。

a. 机械振打袋式除尘器。利用机械装置的运动，周期性地振打布袋使积灰脱落。

b. 气流反吹袋式除尘器。利用与含尘气流流动方向相反的气流穿过袋壁，使附集于袋壁上的灰尘脱落。

c. 气环反吹袋式除尘器。对于含尘气体进入滤袋内部，尘粒被阻留在滤袋内表面的过滤式除尘器，在滤袋外部设置一可上下移动的气环箱，不断向袋内吹出反向气流，构成气环反吹的袋式除尘器，可在不间断滤尘的情况下，进行清灰。

d. 脉冲喷吹袋式除尘器。这是一种周期性地向滤袋内喷吹压缩空气以清除滤袋积尘的

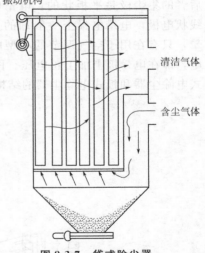

图 8-3-7 袋式除尘器

振动机构

清洁气体

含尘气体

袋式除尘器。

气环反吹式和脉冲喷吹式属于高效除尘设备,其中尤以脉冲喷吹式具有处理气量大、效率高、对滤袋损伤少等优点,在大、中型除尘工程中被广泛采用。

袋式除尘器属于高效除尘器,对微细粉尘也具有良好的捕集效果,被广泛应用于各种工业废气的除尘中,但它不适于处理含油、含水及黏结性粉尘,同时也不适于处理过高温度的含尘气体。

(6) 静电除尘器

① 除尘基本原理。静电除尘是利用高压电场产生的静电力(库仑力)的作用实现固体粒子与气流分离,这种电场应是高压直流不均匀电场,构成电场的放电极是表面曲率很大的线状电极,集尘极则是面积较大的板状电极或管状电极。

在放电极与集尘极之间施以很高的直流电压时,两极间所形成的不均匀电场使放电极附近电场强度很大,当电压加到一定值时,放电极产生电晕放电,生成的大量电子或阴离子形成负离子。当这些带负电荷的粒子与气流中的尘粒相撞并附着其上时,就使尘粒带上了负电荷,荷电粉尘在电场中受库仑力的作用被驱往集尘极,尘粒在集尘极表面放出电荷后沉积其上,当粉尘沉积到一定厚度时,用机械振打等方法将其清除。

② 常用设备及方法特点。工业上广泛应用的电除尘器是管式电除尘器和板式电除尘器。前者的集尘极是圆筒状的,后者的集尘极是平板状的。电晕电极(放电极)使用的均是线状电极,电晕电极上一般加的是负电压,即产生的是负电晕,只有在用于空气调节的小型电除尘器上时采用正电晕放电,即在电晕极上加上正电压。图 8-3-8 和图 8-3-9 分别是管式电除尘器和板式电除尘器的结构示意图。

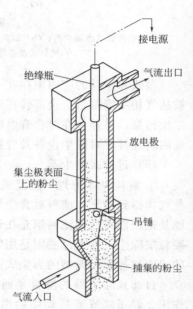

图 8-3-8 管式电除尘器示意图

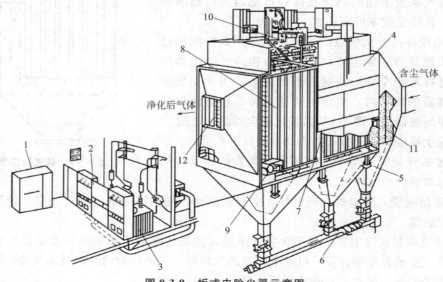

图 8-3-9 板式电除尘器示意图

1—低压电源控制柜;2—高压电源控制柜;3—电源变压器;4—电除尘器本体;5—下灰斗;6—螺旋除灰机;7—放电极;
8—集尘极;9—集尘极振打清灰装置;10—放电极振打清灰装置;11—进气气流分布板;12—出气气流分布板

电除尘器是一种高效除尘器，除尘效率可达 99% 以上，对细微粉尘捕集性能优良，捕集最小粒径可达 $0.05\mu m$，并可按要求获得从低效到高效的任意除尘效率。电除尘器阻力小，能耗低，可允许的操作温度高，在 $250\sim500℃$ 的范围内均可操作。

电除尘器设备体积相对较大，占地面积相对较大，设备投资高，因此只有在处理大流量烟气时，才能在经济上、技术上显示其优越性。

2. 除雾法

从废气中将液体颗粒物分离出来并加以捕集的过程称为除雾，分离捕集雾滴的设备装置被称为除雾器，常见的除雾器有以下几类。

（1）折板除雾器

① 除雾基本原理。利用液滴与气体在运动中的惯性力不同，使液滴从气流中分离出来。当含液滴的雾状气流通过折板时，气流中的液滴由于惯性力的作用，冲击到折板上，液滴会在折板上聚集成液体从而与气流主体分离。

② 设备结构及主要性能。折板除雾器由一排折成一定角度的钢板或塑料板组成，其结构如图 8-3-10 所示。

折板除雾器结构简单，阻力很小，用于除雾要求不严格的场合，可除去 $50\mu m$ 以上的较大颗粒的雾滴。

（2）旋流板除雾器

① 除雾基本原理。利用含雾滴气流通过旋流板时产生旋转运动，在气流旋转时其中液滴在离心力作用下被甩向塔壁，聚集成液体而从气流主体中分离。

② 设备结构及主要性能。旋流板除雾器主要由圆筒状管壁、旋流板和集液结构组成，其结构见图 8-3-11。

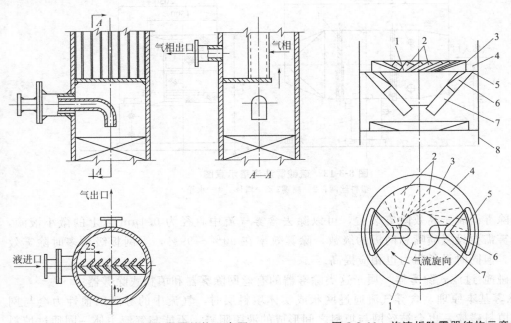

图 8-3-10　折板除雾器结构示意图　　　图 8-3-11　旋流板除雾器结构示意图

1—盲板；2—旋流叶片（共24片）；3—罩筒；4—集液槽；
5—溢流口；6—异形接管；7—圆形溢流管；8—塔壁

　　旋流板除雾器允许高速气流通过，气速越大时，除雾效果越好；这种除雾器结构比较简单，阻力适中，对粒径大于 $5\mu m$ 的雾滴具有良好的去除作用，除雾效率可达 $98\%\sim99\%$。

　　(3) 湿式除雾器

　　① 除雾基本原理。湿式除雾器是用液体（一般为水）洗涤含雾气体，使气流中的雾滴与形成的液滴、液膜相碰撞、黏附，使雾滴进入液体从而与气流主体相分离。

　　② 设备结构及主要性能。常见的湿式除雾器多由喷液系统、网状挡液板和塔体组成。通常有立式布置与卧式布置两类，具体结构见图 8-3-12 和图 8-3-13。

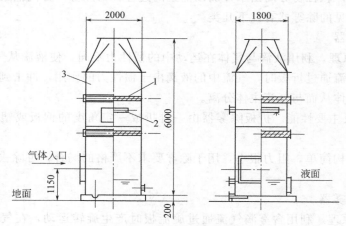

图 8-3-12　碱雾洗涤塔示意图
1—不锈钢丝网；2—喷嘴；3—塔体

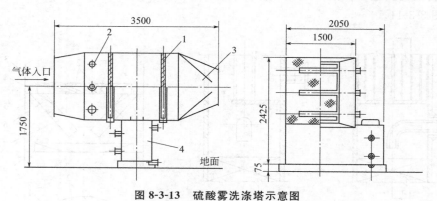

图 8-3-13　硫酸雾洗涤塔示意图
1—塑料丝网；2—喷嘴；3—塔体；4—水箱

　　湿式除雾器属于高效除雾装置，可以除去含雾气流中直径为 $0.1\mu m$ 以上的微小液滴，可根据除雾需要设置喷嘴和网板的级数，除雾效率在 $90\%\sim99\%$，当网板级数多时除雾效率会提高，但同时设备阻力也相应提高。

　　(4) 碰撞-过滤式除雾器　属于这类除雾器的有丝网除雾器和填料式除雾器。

　　① 除雾基本原理。含雾气流通过网状或实体填料层时，气流中的雾滴因惯性力会与网状或实体填料碰撞，也会被丝网与填料之间形成的液膜阻隔，不能与气流主体一同通过填料层，雾滴在网状或实体填料层中被黏附阻留下来从而与气流主体分离。

　　② 设备结构与主要性能。除雾器通常由壳体、填料层支承结构与填料层组成；填料可为丝网填料，也可为实体填料，两种除雾器的结构如图 8-3-14 和图 8-3-15 所示。

丝网除雾器的丝网可以用不同规格的金属网或塑料网，这种除雾器可除去大于 $5\mu m$ 的液滴，除雾效率可达 98%～99%，除雾器的阻力随除雾层厚度和丝网孔眼缩小而增加。

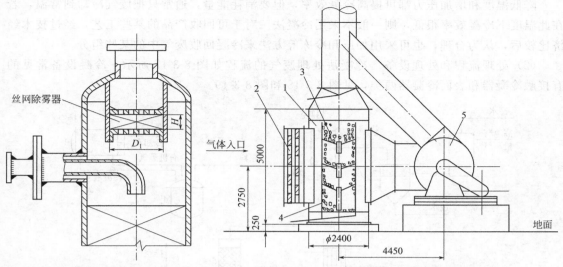

图 8-3-14　丝网填料除雾器结构示意图　　　图 8-3-15　实体填料油雾净化器结构示意图

1—器体；2—预分离器；3—阶梯环；4—网；5—通风机

填料式除雾器可用于除去大于 $10\mu m$ 的液滴，除雾效率可达 95%～98%，除雾器的阻力随填料层厚度和孔隙率的减小而增加。

（5）静电除雾器

① 除雾基本原理。静电除雾器的原理与静电除尘器的原理相同，是利用高压电场产生的静电力的作用使雾滴在电场中荷电，带电雾滴在电场中受静电力的作用向沉淀极运动，在沉淀极表面放电而沉积在沉淀极上形成液膜靠重力向下流动，从除雾器底部排出。

② 设备结构及主要性能。静电除雾器也有管式电除雾器和板式电除雾器之分，其构造与电除尘器相同。图 8-3-16 为立式同心圆静电除雾器，这种除雾器可用于处理沥青烟气和焦油雾。

静电除雾器可以捕集 $0.1\mu m$ 的微细雾滴，除雾效率可达 90%～95%；这种除雾器阻力小，允许操作温度高，可回收高分子有机化合物的液滴。这种除雾器的缺点是结构复杂，造价高，操作及维修复杂，不能处理同时含尘又含高分子有机化合物的烟雾，否则沉淀物会黏附在极板上，破坏静电除雾器的正常运行。

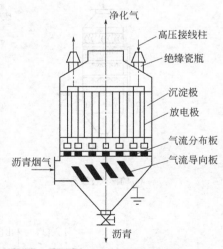

图 8-3-16　立式同心圆静电除雾器

3. 冷凝法

冷凝法可用于回收高浓度的有机化合物蒸气和汞、砷、硫、磷等，通常用于高浓度废气的一级处理以及除去高温废气中的水蒸气。

（1）基本原理　冷凝法是利用不同物质在同一温度下有不同的饱和蒸气压以及同一物质

在不同温度下有不同的饱和蒸气压这一性质,将混合气体冷却或加压,使其中某种或某几种污染物冷凝成液体或固体,从而由混合气体中分离出来。

降低温度和增加压力都可提高冷凝效率,但要消耗能量,通常只把废气冷却到常温,若在此温度下冷凝效率很低,则一般不采用冷凝法。对于可回收产品的某些工艺,经过技术经济比较后,认为合理,也可采用加压和冷冻等方法来冷凝回收废气中的某些组分。

(2) 处理流程和处理设备 冷凝法处理废气的流程如图 8-3-17 所示。冷凝设备常见的有接触冷凝器和表面冷凝器两类,见图 8-3-18 和图 8-3-19。

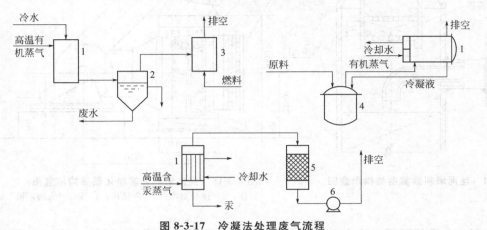

图 8-3-17 冷凝法处理废气流程
1—冷凝器;2—分离器;3—燃烧炉;4—反应器;5—吸附器;6—风机

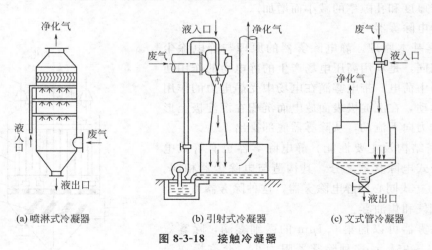

(a) 喷淋式冷凝器   (b) 引射式冷凝器   (c) 文式管冷凝器

图 8-3-18 接触冷凝器

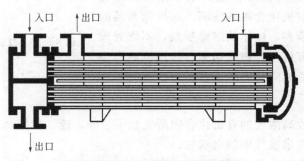

图 8-3-19 表面冷凝器

4. 吸收法

吸收法是处理气态污染物最常用的方法，可用于处理含有 SO_2、NO_x、HF、SiF_4、HCl、Cl_2、NH_3、汞蒸气、酸雾、沥青烟和有机蒸气的废气。常用的吸收剂有水、碱性溶液、酸性溶液、氧化剂溶液和有机溶剂。

（1）基本原理　吸收法是用适当的液体吸收剂处理气体混合物，以除去其中一种或多种组分的方法，通常按吸收过程是否伴有化学反应将吸收分为化学吸收和物理吸收两大类。前者比后者复杂。吸收过程中的吸收速度 G_A 可按下式计算：

$$G_A = K_G F(p_A - p_{\check{A}})$$

式中　K_G——气相总传质系数，为表征吸收过程是否容易进行的数值，与吸收剂、吸收质的性质、流体流态等因素有关；

F——气液相接触面积，与气液相的分散状况、设备结构、吸收剂量等因素有关；

$p_A - p_{\check{A}}$——吸收推动力，p_A 为吸收质在气相中的分压力，$p_{\check{A}}$ 为与吸收质在液相中的浓度 c_A 相平衡的气相分压力。

通常可通过选择吸收剂与改善流体流动状况等方法提高 K_G；通过提高吸收压力、降低吸收温度、采用化学吸收可增加吸收推动力（$p_A - p_{\check{A}}$）；通过改进吸收设备结构、加强气液分散程度可增大气液接触面积 F。

（2）吸收流程　吸收法处理废气的流程如图 8-3-20 所示。

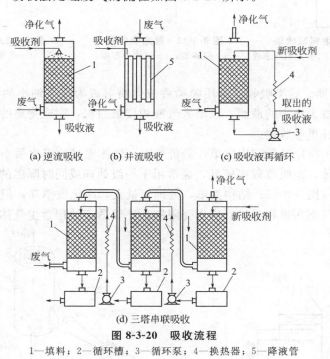

(a) 逆流吸收　　(b) 并流吸收　　(c) 吸收液再循环

(d) 三塔串联吸收

图 8-3-20　吸收流程

1—填料；2—循环槽；3—循环泵；4—换热器；5—降液管

（3）常用吸收设备及方法特点　吸收设备种类很多，每一种类型的吸收设备都有各自的长处与不足，选择适宜的吸收设备，应考虑如下的因素：对废气处理能力大；对有害组分吸收效率高；设备结构简单，操作稳定；气体通过阻力小；操作弹性大，能适应较大的负荷波动；投资省等。

目前废气处理时常用的吸收设备主要有以下三大类。

① 表面吸收器。凡能使气液两相在固定接触表面上进行吸收操作的设备均称为表面吸收器。属于这种类型的设备有水平表面吸收器、液膜吸收器以及填料塔等。在气态污染物处理中应用最普遍的是填料塔，由于在这种类型的塔中，废气在沿塔上升的同时，污染物浓度逐渐下降，而塔顶喷淋的总是较为新鲜的吸收液，因而吸收传质的平均推动力最大，吸收效果好。典型的逆流填料吸收塔见图 8-3-21。

② 鼓泡式吸收器。在这类吸收器内都有液相连续的鼓泡层，分散的气泡在穿过鼓泡层时废气中有害组分被吸收。属于这一类型的设备有鼓泡塔和各种板式吸收塔。在气态污染物处理中应用较多的是鼓泡塔和筛板塔，图 8-3-22 和图 8-3-23 分别是鼓泡吸收塔和筛板吸收塔的示意图。

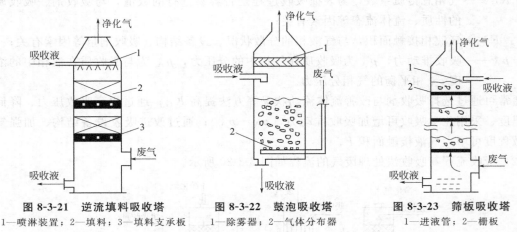

图 8-3-21　逆流填料吸收塔
1—喷淋装置；2—填料；3—填料支承板

图 8-3-22　鼓泡吸收塔
1—除雾器；2—气体分布器

图 8-3-23　筛板吸收塔
1—进液管；2—栅板

③ 喷洒式吸收器。这类吸收器是用喷嘴将液体喷射成为许多细小的液滴，或用高速气流的挟带将液体分散为细小的液滴，以增大气液相接触面积，完成物质的传递。比较典型的设备是喷淋塔和文丘里吸收器。

喷淋塔（图 8-3-24）设备结构简单，造价低廉，气体通过的阻力很小，并可吸收含有黏滞物及颗粒物的气体，但吸收效率较低，通常用于一级处理或同时降温的场合。

文丘里吸收器（图 8-3-25）结构简单，处理气量大，净化效率高，但其阻力大，动力消耗大，因此对一般气态污染物治理时应用受限制，比较适于处理含尘气体。

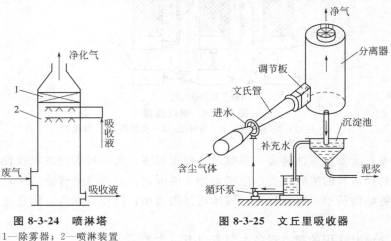

图 8-3-24　喷淋塔
1—除雾器；2—喷淋装置

图 8-3-25　文丘里吸收器

采用吸收法治理气体污染物具有工艺成熟、设备简单、一次性投资低等特点，而且只要选择适宜的吸收剂，对所需净化组分可以有很高的捕集效率。此外，对于含尘、含湿、含黏滞物的废气也可同时处理，因而应用范围广泛。但由于吸收是将气体中的有害物质转移到了液体中，这些物质中有些还具有回收价值，因此对吸收液必须进行处理，否则将导致资源的浪费或引起二次污染。

5. 吸附法

吸附法主要用于处理废气中低浓度污染物质，并用于回收废气中的有机蒸气及其他污染物。

（1）基本原理 吸附法是使废气与多孔性固体（吸附剂）接触，使其中污染物（吸附质）吸附在固体表面上而从气流中分离出来。当吸附质在气相中的浓度低于与吸附剂上吸附质成平衡的浓度时，或者有更容易被吸附的物质到达吸附剂表面时，原来的吸附质会从吸附剂表面上脱离而进入气相，这种现象称为脱附。失效的吸附剂经过再生可重新获得吸附能力。再生后的吸附剂可重新使用。

（2）吸附流程

① 间歇式流程。一般由单个吸附器组成，见图 8-3-26。应用于废气间歇排放，且排气量较小、排气浓度较低的情况。吸附饱和后的吸附剂需要再生。当排气间歇时间大于再生所用的时间时，可在原吸附器内进行吸附剂的再生；当排气间歇时间小于再生所用的时间时，可将器内吸附剂更换，失效吸附剂集中再生。

② 半连续式流程。此种流程可用于处理间歇排气也可用于处理连续排气的场合。是应用最普遍的一种吸附流程，常用流程如图 8-3-27 所示。

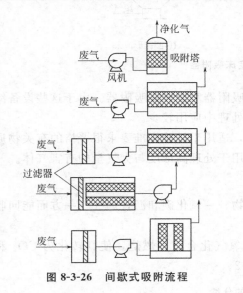

图 8-3-26　间歇式吸附流程

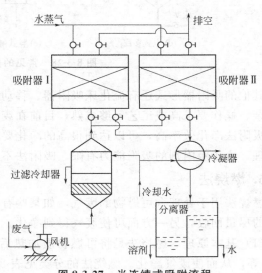

图 8-3-27　半连续式吸附流程

在用两台吸附器并联时，其中一台吸附器进行吸附操作，另一台吸附器则进行再生操作，一般是在再生周期小于吸附周期时应用。

当再生周期大于吸附周期时，则需用三台吸附器并联组成流程，其中一台进行吸附，一台进行再生，而另一台则进行冷却或其他操作，以备投入吸附操作中。

（3）连续式流程 应用于连续排出废气的场合，流程一般均由连续操作的流化床吸附器、移动床吸附器等组成。流程特点是在吸附操作进行的同时，不断有吸附剂移出床外进行再生，并不断有新鲜吸附剂或再生后吸附剂补充到床内，即吸附与吸附剂的再生是不间断地同时进行。这种流程在废气处理中应用较少。

（4）常用吸附设备 在采用吸附法处理气态污染物时，最常用的是固定床吸附器，常见的固定床吸附器见图 8-3-28。

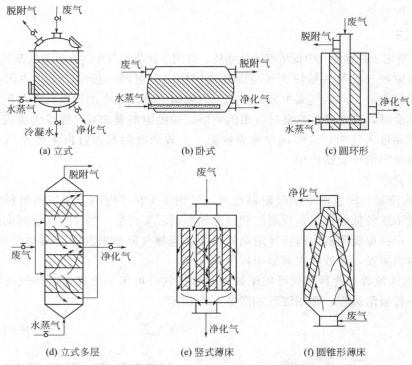

(a) 立式   (b) 卧式   (c) 圆环形

(d) 立式多层   (e) 竖式薄床   (f) 圆锥形薄床

图 8-3-28 常见的固定床吸附器

其他的吸附器形式还有流化床吸附器、移动床吸附器和旋转式吸附器。由于这些设备结构复杂、操作要求高或工艺不够成熟，目前在废气处理中应用较少。

吸附法净化效率高，可以达到很高的净化要求，适用于排放标准要求很严格的有关物质的处理。由于吸附剂的吸附能力有限，吸附法不适用于处理高浓度与大气量的有害气体。

6. 燃烧法

燃烧法用于处理含可燃物的废气，如某些有机物、一氧化碳和沥青烟气。一方面能回收热量的尽量回收，另一方面可使废气得到净化。

（1）基本原理 燃烧法是将可燃物质加热后与氧气化合进行燃烧，使其转化为 CO_2 和 H_2O 等，从而使废气净化。燃烧法的分类见表 8-3-2。

表 8-3-2 燃烧法的分类

项目\类型	直接燃烧法		催化燃烧法
	不加辅助燃料	加辅助燃料	
燃烧温度	>800℃	600~800℃以上	200~480℃
燃烧装置	火炬、工业炉与民用炉灶	工业炉、热力燃烧炉	催化燃烧炉（器）

续表

项目＼类型	直接燃烧法		催化燃烧法
	不加辅助燃料	加辅助燃料	
特点	废气中可燃污染物浓度高、热值大、仅靠燃烧废气即可维持燃烧温度	废气中可燃物浓度低、热值小，须加辅助燃料维持燃烧	设置特殊的氧化催化剂，在较低温度下使废气中可燃物质进行催化氧化；不宜用于含尘的气体，否则易堵塞催化剂床层
	可烧掉可燃气态污染物、悬浮的碳粒及烟雾状有机物等		

（2）燃烧装置

① 不加辅助燃料的直接燃烧装置。当产生的废气量较少，可以储存与利用时，可将废气作为工业炉窑或民用炉灶的燃料，不需专用的燃烧设备；但需设储气柜，以保持废气压力的稳定。当废气量大，不能完全利用，必须有部分废气排空时，可在排气筒出口处装设燃烧器，使废气燃烧，称为火炬。火炬受气候影响较大，风大时部分污染物因未充分燃烧而扩散到空气中去。

② 热力燃烧装置。废气中氧含量高时，可将废气代替空气送入锅炉或其他工业炉窑燃烧，亦可在专用的热力燃烧炉中燃烧。废气中氧含量低于 16％，需在热力燃烧炉中燃烧。热力燃烧炉由燃烧器与燃烧室组成，按照使用燃烧器的不同分为配焰燃烧炉和离焰燃烧炉。配焰燃烧炉如图 8-3-29 所示，是将辅助燃料分配成许多小火焰燃烧，废气分别围绕许多小火焰流动，以使废气与高温燃烧气均匀混合。它用于废气中氧含量大于 16％的情况。所用的燃烧器有线形火焰燃烧器、多烧嘴燃烧器和格栅燃烧器。

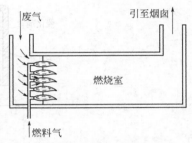

图 8-3-29　配焰燃烧炉

离焰燃烧炉如图 8-3-30、图 8-3-31 所示。它是先形成火焰再与废气混合。分为立式炉、卧式炉和烟囱燃烧炉。可烧气体或液体燃料，可用空气或部分废气助燃。当废气中氧含量不足时，应加入空气助燃。离焰燃烧炉所用的燃烧器有燃气式燃烧器、油气两用燃烧器和旋风燃烧器。

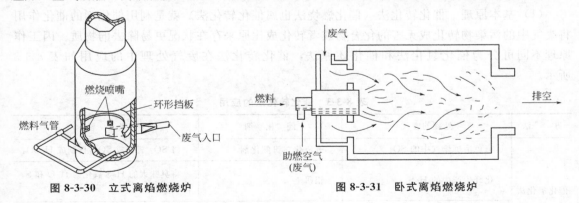

图 8-3-30　立式离焰燃烧炉　　　　　图 8-3-31　卧式离焰燃烧炉

③ 催化燃烧装置。催化燃烧装置的特点是在装置内设有催化剂床层，利用催化剂的催化作用来降低燃烧温度，使有害可燃物在较低温度下进行催化燃烧，变为无害物质。催化燃烧装置有立式催化燃烧炉、直接热回收式催化燃烧器和间接热回收式催化燃烧器，见图 8-3-32～图 8-3-34。

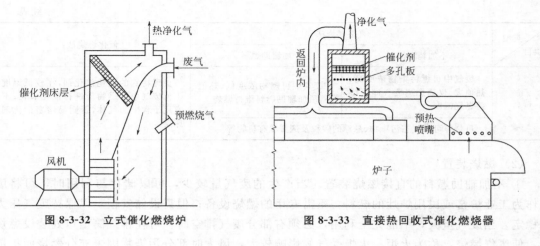

图 8-3-32 立式催化燃烧炉　　　　图 8-3-33 直接热回收式催化燃烧器

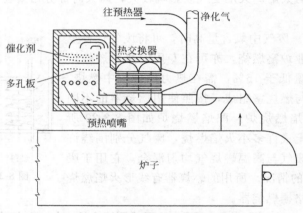

图 8-3-34 间接热回收式催化燃烧器

7. 催化转化法

（1）基本原理　催化转化法（催化燃烧法也属催化转化法）就是利用催化剂的催化作用将废气中的污染物转化成无害的化合物或者转化成比原来存在状况更易除去的物质。因工作原理不同可分为催化氧化法和催化还原法，催化转化法在废气处理中的应用如表 8-3-3 所示。

表 8-3-3　催化转化法的应用

方　　法	处理的废气	催　化　剂	备　　注
催化氧化法	有色冶炼烟气中的 SO_2	五氧化二钒催化剂	将 SO_2 氧化成 SO_3，再制成 H_2SO_4
	化纤生产中的 H_2S	铝矾土	将臭味大的 H_2S 氧化为 H_2O 和 S，回收硫黄
	汽车排气中的 HC、CO	铂、钯催化剂，稀土催化剂	将 HC 和 CO 氧化为 H_2O 和 CO_2
	漆包线生产中的含苯、甲苯废气	铂、钯催化剂	将苯、甲苯氧化为 CO_2 和 H_2O
催化还原法	硝酸生产和硝酸应用中产生的 NO_x	铜-铬催化剂	将 NO_2 还原为 N_2

（2）催化转化法流程　催化转化法的处理废气流程如图 8-3-35 所示，一般由预处理器、混合器、风机和催化反应器组成，有些流程中还加入预热器和热能回收装置。

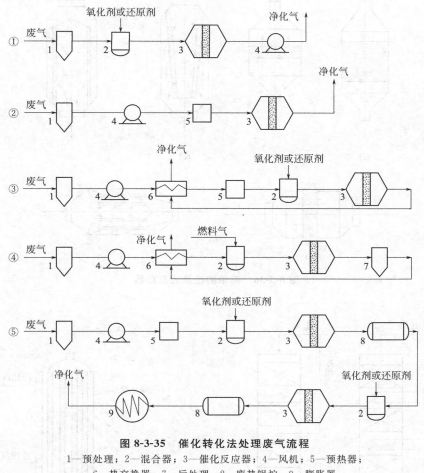

图 8-3-35　催化转化法处理废气流程

1—预处理；2—混合器；3—催化反应器；4—风机；5—预热器；
6—热交换器；7—后处理；8—废热锅炉；9—膨胀器

（3）催化转化设备　催化转化设备为催化反应器，常见的有简单的绝热式反应器、多段绝热式反应器和对外换热式反应器等类型。

① 简单的绝热式反应器。简单的绝热式反应器（图 8-3-36）的结构简单，外形一般呈圆筒形，里面装着催化剂。催化剂的布置形式有多种［如图 8-3-36 中的（a）～（f）］。适用于热效应较小的反应过程和对温度变化不敏感的反应，也适用于副反应较少的简单反应。废气中污染物浓度低时可采用这种反应器。

② 多段绝热式反应器。多段绝热式反应器（图 8-3-37）用于废气中污染物相当高的场合。可在上述简单的绝热式反应器中间设换热器；亦可将催化剂分成数层，在层间进行热交换。这种反应器分为中间换热式或直接冷激式，用以移去反应时放出的大量热量。

③ 对外换热式反应器。当反应热很大时，可采用对外换热式反应器。催化剂装在列管内。在管间通入冷却介质进行冷却，以保持反应温度在一定范围内，这种换热式反应器如图 8-3-38 所示。

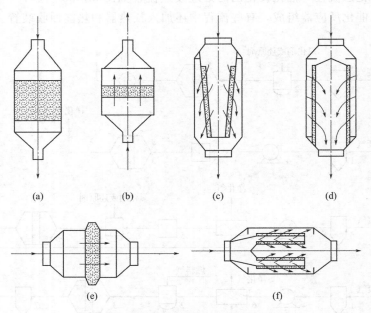

(a) (b) (c) (d)

(e) (f)

图 8-3-36 简单的绝热式反应器

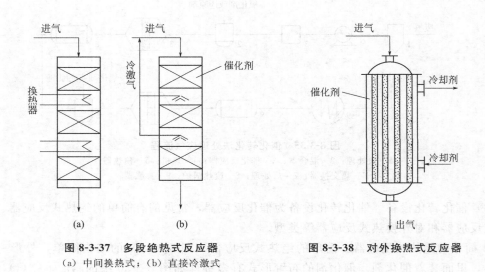

(a) (b)

图 8-3-37 多段绝热式反应器 **图 8-3-38 对外换热式反应器**
（a）中间换热式；（b）直接冷激式

第三节 低浓度二氧化硫处理技术

煤燃烧过程中产生的烟气中 SO_2 浓度一般在 2％以下，称为低浓度 SO_2 废气，硫酸生产中的硫酸尾气也属低浓度 SO_2 废气，对低浓度二氧化硫废气的脱硫称为烟气脱硫或废气脱硫。主要的烟气脱硫方法列于表 8-3-4 中。工业上应用较多的主要为石灰/石灰石法、氨法、钠碱法、双碱法、金属氧化物法和活性炭吸附法。

表 8-3-4　主要的烟气脱硫方法

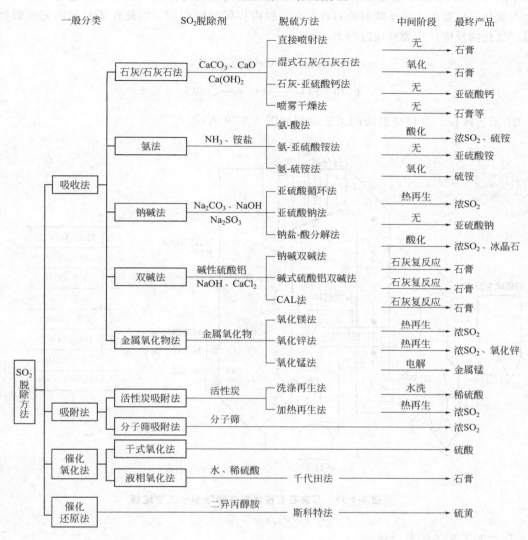

1. 石灰/石灰石法

石灰/石灰石法是采用石灰石、石灰或白云石等作为脱硫吸收剂脱除废气中的 SO_2，其中石灰石应用得最多。石灰石料源广泛，价格低廉，到目前为止，在各种脱硫方法中，以石灰/石灰石法运行费用最低。

石灰/石灰石法所得副产品可以回收，也可以抛弃。因而有回收法与抛弃法之分。在美国多采用抛弃法；在日本，由于堆渣场地紧张，多采用回收法。

应用石灰/石灰石进行脱硫，可以采用干法——将石灰石直接喷入锅炉膛内；也可以采用湿法——将石灰石等制成浆液洗涤含硫废气。可以根据生产规模、生产环境、副产品的需求情况等的不同，选择不同的方法。

（1）石灰/石灰石直接喷射法　石灰/石灰石直接喷射法是将石灰石或石灰粉料直接喷入锅炉炉膛内进行脱硫，脱硫产生的硫酸钙与锅炉灰渣一起抛弃。

① 基本原理。石灰石的粉料被直接喷入锅炉炉膛内的高温区，被煅烧成氧化钙（CaO），

烟气中的 SO_2 即与 CaO 发生反应而被吸收。由于烟气中氧的存在，在吸收反应进行的同时，还会有氧化反应发生。由于喷射的石灰石在炉膛内停留时间很短，因此在短时间内完成煅烧、吸附、氧化的反应，主要反应过程为：

$$CaCO_3 \xrightarrow{\triangle} CaO + CO_2 \uparrow$$

$$CaO + SO_2 + \frac{1}{2}O_2 \mathrm{\underline{=\!=\!=}} CaSO_4$$

② 工艺流程。直接喷射法的工艺流程如图 8-3-39 所示。

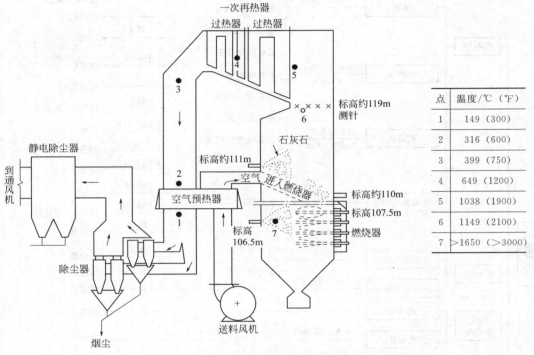

点	温度/℃（℉）
1	149（300）
2	316（600）
3	399（750）
4	649（1200）
5	1038（1900）
6	1149（2100）
7	>1650（>3000）

图 8-3-39 石灰石直接喷射法脱除 SO_2 工艺流程

③ 主要工艺条件及优缺点：

石灰石的分解温度约为 765℃，白云石的分解温度约为 344℃；

CaO 与 SO_2 的有效反应温度为 900～1100℃；

MgO 与 SO_2 的有效反应温度为 800℃左右；

石灰石颗粒直径应小于 2mm。

石灰/石灰石直接喷射法所需设备少（只需储存、研磨与喷射设备），投资省，但该法也存在严重不足，即脱硫率低；反应产物可能形成污垢沉积在管束上，增大系统阻力；降低电除尘器的效率等。因此只能有限地使用，一般只适用于中小锅炉及较旧的电厂锅炉内。

（2）流化态燃烧法

① 基本原理。将石灰石或石灰粉料加入沸腾床或流化床锅炉中，煤在沸腾床或流化床锅炉中燃烧的同时，燃煤产生的 SO_2 与石灰或石灰石分解产生的氧化钙反应生成 $CaSO_4$。

② 工艺流程与设备。图 8-3-40 为循环流化床（CFB）锅炉工艺流程示意图，该流程中原煤和石灰石按配比同时加入 CFB 锅炉中，这种锅炉专为脱硫而设计，目前国内外均已有

工业应用。

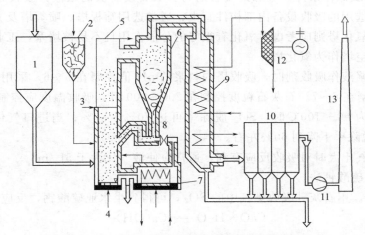

图 8-3-40 用 CFB 锅炉进行脱硫的流程示意图

1—原煤仓；2—石灰石仓；3—二次风；4—一次风；5—燃烧室；6—旋风分离器；7—外置流化床热交换器；
8—控制阀；9—对流竖井；10—除尘器；11—引风机；12—汽轮发电机；13—烟囱

除了 CFB 锅炉外，也有用在沸腾床锅炉中加入石灰石或石灰进行脱硫的。

（3）石灰-石膏法

① 基本原理。该方法是用石灰石或石灰浆吸收烟气中的 SO_2，首先生成亚硫酸钙

（$Ca_2SO_3 \cdot \frac{1}{2}H_2O$），然后将亚硫酸钙氧化生成石膏。因此就整个方法的过程而言，主要分为吸收和氧化两个步骤。

② 工艺流程。石灰-石膏法的工艺流程如图 8-3-41 所示。

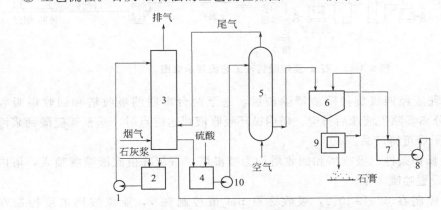

图 8-3-41 湿式石灰石（石灰）-石膏法工艺流程

1,8,10—泵；2—循环槽；3—吸收塔；4—母液槽；5—氧化塔；6—稠厚器；7—中间槽；9—离心机

将配好的石灰石（石灰）浆液用泵送入吸收塔顶部，与从塔底送入的含 SO_2 烟气逆向流动。经洗涤净化后的烟气从塔顶排空。石灰石（石灰）浆液在吸收 SO_2 后，成为含亚硫酸钙和亚硫酸氢钙的混合液，将此混合液在母液槽中用硫酸调节 pH 值至 4 左右，用泵送入氧化塔，并向塔内送入 490kPa（5kgf/cm²）的压缩空气进行氧化。生成的石膏经稠厚器使其沉积，上清液返回吸收系统循环，石膏浆经离心机分离得成品石膏。氧化塔排出的尾气因含有微量 SO_2，可送回吸收塔内。

③ 主要设备及操作条件。考虑到吸收剂为石灰石或石灰的浆液，吸收时易在设备内结垢造成堵塞，所选用的吸收设备内部构件宜少，通常选用筛板塔、喷雾塔及文丘里吸收塔等作为吸收设备。氧化塔则应考虑对氧化有很好的分散作用且不易被堵塞，工业上采用带回转圆筒式雾化器的空塔作为氧化塔。

采用清石灰浆液作吸收剂时，吸收塔内料浆的 pH 值控制在 5~6，采用石灰石浆液时，料浆的 pH 值控制在 6~7。石灰石粒度控制在 200~300 目。吸收温度应控制在 100℃以下，当进口气体温度为 90~100℃时，SO_2 脱除率可达 70%~80%；当进口气体温度为 150~160℃时，SO_2 脱除率下降到 60%左右。

吸收塔内液气比大时对吸收反应有利，通常应使液气比大于 $5L/m^3$。

（4）石灰-亚硫酸钙法

① 基本原理。用石灰乳吸收烟气中的 SO_2，可得到半水亚硫酸钙，反应过程为：

$$CaO + H_2O \longrightarrow Ca(OH)_2$$

$$2Ca(OH)_2 + 2SO_2 \longrightarrow 2(CaSO_3 \cdot \frac{1}{2}H_2O) + H_2O$$

同时半水亚硫酸钙可部分氧化成硫酸钙，部分与 SO_2 生成亚硫酸氢钙。

② 工艺流程。工艺流程如图 8-3-42 所示。

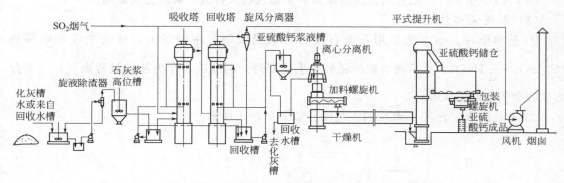

图 8-3-42　石灰-亚硫酸钙法工艺流程示意图

配制好的石灰乳液经四级旋液除渣器除渣后，送至两台串联的吸收塔和回收塔吸收 SO_2，尾气经旋风分离器除去液沫后排空。塔内循环吸收液到达终点时，送至亚硫酸钙浆液高位槽后经分离、干燥可得产品。

③ 主要设备及操作条件。吸收塔和回收塔均为喷淋塔，石灰乳由旋液喷嘴喷入，塔内分上、下两层，共设置喷嘴 8 个。

石灰乳液浓度控制在 8%~10%，吸收终点 pH 值控制在 7，亚硫酸钙浓度控制在 10%~12%；吸收率可达 97%以上。产品亚硫酸钙的纯度为 50%~55%。

2. 氨法

氨法是用氨水洗涤含 SO_2 的废气，形成 $(NH_4)_2SO_3$-NH_4HSO_3-H_2O 的吸收液体系，该溶液中的 $(NH_4)_2SO_3$ 对 SO_2 具有很好的吸收能力，是氨法中的主要吸收剂。吸收 SO_2 以后的吸收液可用不同的方法处理，获得不同的产品。氨法中较成熟的有氨-酸法、氨-亚硫酸铵法和氨-硫铵法等。在这些脱硫方法中，其吸收的原理和过程是相同的，不同之处仅在于对吸收液处理的方法和工艺技术路线不同。

氨法是烟气脱硫方法中较为成熟的方法。该法脱硫费用低，氨可留在产品内，以氮肥的形式提供使用，因而产品实用价值较高。但氨易挥发，因而吸收剂的消耗量较大，另外氨的来源受地域及生产行业的限制较大。尽管如此，氨法仍不失为一个治理低浓度 SO_2 的有前途的方法。

为了解决氨的运输和储存问题，也可采用碳酸氢铵作为脱除 SO_2 的吸收剂，得到与氨水同样的效果。

（1）氨-酸法

① 基本原理。氨-酸法的基本原理是将氨水加入吸收塔中使其与含 SO_2 的废气接触，生成亚硫酸铵和亚硫酸氢铵。当吸收液中亚硫酸铵与亚硫酸氢铵的比例达到 $0.8\sim0.9$ 时，可将吸收液自循环吸收系统导出一部分进行酸解，用硫酸酸解时得到 SO_2 和硫酸铵。SO_2 可用于制液态 SO_2 和制取硫酸。回收 SO_2 后的吸收液中含有硫酸铵和过量的硫酸，可用氨中和其中的硫酸生成硫酸铵。

当用硝酸或磷酸进行酸解时，除得到 SO_2 外，还可得到硝酸铵或磷酸二氢铵。

② 工艺流程。用氨-酸法治理低浓度 SO_2 的吸收工艺由三个步骤组成，即 SO_2 的吸收、吸收液的酸解和过量酸的中和。典型的工艺流程见图 8-3-43。

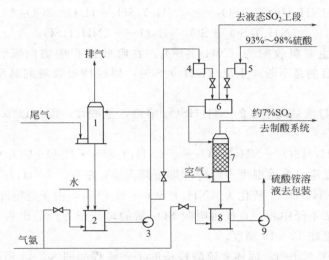

图 8-3-43　氨-酸法回收硫酸尾气工艺流程示意图
1—尾气吸收塔；2—母液循环槽；3—母液循环泵；4—母液高位槽；5—硫酸高位槽；
6—混合槽；7—分解塔；8—中和槽；9—硫酸铵溶液泵

含 SO_2 的废气由尾气吸收塔 1 的底部进入，母液循环槽 2 中 $(NH_4)_2SO_3$-NH_4HSO_3 吸收液经由循环泵 3 输送到吸收塔顶部，在气、液的逆向流动接触中，废气中的 SO_2 被吸收，净化后的尾气由塔顶排空。吸收 SO_2 后的吸收液排至循环槽中，补充水和氨以维持其浓度并在吸收过程中循环使用。

将 $(NH_4)_2SO_3$-NH_4HSO_3 达到一定浓度比例的部分吸收液，送至混合槽 6，在此与由硫酸高位槽 5 来的 $93\%\sim98\%$ 的硫酸混合进行酸解，从混合槽中分解出近 100% 的 SO_2，可用于生产液体 SO_2。未分解完的混合液送入分解塔 7 继续酸解，并从分解塔底部吹入空气以驱赶酸解中所生成的 SO_2。由分解塔顶部获得约 7% 的 SO_2，这部分 SO_2 可用来制酸。

酸解后的液体在中和槽 8 中用氨中和过量的酸。采用氨作中和剂是为了使中和产物与酸解产物一致。中和后得到的硫酸铵溶液可用于制硫酸铵肥料。

③ 主要设备及操作条件：

吸收塔多用填料塔和泡沫塔，空塔气速一般为 $2\sim3m/s$，喷淋密度为 $10\sim20m^3/(m^2 \cdot h)$；吸收液碱度滴度控制在 $16\sim18$；S/C 控制在 0.8 左右；总亚盐浓度控制在 450g/L。

酸解时用酸量应大于理论值的 $30\%\sim50\%$，中和时氨的用量比理论值高出 $2\%\sim5\%$。

当采用一段吸收时，对 SO_2 的吸收效率可达 90%，采用两段吸收时，吸收效率可达 98%。

（2）氨-亚硫酸铵法

使用氨-酸法治理低浓度 SO_2 需耗用大量硫酸，氨的来源也有一定的局限性，为此国内一些小型硫酸厂采用了氨-亚硫酸铵法治理低浓度 SO_2，扩大了氨法应用范围。使用该法时，对吸收 SO_2 后的吸收液不再用酸分解，而是直接将吸收母液加工为亚硫酸铵使用，可以节约酸解用酸。

氨-亚硫酸铵法按所得产品不同又分为固体亚硫酸铵法和液体亚硫酸铵法。

① 基本原理。氨-亚硫酸铵法可用氨水作氨源对 SO_2 进行吸收，也可用固体碳酸氢铵作氨源对 SO_2 进行吸收。

$$2NH_4HCO_3+SO_2 = (NH_4)_2SO_3+H_2O+2CO_2\uparrow$$
$$(NH_4)_2SO_3+SO_2+H_2O = 2NH_4HSO_3$$

吸收过程中的主要吸收剂为 $(NH_4)_2SO_3$。在吸收过程中需向吸收系统中不断补充 NH_4HCO_3 和水，目的是不断产生出 $(NH_4)_2SO_3$，以保持吸收液的碱度稳定和对 SO_2 较高的吸收能力。

吸收 SO_2 后的母液是高浓度的 NH_4HSO_3 溶液，呈酸性，需加以中和，中和剂使用固体 NH_4HCO_3：

$$NH_4HSO_3+NH_4HCO_3 = (NH_4)_2SO_3 \cdot H_2O+CO_2\uparrow$$

该反应为吸热反应，溶液温度不经冷却即可降至 0℃ 左右。$(NH_4)_2SO_3$ 比 NH_4HSO_3 在水中溶解度小，NH_4HSO_3 转化为 $(NH_4)_2SO_3 \cdot H_2O$ 后，由于过饱和而从溶液中析出。

液体亚硫酸铵法不经中和，直接将吸收 SO_2 后的母液作为产品出售，这种情况下应控制母液为碱性，碱度在 $12\sim16$ 滴度。

② 工艺流程和工艺说明。固体亚硫酸铵法的工艺流程如图 8-3-44 所示。液体亚硫酸铵法仅有图 8-3-44 中的吸收部分，吸收后母液可自第一吸收液循环槽采出作为产品。

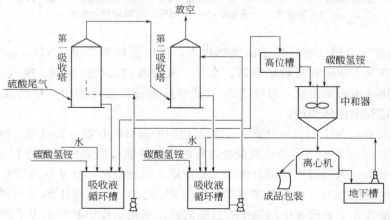

图 8-3-44　固体亚硫酸铵法工艺流程图

固体亚硫酸铵法工艺过程分为吸收、中和、分离三个工序。

a. 吸收。吸收采用二段吸收塔。在第一吸收塔中，为使引出到中和工序的吸收液中含有较高浓度的 NH_4HSO_3，以便制取更多的亚铵产品，应尽量提高吸收液的 S/C 值。一般控制此段吸收液的 S/C 值为 0.88～0.9，总亚盐含量 700g/L。在第二吸收塔中，为保证较高的 SO_2 吸收率，使排气中 SO_2 浓度符合排放要求，应控制吸收液较低的 S/C 值。吸收液总亚盐含量应在 350g/L，碱度控制在 13～15 滴度。经二段吸收后的 SO_2 排放浓度可降至 200～300mg/m³，吸收效率达 95％以上。

b. 中和。由第一吸收塔引出 NH_4HSO_3 含量高的吸收液，在中和器中加入固体 NH_4HCO_3 对其进行中和，经搅拌后完成反应，生成的 $(NH_4)_2SO_3 \cdot H_2O$ 因过饱和而析出，得到含悬浮物的混浊液。

c. 分离。经中和反应后所得到的含悬浮物混浊液，送入离心机中进行分离，分离出的 $(NH_4)_2SO_3 \cdot H_2O$ 为白色晶体，包装成为产品。离心母液为饱和的 $(NH_4)_2SO_3$ 溶液，用泵送入第二吸收塔作为吸收液循环使用。

③ 吸收设备及使用比较。亚硫酸铵法处理 SO_2 的设备主要有喷淋塔、湍球塔和复喷复档吸收器，这三种 SO_2 吸收设备的比较见表 8-3-5。

表 8-3-5　氨-亚硫酸铵法所用的三种 SO_2 吸收设备

方案	设备规格/mm	建设费用/万元	电耗比较	压力降/Pa	吸收率/%	施工比较	结构特点	使用比较
两级湍球塔吸收	进气部分 ϕ2000 湍动层 ϕ1400 总高 10.5m	2	3BA-9 配 7.5kW 电动机两台	2450～2940	70～85	施工制作较复杂	全部用 12mm 聚氯乙烯板制作，湍动两层分两级吸收，顶部为捕沫层	适应范围差，带沫严重，吸收率不稳定，塑料球每季度要更换 40%～50%
一级喷淋塔吸收	ϕ5300×350 总高 13m（ϕ内4600）	3.5	KH38/32 酸泵配 20kW 电动机两台	196～392	80～90	施工期长，工程量大，需做大量平台、走道	黄浆石壳体、内设三层喷头；上部单向喷头 6 个，中部双向喷头 8 个，下部双向喷头 8 个	适应性较大，制作维修较麻烦，设备高大，系一级吸收，不易调整；保证吸收率时氨损失大
两级复喷复档吸收器吸收	一级复喷 ϕ800 管二级复喷 ϕ800/ϕ720 复档 ϕ1800×4300	1.5	3BA-9 泵配 4.5kW 电动机三台	883～1030	89～95	施工安装制作都较容易	全部用 6～12mm 聚氯乙烯板制作	适应范围较大，吸收率稳定，制造简单，维修容易

（3）氨-硫酸铵法

① 基本原理。氨-硫酸铵法和氨-酸法及氨-亚硫酸铵法的吸收原理相同，都是用 NH_3 吸收 SO_2，用所生成的 $(NH_4)_2SO_3$-NH_4HSO_3 吸收液循环洗涤含 SO_2 的废气。不同之处是后两者的吸收过程中，要尽量防止和抑制氧化副反应的发生，避免将吸收液中的 $(NH_4)_2SO_3$ 氧化为 $(NH_4)_2SO_4$，以保持吸收液对 SO_2 的吸收效率；而在氨-硫酸铵法中，氧化产物是该方法的最终产品，因此在吸收过程中需促使循环吸收液的氧化。由此导致了氨-硫酸铵法在工艺、设备等方面与氨-酸法、氨-亚硫酸铵法存在着不同。

氨-硫酸铵法一般用于处理燃烧烟气中的 SO_2，通常情况下，烟气中的氧含量可将吸收液中的 $(NH_4)_2SO_3$ 全部氧化为 $(NH_4)_2SO_4$。但吸收液氧化率的高低直接影响对 SO_2 的吸收率，吸收液的氧化使亚硫酸盐变为硫酸盐，氧化愈完全，吸收液吸收 SO_2 的能力就愈低。为了保证吸收液吸收 SO_2 的能力，吸收液内应保持足够的亚硫酸盐浓度。亚硫酸盐不可能在吸收塔内全部被氧化，为此在吸收塔后必须设置专门的氧化塔，以保证亚硫酸铵的全部氧化。

在吸收液被引出吸收塔后，一般是将吸收液用氨进行中和，使吸收液中全部的 NH_4HSO_3 转变为 $(NH_4)_2SO_3$，以防止 SO_2 从溶液中逸出。整个过程的反应如下：

$$NH_4HSO_3 + NH_3 \Longrightarrow (NH_4)_2SO_3$$

生成的 $(NH_4)_2SO_3$ 用空气中的氧进行氧化：

$$(NH_4)_2SO_3 + \frac{1}{2}O_2 \Longrightarrow (NH_4)_2SO_4$$

② 工艺流程。氨-硫酸铵法处理 SO_2 的工艺过程分为吸收、氧化、后处理 3 个工序，工艺流程见图 8-3-45。

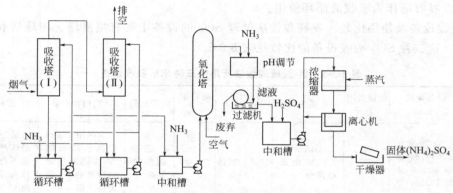

图 8-3-45　氨-硫酸铵法处理含 SO_2 烟气工艺流程

燃烧烟气经两级吸收后排空。部分循环吸收液从吸收系统中引出至中和槽，用 NH_3 进行中和。中和液用泵送入氧化塔通入压缩空气进行氧化，氧化后的溶液在 pH 调节槽中加 NH_3 成为碱性，使烟气中含有的钒、镍、铁等金属变为氢氧化物沉淀而除去。硫酸铵母液经浓缩、结晶、分离、干燥后，即可得硫酸铵产品。

③ 主要设备及方法特点。吸收塔多采用填料塔与筛板塔，氧化塔多采用装有雾化器的空塔。

为了促进吸收塔中对吸收液的氧化作用，在吸收塔的设计以及工艺条件上应采取一些加强氧化作用的措施。吸收设备应采用易吸收氧的设备如填料塔，并使塔内气速以及溶液浓度控制得低些；吸收液应维持较高的 S/C 值，并使吸收液的温度高一些；采用催化氧化物质，如活性炭、锰离子等，以促进氧溶解和亚硫酸盐的氧化。在氧化塔中，为使溶液有足够大的氧溶解速度，一般均使用压缩空气。在氧化塔的结构上，为保证空气与溶液有足够的接触面，在塔内需设置旋转雾化器，使进入塔内的空气旋转雾化、产生微细气泡分散于溶液中，增大气液接触面积。

该法的主要产品为硫酸铵，与氨法的其他方法相比，所用设备较少，不消耗酸，没 SO_2 的副产品生出，不需加工 SO_2 的设备，因而方法比较简单，投资较省。目前，硫铵肥料在国外销路不好，但在我国还有着较好的市场，特别适合在我国北方碱性土壤中使用。另外可以通过用硫铵制取氮磷复合肥料而扩大其应用。

3. 钠碱法

钠碱法是采用碳酸钠或氢氧化钠吸收烟气中的 SO_2 的方法。与用其他碱性物质吸收 SO_2 相比，该法具有如下优点：

① 与氨法比，它使用固体吸收剂，碱的来源限制小，便于运输、储存。而且由于阳离子为非挥发性的，不存在吸收剂在吸收过程中的挥发问题，因而碱耗小。

② 与钙法相比，钠碱的溶解度较高，因而吸收系统不存在结垢、堵塞等问题。

③ 与使用钾碱的方法相比，钠碱比钾碱来源丰富且价格要便宜得多。

④ 钠碱吸收剂吸收能力大，吸收剂用量小，可获得较好的处理效果。

其缺点是与氨碱及钙碱相比，碱源相对比较紧张。

钠碱法按吸收液再生方法的不同，分为亚硫酸钠法、亚硫酸钠循环法和钠盐-酸分解法。

（1）亚硫酸钠法

① 基本原理。亚硫酸钠法是用 Na_2CO_3 或 $NaOH$ 作起始吸收剂吸收烟气中的 SO_2，将吸收后得到的高浓度的 $NaHSO_3$ 吸收液用 $NaOH$ 或 Na_2CO_3 中和，使 $NaHSO_3$ 转变为 Na_2SO_3。

由于 Na_2SO_3 溶解度较 $NaHSO_3$ 低，中和后生成的 Na_2SO_3 因过饱和而从溶液中析出。在结晶温度低于 $33℃$ 时，结晶出 $Na_2SO_3 \cdot 7H_2O$，温度较高时可结晶出无水亚硫酸钠。

中和母液经固-液分离后，可得 Na_2SO_3 结晶产品。

主要副反应仍为氧化反应，氧化反应生成的 Na_2SO_4 混在产品中影响产品质量，为减少氧化问题，在吸收液中应加入一定量的阻氧化剂，常用的阻氧化剂有对苯二胺及对苯二酚等。

② 工艺流程与操作条件。亚硫酸钠法的工艺过程主要由吸收、中和、浓缩、结晶四个工序组成，工艺流程如图 8-3-46 所示。

a. 吸收工序。在配碱槽中配成 $20 \sim 22°Bé$（波美度）（$\rho = \dfrac{144.3}{144.3 - °Bé} \, g/cm^3$）的 Na_2CO_3 水溶液，加入 Na_2CO_3 用量的十二万分之一的对苯二胺作为阻氧化剂，再加入 Na_2CO_3 用量 5% 左右的 $24°Bé$ 的 $NaOH$ 溶液，以沉降铁离子及其他重金属离子。将配好的溶液送入吸收塔，与含 SO_2 气体逆流接触，循环吸收，至吸收液的 pH 值达 $5.6 \sim 6.0$ 时，即得亚硫酸氢钠溶液，将此溶液送去中和，吸收后尾气排空。

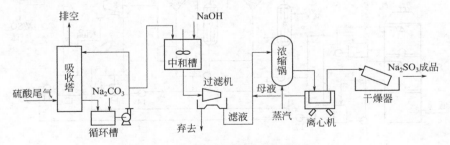

图 8-3-46 亚硫酸钠法工艺流程图

b. 中和工序。将吸收后的 $NaHSO_3$ 溶液送至中和槽，加入 $24°Bé-NaOH$ 溶液进行中和反应至 $pH≈7$，然后以 $4kg/cm^2$ 的蒸汽间接加热至沸腾，以驱尽其中的 CO_2。加入适量的硫化钠溶液以除去铁和重金属离子，继续加 $NaOH$ 将溶液中和至 $pH=12$，再加入少量活性炭脱色,过滤后即得含量约为21%的无色亚硫酸钠清液。

c. 浓缩结晶工序。将亚硫酸钠溶液送入浓缩锅,用蒸汽加热并不断加进新鲜的亚硫酸钠溶液以保持一定的液位,防止锅壁上结出"锅巴"。当析出一定量的亚硫酸钠时,将结晶连同母液放入离心机分离,得到含水2%～3%的亚硫酸钠晶体,母液返回浓缩锅循环使用。

d. 干燥工序。用电热烘干或气流干燥方法将含水亚硫酸钠晶体干燥,得到亚硫酸钠产品。

③ 主要设备及方法特点。吸收可采用填料塔、筛板塔或湍球塔,国内某厂采用的吸收设备为聚氯乙烯湍球塔,塔径为1100mm,单层湍动。全高3720mm,内装φ38mm聚氯乙烯空心球9000只,固定床高约400mm。空塔气速为3m/s,喷淋密度25m³/(m²·h)。上筛板孔径32mm,开孔率48%。塔内阻力1470～1960Pa,液体在塔内停留时间为6s。该塔的特点为不易堵塞,生产能力大,用材少,造价低,吸收效率可达90%～95%。

亚硫酸钠法具有工艺流程简单、吸收效率高、操作方便可靠、投资较低、产品亚硫酸钠可作为商品出售等特点。由于亚硫酸钠法耗碱较多且亚硫酸钠市场容量有限,故仅适用于中小气量废气的脱硫。

(2) 亚硫酸钠循环法 亚硫酸钠循环法又称威尔曼洛德钠法,在国外用于处理大气量的低浓度SO_2烟气。

① 基本原理。用Na_2CO_3或$NaOH$的水溶液来吸收烟气中的SO_2,一般情况下吸收液中主要成分为Na_2SO_3、$NaHSO_3$和少量Na_2SO_4,这些成分中仅Na_2SO_3可吸收SO_2。当吸收液中大部分Na_2SO_3转变为$NaHSO_3$时,吸收液吸收能力变得很小,就将吸收液送去加热再生,由于$NaHSO_3$不稳定,可在100℃左右加热分解,反应式为:

$$2NaHSO_3 \xrightarrow{\triangle} Na_2SO_3 + SO_2 + H_2O$$

在加热分解$NaHSO_3$的过程中,可得到高浓度SO_2气体,同时得到的Na_2SO_3结晶,经固液分离后可返回吸收系统循环使用,故此法称为亚硫酸钠循环法。

② 工艺流程。亚硫酸钠循环法的工艺流程如图8-3-47所示。

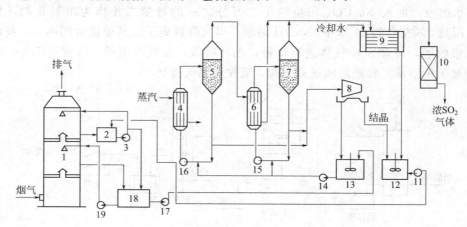

图 8-3-47 亚硫酸钠循环法工艺流程示意图

1—吸收塔;2,18—循环槽;3,11,14～17,19—泵;4,6—加热器;5,7—蒸发器;
8—离心机;9—冷却器;10—脱水器;12—吸收液槽;13—母液槽

烟气进入吸收塔后在塔下部先进行除尘增湿,然后在塔上部进行两段或多段吸收,使烟

气中 SO_2 浓度达到排放标准。

一段吸收引出的含 $NaHSO_3$ 较多的吸收液经加热后进入蒸发器进行热再生，$NaHSO_3$ 分解出的 SO_2 经冷却脱水后得到高浓度 SO_2，吸收液蒸发得到的 Na_2SO_3 结晶在离心机内分离出来循环使用。

③ 主要设备。用于吸收的吸收塔可采用三段泡沫吸收塔，也可使用图 8-3-48 所示的五段筛板吸收塔，图中筛板塔设五块塔板，筛孔孔径为 $15\sim20mm$，孔间距为 $50\sim60mm$，空塔气速为 $1.6\sim1.7m/s$。

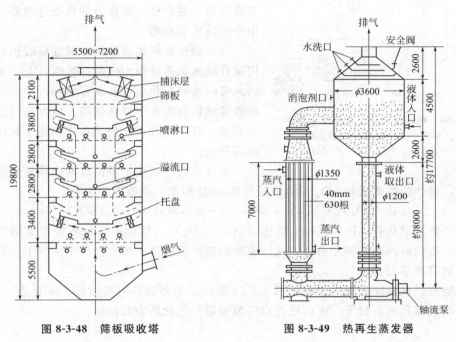

图 8-3-48　筛板吸收塔　　　　　　　图 8-3-49　热再生蒸发器

热再生所用的蒸发器为强制循环蒸发器，该蒸发器的结构见图 8-3-49。该蒸发器的蒸发量为 $1000kg/（m^2 \cdot h）$。

（3）钠盐-酸分解法　该法是用酸对吸收液分解再生，但由于强酸类的钠盐实用价值不大或应用的需求量不大，因而无法广泛使用。但在个别工厂，当酸解后的产物有特殊用途时，该法就具有了实用意义。目前成功应用此法的是在氟化盐厂采用的钠盐-氟铝酸分解法。

钠盐-氟铝酸分解法采用 Na_2CO_3 作为吸收剂吸收废气中的低浓度 SO_2。吸收液中主要为 Na_2SO_3 和 $NaHSO_3$。吸收液中的 Na_2SO_3 和 $NaHSO_3$ 用氟铝酸分解后，可得冰晶石（Na_3AlF_6）和浓 SO_2 气体，两者均为有用产品，可以出售。

4. 双碱法

石灰-石膏法的最主要缺点是容易结垢造成吸收系统的堵塞，为克服此缺点，发展了双碱法。石灰-石膏法易造成结垢的原因主要是整个工艺过程都采用了含有固体颗粒的浆状物料，而双碱法则是先用可溶性的碱性清液作为吸收剂吸收 SO_2，然后再用石灰乳或石灰对吸收液进行再生，由于在吸收和吸收液处理中，使用了不同类型的碱，故称为双碱法。双碱法的明显优点是，由于采用液相吸收，从而不存在结垢和浆料堵塞等问题，另外副产的石膏纯度较高，应用范围可以更广泛一些。

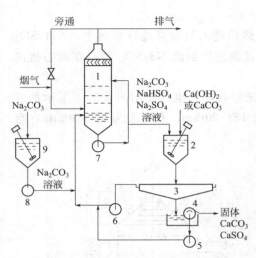

图 8-3-50 钠碱双碱法工艺流程示意图
1—洗涤塔；2—混合槽；3—稠化器；
4—真空过滤器；5～8—泵；9—混合槽

双碱法主要有钠碱双碱法、碱性硫酸铝双碱法和 CAL 法。

(1) 钠碱双碱法 钠碱双碱法是以 Na_2CO_3 或 NaOH 溶液为第一碱吸收烟气中的 SO_2，然后再用石灰石或石灰作为第二碱，处理吸收液，产品为石膏。再生后的吸收液送回吸收塔循环使用。

钠碱双碱法的工艺流程见图 8-3-50，主要设备有吸收塔、混合槽、稠化器和真空过滤器，吸收塔用筛板塔或填料塔。

(2) 碱性硫酸铝双碱法 碱性硫酸铝双碱法采用碱性硫酸铝溶液作为吸收剂吸收 SO_2，吸收 SO_2 后的吸收液经氧化后用石灰石中和再生，再生出的碱性硫酸铝在吸收中循环使用。该方法的主要产物为石膏。日本同和矿业公司首先创造了此法，故又称同和法。

吸收剂碱性硫酸铝可由硫酸铝或氧化铝加石灰中和制得，碱性硫酸铝吸收 SO_2 后生成硫酸铝-亚硫酸铝，吸收反应为：

$$Al_2(SO_4)_3 \cdot Al_2O_3 + 3SO_2 \longrightarrow Al_2(SO_4)_3 \cdot Al_2(SO_3)_3$$

吸收产物经氧化将 $Al_2(SO_3)_3$ 氧化成 $Al_2(SO_4)_3$，然后用石灰石粉作为第二碱将吸收液再生，得到碱性硫酸铝和石膏，碱性硫酸铝返回吸收塔去吸收烟气中的 SO_2，石膏经离心分离得到副产品石膏。

碱性硫酸铝双碱法的工艺流程如图 8-3-51 所示，主要设备有吸收塔、氧化塔、沉淀槽、中和槽、增稠器和离心机等。吸收塔为双层填料塔，氧化塔为鼓泡塔。

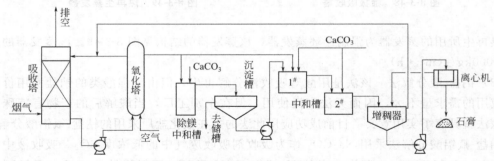

图 8-3-51 碱性硫酸铝双碱法工艺流程示意图

(3) CAL 法 CAL 法是为解决石灰-石膏法的结垢和堵塞问题而发展起来的一种脱硫方法，即用 CAL 液作为吸收液来吸收 SO_2，吸收后生成的亚硫酸钙经氧化与离心分离后变成产品石膏，CAL 料浆返回吸收系统循环 SO_2。

CAL 液为氯化钙水溶液中添加石灰所制得的溶液，因消石灰在 30% 氯化钙水溶液中的溶解度可达在水中溶解度的 7 倍，因而在 CAL 液中石灰是以溶解状态存在的，这使 CAL 液吸收 SO_2 的能力大为增加，有利于 SO_2 的吸收。

CAL 法的工艺流程如图 8-3-52 所示，主要设备为吸收塔。

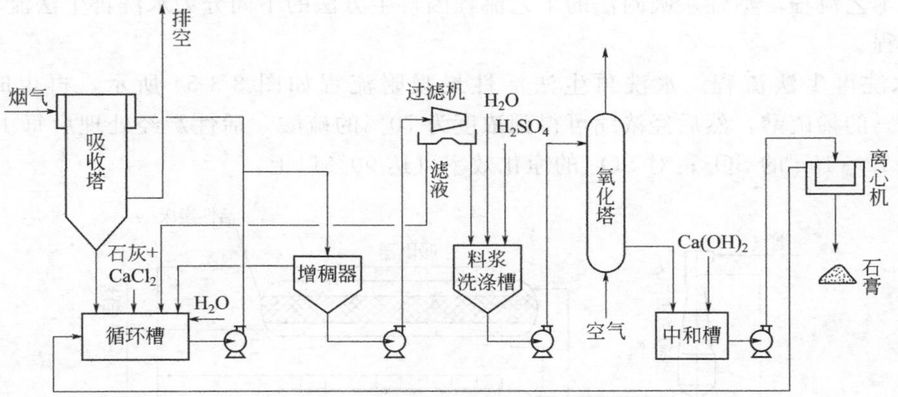

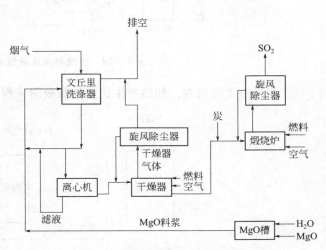

图 8-3-52 CAL 法工艺流程示意图

5. 金属氧化物法

一些金属氧化物，如 MgO、ZnO、MnO$_2$、CuO 等，对 SO$_2$ 都具有较好的吸收能力，因此可用金属氧化物对含 SO$_2$ 废气进行处理。一般是将氧化物制成浆液洗涤气体，因其吸收效率较高，吸收液也较易于再生，因此在金属氧化物易于取得的情况下，可采用此类方法处理低浓度 SO$_2$ 废气。

金属氧化物吸收法主要用于有色金属和黑色金属的冶炼企业产生的低浓度 SO$_2$ 废气，国内已有工业装置的有氧化镁法、氧化锌法和氧化锰法。氧化镁浆洗-再生法的工艺流程见图 8-3-53。

图 8-3-53 氧化镁浆洗-再生法工艺流程

6. 活性炭吸附法

用活性炭吸附低浓度 SO$_2$ 废气中的 SO$_2$ 在工业上已有较成熟的应用。活性炭吸附法是利用活性炭吸附烟气中的 SO$_2$，使烟气净化，然后将饱和的活性炭再生，得到浓 SO$_2$ 或其他产品。

（1）基本原理 在氧和水蒸气存在的条件下，活性炭同时吸附 SO$_2$、H$_2$O 和 O$_2$，在活性炭表面上发生化学反应生成硫酸，反应式为：

$$SO_2 + H_2O + \frac{1}{2}O_2 \xrightarrow{\text{活性炭}} H_2SO_4$$

当活性炭内外表面基本为硫酸分子覆盖时，需要去除活性炭表面上的硫酸，使活性炭恢复吸附能力，这一过程称为活性炭的再生。

用水洗出活性炭内外表面上的硫酸，得到稀硫酸，然后将活性炭干燥除水的方法称为水洗再生。将活性炭加热，使炭与硫酸发生反应，使 H$_2$SO$_4$ 还原为 SO$_2$，从而使活性炭再生，同时使 SO$_2$ 富集的方法称为加热再生。加热再生后得到的浓 SO$_2$ 可用于制硫酸或硫黄。

（2）工艺流程　活性炭吸附法的工艺流程因再生方法的不同分为水洗再生法流程和加热再生法流程。

① 水洗再生法流程。水洗再生法活性炭吸附流程如图 8-3-54 所示，再生时可得到 $10\%\sim15\%$ 的稀硫酸，然后经浓缩可得到浓度为 70% 的硫酸。活性炭经处理后每 100g 活性炭可吸附 $12\sim15g$ 的 SO_2；对 SO_2 的净化效率可达 90% 以上。

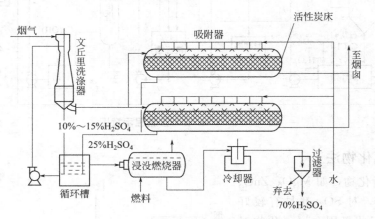

图 8-3-54　水洗再生法活性炭吸附流程

② 加热再生法流程。加热再生法活性炭吸附流程如图 8-3-55 所示。

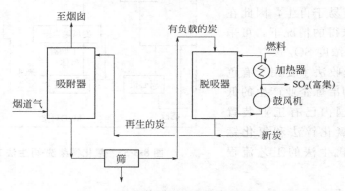

图 8-3-55　加热再生法活性炭吸附流程

吸附在吸附器内进行，再生在脱附器内进行，SO_2 脱附的同时使活性炭获得再生。吸附温度为 100℃，脱附温度为 400℃。

（3）主要设备　水洗再生法的吸附器采用固定床吸附器，加热再生法的吸附器和脱附器均采用流动床吸附器。流动床吸附器中活性炭磨损较大。

第四节　氮氧化物废气处理技术

燃料燃烧产生的烟气中含有一氧化氮（NO）和少量二氧化氮（NO_2），NO 和 NO_2 统称氮氧化物（NO_x）。此外硝酸生产和硝酸使用过程中也会产生含氮氧化物的废气，目前我国对燃烧烟气中的氮氧化物基本未作处理，主要对化工生产中和酸洗过程中产生的含氮氧化物废气进行处理。处理方法如表 8-3-6 所示。下面仅介绍选择性催化还原法、稀硝酸吸收法、氨-碱溶液两级吸收法、碱-亚硫酸铵两级吸收法、硫代硫酸钠吸收法和尿素溶液吸收法等几种方法。

表 8-3-6 含 NO_x 废气处理方法

	处理方法	要 点
催化还原法	非选择性催化还原法	用 CH_4、H_2、CO 及其他燃料气作还原剂与 NO_x 进行催化还原反应。废气中的氧参加反应,放热量大
	选择性催化还原法	用 NH_3 作为还原剂将 NO_x 催化还原为 N_2。废气中的氧很少与 NH_3 反应,放热量小
液体吸收法	水吸收法	用水作吸收剂对 NO_x 进行吸收,吸收效率低,仅可用于气量小、净化要求不高的场合,不能净化含 NO 为主的 NO_x
	稀硝酸吸收法	用稀硝酸作吸收剂对 NO_x 进行物理吸收与化学吸收。可以回收 NO_x,消耗动力较大
	碱性溶液吸收法	用 $NaOH$、Na_2SO_3、$Ca(OH)_2$、NH_4OH 等碱溶液作吸收剂对 NO_x 进行化学吸收,对于含 NO 较多的 NO_x 废气,净化效率低
	氧化-吸收法	对于含 NO 较多的 NO_x 废气,用浓 HNO_3、O_3、$NaClO$、$KMnO_4$ 等作氧化剂,先将 NO_x 中的 NO 部分氧化成 NO_2,然后再用碱溶液吸收,使净化效率提高
	吸收-还原法	将 NO_x 吸收到溶液中,与 $(NH_4)_2SO_3$、NH_4HSO_3、Na_2SO_3 等还原剂反应,NO_x 被还原为 N_2,其净化效果比碱溶液吸收法好
	络合吸收法	利用络合吸收剂 $FeSO_4$、$Fe(II)$-EDTA 及 $Fe(II)$-EDTA-Na_2SO_3 等直接同 NO 反应,NO 生成的络合物加热时重新释放出 NO,从而使 NO 能富集回收
吸附法		用丝光沸石分子筛、泥煤、风化煤等吸附废气中的 NO_x,将废气净化

1. 选择性催化还原法

（1）基本原理　选择性催化还原法用氨为催化还原剂,氨在催化剂上有选择地只与废气中的 NO_x 发生还原反应,基本上不与氧反应。

$$4NH_3 + 6NO == 5N_2 + 6H_2O$$
$$8NH_3 + 6NO_2 == 7N_2 + 12H_2O$$

（2）工艺流程和工艺条件　氨选择性催化还原法的工艺流程如图 8-3-56 所示,含 NO_x 的硝酸尾气预热到 $240 \sim 250 ℃$,和氨以一定比例在混合器内混合均匀后进入催化反应器进行还原反应,反应后的气体经分离器除去催化剂粉末,再回收能量后排放。

图 8-3-56 所示流程中,NH_3 与 NO_x 的摩尔比为 $1.2 \sim 1.6$,反应器入口温度为 $220 \sim 230 ℃$,反应空间速度为 $12000h^{-1}$;反应用铜铬催化剂,净化效率为 90%,每处理生产 1t 硝酸的尾气耗氨为 $7 \sim 8kg$。

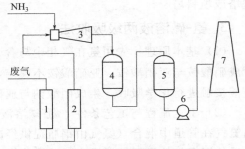

图 8-3-56 氨选择性催化还原法治理硝酸尾气工艺流程

1,2—预热器；3—混合器；4—反应器；
5—过滤分离器；6—尾气透平；7—排气筒

（3）主要设备　反应器为立式固定床反应器。分离器用过滤式分离器。当不需回收能量时,分离器也可用旋风分离器。

2. 稀硝酸吸收法

（1）基本原理　利用 NO 和 NO$_2$ 在硝酸中的溶解度比在水中大这一原理，用稀硝酸对废气中的 NO$_x$ 进行吸收。吸收为物理过程，低温高压有利于吸收。

（2）工艺流程和工艺条件　稀硝酸吸收法处理含 NO$_x$ 尾气的工艺流程见图 8-3-57。吸收液采用的是"漂白稀硝酸"，即脱除了 NO$_x$ 以后的硝酸。

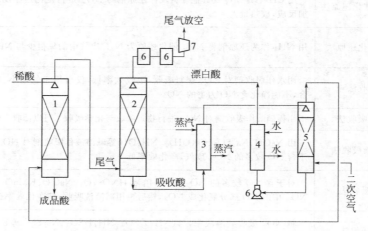

图 8-3-57　稀硝酸吸收法处理含 NO$_x$ 尾气的工艺流程
1—硝酸吸收塔；2—尾气吸收塔；3—加热器；4—冷却器；5—漂白塔；6—尾气预热器；7—尾气透平

从硝酸吸收塔出来的含 NO$_x$ 尾气由尾气吸收塔下部进入，与吸收液漂白稀硝酸逆流接触，进行物理吸收。经过净化的尾气进入尾气透平，回收能量后排空。吸收了 NO$_x$ 后的硝酸经加热器加热后进入漂白塔，利用二次空气进行漂白，再经冷却器降温到 20℃ 循环使用。吹出的 NO$_x$ 则进入硝酸吸收塔进行吸收。

用作吸收液的稀硝酸浓度为 15%～30%，吸收温度为 20℃，空塔气速为 0.2m/s，对 NO$_x$ 的净化效率为 67%～87%。由于吹出的 NO$_x$ 要用于生产硝酸，所以此法仅用于对硝酸尾气的净化。

（3）主要设备　尾气吸收塔多用填料塔，也有企业用筛板塔作尾气吸收塔。漂白塔用鼓泡塔或填料塔。

3. 氨-碱溶液两级吸收法

（1）基本原理　先用氨在气相中与含 NO$_x$ 废气接触，NH$_3$ 与 NO$_x$ 及水蒸气在气相中生成硝酸铵与亚硝酸铵，亚硝酸铵不稳定，可分解为氮气和水。气相反应后的混合气体再与碱液接触进行化学吸收，生成硝酸钠与亚硝酸钠。

（2）工艺流程与工艺条件　氨-碱溶液两级吸收法的工艺流程见图 8-3-58。含 NO$_x$ 尾气与氨气在管道中混合（氨气由钢瓶提供经减压后气化进入管道），进行第一级还原反应。反应后的混合气体经缓冲器进入碱液吸收塔，进行第二级吸收反应，吸收后的尾气排空，吸收液循环使用。

用此法处理含 NO$_x$ 废气时，废气中的 NO$_x$ 浓度约 1000mg/m^3，氨的加入量为 50～200L/h；空塔气速约 2.2m/s；吸收塔内碱液的喷淋密度为 8～10m^3/（m^2·h）；吸收效率在 90% 左右。

（3）主要设备　吸收塔采用斜孔板吸收塔或填料吸收塔。

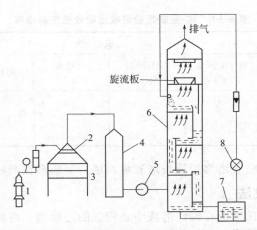

图 8-3-58　氨-碱溶液两级吸收法吸收 NO$_x$ 工艺流程

1—液氨钢瓶；2—氨分布器；3—通风柜；4—缓冲瓶；5—风机；6—吸收塔；7—碱液循环槽；8—碱泵

4. 碱-亚硫酸铵两级吸收法

（1）基本原理　第一级用 NaOH 或 Na$_2$CO$_3$ 作吸收剂吸收废气中的 NO$_x$ 得到含 NaNO$_2$ 的吸收液，第二级利用亚硫酸铵-亚硫酸氢铵溶液吸收 NO$_x$，生成硫酸铵与硫酸氢铵，同时将 NO$_x$ 还原为 N$_2$。

（2）工艺流程及工艺条件　碱-亚硫酸铵两级吸收法的工艺流程见图 8-3-59。在两个吸收塔内用不同的吸收液吸收含 NO$_2$ 废气中的 NO$_x$，第一塔内用 NaOH 或 Na$_2$CO$_3$ 溶液作吸收液，吸收废气中 NO$_x$ 后生成含 NaNO$_2$ 的吸收液送去浓缩回收 NaNO$_2$，废气再进入第二塔内用含亚硫酸铵与亚硫酸氢铵的吸收液吸收废气中的 NO$_x$，生成硫酸铵与亚硫酸铵，同时将 NO$_x$ 还原为 N$_2$，含硫酸铵的吸收液可作为液体肥料出售，也可浓缩结晶得到硫酸铵肥料。

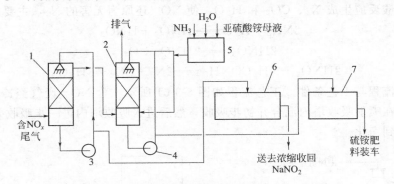

图 8-3-59　碱-亚硫酸铵两级吸收法吸收 NO$_x$ 工艺流程

1—碱液吸收塔；2—亚硫酸铵吸收塔；3—碱泵；4—亚硫酸铵泵；
5—亚硫酸铵液储槽；6—亚硝酸钠溶液储槽；7—硫铵成品槽

工艺条件见表 8-3-7 和表 8-3-8。

表 8-3-7　碱-亚硫酸铵吸收法工艺操作指标

工　艺　条　件				气体中含 NO$_x$ 浓度/10^{-6}		净化效率/%
气量/(m^3/h)	空速/(m/s)	液气比/(L/m^3)	吸收温度/℃	吸收前	吸收后	
5400	1.9~2.3	1~1.25	30~35	2320~3720	260~960	约 93

表 8-3-8 碱-亚硫酸铵吸收法吸收液控制指标

阶 段	成 分					
	$(NH_4)_2SO_3$ /(g/L)	NH_4HSO_3 /(g/L)	NH_4NO_2 /(g/L)	有效氮 /(g/L)	相对密度	温度 /℃
新配吸收液	150～200	<10	—	—	1.08～1.10	<45
循环吸收液	200～20		<25		1.10～1.12	25～40
成品吸收液	<20		<25	65～70	1.12	—

（3）主要设备 碱液吸收塔多用筛板塔和填料塔，亚硫酸铵吸收塔用筛板塔较多。

5. 硫代硫酸钠吸收法

（1）基本原理 硫代硫酸钠在碱性溶液中是较强的还原剂，可将 NO_2 还原为 N_2，适于处理以 NO_2 为主的含 NO_x 的尾气。主要化学反应是：

$$4NO_2 + 2Na_2S_2O_3 + 4NaOH \Longrightarrow 2N_2 \uparrow + 4Na_2SO_4 + 2H_2O$$

（2）工艺流程及工艺条件 硫代硫酸钠吸收法处理含 NO_x 废气的工艺流程如图 8-3-60 所示。含 NO_x 废气进入吸收塔内，与吸收液逆流接触，硫代硫酸钠与 NO_x 在 $NaOH$ 存在下发生还原反应，净化后废气排空。

采用此法时，吸收液中 $NaOH$ 和 $Na_2S_2O_3$ 浓度均为 2%～4%，液气比大于 3.5L/m³，空塔气速小于 1.28m/s，吸收过程中 pH 值控制在 10 以上，净化效率约为 94%。

（3）主要设备 国内处理装置的吸收塔采用波纹板填料塔。此法适用于气量较小、NO_x 中以 NO_2 为主的废气。

6. 尿素溶液吸收法

（1）基本原理 含 NO_x 的废气被吸收液吸收后，NO_x 与水生成亚硝酸，吸收液中的尿素可与亚硝酸反应生成 N_2、CO_2 和 H_2O，使 NO_x 还原为无害的 N_2，主要反应式为：

$$2NO_2 + H_2O \Longrightarrow HNO_2 + HNO_3$$
$$2HNO_3 \Longrightarrow 2HNO_2 + O_2$$
$$2HNO_2 + NH_2CONH_2 \Longrightarrow 2N_2 + CO_2 + 3H_2O$$

（2）工艺流程与工艺条件 工艺流程如图 8-3-61 所示。含 NO_x 废气经冷却塔降温后，与尿素吸收液在喷射吸收塔内混合并初步吸收，然后进入吸收塔内进一步吸收并发生还原反应，使废气得到净化。

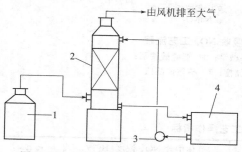

图 8-3-60 硫代硫酸钠吸收法工艺流程
1—毒气柜；2—波纹填料吸收塔；
3—塑料泵；4—循环槽

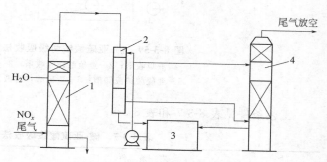

图 8-3-61 尿素溶液吸收法工艺流程
1—冷却器；2—喷射塔；
3—尿素溶液储槽；4—洗涤塔

所用吸收液中尿素浓度为 10%，pH 值为 $1\sim3$，吸收液温度为 $30\sim40℃$，液气比为 $67\sim100L/m^3$。

（3）主要设备　混合与初步吸收设备为喷射塔，吸收多采用填料塔与筛板塔。此法多用于小气量含 NO_x 废气的处理。

第五节　有机废气治理技术

有机废气指含有碳氢化合物及其衍生物的废气。碳氢化合物也称烃类，包括脂肪族烃和芳香族烃，碳氢化合物的衍生物包括含氧化合物、含硫化合物、含氮化合物、卤素衍生物、硝基有机物、有机农药等。污染空气的常见有机化合物见表 8-3-9。

表 8-3-9　污染空气的常见有机化合物

项目	名　称		通　式	代表性物质	
碳氢化合物	脂肪族烃	链烷烃 环烷烃 烯烃 炔烃	C_nH_{2n+2} C_nH_{2n} C_nH_{2n} C_nH_{2n-2}	甲烷,乙烷,丙烷,丁烷 环己烷,甲基环己烷 乙烯,丙烯,丁烯,丁二烯 乙炔	汽油 松节油
	芳香族烃		C_nH_{2n-6}	苯,甲苯,二甲苯,苯乙烯,萘,联苯,萘烷,四氢化萘	
含氧有机物	醇和酚		$R—OH$	甲醇,乙醇,丙醇,丁醇,戊醇,丙烯醇,环己醇,苯酚	
	醚和酮		$R—O—R'$, RCO	乙醚,环氧乙烷,联苯醚,丙酮,丁酮	
	醛		$RCHO$	甲醛,乙醛,糠醛	
	酯		$R—COO—R'$	醋酸甲酯,醋酸乙酯,醋酸丙酯,醋酸丁酯,醋酸戊酯,甲基丙烯酸甲酯	
	酸		$R—COOH$	甲酸,醋酸,丙烯酸	
含氮有机物	硝基苯		$R—(NO_2)_n$	硝基苯,硝基甲苯,二硝基苯,三硝基甲苯	
	胺		$R—NH_2$, $R_2=NH$ $R_3≡N$	一甲胺,二甲胺,苯胺,甲苯胺,二甲苯胺,己内酰胺,二甲基甲酰胺	
	腈		$R—CN$	乙腈,丙烯腈	
含其他元素有机物	卤代烃		$R—X$	二氯乙烷,三氯乙烷,四氯化碳,氯乙烯,氯丁二烯,溴甲烷,碘甲烷,氯苯,环氧氯丙烷,氯萘,氯联苯	
	有机氯农药			六六六,林丹,五氯酚,氯化苦	
	有机磷农药			甲基对硫磷,敌百虫,内吸磷,对硫磷,马拉硫磷,甲基内吸磷,乐果,敌敌畏,甲拌磷	
	其他			滴滴涕,四乙基铅,吡啶,光气,二氯丙醇,二甲基二氯硅烷,二异氰酸甲苯酯,三乙基氯化锡,一硝基氯苯,二硝基氯苯,羰基镍	

很多有机物具有异臭，称为恶臭物质，具有恶臭的有机物见表 8-3-10。

表 8-3-10 恶臭物质的分类及臭味性质

分类			主要物质	臭味性质
无机物	硫化合物		硫化氢,二氧化硫,二硫化碳	腐蛋臭,刺激臭
	氮化合物		二氧化氮,氨,碳酸氢铵,硫化铵	刺激臭,尿臭
	卤素及其化合物		氯,溴,氯化氢	刺激臭
	其他		臭氧,磷化氢	刺激臭
有机物	烃类		丁烯,乙炔,丁二烯,苯乙烯,苯,甲苯,二甲苯,萘	刺激臭,电石臭,卫生球臭
	含硫化合物	硫醇类	甲硫醇,乙硫醇,丙硫醇,丁硫醇,戊硫醇,己硫醇,庚硫醇,二异丙硫醇,十二碳硫醇	烂洋葱臭,烂甘蓝臭
		硫醚类	二甲二硫,甲硫醚,二乙硫,二丙硫,二丁硫,二苯硫	烂甘蓝臭,蒜臭
	含氮化合物	胺类	一甲胺,二甲胺,三甲胺,二乙胺,乙二胺	烂鱼臭,腐肉臭,尿臭
		酰胺类	二甲基甲酰胺,二甲基乙酰胺,酪酸酰胺	汗臭,尿臭
		吲哚类	吲哚,β-甲基吲哚	粪臭
		其他	吡啶,丙烯腈,硝基苯	芥子气臭
	含氧化合物	醇和酚	甲醇,乙醇,丁醇,苯酚,甲酚	刺激臭
		醛	甲醛,乙醛,丙烯醛	刺激臭
		酮和醚	丙酮,丁酮,己酮,乙醚,二苯醚	汗臭,刺激臭,尿臭
		酸	甲酸,醋酸,酪酸	刺激臭
		酯	丙烯酸乙酯,异丁烯酸甲酯	香水臭,刺激臭
	卤素衍生物	卤代烃	甲基氯,二氯甲烷,三氯乙烷,四氯化碳,氯乙烯	刺激臭
		氯醛	三氯乙醛	刺激臭

　　沥青是煤和石油加工过程中的碳和多组分有机物的混合物,生产和使用沥青过程中产生的沥青烟气中含有大量有机化合物,这些有机物见表 8-3-11。

　　含有表 8-3-9~表 8-3-11 中所列有机物的废气都可称为有机废气,有机废气因废气中有机物成分的不同又分别被称为含苯废气、氯乙烯废气、乙烯废气、乙醚废气、丙烯腈废气、恶臭废气和沥青烟气等。有机废气的主要处理方法见表 8-3-12。

表 8-3-11 沥青烟中的部分有机物质

类别		碳环烃	环烃衍生物	杂环化合物
五节环类	单环	茂(环戊二烯)	茚,酮	呋喃,噻吩,吡咯,吡唑,苯并呋喃,苯并噻吩,吲哚,二苯并呋喃,咔唑,二苯并噻吩
	双环	茚		
	三环	芴、苊		
	四环	萤蒽		
六节环类	单环	苯,苊	苯酚,甲酚	吡啶,嘧啶喹啉
	双环	萘,联苯	萘酚,甲基萘	
	三环	蒽,菲	蒽醌,蒽酚,菲醌	
	四环	芘丁省,三亚苯,苯并蒽,苯并菲		
	五环	苉,苯并[a]芘,二苯并蒽		
	六环	苯并芘,萘并芘,苯并五苯		
	七环以上	二萘并芘,二苯并五苯		

表 8-3-12　有机废气的主要处理方法

处理方法	方　法　要　点	适用范围
燃烧法	将废气中的有机物作为燃料烧掉或将其在高温下进行氧化分解,温度范围为 600～1100℃	适用于中、高浓度范围废气的净化
催化燃烧法	在氧化催化剂作用下,将碳氢化合物氧化为 CO_2 和 H_2O,温度范围 200～400℃	适用于各种浓度的废气净化,适用于连续排气的场合
吸附法	用适当的吸附剂对废气中有机物组分进行物理吸附,温度范围:常温	适用于低浓度废气的净化
吸收法	用适当的吸收剂对废气中有机组分进行物理吸收,温度范围:常温	对废气浓度限制较小,适用于含有颗粒物的废气的净化
冷凝法	采用低温,使有机物组分冷却至露点以下,液化回收	适用于高浓度废气的净化
静电捕集法	采用静电除雾器捕集废气中大分子量的有机物	适用于沥青烟气的净化

1. 燃烧法

根据废气中可燃有机物浓度高低可分别采用直接燃烧法和热力燃烧法。

（1）直接燃烧法　当尾气或废气中有机物浓度足够高,可以靠废气中有机物燃烧所放出的热量维持燃烧不断进行时,可采用直接燃烧法处理废气。直接燃烧法中,废气中有机物作为燃料被处理掉,燃烧的最终产物是 CO_2、H_2O 和 N_2。

直接燃烧法所用的燃烧设备可以是工业用和民用燃烧炉,如锅炉或家庭炉灶,也可以是专用的火炬燃烧器。当将尾气作为民用炉灶燃料时,必须配置尾气气柜,以保持尾气产生量与处理量之间的平衡。当采用火炬燃烧器处理有机废气时,火炬燃烧器应专门设计,以保证在有机废气量或有机物发生波动时,火炬燃烧器都能将废气中有机物基本燃烧完全。

（2）热力燃烧法　当废气中可燃有机物的含量较低,废气本身不能燃烧,或废气中可燃组分燃烧时放出的热量不能维持燃烧不断进行,需另加燃料维持燃烧时,称为热力燃烧,热力燃烧时废气中的有机物起辅助燃料的作用,同时也是被处理的对象。

在热力燃烧法中,首先是另加的燃料燃烧以提供热量,然后是含有机物的废气与高温燃气相混合达到有机物的燃烧温度,引发废气中有机物的燃烧,在这一温度下保持废气有足够的停留时间,使废气中的有机物充分燃烧分解,生成无害的 CO_2 和 H_2O。

热力燃烧可在普通的锅炉或燃烧炉中进行,也可在专用的热力燃烧炉中进行。

在使用普通锅炉或燃烧炉进行热力燃烧时应注意以下条件:

① 废气中不应含无机烟尘等不可燃组分,这些不可燃组分有可能在传热面上沉积从而降低效率并增加动力消耗。

② 废气中的含氧量应与锅炉燃烧的需氧量相适应,以保证充分燃烧,否则燃烧不完全形成的焦油等大分子量有机物会黏附到传热面上降低热效率。

专用的热力燃烧炉应保证获得 760℃ 以上的温度和 0.5s 左右的接触时间,以保证将有机污染物完全燃烧,热力燃烧炉由燃烧器和燃烧室组成,可根据燃烧器的种类分为配焰燃烧炉和离焰燃烧炉,参见图 8-3-29～图 8-3-31。

2. 催化燃烧法

催化燃烧法是在催化剂的作用下将废气中的有机污染物完全氧化成 CO_2 和 H_2O。催化燃烧法的起燃温度低，安全性能好，对需净化有机物的浓度限制小，这使催化燃烧法较多应用于低浓度有机污染物的处理，但废气中的尘粒和雾滴有可能使催化剂寿命降低，因而催化燃烧法不适于处理含尘粒和雾滴的有机废气。

（1）催化燃烧催化剂　催化燃烧的催化剂有贵金属催化剂、非贵金属催化剂和稀土金属催化剂，通常将催化剂的活性组分载到载体上制成粒状或蜂窝状使用。常见催化燃烧催化剂的性能见表 8-3-13。

表 8-3-13　常见催化燃烧催化剂的性能

催化剂品种	活性组分含量/%	2000h⁻¹下90％转化，温度/℃	最高使用温度/℃	催化剂品种	活性组分含量/%	2000h⁻¹下90％转化，温度/℃	最高使用温度/℃
Pt-Al₂O₃	0.1～0.5	250～300	650	Mn、Cu、Cr-Al₂O₃	5～10	350～400	650
Pd-Al₂O₃	0.1～0.5	250～300	650	Mn-Cu、Co-Al₂O₃	5～10	350～400	650
Pd-Ni、Cr 丝或网	0.1～0.5	250～300	650	Mn、Fe-Al₂O₃	5～10	350～400	650
Pd-蜂窝陶瓷	0.1～0.5	250～300	650	稀土催化剂	5～10	350～400	700
Mn、Cu-Al₂O₃	5～10	350～400	650	锰矿石颗粒	25～35	300～350	500

（2）催化燃烧法的流程与设备　催化燃烧法的流程见图 8-3-35；催化燃烧法的设备见图 8-3-36～图 8-3-38。催化燃烧法的流程具有以下特点。

① 进入催化燃烧装置的气体首先要经过预处理，除去粉尘、液滴及有害组分，避免催化剂床层的堵塞和催化剂的中毒。

② 进入催化剂床层的气体温度必须达到所用催化剂的起燃温度，催化反应才能进行，因此对于低于起燃温度的进气，必须进行预热使其达到起燃温度。特别是开车时，对冷进气须进行预热，因而催化燃烧法适用于处理连续排出的有机废气。

③ 催化燃烧有机废气会产生一定量的反应热，在产生热量大时，应注意回收反应热。

3. 吸附法

吸附法可相当彻底地净化有机废气，适于净化低浓度有机废气，也可富集并回收废气中有价值的有机物。

（1）吸附剂　可作为有机废气的吸附剂有活性炭、硅胶、分子筛等，其中应用最广泛的为活性炭。活性炭的物性参数见表 8-3-14。

表 8-3-14　活性炭物性参数

性　质	粒状活性炭	粉状活性炭	性　质	粒状活性炭	粉状活性炭
真密度/(g/cm³)	2.0～2.2	1.9～2.2	细孔容积/(cm³/g)	0.5～1.1	0.5～1.4
粒密度/(g/cm³)	0.6～1.0	0.15～0.6	平均孔径/Å	1.2～4.0	1.5～4.0
堆积密度/(g/cm³)	0.35～0.6	0.45～75	比表面/(m²/g)	700～1500	700～1600
孔隙率/%	33～45				

注：1Å=10⁻¹⁰m。

（2）活性炭吸附法处理有机废气流程　用活性炭吸附法处理有机废气时，其流程一般包括以下几部分。

① 预处理。为保证活性炭床层具有一定的孔隙率，减少床层阻力，应预先除去废气中的固体颗粒物和液滴。

② 吸附。当采用固定床吸附器时，通常采用 2 个以上的吸附器，其中一个处于吸附状态，废气通过该吸附器，使废气中有机物被活性炭床层吸附。

③ 脱附与吸附剂再生。当吸附剂接近饱和时，应将该吸附剂床层切换到脱附状态，使吸附质脱附而使吸附剂恢复吸附能力，这一过程也称吸附剂的再生，常用的使吸附剂再生的方法见表 8-3-15。

表 8-3-15　脱附与吸附剂再生方法

脱附与吸附剂再生办法	特　　　点
加热脱附与再生	使热气流(蒸汽或热空气)与床层接触直接加热床层,吸附质可脱附释放,吸附剂恢复吸附性能。不同吸附剂允许加热的温度不同
降压脱附与再生	再生时压力低于吸附操作时的压力,或对床层抽真空,使吸附质脱附,脱附温度可与吸附温度相同
吹扫脱附与再生	向再生设备中通入基本上无吸附性的吹扫气,降低吸附质在气相中分压,使其脱附出来。操作温度愈高,通气温度愈低,效果愈好
置换脱附与再生	采用可吸附的吹扫气,置换床层中已被吸附的物质,吹扫气的吸附性愈强,床层解吸效果愈好,比较适用于对温度敏感的物质。为使吸附剂再生,还需对再吸附物进行脱附
化学脱附与再生	向床层通入某种物质使吸附质发生化学反应,生成不易被吸附物质而脱附

用活性炭吸附有机化合物时，最常用的是水蒸气脱附法使活性炭再生，主要是利用有机化合物与水的不互溶性，经脱附、冷凝、分离后回收有机物。有些有机物被活性炭吸附后，用水蒸气脱附困难，则应采用其他方法进行再生。适合用水蒸气再生的有机物见表 8-3-16。

表 8-3-16　适合用水蒸气再生的有机物

丙酮	丁醇	庚烷	甲基氯仿	乙醇	甲苯
黏着剂溶剂	二硫化碳	己烷	丁酮	二氯化乙烯	三氯乙烷
醋酸戊酯	四氯化碳	脂族烃	二氯甲烷	干洗溶剂汽油	三氯乙烯
苯	二乙醚	芳族烃	矿油精	氟代烃	二甲苯
粗苯	燃料油	异丙醇	混合溶剂	氯苯	四氢呋喃
溴氯甲烷	汽油	酮类	干洗溶剂	粗汽油	
醋酸丁酯	碳卤化合物	甲醇	醋酸乙酯	全氯乙烯	

④ 脱附有机物回收与处置。用水蒸气脱附法脱附下来的有机物，通常经冷凝、静置后可与水分层，易于回收。当脱附的有机物易溶于水时，则可将冷凝下来的有机物水溶液采用精馏的办法分离。当有机物没有回收价值时，可将脱附的有机物掺入煤炭中烧掉。

用活性炭吸附法处理有机废气的流程如图 8-3-62 所示。

(3) 吸附设备　用吸附法处理有机废气时多用固定床吸附器，也有用流化床吸附器处理沥青烟气的吸附设备。固定床吸附器的型式见图 8-3-28。

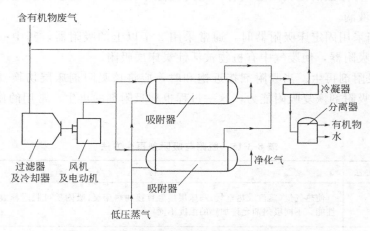

图 8-3-62　活性炭吸附法处理有机废气的流程

4. 吸收法

对于可以溶于有机溶剂的有机物，可采用适当的有机物作吸收剂处理有机废气，例如用二乙二醇醚作吸收剂吸收苯类废气，用轻柴油作吸收剂吸收汽油蒸气等。

汽油等轻质油品从炼油厂或油库外运时，在装火车或汽车槽车的过程中，由于油品喷洒、搅动、蒸发等，将引起油品损耗且污染大气。

为回收处理这些油气，可设置吸收塔，用轻柴油作吸收剂进行吸收。油品装车被置换出来的混合油气，经集气管、凝缩油罐进行分液后，进入吸收塔吸收。吸收富油经缓冲罐、富油泵、富油罐送去回炼。未被吸收的气体从塔顶排入放散管，放散管底部供给大量新鲜空气，将尾气稀释后排入大气。吸收剂进塔温度不高于 37℃，夏季气温高时，需将吸收液冷却降温。油气回收装置流程见图 8-3-63。吸收塔可用填料塔，也可用板式塔。

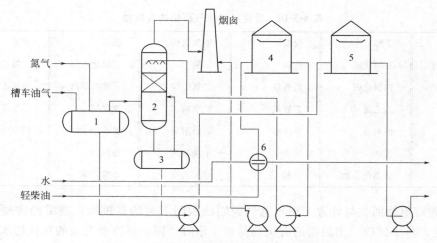

图 8-3-63　汽油密闭装车油气回收装置流程

1—凝缩油罐；2—吸收塔；3—缓冲罐；4—贫油罐；5—富油罐；6—换热器

装车过程中油气回收装置吸收效果见表 8-3-17。

表 8-3-17 吸收法油气回收装置效果测定

测定月份	大气温度/℃	汽油温度/℃	吸收液温度/℃	吸收前总烃			吸收后总烃			烃回收率/%	每装60m³罐车	
				体积/m³	质量/kg	平均密度/(kg/m³)	体积/m³	质量/kg	平均密度/(kg/m³)		排出混合气/m³	回收汽油/kg
11月	11～18	21	22	24.28	57.21	2.36	4.81	5.15	1.07	91.00	79.23	41.25
3月	20	22	24	24.77	66.87	2.70	4.21	4.63	1.10	93.07	79.75	49.62
6月	30	28	33～34	26.62	72.67	2.73	7.14	7.84	1.10	89.21	81.77	53.01
8月	38	36	37	36.44	98.21	2.70	6.33	8.18	1.30	91.67	94.40	84.98
平均值	—	—	—	28.03	73.74	2.62	5.62	6.45	1.14	91.24	83.79	57.22

5. 冷凝法

(1) 应用范围 用冷凝法处理有机废气多用于废气中有机物浓度和温度较高且有机物组分较单纯的废气，也用于处理含有大量水蒸气的高温废气，还可以作为高浓度有机废气的一级处理装置和其他处理方法联合应用，以减轻二级处理装置的操作负担。

(2) 工艺流程举例

① 气态汽油的冷凝回收。油品储罐或运输油品罐车所排出的含汽油气体，收集起来后先进压缩机压缩，然后经间接冷却和直接冷却，使油气中部分烃蒸气冷凝下来加以回收，直接冷却的冷却剂为汽油。工艺流程如图 8-3-64 所示。

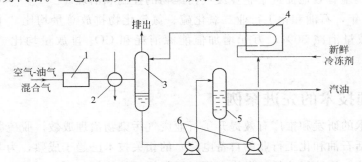

图 8-3-64 冷凝法油气回收示意图
1—压缩机；2—冷却器；3—冷却塔；4—冷冻机；5—分离塔；6—泵

② 冷凝-吸收法处理癸二腈蒸气。某厂用冷凝-吸收法处理尼龙生产中产生的癸二腈蒸气，用水作冷却介质和吸收剂处理含癸二腈蒸气，其工艺流程如图 8-3-65 所示。

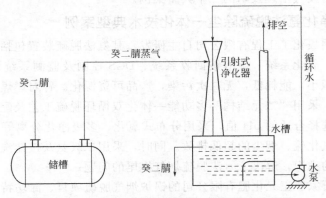

图 8-3-65 冷凝-吸收法处理癸二腈蒸气工艺流程

（3）冷凝设备　用于冷凝的设备主要为接触冷凝器和表面冷凝器，参见图 8-3-18 和图 8-3-19。

第六节　石油和化工行业废气治理现状与典型案例

一、石油和化工行业废气治理现状与目标

2015 年，石油和化工行业二氧化硫、氮氧化物、烟（粉）尘等污染物排放量继续下降。其中，全行业二氧化硫排放量 229.1 万吨，占工业二氧化硫排放量的 14.7%；氮氧化物排放量 121.2 万吨，占工业氮氧化物排放量的 10.3%；烟（粉）尘排放量 110.5 万吨，占工业烟（粉）尘排放量的 9%。根据环保部门统计，我国年 VOCs 排放量约 3000 万吨，其中工业源 VOCs 排放量超过 1200 万吨。2015 年石油和化工行业 VOCs 排放量约 530 万吨，占工业源 VOCs 排放量的 42%。

标准体系的建设和实施有效地推动了行业废气污染物的治理工作。目前，石油和化工行业脱硫脱硝除尘的标准主要执行综合性排放标准《大气污染物综合排放标准》（GB 16297—1996）。焦化、锅炉、炼油催化裂化装置均制定了相应的排放标准。涉及 VOCs 排放的国家标准已经扩展至 14 项，同时各省市区也加大了与 VOCs 排放相关的地方排放标准制定工作。这些标准的颁布实施有效地促进了企业废气污染物的控制和治理。

计划到 2020 年，石油和化工行业二氧化硫、氮氧化物排放总量均比"十二五"末减少 15%，VOCs 排放量消减 30%，万元增加值能源消耗和 CO_2 排放量均比"十二五"末降低 10%。

二、废气治理技术的先进案例

废气治理技术的研发和推广有效提升了行业废气污染物治理成效。脱硫脱硝领域中应用于火电行业（包括石油和化工行业的自备电厂）的相关技术已趋于成熟，为非电行业脱硫脱硝提供了技术借鉴；炼油行业低氮燃烧、原料预加热、催化烟气脱硫脱硝技术的应用，大幅度消减了二氧化硫、氮氧化物的排放；在除尘方面，国内袋式除尘技术水平显著提升，性能已接近或达到国外同类产品，成为我国主流除尘设备；在 VOCs 防治领域，我国通过引进国外先进技术，经过消化、吸收和再创新，开发研制并应用了一批 VOCs 防治技术，并取得一定成效。以下为废气治理技术的三个典型案例。

1. 梯级分离净化氨法脱硫除尘一体化技术典型案例

该技术由山东明晟化工工程有限公司自主研发。其氨法脱硫装置包括锅炉烟气系统、浓缩系统、吸收系统、氧化系统、硫酸铵回收系统、DCS 控制及监测系统六大系统。其设备结构紧凑，占地面积小，能耗低，无二次污染，产品可资源化。针对燃煤锅炉烟气氨法脱硫除尘和氨逃逸问题，采用"二元结构"多功能一体化双循环脱硫工艺及配套设备，通过合理设置氧化段液位，选择合适的 pH 值，采用分布式氧化、多级净化分离等方式实现了亚硫酸铵的高效氧化和二氧化硫、烟尘的超低排放。同时，采用二级氨及铵盐洗涤和除雾装置，有效控制了氨及铵盐的逃逸，解决了氨法脱硫烟气拖尾的问题。

此技术已经在石家庄正元化肥有限公司的锅炉烟气脱硫项目、潍坊特钢氨法脱硫超低排放项目等成功应用。前者经石家庄环境监测中心站检测，出口烟气含尘量 8mg/m³、SO₂ 浓

度 24 mg/m³，汞及其化合物烟气出口未检出，氨逃逸量 1 mg/m³ 以下，实现了工业锅炉二氧化硫和烟尘的超低排放；后者经山东省环保厅检测，在不加装湿式电除尘器的情况下达到烟气尘含量 4mg/m³、SO_2 浓度 15 mg/m³，汞及其化合物烟气出口未检出，氨逃逸量 1.7 mg/m³ 以下，实现了超低排放。

该技术以氨为脱硫剂，具有脱硫过程电耗低、水耗低、脱硫剂来源广泛以及装置占地面积小等优点，且无废水、废气、废渣排放，还可副产硫酸铵作为硫基化肥。综合相比，氨法脱硫的经济性要显著好于钙法脱硫。

2. 低温 SCR 脱硝技术典型案例

此技术的低温脱硝催化剂的反应温度在 120～300℃，可以应用于工业锅炉、水泥玻璃窑炉、冶金烧结炉、石化催化裂解炉和化工与酸洗设备等领域，可处理高浓度氮氧化物烟气（1500mg/m³ 以上）。方信立华、上海瀚昱、华元科技等国内企业和荷兰壳牌（Shell）、奥地利 Ceram 等国外企业均开发了此技术。

壳牌公司（Shell）于 20 世纪 90 年代开发出了低温 SCR 脱硝技术，操作温度在 120～350℃；可以在很小的氨逃逸率下达到高于 95％的 NO_x 转化率。Shell 低温脱硝系统在国内已有投运装置，2005 年柳州化工股份有限公司采购了 CRI 三套脱硝系统，使用的温度分别是 137℃、164℃、290℃。2010 年 3 月宁波万华安装了一套气液焚烧尾气处理装置，7 月又安装了尾气流量为 12500m³/h 的硝酸尾气处理装置；2010 年 5 月湖北华强年产 6 万吨的硝酸项目安装了一套此技术尾气处理装置，尾气中的氮氧化物排放均远低于国家标准的 300mg/m³。

3. 常温高效催化氧化技术典型案例

VOCs 治理技术最难解决的问题有三个：一是低浓度（<1500mg/m³）和高风量（>10⁴ m³/h）VOCs 气体的有效处理和达标排放；二是统一企业 VOCs 种类多、种类差异性大，混合气体组分复杂，治理技术需要兼具针对性和广谱性；三是相同采样点、不同采样时间 VOCs 的浓度也不尽相同，要求治理设施运行弹性大、处理效果稳定。

宝泉环保工程有限公司的常温高效催化氧化技术主要工艺为：空气经过本系统处理后形成羟基自由基等活性氧化剂，氧化剂在系统内引发链反应，使有机物彻底降解。实现常温（-20～100℃）下高效催化氧化 VOCs，将污染物消解为二氧化碳、水和少量无机盐。其核心技术包括催化剂核心制备技术、平衡器、羟基自由基发生器。此技术针对八大类 VOCs 气体特点，研发了 100 余种不同种类的催化剂。催化剂在平衡器、羟基自由基发生器、催化塔中，于常温条件下将 VOCs 高效降解。催化剂抗硫、卤素中毒能力强，使用寿命可达 3 年以上。针对 VOCs 气体，在平衡器内进行催化预处理并对高浓度溶剂等物质进行回收，起到温度平衡、布气平衡、停留时间平衡作用，在催化剂作用下高效生成羟基自由基等活性氧化剂。通过催化氧化塔器的设计，使塔内件具有抗氧化、抗酸碱腐蚀的特性，而且其机械强度高，可在恶劣氧化环境中长期使用，实现活性催化剂的高强度负载。实际工程运行表明，气体在通过反应区单塔停留时间在 4～6s 就能够达到很好的处理效果，完全达标排放，适应大部分企业的工况条件。以科伦药业川宁生物技术有限公司 VOCs 治理项目为例，此项目总投资 65 亿元，其中废气治理投资 2.7 亿元。此项目建成投产后异味扰民问题非常严重，引起市民不断投诉，媒体多次关注报道。宝泉环保工程有限公司负责此项目工作后，针对其喷干车间尾气、污水生化处理尾气、头孢发酵尾气、青霉素车间苯乙酸气体四大难处理气体，进行了常温高效催化氧化技术的现场治理实验，通过了有效性、连续性、稳定性等多个类型的全面实验，治理效果得到行业专家、厂方、环保部门的多方肯定，原始异味全部去除，且 VOCs 实验去除率始终稳定在 91％以上，平均去除率达到 94.6％。

宝泉环保工程有限公司在山东潍坊润丰化工股份有限公司污水站及莠去津（阿特拉津合成）车间的两套装置获得 2016 年度国家重点环境保护实用技术示范工程荣誉称号。山东潍坊润丰化工股份有限公司主要废气成分为甲苯类、有机胺、硫化氢、甲硫醇、甲硫醚等，在污水站、莠去津车间进气口浓度分别为 $4.85mg/m^3$ 和 $135mg/m^3$，经宝泉环保常温高效催化氧化技术处理后，出口处能够达民标（人体感官无异味）排放；对非甲烷总烃进行检测，出口处非甲烷总烃数值分别为 $0.35mg/m^3$ 和 $15.6mg/m^3$，远低于《大气污染物综合排放标准》（GB 16297—1996）中非甲烷总烃限值；恶臭能够满足《恶臭污染物排放标准》（GB 14554—93）中的排放标准。

4. 脱硫脱硝一体化技术试验示范工程案例

陕西煤业化工集团下属联合能源化工技术有限公司开发的燃煤烟气脱硫脱硝技术，通过了省科技厅和环保厅技术成果鉴定。2013 年在陕西蒲城清洁能源化工公司，建成 4 台 240t/h 燃煤烟气锅炉烟气脱硫脱硝一体化试验示范装置，2015 年 1 月 17 日打通全流程，产出合格的硫铵和硝铵混合产品，系统连续运行四个月之久。

（1）工艺流程　设计两炉一塔，烟气量 $64 \times 10^4 m^3$（标），吸收塔自上而下分四段：顶部为清洗段，上部为脱硝（NO_x）段，中部为脱硫（SO_2）段，下部为蒸发浓缩段。130℃烟气由吸收塔下部进入吸收塔，用氨水作为吸收剂、O_3 作为 NO 的氧化剂。浓缩结晶液经旋流器和离心机脱水，物料进流化床干燥，计量包装得到化肥产品。

烟气经除沫、除雾器脱水和去除细颗粒物，由烟囱排空。

（2）运行考核指标　2016 年 8 月陕西省环保协会组织专家进行 72h 考核标定，烟气排放平均 $SO_2 < 2mg/m^3$，NO_x $92mg/m^3$，NH_3 $1.96mg/m^3$，均低于国家标准要求和 EPC 合同规定的指标。SO_2 脱除效率达 99.8％，脱 NO_x 效率高达 92.3％，同时发现脱汞效率 35％左右，取得了较好的示范成果。

（3）存在问题　由于布袋除尘效率低，经常发生布袋破损，烟气含尘严重超标，吸收系统浆液被烟尘污染，设备及管道堵塞，造成系统无法长周期稳定运行。湿法脱硫脱硝烟气含尘应控制在 $20mg/m^3$ 以下，超过 $50mg/m^3$ 将严重影响系统稳定运行。

国家科技部将脱硫脱硝脱汞一体化技术列为"十三五"国家重点研发计划项目，以其实现烟气中 SO_2、NO_x 资源化利用，消除污染的同时副产附加值高的化肥产品，这是今后烟气净化技术的发展方向。

参考文献

[1]　戴耀南，张希衡.环保工作者实用手册.北京：冶金工业出版社，1984.
[2]　马广大.大气污染控制工程.北京：中国环境科学出版社，1985.
[3]　魏先勋.环境工程设计手册.长沙：湖南科学技术出版社，1992.
[4]　魏宗华.钢铁工业废气治理.北京：中国环境科学出版社，1992.
[5]　钱汉卿，毛梯和.化学工业废气治理.北京：中国环境科学出版社，1993.
[6]　殷德洪.有色冶金工业废气治理.北京：中国环境科学出版社，1993.
[7]　方天翰，等.化工环境保护设计手册.北京：化学工业出版社，1998.
[8]　刘天齐.三废处理工程技术手册：废气卷.北京：化学工业出版社，1999.
[9]　郝吉明.燃煤二氧化硫污染控制技术手册.北京：化学工业出版社，2001.
[10]　吴忠标.大气污染控制技术.北京：化学工业出版社，2002.

第四章
煤化工炉渣和粉煤灰的综合利用

煤化工生产过程的炉渣来自气化炉和热电锅炉，粉煤灰则来自以上两处的除尘器。由于所用煤（焦）和操作条件不同，炉渣和粉煤灰的组成差别很大，某厂的炉渣和粉煤灰化学组成见表 8-4-1。

表 8-4-1　某厂的炉渣和粉煤灰化学组成

煤灰渣	SiO_2/%	Al_2O_3/%	Fe_2O_3/%	CaO/%	MgO/%	烧失量/%	粒度/mm
沸腾炉炉渣	49.59	30.72	4.57	5.08	1.32	8.72	0.2
粉煤灰	41.25	20.19	3.10	1.88	0.61	32.97	

经过多年的研究和实践，煤灰渣主要应用在建材领域，在农业和冶金方面也有应用。

第一节　煤灰渣制水泥

煤灰渣生产水泥是利用煤灰渣的主要途径。煤灰渣是一种烧黏土质人工火山灰材料，既可以代替部分黏土作烧制水泥的原料，又可以作为水泥的混合材。还可以生产一些特种水泥，快硬水泥，大坝水泥和无熟料水泥等。

一、代替黏土作水泥原料

煤灰渣的主要成分是 SiO_2、Al_2O_3、CaO 和 Fe_2O_3，其中 SiO_2 和 Al_2O_3 的含量在 70%左右。这些化学组成类似于黏土，因此可以代替黏土作生产水泥的原料，在某种程度上还可以改善水泥的性能。与黏土相比，煤灰渣含量中硅低、铝高，用来代替黏土的煤灰渣，要求其硅铝比（SiO_2/Al_2O_3）大于 2.5。用煤灰渣代替黏土，其掺入量可达 6%～10%。

每生产 1t 水泥可以消耗掉约 0.16t 粉煤灰。这对高碳湿排灰是一种良好的利用途径。

二、作水泥混合材

由于矿渣供不应求，不少工厂用粉煤灰代替部分矿渣生产双掺混材矿渣水泥，或利用粉煤灰作混合材生产水泥。粉煤灰硅酸盐水泥已成为中国的五大水泥品种之一。作为水泥混合材的粉煤灰烧失量不大于8％，含水量不大于1％，三氧化硫不大于3％。粉煤灰的粒径越细越好。在粉煤灰水泥中，随着粉磨细度的提高，石膏用量的增长强度比纯波兰特水泥小，在粉煤灰掺量为10％～20％，水泥比表面积为3000～3500cm^2/g时，石膏的最佳用量为4％～5％；水泥表面积为4000～4500cm^2/g时，石膏的用量5％～6％。粉煤灰水泥的早期强度低，为解决此问题，可以采用磨细的方法增大比表面积（粉煤灰的最佳比表面积为6500～7500cm^2/g），提高熟料质量，适当提高熟料的石灰饱和系数，适当增加石膏掺入量，或使用减水剂和早强剂。

小合成氨厂的碳化煤球炉渣，含有水泥中相似的组分和结构，可以作为粉煤灰硅酸盐水泥的配合原料和混合材料。

三、生产工艺流程

水泥生产工艺包括：破碎及预均化、配料及粉磨生料均化、成球、煅烧等工序制得水泥熟料；将水泥熟料配以定量的石膏、萤石等混合材料，经配料、球磨即成煤灰渣硅酸盐水泥。

第二节　煤灰渣高压制双免（免烧、免蒸）砖

煤灰渣高压双免砖是在粉煤灰烧结砖、蒸养砖和蒸压砖之后发展起来的产品，具有灰渣利用率高（总用量可达70％）、不用黏土、少掺或不掺水泥、不烧结、不蒸养、不蒸压、环保节能等特点。

一、原料要求

1. 煤灰渣

要求含碳量在10％以下，若选用石灰质量好，有效CaO含量高，对砖的色泽无要求，灰渣的含碳量可以放宽到12％。含水率大于30％的灰渣应进行滤干，采取脱水措施。

2. 生石灰

生石灰在灰渣砖中既是活性激发剂，又是胶凝材料的主要组分，有效的CaO含量应不低于60％，越高越好。使用时要经过磨细。电厂、钢厂、化工厂的生石灰下脚料、电石渣、贝壳粉之类的工业废渣亦可使用。

3. 生石膏

符合国标的工业石膏均可使用。工业副产品，如废模型石膏、磷石膏、黄石膏、废石膏均可使用。最好掺入少量废砖混磨，共同制造晶坯，对砖的强度增长有利。

4. 水泥

水泥是粉煤灰的活性激发剂和固化剂。在灰渣砖中掺入少量水泥，对砖的力学强度及耐

久性大有好处。但考虑到砖的成本，水泥掺入量不宜超过 7%，且不宜使用粉煤灰水泥。

5. 骨料

骨料的作用是改善混合料的级配，以形成紧密堆聚，增加密实度，减少收缩，提高强度。骨料最大粒径不大于 10mm，且 5～10mm 颗粒含量应小于 12%。骨料中的黏土、铁块、有机杂质应剔除。骨料应尽量选用当地的工业废渣，如炉渣、矿渣、钢渣、沸腾炉渣等，也可以用石屑、河砂等。炉渣作骨料时，含碳量应不大于 20%。

6. 固化剂及外加剂

固化剂分为无机型、有机型、复合型和工业废渣四类。外加剂主要是早强和防冻作用，不同的胶结料选用不同的外加剂。应根据工艺条件选用。

二、双免砖的配方

双免砖的材料配合比必须与生产工艺条件相适应。大致配方如下：

粉煤灰	55%～60%	骨料	20%～30%
生石灰	12%～18%	生石膏	2%～4%
外加剂	0.1%～0.5%	水泥	<7%
晶坯	0.5%～1.0%	水分	10%～14%

三、生产工艺流程

煤灰渣高压双免砖的生产流程见图 8-4-1。

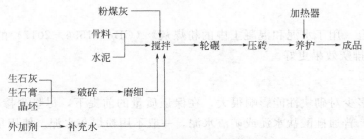

图 8-4-1 煤灰渣高压双免砖的生产流程

第三节 高掺量粉煤灰烧结砖

粉煤灰可以和黏土、页岩、煤矸石分别做成不同类型的烧结砖。一般认为掺粉煤灰量按体积比在 30% 以下属低掺量，30%～50% 属中掺量，在 50% 以上属高掺量。

高掺量粉煤灰烧结砖具有节约土地、自重轻（每块砖较黏土砖轻 0.5kg）、较普通黏土砖干燥时间短、节能效果显著（每万块砖可以节标煤 150kg 左右）的特点。

高掺量粉煤灰的配比受气候、原料特性、黏土的塑性指数、燃点、窑炉形式及热效率等诸多因素影响，在一定范围内波动。按一般规律，黏土 38%～40%，粉煤灰 55%～60%，另配少量燃煤。若黏土塑性指数较高，则灰量可以增加到 60% 或更高。

黏土-粉煤灰烧结砖与普通黏土砖的性能比较见表 8-4-2。

表 8-4-2 黏土-粉煤灰烧结砖与普通黏土砖的性能比较

试件	干燥收缩/%	掺 FA[①]量/%	干燥时间/h	烧温度/℃	收缩率/%	砖容重/(kg/m³)	抗压强度/(kgf/cm²)[②]
1	<1	40	12	1050	3	1730	195
2	<1	45	12	1050	4	1250	200
3	<1	50	12	1050	4	1230	185
4	<1	55	12	1100	4.5	1220	155
黏土砖	<5	0	24	1000	4	1930	145

① FA：粉煤灰。
② $1kgf/cm^2 = 0.098MPa$。

关于页岩-粉煤灰烧结砖和煤矸石-粉煤灰烧结砖，由于受资源条件限制，本书不再论述。可参阅其他专著。

第四节 粉煤灰小型空心砌块

由于粉煤灰中含有的 SiO_2 和 Al_2O_3 具有一定的活性，它们在水热条件下与石灰（CaO）、石膏发生反应转化后的产物具有水硬性，因此砌块便有了必要硬度。这是生产粉煤灰砌块的原理。

一、原材料

1. 粉煤灰

粉煤灰应符合《用于水泥和混凝土中的粉煤灰》（GB/T 1596—2017）的要求，含水率在 30％左右，干排灰效果更好。

2. 水泥

水泥掺量的多少对砌块性能影响很大，在保证质量的前提下，尽量少掺，以降低成本。可用 325♯ 或 425♯ 普通硅酸盐水泥或矿渣水泥。一般不用粉煤灰水泥。使用早强型硅酸盐水泥效果更好。

3. 生石灰

适量的石灰能确保砌块有足够强度和耐久性，能提高砌块的抗冻性和碳化稳定性。石灰和粉煤灰相互作用生成的水化硅酸钙越多，强度越高。生石灰加水消化生成的初生态的氢氧化钙活性较高，容易和粉煤灰中的活性氧化硅和活性氧化铝进行水化反应。一般要求石灰中 CaO 含量不低于 50％，MgO<10％，要求粉细至 100 目。

4. 石膏

石膏对粉煤灰砌块有显著的增强作用。石膏参与水化反应，并延缓生石灰的消化放热反应，有利于抑制石灰消化过程的热膨胀，提高密实度，从而提高砌块的强度。可以用半水石膏、二水石膏，也可以用磷石膏、氟石膏和废模型石膏，要求磨细至 100 目。

5. 骨料

加入一定量的骨料，可以改善砌块的性能，减少收缩裂纹。骨料可以用煤渣、高炉硬矿渣、天然砂、石等，粒径在 3~20mm。

二、因地制宜选择原料路线

原料路线的选择要考虑当地资源情况、原材料特性、产品质量、工艺要求，以及生产成本等诸多因素。通过系统试验和生产实践确定原料路线和配比。下面介绍几种砌块配比供参考。

1. 水泥-粉煤灰-炉渣体系

胶结料水泥（325# 或 425#）	13%~15%	骨料（炉渣等）	45%
粉煤灰	40%	水（占水泥比例）	30%左右

2. 水泥-石灰-粉煤灰胶结料体系

（1）粉煤灰胶结料

石灰（有效 CaO 计）	7%~13%	粉煤灰	83%~91%
石膏	2%~4%		

（2）砌块配比

水泥	9%~11%	骨料（炉渣）	66%~75%
粉煤灰胶结料	15%~25%	水（占胶结料比例）	30%~33%

3. 石灰-石膏-粉煤灰胶结料体系

（1）粉煤灰胶结料

石灰（有效 CaO 计）	15%~25%	粉煤灰	70%~85%
石膏	2%~5%		

（2）砌块配比

粉煤灰胶结料	45%~50%	水（占胶结料比例）	30%~36%
骨料（炉渣）	50%~55%		

三、生产工艺流程

粉煤灰砌块生产工艺大致分为原材料的加工处理、配料、混合料的制备、制品成型、蒸汽养护五个工序，工艺流程见图 8-4-2。

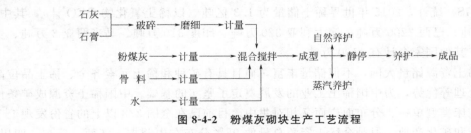

图 8-4-2 粉煤灰砌块生产工艺流程

另外可用粉煤灰做修路筑堤或建筑基础的回填料，用粉煤灰、石灰、碎石混合作为一种缓凝的硅酸盐材料，作机场基层。

粉煤灰中含有多种微量元素，如硼、锰、铜、锌、钼、钴、硫、磷等都是农作物生长所需的微量元素，且粉煤灰具有良好的透气性。因此可以用于改良土壤。

关于煤灰渣的其他用途，尚有许多专著，本书不再详述。

第五节 煤灰中提取稀土元素

一、背景意义

稀土元素是镧系元素系稀土类元素群的总称，共有 17 种元素，包括 15 种镧系元素（lanthanide）、钇（yttrium，Y）和钪（scandium，Sc）。稀土元素在工业、农业及电子信息、生物、新材料、新能源、航天等高新技术产业有着广泛的应用，因为其具有优异的光、电、磁、超导、催化等物理特性，能与其他材料组成性能各异、品种繁多的新型材料。稀土的矿藏分布很不均匀，尤其是高浓度的稀土矿仅分布在少数的国家，因此美国、日本等发达国家都将其作为战略元素。

煤炭是一种长期经受地质作用的化石，其中含有一定含量的稀土元素。当煤炭燃烧后，其中的稀土元素在煤灰中得到富集。2010 年我国粉煤灰排放量为 4.8 亿吨，2015 年达到 5.75 亿吨。2020 年将增长到 6.58 亿吨以上。目前我国粉煤灰的利用率一直徘徊在 70% 以下，边远地区和煤炭主产区面临的粉煤灰综合利用形势十分严峻。煤灰主要应用在建筑、农业、化工、水泥等方面。以煤灰作原料来提取高价值的稀土元素，不仅可以生产稀有战略物资，还有可能有效解决煤灰这一主要的工业废弃物利用率低的问题，产生良好的经济效益和社会效益。

二、煤灰中稀土元素的赋存情况

1. 稀土元素的分类

依据目前稀土市场的发展趋势和未来十几年的供需情况预测，将稀土元素分为三类：关键稀土元素（critical REE），包括 Nd、Eu、Tb、Dy、Y 和 Er；非关键稀土元素（uncritical REE），包括 La、Pr、Sm 和 Gd；过剩稀土元素（excessive REE），包括 Ce、Ho、Tm、Yb 和 Lu。

2. 稀土元素的矿藏与分布

稀土是世界各国的战略性资源，稀土金属主要从独居石、氟碳铈镧矿、磷钇矿等稀土矿物中提取，其他稀土矿物还有黑稀金矿、铌钇矿、褐钇钽矿、钛酸铌酸铀矿等。据美国地质调查局（USGS）统计，2015 年世界稀土储量为 1.3 亿吨（以稀土氧化物 REO 计），其中，中国 5500 万吨、巴西 2200 万吨、澳大利亚 320 万吨、印度 310 万吨、马来西亚 3 万吨、美国 180 万吨，其他国家合计有 4100 万吨。

我国是稀土资源储量大国，不但储量丰富，而且具有矿种和稀土元素齐全、稀土品位高及矿点分布合理等优势，为中国稀土工业的发展奠定了坚实的基础。中国稀土资源成矿条件十分有利，矿床类型单一、分布面广而又相对集中。目前已在全国 2/3 以上的省份发现上千处矿床、矿点和矿化产地。但是全稀土资源总量的 98% 分布在内蒙古、江西、广东、四川、山东等地区，具有北轻南重的分布特点。轻稀土主要分布在内蒙古包头的白云鄂博矿区，其稀土储量占全国稀土总储量的 83% 以上，居世界第一，是我国轻稀土主要生产基地。离子型中重稀土则主要分布在江西赣州、福建龙岩等南方地区，尤其是在南岭地区分布可观的离子吸附型中稀土、重稀土矿，易采、易提取，已成为我国重要的中、重稀土生产基地。

3. 煤炭中稀土元素含量

对中国煤炭中稀有元素的分析起步较晚。20 世纪 80 年代，中国科学院高能物理研究所采用中子活化分析方法，对我国 24 个省市的 107 个煤矿样中的 29 种元素进行了测定，并给出了我国 107 个煤矿样中的稀土含量范围（表 8-4-3）。

表 8-4-3　我国 107 个煤矿样中的稀土含量范围　　　　　　　单位:mg/kg

元素	La	Ce	Nd	Sm	Eu	Yb	Lu
含量范围	0.584~91.6	6.18~183	3.77~84.8	0.08~14.4	0.021~2.0	0.046~6.19	0.014~1.04

许琪研究了煤中伴生元素的聚集机制，其中涉及 8 个稀土元素；代世峰等对华北聚煤盆地几个主要矿区晚古生代煤系中稀土元素进行了研究，发现煤系中（煤层、煤层顶板、煤层底板、夹矸）的稀土元素分布复杂，不仅受到宏观地质背景的控制，而且成煤过程中微环境的变化也对稀土元素的分布影响很大。

4. 煤灰中稀土元素含量

近些年来，对于煤灰中稀土元素的含量测定，国内外专家和学者做了大量的研究工作。表 8-4-4 是煤和煤灰中稀土元素的平均含量及其范围，样品来自美国、中国、俄罗斯以及欧洲的多个国家。

表 8-4-4　煤和煤灰中稀土元素的平均含量及其范围　　　　　　单位:mg/kg

稀土元素	原煤	底灰	粉煤灰
Ce	20.9(0.79~790)	468.78(151~1784)	—(405~565)
Dy	2.09(0.11~28)	61.54(18~527)	—(32.1~50.3)
Eu	0.28(0.025~5.8)	7.64(2.00~31)	—(3.9~5.9)
La	9.09(0.07~230)	259.85(60~839)	—(206~286)
Nd	8.48(0.47~230)	236.02(70~967)	—(183~256)
Pr	4.81(0.17~65)	59.02(17~239)	—(49.0~68.4)
Tb	0.54(0.01~21)	10.29(3.00~80)	—(4.9~7.3)
Y	8.18(0.1~100)	408.34(94~3540)	—(191~259)
稀土元素总量	54.9(0.2~1031)	1723(721~8426)	—(1213.6~1667.6)

相关研究分析了贵阳电厂粉煤灰 PM_{10} 颗粒物，发现其中稀土元素以镧系稀土 La、Ce、Nd、Dy、Er、Yb 为主，伴有 Y 和锕系稀土 Th。运用 ICP-MS 测定了 51 件淮南煤及其燃烧产物中稀土元素的含量，并对煤及其阶段燃烧产物的稀土元素含量进行了比较。发现煤低温煤灰中稀土元素含量为 491.47~2822.53mg/kg，LREE/HREE=0.46~3.94。

采用 ICP-MS 法测试了褐煤、肥煤和无烟煤以及在不同燃烧条件下获取的飞灰、底灰等 29 个样品的稀土元素含量；分析了稀土元素地球化学特征。研究了燃煤过程中稀土元素的分布及集散规律，稀土元素在飞灰、底灰中的含量比原煤有明显提高，其增加幅度为几倍至 20 多倍不等，表明煤炭燃烧后稀土元素在飞灰、底灰中进一步聚集。

三、煤灰中提取稀土元素的方法

从煤灰中提取稀土元素一般采用酸浸法，将煤灰浸于硫酸、盐酸、硝酸等强酸中，煤灰中的稀土元素会以三价离子的形式进入酸浸液中。然后采用沉淀法、溶剂萃取法、离子交换法等将稀土元素从溶液中提取出来。

1. 煤灰中稀土元素浸出

先对煤灰进行研磨、干燥等预处理，然后将其浸于盐酸、硫酸等强酸中。煤灰中的氧化物（包括稀土金属）会与强酸反应，控制合适的酸浸温度和接触时间，此时，金属离子被浸出进入酸液中。对于酸浸过程，影响其浸出率的主要因素有煤灰的成分、酸浸液的种类、酸浸液的浓度等。国外专家在这方面做了很多工作。

（1）煤灰中稀土元素提取率　稀土元素的浸出率与煤灰中总的稀土元素含量并无直接关系。使用硝酸溶液来浸取煤灰中的样品时，发现肯塔基州（Kentucky）火电厂的粉煤灰样品中稀土元素含量很高（1220mg/kg），但是其中只有3％可以被热硝酸浸出。而来自蒙大拿州保德河地区（Powder River Basin）的样品则正好相反，可达到70％的提取率。这可能与煤灰中的钙元素含量有关。

（2）酸浸液的种类　目前，从煤灰中浸取稀土元素大都采用盐酸作酸浸液，采用其他酸浸取的很少。采用体积分数为10％、30％的硝酸，王水，氢氟酸，先王水后氢氟酸，这几种酸进行浸取，测定了酸浸后酸液中稀土元素的离子浓度。结果（表8-4-5）表明，采用先王水后氢氟酸的浸取方法最优。

表 8-4-5　不同酸浸液酸浸后稀土离子浓度　　　　　单位：mg/L

元素名称	10％硝酸	30％硝酸	王水	氢氟酸	先王水后氢氟酸
Sc	16.4	16.6	17.1	66.4	70.9
Y	27.0	27.7	30.5	99.3	120.8
La	45.8	52.4	54.1	122.1	174.8
Ce	130.5	116.0	153.0	230.9	344.7
Pr	10.1	9.4	12.4	23.2	39.0
Nd	43.1	31.7	39.5	100.9	135.1
Sm	4.9	10.5	7.8	10.8	13.9
Eu	1.0	1.4	1.2	1.5	1.7
Gd	4.2	3.5	3.2	10.9	13.8
Tb	1.2	1.1	1.2	0.8	0.9
Dy	7.6	6.3	6.4	2.8	2.3
Ho	1.3	1.2	0.9	3.4	3.5
Er	3.4	17.5	5.1	3.2	6.8
Tm	0.5	0.4	0.5	1.0	1.2
Yb	3.1	3.5	3.1	2.0	2.4
Lu	0.4	5.3	1.1	0.5	1.8
稀土元素总量	300.5	304.5	337.1	679.7	933.6

（3）酸浸液的浓度　采用浓盐酸来浸取，分别采用浓度 0.25mol/L、0.75mol/L、2.5mol/L、5mol/L、6.5mol/L、10mol/L 的盐酸溶液溶解粉煤灰中的稀土元素，结果发现，当盐酸浓度为 2.5mol/L 时，稀土元素的浸出率最高（图 8-4-3）。

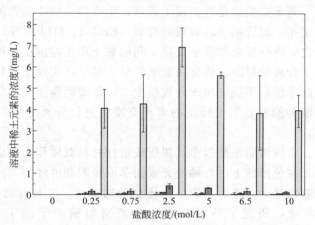

图 8-4-3　不同盐酸浓度下粉煤灰中稀土元素浸出情况
（由左至右依次为 Y、La、Ce、Pr、Er）

相比而言，国内对该方面还没有深入的研究，仅仅是简单的应用。如采用碱法烧结-分步浸出法联合提取粉煤灰中稀有金属镓-铌-稀土，其中稀土元素的浸出采用了盐酸酸浸的方法。在研究煤矸石中稀土元素的提取富集工艺时，酸浸过程也采用盐酸作溶剂。

2. 溶液中稀土元素的分离

从富集有稀土元素的酸浸液中提取稀土元素的方法主要有化学法、溶剂萃取法、离子交换法、萃淋树脂法等。

（1）化学法　化学法是最初的一种稀土元素分离的方法，是利用稀土元素之间化学性质的不同，对其进行分离。主要包括分步沉淀法、分步结晶法和氧化还原法等。分步沉淀法主要应用了沉淀剂（草酸盐、碳酸盐）与不同稀土元素形成的沉淀溶度积不同的原理；分步结晶法是根据轻稀土硝酸盐和硝酸铵（或硝酸镁）复盐溶解度不同将稀土分离；而氧化还原法主要利用变价稀土元素的氧化还原性将混合稀土分离。应用于煤灰基稀土酸浸液，目前所见的报道仅有采用草酸盐作沉淀剂的分步沉淀法。在煤灰的酸浸液中加入草酸丙酮溶液进行沉淀，之后将沉淀物烘干灼烧后得到稀土氧化物产品。采用草酸盐沉淀法对东胜矿区煤灰中的稀土元素进行了富集。

（2）溶剂萃取法　溶剂萃取法又称为液-液萃取，是基于溶质在两种互不相溶的液相之间分配系数不同而从一相转入另外一相中，达到使溶质分离、富集的目的。溶剂萃取法因其具有选择性强、处理量大、可连续作业、工艺简单等优点已成为国内外稀土行业分离稀土元素的主要方法，所分离产品纯度高。

采用溶剂萃取法分离稀土矿基酸浸液的研究较多，而应用于煤灰基稀土溶液的研究较少。以神华氧化铝中试厂的提铝工艺过程中得到的酸浸液为起始液，Cyanex272 作为萃取剂，采用多级逆流萃取法分离提取镧元素。并且探讨了盐酸体系中有机相浓度、萃取平衡水相 pH 值、相比、振荡时间及静置时间等多种影响因素对起始液中含量较高的 La、Ce、Nd 三种元素在两相的分配以及三者间的分离系数的影响。

最近，美国 Orbite 技术公司的粉煤灰处理技术获美国专利，其中从富集有稀土元素的酸浸溶液中提取单个稀土元素氧化物时，采用溶剂萃取的方法对稀土元素进行分离。而中国神华能源有限公司的专利中也采用萃取分离的方法对煤灰基稀土酸浸液进行预处理来获得稀土混合物。

（3）离子交换法　离子交换法是分离稀土元素，生产单一稀土元素的一种重要方法。其以离子交换树脂为固定相，混合稀土溶液或淋洗剂（EDTA、DTPA 等）为流动相，通过固定相与流动相的离子之间进行反复的离子交换。利用稀土离子与淋洗剂形成的络合物稳定性的差异来实现稀土离子分离的目的。该方法发展较早，且早已实现工业化，但其存在很多弊端。如生产周期长，产率低，不能应用于大规模生产。传统的离子交换法目前已被新技术取代。以煤灰基稀土溶液为原料，采用传统的离子交换法进行分离的相关研究，目前尚未见报道。

（4）萃淋树脂法　萃淋树脂法是以多孔树脂或惰性材料载体作为固定相，以无机酸或无机水溶液作为流动相，在色谱柱上进行稀土元素的萃取吸附和淋洗分离的技术。它是离子交换法和溶剂萃取法的有机结合，既有萃取剂法优良的选择性，又具有离子交换法的多级性。应用于煤灰基稀土溶液，研究了萃淋树脂法分离富集镧离子的工艺和条件，制备了 Cyanex272 萃淋树脂。测试 Cyanex272 萃淋树脂的静态吸附饱和量及吸附 pH 值对吸附饱和量的影响。神华的最新专利中对经过萃取分离得到的稀土混合物进行后续处理的方法便是萃淋树脂法，最终用淋洗液淋洗吸附有镧的浸渍树脂，得到镧溶液。

（5）其他方法　从富含稀土的溶液中分离富集稀土元素的方法还有膜分离法、固液萃取法、纤维吸附法等。应用于以煤灰制备的稀土溶液，生物质吸附法、光束照射法等新的方法被提及。采用 450℃ 炭化后的银杏叶作吸附剂，从氯化稀土溶液中提取稀土元素，探讨了 pH 值、吸附时间、解吸过程对稀土 Er 离子选择性回收的影响。相关研究理论性分析探讨了采用光束照射产生的力来从粉煤灰中回收稀土金属的可行性。

目前国外对于从煤灰中提取稀土元素的研究主要集中在酸浸溶出稀土金属的过程，对于从溶出液中如何进一步提取稀土元素研究较少。而国内对煤灰中提取稀土时的酸浸过程的研究几乎没有。虽然有部分学者研究了从煤灰基稀土溶液中分离富集稀土元素，但大多采用沉淀法从粉煤灰酸浸液中提取出了稀土金属，而且所得的都是价值低的混合稀土氧化物。要想得到单一的稀土元素，使该产业更快地实现工业化，还需更多的研究者在溶剂萃取法、萃淋树脂法等方向上进行更深入的研究。

四、煤灰中多种元素的联合提取

粉煤灰的主要化学成分为二氧化硅（SiO_2）、氧化铝（Al_2O_3）和氧化铁（Fe_2O_3），其他如氧化钙（CaO）、氧化镁（MgO）、氧化钠（Na_2O）、氧化钾（K_2O）等较少。此外，粉煤灰中含有锑、砷、硼、镉、铬、钴、铜、铅、锰、汞、钼、镍、硒、钒等重金属元素，以及源于原煤中的镭、钍、铀等放射性元素。

从煤灰中提取稀土元素时，煤灰中的其他成分对稀土元素的提取率有影响很大。如果在提取稀土之前将粉煤灰中的其他有价值的成分提取出来，不仅可以生产其他有价值的产品，而且可以提高稀土元素的提取率。

采用碱法烧结-分步浸出实验，研究安稳电厂粉煤灰中稀有金属 Ga、Nb、REE 的联合提取。其基本流程如下：首先通过碱法烧结使稀有金属在高温下与无水碳酸钠反应、分解，形成可溶于水或酸的化合物；再依次经过水浸、酸浸溶出，实现不同稀有金属元素的分离和富集。其流程见图 8-4-4。

图 8-4-4　Ga、Nb、REE 的联合提取流程

在提取煤矸石中的硅、铝的同时提取了稀土元素。其基本流程是：先对煤矸石进行酸浸处理，矸石中的铝、铁、钙、钛、镁及稀土元素溶于酸液中。对酸浸后的溶液进行过滤，滤渣用于提取硅，生产白炭黑或单质硅。在滤液中加入氢氧化钠，控制 pH 值在 12 左右，此时铁、钛和稀土元素离子会沉淀下来，滤液用于提取铝。然后采用盐酸将滤渣溶解，在溶解液中加入草酸丙酮使得生产草酸盐稀土沉淀。过滤，将得到的草酸盐稀土沉淀物高温煅烧，便可以得到稀土氧化物。其流程见图 8-4-5。

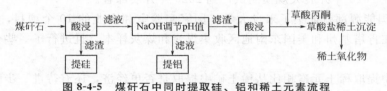

图 8-4-5　煤矸石中同时提取硅、铝和稀土元素流程

五、煤灰中稀土元素提取产业化展望

随着国内外专家学者对煤灰的研究不断深入，一系列从粉煤灰中提取有价元素的技术被开发出来，这给煤灰的资源化利用提供了可能。传统矿物的匮乏以及原料价格的上涨也使人们看到了以煤灰为原料提取硅、铝、稀有金属、稀土金属等有价元素的商业价值。目前我国已有以煤灰提取铝、硅、稀有元素镓的工业生产装置。

1. 煤灰中铝、硅、镓、锗等产业化进展

（1）煤灰提铝　煤灰中的铝含量高达 55% 以上，接近传统铝土矿（一般在 55%～65%）。近年来，粉煤灰提取氧化铝项目已经成为热点。目前我国已经有大唐国际 20×10^4 t/a、中煤平朔 10×10^4 t/a、蒙西集团 40×10^4 t/a、神华集团 100×10^4 t/a、华电能源 5000t/a 等多个已投产或在建的粉煤灰提铝的项目。

（2）煤灰提硅　从煤灰中提取硅项目研究的方向是从粉煤灰中提取白炭黑（$SiO_2 \cdot x H_2O$），其主要有碱熔法和气相法两种方法。近些年，国内学者在其技术路线、过程影响因素及过程机理等方面做了大量的工作，这也为其产业化奠定了基础。2009 年 6 月 13 日，中煤平朔煤业有限责任公司粉煤灰提取 SiO_2 制取白炭黑半工业试验（中试线）通过了组织的专家验收。2010 年 10 月，中煤平朔煤业有限责任公司 20×10^4 t/a 粉煤灰资源化综合利用项目可行性研究报告得到上级主管部门的审批。2014 年 7 月 1 日，20×10^4 t/a 粉煤灰综合利用示范项目白炭黑工程成功打通全部工艺流程出产品。该项目是我国第一家采用粉煤灰提取白炭黑的工程项目。

（3）煤灰提镓、锗　煤灰中稀有元素镓和锗的提取相比稀土元素而言，研究起步早，技术成果较多，技术相对成熟。提取镓方面，我国已有中试装置。2013 年 3 月 3 日，神华准能资源综合开发公司成功打通了粉煤灰酸法提镓工艺，氧化铝中试厂生产出第一批金属镓。

而提取锗方面，我国在多年前已经实现工业化。

2. 煤灰中提稀土元素的产业化展望

稀土资源是世界各大经济体争夺的战略资源，稀土等关键原材料战略往往上升至国家战略。欧、日、美等国家地区针对稀土等关键材料更为重视。2008年，稀土材料被美国能源部列为"关键材料战略"；2010年初，欧盟宣布建立稀土战略储备；2007年日本文部科学省、经产省就已经提出了"元素战略"计划、"稀有金属替代材料"计划，他们在资源储备、技术进步、资源获取、替代材料寻求等方面采取了持续的措施和政策。

2014年10月，美国国会要求其能源部（DOE）开展"从煤和煤的副产品流（如粉煤灰、煤矸石和废水）中经济回收稀土元素"的可行性评估和分析，同时报告其调查结果，如果确定可行，将规划从煤炭和煤炭副产品流中回收稀土元素的多年研发计划，以获得国会拨款。其目的是寻找关于从煤炭和煤炭副产品中回收稀土元素的最有发展前景的技术信息。候选技术必须高性能、经济上可行且对环境无害，适用于目前大规模的测试或当前的研发阶段，预计能够在2020年开展大规模测试，到2025年开展部署。

2015年美国能源部就征集了来自大学、国家实验室和企业的10个项目，并进行资助。肯塔基大学已在肯塔基州和美国东南地区收集煤炭和煤灰样本，且进行了一些分离稀土元素的中试。

从粉煤灰中提取稀土元素相比从稀土矿中提取是否更经济，还有待进一步验证。但是美国这一面向未来的研究布局，无疑可以在其贸易谈判中增加砝码。而中国，由于自身有着相对丰富的稀土资源，对这方面不太重视，研究相对国外比较滞后。我国也应该着眼于未来寻找稀土新的来源，作为技术储备。

3. 粉煤灰提取稀土元素的主要问题

（1）技术性问题 目前，从粉煤灰中提取稀土元素面临的最大问题是技术问题，国内外都还处于研究阶段。美国的进展相对较快，其研究机构在政府的支持下，正在开展多个该方面的项目，目前已经有中试装置出现。国内的研究还处于灰中稀土元素的含量及赋存状态的研究方面。国内的研究还存在资源量、空间状况、赋存情况还没有摸清等问题，且我国的成煤条件复杂，很难找出一个适用于所有矿床粉煤灰的通用技术与方法，所以还需要研究工作者开展大量的研究工作。

（2）经济性问题 阿巴拉契亚美国能源研究中心（AAERC）研究发现从粉煤灰中提取高价值的战略金属其成本可低于200美元/t。而Neumann Systems公司初步评估了粉煤灰中所包含可提取金属的潜在价值，大约为400~750美元/t。着眼于稀土元素，按照目前市场价格水平，某些富含镝和钇的煤炭产生的粉煤灰价值分别可以达到245美元/t和210美元/t。由此可见，从煤灰中提取稀土元素具有一定的商业前景。然而项目是否盈利和其原料、工艺、成本、物流、市场、供应链等环节息息相关，仅仅评价煤灰中可提取稀土元素的价值并不可靠。而且该方面的技术尚处于研究阶段，技术不成熟，所以其经济可行性还有待验证。

以下建议将有助于促进粉煤灰提取稀土金属的经济可行性：①通过预处理来提高金属元素浓度，进而提高提取效率。②高效地提取一系列有价值的微量金属盐至一定浓度，用于进一步处理。③稀土金属浓缩成分分离和处理设施集中化，从规模经济中获益。④实现同时回收大量矿物材料、生产具有附加值的产品，并提取金属元素，提高总利用水平和收入。

（3）环境性问题 从煤灰中提取稀土元素时，我们必须权衡其对环境的潜在影响。一方面，该过程以煤炭燃烧后的固体废弃物作为原料，本身就是一种有益于环境的技术。另一方面，在整个提取过程中会产生多种新的废物，污染环境。如果能有效地处理和控制这些新的污染物，定会使该技术变得更加高效、可持续。因此，我们必须注意到以下几个关键问题：

① 煤灰的运输和存储：类似于其他矿物的开采和提炼，稀土元素的提取生产装置并不一定紧紧挨着煤灰的产地，所以必然会涉及煤灰的运输和存储问题，运输过程中可能有煤灰漏损，堆积储存过程中可能有有害物质浸出。而且由于粉煤灰含有很多的微小颗粒，在运输和存储过程中很容易逸散至大气中。

② 稀土的提取与回收：从粉煤灰中提取稀土时可能用到强酸、强碱、有机溶剂等。这些物质都可能无意识地泄漏至外部环境中，所以必须严格加以控制。而且在提取过程中会有新的污染物产生。比如，酸浸出液中可能还存在 As、Hg、Se 等对人体有害的元素。而且在酸浸和萃取等过程中可能产生多种辐射性废物或有机废物。这些废物必须经过严格的回收和处理。

③ 环境风险：由于稀土元素金属对生态环境和公共卫生的毒性影响数据较少，稀土金属进入环境中将对环境和健康带来什么样的影响并不清楚。且在整个生产过程中，所包含的环境污染物在什么地方、以怎样的形式泄漏至环境中目前还是未知。

参考文献

[1]　雷平. 电子显微学报，2014，33（5）：441-444.
[2]　刘汇东，田和明，邹建华. 科技导报，2015，33（11）：39-43.
[3]　张庆龄. 陕西煤炭技术，1992，2：26.
[4]　董秋实. 粉煤灰酸浸液中镓的分离富集技术研究. 长春：吉林大学，2016.
[5]　郭昭华，王丹妮，池君洲，等. 一种从粉煤灰中提取镓的方法：CN105969994A. 2016-09-28.
[6]　范树娟. 稀土元素与稀有金属镓铟的溶剂萃取研究. 长春：吉林大学，2014.
[7]　闫咏梅. 溶剂萃取稀土的热动力学及萃取性质的研究. 曲阜：曲阜师范大学，2007.

第九篇

煤气的净化

第一章
煤气的除尘

第一节　概述

一、煤气除尘设备的分类

煤气除尘就是从煤气中除去固体颗粒物，工业上实用的除尘设备有 4 大类，它们的特点比较见表 9-1-1。应用较多的是旋风除尘器（尤其在高温部位）和电除尘器（主要在最后的净化），湿法洗涤有时可和脱硫等过程结合进行。

表 9-1-1　除尘方法与设备

分　类	机械力分离			电除尘	过滤分离	洗涤分离
图例	(a)	(b)	(c)	(d)	(e)	(f)
主要作用力	重力	惯性力	离心力	库仑力	惯性碰撞，拦截,扩散等	惯性碰撞，拦截,扩散等
分离界面	流动死区	器壁	器壁	沉降电极	滤料层	液滴表面
排料	重力	重力	重力,气流曳力	振打	脉冲反吹	液体排走
气速/(m/s)	1.5~2	15~20	20~30	0.8~1.5	0.01~0.3	0.5~100

续表

分　类	机械力分离			电除尘	过滤分离	洗涤分离
压降	很小	中等	较大	很小	中等	中等到较大
经济除净粒径/μm	≥100	≥40	≥5~10	≥0.01~0.1	≥0.1	≥0.1~1
使用温度	不限	不限	不限	对温度敏感	取决于滤料	常温
造价	低	低	低	很高	高	中等
操作费	很低	很低	低	中	较高	中等到高

二、除尘器的主要性能指标

评价一台除尘器的主要性能指标有除尘效率、压降、单位处理气量的造价与操作费用等，一般以前两者为主。

1. 除尘效率

对每台除尘器，除尘效率有两种表达法，即总效率和粒级效率。

（1）总效率　定义为：

$$\eta = \frac{\text{单位时间内捕集的粉尘质量 } W_c(\text{kg})}{\text{单位时间内进入该除尘器的粉料质量 } W_i(\text{kg})} \tag{9-1-1}$$

若有几台除尘器串联运行，则该系统的总效率为：

$$\sum \eta = 1 - (1-\eta_1)(1-\eta_2)(1-\eta_3) \tag{9-1-2}$$

式中，η_1、η_2、η_3 分别为第一级、第二级、第三级除尘器的总效率。

（2）粒级效率（grade efficiency 或 fractional efficiency）定义为：

$$\eta_i = 1 - \frac{c_o f'_o}{c_i f'_i} = (1 - \frac{c_o}{c_i}) \frac{f'_c}{f'_i} \tag{9-1-3}$$

式中　c_i，c_o——除尘器进入气体、排出气体内的含尘浓度，g/m^3；

f'_i，f'_o，f'_c——除尘器进入气体、排出气体内所含粉尘以及捕集下来的粉料中某个粒径为 d_{pi} 的颗粒所占质量分数。

（3）两者的关系　可表示为：

$$\eta_i = 1 - (1-\eta) \frac{f'_o}{f'_i} = \eta \frac{f'_c}{f'_i} \tag{9-1-4}$$

$$\eta = \sum_{i=1}^{n} f'_i \eta_i \tag{9-1-5}$$

由于除尘效率与进入粉料的粒径分布有密切关系，所以采用粒级效率更能确切地评价不同除尘器的性能高低。

（4）切割粒径 d_{c50}（cut size）　某个颗粒的粒级效率 $\eta_i = 0.5$，则该颗粒的粒径便称为切割粒径 d_{c50}，此值越小，表示该除尘器的效率越高，也是一种评价指标。

2. 压降

除尘器进口与出口的全压之差称为该除尘器压降 Δp，它不仅与除尘器的结构形式和尺寸等有关，还与操作条件（如气体密度、气流速度、入口粉料浓度等）有关。

除尘器所需能耗为：

$$P_E = Q_i \Delta p \tag{9-1-6}$$

式中　Q_i——处理气量（按入口状态计），m^3/s；

　　　　Δp——除尘器压降。

有的除尘器还有附加的能耗，如洗涤器的液体泵和动力消耗、电除尘器的电能消耗、过滤器的反吹风能耗等。

第二节　旋风除尘器

旋风除尘器是工业中应用最为广泛的一种除尘设备，尤其是在高温、高压、高含尘浓度以及强腐蚀性环境等苛刻的场合。旋风除尘器具有结构紧凑、简单、造价低、维护方便、除尘效率较高、对进口气流负荷和粉尘浓度适应性强以及运行操作与管理简便等优点。但是旋风除尘器的压降一般较高，对小于 $5\mu m$ 的微细尘粒捕集效率不高。

一、旋风除尘器的工作原理

旋风除尘器的主要捕集力为离心力，它利用含尘气流做旋转运动时所产生的对尘粒的离心力将尘粒从气流中分离出来。由于作用在旋转气流中颗粒上的离心力是颗粒自身重力的几百、几千倍，故旋风除尘器捕集微细尘粒的能力要比重力沉降、惯性除尘等其他机械力除尘器强许多。

按照产生旋转气流方式的不同，旋风除尘器有许多不同的形式，但它们的工作原理都一样，只是性能上有所差异以适应不同的应用场合。图 9-1-1 是一种典型的旋风除尘器基本结构示意图。它由切向入口、圆筒体及圆锥体形成的分离空间、净化气排出口与捕集颗粒排出口等几部分组成。

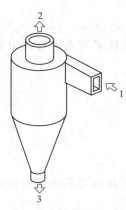

图 9-1-1　旋风除尘器的基本结构
1—含尘气体；2—清洁气体；3—灰尘

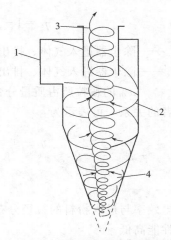

图 9-1-2　旋风除尘器内双层旋流
1—入口；2—外旋流；3—内旋流；4—径向流

旋风除尘器内的气固两相流动较为复杂，影响因素很多。气体主流型为三维双层强旋湍流，如图 9-1-2 所示。含尘气流沿切向进入除尘器，沿外壁由上向下旋转（称为外旋流），并不断向内转变为沿轴线向上旋转（称为内旋流），最后经排气管排出。气体向上旋转的内旋重力和气流的带动作用下沿器壁落入底部灰斗，经排尘口排出。

除此而外，旋风除尘器内还有几处局部二次流。主要有：①环形空间的纵向环流。在除尘器顶板下方形成一股向上向心的环流，它会将一部分已浓集在器壁处的颗粒向上带到顶板处而形成一层"上灰环"，并不时被带入排气管内从而降低分离效率。②排气管下口附近的短路流。该处往往有较大的向心径向速度，它会夹带大量颗粒进入排气管，对分离效率很不利。③排尘口附近的偏流进入灰斗的一部分气体在从中心部位返回旋风除尘器锥体下端时，与该处高速旋转的内旋流混合，产生强烈的动量交换和湍流能量耗散，使内旋流不稳定，在下端产生"摆尾"现象，形成若干个偏心的纵向环流，容易把已浓集在器壁处的颗粒重新卷扬起来而进入向上的内旋流中，这种返混也会降低分离效率。

另外，器壁表面的凹凸不平处及筒体的不圆度等，也会产生一些局部小旋涡，将已浓集在器壁处的颗粒重新卷扬起来，影响分离效率。

旋风除尘器中气-粒运动状况相当复杂。尘粒不仅受离心力、曳力、重力等作用，还受到各种扩散作用及颗粒的团聚与分散，颗粒与器壁、颗粒与颗粒之间的碰撞弹跳等相互作用的影响，而这些影响目前尚不能很好地预测，随机性很大，这给建立分离理论带来了很大困难。因此，旋风除尘器的性能目前还主要依靠试验确定。

由于旋风除尘器内气-粒运动的复杂性，迄今尚无准确反映各种影响因素的分离理论，各国学者采用不同的简化假设，提出了多种理论。主要有以下3类。

(1) 转圈模型 该理论认为尘粒进入除尘器后，一面向下做螺旋运动，一面在离心效应下向器壁浮游。设颗粒在器内共转 N 圈，需时 t_N；并定义凡位于排气管半径 r_r 处的颗粒若能在 t_N 时间内恰好浮游到器壁，就认为该颗粒可被100%的分离。此理论没有考虑向心径向气流对颗粒的曳带作用，而且 N 值也不易确定，故现在已很少应用。

(2) 平衡轨道模型 1956年 Barth 等提出，旋风除尘器中每个颗粒都会受到向外离心力 F_c 及向内气流曳力 F_D 的作用。当此两力平衡时，此颗粒就没有径向位移，而只是在一定半径的圆形轨道上作回转。此半径即为该颗粒的平衡轨道半径 r_b。若此平衡轨道位于外侧下行流中，此颗粒肯定可以100%地被捕集；但若位于内侧上行流中，则其捕集效率就不好确定。现定义位于内外旋流交界处，即 $r_b = r_t$ 时，此颗粒的捕集效率为50%，其粒径称为切割粒径 d_{c50}。若颗粒较细，服从 Stokes 定律，便可推出下式：

$$d_{c50} = \frac{1}{\omega} \sqrt{\frac{9\mu F_i}{\pi \rho_p v_i H_s}} \tag{9-1-7}$$

$$\omega = v_{tm} | v_i$$

式中 F_i——旋风除尘器入口面积，m^2；

H_s——排气管下端到排尘口的距离，m；

v_{tm}——在 r_t 处的最大切向气速，m/s；

v_i——除尘器入口气速，m/s；

ρ_p——颗粒密度，kg/m^3；

μ——气体黏度，$Pa \cdot s$。

上式计算中最大困难是确定 ω 值，它随旋风分离器的结构形式与尺寸关系而变化。不同的学者曾提出不同的计算方法。虽然该理论未给出完整的分离效率，仅给出切割粒径，但计算简便，从切割粒径可以判断分离器效率高低，可以用于预测旋风除尘器结构尺寸、气体速度及气体温度等变化的影响，现在仍广为应用。

(3) 横混模型 1972年 Licht 与 Leith 等人认为在分离空间内颗粒已很细，湍流扩散的影响很强烈；可假设除尘器的任一横截面上，任意瞬时颗粒浓度分布是均匀的，但在近壁处的边界层内是层流，只要颗粒在离心效应下克服气流阻力到达此边界层内，就认为被100%捕集。由此可得出粒级效率的公式：

$$\eta_i = 1 - \exp[-2(K\psi)^{\frac{1}{2n+2}}] \tag{9-1-8}$$

$$K = 10.2 K_A K_V$$

$$K_A = \frac{\pi D^2}{4 F_i}; \quad K_V = \frac{V_1 + 0.5 V_2}{D^3}$$

$$\psi = (1+n)St$$

式中 V_1——在除尘器入口高度一半以下的环形空间的体积，m^3；

V_2——除尘器排气管下口以下分离空间的体积减去内旋流的体积，m^3；

D——旋风除尘器直径，m；

St——斯托克斯数，$St = \dfrac{\rho_p d_p^2 v_i}{18\mu D}$；

n——旋流指数，由实验定，常为 $0.5 \sim 0.7$。

上式中，K_A、K_V 反映了除尘器几何尺寸的影响，St 包含了主要操作参数 μ、v_i、ρ_p 等。由此可判断除尘器结构及操作参数对分离效率的影响。

一般而言，较细的颗粒采用横混模型较合理，而较粗的颗粒则似乎更接近于平衡轨道模型。20世纪80年代以来，对旋风除尘器内颗粒浓度分布的研究又获得了一些新认识，除尘器内应分成几个区做不同的处理。1982年Dietz首先将旋风除尘器内分成环形空间、外旋流区及内旋流区。每个区内仍采用横混模型，区与区间有颗粒的质量交换，列出各区的颗粒质量守恒方程，便可推导出粒级效率计算式。1984年，Mothes又在排尘口附近多划出一个灰斗返混区，并引入区间的颗粒扩散及灰斗返混量，推导了一个新的粒级效率公式。目前这种分区模型仍在发展中，尚未达到实用的阶段。

二、旋风除尘器的结构形式与设计

1. 切流式旋风除尘器的典型结构形式

工业上最常用的旋风除尘器为切流返转排气的形式，由于不同的入口结构及排尘结构，又可分为螺旋顶型、旁室型、异形入口型、扩散锥体型以及通用型等。

（1）螺旋顶型旋风除尘器 如图9-1-3（a）所示，器顶为螺旋状板构成，这是为了消除前述的"顶灰环"。典型的有美国Ducon公司的产品，中国为CLG型，苏联为ЦН型。

（2）旁室型旋风除尘器 如图9-1-3（b）所示，在筒部器壁处开设一个小室使浓集在器壁的粉尘及时进入此小室而向下排走，这也是为了消除"顶灰环"的不利影响。典型的有美国Buell公司产品，中国有XLP型和B型等。

（3）异形入口型旋风除尘器 如图9-1-3（c）所示，入口不是矩形截面，而是一种底部扭曲的异形截面。在有弧度的矩形通道内，这种异形截面可以消除其中的纵向环流，从而也可消除"顶灰环"。美国有CatcloneⅡ型，中国的XCX型和上海石化研究院开发的ET型都属于此类。

（4）扩散锥体型旋风除尘器 如图9-1-3（d）所示，锥体是一个向下渐扩的筒体，与一般是渐缩的锥体刚好相反，主要是为了防止出现锥体壁上的"下灰环"，适用于含尘浓度高且颗粒较粗的场合。中国称CLK型。

（5）通用型旋风除尘器 如图9-1-3（e）所示，结构最简单，入口可以是90°或180°蜗

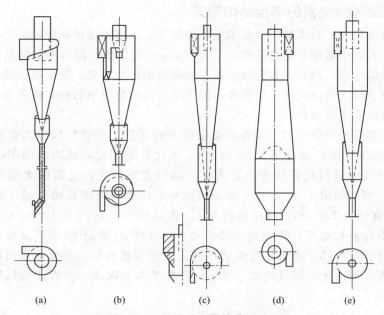

图 9-1-3 旋风除尘器的典型结构
（a）螺旋顶型；（b）旁室型；（c）异形入口型；（d）扩散锥体型；（e）通用型

壳，也可以是直切式。欧洲各国大多采用直切入口结构，美国的 Emtrol 公司和中国石油大学开发的 PV 型都属于此类。

这 5 类旋风除尘器的主要尺寸关系可参见表 9-1-2。

表 9-1-2 各类旋风除尘器主要尺寸关系

型式	螺旋顶型（Ducon 型）	旁室型（Buell 型）	异形入口型（CatcloneⅡ型）	扩散锥体型（CLK 型）	通用型			
					PV 型	Emtrol 型	德国	英国 Stairmand
入口截面比 $\left(K_A = \dfrac{\pi D^2}{4 F_i}\right)$	5.5~10	4.3	4.4~7.5	3.27~5.23	2.5~16	4.5	10~36	7.85
排气管直径比 (d_r/D)	0.53~0.56	0.54	0.25~0.54	0.5	0.25~0.6	0.3~0.5	0.25~0.33	0.5
排尘口直径比 (d_c/D)	0.24	0.4	0.4	—	0.4~0.5	0.38~0.4	—	0.375
高径比 $[(H_1 + H_2)/D]$	2.42	2.66	3.35	5	3~3.6	3.3~3.6	1.25~3.9	4

对于高温、高浓度的除尘场合，应力求结构简单，所以国内外的发展趋势是增大高径比与优化尺寸，采用异形入口型及通用型为多。例如在炼油化工流化催化裂化等装置中，1985 年以前大都用 Ducon 型及 Buell 型，现全都改为 CatcloneⅡ型、Emtrol 型及 PV 型；尤其是中国产 PV 型旋风除尘器因其灵活、优化的设计技术，可适用于各种除尘过程，已在中国炼油化工行业中占主导地位，在煤的增压燃烧及气化等高温除尘领域中也已开始应用。

2. 多管式旋风除尘器的典型结构形式

对于处理气量很大、分离效率又要求很高的场合，采用上述单筒旋风除尘器时，除尘器直径会变得很大，除尘效率要随之降低，尤其对 $10\mu m$ 以下细粒的效率下降显著。此时，常采用多管式旋风除尘器。因为，多管除尘器中旋风管的尺寸不变，只是数量随气量的增大而增多，这就解决了放大效应问题。目前在高温下已获得成功应用的有立管式多管旋风除尘器和卧管式多管旋风除尘器两种。

（1）立管式多管旋风除尘器　用在高温条件下的立管式多管旋风分离器的典型结构见图 9-1-4，它由美国壳牌石油公司于 20 世纪 60 年代首先开发，成功地用于炼油厂催化裂化装置的高温烟气能量回收系统中。它的核心部件是旋风管，它有两大类型，即切向进气型与轴向进气型，如图 9-1-5 所示。20 世纪 60 年代美国壳牌石油公司开发的旋风管见图 9-1-6（a），直径为 250mm，高径比约为 4。在实用中发现两个 10mm×20mm 的排尘方孔在停工时很容易被堵塞，导致旋风管失效。所以在 20 世纪 70 年代又推出无排尘底板的新结构，如图 9-1-6（b）所示。在炼油厂催化裂化装置的第三级旋风分离器内应用，可在 600~650℃下，使净化后烟气内大于 $10\mu m$ 颗粒基本被除净。立管式旋风管的工业应用性能见表 9-1-3。

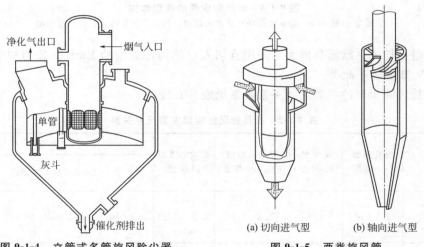

图 9-1-4　立管式多管旋风除尘器　　　　图 9-1-5　两类旋风管

20 世纪 80 年代中，中国石油大学等又开发了新的 EPVC 系列高效旋风管，其关键技术是在排气管下端装了一个已获专利权的分流型芯管（图 9-1-7），并将导向叶片与排尘底板等尺寸作了优化设计。20 世纪 90 年代又发明了可以防止细灰返混的防返混锥，将它装在旋风管下端，开发成了新的 PDC 型旋风管；20 世纪末开发了高效旋风除尘器，在徐州 300MW 热电厂 500℃工况运行，取得良好效果，2001 年在陕西城固化肥厂循环流化床气化炉煤气除尘系统 850℃工况下运行取得成功，旋风分离器内衬耐高温耐磨捣固混凝土，三级旋风除尘器运行效果均达到设计要求。

进入 21 世纪，又进一步改进为 PSC 型，采用了更简单的开孔单锥排尘，效率与处理气量又有新的提高，见图 9-1-8。这些新型旋风管已广泛用于炼油厂催化裂化高温烟气能量回收系统中（650~720℃），它们的工业应用性能可参见表 9-1-3。

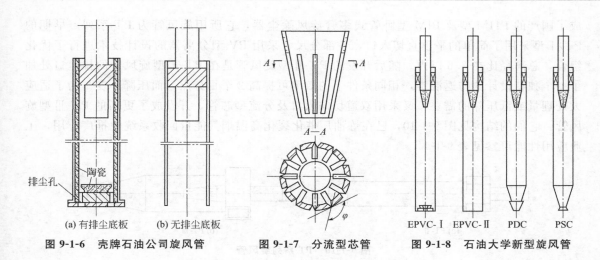

(a) 有排尘底板	(b) 无排尘底板		

排尘孔　陶瓷

图 9-1-6　壳牌石油公司旋风管　　图 9-1-7　分流型芯管　　图 9-1-8　石油大学新型旋风管

EPVC-Ⅰ　EPVC-Ⅱ　PDC　PSC

表 9-1-3　立管式旋风管的工业应用性能(650～720℃)

型号	EPVC-Ⅰ	EPVC-Ⅱ	PDC,PSC
入口粉尘			
浓度/(g/m³)	0.7～1.2	约 0.5	0.4～0.5
中位粒径/μm	18～22	约 7	6.2～8.3
出口粉尘			
浓度/(g/m³)	0.08～0.16	0.058～0.175	0.028～0.059
$\geqslant 10\mu$m/%	3～5	0～1.7	0
$\geqslant 8\mu$m/%		3～5	0～1.4
总效率/%	83.6～87.2	86	85～90
水平	基本除净 10μm		基本除净 7～8μm

（2）卧管式多管旋风除尘器　20 世纪 80 年代初，美国 Polutrol 公司推出了其专利产品——Euripos 型卧管式多管旋风除尘器，见图 9-1-9。与立管式多管旋风分离器相比较，它有以下几个特点：①没有受力不好的板结构，全部为壳体结构，在高温下的变形与受力较为均匀，对于短期超温的安全性可以更好些。②进气室内，含尘气流要转折 90°以上才能进入旋风管，对于较粗颗粒有惯性预分离的效果，故可以防止偶然涌入的粗颗粒进入旋风管。③旋风管呈水平放置，采用较简单的直切入口，一般常用直径为 250mm，内衬 25mm 厚的钢纤耐磨衬里（Resco-AA-22）。④进气室下部粗尘捕集室的排灰管下端有节流缩口，以保证粗尘捕集室与细尘捕集室间的压力平衡。一般向下总泄气量约占总进气量的 2%～3%。这类除尘器特别适用于处理气量很大的场合。

20 世纪 90 年代中国石油大学等也独立研制

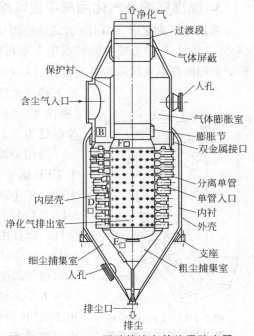

净化气　过渡段　气体屏蔽　人孔　气体膨胀室　膨胀节　双金属接口　分离单管　单管入口　内衬　外壳　支座　粗尘捕集室　细尘捕集室　净化气排出室　内层壳　含尘气入口　保护衬　人孔　排尘口　排尘

图 9-1-9　Euripos 型卧管式多管旋风除尘器

成了国产的 PHM 型及 PIM 型卧管式多管旋风除尘器, 它所用旋风管为 PT 系列。早期的 PT-Ⅰ型采用了简单的平顶直切入口, 各部分尺寸采用 PV 型分离器的设计技术进行了优化组合, 总高径比在 3.6 以内。随后开发的 PT-Ⅱ型旋风管是在 PT-Ⅰ型旋风管的排尘口处加了一个独特设计的防返混锥, 相同条件下的效率可提高 2 个百分点, 而压降不变。为了适应大处理量或低压降的需要, 又采用双道切向入口及分流型芯管, 开发成了更新的 PT-Ⅲ型旋风管。它们的结构见图 9-1-10, 已在炼油厂催化裂化高温烟气能量回收系统中推广应用, 工业应用性能可参见表 9-1-4。

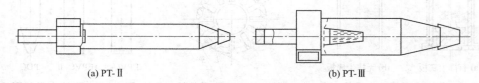

(a) PT-Ⅱ　　　　　　　　　　　　　(b) PT-Ⅲ

图 9-1-10　PT 系列旋风管

表 9-1-4　卧管式旋风管的高温应用性能(650～720℃ 催化裂化烟气)

型号		PT-Ⅱ型	PT-Ⅲ型
单管表观截面气速/(m/s)		5.66	7.86
单管内径/mm		150～250	150～300
入口粉尘	浓度/(g/m³)	约 0.5	约 0.5
	中位粒径/μm	约 11	约 12
出口粉尘	浓度/(g/m³)	≤0.08	≤0.08
	≥8μm(质量分数)/%	0～0.7	0
水平		基本除净 7～8μm	

3. 燃煤锅炉及气化用高温旋风除尘器

采用循环流化床 (CFB) 方式的燃煤锅炉和煤气化炉都需要高温旋风除尘器来把高温气体 (850～1000℃) 中夹带的颗粒捕集下来再回送到锅炉床层中去, 如图 9-1-11 所示。现在 CFB 锅炉常用的高温旋风除尘器有蒸汽 (水) 冷式的通用型旋风除尘器 [见图 9-1-12 (a)]、圆形下排气式旋风除尘器 [见图 9-1-12 (b)] 和方形旋风除尘器 [见图 9-1-12 (c)] 等。工业用 CFB 通用型旋风除尘器的典型参数见表 9-1-5。

通用型旋风除尘器是上排气, 它的效率高, 压降也高, 用于 CFB 锅炉时会带来总体布置上的一些困难。为此, 中国浙江大学, 华中理工大学等提出了一种圆形下排气旋风除尘器 [图 9-1-12 (b)], 它能明显改善锅炉的结构布置, 提高系统运行安全性, 而且压降较低。一般当入口气速在 15～20m/s 时, 压降为 1.03～1.53kPa, 切割粒径大致在 15μm 左右。除尘器直径 2m, 入口烟气温度 580℃, 入口中位粒径约为 120μm, 实测效率 98%。

方形高温旋风除尘器是由 Timo Hyppanen 等人首先提出并用于 CFB 锅炉的, 如图 9-1-12 (c) 所示。这种除尘器的最大优点是容易实现水冷壁, 便于锅炉结构布置紧凑, 造价较低, 又

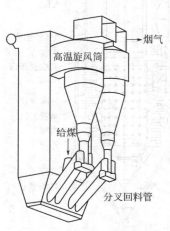

烟气

高温旋风筒

给煤

分叉回料管

图 9-1-11　CFB 锅炉用
高温旋风除尘器的布置

可提高系统开停工的灵活性。浙江大学对方形上排气除尘器进行的冷态试验表明：入口气速 19m/s、入口颗粒平均粒径 167μm、浓度 2kg/m³ 时，冷态效率可达 99%。国外已在 18～98MWCFB 锅炉上应用。

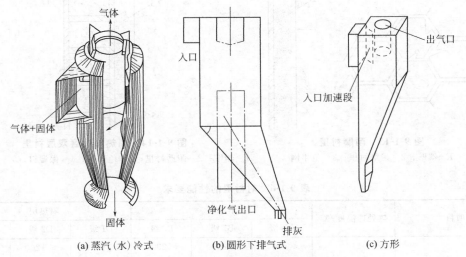

图 9-1-12　CFB 锅炉用高温旋风除尘器形式

(a) 蒸汽(水)冷式　　　(b) 圆形下排气式　　　(c) 方形

中国清华大学与四川锅炉厂合作设计的 75t/h 带有方形上排气旋风除尘器的 CFB 锅炉已于 1996 年投运。

表 9-1-5　CFB 通用型旋风除尘器典型参数

入口浓度/(kg/m³)	0.5～5									
粒径范围/μm	1～1000									
锅炉输入热量/MW	67	75	124	207	211	230	234	327	396	422
除尘器个数	2	2	1	2	2	2	2	2	2	4
筒体直径/m	3	4.1	7.2	7	6.7	6.8	6.7	7	7.3	7.1
每台除尘器气量 (850℃下)/(10⁶m³/h)	0.175	0.19	0.54	0.55	0.55	0.6	0.61	0.85	1.03	0.55
入口气速/(m/s)	43	25	23	25	27	29	30	38	43	24
压降/kPa	0.98～1.96									

4. 高温旋风除尘器的耐磨衬里

高温旋风除尘器一般都在内壁衬有耐磨衬里层，约厚 20～25mm，见图 9-1-13。若为外置式旋风除尘器，则应为保温加耐磨的双层衬里，总厚 100～120mm，见图 9-1-14。

由于旋风除尘器内气速高，颗粒量多，磨损严重，故常用的耐磨衬里为磷酸铝-刚玉型，它的骨料是电熔白刚玉，胶结剂是磷酸铝，促凝剂是耐火水泥和磨细的氢氧化铝。为了使耐磨衬里能牢固地附着在器壁上，不至于在热胀冷缩时脱落，常用龟甲网作骨架，焊牢在器壁上。在小型除尘器内，为制造方便，也可采用无龟甲网的耐磨衬里，此时应在衬里料内加入钢纤维约 1.52%（质量分数）以及电熔氧化镁细粉约 1.4%～1.6% 作为促凝剂。钢纤维直径 0.3～0.5mm，长 19mm，呈波状，可用 1Cr13 或 1Cr18Ni9。国外典型的高温耐磨衬里材料为 Resco-AA-22，国内也发展了许多类似的牌号，如 JA-95 等。对衬里的性能要求见表 9-1-6，衬里的烘干制度见表 9-1-7。

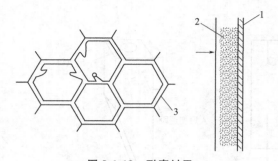

图 9-1-13 耐磨衬里
1—器壁；2—耐磨衬里；3—龟甲网

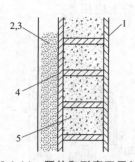

图 9-1-14 隔热和耐磨双层衬里
1—器壁；2—耐磨衬里；3—龟甲网；4—保温钉；5—保温衬里

表 9-1-6 对衬里的性能要求

项目	热处理温度/℃	耐磨层			隔热层		
		AB 级	B1 级	B2 级	D1 级	D2 级	D 级
体积密度/(kg/m³)	110	≤3100	≤2500	≤2300	≤1450	≤1200	≤1100
	540	≤2950	≤2450	≤2250	≤1350	≤1150	≤1050
	815	<2950	<2450	<2250	<1350	<1150	<1050
烧后抗压强度/MPa	110	≥80	>60	>40	≥20	≥14	≥8
	540	≥80	>50	>30	≥16	≥10	≥7
	815	≥80	>50	>30	≥16	≥10	≥7
烧后抗折强度/MPa	110	≥10	>8	>6	≥3	≥3	≥2.5
	540	>10	>7	>5	≥3	≥2	≥2
	815	≥10	>7	>5	≥3	≥2	≥1.5
烧后线变化率/%	815	0~0.2			0~0.2(540℃)		
热导率/[W/(m·K)]	540	1.25~1.45	1~1.25	0.8~1.0	0.3~0.4	0.25~0.35	0.2~0.3

表 9-1-7 衬里烘干制度

温度区间/℃	升温速度/(℃/h)	所用时间/h	温度区间/℃	升温速度/(℃/h)	所用时间/h
常温至 60	5~10	4~8	150~315	10~15	11~16.5
60±5	0	8	315±5	0	24
60~110	5~10	5~10	315~540	20~25	7.5~9
110±5	0	8	540±5	0	24
110~150	5~10	4~8	540 至常温	<25	—
150±5	0	24			

第三节 电除尘器

一、电除尘器工作原理

电除尘器是利用电力收尘的装置，它的除尘过程可分为 4 个阶段：气体电离、粉尘获得离子而带电、荷电粉尘向电极移动、清除电极上的粉尘。

1. 气体电离

（1）电晕放电　在电除尘器中，采用电晕放电的方法，使粉尘带电。电晕放电有正电晕和负电晕，负电晕稳定，电晕电流大，电场强度高，因此一般工业电除尘器采用负电晕。

负电晕发生的原理是将直流高压电加在如图 9-1-15 所示的线电极和圆筒（板）电极间，使线电极侧为"—"，圆筒（板）电极侧为"＋"。提高电压则电极间形成了电场强度。线电极附近的电场极强，越到圆筒（板）电极则电场越弱。

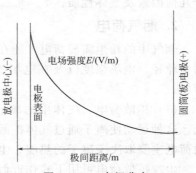

图 9-1-15　电场分布

在通常的空气或由电除尘器处理的排放烟气中，存在着因宇宙线和放射线等而被电离的电子和离子，即使这种空气和气体存在于电极间，若加在电极间的电压较低，电极间也只有无法测量的极微弱的电流流过。如进一步提高加在电极间的电压，则电极间开始有电流流过。在这种状态下，空气和烟气中的电子从电场中得到动能，与气体分子相碰撞，给中性分子能量。其结果是分子失去自己的电子而变成正离子，这就是气体的电离现象。能够引起分子电离的最小能量的电压叫电离电压，加大电极间的电压达到电离电压以上时，中性分子 M 就会相继电离变成正离子 M^+ 和电子 e。因电离产生的新电子继续碰撞，反复电离，引起电子雪崩。

图 9-1-16 是电除尘过程的示意图，因电离产生的正离子向电晕极前进，与电晕极碰撞并被吸收，同时碰撞能量还会使电子从电晕极表面重新飞出。因正离子在电晕极表面产生二次电子，从而使放电得以自持。

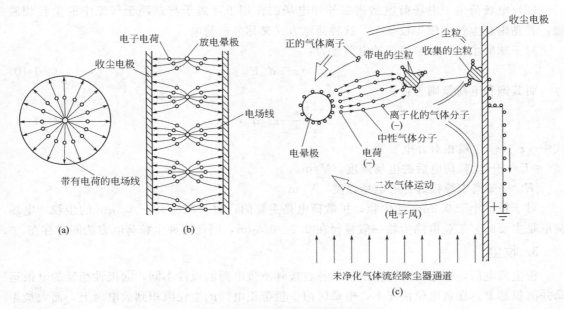

图 9-1-16　电除尘过程的示意图

（a）管式电除尘器中的电场线；（b）板式电除尘器中的电场线；（c）粉尘荷电在电场中沿着电场线移向收尘电极的情况

（2）起始电晕电压 起始电晕电压是指开始发生电晕放电的电压，又称临界电晕电压。与之相对应的电场强度称为起始电场强度或临界电场强度。电晕开始发生所需的场强，取决于几何因素及气体性质。

2. 烟气荷电

烟气中的粉尘需要荷电才能在电场力的作用下从气流中分离出来。粉尘荷电量的大小与粉尘粒径、电场强度以及在电场中停留时间有关。尘粒荷电有两种方法：扩散荷电和电场荷电。

（1）扩散荷电 气体中的离子和它的分子一样也有热运动，并且遵循气体分子运动理论。这种运动使离子通过气体扩散，并与电场内的粉尘碰撞，然后黏附其上使粉尘荷电。扩散荷电主要取决于离子的热能、尘粒大小及有效作用时间。

尘粒扩散荷电可用下式作近似计算：

$$q_p = ne = \frac{2\pi\varepsilon_0 k_0 T d_p}{e}\ln\left(1 + \frac{e^2 N d_p t}{2\varepsilon_0\sqrt{2m\pi k_0 T}}\right) \tag{9-1-9}$$

式中 n——尘粒所得单位电荷数；

e——电子电荷，1.6×10^{-19}C；

ε_0——真空介电常数；

k_0——波茨曼常数，1.38×10^{-23}J/K；

T——绝对温度，K；

d_p——尘粒的直径，m；

N——单位体积中的离子数，个/m^3；

m——离子的质量，kg；

t——荷电时间，s。

（2）电场荷电 电场荷电是指在外加电场的作用下，离子与悬浮于气流中的尘粒相碰撞，并黏附在尘粒上使尘粒荷电。这种荷电方式又称轰击荷电。

对于球形尘粒，尘粒表面的电荷量为：

$$q_p = \pi\varepsilon_0 d_p^2 E_2 \tag{9-1-10}$$

而其饱和电荷量则为：

$$q_{ps} = \frac{3\varepsilon_r}{\varepsilon_r + 2}\pi\varepsilon_0 d_p^2 E_\infty \tag{9-1-11}$$

式中 ε_r——尘粒相对介电常数；

E_2——尘粒荷电后的电场强度，V/m；

E_∞——离尘粒很远处的电场强度，V/m。

对于粒径小于 $0.2\mu m$ 的尘粒，扩散荷电是主要的；对于粒径大于 $0.5\mu m$ 的尘粒，电场荷电是主要的。工业电除尘器一般粒径在 $0.2\sim0.5\mu m$，因此两种尘粒荷电方法同时存在。

3. 收尘

粉尘荷电后，在电场力的作用下，各自按其所带电荷的极性不同，向极性相反的电极运动并沉积其上。在负电晕情况下，电晕区内少量带正电荷的尘粒沉积到放电极上，而大量尘粒在电晕外区都带着负电荷，因而向收尘极运动。

（1）尘粒的驱进速度 电除尘器中，粉尘离子的运动主要取决于库仑引力和气体摩擦阻力。

在场强为 E_p 的电场中，带电粒子的荷电量为 q_p，作用在尘粒上的库仑力为：

$$F = q_p E_p \tag{9-1-12}$$

$$q_p = pE_c a^2$$

式中 E_c——尘粒荷电后的电场强度，V/m；

  a——尘粒半径，m；

  p——与尘粒介电常数有关的数值。

粉尘离子在受到库仑力的同时所受到的摩擦阻力为 $F = 6\pi a \mu \omega$，在平衡条件下 $6\pi a \mu \omega = pE_c E_p a^2$

$$\omega = \frac{pE_c E_p a}{6\pi \mu} \tag{9-1-13}$$

式中 ω——尘粒的驱进速度，m/s；

  E_p——收尘极电场的强度，V/m；

  μ——气体黏度，Pa·s。

尘粒的驱进速度是电除尘器设计中的一个重要数据。由于它受到烟气的成分、温度、含尘浓度、尘粒直径、比电阻以及内部结构等多种因素的影响。因此在设计时通常都用有效驱进速度来计算。有效驱进速度是根据实验方法，或是测定实际运行中电除尘器的有关参数反推算得 ω 值。一些收集到的数据，可见参考文献 [1]。

（2）收尘效率　电除尘器的收尘效率首先由 Deutsch 推出：

$$\eta = 1 - e^{-\frac{A}{Q}\omega} = 1 - e^{-f\omega} \tag{9-1-14}$$

式中 η——除尘效率；

  A——收尘极板的表面积，m^2；

  Q——烟气流量，m^3/s；

  ω——驱进速度，m/s；

  f——收尘极比面积，$(m^2 \cdot s) / m^3$。

对于管式电除尘器为：

$$\eta = 1 - e^{-\frac{2L}{r_b v}\omega} \tag{9-1-15}$$

对于板式电除尘器为：

$$\eta = 1 - e^{-\frac{L}{b v}\omega} \tag{9-1-16}$$

式中 L——极板（或管式）的宽度（或长度），m；

  r_b——管式电除尘器的收尘管半径，m；

  b——异极间距，m；

  v——气体流速，m/s。

由于 Deutsch 公式是在许多假设条件下导出的理论公式，与电除尘器实际运行情况有差异，多年来，许多学者提出了不少修正公式。图 9-1-17 为表示收尘效率 η、驱进速度 ω 和比表面积 f 值的列线图，可用于计算。

二、除尘器结构设计

电除尘器由除尘器本体和供电装置两大部分组成。除尘器本体是实现烟尘净化的设备，通常为钢结构件，约占电除尘器总投资的 85%，其主要部件有壳体、收尘电极、放电电极、振打装置和气流分布装置等。

1. 壳体

壳体是引导烟气通过电场、支撑电极和振打装置，形成一个与外界环境隔离的独立的收

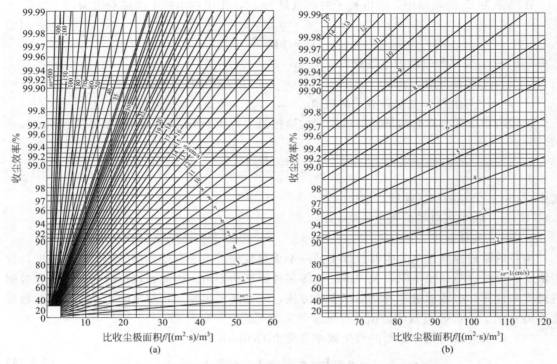

图 9-1-17 除尘效率 η、驱进速度 ω 和比表面积 f 值的列线图

尘空间。壳体结构应有足够的刚度和稳定性，同时，不允许发生改变电极间相对距离的变形，要求壳体封闭严密，漏风率一般小于 5%。有关壳体的详细结构和强度计算，可见参考文献 [27]。

2. 收尘电极

收尘电极是收尘极板通过上部悬吊杆及下部冲击杆组装后的总称。收尘极板又称阳极板或沉淀极，其作用是捕集荷电粉尘。对收尘极板性能的基本要求是：

① 极板表面的电场强度分布比较均匀；
② 极板受温度影响的变形小，并具有足够的强度；
③ 有良好的防止粉尘二次飞扬的性能；
④ 板面的振打加速度分布较均匀；
⑤ 与放电极之间不易发生电闪烁；
⑥ 在保证以上性能的情况下，质量要小。

收尘极板的形式较多，如 C 型、Z 型、波纹型、ZT 型、CW 型等，如图 9-1-18 所示。目前国内普遍生产和应用的为 C 型极板。图 9-1-19～图 9-1-21 为收尘极的几种悬吊装置。

3. 放电电极

放电电极又称阴极或电晕极，其作用是与收尘电极一起形成非均匀电场，产生电晕电流。放电电极是电晕线、阴极大框架、阴极小框架、阴极吊挂装置组装后的总称。由于放电电极工作时带高电压，所以，放电电极与收尘电极及壳体之间应有足够的绝缘距离和绝缘装置。对放电电极性能的基本要求是：

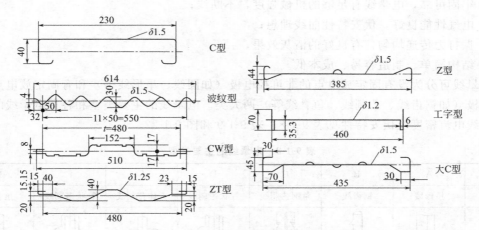

图 9-1-18 各种形式的型板式电极

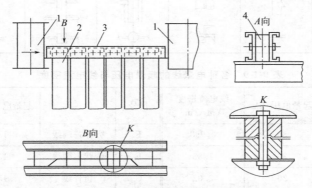

图 9-1-19 紧固连接型收尘极上部悬吊装置

1—管体顶梁；2—极板；3—悬吊梁；4—支承板

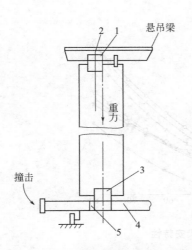

图 9-1-20 单点偏心悬挂收尘极悬吊装置

1—上连接板；2—销轴；3—下连接板；4—振打杆；5—垫块

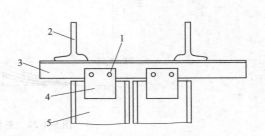

图 9-1-21 收尘器上部悬吊装置

1—螺栓；2—顶梁；3—角钢；4—连接板；5—极板

① 牢固可靠，电晕线有足够的机械强度，不断线；

② 电气性能良好，伏安特性曲线理想；

③ 振打力传递均匀，有良好的清灰效果；

④ 结构简单、制造容易、成本低。

电晕线可分为没有固定放电点的非可控电极（如圆线、星形线等）和有固定放电点的可控制电极（如锯齿线、芒刺线、鱼骨线等）两大类。电晕线的主要类型和各种电晕线的起晕电压与线电流密度及伏安特性见表 9-1-8、表 9-1-9 和图 9-1-22。

表 9-1-8　电晕线的主要类型

代号	A	B	C	D	E	F	G
名称	星形线	锯齿线	角钢芒刺线	管状芒刺线	方体芒刺线	管状多刺线	鱼骨线
简图							

表 9-1-9　各种电晕线的起晕电压与线电流密度

代号	名称	起晕电压/kV	线电流密度/(mA/m)	代号	名称	起晕电压/kV	线电流密度/(mA/m)
A	星形线	35	0.993	E	方体芒刺线	18	2.03
B	锯齿线	20	1.88	F	管状多刺线	15	1.34
C	角钢芒刺线	20	2.02	G	鱼骨线	15	1.243
D	管状芒刺线	15	1.3				

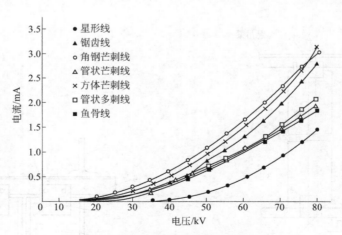

图 9-1-22　各种电晕线的伏安特性

图 9-1-23 为 3 种电晕线固定方式，即：重锤悬挂式，见图 9-1-23（a）；整体框架式，见图 9-1-23（b）；桅杆式，见图 9-1-23（c）。

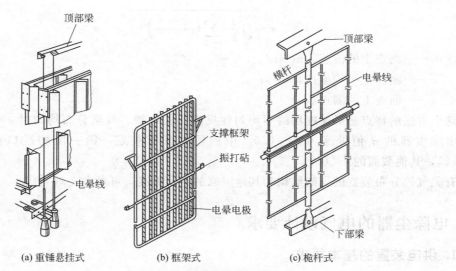

(a) 重锤悬挂式　　　(b) 框架式　　　(c) 桅杆式

图 9-1-23　电晕线的固定方式

4. 振打装置

振打装置的任务就是随时清除黏附在电极上的粉尘，以保证电除尘器正常运行，收尘电极与放电电极振打的要求基本相同，主要是：

① 获得足够大的加速度，既能使黏附在电极上的粉尘脱落，又不至使过多的粉尘重新卷入气流；

② 能够按照粉尘的类型和浓度不同，对各电场的振打强度、振打时间、振打周期等进行适当的调整；

③ 工作可靠，维护简便；

④ 电极因带高压，其振打轴必须与传动装置绝缘，振打轴穿过外壳时也要保持足够的绝缘距离。

使粉尘在收尘极与电晕极脱落的最小加速度值，根据粉尘性质和结构形式而异，一般认为收尘极板的最小振打加速值为 150～200g，电晕极为 100～150g。

收尘振打结构有摇臂锤振打、撞击式振打和电磁振打 3 种。电晕极振打结构有顶部提升振打和臂锤侧向振打两种，各种振打详细论述，可见参考文献 [28]。

5. 气流分布装置

电除尘器内气流分布的均匀程度对除尘效率影响很大，气流分布不均匀也就是意味着电场内存在高低速度区，某些部位存在涡流和死角，这些不均匀的气流会产生冲刷，从而使极板和灰斗中的粉尘产生二次飞扬。对气流分布装置的基本要求如下。

① 理想的均匀流动应要求流动断面缓变及流速很低来达到层流运动，在电除尘器内主要是依靠隔板、导流板和分布板的恰当配置，使气流获得较均匀分布。

② 电除尘器进出管道设计，应尽量保证进入电除尘器的气流分布均匀，尤其是多台电除尘器并联使用时应尽量使进出管道在收尘器系统的中心。

③ 为保证分布板的清洁，应设有定时的振打机构。

评定气流分布均匀性，目前国际上尚无统一的评定标准，中国采用相对均方根差法。相对均方根差 σ 可用下式表示：

$$\sigma = \sqrt{\frac{1}{n} \sum_{i=1}^{n} \left(\frac{v_i - \overline{v}}{\overline{v}} \right)^2} \tag{9-1-17}$$

式中　v_i——测点上的流速，m/s；

　　　$\overline{v}$——断面上平均流速，m/s；

　　　n——断面上的测点数。

　　这个方法的特点是对速度场的不均匀性反应比较灵敏。气流分布均匀时 $\sigma = 0$，实际上工业电除尘器的 σ 值处于 0.1～0.5。中国国家标准规定，第一电场进口截面测得的 $\sigma < 0.25$，其他截面的 $\sigma < 0.2$。

　　有关气流分布装置的详细结构和其他国家的评定标准，可参考文献 [1]。

三、电除尘器的电气设计要求

1. 供电装置的基本要求

　　① 在电除尘器工况变化时，供电装置能快速地适应其变化，自动地调节输出电压和电流，使电除尘器在较高的电压和电流状态下运行。

　　② 电除尘器一旦发生故障，供电装置能提供必要的保护，对闪络、拉弧和过流信号能快速鉴别并做出反应。

　　③ 寿命长，操作方便，维护工作量少。

　　④ 自动化程度高。

　　电除尘器的高压供电装置是一个以电压、电流为控制对象的闭环控制系统，它将低压交流电源变换为高压直流电源。控制系统包括升压变压器、高压整流器、控制元件和控制系统的传感元件。为使电除尘器达到高效运行，必须根据烟气工况的变化条件进行高压供电装置的控制，其控制方法有火花频率控制、最佳电压控制、定电流控制。最普遍使用的是火花频率控制。表 9-1-10 是常规电除尘器高压供电装置的设计和运行要求。

　　作为与本体配套供电还包括电极的清灰振打、灰斗卸灰、绝缘子加热及安全联锁等控制装置，通称低压自动控制装置。其控制特性好坏和控制功能的完善程度，对电除尘器的运行维护以及除尘效率都有直接影响。

表 9-1-10　常规电除尘器高压供电装置的设计和运行要求

序号	项目	要求
1	最重要的要求	在瞬时火花和偶然短路负荷的情况下有较高的可靠性和稳定性
2	电除尘器的工作电压	30～100kV，最常用的是 40～65kV
3	电除尘器的板电流密度	0.35～3.5mA/m²
4	电除尘器电压波形	脉动负极性全波或双半波
5	电除尘器的负载	0.02～0.125μF/区
6	电源输入	380V，单相，50Hz，通常线电压波动±5%
7	整流器线路（定型产品）	单相，FW 电桥，硅二极管
8	额定输出电压，R 负载	直流峰值电压 70kV，平均电压 45kV（最常用）；直流峰值电压 105kV，平均电压 67.5kV

续表

序号	项目	要求
9	高压变压器	380V/53kV 有效值或 380V/78kV 有效值
10	每台装置容量	15～100kV・A
11	直流额定输出电流	每一台 100～1500mA(R 负载)
12	变压器整流器绝缘	油/空气,对流冷却
13	工作制度	户内或户外连续工作
14	环境温度	变压器整流器油箱温度 50℃(最大);控制柜 55℃(最大)
15	电压控制	主要是根据最佳平均火花率可调进行自动控制或根据火花临界值进行控制
16	电压控制范围	输出 0～100% 在高压变压器的一次端带有 SCR 控制和线性变阻器
17	电流限制(无火花)	自动限制在额定一次电流。满载额定电流与电压无关
18	火花时峰值电流限制	最佳系统中为正常峰值电流的 2～2.5 倍

2. 配套电源的选择

一台电除尘器通常设置 2～4 个电场,每个电场需配用一台高压电源。若高压电源设置在电除尘器顶部,则每台高压电源的容量按各电场的实际需要确定;如高压电源同时布置在一间操作室内,最好选用同一规格,这样可以用四点式隔离开关灵活地倒换各个电源。

(1) 供电方式的选择

① 常规电压供电。主要用于粉尘比电阻为 10^8～$10^{11}\Omega\cdot cm$,技术成熟,设备简单。

② 超高压供电。供电电压大于 72kV,极间距大于 400mm,通常用于粉尘浓度小于 $30g/m^3$,粉尘比电阻为中、高的粉尘。

③ 脉冲供电。宽脉冲供电,其脉冲宽度在 $20\mu s$ 以上,通常为 $100～150\mu s$,可用于各种比电阻粉尘,但成本高。窄脉冲供电,其脉冲宽度在 $0.5～20\mu s$,可用于各种比电阻粉尘,投资省,节能。间隙脉冲供电,其脉冲宽度为毫秒级,主要通过控制,产生不同正弦波组合,适用于较高的比电阻粉尘,有节能和断电振打之功能,投资少,制造容易。

(2) 控制特性的选择

① 有火花跟踪控制。其中有最高平均电压控制、最佳火花率跟踪控制、自由选择火花率控制、恒流恒压控制等。这种控制能提高电晕功率输出,使运行电压始终保持在较高的状况下。

② 临界火花跟踪控制。适用于中、低比电阻粉尘和易燃、易爆的场合。用于低比电阻粉尘不产生火花,或少产生火花,有利于避免闪络过渡到电弧。用于末级电场,可提高电晕功率输出,避免火花带来的二次扬尘。

(3) 电压等级的选择 高电压电源根据本体结构,电场大小及烟尘特性等因素确定。目前,国产电源机组输出电压大致可分为 40kV、60kV、66kV、72kV、80kV 和 120kV 等几个等级,输出电流有 0.1A、0.2A、0.3A、0.4A、0.6A、0.7A、1.0A、1.1A、1.2A、1.5A、1.8A 和 2.0A 等若干个规格。

配套机组的电压等级根据不同的极间距确定。通常电除尘器工作时的平均场强为 3～4kV/cm,即对同极距 300mm 的常规电除尘器,电压可选择 45～60kV。各级电场在不同极距时的操作电压可参见表 9-1-11。

表 9-1-11 各级电场在不同极距时的操作电压

同极间距/mm			300	400	450	500
电场电压/kV	1	芒刺线	33~40	48~54	52~58	56~62
		星形线	36~42	50~56	54~60	58~64
	2	芒刺线	45~48	50~56	56~62	60~66
		星形线	46~52	54~60	60~66	64~70
	3	芒刺线	54~60	60~66	66~72	70~76
		星形线	58~62	66~72	72~80	76~84
额定电压/kV			60	72	80	90
抽头电压/kV		10%	54	66	72	81
		20%	48	60	66	72

（4）电流容量的选择 电流是根据收尘面积或放电线的总长度来确定的。板电流密度可选 $0.15~0.4\text{mA/m}^2$，最好按不同电场选取不同电流密度：1 电场，$0.15~0.2\text{mA/m}^2$；2 电场，$0.2~0.25\text{mA/m}^2$；3 电场，$0.3~0.4\text{mA/m}^2$。

线电流密度按 $0.1~0.4\text{mA/m}$ 选取；确定线电流密度应考虑极线形式以及烟尘性质，对放电性能较好的极线，如管状芒刺线，可按 $0.3~0.4\text{mA/m}$ 选取，星形线按 $0.08~0.12\text{mA/m}$ 选取；粉尘比电阻较高，则线电流密度选取较低值。

四、应用实例及系列产品规格

1. 应用范围

电除尘器在工业应用中的主要工艺数据的适用范围和各行业使用电除尘器的主要数据如表 9-1-12 和表 9-1-13 所示。

表 9-1-12 电除尘器主要工艺数据的适用范围

序号	项目	适用范围	序号	项目	适用范围
1	处理气量/(m³/h)	$1000~229×10^6$	6	气体压力/Pa	$+200~-2000$
2	粉尘粒径/μm	$0.01~100$	7	气体温度/℃	380 以下
3	含尘浓度/(g/m³)	<250	8	阻力/Pa	196.2
4	气体流速/(m/s)	$0.5~2.5$	9	灰尘比电阻/Ω·cm	$10^4~2×10^{13}$
5	粉尘停留时间/s	$2.25~12$	10	除尘效率/%	$95~99.99$

表 9-1-13 各行业使用电除尘器主要数据

参数	面积/m²	电场流速/(m/s)	出口浓度/(mg/m³)	效率/%	驱进速度/(cm/s)	比收尘面积/[(m²·s)/m³]
吹氧平炉	60	1.55	37	99~99.5	10~13	45~64
铜反射炉	40	1.2~1.5	31.7	99~99.5	11~15	38~50
烧结机尾	40	1.2~1.5	<100	99.2	9.4~12.4	40
烧结机头	36	1.46	20	98.3	7.36	35

续表

参数	面积/m²	电场流速/(m/s)	出口浓度/(mg/m³)	效率/%	驱进速度/(cm/s)	比收尘面积/[(m²·s)/m³]
镁砂回转窑	81.9	0.6	65	99.7	5	117
火焰清理机	52	1	50	96.6	6	55.4
发电厂	165	1~1.15	60	99.6	10.4	48.73
箅式冷却机	160	1	100	99	12.5	36
水泥回转窑	136.8	0.85	100	99.76	9.6	62.7
煤磨	25.7	0.7	100	99.85	10.8	36
氧化铝厂	45	1~1.2	50	99.8	7~10	35~60
硫酸厂	40	0.8	150	99.6	7	110

2. 应用实例

表 9-1-14～表 9-1-16 分别列出了化工企业和燃煤电厂使用电除尘器的应用实例。

表 9-1-14 化工企业电除尘器应用实例

型号	S₄L₄₀	Ln40	2DC-3-20	DCC-15	2DCZ-3-20	DCZ-13	LD1201	LD801	LD401	DCC-25
烟气量/(m³/h)	111709	131100		16000			33000	22000	10970	30000
有效截面/m²	40	40	20	15	20	13	37	24.5	11.4	25
室数	单室	单室	双室	单室	双室	单室	单室	单室	单室	单室
电场数	4	3	3	3	3	2	3	3	3	3
电场风速/(m/s)	0.8	0.95	0.6	0.65	0.6	0.6	0.57	0.53	0.64	0.8
极间距离/mm	150	一电场300 二、三电场 150	150	一电场200 二、三电场 150	150	150	150	150	150	一电场200 二、三电场 150
极板形式	Z	CSW₂	棒帏	C	Z	Z	C	C	Z	C
极线形式	芒刺线	星形	圆线	RS	星形	RS	RS	RS	针刺	RS
操作温度/℃	350	350	400	350	380	350	350	320	370	350
操作压力/Pa	-2450	-1962	-1962	-1962	-1962	-1962	-1962	-1962	-1962	-1962
总收尘面积/m²	3370	3730		856			f=90	ω=6.1	365	1422
吸尘极振打方式					挠臂振打					
电晕极振打方式	侧向振打	侧向振打	顶部	侧向振打	提升脱钩	侧向振打	侧向振打	侧向振打	侧向振打	侧向振打
入口含尘/(g/m³)	35	250	25	65	25	30	30	20	20	65
出口含尘/(g/m³)	0.2	0.1	0.2	0.2	0.2	0.2	0.2	0.2	0.2	0.2
效率/%	99.4	99.96	99	99.6	99	99.3	99.3	99	99	99.6
高压硅整流型号	GGA 0.4/60	1场 VT 840/65 2、3场 VT 1680/50	GGA 0.2/60	GGA 0.4/60	GGA 0.2/60	GGA 0.2/60	GGA 0.4/60	GGA 0.2/60	GGA 0.2/60	GGA 0.2/60
高压硅整流台数	4	3	3	3	4	2	3	3	3	3

表 9-1-15 部分电厂电除尘器设计和结构参数

序号	项目名称单位	北京热电厂	石景山热电厂	邯郸热电厂	侯马热电厂	青山热电厂	石洞口电厂	沙市热电厂
一	锅炉炉号	5,6	1	2,3,5	2	6	1,2	4
1	额定蒸发量/(t/h)	220	670	75	130	230	1025	80
2	设计煤种	大同煤	山西小峪	邯郸煤	汾西洗中煤	平顶山义马	贫煤	阜新
3	灰分/%	15~25	25.54	27.2	31.22	32	26.7	32.85
4	全硫/%	1.04	0.39	1.6	2.99	0.96	0.9	0.56
二	电除尘器应用情况							
1	投运日期年、月	1986.10	1988.6	1980.4 1984.6	1982.4	1988.4	1988.12	1987.11
2	电场截面/m²	102	2×194.4	2×22.5	2×32.4	100	220	46.7
3	处理烟气量/(m³/h)	400000	2×670000	180000	253000	370000	1900000	160000
4	设计除尘效率/%	>98	>98.5	98	>98	>98.5	98	98
5	入口烟气温度/℃	140~180	142	138	200	152	140	166
6	烟气负压/Pa	3000	5000	948	3000		1900	
7	烟气流速/(m/s)	1.1	0.98	1.11	1.03	1.03	1.2	0.95
8	停留时间/s	11.02	14.0	5.95	9	11.65	10	8.42
9	电除尘器室数	单	双	双	单	单	双	单
10	电场数	3	3	2	2	3	3	2
11	驱进速度/(cm/s)	5.6	5.8	9.92		6.46	5.78	7.25
12	电场长度/m	3×4	12	6.45	9.8	12	12	8
13	收尘极形式	480-C	480-C	385-Z	385-Z	480-C	480-C	480-C
14	极板高度/m	10	12	6.76	6.35	10	12	7.07
15	总集尘面积/m²	7833.6	2×12799	1738.6		6686	35712	2391
16	同极距/mm	300	Ⅰ 300 Ⅱ、Ⅲ 405	300	300	Ⅰ 300 Ⅱ、Ⅲ 400	300	300
17	放电极形式	芒刺	Ⅰ芒刺 Ⅱ、Ⅲ锯齿	星形	芒刺	芒刺	Ⅰ、Ⅱ芒刺 Ⅲ星形	芒刺
18	电源台数/台	3	6	2	4	3	6	2
19	额定最高电压/kV	66	66/72	72	72	72	60	55
20	额定最高电流/A	1.2	1.0	0.4	0.7	1.1	1.2	0.7
21	一台除尘器总重/t	约 400		146	2×98	396		

表 9-1-16　部分宽间距电除尘器的运行概况

序号	锅炉蒸发量 /(t/h)	电场断面积 /m²	烟气流速 /(m/s)	烟气温度 /℃	电场长度 /m	同极间距 /mm	总集尘面积 /m²	平均场强 /(kV/m)	单位烟气量电流 (I/Q)	单位烟气量电晕功率 (N/Q)	进口粉尘浓度 /(g/m³)	出口粉尘浓度 /(mg/m³)	除尘效率 /%	驱进速度 /(cm/s)	驱进速度改善系数 (K)
1	220	108	0.84	145	3×4	Ⅰ、Ⅱ 300 Ⅲ 410	7832.6	317	24.8	1269	45.9	28	99.94	7.12	1.15
2	220	108	0.82	180	3×4	Ⅰ、Ⅱ 300 Ⅲ 410	7832.6	281	39.1	1846	55.33	65	99.88	6.3	1.15
3	360	145.8	1.44	130	2×4.5	405	6451.2	311	6.6	399	26.52	492	98.12	6.1	1.14
4	360	145.8	1.51	137	2×4.5	405	6451.2	306	6.37	378.8	21.92	439	97.96	6.29	1.15
5	400	2×94.5	1.48	189	3×4	Ⅰ 300 Ⅱ、Ⅲ 410	6185	251	13.56	633.4	50.88	375	99.08	6.61	1.4
6	420	2×108	1.22	142	3×4	Ⅰ 300 Ⅱ、Ⅲ 410	7068.4	333	12.33	688.1	16.27	244	98.44	5.2	1.24
7	420	2×108	1.20	175	3×4	Ⅰ 300 Ⅱ、Ⅲ 410	7068.4	319	1684	994	—	—	98.78	6.05	1.20
8	420	2×100	1.32	165	4×4	Ⅰ、Ⅱ 300 Ⅲ 400	8018	213	7.99	297.1	74.52	623	99.12	5.56	1.27
9	670	2×165	1.22	179	3×4	405	9743	203	6.35	258.4	10.21	101	98.95	5.08	1.1
10	670	2×165	0.99	168	3×4	405	9743	272	11.8	650	38.83	365	99.06	5.06	1.1
11	670	2×165	1.31	156	3×4	405	9743	307	16.0	995.3	14.9	108	99.17	6.6	1.15
12	670	2×170	1.17	165	3×4	405	10030	281	4.72	268.6	13.4	155	98.84	5.12	1.05
13	670	2×170	1.26	164	3×4	405	10030	252	3.22	164.2	13.8	208	98.45	5.22	1.1
14	670	2×165	1.07	139	3×4	405	9743	234	15.5	734	14.2	51	99.63	5.19	1.15
15	670	2×165	1.21	150	3×4	405	9743	298	12.0	724	—	—	99.61	5.63	1.20
16	670	2×194	0.79	126	3×4	Ⅰ、Ⅱ 300 Ⅲ 405	17957	283	18.74	980	47.72	530	98.83	4.11	1.1
17	670	2×165	1.20	173	3×4	Ⅰ、Ⅱ 300 Ⅲ 405	12035	291	12.77	617.1	38.0	420	98.89	6.21	1.15
18	670	2×165	1.24	159	3×4	405	9743	285	8.72	502	12.73	75/85	99.37	7.25	1.15
19	1000	2×245	1.04	154	3×4	Ⅰ 300 Ⅱ、Ⅲ 405	16047	314	18.64	1088	20.6	52	99.76	6.33	1.30
20	1025	2×230	1.41	130	4×4.5	410	20070	292	18.66	1088	16.0	21	98.87	5.7	1.15

第四节 袋式除尘器

袋式除尘器是过滤除尘设备中应用最广泛的一类。它是使含尘气体通过以纤维滤料制成的滤袋,将粉尘分离捕集下来的高效干式气体净化设备。这种除尘器的显著优点是:净化效率较高,工作比较稳定,结构比较简单,技术要求不复杂,操作方便,便于粉尘物料的回收利用等。但也存在着应用范围受滤料耐温、耐腐蚀性能的限制,气体温度既不能低于其露点温度,又不能高于滤料许可的温度,设备尺寸及占地面积较大等缺点。

一、袋式除尘器的分类及性能

1. 袋式除尘器的分类

随着生产技术的不断发展,形成了多种多样的袋式除尘器。按滤袋断面形状可分为圆袋及扁袋两类。按含尘气流进入滤袋的方向可有内滤式及外滤式之分。按其进气位置可分为上进气、下进气及顺流式3种。按除尘器内的操作压力可分为负压式和正压式。按其清灰方式主要有机械清灰、逆气流清灰、脉冲喷吹清灰等;脉冲喷吹清灰又可分为中心喷吹清灰、环隙式喷吹清灰、低压喷吹清灰、顺喷式喷吹清灰、对喷式喷吹清灰以及其他形式的脉冲喷吹清灰等。

2. 袋式除尘器的性能

评价袋式除尘器性能优劣的主要性能指标有滤尘性能、清灰性能、压降及耐久性等,而这些性能在很大程度上取决于滤料和清灰系统的性能。

(1) 滤尘性能 袋式除尘器的滤尘性能很高,只要选型设计和操作运行得当,对于 $1\mu m$ 以上的尘粒,其除尘效率一般不难达到 99% 以上,甚至可达 99.99%。影响其滤尘性能的主要因素有粉尘特性、滤料特性、运行参数以及清灰方式等。

实际上,袋式除尘器的除尘效率高,主要依靠在滤料表面上形成的粉尘层的过滤作用,滤料本身则主要起着形成和支撑粉尘层的作用。因此清灰时应保留一定厚度的初始粉尘层,过度清灰反而会引起清灰后瞬时除尘效率的下降和加速滤袋的损坏。

含尘气体通过滤料表面的平均速度称为过滤速度,是决定袋式除尘器性能的一个重要参数。提高过滤速度,虽然可以减少过滤面积和设备尺寸,但同时会造成除尘效率降低,压力损失提高,清灰次数增多,导致运行费增加,减少滤袋寿命。通常希望过滤速度选得低些。

(2) 压降 袋式除尘器的压降不仅决定其能耗,而且影响其过滤效率及清灰周期。袋式除尘器的压降与其结构形式、滤料特性、过滤速度、入口含尘浓度、清灰方式及气体的温度和黏度等因素有关,目前主要通过实验测定。

袋式除尘器的总压降 Δp 可由设备本体压降 Δp_c、洁净滤料压降 Δp_o 和滤料表面上的粉尘层的压降 Δp_d 三部分组成。

设备本体压降 Δp_c 系指气体通过除尘器进出口及其他构件时的压力损失,通常为 $200\sim500Pa$。洁净滤料的压降 Δp_o 主要取决于滤料结构、过滤速度及气体黏度等,可通过实验决定。滤料表面粉尘层的压降则与粉尘特性、粒径、粉尘负荷及过滤速度等因素有关。一般情况下,$\Delta p_o = 50\sim200Pa$,$\Delta p_d = 500\sim2500Pa$。可见粉尘层的压降占除尘器压降的绝大部分。

袋式除尘器的压降在更大程度上取决于过滤速度,其总压降随过滤速度以几何级数增加。

（3）清灰性能 通常滤料上沉积的粉尘负荷达 $0.1\sim0.3\mathrm{kg/m^2}$，压降达 $1000\sim2000\mathrm{Pa}$ 时，即需进行清灰操作。由于滤料及粉尘性质的不同，清灰的难易程度也千差万别，不同清灰方式的清灰效果也各不相同。脉冲喷吹清灰是目前最常采用的主要清灰方式，也是过滤速度最高的。

清灰后应保留的残留粉尘量（又称初始粉尘层）与清灰前总粉尘负荷的质量比是衡量清灰性能的定量指标，可以用一定过滤速度下清灰前后的压降比（称为清灰残留率）来表示。因此，清灰过程的合理实施也是一个十分重要的问题，应尽量缩短每次清灰时间和延长两次清灰的时间间隔（即清灰周期），尽量采用定压差控制。

（4）耐久性 包括设备的耐久性及滤袋的使用寿命，而后者尤为重要。滤袋的使用寿命通常定义为总滤袋数的 10% 已破损时的使用时间，或定义为由于粉尘堵塞压降增加而使风量减少 10% 以上的时间。近年来滤袋的使用寿命通常都可达到 2 年以上。

二、袋式除尘器的滤料

滤料是袋式除尘器的关键材料，滤料性能的优劣直接决定了袋式过滤器性能的高低。因此，正确选择滤料是选用设计袋式除尘器的关键之一。目前袋式除尘器的滤料仍主要以纤维织物为主。

1. 滤料的特性指标

除前述的过滤效率和压降外，还有：

（1）容尘量 容尘量是指达到规定压降时，单位面积上积存的粉尘量（$\mathrm{kg/m^2}$）。容尘量大的滤料可延长反吹周期和滤料的使用寿命。

（2）透气率 透气率是指在一定压差下，经过单位面积滤料的气体量。作为标定透气率的压差值各国取值不同，中国通常取 127Pa。

（3）耐温性 为了适应高温气体的净化，采用耐温较高的滤料可以节约能源、回收热量、避免结露，减少因掺冷风降温所增加的气量以及简化降温设备等。

（4）力学性能 主要指滤料的抗拉强度、抗弯折强度及耐磨性等。它决定着滤料的使用寿命。

（5）造价 滤料的造价应与滤料的使用寿命等因素综合考虑。

（6）其他 还有滤料的缩胀率、抗静电性、吸湿性、耐化学腐蚀性、粉尘可剥落性及耐燃性等。

实际上没有一种滤料能完全满足上述所有性能的要求，必须结合具体情况综合分析，选择最符合使用条件的滤料。

2. 滤料的结构分类

滤料按其编织及处理方法可分为织布、毛毡、针刺毡及特殊滤布等。

（1）织布 可分为平纹、斜纹、缎纹及绒布等几种。

（2）毛毡 毛毡是将经预处理后具有充缩性的羊毛，以机械作用压延成毡。由于其成本高已被合成纤维针刺毡所取代。

（3）针刺毡 针刺毡是在底布两面铺以纤维，或完全采用纤维以针刺法成型，再经后处理而成。针刺毡纤维间的细孔分布均匀，孔隙率可达 70%~80%。其压降低于织布，过滤效率高于织布，而且易于清灰，现已广泛用于各种反吹清灰类的袋式除尘器。

（4）表面滤料 表面滤料系指包括微细尘粒在内的粉尘几乎全部被阻留在其表面，不能进入其内部的滤料。它通常是将一层由聚四氟乙烯经膨化处理而形成的薄膜，复合在常规滤料（称为底布）表面上而形成的一种覆膜滤料，由于其不仅过滤效率高，而且极易清灰，使用寿命可大为延长，成为近年来正在推广的一种新型复合滤料。

（5）特殊滤料 包括无纺布、静电植绒布、特氟纶织布、金属纤维布等，此外还有以塑料、陶瓷、金属等材料制成的具有细小孔隙的刚性滤料。

3. 滤料的材质分类

可以用作滤料的材质种类繁多，如天然纤维、合成纤维、玻璃纤维、陶瓷纤维、碳素纤维、金属纤维、复合纤维等。

（1）天然纤维滤料 主要有棉、毛、丝等织物。因其存在明显缺点，已逐渐被合成纤维及无机纤维所取代。

（2）合成纤维滤料 随着石油化工和纺织工业的发展，出现了种类繁多的合成纤维滤料，因其具有强度高、耐磨、耐湿、耐酸碱、相对密度轻及吸水率低等性能，得到了迅速发展和广泛应用。主要合成纤维滤料的种类及性能见表 9-1-17。

（3）无机纤维滤料 主要为玻璃纤维滤料，具有过滤性能好、阻力低、耐温（230～280℃）、不吸湿、价格低等优点。但因其不耐磨、不耐碱、不抗折，应用受到限制，经后处理性能有所提高。

（4）混合滤料 即合成纤维与其他纤维混合而成的织物滤料。常用的有尼毛特 2 号、尼棉特 4A 号，为维尼纶与羊毛或棉混合编织并起绒，直接织成圆筒形。

（5）表面滤料 表面滤料即微孔薄膜复合滤料，使粉尘全部捕集在薄膜表面，不会渗透到织物内部，实现完全表面过滤。它具有效率高、阻力低、过滤速度高、适用范围广、操作费用低，使用寿命长等优点。常用的表面滤料是将聚四氟乙烯经膨化处理形成的薄膜，复合在常规滤料（称为底布）上。其底布可有 20 余种，可以是织布，也可以是针刺毡，因而可适用于各种气体和粉尘，具有十分广泛的应用领域。

常用微孔薄膜复合滤料主要技术性能见表 9-1-18。

（6）耐高温滤料 随着现代工业的发展，要求对高温气体中的能量充分利用，以及满足日益严格的环保要求，需要进行高温过滤。近年来国内外高温滤料的研制和应用不断取得进展，新型耐高温滤料不断出现。根据工业排气温度的不同大致可分为两个温度等级。

① 耐 200～300℃的高温滤料 目前适用于此温度范围的滤料主要有：诺梅克斯（耐温180～210℃），聚砜酰胺（芳砜纶，耐温 200～230℃），聚噁二唑（耐温 200～230℃），特氟纶（耐温 200～260℃），以及玻璃纤维（耐温 230～280℃，经特殊处理可达 320℃）等。这些滤料因具有良好的物理化学性能及过滤性能，日益得到广泛应用。

② 耐 500～600℃的高温滤料 主要有以陶瓷纤维、金属纤维、碳纤维、金属丝网、微孔陶瓷和微孔金属等材料，经编织或烧结等方法制成的可耐 500～600℃的高温滤料，国内外已有应用。

三、袋式除尘器的清灰方式

袋式除尘器性能的优劣，除了需正确选用滤料外，清灰系统的性能也起着重要作用。袋式除尘器的结构形式通常也多以清灰方式的特征来划分。

袋式除尘器的清灰方式也很多，大致可以分为 3 类：机械清灰、逆气流清灰及脉冲喷吹清灰。

1. 机械清灰

机械清灰包括人工敲打及机械振打。其结构简单、造价低，可用于要求不高的场合。因其存在振动分布不均、对滤袋损害较大等缺点，目前仅用于小型机组。

表 9-1-17　常见纤维滤料性能

纤维种类		断裂强度/(g/D[①])		断裂伸长率/%	定伸回弹率(3%伸长)/%	相对密度	标准吸湿率(65%相对湿度)/%	耐光耐气候性(长时间光照)	耐虫蛀耐霉烂性
		干态	湿态						
天然纤维	棉	3.0~4.9	3.3~6.4	3~7	74(伸长2%)	1.54	7	发黄,强度下降	较耐蛀,不耐霉
	羊毛	1.0~1.7	0.76~1.63	25~35	89~93	1.32	16	强度下降	较耐霉,不耐蛀
	蚕丝	3.4~4.0	2.1~2.8	15~25	54~55(伸长8%)	1.33~1.45	9	60d下降55%,140d下降65%	较耐霉,不大耐蛀
化学纤维	聚酰胺纤维(锦纶) 短纤维	4.5~7.5	3.7~6.4	25~60	95~100	1.14	4.5	发黄,强度下降	良好
	长纤维	4.8~6.4	4.2~5.9	28~45					
	聚酯纤维(涤纶) 短纤维	4.7~6.5	4.7~6.5	35~50	90~95	1.38	0.4~0.5	强度几乎不下降	良好
	长纤维	4.3~6.0	4.3~6.0	20~32					
	聚丙烯腈纤维(腈纶)	2.5~5.0	2.0~4.5	25~50	90~95	1.17	1.2~2.0	优良	良好
	聚乙烯醇纤维(维纶) 短纤维	4.0~6.5	3.2~5.2	12~26	70~85	1.26~1.30	5.0	良好	良好
	长纤维	6.0~9.0	5.0~7.9	9~22					
	聚丙烯纤维(丙纶) 短纤维	4.5~7.5	4.5~7.5	30~60	96~100	0.91	0	强度显著下降	良好
	长纤维	4.5~7.5	4.5~7.5	25~60					
	聚氯乙烯纤维(氯纶)	2.5~4.0	2.5~4.0	20~70	70~85	1.39	0	良好	良好
	聚四氟乙烯纤维	1.2~1.8	1.2~1.8	15~33	80~100	2.1~2.2	0	优良	优良
	聚酰亚胺纤维	6.9		13				优良	良好
	黏胶纤维	2.5~3.1	1.4~2.0	16~22	55~80	1.50~1.52	12~14	强度稍下降	耐虫蛀,不耐霉烂
	玻璃纤维	6.0~7.3	3.9~4.7	3~4		2.50~2.70	0.07~0.37	良好	优良

纤维种类		滤料性能耐磨性	耐热性	耐氧化剂	耐碱性	耐酸性	耐溶剂性能
天然纤维	棉	中等	120℃、5h变黄,150℃分解	良好	在苛性钠中膨胀,但不影响强度	只耐冷稀酸,在热稀酸冷浓酸中分解	不溶于一般溶剂
	羊毛	较差	100℃硬化,130℃分解	中等	耐冷稀碱,不耐强碱	除热硫酸外,耐其他热酸	不溶于一般溶剂
	蚕丝	中等	235℃分解,275~456℃燃烧	中等	比羊毛略强	比羊毛稍差	不溶于一般溶剂

续表

	纤维种类		滤料性能耐磨性	耐热性	耐氧化剂	耐碱性	耐酸性	耐溶剂性能
化学纤维	聚酰胺纤维（锦纶）	短纤维	优良	软化点180℃，熔点215～250℃，不自燃，可在120℃下使用	良好	50%烧碱、28%氨水强度无影响	耐30%盐酸、20%硫酸、10%硝酸，不耐浓酸	溶于酚类、浓甲酸、热冰醋酸
		长纤维						
	聚酯纤维（涤纶）	短纤维	优良	软化点240℃，熔点260℃，不自燃可在180℃以下使用	良好	10%烧碱、28%氨水强度几乎不降低	耐35%盐酸、75%硫酸、60%硝酸	溶于热间甲酚、硝基苯、邻氯苯酚、DMF等
		长纤维						
	聚丙烯腈纤维（腈纶）		较差	软化点190～240℃，可在150℃以下使用	良好	在浓碱、浓氨水中发黄，但强度不下降	耐35%盐酸、65%硫酸、45%硝酸	溶于DMF，二甲基亚砜、浓HNO₃、ZnCl₂、NaCNS、浓溶液
	聚乙烯醇纤维（维纶）	短纤维	良好	软化点220℃耐干热，不耐湿热	良好	浓碱中强度几乎不下降	耐10%盐酸、30%硫酸、不耐浓酸	溶于热吡啶、酚、甲酚、浓甲酸，不溶于一般溶剂
		长纤维						
	聚丙烯纤维（丙纶）	短纤维	优良	软化点140～160℃，100℃收缩0～5%	良好	耐浓碱	耐浓酸	耐一般溶剂，溶于热氯化烃、甲苯、二甲苯等
		长纤维						
	聚氯乙烯纤维（氯纶）		良好	软化点90～100℃，70℃开始收缩	良好	耐强碱	耐强酸	耐一般溶剂，溶于四氢呋喃、环己酮、DMF等
	聚四氟乙烯纤维		良好	可在-180～250℃使用	优良	优良	优良	不溶于一般溶剂，溶于高温的过氟化有机液体中
	聚酰亚胺纤维		良好	软化点700℃以上，在火中不燃	良好	不耐强碱	除浓硫酸、发烟硫酸外，耐其他酸	不溶于一般溶剂
	黏胶纤维		较差	不软化，不熔融，260～300℃分解	良好	不耐强碱	不耐热稀酸和冷浓酸，耐5%盐酸、11%硫酸	不溶于一般溶剂，溶于铜氨溶液
	玻璃纤维		较差	软化点846℃，使用温度为260℃，在火中不燃		良好	不耐氢氟酸，耐其他酸	不溶于一般溶剂

① D为纤维粗细度的单位，其数值为纤维长度9000m的质量克数。

表 9-1-18 微孔薄膜复合滤料主要技术性能

品种 项目	薄膜复合聚酯针刺毡滤料	薄膜复合729滤料	薄膜复合聚丙烯针刺毡滤料	薄膜复合NOMEX针刺毡滤料	薄膜复合玻纤滤料	抗静电薄膜复合MP922滤料	抗静电薄膜复合聚酯针刺毡滤料
薄膜材质	聚四氟乙烯	聚四氟乙烯	聚四氟乙烯	聚四氟乙烯	聚四氟乙烯	聚四氟乙烯	聚四氟乙烯
基布材质	聚酯	聚酯	聚丙酯	NOMEX	玻璃纤维	聚酯＋不锈钢	聚酯＋不锈钢＋导电纤维
结构	针刺毡	缎纹	针刺毡	针刺毡	缎纹	缎纹	针刺毡
质量/(g/m²)	500	310	500	500	500	315	500
厚度/mm	2.0	0.66	2.1	2.3	0.5	0.7	2.0

续表

项目＼品种		薄膜复合聚酯针刺毡滤料	薄膜复合729滤料	薄膜复合聚丙烯针刺毡滤料	薄膜复合NOMEX针刺毡滤料	薄膜复合玻纤滤料	抗静电薄膜复合MP922滤料	抗静电薄膜复合聚酯针刺毡滤料
断裂强力	经/N	1000	3100	900	950	2250	3100	1300
	纬/N	1300	2200	1200	1000	2250	3300	1600
断裂伸长率	经/%	18	25	34	27	—	25	12
	纬/%	46	22	30	38	—	18	16
透气量/[L/(m²·s)]		20~30 30~40	20~30 30~40	20~30 30~40	20~30 30~40	20~30 30~40	20~30 30~40	20~30 30~40
摩擦荷电电荷密度/(μC/m²)							<7	<7
摩擦电位/V							<500	<500
半衰期/s							<1	<1
表面电阻/Ω							<10¹⁰	<10¹⁰
体积电阻/Ω							<10⁹	<10⁹
使用温度/℃		≤130	≤130	≤90	≤200	≤260	≤130	≤130
耐化学性	耐酸	良好	良好	极好	良好	良好	良好	良好
	耐碱	良好	良好	极好	尚好	尚好	良好	良好
其他		另有防水防油基布						另有阻燃型基布

2. 逆气流清灰

逆气流清灰是借助空气或压力较高的循环气体，以与含尘气流相反的方向通过滤袋进行反吹清灰。一方面反方向气流可直接冲击粉尘层；另一方面还由于气流方向的改变，滤袋发生胀缩变形，使沉积于滤袋上的粉尘层破坏、脱落。逆气流反吹又可分为气流反吹（或气流反吸）清灰、大气反吸清灰、气环反吹清灰和脉冲反吹清灰等形式。气流反吹清灰是以正压气流（通常由离心风机产生）作为反吹风，反吹风速通常取过滤风速的 1.5～2 倍；而气流反吸清灰则是以负压气流进行反吸清灰。为加强清灰效果，又可采用逆气流与机械振打相结合的联合清灰方式。

这种清灰方式由于滤袋易磨损，换装及维修工作量较大，除特殊条件下外已逐步被取代。

气环反吹清灰是由罗茨风机产生的高压空气通过软管，经沿滤袋以一定速度上下往复移动的气环上的环缝，从内滤式的滤袋外侧进行喷吹，使附着于滤袋内侧的粉尘层脱落而达到清灰的目的。

3. 脉冲喷吹清灰

由于脉冲喷吹清灰具有显著的优点，发展很快，并形成了多种结构形式，是袋式除尘器的主要清灰方式。常用的脉冲喷吹清灰方式有中心喷吹、环隙式喷吹、低压喷吹、顺喷及对喷等。

四、袋式除尘器的结构形式和应用

袋式除尘器依其滤袋形状、清灰方式、箱体结构及气流方向等,形成了多种多样的结构形式。本节主要简要介绍应用比较广泛的典型结构形式、规格及主要技术性能,具体资料可参见有关手册及产品样本。

1. 机械振打袋式除尘器

它是采用机械装置周期性振打滤袋,以清除滤袋上的粉尘的过滤器。为使粉尘易于剥落,加强清灰强度和提高过滤速度,可在机械振打的同时再辅以反吹风。反吹风可由专门离心风机进行,也可以利用灰斗负压直接由大气吸入(反吸风)。按振打部位的不同,可分为顶部振打(LD型)和中部振打(ZX型)两种。

这种袋式除尘器结构简单,多采用停风清灰的间歇式操作,清灰效果较好,适用于处理风量小和含尘浓度不大的场合。但由于存在滤袋损坏快、换袋维修工作量大等缺点,目前已很少采用。

2. 脉冲喷吹袋式除尘器

根据脉冲喷吹方式的不同而设计的袋式除尘器结构形式很多,常用的如下。

(1)中心喷吹脉冲袋式除尘器 根据其具体结构形式的不同,有JM型,MC型,MC-Ⅰ、Ⅱ、Ⅲ型等;按其处理气量的不同,均可分为24~120袋9种规格。

① JM24~120型脉冲袋式除尘器 为上进气、外滤式、侧开门式结构,为早期设计,现已很少应用。

② MC24~120型脉冲袋式除尘器 为下进气、外滤式、侧开门式结构,滤袋框架的固定方式有抽插式、四点卡口式、胀圈固定式、螺口式等几种。按其气体进出口、压缩空气入口及排灰口方位的不同,可以有11种装配方式。

③ MC24~120-Ⅰ型脉冲袋式除尘器 采用上揭盖式结构,换袋时不必进入箱体,大大改善了劳动条件,但其顶部需要有一定的抽袋空间。根据进出口方位的不同共有6种装配方式。揭盖方式有手动及卷扬两种。

④ MC24~120-Ⅱ型脉冲袋式除尘器 它是MC-Ⅰ型的改进型式,保留了MC-Ⅰ型的优点,采用QMF-20P型低阻角式脉冲阀,喷吹压力可降至0.4MPa,可使控制系统及滤袋寿命延长一倍以上,从而成为我国目前脉冲袋式除尘器的主要结构形式,其规格及技术性能见表9-1-19。

表 9-1-19 MC24~120-Ⅱ型脉冲袋式除尘器规格及技术性能

袋滤器型号 技术性能	MC24-Ⅱ型	MC36-Ⅱ型	MC48-Ⅱ型	MC60-Ⅱ型	MC72-Ⅱ型	MC84-Ⅱ型	MC96-Ⅱ型	MC120-Ⅱ型
过滤面积/m²	18	27	36	45	54	63	72	90
滤袋数量/条	24	36	48	60	72	84	96	120
脉冲阀数量/个	4	6	8	10	12	14	16	20
处理风量/(m³/h)	2160~4300	3250~6480	4320~8630	5400~10800	6450~12900	7550~15100	8650~17300	10800~20800
滤袋规格(直径×长度)/mm	$\phi 125 \times 2050$							
脉冲控制仪表	电控							

续表

技术性能\袋滤器型号	MC24-Ⅱ型	MC36-Ⅱ型	MC48-Ⅱ型	MC60-Ⅱ型	MC72-Ⅱ型	MC84-Ⅱ型	MC96-Ⅱ型	MC120-Ⅱ型
过滤效率/%	99~99.5							
设备压降/Pa	1200~1500							
过滤风速/(m/min)	2~4							
出口含尘浓度/(g/m³)	3~15							
气源压力/10⁵Pa	4							
压缩空气耗量/(m³/min)	0.08~0.34	0.13~0.5	0.17~0.67	0.21~0.84	0.25~1.01	0.3~1.18	0.34~1.34	0.42~1.68
大外形尺寸(长×宽×高)/mm	1025×1678×3700	1425×1678×3696	1823×1678×3676	2225×1678×3676	2625×1678×3676	3075×1678×3676	3949×1678×3676	4389×1678×3676
设备质量/kg	830	1106	1224.3	1341.44	1564.32	2012.35	2130.22	2410

（2）低压脉冲喷吹袋式除尘器 这种袋式除尘器为上开门结构，有上进气及下进气两种形式，其总体结构与 MC-Ⅰ型基本相同。它的特点是采用了直接嵌入气包的低阻直通式脉冲阀，且适当增大了喷吹管径，以特殊的喷嘴代替喷吹孔，使喷吹压力可降低至 0.2~0.3MPa。中国目前应用的主要有 DSM-Ⅰ型及 YDM-Ⅱ型低压脉冲喷吹袋式除尘器。

（3）环隙喷吹脉冲袋式除尘器 其总体结构与中心喷吹袋式除尘器大体相同。它的主要特点是：以环隙式引射器取代普通文氏管引射器，压缩空气从环隙式引射器的环形缝隙瞬时高速喷出，诱导二次气流使滤袋鼓胀振动进行清灰；并采用 YA-Ⅰ型角式双膜片脉冲阀，喷吹压力可降至 0.33MPa；采用 AL 型电控仪，为定压差控制，节约了能耗，减少了易损件消耗，延长了滤袋寿命。HD-Ⅱ型环隙喷吹脉冲袋式除尘器为单元组合式结构，每过滤单元有 35 条滤袋，可组成几种不同规格。其过滤单元见表 9-1-20。

（4）顺喷脉冲袋式除尘器 其主要特点是采用顺流顺喷设计，过滤后的净化气不是从滤袋上口的引射器排出，而是经滤袋底部的净气联箱汇集排出，即含尘气流方向与脉冲喷吹方向及灰尘落入灰斗方向相一致，可大大降低滤袋压降，减少动力消耗，还可以提高滤速及加长滤袋。LSB 型顺喷脉冲袋式除尘器采用单元组合结构，每单元可排 35 条滤袋，可由 1~4 个单元组合成 4 种规格，见表 9-1-21。

表 9-1-20 HD-Ⅱ型脉冲袋式除尘器过滤单元技术性能

名称	单位	数据					
滤袋数量	条	35					
过滤面积	m²	39.6					
滤袋规格	mm	ϕ160×2250					
喷吹压力	kgf/cm²	3.3	3.5	4.0	4.5~5.0	6.0	6.0
过滤风速	m/min	3.4	3.7	4.2	4.6	5.8	5.5
处理风量	m³/h	8100	8800	10000	11000	14000	13100
入口含尘浓度	g/m³	<15	<15	<20	<15	<15	<20
压缩空气耗量	m³/min						

续表

名称	单位	数据
设备阻力	mmH$_2$O^①	<120
除尘效率	%	>99.5
漏风率	%	<5
脉冲控制仪表	台	AL-22 型闭环电控仪
脉冲阀的个数	个	5
电磁阀的个数	个	5
脉冲宽度	s	0.1~0.15

① 1mmH$_2$O=9.80665Pa。

表 9-1-21 LSB 型顺喷脉冲袋式除尘器技术性能

技术性能 ＼ 型号	LSB-35	LSB-70	LSB-105	LSB-140
入口含尘浓度/(g/m^3)	3~20	3~20	3~20	3~20
过滤风速/(m/min)	2~5	2~5	2~5	2~5
处理风量/(m^3/h)	3960~9900	7920~19800	11880~29700	15840~39600
喷吹压力/(kgf/cm^2)	4~7	4~7	4~7	4~7
除尘效率/%	99.5	99.5	99.5	99.5
设备阻力/mmH$_2$O	50~120	50~120	50~120	50~120
过滤面积/m^2	33	66	99	132
滤袋数量/条	35	70	105	140
滤袋规格(直径×高)/mm	ϕ120×2500	ϕ120×2500	ϕ120×2500	ϕ120×2500
脉冲阀数量/个	5	10	15	20
脉冲控制仪表	电控或气控	电控或气控	电控或气控	电控或气控
最大外形尺寸(长×宽×高)/mm	1180×2000×5361			

(5) 对喷式脉冲袋式除尘器 其总体结构与顺喷式结构相似，净化气亦经滤管底部的净气联箱汇集排出。由滤袋上下两端同时进行脉冲喷吹，因而增加了喷吹强度，滤袋可加长至5m以上。同时采用了直通式双膜片低压脉冲阀，降低了喷吹压力（0.2~0.4MPa）和能耗，还可延长反吹周期和滤袋寿命。LDB型对喷式脉冲袋式除尘器采用单元板式组合结构，每单元可排35条滤袋，可根据处理风量的大小进行多单元组合（见表9-1-22）。

(6) 长滤袋大型脉冲袋式除尘器 它是为克服 MC 型传统产品的缺点而设计的新一代脉冲袋式除尘器。其特点为：①采用口径为80mm的直通式双膜片快速脉冲阀，喷吹输出口为双组线形，内阻小，启闭快，节省能耗；②采用低压喷吹系统，喷吹压力仅为0.15~0.25MPa；③用BMC型微机脉冲控制仪，实行定压差控制；④滤袋直径为ϕ120mm，长度为6m，可达8m，而且换袋检修方便；⑤每15条滤袋（过滤面积为34m^2）共用一个脉冲阀（脉冲阀数量仅为传统形式的1/7），袋口不设引射器，称为"直接脉冲"；⑥喷吹管上有孔径不等的喷嘴，对准每条滤袋的中心。CDY型长滤袋袋式除尘器采用单元组合结构，每基本单元有150条滤袋，可以1~20个单元组合，适用于大气量情况，处理风量为$4×10^4$~

$110 \times 10^4 \, \text{m}^3/\text{h}$。

表 9-1-22　LDB-35～140 型对喷式脉冲袋式除尘器技术性能

技术性能＼型号	LDB-35	LDB-70	LDB-105	LDB-140
过滤面积/m²	66	132	198	264
滤袋数量/条	35	70	105	140
滤袋规格/mm	$\phi 120 \times 5000$	$\phi 120 \times 5000$	$\phi 120 \times 5000$	$\phi 120 \times 5000$
设备阻力/mmH₂O	<120	<120	<120	<120
过滤效率/%	99.5	99.5	99.5	99.5
入口含尘浓度/(g/m³)	<15	<15	<15	<15
过滤风速/(m/min)	1～3	1～3	1～3	1～3
处理风量/(m³/h)	4000～11900	8000～23700	11900～35600	15800～47500
脉冲数量/个	10	20	30	40
脉冲控制仪	电控	电控	电控	电控
外形尺寸(长×宽×高)/mm	2000×1100×8000	2000×2200×8000	2000×3300×8000	2000×4400×8000
设备重量/kg	1350	2700	4050	5400
喷吹压力/(kgf/cm²)	2～4	2～4	2～4	2～4

（7）离线清灰脉冲袋式除尘器　又称分室喷吹脉冲袋式除尘器。其工作原理是：为克服清灰终了时的"返灰"现象，将袋式除尘器箱体完全分隔或仅分隔净气排出室为若干个仓室，采用逐室轮流停风进行脉冲反吹，形成"离线"脉冲清灰。其特点是：可延长反吹周期 5～6 倍，使压缩空气耗量大幅度降低；由于喷吹次数减少，滤袋和脉冲阀膜片的使用寿命成倍延长；避免了"在线"脉冲喷吹的"返灰"及粉尘穿透现象，提高了过滤效率。表 9-1-23 为 LDML 型离线清灰脉冲袋式除尘器的主要技术性能和应用情况。

表 9-1-23　LDML 型离线清灰脉冲袋式除尘器性能参数

除尘器类型	LDML	LDLM	老设备改 LDML	LDML	LDML	LDML
处理风量/(m³/h)	400000	600000	350000	600000	400000	450000
滤袋尺寸/mm	$\phi 120 \times 5500$	$\phi 120 \times 5500$	$\phi 120 \times 4500$	$\phi 120 \times 4000$	$\phi 120 \times 4000$	$\phi 120 \times 4000$
滤袋材料	涤纶针刺毡	涤纶针刺毡	涤纶针刺毡	涤纶针刺毡	涤纶针刺毡	涤纶针刺毡
总过滤面积/m²	4320	5760	2860	2×2880	2880	3240
过滤速度/(m/min)	1.54	1.736	2.04	1.736	2.3	2.31
设备压力损失/Pa	<1800	<1800	2000	2000	1800	700
压气压力/MPa	0.2～0.3	0.2～0.4	0.2～0.3	0.2～0.3	0.2～0.3	0.2～0.3
压气用量/(m³/min)	3	5	3	4	3	3

（8）气箱式脉冲袋式除尘器　将除尘器的箱体和袋室都分隔成若干仓室，每仓室的净气排出口有一停风阀（提升阀），以实现分室停风清灰。每仓室配置 1～2 个脉冲阀，不设喷吹管和引射器，由脉冲阀喷出的清灰气流直接进入仓室，使箱体及滤袋内部形成瞬时正压，清

除滤袋外表面的粉尘。每次喷吹时间为 0.1~0.15s。喷吹结束后，即开启该仓室的停风阀，恢复过滤操作，另一仓室开始停风清灰。采用角式双膜片脉冲阀，清灰压力为 0.5~0.7MPa。由于这种袋式除尘器集分室反吹和脉冲喷吹的优点，提高了除尘效率，延长了滤袋及膜片的使用寿命，增加了使用适应性，使这种从国外引进的新型技术设备，正在国内推广应用。但它也存在着喷吹压力高、仓室内各滤袋清灰强度差别大、滤袋长度较短、占地面积较大等缺点。表 9-1-24 为 PPDC-32~128 型气箱脉冲袋式除尘器主要技术性能。

表 9-1-24 PPDC-32~128 型气箱脉冲袋式除尘器性能参数

产品系列	PPDC32	PPDC64	PPDC96	PPDC128	说明
室数/个	2~6	4~8	4~20	6~28	PPDC32、64 全部单排列
每室滤袋数/条	32	64	96	128	
滤袋规格/mm	$\phi130\times2448$	$\phi130\times2440$	$\phi130\times2448$	$\phi130\times3060$	
每室过滤面积/m²	31	62	93	155	
处理烟气量/(m³/h)	5580~16740	22320~44640	33480~167400	83700~390600	按 $v=1.5$m/min 计算
烟气温度/℃	≤120	≤120	≤120	≤120	若用诺曼克斯袋可达 220℃
入口浓度/(g/m³)	≤200	≤200	≤1000	≤1000	最大可达 1350 以上
出口浓度/(g/m³)	<0.1	<0.1	<0.1	<0.1	
操作压力/Pa	−5000~+2500	−5000~+2500	−5000~+2500	−5000~+2500	本范围之外，订货时说明
运行阻力/Pa	1470	1470	1470	1470	最大值
换袋空间高度/mm	2063	2063	2063	2675	指收尘器箱体顶部以上空间高度
脉冲阀规格/in[①]	$1\frac{1}{2}$	$2\frac{1}{2}$	$2\frac{1}{2}$	$2\frac{1}{2}$	
每室脉冲阀个数/个	1	1	1~2	2	
压缩空气压力/MPa	0.5~0.7	0.5~0.7	0.5~0.7	0.5~0.7	

① 1in=0.0254m。

3. 扁袋过滤除尘器

扁袋过滤除尘器由一系列断面形状为扁长或楔形的滤袋所组成。和圆袋相比，它单位体积内可布置更多的过滤面积，结构紧凑，占地面积小，几乎可以采用各种清灰方式，形式多样。国内至今已形成十余个系列，最大过滤面积已达 2000m²，袋长最大可达 7m。现仅介绍几种典型的扁袋过滤除尘器。

(1) 机械振打扁袋过滤除尘器 为外滤式，全部扁袋安装在一振动框架上，需停风进行振打清灰，结构较简单，形式很多。

(2) 机械回转扁袋过滤除尘器 这种扁袋过滤器为圆筒形筒体，上部切向进气，外滤式结构。断面形状为梯形的滤袋呈放射形立式布置在筒体内，根据所需的滤袋数，可分 1~3 圈布置。扁袋长度可有多种，最长可达 6m。当滤袋压降增加到一定值时，反吹风机将净化气或空气通过中心管及上部以一定转速旋转的旋臂上的反吹风口，透过滤袋上口的花孔板，依次向滤袋内进行反吹喷吹清灰。旋臂每旋转一周，内外各圈的每一滤袋均被反吹一次，所需时间为反吹周期，在每一滤袋上的停留时间即为反吹时间。反吹风控制系统为以袋滤器压降为讯号，控制反吹风机和回转旋臂减速装置的自动启闭，即定压差控制。目前一般多采用定时控制。

（3）脉冲喷吹扁袋过滤除尘器　这种过滤器工作原理基本与圆袋相同，为上进气外滤式结构，采用脉冲喷吹清灰，定时或定压差控制。文氏管引射器为扁长形，其喉部断面积比圆形引射器大 2.4 倍，扁袋内以弹簧作支撑骨架，整个滤袋组可以从侧面抽出。BMC 型脉冲喷吹扁袋过滤器采用单元组合式结构，可根据不同的单元数及滤袋层数组合为 7 种规格，其技术性能见表 9-1-25。

表 9-1-25　BMC 型脉冲喷吹扁袋过滤除尘器规格

型　号	单元数	滤袋层数	滤袋数	过滤面积/m²	脉冲阀数	喷吹压力/10⁵Pa	外形尺寸（长×宽×高）/mm
BMC1-2-10	1	2	20	20	5	6	1174×1730×1588
BMC1-3-10	1	3	30	30	10	6	1174×1730×3618
BMC1-4-10	1	4	40	40	10	6	1174×1730×4178
BMC2-3-10	2	3	60	60	20	6	2244×1730×3618
BMC2-4-10	2	4	80	80	20	6	2244×1730×4178
BMC3-3-10	3	3	90	90	30	6	3314×1730×3618
BMC3-4-10	3	4	120	120	30	6	3314×1730×4178

4. 气环反吹袋式除尘器

为上进气内滤式结构。高压空气（3.5～4.5kPa）通过反吹风管，从气环上宽度为 0.5～0.6mm 的环型狭缝向滤袋内喷吹，使附着在滤袋内表面的粉尘层剥离。气环箱由传动装置带动，以 7.8m/min 的速度沿滤袋上下往复运动，达到清灰的目的。清灰过程中不中断过滤气流，几乎全部过滤面积都经常保持有效过滤状态。由于气环反吹清灰能力强，故过滤速度较高（一般为 4～6m/min），为目前常用袋滤器中滤速最高的。这种袋滤器适用于高浓度、较潮湿的粉尘，回收贵重粉尘和捕集危险性及有毒性的粉尘。QH 型气环反吹袋式除尘器规格及技术性能见表 9-1-26。

表 9-1-26　QH 型气环反吹袋式除尘器规格及技术性能

项目＼型号	QH-24	QH-36	QH-48	QH-72
过滤面积/m²	23	34.5	46	69
滤袋条数/条	24	36	48	72
滤袋（直径×长度）/mm	φ120×2540	φ120×2540	φ120×2540	φ120×2540
压力损失/mmH₂O	100～120	100～120	100～120	100～120
除尘效率/%	99	99	99	99
含尘浓度/(g/m³)	5～15	5～15	5～15	5～15
过滤气速/(m/min)	4～6	4～6	4～6	4～6
处理气量/(m³/h)	5760～8290	8290～12410	11050～16550	16550～24810
气环箱内压力/mmH₂O[①]	350～450	350～450	350～450	350～450
反吹气量/(m³/min)	720	1080	1440	2160

① 1mmH₂O=9.80665Pa。

五、袋式过滤系统设计的几个问题

（1）高温高湿气体的处理 工业气体常因温度较高，湿度也较高，而且粉尘细，黏附性强，给过滤净化带来困难。对高温气体过滤，除选择适合的高温滤料外，很重要的是要将高温气体冷却至允许的温度。最常用的办法是混风冷却，即在进入过滤器前掺入环境空气以降温。此法最简便，但会导致处理气量及相应的设备费及操作费的增加。而对于 100℃ 以下的气体，需考虑在开停工或运转状态发生变化时，存在结露的可能性，并采取必要的措施，如可掺热风、保温甚至加热、减少死角区域等，特别是对有腐蚀性的气体，某些措施的采用尤为重要。

（2）防火防爆措施 在过滤器内部，粉尘浓度由低到高分布范围很宽，而且还可能发生因静电、摩擦或冲击而形成火花，因此对易燃易爆的粉尘需要采取各方面措施，尽量提高安全程度。

（3）高含尘浓度气体的处理 对含尘浓度很高的气体，可用旋风分离器作预除尘器，或改进入口结构，使尽量多的粉尘可以直接落入灰斗。

（4）吸湿性、潮解性强的粉尘的处理 因吸湿性、潮解性强的粉尘易在滤料表面吸湿板结，或潮解黏稠而堵塞滤料，需考虑滤料选择、操作程序、保温，或采用预涂层等措施。

（5）含油雾气体的处理 用过滤器净化含油雾的气体是困难的。但如果油雾含量不大，且含尘浓度较高，还是可以防止油雾黏结的麻烦。

（6）预涂层过滤器 对于新滤袋，或含尘浓度很低的气体的过滤，为防止因过度清灰而发生"冒灰"现象，可以先通入助滤剂，如硅藻土或石灰粉，使滤料表面维持一定的初始粉尘层，以便始终能保持较高的过滤效率。

第五节 湿法洗涤除尘器

湿法洗涤器（wet scrubber）既可用于除去气体中颗粒物，又可同时脱除气体中的有害化学组分，所以用途十分广泛。但它只能用来处理温度不高的气体，排出的废液或泥浆尚需二次处理，以免形成二次污染。

一、除尘机理及分类

湿法洗涤器的除尘也是一种流体动力捕集，它的捕集体有 3 类：液滴、液膜及液层；而且它们的形态不是固定不变的，影响因素较多，故捕集机理很复杂。

1. 液滴捕集

液滴的产生可以有两种办法，一种是液体通过某种喷嘴而雾化，另一种是直接用含尘气流的高速运动将它雾化。在这种捕集方法中，液滴呈分散相，含尘气体呈连续相，两相间存在着速度差，依靠颗粒对于液滴的惯性碰撞、拦截、扩散、静电吸引等效应而把颗粒聚集在液滴上被捕集。液滴大，捕集效率较低；液滴过小，易蒸发，也影响效率。所以液滴一般宜选在 0.5~1mm 左右为宜。有关液滴大小的计算可见参考文献 [1]。

2. 液膜捕集

将液体淋洒在填料上而在填料表面形成很薄的液体网络，液体和含尘气体都呈连续相，气体在通过这些液体网络时，其中含尘颗粒就被液膜捕集。

3. 液层捕集

将含尘气体鼓入液层内产生许多小气泡，气体呈分散相，液体呈连续相，颗粒在气泡中依靠惯性、重力和扩散等机理而产生沉降，被液体带走。

实际的湿法洗涤器中，可能兼有以上两种甚至 3 种的接触捕集形式，所以洗涤器的种类繁多，大致可分成如表 9-1-27 所示的几大类。

表 9-1-27　湿法洗涤器的种类及特性

类型	洗涤器名称	气液相对速度/(m/s)	液气比/(L/m³)	$d_{c50}/\mu m$	压降/kPa	能耗/(MJ/1000m³)	
						气相	液相
喷雾接触型	喷淋塔	1	0.05~10	≥1.1	0.2~2	0.36~4.32	0.036~18
	喷射洗涤器	15~25	5~25	0.6~0.9	—	0	23.4
	离心喷淋洗涤器	25~30	0.8~3.5	0.4~0.6	0.4~1	0.72~1.8	7.2~14.4
气体雾化接触型	文氏管洗涤器	40~150	0.5~5	0.1~0.4	3~20	5.4~25.2	0.36~5.4
鼓泡接触型	泡沫洗涤器	13~19	0.4~0.5	—	0.6~0.8		
液膜接触型	填料塔	—	—	—			
混合型	冲击洗涤器	8~15	—	0.7~1	1.8~2.8	3.6~4.32	0

二、喷雾接触型洗涤器

气体与液滴的相对流动方式有逆流（喷淋塔）、并流（喷射洗涤器）和交叉流（离心喷淋洗涤器） 3 种。

1. 喷淋塔

传统的喷淋塔内气体的平均速度只有 0.6~1.2m/s，停留时间约 20~30s，压降在 200Pa 左右，只能除去大于 5μm 的颗粒。改进后的复喷式洗涤器将雾化喷嘴布置成 3~9 排，各排喷嘴相互交错排列，使雾化液滴在整个空间组成网络，气体与液滴多次接触，除尘效率及空塔气速都可大为提高。它的设计参数为：喷嘴孔径 4~12mm，喷雾压力大于 0.4MPa，液滴直径在 0.5~1mm 左右，液滴喷射速度 20~30m/s，空塔气速可高达 12~35m/s，气体通过每排喷嘴的压降为 150~400Pa。

2. 喷射洗涤器

如图 9-1-24 所示，由于高速液流的喷射，在器的喉部产生抽力而将含尘气抽吸进来，也可用风机将含尘气吹进去。所用液体压力一般为 (1.5~5) ×10⁵Pa（表）。若要产生 250Pa 抽力，每立方米气体所需液量为 6~13L，只能捕集 5~10μm 以上的颗粒。若要捕集更细颗粒，则可用两级串联。若用高温加压液体洗涤液，由于部分液体在喷嘴出口处膨胀蒸发，可加大液滴与气体间的相对速度，则可捕集更细的颗粒（例如 0.5μm 的硅铁微尘）。

3. 离心喷淋洗涤器

如图 9-1-25 所示，液滴与含尘气流呈交叉流动，含尘气则切向进入呈旋风式流动，液滴捕集颗粒在离心力场内向外壁处浮游，故捕集效率较高。入口气速常用 15~30m/s，截面气速约 1.2~2.4m/s，压降约 500~2500Pa，耗液量为 0.4~1.31L/m³。这种洗涤器的应用实例见表 9-1-28。

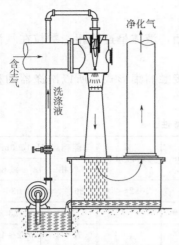

图 9-1-24　喷射洗涤器

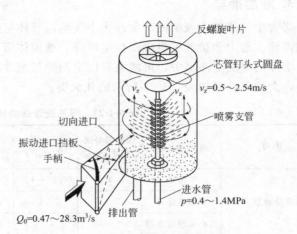

图 9-1-25　离心喷淋洗涤器

表 9-1-28　离心喷淋洗涤器应用实例

尘源	粒径/μm	入口含尘浓度/(g/m^3)	除尘效率/%	尘源	粒径/μm	入口含尘浓度/(g/m^3)	除尘效率/%
锅炉飞灰	>2.5	1.15~5.9	88~98.8	生石灰	2~40	21.2	99
铁矿石,焦炭	0.5~20	6.9~55	99	铅反射炉	0.2~2	1.15~4.6	95~98
石灰窑	1~25	17.7	97				

三、文氏管洗涤器

这是一种气体雾化接触型洗涤器，它由引液器（或喷雾器）、文氏管及脱液器 3 部分组成，见图 9-1-26。含尘气体进入文氏管后逐渐加速，到喉管时，速度达到最高，将该处引入的洗涤液雾化成细小的液滴，由于气体与液滴间的相对速度很高，所以捕集效率也很高。

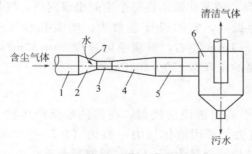

图 9-1-26　文氏管洗涤器的组成
1—入口风管；2—渐缩管；3—喉管；4—渐扩管；5—风管；6—脱液管；7—雾化喷嘴

Calvert 等人推得文氏管洗涤器的除尘粒级效率计算公式为：

$$\eta_i = 1 - \exp\left[0.0364(Q_1/Q_g)\frac{v_a d_1 \rho_1}{\mu_g}F\right] \tag{9-1-18}$$

式中　Q_1，Q_g——液体、气体的流量，m^3/s；

　　　v_a——喉管处气速，m/s；

μ_g——气体动力黏度，Pa·s；

ρ_l——液体密度，kg/m³；

d_l——液滴直径，m。

$$d_1 = \frac{0.586}{v_a}\left(\frac{\sigma}{\rho_l}\right)^{0.5} + 0.534\left(\frac{\mu_l}{\sqrt{\rho_l\sigma}}\right)^{0.45}\left(\frac{Q_1}{Q_g}\right)^{1.5} \tag{9-1-19}$$

式中 σ——液体表面张力，N/m；

μ_l——液体动力黏度，Pa·s。

$$F = \frac{1}{St}\left[-0.35 - Stf + 0.7\ln\left(\frac{Stf + 0.35}{0.35}\right) + \left(\frac{0.12}{0.35 + Stf}\right)\right]$$

$$St = \frac{\rho_p\, d_p^2\, v_a}{18\,\mu_g\, d_1}$$

式中 ρ_p——尘粒密度，kg/m³；

d_p——尘粒平均粒径，m；

f——实验修正系数，对亲水性颗粒，$f=0.25$，对疏水性颗粒，$f=0.4\sim0.5$。

工业文氏管洗涤器的除尘效率一般与其能耗成正比，Muir 等人提出如下关系式：

$$\eta = 1 - \exp(-a\Delta p^b) \tag{9-1-20}$$

式中 Δp——文氏管洗涤器压降，Pa，一般可为：

$$\Delta p = \left(\xi_d + \xi_w\,\frac{\rho_1\,Q_1}{\rho_g\,Q_g}\right)\frac{\rho_g\,v_a^2}{2} \tag{9-1-21}$$

ξ_d——干阻力系数，在喉管长 $l_a \leqslant 0.15d_a$ 时，$\xi_d = 0.12\sim0.15$，或按下式计算：

$$\xi_d = 0.165 + 0.034\,\frac{l_a}{d_a} + \left(0.06 + 0.028\,\frac{l_a}{d_a}\right)M \tag{9-1-22}$$

d_a——喉管直径，m；

M——马赫数，即 v_a 与文氏管出口状态下的音速之比；

ξ_w——湿阻力系数，可用下式估算：

$$\xi_w = A\xi_d(Q_1/Q_g)^B \tag{9-1-23}$$

A，B——实验常数，见表 9-1-29；

a，b——实验常数，对于 $Q_1/Q_g \geqslant 1.6\times10^{-3}$ 时，$a=0.137$，$b=0.4357$。

表 9-1-29 实验常数 A 与 B

喷液方式	喉管气速/(m/s)	喉管长/m	A	B
中心喷	>80	$(0.15\sim12)d_a$	$1.68\left(\frac{l_a}{d_a}\right)^{0.29}$	$1-1.12\left(\frac{l_a}{d_a}\right)^{0.045}$
水膜淋	<80		$3.44\left(\frac{l_a}{d_a}\right)^{0.266}$	$1-0.98\left(\frac{l_a}{d_a}\right)^{0.026}$
在渐缩管前中心喷	$40\sim150$	$0.15d_a$	0.215	约 0.54
在渐缩管内周边喷	>80 <80	$0.15d_a$	3.14 1.4	$0.024\sim0.316$
最优形状文氏管中心喷液	$40\sim150$	$0.15d_a$	0.63	约 0.3

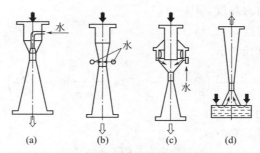

图 9-1-27 文氏管洗涤器的引液方式
(a) 中心喷液；(b) 周边径向喷液；(c) 液膜引入；(d) 借气流能量引入

文氏管洗涤器的类型较多，按形状可分为圆形与矩形；按引液方式可分为中心喷液、周边径向喷液、液膜引入、借气流的能量引液等，参见图 9-1-27。

以圆形文氏管为例，喉管直径可根据选定的喉管气速 v_a 而算出。对除尘要求不高的场合，v_a 取 $40 \sim 60 \mathrm{m/s}$；当除尘要求高时，v_a 取 $80 \sim 120 \mathrm{m/s}$。喉管长度一般可取 $l_a >$ $0.15 d_a$；在周边喷雾时，应使 $l_a > 100 \mathrm{mm}$。对于高效除尘用，当 $d_a > 250 \mathrm{mm}$ 时，$l_a = (0.7 \sim 0.75) d_a$；渐缩管的张角 α_1 一般可取 $25° \sim 28°$，最大到 $30°$；渐扩管的张角 α_2 一般可取 $4° \sim 7°$，过大易产生旋涡脱离而影响性能。

低阻型文氏管洗涤器的 v_a 用 $40 \sim 60 \mathrm{m/s}$，液气比用 $(0.15 \sim 0.6) \times 10^{-3}$，压降 $0.6 \sim 5 \mathrm{kPa}$，可用来净化较粗的颗粒或除去气体中有害组分。高效型文氏管洗涤器的 v_a 用 $60 \sim 120 \mathrm{m/s}$，液气比用 $(0.2 \sim 0.8) \times 10^{-3}$，压降为 $5 \sim 20 \mathrm{kPa}$，可有效清除 $0.5 \sim 1 \mu\mathrm{m}$ 微尘。

某些文氏管洗涤器的工业应用实例见表 9-1-30。

表 9-1-30 文氏管洗涤器工业应用实例

生产过程	粉尘名称	含尘浓度/(g/m³)		除尘效率/%	生产过程	粉尘名称	含尘浓度/(g/m³)		除尘效率/%
		入口	出口				入口	出口	
炭黑	炭黑	7.68	0.12	98.44	橡胶生产	炭黑	0.7	0.007	99
石灰煅烧	石灰、Na_2O	16	0.045	99.09	氧化铝生产	硅铝粉	2	0.005	99.75

四、鼓泡接触型洗涤器

气液两相的相对流动形态（见图 9-1-28），若处于泡沫区，可有效增大气液两相的接触及搅动效果，对增大洗涤效果是很有利的。工业上常用的有如下 3 种。

1. 泡沫洗涤器

最典型的是筛板塔，它又分两种：一是淋降板塔，气液两相都穿过筛孔而逆流接触；另一是溢流板塔，液体横流过筛板而从一侧降液管中流下，气体则穿过筛孔而吹入液层内。要在塔板上形成稳定的泡沫层，需要有

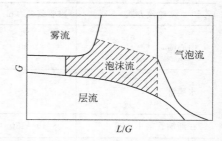

图 9-1-28 气液两相流态

一定的气速范围，而且板上也需有一定的液层。对于淋降板式洗涤器，适宜的空塔气速应为 $1 \sim 3 \mathrm{m/s}$；对于溢流板式洗涤器，一般要保持筛孔气速在 $18 \sim 30 \mathrm{m/s}$ 左右。工业用泡沫洗涤器的设计参数为：液气比 0.4×10^{-3}，筛孔气速 $13 \sim 19 \mathrm{m/s}$，空塔气速 $1.3 \sim 2.5 \mathrm{m/s}$，压降

（每层筛板）600～800Pa，筛板上开孔率常为 0.15～0.25，筛孔直径常用 4～8mm，筛板厚度常用 4～6mm。

为了提高泡沫洗涤器的除尘性能，发展了一种带稳流器的淋降板式泡沫洗涤器，见图 9-1-29。其中稳流器为一蜂巢状网格，可将泡沫分隔成许多小方格，增加泡沫层的稳定性，从而使空塔气速可加大到 4m/s，扩大了泡沫洗涤器的适宜工作区，并可大大减小用液量。稳流器高 60mm，方格大小为 35mm×35mm×40mm。这种洗涤器的最宜工作参数为：空塔气速 2.5～3.5m/s，液气比(0.05～0.1)×10⁻³，筛孔直径 5～6mm，开孔率 0.18～0.2，泡沫层高 100～120mm。

2. 动力波（Dyna Wave）洗涤器

原系美国杜邦公司于 20 世纪 70 年代开发的专利技术，孟山都公司于 1986 年开始用于工业中，其典型构型的工作原理见图 9-1-30。具有一定流速的气、液两相在逆喷管中相对运动，当两者的动量达到平衡时，将在管内某个高度处形成一个高度湍动的泡沫区，该区内气液两相接触表面大，而且更新快，有高的传质传热效率和高的除尘净化效率。随气液两相的相对动量的变化，泡沫区在管内可上下浮动，所以工况范围的适应性也较宽，允许气量的变化范围为 50%～100%。在同样的除尘净化效率下，它的气相压降只有文氏管洗涤器的一半。它的液相能耗稍大于气相能耗，但因泵的效率通常高于风机效率，故该洗涤器的总能耗仍会低于同效的文氏管洗涤器。动力波洗涤器内空塔气速可达 12～18m/s，液气比常用 6×10⁻³，液体可循环使用，故实际耗液量并不高。孟山都公司采用三级动力波洗涤器装置用于硫酸工业，当处理气量为 12500m³/h 时，它比喷淋塔系统的总造价低 40%，总压降为 9.3kPa，对于小于 1μm 的微尘的除尘效率为 99% 以上。

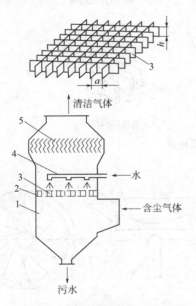

图 9-1-29　带稳流器的泡沫洗涤器
1—外壳；2—筛孔板；3—稳流器；4—喷嘴；5—挡水板

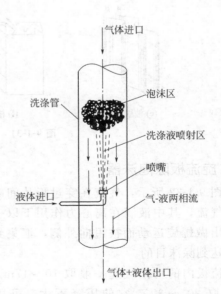

图 9-1-30　动力波洗涤器工作原理

五、捕沫器

在各类湿法洗涤器中，除尘后气体中难免夹带有许多液雾，所以都有捕沫器将这些液雾尽可能地除去。大于 $5\mu m$ 的液雾可用惯性碰撞或离心分离法除去,小于 $5\mu m$ 的细雾则要用纤维过滤或静电除雾法。

1. 惯性捕沫器

常见形式见图 9-1-31。一般挡板式捕沫器的捕集效率不高,而丝网捕沫器则可除净大于 $8\mu m$ 的液雾。丝网材料可用不锈钢丝、镀锌铁丝、紫铜丝、锦纶丝、聚乙烯及聚四氟丝等,金属丝径为 $0.1\sim0.27mm$,非金属丝径为 $0.2\sim0.8mm$。丝网可卷成盘状,每盘高约 $100\sim150mm$,空隙率高达 $97\%\sim99\%$,所以压降很小,不到 $250Pa$。通过丝网的实用气速一般可取 $0.75v_{gmax}$(水平安装)或 $0.4v_{gmax}$(垂直安装),v_{gmax} 可由下式算出:

$$v_{gmax} = k_1\sqrt{\frac{\rho_1 - \rho_g}{\rho_g}}, \text{ m/s} \tag{9-1-24}$$

式中的系数 k_1 随捕沫器结构形式而异:对流线形挡板,$k_1 = 0.305$;对百叶挡板,$k_1 = 0.122$;对丝网,$k_1 = 0.107\sim0.122$。

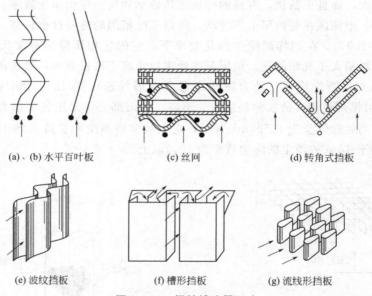

(a)、(b) 水平百叶板　　　　(c) 丝网　　　　(d) 转角式挡板

(e) 波纹挡板　　　　(f) 槽形挡板　　　　(g) 流线形挡板

图 9-1-31　惯性捕沫器形式

2. 旋流板除泡沫器

如图 9-1-32 所示,气流在穿过板片间隙时变成旋转气流,其中液滴在离心力作用下以一定的仰角射出做螺旋运动而被甩向外侧,汇集到溢流槽内,达到除沫目的。

旋流板内的切向气速一般取 $10\sim17m/s$,仰角一般取 $20°\sim30°$。它的压降不大,可用下式估算:

$$\Delta P = (1.4\sim2)\frac{\rho_g v_g^2}{2}, \text{ Pa} \tag{9-1-25}$$

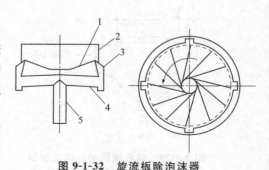

图 9-1-32　旋流板除泡沫器
1—旋流叶片;2—罩筒;3—溢流箱;
4—溢流支管;5—中心溢流管

3. 纤维除雾器

常用形式如图 9-1-33 所示，由许多网筒形过滤单元组成。常用的过滤气速为 5～12m/min，压降为 1.27～3.8kPa，可以除去 3μm 的细雾，效率在 99% 以上。已广泛用于各类化工生产中。

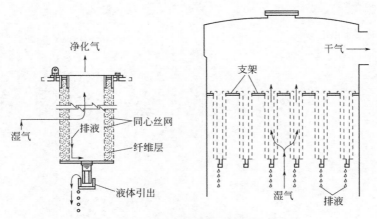

图 9-1-33 高效纤维除雾器

参考文献

[1] 时钧，等. 化学工程手册. 第 2 版. 北京：化学工业出版社，1996.
[2] Barth W. Brennstöff Wärme Kraft, 1956, 8：1.
[3] Cheremisinoff P N, Young R A. Air Pollution control and Design Handbook，1977.
[4] Muschelknautz E. Staub-Reinhalt-Luft, 1970, 30 (5)：1.
[5] 谭天佑，等. 工业通风除尘技术. 北京：中国建筑工业出版社，1984.
[6] Leith D, Licht W. A I Ch E Symp Series, 1992, 126 (68)：196.
[7] Dietz P W. A I Ch E J, 1981, 27 (6)：888.
[8] Mothes H, et al. Chem Ing Techn, 1984, 56 (9)：714.
[9] Spilger R. Methodik zur Überführung Wissenschaftlicher Infomationen aus dem Gebiet der Verfahrenstechnik in Problemorientierte Recheuprogramme. Berlin：Techn Univ, 1978.
[10] Stern A C, et al. Cyclone dust collectors. API, 1955.
[11] Licht W. Air Pollution Control Engineening-Basic Calculation for Particalate Collection. Marce Pekker, 1980.
[12] 池森鹤，井伊谷初一. 改汀大气污染ハンドブッケ (2) (除じh 装置编)，1976.
[13] Shepherd C B, Lapple C E. Ind Eng Chem, 1940, 32：1246.
[14] First M W. Am Soc Mech Eng, 1949, 49：127.
[15] Briggs L W. Trans of A I Ch E, 1946, 42 (3)：511.
[16] Shi M X, et al. Research on high efficiency cyclone separators and their optimum desigh. Acta Petrolei Sinica (petroleum processing section)，1997.
[17] 罗晓兰，等. 石油大学学报, 1997, 22 (3)：63-66.
[18] 陈建义，等. 石油化工设备技术, 1997, 18 (4)：1-4.
[19] 岑可法，等. 气固分离理论及技术. 杭州：浙江大学出版社，1999.
[20] Basu P. Circulating Fluidized Bed Boilers. Oxford：Butterworth-Heinemann Press, 1991.
[21] Hyppanen, Timo. 离心式分离器. 中国专利, 91109926.3. 1992.
[22] 章名耀，等. 增压流化床联合循环发电技术. 南京：东南大学出版社，1998.
[23] Murphy A T, et al. AIEE Trans, 1959：59-102.
[24] Deutsch W. Ann der physik, 1992, 68：355.
[25] 怀特. 工业电收尘. 王成汉，译. 北京：冶金工业出版社，1984.
[26] 嵇敬文. 除尘器. 北京：中国建筑工业出版社，1981.
[27] 刘后启，等. 电收尘器. 北京：中国建筑工业出版社，1987.
[28] 王励前，等. 电除尘及气体净化，1999.

[29]　胡鉴仲，等译. 袋式除尘器手册. 北京：中国建筑工业出版社，1984.
[30]　金国森. 除尘设备设计. 上海：上海科技出版社，1985.
[31]　孙一坚，等. 简明通风设计手册. 北京：中国建筑工业出版社，1997.
[32]　Calverts, et al. Wet Scrubber System Study. Scrubber Handbook, 1972.
[33]　浙江大学化工原理教研组. 化学工程，1978，2：31.
[34]　Tichormir S. Stoyanora A Staub，1981，41（11）：433.

第二章
湿法脱硫

第一节 概述

不论是煤制煤气，还是炼焦所副产的焦炉煤气中，通常总含有数量不同的无机和有机硫化物，其含量和形态则取决于煤气化和炼焦所采用的煤种性质，以及加工方法和工艺条件。一般来说煤气及焦炉煤气中的硫含量与其加工处理的煤种硫含量成正比。根据中国情况，以煤、焦为原料制得的水煤气和半水煤气中，H_2S 含量一般为 $1\sim2g/m^3$，少数可高达 $5\sim10g/m^3$，其中有机硫化物占 10% 左右，有机硫的形态以 COS 为主，还含有少量的 CS_2 及其他有机硫化物。焦炉煤气中 H_2S 含量比较高，一般为 $8\sim15g/m^3$，有机硫含量为 $0.5\sim0.8g/m^3$，其形态为 COS、硫醇、硫醚以及难以脱除的噻吩等。应当指出的是，焦炉煤气中除含硫化物外，还含有 $1.0\sim2.5g/m^3$ 的氰化氢，以及氨和碱性氮化物，这将给后续的净化工艺过程造成技术上的困难。

煤气中的硫化物及焦炉气中硫化物和氰化物的存在，会造成生产设备和管道的腐蚀，引起合成气化学反应催化剂的中毒失活，直接影响最终产品的收率和质量。当其用作工业和民用燃料时，产生的排放废气中的硫化物，将严重污染大气环境，危害人民健康。因而不论是用于工业合成原料气，或者用作燃料气，都必须按照不同用途的技术要求，采用相适应的工艺方法，将煤气和焦炉气中的硫化物脱除至要求的技术指标。应当指出在任何情况下，脱除煤气和焦炉气中的硫化物，不仅能够显著地提高工业原料气和燃料气的质量，同时也能够从中回收重要的硫黄资源。

化工行业对用作合成原料的煤气、焦炉气硫含量有比较严格的要求。合成氨及合成甲醇生产中，硫对以镍为活性组分的转化催化剂和甲烷化催化剂，对以铜为主要活性组分的合成甲醇催化剂和低温变换催化剂，以及对以铁为活性组分的氨合成催化剂来说，都是危害性很严重的毒物。硫中毒会造成催化剂丧失活性，直接危及生产装置的正常运行。现代大型氨厂和甲醇厂，要求合成气中硫含量控制在 $0.1\sim0.2mg/m^3$ 以下。

目前，世界各国都提出了严格的保护人类生存的环保法规，对燃烧排放气中的 SO_x 和 NO_x 等有害气体含量提出了更严格的指标，这就要求用于工业及民用的水煤气和焦炉煤气，在使用之前必须进行脱硫净化处理。

脱除煤气体中硫化物的方法很多，通常可分为湿法和干法两大类，而湿法脱硫则按溶液的吸收和再生性质又分为湿式氧化法、化学吸收法、物理吸收法以及物理-化学吸收法。

① 湿式氧化法是借助于吸收溶液中载氧体的催化作用，将吸收的 H_2S 氧化成为硫黄，从而使吸收溶液获得再生。该法主要有改良 ADA 法、栲胶法、氨水催化法、PDS 法及络合铁法等。

② 化学吸收法系以弱碱性溶液为吸收剂，与 H_2S 进行化学反应而形成有机化合物，当吸收富液温度升高，压力降低时，该化合物即分解放出 H_2S。烷基醇胺法、碱性盐溶液法等都是属于这类方法。

③ 物理吸收法常用有机溶剂作吸收剂，其吸收硫化物完全是一种物理过程，当吸收富液压力降低时，则放出 H_2S。属于这类方法的有冷甲醇法、聚乙醇二甲醚法、碳酸丙烯酯法以及早期的加压水洗法等。

④ 物理-化学吸收法，该法的吸收液由物理溶剂和化学溶剂组成，因而其兼有物理吸收和化学反应两种性质，主要有环丁砜法、常温甲醇法等。

本章针对煤炭制气和焦炉煤气的成分和特性，以及合成工艺气、燃料气对脱硫的技术要求，着重论述湿式氧化法脱硫过程，同时对化学吸收法和物理-化学吸收法等脱硫方法也做适当的介绍。应当指出的是各种湿法脱硫工艺中所脱除的 H_2S，只有湿式氧化法在再生时能够直接回收硫黄，其他各种物理和化学吸收法，在其吸收液再生时会放出含高浓度 H_2S 的再生气，对此还必须采取相关技术对其进一步进行硫回收处理过程，以达到环保要求的排放标准。

第二节　蒽醌二磺酸钠法

蒽醌二磺酸钠法亦称 ADA 法，国外称为 Stretford 法，它是由英国 North Western Gas Board 与 Clayton Aniline 两公司共同开发的，1961 年实现工业化。其后该法在世界各国推广应用，主要应用于煤气、天然气、焦炉气及合成气等多种工艺气体的脱硫。

早期的 ADA 法是在碳酸钠稀碱液中加入 2，6-或 2，7-蒽醌二磺酸钠作催化剂，但由于其析硫反应速率慢，溶液的吸收硫容量低，使该法的应用范围受到限制。随后利用给溶液中添加适量的偏钒酸钠和酒石酸钠钾，使溶液吸收和再生的反应速率大大增加，同时也提高了溶液的吸收硫容量，这样使 ADA 法的脱硫工艺更加趋于完善，并称为改良 ADA 法。

一、基本原理

改良 ADA 法的脱硫反应：在溶液 pH＝8.5～9.2 的范围内，稀碱液先吸收 H_2S 形成硫氢化物。

$$Na_2CO_3 + H_2S \Longrightarrow NaHS + NaHCO_3 \tag{9-2-1}$$

在液相中 ADA 和 V^{5+} 氧化 HS^- 析出单质硫：

$$+2HS^- \longrightarrow \qquad\qquad +2S \qquad (9\text{-}2\text{-}2)$$

$$2HS^- + 2HVO_4^{2-} \Longrightarrow HV_2O_5^- + 2S + 3OH^- \qquad (9\text{-}2\text{-}3)$$

还原态 ADA（蒽氢醌）被空气中的氧再生，同时生成双氧水。

$$+O_2 \longrightarrow \qquad\qquad +H_2O_2 \qquad (9\text{-}2\text{-}4)$$

双氧水氧化 V^{4+} 成 V^{5+}：

$$HV_2O_5^- + H_2O_2 + OH^- \Longrightarrow 2HVO_4^{2-} + 2H^- \qquad (9\text{-}2\text{-}5)$$

$$H_2O_2 + HS^- \Longrightarrow H_2O + S + OH^- \qquad (9\text{-}2\text{-}6)$$

当处理气中有氧、二氧化碳存在时产生如下副反应。

$$2NaHS + 2O_2 \Longrightarrow Na_2S_2O_3 + H_2O \qquad (9\text{-}2\text{-}7)$$

$$Na_2CO_3 + CO_2 + H_2O \Longrightarrow 2NaHCO_3 \qquad (9\text{-}2\text{-}8)$$

化学反应式（9-2-1）和反应式（9-2-8）的平衡常数分别为：

$$K_1 = [NaHS][NaHCO_3]/\{[Na_2CO_3]p_{H_2S}\} \qquad (9\text{-}2\text{-}9)$$

$$K_2 = [NaHCO_3]^2/\{[Na_2CO_3]p_{CO_2}\} \qquad (9\text{-}2\text{-}10)$$

$$K_2/K_1 = K_3 = [NaHCO_3]p_{H_2S}/\{[NaHS]p_{CO_2}\} \qquad (9\text{-}2\text{-}11)$$

上式中溶液盐类浓度为 mol/L，气体分压以 mmHg 柱来表示，对于 1mol 的 Na_2CO_3 水溶液，其平衡常数与温度的关系见表 9-2-1。

由表 9-2-1 可见，温度升高 K 值降低，即当气相中 H_2S 和 CO_2 共存时，随着温度的升高，平衡向着使气体中 CO_2 分压增大及溶液中 H_2S 浓度增高的方向移动，使单位体积吸收剂的 H_2S 饱和度增大，从而使溶液对 H_2S 的吸收选择性得以提高。

表 9-2-1 平衡常数与温度的关系

温度/℃	10	20	30	40	50	60
K_1	0.12	0.10	0.085	0.072	0.063	0.057
K_2	0.44	0.282	0.182	0.132	0.093	0.072
K_3	3.66	2.82	2.14	1.84	1.47	1.38

溶液吸收 H_2S 是一种瞬时反应，吸收液的总碱度和碳酸钠浓度是影响吸收的主要因素，随着溶液总碱度和碳酸钠浓度的增高，溶液的传质速度系数增大。溶液中 HS^- 的氧化速度是相当快的，在液相中 HS^- 转化为单质硫的量与钒含量成正比，同时，HS^- 的氧化速度还随着吸收溶液的 pH 值与温度的增高而加快。

二、工艺流程

改良 ADA 法可用于常压和加压条件下煤气、焦炉气及天然气等工业原料气的脱硫。

1. 塔式再生改良 ADA 法脱硫工艺流程

图 9-2-1 是脱除合成氨原料气中 H_2S 的工艺流程。煤气进吸收塔后与从塔顶喷淋下来的

ADA 脱硫液逆流接触，脱硫后的净化气由塔顶引出，经气液分离器后送往下道工序。

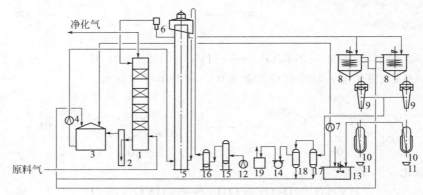

图 9-2-1 塔式再生改良 ADA 法脱硫工艺流程

1—吸收塔；2—液封；3—溶液循环槽；4—富液泵；5—再生塔；6—液位调节器；
7—泵；8—硫泡沫槽；9—真空过滤机；10—熔硫釜；11—硫黄铸模；12—空压机；
13—溶液加热器；14—真空泵；15—缓冲罐；16—空气过滤器；17—滤液收集器；18—分离器；19—水封

吸收 H_2S 后的富液从塔底引出，经液封进入溶液循环槽，进一步进行反应后，由富液泵经溶液加热器送入再生塔，与来自塔底的空气自下而上并流氧化再生。再生塔上部引出之贫液经液位调节器，返回吸收塔循环使用。再生过程中生成的硫黄被吹入的空气浮选至塔顶扩大部分，并溢流至硫黄泡沫槽，再经过加热搅拌、澄清、分层后，其清液返回循环槽，硫泡沫至真空过滤器过滤，滤饼投入熔硫釜，滤液返回循环槽。

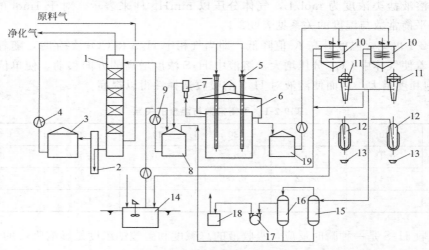

图 9-2-2 喷射再生改良 ADA 法脱硫工艺流程

1—吸收塔；2—液封；3—溶液循环槽；4—富液泵；5—喷射器；6—再生槽；7—液位调节器；8—贫液槽；
9—泵；10—硫泡沫槽；11—真空过滤；12—熔硫釜；13—硫黄铸模；14—溶液制备槽；
15—滤液收集器；16—分离器；17—真空泵；18—水封；19—硫泡沫收集槽

2. 喷射再生改良 ADA 法脱硫工艺流程

图 9-2-2 是另一种采用喷射再生器进行再生的工艺流程。吸收 H_2S 后的富液从吸收塔底排出，经溶液循环槽，用富液泵加压后送往喷射器。在喷射器中，脱硫液高速通过喷嘴产生局部负压将空气吸入，富液与吸入的空气充分混合，在较短的时间内完成再生反应。由浮选

槽溢出的硫黄泡沫，用与塔式再生流程相同的工序完成对硫黄的回收。从浮选槽上部引出的贫液，经液位调节器、贫液槽送回脱硫塔循环使用。通常认为喷射再生工艺用于加压吸收工况最为优越，因为这样可利用富液具有的压力，将富液送往喷射器。

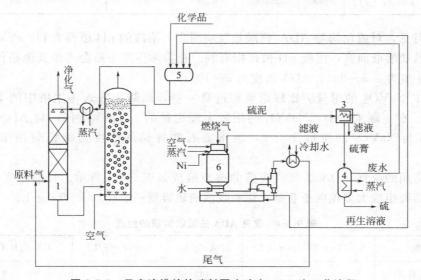

图 9-2-3 无废液排放的喷射再生改良 ADA 法工艺流程
1—H₂S吸收塔；2—氧化塔；3—过滤机；4—熔硫釜；5—制备槽；6—燃烧炉

3. 无废液排放的改良 ADA 法脱硫工艺流程

20 世纪 70 年代，英国 Holmes 公司开发出一种无废液排放的改良 ADA 法工艺流程，称为 Holmes-Stvetford process，如图 9-2-3 所示。从过滤机引出一部分滤液进入燃烧炉 6 顶部喷洒，燃料气在一垂直向下流动的燃烧炉内，燃烧产生约 850℃的高温。给燃烧炉通入的空气量小于燃烧煤气所需的理论量，迫使燃烧炉处于还原气氛条件下，这时将有约 90% 的硫代硫酸钠、95% 的硫氰化钠还原成碳酸氢钠和碳酸钠，还有 60% 的硫酸钠还原成硫化钠，硫变成为 H_2S。

燃烧后的气体夹带碳酸钠及其他钠盐一起通过燃烧器，进入盐类回收器，器内盛水使通过回收器的气体温度降至将近 90℃，且让钠盐溶解于水中，水溶液再返回作脱硫使用。排放出的气体含有大量水蒸气，经冷却器冷凝后，含 H_2S 的气体返回脱硫塔进口。

三、操作条件讨论

1. 吸收溶液组成

改良 ADA 法溶液中，Na_2CO_3 和 $NaHCO_3$ 浓度之和称为溶液总碱度。溶液的 pH 值对硫化物与 ADA/钒酸盐溶液的比反应速率影响见表 9-2-2，而溶液 pH 值对氧同还原态 ADA/钒酸盐溶液的比反应速率影响见表 9-2-3。

表 9-2-2 硫化物与 ADA/钒酸盐溶液反应时,pH 值对比反应速率的影响

pH 值	6.1	6.5	7.5	8.25	8.5	9.6	10.6
比反应速率/[mol/(L·h)]	19300	15000	9000	7600	6500	3800	1800

表 9-2-3 氧同还原态 ADA/钒酸盐溶液反应时,pH 值对比反速率的影响

pH 值	9.5	8.4	7.5	7.0	6.6
比反应速率/[mol/(L·h)]	34000	26500	13000	9000	5050

由上表可见,对硫化物与 ADA/钒酸盐反应而言,溶液的 pH 值高有利;而对氧同还原态 ADA/钒酸盐溶液而言,溶液 pH 值低则有利。在实际生产中结合考虑其他条件,采用较佳的溶液 pH 值为 8.5～9.1,ADA 浓度为 5～10g/L。

脱硫液中 $NaVO_3$ 的用量应比理论量稍过量一些,以防止进入再生塔中的 HS^- 增加,副反应加剧。在实际生产中,$NaVO_3$ 的用量为理论量的 1.4～1.5 倍。对 ADA 用量,一般控制 ADA 与 $NaVO_3$ 的质量比为 2,通常酒石酸钾钠的浓度是偏钒酸钠浓度的一半以上。

工业上常用的改良 ADA 法吸收溶液的典型组成如表 9-2-4 所示。目前在实际生产中,使用的吸收溶液组成大多偏向于Ⅱ型,该吸收液的硫容量一般在 0.1～0.3g/L。

表 9-2-4 改良 ADA 法吸收溶液的组成

组成类型	Na_2CO_3(总碱)/(mol/L)	ADA/(g/L)	$NaVO_3$/(g/L)	$KNaC_4H_4O_6$/(g/L)
Ⅰ型(加压高 H_2S)	1	10	5	2
Ⅱ型(常压低 H_2S)	0.4	5	2～3	1

2. 温度

随着温度的升高,析硫反应速率加快,传质系数增大而气体净化度下降。同时生成硫代硫酸钠的副反应加快。但温度太低,又会使 ADA、$NaHCO_3$、$NaVO_3$ 的溶解度降低而从溶液中沉淀出来。通常为使吸收、析硫过程在较好的条件下进行,将溶液温度维持在 35～45℃下为宜。

3. 压力

改良 ADA 法对压力不敏感,其适应范围比较宽。提高吸收压力,对改善气体净化度和传质系数都有利。通常吸收压力由原料气本身的压力而定。加压操作可提高吸收过程的传质系数,减小吸收塔直径,且能使溶液中 $NaHCO_3$ 与 Na_2CO_3 的当量比保持在较低的范围内,这样加压操作对 CO_2 含量高的原料气具有更好的适应性。

4. 氧化停留时间

改良 ADA 法在吸收塔内和再生塔内进行的氧化反应速率除受温度和 pH 值的影响之外,还受再生停留时间的影响。再生时间长,对氧化反应有利,但时间太长会使设备变得庞大;时间太短,硫黄分离又不完全,使溶液中悬浮硫增多,形成硫堵,使操作恶化。高塔再生的氧化停留时间一般控制在 25～30min,喷射再生在其槽内的停留时间一般为 5～10min。

5. CO_2 的影响

气体中 CO_2 浓度高时,则与溶液中 Na_2CO_3 反应生成 $NaHCO_3$,使 $NaHCO_3$ 对 Na_2CO_3 的平衡比增加,溶液 pH 值降低,导致 H_2S 吸收速率下降,气体中 CO_2 含量对 H_2S 的净化度与传质系数的影响见图 9-2-4。

由图 9-2-4 可以看出：H_2S 的传质系数随气体中 CO_2 的增大而减小，H_2S 的净化度也随气体中 CO_2 含量的提高而变差。在这种情况下，可将总溶液量的 $1\% \sim 2\%$ 引出塔外加热至 90℃ 除去 CO_2 后再返回系统。或者利用改良 ADA 溶液对 H_2S 的选择性，加大气量提高气液比，缩短气体在塔内的停留时间，以及适当提高溶液的 pH 值，以此来减小 CO_2 的影响。在其他条件相同时，随着 CO_2 含量的增高，吸收塔所需的填料容积就得相应地加大。

6. 副反应产物的影响

改良 ADA 溶液在脱硫过程中，因杂质副反应而生成的 $Na_2S_2O_3$、$NaCNS$、Na_2SO_4 产物，由于它们在溶液中的积累而使 Na_2CO_3 和 $NaVO_3$ 的溶解度降低，影响 H_2S 的平衡分压，破坏正常的操作工艺条件。工业生产中，在常压和加压操作时，要求溶液中 $Na_2S_2O_3$ 的浓度分别不超过 200g/L 和 250g/L；而当 $NaCNS$ 的浓度达到 150g/L 时，就应进行提取。

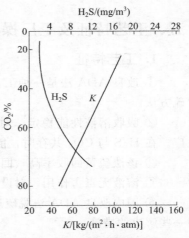

图 9-2-4 CO_2 含量对气体净化度与传质系数的影响

(1atm＝101325Pa)

四、工艺设计及生产控制条件

工艺设计及生产控制条件见表 9-2-5。

表 9-2-5 改良 ADA 法工艺设计及生产控制条件

溶液成分	半水煤气脱硫	变换气脱硫	溶液成分	半水煤气脱硫	变换气脱硫
总碱度/(mol/L)	0.4	1.0	熔碱釜内压力/MPa	≤0.8	≤0.8
Na_2CO_3/(g/L)	5	7～10	再生塔内溶液停留时间/min	25～30	30
$NaHCO_3$/(g/L)	25	60～80			
ADA/(g/L)	2～4	10	喷射再生槽内溶液停留时间/min	5～10	5～10
$NaVO_3$/(g/L)	1～2	5			
$NaKC_4H_4O_6$/(g/L)	1	2～3	再生塔吹风强度/[m³/(m²·h)]	80～120	60
溶液 pH 值	8.5～9.1	8.5～8.9			
溶液硫容量/(g/L)	约0.1		喷射再生槽吹风强度/[m³/(m²·h)]	70～120	70～120
入脱硫塔气体温度/℃	30～40	约40			
再生温度/℃	35～40	35～40	再生喷射器喷嘴液速/(m/s)	15～20	15～20
脱硫塔溶液温度高于气体温度/℃	3～5	3～5	原料气中 CO_2/%	8～10	27
硫泡沫槽内溶液温度/℃	65～80	65～80	吸收压力/MPa	常压～2.0	1.8
原料气中 H_2S/(mg/m³)	1000～3000	700	再生压力	常压	常压
熔硫釜加热温度/℃	130～150	130～150	净化气中 H_2S/(mg/m³)	≤20	1.5～3

五、工艺特征及工厂操作数据

1. 工艺特征

① 改良 ADA 法是一种工艺技术成熟，过程规范化程度高，技术经济指标比较先进的脱硫方法。

② 吸收溶液性能稳定，对温度、压力及处理气体中 H_2S 的含量等操作条件适应范围广。在 H_2S 与 CO_2 共存时，能选择性脱除 H_2S，且能达到很高的净化度。

③ 该法硫黄回收率高，回收的硫黄产品纯净。

④ 溶液无毒害作用，对设备腐蚀作用较小。

⑤ 国内改良 ADA 法脱硫遇到的问题，主要是析出的硫黄容易堵塞脱硫塔填料，已提出一些解决的措施。

2. 工厂操作数据

改良 ADA 法用于合成氨厂重油裂解气、半水煤气、加压变换气以及天然气等工艺气体脱硫的工厂实际操作数据和消耗指标，见表 9-2-6 和表 9-2-7。

表 9-2-6 改良 ADA 法工厂操作数据

气源项目		重油裂解气	半水煤气	变换气	天然气
操作压力/10^5Pa		18.6	0.1	18.1	18.2
操作温度/℃		40~45	45	45	46
入塔气量/[(m³/h)]		45000	27000	41000	28750
溶液循环量/(m³/h)		150	320	280	350
液气比/(L/m³)		3.3	11.9	14.9	12.1
进口 H_2S/(mg/m³)		<200	2000	150	3000
出口 H_2S/(mg/m³)		<15	25	10	0.5
脱硫效率/%		92.5	98.8	93.3	99
脱硫塔	直径/mm	2600	4000	2000	2852
	高度/mm	31500	34550	26670	24700
	塔型	上部填料、下部空塔	上部木格、下部空塔	木格填料	上部填料、中部空塔、底部喷射器

表 9-2-7 改良 ADA 法消耗指标

项 目	指 标	项 目	指 标
Na_2CO_3/[kg/kg(H_2S)]	0.24	$KNaC_4H_4O_6$/[g/kg(H_2S)]	2.60
$NaVO_3$/[g/kg(H_2S)]	2.34	电/[kW·h/kg(H_2S)]	2.00
ADA/[g/kg(H_2S)]	9.18	蒸汽/[kg/kg(H_2S)]	20.00

在采用改良 ADA 法脱除焦炉煤气中的 H_2S 时，由于其中 HCN 含量较高，造成吸收溶液中 NaCNS 浓度增长比较快，这种场合下，必须从系统中抽出一部分溶液进行处理，以降低其中的 NaCNS 含量，并从中提取 NaCNS 副产品。

第三节　氨水液相催化法

一、氨水对苯二酚催化法

氨水对苯二酚催化法最早是由德国开发的，称为 Perox 法。它是在氨水溶液中加入对苯二酚作催化剂，开始用于焦炉气脱硫，因为焦炉气中 CO_2 含量较低（2%～3%左右），且其中含有约 1%的氨可加以利用，较为经济。中国对该法结合国情做了进一步研究之后，逐步推广于中小型氨厂中的半水煤气脱硫，由于其氨水来源方便，加入少量对苯二酚后又能回收硫黄，故成为国内小型氨厂的主要脱硫方法。

1. 基本原理

（1）吸收

$$NH_4OH + H_2S \Longleftarrow NH_4HS + H_2O \qquad (9\text{-}2\text{-}12)$$

（2）析硫　溶液吸收的硫化氢被对苯二酚（醌态）氧化，并析出单质硫。

$$2HS^- + \text{（对苯醌）} \longrightarrow \text{（对苯二酚）} + 2S \qquad (9\text{-}2\text{-}13)$$

（3）再生　氢醌被空气氧化为醌而获得再生，同时产生双氧水。

$$\text{（对苯二酚）} + O_2 \longrightarrow \text{（对苯醌）} + H_2O_2 \qquad (9\text{-}2\text{-}14)$$

（4）副反应

$$NH_4OH + CO_2 \Longleftarrow NH_4HCO_3 \qquad (9\text{-}2\text{-}15)$$
$$2NH_4OH + CO_2 \Longleftarrow (NH_4)_2CO_3 + H_2O \qquad (9\text{-}2\text{-}16)$$
$$NH_4OH + HCN \Longleftarrow NH_4CN + H_2O \qquad (9\text{-}2\text{-}17)$$
$$NH_4CN + S \Longleftarrow NH_4CNS \qquad (9\text{-}2\text{-}18)$$
$$2NH_4HS + 2O_2 \Longleftarrow (NH_4)_2S_2O_3 + H_2O \qquad (9\text{-}2\text{-}19)$$

当 pH 值小于 12 时，硫化氢几乎按第一级离解呈 HS^- 存在，S^{2-} 可略而不计。

以氨水作为吸收剂吸收气体中硫化氢的过程取决于溶液中游离氨的浓度。试验表明：当 $NH_3/H_2S=0.5$（摩尔比）时脱硫率较低，约为 45%；$NH_3/H_2S=2$ 时，可达 70%～80%；如脱硫率要达到 90%，则 $NH_3/H_2S \geqslant 4$。

当气体中含有 CO_2 时，按反应式（9-2-16）被氨水吸收，造成溶液 pH 值的降低，影响脱硫效率。因此如何从酸性气体中选择脱除 H_2S 就显得极为重要。当含 H_2S 和 CO_2 的气体与氨水接触时，由于 H_2S 的传质速度和化学反应速率都比 CO_2 快，其结果是 H_2S 的吸收速率要比 CO_2 快得多。实验数据证实了选择性吸收 H_2S 的可能性。

2. 氨水脱硫塔的设计原则

为减少因溶液吸收 CO_2 而影响脱除 H_2S 的效率，增加有利于减少气膜阻力的因素，在设计脱硫塔时应考虑以下问题。

① 氨水脱硫塔应保证气体和氨水的短时间接触，并同时保证它们之间的均匀混合及分布。

② 脱硫塔应满足具有极大的气液接触表面，液相强烈扰动和选用新的塔结构形式，例如湍流塔及喷射塔可认为是合适的新型塔结构。

③ 为了保证气体净化度要求，应使溶液中的游离氨量与气相中 H_2S 的比例保持得足够高。

氨水对苯二酚催化法的脱硫塔，除早期用木格子填料外，近年来国内小型氨厂广泛使用湍流塔、喷射塔等新型塔结构。图9-2-5为喷射式脱硫塔简图。气体进入塔的顶部，通过锥形喷射管，在较高的线速度（20～25m/s）下与液体接触，然后再并流进入吸收管中。由于气体在高湍流条件下进行吸收，故其相接触表面积大，传质系数也较大，可在小型设备中取得较高的吸收效果。喷射式脱硫塔中无填料，不会在溶液中因析出硫黄而引起堵塔，再生时可使用卧式再生器代替立式再生塔。

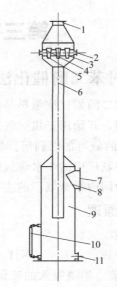

图 9-2-5　喷射式脱硫塔

1—气体进口；2—氨水进口；3—锥形喷射管；
4—多孔分液板；5—管板；6—吸收管；7—气体出口；
8—捕沫挡板；9—分离器；10—液面计；11—氨水出口

影响再生程度和硫泡沫质量的因素比较多，通常可用下式关联。

$$QCt = 常数 \qquad (9\text{-}2\text{-}20)$$

式中　Q——氧化时的空气量；

　　　C——溶液中催化剂的浓度；

　　　t——溶液在再生器中的停留时间。

该常数的最低值相当于溶液中 H_2S 完全氧化，其大小取决于进再生塔溶液中 H_2S 的浓度。对苯二酚的含量一般为 0.3～0.5g/L，含量过高对氧化速率无多大益处，反会增大对苯二酚的损失。式（9-2-20）对于如何根据具体条件选择相关设计参数时很有用，这在降低脱硫操作费用方面具有很大的经济意义。

3. 操作条件讨论

（1）溶液组成　溶液氨含量应结合原料煤气中的 H_2S、CO_2 含量，操作条件及脱硫效率等因素综合考虑。当煤气中 H_2S 含量＜4g/m³ 时，氨水浓度可维持在 0.4～1.0mol/L；而在 H_2S 含量＞5g/m³ 时，氨水浓度要相应地提高到 0.4～1.0mol/L，以保证其净化度。为保证稳定的脱硫效率，必须连续向系统补充脱硫过程中所消耗的氨。对苯二酚是氨水液相催化法脱硫的载氧体，其氧化还原电位为 +0.699V，相对较高，因此工业上采用较低的对苯二酚浓度，以利于降低消耗。目前一般使用的对苯二酚浓度为 0.2～0.3g/L 左右。

（2）温度　吸收 H_2S 的反应是放热反应，显然降低温度对 H_2S 吸收过程有利。当煤气温度升高时，在进脱硫塔前须先经冷却使其降至 20～30℃，以有利于脱硫操作过程。

在再生过程中，升高溶液温度对再生有利，在冬季进入再生塔的溶液需用蒸汽加热。一般认为 30～40℃再生比较合适，因温度太高对氨损失和催化剂消耗均不利，且还会加剧副反应。

（3）液气比 适宜的液气比应根据煤气中的 H_2S 含量与溶液的允许硫容量来选择。一般使氨水溶液的硫容量控制在 $0.15\sim0.2g\ H_2S/L$ 左右，当煤气中 H_2S 含量高时，需相应增大溶液量。

4. 工艺设计及生产控制条件（表 9-2-8）

表 9-2-8 氨水对苯二酚催化法工艺设计及生产控制条件

溶液组成	氨浓度/(mol/L)	0.5~1.0	喷射再生槽内溶液停留时间/min	5~10
	对苯二酚/(g/L)	0.2~0.3	再生塔内溶液停留时间/min	25~30
pH 值		约9.0	再生塔吹风强度/[m³/(m²·h)]	80~120
溶液硫容量/(g/L)		约0.1	喷射再生槽吹风强度/[m³/(m²·h)]	70~120
入脱硫塔气体温度/℃		<30	再生喷射器喷射嘴液速/(m/s)	15~20
入脱硫塔溶液温度/℃		<25	原料气中 H₂S/(g/m³)	1.0~3.0
熔硫釜内加热温度/℃		130~150	净化气中 H₂S/(mg/m³)	≤70
熔硫釜内压力/MPa		≤0.8	吸收与再生压力	常压

5. 工厂操作数据

氨水对苯二酚催化法脱硫的工业装置，操作简单、稳定，能满足一般脱硫的技术要求。使用氨水催化法脱硫的工厂操作数据见表 9-2-9，其消耗指标见表 9-2-10。

表 9-2-9 氨水对苯二酚催化法工厂操作数据

气源项目	焦炉气	半水煤气	气源项目	焦炉气	半水煤气	气源项目	焦炉气	半水煤气
气体流量/(m³/h)	14700	6700	H₂S	9.13	0.8~2.5	H₂S	0.0014	0.05~0.1
溶液循环量/(m³/h)	500	120	CO₂	—	140~150	CO₂	—	137~147
溶液温度/℃	22	20~25	NH₃	8.51	1.0~3.0	NH₃	6.75	0.5~2.0
溶液pH值	8.83	8.5~8.7	HCN	1.24	—	HCN	0.041	—
原料气成分/(g/m³)			净化气成分/(g/m³)			硫回收率/%	74.8	75~80

表 9-2-10 氨水对苯二酚催化法消耗指标

气源项目	焦炉气	半水煤气	备注	气源项目	焦炉气	半水煤气	备注
NH₃/kg	1.76	1.47	表列的消耗指标是以 1000m³ 煤气为基准	电/kW·h	11.9	5.3	表列的消耗指标是以 1000m³ 煤气为基准
对苯二酚/g	12.7	44.0		蒸汽/kg	8.5	—	

氨水对苯二酚催化法的优点是氨水来源方便，所用对苯二酚催化剂浓度比较低，故其成本也较低。缺点是氨耗高，脱硫溶液的硫容量低，副反应率高。在加压操作时，因 CO_2 的分压升高，氨水的 pH 值降低，而对苯二酚在酸性溶液中不易氧化成对苯二醌，因而其脱硫效率降低。

二、MSQ 法

郑州大学在氨水对苯二酚催化法的基础上，于 1979 年开发成功一种称为 MSQ 的脱硫方法。该法使用的 MSQ 脱硫催化剂是由对苯二酚、硫酸锰及水杨酸混合而成，因而实际上它是氨水液相催化脱硫方法的改进。近期研制的新一代 MSQ-2 型脱硫催化剂，具有良好的脱硫及再生性能，可降低脱硫塔阻力，提高脱硫效率，降低消耗，节省生产费用。

1. 基本原理

MSQ 法脱硫仍用氨水作为碱性吸收介质，对苯二酚为催化剂，同时给吸收溶液中添加一定量的硫酸锰及水杨酸作助催化剂。硫酸锰能够加快对苯二酚氧化成为苯醌的反应速率；而水杨酸则与 Mn^{2+} 络合起到稳定作用，同时它又是一种表面活性物质，能降低溶液的表面张力，有利于硫黄析出。其脱硫的反应过程如下：

（1）吸收 H_2S

$$NH_4OH + H_2S \Longleftrightarrow NH_4HS + H_2O \qquad (9\text{-}2\text{-}21)$$

（2）H_2S 被氧化 脱硫液吸收的 H_2S 被醌态对苯二酚氧化，析出硫黄。

$$(9\text{-}2\text{-}22)$$

（3）再生反应

$$(9\text{-}2\text{-}23)$$

（4）副反应 脱硫过程中的副反应与氨水对苯二酚催化法相同。

2. 操作条件讨论

（1）氨水浓度 脱硫液中的氨浓度，特别是游离氨含量，对脱硫起着决定性的作用。一般当气体中 $H_2S \leqslant 4g/m^3$ 时，要求的氨水浓度为 $0.4 \sim 0.8mol/L$；而在 H_2S 含量 $\geqslant 5g/m^3$ 时，氨水浓度则要相应提高到 $0.8 \sim 1.0mol/L$。

（2）催化剂用量 溶液中催化剂含量过高，不仅造成浪费，而且还容易引起生成硫代硫酸铵等副反应，影响硫回收率。一般情况下，脱硫液中对苯二酚含量控制在 $0.05 \sim 0.15g/L$，硫酸锰含量为 $0.005 \sim 0.015g/L$，而水杨酸含量则为 $0.10 \sim 0.15g/L$。

（3）操作温度 氨水吸收 H_2S 是一放热反应，降低温度对吸收平衡有利，因此从吸收 H_2S 过程考虑，要求在常温下进行。同时在比较低的温度条件下，脱硫反应要比碳化反应更容易进行，这样就对从含 CO_2 的原料气中选择性地吸收 H_2S 有利，可达到提高脱硫效率的目的。当原料煤气温度较高时，进脱硫塔前需进行冷却降温。通常脱硫温度选择在 $20 \sim 30℃$ 为宜。

在再生过程中，较高的溶液温度显然对再生有利，这是因为再生反应随温度的升高而加快。但温度过高，会引起氨的挥发损失及催化剂的消耗量增大，并使副反应加剧。因而再生温度一般控制在 $30 \sim 40℃$ 的范围内。

3. 工艺设计及生产控制条件

MSQ 法脱硫可采用与改良 ADA 法相同的工艺流程，其主要的生产控制条件见表 9-2-11。

表 9-2-11 MSQ 法主要的生产控制条件

溶液组分		脱硫塔溶液温度高于气体温度/℃	3～5
氨浓度/(mol/L)	0.4～0.8	硫泡沫槽内溶液温度/℃	65～80
对苯二酚/(g/L)	0.05～0.15	熔硫釜加热温度/℃	130～150
硫酸锰/(g/L)	0.005～0.015	熔硫釜内压力/MPa	≤0.8
水杨酸/(g/L)	0.1～0.15	再生塔内溶液停留时间/min	25～30
溶液 pH 值	8～9.1	喷射再生槽内溶液停留时间/min	5～10
溶液硫容量/(g/L)	0.1	再生塔吹风强度/[m³/(m²·h)]	80～120
入脱硫塔气体温度/℃	～30	喷射再生槽吹风强度/[m³/(m²·h)]	70～120
再生温度/℃	30～40	喷射再生槽喷射器喷嘴液速/(m/s)	15～20

4. 工艺特征

与单独使用对苯二酚的氨水液相催化法相比，MSQ 法具有脱硫效率高、副反应小、氨耗低等优势。其主要技术及消耗指标如表 9-2-12 所示。

表 9-2-12 MSQ 法脱硫主要技术及消耗指标

项 目	指 标	项 目	指 标
入口 H_2S/(g/m³)	2.0～2.5	NH_3/[kg/t(NH_3)]	3.0～5.0
出口 H_2S/(g/m³)	<0.07	对苯二酚/[g/t(NH_3)]	9.0～10.0
脱硫效率/%	>95	硫酸锰/[g/t(NH_3)]	9.0～10.0
硫回收率/%	75～85	水杨酸/[g/t(NH_3)]	20～30

第四节 栲胶法

栲胶法脱硫是由中国广西化工研究所等单位，于 1977 年研究开发成功的。该法的气体净化度、溶液硫容量、硫回收率等主要技术指标，均可与改良 ADA 法相媲美。它的突出优点是运行费用低，无硫黄堵塔问题，是目前国内使用比较多的脱硫方法之一。

一、栲胶的化学性质

栲胶是由植物的秆、叶、皮及果的水萃取液熬制而成，其主要成分为丹宁。由于来源不同，丹宁的成分也不一样，大体上可分为水解型和缩合型两种，它们大都是具有酚式结构的多羟基化合物，有的还含有醌式结构。大多数栲胶都可用来配制脱硫液，而以橡碗栲胶最好，其主要成分是多种水解型丹宁。

脱硫过程中，酚类物质经空气再生氧化成醌态，因其具有较高电位，故能将低价钒氧化成高价钒，进而使吸收在溶液中的硫氢根氧化、析出单质硫。同时丹宁能与多种金属离子（如钒、铬、铝等）形成水溶性络合物；在碱性溶液中丹宁能与铁、铜反应并在其材料表面形成丹宁酸盐薄膜，因而具有防腐蚀作用。

由于栲胶水溶液是胶体溶液，在将其配制成脱硫液之前，必须对其进行预处理，以消除其胶体性和发泡性，并使其由酚态结构氧化成醌态结构，这样脱硫溶液才具有活性。在栲胶溶液氧化过程中，伴随着吸光性能的变化。当溶液充分氧化后，其消光值则会稳定在某一数值附近，这种溶液就能满足脱硫要求。通常制备栲胶溶液的预处理条件列举在表 9-2-13 中。

表 9-2-13　制备栲胶溶液的预处理条件

方法项目	用 Na_2CO_3 配制溶液	用 NaOH 配制溶液	方法项目	用 Na_2CO_3 配制溶液	用 NaOH 配制溶液
栲胶浓度/(g/L)	10~30	30~50	空气量	溶液不翻出器外	溶液不翻出器外
碱度/(mol/L)	1.0~2.5	1.0~2.0	消光值	稳定在 0.45 左右	稳定在 0.45 左右
氧化温度/℃	70~90	60~90			

将纯碱溶液用蒸汽加热，通入空气氧化，并维持温度 80~90℃，恒温 10h 以上，让丹宁物质发生降解反应，大分子变小，表面活性物质变成为非表面活性物质，达到预处理目的。NaOH 与 Na_2CO_3 相比，它能够提供更高的 pH 值溶液。因此用 NaOH 配制的栲胶水溶液 pH 值高，氧化速度快，显然使用 NaOH 进行预处理，其效果要比 Na_2CO_3 好。

二、反应机理

根据栲胶主组分的分子结构，按醌（酚）类物质、变价金属络合物两元氧化还原体系的反应模式，栲胶法脱硫的反应过程如下。

① 碱性水溶液吸收 H_2S。

$$Na_2CO_3 + H_2S \rightleftharpoons NaHS + NaHCO_3 \qquad (9\text{-}2\text{-}24)$$

② 五价钒络合物离子氧化 HS^- 析出硫黄，五价钒被还原成四价钒。

$$2V^{5+} + HS^- \rightleftharpoons 2V^{4+} + H^+ + S \qquad (9\text{-}2\text{-}25)$$

同时醌态栲胶氧化 HS^- 亦析出硫黄，醌态栲胶被还原成酚态栲胶。

$$TQ(醌态) + HS^- \rightleftharpoons THQ(酚态) + S \qquad (9\text{-}2\text{-}26)$$

③ 醌态栲胶氧化四价钒成五价钒，空气中的氧氧化酚态栲胶使其再生，同时生成 H_2O_2。

$$TQ(醌态) + V^{4+} + 2H_2O \rightleftharpoons THQ(酚态) + V^{5+} + OH^- \qquad (9\text{-}2\text{-}27)$$

$$2THQ + O_2 \rightleftharpoons 2TQ + H_2O_2 \qquad (9\text{-}2\text{-}28)$$

④ H_2O_2 氧化四价钒和 HS^-。

$$H_2O_2 + V^{4+} \rightleftharpoons V^{5+} + 2OH^- \qquad (9\text{-}2\text{-}29)$$

$$H_2O_2 + HS^- \rightleftharpoons H_2O + S + OH^- \qquad (9\text{-}2\text{-}30)$$

当被处理气体中含有 CO_2、HCN、O_2 时，所产生的副反应以及因 H_2O_2 引起的副反应，都与改良 ADA 法相同。

三、操作条件讨论

栲胶法脱硫可采用与改良 ADA 法完全相同的工艺流程。其主要操作条件讨论如下。

1. 溶液组分

（1）碱度　溶液的总碱度与其硫容量呈线性关系，因而提高总碱度是提高硫容量的有效途径，一般处理低硫原料气时，采用的溶液总碱度为 0.4mol/L，而对高硫含量的原料气则采用 0.8mol/L 的总碱度。

（2）$NaVO_3$ 含量　$NaVO_3$ 的含量取决于脱硫液的操作硫容，即与富液中的 HS^- 浓度符合化学计量关系。应添加的理论浓度可与液相中 HS^- 的摩尔浓度相当，但在配制溶液时往往要过量，控制过量系数在 1.3~1.5 左右。

（3）栲胶浓度　作为氧载体，栲胶浓度应与溶液中钒含量存在着化学反应的计量关系。从络合作用考虑，要求栲胶浓度与钒浓度保持一定的比例，同时还应满足栲胶对碳钢表面缓蚀作用的含量要求。目前还无法由化学反应方程计算所需的栲胶浓度，根据实践经验，比较适宜的栲胶与钒的比例为 1.1~1.3 左右。工业生产中使用的溶液组成见表 9-2-14。

表 9-2-14　工业生产中使用的栲胶溶液组成

溶液类别	总碱度/(mol/L)	Na_2CO_3/(g/L)	栲胶/(g/L)	$NaVO_3$/(g/L)
稀溶液	0.4	3~4	1.8	1.5
浓溶液	0.8	6~8	8.4	7.0

2. 温度

常温范围内，H_2S、CO_2 脱除率及 $Na_2S_2O_3$ 生成率与温度关系不敏感。再生温度在 45℃以下，$Na_2S_2O_3$ 的生成率很低，超过 45℃时则急剧升高。通常吸收与再生在同一温度下进行，约为 30~40℃。

3. CO_2 的影响

栲胶脱硫液具有相当高的选择性。在适宜的操作条件下，它能从含 99% 的 CO_2 原料气中将 $200mg/m^3$ 的 H_2S 脱除至 $45mg/m^3$ 以下。但由于溶液吸收 CO_2 后会使溶液的 pH 值下降，故脱硫效率稍有降低。

四、工艺设计及生产控制条件

工艺设计及生产控制条件见表 9-2-15。

表 9-2-15　栲胶法工艺设计及生产控制条件

溶液成分	半水煤气脱硫	变换气脱硫	溶液成分	半水煤气脱硫	变换气脱硫
总碱度/(mol/L)	0.4	0.4	再生压力	常压	常压
Na_2CO_3/(g/L)	5	5	原料气中 H_2S/(g/m³)	1~3	~0.15
$NaHCO_3$/(g/L)	25	25	净化气中 H_2S/(mg/m³)	<30	<10
栲胶/(g/L)	1.0~2.0	1.0~2.0	熔硫釜内压力/MPa	<0.8	<0.8
$NaVO_3$/(g/L)	1.0~1.5	1.0~1.5	再生塔内溶液停留时间/min	25~30	25~30
溶液的 pH 值	8.5~9.0	8.5~8.9			
溶液硫容量/(g/L)	约 0.1		喷射再生槽内溶液停留时间/min	5~10	5~10
入脱硫塔气体温度/℃	30~40	30~40			
再生温度/℃	35~40	35~40	再生塔吹风强度/[m³/(m²·h)]	80~120	60~120
脱硫塔溶液温度高于气体温度/℃	3~5	3~5	喷射再生槽吹风强度/[m³/(m²·h)]	70~120	70~120
硫泡沫槽内溶液温/℃	65~80	65~80			
熔硫釜加热温度/℃	130~150	130~150	喷射再生槽喷射器喷嘴液速/(m/s)	15~20	15~20
吸收压力/MPa	常压~2.0	2.0			

五、工厂操作数据

栲胶法脱硫在国内以煤焦为原料的中小型氨厂广泛推广使用，取得良好的技术经济指标，其工厂操作运行数据列举在表 9-2-16 中。

表 9-2-16 栲胶法脱硫的工厂操作数据

气源项目		半水煤气	变换气	半水煤气
操作压力(表)/10^5Pa		<0.2	18	<0.1
入塔气量/(m³/h)		50000	31500	10000~12000
溶液循环量/(m³/h)		700~800	70~80	70~120
吸收过程的液气比		15.6~16	2.5~3.0	7~12
进口 H_2S/(g/m³)		2~2.3	0.11	1~2
出口 H_2S/(g/m³)		0.005~0.010	0.016	<0.07
再生空气量/(m³/h)		2200		
溶液成分	Na_2CO_3	5~6g/L	总碱 0.35~0.48mol/L	NH_3 0.46~0.73mol/L
	$NaVO_3$/(g/L)	1.3~1.5	0.7~2.1	1~1.5
	栲胶/(g/L)	2~2.5	0.8~2.3	2~2.5
硫回收率/%		85		
消耗	Na_2CO_3/[kg/t(NH_3)]	1.97		0.41
	V_2O_5/[kg/t(NH_3)]	0.026		0.019
	栲胶/[kg/t(NH_3)]	0.091		0.074
	NH_3			0.81

六、栲胶法脱硫的优点

① 栲胶资源丰富、价格低廉、无毒性，脱硫溶液成本低，因而操作费用要比改良 ADA 法低。

② 脱硫溶液的活性好、性能稳定、腐蚀性小。栲胶本身既是氧化剂，又是钒的络合剂，脱硫溶液的组成比改良 ADA 法简单，且脱硫过程没有硫黄堵塔问题。

③ 脱硫效率大于 98%，所析出的硫容易浮选和分离。

第五节　络合铁法

络合铁法的原理是 H_2S 在碱性溶液中被络合铁盐催化氧化成单质硫，被还原的催化剂用空气再生，将 Fe^{2+} 氧化成 Fe^{3+}。由于铁离子在碱性溶液中不稳定，极易沉淀而从溶液中析出，因此必须选择合适的络合剂，让 Fe^{3+} 和 Fe^{2+} 与其产生络合作用，使它稳定存在于溶液中。

一、FD 法

中国福州大学开发的 FD 法是一种络合铁法，它是以氨为吸收剂，铁盐为催化剂和以磺基水杨酸为主的络合剂（以 Ssal 表示），络合剂 Ssal 与铁离子形成相当稳定的络合物。

通常用 Ssal 和硫酸亚铁制成络合铁溶液。

$$Fe^{2+} + Ssal = Fe^{2+}（络合态）\tag{9-2-31}$$

用空气将络合铁溶液氧化。

$$4Fe^{2+}（络合态）+ O_2 + 2H_2O = 4Fe^{3+}（络合态）+ 4OH^-\tag{9-2-32}$$

这种络合物随着 pH 值的不同有不同的配位体，显现出不同的颜色，且具有不同的稳定性。表 9-2-17 表示不同 pH 值的配位体的性质。

表 9-2-17　不同 pH 值配位体的性质

pH 值	络合物存在形式	配位数	溶液颜色	$K_稳$
2～3	Fe(Ssal)$^-$	一配位体	红褐色	4.3×10^{14}
4～9	Fe(Ssal)$_2^-$	二配位体	褐色	1.51×10^{25}
9～11	Fe(Ssal)$_3^-$	三配位体	黄色	1.32×10^{32}

1. 反应机理

（1）碱性溶液吸收 H_2S

$$Na_2CO_3 + H_2S = NaHCO_3 + NaHS\tag{9-2-33}$$

FD 法脱硫溶液吸收 H_2S 属于气膜控制的快速反应，当气体中 CO_2 含量比 H_2S 含量高得多时，它也能选择脱除 H_2S。

（2）析硫反应

$$2Fe^{3+}（络合态）+ HS^- = 2Fe^{2+}（络合态）+ S + H^+\tag{9-2-34}$$

（3）固硫反应　由于 Fe^{2+}（络合态）较 Fe^{3+}（络合态）不稳定得多，随着氧化还原过程的进行，Fe^{2+}（络合态）增多，相应解离出的 Fe^{2+} 也会增多。生成的 Fe^{2+} 又与 HS^- 相结合而生成固相 FeS。其过程的化学反应如下：

$$Fe^{2+}（络合态）= Fe^{2+} + Ssal\tag{9-2-35}$$

$$Fe^{2+} + HS^- = FeS + H^+\tag{9-2-36}$$

（4）再生反应

$$4Fe^{2+}（络合态）+ O_2 + H_2O = 4Fe^{3+}（络合态）+ 4OH^-\tag{9-2-37}$$

$$2FeS + O_2 + 2H_2O = 2Fe^{2+}（络合态）+ 2S + 4OH^-\tag{9-2-38}$$

2. 溶液组分及性能

FD 法脱硫液的典型组成为：NH_3 0.5mol，$Fe_总$ 0.4g/L，络合剂 17.76g/L，溶液 pH 值 8.8，实测的溶液饱和硫容量为 0.403g/L。

（1）溶液 pH 值　溶液的 pH 值不能太低，否则络合物不稳定，脱硫效果差。pH 值过高，再生速度慢，副反应增大，氨耗量增加。比较合适的 pH 值为 8.5～8.8。

（2）总铁浓度　溶液中总铁浓度每增加 0.1g/L，溶液的饱和硫容量就增大 0.1g/L。因此，在处理高 H_2S 含量的气体时，可选用较高的总铁浓度。溶液中络合态的 Fe^{3+}/Fe^{2+} 比例越高，稳定性越好，在实际生产中控制铁比在（75/25）～（100/0）的范围内。

（3）溶液的络铁比 按络合配位数计算，络合剂磺基水杨酸（以 $C_7H_6O_6S \cdot 2H_2O$ 计）与铁离子的理论质量比 Ssal/Fe＝9.07～13.6。为提高络合物的稳定性，实际采用的络铁比为 15.6。

（4）氨浓度 溶液中氨浓度，特别是游离氨含量，对 H_2S 的吸收及维持溶液的 pH 值有显著的影响。过高的氨浓度会增大气相带出的氨损失，过低则影响气体净化度。生产实践表明，溶液中游离氨浓度控制在 0.4～0.5mol/L 比较合适。

（5）总碱度和 Na_2CO_3 浓度 用纯碱配制脱硫液时，其总碱度和 Na_2CO_3 浓度，与改良 ADA 法和栲胶法相同。

3. 工厂操作数据

FD 法可以采用与改良 ADA 法相同的工艺流程。国内使用 FD 法工厂的操作数据列于表 9-2-18 中。

表 9-2-18 使用 FD 法工厂操作数据

原料气项目		裂解气	半水煤气	半水煤气
操作压力（表）/MPa		0.46～0.52	0.42～0.47	0.32～0.37
操作温度/℃		＜35	＜35	＜35
入塔气量/(m³/h)		20000～30000	7200～7400	10000～12000
溶液循环量/(m³/h)		350～450	88.6	180
进口 H_2S/(g/m³)		0.2～0.6	1.04	1.5～2.0
出口 H_2S/(g/m³)		0.02～0.05	0.014～0.022	＜0.07
脱硫效率/%		90～92	98	95
溶液浓度	总碱度/(mol/L)	0.3～0.8		
	络合剂 Ssal/(g/L)		1.6	
	总铁/(g/L)	0.3～0.5	0.1	0.15
	pH 值	8.5～8.8	8.5	8.6
	氨浓度/(mol/L)		0.5～0.75	0.75～0.85

二、Lo-CAT 法

国外络合铁法应用得最多的就是 Lo-CAT 法脱硫，该法采用一种未公布的双络合剂的铁溶液。其工艺流程如图 9-2-6 所示。原料气进入脱硫塔，再生是在另一分开的氧化槽内进行，经再生后的溶液用泵送回脱硫塔，硫泥用泥浆泵打往加热器，熔融硫在分离器分开，最后得到精制的硫产品。

Lo-CAT 法是根据对二价铁和三价铁离子的络合能力，来选取含有两种不同类型的螯合剂溶液。其中一种螯合剂用来牢固地络合二价铁离子，以防止硫酸亚铁沉淀；另一种螯合剂则用来牢固地络合三价铁离子，以防止氢氧化铁沉淀。第一种螯合剂是 EDTA 和 HEDTA 的钠盐混合物；第二种螯合剂采用的是山梨糖醇，高 pH 值的山梨糖醇类化学物质有利于铁的溶解。

Lo-CAT 法的工作溶液中，总铁含量为 500～2000mg/kg，其量随处理气体中的 H_2S 含

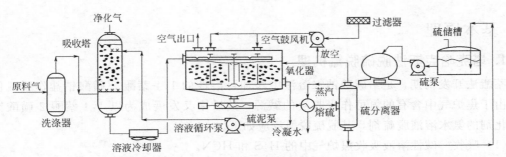

图 9-2-6　Lo-CAT 法脱硫工艺流程

量而定，溶液的理论硫容量为 0.15g/L 左右。尽管降低铁离子浓度能减少螯合剂的降解量，但会增大溶液的循环量。因而溶液中的铁离子浓度，应根据化学品消耗和泵送的动力费用来权衡确定。

　　该法可在常温或稍高温度及任何压力条件下操作，因而不涉及溶液的加热和冷却问题。该溶液对气体成分不敏感，诸如 CO_2、O_2、NH_3、CO、硫醇以及多数烃类物质都不会对溶液产生有害的影响。溶液有腐蚀性，添加浓度为 0.02~0.2g/L 的氢硫基苯异噻唑（$C_7H_5NS_2$）作缓蚀剂，可使其腐蚀性减轻。

　　Lo-CTA 络合铁脱硫的另一特点是胶体硫会逐渐形成微粒，并在氧化反应器的循环过程中，硫颗粒慢慢增大，最终由于重力而沉积在锥形器底。含有 2%~30%（质量分数）的硫料浆从氧化器的锥形底部抽出，进一步加工成硫黄。

　　有专利公布了一种溶液自动循环的 Lo-CAT 脱硫装置设计。该装置的特点是将吸收反应器设置在氧化再生槽内，据称酸气通过鼓泡可使其吸收效率接近 100%。在操作过程中，利用氧化器较高的爆气速度，使其中的溶液向上流动，而吸收反应器中的溶液则向下流动，来维持溶液稳定循环。这种自动循环装置不仅脱硫效率高，而且可省去溶液的泵送费用。

三、工艺特征

　　络合铁法是国外应用较多的一种湿式氧化脱硫法，共同特点为：

　　① 络合铁法溶液的活性和稳定性好，正常情况下无 $Fe(OH)_3$ 沉淀，没有堵塔的危险。该脱硫溶液极易再生，且生成硫黄的颗粒大，便于分离。

　　② 脱硫溶液配制简单，原料价廉易得，且不含钒化物，没有毒性，对环境污染少。

　　③ 该法适应性强，脱硫过程中副反应少，其副反应产物的增长速度比较慢。

第六节　萘醌法

　　萘醌法又称塔克哈克斯（Takahax）法，这是一种与蒽醌二磺酸钠法相类似的脱硫方法。该法大部分用于焦炉气脱硫，处理气体中 H_2S 含量一般为 2~25g/m³，于 1980 年在日本实现工业化。由于焦炉气中除 H_2S 外还含有大量的氰化氢，因此配套开发了一种称为希罗哈克斯（Hirohax）法的废液处理新工艺，国内简称为塔-希法。该法不会产生二次污染，是一种先进的湿法脱硫和废液处理技术。

一、基本原理

1. 塔克哈克斯法脱硫脱氰机理

萘醌法开发初期，是给碳酸钠水溶液中添加可溶性的 1,4-萘醌-2-磺酸钠盐作脱硫催化剂。由于焦炉气中含有的氨可作吸收液的碱源，故后来又发展成为以 1,4-萘醌-2-磺酸铵盐作催化剂的氨水溶液脱硫剂，其脱硫脱氰反应如下。

（1）吸收　碱性溶液吸收焦炉气中的 H_2S 和 HCN。

$$NH_4OH + H_2S \Longrightarrow NH_4HS + H_2O \qquad (9\text{-}2\text{-}39)$$

$$NH_4OH + HCN \Longrightarrow NH_4CN + H_2O \qquad (9\text{-}2\text{-}40)$$

（2）氧化　借催化剂作用发生氧化反应。

$$NH_4HS + \text{（1,4-萘醌-2-磺酸铵）} + H_2O \longrightarrow NH_4OH + \text{（1,4-二羟基萘-2-磺酸铵）} + S \qquad (9\text{-}2\text{-}41)$$

$$2NH_4HS + 2O_2 \Longrightarrow (NH_4)_2S_2O_3 + H_2O \qquad (9\text{-}2\text{-}42)$$

$$NH_4CN + S \Longrightarrow NH_4CNS \qquad (9\text{-}2\text{-}43)$$

（3）催化剂再生

$$\text{（1,4-二羟基萘-2-磺酸铵）} + \tfrac{1}{2}O_2 \longrightarrow \text{（1,4-萘醌-2-磺酸铵）} + H_2O \qquad (9\text{-}2\text{-}44)$$

2. 希罗哈克斯法湿式氧化机理

在溶液连续吸收煤气中的 H_2S、HCN、NH_3 及 CO_2 的过程中，反应生成的硫化物、碳酸盐将在吸收液中不断积累，使溶液黏度增大，影响脱硫脱氰效率。因而当脱硫脱氰装置运转到溶液中盐类浓度较高时，就必须从系统中抽提出部分溶液，送去希罗哈克斯装置进行湿式氧化处理。抽提溶液的处理过程是在反应塔内进行的。该反应塔顶温度为 270℃ 左右，压力 7.5MPa，且在有充足的氧气存在的反应条件下，溶液中的硫氰化铵、硫代硫酸铵及单质硫等反应产物则被氧化成为硫酸铵和硫酸。

$$4NH_4CNS + 11O_2 + 2H_2O \Longrightarrow 2(NH_4)_2SO_4 + 4CO_2 + 2H_2SO_4 + 2N_2 \qquad (9\text{-}2\text{-}45)$$

$$(NH_4)_2S_2O_3 + 2O_2 + H_2O \Longrightarrow (NH_4)_2SO_4 + H_2SO_4 \qquad (9\text{-}2\text{-}46)$$

$$2S + 3O_2 + 2H_2O \Longrightarrow 2H_2SO_4 \qquad (9\text{-}2\text{-}47)$$

以上反应都是放热反应，仅在原始开车进行系统升温时使用蒸汽加热，在生产过程中不需要外供热量。氧化反应产物主要是硫酸和硫酸铵混合液，这种反应液腐蚀性很强，要求液相系统采用钛钯合金材料，气相部分采用优质不锈钢。在生产过程中还要配入一定量的硝酸作缓蚀剂，以防止生产设备腐蚀。

二、工艺流程

1. 塔克哈克斯法工艺流程

塔克哈克斯法的工艺流程如图 9-2-7 所示。该流程大体可分为煤气预处理、脱硫脱氰及尾气净化三部分。

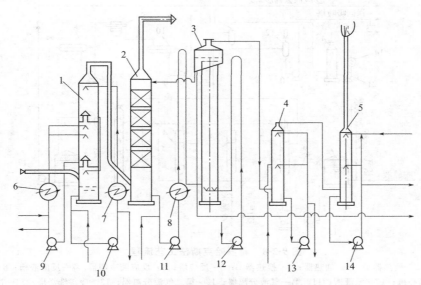

图 9-2-7　塔克哈克斯法工艺流程

1—氨萘塔；2—吸收塔；3—氧化塔；4—第一回收塔；5—第二回收塔；6—洗萘油加热器；7—氨水冷却器；
8—吸收液冷却器；9—洗萘油泵；10—氨水泵；11—溶液循环泵；12—空气压缩机；13—第一回收泵；14—第二回收泵

（1）煤气预处理　经电捕焦油后的含萘焦炉气进入氨萘塔，该塔分为三段：下部为预冷段，中部为除萘段，顶部为后冷段。焦炉气先进入预冷段，被冷氨水冷却至 36℃ 后进入除萘段，煤气中的萘被富油吸收降至 0.36g/m³。这时煤气温度到 38~39℃，再经后冷段再冷却至 36℃ 后进入吸收塔。

（2）脱硫脱氰　焦炉气经富油除萘及氨水冷却之后，进入吸收塔下部，沿塔内花环形填料上升，与塔顶喷淋下来的吸收液逆流接触，NH_3、H_2S 及 HCN 被吸收。经脱硫脱氰后的煤气进入硫铵装置的吸氨塔。

吸收塔底部溶液用溶液循环泵抽出，一部分溶液经冷却器冷却，另一部分溶液旁路，然后两部分溶液会合一并进入氧化塔底部，在此用 0.4~0.5MPa 的压缩空气进行氧化再生反应。从氧化塔上部出来的溶液绝大部分送入吸收塔循环使用，少部分吸收溶液去希罗哈克斯装置的原料槽，进行湿式氧化处理。压缩空气来自低压空气压缩机。1,4-萘醌-2-磺酸铵盐催化剂，用空气泵抽入催化剂储槽，然后用定量泵送至溶液循环系统。

（3）尾气净化　为防止大气污染并回收气体中的氨，从氧化塔顶部排出的气体送入第一回收塔的下部，用硫铵装置的不饱和硫铵母液进行净化吸收，由于出第一回收塔的气体中夹带一些酸雾，为此将该气体再送入第二吸收塔用水洗净，经二级净化后的废气放空。出第一回收塔的硫铵母液大部分循环使用，部分返回硫铵装置。从第二回收塔泵送出的酸性水，大部分循环使用，少部分排至生物脱酚装置处理。操作过程中，从其塔顶不断补入适量的清水，以维持水平衡。

2. 希罗哈克斯法工艺流程

希罗哈克斯法工艺流程如图 9-2-8 所示。

来自氧化塔的少部分废溶液，进入预先配制好的原料液槽。配制原料液时需加入一定量的缓蚀剂硝酸、浓氨水及过滤水，使原料液达到规定要求，以维持反应塔的氨平衡、水平

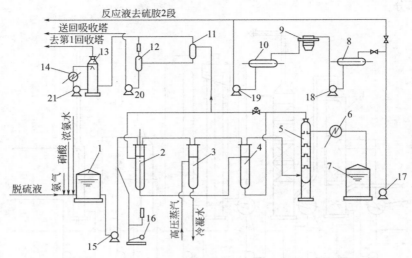

图 9-2-8 希罗哈克斯法工艺流程

1—原料槽；2—换热器 A；3—加热器；4—换热器 B；5—反应塔；6—反应液冷却器；7—反应液槽；8—浆液槽；
9—超级离心机；10—滤液槽；11—第一气液分离器；12—第二气液分离器；13—冷却洗涤塔；14—冷却器；
15—原料泵；16—高压空气压缩机；17—反应液泵；18—浆液泵；19—滤液泵；20—冷凝水泵；21—冷却水泵

衡、硫平衡及热平衡。配制的原料液与 8.5MPa 的高压空气混合后一并进入热交换器 A，经加热器及换热器 B，与反应塔顶排出的 270℃ 左右的废气进行热交换。这时原料液温度升高至 250～260℃，进入反应塔，在塔内进行氧化反应并放出热量。

反应生成物硫酸和硫酸铵的混合溶液称为反应液，该反应液由反应塔上部侧线排出，经冷却后进入反应液槽。从反应塔顶部排出的废气，一部分经换热后进入第一气液分离器；另一部分气体则直接导入第一气液分离器，分离出液体后进入冷却洗涤塔。分离液经冷却后再进入第二气液分离器，气体也送入冷却洗涤塔，分离出的冷凝液送往脱硫脱氰吸收塔。来自两个气液分离器的气体，经冷却洗涤塔后，被送至塔克哈克斯装置的第一回收塔，以回收其中的氨。含 2%～3%硫酸的硫铵反应液，泵送至硫铵装置去生产硫铵。

三、操作条件讨论

1. 塔克哈克斯装置的工艺操作条件

（1）溶液组成

① 游离氨 溶液中的游离氨浓度，对提高脱硫脱氰效果至关重要。通常保持溶液中约 7～12g/L 的游离氨浓度比较合适。

② 催化剂 催化剂的浓度低催化效果不理想，浓度高时会在吸收塔内大量析硫，影响正常操作，比较合适的催化剂浓度在 0.3mol/m³ 左右。

③ 盐类 溶液中盐类浓度高、黏度大，有效氨成分低，不利于脱硫脱氰，因而维持溶液中低一些的盐类浓度为宜。在塔-希法的吸收溶液中，各种盐类浓度是以控制硫氰酸根（CNS⁻）的浓度为主。各种盐类的具体控制指标为：CNS⁻ 40～50g/L；$S_2O_3^{2-}$ 55～70g/L；SO_4^{2-} 20～25g/L；碳酸盐浓度虽无严格的控制指标，但一般要求低一些好。

④ 悬浮硫 在塔-希法生产过程中，要求溶液中保持一定量的悬浮硫，以促使它与氰化铵反应生成硫氰酸铵，提高脱氰的效率。通常在满足脱氰效率的前提下，要求溶液中的悬浮

硫含量低一些为好，一般控制在 0.2g/L 以下。

（2）溶液温度 在确定吸收溶液的温度时，既要考虑溶液对 H_2S、HCN 及 NH_3 等气体的吸收有利，又要考虑对液相中各组分的氧化反应有利。溶液温度过低，虽对气体吸收过程有利，但对液相的反应速率则不利，且会引起溶液黏度升高。溶液温度高时，虽对气体吸收过程不利，却会加速液相中各种化学反应的速度，从化学反应平衡考虑，就会使气相中 H_2S、HCN 及 NH_3 的含量也相应升高。同时溶液温度还直接影响焦炉气出吸收塔的温度，这样就涉及系统的水平衡以及冷却水消耗量。工业生产实践指出，吸收溶液的最佳控制温度为 36～38℃ 左右。

（3）操作液气比 在生产操作中，液气比是影响吸收效率的重要因素。提高溶液循环量，液气比增大，脱硫脱氰效率提高。但液气比过高，溶液在氧化塔中停留时间缩短，使氧化过程受到影响，同时过高液气比则意味着溶液循环量的增大，这样会引起溶液泵送能耗的增大。由于塔克哈克斯法溶液硫容量仅为 0.1～0.2g/L，所以液气比的设计值比较大，一般为 30～35L/m³。

（4）氧化液中 HS⁻ 浓度 衡量氧化塔操作好坏的标准就是氧化液中 HS⁻ 的浓度，显然进入吸收塔溶液中的 HS⁻ 浓度越低，塔后气相中 H_2S 的含量也就越少。降低进入吸收塔溶液中 HS⁻ 浓度的方法是：提高溶液中的催化剂浓度，及增大氧化塔的空气量，但这样做也会使生产费用和正常操作受到不利的影响。所以只要吸收塔后气相中 H_2S 含量能满足设计要求，一般将进吸收塔溶液中的 HS⁻ 浓度控制在 0.01～0.05g/L 即可。

（5）焦炉气中 H_2S/HCN 摩尔比 焦炉煤气中的 H_2S、HCN 经吸收、氧化之后，将转变成 $(NH_4)_2S_2O_3$、$(NH_4)_2SO_4$、NH_4CNS 及少量的硫等，进口煤气中 H_2S/HCN 的摩尔比不同，其脱氰效率也不一样。焦炉气中的 H_2S、HCN 含量，主要要取决于煤种、配煤比例及焦炉的操作条件等。为了保证较高的脱氰效率，一般要求焦炉煤气中的 H_2S/HCN 摩尔比 >2。

2. 希罗哈克斯装置的工艺操作条件

（1）原料液组成

① CNS⁻ 浓度 在希罗哈克斯装置中，CNS⁻ 最难氧化分解，是原料液中主要考虑的组分。计算表明：原料液中 CNS⁻ 浓度过高，必将造成反应液过饱和，容易堵塞设备管道；同时亦会引起反应液中 CNS⁻ 浓度的升高，影响硫铵产品的颜色。原料液中 CNS⁻ 浓度过低，则反应液中硫酸铵浓度也低，制硫铵时的蒸汽消耗也就多。由于通常原料液中 CNS⁻ 的浓度主要根据反应液的密度变化来进行调节，一般要求控制在 32～36g/L。

② 游离氨浓度 为严格控制反应液中生成的硫酸浓度，就必须使原料液中保持足够的游离氨，以中和反应液中的硫酸。在生产实际中，原料液中游离氨的浓度，要根据溶液中 $S_2O_3^{2-}$、硫以及反应液中硫酸浓度来进行调配。通常将原料液中游离氨的浓度控制在 14～20g/L 左右。

③ NO₃⁻ 浓度 给原料液配入适量的硝酸主要是防止设备腐蚀，起到缓蚀作用，在实际生产中主要根据反应液中 NO₃⁻ 的浓度来调节原料中的硝酸浓度，一般控制在 2.0～2.5g/L 为宜。

（2）反应液的组成

① 密度 反应液的密度是反应液中硫酸铵浓度的标志。反应液密度大，则硫酸铵浓度高，这样可降低生产硫铵产品的能耗。但密度过大，硫铵容易析出堵塞设备和管道，生产中一般反应液密度控制在 1.20～1.23kg/L 比较合适。

② 硫酸浓度 在 270～273℃ 的温度下操作，反应液中硫酸浓度高，对设备腐蚀能力强。

根据生产实践，反应液中的硫酸浓度控制在 2%～3% 较好，若硫酸浓度 >4%，腐蚀则加剧。

③ NO_3^- 浓度　控制反应液中的 NO_3^- 浓度不小于 1g/L 时，就能起到较好的缓蚀作用。生产中一般由反应液中的 NO_3^- 浓度来确定给原料液中的硝酸加入量。

④ CNS^- 浓度　反应液中 CNS^- 浓度达到一定浓度时，将会使硫铵产品呈红色，因此，生产上要求反应液中的 CNS^- 浓度 <0.5g/L。

（3）反应塔顶温度　对难以氧化的 CNS^- 而言，当塔顶温度达到 265℃ 时，其氧化分解的速度急剧上升，在 272℃ 时，其分解率可达 99.5%，这时反应液中的 CNS^- 浓度可保持在 0.3g/L 以下。根据生产经验，在满足生产的工况下，反应塔顶温度一般控制在 270～273℃。

（4）反应塔顶的操作压力　提高反应塔的操作压力，溶液中氧含量也相应提高，这样就更利于 $S_2O_3^{2-}$ 和 CNS^- 的氧化反应。但随压力的升高，能耗也相应增加，且影响系统的水平衡。因此在满足 $S_2O_3^{2-}$ 氧化要求的前提下，尽力维持较低的操作压力。国内某厂原设计操作压力为 9.5MPa，而实际在 7.5MPa 压力下进行操作，就能满足 $S_2O_3^{2-}$ 和 CNS^- 的氧化反应要求。

四、工厂操作数据

1. 塔克哈克斯装置的工厂操作数据

中国某厂焦炉煤气脱硫脱氰工艺的主要操作数据与日本厂的操作指标对比列于表 9-2-19 中。

表 9-2-19　焦炉煤气脱硫脱氰操作数据及对比

项　目	中国某厂设计值	中国某厂实测值	日本某厂值	项　目	中国某厂设计值	中国某厂实测值	日本某厂值
吸收塔规格/mm	ϕ8700 H36000	ϕ8700 H36000	ϕ9600 H372000	硫容量/(g/L)	0.12～0.18	0.14	0.14～0.15
				溶液组分/(g/L)			
氧化塔规格/mm	ϕ7400 H39000	ϕ7400 H39000	ϕ8400 H43000	悬浮物 SS	0.2	0.152	0.071
				挥发氨	>7	11.9	10～11
设计处理焦炉煤气量/(m³/h)	最大 105000		130000	SO_4^{2-}	20	24.53	20～27
				SCN^-	40	42.59	50～60
实际处理焦炉煤气量/(m³/h)		83000	81000	$S_2O_3^{2-}$	60	53.39	55～58
				pH	8.8～9.2	9.08	8.73
煤气空塔速度/(m/s)	0.49	0.39	0.31	氧化液中 HS^- 含量/(g/m³)	0.02～0.05	0.0436	0.06
吸收塔实际压差/Pa	1800	200	200～250				
煤气入吸收塔温度/℃	36	36	36	催化剂含量/(mol/m³)	0.3	0.05～0.3	0.05～0.3
溶液入吸收塔温度/℃	38～40	37～39	36～39	H_2S 进塔含量/(g/m³)	4～6	4.39	4.22
溶液循环量/(m³/h)	3500	2800	2200～2300	H_2S 出塔含量/(g/m³)	0.2	0.026	0.319
喷淋密度/[m³/(m²·h)]	58.9	47.1	30.4～31.8	脱硫效率/%	96	99.4	92.4
氧化塔空气量/(m³/h)	5700	4000	3200～3400	HCN 进塔含量/(g/m³)	1～2	1.38	1.74
氧化塔吹风强度/[m³/(m²·h)]	132.6	111.6	57.8～61.4	HCN 出塔含量/(g/m³)	0.15	0.057	0.107
溶液处理量/(m³/h)	10	6～8	7～9	脱氰效率/%	90	95.8	93.85
液气比/(L/m³)	33.3	33.7	28	催化剂消耗量/(L/d)	200	7	15～20

2. 希罗哈克斯装置的工厂操作数据

中国某厂湿式氧化处理工艺的主要操作数据与国外的操作指标对比如表 9-2-20 所示。

表 9-2-20 湿式氧化法处理工艺的操作数据及对比

项 目	设计值	操作数据	国外数值	项 目	设计值	操作数据	国外数值
反应塔规格/mm	$\phi 1300$ $H 21370$	$\phi 1300$ $H 21370$	$\phi 1200$ $H 19000$	反应液冷却器后温度/℃	40~50	40	32~52
装入液量/(m³/h)	12	8~14	8~12	原料液组成/(g/L)			
空气流量/(m³/h)	3300	2000~3500	1900~3050	游离 NH_3	10~20	16.74	10.11
尾气中氧含量/%	4~6	4~6	5	CNS^-	32~36	37.65	43.22
密封水量/(L/h)	900	900	900	NO_3^-	2.0~2.5	2.12	2.37
入反应塔溶液温度/℃		255~265	249~265	反应液组成/(g/L)			
反应塔压力/MPa	9.5	7.5	7.5	CNS^-	<0.5	0.054	0.363
反应塔顶温度/℃	275	270~273	270~273	NO_3^-	≮1.0	1.622	1.22

第七节 湿式氧化法的主要设备及工艺计算

一、脱硫设备

1. 吸收塔

用于湿式氧化法脱硫的主要塔型有填料塔、空淋塔、旋流板塔、喷射塔以及复合型吸收塔。

(1) 填料塔 填料塔是最早用于脱硫的气液传质设备，在塔内设置填料，使气液两相维持良好传质所需要的接触状况，因而可获得较高的脱硫效率及气体净化度。

早期用作脱硫的填料塔一般采用木制栅状填料，木条宽 10~13mm，厚 100~120mm，间隙 13~20mm，塔内填料分成 5~6 段堆积，每段有 25~28 层栅条，按 45°或 90°交错重叠而成。每段填料之间设有人孔，供检查填料、托梁及更换填料时使用。脱硫塔的填料表面积可根据如下方程式计算。

$$F = \left(2.3 V \lg \frac{c_{H_2S}}{c'_{H_2S}}\right)/K \tag{9-2-48}$$

式中　F——填料表面积，m²；

　　　V——净化气体量，m³；

　　　c_{H_2S}——气体中 H_2S 的初始含量，g/m³；

　　　c'_{H_2S}——气体中 H_2S 的最终含量，g/m³；

　　　K——吸收系数，g(H_2S) / (m²·h)。

吸收系数可根据不同的脱硫方法选取，一般为 10~30。

脱硫塔直径是按气体在塔内停留的截面流速（0.3~0.9m/s）来确定。为保证所有填料表面都能被淋湿，脱硫塔内溶液的喷淋密度应不低于 20m³/(h·m²) 截面，但也不宜高于 45m³/(h·m²) 截面。

中国有直径为 5~6m 的大型塔，填料用塑料鲍尔环，环尺寸为 $\phi 76mm \times 76mm \times 2.5mm$，塑料表面比较光滑，所以不容易被硫黄堵塞，该种填料具有很高的脱硫效率。使用这种填料的填料塔，可按常规方法进行设计。

（2）空淋塔 空淋塔的结构如图 9-2-9 所示。在其下部的空塔段装有 3～10 层喷头，在该段将大部分 H₂S 脱除，上部填料段用木格子或塑料环，作进一步精脱硫用。在 1.8MPa 操作压力下，煤气的气速按操作状态可选取为 0.1～0.15m/s，以空速计算的吸收传质速度系数为 6.8～10.2kg（H₂S）/（m³·h·atm）。

国内用改良 ADA 法脱硫，每小时处理约 30000m³ 的煤气，采用上部填料，下部空塔的结构。脱硫塔直径 2.2m，总高 26m，下部空塔段每隔 3m 装设与水平夹角为 30°的旋涡式喷头，上部填料高度为 3m。使用空淋塔脱硫时，喷头的选取极为重要，所用喷头应使溶液在整个塔截面喷淋均匀，目前旋涡式喷头在工业上应用比较多。

（3）旋流板塔 旋流板塔的结构如图 9-2-10 所示，它由吸收段、除雾板、塔板及分离段组成。

旋流板塔的空塔气速约为填料的 2～4 倍，一般板式塔的 1.5～2 倍。达到同样吸收效果时，旋流板塔的高度比填料塔低。用于吸收及传热时，气速低到设计值的 1/4 时，板效率并不降低，而当操作气速超过设计负荷的 50% 时，板效率才稍有降低，表明它对气流负荷的操作弹性比较大。旋流板塔用于脱硫的另一优点是不易堵塔，操作平稳。

（4）喷射塔 喷射塔主要由喷射段、喷环、吸收段及分离段组成。其结构可参见图 9-2-5。气体由塔顶进入喷射段，通过锥形喷环，在高达 20～25m/s 的线速度下，与溶液并流进入吸收段，由于气体在高湍流条件下进行吸收，其接触表面大，传质系数也大，吸收效率高。

喷射塔具有结构简单、生产强度高、不易堵塔等优点，在中小型氨厂得到广泛应用。

2. 再生塔

再生塔有立式和卧式两种。

立式再生塔为一钢板焊制成的圆柱形的塔设备，其中不放置填料。再生塔的有效容积，系根据溶液循环量及其在塔内的停留时间来选定。一般设计取 30min 左右，其截面积可按空气吹风强度 60～80m³/（m²·h）算出。再生所需的压缩空气经底部的空气分配管进入塔内，并使其在溶液中均匀分布。由于立式再生塔高大、操作不便，近年来已逐渐被卧式再生槽所替代。

卧式再生槽是一大直径的圆槽设备，槽内设置多支喷射器。它包括再生槽和喷射器两部分。目前使用最好的是以双套筒自吸喷射式再生槽，其结构见图 9-2-11。

脱硫富液通过喷射再生管道反应氧化再生后，经其尾管流进浮选筒，在其中进一步氧化再生，并起到硫黄的浮选作用。由于再生槽采用二套筒，内筒的吹风强度比较大，对氧化再生和硫的浮选均有利。内筒上下各有一块筛板，板上有正方形排列的筛孔，孔直径 15mm，孔间距 20mm，开孔率为 44%。内筒吹风强度大，气液混合物的重度小，而内外筒之间的环形区内基本上无空气泡，因此液体重度大，在内筒和环形空间由于液体的重度不同，而形成如图 9-2-11 中箭头所示的循环流向。

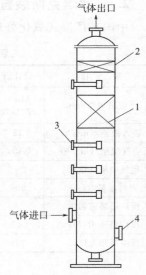

图 9-2-9 空淋塔
1—上段填料；2—捕沫层；
3—旋涡式喷头；4—溶液出口

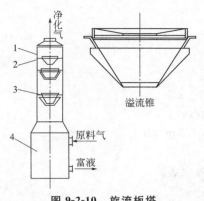

图 9-2-10　旋流板塔
1—吸收段；2—除雾板；3—塔板；4—分离段

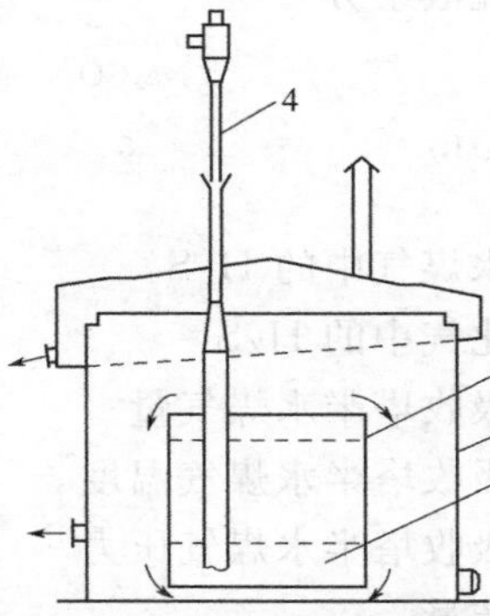

图 9-2-11　双套筒自吸喷射式再生槽
1—浮选筒（内筒）；2—外筒；3—花板；4—双级喷射再生器

3. 硫泡沫槽

硫泡沫槽系一锥形底的钢制圆筒形设备，槽顶设有一台 $15\sim30r/min$ 的搅拌机，以保证槽内的硫黄泡沫经常呈悬浮状态。该槽的设计容积，一般可按存放 $3\sim6h$ 的硫黄泡沫计算。

4. 过滤设备

工业上脱硫常用的是可连续作业的鼓形真空过滤机，所需的过滤面积可按每平方米过滤面积，在每小时内能过滤干燥硫黄约 $60\sim80kg$ 计算。通常采用的真空过滤机，当过滤面积为 $10m^2$ 时，其直径为 2.6m，长为 1.3m。中国近期使用一种用多孔聚四氟乙烯膜组成的膜过滤器，来过滤硫黄泡沫，其使用性能及效果良好。

传统的硫回收装置，是将硫泡沫经真空过滤机，或者膜过滤器过滤得到硫膏，再将硫膏送入熔硫釜中熔融。

5. 熔硫釜

熔硫釜是一个安装有直接蒸汽和间接蒸汽加热的设备，其操作压力通常为 0.4MPa。它的容积按能充满 $70\%\sim75\%$ 计算，放入的硫泡沫一般含有 $40\%\sim50\%$ 的水分。对于直径 1.2m、有效高度 2.5m 的熔硫釜，每次熔化所需的时间约为 $3\sim4h$。

湿式氧化法脱硫过程的主要设备都用碳钢制作，为了防腐蚀，在吸收塔和再生器的内表面可用适当的涂料涂刷。国内常用大漆、环氧树脂作涂料。国外介绍有用玻璃纤维加强的聚酯涂料，对液体能浸湿到的部位涂刷 $1.5\sim2.0mm$ 的厚度。溶液循环槽、硫泡沫槽及化学药品混合罐等设备，则可用玻璃纤维材料制作。溶液泵的主要部分需用不锈钢制作，卧式再生槽的喷射器也要用不锈钢。泵的密封用机械密封，以减少溶液的漏损。

二、脱硫工艺过程衡算

以栲胶法脱除半水煤气中的 H_2S 作为示例，进行脱硫过程的物料及热量衡算。

1. 原始数据

（1）半水煤气组分

组分	CO	CO_2	H_2	N_2	O_2	CH_4	Ar
体积分数/%	26.97	10.13	39.82	20.93	0.39	1.3	0.49

（2）脱硫液组分

组分	Na_2CO_3	$NaHCO_3$	栲胶	$NaVO_3$
浓度/（g/L）	5	25	1.0	1.0

（3）半水煤气中的 H_2S $c_1=2g/m^3$

（4）净化气中的 H_2S $c_2=0.1g/m^3$

（5）入吸收塔半水煤气量 $G_0=14167.8m^3/h$

（6）入吸收塔半水煤气温度 $t=35℃$

（7）入吸收塔半水煤气压力   0.039MPa（表）

（8）氨产量   4.167t/h

2. 物料衡算

（1）H_2S 的脱除量 G_1（kg/h）

$$G_1=G_0(C_1-C_2)/1000 \tag{9-2-49}$$
$$G_1=14167.8\times(2-0.1)/1000=26.9(kg/h)$$

（2）溶液循环量 L_T（m^3/h）

$$L_T=G_1/S \tag{9-2-50}$$

式中，S 为溶液硫容量，kg/m^3，取 0.1kg（H_2S）/m^3。

$$L_T=26.9/0.1=269(m^3/h)$$

（3）生成 $Na_2S_2O_3$ 所消耗的 H_2S 量 G_2（kg/h）   取 $Na_2S_2O_3$ 的生成率为 H_2S 的脱除量的 8%，则：

$$G_2=26.9\times8\%=2.15(kg/h)$$

（4）$Na_2S_2O_3$ 生成量 G_3（kg/h）

$$G_3=\frac{G_2M_{Na_2S_2O_3}}{2M_{H_2S}} \tag{9-2-51}$$

式中 $M_{Na_2S_2O_3}$——$Na_2S_2O_3$ 的分子量；

M_{H_2S}——H_2S 的分子量。

$$G_3=\frac{2.15\times158}{2\times34}=5(kg/h)$$

（5）理论硫回收量 G_4（kg/h）

$$G_4=\frac{(G_1-G_2)M_S}{M_{H_2S}} \tag{9-2-52}$$

式中，M_S 为硫的分子量。

$$G_4=\frac{(26.9-2.15)\times32}{34}=23.29(kg/h)$$

（6）理论硫回收率 ϕ

$$\phi=G_4/G_1 \tag{9-2-53}$$
$$\phi=23.29/26.9=86.6\%$$

（7）生成 $Na_2S_2O_3$ 消耗的纯碱量 G_5（kg/h）

$$G_5=\frac{G_3M_{Na_2CO_3}}{M_{Na_2S_2O_3}} \tag{9-2-54}$$

式中，$M_{Na_2CO_3}$ 为碳酸钠的分子量。

$$G_5 = \frac{5 \times 106}{158} = 3.35 (\text{kg/h})，合 \frac{3.35}{4.167} = 0.8 (\text{kg/t NH}_3)$$

（8）硫泡沫生成量 $G_6 (\text{m}^3/\text{h})$

$$G_6 = G_4 / S_1 \tag{9-2-55}$$

式中，S_1 为硫泡沫中的硫含量，kg/m^3，此处取 S_1 为 30kg/m^3。

$$G_6 = 23.29/30 = 0.78 (\text{m}^3/\text{h})$$

（9）入熔硫釜硫膏量 $G_7 (\text{kg/h})$

$$G_7 = G_4 / S_2 \tag{9-2-56}$$

式中，S_2 为硫膏含硫量，此处取 S_2 为 20%。

$$G_7 = 23.29/0.2 = 116.45 (\text{kg/h})$$

3. 热量衡算

（1）硫泡沫槽热量衡算

① 硫泡沫槽热负荷 Q_2

$$Q_2 = V_F \rho_F c_F (t_3 - t_4) \tag{9-2-57}$$

式中　V_F——硫泡沫体积，m^3，$V_F = G_6/4.167$；

　　　ρ_F——硫泡沫密度，kg/m^3，$\rho_F = 1100\text{kg/m}^3$；

　　　c_F——硫泡沫比热容，kJ/(kg·℃)，$c_F = 3.68\text{kJ/(kg·℃)}$；

　　　t_3——槽中硫泡沫终温，$t_3 = 80℃$；

　　　t_4——槽中硫泡沫初温，$t_4 = 40℃$。

　　4.167——每小时氨产量，t/h。

$$Q_2 = (0.78/4.167) \times 1100 \times 3.68 \times (80 - 40) = 30309 (\text{kJ/t})$$

② 蒸汽消耗量 $W_4 (\text{kg/t NH}_3)$

$$W_4 = Q_2 / r_1 \tag{9-2-58}$$

式中，r_1 为 0.2MPa 蒸汽的汽化热，$r_1 = 2202.26\text{kJ/kg}$。

$$W_4 = 30309/2202.26 = 13.76 (\text{kg/t})$$

（2）熔硫釜热量衡算

① 熔硫釜热负荷 $Q_3 (\text{kJ/釜})$

$$Q_3 = G_8 c_s \rho_s (t_5 - t_6) + 0.5 G_8 \rho_s c_h + 4\lambda F_6 (t_5 - t_6) \tag{9-2-59}$$

式中　G_8——每釜硫膏量，$\text{m}^3/\text{釜}$，常用熔硫釜全容积为 1.6m^3，熔硫釜装填系数为 0.75，
　　　　　　则 $G_8 = 1.6 \times 0.75 = 1.2$（$\text{m}^3/\text{釜}$）；

　　　c_s——硫膏的比热容，kJ/(kg·℃)，$c_s = 1.8\text{kJ/(kg·℃)}$；

　　　c_h——硫膏的熔融热，kJ/kg，$c_h = 3869\text{kJ/kg}$；

　　　λ——熔硫釜向周围空间的散热系数，$\text{kJ/(m}^2\text{·h·℃)}$，$\lambda = 12.56\text{kJ/(m}^2\text{·h·℃)}$；

　　　F_6——熔硫釜表面积，m^2，$F_6 = 9.2\text{m}^2$；

　　　t_5——釜内加热终温，℃，$t_5 = 135℃$；

　　　t_6——入釜硫膏温度，℃，$t_6 = 15℃$；

　　　0.5——硫膏中含硫 50%；

　　　4——熔一釜所需时间，h；

　　　ρ_s——硫膏密度，kg/m^3，$\rho_s = 1500\text{kg/m}^3$。

$$Q_3 = 1.2 \times 1.8 \times 1500 (135 - 15) + 0.5 \times 1.2 \times 1500 \times 3869 + 4 \times 12.56 \times 9.2 \times (135 - 15)$$

$$= 479155.94 \text{kJ}/\text{釜}$$

②蒸汽消耗量 W_5（kg/釜）

$$W_5 = Q_3 r_2 \tag{9-2-60}$$

式中，r_2 为 0.4MPa 蒸汽汽化热，$r_2 = 2135.27 \text{kJ/kg}$。

$$W_5 = 479155.94/2135.27 = 224.4 (\text{kg}/\text{釜})$$

第八节 烷基醇胺法

自从 1930 年 R. R. Bottoms 获得用乙醇胺溶液脱除酸性气体的技术专利权以来，烷基醇胺法脱硫脱碳已成为气体净化过程广泛应用的方法，特别是在天然气脱硫中占有重要的地位。将一乙醇胺溶液用于焦炉煤气脱硫脱氰的萨尔费班（Sulfibah）法，已在国外得到工业应用。目前国内炼厂气脱硫大多数也采用烷基醇胺法。

一、烷基醇胺类的性质

烷基醇胺是一类弱碱性有机化合物，其水溶液具有吸收 H_2S 和 CO_2 的能力。被用于气体脱硫过程中的烷基醇胺包括一乙醇胺、二乙醇胺、三乙醇胺、二异丙醇胺及甲基二乙醇胺等。这些有机胺类化合物的性质见表 9-2-21。除二异丙醇胺外，其余烷基醇胺为无色透明并略带刺激气味的黏稠液体，能以任意比例溶解于水。烷基醇胺可看成化学稳定的物质，将其加热到沸点时不会分解，仅有三乙醇胺是例外，它在低于正常沸点 360℃时分解。

烷基醇胺的饱和蒸气压可由安东尼方程计算：

$$\ln p = A - B/(T + C) \tag{9-2-61}$$

式中　p——饱和蒸气压，mmHg；

　　　T——温度，℃；

A, B, C——常数，数值见表 9-2-21。

表 9-2-21　烷基醇胺的性质

烷基醇胺名称	MEA 一乙醇胺	DEA 二乙醇胺	TEA 三乙醇胺	DIPA 二异丙醇胺	MDEA 甲基二乙醇胺
分子式	$HOC_2H_4NH_2$	$(HOC_2H_4)_2NH$	$(HOC_2H_4)_3N$	$(HOC_3H_6)_2NH$	$(HOC_2H_4)_2NCH_3$
分子量	61.08	105.14	149.19	133.19	119.17
沸点(760mmHg)/℃	171	268.8	360	248.7	247.2
凝固点/℃	10.5	28.0	21.2	42	−21.0
蒸汽压(20℃)/Pa(mmHg)	47.99(0.36)	1.33(0.01)	1.33(0.01)	1.33(0.01)	1.33(0.01)
在水中溶解度(20℃),质量分数/%	全溶	96.4	全溶	87	全溶
黏度(20℃)/cP	24.1	380(30℃)	1013	198(45℃)	101
安东尼方程式常数					
A	8.02401	8.12303	9.6586	9.8698	16.23
B	1921.6	2315.46	4055.05	3600.3	7456.8
C	203.3	173.3	237.67	265.54	311.71

二、 一乙醇胺法（ MEA 法 ）

一乙醇胺是上述烷基醇胺类中碱性最强的，它与 H_2S 等酸性气体的反应速率最快，且其分子量也是这些有机胺中最小的。用于脱除酸性气体时，一乙醇胺具有最大的吸收能力。并且一乙醇胺具有稳定性好、热降解少、价格低廉及容易从被污染的溶液中进行回收等优点，其水溶液是工业上吸收 H_2S 和 CO_2 的优选溶剂。一乙醇胺的缺点是与有机硫化物 COS 和 CS_2 会形成降解产物，它的饱和蒸气压比其他胺类高，气化损失大，且对 H_2S 的吸收选择性低。

1. 反应机理

一乙醇胺与 H_2S 反应生成一乙醇胺的络合胺盐。

$$2HO(CH_2)_2NH_2 + H_2S \Longrightarrow [HO(CH_2)_2NH_3]_2S \qquad (9\text{-}2\text{-}62)$$

$$[HO(CH_2)_2NH_3]_2S + H_2S \Longrightarrow 2HO(CH_2)_2NH_3HS \qquad (9\text{-}2\text{-}63)$$

当气体中有 CO_2 存在时，一乙醇胺则与 CO_2 反应生成碳酸铵和碳酸氢铵。

应当指出：一乙醇胺与 H_2S 和 CO_2 的反应为可逆反应。温度在 $20\sim40℃$ 时，反应向右进行吸收，并放出热量。若将溶液加热，当其温度升到 $105℃$ 或更高时，反应向左进行解吸，同时放出 H_2S 和 CO_2，使吸收溶液得到再生。

当处理气体有 COS、CS_2、HCN 及 O_2 存在时，它们均能与一乙醇胺反应生成难以再生的稳定化合物，并在溶液中累积，影响吸收效率，如不除去还会加速对设备的腐蚀。因而当被净化气体中同时有 COS、CS_2、O_2 及 HCN 等杂质存在时，采用一乙醇胺脱硫是不利的。但相对而言，二乙醇胺与 COS 的副反应速率要慢得多，且其反应产物能在再生过程中分解，使胺得以回收，因而当气体中有 COS 时，采用二乙醇胺吸收溶液比一乙醇胺更好一些。

一乙醇胺吸收 H_2S 的能力取决于气相 H_2S 分压与吸收溶液的相平衡基础数据，由于处理气体中往往同时存在 CO_2，因此研究 H_2S 与 CO_2 同时存在时的相平衡关系最具有工业实用价值。在给定的典型操作条件下，气体总压为 20atm，使用 2mol/L 的一乙醇胺溶液吸收，当 H_2S 分压大于 3atm 时，H_2S 的吸收过程主要受液膜控制；而当 H_2S 分压小于 0.1atm 时，其吸收过程主要受气膜控制。这表明一乙醇胺溶液吸收 H_2S 的反应机理与气相的 H_2S 分压密切相关。当气体中存在 CO_2 时，一乙醇胺溶液吸收 H_2S 的速度将比其单独吸收 H_2S 的速度要慢一些。

2. 工艺流程

一乙醇胺脱硫的工艺流程如图 9-2-12 所示。其他烷基醇胺法的脱硫工艺流程也基本相同。

含硫原料气通过分离器 1 和分液器 2 进入吸收塔 3 的底部，与从塔顶喷淋下来的一乙醇胺溶液逆流接触而被净化，净化气自塔顶出来经过分离器 4 回收所夹带的一乙醇胺雾沫。从吸收塔底部流出的富液经液位调节阀减压后进入中间闪蒸罐 5，从闪蒸罐放出的气体可用作燃料，而从中流出的溶液经过一组热交换器 11 后，进入再生塔 7 顶部的塔板处，而酸性气体进入冷凝器 10 经回流槽 8 放出。再生塔 7 底部出来的再生后的贫液到热交换器 11 中进行换热，并在冷却器 12 中进一步冷却，随后送入一乙醇胺储槽 6，再由循环泵 13 将溶液打入吸收塔顶部喷淋。

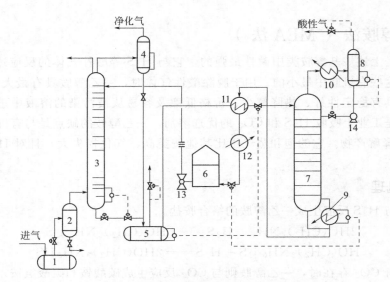

图 9-2-12 一乙醇胺法脱除 H_2S 的工艺流程

1—分离器；2—分液器；3—吸收塔；4—分离器；5—中间闪蒸罐；6—乙醇胺储槽；7—再生塔；
8—回流槽；9—煮沸器；10—冷凝器；11—热交换器；12—冷却器；13—循环泵；14—回流泵

当气体中含有 O_2、HCN 及有机硫化物时，由于溶液中产生副反应，尚需抽出一部分溶液去蒸馏釜进行再煮处理。

用一乙醇胺溶液洗涤 H_2S 的吸收塔及其再生塔，以前使用填料塔或泡罩塔比较多，目前大都采用新型的浮阀塔结构，吸收塔几何尺寸可通过理论计算求得，而再生塔的塔板数往往是根据实测结果选取。

3. 操作过程的相关问题

（1）吸收溶液浓度 用于脱硫的一乙醇胺水溶液浓度通常为 $15\%\sim20\%$，溶液吸收酸性气体负荷限制在 0.4mol/mol MEA。过高的溶液浓度与负荷均会造成设备的严重腐蚀。在常压下，一乙醇胺溶液的再生比较完全，再生液中 H_2S 浓度可降至 $0.1\sim0.2g/L$。但在气体中 CO_2 和 H_2S 同时存在时，再生液中的 CO_2 对脱硫影响较大。需在较高压力下再生，以提高溶液再生程度。

（2）设备腐蚀问题 一乙醇胺溶液吸收酸性气体后，其 pH 值急剧下降使溶液呈酸性，引起比较严重的腐蚀问题。特别是在温度和酸气浓度比较高的部位，如贫富液热交换器、再生塔、煮沸器等腐蚀最为严重，这些设备需要用不锈钢或蒙乃尔合金材料制作。近年来对一乙醇胺操作工艺的改进主要是缓蚀剂的开发应用，以减轻溶液对生产设备的腐蚀。

（3）溶液起泡 一乙醇胺溶液在生产操作过程中容易起泡，从而引起由气体处理量的大幅度减少，脱硫效率降低，胺损失量增大。溶液起泡主要是由处理气体中带入高分子量的烃类化合物引起的。其他如溶液中悬浮的固体细粒、胺降解产物以及带入的润滑剂、缓蚀剂等杂质亦会引起溶液起泡。使用胺液复活釜和良好的溶液过滤措施，有助于解决操作中的溶液起泡问题。但在有些情况下，这些措施尚不能解决起泡问题时，则需使用消泡剂。

（4）溶液的复活 将吸收溶液循环量的一部分（3%左右）抽出到胺复活釜进行间歇蒸馏，目的是从已被降解产物污染的吸收溶液中蒸出水和胺，将那些造成溶液起泡和腐蚀而又不能再生的降解产物除去，以恢复吸收液的活性。

　　一乙醇胺法的主要操作工艺条件：吸收塔的操作温度 35～40℃，再生塔为 105～110℃。吸收塔可在常压到 2.0MPa 的压力范围内操作，再生塔为 0.05～0.07MPa。MEA 溶液的浓度一般为 15％～20％，由于新型缓蚀剂的使用，溶液的 MEA 浓度可提高到 30％～35％，酸性气体负荷达到 0.45～0.50mol/mol MEA。这样可使溶液循环量减少，再生热耗下降，操作费用降低。

　　该法可将原料气中的 H_2S 含量降低到 $1×10^{-6}$，CO_2 含量降至 0.1％以下，若原料气中存在 COS、CS_2、HCN 及 O_2 等，会引起 MEA 吸收溶液发生降解，使该法的应用范围受到一定的限制。

三、二异丙醇胺法（ADIP 法）

　　二异丙醇胺法是壳牌（Shell）公司于 1959 年开发成功并应用于工业装置，是国外应用较多的一种脱硫方法。该法采用的吸收液浓度一般为 15％～30％，有时高达 30％～40％的二异丙醇胺水溶液。

1. 基本原理

　　二异丙醇胺属于仲胺，它吸收 H_2S 和 CO_2 的化学反应与其他烷基醇胺相同。不同的是二异丙醇胺在吸收过程中，能与 COS、CS_2 生成可再生的化合物，因而用于处理含 COS 和 CS_2 的酸性气体时，该吸收溶液的降解损失小。由于它与 COS 的反应速率比较慢，一般情况下其脱除效率不高。

　　烷基醇胺与 COS 在碱性溶液中的反应速率常数如表 9-2-22 所示。

表 9-2-22　在 25℃下 COS 与烷基醇胺的反应速率常数

介 质	K_{Am-COS}/[L/(mol·s)]	介 质	K_{Am-COS}/[L/(mol·s)]
一乙醇胺（MEA） 二乙醇胺（DEA）	16 11	二异丙醇胺（DIPA）	6

2. 工艺流程及操作数据

　　二异丙醇胺脱硫的工艺流程与典型的烷基醇胺法的脱硫流程一样，其工艺操作数据列于表 9-2-23 中。

表 9-2-23　二异丙醇胺法操作数据

气体处理量/(m³/h)	20000	23500	34000	吸收温度/℃	40	35	40
原料气组成				塔板数	25	20	15
H_2S/%	0.5	10.4	15.6	净化气 H_2S/(mg/m³)	2	<10	100
CO_2/%	5.5	2.5	—	低压蒸汽消耗/[t/t(酸性气体)]	1.3	1.8	2.6
COS/(mg/m³)	200	—	—	电耗/[kW·h/t(酸性气体)]	14	15	6
吸收压力/MPa	2.58	2.07	0.517				

3. 工艺特征

　　二异丙醇胺溶液能将处理气体中的 H_2S 含量脱除至<4mg/m³，并可有效地脱除 COS，而溶液不会降解。它可从含 CO_2 的气体中选择性地脱除 H_2S。二异丙醇胺溶液基本上没有腐蚀，可使用比较浓的溶液，与传统的其他烷基醇胺法相比，溶液吸收酸性气体的能力较

强,而其溶液循环量则较小。

二异丙醇胺、一乙醇胺和二乙醇胺与 H_2S 的反应热及再生回流比的对比数据见表 9-2-24。

表 9-2-24 反应热与再生回流比的对比

烷基醇胺名称	反应热 /[kJ/mol(H_2S)]	再生回流比 /[mol(H_2O)/mol(酸气)]	烷基醇胺名称	反应热 /[kJ/mol(H_2S)]	再生回流比 /[mol(H_2O)/mol(酸气)]
一乙醇胺 (MEA)	60.6	2.5	二异丙醇胺 (DIPA)	37.2	0.9
二乙醇胺 (DEA)	38.0	2.0			

表 9-2-24 说明二异丙醇胺溶液再生时热量的消耗要比一乙醇胺和二乙醇胺低,约为 MEA 法的 60%。

二异丙醇胺法的缺点:溶剂价格比一乙醇胺贵,吸收 H_2S 的速度比较慢;当气体有 O_2、HCN 存在时,也会引起二异丙醇胺的降解损失。

四、甲基二乙醇胺法（MDEA 法）

甲基二乙醇胺是一种叔胺,与其他烷基醇胺法相比,它对 H_2S 的吸收具有较高的选择性,其吸收 H_2S 与吸收 CO_2 的速度之比为 27,远高于其他烷基醇胺。MDEA 不易降解,腐蚀性小,特别适用于从高浓度的酸性气体中选择性吸收 H_2S。该法在炼厂气和液化石油气脱硫装置上得到应用。

甲基二乙醇胺法使用的水溶液浓度为 30%～50%,该法是 20 世纪 40 年代由 Fluor 公司开发的。目前市场上有各种以甲基二乙醇胺为基础的配制溶剂,它是由 MDEA 与不同的添加剂配制而成,其具有更高的选择性和更低的能耗。有的添加剂可提高脱 COS 等有机硫的效率,还有些经特殊配制的二异丙醇胺溶剂,其脱除 CO_2 的效率比一乙醇胺和二乙醇胺更高。配制的 MDEA 溶剂与 MEA 溶剂用于脱硫时的性能对比如表 9-2-25 所示。

表 9-2-25 MDEA 法脱硫操作指标比较

操 作 指 标	MEA	配制的 MDEA 溶剂	操 作 指 标	MEA	配制的 MDEA 溶剂
溶剂浓度(质量分数)/%	20	50	CO_2 漏失率(原料气)/%	1.0	35
富液酸气负荷/[mol(酸气)/mol(胺)]	0.55	0.45	相对循环流量	1.0	0.57
贫液酸气负荷/[mol(酸气)/mol(胺)]	0.065	0.01	煮沸器相对供热量	1.0	0.58

由表 9-2-25 可以看出,配制的 MDEA 溶剂其脱硫的操作指标优于 MEA 溶剂。在有些场合下,新配制的 MDEA 溶剂可用来取代现有装置中的其他溶剂,使其溶剂循环量和再生热降低 40%～50%。由于溶剂循环量的降低,用于加热富液至煮沸器温度的显热量减少,而 MDEA 与 H_2S 或 CO_2 的反应热又低,因此使用再生的总能耗下降,达到节能的目的。

MDEA 法的工艺流程与一般烷基醇胺法相同。吸收塔的操作温度一般在 26～50℃,再生塔的操作温度为 115～120℃,再蒸馏器的操作温度在 120～150℃;吸收塔可以在常压到 6.8MPa 的范围内操作,而再生塔和再蒸馏装置一般在较低压力（0.05～0.07MPa）范围内操作。

第九节　物理-化学吸收法

一、环丁砜法（sulfinol 法）

环丁砜法是壳牌公司（Shell）1963 年开发成功的一种物理-化学吸收法。该法吸收溶液由化学溶剂烷基醇胺、物理溶剂环丁砜和水混合而成。可使用的烷基醇胺包括 MEA、MDEA 及 DIPA。一般采用较高的醇胺浓度，而环丁砜与水的比例按其用途确定。该法最初大多用于天然气脱硫，后来也用于煤气、重油裂解气等工艺气体的净化。

1. 基本原理

环丁砜化学名是 1,1-二氧化四氢噻吩。H_2S、CO_2 等酸性气体能通过物理作用溶解于环丁砜溶液中，在一定温度下，其溶解度随着酸性气体分压的升高而增大。在相同条件下，H_2S 在环丁砜中溶解度比在水中高 7 倍。

环丁砜溶液吸收酸性气体的平衡曲线如图 9-2-13 所示。为了便于比较，在图中将环丁砜溶液的平衡吸收曲线和烷基醇胺水溶液、环丁砜及水的平衡吸收曲线一起绘出。其中烷基醇胺吸收平衡线是典型的化学反应吸收。水、环丁砜的吸收是物理吸收，平衡线符合亨利定律。而环丁砜溶液的吸收平衡曲线是物理和化学作用的总和。在低酸性气体分压下，溶液的平衡吸收量随分压变化不明显，这说明化学作用是主要的。在中等和高酸性气体分压的条件下，环丁砜物理吸收作用增大，而在高酸性气体分压下趋向于接近环丁砜本身的吸收量。由此可见，在一个很宽的酸性气体分压范围内，环丁砜吸收酸性气体的容量超过烷基醇胺水溶液。

环丁砜溶液与烷基醇胺水溶液在吸收和解吸温度下与酸性气体的平衡关系如图 9-2-14 所示。在解吸温度下，环丁砜溶液的酸性气体的分压要比烷基醇胺水溶液的酸性气体的分压高得多，因此从环丁砜溶液中解吸酸性气体也就比较容易。

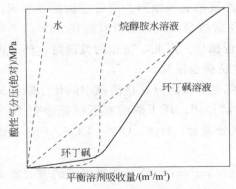

图 9-2-13　酸性气体吸收等温线

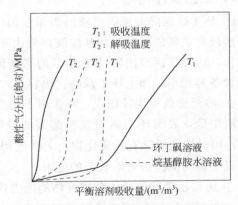

图 9-2-14　酸性气体吸收-解吸等温线

2. 工艺流程

环丁砜法脱硫工艺流程如图 9-2-15 所示。含硫原料气经分离器 3 和过滤器 4 后，进入吸收塔底部，与塔顶引入的贫液逆流接触，净化气由塔顶引出，经分离器 2 送入下游管线。来自吸收塔底部的富液，在闪蒸罐 7 中减压闪蒸，解吸富液中的烃类，然后进入换热器 9，换热后经过滤进入再生塔 10 上部，与从煮沸器 14 上升的蒸汽接触而得到再生。再生塔出来的贫液，经换热器 9 和冷却器 8 后，由溶液循环泵 6 打入吸收塔顶部。再生塔顶引出的酸性气体，经冷却和分离后，供硫黄回收装置使用。

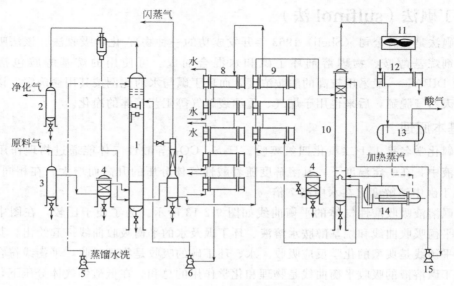

图 9-2-15 环丁砜法脱硫工艺流程

1—吸收塔；2—净化气分离器；3—原料气分离器；4—过滤器；5—水洗泵；6—溶液循环泵；7—闪蒸罐；
8—冷却器；9—换热器；10—再生塔；11—空气冷却器；12—水冷却器；13—分离器；14—煮沸器；15—回流泵

在工业装置中吸收塔和再生塔一般采用浮阀塔，设计塔板数 20~25 块，板间距 500~600mm。由于环丁砜是一种有机溶剂，因而生产系统中的设备和管道不宜用油漆作涂料，填料也必须用石棉或聚四氟乙烯等材料。

3. 工艺操作特征

① 环丁砜能降低吸收溶液的表面张力，抑制溶液的起泡倾向。同时它也是缓蚀剂，可减轻溶液对设备的腐蚀。烷基醇胺溶液由于起泡及腐蚀等原因，通常只能在 50% 的平衡值下操作，而环丁砜溶液则可在 85% 的平衡值下进行操作。因此，在相同负荷时，环丁砜法所需设备容积小，加上环丁砜的比热容小，热交换负荷也较低。

② 溶液受热后比较稳定，环丁砜不易变质。烷基醇胺组分在该溶液中的化学降解比在水溶液中低，表明环丁砜对烷基醇胺的分解有抑制作用。环丁砜溶液不仅能净化 H_2S 和 CO_2，而且还能脱除有机硫化物。天然气用环丁砜处理后，H_2S、CO_2、COS、CS_2 及硫醇等总硫含量均能符合管输规范的要求。

③ 通常乙醇胺法吸收酸性气体的能力约为 $25~28m^3/m^3$，而环丁砜溶液的吸收能力可达到 $40~45m^3/m^3$，因而溶液循环量及蒸汽消耗定额均有大幅度下降。环丁砜有吸收重烃，尤其是芳烃的倾向，若原料气中重烃和芳烃含量超过限度，气体在进入脱硫工序之前必须先经活性炭处理，以除去其中的重烃和芳烃。

4. 工业操作状况

环丁砜溶液由烷基醇胺、环丁砜和水所组成，各种组分的具体比例应根据原料气的组成、酸性气体的溶解度，以及溶液的起泡和腐蚀情况等因素的影响而定。工业实践证明，在溶液组成中保持一定比例的水分（含量大于 15%）是必要的。因为水分少时，一方面腐蚀严重，另一个方面溶液在吸收酸性气体后会产生分层。一种典型的溶液组成是：45%二异丙醇胺，40%环丁砜及 15%水。

环丁砜法与乙醇胺法脱硫的消耗指标对比如表 9-2-26 所示。

表 9-2-26 两种脱硫方法消耗指标对比

方法名称	平均处理量 /($10^4 m^3$/d)	蒸汽消耗量 /[kg/kg(酸性气体)]	电耗量 /[kW·h/kg(酸性气体)]	胺耗量 /[g/1000m^3(酸性气体)]
两套乙醇胺法	110~115	4.17	0.151	99.5
一套环丁砜法	73	1.76	0.119	40.1

由表 9-2-26 可以看出，环丁砜法在很大程度上改善了操作指标，使装置的处理能力也大于乙醇胺法。

环丁砜法脱除 H_2S、CO_2 的工艺流程与烷基醇胺法类似。吸收塔的操作压力从常压到 6.86MPa（表压），在较高压力下操作有利于吸收。贫液温度为 35~50℃，解吸塔通常在接近常压下操作。该法最大的优点是净化度高，吸收速度快，处理酸气浓度范围宽，在脱除 H_2S、CO_2 的同时，能够脱除有机硫化物。合理的设计可使净化气中的总硫＜3mg/m^3，CO_2＜0.1%。该法的缺点是溶剂价格较贵，且用于脱 CO_2 时，再生热耗比较高。

二、常温甲醇法（Amisol 法）

常温甲醇法是由德国 Lurgi 公司在 1968 年开发的，1973 年用于工业生产。该法以甲醇为基本溶剂，加入适量的 DEA 或其他烷基醇胺，典型的溶液组成为：甲醇 60%，DEA 38%，水 2%。常温甲醇吸收溶剂，在吸收过程中，一方面 H_2S 或 CO_2 等酸性气体溶解于甲醇，另一方面 DEA 等烷基醇胺与 H_2S、CO_2、COS 等酸气组分起化学反应。在酸气分压高时，以物理吸收为主，在酸气分压低时，以化学吸收为主，兼有物理-化学吸收法的特点，具有净化度高的优势。溶液吸收在常温和加压条件下进行，能够同时脱除气体中的 H_2S、CO_2、COS 及其他有机硫化物，可使净化气中总硫降至＜1mg/m^3，CO_2 含量＜200mL/m^3。

常温甲醇法的工艺流程见图 9-2-16。原料气在温度 48℃、压力 5.3MPa 的条件下进入吸收塔底部。该吸收塔由三段组成：下部为预洗段，在其中原料气体与精甲醇接触，气体被脱水干燥；中部为主洗段，气体与 Amisol 溶液逆流接触，脱除其中的大部分 H_2S 和 CO_2；上部为终洗段，气体再与深度再生的吸收液接触，最终脱除酸性气体。脱硫后的气体进入水洗塔用水洗涤，将净化气中的甲醇回收。

吸收塔主洗段出来的富液减压后送入再生塔，在塔中被溶液吸收的大部分酸性气体被上升的甲醇蒸气所解吸，甲醇蒸气和酸性气体从塔顶出来，经水冷和氨冷后放出处理。再生后的吸收液从塔底排出，大部分由贫液泵送至吸收塔主洗段，少部分则送至深度再生塔顶部，从深度再生塔底部出来的溶剂，用另一泵打至吸收塔顶部精洗段。深度再生塔下部再沸器的热源由甲醇水塔顶部排出的甲醇蒸气冷凝提供。

该方法的吸收温度在 35℃左右，再生温度 85~90℃，因而可利用低位能废热。溶液对酸性气体的吸收容量大，可用于煤气及重油部分氧化法合成气的脱硫。常温甲醇法的优点是：能同时脱除 H_2S、CO_2、有机硫化物、不饱和烃及水等各种杂质，且净化度高；再生热量消耗较其他方法低；溶液稳定性好，无腐蚀作用，副反应少。缺点是当气体中同时存在

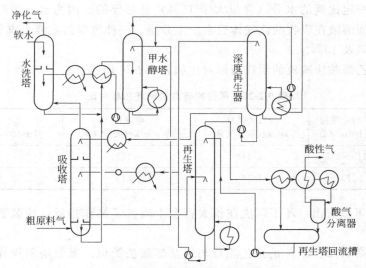

图 9-2-16　Amisol 法脱硫工艺流程

H_2S 和 CO_2 时，选择性脱除 H_2S 能力比较低，这种再生气中 H_2S 含量低，对硫回收不利。同时常温下甲醇的蒸气压较高，因而溶剂消耗也比较大。

用 Amisol 法净化重油部分氧化制得的合成气时，达到的净化指标与消耗指标列于表 9-2-27 中。

表 9-2-27　Amisol 法净化合成气的技术指标和消耗指标

硫化物	技　术　指　标		消耗指标 （以 100000m³ 原料气计）
	原料气/%	净化气/(mg/m³)	
H_2S	1.46	0.15	热量 39.98～53.17GJ
COS	0.06	0.15	电 700kW·h
CO_2	4.58	7.00	冷却水 2.47GJ

第十节　硫的回收

在各种湿法脱硫工艺技术中，仅有湿式氧化法脱硫过程能够直接从溶液中回收硫黄。而物理吸收法及物理-化学吸收法脱硫工艺，对其吸收液再生时释放出来的含硫气体，必须设置专门的处理装置来回收再生气中的 H_2S。并对处理后的尾气，还需进一步处理，达到环保要求的排放标准之后，方可排入大气。

工业上对含硫再生气的处理方法主要有两种。一种是采用克劳斯法，将再生气中的 H_2S 制成硫黄加以回收。另一种则是将含硫再生气送往硫酸厂作为制酸原料，生产工业硫酸产品。

一、克劳斯（Claus）法

1. 基本原理

早期的克劳斯法，是在催化反应器中用空气将 H_2S 直接进行氧化得到硫黄。

$$3H_2S + 3/2O_2 === 3S + 3H_2O \qquad (9\text{-}2\text{-}64)$$

该反应是一强放热反应，温度高不利于反应的进行，一般要求维持在 $250 \sim 300℃$，但因再生气中 H_2S 含量高，使得催化床层温度很难控制，这就限制了克劳斯法的广泛使用。后经研究改进，将式（9-2-64）分成两步进行。第一步反应热量大，实际上是一种燃烧反应。可将含硫气体直接引入高温燃烧炉，其反应热由废锅加以回收，并使气体温度降至适合第二步进行催化反应的温度，然后再进入催化床层反应生成硫黄，其化学反应式为：

$$H_2S + 3/2O_2 === SO_2 + H_2O \qquad (9\text{-}2\text{-}65)$$

$$2H_2S + SO_2 === 3S + 2H_2O \qquad (9\text{-}2\text{-}66)$$

从经过改进后的两步法克劳斯反应式可以看出：第一步仅反应掉 H_2S 总量的 1/3，第二步为 2/3，这是克劳斯法的一项技术控制关键。因此人们将第二步反应［式（9-2-66）］称为克劳斯反应。

克劳斯法另一项重大改进是：当再生气中 H_2S 含量足够高时，可在一台独立的燃烧炉中，进行 H_2S 的非催化法直接氧化制硫黄。其制硫产率约为总硫含量的 $60\% \sim 70\%$，其尾气经废锅冷却，气态硫冷凝回收之后，再进入催化反应器进行克劳斯反应，进行硫回收。

克劳斯反应催化剂在国内曾经历了天然铝矾土、活性氧化铝和系列催化剂三个阶段。目前已形成 LS 和 CT 两大系列克劳斯催化剂，并已在克劳斯回收工业装置上获得推广应用，实践证明这些铝基催化剂的性能是好的。因为硫的凝固点仅为 $114.5℃$，为防止单质硫在催化剂表面上沉积，影响催化剂活性，实际操作温度需控制在硫的露点以上。比较典型的是控制一段床层的入口温度为 $230 \sim 240℃$，出口温升约 $10℃$，而将二、三段的入口温度逐渐降低，以利于化学平衡。若处理气体中有机硫含量比较高，应使其通过加氢和水解反应，尽量使其转化成 H_2S 以便于除去。为满足 COS 和 CS_2 的加氢和水解，要求催化剂床层的出口温度控制在 $300 \sim 400℃$ 的范围内。

2. 工艺流程

为满足含硫气体燃烧后，其出口混合气体中 H_2S/SO_2 摩尔比为 $2:1$，符合克劳斯反应所要求的控制比例，根据进料酸性气体中 H_2S 含量不同而采用以下三种不同的工艺流程。

（1）部分燃烧法 该法是让绝大部分酸性气体送入燃烧炉，控制空气加入量进行燃烧，出燃烧炉的反应气体，经冷却冷凝除硫后进入转化器。由少量未送入燃烧炉的酸性气体与适量的空气，在各级再热炉中发生燃烧反应，以提供和维持转化器的反应温度。其工艺流程见图 9-2-17。

反应混合气体经三级转化及四级冷却分离后，H_2S 的总转化率可达到 96% 以上，其尾气放空。该法适用于进料酸气中 H_2S 含量在 50% 以上的场合。

（2）分流法 当进料酸气中 H_2S 含量在 $15\% \sim 50\%$ 时，采用部分燃烧法反应放出的热量不足以维持燃烧炉的温度，这种场合下可采用分流法工艺。该流程如图 9-2-18 所示。将 1/3 酸性气体送入燃烧炉中，加入足量的空气让 H_2S 完全燃烧转化为 SO_2，然后与其余的 2/3 酸性气体混合，配成为 $H_2S/SO_2 = 2:1$ 的混合气体，再进入二级式转化器进行转化，其总转化率可达到 90% 以上。该工艺流程具有反应条件容易控制、操作简易可行等优点。

（3）直接氧化法 若进料酸气中 H_2S 含量 $<15\%$ 时，可采用图 9-2-19 所示的直接氧化法工艺流程。

由于进料气中 H_2S 含量低，难以使用燃烧炉，而用预热炉将气体加热到所要求的反应温度。给进料气中配入需要的空气量，混合后直接进入催化反应器，进行式（9-2-64）的氧

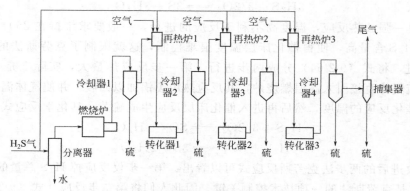

图 9-2-17 部分燃烧法克劳斯工艺流程

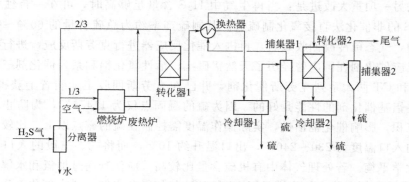

图 9-2-18 分流法克劳斯工艺流程

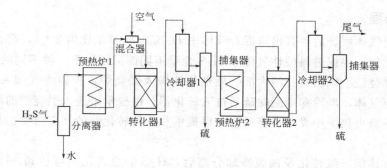

图 9-2-19 直接氧化法克劳斯工艺流程

化反应，H_2S 直接转变成硫黄。该法虽经二级转化，但其总转化率仅能达到 70% 以上。欲提高转化率，可采取三级或四级转化，这时硫回收成本将大幅度上升，但对降低环境污染有好处。若在直接氧化法流程中使用燃烧炉，则需要利用回收的部分产品硫黄，在炉内进行完全燃烧生成 SO_2 气体，然后再与经预热的含硫再生气配成 2∶1 的混合气，将其送入转化器发生克劳斯反应，转化率可达到 80% 以上。

受化学平衡及多种操作因素的限制，克劳斯装置的硫回收率无法达到理论值。对含 25% H_2S 的进料酸气而言，采用三级克劳斯反应的总回率，一般仅能达到 96% 左右。因此克劳斯尾气中，尚残余一定数量的低含量 H_2S，这不仅降低了硫的回收量，而且更为重要的是将会对大气环境造成严重污染。低含量 H_2S 尾气的处理技术有超级克劳斯法·斯科特法等。

尽管经处理后的尾气中 H_2S 含量已很低，亦需在排放之前必须进行焚烧处理，将尾气中的少量 H_2S 氧化成为 SO_2 后再排空。焚烧是在一种结构特殊的焚烧炉中进行的，为保证 H_2S 的完全燃烧，需给炉内通入过量的空气。焚烧后的 SO_2 浓度达到环保要求的指标时，方能进行排放。

二、湿式接硫法

利用含硫再生气生产工业硫酸，不仅使硫资源得到合理的回收利用，而且有利于保护大气环境。该种制酸技术可省去不少工艺过程，降低投资和生产成本，使产品具有更强的市场竞争力，因而这是一种很有吸引力的硫回收途径。从含硫酸性气体直接生产硫酸，其技术经济性更合理。

用 H_2S 制硫酸是 1931 年由苏联学者 M. E. 阿杜罗夫提出来的，德国鲁奇公司将其付诸实施，于 20 世纪 30 年代实现工业化。该法在当时硫回收领域占有独特的优势。近年来，随着工艺技术的不断发展和进步，拓宽了其对含硫原料气的适应范围，提高了产品酸浓度，并使工艺废热得到合理的回收利用，从而使 H_2S 制酸技术获得了更为广泛的应用。

1. 基本原理

根据对 SO_2 进行催化转化的工艺条件，用 H_2S 制硫酸可区分为干接硫法和湿接硫法两种。干接硫法是将含 H_2S 的酸性气体直接引入硫酸厂的焚硫炉，单独或与其他制酸原料一起焚烧成 SO_2 之后再进入制酸系统，使用传统的制酸方法，经洗涤、干燥、催化转化及吸收等工序制得硫酸。而湿接硫法则以含 H_2S 的酸气为原料，先在焚硫炉中将 H_2S 燃烧成 SO_2，同时生成等量的 H_2O。

$$2H_2S + 3O_2 \Longrightarrow 2SO_2 + 2H_2O \tag{9-2-67}$$

由于 H_2S 燃烧气比较洁净，因而无须进行洗涤、干燥等工序，仅将燃烧气温度降至转化工序要求的温度，在水蒸气的存在下，将生成的 SO_2 催化转化成 SO_3。且因燃烧气中含有大量的水蒸气，这时产品 H_2SO_4 可从气相中直接冷凝生成，其浓度取决于转化气中的 H_2O/SO_3 比例和冷凝成酸的温度。通过控制 SO_2 的转化温度和凝结成酸温度，比较合理地解决了产品硫酸在催化剂上的冷凝，并提高了产品酸的浓度等技术难题，开发出比较先进的制酸工艺流程，成功实现了工业化生产。

2. 工艺流程

（1）鲁奇公司的湿接硫法

① 低温冷凝工艺流程　该工艺是鲁奇公司早期开发的，由于其 SO_3 冷凝成酸的温度较低，称为低温冷凝工艺，其流程如图 9-2-20 所示。

含 H_2S 的洁净气体在 $500 \sim 1000$℃下，与过量的空气一起燃烧，生成含 SO_2 5% 左右的燃烧气，潮湿的燃烧气经废锅冷却至约 450℃，不经干燥直接进入四段冷激式转化器，与钒催化剂接触，使气体中的 SO_2 转化成 SO_3，转化率达 98.5%。出转化器的气体温度为 $420 \sim 430$℃，不经冷却直接进入冷凝塔，与塔顶喷淋的循环冷硫酸逆流接触，在气-液界面发生硫酸蒸气的瞬间冷凝，同时生成少量的酸雾，出冷凝塔的温度限制在 80℃以下。酸经冷却后循环使用，尾气经纤维除雾器后通过烟囱放空。

低温冷凝工艺生产的酸浓度为 80%～90%，考虑到材料腐蚀问题，通过进一步稀释制得浓度为 78% 左右的成品硫酸。该工艺的缺点是不能处理燃烧后 SO_2 浓度低于 3% 的酸性气体，

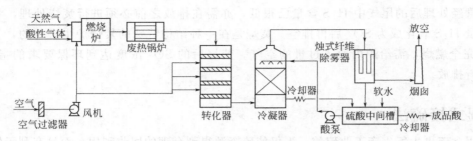

图 9-2-20 湿式接硫法低温冷凝制酸工艺流程

使该工艺应用范围受到限制。目前主要用于含 H_2S 废气的处理,其装置规模也比较小。

② 高温冷凝工艺流程 该工艺是让 SO_3 气体与水蒸气在高温下凝结成酸,这样随硫酸冷凝析出的水蒸气越少,因而制得的产品酸浓度高。该流程中一级冷凝选用文丘里冷凝器,二级冷凝选用填料塔,循环酸与气体由上而下并流通过文丘里冷凝器,在其颈部气-液相密切接触,使硫酸的生成热和冷凝热充分消散,如图 9-2-21 所示。

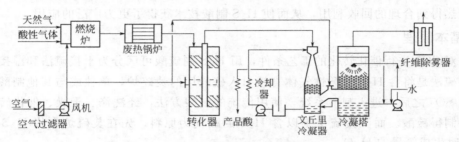

图 9-2-21 湿式接硫法高温冷凝制酸工艺流程

文丘里冷凝器在 $80\sim230℃$ 下操作,气体中大部分 SO_3 和硫黄在这里被除去。循环酸中的热量通过冷却器后移去,并抽出部分硫酸作为产品。在文丘里与填料塔的连接处向气体中通入空气以稀释气体,避免更多的水蒸气凝结。在填料塔中采用稀的硫酸喷淋,其中的水蒸发使气体冷却,让残余的硫酸冷凝析出。离开填料塔的气体,经纤维除雾器除酸雾,收集到的酸液返回填料塔的循环酸系统。

高温冷凝工艺能够处理含 $SO_2<1\%$ 的酸性气体,且能维持自热平衡。若进料气体中 $H_2O/SO_2<5$,就能生产浓度 93% 的硫酸产品。采用二段床或三段床转化器,排放尾气中的 $SO_2<0.02\%$,总脱硫率 $>99.5\%$。

(2) 托普索公司的 WSA 法 20 世纪 80 年代,托普索公司开发成功 WSA (wet gas sulphuric acid) 湿式制酸工艺。WSA 法工艺由原料酸气的催化焚烧或热焚烧、SO_2 催化氧化成 SO_3、SO_3 与水在湿式成酸塔中吸收并浓缩成产品酸三部分组成。图 9-2-22 为典型的处理重油脱硫过程中酸性气体的 WSA 法工艺流程。

含硫原料气与过量空气混合,不经预热直接进入催化焚烧-转化炉,该炉上部为催化焚烧区,将特制耐硫燃烧催化剂装入浸没在导热熔盐的管式反应器中。原料气进入管内被加热到 $200℃$ 即开始进行氧化反应,将所有硫燃烧成 SO_2 或 SO_3,其反应热由管外的循环熔盐移走。反应气体进入下部转化区,将剩余的 SO_2 催化转化成 SO_3,所用催化剂为托普索公司的 VK 系列,该催化剂要求进气温度在 $400℃$ 左右。

转化器出口的 SO_3 经气体冷却器冷却到 $300℃$,进入湿式成酸塔。成酸塔的下段为浓缩

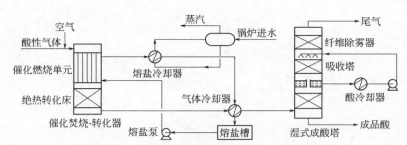

图 9-2-22　处理酸性气体的 WSA 法工艺流程

段，在此进行硫酸冷凝，浓缩得到成品酸，上段为吸收段，喷入酸液进一步冷凝硫酸蒸气并收集酸雾，经塔顶部除雾器后的尾气由烟囱排放。喷淋酸从吸收段与浓缩段之间的溢流堰引出，经酸冷却器移走热量，浓缩制得温度为 250℃ 的热酸从塔底部导出，冷却之后作为硫酸产品。

　　WSA 法对气体组成和负荷的变化不敏感，操作弹性大，该工艺可使用含 H_2S 0.05％ 的废气生产硫酸产品。成品酸浓度在一定程度上取决于气体中的水含量，若气体中水分过量 5％～8％，成品酸浓度约为 98％，即使气体中水分过量 30％～50％，成品酸浓度也能达到 93％～94％。该法的硫回收率达 99％ 以上。

参考文献

[1]　姜圣阶，等. 合成氨工学. 第二卷. 合成氨原料气的净化. 北京：石油化学工业出版社，1976：51-86，87-95.
[2]　谢为杰. 化肥工业大全. 北京：化学工业出版社，1988：97-105，112-115，120-124.
[3]　Kohl A L，Riesenfeld F C. Gas purification. 4rd ed. Houston：Gulf Pub Co，1985.
[4]　Nonhebel G. Gas purification processes. London：G Newnes，1964：229-240，262-269.
[5]　石油化学工业部化工设计院. 氮肥工艺设计手册. 北京：石油化学工业出版社，1977：191-199，203-204.
[6]　梅安华. 小合成氨厂工艺技术与设计手册（上册）. 北京：化学工业出版社，1995：315-319，360-390.
[7]　王祥光，钱水林. 小氮肥厂脱硫技术. 上海：化工部小合成氨设计技术中心站，1992：1-20，98-191.
[8]　Maddox R N. Gas and Liquid sweetening. 2rd ed. Norman Oklahoma：M Campbell 1974：44-97，168-178，239-256，264-266，280-281.
[9]　斯拉克. 合成氨（第二分册）. 大连工学院，译. 北京：化学工业出版社，1979：153-163.
[10]　陈五平. 无机化工工艺学（一）. 合成氨. 北京：化学工业出版社，1981：130-140.
[11]　沈浚. 化肥工学丛书. 合成氨. 北京：化学工业出版社，2001：458-502，1214-1222.
[12]　姚仁仕. 焦炉煤气脱硫脱氰的生产. 北京：冶金工业出版社，1994：17-39，48-54，100-119.
[13]　GIANNI，ASTARITA，et al. Gas Treating with Chemical Solvents. New York：John Wiley，1983：266-283，289-292.
[14]　加藤顺，等. 碳一化学工业生产技术. 金革，等译. 北京：化学工业出版社，1990：100-106.
[15]　房鼎业，等. 甲醇生产技术进展. 上海：华东化工学院出版社，1990：99-110.
[16]　郭树才. 煤化工工艺学. 北京：化学工业出版社，1992：226-230.
[17]　Hardison L C. Hydrocarbon processing，1985，64（4）：70-71.
[18]　王祥光. 化肥工业，1987（6）：51-52.
[19]　靳正明，等. 化肥工业，1990（3）：31-32.
[20]　Hydrocarbon processing，1979，58（4）：104-107.
[21]　廖抗祥. 硫酸工业，1999（4）：19-22.
[22]　赵洪范. 中氮肥，1989（5）：29-34.
[23]　化肥司栲胶脱硫调查组. 中氮肥，1989（2）：16-22.
[24]　化肥司中氮处净化调查组. 中氮肥，1989（2）：1-7.
[25]　庞锡涛，等. 化肥与催化，1986（4）：1-14.
[26]　李菁菁. 硫酸工业，2001（3）：13-19.
[27]　庞锡涛，等. 化学工业与工程技术开发，2001，22（1）：34-36.
[28]　李菁菁. 炼油设计，1999，29（8）：36-42.
[29]　刁九华. 炼油设计，1999，29（8）：32-35.
[30]　王爱群，等. 硫酸工业，2001（3）：20-24.
[31]　叶树桓. 硫酸工业，1998（2）：23-25.

第三章
干法脱硫

在合成氨、炼油制氢和合成甲醇等过程中，烃类转化、低温变换、甲烷化和氨合成、甲醇合成等所用催化剂都对"硫毒"很敏感，因此必须首先对原料气进行脱硫。原料气的种类很多，不同原料气含硫情况也不一样，在选择干法脱硫时要区别对待。干法脱硫剂按其性质可分为三种类型：

加氢转化催化剂：铁钼、镍钼、钴钼、镍钴钼等；

吸收型或转化吸收型：氧化锌、氧化铁、氧化锰等；

吸附型：活性炭、分子筛等。

按其净化后含 H_2S 净化度不同又可分为粗净化（$1 \times 10^{-3} kg/m^3$）、中等净化（2×10^{-5} kg/m^3）和精细净化（$1 \times 10^{-6} kg/m^3$）。在含有机硫的情况下，首先要将有机硫化合物进行加氢或水解反应，转化成无机硫（H_2S），以便进一步除去。其中能做到精细脱硫的有加氢转化催化剂、氧化锌脱硫剂、羟基氧化铁、活性炭等。

第一节　有机硫加氢转化催化脱硫

气体中的硫化氢可用常规的氧化锌精脱的方法脱除至 0.1×10^{-6} 以下，而有机硫化物，尤其是噻吩类有机硫化物必须采用加氢脱硫的方法，即有机硫在催化剂存在下与氢反应转化为硫化氢和烃，硫化氢再被氧化锌吸收而达到精脱硫目的。

用作加氢脱硫的催化剂有 Co-Mo 系、Ni-Mo 系、Ni-Co-Mo 系、Fe-Mo 系等。Co-Mo催化剂适应加氢脱硫，Ni-Mo 催化剂有更强的分解氮化物和抗重金属沉积的能力和脱砷能力，适用于加氢脱氮和脱砷。Ni-Co-Mo 催化剂对于有机硫转化、烯烃饱和氧加氢均有较优良的性能。Fe-Mo 催化剂适用于 CO 含量高达 8% 的焦炉气有机硫加氢转化，以满足中、小型化肥厂生产工艺要求。Cu-Mo 对 CS_2 转化率达 91%，但对噻吩仅 20%，适用于城市煤气。催化剂载体大多用 $\gamma\text{-Al}_2\text{O}_3$，而 $\gamma\text{-Al}_2\text{O}_3 \cdot \text{TiO}_2$ 和 TiO_2 作为载体有其独特的性能（如低温活性较高、易于硫化等）。当加氢脱硫温度较高、油品干点较高时，有的采用 $\text{SiO}_2\text{-}$ Al_2O_3 载体，活性金属采用 Ni 和 W。

一、基本原理

1. 有机硫热分解反应

无论是否与催化剂接触，有机硫化物在一定程度上都会发生热分解反应，热分解温度因硫形态的不同而有很大差异。一些有机硫化物的热分解温度如表 9-3-1 所示。热分解产物通常是硫化氢和烯烃，也有一些有机硫化物分解生成另一种类型的硫化合物。可见，在和加氢转化催化剂接触之前，在预热段中就会发生一些热分解。

表 9-3-1　一些有机硫化物的热分解温度

硫化物名称	热分解温度/℃	硫化物名称	热分解温度/℃	硫化物名称	热分解温度/℃
伯硫醇、仲硫醇	$200\sim250$	$i\text{-}C_4H_9SH$	$225\sim250$	$C_6H_5SC_6H_{11}$	350
叔硫醇	$150\sim200$	$C_6H_{11}SH$	200	C_4H_4S	500 稳定
脂肪族二硫化物	$200\sim250$	C_6H_5SH	200	2,5-二甲基噻吩	475
芳香族二硫化物	300	$(C_6H_5)_2S$	450		
$n\text{-}C_4H_9SH$	150	$(C_2H_5)_2S$	400		

2. 有机硫加氢反应

几种典型的有机硫加氢反应如下：

$$\text{COS} + \text{H}_2 \longrightarrow \text{CO} + \text{H}_2\text{S} \tag{9-3-1}$$

$$\text{RSH} + \text{H}_2 \longrightarrow \text{RH} + \text{H}_2\text{S} \tag{9-3-2}$$

$$\text{C}_6\text{H}_5\text{SH} + \text{H}_2 \longrightarrow \text{C}_6\text{H}_6 + \text{H}_2\text{S} \tag{9-3-3}$$

$$\text{R}^1\text{SSR}^2 + 3\text{H}_2 \longrightarrow \text{R}^1\text{H} + \text{R}^2\text{H} + 2\text{H}_2\text{S} \tag{9-3-4}$$

$$\text{R}^1\text{SR}^2 + 2\text{H}_2 \longrightarrow \text{R}^1\text{H} + \text{R}^2\text{H} + \text{H}_2\text{S} \tag{9-3-5}$$

$$\text{C}_4\text{H}_8\text{S}(\text{四氢噻吩}) + 2\text{H}_2 \longrightarrow \text{C}_4\text{H}_{10} + \text{H}_2\text{S} \tag{9-3-6}$$

$$\text{C}_4\text{H}_4\text{S}(\text{噻吩}) + 4\text{H}_2 \longrightarrow \text{C}_4\text{H}_{10} + \text{H}_2\text{S} \tag{9-3-7}$$

式中，R 代表烷基。

除上述有机硫加氢反应外，钼酸钴等催化剂还能使烯烃加氢成饱和烃，有机氮化物也可在一定程度上转化成氨和饱和烃类。原料中有氧存在时，加氢转化为水。

上述反应均系放热反应，但由于原料烃中硫含量常小于 1000×10^{-6}，一般反应释放热量是很小的，对催化剂影响不大，通常放热量取决于有机硫的数量，也就是需结合的 H_2 分子数，部分取决于硫化物种类。从硫醇、硫醚到噻吩，放热量逐渐增加。一些代表性硫化物加氢反应热见表 9-3-2。

表 9-3-2　一些有机硫化物的加氢反应热

反　　　应	$\Delta H(700\text{K})$ /(kJ/mol)	反　　　应	$\Delta H(700\text{K})$ /(kJ/mol)
$C_2H_5SH + H_2 \longrightarrow C_2H_6 + H_2S$	-70.21	$n\text{-}C_4H_8S + 2H_2 \longrightarrow C_4H_{10} + H_2S$	120.294
$C_2H_5SC_2H_5 + 2H_2 \longrightarrow 2C_2H_6 + H_2S$	-117.19	$n\text{-}C_4H_4S + 4H_2 \longrightarrow C_4H_{10} + H_2S$	280.43

原料或 H_2 中有 CO、CO_2 存在时，可发生甲烷化副反应或羰基硫水解的逆反应等。有 CO、CO_2 和水蒸气同时存在时，发生 CO 变换反应。CO 浓度很高时，还可发生歧化副反应，这些都是应该尽量避免的。

$$CO + 3H_2 \longrightarrow CH_4 + H_2O \qquad (9\text{-}3\text{-}8)$$
$$CO_2 + H_2S \longrightarrow COS + H_2O \qquad (9\text{-}3\text{-}9)$$
$$CO_2 + H_2 \longrightarrow CO + H_2O \qquad (9\text{-}3\text{-}10)$$
$$CO + H_2O \longrightarrow CO_2 + H_2 \qquad (9\text{-}3\text{-}11)$$
$$2CO \longrightarrow CO_2 + C \qquad (9\text{-}3\text{-}12)$$

歧化反应生成的炭以炭黑形式沉积在催化剂上，使催化剂的活性降低。

3. 加氢反应的化学平衡

有机硫加氢反应的平衡常数相当大，随温度升高而降低。但由于平衡常数相当大，甚至温度高至 500℃时平衡常数仍为正值。所以在有机硫加氢反应中虽采用较高的操作温度也不至因化学平衡的限制而影响脱硫效果。例如 350℃氢与烃摩尔比为 0.05 的条件下，进口总硫为 1000×10^{-6} 硫醇，则出口硫平衡浓度可达 6×10^{-11}。一些有机硫化物加氢的平衡常数与温度关系如图 9-3-1 所示。

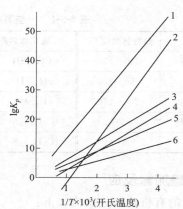

图 9-3-1 一些有机硫化物加氢平衡常数与温度的关系

各种有机硫加氢反应难易程度大致归纳如下：

1—$(CH_3)_2S_2$；2— <硫的结构>$_S$；3—$(C_2H_5)_2S$；4— <硫的结构> ；5—CH_3SH；6— <硫的结构>SH

① 硫醚、二硫化物、硫醇比噻吩容易。

② C_4 烃加氢从难到易的顺序为：噻吩、1,2-对二氢噻吩、四氢噻吩、n-丁基硫醇。

4. 加氢反应动力学

① 有机硫加氢反应速率通常随原料烃沸程的增加而降低。其原因主要有二：一是高沸程原料烃在催化剂上结炭严重；二是高沸馏分中硫的形态更为复杂（更加噻吩化）致使更难加氢转化。

② 常压，250℃、370℃，原料硫浓度 $(100\sim500)\times10^{-6}$ 条件下，正庚烷中有机硫化物脱除率与空速的关系如图 9-3-2 所示。

由图 9-3-2 可见，噻吩类和其他几种有机硫化物加氢反应的速率有明显的差别。在被处理的烃中含有几种硫化物时，其加氢速率被其中最难反应的硫化物（实际上就是噻吩类化合物）所控制。

纯有机硫加氢的相对反应性顺序如下：

a. 苯硫醇；b. 乙硫醇；c. 二苯甲基硫醚；d. 3-甲基-1-丁硫醇；e. 烯丙硫醚；f. 乙硫醚；g. 丙硫醚；h. 二异戊基硫醚；i. 噻吩。

③ 用钼酸钴催化剂时，n-庚烷中乙硫醇、噻吩或二硫化碳的加氢反应对硫化物和氢而言均为一级反应。活化能近似为 20.9kJ/mol；在工业操作条件下，有机硫加氢反应属内扩

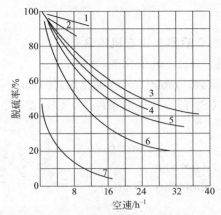

图 9-3-2　正庚烷中有机硫化物的脱硫率与空速的关系（氢：烃＝0.25）

1—⬡SH(370℃); 2—(CH₃)₂S₂(370℃); 3—(C₂H₅)₂S(370℃);

4—⬠S(370℃); 5—(CH₃)₂S₂(250℃); 6—⬡SH(250℃); 7—⬠S(370℃)

散控制；庚烷中有机硫化物加氢的一级反应速率常数如表 9-3-3 所示。

表 9-3-3　庚烷中有机硫化物加氢一级反应速率常数

单位：mol/[h·g（催化剂）·atm]

温度/℃	RSSR	RSH	RSR	C_4H_8S	C_4H_4S
200	$4.2×10^{-2}$	$1.8×10^{-2}$	$0.9×10^{-2}$	$3.7×10^{-3}$	$5.0×10^{-4}$
250	$1.0×10^{-1}$	$5.7×10^{-2}$	$3.1×10^{-2}$	$1.8×10^{-2}$	$1.7×10^{-3}$
300	$1.7×10^{-1}$	$1.2×10^{-1}$	$6.3×10^{-2}$	$4.8×10^{-2}$	$3.6×10^{-3}$
350	$2.6×10^{-1}$	$2.1×10^{-1}$	$1.1×10^{-1}$	$1.1×10^{-1}$	$7.1×10^{-3}$
400	$3.7×10^{-1}$	$3.6×10^{-1}$	$1.4×10^{-1}$	$2.2×10^{-1}$	$1.2×10^{-2}$

注：1atm＝$1.01325×10^5$Pa。

有机硫加氢反应速率与反应物分压间存在如下关系：

$$k_p = k\, \frac{p_S}{p^{1/2}}\left[\frac{p_{H_2}}{p_{HC}}\right]^n \tag{9-3-13}$$

式中　k_p，k——操作压力下加氢反应速率常数和常压下加氢反应速率常数，mol/[h·g（催化剂）·atm]；

　　　p_S——硫化物分压，atm；

　　　p_{H_2}——氢分压，atm；

　　　p_{HC}——烃分压，atm；

　　　p——总压，atm；

　　　n——常数，对噻吩＝0.5，对硫醇、硫醚、二硫化物＝0.25。

有机硫加氢反应的空间速度与原料中有机硫浓度关系经验式如下：

$$\lg\frac{c_1}{c_2}=-\frac{k_p}{v_s} \tag{9-3-14}$$

式中　c_1，c_2——加氢处理前、后原料中有机硫含量；

　　　v_s——空速/进料，mol/[g(催化剂)·h]；

　　　k_p——反应速率常数，mol/[h·g(催化剂)·atm]。

200～400℃，气体中含 CS_2 1%～5% 的条件下，CS_2 在铁、钴、镍的硫化物上加氢动力学方程式：

$$w=k_p p_{CS_2}^{0.5} \tag{9-3-15}$$

式中　w——反应速率，mol/(g·h)；

　　　k_p——反应速率常数，mol/(h·g·atm)；

　　　p_{CS_2}——CS_2 分压。

通常在含有多种硫化物的原料烃脱硫时，由于容易进行反应的有机硫及 H_2S 存在，噻吩的氢解速率就会受到抑制。例如，循环氢中所含硫化氢由 1% 升至 8%～10%，则脱硫率要下降 50% 左右，故此时需先用氧化锌将容易进行反应的硫化物除去，然后根据噻吩的反应速率常数设计钼酸钴的用量和空速。

二、加氢转化催化剂的物化性质及使用条件

1. 催化剂组成、结构和活性

加氢转化催化剂即将氧化钴和氧化钼等载于活性氧化铝上的催化剂。实际上，氧化钴、氧化钼、氧化镍、氧化钨对于有机硫的加氢转化均有活性，但只有适当组合才有最高活性。实际用的工业催化剂中含钼为 5%～13%，钴为 1%～6%，钴钼原子比为 0.2～1.0，催化剂的活性不仅取决于原始配方中钴钼总量及比例，而且也在于使用时有多少钴钼组分是有活性的。

研究表明，就形态而言，催化剂组分分为三类：①无催化活性的 Al_2O_3、$CoAl_2O_4$；②具有中等活性的 CoO、MoO_3 和 $CoMoO_4$；③催化活性较高的钴、钼氧化物的复合物。这些有活性的氧化物组分在操作过程中会转化为硫化物，表现出更强的催化活性。$CoMoO_4$ 为紫色，在加热及含硫化氢的氢气中能硫化生成 Co_9S_8 和 $MoOS$ 的混合物。在所有活性组分中，真正的"活性"催化剂是被不可还原的钴促进的 MoS_2，这是一种四面体结构的络合物。从微观结构上考虑，有机硫化物在钴钼催化剂活性表面上的反应复杂，涉及硫原子与钼原子的吸附成键、C—S 键的断裂、生成烃分子的脱附等诸多步骤。

从宏观结构来看，催化剂（主要是载体）的表面积、孔结构对于活性组分的分散以及原料烃、有机硫分子的扩散和反应起着重要作用。有许多学者发表过研究成果。如 Beuther 等人进行钴钼加氢脱硫时，发现凡是比表面大于 $100m^2/g$、孔径在 14～24nm、孔率大于 30% 的催化剂都有优良的脱硫活性，并建立了脱硫率与孔结构的关系式：

$$脱硫率(\%)=K+0.5895S+13.2v+0.012r$$

式中　K——由反应条件决定的常数；

　　　S——比表面，m^2/g；

　　　v——孔容，mL/g；

　　　r——平均孔径，Å（1Å=0.1nm）。

2. 型号、物化性能及使用条件

中国加氢转化催化剂现有十多种型号，常用的仅 6～7 种，在化肥、制氢、甲醇等行业使用国产化率近 100%，常用加氢转化催化剂型号、物化性能及使用条件见表 9-3-4。

表 9-3-4 国内常用加氢转化催化剂

项目＼型号	T201	T202	T203	T205	JT-1	JT-1G	JT-4	C49-1	ICI41-4	TK-250	M8-10
Fe 含量/%	—	2～4	—	—	—	—	—	—	—	—	—
Co 含量/%	1.5～2.5	—	>1.1	1.2～1.5	1.5～2.5	2～3	—	2.7	2.4	1.6	3.9
MoO_3 含量/%	11～13	7.5～10.5	>9.9	7～9	10～13	10～13	—	10	10	9～12	13.5
粒度/mm	$\phi3\times$(4~10) 条	$\phi6\times$(4~7) 片	$\phi3\times$(3~8) 条	$\phi3\times$(5~10) 条	$\phi2\sim4$ 球	$\phi2.5\sim4$ 球	$\phi3\times$(4~10) 三叶草	$\phi3.2$ 条	$\phi3$ 条	$\phi5/2.5$ 空心条	$\phi15\sim1.8$ 条
堆密度/(kg/L)	0.6～0.8	0.7～0.8	0.7～0.8	0.9～1.1	0.7～0.85	0.7～0.85	0.7～0.85	0.58	0.8～0.9		0.65
磨耗率/%	<2		≤6		≤3	≤3	≤3				
径向抗压碎力/(N/cm)	≥80		≥70		≥50(点压)	≥50(点压)	≥60				
使用压力/MPa	3.0～4.0	1.8～2.1	2.0～4.0	0.1～4.0	0.2～2.0	1.0～4.0	1.8～5.0	0.7～5.0	0.1～7.0	2.5～3.5	
使用温度/℃	320～400	380～450	330～380	250～400	200～300	200～300	250～300	260～425	300～450	350～380	200～400
气空速/h^{-1}	1000～3000	700～1000	1000～3000	3000～5000	500～2000	1000～2000	<1000				
液空速/h^{-1}		1～6		4～7	3～9	1～6		0.5～8.0	0.2～5.0	4～7	
入口有机硫/10^{-6}	100～200	200～300	200	100～200	>100	≤200	≤200				
出口有机硫/10^{-6}	≤0.1	93%①	≤0.1	≤0.2	≥96%①	≤0.5	<0.5				
入口烯烃含量/%						≤6.5	6.5～20				
出口烯烃含量/%						<0.5	<0.5				
适用原料	天然气、轻油	焦炉气	天然气、轻油	天然气	水煤气等	焦化干气等	催化干气等				
产地	中国	中国	中国	中国	中国	中国	中国	美国	英国	丹麦	德国

① 有机硫转化率。

3. 催化剂的预硫化

如前所述，氧化态催化剂具有一定的加氢脱硫活性，但在其变成硫化物以前，不可能达到最佳活性，因此催化剂投入正常使用前，需将氧化态的活性组分先变成硫化态的金属硫化物，这个过程称为催化剂的预硫化。

硫化过程中，反应极其复杂，以 Co-Mo、Ni-Mo 和 Fe-Mo 催化剂为例，在氢存在下，以 H_2S 为硫化剂的硫化反应式定性为：

$$3NiO + H_2 + 2H_2S \Longrightarrow Ni_3S_2 + 3H_2O \tag{9-3-16}$$

$$MoO_3 + H_2 + 2H_2S \Longrightarrow MoS_2 + 3H_2O \tag{9-3-17}$$

$$9CoO + 8H_2S + H_2 \Longrightarrow Co_9S_8 + 9H_2O \tag{9-3-18}$$

$$Fe_2O_3 + 2H_2S + H_2 \Longrightarrow 2FeS + 3H_2O \tag{9-3-19}$$

这些反应都是放热反应，而且进行速率快。当循环气中 H_2S 体积分数高于 0.5% 时，可形成 Ni_6S_5 或 NiS，后者在加氢条件下转化为 Ni_3S_2。Co-Mo 催化剂硫化为 Co_9S_8 和 MoS_2 的结合形式，它表现出钴对钼的协同效应，因而活性较高。

某些以天然气为原料的装置因原料烃分子量较小，含硫量低，硫的形态简单，硫化物随原料烃易于扩散到催化剂多孔结构的内表面，使内表面利用率提高。在这种情况下，催化剂不经预硫化也能将有机硫转化完全。但以高沸点轻油炼厂气为原料时，催化剂预硫化后活性比未经预硫化的催化剂有明显提高，同时还能抑制催化剂的结炭速度。

H_2S 是一种很好的硫化剂。此外，国内常用的液体硫化剂还有 CS_2 和二甲基硫（DMS）、二甲基二硫（DMDS），这是由于它们和氢存在下在 $150 \sim 250 \text{℃}$ 范围内很容易形成 H_2S，硫化反应充分，也能最大程度减少早期结焦及任何金属氧化物还原成惰性金属状态。硫化剂的加入量一般控制在硫化结束时催化剂吸硫量为本身重量的 5%～7% 为宜。在硫化过程中要适当控制硫化剂和 H_2 的浓度，采用先低温后高温的原则。使硫化后尽量生成"类型 Ⅱ Co-Mo-S"活性相，并尽量避免金属氧化物在高温氢气存在条件下发生还原反应。

4. 催化剂的寿命及再生

加氢转化催化剂用于轻油和天然气中有机硫加氢时性能稳定，正常条件下操作一般使用寿命可达 5 年以上，有的可高达 10 年以上。用于焦化干气、催化干气等有机硫加氢、烯烃饱和时，一般使用寿命在 4 年左右。

催化剂在操作过程中活性衰减有 3 种情况。第一种是某些有害杂质存在（如少量 CO、CO_2、N_2、NH_3 等）造成催化剂暂时失活，是可逆的。第二种是催化剂表面结炭，造成半永久性失活，通过再生可恢复活性。第三种是永久性失活，如催化剂再生过程中因比表面的减少、活性物质钼的逸出流失以及由于某种物质（如砷）的存在生成非活性化合物所致，永久性失活时需要更换催化剂。

操作中氢分压过低、温度过高、使用高沸点烃等原因都可使加氢转化催化剂在使用过程中逐渐积炭，致使催化剂活性逐步衰退，此时可用氧化燃烧法使催化剂再生，反应如下：

$$C + O_2 \Longrightarrow CO_2 \tag{9-3-20}$$

$$2C + O_2 \Longrightarrow 2CO \tag{9-3-21}$$

$$2MoS_2 + 7O_2 \Longrightarrow 4SO_2 + 2MoO_3 \tag{9-3-22}$$

$$2Co_9S_8 + 25O_2 \Longrightarrow 18CoO + 16SO_2 \tag{9-3-23}$$

再生时，在惰性气或蒸汽中加入适量的空气或氧气通过催化剂床层，并严格防止温度急剧上升，最高不得超过 550℃，以防止钼流失和表面积减少。在实际操作中，因蒸汽热容量大，有利于过程中温度控制，通常用蒸汽配入空气的方法，氧含量控制在 0.5%～1%，再生结束后把温度降至硫化时的温度（220℃左右），以惰性气体置换系统，并按硫化步骤进行催化剂的硫化。

以液态烃为原料的催化剂再生前需用热氢气脱油（此时床层最高温度不超过 475℃），以防止再生时蒸汽把催化剂上的残留油在烟囱中形成爆炸混合物以及在再生时残留油在催化剂中燃烧严重局部过热而损坏催化剂。

三、工艺流程及生产控制条件

1. 工艺流程

① 含有机硫的天然气原料经压缩机升压至 4.0～4.5MPa 后与氮氢混合气（如循环合成气）混合，使天然气中含 H_2 15%，再经加热炉加热至 400℃左右进入加氢转化炉，将有机硫转化为 H_2S，然后进入氧化锌脱硫槽，使原料气中的硫脱除至 0.5×10^{-6} 以下，脱硫后的气体送去转化，流程如图 9-3-3 所示。

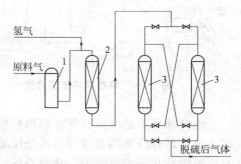

图 9-3-3　加氢气提氧化锌脱硫流程
1—加热炉；2—加氢槽；3—氧化锌槽

② 原料油与氢氮气（如合成气）混合在第一加热炉中加热到 400℃左右，进入第一加氢转化炉，加氢后的气体经塔底换热器冷却塔冷凝后进入分离器，分离出之气体返回原料槽。轻油自塔顶换热器被加热后进入气提塔用蒸汽气提分离 H_2S，塔顶出来之含 H_2S 废气用作加热炉的燃料，塔底轻油 [含 H_2S $(20\sim50)\times10^{-6}$] 经第二加热炉加热后进入第二加氢转化炉加氢后再进入脱硫槽进行 H_2S 的精脱（见图 9-3-4）。

③ 以焦炉气为原料采用 Fe-Mo 加氢转化催化剂工艺流程方框图如图 9-3-5 所示。

④ 以炼厂干气为原料合成氨、制氢脱硫工艺。炼厂干气中含有 $(200\sim500)\times10^{-6}$ 的总硫，同时含有 6%～25% 的烯烃，故不仅能使一段蒸汽转化催化剂产生硫中毒，而且由于放热量大，还能使转化催化剂严重结炭及损坏炉管。

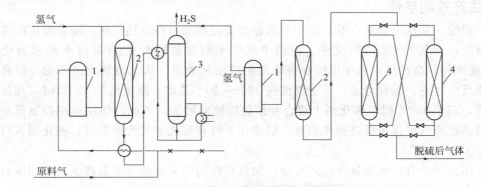

图 9-3-4　两次加氢气提氧化锌脱硫流程
1—加热器；2—加氢槽；3—气提塔；4—氧化锌槽

图 9-3-5　以焦炉气为原料采用 Fe-Mo 加氢转化催化剂工艺流程方框图

采用近几年新研制的 JT-1G、JT-4、T205 等新型有机硫加氢、烯烃饱和双功能加氢转化催化剂并采用图 9-3-6 所示的绝热循环工艺和图 9-3-7 所示的等温-绝热工艺，在 20 多个厂家应用取得了较好的效果。

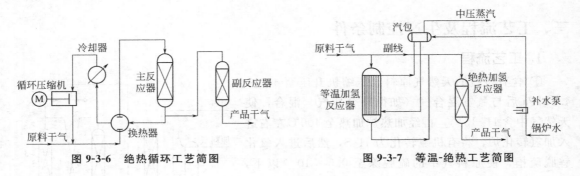

图 9-3-6   绝热循环工艺简图   图 9-3-7   等温-绝热工艺简图

绝热循环工艺中原料气在绝热反应器中经有机硫加氢和烯烃加氢后一部分进入下一道工序，另一部分经换热器冷却后再经压缩机返回反应器入口，稀释原料气中的烯烃，使烯烃和有机硫维持在一定范围内，从而确保反应器的温升符合工艺要求，也达到了脱硫及烯烃饱和的目的。这是目前国外多数厂采用的方法。在烯烃含量小于 8％（如焦化干气）时，中国多数厂采用不用循环一次通过的方式，使工艺更加简单。

等温-绝热工艺适用于总硫高达 500×10^{-6} 左右、烯烃高达 6％～25％的催化干气加氢。原料气经补氢，使氢和总烯烃的摩尔比为 1.8～2.5，进入等温反应器的管程进行催化加氢，使部分有机硫加氢，烯烃降至 6.0％以下。反应热由壳程的水汽化带走，并副产蒸汽。烯烃含量小于 6％的干气同副线过来的干气混合成烯烃含量在 6％左右的干气，送到绝热反应器继续进行有机硫加氢和烯烃饱和，使干气中烯烃含量小于 0.5％，并确保有机硫的完全转化。

2. 生产控制条件

（1）温度   从热力学观点看，由于有机硫加氢过程属可逆放热反应，随着温度的降低平衡常数增大，有利于反应进行完全。但由于反应平衡常数很大（500℃时平衡常数仍为正值），即使维持较高的反应温度也能获得较理想的加氢效果。从动力学方面考虑，提高温度可以加快反应速率。综合考虑，反应温度在 320～400℃选取。温度低于 320℃时，加氢转化效果下降，高于 400℃时，催化剂上聚合和结焦的倾向增加。因此，使用初期控制低些，随着催化剂活性衰退可逐步提高操作温度。以焦化干气和催化干气为原料时，催化剂入口温度应控制在 180～220℃。

（2）压力   由有机硫加氢反应式可知，加氢反应的结果使总分子数减少。增加压力对加氢反应有利。但由于原料中硫含量低，故压力影响不显著。

压力提高，氢分压也随之提高（如不考虑原料烃分压的影响），从而提高加氢反应速率。

综上所述，操作压力从常压到 4MPa 都能取得满意的结果。

（3）空速   空速对加氢反应有较大的影响。有机硫加氢系内扩散控制，空速太高，原料烃在催化剂床层中停留时间太短，来不及进入内表面即穿过床层，会使加氢反应不完全，同时也降低了催化剂的内表面利用率。空速太低会降低设备的生产能力。由于原料中硫的形态和含量的不同，催化剂要求的空速也不一样。

对于易反应的有机硫或有机硫含量较低时，可取较高空速；对于噻吩或有机硫含量较高时，可取较低空速。对 Co-Mo 系催化剂，以天然气为原料时空速可取 $1000\sim3000h^{-1}$。以轻油为原料时，空速可取 $1\sim6h^{-1}$（液空速）。以催化剂干气为原料时，空速一般为 $500\sim1000h^{-1}$。

（4）加氢量（氢与烃的比例） 增加氢与烃的摩尔比，提高氢分压不但能抑制催化剂的结焦，还有利于加氢过程的进行。加氢速度又随原料烃分压增加而下降。这可能是由于随着烃分压的升高，烃在催化剂表面强烈吸附，减少了氢和硫化物在催化剂表面的吸附，抑制了加氢反应。

氢与烃之比太高时，动力消耗增加，太低则不能满足工艺要求。通常天然气加氢时，氢与天然气体积之比为 $3\%\sim10\%$。以焦化干气和催化干气为原料时，由于其中的烯烃也耗氢，原料中的氢含量较高，根据烯烃含量，一般氢含量控制在 18% 以上。轻油加氢时，氢、油体积比为 $60\sim100$。这数值大大超过耗量，足可保证脱硫工艺要求。加氢反应器可承受氢气短时间中断（只限几分钟），如断氢时间太长将会引起催化剂结焦，严重时需对催化剂再生或更换。

（5）加氢气中杂质含量

① 氨：钴钼催化剂的加氢反应主要在两个酸键上进行。一种是强酸位，它有足够的电性可使烯烃加氢（对硫化物加氢也有活性）。大部分有机硫加氢则在弱酸位上进行。氨呈弱碱性，能在有机硫加氢前就被弱酸位吸附，从而降低加氢速度，使催化剂中毒。催化剂失活程度与氨分压成正比。通常，规定气体中的氨含量小于 100×10^{-6}。

② 硫化氢：加氢气中硫化氢含量超过催化剂硫化所需的量时就会抑制有机硫的加氢反应。此时，可用气提或氧化锌脱硫剂将硫化氢脱除后再进行加氢。催化剂与不含硫的氢气长期接触，在温度高于 $250℃$ 时，将会被还原而部分失活。

③ 一氧化碳和二氧化碳：加氢气中的一氧化碳和二氧化碳能被吸附在酸位上，尽管不像氨那样强烈，也会使加氢速度下降。

在钼酸钴催化剂上，一氧化碳、二氧化碳与氢进行甲烷化反应放出大量热，据计算，每 1% 的一氧化碳的反应热可使气体温度升高 $72℃$，每 1% 的二氧化碳的反应热可使气体温度升高 $61℃$。通常，钴钼催化剂入口气体中两种气体的总和维持在 0.5% 以下。若原料气中氢含量为 $10\%\sim20\%$，则加氢气中一氧化碳加二氧化碳的含量允许在 $2.5\%\sim5.0\%$。正常情况下甲烷化后的合成氨原料气中一氧化碳加二氧化碳在 10×10^{-6} 以下，可用作加氢气。

④ 氮：氮在酸键上的吸附较弱，对催化剂的毒害不重。在加氢条件下氢和氮生成氨的速度也小，因而氮的允许含量可高一些。

四、使用实例

1. 焦炉气的加氢脱硫

某年产 6 万吨合成氨、10 万吨尿素中型氨厂采用焦炉气和高炉气为原料，其中含 CO 8.4%，不饱和烃 2.4%，湿法脱硫后原料中含有机硫 $120\sim140mg/m^3$，经换热、压缩后进入内装 T202 型铁钼加氢催化剂的预加氢转化炉和加氢转化炉，再经锰矿和氧化锌脱硫净化后，进入后工序。预转化炉和转化炉中分别装铁钼催化剂 2t 和 12.1t，在 $380\sim450℃$、$1.8\sim2.1MPa$、空速 $700h^{-1}$ 条件下可使大部分有机硫转化，转化率达 95% 以上。

某年产 12 万吨甲醇装置在反应压力 2.3MPa、焦炉煤气气量 $20000m^3/h$ 条件下，原料气中有机硫 $(60\sim70)\times10^{-6}$ 经 JT-8、JT-1 二级加氢，铁锰和氧化锌二级脱硫后，出口总硫

小于 0.1×10^{-6}，达到转化及甲醇催化剂对总硫的要求。

2. 天然气加氢转化

某一采用美国 Kellogg 流程年产 30 万吨大型氨厂，天然气净化原采用单乙醇胺-铁钼-氧化锌流程后，由于原料掺用部分川东天然气，硫形态复杂、含量也高，致使后工序催化剂多次发生中毒，后用 Co-Mo 加氢转化催化剂代替铁钼催化剂，分上下两层装各 $15m^3$ T201 型加氢转化催化剂，开车以来在操作温度 350～370℃、压力 3.0～3.5MPa 下可使天然气中 $(10～120) \times 10^{-6}$ 的高硫脱除至 $<0.1 \times 10^{-6}$，满足了工厂要求。

3. 焦化干气制氢

某 $2 \times 10^4 m^3/h$ 制氢装置以焦化干气为原料制氢，采用 JT-1G 型加氢转化串氧化锌工艺。在入口温度 220℃、热点温度 340℃ 条件下，可将气体中 6.2%～7.7% 的烯烃转化为烷烃，出口烯烃含量小于 0.5%，入口有机硫在 200×10^{-6} 以下，出口降至 0.3×10^{-6}，充分显示了该催化剂低温高活性的优点。

4. 以催化干气为原料制氨

某年产 8 万吨合成氨厂，以焦化、催化干气为原料，采用等温加氢串绝热加氢再串氧化锌脱硫工艺，分别装 JT-4 型催化剂 $9.5m^3$、JT-1G 型催化剂 $9.5m^3$，等温加氢热点温度 240～270℃，绝热加氢床层入口温度 240～260℃，绝热加氢床层热点温度 320～340℃，操作压力均为 1.2～1.6MPa，JT-4 等温加氢催化剂可使干气中高达 18.6% 的烯烃饱和后降至出口小于 1%，JT-4 和 JT-1G 串联使用，完全达到了设计要求。在正常生产情况下，原料气中的烯烃含量 10% 左右，总硫含量约 500×10^{-6} 时，精制气中烯烃含量基本为 0，远优于设计值。即使在原料气烯烃高达 20%，硫含量大于 1000×10^{-6} 的情况下，加氢再经氧化锌精脱硫后，精制气净化指标仍能达到设计要求（烯烃≤0.5%，有机硫≤0.5×10^{-6}）。

5. 以轻油为原料

某以轻油为原料的年产 30 万吨大型合成氨装置的加氢反应器中装 T203 型加氢催化剂 8 吨，脱硫槽中装氧化锌脱硫剂 17t，在 356℃、3.4MPa 下操作，再经 T305 型氧化锌脱硫剂精脱硫后可使石脑油中 192×10^{-6} 的总硫脱除至 0.1×10^{-6} 以下。

第二节 羰基硫水解催化脱硫

一、基本原理

1. 羰基硫水解反应

羰基硫呈中性或弱酸性，是以煤或重油制取化工原料气中的主要有机硫组分，化学性能比较稳定，难以用常规的脱硫方法脱除干净，在化学吸收中它的反应性差，甚至使溶液降解；在物理吸收中羰基硫与 CO_2 的溶解度接近，造成选择性分离困难，由于平衡等因素的限制，湿法脱硫要达到 10^{-6} 级净化度是有困难的。

最常用的脱除羰基硫技术是干法脱硫，方法之一是加氢转化为 H_2S 再脱除之，见反应式（9-3-1）。由于加氢是吸热反应，必须在高温（350～400℃）下进行，存在能耗高、价格贵的缺点。

为了精脱羰基硫并节省能耗和投资，近年来国内外研究了羰基硫水解催化剂，使其尽量在温和条件下转化为 H_2S，羰基硫在水解催化剂存在下，发生如下反应：

$$COS + H_2O \Longrightarrow H_2S + CO_2 \quad \Delta H_{298} = -35.53 kJ/mol \quad (9\text{-}3\text{-}24)$$

该反应通常认为是一碱催化过程。碱性中心是反应活性中心，$\gamma\text{-}Al_2O_3$ 载体负载碱性成分加强了其表面碱性中心的强度和数目，促进了反应的进行。反应过程为：H_2O 首先吸附在催化剂碱性中心上形成碱性活化体（在 $\gamma\text{-}Al_2O_3$ 上，对反应物及产物的吸附次序为 $H_2O \gg H_2S > COS > CO_2$），进而 COS 在这种碱性活化体上活化吸附而发生水解反应。弱碱性中心是 COS 水解反应的活性中心，而弱和次弱两类活性中心则是 CS_2 催化水解反应的活性中心。

G. Seifert 曾研究式（9-3-24）的热力学，其平衡常数 $K_p = \dfrac{p_{CO_2} p_{H_2S}}{p_{COS} p_{H_2O}}$，在不同温度下，$K_p$ 值可用其推荐的公式计算。

$$\lg K_p = \frac{3369.5}{T} - 4.823 \times 10^{-3} T + 0.753 \times 10^{-6} T^2 + 11.247 \lg T - 33.071 \quad (9\text{-}3\text{-}25)$$

由式（9-3-25）可以看出，平衡常数随温度降低而增大，计算出 100℃时 K_p 为 2.98×10^4，38℃时 K_p 为 4.16×10^5，这说明常温下平衡常数很大，降低温度对 COS 水解有利。

以半水煤气为原料，其中含 H_2S 1.5g/m³、COS 120mg/m³、30℃的饱和水蒸气，不同温度下水解后 COS 平衡残留量见表 9-3-5。

表 9-3-5　含硫水煤气水解后 COS 平衡残留量

温度/℃	38	93	149	204	260
COS 平衡残留量/10^{-6}	0.0086	0.053	0.226	0.688	1.700

2. 水解反应动力学

A. Y. ViucentChan 等对羰基硫水解催化剂动力学的研究认为，过程为一级反应，反应速率与 COS 一次方成正比，在低水汽浓度时，反应速率与水蒸气分压 0.4 方成正比，水汽浓度高于 1.8%时，则会阻碍反应进行，反应级数为 0.6 级。此外，反应产物 H_2S 和 CO_2 浓度对式（9-3-24）也有明显的影响。研究表明，COS 和水在催化剂表面反应是控制步骤。郭汉贤推荐用 T·L-H 型方程式来描述 COS 水解的本征动力学。

$$r_0 = \frac{k K_{COS} K_{H_2O} p_{COS} p_{H_2O}}{(1 - K_{COS} p_{COS} + K_{H_2O} p_{H_2O})} \quad (9\text{-}3\text{-}26)$$

式中　　　　r_0——水解反应速率；

　　　　　　k——反应速率常数；

K_{COS}，K_{H_2O}——COS 和水蒸气的吸附平衡常数；

　p_{COS}，p_{H_2O}——COS 和水蒸气的分压。

二、催化剂的性能

早期国外曾用 Al_2O_3 载钯和钴钼为活性组分，在 $170 \sim 250℃$ 的较高温度下使 COS 水解，近年则改用碱金属、碱土金属、过渡金属氧化物的 Al_2O_3 基（或 TiO_2 基）催化剂，在室温约 300℃ 的温度下使 COS 水解。已推出的国外及中国主要催化剂性能如表 9-3-6 所示。

表 9-3-6 羰基硫水解催化剂型号及使用条件

项目 \ 型号	T503	T504	T907	TGH-2	SN-4	JX-6B	G-41D	C53-2-01	C53-04-01	CKA
粒度/mm	$\phi 3 \sim 6$ 球	$\phi 2 \sim 4$	$\phi 3 \sim 4$ 球	$\phi 3 \times$ (5~10)条	$\phi 4 \sim 5$ 球	$\phi 3 \sim 5$ 球	$\phi 4.8$ 条	$\phi 3.2$ 条	$\phi 3.2$ 条	$\phi 3$ 条
堆密度 /(kg/L)	0.8~0.9	0.7~1.0	0.8~1.0	0.5~0.6	0.7	0.6~0.8	0.63	0.40~0.56	0.53~0.69	0.7
比表面 /(m²/g)		150~250	150	200	>200	150~200	150	250~350	112	
径向抗压碎力/(N/cm)	>30	≥25	>50	—	>80	>40	100	125	120	
使用压力 /MPa	>1.0	0.1~8.0	常压~5.0	1.5~2.5	0.1~4.0	常压~8.0	0.1	2.6~3.0	4.2	—
使用温度/℃	≥10	30~120	10~40	100~140	35~100	0~120	315	110~200	150~160	30
空速/h⁻¹	1500 2~5(液)	1000~ 3000	3~5(液)	300~ 1000	800~ 1500	≤2000	800	1600~ 3500	3000	200~250
出口 COS /10⁻⁶	1~10	—	<0.1	<0.12	<0.1	<0.1	<0.5	<0.05	2.6~4.6	1~10
产地	中国	中国	中国	中国	中国	中国	美国	美国	美国	丹麦

三、工艺流程及生产控制条件

一般先采用粗脱硫方法将原料中的 COS 脱除至 10×10^{-6} 左右，再经水解将 COS 水解为 H_2S，最后由氧化锌脱硫剂把关，将 H_2S 除至 $<0.1 \times 10^{-6}$ 后送入下工序。羰基硫水解催化剂的寿命与进口气中 COS 含量、氧的含量和温度有关，如：COS 含量$<10mg/m^3$，寿命 2~4年；COS 含量$>10mg/m^3$，寿命 1~2 年。在有 O_2 存在时，原料气中的 H_2S 与 O_2 反应。

$$2H_2S + O_2 \Longrightarrow 2S + 2H_2O \tag{9-3-27}$$
$$S + O_2 \Longrightarrow SO_2 \tag{9-3-28}$$
$$2SO_2 + O_2 \Longrightarrow 2SO_3 \tag{9-3-29}$$

低温下会生成硫，较高温度下 SO_3 或 SO_2 与活性组分及 Al_2O_3 载体会生成硫酸盐或亚硫酸盐。硫主要堵塞催化剂微孔，硫酸盐与催化剂表面活性中心作用，后者比前者对催化剂寿命影响大得多。H_2S 对水解反应平衡的制约，也难以使转化率提高，当煤气中 H_2S 含量达 $14g/m^3$ 时羰基硫转化率仅为 65%，H_2S 含量降到 $1mg/m^3$ 时，羰基硫转化率可达 99%以上，因而入口 H_2S 通常不宜高于 10×10^{-6}。由于低温下很难获得很高的转化率，因此即使在室温下使用，操作温度也不宜过低。

综上所述，羰基硫水解操作时要求"三低一严"，即进口 H_2S 低，O_2 含量低，床层温度低，并要严禁催化剂床层进水。

四、使用实例

① 某年产 1.5 万吨合成氨的碳铵厂，使用煤造气，原氨合成催化剂只能用 5 个月，后增设 COS 水解工艺，水解催化剂共装 $5m^3$，在处理量 $8000m^3/h$、压力 0.5MPa、床层温度为 40~45℃条件下，水解催化剂将进口达 $0.1 \sim 0.74mg/m^3$ 的 COS 水解后，COS、H_2S 均小于 $0.03mg/m^3$。

② 某年产 3 万吨甲醇厂，原料气经加压水洗脱碳后，用氧化锌脱硫剂在 200℃以上进行脱硫，进口 COS 高达（15～57）×10^{-6}、CS_2＜0.01×10^{-6}，1994 年扩建规模至 6 万吨/年，精脱硫装置因地方和热源限制不允许扩建。因此，将原两个脱硫塔改为"二转二吸"串联流程，每个塔上下分两层，各装 COS 水解催化剂及氧化锌脱硫剂，COS 水解催化剂每塔装量为 4m^3，在空速高达 6000h^{-1}、100～170℃、3.0MPa 情况下，原料气中 COS 可以脱除至 0.04×10^{-6}以下，保证了扩建后两套甲醇装置的正常运行，催化剂寿命达 3 年以上。

③ 某年产 10 万吨甲醇装置，采用德士古煤气部分变换后，变换气中 CO_2 约 33.2%，H_2S 约 9000mg(S)/m^3，COS 仍达 120～200mg(S)/m^3，为降低脱碳入口 COS 含量和脱碳后精脱硫工艺的负荷，在 Co-Mo 变换催化剂后面串联装填 16m^3 EH-2 中温耐硫水解催化剂，在操作温度 160～190℃下出口 COS 小于 30mg(S)/m^3，接近 COS 平衡转化率［理论计算值 15mg(S)/m^3 左右］，创造了利用系数（生产强度）14000t(甲醇)/m^3（催化剂）的佳绩。

第三节　氧化锌脱硫

所用氧化锌脱硫剂是一种转化吸收型固体脱硫剂，严格说，它不是催化剂而属于净化剂。能脱除 H_2S 和多种有机硫（噻吩类除外），脱硫精度一般可达 0.1×10^{-6}以下，质量硫容可达 10%～25%，甚至更高，使用方便，价格较低，在氨厂和制氢装置中广泛使用。H_2S 与 ZnO 反应，可生成难以离解的 ZnS，故不能再生，一般用于精脱硫过程。

一、基本原理

以 ZnO 为主体的氧化锌脱硫剂主要脱除原料气中的 H_2S，也可脱除较简单的有机硫，对硫醇反应性较好，但对噻吩转化能力很低，因此采用 ZnO 不能将全部有机硫化物除净。

1. 脱硫过程的化学反应

（1）吸收硫化物的化学反应

$$ZnO + H_2S =\!=\!= ZnS + H_2O \qquad \Delta H_{298} = -76.6kJ/mol \qquad (9\text{-}3\text{-}30)$$
$$ZnO + COS =\!=\!= ZnS + CO_2 \qquad \Delta H_{298} = -126.4kJ/mol \qquad (9\text{-}3\text{-}31)$$
$$ZnO + C_2H_5SH =\!=\!= ZnS + C_2H_4 + H_2O \qquad \Delta H_{298} = -0.58kJ/mol \qquad (9\text{-}3\text{-}32)$$
$$ZnO + C_2H_5SH + H_2 =\!=\!= ZnS + C_2H_6 + H_2O \qquad \Delta H_{298} = -137.83kJ/mol$$
$$(9\text{-}3\text{-}33)$$
$$2ZnO + CS_2 =\!=\!= 2ZnS + CO_2 \qquad \Delta H_{298} = -283.95kJ/mol \qquad (9\text{-}3\text{-}34)$$

当脱硫剂中添加了氧化锰、氧化铜时，也会发生类似反应，如：

$$H_2S + MnO =\!=\!= MnS + H_2O \qquad (9\text{-}3\text{-}35)$$
$$H_2S + CuO =\!=\!= CuS + H_2O \qquad (9\text{-}3\text{-}36)$$

金属或其氧化物与 H_2S 的结合能力（脱硫精度）顺序为：

$$CuO > ZnO > NiO > CaO > MnO > Ni > Cu > MgO$$

CuO 的脱硫能力优于 ZnO，某些常温氧化锌脱硫剂中添加 CuO 就是为了提高其脱硫能力。

（2）有机硫的催化分解（转化）反应　一些有机硫化物，在它们的热稳定温度下，由于氧化锌、硫化锌的催化作用而分解成烯烃和硫化氢，后者即被氧化锌吸收。这种先转化后吸收的机理，表现在脱硫剂使用后期，有机硫经硫化锌催化分解转变成硫化氢，在出口气组成变化中可加以证实。这个过程基本上是一个催化分解过程，而并非加氢反应。

2. 脱硫反应热力学平衡

式（9-3-30）中 ZnO 和 ZnS 均以固体存在，反应平衡常数只与 H_2O 和 H_2S 分压有关，表 9-3-7 是氧化锌脱硫气相平衡常数。从表 9-3-7 中可以看出，平衡常数相当大，故反应实际上是不可逆的。但在水汽含量过高时，为了保证脱硫精度，在低温下操作有较好的脱硫效果，见表 9-3-8。倘若工艺气中含水汽少，可采用较高温度操作，以便在保证脱硫精度前提下，充分发挥脱硫剂的效能，达到尽可能高的硫容量。

表 9-3-7 不同温度下式(9-3-26)气相平衡常数

温度/℃	$K_p=\dfrac{p_{H_2O}}{p_{H_2S}}$	温度/℃	$K_p=\dfrac{p_{H_2O}}{p_{H_2S}}$	温度/℃	$K_p=\dfrac{p_{H_2O}}{p_{H_2S}}$	温度/℃	$K_p=\dfrac{p_{H_2O}}{p_{H_2S}}$
200	2.081×10^8	280	1.268×10^7	360	1.569×10^6	440	3.101×10^5
220	9.494×10^7	300	7.121×10^6	380	1.008×10^6	460	2.158×10^5
240	4.605×10^7	320	4.152×10^6	400	6.648×10^5	480	1.568×10^5
260	2.359×10^7	340	2.514×10^6	420	4.49×10^5	500	1.145×10^5

表 9-3-8 不同水汽含量和温度下式(9-3-26)的 H_2S 平衡含量 单位：$\times10^{-6}$

水汽含量/%	200℃	250℃	300℃	370℃	400℃
3.3	2.6×10^{-4}	1.7×10^{-3}	0.7×10^{-2}	4.2×10^{-2}	6.5×10^{-2}
1.7	1.3×10^{-4}	0.9×10^{-3}	0.3×10^{-2}	2.1×10^{-2}	3.2×10^{-2}
0.33	2.6×10^{-5}	1.7×10^{-4}	0.7×10^{-3}	4.0×10^{-3}	6.5×10^{-3}
0.17	1.3×10^{-5}	0.9×10^{-4}	0.3×10^{-3}	2.1×10^{-3}	3.3×10^{-3}

3. 反应动力学

H_2S 与粉状 ZnO 反应动力学研究表明，反应对 p_{H_2S} 而言系一级反应，反应速率常数可按式（9-3-37）计算。

$$K=9.46\times10^{-2}\exp[-7236/(RT)] \tag{9-3-37}$$

在 ZnO 脱硫过程中，硫离子必须扩散进入晶格才能使氧离子向固体表面扩散。由于从六方晶系的 ZnO 转化成了等轴晶系的 ZnS，使脱硫剂的晶体结构发生了变化，较大的硫离子取代原来的氧离子的位置使催化剂孔隙率明显下降。在表面未形成 ZnS 覆盖膜前总的反应速率受孔扩散控制，形成 ZnS 膜后受晶格扩散控制，此时 H_2S 就较难通过表层 ZnS 与体相 ZnO 反应。较大的比表面与合适的孔结构有利于 ZnO 与 H_2S 之间的反应，提高脱硫效率。

二、脱硫剂的物化性质及使用条件

1. 主要型号、物化性质及使用条件

氧化锌脱硫剂主要组分是氧化锌，通常还添加 CuO、MnO_2 和 MgO 等促进剂，钒土、水泥等黏结剂，以提高其转化能力和强度。其主要型号、技术指标及操作条件如表 9-3-9 所示。

表 9-3-9　氧化锌脱硫剂主要型号、技术指标及操作条件

项目＼型号		T302Q	T305	T306	JX-4C	KT310	C7-2	HTZ-3	ICI32-4	TC-22	ICI75-1	R5-10
外观		深灰色球	浅黄色条	浅褐色条	灰白色条	白色条	淡黄色条	白色条	球	条	球	条
粒度/mm		$\phi3.5\sim4.5$	$\phi4\times$(4~10)	$\phi4\times$(5~20)	$\phi4\times$(5~20)	$\phi5\times$(5~15)	$\phi4\times$(4~8)	$\phi4\times$(4~6)	$\phi3\sim4.8$	$\phi4\times$(4~15)	$\phi3.2\sim5.1$	$\phi4$
堆密度/(kg/L)		0.8~1	1.1~1.3	1.1~1.2	0.95~1.20	0.9~1.0	1.15~1.25	1.4	1.1	0.9~1.1	0.84	1.4
径向抗压碎力/(N/cm)		>20N/颗	≥40	≥50	≥50	≥50	≥40	20		≥40		20~30
磨耗/%		<6	<5		<5							
操作条件	温度/℃	200~350	200~400	180~400	220~400	室温至40	200~425	350~400	35~450	20~50	150	200~400
	压力/MPa	2.8	0.1~4.0	4.0	常压至4.0	不限	0.1~5.0	0.1~5.0	0.1~5.0	常压至3.0		0.1~5.0
	气空速/h^{-1}		1000~3000	≤3000	≤1000	≤1000	1000~5000			500~1000		200~400
	穿透硫容/%	>20	>22	>25	30%(350℃)	≥10	18	25	18~25	≥10	20	25
	出口硫/10^{-6}	<1	<0.1	0.1	<0.03	<0.3	<0.2	0.1		<1	<0.1	
用途		保护低变催化剂	用于氨、甲醇厂脱硫	用于丁辛醇合成气脱硫	用于氨、甲醇厂脱硫	用于合成甲醇等常温脱硫	用于液态烃脱硫	用于烃油为原料脱硫	大氨型厂脱硫	用于丙烯等常温脱硫		
产地		中国	中国	中国	中国	中国	美国	丹麦	英国	中国	英国	德国

ICI86-1 和 ICI86-2 是 ICI75-1 的改进产品，具有水解 COS 和吸收 H_2S 的能力，室温下体积硫容达 180~200kg/m³。ICI86-2 在 110℃ 可将 CO_2 中 6~8mg/m³ 的 COS 和 300mg/m³ 的 H_2S 脱除至 0.1mg/m³ 以下。卢森堡 Labofina 的氧化锌脱硫剂添加 5% Al_2O_3 和 3% CaO，可将丙烯中 2.7μg/g COS 降至 25ng/g。

为了提高氧化锌脱硫剂的低温活性，近年来对纳米氧化锌作为脱硫剂的原料的研究十分活跃，有的研究者采用均匀沉淀法制备了粒径为 14.3~35.3nm 左右的纳米氧化锌脱硫剂，并与分析纯氧化锌（颗粒为 200nm 左右）脱硫剂相比，14.3nm 的氧化锌脱硫剂室温脱除 H_2S 的活性时间是分析纯的近 40 倍；其脱硫性能随粒径增大、氧空位减少而下降，脱硫后高结合能的硫物种增多，硫取代晶格氧的趋势增大，认为出现了以多硫键相结合的硫，以含有多个硫的氧化锌形式存在（ZnS_xO_x，也可能有 ZnS_xO_xH）的新硫物种。纳米 ZnO 可直接将 H_2S 选择氧化为单质硫，尾气中未见 SO_2 产生。

2. 脱硫剂的选用

脱硫剂在市场上型号很多，可根据不同工艺条件来选择。

① 对只含少量 H_2S 和 RSH（硫醇）的天然气，可在 300~400℃ 单独用 ZnO 脱硫，如 T305、C7-2、ICI32-4 型脱硫剂。

② 对含 RSR（硫醚）、C_4H_4S（噻吩）等复杂有机硫化合物的天然气、油田气、炼厂气、焦炉气及轻油等，先要经 Co-Mo、Fe-Mo 加氢转化催化剂将其转化成 H_2S 后，再用 ZnO 脱除，如可用 T305、HTZ-3 等型脱硫剂。

③ 在保护低变时，可置于低变之前或在炉顶装一定数量的 ZnO 脱硫剂，但需选择耐较高水汽的脱硫剂，如 T302Q、T305 等。

④ 用于甲醇、丁辛醇等合成气脱硫，希望在低温或常温下进行，这类催化剂可用 T306、T309、T310，T310 具有脱硫精度高，但硫容要比高温时要低一些，故进口硫应小于 10×10^{-6} 以下为宜，否则不太经济。

⑤ 在尿素生产过程中，CO_2 气中的 H_2S 有时高达 $(50 \sim 100) \times 10^{-6}$，造成尿素合成塔腐蚀，尿素变黑，质量下降。这时可用 ZnO 脱除 CO_2 中的 H_2S，使达 5×10^{-6} 以下，使尿素质量得以保证。此类可用 T305、T306 型脱硫剂。

三、工艺流程及生产控制条件

1. 工艺流程

由于氧化锌脱硫剂的脱硫精度高，硫容量相对较小而价格较昂贵，因此不论在何种场合总是把它用作最终精脱硫。只在原料气中硫含量很低时单独使用，通常将它直接或间接地串联在其他脱硫装置的后面，起"把关"作用。

（1）氧化锌脱硫本身的流程

① 单槽流程。原料气只经过一个脱硫槽即可达到净化目的。单槽流程具有流程简单、操作方便等优点，但下段脱硫剂得不到充分利用，且脱硫精度不高。

② 双槽流程。见图 9-3-3，和单槽流程相同，只适用于含少量 H_2S 及 RSH 的天然气。两槽串联使用时脱硫过程主要在 3（Ⅰ）槽中进行，3（Ⅱ）槽"把关"和备用。当 3（Ⅰ）槽出口硫含量接近入口硫含量时，将 3（Ⅰ）槽从系统中切换出来更换脱硫剂，此时用 3（Ⅱ）槽单独操作。更换后再串入流程中，此时 3（Ⅰ）槽仍放在前面，以便将装填脱硫剂时产生的粉尘用 3（Ⅱ）槽进行过滤，以免带入转化炉污染蒸汽转化催化剂。一周后将两槽倒换操作。

双槽串联流程中，每槽脱硫剂都能达到或接近饱和硫容，脱硫剂利用率高，出口气体净化度不会超标。

（2）与其他脱硫方法串联使用的流程

① 直接串联在以天然气为原料活性炭脱硫装置之后，脱除活性炭槽漏过的硫化物，以保护蒸汽转化催化剂。该法一般用于含简单有机硫或 H_2S 较高的场合。

② 间接串联在湿法脱硫装置（如以煤或重油为原料的合成氨厂半水煤气、裂解气、变换气脱硫装置）后，单独在低变炉前设置氧化锌脱硫槽，或在低变炉最上层铺一层氧化锌脱硫剂，以脱除变换气中残余硫化物，保护低变催化剂。

③ 含有复杂的有机硫（例如硫醚、噻吩）的天然气、石油加工副产气、焦炉气，先用加氢转化催化剂将有机硫转化为 H_2S，最后用氧化锌脱硫剂脱除之，见图 9-3-5。

④ 两次加氢、中间气提串氧化锌脱硫流程。对总有机硫含量较高（200×10^{-6} 以上）的天然气，为提高有机硫的最终转化率，将一次加氢转化生成的 H_2S 用气提法除去，再进行第二次加氢将剩余的有机硫更彻底地转化为 H_2S，然后用氧化锌脱除干净，见图 9-3-4。

⑤ 加氢、湿法脱硫串氧化锌脱硫流程。对有机硫含量较高的气态烃，将加氢转化生成

的 H_2S 用湿法将其大部除去后再用氧化锌脱硫进行精脱硫，见图 9-3-8。

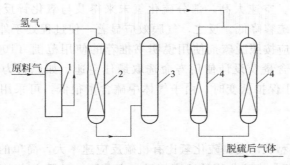

图 9-3-8 加氢、洗涤串氧化锌脱硫流程
1—加热器；2—加氢槽；3—洗涤塔；4—氧化锌槽

⑥ 湿法、加氢、氧化锰串氧化锌脱硫流程。对总硫含量较高的气体，用湿法脱除大部分 H_2S 后，经加氢转化、锰矿石将大部分 H_2S 脱除，最后用氧化锌脱硫剂进行精脱硫。焦炉气脱硫一般采用此法，见图 9-3-9。

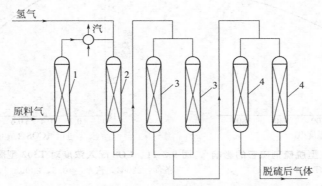

图 9-3-9 湿法、加氢、氧化锰串氧化锌脱硫流程
1—洗涤器；2—加氢槽；3—氧化锰槽；4—氧化锌槽

2. 生产控制条件

（1）温度　提高操作温度可提高硫容量，特别在 200～400℃ 硫容增加较明显（见图 9-3-10），但不要超过 400℃，以防止因烃类的热裂解而造成结炭。用于天然气、油田气、炼厂气、焦炉气、重油裂解气等各种原料气和轻油的脱硫时，采用反应温度都比较高，一般为 350～400℃，如果脱硫剂前设置有钴钼或铁钼加氢催化剂时，其反应温度跟随加氢转化催化剂而不必进行调节和严格控制。当用于保护低变催化剂时，其操作温度通常与低变相同（200～220℃）。如果低变用的水蒸气是在脱硫槽的出口处配入的，这时进脱硫槽的工艺气体中基本不含水，则可以适当提高操作温度（如 300～320℃），以便在保证净化度的前提下提高脱硫剂的使用硫容。在脱硫剂使用后期，也可适当提高操作温度，以进一步提高硫容，延长更换周期。

常温下使用氧化锌脱硫剂虽然硫容不高（10% 左右），但可大大提高氧化锌脱硫化氢的净化度（这与反应平衡与热效应有关），出口脱硫精度可达 20×10^{-9} 左右。

（2）压力　提高操作压力，可大大降低线速度，有利于提高反应速率。因此操作压力高时，空速可相应加大。氧化锌脱硫剂可在常压至 4.0MPa 范围内使用。

（3）空速 氧化锌与硫化氢的反应非常迅速、彻底，因而可采用的空速范围较大。但仍然存在着最佳空速问题。空速太高，部分硫化氢未来得及与氧化锌反应就被气流带出反应床，致使脱硫剂穿透，硫容降低。反之，气膜效应显著，使过程处于外扩散控制，反应速率小，硫容量低。通常，应按照脱硫剂使用说明书推荐的使用范围（$1000\sim4000h^{-1}$），并根据原料气中硫的形态和含量及设计使用寿命选取最佳空速。如原料为烃油则液空速范围为 $1\sim3h^{-1}$。当脱硫剂用于保护低变时，由于气体中硫含量很低，可采用较高空速值，甚至高达 $20000h^{-1}$。

（4）原料成分

① 含硫化合物的类型及浓度。硫化氢比有机硫反应速率大，简单的有机硫比复杂的有机硫反应速率大。另外，原料中硫化物的浓度超过一定范围，对反应速率便开始有明显的影响。对硫化氢来说，这个范围比较宽，而对有机硫来说，这个范围就比较窄。试验证明，在其他条件不变的情况下，COS 的配入浓度增加时，脱硫剂的穿透硫容相应降低，见图 9-3-11。

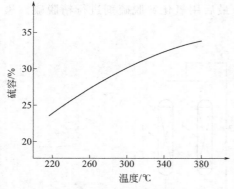

图 9-3-10 温度对 T305 型脱硫剂硫容的影响   **图 9-3-11 COS 配入浓度对 T302 型脱硫剂穿透硫容的影响**
（试验条件见 HG/T 2513—2014）   （条件：220℃，汽/气=0.3，$2000h^{-1}$，进口配 H_2S $3g/m^3$）

② 水汽含量。一般来讲，在较低的反应温度下，氧化锌脱硫剂的穿透硫容与水汽/干气关系不大，但在较高温度下，汽/气比值的增加就会对硫容量有显著影响。另外从表 9-3-7 也可以看出硫化氢平衡浓度与温度及水蒸气含量的关系十分密切，当操作温度和水汽含量都较高时，硫化氢的平衡浓度将大大超过对脱硫净化度指标的要求。

某些金属氧化物与蒸汽的水合反应可用下面通式表示：

$$MeO(固) + H_2O(汽) \Longrightarrow Me(OH)_2(固) \tag{9-3-38}$$

由于氢氧化物的生成能降低氧化锌脱硫剂的机械强度，减少脱硫剂孔容，影响其脱硫性能，因此在使用和储存脱硫剂时要尽量避免组分发生水合反应。氧化锌脱硫剂中常见的金属氧化物组分中，氧化钙最容易发生水合反应，氧化锌最不易发生水合反应，因此当氧化锌脱硫剂中非氧化锌组分较高时，就会不同程度降低它的抗水解力。

实际用氧化锌脱硫时，工艺气中水汽含量较高（如低温变换前），则采用较低的操作温度，以保证脱硫精度；工艺气中基本不含水汽时（如一段蒸汽转化前），则采用较高的操作温度，以便在保证脱硫精度前提下，充分发挥脱硫剂的效能，达到尽可能高的硫容。

③ 氢含量。氢与氧化锌发生下列反应：

$$ZnO(s) + H_2(g) \Longrightarrow Zn(s) + H_2O(g) \tag{9-3-39}$$

由该反应的标准自由能变化 ΔG_T 计算出不同温度时的平衡常数 K_p，见表 9-3-10。

表 9-3-10　反应式(9-3-39)的平衡常数

温度/℃	298	300	400	500	600	700
K_p	2.63×10^{-18}	3.94×10^{-18}	1.3×10^{-11}	6.62×10^{-9}	4.03×10^{-7}	7.11×10^{-5}

图 9-3-12 是有关金属氧化物在氢中的相平衡图。图中的各曲线是氢把线右边的金属氧化物还原成左侧的低价金属氧化物或金属的平衡线。

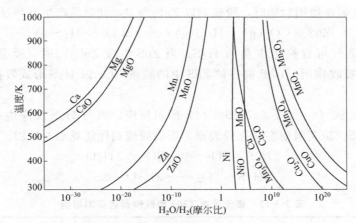

图 9-3-12　金属氧化物在氢中的相平衡图

当气体中水蒸气与氢的分压比小于该温度下的还原反应平衡常数时，就会发生还原反应。与氢反应的 K_p 值越小，它在氢中越稳定。只要系统中有少量水蒸气，反应式（9-3-39）就不会发生。据此，可以选择适当的还原条件，控制还原进程，以得到与氧化锌共存的添加剂的物相。

金属硫化物可能被氢还原放出 H_2S 而影响脱硫剂的净化效果。

$$MeS(s) + H_2(g) \Longrightarrow Me(s) + H_2S(g) \tag{9-3-40}$$

但由于在使用条件下，反应平衡常数很小，因而这些硫化物在氢中可以说是稳定的。为了使有机硫催化加氢反应得以进行，并避免原料中有机硫分解结炭或生成聚合物残留在脱硫剂表面，向原料气中加入氢或氢氮混合气（返氢 $2\%\sim3\%$）是允许的。

对前面设置加氢转化的流程，由于有机硫化合物加氢的需要，要加入一定量的氢气或氮氢混合气。原料为轻油时，氢/油体积比取 $60\sim100$；原料为气态烃时，返氢 $2\%\sim10\%$。这对氧化锌脱硫剂的使用也是有利的。

④ 二氧化碳含量。氧化锌与 CO_2 反应生成碳酸锌。

$$ZnO(s) + CO_2(g) \Longrightarrow ZnCO_3(g) \tag{9-3-41}$$

碳酸锌的生成能降低脱硫反应的推动力，减少脱硫剂的孔容，从而影响脱硫剂的性能。因此，在含有 CO_2 的气体中使用氧化锌脱硫剂应尽力避免生成碳酸锌（见表 9-3-11）。

表 9-3-11　生成 $ZnCO_3$ 的 CO_2 平衡分压

温度/℃	25	50	75	100	125	150	175	200	227
p_{CO_2}/MPa	0.49×10^{-4}	0.45×10^{-3}	0.297×10^{-2}	0.153×10^{-1}	0.64×10^{-1}	0.225	0.688	1.862	4.84

但正常操作条件下，一般 CO_2 分压不高，达不到生成 $ZnCO_3$ 的程度。如在 CO_2 含量

5%~30%的原料气中，干燥的 CO_2 很难吸附于 ZnO 表面，因此对 ZnO 脱硫无影响。

氧化锌脱硫剂中常含有的金属氧化物组分中生成碳酸盐的难易顺序是：CuO＞NiO＞ZnO＞MgO＞CaO。其中氧化钙最容易生成碳酸盐。

当 CO_2 与水共存时，对 ZnO 脱硫有微弱的负效应，这是因为水使 ZnO 表面羟基化，这既利于 H_2S，又同时利于 CO_2 在其表面吸附，两者之间的竞争吸附使得 CO_2 显示出负效应。

当氧化锌脱硫剂在使用后期时，脱硫剂以 ZnS 为主，此时易产生下列反应：

$$ZnS + CO_2(g) + H_2O(g) = ZnCO_3 + H_2S(g) \qquad (9\text{-}3\text{-}42)$$

即二氧化碳和水蒸气可置换出少量的 H_2S。当 ZnS 生成 $ZnCO_3$ 时，受热分解后生成的 ZnO 对 H_2S 又有吸收作用，因此前一炉 ZnS 中的硫被 CO_2 以 H_2S 形式置换到后一炉 ZnO 槽中。

⑤ 氧含量。如式（9-3-43）、式（9-3-44）所示反应，氧与 H_2S 反应生成 SO_2，SO_2 再与 H_2S 反应生成 S。硫黄吸附在氧化锌表面，影响脱硫剂性能见表 9-3-12。

$$2H_2S + 3O_2 = 2SO_2 + 2H_2O \qquad (9\text{-}3\text{-}43)$$

$$2H_2S + SO_2 = 2H_2O + 3S \qquad (9\text{-}3\text{-}44)$$

表 9-3-12　氧含量对 T302 型脱硫剂硫容的影响

氧含量/%	<0.1	0.2~0.25	0.4~0.5
硫容/%	27.37	16.04	12.08

（5）其他有害杂质　对氧化锌脱硫剂有毒害杂质主要是氯和砷。原料中的氯与氧化锌表面反应生成氯化锌，它覆盖在氧化锌表面阻止硫化氢进入脱硫剂内部，从而大大降低脱硫剂的性能，砷对氧化锌是永久性中毒，应严格控制。

四、使用实例

① 用于焦炉气脱硫保护低变催化剂。某年产 6 万吨中型氨厂以焦炉气及高炉气为原料，经铁钼加氢转化和锰矿脱硫后含硫为 (20~40)×10^{-6}。低变前设 ϕ2600mm 的氧化锌脱硫槽，装填 T305 和 T302 型脱硫剂共 15m³，约 14.5t，共分三层，每层高 1300mm。在压力 1.5~1.6MPa、温度 250~300℃、汽/气 0.7~0.9 条件下，出口总硫<1×10^{-6}。

② 用于甲醇合成气脱硫保护铜催化剂。某年产 5.5 万吨甲醇的中型氨厂在改用铜系催化剂合成甲醇后，要求水洗后原料气中硫脱除至 0.1×10^{-6}。脱硫槽为两个并联，直径 ϕ1600mm，脱硫剂装量 20.4m³，脱硫剂分三层装填，每层高度 1400mm。入口气体组分为：CO 22%，CO_2 5%，H_2 64%，N_2 6%，CH_4 2%，H_2S 2.1×10^{-6}。脱硫槽在压力 2.7~3.0MPa、温度 220~240℃、空速 686h^{-1}、处理气量 14000m³/h 条件下使用 3 年，第一年出口总管含硫 (0.07~0.09)×10^{-6}，第二年为 (0.08~0.10)×10^{-6}，第三年为 (0.09~0.14)×10^{-6}。

③ 某以天然气为原料的 30×10^4t/a 大型合成氨装置中氧化锌 B 槽装 T305 型氧化锌脱硫剂 70t，经 T201 型加氢转化催化剂后原料气中 H_2S 含量 170×10^{-6} 左右，再在温度 339℃、压力 3.6MPa 条件下通过脱硫剂后，可将 H_2S 脱除至 0.07×10^{-6}。

④ T305 型氧化锌脱硫剂在不同类型装置中使用时的硫容考核实例如表 9-3-13 所示。

表 9-3-13　T305 型脱硫剂硫容工业考核情况

工厂名称	装置类别	取样部位	硫容/%	工厂名称	装置类别	取样部位	硫容/%
湖北化肥厂	以轻油为原料 30×10⁴t/a 大型合成氨(使用温度 380～400℃)	最上层 上层 中层 下层 平均	38.3 37.1 36.9 30.3 35.7	山西焦化股份有限公司	以煤为原料 14×10⁴t/a 中型合成氨(使用温度 280℃)	上层 中层 下层 平均	36.15 34.42 36.57 35.71
泸州天然气化工总厂	以天然气为原料 30×10⁴t/a 大型合成氨(使用温度 380℃)	中、上部 下部 平均	37.3 32.2 34.8	镇海炼化公司	以焦化干气为原料 2×10⁴m³/h 制氢(A) (使用温度 350℃)	上层 中层 下层 平均	36.89 36.36 29.45 34.23

第四节　氧化铁法

一、基本原理

氧化铁法是一种古老干式脱硫法，早先用于城市煤气净化，改进的干箱铁碱法，只用于城市煤气及中、小型尿素装置 CO₂ 脱 H₂S。氧化铁法经多次改进及研究，应用范围逐渐扩大，目前氧化铁脱硫已从常温扩大到中温和高温领域，因操作温度不同，脱硫剂的热力学状态、脱硫的反应机理、脱硫性能都不一样。为使用方便，将氧化铁脱硫过程按温度不同划分为三种温区，表 9-3-14 给出了各种方法的特点。

表 9-3-14　各种氧化铁脱硫法特点

方　法	脱硫剂组分	使用温度/℃	脱除对象	生成物
常温脱硫	FeOOH	20～50	H₂S、RSH	Fe₂S₃·H₂O
中温脱硫	Fe₂O₃	350～400	H₂S、RSH、COS、CS₂	FeS、FeS₂
中温铁碱	Fe₂O₃·Na₂CO₃	150～280	H₂S、RSH、COS、CS₂	Na₂SO₄
高温脱硫	ZnFe₂O₄ 等	>500	H₂S	FeS、ZnS

1. 化学反应方程式及热力学数据

(1) 常温氧化铁脱硫　常温下用羟基氧化铁脱硫时脱硫反应为：

$$FeOOH + 2H_2S \longrightarrow FeSSH + 2H_2O \tag{9-3-45}$$

脱硫剂吸收 H₂S 后可加入适量空气在一定条件下再生，反应为：

$$FeSSH + O_2 \longrightarrow FeOOH + 2S \tag{9-3-46}$$

水汽存在和碱性条件可以促进上述脱硫反应，在常温下获得较高硫容，因脱硫精度高，也可用于精细脱硫。

近几年，不少研究者对在制备羟基氧化铁和氧化铁过程中的相变过程、羟基氧化铁的种类、制备方法及和脱硫性能的关系进行了深入的研究。羟基氧化铁有四种形态的同质异构体，分别为 α-FeOOH、γ-FeOOH、δ-FeOOH、β-FeOOH。水合氧化铁在制备过程中加热脱水相变过程如图 9-3-13 所示。

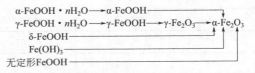

图 9-3-13　不同形态铁氧化物的脱水相变过程

以往认为，用于常温脱硫的活性铁主要是 α-FeOOH、γ-FeOOH 及含水的 Fe_2O_3。北京三聚环保新材料股份有限公司（简称三聚公司）根据在不同条件制备的羟基氧化铁脱硫活性受到制备条件或环境的强烈影响，以及不同的制备条件将得到不同结构和特性的产物，其中影响较大的因素主要有反应物种类、浓度、碱比、工艺条件、添加剂等，针对上述影响因素选择了不同的亚铁盐、不同的沉淀剂和相同的沉淀剂、不同的亚铁盐进行了不同晶形羟基氧化铁的制备研究，认为：和 α-FeOOH、γ-FeOOH 相比，无定形羟基氧化铁脱硫活性更高，几乎 100% 参加反应。三种羟基氧化铁硫容对比见表 9-3-15。

表 9-3-15 三种羟基氧化铁硫容对比

脱硫材料	α-FeOOH	γ-FeOOH	无定形羟基氧化铁
硫容/%	46.0	46.2	62.1

注：试验条件为原料气含 4.02%（体积分数）H_2S 的氮气，常温，常压；空速为 $2000h^{-1}$，羟基氧化铁粒度：40～60 目，出口 H_2S 0.02×10^{-6}。

三聚公司在国内首次实现高纯度无定形 FeOOH 工业化生产的同时，研制、生产了一种新型、高效的常温无定形羟基氧化铁脱硫剂 CDS-100，外观为 $\phi 4mm \times (5 \sim 40)mm$ 褐色条，堆密度 0.60～0.80kg/L，径向抗压碎力 60N/cm 以上，脱 H_2S 精度可达 0.02×10^{-6}，单次穿透硫容高达 35% 以上，该产品已经在工业上得到应用。此外，还进行了废脱硫剂再生-复原-硫回收工作，解决了使用后的废脱硫剂多次再生问题，形成了产品资源循环化和再生产品循环化的环保资源循环经济，真正实现了零排放，彻底消除了二次污染。

（2）中温氧化铁脱硫 脱硫活性铁为无水氧化铁（Fe_2O_3），组成视脱硫气氛而定。

① 在还原性气氛下以 Fe_3O_4 为主，脱硫过程如下：

$$3Fe_2O_3 + H_2 \Longrightarrow 2Fe_3O_4 + H_2O \tag{9-3-47}$$

$$Fe_3O_4 + H_2 + 3H_2S \Longrightarrow 3FeS + 4H_2O \tag{9-3-48}$$

$$FeS + H_2S \Longrightarrow FeS_2 + H_2 \tag{9-3-49}$$

蒸汽-空气再生时的主要反应为：

$$FeS + H_2O \Longrightarrow FeO + H_2S \tag{9-3-50}$$

$$2FeS + \frac{7}{2}O_2 \Longrightarrow Fe_2O_3 + 2SO_2 \tag{9-3-51}$$

H_2S 和 SO_2 之间还会进行如下反应：

$$SO_2(g) + 2H_2S(g) \Longrightarrow 2H_2O(g) + \frac{3}{2}S_2(g)（Clause 反应） \tag{9-3-52}$$

中温下按式（9-3-48）进行脱硫时，不同温度和水汽浓度对氧化铁脱硫剂上 H_2S 平衡浓度影响见表 9-3-16。低温、加压和降低水汽浓度均有利于降低平衡时 H_2S 的浓度。将表 9-3-16 和表 9-3-8 相对照后可以看出，中温下氧化铁的脱硫精度明显地要低于氧化锌。

表 9-3-16 不同水汽浓度与温度下式（9-3-48）H_2S 平衡浓度　　　　　单位：10^{-6}

水汽含量/%	200℃	250℃	300℃	370℃	400℃
3.3	1.85	3.1	5.1	8.9	10.8
1.7	0.7	1.35	2.02	3.51	4.23
0.33	0.0086	0.157	0.202	0.41	0.49
0.17	0.00157	0.062	0.093	0.164	0.196

② 若净化在非还原性（惰性）气氛下进行，则氧化铁不必还原即可直接用于脱硫。反应按下式进行：

$$Fe_2O_3 + 3H_2S \Longrightarrow FeS + FeS_2 + 3H_2O \qquad (9\text{-}3\text{-}53)$$

（3）中温铁碱脱硫　用于 150～180℃下的 $Na_2CO_3 \cdot Fe_2O_3$ 中温铁碱脱硫剂，在原料气中含有 COS、CS_2 时，被水解为 H_2S，再被氧化为 SO_2、SO_3，最终被 Na_2CO_3 吸收成不可再生的 Na_2SO_4。目前，该工艺已被其他工艺代替。

有人计算出了 Texaco 气氛、不同温度下各种活性铁脱硫的最大精度，由此得知：

① 脱硫过程均为放热过程，低温有利于提高气体净化度。

② 无论以 Fe_3O_4、FeO 或金属铁进行脱硫，较低温下 H_2S 均可脱除至 1×10^{-6}，温度提高到 327℃以上，脱硫精度明显降低。

③ FeS 不易进一步硫化为 FeS_2，故 FeS 脱硫不占显著地位。

④ FeO 与金属铁脱硫精度接近。从热力学观点来看，加压操作和降低水汽含量都有助于进一步提高脱硫精度。例如，以 Fe_2O_3 脱硫，若压力由常压升至 0.8MPa，则脱硫精度为原来的 8 倍。若气体的水汽含量减少一半，则脱硫精度为原来的 16 倍。

（4）高温氧化铁脱硫　高温下用铁酸锌脱硫时：

$$ZnFe_2O_4 + 3H_2S + H_2 \Longrightarrow ZnS + 2FeS + 4H_2O \qquad (9\text{-}3\text{-}54)$$

用含 O_2 2% 的 N_2 再生废脱硫剂时，再生过程的主要反应为：

$$2FeS + ZnS + 5O_2 \Longrightarrow Fe_2O_3 + ZnO + SO_2 \qquad (9\text{-}3\text{-}55)$$

$$2FeS + ZnS + 2O_2 + 2H_2O \Longrightarrow Fe_2O_3 + ZnO + SO_2 + 2H_2S \qquad (9\text{-}3\text{-}56)$$

$$Fe_2O_3 + ZnO + 4SO_2 + 2O_2 \Longrightarrow Fe_2(SO_4)_3 + ZnSO_4 \qquad (9\text{-}3\text{-}57)$$

2. 反应动力学

常温氧化铁脱硫在 15～35℃下分两个阶段，第一阶段反应迅速，具自催化性质，对 H_2S 分压为一级反应，动力学方程为：

$$W = k_1 p_{H_2S}(b - x) \qquad (9\text{-}3\text{-}58)$$

第二阶段则与 H_2S 分压无关，反应速率减缓，动力学方程为

$$W = k_2(b + x)(a - x) \qquad (9\text{-}3\text{-}59)$$

式中　p_{H_2S}——H_2S 起始分压，kPa；

k_1，k_2——第一阶段和第二阶段反应速率常数；

x——反应时已达到的硫容，g(硫)/100g（脱硫剂）；

b——第一阶段饱和硫容，g(硫)/100g（脱硫剂）；

a——第二阶段饱和硫容，g(硫)/100g（脱硫剂）。

成型催化剂因受外扩散及孔扩散阻滞，反应速率与气体线速的 0.57 次方成正比，与粒度成反比。

中温条件下在 Fe_3O_4 上的脱硫动力学研究尚未见报道，而 Fe_2O_3 上的动力学方程对 H_2S 分压亦为一级反应。

$$W = k p_{H_2S} \qquad (9\text{-}3\text{-}60)$$

二、氧化铁脱硫剂

1. 国外知名品牌氧化铁脱硫剂

国外知名品牌的氧化铁脱硫剂有美国的 $C_{9\text{-}1}$、$C_{9\text{-}2}$、CT-42，德国的 BRM，日本的

N-IDS、FX,俄罗斯的 481-Cu、482-Cu 等。印度在 CDD-12A 之后,又于 1983 年推出 CDD-12E,它可在水蒸气浓度高达 7% 时仍然有效。美国则致力于联合循环发电热煤气中 $200 \sim 800 \mu g/g$ 的 H_2S 的脱除。早先采用飞灰负载金属铁方式,近年美能源部认为铁酸锌最有前途,它由摩根城能源技术中心(METC)研制,并由 UCI 生产,型号为 L-1422,是 $\phi 5mm$ 条状 $ZnFe_2O_4$,已在 240t/d 煤处理量的气化系统中使用。

2. 中国氧化铁脱硫剂

中国工业常用氧化铁脱硫剂性能见表 9-3-17。应用侧重于常温 FeOOH,它硫容高,可再生,价廉,能耗低,出口硫可达 $0.1 \mu g/g$ 以下,颇受中、小型厂青睐,用于甲醇合成气及尿素 CO_2 脱硫。

表 9-3-17　中国工业常用氧化铁脱硫剂性能

型号	T501	TG-3	TG-4	TG-F	SN-2	NCT	HT	PM	JX4A	JX-1	EF-2
外观	棕黄色	红褐色	红褐色	褐黑片	褐红条	黄棕条	红褐条	红褐条	褐色条	褐色条	黄色条
粒度/mm	$\phi 5 \times$ (5~8)	$\phi 5 \times$ (5~15)	$\phi 5 \times$ (5~15)	叶片	$\phi 4 \times$ (4~10)	$\phi 5 \times$ (5~15)	$\phi 5 \times$ (5~15)	$\phi 5 \times$ (5~15)	$\phi 4 \times$ (5~20)	$\phi 4 \times$ (5~20)	$\phi(3 \sim 4) \times$ (5~15)
堆密度/(kg/L)	0.80~0.85	0.8~0.9	0.65~0.75	0.3~0.6	0.7~0.8	0.75~0.85	0.8~0.9	0.7~0.9	1.00~1.10	1.00~1.15	0.6~0.8
抗压碎力/(N/cm)	>35	45	40	≥40	35	35	200	≥110	≥110	>50
使用压力/MPa	0.1~2.0	0.1~3.0	0.1~2.0	0.1~2.0	0.1~2.0	0.1~2.0	0.1~3.0	0.1~2.0	常压	常压至3.0	常压至3.0	0.1~8.0
使用温度/℃	5~40	80~140	5~50	10~40	200~350	5~50	10~45	20~30	0~80	-10~50	5~100
空速/h⁻¹	300~1000	300~1000	300~1500	50~150	1000~2000	750~1500	500~1000	40~100	4(液)	≤3000	1000~2000
入口 $H_2S/10^{-6}$	<200				COS	≤200	7~150	1000~2000	≤1000	≤1000	
出口 $H_2S/10^{-6}$	1	1	0.1	15	COS3	1	1	<20	≤0.1	≤0.1	0.03
穿透硫容/%	>20	累计>30	累计>60	累计30~60	20	20	20	25	≥30	≥30	累计>45
再生温度/℃	<80	不再生	20~60		450~550						30~60

三、工艺设计及生产控制条件

1. 温度

气体进入床层温度一定要保持在露点以上,特别是在冬季,以免严重水化脱硫剂。

不论是低温还是中温脱硫,不论脱 H_2S 还是脱硫醇,升高温度对脱硫有利。对于常温脱 H_2S 而言,只要脱硫剂能保证足够的水含量,宜采用较高的操作温度,如 TG 型脱硫应保证不低于 20℃。活化后的氧化铁赤泥在 15~35℃ 范围内,每升高 10℃,反应速率增加一倍。如操作温度高于 40℃,脱硫产物 $Fe_2S_3 \cdot H_2O$ 即分解为 FeS_2 及 Fe_3S_2,造成再生困难;高于 90℃,脱硫剂的晶格会发生变化,而影响其使用寿命和脱硫精度。总之,对于常温型氧化铁脱硫剂使用温度以 20~40℃ 为宜,在此范围内活性较大,硫容较稳定。

2. 压力

常温下，氧化铁的脱硫反应是不可逆的，故不受平衡分压影响。但提高操作压力可增大硫化氢的浓度，提高脱硫剂的硫容。气体中硫化氢含量越高，压力影响越显著。所以在条件允许时，提高脱硫操作压力是有利的，不仅可缩小设备尺寸，还可减少脱硫成本。

3. 气体通过床层的线速度

TG 型脱硫剂的穿透空速与气体线速度的关系可用下式表示：

$$v_s = 7598 w^{0.57} \tag{9-3-61}$$

式中　v_s——脱硫剂的穿透空速，h^{-1}；

　　　w——气体线速度，m/s。

据估算，线速度由 11mm/s（国内使用老式氧化铁脱硫剂规定气体线速度为 7~10mm/s）提高到 100mm/s，脱硫剂活性提高 86% 以上。若继续增大线速度，活性还可提高。

但是，随着气体线速度的增加，床层的阻力上升。

4. 脱硫剂的碱度

常温氧化铁脱硫过程中有一个重要步骤，就是 H_2S 在脱硫剂表面水膜中的解离。

$$H_2S \xrightarrow{\alpha_1} H^+ + HS^- \tag{9-3-62}$$

$$HS^- \xrightarrow{\alpha_2} H^+ + S^{2-} \tag{9-3-63}$$

H_2S 在脱硫剂表面水膜中溶解后，主要发生第一步解离，其解离度 α_1 随 pH 值增大而增大。第二步解离甚微，与第一步解离相比可以忽略不计。故碱度对脱硫剂活性的影响实质上是对 H_2S 解离为 HS^- 的影响。pH 增加，$[HS^-]$ 越高，脱硫反应进行得越快、越彻底。

通常，为维持脱硫剂的碱度，除在制造脱硫剂时加碱之外，要求气体中含有碱性物质。按国家城市煤气规范规定，进脱硫槽气体中氨含量在 $100mg/m^3$ 时即可满足操作要求。

5. 脱硫剂的水分含量

不同的脱硫剂，最适宜含水量的数值也不一样。但不论哪种常温氧化铁脱硫剂都要求一定的含水量，干燥的无碱脱硫剂几乎没有脱硫活性。若含水量太大，会使毛孔发生水封现象，使 H_2S 向孔内部的扩散发生困难，从而降低活性。TG 型脱硫剂的最适宜含水量约在 5%~15%。

6. 脱硫剂的物理特性

(1) 粒度　孔扩散显著地影响（阻碍）脱硫过程的进行，脱硫剂粒度 $R_0 < 1~2mm$ 时，孔扩散阻力基本排除，改变 R_0 不影响穿透空速。$R_0 > 2mm$，孔扩散开始阻碍过程进行，R_0 与空速呈线性关系。

含水 15% 的氧化铁与木屑混合物实测压力降关系式如下：

$$\Delta p = 42 R_0^{-0.61} \tag{9-3-64}$$

式中　Δp——床层压力降，mmH_2O/m 床层（$1mmH_2O = 9.80665Pa$）；

　　　R_0——脱硫剂平均粒度，mm。

上式测定时气体的线速度为 0.006m/s。

(2) 比表面　脱硫剂的比表面越大，穿透硫容越高。实践证明比表面保持在 $40m^2/g$ 以上为好。

(3) 孔径　孔径要细。孔径分布在 130~300Å 较好。

7. 气体中氧含量

通常，气体中没有氧存在时，脱硫与再生是分开进行的。失效的脱硫剂需经多次切气、通空气再生方能继续使用，此时脱硫剂的首次工作硫容并不高。当气体中有氧存在时，在脱硫的同时就有式（9-3-46）所示的再生反应。因此，气体中氧含量一般控制在硫化氢含量的5倍以上，或实际体积含量在 $(50～100)×10^{-6}$。

气体中的氧含量越高，FeSSH 存在的时间就越短，脱硫与再生过程的连续性就越好。

8. 气体中的水含量

实验证明，温度在 20～60℃ 范围内，只要气体水蒸气含量接近饱和状态的数值，TG 型脱硫剂的水含量就能保持在 7.35%～9.05%，符合最适宜含水量的要求。可以不另加水。

9. 气体中 CO_2 的含量

虽然活性氧化铁与 H_2S 的反应具有很高的选择性，由于 CO_2 在脱硫剂表面碱性液膜中的溶解能降低脱硫剂的 pH 值，因而气体中含有 CO_2 能降低脱硫剂的活性。对 TG 型脱硫剂来说，气体中 CO_2 浓度由 0 增加到 34%，脱硫剂的硫容降低 0.4%，相当于活性降低 7%。

为了抑制 CO_2 的影响，可往气体中加入氨。

10. 气体中的 HCN 含量

HCN 与氧化铁进行不可逆反应，因而引起脱硫剂的损失。在用氧化铁脱硫之前应该除去其中的 HCN。通常，在脱硫槽之前设一个"废槽"，用硫化铁与 HCN 反应生成普鲁士蓝，从而除去气体中的 HCN。

11. 气体中焦油含量

净化前应尽可能完全地除去气体中的焦油，以防止脱硫剂床层的沾污和堵塞。通常，要求废氧化物（即失活的脱硫剂）中焦油含量不超过 1%～1.5%。

四、工艺流程

1. 单槽流程

如图 9-3-14 所示，主要用于碳化后精脱硫，原料气自碳化工段回收塔来，经水分离器分离出夹带的水滴后进入氧化铁脱硫槽，再经碳化的清洗塔洗去气体中的氨后送往压缩。

脱硫槽可装三段脱硫剂，脱硫过程主要在一、二段内进行。第三段为保护层，通常处于备用状态。

流程中设有循环再生管线，脱硫槽工作期间定期检查出口 H_2S 含量，当发现大于规定值时，立即将脱硫槽与系统切断，用空气逐步导入原料气中进行再生。开动循环鼓风机使含氧气体在脱硫槽内循环。

脱硫槽设在清洗塔前可使气体中含有较高的

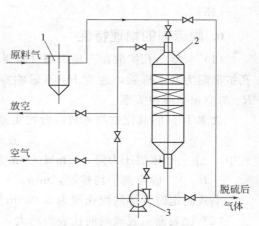

图 9-3-14　氧化铁单槽流程
1—水分离器；2—脱硫槽；3—循环鼓风机

氨，对提高脱硫剂的活性有利。如有粉状脱硫剂带出，可在清洗塔中一并除去。

2. 双槽流程

如图 9-3-15 所示，串联使用时，脱硫主要在 Ⅰ 槽进行。当系统出口开始泄硫，则将 Ⅰ 槽从系统中切断出来进行再生，原料气仅通过 Ⅱ 槽。再生结束后再恢复正常运行。

Ⅰ 槽脱硫剂经过多次脱硫、再生，当硫容量大于 30% 后便可报废，或用作制 H_2SO_4 的原料，更换新脱硫剂，此时可将两槽倒换使用。

并联使用时，气速低、阻力小，脱硫剂利用情况不如串联使用好。

脱硫槽内气体分流方式有两种，见图 9-3-16。

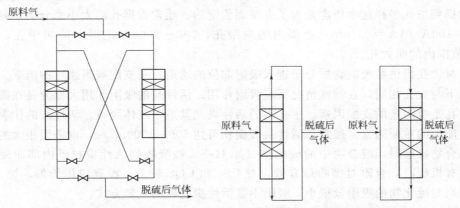

图 9-3-15　氧化铁双槽流程　　　　　图 9-3-16　脱硫槽内气体分流方式

五、使用实例

① 某中型氮肥厂在 3.5～3.8MPa 压力和 40℃温度下用常温氧化铁脱硫剂脱除 H_2S 含量<40×10^{-6} 的合成尿素用 CO_2 中的硫，4 槽串联使用，每槽装量 8.5m³(7t)，共运行 6200h，处理 CO_2 28×10^6 m³，净化气中 H_2S<15×10^{-6}，单槽空速 500h^{-1}。通入少量水汽，并含 0.4%～0.8% 的氧，可连续再生，硫容达 28%。用于处理含 H_2S 1.6～1.8g/m³ 的城市煤气时，可净化到（12～20）×10^{-6}，常温、常压下最高空速达 800h^{-1}，双槽寿命 22 个月。

② 某中型氮肥厂在压力 1.9～2.1MPa、温度 240～300℃、空速 1000h^{-1} 条件下处理含（1400～2000）×10^{-6} H_2S 的半水煤气，出口 H_2S 为 0.50×10^{-6}，第三、第四次再生后的硫容分别为 17.7% 和 18.6%。

③ 某中型氮肥厂采用常温氧化铁脱硫剂脱除半水煤气中的硫，采用单塔或双塔操作，使用空速 300～800h^{-1}，操作压力 0.39～0.78MPa，温度 15～35℃，当进口硫化氢含量为（26～65）×10^{-6} 时，出口气的硫化氢含量均可降到 1×10^{-6} 以下，在 50～65℃下操作，COS 的脱除率为 30%～60%。

④ 某一 20 万吨/年污水净化装置主要处理由焦化、加氢装置排放的含硫、含氨污水，采用单塔加压汽提、侧线抽氨，并从侧线抽出氨气采用浓氨水洗涤、结晶和两段吸附脱硫的精制工艺，从而获得合格的成品液氨。工艺中的一段及二段脱硫槽均采用 JX-1 型脱硫剂。在一段脱硫槽温度 10℃、压力 0.11MPa、空速 112h^{-1}，二段脱硫槽温度 90℃、压力

1.1MPa 的条件下，可将氨气中高达 $11176mg/m^3$ 的 H_2S 经一段后出口脱除至 $1.1mg/m^3$，经二段脱硫后出口未检出硫的存在，有效地保证了液氨的质量，达到了厂方设计要求。

第五节　活性炭脱硫法

一、基本原理

1. 活性炭的吸附作用

活性炭中的微晶体呈无规则排列，属无定形碳的一种。细孔的大小和形状不是均匀一致的，文献提到细孔半径这个概念是为了方便而假定的。通常根据孔的大小来分类，将孔的半径在 $10\sim100$Å（1Å$=0.1$nm）范围内的叫微孔，$100\sim2000$Å 范围内的叫中孔，$2000\sim10000$Å 范围内的叫大孔。

吸附时大孔提供被吸附物质分子进入吸附部位的通道，是支配吸附速度的因素。中孔在许多情况下与大孔相同，在特殊情况下起吸附作用。活性炭的吸附作用大部分是在微孔中进行的，微孔是吸附量的支配因素。中孔多的活性炭尤其适于气体脱硫。活性炭的比表面积是衡量吸附能力的重要因素。通常，活性炭表面积可达 $500\sim1500m^2/g$，内表面很大的活性炭与气体混合物接触时，混合物中的硫化物（如 H_2S）被吸收到活性炭粒子内部而使浓度变低。针对有机硫时，吸附对噻吩最有效，对 CS_2 和 COS 较差，没有应用价值。综上所述，由于活性炭对硫化物的吸附量很小，吸附不是活性炭脱硫的主要方式。

2. 活性炭表面上的催化氧化反应

H_2S 和 O_2 在活性炭表面活性基团的催化作用下反应生成单质硫，其反应如式（9-3-27）所示。

随后硫被活性炭吸附。为了使反应在一般温度下具有足够的速率，在待净化气体中加入一些氨，它可以使活性炭表面保持必要的碱度，以提高反应速率（为非催化反应的 400 倍）、脱硫效率和硫容，该反应是活性炭脱 H_2S 的主要方式。

H_2S 与 O_2 在活性炭表面的反应分两步进行：第一步是活性炭表面吸附氧，形成为活性中心的表面氧化物，这一步极易进行。第二步是气体中的 H_2S 分子与化学吸附的氧发生反应，生成的硫黄沉积在活性炭发达的微孔中。为了加速反应的进行，提高脱硫效果，实际 O_2/H_2S 需大于理论值 0.5，其比值以大于 3 为好。活性炭脱硫剂在干燥的气体中脱硫效果差，要求被净化气体的相对湿度较高。在有氧和氨存在下，对 COS 和 CS_2，则发生下列反应：

$$COS + 1/2O_2 \longrightarrow CO_2 + S \tag{9-3-65}$$

$$COS + 2O_2 + 2NH_3 + H_2O \longrightarrow (NH_4)_2SO_4 + CO_2 \tag{9-3-66}$$

$$CS_2 + 2O_2 + 2NH_3 + H_2O \longrightarrow (NH_4)_2S_2O_3 + CO_2 \tag{9-3-67}$$

3. 活性炭表面上的催化转化反应

活性炭尤其是活性炭浸渍上铁、铜、镍、钴、铬等盐类后，能促进有机硫与水蒸气、氨反应转化为 H_2S：

$$CS_2 + 2H_2O \Longrightarrow 2H_2S + CO_2 \tag{9-3-68}$$

$$COS + 2NH_3 \Longrightarrow CO(NH_2)_2 + H_2S \tag{9-3-69}$$

$$CS_2 + 2NH_3 \Longrightarrow NH_4CNS + H_2S \tag{9-3-70}$$

$$CS_2 + 2NH_3 \Longrightarrow CS(NH_2)_2 + H_2S \qquad (9\text{-}3\text{-}71)$$

生成物被吸附或沉积于活性炭微孔上。

二、活性炭的物化性质

国内外常用脱硫剂类型号及性能如表 9-3-18 所示。其中美国 UCI 公司改性活性炭脱硫剂型号有 C8-1、C8-4、C8-6、C8-7、G32C、G32E、G32J、G32W 等，均为在活性炭上浸渍 Cu、Fe、Cr 等活性组分，可用于精细脱硫。此外，英国 Peter Spence 公司的 Cuprox 型活性炭亦浸渍铜，呈颗粒状，用于脱除天然气中 H_2S；日本鹤见的 4GCX 可脱 H_2S，4GR-T 可脱有机硫，均为 4×6 目颗粒状。

表 9-3-18 活性炭脱硫剂主要型号、性能

型号	RS-2	RS-3	TL-4	M-23	EAC-4	EAC-6	KC-1	NT-03	C8-1	G32E
粒度/mm	$\phi(3\sim4)\times$ (5~12) 条	$\phi(3\sim4)\times$ (5~10) 条	$\phi3$ 条	4~8目 无定形颗粒	$\phi(3\sim4)\times$ (3~15) 条	$\phi(3\sim4)\times$ (3~15) 条	$\phi3\sim6$ 无定形	$\phi3$ 条	6×10 12×30	$\phi4\sim6$ 球
堆密度 /(kg/L)	0.5~ 0.6	0.4~ 0.5	0.5~ 0.7	0.50~ 0.60	0.5~ 0.7	0.5~ 0.7	0.5~ 0.6	0.6~ 0.7	0.48~ 0.64	0.53~ 0.56
比表面积 /(m²/g)	800	1000					900~ 1000			800~900
侧压强度 /(N/cm)	>50	>50	<3	<10	>50	>50	<3	<6		
出口 H_2S /10⁻⁶	<10	<10	<5	<1	0.03	0.01 (RSH)	<0.1	0~5	0.5	0.2
硫容/%	>25	>25	>12	>10	>12	>4(RSH)	≥30	≥10	处理能力 10⁵m³/m³	处理能力 10⁵m³/m³
用途	粗脱硫	粗脱硫	粗脱硫	粗脱硫	精脱硫	精脱硫	精脱硫	精脱硫	精脱硫	精脱硫
产地	中国	中国	中国	中国	中国	中国	中国	中国	美国	美国

中国脱硫用活性炭分粗脱硫和精脱硫两种。普通粗脱硫用活性炭用来直接脱除 H_2S，工作硫容约 20%，H_2S 脱除率 90%~95%，用于原料中硫的含量较高而精度要求不高的工况中，如中、小型氮肥厂用于天然气、半水煤气湿法脱硫后的进一步脱硫时，多采用新华 5# 活性炭、RS-3 活性炭等。但出口仍含 (20~30)×10⁻⁶ 的硫、空速低、装量大、再生频繁。加入活性金属组分的精脱硫用活性炭可用于甲醇、合成氨、食品用 CO_2、电子等原料的精脱硫中，出口精度可达 0.1×10⁻⁶ 以下。如除脱除 H_2S 外，EZX 还可脱除 COS 和 CS_2，出口总硫小于 $0.1mg/m^3$。EAC-6 则能在常温下精细脱除硫醇和硫醚。

三、工艺设计及生产控制条件

硫化氢既能被活性炭吸附也能在活性炭表面上发生催化氧化反应。通常情况下，由于硫化氢分压很低，活性炭的吸附硫容量很小，因而工业装置常利用活性炭的催化氧化性质脱除硫化氢。工艺设计及生产控制时需注意以下几点。

1. 气体中氧含量

氧的加入量为化学计量的 150%~200%，或脱硫后残氧尚有 0.1%。

2. 气体中氨含量

氨的含量对脱除有机硫的影响很大，特别是对羰基硫影响更为显著。一般来说应保证达到有机硫含量的 $2\sim3$ 倍。对于以煤为原料的合成氨厂，氨含量控制在 $0.1\sim0.25g/m^3$ 或使气体中氨与硫化氢的体积比为 0.05，过高会生成碳酸氢铵结晶。堵塞管道及增加活性炭脱硫槽阻力。加氨有利于脱除 H_2S，原因是 H_2S 为酸性气体，活性炭表面呈碱性环境利于 H_2S 的吸附。加氨对一般粗脱硫的活性炭很重要，但对精脱硫的活性炭，由于经过了改性，可以不加氨。

3. 气体的相对湿度

操作时，脱硫槽入口气体的相对湿度大于 70%，尽可能接近 100%，但切不可过饱和，以免水滴析出，掩盖活性炭表面使活性炭的活性下降。由表 9-3-19 可知，有水和无水活性炭脱硫性能相差很大。

4. 温度

脱硫能力随操作温度的升高而稍有加强。在水蒸气存在的条件下用氨作催化剂的催化氧化过程中，温度可在 $27\sim82℃$ 范围内操作，最适宜温度为 $32\sim54℃$。低于 $27℃$ 时，反应速率慢；温度超过 $82℃$ 时，由于硫化氢及氨在活性炭孔隙的表面水膜中的溶解作用减弱，也会降低脱硫效果。温度与水汽对改性活性炭穿透硫容的影响见表 9-3-19。

表 9-3-19 温度与水汽对改性活性炭穿透硫容的影响

温度/℃		30	35	40	45
硫容/%	无水	6.6	6.73	7.78	7.92
	有水	15.78	16.30	17.45	18.73

注：1. 操作条件为 $1000h^{-1}$、$30℃$。
2. 有水是指 $30℃$ 的饱和水蒸气。

5. 气流速度

活性炭脱硫的速度受气体扩散速度的控制，气体扩散速度与气流速度的零点几次方成正比。增加气速能提高设备的生产能力，但随着气速的提高，气体与活性炭的接触时间减少，气体通过活性炭的阻力增加，活性炭被粉碎带走的量增加。选取气流速度的原则是保证足够的接触时间，在合理的阻力损失条件下应尽量取高值。一般情况下，工业脱硫槽气流速度在 $0.1m/s$ 左右。

6. 原料气硫化氢含量

原料气中硫化氢含量对脱硫性能没有直接影响，但硫化氢含量太高，反应热太大，脱硫槽中热不能及时移出时，反应区的相对湿度大大降低就会影响脱硫过程。无冷却措施时，脱硫槽一般用于硫化氢含量低的气体脱硫。脱高硫时应采取反应热移出措施。

7. 活性炭粒度

活性炭粒度增大，硫容量降低，因而采用小粒度的活性炭较为合适。但由于粒度的减小带来炭层流体阻力的增大，炭层被气流中所含机械杂质堵塞的机会也增多。综合考虑，活性炭较合适的粒度是 $1\sim2mm$。较大粒度的炭可用在与气流接触的前部，以免气体中的灰尘堵塞炭层空隙。

8. 其他

气体中的灰尘杂质能严重遮盖活性炭表面，堵塞其孔隙，降低活性炭的硫容，增加脱硫槽的阻力，甚至使脱硫过程无法进行。生产上常控制气体中含尘量不得大于 $3mg/m^3$。

萘能蒙蔽活性炭表面，而且在脱硫槽蒸洗时又会熔融，堵塞设备管道。苯、萘能使活性中心中毒。

活性炭对煤焦油有很强的吸附作用。煤焦油不但能够堵塞活性炭的孔隙，降低活性炭的硫容量及脱硫效率，而且还会使活性炭颗粒黏结在一起，形成偏流或增加活性炭脱硫槽的阻力，严重影响脱硫过程的进行。

气体中的不饱和烃会在活性炭的表面发生聚合反应，生成分子量大的聚合物，覆盖在表面，同样会降低活性炭的硫容。

四、再生

活性炭使用一定时间后空隙中聚集了硫及硫的含氧酸盐而失去了脱硫能力，需要将其从活性炭的孔隙中除去，以恢复活性炭的脱硫性能，这叫作活性炭的再生。优质的活性炭可再生循环使用 20～30 次。

较早再生活性炭的方法，是利用 S^{2-} 与碱易生成多硫根离子的性质，以硫化铵溶液把活性炭中的硫萃取出来，反应式为：

$$(NH_4)_2S + (n-1)S \!\!=\!\!=\!\! (NH_4)_2S_n \tag{9-3-72}$$

式中，n 最大可达 9，一般为 2～5。

硫化铵溶液再生活性炭，优点是活性炭再生彻底，副产品硫黄纯度高（≥99%）。缺点是设备庞大，操作复杂，并且污染环境。目前，国内只有少数几个中型合成氨厂在继续使用。

近二十年来出现了一些再生活性炭的新方法，主要是：

① 用加热的氮气或净化后的高温天然气通入活性炭脱硫槽，从活性炭脱硫槽再生出来的硫在 120～150℃变为液态硫放出，氮气再循环使用；

② 用过热蒸汽通入活性炭脱硫槽，把再生出来的硫经冷凝后与水分离。

五、工艺流程

① 吸附法脱硫工艺流程。吸附法脱硫和再生的工艺流程非常简单，仅设置活性炭脱硫槽就够了，见图 9-3-17。

原料气自脱硫槽上部导入，净化气从下部导出，送后工序。再生时用 450℃左右的蒸汽自脱硫槽下部导入，废气从上部排空。不回收硫黄。

② 氧化法脱硫工艺流程（图 9-3-18）。含氧半水煤气经增湿器增湿、增氨后自上而下进入活性炭脱硫槽，下部导出的净化气送往后工序。增

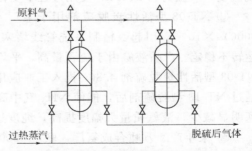

图 9-3-17　吸附法脱硫工艺流程图

湿器喷淋的氨水可用碳化或铜洗工段送来的回收氨水，通过氨水泵在器内循环，定期更换。

由鼓风机送来的半水煤气和空气在燃烧炉内产生燃烧气。调节煤气和空气流量以控制燃烧气的氧、氢的含量（$O_2 < 0.2\%$，H_2 越少越好）。用蒸汽调节燃烧器温度达 400℃送脱硫

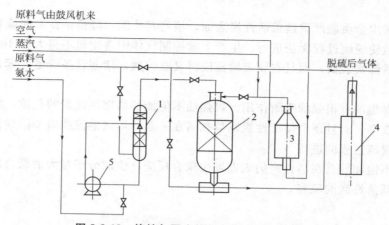

图 9-3-18 惰性气再生的氧化法脱硫工艺流程

1—增湿器；2—脱硫槽；3—燃烧器；4—冷凝塔；5—氨水泵

槽进行活性炭的再生。

带有硫蒸气的过热燃烧气进入硫黄冷凝塔，被自上而下喷淋的冷却水冷却，产生的液体硫黄与水分离后回收，污水排放。

若被处理气体中不含氧气，需增加空气加入管线。

用过热蒸汽再生时，可将饱和蒸汽通过电加热炉产生过热蒸汽代替燃烧气进行再生。流程与图 9-3-17 相似。

六、使用实例

① 某厂年产 11 万吨尿素和 4 万吨纯碱。装置中变换气采用活性炭脱硫，对保护碳酸丙烯酯脱除 CO_2 及后续工段的正常生产，取得了良好的效果。

由 4 个活性炭脱硫槽并联脱硫，脱硫槽直径 4.6m，高 14.1m。每个脱硫槽分上、下两层，并联组合，内装 R5-2 型活性炭，层高约为 1.5m。4 个活性炭脱硫槽共装活性炭 110t。变换气 H_2S 平均含量为 80mg/m³，每小时处理气量为 48900m³。使用九个月后，经活性炭脱硫变换气阻力为 200Pa，使用过程中变化不大，工业硫容为 46%。

② NT-03 型活性炭脱硫剂用于某厂 40t/h 酸性气提装置中，氨气中含硫达（1000～8000）×10⁻⁶，引起氨精制系统管线堵塞，氨压机油路被硫化物污染，维修概率高，装置运转不稳定。产品液氨由于硫含量高，平均纯度只有 96.5%。后在增设的 V3420A/B 塔中装 NT-03 型活性炭脱硫剂 4.8t，投入工业应用，在温度－10～10℃、压力（0.15±0.05）MPa，通过 NT-13 型脱硫剂后，能使 NH_3 气中高达 6969×10⁻⁶ 的硫脱除至 5×10⁻⁶ 以下，系统堵塞明显减少，液氨质量大幅度提高，纯度达 99.55% 以上，硫容达 12.38%。

③ 某年产 2 万吨合成氨厂，联产 5000t 甲醇在脱硫改造中，采用了 T101 型活性炭脱除 H_2S、T504 型有机硫水解催化剂转化有机硫、T101 型活性炭脱除 H_2S 的"夹心饼"工艺，该系统在运行工作压力 0.65～0.7MPa、正常工作气量 7500～8000m³/h、常温（水解催化剂床层温度为 40～55℃）下，前槽活性炭可将来自炭化的原料气中（25～59）×10⁻⁶ 的 H_2S 脱除至（0.5～0.61）×10⁻⁶，后槽活性炭可将原料气中（1.2～2.8）×10⁻⁶ 的 H_2S 脱除至（0.025～0.034）×10⁻⁶，保证了甲醇合成催化剂的长期高效运转。

第六节　其他脱硫剂简介

一、分子筛脱硫剂

分子筛脱硫剂是一种吸附剂，用作精细脱除气体中有机硫化物，它是具有均匀微孔的硅酸铝。其化学通式为 $M_{2/n}O \cdot Al_2O_3 \cdot mSiO_2 \cdot pH_2O$。其中，M 代表 Na、Ca、K 等金属离子，$n$ 为金属阳离子价数，m 为结合 SiO_2 分子数，p 为结合水的分子数。常用于脱硫的有：NaX 型，如 13X 型分子筛，微孔直径 $9\sim10\text{Å}$；CaA 型，如 5A 分子筛，微孔直径 $4.5\sim4.8\text{Å}$。分子筛主要优点是吸硫性能比其他脱硫剂优越，如能吸附 $15\%\sim20\%$（质量分数）的噻吩，其能力是含 Cu 活性炭的 $8\sim9$ 倍、硅胶的 $10\sim20$ 倍，可高效地脱除气体中硫化氢和硫醇、噻吩等有机硫。分子筛对某些硫化物的吸附强度如下：$C_4H_4S > CH_3SCH_3 > CH_3SH > H_2S$（COS、$CS_2$）。几种分子筛对 H_2S 吸附和两者分压关系见图 9-3-19。

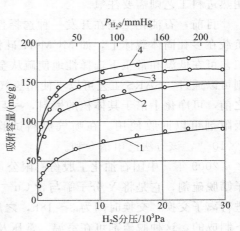

图 9-3-19　25℃下各种牌号分子筛（沸石）吸附 H_2S 的等温线

1—CaX 牌号分子筛；2—NaA 牌号分子筛；
3—CaA 牌分子筛；4—NaX 牌分子筛

分子筛为铝硅金属盐，呈弱碱性，因而不能在强酸、强碱及 600℃ 以上的高温中使用。吸附饱和的分子筛，可用蒸汽或空气、氮气和甲烷作为热载体（同时也是解吸剂）再生。再生解吸温度比吸附温度高 $100\sim200$℃，一般使用寿命为 $3\sim5$ 年。

用离子交换法得到的负载金属离子的改性分子筛脱硫性能，尤其是脱除噻吩和催化氧化硫醇性能有较大改善，近年来研究较多。

1. 改性分子筛脱硫醇机理

沸石分子筛对原料中的含硫化合物有一定的吸附功能，但基本上属于物理吸附，对硫化物的脱除性能较差。由于原料中大多数硫化物都含有孤对电子，如果在沸石分子筛上负载某些具有较高电荷半径比（即具有较高的正电场）的过渡金属离子，则可能增加吸附剂对硫化物的吸附能力。

在有氧气存在条件下，沸石骨架上的催化活性组分二价铜离子可将硫醇催化氧化，从而达到脱除硫醇的目的。控制反应过程中的氧含量和水含量是完成脱硫醇反应的关键。

$$2Cu^{2+}（离子交换基^+）+ 4RSH \longrightarrow RSSR + 2RSCu + 4H^+（离子交换基^+） \qquad (9\text{-}3\text{-}73)$$

$$2RSCu + 4H^+（离子交换基^+）+ O_2 \longrightarrow RSSR + 2H_2O + 2Cu^{2+}（离子交换基^+）$$

$$(9\text{-}3\text{-}74)$$

总反应式为：

$$4RSH + O_2 \longrightarrow 2RSSR + 2H_2O \qquad (9\text{-}3\text{-}75)$$

2. 分子筛脱硫剂

7005 型脱硫醇脱硫剂是采用 Cu^{2+} 部分交换 13X 沸石并添加碱性氧化物及其他组分而成，在固定床反应器内于 $90\sim130$℃、$3\sim7h^{-1}$ 条件下可将硫醇从 100×10^{-6} 降至 10×10^{-6}

以下，寿命2年左右。原料油中水含量若控制在150×10^{-6}以下，基本上不影响催化氧化反应的进行，也不会导致分子筛上铜的流失。但水含量过高会形成硫醇亚铜而使Cu^{2+}流失。催化氧化脱硫醇是在有氧情况下进行的，据计算1t大庆航空煤油催化氧化脱硫醇需消耗空气33L，而喷气燃料中自溶的空气量为221L/t，已足够催化氧化的需要。但一些炼油厂采用热进料工艺则需要注氧。

目前，石油化工正在开发一种选择性吸附脱硫工艺（SARS工艺），该工艺使过渡金属负载在多孔固体载体上，如MCM-41硅铝酸盐分子筛。它与噻吩催化脱除的方法不同，该工艺可在低温和常压下选择性地使硫从金属原子上脱除，获得不含硫的芳烃，而烷基苯和萘则可以通过。SARS工艺可以不使用氢气，为此烯烃和其他芳烃不被加氢。该吸附剂在饱和之前，可净化十倍于其体积的燃料，一旦吸附剂饱和，硫化物可用极性溶剂洗涤使之除去，吸附剂可以回收使用。在喷气燃料试验中，SARS方法可使燃料含硫500×10^{-6}脱除至1×10^{-6}，该方法已申请专利。

2009年，中国石油化工股份有限公司披露了一种用液相离子交换法合成的Cu（Ⅰ）-Y分子筛脱硫剂，它是将Y分子筛与含Cu^{2+}的水溶液混合，在温度为100~200℃的水热条件下进行离子交换，交换时间为3~18h，之后洗涤、过滤、干燥、于惰性气氛或真空条件焙烧下制成的，这种脱硫剂可在室温、常压及剂∶油=50的操作条件下，将模拟汽油（正辛烷）中1012μg/mL的噻吩化合物（其中噻吩305.4μg/mL、2-甲基噻吩237.6μg/mL、3-甲基噻吩274.2μg/mL、2,3-二甲基噻吩221.8μg/mL）脱除，脱除率64.2%~70.31%（质量分数）。

天津大学重点实验室分别以H-ZSM-5、NaY、MCM-41分子筛为吸附剂载体，选择铜和铈的硝酸盐作为活性组分的前驱物，采用离子交换法制备分子筛脱硫剂。用含200μg/g噻吩的正辛烷为模拟汽油进行脱硫试验，结果表明：用经NaY改性的分子筛脱硫效果最好，在NaY改性的分子筛中又以铜改性的CuY分子筛最好，在常温、常压1h后的脱硫率高达82%，随着温度的提高，脱硫率有下降趋势，但在常温（30~40℃）下脱硫率仍能保持在78%~82%。

3. 分子筛的寿命

脱硫用分子筛的寿命大致和用于脱水的情况相同。但分子筛对硫化物的亲和力要比对水的亲和力弱得多，由于碳化物的生成附着、硫黄的析出等，吸附能力比用于脱水时差很多。特别是使用13X型分子筛时，将容易分解的大分子的烃类吸附，在吸附面上引起碳化的可能性增强。因此，最好是尽可能预先除去待脱硫气体中所含的润滑油、吸收油、烯烃等。

就以往的实际情况看，用于脱硫的13X分子筛的寿命一般是3~5年。

二、铁锰脱硫剂

1. 基本原理

铁锰脱硫剂是以氧化铁和氧化锰为主要组分，并含有氧化锌等促进剂的转化吸收型双功能脱硫剂。使用前Fe_2O_3和MnO_2需用含氢工艺气在不超过450℃下还原成具有脱硫活性的Fe_3O_4、Mn_2O_3和Mn_3O_4，其反应见式（9-3-48）及下式：

$$3MnO_2 + 2H_2 \Longrightarrow Mn_3O_4 + 2H_2O \qquad (9\text{-}3\text{-}76)$$

在350~400℃时，铁锰脱硫剂可将天然气中所含的有机硫如RSH、RSR′、RSSR′等催

化热分解成烃类和 H_2S，生成的 H_2S 即被铁、锰氧化物所吸收并生成相应的铁、锰硫化物。这种铁、锰硫化物和氧化物一样，除了具有催化热分解有机硫的能力外，还具有催化氢解、催化转化等多种功能，故起到良好的精脱 H_2S 和有机硫的双重效果，其脱硫反应见式（9-3-1）～式（9-3-3）、式（9-3-5）、式（9-3-30）、式（9-3-48）及式（9-3-77）：

$$MnO + H_2S \rightleftharpoons MnS + H_2O \qquad (9\text{-}3\text{-}77)$$

2. 型号及物化性能

目前中国常用铁锰脱硫剂有多种型号，已工业应用的见表 9-3-20。

表 9-3-20 中国常用铁锰脱硫剂

型 号	MF-1	MF-2	LS-1	SH-T512	T313
活性组分	Fe-Mn-Zn	Fe-Mn-Zn	Fe-Mn-Zn-Mg	Fe-Mn-Zn-Cu	Fe-Mn-Zn
含量/%	≥35	≥45	≥35		
粒度/mm	$\phi12\times12,\phi5\times5$,片	$\phi9\times5,\phi5\times5$,片	$\phi9\times5$,片	$\phi5\times(5\sim15)$,条	$\phi4$,条
堆密度/(kg/L)	1.35～1.45	1.2～1.3	1.35～1.45	1.34	1.10～1.25
比表面/(m²/g)	约45	约30	约40		
孔容/(mL/g)	0.18	0.19	0.14		
平均孔半径/nm	8	12	7.3		
抗压碎力/(N/cm)	＞80	＞80	＞80		≥100
磨耗率/%	＜14	＜15	＜14		≤15
操作压力/MPa	0.1～4.0	0.1～4.0	0.1～4.0	0.1～4.0	0.1～5.0
温度/℃	350～400	350～400	200～250	250～420	280～450
空速/h⁻¹	100～1000	100～1000	100～500	100～1000	≤1000
入口氧/%	≤0.1	≤0.1	≤0.5		
入口水汽/%	4	4	≤4		
线速/(m/s)	0.3～0.6	0.3～0.6	0.3～0.6		
入口硫/(μg/g)	100	100	100	有机硫 150～200	≤100
出口硫/(μg/g)	0.2	0.2	0.1	0.2	0.1
穿透硫容/%	5～7	≥11			≥15
双槽累计硫容/%	≥15	≥18	≥7	≥15.6	
适用原料	天然气、油田气	天然气、油田气	半水煤气、变换气	焦炉气、天然气	天然气、焦炉气

3. 使用注意事项

（1）铁锰脱硫剂的还原 铁锰脱硫剂以氮或净化后的原料气中添加 1%～5% 的氢作为还原介质，压力为 0.1～0.5MPa，线速应大于 0.25m/s，以尽快速度升到 180℃后恒温 4～8h，当床层各点温差小于 30℃后，以 20～40℃/h 速率升温，并在 250℃恒温 2～4h，确保床层最高温度不超过 450℃。最后使入口气体温度达到 350～400℃，并将压力提高到正常操作压力，当出口气体 CO_2、O_2 及 H_2O 含量合格后即可转入正常操作。

用含 H_2 或 CO 的气体对铁锰脱硫剂还原时会产生大量反应热，因此需严格控制升温速度，避免气体线速度过低而导致床层温度暴涨。

还原温度小于 400℃，用天然气作还原介质时，MnO_2 一般生成 Mn_2O_3；温度在 400～450℃范围内，可进一步还原为 Mn_3O_4。

（2）主要影响因素及控制条件

① 温度。300℃以上铁锰脱硫剂有脱除天然气、油田气中的硫醇、二甲基二硫化物等硫化物的活性；350℃时对这些硫化物的脱硫活性就很高了。此时净化气中几乎测不出这些有机硫。常见的硫醚是天然气中最难脱除的硫化物，温度需提高到 380～400℃，还需配加 2％～4％的氢。

② 天然气含氢量。当原料天然气硫醚小于 $0.5mg/m^3$ 时，铁锰脱硫剂可有效地脱除不含氢的天然气中的硫化物（如工厂中有氢源时，仍以加入 2％～4％的氢为好，因加氢后可提高脱硫效果）。如硫醚大于 $1mg/m^3$ 时，就必须加氢。

③ 压力。提高压力可提高铁锰脱硫剂的硫容，同时允许空速可相应大些。

④ 空速。对于操作压力低的小型合成氨厂，空速不宜过高，一般控制在 $1000h^{-1}$。

⑤ 主要毒物 氧是铁锰脱硫剂的主要毒物。气体中的氧含量要小于 0.5％，否则 Mn_2O_3 或 Mn_3O_4 会氧化成 MnO_2 而失去脱硫活性。因此，当铁锰脱硫剂的还原操作一旦完成，必须严禁含氧气体进入脱硫塔，工厂停车后，必须用原料气保持脱硫塔正压，以免进入空气。

（3）使用实例 某 30 万吨/年合成氨装置，脱硫槽装 37.5t SH-T512 型铁锰脱硫剂，第二炉使用期间进出口原料天然气中 H_2S 平均浓度差为 $5.5mg/m^3$，有机硫平均浓度差为 $10.6mg/m^3$，在天然气流量 19000kg/h 的情况下脱硫系统运转 342d，共吸收硫 5851.5kg，累计硫容 15.6％。据计算，此种脱硫剂在 $1000h^{-1}$ 空速下，对有机硫的转化率可达 98％以上，出口 H_2S 可达 $0.05mg/m^3$ 以下，有机硫脱除精度为 $0.2～0.3mg/m^3$。

三、高温煤气脱硫剂

常温脱硫和中温脱硫是目前常用的方法，但有些过程需要接近气化温度（400～1000℃），即高温脱硫，它具有更高的经济价值和环保价值。如煤气联合循环发电（IGCC）高温脱除 H_2S 技术的应用可以避免湿法洗涤中能量的损失，回收了高温煤气中 10％～20％的显热，提高效率 4％～5％，防止了 H_2S 对燃气轮机产生的腐蚀和环境污染。高温脱硫还可用于燃料电池及制造合成气等工艺中。

高温煤气脱硫主要是借助于可再生的单一或复合金属氧化物与硫化氢或其他硫化物的反应来完成的。在 400～1200℃内可用作脱硫剂的金属元素有 Fe、Zn、Mn、Mo、V、Ca、Cu 和 W。在过去二十多年中人们对许多金属氧化物或复合金属氧化物作为高温脱硫剂进行了研究，如氧化铁、氧化锌、氧化铜、氧化钙、铁酸锌、钛酸锌以及近年来出现的第二代脱硫剂氧化铈等。它们脱硫的总体反应式可以表示为：

$$MO_x(s) + xH_2S \Longrightarrow MS_x(s) + xH_2O(g) \tag{9-3-78}$$

$$MS_x(s) + 3x/2O_2(g) \Longrightarrow MO_x(s) + xSO_2(g) \tag{9-3-79}$$

另外，由于煤气中含有 H_2、CO 等还原性气体，在高温下金属氧化物可能先被还原，反应如下：

$$MO_x \longrightarrow MO_y (0 \leqslant y < x) \tag{9-3-80}$$

尽管许多金属氧化物都可以作为高温煤气脱硫剂，但每种都有自己的优势和劣势。实际选择时应根据脱硫温度、硫含量、要求的脱硫精度、煤气成分（如 H_2O、CO、H_2）和脱硫剂的价格等综合考虑。

1. 单一高温氧化铁系脱硫剂

从经济上考虑，由于氧化铁比其他金属氧化物更具优势，所以国外研究较多。国外高温煤气氧化铁脱硫剂见表 9-3-21：

表 9-3-21 国外高温煤气氧化铁脱硫剂

开发公司	脱硫剂组分	使用温度/℃	再生温度/℃	概况
Battell Coloumbus	Fe_2O_3/载体，Li、Na、K、Ca	850~1000		出口 $H_2S < 4 \times 10^{-5}$
IMMR	$Fe_2O_3 > 20\%$（氧化炉灰）	627~1127	527~927	处理含 1% H_2S 的低热值煤气
MERC	Fe_2O_3/SiO_2	400~750	950	出口 H_2S $(2\sim8) \times 10^{-4}$
METC（美）	Fe_2O_3/载体	727~1127	1127	处理含 1.5% H_2S 的低热值煤气，出口 H_2S $(2\sim8) \times 10^{-4}$，经历 70 次循环
Babcook-Wilcax	FeO	427~640	538~649	
石川岛播磨重工业公司	Fe_2O_3/SiO_2	460~550	550~800	处理加压气化炉煤气
University of Kentucky	$Fe_2O_3 > 20\%$（氧化炉灰）	427~1027	427~1027	可脱除 H_2S，COS，CS_2，脱硫率达 99%，设计了能力为 1000MW 的发电厂，总体热效率 40%

单纯的氧化铁脱硫剂用于高温气体脱硫时，反应速率快、硫容高，但在 500℃ 以上使用时受平衡浓度限制只能脱至 $(50\sim100) \times 10^{-6}$。

2. 其他单一金属氧化物脱硫剂

（1）氧化锌 虽氧化锌脱硫剂比氧化铁脱硫剂制造成本高且再生困难，但在热力学上更具优势，可作为精脱硫剂使用。Tamhankar 用沉淀法制备出孔结构发达（均匀多孔）的氧化锌脱硫剂，脱硫温度 538~650℃，再生用空气-氮混合气，穿透前出口硫化氢的浓度低于其热力学值，650℃ 时氧化锌会被部分还原为锌并蒸发掉。S. Clyde 研究的 ZnO/沸石氧化锌脱硫剂具有更好的热稳定性，可将硫化氢在 500~650℃ 下脱除至 10^{-6} 级，并且也显示出持续循环使用的能力。

（2）氧化铜 最近研究表明，在强还原性煤气中，氧化铜易被还原为铜，限制了其脱硫能力，氧化铜与氧化铝或氧化铁的结合使用，脱硫能力远高于纯氧化铜。Takashi Kyotani 把氧化铜负载于酸性载体上（如 SiO_2 或沸石）制成的脱硫剂比纯氧化铜脱硫效果更佳，在 600℃ 下脱除硫化氢，几乎所有铜都可得到利用。因为氧化铜负载于载体上提高了其分散度，既可保证硫化氢与氧化铜的充分接触，又可减少烧结情况的出现。

（3）氧化铈 氧化铈近年来被誉为第二代高温煤气脱硫剂，它作为脱硫剂的最大优势在于再生过程中的硫化产物 Ce_2O_2S 可以与 SO_2 迅速反应，直接生成单质硫，其含量可以达到 20%，并且放热少，没有铈的挥发溢出，也没有铈的硫酸盐生成。虽然 CeO_2 脱硫精度较低，但经过还原后精度有很大提高，在 850℃ 下经还原后的 CeO_n（$n \leq 2$）可将 H_2S 降至 10×10^{-6} 以下，700℃ 几乎可以达到 1×10^{-6}。氧化铈作为高温煤气脱硫剂有较好的发展前途。将会是以后高温脱硫剂的研究热点。

（4）MgO、CaO、$CaCO_3$ 煅烧过的白云石（MgO/CaO）或半煅烧的白云石（$CaCO_3$/MgO）作脱硫剂，后者脱硫效果比前者好，它们可以将热煤气中的 H_2S 脱除至

$(200\sim300)\times10^{-6}$，$H_2S$ 与白云石脱硫的作用机理可表示为：

$$CaCO_3 =\!=\!= CaO + CO_2 \tag{9-3-81}$$

$$CaO + H_2S =\!=\!= CaS + H_2O \tag{9-3-82}$$

由于反应属内扩散控制，所以上述脱硫剂必须具备合适的孔容和孔径分布，吸硫后的 CaS 可用含 O_2 气体再生，重新转化为具有脱硫活性的 CaO。

白云石系脱硫剂脱硫温度一般为 $650\sim980$℃，再生温度一般在 700℃ 以上。该脱硫剂的缺点是随着硫化-再生循环的增加，脱硫剂性能下降较快。

3. 复合金属氧化物脱硫剂

复合金属氧化物无论结构特性还是反应性能都比单一的金属氧化物更具优势，是目前可再生的高温气体脱硫剂研究热点，已经开发了 Cu/ZnO、Cu/Fe_2O_3、$ZnFe_2O_4$、Zn_2TiO_4、FeO/Al_2O_3、MnO/Al_2O_3 等复合金属氧化物脱硫剂。这些复合金属氧化物中铁酸锌和钛酸锌是最有前途的高温煤气脱硫剂。

（1）Cu/ZnO 国外研究的铜/氧化锌脱硫剂据称是唯一能将硫脱除至 1×10^{-6} 以下的脱硫剂，它们用含 200×10^{-6} 的 H_2S 和 9%～26% 水蒸气的煤气试验了高度分散在沸石上的 CuO、Cu/ZnO 以及共沉淀的 Cu/ZnO 制成的脱硫剂的性能，两者在 $500\sim600$℃ 下都能将 H_2S 脱除至 1×10^{-6} 以下，共沉淀的 Cu/ZnO 脱硫剂硫容最高。

（2）铁酸锌（$ZnFe_2O_4$） 最早是由美国能源部 METC 的 Grindley 和 Steinfeld 提出的。它是由等物质的量的氧化锌和氧化铁添加胶黏剂在 $800\sim850$℃ 下焙烧而成。

该脱硫剂同时具备了 Fe_2O_3 的硫容高、反应速率快、易再生和 ZnO 的高脱硫精度等特点，与 ZnO 相比减少了 Zn 的挥发。同时具有尖晶石结构的 $ZnFe_2O_4$ 含有阳离子空位，容易吸引阴离子，使 H_2S 与 $ZnFe_2O_4$ 容易进行反应。另外 $ZnFe_2O_4$ 原料来源广泛，价格低廉，具有广阔的应用前景。目前，铁酸锌作为高温脱硫剂已经过中试并已向工业化发展。Grindley 等在固定床反应器中进行测试发现：用铁酸锌可将热煤气中约含 5000×10^{-6} 的 H_2S 降至 5×10^{-6} 以下。脱硫反应见式（9-3-54）。

由于铁酸锌对于 H_2S 和 COS 都有很好的脱除能力，再生循环后仍能保持较高的脱硫效率，引起国内外研究机构的关注。中国近几年研究取得较大进展，中试达到了 IGCC 要求的技术指标，经十五个周期的脱硫再生循环，在 $400\sim650$℃、$0.4\sim0.9$MPa、空速 $1000\sim2000h^{-1}$ 条件下可使半水煤气中 $(3000\sim5000)\times10^{-6}$ 的 H_2S 脱除至 20×10^{-6} 以下，单程硫容≥23%，脱硫剂经 15 次脱硫-再生循环后强度比原来稍有增加，保持在 116N/cm 左右。

西北化工研究院研制的用于联合循环发电（IGCC）的 HT-1 型高温氧化铁脱硫剂物化性能及使用条件如下：

外观	土黄色条状物
粒度/mm	$\phi4\times(5\sim15)$
堆密度/(kg/L)	$1.15\sim1.25$
径向抗压碎力/(N/cm)	≥70
磨耗/%	≤5
使用压力/MPa	$0.1\sim5.0$
使用温度/℃	$300\sim600$
空速/h^{-1}	$1000\sim2000$
煤气中 H_2S 含量/10^{-6}	≤5000
净化后煤气含硫/10^{-6}	≤10
穿透硫容/%	≥20

（3）钛酸锌（Zn-Ti-O） 为了避免高温还原性气氛下锌的还原、挥发，麻省理工学院在早期研究中发现，当氧化锌中加入 TiO_2 时，由于氧化锌还原导致的锌蒸发速率会大大减慢。当 Zn、Ti 摩尔比≤1 时，脱硫剂主要晶相为 $ZnTiO_3$。摩尔比为 2 时，晶相为 $ZnTiO_4$。对不同组成的钛酸锌评价结果表明 Zn、Ti 摩尔比为 1.5 的钛酸锌表现出最好的综合性能，既能抗磨损，硫容又高。Lew 在填充床上进行了 Zn-Ti 脱硫剂的脱硫再生循环试验，脱硫温度 600℃或 650℃，气体组成为 1％H_2S、13％H_2、19％H_2O、67％N_2。结果表明，Zn-Ti-O 的脱硫效率如同 ZnO 一样可将 H_2S 在穿透以前脱除至 $(1\sim5)\times10^{-6}$。由于在产物层中扩散很慢，钛酸锌在脱硫过程的转化率较低，只有 50％～60％，但可以通过将前驱物改为盐酸盐来解决。脱硫后的钛酸锌可用 10％空气和 90％（摩尔分数）氮气在 700℃完全再生。

表 9-3-22 给出了几种高温煤气脱硫剂的优、缺点。

表 9-3-22 几种高温煤气脱硫剂的优、缺点

脱硫剂	优 点	缺 点
Fe_2O_3	高硫容，高反应活性，可再生，廉价	脱硫平衡常数小，脱硫效率低，再生易形成硫酸盐
ZnO	脱硫反应平衡常数大，脱硫率高	脱硫反应速率慢，脱硫反应温度高时锌挥发，再生时易形成硫酸盐和比表面积减少，价格昂贵
$ZnFe_2O_4$	高脱硫率，高硫容，再生性好	高温时易挥发（≥677℃），再生时易形成硫酸盐和比表面积减少
Zn-Ti-O	高脱硫率，能阻止高温时锌挥发，比 $ZnFe_2O_4$ 有更强的使用持久性，抗磨损和抗粉化性能好	硫容低
CuO 基脱硫剂	高脱硫率，比锌基脱硫剂使用温度更高	价格昂贵，不十分稳定，易被还原成金属铜
CaO 基脱硫剂	反应速率快，高硫容，价格低	几乎不可能再生
CeO_2 基脱硫剂	再生时可直接生成单质硫	脱硫反应温度高（700～850℃），脱硫率低

高温煤气脱硫剂要在工业上得到应用，需具备以下几个方面条件：①脱硫精度和硫容高；②脱硫剂的再生性能好；③再生气体组成稳定，易处理，利于硫回收；④脱硫剂强度高。高温煤气脱硫技术要商业化，脱硫剂至少应经得住上百次的循环利用，而硫容及反应性又没有明显降低（Gupta，1992），这才是高温煤气脱硫技术的关键。从目前的研究现状看，制约进一步工业化的症结是脱硫剂结构不稳定，机械强度或抗磨损性差。

第七节　干法脱硫的主要设备、设计要点

一、主要设备

1. 脱硫槽

干法脱硫的主要设备是脱硫槽，壳体用碳钢制造，当用于常温脱硫时，壳体内壁应进行防腐。无论采用哪一种脱硫剂（粗脱硫剂或精脱硫剂），脱硫槽的结构基本相同，常用结构如图 9-3-20 和图 9-3-21 所示。

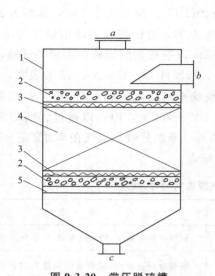

图 9-3-20　常压脱硫槽

1—壳体；2—耐火球；3—铁丝网；4—脱硫剂；5—托板；
a—人孔；b—气体进口；c—气体出口

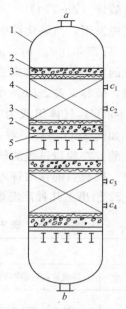

图 9-3-21　加压脱硫槽

1—壳体；2—耐火球；3—铁丝网；
4—脱硫剂；5—箅子板；6—支撑
a—气体进口；b—气体出口；$c_1 \sim c_4$—测温口

　　为有利于气体再分布，槽内一般分两段或三段，每段脱硫剂的高度应大于 1m，高度过低易产生气体偏流，为保证气体分布均匀与脱硫效果，脱硫槽中必须设气体分布器，气体分布挡板是它最简单的结构。

2. 气水分离器

　　通常脱硫槽放在湿法脱硫（如变脱）、脱碳之后，在脱硫槽前需设置气水分离器，而且必须有足够的分离能力，在操作中实现"严禁带液"。

3. 微量硫分析仪

　　脱硫槽进出口气体中硫化物的形态与含量的分析仪是监控脱硫指标的重要仪器。过去脱硫比较粗放，多用化学分析方法与微库仑等方法进行分析。随着脱硫精度的提高与测试技术的进步，在脱硫二段中，不论是精脱还是粗脱（如 $H_2S < 1 \times 10^{-6}$）都应配备微量硫分析仪，因为它可同时测定不同形态的有机硫含量，且灵敏度高。目前国内最常用的是WLSP852 型与 HC-2 型。

　　在脱硫二段中的精脱（如出口 $H_2S < 0.1 \times 10^{-6}$）都应配备微量硫分析仪，因为它可同时测定不同形态的有机硫含量，且灵敏度高，最小检测量可达 0.02×10^{-6}（以 H_2S 计），相对均方根误差 $\leqslant 10\%$，基线漂移 $\leqslant 0.2\text{mV/h}$。目前国内最常用的是 TY-2000 型和GC-9860型。

二、脱硫槽设计要点

1. 脱硫剂装填量

　　（1）按硫容量计算　由于生产合成气的原料品种、产地不同，原料气中的含硫量及硫的种类相差很大，但对某一生产厂来说，其原料来源相对稳定，因此，原料气的含硫量在某一范围内波动，脱硫剂装填量可按下式计算：

$$V_{剂} = \frac{V_{气}(c - c_0)t}{S\rho} \times 10^{-9} \tag{9-3-83}$$

式中　$V_{剂}$——脱硫剂装填量，m^3；

　　$V_{气}$——原料气在标准状况下的流量，m^3/h；

　　c——标准状况下原料气的平均含硫量，mg/m^3；

　　c_0——标准状况下净化气的含硫量，mg/m^3；

　　t——脱硫剂使用寿命（更换或再生周期），h；

　　S——脱硫剂的重量穿透硫容，$\%$；

　　ρ——脱硫剂的堆密度，t/m^3；

　　10^{-9}——由 mg 到 t 的换算系数。

实际计算时注意事项：

① 穿透硫容受某些因素影响显著，需做调整，如双塔串联硫容可相应地提高50%；在较高CO_2含量时，绝大部分的脱硫剂的硫容均要降低。

② 当确定脱硫剂的装填量时，反过来可借式（9-3-83）计算其使用寿命，借此计算结果可合理选用旧的脱硫槽或旧设备改作脱硫槽。

（2）按空速计算　若已知脱硫剂的使用空速，则可用下式计算脱硫剂装填量：

$$V_{剂} = V_{气}/S_v \tag{9-3-84}$$

式中，S_v为脱硫剂使用空速，h^{-1}。

脱硫剂的使用空速范围见相应的使用说明书。但需注意：

① 原料气含硫量高时，空速取较小值，含硫量低时，空速则取较大值；

② 对脱硫精度要求较高时，空速取较小值，反之则取较大值；

③ 脱硫操作压力高时取较大值，压力低时取较小值。

2. 脱硫槽直径

（1）按气体线速度计算　各种脱硫剂都有其适宜线速，根据线速可计算出脱硫槽的直径。

$$D = \frac{V_{气}}{3600v} \times \frac{4}{\pi} = 0.0188 \left(\frac{V_{气}}{v}\right)^{0.5} \tag{9-3-85}$$

式中　D——脱硫槽直径，m；

　　$V_{气}$——操作状态下原料气流量，m^3/h；

　　v——按床层空截面计算的原料气线速，m/s。

常用脱硫剂的线速为$0.1\sim0.3m/s$。由于脱硫反应速率受扩散速度控制，提高线速可使气膜传质速度加快。因此，在压力降允许的情况下，线速宜取较大值。

（2）按脱硫剂床层的高径比计算　不同类型的脱硫剂，其脱硫活性是不相同的，对床层的高度与直径比值也有一定的要求。因此，当脱硫剂装填量确定之后，即可根据其高径比计算出脱硫槽直径，计算式如下：

$$D = 1.084[V_R/(H/D)]^{1/3} \tag{9-3-86}$$

式中，(H/D)为床层高径比。

粗脱硫剂的高径比为$3\sim4$，精脱硫剂的高径比为$2\sim3$，提高高径比有利于脱硫效果，故在压力允许下取高径比的上限。

3. 脱硫槽阻力计算

单相流体流经脱硫剂床层时产生的压力降一般可用下式计算：

$$\Delta p = f_M \frac{\rho_f v^2}{d_s} \times \left(\frac{1-\varepsilon}{\varepsilon^3} \right) \times H \tag{9-3-87}$$

式中　Δp——床层压降，Pa；

ρ_f——流体密度，kg/m³；

f_M——修正摩擦系数；

d_s——脱硫剂颗粒的平均相当直径，m；

ε——床层空隙率，%；

H——床层高度，m。

修正摩擦系数按下式计算：

$$f_M = \frac{150}{Re_m} + 1.75 \tag{9-3-88}$$

$$Re_m = \frac{d_s G}{\mu} \times \left(\frac{1}{1-\varepsilon} \right) \tag{9-3-89}$$

式中　G——流体的质量流速，kg/(m²·s)；

μ——流体的黏度，Pa·s。

当修正雷诺准数 $Re_m < 10$ 时，流体处于滞流状态，$150/Re_m \gg 1.75$，式（9-3-75）中第二项可忽略不计；当 $Re_m > 1000$ 时，流体处于湍流状态，$150/Re_m \ll 1.75$，式（9-3-75）中第一项可忽略不计。

当脱硫剂为球形，d_s 为其平均直径；当脱硫剂为非球形时，d_s 可用下式计算：

$$d_s = 6V_p/S_p \tag{9-3-90}$$

式中　V_p——颗粒的体积，m³；

S_p——颗粒的外表面积，m²。

床层空隙率 ε 与颗粒形状、粒度分布、颗粒表面粗糙度、充填方式、颗粒直径与容器直径之比等因素有关。

颗粒形状是影响床层空隙率的重要因素之一，大小及形状相同的均匀颗粒组成的床层，其空隙率可由图 9-3-22 查出，图中 ϕ_s 为颗粒的形状系数，由下式计算：

$$\phi_s = d_s/d_p \tag{9-3-91}$$

$$d_p = \left(\frac{6V_p}{\pi} \right)^{1/3} \tag{9-3-92}$$

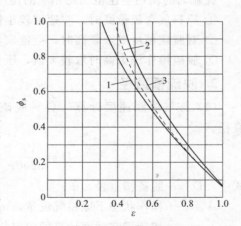

**图 9-3-22　床层空隙率与均匀
颗粒形状系数的关系**
1—紧密充填；2—正常充填；3—疏松充填

在计算床层压降时，可采用紧密充填曲线求出的空隙率，这样计算所得的压力虽然较大，但与实际情况更符合，因为脱硫剂在装填及使用过程中，会有破碎或粉化现象，使床层空隙率降低。

当其他条件相同时，光滑颗粒床层比粗糙颗粒床层的空隙率小，颗粒粒度均匀的床层比粒度不均匀的床层空隙率大。对工业上使用的脱硫槽来说，颗粒直径比容器直径小得多，壁效应可忽略不计。

第八节　脱硫方法的选择

在合成氨工厂中，应该根据原料气的来源、脱硫净化度的要求、动力来源、脱硫剂的来源、环保要求等，通过技术经济比较后，选择适宜的脱硫方法。干法脱硫硫容有限，对含高浓度硫的气体不适应，需要先用湿法脱硫进行粗脱，再用干法精硫。

一、湿法选择

① 原料气的硫化氢含量中等，如硫化氢含量为 $2\%\sim3\%$ 左右的粗天然气净化，当前应用最广泛的是烷基醇胺法，如一乙醇胺法、二异丙醇法、甲基二乙醇胺法等。以前天然气脱硫中应用最多的是一乙醇胺法，但因一乙醇胺法能耗高、腐蚀性强，近年很多工厂改用甲基二乙醇胺法。

② 原料气的硫化氢、二氧化碳等酸性气体含量较高时，用物理溶剂或物理-化学混合溶剂吸收、再生时放出的硫化氢气体用克劳斯（Claus）法回收硫黄。这类方法的共同特点是能耗低，在酸性气体分压较高时，溶剂的吸收能力强，如环丁砜法、聚乙二醇二甲醚法、甲醇法等。

在天然气处理上，如硫化氢含量较高，压力在 4.0MPa 以上时，较多地用环丁砜法、聚乙二醇二甲醚法等。重油部分氧化法制合成气的气化压力也较高，有的工业装置已达到8.5MPa，而重油中硫含量又较高时，选择用低温甲醇法、聚乙二醇二甲醚法、环丁砜法等。而低温甲醇法、聚乙二醇二甲醚法又可从原料气中选择脱除硫化氢。

③ 原料气的硫化氢含量低，并含有较高的二氧化碳时，用直接氧化法脱硫较合适，如改良 ADA 法、栲胶法、氨水液相催化法等。这几种方法技术成熟、过程完善、各项技术经济指标较好，特别是栲胶法运行费用低，且没有脱硫塔堵塔的问题，更具有竞争力。氨水液相催化法用于焦炉气脱硫更合适，可利用焦炉气本身含有的氨作吸收剂，并能同时脱除氰化氢，比较经济。

配合铁法是国外使用较多的一种新的脱硫方法，它的主要优点是溶液组成简单，硫容量高，溶液不含钒，无毒性。

二、干法选择

气体中微量硫和有机硫的脱除，以固体干法为主，干法脱硫广泛用作精细脱硫，如近代以天然气、轻油等为原料的大型合成氨厂中，广泛应用活性炭、氧化锌、钴-钼催化剂等干法脱硫，使原料气中总硫含量降至 1×10^{-6} 以下。

精脱硫可根据原料气含硫等情况不同选择不同的工艺方法。

① 含有少量 H_2S 及 RSH 的天然气，单用 ZnO 脱除即可。

② 含硫较高的天然气，用活性炭和 ZnO 串联。

③ 如果原料气中的 COS 较多，应先将 COS 进行水解，再用 ZnO 或活性炭脱除，也可在脱除 COS 前先用氧化铁脱除部分硫化物。灵活应用不同的组合，如夹心饼式，也可分几层装填，高径比一般在 $1.5\sim3$ 为宜，最好为 2 以上。

④ 如果含有少量的硫醇和噻吩，可直接用分子筛脱除。

⑤ 硫醚，最典型的是二甲硫醚 $[(CH_3)_2S]$，其性能比较稳定，在 400℃ 以上才能分解成烯烃和 H_2S。还有噻吩 (C_4H_4S)，不溶于水，性质稳定，加热到 500℃ 也难分解。有这几种硫化物的原料气必须先用加氢转化催化剂，如 Co-Mo、Ni-Mo 等催化剂，将有机硫加氢转化后再用氧化锌等吸收，也可串联使用。

⑥ 对含有机硫较高的液态烃，先要经 Co-Mo 加氢转化，再经湿法脱硫，用氧化锌等脱除。常用的干法脱硫方法比较见表 9-3-23。

表 9-3-23　常用的干法脱硫方法比较

方法	加 氢 转 化			活性炭法	氧化铁法	氧化锌法	氧化锰法	
脱硫剂	钴-钼	铁-钼	钴-镍-钼	活性炭	氧化铁	氧化锌	氧化锰	铁锰
可处理的硫化物	$RSH,CS_2,$ COS,C_4H_4S	$RSH,CS_2,$ COS	$(C_nH_{2n}),$ $RSH,CS_2,$ COS,C_4H_4S	$H_2S,RSH,$ CS_2,COS	$H_2S,RSH,$ COS	$H_2S,RSH,$ CS_2,COS	$H_2S,RSH,$ CS_2,COS	$H_2S,RSH,$ CS_2,COS
脱硫方式	转化	转化	转化、烯烃饱和	转化吸收	转化吸收	吸收	吸收	转化吸收
操作压力/MPa	0.69~6.86	1.77~2.06	1.0~5.0	常压至 2.94	常压至 2.94	常压至 4.9	常压至 1.96	1.67~1.96
操作温度/℃	350~430	380~450	250~400	室温	20~550	常温至 450	400	350~400
空速/h⁻¹	500~1000	700	<1500	400	200~300	400	1000	600~1000
出口总硫/(mg/m³)	—	—	—	0.03~1	0.03~1	<0.03	<3	<0.1
硫容/%	—	—	—	0~25	30	10~25	10~14	14~18
再生性能	结炭后再生		结炭后再生	蒸汽再生	蒸汽再生	不再生	不再生	不再生
备注	CO、CO₂ 甲烷化强放热会降低转化活性		用于焦化干气、催化干气原料的有机硫加氢、烯烃饱和	C₂+ 烷烃及烯烃会降低脱硫效率	水汽对平衡影响很大，氢也有影响	水汽对平衡及硫容有一定影响	CO 会导致甲烷化反应而放热	>5% 烯烃加氢放热影响效率

⑦ 对于高温下煤气的脱硫（如 IGCC），需采用 $ZnFe_2O_4$ 类复合金属氧化物系列或白云石系列等。

中国很多以煤为原料的合成氨厂的煤气脱硫，大多选用直接氧化法。而视后面工艺流程（如采用碳酸丙烯酯法、聚乙二醇二甲醚法、改良热钾碱法脱除二氧化碳等）的需要选用合适的干法脱硫来精脱硫。为了保证脱碳工艺的正常运行和二氧化碳气体（去制尿素）的纯度，常选用氧化铁或活性炭脱除变换气中的少量硫。有的合成氨工厂后面采用联醇的工艺流程，因甲醇催化剂对总硫含量要求更高，可采用活性炭-水解催化剂-活性炭夹心饼式组合的脱硫工艺，或选用水解催化剂-常温氧化锌串联的脱硫工艺，这两种方法均可使总硫含量降至 $0.1×10^{-6}$ 以下。

参考文献

[1] 刘镜远，等．合成氨和尿素．北京：中国石化出版社，2000.
[2] 梅安华，等．小合成氨厂工艺技术与设计手册．北京：化学工业出版社，1995.
[3] 余祖熙，等．化肥催化剂使用技术．北京：化学工业出版社，1988.
[4] 向德辉，等．化肥催化剂实用手册．北京：化学工业出版社，1992.
[5] 方怡中．石油炼制与化工，1996，27（2）：1-5.
[6] 冯续．化学工业与工程技术，2001，22（3）：14.
[7] 沈浚，等．合成氨．北京：化学工业出版社，2001.
[8] 王祥光，等．小氮肥厂脱硫技术．上海：化工部小合成氨设计技术中心站，1992.
[9] 冯续．工业催化，2000，8（4）：25.
[10] 赵骥，等．催化剂．北京：中国物资出版社，2001.
[11] 袁树成，等．石油炼制与化工，2001，32（4）：10.
[12] 黄德明．合成氨生产工艺学．北京：烃加工出版社，1989.
[13] 南京化工研究院．合成氨催化剂手册．北京：燃料化学工业出版社，1974.
[14] 孙锦宜，等．环保催化材料与应用．北京：化学工业出版社，2002.
[15] 巩志坚，等．洁净煤技术，2006，12（3）：95-97.
[16] 刘振义，等．2006年全国气体净化技术交流会论文集．全国气体净化信息站，2006：107-111.
[17] 许世森，等．煤气净化技术．北京：化学工业出版社，2006.
[18] 徐林刚，等．石油化工高等学校学报，2007，20（1）：48-51.
[19] 冯续，等．2009年全国气体净化技术交流会论文集．全国气体净化信息站，2009：73-76.

第四章
CO$_2$ 脱除

第一节　概述

一、引言

　　以煤为原料生产的工艺气及其变换气中，都含有不同数量的 CO$_2$ 杂质需在进一步加工前进行脱除净化。

　　从气体混合物中脱除 CO$_2$，不仅因为 CO$_2$ 耗费气体压缩功，空占设备体积，对后工序有害，还因为 CO$_2$ 是重要的化工原料，如尿素、纯碱和碳酸氢铵的生产都需要大量 CO$_2$，食品级 CO$_2$ 也是重要的产品。

　　在合成氨或其他化工生产中把脱除工艺气体中 CO$_2$ 的过程称为"脱碳"，它兼有净化气体和回收纯净 CO$_2$ 两个目的。

二、CO$_2$ 脱除方法

　　在化工行业中，尤其是合成氨生产和甲醇生产或制氢工业中，采用的脱碳方法很多，但不外乎有两大类。

　　第一大类属于溶剂吸收的过程。吸收法根据不同原理操作可分为如下几种。

1. 化学吸收法

　　化学吸收法的主要优点是吸收速度快、净化度高，按化学计量反应进行，吸收压力对吸收能力影响不大等。其缺点是再生热耗大，因此化学吸收法的能量消耗较大，如改良热钾碱法。

2. 物理吸收法

吸收机理是利用溶剂分子的官能团对不同分子的亲和力不同而有选择性地吸收气体。其主要优点在于物理溶剂吸收气体遵循亨利定律（$p_i = EX_i$），吸收能力仅与被溶解气体分压成正比；溶剂的再生比较容易，只要减压闪蒸或用惰性气体气提即可达到再生效果，再生热耗低。其缺点是吸收压力或 CO$_2$ 分压是主要决定因素，要求净化度高时，未必经济合理。典型的物理吸收脱碳技术有低温甲醇洗法和 NHD 法等。

3. 物理-化学吸收法

它的特点是将两种不同性能的溶剂混合，使溶剂既有物理吸收功能又有化学吸收功能。它的再生热耗比物理吸收法高又比化学吸收法低，是介于两种方法之间的一种方法，如改良 MDEA 法。

第二大类为变压吸附气体分离技术（也称干法脱碳）。

变压吸附分离技术作为化工单元操作，广泛用于石油化工、化学工业、冶金工业、电子、国防等行业。

在中国采用变压吸附技术脱碳起步较晚，直到 1989 年才开始将变压吸附技术用于合成氨变换气脱碳研究，1998 年首先将变压吸附技术应用于湖北宜化化工股份有限公司年产 12 万吨合成氨变换气脱碳装置中，脱除的 CO$_2$ 气供尿素装置使用，之后 1999 年宜化集团在其新建的年产 13 万吨合成氨脱碳装置中，仍采用变压吸附脱碳技术，到目前为止，已正常运转两年以上。

第二节　低温甲醇洗

低温甲醇洗是 20 世纪 50 年代初德国林德公司和鲁奇公司联合开发的脱除原料气体中酸性气体的一种方法。1954 年首先用于南非煤加压气化工业装置的煤气净化，随后相继用于净化城市煤气中的硫化物、轻质油、CO$_2$ 及水分以及从变换气中提取高纯度 H$_2$、天然气脱硫等的气体净化装置中，20 世纪 60 年代以后，随着以渣油和煤为原料的大型合成氨装置的出现，低温甲醇洗的这一技术也得到了广泛的应用。

一、基本原理

低温甲醇洗采用冷甲醇作为吸收剂，利用甲醇在低温下对酸性气体溶解度较大的物理特性，脱除原料气中的酸性气体。

1. 各种气体在甲醇中的溶解度

低温甲醇洗是一种典型物理吸收过程，在高压下对高浓度酸性气体的净化特别有效。当温度从 20℃ 降到 -40℃，CO$_2$ 溶解度约增加 6 倍，另外 H$_2$、CO 及 CH$_4$ 等的溶解度在温度降低时变化较小；在低温下，例如 -50～-40℃ 时，H$_2$S 的溶解度差不多比 CO$_2$ 大 6 倍，这样就有可能选择性地从原料气中先脱除 H$_2$S，而在甲醇再生时先解吸 CO$_2$。

通常低温甲醇洗的操作温度为 -70～-30℃，各种气体在 -40℃ 时的相对溶解度如表 9-4-1所示。

表 9-4-1 −40℃ 各种气体在甲醇中的相对溶解度

气体	气体的溶解度		气体	气体的溶解度	
	H_2 的溶解度	CO_2 的溶解度		H_2 的溶解度	CO_2 的溶解度
H_2S	2540	5.9	CO	5.0	
COS	1555	3.6	N_2	2.5	
CO_2	430	1.0	H_2	1.0	
CH_4	12				

（1）H_2S 在甲醇中溶解度 H_2S 和甲醇都是极性物质，两种物质的极性接近，因此相互溶解度很大。

根据试验，低温时 H_2S 在甲醇中溶解度是很大的，不同温度与 H_2S 平衡分压下，H_2S 在甲醇中的溶解度如表 9-4-2 所示。

表 9-4-2 不同温度与 H_2S 分压下，H_2S 在甲醇中的溶解度 单位：m³/t(甲醇)

H_2S 平衡分压/kPa	0℃	−25.6℃	−50.0℃	−78.5℃	H_2S 平衡分压/kPa	0℃	−25.6℃	−50.0℃	−78.5℃
6.67	2.4	5.7	16.8	76.4	26.66	9.7	21.8	65.6	—
13.33	4.8	11.2	32.8	155.0	40.00	14.8	33.0	99.6	—
20.00	7.2	16.5	48.0	249.2	53.33	20.0	45.8	135.2	—

有机硫化物在甲醇中的溶解度很大，这样就使得低温甲醇洗有一个重要的优点，即有可能综合脱除原料气中的所有硫杂质（在甲醇中 COS 的溶解度仅较 H_2S 溶解度低 20%～30%）。

（2）CO_2 在甲醇中的溶解度 不同的 CO_2 平衡分压与温度下 CO_2 在甲醇中的溶解度如表9-4-3所示。

表 9-4-3 不同温度和 CO_2 平衡分压下 CO_2 在甲醇中的溶解度 单位：m³/t(甲醇)

CO_2 平衡分压/MPa	−26℃		−36℃		−45℃		−60℃	
	$X_{CO_2}^{①}×10^2$	$S^{②}$	$X_{CO_2}×10^2$	S	$X_{CO_2}×10^2$	S	$X_{CO_2}×10^2$	S
0.101	2.46	17.6	3.50	23.7	4.80	35.9	8.91	68.0
0.203	4.98	36.2	7.00	49.8	9.45	72.6	18.60	159.0
0.304	7.30	55.0	10.00	77.4	14.40	117.0	31.20	321.4
0.405	9.95	77.0	14.00	113.0	20.00	174.0	50.00③	960.7
0.507	12.60	106.0	17.80	150.0	26.40	250.0	—	—
0.608	15.40	127.0	22.40	201.0	34.20	362.0	—	—
0.709	18.20	155.0	27.40	262.0	45.00	570.0	—	—
0.831	21.60	192.0	33.80	355.0	106.00	—	—	—
0.912	24.30	223.0	39.00	444.0	—	—	—	—
1.013	27.80	268.0	46.70	610.0	—	—	—	—
1.165	33.00	343.0	100.00	—	—	—	—	—
1.216	35.60	385.0	—	—	—	—	—	—

CO₂ 平衡分压 /MPa	−26℃		−36℃		−45℃		−60℃	
	$X_{CO_2}^{①} \times 10^2$	$S^{②}$	$X_{CO_2} \times 10^2$	S	$X_{CO_2} \times 10^2$	S	$X_{CO_2} \times 10^2$	S
1.317	40.20	468.0	—	—	—	—	—	—
1.413	47.00	617.0	—	—	—	—	—	—
1.520	62.20	1142.0	—	—	—	—	—	—
1.621	100.00	—	—	—	—	—	—	—

① CO₂ 在溶剂中的摩尔分数。
② CO₂ 的溶解度，m³/t。
③ CO₂ 的平衡压力为 0.42MPa。

当混合气中有 H₂ 存在时，CO₂ 在甲醇中溶解度会降低。文献中报道的数据如表 9-4-4、表 9-4-5 所示。

表 9-4-4　−20℃ 下 H₂-CO₂-CH₄OH 体系中 CO₂ 在甲醇中的溶解度

总压 /MPa	$S_{CO_2}^{①}$	$N_{CO_2}^{②}$	$S_o^{③}$	S_{CO_2}	N_{CO_2}	S_o	S_{CO_2}	N_{CO_2}	S_o
	气相 CO₂ 含量为 29%			气相 CO₂ 含量为 38%			气相 CO₂ 含量为 60%		
0.507	—	—	—	—	—	—	54.5	0.073	55.0
1.013	—	—	—	—	—	—	123.4	0.151	127.0
1.520	—	—	—	—	—	—	208.2	0.230	223.0
2.026	115.4	0.142	121.1	166.7	0.193	173.0	346.4	0.332	385.0
2.533	153.0	0.180	160.9	226.2	0.245	244.0	697.0	0.500	1142.0
3.546	238.6	0.253	273.0	418.2	0.375	504.0	—	—	—
4.053	—	—	—	755.1	0.520	1185			
4.560	377.0	0.351	463.5	962.5	0.580	—			
5.066	468.6	0.402	725.0	3659.3	0.840	—			
5.472	570.3	0.450	2330.0	—	—				

① 含 H₂ 混合气中 CO₂ 的溶解度，m³/t。
② 溶剂中 CO₂ 的摩尔分数。
③ 当纯 CO₂ 的压力等于混合气中 CO₂ 分压时的溶解度，m³/t。

表 9-4-5　−45℃ 下 H₂-CO₂-CH₃OH 体系中 CO₂ 在甲醇中的溶解度

总压 /MPa	S_{CO_2}	N_{CO_2}	S_o	总压 /MPa	S_{CO_2}	N_{CO_2}	S_o
	气相 CO₂ 含量为 30%				气相 CO₂ 含量为 30%		
1.0	115.4	0.142	117.0	0.5	90.6	0.115	94.8
1.5	196.6	0.220	206.1	1.0	244.0	0.260	250.0
2.0	301.6	0.302	362.0	1.2	351.1	0.335	362.0
2.5	514.7	0.425	754.0	1.5	642.0	0.480	754.0
3.0	989.9	0.575		1.7	1197.0	0.632	

当甲醇含有水分时，CO₂ 的溶解度也会降低。

2. 各种气体在甲醇中的溶解热

根据各种气体在甲醇中的溶解度数据，可求得在甲醇中的溶解热。表 9-4-6 给出了各种气体在甲醇中的溶解热。

表 9-4-6 各种气体在甲醇中的溶解热

气　体	H_2S	CO_2	COS	CS_2	H_2	CH_4
溶解热/(kJ/mol)	19.264	16.945	17.364	27.614	3.824	3.347

由表 9-4-6 可见，H_2S 和 CO_2 在甲醇中溶解热不同，但因其溶解度较大，在甲醇吸收气体过程中，塔中溶剂温度有较明显的提高，为保证吸收效果，应不断取出热量。

3. 净化过程中溶剂的损失

净化过程中甲醇溶剂的损失主要是甲醇的挥发，甲醇的蒸气压和温度的关系如图 9-4-1 所示。

由图 9-4-1 可见，在常温下甲醇的蒸气压很大。即使气体挥发出来的甲醇溶剂浓度很小，但由于处理气量很大，溶剂损失还是可观的。在实际生产中，采用低温吸收，因此操作中的溶剂损失较小。

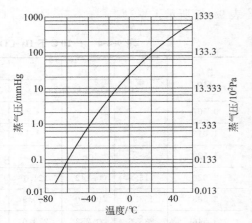

图 9-4-1 甲醇的蒸气压和温度的关系

4. 低温甲醇洗的吸收动力学

文献中报道了用低温甲醇吸收 CO_2 和 H_2S 的动力学研究，实验中发现吸收过程的速率仅取决于 CO_2 的扩散速率，在相同条件下 H_2S 的吸收速率约为 CO_2 吸收速率的 10 倍。温度降低时吸收速率缓慢减少。

由于混合气体中 H_2S 的浓度较小，吸收速率又比较快，所以 CO_2 的吸收是控制因素。影响吸收的主要因素是温度和压力。

二、工艺流程

1. 两种类型的流程

由于煤气化方法不同，对进变换系统的原料气要求不同，净化系统采用的低温甲醇洗流程也有所不同。主要有两种类型：二段吸收（两步法）、一段吸收（一步法）。前者适用于进变换系统的原料气脱硫要求严格的情况下（不耐硫变换流程），用低温甲醇洗预先脱硫，在 CO 变换之后，再用低温甲醇洗脱除 CO_2；后者适用于耐硫变换之后，用低温甲醇洗同时进行脱硫和脱除 CO_2。由于中国已基本能解决耐硫变换催化剂的供应，因此在实际应用中多采用一段吸收（一步法）。

2. 三种再生方法

低温甲醇洗，在吸收时甲醇溶剂要求低温、加压。溶剂再生时，要求减压闪蒸或气提再生。概括起来富甲醇溶剂再生有三种方法。

（1）闪蒸　用减压闪蒸解吸，这是最经济的方法。将溶解度低的气体闪蒸出来，便于提高再生气中 H_2S 和 CO_2 纯度。减压过程温度降低，解吸气体的量及组分与温度、压力有关。这种方法受压力限制再生不能很彻底。

（2）气提法　用吹入惰性气体方法，降低相界面上方气相中酸性气体分压，将甲醇溶剂中剩余的酸性气体从溶剂中赶走，以提高溶剂贫液度。

以上两种再生方法称冷再生。

（3）热再生　溶剂在热再生塔的再沸器中用蒸汽加热沸腾，用甲醇的蒸气气提，使溶液中的 H_2S 从溶剂中彻底清除，最终达到溶剂再生度，利于溶剂吸收，进而保证了气体净化度的要求。这种方法再生彻底，但需耗蒸汽。

三种再生方法应合理配置，以节省能耗，减少有用气体的损耗，提高有用气体回收率。

溶剂再生三种方法如图 9-4-2 所示。

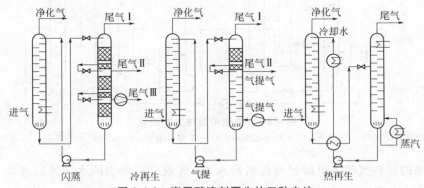

图 9-4-2　富甲醇溶剂再生的三种方法

3. 以煤为原料的合成气的低温甲醇洗流程

目前，中国在煤的加压气化流程中引进了低温甲醇洗工艺。煤加压气化所产生的工艺气成分复杂，含有大量 CO_2 与以 H_2S 和有机物形式存在的硫化物以及其他杂质。采用煤种不同，气化方法不同，工艺气成分差异较大。由于煤气或原料气对净化度要求不同，工艺流程也不尽相同。煤气或原料气净化的低温甲醇洗装置包括三个工艺步骤：在预洗阶段脱除气体中轻油、不饱和烃类和其他较高沸点的杂质；在其后两个阶段中脱除 H_2S、有机硫和 CO_2。

甲醇的再生通过减压和热再生来完成。

三、工厂操作数据

主要操作数据见表 9-4-7。

表 9-4-7　某大型氨厂低温甲醇洗的操作数据

项　目	数　据	项　目	数　据
氨产量/(10⁴t/a)	30	主要设备	
变换气量/(m³/h)	152412	吸收塔(浮阀塔)	φ2050/2650×65200 含脱 H₂S
操作压力(G)/MPa	5.8		
吸收温度/℃	-64	再生塔(浮阀塔)	φ2400/3400×21550
溶液量/(m³/h)	220.8	消耗定额	
进气 CO₂/%	43.12	气提用氨量/(m³/h)	7300
净化气 CO₂/10⁻⁶	<8	CO₃OH/[kg/t(NH₃)]	2.1
溶液吸收能力/(m³/m³)	298	冷冻量/(kcal/h)	1.78×10⁶

低温甲醇洗在中国中型氨厂，近年来仅在一个年产 18 万吨合成氨装置上采用。在引进的以重油或以煤为原料几个大型合成氨厂中已成功应用多年，它们的工艺大都采用五塔流程，其流程见图 9-4-3。

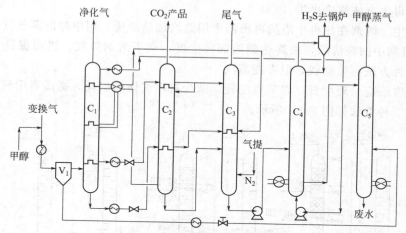

图 9-4-3 低温甲醇洗工艺流程

C_1—甲醇洗涤塔；C_2—CO_2 解吸塔；C_3—H_2S 浓缩塔；C_4—甲醇再生塔；C_5—甲醇/水分离塔；V_1—气液分离塔

从变换来的原料气喷入甲醇经冷却后进入 V_1 气液分离塔去掉水，然后进入 C_1 塔，用贫甲醇吸收 H_2S、CO_2，该塔分上、下两部分，上塔是 CO_2 脱除部分，由精洗、粗洗、初洗三段组成，下塔是 H_2S 脱除部分，由初洗段底部出来的无硫甲醇分为两股，一股进入脱 H_2S 段，脱除 H_2S 后经减压进入 C_2 塔中部，另一股无硫甲醇经冷却减压后进入 C_2 塔顶部，解析出大量的 CO_2 送往尿素，同时吸收由下段上升的 CO_2 气体中 H_2S，以保证产品 CO_2 中 H_2S 含量小于 1.4×10^{-6}。从 C_2 塔底部出来的富甲醇液送往 C_3 塔，经 N_2 气提后，大部分残留 CO_2 随尾气放空。塔底甲醇液送往 C_4 塔进行热再生后经冷却送回 C_1 塔作为吸收液循环使用。由 V_1 分离出来的甲醇-水溶液送往 C_5 塔进行分离，废水送往污水处理系统，甲醇蒸气经冷却后送回系统。

四、工艺技术特点

甲醇是一种理想的吸收剂，尤其是气体处于一个较高的压力（$2.0 \sim 7.0$MPa）下，采用低温甲醇洗工艺是合理的。

低温甲醇洗工艺特点：

1. 吸收能力较强

几种吸收剂吸收能力比较见表 9-4-8。

表 9-4-8 几种吸收剂吸收能力的比较

吸 收 剂	$T/℃$	溶解度/(m^3/m^3)			选择性
		CO_2 分压		H_2S	$\dfrac{a_{H_2S}}{a_{CO_2}}$
		981kPa(A)	98.1kPa(A)	98.1kPa(A)	
物理吸收					

续表

吸 收 剂	$T/℃$	溶解度/(m³/m³)			选择性
		CO₂ 分压		H₂S	$\dfrac{a_{H_2S}}{a_{CO_2}}$
		981kPa(A)	98.1kPa(A)	98.1kPa(A)	
水	35	5.5	0.5	1.8	3.0
甲醇	−10	100	8	41	5.1
	−30	270	15	92	6.1
化学吸收 MEA(2.5mol/L)	40	50	29	54	
热钾碱(1.9mol/L)	110	40	26	39	

由表 9-4-8 可以看出，−30℃、CO₂ 分压 981kPa（A）时，甲醇的吸收能力是常温下水的 50 倍，是化学吸收方法的 5～6 倍。

吸收能力增大，意味着溶剂循环量减少，总的能耗降低。在物理吸收法气体净化工艺中，70％以上的能耗被用于溶剂再生，因而溶液循环量的降低可大大降低装置能耗。低温甲醇洗具有明显优势。

2. 选择性较好

由表 9-4-1，−40℃时各种气体在甲醇中的相对溶解度可以看出，甲醇对 H₂S、COS、CO₂ 吸收能力特别强，气体脱硫脱碳可在两个塔或同一塔内分段选择性地进行。相比之下对 CH₄、CO、H₂ 只有微小的吸收能力，其良好的选择性正是工艺所要求的。

3. 气体的净化度较高

采用低温甲醇洗工艺，净化气中总硫可脱至 $0.1×10^{-6}$ 以下，CO₂ 可净化到 $2.0×10^{-6}$ 以下。因此低温甲醇洗可适用于对硫含量有严格要求的化工厂生产。

4. 低温甲醇洗可以脱除气体中的多种杂质

在 −70～−30℃ 的低温下，甲醇可以同时脱除气体中的 H₂S、COS、CS₂、RSH、C₄H₄S、CO₂、HCN、NH₃、NO 以及石蜡烃、芳香烃、粗汽油等杂质，并可同时脱水使气体彻底干燥，所吸收的有用组分可在甲醇的再生过程中加以回收。

5. 热稳定性和化学稳定性好

甲醇不会被有机硫、氰化物等组分所降解，不起泡；纯甲醇对设备无腐蚀；黏度小，有利于节省动力消耗。

6. 当低温甲醇洗脱除 H₂S 和 CO₂ 与液氮洗脱除 CO、CH₄ 联合使用时，就显得更加合理

液氮洗需要在 −190℃ 左右的低温下进行，要求进液氮洗装置的气体彻底干燥。由于低温甲醇洗同时具有干燥气体作用，并已经使气体的温度降到 −70～−50℃ 的低温，因此省去了液氮洗装置的干燥段和预冷段。节省了投资，简化了操作，从而降低了冷冻过程中动力消耗。

但低温甲醇洗也存在缺点，主要是：工艺流程长，甲醇有毒。甲醇洗的流程特别是再生过程比较复杂。

另外，低温甲醇洗工艺需要购置国外专利技术，软件费用较高，专利设备需引进或从国外引进低温材料。

随着中国高等院校及科研、设计部门共同开发，对国外引进的该技术进行改进，积累了一定的设计经验，取得了一定成绩。

第三节　聚乙二醇二甲醚法

1965 年，美国 Allied 公司首次采用聚乙二醇二甲醚作为物理溶剂，广泛应用于合成气、天然气、燃料气和城市煤气等混合气体中 H_2S、CO_2、COS、烃、醇等的吸收，称为 Selexol 法。1982 年，该技术转让给 Norton 公司，现在为 UCC 公司所有。目前全世界已有 48 个工业装置使用 Selexol 净化工艺，其处理总气量约 $85 \times 10^6 m^3/d$。中国南化公司研究院于 20 世纪 80 年代，筛选出用于脱除 H_2S 和 CO_2 的聚乙二醇二甲醚较佳溶剂组分，命名为 NHD 溶剂，目前已成功地用于中国 30 多个氨厂、醋酸厂等工业装置中脱硫、脱碳。

一、基本原理

聚乙二醇二甲醚吸收 CO_2 和 H_2S 等酸性气体的过程具有典型的物理吸收特征。这些气体在工艺气体中分压较低时，它们在聚乙二醇二甲醚溶剂中的平衡溶解度能较好地服从亨利定律：

$$c_i = H_i p_i \tag{9-4-1}$$

式中　c_i——可溶气体 i 在液相中的浓度，$kmol/m^3$；

H_i——可溶气体 i 的溶解度系数，$kmol/(m^3 \cdot atm)$；

p_i——可溶气体 i 的气相分压，atm（A）。

当气相压力不高时，气相中各组分的分压可按道尔顿分压定律来描述：

$$p_i = p y_i \tag{9-4-2}$$

式中　p——气相总压，atm（A）；

y_i——可溶气体 i 在气相中的浓度，kmol 气体 i/kmol 混合气。

将式（9-4-2）代入式（9-4-1），

得 $$c_i = H_i p y_i \tag{9-4-3}$$

在 y_i 一定时，提高气相总压 p（在温度一定的情况下，溶解度系数 H_i 也一定），可溶气体 i 在溶液中的浓度 c_i 将增大。此时，施行气体的吸收过程。设气体 i 为 CO_2，即为脱碳过程。反之，对已经溶解了大量 CO_2 的溶剂，在温度及 H_i 不变的情况下，降低气相总压 p，c_i 必然减小，气体 i 从溶液中释放出来，形成闪蒸过程。闪蒸后的溶液还有少量的气体 i，此时可往溶液中鼓入不含气体 i 的空气等惰性气体，继续减低气相中 i 气体的浓度 y_i，可进一步降低溶液中 i 气体的浓度 c_i，达到再生溶液的目的，使之重复用于吸收。吸收（加压)-闪蒸（减压)-气提（再减压）构成了聚乙二醇二甲醚法脱碳过程的三个基本环节。

由于聚乙二醇二甲醚吸收 CO_2 是个液膜控制过程。因此在传质设备的选择和设计上，应采取提高液相湍动、气液逆流接触、减薄液膜厚度及增加相际接触面积等措施，以提高传质速率。

二、聚乙二醇二甲醚溶剂的性质

1. 外观

聚乙二醇二甲醚溶剂是一种浅黄色液体，气味清淡。

2. 分子结构

聚乙二醇二甲醚系同系物，分子结构式为 $CH_3-O-(C_2H_4O)_n-CH_3$，其中，$n=2\sim 9$，平均分子量为 $260\sim 280$。

3. 物理性质 （25℃时）

密度：$1027kg/m^3$；

蒸气压：$0.093Pa$；

表面张力：$0.034N/m$；

黏度：$4.3mPa\cdot s$；

比热容：$2100J/(kg\cdot K)$；

CO_2 溶解热：$374kJ/kg$。

另外，聚乙二醇二甲醚的冰点为 $-29\sim -22℃$，闪点为 $151℃$，燃点为 $157℃$。

4. CO₂ 等气体在聚乙二醇二甲醚溶剂中的溶解度

CO_2 等气体在聚乙二醇二甲醚溶剂中的溶解度见图 9-4-4。

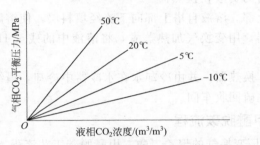

图 9-4-4　CO₂ 溶解度与温度、压力的关系

各种气体在 NHD 溶剂中的相对溶解度参阅表 9-4-9。表 9-4-9 中数据指出，H_2、N_2、CH_3、CO 等气体在聚乙二醇二甲醚溶剂中的溶解度与 CO_2、H_2S、COS 等气体的溶解度相比要小得多，显示出良好的选择吸收性。

表 9-4-9　各种气体在 NHD 溶剂中的相对溶解度

组分	H₂	CO	CH₄	CO₂	COS	H₂S	CH₃SH	CS₂	H₂O
相对溶解度/(m³气体/m³ NHD)	1.3	2.8	6.7	100	233	893	2270	2400	73300

5. 化学性质

聚乙二醇二甲醚的化学性质非常稳定，几乎不和其他物质起化学反应。

6. 技术特点

净化度高；吸收 CO_2、H_2S、COS 等气体的能力强；能选择性吸收 H_2S 和 COS；溶剂无腐蚀性，设备基本采用碳钢材料，投资少；溶剂蒸气压低，挥发损失少；化学稳定性好和热稳定性好；操作时不起泡，不需消泡剂；溶剂无毒无味，对环境无污染；流程短，操作稳定方便；能耗低，再生不需要蒸汽。

三、工艺流程

1. 聚乙二醇二甲醚脱硫流程

图 9-4-5 为合成氨厂变换气的聚乙二醇二甲醚脱硫工艺流程。

变换气进入脱硫塔底部与塔顶流下的聚乙二醇二甲醚贫液逆流接触，吸收全部 H_2S、大部分 COS 及部分 CO_2，脱硫气从脱硫塔顶排出，去后工序。

脱硫塔底排出的含酸性气体富液，减压，进入脱硫闪蒸槽，闪蒸出所溶的部分 H_2S、CO_2 以及大部分 H_2，闪蒸气返回系统，以回收 H_2。闪蒸槽底排出的闪蒸液与热再生后的贫液在换热器

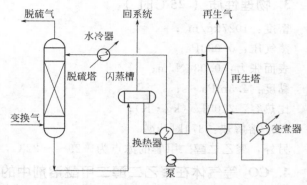

图 9-4-5 聚乙二醇二甲醚脱硫工艺流程

中换热，进入再生塔上部。溶液自塔上部向下流经填料层，使溶解的气体解吸出来。再生塔底溶液由变换气煮沸器，用变换气加热蒸煮，将溶液中的残量 H_2S 赶出，得到贫度较高的再生贫液。

贫液经过脱硫泵、换热器，并由冷却水在水冷器中冷却，最终贫液进脱硫塔顶部，完成溶液循环。再生气送往硫回收车间。

2. 聚乙二醇二甲醚脱碳流程

图 9-4-6 为合成氨厂变换气的聚乙二醇二甲醚脱碳工艺流程。

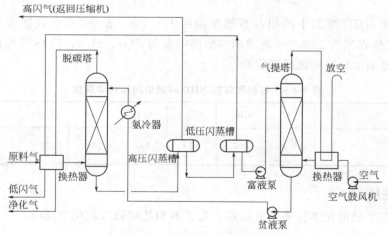

图 9-4-6 聚乙二醇二甲醚脱碳工艺流程

变换气进入气体换热器，被脱碳低压闪蒸气和脱碳气冷却，进入脱碳塔。气体在塔内向上流动的过程中，与自上而下的溶剂接触，气流中的 CO_2 被吸收，从塔顶离开脱碳塔。再通过换热器，以冷却进塔气。然后，去后工序。

吸收了 CO_2 的富液，从脱碳塔底流出，在高压闪蒸槽中闪蒸出富液携带的大部分 H_2 和一部分 CO_2。脱碳高闪气返回系统，以回收 H_2。

从高闪槽底部流出的富液仍含有大量的CO_2，进入低压闪蒸槽，进一步在较低的压力下继续闪蒸。低压闪蒸气含高纯度CO_2，冷却变换气后，送往尿素车间或作他用。从低压闪蒸槽流出的富液，被富液泵，送气提塔顶部，在向下流经填料层时，被空气或惰性气体气提再生。

空气或惰性气体由鼓风机，鼓入气提塔底部。在向上流经填料层时，气液逆流接触，溶液得到再生。气提用气在通过所有填料层后，随同被气提出来的CO_2一起放空。为利用放空气的冷量，可设置换热器。

再生后的贫液，经贫液泵增加压头，通过氨冷器，用液氨气化来冷却，进入脱碳塔，重新用于吸收CO_2。

3. 聚乙二醇二甲醚脱硫脱碳流程

图9-4-7为合成氨厂变换气的聚乙二醇二甲醚脱硫脱碳工艺流程。

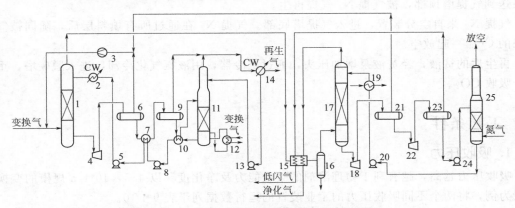

图9-4-7　聚乙二醇二甲醚脱硫脱碳工艺流程
1—脱硫塔；2,14—水冷器；3—闪蒸气压缩机；4,18,22—透平；5,8,13,20,24—泵；6—脱硫高压闪蒸槽；
7,10,12,15—换热器；9—脱硫低压闪蒸槽；11—脱硫再生塔；16—分离器；17—脱碳塔；19—氨冷器；
21—脱碳高压闪蒸槽；23—脱碳低压闪蒸槽；25—脱碳气提塔

聚乙二醇二甲醚脱硫和脱碳是分别进行的，先脱硫后脱碳。目的是分别处理脱除下来的H_2S和CO_2，以及节约能耗。

变换气与混合闪蒸气一起，进入脱硫塔底部与塔顶流下的聚乙二醇二甲醚贫液逆流接触，吸收全部的H_2S、COS及部分CO_2，出脱硫塔顶的脱硫气，含$H_2S<1\times10^{-6}$，送脱碳系统。

脱硫塔底排出的富液，经水力透平回收能量，减压，进入脱硫高压闪蒸槽，闪蒸出所溶的部分H_2S、CO_2以及大部分H_2，（与脱碳高闪气一起）经闪蒸气压缩机加压，返回脱硫塔，以回收H_2。高闪槽底排出的聚乙二醇二甲醚溶液与热再生后的贫液在贫富液换热器中换热，减压进入脱硫低压闪蒸槽，聚乙二醇二甲醚溶液中大部分CO_2和H_2S闪蒸出来，低闪气（与再生气一起）经再生冷凝冷却器，送往硫回收车间。

低闪槽排出的液体，与热再生后的贫液，在贫富液换热器中换热，进入再生塔上部。再生塔底溶液由变换气煮沸器加热蒸煮，将溶液中的残量H_2S赶出，得到贫度较高的再生贫液。

贫液经过贫富液换热器，贫液泵，贫富液换热器，由脱硫高压泵增压，水冷器冷却，最终进入脱硫塔顶部，完成了溶液循环。

再生气经过塔上部的旋流板，用塔顶回流的冷凝液洗涤冷却，出再生塔，进入冷凝冷却器，最后送往硫回收车间。分离下来的冷凝液用回流液泵，打入再生塔顶的洗涤段。

经过聚乙二醇二甲醚脱硫的脱硫气，进入气体换热器，被脱碳低压闪蒸气和脱碳气冷却，并在进塔气分离器中分离掉冷凝水和夹带的溶剂雾沫，进入脱碳塔。气体在塔内与自上而下的溶剂接触，CO_2 被吸收，从塔顶离开脱碳塔。此时，脱碳气含 CO_2 0.1%，通过换热器，冷却进塔气后，去甲烷化装置。

吸收了 CO_2 的富液，从脱碳塔底流出，经过水力透平减压，然后在高压闪蒸槽中闪蒸出富液携带的大部分 H_2 和一部分 CO_2。脱碳高闪气与脱硫高闪气混合，经闪蒸气压缩机加压，返回脱硫塔。

从高闪槽底部流出的富液经过水力透平，进入低压闪蒸槽，进一步在较低的压力下继续闪蒸。低压闪蒸气中 CO_2 浓度在 98.5% 以上，送往尿素车间。从低压闪蒸槽流出的富液，被泵送到气提塔顶部，被气提 N_2 气提再生。

气提 N_2 来自空分装置，进入气提塔底部。气提 N_2 在通过所有填料层后，随同被气提出来的 CO_2 一起放空。

再生后的贫液，经贫液泵增加压头，通过氨冷器，用液氨气化冷却，进入脱碳塔，重新用于吸收 CO_2。

四、工艺条件

1. 吸收压力

吸收压力越高，越有利于物理溶剂的吸收能力及净化度。以 4.5×10^4 t/a 规模的变换气脱碳为例，将两个不同吸收压力的工业装置的运行数据列于表 9-4-10。

表 9-4-10 吸收压力的影响

项　　目	A 装置	B 装置	项　　目	A 装置	B 装置
吸收压力/MPa	1.7	2.7	电耗/[kW·h/t(NH₃)]	125	110
吸收温度/℃	3	3	溶剂一次投入量/t	110	90
脱碳指标 CO₂/%	0.2	0.2	相对投资	1.25	1
溶液循环量/(m³/h)	400	270	相对操作费用	1.05	1

从表 9-4-10 可见，2.7MPa 的吸收压力明显优于 1.7MPa。但合成氨厂的脱碳压力往往由压缩机机型及流程总体安排所决定，而且，压力高的场合也浪费了 CO_2 的压缩功。一般来说，脱碳系统的 CO_2 分压达到 0.5MPa 以上，用聚乙二醇二甲醚脱碳都可获得良好的综合技术经济指标。工业上，一般选择的吸收压力为 1.6~7.0MPa。

2. 吸收温度

在一定的吸收压力（即气相 CO_2 分压）下，CO_2 在 NHD 溶剂中的平衡溶解度随温度降低而升高，如图 9-4-4 所示。

但是，温度对各种工艺气体在聚乙二醇二甲醚中溶解度的影响规律是不一样的。与 CO_2 一样，H_2S、COS 等气体在 NHD 中的溶解度随温度下降而升高，而 H_2、N_2 等气体则相反，它们的溶解度随温度下降而下降。

由于吸收温度的降低对脱除工艺混合气中的 CO_2、H_2S 有利，而且又能减少 H_2、N_2

等有效气体的溶解性损失，所以，低温对吸收十分有利，并可减少溶液循环量和输送功率，或提高净化度。更由于溶剂蒸汽压随温度降低而降低，可使系统溶剂损耗减少。

对于溶剂再生过程，则与此相反，操作温度的提高会使溶于聚乙二醇二甲醚中的 CO_2、H_2S 等酸性气体较多地释放，使溶剂较快得到再生。所以，提高操作温度对溶剂的再生有利。

吸收是气体净化工艺的关键过程。其影响远远超过闪蒸、气提过程。因此，经常选用较低的操作温度（脱碳塔顶贫液 0℃左右）。

脱碳工艺流程，主要基于加压吸收-降压气提再生的原理，不存在吸收-再生间的所谓"冷热病"，因此采用冷冻措施是合理的。某一工况下吸收温度和溶液循环量之间的比较见表 9-4-11。

表 9-4-11 脱碳温度、溶液循环量及能耗的关系

工 况	A	B	工 况	A	B
脱碳温度/℃	8	38	冷量折算能耗/(10^4 kcal①/h)	162	0
溶液循环量/(m³/h)	1200	2000	溶液泵能耗/(10^4 kcal①/h)	0	252
耗用冷量/(10^4 kcal①/h)	114	0	节约能耗/(10^4 kcal①/h)	90	0

① 1kcal=4.1868kJ。

从表 9-4-11 可见，若不用冷冻装置来降低吸收温度，脱碳能耗将大大增加，同时，还会增加泵和透平的台数，增大设备管道直径，增加气提用气量，降温的目的主要是减少溶液循环量、减少设备及管道直径，提高净化度，而且通过调节贫液温度，增加了脱碳系统的操作弹性。

在合成氨厂实际生产中，常采用氨冷器来弥补系统的冷量损失，维持较低的脱碳温度。这些冷量损失来自：

① 脱碳系统的进气（变脱气、气提空气）温度较高，而系统的出气（脱碳气、高压闪蒸气、低压闪蒸气、气提气）温度较低，以及原料气和气提空气中水蒸气的冷凝热；

② 设备及管道对环境的冷损失；

③ 机、泵等转动设备的机械温升带入系统的热。

聚乙二醇二甲醚脱硫过程采用再生能力很强的热再生，溶液得以加热、升温，故仅用冷却水来冷却贫液，而不采用氨冷手段。

3. 贫液贫度

在合成氨工业中，脱碳压力 1.7～2.7MPa 时，净化度指标要求 $CO_2 < 0.2\%$，贫液贫度控制在 0.2L CO_2/L 溶液，是比较适宜的。

气提用气量与气提塔底贫液贫度有相当密切的关系，参看表 9-4-12。

表 9-4-12 某气提塔汽提用气量与塔底贫液贫度

项 目	A	B	C	D	E
气液比	22.22	18.52	14.81	11.11	8.147
液相 CO_2 摩尔分数	3.84×10^{-4}	5.96×10^{-4}	9.92×10^{-4}	1.81×10^{-3}	3.21×10^{-3}

在其他条件相同情况下，随着气提塔气液比增加，塔底贫液贫度明显改善。但是过分增大气提的气液比，会增加风机的电耗，随气提放空气带走的溶剂损耗增大，随气提空气带入

系统的热量和水量也增多，增加了能耗。一般气提操作的气液比掌握在 10～20。

因此在设计中选用合适的气提的气提空气量，辅以合理的气提塔高度，可以获得所需的贫液贫度。

4. 富液饱和度

吸收塔底富液中 CO_2 浓度不可能达到平衡溶解度，这两者的比值称为饱和度。一般来说，要提高饱和度，可通过增加填料高度（即塔高）来实现，从而减少溶液循环量，节约能耗。但是，塔增高后，流体输送的能耗增大，塔的造价也增大。综合权衡比较各方面的工艺条件，脱碳塔底溶液的 CO_2 饱和度一般掌握在 70%～80%。

5. 闪蒸压力

合成氨工业中聚乙二醇二甲醚脱硫脱碳过程往往采用两级闪蒸。一级闪蒸处理的是吸收塔底排出的富液，压力较高，闪蒸气含有富液中伴随吸收的大部分 H_2、N_2，可返回系统，此系降低合成氨原料气消耗定额的一个重要措施。二级闪蒸的压力接近常压，闪蒸气基本上都是 CO_2，可用作尿素、纯碱、干冰以及食品 CO_2 的原料。

某化肥厂的两级闪蒸过程定量计算的结果见表 9-4-13。

表 9-4-13 两级闪蒸压力变化及其影响

	闪蒸压力（A）/MPa	0.60	0.50	0.40
高压闪蒸气	总气量/（m^3/h）	1069	1570	2759
	CO_2 浓度（体积分数）/%	57.41	67.46	79.57
	H_2 浓度（体积分数）/%	24.04	17.59	10.57
	氢气回收率/%	84.2	90.5	95.5
低压闪蒸气 CO_2/%		98.27	98.79	99.05

6. 填料高度

塔径一定时，吸收塔填料高度越高，则净化度越高。

以合成氨装置的聚乙二醇二甲醚脱碳塔为例，采用不同的填料高度，出脱碳塔顶的净化气中 CO_2 含量也不同，详见表 9-4-14。聚乙二醇二甲醚脱碳塔的实际填料高度为 24～36m。

表 9-4-14 填料高度与净化度

填料高度/m	21	24	27
脱碳气中 CO_2 含量（体积分数）/%	0.20	0.13	0.10

采用增高气提塔填料高度的方法，可以改善贫液贫度，见表 9-4-15。

表 9-4-15 某气提塔理论板数对贫液贫度的影响

理论板数	0	2	4	6	8
液相 CO_2 摩尔分数	6.4×10^{-2}	4.3×10^{-3}	4.4×10^{-4}	4.7×10^{-5}	5.1×10^{-6}

五、工厂操作数据

表 9-4-16 列举了三个合成氨变换气的聚乙二醇二甲醚脱硫脱碳或脱碳装置的正常运行

数据和消耗指标。

表 9-4-16 三个聚乙二醇二甲醚净化装置运行情况

项 目	A		B	C
制气原料	水煤浆		煤	煤
气化工艺	德士古		固定层	固定层
净化目的	脱硫	脱碳	脱碳	脱碳
原料气量/(m³/h)	47000	46000	56300	26000
溶液流量/(m³/h)	200~250	550~600	850~900	280~310
吸收压力(G)/MPa	2.1	2.0	1.7	2.7
吸收温度/℃	常温	−5	−2	2~8
再生温度/℃	140	−2	0	5~11
原料气 CO_2/%	44	37	29	28
净化气 CO_2/%	37	0.1~0.2	0.1~0.2	0.1~0.2
原料气 H_2S/(g/m³)	8~11			
净化气 H_2S/(mg/m³)	0~0.5			
低闪气 CO_2/%		99	99	99
再生气 H_2S/%	35~42			
电耗/[kW·h/t(NH₃)]	50.8	75	120	100
蒸汽耗/[t/t(NH₃)]	0.85	0	0.041	0.025
冷却水/[m³/t(NH₃)]	40.9	0.03	1	0.8
溶剂消耗/[kg/t(NH₃)]	0.2	0.2	0.2	0.2

第四节　碳酸丙烯酯法

碳酸丙烯酯法（又称 Fluor 法）是美国 Fluor 公司的专利。1960 年，A. L. kohl 和 P. A. Bucklmghan 首次介绍了用碳酸丙烯酯溶剂脱除天然气中的 CO_2。到 1979 年，世界上（除中国外）投入工业运转的大型装置已达 12 套，其中有 7 套用在天然气净化工业上，有 3 套用在合成氨厂的变换气脱碳、脱硫，还有 2 套用于制氢工业的气体净化。中国从 1978 年开始将此法用于以煤为原料的合成氨变换气脱碳。由于此法比较适合中国国情，所以，二十多年来，已在国内一百多家工厂得到应用。

一、基本原理

碳酸丙烯酯吸收 CO_2 是典型的物理吸收过程。CO_2 在碳酸丙烯酯溶剂中的溶解度能较好地服从亨利定律，随压力升高、温度降低而增大。因此，在高压、低温下进行 CO_2 的吸收过程。当系统压力降低、温度升高时，溶液中溶解的气体释放，实现溶剂的再生过程。

根据双脱理论，碳酸丙烯酯吸收 CO_2 时的传质阻力主要不是在气相，而是在液相，属于液膜控制。因此在塔器的选择和设计上，应考虑提高液相湍动、气液逆流接触、减薄液膜厚度以及增加相际接触面等措施，以提高 CO_2 的传递速率。在工业运行时，可通过加大溶剂喷淋密度或降低温度来提高 CO_2 的吸收速率。

二、物性数据

1. 基本性质

碳酸丙烯酯是一种微黄色的有机溶剂，无毒，无腐蚀性，略有芳香味。

分子结构式：$\begin{array}{c} CH_2-CH-CH_3 \\ \ \ | \qquad | \\ O \qquad O \\ \backslash \quad / \\ C \\ || \\ O \end{array}$ ；沸点：40℃；冰点：−48℃；密度：1.20g/cm³（25℃）；黏度：2.53×10^{-3} Pa·s（25℃）；闪点：128℃；燃点：133℃；CO_2 溶解热：14.65kJ/mol；H_2S 溶解度：15.49kJ/mol；热导率：0.7475kJ/（h·m·℃）。

碳酸丙烯酯与水接触可发生水解反应，其反应式如下：

$$C_3H_6CO_3 + 2H_2O \Longrightarrow C_3H_6(OH)_2 + H_2CO_3 \qquad (9\text{-}4\text{-}4)$$

碳酸丙烯酯中水含量和温度的升高，会使碳酸丙烯酯的水解速率增大，当溶剂中水含量为 1%、温度在 95～140℃时，水解速率常数可较纯溶剂时大几个数量级。在碱性或酸性介质中，碳酸丙烯酯的水解也会加速，尤其在碱性介质中。即使碱的浓度很小，也会使水解速率常数大大增加。

在一定条件下，碳酸丙烯酯与苯胺、苯酚、羧酸、氨氯及丙三醇等发生化学反应。在金属氧化物、硅胶或活性炭的存在下，碳酸丙烯酯在 200℃以上会发生热分解，即使纯净的碳酸丙烯酯在加热到 242℃时也会发生轻微的分解。

2. 物性数据

碳酸丙烯酯的密度、黏度、表面张力、比热容和蒸气压均是温度的函数，可由下列各关联式分别算得，准确性可满足工程设计需要。

$$\rho = 1.224 - 1.027 \times 10^{-3}T \qquad (9\text{-}4\text{-}5)$$

$$\lg\mu = -0.882 + \frac{185.5}{120.1 + T} \qquad (9\text{-}4\text{-}6)$$

$$\sigma = 0.02109(523.1 - T)^{1.222} \qquad (9\text{-}4\text{-}7)$$

$$c_p = 0.001851T + 1.371 \qquad (9\text{-}4\text{-}8)$$

$$\lg p = 6.277 - \frac{1588}{193.7 + T} \qquad (9\text{-}4\text{-}9)$$

式中　ρ——密度，g/cm³；

$\quad\ T$——温度，℃；

$\quad\ \mu$——动力黏度，10^{-3} Pa·s；

$\quad\ \sigma$——表面张力，mN/m；

$\ c_p$——比热容，J/（g·℃）；

$\quad\ p$——蒸气压，mmHg。

3. CO_2 在碳酸丙烯酯中的溶解度

碳酸丙烯酯对 CO_2 的吸收能力较大，在相同条件下约为水的 4 倍。

在 0～40℃、CO_2 分压 0.2～1.2MPa 下，由实验测得数据归纳，CO_2 气体在碳酸丙烯酯中的溶解度可用如下关联式估算。

$$\lg C_{CO_2} = \lg p_{CO_2} + \frac{726.69}{T} - 3.3905 \qquad (9\text{-}4\text{-}10)$$

式中　C_{CO_2}——CO₂ 在碳酸丙烯酯中的溶解度，mol/mol；

$\qquad p_{CO_2}$——平衡时的 CO₂ 分压，MPa（A）；

$\qquad T$——温度，K。

在上述测定范围内 CO₂ 在碳酸丙烯酯中的溶解度服从亨利定律，但 CO₂ 分压大于 2.0MPa 后，其溶解规律将逐渐偏离亨利定律。

三、工艺流程

原料气从吸收塔底部进入塔内，在填料塔中与碳酸丙烯酯溶剂逆流接触。原料气中 CO₂ 被吸收，含 CO₂ 1% 左右的净化气从吸收塔顶离开吸收塔，去后续工段。

吸收了 CO₂ 的碳酸丙烯酯富液从塔底引出，减压（可设水力透平回收能量），进入闪蒸槽，碳酸丙烯酯富液中溶解的 H₂、N₂ 几乎全被闪蒸出来，部分 CO₂ 也随同一起闪蒸出来，闪蒸气返回氮氢气压缩机予以回收，重新进入吸收塔。闪蒸液依靠自身压力，进入气提塔上部的常压解吸段，释放出所溶的大部分 CO₂ 气体，常解气含 CO₂＞97%，可供尿素生产或其他用途（为了回收更多的 CO₂，一般还设真空解吸段）。

常解后的碳酸丙烯酯溶液溢流进入气提塔气提段，与鼓风机送入塔内的空气逆流接触，进一步气提出残留于溶液中的 CO₂。气提气放空。出气提塔的碳酸丙烯酯贫液经泵加压，经水冷器（有时用氨冷器）冷却，送入吸收塔循环使用。因为碳酸丙烯酯蒸气压较高，各段气流均需洗涤回收，采用分级洗涤的方法，将稀碳酸丙烯酯水溶液设法补回系统。这样，可使碳酸丙烯酯的吨氨消耗小于 1kg。碳酸丙烯酯脱碳工艺流程见图 9-4-8。

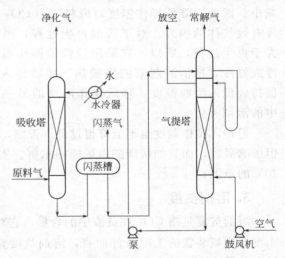

图 9-4-8　碳酸丙烯酯脱碳工艺流程图

四、操作条件

1. 操作压力

对吸收过程而言，提高操作压力相当于提高气相 CO₂ 分压，有利于脱碳操作，既减少溶液循环量又提高净化度。但压力过高，会增加设备投资和压缩 CO₂ 气体的无用功。因此，权衡比较之后，碳酸丙烯酯脱碳的吸收压力范围宜在 1.2～7.0MPa。

碳酸丙烯酯脱碳过程中，原料气中的有效组分，也会随 CO₂ 气体一起或多或少地被吸收。因此，从吸收塔排出的富液需适当减压闪蒸，闪蒸气返回系统，从而减少有效气体损失。同时，闪蒸气的逸出使进一步减压闪蒸所得的常压解吸气含有高浓度的 CO₂，提高了常解气的利用价值。

表 9-4-17 列出了合成氨变换气中 CO_2 分压为 0.5MPa、吸收饱和度为 90%、闪蒸温度是 40℃时，闪蒸压力对闪蒸气组分的影响。

表 9-4-17 闪蒸压力对闪蒸气组分的影响

闪蒸压力(A) /MPa	一级闪蒸气主要组分(体积分数)/%			二级闪蒸气(常解气) CO_2 含量(体积分数)/%
	CO_2	H_2	N_2	
0.35	81.55	8.32	5.68	99.0
0.40	80.53	9.31	5.84	99.0
0.50	70.3	16.0	8.0	98.4
0.60	64.4	22.4	8.3	98.3
0.70	53.8	26.1	12.7	97.6

2. 操作温度

温度对各种工艺气体在碳酸丙烯酯中的溶解度影响较大，如 CO_2、H_2S 等在溶剂中的溶解度随温度的下降而增大，而 H_2、N_2 等气体则相反，它们的溶解度随温度的下降而减小。因此，降低操作温度对原料气中 CO_2、H_2S 等的脱除十分有利，同时减少 H_2、N_2 等有效气体的损失。对于溶剂再生过程，温度的影响则相反。由于吸收过程的重要性远大于再生过程，所以，宜采用较低的操作温度。生产中，溶剂在循环过程中，要采用水冷或氨冷，抵消溶剂泵的机械热、环境传入系统的热和进系统原料气和空气带入的热，保持较低的吸收温度。降低操作温度的另一好处是降低碳酸丙烯酯的蒸气压，减少气相中的溶剂夹带。

但是，操作温度也不能降得过低。否则，会使水在碳酸丙烯酯中积累，过高的水含量不但影响吸收，而且加快碳酸丙烯酯的水解。实际生产中，碳酸丙烯酯贫液的温度都在 15～40℃的范围。

3. 溶剂贫度

溶剂贫度是指 CO_2 在贫液中的含量，它对净化气中 CO_2 含量有一定的影响。对国内中小型合成氨装置的工况条件而言，溶剂贫度宜掌握在 $0.2m^3/m^3$ 溶剂以下。在操作温度和设备条件确定后，为达到上述溶剂贫度，需鼓入一定量的气提空气，实际生产中，气提气液比（体积比）一般控制在 9～12。

五、工厂操作数据

表 9-4-18 为国内几个以煤为原料的合成氨厂使用碳酸丙烯酯脱除变换气中 CO_2 的实际操作数据和消耗指标。

表 9-4-18 几个氨厂的碳酸丙烯酯脱碳工艺数据

项 目	A 厂	B 厂	C 厂	D 厂	E 厂
吸收压力/MPa	1.8	1.8	2.0	1.8	2.2
变换气量/(m^3/h)	38500	57000	56000	47500	40000
溶液流量/(m^3/h)	930	1700	1250	1030	850

续表

项　　目	A 厂	B 厂	C 厂	D 厂	E 厂
吸收温度/℃	30	29	18	30	41
原料气 CO_2/%	27.5	25	25	28	26
净化气 CO_2/%	1.3	1.3	1.3	0.8	2
电耗/[kW·h/t(NH_3)]	127	100	105	115	—
冷却水耗/[m³/t(NH_3)]	10		10		
溶剂消耗/[kg/t(NH_3)]	1.4	1.5	—	0.6	—

第五节　物理吸收过程的工艺计算

一、吸收过程

1. 物料衡算

常用的吸收设备是塔器。根据给定的处理气量及其初、终浓度选定溶剂，并已知相平衡关系后，即可进行物料衡算。主要是计算吸收液的用量（或循环量）。

图 9-4-9 表示逆流操作的吸收塔内气液流量与组成变化情况。

原料气体在通过吸收塔的过程中，溶质气体不断地被吸收，塔内气体和液体总量沿塔高而变，但通过塔的惰性气体量和溶剂量不变。图 9-4-9 中各符号含义如下：

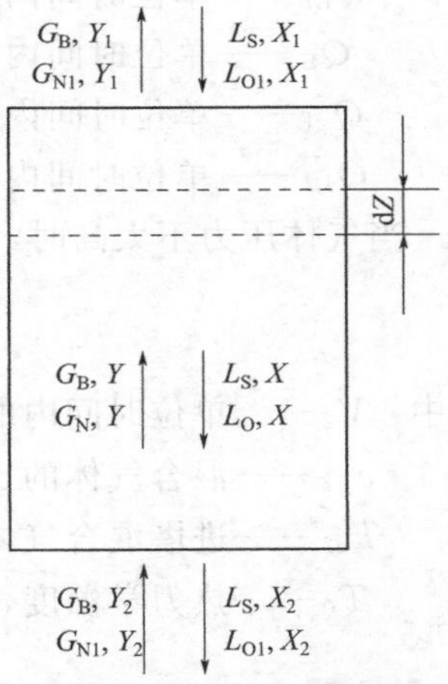

G_N——单位时间通过塔任一截面的混合气体量，kmol/h；

L_O——单位时间通过塔任一截面的溶液量，kmol/h；

G_B——单位时间通过塔任一截面的惰性气体量，kmol/h；

L_S——单位时间通过塔任一截面的溶剂量，kmol/h；

Y——任一截面混合气体中溶质与惰性气体的摩尔比，kmol/kmol；

X——任一截面的溶液中溶质与溶剂的摩尔比，kmol/kmol。

图 9-4-9　溶质气体的物料衡算

根据图 9-4-9，可写出吸收塔底与任一截面之间溶质气体的物料衡算式：

$$G_B Y_2 + L_S X = G_B Y + L_S X_2 \qquad (9\text{-}4\text{-}11)$$

移项后，得：

$$Y = \frac{L_S}{G_B}(X - X_2) + Y_2 \qquad (9\text{-}4\text{-}12)$$

在稳定操作条件下，G_B、L_S、Y_2、X_2 都是恒定的，式（9-4-12）在 X-Y 坐标上为一直线。如将式（9-4-12）中的 X 和 Y 用 X_1 和 Y_1 代替，便成为全塔操作线方程：

在吸收塔设计中，G_B、Y_1、Y_2 及 X_1 一般都已预先规定，此时，溶剂用量：

$$Y_1 = \frac{L_S}{G_B}(X_1 - X_2) + Y_2 \qquad (9\text{-}4\text{-}13)$$

可表示为：

$$L_S = \frac{G_B(Y_2 - Y_1)}{X_2 - X_1} \tag{9-4-14}$$

式中，X_2 若取溶质在溶剂中的饱和溶解度，则 L_S 为最小值 $L_{S,min}$。饱和溶解度与塔底富液温度 T_{L2} 有关，此时，可先假设一个 T_{L2} 值，待热量衡算后才能确定。一般情况下，T_{L2} 比进吸收塔贫液温度 T_{L1} 高 3～15℃。

由于塔填料高度的限制，塔底富液不可能达到饱和。实际操作中，溶剂中溶质气体的饱和度都小于 1，如溶剂吸收 CO_2 饱和度一般取 65%～90%，即溶剂的实际用量为 $L_{S,min}$ 的 1.1～1.5 倍。

上述衡算是单组分计算。实际生产中的原料气往往是由许多种气体所组成的混合气体。需对各溶质气体一一作物料衡算，并考虑其他溶质气体的存在对该溶质气体在溶剂中溶解度的影响。

2. 热量衡算

假设吸收塔为绝热系统，则全塔热平衡式：

$$Q_{g2} + Q_{L1} + Q_S = Q_{g1} + Q_{L2} \tag{9-4-15}$$

式中　Q_{g2}——单位时间内原料气带入热，kJ/h；

　　　Q_{L1}——单位时间内贫液带入热，kJ/h；

　　　Q_S——单位时间内气体溶解热，kJ/h；

　　　Q_{g1}——单位时间内净化气带出热，kJ/h；

　　　Q_{L2}——单位时间内富液带出热，kJ/h。

当气体压力不太高时，

$$Q_{g2} = \frac{V_2}{22.4} c_{p2}(T_{g2} - T_0) \tag{9-4-16}$$

式中　V_2——单位时间内的原料气量，m³/h；

　　　c_{p2}——混合气体的比热容，kJ/(kmol·K)；

　　　T_{g2}——进塔混合气体温度，K；

　　　T_0——热力学温度，273.15K。

$$Q_{L1} = L_S c_{pL1}(T_{L1} - T_0) \tag{9-4-17}$$

式中　c_{pL1}——进塔溶剂比热容，kJ/(kmol·K)；

　　　T_{L1}——进塔溶剂温度，K。

$$Q_S = \frac{V_2 y_2 - V_1 y_1}{22.4} q_S \tag{9-4-18}$$

式中　V_1——单位时间内的净化气量，m³/h；

　　　q_S——气体溶解热，kJ/kmol。

$$Q_g = \frac{V_1}{22.4} c_{p1}(T_{g1} - T_0) \tag{9-4-19}$$

式中　c_{p1}——净化气比热容，kJ/(kmol·K)；

　　　T_{g1}——净化气温度，K。

$$Q_{L2} = L_S c_{pL2}(T_{L2} - T_0) + Q_g \tag{9-4-20}$$

式中　c_{pL2}——出塔富液比热容，kJ/(kmol·K)；

　　　T_{L2}——出塔富液温度，K；

Q_g——单位时间内已溶气体的焓，kJ/h。

如将 Q_{g2}、Q_{L1}、Q_S、Q_{g1} 代入式（9-4-15），即可求得 Q_{L2}。如将 Q_{L2}、L_S、c_{pL2}、Q_g 代入式（9-4-20），便可求出富液温度 T_{L2}。

将算出温度 T_{L2} 与物料衡算时初设富液温度比较，如果相符，则可进行设备工艺计算；如不符，重新假设一个富液温度，再次进行物料衡算和热量衡算。比较 T_{L2} 值，一直循环计算到 T_{L2} 值与物料衡算时所假设的富液温度相符（或在容许偏差范围内）为止。

3. 填料塔的工艺计算

（1）塔径计算　填料塔塔径由泛点气速来确定，而泛点气速通常用贝恩霍根（Bain-Hougen）关联式计算。

$$\lg\left[\frac{W_F^2}{g} \times \frac{a_t}{\varepsilon^3} \times \frac{r_G}{r_L} \times \mu_L^{0.2}\right] = A - 1.75\left(\frac{L}{G}\right)^{1/4}\left(\frac{r_g}{r_L}\right)^{1/8} \tag{9-4-21}$$

式中　W_F——液泛气速，m/s；

$\quad g$——重力加速度，9.81m/s²；

$\quad a_t$——填料比表面积，m²/m³；

$\quad \varepsilon$——填料空隙率；

$\quad r_G$——气体密度，kg/m³；

$\quad r_L$——液体密度，kg/m³；

$\quad \mu_L$——液体黏度，cP；

$\quad L$——液体质量流量，kg/h；

$\quad G$——气体质量流量，kg/h；

$\quad A$——关联式常数。

根据液泛气速，可求出空塔气速 W_F：

$$W = (0.6 \sim 0.8)W_F \tag{9-4-22}$$

再由下式确定塔径 D_T（m）：

$$D_T = \sqrt{\frac{4V}{\pi W \times 3600}} \tag{9-4-23}$$

式中，V 为通过塔的实际气量，m³/h。

将圆整塔径后的空塔气速，与工厂实际操作空塔气速比较，并用爱开特（Eckert）通用压降关联图查取填料层压强降，以便校核。

（2）填料层高度的计算　取一逆流接触的填料塔，参阅图 9-4-9，则：

$$dW = G_M dy = K_y a A_T dZ(y - y^*) \tag{9-4-24}$$

式中　W——传质过程中被传递的组分量，kmol/h；

$\quad G_M$——气相总流量，kmol/h；

$\quad y$——被传递组分在气相中的摩尔分数；

$\quad y^*$——与液相浓度 x 平衡的气相浓度，摩尔分数；

$\quad K_y$——推动力按气相浓度（摩尔分数）表示的传质总系数，kmol/(m²·h)；

$\quad a$——填料有效相际接触面积，m²/m³；

$\quad A_T$——塔的截面积，m²；

$\quad Z$——填料层高度，m。

移项得：

$$dZ = \frac{G_M}{K_y a A_r} \times \frac{dy}{y - y^*} = \frac{G'_M}{K_y a} \times \frac{dy}{y - y^*} \tag{9-4-25}$$

式中，G'_M 为单位面积的气相流率，$kmol/(m^2 \cdot h)$。

在同一个塔内，可溶性组分浓度较低时，$\frac{G'_M}{K_y a}$ 的数值变化不大，可取其平均值而视作常数，故将上式积分而求得填料层高度：

$$Z = \frac{G'_M}{K_y a} \int_{y_1}^{y_2} \frac{dy}{y - y^*} \tag{9-4-26}$$

令：

$$H_{OG} = \frac{G'_M}{K_y a} \tag{9-4-27}$$

$$N_{OG} = \int_{y_1}^{y_2} \frac{dy}{y - y^*} \tag{9-4-28}$$

则

$$Z = H_{OG} N_{OG} \tag{9-4-29}$$

式中 H_{OG}——按气相传质总系数 K_y 计算的传质单元高度，m；

N_{OG}——气相总传质单元数。

若原料气中可溶性组分浓度大于 10% 时，就要考虑到在吸收过程中气体总量的变化及惰性气体分压的变化，此时，填料层高度 Z 的计算应采用下式：

$$Z = G''_M \int_{y_1}^{y_2} \frac{(1-y)_{em} dy}{K_y a (1-y_2)^2 (y - y^*)} = \frac{G''_M}{K_y a (1-y)} \int_{y_1}^{y_2} \frac{(1-y)_{em} dy}{(1-y)(y - y^*)} \tag{9-4-30}$$

式中 G''_M——按惰性气体质量流率，$kmol/(m^2 \cdot h)$；

$(1-y)_{em}$——膜侧惰性气体浓度 $(1-y)$ 和 $(1-y^*)$ 的对数平均值。

令：

$$H_{OG} = \frac{G''_M}{K_y a (1-y)} \tag{9-4-31}$$

$$N_{OG} = \int_{y_1}^{y_2} \frac{(1-y)_{em} dy}{(1-y)(y - y^*)} \tag{9-4-32}$$

由于上式中 $(1-y)_{em}$ 项在实际范围内其数值十分接近算术平均值，这样可导得：

$$N_{OG} = \frac{1}{2} \ln \frac{1-y_1}{1-y_2} + \int_{y_1}^{y_2} \frac{dy}{y - y^*} \tag{9-4-33}$$

上式中的积分项与式（9-4-28）一样，可用辛普生（Simpson）数值积分法或图解积分法解出。

关于 H_{OG} 的计算，其核心是求容积传质总系数 $K_y a$，该值最好能采用工业塔的实测数据，但要求工况与计算条件相符时才能套用，否则将引起一定偏差。在设计时，要依靠某些准数方程式来分别计算 K_y 和 a。工业上，常以气相分压作推动力表示传质总系数，以 K_g 表示，其单位为 $kmol/(m^2 \cdot atm \cdot h)$，与 K_y 的关系为：

$$K_y = K_G p \tag{9-4-34}$$

按双膜理论，传质总系数与气相、液体传质分系数之间有如下关系：

$$\frac{1}{K_G} = \frac{1}{h_G} + \frac{1}{H K_L} \tag{9-4-35}$$

式（9-4-35）中 K_G、K_L 和式（9-4-31）中的 a 可按播磨、笠井推荐的方法求出。

$$K_G = 1.195 \left[\frac{D_P G}{\mu_G(1-\varepsilon)}\right]^{-0.36} \left(\frac{\mu_G}{r_G D_G}\right)^{-2/3} \left(\frac{G_M}{p_{BM}}\right) \tag{9-4-36}$$

式中 K_G——气相传质分系数，$kmol/(m^2 \cdot atm \cdot h)$；

D_P——填料公称直径，m；

G——混合气体的质量流率，$kg/(m^2 \cdot h)$；

μ_G——混合气体黏度，$kg/(m \cdot h)$；

ε——填料空隙率，m^3/m^3；

r_G——混合气体密度，kg/m^3；

D_G——溶质气体在混合气体中的扩散系数，m^2/h；

G_M——混合气体的摩尔流率，$kmol/(m^2 \cdot h)$；

p_{BM}——气体中惰性气体分压的对数平均值，atm。

$$K_L = 0.015 \left(\frac{L}{a_t \mu_L}\right)^{1/2} \left(\frac{\mu_L}{r_L D_{gL}}\right)^{-1/2} (a_t D_P)^{0.4} \left(\frac{r_L}{\mu_L g}\right)^{-1/3} \tag{9-4-37}$$

式中 K_L——液相传质分系数，m/h；

L——液相质量流率，$kg/(m^2 \cdot h)$；

a_t——干填料的比表面积，m^2/m^3；

μ_L——液体黏度，$kg/(m \cdot h)$；

r_L——液体密度，kg/m^3；

D_{gL}——气体在溶剂中的扩散系数，m^2/h；

g——重力加速度，$1.27 \times 10^8 m/h^2$。

$$a = 0.11 \left(\frac{L^2}{r_L^2 g D_P}\right)^{-1/2} \left(\frac{D_P L^2}{r_L \sigma}\right)^{2/3} D_P^{-1} \tag{9-4-38}$$

式中，σ 为溶剂的表面张力。

由于塔顶和塔底的操作条件不一样，特别是以高温度气体吸收时，这种差别有时较大，因此，塔顶和塔底处的 K_y 和 a 也会不同。为了能较正确地反映全塔传质情况，需要根据塔顶和塔底的工艺条件分别计算塔顶和塔底的容积传质总系数 $K_y a$，如将塔顶和塔底的 $K_y a$ 分别代入式（9-4-27），可分别得到塔顶和塔底的 H_{OG}，取它们的算术平均值，即得全塔 H_{OG}，将此值和 N_{OG} 值代入式（9-4-29），可得全塔填料层高度。

二、解吸过程

1. 解吸原理

解吸是吸收的逆过程，即传质方向与吸收相反——溶质由液相向气相传递。为此，需将吸收推动力，例如气相总推动力 $p - p^*$，由正值变成负值。其途径不外乎减小气流中的溶质分压 p，或增大溶液的平衡分压 p^*，或兼而有之，在生产中常见的方法有以下两种：

（1）降低压力　即所谓的闪蒸过程。在加压下吸收所得的溶液，其溶质平衡分压 p^* 会比 1atm 大，当减到常压时，溶质气体将迅速地自动放出，该过程并不需要耗能，释放出的溶质气体也可以达到很高的浓度。但吸收必须在加压下进行。此外，解吸不够完全，故常需继以真空闪蒸，或气提。

（2）通入惰性气体　即所谓气提过程。例如在解吸塔底通入空气，与溶液逆流相遇，空气中原不含溶质（或含量极少，$p \approx 0$），故可使 $p < p^*$，将溶质从塔顶带出。其缺点在于解吸气中的溶质溶度（由 p 决定）为 p^* 所限制。显然，如加热溶液增大 p^*，即增大解吸推动力 $p^* - p$，以加速传质速率，减小传质设备尺寸。但这样需消耗热能，增加传热设备，而且还要考虑到被惰性气体带走的溶剂蒸汽量也会增加，解吸后的溶剂要经冷却后才能重新用于吸收等因素。在选择解吸温度时，要仔细权衡。在特定条件下，可通入直接水蒸气，既作为惰性气体，又作为加热介质。

2. 闪蒸过程

在保证趋于相平衡所需时间、气液相足够的表面积及液相良好的表面更新，闪蒸过程可看作一级平衡闪蒸。闪蒸温度为进液温度减去解吸热效应所产生的温降。在溶剂的挥发因素可忽略不计的情况下，减压闪蒸的气相只存在溶质组分，其摩尔分数为 1，组分的气相分压也就是闪蒸压力，且恒定不变。闪蒸压力的确定应根据对闪蒸其中关键组分的浓度和气量的要求来选择，一般接近常压。

在多组分闪蒸过程中，各组分要一一进行闪蒸计算，有时还应考虑各组分在溶剂中的存在对"目标"组分在溶剂中的平衡溶解度的影响。

闪蒸器的存液容积由溶剂量和溶剂在闪蒸器中停留时间确定，停留时间一般为 $60 \sim 300s$。闪蒸器的气相容积和结构的考虑，是以集积闪蒸气并使其中夹带的液滴分离下来为原则的。

3. 气提过程

溶剂的气提是在逆流接触设备中进行的。由于气提是吸收的逆过程，所以吸收过程的计算原理，原则上也适用于气提过程。

气提过程物料衡算式（全塔总气量平衡式）：

$$V_1 = V_2 + L_0(a_1 - a_2) \tag{9-4-39}$$

式中 V_1——气提气体积流量，m^3/h；

$\quad\quad V_2$——惰性气体体积流量，m^3/h；

$\quad\quad L_0$——溶剂流量，m^3/h；

$\quad\quad a_1$——进塔溶剂中溶质气体含量，m^3/m^3；

$\quad\quad a_2$——出塔溶剂中溶质气体含量，m^3/m^3。

$\dfrac{V_2}{L_0}$ 即气提气液比，一般取 $8 \sim 18$。

又

$$a_2 = \delta a \tag{9-4-40}$$

式中 δ——溶质气体在溶剂中解吸过饱和度；

$\quad\quad a$——与溶剂气体分压平衡时塔底贫液中溶质气体量，m^3/m^3。

δ 的选定影响到气提填料高度。在查取 a 时，需初设塔底贫液温度，并与全塔热量衡算作比较，如不符，则需重设，循环计算，直至相符或在允许偏差范围内为止。气提过程的热量衡算同样可参照吸收过程的方法和步骤。

关于气提塔的设备计算可参照吸收塔的计算方法和步骤。如选用填料塔，宜按塔顶工况计算液泛气速，以确定塔径。在计算填料层高度时，应注意塔的浓端和稀端正好与吸收塔相反，传质推动力是 $y^* - y$ 或 $x - x^*$，操作线在平衡线之下。

第六节 改良热钾碱法

所谓改良热钾碱法是指使用的溶液仍为热碳酸钾溶液，溶液中添加了不同活化剂而形成的具有不同专利或不同名称的热钾碱法。

早在 20 世纪初就有人提出了用碳酸钾溶液吸收 CO_2，但直到 1950 年美国几家公司才开始应用热碳酸钾法。

碳酸钾法最初是用碳酸钾水溶液在常温下吸收 CO_2，吸收速度很慢，后改为在较高温度（105～130℃）下进行吸收，发展为热碳酸钾法或热钾碱法。采用较高温度下吸收是为了增加碳酸氢钾的溶解度，并可用较浓的碳酸钾溶液来提高吸收能力，但这时溶液对设备腐蚀也很严重。

20 世纪 60 年代开始，发现在碳酸钾溶液中添加某些活化剂，可大大加速吸收 CO_2 的速度，同时，在热碳酸钾溶液对碳钢的腐蚀机理的研究上也获得了进展，采用加入某些缓蚀剂的方法降低了设备的腐蚀，由此热钾碱法发展成为改良热钾碱法。因活性剂种类不同而形成了多种改良热钾碱法，有关改良热钾碱法见表 9-4-19。

表 9-4-19 各种改良热钾碱法

名 称	活 化 剂	缓蚀剂	名 称	活 化 剂	缓蚀剂
改良砷碱法（G-V 法）	As_2O_3	As_2O_3	二亚乙基三胺法	二亚乙基三胺	V_2O_5
苯菲尔法	二乙醇胺，P-1（新开发）	V_2O_5	空间位阻胺法	空间位阻胺	V_2O_5
无毒 G-V 法	氨基乙酸	V_2O_5			

此外，还有在改进的碳酸钾溶液中添加两种或两种以上活化剂的复合催化（双活化剂）热钾碱法。

一、基本原理

1. 反应机理和反应速率

（1）含有活化剂的碳酸钾溶液与 CO_2 的反应 纯碳酸钾溶液与 CO_2 间的反应速率较慢，提高反应速率的最简单方法是提高反应温度，但溶液温度提高会使溶液对碳钢设备有较强的腐蚀性，因此在碳酸钾溶液中加入活化剂以提高反应速率。

活化剂的加入对整个吸收过程的影响较为复杂，主要是活化剂参与了化学反应，改变了碳酸钾与 CO_2 的反应机理。先以二乙醇胺（DEA）的活化作用为例加以说明。DEA 的学名是 2,2-二羟基二乙胺，其结构式为：

$$HO(CH_2)_2 \diagdown$$
$$NH \quad \text{简写为 } R_2NH$$
$$HO(CH_2)_2 \diagup$$

因为其分子中含胺基，所以可以与液相中 CO_2 进行反应。当碳酸钾溶液中含有少量 DEA 时，系统与 CO_2 的反应如下：

$$K_2CO_3 \Longrightarrow 2K^+ + CO_3^{2-} \tag{9-4-41}$$

$$R_2NH + CO_2（液相） \Longrightarrow R_2NCOOH \tag{9-4-42}$$

$$R_2NCOOH \Longrightarrow R_2NCOO^- + H^+ \qquad (9\text{-}4\text{-}43)$$

$$R_2NCOO^- + H_2O \Longrightarrow R_2NH + HCO_3^- \qquad (9\text{-}4\text{-}44)$$

$$H^+ + CO_3^{2-} \Longrightarrow HCO_3^- \qquad (9\text{-}4\text{-}45)$$

$$K^+ + HCO_3^- \Longrightarrow KHCO_3 \qquad (9\text{-}4\text{-}46)$$

各步反应中，DEA 和液相 CO_2 的反应[式（9-4-42）]最慢，是整个过程的控制步骤。

以上这些讨论仅涉及 CO_2 和碳酸钾之间进行的化学反应。实际上对碳酸钾溶液吸收 CO_2 这样一个伴有化学反应的吸收过程而言，除了化学反应外，还存在有气-液传质过程，组分在溶液中的扩散对吸收过程有很大影响。

吸收的控制步骤和气相中 CO_2 分压有关。在实验条件下，当气相 CO_2 分压为 0.1MPa、CO_2 在相界面上的溶解度为 0.02mol/L 时，吸收为扩散所控制，和纯碳酸钾溶液吸收 CO_2 相比，加入 DEA 后吸收速率增加了 3 倍；而当气相 CO_2 分压为 0.008MPa、CO_2 在相界面上的溶解度为 0.002mol/L 时，吸收为化学反应控制，加入 DEA 后吸收率约增加了 12 倍。

（2）碳酸钾溶液对气体中其他组分的吸收　在以煤、渣油为原料制备的变换气体或城市煤气中除含有 CO_2 外，往往还含有一定数量的 H_2S、CS_2、RSH、HCN 类等。含有活化剂的碳酸钾溶液在吸收 CO_2 的同时，也能全部或部分将这些组分吸收。

① 吸收硫化氢。硫化氢是酸性气体，和碳酸钾溶液产生下列反应：

$$K_2CO_3 + H_2S \Longrightarrow KHCO_3 + KHS \qquad (9\text{-}4\text{-}47)$$

溶液吸收 H_2S 的速率比吸收 CO_2 的速率快 30～50 倍，因此在一般情况下，即使气体中含有较多的 H_2S，经溶液吸收后，净化气中 H_2S 的含量仍可达到相当低的值。

② 吸收 COS 和 CS_2。溶液与 COS 和 CS_2 的反应是：

第一步硫化物在热碳酸钾溶液中水解生成 H_2S：

$$COS + H_2O \Longrightarrow CO_2 + H_2S \qquad (9\text{-}4\text{-}48)$$

$$CS_2 + 2H_2O \Longrightarrow COS + H_2S + H_2O \Longrightarrow CO_2 + 2H_2S \qquad (9\text{-}4\text{-}49)$$

第二步水解生成的 H_2S 与碳酸钾溶液反应。

溶液温度越高，对 COS 的吸收越完全，在实际生产条件下其吸收率可达 75%～99%。而 CS_2 需经两步水解才能全部被吸收，因此其吸收率较单独吸收 COS 低些。

③ 吸收 RSH 和 HCN。HCN 是强酸性气体，RSH 也略有酸性，因此可与碳酸钾溶液很快地进行反应：

$$K_2CO_3 + RSH \Longrightarrow RSK + KHCO_3 \qquad (9\text{-}4\text{-}50)$$

$$K_2CO_3 + HCN \Longrightarrow KCN + KHCO_3 \qquad (9\text{-}4\text{-}51)$$

2. 溶液的再生

碳酸钾溶液吸收 CO_2 以后，需进行再生，以使溶液循环使用，其再生反应为：

$$2KHCO_3 \Longrightarrow K_2CO_3 + H_2O + CO_2\uparrow \qquad (9\text{-}4\text{-}52)$$

欲使溶液再生彻底，必须：

① 利用再生塔设置再沸器，间接换热将溶液加热到沸点并使大量的水蒸气从溶液中蒸发出来，水蒸气沿再生塔向上流动与溶液逆流接触，这样不仅降低了气相中的 CO_2 分压，增加了解吸的推动力，同时增加了液相的湍动程度和解吸面积，从而使溶液得到更好的再生。

② 降低再生压力，以便降低再生温度（该压力下溶液的沸点即为再生温度）。再生压力越低对再生越有利，一般多维持在略高于大气压力下进行。

二、工艺流程

1. 流程的选择

工艺流程的选择，与净化工序前气化工序、气化技术、工艺气用途以及气体净化度要求等有关，一般用碳酸钾溶液脱除 CO_2 的流程可有几种组合，其中最简单的是一段吸收、一段再生流程（见图 9-4-10）。

实际上应用最多是两段吸收、两段再生流程（见图 9-4-11）。

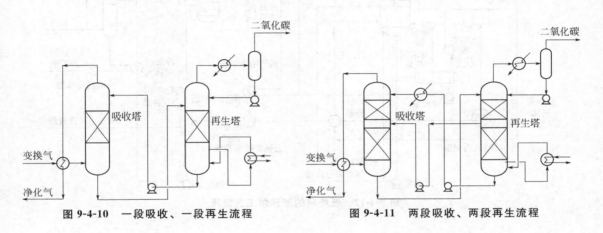

图 9-4-10 一段吸收、一段再生流程　　　　图 9-4-11 两段吸收、两段再生流程

通常贫液量仅为溶液总量 20%～25%，大部分溶液作为半贫液直接由再生塔中部引入吸收塔，因此两段吸收、两段再生流程基本保持了吸收和再生等操作的优点，降低了能耗、简化了流程，同时又使气体可以达到较高的净化度。

2. 低能耗的脱碳流程

改良热钾碱法的工艺为化学吸收法。各种改良热钾碱法的工艺流程改进主要是围绕节能进行的，较早的是采用传统的二段吸收、二段再生的工艺流程，后来苯菲尔法推出用蒸汽喷射或蒸气压缩使溶液闪蒸的节能技术。近几年苯菲尔法又推出变压再生的节能技术，使再生热耗降至 $1612kJ/m^3 CO_2$，这是当前所报道的改良热钾碱法中最低能耗，但未见实际工厂的运行数据。

相类似的 G-V 法早就推出双塔再生的节能流程，新疆化肥厂、贵州化肥厂等已引进了该项技术。双塔再生的原理也是变压再生，具有能耗低、操作稳定等优点。

苯菲尔法是美国联碳公司的专利，中国 20 世纪 70 年代引进的大型合成氨厂有 13 家采用此法，其后又引进了低能耗的苯菲尔脱碳工艺。

传统的苯菲尔法再生热耗为 $5024.16kJ/m^3$。

四级喷射器半贫液闪蒸流程设计再生热耗为 $3750kJ/m^3$。

前三级用蒸汽喷射器，最后一级用蒸汽压缩机，设计再生热耗为 $2433kJ/m^3$。

低能耗的苯菲尔工艺流程见图 9-4-12。

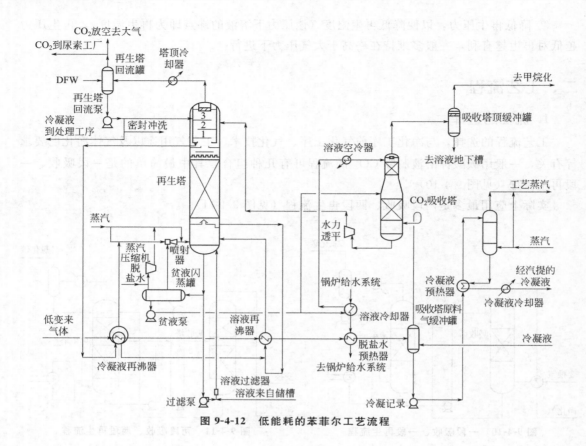

图 9-4-12　低能耗的苯菲尔工艺流程

三、工艺操作条件选择

1. 溶液组成

（1）苯菲尔法　典型苯菲尔溶液组成：

K_2CO_3	27%～30%（质量分数）
DEA	3%（质量分数）
V_2O_5	0.6%（质量分数）

（2）复合催化热钾碱法　典型的 G-V 溶液组成：

K_2CO_3	27%（质量分数）
氨基乙酸	1.0%（质量分数）
DEA	1.0%（质量分数）
V_2O_5	0.4%（质量分数）

2. 吸收压力

对化学吸收而言，溶液的最大能力受化学反应计量数限制，压力提高到一定程度，用提高吸收压力增加其推动力已不明显，具体采用多大压力，主要由原料气组成、要求的气体净化度以及前后工序压力等来决定。

3. 吸收温度

通常在保持有足够的推动力的前提下，尽量将吸收温度提高到和再生温度相同或者相近的程度，以节省再生的耗热量。

一般贫液冷却至 70～80℃。

半贫液温度和再生塔中部温度几乎相等，一般为 110～115℃。

4. 溶液的转化度（F_c）

$$F_c = \frac{\text{转化为 KHCO}_3 \text{ 的 K}_2\text{CO}_3 \text{ 的物质的量}}{\text{溶液中 K}_2\text{CO}_3 \text{ 的总物质的量}}$$

再生后贫液、半贫液的转化度的大小是再生好坏的标志。从吸收角度而言，要求溶液的转化度越小越好。然而在再生时，为达到溶液较低的转化度就需要消耗更多的热量，再生塔和再沸器尺寸相应加大。

综合各方因素，在两段吸收、两段再生的改良热钾碱法中，贫液的转化度约为 0.25～0.3，半贫液的转化度约为 0.4～0.42。

5. 再生温度和再生压力

在生产上再生塔是在沸点下操作，当溶液的组成一定时，再生温度仅与操作压力有关。通常将再生压力保持在略高于大气压力下操作。

6. 再生塔顶水气比（H₂O/CO₂）

再生塔顶出口气中水气比，是判断再沸器供热是否充分，也是工艺操作的一个重要控制指标，水气比越大，也意味着再生热耗增加，实践表明，当塔顶出口气中 $H_2O/CO_2 = 1.8～2.2$ 时，通常的再生塔可以得到满意的再生效果而再沸器的耗热量不致太大。

四、装置的腐蚀及缓蚀

在以胺-碳酸钾溶液脱除 CO_2 的系统中，除了酸性气体及气冷凝液对设备腐蚀以外，碳酸钾溶液本身对设备也有较强的腐蚀性。

溶液对碳钢的腐蚀是由于电化学作用而产生的。特别当溶液中含有 CO_2 时，对碳钢的腐蚀更加严重，对不锈钢也有一定的腐蚀。为降低溶液的腐蚀性，向溶液中加入一定量 V_2O_5 缓蚀剂，使五价钒离子与干净金属表面生成致密的钝化膜，牢固附在金属表面上，有效地防止了溶液对碳钢的腐蚀。

使用这一缓蚀剂时，在原始开车和大检修之后，必须将该系统严格按规定进行彻底清洗和规范化的钒化，运行的实践表明，必须注意经常保持保护膜的完整，在流速较高或温度较高的地方，即难以形成钝化膜的部位最好选用不锈钢材料，以保证该系统长周期稳定运行。

五、吸收溶液的起泡及消泡

改良热钾碱法，在操作上的一个重要问题是溶液起泡。溶液一旦起泡，吸收塔和再生塔阻力明显增加，严重时则发生拦液、泛塔等事故。

溶液起泡的机理目前说法不一，多数专家认为造成起泡的主要原因是溶液混入了某些有机杂质，降低了其表面张力。一些憎水性固体颗粒（如铁锈、催化剂粉尘等）附着在气泡表面可使气泡更加稳定，这些杂质可能随原料气、化学药品（如碳酸钾）进入。设备的腐蚀产物以及活化剂、消泡剂的降解产物等亦可引起溶液起泡。

一旦发现溶液起泡可立即向系统注入消泡剂。

常用的消泡剂有硅酮型、聚醚型以及高级醇类等。消泡剂的作用是破坏气泡间液膜的稳定性，加速气泡的破裂，降低溶液的起泡高度，因而只有在溶液起泡时才间断或连续地将消泡剂加入溶液中，系统中保持 10×10^{-6} 的消泡剂就能使溶液不起泡。

在系统设计时除考虑溶液消泡外，还应在溶液系统设置过滤器，加强溶液过滤，除去其中机械杂质，以期保持溶液系统干净。另外，运行时亦应定时测定溶液泡沫高度和消泡时间。

六、主要设备

主要设备有吸收塔、再生塔。

吸收塔和再生塔的形式为筛板塔或填料塔。中国 20 世纪 70 年代引进的 13 家大型合成氨厂中，这两种设备基本上采用填料塔。近期设计的塔型也多为填料塔。

填料塔是石油、化学工业中常用的气液传质设备，它具有结构简单、压降小、操作稳定、生产能力范围弹性较大等优点。近年来由于新型高效填料的开发，塔的效率及通量都得到了提高，使填料塔的缺点得到克服，采用大直径的填料塔，也得到很好的经济效果。尤其是脱碳用的碳酸钾溶液，由于加入有机物活化剂，是极易起泡的溶液，采用填料塔较为可靠。

1. 吸收塔

由于进吸收塔贫液量为总溶液量的 1/4 或 1/5，同时气体中大部分 CO_2 又在塔下部被吸收，因此，将它设计为一个上小下大的塔式设备。

贫液与半贫液进液处设有液体分布器；为防止塔壁效应，当填料层较高时，应设有液体再分布装置，使液体重新分布。

填料支承，既需要足够的刚度和强度，又要求具有足够大的自由截面积（不低于填料本身的空隙率）以防液泛。现多采用波纹状多孔支承板（又称气体喷射式支承板）。

每层填料上还安装一个压板，以防拦液时顶部填料跳动而引起磨损或破碎。压板的自由截面也不可小于填料本身的空隙率，否则将在压板处引起拦液。

吸收塔塔体材质及大部分填料均可选用碳钢，液体及气体冲刷部分填料及塔内件全部采用不锈钢材料。

2. 再生塔（二段再生塔）

从溶液循环量分配上来看，做成上粗下细的形式为好，但出于机械上的考虑，也有采用等径的，这两种形式在实际中都有应用。它的结构形式在很多方面与吸收塔一样，这里仅叙述两者的不同点。

塔体材质为碳钢，但顶部封头为不锈钢，塔顶最上部十几米是内衬不锈钢的复合钢板。塔顶设有三块单溢流泡罩塔板，由冷凝液洗涤 CO_2 气体。

再生塔中部和底部设有导液盘。中部导液盘上设有几个气窗，使下部蒸出的水蒸气和 CO_2 进入上塔，而液体则全部或部分地从盘中管线导出塔外，小部分流入下塔继续再生。

吸收塔、再生塔碳钢部分制造完成后，必须进行焊后热处理。处理后壳体上不可再进行任何施焊。

脱碳装置除两个塔外，还有若干换热器、过滤器、分离罐和泵等。现将再沸器、过滤器简述如下。

① 再沸器。它是为再生塔再生溶液提供热量的设备。它的热源可以为工艺气，也可为

低压蒸汽。该设备可分立式、卧式。换热面积较大时，采用卧式。立式再沸器再生液走管侧，而卧式时再生液走壳侧。它们均利用重力进行自然循环。

② 过滤器。过滤器形式：苯菲尔法提出，活性炭过滤器用于新配制的溶液或正常生产时的补充液，它不仅能滤掉不溶性杂质，还可把导致起泡的有机物吸附掉。正常生产系统内过滤器采用机械过滤器（滤网）。

以上两设备制造完毕后，必须进行整体热处理。

七、吸收塔、再生塔设备工艺计算

改良热钾碱法，尤其是苯菲尔法脱碳已广泛用于中国大、中型氨厂中，已有丰富的设计经验和操作管理经验。最初设计是利用常规的方法，先计算出塔径，后计算其填料高度、液体分布器等。

现在的工艺计算，一般利用计算机，采用成熟程序计算，一般分两个步骤。

① 采用 ASPENPLUS 或类似的流程模拟软件进行流程模拟计算。

② 使用塔器水力学计算软件，如 THES 进行塔的流体力学计算。

第七节　甲基二乙醇胺法

甲基二乙醇胺法（MDEA 法）脱除 CO_2 工艺是德国 BASF 公司开发的，1971 年开始用于工业生产，现在世界上有 80 多套装置在运转。在中国，开发了类似的工艺，但活化剂组成不同，至今已在 70 多个小型氨厂使用。

生产实践表明，此方法净化度高，热能耗低，腐蚀性小，溶液稳定、不降解，流程简单，氢氮气溶解损失少，吸收压力范围广。

一、基本原理

MDEA 的化学名为 N-甲基二乙醇胺，结构式为 $H_3C-N\begin{matrix} CH_2-CH_2OH \\ CH_2-CH_2OH \end{matrix}$，分子量 119，密度 $1.039g/cm^3$（20℃），凝固点 $-21℃$，沸点 246℃，闪点 127℃，黏度 $101\times10^{-3}Pa\cdot s$（20℃），蒸气压小于 1Pa（20℃），气化热 17.58kJ/mol。

甲基二乙醇胺与 CO_2 反应如下：

$$CO_2 + H_2O \Longleftrightarrow H^+ + HCO_3^- \tag{9-4-53}$$

$$H^+ + R_2CH_3N \Longleftrightarrow R_2CH_3NH^+ \tag{9-4-54}$$

两式相加，得：

$$R_2CH_3N + CO_2 + H_2O \Longleftrightarrow R_2CH_3NH^+ + HCO_3^- \tag{9-4-55}$$

反应式（9-4-53）是速率很缓慢的水合反应。为了加快反应速率，最有效的办法是在 N-甲基二乙醇胺溶液中加入活性剂，改变反应过程。当加入仲胺（或伯胺）后，反应按下式进行：

$$R_2'NH + CO_2 \Longleftrightarrow R_2'NCOOH \tag{9-4-56}$$

$$R_2'NCOOH + R_2CH_3N + H_2O \Longleftrightarrow R_2'NH + R_2CH_3NH^+ \cdot HCO_3^- \tag{9-4-57}$$

从以上反应可见，活化剂起了传递 CO_2 的作用，加快了反应速率，同时，活化剂本身又获再生。

N-甲基二乙醇胺溶液兼有化学吸收和物理吸收作用，其溶解度等温线如图 9-4-13 所示。在 70℃，当 CO_2 分压为 0.5MPa 时，溶剂中 CO_2 的溶解度为 57m³/m³；当 CO_2 分压为 0.1MPa 时，溶解度降为 27m³/m³。两者相差 30m³/m³。利用 CO_2 分压的差值，可以将大部分 CO_2 脱除，原料气中剩余的少量 CO_2 被热再生后的贫液吸收，这就是两段吸收的原理，两段吸收可大大降低再生能耗，但增大了设备投资。

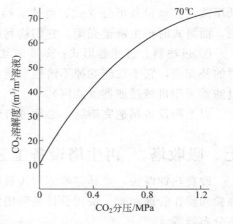

图 9-4-13　CO_2 在 MDEA 溶液中溶解度等温线

二、工艺流程

甲基二乙醇胺法的典型流程是二段吸收流程，见图 9-4-14。

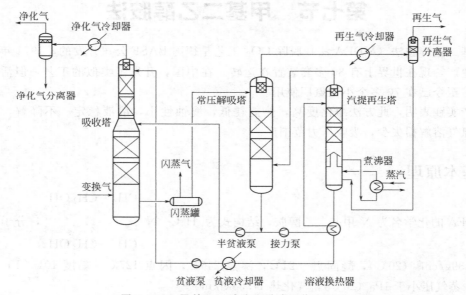

图 9-4-14　甲基二乙醇胺法脱碳工艺流程图

原料气进入二段吸收塔的底部与下段的半贫液逆向接触。气相中的 CO_2 大部分在下段被吸收，吸收塔上段加入流量较小但再生比较完全的贫液，将气体洗涤到要求的净化度。净化气夹带的微量 MDEA 及活化剂，在塔的气体出口处经冷却分离返回系统。吸收塔底部出来的富液先进入闪蒸槽，提前释放溶液中溶解的 H_2、N_2，然后进常压解吸塔。解吸后的半贫液大部分由泵送入吸收塔中部。少部分由溶液接力泵送入溶液换热器与离开汽提再生塔的热贫液进行换热后进入汽提再生塔的上部。汽提再生塔顶部出来的热的气流（CO_2 及水蒸气）进入常解塔，回收热量加速溶液中 CO_2 解吸。常解塔顶放出的 CO_2 进入冷却器与分离器，CO_2 再生气去回收工段，冷凝水返回系统。汽提再生塔底部出来的热贫液经过溶液换热器及冷却器用泵送入吸收塔顶部。

三、主要操作条件

1. 溶液成分

该工艺使用的溶液是 N-甲基二乙醇胺的水溶液，并加有 1~2 种活化剂。常用的活化剂是哌嗪、咪唑、二乙醇胺、甲基一乙醇胺等。溶液中 MDEA 浓度增加，CO_2 溶解度及相对吸收速率都增加，但浓度超过 50% 以后，后两者的增加不明显，而溶液浓度过大，其黏度上升较快，所以浓度过高也不合适。一般选用的 MDEA 浓度为 50%，活化剂的浓度为 3%。不同活化剂有不同的作用，有的可提高吸收速率，有的可提高净化度，因此，针对不同的气源及净化要求，可采用不同的配方。

2. 压力

MDEA 法适用于较广范围内 CO_2 的脱除，而且可以达到较好的净化度。CO_2 分压高，依物理方式吸收的 CO_2 量就大，溶液总吸收能力就大。而在 CO_2 分压低时，依物理方式吸收的 CO_2 量小，要达到同样的气体净化度，就要多依赖化学方式来脱碳，热耗要增大，优点不明显。合成氨变换气含 CO_2 一般在 28% 左右，选用 MDEA 脱碳的压力以 1.7MPa 以上为宜。

3. 温度

进 MDEA 脱碳塔的贫液温度一般为 55~70℃，半贫液温度取决于吸收塔、闪蒸罐的热量平衡，不作人为调节，一般为 70~80℃。进液温度高，热能耗低，但影响净化指标。进液温度过高又影响吸收塔底温度，减少溶液吸收能力，反而增加热能耗。以净化气中 CO_2 指标而言，若要求 0.01%，贫液温度一般为 50~55℃；若要求 0.1%~0.2%，贫液温度则为 60~70℃。故不同的原料气工况都有一个适宜的最佳温度分布，以便既能保证净化度，又充分利用其"物理"性能，使其热能耗降到最低限度。

4. 贫液量与半贫液量的比例

贫液量与半贫液量的比例一般在 1：(3~6) 的范围，这取决于原料气中 CO_2 分压。CO_2 分压高，依物理方式吸收的 CO_2 量就大，则可多用些半贫液，取 1：6，这样，热能耗较低。

5. 闪蒸

H_2、N_2、CH_3OH、CH_4 等非极性气体不与 MDEA 发生化学反应，仅以物理吸收方式溶解于溶液中。在减压时，这些气体与 CO_2 一起逸出，造成有效气体损失，并影响再生气体中 CO_2 纯度。在吸收压力高时（如大于 1.8MPa），H_2、N_2 等分压高，其溶解度也大，需要在吸收塔和再生塔之间加一闪蒸罐，使吸收塔底来的富液在此减压闪蒸，闪蒸压力一般为 0.4~0.6MPa，释放出所溶的大部分 H_2，使再生气中 CO_2 浓度达 99%，CO_2 回收率为 96%。如吸收压力低于 1.8MPa，氢氮气溶解少，不需要中间闪蒸，常压解吸塔出来的再生气中 CO_2 浓度就可大于 98.5%。闪蒸罐的设置与否、闪蒸压力高低的选用，与所回收的再生气中 CO_2 纯度、CO_2 回收率有直接的关系。

四、工厂操作数据

1. MDEA 法脱除 CO_2 的一般操作条件

① 吸收压力：1.3~3.0MPa；

② 吸收温度：40～90℃；

③ 再生温度：105～110℃；

④ 再生压力：0.05～0.19MPa。

2. MDEA 法脱除 CO_2 的一般消耗指标（以 1t 氨计）

① 电：70～100kW·h；

② 蒸汽：0.7～1.9t；

③ 冷却水：50～90t；

④ 溶剂：0.1kg。

3. MDEA 法脱除 CO_2 的工厂操作数据

不同条件的工厂操作数据见表 9-4-20。

表 9-4-20　MDEA 法脱除 CO_2 的工厂操作数据

项　目	A	B	C	D	E
变换气流量/(m^3/h)	27000	18000	43000	28000	17000
变换气压力/MPa	2.6	1.6	1.8	1.65	1.55
变换气中 CO_2/%	28	29	28	27	29
净化气中 CO_2/%	0.1	0.1	0.1	0.1	0.2
溶液吸收能力/(m^3/m^3)	27	17	17	18	19
再生热耗/(kJ/m^3 CO_2)	1300	1930	1880	2630	3180

第八节　氨水吸收法（碳化法）

用浓氨水吸收变换气中 CO_2，这一氨水碳酸化过程简称"碳化"。

一、碳化的基本原理

氨水溶液的碳化过程是一个伴有化学反应的吸收过程，其总反应式如下：

$$CO_2 + NH_3 + H_2O \Longrightarrow NH_4HCO_3 \tag{9-4-58}$$

实际反应过程是比较复杂的，要经过一系列中间阶段，其大致反应过程可分述如下：

1. 气态 CO_2 从气相扩散到液相

$$CO_2（气）\longrightarrow CO_2（液） \tag{9-4-59}$$

2. 溶解态的 CO_2 与溶液中的游离 NH_3 很快地形成氨基甲酸铵

$$CO_2（液）+ 2NH_3 \Longrightarrow NH_2COONH_4 \tag{9-4-60}$$

3. 氨基甲酸铵水解形成 NH_4HCO_3 或（NH_4）$_2CO_3$

$$NH_2COONH_4 \Longrightarrow NH_4^+ + NH_2COO^- \tag{9-4-61}$$

$$NH_2COO^- + H_2O \Longrightarrow NH_3 + HCO_3^- \tag{9-4-62}$$

$$NH_3 + HCO_3^- \Longrightarrow NH_4^+ + CO_3^{2-} \tag{9-4-63}$$

在 pH 值 8～10.5 的溶液中主要形式为 HCO_3^-，在 pH 较高时的溶液中主要形式为 CO_3^-。

由上可知，氨水的碳化过程既是一个气体在液相中的扩散过程，又是一个化学反应过程。液相中反应机理较为复杂。

根据实验的初步研究结论认为，氨水吸收 CO_2 是伴有中等速率的化学吸收过程，吸收过程中当有效 NH_3 浓度高、溶液碳化度在 100％ 以前为化学反应速率控制。当碳化度大于 100％ 时，则属扩散速率控制，在扩散速率中又以液膜的扩散起控制作用。

二、工艺流程

目前碳化系统一般用于小型氮肥厂，现基本上采用加压流程，主碳化塔碳化液的取出已实现连续化。

碳化流程有串联、并联和两并一串之分：

① 串联碳化流程是指变换气依次通过主碳化塔、预碳化塔（或称副塔、清洗塔）和回收清洗塔的流程。

② 并联碳化流程是指变换气并联通过主碳化塔和预碳化塔（一般是 90％ 左右进主塔，10％ 左右进预碳化塔），主塔和预塔的出口气体会合后进入固定副塔，液体流程仍为串联。

③ 两并一串碳化流程，变换气同时并联进入两个主碳化塔，会合后再进入预碳化塔，最后进入回收清洗塔。液体先进入预碳化塔，然后并联进入两个主碳化塔。

以上三种流程各有优缺点。目前大多数厂采用串联流程。

三、主要设备

碳化塔是碳化工序中主要的设备。碳化生产过程中，碳化塔肩负着双重任务：首先，保证碳化塔出口气中 CO_2 含量合格；其次，制得量多质好的 NH_4HCO_3 产品。

碳化塔是带有横管冷却水箱的鼓泡塔，生产中除在塔顶留 1～2m 的气液分离空间外，全塔充满碳化氨水溶液，变换气自下而上鼓泡通过，溶液由塔顶加入塔底流出，水管冷却管浸没在溶液中。碳化塔设计的关键问题是确定塔径、塔高和冷却水箱的换热面积。

四、碳化塔设计

1. 塔径的确定

塔径是由气体空塔气速决定的。

主碳化塔 CO_2 的吸收是较快反应速率的吸收过程。吸收过程的速度，由传质过程和反应过程两者中速度较慢的过程决定。

空塔气速与气体平均停留时间、液体的体积、操作压力等很多因素有关，实际情况还要复杂得多，因此准确的空塔气速很难提出，根据生产实践，给出以下范围：

① 操作压力 0.4～0.5MPa(A)，空塔气速 0.1～0.15m/s；

② 操作压力 0.65～0.8MPa(A)，空塔气速 0.07～0.1m/s；

③ 操作压力 1.1～1.3MPa(A)，空塔气速 0.04～0.07m/s。

2. 塔高的确定

塔径确定之后，就可根据空塔停留时间决定塔高。塔高取决于液位高度，液位高度可用以下方法计算：

$$\tau = \frac{0.70686 H_t D^2}{V}$$

即
$$H_t = \frac{\tau V}{0.70686 D^2} \qquad (9\text{-}4\text{-}64)$$

式中 H_t——液位高度，m；

V——气体流量，m^3/s；

τ——气体空速停留时间，s；

D——碳化塔内径，m。

气体空塔停留时间，根据生产实践，一般取 90～110s，计算出液位高度，再加上 1～2m 的气液分离空间，就得到全塔高度。

3. 冷却水箱传热面积的确定

碳化塔中的反应热必须及时移出，热量的移出是靠水箱冷却管中流动的冷却水带走的。

冷却水箱属于沉浸式换热形式，传热系数不高，特别在生产过程中有碳酸氢铵结晶在管壁上，使传热系数不断下降，而且不同高度水箱结晶情况也不相同。在这样复杂的条件下，传热系统通过理论计算来求取很困难，设计中一般都根据经验取 $1255.8kJ/(m^2 \cdot h \cdot ℃)$。计算传热面积的另外一个重要参数"平均温度差"，在碳化塔中也不太容易确定，所以计算传热面积其精确度是不高的，只能看作是个估算结果。根据多年的生产实践，对于传热面与碳酸氢铵产量的关系大致是，冷却水温在 20℃左右，每天每吨碳酸氢铵需传热面积 $2.5m^2$ 左右，在强化生产时，塔内温度维持得比较高，温度差增加，每天每吨碳酸氢铵产品则需传热面积 2～2.2m^2 左右。

第九节 其他脱碳方法简介

一、一乙醇胺法（MEA 法）

用一乙醇胺水溶液净化气体是典型的化学吸收过程，多用于脱除天然气转化后气体中 CO_2。该法是比较古老的方法，在 1930 年 Bottoms 就取得了用乙醇胺溶液脱除酸性气体的专利权，乙醇胺溶液有一乙醇胺溶液、二乙醇胺溶液、三乙醇胺溶液，采用一乙醇胺溶液居多，采用二乙醇胺溶液较少，三乙醇胺溶液则因其吸收效率低、稳定性差很少采用。这种方法在美国用得最多，但目前大多数已改用新的一代胺保护法。

MEA 与 CO_2 之间相互作用按下列反应进行：

$$2RNH_2 + CO_2 \Longrightarrow RNHCOONH_3R \qquad (9\text{-}4\text{-}65)$$
$$2RNH_2 + CO_2 + H_2O \Longrightarrow (RNH_3)_2CO_3 \qquad (9\text{-}4\text{-}66)$$
$$(RNH_3)_2CO_3 + CO_2 + H_2O \Longrightarrow 2RNH_3HCO_3 \qquad (9\text{-}4\text{-}67)$$

反应式（9-4-66）、反应式（9-4-67）同反应式（9-4-65）相比非常慢，因此吸收 CO_2 主要以反应式（9-4-65）反应形式进行。

MEA 与 CO_2 的反应热非常高，因此再生需要的热量较大。MEA 是胺类中碱性最强的，因而与 CO_2 和 H_2S 反应快，净化气净化度高，吸收能力在胺类中最大。其缺点是：再生热耗比较高；溶液的腐蚀性大；与 COS、CS_2、SO_2 反应生成不能再生的化合物；蒸汽压较高，因此溶剂的损失大；对 H_2S 吸收不具有选择性。因此 MEA 法与其他方法相比已失去优势,但在处理 CO_2(或 H_2S)分压低的气体时 MEA 法仍有其优越性。

如泸州天然气化工厂无硫烟道气中 CO_2 的回收装置:

处理气量		$1340m^3/h$
吸收液成分	一乙醇胺	15%～20%
烟气成分	CO_2	8.5%～15%
	O_2	3%～4%
	N_2+Ar	约 87.5%
工艺指标	吸收压力	常压($51mmH_2O$)
	再生压力	0.02～0.05MPa(G)
	吸收温度	35～40℃
	再生温度	104～108℃
	CO_2 纯度	>99%
	回收率	80%
消耗指标	蒸汽	$9～12kg/m^3$
	冷却水	1000t/h
	电	116kW·h
	溶液损失	$2.5kg/m^3$

近年来对 MEA 法的改进主要在缓蚀剂的开发研究上,联碳公司在 1967 年就开始探索研究缓蚀剂,研究出一系列缓蚀剂,使 MEA 的溶液浓度提高至 40%～45%,吸收能力增大,再生热耗降低,腐蚀减轻。

陶氏化学公司对 MEA 的缓蚀剂也进行了研究,开发了称为 GAS/SPECFT-1 的技术(湿法脱除 CO_2),主要用于无硫烟道气中 CO_2 回收装置,这一技术中国泸州天然气化工厂已引进,FT-1 技术中 FS-1 溶剂是陶氏化学公司的专利。

处理气量		$4242m^3/h$
吸收液成分	MEA	30%(质量分数)
铜基缓蚀剂		约 $700×10^{-6}$
烟道气成分	CO_2	3.5%
	O_2	3.7%
	N_2	86.1%
	SO_2	$<10×10^{-6}$
工艺指标	吸收压力	常压
	再生压力	0.08MPa(G)
	吸收温度	约 45℃
	再生温度	120℃
	CO_2 纯度	99%
	回收率	90%
消耗指标	蒸汽	$3.26kg/m^3$
	冷却水	1000t/h
	电	1240kW·h
	溶液损失	250kg/d

该法是目前在常压下从低浓度 CO_2 的含 O_2 气体中回收 CO_2 较先进的技术。

胺保护法的工艺流程见图 9-4-15。

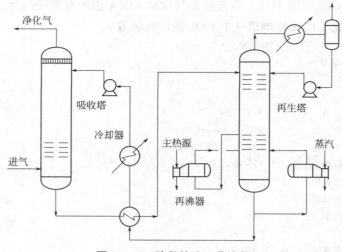

图 9-4-15 胺保护法工艺流程

二、环丁砜法

环丁砜法是用烷基醇胺和环丁砜的混合水溶液作吸收剂脱除酸性气体（CO₂、H₂S 等）的方法。溶液中的环丁砜是物理吸收剂而烷基醇胺则是化学吸收剂，因此用环丁砜和烷基醇胺的混合溶液作为吸收剂脱除酸性气体过程是物理-化学吸收法的典型代表。

目前中国中型氨厂只有大庆石化总厂化肥分厂一家使用环丁砜法脱除 CO₂。环丁砜法在中国天然气脱硫上用得较多，脱硫同时也脱除 CO₂，四川卧龙河脱硫厂引进了一套国外的环丁砜法装置。

环丁砜法在国外称为 Sulfinol 法，其溶剂是环丁砜、二异丙醇胺和水的混合物。中国使用的环丁砜法是 20 世纪 60 年代由南化公司研究院开发的，开始用的溶剂是环丁砜、一乙醇胺和水的混合物，后来也用二乙醇胺或二异丙醇胺。该方法的最大优点是净化度高，吸收速度快，在脱 CO₂ 同时能脱除 H₂S 及有机硫，净化气总硫 $< 1 \times 10^{-6}$，CO₂$< 0.1\%$。该方法的最大缺点是再生热耗高，吨氨的蒸汽消耗量高达 5t 以上，比改良热钾碱法高 1 倍。另外溶剂价格也贵，并有腐蚀，因此该方法在目前很少有竞争力。大庆石化总厂化肥分厂的操作数据如表 9-4-21 所示。

表 9-4-21 大庆石化总厂化肥分厂的环丁砜脱碳操作数据

项 目	数据	项 目	数据	项 目	数据
规模/(10⁴t/a)	6	酸气负荷/(m³/m³)	30	环丁砜/[kg/t(NH₃)]	0.3
处理气量/(m³/h)	25000	主要设备		一乙醇胺/[kg/t(NH₃)]	0.24
吸收压力/MPa	1.5	吸收塔	ϕ1000，H 32000	溶液组分	
吸收温度/℃	40			环丁砜/%	20
变换气 CO₂/%	14	再生塔	ϕ1400，H 34000	一乙醇胺/%	30
净化气 CO₂/%	0.3			水/%	50
溶液量/(m³/h)	150~200	消耗定额		V₂O₅	防腐

三、变压吸附法

1. 概述

变压吸附气体工艺简称 PSA，是利用变压吸附的原理对气体进行选择性制取的工艺。

20 世纪 70 年代初期，美国空气产品和化学品公司就开始把变压吸附气体分离技术用于合成氨变换气脱碳研究，并于 1979 年申请专利。该技术已应用于 500t/d 的合成氨生产装置中。在英国 ICI 公司两套 LCA 合成氨流程中，变换气脱碳均采用了变压吸附脱碳技术。

在荷兰 KTI 公司开发的 PARCOAI 法制氨新工艺中，其变换气脱碳也采用了变压吸附脱碳技术，该装置生产能力为 600t/d。

日本东洋工程公司在 1980 年以前开发的制氨新工艺中也采用了变压吸附脱碳技术。

由上述可知，世界上著名的合成氨生产商，在其开发的节能合成氨新工艺中，其变换气脱碳均采用变压吸附脱碳技术。这主要是变压吸附脱碳技术具有运行费用低、装置可靠性高、维修量小及操作简单等优点。

目前，变压吸附脱碳工艺在化肥厂主要有两种用途。一种是脱除变换气中的 CO₂，生产液氨和联醇，这种方法不回收 CO₂，而且应用较为普遍；另一种除了要将变换气中的 CO₂ 脱至 0.2％以下外，还必须把 CO₂ 提纯到 98.5％以上用于尿素生产，该工艺已成功地应用于年产 22 万吨的尿素生产装置中。

在中国，1989 年就开始尝试把变压吸附技术用于合成氨脱碳的研究，1991 年开发出了用于液氨和联醇的变压吸附脱碳技术。

1998 年，首先将变压吸附技术应用于湖北宜化化工股份有限公司年产 11 万吨合成氨、18 万吨尿素脱碳装置中，该公司经过近一年的考核后，1999 年在其新建的年产 13 万吨合成氨脱碳装置中，放弃已完成施工图设计的 NHD 法脱碳，仍采用了变压吸附脱碳技术，这一套变压吸附与前套变压吸附装置相比，操作费用节省了 25％，H₂ 回收率提高了 1％。

2. 基本原理

变压吸附基本原理是利用吸附剂对吸附质在不同分压下有不同的吸附容量、吸附速度和吸附力，并且在一定压力下对被分离的气体混合物的各组分有选择吸附的特性，加压吸附除去原料气中杂质组分，减压脱除这些杂质而使吸附剂获得再生。因此，采用多个吸附床，循环地变动所组合的各吸附床压力，就可以达到连续分离气体混合物的目的。

3. 工艺条件的选择

(1) 吸附压力 吸附剂对 CO₂ 等气体的选择性随吸附压力的变化而有较明显的变化，其最低的吸附压力为 0.6MPa(A)，最高吸附压力 2.5MPa(A)。一般随吸附压力的升高，CO₂ 分压增大，吸附容量也增大，净化气合格率高。

现湖北宜化在新建的"8.13"工程中，采用 1.1MPa(A) 变换串变压吸附脱碳工艺。

(2) 吸附温度 变压吸附过程是在环境温度下进行的，吸附温度同时也是变换气温度。变换气温度小于 40℃较合适。

(3) 真空度 吸附剂的再生程度决定着净化气净化度，同时也影响着吸附剂的吸附能力，从而影响整个装置的处理气量。

从宜化实际操作过程看，比较合适的真空压力为 -0.08～-0.07MPa 左右。

(4) 吸附循环时间 在塔数、真空压力一定的情况下，吸附循环时间决定着处理气量大小，决定着气体回收率的高低，吸附循环时间越长，气体回收率越高。

（5）置换压力、置换气量

① 置换压力高，在置换过程中 CO_2 气体分压高，吸附剂对 CO_2 气体吸附能力强，置换用 CO_2 气量少，置换效果好。但同时要综合考虑能耗问题。

② 置换气量越大，置换效果越好，实际以抽真空出口 CO_2 气体纯度满足生产要求为准来控制置换气量。

4. 宜化应用实践

湖北宜化化工股份有限公司先后上了两套用于尿素生产的变压吸附脱碳工艺。

第一套实际生产指标：

处理变换气量	$60000m^3/h$
CO_2 产品纯度	95%～97%
产品 CO_2 回收率	70%
净化气中 CO_2 含量	0.2%
H_2 回收率	98.5%
N_2 回收率	95%
吨氨耗循环水	12t
吨氨电耗	$120kW \cdot h$

第二套用于新建的"8.13"工程：

处理变换气量	$67000m^3/h$
CO_2 产品纯度	$\geqslant 98.2\%$
产品 CO_2 回收率	$\geqslant 75\%$
净化气中 CO_2 含量	0.2%
H_2 回收率	99.07%
N_2 回收率	96.31%
吨氨耗循环水	9t
吨氨电耗	$102.89kW \cdot h$

从宜化运行经验可知，用于尿素生产采用变压吸附脱碳工艺，可同时实现高气体净化度及合乎尿素要求的 CO_2 纯度，比较适合中国以煤造气的化肥生产和制氢装置等。

第十节　脱碳方法比较和选择

一、脱除 CO_2 方法的比较

国外采用的众多脱碳方法中，占主导地位的仍是化学吸收法中添加各种不同活化剂的改良热钾碱法，其中以联碳公司的苯菲尔法最突出，且不断开发出新的节能工艺。

MEA 法开发了胺保护法，使这古老方法具有了新的活力。

活化 MDEA 法是德国 BASF 公司专利，国外以天然气为原料的大型氨厂多采用此法。

在物理吸收法中国外使用较多的是 Norton 公司聚乙二醇二甲醚法和低温甲醇洗法，而碳酸丙烯酯法在国外新设计的工厂已不使用。物理-化学吸收法如环丁砜法，除非用于同时脱硫脱 CO_2，单独用于脱除 CO_2 时用得很少。

低温甲醇洗法，国外主要用于重油和煤部分氧化法制得的原料气脱硫与脱 CO_2。与液氮洗脱除微量 CO、CH_4 相匹配，总能耗很低，是一种理想的方法。

以上几种方法都是经过工业生产考验的，有多年使用的经验。

几种方法热耗比较见表9-4-22。

表 9-4-22　几种化学吸收法热耗比较

方法	热耗/(MJ/kmol)	方法	热耗/(MJ/kmol)
MEA	209	Benfield(二级再生，贫液闪蒸，蒸汽喷射器)	76
MEA(胺保护法Ⅰ)	140	Benfield(二级再生，贫液闪蒸，蒸汽压缩机)	63
MEA(胺保护法Ⅱ)	116	Benfield(变压再生，蒸汽压缩机)	41.8
Benfield(一级再生)	107	活化 MDEA(二级再生)	42.5
Benfield(一级再生，贫液闪蒸，蒸汽喷射器)	88		

从表9-4-22可以看出苯菲尔法的能耗总是低于 MEA 法，而活化 MDEA 法也具有较低能耗，因此目前在国外新设计工厂使用最多。

三种脱 CO_2 方法的技术经济指标见表9-4-23。

表 9-4-23　1000t 氨厂脱 CO₂ 装置的投资与操作费用比较

项目	Selexol(1)	Selexol(2)	低能热钾碱法	活化 MDEA
CO₂ 回收率/%	96.6	99.5	99.5	96.0
H₂ 回收率/%	99.9	99.9	N/A	N/A
投资/百万美元	8.35	8.49	8.66	12.02
溶剂费用	包括	包括	不包括	不包括
电耗/kW·h	2446	2605	2060	1231
热耗/(10⁶kJ/h)	2.43	2.43	51.7 [471kcal/m³]	48.9 [446kcal/m³]
冷却水/(m³/h)	829	829	1226	1090
操作费用/(1000 美元/年)				
电	1743.5	1856.8	1486.4	877.5
热	72.9	72.9	1552.3	1470.0
冷却水	121.4	121.4	179.6	157
溶剂	62.0	62.0	25.0	2.75
合计	1999.8	2113.1	3225.3	2507.25
操作费用/(美元/t)	6.06	6.40	9.77	7.60
投资费用/(美元/t)	1.27	1.29	1.315	1.825
总费用/(美元/t)	7.33	7.69	11.08	9.42

注：电　　0.09 美元/kW·h　　干气　144800m³/h　　压力　2.9MPa
　　热　　66.4 美元/10⁶kJ　　干 CO₂　26200m³/h　　H₂O　0.2kg/h
　　冷却水　0.0185 美元/m³　　CO₂　$18\% \longrightarrow 500\times10^{-6}$

表9-4-23 中的数据基本反映了这些方法能耗水准。但方法的经济性在很大程度上取决于具体的应用情况。

1. 改良热钾碱法

改良热钾碱法是比较成熟的工艺，它的工艺流程改进主要是围绕节能进行的。

改良热钾碱法在国外至今仍是使用最多的一种脱碳方法，在中国也是应优先考虑采用的方法。

中国 20 世纪 70 年代引进的大型合成氨厂有 13 家采用苯菲尔法，其后几家又引进了低热耗苯菲尔脱碳工艺，溶液再生采用蒸汽喷射器（前 3 级），最后一级用蒸汽压缩机，设计再生热耗为 $2433kJ/m^3$。中国在 20 世纪 70 年代首先在北京化工实验厂，此后兴平、刘家峡、原平、银川等化肥厂均使用了苯菲尔法，并且在银川化肥厂做了喷射闪蒸节能技术工业试验，使再生热耗有较大幅度下降。

在 20 世纪 90 年代，陕西、新疆、贵州三化肥厂，引进了意大利 G-V 净化公司双塔再生工艺（采用双活化剂）使其再生热耗小于 $3000kJ/m^3$，使中国中型氮肥厂脱碳工艺向前大大跨进一步。

改良热钾碱法适用于要求净化度高、CO_2 脱至 0.1% 且有工艺余热可利用加热再生溶液的场合。

2. 活化 MDEA 法

活化 MDEA 法也是南化研究院开发，并于 1997 年 6 月成功应用于北京通县化肥厂年产 $3 \times 10^4 t/a$ 合成氨脱 CO_2 装置的改造上，生产实践表明，蒸汽消耗大幅度下降，满负荷生产蒸汽消耗约 7.6t/h（原苯菲尔法蒸汽消耗 16.5t/h）。同时也在一些中型氨厂如柳化 $12 \times 10^4 t/a$ 合成氨的脱碳改造中采用。

据悉柳州化肥厂在采用 Shell 粉煤气化改造项目中将原碳酸丙烯酯脱碳也改为活化 MDEA 法，现将碳酸丙烯酯法与 MDEA 法比较列于表 9-4-24。

表 9-4-24 工艺技术方案比较

工　艺		MDEA 脱碳	PC 脱碳	工　艺		MDEA 脱碳	PC 脱碳
工艺方法		两段吸收两段再生	一段吸收,两段闪蒸加两级解吸	消耗	电/kW·h	55	180
					溶剂/kg	0.1	1.0
吸收形式		物理化学吸收	物理吸收	操作费用(相对值)		1.0	1.34
CO_2 回收率/%		>99	75	总投资(相对值)		1.0	1.2
CO_2 纯度/%		>99	98	技术的先进性、应用的广泛性和可靠性		技术先进,近年在中国应用广泛,新建项目大多采用此方法,实际运行稳定可靠,易操作,易控制	技术较落后,在已建的小氮肥厂应用较多,但在新建项目中已很少使用,操作中的问题较多,属于淘汰的方法
净化气纯度/%		0.08(CO_2 含量)	1.5(CO_2 含量)				
溶液吸收能力/(m³/t)		24~31	10~13				
吨氨	冷却水/m³	46	40				
	低压蒸汽/t	0.9	0.4(按冷量折算)				

中国活化 MDEA 法主要用于脱除 CO_2，柳化运行经验低压蒸汽消耗为 900kg/t，因此采用活化 MDEA 法脱碳在国内新建项目是一个发展方向。

3. 低温甲醇洗法与 NHD 法的比较

物理吸收法中低温甲醇洗，在中国引进的以煤和重油为原料的大型厂中使用相当成功，该工艺最适宜脱除由含硫渣油或煤部分氧化生成的气体中的 CO_2 和硫化物，因为气体压力较高，原料气中 CO_2、H_2S 含量高，CO_2、H_2S 分压也高，处理量大；同时它也最适于用来净化含有大量各种杂质的气体，并可简化现有的净化焦炉气这样的多级流程。若能与液氮洗相匹配，采用低温甲醇洗最合理、最节能。低温甲醇洗单独用于脱除 CO_2 报道不多。

在应用方面，唯一可与低温甲醇洗相竞争的是国外 Selexol 法或中国 NHD 法。NHD 法是中国开发的与国外 Selexol 法相似的一种净化工艺。NHD 是一种新型溶剂，其性质稳定，蒸汽分压低，适合高 CO_2、高 H_2S 分压气体的净化，是一种很有发展前途的脱碳方法。现除应用于中小型氨厂合成氨装置改造外，并成功应用于淮南化肥厂新建 $18 \times 10^4 t/a$ 合成氨装置中。

下面以 $18 \times 10^4 t/a$ 合成氨中型厂为例，对低温甲醇洗（Lurgi 工艺）和 NHD 两种工艺加以分析比较，详见表 9-4-25。

表 9-4-25　低温甲醇洗和 NHD 工艺比较

工艺方法	低温甲醇洗	NHD
	Lurgi5 塔流程工艺，分步脱除工艺气中的 H_2S 和 CO_2	中国技术，采用聚乙二醇二甲醚溶剂，分步脱除 H_2S 和 CO_2
1. 工艺指标	处理气量　88000m³/h 吸收压力　3.1MPa(G) 　吸收温度　−26/−51℃ 原料气中 　CO_2 含量约 40%（摩尔分数） 　总 S 含量约 0.9%（摩尔分数） 净化气 　CO_2 含量≤20×10⁻⁶（体积分数） 　总 S 含量≤0.1×10⁻⁶（体积分数） 溶液吸收能力 160～180m³/m³ CO_2 纯度>99.0%（摩尔分数）	处理气量　88000m³/h 吸收压力　3.1MPa(G) 　吸收温度　−5～0℃ 原料气中 　CO_2 含量约 40%（摩尔分数） 　总 S 含量约 0.9%（摩尔分数） 净化气 　CO_2 含量<0.1%（体积分数） 　总 S 含量<1×10⁻⁶（体积分数） 溶液吸收能力 40～55m³/m³ CO_2 纯度>98.5%（摩尔分数）
2. 占地	占地面积约 50m×60m	占地面积约 40m×70m
3. 设备	主要设备：5 台塔，6 台罐，21 台换热器，1 台压缩机，14 台泵 主要设备规格： C_1 H_2S 吸收塔　φ2200×42900 C_2 CO_2 吸收塔　φ2600×56600 C_3 再吸收塔　φ1600/2400×64830 C_4 热再生塔　φ1600/2400×37840 C_5 甲醇水分离塔　φ1000×22600 C_1～C_4 塔为浮阀塔，C_5 塔为筛板塔	主要设备：5 台塔，13 台罐，12 台换热器，2 台压缩机，14 台泵，2 套水力透平机组 主要设备规格： T_1 脱硫塔　φ3400×46400 T_2 脱硫再生塔　φ2000/3400×46300 T_3 脱碳塔　φ3400×54600 T_4 脱碳气提塔　φ2200/3800×52560 T_5 脱水塔　φ500/1200×13000 T_1～T_5 塔均为填料塔
4. 气体损失	净化损失占总 H_2 量的约 0.12%	净化损失占总 H_2 量的约 0.4%
5. 溶剂循环量	贫甲醇循环量在 370m³/h 左右	贫 NHD 溶液循环量在 1150m³/h 左右
6. 溶液一次充装量	甲醇一次充装量为 350m³ 左右	NHD 溶液一次充装量为 320m³ 左右
7. 公用工程消耗	冷却水　　308m³/h 电　　　　776kW·h 　　　　　9t/h(0.40MPa) 蒸汽 　　　　　1.5t/h(1.3MPa) 氮气　　　7000m³/h 氨冷量　　3.0×10⁶kcal/h 甲醇消耗　约 44kg/h	新鲜冷却水　15m³/h 循环冷却水　374m³/h 电　　　　1600kW·h 蒸汽　　　19t/h(0.40MPa) 氮气　　　7000m³/h 污氮　　　7040m³/h 氨冷冻量　1.7×10⁶kcal/h NHD 溶液　约 8.3kg/h
8. 投资	总投资为约 6300 万元	总投资为约 5500 万元

由以上比较可得出以下结论：

① 低温甲醇洗吸收能力大；

② 低温甲醇洗的选择性较好；

③ 低温甲醇洗的气体净化度较高；

④ 低温甲醇洗的溶剂价廉、易得；

⑤ NHD 工艺为国内工艺技术，软件费用相对低；

⑥ NHD 工艺流程相对简单，装置投资较低；

⑦ NHD 工艺的操作费用较高。

由于溶剂吸收能力的差别，NHD 工艺的溶剂循环量大，电耗大，导致 NHD 工艺的操作费用较高（见表 9-4-26）。

表 9-4-26　低温甲醇洗与 NHD 工艺操作费用比较

| 项　目 | 价格/元 | 操作费用(7200h) | | | |
| | | 低温甲醇洗 | | NHD | |
		小时消耗量	年操作费用/万元	小时消耗量	年操作费用/万元
冷却水/t	0.08	308.0	18	374.0	22
电/kW·h	0.39	776.0	218	1600.0	449
低压蒸汽/t	50	10.5	378	19.0	684
冷量/10^6kcal	360	3.0	778	1.7	441
甲醇溶剂/kg	2.0	44.0	63		
NHD 溶剂/kg	20			8.3	120
新鲜水/t	0.45			15.0	5
合计			1455		1721

由以上数据可以看出，从操作费用指标上来看，采用低温甲醇洗工艺较优于 NHD 工艺。虽然 NHD 和低温甲醇洗都是物理吸收法，从理论上说两者的使用范围很相似，然而由于溶剂物理性质和工艺技术路线的不同，决定了 NHD 在设计上与低温甲醇洗有很大不同，也造成了其运行费用与甲醇洗工艺有较大差距。由于 NHD 工艺自身的限制，采用该工艺会使装置的操作费用增加较多，从长远看是不利的。操作费用的差距，使得低温甲醇洗工艺即使一次性投资较 NHD 高，其长期运行的总体经济性仍然优于 NHD 工艺。

低温甲醇洗法的确具有能耗低、气体净化度高、操作费用低等优点，尤其是与液氮洗匹配更经济。但是低温甲醇洗工艺需要从国外购置专利技术，软件费用较高，况且还需从国外购置专利设备（如绕管换热器、关键部位的低温泵），或从国外引进某些特殊的低温材料，因此在实现国产化应用还有一定难度。

4. 其他脱碳方法比较

(1) 碳酸丙烯酯法　碳酸丙烯酯法吸收 CO_2 是典型的物理吸收过程。它适用于气体中 CO_2 分压大于 0.5MPa(A)，气体净化度要求不是很高的流程。1979 年由南化公司研究院等单位开发，开始在生产联碱的小合成氨厂杭州龙山化肥厂使用，由于该法流程简单，溶剂再生不需要加热，又比水洗省电，因此在小合成氨厂推广较快，并被用于 $2.5×10^4$t/a 合成氨

改产 $4 \times 10^4 t/a$ 尿素项目的配套脱碳装置中，小合成氨厂联产磷铵的工厂新建脱碳也采用此法。中国中型氨厂中江西氨厂、柳州化肥厂也采用此法。但在实际运行中出现各种不同程度问题，如碳丙损耗较高，没有得到彻底解决，因此在 20 世纪 90 年代新建厂中基本上不再采用，而逐渐被新的物理吸收法 NHD 法取代。

（2）变压吸附法　变压吸附脱碳技术，是近期新兴起的一种干法脱除 CO_2 方法，该法工艺简单、操作稳定、能耗低、无"三废"排放问题等，但其关键在于程控阀的使用寿命和用于尿素装置的 CO_2 纯度，这两个问题在湖北宜化已获得解决，因此变压吸附脱碳技术无疑也是一种节能脱 CO_2 新技术，有广阔的发展前途。

二、脱除 CO₂ 方法的选择

脱碳工艺的选择取决于许多因素，既要考虑方法本身的特点，也需从整个工艺流程，并结合原料路线、加工方法、副产 CO_2 的用途、公用工程费用等方面综合考虑，没有一种脱碳方法能适用于所有不同条件。

无论何种情况，首先要考虑处理气体中 CO_2 分压以及要求达到的净化气中 CO_2 含量。

图 9-4-16 定量地表示了脱碳方法的选择与原料气中 CO_2 分压、净化气中 CO_2 分压之间的关系，图中横坐标为净化气中 CO_2 分压，纵坐标为原料气中 CO_2 分压，直线为等压线，线上面各区域为方法的适用范围。

从图 9-4-16 可见，一般处理低 CO_2 分压气体 [$10 \sim 100 kPa$（$0.1 \sim 1 kgf/cm^2$）]，优先选用 MEA 法或环丁砜法；高于上述 CO_2 分压值 [$0.5 \sim 0.7 MPa$（G）] 时，选用低能耗的改良热钾碱法，也可选活化 MDEA 法，CO_2 分压再高时选用物理吸收法 NHD、碳酸丙烯酯、低温甲醇洗法较有利。

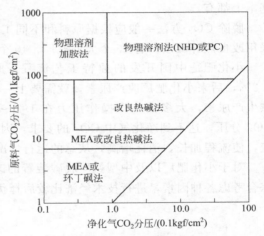

图 9-4-16　脱碳方法选择与原料气、净化气中 CO₂ 分压关系
（$0.1 kgf/cm^2 = 9.8 kPa$）

根据以上原则，针对国内以煤、重油或渣油（已很少用）、天然气为原料生产合成气或制 H_2 的装置，推荐的脱碳工艺分述如下。

① 以煤为原料，采用固定层或以灰熔聚流化床粉煤气化技术制气，后面配铜洗流程或甲烷化流程，脱碳吸收压力在 $1.8 \sim 2.0 MPa$。

a. 匹配铜洗流程。由于铜洗流程对气体净化度要求不高，一般 CO_2 在约 1%，推荐采用物理吸收法。如 NHD 法。

b. 匹配甲烷化流程。由于甲烷化流程对气体净化要求高，一般 $CO_2 < 0.2\%$ 或更低一点，推荐采用化学吸收法中改良热钾碱法，溶液再生尽量采用新技术，使其再生热耗有较大幅度下降。

为节能降耗，也可优先选用物理-化学吸收法中活化 MDEA 法，它不仅能使气体净化度达到要求，而且再生热耗又比化学吸收法低。

② 以重油或水煤浆为原料，吸收压力在 $2.8 MPa$ 以上，因原料要脱除的 CO_2 量多，用化学吸收法蒸汽消耗量大，推荐采用物理吸收法中 NHD 法。如果吸收压力在 $4.0 MPa$ 以

上，或生产规模大（如 $30 \times 10^4 t/a$ 合成氨厂改造），还是推荐采用低温甲醇洗，后面匹配液氮洗流程。

③ 以天然气为原料，吸收压力在 1.8MPa 以上脱 CO_2 工艺推荐采用改良热钾碱法或 MDEA 法。当吸收压力在 3.8MPa 以上，产品又不是尿素的情况下，推荐采用 NHD 法脱碳。当产品全部为尿素的情况下，优先考虑 CO_2 回收率最高的改良热钾碱法或活化 MDEA 法。

④ 变压吸附脱碳技术。变压吸附脱除 CO_2 技术，较适于生产液氨及联醇的生产流程中。同时也可用于脱变换气中 CO_2，且 CO_2 用于加工尿素产品中。前者应用较为普遍。

⑤ 选择脱碳工艺还要同脱硫一起考虑，尤其在以含硫高的煤为原料，采用德士古水煤浆气化技术或谢尔干粉煤气化技术，脱碳工艺宜采用 NHD 法或活化 MDEA 法。若规模大，压力高于 4.0MPa 以上，可考虑低温甲醇洗法或活化 MDEA 法。

三、中国应用于生产的各种脱 CO_2 工艺

国内合成氨生产或甲醇生产或制氢装置等，脱除 CO_2 方法很多，国外有的方法，国内基本上都有。

脱除 CO_2 方法一般应根据原料和不同工艺流程来选择合乎要求的方法，目前大部分厂采用改良热钾碱法。有 15 个大型氨厂、40 个中型氨厂采用改良热钾碱法。

小化肥是中国开发的独特工艺流程，原来都是用氨水脱除 CO_2，净化气中 $CO_2 <$ 0.2%，后来小化肥厂改产尿素，就需要上一套脱除 CO_2 的装置，既净化原料气又回收 CO_2 供生产尿素，大多数工厂操作压力在 $1.2 \sim 1.8MPa$，当时选用了碳酸丙烯酯法。由于低 CO_2 分压，达不到净化气中 CO_2 的要求，因此在碳丙之后又串氨洗，在碳丙之前加干法脱硫，使流程加长，消耗增高，从总的运行情况看选用碳丙法是不合适的。

对于小化肥厂以及中型氨厂脱碳装置的改造或新建时选用哪种脱除 CO_2 方法，一定要综合考虑各种因素，进行技术经济比较后择优选取。

第五章
煤气中砷的脱除

第一节　煤气化时煤中砷含量的转移

一、砷在矿物中的形态

　　砷在元素周期表中位于第Ⅴ主族（氮族）。原子序数 33，原子量 74.96120。它在自然界中主要是以金属化合物或硫化物的形式存在，间或以单质形态存在，如硫砷铁矿（FeAsS）、雄黄（As_2S_2）、雌黄（As_2S_3）、砷镍矿（NiAs）、砷钴矿（$CoAs_2$）等。砷能和绝大多数金属生成合金和化合物。常温下，砷在水和空气中都比较稳定，高温时能和许多非金属作用。砷作为自然存在的一种物质，会以各种化合物的形态存在于煤等矿物及水中。通过对中国24 个省市的 107 个煤矿样中元素的测定，这 107 个煤矿中 As 元素浓度范围为 （0.322～97.8）$\times 10^{-6}$，而且高硫煤中的砷元素含量较高。因此，在煤气化过程中，砷伴随着煤进入气化炉，进行相应的反应和转化，被煤气带入后序工艺中，危及后序工艺装置的正常稳定运转。

二、煤炭中砷在煤气化过程中的转移

　　对于砷在煤气化过程中转移的研究报道较少。大型水煤浆加压气化装置建设的增多，引起了人们对砷在煤气化时转移而给后序工艺造成危害的重视，进行了这一方面的初步探讨和研究，该研究选择了一个典型的大型水煤浆加压气化装置气化过程，系统地研究了砷在煤气化前后的分布及对后序工段所造成的危害和预防措施。表 9-5-1～表 9-5-5 是煤中砷在气化前后的分布情况。

表 9-5-1 原煤中砷含量分析

测定编号	1号原煤			2号原煤		
	一	二	平均	一	二	平均
A-1	5.99	5.78	5.89			
B-1	10.0	9.20	9.60	8.10	5.24	6.68
B-2	5.46	6.28	5.87	4.42	5.80	5.11
C-1	4.08	5.23	4.65			
C-2	6.25	5.66	5.95			
C-3	7.32	8.00	7.66			
D-1	5.43	4.11	4.77			
D-2	4.20	6.75	5.47			
平均	—	—	6.23	—	—	5.89

注:以干煤计,表中数据单位为 10^{-6}。

表 9-5-2 煤浆中砷含量分析

测定编号	1号煤浆			2号煤浆		
	一	二	平均	一	二	平均
A-1	6.01	5.20	5.60	8.00	7.00	7.50
B-1	8.85	8.11	8.48	6.99	5.20	6.10
B-2	6.52	7.20	6.86	4.94	5.28	5.11
C-1	4.96	6.99	5.97			
C-2	6.89	6.21	6.55			
C-3	7.04	6.13	6.58			
D-1	5.10	5.22	5.16			
D-2	5.18	5.00	5.09			
平均	—	—	6.29	—	—	6.23

注:以干煤计,表中数据单位为 10^{-6}。

表 9-5-3 灰渣中砷含量分析

测定编号	2号炉煤渣			3号炉煤渣			细灰		
	一	二	平均	一	二	平均	一	二	平均
A-1	8.59	7.99	8.29	6.23	8.06	7.15	76.91	70.00	73.46
B-1	5.99	7.00	6.49	6.24	8.76	7.50	50.98	46.98	48.98
B-2	6.02	7.40	6.71	5.75	6.27	6.01	40.97	37.00	38.99
C-1	5.82	7.28	6.55	6.20	6.75	6.48	50.42	42.04	46.23
C-2	7.42	6.15	6.78	6.18	7.92	7.05	70.40	68.12	69.26
C-3	6.82	7.14	6.98	6.90	7.99	7.45	52.10	39.13	45.62
D-1	5.48	6.26	5.87				48.97	52.74	50.86
D-2	6.11	5.70	5.90				80.80	75.94	78.37

续表

测定编号	2号炉煤渣			3号炉煤渣			细灰		
	一	二	平均	一	二	平均	一	二	平均
平均	—	—	6.70	—	—	6.94	—	—	56.47

注:表中数据单位为 10^{-6}。

表 9-5-4　气相中砷含量分析

测定编号	2号炉煤气				3号炉煤气				闪蒸气		
	一	二	三	平均	一	二	三	平均	一	二	平均
A-1	0.26	0.24	0.25	0.25							
B-1	0.53	0.56	0.65	0.58	0.38	0.22	0.35	0.32			
B-2	1.07	1.14	0.95	1.05	0.32	0.40	0.35	0.36			
C-1	1.28	0.90	0.85	1.01	0.33	0.46	0.42	0.40			
C-2	0.36	0.58	0.37	0.44	0.51	0.56	0.45	0.51	0.22	0.25	0.24
C-3	0.52	0.32	0.45	0.43	0.30	0.26	0.21	0.26			
D-1	0.41	0.45	0.35	0.40							
D-2	0.45	0.57	0.52	0.51							
平均	—	—	—	0.58				0.37			0.24

注:表中数据单位为 g/m^3。

表 9-5-5　液相中砷含量分析

测定编号	补充水	灰水	黑水	冷凝水	煤气冷凝	原水	V1403	V1408
A-1		0.10				0.01		
B-1	0.03	0.06	0.08	0.02	0.07	0.02		0.08
B-2	0.01	0.09	0.13	0.01	0.04	0.01		0.10
C-1	0.04	0.13	0.14	0.02	0.04		0.03	
C-2	0.03	0.12	0.14		0.06		0.03	
C-3	0.05	0.10	0.11		0.02		0.03	
D-1	0.05	0.09	0.10		0.05	0.02	0.03	
D-2	0.05	0.11	0.13		0.05	0.02	0.03	
平均	0.04	0.10	0.12	0.02	0.05	0.02	0.03	0.09

注:黑水中不包括细灰中砷,表中数据单位为 10^{-6}。

同时,根据不同物流中砷含量的分析结果,进行了气化系统砷分布的研究,其结果列于表 9-5-6。

表 9-5-6　煤气化系统砷的平衡

测定编号	收入				支出						回收率(质量分数)/%
	水煤浆/(g/h)	入系统灰水/(g/h)	入洗涤冷凝水/(g/h)	合计/(g/h)	干煤气/(g/h)	煤气中水/(g/h)	出系统黑水/(g/h)	煤渣①/(g/h)	细灰①/(g/h)	合计/(g/h)	
A-1	272.2	7.3	1.1	280.6	19.5	3.7	22.6	36.9	116.6	199.3	71.0

续表

| 测定编号 | 收入 | | | | 支出 | | | | | | 回收率（质量分数）/% |
	水煤浆/(g/h)	入系统灰水/(g/h)	入洗涤冷凝水/(g/h)	合计/(g/h)	干煤气/(g/h)	煤气中水/(g/h)	出系统黑水/(g/h)	煤渣①/(g/h)	细灰①/(g/h)	合计/(g/h)	
B-1	252.9	4.6	1.1	258.6	29.0	3.7	13.9	27.7	64.9	139.2	53.8
B-2	208.2	1.6	0.6	210.4	45.7	2.1	23.3	25.4	51.8	148.3	70.5
C-1	212.9	7.1	0.3	220.8	48.9	2.1	25.7	26.6	63.0	166.3	75.3
C-2	247.1	6.0	0.9	254.0	35.2	4.7	26.1	26.1	87.0	179.1	70.5
C-3	230.6	9.5	1.1	241.2	23.9	1.7	21.6	28.9	61.1	137.2	56.9
D-1	141.4	5.2	0.7	147.3	20.8	2.4	9.8	18.4	53.2	104.6	71.0
D-2	138.6	5.2	0.7	144.5	26.7	2.4	12.8	17.0	75.2	134.1	92.8

① 煤渣与细灰的比例为 3∶1。

气化炉系统物料衡算结果表明，出气化炉煤气带入系统的砷约占总量的 97%，而湿煤气中砷含量约占总量的 16%，最高约 22%；细灰中砷含量约占 33%，最高 50%；灰水中砷含量约占 9%，最高 12%；煤渣中约占 12%，最高 14%。

根据砷化物的性质，煤中砷化物在煤气化过程中，在高温条件下，主要分解为单质砷进入煤渣、细灰及灰水中。但受到高温、高压及强还原气氛的影响，也有大量的 AsH_3 产生并进入气相中，带入后序系统，并对后序系统造成严重危害。

第二节　煤气中砷化物的危害

在煤气化过程中原料煤中砷约有 20% 被转移到了煤气中，根据原料煤中砷含量的不同，煤气中砷含量在 $(300\sim2000)\times10^{-9}$ 的范围之内。砷能形成 −3、3、5 价，配位数为 3、4、5 或 6。在砷的少数多重键的化合物中，配位数也可为 2。AsR_3 一般具有还原性，AsH_3 就是一种强还原剂。三价砷的一对孤对电子能与Ⅷ族元素的 d 轨道结合，形成配位键。由于砷元素的这些性质，砷（Ⅲ）能与钯催化剂的 d 轨道结合，形成配位键，从而使其中毒失活，这种中毒很难通过活化等方法排除。对于金属镍催化剂，砷化物也能与镍形成 Ni_3As_2，而使镍催化剂永久性中毒。

如以石脑油为原料的大型合成氨厂，砷的存在不仅对有机硫转化催化剂造成极大危害，而且对蒸汽转化催化剂亦构成严重的毒害，此外砷还能被转化炉管吸收，然后缓慢释放出来，甚至对下一批装填的新催化剂造成危害。砷可被钴钼催化剂吸收，据测定，距床层进口处 0cm、25cm 和 125cm 处的废钴钼催化剂含砷分别为 0.85%、0.12% 和 0.01%。据报道，煤气中的砷对耐硫变换催化剂构成严重毒害，经分析测定，距催化剂床层顶部 0.5m 处的砷含量已达 0.6% 以上，另一份分析报告则表明，距催化剂床层顶部 1.5m 处的砷含量为 0.06%，该处催化剂的 350℃ 变换率仅为新鲜催化剂的 20%。证明催化剂过早失活的原因是 As 引起催化剂的永久中毒。

因此，煤气中砷的危害主要是对后续工艺中各种催化剂造成永久性中毒，使其降低或丧失活性，严重影响到生产的正常运行，由于需更换催化剂以满足生产需要，增大了生产成本。

第三节　煤气中砷的脱除

对于煤气中砷的脱除，一般有三条途径：一是用原料煤来控制；二是采用湿法脱除；三是固体脱砷剂脱除。

一、原料煤的洗选脱砷

对于原料煤中的砷等微量杂质可以通过物理选煤法加以降低。传统的选煤法能够大量脱除有毒的微量元素，砷可减少 25％以上，采用化学选煤技术可平均除去 50％以上的微量元素砷，而更先进的物理选煤法，砷的降低率超过 70％。在锅炉煤燃烧中，砷被氧化成三氧化二砷。三氧化二砷是以酸性为主的两性化合物，具有较明显的酸性，为了脱砷，可采用化学方法，在煤中添加 CaO 等物质，将 As_2O_3 以砷酸钙的形式保留在煤渣中。有文献报道了煤中添加 MgO、FeO、Al_2O_3、$Ca(HCO_3)_2$ 等物质的脱砷效果，见表 9-5-7。由于原料煤中砷含量的降低，相应地也就减少了砷在煤气化过程中的转移量，同时降低了煤气中砷的含量。

表 9-5-7　添加物的脱砷效果

添加物种类	添加量 /(t/10³t 煤)	排气中 As_2O_3 浓度/(μL/L)		添加物种类	添加量/ (t/10³t 煤)	排气中 As_2O_3 浓度/(μL/L)	
		未加添加剂	加入添加剂			未加添加剂	加入添加剂
MgO	2	2.7	0.2	Al_2O_3	2	1.9	0.2
FeO	2	2.8	0.1	$Ca(HCO_3)_2$	2	2.7	0.2

二、煤气的湿法脱砷

煤气中砷的湿法脱除主要是化学吸收法，该方法主要是脱除砷化氢。砷化氢是一种无色、具有大蒜味的剧毒气体，是一种很强的还原剂，能把高锰酸钾、重铬酸钾，甚至硫酸和亚硫酸还原。在室温条件下，砷化氢可在空气中自燃，在缺氧条件下，砷化氢可受热分解为单质。湿法脱砷可采用氧化性物质，如高锰酸钾、次氯酸钠、硝酸银、氯化汞和三氯化磷等的水溶液与煤气中的砷化氢发生氧化还原反应，使其转化为可溶于水的物质进入液相中而被脱除。这些方法有很多缺陷，如对设备的腐蚀及吸收液的二次污染等，因此其使用受到了一定的限制。此外，还有报道用水激冷合成气，可使气体中 AsH_3 分解为 As 和 H_2 而降低合成气中砷含量。

三、脱砷催化剂脱砷

降低初始原料中的砷含量可使气相中砷含量降低到一定的水平，湿法脱砷也可以脱除部分砷化物，但这两种方法均不能保证有较高的净化度。脱砷催化剂则可保证一定的净化度，但目前所报道的脱砷剂大部分是应用于烃类原料净化的，煤气脱砷的报道还较少。

脱砷催化剂主要有铜系、铅系、锰系和镍系四类，其中以铜系最为常见。铜系脱砷剂又分为金属铜、CuO/Al_2O_3、活性炭载 $CuO \cdot Cr_2O_3$ 和用 BaO 促进的 $CuO \cdot Cr_2O_3$ 等。使用 CuO 时，常温下即可进行以下反应：

$$3CuO + 2AsH_3 \longrightarrow Cu_3As + As + 3H_2O$$
$$3CuO + 2AsH_3 \longrightarrow 3Cu + 2As + 3H_2O$$

　　铜被还原成低价或金属态，砷与其相结合，或游离成单质态。铜系脱砷剂的特点是砷容量高，可在较低的温度和压力下操作，甚至在常温、常压下脱砷，使用空速高，处理量大，但原料中不能存在有炔烃，否则易形成可爆炸的乙炔铜。原料中存在较多的 H_2S 会使砷容量大幅度下降，故铜系脱砷剂适用于脱硫之后的单独脱砷，或同时脱除痕量的硫与砷。

　　铅系脱砷剂可适用于含炔烃场合，一般设在粗脱 H_2S 和 COS 之后，在较高温度和较低空速下也不会发生加氢反应，故比铜系脱砷剂更适用于含炔烃原料处理，但砷容量不及铜系脱砷剂。

　　锰系脱砷剂价格便宜，可再生，但脱砷精度及砷容量较差。

　　镍系脱砷剂可在氢气的存在下对砷化物进行氢解，将砷化物转化为 AsH_3 并进行吸附固定，同时对有机硫也有一定的转化能力，可适用于含硫场合的脱砷，可称之为催化加氢技术。其原理为：

$$AsR_3 + 3H_2 \longrightarrow AsH_3 + 3RH$$
$$AsH_3 + Me \longrightarrow MeAs + 3/2H_2$$

　　式中，Me 是催化剂上的活性金属。

　　有机砷和氢的混合物被催化剂吸附后生成砷化氢，砷化氢与催化剂上的活性金属组分发生反应生成金属砷化物留在催化剂上。

　　按镍系脱砷剂上活性金属的状态，可分为还原态和硫化态脱砷剂。有报道采用还原态镍系催化剂，其催化剂在使用前需进行活化，使催化剂的活性组分由 NiO 还原为金属 Ni，还原气可以是 H_2 或 $H_2\text{-}N_2$ 的混合气，活化温度 $300\sim400℃$，压力 0.4MPa，活化时间 16h。但还原态的催化剂在高硫气氛中使用时，将增加开工的复杂性，且煤气中硫含量很高，还原态脱砷剂更易被硫化物毒害，此外，还原态脱砷剂在较高温度和压力下使用时，煤气中微量的不饱和烃对其使用也有一定的影响。与还原态脱砷剂相比，硫化态脱砷剂则有更大的适用性，T_{As}-02 型水煤气脱砷剂可适用于水煤浆加压气化所制得的粗煤气脱砷，其使用前需经预硫化处理。硫化条件：空速：$300\sim500h^{-1}$；压力：常压或低压（$\leqslant0.05MPa$）；温度：$300\sim350℃$。可正常使用条件为压力：$1.0\sim7.0MPa$；空速：$1000\sim4000h^{-1}$；温度：$250\sim350℃$；汽气比：$\leqslant1.6$。在此条件下，可将煤气中的砷化物从 $(300\sim500)\times10^{-9}$ 脱除至 $<20\times10^{-9}$，砷的脱除率 $\geqslant95\%$。

　　总之，对于煤气中砷的脱除，首先要从源头上考虑，对原料煤进行精选，降低原料煤中的砷含量；其次要对煤气的净化工艺进行改进，除湿法净化改进之外，还需采用固体脱砷剂脱除煤气中所含的微量砷化物，以避免砷化物对生产造成的影响。

参考文献

[1]　李裕后，陈世民 . 有色矿冶，2000 (6)：47.
[2]　陈枫，王玉仁，戴永年 . 昆明工学院学报，1989 (6)：37.
[3]　陈白珍，仇勇海，梅显芝 . 中国有色金属学报，1997 (4)：347.

附录

附录 1　煤化工相关产业政策

一、现代煤化工产业创新发展布局方案

国家发展改革委、工业和信息化部 2017 年 3 月 22 日发布。

强化安全环保监管：加快修订完善安全防护、污染物排放、水资源保护等标准，重点从源头控制、过程监管上研究现代煤化工产业污染控制方式，进一步提高现代煤化工项目在安全、环保、水资源保护方面的准入门槛，引导企业优化生产工艺、强化设备选型选材、提高设计标准和施工质量、强化运行管理、规范治理设施。严格安全、环保、水资源保护行政许可程序，切实执行安全、环保设施"三同时"及排污许可制度。加强城市建设与产业发展的规划衔接，切实落实安全生产和环境保护所需的防护距离。

加强工程建设和生产运行日常监督检查，要求企业按照排污许可证要求，建立自行监测、信息公开、记录台账及定期报告制度，确保长期稳定按证排污。对不符合安全、环保、水资源保护要求的要依法采取停工停产整顿等措施，督促企业及时消除隐患。建立健全企业—园区—政府应急联动体系，防范安全环境风险，及时查处安全环境违法事件，严格事故调查和处理，依法追究相关人员责任。

二、煤炭深加工产业示范"十三五"规划

国家能源局 2017 年 2 月 8 日发布。

严格执行"大气十条""水十条""土十条"、《现代煤化工建设项目环境准入条件》等相

关法律法规和国家政策的规定，优化产业布局，重点在煤炭资源丰富、生态环境可承受、水资源有保障、运输便捷的中西部地区布局示范项目。

示范项目的水资源消耗进一步降低，每吨煤制油品水耗从"十二五"期间的 10t 以上降至 7.5t 以下，每千标准立方米煤制天然气水耗从当前 10t 以上降至 6t 以下，煤炭分质利用的水耗控制在 1t/t 原料煤以内，行业平均的污水回用率大幅提高至 80% 以上。对环评报告批复允许外排废水（含排入蒸发塘）的已建和续建项目，煤制油项目吨油品外排废水量由 1t 以下，煤质天然气项目千标立方米天然气外排废水量从 1～5t 降至 1t 以下，煤炭分质利用项目转化每吨原料煤的外排废水量控制在 1t 以内。无纳污水体的新建示范项目通过利用结晶分盐等技术，将高含盐废水资源化利用，实现污水不外排。示范项目通过直供电、集中供电供热等方案，避免建设小规模、低效率自备电站，粉尘、氮氧化物、二氧化硫、二氧化碳等排放量副降低。在煤化工行业污染物排放标准出台前，加热炉烟气、酸性气体回收装置尾气及挥发性有机物等全部达到《石油炼制工业污染物排放标准》（GB 31570）或《石油化学工业污染物排放标准》（GB 31571）的相关要求。

三、现代煤化工建设项目环境准入条件

环境保护部（现生态环境部）2015 年 12 月 22 日发布。

新建、改建、扩建的现代煤化工项目应符合《现代煤化工建设项目环境准入条件（试行）》。该准入条件对煤化工项目的规划布局、项目选址及污染防治等提出了要求。污染防治和环境影响方面的准入条件主要有：

① 现代煤化工项目的工艺技术、建设规模应符合国家产业政策要求，鼓励采用能源转换率高、污染物排放强度低的工艺技术，并确保原料煤质相对稳定。在行业示范阶段，应在煤炭分质高效利用、资源能源耦合利用、污染控制技术（如废水处理技术、废水处置方案、结晶盐利用与处置方案等）等方面承担环保示范任务，并提出示范技术达不到预期效果的应对措施。

② 强化节水措施，同时，根据清污分流、污污分治、深度处理、分质回用的原则设计废水处理处置方案，选用经工业化应用或中试成熟、经济可行的技术。在缺乏纳污水体的区域建设现代煤化工项目，应对高含盐废水采取有效处置措施，不得污染地下水、大气、土壤等。

③ 节应采取措施有效控制挥发性有机物（VOCs）、恶臭物质及有毒有害污染物的逸散与排放。非正常排放的废气应送专有设备或火炬等设施处理，严禁直接排放。在煤化工行业污染物排放标准出台前，加热炉烟气、酸性气回收装置尾气以及 VOCs 等应根据项目生产产品的种类暂按《石油炼制工业污染物排放标准》（GB 31570）或《石油化学工业污染物排放标准》（GB 31571）相关要求进行控制。

④ 危险废物立足于项目或园区就近安全处置。项目配套建设的危险废物贮存场所和一般工业固体废物贮存、处置场所应符合《危险废物贮存污染控制标准》（GB 18597）、《一般工业固体废物贮存、处置场污染控制标准》（GB 18599）及其他地方标准要求。废水处理产生的无法资源化利用的盐泥暂按危险废物进行管理；作为副产品外售的应满足适用的产品质量标准要求，并确保作为产品使用时不产生环境问题。

⑤ 按照《石油化工工程防渗技术规范》（GB/T 50934）要求合理确定污染防治分区，厂区开展分区防渗，并制定有效的地下水监控和应急措施。

四、全面实施燃煤电厂超低排放和节能改造工作方案

环境保护局、国家发展改革委、能源局 2015 年 12 月 11 日发布。

到 2020 年，全国所有具备改造条件的燃煤电厂力争实现超低排放（即在基准氧含量 6％条件下，烟尘、二氧化硫、氮氧化物排放浓度分别不高于 10mg/m³、35mg/m³、50mg/m³）。全国有条件的新建燃煤发电机组达到超低排放水平。加快现役燃煤发电机组超低排放改造步伐，将东部地区原计划 2020 年前完成的超低排放改造任务提前至 2017 年前总体完成；将对东部地区的要求逐步扩展至全国有条件地区，其中，中部地区力争在 2018 年前基本完成，西部地区在 2020 年前完成。

五、促进煤炭安全绿色开发和清洁高效利用

环境保护局、工业和信息化部 2014 年 12 月 26 日发布。

减少煤炭利用污染物排放。大力推广可资源化的烟气脱硫、脱氮技术，开展细颗粒物（PM2.5）、硫氧化物、氮氧化物、重金属等多种污染物协同控制技术研究及应用。严格执行排污许可制度，落实排放标准和总量控制要求，加强细颗粒物排放控制。研究煤炭深加工转化废弃物治理技术。

到 2020 年，燃煤固体废弃物实现资源化利用率超过 75％。

附录 2　环境保护相关法律

一、中华人民共和国环境保护法（摘要）

（自 2015 年 1 月 1 日起施行）

第四十条　国家促进清洁生产和资源循环利用。

国务院有关部门和地方各级人民政府应当采取措施，推广清洁能源的生产和使用。

企业应当优先使用清洁能源，采用资源利用率高、污染物排放量少的工艺、设备以及废弃物综合利用技术和污染物无害化处理技术，减少污染物的产生。

第四十一条　建设项目中防治污染的设施，应当与主体工程同时设计、同时施工、同时投产使用。防治污染的设施应当符合经批准的环境影响评价文件的要求，不得擅自拆除或者闲置。

第四十二条　排放污染物的企业事业单位和其他生产经营者，应当采取措施，防治在生产建设或者其他活动中产生的废气、废水、废渣、医疗废物、粉尘、恶臭气体、放射性物质以及噪声、振动、光辐射、电磁辐射等对环境的污染和危害。

排放污染物的企业事业单位，应当建立环境保护责任制度，明确单位负责人和相关人员的责任。

重点排污单位应当按照国家有关规定和监测规范安装使用监测设备，保证监测设备正常运行，保存原始监测记录。

严禁通过暗管、渗井、渗坑、灌注或者篡改、伪造监测数据，或者不正常运行防治污染设施等逃避监管的方式违法排放污染物。

第四十三条　排放污染物的企业事业单位和其他生产经营者，应当按照国家有关规定缴

纳排污费。排污费应当全部专项用于环境污染防治，任何单位和个人不得截留、挤占或者挪作他用。

依照法律规定征收环境保护税的，不再征收排污费。

第四十四条　国家实行重点污染物排放总量控制制度。重点污染物排放总量控制指标由国务院下达，省、自治区、直辖市人民政府分解落实。企业事业单位在执行国家和地方污染物排放标准的同时，应当遵守分解落实到本单位的重点污染物排放总量控制指标。

对超过国家重点污染物排放总量控制指标或者未完成国家确定的环境质量目标的地区，省级以上人民政府环境保护主管部门应当暂停审批其新增重点污染物排放总量的建设项目环境影响评价文件。

第四十五条　国家依照法律规定实行排污许可管理制度。

实行排污许可管理的企业事业单位和其他生产经营者应当按照排污许可证的要求排放污染物；未取得排污许可证的，不得排放污染物。

第四十六条　国家对严重污染环境的工艺、设备和产品实行淘汰制度。任何单位和个人不得生产、销售或者转移、使用严重污染环境的工艺、设备和产品。

禁止引进不符合我国环境保护规定的技术、设备、材料和产品。

第四十七条　各级人民政府及其有关部门和企业事业单位，应当依照《中华人民共和国突发事件应对法》的规定，做好突发环境事件的风险控制、应急准备、应急处置和事后恢复等工作。

县级以上人民政府应当建立环境污染公共监测预警机制，组织制定预警方案；环境受到污染，可能影响公众健康和环境安全时，依法及时公布预警信息，启动应急措施。

企业事业单位应当按照国家有关规定制定突发环境事件应急预案，报环境保护主管部门和有关部门备案。在发生或者可能发生突发环境事件时，企业事业单位应当立即采取措施处理，及时通报可能受到危害的单位和居民，并向环境保护主管部门和有关部门报告。

突发环境事件应急处置工作结束后，有关人民政府应当立即组织评估事件造成的环境影响和损失，并及时将评估结果向社会公布。

第四十八条　生产、储存、运输、销售、使用、处置化学物品和含有放射性物质的物品，应当遵守国家有关规定，防止污染环境。

二、中华人民共和国环境保护税法（摘要）

（2017 年 4 月 17 日发布）

第一条　为了保护和改善环境，减少污染物排放，推进生态文明建设，制定本法。

第二条　在中华人民共和国领域和中华人民共和国管辖的其他海域，直接向环境排放应税污染物的企业事业单位和其他生产经营者为环境保护税的纳税人，应当依照本法规定缴纳环境保护税。

第三条　本法所称应税污染物，是指本法所附《环境保护税税目税额表》（附表 2-1）、《应税污染物和当量值表》规定的大气污染物、水污染物、固体废物和噪声。

第四条　有下列情形之一的，不属于直接向环境排放污染物，不缴纳相应污染物的环境保护税：

（一）企业事业单位和其他生产经营者向依法设立的污水集中处理、生活垃圾集中处理场所排放应税污染物的；

（二）企业事业单位和其他生产经营者在符合国家和地方环境保护标准的设施、场所贮存或者处置固体废物的。

第五条　依法设立的城乡污水集中处理、生活垃圾集中处理场所超过国家和地方规定的排放标准向环境排放应税污染物的，应当缴纳环境保护税。

企业事业单位和其他生产经营者贮存或者处置固体废物不符合国家和地方环境保护标准的，应当缴纳环境保护税。

附表 2-1　环境保护税税目税额表

税目		计税单位	税额	备注
大气污染物		每污染当量	1.2～12 元	
水污染物		每污染当量	1.4～14 元	
固体废物	煤矸石	每吨	5 元	
	尾矿	每吨	15 元	
	危险废物	每吨	1000 元	
	冶炼渣、粉煤灰、炉渣、其他固体废物（含半固态、液态废物）	每吨	25 元	
噪声	工业噪声	超标 1～3 分贝	每月 350 元	①一个单位边界上有多处噪声超标,根据最高一处超标声级计算应纳税额;当沿边界长度超过 100m 有两处以上噪声超标,按照两个单位计算应纳税额。②一个单位有不同地点作业场所的,应当分别计算应纳税额,合并计征。③昼、夜均超标的环境噪声,昼、夜分别计算应纳税额,累计计征。④声源一个月内超标不足 15d 的,减半计算应纳税额。⑤夜间频繁突发和夜间偶然突发厂界超标噪声,按等效声级和峰值噪声两种指标中超标分贝值高的一项计算应纳税额
		超标 4～6 分贝	每月 700 元	
		超标 7～9 分贝	每月 1400 元	
		超标 10～12 分贝	每月 2800 元	
		超标 13～15 分贝	每月 5600 元	
		超标 16 分贝以上	每月 11200 元	

附录 3　煤化工相关环境保护标准

一、水质标准和污水排放标准

1. 地表水环境质量标准（GB 3838—2002，2002 年 6 月 1 日起实施）（摘要）

地表水环境质量标准基本项目标准限值见附表 3-1。

集中式生活饮用水地表水源地补充项目标准限值见附表 3-2。

集中式生活饮用水地表水源地特定项目标准限值见附表 3-3。

附表 3-1　地表水环境质量标准基本项目标准限值　　　　　　　单位:mg/L

序号	项目＼分类		Ⅰ类	Ⅱ类	Ⅲ类	Ⅳ类	Ⅴ类
1	水温/℃		人为造成的环境水温变化应限制在:周平均最大温升≤1 周平均最大温降≤2				
2	pH 值(无量纲)		6~9				
3	溶解氧	≥	饱和率90%(或7.5)	6	5	3	2
4	高锰酸盐指数	≤	2	4	6	10	15
5	化学需氧量(COD)	≤	15	15	20	30	40
6	五日生化需氧量(BOD_5)	≤	3	3	4	6	10
7	氨氮(NH_3-N)	≤	0.15	0.5	1.0	1.5	2.0
8	总磷(以 P 计)	≤	0.02(湖、库 0.01)	0.1(湖、库 0.025)	0.2(湖、库 0.05)	0.3(湖、库 0.1)	0.4(湖、库 0.2)
9	总氮(湖、库,以 N 计)	≤	0.2	0.5	1.0	1.5	2.0
10	铜	≤	0.01	1.0	1.0	1.0	1.0
11	锌	≤	0.05	1.0	1.0	2.0	2.0
12	氟化物(以 F^- 计)	≤	1.0	1.0	1.0	1.5	1.5
13	硒	≤	0.01	0.01	0.01	0.02	0.02
14	砷	≤	0.05	0.05	0.05	0.1	0.1
15	汞	≤	0.00005	0.00005	0.0001	0.001	0.001
16	镉	≤	0.001	0.005	0.005	0.005	0.01
17	铬(六价)	≤	0.01	0.05	0.05	0.05	0.1
18	铅	≤	0.01	0.01	0.05	0.05	0.1
19	氰化物	≤	0.005	0.05	0.2	0.2	0.2
20	挥发酚	≤	0.002	0.002	0.005	0.01	0.1
21	石油类	≤	0.05	0.05	0.05	0.5	1.0
22	阴离子表面活性剂	≤	0.2	0.2	0.2	0.3	0.3
23	硫化物	≤	0.05	0.1	0.2	0.5	1.0
24	粪大肠菌群/(个/L)	≤	200	2000	10000	20000	40000

附表 3-2　集中式生活饮用水地表水源地补充项目标准限值　　　　　　单位:mg/L

序　号	项　目	标　准　值	序　号	项　目	标　准　值
1	硫酸盐(以 SO_4^{2-} 计)	250	4	铁	0.3
2	氯化物(以 Cl^- 计)	250	5	锰	0.1
3	硝酸盐(以 N 计)	10			

附表 3-3　集中式生活饮用水地表水源地特定项目标准限值(部分)　　单位:mg/L

序号	项　　目	标准值	序号	项　　目	标准值	序号	项　　目	标准值
1	三氯化烷	0.06	15	甲醛	0.9	29	六氯苯	0.05
2	四氯化碳	0.002	16	乙醛	0.05	30	硝基苯	0.017
3	三溴甲烷	0.1	17	丙烯醛	0.1	31	二硝基苯	0.5
4	二氯甲烷	0.02	18	三氯乙醛	0.01	32	2,4-二硝基甲苯	0.0003
5	1,2-二氯乙烷	0.03	19	苯	0.01	33	2,4,6-三硝基甲苯	0.5
6	环氧氯丙烯	0.02	20	甲苯	0.7	34	硝基氯苯	0.05
7	氯乙烯	0.005	21	乙苯	0.3	35	2,4-二硝基氯苯	0.5
8	1,1-二氯乙烯	0.03	22	二甲苯	0.5	36	2,4-二氯苯酚	0.093
9	1,2-二氯乙烯	0.05	23	异丙苯	0.25	37	2,4,6-三氯苯酚	0.2
10	三氯乙烯	0.07	24	氯苯	0.3	38	五氯酚	0.009
11	四氯乙烯	0.04	25	1,2-二氯苯	1.0	39	苯胺	0.1
12	氯丁二烯	0.002	26	1,4-二氯苯	0.3	40	联苯胺	0.0002
13	六氯丁二烯	0.0006	27	三氯苯	0.02	41	丙烯酰胺	0.0005
14	苯乙烯	0.02	28	四氯苯	0.02	42	丙烯腈	0.1

注:原表共列 80 项。

2. 石油化学工业污染物排放标准（GB 31571—2015，2015 年 7 月 1 日起实施）（摘要）

本标准规定了石油化学工业企业及其生产设施的水污染物和大气污染物排放限值、监测和监督管理要求。石油化学工业企业排放恶臭污染物、环境噪声适用相应的国家污染物排放标准，产生固体废物的鉴别、处理和处置适用相应的国家固体废物污染控制标准。配套的动力锅炉执行《锅炉大气污染物排放标准》或《火电厂大气污染物排放标准》。

新建企业自 2015 年 7 月 1 日起，现有企业自 2017 年 7 月 1 日起，其水污染物和大气污染物排放控制按本标准的规定执行，不再执行《污水综合排放标准》（GB 8978—1996）、《关于发布〈污水综合排放标准〉（GB 8978—1996）中石化工业 COD 标准值修改单的通知》（环发〔1999〕285 号）、《大气污染物综合排放标准》（GB 16297—1996）和《工业炉窑大气污染物排放标准》（GB 9078—1996）中的相关规定。

现有企业 2017 年 7 月 1 日前仍执行现行标准，自 2017 年 7 月 1 日起执行附表 3-4 规定的水污染物排放限值。

自 2015 年 7 月 1 日起，新建企业执行附表 3-4 规定的水污染物排放限值。

附表 3-4 水污染物排放限值　　　　单位:mg/L(pH 值除外)

序号	污染物项目	限值		污染物排放监控位置
		直接排放	间接排放[①]	
1	pH 值	6.0~9.0	—	企业废水总排放口
2	悬浮物	70	—	
3	化学需氧量	60 100[②]	—	
4	五日生化需氧量	20	—	
5	氨氮	8.0	—	
6	总氮	40	—	
7	总磷	1.0	—	
8	总有机碳	20 30[②]	—	
9	石油类	5.0	20	
10	硫化物	1.0	1.0	
11	氟化物	10	20	
12	挥发酚	0.5	0.5	
13	总钒	1.0	1.0	
14	总铜	0.5	0.5	
15	总锌	2.0	2.0	
16	总氰化物	0.5	0.5	
17	可吸附有机卤化物	1.0	5.0	
18	苯并[a]芘	0.00003		
19	总铅	1.0		车间或生产设施废水排放口
20	总镉	0.1		
21	总砷	0.5		
22	总镍	1.0		
23	总汞	0.05		
24	烷基汞	不得检出		
25	总铬	1.5		
26	六价铬	0.5		
27	废水有机特征污染物	附表 3-3 所列有机特征污染物及排放浓度限值		企业废水总排放口

① 废水进入城镇污水处理厂或经由城镇污水管线排放,应达到直接排放值;废水进入园区(包括各类工业园区、开发区、工业聚集地等)污水处理厂执行间接排放限值,未规定限值的污染物项目由企业与园区污水处理厂根据其污水处理能力商定相关标准,并报当地环境保护主管部门备案。

② 丙烯腈-腈纶、己内酰胺、环氧氯丙烷、2,6-二叔丁基-4-甲基苯酚(BHT)、精对苯二甲酸(PTA)、间甲酚、环氧丙烷、萘系列和催化剂生产废水执行该限值。

根据环境保护工作的要求,在国土开发密度已经较高、环境承载能力开始减弱,或水环境容量较小、生态环境脆弱，容易发生严重水环境污染问题而需要采取特别保护措施的地区，应严格控制企业的污染排放行为，在上述地区的企业执行附表 3-5 规定的水污染物特别排放限值。

执行水污染物特别排放限值的地域范围、时间，由国务院环境保护主管部门或省级人民政府规定。

附表 3-5　水污染物特别排放限值　　　　　单位:mg/L(pH 值除外)

序号	污染物项目	限值		污染物排放监控位置
		直接排放	间接排放[①]	
1	pH 值	6.0~9.0	—	企业废水总排放口
2	悬浮物	50	—	
3	化学需氧量	50	—	
4	五日生化需氧量	10	—	
5	氨氮	5.0	—	
6	总氮	30	—	
7	总磷	0.5	—	
8	总有机碳	15	—	
9	石油类	3.0	15	
10	硫化物	0.5	1.0	
11	氟化物	8.0	15	
12	挥发酚	0.3	0.5	
13	总钒	1.0	1.0	
14	总铜	0.5	0.5	
15	总锌	2.0	2.0	
16	总氰化物	0.3	0.5	
17	可吸附有机卤化物	1.0	5.0	
18	苯并[a]芘	0.00003		车间或生产设施废水排放口
19	总铅	1.0		
20	总镉	0.1		
21	总砷	0.5		
22	总镍	1.0		
23	总汞	0.05		
24	烷基汞	不得检出		
25	总铬	1.5		
26	六价铬	0.5		
27	废水有机特征污染物	附表 3-3 所列有机特征污染物及排放浓度限值		企业废水总排放口

① 废水进入城镇污水处理厂或经由城镇污水管线排放,应达到直接排放限值;废水进入园区(包括各类工业园区、开发区、工业聚集地等)污水处理厂执行间接排放限值,未规定限值的污染物项目由企业与园区污水处理厂根据其污水处理能力商定相关标准,并报当地环境保护主管部门备案。

含有铅、镉、砷、镍、汞、铬的废水（参见 GB 31571—2015 附录 B）应在产生污染物的车间或生产设施进行预处理并达到附表 3-4 或附表 3-5 的限值。

3. 石油炼制工业污染物排放标准（ GB 31570—2015，2015 年 7 月 1 日起实施）（摘要）

本标准规定了石油炼制工业企业及其生产设施的水污染物和大气污染物排放限值、监测和监督管理要求。石油炼制工业企业排放恶臭污染物、环境噪声适用相应的国家污染物排放标准，产生固体废物的鉴别、处理和处置适用相应的国家固体废物污染控制标准。配套的动力锅炉执行《锅炉大气污染物排放标准》或《火电厂大气污染物排放标准》。

新建企业自 2015 年 7 月 1 日起，现有企业自 2017 年 7 月 1 日起，其水污染物和大气污染物排放控制按本标准的规定执行，不再执行《污水综合排放标准》（GB 8978—1996）、《大气污染物综合排放标准》（GB 16297—1996）和《工业炉窑大气污染物排放标准》（GB 9078—1996）中的相关规定。

现有企业 2017 年 7 月 1 日前仍执行现行标准，自 2017 年 7 月 1 日起执行附表 3-6 规定的水污染物排放限值。自 2015 年 7 月 1 日起，新建企业执行附表 3-6 规定的水污染物排放限值。

附表 3-6　水污染物排放限值　　　　　　　　单位：mg/L（pH 值除外）

序号	污染项目	限值		污染物排放监控位置
		直接排放	间接排放①	
1	pH 值	6～9	—	
2	悬浮物	70	—	
3	化学需氧量	60	—	
4	五日生化需氧量	20	—	
5	氨氮	8.0	—	
6	总氮	40	—	
7	总磷	1.0	—	
8	总有机碳	20	—	
9	石油类	5.0	20	
10	硫化物	1.0	1.0	企业废水总排放口
11	挥发酚	0.5	0.5	
12	总钒	1.0	1.0	
13	苯	0.1	0.2	
14	甲苯	0.1	0.2	
15	邻二甲苯	0.4	0.6	
16	间二甲苯	0.4	0.6	
17	对二甲苯	0.4	0.6	
18	乙苯	0.4	0.6	
19	总氰化物	0.5	0.5	

续表

序号	污染项目	限值		污染物排放监控位置
		直接排放	间接排放①	
20	苯并[a]芘	0.00003		车间或生产设施废水排放口
21	总铅	1.0		
22	总砷	0.5		
23	总镍	1.0		
24	总汞	0.05		
25	烷基汞	不得检出		
	加工单位原(料)油基准排水量 /(m³/t)	0.5		排水量计量位置与污染物排放监控位置相同

① 废水进入城镇污水处理厂或经由城镇污水管线排放,应达到直接排放限值;废水进入园区(包括各类工业园区、开发区、工业聚集地等)污水处理厂执行间接排放限值,未规定限值的污染物项目由企业与园区污水处理厂根据其污水处理能力商定相关标准,并报当地环境保护主管部门备案。

根据环境保护工作的要求,在国土开发密度已经较高、环境承载能力开始减弱,或水环境容量较小、生态环境脆弱,容易发生严重水环境污染问题而需要采取特别保护措施的地区,应严格控制企业的污染排放行为,在上述地区的企业执行附表 3-7 规定的水污染物特别排放限值。

执行水污染物特别排放限值的地域范围、时间,由国务院环境保护主管部门或省级人民政府规定。

附表 3-7 水污染物特别排放限值　　　　单位:mg/L(pH 值除外)

序号	污染项目	限值		污染物排放监控位置
		直接排放	间接排放①	
1	pH 值	6～9		企业废水总排放口
2	悬浮物	50	—	
3	化学需氧量	50	—	
4	五日生化需氧量	10	—	
5	氨氮	5.0	—	
6	总氮	30	—	
7	总磷	0.5	—	
8	总有机碳	15	—	
9	石油类	3.0	15	
10	硫化物	0.5	1.0	
11	挥发酚	0.3	0.5	
12	总钒	1.0	1.0	
13	苯	0.1	0.1	
14	甲苯	0.1	0.1	
15	邻二甲苯	0.2	0.4	
16	间二甲苯	0.2	0.4	
17	对二甲苯	0.2	0.4	
18	乙苯	0.2	0.4	
19	总氰化物	0.3	0.5	

续表

序号	污染项目	限值		污染物排放监控位置
		直接排放	间接排放①	
20	苯并[a]芘	0.00003		车间或生产设施废水排放口
21	总铅	1.0		
22	总砷	0.5		
23	总镍	1.0		
24	总汞	0.05		
25	烷基汞	不得检出		
加工单位原(料)油基准排水量 /(m³/t)		0.4		排水量计量位置与污染物 排放监控位置相同

① 废水进入城镇污水处理厂或经由城镇污水管线排放,应达到直接排放限值;废水进入园区(包括各类工业园区、开发区、工业聚集地等)污水处理厂执行间接排放限值,未规定限值的污染物项目由企业与园区污水处理厂根据其污水处理能力商定相关标准,并报当地环境保护主管部门备案。

二、 空气质量标准和大气污染物排放标准

1. 环境空气质量标准（GB 3095—2012，2016 年 1 月 1 日起实施）（摘要）

本标准规定了各项污染物不允许超过的浓度限值，见附表 3-8 和附表 3-9。

附表 3-8 环境空气污染物基本项目浓度限值

序号	污染物项目	平均时间	浓度限值		单位
			一级	二级	
1	二氧化硫(SO_2)	年平均	20	60	$\mu g/m^3$
		24h 平均	50	150	
		1h 平均	150	500	
2	二氧化氮(NO_2)	年平均	40	40	
		24h 平均	80	80	
		1h 平均	200	200	
3	一氧化碳(CO)	24h 平均	4	4	mg/m^3
		1h 平均	10	10	

续表

序号	污染物项目	平均时间	浓度限值		单位
			一级	二级	
4	臭氧（O₃）	日最大 8h 平均	100	160	μg/m³
		1h 平均	160	200	
5	颗粒物（粒径≤10μm）	年平均	40	70	
		24h 平均	50	150	
6	颗粒物（粒径≤2.5μm）	年平均	15	35	
		24h 平均	35	75	

附表 3-9　环境空气污染物其他项目浓度限值

序号	污染物项目	平均时间	浓度限值		单位
			一级	二级	
1	总悬浮颗粒物（TSP）	年平均	80	200	μg/m³
		24h 平均	120	300	
2	氮氧化物（NOₓ）	年平均	50	50	
		24h 平均	100	100	
		1h 平均	250	250	
3	铅（Pb）	年平均	0.5	0.5	
		季平均	1	1	
4	苯并[a]芘（BaP）	年平均	0.001	0.001	
		24h 平均	0.0025	0.0025	

2. 火电厂大气污染物排放标准（GB 13223—2011，2012 年 1 月 1 日起实施）（摘要）

本标准适用于使用单台出力 65t/h 以上除层燃炉、抛煤机炉外的燃煤发电锅炉；各种容量的煤粉发电锅炉；单台出力 65t/h 以上燃油、燃气发电锅炉；各种容量的燃气轮机组的火电厂；单台出力 65t/h 以上采用煤矸石、生物质、油页岩、石油焦等燃料的发电锅炉，参照本标准中循环流化床火力发电锅炉的污染物排放控制要求执行。整体煤气化联合循环发电的燃气轮机组执行本标准中燃用天然气的燃气轮机组排放限值。

自 2014 年 7 月 1 日起，现有火力发电锅炉及燃气轮机组执行附表 3-10 规定的烟尘、二氧化硫、氮氧化物和烟气黑度排放限值。

自 2012 年 1 月 1 日起，新建火力发电锅炉及燃气轮机组执行附表 3-10 规定的烟尘、二氧化硫、氮氧化物和烟气黑度排放限值。自 2015 年 1 月 1 日起，燃煤锅炉执行附表 3-10 规定的汞及其化合物污染物排放限值。

附表 3-10　火力发电锅炉及燃气轮机组大气污染物排放浓度限值

单位:mg/m³(烟气黑度除外)

序号	燃料和热能转化设施类型	污染物项目	适用条件	限值	污染物排放监控位置
1	燃煤锅炉	烟尘	全部	30	
		二氧化硫	新建锅炉	100 200①	
			现有锅炉	200 400①	
		氮氧化物(以 NO₂ 计)	全部	100 200②	
		汞及其化合物	全部	0.03	
2	以油为燃料的锅炉或燃气轮机组	烟尘	全部	30	烟囱或烟道
		二氧化硫	新建锅炉及燃气轮机组	100	
			现有锅炉及燃气轮机组	200	
		氮氧化物(以 NO₂ 计)	新建锅炉	100	
			现有锅炉	200	
			燃气轮机组	120	
3	以气体为燃料的锅炉或燃气轮机组	烟尘	天然气锅炉及燃气轮机组	5	
			其他气体燃料锅炉及燃气轮机组	10	
		二氧化硫	天然气锅炉及燃气轮机组	35	
			其他气体燃料锅炉及燃气轮机组	100	
		氮氧化物(以 NO₂ 计)	天然气锅炉	100	
			其他气体燃料锅炉	200	
			天然气燃气轮机组	50	
			其他气体燃料燃气轮机组	120	
4	燃煤锅炉,以油、气体为燃料的锅炉或燃气轮机组	烟气黑度(林格曼黑度)/级	全部	1	烟囱排放口

①　位于广西壮族自治区、重庆市、四川省和贵州省的火力发电锅炉执行该限值。

②　采用 W 形火焰炉膛的火力发电锅炉,现有循环流化床火力发电锅炉,以及 2003 年 12 月 31 日前建成投产或通过建设项目环境影响报告书审批的火力发电锅炉执行该限值。

　　重点地区的火力发电锅炉及燃气轮机组执行附表 3-11 规定的大气污染物特别排放限值。

　　执行大气污染物特别排放限值的具体地域范围、实施时间,由国务院环境保护行政主管部门规定。

附表 3-11　大气污染物特别排放限值　　　单位：mg/m³（烟气黑度除外）

序号	燃料和热能转化设备类型	污染项目	适用条件	限值	污染物排放监控位置
1	燃煤锅炉	烟尘	全部	20	烟囱或烟道
		二氧化硫	全部	50	
		氮氧化物（以 NO₂ 计）	全部	100	
		汞及其化合物	全部	0.03	
2	以油为燃料的锅炉或燃气轮机组	烟尘	全部	20	
		二氧化硫	全部	50	
		氮氧化物（以 NO₂ 计）	燃油锅炉	100	
			燃气轮机组	120	
3	以气体为燃料的锅炉或燃气轮机组	烟尘	全部	5	
		二氧化硫	全部	35	
		氮氧化物（以 NO₂ 计）	燃油锅炉	100	
			燃气轮机组	50	
4	燃煤锅炉，以油、气体为燃料的锅炉或燃气轮机组	烟气黑度（林格曼黑度）/级	全部	1	烟囱排放口

3. 石油化学工业污染物排放标准（ GB 31571—2015，2015 年 7 月 1 日起实施）（摘要）

（1）有组织排放控制要求　　现有企业 2017 年 7 月 1 日前仍执行现行标准，自 2017 年 7 月 1 日起执行附表 3-12 规定的大气污染物排放限值。

自 2015 年 7 月 1 日起，新建企业执行附表 3-12 规定的大气污染物排放限值。

附表 3-12　大气污染物排放限值　　　单位：mg/m³

序号	污染物项目	工艺加热炉	有机废气排放口			污染物排放监控位置
			废水处理有机废气收集处理装置	含卤代烃有机废气①	其他有机废气①	
1	颗粒物	20	—			车间或生产设施排气筒
2	二氧化硫	100	—			
3	氮氧化物	150 180②	—			
4	非甲烷总烃	—	120	去除效率≥95%	去除效率≥95%	
5	氯化氢	—		30		
6	氟化氢	—		5.0		
7	溴化氢③	—		5.0		
8	氯气	—		5.0		
9	废气有机特征污染物	附表 3-6 所列有机特征污染物及排放浓度限值				

① 有机废气中若含有颗粒物、二氧化硫或氮氧化物，执行工艺加热炉相应污染物控制要求。
② 炉膛温度≥850℃的工艺加热炉执行该限值。
③ 待国家污染物监测方法标准发布后实施。

根据环境保护工作的要求，在国土开发密度已经较高、环境承载能力开始减弱，或大气环境容量较小、生态环境脆弱，容易发生严重大气环境污染问题而需要采取特别保护措施的地区，应严格控制企业的污染排放行为，在上述地区的企业执行附表 3-13 规定的大气污染物特别排放限值。执行大气污染物特别排放限值的地域范围、时间，由国务院环境保护主管部门或省级人民政府规定。

附表 3-13　大气污染物特别排放限值　　　　　　　　单位：mg/m³

序号	污染物项目	工艺加热炉	有机废气排放口			污染物排放监控位置
			废水处理有机废气收集处理装置	含卤代烃有机废气①	其他有机废气①	
1	颗粒物	20	—	—	—	
2	二氧化硫	50	—	—	—	
3	氮氧化物	100	—	—	—	
4	非甲烷总烃	—	120	去除效率≥97%	去除效率≥97%	
5	氯化氢	—	—	30	—	车间或生产设施排气筒
6	氟化氢	—	—	5.0	—	
7	溴化氢②	—	—	5.0	—	
8	氯气	—	—	5.0	—	
9	废气有机特征污染物	—	附表 3-6 所列有机特征污染物及排放浓度限值			

① 有机废气中若含有颗粒物、二氧化硫或氮氧化物，执行工艺加热炉相应污染物控制要求。
② 待国家污染物监测方法标准发布后实施。

（2）挥发性有机液体储罐污染控制要求　新建企业自 2015 年 7 月 1 日起，现有企业自 2017 年 7 月 1 日起，执行下列挥发性有机液体储罐污染控制要求。

储存真实蒸气压≥76.6kPa 的挥发性有机液体应采用压力储罐。

储存真实蒸气压≥5.2kPa 但<27.6kPa 的设计容积≥150m³ 的挥发性有机液体储罐，以及储存真实蒸气压≥27.6 kPa 但<76.6 kPa 的设计容积≥75 m³ 的挥发性有机液体储罐应符合下列规定之一：

① 采用内浮顶罐；内浮顶罐的浮盘与罐壁之间应采用液体镶嵌式、机械式鞋形、双封式等高效密封方式。

② 采用外浮顶罐；外浮顶罐的浮盘与罐壁之间应采用双封式密封，且初级密封采用液体镶嵌式、机械式鞋形等高效密封方式。

③ 采用固定顶罐，应安装密闭排气系统至有机废气回收或处理装置，其大气污染物排放应符合附表 3-12、附表 3-13 的规定。

浮顶罐浮盘上的开口、缝隙密封设施，以及浮盘与罐壁之间的密封设施在工作状态应密闭。若检测到密封设施不能密闭，在不关闭工艺单元的条件下，在 15d 内进行维修技术上不可行，则可以延迟维修，但不应晚于最近一个停工期。

对浮盘的检查至少每 6 个月进行一次，每次检查应记录浮盘密封设施的状态，记录应保存 1 年以上。

4. 石油炼制工业污染物排放标准（GB 31570—2015，2015 年 7 月 1 日起实施）（摘要）

（1）有组织排放控制要求　现有企业 2017 年 7 月 1 日前仍执行现行标准，自 2017 年 7 月 1 日起执行附表 3-14 规定的大气污染物排放限值。

自 2015 年 7 月 1 日起，新建企业执行附表 3-14 规定的大气污染物排放限值。

附表 3-14　大气污染物排放限值　　　　　　　单位：mg/m³

序号	污染物项目	工艺加热炉	催化裂化催化剂再生烟气①	重整催化剂再生烟气	酸性气回收装置	氧化沥青装置	废水处理有机废气收集处理装置	有机废气排放口②	污染物排放监控位置
1	颗粒物	20	50	—	—	—	—	—	
2	镍及其化合物		0.5	—	—	—	—	—	
3	二氧化硫	100	100		400		—	—	
4	氮氧化物	150 180③	200						
5	硫酸雾	—			30④				
6	氯化氢	—	—	30					车间或生产设施排气筒
7	沥青烟	—	—			20			
8	苯并[a]芘					0.0003	—		
9	苯							4	
10	甲苯							15	
11	二甲苯							20	
12	非甲烷总烃	—	—	60				120	去除效率 ≥95%

① 催化裂化余热锅炉吹灰时再生烟气污染物浓度最大值不应超过表中限值的 2 倍，且每次持续时间不应大于 1h。
② 有机废气中若含有颗粒物、二氧化硫或氮氧化物，执行工艺加热炉相应污染物控制要求。
③ 炉膛温度≥850℃的工艺加热炉执行该限值。
④ 酸性气体回收装置生产硫酸时执行该限值。

根据环境保护工作的要求，在国土开发密度已经较高、环境承载能力开始减弱，或大气环境容量较小、生态环境脆弱，容易发生严重大气环境污染问题而需要采取特别保护措施的地区，应严格控制企业的污染排放行为，在上述地区的企业执行附表 3-15 规定的大气污染物特别排放限值。执行大气污染物特别排放限值的地域范围、时间，由国务院环境保护主管部门或省级人民政府规定。

附表 3-15　大气污染物特别排放限值　　　　　　　　　　单位:mg/m³

序号	污染物项目	工艺加热炉	催化裂化催化剂再生烟气①	重整催化剂再生烟气	酸性气回收装置	氧化沥青装置	废水处理有机废气收集处理装置	有机废气排放口②	污染物排放监控位置
1	颗粒物	20	30	—	—	—	—	—	
2	镍及其化合物	—	0.3	—	—	—	—	—	
3	二氧化硫	50	50	—	100	—	—	—	
4	氮氧化物	100	100	—	—	—	—	—	
5	硫酸雾	—	—	—	5③	—	—	—	
6	氯化氢	—	—	10	—	—	—	—	车间或生产设施排气筒
7	沥青烟	—	—	—	—	10	—	—	
8	苯并[a]芘	—	—	—	—	0.0003	—	—	
9	苯	—	—	—	—	—	—	4	
10	甲苯	—	—	—	—	—	—	15	
11	二甲苯	—	—	—	—	—	—	20	
12	非甲烷总烃	—	—	30	—	—	120	去除效率≥97%	

① 催化裂化余热锅炉吹灰时再生烟气污染物浓度最大值不应超过表中限值的 2 倍,且每次持续时间不应大于 1h。
② 有机废气中若含有颗粒物、二氧化硫或氮氧化物,执行工艺加热炉相应污染物控制要求。
③ 酸性气体回收装置生产硫酸时执行该限值。

(2) 挥发性有机液体储罐污染控制要求　新建企业自 2015 年 7 月 1 日起,现有企业自 2017 年 7 月 1 日起,执行下列挥发性有机液体储罐污染控制要求。

储存真实蒸气压≥76.6 kPa 的挥发性有机液体应采用压力储罐。

储存真实蒸气压≥5.2 kPa 但<27.6 kPa 的设计容积≥150 m³ 的挥发性有机液体储罐,以及储存真实蒸气压≥27.6 kPa 但<76.6 kPa 的设计容积≥75 m³ 的挥发性有机液体储罐应符合下列规定之一:

① 采用内浮顶罐;内浮顶罐的浮盘与罐壁之间应采用液体镶嵌式、机械式鞋形、双封式等高效密封方式。

② 采用外浮顶罐;外浮顶罐的浮盘与罐壁之间应采用双封式密封,且初级密封采用液体镶嵌式、机械式鞋形等高效密封方式。

③ 采用固定顶罐,应安装密闭排气系统至有机废气回收或处理装置,其大气污染物排放应符合附表 3-14、附表 3-15 的规定。

浮顶罐浮盘上的开口、缝隙密封设施,以及浮盘与罐壁之间的密封设施在工作状态应密闭。若检测到密封设施不能密闭,在不关闭工艺单元的条件下,在 15d 内进行维修技术上不可行,则可以延迟维修,但不应晚于最近一个停工期。

对浮盘的检查至少每 6 个月进行一次,每次检查应记录浮盘密封设施的状态,记录应保存 1 年以上。

三、环境噪声标准

1. 声环境质量标准（GB 3096—2008，2008 年 10 月 1 日起实施）（摘要）

（1）适用范围 本标准规定了五类声环境功能区的环境噪声限值及测量方法。

本标准适用于声环境质量评价与管理。

机场周围区域受飞机通过（起飞、降落、低空飞越）噪声的影响，不适用于本标准。

（2）声环境功能区分类 按区域的使用功能特点和环境质量要求，声环境功能区分为以下五种类型：

0 类声环境功能区：指康复疗养区等特别需要安静的区域。

1 类声环境功能区：指以居民住宅、医疗卫生、文化教育、科研设计、行政办公为主要功能，需要保持安静的区域。

2 类声环境功能区：指以商业金融、集市贸易为主要功能，或者居住、商业、工业混杂，需要维护住宅安静的区域。

3 类声环境功能区：指以工业生产、仓储物流为主要功能，需要防止工业噪声对周围环境产生严重影响的区域。

4 类声环境功能区：指交通干线两侧一定距离之内，需要防止交通噪声对周围环境产生严重影响的区域，包括 4a 类和 4b 类两种类型。4a 类为高速公路、一级公路、二级公路、城市快速路、城市主干路、城市次干路、城市轨道交通（地面段）、内河航道两侧区域；4b 类为铁路干线两侧区域。

（3）环境噪声限值 各类声环境功能区适用附表 3-16 规定的环境噪声等效声级限值。

附表 3-16　环境噪声限值　　　　单位：dB(A)

类　别	昼　间	夜　间	类　别	昼　间	夜　间
0	50	40	3	65	55
1	55	45	4a	70	55
2	60	50	4b	70	60

附表 3-16 中 4b 类声环境功能区环境噪声限值，适用于 2011 年 1 月 1 日起环境影响评价文件通过审批的新建铁路（含新开廊道的增建铁路）干线建设项目两侧区域；

在下列情况下，铁路干线两侧区域不通过列车时的环境背景噪声限值，按昼间 70dB(A)、夜间 55dB(A) 执行：

① 穿越城区的既有铁路干线；

② 对穿越城区的既有铁路干线进行改建、扩建的铁路建设项目。

既有铁路是指 2010 年 12 月 31 日前已建成运营的铁路或环境影响评价文件已通过审批的铁路建设项目。

各类声环境功能区夜间突发噪声，其最大声级超过环境噪声限值的幅度不得高于 15dB(A)。

2. 工业企业厂界环境噪声排放标准（GB 12348—2008，2008 年 10 月 1 日起实施）（摘要）

（1）适用范围 本标准规定了工业企业和固定设备厂界环境噪声排放限值及其测量

方法。

本标准适用于工业企业噪声排放的管理、评价及控制。机关、事业单位、团体等对外环境排放噪声的单位也按本标准执行。

（2）环境噪声排放限值　工业企业厂界环境噪声不得超过附表 3-17 规定的排放限值。

附表 3-17　工业企业厂界环境噪声排放限值　　　　　　　　单位:dB(A)

类　别	昼　间	夜　间	类　别	昼　间	夜　间
0	50	40	3	65	55
1	55	45	4	70	55
2	60	50			

① 夜间频发噪声的最大声级超过限值的幅度不得高于 10dB(A)。

② 夜间偶发噪声的最大声级超过限值的幅度不得高于 15dB(A)。

③ 工业企业若位于未划分声环境功能区的区域，当厂界外有噪声敏感建筑物时，由当地县级以上人民政府参照 GB 3096 和 GB/T 15190 的规定确定厂界外区域的声环境质量要求，并执行相应的厂界环境噪声排放限值。

④ 当厂界与噪声敏感建筑物距离小于 1m 时，厂界环境噪声应在噪声敏感建筑物的室内测量，并将附表 3-17 中相应的限值减 10dB(A) 作为评价依据。